Conserve la Couvert

DICTIONNAIRE

DE

PHYSIOLOGIE

PAR

CHARLES RICHET

PROFESSEUR DE PHYSIOLOGIE A LA FACULTÉ DE MÉDECINE DE PARIS

AVEC LA COLLABORATION

DE

MM. P. LANGLOIS ET L. LAPICQUE

ET DE

MM. E. ABELOUS — ANDRÉ — P. BLOCQ — E. BOURQUELOT — CHARRIN
A. CHASSEVANT — CORIN — A. DASTRE — W. ENGELMANN — X. FRANCOTTE — L. FREDERICQ
J. GAD — GELLÉ — N. GRÉHANT — HÉDON — F. HEIM
P. HENRIJEAN — J. HÉRICOURT — F. HEYMANS — P. JANET — LAHOUSSE — E. LAMBLING
CH. LIVON — E. MACÉ — E. MEYER — J.-P. MORAT — J.-P. NUEL
F. PLATEAU — G. POUCHET — E. RETTERER — SÉBILEAU — TRIBOULET
E. TROUESSART — H. DE VARIGNY — E. WERTHEIMER

TOME PREMIER

A-B

AVEC GRAVURES DANS LE TEXTE

PARIS

ANCIENNE LIBRAIRIE GERMER BAILLIÈRE ET Cie

FÉLIX ALCAN, ÉDITEUR

108, BOULEVARD SAINT-GERMAIN, 108

—

1895

CONDITIONS DE LA PUBLICATION

L'ouvrage formera probablement 5 volumes in-4° de 1000 pages chacun. Chaque volume se composera de trois fascicules.

Il paraîtra environ trois fascicules par an.

Prix du volume : **25** francs. — Prix du fascicule : **8** fr. **50**.

DICTIONNAIRE

DE

PHYSIOLOGIE

TOME PREMIER

DICTIONNAIRE

DE

PHYSIOLOGIE

PAR

CHARLES RICHET

PROFESSEUR DE PHYSIOLOGIE A LA FACULTÉ DE MÉDECINE DE PARIS

AVEC LA COLLABORATION

DE

MM. E. ABELOUS (Toulouse) — ANDRÉ (Paris) — S. ARLOING (Lyon)
BEAUREGARD (Paris) — E. BOURQUELOT (Paris) — J. CARVALLO (Paris) — CHARRIN (Paris)
A. CHASSEVANT (Paris) — CORIN (Liège) — A. DASTRE (Paris) — R. DUBOIS (Lyon)
W. ENGELMANN (Utrecht) — G. FANO (Florence) — X. FRANCOTTE (Liège)
L. FREDERICQ (Liège) — J. GAD (Berlin) — GELLÉ (Paris) — F. GLEY (Paris)
L. GUINARD (Lyon) — M. HANRIOT (Paris) — HÉDON (Montpellier) — F. HEIM (Paris)
P. HÉNIJEAN (Liège) — J. HÉRICOURT (Paris) — F. HEYMANS (Gand) — H. KRONECKER (Berne)
P. (Paris) — LAHOUSSE (Gand) — LAMBERT (Nancy) — E. LAMBLING (Lille) — P. LANGLOIS (Paris)
LAPICQUE (Paris) — CH. LIVON (Marseille) — E. MACÉ (Nancy) MANOUVRIER (Paris)
L. MARILLIER (Paris) — M. MENDELSSOHN (Pétersbourg) — E. MEYER (Nancy)
MISLAWSKI (Kazan) — J. P. MORAT (Lyon) — A. MOSSO (Turin) — J.-P. NUEL (Liège)
VACHON (Bordeaux) — F. PLATEAU (Gand) — G. POUCHET (Paris) — E. RETTERER (Paris)
P. SÉBILEAU (Paris) — C. SCHÉPILOFF (Genève) — J. SOURY (Paris)
W. STIRLING (Manchester) — J. TARCHANOFF (Pétersbourg) — TRIBOULET (Paris)
É. TROUESSART (Paris) — H. DE VARIGNY (Paris) — E. WERTHEIMER (Lille)

TOME PREMIER

A-B

AVEC 102 GRAVURES DANS LE TEXTE

PARIS

ANCIENNE LIBRAIRIE GERMER BAILLIÈRE ET Cie

FÉLIX ALCAN, ÉDITEUR

108, BOULEVARD SAINT-GERMAIN, 108

1895

CONDITIONS DE LA PUBLICATION

L'ouvrage formera probablement cinq volumes in-4° de 1 000 pages chacun. Chaque volume se composera de trois fascicules.

Il paraîtra environ trois fascicules par an.

Prix du volume : **25** francs — Prix du fascicule : **8** fr. **50**.

IMPRIMÉ

PAR

CHAMEROT ET RENOUARD

19, rue des Saints-Pères, 19

PARIS

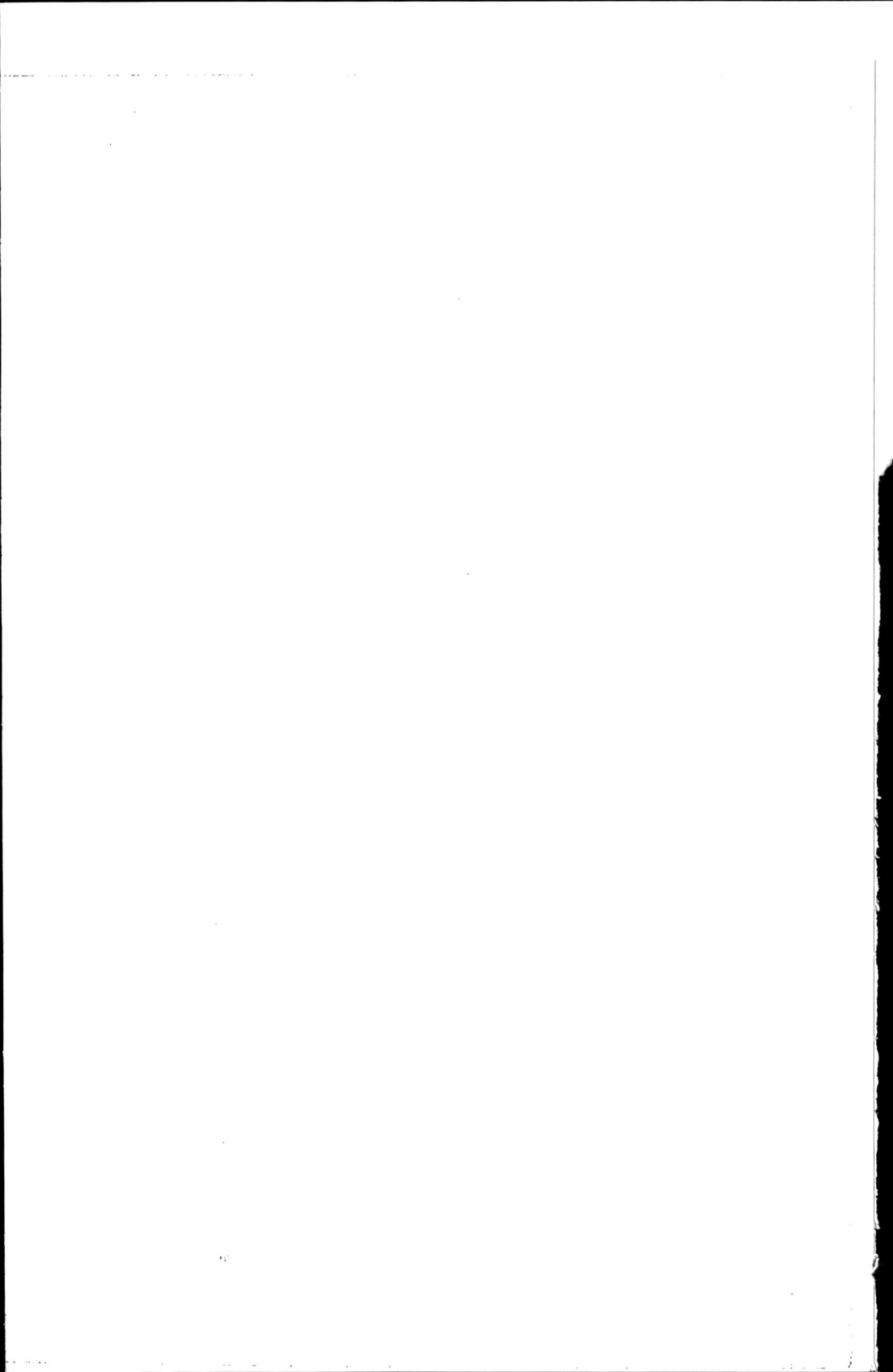

Librairie FÉLIX ALCAN, 108, boulevard Saint-Germain, Paris.

EXTRAIT DU CATALOGUE
DE LA
BIBLIOTHÈQUE SCIENTIFIQUE INTERNATIONALE
82 VOLUMES PUBLIÉS

Chaque volume in-8 cartonné à l'anglaise. . . . . . 6 francs.

PHYSIOLOGIE

Les Illusions des sens et de l'esprit, par James SULLY. 1 vol. in-8, 2e édition. . . . . 6 fr.

La Locomotion chez les animaux (marche, natation et vol), suivie d'une étude sur l'*Histoire de la navigation aérienne*, par J.-B. PETTIGREW, professeur au Collège royal de chirurgie d'Edimbourg (Ecosse). 1 vol. in-8, avec 140 figures dans le texte, 2e édition. . . . . 6 fr.

La Machine animale, par E.-J. MAREY, membre de l'Institut, professeur au Collège de France. 1 vol. in-8, avec 117 figures. 4e édition. . . . . 6 fr.

Les Sens, par BERNSTEIN, professeur de physiologie à l'Université de Halle (Prusse). 1 vol. in-8, avec 91 figures dans le texte, 4e édition. . . . . 6 fr.

Les Organes de la parole, par H. DE MEYER, professeur à l'Université de Zurich, traduit de l'allemand et précédé d'une introduction sur l'*Enseignement de la parole aux sourds-muets*, par O. CLAVEAU, inspecteur général des établissements de bienfaisance. 1 vol. in-8, avec 51 gravures. 6 fr.

La Physionomie et l'Expression des sentiments, par P. MANTEGAZZA, professeur au Muséum d'histoire naturelle de Florence. 1 vol. in-8, avec figures et 8 planches hors texte. . . . . 6 fr.

Physiologie des exercices du corps, par le docteur F. LAGRANGE. 1 vol. in-8, 6e édition. Ouvrage couronné par l'Institut . . . . 6 fr.

La Chaleur animale, par CH. RICHET, professeur de physiologie à la Faculté de médecine de Paris. 1 vol. in-8, avec figures dans le texte. . . . . 6 fr.

Les Sensations internes, par H. BEAUNIS, directeur du laboratoire de psychologie physiologique de la Sorbonne. 1 vol. in-8 . . . . 6 fr.

Les Virus, par M. ARLOING, professeur à la Faculté de médecine de Lyon, directeur de l'école vétérinaire. 1 vol. in-8, avec fig. . . . . 6 fr.

CHIMIE

Les Fermentations, par P. SCHUTZENBERGER, membre de l'Académie de médecine, prof. de chimie au Collège de France. 1 vol. in-8, avec figures, 6e édition. refondue, 1896 . . 6 fr.

La Synthèse chimique, par M. BERTHELOT, secrétaire perpétuel de l'Académie des sciences, prof. au Collège de France. 1 vol. in-8. 6e édit. . . . . 6 fr.

La Théorie atomique, par AD. WURTZ, membre de l'Institut, professeur à la Faculté des sciences de Paris. 1 vol. in-8. 6e édit., introduction sur la *Vie et les Travaux* de l'auteur. par M. CH. FRIEDEL, de l'Institut. . . . . . . 6 fr.

La Révolution chimique (*Lavoisier*), par M. BERTHELOT. 1 vol. in-8. . . . . 6 fr.

PHYSIQUE

La Conservation de l'énergie, par BALFOUR STEWART, prof. de physique au collège Owens de Manchester (Angleterre). 1 vol. in-8 avec fig. 4e édition . . . . 6 fr.

Les Glaciers et les Transformations de l'eau, par J. TYNDALL, suivi d'une étude sur le même sujet, par HELMHOLTZ. 1 vol. in-8, avec figures dans le texte et 8 planches tirées à part. 5e édition . . . . 6 fr.

La Matière et la Physique moderne, par STALLO, précédé d'une préface par Ch. FRIEDEL, membre de l'Institut. 1 vol. in-8. 2e édition . . . . 6 fr.

PHILOSOPHIE SCIENTIFIQUE

Le Cerveau et ses fonctions, par J. LUYS, membre de l'Académie de médecine, médecin à la Charité, 1 vol. in-8, avec fig. 7e édit. . . . . 6 fr.

Le Cerveau et la Pensée chez l'homme et les animaux, par CHARLTON BASTIAN, professeur à l'Université de Londres. 2 vol. in-8 avec 184 fig. dans le texte. 2e édit. . . 12 fr.

Le Crime et la Folie, par H. MAUDSLEY, professeur à l'Université de Londres. 1 vol. in-8 6e édit. . . . . . 6 fr.

L'Esprit et le Corps, considérés au point de vue de leurs relations, suivi d'études sur les *Erreurs généralement répandues au sujet de l'esprit*, par ALEX. BAIN, prof. à l'Université d'Aberdeen (Ecosse). 1 vol. in-8, 4e édit. . . . . 6 fr.

Théorie scientifique de la sensibilité : le *Plaisir et la Peine*, par Léon DUMONT. 1 vol. in-8. 2e édit. . . . . . 6 fr.

La Matière et la Physique moderne, par STALLO, précédé d'une préface par M. CH. FRIEDEL, de l'Institut, 1 vol. in-8. 2e édit. . . . . 6 fr.

Le Magnétisme animal, par ALF. BINET et CH. FÉRÉ, 1 vol. in-8, avec figures dans le texte. 3e édit. . . . . . 6 fr.

L'Intelligence des animaux, par ROMANES. 2 vol. in-8. 2e édit. précédée d'une préface de M. E. PERRIER, prof. au Muséum d'histoire naturelle. . . . . 12 fr.

L'Évolution des mondes et des sociétés, par C. DREYFUS. 1 vol. in-8. 3e édition . . . . 6 fr.

Les Altérations de la personnalité, par ALF. BINET, directeur adjoint du laboratoire de psychologie à la Sorbonne (Hautes Études). 1 volume in-8, avec gravures. . . . . . 6 fr.

ANTHROPOLOGIE

L'Espèce humaine, par A. DE QUATREFAGES, de l'Institut, professeur au Muséum d'histoire naturelle de Paris. 1 vol. in-8. 10 édition. . . . . 6 fr.

Ch. Darwin et ses Précurseurs français, par A. DE QUATREFAGES. 1 vol. in-8. 2e édition. . . . . 6 fr.

Les Émules de Darwin, par A. DE QUATREFAGES, avec une préface de M. EDM. PERRIER, de l'Institut, et une notice sur la vie et les travaux de l'auteur, par E.-T. HAMY, de l'Institut. 2 vol. in-8 . . . . 12 fr.

L'Homme avant les métaux, par N. JOLY, correspondant de l'Institut, 1 vol. in-8, avec 150 gravures. 4e édit. . . 6 fr.

Les Peuples de l'Afrique, par R. HARTMANN, professeur à l'Université de Berlin. 1 vol. in-8, avec 93 figures dans le texte. 2e édition . . . . 6 fr.

Les Singes anthropoïdes et leur organisation comparée à celle de l'homme, par R. HARTMANN, professeur à l'Université de Berlin. 1 vol. in-8, avec 63 fig. gravées sur bois. . 6 fr.

L'Homme préhistorique, par sir JOHN LUBBOCK, membre de la Société royale de Londres. 2 vol. in-8, avec 228 gravures dans le texte. 3e édit. . . . . 12 fr.

La France préhistorique, par E. CARTAILHAC. 1 vol. in-8 avec 150 gravures dans le texte. 2e édit. . . . . . . 6 fr.

L'Homme dans la Nature, par TOPINARD, ancien secrétaire général de la Société d'anthropologie de Paris. 1 vol. in-8, avec 101 gravures . . . . 6 fr.

Les Races et les Langues, par ANDRÉ LEFÈVRE, professeur à l'École d'Anthropologie de Paris. 1 vol. in-8. . . . 6 fr.

Le Centre de l'Afrique. Autour du Tchad, par P. BRUNACHE, administrateur à Aïn-Fezza. 1 vol. in-8 avec grav. . . 6 fr.

ZOOLOGIE

La Descendance de l'homme et le Darwinisme, par O. SCHMIDT, professeur à l'Université de Strasbourg. 1 vol. in-8, avec figures. 6e édition. . . . . 6 fr.

Les Mammifères dans leurs rapports avec leurs ancêtres géologiques, par O. SCHMIDT. 1 vol. in-8, avec 51 figures dans le texte. . . . . 6 fr.

Fourmis, Abeilles et Guêpes, par sir JOHN LUBBOCK, membre de la Société royale, de Londres. 2 vol. in-8 avec figures dans le texte, et 13 planches hors texte, dont 5 coloriées . . . . 12 fr.

Les Sens et l'instinct chez les animaux, et principalement chez les insectes, par sir JOHN LUBBOCK. 1 vol. in-8 avec gravures . . . . 6 fr.

L'Écrevisse, introduction à l'étude de la zoologie, par Th.-H. HUXLEY, membre de la Société royale de Londres et de l'Institut de France, professeur d'histoire naturelle à l'École royale des mines de Londres. 1 vol. in-8, avec 82 figures dans le texte. 2e édit. . . . . 6 fr.

Les Commensaux et les Parasites dans le règne animal, par P.-J. VAN BENEDEN, professeur à l'Université de Louvain (Belgique). 1 vol. in-8, avec 82 figures dans le texte. 3e édition. . . . . 6 fr.

La Philosophie zoologique avant Darwin, par EDMOND PERRIER, de l'Institut, prof. au Muséum d'histoire naturelle de Paris. 1 vol. in-8. 2e édit. . . . . 6 fr.

Darwin et ses Précurseurs français, par A. DE QUATREFAGES, de l'Institut. 1 vol. in-8. 2e édit. . . . . 6 fr.

BOTANIQUE — GÉOLOGIE

Les Champignons, par COOKE et BERKELEY, 1 vol. in-8, avec 410 figures. 4e édit. . . . . 6 fr.

L'Évolution du règne végétal, par G. DE SAPORTA, corresp. de l'Institut, et MARION, corresp. de l'Institut, prof. à la Faculté des sciences de Marseille :

I. *Les Cryptogames*. 1 vol. in-8, avec 85 figures dans le texte . . . . 6 fr.

II. *Les Phanérogames*. 2 vol. in-8 avec 136 figures dans le texte . . . . 12 fr.

Paris. — Typ. Chamerot et Renouard, 19, rue des Saints-Pères. — 32410.

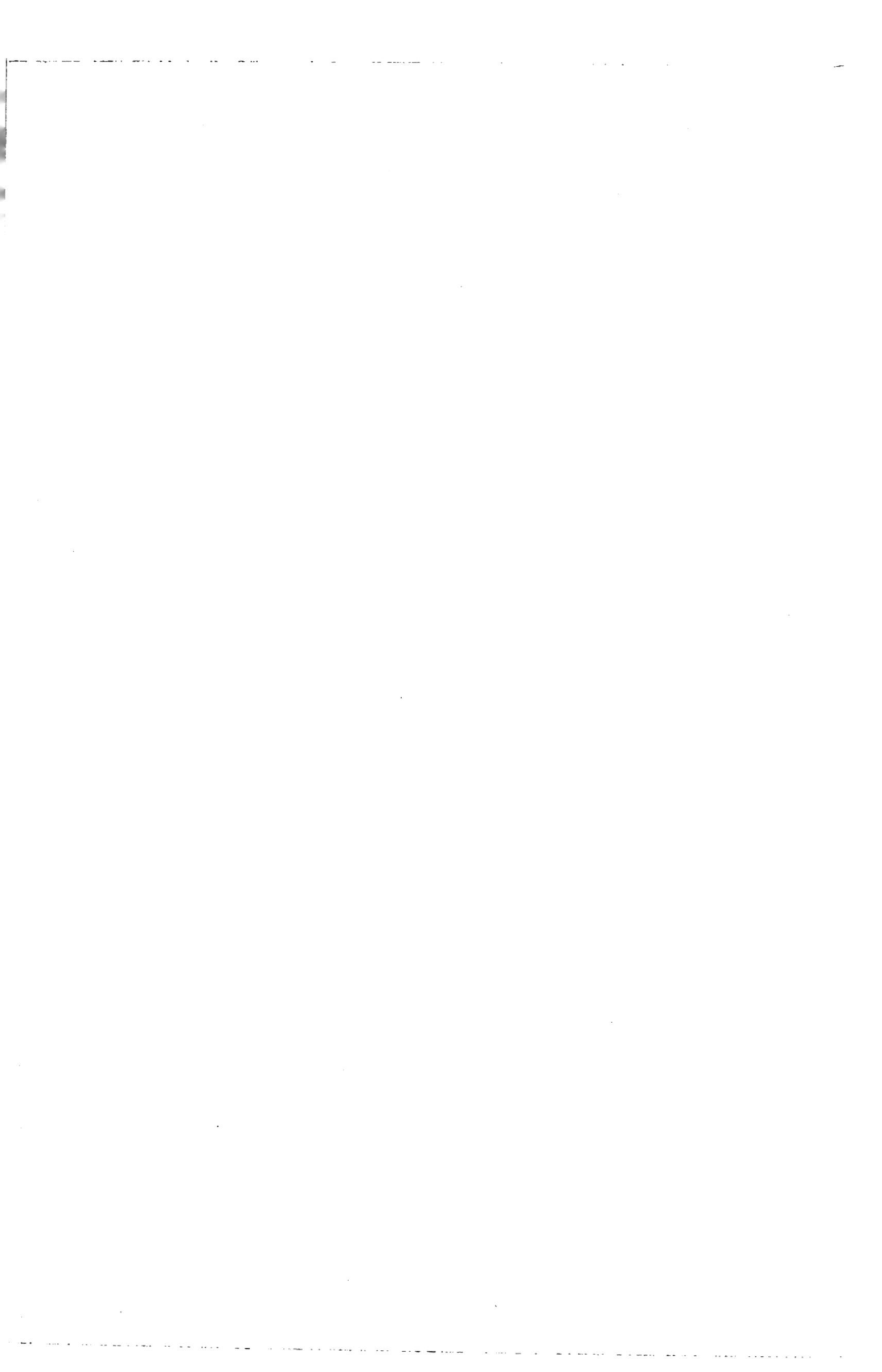

www.ingramcontent.com/pod-product-compliance
Lightning Source LLC
Chambersburg PA
CBHW060707220326
41598CB00020B/2012

DICTIONNAIRE

DE

PHYSIOLOGIE

PAR

CHARLES RICHET

PROFESSEUR DE PHYSIOLOGIE A LA FACULTÉ DE MÉDECINE DE PARIS

AVEC LA COLLABORATION

DE

MM. P. LANGLOIS ET L. LAPICQUE

ET DE

MM. E. ABELOUS — ANDRÉ — P. BLOCQ — E. BOURQUELOT — CHARRIN
A. CHASSEVANT — CORIN — A. DASTRE — W. ENGELMANN — X. FRANCOTTE — L. FREDERICQ
J. GAD — GELLÉ — N. GRÉHANT — HEDON — F. HEIM
P. HENRIJEAN — J. HÉRICOURT — F. HEYMANS — P. JANET — LAHOUSSE — E. LAMBLING
CH. LIVON — E. MACÉ — E. MEYER — J.-P. MORAT — J.-P. NUEL
F. PLATEAU — G. POUCHET — E. RETTERER — SÉBILEAU — TRIBOULET
E. TROUESSART — H. DE VARIGNY — E. WERTHEIMER

TOME PREMIER

A-B

AVEC GRAVURES DANS LE TEXTE

PARIS

ANCIENNE LIBRAIRIE GERMER BAILLIÈRE ET Cⁱᵉ

FÉLIX ALCAN, ÉDITEUR

108, BOULEVARD SAINT-GERMAIN, 108

1895

PRÉFACE

Il y a déjà tant de dictionnaires, et certains d'entre eux sont si bien faits et si complets, que la production d'un Dictionnaire de physiologie paraîtra au premier abord assez inutile. Nous ne le croyons pas, et nous allons essayer de prouver le contraire.

Nous tâcherons aussi d'indiquer le plan et la méthode de ce nouveau dictionnaire.

Tout d'abord on sait qu'il n'y a pas encore de dictionnaire spécial pour la physiologie. Il y en a pour la chimie, pour l'électricité, pour la botanique, pour la géographie, pour la philosophie; voire même pour la mythologie, les synonymes et les locutions proverbiales. Mais nul dictionnaire de physiologie n'existe encore. Cela tient sans doute à ce que la constitution de la physiologie, comme science distincte, est de date assez récente. Au milieu de ce siècle, MAGENDIE, J. MULLER, FLOURENS, CLAUDE BERNARD, ont pu, par leur enseignement, leurs écrits et leurs expériences, donner à la science physiologique une autonomie que ni HALLER, ni LEGALLOIS ne lui avaient pu apporter. A présent il n'est plus permis de confondre la physiologie avec l'anatomie, l'anthropologie, l'embryogénie, la chimie et la physique. Non certes que ces sciences n'aient constamment recours à la physiologie, et que de son côté la physiologie ne fasse de fréquentes incursions dans le domaine de ces sciences; mais la séparation est faite; les physiologistes se sont spécialisés, et un traité de physiologie est complètement distinct d'un traité de chimie, ou d'histologie, ou d'embryologie.

Il est vrai que tous les dictionnaires de médecine font avec raison une grande part à la physiologie. On pourrait sans peine concevoir un abrégé du beau *Dictionnaire encyclopédique des sciences médicales*, dans lequel on ferait choix des articles de physiologie y contenus pour en extraire quelques volumes qui seraient encore assez intéressants. Il semble toutefois que ce choix serait difficile, et qu'un tel abrégé ne répondrait nullement à ce que nous comptons présenter au public.

D'abord, en effet, le *Dictionnaire encyclopédique des sciences médicales* et le *Dictionnaire de médecine et de chirurgie pratiques* commencent, au moins pour les premiers volumes, à être assez anciens. De 1864 à 1895, il s'est écoulé, si je ne me trompe, le tiers d'un siècle. Et, pendant cette longue durée, la science physiologique a été tant soit peu renouvelée. Si l'on voulait, en fait de physiologie, s'en tenir à ce qui se trouve dans les deux dictionnaires, on serait, je m'imagine, assez en arrière de la science actuelle contemporaine.

D'autre part, quoique plusieurs de ces articles soient fort bons, ils ont, en général, été rédigés par des médecins, et pour des médecins, de sorte que l'élément médical de la physiologie a pris le pas sur l'élément scientifique proprement dit. Par conséquent la physiologie qui se trouve dans ces dictionnaires était suffisante pour les médecins instruits d'il y a trente ans; mais elle est tout à fait insuffisante pour les médecins d'aujourd'hui, et, à bien plus forte raison, pour les physiologistes.

Il m'a paru bon de confier à des physiologistes les articles de physiologie; et c'est peut-être, par rapport aux Dictionnaires que nous avons vus paraître jusqu'ici, une des innovations de cet ouvrage.

Je sais bien qu'on répondra en disant que les traités de physiologie sont là; et que nous avons d'assez bons traités de physiologie pour nous dispenser des dictionnaires. Mais, à vrai dire, un traité et un dictionnaire ne rendent pas les mêmes offices. Quand on cherche un renseignement précis, sur un point quelconque, on le trouve *difficilement* dans un dictionnaire, mais on ne le trouve *jamais* dans un traité dogmatique. Et cependant combien de renseignements sont à chaque instant nécessaires! Je suppose que je veuille savoir, par exemple, pour telle expérience que je prépare, la dose toxique exacte de strychnine qui doit tuer un chien; dans quelle partie d'un traité de physiologie irai-je chercher cette indication? A supposer qu'elle y soit, ce qui est douteux, je ne la trouverai qu'après de longs tâtonnements; tout au plus, en feuilletant dans la table des matières finale, pourrai-je voir s'il est ou non question de la strychnine; si bien que, dans les bons ouvrages classiques, il y a constamment à la fin du volume une table alphabétique et analytique des matières, table qui constitue un véritable dictionnaire, grâce auquel on peut consulter le livre lui-même.

Ce n'est pas tout. Les traités de physiologie qui ont paru en France sont, pour des raisons diverses, et surtout parce que les livres classiques doivent être courts et peu coûteux, insuffisamment détaillés. Même l'admirable livre de M. Beaunis devrait, pour être véritablement scientifique et représenter dans son ensemble l'état actuel de la science physiologique, comporter une étendue double. L'excellent *Handbuch der Physiologie*, dont M. Hermann a entrepris il y a une quinzaine d'années la publication, est plus complet, quoique inférieur à bien des points de vue. Mais il est écrit en allemand; il date de quinze ans; et certaines parties sont manifestement faibles. Enfin, par suite de son étendue, il est parfois difficile à consulter, et, quand on y cherche un document précis, positif, on perd beaucoup de temps avant de pouvoir le trouver, même quand on connaît bien le livre.

Il est donc permis de supposer qu'un Dictionnaire de physiologie, tel que celui que nous projetons, mes amis et moi, tiendra lieu du traité complet et détaillé de physiologie qui n'existe pas chez nous, et qu'il sera plus facile à consulter et plus utilisable qu'un traité classique, dont l'ordre n'est pas alphabétique, et qui par cela même se prête mal à une recherche rapide.

Quoique un des grands avantages d'un dictionnaire soit précisément la facilité des recherches par le fait d'un vocabulaire détaillé, nous avons la prétention de pouvoir remplacer les traités classiques par le grand développement donné à certains articles. Les articles **Alcaloïdes**, — **Cerveau**, — **Cœur**, — **Glycogénie**, — **Moelle**, — **Nerfs**, — **Reins**, — **Respiration**, constituent de véritables monographies qui suffiront largement à l'enseignement et à l'expérimentation physiologiques.

Ainsi, d'une part, par le grand nombre d'articles divers et la nomenclature aussi complète que possible de tout ce qui touche à la physiologie, nous faciliterons les recherches faites en vue de la bibliographie ou de l'expérimentation ; d'autre part nous développerons certaines questions fondamentales, de manière à en faire comme les chapitres séparés *d'un grand traité de physiologie qui serait disposé par ordre alphabétique.*

Donc, pour résumer les raisons qui militent en faveur de l'utilité d'un pareil ouvrage, nous dirons que : 1° un dictionnaire de physiologie n'existe pas ; 2° les traités classiques de physiologie sont trop écourtés ou trop anciens ; 3° les traités classiques, si parfaits qu'ils soient, ne peuvent suppléer à un dictionnaire.

Pour prendre un exemple entre mille, quels services ne rend pas chaque jour le *Dictionnaire de Chimie* de Wurtz ? et cependant il y a peut-être vingt-cinq traités de chimie qui sont bien faits, et, parmi ces vingt-cinq traités de chimie, il en est au moins cinq ou six qui sont tout à fait excellents. Est-ce que leur connaissance empêche le *Dictionnaire de Chimie* d'être d'un usage quotidien et perpétuel dans un laboratoire quelconque, de chimie ou de biologie ?

A dire vrai, toutes ces raisons, quelle que soit leur importance, ne seraient pas suffisantes pour justifier notre entreprise, si nous n'avions pas nettement la pensée que la physiologie doit, pour être complète, sortir des limites trop étroites où on la tient souvent enchaînée, et envahir des domaines qui lui étaient autrefois interdits. La Physique, la Bactériologie, la Médecine, la Chimie, la Thérapeutique, la Psychologie doivent être, en maintes parties, traitées au point de vue physiologique. C'est cela qui n'avait pas été fait encore dans un ouvrage d'ensemble, et c'est cela que nous avons, nous, les uns et les autres, physiologistes de profession qui entreprenons ce dictionnaire, la prétention d'essayer.

Prenons quelques exemples qui rendront cette affirmation plus claire.

Voici l'article **Cocaïne**, par exemple. Il est clair qu'un médecin et un chirurgien peuvent l'un et l'autre très bien traiter cette question. Mais dans quel ouvrage ira-t-on chercher les documents physiologiques nécessaires ? Les mémoires originaux, les expériences ingénieuses ne manquent pas assurément ; et la bibliographie complète de tout ce qui a été dit sur la cocaïne, comme l'a si bien fait notre savant collègue M. Dastre, tiendrait déjà trois ou quatre pages. Mais ce n'est pas tout que de faire la bibliographie de la cocaïne; c'est un travail qui est à la portée de tout homme laborieux, instruit, et connaissant superficiellement l'anglais, l'allemand et l'italien. Il faut davantage; il faut pouvoir traiter à fond la question, choisir dans le nombre immense, presque infini, des expériences réalisées, celles qui valent la peine d'être mises en relief, négliger les autres, détacher ce qui est directement applicable à l'art de guérir, sans passer dédaigneusement sous silence ce qui n'a, pour le moment présent au moins, qu'un intérêt physiologique, non thérapeutique. En un mot l'article **Cocaïne** doit être traité comme un chapitre de physiologie, sans qu'il soit besoin d'insister sur les formules de potions ou de liniments, mais de façon à mettre en pleine lumière les effets physiologiques, et par conséquent thérapeutiques, de cet admirable médicament.

Prenons encore un autre exemple : l'article **Hystérie**. Certes, pour que l'hystérie soit complètement étudiée, il faut un médecin. L'étiologie, la symptomatologie, avec ses formes innombrables et changeantes, le diagnostic, le pronostic, le traitement, tout cela est trop complexe, et trop embrouillé, et trop riche en détails cliniques, parfois contradictoires, pour qu'un savant, enfermé dans son laboratoire, puisse avoir l'extraordinaire prétention de traiter *ex professo* de l'hystérie. Autant vaudrait demander à un ingénieur de sculpter une statue, ou à un sculpteur de construire un pont. Mais, dans l'étude de l'hystérie, il y a tout un élément expérimental qui relève absolument de la physiologie, et pour lequel l'explication physiologique est nécessaire. L'anesthésie, par exemple, peut-elle être bien comprise et expliquée si l'on ne connaît pas très bien la sensibilité cutanée normale et ses diverses formes? Les contractures, les hémianopsies, les altérations de la perception des couleurs, les troubles de la volition, de la nutrition, de l'assimilation, de la respiration, comment s'en rendre compte sans partir comme point de départ des phénomènes normaux qui ont lieu dans l'organisme sain? L'état morbide bizarre, protéiforme, des hystériques a ses analogies dans les phénomènes que nous produisons expérimentalement. Quoique la ressemblance soit souvent lointaine et difficile à saisir, elle s'impose à ce point que tous les médecins qui traitent de l'hystérie ne se contentent pas d'en décrire les symptômes, mais encore essaient d'en faire la physiologie pathologique. Souvent même ils emploient les méthodes expérimentales en usage dans nos laboratoires : méthode graphique, analyses chimiques, appareils électriques, etc.; or n'est-il pas rationnel de considérer comme relevant de la physiologie tout ce qui, dans les sciences de la vie, est acquis par l'investigation expérimentale?

Au fond la Physiologie et la *Médecine* ne sont différentes que par le but différent qu'elles se proposent. La médecine se propose de guérir, et la physiologie de savoir; mais, quand le médecin cherche à savoir, et essaie, par des méthodes variées, d'arriver à la connaissance des choses extérieures, il devient à son tour physiologiste, et nous n'avons pas le droit de faire fi des résultats qu'il obtient ; car ils sont au moins aussi utiles à notre science que nos expériences de laboratoire sont utiles aux médecins.

Le physiologiste a-t-il le droit d'ignorer qu'il y a une atrophie musculaire progressive, avec des symptômes admirablement nets, et une étonnante dissociation des fonctions de l'axe gris de la moelle ? L'aphasie et ses différentes formes, n'est-ce pas un des plus curieux et instructifs chapitres de la physiologie cérébrale ? La sclérose, la syringomyélie, et les autres affections de la moelle épinière ne donnent-elles pas sur le rôle des centres nerveux rachidiens des indications d'une précision et d'une variété étonnantes ?

Si nous passons à la *Bactériologie*, cette science toute jeune, et déjà si puissante, créée tout entière par le génie de notre grand PASTEUR, nous retrouvons dans bien des cas le point de contact avec la physiologie. A vrai dire souvent la bactériologie n'est que de la physiologie.

Certes notre intention n'est pas de traiter la bactériologie avec tous les détails que comporterait son étude méthodique ; mais certaines parties relèvent absolument de notre programme.

Il y a en effet dans l'histoire des bactéries un élément morphologique qui ne regarde guère la physiologie. Que le bacille d'EBERTH ou le *Bacterium coli commune* soient identiques ou différents, c'est un problème très intéressant pour le médecin, mais qui, au point de vue de la physiologie, est bien accessoire. La dose antiseptique nécessaire pour stériliser les crachats tuberculeux ; la recherche du bacille de la fièvre typhoïde dans les eaux ; ou l'analyse minutieuse des microorganismes du pus, tout cela n'a rien à faire avec notre programme. Mais il n'est pas permis à un physiologiste d'ignorer les phénomènes de l'infection, de l'incubation, de la vaccination, de l'atténuation, de l'antisepsie ; toutes questions de biologie générale qui, pour être bien traitées, exigent la connaissance d'innombrables expériences disséminées un peu partout, non réunies encore en un corps de doctrines, et que nous espérons pouvoir dans ce dictionnaire grouper systématiquement, en dégageant l'élément expérimental de l'élément médical proprement dit.

La physiologie a, sur la médecine, ce précieux avantage que les expériences qui constituent la trame même de la science de la vie ne passent pas, comme passent les théories et les applications médicales. Que restera-t-il des théories multiples, rapidement échafaudées, de l'immunité et de la vaccination ? Peu de chose peut-être, dans quelques années, tandis que la mémorable expérience de PASTEUR sur la vaccination (par le choléra des poules atténué) contre le choléra des poules virulent restera toujours inébranlée et inébranlable, au milieu des théories qui s'écroulent.

La physiologie n'est pas seulement la science des fonctions de l'homme ; c'est encore la science des fonctions de tout être vivant. A ce titre les microbes ont, eux aussi, leur physiologie. Eh bien ! toute cette étude de l'immunité, de l'infection, de la vaccination, si c'est la pathologie de l'homme, c'est la physiologie du microbe. Est-ce que la distinction (faite par PASTEUR) des êtres vivants en anaérobies et aérobies ne doit pas être à la base de la physiologie générale ? Les fermentations alcoolique, lactique, acétique, butyrique, sont un des exemples les plus nets des phénomènes chimiques produits par des êtres vivants; et, puisque nous étudions l'urée et l'acide carbonique, résultant de la désassimilation organique des cellules chez les vertébrés, nous devons aussi étudier les ptomaïnes qui résultent de la désassimilation organique des microbes.

Les questions de bactériologie seront donc dans cet ouvrage traitées au point de vue non de la pathologie humaine, mais de la physiologie générale, et je crois que personne n'osera en conclure que ce sera inutile pour la pathologie humaine.

La *Chimie* et la physiologie sont tellement unies que vraiment je concevrais la physiologie comme étant un des chapitres de la chimie. C'est dire que la chimie prendra dans ce dictionnaire une très grande place.

On sait que cette chimie physiologique comporte deux parties bien différentes, et aussi importantes l'une que l'autre : la première, c'est l'étude des changements chimiques des tissus, des oxydations, hydratations, dédoublements produits par le processus vital. Il y là quantité de substances diverses, bien observées par les chimistes, et dont l'étude est tout à fait à sa place dans un dictionnaire; car l'ordre alphabétique est très commode pour la description de ces innombrables substances, et nous ne croyons pas que même le vocabulaire en ait jamais été fait d'une manière complète. En tout cas, comme ce vocabulaire s'accroît incessamment, les anciens dictionnaires n'en peuvent donner qu'un exposé qui est insuffisant aujourd'hui.

Mais la chimie physiologique touche aussi à la toxicologie ou à la pharmacodynamique. Aussi presque tous les mots de la chimie minérale ou organique auront-ils leur place dans notre dictionnaire : il y aura des articles pour l'**Argent**, l'**Antimoine**, l'étain, le **Plomb**, etc., pour la **Benzine**, la **Naphtaline**, la **Résorcine**, la **Térébenthine**, etc. Il est clair que le côté exclusivement chimique sera traité sommairement, et que ce qui sera développé, ce sera l'action de ces diverses substances sur l'organisme vivant; spécialement sur les êtres supérieurs; car l'étude physiologique complète d'une substance chimique est la base de la thérapeutique. Personne n'en peut concevoir d'autre.

Toutes ces considérations montrent que le Dictionnaire de physiologie ne peut faire double emploi ni avec un dictionnaire de chimie, ni avec un dictionnaire de médecine, ni avec un traité de bactériologie.

De même pour la *Zoologie*, la *Botanique* et l'*Embryologie*. Nous devons donner de ces sciences ce qu'il y a de plus intéressant en fait de physiologie : or l'élément purement physiologique de ces sciences descriptives n'est, semble-t-il, présenté méthodiquement nulle part. Certes nous ne tirerons ces documents que des livres connus, et des mémoires déjà publiés, et aucun de nos collaborateurs n'aura la prétention de créer la physiologie comparée; mais ce sera déjà une œuvre bien importante que de rassembler les données éparses, de manière à les présenter dans leur ensemble. Les articles **Oiseaux**, **Reptiles**, **Poissons**, ne peuvent être traités dans un Dictionnaire de physiologie comme dans un traité de zoologie, et nous pensons que des articles de cette sorte n'ont pas été écrits encore. Ils seront, croyons-nous, d'une extrême utilité. Toutes les études sur les venins et les animaux venimeux (serpents, insectes, etc.), sur les animaux électriques et lumineux, relèvent absolument de la physiologie, et nous avons l'intention de donner à ces sujets toute l'importance qu'ils méritent, en eux-mêmes d'abord et ensuite par les déductions qu'on en peut faire pour la physiologie générale.

Parlerai-je de la *Physique,* de la *Psychologie?* il me semble que cela est inutile, puisque aussi bien ce serait pour redire toujours la même chose, c'est-à-dire que nous prendrons dans ces belles sciences l'élément physiologique : nous le mettrons en lumière, et nous espérons que le physicien et le psychologue pourront en faire leur profit.

Je dois aussi mentionner *l'Histoire de la physiologie,* qui n'est guère traitée que dans les dictionnaires biographiques, et qui doit trouver sa place ici. Quand on expose la circulation ou les phénomènes chimiques de la respiration, les vies d'ARISTOTE, de GALIEN, de HARVEY, de HALLER feraient une digression : et pourtant n'est-ce pas dans tous nos livres classiques une lacune vraiment regrettable que cette omission de l'histoire des hommes qui ont rendu tant de services à notre science. Les opinions — voire même les erreurs — d'un grand savant ont toutoujours un caractère singulièrement instructif, et je ne conçois pas qu'on attache peu de prix à l'histoire des sciences. N'y a-t-il pas en Angleterre un traité classique de physiologie, tout récent, où l'auteur, pour simplifier, a supprimé les noms propres, et s'est contenté d'indiquer les faits, sans mentionner ceux qui les ont découverts? Donc, sans nous attarder à mentionner les noms de tous les auteurs qui ont écrit sur la physiologie — tâche assez fastidieuse et stérile, en somme, — nous ferons l'histoire, parfois assez détaillée, des principaux maîtres de la science ; essayant de dégager les faits nouveaux trouvés par eux, de justifier les théories plus ou moins fausses qu'ils ont imaginées et de mettre en relief les services rendus au patrimoine commun.

Nous aurons soin de donner une *Bibliographie* exacte. Sur ce point il faut être intraitable. De bibliographie complète, il n'y en a pas, et il ne peut y en avoir. Mais au moins la bibliographie doit être consciencieuse et loyale, c'est-à-dire qu'on ne citera un auteur que quand on aura tenu en main le livre et le mémoire qu'on cite. Rien n'est plus facile que d'entasser des titres d'ouvrages ou de mémoires se rapportant à telle ou telle question particulière. Il suffit le plus souvent de copier les bibliographies antérieures, en les démarquant plus ou moins ; par exemple, de puiser dans l'*Index Catalogue* de notre savant confrère, M. BILLINGS, une page qu'on reproduit avec beaucoup de fautes d'impression, d'y incorporer quelques indications cueillies dans la *Revue des sciences médicales* de M. HAYEM, pour les deux ou trois dernières années; et le tour est joué. La bibliographie est faite. Mais une bibliographie de ce genre est vraiment frauduleuse, et elle ne doit être en aucun cas construite ainsi. Il faut avoir, sinon lu, au moins parcouru le mémoire qu'on cite, ou alors ne pas donner la citation.

Il existe actuellement tant de publications, tant de mémoires, tant d'auteurs divers, que toute énumération sera nécessairement incomplète. Mais quelques lacunes sont sans gravité, et on ne peut avoir la prétention de ne rien omettre. Il faut même, dans une bibliographie consciencieuse, plus souvent éliminer qu'ajouter : en effet bien des mémoires consultés sont sans importance, et n'ajoutent rien à nos connaissances. Par exemple, la bibliographie de l'article **Cœur** pourrait facilement comprendre dix pages de notre dictionnaire. Vraiment cette longue liste serait tout à fait superflue. Nous renvoyons aux livres où la bibliographie est faite suffisamment, et nous ne mentionnons que les mémoires fondamentaux, ceux qu'il n'est pas permis d'ignorer ou de méconnaître. Quand un auteur fait une étude spéciale sur un point limité de la science, il doit faire lui-même la bibliographie spéciale qui lui est nécessaire, et il ne peut espérer trouver dans aucun ouvrage, quelque complet qu'il puisse être, la bibliographie dont il a besoin. Je suppose, par exemple, qu'un physiologiste veuille étudier l'action du pneumo-gastrique sur le cœur chez les reptiles : il lui faudra chercher longtemps et lire beaucoup d'ouvrages pour savoir tout ce qui a été tenté sur ce sujet. Une bibliographie ne pourra jamais lui donner que certaines indications, qu'il aura le devoir de compléter par lui-même.

Ainsi donc, pour simplifier les trop longues bibliographies, voici le plan que je propose. Le premier mémoire indiqué, et indiqué immédiatement après le mot même, sera le mémoire fondamental, où les indications bibliographiques principales ont été déjà données avant nous, et bien données. Les indications contenues dans ce mémoire, nous ne les répéterons plus, et nous nous contenterons de rapporter, sans autre citation, les résultats scientifiques obtenus par les auteurs qui y sont cités; mais, pour tout le reste, il y aura l'indication, aussi exacte que possible, des sources auxquelles nous avons puisé; car l'*Index Catalogue* n'est pas toujours à la disposition de tous les travailleurs, et dans certains cas il sera bon de répéter quelques-unes des origines qu'il donne.

D'ailleurs chaque collaborateur aura parfaitement le droit, pour l'article rédigé par lui, de donner l'indication des mémoires qui lui paraissent, au point de vue bibliographique, les meilleurs; et alors, naturellement, cette citation le dispensera de recommencer les citations des mémoires secondaires indiqués avec détails dans le mémoire fondamental qu'il prend pour guide.

En un mot nous ferons en sorte qu'avec notre Dictionnaire on puisse rapidement se faire, sur une question quelconque, une bibliographie complète, sans cependant qu'elle soit donnée par nous complètement; car nous prendrons pour auxiliaires les excellents livres que nous avons soin d'indiquer.

Si l'on a eu la patience de suivre les différents points que nous venons de traiter, tant au point de vue de la Thérapeutique, de la Médecine et de la Zoologie que de la Bibliographie, de la Chimie et de l'Histoire, on comprendra que le plan de ce Dictionnaire de physiologie est vraiment nouveau, et que son utilité sera considérable, aussi bien pour les médecins et les chimistes que pour les physiologistes proprement dits.

D'ailleurs, pour résumer tout ce que nous venons de dire, il suffira de parcourir même superficiellement la liste des articles traités. Par exemple, en prenant au hasard, je trouve : **Sueur, Suggestion, Sulfates, Sulfonal, Suppuration, Surmenage, Surrénales, Sympathique, Synesthésie, Syringomyélie, Systole, Swammerdam**. Je crois que tout le monde sera bien vite convaincu de la variété de notre œuvre, variété qui en constitue la principale difficulté.

Il est évident que ce dictionnaire s'adresse surtout aux physiologistes. Nous avons devant les yeux un certain idéal ; c'est pour tout laboratoire de physiologie, l'emploi perpétuel de ce dictionnaire, riche en renseignements de toutes sortes, en chiffres, en mesures, en formules, en sources bibliographiques. C'est là notre but, et nous avons voulu avant tout, les uns et les autres, en faire le livre indispensable à la bibliothèque d'un physiologiste expérimentateur ou professeur. Quoique jamais la réalité ne réponde complètement à l'idéal qu'on s'est formé, il est clair que, plus ou moins, tous les physiologistes de profession, soit en France, soit à l'étranger, auront besoin de consulter ce dictionnaire ; mais nous avons aussi une ambition plus haute. En effet, de toutes les sciences, la physiologie est peut-être celle qui touche l'homme de plus près. Elle confine, comme nous venons de le montrer, à beaucoup de sciences ; à la médecine surtout, puis à la chimie, à la psychologie, à l'histoire naturelle. Or, pour les médecins, les chimistes, les psychologues et les naturalistes, le recours aux traités classiques (et à plus forte raison aux mémoires originaux) est souvent fort difficile. La tâche est bien simplifiée par le dictionnaire, qui peut donner, tout de suite et sans grand effort, le renseignement voulu. On raconte qu'EDISON, le célèbre inventeur américain, a une bibliothèque constituée uniquement par des dictionnaires. Cela lui épargne, paraît-il, beaucoup de temps ; et il peut ainsi trouver rapidement l'information dont il a besoin. Il semble que tous ceux qui auront besoin d'un document physiologique — et ils sont nombreux, puisque ce sont les médecins, les pharmaciens, les chimistes, les psychologues, les naturalistes, — le trouveront sans trop de peine dans notre Dictionnaire, alors qu'ils le chercheraient longuement ailleurs souvent sans pouvoir le rencontrer.

Ne voyons-nous pas que le dictionnaire de WÜRTZ (et je reviens toujours à cet exemple, car j'espère une utilité analogue) n'est pas seulement entre les mains de tous les chimistes, mais qu'il est aussi sans cesse consulté et feuilleté par les physiciens, les physiologistes, les photographes, les industriels, par tous ceux en un mot qui font indirectement de la chimie. Eh bien ! je crois que tous ceux qui font indirectement de la physiologie auront besoin de ce dictionnaire, et ne pourront guère s'imaginer pourquoi, pendant si longtemps, il n'y avait pas à leur disposition cet utile instrument de travail qui leur économise autant de leur temps.

Enfin, — mais c'est peut-être une illusion en faveur de la science que je préfère, — la physiologie, si technique qu'elle soit parfois, est une des sciences les plus faciles à comprendre et les plus attrayantes à étudier, si bien que, même pour les profanes, des chapitres de physiologie ne seront pas sans quelque intérêt. Mais, à vrai dire, si nous avons tenté l'*extension* de la physiologie, en envahissant quelque peu la chimie, la médecine, l'histoire naturelle et la psychologie, nous n'avons voulu rien faire qui ressemblât à de la *vulgarisation*, et nous avons cherché, tout en étant aussi compréhensible qu'il faut l'être quand on écrit dans notre belle langue française, à donner l'exposé complet et scientifique des faits connus aujourd'hui.

Abordons un autre sujet; le procédé de composition des divers articles.

C'est là la difficulté réelle d'un dictionnaire. Il s'agit de limiter chaque article, et de préciser ce qui revient à l'article principal, et ce qui revient aux petits articles accessoires. Je prends un exemple dans la physiologie des muscles. Comment faut-il concevoir l'article **Muscle**? Il est clair que l'article **Myographe** ne pourra être supprimé; par conséquent il faudra mettre dans l'article **Myographe** toute la technique de la myographie. **Secousse musculaire** doit aussi fournir un article, comme **Bruit musculaire**, et **Onde musculaire**, et **Contracture**. Toutes ces parties de la physiologie du muscle devront être traitées isolément; car cette dissémination d'un sujet, c'est le vrai but d'un dictionnaire. Il faut que, pour savoir les faits connus sur le bruit musculaire, je les cherche à l'article **Bruit**, et que je les y trouve.

La physiologie du muscle se trouve ainsi décomposée en ces divers éléments; mais il reste encore quantité de faits qui ne pourraient trouver place qu'à l'article **Muscle** : car, si l'article **Muscle** est plus général que les articles : **Onde**, **Myographie**, **Contracture** et **Bruit**, il est moins général que les articles **Sang** et **Irritabilité**; de sorte qu'il faudra pour l'étude de l'**Irritabilité** renvoyer à l'article **Muscle**, et à l'article **Nerfs** tout en traitant de l'**Irritabilité** en général.

De même les conclusions d'un article sur la **Myographie** et l'**Onde** et le **Bruit musculaire**, quand elles comporteront quelque généralité, seront à leur place dans l'article **Muscle**.

C'est plutôt d'ailleurs, pour ces noms divers, une question de tact et de mesure que de principes. En principe, c'est l'article le plus spécial qui comportera surtout la description. Ainsi on ne fera pas l'étude du cervelet à **Encéphale**. Mais le cervelet fera un article spécial, et, pour l'étude du cervelet, dans l'article **Encéphale**, on renverra au mot **Cervelet**. L'article **Vision** ne comprendra pas toute l'optique physiologique; car c'est un mot plus général qu'**Accommodation**, **Iris**, **Rétine**. Mais, comme il faut s'arrêter dans cette spécialisation, les fonctions de la rétine seront décrites à **Rétine** et non à **Tache jaune**.

Toute classification, tout arrangement méthodique est essentiellement arbitraire; car il n'y a rien dans les faits eux-mêmes qui soit disposé pour ces classements artificiels : aussi peut-t-on dire que tout système est bon, pourvu qu'il soit appliqué avec modération, sans être poussé à l'absurde. Ainsi l'histoire chimique du sang ne peut vraiment pas être dédoublée dans toutes ses parties. Certes il faudra parler de la coagulation du sang aux articles **Caillot**, **Coagulation** et **Fibrine**; mais c'est l'article **Sang** qui aura évidemment le plus de détails; car on ne peut isoler la coagulation des autres fonctions du sang. Ce seront évidemment des redites, des répétitions, mais peut-on les éviter? Même dans un traité de physiologie, on est forcé de reprendre en un chapitre la question qu'on avait traitée en partie dans le chapitre précédent. A plus forte raison dans un dictionnaire.

Il y aura donc, pour nous résumer, des articles *généraux* et des articles *spéciaux*. Tout ce qui pourra, sans porter dommage à l'unité et à l'harmonie de l'article général, être traité dans un article spécial, sera réservé à cet article *spécial* (par exemple, le vomissement peut être traité à **Vomissement**, sans que, dans les articles **Estomac** et **Digestion**, on insiste sur la mécanique du vomissement). Le plus souvent donc il y aura des articles spéciaux.

Mais cette spécialisation ne peut aller presque à la mutilation d'une question qui doit être prise dans son ensemble; et alors il y aura un article général. Il serait absurde de faire un article spécial pour **Cordons antérieurs de la moelle**; un autre pour **Cordons postérieurs** et un autre pour **Axe gris-central**. Pour le cerveau, cette spécialisation est déjà plus acceptable, et je comprendrais assez bien qu'il y eût les articles : **Corps calleux, Circonvolutions cérébrales, Corps opto-striés**, quoique, assurément, un article d'ensemble sur le cerveau soit nécessaire et peut-être suffisant.

Quant à la rédaction des articles eux-mêmes, une fois le plan général adopté et convenu, nous n'avons pas eu de conseils à donner à nos collaborateurs. Sur ceux-là nous n'avons rien à révéler à nos lecteurs. Il est évident que la méthode expérimentale, le respect du fait, respect scrupuleux et presque servile, ont inspiré tous ceux qui ont collaboré à ce livre. Peu ou point de théories; car les théories vieillissent et sont en quelques années démodées; tandis que les faits restent immuables, et sont aussi intéressants au bout de cent ans, que l'année dernière.

Surtout les chiffres, les mesures, les tableaux, les graphiques. L'idéal de la Physiologie, ce serait presque l'absence de texte, avec des tableaux numériques, des moyennes, et de grands graphiques, méthodiquement disposés. C'est ainsi qu'on peut supprimer quantité de détails inutiles, et faire rapidement comprendre un grand nombre de vérités qui auraient eu, sans cela, besoin de longues et fastidieuses explications.

On pourrait appliquer aux faits de notre science la maxime de l'Ecclésiaste : *Omnia in numero et pondere.*

Il est inutile de présenter à nos lecteurs les physiologistes distingués qui ont collaboré à cet ouvrage. D'ailleurs on jugera de leur œuvre. Je dois cependant les remercier publiquement de leur abnégation; il faut un dévouement presque héroïque pour passer plusieurs mois de travail à écrire un article aussi utile à ceux qui le lisent que peu glorieux pour celui qui l'a composé et qui s'est oublié lui-même en faisant une œuvre impersonnelle.

Nous n'ignorons pas l'imperfection de notre œuvre; mais, si imparfaite qu'elle soit, elle nous paraît cependant constituer un progrès.

CHARLES RICHET.

ABRÉVIATIONS

DES INDICATIONS BIBLIOGRAPHIQUES

DICTIONNAIRE

DE

PHYSIOLOGIE

—⋅—➤◆◄—⋅—

A

ABASIE-ASTASIE. — L'abasie (ἀ privatif et βάσις, marche) est la perte
plus ou moins complète de la faculté de marcher, et l'astasie (ἀ privatif et στάσις, station)
la perte plus ou moins complète de la faculté de garder la station verticale, sans trouble
de la sensibilité, de la force musculaire, de la coordination, de sorte que, sauf la marche
et la station verticale, tous les mouvements des membres inférieurs s'exécutent régulièrement. L'abasie et l'astasie coexistent d'ordinaire.

Elles se rencontrent chez des hystériques et constituent un phénomène du même
ordre que la paralysie hystérique. Les causes occasionnelles sont les émotions vives,
les traumatismes, les maladies infectieuses. On peut produire expérimentalement l'astasie-abasie, dans l'hypnotisme, en suggérant à l'individu hypnotisé qu'il ne peut plus
se tenir debout ou marcher.

Pour expliquer l'astasie-abasie, il faut se rappeler que la station et la marche ne s'apprennent qu'à la suite d'un long apprentissage : les centres corticaux qui président à ces
mouvements doivent, dans les débuts, déployer une attention incessante ; alors, à la
longue, ils finiraient par créer un centre spinal agissant d'une façon quasi automatique,
à la suite d'une simple impulsion corticale. On peut, avec Blocq, imaginer que, dans
l'astasie-abasie, il s'agit d'une influence d'arrêt, portant soit sur le centre cortical, cas
dans lequel l'impulsion initiale fera défaut, soit sur le centre spinal, et alors l'ordre
donné n'est pas exécuté.

Bibliographie. — Blocq. *Sur une affection caractérisée par de l'astasie et de l'abasie*
(*Archives de Neurologie*, t. xv, 1888). — Charcot. *Leçons sur le système nerveux à la Salpê-
trière*, 1887-1889.   XAVIER FRANCOTTE.

ABCÈS. — Voir Suppuration.

ABEILLE. — Insecte de l'ordre des *Hyménoptères*, sous ordre des *Porte-aiguillons*
(abdomen pédiculé, un aiguillon venimeux ou tout au moins des glandes anales sécrétant un
liquide acide chez les femelles) ; tribu des *Apiens* (antennes coudées, lèvre inférieure et
mâchoires longues, et formant par leur association une sorte de trompe ; pattes postérieures des femelles conformées pour récolter le pollen, avec jambe (tibia) élargie creusée
en cuiller sur la face externe et premier article du tarse très grand en palette carrée ou
triangulaire) ; famille des *Apides* ; genre *Apis*.

Le genre exclusivement propre à l'ancien continent comprend dix ou douze espèces,
dont la plus connue est l'abeille proprement dite, *Apis mellifica* Linn., probablement
originaire de la Grèce, ou de l'Asie-Mineure. Elle offre une variété ou race méridionale,
Apis ligustica Spinala, dite vulgairement abeille italienne ou abeille jaune.

Pour les faits physiologiques que l'abeille possède en commun avec tous les autres

Arthropodes ailés, nous renvoyons à l'article **Insectes**; nous ne parlerons ici que de ce qui est plus ou moins spécial à l'abeille.

Mœurs en général. — Nous résumons brièvement sous ce titre la vie des abeilles domestiques, dont les particularités curieuses sont aujourd'hui connues dans les plus petits détails, grâce aux travaux de SWAMMERDAM, Fr. HUBER, DZIERZON, etc., etc., et de nombreux apiculteurs. Notre guide principal a été l'excellente monographie de MAURICE GIRARD.

Une colonie d'abeilles se compose : 1º d'une seule femelle féconde, ordinairement appelée *reine*, munie d'un aiguillon et qui ne sort de la ruche que dans deux cas, au moment de l'accouplement et lors de l'essaimage; 2º d'innombrables neutres ou *ouvrières* chargées de la récolte du pollen ainsi que de la production du miel et de la cire; elles possèdent aussi un aiguillon et doivent être considérées comme des femelles dont l'appareil reproducteur est avorté (découverte due à Mlle JURINE); 3º des mâles ou *faux-bourdons* privés d'organes vénénifiques : leur existence dans la colonie n'a, comme nous allons le voir, qu'une durée limitée; 4º enfin, accidentellement, d'un certain nombre d'ouvrières fertiles, c'est-à-dire d'individus au faciès de neutres et impropres à l'accouplement, mais possédant des ovaires développés. Elles pondent irrégulièrement des œufs parthénogénétiques dont nous parlerons plus tard.

Une seule ruche contient de 30 à 50 000 ouvrières et de 2 000 à 3 000 faux-bourdons.

Quelques jours après son éclosion, pendant les heures les plus chaudes, la jeune reine sort de la ruche et est bientôt suivie dans ses évolutions aériennes par une troupe de mâles. L'un de ceux-ci l'ayant atteinte, l'accouplement a lieu, soit en l'air pendant le vol, soit, dans d'autres cas, durant un court repos, sur la tige ou les feuilles d'un végétal. Pendant cet acte qui est rapide, le pénis du mâle se retourne comme un doigt de gant, et les spermatozoïdes sont introduits dans les organes femelles, réunis en un *spermatophore* piriforme. Lors de la désagrégation de ce dernier, les spermatozoïdes devenus libres, et au nombre de plusieurs millions, sont accumulés dans un réservoir sphérique *spermathèque* ou *receptaculum seminis* annexé au vagin de la femelle. Cette quantité considérable de spermatozoïdes explique comment un seul accouplement suffit pour assurer la fécondation de tous les œufs de femelles et d'ouvrières que la reine pondra durant toute sa vie, qui est ordinairement de trois années.

Fécondée, la femelle rentre à la ruche qu'elle ne quittera plus à moins d'*essaimage*, c'est-à-dire de départ en masse d'une partie notable de la population à la recherche d'une autre habitation. Ce fait a lieu, dans les ruches de faible capacité, lors de l'éclosion d'une reine nouvelle. Ce sont donc, la vieille reine, un grand nombre d'ouvrières et une certaine quantité de faux-bourdons qui partent, dans le double but de faire de la place au logis primitif et d'aller ailleurs créer une deuxième colonie. Si, au contraire, l'espace habitable est très grand, comme dans certaines ruches sauvages établies dans des arbres creux, dans l'intervalle entre le plafond et le plancher de vieux bâtiments, etc., l'essaimage ne paraît pas se produire, ce qui permet de croire que plusieurs colonies vivent alors en bons termes côte à côte.

Ainsi que nous le disions plus haut, l'existence des faux-bourdons ou mâles est limitée; elle ne dure guère que deux ou trois mois. Lorsque la période d'essaimage et de fécondation des jeunes reines est passée, les mâles impropres au travail ne sont plus que des bouches inutiles qui doivent disparaître. Les ouvrières les chassent de la ruche et en tuent un grand nombre; le reste, dispersé de tous côtés, meurt de faim.

Architecture. — Les abeilles ouvrières emploient pour leurs constructions deux substances très différentes : 1º la *cire*, produit spécial de glandes cutanées et par conséquent sécrété par elles; 2º la *propolis*, matière résineuse d'origine végétale que ces insectes vont récolter sur les bourgeons de divers arbres, des peupliers, des bouleaux, des ormes, des saules, etc.

La propolis sert à boucher les fentes, à coller à la voûte les premières assises des gâteaux, à envelopper les cadavres d'animaux introduits dans la ruche et trop volumineux pour être transportés au dehors.

Les gâteaux de cire pendent verticalement comme de petites murailles et sont creusés sur leurs deux faces d'alvéoles dont il faut distinguer trois types à rôles déterminés : 1º les alvéoles *d'ouvrières* destinées au *couvain* (larves et nymphes) des neutres, ce sont les plus petites (12 millimètres de profondeur) et de beaucoup les plus nombreuses; 2° les alvéoles de mâles, plus grandes (15 millimètres de profondeur); 3° enfin, quelques cellules relativement énormes, ou cellules *royales*, pour les larves qui vont donner naissance aux femelles fécondes.

Les alvéoles des deux premières catégories ont la forme de prismes hexagonaux ouverts du côté externe par où se fera la ponte et fermés du côté interne par un pointement à trois faces composé de trois losanges égaux. De plus, les alvéoles des deux faces du gâteau ne se correspondent pas; les parois du fond pyramidé d'une cellule appartenant en même temps aux fonds de trois cellules de la face opposée.

On a mathématiquement démontré que par cette forme des alvéoles les abeilles sont arrivées au moindre développement de la surface des parois et, par suite, à la plus petite dépense possible de cire.

Quant aux alvéoles royales, elles sont ovoïdes, à parois épaisses, assez irrégulières, comprenant près de cent fois autant de cire qu'une cellule d'ouvrière. On les observe près des bords des gâteaux, et on en compte, dans une ruche, de cinq à douze, mais quelquefois beaucoup plus.

Toutes les cellules ne sont pas destinées à recevoir des œufs et à contenir, par suite, des larves, puis des nymphes. Un certain nombre de ces loges servent simplement de récipients pour l'excès de miel et de pollen apporté par les ouvrières pendant la belle saison et mis en réserve en vue des périodes de disette. D'une manière générale, ce sont les cellules des rangées supérieures de chaque gâteau. Dès qu'une de ces alvéoles magasins est remplie, des ouvrières la ferment avec un couvercle de cire.

La femelle ou reine parcourt la surface des gâteaux en pondant dans chaque alvéole vide un œuf ovoïde très allongé, œuf qui, dans la règle ordinaire et pour des causes dont il sera question à la fin de cet article, donnera lieu à un insecte d'un sexe approprié aux dimensions de l'alvéole.

D'après des observations répétées, une reine vigoureuse peut pondre ainsi journellement environ 3 000 œufs.

L'éclosion a lieu le quatrième jour après la ponte et, dès que la larve apode s'est débarrassée de la paroi de l'œuf, les ouvrières lui apportent une bouillie formée d'eau, de pollen et de miel. La composition de cette nourriture change à mesure que la larve se développe, la proportion du miel pur augmentant progressivement. La larve étant arrivée au terme de sa croissance, les ouvrières ferment l'alvéole par un couvercle de cire légèrement convexe : puis, après une phase nymphale dont la durée varie selon le sexe, l'insecte parfait coupe à l'aide de ses mandibules le couvercle de sa loge et entre dans la vie active.

Tel est le tableau forcément écourté de ces mœurs assurément dignes d'exciter le plus vif intérêt, mais qu'il faut se garder d'interpréter avec l'enthousiasme irréfléchi des littérateurs et des poètes qui vont jusqu'à voir dans la colonie d'abeilles le modèle d'une société humaine parfaite. Société cependant bien misérable, si l'on remarque : 1° que tous les actes y convergent vers un seul but, la reproduction; 2° que les individus sont absolument sacrifiés à l'équilibre de l'ensemble; 3° qu'il n'y existe aucune tendance au progrès, puisque, sauf de petits détails *résultant de l'action de l'homme*, les abeilles travaillent aujourd'hui exactement de la même façon qu'à l'époque où les observait ARISTOTE.

Cette vie en commun d'individus nombreux entre lesquels sont réparties d'une manière presque invariable des besognes distinctes, vie en commun dont l'équivalent se retrouve chez des Névroptères, les Termites, et chez de nombreux Hyménoptères sociaux, Mélipones, Bourdons, Guêpes et Fourmis, représente un grand degré de complication se traduisant par la subdivision du travail.

Quelques exemples feront saisir immédiatement ce principe : si de l'animal monocellulaire qui, pour se reproduire, n'a qu'à se scinder en deux moitiés, nous passons à l'être polycellulaire, hermaphrodite suffisant, dont la reproduction s'effectue à l'aide de deux groupes de cellules différentes, ovules et spermatozoïdes, il y a subdivision du travail; si, après l'animal hermaphrodite, nous considérons, par exemple, les Hyménoptères solitaires, tels que les Anthophores, où les glandes sexuelles produisant ovules et spermatozoïdes sont portées par deux individus; l'un femelle, l'autre mâle, nouvelle subdivision du travail; et si enfin de l'Anthophore, dont la femelle à elle seule effectue les multiples opérations de la construction des cellules, de la ponte, de la recherche de la nourriture, etc., nous arrivons aux Hyménoptères sociaux avec mâles destinés à assurer la fécondation, femelles pondeuses, neutres constructeurs et nourriciers, nous atteignons le plus grand degré de complication dans la subdivision du travail que l'on puisse constater chez les Insectes.

La colonie d'abeilles n'est donc pas un modèle de société humaine parfaite; s'il faut une comparaison, nous la trouvons dans les immenses industries modernes où la subdivision du travail conduit à la production en grand à bon marché, mais où, hélas, l'ouvrier qui, isolé autrefois et devant alors tout faire, pouvait exercer son intelligence, n'est plus aujourd'hui qu'un automate condamné à répéter sans cesse le même mouvement machinal.

Prétendu sens de la direction. — Les abeilles ne se transportent généralement pas à plus de 2 kilomètres de la ruche. Cependant, dans certaines circonstances spéciales où les fleurs mellifères étaient exceptionnellement éloignées, on a trouvé ces insectes butinant à 5 et même 7 kilomètres. Ce dernier fait et la sûreté avec laquelle la plupart des individus retournent à la colonie a fait admettre pendant longtemps chez l'Abeille et chez d'autres Hyménoptères un *prétendu sens de direction.*

J. H. FABRE, en partie sur les conseils de CH. DARWIN, avait effectué, à l'aide de Chalicodomes, des expériences consistant, en résumé, à lâcher, à 3 kilomètres de distance de leur demeure, des individus préalablement marqués et qui se trouvaient renfermés chacun dans un cornet de papier distinct. Les cornets étaient réunis dans une boîte. L'observateur, pour dérouter les Hyménoptères, avait pris d'abord une direction opposée à celle qu'il voulait suivre; en outre, et plus tard, au lieu du lâcher, il avait imprimé à la boîte de rapides mouvements de rotation.

Un certain nombre de Chalicodomes retrouvèrent effectivement leur chemin, mais, comme le remarque LUBBOCK, ces essais sont loin de prouver l'existence d'un sens de direction. En effet, la proportion des retours fut faible, puisque, dans l'ensemble des 6 expériences effectuées à l'aide de 144 insectes, 47 seulement parvinrent à reconnaître leur route, et 97 se perdirent.

G.-J. ROMANES expérimentant à son tour et, cette fois, sur des abeilles proprement dites, put démontrer que ces animaux ne retrouvent leur ruche *que si, par des voyages de plus en plus longs autour de la colonie, ils ont acquis une expérience suffisante de la contrée.* Voici la façon ingénieuse dont il opéra : une habitation située à une certaine distance de la mer se trouvait placée entre deux grands jardins fleuris placés l'un à droite, l'autre à gauche. Devant l'habitation et jusqu'au rivage, uniquement des pelouses. Les abeilles partant de la maison avaient donc l'habitude de visiter les deux jardins, mais ne fréquentaient pas, ou bien rarement, les pelouses à peu près dénuées de fleurs.

Ceci constaté, une ruche fut mise devant une fenêtre ouverte, dans une des chambres du rez-de-chaussée ayant vue vers la mer. Lorsque les abeilles furent bien accoutumées, on ferma la fenêtre le soir, après la rentrée de toutes les travailleuses, et on boucha l'orifice de la ruche au moyen d'une plaque de verre. Cette disposition permit le lendemain matin de ne laisser sortir qu'un certain nombre d'insectes qui furent capturés et enfermés momentanément dans une boîte. La ruche resta fermée par sa plaque de verre, mais une planchette abondamment enduite de glu fut placée à l'entrée. La fenêtre de la chambre étant de nouveau largement ouverte, on comprend que toute abeille lâchée au loin et revenant à la ruche devait se prendre dans la glu et être ainsi aisément reconnue.

Un premier lot d'abeilles mis en liberté au bord de la mer se perdit complètement: aucune ne retrouva son chemin. Il en fut de même d'un second lot lâché sur les pelouses en un point intermédiaire entre la plage et l'habitation; aucune abeille ne parvint à rentrer, quoique la distance ne fût que de 200 mètres. Enfin, à titre de comparaison, un troisième groupe d'abeilles ayant été lâché dans l'un des jardins, reconnut admirablement son chemin; tous les individus se collèrent dans la glu, bien que, par suite de l'étendue du parc, la distance à parcourir fût supérieure à celle où la deuxième expérience sur les pelouses avait été tentée.

G. W. et EG. PECKHAM, après des essais variés sur des guêpes, mais que nous ne pouvons détailler ici, sont aussi arrivés à la conclusion que ces Hyménoptères sociaux ne possèdent aucun sens spécial de direction.

Communications et rapports entre individus. — On dit communément que si, dans ses pérégrinations, une abeille a rencontré une provision inespérée de nourriture, d'autres abeilles, en nombre de plus en plus considérable, ne tardent pas à arriver à la curée.

Comme Lubbock le fait observer, si, après son retour à la ruche, l'insecte qui a découvert le trésor est simplement suivi par ses compagnes lors d'un second voyage, la chose est peu importante, puisque les abeilles peuvent avoir été averties par l'odeur qu'exhale celle qui vient de rentrer. Mais si, au lieu de cela, l'abeille revenue restant à la ruche, des émissaires étaient expédiés de la colonie vers l'objet rencontré, le phénomène aurait une bien autre valeur et prouverait l'existence de transmissions de véritables raisonnements d'individu à individu.

Afin d'élucider la question, Lubbock a effectué de nombreuses expériences; transportant une abeille marquée au bord d'un vase plein de miel où elle se gorgeait à plaisir avant de s'envoler, puis attendant patiemment le retour de l'insecte et l'arrivée possible d'autres individus. Les essais ont été répétés en plein air et aussi dans une chambre où une ruche spéciale avait été placée.

Or, en plein air, non seulement l'abeille, instruite cependant de la présence du miel, n'y retourne presque jamais — et il faut se livrer à une véritable éducation progressive pour l'amener à revenir, — mais, de plus, *aucune autre ne l'accompagne.*

Dans une chambre, une éducation semblable est encore nécessaire et quoique la distance à parcourir soit bien petite, les individus accompagnant les abeilles marquées et dressées sont excessivement rares; parfois durant de longues heures il n'en vient aucun.

L'opinion courante est donc probablement une de ces nombreuses légendes d'apiculteurs basées sur des observations défectueuses.

On répète aussi partout que, dans une ruche, toutes les abeilles se reconnaissent et que, si un individu provenant d'une autre colonie pénètre dans l'habitation, il est immédiatement découvert et attaqué.

Ce sont encore d'intéressantes expériences de Lubbock qui infirment absolument ces prétendus faits de reconnaissance d'insectes par leurs compagnons de travail. Il a répété nombre de fois l'essai consistant à marquer une ou plusieurs abeilles provenant d'une ruche donnée et à les placer à l'orifice d'une autre. Or les étrangères entraient comme chez elles, restaient plus ou moins longtemps à l'intérieur, sortaient, volaient quelque temps, puis, presque toujours, rentraient dans leur nouvelle demeure. Parfois, elles retournaient pour quelques instants à l'ancienne ruche.

Enfin, on parle, dans les mœurs des animaux, de l'affection des abeilles pour la reine ou femelle pondeuse. Lubbock aussi a montré que ce prétendu attachement est bien faible. Désirant substituer dans une ruche une reine italienne (var. *Ligustica*) à une reine de race ordinaire, il enleva cette dernière et la mit, avec quelques ouvrières, dans une boîte munie d'une ouverture et contenant un rayon de miel. Revenu d'une absence quelques jours après, il constata que la reine avait été complètement abandonnée. Cette même reine mise ensuite auprès d'un certain nombre d'abeilles n'attira aucunement leur attention et, cependant, dès qu'elle fut réintroduite dans la ruche, elle se vit entourée d'une troupe empressée d'ouvrières. Conclusion : les rapports entre les neutres et la femelle ne sont donc pas réglés par des associations d'idées, mais encore une fois par simple instinct.

Rappelons que tous ces désaccords entre les croyances vulgaires et les résultats de Romanes et de Lubbock proviennent de la différence énorme existant entre l'observation superficielle de l'apiculteur ou de l'amateur et l'expérimentation sévère et ingénieuse du vrai naturaliste qui ne se contente pas des seules apparences.

Production du miel. — L'abeille qui butine récolte deux matières principales, le *pollen*, dont nous ne parlerons pas spécialement, et le *nectar*.

Pour se procurer cette dernière substance, elle plonge, dans les nectaires des corolles, une espèce de trompe formée par l'association en faisceau d'une série d'organes buccaux étroits et allongés qui sont : au milieu, la *languette*, prolongement de la lèvre inférieure, long, strié transversalement et garni de nombreuses soies ; autour de la languette, d'abord les palpes labiaux, puis, plus extérieurement et enveloppant le tout, les mâchoires (les mandibules n'interviennent pas dans la récolte des liquides).

L'animal n'aspire pas les sucs à la façon des papillons, il lèche en quelque sorte; c'est-à-dire que la languette velue est introduite dans le liquide visqueux dont elle se recouvre abondamment, puis est soumise, de la part des mâchoires, à des pressions qui font refluer la liqueur dans la bouche, l'œsophage, et enfin le jabot.

Les abeilles recherchent, du reste, avidement, toutes les matières sucrées, telles que le sucre des raffineries, les liquides sucrés qui découlent spontanément de certains végétaux, et ceux enfin que sécrètent beaucoup de pucerons.

Le jabot non seulement joue le rôle d'une poche de dépôt, mais il est, en outre, le siège de phénomènes chimiques divers, résultant, peut-être, de l'action du liquide sécrété par une des trois paires de glandes salivaires de l'animal, et, très certainement, de l'action de liquides digestifs produits par la paroi de l'intestin moyen ou portion élargie du canal qui fait suite au jabot; liquides qui refluent dans cette poche d'arrière en avant comme chez tous les insectes.

Sous l'influence de ces liquides, le sucre de canne ou saccharose que le nectar renferme toujours en quantité assez considérable est presque entièrement dédoublé en un mélange de dextrose (sucre de raisin) et de lévulose (sucre de fruit incristallisable).

Le miel ainsi formé a à peu près la composition suivante, variant légèrement suivant les provenances :

Eau	19,21
Dextrose	33,30
Lévulose	40,00
Saccharose	1,95
Matières non sucrées	5,54
	100,00

L'arome du miel provient des substances volatiles odorantes des fleurs.

C'est donc sous cet état que l'abeille arrivée à la ruche dégorge le miel dans l'une des cellules.

La totalité du miel produit par l'insecte n'est naturellement pas destinée à la communauté; une certaine partie passe dans les portions du tube digestif qui suivent le jabot; là elle est digérée, et sert à la nutrition des tissus ainsi qu'à la production de la cire.

Production de la cire. — La cire est une matière grasse dans le sens vulgaire, mais ce n'est pas une graisse dans le sens chimique. Une graisse chimique est, en effet, toujours un éther glycérique, c'est-à-dire qu'elle peut être obtenue synthétiquement par l'action d'un acide riche en carbone de la série des acides gras sur un alcool triatomique, la *glycérine*. Tandis que la cire d'abeille consiste principalement en un mélange d'*acide cérotinique* (14 p. 100) et de *palmitate de myricyle* (86 p. 100) ou éther palmitique d'un alcool monoatomique, l'alcool *myricylique* ($C^{30}H^{62}O$).

En traitant la cire par l'alcool bouillant, on sépare deux principes immédiats : l'un, soluble, qui a porté le nom de cérine (Lewy), comprend surtout de l'acide cérotinique libre ($H^{27}C^{54}O^2$) et un peu d'acide palmitique; l'autre, insoluble, nommé souvent myricine (Lewy) est constitué par l'éther palmitique de l'alcool myricylique (autrefois mélissique) plus quelques acides gras mal définis et en petite quantité.

On crut longtemps que la cire était ou bien récoltée à l'extérieur parmi les matières cireuses des végétaux (Swammerdam, Maraldi), ou bien dégorgée par l'insecte à la façon du miel (Réaumur). Ce n'est qu'à partir de 1768, époque où un apiculteur de la Lusace découvrit que l'abeille ouvrière produit la cire à l'état de lamelles sous le bord inférieur de certains anneaux de l'abdomen, et de 1792, date de la publication du remarquable mémoire (*Observations on Bees*) dans lequel J. Hunter signale la même découverte, que l'on comprit que cette substance est le résultat d'une sécrétion cutanée.

Un grand nombre d'insectes sécrètent des matières cireuses, sinon identiques à la cire des abeilles, du moins très voisines; tantôt à l'état de granules formant alors une sorte de poussière (*Libellula depressa*), tantôt à l'état de filaments (puceron lanigère) tantôt enfin sous l'aspect de lamelles minces.

Toujours ces exsudations sont produites par de petites glandes, ordinairement unicellulaires, dont les tubes excréteurs aboutissent à des canaux poreux percés dans le revêtement chitineux de la peau.

L'abeille femelle (féconde) et les mâles ne sécrètent pas de cire ; à l'ouvrière ou neutre seule est dévolue cette fonction. Si donc on examine la face inférieure de l'abdomen d'une ouvrière, on voit que les anneaux chevauchent largement l'un sur l'autre, et que, lorsqu'on étire artificiellement cette région du corps, on met facilement à nu quatre paires d'aires membraneuses à peu près pentagonales et d'un blanc jaunâtre situées sur les parties habituellement recouvertes des segments 2, 3, 4 et 5.

C'est à la surface de chacune de ces aires pentagonales que se développe une mince lamelle de cire à structure finement fibreuse ; les fibres étant perpendiculaires à la surface sécrétante (F. DUJARDIN).

L'examen microscopique d'une aire cirière montre d'innombrables pores auxquels répondent, sous la couche chitineuse, ici très mince, autant de délicates glandules cylindriques. Cette disposition anatomique explique immédiatement la texture fibreuse de la lamelle de cire exsudée.

La cire étant donc incontestablement sécrétée par l'animal, il restait à déterminer où celui-ci puise les matériaux de cette sécrétion. Les expériences de F. HUBER (1804), de GUNDELACH (1842), enfin de J.-B. DUMAS et H. MILNE EDWARDS (1843) démontrèrent qu'elle a pour point de départ le miel absorbé et digéré par l'abeille.

Il résulte, en effet, de ces recherches (faites au moyen de colonies enfermées dans une chambre dont les fenêtres sont garnies d'un treillis métallique et auxquelles on ne donne que des nourritures spéciales), que les abeilles nourries exclusivement soit au pollen, soit au sucre, sont ou absolument incapables de produire de la cire ou n'en forment qu'une quantité fort minime, que celles seules que l'on nourrit au miel offrent leur sécrétion cireuse normale et construisent des gâteaux.

C'est ainsi que DUMAS et H. MILNE EDWARDS, tenant compte : 1° de la petite quantité de matière grasse contenue à l'état de tissu adipeux dans le corps des insectes; 2° d'une trace de cire (8 dix-millièmes) que renfermait le miel, constatèrent qu'en onze jours un essaim d'ailleurs faible, — car il ne comptait qu'un peu moins de 2000 ouvrières, — nourri au miel, avait formé trois gâteaux contenant 11^{gr},451 de cire pure.

Sécrétion venimeuse. — Les Hyménoptères porte-aiguillon sont presque tous pourvus d'un appareil venimeux de défense se composant de glandes sécrétant le liquide et d'un aiguillon mu par des muscles. La piqûre est une véritable injection hypodermique de poison.

L'aiguillon est tantôt barbelé (Xylocopes, Chalicodomes, Abeilles, Bourdons, Guêpes, Polistes), tantôt lisse (Philanthes, Pompiles, etc.).

Chez l'abeille, l'aiguillon et ses glandes manquent aux mâles ou faux-bourdons.

Nous laisserons de côté les détails anatomiques pour parler plus spécialement du venin.

Il était généralement admis que celui-ci se compose surtout d'*acide formique* CH^2O^2, mais G. CARLET (1884-1888) a approfondi la question et montré que les faits sont assez compliqués.

D'après lui, le venin des Hyménoptères à aiguillon barbelé, toujours acide, est constitué par le mélange de deux liquides, l'un fortement acide, l'autre faiblement alcalin. Ces deux liquides différents sont sécrétés, par exemple chez l'abeille, par deux glandes distinctes : le liquide acide par la glande tubuleuse longue et bifide aboutissant au fond d'un réservoir piriforme; et connu depuis longtemps; le liquide alcalin par une glande beaucoup plus petite, appelée faussement glande sébacée par certains auteurs et insérée près de la base de la gaine de l'aiguillon.

Ainsi que l'indiquent les expériences ci-dessous, le concours des deux liquides serait indispensable pour déterminer la totalité des effets de la piqûre de l'abeille et des guêpes : 1° une grosse mouche bleue (*Calliphora vomitoria*) piquée par une abeille meurt comme foudroyée; 2° l'inoculation d'un seul des deux liquides à une mouche de la même espèce ne détermine pas la mort ou ne la détermine que lentement; 3° au contraire, l'inoculation successive des deux liquides amène la mort du Diptère dès que le mélange s'effectue.

Il est probable que le liquide acide seul ne produit qu'une action stupéfiante; en effet la plupart des Hyménoptères à aiguillon lisse chez lesquels la glande alcaline manque, approvisionnent leur nid d'Insectes ou d'Arachnides vivants, mais rendus immobiles par une ou plusieurs piqûres effectuées au voisinage des ganglions nerveux thoraciques.

Parthénogenèse et Arrénotokie. — Nous ne referons pas l'historique, fort long du reste, de cette question curieuse; disons seulement qu'il résulte des observations et des découvertes successives de Dzierzon (1845), de von Berlepsch (1853-1854), de Leuckart (1855), de von Siebold (1856) et de quelques autres, que la femelle ou reine pond en réalité des œufs *tous identiques*, mais que, suivant les circonstances, elle contracte par [voie réflexe ou ne contracte pas la tunique musculaire du réceptacle du sperme, (plus exactement du col de ce réceptacle), de sorte que parmi les œufs les uns ne sont pas fécondés, tandis que les autres le sont au contraire à l'instant de la ponte.

Les œufs fécondés donnent toujours lieu à des larves de femelles (larves de reines ou femelles pondeuses et larves d'ouvrières, ou femelles à ovaires avortés). Les œufs non fécondés, non seulement donnent lieu à des embryons, ce qui constitue le phénomène si remarquable de la *parthénogenèse*, mais, de plus, ils ne produisent jamais que des mâles, parthénogenèse spéciale à laquelle on donne le nom d'*Arrénotokie* (Ἀρρενοτοκέω, engendrer un mâle).

Dans l'acte de féconder ou de ne pas féconder les œufs, n'interviennent ni raisonnement ni volonté. Les pontes de l'un ou de l'autre sexe ont généralement lieu à des époques déterminées, par des influences purement extérieures. Ainsi, à une grande abondance de fleurs mellifères et à une forte population d'ouvrières, répond en général une ponte de mâles.

A ces faits, aujourd'hui hors de doute, s'en ajoutent d'autres non moins intéressants concernant la production de femelles fécondes aux dépens d'œufs qui, dans les circonstances ordinaires, n'auraient donné que des ouvrières, la transformation possible d'ouvrières en pondeuses et la reproduction arrénotoque de ces dernières.

Lorsque, pour une cause ou l'autre, la reine ou femelle pondeuse unique vient à disparaître, les abeilles, comme l'a signalé Schirach dès 1771, détruisent les cloisons séparant plusieurs cellules d'ouvrières, et forment ainsi, après coup, des cellules plus grandes, dites *cellules royales artificielles* qu'elles allongent encore. Elles retirent les jeunes larves qui occupaient les anciennes cellules périphériques du groupe, et ne conservent que la larve centrale.

Celle-ci, au lieu d'être nourrie de la bouillie ordinaire servie aux larves de neutres et de mâles, reçoit en abondance la bouillie plus nutritive et plus riche en éléments azotés, appelée *gelée prolifique*, et que les ouvrières donnent normalement aux larves des cellules royales proprement dites. Sous l'influence de cette alimentation abondante, les ovaires de l'animal qui, dans les circonstances ordinaires, auraient avorté, se développent complètement et à l'éclosion apparait une femelle fertile.

Ce cas exceptionnel explique parfaitement un des faits ordinaires, c'est-à-dire, comment les œufs fécondés, tous identiques, donnent lieu à des ouvrières lorsqu'ils sont pondus dans les petites alvéoles et à des reines quand ils sont déposés dans les cellules royales où les travailleuses viennent déverser instinctivement une alimentation plus riche.

Nous avons dit que, dans la ruche, on peut observer un certain nombre d'ouvrières pondeuses, impropres à l'accouplement (surtout par l'état rudimentaire du réceptacle du sperme). Ces ouvrières fertiles ou *bourdonneuses* sont inévitablement arrénotoques; les œufs qu'elles pondent assez irrégulièrement ne donnent jamais lieu qu'à des mâles.

Relativement rares chez les abeilles, les ouvrières fertiles et parthénogénétiques seraient, au contraire, fréquentes dans d'autres groupes d'Hyménoptères (Polistes, Guêpes, Bourdons, etc.) (Leuckart, von Siebold).

Enfin l'ouvrière stérile, *adulte*, peut être transformée en ouvrière féconde et arrénotoque : c'est encore par l'action d'une alimentation spécialement nutritive absorbée cette fois par l'insecte parfait. Ce phénomène biologique des plus curieux vient récemment d'être prouvé expérimentalement, pour les guêpes, par Paul Marchal (R. S., pp. 225 et 55, 1893). Il vit, dans une première expérience, 1/3, et, dans une seconde, 1/6 des ouvrières devenir fertiles, sous l'influence d'une vie sédentaire et d'une nourriture consistant principalement en miel et viande crue.

Biliographie abrégée. — A. Mœurs et Anatomie. — J. Swammerdam (observait vers 1680). *Biblia naturæ*, t. ii, pp. 367 et suiv., pl. xvii à xxv, Leyde, 1738. — Réaumur. *Mémoires pour servir à l'histoire des Insectes*, t. v, *Mémoires* V à XIII *inclus*. Paris, 1740. — Fr. Huber. *Nouvelles observations sur les Abeilles*. Genève, 1792 ; et 2e édition, considérablement augmentée en deux volumes. Paris et Genève, 1814. — Maurice Girard. *Les Abeilles*. Paris, 1878. — Maurice Girard. *Traité élémentaire d'entomologie*, t. ii, pp. 613 et suiv. Paris, 1879.

B. Prétendu sens de direction. — J. H. Fabre. *Nouveaux souvenirs entomologiques*, pp. 99 et suiv. Paris, 1882. — G. J. Romanes. *Homing faculty of Hymenoptera* (*Nature*, vol. xxxii, 29 oct. 1885, p. 630). — G. W. et E. G. Peckham. *Some observations on special senses of Wasps* (*Proceed. nat. histor. Soc. Wisconsin*. April, 1887). — Sir John Lubbock. *On the Senses, Instinct and Intelligence of Animals* (*International scientific series*), p. 262. London, 1888.

C. Rapports entre individus. — Sir John Lubbock. *Ants, Bees and Wasps* (*International scientific series*), pp. 274-289. London, 1882.

D. Composition du miel. — J. König. *Chemische Zusammensetzung der menschlichen Nahrungs und Genussmittel*, t. i, pp. 760 et suiv. Berlin, 1889.

E. Composition et production de la cire. — K. B. Hofmann. *Lehrbuch der Zoochemie*, pp. 65 et suiv. Wien, 1876. — F. Dujardin. *Mémoire sur l'étude microscopique de la cire* (*Ann. des sc. nat.*, *Zoologie*, série iii, t. xii, p. 250, 1849). — Dumas et Milne Edwards. *Note sur la production de la cire des Abeilles* (*Ann. des sc. nat.*, *Zoologie*, série ii, t. xx, p. 174, 1843).

F. Sécrétion venimeuse. — G. Carlet. *Sur le venin des Hyménoptères et ses organes excréteurs* (*C. R.*, t. xcviii, p. 1550, 1884). — G. Carlet. *Du venin des Hyménoptères à aiguillon lisse et de l'existence d'une chambre à venin chez les Mellifères* (*Ibid.*, t. cvi, p. 1737, 1888).

G. Parthénogenèse et Arrénotokie. — C. Th. E. von Siebold. *Wahre Parthenogenesis bei Schmetterlingen und Bienen*. Leipzig, 1856. — C. Th. E. von Siebold. *Beiträge zur Parthenogenesis der Arthropoden*. Leipzig, 1871.

F. PLATEAU.

ABIÉTINE. — Matière cristallisable neutre extraite de la térébenthine.

ABIÉTIQUE (Acide) [C⁴⁴H⁶⁴O⁵]. — Acide cristallisable bibasique qu'on extrait de la colophane (Maly. A. C. P., t. cxxxii, p. 249).

ABIOGENÈSE. — Expression employée par Huxley (*British Association, Liverpool*, 1870) pour exprimer la génération spontanée. — Voir Huizinga, A. Pf., t. xii, p. 549 et t. viii, p. 551 (Voy. Génération).

ABOULIE. — Le mot aboulie (ά, βουλή, volonté), désigne un syndrome, un ensemble de phénomènes psychologiques anormaux qui peut être observé au cours d'un grand nombre de maladies mentales. Il consiste essentiellement dans une altération de tous les phénomènes qui dépendent de la volonté, les résolutions, les actes volontaires, les efforts d'attention. Très important au point de vue pathologique, il n'est pas sans intérêt pour la physiologie, car il nous présente des analyses, de véritables expériences réalisées par la maladie sur les fonctions encore si obscures de la volonté. Après avoir décrit sommairement les caractères essentiels de l'aboulie et ses principales variétés, nous montrerons comment son étude peut nous aider à comprendre les phénomènes psychologiques normaux.

I. Description de l'aboulie. — La volonté semble déterminer deux séries de phénomènes, en apparence différents, quoique en réalité très voisins l'un de l'autre : des mouvements de nos membres, c'est-à-dire des actes ; et des phénomènes intellectuels dont le principal est l'attention. L'aboulie la plus simple, la plus typique, se présentera donc sous deux aspects presque toujours réunis, mais que la description peut séparer : l'*aboulie motrice* et l'*aboulie intellectuelle*.

L'*aboulie motrice* est bien nette dans un grand nombre d'observations célèbres dont es premières remontent à Pinel[1], à Esquirol[2], à Leuret[3]. Billod, en 1847, résumait les faits qu'il avait observés en disant : « Les sujets de nos observations, jugeant comme tout le monde de ce qu'il convient de faire, le désirant même, ne peuvent arriver à l'accomplir et auront la conscience d'en être empêchés par une puissance intérieure qu'ils ne peuvent définir et comprendre, car il n'existe du côté des fonctions d'exécution aucun empêchement organique, tel, par exemple, qu'une paralysie du mouvement[4]. » En effet, quand on propose à ces malades de faire un mouvement, d'étendre la main pour prendre sur la table un objet qu'on leur montre ou de signer un papier, ils semblent comprendre ce qu'on leur demande, et même y consentir. Ils essayent de faire l'acte, avancent un peu la main, mais immédiatement ils s'arrêtent, reculent, recommencent ou restent en suspens, et en définitive ne parviennent que très difficilement, après un temps fort long, ou même ne parviennent pas du tout à prendre l'objet désigné. Cette hésitation et cette impuissance existent dans tous leurs actes : les malades ne peuvent se lever, ni s'habiller, ni marcher, ni même parler; tous les actes volontaires deviennent impossibles.

Il est facile de reconnaître que ces troubles du mouvement ne s'expliquent par aucune paralysie, mais il est quelquefois difficile de distinguer cette aboulie de certains délires qui modifient aussi les actes les plus communs. Le *délire du contact*, l'idée fixe que les objets sont répugnants ou dangereux provoque souvent des hésitations du même genre. On remarquera que le délire du contact est ordinairement limité (du moins quand il est primitif) à quelques objets qui ont frappé l'imagination du malade, les boutons de porte ou les objets en cuivre, les épingles, un meuble, etc., tandis que l'hésitation des abouliques est d'ordinaire générale et s'applique à tous les objets indistinctement.

Une petite expérience peut encore trancher la question; dans le délire du contact, le malade non seulement ne peut toucher lui-même l'objet, mais encore il en redoute le contact, si on l'approche de lui. Les abouliques ne redoutent pas le *contact passif* des objets que l'on approche de leurs mains, ils ne présentent des troubles que dans le *contact actif*, c'est-à-dire dans les mouvements qu'ils doivent accomplir eux-mêmes pour toucher un objet. L'altération porte essentiellement sur les *phénomènes psychologiques qui président aux mouvements*. L'*aboulie intellectuelle* joue un rôle plus considérable encore dans les névroses et les maladies mentales. La difficulté de l'attention était déjà signalée dans les plus anciennes observations sur l'aboulie. Un médecin d'Amsterdam, Guge[5], ayant observé des troubles analogues au cours de certaines affections nasales, leur donna le nom d'*aprosexie* (ἀ, προσέχειν, s'attacher à, être attentif); le mot a paru juste, et a été appliqué même aux troubles de l'attention dans les névroses. L'attention est lente, très difficile à fixer, elle s'accompagne de toutes sortes de souffrances, elle ne se prolonge que peu de temps et surtout elle ne donne que des résultats incomplets et insuffisants. Ces caractères se manifestent bien dans un fait particulier, celui de la lecture. Le malade est capable de lire à haute voix; il a donc conservé les sensations; il peut même réciter d'une façon plus ou moins complète les mots qu'il a lus, il ne manque donc pas de mémoire, et cependant il ne comprend pas le sens du paragraphe qu'il vient de lire : il lit du français comme s'il lisait une langue étrangère, il comprend à la rigueur chaque mot isolément, mais il n'entend rien à leur ensemble.

On constate donc dans l'aboulie une altération des actes volontaires, de l'attention et même de la perception qui semble considérable, quoique les éléments qui entrent comme parties constituantes dans ces phénomènes, les mouvements, les sensations et les images, paraissent être restés absolument normaux.

II. Variétés cliniques du syndrome. — Ces symptômes essentiels peuvent varier de bien des manières : ils peuvent d'abord être modifiés dans leur intensité.

1° Quand l'*aboulie* est *faible*, comme dans certains états dits neurasthéniques, les

1. H. Pinel. *Traité médico-philosophique de la manie*, an IX, p. 80.
2. Esquirol. *Des maladies mentales*, 1838, t. I, p. 420.
3. Leuret. *Fragments psychologiques sur la folie*, 1834, p. 384.
4. Billod. *Maladies de la volonté* (*Annales médico-psychologiques*, juillet 1847).
5. *Biologisches Centralblatt*, 1er janvier 1888. — *Revue de laryngologie et d'otologie*, 1889, p. 54.

actes volontaires sont simplement lents, pénibles, de courte durée, entrecoupés d'arrêts innombrables. Les malades éprouvent surtout une peine énorme à prendre une résolution : ils s'arrêtent au plus petit obstacle et renoncent à tout travail prolongé. L'attention n'est pas supprimée totalement ; mais elle est fort difficile et de courte durée et l'altération porte moins sur l'intelligence des choses que sur la conviction et la *croyance*. Dans quelques cas, le *délire du doute* est une véritable idée fixe, qui porte uniquement sur quelques interrogations, toujours les mêmes ; mais, dans d'autres observations, le délire du doute est un état général, une impuissance constante, sinon à comprendre, du moins à croire, qui se rattache naturellement à l'aboulie.

2º Cet état maladif peut, au contraire, être *exagéré ;* l'hésitation augmente et porte sur tous les actes même les plus simples, les plus habituels, et le malade est de plus en plus réduit à l'immobilité. Les troubles de l'attention et de l'intelligence ne portent plus seulement sur la lecture, mais sur la simple perception des objets extérieurs. La parole n'est plus comprise, les objets ne sont plus reconnus. Les états décrits sous le nom de *confusion mentale*, de *stupeur*, ne sont, au point de vue purement symptomatique, que des aboulies parvenues à leur plus haut degré.

3º Cette altération de la volonté peut ne pas être toujours égale dans toutes les circonstances, et il est juste de distinguer des *aboulies systématisées*, des impuissances de la volonté portant non sur l'ensemble des actions, mais sur un acte particulier ou un système d'actes spéciaux. Certains malades cessent momentanément de pouvoir parler, ou manger, ou se lever de leur chaise, ou bien ils ne peuvent plus se décider à faire les actes de leur profession (impuissance professionnelle de LEVILLAIN). Il est difficile de distinguer dans ces cas si l'altération porte sur la volonté de l'action ou sur l'exécution de cette action, s'il s'agit d'une aboulie systématisée ou d'une amnésie systématisée de certains mouvements. C'est le sujet de la querelle entre le « non-vouloir et le non-pouvoir » qui a partagé en deux camps les auteurs qui ont étudié l'aboulie [1]. Il semble cependant que dans certains cas l'aboulie porte plus spécialement sur certaines actions particulières.

4º Enfin nous signalerons une forme particulière de l'aboulie, c'est le *délire de résistance :* dès que l'on demande au malade de faire une action, ou même dès qu'il désire spontanément en faire une, immédiatement surgit dans son esprit la pensée opposée, l'idée de refuser, de faire le contraire. « Je veux et ne veux pas, dit-il alors, je veux et quelque chose s'y oppose, qui me défend d'agir. » Cette forme d'aboulie semble fort distincte et cependant se rattache fort étroitement aux précédentes.

Cette maladie donne naissance à des troubles psychologiques très variés : nous signalerons seulement la conséquence la plus importante. La volonté est aussi bien perdue comme pouvoir de résistance et d'arrêt que comme pouvoir d'action. Ces malades qui agissent si difficilement ne peuvent plus s'arrêter quand ils ont une fois commencé une action, ils ne peuvent plus se débarrasser d'une idée quand ils l'ont une fois comprise. La suggestibilité, les idées fixes et tous les désordres qu'elles entraînent peuvent être considérés bien souvent comme des conséquences de l'aboulie.

La *docilité* de certains malades, le besoin singulier qu'ils éprouvent d'être commandés et dirigés, des *troubles des sentiments*, des altérations de la mémoire, en particulier l'*amnésie continue* (voyez **Amnésie**) s'y rattachent également. Enfin, les lésions de la volonté, plus que tout autre trouble psychologique, s'accompagnent d'*altérations dans la notion de la personnalité* [2], et ne tardent pas à donner lieu à des délires plus ou moins complexes.

III. Interprétations et caractères psychologiques. — Nous ne pouvons signaler ici qu'un petit nombre des théories qui ont été proposées pour interpréter ces phénomènes, chacune envisage une partie du problème : 1º Beaucoup d'aliénistes, et en particulier BILLOD, ont montré que l'aboulie dépendait quelquefois d'un *trouble préexistant des sentiments ou de l'intelligence*, « d'une monomanie de la peur qui déprime la volonté [3] ». Cela est vrai, et toute idée fixe qui absorbe l'esprit du malade diminue sa

1. J. RIVIÈRE. *Contribution à l'étude clinique des aboulies*, 1891, p. 11.
2. J. COTARD. *Étude sur les maladies cérébrales et mentales*, 1891, p. 370.
3. BILLOD. *Op. cit.*, p. 193.

volonté et son attention, mais cette remarque ne s'applique qu'aux aboulies secondaires, consécutives à un autre accident.

2º Pour MM. Magnan, Legrain, Dejerine, il n'y a aboulie que lorsque le malade fait effort pour accomplir un acte et ne peut y parvenir; le trouble consiste essentiellement dans un *arrêt* : c'est un *phénomène inhibitoire*[1]. M. Langle caractérise également l'aboulie par « la prédominance de l'élément inhibitoire sur l'élément impulsif dans l'acte volontaire[2] ». Enfin cette théorie a été très complètement analysée et défendue par M. Raggi[3] et M. Paulhan[4] qui rattachent ces phénomènes à la prédominance de certaines *associations par contraste*. Au moment d'accomplir un acte les malades auraient dans l'esprit, automatiquement, l'idée opposée à l'acte qu'ils veulent faire, et cette idée arrêterait leur action. Cette explication s'applique assez bien à une catégorie d'aboulie caractérisée par le délire de résistance; elle ne semble pas complète dans tous les cas.

3º M. Ribot a justement observé que l'ardente envie d'agir affirmée par ces malades n'est souvent qu'une simple illusion de leur conscience. Ce manque d'activité tiendrait au contraire à ce que les sensations, les sentiments, les passions, en un mot *les motifs d'agir seraient trop faibles* pour exercer une influence efficace sur la volonté[5]. Il est vrai que souvent les sentiments sont très affaiblis chez les abouliques, et cet affaiblissement doit contribuer à l'altération de leur activité; mais il n'en est pas ainsi toujours, et on peut, dans certains cas, considérer cet affaiblissement des sentiments, non comme le principe, mais comme la conséquence de l'aboulie.

4º Nous avons essayé nous-même de compléter un peu les théories précédentes[6] : notre explication cherche seulement à être un peu plus compréhensive et à faire entrer dans la formule de l'aboulie quelques faits précis et intéressants dont on n'avait pas tenu, à notre avis, suffisamment compte.

Tous les actes ne sont pas également supprimés chez l'aboulique. Déjà Billod remarquait que « les mouvements instinctifs de la nature de ceux qui échappent à la volonté proprement dite n'étaient pas, chez les malades, entravés comme ceux que l'on peut appeler ordonnés[7] ». M. Ribot ajoutait de même « l'activité automatique, celle qui constitue la routine ordinaire de la vie, persiste[8] ». Il est facile de constater en effet que tous les actes automatiques, depuis les actes instinctifs et habituels jusqu'aux impulsions et aux suggestions les plus compliquées, s'accomplissent sans aucune des difficultés et des hésitations de ce genre. Quel est donc le caractère essentiel de ces actes ainsi conservés? C'est d'abord qu'ils sont des actes *anciens* déjà exécutés autrefois, qui ne sont pas voulus aujourd'hui pour la première fois; ensuite ce sont des actes qui méritent le nom de *subconscients*; ils sont exécutés à *l'insu de la personne*, sans que le malade ait la conscience d'agir lui-même. *Les actes qui sont perdus,* sur lesquels porte l'aboulie, ont précisément les deux caractères inverses : 1º Ils sont *nouveaux,* au moins par un petit détail ils nécessitent une combinaison nouvelle, une adaptation des phénomènes psychologiques à des circonstances nouvelles. Dans un travail récent, MM. Raymond et Arnaud vérifiaient l'importance de ce caractère et l'impossibilité pour les abouliques de commencer un acte, de comprendre et d'apprendre quelque chose de nouveau[9]. 2º Ces actes que le malade cherche en vain à accomplir sont *des actes conscients* qui devraient être rattachés à sa personnalité. Dans plusieurs travaux, M. Séglas constatait aussi cette perte de la conscience personnelle des actes dans l'aboulie[10]. En un mot, ces actes sont des *synthèses psychologiques.* Ils réunissent en un tout des sensations, des souvenirs, des images motrices et l'idée anciennement formée de la personnalité. L'aboulie, au

1. Magnan. *Leçons cliniques sur les maladies mentales,* 1893, p. 172.
2. Langle. *De l'action d'arrêt ou inhibition dans les phénomènes psychiques,* 1886, p. 10.
3. Raggi. *Fenomeni di contrasto psychico in una alienata* (Arch. ital. p. l. mal. nerv., 1887).
4. Paulhan. *L'activité mentale et les éléments de l'esprit,* 1889, pp. 341-357.
5. Ribot. *Maladies de la volonté,* 1883, p. 50.
6. *Étude sur un cas d'aboulie et d'idées fixes* (Revue philosophique, 1891, t. 1, pp. 259, 382) et *Stigmates mentaux des hystériques,* 1893, p. 122.
7. Billod. *Op. cit.,* p. 182.
8. Ribot. *Op. cit.,* p. 49.
9. Raymond et Arnaud. *Quelques cas d'aboulie* (Annales médico-psychologiques, 1892, t. ii, p. 74).
10. J. Séglas. *Congrès des aliénistes à Blois* (Archives de neurologie, 1892, t. ii, p. 321) et *Troubles du langage chez les aliénés,* 1892, p. 28.

contraire, est essentiellement *un affaiblissement de l'esprit, caractérisé par la diminution du pouvoir de synthèse*. A propos d'une action le sujet a dans l'esprit une foule de pensées qui surgissent par le jeu automatique des associations anciennement formées, et en particulier des images antagonistes provoquées par le contraste; la maladie consiste en ce qu'il ne sait plus coordonner, synthétiser tous ces éléments en un phénomène nouveau et conscient, l'acte à accomplir. Cette lésion fondamentale se retrouve dans la sensibilité; les sensations nouvelles sont mal perçues (voyez **Anesthésie**), dans les sentiments, les émotions anciennes persistent, mais des émotions nouvelles ne se forment plus; dans la mémoire, les souvenirs anciens sont conservés, tandis que les souvenirs nouveaux ne peuvent plus être évoqués consciemment (voyez **Amnésie continue**). En un mot, ce trouble qui existe dans les actes frappe toutes les fonctions psychologiques. L'étude de l'aboulie est donc importante, non seulement pour comprendre le caractère essentiel des actes volontaires, mais encore pour comprendre le mécanisme de beaucoup d'autres phénomènes.

Nous n'insisterons pas sur les maladies dans lesquelles on peut observer des phénomènes d'aboulie; c'est un symptôme extrêmement commun qui se trouve au point de départ de la plupart des aliénations. L'impossibilité de diriger la volonté et l'attention était déjà signalée par Esquirol[1] dans la manie; on la retrouve dans les diverses intoxications par l'opium ou l'alcool[2], par exemple, et même dans les traumatismes du crâne[3]; on la constate surtout dans les diverses mélancolies, dans la période dépressive de la folie circulaire; enfin elle joue un rôle extrêmement important dans les états neurasthéniques[4] et dans l'hystérie.

Nous ne croyons pas nécessaire de répéter la bibliographie des études sur l'aboulie après avoir cité déjà la plupart des travaux récents. Une bibliographie complète des travaux anciens se trouve dans la thèse de doctorat de Paris de M. Rivière, *Contribution à l'étude clinique des aboulies*, 1891, et dans celle de M. H. Hugonin, *Contribution à l'étude des troubles de la volonté chez les aliénés*, 1892.

PIERRE JANET.

ABSINTHE (Essence d'). — L'absinthe est une plante de la famille des Synanthérées ou Composées, du genre Armoise (*Artemisia*) présentant quatre espèces importantes :

1° La grande absinthe (*Artemisia absinthium*);
2° La petite absinthe (*Art. pontica*);
3° L'absinthe maritime (*Art. maritima*);
4° L'absinthe glaciale (*Art. glacialis*).

La seule espèce officinale est la *grande absinthe*, qui par distillation donne une essence verte à laquelle la plante doit ses principales propriétés.

Caventou et Lück ont étudié en outre deux principes amers; un azoté, *l'absinthine*, (voy. ce mot) et l'autre résineux, qui ne paraissent pas avoir une grande importance. Nous aurons pourtant quelques mots à dire de l'absinthine.

L'essence d'absinthe ($C^{20}H^{16}O^{2}$) bout à 204° et a une densité de 0,973 à + 24°. Elle possède des propriétés toxiques spéciales, qui ont été étudiées surtout par Magnan, Cadéac et Meunier, et Laborde.

Ces effets viennent se joindre à ceux de l'alcool et des autres essences dans l'intoxication par la liqueur d'absinthe, liqueur dont nous ne nous occupons absolument pas ici, et qui, par sa complexité, donne naissance à des phénomènes très compliqués aussi.

Plusieurs voies peuvent être employées pour étudier l'action physiologique de l'essence d'absinthe : la voie stomacale; la voie hypodermique; la voie intra-veineuse, et même la voie respiratoire. A la dose près, les résultats sont les mêmes; mais la méthode qui permet le mieux d'apprécier l'action physiologique de la substance est celle des injections intra-veineuses.

1. Esquirol. *Maladies mentales*, 1838, t. I, p. 21.
2. Ribot. *Op. cit.*, p. 42.
3. Dunin. *Traumatische Neurosen* (*Deutsche Archiv f. klin. Medic.*, t. XLVII, p. 550).
4. Régis. *Manuel de médecine mentale*, 1892, p. 143.

A quelle dose faut-il administrer l'essence d'absinthe pour produire les effets physiologiques?

En parcourant les travaux publiés sur ce sujet, on voit que la dose varie, mais il ne faut pas perdre de vue que toutes les essences n'ont pas la même pureté chimique; d'où les divergences qui existent dans les résultats obtenus.

Naturellement les doses varient suivant la voie de pénétration. Par la voie stomacale MAGNAN a constaté que 2^{gr},50 pour un chien de 8^{kil},5 pour un autre de 14 kilos, étaient des doses qui produisaient l'intoxication avec son cortège de symptômes. Dans des expériences de contrôle je suis arrivé au même résultat. Mais la voie stomacale ne permet pas toujours de mesurer exactement la dose ingérée; car les animaux sont pris très rapidement de vomissements et on ne peut faire tolérer la substance injectée dans l'estomac avec la sonde œsophagienne, qu'en suspendant un certain temps l'animal pour empêcher l'effort du vomissement.

Au contraire, par la voie intra-veineuse, on peut apprécier exactement la dose administrée. Ainsi que LABORDE, sur des chiens de 12 à 15 kilogrammes, je suis arrivé à déterminer des accidents toxiques avec une dose maximum de vingt centigrammes.

Les phénomènes qui ont le plus frappé les premiers expérimentateurs, tels que MARCÉ, E. DECAISNE, etc., sont les convulsions épileptiformes dont sont atteints les animaux auxquels on administre de l'essence d'absinthe.

Ces phénomènes ne sont pourtant pas les seuls, car les divers systèmes et appareils de l'organisme sont touchés en même temps que le système neuro-musculaire.

Appareil digestif. — Si l'on en croit la plupart des auteurs qui parlent des propriétés de l'absinthe, cette substance serait pour l'estomac un stimulant et un tonique, mais il ne faut voir dans cet effet que l'action de la substance amère azotée connue sous le nom d'absinthine. Car, si l'on expérimente avec l'essence d'absinthe, on constate bien vite que cette dernière n'est nullement bienfaisante; administrée par l'estomac, elle donne assez rapidement naissance à des vomissements alimentaires, d'abord glaireux et quelquefois sanguinolents; ces vomissements persistent un certain temps; ils se produisent aussi de la même façon avec les mêmes caractères, lorsque l'essence a été introduite dans l'organisme par la voie intra-veineuse. C'est un fait que j'ai constaté comme tous ceux qui se sont occupés de cette question. En même temps les animaux sont pris de selles abondantes et diarrhéiques qui indiquent une hypersécrétion dans le tube digestif.

Appareil circulatoire. — Pour MM. CADÉAC et MEUNIER, l'essence d'absinthe est un sédatif de la circulation. Je ne crois pas qu'on puisse arriver à cette conclusion en observant les désordres qui se produisent dans la circulation sous l'influence des injections intraveineuses d'essence d'absinthe. Généralement au moment de l'injection la pression subit une chute brusque, c'est ainsi que je l'ai souvent vu tomber de 0^m,14 de Hg à 0,06 ou 0,07; mais elle ne tarde pas à revenir à son point normal pour même dépasser même pendant les accès épileptiformes. Quant au nombre des pulsations, il est toujours assez élevé et a plutôt de la tendance à augmenter. Il est vrai que, lorsque l'on approche de la mort par intoxication absinthique, la pression baisse peu à peu, les battements du cœur deviennent très irréguliers et moins nombreux jusqu'à ce que le cœur s'arrête définitivement. On doit distinguer deux ordres de troubles dans cette série de phénomènes : 1° ceux dus à l'action directe, irritante, de la substance sur la paroi interne de l'appareil circulatoire; 2° ceux dus à l'action sur les centres nerveux, surtout les centres ganglionnaires du cœur, que l'on trouve généralement à l'autopsie distendu par des caillots noirâtres. Du reste, sous l'influence de cette intoxication, les tissus sont congestionnés par suite d'une action paralysante qui se fait sentir sur les vaisseaux. Le fait se constate à l'autopsie, et même sur le vivant, comme je le dirai à propos du cerveau.

Température. — La température ne paraît pas subir de bien grandes variations. Quelques dixièmes en plus ou en moins suivant l'excitation ou le repos de l'animal, mais, dans la majorité des cas, la température revient assez vite au chiffre normal; avec les attaques elle peut pourtant s'élever de 2° (MAGNAN, CADÉAC et MEUNIER).

Sécrétions. — L'action sur les sécrétions est la même, quelle que soit la voie de pénétration; elles sont généralement augmentées, nous l'avons déjà signalé pour le tube digestif à propos des selles qui indiquent une augmentation de sécrétion de suc intestinal et de bile; il en est de même de la salive et des larmes. On remarque quelquefois que les urines ont pris la teinte verdâtre de l'essence (?). Les reins participent du reste à l'hyperhémie générale que l'on constate.

L'essence d'absinthe serait aussi pour CADÉAC et MEUNIER un diaphorétique puissant. Expérimentant sur un cheval, ces auteurs ont constaté une sudation abondante inondant l'animal.

Appareil respiratoire. — Les modifications propres que l'on observe du côté de cet appareil ne sont pas bien considérables, elles paraissent n'être que le contre-coup de l'action sur la circulation et sur le système neuro-musculaire. Je ne crois pas que l'essence d'absinthe soit, comme le disent CADÉAC et MEUNIER, un sédatif de la respiration, car, d'une façon générale, le nombre des mouvements respiratoires est plutôt accéléré. Ce n'est que vers la fin de l'intoxication que, comme pour le cœur, la paralysie bulbaire gagnant peu à peu, le rythme respiratoire diminue pour s'arrêter ensuite. A l'autopsie les poumons sont, comme tous les autres organes, congestionnés, et présentent des marbrures (MAGNAN).

Système neuro-musculaire. — C'est celui sur lequel l'essence d'absinthe agit avec le plus d'énergie. C'est en effet par de violentes convulsions que débute l'empoisonnement chez tous les animaux sur lesquels les expériences ont porté, et, chez tous, c'est la partie antérieure du corps qui a été la première atteinte, tête, cou, membres antérieurs; en somme la région qui est sous l'influence de la portion bulbo-cervicale de la moelle. Les convulsions généralisées arrivent ensuite.

Quand on observe un chien qui est sous l'influence d'une certaine dose d'essence d'absinthe, il n'est pas rare de constater chez lui un habitus indiquant qu'il est en proie à des hallucinations.

Quand l'intoxication est assez profonde, l'on voit survenir des accès épileptiformes. Les mouvements convulsifs sont très énergiques, surtout dans la face, le cou et les membres antérieurs. L'intensité des secousses fait croire à un empoisonnement strychnique. Tous les membres sont agités par des mouvements convulsifs violents et rapides; souvent l'animal, sous l'influence des contractions spasmodiques des muscles, est atteint d'opisthotonos ou de pleurosthotonos; d'autres fois c'est la flexion qui prédomine. Ces attaques épileptiformes sont très intenses, c'est ce qui en fait la gravité plutôt que leur fréquence : aussi les animaux ne tardent-ils pas à succomber épuisés, dans une adynamie profonde, avec paralysie du cœur et du poumon.

Ces phénomènes convulsifs sont les mêmes chez tous les animaux sur lesquels on a expérimenté, tels que chien, chat, lapin, cochon d'inde, rat, oiseaux.

L'essence d'absinthe agit sur tout le système cérébro-spinal ; c'est ce qui ressort des expériences de MAGNAN. L'ablation des hémisphères cérébraux, en effet, n'empêche nullement la production de l'attaque épileptique absinthique. De même, en sectionnant la moelle chez le chien, de manière à séparer le bulbe de la moelle, on voit survenir sous l'influence de l'empoisonnement absinthique, tantôt une attaque d'épilepsie par le bulbe, tantôt une attaque d'épilepsie par le reste de la moelle.

Étudiant l'action de l'absinthe sur le cerveau, MAGNAN a pu constater, en examinant le fond de l'œil, que le début de la période convulsive coïncidait avec une forte congestion cérébrale et une dilatation pupillaire qui persistent pendant toute la durée des attaques. Cette congestion du cerveau, dont les traces sont très manifestes à l'autopsie, peut aussi se constater sur le vivant au moyen d'une trépanation, qui permet de suivre la marche de la congestion des circonvolutions.

A l'autopsie, on constate une forte hyperémie du bulbe et de la portion supérieure de la moelle, quelquefois même des hémorrhagies dans l'épaisseur ou à la surface de la pie-mère de cette région.

D'après S. DANILLO, l'évolution des effets toniques de l'essence d'absinthe serait pour diviser en cinq périodes distinctes et successives : 1° période tonique ; 2° période clonique ; 3° période choréiforme ; 4° période de délire, 5° période de résolution.

Un fait important à signaler, c'est qu'une injection d'alcool, à raison de 1 gramme à 2 grammes par kilo du poids de l'animal, arrête complètement la marche de l'empoisonnement dans les quatre premières périodes : il en est de même du chloral. Pourtant il ne faudrait pas considérer ces substances comme les antagonistes véritables de l'essence d'absinthe.

Pour le même auteur, sous l'influence de petites doses d'essence d'absinthe, l'excitabilité de la région corticale, de même que la réflectivité médullaire, sont exaltées considérablement pendant les intervalles des convulsions et du délire. Dans la période de résolution, la réaction cérébro-musculaire paraît s'affaiblir progressivement, tandis que l'excitabilité neuro-musculaire persiste encore au degré normal.

D'ailleurs, pour plus de détails, comme les effets de l'essence d'absinthe ne diffèrent pas fondamentalement de ceux des autres essences, nous renvoyons à l'article **Essence**.

L'absinthe plante s'emploie en thérapeutique comme stimulant, tonique, vermifuge, fébrifuge et emménagogue.

Bibliographie. — L. V. Marcé. *Sur l'action toxique de l'essence d'absinthe (C. R.,* 1864, t. LVIII, p. 628). — E. Decaisne. *Étude médicale sur les buveurs d'absinthe, précédée de quelques considérations sur l'abus des alcooliques (C. R.,* 1864, t. LIX, p. 229). — Lancereaux. *De l'absinthisme aigu (R. S. M.,* 1881, t. XVII, p. 231). — Lancereaux. *Absinthisme chronique et absinthisme héréditaire (R. S. M.,* 1881, t. XVIII, p. 218). — Magnan. *Recherches de physiologie pathologique avec l'alcool et l'essence d'absinthe : Épilepsie (A. P.,* 1873, t. V, p. 115). — St. Danillo. *Contribution à la physiologie pathologique de la région corticale du cerveau et de la moelle, dans l'empoisonnement par l'alcool éthylique et l'essence d'absinthe (A. P.,* 1882, 2e série, t. X, p. 388). — L. Gautier. *Étude clinique sur l'absinthisme chronique (D. P.,* 1882, R. S. M.,* 1883, t. XXI, p. 653). — Cadéac et A. Meunier. *Sur les propriétés physiologiques de l'essence d'absinthe (Lyon médical,* 1889, t. LXI, p. 443). — J. V. Laborde. *Sur un travail présenté à l'Académie de médecine par MM. Cadéac et Albin Meunier, relatif à l'étude physiologique de la liqueur d'absinthe, au nom d'une commission composée de MM. Ollivier et J. V. Laborde, rapporteur (Bullet. Académie de Médecine,* 1889, 3e série, t. XXII, p. 270). — Cadéac et A. Meunier. *Contribution à l'Étude de la liqueur d'absinthe (Lyon médical,* 1889, t. LXII, p. 456).

CH. LIVON.

ABSINTHE (Hygiène.) — L'absinthe ou l'essence qu'on en retire forment la base d'une série de préparations alcooliques dont la plus usitée est la liqueur d'absinthe.

Cette liqueur d'absinthe est un produit complexe, solution alcoolique d'un certain nombre d'essences, parmi lesquelles se trouve celle qui lui a donné son nom.

L'article précédent a fait connaître les propriétés toxiques de l'essence d'absinthe. Les recherches de Laborde et de Magnan prouvent avec la dernière évidence que c'est bien à elle, contrairement à l'opinion de Cadéac et Meunier, que la liqueur d'absinthe doit ses propriétés principales. Il est, en effet, démontré, que l'abus de ce produit détermine chez l'homme des accidents en tout comparables à ceux qu'occasionnent chez les animaux en expérience l'ingestion par voie stomacale ou l'injection intra-veineuse d'essence d'absinthe, accidents caractérisés surtout, suivant les doses employées, par une véritable attaque d'épilepsie ou un état épileptiforme semblable à ce qu'on désigne en clinique sous le nom de *petit mal.* Ces accidents sont même si particuliers qu'on leur applique avec raison la dénomination d'*absinthisme* et qu'on en fait une forme bien distincte de l'alcoolisme, bien que souvent, en fait, les effets de l'essence et de l'alcool se mêlent et se confondent.

Pour pouvoir raisonner sur la question en connaissance de cause, il est nécessaire de connaître à peu près la composition de cette liqueur.

On obtient la liqueur d'absinthe par deux procédés différents, par la distillation de la macération dans l'alcool d'un certain nombre de plantes fraîches ou par l'addition à l'alcool d'un mélange de différentes essences commerciales. Le premier procédé, assez complexe et assez coûteux, est de plus en plus délaissé pour le second, beaucoup plus simple à mettre en œuvre. Le produit obtenu dans les deux cas est ensuite coloré de diverses manières pour obtenir la teinte verte qu'on recherche. Les proportions d'alcool et de plantes ou d'essences varient suivant la qualité et par conséquent le prix de la liqueur à obtenir ; le commerce distingue d'habitude quatre sortes de liqueurs d'absinthe : l'absinthe ordinaire, l'absinthe demi-fine, l'absinthe fine et l'absinthe suisse. Ces mêmes proportions et même la nature des composants peuvent également différer suivant la marque ; il y a presque autant de formules que de fabricants et beaucoup font de celle qu'ils exploitent un secret industriel pour rendre la concurrence moins facile.

La formule suivante a l'avantage de montrer les différences qui peuvent exister entre les trois sortes d'absinthes provenant d'une même fabrication.

		ORDINAIRES.	DEMI-FINES.	FINES.
		grammes.	grammes.	grammes.
N° 1	Feuilles et fleurs de grande absinthe . .	600	600	600
	Feuilles de petite absinthe.	»	200	125
	Citronelle.	125	125	200
	Sommités fleuries d'Hysope	100	100	225
	Angélique (racine).	»	25	»
	Anis vert.	400	800	1 000
	Badiane.	»	400	225
	Fenouil.	»	250	850
	Coriandre	»	225	225
	Alcool à 85°	11 750	12 000	16 300
	Eau.	9 500	8 000	4 000

On fait macérer pendant vingt-quatre heures les plantes incisées dans le tiers environ de la quantité d'alcool et d'eau, on distille avec précaution pour retirer le volume d'alcool à 85° employé et on ajoute le restant d'alcool et d'eau.

Les absinthes suisses ont à peu près la même constitution que l'absinthe fine, mais les proportions de grande absinthe sont plus fortes et peuvent atteindre celles de l'anis. Certains fabricants disent remplacer dans leurs formules tout ou partie de l'absinthe par des *génipis*, plantes voisines des absinthes vraies ; la chose est loin d'être prouvée. L'alcool, en outre, est à un degré plus élevé.

L'obtention de liqueur d'absinthe au moyen des essences demande moins de manipulations et permet d'éviter l'emploi de certaines plantes, souvent difficiles à se procurer en état convenable dans quelques régions. La formule suivante donne un produit similaire de l'absinthe fine obtenue par la formule n° 1 :

N° 2	Essence de grande absinthe. .	30	grammes.
	— de petite absinthe. . .	10	—
	— d'hysope.	6	—
	— de mélisse.	6	—
	— d'anis	100	—
	de badiane.	100	—
	— de fenouil	30	—
	— de coriandre.	2	—
	Alcool à 85°	80	litres.
	Eau.	20	—

Celle que Cadéac et Meunier ont pris comme type dans leur travail, qui forme, d'après eux, une sorte de moyenne entre un grand nombre de formules fournies par divers fabricants, a une teneur en essences notablement plus forte ; la voici :

Essence d'anis	6	grammes.
— de badiane	4	—
— de fenouil.	2	—
— d'absinthe.	2	—
— de coriandre	2	—
— d'hysope	1	—
— d'angélique	1	—
— de mélisse.	1	—
— d'origan.	1	—
Alcool à 70°	1	litre.

Il est rare cependant de trouver des absinthes où la proportion d'essence d'absinthe soit si faible ; par contre, ici, les doses d'essence d'anis et d'essence de badiane sont exagérées.

Deux facteurs entrent en jeu dans la nocivité de la liqueur d'absinthe : l'alcool et les essences.

Il serait injuste de méconnaître complètement les effets de l'alcool dans l'intoxication par l'absinthe pour tout attribuer aux essences. Certains des symptômes sont communs à l'alcoolisme proprement dit (voir **Alcoolisme**); le fait s'explique par la richesse en alcool de ces liqueurs d'absinthe. En effet, tandis que 30 centimètres cubes de bonne eau-de-vie de Cognac contiennent au plus 16 centimètres cubes d'alcool pur, la même quantité d'absinthe fine en renferme plus de 20, et certaines absinthes suisses jusqu'à 25. Un buveur d'absinthe absorbe donc, à volume égal, notablement plus d'alcool qu'un buveur d'eau-de-vie.

De plus, il est reconnu que les absinthes, surtout de qualité inférieure, sont souvent fabriquées avec des alcools industriels peu ou pas rectifiés, par conséquent riches en alcools supérieurs réellement toxiques; on en a même rencontré qui étaient faites avec de l'alcool dénaturé par la régie. L'odeur et la saveur des essences sont assez fortes pour masquer complètement les qualités organoleptiques de ces alcools et faire passer la fraude. Dans ces conditions, il est certain qu'il y aura plus encore à redouter les effets de l'alcool, parce que certaines impuretés peuvent lui donner des propriétés spéciales; l'aldéhyde salicylique et le furfurol, par exemple, lui confèrent des propriétés épileptisantes.

Mais l'action des essences est infiniment plus à redouter que celle de l'alcool; et parmi elles, il y a des différences de la plus haute importance.

Les premières recherches de Magnan avaient conclu à incriminer exclusivement l'essence d'absinthe, qui seule pouvait déterminer chez les animaux en expérience la véritable attaque d'épilepsie caractéristique de l'absinthisme; elles avaient démontré, en particulier, que les essences d'anis vert et de badiane jouissaient d'une innocuité assez marquée, puisqu'on pouvait en faire absorber 20 et 22 grammes à un chien, par voie stomacale, sans provoquer de symptômes bien notables, alors que, par le même procédé, 2 à 4 grammes d'essence d'absinthe déterminaient les accidents violents de l'attaque épileptique et du délire hallucinatoire.

Les expériences de Cadéac et Meunier semblaient devoir renverser cette opinion, admise sans conteste, et ne tendaient rien moins qu'à incriminer l'essence d'anis que Magnan avait trouvée si peu nocive. Ces expérimentateurs allaient jusqu'à proclamer que l'essence d'absinthe ne pouvait avoir, dans le mélange, qu'une action véritablement bienfaisante.

Les nouvelles recherches de Laborde et Magnan sont venues infirmer ces derniers résultats et appuyer au contraire ceux obtenus dans les premières expériences, en démontrant de nouveau la réelle toxicité de l'essence d'absinthe et les effets bien moins marqués des autres essences qui l'accompagnent habituellement dans la liqueur. Ces physiologistes ont établi que 10 à 15 centigrammes, 20 centigrammes au plus d'essence d'absinthe, déterminent, chez un chien de 12 à 15 kilogrammes, une attaque épileptique intense; qu'on pouvait même arrriver à ce résultat chez les jeunes animaux avec une dose de 5 centigrammes. Ils ont montré que la toxicité du mélange des essences autres que l'essence d'absinthe était de beaucoup inférieure, puisqu'on pouvait introduire dans l'estomac d'un chien (de 10 à 15 kilogrammes) 15 à 20 grammes de ce mélange sans obtenir de réaction autre qu'une accélération de la respiration et du pouls, et en tout cas jamais de convulsions épileptiformes; et qu'il ne fallait pas moins de 1 gramme de ce mélange en injection intra-veineuse pour produire des phénomènes toxiques caractérisés par de l'excitation et du tremblement localisé, phénomènes qui disparaissent alors en quelques minutes. En ajoutant au mélange la proportion d'essence d'absinthe indiquée par la dernière formule, un gramme du mélange, en injection intra-veineuse au chien, suffit pour faire apparaître l'effet spécial à cette essence, l'attaque d'épilepsie. Quant à l'essence de coriandre, l'essence d'hysope, l'essence de fenouil, qui avaient été accusées par Cadéac et Meunier, les effets qu'elles produisent se bornent à une excitation passagère, qu'accompagnent parfois quelques petites secousses, puis à une somnolence bien marquée qui s'observe fréquemment aussi chez les buveurs d'absinthe à un certain moment, vraisemblablement produite par ces essences. Les essences d'angélique, de menthe, de mélisse peuvent être considérées comme indifférentes.

En résumé, pour adopter les conclusions du rapport de Laborde, l'essence d'absinthe vraie est, de toutes les essences qui entrent dans la composition de la liqueur d'absinthe, la plus toxique et conséquemment la plus dangereuse; elle est seule capable de produire l'attaque épileptique vraie. C'est elle qui imprime son cachet particulier à l'intoxication causée par l'abus si commun de ce produit et justifie sa dénomination spéciale, l'absinthisme. Cette intoxication a des signes caractéristiques certains, qui permettent de la différencier nettement de l'alcoolisme simple et doivent la faire considérer comme une véritable intoxication absinthique; ce sont l'attaque épileptique, le vertige, le délire hallucinatoire précoce, symptômes qu'on retrouve dans l'expérimentation avec l'essence d'absinthe aussi bien qu'au cours de l'observation clinique.

Les recherches de CADÉAC et MEUNIER ont cependant servi à montrer qu'il y avait des essences d'absinthe moins nocives que les autres; il semble malheureusement que ce soient les moins estimées et conséquemment les moins employées pour la fabrication des liqueurs, de qualité fine au moins. LABORDE dit, en particulier, qu'on vend en Algérie, sous le nom d'essence d'absinthe, une essence retirée des bulbes d'asphodèle, qui sert à fabriquer une liqueur d'absinthe que les indigènes et les soldats consomment en grande quantité à cause de son bas prix.

Cette essence d'Algérie doit avoir des effets nocifs peu marqués, car les buveurs n'éprouvent que les effets dus ordinairement à l'ingestion d'alcool, alors que les officiers qui consomment presque exclusivement de l'absinthe véritable en ressentent les inconvénients spéciaux. Rentrés en France, l'habitude perd ceux des soldats accoutumés à beaucoup boire de ce produit peu offensif; se livrant alors à une consommation abondante, ils montrent rapidement les accidents caractéristiques de l'absinthisme.

Malheureusement, pour l'absinthe, peut-être plus que pour toute autre boisson alcoolique, l'abus suit d'ordinaire de près l'usage modéré qu'on en fait au début; ceci se voit surtout dans les pays chauds où la soif est grande. De plus, l'habitude qu'on a de consommer cette liqueur à jeun alors que l'absorption en est plus rapide et plus sûre, favorise son action. Aussi doit-on être persuadé qu'elle est un facteur important dans le nombre toujours croissant des cas d'épilepsie, d'aliénation mentale, de ces névroses protéiformes qui sont si répandues à notre époque. Enfin, elle ne nuit pas seulement à l'individu qu'elle empoisonne : on retrouve ses effets délétères sur les enfants qu'il engendre, auxquels elle transmet l'une ou l'autre de ces tares héréditaires, faiblesse congénitale, rachitisme, épilepsie, qui encombrent les hôpitaux d'enfants.

La liqueur d'absinthe n'est pas seule à contribuer à ce triste bilan. On retrouve de l'essence d'absinthe dans une série de produits similaires, qu'on dénomme faussement *apéritifs*, parce que leur absorption à jeun provoque des tiraillements d'estomac pris à tort pour de la faim. Les bitters, vermouths, amers, ne renferment, il est vrai, que peu d'absinthe ou d'essence d'absinthe, mais contiennent d'autres produits actifs, entre autres du salicylate de méthyle (essence de winter-green), et de l'aldéhyde salicylique, tous deux convulsivants énergiques, moins actifs que l'essence d'absinthe, mais agissant dans le même sens. *L'eau d'arquebuse*, très usitée comme vulnéraire et cordial dans certaines régions, renferme plus de 4 grammes par litre d'essences, en tête desquelles se trouve l'essence d'absinthe et l'essence de rue. Ces produits ont certainement une bonne part, plus grande peut-être que celle des alcooliques vrais, dans ces manifestations d'irritabilité, d'indocilité, de violence, qui se produisent un peu de tous côtés.

Répartition, par espèces, des quantités d'alcools frappées des droits.
(Les chiffres du présent tableau représentent des hectolitres d'alcool pur.)

ANNÉES.	ESPRITS et EAUX-DE-VIE.	KIRSCH, RHUM et GENIÈVRE.	BITTER.	ABSINTHE et SIMILAIRES.	LIQUEURS.	FRUITS à l'eau-de-vie et divers.	TOTAUX.
1885.	1 158 625	114 958	30 214	57 732	74 051	8 806	1 444 386
1886.	1 133 037	109 244	29 887	65 268	71 953	10 498	1 419 888
1887.	1 161 644	112 862	30 267	74 178	75 738	12 941	1 467 630
1888.	1 108 822	158 340	30 932	81 312	74 543	14 497	1 468 446
1889	1 142 044	162 012	34 706	90 498	75 536	12 131	1 516 927
1890.	1 253 857	172 112	36 072	105 258	81 990	13 519	1 662 808
1891.	1 248 222	173 218	40 510	110 598	81 818	15 001	1 669 367
1892.	1 282 684	185 824	39 445	129 670	82 923	14 823	1 735 369

Ainsi la consommation de ce véritable poison, qui est l'absinthe, est très grande; et, ce qui est pire, elle augmente tous les jours. Alors que la consommation des alcooliques vrais croît, mais dans des proportions assez faibles, celle de l'absinthe monte avec une rapidité inouïe, comme on peut s'en rendre compte par le tableau précédent, établi par la régie pour la période de huit années 1888-1892.

Et encore cette statistique est-elle, pour plusieurs raisons, au-dessous de la réalité.

Certes, en présence de semblables résultats, on doit comprendre qu'il y a là un point capital pour l'évolution physique et morale de nos races, qu'il y a lieu de considérer de tels poisons comme un véritable péril social et de chercher à protéger la société contre leur extension envahissante; mais le moyen reste encore à trouver.

Bibliographie. — DUPLAIS. *Traité de la fabrication des liqueurs et de la distillation des alcools.* Paris, Gauthiers-Villars. — MAGNAN. *Accidents déterminés par l'abus de la liqueur d'absinthe* (*Union médicale*, 1864, t. XXIII, p. 258). — *Conférences cliniques sur l'alcool et l'absinthe* (*Gazette des hôpitaux*, 1869). — *Recherches de physiologie pathologique sur l'alcool et l'essence d'absinthe; épilepsie* (A. P., 1873, p. 127). — *Action respective de l'alcool et de l'absinthe* (*Congrès international pour l'étude des questions relatives à l'alcoolisme.* Paris, 1878). — CLAUDE (des Vosges). *Rapport au Sénat fait au nom de la commission d'enquête sur la consommation de l'alcool en France*, février 1889. — LANCEREAUX. *Absinthisme aigu, absinthisme chronique et absinthisme héréditaire* (*Bull. Acad. de médecine*, 1880). — HARDY et MAGNAN. *Analyse de l'essence d'absinthe, étude clinique et expérimentale*. (*B. B.*, 1882). — LABORDE et MAGNAN. *De la toxicité des alcools dits supérieurs et des bouquets artificiels* (*Revue d'Hygiène*, 1887). — CADÉAC et MEUNIER. *Étude physiologique de la liqueur d'absinthe :* Mémoire lu à l'Académie de médecine dans la séance du 10 septembre 1889. — LABORDE. *Étude physiologique de la liqueur d'absinthe* (*Rapport sur le mémoire précédent*). *Académie de médecine*, 1er octobre 1891. — CADÉAC et MEUNIER. *Contribution à l'étude de la liqueur d'absinthe* (*Revue d'Hygiène*, 1889). — MAGNAN. *Des principaux signes cliniques de l'absinthisme* (*Revue d'Hygiène*, 1890).

E. MACÉ.

ABSINTHINE ($C^6 H^{22} O^5$). — Principe amer de l'absinthe qui se présente sous la forme de cristaux brillants, prismatiques. Très soluble dans l'alcool, un peu moins dans l'éther, peu soluble dans l'eau. Avec l'acide sulfurique concentré elle prend une coloration jaune rougeâtre, tournant vite au bleu. Avec l'acide chlorhydrique une coloration rouge acajou, avec l'acide azotique aucune réaction.

Expérimentée par FERN. ROUX, l'absinthine n'est pas toxique, même à forte dose (2 grammes pour une poule). Son action semble se localiser sur le tube digestif; elle paraît très manifestement favoriser l'expulsion des matières fécales, sans pour cela occasionner de la diarrhée. D'après une communication de TERRAY à la Société de médecine de Buda-Pesth, en 1891, sur l'action des amers sur les mouvements de l'estomac, l'absinthine diminuerait ces mouvements.

Bibliographie. — FERNAND ROUX. *Étude sur l'absinthine (principe amer de l'absinthe)* (*Bulletin général de thérapeutique*, 1884, t. CVII, p. 438). — TERRAY. *Action des amers sur les mouvements de l'estomac* (*Société de médecine de Buda-Pesth*, in *Tribune médicale*, 28 mai 1891, p. 341).

ABSINTHISME. — On donne ce nom à l'ensemble des symptômes que l'on rencontre chez ceux qui font abus de la liqueur d'absinthe. Si cet abus est isolé, on se trouve en présence de l'absinthisme aigu; s'il est le résultat d'un usage prolongé et quotidien, on a alors la forme chronique qui constitue le véritable absinthisme.

L'alcool étant le véhicule des essences de la liqueur d'absinthe, on peut dire que l'absinthisme ne va pas sans l'alcoolisme; pourtant ces deux états se présentent avec des caractères tels qu'il n'est pas possible de les confondre. Les caractères de l'alcoolisme seront décrits dans un article spécial, il ne sera question ici que de ceux qui peuvent être attribués à la liqueur d'absinthe.

Il ne faut pas oublier que dans cette liqueur, l'essence d'absinthe n'est pas la seule coupable, elle se trouve mélangée avec d'autres essences telles que celles d'anis, de badiane, de fenouil, d'hysope, d'origan, d'angélique, de menthe, de mélisse, qui ont chacune une action spéciale, dont il sera question à l'article **Essences**. Ce mélange rend donc l'étude physiologique de la liqueur d'absinthe beaucoup plus complexe qu'on ne le croit, et l'absinthisme ne peut pas être considéré comme le résultat de l'intoxication par une seule substance, car dans ce cas ce qui est dit à propos de l'action physiologique de l'essence d'absinthe serait largement suffisant. L'absinthisme est le fait d'une intoxication très compliquée à symptômes prédominants.

L'absinthisme aigu constitue un véritable empoisonnement dû à la saturation des éléments organiques par le poison. C'est l'ivresse absinthique, beaucoup plus intense que l'ivresse alcoolique, beaucoup plus prolongée, turbulente, tapageuse, agressive, caractérisée par des hallucinations et des convulsions épileptiformes avec évacuations involontaires, écume aux lèvres et respiration stertoreuse. Après cette période caractéristique survient un accablement très marqué, une stupeur profonde qui persiste jusqu'à l'élimination du poison. Mais cette ivresse peut quelquefois se terminer assez rapidement par la mort et les autopsies démontrent qu'elle est occasionnée par de l'apoplexie méningée. La mort peut aussi se produire subitement par sidération, après un excès isolé, chez des sujets qui n'ont pas l'habitude de boire.

L'absinthisme chronique se manifeste chez le véritable buveur d'absinthe, il est le résultat de lésions organiques qui apparaissent peu à peu sous l'influence de la répétition de l'excitant artificiel. Les symptômes de l'intoxication se développent assez vite avec leurs caractères propres, mais souvent ils sont mélangés aux symptômes de l'alcoolisme.

Au commencement de l'intoxication, on constate, surtout aux membres inférieurs, une hyperesthésie particulière : le réflexe plantaire est tellement exagéré que le plus petit chatouillement des pieds peut déterminer chez le malade une véritable crise hystéroépileptique.

Cette hyperesthésie, beaucoup plus marquée à l'extrémité des membres qu'à la racine, finit par envahir peu à peu tout le corps.

Lorsque l'intoxication est plus ancienne, cette hyperesthésie peut faire place à de l'anesthésie, sauf sur certaines régions, véritables zones hystérogènes, comme en rapporte un cas très intéressant M. VILLARD dans ses leçons sur l'alcoolisme. Ces troubles de la sensibilité peuvent arriver jusqu'à une anesthésie absolue, aussi bien de la peau que de certaines muqueuses, buccale, oculaire, nasale. Avec ces troubles de sensibilité générale arrivent bientôt les vertiges, les hallucinations. Ces troubles hallucinatoires attaquent tous les sens. Les intoxiqués entendent des menaces, des provocations, des injures; ils voient des chiens, des chats, des rats, des animaux de toute sorte, des flammes qui les environnent, des gens armés qui se jettent sur eux; ils perçoivent des odeurs de soufre, des puanteurs qui les suffoquent; les aliments et les boissons ont les saveurs les plus désagréables; ils sentent la lame du couteau traverser les chairs, des serpents ramper et glisser sur la peau ou pénétrer profondément (MAGNAN). En un mot tous les sens sont désagréablement impressionnés. Ces symptômes se rencontrent aussi dans l'alcoolisme, mais la caractéristique de l'absinthisme ne tarde pas à se manifester. En effet, au milieu de ce cortège de symptômes, le malade pousse tout à coup un cri; il éprouve un véritable aura et tombe dans un accès de convulsions épileptiformes qui dure plus ou moins longtemps. L'accès passé, le malade reste un moment inconscient, et présente de nouveau le délire hallucinatoire qui a précédé la crise.

Les malades cités par MAGNAN se mordaient même profondément la langue, et avaient des évacuations involontaires pendant l'accès.

On peut dire par conséquent que ce qui caractérise l'absinthisme, c'est le délire hallucinatoire précoce, l'attaque convulsive épileptiforme et le délire inconscient qui la suit. Cette rapidité des troubles intellectuels est propre à l'absinthisme, l'alcool met plus de temps à produire des troubles pareils, il a besoin en quelque sorte de préparer le terrain.

Cette différence provient de ce que l'absinthe agit d'abord sur la région bulbo-cervicale, tandis que l'alcool agit sur la région dorso-lombaire de la moelle.

Dans quelques cas, on rencontre des convulsions à forme clonique, celles-ci relèvent des préparations de liqueur d'absinthe et notamment de l'introduction du salicylate de méthyle opérée par certains fabricants (Magnan).

L'appareil musculaire ne reste pas indemne au milieu de ces troubles du système nerveux; il présente un état très marqué d'incertitude et d'indécision. Les malades éprouvent des sensations musculaires diverses, de la pesanteur et de l'engourdissement.

M. Motet a signalé le cachet spécial d'hébétude que présentent ces malades, la trémulation fibrillaire des lèvres, de la langue et des muscles de la face ; le regard triste et terne, la dyspepsie, l'amaigrissement, la coloration jaunâtre de la peau, la teinte violacée des muqueuses, la perte des cheveux, les rides et tous les caractères de la caducité.

Parallèlement à ces troubles de la motilité, les lésions des centres nerveux progressent continuellement, le sommeil est agité ou constamment troublé par des rêves pénibles, des cauchemars, des réveils brusques; les hallucinations ne font qu'augmenter en nombre et en horreur. Il y a de la céphalalgie, du délire, et peu à peu se dessine la période de dépression ; la parole est embarrassée, l'intelligence s'engourdit, la paralysie générale fait de rapides progrès, les accidents congestifs ne font qu'augmenter les convulsions épileptiformes, et la mort arrive, ou par hémorrhagie cérébrale ou à la suite de ramollissement chronique.

Le tableau qui précède indique assez combien sont graves les accidents produits par l'intoxication absinthique. Aussi peut-on justement être effrayé en jetant les yeux sur la progression démesurément croissante de la consommation de la liqueur d'absinthe.

Comme le dit Legrand du Saulle, les résultats moraux d'une aussi funeste passion sont pour le moins aussi désastreux que les désordres physiques et intellectuels qu'elle amène à sa suite; car ils s'adressent à la meilleure partie de l'homme, à son intelligence, à son cœur et à sa volonté. L'intelligence fait place à l'hébétude, l'affection à l'égoïsme brutal, la volonté à l'irrésistible entraînement vers les stupides satisfactions de l'ivresse. Le scandale entre dans les familles, l'artisan, sans songer au pain que lui demandent sa femme et ses enfants, court au poison et la misère prend à son foyer la place qu'il a désertée pour le cabaret; car « il faut plus d'argent pour nourrir un vice que pour élever trois enfants » (Franklin). Non seulement le buveur enlève à ses enfants le pain de chaque jour, mais il leur enlève le plus précieux de tous les biens: la santé. Car le buveur n'engage pas seulement sa personne, mais encore, ce qui est beaucoup plus grave au point de vue social, sa descendance (Lancereaux). L'habitude se transmet alors, et prépare des populations de dégénérés. Alors l'intoxication semble répondre à un besoin de la nature de l'homme. Quoique ce besoin, né de l'habitude, ne soit qu'apparent, dans bien des circonstances il existe à l'état impérieux. C'est que l'influence héréditaire se fait sentir. L'usage de certains poisons cérébraux, comme l'alcool et l'absinthe, se perpétue quelquefois par la descendance, avec cette fatalité lamentable qui régit toutes les lois de l'hérédité (Legrain).

On doit donc considérer l'absinthisme comme une véritable plaie sociale, et l'on peut dire que c'est une question qui doit non seulement préoccuper les hygiénistes, mais encore ceux que touche la fierté nationale.

Un fait que les statistiques établissent, c'est le nombre toujours croissant des épileptiques. Ne les doit-on pas à l'influence de l'absinthe et des poisons similaires sur la descendance?

Quelle triste perspective que celle qui attend le buveur d'absinthe! Pour lui, la paralysie générale, les congestions ou les hémorrhagies cérébrales, le ramollissement; pour ses enfants, la folie, l'idiotie, la scrofule et l'épilepsie !

On ne saurait trop placer ce tableau devant les yeux des populations et les législateurs eux-mêmes devraient bien se pénétrer des conséquences désastreuses à tous les points de vue de cette funeste habitude. Malgré tous les efforts de ceux que préoccupent ces graves conséquences, le seul résultat des travaux entrepris sur la question c'est, par la statistique, de constater que la consommation va toujours en augmentant et que l'habitude devient irrésistible. Aussi est-il permis de dire avec Jolly: « Et qu'est-il donc de plus triste, de plus humiliant pour la dignité de l'homme, pour l'honneur de l'humanité de s'avouer vaincu devant l'attrait de deux poisons (l'absinthe et le tabac) également funestes, d'obéir servilement à une habitude qui est à la fois un attentat à la santé individuelle, à la santé publique, à l'ordre social, à l'intelligence, à la morale, à la virilité d'une nation! » En présence de ce fléau a-t-on pris quelques mesures énergiques? Loin de là. Les débits vont sans cesse en augmentant. Ils étaient, au 1er janvier 1886, au nombre de 422 303 en France, soit un par 90 habitants. L'ouvrier qui, sa journée finie, rentre dans sa famille, est invité à chaque pas à se laisser aller à son penchant. Il ne rencontre sur sa route que *débits* ou *bars*. Quoi d'étonnant alors qu'il succombe à la tentation!

Les malades qui peuplent les asiles d'aliénés vont toujours en augmentant. On ne doit pas en être surpris, lorsque, connaissant les résultats de l'intoxication absinthique avec ses effets directs ou héréditaires, on jette les yeux sur la consommation démesurément croissante de cette liqueur. Un fait acquis, c'est que le nombre des aliénés paralytiques suit fidèlement le mouvement de consommation de l'absinthe.

Voici quelques chiffres d'une éloquence terrible, tirés du relevé du service des contributions indirectes.

En 1884, les droits ont été appliqués à 1 489 000 hectolitres d'alcool dont 50 000 hectolitres d'absinthes et similaires.

En 1892, c'est-à-dire huit ans après, les droits ont été appliqués à 1 735 369 hectolitres d'alcool, dont 129 670 hectolitres d'absinthes et similaires.

C'est-à-dire que dans la période des huit années écoulées entre 1884 et 1890, la consommation de l'absinthe a augmenté de plus du double, et que, pour une augmentation d'alcool de 160 000 hectolitres, on trouve une augmentation de 80 000 hectolitres d'absinthe. Quel est le résultat moral que l'on peut tirer de ces chiffres? C'est que, si les législateurs ne prennent une mesure radicale pour mettre un terme à cette cause de déchéance humaine, d'affaiblissement moral, physique et numérique de la nation, la seule préoccupation qu'ils puissent raisonnablement avoir, c'est de bâtir de vastes établissements de dégénérés et d'aliénés.

Bibliographie. — Legrand du Saulle. *Les buveurs d'absinthe* (*Gazette des hôpitaux*, 1860). — Voisin. *Absinthisme chronique* (B. B. 1862). — Marcé. *Accidents déterminés par l'abus de la liqueur d'absinthe* (*Union médicale*, 1864). — Challand. *Étude expérimentale et clinique sur l'absinthisme et l'alcoolisme*. Paris, 1871. — Jolly. *L'absinthe et le tabac* (*Académie de médecine*, 1871). — Dastre. *L'alcoolisme et l'absinthisme* (*Revue des deux Mondes*, 1874). — Gourmet. *Alcool et absinthisme*. Thèse de Montpellier, n° 91, 1875. — Lancereaux. *De l'absinthisme aigu* (*Académie de médecine*, 2me série, t. IX, 1881. — Lancereaux. *Absinthisme chronique et absinthisme héréditaire* (*Académie de médecine*, 2me série, t. IX, 1881). — Gautier. *Étude clinique sur l'absinthisme chronique* (D. P., 1882). — Al. de Foville. *La France économique*, 1887. — *Atlas de statistique financière*, Ministère des finances, 1889. — Magnan. *Des principaux signes cliniques de l'absinthisme* (*Revue d'hygiène*, 1890). — Legrain. *Étude sur les poisons de l'intelligence* (*Annales médico-psychologiques*, t. XIV, 1891). — Lancereaux. *Alcoolisme et absinthisme héréditaires* (*Bulletin médical*, 1891. *Revue scientifique* (2), 1892. — Villard. *Leçons sur l'alcoolisme*, 1892. — Magnan. *Recherches sur les Centres nerveux* (alcoolisme, folie des héréditaires dégénérés, paralysie générale; médecine légale), 2me série, Paris, 1893.

CH. LIVON.

ABSORPTION. — On entend par absorption la pénétration des substances solubles jusque dans le milieu intérieur, sang ou lymphe des vaisseaux ou des tissus, sans qu'il y ait effraction des revêtements organiques.

Peau. — Personne ne met en doute le fait que des gaz peuvent passer au travers de la peau; qui joue ainsi un certain rôle dans la respiration. Elle absorbe notamment une certaine quantité d'oxygène. Mais, où l'accord cesse d'exister, c'est lorsque l'on étudie l'influence de la peau au point de vue de l'absorption des liquides ou des substances dissoutes. De nombreuses expériences ont été faites pour résoudre cette question, et les résultats obtenus ont très souvent été contradictoires. Cette contradiction s'observe d'ailleurs pour beaucoup de points relatifs à l'absorption en général; ce qui est une preuve que les facteurs qui interviennent ne sont pas uniquement du domaine de la physique, comme il était d'habitude de l'admettre il y a un certain nombre d'années.

Les procédés employés pour étudier la résorption par la peau sont de trois espèces : 1° les pesées avant et après un bain simple ou tenant en solution certaines substances; 2° l'étude des urines; 3° l'examen des phénomènes physiologiques résultant de l'application de certaines substances actives à la surface de la peau. Il va de soi que, dans toutes ces méthodes, il faut rigoureusement se mettre à l'abri des causes d'erreurs et notamment de celles qui pourraient résulter de l'introduction des substances à étudier par des solutions de continuité de la peau, ou encore par la bouche. (Voir, pour la bibliographie ancienne, *H. H.* et *Dictionnaire de médecine de* DECHAMBRE, art. *Peau* et *Absorption*.)

La méthode des pesées est très défectueuse : aussi FLEISCHER a-t-il tenté de la remplacer par l'emploi du pléthysmographe de Mosso. Les résultats obtenus par cette dernière méthode ont été négatifs. Il semble, à première vue, que l'étude des substances qui traversent l'organisme, c'est-à-dire l'étude des urines et du sang, soit mieux à même de renseigner sur le rôle de la peau dans l'absorption. Mais plusieurs causes d'erreur sont inhérentes à cette méthode; en effet, s'il s'agit d'étudier l'absorption de substances qui font partie intégrante de l'organisme, la méthode ne peut donner de résultats, et, si l'on emploie des bains, ceux-ci peuvent agir sur la circulation cutanée, de façon à retarder ou accélérer l'élimination par une simple action vaso-motrice. Si l'on utilise des substances qui n'entrent pas dans la catégorie des composés normaux de l'organisme, la contradiction dans les résultats obtenus résulte du fait que plusieurs d'entre celles qui ont servi aux expériences agissent sur la peau pour la ramollir, la cautériser, en un mot pour mettre la substance en contact avec le derme proprement dit. Les mêmes objections s'appliquent naturellement aux expériences durant lesquelles on a recherché l'action physiologique de certaines substances. D'autres causes d'erreur peuvent encore résulter de véritables défauts d'expérimentation inhérents à la méthode. RÖHRIG (*Die Physiologie der Haut.* Berlin,1876) pulvérisait des solutions de morphine, de curare, de digitaline sur la peau de lapins, et il a, de cette façon, obtenu des empoisonnements, tandis que VON WITTICH (*Mittheil. a. d. physiol. Laborat.* Kœnigsberg, 1878) obtenait des résultats négatifs. Il faut tenir compte de la nature de l'animal employé et aussi, dans certains cas, des conditions vraiment extraordinaires des expériences. Il n'y a, en effet, rien d'étonnant à ce que, comme cela a eu lieu dans quelques expériences, le lapin, fixé plusieurs heures sur une planchette, présente du coma, des paralysies, du ralentissement du cœur. Enfin, le dissolvant lui-même a une grande influence, ainsi que PARISOT (*C. R.*, t. LVII, 1863) l'avait déjà établi précédemment. On a d'ailleurs tenu compte des objections précédentes dans plusieurs des travaux effectués en ces dernières années; toutefois elles sont encore applicables à certains d'entre eux, et c'est sans doute ce qui explique la persistance des divergences dans les résultats avec la variation possible des facteurs physiologiques qui interviennent dans la résorption et dont les conditions peuvent varier sous l'influence de causes qui échappent encore aux investigations des expérimentateurs. Quoi qu'il en soit, voici l'opinion des auteurs qui se sont occupés de cette question. L. V. KOPFF (*Zur Frage über die Resorption durch die Haut. Przeglad leckarski,* 1886, 43) admet que la peau résorbe les solutions de sublimé corrosif de 1 à 2 p. 100; mais la quantité résorbée est très faible. La peau dégraissée résorberait mieux, naturellement, que la peau recouverte de son enduit sébacé. D'après PASCHKIS et F. OBERMAYER (*Centralblatt f. klin. Medic.,*t. XII, pp, 65-69); le lithium étant appliqué sous forme de pommade sur le dos, ou bien des solutions de chlorure de lithium à 10 p. 100 pulvérisées sous forme de spray, retrouverait le lithium à l'examen spectroscopique dans les urines. MULLER (*Arch. f. wissench. u. pract. Thierheilk,* t. XVI, p. 309) prétend que le mercure appliqué sur la peau se retrouve dans les urines (par électrolyse) et dans les matières fécales. Il y aurait également absorption du plomb appliqué en pommade, tandis que, en solution, en bains notamment, il ne serait pas résorbé, pas plus que l'iodure de potassium quand on plonge les pieds dans une solution de ce sel. L'acide borique en application extérieure ne serait pas non plus résorbé; l'iode, au contraire, serait déjà reconnaissable dans les urines après deux heures. L'absorption de l'iodure de potassium dans les conditions signalées plus haut aurait lieu suivant KOPFF. On retrouverait en effet, dans ce cas, dans les urines, l'iodure comme tel, ou combiné aux substances organiques (KOPFF, *Przelad lekarski*, n°ˢ 44, 45). R. WINTERNITZ (*Arch. f. exp. Pathol. u. Pharmakol.*, t. XXVIII, 1887, p. 405) s'est occupé de l'absorption par la peau en tenant compte de l'influence du dissolvant. La résorption de la strychnine par la peau du lapin se fait facilement quand on emploie la solution chloroformique; elle est moins facile au contraire avec les solutions éthérées et alcooliques. On n'observe de résorption de la solution aqueuse que si l'endroit de l'expérience est rasé et imbibé de chloroforme (15′ à 20′), d'éther (5′ à 15′) ou d'alcool (15′). L'absorption est alors la plus rapide après application du chloroforme et la moins rapide après celle de l'alcool. Dans ces conditions mêmes l'absorption des solutions aqueuses ou huileuses est très restreinte. La peau humaine, qui possède un épiderme plus résistant que celui du lapin, est moins susceptible encore de résorber les solutions aqueuses d'alcaloïdes, par exemple, ou de sels de lithium (employés également par PASCHKIS et OBERMAYER : voir plus haut). Les solutions éthérées permirent seules la résorption, tandis que celle-ci ne s'observait pas avec les solutions alcooliques ou chloroformiques. Les lavages d'éther permirent également seuls la résorption des solutions aqueuses, tandis que le chloroforme et l'alcool demeuraient sans action. — VALENTIN JUHL (*Untersuchungen üb. das Resorptionvermögen d. menschl. Haut für zerstäubte Flüssigk. D. Arch. f. klin. Med.*, t. XXXV, pp. 514-523) qui a expérimenté chez l'homme l'effet des pulvérisations sur la peau, pense que l'absorption est possible, au moins pour les solutions alcooliques de tanin, de salicylate de soude ou d'acide salicylique. Le ferrocyanure de potassium en solution à 3 p. 100 se trouve en quantité minime dans les urines, déjà après six heures. G. MAAS (*Ueber die Resorption fein zerstäubt. Flüssigk. d. mensch. Haut.* Würzburg. Dissert., 1886) et RITTER (*Zur Frage der Hautresorption. B. klin. Woch.*, 1886, n° 47) qui ont essayé l'effet des pulvérisations de solutions d'iodure de potassium et de salicylate de soude continuées pendant une demi-heure admettent qu'il n'y a pas la moindre résorption cutanée. L'emploi de l'acide salicylique a donné une seule fois un résultat positif; mais alors, la concentration 4 à 5 p. 100 était telle qu'il se produisit des ulcérations qui favorisèrent l'absorption même de sels indifférents. L'emploi des onguents, même de la lanoline, ont donné des résultats négatifs à RITTER et à PFEIFFER (*Inaug. Dissert.* Würzburg, 1886). Ces résultats sont très différents, on le voit, de ceux qu'a obtenus CHAMPOUILLON (*C. R.*, t. LXXXII, pp. 1011-1013) qui prétend que la peau résorbe le fer et le manganèse des eaux minérales. GUINARD et BOURET (*Lyon médical*, 1891), dans leurs recherches sur la résorption par la peau des substances incorporées dans la graisse, la vaseline, la lanoline, ont admis que, même après plusieurs heures d'application, ni l'iodure de potassium, ni la strychnine, ni l'atropine, ni le chlorure mercurique ne sont absorbés, et cela, pas plus chez l'homme que chez les animaux, tels que le chien, le bœuf, le lapin, quand on prend la précaution nécessaire pour qu'ils ne puissent lécher le médicament.

L'absorption d'iode après application de pommade iodurée doit dépendre, d'après ces auteurs, de la mise en liberté d'iode. Cette mise en liberté aurait lieu surtout dans les graisses, puis dans la lanoline, enfin dans la vaseline. On a cru, pendant un certain temps, que la lanoline favorisait la résorption des médicaments par la peau. Cette idée est abandonnée aujourd'hui (GUTTMANN. *Z. f. klin. Med.*, t. XII, pp. 274, 289). Des travaux plus récents, tels que ceux de SCHUM (*Experiment. Beiträge zur Frage der. Resorpt. v. der menschl. Haut. Dissert.*, Wurzburg, 1892) concluent à l'absorption par la peau de l'acide phénique, de l'acide salicylique, du salol en solutions alcooliques ou aqueuses, tandis que l'iodure de potassium, le salicylate de soude, le tanin, la résorcine ne seraient pas résorbés. Les premières comprendraient les substances oxydantes et kératolytiques, les secondes, les substances réductrices et kératoplastiques. BOURGET (*Ueber die Resorption der Salicylsäure durch d. Haut. Therap. Monatshefte*, Nov. 1893) a employé les pommades à l'acide salicylique dans le traitement d'affections rhumatismales, et il conclut, des résultats obtenus et aussi de l'examen des médicaments des urines, à la résorption du principe actif. Ces conclusions sont d'ailleurs les suivantes : l'acide salicylique est rapidement et activement résorbé par la peau. La peau des individus jeunes résorbe plus activement que celle des individus âgés, celle des blonds mieux que celle des individus à cheveux foncés. Le véhicule employé a une grande influence. Le véhicule le plus favorable est la graisse ordinaire; avec la vaseline ou la glycérine, la résorption est nulle ou très faible.

L'absorption par le tissu cellulaire sous-cutané est journellement démontrée sur l'homme. On a injecté des quantités considérables de liquides physiologiques, de sang défibriné et même de substances graisseuses tenant en solution des matières médicamenteuses. On a tenté, notamment, de remplacer le liquide perdu par une hémorrhagie au moyen d'injection sous-cutanée de liquides physiologiques ou de sang défibriné (PALADINI. *Gazzetta medica*, 1883. — BAREGGI. *C. f. klin. Med.*, 1884, p. 216. — *Arch. p. le sci. medic.*, VII, *f.* 1. — V. ZIEMSSEN. *Arch. f. klin. Med.*, 1885. — CANTANI, *Lyon médical*, t. XLVIII, 1885, p. 165). SAHLI a proposé de faire un lavage de l'organisme dans le cas de fièvre typhoïde en injectant de grandes quantités d'eau dans le tissu cellulaire sous-cutané, eau qui, résorbée, s'élimine par les reins (*Sammlung Klin. Vorträge de* VOLKMANN, 1889. *Therap. Monatshefte*, 1890), en entraînant, espérait-on, les toxines. On a même essayé de nourrir des malades par la méthode des injections sous-cutanées. Cette méthode, au point de vue pratique, donne de faibles résultats (HOFFMANN. *Vorlesungen üb. allgem. Therapie.* Leipzig, 1892, p. 189). PICK, dès 1879 (*Ernährung mittelst subcutaner Injection. D. med. Wochenschrift*, no 3) avait répété les expériences de MENZEL et PERCO, 1869, de KRUEG, 1875, WHITTACKER, 1876, sur cette question. Il observe l'absorption des huiles, du sang défibriné, de divers sels de fer, d'albumine. Mais ce sont surtout, parmi les albumines, la peptone, le sang défibriné et le sérum qui sont les mieux absorbés par cette voie. — EICHHORN (*Zur künstlichen Ernährung durch subcut. Injectionen, Wiener med. Woch.*, 1881, pp. 32-33-34) montre que l'albumine, l'huile d'olive, l'huile de foie de morue, l'huile d'amandes douces, la peptone, le lait, le sucre, le sang défibriné sont bien supportés et sont résorbés. Le blanc d'œuf ne le serait pas. G. DAREMBERG (*B. B.*, 1888, p. 702 : *Sur les injections sous-cutanées d'huile chez les cobayes et les lapins*) a montré que ces injections tuent les animaux en produisant une péritonite localisée surtout autour de la rate (périsplénite graisseuse). Une observation d'un intérêt tout général est celle qui a été faite par ASHER (*Ein Beitrag zur Resorption durch die Blutgefässe, Z. B.*, t. XXIX, p. 249). Cet auteur a montré que les capillaires sanguins résorbent certains sels, l'iodure de sodium par exemple. Le sang cède ensuite ce corps à la lymphe qui finit par en contenir plus que le sang lui-même. Si l'on admet la diffusion quand il s'agit de résorption, le fait du contenu plus riche de la lymphe en sel de sodium permet difficilement d'invoquer la même cause pour ce phénomène. Il faudrait donc admettre la diffusion dans un cas, non dans l'autre, ce qui est irrationnel. D'ailleurs, le fait que la fibre musculaire qui baigne dans la lymphe ne contient pas d'iodure sodique, parle aussi contre l'idée d'une simple diffusion. La résorption continue par les vaisseaux sanguins est donc une résorption active.

Conjonctive oculaire. — L'absorption par la conjonctive est admise par tous les auteurs, et la clinique fournit journellement l'occasion d'expérimenter sur l'homme à ce sujet (atropine). Cependant BELLARMINOFF l'a étudiée en détail dans ces derniers temps (*Die colorimetrische Methode angew. bei der Untersuchung der Resorpt. in dem vorderen Augenkammer. C. W.*, 1892, p. 802). Il s'est servi, à cet effet, de fluorescéine. Le passage de cette substance dans la chambre antérieure de l'œil d'animaux récemment tués est plus lent que pour les yeux vivants; la section du sympathique cervical ou de son ganglion supérieur diminue le coefficient de résorption. L'excitation du cordon cervical l'active au contraire. La section du trijumeau, au début, la diminue de 1 fois et demie à 2 fois, puis, plus tard, l'augmente, pour l'amener en 24 heures à 150 à 250 fois ce qu'elle était au début. L'excitation réflexe du trijumeau par la nicotine diminue le coefficient de résorption de 1 fois et demie à 2 fois. La cocaïne en instillations, les processus inflammatoires de la cornée avec ramollissement de son tissu, l'enlèvement de la couche épithéliale superficielle accélèrent la résorption par la conjonctive oculaire.

Muqueuses de l'appareil digestif. — La résorption par la muqueuse du canal digestif commence déjà dans la cavité buccale. Les sensations gustatives, à elles seules, le prouvent (*H. H.*, p. 265). Mais des expériences directes montrent également qu'il en est ainsi. Un rat trachéotomisé auquel on a lié l'œsophage avec la partie supérieure de la trachée meurt, quand on place sous la langue un fragment de cyanure de potassium. La résorption par les parties supérieures du tube digestif est, en tous cas, très lente, mais elle est réelle. Il suffit d'examiner le contenu de l'estomac immédiatement après la déglutition pour s'en convaincre. La résorption se fait par l'estomac et l'intestin; le fait est incontestable naturellement; mais cette résorption varie avec les différents points du tube digestif, et elle n'est pas aussi générale qu'on l'a cru.

Sans parler de la résorption des matières alimentaires, qui sera étudiée ultérieurement, nous passerons en revue les travaux qui ont été exécutés dans ces dernières années sur cette importante question. PENTZOLD et A. FABER (*Ueber die Resorption sfahigkeit d. menschlichen Magenschleimh. u. ihre diagn. Verwerth., Berl. klin. Wochensch.*, 1882, no 21), étudiant la résorption de l'iodure de potassium par la muqueuse gastrique, trouvent que 3 heures après la digestion, ce sel est résorbé après 6 à 11 minutes, tandis qu'il est absorbé seulement après 20 à 37 minutes, 22 à 45 minutes immédiatement après le repas. Dans le gros intestin, suivant les mêmes auteurs, l'iodure commencerait déjà à être absorbé après 9 minutes. Pour WOLFF (*Centr. f. klin. Medic.*, 1882, p. 29), la résorption commencerait déjà dans l'estomac après 6 minutes. Mais les faits ne se passent pas ainsi, dans tous les cas, quelle que soit la substance ou le dissolvant. TAPPEINER (*Ueber Resorption im Magen, Z. B.*, t. xvi, pp. 497-507) a fait à ce sujet des expériences très intéressantes. Cet auteur injecte, chez des chiens ou des chats à jeun auxquels il a lié le pylore, des solutions faciles à doser. Voici les résultats obtenus :

S'il injecte dans l'estomac d'un chien ainsi préparé 1^{gr},73 de sucre de raisin, après 3 heures et demie, il retire de l'estomac 1^{gr}63. S'il emploie 0^{gr},565 de sulfate de soude après 3 heures et demie il retire encore 0^{gr},477. Chez le chat, quand on introduit dans l'estomac 1^{gr},25 de sucre de raisin, on retire la même quantité après 3 heures, avec une injection de 0^{gr},670 de taurine, après 3 heures, on retire 0^{gr},594. 13 heures après l'injection à un chien de 10^{gr},7 de peptone, on trouve encore 9^{gr},6. Le sulfate de strychnine qui tue un chat en 8 minutes demande dans les conditions qui précèdent 1 h. et demie à 3 heures pour agir. Il en est tout autrement, si l'on remplace les solutions aqueuses par des solutions alcooliques ; la strychnine, par exemple, dissoute dans 5 cc. d'alcool à 95° et 15 cc. d'eau agirait en 10 minutes. Les résultats obtenus avec une solution légèrement alcoolisée de chloral sont identiques à ceux que l'on obtiendrait sur un animal à pylore non lié, tandis qu'une solution aqueuse de même concentration n'agirait pas sur un animal à pylore lié. Les résultats obtenus par VON AXREP (*Die Aufsaugung im Magen des Hundes. A.Db.*, 1881, pp. 504-514) sont différents des précédents. Il est bon d'ajouter que le manuel opératoire est différent. Dans les expériences de ce dernier auteur le pylore n'est pas lié ; mais on le ferme au moyen d'un ballon que l'on introduit dans le duodénum par une fistule gastrique, et que l'on gonfle après son introduction. — Voici les résultats obtenus par AXREP. Diverses solutions, de sucre de raisin ont perdu 36 p. 100, 54 p.100, 61, 1 p. 100, 78 p. 100 en 1 heure et demie à 2 heures. S'agit-il dans ce cas, se demande l'auteur, d'une simple osmose? Mais alors on devrait retrouver une quantité déterminée d'eau dans l'estomac, et il n'en est rien ; pour 1 gramme de sucre on trouve dans l'estomac 55, 42, 11, 17 cc. d'eau, c'est-à-dire des quantités fort variables. La syntonine, les peptones disparaissent du contenu de l'estomac dans la proportion de 23,3 à 33,9, p. 100. — SEGALL (*Versuche über die Resorption d. Zuckers im Magen. C. W.*, 1889, p. 610) pense que la résorption de sucre de l'estomac a lieu, mais qu'elle est plus active pour les solutions alcooliques que pour les solutions aqueuses. Cette question de la résorption du sucre par les parois de l'estomac a d'ailleurs été l'objet de nombreux travaux. Déjà, en 1884, SMITHHEAD (*Die Resorption des Zuckers u. des Eiweisses im Magen. A. Db.*, 1884, p. 481) a démontré que chez des grenouilles à pylore lié la résorption du sucre à l'état solide est, au début, plus rapide que pour les solutions et, pour ces dernières, que la résorption est en raison du degré de concentration. Elle est, à 9 p. 100 près, terminée dans les 24 heures. V. MERING (*Ueber die Function des Magens. Therap. Monatshefte*, mai 1893) a repris en détail cette question de la résorption par les parois de l'estomac. — A la suite de l'observation clinique qui nous apprend que les individus atteints de dilatation d'estomac souffrent de soif, de constipation, d'oligurie et aussi à la suite de ce fait d'observation que les estomacs dilatés gardent longtemps les liquides ingérés, l'auteur s'est demandé s'il y a résorption dans l'estomac, et dans l'affirmative, ce qui est résorbé. Sur un grand nombre de chiens, il pratique la section du duodénum au-dessous du pylore. Les deux ouvertures de l'intestin sont alors suturées à la peau de façon à constituer deux ouvertures qui conduisent, l'une dans l'intestin grêle, l'autre vers le pylore. On fait boire à ces animaux une assez grande quantité d'eau; déjà, pendant qu'ils boivent, l'eau s'écoule par saccades, et, si l'on met le doigt dans l'ouverture pylorique, on sent très nettement qu'il s'ouvre et se ferme rythmiquement deux à dix fois à la minute. Chaque fois il sort une quantité d'eau correspondant à 2 à 15 centimètres cubes.

L'alcool se comporte tout différemment de l'eau ; on introduit par exemple, au moyen de la sonde, dans l'estomac d'un gros chien opéré comme il est dit plus haut, 300 cc. d'une solution d'alcool à 25 p. 100. Il s'écoule, en tout, par la fistule duodénale, 496 cc. de liquide contenant en totalité 28 cc. d'alcool. C'est-à-dire que 47 cc. d'alcool ont été résorbés. Il faut remarquer que la quantité d'eau éliminée est de 468 cc., alors que seulement 225 cc. ont été administrés. Ce résultat, confirmé plusieurs fois, montre que la résorption de l'alcool s'accompagne d'une forte excrétion d'eau. Le sucre, suivant von Mering, serait également résorbé par l'estomac. Dans une expérience faite au moyen du sucre en solution, les chiffres obtenus ont été les suivants : Sur 100 grammes de sucre, 20 sont résorbés dans l'estomac, 350 cc. d'eau sont introduits et 557 sortent. Avec les peptones, 300 cc. d'une solution à 20 p. 100 donnent 475 cc. de liquide sorti par 1 fistule, liquide contenant 12 p. 100 de peptones, c'est-à-dire que 3 grammes seulement sont absorbés. 7 grammes sur 30 de chlorure sodique sont également absorbés dans l'estomac. La résorption par l'estomac, dans tous ces cas, fait penser à la diffusion, contrairement à la résorption dans l'intestin grêle. Ces résultats concordent partiellement avec ceux de Hirsch (C. f. klin. Med., 1892, p. 18). La résorption des sels par l'estomac est encore admise par Janowsky (Z. B., t. xix, pp. 397-443. Versuche über die Resorption der Mittelsalze im menschl. Magen). Zweifel (Ueber Resorptionsverhält. der menschl. Magenschleimhaut zu diagnost. Zwecken u. im Fieber. D. Arch. f. klin. Medic., t. xxxix. p. 349) admet aussi la résorption d'iodure de potassium, plus rapide quand l'estomac est vide que lorsqu'il est rempli. C'est aussi une opinion semblable que professe Kuehl (Z. B., t. xxiii, pp. 460-479. Können von der Schleimhaut des Magens auch Bromide u. Iodide zerlegt werden). Klemperer et Scheuerlen (Das Verhalten des Fettes im Magen. Zeitsch. f. Med., p. 370, t. xv) ont pratiqué aussi des expériences sur des chiens à pylore lié ; 70 p. 100 du sucre de raisin introduit dans ces conditions sont résorbés, tandis que la graisse ne l'est nullement. Il faut, dès maintenant, faire remarquer que les expérimentateurs, qui admettent cependant la résorption d'une substance, ne sont nullement d'accord sur la façon dont cette résorption se fait. Ainsi Hofmeister (Das Verhalten des Peptons im Magenschleimhaut, Z. P. C., t. vi, pp. 69-74) pense que la peptone traverse l'estomac autrement que ne le ferait un liquide traversant une membrane en vertu de la diffusion, ce qui est différent de la manière de voir de von Mering (Voir plus haut).

La résorption par la muqueuse de l'intestin a été l'objet de travaux innombrables. C'est surtout dans la moitié supérieure de l'intestin grêle que se fait l'absorption (Lépine et Lannois. B. B., 1882), à cause des replis transversaux (valvules conniventes) et du nombre considérable de villosités qui les tapissent. Toutefois, pour la résorption de l'eau par l'intestin, quand on a aboli les mouvements péristaltiques par la morphine ou l'atropine, le gros intestin agirait plus activement. L'intestin grêle, dans la partie antérieure, résorberait beaucoup moins, l'estomac n'absorberait presque plus, comme dans les expériences de von Mering (Edkins. The absorption of water in the alimentary canal. J. P. t. v, 3, p. 533). La résorption des sels par l'intestin est aussi incontestable. Lehmann (Notiz über die Resorption einiger Salze aus dem Darm. A. Pf., t. xxxiii, p. 188), en opérant sur des lapins, des chiens et des chats en pleine digestion, démontre que des sels, tels que l'iodure de potassium et le sulfocyanure d'ammonium, sont résorbés par une anse intestinale fermée et extraite de la cavité abdominale, anse dont on entretient les fonctions par un courant d'eau chaude. Cette résorption se ferait également par les vaisseaux sanguins et les lymphatiques, comme le prouve l'examen du contenu des uns et des autres. Leubuscher (Versuche über die Resorption im Darmcanal. Chem. Centralbl., t. xvi, p. 757) conclut de ses recherches que la résorption par l'intestin augmente en même temps que la pression, jusqu'à 100 millimètres d'eau ; elle diminue avec des pressions supérieures à ce chiffre. Une solution de chlorure sodique de 0,25 à 50 p. 100 est plus rapidement résorbée, toutes choses égales, que de l'eau pure. Les solutions de sels sodiques seraient, selon le même auteur, plus résorbables que les solutions de sels potassiques, bien que la diffusibilité de ceux-ci soit plus grande. La résorption serait enfin plus rapide pendant la digestion, peut-être à cause de la dilatation plus grande des vaisseaux. Suivant GUMILEWSKI (*Ueber Resorption im Dünndarm. A. Pf.*, t. xxxix, p. 556), si l'on remplit, sous même pression, une anse intestinale 2 ou 3 fois de suite, on remarque que la résorption augmente chaque fois. Il y aurait, en même temps que résorption, sécrétion par les parois intestinales. Comme LEUBUSCHER, l'auteur précédent admet que la résorption de l'eau augmente quand on y ajoute 25 p. 100 de chlorure sodique; avec 0,6 p. 100 de sel marin il y a plus de sel résorbé que d'eau. La sécrétion augmente avec la quantité de sel; avec 10 p. 100 de sel marin, la sécrétion dépassant notablement la résorption, le contenu intestinal augmente au lieu de diminuer. Une solution à 0,125 p. 100 de sulfate sodique est résorbée presque aussi vite que de l'eau. La quantité absolue de sel de GLAUBER résorbée croît avec la concentration de la solution. Le gros intestin lui-même résorbe les sels, ainsi que le prouvent les expériences de BACKIERWICZ (*Pamietnik. Warsz Tow. Lek.* vol. LXXXVIII, t. I, p. 112). HEIDENHAIN, dans un tout récent travail (*Arch. f. die ges. Physiologie*, t. LVI, 1894. *Neue Versuche über die Aufsaugung im Dunndarm*), étudie à nouveau cette question de la résorption des sels par l'intestin, en se servant de l'appareil de BECKMANN, employé la première fois par DRÆSER (*Arch. f. exp. Pathol. u. Pharmak.*, t. xxix), dans un but physiologique. L'appareil sert à déterminer la valeur de Δ qui représente l'abaissement du point de coagulation d'une solution. Cette valeur varie avec le degré de concentration. Il résulte des recherches faites par HEIDENHAIN que la résorption de solutions salines se fait, partiellement du moins, contrairement aux lois de l'osmose et de la diffusion. Le seul fait de la résorption des sels du sérum de l'animal en expérience par l'intestin suffit pour montrer qu'il intervient quelque chose d'autre que les lois physiques de l'osmose et de la diffusion, au moins telles que nous les connaissons actuellement. Évidemment, pour l'absorption d'une partie des solutions salines employées, il faut admettre que les forces physiques jouent un rôle.

Avec des solutions de chlorure sodique les résultats sont les suivants :

1° Lorsque la concentration des solutions introduites dans l'intestin augmente (voir *Manuel opératoire* dans le [mémoire original de HEIDENHAIN), les quantités absolues et relatives d'eau résorbée diminuent.

2° Avec des degrés de concentrations qui augmentent, la quantité absolue de sel résorbée (S) augmente, tandis que la quantité relative (S') diminue. Les rapports entre les quantités de sel et d'eau résorbées varient de la manière suivante : la quantité relative d'eau résorbée diminue plus rapidement que la quantité de sel.

Le fluorure sodique ajouté à une solution de chlorure fait baisser le chiffre de l'eau résorbée plus fortement que celui du sel. L'iodure de potassium en lavements ou en suppositoires est rapidement absorbé, et cette résorption est moins active dans le cas de troubles circulatoires. L'absorption des gaz, déjà connue de NYSTEN, et bien établie par Cl. BERNARD en 1856, par des expériences classiques sur l'influence de l'introduction d'hydrogène sulfuré dans le rectum, a été fréquemment confirmée chez l'homme pendant ces dernières années, lorsque BERGERON a préconisé le traitement de la tuberculose pulmonaire par les lavements gazeux. Cette résorption peut être assez active dans certains cas pour produire la mort des animaux en expériences, contrairement à l'hypothèse de Cl. BERNARD (PEYRON. *Bull. Biologie*, 1886, p. 515). LAUDER-BRUNTON (*Ueber Absorption der Gase in Darmkanal und über die Wirkung der Carminative. Ber. d. d. chem. Ges.* t. xxi). divise les gaz en deux groupes; ceux qui sont difficilement solubles dans l'eau (H, CH[4]) qui sont difficilement absorbés, et ceux, comme CO_2 et H_2S, facilement solubles et absorbables. Il faudrait de nouvelles recherches pour établir l'action des différentes parties de l'intestin sur cette résorption gazeuse, parfois fort peu active.

La résorption des peptones par le tube digestif a été, elle aussi, l'objet de nombreuses recherches, parce que, en effet, on ne trouve dans le sang, même en pleine digestion, que des traces insignifiantes de ce corps quand on en trouve, ce qui n'arrive pas toujours. MAX WASSERMANN n'en a pas trouvé dans le sang de la veine-porte pris en pleine digestion (*B. B.*, p. 1885, 170) contrairement à l'opinion émise par DROSDOFF (*Z. P. C.*, 1877). SCHMIDT MUELHEIM n'en a d'ailleurs rencontré ni dans le canal thoracique, ni dans le liquide transsudé dans la cavité péritonéale à la suite de la ligature du canal thoracique. Les peptones se rencontrent cependant dans le sang, comme le prouve le tableau suivant emprunté à F. Hofmeister (*Zur Lehre vom Pepton. Die Verbreitung des Peptons im Thierkörper. Z. P. C.*, t. xi, pp. 31-68).

Contenu 0/0 en peptones des différents organes.

TEMPS ÉCOULÉ depuis le dernier repas. (en heures.)	SANG.	ESTOMAC.	INTESTIN grêle.	GROS intestin.	RATE.	PANCRÉAS.
2.	0,034	Traces.	0,070	0	0	0
4.	0	0,130	0.092	0,070	0	0
6.	0,029	0,050	0,302	0.032	0	0
7.	0,055	0,109	0,432	0	0	0
9.	0,048	0,257	0,139	0,055	0	0
12.	0,037	0,068	0,091	0,052	0	0
15.	0,026	0,200	0.100	0,085	0,295	0,338
120.	0	0,016	0.032	0	0	0

La quantité de peptones du sang est bien inférieure à celle que l'on trouve dans l'estomac et l'intestin. Encore que le calcul, ainsi établi, ne se prête pas très bien à des comparaisons, le fait d'une quantité de peptones plus grande dans la cavité digestive que dans le sang est cependant évident. D'autres expériences le prouvent d'ailleurs. Neumeister (*Ueber die Einführung der Albumosen und Peptone in dem Organismus, Z.B.*, t. xxv, p. 877) trouve que le sang du lapin ne contient pas trace de peptones après introduction de peptone et d'albumose dans l'intestin, pas plus que la lymphe; confirmant en cela les données de Schmidt-Muelheim. Hofmeister (*Untersuchungen über Resorption u. Assimilation der Nährstoffe, Arch. f. exper. Pathol. u. Pharmak.* 133., t. xxx, pp. 291, 305) admet qu'une partie des peptones passe dans la circulation générale par absorption dans les vaisseaux sanguins exclusivement. Tous ces faits prouvent qu'une partie de la peptone disparaît dans l'épaisseur même de la muqueuse intestinale, comme elle disparaît dans l'épaisseur de la muqueuse gastrique (Hofmeister. *Loc. cit.*). Des expériences directes de Neumeister le prouvent d'ailleurs : si l'on ajoute à de l'intestin frais du sang peptonisé, une grande quantité disparaît, sans qu'on puisse la retrouver dans les fragments de tube digestif. Il en est de même quand on se sert d'albumose; il y aurait seulement, dans ce cas, transformation préalable en peptone. Tous les intestins d'animaux examinés et le foie de lapin (non celui du chien) jouiraient de la même propriété. Les reins, les muscles, le sang ne la posséderaient pas. Cette action de la paroi intestinale est admise par Salvioli (*A. Db*, 1880. *Supplément*, p. 212). La transformation des peptones se ferait vraisemblablement sous l'influence des leucocytes de l'appareil lymphatique intestinal. Il y a une augmentation considérable de ces leucocytes dans le tractus pendant la digestion (Rohmann. *Ueber Resorption u. Assimilation von Nährstoffen. A. fur exper. Path. u. Pharmak.*, t. xxii, p. 306), Cette augmentation s'observe surtout dans le tissu qui réunit les glandes gastriques, les glandes de Lieberkühn et les follicules clos qui renferment beaucoup plus de cellules pendant la digestion que pendant l'inanition. La présence de noyaux en voie de division prouve qu'une partie des cellules est formée sur place, vraisemblablement sous l'influence d'une excitation provoquée par les produits de la digestion. Il faut citer ici l'opinion de G. Fano (*Sperimentale*, sett., ott., 1882) qui prétend avoir découvert une nouvelle fonction des globules rouges, grâce à laquelle ils résorberaient les peptones et les céderaient peu à peu aux tissus, jouant vis-à-vis de ceux-ci le rôle d'élément de réserve alimentaire (?), quelque chose d'analogue au rôle que ces éléments exercent à l'égard de l'oxygène dans la respiration. La résorption des peptones ayant cependant lieu en partie, c'est-à-dire une partie passant à l'état de peptone dans le sang, suivant Hofmeister (*loc. cit.*), l'auteur s'est demandé par quelle voie se faisait cette résorption. Il conclut de ses recherches, qu'à côté du transport par les leucocytes, il y a une résorption directe qui se fait uniquement par les vaisseaux sanguins (opinion de Schmidt-Muelheim).

L'absorption des graisses par l'intestin a été l'objet de travaux plus considérables encore que celle des substances qui précèdent. On a, en effet, cherché par de nombreuses expériences à déterminer sous quelle forme la graisse était absorbée, et aussi comment elle pénétrait dans la circulation générale. Perowoznikoff (cité par Will. *A. Pf.*, pp. 255, 262) a prétendu que les graisses sont d'abord détruites dans l'intestin, puis reconstituées dans l'épithélium intestinal. Will. (*loc. cit*), expérimentant sur des grenouilles auxquelles il injectait dans l'intestin soit de l'huile d'olive, soit de l'acide palmitique et un peu de glycérine, soit un palmitate alcalin et de la glycérine, a observé que l'absorption était nulle avec l'huile d'olive seule, tandis que les autres substances donnaient un résultat positif. L'hypothèse de Perowoznikoff se trouvait donc confirmée, dans ce cas. Ewald (*Ueber Fettbildung durch die überlebende Darmschleimhaut. Arch. f. Anat. u. Physiol.*, 1883, p. 302, 311), a aussi démontré la formation de graisse neutre par la muqueuse intestinale vivante au moyen de savons de glycérine. Munck (*Ueber die Resorption der Fettsäure und ihre Verwerthung im Organismus* 1879, p. 371, 374) nourrit un chien dont l'équilibre nutritif est établi pour la graisse et les matières azotées, en remplaçant la graisse par une quantité correspondante d'acides gras. L'animal reste en équilibre; les acides gras s'émulsionnent, d'ailleurs, exactement comme les graisses avec les carbonates alcalins. Dans le chyle d'animaux nourris avec des acides gras, on trouverait des traces d'acides libres et beaucoup de graisses neutres. — Walther (*Zur Lehre von der Fettresorption, A. Db.*, 1889, p. 529), confirme les résultats obtenus par Munck. Il est certain, dit-il, que les acides gras se transforment déjà en glycérides (graisses neutres) dans l'intestin. Alors même que l'on n'a pas donné des graisses neutres dans la nourriture, si l'on tue un animal 8 à 10 heures après un repas avec acides gras, on trouve d'abondantes gouttelettes de graisses neutres dans l'intestin, plus ou moins d'acides gras libres et assez peu de savons. La quantité de graisse que l'on retrouve dans l'estomac et l'intestin, plus celle qui s'est écoulée par une fistule du canal thoracique, est bien inférieure à celle qui a été donnée en nourriture. Une partie des acides gras doit donc avoir suivi un autre chemin : lequel? On l'ignore. Le chyle et l'intestin sont dans les expériences de Walther plus riches en lécithine que normalement. Dans un travail ultérieur (*Ueber die Synthese der Fettsäure im thierischen Organismus. Wratch* nos 12, 14, 15, 1890. *C. P.*, t. iv, p. 19, 590-592), il revient encore sur l'hypothèse que les acides gras subissent dans l'intestin une modification encore inconnue qui a peut-être un certain rapport avec la lécithine. — Il était très important, pensait-on, de déterminer si les graisses se transforment en savons solubles; la muqueuse intestinale imprégnée d'eau est, en effet, évidemment peu favorable à la pénétration des graisses. O. Minkowski (*Zur Lehre von der Fettresorption. Berl. kl. Wochenschrift*, 1889, p. 15) conclut des recherches d'Abelmann (*Ueber die Ausnützung der Nahrungsstoffe nach Pankreasextirp. besonderer Berucksicht. m. der Lehre von Fettresorption. Dissert. Dorpat*, 1889), que, à l'état normal, les graisses ne sont pas résorbées sous forme de savons, car la décomposition en acide se faisant dans l'intestin, c'est-à-dire en milieu alcalin, les conditions étant éminemment favorables à leur formation, on devrait certainement en rencontrer. D'autre part, penser qu'une partie seule est saponifiée, et que le savon dissous émulsionne le reste de la graisse pour en favoriser la résorption, ce n'est pas non plus vraisemblable. Les conditions sont réalisées dans les expériences d'Abelmann, sur des animaux à pancréas enlevé et cependant les graisses ne s'absorbent pas. Ce fait est, soit dit en passant, de nature à montrer l'obscurité qui plane sur cette question, encore à l'heure actuelle. En effet le pancréas, qui favorise la résorption des graisses et des acides gras, agit, pourrait-on dire, en influençant d'une manière particulière les cellules de la muqueuse intestinale; mais Abelmann a démontré que la graisse du lait est absorbée d'une manière relativement facile, même chez les chiens à pancréas extirpé. Il n'est pas d'ailleurs nécessaire d'invoquer pour l'absorption des graisses, plus que pour celle des peptones, les lois simples de la filtration ou de la diffusion ; on sait aujourd'hui positivement que le phénomène est d'un tout autre ordre; aussi ne reviendrons-nous pas sur l'importance plus ou moins grande que le suc pancréatique ou la bile peuvent exercer sur le passage des graisses à travers les membranes.

Nous continuerons, pour le moment, à constater la réalité de l'absorption de la graisse, sa rapidité et nous aborderons ensuite l'étude de l'influence exercée sur elle par la bile ou le suc pancréatique. Chez un homme porteur d'une fistule lymphatique, Munck et Ro-

SENSTEIN (*Weiteres zur Lehre von der Spaltung und Resorption der Fette. A. Db.*, 1889, p. 481) ont observé que 15 p. 100 de la quantité de blanc de baleine, administré à cet homme, se retrouvaient après 13 heures dans la lymphe, mais sous forme de palmitine. Il y a donc eu dédoublement probable en alcool cétylique et acide palmitique, transformé, ensuite, en palmitine. L'oléate amylique passe dans le chyle à l'état d'oléine. La rapidité et l'importance de la résorption des graisses varient d'ailleurs avec le point de fusion de celles-ci. LUDWIG ARNSCHINCK (*Versuche über die Resorption verschiedener Fette in dem Darmkanal, Z. B.*, t. xxvi, pp. 434-451. *Inaugur. Dissert.* München, Zürich, 1890) a classé les graisses au point de vue de la quantité résorbée comme suit : les graisses dont le point de fusion est inférieur à la température du corps (graisses de porc, d'oie, huile d'olives) étaient résorbées à 2 à 3 p. 100 près par l'intestin ; les graisses dont le point de fusion est un peu supérieur (graisses de mouton et mélange de graisse liquide et stéarine) laissent une perte de 7 à 11 p. 100; cette perte est de 86 à 91 p. 100, pour celles dont le point de fusion est plus élevé encore. Les substances grasses qui apparaissent alors dans les selles sont constituées; pour les graisses de porc, d'oie, de mouton, de 2 tiers à 3 quarts d'acides gras libres et de savon; pour la stéarine, de 9 dixièmes comme telle, de 1 vingtième à 1 quatorzième comme savon. Quand à la rapidité de la résorption, J. F. MUNCK et A. ROSENSTEIN (*Ueber Darmresorption nach Beobachtungen an einer lymph. Fistel beim Menschen. A. Db.*, 1889, p. 376) ont trouvé, en recueillant la lymphe qui s'écoulait par une fistule, lymphe qui contenait 55 à 60 p. 100 de la graisse absorbée, que, pour les graisses solides (suif de mouton), le maximum de résorption se produit vers la 7e ou 8e heure, mais pour les liquides déjà à la 5me heure. La graisse du chyle, pour la couleur, la consistance, le point de fusion, correspondait à la graisse incorporée. En donnant de l'acide érucique le même auteur a trouvé dans le chyle des graisses correspondantes à l'érucine. Il y a donc, pour la graisse, des transformations dans l'intestin et dans la paroi, qui peuvent être rapprochées de celles que subissent les albumines. L'absorption des graisses, pour certains auteurs, serait très lente et se continuerait régulièrement pendant très longtemps. (ZAWILSKI, *Arbeiten aus der physiol. Anstalt zu Leipzig*, t. xi, p. 147, 1876. Voir aussi *H. H.*, pp. 290 et suivantes), et, plus récemment, FRANCK (*Die Resorption d. Fettesäuren der Nahrungsfette mit Umgehung des Brustganges Arch. f. Physiol.*, 1892-492. — *Fortschritt. d. Medic.*, 1893, p. 356, n° 9), expérimentant surtout au moyen des acides gras, trouve que, même dans les cas où il y a peu de nourriture dans l'estomac, il faut à celui-ci presque 24 heures pour se débarrasser des acides gras. Cette évacuation se fait régulièrement pendant la digestion de sorte que 4 p. 100 des acides gras abandonnent en moyenne chaque heure l'estomac. La quantité trouvée dans l'intestin grêle est constamment en moyenne 5,54 p. 100 de la quantité absorbée. Chaque portion de graisse séjourne en moyenne une heure dans l'intestin grêle.

La bile et le suc pancréatique exercent une grande influence sur l'absorption des graisses. Ce que nous savons du rôle du suc pancréatique dans la digestion nous permet de concevoir cette importance en ce qui concerne ce liquide. Mais déjà depuis longtemps le rôle de la bile a été considéré comme très important (Voir pour la bibliographie ancienne *H. H.*, pp. 290 et suivantes). Quand on interrompt le cours de la bile dans l'intestin (MUELLER, *Ueber Fettresorption*, 1886, p. 484), la résorption des graisses se modifie, en ce sens que les acides gras des selles ont un point de fusion moins élevé. MUNCK (*Ueber die Resorption von Fetten an festen Fettesäuren nach Ausschluss der Galle am Darmkanal, Virchow's Arch.* t. cxxii, p. 302) dit que les recherches de BIDDER et SCHMIDT, de VOIT (*Ueber die Bedeutung der Galle für die Aufnahme der Nahrungstoffe im Darmkanal, A. Pf.*, t. xxxix, de ROHMANN (*Beobachtungen an Hunden mit Gallenfistel, A. Pf.*, t. xxix, p. 509, 536) de MUELLER (*Untersuchungen üb. Icterus, Z. f., Klin Medic.*, t. xii, pp. 45, 113) ont établi que les animaux à fistule biliaire ou les individus ictériques ne résorbent que 30 à 60 p. 100 des graisses qu'ils résorbent normalement, de plus, que 7 huitièmes à 9 dixièmes se retrouvent dans les matières fécales sous forme d'acides gras. Dans les recherches que cet auteur a entreprises avec de la graisse de porc à la dose de 3gr5 par kilogramme d'animal, 67 p. 100 étaient cependant résorbés, malgré l'absence de bile. Les acides gras étaient mieux assimilés encore (6 p. 100 en plus). Comme les acides gras sont mieux résorbés que les graisses, et que, dans le cas d'administration de ces dernières, on trouve cependant des acides gras dans les selles, il faut admettre, avec NENCKI, que les graisses neutres, en l'absence de bile, se dédoublent moins, ou moins vite, sous l'influence du suc pancréatique; peut-être même une partie ne se dédouble-t-elle que dans le gros intestin, c'est-à-dire en un point où la résorption des graisses est réduite à un minimum. DASTRE (B. B., 1887, pp. 782, 787) a, par une expérience très élégante, montré que la bile a une grande importance pour l'absorption des graisses. CL. BERNARD avait depuis longtemps déjà établi que, chez le lapin, après injection de graisse dans l'estomac, on ne voit apparaître la graisse dans les vaisseaux chylifères que beaucoup en dessous de l'ouverture du canal hépatique au point où se déverse le suc pancréatique. DASTRE, en faisant déboucher le conduit biliaire beaucoup en dessous du canal pancréatique et en montrant que l'injection des lymphatiques apparaissait seulement en ce point, a prouvé l'importance de la bile pour l'absorption des graisses. DASTRE (Étude de la digestion des graisses, Arch. de physiologie, 1892, p. 186. Recherches sur l'utilisation des aliments gras. Ibid., p. 711) a cru pouvoir établir de recherches faites sur des chiens à fistule biliaire, que la bile est plus active que le suc pancréatique pour la résorption des graisses. Mais on peut faire aux expériences de ce savant certaines objections qui diminuent leur portée. C'est ainsi que les graisses n'ont pas été dosées dans le lait avant les expériences. Nous avons parlé plus haut du rôle du pancréas d'après les expériences d'ABELMANN.

La recherche de la voie par laquelle les graisses pénètrent dans l'intérieur même des tissus a donné lieu à de nombreux travaux dont les conclusions ne concordent pas toujours. La plus grande partie des graisses se retrouve, il est vrai, dans les vaisseaux lymphatiques; mais ce n'est pas une raison suffisante pour admettre que ce sont là les seules voies suivies par ces substances. Déjà ZAWILSKY en 1876 (loc. cit.) a admis la pénétration des graisses par une autre voie que les chylifères; WALTHER (A. Db., 1889, p. 329) dit, ainsi que nous le rappelions plus haut, qu'une partie de la graisse doit avoir pris une autre voie que les chylifères, pour pénétrer dans l'organisme, puisque la quantité de graisse recueillie par une fistule du canal thoracique additionnée de celle que l'on retrouve dans l'estomac et l'intestin est inférieure à celle de la nourriture. FRANCK (A. Db., 1892) dit, comme ZAWILSKY, que la totalité des graisses n'est pas résorbée par les lymphatiques et, selon lui, le déficit serait supérieur à celui admis par ZAWILSKY. Quand on lie le canal thoracique, dit-il, et qu'on nourrit l'animal avec beaucoup d'acides gras, la plus grande partie est cependant résorbée (?). Comment se fait la pénétration de la graisse dans les lymphatiques ou dans les vaisseaux sanguins? Vraisemblablement par les cellules cylindriques des villosités de l'intestin, cellules cylindriques dont le plateau strié ne serait pas constitué par du protoplasma traversé par des canaux, mais bien par de fins prolongements protoplasmiques qui se détachent de la base de la cellule entourant la base de la cellule (THANHOFFER, 1876, cité par LANDOIS. T. P., § 191), ces prolongements saisiraient les globules graisseux qui progresseraient dans l'intérieur, et seraient déversés dans les espaces lymphatiques limités par les prolongements de la cellule, et les éléments du tissu sous-jacent avec lesquels ils s'anastomosent. Dans ces espaces se trouvent des leucocytes (LANDOIS) qui peuvent absorber une partie de la graisse et l'entraîner ainsi dans la circulation lymphatique ou sanguine. Suivant certains auteurs, SCHAFER, ZAWARYKIN (A. Pf., t. XXXI, pp. 231-240, t. XXXV, p. 143.), WIEDERSHEIM, STÖHR, etc., les cellules mobiles iraient se charger de granulations graisseuses en pénétrant jusqu'entre les cellules cylindriques, puis retourneraient vers le centre de la villosité où se trouve le chylifère central. Cependant WIENER OTTO (A. Pf., t. XXXIII, fasc. 12) conclut de ses recherches que, seules, les cellules cylindriques épithéliales jouent un rôle actif dans la résorption des graisses. Cette manière de voir doit être considérée comme trop absolue. KLUG (Beiträge zur Kenntniss der Verdauung der Vögel, insbesondere der Gänse. Ber. d. II internat-ornithol. Cong. Buda Pesth) a constaté des délabrements considérables de la partie antérieure de l'intestin grêle; tels que la disparition complète de l'épithélium cylindrique chez les animaux suralimentés, et cependant la résorption de la graisse a lieu. KLUG admet, comme HOFMEISTER, que les leucocytes (très nombreux dans la paroi et les follicules de l'intestin) jouent un grand rôle dans l'absorption des granulations graisseuses (Voir également. J. POHL. Ueber Resorption und Assimilation der Nährstoffe. Arch. f. exp. Pathol. u. Pharmak, t. XXV, pp. 31-50). SEHRWALD, Zur Resorption im Darme (Thuringer Correspond. blatt, 88-406) a réussi à empêcher, dit-il, la réplétion des cellules épithéliales de l'intestin de la grenouille par la graisse, en .donnant une solution saturée de quinine avant introduction de l'huile d'olive. Il faut rappeler que PEROWOZNIKOFF (voir plus haut) admet que l'huile d'olive seule n'est pas résorbée par l'intestin de grenouilles. CASSAET (*De l'absorption des corps solides. Arch. de méd. expér.*, t. x, p. 270) dit que, partout où il y a absorption d'éléments solides, cette absorption a lieu par la phagocytose, sauf toutefois dans l'intestin grêle, où il n'a pu, dit-il, trouver de motif pour admettre que l'absorption des graisses se fasse ainsi. L'absorption de la graisse par les cellules de l'intestin paraît donc démontrée ; il faut cependant se demander comment la graisse seule est ainsi absorbée (GREENWOOD. *On retractile Cilia in the intestine of lumbricus terrestris.* J. P., t. XIII, p. 239) et comment d'autres liquides ou solides ne suivent pas la même voie. Les hydrates de carbone sont également absorbés dans l'intestin et cette résorption serait assez lente. Le sucre de l'intestin est absorbé surtout par la veine-porte. RÖHMANN (*Ueber Secretion u. Resorption im Dünndarm*, A. Pf. t. XLI, pp. 411-462), expérimentant sur des chiens à fistules intestinales plus ou moins élevées, arrive aux conclusions suivantes :

1° Dans l'intestin grêle, sous l'influence d'un ferment diastatique, des quantités notables d'amidon sont facilement résorbées, et cela en plus grande quantité dans la partie supérieure que dans la partie inférieure ;

2° Il en serait de même pour le sucre de canne (résorption). Pour le sucre de raisin le pouvoir de résorption doit être le même partout, ou peu s'en faut ;

3° La résorption de la peptone serait plus lente que celle du sucre, un peu plus rapide dans la partie supérieure ;

4° Les différentes solutions (sucre, peptones) excitent en même temps la sécrétion par les parois du tube digestif, mais celle-ci est toujours moins active que la résorption.
(V. MERING. *Arch. f. Anat. u. Physiol.* 1877, 394. Voir aussi : *T. P.*, LANDOIS, FREDERICQ, et *H. H.*) L'intestin résorbe encore des sels de chaux (LÉOPOLD PERL. *Ueber Resorption der Kalksalze. Virchow's Archiv.*, t. LXXIV, p. 54. — FORSTER. *Arch. f. Hygiene*, t. II, p. 385), les sels de fers (HAMBURGER. *Ueber d. Auf. des Eisens.* Z. P. C., t. III, p. 191, t. IV, p. 248). — Voir aussi NOTHNAGEL et ROSSBACH. *Élém. Thérapeutique.* Paris, 1889. Enfin l'intestin absorberait des produits de fermentation susceptibles de produire des troubles graves dans l'organisme (BOUCHARD. *Les Auto-intoxications.* Savy, Paris, 1887).

Certaines substances ne sont pas absorbées par la muqueuse gastro-intestinale, comme le virus rabique, le poison de la vipère. D'autres, le curare, notamment, le sont fort peu. Toutefois, on peut empoisonner un animal en administrant cette substance par la voie gastrique si l'on prend soin de retarder l'élimination de façon à permettre l'accumulation, dans le sang, d'une quantité toxique (CL. BERNARD. *Revue Scientifique*, 1885).

L'absorption des graisses par les cellules épithéliales de l'intestin grêle, telle que nous l'avons vue jusqu'à présent, doit nous faire admettre, tout au moins théoriquement, la résorption possible de certaines substances solides, susceptibles d'irriter les filaments protoplasmatiques des cellules à plateaux striés. TOMASINI (*Sur l'absorption intestinale des substances insolubles. Arch. italiennes de Biologie*, t. XIX, fasc. 1, p. 176, 1873), élève de MARCACCI, qui a fait des recherches analogues, a isolé une anse de l'intestin grêle. Il réunit les deux bouts de façon que la circulation intestinale continue, il lave ensuite l'anse isolée avec de l'eau à 40°, ferme une des extrémités et introduit ensuite de l'amidon ou de la poudre de lycopode ou du calomel par l'extrémité demeurée ouverte. Il ferme ensuite l'ouverture et remet le tout dans la cavité péritonéale. Après 24 heures il examine, et il trouve alors : 1° que l'amidon s'absorbe comme tel ; on retrouve ses grains, faciles à caractériser, entre l'épithélium des villosités, les glandes de LIBERKÜHN, dans les espaces lymphatiques. Pour que l'absorption se fasse, il faut que la muqueuse ne soit pas sèche.

2° Les grains de lycopode peuvent traverser différentes couches des parois intestinales, mais ne sont pas pris par les villosités, et ne sont pas transportés dans la circulation générale. Peut-être, dans ce cas, le passage est-il dû à de petites lésions de l'épithélium, l'auteur ayant, en effet, constaté l'existence d'une véritable entérite.

3° L'absorption du calomel se fait également comme tel sans qu'il y ait une transformation préalable en chlorure mercurique.

Il faut vraisemblablement rattacher à l'absorption des matières solides, en se rappelant ce qui a été dit du rôle des leucocytes et de leur migration jusqu'entre les épithéliums, il faut rattacher, dis-je, le fait, signalé par plusieurs auteurs, d'une tuberculose pulmonaire primitive, consécutivement à l'introduction de bacilles par les voies digestives (STRAUSS et GAMALEÏA).

Mais, même dans ces cas, on ne doit pas croire à une propriété banale de la muqueuse intestinale. Ce qui le prouverait, c'est que des corps gras tels que la lanoline (combinaison d'acides gras avec la cholestérine) retirée du suint des moutons ne serait pas résorbée (J. MUNCK. Ist das Lanolin vom Darmre sorbirbar? Ther. Monatshefte, 1888). Il semble que, pour les graisses, la limite pour la résorption est fixée à celles qui ont un point de fusion inférieur à 53°.

La résorption par la voie pulmonaire est incontestable, et certains travaux ont établi qu'elle était extraordinairement rapide (H. H., 266, vol. v. WASBIETZKY. Ueber die Resorption durch die Lunge. Dissert., Königsberg, 1879). L'absorption des substances gazeuses ou volatiles, par cette voie, est incontestable (chloroformisation, intoxication par CO, gaz d'éclairage, gaz des égoûts, etc.). Il est probable que des bactéries peuvent pénétrer dans l'organisme par cette porte d'entrée. Des expériences directes ont d'ailleurs prouvé la réalité de cette absorption, même pour certaines particules solides. GOHIER, LEVI, COLIN, SIGALAS, JOUSSET DE BELEYME, COUPARD, BOUCHARD, PIGNOL (C. R. Société Biologie, 7 février, 1891, p. 81) disent que l'on peut injecter de grandes quantités de liquide dans les voies pulmonaires sans grand inconvénient. BOUCHARD pense que l'on peut aller jusqu'à 650 cc. par heure. PIGNOL donne des chiffres plus élevés encore. On a administré de la sorte de l'eau oxygénée, de l'huile de foie de morue créosotée, de l'eau iodée, du sérum de chien, ce dernier à des lapins, des chiens, des hommes, sans aucun accident. La réalité de l'absorption était, ensuite, expérimentalement établie. PEIFER (Ueber die Resorption durch die Lungen. Zeitsch. f. Klin. Med. t. VIII, pp. 293, 301) a laissé couler de l'eau et des solutions aqueuses dans les poumons de chiens, de lapins. Chaque fois, il a constaté une résorption extraordinairement rapide, surtout avec des solutions de poisons. Pour la strychnine 15 à 80 secondes suivant la quantité, 80 secondes avec 0gr,000125. L'absorption est plus rapide dans la position verticale. La section des vagues, des phréniques, des sympathiques est sans influence, aussi bien que l'état fébrile, asphyxique ou l'infiltration pneumonique. — Nous ne citons ici que les expériences relativement récentes, nous en rapportant pour les recherches anciennes au travail de WASBIETZKY et à l'article du Dictionnaire de DECHAMBRE écrit par BÉCLARD (Bibliographie).

Les séreuses (plèvre, péritoine, cavité vaginale du testicule) sont susceptibles de résorber très rapidement les liquides et subtances solubles qu'ils renferment. C'est ainsi que déjà MAGENDIE (Mémoire sur les organes d'absorption chez les mammifères, 1809. Paris). a expérimenté avec des solutions des strychines qui étaient résorbées par la plèvre en 6 minutes ; le ferrocyanure se retrouve dans les urines après 10 à 12 minutes. On voit très souvent des phénomènes de résorption d'acide phénique (urines noires) consécutivement au lavage des cavités séreuses par une solution phéniquée.

Il peut y avoir pour une cause locale ou générale transsudation de liquide dans une cavité séreuse. Mais, même dans ce cas, on ne peut pas affirmer que le pouvoir absorbant de la séreuse soit aboli.

On a vu, notamment, le contenu d'un tel épanchement devenir plus riche en albumine par suite de la résorption d'eau. FUBINI (S. velocita di assorbimento della cavita peritoneale. Osservazioni fatte coll'amigdalina e coll'emulsina. Arch. per le Scienze mediche, t. XV, p. 149) injecte successivement dans la cavité péritonéale, dans le but de rechercher la rapidité d'absorption, des solutions aqueuses d'émulsine et d'amygdaline, et de noter le temps le plus court pour que l'action mortelle de l'acide cyanhydrique produit par l'action de ces corps l'une sur l'autre ne s'observe pas. — Pour le lapin, le cobaye et le Mus alexandricus ce temps varie entre 4 et 6 heures (Voir R. DUBOIS et REMY. Notions anatomiques et physiologiques sur l'absorption par le péritoine. Journal de l'anatomie et de physiologie). La méthode des injections intrapéritonéales de sang a été employée quelque temps en thérapeutique, démontrant la réalité de l'absorption par cette voie, chez l'homme (PONFICK. Berl. klin. Wochenschr., 1879, n° 39. HAYEM, Revue Scientif., 1884, p. 407).

La question de l'absorption par la muqueuse vésicale a été l'objet de nombreux travaux, qui, tour à tour, ont admis et nié la perméabilité de cette muqueuse. TRESKIN

(A. Pf., 1872, t. v, 291) admit d'abord que la muqueuse vésicale résorbait. Ségalas (Dictionnaire de Dechambre, article Vessie) croit aussi à la résorption de substances très actives. Hache pense que, dans les cas où il y a résorption c'est que la muqueuse a été lésée. — Les travaux de Kuss, Susini, Cazeneuve, Livon, (Dictionnaire de Dechambre) concluent à la non-absorption par la muqueuse intacte. Ceux de Kuss, Guyon et Alling, à l'absorption irrégulière par la muqueuse altérée. Mais les faits n'ont pas cette certitude, Ashdown (On absorption from the mucous membrane of the urinary blodder. J. of anat. and physiolog., t. xxi, p. 299) constate, au contraire, que la strychnine, l'ésérine, la morphine, le curare, l'atropine, l'éther, le chloroforme, l'urée, l'eau sont absorbés par la muqueuse vésicale, ce qui était donc douteux jusqu'alors. Suivant le même (J. of. Anat. and Physiol., p. 298), la résorption des toxiques est d'autant plus active que la vessie est plus distendue par la solution. Si l'on met des canules dans les uretères on peut constater que l'iodure de potassium, le salicylate de soude sont résorbés. Une solution d'urée est beaucoup plus résorbée (10 à 19 p. 100) que de l'eau pure (3 à 4 p. 100) ; mais cette résorption est toujours très peu active. Elle serait pour Phelip (Note expérimentale sur le pouvoir absorbant de l'urèthre normal, 1888. Lyon médical, 1, 46, 124) 40 fois moindre dans la vessie et l'urèthre que dans le tissu cellulaire sous-cutané.

L'absorption par la vésicule biliaire a été admise en se basant d'abord sur le fait que la bile qui a séjourné un certain temps dans la vésicule biliaire serait plus visqueuse que celle qui s'écoule directement dans l'intestin, de même, disait-on, que l'urine qui a séjourné dans la vessie est plus riche en urée par suite de la résorption d'eau. Rosenberg (Zur Resorption von der Gallenblase. Virchow's. Archiv., t. cxxiv, p. 176) croit, d'accord en cela avec Virchow, que la muqueuse de la vésicule est susceptible de résorber la graisse, en quantité très limitée il est vrai. La résorption de la bile à la suite de la ligature du canal cholédoque se fait uniquement par les vaisseaux lymphatiques, ainsi que le prouvent les expériences de Vaughan Harley (Leber u. Galle während dauernden Verschlusses von Gallen u. Brustgang. A. Db., 1893, p. 294). Déjà Von Fleisch (Berichte der Gesellschaft der Wissensch. in Leipzig, 1874) et Kimkel (ibid., 1873) ont démontré que, le canal cholédoque étant lié, on trouve beaucoup de bile dans la lymphe. Kufferath (A. Db., 1880), liant en même temps le canal thoracique, ne trouvait pas de bile dans le sang. La bile est donc bien résorbée, mais par les lymphatiques seulement. Les expériences récentes de Tobias, dans le laboratoire de L. Fredericq, montrent que le ferro-cyanure et l'iodure de sodium, ainsi que la strychnine et l'atropine résorbés à la surface des voies biliaires passent directement dans les vaisseaux et non dans les lymphatiques.

Après avoir étudié ainsi en détail les différentes voies d'absorption il faut se demander quelles forces interviennent pour déterminer la pénétration dans le milieu intérieur des différentes substances que nous avons envisagées. Ces forces sont, suivant beaucoup d'auteurs, l'endosmose, la diffusion, la filtration. Nous n'avons pas à étudier ici ces forces ; nous renvoyons pour cela à ces différents mots, mais nous devons nous demander jusqu'à quel point elles entrent réellement en jeu. Il est incontestable, dit Landois (T. P., p. 348), qu'il se produit, dans le tube digestif, des phénomènes d'endosmose à travers la membrane muqueuse et à travers les parois minces des capillaires sanguins et lymphatiques. D'un côté de la membrane, dans le tube digestif, se trouvent des solutions aqueuses relativement concentrées, de sels, de sucre, de savon, de peptones, qui sont très diffusibles ; de l'autre côté, dans les vaisseaux, le sang et la lymphe, renfermant des matières albuminoïdes à peine diffusibles, et, surtout à jeun, une très petite quantité de substances qui se trouvent dans l'intestin. — La filtration a lieu, dit le même auteur, pour les substances dissoutes dans l'intestin : 1° quand les parois de l'intestin se contractent et exercent, par suite, une pression directe sur son contenu, mais cette action est très faible ; 2° quand il s'établit une pression négative dans les villosités (Brücke). Lorsque les villosités se contractent, le contenu de leurs vaisseaux sanguins et chylifères se vide. Ces derniers en particulier restent vides, en raison des nombreuses valvules qu'ils renferment. Quand les villosités se relâchent, les liquides susceptibles de filtrer pénètrent dans leur intérieur. Mais, outre l'objection de Spée et Heidenhain, que les contractions de fibres musculaires des villosités provoquent la dilatation du chylifère central, beaucoup d'autres objections encore peuvent être formulées, concernant la réalité de ces phénomènes (Voir H. H. et T. Phys. de Fredericq et Nuel, etc.). Ainsi, tandis que Smithhead

ABSORPTION.

(*A. Db.*, 1884, p. 481) pense que la résorption des albumines doit être considérée comme un phénomène de diffusion, beaucoup de savants sont d'une opinion toute différente. L'auteur qui précède appuie sa manière de voir sur le fait que la résorption est tardive, ce qui est nécessité probablement par la transformation de l'albumine en peptone; sur le passage du liquide dans l'estomac (l'estomac renferme toujours plus de liquide après la digestion qu'avant, dans le cas de pylore lié), enfin, sur la structure de l'épithélium, la couche de mucus qui revêt l'intérieur de l'estomac pouvant difficilement avoir des propriétés vitales particulières. Le seul fait de la possibilité de l'absorption d'une certaine quantité d'albumine non transformée, par les muqueuses gastrique ou intestinale, est déjà une preuve que le phénomène de l'absorption n'est pas aussi simple. Enfin ce que nous avons vu de la transformation des peptones dans l'épaisseur même des muqueuses gastrique et intestinale, de même que la synthèse des graisses au moyen des éléments de celle-ci (Munck. *Loc. cit.*), parlent en faveur d'une action très spéciale des éléments des muqueuses du tube digestif. Mais même la résorption par les vaisseaux sanguins ne peut être considérée comme étant simplement un phénomène physique, tout au moins si nous nous rappelons ce qui a été dit plus haut de l'absorption de l'iodure sodique (Asher, *Loc. cit.*). Mais, pour en revenir à l'absorption par les voies digestives, certains auteurs ont cependant soutenu qu'il s'agissait principalement de diffusion, tout au moins pour les phénomènes de résorption se passant dans la cavité de l'estomac (Voir V. Mering. *Ther. Monatsheft*, 1893, mai). Mais ce n'est certainement pas le facteur principal de l'absorption; le fait de la sélection des éléments absorbés par les muqueuses le prouve. Pour ce qui est de l'intestin, par exemple, une simple altération de la muqueuse suffit pour provoquer un renversement du sens du courant liquide à travers la paroi. Leubuscher (*Chem. Centralbl.*, t. xvi, p. 157) n'a-t-il pas démontré que la muqueuse intestinale résorbe plus activement les sels de sodium que les sels de potassium, bien que la diffusibilité de ceux-ci soit plus grande? Röhmann dit d'ailleurs aussi (*A. Pf.*, t. xli, p. 411), que ni la sécrétion, ni la résorption n'ont lieu suivant des lois simples. Des solutions de sucre de raisin ou de sulfate de soude ayant à peu près le même pouvoir de diffusion, sont très inégalement résorbées. A. Spina (*Untersuchungen über die Mechanik der Darm u. Hautresorption. Wiener Sitzber*, 1881, *Abthlg.*, t. iii, p. 191) a démontré que chez les grenouilles la résorption de l'eau est plus forte quand la circulation est conservée que lorsqu'elle est abolie. Quand on paralyse la vessie par destruction de la partie inférieure de la moelle, la vessie gonfle considérablement par suite de la résorption d'eau. Ces faits prouvent aussi l'importance de l'intégrité des fonctions physiologiques pour la résorption.

Quoi qu'il en soit des fonctions physiologiques des épithéliums ou des éléments de parois vasculaires ou autres, la possibilité d'une certaine influence sur l'absorption exercée par les forces physiques dont nous avons parlé nous oblige, pour être complets, à signaler les importants travaux qui ont été faits pour élucider cette question. Runeberg (*Zur Frage der Filtration von Eiweisslösungen durch thier. Membran. Z. P. C.*, 6, 508) a démontré que, lorsqu'on emploie l'uretère humain comme membrane de filtration, la perméabilité de cette membrane augmente peu à peu par l'action d'une faible pression ou par une diminution de pression, qu'elle diminue, au contraire, par l'action de pressions plus élevées. Au bout d'un certain temps d'action d'une pression déterminée, il se produit une constante. J.-C. Van Beck (*Sur la filtration des liquides à travers les membranes poreuses. Arch. néerlandaises des sc. natur.*, 1884, p. 241) confirme les résultats de Runeberg qui ont amené Heidenhein à conclure que, quand on filtre des solutions albumineuses à travers des membranes animales, le contenu pour cent en albumine du filtrat diminue, tandis [que la quantité absolue d'albumine augmente. Il confirme en outre, avec Runeberg, l'observation de Eckhardt sur la diminution progressive, avec le temps, de la rapidité de filtration des solutions salines sous pression constante et sur le fait que cette membrane se remet, en quelque sorte, par une suspension temporaire de cette pression, et cela, d'autant plus complètement que la pression a duré moins et le repos plus longtemps. V. Begeczy (*Beiträge z. Lehre der Diffusion v. Eiweisslösungen, A. Pf.*, t. xxxiv, p. 431) a, de son côté, fait des recherches qui confirment et étendent les opinions anciennes de Graham, von Wittich et Bruecke. Voici les conclusions de ce travail:

A. L'albumine diffuse plus facilement vers des solutions salines que vers l'eau distillée.

B. Plus la solution saline est concentrée, plus la diffusion de l'albumine est active.

C. La diffusion de l'albumine commence plus facilement pour les solutions diluées que pour les solutions concentrées.

D. Si les sels sont mélangés à la solution albumineuse, la diffusion vers l'eau distillée est fortement retardée.

E. Plus grande est la quantité de sels de la solution albumineuse, plus lente est la diffusion de celle-ci vers l'eau distillée.

F. D'une dissolution d'albumine mélangée de sels, l'albumine ne commence à diffuser qu'après le sel, et seulement quand la différence en sels des deux liquides séparés par la membrane est descendue en dessous d'un certain niveau.

G. Plus serrée et plus épaisse est la membrane, moins grande est la différence de densité qui empêche le passage de l'albumine.

H. L'albumine diffuse à travers une membrane assez serrée et assez épaisse pour que l'albumine ne diffuse pas vis-à-vis de l'eau.

CHITTENDEN et GEO. AMERMANN (*A comparison of artificial and natural gastric digestion.* J. P., t. XI, p. 312) ont établi que les albumoses sont diffusibles inégalement. Le deutéro-albumose diffuse plus rapidement que la proto-albumose. Un mélange de deutéro-albumose et de proto-albumose diffuse plus rapidement que la proto-albumose seule. La peptone pure est plus diffusible que les deux substances qui précèdent. WAYMOUTH REID. J. P., t. XI) a montré que, dans une membrane vivante, il faut compter avec une force absorbante dépendant, sans aucun doute, de l'activité du protoplasme et comparable à la force d'excrétion de la cellule. De plus, dit cet auteur, l'étonnant pouvoir de sélection du protoplasme est beaucoup plus grand qu'on ne l'imagine. Citons enfin les expériences de TH. KAISER (*Ueber den Einfluss von Alkohol. u. Glycerin auf die Vorgänge der Diffusion. Inaug. Dissert., Marburg,* 1891) qui sont à rapprocher de ce que nous avons dit plus haut du rôle de l'alcool sur l'absorption. Ces substances ajoutées à des solutions salines augmentent la rapidité du courant endosmotique salin (iodure, ferrocyanure, sulfocyanure de potassium, bleu de méthylène). La rapidité de diffusion du sucre n'est pas augmentée par l'alcool, mais bien par la glycérine. L'auteur a fait ses expériences avec la paroi intestinale fraîche de bœuf.

HENRIJEAN et CORIN.

ABSORPTION DES GAZ. — Voyez Solubilité.

ABSORPTION (Spectre d') — Voyez Spectroscope.

ACCLIMATATION. — L'acclimatation, terme général qui se doit étendre

à tous les êtres vivants, de l'homme au protozoaire unicellulaire, est un fait sur le sens exact duquel on se méprend souvent. Tantôt on lui donne une signification trop étendue, tantôt on restreint celle qu'il lui faut accorder. Dans un cas on en fait un synonyme de naturalisation, dans l'autre il n'a guère que le sens de domestication; et il y a là deux erreurs, dont la première est incontestablement la plus grave. On doit dire qu'il y a *naturalisation* quand une espèce animale ou végétale introduite, artificiellement ou naturellement, dans une contrée où elle n'est point indigène et ne se trouve point à l'état spontané, y devient prospère et arrive à se maintenir et à propager, malgré ses ennemis naturels, sans l'intervention de l'homme, sans culture, sans soins quelconques de la part de celui-ci. Quelques naturalistes nient la possibilité de la naturalisation. L'opinion semble paradoxale au premier abord, mais elle peut se défendre[1]. Pour bien montrer qu'une espèce animale ou végétale introduite dans un habitat nouveau s'y naturalise, il faudrait la placer dans un milieu où l'homme n'existerait point, et ne pourrait ni

---

1. NEUMANN (*Bull. Soc. Roy. et Centr. d'Agriculture,* 1845-6, t. 1. 2ᵉ série. p. 256) a entrepris, entre autres, de « démontrer l'impossibilité de la naturalisation des végétaux, afin de désabuser ceux qui espèrent encore d'après cette théorie mal fondée, pouvoir enrichir notre sol d'arbres exotiques que la nature a fait naître dans des climats favorisés d'une plus haute température moyenne que la nôtre » (*Notice tendant à démontrer que la naturalisation des végétaux est impossible*).

directement ni indirectement en favoriser la propagation, et ceci est difficile à réaliser. Il existe pourtant des cas de naturalisation bien nets (par exemple) l'acclimatation de l'*alose* de l'Atlantique dans le Pacifique), mais en somme ils sont plus rares qu'on ne le croirait à première vue.

L'acclimatation est en somme une naturalisation subordonnée, à des degrés qui varient, à l'intervention permanente de l'homme. L'animal, ou la plante, est acclimaté quand il s'accommode d'un habitat nouveau et s'y reproduit grâce à des soins plus ou moins intermittents de l'homme ; sans l'homme il disparaîtrait. Cette influence de l'homme peut être très indirecte, et beaucoup de faits qui semblent devoir être rangés parmi les cas de naturalisation sont en définitive des cas d'acclimatation. Un botaniste américain, M. Byron D. Halsted, faisant le dénombrement des « mauvaises herbes » du New Jersey, en trouve un nombre total de 265 ; mais sur ce chiffre 130 espèces sont d'origine étrangère, et sur les 20 plus malfaisantes, seize sont des espèces importées[1]. Beaucoup de cas similaires se pourraient rencontrer. Il y aurait quelque témérité à voir là des exemples de naturalisation : ces « mauvaises herbes », en effet, vivent dans les cultures, — et c'est à cela qu'elles doivent leur nom — elles accompagnent les plantes cultivées et ne se propagent pour ainsi dire pas en dehors des champs. Au demeurant, elles font ce que font beaucoup de plantes indigènes qu'on ne trouve que rarement en dehors des cultures ; elles appartiennent à ce groupe de plantes anthropophiles formé par la flore des cultures, la flore des décombres, la flore des talus de chemin de fer, et, sans la présence de l'homme qui indirectement les protège et soutient, elles disparaîtraient le plus souvent. C'est dire, en définitive, qu'entre l'acclimatation et la naturalisation il y a des accointances intimes, et, dans bien des cas, en cherchant avec soin, on s'apercevrait que tel exemple de naturalisation considéré comme particulièrement probant n'est à tout prendre qu'un cas d'acclimatation ; et encore une fois, les définitions étant admises, la véritable naturalisation ne pourrait exister que là où n'existe point l'homme, que là où ce dernier ne peut, le sachant ou inconsciemment, exercer une influence quelconque, si indirecte puisse-t-elle être. Il n'y a pas à entrer ici dans cette étude, mais les modes d'action à distance de l'homme sur la nature, avec répercussion inévitable sur tous les êtres, sont infiniment variés et nombreux, et souvent très détournés, de sorte qu'on ne les aperçoit pas toujours à première vue. C'est en raison de la multiplicité de ces modes qu'il me paraît sage de n'admettre les naturalisations qu'avec une extrême réserve, et de considérer la plupart d'entre elles comme des cas d'acclimatation, sauf, bien entendu, quand il s'agit de naturalisations dans des contrées où l'action de l'homme n'existe point, et dans la mer où cette action peut être considérée comme affaiblie ou même nulle.

Le rôle de l'homme dans l'acclimatation est constant, mais d'importance très variable. Telle espèce a besoin de soins plus assidus que telle autre ; mais il n'y a pas à s'étendre ici sur ce côté pratique de la question : telle espèce s'acclimatera facilement, telle autre difficilement. Il y a à ces différences beaucoup de raisons, sans doute ; mais nous nous estimons fort heureux d'en apercevoir seulement deux ou trois.

C'est en effet chose très complexe que l'acclimatation. Acclimater c'est habituer à vivre dans un climat nouveau[2]. Mais qu'est-ce qu'un climat ? La plupart, sans chercher bien loin, se contentent de le définir un ensemble de conditions physiques, principalement thermométriques et météorologiques. A. P. de Candolle lui-même, dans sa *Théorie générale des naturalisations*[3] s'exprime en ce sens : « Comme la plupart des pays ne diffèrent pas entre eux d'une manière importante quant à l'action de la lumière, que ce qui tient au terrain et à l'arrosement présente peu de difficultés, toute l'attention des physiciens et des cultivateurs a dû naturellement se diriger sur ce qui a rapport à la température ». Or, il est bien clair que la question ainsi posée demeure très incomplète. Sans doute le facteur température a son importance, mais qui ne voit que, d'une

1. Résumé dans *Mechan's Monthly,* avril 1892, p. 52.
2. N. Joly, dans son *Essai de Réponse* (à la question de la possibilité de l'acclimatation), dit de l'acclimatation que « c'est habituer peu à peu une plante ou un animal étranger à un climat autre que celui dans lequel ils sont nés ; c'est en obtenir des produits de plus en plus aptes à s'harmoniser avec les circonstances diverses où ils se trouvent placés. »
3. Page 1123 de la *Physiologie végétale*, t. iii, Paris, 1832.

part ce facteur dans certaines conditions a une importance des plus médiocres, et que d'autre part bien d'autres conditions se présentent qui peuvent rendre une acclimatation impossible ou difficile, quand bien même la température serait suffisante. Dans un même océan, par exemple, où nous savons que la température présente beaucoup moins de variations que cela n'a lieu sur terre, les mêmes animaux ont une distribution très spéciale, qui est déterminée par des facteurs autres que celui dont parle DE CANDOLLE. Au reste, DE CANDOLLE n'a en vue que l'acclimatation sur les parties fermes du globe; mais n'est-il pas évident que la question est plus large et plus générale, et qu'il n'y a nulle raison d'exclure l'étude de l'acclimatation en milieu liquide? Cela étant admis — et je ne pense pas qu'il y ait là matière à discussion — il y a lieu d'étendre la significa- tion du mot climat, ou encore, si nous définissons l'acclimatation l'accoutumance à un milieu nouveau, de bien définir ce qu'est le milieu.

Autant que je le puis voir, il y a trois groupes d'éléments dans tout milieu naturel, et il y a un quatrième groupe qui se trouve non plus dans ce milieu, mais dans l'orga- nisme même, et dont l'importance est elle aussi considérable. Ici nous avons la physio- logie générale de l'espèce; là nous avons le milieu extérieur proprement dit dans lequel il y a lieu de reconnaître les trois groupes que voici : le milieu physique, le milieu chi- mique et le milieu organique. Tout être transporté de son habitat dans un autre a besoin de s'adapter à ces milieux, s'ils ne se trouvent appropriés à lui. Quelques mots au sujet de ces trois subdivisions du milieu extérieur ou ambiant sont de mise ici.

Le *milieu physique*, c'est l'ensemble des éléments physiques : température, proportion d'humidité, mouvement de l'atmosphère, lumière, pesanteur, pression atmosphé- rique, etc. Nul ne contestera l'influence de ces différents facteurs : chacun d'eux a son influence sur les phénomènes vitaux, chacun d'eux, par l'excès ou le défaut, peut devenir et devient effectivement une cause d'exclusion à l'égard de tels ou tels organismes. Nous savons par exemple que quelques degrés de température moyenne de plus ou de moins rendent l'acclimatation de beaucoup d'organisme impossible. Voyez, par exemple, com- bien la limite septentrionale de la culture de l'olivier est nettement accusée dans le midi de la France : les agriculteurs savent très bien qu'il est parfaitement inutile de chercher à cultiver l'olivier — de façon industrielle, cela s'entend, car autrement il est clair qu'avec des serres ou des chambres froides on peut théoriquement tout cultiver en tout lieu du globe en dehors de la zone où il se trouve actuellement acclimaté au nord d'une ligne très nettement accusée. Même fait pour la vigne, pour l'oranger, même fait pour tous les végétaux cultivés, en un mot, et l'on a pu de façon générale, en prenant la carte de répartition des principales cultures, montrer la concordance des lignes limites de celles-ci avec des isothermes déterminés. Cela est de connaissance si banale qu'à peine y a-t-il lieu de s'arrêter sur ce point. Il serait très intéressant de pouvoir entrer dans le détail et d'étudier les façons différentes par lesquelles la température s'oppose à l'accli- mation de tant d'espèces, d'analyser tant de mécanismes délicats et compliqués, mais cela nous entraînerait trop loin de la question présente. Je me contenterai de rappeler la théorie de la somme de températures formulée par BOUSSINGAULT, DE GASPARIN, etc., théorie basée sur des faits nombreux, et d'où il ressort qu'en définitive il existe une relation nette entre la somme de chaleur mise par la nature à la disposition de toute plante en activité, et la maturation de cette dernière nécessaire à la propagation de l'espèce, ou au moins à la fructification, avec cette réserve indispensable que cette somme doit être la somme de températures qui ne dépassent point certaines limites moyennes. En telle localité, si l'on additionne la température moyenne de six ou huit mois de végétation d'une plante qui y réussit bien, on arrive à un chiffre n, et partout où s'obtiendra le même chiffre pour une même période, sans extrêmes compensateurs, la même plante pourra vivre : ou, si elle ne vit point, il faut chercher la raison ailleurs que dans une question de température. Et chaque plante ayant des exigences thermiques légèrement ou fortement différentes, il résulte que la température seule suffirait déjà à expliquer certaines différences de distribution.

La température est un facteur puissant; mais ce n'est pas le seul parmi les facteurs d'ordre physique. Les différences de pression barométrique rendent impossibles à certains animaux des habitats déterminés : la pression y est trop faible, ou elle est trop forte. Quand bien même les conditions thermométriques seraient suffisantes, ils n'y peuvent subsister. Séménor, dans le récit de son voyage aux Monts-Célestes, parle des millions de carcasses de chevaux, bœufs et chiens qui ont péri dans les hauteurs par le mal des montagnes; et Poeppig, dans la narration de son voyage au Chili et au Pérou, rapporte que le bétail, le chat et la poule sont réfractaires à l'acclimatation aux grandes hauteurs. Le chat en particulier est très sensible : d'après Tschudi, il ne peut vivre à des hauteurs supérieures à 4 000 mètres sans être pris après quelques heures, ou jours, de convulsions mortelles. Le chien, par contre, est peu sensible, et, au cours de l'expédition de Forsyth, en 1870, dans l'Asie Centrale, on a noté la présence de papillons à l'altitude de 5 900 mètres, différents oiseaux s'élèvent également à des hauteurs considérables.

La lumière est un autre facteur : nous savons son importance biologique, son action sur les organismes : elle joue aussi son rôle. Est-il besoin de rappeler l'importance de la proportion d'eau, de rappeler que telle espèce veut le sec et telle l'humide ?

Le *milieu chimique*, c'est la composition chimique de l'air, de l'eau, du sol, et ce sont les matières alimentaires ambiantes. En mettant dans la même catégorie l'oxygène, les sels minéraux de l'eau et du sol, et les aliments proprement dits, je ne pense point commettre de grave faute, si ce n'est peut-être au regard des vieilles classifications : mais alors cela est sans importance. L'idée d'aliment n'est qu'élargie, sans pourtant que sa précision soit diminuée. La composition de l'air étant identique en tous points, il n'y a point là de facteur pouvant jouer de rôle dans l'acclimatation : mais la composition des eaux salées ou douces varie, et dès lors tel milieu peut être défavorable, alors que tel autre, qui semble identique, est favorable. Est-il besoin de rappeler les expériences de Raulin sur l'*Aspergillus*, celles de Naegeli sur les *Spirogyra*, et tant d'autres observations dues aux microbiologistes ? La composition chimique du sol n'a-t-elle pas son importance ? Ne savons-nous pas qu'il y a parmi les végétaux des préférences marquées pour telle ou telle nature de sol, et que dès lors telle structure géologique exclut telle flore et attire telle autre ? Et enfin chaque espèce n'a-t-elle point son régime alimentaire plus ou moins spécial, et n'en est-il pas un grand nombre qui ne vivent que d'une autre espèce déterminée ?

Le *milieu organique*, trop méconnu, mériterait une longue mention. Mille liens réciproques unissent entre eux les organismes les plus disparates, en apparence les plus indépendants : et pour tout être, l'ensemble des autres êtres constitue un milieu dont il faut tenir compte. Les relations sont infiniment nombreuses et variées, souvent à tel point lointaines et indirectes qu'à peine les imaginerait-on. Ici, c'est tout un groupe de plantes dont les fleurs ne peuvent être fécondées que par certains insectes : si vous voulez acclimater la plante, acclimatez en même temps l'insecte. Là, c'est toute la phalange des parasites, temporaires ou permanents, des commensaux; les acclimatera-t-on si l'on n'a au préalable acclimaté l'espèce dont ils vivent à un moment de leur existence, si ce n'est durant toute celle-ci ? Plus loin, ce sont certains microbes, par exemple ceux qui forment les nodosités des racines des légumineuses : ne faut-il pas les acclimater en même temps que l'on cherche à acclimater celles-ci ? Et ainsi de suite. Et qu'on remarque bien aussi que ce ne sont là que des exemples d'intervention directe, de relations très simples : il en est de bien autrement complexes et indirectes. Songez par exemple à tout ce qui peut venir se grouper sous cette rubrique « préparation ou modification du milieu général par les êtres vivants ». De combien de milliers de manières l'organisme ne peut-il pas façonner le milieu, le rendant par là propre ou impropre, selon le cas, à la vie d'autres organismes ? Que pouvaient devenir, sur les rivages de Krakatao desséché et brûlé, les graines apportées par la mer ou transportées par les oiseaux ? Germer peut-être, mais non pas vivre : le soleil devait les dessécher, et nulle terre n'était prête à les recevoir. Il fallait qu'au préalable des espèces végétales inférieures, moins difficiles, mieux adaptées aux conditions, eussent pris pied, et préparé en quelque sorte un sol capable de retenir un peu d'eau, et comme l'a montré Melchior Treub qui a visité Krakatao en 1886 (l'éruption avait eu lieu en 1883) et relaté sa visite dans sa *Notice sur la Nouvelle Flore de Krakato* [1], et ce sont sans doute des Algues, des Cyanophycées qui ont accompli cette œuvre. Ces Algues, des genres *Tolypothrix*, *Anaboena*, *Symploca* et *Lyngbrya* ont formé sur la pierre ponce une couche ver-

---

1. *Annales du jardin Botanique de Buitenzorg*, t. vii, 1888, p. 213.

dâtre, gélatineuse, hygroscopique, où les spores des fougères se sont beaucoup développées, formant un tapis épais (comme à Juan Fernandez et à l'Ascension), et constituant ainsi un sol organique où les graines de Phanérogames apportées par les oiseaux, ou poussées par les vagues, ont pu germer et croître, et même chasser les fougères plus tard. J'ai fait allusion aux cas de parasitisme : n'est-il pas évident que nombre d'espèces sont incapables de vivre dans un milieu en apparence très favorable, mais où manque la plante ou l'animal aux dépens duquel ils ont coutume de vivre ? Que peut faire l'*Oecidium Berberidis* dans une région sans épine-vinette et sans graminée ? Que sert-il encore de chercher à acclimater — en Nouvelle-Zélande[1] — tel ou tel poisson européen, si rustique soit-il, si par l'extermination des oiseaux de proie, les passereaux sont devenus à tel point nombreux que les insectes ont presque totalement disparu, et de quoi se nourrira le poisson ? Faire des plantations d'arbres est chose excellente ; mais l'espèce la mieux adaptée périra si l'on n'en protège les jeunes plants contre le bétail, et la destruction du cheval en Amérique s'explique probablement fort bien par le nombre des pumas (Hudson).

Les exemples de ce genre se pourraient multiplier indéfiniment, et montreraient de la façon la plus claire l'importance extrême du milieu organique. Il n'a guère été fait d'expériences exactes sur cette question : quelques bactériologistes cependant ont noté des faits intéressants sur l'antagonisme existant entre espèces microbiennes différentes. Mais ce qui est plus intéressant que ces faits d'antagonisme, — car en définitive l'état de nature, c'est l'état de guerre, — ce sont les faits d'association, de mutuelle entente, s'il est permis de parler ainsi. Robert Warington[2] a fait là dessus, voici quelque quarante ans, des expériences très simples mais d'une réelle portée. Deux poissons rouges furent placés dans un aquarium de 20 litres de capacité environ, au fond duquel on avait mis un peu de sable, de boue et de cailloux. Pour égayer la prison, et aussi pour l'aérer, il y fut joint une plante de Vallisnérie. Tout alla bien quelque temps ; mais les vieilles feuilles, en se décomposant, menaçaient de corrompre l'eau. Alors l'observateur anglais joignit aux poissons rouges cinq ou six Lymnées qui firent fonction d'agents sanitaires. Ils détruisirent les feuilles mortes en s'en nourrissant, et dès lors l'ordre fut rétabli, si bien que la Vallisnérie produisit 58 plants nouveaux, tandis que les Lymnées se livraient à la reproduction d'une façon inusitée. L'expérience est très simple, sans doute, mais elle montre bien l'importance du milieu organique. Avant de connaître le travail de Warrington, qui me fut révélé par le hasard d'un dépouillement de collection, j'avais observé l'excellente influence des Lymnées sur la pureté de l'aquarium, et, pour conserver l'eau limpide et les plantes florissantes, j'ajoutais toujours quelques Lymnées. Sans doutes elles broutèrent bien un peu l'herbe verte, mais grâce à un très léger sacrifice je conservais une provision centuple.

Les faits qui précèdent sont autant de types de cas qui se rencontrent par milliers, mais, malgré l'intérêt de la question, nous ne pouvons nous y arrêter plus longuement.

Il semblerait découler des indications précédentes la conclusion que l'acclimatation est chose à peu près impossible. Et pourtant les faits sont là pour en montrer la possibilité : il n'est cheval ni porc, oie ni dinde qui ne la proclament : la basse-cour et le potager n'ont qu'une voix là-dessus.

A vrai dire, elle est souvent difficile ; en d'autres cas elle est extraordinairement aisée. En certains cas l'échec paraît d'avance vraisemblable ; en d'autres on croit pouvoir espérer le succès, et une petite circonstance imprévue vient tout bouleverser. Le saumon de Californie a pu s'acclimater en France : on n'a pu encore l'acclimater dans l'Hudson. Par contre l'alose de l'Atlantique s'est parfaitement acclimatée dans le Pacifique, de la Californie à l'Alaska, et l'on prévoit qu'elle pourra bientôt gagner les côtes voisines de l'Asie. Notons d'ailleurs que les cas de ce genre sont des meilleurs d'entre ceux que l'on peut citer comme exemple de naturalisation, car, en dehors de l'acte initial par lequel l'homme a introduit l'espèce dans un milieu jusque là inhabité par elle, son intervention est nulle : l'animal ne doit et ne peut compter que sur lui-même et sur les

---

1. *Science,* 12 nov. 1886, p. 426 : *Acclimatation in New Zealand.*
2. Voyez entre autres ses *Observations on the adjustement of the relations between the animal and vegetable kingdom by which the vital functions of both are permanently maintained* (*Zoologist,* 1850, p. 2868).

circonstances ambiantes : l'homme ne peut travailler ces dernières à son gré en vue de favoriser l'animal, comme cela a lieu sur la terre. En certains cas la cause de l'échec pourra être très'manifeste : l'une de ces causes du moins. Ici, affaire de milieu physique, de température par exemple : vous ne ferez point venir l'olivier à Lyon ni l'eucalyptus ou le mandarinier à Valence ou à Avignon ; là, de milieu chimique : la plupart des huîtres américaines, d'eau saumâtre, ne peuvent vivre à l'eau de mer pure ; là, de milieu organique ; parfois la cause échappe, comme pour le saumon de Californie qui se refuse à vivre dans l'Hudson.

Énumérer ici les espèces dont l'homme a opéré l'acclimatation, celles qu'il a en quelque sorte domestiquées et dont il peut se faire suivre généralement dans ses pérégrinations, serait une tâche un peu longue et fastidieuse. Il ne suffirait pas, en effet, d'examiner les conquêtes qui nous sont familières, et de dépouiller la liste de nos potagers et basses-cours de France ou de l'Europe méridionale : il faudrait parcourir les autres régions du globe et montrer les animaux et plantes qui ont été de tel ou tel habitat originel transplantés en telles ou telles contrées. On pourrait presque dire, qu'il n'est pas une espèce animale ou végétale qui n'ait été acclimatée ou naturalisée quelque part, de propos délibéré ou involontairement. Pour la liste des espèces qui intéressent le plus directement l'homme je renverrai à l'ouvrage de M. GEOFFROY SAINT-HILAIRE intitulé : *Acclimatation et domestication des animaux utiles*, au *Bulletin de la Société d'Acclimatation* continué par la *Revue des Sciences Naturelles appliquées*, et à DE CANDOLLE, *Origine des plantes cultivées*. Je recommanderai encore d'une façon spéciale *le Potager d'un curieux* par PAILLEUX et BOIS : on trouvera là l'indication de plantes utiles, nouvelles ou peu connues, qu'il y aurait intérêt à acclimater en différents climats. Il reste beaucoup à faire en effet, non pas dans nos pays de vieille civilisation, peut-être (et encore se trouverait-il mainte espèce animale ou végétale à introduire), mais dans les pays neufs où la race blanche n'a pénétré que depuis peu. Dans les colonies en particulier il y a encore énormément à essayer et à réussir. Sur 110 000 espèces de Phanérogames, il n'y en a pas 1 000 d'utilisées. Il y a des régions qui n'ont encore fourni que peu de chose : l'Europe a fourni 5 animaux domestiques (pigeon, oie, canard, lapin, abeille) et l'Asie, douze : mais l'Afrique n'en a donné jusqu'ici que deux, et l'Amérique trois. L'acclimatation a ses degrés, il est à peine besoin de le rappeler. Le marronnier d'Inde est bien près de la naturalisation, dans certaines parties de la France du moins, et le ricinier, plus encore (dans la mesure où la vraie naturalisation est possible) ; la pomme de terre, par contre, ne durerait pas un an de plus sans l'intervention constante de l'homme.

Un autre point à indiquer en passant, est ce fait que, si l'acclimatation s'opère parfois sans modifications morphologiques ou physiologiques appréciables, elle s'accompagne le plus souvent de variations de l'un ou l'autre ordre. Comment d'ailleurs n'en serait-il pas ainsi ? La même plante, poussant dans les lieux humides et abrités du fond de la vallée, diffère comme port, dimensions, épaisseur, structure de feuilles, etc., de celle qui vit au haut de la colline ; celle qui vit à l'intérieur des terres diffère nettement de celle que le sort a placée dans les terrains salés. Nous savons aussi que le milieu chimique intérieur — mesuré par la toxicité, par exemple — varie d'un habitat à un autre ; nous savons que par la simple dépression barométrique il se produit un accroissement de teneur en hémoglobine dans le sang : à passer d'un pays dans un autre, malgré la similitude apparente des différentes conditions, une plante ou un animal changent de milieu à un degré souvent considérable, et, quand bien même le mécanisme de l'action exercée par le changement nous échappe, force est bien de reconnaître qu'au changement de milieu correspond souvent un changement de structure ou de physiologie. Je ne veux pas m'appesantir sur les faits très nombreux et bien connus de cet ordre. M. G. FAIVRE en a donné un bon résumé dans son volume sur *La variabilité des espèces et ses limites* (1868) ; j'ai recueilli quelques-uns des faits plus récents dans mon *Experimental Evolution* (1892) ; M. CORNEVIN, dans son excellente *Zootechnie*, en indique beaucoup encore. Il est difficile de dire si la variation, — quelle qu'elle soit — est une condition d'acclimatation : il le semblerait dans les cas où elle est univoque et constante.

Est-il besoin, encore, de rappeler que l'acclimatation ne peut, dans certains cas, s'opérer qu'à la condition de ménager une transition graduelle ? On sait, par exemple, que pour acclimater beaucoup de plantes, il est bon d'apporter quelques plants d'abord, et de les laisser fructifier : les graines de ces plants réussiront mieux que les graines des plantes restées dans leur milieu originel. C'est ainsi qu'on procède au Jardin Alpin de Genève : on livre des graines de plantes alpines élevées en plaine (pour le cas où l'on désire les semer en plaine). Pour acclimater des animaux dans un milieu nouveau, on préférera choisir des individus vivant à quelque distance du centre principal, ayant déjà été soumis à une légère différence de conditions et l'ayant supportée sans dommage. Rien ne montre mieux l'importance extrême de l'art de ménager les transitions que les expériences sur le milieu chimique. L'animal aquatique, et la plupart des micro-organismes sont très sensibles aux variations de composition chimique de leur milieu (encore une fois je rappelle les si belles recherches de Naegeli sur le *Spirogyra*) : il suffit parfois de l'addition de traces de certaines substances pour les faire périr. Dans ce cas il n'y a rien à faire, ou à peu près : mais dans d'autres on peut arriver par la patience à des résultats intéressants. On verra par exemple que, si un poisson, un têtard, ou un invertébré aquatique est placé d'emblée dans un milieu contenant 15 ou 20 grammes de tel sel par litre, il meurt aussitôt; mais, si on l'habitue peu à peu en ajoutant le sel gramme par gramme tous les deux ou trois jours, il résiste admirablement. Les poissons anadromes semblent ménager la transition à l'époque de la montée : à l'embouchure de la rivière Columbia, on les voit s'arrêter quelques jours ou semaines dans les eaux saumâtres, alors qu'ils arrivent de la mer, avant de s'engager dans les eaux douces pour aller se reproduire. Un observateur anglais fort patient, Dallinger, a fait pour le milieu thermique des recherches analogues à celles que je viens d'indiquer pour le milieu chimique. Il a pris un micro-organisme commun et l'a placé dans une étuve dont il a élevé la température très lentement, à intervalles espacés. L'expérience a duré sept ans, mais au bout de ce temps ce protozoaire, qui vivait entre 10° et 20°, était accoutumé, *acclimaté*, à la température de 60°. C'est par un mécanisme analogue probablement, bien que moins minutieusement réglé, et gradué, qu'il faut s'expliquer la présence de conferves et de formes diverses de la vie animale et de la vie végétale dans les sources d'eau chaude de toutes les contrées du globe. (Voyez le résumé que j'ai donné des observations faites sur ce sujet dans la *Revue Scientifique* en 1893 : *Des températures extrêmes compatibles avec la vie de l'Espèce*).

Il n'est personne qui n'ait remarqué que de tous les animaux terrestres, nul n'est plus apte à l'acclimatation que l'homme. L'homme s'est répandu d'un pôle à l'autre, et en dehors des altitudes extrêmes, supérieures à 4 000 mètres, et des climats également extrêmes des régions polaires, il réussit à se maintenir à peu près partout. Sans doute les différentes races n'y sont pas également aptes : mais qui entreprendrait de considérer le blanc et le jaune et le noir comme identiques au point de vue physiologique ou chimique? Leur pathologie diffère, leurs aptitudes morbides varient, et leur physiologie intime ne saurait être exactement la même. Toutefois, dans l'ensemble, l'espèce humaine — laissant de côté les différences entre races — est celle qui s'accommode le mieux des différences de milieu. Cela tient, semble-t-il, surtout à ce que l'espèce humaine est celle qui peut le mieux transporter avec elle son milieu accoutumé, et le modifier dans la mesure où l'exigent les circonstances : elle peut alors réduire au minimum la différence de milieu qui résulte du passage d'une contrée dans une autre. Elle transporte avec elle une grande partie de ses ressources alimentaires accoutumées, elle se couvre le corps, ou le découvre selon les besoins et à volonté, elle se protège dans la mesure où il est nécessaire contre la chaleur et le froid, et les intempéries en général. De là suit que les circonstances, qui pour l'animal ou la plante seraient des obstacles insurmontables, ne seront pour lui qu'inconvénients médiocres auxquels il pourra parer assez aisément. Sans doute, il y a des réserves à faire : l'habitant des zones froides s'accommodera assez difficilement de la zone torride, plus difficile encore sera-t-il à l'habitant de l'équateur de vivre dans les froids du nord, mais au total l'homme y réussira incomparablement mieux que la bête ou la plante hors d'état de parer en quelques courtes semaines à un changement considérable dans les conditions thermiques par exemple.

A ceci près, il n'y a pas dans l'acclimatation de l'homme — dans l'acclimatement qui est le résultat de son acclimatation — d'autres facteurs à considérer que dans l'acclimatation de la plante ou de l'animal. Dans les deux cas, la question est une question d'adaptation de la physiologie d'un organisme à des circonstances ambiantes, à un milieu.

Le milieu chimique est d'importance nulle, ou peu s'en faut, dans une grande majorité des cas ; le milieu physique joue un rôle considérable — la température principalement — et le milieu organique ne compte guère. Ce qui a le plus d'importance pour l'homme, avec le milieu physique, c'est son milieu intérieur, c'est sa personne organique, ce sont ses tissus et leurs fonctions. Dans tel habitat, ils ont acquis, de par l'influence du milieu physique, telle façon d'être et de réagir ; si l'habitat change, il faut certains changements et ils sont souvent lents à s'établir : l'accoutumance est nécessaire. Il est très nécessaire aussi de ne pas transporter intégralement d'un milieu à l'autre les habitudes prises dans le premier ; salutaires ici, elles deviennent là nuisibles ou fatales : il faut des modifications d'habitudes, de régime, etc. Sur ce point je renverrai en particulier à l'article *Acclimatement* de BERTILLON, dans le *Dictionnaire* de DECHAMBRE : on y trouvera beaucoup de faits intéressants sur lesquels je ne puis m'étendre ici, où l'acclimatation doit être surtout envisagée au point de vue de l'histoire naturelle générale.

HENRY DE VARIGNY.

ACCOMMODATION. — L'accommodation est la faculté que possède l'œil de voir distinctement les objets à des distances variées. Cependant la marche des rayons lumineux est soumise dans l'œil aux mêmes lois physiques que dans un système réfringent inorganique : son appareil dioptrique ne donne sur un écran fixe une image nette que pour une seule et même distance de l'objet. Et, puisque dans l'œil normal ou emmétrope le point de concours des rayons lumineux parallèles, c'est-à-dire venant de l'infini, se fait sur la rétine, ceux qui émanent d'un point de plus en plus rapproché devront se réunir de plus en plus loin derrière cette membrane. L'accommodation implique donc forcément une modification quelconque qui maintienne la couche sensible de la rétine en rapport de foyer conjugué avec l'objet : cette adaptation toute spontanée qui se proportionne aux distances donne à l'œil une supériorité marquée sur les systèmes dioptriques non organisés.

La nécessité d'une modification pour l'adaptation aux distances est démontrée par ce fait très simple que si de deux objets inégalement éloignés nous pouvons voir nettement tantôt l'un, tantôt l'autre, il nous est impossible, par contre, de les voir en même temps distinctement.

Que l'on ferme l'un des yeux et qu'on tienne devant l'autre deux épingles plantées sur une règle à des distances différentes, tant que l'une sera vue distincte, l'autre paraîtra confuse et inversement (expérience de PORTERFIELD). Si entre le papier sur lequel on vient d'écrire et l'œil, à égale distance à peu près de l'un et de l'autre, on interpose la plume, on verra confusément le bec de la plume quand les caractères de l'écriture paraîtront nets, ou bien ceux-ci se brouilleront quand on vise la pointe. Les expériences de ce genre peuvent être variées de diverses manières.

Dans tous ces cas, l'un des objets est vu nettement parce que les rayons qui en partent vont former leur foyer conjugué sur la rétine ; l'autre paraît trouble parce que son foyer se trouvera, suivant les conditions de l'expérience, soit en avant, soit en arrière de cette membrane. Il est facile de comprendre pourquoi il en est ainsi. Les

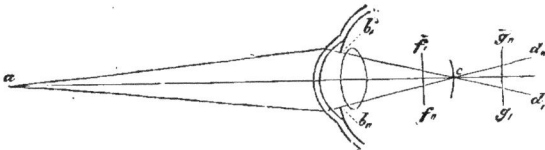

Fig. 1.

rayons émanant d'un point lumineux quand ils ont pénétré dans l'œil, forment un cône dont la base a la forme de la pupille et dont le sommet est dirigé en arrière. Si celui-ci se trouve exactement à la surface de la rétine, il n'éclaire qu'un seul point de cette membrane (fig. 1) en c.

Mais si la rétine est rencontrée par le cône lumineux, soit en avant (en f' f''), soit en arrière ($g'g''$) du point de convergence des rayons, elle n'est plus éclairée, comme on voit, sur un point, mais suivant un cercle, *cercle de diffusion*.

Ce qui se produit pour un seul point se produira pour tout autre point de l'objet situé à la même distance ; chacun d'eux formera un cercle de diffusion ; un même élément de la rétine étant ainsi impressionné simultanément par des rayons venus de points différents de l'objet, il en résultera une image confuse.

La formation des cercles de diffusion et le trouble qu'ils apportent à la vision de l'œil non accommodé ressortent encore mieux de l'expérience classique de SCHEINER. On place tout près de l'œil un diaphragme percé de deux trous d'épingle séparés par un intervalle un peu moindre que le diamètre de la pupille. A travers ces deux ouvertures, on regarde une épingle tenue perpendiculairement à la droite qui passe par les deux ouvertures, horizontalement si celles-ci sont superposées, verticalement si elles sont l'une à côté de l'autre ; l'épingle est placée à la distance à laquelle on voit nettement, à la distance de la lecture, par exemple. Si on la fixe du regard, elle sera vue telle quelle, c'est-à-dire, simple, mais un peu plus sombre. Mais si on vient à fixer un objet plus rapproché ou plus éloigné l'épingle sera vue double.

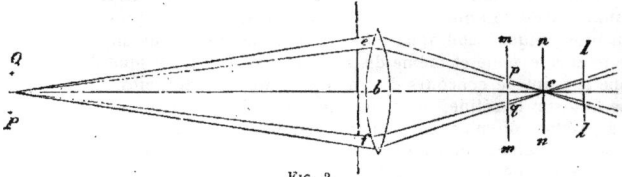

FIG. 2.

Soient, en effet, e et f les ouvertures du diaphragme, a un point de l'objet. Sans le diaphragme, un cône lumineux aurait pénétré dans l'œil et aurait eu son sommet au point c. Mais le diaphragme intercepte la plus grande partie de la lumière et ne laisse arriver dans l'œil que les rayons qui passent à travers les ouvertures e et f. Au lieu d'un seul cône lumineux l'œil en reçoit deux, dont les bases très petites correspondent aux ouvertures du diaphragme, mais leur point de concours est toujours en c. Si l'œil est adapté pour le point a, c se trouvera sur la rétine et l'œil verra une image nette de a, seulement un peu moins lumineuse qu'elle ne le serait sans l'interposition du diaphragme.

Mais, si l'œil est adapté pour un point plus éloigné que a, les rayons partis de ce dernier point iront concourir en arrière de la rétine et chacun des cônes formera sur la membrane un petit cercle de diffusion p, q.

L'écran rétinien sera donc impressionné en deux régions différentes par des rayons partis d'un même point de l'objet, et celui-ci sera vu double, et d'ailleurs un peu confus : m n représente dans ce cas la position de la rétine par rapport au sommet du cône.

Si, au contraire, on fixe un point plus rapproché que l'épingle, c'est en avant de la rétine que les rayons vont maintenant se réunir, puis continuant leur marche en divergeant, ils formeront encore sur cette membrane, qui se trouverait dans ce cas au plan ll, deux images de diffusion.

Comme les images rétiniennes sont projetées en dehors en sens inverse, il est facile de voir, si nous supposons l'ouverture e à notre droite et f à notre gauche, que l'image p sera projetée à gauche dans la direction d'une droite passant par le point nodal de l'œil et l'image q sera projetée à droite en q : c'est donc l'image gauche p qui disparaîtra si on bouche l'orifice droit e, et inversement : il y a diplopie monoculaire croisée. Si la rétine est au contraire en ll, c'est l'image de droite qui disparaîtra si on bouche l'orifice droit e.

Cette expérience de SCHEINER, dont la valeur a cependant été contestée par PROMPT (*De l'expérience de* SCHEINER *envisagée dans ses rapports avec la théorie de l'accommodation. Association française pour l'avancement des sciences*, 1882, p. 750), s'ajoute à celles qui ont été indiquées plus haut pour montrer que l'œil ne peut fournir une image nette d'un objet que pour la distance à laquelle il est adapté. Si cependant la vision reste nette,

bien que l'objet se rapproche ou s'éloigne, il faut en conclure qu'un mécanisme particulier intervient qui modifie l'œil, soit dans sa forme, soit dans sa puissance réfringente.

Mécanisme de l'accommodation. — *Historique.* — Les opinions les plus diverses
ont été émises sur la nature de la modification qui se produit dans l'œil pendant l'accommodation. Nous les passerons rapidement en revue pour nous arrêter à l'explication
que l'expérience et le calcul ont définitivement établie.

L'historique de la question nous amènera ainsi, par l'élimination successive des
interprétations inexactes, à étudier le mécanisme vrai de l'accommodation.

1° La nécessité d'un changement dans l'intérieur de l'œil n'a pas été admise par tous
les physiologistes. MAGENDIE prétendit s'être convaincu sur des yeux de lapins albinos
récemment tués que l'image rétinienne vue à travers la sclérotique était également
nette, quelle que fût la distance de l'objet. DU HALDAT, de ses expériences sur des cristallins isolés, avait conclu aussi à l'invariabilité du foyer de la lentille. ENGEL a trouvé
également que les images fournies par un cristallin, placé dans l'air, ne se déplacent
pas sensiblement pour des distances comprises entre 7 et 126 pouces.

TREVIRANUS a cherché à démontrer mathématiquement qu'une lentille dans laquelle
comme dans le cristallin, la densité croît de la périphérie au centre, suivant une certaine progression, peut avoir une distance focale invariable pourvu qu'un diaphragme à
orifice variable change le rapport des rayons marginaux aux rayons centraux d'après
une loi qu'il fit connaître.

La prétendue indépendance des positions de l'objet de l'image a du moins donné
lieu aux beaux travaux du géomètre STURM qui, se fondant sur les mensurations de
courbure des surfaces réfringentes de l'œil se crut autorisé à ne point les considérer
comme des surfaces de révolution. Cherchant à établir ce que devient dans un pareil
système le faisceau réfracté, il trouve que les rayons se réunissent alors, non plus en
un seul foyer, mais bien en deux lignes focales perpendiculaires entre elles et séparées
par un espace appelé intervalle focal qui répond au maximum de concentration des
rayons réfractés. STURM admet que dans l'œil la section du faisceau entre les deux plans
locaux est assez petite pour donner une image nette; et comme dans les limites de la
vision distincte la rétine rencontre toujours l'intervalle focal, l'ajustement aux différentes
distances se trouve ainsi expliqué. L'étude de STURM sur les foyers des ellipsoïdes à
trois axes inégaux sert encore de base aujourd'hui à l'analyse du mécanisme de l'astigmatisme (voyez ce mot). La forme qu'il a assignée au faisceau réfracté se rencontre, en
effet, mais dans les seuls cas où l'asymétrie des différents méridiens de l'œil est extrêmement prononcée ou bien dans les yeux privés de cristallin. De sorte que, comme l'a
dit GIRAUD-TEULON (art. *Accommodation* du *Dict.* de DECHAMBRE) cette belle théorie créée
pour démontrer que l'ajustement de l'œil peut avoir lieu indépendamment du cristallin
ne se vérifie elle-même de façon saisissable que lors de l'absence de ce même cristallin.

Du reste, les faits que ces théories devaient expliquer ont été bientôt reconnus
inexacts. HUECK, VÖLKMANN, GERLING, en examinant l'image rétinienne dans les mêmes
conditions que MAGENDIE, mais avec un grossissement suffisant, ont vu que la netteté
varie avec la distance de l'objet. Les résultats obtenus par DU HALDAT, ENGEL, ne sont
applicables qu'au cristallin isolé et placé dans l'air : sa distance focale devient excessivement courte, tandis qu'il n'en est plus de même pour le système dioptrique de l'œil
pris dans son ensemble. L'expérience de SCHEINER et d'autres du même genre prouvent
que l'œil se comporte comme une lentille convexe.

L'examen ophtalmoscopique permet également de suivre les changements qu'éprouve
l'image rétinienne avec la distance. Si l'on se place par rapport à l'œil observé à une
distance convenable pour que l'image de la flamme de la lampe ophtalmoscopique se
forme avec une netteté parfaite sur la rétine, puis qu'on appelle ensuite l'attention du
sujet sur un objet plus rapproché de lui, l'image de la lumière devient confuse.

On doit à GIRAUD-TEULON l'expérience suivante. Sur l'orifice du porte-objet d'un
microscope, on place un œil frais dépouillé de sa cornée, le cristallin regardant en bas,
la face postérieure de l'organe regardant en haut et portant une petite fenêtre qui
permet de voir le corps vitré. Sous le porte-objet, un miroir plan et incliné à 45° sur
l'horizon envoie vers cet œil l'image d'un objet très éloigné. Dans une certaine position

du microscope l'image réfractée de l'objet est vue nettement à travers la fenêtre scléro-locale. Si l'on interpose alors entre le porte-objet et le miroir une lentille dispersive, de 10 centimètres environ de distance focale, l'image première devient immédiatement confuse pour l'observateur qui regarde à travers l'oculaire. En effet, en interposant la lentille, c'est comme si on avait rapproché l'objet à 10 centimètres de l'œil, au foyer de la lentille, et pour que l'image redevienne nette, il faut remonter le microscope de quelques millimètres, preuve que, dans ces nouvelles conditions, l'image réfractée par l'œil a reculé de cette même quantité. Une expérience du même genre avait déjà été faite par CRAMER.

2° Puisque dans la vision des objets rapprochés une modification dans la forme de l'œil ou dans sa puissance réfringente s'impose, deux hypothèses pourraient être faites : ou bien l'écran s'éloigne de l'appareil dioptrique, ou bien le pouvoir réfringent de celui-ci augmente. Bien que cette dernière opinion soit la seule qui ait été vérifiée par l'expérimentation, il s'est cependant trouvé de nombreux partisans de la première.

On a admis que les muscles de l'œil pouvaient, par leur pression, allonger le globe oculaire dans le sens antéro-postérieur et écarter ainsi l'écran de la lentille. YOUNG a déjà réfuté cette hypothèse par l'expérience suivante : On place dans l'angle interne de l'œil un anneau de clef qu'on appuie fortement contre le bord interne de l'orbite. Cet anneau vient s'appliquer contre le bord interne de la cornée pendant que l'œil porté en dedans regarde au loin. On empêche ainsi le globe de l'œil de se porter en avant pendant l'accommodation. On fait pénétrer alors l'anneau d'une petite clef jusqu'au voisinage du pôle postérieur de l'œil, et on produit par pression au niveau de la tache jaune un phosphène qui apparaît dans le champ visuel en avant du dos du nez et qui s'étend jusqu'à l'endroit de la vision la plus distincte. En accommodant ensuite pour un objet plus rapproché, on constate que le phosphène ne subit aucune modification, alors qu'il aurait dû augmenter d'étendue si, par suite d'un allongement de l'œil, la partie postérieure avait été refoulée avec plus de force contre l'agent de compression. HELMHOLTZ a répété cette expérience avec les mêmes résultats. Il fait remarquer en outre que toute augmentation de la pression hydrostatique de l'œil diminue la convexité de la cornée et que cette modification, si elle se produisait, serait facile à constater. A ces arguments on peut ajouter les faits pathologiques dans lesquels les muscles de l'œil sont paralysés sans que l'accommodation ait à souffrir, et inversement le pouvoir accommodateur peut être supprimé ou surexcité par certains agents, alors que la mobilité de l'œil reste normale. Cependant, récemment encore, SCHNELLER a cherché à démontrer que l'axe antéro-postérieur de l'œil peut s'allonger sous l'influence de certains mouvements combinés du globe oculaire; mais son opinion a été réfutée par SATTLER (*Verhandl. der Ophtalm. Gesellsch. in Heidelberg*, 1887). Dans un travail plus récent, SCHNELLER (*Arch. f. Ophtalmol.*, t. XXXV, 1889, p. 110) maintient l'exactitude de son opinion, au moins en ce qui concerne les jeunes gens et les myopes.

Cependant, on peut considérer comme démontré qu'il n'existe dans l'œil aucun mécanisme qui éloigne l'écran rétinien du cristallin.

Celui-ci ne s'éloigne pas davantage de la rétine, bien que cette hypothèse, émise d'abord par KEPLER, ait été soutenue par divers physiologistes. Ce déplacement a été attribué en général à la contraction du muscle ciliaire ou à celle de l'iris : et pour qu'il pût s'opérer malgré la présence de l'humeur aqueuse incompressible on a dû supposer que celle-ci s'échappait dans le canal de FONTANA (HUECK) ou bien qu'elle refoulait elle-même devant elle le sang des procès ciliaires. Le seul argument direct invoqué à l'appui de cette hypothèse, en particulier par WEBER, c'est que l'iris est projeté en avant pendant la vision de près.

Le fait est exact, mais il reconnaît comme cause, ainsi qu'on le verra plus loin, un changement, non pas de situation, mais de forme, du cristallin dont la face antérieure se bombe. D'autre part, par suite de l'augmentation de courbure de cette face antérieure, l'image catoptrique qu'elle fournit diminue. Des calculs de HELMHOLTZ il résulte que, si cet effet était dû à un déplacement en masse de la lentille, égal au mouvement partiel constaté dans la position du sommet de la courbure, l'image ne serait pas réduite de plus d'un quarantième de sa valeur première, modification qui serait presque inappréciable.

Renversant la question, GIRAUD-TEULON a recherché quelle étendue il faudrait supposer au déplacement du cristallin pour produire dans cette image une diminution de 4/9 environ, qui est celle qu'on observe. Or, si le cristallin était venu se mettre en contact avec la cornée, c'est-à-dire s'il s'était rapproché d'elle, non plus de 4 dixièmes de millimètre mais de 4 millimètres, l'image n'aurait encore diminué que d'un quart. Pour obtenir la réduction des 4/9, il faudrait que la chambre antérieure eût une étendue double et que le cristallin en eût parcouru toute l'étendue.

3° On a attribué encore l'accommodation aux mouvements de la pupille qui en effet se rétrécit dans la vision de près et se dilate lorsque l'œil regarde au loin. TREVIRANUS avait fait intervenir ces mouvements dans sa théorie. De même POUILLET qui, regardant le cristallin comme une lentille à un nombre infini de foyers différents dans lesquels les faisceaux lumineux centraux convergent plus près, les faisceaux marginaux plus loin, admit que la contraction de la pupille, arrêtant ces derniers, accommode l'œil aux petites distances; que sa dilatation, permettant d'admettre les rayons marginaux qui concourent plus loin, produit l'ajustement aux grandes distances.

Ce qui est vrai, c'est que les cercles de diffusion, formés sur la rétine par des objets rapprochés, diminuent si la pupille contractée écarte les rayons périphériques. Mais on démontre facilement que l'accommodation peut se passer des mouvements pupillaires. Si on regarde à travers un orifice percé dans une carte et plus étroit que la pupille, on peut voir aux distances les plus variées; le travail d'accommodation est donc indépendant des mouvements de la pupille, puisque l'effet de ces derniers est annulé par l'interposition devant l'œil d'un diaphragme à ouverture invariable.

4° Il ne reste donc plus qu'à chercher dans une modification de la force réfringente de l'œil la cause de la faculté d'adaptation. Or le système dioptrique se compose de quatre éléments que nous pouvons supposer réduits à deux, d'une part la cornée avec l'humeur aqueuse, d'autre part le cristallin et l'humeur vitrée. Nous pouvons éliminer immédiatement la théorie de VALLÉE, fondée en grande partie sur une prétendue augmentation de réfringence des diverses couches du corps vitré depuis le cristallin jusqu'à la rétine.

D'anciens observateurs ont cru avoir observé des changements de courbure de la cornée pendant l'accommodation. Mais YOUNG et DE HALDAT ont montré que, si on place l'œil sous l'eau et qu'on annule ainsi les effets de la cornée en la comprenant entre deux milieux réfringents de valeur égale, l'accommodation reste intacte. D'autre part la mensuration des images catoptriques formées par la surface antérieure de la cornée a fourni la preuve convaincante que sa courbure ne change pas dans la vision aux différentes distances. Ce fait, déjà aperçu par BUROW, SENF et VALENTIN, a été constaté au moyen de méthodes très précises par CRAMER et surtout par HELMHOLTZ.

Rôle du cristallin dans l'accommodation. — Nous sommes ainsi arrivé par exclusion à admettre que l'agent de l'accommodation, c'est le cristallin.

Cette opinion, émise pour la première fois par DESCARTES, puis soutenue par YOUNG, PURKINJE, DE GRAEFE, a été mise hors de contestation par les expériences de LANGENBECK, CRAMER et particulièrement celles de HELMHOLTZ.

Une observation très simple permet de s'assurer que, dans l'adaptation de l'œil aux distances, la lentille cristallinienne change de forme et que ses courbes se modifient. Ces variations se constatent par l'expérience dite des trois images. On sait que les miroirs convexes donnent des images droites et diminuées des objets placés devant eux, les miroirs concaves, des images renversées de ces mêmes objets, et ces images seront d'autant plus petites que la courbure des miroirs est plus forte, son rayon par conséquent plus petit.

Or, si l'on fait tomber sur l'œil les rayons d'une flamme, les surfaces de séparation des milieux de l'œil agissent comme des miroirs, et l'observateur apercevra dans le champ de la pupille trois images; l'une droite et très lumineuse due aux rayons réfléchis par la cornée : l'autre, droite également, un peu plus grande que la précédente, mais à bords moins nettement limités, et formée par la face antérieure du cristallin (image cristallinienne antérieure); une troisième renversée, plus petite que les deux autres, formée par la réflexion sur la face postérieure du cristallin agissant comme miroir concave, elle offre l'aspect d'un petit point lumineux. Elle se trouve à environ 1 millimètre derrière la pupille, tandis que l'image cristallinienne antérieure est de 8 à 12 millimètres derrière cet orifice.

Pour bien observer ces images l'examen se fait dans une pièce obscure. On donne à l'œil du sujet une direction déterminée en lui faisant fixer un objet, et on place à côté de lui une lumière assez forte de telle sorte que les rayons lumineux qui tombent sur la cornée fassent avec l'axe de l'œil un angle d'environ 30°; l'observateur se place lui-même par rapport à l'axe dans une position symétrique de celle de la lampe. On aperçoit alors les images ou reflets dits de Purkinje-Sanson, parce que le premier les a découverts en 1828 et que le second les a employés pour diagnostiquer la cataracte.

Mais c'est Langenbeck qui a eu d'abord l'idée de se servir de ces reflets pour vérifier quels sont les changements de forme qui se produisent dans la surface réfringente de l'œil pendant l'accommodation.

Fig. 3.

Chamer améliora ensuite la méthode d'observation et eut recours à un instrument qui grossissait les images 10 à 20 fois : de plus, au lieu de faire regarder directement le sujet dans la flamme, comme l'avait fait Langenbeck, il donna à l'expérience la disposition indiquée plus haut. Indépendamment des auteurs précédents, Helmholtz était arrivé aux même résultats. Il était réservé à l'illustre physiologiste de donner la démonstration la plus rigoureuse des déformations du cristallin, et de les mesurer avec une précision mathématique, grâce à l'instrument auquel il a donné le nom d'ophtalmomètre.

Ce sont, en effet, des variations éprouvées par les images de Purkinje qui renseignent sur les changemements de courbure du cristallin. Si la mesure de ces variations exige des instruments spéciaux, leur existence se constate facilement. Le sujet regarde d'abord un objet éloigné; et les trois images auront la disposition représentée fig. 3. Si on lui fait fixer alors un objet voisin, on observe : 1° que l'image cornéenne a ne change ni de grandeur ni de position; 2° que l'image cristallinienne antérieure b diminue sensiblement de grandeur et se rapproche de l'image a; 3° que l'image cristallinienne postérieure c devient également un peu plus petite et ne semble pas changer de place.

Ces modifications se constatent encore plus facilement, si, au lieu d'une simple lampe, on prend comme objets deux carrés lumineux. On emploie dans ce but un écran portant l'une au-dessus de l'autre deux ouvertures fortement éclairées par derrière. Chaque surface réfléchit alors deux rectangles, et l'on voit ceux qui correspondent à la face antérieure du cristallin devenir plus petits, se rapprocher l'un de l'autre en même temps qu'ils se rapprochent des rectangles lumineux de la cornée.

Par conséquent, la courbure de la face antérieure du cristallin augmente, celle de la face postérieure augmente aussi mais fort peu ;

Fig. 4.

quant à celle de la cornée, elle ne varie pas. La surface antérieure du cristallin avance, sa surface postérieure ne paraît pas changer de position, la lentille devient donc un peu plus épaisse au milieu, et, comme elle ne peut pas changer de volume, il faut que le diamètre équatorial diminue pendant que l'antéro-postérieur augmente. La figure 4 montre, sur sa moitié droite, le changement que la lentille éprouve en s'accommodant pour la vision des objets rapprochés.

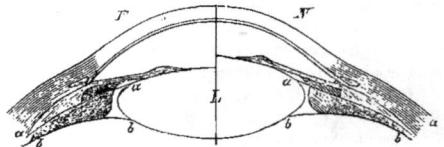

Les variations de grandeur des images ont été mesurées exactement par Helmholtz, et ont permis de déterminer celles des rayons de courbure des surfaces considérées.

Pour mesurer l'image de la cornée et celle de la surface postérieure du cristallin, Helmholtz s'est servi de l'ophtalmomètre (voyez ce mot). Mais l'image cristallinienne antérieure est peu lumineuse à cause du peu de différence entre l'indice de réfraction de l'humeur aqueuse et celui des couches superficielles du cristallin : et l'ophtalmomètre ne permet pas de les mesurer exactement, du moins si l'on a recours à la lumière d'une lampe. Helmholtz a tourné la difficulté en produisant à côté de l'image réfléchie par la surface antérieure du cristallin une image réfléchie par la cornée, qui, elle, est, comme on sait, très lumineuse et dont on fait alors varier la grandeur jusqu'à ce qu'elle soit égale à celle de l'image cristallinienne.

La disposition de l'expérience est la suivante. O, l'œil en observation s'applique immédiatement derrière un miroir métallique, placé horizontalement sur un support. A 33 centimètres en avant de lui se trouvent deux 'écrans verticaux b et c présentant les orifices f et g. Derrière l'ouverture f se trouve une petite flamme, derrière g une flamme plus grosse et plus lumineuse.

Le miroir A a pour effet de faire réfléchir par l'œil une double image de chacun des points f et g ; la grosse flamme g sert à former une double image sur la face antérieure du cristallin, et la petite f une double image sur la cornée. L'œil est placé de telle sorte qu'il voit à la fois par-dessus le miroir les deux points lumineux f et g, en même temps que dans le miroir leurs images dont la position est évidemment symétrique de celle des points f et g par rapport au plan du miroir. La distance comprise entre l'orifice f et son image représente l'objet par rapport à la cornée ; appelons-la ff_1 : il en sera de même de la distance $g\,g_1$ par rapport au cristallin. La grandeur de chaque objet est donc donnée par le double de la distance de chaque orifice au-dessus du plan du miroir. Une règle graduée fixée le long des écrans permet de faire la lecture.

Pour donner aux écrans la position convenable, on trace sur le support la ligne horizontale OB,

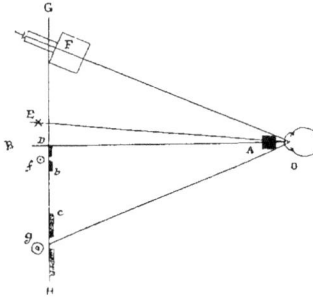

FIG. 5. (D'après HELMHOLTZ.)

puis la ligne GH qui lui est perpendiculaire et avec laquelle devra se confondre le plan des écrans.

L'œil en observation fixe au loin un point E, auquel on donne une position telle que les images cristalliniennes apparaissent au centre de la pupille et les deux petites images cornéennes immédiatement à côté. L'œil de l'observateur regarde suivant la ligne OF qui forme avec OB un angle égal à g OB, et examine les images, soit à l'œil nu, soit au moyen d'un viseur. Il ne reste plus qu'à élever ou abaisser l'écran b qui est mobile, jusqu'à ce que la distance des deux images cornéennes soit égale à la distance des images cristalliniennes.

L'image cornéenne est réfléchie par une simple surface convexe dont la distance focale négative est, comme on sait, égale à $\dfrac{R}{2}$; R, le rayon de courbure, est connu. Mais l'image cristallinienne antérieure est formée par un système complexe analogue à une lentille convexo-concave (cornée et humeur aqueuse) dont la face concave serait doublée d'une surface réfléchissante (face antérieure du cristallin). La distance focale de ce système dépend à la fois et de la courbure du système réfringent et de celle du miroir. La méthode précédente permet de l'évaluer.

Les images que des systèmes réfléchissants donnent des objets éloignés sont entre elles comme les distances focales de ces systèmes ; lorsque, par conséquent, deux systèmes différents donnent des images égales de deux objets inégaux, mais également éloignés, les distances focales sont inversement proportionnelles à la grandeur des objets.

Si nous appelons en effet O l'objet réfléchi par la cornée, O′ l'objet réfléchi par le cristallin, I l'image de même grandeur réfléchie par le cristallin et la cornée, p la distance des objets aux surfaces considérées, f la distance focale de la cornée $\left(\dfrac{R}{2}\right)$, q la distance focale du système réfléchissant complexe, nous aurons :

$$\frac{O}{I} = \frac{f+p}{f} \text{ et } \frac{O'}{I} = \frac{q+p}{q}.$$

En divisant les deux égalités l'une par l'autre on a :

$$\frac{O}{O'} = \frac{q\,(f+p)}{f\,(q+p)}.$$

Comme f et q sont négligeables par rapport à p, on a :

$$\frac{O}{O'} = \frac{q}{f}.$$

O est le double de la distance du point f, soit $f f_1$, au-dessus du plan du miroir : O' est
le double de la distance du point g, soit $g g_1$, par conséquent $q = \dfrac{f f_1 \times f}{g g_1}$.

La valeur de q étant ainsi connue sert à calculer celle du rayon de courbure de
la surface antérieure du cristallin.

HELMHOLTZ a résumé les mensurations que lui-même ou d'autres auteurs ont faites,
d'après les méthodes qu'il a instituées, dans le tableau suivant qui donne comparativement les valeurs trouvées pendant l'adaptation au loin et la vision de près :

		RAYON de courbure de la cornée.	DISTANCE DE LA SURFACE antérieure du cristallin au sommet de la cornée pendant l'adaptation,		DISTANCE DE LA SURFACE postérieure du cristallin au sommet de la cornée pendant l'adaptation.		RAYON DE COURBURE de la surface antérieure du cristallin pendant l'adaptation,		RAYON DE COURBURE de la surface postérieure du cristallin pendant l'adaptation.	
			au punctum remotum.	au punctum proximum.	au punctum remotum.	au punctum proximum.	au punctum remotum.	au punctum proximum.	au punctum remotum.	au punctum proximum.
HELMHOLTZ . .	I.	7,338	4,024	3,664	7,172	7,172	11,9	8,6	5,83	
	II.	7,646	3,597	3,157	7,232	7,232	8,8	5,9	5,13	
	III.	8,154	3,739	»	7,141	7,141	10,4	»	5,37	
KNAPP	IV.	7,7705	3,5924	3,0343	7,5127	7,5127	8,2972	5,3213	5,3546	4,6585
	V.	8,0303	3,6073	3,0533	7,4568	7,4568	7,9459	4,8865	5,4867	4,9536
	VI.	7,1633	3,3774	2,7295	7,1534	7,1534	7,8600	4,8076	6,9012	5,6098
	VII.	7,2053	3,4786	2,8432	7,1011	7,1011	9,04641	5,0296	6,1988	5,0855
ADAMUCK et WOINOW . .	VIII.	7,2303	3,9981	3.29533	7,200	7.200	9,77751	8,21771	6,06353	4.6941
	IX.	7,15568	3,23731	2,98985	7,200	7,200	10,2021	8,5975	6,2156	5.0001
	X.	6,85224	2,8997	2,1876	6,8435	6,8247	9,1139	7,3404	7,6008	6,3792
	XI.	7,17369	3,6332	3,07682	7,200	7,200	10,543	8,80103	6,5331	5,6293
MANDELSTAMM et SCHOLER .	XII.	7,3408	3,7097	3,4606	7,5780	7,9048	10,5409	6,4881	6,4088	5,0494
	XIII.	7,785	3,539	2,954	7,1218	6,803	10,159	6,496	6,331	5,664
REICH	XIV.	7,201	3,654	3,3924	7,6474	7,7817	10.408	5,9358	6,5875	4,9872
	XV.	7,4544	3,708	3,3234	7,4464	7,4879	10.5650	7,3822	5,5373	4,5825
	XVI.	7,7939	3,6516	3,2626	7,4332	7,5861	11,197	8,2045	6,2229	5,1976
WOINOW . . .	XVII.	8,00747	3,6175	3,0028	7,200	7,200	9,3785	5,2304	6,2480	4,9714

En attribuant aux divers éléments dioptriques (courbures, indices, distances des
dioptries) d'un œil idéal, la moyenne des valeurs trouvées par les méthodes ophtalmométriques, on a l'œil schématique. Les valeurs étant fixées pour cet œil on peut, au
moyen des constructions et des formules relatives aux systèmes centrés, déterminer la
position des points focaux, principaux et nodaux du système dioptrique oculaire.

C'est ce qu'a fait HELMHOLTZ dans le tableau suivant qui donne les constantes
optiques pour les deux états d'accommodation. Ce tableau contient à la fois, d'après
la deuxième édition allemande de l'*Optique physiologique*, les valeurs anciennes, tant
mesurées directement que calculées d'après l'œil schématique, telles que les donnait la
première édition de l'ouvrage et, d'autre part, ces valeurs corrigées d'après des déterminations nouvelles. Ce que HELMHOLTZ désigne par lieu des divers points ou surfaces,

c'est leur distance au sommet de la cornée, comptée positivement lorsqu'ils sont en arrière d'elle et négativement quand ils sont en avant.

Les longueurs sont données en millimètres.

	DÉTERMINATIONS ANCIENNES. Accommodation pour :		DÉTERMINATIONS NOUVELLES. Accommodation pour :	
	Loin.	Près.	Loin.	Près.
Éléments dioptriques mesurés.				
Indice de l'humeur aqueuse et du corps vitré	$\frac{103}{77}$	$\frac{103}{77}$	1,3365	1.3365
Indice total du cristallin	$\frac{16}{11}$	$\frac{16}{11}$	1,4371	1.4371
Rayon de courbure de cornée	8,0	8,0	7,829	7.829
Rayon de courbure de la face antérieure du cristallin	10,0	6,0	10,0	6.0
Rayon de courbure de la face postérieure du cristallin	6,0	5,5	6,0	5.5
Lieu de la face antérieure du cristallin.	3,6	3,2	3,6	3.2
Lieu de la face postérieure du cristallin.	7,2	7,2	7,2	7.2
Éléments dioptriques calculés.				
Distance focale antérieure de la cornée.	23.692	23,692	23,266	23.266
Distance focale postérieure de la cornée.	31.692	31,692	31,093	31.093
Distance focale du cristallin	43,707	33,785	50,617	39,073
Distance de la face antérieure du cristallin à son point principal antérieur .	2.1073	1,9745	2,126	1,989
Distance de la face postérieure du cristallin à son point principal postérieur.	— 1,2644	— 1,8100	— 1,276	— 1.823
Distance mutuelle des deux points principaux du cristallin	0,2283	0,2155	0,198	0.187
Distance focale postérieure de l'œil . .	19.875	17,750	20,713	18.698
Distance focale antérieure de l'œil . .	14,858	13,274	15,498	13.990
Lieu du premier point principal . . .	1,9403	2,0330	1,753	1.858
Lieu du deuxième point principal. . .	2,3563	2,4919	2,106	2.257
Lieu du premier point nodal.	6,957	6.515	6,968	6.566
Lieu du deuxième point nodal	7,373	6,974	7,321	6.965
Lieu du foyer antérieur.	— 12,918	— 11.244	— 13,745	— 12.132
Lieu du foyer postérieur.	22.231	20,248	22,819	20.955

En résumé, dans un œil qui regarde au loin, le rayon de courbure de la face antérieure du cristallin est de 10 millimètres, celui de sa face postérieure de 6 millimètres. La distance de la face antérieure du cristallin à la cornée est de 3,6 millimètres, celle de la face postérieure à la cornée de 7,2 millimètres.

Lorsque l'œil est accommodé pour la vision de près, les valeurs deviennent les suivantes : le rayon de la face antérieure du cristallin est de 6 millimètres, celui de la face postérieure de 5,5 : la surface antérieure du cristallin se rapproche de la cornée de 0,4 millimètres, la postérieure ne change pas de place : l'épaisseur du cristallin augmente de 0,4 millimètres. Les points principaux sont portés légèrement en arrière, les points nodaux légèrement en avant.

On s'est demandé si dans la vision de près les modifications du cristallin suffisent à elles seules pour amener le point de concours des rayons lumineux sur la rétine. La question peut se poser en ces termes : si l'œil schématique est emmétrope, c'est-à-dire si son foyer principal postérieur se trouve sur la rétine, à 22,819 millimètres de la cornée, pour quelle distance sera-t-il adapté quand les modifications indiquées dans le tableau ci-dessus se seront produites dans les milieux réfringents, ou encore à quelle distance du point principal antérieur devra se trouver un point lumineux p pour que son image se fasse sur l'écran dont la position n'a pas changé.

Cette distance est donnée par la formule classique des foyers conjugués $\dfrac{F_1}{p} + \dfrac{F_2}{p_1} = 1$ dans laquelle F_1 et F_2 représentent respectivement la distance focale antérieure et la distance focale postérieure de l'œil accommodé pour la vision de près, et p_1 la distance de l'image p, c'est-à-dire la distance de la rétine au deuxième point principal : p_1 s'obtient en retranchant de la distance de la rétine à la cornée, pendant la vision au loin, la distance du deuxième point principal pendant l'accommodation ; par conséquent, $p_1 = 22{,}819 - 2{,}257 = 20{,}562$. D'autre part $F_1 = 12{,}132 + 1{,}858 = 13{,}990$ et $F_2 = 20{,}955 - 2{,}257 = 18{,}698$. De la formule précédente on tire : $p = \dfrac{F_1 p_1}{p_1 - F_2}$, c'est-à-dire $\dfrac{13{,}990 \times 20{,}562}{20{,}562 - 18{,}698} = 154{,}32$.

Par conséquent, lorsque l'œil schématique de l'emmétrope a mis en jeu tout son pouvoir accommodateur, il est adapté à une distance de 154 millimètres environ, ce qui correspond bien à l'amplitude normale d'accommodation ; d'après l'ancien tableau de Helmholtz, on trouve que cette distance est de 132 millimètres.

Knapp a prouvé également par des mensurations directes sur quatre sujets différents que les changements de courbure du cristallin suffisent pour expliquer toute l'accommodation dont l'œil est susceptible.

Le calcul, basé sur les mensurations prises, a donné pour la distance du point fixé dans la vision de près une valeur suffisamment approchée de celle qu'elle avait réellement, comme le prouvent les chiffres suivants :

	Millimètres.			
Distance calculée d'après les mensurations.	168	114	105	97
Distance vraie	107	110	115	87

L'écart entre les deux chiffres chez l'un des sujets serait dû à ce que l'œil n'était pas accommodé réellement à la distance de 107 millimètres. Les mensurations de Woinow, Adamuck et Woinow, Strawbridge et autres, concordent avec celles de Knapp.

Outre les changements de courbure le cristallin subit encore, d'après Tscherning (A. P., 1892, p. 158) un déplacement qu'il a le premier signalé. Au moment de l'accommodation, l'image cristallinienne postérieure se porte toujours, quelle que soit la direction du regard, dans le même sens : en haut, dans l'examen à l'image renversée, c'est-à-dire en réalité, en bas. Ce déplacement ne peut être dû ni à un changement de courbure de la surface, ni à un mouvement de totalité de la lentille en avant ou en arrière : ceux-ci auraient pour effet un déplacement de l'image qui serait toujours, soit centripète, soit centrifuge.

Il ne reste donc que deux changements possibles : un mouvement de bascule du cristallin, tel que sa partie supérieure se porte en bas, ou bien un déplacement de totalité en bas. Mais dans le premier cas, l'image cristallinienne antérieure devrait se déplacer en sens contraire de la postérieure : dans le deuxième cas, elles doivent se porter toutes deux dans le même sens. C'est en effet ce dernier phénomène que l'on observe.

Comme sur l'œil observé par Tscherning le centre de la cornée était situé à environ 0,25 millimètres au-dessous de l'axe du cristallin, ce déplacement de la lentille avait pour effet de centrer l'œil : mais l'axe du cristallin était toujours à 2° au-dessous de la ligne visuelle.

De tout ce qui précède, il résulte qu'en l'absence du cristallin la faculté d'accommodation doit être abolie. C'est en effet ce que Donders (Die Anomalien der Refraction und Accommodation, 1888, p. 266) a démontré par les expériences suivantes, faites sur de jeunes sujets dont l'acuité visuelle était parfaite, et qui avaient été opérés avec succès d'une cataracte congénitale double. Dans l'un des cas, le sujet avec des verres 1/3″, placés à 5 lignes en avant de l'œil, voyait rond et parfaitement net un point lumineux situé à une grande distance. Entre l'un des deux yeux et dans la direction du point lumineux se trouvait un point de mire fixe. Lorsque le jeune homme faisait converger ses lignes visuelles vers le point de mire, l'un des yeux étant couvert d'un écran, le point lumineux ne subissait aucun changement ou devenait tout au plus un peu plus petit et un peu plus net (à cause du rétrécissement de la pupille) : Or, on sait que la convergence implique un effort accommodatif. Mais il suffisait d'éloigner ou de rapprocher la lentille de l'œil de 1/4 de ligne pour que le point lumineux cessât d'être vu distinctement et pour qu'il se changeât en une ligne, à cause de l'asymétrie de la cornée : lorsque les yeux convergeaient alors sur le point de mire, la ligne lumineuse diminuait de longueur, mais ne pouvait plus être vue comme un point. Le même essai réussit sur chacun des deux yeux.

Dans un second cas analogue, l'absence d'accommodation fut démontrée de la même manière. DONDERS constata en plus que, lorsqu'un point lumineux était vu à une grande distance au moyen d'une lentille convexe, l'addition d'une seconde lentille de + 1/180 ou de — 1/180 produisait des modifications très sensibles. Avec la première le point lumineux se changeait constamment en une ligne courte verticale, avec la seconde en une ligne horizontale. Par contre, la convergence des lignes visuelles dans les efforts pour voir de près n'avait aucune influence. De plus, lorsque le sujet concentrait toute son attention sur le point de mire, si l'on mettait inopinément devant son œil le verre de + 1/180 ou de — 1/180, il accusait immédiatement une modification de l'image du point lumineux.

DONDERS est arrivé à des résultats semblables avec des verres de $\frac{+1}{300}$ ou de $\frac{-1}{300}$.

Par conséquent, l'œil privé de cristallin n'est plus en état de modifier son pouvoir réfringent, puisque, malgré tous ses efforts pour accommoder, il n'imprime aucune modification à l'image d'un point lumineux, alors que l'addition du plus faible verre convexe ou concave à la lentille qui neutralise l'aphakie ou, ce qui revient au même, le plus faible déplacement de cette lentille elle-même suffit pour produire cette transformation.

Cependant un certain nombre d'ophtalmologistes, en particulier FOERSTER, ont soutenu que l'accommodation persistait partiellement en l'absence du cristallin. — Pour la bibliographie voir PAUL SILEX (*Zur Frage der Accommodation des aphakischen Auges*. *Arch. f. Augenheilk*., 1888, t. XIX, fasc. 1, p. 102). — L'expérience de DONDERS et d'autres du même genre ne donnent pas toujours des résultats conformes aux précédents. On a attribué cette persistance de l'adaptation soit à une augmentation de courbure de la cornée produite par le muscle ciliaire ou par les muscles extrinsèques de l'œil, soit à une modification de la surface antérieure du corps vitré due à ces mêmes muscles. Mais les mensurations de WOINOW et celles de SILEX ont montré que, dans l'œil aphake, pas plus que dans l'œil normal, la courbure de la cornée ne se modifie. WOINOW a fait remarquer aussi que ce n'est pas une augmentation de pouvoir réfringent du corps vitré qui peut être en cause; en raison du peu de différence entre son indice de réfraction et celui de l'humeur aqueuse, la plus forte courbure de la surface antérieure du corps vitré ne pourrait donner à l'accommodation la valeur qu'on lui trouve chez certains sujets privés de cristallin.

SCHNELLER a admis pour expliquer ces cas un allongement de l'axe optique. Il a cru avoir prouvé que si sur l'œil normal on paralyse l'accommodation, qu'il appelle *interne*, par l'atropine, le *punctum proximum* est plus rapproché de l'œil lorsque dans la vision binoculaire les deux yeux se portent en bas et en dedans que lorsqu'un seul œil regarde directement en avant : ce surplus d'accommodation qu'il a appelé l'accommodation *externe* serait dû à l'action des muscles extrinsèques qui exécutent le mouvement indiqué. Il a cherché à démontrer qu'il en était de même pour l'œil aphake, que celui-ci n'a plus d'accommodation lorsqu'il regarde directement en avant, mais qu'il peut, au contraire, accommoder lorsque les globes oculaires se portent en dedans et en bas. Mais les faits qui servent de base à cette théorie ont été réfutés par SATTLER.

Pour la plupart des ophtalmologistes, la persistance de l'accommodation, en l'absence du cristallin, ne serait donc qu'apparente : elle s'expliquerait par certains artifices auxquels le sujet a instinctivement recours et qui induisent l'observateur en erreur : c'est ainsi, par exemple, qu'il regardera à travers la partie périphérique du verre, c'est-à-dire à travers une partie plus éloignée de l'œil, ce qui équivaut à l'addition d'un faible verre convexe. Quand il s'agit d'essais de lecture, on peut admettre aussi que certains sujets arrivent par l'habitude à déchiffrer des images rétiniennes diffuses.

Cependant des auteurs autorisés soutiennent que la faculté d'accommodation n'est pas entièrement perdue dans l'œil aphake : si vraiment il en est ainsi, on n'a pas encore déterminé quel est l'élément dioptrique qui subit les modifications nécessaires.

Outre les modifications du cristallin, il faut encore noter celles qui se produisent du côté de l'iris. La pupille se rétrécit pendant l'accommodation de près en même temps que le bord pupillaire se porte en avant. On peut le constater en se plaçant de manière à examiner de profil et d'arrière en avant la cornée d'un sujet, de sorte que la moitié environ de la pupille soit visible en avant du bord sclérotical de la cornée. Si l'œil, sans changer de direction, fixe un objet plus rapproché, l'observateur constate que l'ovale noir de la pupille tout entier et même une partie du bord de l'iris tourné vers lui devient visible en avant de la sclérotique. Ce déplacement s'observe plus facilement si l'on prend comme point de repère une ligne obscure qui apparaît le long du bord de la cornée tourné en avant et qui est l'image du bord opposé de la sclérotique formée par réfraction à travers la cornée. Dans la vision rapprochée l'espace clair compris entre cette ligne obscure et le noir de la pupille se rétrécit.

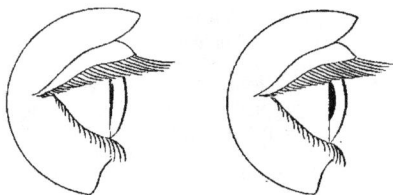

Fig. 6. (D'après Helmholtz.)

Le déplacement de la pupille a été trouvé par Helmholtz; dans un cas, de 0,44 millimètre, et, dans un autre, de 0,36 millimètre.

De ce que le cristallin bombe en avant, il doit en résulter aussi que la partie périphérique de l'iris se porte en arrière : en effet, comme la cornée ne change pas de forme, l'humeur aqueuse incompressible doit retrouver sur les côtés l'espace qu'elle perd au centre : ce que lui permet le recul des parties périphériques de l'iris.

Cramer, puis Helmholtz, ont constaté le fait objectivement. Si l'on place près du sujet en observation une flamme, assez latéralement pour que la plus grande partie de l'iris reste dans l'ombre, la réfraction propre de la cornée dessinera dans la chambre antérieure parallèlement au plan de l'iris une surface caustique dont l'intersection avec la partie restée dans l'ombre se décèle par un reflet mince en forme de croissant.

Si l'éclairage latéral est disposé de telle sorte que la ligne caustique apparaisse près du bord ciliaire de l'iris, elle se rapproche de ce bord, lors de l'accommodation, parce que la partie du plan de l'iris qui coupe la surface caustique se meut d'avant en arrière, et s'éloigne de la surface réfringente.

Agent des modifications du cristallin. — Puisque dans l'accommodation il y a un déplacement, un mouvement produit sous l'influence de la volonté, on peut déjà en inférer que l'instrument de ces modifications doit être un muscle. Il est inutile de réfuter aujourd'hui l'opinion de Young, qui avait doté de propriétés contractiles le cristallin lui-même. Descartes se rapprochait davantage de la vérité dans le passage suivant : « Plusieurs filets noirs qui embrassent tout autour l'humeur cristalline et qui semblent autant de petits tendons par les moyens desquels cette humeur devenant tantôt plus voûtée, tantôt plus plate [1] selon l'intention qu'on a de regarder les objets proches ou éloignés, change un peu toute la figure du corps de l'œil. »

Comme les muscles extrinsèques ne peuvent être mis en cause, ainsi qu'il a été dit plus haut, c'est, en effet, dans les muscles intrinsèques de l'œil qu'il faut chercher l'organe chargé de réaliser des effets observés. Ce ne pourrait être que les fibres musculaires de l'iris ou bien le muscle ciliaire.

Cramer avait attribué à l'action de l'iris l'augmentation de courbure du cristallin. Les fibres circulaires en se contractant fourniraient un point d'attache fixe aux extrémités centrales des fibres radiales, et celles-ci exerceraient alors sur le bord du cristallin et sur le corps vitré une pression à laquelle le milieu de la face antérieure de la lentille serait seul soustrait : celui-ci tendrait ainsi à faire saillie en avant. Mais Helmholtz a fait remarquer que, si ce mécanisme peut rendre compte de l'augmentation de courbure de la face antérieure du cristallin, il ne peut expliquer l'augmentation d'épaisseur de la lentille, parce qu'une pression qui agit sur les bords du cristallin et sur sa partie postérieure devrait aplatir la face postérieure, si elle fait bomber l'antérieure.

L'expérimentation directe a du reste démontré que l'ablation de l'iris chez les animaux n'empêche pas le changement de forme du cristallin (Hensen et Vœlckers, Smith); et d'autre part chez des sujets qui étaient atteints d'une paralysie complète de l'iris (Helmholtz) ou chez lesquels existait une absence, soit congénitale (Ruete, Reuter), soit accidentelle (de Graefe) de cette membrane, l'œil n'avait rien perdu de sa faculté d'accommodation.

Mais les expériences de Cramer faites sur l'œil du phoque ou sur l'œil de quelques oiseaux ont du moins démontré que l'excitation des parties antérieures du globe produit des changements accommodatifs du cristallin. C'est qu'en effet le courant électrique auquel avait recours Cramer excitait le véritable agent de l'accommodation, c'est-à-dire le muscle ciliaire.

Rappelons ici la disposition de ce muscle et celle des parties par lesquelles il exerce son action. Le muscle ciliaire s'insère en avant à la jonction de la sclérotique avec la cornée, entre le bord fibreux du canal de Schlemm et l'insertion de l'iris par un anneau tendineux dit anneau de Gerlach. Il a la forme d'un triangle rectangle dont le côté le plus court est tourné en avant et forme avec sa face externe un angle droit. Son sommet est dirigé en arrière et sa face interne répond à la couronne ciliaire.

Les fibres de ce muscle peuvent être divisées en trois couches. La couche externe, la plus épaisse, a une direction méridienne : ses faisceaux se portent d'avant en arrière et se dissocient dans la choroïde en se terminant dans les lamelles conjonctives de la *lamina fusca* qui leur servent de tendons ; d'après Smoen leurs prolongements tendineux pourraient être suivis jusqu'à la gaine du nerf optique. Ces fibres, bien décrites par Brucke, mais dont la découverte serait due à William Clay-Wallace, ont reçu le nom de tenseur de la choroïde.

Les fibres de la deuxième couche, dites radiées, naissent comme les précédentes, de l'angle externe et antérieur du muscle, se dirigent en rayonnant vers la face interne du triangle musculaire, puis se terminent en partie vers son sommet, et en partie se continuent en ce point avec les fibres de la couche précédente.

La troisième portion, dite muscle de Rouget ou de Muller, est formée de fibres circulaires qui constituent par leur ensemble un anneau parallèle à la base de la cornée : elles occupent le petit côté du triangle, principalement son point de jonction avec le bord interne. Cette couche présente les plus grandes variations individuelles : elle manque souvent chez les myopes, tandis qu'elle est très développée au contraire chez les hypermétropes.

A la face interne du muscle ciliaire on trouve les procès ciliaires, dont il faut dire ici un mot, puisqu'ils sont intéressés dans le mécanisme de l'accommodation. Ils forment comme une couronne de plis rayonnés, dirigés en avant vers l'axe de l'œil. C'est dans l'anneau formé par le corps ciliaire que se trouve suspendu le cristallin, maintenu en place par la zone de Zinn. On distingue à chaque procès ciliaire une racine adhérente au muscle ciliaire, et un bord libre qui se divise en deux parties ou crêtes : l'une antérieure plus courte, tournée vers la face postérieure de l'iris, l'autre postérieure, plus longue, soudée avec la *zonula*. Le point de jonction de ces deux parties, le sommet des procès ciliaires, n'est pas en contact direct avec le cristallin, il en reste séparé par un intervalle de 0,5 millimètre ; il ne se trouve pas non plus sur le même plan que l'équateur de la lentille : il est situé un peu en avant. Aussi, d'après Henle, si on prend l'hémisphère antérieur d'un œil récemment extirpé, on peut, en regardant d'arrière en avant, voir la face postérieure de l'iris entre le corps ciliaire et le bord du cristallin.

Enfin, c'est par l'intermédiaire de la zone de Zinn (*Zonula, ligament suspenseur du cristallin*) que le muscle ciliaire agit sur la lentille. Ce ligament a été très diversement décrit par les anatomistes. Nous nous contenterons de reproduire ici la description qu'en donne Landolt (*Traité d'ophtalmologie*, t. III, p. 148). Les fibres de la zone de Zinn prennent en partie leur origine au niveau de l'*ora serrata*, de la partie ciliaire de la rétine, plus particulièrement de la membrane limitante. La plupart d'entre elles proviennent cependant des espaces compris entre les procès ciliaires et quelquefois des procès ciliaires eux-mêmes. Ces fibres de la zone de ZINN situées le plus en avant se dirigent directement vers la face antérieure du cristallin. Les plus courtes ont toutes une direction méridienne et s'attachent aux deux surfaces du cristallin où elles se confondent avec la capsule. Mais, à l'exception des fibres les plus antérieures qui se portent en droite ligne vers la face antérieure et des fibres postérieures qui se rendent directement à la surface postérieure du cristallin, elles se croisent de telle sorte que celles qui reviennent d'en arrière s'attachent à la surface antérieure, celles qui viennent d'en avant à la surface postérieure. On voit donc d'après cette description qu'il n'y a pas à proprement parler de canal de PETIT.

Au point de vue du mécanisme de l'accommodation il faut surtout remarquer que la *zonula* présente deux parties : l'une est adhérente au corps ciliaire, et s'étend de l'*ora serrata* au sommet des procès ciliaires; l'autre, qui va de ce dernier point au bord du cristallin, est libre et regarde la face postérieure de l'iris.

Il serait trop long d'énumérer en détail toutes les opinions qui ont été émises sur le mode d'action du muscle ciliaire (Voir pour une partie de l'historique : CHRÉTIEN. *La choroïde et l'iris*. Th. d'agrégation. Paris, 1876). Nous ne ferons que rappeler les principales en nous arrêtant particulièrement sur celle qui répond le mieux à l'ensemble des faits observés. En résumé, elles peuvent se diviser en deux grandes catégories : les unes considèrent la déformation du cristallin comme due à une pression exercée sur la lentille par le muscle ciliaire soit directement, soit par l'intermédiaire des procès ciliaires; une autre explication, tout à fait opposée à la précédente, admet que le cristallin est soumis constamment à une certaine pression et que lors de la contraction du muscle ciliaire il reprend la forme qui lui est propre.

A la première manière de voir se rattachent les théories de MULLER, ROUGET, NORTON, FICK. On a supposé d'abord que les fibres circulaires du muscle ciliaire pourraient comprimer directement le bord du cristallin et augmenter ainsi l'épaisseur de la lentille, et, comme les fibres longitudinales comprimeraient en même temps le corps vitré en empêchant ainsi la face postérieure du cristallin de reculer, toutes les modifications porteraient sur sa face antérieure. Dans la théorie de MULLER, la pression de l'iris sur la partie périphérique de la face antérieure du cristallin venait encore ajouter ses effets à ceux du muscle ciliaire, en même temps que le relâchement de la partie antérieure de la zone de ZINN, provoqué par le muscle, favorisait l'augmentation d'épaisseur du cristallin.

ROUGET fit remarquer que le muscle ciliaire n'embrasse pas exactement le cristallin sur lequel il doit agir, qu'il est situé sur un plan plus antérieur et séparé de lui : 1° par les procès ciliaires; 2° par un certain intervalle existant entre ceux-ci et la circonférence de la lentille. Mais les procès ciliaires pourraient, quand ils sont remplis et distendus par le sang, transmettre au cristallin la compression qu'ils reçoivent du muscle ciliaire.

Au moment de la contraction de ce muscle, la tension du sang dans les procès ciliaires devient assez considérable, pour leur donner la rigidité nécessaire à l'accomplissement de la fonction qui leur est attribuée : ROUGET invoque différentes conditions anatomiques qui peuvent amener à ce résultat.

NORTON a émis une opinion du même genre en insistant particulièrement sur l'action adjuvante de l'iris qui, en se contractant, comprimerait le coussinet érectile situé en arrière de lui. Signalons encore FICK qui veut au contraire que dans l'accommodation de près les procès ciliaires se dégorgent dans les *vasa vorticosa* de la choroïde: par ce passage du sang dans la partie de l'œil située en arrière de la cloison formée par la *zonula* et le cristallin, la pression augmenterait dans la partie postérieure de l'œil et diminuerait dans sa partie antérieure : le centre du cristallin serait poussé en avant. Cette dernière théorie peut être éliminée immédiatement, aucun observateur n'ayant constaté cette déplétion des procès ciliaires dont il est question : elle suppose de plus un aplatissement de la face postérieure du cristallin qui n'existe pas davantage.

En ce qui concerne l'opinion de ROUGET, et toutes celles du reste qui font intervenir la coopération des procès ciliaires, on peut leur objecter: 1° les observations mentionnées plus loin de COCCIUS, BECKER, etc., qui ont vu, pendant l'accommodation, les procès ciliaires séparés toujours du cristallin par un intervalle appréciable ; 2° les expériences faites sur des yeux fraîchement extirpés, sur lesquels on obtient, en excitant les nerfs et les muscles de l'accommodation, les modifications ordinaires des images de PURKINJE.

La théorie de HELMHOLTZ, non seulement ne s'est pas heurtée aux mêmes difficultés, mais elle a encore pour elle bon nombre de faits expérimentaux. D'après HELMHOLTZ le cristallin à l'état de repos n'a pas la forme qui répond à son élasticité ou pour mieux dire à l'élasticité de sa capsule : il est aplati par la tension de la zone de ZINN, ce qui a pour effet de réduire l'épaisseur de la lentille et de diminuer ses courbures ; comme les fibres les plus épaisses, les plus résistantes de la *zonula* s'insèrent sur la périphérie de la capsule cristallinienne antérieure, l'aplatissement portera surtout sur la face anté-rieure de la lentille, dont le centre se trouve ainsi repoussé en arrière.

La zonula étant unie au dehors aux procès ciliaires et par conséquent à la choroïde, la lentille forme avec ces deux membranes un espace clos entièrement rempli par le corps vitré. La pression de l'humeur vitrée doit maintenir les parois de cet espace dans un état de tension permanent.

Lors donc que le muscle ciliaire se contracte, les fibres méridiennes qui se terminent en arrière des procès ciliaires, dans le tissu de la choroïde, font avancer l'extrémité posté-rieure de la zonula intimement unie en ce point à la membrane vasculaire de l'œil ; la zonula est mise dans le relâchement, le cristallin abandonné à son élasticité change de forme, diminue de diamètre et augmente d'épaisseur ; par suite, la courbure de ses deux faces devient plus marquée.

Lorsque HELMHOLTZ émit pour la première fois cette théorie on ne connaissait pas encore les fibres circulaires du muscle ciliaire. La découverte de ces fibres n'a rien enlevé à la valeur de l'interprétation précédente : elles viennent au contraire en aide aux fibres méridiennes. En se contractant, elles ne peuvent que rapprocher l'angle interne du corps ciliaire des bords du cristallin et contribuer par conséquent à relacher la zone de ZINN. Leur rôle d'après HELMHOLTZ serait de faire suivre à la partie antérieure des procès ciliaires les mouvements exécutés par la lentille et la zonula, de telle sorte qu'il ne puisse se pro-duire aucun tiraillement du tissu de ces derniers organes ni aucune traction sur la partie antérieure de la zonula, de nature à influer sur l'action des fibres radiées. La contraction du muscle ciliaire doit aussi faire sentir ses effets sur son insertion antérieure, c'est-à-dire sur le tissu élastique qui borde en dedans le canal de SCHLEMM : ce tissu est attiré en arrière et avec lui l'insertion de l'iris. Le déplacement des parties périphé-riques de cette membrane se constate, en effet, comme il a été dit, pendant l'accom-modation.

A l'appui de sa théorie HELMHOLTZ fait remarquer que si sur un œil mort on découvre la lentille et la zonula, on peut aplatir le cristallin par des tractions exercées sur deux points diamétralement opposés de la membrane, et qu'il reprend sa forme arrondie quand la traction cesse. On a invoqué aussi le fait que le cristallin mort, isolé de ses connexions avec la zone de ZINN, devient plus convexe. Il faut ajouter cependant, comme l'a fait remarquer TSCHERNING, que les chiffres obtenus, sur le cristallin mort et sur le cristallin vivant au repos, ne diffèrent pas sensiblement entre eux, sauf en ce qui concerne l'épaisseur de la lentille.

L'opinon de HELMHOLTZ a encore été confirmée par les expériences de HENSEN et VOEL-CKERS (*Experimental Untersuch. ü. d. Mechanism. d. Accommodation*, Kiel, 1868 et *Arch. f. Ophtalmol.*, 1873, t. XIX, 1re partie, p. 156), pratiquées d'abord sur le chien, plus tard sur le chat et sur des yeux humains fraîchement extirpés. Ces physiologistes provoquent des contractions du muscle ciliaire en excitant les nerfs qui s'y rendent, et, au moyen d'une petite fenêtre taillée dans la sclérotique, ils voient directement le déplacement en avant de la choroïde. En introduisant une fine aiguille à travers la membrane fibreuse jusque dans la choroïde au niveau de l'équateur de l'œil, ils constatent que son extrémité libre se porte en arrière, mouvement de bascule qui indique que l'extrémité interne se porte en avant. Les mêmes auteurs ont aussi étudié les mouvements de la zonula. Par une petite fenêtre scléroticale, et après ablation de la partie correspondante du corps ciliaire, ils font pénétrer un fil de verre dont une extrémité vient s'appuyer sur le ligament suspenseur du cristallin : l'extrémité libre du léger levier faisait une excur-sion en arrière chaque fois que les nerfs ciliaires étaient excités, et cependant la mem-brane ne pouvait être mise en mouvement que par les parties du muscle ciliaire restées intactes de chaque côté de la perte de susbtance. HENSEN et VOELCKERS se sont encore assu-rés par des procédés semblable que la courbure des deux faces du cristallin augmente à la suite de l'ablation des nerfs ciliaires et qu'il en est de même pour la face antérieure du corps vitré après l'ablation du cristallin.

C'est aussi au déplacement de la choroïde qu'il faut attribuer le phénomène observé par Purkinje et que Czermak a appelé le phosphène d'accommodation. Si dans l'obscurité on accommode pour la vision rapprochée et que brusquement on relâche l'accommodation, on remarque à la périphérie du champ visuel un cercle lumineux, cette sensation entoptique tient à un tiraillement des parties périphériques de la rétine. Qand le muscle ciliaire se relâche, la zone de Zinn se tend de nouveau brusquement, tandis que le cristallin ne cède que plus lentement à la traction exercée par cette membrane. Le bord de la rétine intimement unie à la zone choroïdienne au niveau de l'*ora serrata* se trouve ainsi tiraillé jusqu'à ce que le cristallin ait repris sa forme aplatie. Hensen et Voelckers, Berlin se sont rangés également à l'interprétation de Czermak. Pour Berlin toutefois la rétine se trouverait tiraillée, non au niveau de l'*ora serrata*, mais au voisinage de la *macula*, parce qu'il a observé par lui-même que le phosphène de Purkinje n'occupe pas la périphérie du champ visuel, mais une région plus centrale [1].

Les observations faites par Coccius viennent compléter l'expérience de Hensen et de Voelckers. Chez des sujets auxquels une large iridectomie avait été pratiquée, Coccius a pu examiner directement les modifications subies par les parties situées au voisinage de l'équateur du cristallin, zonula et procès ciliaire.

Landolt (*loc. cit.*, p. 153) en donne la description suivante d'après les détails fournis par Coccius lui-même ; la zonula se présente sous forme d'une série de bandelettes alternativement claires ou obscures, les premières correspondant aux fibres situées le plus en avant, les secondes aux plis rentrants qui ne sont pas éclairés. Lorsque l'œil 'exécute un effort d'accommodation, les bandelettes formées par la zone de Zinn s'allongent, parce que le cristallin diminue dans son diamètre équatorial : en même temps les stries foncées deviennent plus larges. Le changement de forme que subit l'équateur du cristallin se manifeste par un élargissement du cercle foncé qui caractérise ce bord et qui est dû à la réflexion totale de la lumière.

Ce dernier fait avait également déjà été constaté par Becker sur des yeux d'albinos : mais, tandis que pour ce dernier les procès ciliaires s'éloignent de l'axe optique dans la vision de près, et s'en rapprochent au contraire dans la vision au loin, Coccius les a vus au contraire se gonfler et s'avancer vers l'axe pendant l'effort d'accommodation. Toutefois, les deux auteurs sont d'accord sur ce point que l'équateur du cristallin reste toujours éloigné des procès ciliaires et d'autant plus, d'après Coccius, que l'accommodation est plus forte. Il ne saurait donc être question d'une compression exercée par les procès ciliaires sur les bords du cristallin. Coccius pense cependant que les procès ciliaires par leur avancement et l'augmentation de leur volume pressent sur la partie antérieure du corps vitré qui à son tour peut comprimer l'équateur du cristallin.

Hjort de Christiania, Landolt (*loc. cit.*, p. 521. *Klin. Monatsh. f. Augenheilk*, pp. 205-222, cité in J. P., 1876) a vu aussi chez un homme qui avait perdu l'iris en totalité le bord sombre du cristallin devenir plus large, les procès ciliaires se rapprocher de l'axe de l'œil et se gonfler, mais contrairement à Coccius il n'a constaté, ni dans l'accommodation volontaire, ni après l'instillation d'une solution de fève de Calabar, un élargissement de l'espace compris entre le bord du cristallin et les procès ciliaires. Si le diamètre de cet espace zonulaire ne se modifie pas, c'est que pour Hjort l'avancement des procès ciliaires est toujours proportionnel à la rétraction et à la diminution du diamètre de l'équateur du cristallin.

Enfin d'après les recherches faites également sur des sujets iridectomisés ou sur des albinos, Bauerein (*Zur Accommodation des menschl. Auges*, Wuzrburg, 1876) d'accord avec Coccius et Hjort sur le sens du déplacement des procès ciliaires, soutient par contre que

---

1. Helmholtz, Purkinje, Czermak, Landois ont encore signalé un autre phénomène entoptique qui se produit dans l'effort d'accommodation, l'œil étant dirigé sur une surface uniformément éclairée. Il est caractérisé principalement par l'apparition d'une tache, au centre du champ visuel, immédiatement en dehors du point de fixation. Nagel, qui a étudié avec détail ce « nuage d'accommodation », l'attribue à une augmentation de pression produite par la contraction du muscle ciliaire dans le segment postérieur de l'œil et transmise par le corps vitré jusqu'au voisinage de la fovea (*Handb. d. gesammte Augenheilk.*, t. vi, p. 472).

ceux-ci ne se gonflent pas : avec Coccius il admet que l'espace zonulaire pendant l'accommodation s'élargit parce que le diamètre de la lentille se rétracte plus que les procès ciliaires n'avancent.

Si ces observations se contredisent sur certains points de détails, elle s'accordent du moins à reconnaître : 1° que l'on constate directement pendant l'accommodation le relâchement de la zonula et la diminution du diamètre équatorial du cristallin'; 2° que les procès ciliaires ne peuvent exercer aucune compression sur le bord de la lentille.

La théorie de Helmholtz trouve donc dans ces recherches une nouvelle confirmation, et, si Hjort avait raison contre Coccius en ce qui concerne la largeur de l'espace zonulaire, les faits qu'il a observés prouveraient de plus que le mode d'action des fibres circulaires du muscle est bien celui que lui a attribué Helmholtz : de proportionner les déplacements de la partie antérieure des procès ciliaires à ceux du cristallin et de la zonula.

Le relâchement total de la zone de Zinn pendant l'effort d'accommodation est aujourd'hui un fait presque universellement accepté. Cependant nous devons mentionner l'opinion de Schoen (Der Accommodations Mechanismus u. ein neues Modell zur Demonstration desselben. A. Db., 1887, p. 224) d'après laquelle le feuillet postérieur de la zonula seul se relâche, tandis que la tension du feuillet antérieur persiste et même augmente. A l'état de repos de l'œil les deux feuillets sont tendus, des deux faces de la lentille à l'angle interne du corps ciliaire. Par suite de cette tension le corps vitré est refoulé de la périphérie du cristallin et tout l'excès de pression est alors supporté par la face postérieure de la lentille qui est forcée de s'aplatir.

Lors de l'accommodation, la contraction des fibres circulaires rétrécit l'angle interne du corps ciliaire et porte en arrière et en dedans les insertions postérieures des deux lamelles de la zonula, en même temps que la contraction des fibres méridiennes comprime le corps vitré. L'effet total de l'action musculaire est donc de rétrécir l'espace circonscrit par la choroïde et la zonula antérieure et occupé par le corps vitré et le cristallin. Comme le contenu de cet espace reste toujours le même, la pression qui y règne doit tout au moins garder la même valeur ou même augmenter; par conséquent aucune partie de cet espace ne peut être mise dans le relâchement, pas plus la zonula antérieure que tout autre point. Seule, la zonula postérieure se relâche parce que la contraction des fibres circulaires en rétrécissant l'anneau ciliaire rapproche les deux points d'insertion postérieurs de cette lamelle, par suite de ce relâchement, l'humeur vitrée pénètre dans les espaces situés autour de l'équateur du cristallin, et, comme la lentille subit une pression égale partout, que son pôle postérieur n'est plus comprimé, elle peut s'épaissir.

Enfin le rétrécissement de l'anneau ciliaire qui rapproche également les points d'insertion postérieure de la zonula antérieure permet encore à ce feuillet de se porter en avant en devenant plus convexe tout en restant toujours tendu; et la courbure de la lentille s'accommode à celle de la membrane.

Dans cette théorie le rôle important revient donc au muscle annulaire : les fibres méridiennes, tant externes qu'internes, lui viennent en aide en comprimant le corps vitré ; de plus les fibres internes qui s'insèrent en avant, à l'angle interne du corps ciliaire et qui ont là un point d'insertion relativement mobile, agiraient sur cet angle pour le maintenir à sa place ou même le porter un peu en arrière, lorsque l'augmentation de pression du corps vitré tend à amener un déplacement de totalité du cristallin, une propulsion en avant.

Enfin, comme, d'après Schoen, les prolongements tendineux des fibres méridiennes pourraient être suivis en arrière jusqu'à la gaine du nerf optique, les efforts répétés d'accommodation auraient comme conséquence des altérations mécaniques de cette gaine et en particulier l'excavation physiologique du nerf optique leur serait imputable.

Une place à part doit être faite à la théorie d'Emmert (Der Mechanismus der Accommod. d. menschl. Auges. Arch. f. Augenheilk, t. x, fasc. 3, pp. 342 et 407, fasc. 4, pp. 407-429 et dans : J. P., de Hofmann et Schwalbe, p. 378, t. x,1883). Elle s'éloigne des précédentes en ce qu'elle admet que les fibres radiées d'une part et les fibres circulaires d'autre part, au lieu de concourir au même but, ont au contraire une action antagoniste. Le muscle circulaire est seul en état de relâcher la zonula en rapprochant le corps ciliaire du cristallin ; il se contracte seul dans la vision de près, tandis qu'au même moment le muscle radié est relâché.

Celui-ci à son tour entre en jeu quand on regarde au loin, il attire le corps ciliaire dans la direction de son tendon vers le sommet de la cornée et tend la zonula. Le relâchement du muscle annulaire à lui seul ne suffirait pas pour produire cet effet. C'est pour vaincre l'élasticité du cristallin que chez l'emmétrope les fibres radiées sont plus développées que les circulaires. Le myope également qui s'efforce d'aplatir constamment sa lentille pour éloigner son *punctum remotum* a un muscle radial prépondérant avec développement incomplet du muscle annulaire.

Chez l'hypermétrope au contraire les fibres circulaires sont très développées, plus développées que chez l'emmétrope, parce qu'il doit constamment maintenir sa lentille à un certain degré de convexité, tandis que la couche de fibres radiées est beaucoup plus faible. Les fibres méridiennes dont le développement est en rapport avec celui des fibres radiées auraient la même action que ces dernières et servent de plus à maintenir d'une façon constante la choroïde dans un certain état de tension.

Une opinion tout à fait analogue et basée sur des considérations semblables avait déjà été émise antérieurement par Arlt (*Die Ursachen und die Ensteh. der Kurzsichtigkeit,* Wien, 1876, analysé in J. P., de Hofmann et Schwalbe, t. v, p. 112).

Ces dernières théories se rapprochent encore plus ou moins de celle de Helmholtz : un travail de Tscherning, paru récemment (janvier 1894) dans les *Archives de Physiologie,* la remet entièrement en question. Nous reproduisons en grande partie les observations et les idées de l'auteur.

Pour Tscherning la réfraction augmente, il est vrai, mais l'augmentation n'est pas de grandeur égale dans toute l'étendue de l'espace pupillaire : la réfraction des parties périphériques augmente moins que celle des parties centrales.

Ce fait se constate au moyen de l'instrument que Tscherning a appelé *aberroscope :* il consiste en une lentille plan convexe de 4 dioptries, sur le côté plan de laquelle est gravé un micromètre en forme de quadrillage dont les intervalles mesurent un millimètre. L'observateur qui doit être emmétrope ou rendu tel regarde un point lumineux éloigné à travers l'instrument en tenant celui-ci à environ 10 centimètres de l'œil. Le point lumineux forme un cercle de diffusion dans lequel se dessinent les lignes du quadrillage. Mais celles-ci ne sont vues sans déformation que par un œil dont la réfraction est exactement la même dans toute l'étendue de l'espace pupillaire. La plupart des sujets voient les lignes courbes tournant leur convexité vers le milieu du cercle de diffusion, déformation en croissant, ce qui indique que la réfraction augmente vers la périphérie (aberration de sphéricité). La déformation contraire (en barillet), qui indique une diminution de réfraction à la périphérie (aberration de sphéricité surcorrigée), est assez rare.

Mais au moment de l'accommodation il a produit un changement qui, au moins pour un observateur jeune, est très frappant : si pendant le repos il voit la déformation en croissant, il verra la ligne se redresser et devenir droite ou même légèrement courbe dans l'autre sens : s'il voit au contraire pendant le repos de l'œil les lignes droites ou déformées en barillet, il verra cette dernière déformation très prononcée pendant l'accommodation. Le changement indique, dans tous les cas, que la réfraction augmente plus au milieu de la pupille que vers la périphérie.

D'autre part les mensurations que Tscherning a faites avec son ophtalmophakomètre lui ont donné les résultats suivants :

	ACCOMMODATION pour :	
	loin.	près.
Rayon de la surface antérieure du cristallin	10,2	5,0
— — postérieure —	6,2	5,6
Lieu de la surface antérieure du cristallin	3,5	3,5
— — postérieure —	7,6	7,9
Épaisseur du cristallin	4,1	4,4

On voit dans ce tableau qu'en ce qui concerne les rayons des surfaces les résultats de Tscherning sont conformes à ceux de Helmholtz ; mais, quant aux lieux des surfaces, c'est-à-dire de la distance de leur sommet au sommet de la cornée, il n'en est plus de même. Tscherning trouve que le sommet de la surface antérieure reste à sa place, tandis que celui de la surface postérieure recule.

L'ophtalmophakomètre permet encore de constater que, pendant l'accommodation, le rayon de la surface antérieure du cristallin augmente très notablement vers la périphérie, que celle-ci s'aplatit, tandis que le centre se bombe. Cet aplatissement cependant ne correspond pas à une diminution de réfraction. En dessinant la figure, on voit facilement qu'en admettant que l'objet se trouve sur l'axe, la réfraction en un point dépend non du rayon de courbure mais de la portion de la normale comprise entre le point d'incidence et l'axe. A 1,7 millimètres de l'axe, en un point où le rayon de courbure mesure encore 10 millimètres pendant l'accommodation, la normale n'est que de 6,3 millimètres et la réfraction est donc à ce niveau plus grande que pendant le repos.

Pendant l'accommodation la réfraction de la surface augmente donc partout, mais plus au milieu que vers la périphérie. C'est ce qui explique les phénomènes observés à l'aberroscope.

Comme la partie centrale de la surface reste à sa place, les parties périphériques doivent reculer en s'aplatissant, et, puisque le sommet de la surface postérieure se porte aussi en arrière, ainsi qu'il a été dit, on peut en conclure que le cristallin recule en totalité et que le sommet de la surface antérieure ne reste à sa place que grâce à l'augmentation d'épaisseur. De sorte que les changements accommodatifs peuvent se résumer ainsi : 1° le cristallin recule un peu ; 2° la courbure des parties centrales des surfaces augmente, celle des parties périphériques diminue ; la partie centrale du cristallin augmente d'épaisseur, aux dépens des parties périphériques dont l'épaisseur diminue.

Du côté de l'uvée, en même temps que la pupille se contracte, on constate que la partie centrale de l'iris et ses parties périphériques restent à leur place, mais qu'entre elles il se forme une dépression correspondant au pourtour du cristallin.

Tscherning a cherché à élucider le mécanisme de ces déformations. La couche superficielle du cristallin est la seule qui puisse changer de forme, le noyau du cristallin ne possède pas cette faculté. Ainsi, si l'on vient à comprimer la lentille par le bord, la pression se communiquera qu'aux parties voisines de celles sur lesquelles on agit directement et non à toute la masse. Forcées de s'échapper, ces particules vont augmenter l'épaisseur des parties périphériques du cristallin de manière à aplatir les surfaces, tandis qu'on croit généralement qu'une telle compression doit augmenter la courbure de leur partie centrale.

Si, d'autre part, on prend deux parties opposées de la zonule entre les doigts, et si l'on exerce une traction sur le cristallin, on voit son diamètre s'allonger et la courbure des surfaces augmenter au sommet tout en diminuant vers les bords. On peut observer aussi, pendant cette traction, qu'une image catoptrique fournie par le centre de la lentille diminue, tandis que près du bord elle augmente de diamètre : il en est de même pour la surface postérieure. Enfin, si un quadrillage est placé à quelque distance d'un cristallin extrait de l'œil, la lentille en donne une image renversée et déformée en barillet, mais, si on tire sur la zonule, l'image diminue et les lignes se redressent, quoique incomplètement, c'est-à-dire que, comme sur le cristallin vivant, il se produit : 1° une augmentation de réfraction ; 2° une diminution de l'aberration de sphéricité.

Tscherning revient donc en définitive à l'idée que l'accommodation se fait non par un relâchement de la zonula mais par une traction exercée sur cette membrane. Le muscle ciliaire se diviserait en deux feuillets, l'un superficiel, l'autre profond ; en arrière ils se perdent tous les deux dans la choroïde ; en avant le superficiel s'insère à la sclérotique près du canal de Schlemm, tandis que le profond n'a pas à ce niveau d'insertion fixe, et les fibres changent de direction en avant pour devenir circulaires. Quand le muscle se contracte « l'extrémité antérieure du feuillet profond recule et exerce ainsi une traction en dehors et en arrière sur la zonula. Cette traction tend d'un côté à faire reculer le cristallin, d'un autre côté à changer la forme de ses surfaces en rendant les parties centrales plus convexes. L'extrémité postérieure de tout le muscle avance et tend la choroïde, de sorte qu'elle puisse soutenir le corps vitré et empêcher le cristallin de reculer. En fixant le cristallin, cette dernière action favorise l'effet de la traction zonulaire sur la forme de ses surfaces. »

L'existence d'une traction sur la zonula serait directement prouvée par le recul du cristallin, par la dépression de la partie moyenne de l'iris et par la diminution de tension dans la chambre antérieure signalée par Foerster. Cependant je ferai remarquer que

Schoen, dans son travail résumé plus haut, considère comme démontré que cette tension ne varie pas pendant l'accommodation. Quoi qu'il en soit, cette diminution de tension d'après Tscherning doit exercer son effet non seulement sur la chambre antérieure, mais sur tout ce qui est situé en avant du cristallin et de la zonule ; par suite, les sommets des procès ciliaires se gonflent pour remplir le vide fait par le recul du cristallin, ce qui explique leur avancement vers l'axe de l'œil.

Restent encore à expliquer certaines différences entre les phénomènes qui accompagnent l'accommodation et les résultats des expériences rapportées plus haut. Une traction directe sur la zonule allonge le diamètre du cristallin ; si celui-ci n'augmente pas pendant l'accommodation, c'est que la traction exercée par le muscle ciliaire ne se fait plus directement en dehors, mais en dehors et en arrière. Quand à la diminution du diamètre observée par Coccius, Tscherning la considère comme une illusion d'optique dont il a cherché d'ailleurs à rendre compte : c'est aussi à cause de l'obliquité de la traction que l'effet porte surtout sur la face antérieure.

Enfin, dans ce même travail, Tscherning attribue le mouvement de descente du cristallin, qu'il avait précédemment signalé, à la position excentrique de ce corps par rapport au corps ciliaire. A l'état de repos, le cristallin serait déplacé un peu en haut de sorte que les fibres inférieures de la zonule se tendent plus que les fibres supérieures, au moment de l'accommodation.

Caractères de l'accommodation. — 1° *Amplitude d'accommodation.* — L'accommodation est due, comme on vient de le voir, à une action musculaire qui augmente le pouvoir réfringent de l'œil. A l'état de repos, celui-ci est à son minimum : le point pour lequel l'œil est alors adapté s'appelle le *punctum remotum.*

L'œil normal est naturellement disposé pour la vision à l'infini. Si après avoir longtemps fermé les yeux nous les ouvrons brusquement, nous ne voyons d'abord que les objets éloignés : de même ceux-ci sont seuls vus nettement, si on paralyse l'appareil d'accommodation par l'atropine.

D'autre part, il arrive un moment où l'œil a atteint son maximum de force réfringente et où il est adapté au point le plus rapproché de la vision distincte : c'est le *punctum proximum.* Au moment de son maximum d'accommodation, l'œil présente la plus forte réfraction dont il est susceptible, puisqu'il augmente sa réfraction statique de la totalité de sa réfraction dynamique. La totalité de la réfraction dynamique ou l'amplitude d'accommodation est donc égale au maximum de réfraction de l'œil, moins la réfraction statique.

La mesure de l'état de réfraction peut être exprimée par la distance focale conjuguée antérieure, c'est-à-dire par la distance à laquelle un point doit se trouver pour que son image se forme sur la rétine. Elle est l'inverse de cette distance : plus ce point est rapproché de l'œil, plus la réfraction est forte. Si R est la distance du *punctum remotum,* la réfraction à l'état de repos est $\frac{1}{R}$. Si P est la distance du *punctum proximum,* la réfraction à l'état du maximum d'accommodation est $\frac{1}{P}$. La totalité de la réfraction dynamique est donc $\frac{1}{P} - \frac{1}{R}$.

$\frac{1}{R}$ représente, d'après les conventions usitées en ophtalmologie, le pouvoir dioptrique de la lentille qui correspond à l'état de repos de l'œil ; $\frac{1}{P}$ est la lentille qui lui correspond quand il fixe son *punctum proximum.* Pour obtenir la réfraction en dioptries, il suffit de mesurer la distance en mètres ; si l'œil voit, par exemple, un objet à 0,50 centimètres, il a besoin d'une réfraction de $\frac{1}{0,50} = 2$ dioptries. Nous représenterons ces dioptries par p et r.

Mais le changement qui a lieu pendant l'accommodation est lui-même équivalent à l'addition d'une lentille positive à l'œil. L'effet maximum que peut produire le muscle ciliaire a pour mesure le pouvoir dioptrique d'une lentille convergente qui rend la vision nette à la distance du *punctum proximum* sans que l'état primitif de la réfraction des milieux de l'œil ait varié, c'est-à-dire alors que l'appareil accommodateur est au repos. Cette lentille, si nous appelons A sa distance focale, sera exprimée, comme toujours, par l'inverse de cette distance $\frac{1}{A}$, ou également en dioptries par a : et, puisqu'elle équivaut à la totalité de la réfraction dynamique ou à l'amplitude d'accommodation, on aura $\frac{1}{A} = \frac{1}{P} - \frac{1}{R}$ ou en dioptries $a = p - r$.

On peut encore arriver à cette formule par les considérations suivantes : la lentille qui satisfait aux conditions précédentes est évidemment celle qui, recevant des rayons venus d'un objet situé au *punctum proximum*, leur donne après réfraction une direction telle qu'ils vont concourir par leurs prolongements au *punctum remotum*, ou du moins leur donne la

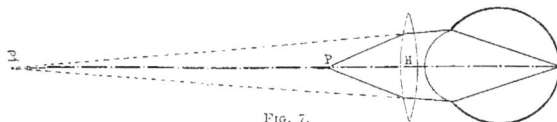

FIG. 7.

même direction que s'ils provenaient de ce point, de sorte que l'œil les réunira sur sa rétine sans que son accommodation ait à intervenir. En d'autres termes, le *punctum remotum* doit être le foyer conjugué du *punctum proximum* par rapport à la lentille cherchée, et, si nous appelons A sa distance focale, nous n'avons qu'à appliquer la formule classique des foyers conjugués, pour les cas où il s'agit d'obtenir une image virtuelle, $\frac{1}{A} = \frac{1}{P} - \frac{1}{R}$, le *remotum* étant dans notre hypothèse une image virtuelle formée par la lentille.

Dans l'œil emmétrope le pouvoir d'accommodation est donc $\frac{1}{A} = \frac{1}{P} - \frac{1}{\infty}$, puisque R est à l'infini, c'est-à-dire $\frac{1}{A} = \frac{1}{P}$ ou en dioptries $a = p$.

Par conséquent, chez l'emmétrope la distance focale de la lentille convexe qui représente l'amplitude d'accommodation et la distance P du *punctum proximum* sont égales. La lentille donne en effet alors aux rayons émanés du point P une direction parallèle comme s'ils venaient de l'infini, c'est-à-dire du *punctum remotum* de l'œil emmétrope qui pourra les réunir sur sa rétine.

Chez le myope $\frac{1}{A} = \frac{1}{P} - \frac{1}{R}$; chez l'hypermétrope où R est négatif, situé en arrière de l'œil, $\frac{1}{A} = \frac{1}{P} - \left(-\frac{1}{R}\right)$, c'est-à-dire $\frac{1}{P} + \frac{1}{R}$.

La lentille qui remplace l'accommodation devrait être placée en réalité au niveau du premier point nodal. Mais, en pratique, on compte souvent A, P, R, soit à partir du premier point principal ou de la cornée qui se trouve à 1,75 millimètres en avant de ce dernier, soit à partir du foyer antérieur de l'œil.

Le raisonnement qui nous a servi à mesurer la totalité du pouvoir accommodatif de l'œil permet d'évaluer de la même manière la fraction du pouvoir accommodatif qu'un œil emploie pour voir distinctement à une distance comprise entre celles du *proximum* et du *remotum*. Dans l'œil emmétrope, par exemple, la lentille qui remplace l'accommodation devra, pour procurer la vision nette d'un objet placé à la distance D, avoir précisément une longueur focale égale à D. D'une façon générale, dans les formules précédentes, il suffira de remplacer la distance P du *punctum proximum* par la distance D de l'objet qui doit être vu nettement.

Il ne faut pas confondre l'amplitude d'accommodation avec ce qu'on peut appeler l'espace ou terrain d'accommodation qui est la distance comprise entre le *remotum* et le *proximum*.

Un emmétrope qui, de l'infini, voit jusqu'à 12,50 centimètres, a un terrain d'accommodation énorme : mais son amplitude d'accommodation est $\frac{1}{A} = \frac{1^m}{12,50^c}$, c'est-à-dire de 8 dioptries.

Un myope dont le *punctum remotum* est à 20 centimètres, un myope de 5 dioptries, et qui voit jusqu'à 5 centimètres, n'a qu'un terrain d'accommodation de 20 — 5 = 15 centimètres; mais son amplitude d'accommodation sera $\dfrac{1^{m}}{0,05} - \dfrac{1^{m}}{0,20} = 20 - 5$, c'est-à-dire de 15 dioptries.

Amplitude d'accommodation : 1º *absolue;* 2º *binoculaire;* 3º *relative.* — Dans ce qui précède, il n'a été question que de l'amplitude d'accommodation évaluée pendant la vision monoculaire. Dans ces conditions on obtient le maximum du changement de réfraction que l'œil peut subir et cela, grâce à un excès de convergence. Si, en effet, on couvre un œil et qu'on fait fixer à l'autre un point de plus en plus rapproché jusqu'à ce qu'on soit arrivé au *punctum proximum,* et si on découvre alors brusquement l'œil exclu de la vision, le sujet accuse, dans les premiers moments, de la diplopie. Pour voir l'objet simple, l'œil primitivement couvert est obligé de faire un léger mouvement en dehors comme s'il avait été atteint de strabisme convergent pendant que l'autre était adapté au *punctum proximum.* Il n'était donc pas dirigé vers un point de fixation : Les lignes de regard au lieu de se croiser en ce point se croisaient en deçà. La convergence et l'accommodation sont tellement liées l'une à l'autre que le sujet arrive à augmenter l'effet de son accommodation en faisant un effort exagéré de convergence. L'amplitude d'accommodation monoculaire est donc aussi l'amplitude absolue.

L'amplitude binoculaire, déterminée par les points extrêmes de la ligne médiane que les deux yeux supposés égaux peuvent voir ensemble avec la même netteté est un peu moindre que la monoculaire. Le *punctum proximum* binoculaire de l'emmétrope est un peu plus éloigné de l'œil que le *proximum* absolu; car la convergence ne devient pas plus forte qu'il ne le faut pour fixer le point auquel l'œil s'accommode; dans la vision binoculaire, c'est là une condition indispensable pour que l'objet soit vu à la fois simple et distinct; tandis que dans la détermination du *proximum* absolu, le sujet n'arrive à la vision nette qu'en renonçant en réalité à la vision simple.

S'il existe entre l'accommodation et la convergence une solidarité assez étroite pour qu'on ait pu la croire indissoluble, les expériences de Donders ont montré cependant que dans une certaine mesure les deux actes peuvent se dissocier. En effet, un jeune emmétrope voit encore nettement un point éloigné, malgré des lunettes concaves : il a dû faire pour cela un effort d'accommodation plus ou moins considérable, tandis que la direction des lignes visuelles est restée la même, puisque le point n'a pas changé de place.

Il pourra également, avec les mêmes résultats, supporter des verres convexes faibles et continuer par conséquent à voir nettement, tout en relâchant son accommodation. Les verres ne doivent pas cependant dépasser un certain nombre de dioptries parce que l'indépendance des deux actes est limitée.

Donders a donné le nom d'amplitude d'accommodation relative aux variations d'accommodation dont les yeux sont susceptibles pour un degré donné de convergence. Elle est relative à ce degré de convergence et exprime le maximum et le minimum d'accommodation entre lesquels la force réfringente de l'œil peut varier indépendamment de la convergence.

Supposons en effet un objet situé sur la ligne médiane à une distance de 33 centimètres ou, suivant la convention adoptée par les ophtalmologistes, à une distance de 3 dioptries. L'emmétrope qui fixe binoculairement cet objet aura besoin également pour le voir nettement de 3 dioptries d'accommodation. Si nous plaçons successivement devant ses yeux des verres convexes de 0,50, 1, 1,50, 2 dioptries, il devra nécessairement relâcher son accommodation d'une quantité équivalente de dioptries, la convergence restant la même. Le numéro du verre le plus fort avec lequel la vision reste nette indique donc le nombre de dioptries dont l'emmétrope, soumis à l'expérience, peut relâcher son accommodation à partir de 3 dioptries pour la convergence à 33 centimètres, ou de $\dfrac{1^{m}}{0^{m}33} = 3$ angles métriques, suivant l'expression usitée par Nogel pour la mesure de l'angle de convergence.

De même, le numéro du verre négatif le plus fort que l'œil peut supporter, sans que la vision cesse d'être nette, indique le nombre de dioptries dont l'emmétrope peut faire augmenter son accommodation à partir de 3 dioptries, et pour la même convergence à 33 centimètres.

ACCOMMODATION. 67

Si, par exemple, le verre positif le plus fort a pour numéro 2 dioptries 50, le verre négatif le plus fort, 3 dioptries 50, cela veut dire que pour le degré de convergence donnée, soit à 33 centimètres, l'emmétrope peut relâcher son accommodation de 2 dioptries 50 et la réduire à 3 — 2,50 = 0,50 dioptrie, ou bien l'augmenter de 3 dioptries et lui donner la valeur de 3 + 3,50 = 6,50 dioptries. L'emmétrope, sous la convergence à 33 centimètres, peut donc voir nettement depuis 0,50 dioptrie ou 2 mètres jusqu'à 6,50 dioptries ou 0^m,154. Le *proximum* est donc à 0^m,154 et le *remotum* à 2 mètres, et l'amplitude d'accommodation $u = p - r$ sera donc de 6,50 — 50 = 6 dioptries pour la convergence donnée.

On a ainsi déterminé l'amplitude d'accommodation pour différents degrés de convergence, et DONDERS et NAGEL ont résumé les résultats des courbes qui mettent bien les faits en évidence.

Vitesse de l'accommodation. — VOLKMANN le premier s'est occupé de savoir combien de fois, en un temps donné, il lui était possible d'accommoder successivement pour deux points inégalement distants de l'œil; et il avait conclu de ses expériences que les modifications se produisaient lentement et qu'elles ne pouvaient être attribuées qu'à l'action d'un muscle à fibres lisses. Plus tard, VIERORDT, puis AEBY, ont cherché à déterminer s'il existait une différence entre la durée de temps exigé pour l'accommodation, suivant que l'œil s'adapte d'un point éloigné (R) à un point rapproché (P) ou que l'adaptation se fait au contraire de P à R. VIERORDT a trouvé que pour adapter de 18 mètres à 0^m,10 le temps nécessaire était en moyenne de 1 seconde 18 et pour le relâchement correspondant de 0,84; en faisant varier la distance du point de fixation par rapport à l'œil, il a trouvé que la différence augmentait lorsque le point de fixation le plus rapproché se trouvait plus près de l'œil.

Le tableau suivant reproduit en partie les résultats obtenus par AEBY (*Zeitschr. f. rat. Med.*, 1861, 3e sér. t. XI, p. 300).

DISTANCE DES DEUX POINTS FIXES par rapport à l'œil.	DISTANCE RESPECTIVE des deux points.	ADAPTATION de R à P.	ADAPTATION de P à R.
millimètres.	millimètres.	secondes.	secondes.
430 — 270	160	0,540	(0,220)
270 — 190	80	0,544	»
190 — 150	40	0,547	0,180
150 — 130	20	0,523	»
130 — 120	10	0,545	0,179
120 — 115	5	0,554	»
430 — 190	240	0,763	(0,448)
270 — 150	120	0,764	»
190 — 130	60	0,762	0,288
150 — 120	30	0,770	»
130 — 115	15	0,767	0,287
430 — 150	280	0,864	(0,611)
270 — 130	140	0,877	0,457
190 — 120	70	0,868	0,475
150 — 115	35	0,880	0,453
430 — 130	300	0,995	(0,853)
430 — 120	310	1,491	1,067
430 — 115	315	1,908	1,234

On voit que, si le point le plus éloigné (R) reste fixe à 430 millimètres, tandis que le point (P) se rapproche de l'œil, de telle sorte que chaque fois le parcours d'accommo--

dation augmente, le temps nécessaire à l'accommodation augmente également : ainsi, pour un intervalle de 160 millimètres, il faut 0 seconde 540 pour 240 millimètres, 0 seconde 763 pour 280 millimètres, 0 seconde 864, etc.

D'autre part, la distance respective des deux points entre lesquels l'œil peut accommoder en un temps donné doit être d'autant plus petite que les deux points de fixation sont plus rapprochés de l'œil. Ainsi, en une demi-seconde environ, l'œil pouvait faire varier son adaptation de 160 millimètres lorsque le point primitivement fixé était à 430 millimètres de l'œil, de 80 millimètres lorsque ce point était à 270 millimètres, de 40 millimètres lorsqu'il était à 190 millimètres, de 20 millimètres lorsqu'il était à 150 millimètres, de 10 millimètres pour 130 millimètres de distance, de 5 millimètres pour 120 millimètres.

Les intervalles parcourus dans des temps égaux représentaient donc, depuis le point le plus rapproché jusqu'au point le plus éloigné, une progression géométrique ascendante avec le quotient 2. On voit qu'il en est de même pour les espaces parcourus, soit en 0 seconde 763 environ, soit en 0 seconde 864. La même progression s'observe quand l'œil s'adapte du point P au point R : dans ce dernier cas seulement on remarque chaque fois une exception pour le temps nécessaire au parcours du dernier intervalle d'accommodation (chiffre entre parenthèses): l'exception, dit AEBY, n'est cependant qu'apparente et s'explique parce qu'à la distance de 430 millimètres, les pointes d'épingle qui servaient de point de fixation étant quelque peu indistinctes, il fallait un peu plus de temps pour s'assurer que la vision en était réellement nette.

Les chiffres indiqués dans le tableau ci-dessus montrent encore, conformément à VIERORDT, que lorsqu'on accommode pour des intervalles déterminés, les temps sont notablement plus courts pour passer de P à R que pour adapter de R à P.

ANGELIUCI et AUBERT (A. Pf., t. XXII, p. 69, 1880) ont envisagé la question à un point de vue nouveau : ils ont recherché si le changement de forme du cristallin, à en juger par le déplacement de l'image cristallinienne antérieure, réclamait plus de temps pour la vision rapprochée que pour la vision au loin. Dans ce but, le sujet en observation marquait lui-même, par un signal électrique, sur un cylindre enregistreur, le moment où il commençait à accommoder et celui où il apercevait nettement le nouveau point fixe : l'observateur marquait de même le commencement et la fin du déplacement de l'image cristallinienne examinée, au moyen d'un appareil semblable à celui de CRAMER; le point R était à 22 mètres : le point P à 11 ou à 22 centimètres.

Ces physiologistes sont arrivés aux résultats suivants : le temps nécessaire pour produire l'accommodation, c'est-à-dire pour passer d'un point de fixation à un autre et voir nettement ce dernier, est très différent du temps qu'exige le déplacement de l'image cristallinienne. Celui-ci est toujours plus court que le premier, il n'est soumis, contrairement à l'autre, qu'à de faibles variations.

La durée la plus longue pour le déplacement de l'image catoptrique a été de 0 seconde 53, la plus courte de 0 seconde 21; le chiffre moyen de toutes les expériences a été de 0 seconde 33. La seule influence qui l'ait fait varier a été le rapprochement du point P; lorsque celui-ci se trouvait près du *punctum proximum*, la durée était un peu plus longue que quand il s'en éloignait. Pour 11 centimètres d'éloignement de ce point par rapport à l'œil, la durée était de 0 seconde 37 : pour 20 centimètres, de 0 seconde 31.

Mais le fait important constaté par ANGELIUCI et AUBERT, c'est qu'il n'y a pas de différence sensible dans la durée du déplacement de l'image cristallinienne, soit que l'œil passe de la vision d'un point rapproché à un point éloigné, soit qu'il s'adapte en sens inverse. Par contre, ils ont trouvé, comme VIERORDT et AEBY, que l'accommodation subjective se comporte tout différemment : pour passer de R à P sa durée a été en moyenne de 1 seconde 57 : pour passer de P à R de 0 seconde 82. Comme les auteurs précédents, ils ont vu également que sa durée augmentait quand le point P se rapprochait de l'œil; quand il en était distant de 11 centimètres, l'accommodation de R à P demandait 1 seconde 75, de P à R, 0 seconde 82; quand il se trouvait à 20 centimètres, il fallait, pour passer de R à P, 0 seconde 93; de P à R, 0 seconde 62.

ANGELIUCI et AUBERT se sont demandé quelle était la cause de la différence entre la durée de l'accommodation subjective et la durée du déplacement de l'image catoptrique, et ils ont proposé l'explication suivante :

Le sujet qui accommode marque immédiatement, et sans temps perdu appréciable, le moment où il commence à accommoder pour le nouveau point de fixation : pour l'observateur qui inscrit le début du déplacement observé de l'image catoptrique, il y a lieu de tenir compte, au contraire, de l'équation personnelle que comporte la perception du début. Celui-ci sera donc inscrit avec un certain retard. Lorsque le sujet accommode de P à R, ce retard équivaut approximativement à la différence entre la durée de l'accommodation subjective et celle de la variation de l'image.

Mais quand le sujet accommode pour le point rapproché, ce retard ne suffit plus pour rendre compte de l'écart considérable (0 seconde 79) entre le chiffre qui exprime la durée de l'accommodation subjective et celui qui exprime la durée du déplacement de l'image. La raison de cette différence, Angeliuci et Aubert la trouvent dans les considérations suivantes. Dans leurs expériences, le point de fixation étant assez éloigné de l'œil (22 mètres), concordait à peu près avec le *punctum remotum* de l'œil emmétrope : aussi l'adaptation pour ce point devait-elle se faire avec un relâchement presque complet du muscle ciliaire, sans que le mouvement eût besoin d'être corrigé exactement. Mais quand il s'agit d'accommoder pour un point rapproché, l'impulsion volontaire ne peut être assez exactement réglée pour que la vision soit d'emblée tout à fait distincte : il faut une correction ultérieure du mouvement pour que le point soit vu bien nettement, et elle ne se fera pour ainsi dire que par tâtonnements. Après que la contraction première n'aura pas encore atteint le but, il se produira une série d'impulsions volontaires qui n'amèneront que de faibles déplacements de l'image, assez faibles pour échapper à l'observation. Il y a donc une première mise au point, grossière et approximative, et une autre définitive et plus délicate. Ce ne sont que les variations grossières de l'image que l'observateur pourra constater et non les très légers déplacements qu'elle présentera ensuite, tandis que le sujet n'inscrira la fin de l'accommodation qu'après avoir exécuté les mouvements de correction nécessaires.

On s'explique aussi de même la différence de durée de l'accommodation subjective suivant que l'œil s'adapte au point éloigné ou au point rapproché. Plus, en effet, celui-ci sera près de l'œil, plus la contraction du muscle deviendra pénible et plus il faudra de temps pour les derniers mouvements correcteurs.

Quoi qu'il en soit, « ce n'est pas la différence de durée du déplacement de l'image cristallinienne qui est cause de la différence entre la durée de l'accommodation pour un point rapproché et celle de l'adaptation à un point éloigné ». Autrement dit, la modification du cristallin exige à peu près le même temps dans les deux cas.

Dans 32 autres observations, les auteurs ont comparé la durée des mouvements de l'iris à celle de l'accommodation subjective, et ils ont trouvé les chiffres suivants :

	Secondes.
Moyenne de la durée pour l'accommodation subjective de R à P	1,705
— — de P à R	1,014
— — pour le rétrécissement de la pupille.	0,903
— — pour la dilatation de la pupille.	1,051

Les mouvements de l'iris se font donc à peu près également vite que l'œil accommode, soit pour P, soit pour R, et sa durée concorde à peu près avec celle qu'exige l'accommodation de P à R. Par conséquent, pendant que l'iris accomplit son mouvement en une seconde environ, le muscle ciliaire modifie la forme du cristallin en 0 seconde 37 environ.

Schmidt Rimpler a déterminé la durée de l'accommodation en maintenant les yeux dans un état égal de convergence, et en modifiant l'accommodation par des verres.

Le point de convergence étant à 25 centimètres, l'effort accommodateur maximum produit par le plus fort verre concave avec lequel la vision restât nette, a demandé 1 seconde 64 ; le retour à l'adaptation primitive 0 seconde 78. Le relâchement maximum de l'accommodation produit par le verre convexe le plus fort supporté a demandé 1 seconde 66 : le retour au point de convergence 1 seconde 018. Pour la convergence donnée, la totalité de l'effort accommodateur, c'est-à-dire l'accommodation du *remotum* relatif au *proximum* relatif, a donc demandé 2 secondes 72 : le relâchement du *proximum* relatif au *remotum* relatif 2 secondes 44.

Pour la convergence à 6 mètres, l'effort accommodatif maximum demande 1 seconde 46; le relâchement consécutif et le retour au point de convergence 0 seconde 92.

Le retour de l'accommodation au point de convergence s'est toujours fait plus vite que le changement d'accommodation, que celui-ci se fût produit dans le sens négatif ou positif (*Jahresb.* de VIRCHOW et HIRSCH, 1879, t. II, p. 476).

Lignes d'accommodation. — Il faut remarquer maintenant que l'œil n'est jamais accommodé pour un point unique, mais pour une série de points situés l'un derrière l'autre. La ligne que forment ces points est la ligne d'accommodation de CZERMAK (*Wiener Sitzber*, 1854, t. XII, p. 322). Il n'est pas indispensable en effet pour la netteté de la vision que le point de concours des rayons lumineux soit un point mathématique. Il suffit que le cercle de diffusion ne dépasse pas le diamètre de l'élément percepteur : tant qu'il n'empiètera pas sur l'élément voisin, il donnera la sensation d'un point. L'objet pourra donc se rapprocher ou s'écarter de l'œil sans cesser d'être vu distinctement, si dans les limites où il se déplace, le diamètre des cercles de diffusion que chacun de ces points forme sur la rétine est inférieur à celui des éléments rétiniens. Aussi est-il important, sous ce rapport, de déterminer ce diamètre pour des distances variables de l'objet. Il varie, comme on sait, avec les dimensions de la pupille, et aussi, comme il est facile de le voir, avec la distance du sommet du cône lumineux à la rétine.

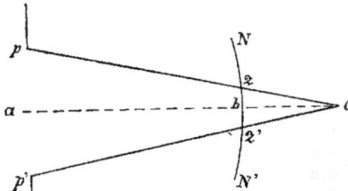

FIG. 8. (D'après AUBERT.)

Si sur la fig. 8 pp représente l'orifice de la pupille et NN la rétine, $pp'c$ le cône lumineux, on aura $\dfrac{pp'}{ac} = \dfrac{zz'}{bc}$ ou $zz' = \dfrac{pp' \times bc}{ac}$.

LISTING (voir in AUBERT) *Handb. der gesammt. Augenheilk.* DE GRAEFE-SAEMISCH, t. II, 1876, p. 458) a calculé aussi le diamètre des cercles de diffusion dans l'œil schématique emmétrope au repos, lorsque le point lumineux se rapproche de l'œil depuis l'infini jusqu'à 88 millimètres du foyer principal antérieur. Il attribue à pp' (ouverture de la pupille) un diamètre invariable de 4 millimètres. La distance du sommet du cône lumineux à la rétine (bc) est donnée par la formule des foyers conjugués $ll' = F_1F_2$, dans laquelle l est la distance du point lumineux au foyer principal antérieur, l' la distance de son image au foyer principal postérieur, F_1 et F_2 les deux foyers principaux, par conséquent l'on a : $l : l'$ c'est-à-dire $bc = \dfrac{F_1 F_2}{l}$. Pour le produit $F_1 F_2$ LISTING prend en chiffres ronds 300 millimètres.

Pour ac il suffit évidemment d'ajouter à bc la distance connue de la pupille à la rétine et on a tous les éléments pour trouver zz'.

La formule de LISTING exige que l'on mesure préalablement le diamètre de la pupille ou bien qu'on le suppose invariable.

M. BADAL (*Soc. de Biologie*, 1876, pp. 119 et 156) a indiqué un procédé qui permet de mesurer les cercles de diffusion sans avoir à se préoccuper du diamètre de la pupille. Si l'on place devant l'œil deux points lumineux AA' pour lesquels cet œil n'est pas accommodé il se formera sur la rétine deux cercles de diffusion op, oq de même grandeur (fig. 9). Si les deux points lumineux peuvent se rapprocher ou s'écarter l'un de l'autre, il y aura nécessairement un certain écartement de ces points lumineux, pour lequel ces

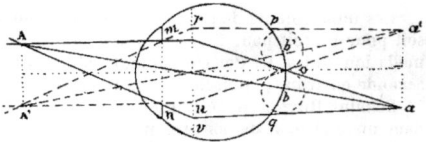

FIG. 9. (D'après BADAL.)

cercles de diffusion arriveront au contact. Il est évident que, quand les cercles sont tangents, la distance de leurs centres mesure leurs diamètres. Dans cette situation, les axes secondaires, joignant chaque point lumineux à son image, la ligne qui joint les deux points lumineux et celle qui joint les centres des deux cercles de diffusion limitent deux triangles semblables se touchant par leur sommet au centre de réfraction de l'œil (points nodaux supposés fusionnés). Soit a la distance qui sépare les deux points lumineux, g la distance de ces points au centre de réfraction, φ la distance du centre de réfraction à la rétine, valeurs connues, β le diamètre cherché des cercles de diffusion, on a $\dfrac{\beta}{a} = \dfrac{\rho}{\gamma}$ d'où

$\beta = a\,\dfrac{\rho}{\gamma}$. En d'autres termes le diamètre des cercles de diffusion est égal à l'écartement des points lumineux, multiplié par le rapport $\dfrac{\rho}{\gamma}$.

D'ailleurs il est facile de démontrer que, quelle que soit la distance des orifices à l'œil, quand les cercles de diffusion sont amenés au contact, l'écartement des orifices est égal au diamètre de la pupille. Cet écartement est mesuré au moyen du pupillomètre de ROBERT HOUDIN. Cet instrument se compose essentiellement de deux écrans qui sont percés de petits orifices capillaires et dont l'un est fixe et l'autre mobile.

Pour éviter que le sujet s'accommode pour les points lumineux, on le fait accommoder d'un œil (dans l'optomètre) pour une distance donnée, et devant l'autre œil qui accommode pour cette même distance on place les deux points lumineux à telle distance que l'on désire, et on peut déterminer ainsi la grandeur des cercles de diffusion qui résulte du déficit correspondant de l'accommodation.

Tout récemment, M. SALZMANN (*Das Sehen in Zerstreuungskreien*, *Arch. f. Ophtalmol.*, 1893, t. XXXIX, 2ᵉ partie, p. 83) a établi très complètement la théorie des cercles de diffusion, ainsi que la formule qui permet de les mesurer.

Mais le tableau suivant de LISTING, fondé sur les calculs indiqués plus haut, suffit pour faire comprendre tout ce qui est relatif aux lignes d'accommodation.

DISTANCE DU POINT LUMINEUX au foyer principal antérieur.	DISTANCE DU SOMMET du cône lumineux au foyer principal postérieur. (rétine).	DIAMÈTRE DES CERCLES de diffusion.
mètres.	millimètres.	millimètres.
8	0	0
63	0,005	0,0011
25	0,012	0,0027
12	0,025	0,0056
6	0,050	0,0112
3	0,100	0,0222
1,500	0,20	0,0443
0,750	0,40	0.0825
0,375	0,80	0,1616
0,188	1,60	0,3122
0,094	3,20	0,5768
0,088	3,42	0,6484

Des chiffres de LISTING, il résulte que le diamètre des cercles de diffusion n'augmente d'abord que d'une très faible quantité quand le point lumineux, à partir de l'infini, se rapproche de l'œil, mais qu'il croit ensuite beaucoup plus vite, quand il est arrivé à proximité de la cornée. C'est qu'en effet, dans cet énorme parcours du point lumineux entre l'infini et 65 mètres, le sommet du cône $pp'c$ (fig. 9.) ne s'éloigne de la rétine que de 0,005 millimètre, tandis qu'entre 118 et 94 millimètres pour un parcours de 24 millimètres, le point de concours des rayons lumineux se déplace de 1,60 millimètre.

On voit aussi, d'après le tableau précédent, que tant que le point lumineux ne se trouve pas à moins de 25 mètres de l'œil, les cercles de diffusion sont encore assez petits pour qu'il n'y ait pas de différence appréciable dans la netteté des images. On peut dire qu'il y a là une première ligne d'accommodation, qui, de 25 mètres environ en avant de l'œil, va jusqu'à l'infini. D'une façon générale des cercles de diffusion qui ne différeront pas de plus 0,002 millimètre seront équivalents pour les éléments sensibles de la rétine. Si par conséquent l'œil est accommodé pour 375 millimètres environ, on trouverait en calculant le diamètre des cercles de diffusion qu'il l'est également pour

379,4 millimètres et 370,3 millimètres. La ligne d'accommodation sera d'ailleurs d'autant plus courte que le point fixé est plus près de l'œil.

Un procédé très simple de CZERMAK permet de se rendre compte de l'existence de ces lignes d'accommodation. Si l'on tend devant l'œil un long fil dans la direction de l'axe optique on voit le fil sous sa forme linéaire dans une certaine étendue ab de chaque côté du point fixé c, mais en deçà et au delà de cette ligne, le fil paraîtra s'élargir et à une certaine distance descendra indistinct. La ligne d'accommodation ab sera d'autant plus longue que l'on fixe un point du fil plus éloigné, d'autant plus courte que ce point est plus rapproché de l'œil. D'autre part le point fixé c ne tombera pas exactement au milieu de la ligne d'accommodation; il sera plus près de b parce que le diamètre des cercles de diffusion des points rapprochés augmente plus vite que celui des points éloignés, c'est pour la même raison qu'à partir de b le fil semblera s'élargir davantage qu'à partir de a.

Une autre expérience instructive de CZERMAK est la suivante. On marque sur une plaque de verre un point noir et on la tient devant une page d'impression. Si l'on approche l'œil aussi près que possible de la plaque, sans que le point noir cesse d'être vu nettement, on peut percevoir distinctement le point ou le texte d'imprimerie, mais jamais les deux à la fois. Mais, si l'œil s'éloigne progressivement de la plaque de verre, on arrive à une distance telle que les deux objets peuvent être vus en même temps nettement. Le point noir et le texte se trouvent alors sur une ligne d'accommodation.

Égalité de l'effort d'accommodation dans les deux yeux. — D'après DONDERS (*Die Anomalien der Refraction und Accommodation*, 1888, p. 471), l'accommodation est toujours égale dans les deux yeux, de sorte que nous ne sommes pas capables de compenser par un effort du muscle ciliaire la moindre différence de réfraction dans les deux yeux. Un sujet qui a les deux yeux égaux peut facilement s'en assurer en mettant devant l'un d'eux un verre faiblement convexe ou concave et en fixant un objet quelconque, par exemple de fins caractères d'imprimerie. Supposons, en effet, qu'avec un verre convexe de 1,25 dioptries par exemple devant un œil on lise des caractères de ce genre : il faudrait que l'effort accommodatif fût inégal dans les deux yeux pour que la vision binoculaire fût nette : or elle ne l'est pas malgré tous les efforts du lecteur. Les deux yeux sont inégalement adaptés, ce dont on pourra se convaincre en fermant alternativement l'un et l'autre.

DONDERS fait remarquer que c'est celui dans lequel l'effort accommodatif doit être le moindre qui est exactement accommodé.

HERING (*H. H.*, t. III, 1879, p. 525), a confirmé le fait par l'expérience suivante : il tient très près des yeux une épingle qu'il fixe binoculairement et la porte sur le côté pour qu'elle soit très inégalement distante des deux yeux. S'il dédouble ensuite l'image simple de l'épingle par une légère déviation des axes visuels ou par un prisme à arête horizontale, les deux images ne sont pas également nettes. La plus nette est celle de l'œil le plus éloigné de l'objet. S'il ferme ensuite cet œil, il lui est possible de voir distinctement l'épingle avec l'autre œil, preuve qu'elle n'était pas en dehors des limites de l'accommodation.

RUMPF a fait beaucoup d'essais du même genre avec les mêmes résultats. Comme objet de fixation, il prend un faisceau de fils parallèles laissant entre eux des intervalles lumineux. Lorsqu'il disposait le faisceau de façon à ce qu'il fût éloigné de 30 centimètres de l'un des yeux et de 34 centimètres de l'autre, il trouva constamment qu'un seul des deux yeux était exactement accommodé, qu'il déterminât l'état d'accommodation, soit en couvrant alternativement les deux yeux, soit en comparant les doubles images produites par des prismes. Lorsque l'objet se trouvait à égale distance des deux yeux et qu'on rendait la réfraction inégale au moyen de verres convexes ou concaves, un faible degré d'anisométropie artificielle n'empêchait pas la netteté de la vision binoculaire; mais, si on dédoublait l'image, l'une des images était nette et l'autre confuse.

· Enfin RUMPF a fait aussi des expériences avec le stéréoscope. On présente aux deux

FIG. 10.
(D'après
GRUENHAGEN.)

yeux, dans le stéréoscope, deux plaques percées de trous très fins et d'égal diamètre. Pour un sujet isométrope, les points lumineux paraissaient égaux et également nets à droite et à gauche, lorsque les deux plaques étaient à la même distance des deux yeux; inégaux, lorsqu'une d'elles était rapprochée ou écartée de l'œil correspondant. Inversement les deux plaques devaient être inégalement éloignées des yeux pour que les trous parussent égaux et également nets, si le sujet était naturellement anisométrope ou rendu tel par des verres. Rumpf en conclut donc avec Donders et Hering que l'effort d'accommodation est toujours égal dans la vision binoculaire, et aussi bien chez l'anisométrope que chez l'emmétrope.

Cependant des faits contradictoires ont été produits par Schneller, Woinow, E. Fick, (*Ueb. ungleiche Accommodat., bei Gesund. und Anisometropen. Arch. f. Augenheilk*, 1888, t. XIX, p. 123). Ce dernier a objecté aux expériences précédentes qu'elles démontrent seulement que la compensation de l'inégalité de réfraction n'a pas eu lieu dans les cas considérés, mais qu'elles ne prouvent pas qu'elle soit impossible. Pour résoudre la question il faut non seulement, dit-il, que les images rétiniennes de chacun des deux yeux puissent être observées séparément, mais aussi qu'il y ait pour le sujet un grand intérêt à les fusionner binoculairement. Afin de réaliser ce but, Fick se sert du stéréoscope à prismes et soumet le sujet à une épreuve de lecture dans les conditions suivantes. On prend deux exemplaires identiques d'une même page d'impression qu'on introduit dans le stéréoscope après avoir eu soin de couvrir, à différents intervalles, avec du papier blanc, une partie d'un mot sur l'exemplaire de droite, et l'autre partie du même mot sur l'exemplaire de gauche. Si l'on choisit convenablement les prismes, le sujet fusionnera dans le stéréoscope par la vision binoculaire les deux textes en un seul sur lequel les lacunes auront disparu. Si l'on met alors devant l'un des yeux un verre concave ou convexe, le sujet ne devra plus voir nettement que d'un seul œil les mots et les parties de mots, ou même, si les caractères sont assez fins et suffisamment éloignés, il ne devra plus pouvoir lire que d'un seul œil : dans les deux cas de nombreuses lacunes lui apparaîtront dans le texte, à moins cependant qu'un effort d'accommodation inégal ne compense la différence de réfraction. En réalité Fick trouve que l'on peut mettre successivement devant l'un des yeux un verre convexe de 0,15, 0,5, 0,75, 1,0 dioptrie sans que la vision binoculaire cesse d'être nette. Même avec un verre concave de — 1,0 devant l'un des yeux et un verre convexe de + 1,5 devant l'autre, le sujet réussirait encore à fusionner les deux textes, au prix d'un grand effort toutefois. Il supporterait donc une différence de réfraction de 2,5 dioptries et avec de l'exercice on pourrait, d'après Fick, par une inégale accommodation, arriver à compenser une différence de 3,25 dioptries.

Pour établir que les résultats obtenus sont bien la conséquence d'une inégalité d'accommodation et ne tiennent pas à ce que le sujet arrive à lire malgré les cercles de diffusion, Fick fait la contre-épreuve suivante : il cherche quel est le vice de réfraction qui permet à un œil normal de lire les mêmes caractères typographiques à la même distance que dans le stéréoscope (soit 50 centimètres) sans que l'accommodation puisse intervenir. Dans ce but l'un des yeux étant rendu myope par un verre convexe de 2 dioptries, on porte à la distance de son *punctum remotum*, c'est-à-dire à 50 centimètres, la page d'impression, puis on renforce successivement le verre de 0,25, 0,50, 0,75 dioptrie. Dans ces conditions, l'addition de 0,50 dioptrie rend déjà la lecture monoculaire presque impossible.

Lorsque par conséquent le sujet supporte dans la vision binoculaire au stéréoscope une différence de réfraction de 2,5 dioptries avec un verre — 1,0 devant l'œil gauche et un verre + 1,5 devant l'œil droit, c'est l'inégalité d'accommodation qui a compensé 1,5 dioptries.

Mais Hess (*Vers. üb. die augenbliche ungleiche Accommodat., Arch. f. Ophtalmol.*, 1889, t. XXXV, p. 157) a montré qu'il s'était glissé dans les expériences de Fick différentes causes d'erreurs. En réalité ce n'est pas une inégalité d'accommodation qui permet la lecture : celle-ci se fait avec des images diffuses. Il constate en effet que, plus les caractères d'impression employés sont fins, plus le verre supporté doit être faible, tandis que les dimensions des lettres ne devraient avoir aucune influence, si vraiment la différence d'accommodation intervenait. Les cercles de diffusion au contraire permettent, bien que l'accommodation soit inexacte, de reconnaître encore les gros caractères et non plus les fins. En répétant la contre-épreuve de Fick sur l'œil rendu myope, Hess trouve que la différence de réfraction supportée dans ces expériences (0,5 dioptrie) est précisément de la valeur de celles qui, d'après Fick lui-même, permettent la lecture sans accommodation. Il fait remarquer aussi que la différence de réfraction qu'un œil peut supporter est moindre dans la vision monoculaire que dans la binoculaire, parce que, dans ce dernier cas, la convergence des axes visuels et l'éclairement de l'œil opposé amènent un rétrécissement plus marqué de la pupille, ce qui réduit le diamètre des cercles de diffusion. D'autre part, dans la vision binoculaire au stéréoscope, lorsque l'un des yeux est muni d'un verre il arrive involontairement que par un relâchement ou une augmentation très faible de la tension accommodative, les yeux accommodent alternativement tantôt pour la moitié droite, tantôt pour la moitié gauche des mots, et si rapidement que la lecture n'en éprouve pas d'arrêt, mais à un examen attentif, on s'aperçoit qu'en même temps que l'une des moitiés du mot à lacune devient nette, l'autre moitié devient indistincte. Enfin l'expérience suivante démontre très clairement que ce n'est pas par accommodation inégale que le sujet arrive à lire dans le stéréoscope. On tend immédiatement au devant des deux pages d'impression, dans une direction horizontale, deux fils très fins de cocon, de manière à ce que dans la vision binoculaire on les voie très près l'un de l'autre et parallèles. Il suffit de mettre devant l'un des yeux un verre de 0,25 dioptrie pour que l'un des fils devienne indistinct, ou même, le plus souvent, pour qu'il ne soit plus visible ; avec un verre de 0,5 dioptrie, il cesse constamment d'être vu, tandis que la lecture des caractères d'imprimerie continue à être très facile.

Influence de l'âge sur l'accommodation. — Le pouvoir accommodateur diminue avec l'âge, et le *punctum proximum* s'éloigne graduellement de l'œil. La figure 11 exprime cette diminution. Sur l'axe horizontal s'inscrivent les années : sur l'axe vertical les distances en dioptries comptées en avant de l'œil. Sur chacune des parallèles à l'axe vertical menées par les points de division de l'axe horizontal, on a marqué, pour chaque âge, les distances en dioptries du *proximum* et du *remotum* d'un emmétrope : les distances seront comptées au-dessus ou au-dessous de l'axe horizontal, suivant que les points auxquels elles se rapportent sont situés en avant ou en arrière de l'œil.

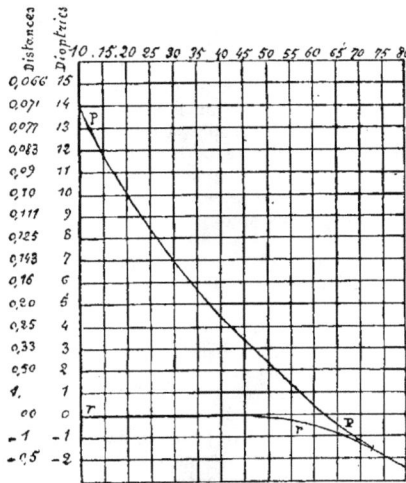

Fig. 11. (D'après Imbert.)

La courbe *rr* représente les positions successives du *remotum*, la courbe *pp* celles du *proximum*. On voit sur la courbe qu'un enfant de 10 ans peut, en mettant en jeu toute son accommodation, augmenter la force réfringente de son œil de 14 dioptries. A partir de ce moment la courbe *pp* tombe rapidement ; à 20 ans le *punctum proximum* est à 10 dioptries 0ᵐ,10 ; à 30 ans, l'accommodation n'est plus que de 7 dioptries et a par conséquent déjà diminué de moitié de ce qu'elle était à 10 ans. Entre 60 et 65 ans, la courbe *pp* arrive à la ligne zéro, c'est-à-dire que le *punctum proximum* est aussi éloigné que l'était le *punctum remotum* jusqu'à 53 ans. La force réfringente que présente l'œil à l'état de *maximum* d'accommodation est plus faible que celle qu'il présentait naguère à l'état de repos. A 73 ans les deux courbes se confondent, c'est-à-dire que le *remotum* et le *proximum* coïncident, la réfraction n'est plus susceptible d'aucun changement ; il n'y a plus d'accommodation, et en outre, le point de fusion des deux points étant à 1,5 dioptries au-dessous de zéro, la force réfringente invariable de cet œil est de 1,5 dioptries plus faible qu'elle ne l'était dans la jeunesse.

La valeur du pouvoir accommodatif est représentée pour chaque âge par la longueur de l'ordonnée correspondante comprise entre les deux courbes du *proximum* et du *remotum*. Il suffit de jeter un coup d'œil sur le tableau pour voir que la longueur de cette ordonnée diminue progressivement et pour trouver, en dioptries, l'amplitude d'accommodation relative à chaque âge.

Nous n'avons pas à nous occuper ici des causes qui modifient la position du *punctum remotum*, et qui rentrent dans l'étude de la réfraction statique. Mais nous devons dire un mot des conditions qui avec l'âge affaiblissent la force accommodatrice et éloignent le *punctum proximum* de l'œil. Elles ne peuvent se trouver nécessairement que dans l'organe actif de l'accommodation, le muscle ciliaire, ou dans l'agent passif, le cristallin. Mais il n'est pas admissible que le muscle ciliaire perde de sa contractilité à partir de l'âge de 10 ans. C'est donc l'élasticité du cristallin qui doit être en cause. En effet on a observé que le cristallin change de consistance dès le jeune âge et devient plus rigide. Quelque énergiques que soient les contractions du muscle ciliaire, la lentille n'est plus susceptible que de déformations plus faibles, et la différence entre les courbures *minima* et *maxima* de ces faces devient de moins en moins grande : la distance en dioptries du *proximum* au *remotum*, c'est-à-dire l'amplitude d'accommodation, diminue donc forcément.

Dans un âge plus avancé le muscle ciliaire doit également perdre de sa force et cette cause vient s'ajouter à la précédente pour réduire de plus en plus le pouvoir accommodatif.

Mécanisme de l'accommodation dans la série animale. — Nous résumerons les principales données que nous avons pu réunir sur l'accommodation et les différentes espèces animales.

A. Mammifères. — Chez les autres mammifères, les agents et le mécanisme de l'accommodation ne diffèrent guère de ce qu'ils sont chez l'homme. Bon nombre de faits que nous avons déjà exposés ont d'ailleurs été acquis par l'expérimentation sur les animaux : il suffira de rappeler les expériences de HENSEN et VOELCKERS faites sur le singe, le chat, le chien, de citer aussi celles de HOCKS pratiquées également sur le chien.

Les seules différences à noter, c'est que l'homme et le singe possèdent un muscle ciliaire plus développé que tous les autres mammifères, d'après LEUCKART (*Handbuch der gesammten Augenheilk de* GRAEFE-SAEMISCH, t. II, p. 232) et que, d'autre part, chez la plupart d'entre eux, les fibres circulaires font défaut ; ce qui tendrait à prouver que le rôle le plus important revient aux fibres longitudinales.

Une autre particularité qui a son intérêt au point de vue de l'accommodation, c'est que l'hypermétropie est très répandue dans le règne animal; chez le cheval, en particulier, elle est très marquée. Il y a peut-être quelque avantage à ce défaut de réfraction comme l'a fait remarquer EXNER (cité par BEER) : un muscle exécute des mouvements moins correctement lorsqu'il passe du repos complet à l'activité que lorsqu'il se trouve déjà à un certain degré de contraction. Chez beaucoup d'animaux qui se meuvent rapidement, des variations très fines dans l'accommodation sont nécessaires pour une appréciation rapide et sûre des distances. Le muscle ciliaire les réalisera peut-être mieux à cause de cette hypermétropie qui le met déjà dans un état de moyenne contraction, même pour la vision au loin.

B. Oiseaux. — Le mécanisme de l'accommodation chez les oiseaux a été, dans ces derniers temps, étudié complètement par TH. BEER (*Studien üb. die Accommod. des Vogelauges*, A. Pf., 1892, t. LIII, p. 175). Dans cette classe d'animaux le bord périphérique de la cornée forme une saillie dirigée en dedans et en arrière. Cette saillie représente l'insertion antérieure d'une grande partie du muscle ciliaire qui est divisé en ce point en deux faisceaux : l'externe forme le muscle de CRAMPTON qui se dirige en arrière et en dehors et dont les fibres deviennent d'autant plus longues qu'elles sont plus rapprochées de l'axe antéro-postérieur de l'œil. L'extrémité postérieure du muscle de CRAMPTON s'insère à la sclérotique qui représente son point d'insertion fixe (*k*, fig. 12). La contraction du muscle ne peut faire sentir son effet que sur le bord de la cornée.

Le second faisceau du muscle ciliaire, que l'on désigne sous le nom de muscle de MULLER, s'insère en avant à la saillie de la cornée, comme le muscle de CRAMPTON. Mais en arrière, il s'attache sur la choroïde (*m*, fig. 12) : il a donc deux points d'insertion mobiles, mais le plus mobile est sans doute la choroïde. La troisième partie du muscle la plus postérieure, appelée muscle de Brucke, a aussi son insertion mobile principale sur la choroïde : son insertion fixe se fait en avant à la sclérotique (*at*, fig. 12) : elle a la plus grande analogie avec le muscle ciliaire des mammifères; son extrémité antérieure est située en dehors de l'insertion postérieure du muscle de Muller : on a encore appelé le muscle de Brucke le tenseur externe de la choroïde. Toutes ces fibres sont striées et à direction longitudinale. On n'a trouvé de fibres circulaires que chez l'ara (Canfield).

La cornée chez l'oiseau est formée de deux lamelles, l'une antérieure, l'autre postérieure, plus mince : celle-ci se sépare de l'antérieure vers la périphérie et est directement unie au muscle de Crampton qui s'insère exclusivement sur elle. Vers le centre de la cornée, les deux lames sont intimement fusionnées : une couche de tissu conjonctif s'interpose entre elles vers la circonférence.

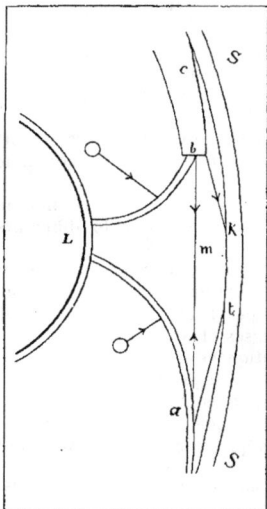

Fig. 12. — Schéma de l'appareil accommodateur des oiseaux, d'après Exner. L représente le cristallin, maintenu près de l'équateur par deux ligaments dont l'antérieur est le ligament pectiné et le postérieur la choroïde; SS, sclérotique; c, lame interne de la cornée; bk, muscle de Crampton; ta, tenseur de la choroïde; m, muscle de Muller. La pression intra-oculaire agit sur la lentille et sur les ligaments dans la direction des flèches.

La région de la zone de Zinn diffère beaucoup de ce qu'elle est chez les mammifères à cause de l'union intime des procès ciliaires avec le cristallin. Le rôle important dans l'accommodation est d'ailleurs joué par le ligament pectiné, très puissant, dont les faisceaux s'insèrent en avant à la saillie de la cornée et, traversant l'espace de Fontana, constituent au cristallin un ligament suspenseur antérieur.

Le mécanisme de l'accommodation chez les oiseaux a aussi donné lieu à des opinions diverses. Crampton pensait que le muscle auquel il a donné son nom diminue la convexité de la cornée pour ajuster l'œil à la vision éloignée : pour Brucke, tout au contraire, il augmente cette convexité, diminue par conséquent le rayon de courbure et adapte l'œil à la vision de près.

Milne-Edwards dit aussi que la cornée devient plus convexe lors de la contraction du muscle de Crampton : « Chez les oiseaux de proie dont la vue est à la fois extrêmement longue et fort bonne, à courte distance, cette disposition est particulièrement remarquable et a été depuis longtemps considérée comme un moyen puissant d'accommodation. » Cramer, par contre, a refusé toute action au muscle de Crampton.

Pour Muller, chez l'oiseau comme chez le mammifère, le tenseur de la choroïde empêche le cristallin de se porter en arrière, tandis que l'iris comprime la périphérie de la lentille par l'intermédiaire des procès ciliaires. Mais Trautvetter, après avoir enlevé l'iris à des oiseaux, constata que les images cristalliniennes antérieures se modifient encore comme chez les animaux non opérés, lorsque le muscle ciliaire se contracte.

Th. Beer a pu étudier l'action du muscle de Crampton par la méthode graphique. Il incise la cornée en ne laissant que sa partie périphérique sur une largeur de 3 millimètres. L'anneau intact de la membrane est, au moyen d'une serre fine et d'un fil, rattaché au levier d'un tambour récepteur de Marey, lequel communique lui-même avec un tambour enregistreur. Les électrodes étant introduites dans l'anneau osseux de la sclérotique, on voyait à chaque excitation du muscle ciliaire la courbe s'abaisser et indiquer ainsi que la cornée était portée en dedans. On peut du reste constater directement, dans ces conditions, que la circonférence de la cornée exécute un mouvement en arrière et en dedans à chaque contraction du muscle.

Pour observer les modifications subies par la cornée lorsqu'elle est restée intacte en totalité, Beer plante dans la membrane, à 2 millimètres de sa circonférence, une longue aiguille, de telle sorte que la pointe fasse une légère saillie dans la chambre antérieure. On voit, au moment de l'excitation du muscle, l'extrémité libre de l'aiguille s'incliner vers l'axe optique. Ce mouvement devenait d'autant moins prononcé que l'aiguille était introduite en un point plus voisin du centre. Deux aiguilles implantées de la même façon dans la cornée se rapprochaient par leurs extrémités libres.

Ces mouvements de la lamelle interne de la cornée, la seule sur laquelle le muscle de CRAMPTON puisse agir, ont été observés chez tous les oiseaux mis en expérience ; c'est donc un fait général.

L'examen des images cornéennes à l'ophtalmomètre donna les résultats suivants : à la périphérie de la cornée, l'image devenait plus grande et moins nette lors de la contraction du muscle de CRAMPTON. On pouvait constater en même temps directement l'aplatissement de la cornée à la circonférence. C'est que la traction exercée sur la lamelle interne de la cornée par le muscle de CRAMPTON doit se transmettre à la lamelle externe par l'intermédiaire du tissu conjonctif interposé, et celle-ci doit s'aplatir. L'augmentation du diamètre de la cornée à sa périphérie a été évaluée à 1,72 millimètres sur un hibou. Mais, par contre, l'ophtalmomètre démontre qu'au centre de la cornée la convexité augmente. Cette modification, toutefois, ne se produit pas chez tous les oiseaux : c'est ainsi qu'elle n'a été constatée ni chez la poule ni chez le pigeon.

Par conséquent, l'aplatissement de la partie périphérique de la cornée est réelle, ce qui confirme en partie l'opinion de CRAMPTON : mais le phénomène est peu important au point de vue de l'accommodation, puisqu'il porte sur la circonférence de la cornée, et qu'en même temps il y a chez certains oiseaux diminution du rayon de courbure au centre, ou que chez certains autres le sommet de la cornée ne se modifie pas. Chez les oiseaux de proie, toutefois, l'augmentation de convexité du centre de la cornée est constante et doit jouer un rôle important dans l'accommodation.

Les courbures du cristallin se modifient d'ailleurs pendant l'accommodation chez les oiseaux comme chez les mammifères, quoique les agents présentent des dispositions différentes.

EXNER considère au cristallin deux ligaments suspenseurs, l'un antérieur, le ligament pectiné, l'autre postérieur, représenté par la partie antérieure de la choroïde, laquelle est simplement en ce point accolée à la sclérotique sans lui être adhérente (Voyez le schéma de la figure 12). Ce sont ces ligaments qui, par leur tension, aplatissent le cristallin : lorsqu'ils se relâchent sous l'influence de la contraction des faisceaux du muscle ciliaire, le cristallin devient plus convexe : c'est la théorie de HELMHOLTZ appliquée aux oiseaux.

BEER a confirmé l'opinion d'EXNER, du moins en grande partie, par l'expérience. Il constate que la surface antérieure du cristallin, ainsi que la partie centrale de l'iris, se portent en avant, soit pendant l'accommodation spontanée, soit pendant l'excitation électrique de la région ciliaire : l'examen des images montre que la convexité de la face antérieure du cristallin augmente. Ainsi, par exemple, on trouve chez le busard harpaye (*Circus aeruginosus*) avant l'excitation du muscle, rayon de courbure 15,98 millimètres; pendant l'excitation, 13,43, soit une différence de 2,55 millimètres. Cette modification est due principalement au muscle de CRAMPTON et peut-être aussi en partie au muscle de MULLER qui en portant en arrière la lamelle interne de la cornée à laquelle s'insère le ligament pectiné forcent ce dernier à se relâcher.

La preuve en est fournie par la section du ligament pectiné : après cette opération la courbure de la face antérieure du cristallin augmente très sensiblement parce que le cristallin est abandonné à son élasticité propre. Ainsi, chez l'auteur (*Astur palumbarius*) on avait avant la section $r = 18,50$ millimètres; après la section 13,47; chez le busard harpaye (*Circus aeruginosus*) avant la section $r = 15,98$; après la section $r = 9,80$; les mensurations ont été faites à l'ophtalmomètre.

D'autre part, si l'on excite le muscle ciliaire après avoir sectionné le ligament pectiné, il ne se produit plus aucune modification de l'image cristallinienne antérieure. Quant à l'ablation de l'iris, elle n'a aucune influence, à moins qu'on n'ait enlevé en même temps le ligament pectiné.

D'après EXNER, le faisceau de BRUCKE ou tenseur interne de la choroïde agirait en portant en dedans et en avant la partie antérieure de la choroïde, pendant que la fente entre la choroïde et la sclérotique s'élargirait, ce qui faciliterait encore l'augmentation des convexités du cristallin. Mais des expériences de BEER, il résulte que le rôle de ce muscle, si important chez les mammifères, serait tout à fait accessoire chez les oiseaux : ce qui le prouve, c'est qu'après la section du ligament pectiné, c'est-à-dire quand on a réduit le muscle de CRAMPTON à l'impuissance, l'excitation du tenseur de la choroïde ne produit plus de modification sensible dans les rayons de courbure de la face antérieure du cristallin. Ce sont, par conséquent, les déplacements de la lame interne de la cornée et non ceux de la choroïde qui jouent le principal rôle dans l'accommodation chez les oiseaux.

La disposition et la structure de l'appareil accommodateur chez les oiseaux permettent de comprendre pourquoi les modifications accommodatives sont dans cette classe d'animaux à la fois si étendues, si exactes et si promptes. L'amplitude de l'accommodation chez eux, dit BERLIN, peut se déduire du développement de l'appareil musculaire intrinsèque de l'œil et de la faible consistance de la masse cristallinienne. Cette dernière propriété a encore comme conséquence une exactitude plus grande des changements de forme des milieux réfringents, ce à quoi contribuent aussi la disposition des muscles et leur nature. Le muscle strié travaille avec plus de « virtuosité » que le muscle lisse. Cette virtuosité se manifeste en ce qu'il fournit un travail plus délicat et qu'il obéit plus rapidement à la volonté.

L'hirondelle qui, dans son vol le plus rapide, happe avec précision une mouche au passage, l'aigle qui s'abat sur un poisson nageant à la surface de l'eau, plus vite qu'un corps tombant librement dans l'espace, a évidemment besoin d'une accommodation beaucoup plus rapide que celle qui est attribuée à l'homme par les expériences de VIERORDT et d'AEBY : le muscle strié la leur fournit.

BEER fait ressortir aussi que chez la plupart des oiseaux la vision binoculaire est très restreinte et même souvent n'existe pas. De sorte que l'appréciation exacte des distances qui chez l'homme et d'autres animaux dépend en grande partie de la sensation de convergence des lignes de regard est due principalement chez les oiseaux aux sensations d'accommodation.

C. Reptiles. — Je ne sache pas que des recherches physiologiques aient été faites sur l'accommodation dans cette classe, LEUCKART dit que les notions même que l'on possède sur la disposition de leur appareil accommodateur sont peu nombreuses. Ce qui est certain, c'est qu'ils ont un muscle ciliaire, de nature striée, très analogue à celui des oiseaux. Plus récemment, FERRUCCIO MERCANTI (*Arch. ital. de Biologie*, 1885, t. IV, p. 197) a fait à ce sujet des recherches dont voici les résultats principaux : ce sont les Crocodiliens (*Alligator*) qui se rapprochent le plus des oiseaux : on trouve chez eux trois muscles dont deux correspondent au muscle de CRAMPTON et au muscle de BRUCKE, tandis que le troisième est semblable au muscle circulaire des mammifères. H. MULLER avait, chez les Sauriens (*Lacerta agilis*), décrit une disposition tout à fait semblable à celle des oiseaux.

Chez *Lacerta viridis*, F. MERCANTI a trouvé un muscle spécial dont les deux extrémités s'insèrent sur la choroïde : mais celle-ci étant unie à la sclérotique au moyen d'un faisceau de tissu conjonctif près du bord externe de la cornée, c'est en ce point que doit se trouver l'insertion fixe du muscle.

Chez les Chéloniens, il y a toujours un muscle longitudinal comparable à celui de BRUCKE, parfois il s'y ajoute un muscle circulaire ressemblant à celui de l'Alligator.

Chez les Ophidiens, parfois cette couche de fibres circulaires existe seule, parfois le muscle circulaire lui-même fait entièrement défaut.

D. Poissons. — Chez les poissons un muscle spécial compris dans un renflement conique, appelé campanula de HALLER, s'insère presque perpendiculairement à la partie inférieure de l'équateur du cristallin. La gaine de ce muscle est un prolongement direct du processus falciforme qui chemine sur la ligne médiane d'arrière en avant à la face interne du segment inférieur du globe de l'œil et amène au muscle ses vaisseaux et ses nerfs. Lorsque celui-ci se contracte, il modifiera la forme et la position de la lentille, et, comme il se dirige en haut et un peu en avant, il doit, quand il entre en activité, tirer en bas et un peu en arrière le cristallin : celui-ci s'aplatira ou se rapprochera de la rétine, ou peut-être même subira ces deux modifications à la fois. Dans les deux cas le muscle doit accommoder l'œil pour la vision au loin : et il faut conclure de là qu'à l'état de repos, contrairement à ce qui se passe chez les autres vertébrés, l'œil est adapté pour la vision de près (LEUCKART.)

D'après HIRSCHBERG (*Zur Dioptrik und Ophtalmoskopie der Fisch und Amphibien Augen A. Db.*, 1882, p. 493,) qui a étudié la réfraction chez les poissons au moyen de l'ophtalmoscope, l'œil chez cette espèce, lorsqu'il est examiné sous l'eau, présente normalement une faible myopie, de 24 pouces environ (1,5 dioptries) : l'emmétropie serait inutile aux poissons, puisque l'eau la plus claire cesse d'être transparente sous une grande épaisseur : par contre une myopie d'un si faible degré n'enlève rien à l'animal de ses moyens d'action dans la lutte pour la vie.

Quant aux modifications accommodatives, HIRSCHBERG ne pense pas que l'œil du poisson en soit susceptible à cause de la forme sphérique du cristallin, défavorable par conséquent à un allongement antéro-postérieur, et aussi à cause de sa consistance trop grande qui ne lui permet pas de se déformer assez rapidement. Cependant, ajoute-t-il, il n'est pas impossible qu'il possède une sorte d'accommodation grâce à un déplacement du cristallin. Il est permis de supposer en effet que, s'il n'en était pas ainsi, un muscle spécial inséré sur la capsule cristallinienne n'aurait pas sa raison d'être.

E. Batraciens. — HIRSCHBERG dit aussi avoir constaté objectivement par l'ophtalmoscope que l'œil de la grenouille ne paraît pas doué de la faculté d'accommodation. L'examen direct montre que la réfraction chez cet animal reste la même après et avant l'instillation d'atropine ou d'ésérine. Chez la grenouille, en effet, la lentille est passablement dure, presque sphérique et occupe la plus grande partie du globe de l'œil.

D'ailleurs deux facteurs, l'un dioptrique, l'autre anatomique, interviennent, qui rendent l'accommodation peu nécessaire à la grenouille : d'une part la courte distance focale de son système dioptrique fait que pour des objets dont la distance au *punctum remotum* varie notablement, les images ne se déplacent pas d'une façon sensible : d'autre part, en raison de la largeur des éléments de la rétine qui ont jusqu'à 7 µ des cercles de diffusion d'un diamètre relativement considérable ne rendront pas la vision indistincte.

Une raison plus péremptoire encore, c'est que la grenouille n'aurait pas de muscle ciliaire : c'est en effet ce que dit LEUCKART, mais à tort.

Cependant on peut se demander ce qu'advient lorsque la grenouille, les amphibies en général, passent de l'air dans l'eau ou inversement. PLATEAU était arrivé sur ce point aux conclusions suivantes. Les amphibies (comme les poissons du reste), en raison de l'aplatissement de leur cornée et de la sphéricité du cristallin, voient dans l'air aussi bien que dans l'eau : seulement leur distance de vision distincte est un peu plus grande dans ce dernier milieu, « les amphibies possèdent également la faculté de voir avec netteté dans l'air et dans l'eau et à peu près à la même distance, sans que pour passer d'un milieu à l'autre ils doivent mettre en jeu leur pouvoir d'accommodation ».

Ces déductions seraient en effet exactes si la cornée représentait une surface plane. Mais d'après HIRSCHBERG elles ne se vérifient ni chez le poisson ni chez la grenouille. Le poisson, soit dit en passant, qui est faiblement myope dans l'eau, devient fortement myope dans l'air parce que le pouvoir réfringent de la cornée intervient dans ce dernier milieu.

Quant à la grenouille, sa cornée est très régulièrement convexe avec un rayon de courbure de 4 à 5 millimètres près de son centre, la distance focale principale antérieure du dioptre est donc de 3×4 ou 3×5 soit 12 à 15 millimètres.

Si la grenouille dans l'air était emmétrope, elle deviendrait dans l'eau fortement hypermétrope, puisque l'influence de la cornée est supprimée dans ce dernier milieu :

HIRSCHBERG a trouvé que dans l'air elle présente probablement une myopie de $\frac{1''}{8}$ à $\frac{1''}{5}$, soit $\frac{1}{216^{mm}}$ à $\frac{1}{135^{mm}}$.

Étant donné le pouvoir réfringent de la cornée, comparé au degré de myopie, la grenouille plongée dans l'eau ne deviendra pas seulement moins myope mais encore fortement hypermétrope.

L'examen ophtalmoscopique démontre en effet que, si l'on recouvre la cornée de la grenouille de quelques gouttes d'eau, la réfraction de l'œil diminue considérablement.

HIRSCHBERG ajoute que, ne voulant pas émettre d'hypothèse, il laisse la question indécise de savoir si un appareil accommodateur quelconque permet à l'animal plongé dans l'eau d'obvier à l'hypermétropie qui se produit dans ce milieu, si par exemple une pression des paupières ne pourrait pas allonger le globe oculaire si saillant chez la grenouille.

C'est à tort cependant que Hirschberg refuse, d'après les traités classiques, un muscle ciliaire à la grenouille. Ce muscle existe : H. Virchow (A. Db., 1885, p. 371) en a donné la description : forme de fibres lisses, il se perd en arrière sur la choroïde et en avant prend son point fixe sur la sclérotique, ce muscle n'est sans doute pas sans action sur le cristallin.

F. Invertébrés. — Dans son ouvrage sur les yeux composés des crustacés et des insectes, Exner (Die Physiologie der facettirten Augen von Krebsen u. Insecten, 1891, p. 188) considère comme peu vraisemblable qu'ils soient doués de la faculté d'accommodation. On n'y rencontre pas d'appareil approprié à ce but et d'ailleurs l'épaisseur de la rétine rend l'accommodation inutile : l'image peut se déplacer en avant ou en arrière dans des limites très étendues sans cesser de se trouver sur la membrane.

Nerfs de l'accommodation. — Le nerf qui préside à l'accommodation pour la vision de près est l'oculo-moteur commun. Trautvetter avait trouvé que chez les oiseaux l'image cristallinienne antérieure devient plus petite lorsqu'on excite ce nerf. Chez les mammifères, il n'était arrivé, il est vrai, qu'à des résultats négatifs. Mais les recherches de Hensen et Vœlckers, celles de Hock ont montré que dans cette classe, c'est aussi le nerf de la troisième paire qui préside à l'activité du muscle ciliaire. Les premiers ont constaté que chez les chiens les filets destinés à ce muscle cheminent dans les faisceaux antérieurs des racines de l'oculo-moteur, les effets observés par ces expérimentateurs pendant l'excitation des nerfs ciliaires ou du ganglion optique ont déjà été rapportés plus haut à propos du mécanisme de l'accommodation. Hock a excité isolément la branche du nerf qui envoie un rameau au ganglion ophtalmique, en même temps qu'il examinait soit les images catoptriques, soit les déplacements de la choroïde, d'après le procédé des épingles, et il est arrivé aux mêmes résultats que Hensen et Vœlckers.

Un fait intéressant signalé par ces derniers, c'est que, si l'on agit sur un seul nerf ciliaire, la contraction de l'iris et du muscle ciliaire ne s'opère que sur une partie isolée. On comprend donc que, si elle est limitée à un méridien, elle fera relâcher le cristallin inégalement, et lui fera prendre une forme plus convexe dans ce méridien seulement. Se fondant sur ce fait, Dobrowolski a admis que le muscle ciliaire chez les individus astigmates peut se contracter irrégulièrement ; il en résulte alors une asymétrie du cristallin, orientée de telle sorte que le maximum de courbure du cristallin corresponde au minimum de courbure de la cornée et l'astigmatisme cornéen est ainsi compensé par l'astigmatisme dynamique, accommodatif (Javal. Sur la théorie de l'accommodation. Soc. de Biologie, 1882, p. 30) du cristallin ; le premier ne devient manifeste que si on paralyse l'accommodation par l'atropine. De même R. et A. Ahrens ont observé que cette accommodation anisomorphe, comme ils l'appellent, peut, chez des individus non astigmates, arriver à annuler, par l'exercice, l'action de verres cylindriques de 1,75 dioptries.

Le centre nerveux des mouvements d'accommodation doit se trouver évidemment dans le noyau d'origine de l'oculo-moteur commun. Mais ce noyau n'est pas simple, il se compose d'une série de groupes ganglionnaires échelonnés le long de la ligne médiane de l'aqueduc de Sylvius sur une longueur d'environ 20 millimètres. Ces différents groupes constituent autant de centres distincts pour les différents muscles animés par le nerf. Hensen et Vœlckers, puis Kahler et Pick, sont parvenus à exciter isolément chacun de ces centres et à provoquer aussi isolément la contraction des muscles correspondants. A l'extrémité antéro-supérieure du noyau se trouve le centre destiné aux mouvements accommodatifs ; vient ensuite un peu plus bas celui qui préside aux contractions de la pupille ; vient au troisième rang celui qui anime le droit interne. Plus bas encore se trouvent les centres pour les autres muscles animés par l'oculo-moteur commun, mais dont nous n'avons pas à nous occuper ici. Starr, en cherchant à localiser chez l'homme le siège de ces différents noyaux moteurs, d'après l'analyse de 20 cas de paralysie partielle, est arrivé à des résultats qui concordent sensiblement avec ceux de Hensen et Vœlckers. Westphal (voir Perlia. Die Anatomie des Oculo-motorius Centrums beim Menschen, Arch. f. Ophtalm., 1891, t. xxxv, 4e partie, p. 287) a aussi décrit chez l'homme un noyau spécial qu'il considère comme le centre des mouvements de l'iris et du muscle ciliaire : situé sur la ligne médiane de forme ovalaire, et dirigé longitudinalement, il est composé de cellules plus petites et se colorant moins fortement que celles des autres groupes ganglionnaires de l'oculo-moteur. Ce qui motive l'opinion de Westphal, c'est qu'il a trouvé ce noyau intact dans un cas de paralysie des muscles extrinsèques de l'œil, alors que les autres groupes ganglionnaires de l'oculo-moteur étaient dégénérés. C'est là le noyau médian de Westphal : Édinger le décrit également chez le fœtus. Cependant Darkewitsch attribue aux mouvements de la pupille un centre situé un peu plus haut et un peu plus sur le côté que le précédent. Ce noyau recevrait de la commissure postérieure du cerveau des fibres par lesquelles les excitations lumineuses se transmettent de la rétine au noyau de la troisième paire. Enfin, dans un travail récent, riche en indications bibliographiques, Siemerling (*Arch. f. Psychiatrie*, t. xxii, *Suppl.*, 1890), tout en mettant en garde contre les localisations trop précises, reconnaît cependant qu'il faut chercher les centres de l'accommodation et des mouvements de la pupille dans les groupes antérieurs du noyau de l'oculo-moteur.

Ces dispositions anatomiques permettent de comprendre que les muscles internes de l'œil, muscle ciliaire et iris, peuvent être paralysés isolément et indépendamment des muscles extrinsèques ; c'est à ces cas que Hutchinson a donné le nom d'ophtalmoplégie interne, mais en les attribuant à tort à une altération du ganglion ophtalmique ; ce sont des paralysies nucléaires. D'autre part, dans la paralysie bulbaire les mouvements pupillaires et l'accommodation restent habituellement intacts, même quand le droit interne est paralysé ; ce fait est dû à ce que la partie antérieure du noyau de l'oculo-moteur commun constitue un territoire vasculaire isolé, arrosé par une artère terminale autre que celle qui irrigue la partie postérieure du noyau (Heubner).

Au point de vue de la physiologie normale le rapprochement des noyaux, d'une part, et leur indépendance respective, d'autre part, expliquent pourquoi la convergence, l'accommodation et le rétrécissement pupillaire sont si étroitement associés, sans que cependant ces mouvements soient indissolubles.

On a déjà vu plus haut, en effet, que, la convergence restant la même, l'accommodation peut varier. Même sans le secours de verres, on arrive par l'exercice à faire varier la valeur de l'accommodation, tout en maintenant la même convergence. Inversement Donders a montré que, si l'on place devant les yeux des prismes dont le sommet sera dirigé soit vers la tempe soit vers le nez, on pourra dans le premier cas diminuer, dans le second cas augmenter la convergence, du moins jusqu'à une certaine limite, sans que l'accommodation varie. Il faut ajouter que, si la disparité entre la convergence et l'accommodation est dans une certaine mesure facultative pour l'emmétrope, elle devient une nécessité pour l'amétrope. Les hypermétropes arrivent à mettre en jeu une forte accommodation avec une faible convergence des lignes de regard, ce qui leur est nécessaire pour le maintien de la vision binoculaire et simple. Les myopes, par contre, sont souvent doués de la faculté de converger vers un point assez rapproché sans que leur muscle ciliaire se contracte, de façon à produire un surcroît de réfraction qui nuirait à la netteté de leur image rétinienne.

Le rapport entre les deux actes a donc subi une modification conforme aux exigences de la réfraction statique. Des variations anatomiques, du genre de celles qu'a décrites Ivanof, interviennent peut-être ; il est permis aussi de supposer, comme le dit Landolt, que chez le myope l'excitation des muscles préposés à la convergence ne s'accompagne pas, dès le début, d'une excitation du muscle accommodateur et que la première est toujours plus énergique que la seconde. Dans l'hypermétropie, c'est l'impulsion communiquée au muscle ciliaire qui serait prépondérante sur celle du droit interne.

Weber s'est demandé si les mouvements pupillaires étaient plus particulièrement liés à l'accommodation ou à la convergence, et, comme en plaçant devant l'œil des verres concaves ou convexes il n'avait pas vu le diamètre de la pupille se modifier, il s'était prononcé pour cette dernière alternative. En réalité, comme le fait remarquer Hering, ils suivent aussi bien l'une que l'autre. Donders trouve aussi que, si au moyen de verres on modifie l'accommodation sans que la convergence varie, la pupille ne s'en rétrécit pas moins, quand l'effort accommodatif augmente : il ajoute qu'il était parvenu, sans verres, à augmenter ou à relâcher son accommodation tout en fixant un point invariable, et que chaque augmentation de la tension accommodative s'accompagnait d'un rétrécissement de la pupille, surtout quand le point de fixation était assez éloigné. Au moyen de prismes on peut démontrer d'autre part qu'une augmentation de convergence rétrécit la pupille sans que l'accommodation varie (*loc. cit.*, p. 484).

Cependant PLATEAU, dans ses expériences sur l'amplitude d'accommodation et de convergence relative, a trouvé que les mouvements pupillaires sont en connexion plus intime avec ceux du muscle ciliaire qu'avec ceux des muscles préposés à la convergence.

Si la contraction du muscle ciliaire et celle du sphincter de la pupille sont associées synergiquement dans l'accommodation, on sait qu'elles peuvent cependant, dans d'autres conditions, s'exercer indépendamment l'une de l'autre. La pupille, en effet, se resserre ou se dilate sous l'influence des variations d'éclairage sans que l'accommodation subisse aucun changement. De plus dans les cas pathologiques le mouvement réflexe de l'iris peut rester intact quand le muscle ciliaire est paralysé, ou bien la pupille peut être immobile sous l'influence de la lumière aussi bien que sous celle de l'accommodation, alors que le muscle ciliaire fonctionne normalement. Dans l'ataxie cependant, les pupilles ne répondent plus aux excitations lumineuses, mais se resserrent encore sous l'influence de l'accommodation : l'arc réflexe qui unit le nerf optique au noyau de l'oculo-moteur est interrompu : la synergie normale entre le muscle ciliaire et le sphincter irien persiste.

On a presque toujours considéré que l'accommodation pour la vision de près est seule un phénomène d'activité et que l'adaptation pour la vision des objets éloignés n'est que le retour au repos du muscle ciliaire. VOLKMANN, après avoir d'abord admis que l'adaptation au loin est également un phénomène actif, a, d'après plus tard, d'après ses expériences, renoncé à cette opinion. WEBER cependant avait cherché à la réhabiliter; mais elle n'a jamais trouvé grande créance. Des recherches récentes de MORAT et DOYON (*A. P.*, 1891, p. 507) semblent cependant démontrer que l'accommodation au loin résulte elle aussi d'un phénomène d'activité sinon musculaire, du moins nerveuse et placée sous la dépendance du grand sympathique.

Si, après avoir instillé dans l'œil un myotique, nicotine ou ésérine, on excite ce nerf, on voit l'image cristallinienne antérieure grandir en même temps que ses bords deviennent moins nets. La valeur de ce grandissement est telle qu'il ne peut y avoir de doute sur son existence; le sens de la variation est d'ailleurs constant. Il faut donc conclure de là que la surface antérieure du cristallin devient moins convexe et que l'organe s'aplatit. Cet effet s'expliquerait par une inhibition du muscle ciliaire.

Pour répondre à l'objection que ces changements de courbure sont peut-être indirects et liés aux modifications circulatoires produites par l'excitation du sympathique, MORAT et DOYON font valoir que les effets sont les mêmes chez le lapin chez lequel l'excitation du nerf s'accompagne d'une décoloration de la rétine, chez le chien où elle produit au contraire une congestion de cette membrane, d'autre part la modification de l'image cristallinienne ne s'en produit pas moins lorsqu'on excite le nerf vague en même temps que sympathique, c'est-à-dire quand on suspend momentanément la circulation.

LESSOR avait déjà prouvé que chez les mammifères les nerfs ciliaires courts provoquent la contraction, et les nerfs ciliaires le relâchement du muscle ciliaire. (*The intra ocular muscles of mammals and birds. Abstract of hunterian Lectures.* Lecture 1, *Ophtalm. Rev.*, pp. 125, 159 et 315. Analysé in *J. f. P.* de Hofmann et Schwalbe, 1888, p. 126.)

Il y a des substances qui paralysent l'appareil accommodateur en même temps qu'elles dilatent l'iris : ce sont l'atropine, l'homatropine, la duboisine, l'hyosciamine, l'hyoscine. Il en est d'autres qui déterminent au contraire un spasme de l'accommodation et un rétrécissement de l'iris; ce sont les alcaloïdes de la fève de Calabar, en particulier l'ésérine ou physostigmine, ainsi que la nicotine, la pilocarpine et la muscarine. L'action physiologique de ces substances sera étudiée dans d'autres articles de ce dictionnaire.

Bibliographie. — Les traités généraux qui m'ont particulièrement servi à la rédaction de cet article sont : HELMHOLTZ. *Optique physiologique*, édition française, 1867, et édition allemande 1886. — L. DE WECKER et LANDOLT. *Traité complet d'ophtalmologie*, t. III, Paris, 1887. — GIRAUD-TEULON. *La vision et ses anomalies*, Paris, 1881. — IMBERT. *Les anomalies de la vision*, Paris, 1889. — DE GRAEFE et SAEMISCH. *Handbuch der ges. Augenheilk.* (*Physiologische Optik*, par AUBERT), t. III, 1876. — GRUENHAGEN. *Lehrbuch der Physiologie*, t. II, 1887.

On trouvera dans HELMHOLTZ la bibliographie complète antérieure à 1868, et, dans *l'index Catalogue* toutes les indications antérieures à 1881, qui n'ont pas été données dans le courant de l'article. J'y joins celles qui, postérieures à 1881, sont dans le même cas :

JORISSENNE. *Les mouvements de l'iris chez l'homme à l'état physiologique* (*Annales de la Soc. de Médecine de Gand*, 1881, t. LIX, p. 125). — HOCQUARD ET MASSON. *Études sur les rapports, la forme et le mode de suspension du cristallin à l'état physiologique* (*Arch. d'Ophtalmol.*, 1883, t. III, p. 97). — COHN. *Ein Modell des Accommodations Mechanismus* (*Centralblatt f. prakt. Augenheilk.*, avril, 1883). — KAZAROW. *Ub. den. Einfl. der Accommod. des Auges auf Veränd. der Grenzen des Gesichtsfeldes* (1883, Wratsch n° 2). — MAUTHNER. *Pupille und Accommodat. bei Oculomotorius Lähmungen* (Wien. med. Wochenschr., 1885, n° 8, pp. 225, 264, 293). — FROSH. *Supposed power of accommod. in aphakiceye* (Lancet, 1885, p. 156). — DEEREN. *Etude sur le mécanisme de l'accommodation* (Rec. d'ophtalmologie, 1885, p. 114). — BARRET. *The velocity of accommodat.* (J. P., 1885, t. VI, p. 46). — WURDINGER. *Ub. die vergleich Anat. des Cililarmuskel.* (Zeit. f. vergleich. Augenheilk., 1886, p. 121). — FURNEY, *A theory of the mecanism of accommod.* (Americ journal of ophtalmol, 1886, t. III, p. 9). — RANDALL. *The mecanism of accommod. and a model for its demonstr.* (Journ. of ophtalmol., 1886, t. III, p. 91). — ZIMMERMANN, *Nouveaux éléments à la théorie musculaire de l'accommodation* (Loire médicale, 1886, t. V, p. 60). — GIRAUD-TEULON. *Rapport sur le mémoire précédent* (Bullet. de l'Acad. de médecine, t. XV, p. 440). — HOWÉ. *On apparatus for the demonstr. of accommod. and refraction* (Arch. of Ophtalmol, 1886, t. XV, n° 3). — COLLINS. *An argument in favor of meridional accomod.* (Opht. Hosp. Rep. t. XI, p. 343). — REYMOND. *Contribuz. all. stud dell'innerv. per l'accommod.* (Gior. der. Accad. med. di Torino, t. XXXV, p. 63, 1887). — COCCIUS. *Ub. die vollständ. Wirkung des tensors Choroideæ* (Ber. des VII internat. Ophtalm. Congress zu Heidelberg, 1888, p. 197).

WERTHEIMER.

ACÉTALS. — Nom générique sous lequel on désigne une catégorie de corps dérivant de la combinaison d'une aldéhyde et d'un alcool avec élimination d'eau.

Citons parmi les Acétals.

L'Éthylacétal $\left[CH^3 - CH < \begin{matrix} OC^2H^5 \\ OC^2H^5 \end{matrix} \right]$ qui bout à 104°.

Le Diméthylacétal $\left[CH^3 - CH < \begin{matrix} OCH^3 \\ OCH^4 \end{matrix} \right]$ qui bout à 64°.

Le Méthylal $\left[CH^2 - CH < \begin{matrix} OCH^3 \\ OCH^3 \end{matrix} \right]$ liquide hypnotique qui bout à 42° (Voyez ce mot).

Les *Acétals* ont les propriétés physiologiques générales des éthers et des alcools.

CH. LIVON.

ACÉTAMIDE ($C^2H^3OAzH^2$). — Masse blanche cristalline qui fond à 78° et bout à 221°. Par un refroidissement lent après fusion, elle se prend en beaux cristaux déliquescents à saveur un peu sucrée et fraîche.

C'est une substance neutre qui ne se combine ni avec les acides, ni avec les bases.

En faisant bouillir sa dissolution aqueuse, elle se change en acide acétique et en ammoniaque par l'adjonction d'un équivalent d'eau.

Préparation. — Dans un flacon fermé on fait réagir un mélange d'éther acétique et d'ammoniaque. Les deux liquides d'abord séparés ne forment plus qu'une masse homogène lorsque la réaction est terminée. On obtient l'acétamide en évaporant le liquide à une douce température.

L'acétamide n'est pas employée. Introduite dans l'organisme, elle est éliminée sans avoir éprouvé de modification (NENCKI).

CH. LIVON.

ACÉTANILIDE ou **ANTIFÉBRINE** (C^8H^9AzO). — C'est la *phénylacétamide*, substance découverte en 1845 par GERHARDT et dont les propriétés thérapeutiques ont été étudiées par CAHN et HEPP. C'est de l'ammoniaque avec substitution d'un radical phényle et d'un radical acétyle à deux atomes d'hydrogène. Elle se présente sous la forme d'une poudre blanche cristalline assez légère, peu soluble dans l'eau, 1/18 p. 100 ;

soluble dans l'alcool, 1 p. 3,5; dans l'éther, 1 p. 6; dans le chloroforme, 1 p. 7 (Weill);
elle fond à 105° et se volatilise à 292°. A chaud les alcalis la dédoublent en aniline et
acide acétique.

Tout échantillon qui n'est pas absolument blanc, qui présente une odeur quelconque
et qui donne avec l'hypobromite de soude un précipité jaune orangé, doit être considéré
comme impur et renferme de l'aniline.

Action physiologique. — Sur l'homme sain, à la dose de 0,50 à 1 gramme, l'acétanilide produit peu d'effet; à la dose de 2 à 3 grammes il se produit souvent de la cyanose (Lépine). Il est dangereux d'en administrer jusqu'à 10 à 12 grammes dans les
24 heures. Son administration est assez difficile à cause de son peu de solubilité et de
son action locale irritante. Quand on l'injecte dans les veines, elle a une action locale
sur l'endocarde qui produit une syncope probablement réflexe (Bonnot).

Lorsque l'on en injecte dans les veines d'un animal 10 à 12 centigrammes par kilo de
l'animal, il se produit une résolution complète (Bonnot) et une salivation abondante (Lépine).

Son action la plus importante est celle qu'elle a sur la température : c'est un antithermique (Cahn et Hepp, Lépine, Weill, Laborde). Quand on en administre une dose
suffisante à un homme sain, on constate un refroidissement périphérique très appréciable. Les auteurs qui ont étudié cette action pensent que la production de chaleur
est diminuée et que la déperdition par la peau est peu modifiée. Cette action antithermique a été utilisée en thérapeutique, comme nous le verrons plus loin.

Circulation. — La circulation est modifiée par l'acétanilide. On constate de l'accélération des battements du cœur avec renforcement de leur énergie (Lépine). La pression
intra-vasculaire est augmentée de 0m,04 à 0m,06 de Hg. Si l'on administre des doses toxiques, il y a diminution de l'énergie et de la fréquence des battements, ainsi qu'un abaissement de la tension artérielle. Son action sur les vaso-moteurs périphériques est encore
douteuse. Lépine a constaté un échauffement passager des oreilles; Weill, un resserrement des vaisseaux de l'oreille. Ce dernier fait est plus en rapport avec le refroidissement observé par Cahn, Hepp, Lépine, Laborde.

Sang. — Lépine et Aubert ont constaté que l'acétanilide transforme l'oxyhémoglobine du sang en méthémoglobine. Ce fait a été confirmé par Henocque, Weill,
Herczel. Il y a en même temps une diminution de l'activité des échanges. Ces phénomènes coïncident avec l'apparition des accidents de cyanose. Pourtant, pour Bokai, la
cyanose ne serait pas le résultat de la formation de méthémoglobine dans le sang, mais
de l'asphyxie, par suite de la paralysie des centres vaso-moteurs.

Sécrétions. — Les sécrétions présentent sous l'influence de l'acétanilide les modifications suivantes. L'urine est généralement augmentée de volume, quoique Chittenden
prétende que cette sécrétion n'est pas modifiée en quantité; sa coloration est changée,
mais elle diffère de celle produite par le phénol. D'après Mueller on ne rencontrerait
jamais de matière colorante du sang. Le phosphore éliminé ne varie pas; l'acide urique
excrété diminue, l'albumine augmente légèrement (Chittenden). On constate quelquefois
une augmentation de la sécrétion salivaire, et presque toujours des sueurs abondantes.
Les autres sécrétions n'ont pas été étudiées.

La respiration est troublée : il se produit de la dyspnée avec ralentissement des
mouvements respiratoires (Lépine). Bonnot a constaté de la dyspnée avec accélération.
On peut attribuer les modifications de la respiration à une action réflexe dont le point
de départ est l'excitation de l'endocarde(?)

Système nerveux. — C'est sans contredit sur l'ensemble du système nerveux
qu'agit le plus l'acétanilide, car les modifications signalées dans les divers systèmes ou
appareils peuvent être considérées comme d'origine nerveuse.

Quand on administre cette substance à doses convenables à des animaux, ils ne
tardent pas à tomber dans une résolution complète et dans un état prolongé de somnolence. On constate bien, il est vrai, quelques convulsions cloniques partielles chez le chien,
ou le cobaye (Lépine), mais ces convulsions ne sont pas constantes.

La sensibilité générale est très atténuée, mais les hémisphères cérébraux proprement dits ne semblent pas touchés. La partie du système nerveux la plus atteinte, c'est
l'axe bulbo-médullaire et les fonctions qui en dépendent. Les réflexes généraux sont diminués (Weill).

Une autre action physiologique très nette de l'acétanilide, c'est qu'elle empêche les convulsions strychniques et nicotiniques (Bonnot), mais surtout les convulsions dues à l'empoisonnement par la nicotine. Or la nicotine est un poison bulbaire, tandis que la strychnine agit surtout sur la moelle. L'acétanilide semble donc agir de préférence sur la portion bulbaire de la substance grise bulbo-médullaire.

La **nutrition générale** ne semble pas modifiée par des doses ordinaires. A moins de doses toxiques, on ne remarque jamais d'abaissement dans le rapport de l'azote de l'urée à l'azote total. Mais, comme l'acétanilide diminue les échanges qui se passent dans le sang et peut amener la destruction des hématies, son action doit être surveillée attentivement, et il faut suspendre son usage lorsque le sang descend à 8 p. 100 d'oxyhémoglobine.

Dans l'organisme, cette substance subit des transformations qui diffèrent suivant que l'animal en expérience est un carnivore ou un herbivore (Jaffé et P. Hilbert). Chez le lapin elle est éliminée comme para-amidophénol par l'oxydation du groupe acétyle.

Chez le chien on ne trouverait que peu de para-amidophénol; il se formerait un acide oxyphénylcarbamique, qui ne pouvant exister à l'état libre, se transforme par perte d'eau en anhydride, l'ortho-oxycarbanile. Chez le chien et chez le lapin l'acétanilide serait donc décomposée et éliminée sous une forme un peu différente.

Le **pouvoir toxique** de l'acétanilide est fort discuté. Pour l'apprécier il faut considérer son influence sur le sang et son action dépressive sur l'axe spinal. Pourtant cette toxicité paraît dans certains cas n'être pour ainsi dire que mécanique, puisque, lorsque l'on voit les petits animaux intoxiqués par cette substance, sur le point de mourir de refroidissement, il suffit de les réchauffer pour les rappeler à la vie (Lépine, Weill).

Les phénomènes généraux de l'empoisonnement par l'acétanilide sont caractérisés par des vertiges, de la cyanose, une profonde sensation de froid et de l'hypothermie. Quelquefois l'on constate une diarrhée intense avec des selles gris noirâtre, quelquefois aussi de la raideur des bras et des jambes.

C'est par les urines que la substance s'élimine en grande partie, soit à l'état d'acétanilide, soit à l'état d'aniline.

L'acétanilide n'a qu'une faible action antiseptique.

Recherche dans les liquides de l'organisme. — La présence de l'acétanilide dans les liquides de l'organisme n'est pas difficile à constater. Deux procédés peuvent être employés : 1° On agite le liquide à analyser avec du chloroforme, et l'on décante ; on évapore le chloroforme dans une capsule. On chauffe le résidu avec un peu de protonitrate de mercure et l'on obtient une matière verte soluble dans l'alcool. 2° On agite le liquide avec de l'éther, on décante et l'on évapore l'éther ; le résidu obtenu est mélangé avec quelques gouttes d'acide sulfurique pur et un cristal de bichromate de potasse ; on obtient un précipité rose caractéristique (Yvon).

Emploi thérapeutique. — Le pouvoir antipyrétique de l'acétanilide a fait de cette substance un médicament très employé dans toutes les maladies où il y a une température élevée ; son action sur le système nerveux l'a fait prescrire aussi dans les maladies où l'élément douleur occupe une grande place.

Les deux maladies dans lesquelles on l'a le plus employée, sont la fièvre typhoïde et le rhumatisme.

Dans la fièvre typhoïde, elle produit un abaissement de température très marqué, et un effet général assez bon (Cahn, Hepp, Lépine, Walter, Barr, A. Harre, Ewans). Ce résultat ne serait pas aussi heureux, d'après G. Sée et Dujardin-Beaumetz.

Assurément il faut songer que, chez les typhiques traités par l'acétanilide, il y a destruction plus ou moins intense des globules rouges ; il faut donc savoir s'arrêter à temps. Du reste la réparation pendant la convalescence se fait rapidement.

Très employée dans le rhumatisme articulaire aigu (Cahn, Hepp, Lépine, Dujardin-Beaumetz, Weill, Guttmann), elle égalerait presque l'antipyrine et le salicylate de soude dans toutes les formes du rhumatisme articulaire, musculaire, névralgique.

Elle présente le grand avantage d'être bien tolérée par l'estomac. Employée dans toutes les maladies inflammatoires à cause de son action antithermique, elle diminue la température centrale et réduit la production de chaleur. Elle atténue et fait même disparaître le dicrotisme du pouls. On l'a administrée, avec plus ou moins de succès, dans la pneumonie, la pleurésie, la fièvre hectique, la gangrène pulmonaire, même dans les accès paludéens qu'elle modère, l'érysipèle, la phthisie, l'angine, et toutes les maladies présentant de la fièvre.

A cause de son action sur le système nerveux, elle a été considérée comme un médicament nervin précieux pouvant rendre les mêmes services que l'antipyrine, la quinine et même pouvant remplacer la morphine (DEMIÉVILLE). Elle ne serait pas plus dangereuse que les autres nervins, et aurait des effets hypnotiques.

Elle est pourtant inférieure à l'antipyrine pour combattre la douleur aiguë récente, mais elle lui est supérieure pour calmer les douleurs des ataxiques, des rhumatismes chroniques et des névralgies anciennes.

On l'a conseillée contre l'épilepsie (FAURE), mais elle est inefficace. LABORDE pourtant la préconise contre l'épilepsie vertigineuse. Elle peut rendre des services dans les états inflammatoires qui se présentent chez les aliénés. Mais elle réussit mieux que l'antipyrine dans les excitations motrices, les trépidations épileptoïdes, les réflexes exagérés, les tremblements et les tics douloureux de la face.

On peut dire d'une manière générale que l'abaissement de la température produit par cette substance atténue les phénomènes nerveux, le délire, l'anxiété, diminue les douleurs et favorise le sommeil.

A cause de ses propriétés physiologiques, on ne doit pas employer l'acétanilide chez les malades où il y a à craindre du collapsus, de même que l'on ne doit dépasser certaines doses au delà desquelles les phénomènes d'empoisonnement ne tardent pas à se développer.

L'acétanilide s'administre à des doses qui varient suivant l'effet et la susceptibilité du sujet. D'une façon générale on la donne en cachets de 0,25 à 0,50 centigrammes, de quatre en quatre heures jusqu'à effet, en surveillant attentivement l'administration du remède, de façon à pouvoir arrêter à temps. On peut ainsi en donner jusqu'à 3 grammes dans les vingt-quatre heures (LÉPINE), mais c'est une dose qu'il ne faut pas dépasser.

Son peu de solubilité rend son administration difficile en liquide. DUJARDIN-BEAUMETZ conseille de la donner mélangée à l'élixir de Garus.

Les travaux publiés sur l'acétanilide sont très nombreux. On trouvera une bonne revue générale par H. CHOUPPE, R. S. M., t. xxx, 1887, p. 726, et une autre par LÉPINE, Arch. de méd. exp., t. II, pp. 450 et 555.

CH. LIVON.

ACÉTATES. — Combinaisons de l'acide acétique avec les bases. Il y a des acétates neutres, acides ou basiques.

Sauf les acétates d'argent et de protoxyde de mercure, ils sont tous solubles dans l'eau et dans l'alcool, et présentent presque tous l'odeur caractéristique de l'acide acétique. La chaleur rouge les décompose en produits empyreumatiques et en carbures d'hydrogène. Mais si, avant d'être chauffé, l'acétate est mélangé avec un excès d'alcali, il donne seulement du gaz des marais et de l'acide carbonique qui reste uni à l'alcali, dédoublement intéressant. Chauffés avec de l'acide sulfurique en présence de l'alcool, ils donnent de l'éther acétique.

Leur réaction caractéristique est celle que produit l'azotate mercureux. On obtient un précipité blanc décomposable par la chaleur, avec formation de mercure métallique.

Les acétates s'obtiennent en faisant agir l'acide acétique directement sur les bases ou les carbonates ou encore par double décomposition.

Plusieurs acétates sont employés en médecine, mais leur action physiologique est double, elle tient de l'acide et de la base. Avec certains, c'est surtout l'action de l'acide acétique, par exemple les acétates de soude ou de potasse; avec d'autres, au contraire, c'est l'action de la base qui domine, comme avec les acétates de mercure, de plomb, etc.

CH. L.

ACÉTIQUE (Acide). — $C^2H^4O^2$ ou C^2H^3O, OH, hydrate d'éthyle. — L'acide acétique est le résultat de l'oxydation de l'alcool, qui, sous l'influence d'un ferment spécial, le *Mycoderma aceti*, donne naissance à de l'acide acétique et à de l'eau. On peut aussi l'obtenir en décomposant par la chaleur des substances végétales comme le bois. Par ces différents procédés on obtient de l'acide impur que l'on est obligé de purifier.

Suivant sa provenance, il se présente sous plusieurs états : Vinaigre ordinaire, c'est de l'acide très dilué à 8 à 9 p. 100. — Vinaigre distillé. — Vinaigre radical à 77 p. 100. — Acide pyroligneux, 21 à 42 p. 100. — Acide acétique cristallisable.

Le vinaigre ordinaire est rouge ou blanc suivant le vin qui a servi à le préparer. On peut aussi préparer du vinaigre par le procédé indiqué par Pasteur. Le liquide qui doit par cette méthode donner de l'acide acétique est de l'eau additionnée de 2 p. 100 d'alcool, 1 p. 100 de vinaigre et d'une petite quantité de phosphate de potasse, de chaux, de magnésie, destinés à la nutrition du mycoderma.

L'acide acétique cristallisable, au-dessous de 17°, se présente sous forme de beaux cristaux feuilletés assez difficiles à déterminer. Au-dessus de 17°, les cristaux fondent et donnent naissance à un liquide incolore, à odeur forte et pénétrante, impressionnant fortement la muqueuse pituitaire, donnant naissance à des réflexes très marqués. Sa saveur est très acide ; sa densité est de 1,0635.

Il se mélange à l'eau en toutes proportions, mais en donnant naissance à des liquides dont la densité n'est nullement en rapport avec le degré de concentration. Il se mélange très bien à l'éther et à un grand nombre d'huiles essentielles.

L'acide acétique concentré attire l'humidité de l'air et à mesure diminue de volume ou augmente de densité. On ne peut donc se servir de l'aréomètre pour apprécier son degré de concentration, puisque son maximum de densité, qui est de 1,073, correspond à 77,2 d'acide et 22,8 d'eau.

Il bout à 120°, sa vapeur s'enflamme au contact d'une bougie et brûle avec une flamme bleue. Si on le fait passer dans un tube chauffé au rouge, une partie distille sans modification, l'autre donne de l'acétone et des hydrogènes carbonés.

Il peut servir de dissolvant pour un certain nombre de substances animales et végétales, comme le blanc d'œuf, la fibrine, les résines, le camphre, le gluten.

Préparation. — On le prépare au moyen des liquides qui renferment de l'acide acétique très dilué et impur. Pour cela on commence par préparer un acétate, soit avec de l'acide pyroligneux, soit avec du vinaigre. On donne la préférence à l'acétate de soude. Après saturation par la soude, on évapore la liqueur à siccité dans une bassine de fonte, en chauffant le résidu assez fortement pour carboniser les matières organiques qu'il renferme et ne poussant pas le coup de feu jusqu'à la fusion qui amènerait la décomposition de l'acétate. On reprend le résidu par l'eau et, par cristallisation, on obtient l'acétate de soude qu'il suffit de distiller avec de l'acide sulfurique pour obtenir l'acide acétique cristallisable.

Le liquide ainsi obtenu est soumis à la congélation, on l'égoutte soigneusement ; les cristaux ainsi obtenus constituent l'acide acétique cristallisable.

Action physiologique. — **Action locale.** — L'acide acétique a une action locale assez forte, suivant la durée de l'application. Sur la peau, il produit de la rubéfaction, de la vésication ou de la cautérisation. Il gonfle les tissus, puis les dissout et les désorganise. Sur les muqueuses, l'application locale, très douloureuse, produit les mêmes effets, mais avec plus d'intensité. Introduit dans l'estomac, il le dépouille de son épithélium, fait naître une irritation très forte avec vomissements, collapsus, fièvre et enfin la mort survient, comme avec tous les poisons caustiques.

Les globules sanguins sont dissous par l'acide acétique (Mitscherlich), l'hémoglobine est détruite et l'hématine passant dans le sérum donne au sang une couleur laque.

Si, au lieu d'employer l'acide acétique cristallisable, on se sert des divers vinaigres, les effets sont les mêmes, mais atténués en raison de la dilution. Sur la peau on constate de la rubéfaction seulement, mais, ingérés, ils produisent des effets assez énergiques, car l'acide acétique, même dilué, dissout les épithéliums protecteurs des muqueuses, ainsi que les tissus animaux.

Très étendu et mélangé à l'alimentation, il devient eupeptique et stimule la sécrétion gastrique.

Appliqué sur une plaie, il agit comme styptique et resserre les vaisseaux, ce qui permet parfois de l'employer pour arrêter les hémorrhagies.

Ses vapeurs agissent fortement sur les muqueuses nasales et oculaires.

Action générale. — Cette action ne peut se manifester que lorsque l'acide est employé à l'état de dilution, car s'il est concentré on observe les effets locaux signalés plus haut.

L'acide acétique introduit dans l'organisme se transforme d'abord au contact des carbonates sodiques du sang, en acétate de soude, puis de nouveau par oxydation en bicarbonate de soude que l'on rencontre dans l'urine qui devient alcaline (Gubler, Rabuteau et Massol. *C. R.*, 2 janvier 1872).

Un fait intéressant au point de vue physiologique, c'est que l'acide acétique a une action semblable à celle des acétates alcalins qui agissent comme les bicarbonates alcalins, seulement ceux-ci neutralisent d'abord le suc gastrique.

Du reste, il en est de même de la plupart des acides organiques des fruits ou de la série grasse (formiates alcalins, butyrates, valérianates, tartrates, malates, etc.) qui se transforment dans l'organisme en bicarbonates alcalins et rendent les urines alcalines.

Mallèvre (*C. R.*, 1er décembre 1890) a étudié l'influence de l'acide acétique sur les échanges gazeux respiratoires chez les lapins. Il est arrivé aux conclusions suivantes : en injectant dans le sang une solution d'acétate de soude, dès le début de l'injection on constate des variations dans les échanges gazeux de la respiration. Une demi-heure après, ces variations cessent. En même temps l'urine, acide chez l'animal à jeun depuis deux jours, devient alcaline, et l'alcalinité du sang augmente de 50 p. 100.

En se servant de la calorimétrie pour interpréter ces modifications, on arrive à constater qu'une partie seulement de l'énergie de l'acétate s'est dégagée au profit de l'organisme, c'est-à-dire a exercé une action d'épargne sur les autres éléments nutritifs non azotés.

Les vapeurs d'acide acétique ont une action antiseptique; mais pour qu'elle se manifeste, il faut un certain temps. Ainsi, 15 minutes au minimum pour le bacille du choléra; une heure et demie pour le bacille du charbon, de la fièvre typhoïde, pour le *Staphylococcus pyogenes aureus*.

Toxicologie. — Quoiqu'on ait rarement observé l'empoisonnement par l'acide acétique, il peut se produire chez l'homme, et les effets physiologiques signalés permettent de conclure qu'il peut être toxique. Les symptômes que l'on a pu constater jusqu'à présent sont : aspect blanchâtre des muqueuses buccales et pharyngiennes, sentiment de brûlure dans l'estomac et à la gorge, vomissements, diarrhée, pouls accéléré, petit, serré ; angoisses, sueurs froides sur tout le corps.

On a pu, sur les animaux, après avoir observé les phénomènes indiqués, étudier les lésions de cet empoisonnement. A l'autopsie, on trouve les muqueuses de l'œsophage, de l'estomac et de l'intestin ramollies, enflammées et quelquefois perforées. On constate sur ces membranes, soit par places, soit sur une grande étendue, une coloration noirâtre ayant de l'analogie avec celle produite par l'acide sulfurique. Cet aspect tient à l'action de l'acide sur le sang extravasé. Le traitement à opposer est le même que celui que l'on emploie pour les autres acides.

Recherche de l'acide. — Si l'empoisonnement a été produit par de l'acide dilué qui aura été absorbé quelque temps avant la mort, il sera difficile de le retrouver, puisque dans l'organisme il aura eu le temps de se transformer en carbonates alcalins. Mais, s'il a été absorbé à dose massive, si surtout c'est de l'acide concentré qui a été ingéré, il en restera une quantité suffisante pour être retrouvée dans le tube digestif.

Pour déceler l'acide acétique, on recueille l'estomac et les intestins, ainsi que les liquides qu'ils contiennent; les tissus sont coupés en morceaux et le tout est placé dans un appareil à distillation, après avoir été additionné d'un peu d'eau acidulée avec de l'acide sulfurique, pour décomposer les acétates qui auraient pu se produire. On chauffe et l'on recueille les produits de la distillation qui renferment l'acide acétique, que l'on peut obtenir à l'état d'acide cristallisable, en suivant le procédé indiqué plus haut pour sa préparation. Seulement on ne doit pas perdre de vue qu'il ne suffit pas de trouver de l'acide acétique pour conclure à l'empoisonnement, il faut tenir compte des lésions trouvées à l'autopsie et des symptômes observés avant la mort, car l'acide acétique existe normalement dans les liquides de l'estomac et de l'intestin, et il se forme très facilement par les transformations que subissent les substances organiques.

Usages. — A l'intérieur, on n'emploie que l'acide très dilué sous forme de vinaigre, soit comme condiment pour exciter l'appétit, soit comme boisson tempérante, ainsi que la plupart des acides végétaux. A faible dose, son utilité peut tenir à son action dissolvante sur les albuminoïdes. En excès, il peut causer des lésions graves de la muqueuse stomacale.

C'est surtout à l'extérieur qu'il est employé. L'action de ses vapeurs sur la muqueuse nasale est utilisée pour produire une action vigoureuse et, par le réveil de réflexes, tirer les personnes de l'état syncopal. Pour cet usage, on se sert généralement de petits flacons que l'on remplit de cristaux de sulfate de potasse, que l'on imbibe d'acide acétique cristallisable.

Les lotions vinaigrées sont employées dans les fièvres graves. On peut aussi se servir d'irrigations vinaigrées pour combattre les hémorrhagies capillaires et même utérines. On a mis à profit son pouvoir caustique pour faire disparaître des verrues, des plaques verruqueuses, des végétations vulvaires. Buck et Jansen l'ont conseillé contre le psoriasis. On l'a employé contre les tumeurs de toute nature, soit en applications directes, soit en injections interstitielles. Broadbent, dans un travail paru à Londres en 1866 (*Cancer, a new method of treatment*), a le premier préconisé les injections interstitielles d'acide acétique dans le traitement du cancer, les résultats publiés paraissant bons, et d'autres auteurs ont suivi cette méthode (Moore, Power, Fauconnet, etc.) : L'acide ne doit pas être employé pur, car il pourrait être trop douloureux ; on l'étend d'eau par parties égales, ou bien en en mettant 2, 3 ou 4 parties d'eau.

Méplain a fait disparaître un polype muqueux de la voûte palatine en en injectant dans la tumeur une goutte, puis une demi-goutte. Un cancer de la face fut amélioré par une application d'acide au cinquième (Tillaux).

Mais, les effets obtenus dans le traitement des tumeurs n'ayant pas toujours répondu aux espérances, le procédé a été abandonné.

Contre la gale, Lecœur, de Caen, conseille de frictionner trois fois par jour les parties affectées avec une éponge un peu rude imbibée de bon vinaigre.

On a conseillé le vinaigre comme désinfectant, supérieur d'après Engelmann à l'acide phénique. Mais Schæffer est arrivé à des résultats contraires, puisqu'il a constaté que l'acide phénique à 3 p. 100 est 210 fois plus énergique que l'acide acétique à 5 p. 100, à l'égard du micro-organisme de la suppuration.

Dans la teigne tondante et dans quelques autres affections cutanées, l'acide acétique paraît avoir été employé d'une façon très favorable (Monique. *T. d. P.*, 1883).

Pour la teigne tondante on peut se servir ou d'acide pyroligneux à 6° Beaumé, ou d'une solution d'acide cristallisable à 50 p. 100. On frictionne les plaques énergiquement avec un pinceau rude, imbibé de solution, chaque matin pendant trois jours ; il se produit une légère dermite. Il y a exfoliation des gaines bulbaires imprégnées de spores et quelquefois la guérison s'obtient. Il faut pourtant parfois recommencer le traitement huit ou dix fois, mais il n'y a pas d'alopécie (Lailler).

Dans les affections non parasitaires, on se sert de solutions plus faibles d'acide, à 4 p. 100 par exemple, dont on augmente la concentration, si elles sont bien supportées. L'eczéma sec, l'eczéma pilaire, le lupus érythémateux ont été très avantageusement modifiés par ce traitement.

Enfin dans la fièvre de foin l'acide acétique cristallisable a été employé en applications sur la muqueuse nasale préalablement insensibilisée par la cocaïne. Mais ces applications doivent être faites avec précautions (E. Saïous, in *The Universal medic. Journ.*, sept. 1893).

Histologie. — Ses propriétés sur les éléments organiques en font un réactif précieux en histologie. Le mélange de 30 grammes d'alcool, additionné d'une dizaine de gouttes d'acide acétique, constitue le réactif durcissant de Beale. Comme isolant on l'emploie seul ou dilué dans l'eau ; il gonfle les fibres connectives et les fait disparaître, tandis que les fibres élastiques sont respectées ; les cellules sont rendues plus apparentes, car il en fait très nettement apparaître les noyaux, il est très utile pour faire distinguer les fibres musculaires lisses en mettant en évidence leur noyau en semelle.

C'est encore l'acide acétique cristallisable qui est employé pour former les cristaux d'hémine qui servent à caractériser les taches de sang.

CH. LIVON.

ACÉTIQUE (Fermentation).

ACÉTIQUE (Fermentation). — Les liquides alcooliques, les vins légers, la bière principalement, abandonnés à l'air, deviennent facilement du vinaigre, par suite de la transformation de la totalité ou d'une partie de leur alcool en acide acétique. C'est le processus que l'on désigne sous le nom de *fermentation acétique;* il ne semble se produire qu'aux dépens de l'alcool éthylique.

La présence nécessaire de l'air en abondance a fait regarder depuis longtemps ce phénomène comme une oxydation. On obtient, en effet, la même transformation en soumettant l'alcool à l'action d'agents oxydants énergiques. C'est en outre ce que démontre l'étude chimique de la réaction, qui fait voir que l'alcool, en absorbant de l'oxygène, donne simplement de l'eau et de l'acide acétique :

$$C^2 H^6 O + O^2 = C^2 H^4 O^2 + H^2 O$$
Alcool.   Acide acétique.

On doit à Pasteur d'avoir prouvé que la transformation observée dans la nature est due au développement, dans le liquide où elle se produit, d'un être organisé, et se trouve en rapport intime avec sa vie, de telle sorte que la *fermentation* s'amoindrit et disparaît avec elle.

On avait bien remarqué, depuis longtemps, qu'à la surface des liquides qui s'acétifient, se développait une pellicule souvent très mince, fragile, que les fabricants de vinaigre désignaient sous les noms de *fleurs de vinaigre, mère de vinaigre;* on savait même qu'elle jouait un rôle dans la transformation, mais on était loin de lui attribuer son importance causale mise en lumière seulement par les recherches de Pasteur. Elles ont démontré que la *fermentation acétique,* la transformation en vinaigre des liquides alcooliques, était toujours produite par le développement de bactéries aérobies, jouant le rôle de ferment.

Cette curieuse propriété, très utilisée dans l'industrie et l'économie domestique, et cela depuis une haute antiquité, pour l'obtention du vinaigre, n'est pas dévolue à une seule espèce de bactéries; plusieurs au contraire la possèdent, peut-être à des degrés divers et peuvent servir au même usage. Ces différentes espèces présentent ceci de particulier sur les autres bactéries, qu'elles vivent et se développent très bien dans les milieux acides impropres à la vie de la plupart des autres. Cependant une trop forte proportion d'acide les tue.

Le *ferment acétique* de Pasteur, qu'on peut désigner sous le nom de *Bacillus aceti* vrai, est formé d'articles en bâtonnets courts et gros, mesurant 3 μ au moins de long et 1,15 μ de large, associés en grand nombre en longs chapelets sinueux. En se développant à la surface des liquides alcooliques, naturels ou artificiels, ils y produisent un voile uniforme velouté, dont l'apparition est très rapide; en vingt-quatres heures, une étendue d'un mètre carré au moins peut être recouverte d'une pellicule transparente, très mince.

Hansen décrit sous le nom de *Bacterium Pasteurianum* un ferment acétique bien voisin de celui de Pasteur, qui se rencontrerait fréquemment, selon lui, dans les bières pauvres en alcool et riches en matières extractives, jamais, par contre, dans les bières fortement alcoolisées et dans le vin, où c'est le précédent qui se développe. Il ne diffère pas de celui de Pasteur par sa végétation et son action physiologique, mais seulement par ce fait que son contenu cellulaire se teint en bleu par l'iode, ce qui est dû très probablement à la présence de granulose.

Le *Micrococcus oblongus* de Boutroux, agent de la *fermentation gluconique* des hydrocarbonés, cultivé dans les liquides alcooliques, forme aussi de l'acide acétique et donne un véritable vinaigre avec le vin ou la bière.

Duclaux décrit un autre ferment acétique qui forme un voile sec, fin, ne se plissant pas, mais se recouvrant d'ondulations croisées, à arêtes vives, qui rappellent la surface d'un gâteau de miel.

J'ai obtenu, de mères de vinaigre ménagères, des cultures pures d'un autre ferment acétique qui doit être distinct des précédents; c'est aussi une bactérie en bâtonnets.

La *mère* de cette bactérie, bien développée, est une peau épaisse, blanchâtre ou légèrement rosée lorsqu'on la cultive dans le vin ou dans les jus de fruits rougés, jamais plissée, atteignant facilement 2 ou 3 millimètres d'épaisseur; elle est visqueuse au toucher et présente une consistance assez forte, presque cartilagineuse. Elle se compose de très nombreux bâtonnets de 2,3 μ de long sur 0,6 μ de large, noyés dans une substance fondamentale incolore ou faiblement granuleuse. Dans le voile, ces articles sont immobiles et réunis le plus souvent par deux; isolés dans le liquide, ils présentent un mouvement lent. Dans les vieilles cultures, ils deviennent plus minces, un peu courbés et parfois semblent composés d'une série de renflements ovoïdes irréguliers qui peuvent être pris pour des chaînettes de coccus.

Cultivée dans les milieux liquides, cette bactérie forme un voile épais et ferme. Sur gélatine, elle donne un revêtement large, épais, blanchâtre, presque transparent, à surface plissée; la consistance en est dure, presque cartilagineuse; le milieu ne se liquéfie pas et ne dégage aucune odeur. Sur gélose, la culture est moins résistante, plus jaunâtre et plus unie que sur gélatine. En transportant une parcelle de culture pure dans un liquide alcoolique approprié, il se développe rapidement un voile mince, qui présente, au bout de peu de temps, des points blancs opaques, véritables centres de croissance où la *mère* s'épaissit; par suite du progrès, le voile s'épaissit régulièrement sur toute sa surface.

La présence d'alcool est loin d'être nécessaire au développement de ces bactéries. Elles croissent très bien sur les milieux nutritifs ordinaires, mais ne produisent alors aucune trace d'acide acétique. L'alcool peut cependant être considéré comme un aliment vrai pour elles, mais un aliment secondaire, car elles ne s'en nourrissent que lorsqu'elles n'en ont pas d'autre à leur disposition; elles le brûlent alors entièrement en le transformant d'abord en acide acétique, puis, s'attaquant à ce produit, le détruisent en acide carbonique et eau. Lorsque la fermentation s'accomplit régulièrement, il n'est guère possible de regarder l'oxydation de l'alcool comme un acte véritable de nutrition; la quantité de produit modifié étant par trop considérable par rapport à la quantité de ferment vivant; DUCLAUX a calculé qu'un poids donné de ce ferment servait d'agent de transport sur l'alcool, en trente-six heures, d'au moins 165 fois son poids d'oxygène, la quantité d'acide acétique formé étant en rapport direct avec celle d'alcool brûlé. Ce processus de fermentation est en corrélation intime avec la nutrition, mais ne peut être considéré comme en en faisant réellement partie. On est plutôt porté à le considérer comme un simple phénomène d'oxydation, dépendant d'une propriété spéciale du protoplasma de ces différentes espèces microbiennes, propriété qui ne se manifeste que dans des circonstances bien nettement déterminées et qui peut rester latente lorsque ne se rencontrent pas les conditions particulières, tout en laissant le développement se poursuivre d'une façon pour ainsi dire normale. Aussi, l'on a fait de la fermentation acétique le type des *fermentations par oxydation* où l'organisme vivant, le ferment, ne sert pour ainsi dire que d'intermédiaire entre l'oxygène de l'air et la matière fermentescible, tout comme, dans l'expérience de DAVY, le noir de platine qui, humecté d'alcool à l'air, devient incandescent et provoque la combustion de l'alcool qui se transforme aussi en acide acétique.

Il y a même plus encore ici. Lorsque la matière fermentescible, l'alcool, se trouve en proportions un peu considérables, elle exerce une véritable action toxique sur le ferment, le paralyse d'abord, puis le tue si les doses s'élèvent quelque peu. Ainsi, pour que la fermentation acétique marche régulièrement, il faut que l'alcool ne se rencontre dans le liquide qu'à des proportions assez faibles, 10 p. 100 environ. Si l'on vient à ajouter une quantité plus forte d'alcool, le ferment vivant souffre, la fermentation se trouble. C'est tout d'abord la propriété oxydante qui est atteinte, l'oxydation est incomplète; il se forme aux dépens de l'alcool des produits moins riches en oxygène que l'acide acétique, principalement de l'aldéhyde à odeur suffocante :

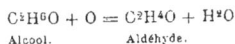

$$C^4H^6O + O = C^2H^4O + H^2O$$

Alcool.   Aldéhyde.

En même temps, le voile s'altère, devient friable, se déchire et tombe au fond du liquide.

De même, lorsque la proportion d'acide acétique formé dépasse certaines limites, de 10 à 13 p. 100 selon le ferment, le développement du ferment s'arrête, et la fermentation cesse; la mort de la bactérie peut même survenir si l'action toxique se prolonge.

La fermentation s'établit mieux dans les liquides qui contiennent déjà une petite quantité d'acide acétique, 1 à 2 p. 100 par exemple.

Lafar a isolé d'une bière en fermentation acide une levure capable de produire une fermentation acétique vraie. C'est toutefois un ferment acétique assez faible, le maximum d'acide produit dans la bière stérilisée n'étant que de 1,19 p. 100 de liquide de culture.

Ces fermentations acétiques ont surtout deux ennemis acharnés qui leur nuisent toujours et parviennent souvent à les suspendre. L'un est un petit ver rond, l'Anguillule du vinaigre; l'autre une sorte de levure, très commune partout, très connue sous le nom de *fleurs de vin*, le *Saccharomyas mycoderma*, *Mycoderma vini* de Pasteur.

Les Anguillules se rencontrent surtout dans les fermentations en grand des vinaigreries. Très avides d'oxygène, elles se concentrent aux bords du voile où elles forment une couche spumeuse légère qui en contient des milliers. Par leurs mouvements très vifs, elles détachent la mère des bords du vase et en provoquent la chute; la fermentation s'arrête alors jusqu'à ce qu'une nouvelle mère se forme, qui a elle-même bientôt le sort de la première.

Les *fleurs de vin* envahissent souvent les liquides qui commencent à s'acétifier. Elles forment, au-dessus de la mère de vinaigre, un voile blanc mat, épais, ridé, très friable, dont les éléments sont ovoïdes, elliptiques, ou même cylindriques, mesurant de 6 à 20 μ de long sur 4 μ de large. La mère de vinaigre étouffée tombe bientôt au fond et perd dès lors son action de ferment. De plus, le mycoderme parasite brûle complètement l'alcool et l'acide acétique que peut contenir le liquide en donnant directement de l'acide carbonique et de l'eau pour tous produits.

Les ferments acétiques semblent très répandus dans la nature puisqu'il suffit d'exposer à l'air du vin ou de la bière pour voir s'y développer dans la majeure partie des cas la fermentation qu'ils occasionnent. Duclaux fait jouer, dans leur dissémination, un grand rôle à une mouche commune partout, *Musca cellaris*, la *Mouche du vinaigre*, qu'attire très vite l'odeur de ce liquide; elle emporterait après elle des germes des milieux qu'elle visite et pourrait ainsi les répandre au loin.

La propriété de ces ferments est utilisée en grand dans l'industrie pour la fabrication du vinaigre. On emploie, dans ce but, tous les liquides de faible teneur alcoolique, principalement les vins, bières, cidres légers. L'action du ferment peut s'exercer dans des cuves peu profondes, munies de couvercles, comme le recommande Pasteur; ou dans des tonneaux de contenance moyenne, comme dans le procédé dit d'Orléans; ou en faisant couler lentement le liquide sur des copeaux de hêtre revêtus de ferment par une opération précédente, comme dans le procédé allemand. Dans tous les cas, la première partie des liquides employés doit être au préalable additionnée d'une certaine quantité d'acide acétique, sous forme de bon vinaigre le plus souvent, pour favoriser le début de la fermentation.

Bibliographie. — Pasteur. *Mémoire sur la fermentation acétique* (*Annales scientifiques de l'école normale supérieure*, t. i, 1864). — Hansen. *Mycoderma acti et Mycoderma Pasteurianum* (*C. r. du laboratoire de Carlsberg*, t. i, 1879). — Duclaux. *Microbiologie* (*Encyclopédie chimique de Frémy*, 1883). — Macé. *Traité pratique de bactériologie*, 1889 et 1891. — Garnier. *Ferments et Fermentations*, 1888. — Bourquelot. *Des Fermentations*, 1889. — Lafar. *Physiologische Studien über Essiggährung* (*Centralblatt für Bakteriologie*, 1893, t. xiii).

E. MACÉ.

ACÉTONE ($C^3 H^6 O$). — L'acétone ordinaire, ou aldéhyde isopropylique, est un liquide incolore, à odeur particulière, se rapprochant un peu de celle du chloroforme. Sa densité est 0,814; son point d'ébullition 56°; soluble dans presque tous les liquides, tels que eau, alcool, éther, etc.; elle brûle à l'air avec une flamme éclairante et dissout les résines, le camphre, le coton poudre.

Quand on traite l'acétone par l'ammoniaque et qu'on abandonne le mélange à l'évaporation spontanée, on obtient un véritable alcaloïde, l'*acétonine* 3 $(C^3H^6)Az^2$. Une solution aqueuse d'acétone traitée par l'amalgame de sodium donne de l'alcool isopropylique (C^3H^8O) (FRIEDEL).

Préparation. — On l'obtient en distillant dans une cornue de grès, à sec, de l'acétate de chaux ou encore mieux de baryte. On reçoit les vapeurs dans un récipient refroidi. Il se forme du carbonate de calcium ou de baryum, et l'acétone distille. On peut la considérer comme le diméthylure de carbonyle $(CH^3)^2CO$.

Connue depuis longtemps, c'est le premier type de corps (acétones) remplissant une fonction chimique que l'on retrouve dans la série grasse et dans la série aromatique.

On peut en général considérer une acétone comme une aldéhyde, dans laquelle l'hydrogène typique a été déplacé par un radical alcoolique.

Ces corps par hydratation donnent des alcools.

On trouve de l'acétone ordinaire dans l'alcool méthylique provenant de la distillation du bois. Mais un point intéressant, c'est que l'on en trouve une certaine quantité dans les urines et dans le sang des diabétiques (MARKOWNIKOFF. *Deutsche chem. Gesellsch,* t. VIII, IX). On en trouve aussi dans les urines des enfants fébricitants (KIEN. *Gaz. méd. de Strasbourg,* 1878). Elle semble se développer dans certaines conditions dans l'économie, par la fermentation des substances organiques.

Son importance biologique ne date que depuis qu'on l'a rencontrée en assez grande quantité dans les urines des diabétiques.

Pour l'en extraire, voici, d'après MARKOWNIKOFF, la façon de procéder (*A. C.*, t. CLXXXII). On ajoute un peu d'acide tartrique à l'urine, que l'on réduit au tiers de son volume, par une distillation méthodique. Cette distillation se fait en plusieurs temps, ajoutant chaque fois un peu de sulfate de magnésie.

On traite le liquide par la potasse fondue, et l'on a de l'acétone impure. On distille au bain-marie au-dessous de 60°, et l'on obtient alors de l'acétone à peu près pure; on rectifie sur du chlorure de calcium pour avoir un produit absolument pur.

Action physiologique. — Cette action a été établie en 1879 par DUJARDIN-BEAUMETZ et AUDIGÉ, dans leurs recherches expérimentales sur la puissance toxique des alcools. Déjà, en 1874, les expériences de KUSSMAUL avaient établi son action toxique et la production du coma sous l'influence de son absorption.

Sur les chiens, 5 grammes par kilogramme du poids du corps de l'animal est une dose toxique. A 2 ou 3 grammes par kilogramme, l'animal se rétablit assez rapidement. A dose toxique, l'animal présente d'abord des mouvements convulsifs, la respiration est irrégulière par suite d'une excitation directe du centre respiratoire, la pupille est dilatée et l'animal aboie d'une manière continue. Puis survient un coma profond, la température s'abaisse de 15° à 20°, et au bout de quelques heures la mort survient.

TAPPEINER, dont les expériences ont été conduites avec toute la rigueur scientifique désirable, résume ainsi l'action de l'acétone :

« L'action de l'acétone sur l'organisme animal présente deux phases :

« La première phase ou phase d'excitation est caractérisée par l'élévation de la pression sanguine et par une fréquence plus grande du pouls et des mouvements respiratoires.

« Pendant la deuxième phase, ou phase de dépression, survient une anesthésie complète, de la faiblesse musculaire : les réflexes sont abolis, la pression du sang s'abaisse, la respiration et le pouls diminuent de fréquence, et la température baisse d'une façon continue jusqu'à la mort qui arrive par paralysie de la respiration. »

Mais à dose modérée, après une période d'agitation, le coma arrive pour faire place ensuite au réveil.

En somme, on constate des phénomènes semblables à ceux que produisent la plupart des anesthésiques, chloroforme, éther, etc.

Partant de ces données physiologiques, depuis que l'on a constaté la présence de l'acétone dans les urines et le sang des diabétiques et de certains malades, bien des auteurs attribuent à un excès d'acétone dans le sang, les phénomènes comateux que l'on observe chez beaucoup de ces malades. C'est ce que l'on appelle l'acétonurie ou l'acétonémie. Quant aux autres acétones, aux acétones mixtes, par exemple, leur action présente une grande analogie avec celle de l'acétone ordinaire (ALBANESE et BARABINI. *Arch. Ital. de Biolog.*, t. XVII, p. 231, 1892).

Usages. — A cause de ses propriétés, l'acétone peut être employée comme anesthésique. Mais il faut avoir soin de n'employer qu'un produit absolument pur. Plusieurs Allemands, et KIDD entre autres, la préfèrent au chloroforme à cause de la rapidité de son action. Mais, tout considéré, rien ne justifie cette préférence, et le chloroforme *pur* reste encore le meilleur anesthésique.

CH. LIVON.

ACÉTONURIE et **ACÉTONÉMIE.** — La présence de l'acétone, dans les urines et le sang de malades présentant certains troubles de la nutrition, est un fait qui n'est plus à démontrer ; d'où l'acétonurie et l'acétonémie, deux états liés l'un à l'autre. Connaissant l'action physiologique de l'acétone et son pouvoir toxique, nul doute que cette substance, accumulée dans l'organisme, ne donne naissance à des désordres graves, comme le coma, par exemple, que l'on constate chez les diabétiques, dont les urines renferment souvent une forte proportion d'acétone.

C'est en 1857 que PETTERS publia la première étude sur le coma diabétique et l'acétonémie ; puis en 1860 parut le travail de KAULICH établissant la théorie de l'acétonémie et la production de l'acétone dans les affections des organes digestifs. En 1874 KUSSMAUL rattacha le coma diabétique à l'acétonurie, en se basant sur l'expérimentation. Il constata chez les diabétiques comateux des phénomènes respiratoires particuliers, tenant à l'excitation directe du centre respiratoire bulbaire.

Cette interprétation ne fut pourtant pas acceptée par tout le monde. FRERICHS entre autres, en 1883, ne reconnut pas l'acétonémie ; pour lui, l'acétone n'ayant pas de pouvoir toxique, le coma diabétique est dû à une intoxication diabétique. Ce sont aussi les conclusions auxquelles arrive JACCOUD dans ses leçons cliniques.

Mais à mesure que les recherches et les travaux se multiplient sur ce sujet, l'acétonémie devient un fait de plus en plus évident. VON JAKSCH publie une série de travaux tendant à démontrer l'acétonurie physiologique et son augmentation dans certaines maladies. PENZOLDT, dans un travail basé sur l'expérimentation, établit l'origine acétonémique du coma, mais il avance pourtant que l'acétonurie n'est pas un phénomène constant dans les fièvres (17 fois sur 28 cas), et qu'elle est assez rare dans le diabète (4 fois sur 22 cas).

BAGINSKY publie un travail sur l'acétonurie chez les enfants, il arrive aux mêmes conclusions que V. JAKSCH, et constate l'apparition de l'acétone dans l'urine des enfants subitement pris de convulsions. ROMME constate que l'acétonurie physiologique n'existe pas, mais que dans les maladies fébriles, à 38°5 ou 39°, l'acétone apparaît dans les urines, mais que l'acétonurie disparaît lorsque la température baisse. Pour lui, comme pour DE GENNES, et la plupart des auteurs que nous avons signalés, le coma diabétique est d'origine acétonémique.

L'acétonémie n'est donc plus mise en doute ; on recherche seulement quels sont les états pathologiques dans lesquels on la rencontre, et quelles sont ses origines. On cherche même à reproduire expérimentalement cet état pathologique.

On trouve en effet de l'acétone dans les urines de bien des malades présentant de troubles digestifs d'origines diverses, on en trouve aussi alors une assez grande quantité dans le contenu de l'estomac et de l'intestin (LORENZ). On ne doit pourtant pas perdre de vue que l'intoxication pourrait être due aussi à des produits moins oxygénés que l'acétone et l'acide acétique, produits qui doivent varier dans leur composition et leur activité.

Dans bien des affections aiguës fébriles, on peut rencontrer des symptômes qui semblent devoir être attribués à l'intoxication acétonémique, car on remarque l'odeur acétonique spéciale de l'haleine, et la réaction rouge rubis de l'urine au contact du perchlorure de fer. C'est ainsi que TALAMON a observé un cas d'acétonémie cérébrale chez un malade atteint de rhumatisme articulaire aigu.

MARRO a constaté de l'acétone en assez grande quantité dans les urines des aliénés atteints d'hallucinations terrifiantes. La quantité d'acétone était en rapport avec l'intensité de la peur. Pour l'auteur, il y aurait eu là action spéciale sur le plexus cœliaque dont l'extirpation peut produire l'acétonurie (Lustig). On a rencontré assez souvent de l'acétone dans les urines des aliénés, mais, comme le fait observer Lailler, ce fait est sans valeur au point de vue de la pathologie mentale. En somme, l'acétonémie et, comme conséquence, l'acétonurie se présentent assez fréquemment.

Peut-on considérer l'acétonémie comme étant un état physiologique qui s'exagèrerait suivant les états morbides, comme le pense von Jacksh? Je ne le crois pas. A l'état normal, les combustions organiques se font complètement, et, tant qu'il n'y a pas de troubles de nutrition, l'acétone ne doit se rencontrer ni dans le sang, ni dans les urines. Certains auteurs, il est vrai, l'ont trouvée à l'état physiologique. Mais, comme les quantités signalées sont très minimes et que, pour les mettre en évidence, on est obligé de soumettre les urines à une distillation prolongée, il est permis de se demander si la présence de l'acétone dans les urines à l'état physiologique n'est pas le fait des procédés de recherches, sans compter que suivant le réactif employé, on peut confondre la réaction de l'acétone avec celle d'autres substances qui peuvent se rencontrer dans les urines, comme je l'indiquerai plus loin.

A l'état pathologique, au contraire, l'acétone se rencontre très souvent dans les urines, surtout pour les maladies qui s'accompagnent de troubles graves de la nutrition. Pourtant jusqu'à présent aucune règle ne semble influencer la présence et la quantité de cette substance. Ainsi chez les diabétiques, qui présentent fréquemment de l'acétonurie, on ne peut pas dire que c'est un état constant. Sans que l'on puisse en expliquer la cause, l'acétonurie varie grandement chez les mêmes sujets d'un moment à l'autre; elle ne correspond pas non plus aux variations du sucre, ni du pouvoir spécifique de l'urine, elle peut même disparaître et cela au moment où se développe le coma que bien des auteurs considèrent comme exclusivement dû à l'acétonurie (Samuel West).

Du reste, le régime a de l'influence sur l'acétonurie; le régime carné, par exemple, augmente très rapidement l'acétonurie chez les diabétiques et chez les autres malades, l'alimentation pauvre en albuminoïdes, riche en hydrocarbures, fait tomber au contraire la quantité d'acétone (Engel).

D'après Romme, l'acétonurie se présente dans les pyrexies aiguës à une température de 38°5 à 39°. Mais, quoique la présence de l'acétone soit à peu près régulière dans diverses affections fébriles, il n'y a aucune relation entre l'acétonurie et l'élévation thermique, et il peut y avoir des variations très grandes dans la quantité d'acétone pour une même maladie avec de l'hyperthermie.

L'acétonurie peut encore se rencontrer dans certaines intoxications, comme celles par l'antipyrine, la morphine, le plomb. Les auto-intoxications sont aussi causes d'acétonurie.

Enfin, je dois ajouter que Devoto a constaté la présence de l'acétone dans la sueur d'individus sains ou malades soumis à l'action de l'étuve sèche : 2 paludéens, 1 typhique, 1 diabétique, 2 convalescents soumis à un régime carné. Il a aussi trouvé de l'acétone dans la sueur d'individus soumis au régime mixte.

De ce qui précède, il est facile de conclure que, suivant certains processus morbides, l'acétone se développera dans le sang, et son élimination se fera en même temps par les urines. Cette acétonurie en somme, continuera tant qu'existera l'acétonémie. Mais, si cette élimination vient à s'arrêter, la substance s'accumulera dans l'organisme et donnera naissance à une intoxication.

Or les recherches d'Albertoni et Pisenti ont démontré que l'ingestion journalière d'acétone produisait du côté des reins une lésion qu'ils appellent *Nephritis acetonica*, caractérisée par des altérations notables dans la subtance corticale et surtout dans l'épithélium des tubes contournés.

L'anatomie pathologique aussi a montré que chez bien des acétonémiques les reins étaient altérés (Ebstein, de Gennes, Collin, Taylor).

Par conséquent, tant que la fonction rénale est intacte, l'organisme se débarrasse des déchets organiques et des substances toxiques, et l'acétonémique, diabétique ou autre, élimine l'acétone que produit son organisme; mais, le jour où le rein est altéré dans sa structure, sa fonction est diminuée, puis abolie, il y a accumulation d'acétone dans l'organisme, et c'est alors que commencent les symptômes de l'intoxication, caractérisée par une grande dépression des forces, de la faiblesse de la respiration, du resserrement et de l'immobilité des pupilles, de la rétention d'urine, de la suspension de presque toutes les sécrétions, du ballonnement du ventre et une odeur spéciale, *acétonique*, de l'haleine et de la sueur. Les mouvements du cœur et les pulsations sont d'abord ralentis, pour faire place ensuite, lorsque l'intoxication fait des progrès, à une accélération et à une élévation de température dues à la paralysie des vaso-moteurs, par suite d'une action bulbaire évidente. Il y a de l'agitation, de l'angoisse, de la dyspnée, des troubles gastro-intestinaux, puis du collapsus. Les extrémités se refroidissent, et la mort ne tarde pas à suivre le coma. Ce cortège de symptômes se déroule généralement entre quelques heures et 2 ou 3 jours.

Quelle est la cause de la présence de l'acétone dans l'organisme?

Pour certains auteurs, Janicke, Von Jaksch, Rosenfeld et Baginsky, l'acétone que l'on rencontre dans les urines des fébricitants est un produit de décomposition des albuminoïdes, l'acétonémie fébrile provenant de la combustion énergique des albuminoïdes. L'acétone que l'on trouve dans les urines peut être considérée comme le résultat de la décomposition des substances quaternaires.

Pour beaucoup, l'acétone provient du glycose. Du reste, c'est chez les diabétiques que l'on rencontre le plus souvent les accidents dus à l'acétonémie. Il se produirait une véritable fermentation du glycose. Kaulich prétend que cette fermentation est due à la *Sarcina ventriculi*, la *Torulæa cerevisi* ou à quelques autres micro-organismes. C'est aussi l'opinion partagée par quelques auteurs (De Gennes).

Pour Bouchard, les intoxications acétonémiques seraient produites par des corps se développant dans certaines maladies, même non infectieuses, résultant d'une élaboration vicieuse de la matière par l'organisme humain; substances anomales, non engendrées par des microbes; quelque matière peccante élaborée dans l'intestin dans les états dyspeptiques graves, dans la fièvre typhoïde, les dilatations de l'estomac, etc.

Partant de ces diverses interprétations, on a cherché à reproduire expérimentalement l'acétonémie et l'acétonurie.

Il suffit de faire respirer ou ingérer de l'acétone à des animaux, pour provoquer de l'acétonurie et donner naissance, si l'action se prolonge, à tous les phénomènes de l'intoxication acétonique sur la moelle, le bulbe et la protubérance (André et Baglan). Mais ce n'est là qu'une simple intoxication, n'éclairant nullement l'étiologie de l'acétonémie, car, si l'on produit de l'acétonurie, c'est que l'organisme élimine l'acétone introduite expérimentalement. L'acétonurie expérimentale peut se manifester après l'administration de la pyridine, agent destructeur du sang (Boesi). C'est là une expérience plus probante en faveur de la théorie qui donne comme cause de l'acétonémie les troubles de nutrition. Mais les expériences qui semblent le mieux démontrer cette étiologie sont celles qui portent sur le sympathique, le grand régulateur des fonctions de nutrition. Lustig en effet a observé chez les chiens et les lapins de l'acétonémie, ainsi que de la glycosurie, après l'ablation du plexus cœliaque. Il en serait de même de la section des nerfs splanchniques et de l'extirpation du plexus aortique abdominal. Après la piqûre du plancher du quatrième ventricule, Oddi aurait trouvé de l'acétonurie durant du troisième au neuvième jour.

Viola pourtant, après l'extirpation complète du plexus cœliaque, n'aurait trouvé ni glycosurie, ni acétonurie, ni albuminurie.

Assurément la question est loin d'être élucidée au point de vue étiologique, mais de l'ensemble des faits observés et de l'expérimentation, il ressort que ce sont les troubles de la nutrition qui engendrent l'acétonémie et l'acétonurie, que ces troubles soient d'origine pathologique (diabète, troubles gastro-intestinaux) ou d'origine expérimentale (lésions du sympathique ou de la région bulbo-protubérantielle).

Moyens de reconnaître l'acétone dans les urines. — Plusieurs réactifs peuvent être employés. Nous allons les indiquer en faisant voir leurs avantages et leurs inconvénients.

Réactif de Lieben. — On ajoute à l'urine quelques gouttes d'une solution iodurée d'iodure de potassium et un excès de soude. Si l'urine renferme de l'acétone, il se forme un précipité d'iodoforme, toujours facile à reconnaître à l'odeur caractéristique.

Ce réactif est d'une très grande sensibilité; mais la même réaction se produit avec 19 corps, parmi lesquels il faut compter l'alcool éthylique et l'acide lactique. On peut donc être induit en erreur.

Réactif de Legal. — On ajoute quelques gouttes d'une solution de nitro-prussiate de soude, puis une lessive de soude concentrée. S'il y a de l'acétone, il se produit une coloration rouge carmin qui au bout de quelques temps passe au jaune vert.

Si l'on ajoute une trace d'acide acétique, la coloration rouge carmin reparaît, pour disparaître sous l'influence d'un excès d'acide.

Si alors on chauffe le liquide, on obtient un précipité de bleu de Berlin.

Ce réactif est sensible à 3/1000; mais alors la succession des teintes est peu marquée.

Réactif de Reynold. — On verse quelques gouttes de chlorure de mercure et un excès de lessive de soude; s'il y a de l'acétone, il se produit un précipité d'oxyde de mercure.

On filtre soigneusement et l'on ajoute au liquide limpide du sulfure d'ammonium. Après un moment de repos, on distingue, au contact des deux liquides, un anneau noir de sulfure de mercure.

Ce réactif comme le précédent est sensible au 3/1000, mais il est un peu compliqué.

Réactif de Chautard. — Dans 500 grammes d'eau on dissout 0,25 de fuchsine, et l'on fait passer un courant de gaz sulfureux dans la solution. On obtient un liquide décoloré, quelquefois teinté en jaune clair, que l'acide sulfureux en excès ne peut modifier.

Pour rechercher l'acétone, dans un tube à essai contenant 15 à 20 cc. d'urine, on verse quelques gouttes de réactif. S'il y a de l'acétone, il se produit une coloration violette. Cette teinte varie nécessairement suivant la proportion d'acétone. Avec une solution à 1/10 on a un magnifique violet, à 1/400 un violet assez intense, à 1/1000 une teinte bien sensible. Lorsque l'on fait agir le réactif sur les produits de distillation de l'urine, on peut mettre en évidence une proportion de 1/10 000 d'acétone. Ce réactif est caractéristique pour l'acétone, il se conserve et est d'un emploi très facile; c'est celui que l'on doit employer de préférence. Il est bon d'ajouter qu'il ne faut pas, dans des recherches de ce genre, se borner à un seul réactif; d'un autre côté, lorsque l'examen direct de l'urine n'a rien donné, il faut soumettre ce liquide à une distillation conduite avec précaution, qui permet alors de déceler des quantités extrêmement minimes d'acétone.

Bibliographie. — PETTERS (*Prager Vierteljahrschrift*, 1857). — KAULICH. *Ueber Aceton-bildung im Organismus* (*Prager Viert.*, t. LXVII, p. 58, 1860). — KUSSMAUL. *Zur Lehre von Diabetes mellitus* (*Deutsch. Arch. f. Klin. Med.*, 1874). — J. CYR. *De la mort subite dans le diabète* (*Arch. de Médecine*, 1877-1878). — FORSTER. *Diabetic coma; Acetonemia* (*British Med. Journ.*, 1878). — EBSTEIN. *Ueber Drüsenepithelnekrosen beim Diabetes mellitus, etc.* (*Deutsch. Arch. f. klin. Med.*, 1881). — TAYLOR. *On the fatal termination of the diabetes, etc.* (*Guy's Hospital reports*, 1881). — VON JAKSCH. *Ueber pathologische Acetonurie* (*Zeit. f. klin. Med.*, t. V, p. 346, 1882). — VON JAKSCH. *Epilepsia acetonica* (*Zeitschr. f. klin. Med.*, 1882). — FRERICHS. *Ueber den plötzlichen Tod und ueber das Coma bei Diabetes* (*Zeitschrift f. klin. Med.*, 1883). — PENZOLDT. *Beiträge zur Lehre von Acetonurie, etc.* (*Deutsch. Arch. f. klin. Med.*, 1883). — TAPPEINER. *Ueber die gift. Eigenschaften des Acetons* (*Deutsch. Arch. f. klin. Med.*, 1883). — ALBERTONI. *Die Wirkung und die Verwandlungen einiger Stoffe im Organismus, etc.* (*Arch. f. experim. Path. u. Pharm.*, 1887). — DE GENNES. *Étude sur l'Acétonémie*, T. D., Paris, 1884. — JACCOUD. *Leçons de clinique médicale faites à l'hôpital de la Pitié*, 1886-1887. — ALBERTONI und PISENTI. *Ueber die Wirkung des Aceton und der Acetessigsäure auf die Nieren* (A. P., 1887, t. XXIII, p. 393). — LÉPINE. *Sur la pathogénie et le traitement du coma diabétique* (*Revue de Médecine*, 1887). — BOUCHARD. *Leçons sur les auto-intoxications*, Paris, 1887. — BAGINSKY. *Ueber Acetonurie bei Kindern* (*Arch. f. Kinderheilk.*, 1888). — ROMME. *Contribution à l'étude de l'acétonurie et du coma diabétique*. T. D. Paris, 1888. — A. MARRO. *L'acétonurie et la peur* (*Giorn. del R. Acad. di Med. di Torino*, août 1889). — SAMUEL WEST. *Acetonuria and its relation to diabetic coma* (*Med. chir. Transact.*, t. LXXII, p. 91, 1889). — DEVOTO. *Sur la présence de l'acétone dans la sueur* (*Riv. Gener. ital. di clinica medica*, n° 14, p. 330, 1890). — LORENZ. *L'acétonurie et en particulier sa production sous l'influence de troubles digestifs* (*Zeitsch. für klin. Med.*, t. XIX, p. 19). — ENGEL. *Variations quantitatives d'acétone* (*Zeitsch. für klin. Med.*, t. XX, p. 514-533). — G. VIOLA. *Sur la prétendue acétonurie déterminée par l'ablation du plexus cœliaque* (*Rivista gener. Ital. di clin. medica*, n°s 12,13, p. 285, 1891). — A. LUSTIG et R. ODDI. *Sur quelques récentes recherches touchant l'acétonurie et la glycosurie* *expérimentale (Arch. italien. de Biologie*, t. XVII, p. 121, 1892). — TALAMON. *Acétonurie céré-brale dans un cas de rhumatisme articulaire aigu (Médecine moderne*, 2 avril 1891). — ANDRÉ et BAGLAN. *Acétonurie expérimentale (Midi médical*, juin 1892). — LAILLER. *De l'Acétonu-rie chez les aliénés à propos d'une communication à la Société de médecine mentale de Belgique en septembre* 1891, *par MM.* BOECK *et* SLOSSE *(Annales médico-psychologiques*, mars-avril 1892. — BOESI. *Recherches cliniques et expérimentales sur l'acétonémie (Rivista di clinica et terapeutica*, 1892).

CH. LIVON.

ACÉTYLÈNE. — Carbure d'hydrogène (C^2H^2). On ne connaît pas ses pro-priétés physiologiques. On suppose cependant qu'il se combine à l'hémoglobine du sang pour produire des effets analogues à ceux de l'oxyde de carbone.

ACHILLÉINE. — Matière amère qu'on extrait de l'Achillée (*Achillea mille-folium*) et qui fut découverte par ZANON (ZANON, *A. C. P.*, t. LVIII, p. 31).

ACHOLIE. — Suppression de la sécrétion biliaire. Elle peut être due à diverses causes; il y a l'acholie de cause toxique, l'acholie de cause mécanique et l'acho-lie de cause physiologique, due à une perturbation organique du foie (Voyez **Bile**).

ACHROMATOPSIE. — Un sens chromatique normal fournit une infinité de sensations visuelles, différentes par leurs teintes, le ton de la couleur. Le daltonien n'a que deux sensations colorées; l'une jaune, dans la moitié la moins réfrangible du spectre; l'autre bleue, dans la moitié la plus réfrangible du spectre. Ces deux teintes peuvent varier d'intensité lumineuse, devenir sombres; elles peuvent se mélanger de blanc, devenir claires, peu saturées. Mais toujours c'est l'une ou l'autre des deux cou-leurs, plus ou moins lumineuse, plus ou moins saturée. Le daltonien voit aussi du blanc, avec ses nuances grises; de plus, il a des sensations visuelles noires (Voyez **Daltonisme**).

A en juger d'après certaines observations, il pourrait y avoir des organes visuels normaux pour le reste, mais qui depuis la naissance ne produiraient que des sensations blanches, et leurs nuances grises; ces personnes auraient aussi des sensations visuelles noires. Le blanc et le noir sont donc en somme les deux seules qualités de la sensation visuelle que ces yeux « achromatopes » pourraient produire. Toutes les lumières, sim-ples ou composées, font sur eux l'impression d'un gris ou blanc plus ou moins intense. Les sensations visuelles dans « l'achromatopsie » ne diffèrent entre elles que par leur intensité lumineuse. Entre les gravures et les tableaux, il n'y a aucune différence lumi-neuse. Le monde extérieur paraît à ces gens comme un dessin unicolore ou une photo-graphie.

L'achromatopsie totale congénitale est excessivement rare. C'est à peine si les publi-cations ophtalmologiques signalent une vingtaine de cas observés. Si néanmoins on attache un intérêt marqué à ces observations, c'est en vue de l'importance théorique qu'on leur attribue. On espère trouver dans leur étude la clef du mystère de la chroma-topsie normale. On ne manque jamais de rapprocher l'achromatopsie totale et le dalto-nisme congénital; on veut y voir un degré plus prononcé de cette dernière anomalie. Il y a lieu toutefois de relever tout d'abord une différence essentielle entre les deux espèces de cas. Dans le daltonisme, l'acuité visuelle est normale; il en est de même du sens de lumière, ou à peu près. Le champ visuel est normal. Dans l'achromatopsie totale congénitale au contraire, l'acuité visuelle, le sens de lumière, et le champ visuel sont fortement entamés, tout comme dans les cas d'achromatopsie acquise par suite de maladies dans les conducteurs périphériques de l'appareil nerveux visuel. Cette circon-stance tend donc à faire de l'achromatopsie congénitale aussi un état différent par essence du daltonisme congénital.

Dans l'immense majorité des cas d'achromatopsie congénitale publiés, les autres fonctions rétiniennes sont profondément atteintes. Cela est vrai notamment des trois cas observés par LANDOLT, dans celui de MAGNUS et dans celui de DOR. L'acuité visuelle n'y était que de un à deux dixièmes de la normale. D'autres auteurs ne parlent pas de troubles de l'acuité visuelle; on peut en conclure tout au plus que chez leurs sujets elle n'était pas très défectueuse. Galezowski qualifie de bonne l'acuité visuelle de son cas. Or il y signale l'existence du nystagmus. Et le nystagmus congénital est à peu près toujours compliqué d'un degré prononcé d'amblyopie, due à une malformation du système nerveux optique. Il n'y a en somme que l'observation d'O. Becker, d'une telle achromatopsie bornée à un seul œil, où l'acuité visuelle se soit trouvée absolument normale.

Le sens de lumière n'a guère été examiné systématiquement; il est à supposer qu'il était plus ou moins défectueux dans tous ces cas. Précisément le cas d'O. Becker, avec acuité visuelle normale, présentait une diminution de la sensibilité aux différences d'éclairage. Dans un cas de Landolt, les couleurs spectrales montraient toutefois les mêmes clartés relatives que pour un œil normal.

L'étendue du spectre visible n'a guère été examinée dans l'achromatopsie congénitale; il est à supposer que le spectre est rétréci à l'une ou l'autre de ses extrémités, peut-être à toutes les deux.

Le champ visuel était irrégulièrement rétréci dans un cas de Landolt, ce qui semblerait dénoter une altération de la rétine; il était normal dans le cas d'O. Becker. Landolt renseigne des altérations du fond de l'œil, tandis que d'autres auteurs n'ont rien trouvé d'anormal à l'examen ophtalmoscopique. Le nystagmus a été signalé dans la plupart des cas; et nous avons dit que le nystagmus congénital s'accompagne d'amblyopie; il repose sur une altération profonde de l'appareil nerveux visuel.

Ajoutons enfin qu'à en juger d'après les quelques cas publiés, l'achromatopsie congénitale atteint ordinairement les deux yeux à la fois, et qu'elle se rencontre souvent chez plusieurs membres de la même famille. Le cas d'O. Becker fut observé dans une famille de daltoniens. L'auteur rappelle que l'achromatopsie unilatérale pourrait très bien passer inaperçue si, comme on le fait habituellement, on explore la chromatopsie des deux yeux à la fois.

Avant de discuter la signification physiologique de l'achromatopsie congénitale, il convient d'examiner les circonstances assez nombreuses où un œil à chromatopsie normale peut voir incolores des lumières généralement colorées, puis de rappeler les points essentiels de l'achromatopsie pathologique, consécutive à des maladies de l'organe visuel.

1° Un organe visuel normal voit incolores toutes les lumières, simples ou composées, pourvu que leur intensité lumineuse soit assez faible. Il faut à cet effet un éclairage d'autant plus faible que la surface rétinienne éclairée est plus grande. La chromatopsie normale est en effet fonction et de l'éclairage, et de la grandeur de l'image rétinienne.

Il y a d'ailleurs sous ce rapport de grandes différences entre les différentes couleurs : une lumière verte ou rouge par exemple est incolore à un éclairage général pour lequel une bleue ou jaune produit encore sa sensation chromatique. A un faible éclairage, la rétine est daltonienne, puis achromatope.

2° Le contraste lumineux successif (produisant les images accidentelles négatives) peut faire voir incolore une lumière généralement colorée. Une couleur peu saturée paraît grise si elle tombe sur un endroit rétinien préalablement éclairé par une lumière ayant cette teinte. On aime à dire que l'endroit rétinien en question est « fatigué » pour cette couleur.

3° Sur la périphérie rétinienne, nous sommes tous achromatopes, mais achromatopes seulement pour une certaine intensité, même assez forte, de n'importe quelle lumière. La périphérie rétinienne est apte à fournir des sensations colorées, pourvu que la lumière soit assez intense (Landolt). — L'influence de la grandeur de l'image rétinienne se fait sentir dans le même sens que l'éclairage. Un endroit rétinien intermédiaire entre le centre et la périphérie fournit encore des sensations de couleur, pourvu que la lumière éclaire une assez grande étendue de la membrane nerveuse. — Enfin, les couleurs qui sont perçues avec l'éclairage le plus faible (le bleu et le jaune) sont aussi, l'éclairage étant à peu près le même, distinguées le plus loin sur la périphérie rétinienne, et sous un angle plus petit.

4° A ces exemples d'achromatopsie normale, il faut ajouter les nombreux cas d'*achromatopsie pathologique*. Dans certaines maladies de l'appareil nerveux optique, surtout dans les processus atrophiques du nerf optique, il survient une achromatopsie complète de toute la rétine, achromatopsie qui le plus souvent précède la cécité complète. Et avant d'aboutir à l'achromatopsie, le sens visuel passe par un stade où certaines couleurs sont seules perçues comme telles. De nouveau, c'est généralement le jaune et le bleu qui persistent en dernier lieu. A ce moment, l'œil fait en somme les mêmes confusions de couleurs que dans le daltonisme congénital. Comme dans ce dernier, il ne persiste que deux couleurs, la jaune dans la moitié la moins réfrangible, la bleue dans la partie la plus réfrangible du spectre. Il se présente toutefois des cas exceptionnels ou d'autres couleurs semblent persister en dernier lieu.

Avant de devenir absolue, l'achromatopsie pathologique n'est que relative, c'est-à-dire relative à l'éclairage et à la grandeur de l'image rétinienne; une lumière plus intense, ou l'éclairement d'une plus grande étendue rétinienne, peuvent encore provoquer une sensation chromatique, colorée.

L'achromatopsie pathologique, dans les dégénérescences atrophiques diffuses du nerf optique, n'envahit d'abord qu'une partie périphérique de la rétine. Somme toute, l'achromatopsie normale, physiologique, de la périphérie rétinienne, s'étend peu à peu vers le centre rétinien, qu'elle finit par envahir lui-même. Les champs de couleurs normaux (voyez **Périmétrie**) se rétrécissent tous, deviennent punctiformes, et s'évanouissent, à commencer par ceux qui normalement sont les moins étendus, par le rouge, le vert et le violet. Encore une fois, le bleu et le jaune sont les derniers à s'éclipser totalement.

Dans le cours de ces maladies, il arrive que l'acuité visuelle centrale de la *fovea centralis* soit encore normale ou à peu près, alors que la chromatopsie est déjà très réduite sur le restant de la rétine. On peut même trouver que la chromatopsie de la *fovea* est réduite, voire même abolie pour un éclairage moyen, alors que l'acuité visuelle y est encore normale. — Sur le restant de la rétine, c'est-à-dire sur sa plus grande étendue, la chromatopsie n'a guère été trouvée abolie sans que le sens de lumière et l'acuité visuelle y aient été plus ou moins réduits également.

On observe aussi des cas pathologiques où un secteur rétinien bien circonscrit est seul atteint dans sa chromatopsie. On suppose alors, et pour certains cas la chose est prouvée, une dégénérescence de faisceaux limités du nerf optique.

Un exemple de ce genre qui offre un certain intérêt théorique est celui où une moitié latérale d'un champ visuel, où même les deux moitiés homonymes des deux champs visuels sont devenus achromatopes. On a même soutenu que la chromatopsie peut être abolie dans une moitié du champ visuel, alors que l'acuité visuelle, et le sens de lumière y étaient conservés intacts. Ce dernier point ne semble pas établi à toute évidence.

Un cas remarquable est celui où, par suite d'une maladie du nerf optique, les fonctions de la *fovea* seule (et d'une partie avoisinante de la *macula lutea*) sont atteintes, tandis que le restant de la rétine fonctionne normalement. Ce sont les scotomes centraux par suite d'intoxications diverses (par l'alcool, la nicotine, le sulfure de carbone, etc.). La chromatopsie diminue dans la *fovea;* elle passe par un stade franchement daltonien, et peut aboutir à l'achromatopsie complète. Dans le stade daltonien, l'acuité visuelle est déjà entamée; mais elle peut être encore relativement bonne. Dans le stade d'achromatopsie, elle est toujours fortement réduite. En même temps le sens de la lumière y a baissé : le minimum de lumière nécessaire pour provoquer encore une sensation lumineuse est sensiblement plus élevé qu'à l'état normal. — On a démontré qu'il s'agit ici toujours d'une dégénérescence des fibres du nerf optique qui innervent la *fovea centralis*.

Si donc nous faisons une certaine réserve pour la *fovea centralis*, nous pouvons dire que lorsque, par suite de processus pathologiques dans l'appareil nerveux optique — et il s'agit ordinairement, sinon toujours, d'altérations des fibres du nerf — la chromatopsie est diminuée sur une partie de la rétine, l'acuité visuelle, le pouvoir de distinction y est diminué également. Le stade de l'achromatopsie semble même dans la *fovea* être toujours compliqué d'une réduction de l'acuité visuelle. Le sens de lumière diminue dans les mêmes circonstances, soit qu'on le mesure à l'aide de la sensibilité aux différences d'éclairage, soit qu'on l'évalue en déterminant le minimum d'éclairage, nécessaire (et suffisant) pour provoquer encore une sensation lumineuse simple.

Les processus pathologiques siégeant dans les éléments conducteurs périphériques de l'appareil optique y diminuent l'excitabilité, le travail physiologique. Au point de vue de l'effet sensoriel de l'excitation, l'effet est analogue à celui d'une diminution de l'éclairage.

La chromatopsie est d'abord diminuée (stade daltonien dans l'un et l'autre cas), puis elle passe à l'achromatopsie complète. Pour l'un et l'autre cas, la cause en est dans la réduction du processus qui se passe dans les éléments nerveux optiques.

On explique souvent l'achromatopsie de la périphérie rétinienne aussi par une moindre excitabilité des éléments nerveux. A cela on objecte que, pour produire sur la périphérie rétinienne une impression lumineuse simple, blanche, il ne faut pas une plus forte intensité lumineuse que pour la produire dans la *fovea*. L'objection a certainement sa valeur. Cependant l'excitabilité de la périphérie rétinienne semble être moindre, en ce sens que l'excitation y croit moins vite avec l'excitant que dans le centre rétinien.

Ceci étant donc admis, l'achromatopsie de la périphérie rétinienne, celle du centre rétinien à un faible éclairage, et enfin l'achromatopsie due à des maladies des éléments nerveux périphériques de l'organe visuel, peuvent être ramenées à un seul facteur, à une moindre énergie du processus physiologique qui se passe dans les éléments nerveux visuels.

Dans toutes ces circonstances, les autres fonctions rétiniennes, le sens de lumière et l'acuité visuelle souffrent plus ou moins, en même temps que la chromatopsie.

Mais, dit-on, il est des circonstances où l'une de ces fonctions rétiniennes peut être abaissée relativement plus que les autres. Tel est le cas notamment pour la périphérie rétinienne, où le sens de lumière est aussi exquis que dans la *fovea*, et où la chromatopsie et l'acuité visuelle sont presque nulles. Nous avons de plus signalé des cas pathologiques où, par suite d'altérations diffuses de tout le nerf optique, l'acuité visuelle de la *fovea* est à peu près normale, alors que la chromatopsie a baissé notablement dans le restant de la rétine, voire même dans la *fovea* elle-même. L'hypothèse d'un moindre travail physiologique n'explique donc pas tous les phénomènes; certains auteurs admettent que l'acuité visuelle est produite par des éléments nerveux à part, différents de ceux qui produisent la chromatopsie, par exemple, et qui pourraient fonctionner encore, alors que les autres seraient atteints par le processus dégénératif; sur la périphérie rétinienne ils seraient moins développés ou moins nombreux.

Pour ce qui regarde la *fovea*, dont l'acuité visuelle peut être intacte, alors que la chromatopsie est diminuée, surtout dans la périphérie rétinienne, et cela dans les dégénérescences de toutes les fibres du nerf optique, on a expliqué les observations par toutes sortes d'hypothèses, notamment en supposant que les fibres du nerf optique qui se rendent à la *fovea* seraient moins atteintes par le processus pathologique.

Nous pensons que la cause de cette exception est la suivante. D'après toutes les apparences (voyez **Acuité visuelle**), le maximum de l'acuité visuelle observée réellement aux différents endroits de la rétine est déterminé par des causes différentes. En dehors de la *fovea*, ce maximum est dû à la constitution physiologique de la rétine. Dans la *fovea*, il est le fait des imperfections du système dioptrique de l'œil; la constitution physiologique de la *fovea* y admettrait une acuité physiologique beaucoup plus grande que celle qu'on observe réellement. Une diminution des propriétés physiologiques de tous les éléments optiques devra donc diminuer l'acuité visuelle sur la périphérie rétinienne, mais peut laisser normale l'acuité visuelle de la *fovea centralis* — aussi longtemps que l'acuité visuelle comme fonction nerveuse est encore supérieure à cette même acuité comme fonction de la netteté de l'image rétinienne. La chromatopsie dans la *fovea* n'est pas plus développée que dans le restant de la rétine. Elle y est fonction de l'éclairage et de la grandeur de l'image rétinienne, et cela dans la même mesure que sur la périphérie rétinienne. On conçoit donc qu'elle puisse y être atteinte dans une plus forte mesure que l'acuité visuelle, même dans l'hypothèse d'un seul élément photo-sensible, produisant et la chromatopsie, et l'acuité visuelle.

Pour prouver que l'acuité visuelle est le fait d'autres éléments corticaux que la chromatopsie, on a invoqué l'achromatopsie qui se présente sous forme d'hémianopie, et surtout celle d'hémianopie double homonyme. Au dire des auteurs, l'acuité visuelle pourrait être normale ou à peu près dans la partie achromatope du champ visuel (A. CHARPENTIER). — L'hémianopie homonyme devant être mise sur le compte d'une altération hémisphérique, elle tendrait à prouver que les éléments corticaux percepteurs des couleurs sont différents de ceux qui produisent l'acuité visuelle. Les observations de ce genre sont trop peu nombreuses pour qu'on puisse admettre comme chose absolument prouvée que la chromatopsie puisse être abolie dans une moitié du champ visuel, alors que l'acuité visuelle y est normale.

Chaque fois donc que la chromatopsie se réduit et disparaît, elle passe d'abord par un stade daltonien. Il est dès lors assez naturel de supposer à toutes ces diminutions de la chromatopsie une cause commune, qui, selon qu'elle serait plus ou moins prononcée, produirait tantôt l'achromatopsie complète, tantôt l'achromatopsie partielle, dont la forme la plus fréquente est le daltonisme. Ce facteur commun serait la diminution du travail physiologique, soit par diminution des propriétés physiologiques, soit par dimution de l'excitant extérieur.

Une telle hypothèse s'applique assez bien à tous les cas, sauf au daltonisme congénital. Pour ce qui est de l'achromatopsie congénitale, l'examen des autres fonctions de l'appareil optique tend à la rapprocher de l'achromatopsie acquise par suite de processus pathologiques dans la périphérie de l'appareil nerveux visuel. Elle semble découler d'une diminution de l'excitabilité des éléments nerveux visuels existant déjà à la naissance. La probabilité est que cette diminution serait le résultat d'une maladie intra-utérine, peut-être aussi d'un développement anormal des parties périphériques de l'appareil nerveux visuel. La diminution de l'acuité visuelle, la forme du champ visuel, le nystagmus, etc., parlent dans ce sens. Il n'y a en somme que le cas d'O. Becker dans lequel toutes les autres fonctions rétiniennes étaient intactes. C'est trop peu pour rapprocher du daltonisme congénital la classe entière de l'achromatopsie congénitale.

Les partisans des diverses théories émises sur le mécanisme physiologique de la perception des couleurs essayent d'expliquer l'achromatopsie à leur point de vue. La plus ancienne en date, celle de Young et Helmholtz, des trois énergies spécifiques, explique le daltonisme congénital par l'absence d'une des trois énergies. L'achromatopsie serait produite par l'absence de deux de ces énergies; chaque lumière suffisamment intense devrait produire la sensation colorée correspondante, qui serait confondue avec le blanc (ou le gris). Parmi les nombreuses difficultés qu'elle rencontre pour rendre compte de l'achromatopsie congénitale, citons notamment le fait que l'achromatope voit aux divers endroits du spectre les mêmes intensités lumineuses relatives qu'un sens visuel normal (pour la chromatopsie).

La théorie de Hering semble se prêter mieux à une explication des faits. D'après elle les transformations chimiques d'une substance « visuelle » produisant les seules sensations noires, blanches et grises, et les couleurs proprement dites étant le fait des métamorphoses chimiques de deux autres substances « visuelles », il suffit de supposer que ces deux dernières substances font défaut dans l'achromatopsie. On sait que l'absence de l'une de ces substances suffit pour expliquer assez bien le daltonisme congénital.

Il n'y aurait guère d'intérêt physiologique majeur à poursuivre davantage les phénomènes d'achromatopsie au point de vue de ces théories.

Bibliographie. — O. Becker (*Arch. f. Ophth.*, 1879, f. 2, p. 204). — Donders (*Klin. Monatsbl. f. Augenheilk.*, 1871, p. 470). — Don (*Rev. génér. d'opht.*, 1885, p. 433). — Favre (*Gaz. hebdom.*, 1879, p. 92 et 104; 1888, p. 598). — Goubert. *De l'achromatopsie*, Paris, 1867, p. 49. — Galezowski. *Chromatopsie rétinienne*, 1869. — Landolt. *Traité complet d'opht.* de De Wecker et Landolt, p. 566. — *Un cas d'achromatopsie totale* (*Arch. d'opht.*, 1881, p. 114). — *Un nouveau cas d'achromatopsie totale* (*Ibidem*, 1891, p. 202).

NUEL.

ACHROODEXTRINES. — Nom créé par Brucke pour désigner les dextrines dont les solutions aqueuses ne sont pas colorées par l'eau iodée (Voir **Dextrines**).

ACIDES (Milieux). — Les êtres organisés ne peuvent vivre et se développer que dans des milieux neutres ou à peu près neutres, et les deux milieux dans lesquels nous étudions les manifestations les plus importantes de la vie, l'air et l'eau, ont un caractère de neutralité. Si nous créons d'autres milieux artificiels dans lesquels nous introduisons un acide quelconque, ces milieux deviennent mortels. Les microbes ne font pas exception à cette loi; les bouillons de culture doivent être neutres ou légèrement alcalins; et ce n'est que par une exception, plutôt apparente, que les microbes

qui forment les ferments acétiques, butyriques, lactiques, vivent dans un milieu acide, car ils ne survivent qu'un temps très court à la formation de l'acide. Quant à savoir le moment précis où la fermentation s'arrête, autrement dit le moment précis où les microbes cessent de vivre par suite de la trop grande acidité du liquide, c'est ce qu'il est difficile de déterminer d'une façon absolue. Pourtant, Ch. Richet (*Note sur la fermentation lactique, C. R.*, 1878, t. LXXXVI, p. 56 et 1879, t. LXXXVIII, p. 750) a montré que la fermentation lactique dans le lait s'arrête absolument lorsque la quantité d'acide atteint 15 grammes par litre.

Dans le même ordre d'idées, Wurtz et Mosing (*B. B.*, 27 janvier 1894) ont constaté que le pneumocoque produit de l'acide formique qui stérilise les cultures. Dans ce cas, la formation d'acide équivaut à la production d'une substance toxique. Et l'on peut dire que tous les acides agissent sur les microbes comme des substances toxiques : c'est cette action qui a conduit à les employer comme antiseptiques. A des doses qui varient suivant leur nature, les acides minéraux, d'après Miquel (V. Trouessart. *Thérapeutique antiseptique*, p. 259), empêchent la putréfaction aux doses de 2 à 5 grammes par litre; les acides organiques aux doses de 3 à 5 grammes par litre. Cette propriété antiseptique des acides, nous la trouvons également dans un liquide de l'organisme; le suc gastrique. Il n'y a pas très longtemps encore, le rôle antiseptique du suc gastrique était attribué à la pepsine. C'est Albertoni qui, en 1874, montra que cette action était due, en réalité, à l'acide chlorhydrique du suc gastrique. Ses expériences ont été vérifiées par Ch. Richet (*Suc gastrique*, 1878, p. 113) qui prouva que quelques gouttes d'acide chlorhydrique sont plus efficaces pour empêcher la putréfaction que de grandes quantités de pepsine.

Nous devons mentionner ici la résistance curieuse des champignons aux acides, résistance qui tout d'abord semblerait en contradiction avec la loi énoncée au début de cet article. Alors que les bactéries ne peuvent vivre dans un milieu acide, au contraire, les champignons s'y développent normalement. Mais cette acidité ne persiste pas. A mesure que les champignons se développent, ils produisent de l'ammoniaque qui, au fur et à mesure de sa formation, neutralise l'acide du liquide. Et, en effet, il arrive un moment où le liquide est complètement neutre, si bien que les bactéries peuvent vivre et succéder aux champignons. C'est là un phénomène qu'on peut vérifier par exemple sur une urine très acide. On verra d'abord le développement progressif des champignons, puis on constatera la neutralité de l'urine et alors seulement l'apparition des bactéries.

Voyons maintenant ce qui se passe lorsqu'un animal est plongé dans un milieu acide. Ces expériences ont été faites surtout sur les poissons et les écrevisses. Ch. Richet, en étudiant la vie des écrevisses dans les milieux acides ou alcalins, a constaté que les liquides acides ou basiques ne sont pas toxiques en raison de leur acidité ou de leur basicité. Les acides minéraux sont beaucoup plus toxiques que les acides organiques. Ainsi, l'acide azotique est *deux fois* plus toxique que les acides chlorhydrique et sulfurique, et *douze fois* plus toxique que l'acide acétique *par molécule :* ce qui, en poids, donne à l'acide azotique une toxicité *cinq fois* plus grande que l'acide sulfurique et *vingtcinq fois* plus grande que l'acide acétique. Avec 0ᵍʳ,5 d'acide azotique par litre une écrevisse meurt en deux ou trois heures (Ch. Richet. *De l'influence des milieux acides et alcalins sur la vie des écrevisses.* C. R., t. XC, p. 1166, mai 1880).

Ces faits ont été constatés également par M. Émile Yung (*Mitth. d. Zool. Station zu Neapel*, 1884, p. 7) sur les poissons, et, après une série d'expériences, il a constaté la même loi, c'est-à-dire que, pour une acidité égale, dans les milieux à acides minéraux, la vie durait moins longtemps que dans les milieux à acides organiques.

Acidité de quelques liquides de l'organisme. — En général, les liquides de l'organisme sont neutres ou alcalins, mais il y a des exceptions : par exemple, le *suc gastrique, l'urine et la sécrétion salivaire* chez quelques mollusques (Voy. Suc gastrique et Urine). L'acidité moyenne du suc gastrique chez l'homme est de 2 grammes par litre, mais chez les poissons elle peut atteindre 15 grammes par litre. L'acidité du suc gastrique est due, nous l'avons dit, et cela a été démontré surabondamment, à l'acide chlorhydrique. Pour expliquer la formation de cet acide chlorhydrique dans l'estomac, de nombreuses hypothèses ont été émises. Il s'agit évidemment d'une décomposition du chlorure de sodium qui se transforme en HCl, restant dans l'estomac et en Na qui est éliminé.

Pour l'urine, son acidité moyenne répond à 0,8 de soude par litre. Cette acidité est due à l'acide hippurique libre, et peut-être à une petite quantité d'acide lactique et aussi d'acide carbonique existant en liberté dans l'urine. L'acidité de l'urine explique la formation des calculs d'acide urique.

Toxicité des acides introduits dans l'organisme. — Les expériences sur la toxicité des acides introduits dans l'organisme sont peu nombreuses. LEHMANN (*Arch. de Pf.*, t. XLII, p. 284) a montré que, si l'on injecte un acide dans le sang d'un animal, la respiration est énormément accélérée. Avec de l'acide phosphorique et de l'acide tartrique, il a obtenu ce résultat. Inversement, avec de la soude, il a vu diminuer les mouvements respiratoires. CH. RICHET a trouvé que la dose toxique d'un acide injecté dans le sang était de 0,24 par kilogramme de poids vif (Voy. LANGLOIS et DE VARIGNY. *R. S. M.*, 1889, t. XXXIII, p. 283).

Enfin ZUNTZ et GEPPERT, d'après leurs expériences (*Arch. de Pf.*, t. XLII, p. 189), admettent que par l'effet du travail musculaire l'alcalinité du sang diminue. Aussi, suivant eux, l'accélération du mouvement respiratoire dans le travail musculaire violent serait due à la formation d'un acide excitant les centres respiratoires, mais la nature de cet acide est inconnue.

CH. R.

ACONELLINE. — En 1864, T. et H. SMITH trouvèrent dans l'extrait d'aconit un principe cristallisable qu'ils appelèrent aconelline; ce principe, que l'on a identifié avec la napelline et la picro-aconitine, pourrait ne pas exister à l'état naturel et n'être que le résultat de la préparation; mais elle diffère de la napelline qui est cristallisée, par une toxicité moindre; et de la picro-aconitine, en ce que celle-ci ne cristallise pas. Quoi qu'il en soit, les cristaux que l'on obtient sous le nom d'aconelline sont très peu solubles dans l'eau et l'éther, ils le sont dans l'alcool, le chloroforme et l'éther acétique. Une solution alcoolique d'aconelline dévie à gauche le plan de la lumière polarisée. Comme la narcotine, elle donne avec l'acide sulfurique renfermant une petite quantité d'acide nitrique une coloration rouge. Elle forme des sels acides. Son chlorhydrate cristallisable peut fournir un chloroplatinate.

Préparation. — Voici le procédé indiqué par DUPUY. On prépare un extrait acide avec le suc de racines d'aconit. On épuise cet extrait par l'alcool, puis on mêle la liqueur avec un lait de chaux (750 grammes pour 25 kilogrammes de racines fraîches). On ajoute après filtration de l'acide sulfurique jusqu'à cessation de précipité. La liqueur filtrée est soumise à la distillation pour retirer l'alcool. On sépare de la solution aqueuse qui reste une grande quantité de matière grasse verte et on filtre. Le liquide ainsi obtenu est fortement acide, on le sature peu à peu avec une solution de carbonate de soude, mais en le laissant légèrement acide. Après 1 ou 2 jours les parois du vase sont recouvertes de cristaux d'aconelline.

Action. — L'aconelline ne jouit nullement de la toxicité de l'aconitine, elle ne paraît même pas toxique, puisqu'un chat a pu en absorber 0,30 centigrammes sans en être incommodé.

Bibliographie. — T. et H. SMITH (*Pharmac. Journ.*, 1864, V, p. 319, et 1867, VIII, p. 123). — DUPUY. *Traité des Alcaloïdes*, 1889.

CH. LIVON.

ACONITINE. — L'aconitine est l'un des produits toxiques retirés de l'Aconitum Napellus (*Delphinium Napellus*), plante de la famille des Renonculacées. Ce n'est pas toutefois l'unique plante dont on se serve pour la préparation de cet alcaloïde. On emploie encore fréquemment l'Aconit féroce (*Aconitum ferox. Wall*) (DUJARDIN-BEAUMETZ. *Dict. de Thér.*, t. I, p. 26.), l'Aconit hétérophile (*Aconitum heterophyllum. Wall*), l'Aconit athora (*Aconitum athora*), l'Aconit tue-loup (*Aconitum lycoctonum*), l'*Aconitum Storkeanum*, l'*Aconitum Variegatum*, l'*Aconitum Cammarum*, l'*Aconitum paniculatum*,

Le principe actif le plus important est l'aconitine qui aurait pour formule, suivant

Ehrenberg et Purfürst (*Journ. f. prakt. Chemie*, t. 45, 1892, p. 604) $C^{32}H^{43}NO^{11}$. C'est cette substance qui a été étudiée au point de vue pharmacodynamique par Kobert (*Lehrbuch der Intoxicationen*, p. 655); Groves (*Pharm. Journ.* t. viii, p. 108) donne au contraire comme formule probable : $C^{33}H^{63}NO^{12}$; tandis que Duquesnel (*A. C.*, t. xxv, p. 151) lui attribue la suivante : $C^{27}H^{40}NO^{10}$.

Cet alcaloïde se transformerait déjà dans la plante ou dans les solutions aqueuses, sous l'influence de l'eau, en substances moins toxiques ou parfois même tout à fait inoffensives. Les transformations s'effectueraient suivant les formules suivantes :

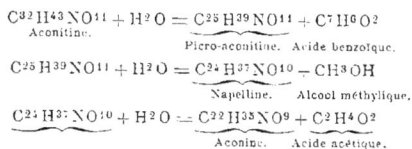

$$C^{32}H^{43}NO^{11} + H^2O = C^{25}H^{39}NO^{11} + C^7H^6O^2$$
Aconitine. Picro-aconitine. Acide benzoïque.

$$C^{25}H^{39}NO^{11} + H^2O = C^{24}H^{37}NO^{10} + CH^3OH$$
Napelline. Alcool méthylique.

$$C^{24}H^{37}NO^{10} + H^2O = C^{22}H^{33}NO^9 + C^2H^4O^2$$
Aconine. Acide acétique.

Richards et Roger (*The Chemist and Druggist*, t. 38, 1891, p. 187, 205, 242, 568) admettent l'existence dans la plante de deux isomères; l'α Aconitine, et la β Aconitine, dont la dernière serait six fois plus toxique que la première. On a trouvé dans différentes espèces d'aconit une substance désignée par les Allemands sous le nom de Japaconitine, parce qu'elle a été retirée, notamment de l'*Aconitum japanicum*, K. Fr. Mandelin (*Arch. der Pharm.*, t. 23, 1885, p. 97, 129, 161) l'identifie avec l'Aconitine. Lübbe (*Chem. pharmakologische Untersuchungen des crystallisirten Alcaloïdes aus den Japanischen Kusu uzu Knollen.*) admet aussi que la japaconitine est chimiquement et physiologiquement analogue à l'aconitoxine (aconitine cristallisée). Kobert (*loc., cit.* p. 657.) a établi également qu'il n'existait pas de différence appréciable entre ces deux produits (Voir cet auteur pour la bibliographie).

L'aconitine elle-même, non seulement n'est pas définie d'une manière positive, mais les différents produits livrés au commerce sous ce nom jouissent d'une activité très différente. C'est vraisemblablement à cette diversité dans les produits désignés sous un même nom qu'il faut attribuer tant de divergence dans les résultats expérimentaux. En effet l'opinion des différents auteurs sur l'activité relative des différentes aconitines est extrêmement variable.

Akrep (*Versuche über die physiologische Wirkungen des deutschen, englischen und Duquesnel'schen Aconitins. — Arch. f. Anat. u. Physiol.* 1880. Suppl., t. v, p. 161) admet que l'aconitine allemande est plus active que l'aconitine anglaise, mais que toutes deux sont moins toxiques que l'aconitine française cristallisée de Duquesnel. Ainsi pour la grenouille les doses toxiques seraient respectivement : 0 milligr. 05, 0,2 et 0,03 pour les produits allemand, anglais et français. Buntzen et Modsen (*C. R. du Congrès de sciences médicales de Copenhague*, 1884) sont d'une opinion différente. — Harnack et Mennicke (*Ueber die Wirksamkeit verschiedener Handelspreparate des Aconitins*. Berl. klin. Woch., t. 43, 647) admettent après leurs expériences que l'aconitine de Merck tuerait les grenouilles à la dose de 1/30 de milligramme ; une autre aconitine extraite de l'Aconitum Ferox et la japoconitine exigeraient des doses de 1/10 à 1/15 de milligramme. Une ancienne aconitine allemande n'agirait qu'à des doses 15, 20 fois plus fortes. Une autre aconitine, préparée également par Merck, était un peu plus active que l'aconitine de Duquesnel; elle agissait, à fortes doses notamment, plus rapidement que le produit français, mais les effets de ce dernier étaient plus persistants.

Il est évident que la diversité des produits qui ont servi aux expériences explique en partie les divergences dans les résultats obtenus.

En France, les travaux de Laborde et Duquesnel font autorité (Laborde et Duquesnel. *Étude chimique, physiologique, toxicologique et thérapeutique de l'Aconitine*, Paris, 1881. — Voir aussi : Laborde. *L'Aconitine; Tribune médicale, passim*, 1892, 1893).

Dans leur travail, les auteurs précédents concluent que l'aconitine « agit d'une façon prédominante sur la portion bulbaire spinale du myélencéphale, consécutivement sur le grand sympathique, et, par leur intermédiaire, exerce une influence plus ou moins profonde sur les principales fonctions de l'économie. » Dans son dernier travail, Laborde

(*Tribune médicale*, 1893, p. 50) classe les troubles qui résultent de l'intoxication par cet alcaloïde de la manière suivante :

I. Troubles des fonctions gastro-intestinales; vomissements persistants devenant sanguinolents, évacuations diarrhéiques sanglantes.

II. Troubles cardio-respiratoires.

a) Modifications du cœur et de la circulation en général. Le rythme du cœur est altéré. Les mouvements du cœur sont troublés et accélérés au point de produire une véritable ataxie, une sorte de tétanos de l'organe qui peut ultérieurement reprendre la régularité et le rythme parfait de ses contractions.

b) La pulsation en elle même est modifiée de telle façon qu'elle peut avoir une amplitude augmentée dans des proportions doubles de l'étendue normale. L'accroissement de l'amplitude peut survenir d'emblée, à dose physiologique, sans qu'il y ait passage par la période d'irrégularité, d'ataxie et de tétanisation. Il s'accompagne, surtout vers la fin de l'intoxication et au moment de l'épuisement des contractions spontanées, d'intermittences plus ou moins longues qui finissent par aboutir à l'arrêt du cœur sans que la contractilité de la fibre musculaire soit éteinte.

c) La contractilité propre de la fibre musculaire cardiaque n'éprouve pas de modification directe de la part de l'aconitine. Les contractions réapparaissent après l'arrêt du cœur par l'excitation électrique.

d) La tension sanguine est d'abord augmentée plus ou moins passagèrement; puis il se fait finalement un abaissement plus ou moins rapide après certaines oscillations coïncidant avec des modifications des contractions cardiaques.

e) La température offre des modifications liées aux modifications de la tension sanguine; finalement il se produit un abaissement thermique plus ou moins grand.

f) Les mouvements respiratoires sont irréguliers comme rythme et comme nombre; ce qui serait dû non seulement aux modifications de la fonction hématosique, mais encore et surtout à un état spasmodique des muscles respiratoires. Il se produit une véritable ataxie de ces mouvements. Il se fait, comme dans la mort par suffocation, des ecchymoses sous-pleurales.

En somme la mort dans l'empoisonnement par l'aconitine se fait par la respiration, non par le cœur.

Makenzie G. Hunter (*The physiological action of aconite and its alcaloïde Practitioner*, févr. 1879) pense que, dans l'empoisonnement par l'aconit, le cœur continue à battre, après cessation de la respiration. Il n'y a pas d'action directe sur le cœur, mais les troubles de la respiration retentissent sur le cœur. — Les dilatations vasculaires ne dépendent pas d'une paralysie vasomotrice. Il n'y a pas non plus, suivant cet auteur, de paralysie musculaire déterminée directement.

Suivant Anrep (*loc. cit.*) avec les aconitines anglaise et allemande, il se produit de la stupeur, de la dyspnée, du ralentissement et de l'affaiblissement du cœur, puis des arrêts de respiration, de la prostration générale, des crampes cloniques, des secousses fibrillaires dans les muscles, enfin un arrêt diastolique du cœur. Le centre respiratoire serait le plus atteint : puis le cerveau se prend, la moelle allongée, le cœur, la moelle, les nerfs sensibles viennent ensuite. Les nerfs moteurs seraient moins intoxiqués et, peut-être, seulement après des troubles circulatoires. Les muscles seraient indemnes. De fortes doses paralyseraient dès le début les centres moteurs cardiaques; les doses moyennes produiraient cet effet seulement après une excitation préalable. Celle-ci existerait seule après l'administration de petites doses. Les crampes générales dépendraient d'une irritation de la moelle allongée. Les convulsions musculaires, constantes, ont une cause centrale. Les différentes aconitines, suivant Anrep, n'agiraient pas d'une manière identique sur la pupille; le plus souvent toutefois on observe de la dilatation. — L'aconitine de Duquesnel se différentierait qualitativement dans les effets physiologiques, en ce que, à petite dose, elle paralyse les ganglions cardiaques et, à forte dose, les nerfs périphériques.

Pflügge (*Werkb. van het Nederl. Tydschr. von Geneesk*, t. 42, p. 720) pense que les symptômes de paralysie générale qui s'observent dans l'intoxication par l'aconitine tiendraient à une paralysie des filets terminaux des nerfs. Ce serait une action analogue à celle du curare.

D'après Lewin (*Exp. Unters. über die Wirkung des Aconitins auf das Herz. Inaug. Dissert.*, Berlin, 1875. — *Lehrbuch der Toxikologie*, Wien, 1885) les recherches sur les animaux divers doivent donner des résultats différents, parfois contradictoires. Chez la grenouille, on observe un abaissement de l'action du cœur qui, dans certains cas, est suivi d'une courte accélération de la fréquence; puis apparaît de l'arythmie. Chez les animaux à sang chaud, l'action sur le cœur se traduit par des effets quantitatifs et qualitatifs. Les ganglions du cœur, aussi bien que les terminaisons du vague, sont paralysés après une excitation passagère. Dans les derniers stades, il y a presque toujours de l'arythmie. Celle-ci résulte, peut-être, d'une action irrégulière et inégale sur les centres cardiaques. La pression sanguine descend, après avoir subi une ascension passagère. — La mort survient par paralysie des muscles ou des centres respiratoires. Par de fortes doses, l'irritabilité des nerfs périphériques moteurs et sensitifs est modifiée. La sécrétion de la salive est augmentée; enfin l'élimination se ferait par les urines, les selles, l'estomac et la muqueuse intestinale, même après injection sous-cutanée.

E. Harnack et Mennicke (*loc. cit.*) concluent de leurs expériences que la japaconitine, la pseudo-aconitine, l'aconitine agiraient à peu près de la même manière sur la *Rana temporaria* et sur la *Rana esculenta*. Peut-être auraient-elles un peu plus d'effet sur la dernière. Il y aurait d'abord paralysie du cerveau. Ils trouvent qu'avec de fortes doses les terminaisons intra-musculaires seraient affectées d'abord. Mais la paralysie musculaire n'est jamais le symptôme unique. Il y aurait ralentissement, puis paralysie du cœur, précédée, quand on agit avec précaution, d'accélération et d'irrégularités. Ils ne déterminent pas la cause de cet état particulier du cœur.

Wagner (*Beitr, zur Toxikolog. d. Aconit. Inaug. Dissert.* Dorpat) dit que l'aconitine n'est pas un poison du protoplasme. Les cils vibratils continuent à battre plusieurs heures dans des solutions à 3 et 4 p. 100. Le *Tœnia serrata* n'est pas influencé par l'aconit. Le poison exerce d'autant plus d'effet sur un animal, qu'il est plus élevé dans la série des êtres organisés.

La dose toxique exprimée en milligrammes est, en moyenne (par kil. d'animal) :

Grenouille.	0,33 à 0,40
Pigeon. Poule.	0,12 à 0,25
Chauve-souris.	0,2,
Lapin.	0,35
Chat.	0,25
Chien.	0,1
Cheval	0,6

Ce même auteur confirme l'opinion de Böhm, suivant laquelle la dyspnée est la conséquence de l'irritation des faisceaux centripètes des vagues. Il y a amélioration de la dyspnée, lorsque les centres ne sont pas encore atteints, par la section des vagues. La mort survient par l'asphyxie qui résulte de la paralysie du centre respiratoire. Il y a d'abord une forte irritation de l'appareil nerveux intra-cardiaque d'arrêt du cœur, puis il y a paralysie. Le système nerveux central est d'abord irrité, puis paralysé. L'irritation atteint d'abord les centres nerveux moteurs du cerveau et de la moelle; puis le centre du vomissement et successivement ceux des mouvements de l'intestin, de la respiration et de la dilatation pupillaire. L'opinion de Lühm est celle de Wagner. Cet alcaloïde n'est pas un poison du protoplasme (mouvements des cils vibratils ou des globules blancs). Il est sans effet sur les limaces, les ténias, les ascarides. Les grenouilles succombent avec 1/75 de milligramme, soit environ $0^{mm},3$ par kilogramme; les chats $0^{mm},13$ par kilogr.; les chiens $0^{mm},067$ par kilogr. La respiration artificielle peut retarder la mort, et même l'empêcher. — La pression sanguine est nettement abaissée au début par l'irritation des pneumogastriques (diminution simultanée du nombre des pulsations). Puis, paralysie du vague, accélération du pouls, augmentation de pression. Brusquement, arrêt du pouls et chute au zéro par paralysie des centres vaso-moteurs.

Les cas d'intoxication, assez fréquents chez l'homme, ont permis d'observer les effets de cette substance employée à dose toxique. Ce sont d'abord des fourmillements dans tout le corps, un engourdissement général, des picotements dans le nez, à la pointe de la langue, une altération particulière du goût, caractérisée par le fait que le sucre est mal goûté, tandis que les substances amères conservent leur saveur particulière ; des secousses ressemblant à celle que provoque la décharge électrique. Puis, la diurèse augmente en même temps que la salivation. Le pouls tombe; la température est normale, mais le malade a l'impression de froid; la respiration se ralentit, la faiblesse rend les mouvements pénibles. La sensibilité tactile s'émousse; la vue se trouble; la torpeur devient très pénible; la peau produit une impression telle que le malade croit être serré dans une couche de collodion ou une bande de caoutchouc (GUBLER) surtout dans le domaine innervé par le trijumeau.

La prostration augmente, devient extrême; les pupilles se dilatent; le malade éprouve des éblouissements, des bourdonnements d'oreille; la sensibilité disparaît; la respiration et le pouls s'abaissent de plus en plus, de même que la température. Puis l'asphyxie apparaît, les muscles n'obéissent plus, la paralysie s'étend peu à peu au cœur, et la mort survient par asphyxie ou le plus souvent par syncope (DUJARDIN-BEAUMETZ, *loc. cit.*, p. 32.)

Bibliographie. — Nous ne reproduirons pas les citations données dans le cours de cet article. On consultera surtout pour la bibliographie plus détaillée, KOBERT. *Lehrbuch der Intoxicationen;* LABORDE et DUQUESNEL. *Etude chimique, physiol. etc. sur l'Aconitine,* Paris, 1881.

Quant aux cas d'intoxication sur l'homme, ils sont rapportés dans *Index Catalogue,* à l'article *Aconite.* REICHERT (EDWARD). *(Contribution of the Study of the Toxicology of cardiac depressants; Phil. med. Times,* nov. 1889, p. 185) réunit les cas connus.

HENRIJEAN.

ACORINE. — Substance extraite de la racine d'acore ($C^{36}H^{60}O^6$) par M. FAUST et par M. THOMS; elle se dédouble par l'ébullition en présence des alcalis ou des acides en sucre, en un carbure et en *acorétine,* qui est une résine.

ACRODYNIE. — Ce nom a été donné pour la première fois à une maladie qui a sévi à Paris, et dans ses environs, sous la forme épidémique, en 1828-1829. Il caractérise le principal symptôme observé dans cette maladie, à savoir les névralgies fort douloureuses des extrémités, mains et pieds. Cette singulière maladie a été rapprochée de l'ergotisme par TROUSSEAU et PIDOUX, et de la pellagre par RAYER; on a pu la comparer aussi à la trichinose (LE ROY DE MÉRICOURT) et au béribéri; elle offre en effet une certaine parenté avec toutes les intoxications ou infections d'origine alimentaire. A. LAVERAN avait voulu l'expliquer par la présence dans les eaux d'alimentation d'une matière toxique; mais l'opinion la plus généralement acceptée consiste à la regarder comme résultant de l'usage du blé altéré. Suivant COSTALLAT, il y aurait eu identité entre l'acrodynie de 1828 et une maladie qu'il observait en Espagne sous le nom de *mal di monte,* et qui devrait être attribuée à la consommation de blé atteint de carie (*Uredo caries*).

Quoi qu'il en soit, on observe dans l'acrodynie, en même temps que les douleurs caractéristiques des membres inférieurs, des symptômes gastro-intestinaux, surtout des vomissements, des inflammations des muqueuses, des érythèmes, une exfoliation des extrémités, une coloration brunâtre de toute la peau, et enfin des œdèmes partiels, qui différencient cette maladie de toutes celles que nous avons nommées plus haut.

D'autres petites épidémies non définies ont été rapprochées de l'acrodynie : telle est la *Chéiropodalgie* observée à Mantoue, en 1806, sur des soldats français par SAN NICOLETTI; telle est aussi l'épidémie de *Burning of the Feet* (brûlure des pieds), observée par CAMPBELL et MACPHERSON, chez les Cipayes de l'Inde, en 1825-1826, et dans la population indigène de la presqu'île de Malacca; cette dernière a été rapportée, par ses observateurs, à l'usage du riz altéré. Elle respectait en effet les Européens.

En somme l'acrodynie et les maladies similaires doivent être classées, à côté de l'ergotisme et de la pellagre, parmi les maladies cérébrales, c'est-à-dire parmi les intoxications d'origine alimentaire affectant surtout le système nerveux périphérique dont l'altération est marquée par des troubles variés des nerfs de la sensibilité cutanée et des vaso-moteurs des téguments externes (Voy. Ergotisme).

Bibliographie. — A. LAVERAN. *Contribution à l'étude de l'Acrodynie* (*Recueil des mémoires de médecine militaire*, 1876, p. 113). — BODROS. *Relation d'une petite épidémie d'Acrodynie* (*Même Recueil*, 1875, p. 428). — TREILLE. *L'expédition de Kabylie orientale,* Paris, 1876. — ZUBER (*Revue des Sciences médicales*, t. VIII, 1876, p. 367). — L. COLIN. *Traité des maladies épidémiques.* Paris, 1879, p. 727-733. — ROUSSEL. *Traité de la Pellagre,* Paris, 1866.

J. H.

ACROLÉINE.

ACROLÉINE. — L'acroléine ou aldéhyde allylique (C^3H^4O) se produit chaque fois que la glycérine ou les corps gras sont soumis à une forte température. — Elle est en effet le résultat de la déshydratation de la glycérine ($C^3H^8O^3 = 2H^2O + C^3H^4O$). Pour la préparer on distille dans une cornue de la glycérine avec de l'anhydride phosphorique ou du bisulfate de potassium. L'acroléine est un liquide incolore, d'une saveur brûlante, d'une odeur qui suffoque en irritant vivement les organes respiratoires et provoquant le larmoiement. Il suffit d'en répandre quelques gouttes dans une pièce pour en rendre l'atmosphère insupportable. Sa densité est un peu moins élevée que celle de l'eau ; elle se dissout dans 40 fois son poids d'eau : elle est volatile, et bout vers 52°. L'acroléine pure est neutre au tournesol, mais elle est d'une conservation difficile, s'acidifiant très rapidement par oxydation. Elle présente la plupart des caractères communs aux aldéhydes. L'hydrogène naissant la transforme en alcool allylique. Les oxydants, lorsqu'on les fait agir modérément, la transforment en acide acrylique. Il y a dédoublement de la molécule et formation d'acide acétique et d'acide formique par une oxydation trop violente. On connaît mal ses effets physiologiques; elle est probablement très toxique.

L.

ACROMÉGALIE.

ACROMÉGALIE. — Le terme d'*acromégalie* (ἄκρος extrémité, μέγας grand) a été proposé en 1886 par M. PIERRE MARIE[1] pour désigner une entité morbide nouvelle, distincte selon lui, dont l'autonomie est actuellement confirmée, et caractérisée par « une hypertrophie singulière, non congénitale, des extrémités supérieures, inférieures et céphalique ». Cette affection débute dans l'âge adulte, parfois dans l'adolescence, et se caractérise par une augmentation progressive du volume de la face, des mains et des pieds. Le visage présente bientôt, en conséquence, une apparence difforme véritablement caractéristique : nez énorme, lèvre inférieure volumineuse pendante, menton proéminent déterminant du prognathisme. Aux mains : épaississement en largeur et en grosseur, sans augmentation de longueur, « mains en battoir »; aux pieds mêmes déformations, alors que les autres parties des membres sont respectées. Il existe, en outre, une déviation de la colonne vertébrale, cyphose supérieure, qui donne au sujet une attitude, penchée en avant, particulière. Ce sont là presque les seuls signes, purement objectifs, de la maladie; les sujets ne s'aperçoivent guère de ces transformations qu'à l'étroitesse des vêtements ou des bijoux (dés à coudre, bagues); parfois néanmoins il existe aussi des douleurs de tête extrêmement intenses, et des troubles visuels (hémianopsie) qui sont en rapport avec le développement excessif que prend, toujours dans ces cas, le corps pituitaire. On a trouvé, en effet, jusqu'ici, constamment dans les autopsies une hypertrophie considérable de la glande pituitaire en même temps qu'une diminution de volume du corps thyroïde, et la persistance du thymus. Aussi les auteurs se sont-ils basés sur la régularité de cette coexistence, pour en induire l'existence de fonctions trophiques du corps pituitaire, dont la suppression suffirait à entraîner le développement de l'acromégalie. Bien que la connaissance de certains cas, — dans lesquels, malgré la présence de volumineuses tumeurs ou la destruction de la glande pituitaire constatées à l'autopsie, on n'avait pas noté de signes d'acromégalie pendant la vie, — fût en opposition avec cette hypothèse, divers physiologistes ont tenté de la vérifier expérimentalement. DASTRE (1889) a fait construire un instrument, sorte de trépan, à l'aide duquel il a cherché à atteindre la glande pituitaire par la voie buccale. Dans les expériences préliminaires, les animaux ont toujours succombé. GLEY[2] a également

---

1. P. MARIE. *Sur deux cas d'acromégalie* (*Revue de Médecine*, 10 avril 1886, n° 47).
2. GLEY (*B. B.*,19 décembre 1891).

cherché à atteindre la glande pituitaire par la voie cranienne. Plus récemment Marinesco[1] a entrepris de nouvelles tentatives sur des chats à l'Institut physiologique de Berlin. Après avoir perforé, à l'aide du thermocautère, la voûte palatine, il s'assure avec l'indicateur du siège des deux apophyses ptérygoïdes, et au milieu de l'espace qu'elles limitent, il applique une couronne de trépan de 5 millimètres de diamètre. Il fait sauter alors la rondelle osseuse, et, à l'aide d'une baguette de fer rougie convenablement et recourbée en crochet, il arrive à détruire directement la glande pituitaire. Sur 8 animaux qui ont servi à ses expériences, 2 sont morts presque immédiatement, 2 autres sont morts 24 heures après, 1 autre a survécu 4 jours ; le septième, 5 jours ; le dernier, 18 jours. Chez ces derniers animaux, la mort est survenue sans qu'il fût possible d'en déterminer la cause. L'auteur conclut de là qu'il est possible de détruire l'hypophyse chez le chat par la voie buccale et que cette mutilation est compatible avec une survie de quelques semaines. Ces mêmes expériences ont été reproduites sur un plus grand nombre d'animaux par MM. Vassale et Sacchi[2]. La destruction du corps pituitaire a déterminé de l'apathie, les animaux restent tranquilles, indifférents aux excitations, de la polydypsie et de la polyurie. De même qu'au cours des expériences de Marinesco, la mort est survenue sans cause appréciable autre que la mutilation. On n'a pas observé, pendant la vie des animaux, de signes d'hypertrophie des extrémités analogues à ceux de l'acromégalie.

PAUL BLOCQ.

ACROMÉLALGIE. — Ce terme (ἄκρος pointe, μέλος membre, ἄλγος douleur) a été proposé par Gerhardt[3] pour désigner un ensemble symptomatique caractérisé par des accès de douleurs dans les orteils et les doigts, douleurs accompagnées de maux de tête et de vomissements. L'acromélalgie représenterait une forme de l'érythromélalgie, forme intéressant les nerfs de la sensibilité en particulier, et serait à ranger par suite à côté des deux autres variétés de cette maladie que représentent les formes angiospastique et angio-paralytique.

P. B.

ACROPARESTHÉSIE. — Schultze[4] a proposé de désigner sous ce nom une affection caractérisée par des paresthésies douloureuses paroxistiques des extrémités. Il s'est basé pour décrire ce nouveau type morbide sur un certain nombre de travaux, et sur 8 observations personnelles. On ne connaît pas encore la pathogénie de cette affection, qui serait plus fréquente, à l'âge adulte, chez les femmes, et consisterait surtout en formications siégeant aux membres supérieurs, survenant plutôt pendant la nuit, et persistant longtemps. Des cas analogues ont été depuis rapportés en assez grand nombre par d'autres observateurs sans nous éclairer mieux jusqu'ici sur la nature de l'affection.

P. B.

ACROSE. — Sucre synthétique, de formule $C^6H^{12}O^6$, qui prend naissance, par polymérisation, quand on fait agir les alcalis sur l'adhéhyde glycérique ou sur le bromure d'acroléine (Fischer et Tafel).

ACROSONE. — Sucre synthétique, de formule $C^6H^{10}O^6$, qui se forme, dans les mêmes conditions que la *glucosone*, quand on traite par l'acide chlorydrique l'*osazone* du sucre précédent (Fischer et Tafel).

ACTINOMYCOSE. — L'actinomycose est une affection parasitaire de l'homme et de divers animaux, déterminée par un champignon, du groupe des Hyphomycètes : l'*Actinomyces bovis*, dont le véritable nom doit être *Oospora bovis*.

1. Marinesco. *De la glande pituitaire chez le chat* (B.B., 4 juin 1892).
2. Vassale et Sacchi. *Della destruzione della ghiandula pituitaria* (Rivista sperim. di Freniatria, fasc. 3, et 4, 1892).
3. *Société de médecine interne de Berlin*, 13 juin 1891, in. Berl. Klin. Woch.
4. *Deutsche Zeitschrift fur Nervenheilkunde*, 1893, t. III, p. 300.

Cette affection, ainsi que le parasite qui la produit, est particulièrement intéressante pour la pathologie, et par suite la physiologie générale, parce qu'elle réalise le type de la mycose la mieux étudiée jusqu'à ce jour.

Nous ne devons parler ici que de la biologie de ce parasite, des diverses formes qu'il peut revêtir, de la manière dont il envahit l'organisme, et de la réaction de ce dernier à l'invasion parasitaire.

Nous laisserons entièrement de côté tout ce qui regarde la marche clinique de l'affection, ses localisations, et les interventions chirurgicales qu'elle peut nécessiter.

Historique. — Nous ne donnerons ici qu'un aperçu très écourté de l'historique de cette intéressante affection. Les lecteurs, désireux d'approfondir ce côté de la question, devront se reporter aux divers mémoires cités dans cet article, et surtout à ceux de ISRAEL, *Neue Beobacht. auf dem Gebiete der Mykosen des Menschen* (*Arch. f. path. Anat. und Phys.*, t. LXXIV, 1878) ; *Neue Beitr. zu den mykot. Erkrankungen des Menschen* (*ibid.*, t. LXXVIII, 1879) et de PONFICK, *Ueber eine wahrscheinlich mycotische Form von Wirbelcaries* (*Berlin. kl. Wochenschrift*, 1879).

LANGENBECK en 1845, puis LEBERT en 1857, découvrirent chacun, dans une tumeur de l'homme, des formes radiées que LEBERT considéra comme des concrétions cristalloïdes.

En 1850 DAVAINE, et en 1853 LABOULBÈNE étudient des tumeurs indéterminées qui indubitablement se rapportent à l'actinomycose.

RIVOLTA en 1868 remarqua des productions analogues chez le bœuf, et les considéra comme des cristaux.

En 1871, CH. ROBIN parle également de ces productions.

Ce n'est qu'à partir de 1875 qu'une étude approfondie de ces productions pathologiques fut effectuée par PERRONCITO, BOLLINGER et HARZ. C'est à ce dernier surtout que revient le mérite d'avoir démontré la nature cryptogamique de ces productions radiées, qu'il appela *Actinomyces* (ἀκτίν, rayon, μύκης, champignon), Strahlenpilz des Allemands, Ray-fungus des Anglais.

C'est alors qu'ISRAEL crut découvrir une nouvelle mycose de l'homme, qui n'était, ainsi que le montra deux ans plus tard PONFICK, que l'affection précédemment étudiée par les auteurs déjà cités.

Ce n'est qu'en 1885, que JOHNE essaie de cultiver le parasite, suivi bientôt dans cette voie par de nombreux expérimentateurs. Puis WOLFF et ISRAEL réussissent à inoculer la maladie à des animaux sains. En même temps les observations cliniques d'actinomycose des divers organes se multiplient chaque jour. On rencontre l'affection communément, d'abord à l'étranger, puis en France. Grâce aux efforts des vétérinaires, la connaissance des lésions déterminées par le parasite, la marche clinique de l'affection sont grandement précisées. Enfin ce n'est que tout récemment que le problème étiologique, c'est à dire l'histoire de la vie saprophyte du parasite, est posé, et que la médecine vétérinaire indique un traitement à peu près infaillible de cette mycose.

Caractères morphologiques du champignon dans les tissus. — Le parasite est visible à l'œil nu, dans le pus ou le liquide puriforme, qui s'écoule des néoplasmes qu'il provoque, lorsque ceux-ci subissent une fonte purulente.

Il apparaît sous forme de grains jaunes, d'un jaune soufré ou rougeâtre, atteignant le volume d'une spore de lycopode, d'un grain de millet tout au plus, c'est-à-dire d'un diamètre moyen de un dixième de millimètre à 1 millimètre. Ils donnent assez bien, dans le pus, l'aspect de grains de sable épars. Parfois, ils se trouvent entourés d'une zone mucoïde, où ils nagent isolés.

Ces petits grains ont l'aspect de sphérules mûriformes. Parfois, elles sont calcifiées, mais leur structure apparaît alors nettement, après action de l'acide chlorhydrique étendu.

Après dissociation ou écrasement, on distingue la structure suivante : une zone centrale, formée d'un feutrage de fibrilles entrelacées, qui correspondent aux hyphes du champignon.

Ces hyphes rectilignes, onduleux, parfois contournés en tire-bouchon, se dirigent tous du centre vers la périphérie, et se terminent là par des renflements piriformes ou en massue, des plus caractéristiques, jaunâtres et très réfringents, d'aspect homogène, d'une longueur de 4 à 12 μ, d'une largeur de 1,5 à 4 μ. Ces massues terminales ne sont pas toujours simples, mais quelquefois bifurquées ou trifurquées : dans ce cas, un filament porte simultanément deux ou trois renflements divergents, qui paraissent ainsi digités.

Telle est la description classique des granules actinomycosiques. Mais il faut savoir que cette forme, pour ainsi dire, n'est pas constamment réalisée; parfois les massues peuvent être totalement absentes.

Les crosses ne se colorent pas par la méthode de GRAM, tandis que les filaments se colorent avec intensité. D'après BOSTRÖM, à qui l'on doit une étude des plus complètes du parasite et des lésions qu'il détermine chez l'homme. *Untersuch. über die Actinomykose des Menschen (Beitr. zur. pathol. Anat. und zur allgemein. Patholog.*, t. IX, Iéna, 1890), dans l'axe des crosses, se trouverait un filament, parfois en relation avec les filaments du centre de la granulation. Pour lui, ce sont des organes de dégénérescence, dus au gonflement de la paroi du filament, et non pas, comme on l'a dit, des organes de fructification (HARZ, CORNIL et BABÈS), des gonidies, pour employer le terme donné par HARZ.

Les filaments du thalle du parasite possèdent des rameaux de même épaisseur que l'axe où ils s'insèrent, ils ne sont jamais articulés. Dans certains filaments, le protoplasma est continu sur une grande longueur; dans d'autres, il présente des interruptions correspondant à la membrane, vide de protoplasma, en certains points. Ces interruptions deviennent de plus en plus larges, vers l'extrémité des filaments, et limitent des espaces pleins, qui seraient d'abord des filaments, puis des bâtonnets, puis des granules, semblables à des coccus, ces derniers proviendraient de la segmentation des précédents, et auraient la valeur de spores.

Ces prétendues spores sortiraient des filaments qui les renferment, et produiraient par leur accumulation la plus grande partie des corpuscules semblables à des coccus, qui existent au centre du grain et entre les filaments.

Il est extrêmement intéressant de remarquer que la forme radiée avec capitules, que prend l'*Actinomyces* dans l'organisme parasité, ne lui est pas spéciale. Un autre Hyphomycète parasite de l'homme, l'*Aspergillus fumigatus*, qui détermine par sa végétation dans le poumon une tuberculose aspergillaire, revêt aussi, dans ces conditions, la forme radiée. Dans les tubercules causés par ce parasite, le mycélium du champignon prend une forme en éventail ou en touffe, ce qui le fait ressembler dans l'ensemble à une grosse mûre.

Il en résulte une grande similitude d'aspect avec le capitule de l'*Actinomyces ;* mais les clavules terminales de ce dernier manquent chez l'*Aspergillus*. Ces figures mycéliennes radiées ont été bien indiquées par WHEATON (*Brit. Med. Journ.*, 24 mai 1890), par ROBERT BOYCE (*Journ. of Phys. and Bacteriology*, oct. 1892, p. 165) et par RÉNON (*Rech. clin. et expérim. sur la pseudo-tuberculose aspergillaire. D. P.*, 1893, pl. II, fig. 12). Ces masses radiées qui font parfois saillie dans les alvéoles pulmonaires, dans les cas de tuberculose expérimentale, présentent la plus grande analogie avec les corps radiés vus par RIBBERT (*Der Untergang pathogener Schimmelpilze in Körper*, Bonn, 1887) et par LICHTHEIM (*Berl. klin. Wochenschr.*, 1881, p. 188, n° 45, et *Rev. de Méd.*, juillet 1882) et regardés par eux comme des productions avortées, des spores n'arrivant à former qu'un mycélium anormal, dans leur lutte avec les leucocytes qui les entourent.

LOSCH (3e *Congrès des Médecins russes à Saint-Pétersbourg*, janvier 1889) a signalé un cas de pseudo-actinomycose du poumon, où l'agent pathogène était un champignon non ramifié, à « glandes » plus petites que celles de l'*Actinomyces*. Par ce terme « glandes » l'auteur veut certainement désigner les clavules périphériques du mycélium en capitule. S'agit-il dans ce cas, d'une espèce d'Hyphomycète, voisine de l'*Actinomyces* type, la chose est difficile à élucider, car la dimension des clavules (forme de dégénérescence) est-elle constante dans l'espèce type, et peut-on fonder une espèce sur les dimensions d'un organe en involution ? Le fait est intéressant à noter.

Il est vrai que certains auteurs n'ont voulu voir dans ce *pseudo-Actinomyces* que des cristaux de leucine.

Méthodes de coloration. — Pour bien saisir les détails de structure que nous venons d'exposer, il est utile, sinon indispensable, d'avoir recours à des méthodes de coloration. Il en existe plusieurs, dans le détail desquelles nous n'avons pas à entrer. Le lecteur désireux de les connaître devra se reporter aux mémoires de BARANSKI, PETROW, BADÈS, FLORMANN, et aux thèses de ROUSSEL et BÉCUE (D. P., 1891 et 1892) qui ont indiqué aussi un procédé particulier, et où se trouve l'exposé des méthodes des auteurs précédents.

Procédés de culture. — Nous ne parlerons pas des procédés de culture de l'*Actinomyces*. Le lecteur désireux de les connaître devra se reporter à la partie technique des mémoires de KISCHENSKY. (*Arch. f. experiment. Path. u. Pharm.*, 1889.) — AFANASSIEW. (*Petersburg med. Wochenschr.*, 1888, nos 9 et 10.) — BUJWID. (*Centr. f. Bakt.*, t. VI. n° 23, p. 630.) — WOLFF et ISRAEL. (*Soc. de Méd. de Berlin*, 4 janvier 1890, in *Berl. Klin. Woch.*) — ROUSSEL. D., P. 1891. — DOMEC. (*Arch. Méd. expériment. et Anat. path.*, 1892. t. IV, p. 104.) — SAUVAGEAU et RADAIS. (*Ann. Inst. Past.*, 1892.)

Le milieu le plus commode pour l'étude morphologique est la pomme de terre (KISCHENSKY, BUJWID, PROTOPOPOFF, DOMEC, SAUVAGEAU et RADAIS) surtout en culture anaérobie, à l'aide de l'acide pyrogallique (procédé de BUCHNER) à une température de 22° à 24°

Au bout de 4 à 6 jours, la surface de la pomme de terre se creuse, comme rongée par la prolifération du champignon.

Au bout de 8 jours, les colonies apparaissent incolores, à surface bosselée, méandriforme, contournée, puis proéminente fortement. Vers le 10 ou 12e jour, la culture devient grisâtre, puis finalement blanc-jaunâtre, ou même jaune verdâtre. Cette dernière coloration se développe surtout, lorsque le parasite vit à la lumière.

Il est à remarquer que la coloration et l'aspect plus ou moins lichénoïde de la culture, diffèrent complètement de ceux des cultures de Bactéries.

La culture sur sérum sanguin, d'abord employée par JOHNE, ne présente pas d'avantages sur les autres milieux de culture.

Caractères morphologiques du champignon dans les cultures. — Le champignon se développe bien sur bouillon. Au bout d'un mois environ, il se forme une mince pellicule, à la surface du bouillon, veloutée, blanche, devenant jaune clair pâle lors de la formation des spores. Les colonies nées dans la profondeur du bouillon, restent grisâtres, et sans spores, lorsqu'on les transporte sur gélose. Un ensemencement fait, au contraire, avec la pellicule superficielle, reproduit la culture typique sur gélose.

Les touffes prises profondément dans le bouillon donnent des masses volumineuses, proéminentes, recouvertes d'une poussière jaunâtre pâle, due aux spores; la partie profonde de la culture devient couleur de rouille.

Les cultures sur gélose peuvent rester pendant 10 mois, sous forme de tubercules grisâtres, pénétrant dans la profondeur du substratum, ne donnant jamais de spores, et composés de filaments ramifiés.

On peut également cultiver le champignon sur gélatine, sur agar ordinaire ou glycériné, même légèrement acide, sur pain, sur orge humide, dans les œufs.

BOSTRÖM, qui a cultivé l'*Actinomyces* sur divers milieux, a observé des colonies, formées, comme dans les tumeurs, de filaments ramifiés avec des bâtonnets et des coccus, qu'il prend pour des spores. Cet auteur ne semble pas d'ailleurs avoir su établir une différence entre ces prétendues spores, et les véritables spores, nées à la surface des cultures, et qu'il a dû observer, car il parle d'efflorescence nuageuse, à la surface des cultures âgées, efflorescence signalée également par MACÉ et DONIA, et dont l'aspect particulier est certainement dû à la présence des spores.

Il y a un désaccord complet entre les résultats obtenus par BOSTRÖM d'une part, par WOLFF et ISRAEL d'autre part.

Ces derniers ont ensemencé des cultures, dans deux cas d'actinomycose humaine.

Sur gélose, les éléments les plus abondants sont des bâtonnets courts, droits, en virgule, ou encore plus fortement incurvés. Dans certaines cultures, les filaments sont plus longs et plus grêles, avec des formes intermédiaires, parfois l'une des extrémités se renfle.

Ces cultures, suivies pendant plusieurs mois, n'ont jamais montré autre chose que des bâtonnets. Il est rare que, sur gélose, l'*Actinomyces* se développe en filaments onduleux.

Les bâtonnets des cultures sur gélose se colorent en bleu pâle, par la méthode de GRAM, les corpuscules, semblables à des coccus, qu'ils contiennent, arrondis, ovales, ou anguleux se colorent en bleu intense.

Transportés sur œufs, les bâtonnets courts des cultures sur agar se transforment rapidement en filaments allongés, et réciproquement.

La forme filamenteuse qui est si rarement réalisée dans les cultures sur gélose, est abondante en cultures sur œufs. Dans ces filaments, on retrouve la segmentation en filaments courts, bâtonnets et granules, devenant libres, disent ces auteurs, par disparition de la paroi du filament. Pour eux, ces granulations ne peuvent être considérées comme des signes de dégénérescence, car on les trouve dans des cultures, datant de quarante-huit heures, ils n'ont donc rien à faire avec le vieillissement; leur forme irrégulière, régulière ou anguleuse, empêche de les considérer comme des spores, mais leur nature n'apparaît pas clairement à ces observateurs.

Il y a évidemment de grandes différences entre les cultures obtenues par BOSTRÖM d'une part, WOLFF et ISRAEL de l'autre. Le désaccord est complet entre ces auteurs, quant « à l'aspect microscopique des cultures, à la rapidité de leur développement, à la différence d'énergie dans la croissance des cultures aérobies et anaérobies, à leur aspect macroscopique, dès les premiers jours de leur développement, à la question de la formation des spores, et surtout aux résultats des inoculations aux animaux ».

Aussi ces auteurs se sont-ils accusés mutuellement de ne pas avoir obtenu de cultures pures.

Dans les deux cas, le point de départ des cultures était l'actinomycose humaine.

Peut-être n'a-t-il pas été tenu compte suffisamment de l'influence des milieux de culture sur la morphologie des êtres qu'on y cultive. Une variation pondérale, même faible, des éléments du milieu nutritif, suffit à déterminer des variations morphologiques, parfois notables. Le fait est aujourd'hui établi, aussi bien pour les bactéries que pour les champignons.

En particulier, la tendance à la filamentisation est certainement fonction du milieu de culture et de la température. Le fait est on ne peut plus net pour certains bacilles et pour le champignon du muguet. La prédominance des formes filamenteuses dans les cultures sur œufs pourrait peut-être s'expliquer par l'extension de cette loi, prouvée pour le champignon du muguet, que « la filamentisation est d'autant plus grande, que la composition chimique du milieu est plus complexe » (ROUX et LINOSSIER).

Pour identifier sûrement deux microphytes voisins, il faut opérer dans des conditions absolument identiques de milieu, aussi bien conditions physiques que chimiques.

Mais en dehors de cette interprétation, les divergences des résultats obtenus dans la culture de l'Actinomyce, par les divers auteurs peuvent recevoir, a priori, une explication satisfaisante. Divers Oospora voisins peuvent sans doute produire chez l'homme et les animaux des lésions semblables, revêtir dans les tissus la forme rayonnée, et reprendre dans les cultures expérimentales les formes et les propriétés dues à leurs différences spécifiques.

De même qu'il semble bien exister plusieurs tuberculoses, il y aurait plusieurs actinomycoses. Affections voisines, parce que les êtres qui les causent sont voisins, et non semblables chimiquement, parce que l'organisme peut réagir d'une façon à peu près identique, vis-à-vis de deux parasites différents. (Ne se forme-t-il pas un véritable tubercule autour du cysticerque d'un ténia, comme autour d'une colonie de bacilles de KOCH?)

A ce propos, nous devons indiquer que l'on a voulu distinguer plusieurs Actinomyces, capables d'envahir chacune respectivement un animal différent. Mais les A. suis, A. musculorum et A. bovis ne semblent pas devoir être, jusqu'à plus ample information, séparés spécifiquement de l'A. hominis (JOHNE). Les divers auteurs qui ont en effet parlé de ces espèces: VIRCHOW, DUNCKER, HERTWIG, n'ont observé le parasite que dans des tissus, et leur description micrographique semble bien cadrer avec celle de l'Actinomyces de l'homme:

KISCHENSKY a bien figuré les diverses formes: filaments, bâtonnets, corps cocciforme, qu'il a obtenus sur gélatine peptonisée, sur sérum sanguin.

Les caractères morphologiques du genre *Oospora*, auquel appartient, nous l'avons déjà dit, l'*Actinomyces*, ont été particulièrement bien étudiés par Sauvageau et Radais, surtout sur *Oospora Guignardi*. Nous suivrons ces auteurs dans la description de ces caractères, qui sont de nature à intéresser tous ceux qui s'occupent de la physiologie et de la culture de ces hyphomycètes.

Si l'on étudie une parcelle de culture d'*Oospora*, colorée par la méthode de Gram, on voit un grand nombre de filaments ramifiés, enchevêtrés, fortement colorés, d'une largeur de $0^{m,m}3$ environ.

Les filaments principaux se ramifient latéralement, d'une manière irrégulière, tantôt nombreux et rapprochés, tantôt rares sur certains points.

Ils débutent sous forme de petits tubercules, qui s'allongent dans une direction perpendiculaire à celle du filament principal, leur largeur est la même que celle de ce dernier.

Ils s'inclinent et se courbent ensuite, d'une façon variable, le plus souvent dans la direction de croissance de la colonie, ils acquièrent une ramification plus ou moins accentuée. Ces hyphes ne sont pas homogènes sur toute leur longueur. En certains points les rameaux latéraux sont en continuité directe avec le filament principal, en d'autres, ils sont fragmentés, séparés par des intervalles qui ne se colorent pas par le Gram, tantôt larges, tantôt étroits, donnant l'illusion d'une cloison. Selon les dimensions qu'atteignent ces fragments, on peut les comparer à des *Bacterium*, des *Bacillus*, des *Coccus*. Cette forme figure des granulations plus ou moins régulières, disposées assez souvent en files régulières, surtout dans les parties âgées.

Ces fragments sont souvent terminaux, mais parfois intercalés entre des portions filamenteuses, à structure continue.

La fragmentation n'est pas due au mode de préparation, car après la coloration au Gram, sans dessèchement ni fixation préalable, le fait apparaître également. Comme elle apparaît dans des cultures âgées de 2 jours; elle ne peut être attribuée à l'âge.

La coloration directe avec la solution aqueuse de violet de gentiane, ou la coloration après dessiccation et fixation, donne un aspect tout différent.

Par le liquide Gram, on colore seulement le protoplasme des hyphes, tandis qu'avec cette solution, on colore également la membrane. Aussi les filaments sont-ils plus larges et continus. On ne voit plus de formes en bâtonnets ou en granulations isolées; si la coloration est intense, les hyphes sont homogènes; si elle est faible, on aperçoit à leur intérieur les mêmes bâtonnets de granulations, qui paraissaient libres, dans les préparations au liquide Gram.

Fréquemment de vieilles cultures montrent, par la préparation au Gram, un grand nombre de granulations irrégulières, disposées sans ordre, et paraissent complètement indépendantes des filaments, tandis que les préparations, au violet de gentiane, des mêmes cultures ne montrent que des filaments, sans granulations isolées.

La fragmentation du contenu des hyphes s'explique facilement, par ce que l'on sait des mycéliums des champignons de plus grandes dimensions.

En règle générale, ces mycéliums présentent des lacunes ou vacuoles, surtout nombreuses dans les parties âgées, allongées souvent suivant l'un des filaments, et séparées par des ménisques protoplasmiques, qui correspondent vraisemblablement aux granulations des *Oospora*.

Les fragments mycéliens, séparés du filament principal, sont capables d'accroissement. On ne sait pas quelles sont les dimensions minima que doivent acquérir ces fragments, pour être en état de s'accroître, mais assurément, ces dimensions peuvent être des plus réduites. Cette propriété se retrouve d'ailleurs chez les Mucorinées, dont le thalle n'est pas cloisonné, et dont chaque fragment est susceptible de s'accroître en un thalle nouveau.

Les hyphes ne semblent pas être munis de cloisons transversales, soit qu'on les examine sur le vivant, soit qu'on observe les préparations.

On peut faire disparaître le contenu protoplasmique, en laissant séjourner les filaments entre deux lames de verre, pendant plusieurs heures, dans une solution de potasse caustique à 1 p. 100, ou pendant vingt-quatre heures dans l'acide chromique à 3 p. 100, puis coloration par le violet de gentiane ou de fuchsine après lavage à l'eau. La double paroi des tubes mycéliens est alors très nette, et on n'observe pas de cloisons transversales.

La paroi des hyphes ne se colore en bleu ni par l'iode, ni par le chloro-iodure de zinc, mais se teinte légèrement en jaune.

Les filaments sporifères sont droits ou courbés, raides, à contenu dense, homogène, au moins deux fois plus larges que les filaments végétatifs. Les premiers rameaux sporifères naissent toujours au centre de la culture, simples ou ramifiés, toujours courts, naissant tantôt directement sur des filaments grêles, tantôt prolongeant directement des rameaux végétatifs grêles, isolés ou groupés en arbuscules.

Ces filaments apparaissent dans la culture 8 jours après l'ensemencement. Le 3e jour, la segmentation en spores commence, soit sur toute la longueur du rameau sporifère, soit seulement dans sa portion terminale. Toutes les conidies se forment simultanément sur un même rameau. On voit une série d'étranglements se dessiner à égale distance les uns des autres, puis apparaissent des lignes claires transversales, indices de membranes de séparation. Les conidies se séparent alors les unes des autres, au moindre choc; leurs faces en contact sont encore aplaties. Une fois séparées les unes des autres, les spores mûres sont arrondies en ovalaires. Elles se colorent facilement par le liquide Gram, et sont plus larges que les filaments végétatifs.

Sur un chapelet de spores, toutes n'arrivent pas à maturité. Les spores ainsi avortées sont indiquées par une pénombre périphérique, violacée; elles semblent privées de contenu.

Les filaments conidifères sont toujours homogènes, avant leur segmentation en conidies, on n'y voit pas de parties claires, tranchant sur le reste du contenu du filament; ce n'est que lorsque le contour des spores est indiqué, que quelques-unes d'entre elles se vident au profit des autres.

La spore est de forme sphérique ou légèrement ovoïde, un peu plus grosse que le filament qui lui a donné naissance. Elle se colore très fortement par les couleurs d'aniline. On y distingue une très fine enveloppe qui se colore en jaune bleuâtre par le chloro-iodure de zinc, ce qui semble bien indiquer la présence d'une fine membrane de cellulose.

Spore. — La spore résiste mieux à l'action de la chaleur humide que les filaments du thalle. Elle succombe à une température de 75°, mais résiste à une température supérieure à 60°, pendant 5 minutes, tandis que, dans ces mêmes conditions, le thalle est tué.

Le peu de résistance de la spore à la chaleur, son affinité pour les couleurs d'aniline l'éloignent des spores de Bactériacées et la rapproche de celles des Mucédinées.

Les spores se gonflent ou germent jusqu'à doubler de volume, elles ne possèdent probablement pas une exospore et une endospore, car on ne voit pas de déchirure à l'enveloppe de la spore. D'autre part, le tube germinatif est parfois plus étroit que la spore, comme s'il sortait d'un pore, tandis que parfois le diamètre de ce filament est aussi considérable que celui de la spore.

Germination de la spore. — La spore donne naissance à un, ou plus souvent deux filaments, faisant entre eux un angle obtus, toujours à peu près le même. Ces filaments se ramifient rapidement. Les ramifications secondaires produisent des ramifications tertiaires, et ainsi de suite, de sorte que, au bout de 30 à 40 heures, le feutrage inextricable de mycélium empêche de voir la spore, point d'origine de la colonie. Les filaments issus directement de la spore, ainsi que les premières ramifications, sont régulièrement segmentés.

Toujours la spore donne naissance à des filaments, et jamais elle ne se scinde en deux corpuscules. La spore ne peut donc, en aucune façon, en imposer pour des formes bactériennes, coccoïdes, ni pour des formes involutives.

Les figures données par Domec correspondent à celles de Protopopoff et Hammer, mais représentent des stades plus avancés, plus ramifiés.

Le plus souvent, la germination de la spore est unilatérale, elle n'émet qu'un filament; d'autres fois, elle en émet deux : tantôt juxtaposés, tantôt opposés aux deux pôles de la spore. Le ou les filaments germinatifs se ramifient dans toutes les directions, de sorte que le thalle prend une forme étoilée, analogue à celle qu'affecte le thalle des *Mucor* dans les cultures. En se ramifiant, les filaments ont une tendance à s'adosser les uns aux autres, ce qui les ferait croire d'un volume double à leur volume réel, au moins sur certaines portions de leur longueur. En réalité, il n'y a jamais de véritables anastomoses. Les filaments sont d'abord homogènes, mais, à leur intérieur, ils ne tardent pas à se différencier des granulations dont nous avons parlé, et, au bout de 48 heures, on voit apparaître toutes les formes : en filaments courts ou longs, en bâtonnets, en coccus.

Des fragments isolés du thalle reproduisent, en cultures, un thalle nouveau, de même aspect que le thalle issu de la spore, bien que moins régulier au début de sa formation. Certains Oospora, tels que O. Metschnikowi, dans certaines conditions de culture qui ne sont pas favorables à la sporulation, ne produisent sur leur thalle que des rameaux raides, épais, semblables aux rameaux sporifères d'O. Guignardi. Avant la différenciation des spores, ces rameaux forment, à la surface de la culture, une couche blanche qui reste stérile.

Le genre Oospora, défini par les caractères que nous venons d'indiquer, se place parmi ce groupe hétérogène de formes imparfaites, désigne sous le nom de Mucédinées, et qui vraisemblablement ne représentent toutes que des stades d'évolution de champignons supérieurs polymorphes, dont l'état le plus parfait est encore inconnu, ou décrit sous d'autres noms.

Nous n'avons pas à insister ici sur ces questions d'ordre purement morphologique, et nous n'avons pas à insister sur ce fait, que l'Actinomyces n'est pas une Bactériacée, comme on le répète encore fréquemment. Les caractères indiqués suffisent à montrer la différence profonde entre ce Champignon et les Bactériacées.

Parmi les 79 espèces, actuellement classées dans le genre Oospora, l'O. bovis n'est pas la seule espèce pathogène : le farcin des bœufs, étudié par NOCARD, est causé par l'O. farcinica, la pseudo-tuberculose expérimentale d'EPPINGER (dite à tort cladothrytique) l'est par l'O. asteroides. L'O. destructor peut vivre en parasite sur divers insectes, en particulier certains charançons (Cleonus), les larves du hanneton, les vers à soie.

L'étude des propriétés physiologiques des divers Oospora présenterait donc le plus grand intérêt, tant pour la pathologie que pour la physiologie générale. Mais cette étude n'a guère été ébauchée, que pour l'O. bovis.

Biologie. — L'Actinomyces est facultativement anaérobie. On a pu en obtenir des cultures à l'air libre, mais la culture réussit mieux en présence d'une quantité d'air limitée, dans le vide ou en gaz inerte. On peut conserver dans l'hydrogène des cultures encore actives au bout d'un an. Le parasite disparaît très rapidement, quand on permet l'accès de l'air dans une culture anaérobie.

Le champignon pullule entre 35° et 37°, ce qui explique sa multiplication dans le corps des mammifères. La végétation se ralentit à 40-41°, elle s'arrête à 52°. Une température de 70° est mortelle, au bout de 10 minutes.

Il serait du plus haut intérêt de faire une étude comparative du chimisme des espèces pathogènes et des espèces inoffensives : l'O. bovis par exemple et l'O. Guignardi, ainsi que de leurs réactions, tant morphologiques que physiologiques, aux divers agents physico-chimiques. BOUCHARD et CHARRIN ont tout récemment comparé à ce point de vue le bacille pyocyanique et l'Oospora Guignardi, dans l'espoir de découvrir la cause du pouvoir pathogène du premier et de l'innocuité du second.

Voici les conclusions de ces auteurs : l'Oospora est plus sensible aux antiseptiques, aux agents atmosphériques, à la pression, à l'ozone, à la lumière, au froid, au vent, par conséquent, il y aura des chances pour qu'il soit introduit atténué dans l'organisme.

De plus, mis en concurrence avec les bactéries, l'O. succombe.

Il préfère les aliments sucrés, tandis que le bacille recherche les matières protéiques qui dominent dans les tissus animaux. Le bacille se développe plus abondamment que le champignon dans le sérum; il préfère le rein au foie, c'est le contraire pour l'Oospora, à cause du glycogène renfermé dans le foie.

En dernier lieu, le bacille pyocyanique a achevé son évolution en 15 ou 20 jours, dans un litre de bouillon, il a alors fabriqué ses toxines. Pour arriver au même point, le champignon exige 2 ou 3 mois.

Les causes de l'innocuité de l'Oospora sont donc : la lenteur de la pullulation, de la sécrétion des toxines, le peu de résistance aux agents d'atténuation, le manque d'appropriation des aliments, qui se rencontrent dans l'économie.

La comparaison est certes des plus intéressantes entre bacille pathogène et Mucédinée inoffensive, mais son intérêt serait encore bien plus grand, au point de vue de la physiologie générale, entre deux Mucédinées voisines. En se plaçant au point de vue évolutionniste, on pourrait peut-être saisir les raisons de l'adaptation progressive de telle forme, normalement saprophyte, à la vie parasitaire, et apprécier ensuite la nature du chimisme particulier imprimé par cette vie nouvelle. Le changement dans les propriétés physiologiques devant retentir sur les caractères morphologiques, on pourrait acquérir de précieuses données, sur la filiation des formes parasitaires, aux dépens des formes saprophytes.

De même que nombre de parasites des végétaux jouissent d'une susceptibilité toute particulière, à l'égard des sels de cuivre, d'autres à l'égard du soufre, de même on possède aujourd'hui un véritable spécifique de l'actinomycose dans les composés iodés.

L'iodure de potassium, introduit d'abord dans la thérapeutique de l'affection par les vétérinaires, a réussi également dans la cure de l'actinomycose humaine.

Il résulte des expériences de Thomassen (*Écho vétérinaire de Liège*, 1885) et de Nocard (*Notes sur l'Actinomycose des animaux*, Paris, 1892) que le traitement interne par l'iodure de potassium suffit toujours à la guérison des cas d'actinomycose chez les animaux. Maydl, Van Iterson, Netter et nous-mêmes ont obtenu les meilleurs résultats de l'emploi de l'iodure de potassium chez l'homme, dans le cas d'ostéosarcome maxillaire et d'actinomycose viscérale.

Il est extrêmement intéressant d'élucider le mode d'action de l'iodure de potassium. Nocard s'est livré à des recherches à ce sujet, et n'a pas obtenu de résultats, sauf celui-ci « qu'une culture d'*Actinomycose* n'est en rien modifiée, quant à sa richesse ou à sa rapidité, par l'addition de fortes proportions d'iodure de potassium à la gélose glycérinée ». D'après des recherches personnelles, en cours d'exécution, nous pouvons présumer que, dans l'iodure de K, c'est surtout l'iode qui agit. Les autres iodures alcalins donnent chez les animaux, et chez l'homme, des résultats dans la cure de l'actinomycose; on peut d'ailleurs obtenir une guérison radicale de l'actinomycose, par l'usage à l'intérieur de la teinture d'iode. C'est donc ce métalloïde qui exerce une action spécifique, d'une toxicité extrême pour l'*Actinomyces*, de même que l'argent a une toxicité élective pour l'*Aspergillus niger*. Dans un cas d'actinomycose de la face, Darier (*Soc. de dermat. et de Syphiligraphie*, 11 juin 1891) a obtenu la guérison par la méthode électrochimique (injection d'iodure de potassium, décomposé par un courant de pile), c'est très vraisemblablement, à la mise en liberté d'iode à l'état naissant, que cette méthode doit son efficacité.

Nous comparions plus haut l'action de l'iode sur l'*Actinomyces* à celle de l'argent sur l'*Aspergillus niger*. Peut-être ce métal jouit-il aussi de propriétés toxiques énergiques sur l'*Actinomyces*. En effet, Koenitz (*Deutsch. Med. Wochenschr.*, 3 sept. 1891) en cautérisant avec le crayon de nitrate d'argent, les trajets fistuleux d'un ostéosarcome du maxillaire inférieur ulcéré, a obtenu un résultat merveilleux.

La maladie, qui durait depuis deux ans et demi, fut radicalement et promptement guérie.

C'est à Billroth que revient l'idée originale de traiter l'actinomycose par la tuberculine de Koch. Cette méthode a donné entre ses mains un succès, au moins momentané, (le malade n'a pas été suivi après sa soi-disant guérison). On peut se demander si la tuberculine a une action élective sur le tissu actinomycotique, comme sur le tissu tuberculeux, ou bien si, dans les cas où elle agit, il y a coïncidence d'actinomycose et de tuberculose. Il résulterait des expériences de M. Wolff (20e *Congrès de la Soc. allemande de chirurgie*) que les injections de tuberculine chez les animaux actinomycotiques provoquent les mêmes phénomènes que chez les animaux tuberculeux; mais, fait curieux, une injection d'extrait glycériné de culture d'actinomycose, chez un malade porteur d'une tumeur actinomycotique, ne provoque aucun phénomène appréciable. D'autre part, Makora (*Soc. de Méd. de Buda-Pest*, juin 1891) a rapporté un cas d'actinomycose des maxillaires, chez l'homme, où les injections de tuberculine n'amenèrent aucun résultat. La question de l'action de la lymphe de Koch sur les sujets atteints d'actinomycose reste donc en entier à élucider.

L'action locale de la tuberculine, au niveau des lésions actinomycotiques, n'a d'ailleurs pas lieu de nous étonner. Bouchard a fait remarquer (*les Microbes pathogènes*, p. 184) que la tuberculine produit la dilatation vasculaire, l'exsudation séreuse, la diapédèse des leucocytes, quand l'irritation locale n'est pas de nature tuberculeuse, par exemple au niveau de nodosités lépreuses, ou de lésions simplement inflammatoires, bien qu'avec moins d'intensité, que dans le cas de lésions réellement tuberculeuses.

Il serait intéressant de comparer à la réaction provoquée par la tuberculine, celle que provoqueraient sans doute des protéines fournies par d'autres bactéries; maintenant que nous savons par les recherches de Roemer (*Wien. klinisch. Wochenschr.*, 1891, nº 43), de Büchner (*Münch. med. Wochenschr.*, 1891, nº 49), de Klemperer (*Zeitschr. f. klin. Med.*, t. xx, 1892, p. 75) que les protéines de diverses bactéries sont susceptibles de produire les mêmes effets locaux que la tuberculine.

Inoculation. — L'inoculation de l'affection, à l'aide des produits pathologiques, est facile à réussir. On contamine le lapin, en introduisant dans la cavité péritonéale des fongosités d'actinomycose humaine (Wolff et Israel). Il en est de même chez le veau (Ponfick), chez le lapin (Mosselman et Liénaux), la chèvre, le rat, le mouton (Mandereau). La contamination de ce dernier animal est remarquable, car on n'a jamais signalé d'actinomycose spontanée dans l'espèce ovine. Le chat, le chien et le cobaye se montreraient réfractaires. L'inoculation à l'aide de cultures pures a réussi entre les mains de Mosselman et Liénaux de Wolff et Israel, de Mandereau.

Étiologie. — On est encore aujourd'hui réduit à des hypothèses, sur l'étiologie de l'affection. Nous ne nous attarderons pas à l'influence du traumatisme. Il peut, en produisant une effraction aux barrières épidermiques ou muqueuses, ouvrir une porte d'entrée à l'agent pathogène. Quant à son action sur la marche de la maladie, sur l'impulsion qu'il pourrait donner à une affection actinomycosique latente, nous ne pourrions rien apporter de précis, et la question se pose, d'une façon plus générale, à propos de toutes les maladies infectieuses. Il semble néanmoins que, dans nombre de cas, la porte d'entrée a été dans les cavités buccales ou pharyngées (érosion de la muqueuse, carie dentaire).

Les animaux, surtout l'espèce bovine, peuvent contracter spontanément l'actinomycose, le contact avec des animaux infestés, et l'inoculation (par une voie ou une autre) du pus actinomycotique peut être invoquée comme cause déterminante dans un certain nombre de cas.

Mais l'homme ne peut-il s'infecter aux mêmes sources que le bœuf, directement et sans intermédiaire? De là est née l'intéressante question de l'infection possible par les végétaux.

Dans cinq cas d'actinomycose humaine, Boström a retrouvé dans les tissus envahis des fragments d'orge. Il croit que le germe pénètre à l'intérieur des grains d'orge, par des orifices (?) qu'il décrit, que l'homme s'infecte par ingestion des grains de céréales ou de leurs fragments. Plusieurs fois, chez l'homme, des épis de blé, des barbes d'orge, ingérés accidentellement, ont été le point de départ de l'infection (mais il faut faire ici la part du léger traumatisme, déterminé par ces organes piquants). Chez les bestiaux, la contamination s'expliquerait le plus souvent, de l'avis de nombreux vétérinaires, par la consommation de débris végétaux: céréales, pailles, fourrages, où le champignon vivrait à l'état de saprophyte; ou par un traumatisme déterminé sur la peau, par le frottement aux arbres ou aux boiseries des étables. Le champignon pourrait donc vivre aussi en saprophyte sur le bois. Chez l'homme, divers cas trouveraient leur origine dans une contamination par des débris de bois moisis, dans un décubitus prolongé sur de la paille fermentée, par la pénétration d'une esquille ligneuse dans les téguments.

Enfin la maladie s'observe presque exclusivement chez les herbivores et les omnivores, elle est inconnue chez les carnivores (on a signalé cependant un cas d'actinomycose chez le chien). Mais en réalité le chien est omnivore.

Quant aux expériences, faites jusqu'à ce jour, pour obtenir la fructification du champignon sur les céréales, elles n'ont pas été conduites, d'une façon capable de donner des résultats précis. Reste encore la question de la contamination par les substances alimentaires, d'origine animale. On aurait trouvé l'*Actinomyces* dans des œufs de poule, sa vie saprophyte sur la paille expliquerait, dans ce cas, sa présence accidentelle dans l'oviducte de la poule.

Les cas d'actinomycose intestinale primitive s'expliqueraient bien par l'ingestion de viande, provenant d'animaux contaminés : porc ou bœuf. La viande de bœuf est souvent infectée, surtout en Allemagne, en Angleterre et en Russie. On a voulu incriminer d'une façon toute particulière les viandes américaines. Mais resterait à démontrer que les kystes intramusculaires actinomycotiques, bien étudiés par DUNCKER et VIRCHOW et différenciés par ce dernier des kystes de trichine, peuvent expérimentalement provoquer la maladie. La vitalité du parasite n'est-elle pas atteinte, au moins dans une bonne partie des cas, par suite de l'infiltration calcaire, qui envahit le kyste formé autour de lui par inflammation interstitielle ? A l'expérience de répondre.

Concluons que l'hypothèse de la vie saprophytique de l'*Oospora* est aussi probable que pour les *Trichophyton* et *Achorion*, et le champignon du muguet, mais que la démonstration bien probante, comme celle qu'on a fournie pour l'*Aspergillus fumigatus*, demeure encore à faire.

Réaction de l'organisme vis-à-vis du parasite. — Dès que le parasite a pénétré dans l'organisme d'une façon quelconque, une lutte s'établit entre lui et certaines cellules de l'organisme, qui tendent à l'englober et à le détruire. Les phénomènes de phagocytose dans l'Actinomycose ont été étudiés avec soin, dans un récent mémoire (PAWLOWSKY et MAKSUTOFF, in *Ann. Inst. Pasteur*, 1893, p. 544).

Longtemps, les observateurs n'avaient pas réussi à voir le parasite au sein de cellules, et on admettait que sa propagation s'effectuait par les voies sanguines ou lymphatiques, sans intervention des éléments figurés. Ce n'est que récemment que MARCHAND (*Eulenburg's Real-Encyclopedie*, 2° éd.) et BOSTRÖM (*Ziegler Beitr. zur pathol. Anatom.*, t. IX, 1890) virent le champignon dans les leucocytes et les cellules géantes de l'Actinomycose. Ce dernier auteur admet, à la suite de ses observations, la propagation parasitaire, par l'intermédiaire des leucocytes, mais seulement dans la région de réaction inflammatoire ; il n'admet d'ailleurs pas cette voie, à l'exclusion des autres. FISCHER admet aussi la propagation par les leucocytes, d'après ses observations concordant avec celles de BABÈS sur la présence intracellulaire des filaments du champignon (*Virchow's Archiv.*, 1886, t. CV).

Sitôt entré dans l'organisme, le champignon, en vertu d'un pouvoir chimiotactique positif, s'entoure de phagocytes, ces derniers constitués par des leucocytes mononucléaires et des cellules jeunes du tissu conjonctif. Ces phagocytes se transforment, sous l'influence du parasite qu'elles englobent, en grandes cellules épithélioïdes, munies d'un nucléole. Le filament ainsi contenu dans le macrophage se développe avec lenteur, jusqu'à acquérir la forme en capitule ou radiée, caractéristique. L'hyphe du champignon subit des altérations qui témoignent de la lutte engagée entre lui et l'élément phagocytaire. Si ce dernier est vaincu, le parasite se développe et produit des colonies qui le propagent. La cellule vaincue prend un aspect granuleux, une coloration plus faible du protoplasme, une modification de forme du nucléole, ses contours deviennent moins nets, et, peu à peu, elle se résout en masses protoplasmiques, sans nucléoles.

Mais aussitôt, d'autres cellules épithélioïdes entrent en lutte avec le parasite, vainqueur de la cellule disparue, les portions libres des filaments ou capitules sont englobées par ces cellules épithélioïdes, et la lutte recommence, favorable ou funeste pour l'*Actinomyces*.

Plaçons-nous dans la dernière hypothèse. Le parasite vaincu prend une forme de dégénérescence, une forme d'involution. Il se colore mal ou mal, tandis que le macrophage conserve la netteté des contours. L'extrémité des filaments mycéliens se renfle en massue, de là la forme si caractéristique du parasite dans les granules du pus actinomycotique. On trouve alors un parasite incolore, contenu dans de grandes cellules, puis il se trouve disloqué en filaments, en granules, en renflements isolés. Le contour de ces divers éléments devient de plus en plus confus, jusqu'à confluer avec le protoplasme et à devenir invisible.

Les extrémités en massue des hyphes mycéliens finissent par se détacher, et se transforment alors en *globules hyalins*. Ce sont des grains ronds, plus ou moins nombreux, libres ou réunis par une substance intermédiaire, de taille variable, se colorant fortement comme le parasite, par la méthode de GRAM.

Ces globules hyalins sont donc comme dans le rhinosclérome (PAWLOWSKY. *Ver-*

handl. des X internation. Medicin. Congress., Berlin, 1890, t. ii) des productions parasitaires, les extrémités dégénérées du thalle radié (forme d'involution) de l'*Actinomyces* vaincu dans sa lutte avec les phagocytes.

Parfois cependant, à la limite d'un capitule en voie de dégénérescence, on trouve quelques filaments en voie de croissance. Ces filaments peuvent s'implanter dans des cellules nouvelles, et devenir le centre de nouveaux nodules actinomycotiques.

Parfois aussi, la croissance du parasite est très rapide, et avant que le phagocyte qui le contient ne dégénère, le mycélium dépasse les limites de ce phagocyte, et peut être transporté en un autre point, par un phagocyte voisin. Ce dernier, au lieu de devenir migrateur, peut parfois rester au contact du premier phagocyte, et on observe alors des connexions persistantes, entre deux portions d'un même capitule, englobées par deux phagocytes différents.

Des couches de cellules épithélioïdes forment une véritable barrière tout autour des phagocytes englobant les capitules parasitaires. L'ensemble de ces cellules forme le nodule. De là l'aspect granuleux de ce nodule, qui lui avait valu le nom de *granulose infectieux* (COHNHEIM). Ce mot est impropre, depuis que les recherches de JOHNE (*Deutsche Zeitschr. für Thier. Medicin*, t. VII, 1882); de MOORBRUGGER (*Beitr. zur Klin. Chirurg. Tubingen*, 1886) ont montré que les nodules ne consistent pas seulement en granulations provenant de la dégénérescence des leucocytes, mais que, de même que ces derniers, les cellules fixes du tissu de néoformation se transforment en cellules géantes épithélioïdes.

Il n'est pas dépourvu d'intérêt de comparer le nodule actinomycotique au tubercule. La structure de ces deux néoformations parasitaires serait assimilable pour nombre d'auteurs. L'organisme se défend donc contre les attaques de l'hyphomycète, par la formation d'un véritable néoplasme parasitaire, de même que contre les attaques du bacille de KOCH. Mais l'évolution de l'actinomycose diffère de celle du tubercule, en ce que ce dernier devient caséeux, tandis qu'il subit une dégénérescence graisseuse ou puriforme, (selon les auteurs), et se transforme finalement en tissu cicatriciel.

Dès les premiers signes de la dégénérescence des nodules, les cellules épithélioïdes qui le constituent s'infiltrent de leucocytes multinucléolés, qui amènent rapidement la dégénérescence du nodule, ou se transforment en globules de pus. Les masses dégénérées se trouvent finalement noyées dans cette infiltration purulente.

Nous pouvons ainsi nous expliquer que le pus actinomycotique contienne des cellules épithélioïdes dégénérées, des capitules morts d'actinomyces, avec leurs massues si caractéristiques, des corps hyalins résultant de la dégénérescence de ces massues, et des globules du pus, multinucléolaires, avec grains libres de chromatine.

L'infiltration du néoplasme actinomycotique par les leucocytes polynucléés est donc le premier terme de la dégénérescence du nodule, et ne représente pas sa structure normale. Les filaments mycéliens ne peuvent alors se développer, en dehors des éléments figurés de l'organisme parasité. Ce n'est que temporairement qu'on peut les rencontrer en dehors des cellules épithélioïdes. Si le champignon triomphe de ces cellules qui l'ont englobé, et amène leur dégénérescence, en vertu de son pouvoir chimiotactique, il condense autour de lui de nouveaux phagocytes, qui tendent à amener sa dégénérescence par formation des corpuscules hyalins de régression. De la sorte la guérison naturelle tend toujours à s'établir.

Il serait sans intérêt d'insister ici sur les diverses formes cliniques de l'actinomycose. Mais, en nous plaçant au point de vue de la réaction de l'organisme contre l'agent infectieux, on peut ranger toutes les lésions actinomycotiques en deux catégories : les lésions locales, et les lésions généralisées par suite de la formation de foyers secondaires. Si la résistance de l'organisme est violente, la lutte se localise au point d'inoculation, où le parasite se trouve confiné par suite de l'établissement d'une barrière de phagocytes, qui finissent par le détruire. Si l'organisme est plus vulnérable, le parasite se propage du foyer primitif à d'autres foyers secondaires. On ne sait pas encore positivement si la propagation se fait par l'intermédiaire de vaisseaux sanguins ou du système lymphatique. Mais l'absence ordinaire d'infection ganglionnaire d'une part, et la localisation observée parfois dans les vaisseaux sanguins, de l'autre, permettent de supposer que le transport du parasite se fait surtout par les voies sanguines.

C'est peut-être dans ce cas que se forment les néoplasmes actinomycotiques limités, signalés par divers auteurs.

Associations parasitaires de l'Actinomyces. — Il est très rare que l'octino-mycose affecte une marche franchement aiguë; dans ce cas, la marche de l'affection est probablement le résultat de la présence de bactéries dans les tissus envahis par le champignon.

L'*Actinomyces* se développant surtout en anaérobie, si l'on en pratique le premier ense-mencement en culture anaérobie, les bactéries du pus ne se développent pas, et on obtient le champignon à l'état de pureté.

Les rapports symbiotiques entre l'*Actinomyces* et les Bactéries, s'ils existent, sont loin d'être élucidés. Il est à remarquer, que semblable question se pose pour les *Tricho-phyton* des teignes de l'homme et des animaux; car presque jamais, dans les cheveux trichophytiques, on ne trouve les *Trichophyton*, à l'état de pureté; d'autres Mucédinées, très variables, se joignent à eux; mais dans cette affection encore, il est impossible, dans l'état actuel de nos connaissances, de rien préjuger sur la nature des rapports existant entre le champignon, essentiellement pathogène, et les autres Mucédinées ou Bactéries, qui l'accompagnent dans les tissus envahis.

On a signalé des cas d'infection mixte par l'*Actinomyces* et d'autres champignons (Obnozoff et Petroff. *Actinomycose und Schirmmelmycose. Kasan Russkaja medicina*, 1889, n° 29. — Langhans. *Corresp. Blatt. f. Schw. Aerzte*, 1888, n° 12).

A l'examen microscopique du pus actinomycotique, on voit parfois, à côté de l'*Actino-myces*, des hyphes mycéliens à double contour, qui offrent la plus grande analogie avec le mycélium des *Mucor* et des *Penicillium*. Ces champignons ne sont guère connus que comme saprophytes (bien que certains *Mucor* aient été regardés comme pathogènes); sont-ils capables de prêter une assistance parasitaire à l'*Actinomyces*, jusqu'à quel point pourrait-on comparer cette vie dans le même milieu à la symbiose, ne font-ils que profiter des matières organiques provenant de la destruction des tissus, du fait de l'*Actino-myces*? Autant de questions qu'il serait du plus haut intérêt de poursuivre.

La suppuration est presque constante dans l'actinomycose. Mais l'intéressante ques-tion de savoir si l'*Actinomyces* possède par lui-même des propriétés pyogènes, ou si la purulence ne se déclare qu'à la suite d'une infection secondaire bactérienne, est encore à résoudre. Israel a observé des amas de microcoques dans le pus actinomycotique, Babès a constaté que dans les parois de l'abcès, dans son voisinage, dans les vaisseaux sanguins, se trouvaient des bactéries. Gottstein (*Forschr. der Medicin*, 1887) a trouvé par la méthode des cultures deux fois les staphylocoques pyogènes. Roussel (*D. P.* 1891, p. 20) a obtenu avec le pus actinomycotique de l'homme, le *Staphylococcus cereus albus.*

Certains auteurs tendraient même à admettre, que la guérison spontanée ou aidée d'opérations simples (incision et grattage des foyers) serait surtout le résultat d'une concurrence vitale, entre le champignon et les bactéries venues de l'extérieur. Ces der-nières, en produisant une infection mixte, détermineraient la guérison spontanée de la maladie, par voie de suppuration, et l'établissement de fistules.

On pourrait, il est vrai, invoquer *a priori* l'arrivée de l'air dans le foyer morbide, et son influence néfaste sur le champignon qui y vit en anaérobie, mais, avant d'adopter cette dernière hypothèse, il faut se rappeler que le champignon n'est que facultativement anaérobie, bien que sa végétation s'effectue plus facilement en l'absence d'oxygène.

                                                                    F. HEIM.

ACUITÉ VISUELLE. — L'acuité visuelle est le pouvoir de distinction de notre œil; réduite à sa simplicité élémentaire, elle est le pouvoir que possède l'œil de distinguer deux points lumineux voisins. Cette propriété de notre œil, sur laquelle repose toute la vision, tout jugement porté à l'aide de nos sensations visuelles, n'est pas toujours comprise comme elle doit l'être. Ainsi l'on cite à tort comme des exemples de bonnes acuités visuelles le fait que tel individu a reconnu un objet ou un être à des distances auxquelles certainement l'impression rétinienne doit être punctiforme. A ce titre, l'acuité visuelle pour les astres serait presque infiniment grande. Pour ce qui est de la reconnaissance d'objets terrestres, on rappelle que, dans les Andes, les compagnons d'A. HUMBOLDT reconnurent l'approche d'une personne attendue, à la distance de près de 4 milles géographiques. L'impression rétinienne était certainement punctiforme ; à cette distance la personne en question ne se présentait que sous un angle (visuel) de 7 — 12 secondes.

De même aussi l'oiseau de proie qui d'une hauteur très grande aperçoit une proie relativement petite sur le sol, et se précipite sur elle, il le fait en vertu d'une autre fonction que l'acuité visuelle. Dans toutes ces circonstances, la connaissance a lieu parce qu'un point lumineux (ou opaque) se meut d'une façon spéciale, ou apparaît en un endroit et à un moment où pour des motifs divers il ne peut guère être produit par un autre objet. Elle n'a pas lieu parce que la forme, les traits, ou quelque détail dans l'apparence auraient été reconnus. Il s'agit là de la perception d'un point lumineux, tandis que pour l'acuité visuelle il s'agit de la distinction de deux points plus ou moins rapprochés. La perception d'un point lumineux est avant tout fonction de l'éclairage de ce point, tandis que le pouvoir de distinction, l'acuité visuelle de l'œil, tout en étant, dans une certaine limite, fonction de cet éclairage, dépend cependant beaucoup plus de plusieurs autres facteurs, notamment de l'indépendance fonctionnelle des unités rétiniennes photosensibles, et beaucoup plus de la netteté des images rétiniennes.

La perception d'un point lumineux dépend du « sens de lumière » qu'il ne faut pas confondre avec le pouvoir de distinction. Ainsi que nous allons le voir, la perception lumineuse peut être très développée, alors que l'acuité visuelle est nulle ou à peu près.

Le sens du toucher présente deux faces comparables aux deux facultés visuelles que nous voulons différencier ici. D'une part il y a la sensibilité à la pression, mesurée par le minimum de pression perceptible, et d'autre part la faculté de distinguer deux impressions tactiles voisines. Celle-ci se mesure à l'aide du compas de WEBER ; elle est en raison inverse du minimum d'écart des deux pointes du compas qui permet encore de distinguer les deux impressions voisines.

Soient (fig. 13) a et b deux points lumineux formant sur la rétine les deux images α et β, qui peuvent dans certaines circonstances être perçues comme deux points distincts. Lorsque la distance α β entre les deux images rétiniennes diminue au delà d'une cer-

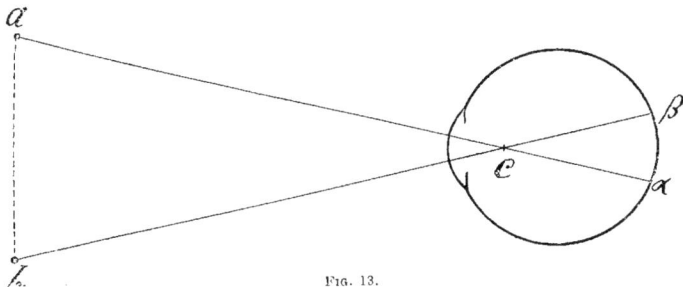

FIG. 13.

taine limite, soit parce qu'on diminue l'écartement des deux points lumineux, soit parce qu'on les éloigne de l'œil, ils confluent pour notre sens intime, ils sont perçus comme un seul point. Plus la distance α β peut devenir petite sans que les deux points confluent, et plus aussi le pouvoir de distinction de l'œil, c'est-à-dire son acuité visuelle, sera grand.

Nous ne pouvons pas mesurer la grandeur rétinienne α β, mais l'angle visuel acb (c'est l'angle délimité par les deux lignes droites qui relient les deux points lumineux au centre optique de l'œil) sous lequel se présentent les deux points lumineux, angle que nous pouvons mesurer, constitue une espèce de compas pour les mensurations des étendues rétiniennes, car il est proportionnel à la grandeur rétinienne α β. Plus l'écart entre les deux images rétiniennes punctiformes augmente ou diminue, et plus aussi augmente et diminue l'angle visuel : l'une grandeur est en raison directe de l'autre.

Dès lors, nous pouvons substituer l'une à l'autre, et dire que l'acuité visuelle est en raison inverse du plus petit angle visuel qui permet encore de distinguer deux points.

La grandeur de l'image rétinienne (la grandeur $\alpha\beta$ étant l'image rétinienne de la grandeur ab de l'objet) n'a aucun rapport direct, exclusif, avec la grandeur de l'objet. D'abord, si nous éloignons de l'œil les deux points, ils se présentent sous un angle visuel de plus en plus petit (fig. 14). Ensuite, la même image rétinienne peut être produite (fig. 5) par des objets similaires de grandeurs très diverses, pourvu qu'ils soient placés à des distances différentes. Pour que dans ce cas la grandeur rétinienne, et partant l'angle

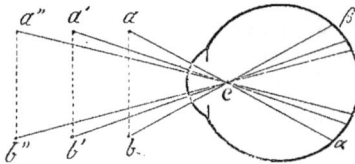

FIG. 14.

visuel reste le même, il faut que des objets 2, 3, etc. fois plus grands soient placés à des distances 2, 3, etc., fois plus grandes.

Pour procéder à ces expériences on se sert de deux points clairs sur fond obscur (ou noirs sur fond clair). Il s'est trouvé que la généralité des hommes distinguent encore deux points sous un angle limite d'une minute. Cette valeur a été adoptée comme une moyenne, bien que chez beaucoup de personnes elle descende à une demi-minute, et exceptionnellement encore à un peu moins, à moins de 30 secondes. En posant égale à 1 l'acuité visuelle normale, correspondant à un angle visuel limite d'une minute, un œil qui ne distingue deux points que sous un angle 2, , etc., fois plus grand, n'a qu'une acuité visuelle de $\frac{1}{2}$, $\frac{1}{3}$ etc., de la normale. Au contraire, celui dont l'angle limite est de 30 secondes a une acuité visuelle égale à 2, etc.

Les mêmes expériences ont été faites, avec des résultats en somme identiques, en se servant de fils métalliques minces, de fils de toile d'araignée, de plaques métalliques percées de trous, etc. HELMHOLTZ a condensé en un tableau synoptique les résultats obtenus de ces diverses façons.

Les astronomes ont, dans le temps, voulu évaluer le pouvoir de distinction de l'œil en déterminant le plus petit angle sous lequel on peut encore distinguer un disque noir (sur fond blanc) ou blanc (sur fond noir). Nous avons relevé plus haut l'erreur dans laquelle ils versaient. Les premiers qui appliquèrent dans cette recherche

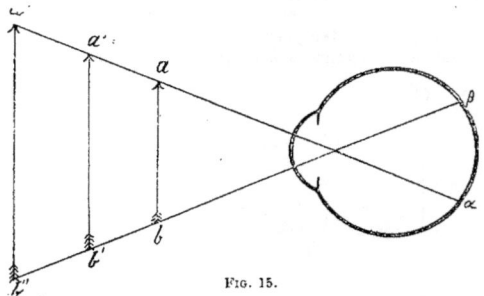

FIG. 15.

le vrai principe sont l'astronome HOOKE (*Posthumous Works*, pp. 12 et 97, 1705), et VOLKMANN. HOOKE s'est naturellement évertué à faire ces constatations sur les corps célestes ; il dit que, lorsque deux étoiles se présentent sous un angle plus petit qu'une demi-minute, elles ne peuvent plus guère être distinguées par aucun œil. Or, comme MAUTHNER l'a relevé, c'est là une erreur qui se reproduit de citation en citation. Le fait est que deux étoiles ne peuvent guère être distinguées par un œil à acuité visuelle normale que sous un angle de 5 minutes. Il serait trop long d'énumérer les raisons (faible éclairage, éclairage inégal, etc.) faisant que notre acuité visuelle est moindre pour les corps célestes que pour des objets terrestres.

On cite (consultez MAUTHNER) comme des curiosités des individus dont l'acuité visuelle pour les corps stellaires était notablement supérieure, qui distinguaient par exemple les satellites de Jupiter. Il est la plupart du temps expressément dit que ces gens voyaient les étoiles sous forme de points lumineux. Cela démontre que leur acuité visuelle exceptionnelle était due à une absence presque complète d'astigmatisme irrégulier dans leurs yeux (Voyez **Astigmatisme irrégulier**).

Dans les expériences de ce genre, la détermination directe de l'angle visuel serait très laborieuse. On lui substitue des grandeurs linéaires, faciles à mesurer, et avec lesquelles il a un rapport de proportionnalité.

Un angle visuel quelconque, pourvu qu'il soit suffisamment petit, est en raison directe de l'écart des deux points, et en raison inverse de leur distance à l'œil. L'écart linéaire $a\,b$ (fig. 13) des deux points peut être envisagé comme la grandeur linéaire G de l'objet visuel. D étant la distance de cet objet visuel à l'œil, nous avons :

$$\text{Angle visuel} = \frac{G}{D}.$$

Cette expression servirait au besoin à calculer la distance à laquelle un objet de grandeur connue se présente sous un angle d'une minute, ou bien quelle grandeur linéaire se présente à une distance donnée sous un angle d'une minute[1].

Pour comparer aisément entre elles des acuités visuelles de valeurs différentes, on procède donc de la manière suivante :

Nous avons posé plus haut que l'acuité visuelle (V) est en raison inverse du plus petit angle visuel, c'est-à-dire de l'angle visuel à sa limite inférieure. L'acuité visuelle est donc aussi égale à la valeur inverse de $\frac{G}{D}$ à sa limite inférieure, c'est-à-dire que $V = \frac{D}{G}$ (à sa limite inférieure [2]), c'est-à-dire qu'elle est proportionnelle à la distance et inversement proportionnel à la grandeur de l'objet, dans le cas où l'angle visuel est arrivé à la limite.

En pratique, on peut éliminer de cette formule soit D, soit G. On élimine D en mettant les objets visuels toujours à la même distance, et en faisant varier leur grandeur; alors *l'acuité visuelle est inversement proportionnelle à la limite inférieure de la grandeur de l'objet visuel*, qui permet encore de distinguer ce dernier. On élimine G en se servant toujours de la même grandeur de l'objet visuel, qu'on éloigne plus ou moins; alors *l'acuité visuelle est directement proportionnelle à la limite* (maximale) *de la distance où cet objet est encore distingué*. Par exemple, en opérant toujours avec le même écartement des deux points lumineux, si l'une fois la distance limite est le double, le triple, le quart, etc., de cette même distance dans un autre cas, l'acuité visuelle sera le double, le triple, le quart, etc., de celle dans le cas type.

En pratique oculistique, la détermination de l'acuité est un des principaux moyens pour juger de la nature et de la marche d'une maladie oculaire. L'emploi de points et de lignes parallèles serait à cet effet peu pratique; on préfère se servir de lettres, de mots et de phrases imprimés, d'après les principes suivants. SNELLEN a posé qu'un œil à acuité visuelle normale, qui distingue deux points sous un angle d'une minute, peut distinguer aussi les lettres imprimées sous un angle limite de cinq minutes. En moyenne, dit-on, les traits des lettres imprimées (qui sont plus ou moins carrées) représentent le cinquième de la hauteur et de la largeur des lettres. Si les lettres se présentent sous un angle visuel de cinq minutes, les traits se présentent sous un angle d'une minute.

On se convaincra aisément que les lettres imprimées diffèrent beaucoup pour la facilité avec laquelle on les reconnaît. Néanmoins, en se servant de séries de lettres, on arrive à une moyenne dont la pratique oculistique se trouve très bien. Ce qu'il faut ici, ce

---

1. Théoriquement, l'angle visuel n'est pas égal à $\frac{G}{D}$. Mais dans les conditions de nos expériences, c'est-à-dire avec un angle toujours très petit, cette expression est suffisamment exacte. $\frac{G}{D}$ est en réalité la tangente de l'angle visuel; or pour des angles suffisamment petits la tangente est proportionnelle à l'angle. — Il y a même plus, dans la figure 16, où a et b sont les deux points lumineux, la tangente est égale à $\frac{at}{ac}$, et non à $\frac{ab}{ac}$. Dans le cas où la

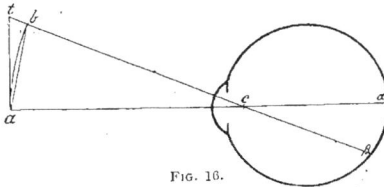

FIG. 16.

ligne visuelle est sensée dirigée sur le milieu de la distance entre les deux points et non sur un de ces points, comme dans la figure 16, $\frac{D}{G}$ est en réalité égal à la double tangente de la moitié de l'angle visuel.

2. Le mot limite étant pris dans le sens déterminé plus haut, et non dans celui du calcul infinitésimal.

n'est pas une détermination mathématique, mais la fixation d'une moyenne qui satis-
fasse la pratique. En fait, l'angle visuel de cinq minutes pour une lettre est même trop
grand, c'est-à-dire correspond à une acuité visuelle dépassée par celle de la généralité
des hommes. Elle est donc plus ou moins arbitraire. Mais la fixation d'une moyenne
réelle serait chose à peu près impossible.

Les échelles visuelles de l'oculiste se composent donc de lettres et de mots imprimés
de grandeurs diverses. Chaque grandeur porte un numéro indiquant en mètres la distance à laquelle ces lettres se présentent sous un angle de 5 minutes, autrement dit
la distance maxima à laquelle ces lettres sont reconnues par un œil à acuité visuelle
normale (ou plutôt moyenne). Un œil à acuité visuelle normale distingue les numéros
1, 2, 5, etc., à 1, 2, 5, etc., mètres. Un œil qui ne les distingue qu'à une distance plus
rapprochée a une acuité visuelle au-dessous de la moyenne. Celui qui les distingue
encore plus loin est doué d'une acuité visuelle au-dessus de la normale.

Dans cette comparaison entre différentes acuités visuelles, on opère en somme avec
une grandeur constante de l'objet (avec un numéro déterminé des échelles visuelles),
qu'on place à des distances différentes. Dans ces conditions, d'après ce qui précède, les
acuités visuelles sont directement proportionnelles aux distances maxima auxquelles
les lettres sont reconnues par les yeux comparés. Dès lors, d étant la distance à laquelle
un œil à examiner voit encore un numéro des échelles, et D la distance à laquelle l'œil
normal (moyen) distingue encore ces lettres (D est donc le numéro de la grandeur des
lettres), la formule $v = \dfrac{d}{D}$ permet d'exprimer en chiffres la valeur de toutes les acuités
visuelles qu'on rencontre, comparées à l'acuité visuelle normale[1]. Un œil qui ne reconnaît le numéro 6 qu'à 3 mètres a une acuité visuelle de $\dfrac{3}{6} = \dfrac{1}{2}$. Si le numéro 6 est
reconnu encore à 9 mètres, $v = \dfrac{9}{6} = \dfrac{3}{2} = 1\frac{1}{2}$; l'acuité visuelle est un et demi de la normale. On procède de même avec les autres numéros des échelles visuelles, car l'acuité
visuelle peut se déterminer à toutes les distances pour lesquelles on possède des objets
types qui, à ces distances, se présentent sous l'angle limite.

L'emploi de lettres, de mots et même de texte courant, imprimé, pour déterminer
l'acuité visuelle, s'est donc imposé à la pratique oculistique, tout en étant un moyen
très peu rigoureux. Pour ce qui est des lettres, nous avons déjà dit que certaines
d'entre elles sont plus compliquées, et partant, plus difficiles à reconnaître que d'autres
sous le même angle visuel. D'autre part, l'exercice, l'habitude acquise, rendent la lecture
plus facile. Cette cause d'erreur est surtout importante pour la lecture de texte courant.

La *lisibilité* d'un texte courant dépend en grande partie d'une part de la conformation du texte, et, d'autre part, du sujet examiné, deux conditions qui doivent être
exclues dans une détermination rigoureuse de l'acuité visuelle, mais que pour diverses
raisons la pratique oculistique peut et doit négliger plus ou moins.

Pour ce qui regarde la conformation du texte, la forme des lettres, le rapport de la
hauteur des caractères à leur largeur, la grandeur des interlignes et de l'écart entre
les lettres d'une rangée, la couleur du papier, etc., sont des conditions de très grande
importance, étudiées parfaitement par JAVAL, mais dont l'élucidation n'a qu'un rapport
indirect avec l'objet de notre étude.

Quant au sujet en expérience, un lettré lira un texte courant d'une petitesse telle
qu'une personne peu habituée à lire ne peut pas le déchiffrer, tout en ayant une acuité
visuelle normale. On lit plus aisément une langue qu'on connaît qu'une autre qu'on ne
possède pas ou très peu, etc., etc. C'est que la lecture est dans une large mesure une
opération de l'esprit. On parcourt rapidement une ligne, trop vite pour qu'on ait le

---

1. On arrive moins directement à la formule $v = \dfrac{d}{D}$ de la manière suivante. Les acuités visuelles
étant proportionnelles aux distances d et D auxquelles une grandeur de lettres est encore reconnue, v étant une acuité visuelle à déterminer, et V étant l'acuité visuelle normale, nous avons
$\dfrac{v}{V} = \dfrac{d}{D}$. En posant V = 1, nous avons $v = \dfrac{d}{D}$, formule qui exprime la valeur de n'importe quelle
acuité visuelle comparativement à la normale, prise comme unité.

temps de bien reconnaître les lettres. On devine beaucoup de lettres; on devine même des mots entiers. L'acuité visuelle est donc reléguée au second plan dans la lecture.

LANDOLT et LEMAIRE ont récemment étudié la forme des mouvements oculaires dans la lecture et sont arrivés à des résultats sensiblement concordants, et qui ont de l'intérêt au point de vue physiologique. On nous permettra d'en dire un mot, attendu que cette question a quelques rapports avec celle de l'acuité visuelle, bien qu'elle ressortisse plutôt à l'article Vision.

L'œil qui compte un certain nombre d'objets similaires alignés, celui qui lit, ne suit pas la ligne (d'impression par exemple) en avançant uniformément, mais par bonds, par saccades. Il divise donc la ligne en segments, dont chacun est déchiffré avec le regard immobile, puis on passe à un autre segment. Chaque saccade a un minimum d'excursion de 5 degrés environ. Mais elle ne descend à cette limite que lorsque pour l'une ou l'autre raison le texte est difficile à déchiffrer. Toutes choses égales d'ailleurs, notamment la distance du texte à l'œil, les segments en question sont plus grands dans le cas d'un texte facile à lire; ils deviennent plus petits dans le cas contraire. L'œil trouve donc de l'avantage à ne pas exécuter de mouvements trop petits. En moyenne, et pour un texte ordinaire, ils sont plus petits que les longs mots, et plus grands que les petits. L'œil, en divisant les lignes en segments, ne se guide pas, ou au moins pas exclusivement sur la longueur des mots. — On pourrait songer à mettre l'excursion de ces mouvements en rapport avec l'acuité visuelle du centre physiologique de la rétine, et supposer que le minimum d'excursion a pour but de faire tomber chaque segment d'une ligne sur la portion de la *fovea centralis* dont l'acuité visuelle est un maximum (Voir plus loin). Il ne semble pas en être ainsi, car dans cette hypothèse l'excursion de la saccade devrait rester la même lorsqu'on éloigne le livre. Au contraire, cette excursion (angulaire) diminue lorsqu'on éloigne le texte (LANDOLT). Quelle que soit la distance à laquelle s'effectue la lecture d'un même texte, le nombre de lettres par section ne varie guère, ou même pas du tout (LEMAIRE). Ce fait est certainement contraire à ce qu'on aurait supposé *a priori*. Pour en pénétrer la raison, voyons ce qui se passe lorsqu'on essaye de compter une série de petits objets similaires et alignés. Si on éloigne de plus en plus l'objet, on arrive à un point où l'on ne peut plus les compter, alors qu'ils demeurent encore parfaitement visibles, c'est-à-dire distincts l'un de l'autre. La raison principale, à notre avis, est que notre faculté de compter simultanément, et avec le regard fixe, un certain nombre d'objets similaires est très réduite, rudimentaire même, si tous sont vus distinctement. Cette numération est une opération de l'esprit, autant et plus qu'une fonction de l'acuité visuelle. En tant que dépendant de l'acuité visuelle, elle ne nécessiterait pas une diminution de l'excursion des saccades de l'œil lorsque nous éloignons l'objet. En tant qu'opération de l'esprit, cette diminution se comprend; elle a pour effet de maintenir dans des limites restreintes le nombre de points à distinguer dans une section. Il est même à supposer que pour faciliter cette opération de l'esprit nous diminuerions, dans certaines circonstances, l'excursion des saccades de l'œil en dessous de l'angle de 5 minutes, si cette limite inférieure n'était pas posée par les propriétés physiologiques des muscles oculaires, les mouvements oculaires, pour s'exécuter facilement et avec précision, demandant une certaine excursion minima. — Ces considérations sur la numération d'objets alignés s'appliquent directement à la lecture.

D'après ce qui précède, on évalue donc l'acuité visuelle comme proportionnelle à une grandeur angulaire, et même comme proportionnelle à une grandeur linéaire. VIERORDT, JAVAL, CHARPENTIER et d'autres ont contesté la légitimité de cette manière de procéder. Ils ont développé diverses raisons pour lesquelles, à leur avis, il faudrait admettre que les acuités visuelles sont inversement proportionnelles à la surface des images rétiniennes, c'est-à-dire inversement proportionnelles au carré de leur diamètre et non pas à leur simple diamètre. Il semble y avoir du bien fondé dans leur manière de voir lorsqu'on se sert dans ces déterminations d'objets à deux dimensions, de lettres. La conclusion s'impose moins lorsqu'on se sert à cet effet de deux points. Les remarques de CHARPENTIER, toutefois, s'appliquent aussi à ce dernier cas. Ses arguments sont tirés de ce fait que l'image rétinienne d'un point n'est jamais punctiforme.

On exprime du reste en valeurs linéaires les grandeurs des images fournies par les instruments d'optique. La pratique oculistique, elle, n'exige pas une expression d'une exactitude rigoureuse pour la comparaison des acuités visuelles. Ce qu'il lui faut, c'est de pouvoir accoler des signes, c'est-à-dire des nombres, toujours les mêmes, à des fractions ou à des multiples déterminés de l'acuité visuelle choisie plus ou moins arbitrairement comme unité.

Mais, pour l'élucidation de certaines questions théoriques, il nous faudrait une comparaison rigoureuse des diverses acuités visuelles. Par exemple, l'acuité visuelle diminue du centre rétinien vers la périphérie, et il en est de même de la chromatopsie. Une diminution de l'éclairage a les mêmes effets sur la vision dans le centre rétinien. On dit souvent que l'acuité visuelle diminue dans telle circonstance plus rapidement que la chromatopsie, que, par exemple, elle n'est que, un quart de la normale, alors que la chromatopsie est encore la moitié de la normale. On conçoit que, pour tirer des |conclusions de telles constatations, il faudrait avoir des mesures rigoureuses rationnelles, de ces deux fonctions.

Facteurs dont dépend l'acuité visuelle. — Jusqu'ici, nous avons envisagé l'acuité visuelle qu'on pourrait qualifier de « globale » telle qu'on l'obtient dans les conditions moyennes, favorables, en fonction seulement de l'angle visuel limite, et sans nous préoccuper autrement des divers facteurs qui dans l'œil réputé normal influent sur elle, souvent dans une mesure très prononcée. Ces divers facteurs peuvent se ranger sous les rubriques suivantes.

L'acuité visuelle ou la limite inférieure de l'angle visuel est fonction :

1º De la netteté de l'image rétinienne ;

2º De la grandeur de cette image ;

3º De l'éclairage de l'objet ;

4º Du pouvoir de distinction de la rétine.

C'est surtout pour arriver à évaluer l'acuité visuelle comme fonction rétinienne qu'il importe d'étudier l'influence des facteurs autres que l'angle visuel.

Netteté de l'image rétinienne. — Nous avons, dans ce qui précède, supposé une image rétinienne nette. A cet effet, nous supposions l'objet placé dans les limites du terrain d'accommodation, et l'accommodation exacte pour la distance de l'objet. Ces conditions sont réalisables, au besoin en munissant l'œil de verres correcteurs appropriés. Il est clair que, si l'œil n'est pas adapté pour la distance de l'objet, l'image rétinienne de ce dernier sera diffuse; les cercles de diffusion des divers points de l'image diminuent l'acuité visuelle; deux points voisins confluent pour le sens intime, sous un angle supérieur à un angle d'une minute.

Il y a dans l'œil encore d'autres causes rendant les images rétiniennes diffuses, et qui ne sauraient être toutes éliminées par l'accommodation ni par le port de lunettes sphériques, causes plus ou moins prononcées d'un œil à l'autre. Il y a notamment l'astigmatisme régulier, qu'on peut corriger par des verres cylindriques appropriés. Puis il y a l'astigmastisme irrégulier, qui en règle générale ne peut pas être éliminé, corrigé. Lorsque l'atigmastisme irrégulier dépasse une certaine valeur, il diminue sensiblement l'acuité visuelle.

Il y a enfin dans chaque œil de l'aberration chromatique et de l'aberration sphérique. Sur le bord pupillaire il se produit des phénomènes de diffraction, donnant lieu à de l'interférence. Ces dernières causes d'imperfection dioptriques sont en somme les mêmes pour chaque œil. La pratique oculistique peut donc en faire abstraction; mais il n'en est pas de même lorsqu'on veut résoudre certaines questions théoriques, notamment lorsqu'on envisage l'acuité visuelle comme fonction rétinienne. LEROY a fait dernièrement une étude théorique approfondie de ces causes d'imperfection dioptrique dans l'œil. On pourra voir dans son travail que bien que, l'une d'entre elles neutralise plus ou moins une autre, leur effet global est cependant de donner à l'image rétinienne d'un point la forme d'un cercle plus ou moins grand, à dimensions nullement à dédaigner, et dont l'exposé, au point de vue de la vision, incombe à l'article **Irradiation**.

Au même point de vue, c'est-à-dire à celui de la netteté des images rétiniennes s'explique en partie *l'influence de l'âge sur l'acuité visuelle*. Il résulte de la comparaison des acuités visuelles prises dans des conditions identiques d'éclairage sur un grand nombre d'yeux, que cette acuité diminue avec l'âge. Un tableau de VROESOM de HAAN porte que jusqu'à 40 ans, l'acuité visuelle est en moyenne un peu supérieure à 1, et qu'à partir de là elle descend en dessous de cette valeur. A 60 ans, elle est environ de $\frac{3}{5}$, et à 80 à peu près $\frac{1}{2}$. — La cause principale de cette diminution réside dans les troubles qui normalement surgissent dans les milieux transparents des yeux des vieilles gens, notamment dans le cristallin. Le racornissement (normal) de ce dernier s'accompagne d'une diminution de sa limpidité; chez les vieillards notamment, on peut voir la face antérieure du cristallin, preuve que celle-ci devient plus irrégulière. L'astigmatisme irrégulier (cristallinien) augmente aussi avec l'âge.

Par contre, la *faible acuité visuelle des nouveau-nés*, qui semble ressortir des recherches de CUIGNET, n'est pas due à une imperfection des images rétiniennes, mais à un développement encore incomplet de l'appareil nerveux visuel. Deux mois seulement après la naissance, CUIGNET a pu constater chez le nouveau-né des symptômes visuels qu'on peut interpréter dans le sens d'un pouvoir de distinction rudimentaire de l'œil.

Grandeur de l'image rétinienne. — Ce que nous avons dit en tête de cet article sur la grandeur de l'image rétinienne n'épuise pas le sujet. En effet, nous avons supposé que dans un œil emmétrope, myope ou hypermétrope, accommodant ou non, muni ou non de verres correcteurs, que dans toutes ces circonstances à des angles visuels égaux correspondent des images rétiniennes égales. Or, il est loin d'en être ainsi, et il importe souvent de tenir compte de ces causes d'erreurs lorsqu'il s'agit d'évaluer l'acuité visuelle en fonction des autres facteurs dont elle dépend également.

Ce serait un travail sans utilité, même en pratique oculistique, que de déterminer l'acuité visuelle en dehors des limites de la vision distincte, c'est-à-dire en deçà ou au delà du terrain d'accommodation. L'emploi de caractères, d'objets visuels de différentes grandeurs, qu'on peut placer à des distances plus ou moins rapprochées, ne suffit pas pour exclure dans tous les cas l'adaptation défectueuse de l'œil, et il faut recourir à des verres correcteurs, soit pour rapprocher, soit pour éloigner le terrain d'accommodation, autrement dit pour pouvoir placer l'objet à la distance à laquelle il se présente sous l'angle visuel limite. Mais l'emploi de verres correcteurs modifie la grandeur des images rétiniennes. Un œil qui regarde un objet, une fois en accommodant, une autre fois en regardant à travers une lentille convexe (remplaçant l'accommodation), a dans les deux cas des images rétiniennes de grandeurs inégales. La grandeur de cette image dépend de la distance qui existe entre la rétine et le centre optique (plus exactement entre la rétine et le second point nodal). L'accommodation laisse ce centre à peu près à sa place, tandis qu'un verre positif (placé au-devant de l'œil) fait avancer le centre optique du système combiné « œil + verre positif ». L'acuité visuelle trouvée dans ce dernier cas est donc plus grande que dans le premier.

Inversement, les verres négatifs rapetissent les images rétiniennes; ils refoulent le centre optique vers la rétine.

Les ophtalmologistes ont calculé avec soin l'influence des verres correcteurs sur la grandeur des images rétiniennes, et les réductions et les augmentations nécessaires pour éliminer l'influence des verres correcteurs sur l'acuité visuelle. Nous renvoyons à ce propos surtout à LANDOLT, *Acuité visuelle*, dans le *Traité complet d'ophtalmologie* de WECKER et LANDOLT.

La grandeur de l'image rétinienne produite par le même objet, situé toujours à la même distance de l'œil, *varie également d'une manière très sensible selon qu'on expérimente sur un œil emmétrope ou amétrope*, sans corriger celle-ci par un verre correcteur. Par exemple un jeune œil emmétrope et un œil myope peuvent voir nettement un objet à 10 centimètres. En fait, le centre optique de l'œil myope, par allongement de son axe antérieur, est plus loin de la rétine que dans l'œil emmétrope. L'image rétinienne dans l'œil myope est donc plus grande que dans l'œil emmétrope (Voyez notamment LANDOLT, *loc. cit.*).

L'état inverse existe dans l'œil hypermétrope (trop court), comparativement à l'œil emmétrope.

On a fait entrer ce facteur en ligne de compte pour discuter (mais sans grand succès) le point de savoir si l'œil myope, plus grand que l'œil emmétrope, renferme sur la même étendue rétinienne un plus grand nombre d'unités photosensibles que ce dernier.

GIRAUD-TEULON a fait la remarque importante que, si on corrige l'amétropie (axile, par allongement ou raccourcissement de l'œil, ce qui est le cas habituel) par un verre placé dans le foyer principal antérieur de l'œil (foyer situé à 13 mm. environ au-devant de la cornée), les images rétiniennes deviennent égales à celles de l'œil emmétrope. Cette remarque permet donc d'éliminer en majeure partie l'influence des facteurs dont il est question sous la rubrique présente, et constitue une des raisons qui engagent à déterminer l'acuité visuelle à l'aide d'objets placés à distance.

Influence de l'éclairage sur l'acuité visuelle. — On pourrait s'attendre à trouver l'acuité visuelle indépendante de l'éclairage, en dedans des limites de la visibilité d'un point. Du moment que chaque point, pris isolément, est visible, du moment que son éclairage est suffisant à cet effet, ou suffisamment supérieur (ou inférieur) à celui de son entourage (conditions étudiées à l'article **Sens de lumière**), il faudrait pouvoir le distinguer de son voisin sous un angle limite d'une minute.

Il en est cependant tout autrement. L'acuité visuelle augmente avec l'éclairage, entre certaines limites d'intensité de ce dernier. On a essayé, mais en vain, de découvrir une relation simple entre l'acuité visuelle et l'éclairage.

D'après AUBERT, le maximum de l'acuité visuelle existe à la clarté du grand jour. D'après KLEIN, elle s'accroît encore, bien que lentement, avec un éclairage plus fort. A partir de l'éclairage du grand jour, l'acuité visuelle diminue avec l'éclairage, d'abord lentement, puis plus vite. Pour que la détermination des acuités visuelles donne des résultats comparables (autrement qu'au point de vue de l'éclairage), il faut donc savoir à quel éclairage celle-ci a été faite, ou, ce qui vaut mieux, procéder toujours avec le même éclairage moyen. A cet effet, il est à peu près indispensable de se servir d'une lumière artificielle. L'idéal, difficile à réaliser, serait de n'éclairer que les points lumineux ou les lettres, dans une chambre absolument obscure. L'emploi de petites ouvertures percées dans un écran opaque est exclu à cause des phénomènes de diffraction et d'interférence auxquels il donne lieu.

Lorsqu'on opère avec des lettres, on peut éclairer celles-ci directement, ou bien par transparence à l'aide de lumières placées derrière des lettres transparentes ou translucides.

Les expériences avec un éclairage donnant le maximum de l'acuité visuelle sont en somme faciles à instituer. Lorsqu'on opère avec de faibles éclairages, il faut notamment tenir compte de l'adaptation de l'œil, et maintenir l'œil un certain temps (de 10 minutes à un quart d'heure) dans un éclairage tel que la sensibilité rétinienne pour cet éclairage soit un maximum (Voyez **Sens de lumière**).

Sous le nom de photoptomètres on [a décrit des dispositions et des appareils très divers pouvant servir à ces expériences (Voyez LANDOLT, *loc. cit.*).

A. CHARPENTIER a fait à l'aide d'un photoptomètre spécial de nombreuses recherches se rapportant plus ou moins à la question de l'acuité visuelle. Une de ses conclusions originales porte que le travail physiologique servant à produire l'acuité visuelle, le pouvoir de distinction de l'œil, est un processus *sui generis*, bien à distinguer de celui qui produit la sensation lumineuse simple, « brute », comme il dit. Partant de cette vérité incontestable que l'image rétinienne d'un point est toujours un disque plus ou moins grand, il opère ordinairement avec de petits cercles éclairés, plus ou moins grands. Soit un certain nombre de ces points ou petits disques distincts, de manière que toutes leurs images tombent encore dans la *fovea centralis*. Il en augmente progressivement l'éclairage à partir de zéro, et arrive ainsi à un moment où les points donnent une sensation blanche diffuse. En augmentant encore l'éclairage, les points deviennent distincts. S'il opère avec deux points suffisamment écartés pour que l'un forme son image en dehors de la *fovea*, ils sont distingués d'emblée, dès qu'ils commencent à produire une sensation. Si les points forment leur image sur la périphérie rétinienne, ils passent aussi par le stade de la sensation lumineuse simple, du moment qu'ils sont suffisamment rapprochés ; s'ils sont plus écartés, ils sont distingués d'emblée.

Pour expliquer cette sensation lumineuse « brute » CHARPENTIER reprend l'ancienne théorie physiologique de l'irradiation. L'impression lumineuse en un point circonscrit de la rétine diffuserait dans l'appareil nerveux visuel, dans toute l'étendue d'un petit territoire rétinien. Ainsi s'expliquerait le fait constaté par lui, savoir que, dans les conditions indiquées, la perception lumineuse brute exige toujours la même quantité de lumière, qu'elle soit éparpillée sur un nombre plus ou moins grand d'éléments rétiniens. Par exemple, s'il fait tomber les images de trois points lumineux sur un petit endroit rétinien occupé précédemment par un disque plus grand, il faut une quantité de lumière égale à celle qui tout à l'heure était éparpillée sur tout le disque; chaque point doit avoir un éclairage absolu trois fois plus fort que celui du disque, dans l'un et l'autre cas, pour produire la sensation lumineuse brute.

Pour provoquer la distinction des points, il faut une quantité de lumière plus forte que pour l'obtention de la simple sensation lumineuse, un supplément de lumière produisant le travail physiologique spécial de l'acuité visuelle.

Enfin, toujours d'après Charpentier, la grandeur de l'intervalle qui sépare plusieurs points lumineux, qui tous forment leurs images dans la *fovea*, ne modifie pas leur visibilité. De plus, la quantité de lumière nécessaire à distinguer un point de ses voisins est constante, que chaque point soit plus ou moins grand.

Leroy, de son côté, à la suite d'une étude approfondie des diverses causes (diffraction sur le bord pupillaire, aberration de sphéricité et aberration chromatique, etc.) qui font que l'image rétinienne d'un point n'est jamais un point, mais un disque plus ou moins grand, se dégradant vers la périphérie, arrive à expliquer par la diffusion de la lumière dans l'œil, c'est-à-dire par la répartition de la lumière objective sur la rétine, les observations qui ont conduit Charpentier à faire de l'acuité visuelle une fonction bien distincte de la sensation lumineuse simple. Il montre qu'en diminuant l'éclairage d'un point, l'éclat du centre de son image rétinienne diminue dans une proportion plus grande que la périphérie. Il arrive donc un moment où, étant donnée la sensibilité spéciale de la rétine à des différences d'éclairage (voir **Sens de lumière**), le point reste faiblement sensible sous forme d'une tache plus grande, uniformément éclairée, et qui maintenant se confond avec des points suffisamment rapprochés, sous forme d'une tache uniforme. En d'autres mots, la confluence de points voisins sous un faible éclairage serait un fait physique avant tout, et non pas physiologique, au moins pas dans le sens admis par Charpentier. Dès lors tomberait aussi la distinction physiologique admise par ce dernier auteur entre le sens de lumière et l'acuité visuelle.

Enfin, les développements de Leroy nous semblent aussi renfermer en germe l'explication de ce fait surprenant que l'acuité visuelle n'est pas indépendante de l'éclairage (entre certaines limites, celles de la vision habituelle), et qu'au contraire elle augmente avec ce dernier. Il faut en effet se figurer l'image rétinienne de points lumineux non comme des points mathématiques éclairés, alors que le restant de la rétine ne recevrait pas de lumière. La rétine est toujours plus ou moins éclairée diffusément, et sur cet éclairage diffus se marquent de petits disques dont le centre est plus clair, et qui vont en se dégradant vers la périphérie. La distinction des points est même possible lorsque les disques se touchent par leurs bords. Il faut seulement que la clarté du centre de chaque disque dépasse suffisamment la périphérie. Il n'est pas besoin d'entrer dans les détails très compliqués des phénomènes pour comprendre que de cette manière l'éclat relatif du centre et de la périphérie puisse varier avec l'éclairage, et qu'à un fort éclairage on puisse distinguer deux points sous un plus petit angle qu'à un éclairage plus faible. Ces questions reviennent à l'article **Irradiation**.

Le pouvoir de distinction de la rétine. — Très souvent on confond l'acuité visuelle, le pouvoir de distinction de l'œil, avec le pouvoir de distinction de la rétine, ce qui est une grave erreur. L'acuité visuelle est fonction du pouvoir de distinction de la rétine, mais de plus, elle est fonction des facteurs énumérés précédemment. Nous allons même voir que la limite supérieure de l'acuité visuelle que nous avons envisagée jusqu'ici, celle de la vision directe, est à peu près indépendante du pouvoir de distinction de la rétine; les facteurs précédents, surtout la netteté des images rétiniennes, ont sur elles une influence tellement prépondérante que l'influence du pouvoir de distinction de la rétine n'entre que secondairement en ligne de compte.

Le pouvoir de distinction de la rétine repose sur l'indépendance fonctionnelle de ses éléments photesthésiques. Nous pouvons nous figurer une rétine théorique dont tous les éléments photesthésiques soient reliés isolément au centre de perception cérébrale, disons à l'écorce occipitale. Plusieurs éléments photesthésiques pourraient aussi être reliés à la même fibre du nerf optique, à un seul conducteur vers l'écorce occipitale. Dans le second cas le pouvoir de distinction serait moindre, malgré un même nombre des unités photesthésiques. Des différences de ce genre se présentent d'un endroit à l'autre de la rétine.

L'acuité visuelle décrite dans ce qui précède se rapporte seulement à une petite zone de l'espace que nous fixons, et pas à tout le champ visuel. Nous nommons champ visuel l'ensemble de points de l'espace que l'œil immobile peut voir. Cette étendue comprend à peu près tout l'hémisphère situé au devant de nous et dont le milieu est occupé par le point de fixation. Toutefois le point de fixation est placé un peu excentriquement (vers le côté nasal) dans le champ visuel (Voyez l'article **Périmétrie**). L'acuité visuelle est loin d'être la même dans toute l'étendue du champ visuel. Il est facile de se convaincre qu'elle n'est très grande que dans une zone étroite autour du point de fixation. Que l'on fixe une lettre de ce texte, à la distance de 25 centimètres : pendant cette fixation, on verra bien que la page est couverte au loin de lignes noires; mais quant à reconnaître, à distinguer les lettres, on ne le pourra que pour les 3, 4 lettres avoisinantes dans toutes les directions; le restant paraît diffus, et même à la limite extrême, les lignes imprimées se présentent sous forme de bandes obscures continues.

On a fait des recherches plus exactes pour déterminer la manière dont l'acuité visuelle diminue depuis le point de fixation vers la périphérie du champ visuel. Les résultats obtenus par FOERSTER, HELMHOLTZ, VOLKMANN, LANDOLT, DOR, etc., tout en différant quelquefois sensiblement, se rapprochent cependant beaucoup. La limite extrême du champ visuel étant à 90° (et même plus) du point de fixation, on trouve que, dans une zone écartée de 10° du point de fixation, l'acuité visuelle n'est que de 0,07 (sept centièmes de la normale); vers 15° d'écart, elle n'est que de 0,045; à 20°, de 0,028, et vers 30° de 0,020. A 40° d'écart du point de fixation, c'est à peine si on compte les doigts contre l'œil ; la perception des formes, c'est-à-dire l'acuité visuelle, y est presque nulle. Elle est certainement nulle aux confins du champ visuel. En plaçant la main à la limite extrême du champ visuel, on cesse même de la voir si elle est immobile, mais on l'aperçoit encore si elle remue. Et dans ce cas, on voit quelque chose, sans savoir ce que c'est, sans distinguer de détails. Le pouvoir de distinction, l'acuité visuelle est absolument nulle en cet endroit. Par contre, on y apprécie les variations d'éclairage aussi bien et même mieux que contre le point de fixation. Ce qui donc nous fait distinguer des objets dans la périphérie du champ visuel, ce n'est pas le pouvoir de distinction, mais le sens de lumière, qui atteint son maximum pour des variations assez rapides de l'éclairage (Voyez l'article **Sens de lumière**).

Mais quelle est l'étendue rétinienne dans laquelle l'acuité visuelle est normale (d'après ce qui précède), ou à peu près? En fixant avec le regard les caractères d'impression sur cette page, on ne reconnaît les lettres que dans une zone étroite, entourant le point de fixation d'une étendue de 5° tout au plus. Comme étendue rétinienne, cela embrasse à peine toute la *fovea centralis*.

On a fait remarquer que dans ces limites restreintes l'acuité visuelle n'est pas même égale partout, et que pour bien distinguer les caractères il faut les fixer successivement et même laisser errer le regard, non seulement sur chaque lettre, mais même sur chaque jambage d'une lettre (JAVAL, LEROY). A un éclairage instantané, excluant tout déplacement du regard, on ne reconnaît que les lettres les plus simples, et même il n'y a de véritablement nette que la partie de la lettre qui est fixée (LANDOLT). Il semblerait donc que l'acuité visuelle, le pouvoir de distinction de la rétine, diminue dans tous les sens, déjà dans la *fovea*, à partir d'un point à peu près mathématique qui, dans le champ visuel, constitue le point de fixation.

Le champ visuel monoculaire ressemble donc à un tableau dont les détails, à peine ébauchés vers la périphérie, seraient de mieux en mieux indiqués à mesure qu'on s'avance vers un point central; et ce dernier seul, ou son entourage immédiat, serait fouillé dans ses moindres détails.

On distingue ainsi entre la *vision directe*, celle qui existe dans le voisinage immédiat du point de fixation du champ visuel, et la *vision indirecte*, dépendant du restant du champ visuel. Celle-là est propre à la *fovea centralis*, celle-ci au restant de la rétine.

La dernière, quelque imparfaite qu'elle soit pour distinguer les détails, est loin d'être sans importance; un individu réduit au fonctionnement de sa *fovea* n'aurait qu'une vision défectueuse. Par la vision indirecte, nous apercevons que quelque chose s'avance dans les limites du champ visuel, et cela aussi facilement qu'avec la vision directe. Vite alors nous y dirigeons le regard, nous faisons en sorte que l'objet aperçu, mais non reconnu, forme son image sur la *fovea centralis*, à l'effet de le « voir » réellement.

La ligne visuelle, ou plutôt la ligne de regard, est comme un tentacule d'une sensibilité extrême que nous promenons à la surface des corps pour les explorer. Un peu d'attention nous convaincra que nous déplaçons incessamment le regard à la surface apparente des corps, par de petits mouvements saccadés, étudiés plus haut, et dont le résultat est de faire tomber sur le centre physiologique de la rétine, doué de la meilleure acuité visuelle, successivement les images des points les plus divers de l'objet que nous voulons voir. Cette exploration visuelle, au moyen de l'acuité visuelle, revient donc à associer (psychiquement) une série de vues obtenues successivement de parties diverses du même objet.

La périphérie du champ visuel ou de la rétine sert surtout à l' « orientation », le centre du champ visuel, la *fovea centralis* sert à « distinguer les détails » des objets. Le champ visuel est une surface de sensibilité visuelle dont les diverses parties ont des fonctions différentes, et que nous promenons sur les objets.

Un homme qui ne dispose que de la vision centrale — un cas qui se présente dans certaines maladies de l'appareil visuel — peut lire les caractères les plus fins; mais il ne remarque pas ce qui se passe autour de lui. Il ne saurait se hasarder dans une rue un peu fréquentée sans risquer de se heurter à tout et d'être écrasé. Il serait comparable à un individu se promenant en regardant à travers un long tube.

L'état opposé, c'est-à-dire l'absence de la vision centrale, avec intégrité de la périphérie du champ visuel, s'observe également — dans certaines intoxications (par le tabac, l'alcool, le sulfure de carbone, etc.). Un tel individu ne sait plus lire; il ne distingue ni les traits ni l'expression de visage de son interlocuteur; mais il s'oriente parfaitement, évite les obstacles dans la rue la plus fréquentée, etc.

Selon toutes les apparences, c'est plus ou moins à ce dernier genre de vision que se réduit celle de beaucoup d'animaux, même de la plupart des mammifères domestiques (Voir l'article **Vision**, physiologie comparée.)

Que c'est bien la *fovea centralis* qui correspond au point de fixation, que c'est bien elle qui est douée du pouvoir de distinction le plus exquis, cela résulte notamment de ce que, lorsqu'à l'examen ophtalmoscopique nous disons au sujet examiné de « fixer » la lumière réfléchie par le miroir ophtalmoscopique, nous voyons que l'image rétinienne de cette lumière se forme dans la *fovea*, ou plutôt au milieu de la *macula lutea*. Cela ressortira au surplus avec évidence de la vision entoptique de la rétine, comme nous allons le développer.

On s'est naturellement demandé à quoi peut tenir cette imperfection de l'acuité visuelle sur la périphérie de la rétine. Les images rétiniennes sont, il est vrai, un peu plus diffuses sur la périphérie de la rétine, mais pas à un degré suffisant pour expliquer la mauvaise acuité visuelle. Sur la périphérie rétinienne, l'image d'un objet est aussi un peu plus petite que dans le centre. Mais l'acuité visuelle l'est dans une proportion infiniment plus grande. Au surplus, ces variations de l'image rétinienne ne pourraient être invoquées pour expliquer la chute si rapide de l'acuité visuelle dans le voisinage immédiat du point de fixation.

Il ne reste guère de doute que la cause de ces inégalités réside dans l'appareil nerveux optique, probablement dans la constitution de la rétine. Chez l'homme, la structure du centre physiologique de la rétine diffère sous bien des rapports de celle de la périphérie rétinienne. La *fovea centralis* ne renferme, dans sa couche photesthésique, que des cônes. Dans la *macula lutea* déjà, les bâtonnets commencent à surgir entre les cônes. Plus périphériquement, deux cônes voisins sont séparés en ligne droite par 3, 4 bâtonnets et plus. On pourrait donc soupçonner que les cônes seuls servent au pouvoir de distinction de la rétine, et les bâtonnets seulement à la perception lumineuse qui, elle, est aussi développée sur la périphérie que dans le centre rétinien (les cônes devant servir aux deux fonctions). Cette hypothèse pourrait se prévaloir de ce que des mammifères supérieurs (lapins, etc.), dont l'acuité visuelle semble être rudimentaire, ont une grande prédominance des bâtonnets dans la rétine et sont privés de toute disposition comparable à la *fovea centralis*.

L'acuité visuelle, avons-nous dit, peut être fonction de l'indépendance fonctionnelle des éléments rétiniens photo-sensibles. En vue de cette question, on a notamment fait la numération des cônes et des bâtonnets d'une part, des fibres du nerf optique d'autre part. SALZER (1880) évalue à près de 3 millions et demi le nombre des cônes et des bâtonnets dans la rétine humaine, et à un peu moins d'un demi-million seulement celui des fibres du nerf optique. KRAUSE trouve un nombre plus considérable de fibres nerveuses, mais toujours de beaucoup inférieur à celui des cônes et des bâtonnets. L'indépendance fonctionnelle de tous les cônes et bâtonnets serait donc chose impossible, en admettant, comme on le fait généralement, qu'une fibre nerveuse ne peut conduire qu'un seul et même état d'excitation vers le cerveau. Des considérations de ce genre n'ont du reste de valeur que pour celui qui voit dans les bâtonnets aussi bien que dans les cônes des éléments rétiniens servant au pouvoir de distinction.

Des recherches anatomiques plus directes ont jeté quelque lumière sur cette question; RAMON Y CAJAL, récemment, a montré que dans la périphérie rétinienne un nombre considérable de cônes et de bâtonnets sont reliés à une seule fibre nerveuse du nerf optique, et que dans la *fovea centralis* chaque cône, ou à peu près, a sa fibre nerveuse à lui. On conçoit donc que les impressions lumineuses dans la *fovea* soient plus isolées dans leur transmission vers le cerveau, et cela même dans l'hypothèse d'après laquelle les bâtonnets eux aussi serviraient à produire l'acuité visuelle.

Il était naturel de vouloir rapprocher d'une part le minimum de l'écart qui permet encore de distinguer deux impressions rétiniennes punctiformes, c'est-à-dire le maximum de l'acuité visuelle, et d'autre part le diamètre des éléments rétiniens photosensibles. En prenant pour base des calculs les constantes optiques de l'œil schématique (distance focale postérieure, 15 millimètres; centre optique à 5 millimètres en arrière de la surface cornéenne antérieure : voyez fig. 13), on trouve qu'à un angle d'une minute correspond une étendue rétinienne de 3 à 4 micromillimètres (0, 004 mm.), grandeur qui, d'après M. SCHULTZE, est sensiblement celle du diamètre d'un cône de la *fovea centralis*. Le maximum de l'acuité visuelle s'expliquerait donc assez bien en admettant que les cônes sont réellement les unités physiologiques photosensibles, à condition qu'on passe un peu cavalièrement sur l'observation, rare il est vrai, d'un angle limite d'une demi-minute. — A ce propos, on explique aussi que les deux images rétiniennes punctiformes, pour être perçues comme distinctes, doivent avoir au minimum un écart d'une unité physiologique photosensible. Supposons trois de ces unités juxtaposées, disons trois cônes, et que deux voisins soient éclairés chacun par une source lumineuse différente. Le résultat sensoriel sera évidemment le même que si une source lumineuse d'intensité double, punctiforme, éclairait une petite zone mitoyenne entre les deux cônes; les cercles de diffusion, inévitables avec les imperfections connues de l'appareil optique de l'œil, tomberont sur les deux cônes voisins : le résultat sensoriel sera le même que dans le cas précédent. Pour que deux impressions rétiniennes soient donc perçues comme distinctes, il faudra qu'elles soient séparées par au moins un élément sensible non éclairé, ou moins éclairé que les deux autres, c'est-à-dire précisément par le diamètre d'un cône. — L'acuité visuelle réellement observée passe donc habituellement pour une preuve démontrant que les cônes de la rétine sont, dans la *fovea centralis*, les unités photesthésiques irréductibles; que par conséquent c'est la constitution de la *fovea* qui s'oppose à ce que l'acuité visuelle n'y soit pas plus élevée.

Pourtant, si on consulte le travail cité de LEROY, on trouve que la diffusion de la lumière dans l'œil normal rend l'image rétinienne d'un point tellement diffuse qu'elle doit se confondre avec une voisine éloignée d'elle seulement de 3 à 4 micromillimètres. LOMMEL et ALTMANN sont arrivés à des conclusions identiques. D'après eux, les seuls phénomènes de diffraction sur le bord pupillaire, et ceux d'interférence qui s'en suivent, doivent produire des cercles de diffusion tels que (pour des raisons dioptriques), les images de deux points lumineux vus sous un angle inférieur à une demi-minute, doivent être absolument confluentes. A cela il faut ajouter les défectuosités dioptriques dues à l'aberration chromatique, à l'astigmatisme régulier, et surtout à l'astigmatisme irrégulier de tout œil, qui augmentent encore très sensiblement l'angle visuel limite sous lequel il est encore possible de distinguer deux points. L'angle limite minimal d'une demi-minute réellement observé coïncide donc très sensiblement avec l'angle limite compatible avec les diverses imperfections du système dioptrique de l'œil. Dès lors, l'angle limite en question ne prouve rien dans la question de l'unité photo-sensible de la rétine, puisqu'il se peut très bien qu'il soit fonction uniquement des conditions dioptriques de l'œil. C'est en ce sens que s'expriment catégoriquement Leroy et Altmann.

Mais on ne possédait toujours pas de preuve démontrant positivement que, de par la constitution de la rétine, l'acuité visuelle centrale, dans la *fovea*, pourrait être supérieure à celle qu'on observe réellement. Cette preuve, nous croyons l'avoir tirée de certains détails de vision entoptique de la *macula lutea* et de la *fovea centralis*.

A l'article **Vision entoptique**, il est expliqué comme quoi, en mouvant au-devant de la pupille (de l'œil regardant une surface uniformément éclairée) une fente ou un trou pratiqués dans un écran opaque, on remarque contre le point de fixation une mosaïque de petits cercles, dont chacun correspond à l'aire d'un cône de la *fovea*. Dans des circonstances déterminées, on voit les petits cercles non fermés : on distingue donc une série de points sur la circonférence de l'aire d'un cône. Le centre du cercle est clair, la périphérie obscure ; or ce cercle obscur peut être plus ou moins large : on distingue donc aussi plusieurs points suivant le rayon du petit cercle. Nous avons ainsi évalué à au moins 12 à 20 le nombre des points qu'on peut distinguer dans l'aire d'un cône. — L'ombre périphérique des petits cercles doit être produite par des particularités de structure placées au contact des cônes, probablement par les grains pigmentés de l'épithélium rétinien pigmenté. Elle est donc formée dans des conditions telles qu'elle est bornée à des éléments rétiniens trop petits pour qu'ils puissent être isolément éclairés (ou ombrés) par des rayons homocentriques régulièrement réfractés par les milieux de l'œil.

Nous concluons donc que, si les cônes de la *fovea* sont les éléments photo-sensibles de la rétine, ils ne sont cependant pas les unités photosensibles. Celles-ci sont beaucoup plus nombreuses, et, dans certaines conditions, irréalisables dans la vision habituelle, l'état d'excitation de ces unités peut être perçu isolément. — Il est probable que, sur la périphérie de la rétine, l'acuité visuelle défectueuse tient à la réduction qui s'opère dans les voies d'innervation, depuis les cônes et les bâtonnets jusqu'au cerveau, réduction qui s'opère déjà dans la rétine. Sur cette périphérie, étant données les conditions dioptriques de l'œil, la netteté des images rétiniennes admettrait une acuité visuelle supérieure à celle qu'on observe réellement.

Au contraire, dans la *fovea*, la constitution de la rétine admettrait une acuité visuelle encore beaucoup supérieure au maximum observé réellement, celui d'un angle visuel limite d'une et même d'une demi-minute, pour distinguer deux points. Ici, ce sont les autres facteurs dont l'acuité visuelle est également fonction, et dont résulte la netteté des images rétiniennes, en d'autres mots ce sont les conditions dioptriques de l'œil, qui mettent une limite à l'acuité visuelle.

La grande difficulté est de trouver des dispositions anatomiques rendant possible ce grand pouvoir de distinction, postulé par nous. Pour ce qui est des cônes eux-mêmes, peut-être pourrait-on invoquer ici le système fibrillaire (*Fadenapparat*) décrit par Max Schultze dans les articles internes. Quant aux conducteurs vers le cerveau, on se trouve acculé à la nécessité d'admettre, à l'encontre d'un axiome de la physiologie générale des nerfs, des conductions multiples et isolées par la voie d'une seule fibre nerveuse. Mais cela ne saurait nous empêcher d'admettre des conclusions tirées d'expériences physiologiques que chacun peut aisément contrôler.

En résumé donc, la diminution du pouvoir de distinction qu'on constate vers la périphérie du champ visuel résulte bien d'une diminution dans le pouvoir de distinction de la rétine ; mais la limite supérieure de l'acuité visuelle dans le centre physiologique de l'œil est une conséquence des conditions dioptriques de l'œil.

Dans la périphérie de la *fovea centralis*, et surtout sur la zone interne de la *macula lutea*, la mosaïque entoptique est moins nette, quoique visible encore. Le pouvoir de distinction, c'est-à-dire le nombre d'unités photesthésiques diminue-t-il déjà dans ces limites étroites ?

Bibliographie. — On trouvera dans HELMHOLTZ. *Physiologie optique*, 1867, p. 303, l'énumération des auteurs anciens. Un ouvrage à consulter pour la bibliographie plus récente est LANDOLT. *Traité complet d'ophtalmologie* de DE WECKER et LANDOLT, 1880, t. I, pp. 506 et 647. — AUBERT. *Physiologie der Netzhaut*, 1864, t. I, p. 32 et p. 187. — ALTMANN (*Arch. f. Anat. u. Physiol.*, 1880, p. 111). — A. CHARPENTIER. *Nouvelles recherches sur la sensibilité rétinienne* (*Arch. d'opht.*, mai-juin 1882). — *Recherches sur la distinction de points lumineux* (*Ibidem*, juillet-août 1882). — CUIGNET. *De la vision chez le tout jeune enfant* (*Ann. d'Ocul.*, 1871, p. 117). — CLAUDE DU BOIS-REYMOND. *Uber die Zahl der Empfindungskreise in der Netzhautgrube*. Dissert., Berlin, 1881. — DONDERS. *Anomalies de la réfr. et de l'accommod.* (édit. anglaise, 1864, édit. allemande, 1866, p. 84 et 159). — HELMHOLTZ. *Physiol. optique* (édit. française), 1867, p. 291. — HENSEN (*Arch. f. Anat. u. Physiol.* t. XXXIV, p. 401, et t. XXXIX, p. 478). — JAVAL. *Études sur la physiologie de la lecture* (*Ann. d'Ocul.*, 1878 et 1879). — KLEIN. *De l'influence de l'éclairage sur l'acuité visuelle*, Paris, 1873. — C. J. A. LEROY. *Mém. d'optique physiol.* (*Arch. d'opht.*, 1882, pp. 22, 328, 441; 1883, p. 215). — LANDOLT. *Eidoptométrie, périoptométrie, photoptométrie* in *Traité complet d'ophtalm.*, de DE WECKER et LANDOLT, 1880, t. I. — *Des fonctions rétiniennes* (*Arch. d'opht.*, 1881, p. 193). — *Nouvelles recherches sur la physiol. des mouvem. des yeux* (*Ibidem*, p. 385). — LAMARE. *Des mouvements des yeux dans la lecture* (*Bull. Soc. franc. d'opht.*, 1892, p. 354). — LOMMEL (*Zeitschr. f. Mathem. u. Phys.*, 1889, p. 29). — MAUTHNER. *Die opt. Fehler des Auges*, 1872, p. 117. — J. P. NUEL. *De la vision entoptique de la fovea centralis* (*Arch. de Biol.* 1884, et *Ann. d'Ocul.*, mars-avril, 1884). — H. SNELLEN. *Letterproeven ter Bepaling der Gesichtsscherpte*, 1re édit., Utrecht, 1862. — VOLKMANN (*Arch. f. Anat. u. Physiol.*, 1866, p. 649). — VRŒSOM DE HAAN (DONDERS). *Onderzoek naar den invloed van de leftijd op de gesichsscherpte*. Diss., Utrecht, 1862. — VIERORDT (*Arch. f. Ophthalm.* 1865, fasc. 3, p. 219).

NUEL.

ADAPTATION. — Le terme « adaptation » s'applique à deux fonctions distinctes de l'œil. D'une part, « adaptation » est employé comme synonyme d' « accommodation » (voyez l'article **Accommodation**), d'autre part, ce terme désigne des modifications spéciales de l'œil, et surtout de la rétine, sous l'influence d'une variation de l'éclairage objectif. A un fort éclairage, la pupille se resserre; l'éclairage de l'image rétinienne reste assez grand pour que l'œil puisse jouir sans inconvénient des avantages dioptriques d'un petit diaphragme iridien (diminution de l'aberration sphérique, neutralisation de l'astigmatisme, etc.). — A un faible éclairage, la pupille se dilate; les images rétiniennes deviennent plus diffuses; par contre, la clarté absolue de l'image rétinienne augmente (Voyez les articles **Iris** et **Pupille**). L'augmentation de la vision résultant de ce dernier chef peut compenser l'influence défavorable que le flou de l'image rétinienne exerce sur la vision. Toutefois on n'emploie guère le terme d'adaptation pour désigner la variation du diamètre pupillaire produite par les variations de l'éclairage.

La rétine subit parallèlement aux variations de l'éclairage objectif des modifications comparables à celles de la pupille, quoique imparfaitement connues dans leur essence. Avec un même diamètre pupillaire, un œil resté quelque temps dans l'obscurité perçoit des intensités lumineuses que ne perçoit pas un œil qui sort d'une clarté relativement forte. Dans les mêmes circonstances, un œil distingue des objets sous un éclairage insuffisant pour un œil sortant d'une forte clarté. Le premier est « adapté » pour ce faible éclairage, le second ne l'est pas. Inversement, ce dernier est « adapté » pour un fort éclairage, le premier ne l'est pas; il est ébloui par la forte clarté, et, pour distinguer les objets sous le fort éclairage, il faut qu'il « s' adapte » pour une forte lumière, ce qui prend un certain temps. Voyez à l'article **Sens de lumière** pour les détails de l'adaptation rétinienne et pour son mécanisme présumé.

NUEL.

ADDISON (Maladie d'). — En 1855 ADDISON, dans un mémoire remarquable (*On the constitutional and local effects of disease of the suprarenal capsules*), signala les relations qui existaient entre une maladie désignée sous le nom de peau bronzée, (*bronzed skin*), de cachexie bronzée, et les lésions des capsules surrénules. Vers cette époque de nombreuses observations cliniques (BURROWS, THOMSON, TROUSSEAU, FÉRÉOL, BESNIER) confirmèrent les conclusions du médecin anglais, et Brown-Séquard (1856), par des recherches expérimentales, démontrait l'importance fonctionnelle des capsules surrénales. Nous n'avons qu'à rappeler brièvement ces faits, la physiologie des capsules surrénales devant être développée à ce mot (Surrénales).

Symptômes. — La maladie d'Addison est essentiellement caractérisée par deux symptômes : l'asthénie, la pigmentation de la peau. L'asthénie est presque toujours le premier symptôme; longtemps avant que l'on puisse constater un changement dans la coloration des téguments, le malade accuse une lassitude extrême; il peut encore — et c'est là un point sur lequel nous aurons à revenir, — faire un effort d'une certaine énergie, mais cet effort est de très courte durée, l'épuisement arrive rapidement. En même temps, on peut constater des douleurs occupant l'épigastre, les membres, les lombes : ces douleurs sont du reste variables, erratiques, mal définies, souvent peuvent ne pas exister; il en est de même des nausées et des vomissements. Du reste les troubles gastro-intestinaux, très inconstants dans leurs effets et dans leur forme, se rattachent très souvent aux lésions concomitantes des différents organes voisins et non aux altérations des capsules surrénales (grand sympathique, plexus, etc.).

L'anorexie que l'on constate presque constamment au moment de la période d'état de la maladie, s'explique facilement, en dehors même des nausées et des vomissements, par l'asthénie générale. A cette période en effet, la lassitude est telle, la crainte d'un effort soutenu si grande, que le patient reste immobile dans son lit, sans faire de mouvements, conservant néanmoins toute son intelligence, mais restant presque volontairement dans un état de somnolence pour éviter toute contraction musculaire inutile et qu'il redoute. La simple appréhension des aliments apparaît comme un effort réel, et il devient difficile de faire prendre des substances solides. Et cependant la paralysie n'existe pas, ou presque jamais (Martineau). Cette dernière observation a son importance, car elle semble à première vue ne pouvoir concorder avec l'hypothèse soutenue par Abelous et Langlois; nous verrons plus loin, en étudiant la pathogénie de cette affection, que cette discordance est toute superficielle. Quant à l'amaigrissement, il est graduel, progressif; notons également la sensibilité extrême au froid. La mélanodermie, qui a donné son nom à la maladie et qui a surtout attiré l'attention des premiers observateurs, n'est après tout qu'un symptôme, sinon secondaire, au moins beaucoup moins important que l'asthénie. Elle peut du reste manquer totalement, et, en tout cas, elle ne se constate généralement qu'à un certain stade de la maladie, alors que la lassitude est déjà manifeste; il y a toutefois des exceptions, et, dans quelques cas, la pigmentation des muqueuses a été le premier symptôme observé. Cette pigmentation peut être généralisée ou partielle, et ce dernier cas est le plus fréquent; la peau prend alors une teinte d'abord gris sale, puis sépia. Les régions du cou, du mamelon et du scrotum sont des sièges d'élection pour les téguments cutanés, la muqueuse de la région sublinguale, près du frein de la langue, est encore très souvent prise; nous avons presque constamment observé des taches pigmentées de ce point chez les addisoniens que nous avons pu étudier. Toutes les causes d'irritation favorisent la pigmentation au point indiqué, les traces de vésicatoires et de pointes de feu, notamment, sont remarquables par leur coloration brunâtre, et le fait peut s'observer fréquemment, ces malades ayant presque toujours été soumis à des traitements révulsifs, soit pour les douleurs lombaires, soit pour les lésions pulmonaires. On a signalé également la pigmentation de la conjonctive, des cheveux dont la nuance normale est accentuée vers le noir, des ongles (Corvan), des dents (?) (Grosnier).

Pronostic. — La marche de la maladie d'Addison varie de un à cinq ans, quelquefois on observe des temps d'arrêt dans le développement des symptômes, mais la mort est toujours fatale, il faut ajouter qu'aux symptômes décrits viennent presque toujours s'ajouter ceux des affections concomitantes, dont la maladie d'Addison n'est le plus souvent qu'un épiphénomène : tuberculose, pulmonaire ou autre, cancer plus ou moins généralisé.

Diagnostic. — Dans la période de début, il est souvent difficile de reconnaître cette affection; à cette époque en effet la mélanodermie n'existe pas encore, les douleurs lombaires ou épigastriques peuvent être attribuées à d'autres causes pathologiques. Quant à la lassitude, elle constitue un symptôme bien obscur et que l'on peut expliquer par un affaiblissement général dû aux autres lésions dont sont souvent porteurs les sujets, notamment la tuberculose pulmonaire. La pigmentation elle-même, quand elle commence, est souvent un indice insuffisant : les phtisiques ont fréquemment une coloration assez intense de la peau (BOUCHUT) ; les paludéens, à la période cachexique, sont souvent atteints de mélanémie cutanée (il est vrai que, dans ce cas, les muqueuses restent indemnes (CHARCOT) ; la mélanodermie due à des parasites (*m. phtiriasique*) est plus superficielle, épidermique ; elle siége presque toujours sur le tronc et enfin elle cède à un traitement dirigé contre la cause parasitaire. Où le diagnostic est encore plus difficile, c'est dans le diabète bronzé (HANOT, CHAUFFARD, LETULLE, etc.) ; dans la cirrhose hypertrophique pigmentaire, la coloration est identique, toutefois ici encore les muqueuses ne sont pas atteintes. Mais l'état général est presque identique à celui des addisoniens vrais. L'analyse de l'urine peut donner des indications utiles.

Un procédé de diagnostic que nous avons proposé consiste dans l'examen du malade à l'ergographe de Mosso.

Ce qui caractérise essentiellement l'addisonien est moins la perte d'énergie musculaire à déployer dans un effort unique que la disparition plus ou

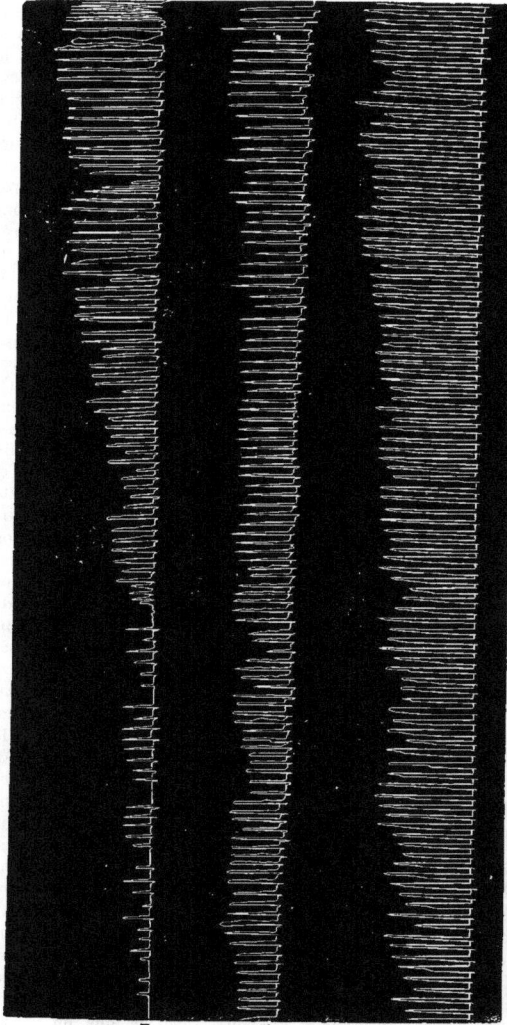

FIG. 17. — Tracé pris avec l'ergographe de M. Mosso. Poids soulevé : 1 kilogramme. Contraction volontaire du médius toutes les deux secondes. (Tracé à lire de droite à gauche.)
I. Addisonien. — II. Tuberculeux. — III. Sujet normal.

moins complète de la résistance à la fatigue. Si l'on soumet dans les mêmes conditions un addisonien et un autre malade présentant un état général comparable, tous deux tuberculeux au même degré par exemple, à l'examen ergographique on voit que la courbe de la fatigue des deux sujets est bien différente. Alors que le tuberculeux simple peut exercer un travail soutenu (soulever un poids de un kilo toutes les 2 secondes) pendant un certain temps, l'addisonien, qui au début aura soulevé le même poids à la même hauteur, sera vite épuisé; sa courbe indique une chute rapide. Nous avons pu recueillir ainsi une série de tracés des plus démonstratifs (Abelous, Charrin et Langlois. *La fatigue chez les addisoniens. A. P.*, 1892, p. 721).

On voit dans ces tracés qu'avec un poids de 1 kilo. au bout d'une minute quarante secondes, l'addisonien s'arrête épuisé après avoir fourni un travail de 750 grammètres, alors qu'un tuberculeux a produit dans la même espace de temps 1115 grammètres sans subir le même épuisement. Avec un poids de 2 kilogs, le travail est pour ainsi dire nul chez l'addisonien, l'impuissance se produisant après quelques contractions.

Pathogénie. — La pathogénie de la maladie d'Addison est encore fort obscure, les divergences de vues tiennent, sans nul doute, à l'erreur faite par les observateurs de vouloir réunir sous une même étiologie des affections de causes différentes.

Deux théories ont été émises : la théorie nerveuse et la théorie glandulaire.

Dans son premier mémoire, Addison, après avoir énuméré l'ensemble des symptômes de la maladie qui porte aujourd'hui son nom, concluait que, lorsque tous ces symptômes étaient réunis, il y avait tout lieu de supposer une affection maligne et incurable des capsules : mais, après trois ans d'observations plus attentives, et multipliées, il est moins affirmatif.

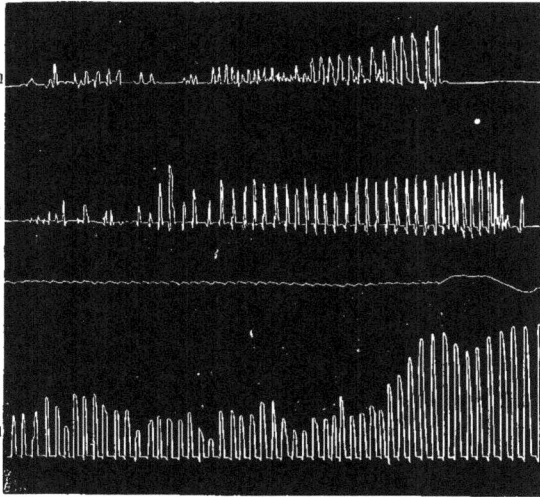

Fig. 18. — Tracé ergographique avec 2 kilogrammes. Mêmes indications que pour la figure précédente.

« Tout en pensant que, dans certains cas, il est impossible de ne pas considérer les altérations de ces couleurs subies par le malade comme le résultat de la lésion des capsules, et probablement de cette lésion seulement; nous savons toutefois que ces organes sont très voisins du plexus solaire et des ganglions semi-lunaires et sont même en contact avec ces parties qui leur envoient un grand nombre de nerfs; qui peut dire quelle influence le contact de ces organes malades peut avoir sur ces grands centres nerveux et quelle part ces effets secondaires peuvent prendre dans la production de troubles de la santé générale et des autres symptômes observés? »

La théorie nerveuse, que nous étudierons tout d'abord, a trouvé dans Jaccoud un habile défenseur [1]. Avant lui, et après Addison qui, ainsi que nous le disions plus haut, signalait l'influence possible des altérations du système sympathique, Habershon, Barlow, Schmidt, Mattei, Martineau attribuaient aux lésions des plexus solaires et des ganglions semi-lunaires les troubles nerveux observés. Après Jaccoud, cette opinion est encore partagée par Greenhow, Jürgens, von Kahlden, Lancereaux, Raymond, Brault. Ces auteurs allèguent, d'une part l'altération des capsules surrénales sans que, pendant la vie, le sujet présente aucun des symptômes attribués à la maladie d'Addison, et de l'autre l'intégrité des capsules chez des sujets déclarés addisoniens avant l'autopsie.

Alezais et Arnaut, dans un mémoire très complet, ont montré que si dans presque

1. Jaccoud. *Sur les maladies bronzées (Gaz. méd.,* 1864).

tous les cas de maladie d'ADDISON, les capsules surrénales sont atteintes de tuberculose, la réciproque n'est pas vraie, dans la moitié des faits connus de tuberculose capsulaire la maladie d'ADDISON fait défaut, et il y a tout lieu de supposer que bien souvent les lésions de ces organes passent inaperçues quand l'attention n'a pas été attirée sur elles par l'observation de quelques symptômes pendant la vie.

JACCOUD défendait la théorie en s'appuyant sur trois ordres de faits : les symptômes observés, les lésions reconnues *post mortem*, la structure des capsules surrénales.

Dans les symptômes observés, en éliminant tout d'abord la mélanodermie, les troubles nerveux sont de deux sortes, l'asthénie croissante, les troubles gastriques ou nerveux. JACCOUD en notant ces symptômes ajoute :

« Qu'on songe maintenant que, dans les cas simples, ces symptômes se développent et progressent en l'absence de toute lésion viscérale importante, sans anémie, sans albuminurie, sans hémorrhagie, sans diarrhée, et l'on y verra sans doute le résultat direct et immédiat d'une perturbation du système nerveux. » Nous verrons plus loin que ces troubles asthéniques ne peuvent être évoqués comme arguments favorables à la théorie nerveuse et que la théorie capsulaire trouve dans la description même de l'asthénie addisonienne, si magistralement décrite par JACCOUD, un argument majeur.

Les vomissements, les douleurs épigastriques et lombaires sont certainement en faveur de lésions nerveuses ; il est facile d'admettre que chez les individus atteints de maladies bronzées, le voisinage des appareils nerveux du grand sympathique explique les troubles moteurs ou sensitifs observés. Quant à la structure de la glande, elle ne permet d'émettre aucune opinion exclusive. S'il est vrai que les capsules surrénales reçoivent un grand nombre de filets nerveux du système sympathique, ainsi que l'ont montré les recherches de NAGEL, de BERGMANN, de KOLLIKER, de HENLE, qu'il existe dans la couche corticale des cellules ganglionnaires pouvant constituer des centres réflexes : MŒRS, JŒSTEN, HOLM ; s'il est vrai encore que l'excitation des capsules surrénales par des courants électriques tend à inhiber les mouvements des intestins et à retarder l'excrétion rénale, ainsi que le montrent les recherches de JACOBJ [1], il faut admettre d'autre part que les corps surrénaux ont en eux-mêmes une structure nettement glandulaire, et que la disposition même de l'appareil circulatoire, presque lacunaire et sans paroi propre (PFAUNDLER), tend à prouver que ces appareils sont destinés à jouer un rôle glandulaire très précis[2].

Le grand argument de la théorie nerveuse réside, il nous semble, dans ces faits que les symptômes de la maladie bronzée étaient notés sur des individus porteurs de capsules surrénales en apparence intactes. Tels, pour ne citer que les cas les plus récents, ceux de RAYMOND et de BRAULT, rapportés dans la thèse de GUAY.

Dans le premier cas, Jeanne D..., âgée de 27 ans, après avoir présenté les syndromes classiques des addisoniens : douleurs épigastriques, lassitude extrême, mélanodermie, amaigrissement, gêne respiratoire, cachexie progressive, tombe dans le coma et meurt. A l'autopsie, on trouve un état lymphadénomateux généralisé, une sclérose du plexus solaire englobé dans les masses ganglionnaires.

La plupart des cellules nerveuses sont atrophiées et réduites à un amas pigmenté, les capsules surrénales ne présentant comme lésion qu'une dilatation irrégulière des capillaires.

Le cas de BRAULT est à peu près analogue : amaigrissement, apathie profonde, asthénie, mélanodermie étendue à presque tout le tégument, enfin difficulté respiratoire et mort dans un état d'amaigrissement profond.

A l'autopsie, en outre des lésions pulmonaires doubles, on trouve dans le ganglion semi-lunaire droit une masse caséeuse renfermant une grande quantité de bacilles tuberculeux, toutefois M. BRAULT ne peut se prononcer sur le degré de la lésion dont il est atteint, ni sur les dégénérescences des filets nerveux en communication avec ce ganglion. Les capsules étaient intactes. ALEZAIS et ARNAUD déduisent de l'ensemble des observations recueillies par eux, que la destruction des capsules surrénales ne pouvait à elle seule déterminer la maladie bronzée. La région centrale peut être atteinte, sans que la mélano-

1. JACOBJ. *Die Beziehung der Nebenniere zu den Darmbewegungen* (*Arch. f. exp. Pathol. und Pharm.*, 1891, p. 190).
2. PFAUNDLER. *Zur Anatom. der Nebenniere* (*Sitzungsb. der K. Akad. der Wissench.* Vienne, 1892, f. 3, p. 515).

dermie apparaisse, mais, d'après eux, l'altération des ganglions nerveux sympathiques compris dans l'enveloppe fibreuse des capsules surrénales serait seule en cause.

Dans une de leurs observations (Obs. III), le malade avait présenté tout le syndrome classique, et la capsule surrénale gauche était intacte, mais on constatait une infiltration tuberculeuse du tissu vasculo-nerveux vers le tiers postérieur cortical, le plexus solaire et les gros ganglions sympathiques n'étant pas altérés.

La question de la pigmentation est encore un sujet de controverse. On peut réunir sous deux groupes les théories proposées : 1° Origine glandulaire : Brown-Séquard, Testelin, Duclos. Les capsules surrénales ont pour fonction de détruire des matières pigmentaires qui se produisent constamment dans l'organisme. Après la destruction de ces organes, le sang se charge de ces pigments, les dépose en des points divers sous les téguments.

On objecte à cette opinion l'impossibilité observée jusqu'ici de déterminer expérimentalement la mélanodermie par la destruction des capsules surrénales. Si quelques auteurs ont signalé, en effet, des pigmentations, les cas sont bien isolés et n'ont pu être reproduits.

D'autre part, Rokitansky a recueilli plus de 100 cas, dans lesquels les deux capsules étaient détruites par un processus pathologique avec un seul exemple de maladie bronzée. Landois cite 33 altérations complètes des deux capsules, sans avoir observé de coloration ; Mallei, 16 ; Buhl, 10, etc.

2° Le pigment vient du sang, mais il se fixe en des points donnés par suite de la perturbation fonctionnelle du sympathique. D'après l'opinion de Raymond (*A. P.* 1892) la pigmentation dans la maladie d'Addison est le résultat d'une perturbation apportée dans la formation chromatique par une irritation du sympathique abdominal, laquelle retentit par voie réflexe sur les centres nerveux disposés à la régulation de cette fonction.

Théorie glandulaire ou de *l'intoxication addisonienne.* — Les recherches de Brown-Séquard, postérieures seulement de quelques mois au mémoire d'Addison, sont empreintes de l'idée qui régnait alors : prédominance des troubles mélanodermiques dans la maladie bronzée. Aussi, tout en n'ayant pu constater chez les animaux privés de capsules surrénales la pigmentation cutanée, avait-il déjà signalé dans le sang de nombreuses granulations pigmentaires. Mais ce qui ressortait surtout de ses recherches, c'est l'importance fonctionnelle des capsules surrénales, dont le rôle avait jusqu'alors échappé aux physiologistes.

La mort, écrivait-il, à la suite de l'ablation de ces organes est précédée d'un affaiblissement graduel allant jusqu'à la paralysie des membres postérieurs, puis des antérieurs, enfin des muscles respiratoires. Parmi les troubles observés, on note encore de l'anorexie, l'arrêt de la digestion, assez souvent du délire, des convulsions tétaniformes et épileptiformes, enfin un abaissement graduel de la température. Il constate encore — et c'est là le point essentiel de son travail, point qui, par suite d'une erreur d'interprétation, a été négligé, et négligé par lui-même, — que le sang des animaux privés de capsules surrénales est toxique pour un animal récemment opéré, tandis que la transfusion du sang d'un animal sain à un animal à l'agonie peut le rappeler à la vie. Aussi conclut-il que la destruction des glandes surrénales est suivie de l'accumulation dans le sang d'une substance toxique douée de la propriété de se transformer en pigment. Nous verrons plus loin combien ces vues devaient être confirmées, en partie du moins, et il est curieux de signaler que longtemps après, Brown-Séquard, entraîné par ses idées sur les phénomènes d'inhibition, semblait abandonner cette conception de l'auto-intoxication pour faire intervenir des phénomènes inhibiteurs. Mais il revenait ensuite à son opinion primitive. Il n'y a nulle contradiction d'ailleurs à évoquer des phénomènes d'inhibition, après lésions des capsules, étant donné leurs connexions nerveuses, tout en soutenant leur rôle important comme glande à sécrétions internes.

Depuis 1855 les recherches sur les capsules surrénales ont été nombreuses. Les conclusions de Brown-Séquard ont été vivement attaquées.

Philippeaux, Gratiolet, Harley, Berutti, Martin-Magron, contestèrent le rôle essentiel des capsules surrénales, soutenant, contrairement à Brown-Séquard, que leur destruction n'entraîne pas nécessairement la mort.

Tizzoni, dans de nombreuses recherches poursuivies de 1884 à 1889, admet également la possibilité de la survie, après la destruction des deux capsules ; mais il signale en même temps la possibilité de la régénération de ces organes, quand ils ne sont pas totalement détruits. Il signale enfin des troubles médullaires tardifs consécutifs à la destruction d'une capsule.

STIRLING montre que, dans un certain nombre de cas, la survie, après destruction successive des deux capsules, s'explique par la présence de capsules accessoires.

ALEZAIS et ARNAUD attribuent la mort à des dégénérations ascendantes gagnant la moelle par la voie des splanchniques.

En 1891, parurent les premières recherches d'ABELOUS et LANGLOIS; nous n'insisterons pas sur ces travaux que l'on trouvera développés à l'article **Capsules surrénales.**

ABELOUS et LANGLOIS ayant constaté que les grenouilles succombaient d'autant plus rapidement que les animaux étaient plus agiles, plus actifs, résumèrent leur conclusion ainsi :

Les capsules surrénales ont pour fonction de neutraliser ou de détruire des substances toxiques élaborées au cours des échanges chimiques et spécialement au cours du travail des muscles.

M. ALBANÈSE confirmait cette manière de voir, en montrant que les animaux acapsulés ne pouvaient supporter la fatigue [1].

Les courbes de la fatigue étudiées par ABELOUS [2] sur les animaux privés de capsules sont caractéristiques. Elles montrent que chez ces animaux la résistance à la fatigue disparaît rapidement et que cette résistance est encore réduite si l'on injecte à ces animaux de l'extrait alcoolique de muscles de grenouille normale tétanisée ou de muscles de grenouille acapsulée.

Cette auto-intoxication due à des produits développés pendant le travail musculaire paraît être le fait essentiel dans le syndrome des animaux privés de capsules surrénales. Mais quelle est cette substance? Les physiologistes italiens ALBANÈSE [3], F. et S. MARINO ZUCCO [4] pensent qu'il s'agit de la névrine, ils ont vu en effet que les grenouilles acapsulées étaient rapidement intoxiquées par cette substance, alors qu'il fallait des doses beaucoup plus considérables pour les grenouilles normales. On trouve d'autre part la neurine dans les urines des addisoniens (MARINO ZUCCO).

Nous n'avons pas parlé de pigmentation; les recherches de laboratoires sont généralement infructueuses à ce sujet. Les auteurs en effet n'ont presque jamais noté de pigmentation, à la suite de la destruction des capsules surrénales.

MARINO-ZUCCO [5] ayant inoculé dans l'intérieur des capsules surrénales des lapins une culture de la pseudo-tuberculose de PFEIFFER a vu se développer sur la peau des taches de couleur ardoisée qui grandirent à vue d'œil jusqu'à recouvrir tout le corps.

Ces résultats si intéressants mériteraient d'être confirmés. M. LANGLOIS poursuit actuellement des recherches dans le même sens en injectant dans la capsule surrénale de lapins et de rats des cultures du *Streptococcus pyogenes aureus.* Ce procédé de destruction de l'organe par infection microbienne pourrait conduire à des déductions physio-pathologiques fort importantes, car il nous mettrait dans les conditions ordinaires des lésions que nous observons chez les malades : déjà CHARRIN et CARNOT [6] ont réussi à provoquer le diabète pancréatique avec tous ses symptômes cliniques, polyurie, polydipsie, glycosurie, amaigrissement, en injectant dans le conduit pancréatique des cultures diluées de bacille pyocyanique.

Les capsules surrénales ont un rôle considérable, un rôle de protection de l'organisme contre ses propres produits. C'est encore ce qu'ont montré d'une façon générale les recherches de CHARRIN et de LANGLOIS [7]. Dans le cours des maladies infectieuses, les capsules sont congestionnées, souvent hémorrhagiées. Les cellules centrales sont granuleuses. Les capsules ont essayé de former une barrière contre les toxines.

En tuant des chiens avec le toluylène-diamine, PILLIET avait noté des troubles analogues.

Enfin *in-vitro*, le tissu capsulaire se montre vis-à-vis de la nicotine aussi actif que le

1. ALBANÈSE. *La fatigue chez les animaux privés de capsules surrénales* (*Arch. italiennes de Biologie*, avril 1892).
2. ABELOUS. *Des rapports de la fatigue avec les fonctions surrénales* (*A. P.*, octobre 1893).
3. ALBANÈSE. *Sur les fonctions des capsules surrénales* (*Arch. italiennes de biologie*, sept. 1892).
4. F. et S. MARINO ZUCCO. *Riforma Medica*, t. I, 1892.
5. MARINO ZUCCO. *Riforma Medica*, t. I, 1892.
6. CHARRIN et CARNOT. *Infections pancréatiques ascendantes expérimentales* (*B. B.*, 26 mai 1894).
7. LANGLOIS et CHARRIN. *Lésions des capsules surrénales dans l'infection* (*B. B.*, 4 août 1893). *L'action antitoxique du tissu des capsules surrénales* (*B. B.*, mai 1894).

foie. Pour le foie, les expériences de Schiff, de Heger, de Roger, avaient montré que cet organe mis en contact avec des solutions de nicotine détermine une diminution du pouvoir toxique de cette solution ainsi traitée.

Or cette propriété, dont le mécanisme intime est loin d'être démontré, n'est pas propre au foie, mais elle est identique pour les glandes surrénales, et il est permis de supposer qu'il en est de même des tissus des glandes à sécrétions internes. Leurs cellules possèdent, tout au moins, une activité fixatrice importante.

Si nous nous sommes étendus un peu longuement sur les recherches physiologiques poursuivies dans ces dernières années sur les fonctions des capsules surrénales, c'est qu'il est facile d'en extraire toute une pathogénie nouvelle, non pas exclusive, mais tout au moins applicable à quelques-uns des cas observés.

Abelous et Langlois qui ont poursuivi ces recherches n'ont jamais eu l'intention, ainsi que leur attribue bien à la légère M. Guay[1], de considérer les capsules surrénales comme des organes exclusivement vasculaires; ils tendraient même en s'appuyant sur l'histologie, l'embryologie et même sur quelques recherches expérimentales (Tizzoni-Jacoby) à se ranger à l'opinion de Kolliker qui attribue à ces organes un double rôle : nerveux et glandulaire.

Si nous éliminions la pigmentation, que jusqu'ici les physiologistes n'ont pu reproduire en dehors du cas de Marino Zucco, ce qui domine le syndrome clinique, c'est l'asthénie. Nous avons dit plus haut que cette asthénie constituait pour Jaccoud un des faits en faveur de la théorie nerveuse. Elle paraît au contraire correspondre rigoureusement à la théorie glandulaire telle qu'elle est conçue par Abelous et Langlois.

Les capsules surrénales, quand elles sont atteintes dans leurs fonctions antitoxiques, ne détruisant plus ou détruisant moins de musculo-toxines (ce terme étant pris dans son sens générique), il se produit une curarisation plus ou moins prononcée de l'individu.

L'objection qu'asthénie n'est nullement synonyme de paralysie[2] ne nous paraît pas juste. Chez les animaux en expériences, il ne s'agit pas en effet de paralysie au début, mais d'une grande faiblesse, et enfin d'une susceptibilité très grande à la fatigue. Nous avons signalé à propos du diagnostic l'importance de l'examen ergographique chez les addisoniens.

Si les glandes surrénales exercent une action antitoxique, détruisent des poisons formés par l'organisme, il était tout indiqué de rechercher quelle influence pouvaient exercer soit les injections de liquide extrait des capsules surrénales, soit la greffe de ces glandes.

Les expériences poursuivies sur le corps thyroïde avaient montré qu'on pouvait prolonger la survie des animaux après l'ablation du corps thyroïde par des injections intraveineuses d'extrait aqueux de cette glande (Vassale, Gley[3]).

Abelous et Langlois ont obtenu en injectant de l'extrait de capsules une prolongation de survie, et, chez les cobayes opérés, ils ont vu, sous l'influence de l'injection, les convulsions diminuer, la vie se prolonger. Brown-Séquard obtint des résultats meilleurs encore, mais sans pouvoir prolonger beaucoup plus longtemps la vie des opérés.

L'extrait alcoolique de capsules surrénales a donné récemment à Abelous des résultats véritablement intéressants et qui appellent l'attention. L'injection de 3 centimètres cubes de la solution dans l'eau salée (10 centimètres cubes) de l'extrait alcoolique de deux capsules surrénales de chien, à des grenouilles acapsulées récemment a déterminé une survie de plus de douze jours[4]. On conçoit combien il serait préférable à tous égards d'employer un extrait alcoolique forcément aseptique aux extraits aqueux ou même glycérinés toujours plus prompts à s'altérer.

Les injections sous-cutanées du liquide capsulaire, en admettant qu'elles peuvent suppléer à la fonction présente de l'organe lésé ou détruit, n'exercent qu'une action passagère. L'idéal serait donc de rétablir la fonction elle-même, de greffer un organe sain, capable, après avoir établi ses communications vasculaires, de continuer à fournir à l'organisme le facteur chimique qui joue le rôle tutélaire dans la défense de l'organisme contre le poison curarisant.

1. Guay. Essai sur la pathogénie de la maladie d'Addison (D. P., 1893, p. 91).
2. Brault. Traité de médecine Charcot-Bouchard. Maladie d'Addison, t. v, p. 892.
3. Vassale (Rivista sperimentale di freniatria, 1891, p. 439). — Gley. Recherches sur les fonctions de la glande thyroïde (A. P., 1892, p. 25).
4. Abelous. Des rapports de la fatigue avec les fonctions surrénales, note additionnelle, p. 278,

ABELOUS[1] a réussi à greffer la capsule surrénale chez la grenouille dans la région iléo-coccygienne.

Si, après avoir pratiqué cette greffe, on détruit au bout d'une vingtaine de jours les deux capsules surrénales, la grenouille résiste à cette opération. — Si on détruit ensuite la greffe, les grenouilles, qui avaient jusque là résisté, meurent avec les symptômes de la paralysie décrite par ABELOUS et LANGLOIS.

Il reste évidemment à pratiquer cette opération chez des animaux supérieurs. Les expériences tentées jusqu'ici par LANGLOIS sur les chiens n'ont pas réussi; la coque fibro-celluleuse qui protège la capsule empêche en effet la vascularisation superficielle. On peut espérer cependant que, grâce aux dispositions anatomiques que présentent certains animaux, cette greffe pourra être tentée.

Voici une tentative de greffe qu'il est curieux de signaler, au moins pour mémoire.

Observation de M. BÉRARD, interne du service de M. AUGAGNEUR[2] :

Enfant de 14 ans. — Coxalgie antérieure et synovite de la gaine des extenseurs. Simultanément il s'était produit une pigmentation de tous les téguments. M. AUGAGNEUR a pratiqué chez le malade des greffes de capsules surrénales de chien. Celles-ci ont été insérées dans le tissu cellulaire sous-cutané de l'abdomen. La mort est survenue le troisième jour; elle fut précédée de fièvre et de coma. A l'autopsie on a trouvé un semis de granulations très récentes sur tous les organes abdominaux et sur la face inférieure du diaphragme. La capsule surrénale droite présente un point caséeux, la capsule gauche est entièrement caséeuse, quelques tubercules au sommet des poumons.

La théorie glandulaire nous paraît s'appuyer sur des expériences physiologiques fort importantes, et CHAUFFARD, à la suite des deux observations citées par lui, attire l'attention sur cette intoxication addisonienne si bien mise en lumière par la physiologie.

Est-ce à dire cependant que cette théorie doit être exclusive, que tout addisonien est comparable aux animaux opérés? Évidemment non. Les nombreuses observations indéniables de sujets atteints de la maladie bronzée et qui n'avaient aucune altération apparente des capsules surrénales ne permettent pas d'admettre cette théorie exclusive, et la physiologie s'associe à la clinique pour dire que dans cette affection, comme dans beaucoup d'autres, le système nerveux, lésé ou non d'une façon apparente, intervient, soit sous l'influence d'une excitation d'origine toxique, soit par lésion irritative réelle des filets ou des ganglions du sympathique.

Traitement. — Nous exposerons le traitement rationnel de l'intoxication addisonienne. Il faut viser trois points essentiels :

1° Diminuer la formation des musculo-toxines;

2° Favoriser l'élimination de ces toxines curarisantes;

3° Chercher à suppléer à l'insuffisance de la fonction surrénale.

Pour *diminuer la formation des toxines*, il n'existe qu'une méthode : le repos aussi complet que possible. Les observations de CHAUFFARD, de LANGLOIS, démontrent nettement l'influence nocive de la fatigue musculaire.

On ne peut, cependant, songer au repos absolu. Il existe même souvent, outre les impossibilités sociales, des indications formelles provenant des autres lésions que présentent habituellement les malades : tuberculose pulmonaire, hépatique, etc. Ce qu'il faut éviter principalement, ce sont les efforts prolongés, continus, favorisant l'accumulation dans l'organisme des produits de décomposition.

Favoriser l'élimination des toxines. Les indications générales qui découlent des données acquises désormais grâce aux travaux de BOUCHARD sur les auto-intoxications trouvent ici leur place.

Assurer l'intégrité des fonctions de la peau par des bains alcalins, des frictions sèches au gant de crin. Favoriser l'excrétion cutanée par des bains de vapeur quand l'état du malade le permet, mais sur ce point être des plus prudents; la sudation étant souvent moins éliminative des *nuisances*, pour employer le terme des hygiénistes anglais, que la sécrétion rénale. C'est surtout le rein en effet qu'il faut compter comme puissant éliminateur. Nous avons vu que MARINO ZUCCO a trouvé dans les urines des addisoniens de la neurine,

---

1. ABELOUS. *Greffe des capsules surrénales* (B. B., 1893).
2. *Société des sciences médicales de Lyon*, 28 déc. 1891 (*Mercredi médical*, 1892, p. 23).

précisément l'agent toxique suspect. Bien que la toxicité des urines n'ait pas encore été sérieusement étudiée, quelques expériences inédites de LANGLOIS font supposer que le coefficient uro-toxique est augmenté.

Le lait sera recommandé à haute dose, sans aller toutefois, à moins d'indications formelles, jusqu'au régime lacté absolu, régime difficile à appliquer d'ailleurs étant donné l'état anorexique. On peut, dans le cas de refus du lait, donner du lactose (40 grammes au moins par litre).

Pour activer la fonction éliminatrice du rein, on peut employer la théobromine à la dose de un à deux grammes par jour pendant 4 à 5 jours, suivi d'un repos de quelques jours. Le régime lacté mixte avec la théobromine, permet d'obtenir une diurèse de 4 litres, c'est un véritable lavage de l'organisme. La caféine a été préconisée; elle paraît ne pas donner d'excellents effets; il faut songer, en effet, qu'en augmentant le tonus des muscles, elle favorise dans une certaine mesure la production des toxines. Inutile d'insister sur la nécessité d'assurer les évacuations intestinales fréquentes.

Suppléer à l'insuffisance de la fonction surrénale.

Nous ne connaissons pas encore par quel mécanisme les capsules surrénales annihilent les substances toxiques produites dans le cours des échanges chimiques, et il y a tout lieu de supposer cependant que c'est par un processus d'oxydation. ABELOUS a montré en effet que le résidu de l'extrait alcoolique des muscles de grenouilles acapsulées ou tétanisées renferment des substances réductives (réduction du ferricyanure de potassium) et que si on les oxyde par le permanganate de potasse, leur toxicité est diminuée.

Il paraît donc utile de déterminer dans l'organisme des oxydations énergiques; les inhalations d'oxygène, d'air sous pression, trouvent ici leur indication ainsi que la médication alcaline.

Enfin l'injection d'extrait des capsules surrénales est nettement indiquée. Les observations faites jusqu'ici n'ont pas donné des résultats bien démonstratifs, mais il faut songer que, chez les malades hospitalisés, les lésions pulmonaires ou hépatiques sont telles, l'état cachexique si avancé, qu'il est impossible de remonter de tels individus. Dans la clientèle, où il est possible d'attaquer plus facilement à son début l'affection, on peut songer à pallier les désordres dus à l'altération des capsules et peut-être (?) à permettre le développement des capsules accessoires ou supplémentaires ou même la régénération de la glande, conception admissible, au moins étant donné les observations de TIZZONI sur les animaux. Quoi qu'il en soit, on peut sans aucun inconvénient tenter ce traitement. La formule suivante est indiquée par LANGLOIS [1].

Capsules surrénales de Cobaye.	. . . .	0 gr. 80
Eau bouillie		10 gr.
Chlorure de sodium } ââ		0 gr. 07
Sulfate de soude }		

Triturez et laissez macérer 24 heures, puis filtrez sur ouate stérilisée, 2 à 5 centimètres cubes chez les addisoniens asthéniques.

La formule de D'ARSONVAL est la suivante :

Tissu (capsules surrénales).	10 grammes.	
Diviser en fragments et laisser macérer 24 heures dans glycérine à 30°.	10	—
On ajoute eau à 25 gr. par litre de NaCl.	5	—

Laissez macérer une demi-heure, filtrez sur papier et stérilisez au moyen de l'acide carbonique sous pression. Pour les injections sous-cutanées, diluez le liquide d'une quantité égale d'eau bouillie, 3 à 8 centimètres cubes comme tonique général neurasthénique.

L'extrait alcoolique de capsule surrénale n'a pas encore été employé sur l'homme; les récentes expériences d'ABELOUS citées plus haut permettent de penser qu'il serait utilisé avec avantage.

P. LANGLOIS.

ADDITION. — HELMHOLTZ, en étudiant le premier, à l'aide du myographe, la forme de la contraction des muscles de la grenouille, a appelé *addition* le phénomène de la superposition de deux secousses musculaires (1854).

1. MAURANGE et CANCALON. *Formulaire de l'hypodermie*, p. 14.

Soit une secousse musculaire provoquée par l'électricité; elle comprend, comme on sait, trois périodes : une période d'excitation latente, une période d'ascension, et une période de descente. Supposons la première excitation suivie d'une seconde excitation, égale en intensité à la première : la forme de la secousse sera variable selon le moment de cette seconde excitation par rapport à la première. Si la seconde excitation a lieu pendant la période de descente, l'ensemble de la contraction musculaire sera

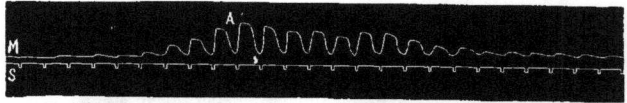

Fig. 19. — Périodes d'excitabilité croissante et décroissante. Muscle de l'Ecrevisse. Excitations rythmiques, d'intensité égale.
A, dixième secousse, maximum.

caractérisé par une courbe avec deux descentes et deux ascensions. Si le même rythme continue, avec une troisième, une quatrième excitation, etc., le tétanos obtenu sera un tétanos incomplet, avec dissociation imparfaite des secousses simples.

Si la seconde excitation vient frapper le muscle pendant la période d'ascension due à la première excitation, alors il n'y aura plus de dissociation des deux secousses, mais une *addition* ou une *fusion*, c'est-à-dire que les deux secousses vont s'ajouter l'une à l'autre, de manière à n'en plus former qu'une seule, et, à supposer que les excitations continuent avec le même rythme, le tétanos obtenu sera un tétanos complet avec fusion totale de toutes les excitations, qui, discontinues en réalité, se traduiront dans le muscle par une contraction continue, non interrompue; car le muscle, par son élasticité et son inertie, réagit avec plus de lenteur que l'appareil électrique qui l'excite.

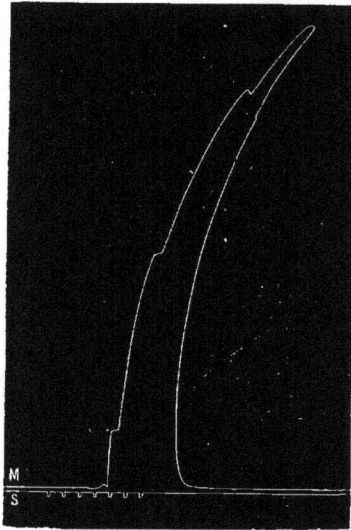

Fig. 20. — Accroissement d'excitabilité. Addition latente.

Voilà comment les choses se passent quand il y a variation du rythme, et les figures données par tous les auteurs qui se sont occupés de myographie sont, à cet égard, parfaitement explicites (Voy. **Myographe**); le phénomène étant plus facile à comprendre par les graphiques que par les commentaires explicatifs.

Au point de vue de l'intensité de l'excitation, si l'excitation première est maximale, c'est-à-dire provoquant une secousse musculaire maximum, il est clair que la fusion des deux secousses ne pourra être plus forte que la secousse unique. Mais, si la secousse première est faible, la secousse seconde, fusion de la première et de la seconde, sera bien plus haute même que le serait la simple somme des deux secousses premières.

On peut donc dire que ce n'est pas une simple *addition;* mais une véritable *multiplication*, pour conserver les termes arithmétiques, comme si, par le fait d'une excitation première, l'excitabilité du muscle avait été énormément augmentée. Avec les muscles d'invertébrés, et en particulier avec le muscle de l'écrevisse, le phénomène est extrêmement net (Voy. fig. 20 et 21).

En effet, comme il faut toujours tendre le muscle par un poids, toujours la forme véritable de la secousse est modifiée par ce poids, si faible qu'il soit, de sorte que la forme véritable de la secousse musculaire n'est pas donnée exactement par le myogramme obtenu. La descente vraie de la secousse se prolonge bien plus que ne semblerait l'indiquer le myogramme, et, pendant toute cette descente, masquée, que j'ai proposé d'appeler *secousse latente*, l'excitabilité du muscle reste accrue; de sorte qu'on voit très bien les secousses croître en hauteur, au fur et à mesure qu'on fait agir des excitations successives, égales entre elles. Ces secousses, qui croissent en intensité, paraissent discontinues : en réalité, elles ne sont pas discontinues; car ces secousses isolées portent sur un muscle qui ne reviendrait pas à la ligne de repos absolu, s'il n'était pas tendu par un poids dont l'effet est de masquer la contraction véritable et de faire croire que le muscle est revenu à son état de repos lorsque, au contraire, il est encore ébranlé par l'excitation précédente.

En tout cas, l'addition peut être considérée comme un phénomène d'excitabilité croissante, qui croît par le fait des excitations successives. Un muscle qui n'est pas

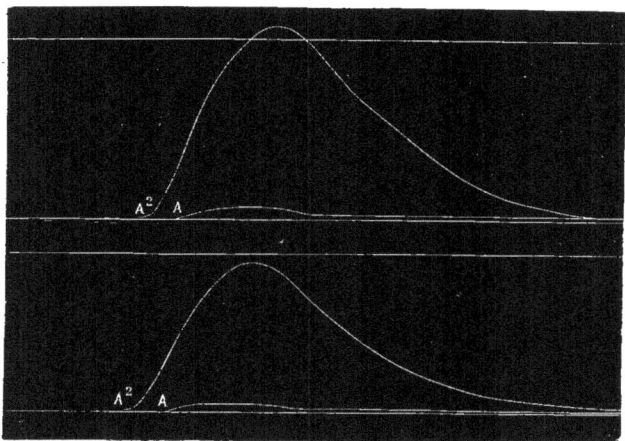

Fig. 21. —Addition de deux excitations égales. — A, une seule excitation A², effet de deux excitations toutes deux égales à A, et très rapprochées.

revenu à son repos complet et qui est à la période de descente, est plus excitable qu'un muscle qui est complètement inerte.

Ce phénomène de l'addition, ou plutôt de la multiplication des secousses, j'ai pu l'appliquer à un cas spécial fort intéressant, c'est-à-dire le cas où la première excitation (A) est impuissante à déterminer une réaction apparente du muscle; et je l'ai appelé *Addition latente* (*Addition latente des excitations électriques dans les nerfs et dans les muscles. Trav. du lab. de* M. MAREY, 1877, t. III, p. 97-105).

Voici comment le phénomène se produit, et il se manifeste avec une extrême netteté dans le muscle de la pince de l'écrevisse. Si l'on fait passer par ce muscle une série de courants d'induction rythmés à un assez long intervalle (de deux secondes, par exemple), en graduant l'intensité du courant, on peut diminuer l'intensité de telle sorte que ces courants seront inefficaces, mais à la limite précisément de leur efficacité. Après avoir bien constaté que le muscle ne répond pas à ces excitations, rythmées à intervalles de deux secondes, on change seulement le rythme, sans modifier l'intensité, et on constate aussitôt que ces mêmes excitations deviennent efficaces quand le rythme est plus fréquent; par exemple, de dix par seconde. La conclusion est très importante, et on peut la formuler ainsi :

Des excitations qui, isolées, paraissent impuissantes, deviennent efficaces quand elles sont répétées; car elles ont, malgré leur inefficacité apparente, augmenté l'excitabilité du muscle.

Ce phénomène, observé d'abord par moi en 1877, a été retrouvé depuis par tous les auteurs qui se sont occupés de la contraction musculaire. On pourra consulter les nombreux graphiques que j'ai donnés dans ma *Physiologie générale des muscles et des nerfs* (1882), 3° leçon, fig. 30, 32, 43, 46, 47, 49. M. DE VARIGNY *Contraction musculaire des invertébrés. Thèse de doct. de la Fac. des Sc.*, Paris, 1886) a constaté que l'addition latente s'observe bien chez les Holothuries, les Crabes, les Méduses, les Poulpes. M. GOLDSCHEIDER (*Muskelcontraction und Leitungsfähigkeit des Nerven. — Zeitsch. für Klin. med.*, t. XIX, 1890, fasc. 1 et 2) l'a très bien observé sur la grenouille, après avoir, il est vrai, intoxiqué le nerf avec des vapeurs d'alcool. J'ai constaté aussi que, sur un muscle fatigué ou intoxiqué, le phénomène de l'addition latente était plus facile à constater. Citons encore un mémoire de M. BIEDERMANN (*Innervation der Krebsscheere. Ac. des Sc. de Vienne, Sc. médic.* janv. 1887, t. XCV, p. 1-40) qui donne de nombreux graphiques où on trouvera souvent l'addition latente.

Le phénomène de l'addition latente peut être généralisé, et appliqué non seulement au

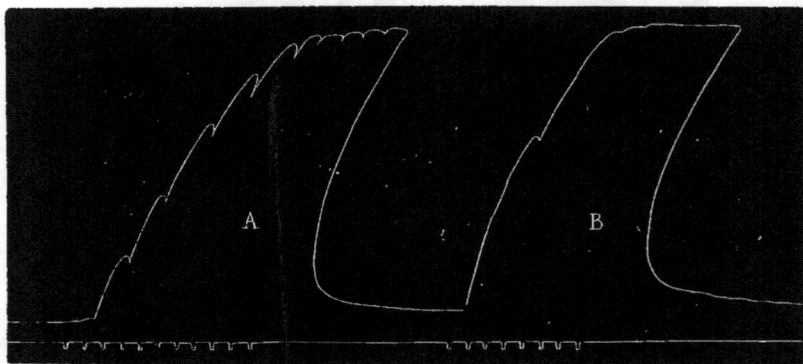

FIG 22. — Tétanos du muscle de tortue. — Rythme identique, intensité variable. — En A, intensité faible [de l'excitation de secousses incomplètement fusionnées. En B, intensité forte de l'excitation et secousses &, presque complètement fusionnées. En A on voit les effets de l'addition latente.

muscle, mais encore à tous les tissus excitables, nerfs et centres nerveux. J'ai montré que le phénomène était identique à ce que PFLUGER, GRUENHAGEN, SETCHENOFF, TARCHANOFF, ROSENTHAL, STIRLING, SPIRO, avaient étudié dans la moelle épinière sous le nom de *Summation* (Voir les indications bibliographiques dans mon mémoire sur l'addition latente, *loc. cit.*) Ces savants avaient en effet établi que des excitations répétées et fréquentes agissent sur la moelle de manière à provoquer une réponse réflexe, plus efficacement que si elles sont isolées et séparées par un long intervalle, l'intensité restant la même. TARCHANOFF avait aussi montré que, dans l'appareil modérateur du cœur (terminaisons du pneumogastrique), il se faisait aussi une sommation, ou addition latente des excitations.

En étudiant la réaction de la sensibilité aux excitations électriques, j'ai retrouvé cette même loi. Si l'on excite la peau d'un individu par un courant électrique, rythmé à 1 par seconde, je suppose, et gradué en intensité de manière à être à la limite même de l'excitation, on constatera que le courant n'est pas perçu. Mais, si l'on répète fréquemment ce même courant, on pourra arriver à le rendre efficace; si bien qu'une excitation rythmée à 1 par seconde n'est pas perçue, mais que cette même excitation, rythmée à 20 par seconde, est nettement perçue et provoque une sensation forte, même douloureuse.

Tout se passe donc comme si les premières excitations, inefficaces en apparence, provoquaient seulement une excitabilité plus grande (et latente) de l'appareil sensitif central; de même que pour le muscle, elles ne déterminent qu'une modification latente de l'excitabilité.

J'ai donc pu en conclure cette loi très générale que le système nerveux sensitif central placé à la terminaison des nerfs sensitifs, et le système musculaire, placé à l'extrémité des nerfs moteurs, présentent, par leur réaction aux excitations périphériques, une remarquable analogie.

L'addition latente semble être en effet un phénomène commun à toutes les cellules excitables. Je l'ai constatée nettement par l'excitation directe des centres nerveux (Ch. Richet. *Circonvolutions cérébrales. Thèse d'agrégat. de Paris,* 1878). J'avais supposé qu'elle était spéciale à la substance grise nerveuse et qu'on ne la retrouvait pas dans la substance blanche; mais M. Fr. Franck a montré *Fonctions motrices du cerveau,* 1887, p. 52) que la substance blanche était, elle aussi, capable d'addition latente. A la vérité le remarquable exemple qu'il donne (*loc. cit.,* fig. 22, p. 51 est un phénomène d'excitation latente de la substance grise, qui paraît décidément, plus que la substance blanche, susceptible de présenter le phénomène de l'addition latente, quoique la substance blanche le présente aussi. De même, c'est encore la substance grise qu'ont excitée MM. Bubnoff et Heidenhain (*Erregungs und Hemmungsvorgänge in den motorischen Hirncentren. A. Pf.,* 1888, t. xvi); et ils y ont constaté très clairement l'excitation latente. Ils ont même donné un chiffre pour indiquer la durée maximum pendant laquelle l'addition latente peut se faire, soit environ 3 secondes. Au delà de 3 secondes d'intervalle entre les excitations, l'effet est le même, soit qu'on les laisse à cette distance, soit qu'on les éloigne encore davantage.

Un cas particulièrement intéressant de cette addition latente, c'est l'addition des excitations lumineuses. Dans un travail fait en collaboration avec M. Bregeet, en 1881, j'ai montré que, si une lumière très faible ne vient frapper la rétine que pendant un espace de temps très court, elle n'est pas perçue (*Trav. du laborat.,* t. i, p. 112). On peut considérer cette lumière de courte durée comme durant un millième de seconde et constituant alors une excitation unique, comparable au point de vue de sa durée au moins, à une excitation électrique. Cette excitation, si elle est unique, est insuffisante à provoquer une perception; mais, si on la répète plusieurs fois de suite, rapidement, la perception a lieu. Ainsi, une excitation visuelle, faible et très courte, si elle est isolée, ne provoque pas de perception, tandis que la même excitation répétée fréquemment est nettement perçue. M. Bloch (*B. B.,* 1885, p. 494) a répété cette expérience et constaté qu'avec une vision dont la durée est de 1.1119e de seconde, un papier blanc éclairé par une bougie à 1m,65 de distance est invisible quand la fente par laquelle on regarde est de 1 demi-millimètre. M. Charpentier (*B. B.,* 1887, p. 3) a aussi constaté cette même loi de l'addition latente des excitations lumineuses à l'aide d'une méthode que je ne puis décrire ici. Il a vu que pour des lumières vues pendant plus de 1 huitième de seconde, il n'y avait plus d'addition latente, et que les lumières de cette durée, ou d'une durée plus grande, pouvaient être considérées comme des lumières fixes, au point de vue de la perception.

Il résume son intéressant mémoire en disant que *l'intensité lumineuse apparente des lumières de courte durée est proportionnelle au temps pendant lequel elles agissent sur la rétine.*

Il est probable qu'il en serait de même pour les perceptions auditives; mais je ne connais pas de travaux qui ont été faits à ce sujet.

Il est certain que, de toutes les cellules, les cellules nerveuses de la substance grise sont celles sur lesquelles se manifeste ce phénomène avec le plus de netteté. J'en ai donné un exemple remarquable pour les ganglions nerveux de l'écrevisse (*Phys. des muscles et des nerfs,* fig. 91, p. 86.) On peut la bien observer en étudiant les réactions d'une grenouille intacte à l'excitant électrique appliqué sur la peau. Alors on voit clairement que les excitations isolées sont tout à fait inefficaces et qu'il faut les rendre extrêmement fortes pour les rendre efficaces; tandis que des excitations répétées et fréquentes, même assez faibles, provoquent tout de suite un mouvement de fuite et de défense de la grenouille (Ch. Richet. *Des mouvements de la grenouille. Travaux du laborat.,* 1893, t. i, p. 96, fig. 46). On pourra aussi consulter sur un point analogue un intéressant travail de MM. Gad et Goldscheider (*Summation von Hautreizen. A. Db.,* 1891, p. 161, qui montrent que la sensation électrique douloureuse est bien plus susceptible d'addition latente que la perception même de l'excitation électrique. Tout se passe comme si les centres nerveux où réside la douleur ne parvenaient à être ébranlés que par une somme d'excitations discontinues, plutôt que par une excitation unique, si forte qu'elle puisse être. C'est d'ailleurs à une conclusion analogue que j'étais arrivé, dans mes recherches sur la sensibilité (*D. P.*, 1877, p, 180 et suiv.).

Il semble que le phénomène de l'addition latente dépende principalement du retentissement d'une excitation unique. Si l'ébranlement produit par cette unique excitation (qu'elle soit forte ou faible) est prolongé, alors les excitations d'un rythme un peu fréquent qui succéderont à la première pourront frapper le tissu avant qu'il soit revenu à sa situation initiale de repos; et l'addition latente pourra se faire, par suite précisément de l'accroissement d'excitabilité, qui est dans toute cellule en voie de réponse à l'excitation. J'ai appelé ce retentisse-

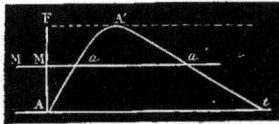

Fig. 23. — Réaction à la force F (schéma).

ment d'une excitation unique, *mémoire élémentaire*, et j'en ai donné quelques exemples. On peut ainsi rattacher, au moins théoriquement, le fait fondamental de la mémoire, propriété des centres nerveux intellectuels, au phénomène beaucoup plus simple de la contraction musculaire. Le fameux axiome : *sublatà causà tollitur effectus*, est absolument erroné, et l'effet persiste longtemps après que la cause qui l'a provoqué a disparu. Une cloche, qu'un coup de marteau a fait vibrer, continue longtemps sa vibration, après que le marteau ne la frappe plus. De même, une cellule nerveuse, et même une cellule musculaire, continuent à vibrer longtemps après que la cause excitatrice est éteinte. La seule différence qui existe à ce point de vue entre les divers tissus, c'est que la vibration consé-

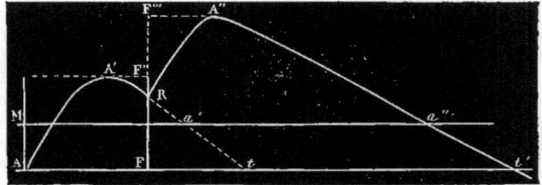

Fig. 24. — Réaction à deux forces successives (schéma).

cutive à l'excitation est plus ou moins prolongée; très courte pour le muscle et le nerf conducteur, très longue, au contraire, pour les centres nerveux cellulaires.

Le fait de l'addition latente a une assez grande importance théorique, parce qu'il nous permet de nous faire quelque opinion sur le mode de réaction des cellules à l'excitation (Voy. Ch. Richet. *Psychologie générale*, 2ᵉ édit., 1891, p. 18).

On doit en effet admettre qu'une cellule est dans un certain état d'équilibre que chaque excitation, faible ou forte, vient déranger. Mais, si l'excitation est faible, elle ne pourra vaincre l'inertie cellulaire. Supposons que cette inertie cellulaire soit égale en intensité à AM (fig. 23); tant que la force excitatrice sera inférieure à AM, l'équi-

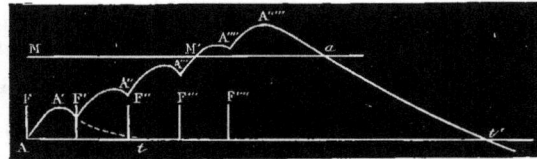

Fig. 25. — Réactions à cinq forces successives (Addition latente) (schéma). Le mouvement ne se produit qu'en M'.

libre cellulaire ne sera pas détruit, et il n'y aura que des modifications imperceptibles dans l'état de la cellule. Si, au contraire, la force excitatrice a une intensité AF, l'équilibre sera vaincu, il y aura une réponse qui, extérieurement, aura la forme de la courbe aAa', alors qu'en réalité la vraie forme de la courbe sera AA't. De là le retard Ma de la réponse; de là la possibilité d'un trouble de l'équilibre plus long que ne semblerait l'indiquer la courbe extérieure du mouvement.

Si, au lieu d'une force supérieure à AM, nous faisons agir une force plus petite, elle déterminera une vibration latente, mais réelle; et l'addition de ces forces en apparence inactives va déterminer finalement une réponse. Sur le schéma que nous donnons (fig. 25), les trois premières excitations ne sont pas parvenues à vaincre la résistance intérieure de la cellule; et elles n'ont déterminé aucun mouvement, mais en M, au milieu de la quatrième excitation, l'inertie cellulaire est enfin vaincue, et il en résulte une courbe M'A''''A'''''a; les forces excitatrices isolées F,F',F'',F''', etc., étant, si elles sont seules, insuffisantes à déterminer une réaction quelconque de la cellule, par suite de son inertie propre.

En définitive, le phénomène de l'addition latente est commun à toutes les cellules de l'organisme, et il éclaire bien des faits de la psychologie et de la physiologie (Voir pour plus de détails les articles **Muscles, Myographie, Psychologie**).

CH. RICHET.

ADÉNINE. — Base organique découverte par Kossel, en 1885, qui étudiait les produits de dédoublement de la *nucléine*.

Elle a pour formule $C^5Az^5H^5$: elle est peu soluble dans l'eau froide, très soluble dans l'eau chaude; elle forme avec les acides des sels bien définis qui cristallisent facilement. Elle appartient à la série xanthique et a des rapports particulièrement étroits avec *l'hypoxanthine*, $C^5Az^4H^4O$. L'étude de ses dérivés a montré qu'on doit la considérer comme *l'imide* d'un radical hypothétique, $C^5Az^4H^4$, AzH, dont l'hypoxanthine serait l'oxyde. Divers processus d'oxydation, la putréfaction, l'action de l'acide azoteux, la transforment en hypoxanthine. Au contact des alcalis caustiques réagissant à haute température, elle donne des *cyanures* alcalins.

L'adénine a été retirée d'abord par Kossel d'une préparation de pancréas bouilli avec de l'acide sulfurique étendu; on l'obtient de même de tous les organes animaux dont les tissus sont riches en cellules jeunes, c'est-à-dire en nucléine; elle y accompagne la guanine, la xanthine et l'hypoxanthine. Kronecker l'a trouvée dans la rate, les ganglions lymphatiques et les reins du veau; Schindler dans le thymus du même animal, et ici en très grande proportion : Stadthagen dans la rate et le foie d'un malade leucémique (le foie de l'adulte sain n'en contiendrait pas). Elle existe aussi dans les plantes, notamment dans les feuilles du thé, à côté de la *caféine*, autre base xanthique. Dans l'extrait du thé, *l'adénine* existe toute formée; dans les tissus animaux, il est possible qu'elle se forme au moins en grande partie, pendant la première phase de la préparation.

L'adénine ne paraît pas être toxique.

Bibliographie. — A. Kossel. *Weitere Beiträge zur Chemie des Zellkerns* (Z. P. C., 1886, t. x, 248). — Idem., *Ueber das Adenin* (ibid., 1888, t. xii, p. 241). — S. Schindler, *Beiträge zur Kenntniss des Adenins, Guanins, und ihrer Derivate* (ibid., 1889, t. xiii, p. 433). — Kronecker. *Ueber die Verbreitung des Adenins in den thierischen Organen* (A. V., t. cvii, p. 207). — Stadthagen. *Ueber das Vorkommen der Harnsäure in verschiedenen thierischen Organen, ihr Verhalten bei Leukämie, und die Frage ihrer Entstehung aus den Stickstoffbasen* (A. V., t. cix, p. 390). — Lambling, art. *Adénine* (D. W., 2e suppl.).

L. L.

ADONIDINE. — Glucoside extrait de *l'Adonis vernalis*. D'après les expériences de Bubnow (R. S. M., t. xiv, p. 509), l'extrait aqueux d'*Adonis vernalis* arrête le cœur de la grenouille en systole.

L'opinion des médecins qui l'ont expérimenté ensuite (Dujardin-Beaumetz, Huchard) est que l'action de cette substance ressemble à celle de la digitaline.

AÉRATION. — Les conditions de l'aération ne sont qu'assez indirectement afférentes à l'étude physiologique. En effet, comme nous allons le montrer, les prescriptions de l'hygiène et les enseignements de la physiologie expérimentale ne sont pas tout à fait d'accord; mais il est clair que ce désaccord n'est qu'apparent.

Si l'on cherche à préciser combien de temps un animal peut vivre dans l'air confiné, on voit qu'il faut une diminution de plus de 1 p. 100 d'oxygène pour qu'il y ait malaise véritable, et, quant à l'acide carbonique, il faut au moins 10 p. 100 de ce gaz pour qu'il y ait quelque gêne respiratoire; mais il ne faut pas en conclure que la respiration d'un air confiné où il n'y a plus que 19 p. 100 d'oxygène soit inoffensive. Au contraire, cet air est évidemment très malsain, pour des raisons que nous allons développer.

A supposer qu'un homme adulte consomme 20 litres d'oxygène par heure, ce qui est un chiffre sensiblement exact, il s'ensuivrait que 10 mètres cubes seraient absolument suffisants, même en admettant que le renouvellement par les fissures, fenêtres et cheminées serait tout à fait nul. Mais ce n'est pas le cas, et, si l'on mettait dans un espace hermétiquement clos de 100 mètres cubes dix individus pendant une heure, l'air deviendrait à la fin absolument irrespirable.

C'est qu'en effet d'autres éléments interviennent que la consommation d'oxygène et la production d'acide carbonique. D'abord la transpiration cutanée, qui produit de la vapeur d'eau, et des substances odorantes plus ou moins fétides, puis la transpiration pulmonaire qui produit de la vapeur d'eau, et peut-être ce subtil poison que Brown-Séquard et d'Arsonval admettent dans les exhalations pulmonaires; puis toutes les exhalations gazeuses de l'intestin. Tout cet ensemble constitue un air peu respirable, qui, tout en n'étant pas franchement toxique, est au moins fort peu agréable à respirer. Un physiologiste allemand a même prétendu que cet air confiné agissait par son odeur même. Il serait si désagréable à respirer qu'il empêcherait les grandes inspirations, efficaces et salutaires, et alors la respiration serait empêchée, par une sorte de retenue involontaire de notre effort inspiratoire.

Ce ne sont donc pas les études physiologiques sur le besoin d'oxygène et la toxicité de l'acide carbonique qui pourront nous donner l'indication de la quantité d'air qu'il faudra donner à des individus, et, de fait, dans des salles où il y a toujours renouvellement très abondant de l'air, on admet comme minima des chiffres bien supérieurs à ceux que la physiologie expérimentale nous fournit comme suffisants.

L'Assistance publique, d'après Bouchardat (*Traité d'hygiène*, p. 724) exige 70 mètres cubes d'air par heure et par personne. Dans la construction des casernes, on demande 16 mètres cubes en France et 18 mètres cubes en Allemagne; le conseil de salubrité en demande 20.

Il semble que ces chiffres soient encore beaucoup trop faibles; car d'autres causes que la respiration contribuent à altérer l'air des lieux clos, les fermentations qui peuvent se produire par la présence de toute matière organique, déjections, aliments, etc., émanations venant du plancher, des murs ou des conduites de gaz, fumées venant des cheminées, des poêles, avec quelquefois des gaz toxiques, poussières de toutes sortes, d'autant plus abondantes que le nombre des personnes est plus grand et que l'agitation de l'air est plus considérable, voilà bien des raisons pour que l'air confiné soit franchement malsain.

Pour s'en rendre compte, il suffit de se rappeler quel bien-être on éprouve quand, au sortir d'une salle remplie de monde, on revient à l'air frais et pur du dehors; c'est un air vivifiant qu'on respire à pleins poumons, comme on dit, et, inversement, quand on pénètre dans une salle fermée, une chambrée de caserne le matin, ou une salle de théâtre, vers la fin du spectacle, on a quelque peine à s'habituer à respirer cet air pestilentiel.

Ces faits sont indéniables; mais l'explication physiologique rigoureuse n'est pas facile à donner; et il faut de toute nécessité admettre qu'il y a une cause de viciation autre que les changements de proportion de l'oxygène et de l'acide carbonique.

En tout cas, au point de vue de l'hygiène, il est bien évident que l'aération des lieux clos est indispensable, et que, pour la parfaite santé, ce n'est pas 10 mètres cubes, mais plutôt 100 mètres cubes par heure et par personne qui seraient nécessaires.

Au point de vue de l'aération, les microbes jouent aussi un certain rôle. Dans des chambres fermées, surtout s'il y a réunion de plusieurs personnes qui s'agitent, et remuent les objets divers, les microbes des poussières volent dans l'atmosphère. Mais, en tout cas, ce ne sont pas les personnes mêmes qui sont l'origine de ces microbes. En effet, il est bien prouvé que la respiration à travers le poumon, au lieu d'augmenter le nombre des microbes, tend au contraire à les diminuer, et pour ainsi dire à les filtrer et tamiser, si bien que l'air sortant du poumon est à peu près optiquement pur.

L'importance d'une aération active au point de vue de la santé est bien prouvée par ces observations de quelques médecins qui ont recommandé à leurs malades, même tuberculeux, de coucher avec la fenêtre ouverte ; il paraît que les effets en ont été excellents. Pour que l'air ne soit pas trop froid, il suffit de mettre à la fenêtre une grille métallique. La grille métallique, tout en n'opposant aucun obstacle au passage de l'air, empêche le froid de pénétrer ; car, par suite de leur très faible chaleur spécifique, les gaz de l'air se réchauffent dès qu'ils passent par les interstices de la grille.

Les hygiénistes distinguent dans la ventilation ou aération des lieux habités la ventilation *naturelle* et la ventilation *artificielle*. La ventilation naturelle peut être *spontanée*, ou *provoquée*, suivant que la volonté intervient ou non pour le renouvellement de l'air.

La ventilation spontanée est due aux maljoints des portes et fenêtres. Elle est d'autant plus active qu'il y a appel d'air par une cause quelconque, soit une différence de température entre l'air de la chambre et l'air extérieur, soit par l'instillation d'une cheminée dans laquelle est allumé du feu. La ventilation est provoquée quand les fenêtres sont ouvertes, et surtout quand il y a plusieurs fenêtres ouvertes dans la même pièce. Alors la ventilation est maximum, pour ainsi dire, et absolument suffisante dans tous les cas.

Pour la ventilation artificielle, elle est rarement utile ou nécessaire aux habitations bourgeoises. C'est surtout dans les tunnels, égoûts, usines, mines, etc., que ces moyens doivent être employés. Beaucoup d'appareils ont été imaginés ; mais nous n'avons pas à nous en occuper ici. On les trouvera décrits dans l'*Encyclopédie d'hygiène*. par M. E. ROCHARD (t. III, p. 557).

C H. R.

AÉROBIE. — On dit d'un être, d'après PASTEUR, qu'il est aérobie quand il vit dans l'air libre, ayant besoin d'air ou d'oxygène libre pour vivre. Cette expression s'applique surtout aux organismes microscopiques qui sont tantôt aérobies, tantôt anaérobies. La plupart des microbes sont aérobies (Voyez **Fermentation**).

AÉROTONOMÈTRE (ἀήρ, air ; τόνος, pression ; μέτρον, mesure). — Appareil imaginé par PFLÜGER, décrit par son élève STRASSBURGER (*A. Pf.* t. VI, p. 68, 1872) et destiné à déterminer la valeur de la tension des gaz (O^2, CO^2) dans le sang et dans les autres liquides de l'économie.

Le principe de l'aérotonomètre est le suivant : lorsqu'un liquide se trouve en contact avec une atmosphère gazeuse limitée, il tend à s'établir pour chaque gaz un équilibre de tension entre ce gaz dans l'atmosphère considérée et le même gaz absorbé par le liquide. Si le contact est suffisamment prolongé, l'équilibre finira par être atteint ; dans ce cas, la pression partielle du gaz dans l'atmosphère limitée indique la tension du gaz dans le liquide.

L'appareil se compose de plusieurs tubes de verre verticaux (de 60 centimètres de long, de 12 millimètres de diamètre intérieur) effilés à leurs deux extrémités et placés dans un bain d'eau maintenu à la température du corps. On remplit à l'avance chaque tube avec un mélange gazeux de composition connue, puis on fait arriver par leur extrémité supérieure du sang sortant directement de l'artère ou de la veine d'un animal vivant. Le sang suinte le long des parois du tube, et tend par diffusion à se mettre en équilibre de tension avec les gaz contenus dans les tubes. On laisse couler dans chaque tube environ 150 centimètres cubes de sang pendant deux à trois minutes. Le sang s'écoule par l'extrémité inférieure de chaque tube, extrémité qui plonge sous une petite couche de mercure. Après l'expérience, les gaz contenus dans les tubes sont recueillis séparément et analysés.

Exemple (Exp. III, p. 73. *A. Pf.*, VI) : Deux tubes de l'aérotonomètre sont remplis d'un mélange d'azote et de CO^2, l'un A contient 7,17 p. 100 CO^2, l'autre B, 2,36 p. 100 CO^2. Après le passage du sang, A contient 2,91 p. 100 CO^2 et 3,03 p. 100 O^2 ; B contient 2,68 p. 100 CO^2 et 2,56 p. 100 O^2. La tension de CO^2 du sang était donc comprise entre 2,68 et 2,91 p. 100 d'une atmosphère ; celle de l'oxygène est indéterminée, mais certainement supérieure à 3 pour 100 d'une atmosphère. Deux autres tubes A' et B' contenant les mêmes mélanges gazeux avaient été en même temps soumis au contact du sang veineux de l'animal. Après l'expérience, A' contient 5,13 p. 100 CO^2 et 0,98 p. 100 O^2, B' contient 5,38 p. 100 CO^2 et 1,74 p. 100 O^2. La tension de CO^2 du sang veineux est donc voisine de 5,13 ou 5,38 p. 100 d'une atmosphère, celle de l'oxygène est supérieure à 1,74 p. 100 d'une atmosphère.

STRASSBURG a trouvé comme moyenne (dix expériences) de la tension de CO^2, 5,4 p. 100 d'atmosphère dans le sang veineux et 2,9 p. 100 d'atmosphère dans le sang artériel. La tension de l'oxygène était au moins de 2,8 p. 100 d'une atmosphère dans le sang veineux, au moins de 3,9 p. 100 d'une atmosphère dans le sang artériel.

La coagulation du sang s'accompagne d'une élévation notable de la tension de CO^2, qui monte à 6 à 8 p. 100 d'atmosphère pour le sang veineux, à 4 p. 100 d'atmosphère pour le sang artériel.

STRASSBURG a trouvé pour la lymphe du canal thoracique ou des gros troncs lymphatiques du cou une tension de CO^2, inférieure de 0,5 à 1 p. 100 à celle du sang veineux.

La tension de CO^2 dans les produits de sécrétion provenant de l'activité cellulaire (bile, urine) ou dans les cavités tapissées de cellules vivantes a été trouvée comprise entre 5 et 9 p. 100 d'une atmosphère.

Deux autres élèves de PFLÜGER, WOLFFBERG (*A. Pf.* t. VI, p. 23, 1872) et NUSSBAUM (*A. Pf.* 1873, t. VII, p. 296) ont fait, par le procédé de l'aérotonomètre, ou par des procédés analogues, de nombreuses déterminations de tension de CO^2 dans le sang veineux du cœur droit, c'est-à-dire dans le sang qui arrive au poumon et dans le sang artériel, c'est-à-dire dans le sang qui revient du poumon; et ils ont comparé les valeurs trouvées avec celles de la tension de CO^2 dans l'air qui a servi à la respiration. Ils ont constaté que, chez le chien, l'air qui revient du poumon (dernières portions d'air expiré) présente sensiblement la même tension de CO^2 (2,8 p. 100 de CO^2) que le sang artériel qui revient du poumon (2,8 p. 100 d'atmosphère). Il s'établit donc, en vertu des lois de la diffusion, un équilibre parfait entre la tension de CO^2 du sang et de l'air au niveau des alvéoles pulmonaires.

L'absorption par les capillaires de la circulation générale du CO^2 formé dans les tissus, son exhalation à la surface du poumon et son élimination dans l'atmosphère extérieure, s'expliquent par les lois de la diffusion gazeuse, qui veulent que CO^2 chemine des endroits à tension élevée, vers les endroits à faible tension. En effet la tension de CO^2 peut être approximativement représentée chez le chien, par les chiffres suivants :

Tissus.		Sang veineux.		Air des alvéoles.		Air extérieur.
(5 à 9 p. 100 At.)	>	(3,81 à 5,4 p. 100 At.)	>	(2,8 p. 100 At.)	>	(0,03 p. 100 At.)

Il est donc superflu d'admettre, comme l'avaient fait C. LUDWIG, ROBIN et VERDEIL, et d'autres, une action spécifique du tissu pulmonaire pour expliquer l'exhalation de CO^2 à la surface du poumon; les lois physiques de la diffusion en rendant complètement compte.

Ajoutons que WOLFFBERG et NUSSBAUM ont constaté que, si l'on obstrue une bronchiole d'un animal vivant, de manière à empêcher le renouvellement de l'air dans une portion du poumon, l'analyse de cet air confiné montre qu'il présente exactement la même tension de CO^2 que le sang veineux, soit 3,81 à 5,4 p. 100 d'une atmosphère. Ici aussi il y a établissement d'un équilibre complet de tension entre l'air des alvéoles et le sang.

De même, l'absorption d'oxygène à la surface pulmonaire par le sang veineux et son passage à travers les parois des capillaires de la circulation générale pour alimenter le foyer de la combustion organique et de la production de CO^2 s'expliquent en vertu des lois de la diffusion, qui veulent que l'oxygène chemine des endroits à tension forte vers ceux à tension faible :

Air extérieur.		Air des alvéoles.		Sang artériel.		Tissus.
(20,95 p. 100 At.)	>	(18 p. 100 At.)	>	plus de 3,9 p. 100 At.	>	tension voisine de zéro.

Il semble, d'après les chiffres de tension d'oxygène du sang artériel trouvés par STRASSBURG (3,9 p. 100 d'atmosphère) et ceux plus récents et un peu plus élevés (10 p. 100 d'atmosphère) déterminés également au moyen de l'aérotonomètre par HERTER (*Zeits. f. physiol. Chemie*, 1879, t. III, p. 98) que la tension de l'oxygène du sang artériel est inférieure à celle de l'air des alvéoles pulmonaires et que l'équilibre de tension de l'oxygène est loin d'être atteint dans le poumon entre l'air et le sang.

Tel était l'état de la question lorsque parurent les travaux de BOHR (*Skandin. Arch.*

f. Physiol. 1891, t. II, p. 236; *C. Ph.* 1887, t. I. et 1888, t. II, p. 437; *Sur la respiration pulmonaire, Bull. acad. royale dan. des sc. et des lettres*, 2 nov. 1888, p. 139). Bohr a publié une série de déterminations de tension d'oxygène et de CO_2 dans le sang artériel du chien, pour montrer que souvent la tension de l'oxygène y est plus élevée (plus de 20 p. 100 d'une atmosphère) et celle de CO_2 plus basse (plusieurs fois tension nulle de CO_2) que dans l'air des alvéoles pulmonaires. Ici donc les gaz auraient cheminé dans un sens inverse à celui que demandaient les différences de tensions; et leur transport ne pouvait plus être mis sur le compte de la diffusion, comme le veut la théorie de Pflüger. Bohr s'appuie sur ces expériences pour assigner au tissu du poumon un rôle actif dans l'absorption de l'oxygène, et l'exhalation de CO_2, et pour comparer la fonction respiratoire de l'épithélium pulmonaire à la fonction secrétoire des épithéliums glandulaires.

Bohr se servit pour ses expériences de chiens dont le sang était rendu incoagulable par une injection intra-veineuse de peptone ou d'extrait de sangsue. Il employa comme aérotonomètre une forme modifiée du grand compteur de Ludin, qu'il appela *Hémato-aréomètre (Hämataroometer* en allemand). Le sang arrivait par une carotide à l'hémato-aréomètre, s'y met-

tait en contact avec le mélange gazeux contenu dans l'appareil, puis retournait à l'animal par une canule fixée dans un autre vaisseau, la veine fémorale par exemple. La persistance de la fluidité du sang permet ici de prolonger à volonté le contact entre la minime atmosphère gazeuse de l'appareil et le sang qui s'y renouvelle constamment. Bohr affirme que *l'équilibre entre l'air de l'aérotonomètre et les*

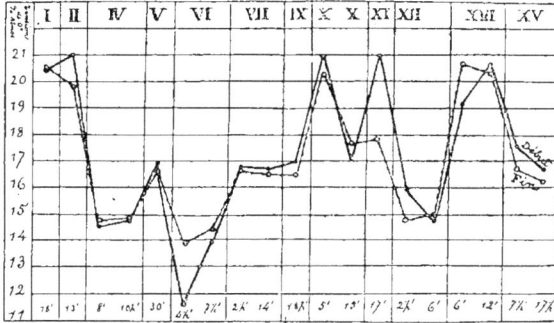

Fig. 26. — Courbes représentant les tensions d'oxygène au début (trait plein marqué *Début*) et à la fin (trait interrompu marqué *Fin*) des expériences de Bohr. I, II, III. etc., sont les numéros d'ordre des expériences (les expériences III, VIII et XIV n'ont pas fourni de valeur d'oxygène).
18', 13', 8', durée en minutes de l'afflux du sang dans chaque expérience.
11. 12, 13 à gauche, échelle de la tension de l'oxygène en centièmes d'atmosphère.

gaz du sang qui y afflue s'établit très rapidement, en général au bout de quelques minutes, à cause des conditions favorables qui facilitent la diffusion (loc. cit., p. 256); à l'appui de cette assertion, il cite un certain nombre de chiffres fournis aux différents moments d'une même expérience.

Je dois avouer que l'examen des résultats numériques des expériences de Bohr me semble au contraire indiquer que l'équilibre de tension était loin d'être atteint à la fin de chaque expérience, principalement en ce qui regarde l'oxygène. Ce qui me frappe dans ces chiffres, c'est l'influence considérable exercée sur la valeur de la tension trouvée dans l'aérotonomètre à la fin de l'expérience (composition finale du mélange gazeux) par la tension qui y régnait au début (composition initiale du mélange gazeux), et qui avait été choisie arbitrairement par l'expérimentateur. Tous les cas où la tension finale de CO_2 fut trouvée très faible (moins de 1,5 p. 100 atmosphères) sont précisément ceux où cette tension était faible au début de l'expérience. Les deux cas où cette tension finale fut trouvée = 0, celui où elle était presque nulle (0,14 p. 100 atmosphères) correspondent à trois des six expériences où la tension était déjà = 0 au début. Mêmes remarques pour les valeurs de l'oxygène. Le graphique ci-dessus (fig. 26) montre nettement la relation existant entre les valeurs de tension de l'oxygène dans l'atmosphère de l'aérotonomètre au début et à la fin de chacune des expériences de Bohr.

Cette influence ne s'explique qu'en admettant que l'équilibre de tension n'avait pas eu le temps d'être atteint pendant la durée trop courte de l'expérience.

J'ai répété les expériences de Bohr (*C.Ph.*, 1893, t. vii, p. 35 et 1894, t. viii, p. 34) en me servant également de grands chiens dont le sang avait été rendu incoagulable par une injection intra-veineuse de propeptone (0,25 gr. par kilo d'animal.) Je relie la carotide droite et la jugulaire du même côté au moyen de tubes de caoutchouc d'un demi-mètre de long avec les deux extrémités *a* et *b* d'un aérotonomètre dont la fig. 27 montre la disposition. Le sang arrive par *a*, suinte à la surface du tube *c*, se rassemble à l'extrémité inférieure *b* et retourne à l'animal. Le tube *c* a une longueur de 75 centimètres et une contenance de 70 centimètres cubes. Il est rempli au début d'un mélange gazeux de composition connue (air atmosphérique, azote pur, mélange d'air et de CO^2, mélange d'azote et de CO^2, etc.).

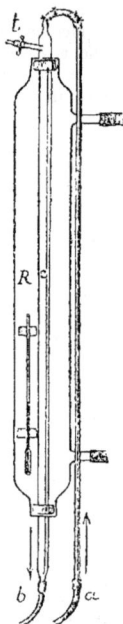

R est un réfrigérant de Liebig, dans lequel on fait circuler de l'eau à la température du corps de l'animal (+ 39°). Un aide tient l'appareil à une hauteur telle (au-dessus ou au-dessous de l'animal) que la pression intérieure (le tube *t* peut servir à y greffer un manomètre) corresponde sensiblement à la pression atmosphérique extérieure ; il incline l'appareil et lui imprime constamment un mouvement lent de rotation autour de son axe longitudinal, afin que le sang qui afflue par *a* se répande sur toute la surface intérieure de *c* et que le mélange gazeux emprisonné dans l'appareil soit toujours enveloppé d'une couche continue de sang en mouvement.

On prépare deux ou trois appareils semblables A, B, C, chacun d'eux devant servir à une expérience d'une heure : A contient, par exemple, un mélange gazeux, riche en CO^2 et pauvre en oxygène ; B, un mélange pauvre en oxygène et riche en CO^2, C peut contenir de l'azote, ou de l'air, ou tel autre mélange.

J'ai constaté au moyen de cet appareil que, même après une heure d'expérience et malgré les conditions extrêmement favorables de mon aérotonomètre à la diffusion, l'équilibre de tension de l'oxygène n'est pas atteint complètement, si la tension initiale de l'oxygène dans l'aérotonomètre était très basse (azote pur) ou très élevée (air atmosphérique avec 20,9 p. 100 atmosphères). La tension de l'oxygène du sang artériel peptonisé est inférieure de plusieurs centièmes d'atmosphère à celle de l'air des alvéoles pulmonaires. Elle oscille en général entre 10 et 15 p. 100 d'une atmosphère. Celle de CO^2 est voisine de 3 p. 100 d'une atmosphère et correspond par conséquent à la valeur déterminée par les élèves de Pflüger pour le sang normal

Fig. 27. — Aérotonomètre de Fredericq.

et à celle admise par Grandis (*A. Db.*, 1891, p. 499) pour le sang artériel peptonisé.

Les recherches de Bohr ne peuvent donc être considérées comme constituant une réfutation des travaux des élèves de Pfluger, et, jusqu'à preuve du contraire, on est autorisé à admettre avec Pfluger que ces échanges gazeux dont le poumon est le siège ne relèvent que des lois physiques de la diffusion des gaz, en vertu desquelles tout gaz tend à cheminer des endroits à forte tension vers ceux à faible tension.

Bibliographie. — Pflüger. *Ueber die Diffusion des Sauerstoffs, den Ort und die Gesetze der Oxydationsprocesse im thierischen Organismus.* A. Pf., t. vi, p. 43. — Fleischl. v. Marxow. *Die Bedeutung des Herzschlages für die Athmung,* Stuttgart, 1887. — Zuntz. *Ueber die Kräfte, welche den respiratorischen Gasaustausch in den Lungen und in den Geweben des Körpers vermitteln.* A. Pf., 1888, t. xlii, p. 408, et les mémoires cités. Voir aussi pour les déterminations de tension des gaz du sang par d'autres méthodes que celle de l'aérotonomètre : Holmgren. *Wiener Sitzungsber.*, 1863, t. xlviii, 2e part., p. 646. — Gaule. *A. Db.*, 1878, p. 470. — Grandis. *A. Db.*, 1891, p. 499. — G. Hufner. *Zeit. f. physiol. Chemie,* t. xii, p. 568, t. xiii, p. 285.

LÉON FREDERICQ.

AÉROPLÉTHYSMOGRAPHE ('Αήρ air ; Πληθσμός, accroissement, γραφή, écriture ou inscription du volume respiratoire). — Pour mettre en évidence les changements de volume du thorax pendant la respiration chez les animaux et chez

l'homme suivant son étendue et sa durée, on se sert de l'aéropléthysmographe. Celui-ci se compose d'une boîte rectangulaire avec parois doubles. Entre les parois doubles il y a de l'eau et dans l'intérieur de la boîte se trouve de l'air. Ici s'abouche au fond ou à la paroi postérieure un tube à air. Un mince couvercle de mica dont les bords recourbés plongent dans l'eau et qui tourne autour d'un axe qui se trouve au-dessus de la paroi postérieure, ferme l'espace d'air en haut.

Si l'on souffle et si l'on aspire alternativement dans le tube à air, le couvercle qui est muni sur le prolongement d'un de ses bords longitudinaux supérieurs d'une plume, se soulève ou s'abaisse suivant le cas, et de cette manière peut tracer sur un cylindre enfumé ses mouvements. Le couvercle doit être en équilibre dans toutes les positions. Pour arriver à ce but on le fait de mica très mince. A cause de la minceur des parois du couvercle le volume de l'eau déplacée est très petit, par conséquent son soulèvement également très petit et les changements du soulèvement dans différentes immersions sont encore plus petits. La valeur des ordonnées des courbes que le couvercle trace pendant son mouvement est déterminée empiriquement en centimètres cubes. Si l'on respirait directement par le tube à air de l'aéropléthysmographe, la ventilation des poumons serait très insuffisante à cause de la petitesse de l'espace. A cause de cela on fait respirer l'animal ou l'homme dans un récipient correspondant dans lequel on renouvelle l'air durant les intervalles de l'expérience et qui est mis en rapport avec le tube à air par un tube de caoutchouc. Dans les courbes que donne ainsi l'aéropléthysmographe les ascensions signifient les expirations, et les abaissements les inspirations.

D'après les courbes du volume qu'on obtient pendant la respiration normale d'un homme sain, on voit que l'inspiration s'effectue plus rapidement que l'expiration; la première est pendant toute sa durée égale, tandis que l'expiration, quoiqu'elle commence brusquement, devient de plus en plus superficielle. A la fin de celle-ci le mouvement aérien est très faible ou nul, et on peut avec justice nommer cette phase respiratoire une pause; pendant la respiration normale, dont la fréquence chez l'homme est de 16 par minute, cette pause est à peine marquée. Lorsque la respiration est moins fréquente, par exemple pendant le sommeil, c'est précisément la durée de la pause qui augmente. La distance perpendiculaire entre les sommets et les dépressions de cette courbe mesure la grandeur dont le volume du thorax à la fin d'une inspiration normale dépasse le volume du thorax à la fin d'une expiration ordinaire; et on nomme cette grandeur air respiratoire. Elle correspond de 500 à 700 centimètres cubes.

On appelle *grandeur respiratoire* la quantité d'air qui passe dans les poumons en une unité de temps, soit une minute; elle est égale au produit de l'air respiratoire par le nombre de respirations et représente l'effet utile du travail respiratoire. La courbe respiratoire donne également une notion de la grandeur de ce travail. Il faut considérer qu'au maximum de l'expiration normale le thorax ne revient pas à sa position d'équilibre, mais en reste écarté dans le sens de l'inspiration. Chez l'animal on peut s'en convaincre de la façon suivante : pendant le tracé de la courbe du volume respiratoire, on produit un relâchement brusque de tous les muscles par une piqûre du bulbe. La courbe respiratoire se change alors brusquement en une ligne droite qui est située plus haut que les sommets expiratoires. Dans la position cadavérique le volume du thorax est moindre que dans le maximum de l'expiration normale; le travail respiratoire augmente par conséquent avec l'étendue et la durée des ampliations thoraciques et peut être mesuré par la surface que limitent, en haut, la ligne de position cadavérique, en bas, la courbe respiratoire. La valeur absolue de cette mesure ne peut pas être évaluée, mais on peut dire que le travail respiratoire a augmenté, quand la surface a augmenté, soit que toute la courbe respiratoire ait baissé, soit que les inspirations soient devenues plus profondes ou bien plus prolongées. L'augmentation du travail respiratoire peut coïncider avec l'augmentation de l'effet utile de la respiration, mais ce n'est pas nécessaire. Ainsi, par exemple, l'augmentation de la durée de l'inspiration augmente l'effort, et non pas l'effet utile. Le rapport entre le travail et l'effet utile est une mesure d'efficacité du type respiratoire. Si on fait faire à l'homme dont on prend le tracé respiratoire une inspiration très profonde, suivie immédiatement d'une très profonde expiration, on obtient dans la courbe une vallée très profonde suivie d'un sommet très haut. La distance perpendiculaire entre vallée et sommet mesure le degré de changement du volume dont le thorax est capable sans l'influence de la volonté; on l'appelle *capacité vitale*. Elle se compose de trois valeurs : 1° de l'air respiratoire; 2° du volume dont le thorax est capable d'augmenter à la fin d'une inspiration ordinaire, par un effort inspiratoire forcé, appelé *air complémentaire*, et 3° du volume dont le thorax est capable de diminuer après l'expiration ordinaire sous l'influence d'une expiration forcée, volume appelé *air de réserve*. Normalement la quantité d'air complémentaire est à peu près égale à la quantité d'air de réserve, et chacun d'eux comporte environ 1500 à 2000 cc. Si les deux valeurs diffèrent, alors on peut tirer de leur rapport une notion de la distance entre la position moyenne inspiratoire du thorax et la position cadavérique; cette distance est d'autant plus considérable que le rapport entre l'air de réserve et l'air complémentaire est plus grand.

Pendant l'expiration la plus énergique les poumons contiennent encore une quantité notable d'air, *l'air résidual*. La valeur ne peut pas être évaluée directement, mais l'aéropléthysmographe donne un moyen pour la détermination de l'air résidual. Le récipient de l'appareil disposé pour l'homme est constitué non seulement de manière à pouvoir être interposé entre la bouche ou le masque respiratoire et l'appareil inscripteur, mais le sujet sur lequel on expérimente peut y être placé; ce dernier respire alors de l'air libre par un tube qui se trouve dans les parois du récipient, et en même temps une quantité d'air égale à la quantité d'air inspiré passe du récipient dans l'inscripteur de volume et soulève son couvercle. On obtient de cette façon des tracés qui sont renversés, de sorte que les ascensions indiquent les inspirations, et non pas, comme dans l'expérience plus haut décrite, des expirations.

La partie du tube qui sort du récipient, et par laquelle le sujet respire, porte un tube latéral qui est en rapport avec un manomètre à mercure qui porte à son extrémité un bout de tube de caoutchouc. A la surface du mercure dans la branche libre du manomètre se trouve un flotteur qui porte un inscripteur, si bien que les oscillations manométriques peuvent s'inscrire en même temps que la courbe respiratoire. On prend d'abord une partie du tracé respiratoire ordinaire, puis après un signal sonore on pince le tube de caoutchouc à l'extrémité du tube à respiration et le sujet fait un effort inspiratoire, pendant lequel l'air n'est pas aspiré dans le poumon, mais au contraire, l'air du poumon est dilaté et le manomètre marque l'aspiration. Les deux valeurs correspondantes, des changements du volume et de la pression, qui s'effectuent simultanément dans la même quantité d'air sont ainsi inscrites. Si nous représentons la quantité d'air à déterminer par V, la pression barométrique par B, la double valeur des oscillations de l'inscripteur manométrique par d, et le changement de volume correspondant dans la courbe par r, on aura :

$$BV = (B-d)(V + r)$$
$$V = \frac{r(B-d)}{d}$$

Pour obtenir la valeur de l'air résidual, il faut soustraire de la valeur de V la valeur en volume de la distance perpendiculaire de la courbe depuis l'effort de l'inspiration jusqu'au maximum de l'expiration.

En général l'air résidual d'après cette détermination est égal à peu près à la moitié de la capacité vitale.

J. GAD.

AGARICINE. — Le nom d'*Agaricine* a été donné : 1° à un principe retiré de l'Agaric tue-mouches (*Amanita muscaria* L.), lequel n'est autre chose que la *névrine* ou *choline*; 2° à une matière grasse retirée du champignon de couche (GOBLEY); 3° enfin à un principe immédiat impur de l'Agaric blanc des pharmacies (*Polyporus officinalis* VILLARS) (SCHOONBRODT). Pour éviter toute confusion, il convient de supprimer ce nom et de désigner, avec FLEURY, le principe de l'Agaric blanc dont il vient d'être question sous le nom d'*acide agaricique*. Voir : **Agaricique (Acide).**

EM. BOURQUELOT.

AGARICIQUE (Acide). — Principe actif retiré de l'Agaric blanc des pharmacies (*Polyporus officinalis* VILLARS) par FLEURY en 1870. Il avait été isolé antérieurement à l'état impur par Schoondrodt sous le nom d'*agaricinc*. Il a été étudié de nouveau en 1883 par Jahns et en 1886 par Schmieder. D'après Fleury, l'Agaric blanc en renferme environ 20 p. 100.

I. Préparation. — On épuise l'Agaric pulvérisé par l'alcool à 90° bouillant qui dissout toutes les matières résineuses parmi lesquelles se trouve l'acide agaricique (résine β de Schmieder). On concentre les solutions alcooliques, ce qui amène la séparation des résines en deux groupes : les résines rouges qui restent en solution, et les résines blanches, dont fait partie la résine β, qui se précipitent. En traitant la masse résineuse blanche par l'alcool à 60° chaud, on dissout la résine β et on l'obtient dans un état suffisant de pureté.

Pour la purifier complètement on la dissout dans l'alcool bouillant, puis on ajoute au liquide une solution alcoolique d'hydrate de potasse. L'acide agaricique ou résine β forme un sel de potasse insoluble dans l'alcool qui se dépose, tandis que les autres résines restent pour la majeure partie en solution. On laisse reposer quelque temps et on sépare le précipité par filtration. On traite celui-ci par l'eau qui dissout le sel de potasse; on ajoute du chlorure de baryum à la solution, ce qui donne un sel de baryte insoluble qu'on délaie dans de l'alcool à 30° bouillant et qu'on décompose à chaud par de l'acide sulfurique dilué. — On jette sur un filtre, et l'acide agaricique cristallise par refroidissement dans le liquide filtré.

II. Propriétés. — L'acide agaricique se présente sous la forme d'une poudre blanche, microcristalline, fusible vers 138° (Jahns), à peu près sans odeur ni saveur.

Il est très peu soluble dans l'eau froide, à laquelle il communique pourtant une réaction acide. A chaud et à la dose de 1 ou 2 grammes pour 100, l'acide se gonfle d'abord en donnant un liquide gélatineux qui finit par se transformer en une solution incolore, limpide, moussant fortement par l'agitation. Par refroidissement, l'acide cristallise de nouveau en fines aiguilles.

L'acide agaricique se dissout dans environ 130 parties d'alcool à 90° froid (15°) et dans 10 parties d'alcool bouillant. Il se dissout à peine dans l'éther et le chloroforme. Il est très soluble dans l'ammoniaque et dans les lessives alcalines même très étendues.

III. Constitution chimique. — La composition chimique de l'acide agaricique répond à la formule $C^{16}H^{30}O^5H^2O$. Il renferme une molécule d'eau de cristallisation qu'il perd à 80°. C'est un acide bibasique et triatomique, analogue par conséquent à l'acide malique. Sa constitution peut être exprimée par la formule suivante :

$$C^{14}H^{27}(OH)<\begin{matrix} COOH \\ COOH \end{matrix} + H^2O.$$

Parmi les sels qu'il forme avec les bases, le plus important est le sel de potasse caractérisé par sa complète insolubilité dans l'alcool absolu.

Essai. — On dissout 0gr,1 d'acide agaricique dans 15 cc. d'alcool absolu et on ajoute quelques gouttes de solution alcoolique de potasse. On doit obtenir un précipité blanc complètement soluble dans l'eau. Cette réaction permet de s'assurer de l'absence des autres résines du Polypore.

IV. Propriétés physiologiques. — L'acide agaricique est employé contre les sueurs profuses des phtisiques et aussi contre les sueurs déterminées par l'usage de certains médicaments (antipyrine). D'après Seifert et Proebsting, 0gr,01 d'acide agaricique équivaut à 0gr,0005 d'atropine. On l'emploie en poudre ou en pilules à la dose de 0gr,03 pour un adulte (Pharmacopée suisse de 1893); les injections sous-cutanées sont douloureuses.

V. Bibliographie. — Fleury (*Journ. de Pharm. et de Chim.* [4], t. xi, p. 202, 1870). — Schoonbrodt (*Journ. de médecine de Bruxelles*, 1863). — Jahns (*Arch. der Pharm.*, t. xxi, 1883). — Schmieder. *Thèse inaugurale d'Erlangen*, 1886. — Bern. Fischer. *Die neueren Arzneimittel*, 1893, p. 287.

EM. BOURQUELOT.

AGONIE (du grec ἀγωνίς, combat). — L'agonie a été, par les Grecs, considérée comme une lutte entre la vie et la mort. C'est une comparaison plus poétique que réelle, car, en général, quand l'agonie survient, les forces vitales de l'organisme sont épuisées;

et la lutte est devenue impossible. De fait le mot agonie signifie les derniers instants
de la vie, alors que tous les phénomènes qui caractérisent la vie de l'individu sont sur le
point de disparaître définitivement.

Les médecins ont souvent décrit l'agonie, et la description qu'ils en donnent est parfaitement exacte. Voici ce qu'en dit M. Jaccoud (Art. Agonie du *Dict. de médec. et de
chir. prat.* 1864, t. i, p. 436). « Une pâleur mate et terreuse remplace la lividité cyanique ;
les traits s'affaissent ; les joues retombent flasques et déjà sans vie ; les lèvres s'amin-
cissent, le nez s'allonge et s'effile, les yeux sans regard apparaissent à travers les paupières ouvertes ; la parole n'est plus intelligible ; le pharynx a perdu son action ; l'urine
et les matières fécales s'échappent ; les battements du cœur deviennent plus faibles et
plus rares ; le pouls est petit, fugitif, et comme hésitant ; les mouvements inspiratoires,
naguère plus fréquents, se ralentissent à leur tour, un râle trachéal dénote la présence
de mucosités abondantes dans les voies aériennes ; les inspirations, de plus en plus
brèves, ne se font plus qu'à de rares intervalles ; elles sont avortées et déterminent à
peine un léger soulèvement de la poitrine ; vient enfin un intervalle plus long que tous
les autres ; le moribond se raidit dans une contraction générale ; une convulsion dernière
et rapide parcourt le visage... ; à ce moment suprême les pupilles se dilatent jusqu'au
double de leur diamètre normal ; les yeux sont entraînés vers la partie supérieure de
l'orbite par un mouvement convulsif ; ils retombent aussitôt couverts d'un voile ; ce mouvement est le dernier ; l'œuvre de mort est consommée [1]. »

Si l'on envisage, dans leur ensemble, les phénomènes de l'agonie, on peut constater
qu'ils sont liés à l'état de l'innervation. Le système nerveux qui préside à l'intelligence,
aux mouvements, à la sensibilité, aux réflexes, à la respiration, à la circulation, est profondément atteint, et alors les diverses fonctions ne peuvent plus s'exercer. En somme
l'agonie est caractérisée par une profonde dépression du système nerveux, et spécialement du système nerveux central. L'intelligence a disparu ; il n'y a plus ni force musculaire, ni mouvements musculaires volontaires, ni sensibilité. Les réflexes ne sont cependant pas abolis ; mais l'innervation cardiaque est affaiblie, et la pression artérielle réduite
au minimum.

De là un cercle vicieux contre lequel toute thérapeutique est impuissante. La
dépression du système nerveux retentit sur le cœur, qui devient de plus en plus faible ; et,
d'autre part, la faiblesse du cœur entraîne l'affaiblissement du système nerveux. Les
troubles de la circulation encéphalique font croître l'impuissance du cœur, dont chaque
contraction est de plus en plus faible. Le cœur s'arrête enfin, et cesse d'envoyer du sang
au système nerveux.

C'est là le moment final ; car, dès que la circulation a cessé, le système nerveux
meurt. Les réflexes disparaissent ; la respiration rythmée s'arrête, et on doit alors
regarder la mort comme définitive.

En cherchant à pénétrer plus profondément la nature de ces phénomènes ultimes,
on voit que l'affaiblissement de la circulation artérielle a pour résultat principal une
diminution de la quantité d'oxygène qui arrive aux centres nerveux. En effet, même
quand on laisse le cœur se contracter régulièrement, la mort n'en survient pas moins
avec les mêmes apparences, si l'on empêche l'hématose en asphyxiant l'animal, de sorte
que l'agonie est, avant tout, un défaut d'oxygène (ou, ce qui revient au même, de sang
oxygéné) dans les centres nerveux. Asphyxie, anémie, anoxhémie, hémorrhagie, tous
ces modes de mort entraînent l'agonie de la même manière, et presque avec des symptômes identiques.

On peut donc résumer le processus de la période agonique en disant que c'est une
anoxhémie bulbo-cérébrale, entraînant l'impuissance du cœur, et par conséquent déterminant, par le fait même de sa continuation, une anoxhémie croissante.

L'agonie commence à partir du moment où la circulation commence à devenir inefficace. Alors le cercle vicieux s'établit ; car l'anoxhémie bulbo-cérébrale entraîne aussitôt une circulation de moins en moins efficace, et la marche des accidents ne peut plus
être enrayée.

Par exemple, si l'on saigne à blanc un chien ou un lapin, on verra tous les phénomènes

---

1. Voyez aussi Decoux. *Quelques considérations sur l'agonie,* (T. D. P. 1870).

des hémorrhagies profuses se manifester régulièrement, jusqu'au moment, caractérisé par une angoisse croissante, où les contractions du cœur deviennent trop faibles pour irriguer convenablement le cerveau. Alors l'agonie se déclare, et elle ne cesse que quand le cœur a cessé de battre.

La mort est définie par l'*arrêt* de la circulation centrale; et l'agonie est alors l'*insuffisance* de la *circulation*.

De fait, presque toujours, quand la circulation commence à devenir ainsi insuffisante, il n'y a plus de remède à apporter; car la cause qui a déterminé cette insuffisance circulatoire persiste. Cependant dans quelques cas on peut dire que l'agonie a vraiment commencé, alors qu'on peut encore en entraver les progrès; par exemple, quand il y a asphyxie, par la respiration artificielle; ou, quand il y a hémorrhagie, par la transfusion du sang. Mais ce sont des circonstances exceptionnelles, et, le plus souvent, qu'il s'agisse d'une maladie, d'une intoxication, d'un traumatisme, une fois que l'agonie a débuté, il faut que le déclin du cœur — et par conséquent du cerveau dont l'état est lié à la circulation cardiaque — s'achève progressivement jusqu'à la mort physiologique de l'organe.

La soi-disant lutte de l'organisme n'est autre que la réaction du système nerveux à cette insuffisance de sang artériel oxygéné; de sorte que l'agonie est en somme une asphyxie lente (Voyez **Asphyxie**).

On voit tout de suite que, selon qu'il s'agit de vertébrés à sang chaud, ou de vertébrés à sang froid, les formes de l'agonie seront différentes. Si sur un chien on arrête le cœur par la galvanisation du myocarde, l'agonie durera une demi-minute, une minute et demie tout au plus; pendant quelques instants, une dizaine de secondes à peine, les effets paraîtront nuls. Mais tout d'un coup l'insuffisance de l'hématose cérébrale déterminera des cris déchirants, des convulsions, puis des inspirations profondes, puis enfin la cessation complète de tout mouvement. Au contraire, si, à un animal à sang froid — grenouille, poisson, tortue, serpent, — on enlève le cœur, c'est à peine si l'on verra pendant les premières minutes un phénomène quelconque, indiquant la perturbation des autres appareils organiques. La mort surviendra, mais lentement, peu à peu, sans lutte, et pour ainsi dire sans aucune réaction du système nerveux anémié. Par conséquent on peut dire que, chez les animaux à sang froid, il n'y a pas d'agonie, à proprement parler, ou du moins une agonie tellement lente qu'on ne peut guère la comparer à l'agonie des vertébrés à sang chaud, dont le cerveau a besoin d'être constamment irrigué par du sang riche en oxygène.

Nous ne pouvons ici décrire toutes les formes de l'agonie; elles sont innombrables, et diffèrent avec le genre de mort. Quand une maladie ou un poison a débilité graduellement l'organisme, l'agonie est calme et lente; et elle ne ressemble guère à l'agonie rapide et bruyante qui succède à une maladie aiguë ou à une intoxication foudroyante.

Pendant l'agonie, que devient l'intelligence? que devient la conscience? Problème redoutable! difficile à résoudre d'une manière définitive. Il est évident que, le plus souvent, quand l'agonie a commencé, toute trace d'intelligence a disparu. PARROT, dans l'article *Agonie* du *Dict. E. S. M.*, t. II, p. 194, définit même l'agonie : le temps pendant lequel le moribond survit à la mort de son cerveau. Presque toujours la conscience a disparu, cette fragile conscience, le plus délicat de tous les appareils de la vie, qui a besoin pour s'exercer d'une intégrité organique irréprochable. Mais qui oserait dire que le mourant n'a pas quelquefois conscience de ce qui l'entoure? Alors même que le regard terne est déjà obscurci d'un voile, et que le cœur n'a plus que quelques faibles battements, parfois il y a encore comme une trace d'intelligence; un léger mouvement des yeux, une faible pression de la main suffisent pour indiquer qu'il comprend encore et qu'il entend.

Je ne voudrais donc pas définir l'agonie par la fin de la conscience; et je dirais plutôt, quoique toute définition soit forcément défectueuse, que l'agonie est la période pendant laquelle la circulation cardiaque est devenue inefficace à l'irrigation cérébrale; son inefficacité pouvant tenir soit à la qualité du sang (empoisonnements, asphyxie), soit à la quantité du sang (hémorrhagie), soit à la faiblesse des mouvements du cœur.

Une fois que le cœur a cessé de battre, l'innervation volontaire a disparu; la conscience et les réflexes ont cessé, et il n'y a plus de respiration rythmée. Mais, quoique la conscience soit alors vraiment éteinte, un phénomène presque constant se produit, que nous devons mentionner, c'est la respiration agonique

Voici en effet ce qui se passe. Au moment où le cœur s'arrête, la respiration rythmée s'arrête aussi, les pupilles se dilatent; une contraction générale tonique de tous les muscles a lieu avec constriction des intestins et expulsion des matières fécales; puis tout cesse, et il se passe quelques secondes d'immobilité complète pendant lesquelles on peut croire que tout est fini. Tout n'est pas fini cependant, car bientôt survient une grande respiration suivie d'une expiration prolongée. C'est un véritable soupir, généralement non isolé; car il est suivi de deux ou trois autres, de moins en moins profonds, séparés l'un de l'autre par une dizaine de secondes d'intervalles. Ce phénomène remarquable, qui a frappé de tout temps, dit P. BERT, l'imagination des hommes, a reçu le nom de dernier soupir (P. BERT. *Leçons sur la respiration*, 1870, p. 431, voir fig. 108 et 111). On l'observe avec une netteté admirable dans certaines asphyxies, et surtout dans la mort par la galvanisation du cœur. Dans ce cas, il semble bien que le bulbe qui préside à la respiration rythmique normale meure dès que le sang cesse de l'irriguer; mais, phénomène surprenant, cette mort n'est pas encore tout à fait complète, et, avant la cessation définitive de son activité, les cellules nerveuses qui président à l'incitation respiratoire sont encore capables de donner deux ou trois grandes inspirations.

On peut prouver facilement que la mort du bulbe n'est pas, dans ce cas, définitive : en effet, si, au moment où se produisent ces derniers soupirs, on pratique vigoureusement, sur un chien qui asphyxie, la respiration artificielle, on voit au bout d'une ou deux minutes reparaître un ou deux battements du cœur, séparés par un long intervalle; puis, toujours si l'on continue la respiration artificielle, de nouveau reparaissent quelques battements du cœur, et enfin la respiration spontanée revient, et la période agonique cesse par le retour de toutes les fonctions physiologiques.

Il convient d'ajouter que, dans les intoxications lentes et les maladies chroniques, se phénomène du dernier soupir ne s'observe pas; et la respiration qui va en diminuant graduellement ne reparaît plus quand les petites inspirations insuffisantes ont fini par devenir imperceptibles.

La température, au moment de l'agonie, diminue ou augmente selon la cause de la mort. Si la mort est lente et progressive, comme dans les maladies chroniques ou les empoisonnements lents, la température va en s'abaissant régulièrement; mais, s'il s'agit d'une fièvre infectieuse, avec hyperthermie, ou d'une maladie convulsive comme la méningite, le tétanos, la rage, ou d'un empoisonnement par des substances tétanisantes, alors la température va en croissant jusqu'à la mort, et même on sait qu'elle continue à croître après la mort (Voyez **Température**).

Nous n'avons pas à entrer ici dans de plus grands détails, car les phénomènes de l'asphyxie se confondent avec les phénomènes de l'agonie (Voyez **Asphyxie**, **Mort**). Cela s'explique; car l'agonie se produit dès que périclite la circulation cérébrale pour une cause ou une autre. C'est donc l'asphyxie cérébrale qui amène le cortège des symptômes agoniques.

CH. R.

AGRAPHIE. — Le terme *Agraphie* a été introduit dans la science par OGLE pour servir à désigner l'aphasie motrice graphique.

L'agraphie est donc une des formes simples de l'aphasie (Voyez **Aphasie**).

On sait que, selon la conception fameuse de CHARCOT, le mot n'est pas une unité, mais un complexus qui comporte l'organisation suivante : il est composé d'une image *auditive* — mot entendu — et d'une image *motrice d'articulation* — mot parlé. Cette dernière ne se produit qu'à la suite et sous l'influence de la première. De plus, chez les sujets éduqués, le mot offre, en outre, une image *visuelle* — mot lu — à laquelle est liée une image *motrice graphique* — mot écrit.

L'agraphie est précisément la perte de la faculté de l'écriture, et elle est supposée en rapport causal avec l'altération de la partie de l'écorce cérébrale considérée comme le centre fonctionnel des images motrices graphiques des mots. Elle est caractérisée cliniquement par l'abolition plus ou moins complète de l'écriture en toutes ses manifestations (volontaire, sous dictée, copiée) chez un sujet dont l'intelligence est conservée, dont les organes moteurs (épaule, bras, main) ne sont ni paralysés ni incoordonnés, et qui a gardé, à l'ordinaire, la faculté d'articuler, d'entendre, de comprendre, et parfois même de lire les mots écrits. Ce trouble est variable dans son intensité : tantôt le sujet n'arrive, malgré ses efforts, à trouver aucun caractère d'écriture, tantôt il parvient à écrire des traits incohérents, quelques lettres, un mot sans signification, et assez souvent sa signature. On a distingué de plus l'agraphie *littérale* et *verbale*, selon que les lettres ou seulement les mots ne peuvent être écrits.

L'agraphie dépend-elle, comme toutes les autres variétés d'aphasie, de la lésion d'un centre autonome localisé dans l'écorce cérébrale? Le fait est actuellement encore en discussion. WERNICKE avait supposé que, l'acte d'écrire se réduisant toujours à une copie des images optiques des lettres et des mots, il n'était pas prouvé que cet acte dépendît d'un centre spécial et autonome qui jouerait pour l'écriture le même rôle que joue la circonvolution de BROCA pour le langage parlé; la destruction de la mémoire visuelle verbale suffirait alors pour entraîner l'agraphie. M. DÉJERINE a défendu cette dernière manière de voir, en se fondant, d'une part sur ce que la localisation anatomique de l'agraphie dans l'écorce, dont EXNER avait placé le siège au niveau du pied de la deuxième circonvolution frontale du cerveau, n'est pas nettement établie par des autopsies irréprochables, et sur ce que, d'autre part, lui-même a observé des cas de cécité verbale, qui s'accompagnaient ou non d'agraphie, selon que cette cécité verbale dépendait de l'altération du centre de la vision des mots (pli courbe) ou seulement des fibres faisant communiquer celui-ci avec le centre visuel général. A son avis, il n'existe pas de centre spécialisé dans l'écorce cérébrale pour l'écriture, et c'est des autres centres du langage, du centre de la vision verbale, en particulier, que cette fonction dépend.

Si, en réalité le fait décisif d'une agraphie pure correspondant à une lésion exactement et uniquement circonscrite à une région de l'écorce n'a pas encore été recueilli, on connaît par contre des cas de cécité verbale, par lésion du pli courbe sans agraphie (OSLER), qui n'en contredisent pas moins l'opinion qui rend l'agraphie exclusivement dépendante du centre visuel verbal. De plus, la pathologie générale de l'agraphie elle-même montre qu'il s'agit pour l'exécution des mouvements de l'écriture d'une faculté spécifique, puisque cette faculté de tracer des mouvements spécialisés peut disparaître, sans qu'il existe aucun trouble ni des mouvements généraux, ni même de certains mouvements particuliers (dessin) du bras et de la main. Aussi nous paraît-il nécessaire, tant au point de vue pathologique qu'au point de vue physiologique, de persister à admettre l'existence d'un centre autonome d'images motrices différencié pour l'écriture, dont des recherches ultérieures moins discutables préciseront sans doute mieux le siège anatomique.

PAUL BLOCQ.

AGUEUSIE. — L'agueusie est l'abolition des sensations gustatives : lorsqu'elle n'occupe que la moitié de la langue, elle est dite hémi-agueusie. La constatation de l'agueusie dans la paralysie faciale indique le rôle que joue, dans la fonction spéciale de ce nerf, la corde du tympan. En dehors des lésions bulbaires qui la provoquent aussi en intéressant les origines du nerf glossopharyngien, l'hémi-agueusie est surtout fréquente dans l'hystérie, où elle figure au même titre que les divers troubles autres de la sensibilité (Voyez **Goût**).

P. B.

AIR. — L'étude de l'air comporte d'abord l'analyse du mélange gazeux qui le constitue essentiellement; puis celle de différents gaz dont on constate la présence dans l'atmosphère en proportions variables selon le temps et les lieux, et dont l'existence constante fait qu'ils doivent être considérés comme entrant normalement dans sa composition, d'autant que leur rôle, notamment au point de vue de la biologie, est d'une importance capitale; enfin la description de nombreuses matières solides qui s'y trouvent à l'état de suspension, et n'entrent dans sa composition que d'une façon tout à fait accidentelle, ne remplissant ainsi aucune fonction essentielle.

Composition de l'air. — La démonstration de la composition de l'air atmosphérique est due à LAVOISIER (1775). En chauffant un volume déterminé d'air au contact du mercure, à une température voisine de l'ébullition de ce métal, LAVOISIER constata que le mercure se recouvrait de paillettes rouges, et que le gaz qui restait au-dessus de ce nouveau corps avait perdu la propriété d'entretenir la respiration et les combustions. C'était l'azote, qui ne représentait plus approximativement que les 5/6 du volume d'air primitif. En chauffant les particules rouges recueillies à la surface du mercure, LAVOISIER en dégagea un gaz qui possédait au plus haut degré la propriété d'entretenir la respiration et la combustion, et qu'il appela *air vital*. C'était l'oxygène, et le volume de gaz ainsi obtenu représentait assez exactement celui qui avait disparu lors du chauffage du mercure. En mélangeant l'air vital à l'azote, LAVOISIER put alors reconstituer un mélange qui avait toutes les propriétés de l'air atmosphérique.

Depuis, cette méthode d'analyse a été perfectionnée par GAY-LUSSAC et HUMBOLDT, puis par J.-B. DUMAS et BOUSSINGAULT, et par REGNAULT; mais ces analyses plus délicates n'ont fait qu'apporter à la composition de l'air, telle qu'elle avait été donnée par LAVOISIER, une plus grande précision, sans en modifier la formule générale.

Actuellement on admet que l'air est un mélange de 21 volumes d'oxygène et de 79 volumes d'azote (exactement 20,93 d'O et 79,07 d'Az). En poids rapportés à 100, ces proportions sont représentées sensiblement par 23 d'oxygène et 77 d'azote.

Nous devons cependant mentionner, bien qu'elle n'ait pas encore subi la sanction du contrôle, la découverte, annoncée par deux chimistes anglais, M. RAMSAY et LORD RAYLEIGH, d'un nouvel élément gazeux de l'air.

C'est au Congrès de l'Association britannique pour l'avancement des sciences (août 1894) que ces deux chimistes annoncèrent que l'observation qu'ils avaient précédemment faite d'une différence de densité entre l'azote atmosphérique et l'azote extrait des composés nitrés, les avait conduits à trouver l'existence dans l'atmosphère d'un gaz qui n'est ni l'oxygène, ni l'azote.

Ce gaz, plus inerte encore que l'azote, pourrait être isolé par deux méthodes que les auteurs ont exposées devant la section de chimie du Congrès.

La première méthode est celle employée par CAVENDISH pour la démonstration de la composition de l'acide nitrique. De l'air est soumis à l'action d'étincelles électriques en présence de potasse qui absorbe les vapeurs nitreuses, tandis qu'un pyrogallate alcalin absorbe l'oxygène en excès. Le gaz résiduel n'est ni de l'oxygène, ni de l'azote, ainsi qu'on peut en juger par l'examen de son spectre. On peut l'obtenir aussi en exposant de l'azote tiré de l'atmosphère à l'action du magnésium chauffé; on produirait ainsi de plus grandes quantités de ce gaz; à mesure que le magnésium absorbe l'azote, la densité du résidu augmente, passant de 14,88 à 16,1 et finalement à 19,09. A ce moment l'absorption paraît avoir atteint sa limite; la proportion du nouveau gaz serait donc de 1 p. 100 de l'azote atmosphérique.

Ce gaz donnerait un spectre avec une ligne bleue unique beaucoup plus intense que celle du spectre de l'azote.

Comme toutes les découvertes, celle-ci a rencontré beaucoup de scepticisme; et l'on a opposé aux inventeurs que leur gaz n'était que du protoxyde d'azote ou de l'azote condensé, ou encore qu'il était fabriqué au cours des manipulations chimiques et ne préexistait pas dans l'air normal.

Acide carbonique de l'air. — Avec l'oxygène et l'azote, on trouve dans l'atmosphère, constamment, bien qu'en proportions assez variables, de l'acide carbonique. Ce gaz se forme en effet lors de la respiration des animaux et de certaines parties des plantes, et il est versé dans l'atmosphère, on peut le dire, à jets continus.

Malgré ces sources nombreuses de production, la quantité de CO_2 contenue dans l'air est très minime; elle oscille entre 4 et 6 dix-millièmes en volume.

La raison de la faiblesse de cette proportion est dans la diffusion rapide des gaz, car dans certaines localités, notamment dans les grandes villes, en hiver, la production d'acide carbonique est vraiment considérable. Ainsi BOUSSINGAULT a calculé, il y a déjà cinquante ans, que Paris en produisait, chaque jour, tant par la respiration de ses habitants que par ses divers foyers de combustion, 2 944 600 mètres cubes. Et cependant la proportion d'acide carbonique, le jour, étant à Paris représentée par 100, elle est encore représentée par 92 à la campagne, à plusieurs lieues de Paris. Pour 100 mètres cubes d'air, on trouve, d'acide carbonique: 34 lit. 3 en Autriche; 44 à 49 litres dans le désert lybique;

29 lit. 2 en Floride; 28 litres à la Martinique; 27. lit 1 au Chili, 26 lit. 6 à Santa-Cruz. Dans une même localité, d'ailleurs, les variations sont souvent très marquées. D'une façon générale, la proportion de CO^2 est plus forte la nuit que le jour, et diminue après la pluie. A Paris, d'après J.-B. Dumas, cette proportion oscille entre 28 et 35 litres pour 100 mètres cubes d'air. Au cap Horn, d'après M. Hyades, elle oscille entre 23,1 et 28 lit. 5.

Ozone. — La variabilité de la proportion d'ozone contenue dans l'air est relativement plus grande. Le poids moyen de ce gaz est de 1 milligr. 1 pour 100 mètres cubes d'air, mais le maximum peut atteindre 3,5 milligrammes, tandis que cet élément disparaît à peu près complètement dans l'air des villes. A l'Observatoire de Montsouris, d'après Miquel, l'analyse chimique n'en accuse pas les moindres traces quand les vents soufflent du Nord, c'est-à-dire quand l'air a traversé Paris; au contraire, par les vents du Sud, du Sud-Est et du Sud-Ouest, il fait rarement défaut. Il paraît donc probable que l'ozone, dû aux phénomènes de la végétation, se détruit en oxydant les principes volatils divers qui s'exhalent des vastes agglomérations urbaines.

Azote ammoniacal. — Les travaux de Schlœsing ont rendu incontestable la présence de l'ammoniaque dans l'air. A Paris, le poids de ce corps, exprimé en azote, oscille entre quelques dixièmes de milligrammes et 3 milligrammes pour 100 mètres cubes d'air. La moyenne est de 2,2 milligrammes. L'origine de cette ammoniaque est sans doute dans la décomposition des matières végétales et animales, ainsi que dans l'électricité atmosphérique ; car Liebig a constaté depuis longtemps que l'eau des pluies d'orage contient de l'azotate d'ammoniaque.

Vapeur d'eau. — L'élément dont la proportion varie le plus, dans une région donnée, au sens de l'atmosphère, est assurément la vapeur d'eau. Selon les saisons, la température, l'altitude, la situation géographique, il y a déjà des variations constantes ; il y en a en outre d'incessantes, suivant les conditions météorologiques diurnes de chaque localité prise en particulier. On trouve dans les ouvrages de physique des tables qui donnent la quantité de vapeur aqueuse à saturation contenue dans un volume déterminé d'air pour les diverses températures. Il faut retenir que l'état hygrométrique de l'air, pour une température déterminée, est le rapport entre la quantité d'humidité existant réellement dans l'air et celle qui existerait si l'air était saturé à cette même température.

Iode, particules salines. — Comme on a souvent constaté la présence de l'iode dans les eaux pluviales (Bouis), on est obligé d'admettre que sa présence est sinon normale, du moins fréquente, dans l'air, à l'état libre ou combiné, de même, au voisinage de la mer, l'air peut véhiculer des particules de chlorure de sodium, et de quelques autres sels. M. Gernez, ayant établi que les dissolutions salines sursaturées ne cristallisent au contact de l'air que lorsque celui-ci contient en suspension des traces du sel même contenu dans la dissolution, ou d'un sel isomorphe, a été amené à admettre qu'il existe aussi fréquemment, dans l'atmosphère, des particules en suspension de sulfate de soude.

Corpuscules vivants de l'atmosphère. — Les éléments solides que l'atmosphère tient en suspension sont des poussières brutes et des corpuscules vivants.

Les travaux de M. Pasteur nous ont appris, comme on sait, à voir dans ces derniers la cause des fermentations et celle des maladies infectieuses et infecto-contagieuses ; et d'autre part les naturalistes n'ont réussi à expliquer certaines apparitions inattendues de végétaux dans des localités qui en avaient toujours été dépourvus, certains phénomènes mystérieux de fécondation végétale à grandes distances, que par le transport par l'air de pollens et de spores.

Tous ces éléments animés sont aussi très inégalement répartis suivant les temps et les lieux; leur numération a fait l'objet d'études longtemps poursuivies par M. Miquel, qui a imaginé, dans ce but, des appareils ingénieux et des méthodes rigoureuses.

Les pollens, fort répandus dans l'air au printemps et en été, tendent à disparaître en automne et surtout en hiver; cependant il n'est pas rare d'en trouver plusieurs dans un mètre cube d'air, même quand la neige couvre le sol depuis près d'un mois. A Paris, le chiffre des pollens atmosphériques est parfois assez élevé, et atteint communément, en été, de 5 000 à 10000 par mètre cube d'air.

Les spores cryptogamiques y sont environ vingt-cinq fois plus nombreuses. La température douce qui règne presque toujours à Paris en avril et en mai donne à cette végétation cryptogamique son premier essor. C'est en juin que leur foisonnement atteint son maximum, et peut dépasser le nombre de 35000 par mètre cube d'air. En décembre et janvier, leur nombre oscille autour de 7000.

L'expérience par laquelle M. PASTEUR a démontré l'existence de bactéries vivantes dans l'atmosphère est devenue célèbre, et voici comment l'illustre savant la décrit lui-même en peu de mots : « Dans une série de ballons de 250 centimètres cubes de capacité, j'introduis la même liqueur putrescible : de l'eau albumineuse, de l'urine, etc., de manière qu'elle occupe le tiers environ du volume total. J'effile les cols à la lampe d'émailleur, puis je fais bouillir la liqueur, et je ferme l'extrémité effilée pendant l'ébullition. Le vide se trouve fait dans les ballons ; alors je brise leur pointe dans un lieu déterminé : l'air s'y précipite avec violence, entraînant avec lui toutes les poussières qu'il tient en suspension et tous les principes connus et inconnus qui lui sont associés. Je referme alors immédiatement les ballons par un trait de flamme, et je les transporte dans une étuve même entre 25° et 30°, c'est-à-dire dans les meilleures conditions de température pour le développement des animalcules et des semences. Le plus souvent, en très peu de jours, la liqueur s'altère, et l'on voit naître dans les ballons, bien qu'ils soient placés dans des conditions identiques, les êtres les plus variés, beaucoup plus variés même que si les liqueurs avaient été exposées à l'air ordinaire. Mais, d'autre part, il arrive fréquemment, plusieurs fois dans chaque série d'essais, que la liqueur reste absolument intacte, quelle que soit la durée de son exposition à l'étuve, comme si elle avait reçu de l'air calciné. » C'est qu'en effet, les microbes, surtout dans un lieu où l'air est en repos, sont beaucoup moins nombreux qu'on ne serait tenté de le croire.

Au centre de Paris, au mois d'août, on en trouve environ de 5000 à 6000 dans un mètre cube d'air. En décembre et en janvier, leur nombre oscille entre 2000 et 3000 ; et la moyenne annuelle est de 4000 environ. Mais à Montsouris, c'est-à-dire dans un milieu tranquille, bien que peu éloigné encore de l'agitation du centre de la grande ville, la moyenne varie entre 300 et 400, et le maximum ne dépasse pas 700.

D'autres observations ont démontré que, pendant les saisons humides et les temps pluvieux, le chiffre des bactéries devient très faible ; et qu'il s'élève au contraire considérablement pendant la sécheresse.

Les analyses horaires, faites par M. MIQUEL, établissent de même que le nombre des bactéries atmosphériques varie sans cesse, et passe par deux maxima, dont l'un se présente vers 6 heures du matin et l'autre vers 6 heures du soir, les minima se trouvant généralement compris entre 2 et 3 heures du matin et 2 et 3 heures de l'après-midi.

A mesure qu'on s'élève au-dessus du sol, les bactéries apparaissent moins nombreuses. Au sommet du Panthéon, l'air est déjà seize fois plus pur que celui qui circule dans la rue de Rivoli, et sur les hautes montagnes, c'est à peine si l'on rencontre une bactérie par mètre cube d'air. En pleine mer, les microbes sont encore plus rares, et parfois l'on n'en trouve que 4 à 6 dans 10 mètres cubes d'air.

Au contraire, dans l'intérieur des habitations, des ateliers, des hôpitaux, les microbes sont fort nombreux, et atteignent parfois le nombre de 100000 par mètre cube. Mais ce nombre est toujours en rapport avec les causes qui tendent à soulever les poussières du sol, parquet ou tapis ; car, dans les pièces inhabitées, l'air se purifie, au moins au point de vue bactériologique ; et dans les égouts, dont les parois sont souvent humides, et la ventilation faible, on ne trouve que fort peu de microbes.

Maintenant, le point important est de savoir si ces nombreux microbes de l'air sont dangereux. Évidemment, pour le plus grand nombre, ils sont inoffensifs, et il en est des microbes de l'air comme des microbes des eaux ; autrement l'humanité tout entière aurait bien vite disparu. Mais enfin les observations épidémiologiques mettent hors de doute ce fait, que la plupart des maladies microbiennes sont susceptibles d'une transmission indirecte, c'est-à-dire par le mécanisme du transport des germes par le milieu ambiant, et il n'est pas douteux que les fièvres éruptives, la diphtérie, la rougeole, l'influenza, l'impaludisme, la fièvre typhoïde, le typhus, le choléra, la tuberculose, se propagent grâce au transport par l'air, à une plus ou moins grande distance, de leurs germes virulents, et à l'absorption de ces germes par des individus prédisposés, chez lesquels se trouvent ouvertes des portes d'entrée accidentelles ou anormales.

Les procédés antiseptiques d'abord, puis aseptiques, de la chirurgie ont réussi à préserver les blessés et les opérés du contact de ces germes nocifs; la protection des individus sains contre les germes des maladies épidémiques qui se transmettent par l'air paraît d'une réalisation bien difficile, et l'on ne peut guère en entrevoir le mécanisme hygiénique. Aussi voit-on qu'en dépit des magnifiques acquisitions de la science dans les vingt dernières années, malgré les découvertes géniales de Pasteur, le nombre des décès dus aux maladies infectieuses ne varie guère. C'est que la protection de l'atmosphère contre les germes pathogènes n'est pas encore inventée, et que les faibles barrières que l'on peut élever contre ceux-ci, par les quarantaines, par l'isolement des malades dangereux, ne sont en somme qu'une défense bien mince, si l'on réfléchit au nombre considérable des malades, comme les tuberculeux, qui vont semant leurs bacilles par les rues en toute liberté, ou de ceux qui, comme les diphtéritiques, les cholériques, les typhiques, atteints de maladies atténuées, véhiculent leur mal; ils sont par conséquent d'autant plus redoutables qu'ils sont moins gravement atteints.

Poussières atmosphériques brutes. — L'air contient enfin, en plus des germes vivants, une foule de particules terreuses, charbonneuses et ferrugineuses, des débris de fibres textiles, de parcelles végétales en voie de décomposition, qui peuvent atteindre des dimensions susceptibles de les rendre visibles à l'œil nu. On pourrait aussi dresser une longue liste des éléments hétérogènes provenant des animaux, tels que le duvet des oiseaux, les écailles des papillons, les dépouilles d'insectes microscopiques, et parfois aussi des diatomées, des œufs et des cadavres d'infusoires,

Ces poussières brutes ne sont d'ailleurs pas inoffensives, car elles agissent comme des irritants mécaniques, à la surface de nos bronches et de nos poumons, et peuvent ouvrir aux microbes dangereux des portes d'entrée. Dans certaines industries, où certaines poussières, minérales, végétales ou animales, sont produites en grande quantité, la mortalité élevée des ouvriers qui respirent une atmosphère chargée de ces produits témoigne de leur nocivité.

Les poussières les plus nuisibles sont celles qui, en raison de leurs formes irrégulières et de leur déchirabilité, forment des adhérences avec la muqueuse. Plus elles sont fines et légères, mieux elles pénètrent profondément dans les voies bronchiques, et plus les effets en sont nuisibles et intenses.

L'irritation produite par le contact d'un corps étranger avec la muqueuse provoque un effort d'impulsion, une toux. Or, s'il est des poussières (riz, farine, etc.) qui sont assez facilement expulsées par la toux, il en est d'autres, comme les poussières métalliques, les poussières de bois et de diverses substances filamenteuses, qui s'incrustent en raison de leur forme sur les organes respiratoires et ne peuvent être rejetées aussi facilement par un accès de toux. De plus, dans ces cas, il y a blessure de la muqueuse, c'est-à-dire une porte ouverte par laquelle entrent plus facilement les microbes des maladies infectieuses.

J. HÉRICOURT.

ALBINISME. — On donne le nom d'albinisme à un état de décoloration plus ou moins complet, plus ou moins étendu, des parties superficielles normalement pigmentées. Il s'observe chez les végétaux aussi bien que chez les animaux; dans les deux cas il se reconnaît la même cause: le manque ou la diminution du pigment. Quand il se produit chez les feuilles, il détermine ce que les horticulteurs appellent les *panachures*, et l'on sait que cette forme d'albinisme est assez recherchée pour l'ornementation des jardins. On peut dire que la plupart des plantes cultivées ont fourni des exemples de panachures, et c'est chez elles surtout qu'il les faut chercher : la panachure est plus rare à l'état sauvage. La culture en favorise la production, comme aussi les modifications de milieu, la transplantation, et sans doute aussi des causes moins accessibles à notre investigation. On a vu la panachure s'abattre en quelque sorte comme une épidémie sur toute une culture, et ceci indique qu'il devait y avoir quelque cause générale, chimique ou physique, dont la nature nous échappe. On a souvent considéré les plantes panachées comme moins robustes que les sujets normaux, mais ce semble être un préjugé, à tout prendre. Chez elles l'albinisme n'est point héréditaire : une plante panachée donne des graines fournissant presque invariablement des sujets normaux, et, pour multiplier les individus panachés, les horticulteurs ont de préférence recours à la multiplication sexuelle, au bouturage, aux greffes, etc., c'est-à-dire aux procédés qui prolongent l'individu, s'il est permis de s'exprimer ainsi. Au reste cette prolongation sans intervention de la reproduction sexuelle peut, sans doute, s'opérer durant des années et des siècles, sans inconvénients pour la vigueur des individus : la pomme de terre, le bananier, l'*Elodea canadensis*, la canne à sucre, etc., en sont des exemples familiers. L'albinisme chez les végétaux ne se localise pas aux feuilles : il peut encore envahir la fleur, le fruit. Les plantes à fleurs albines ne sont pas rares : la corolle, au lieu d'être rouge ou bleue, par exemple, est blanche, et, contrairement à ce qui se passe pour les feuilles, l'albinisme de la fleur se transmet volontiers par voie sexuelle, et dès lors on possède une race albine. Les fleurs jaunes sont moins sujettes à l'albinisme que les rouges ou les bleues. L'albinisme des fruits est également héréditaire : on connaît les races décolorées de fraisiers et de framboisiers, dont les fruits, à maturité, sont d'un blanc jaunâtre. Il est à peine besoin de faire remarquer que l'albinisme n'a de commun avec la chlorose ou l'étiolement que l'apparence extérieure : le mécanisme, la cause sont très différents, et le traitement classique de la chlorose végétale demeure absolument sans effet sur l'albinisme.

Ceci dit sur l'albinisme chez les végétaux, passons aux animaux. Chez eux aussi, il est d'observation quotidienne, et dans tous les groupes. Chez les invertébrés terrestres ou aquatiques, il n'est point rare : de tous côtés on en voit signaler des exemples. Les entomologistes ou les malacologistes en particulier en ont recueilli beaucoup de cas, et les publications spéciales en font foi (Pour les insectes voir en particulier l'*Entomologist's Record and Journal of Variation*). Parmi les vertébrés il en va de même : les poissons albins ne sont pas rares, et le poisson rouge en offre de nombreux exemples. Les batraciens semblent plus réfractaires ; cependant M. Harting (J.-E.), à une séance de la *Linnean Society*, en 1891, a présenté une *Rana temporaria* albine, et il a remarqué à ce propos qu'il n'a pu recueillir dans la bibliographie que quatre ou cinq cas analogues. Peut-être n'était-il pas bien au courant des travaux faits sur le continent, car Fatio a signalé un *Bombinator igneus* albin en 1892 ; Lataste a observé l'albinisme chez une grenouille rousse et plusieurs têtards de Pélodyte ; Héron-Royer l'a vu chez des Alytes, Pavési chez des grenouilles vertes, et Lesson en 1881 chez la grenouille rousse. Les tritons sont parfois atteints d'albinisme, et chacun sait que l'Axolotl le présente aussi : il existe une race albine due à Duméril qui a opéré là une intéressante expérience de sélection ; la race persiste — et l'albinisme aussi — et se reproduit parfaitement. Peut-être l'albinisme est-il rare chez les reptiles. En tous cas nous n'en trouvons guère d'exemples. Chez les oiseaux, par contre, ils sont nombreux. Le merle blanc existe ailleurs que dans la fable, il est même relativement fréquent ; le serin blanc existe aussi, et le quartier Latin en possédait un, vers 1875, qui était bien connu des élèves des lycées dans les cours desquels il se montrait volontiers ; le corbeau quitte parfois sa parure de jais pour un costume blanc pur, et le *Zoologist* et l'*Essex Naturalist* renferment plusieurs autres exemples de ce genre. Chez les mammifères enfin, les cas sont en assez grande quantité pour qu'un naturaliste italien ait jugé utile d'en dresser le catalogue, et la *Liste générale des mammifères sujets à l'albinisme*, dressée par M. Elvezio Cantoni, traduite en français avec additions par M. Henri Gadeau de Kerville, complète avantageusement les indications données sur ce sujet par Godron dans son livre sur l'*Espèce*. M. Cantoni a relevé 79 espèces présentant l'albinisme à des degrés divers, et M. Gadeau de Kerville complète sa traduction et ses annotations par une note publiée en 1891 sur l'albinisme chez le lapin de garenne et la bécassine. Bref l'albinisme s'observe chez beaucoup d'animaux, aussi bien à l'état sauvage qu'à l'état domestique. A l'état sauvage il existe même chez quelques-uns un albinisme périodique intéressant. Les mammifères et oiseaux des régions neigeuses, au nord des continents américain et asiatique, sont en effet vêtus de blanc en hiver, et en été leur pelage ou plumage est coloré.

L'albinisme présente des degrés chez les animaux comme chez les végétaux. G. Frauenfeld (*Farbenabweichungen bei Thieren*, dans les *Verhandl. d. Zool. Bot. Vereins*, Vienne, 1853) a tenté de classer les différents types observés, et voici sa classification :

Leucochroïsme, ou albinisme total; la plume ou le poil, ou la peau, sont entièrement décolorés, et l'œil, chez les vertébrés, a l'iris rouge, dépourvu de pigment. *Chlorochroïsme :* les couleurs sont pâlies, lavées, sales. *Géraiochroïsme :* albinisme par les progrès de l'âge; blanchissement dû à la vieillesse. *Allochroïsme :* les couleurs sont totalement blanches, ou en partie tapirées. *Climatochroïsme :* albinisme périodique ou saisonnier. Cette classification a l'inconvénient de reposer sur des données différentes. N'est-il pas évident qu'il y a *leucochroïsme* par *climatochroïsme,* par exemple. Dans un cas on considère le caractère de l'albinisme, dans l'autre sa cause : dès lors la classification est boiteuse; mieux vaut s'en tenir pour le moment à la vieille classification de Geoffroy-Saint-Hilaire qui ne repose que sur une seule donnée, le caractère de l'albinisme, sans tenir compte de sa cause, d'où les trois divisions que voici : *albinisme complet,* ce qui n'a pas besoin de définition; *albinisme partiel,* où la décoloration ne porte que sur une partie de la peau, du poil ou des plumes; *albinisme incomplet,* où la dépigmentation est partielle, où le pigment est affaibli, mais non aboli.

Il convient d'ajouter que, comme chacun le sait, l'albinisme ne se traduit pas seulement par une décoloration de la peau ou de ses appendices : il y a encore décoloration de l'iris et de la choroïde dans beaucoup de cas. De là l'œil albinos bien connu, celui des lapins blancs, par exemple. Le pigment manque à l'iris et à la choroïde, et la lumière éclaire vivement des parties riches en vaisseaux, et naturellement rouges. L'iris n'est pourtant pas invariablement décoloré, semble-t-il, et au reste, dans bien des cas, l'œil reste normal, l'albinisme ne portant que sur le tégument. En ce cas il doit être classé comme incomplet.

Ce qui précède s'applique à l'homme aussi bien qu'aux animaux. L'homme aussi est sujet à l'albinisme. Chez les albinos, la peau est fine, d'un blanc qui diffère de la couleur que nous disons blanche de la peau des Caucasiques; elle est très délicate et sensible, et manifestement plus vulnérable que la peau des sujets normaux. Le poil est, lui aussi, tout blanc, dans les cas d'albinisme complet, parfois coloré en jaune, rouge; il est plus pauvre en fer que le poil normal. La vision est généralement troublée par la dépigmentation de la choroïde : il y a photophobie à des degrés variables[1]. On a souvent dit que les albinos sont débiles, lymphatiques et peu intelligents. Cette opinion n'est pas confirmée par l'ensemble des faits connus, bien qu'assurément elle soit fondée dans certains cas. Mais il ne faut pas généraliser; toutefois ils ne vivent guère vieux, et, si les femelles sont fécondes, les mâles ne semblent pas l'être autant (GEOFFROY SAINT-HILAIRE). On ne sait trop quel produit donnerait l'union de deux albinos : mais l'albinisme d'un seul parent ne se transmet pas nécessairement. Le produit peut être normal, albinos, ou pie, partiellement albinos. La race noire est beaucoup plus sujette à l'albinisme que les races blanche ou jaune. Il y a bon nombre d'exemples de nègres gris ou même blancs. La peau est blanche, mais la race se reconnaît aux autres caractères anthropologiques qui demeurent intacts.

L'albinisme peut diminuer ou disparaître avec l'âge. Sa cause nous échappe, du moins sa raison d'être; et, si nous en connaissons le mécanisme, si nous savons qu'il est dû à l'absence du pigment normal, nous ignorons comment et pourquoi ce pigment manque. L'étude du vitiligo, et des cas où la canitie se produit par une vive émotion, ne nous apprennent malheureusement rien à cet égard.

HENRY DE VARIGNY.

ALBUMINE DE L'ŒUF ou OVALBUMINE. — Pour les différences avec l'albumine du sérum, voir ce dernier article.

Préparation. — On peut appliquer au blanc d'œuf le procédé de préparation de DENIS-HAMMARSTEN qui est indiqué à propos de l'albumine du sérum. Les blancs de plusieurs œufs sont incisés en tous sens au moyen de ciseaux tranchants, de manière à diviser les membranes, puis dilués avec de l'eau, passés à travers une mousseline et saturés de $MgSO^4$ à $+ 20°$. La globuline (représentant environ la vingtième partie de l'albumine) se précipite : on la sépare par filtration; on sature à la même température le

---

1. LORD SHERBROOKE, qui était albinos, déclare que chez lui la sensation produite par la lumière du jour n'allait jamais sans une certaine douleur. Voy. *Brit. Medical Journal,* 13 mai 1893.

liquide filtré, au moyen de Na^2SO^4; on recueille le précipité d'albumine; on le purifie au besoin par une série de précipitations ($MgSO^4 + Na^2SO^4$), alternant avec des dissolutions dans l'eau. On élimine finalement les sels par dialyse et l'on évapore à sec dans le vide à une température ne dépassant pas $+ 40°$ à $+ 50°$ (Voir STARKE : *Bidrag*, etc., dans *Upsala läkareförhandlingar*, t. XVI, analysé dans *Maly's Jahresb.*, 1881, t. XI, p. 17).

On pourrait aussi avoir recours au procédé de KAYDER-HOFMEISTER : Mélanger le blanc d'œuf avec un égal volume d'une solution saturée de sulfate d'ammonium, pour précipiter la globuline, filtrer, puis achever de saturer au moyen de sulfate d'ammonium, et purifier le précipité par des dissolutions et précipitations successives. MICHAILOW (*Maly's Jahresb.*, 1885, t. XV, p. 157.) précipite les albuminoïdes en bloc par le sulfate ammonique et sépare la globuline de l'albumine par dialyse.

On ne peut songer à employer ici, comme pour l'albumine du sérum, la précipitation par l'alcool, car l'albumine de l'œuf passe promptement à l'état insoluble au contact de ce liquide.

WURTZ précipitait le blanc d'œuf par le sous-acétate de plomb, en évitant d'employer un excès de ce sel, puis décomposait le précipité par un courant de CO^2. Les dernières traces de plomb étaient précipitées par un courant de H^2S : pour séparer [le plomb il chauffait doucement au bain-marie. Les premiers flocons d'albumine coagulée emprisonnent le sulfure de plomb. Le liquide filtré était ensuite évaporé à l'étuve. Le produit ainsi obtenu est mélangé de globuline (WURTZ. *Traité de Chimie biologique*, 1880, p. 77).

A. GAUTIER et ALEXANDROWITCH (*Bull. Soc. chim.*, t. XXV, 1) recommandent de faire digérer le blanc d'œuf étendu de deux fois son volume d'eau, avec de l'hydrate de plomb, tant que celui-ci se dissout. L'albuminate de plomb qui s'est produit est précipité par addition d'une solution de la même albumine, et le précipité, lavé à l'eau, est décomposé par CO^2. La solution albumineuse ainsi obtenue, traitée par l'hydrogène sulfuré et filtrée, est débarrassée du sulfure de plomb qu'elle tient encore en dissolution, par digestion de la liqueur, à froid, en présence du noir animal, qui absorbe tout le plomb. On évite ainsi la coagulation partielle du procédé de WURTZ.

HAAS a pareillement cherché à purifier l'albumine de l'œuf en la précipitant par la baryte et en décomposant l'albuminate de baryum par CO^2.

F. HOFMEISTER (*Ueber die Darstellung von krystallisirtem Eieralbumin und die Krystallisirbarkeit colloider Stoffe*, Z. P. C., 1890, t. XIV, p. 165. *Ueber Zusammensetzung des krystallinischen Eieralbumins*, ibid. 1892, t. XVI, p. 187) a découvert que les solutions d'albumine de l'œuf dans le sulfate d'ammonium, lentement évaporées, peuvent fournir des dépôts de *globulites* et de *sphérolites* formés d'albumine cristallisée. Ces cristaux contiennent une proportion variable de sel, ce qui indique qu'il ne s'agit pas d'une combinaison chimique. S. GABRIEL (*Bemerkungen über Hofmeister's krystallinischen Eieralbumin*. Z. P. C., 1891, t. XV, p. 436) a confirmé ces faits.

Purification de l'albumine par dialyse. — GRAHAM (*Ann. der Chem. u. Pharm.*, 1861, t. CXXI, p. 1) avait admis que l'albumine peut être entièrement privée de ses sels par la dialyse, ce que v. WITTICH, HOPPE-SEYLER et KUHNE n'avaient pu confirmer. ARONSTEIN (*Ueber die Darstellung salzfreier Albuminlösungen vermittelst der Diffusion. A. Pf.*, 1873, t. VIII, p. 75) affirma de nouveau avoir éliminé tous les sels du sérum ou du blanc d'œuf en se servant de dialyseurs formés de papier parchemin anglais. Il constata que l'albumine privée de sels conserve sa solubilité dans l'eau et perd la propriété de se coaguler par la chaleur ou par l'alcool. Si l'on ajoute au liquide une petite quantité d'un sel indifférent, la coagulabilité reparait. Il constata aussi que l'albumine de l'œuf exempte de sels n'est plus précipitée par l'éther, tandis que l'albumine du sérum qui ne l'est pas dans les conditions ordinaires, le devient quand on l'a soumise à une dialyse suffisamment prolongée. A. SCHMIDT (*Untersuchung des Eiereiweisses und Blutserums durch Dialyse. Beiträge der Anatomie und Physiologie als Festgabe, Carl Ludwig gewidmet*. Leipzig, 1874, t, CLIV et *Weitere Untersuchungen des Blutserums, Eiereiweisses und der Milch durch Dialyse mittelst geleimten Papiers. A. Pf.*, 1875, t. XI, p. 1) arriva au même résultat; tandis que HEYNSIUS, HUIZINGA, WINOGRADOFF, HAAS, LAPTSCHINSKY, et d'autres ne purent obtenir de l'albumine entièrement privée de sels (Voyez ROLLETT dans *Handbuch de Hermann*, 1880, t. IV, 1, *Blut.*, p. 93).

ROSENBERG (*Vergleichende Untersuchungen betreff. das Alkalialbumihat, Acidalbumin und*

Albumin. Inaugur Diss., Dorpat, 1883) constata que les solutions d'albumine (du sérum ou du blanc d'œuf), prises avec leur alcalinité naturelle ou acidulées passent successivement par trois phases au cours de la dialyse. Au début, les sels diffusant plus vite que l'alcali ou l'acide, il en résulte que, si l'on fait bouillir le liquide, il se forme facilement de l'albumine alcaline ou acide, d'où suppression de la coagulation par la chaleur. Plus tard, la coagulation reparaît parce que le liquide s'est trop appauvri en alcali ou en acide pour que la transformation par la chaleur en albumine acide ou alcaline puisse encore se faire. Enfin, si la dialyse est prolongée pendant fort longtemps, on atteint le stade étudié par Aronstein et dans lequel la coagulabilité par la chaleur ou par l'alcool est définitivement supprimée (Voyez *D. W.*, 3e suppl., 1892, p. 124).

Harnack a récemment affirmé avoir obtenu, par décomposition d'un albuminate de cuivre, une albumine de l'œuf presque exempte de sels, fournissant une solution qui n'est coagulable ni par la chaleur, ni par l'alcool, l'éther, le phénol ou le tanin (E. Harnack *Ueber die Darstellung und die Eigenschaften aschefreien Albumins, D. chem. G.*, 1889, t. xxii, n° 542, p. 3046).

Dosage. — Mêmes procédés que pour l'albumine du sérum. D'après H. Dillner (anal. dans *Maly's Jahresb.*, 1885, t. xv, p. 31) le blanc d'œuf contient en moyenne 0,677 p. 100 (0,3 à 0,8) de paraglobuline, soit en moyenne 6,6 p. 100 de la masse totale des albuminoïdes, qui eux constituent de 9,95 à 11,97 p. 100 du blanc d'œuf liquide.

Propriétés. — Mêmes remarques que pour l'albumine du sérum. *Analyse élémentaire*, d'après Hammarsten (*Maly's Jahresb.* 1881, t. xi, p. 19) C 52,23; H 6,9; Az 15,25; S 1,96 p. 100; d'après Fr. Hofmeister (*Ueber die Zusammensetzung des krystallinischen Eieralbumins, Z. P. C.*, 1892, t. xvi, p. 187.) C 53,36 et 53,21 p. 100; H 7,31 et 7,21 p. 100; Az 15,06 p. 100; S 1,01.

Coagulation par la chaleur. — A. Gautier (*Bull Soc. chim.* t. xiv, p. 177; *C. R.*, t. lxxix, p. 228) admet que le blanc d'œuf renferme au moins deux espèces d'albumine; la première, coagulable à 63°, aurait un pouvoir rotatoire plus faible que l'autre, qui se coagule à 74°. Ces deux corps seraient contenus dans le blanc d'œuf, dans le rapport de 1 : 3. D'après Béchamp (*Bull. Soc. chim.*, t. xxi, p. 368; *C. R.*, t. lxxvii, p. 1558) le blanc d'œuf contiendrait au moins trois albumines qui différeraient par leur pouvoir rotatoire.

Gabriel Corin et Edgard Bérard (*Contribution à l'étude des matières albuminoïdes du blanc d'œuf. Bull. Acad. roy. Belgique.* 1888, t. xv; *Archives de Biologie* et *Travaux du laboratoire de Léon Fredericq*) ont reconnu par la méthode des coagulations successives que le blanc de l'œuf de la poule contient deux globulines précipitables par MgSO⁴ et se coagulant respectivement à 57°5 (ovoglobuline α) et 67° (ovoglobuline β) et trois ovalbumines (α, β, γ,) se coagulant respectivement à 72°, 76° et 82°. La richesse du liquide en sels n'a pas une grande influence sur la température de coagulation : plus le liquide est riche en albumine, plus la coagulation se produit à une basse température.

Hoppe-Seyler avait assigné à l'albumine de l'œuf un pouvoir rotatoire de — 35°. Gautier attribua aux deux albumines admises par lui dans le blanc d'œuf des pouvoirs rotatoires de — 43°,2 (coag. à + 63°) et de — 26° (coag. à + 74°) Haas (*Ueber das optische und chemische Verhalten einiger Eiweisssubstanzen, insbesondere der dialysirten Albumine A. Pf.*, t. xii, p. 378) trouva — 38°,08 comme pouvoir rotatoire de l'albumine (contenant encore un peu de globuline. Il constate que ce pouvoir reste le même quelle que soit la teneur du liquide en sels et en albumine.

Starke refit la même détermination en se servant d'albumine exempte de paraglobuline et trouva α (D) = — 38,1°.

Combinaisons avec les métaux. — Lieberkühn avait étudié plusieurs combinaisons de l'albumine avec les métaux : il en avait déduit une formule empirique de l'albumine : $C^{216}H^{169}Az^{27}S^2O^{68}$. Harnack (*Z. P. C.*, t. v, p. 198, et *Ueber die Darstellung und die Eigenschaften aschefreien Albumins. Ber. d. deuts. chem. Ges.*, 1889, t. xxii, n° 542, p. 3046) a préparé des combinaisons de l'albumine avec le cuivre, le plomb et le zinc. Les combinaisons cuivriques contiennent l'une 1,35 p. 100 de cuivre et l'autre sensiblement le double (2,64 p. 100 en moyenne); elles répondent aux formules empiriques : $C^{204}H^{320}Az^{52}O^{60}S^2Cu$ et $C^{204}H^{318}Az^{52}O^{60}S^2Cu^2$ (Voyez aussi Mörner dans *Maly's Jahresb.*, 1877, t. vii, p. 7; Ritthausen et R. Pott. *Journ. f. prakt. Chemie*, 1873, N. F., t. vii, p. 361, analysé dans *Maly's Jahresb.*, 1873, t. iii, p. 27).

Loew (Ueber Eiweiss und Pepton, 1883, A. Pf., t. xxxi, p. 393) a préparé des combinaisons argentiques renfermant l'une 2,28 p. 100, l'autre le double (4,31 p. 100) d'argent environ.

Chittenden et Whitehouse (On some metallic compounds of albumin and myosin. Studies from the laboratory of physiological chemistry, Yale University, New-Haven, 1887, t. ii, p. 95; voyez Maly's Jahresb, 1887, t. xvii, p. 11), ont pareillement préparé et analysé un grand nombre de combinaisons d'albumine de l'œuf avec les métaux suivants : Cuivre, Plomb, Fer, Zinc, Urane, Mercure, Argent.

Variétés d'albumine. — Tarchanoff (Ueber die Verschiedenheiten des Eiereiweisses bei befiedert geborenen (Nestflüchter) und bei nackt geborenen (Nesthöcker) Vögeln. A. Pf., 1883, t. xxxi, p. 368; et A. Pf., 1884, t. xxxiii, p. 303; et Weitere Beiträge zur Frage von den Verschiedenheiten zwischen dem Eiereiweisse der Nesthöcker und der Nestflüchter, A. Pf., 1886, t. xxxix, p. 483) a signalé des différences entre l'albumine de l'œuf de poule et en général des oiseaux qui naissent dans un état de développement complet (poules, canards, oies, dindons, alouettes) et celle de l'œuf des oiseaux dont les petits naissent nus et aveugles (moineaux, hirondelles, corbeaux, pies, pigeons, rossignols, pinsons, etc.). Voir aussi Frémy et Valenciennes (A. C., 1837, 3e sér., t. l, p. 500) (Some observations on the Eggs of Birds. Edimburg New Philosophical Journal, oct. 1863).

L'albumine des œufs de ces derniers (Tataeiweiss) se coagule à une température élevée + 95°, en fournissant un produit vitreux qui finit par se dissoudre dans l'eau bouillante. Pendant l'incubation, cette albumine se transformerait peu à peu en albumine ordinaire; elle présenterait un pouvoir rotatoire plus faible (de 1°) que l'albumine ordinaire.

Si l'on plonge dans une lessive de soude ou de potasse à 5—10 p. 100 des œufs de poule entiers, en coquille, on constate au bout de quelques jours une transformation du blanc qui le rapproche du Tataeiweiss. Cette albumine tata artificielle serait plus facile à digérer que le blanc d'œuf ordinaire.

Tarchanoff (Sur le tata blanc ou tata albumine naturel et artificiel et ses applications à la nutrition. C. R. Soc. Biologie, 1889 (9), t. i, p. 500).

Filtration de l'albumine. — Gottwalt (Ueber die Filtration von Eiweisslösungen durch thierische membranen. Z. P. C., 1880, t. iv, p. 423), et Runeberg (Zur Frage der Filtration von Eiweisslösungen durch thierische Membranen. Zeits. f. physiol. Chemie, 1882, t. vi, p. 508, et Arch. d. Hellkunde, t. xviii, p. 1) ont principalement étudié l'influence de la pression sur la filtration de l'albumine.

A. Lœvy (Zeits. f. physiol Chemie, t. ix, p. 537) a constaté que l'albumine filtre plus rapidement et que la solution est plus riche en albumine lorsque la température s'élève.

G. Bodlander et J. Traube (Ber. d. deuts. chem. Gesell., t. x, p. 1871) ont trouvé que l'albumine ne modifie que très peu l'ascension de l'eau dans les tubes capillaires, tandis que la caséine et surtout les peptones exercent une action marquée de la constante capillaire.

L'albumine de l'œuf, comme les autres matières albuminoïdes, présente dans le spectre de l'ultra-violet des bandes d'absorption qui ont été décrites par Hartley (Chem. Soc., 1887. t. i, p. 58) et par Soret (Sur l'absorption des rayons ultra-violets par les substances albuminoïdes, C. R., t. xcvii, p. 642).

Bibliographie. — Maly (Jahresber. Thierchemie). — D. W., et Supplément.

LÉON FREDERICQ.

ALBUMINE DU SÉRUM (Sérine de Denis).

— L'albumine du sérum se trouve abondamment (concurremment avec la paraglobuline ou avec la paraglobuline et le fibrinogène) dans le plasma et le sérum sanguin, ainsi que dans la lymphe et les liquides de transsudation des vertébrés et existe aussi dans d'autres liquides ou solides de l'organisme. Elle constitue une notable partie de la matière albuminoïde des urines albumineuses.

L'albumine du sérum se distingue de celle de l'œuf par un pouvoir rotatoire plus élevé, parce que le précipité qu'y forme l'acide chlorhydrique se redissout facilement dans un excès d'acide, parce qu'elle n'est guère altérée par les acides très dilués, parce qu'elle supporte beaucoup plus longtemps le contact de l'alcool avant d'être coagulée; et enfin parce qu'elle se comporte autrement dans l'organisme. L'albumine de l'œuf que l'on injecte dans les veines apparaît bientôt dans les urines, tandis qu'il n'en est pas de même de l'albumine du sérum. BERNARD (*Leçons sur les propr. physiol. et les alt. path. des liquides de l'organisme*, t. I, p. 467 et t. II, p. 439. Paris, 1857. — STOKVIS. (*C. W.*, 1864, p. 597). — J.-C. LEHMANN (*Arch. f. path. Anat.*, 1864, t. XXX, p. 598.) — PONFICK (*Arch. f. path. Anat.*, 1874, t. LXII, p. 273). — FORSTER (*Z. B.*, 1875, t. XI, p. 496). — BÉCHAMP et BALTUS (*C. R.*, 1878, t. LXXXVI, p. 1448).

ESBACH (*Bull. gén. de thérapeutique*, 1882) et MAUREL (*L'année médicale*, 1883) ont recommandé respectivement le réactif picrique et le réactif cupro-potassique pour distinguer l'albumine de l'œuf de celle du sérum. GAUTIER (*Maly's Jahresb.*, 1885, t. XV, p. 31) préfère employer une liqueur composée de 250 cc. de lessive de soude d'une densité de 0,7 (à l'aréomètre universel de Pixii), 50 cc. d'une solution de sulfate de cuivre à 3 p. 100 et 700 cc. d'acide acétique glacial. On ajoute 10 cc. du réactif à 2 cc. du liquide à essayer. L'albumine de l'œuf se précipite; celle du sérum reste en solution. Le réactif peut être employé pour constater la présence d'albumine dans l'urine des chiens auxquels on a injecté du blanc d'œuf dans les veines.

Pendant longtemps, l'albumine a été considérée comme la seule substance protéique renfermée dans le sérum sanguin. PANUM (*Arch. f. pathol. Anatomie*, 1852, t. IV, p. 17), LEHMANN (*Lehrb. d. physiol. Chemic*, Leipzig, 1853, 2, *Aufl.*, p. 359), DENIS (*Nouv. études;* Paris, 1856, et *Mémoire sur le sang*, Paris, 1859), A. SCHMIDT (*Arch. f. Anat. u. Physiologie*, 1862, 428), KÜHNE (*Lehrb. der physiol. Chemic*, Leipzig, 1860, 168, 175) et d'autres y décrivirent sous le nom de *Caséine du sérum, Fibrine dissoute, Albuminate alcalin, Substance fibrinoplastique, Paraglobuline*, des matières albuminoïdes que l'on considère aujourd'hui avec WEYL (*Beiträge z. Kenntniss der thier. u. pflanz. Eiweisskörper.* Inaug. Diss. Strasbourg, 1877, et *A. Pf.*, 1876, t. XII, p. 635), et HAMMARSTEN (*Ueber das Paraglobulin, A. Pf.* 1878, t. XVII, p. 459) comme une seule et même substance appartenant au groupe des globulines. On lui donne le nom de *Globuline du sérum* (*Serumglobulin* des Allemands) ou de *Paraglobuline*. La préparation de l'albumine comporte l'élimination de la paraglobuline. Il y a quelques années, on précipitait la paraglobuline en diluant le liquide de quinze à vingt fois son volume d'eau distillée et en l'acidulant très légèrement par l'acide acétique et l'acide carbonique. Ce procédé ne précipite qu'une très petite partie de la paraglobuline. Pour séparer complètement la paraglobuline, il faut avoir recours à la méthode de précipitation par les sels neutres imaginée par DENIS (*Nouvelles recherches sur les matières albuminoïdes.* Paris, 1856).

Préparation. — 1° *Procédé de* DENIS. On sature le sérum de bœuf (voyez **Sérum**) au moyen de sulfate de magnésium en poudre pour précipiter la paraglobuline (fibrine dissoute de DENIS). HAMMARSTEN recommande d'opérer la saturation à la température de + 30° et d'opérer la filtration à la même température. SCHÄFER et HALLIBURTON agitent le sérum pendant plusieurs heures avec des cristaux de sulfate de magnésium. Le liquide clair débarrassé de paraglobuline par filtration est saturé à + 50° de sulfate de soude en poudre « Dès que le liquide a pris à 50° tout ce qu'il peut dissoudre de sulfate de soude, la sérine se précipite. Il suffit de filtrer en tenant l'entonnoir à la même température pour la recueillir sur le papier sous forme d'une couche blanche molle facile à ôter avec la spatule » (DENIS. *Mémoire sur le sang*, Paris, 1859, p. 39). STARKE (Voir MALY's *Jahresber. Thier-Chemic*, 1881, t. XI, p. 17) purifie l'albumine ainsi obtenue par des dissolutions et précipitations successives au moyen des mêmes sels. Enfin la solution est soumise à une dialyse énergique, puis précipitée par un excès d'alcool fort. Il faut immédiatement filtrer et laver à l'éther pour chasser l'alcool. La poudre ainsi obtenue est remuée dans des vases plats afin d'éliminer l'éther. On achève la dessiccation sur l'acide sulfurique. Proportion de cendres, 0,57 à 1,84 p. 100.

SCHÄFER (*Notes on the temperature of heat-coagulation of certain of the proteid substances of the blood.* J. P., t. III, p. 181) admet qu'après précipitation successive de la paraglobuline par Mg SO⁴ et de l'albumine par Na² SO⁴, il reste encore en dissolution dans le sérum une petite quantité d'une matière albuminoïde autre que l'albumine.

HALLIBURTON (*The proteids of serum*, J. P., 1884, p. 152) montra que l'action de Mg SO⁴ et de Na² SO⁴, est due à la formation du sel double Mg Na² (SO⁴)² 6H²O et que la précipitation de l'albumine peut s'obtenir à la température ordinaire.

Les résultats contradictoires auxquels HALLIBURTON (*loc. cit.*), HEYNSIUS (*Over de*

*verhouding der Eiwitstoffen tegenover zouten van alkaliën en van alkalische aarden. Onderz.
Physiol. Lab.* Leiden, 1884, t. VI, p. 177), LEWITH (*Arch. f. exp. Pathol. u. Pharmak.*, t, XXIV, p.1)
et HOFMEISTER (*Arch. f. exp. Pathol. u. Pharmak.*, t. XXIV, p. 253) sont arrivés au sujet de la
précipitation ou la non précipitation de la paraglobuline et de l'albumine par $Na^2 SO^4$,
proviennent d'après C. A. PEKELHARING (*Over het neerslaan van eiwitstoffen door natrium-
sulfaat. Onderz Physiol. Laborat.* Utrecht, t. IV, R. II, 1893) de la température différente
à laquelle ces auteurs ont opéré. Le maximum de solubilité du sulfate de sodium dans
l'eau (55 p. 100) est à 34°. A cette température, toutes les substances albuminoïdes
seraient précipitées intégralement par ce sel. Il en serait de même de l'albumose.

2° *Procédé de* HOFMEISTER-HAMMARSTEN-JOHANSSON. — (F. HOFMEISTER. *Zeits. f. anal.
Chemie*, 1887, t. XX, p. 319. — HAMMARSTEN. *Ueber die Anwendbarkeit des Magnesiumsul-
fates zur Trennung und quantitativen Bestimmung von Serumalbumin und Globulinen.
Zeits. f. physiol. Chemie*, 1884, t. VIII. p. 467. — J. E. JOHANSSON. *Ueber das Verhalten des
Serumalbumins zu Säuren und Neutralsalzen* (Z. P. C., 1885, t. IX, p.311. Voir aussi EICH-
WALD. *Beiträge zur Chemie der gewebebildenden Substanzen und ihrer Abkömmlinge.*
Berlin, 1873.)

On sature le sérum au moyen de sulfate de magnésium à la température de 30° et
l'on filtre à la même température. Le filtrat est séparé après refroidissement du sulfate
qui a cristallisé et additionné de 1 p. 100 d'acide acétique. Le précipité est recueilli sur
le filtre, exprimé, puis redissous dans l'eau, neutralisé par un alcali, et soumis à la
dialyse pour le débarrasser des sels. Le liquide dialysé fournit par évaporation l'albumine
à l'état solide. On peut également précipiter par l'alcool, recueillir sur un filtre, et laver
rapidement à l'éther et laisser sécher. Il faut exécuter rapidement le traitement par
l'alcool, afin d'éviter la coagulation de l'albumine.

3° *Procédé de* HOFMEISTER — KAUDER (*A f. exper. Pathol.*, 1886, t. XX, p. 411). On mélange
le sérum avec son volume d'une solution saturée de sulfate d'ammonium pour précipiter
la paraglobuline. On filtre et l'on achève de saturer le liquide filtré au moyen de sulfate
d'ammonium en substance. L'albumine se précipite : on la recueille sur un filtre. On
peut la purifier en renouvelant plusieurs fois la dissolution dans l'eau et la précipitation
au moyen du sulfate d'ammoniaque. On achève la préparation comme dans le procédé
précédent : dialyse et précipitation par l'alcool.

MICHAILOW (Voir MALY's, *Jahrb.*, 1885, t. XV, p. 157,) a proposé de précipiter les albuminoïdes du sérum en bloc par le sulfate d'ammoniaque, de les redissoudre dans très peu
d'eau et de soumettre la solution à la dialyse. La paraglobuline se précipite, l'albumine
reste en solution. D'après WURTZ, le procédé de préparation de l'albumine par le sous-
acétate de plomb n'est pas applicable à celle du sérum. L'albumine du sérum provenant de la décomposition de l'acétate de plomb a perdu la propriété de se redissoudre
dans l'eau.

Dosage. — *Procédé de* HAMMARSTEN. — On fait bouillir, s'il y a lieu après addition
d'un peu d'acide acétique, le filtrat provenant de la séparation de la paraglobuline.
On lave le coagulum et on le pèse avec les précautions d'usage.

Il vaut encore mieux prendre deux portions de sérum A et B, faire dans A un dosage
des albuminoïdes en bloc et dans B un dosage de paraglobuline d'après le procédé de
HAMMARSTEN (Voir **Paraglobuline**). Le poids de l'albumine s'obtient par différence.

2° *Procédé de l'auteur.* — On prend deux portions de sérum A et B; B sert à faire un
dosage de paraglobuline par le polarimètre (voir **Paraglobuline**) d'après le procédé
de l'auteur. Si le sérum est très clair, on peut examiner A comme tel dans le polarimètre et déterminer la rotation totale due à l'albumine et à la paraglobine. La part
de rotation due à la paraglobuline est donnée par l'opération B. La différence entre
A et B indique la rotation qui revient à l'albumine. Il est facile d'en déduire la proportion d'albumine, connaissant son pouvoir rotatoire (Voir plus loin).

Le côté faible de ce procédé provient de l'incertitude du pouvoir rotatoire de l'albumine et de la difficulté d'obtenir un sérum suffisamment clair pour pouvoir l'examiner
comme tel au polarimètre.

Aussi vaut-il mieux employer l'échantillon B pour faire un dosage global d'albuminoïdes par coagulation par l'alcool (D'après la méthode de PULS, *Ueber quantitative Eiweiss-
bestimmungen des Blutserums und der Milch. A. Pf.*, 1876, t. XIII, p. 176).

Proportion d'albumine et de paraglobuline. — On a cru pendant longtemps que la paraglobuline ne constituait qu'une minime fraction des albuminoïdes du sérum. On sait aujourd'hui par les dosages de HAMMARSTEN confirmés par ceux de l'auteur que la proportion de globuline peut dépasser celle d'albumine dans le sérum de beaucoup d'animaux. Voici les chiffres trouvés pour l'homme, le chien, le bœuf, le cheval et le lapin : par OLOF HAMMARSTEN (*Ueber das Paraglobulin, A. Pf.*, 1878, t. XVII, p. 413), GAETANO SALVIOLI (*Die gerinnbaren Eiweisstoffe im Blutserum und in der Lymphe des Hundes, A. Db.*, 1881, p. 269) et LÉON FREDERICQ (*Recherches sur les substances albuminoïdes du sérum sanguin. Arch. de Biologie*, 1880, t. I et 1881, t. II, aussi *C. R.*, 5 sept. 1881).

		Total des albuminoïdes.	Globuline.	Albumine.	Quotient d'albumine.
HAMMARSTEN . .	Cheval.	7,257	4,565	2,677	0,591
	Bœuf.	7,499	4,169	3,330	0,842
	Homme.	7,620	4,103	4,516	1,511
	Lapin.	6,225	1,788	4,436	2,5
SALVIOLI	Chien.	5,82	2,05	3,77	1,8
FREDERICQ . . .	Chien.	6,4	2,9	3,5	1,5

Le quotient d'albumine (*Eiweissquotient* de HAMMARSTEN), c'est le rapport entre la quantité d'albumine et de globuline $= \dfrac{Albumine}{globuline}$. On voit qu'il varie considérablement suivant l'espèce animale.

DRIVON (cité par HOFFMANN, *Virchow's Archiv*, t. LXXVIII, 1879), ESTELLE (*Revue mensuelle* 1880), F. A. HOFFMANN (*Globulinbestimmungen in Ascitesflussigkeiten. Arch. f. exp. Pathol.*, 1883, t. XVI, p. 133), ont fait des déterminations analogues dans le sérum du sang et dans des liquides pathologiques provenant de patients humains. Hoffmann admet que les quotients élevés, dépassant 1,5 ne se trouvent que chez les individus vigoureux. Les quotients faibles (n'atteignant pas l'unité) ont toujours été trouvés chez des malades dont la nutrition était profondément atteinte. La valeur du quotient du liquide de l'ascite varie considérablement : minimum 0,65, maximum 2,46.

TIEGEL a montré que chez un serpent du Japon soumis au jeûne, l'albumine du sang disparaît et que la paraglobuline reste la seule substance du sérum sanguin. Salvioli n'a pu, chez le chien (*A. Db.* 1881, p. 269), constater de différence constante entre la proportion d'albumine et de paraglobuline suivant que l'animal était à jeun ou en digestion. BURCKHARDT, au contraire, a constaté une augmentation de la proportion absolue et relative de la paraglobuline, une diminution de l'albumine dans le sérum du chien sous l'influence de l'inanition. L'influence de la saignée ne se manifeste pas clairement (BURCKHARDT. *Beiträge zur Chemie und Physiologie des Blutserums. Arch. f. exper. Pathol. Pharmac*, 1883, t. XVI, p. 322.)

S. TORUP (*Recherches expérimentales sur la reproduction des matières albuminoïdes du sang. B. B.* 28 avril 1888, p. 413) a constaté que, chez le chien à l'état d'inanition, la saignée a pour effet d'augmenter la proportion absolue tant de paraglobuline (2, 1,6 et 1,8 au lieu de 1,4, 1,01 et 1,1 p. 100) que d'albumine (3,1, 3, 2.9 au lieu de 2,7, 2,4 et 2,02 p. 100) dans le sérum sanguin.

Propriétés. — L'albumine du sérum est une poudre blanche qui gonfle dans l'eau et s'y dissout en toute proportion en fournissant une solution colloïde.

Elle présente toutes les propriétés générales des albuminoïdes vraies, et spécialement des albumines (Voir article **Albumine**).

Nous n'insisterons que sur les différentes propriétés par lesquelles elle se distingue des autres matières albuminoïdes.

Composition centésimale. — Les seules analyses élémentaires exécutées avec de l'albumine exempte de globuline sont dues à HAMMARSTEN (Voir STARKE, dans *Maly's Jahresb.*, 1881, t. XI, p. 19) (Voir le tableau p. 176).

Coagulation par la chaleur. — FREDERICQ (*Arch. Biol.*, 1880), KAUDER (*A. f. exp. Path.*, 1886, t. XX, p. 411), avaient déjà appelé l'attention sur ce fait que l'albumine du sérum paraît être un mélange de plusieurs substances se coagulant à des températures différentes. FREDERICQ (*loc. cit.*) avait montré que le pouvoir rotatoire de l'albumine du chien est différent de celui de l'albumine du bœuf, du cheval et du lapin. HAMMARSTEN

(*Maly's Jahresb.*, 1881, t. xi, p. 19) avait signalé des différences dans la teneur en soufre de l'albumine de l'homme et de celle du cheval.

	C	H	Az	S	O
Albumine du sérum de cheval. .	53,05	6,85	16,04	1,82 Moyenne de 2 déterminations.	22,26
Albumine d'un exsudat humain. .	52,52	6,65	15,88	2,25 Moyenne de 3 déterminations.	22,95

HALLIBURTON (*The proteids of serum*, J. P., t. v, p. 152) a montré qu'il y avait lieu de distinguer dans le sérum trois albumines à points de coagulation différents : albumine α se coagulant à 70°-72° ; β, à 77° ; et γ, à 82-84°. Le sérum des Ongulés ne contiendrait que les albumines β (77°) et γ (84°). Enfin, chez les animaux à sang froid, il n'y aurait que l'albumine α (HALLIBURTON. *On the blood proteids of certain lower Vertebrates*, J. P., 1886, t. xii, p. 319.)

J. CORIN et G. ANSIAUX (*Note sur la coagulation par la chaleur des albumines du sérum du bœuf. Bull. acad. roy. Belg.*, 1891, t. xxi, p. 345) ont confirmé le fait pour le sérum du bœuf. Comme HALLIBURTON, ils ont constaté que l'albumine β devient opalescente vers 73° à 74° et se coagule en flocons à une température voisine de 77°, que l'albumine γ devient opalescente vers 79° à 80° et fournit des flocons vers 84°. Mais cette différence entre le point d'opalescence et celui de coagulation disparaît si on élève très lentement la température du liquide et si on la maintient longtemps constante au point d'opalescence. L'albumine finit par se précipiter en flocons à la température d'opalescence. L'albumine opalescente se précipite lorsqu'on sature le liquide par MgSO⁴ : de plus, l'albumine coagulée par la chaleur se redissout en entier si la température à laquelle le liquide s'est troublé n'a pas été maintenue trop longtemps. Les flocons redissous régénèrent complètement la solution primitive.

La présence des sels, la réaction acide et la concentration du liquide (teneur en albumine) ont pour effet d'abaisser notablement le point de coagulation de l'albumine.

Cependant STARKE a constaté qu'une solution d'albumine pauvre en sels se coagule vers + 50° et que cette température s'élève si l'on ajoute NaCl au liquide. HAAS avait fait des observations analogues.

D'après ARONSTEIN, la solution d'albumine entièrement privée de sels par dialyse ne se coagule ni par la chaleur ni par l'addition d'alcool (Voir **Albumine de l'œuf**).

Précipitation par les sels neutres. — BURCKARDT avait émis des doutes sur l'exactitude de la méthode de précipitation par MgSO⁴, pour séparer la paraglobuline de l'albumine du sérum. HAMMARSTEN s'est efforcé de réfuter les objections de BURCKARDT. G. KAUDER (*Zur Kenntniss der Eiweisskörper des Blutserums. Archiv. f. exp. Pathol. u. Pharmakol.* 1886, t. xx, p. 411) a montré qu'une solution de sulfate ammonique commençait à précipiter la paraglobuline à 13 à 15 p. 100 et que la précipitation était complète quand le liquide contenait 19 à 24 p. 100 du sel. Plus le liquide contient de paraglobuline, plus vite aussi commence la précipitation. Pour commencer à précipiter l'albumine, il faut 33,55 p. 100 de sulfate et la précipitation est complète à 47,18 p. 100 de sel. Ces limites ne varieraient pas suivant le degré plus ou moins grand de concentration de l'albumine dans le liquide. Comme la solution saturée à froid contient 52,42 grammes p. 100 de sulfate, on voit qu'une solution saturée à moitié (contenant 26 p. 100 de sel) précipite complètement la paraglobuline, sans agir sur l'albumine.

S. LEWITH (*Zur Lehre von der Wirkung der Salze. Archiv f. exp. Pathol. u. Pharmak.* 1887, xxiv, p. 1) a confirmé ces données et a montré qu'une solution d'acétate de potassium précipitait intégralement la paraglobuline entre 17 p. 100 (début) et 35 p. 100 (fin) de sel, tandis que l'albumine commence à se précipiter à 64,6 p. 100 et l'est entièrement à 88 p. 100.

Quant au sulfate de magnésium, il précipite intégralement la paraglobuline (début à 16,9; fin à 25,7).

Voir aux art. **Albumine de l'œuf** et **Paraglobuline** les recherches de HOFMEISTER (*Archiv f. exp. Pathol.*, t. XXIV, p. 247).

HALLIBURTON a constaté également que l'albumine est précipitée sans altération de ses solutions si on les sature au moyen de carbonate, d'acétate ou de phosphate de potassium ou par la double saturation au moyen des sulfates de magnésium et de sodium, au moyen du sulfate de magnésium et du nitrate de sodium, au moyen du sulfate de magnésium et de l'alun ammoniacal, au moyen du sulfate de magnésium et de l'iodure de potassium ou enfin au moyen du chlorure et du sulfate de sodium.

Quant au chlorure de calcium, il précipite l'albumine sous forme insoluble.

Pouvoir rotatoire. — Le pouvoir rotatoire de l'albumine du sérum a été déterminé par HOPPE-SEYLER (*Ueber die Bestimmung des Eiweissgehaltes im Urine, Blutserum, Transsudaten, mittelst des Ventzke-Soleilschen Polarisations Apparates. Virchow's Archiv*, 1857, t. XII, p. 532 et *Beiträge zur Kenntniss der Albuminstoffe. Zeits. f. Chem. u. Pharmacie de Fresenius*, 1864, t. III, p. 737), HAAS (*Ueber das optische und chemische Verhalten einiger Eiweisssubstanzen, insbesondere der dialysirten Albumine. A. Pf.*, 1876, t. II, p. 378), LÉON FREDERICQ (*Rech. sur les subst. alb. du sérum sanguin. Arch. Biologie*, 1880, t. I, et 1881, t. II, et C. R.*, 5 sept. 1891), et STARKE (*Bidrag till Studiet af Serumalbumin. Upsala läkareförenings förhandlingar*, t. XVI. *Anal. dans Maly's Jahresb.* 1881, t. XI).

Voici les chiffres trouvés : HOPPE-SEYLER α (D). = — 56° (albumine de l'homme), HAAS : — 55, 77° et — 62° (albumine de l'homme); LÉON FREDERICQ : — 57, 3° (cheval, bœuf), — 44° (chien); STARKE, — 60, 03 (cheval). Les échantillons les plus purs étaient ceux examinés par STARKE.

HAAS a constaté que le pouvoir rotatoire restait le même, quelle que fût la richesse du liquide en albumine ou en sels.

LÉON FREDERICQ.

ALBUMINOÏDES. — Historique.

— On décrit sous le nom de matières albuminoïdes un certain nombre de produits azotés de nature complexe, se rapprochant plus ou moins par leurs propriétés et leur composition de l'albumine de l'œuf et de l'albumine du sérum. On peut dire des substances albuminoïdes ce que HUXLEY a dit du protoplasma : elles sont la base physique de la vie. Elles forment en effet la partie fondamentale de la substance végétale ou animale. Le rôle prépondérant qu'elles jouent dans les phénomènes de la vie explique le très grand intérêt qui s'attache à leur étude, à la connaissance approfondie de leur nature et de leurs transformations qui seule peut conduire à la solution des problèmes posés par la biologie. Malheureusement cette étude est remplie de difficultés. La complexité de l'édifice moléculaire albuminoïde est si grande qu'elle a longtemps défié les recherches les plus patientes et que c'est seulement dans ces dernières années, grâce aux admirables travaux de M. SCHÜTZENBERGER, qu'on a pu acquérir des notions un peu claires sur la constitution des substances albuminoïdes.

Bien que les matières animales azotées soient connues depuis longtemps, ce n'est guère qu'au XVIIIe siècle qu'on a isolé les substances albuminoïdes types. ROUELLE en 1771 et FOURCROY en 1789 ont isolé et étudié pour la première fois l'albumine de l'œuf; celle du sérum a été aperçue en 1795 par HUNTER. La fibrine a été décrite par ROUELLE sous le nom de matière fibreuse du sang, mais c'est FOURCROY qui en fit l'étude chimique. L'étude de la caséine remonte aussi à cette époque. BRACONNOT en fit le premier une étude sérieuse.

Pour les matières albuminoïdes végétales, leur connaissance date aussi du même temps. BOERHAAVE déjà, en 1732, avait signalé l'analogie qui existe entre les composés animaux et végétaux. FOURCROY put retirer de l'eau de lavage de la pâte, de la farine, du blé, une substance se coagulant par la chaleur en flocons blancs, présentant tous les caractères de l'albumine animale. Auparavant BECCARIA avait retiré du froment le gluten ou glutineux.

Les analyses de BERTHOLLET (1775 et 1785) établirent que les matières albuminoïdes contiennent en outre de l'oxygène, du carbone et de l'hydrogène, de l'azote en grande quantité. De plus les recherches de Scheele (1775), de Fourcroy et de Berthollet montrèrent que souvent des phosphates sont unis à ces substances dans les tissus solides et dans les humeurs.

La conclusion de Fourcroy est que « ces matières sont des composés au moins quaternaires formés par l'union de l'H, du C, de l'O et de l'Az auxquels sont souvent unis en proportions très variables du soufre, du phosphore, du calcium, du magnésium et du sodium. Il en résulte des matières faciles à décomposer, très altérables, très fétides dans la plupart de leurs altérations, très disposées à prendre le caratère huileux et à fournir de l'ammoniaque. »

Dans le cours de ce siècle, Mulder, Scherer, Jones, Cahours et Dumas, Boussingault, Hoppe Seyler, Liebig, Heynsius, Wurtz, etc., ont fait une étude beaucoup plus sérieuse des substances albuminoïdes au point de vue de leurs préparations, de leurs propriétés, en ont déterminé exactement la composition élémentaire et ont considérablement étendu nos connaissances sur cette partie obscure de la chimie. Enfin dans la période contemporaine de nombreux travaux d'une haute importance, parmi lesquels il faut citer au premier rang ceux de M. Schutzenberger, ont jeté une très vive lumière sur la nature et la constitution des substances protéiques.

Propriétés physiques et caractères généraux des albuminoïdes. — Les matières albuminoïdes se présentent généralement sous l'aspect de matières incolores et amorphes. Quelques-unes cependant se rencontrent à l'état de cristaux (hémoglobine, cristalloïdes ou cristaux d'aleurone, plaques vitellines). A l'état solide, humides et fraîchement précipitées, elles forment des masses blanches, floconneuses ou granuleuses, insipides et inodores. A l'état sec elles sont jaunes, cornées, plus ou moins translucides,

Les unes sont solubles dans l'eau, les autres insolubles ; mais parmi ces dernières plusieurs peuvent se dissoudre en présence d'une faible quantité de sels neutres, des acides ou des alcalis étendus.

Toutes les solutions de matières albuminoïdes dévient à *gauche* le plan de la lumière polarisée (Bouchardat) ; voici quelques chiffres indiquant leur pouvoir rotatoire.

Albumine de l'œuf. . . — 33° à — 88°	Fibrinogène. . . . . — 45°
Sérum albumine. . . . . — 56°	Syntonine de myosine . . . . — 72°
Sérum globuline . . . . —59°7	Caséine dissoute dans SO⁴Mg. . . — 86°

Albuminoses diverses. . . . — 70° à 80°.

Ces dissolutions soumises à la dialyse laissent passer très peu de substance (à l'exception des peptones). Ce sont en effet des substances colloïdales, suivant la conception de Graham. Cette forme colloïdale serait, d'après Graham, un état transitoire instable ou dynamique de la matière dont l'état statique est la forme cristalline. Ce fait que l'albumine en solution ne traverse pas une membrane végétale ou animale nous prouve que nous n'avons pas affaire à une solution parfaite. Le tableau suivant, qui donne le temps d'égale diffusion pour quelques corps pris dans les deux classes des cristalloïdes et des colloïdes, montre le peu de diffusibilité des albuminoïdes.

Acide chlorhydrique.	1
Sucre de canne.	7
Sulfate de magnésie	7
Albumine	49
Caramel	98

Cet état de dissolution apparente est très instable : sous l'influence d'un certain nombre de facteurs, température, déshydratation, réaction acide du milieu, présence de certains cristalloïdes, les albuminoïdes tendent à devenir insolubles et à se précipiter sous forme de gelée, de caillots ou de grumeaux. Les dissolutions les plus concentrées sont celles qui sont le plus instables. Enfin pour un certain nombre de matières albuminoïdes, la tendance à la coagulation est si marquée qu'elles se précipitent, se coagulent dès que la vie cesse dans les tissus dont elles font partie (coagulation du sang, rigidité cadavérique). Le coagulum en général ne peut pas faire retour à la matière initiale, mais il peut se transformer en une matière protéique de nouveau précipitable, quoique différente de la première. C'est ainsi que l'albumine de l'œuf coagulée par la chaleur et traitée par les acides minéraux étendus se transforme en acide albumine soluble précipitable par neutralisation de la solution.

Comme le fait remarquer A. GAUTIER, « ces colloïdes fluides de nature neutre et faiblement unis à une grande masse d'eau, ont une mollesse qui les rend propres, aussi bien que l'eau elle-même, mais moins puissamment et moins brutalement, aux phénomènes de *diffusion*. Ils sont lentement pénétrables aux réactifs et leurs molécules servent d'intermédiaires perpétuels et comme d'amortisseurs aux plus délicates actions physicochimiques... Le temps devient, grâce à ces propriétés, l'une des conditions des réactions qui se produisent dans nos tissus et nos humeurs, réactions qui se continuent sans secousses, successivement, lentement, assurant ainsi au fonctionnement des organes une progressive et incessante production d'énergie provenant de ces réactions affaiblies, mais continues. »

Composition des albuminoïdes. — Toutes les matières albuminoïdes renferment du carbone, de l'oxygène, de l'hydrogène, de l'azote. Un très grand nombre contiennent en outre du soufre et un petit nombre du phosphore et du fer. Leur combustion fournit des cendres composées de phosphates de calcium, de magnésium et d'un peu d'oxyde de fer. Ces sels semblent bien faire en réalité partie intégrante des matières albuminoïdes; car la dialyse la plus prolongée ne les fait jamais disparaître complètement. Voici, d'après BEAUNIS (*T. P.* t. I, p. 160), un tableau donnant la composition centésimale de quelques matières albuminoïdes.

	C	H	Az	O	S
Albumine.	52,7	6,9	15,4	20,9	0,8
—	54,5	7,3	16,5	23,5	2,0
Fibrine	52,5	7,0	17,4	21,9	1,2
Caséine (lait de femme). . . .	52,3	7,2	14,6	25,7	?
— (lait de vache)	53,6	7,4	14,2	24,7	?
Syntonine	54,1	7,3	16,1	21,5	1,1
Peptone	51,4	6,95	17,1	23,45	1,1
Substance amyloïde	53,6	7,0	15,5	22,5	1,3
Substance collagène	50,0	6,7	18,0	24,5	0,3
Mucine	49,5	6,7	9,6	34,2	»
Glutine	50,0	6,7	18,1	24,6	0,5
Chondrine.	58,0	6,6	14,4	29,0	0,6
Elastine	55,5	7,4	16,7	20,4	»
Kératine.	50,0	6,4	16,2	20,0	0,7

Substances albuminoïdes végétales (d'après A. GAUTIER).

	C	H	Az	O	S	CENDRES	P^2O^5
Albumine végétale (orge)	52,86	7,33	15,73	22,98	1,18	3,6	trace
Caséine végétale (noix de Para) . .	52,43	7,12	18,10	21,80	0,55	1,58	0,82
Conglutine (amandes)	50,24	6,81	18,37	24,13	0,45	2,66	1,28
Légumine (pois)	51,48	7,02	16,77	24,33	0,40	3,58	3,10
Gluten caséine (blé)	52,94	7,04	17,14	21,91	0,95	—	beaucoup

La composition centésimale des substances protéiques, soit végétales, soit animales, oscille en général entre les limites que voici :

Carbone . . . . . . 50,0 à 55,0 p. 100
Hydrogène . . . . . 6,3 à 7,3 —
Azote. . . . . 15,0 à 19,0 —
Oxygène . . . . . . 19,0 à 24,5 —
Soufre . . . . 0,4 à 4,0 —

Quant au fer, cet élément varie de 0,33 à 0,59 p. 100.

Réactions et décomposition des substances albuminoïdes. — 1° *Chaleur (distillation sèche)*. — Les substances albuminoïdes dégagent, quand on les chauffe, une odeur de corne brûlée et laissent un charbon volumineux, fortement azoté. Il se forme les produits suivants : des acides gras volatils (acétique, butyrique, valérique, caproïque, etc.) combinés à l'ammoniaque; du sulfure, du cyanure et du carbonate d'ammonium; des ammoniaques composées (méthylamine, butylamine, propylamine, amylamine), une partie oléagineuse complexe (huile animale de DIPPEL) renfermant des hydrocarbonés et d'autres produits; des phénols; des bases non oxygénées formant deux séries, celles de la pyridine C^5H^5Az et de l'aniline C^6H^7Az, du pyrrol C^4H^5Az, du scatol C^9H^9Az, etc.

2° *Action de l'eau*. — MULDER, sous la dénomination de *trioxyde de protéide*, fit connaître un composé soluble dans l'eau, insoluble dans l'alcool, contenant moins de carbone et plus d'oxygène que les matières d'où il provient, produit résultant de l'oxydation au contact de l'air et de l'hydratation en présence de l'eau à une température suffisamment élevée de l'albumine ou de la fibrine longtemps chauffée dans l'eau bouillante. Ce corps paraît être de nature peptonique; mais, dans l'état actuel de nos connaissances, il est difficile de se prononcer sur sa nature.

Si l'on chauffe dans des tubes scellés en présence de l'eau, de 130° à 150°, de l'albumine, de la fibrine, de la caséine et un certain nombre d'autres matières albuminoïdes, les matières se transforment en produits solubles qu'on peut regarder comme des produits d'hydratation commençante : on retrouve en effet dans la solution de la leucine et de la tyrosine qui, comme nous le verrons, se produisent dans l'hydratation des albuminoïdes, soit sous l'influence des acides, soit sous l'influence des alcalis.

De même, LUBAVIN, en chauffant dans une marmite de PAPIN un liquide d'ascite, obtint une liqueur brunâtre à odeur de bouillon et contenant de la leucine et de la tyrosine. La caséine a fourni les mêmes produits.

A l'air libre, sous l'influence de l'eau bouillante agissant sur les albuminoïdes coagulés, une portion de la masse demeure insoluble. La partie soluble renferme des gaz sulfurés, un produit coagulable par les acides, des corps solubles dans l'alcool et l'éther, en petite quantité, plus divers principes non étudiés, précipitables par l'acétate de cuivre, le sous-acétate de plomb, le bichlorure de mercure, etc. (STERRY HUNT; A. GAUTIER).

La cartilagéine, l'osséine, naturellement insolubles, se transforment en isomères solubles, la gélatine, la chondrine. D'autres substances protéiques comme l'élastine ne sont pas modifiées.

3° *Action des acides*. — Il faut distinguer l'action des acides faibles, ou moyennement étendus ou concentrés.

A. *Action des acides faibles*. Ils séparent d'abord les sels et les bases unis aux albuminoïdes, puis agissent sur la substance protéique elle-même et le transforment en isomères solubles ou insolubles.

L'acide sulfurique, l'acide chlorhydrique à 1/2 ou 1 p. 100 gonflent beaucoup de matières insolubles et transforment en substances solubles d'autres albuminoïdes : la myosine coagulée, le gluten, certaines fibrines et caséines insolubles. Par cette action on obtient des substances appelées *syntonines* ou *acide-albumines* qui ont la même composition apparente et le même pouvoir lévogyre que la matière initiale. Mais en enlevant l'acide on ne peut les transformer en la matière primitive.

B. *Action des acides moyennement étendus*. Quand on combine cette action avec celle de la chaleur, les matières albuminoïdes subissent un *dédoublement*.

Si on fait bouillir, pendant quelques heures, une solution d'acide sulfurique à 20 pour 800 avec 100 grammes d'albumine sèche, comme l'a fait M. SCHÜTZENBERGER, on obtient d'une part une substance gélatineuse insoluble dans l'eau, l'alcool et l'éther, se desséchant en une masse grumeleuse, amorphe, fendillée, jaunâtre : c'est l'*hémiprotéine*, formant à peu de chose près la moitié de l'albumine employée et renfermant indépendamment d'une petite quantité de soufre :

$$
\text{Hémiprotéine.} \left\{
\begin{array}{lll}
C . . & 52,66 \text{ à } 54,83 & \text{p. 100} \\
H . . & 7,01 \text{ à } 7,31 & - \\
Az . . & 14,22 \text{ à } 15,08 & -
\end{array}
\right.
$$

et d'autre part une substance amorphe, soluble dans l'eau, insoluble dans l'alcool, légèrement acide : c'est l'*hémialbumine* dont la composition est la suivante :

$$\text{Hémialbumine.} \begin{cases} C \dots & 50 \\ H \dots & 7 \\ Az \dots & 13,4 \end{cases} \text{ répondant à la formule } C^{24}H^{40}Az^6O^{10}.$$

En outre on peut extraire de la solution sulfurique : 1° une petite quantité d'un acide azoté $C^{24}H^{40}Az^6O^{13}$; 2° une substance analogue à la sarcine; 3° une substance réduisant énergiquement la liqueur de FEHLING, du glucose ou un corps analogue (fait très intéressant au point de vue physiologique).

L'hémiprotéine, à la suite d'une ébullition prolongée avec l'acide sulfurique étendu, se dissout lentement et se transforme en *hémiprotéidine* :

		SUBST. SÉCHÉE A 120°.	SUBST. SÉCHÉE A 100°.	
Hémiprotéidine	C . . .	47,73	43,70	46,1
	H . . .	6,48	6,6	6,7
	Az . .	14,5	—	15,0

répondant à la formule $C^{24}H^{42}Az^6O^{12},H^2O$ et qui résulterait de l'oxydation et de l'hydratation de l'hémialbumine.

En même temps apparaissent la tyrosine, la leucine et ses homologues. On peut résumer de la façon suivante le dédoublement de la matière albuminoïde :

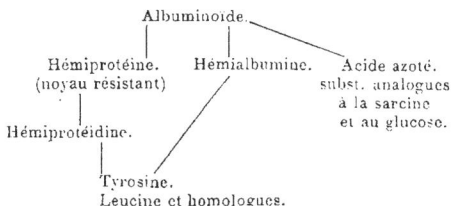

```
                          Albuminoïde.
                               |
        Hémiprotéine.    Hémialbumine.    Acide azoté.
        (noyau résistant)                 subst. analogues
              |                            à la sarcine
        Hémiprotéidine.                    et au glucose.
              |
           Tyrosine.
        Leucine et homologues.
```

D'autre part ERLENMAYER et SCHAEFER, par l'ébullition de matières albuminoïdes avec de l'acide sulfurique plus concentré (étendu de une fois et demie son poids d'eau), ont obtenu comme produits définitifs de dédoublement les quantités de leucine et de tyrosine suivantes :

		LEUCINE.	TYROSINE.
Pour 100 d'élastine	. . . . .	35 à 45	0,25
—	fibrine	14	0,8
—	syntonine	18	1,0
—	albumine de l'œuf	10	1,8
—	tissus cornés . .	10	3,6

Enfin RITTHAUSEN a signalé dans les mêmes conditions la production des acides aspartique et glutamique aux dépens des matières albuminoïdes végétales et HLASIWETZ et HABERMANN montrèrent que la production de ces acides ne caractérise pas exclusivement les composés protéiques végétaux.

4° *Action des alcalis.* — Sous l'influence des alcalis étendus (1 à 2 p. 100 de NaOH) la plupart des matières albuminoïdes se dissolvent et se précipitent par la neutralisation de la solution. Ces substances ainsi dissoutes par les alcalis portent le nom de syntonines d'alcalis ou alcalialbumines; elles doivent être rapprochées des acide albumines. Elles possèdent beaucoup des propriétés de la caséine et LIEBERKUHN les avait crues identiques avec ce dernier corps.

En présence d'alcalis plus concentrés, même à froid, la molécule albuminoïde est altérée; une partie résiste, une se peptonise, une autre est altérée; il se fait de l'acide carbonique et peut-être de l'acide oxalique; le soufre est séparé à l'état de sulfure alcalin et d'hyposulfite, et il apparaît une substance, soluble dans l'alcool, précipitant à froid l'acétate de cuivre et faiblement basique; de cette liqueur complexe, on précipite par la neutralisation une substance qui n'est autre que cette *protéine* que MULDER considérait comme le noyau commun des albuminoïdes.

Par une longue ébullition avec de la potasse concentrée il se dégage de l'ammoniaque, et dans la liqueur (ne précipitant plus par les acides) on retrouve de la leucine et de la tyrosine. La potasse fondante donne de même de la leucine, de la tyrosine, et des sels alcalins d'acides gras (formiate, acétate, butyrate, valérate, oxalate, etc.); en même temps que de la butalanine, de l'ammoniaque, des ammoniaques composées, du pyrrol, de l'indol, du scatol et du phénol.

L'action d'une solution de baryte à une température élevée a été particulièrement étudiée par M. SCHÜTZENBERGER; nous y reviendrons quand nous étudierons la constitution des albuminoïdes.

5° *Action des réactifs oxydants.* — *a.* En oxydant certaines matières albuminoïdes par le permanganate de potassium en solution alcaline, BÉCHAMP a obtenu de l'urée. Ce résultat confirmé par RITTER a été contesté par STAEDELER, LÖW, TAPPEINER et LOSSEN. La quantité d'urée n'est d'ailleurs pas considérable.

Par l'oxydation au moyen d'un mélange de bioxyde de manganèse ou de bichromate de potasse et d'acide sulfurique étendu, GUCKELBERG a obtenu des aldéhydes (acétique, propionique, butyrique, benzoïque) des acides (formique, acétique, propionique, butyrique valérique, caproïque, benzoïque), du formonitrile ($CAzH$) et du valéronitrile.

b. Acide azotique. — L'acide azotique fumant dissout les matières albuminoïdes en formant une liqueur jaune que l'eau précipite. Il se forme de l'*acide xanthoprotéique* (nom donné par MULDER), produit insoluble dans l'eau, l'alcool, l'éther, soluble dans les acides concentrés, dans les alcalis, l'eau de chaux, de baryte. Cette formation d'acide xanthoprotéique est une des réactions caractéristiques des albuminoïdes.

c. Eau régale. — Les matières albuminoïdes se dissolvent dans l'eau régale. A chaud il se produit des corps oléagineux volatils (chlorazols), des acides fumarique et oxalique, de la leucine, de la tyrosine, etc.

Il en est de même avec les hypochlorites alcalins.

d. Chlore et Brome. — L'action du brome en présence de l'eau a été bien étudiée par HLASIWETZ et HABERMANN qui ont signalé la formation des produits suivants : Bromoforme, acides bromacétique, oxalique, aspartique, caproïque; un isomère de l'acide aspartique; de la leucinimide, des composés peptoniques; de petites quantités d'acides tribromo-amido-benzoïque et bromobenzoïque.

L'action de l'ozone a été étudiée par GORUP-BESANEZ; elle ne donne pas lieu à la formation de corps bien caractérisés; la fibrine et la gélatine ne paraissant pas être attaquées.

Poids moléculaire et constitution des albuminoides. — Il y a une soixantaine d'années, MULDER, traitant des matières albuminoïdes par une lessive de soude moyennement étendue, à une température élevée, obtint après neutralisation de la liqueur un précipité gélatineux présentant toujours selon lui la même composition, quelle que fût la substance albuminoïde employée. Le soufre et le phosphore restaient en solution dans la soude.

MULDER désigna ce produit ainsi obtenu sous le nom de *protéine* et considéra les matières protéiques comme formées par l'union de ce radical avec du phosphore, du soufre, des phosphates et d'autres sels en proportions différentes.

Cette théorie n'a plus aujourd'hui qu'un intérêt historique. Nous savons en effet que cette protéine de MULDER n'est pas une substance simple, mais un mélange de substances protéiques appauvries en soufre et d'amides très complexes dont la quantité et la nature varient si on les chauffe (A. GAUTIER).

J'en dirai de même de la théorie de GERHARDT qui admettait que les substances albuminoïdes sont identiques par leur constitution et ne diffèrent que par la nature des substances minérales qui y sont combinées; de l'hypothèse de STERRY HUNT qui, considérant que le soufre peut être remplacé par de l'oxygène dans la formule de l'albumine proposée par LIEBERKÜHN supposait qu'à l'état de pureté l'albumine désulfurée renferme les éléments de la cellulose et de l'ammoniaque, moins ceux de l'eau. L'albumine, d'après cette théorie, aurait correspondu à de la cellulose azotée, la fibrine et la caséine à de la dextrine et de la gomme, et la gélatine à un nitrile du glucose.

En 1872, dans son traité élémentaire de chimie, BERTHELOT considérait les corps albuminoïdes comme formés par l'association de la glycolamine, de la leucine et de la tyrosine avec certains principes oxygénés appartenant d'une part à la série acétique et de l'autre à la série benzoïque.

Il faut arriver aux mémorables travaux de SCHUTZENBERGER pour trouver une théorie de la constitution des albuminoïdes basée sur l'analyse exacte des produits de décomposition de la molécule protéique. La grande difficulté de ces recherches consiste en ce que, comme le fait remarquer SCHUTZENBERGER (*La constitution des matières protéiques. Conférence de la société chimique* in *Revue Scientifique*, 24 juillet 1887), « les matières protéiques ne possèdent aucun de ces caractères physiques et chimiques qui font le bonheur du savant; elles ne sont ni cristallisables, ni volatiles, ni aptes à se prêter à une série de réactions nettes, élégantes, permettant de tirer d'un seul produit une riche moisson de produits nouveaux ». En effet, comme l'a aussi dit BUNGE, c'est quand on aura obtenu des manières albuminoïdes cristallisées qu'on sera sûr d'avoir affaire à des individus chimiques et que l'on pourra déterminer la composition des différentes matières albuminoïdes et les comparer entre elles.

En se basant sur la composition de l'albuminate obtenu par l'action à froid de la potasse sur des solutions concentrées d'albumine et la composition des sels métalliques correspondants, LIEBERKÜHN avait donné pour l'albumine la formule suivante restée longtemps classique :

$$C^{72} H^{112} Az^{18} O^{22} S = 1612.$$

Mais en réalité cette formule doit être au moins triplée. En effet HARNACK, analysant des combinaisons cuivriques de l'albumine (obtenues en traitant des solutions neutres d'albumine de l'œuf par un sel de cuivre soluble), est arrivé à la formule suivante pour l'albumine de l'œuf :

$$C^{204} H^{322} Az^{52} O^{66} S^2 = 4618.$$

De même LŒW a pu obtenir des combinaisons argentiques dont l'analyse élémentaire conduit à une formule supérieure à celle de LIEBERKÜHN. D'autre part des études faites avec les globulines cristallisées qui se trouvent dans les végétaux (cristalloïdes d'aleurone, globulines de la noix de Para) faites par SCHMIEDEBERG, DRECHSEL, GRÜBLER ont conduit à des chiffres très élevés. C'est ainsi que la formule minima pour les globulines de la semence de courge serait d'après GRÜBLER :

$$C^{292} H^{481} Az^{90} O^{83} S^2 = 6637.$$

Enfin l'analyse des diverses oxyhémoglobines a fourni des résultats précieux. Connaissant la formule de l'hématine et les rapports du soufre au fer (2 atomes de fer pour un atome de soufre) la formule de l'hémoglobine est :

$$C^{112} H^{1130} Az^{214} O^{245} Fe S^2.$$

Si l'on retranche la formule de l'hématine $C^{32} H^{32} Az^4 O^4 Fe$, on obtient pour la formule de la matière albuminoïde :

$$C^{680} H^{1098} Az^{210} O^{241} S^2 = 16218.$$

Pour SCHÜTZENBERGER la formule de l'albumine de l'œuf serait la suivante :

$$C^{240} H^{392} Az^{65} O^{75} S^3 = 5478,$$

et pour A. GAUTIER :

$$C^{250} H^{409} Az^{67} O^{81} S^3 = 5739.$$

Ces divers chiffres disent assez quelle est la complexité de cette molécule albuminoïde. C'est à ce groupement si complexe, cet édifice moléculaire colossal que SCHÜTZENBERGER s'est attaqué. Il s'agissait en somme de briser, de cliver cet édifice et d'étudier les fragments de constitution plus simple. Sa méthode expérimentale est celle qui a permis à CHEVREUL de fixer la constitution des corps gras : c'est la méthode par saponification ou dédoublement accompagné d'hydratation. Nous ne pouvons, on le comprend, présenter un exposé détaillé des recherches de l'éminent chimiste du Collège de France; nous nous bornerons à l'exposé de leur ensemble.

C'est par l'action de la baryte en solution concentrée et à température élevée, (100 à 200° et chauffage dans un autoclave en acier fondu) que Schützenberger a hydraté et dédoublé les albuminoïdes. Comme matière protéique il a étudié d'abord l'albumine de l'œuf coagulée et séchée.

Les produits de dédoublement sont ainsi composés :

1° De l'*ammoniaque* et une très petite quantité de produits volatils parmi lesquels le pyrrol C^4H^5Az. L'ammoniaque représente 1/4 à 1/5 de l'azote total 16,5 p. 100.

2° Un mélange de *carbonate* et *d'oxalate* de baryum. Les quantités d'acide carbonique et d'acide oxalique sont pour l'albumine de l'œuf d'une molécule du premier pour 5 du second. Pour chaque molécule de ces deux acides il se produit toujours 2 molécules d'ammoniaque, c'est-à-dire *dans les proportions nécessaires pour former de l'urée et de l'oxamide.*

3° La liqueur filtrée, séparée de l'ammoniaque par ébullition, traitée par CO^2 pour précipiter l'excès de baryte, puis par SO^4H^2 pour séparer le baryte unie aux acides organiques, fournit par distillation de l'acide acétique libre. Il reste un résidu fixe brut ainsi composé :

1° De la *tyrosine* $C^9H^{11}AzO^3$ en petite quantité (3 p. 100 de mat. alb. environ).

2° Des acides amidés de la formule générale $C^nH^{2n}+{}^1AzO^2$ parmi lesquels prédomine la leucine ou acide amidocaproïque $C^6H^{13}AzO^2$:

Alanine (amido-propionique)	$C^3H^7AzO^2$.
Butalanine (acide amido-butyrique). .	$C^4H^9AzO^2$.
Acide amido-valérique.	$C^5H^{11}AzO^2$.
Leucine.	$C^6H^{13}AzO^2$.
Acide amido-œnanthylique	$C^7H^{15}AzO^2$.

3° Des composés répondant à la formule $C^nH^{2n-1}AzO^2$ désignés sous le nom générique de *leucéines* et pouvant être regardés comme des acides amidés de la série acrylique.

Acide amido-crotonique	$C^4H^7AzO^2$.
Acide amido-angélique.	$C^5H^9AzO^2$.

4° Enfin des corps différents de ceux des deux groupes précédents et répondant à la formule $C^nH^{2n}Az^2O^4$ (n = 7,8,9,10,11,12). Ces corps présentent une saveur assez fortement sucrée. On les appelle *glucoprotéines*, substances incolores, solubles dans l'eau, peu solubles dans l'alcool absolu bouillant.

Par un chauffage à température plus élevée la proportion de glucoprotéines est fortement diminuée et les produits de dédoublement sont surtout formés par un mélange de *leucines* et de *leucéines* ($C^nH^{2n-1}AzO^2$) pouvant être envisagés comme des anhydrides des oxyacides amidés $C^nH^{2n+1}AzO^3$.

5° Des composés plus riches en oxygène du type $C^nH^{2n-1}AzO^4$. Acide aspartique $C^4H^7AzO^4$; acide glutamique $C^5H^9AzO^5$.

6° Un acide du type $C^nH^{2n-3}AzO^3$, acide glutimique $C^5H^7AzO^3$.

7° Enfin un produit nouveau, la *tyroleucine* $C^{14}H^{22}Az^2O^4$; de petites quantités d'acides du type $C^nH^{2n-4}Az^2O^6$; des traces d'acides lactique et succinique et une faible proportion de matières ternaires neutres analogues à la dextrine, ce dernier fait très intéressant au point de vue physiologique.

Voici comment M. Schützenberger résume lui-même les conséquences de ses travaux :

1° La matière protéique en s'hydratant sous l'influence de la baryte à une température supérieure à 100° utilise *à peu de chose près* autant de molécules d'H^2O qu'elle contient d'atomes d'azote.

2° Une fraction de l'azote total, fraction variant avec la nature de la substance employée, de 1/4 à 1/5, se sépare sous forme d'ammoniaque.

On constate en même temps la mise en liberté d'acides oxalique et carbonique en proportion telle que, pour 2 molécules $2AzH^3$ d'ammoniaque libre, on trouve une molécule d'acide bibasique (CO^2 et $C^2H^2O^4$).

3° Les autres termes de la décomposition sont tous des corps amidés. La composition élémentaire de leur mélange répond assez exactement à une expression de la forme $C^n H^{2n} Az^2 O^4$ avec un léger excès d'oxygène.

4° Le mélange est formé de deux séries de termes les uns de la forme $C^b H^{2b+1} AzO^2$ ($b = 2,3,4,5,6$) sont les dérivés amidés (*leucines*) des acides gras $C^n H^{2n} O^2$ que l'on peut obtenir synthétiquement par l'action des dérivés chlorés des acides gras sur l'ammoniaque; les autres de la forme $C^c H^{2c-1} AzO^2$ ($C^2 = 4,6$) peuvent être envisagés comme les anhydrides $C^n H^{2n-1} AzO^2$ des oxyacides amidés $C^n H^{2n+1} AzO^3$.

Une matière protéique telle que l'albumine peut finalement être envisagée dans ses grandes lignes comme formée de

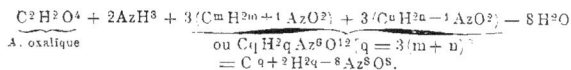

$$\underbrace{C^2 H^2 O^4}_{\text{A. oxalique}} + 2 AzH^3 + \underbrace{3 (C^m H^{2m+1} AzO^2) + 3 (C^u H^{2n-1} AzO^2)}_{\text{ou } C_q H^2 q Az^6 O^{12} \; q = 3(m+u)} - 8 H^2 O$$

$$= C^{q+2} H^{2q} - 8 Az^8 O^8.$$

En posant $q = 28$, la formule précédente conduit à des nombres qui se rapprochent beaucoup de ceux que donne l'analyse élémentaire de l'albumine.

En tenant compte de tous les produits qui prennent naissance par le dédoublement d'une molécule d'albumine (à l'exception de la tyrosine et des matières dextriniques dont la quantité est minime), M. Schützenberger arrive à considérer cette molécule comme une *uréide complexe*, une *diuréide*, qui fournirait par son dédoublement 2 molécules d'urée, de l'acide acétique et un mélange d'acides amidés.

M. Schützenberger ne s'est pas d'ailleurs borné à étudier l'albumine de l'œuf; un grand nombre d'autres matières protéiques ont été soumises à la même analyse, et leur dédoublement en présence de la baryte a fourni à peu de chose près les mêmes produits indiquant ainsi une remarquable analogie de structure générale.

La conception de M. A. Gautier, relativement à la structure de la molécule albuminoïde et à la nature de son noyau central est un peu différente. Suivant M. Gautier il existe dans tout composé albuminoïde, ainsi que dans la plupart des composés naturels du groupe urique, une chaîne centrale, un noyau constitué par un groupement dérivé de CAzH et non saturé, tel que serait le groupe

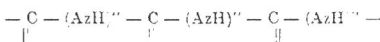

$$- C - (AzH)'' - C - (AzH)'' - C - (AzH)'' -$$

formé par l'union de trois molécules d'acide cyanhydrique ayant chacune la constitution suivante :

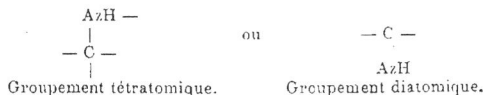

$$\begin{array}{ccc}
AzH - & & \\
| & \text{ou} & - C - \\
- C - & & | \\
| & & AzH \\
\end{array}$$

Groupement tétratomique. Groupement diatomique.

A ces deux noyaux moléculaires se rattachent des groupements diatomiques ou mono-atomiques oxygénés, tels que CO, et OH et plus généralement des restes aldéhydiques qui viennent compléter la molécule.

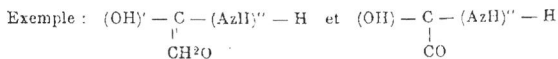

Exemple : $(OH)' - C - (AzH)'' - H$ et $(OH) - C - (AzH)'' - H$
$$\qquad\qquad\quad CH^2O \qquad\qquad\qquad\qquad CO$$

M. A. Gautier a en effet montré le rôle considérable que joue le groupement cyané (CAz) dans les transformations et la synthèse des composés organiques naturels. Beaucoup de ces composés ont une grande tendance à se polymériser. En se soudant à lui-même, CAzH deviendrait ainsi le squelette des matières albuminoïdes. Cette conception explique très bien la formation des composés du groupe urique. D'ailleurs, cette théorie a reçu une brillante confirmation expérimentale par la découverte que fit Kossel d'un polymère de CAzH, l'adénine $C^5 Az^5 H^5$ qui a été extraite du pancréas.

Groupement aromatique dans la molécule albuminoïde. — Nous avons vu que parmi les produits de dédoublement de l'albumine apparaissait la tyrosine ($C^9 H^{11} AzO^3$), corps répondant à la constitution de l'acide amido-hydrocoumarique caractérisé par le groupement aromatique C^6H^4.

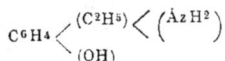

$$C^6H^4 <^{(C^2H^5)}_{(OH)} < \left(\dot{A}z\,H^2\right)$$

L'existence de ce groupement aromatique explique la réaction de Millon commune aux matières albuminoïdes et aux composés aromatiques comme le phénol. De même, nous savons que les matières albuminoïdes fournissent des bases pyridiques et hydropyridiques. Par la putréfaction ces substances fournissent des bases analogues. L'oxydation donne de la tyrosine et de l'acide benzoïque. Quel que soit le genre de dédoublement auquel on soumet les matières protéiques, la formation des dérivés aromatiques est constante. C'est de ce noyau aromatique que dérivent les composés aromatiques, phénol, indol, scatol, qui apparaissent au cours de la décomposition des albuminoïdes dans l'intestin.

Noyau hydrocarboné. — Enfin, les substances protéiques renferment encore un un noyau hydrocarboné représenté soit par le groupement CH. OH ou H. COH (aldéhyde formique,) soit par CH^2. On a constaté en effet que sous l'influence de l'hydrate de baryte les matières protéiques se dédoublaient en dérivés amidés des acides gras analogues à l'acide lactique. On a même constaté la présence de l'alanine, isomérique avec la lactamide. Or, quand on traite les matières hydrocarbonées par la potasse, ces matières se dédoublent en acide lactique qui représente à peu près 70 ou 80 p. 100 de la substance hydrocarbonée.

D'ailleurs, les rapports qui existent entre les matières hydrocarbonées et les matières albuminoïdes sont justifiés par le fait que la levure de bière (comme nous le verrons), se développant dans un milieu composé uniquement de sucre et de sels ammoniacaux donne naissance à un produit ayant les caractères des matières albuminoïdes. Enfin nous devons nous rappeler que parmi les produits d'hydratation des substances protéiques sous l'influence des acides minéraux et de l'hydrate de baryte, figurent des composés présentant la plus grande analogie avec la glucose et la dextrine.

En résumé, la molécule albuminoïde paraît formée par trois groupements principaux : un azoté, soit CAzH, soit $CO <^{AzH^2}_{AzH^2}$; un groupement hydrocarboné H.COH ou gras CH^2 et un noyau aromatique C^6H^4 auxquels viennent s'adjoindre d'autres groupements accessoires de diverse nature. Ce serait peut-être à l'agencement différent de ces divers radicaux que seraient dues les différences que présentent au point de vue chimique et physiologique des matières albuminoïdes qui ont, à peu de chose près, la même composition centésimale.

Essais de synthèse des albuminoïdes. — En parlant de ses recherches analytiques, M. Schützenberger a fait le premier essai de synthèse des matières albuminoïdes.

La molécule albuminoïde pouvant d'une façon générale être envisagée comme résultant de l'union — avec perte d'eau — de l'urée (ou de l'oxamide) avec la leucine et les leucéines, M. Schützenberger a d'abord fait la synthèse des leucéines par l'action des bromures éthyléniques sur les combinaisons zinciques des acides gras amidés $C^nH^{2n+1}AzO^2$. En mélangeant des leucines et des leucéines avec 10 p. 100 d'urée et en déshydratant le mélange par l'anhydride phosphorique à 125°, il a obtenu un produit amorphe, soluble dans l'eau, précipitable par l'alcool en grumeaux blancs caséeux et ressemblant beaucoup aux peptones. Il présente la plupart des réactions des peptones, et, calciné, dégage l'odeur caractéristique de corne brûlée.

D'autre part, M. Grimaux, en chauffant à une température de 125° à 130° pendant deux heures l'anhydride de l'acide aspartique avec la moitié de son poids d'urée, a obtenu une substance $C^{31}H^{40}Az^{10}O^2S$ présentant les caractères généraux des substances protéiques. Il a pu obtenir aussi un colloïde amidobenzoïque très remarquable, en chauffant l'acide amidobenzoïque pendant une heure avec une fois et demie son poids de perchlorure de phosphore et en traitant la masse par l'eau bouillante jusqu'à ce que le résidu insoluble présentât l'aspect d'une poudre blanche et friable. Cette poudre se dissout totalement à chaud dans l'ammoniaque.

La solution obtenue, évaporée et desséchée, donne des plaques jaunâtres translucides ayant une grande ressemblance avec l'albumine du sérum desséchée. Les réactions générales de cette substance sont tout à fait comparables à celles des substances albuminoïdes.

Albumine morte et albumine vivante. — Ce qui complique encore l'étude des substances albuminoïdes au point de vue de la chimie biologique, c'est que l'on est conduit à se demander avec Pflüger si la substance protéique que le chimiste étudie est bien la même que celle qui est le siège des échanges chimiques chez l'être vivant.

Pflüger, puis Löw, ont en effet émis l'idée que l'albumine *vivante* était non seulement physiologiquement, mais encore chimiquement différente de l'albumine que le chimiste analyse, de l'albumine des éléments de nos tissus après la mort. Il faut remarquer que l'albumine *morte* à la température du corps est à peu près indifférente aux réactifs chimiques et à l'oxygène, à l'encontre de l'albumine vivante qui est en voie de mutations incessantes.

D'un autre côté, les produits de décomposition ne seraient pas les mêmes : les produits ultimes de la désassimilation azotée chez le vivant sont l'urée [1] et l'acide urique ; les produits de destruction de l'albumine morte contiennent surtout des anides et de l'ammoniaque. Ce qui établirait la différence, d'après Pflüger, ce serait le passage d'un groupement moléculaire à un autre. Pour lui, en effet, le groupement caractéristique de la matière albuminoïde vivante est le noyau CAzH. La mort consisterait dans le passage de cet état à l'état ammoniacal :

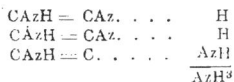

$$
\begin{aligned}
CAzH &= CAz. \ldots \quad H \\
CAzH &= CAz. \ldots \quad H \\
CAzH &= C. \ldots \quad \underline{AzH} \\
& \qquad\qquad\qquad \overline{AzH^3}
\end{aligned}
$$

Löw [2] a étudié l'action des sels d'argent sur le protoplasma et considère comme caractéristique de l'albumine vivante la propriété de réduire les solutions alcalines des sels d'argent. Cette propriété appartiendrait au groupement aldéhydique contenu dans l'albumine vivante. À ce groupement aldéhydique s'ajouterait un groupement amidé. La mort consisterait dans le passage du groupement amidé à l'état imidé :

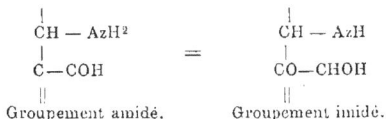

$$
\begin{array}{ccc}
\overset{|}{C}H - AzH^2 & & \overset{|}{C}H - AzH \\
\overset{|}{C} - COH & = & \overset{|}{C}O - CHOH \\
\| & & \| \\
\text{Groupement amidé.} & & \text{Groupement imidé.}
\end{array}
$$

Enfin, A. Mosso a essayé d'établir une différence en se basant sur la manière dont les substances albuminoïdes se comportent en présence du vert de méthyle.

Le protoplasma vivant repousse en effet la matière colorante. Si un simple ralentissement vital se produit, il y a pénétration d'un peu de colorant (couleur violette) ; si le protoplasma est mort, il se colore en vert.

Réactions caractéristiques ; recherche des albuminoïdes. — À l'exemple de Lambling, nous diviserons les réactions qui permettent de reconnaître la présence de matières albuminoïdes et de les caractériser en deux classes : 1° les réactions de précipitation qui permettent de séparer les matières albuminoïdes des liquides dans lesquels elles sont contenues et 2° les réactions de coloration qui permettent de reconnaître et de caractériser des quantités souvent très minimes de matières protéiques.

Réactions de précipitation. — Il ne faut pas confondre la précipitation des substances albuminoïdes avec leur coagulation. La précipitation n'altère pas, au moins pour un temps, la substance précipitée qui peut reprendre son état primitif ; la coagulation

---

1. Il faut remarquer que l'urée se forme dans l'organisme, principalement aux dépens des composés ammoniacaux résultant de la désintégration de la molécule albuminoïde. Le foie paraît être l'organe important de l'uropoïèse. La différence entre l'albumine morte et l'albumine vivante ne serait donc pas aussi grande que le veut Pflüger.

2. Ajoutons que A. Gautier considère comme dénuée de preuve cette théorie de Löw.

modifie au contraire plus profondément la matière albuminoïde. Si, par exemple, nous traitons de l'albumine de l'œuf en solution par du sulfate d'ammoniaque, cette albumine est précipitée, mais le précipité peut se redissoudre et la matière revenir à son état primitif, si nous faisons disparaître l'agent précipitant. Si, au contraire, nous chauffons à 100° une solution d'albumine, celle-ci est coagulée et le coagulum reste insoluble dans l'eau pure. Parfois, l'agent précipitant forme une combinaison insoluble avec la matière protéique (précipitation par le tanin), parfois aussi c'est une nouvelle matière albuminoïde qui se forme sous l'action du réactif et qui se précipite parce qu'elle est insoluble ou qu'elle forme avec le réactif une combinaison insoluble dans le milieu qui a provoqué la transformation (précipitation de l'albumine de l'œuf par l'acide nitrique à chaud sous la forme d'acide albumine nitrique, insoluble dans un excès de réactif).

1° *Chaleur.* — Certaines matières albuminoïdes, parfaitement desséchées, peuvent être chauffées à 100° et même au delà sans perdre leur solubilité dans l'eau. Mais, quand on chauffe leur solution aqueuse, elles se coagulent. La température de la coagulation varie suivant la concentration du liquide et la nature de la substance albuminoïde. Généralement, la température de coagulation varie de 60° à 75°. La présence d'alcalis, tels que la potasse et la soude, peut retarder et même empêcher la coagulation; au contraire l'addition de petites quantités de certains sels neutres, d'acide acétique, d'acide phosphorique, d'alcool, favorise la coagulation.

2° *Action des sels.* — L'addition en plus ou moins grand excès de sels alcalins ou alcalino-terreux précipite les albuminoïdes. Cette action a été observée et étudiée d'abord par Gannat, Denis, Hoppe-Seyler, sur quelques matières albuminoïdes du sang. Ce sont les globulines qui sont précipitées le plus facilement et par le plus grand nombre de sels. Le sulfate d'ammoniaque est un excellent agent de précipitation. Par la saturation complète de la solution avec ce sel, tous les albuminoïdes sont précipités, sauf la peptone.

3° Les matières albuminoïdes précipitent. — Par les *acides inéraux concentrés*, en particulier par l'acide nitrique et l'acide métaphosphorique, non par l'acide orthophosphorique. L'acide nitrique concentré rend sensible $1/20000^e$ d'albuminoïde.

4° — Par l'*acide acétique* en présence des sels alcalins et terreux (les peptones et la gélatine ne sont pas précipitées). En chauffant à l'ébullition une solution d'albuminoïde avec du NaCl et de l'acide acétique on peut déceler la présence de $1/20000^e$ de substance protéique.

5° — Par l'*acide acétique* et le *ferrocyanure de potassium*. Toutes les matières albuminoïdes sont précipitées, sauf les peptones et la gélatine. Ce réactif rend sensible de $1/50000^e$ à $1/90000^e$ d'albuminoïdes. La réaction cesse d'être perçue à $1/100000^e$.

6° — Par l'*acide phosphotungstique*, l'*acide phosphomolybdique* (en présence d'acides minéraux libres). Sensibilité $= 1/100000^e$ à $1/200000^e$.

7° — Par le *tanin* en solution acétique. Sensibilité $= 1/100000^e$ à $1/200000^e$.

8° — Par l'*alcool fort* à condition que la solution ne soit pas trop apauvrie en sels.

9° — Par le *phénol*, le *chloral*, l'*acide taurocholique*, l'*acide trichloracétique*.

10° — Par l'*acide picrique* (en présence d'un acide organique. Réactif d'Esbach).

11° — Par l'*iodhydrargyrate de potassium; l'iodure double de potassium et de bismuth* (en présence de l'acide chlorhydrique). Sensibilité $= 1/100000^e$ à $1/200000^e$.

12° — Par une *solution alcoolique d'acétate ferrique alcalinisée par de l'hydrate ferrique récemment précipité* (Réaction très sensible; sépare les moindres traces de matière protéique).

13° — Par une solution aqueuse tiède d'*hydrate d'oxyde de plomb* (surtout en présence de l'alcool).

14° — Par les solutions alcooliques d'*acétate basique de cuivre; d'acétate* ou de *chlorure de plomb.*

15° — Par un très grand nombre de sels de métaux lourds (cuivre, plomb, argent, mercure, urane) (les sels de cuivre ne précipitent ni les peptones ni la gélatine).

16° — Par l'*hydrate d'oxyde de cuivre gélatineux.*

Toutes ces réactions ne présentent pas un égal degré de certitude vis-à-vis de toutes les matières albuminoïdes. D'après Drechsel, les seuls agents dont on puisse dire qu'ils précipitent toutes les matières protéiques sont le *tanin*, les acides phosphomolybdique et phosphotungstique et les iodures doubles de potassium et de mercure, de potassium et de bismuth. Il faut ajouter que des substances étrangères peuvent exercer une action notable, surtout quand il s'agit de déceler des traces de matières albuminoïdes.

C'est ainsi que N. Kowalewski a montré que l'acide métaphosphorique, le mélange de ferrocyanure de potassium et l'acide acétique perdent toute leur efficacité en présence d'un excès de sulfate de magnésium.

Réactions de coloration. — 1° La dissolution des matières albuminoïdes dans l'acide chlorhydrique concentré se colore en bleu, puis en violet et en brun sous l'influence de la chaleur (Caventou). Il est bon de dégraisser la matière séchée par l'alcool éthéré. La réaction est plus nette en mélangeant de l'acide chlorhydrique ordinaire avec le 10° ou le 5° de son volume d'acide sulfurique concentré (Wurster). Cette réaction ne réussit pas avec l'hémoglobine, la chondrine et la kératine et certaines mucines.

2° *Réaction du biuret* (ou de Piotrowski). — Une solution de matières albuminoïdes donne avec le sulfate de cuivre un précipité que redissolvent les alcalis et les carbonates alcalins. La solution prend une belle coloration violette. Si on ajoute d'abord à la solution d'albuminoïdes de la soude, puis goutte à goutte une solution de sulfate de cuivre à 1/20°, on obtient une coloration rose, puis violette. Avec les peptones, la coloration est pourpre. Quand il s'agit de matières albuminoïdes coagulées, on les fait séjourner dans la solution cuivrique, puis, après lavage, on traite par de la soude étendue. Les matières albuminoïdes se teintent en bleu.

3° *Réaction xanthoprotéique.* — Si l'on chauffe une solution d'albuminoïdes avec de l'acide nitrique concentré, la liqueur se colore en jaune citron et le précipité formé se dissout entièrement ou en partie. Si on ajoute un alcali la coloration jaune vire à l'orangé. Les albumines et les peptones donnent cette réaction à froid. Sensibilité = 1/10000°.

4° *Réaction de* Millon (nitrate mercureux). — Le réactif de Millon donne avec les matières albuminoïdes une coloration rose qui passe au rouge à l'ébullition. En présence d'une grande quantité de chlorures (transformation du sel mercureux en chlorure mercurique), la réaction peut faire complètement défaut. Cette réaction est caractéristique du groupement aromatique (elle est en effet très belle avec le phénol). Cette réaction n'est plus sensible au-dessous de 1/2500° d'albumine.

5° *Réaction de* Raspail. — Par l'acide sulfurique concentré les matières albuminoïdes donnent une coloration qui passe au rouge violacé foncé par addition de quelques gouttes de sirop de sucre très concentré. Cette réaction est due à la formation de furfurol qui peut être mis en évidence par la coloration du papier à l'acétate de xylidine. La tyrosine, le phénol, l'α naphtol, le thymol, la vanilline, la salicine, la coniférine, la narcotine, certaines graisses et huiles donnent aussi la réaction de Raspail.

6° *Réaction de* Fröhde. — Par l'acide sulfurique renfermant 1/100° d'acide molybdique, on obtient une coloration bleu intense.

7° *Réaction de* Krassen. — Une solution aqueuse d'alloxane colore en rouge pourpre au bout de quelques minutes les substances albuminoïdes, ainsi que la tyrosine, l'acide aspartique et l'asparagine. Il faut se rappeler que la solution aqueuse d'alloxane, abandonnée au contact de l'air, se colore lentement en rouge, surtout en présence de l'ammoniaque.

8° *Réaction d'*Adamkiewicz. — On dissout la matière albuminoïde dans l'acide acétique glacial et on ajoute de l'acide sulfurique concentré, il se produit une belle coloration pourpre présentant une faible fluorescence. La gélatine ne donne pas cette réaction; les peptones en solution un peu concentrée seulement. Elle paraît due aux groupements indoliques et scatolique de la molécule.

9° *Réaction de* Reichl. — On ajoute à une solution albumineuse 2 ou 3 gouttes d'une solution alcoolique d'aldéhyde benzoïque, pour une quantité assez grande d'acide sulfurique étendu de un volume d'eau et enfin une goutte d'une dissolution de sulfate ferrique. Il se produit, au bout d'un certain temps à froid, et immédiatement à chaud, une coloration bleu foncé.

10° *Réaction de* Michailow. — On additionne de sulfate de fer une solution d'albumine ou un dérivé de cette dernière contenant de l'azote et du soufre. On superpose à ce mélange de l'acide sulfurique concentré, puis on ajoute un peu d'acide nitrique, il se produit, outre un anneau brun, des zones rouge sang.

11° *Réaction de* Wurster. — Une solution albumineuse chauffée avec un peu de *quinone* sèche prend une coloration rouge rubis foncé, puis le liquide devient brun.

12° *Réaction de* Petri. — Une solution d'albuminoïde additionnée d'acide diazobenzo-sulfonique prend une faible coloration jaune. Après sursaturation par un alcali fixe, le liquide devient, suivant la concentration, jaune orangé ou brun rouge avec une mousse rouge. Avec l'ammoniaque la coloration est également très intense, mais d'un jaune pur. Additionné de poudre de zinc, ou d'amalgame de sodium, ce liquide rouge brun prend au contact de l'air une coloration de fuchsine; neutralisé, il devient jaune, puis de nouveau rouge en présence d'un acide minéral en excès; mais avec une nuance différente.

13° *Réaction d'*Axenfeld. — Une solution d'albumine additionnée de chlorure d'or au millième, chauffée et mélangée à une ou deux gouttes d'acide formique, devient rose, rouge pourpre, puis bleue, et dépose des flocons bleu foncé. La coloration rouge est seule caractéristique des albuminoïdes; car un grand nombre de substances (glucose, glycogène, amidon, leucine, tyrosine, acide urique, créatinine, urée, etc.) donnent également les colorations bleue et violette. La gélatine pure donne une coloration brun rouge dichroïque; la guanine, une belle coloration pourpre, mais qui passe au jaune orangé sous l'influence des alcalis fixes.

Cette réaction est *extrêmement sensible* (1/2 000 000° d'albumine); le chlorure de sodium, l'urée, l'acide urique, le glucose n'en retardent l'apparition qu'en masse considérable. Il faut ajouter alors de plus grandes quantités de réactif.

Classifications des substances albuminoïdes[1].

Classification de M. Schützenberger :

I. *Matières solubles dans l'eau pure sans le concours d'une base, d'un acide ou d'un sel neutre ou alcalin et coagulable par la chaleur.* On donne à ces produits le nom générique d'albumines (Albumine de l'œuf, albumine végétale).

II. *Matières insolubles dans l'eau pure, solubles sans altération à la faveur des sels neutres des alcalis ou des acides et susceptibles d'être de nouveau précipitées de ces solutions.* A. Globulines (vitelline, myosine, substance fibrinogène, paraglobuline ou globuline du sérum, substance fibrinoplastique); B. Caséines animales du lait, du sérum; C. Caséines végétales (gluten caséine, conglutine, légumine); D. Premiers termes de la transformation des albuminoïdes sous l'influence des alcalis, des acides et des ferments solubles; Protéines, albuminates, acide albumines, syntonine, hémiprotéine, peptones).

III. *Substances insolubles dans l'eau et ne pouvant être dissoutes qu'avec transformations; ne pouvant être séparées sans altération de leur solution dans les acides et les alcalis* (fibrines diverses, gluten fibrine, gliadine et mucédine).

IV. *Matières albuminoïdes coagulées par la chaleur* (albumines et fibrines coagulées).

V. *Matière amyloïde* (grains de protéine).

VI. *Matières collagènes* (tissu cellulaire, osséine et dérivés : gélatine. — Tissu cartilagineux : chondrine — Tissu élastique).

VII. *Matières mucilagineuses* (mucine, paralbumine, colloïdine).

Classification de A. Gautier :

3 grands groupes.	Matières albuminoïdes proprement dites.
	Matières collagènes.
	Matières épidermiques ou cornées corps albumoïdes.

6 familles : 1° Albumines ; 2° Caséines ; 3° Globulines et fibrines ; 4° Glutinogènes ou collagènes ; 5° Matières kératiniques et muqueuses ou corps albumoïdes ; 6° Dérivés immédiats de transformation des matières albuminoïdes.

1re *famille. Albumines.* — Matières solubles dans l'eau et coagulables par la chaleur ou les acides minéraux affaiblis, comprenant :

a. Albumines :	Matières albuminoïdes solubles : leurs solutions ne précipitent ni par les acides organiques ou minéraux très étendus, ni par le sel marin ou le sulfate d'ammoniaque en excès. Elles se coagulent par la chaleur de 55° à 75°. Elles précipitent en liqueur légèrement acide par le chlorure de platine et par le platino-cyanure de potassium.
Albumine de l'œuf ou ovalbumine.	
Sérine du sang ou sérum albumine.	
Musculo-albumine.	
Albumine végétale.	
Hémoglobine, etc.	
Lactalbumine.	

1. Voir aussi la classification d'Hoppe-Seyler (*Traité d'analyse chimique appliquée à la physiologie et à la pathologie*, traduction de Schlagdenhauffen), et Lambling (*Encyclopédie chimique de* Frémy, t. ix, Chimie biologique, 1892).

b. Dérivés par coagulation des matières précédentes — mêmes espèces, mais substances coagulées par la chaleur ou les acides minéraux. } Ces matières coagulées sont insolubles dans l'HCl étendu et dans les carbonates alcalins. Elles ne se gonflent pas par les sels alcalins et ne se colorent pas par l'iode. Elles se transforment lentement en syntonines et peptones par les acides dilués et la pepsine.

2e famille. Caséines. — Matières insolubles dans l'eau, mais généralement maintenues en solution dans les liquides de l'économie, grâce à une faible proportion de carbonates et de phosphates alcalins. La présure coagule ces solutions; mais non la chaleur. Elles précipitent par les acides organiques les plus faibles et se redissolvent dans un excès d'acide. Elles sont solubles dans les sels de potasse ou de soude à réaction alcaline, en particulier dans les carbonates alcalins, ce qui les distingue des syntonines, mais elles ne se dissolvent pas dans les sels à réaction neutre, ce qui les distingue des globulines.

Caséines végétales et animales.
Gluten caséine.
Légumine.
Conglutine, etc.
Nucléoalbumine.
} Substances précipitées par la neutralisation de leur solution; par un excès de sels neutres, spécialement de sel marin ou de sulfate de magnésie. Elles sont insolubles dans l'eau et dans le sel marin à 5 et 10 p. 100. Les solutions des caséinates alcalins ne se coagulent pas par la chaleur.

3e famille. Globulines et fibrines. — Insolubles dans l'eau, mais solubles, partiellement ou en totalité, dans les chlorures alcalins, quelques-unes dans les carbonates ou phosphates de potasse ou de soude. Les acides organiques faibles et la chaleur les précipitent de ces solutions et ne les redissolvent plus.

a. Globulines proprement dites :
Vitelline ;
Myosinogène et myoglobuline ;
Substances fibrinogènes ;
Globulines du cristallin ;
Sérum globuline (hydropisine) ;
Conglutine, globuline végétale.
} Albuminoïdes insolubles, se dissolvant dans la solution au 5e et au 10e des chlorures alcalins en donnant des solutions salines coagulables par la chaleur. Elles précipitent par les solutions concentrées de chlorure de sodium, de sulfate de magnésium et de sulfate d'ammonium. Les globulines sont assez solubles dans les alcalis affaiblis.

b. Fibrines :
Fibrines du sang ;
Fibrines végétales.
} Solutions difficiles, et partielles seulement, dans les chlorures alcalins qui les gonflent, puis les dissolvent lentement. Substances difficilement dissoutes par les alcalis à 2 p. 100 qui les changent en albuminose et dans l'HCl au millième qui les change peu à peu en syntonines. Elles décomposent l'eau oxygénée.

4e famille. Glutinogènes ou collagènes. — Substances insolubles dans l'eau froide, mais s'y dissolvant par une longue ébullition, surtout au-dessus de 100°, pour se transformer en matières collagènes de même composition ou en substances solubles, mais altérées. Le suc gastrique les digère lentement et les change en peptones. Elles ne donnent pas de tyrosine parmi les produits de leur dédoublement, mais bien de l'acide benzoïque. Elles ne colorent pas le réactif de MILLON.

a. Osséine.
Cartilagéine.
} Corps insolubles devenant peu à peu solubles dans l'eau à 100°.

b. Gélatine.
Chondrine.
Élastine.
Hyaline.
} Corps solubles dérivés des précédents par l'action de l'eau bouillante.

e. Gliadine.
Mucédine.
} Gélatines d'origine végétale.

5e famille. Matières kératiniques et muqueuses ou corps albumoïdes. — Substances insolubles, inattaquables par les sucs digestifs, par les acides étendus et les carbonates alcalins; ne se dissolvant pas dans l'eau par une longue ébullition, ni dans l'acide acétique.

a. Kératines de l'épiderme, de la corne, etc.
b. Matière colloïde.
c. Matière amyloïde.

d. Fibroïne, séricine de la soie.
e. Mucines et matières mucoïdes.

f. Spongines. { Comprenant : la spongine, la conchioline, la cornéine, le byssus, etc., substances que l'eau bouillante ne dissout qu'en les altérant profondément.

6ᵉ *famille. Dérivés immédiats de transformation des matières albuminoïdes.* — Comprend les principaux termes encore albuminoïdes provenant des transformations que les substances précédentes subissent sous l'influence de l'eau aidée des alcalis ou des acides faibles et sous celle des ferments digestifs. Ces substances, appelées quelquefois à tort albuminates, sont insolubles dans l'eau pure et solubles dans les acides et les alcalis affaiblis. Leurs solutions précipitent par les sels neutres en excès (NaCl; SO⁴Mg; SO⁴N²H⁸), comme le font les globulines, mais elles ne sont pas coagulées par la chaleur. Cette famille comprend :

a. *Albuminoses ou alcali-albumines.* — Substances insolubles provenant de l'action des alcalis très étendus sur les corps des trois premières familles ci-dessus. Les alcali-albumines sont solubles dans les alcalis étendus ou l'eau de chaux, d'où les précipitent les acides étendus, même CO², sans les redissoudre, à moins qu'il y ait excès de ces acides. Les albuminoses sont insolubles dans les solutions de sels à réaction neutre; elles se dissolvent dans les carbonates et souvent les phosphates alcalins.

b. *Syntonines ou acidalbumines.* — Elles résultent de l'action des acides minéraux très affaiblis sur les substances albuminoïdes. Elles sont insolubles dans l'eau, dans les solutions de sels neutres, de NaCl en particulier, et dans les solutions de carbonates et phosphates alcalins. Elles sont fort solubles dans les acides minéraux très dilués et dans les alcalis très affaiblis, d'où les précipitent les acides. Elles ne mettent pas le CO² des carbonates terreux en liberté.

c. *Propeptones ou albumoses; peptones.* — Résultent de l'action des ferments digestifs aidés des bases ou des acides sur le corps des 4 familles précédentes. Elles se produisent aussi par l'action prolongée des alcalis affaiblis et à froid sur ces mêmes albuminoïdes ou en faisant agir sur ces mêmes substances l'eau surchauffée.

Les albumoses et les peptones ne coagulent ni par la chaleur, ni par l'alcool qui les précipite s'il est concentré, mais sans les rendre insolubles. Les propeptones et peptones sont solubles dans l'eau et l'alcool affaibli à 50 ou 60 p. 100, ainsi que dans les solutions de sel marin. Elles se distinguent en propeptones ou albumoses, précipitables par l'acide nitrique à froid (précipité soluble à chaud ou dans un excès d'eau reparaît à froid) par le sulfate d'ammoniaque à saturation et par le ferrocyanure de potassium acidulé d'acide acétique. Les *peptones* ne précipitent pas par l'un ou l'autre de ces réactifs, ni par les sels métalliques, sauf ceux de mercure, d'argent et de platine. Elles précipitent par le tanin et par l'acide picrique, surtout en présence du sel marin. Les albumoses et les peptones s'unissent à la fois aux acides et aux bases.

Une classification plus générale a été proposée par HAMMARSTEN. La voici reproduite d'après LAMBLING :

1° Matières albuminoïdes. { Albumines, fibrines, globulines, matières albuminoïdes coagulées, acide et alcalialbumines, albumoses ou propeptones, peptones, substance amyloïde.

2° Protéides. . . . . . Hémoglobine et ses dérivés, nucléoalbumines (caséines).

3° Albumoïdes. . . . . Gélatine, kératine, élastine.

Dans les deux classifications précédentes se trouvent comprises les matières albuminoïdes végétales. C'est qu'en effet les recherches de CAHOURS et DUMAS, de LIEBIG, ont établi que les matières albuminoïdes végétales ont la même composition et les mêmes propriétés que celles des animaux. Les recherches récentes de BRITTNER, celles de WEYL, ont confirmé ces conclusions. Mais, s'il y a analogie très grande, il n'y a pas pourtant identité, comme l'ont montré les travaux de RITTHAUSEN. De plus, plusieurs des corps des groupes énumérés n'ont aucun représentant correspondant d'origine végétale. Aussi peut-on faire une classification à part des albuminoïdes du règne végétal. Voici une classification qui est empruntée à LAMBLING :

1° *Albumines végétales.* — Solubles dans l'eau, coagulables par la chaleur.

2° *Matières albuminoïdes.* — Insolubles dans l'eau et l'alcool absolu, mais solubles dans l'alcool aqueux (gluten fibrine, gliadine, mucidine).

3° *Caséines végétales.* — Insolubles dans l'eau et les solutions salines, solubles dans les acides et alcalis étendus, coagulables à chaud (gluten caséine; légumine).

4° *Globulines végétales.* — Correspondant aux globulines animales; mais elles se dissolvent sensiblement dans l'eau pure. Le sel marin les précipite d'abord de cette dissolution, mais un excès les redissout facilement, et un plus fort excès les précipite de nouveau (conglutines; globulines de la noix de Para, des courges, du ricin, etc.).

Quant aux dérivés immédiats, acide et alcali-albumines, propeptones et peptones végétales, leur étude est à peine ébauchée.

REMARQUE. — Aux diverses classifications, on pourrait faire la même critique que celle que M. SCHÜTZENBERGER a faite de celle qu'il a proposée. Elles ne sont pas absolument rationnelles; c'est-à-dire fondées uniquement sur la constitution et la nature des dérivés provenant des dédoublements, mais les matériaux manquent encore pour établir une classification véritablement scientifique.

Enfin il faudrait aussi rattacher aux diverses substances qui font partie de ces classifications des corps dont l'étude est à peine ébauchée. Nous voulons parler des *toxalbumines* (Voyez **Toxalbumines** et **Venins**). Le nature albuminoïde de ces poisons paraît établie d'après les rares recherches dont ils ont été l'objet ou point de vue chimique. Mais il faut bien reconnaître que, si nous savons quelque chose au point de vue physiologique, au point de vue chimique nos connaissances sont des plus rudimentaires, d'où l'impossibilité de rattacher ces corps avec précision à tel ou tel groupe des substances ci-dessus énumérées.

Action des ferments solubles et figurés sur les substances albuminoïdes. — 1° *Actions des ferments solubles.* — Il existe dans l'organisme des animaux et des végétaux des agents de transformation des substances albuminoïdes qui ont reçu le nom générique de *diastases* ou mieux de *ferments solubles.* De même les micro-organismes, champignons, levures, microbes, élaborent de tels ferments solubles grâce auxquels ils attaquent les matières albuminoïdes et leur font subir une première modification dont nous préciserons la nature. L'étude des ferments solubles au point de vue de leur nature chimique est encore très obscure à cause des difficultés qu'on éprouve à préparer ces substances à l'état de pureté. Cependant des analyses qui ont été faites par comparaison avec les matières albuminoïdes proprement dites, il ressort que les ferments solubles renferment beaucoup moins de carbone et beaucoup plus d'oxygène que les matériaux constitutifs des organismes vivants; on pourrait donc les considérer comme des matières albuminoïdes oxydées. Toutefois il faut remarquer que l'analyse d'un ferment pepsique végétal, la papaïne, a donné à WURTZ les chiffres suivants :

$$
\begin{aligned}
&C \ldots \ldots \quad 52.3 \text{ à } 52.9 \\
&H \ldots \ldots \quad 7.1 \text{ à } 7.3 \\
&Az \ldots \ldots \quad 16.4 \text{ à } 16.9
\end{aligned}
$$

C'est, comme on le voit, une composition très voisine de celle des substances albuminoïdes.

En somme, on n'est pas bien fixé sur la nature chimique de ces ferments non figurés.

Dans l'organisme animal 3 ferments solubles agissent sur les matières albuminoïdes; 1° la *pepsine* du suc gastrique; 2° la *trypsine* du suc pancréatique; 3° la *caséase* qui dissout et peptonifie la caséine du lait et que l'on trouve dans le suc pancréatique. La pepsine n'agit qu'en milieu acide; la trypsine et la caséase en milieu neutre ou légèrement alcalin. On ne rencontre pas seulement ces ferments dans l'organisme animal. En effet, on les trouve aussi dans les végétaux, soit adultes, soit embryonnaires, et c'est grâce à eux que la plante modifie et assimile ses réserves albuminoïdes. GORUP-BESANEZ et WILL ont signalé l'existence d'un ferment peptonisant dans le suc des outres de *Nepenthes* VAN TIEGHEM dans les feuilles cotylédonaires au moment de la germination; on les a trouvés dans le suc des droséras et des dionées, WURTZ et BOUCHUT dans le suc du carica papaïa (papaïne), enfin dans le suc laiteux du figuier. D'autre part, chaque fois qu'une substance albuminoïde devient la proie des microbes, ceux-ci secrètent des ferments peptonisants en quantité notable.

Mais, quelle que soit l'origine des ferments solubles, leur action sur les substances albuminoïdes consiste essentiellement en une *hydratation de la matière protéique*.

Le résultat est la formation de *peptones* qui sont en effet des produits d'hydratation [1] des albuminoïdes, comme l'ont montré les recherches de Herth, de Danilewsky, de Maly et surtout d'Henninger. Les peptones diffèrent de la matière protéique initiale par une teneur plus faible en C et en Az. On peut du reste, comme l'ont fait Henninger et Hofmeister, par une déshydratation transformer les peptones en une substance se rapprochant beaucoup de la matière initiale : ce n'est d'ailleurs pas d'emblée que les matières albuminoïdes sont transformées en peptones ; elles passent par une phase intermédiaire caractérisée par la formation d'albuminoses ou propeptones, produits d'une hydratation moins avancée.

D'autre part, comme l'a montré Kühne, la trypsine pancréatique peut conduire la matière albuminoïde à des degrés plus avancés d'hydratation et de dédoublement. On observe en effet l'apparition de leucine, de tyrosine, d'acide glutamique et d'acide aspartique, et cela en dehors de toute intervention bactérienne.

Enfin il faut signaler aussi l'existence dans l'organisme animal et chez certains végétaux, ainsi que dans les produits de l'activité de certains microbes, d'un ferment qui coagule la caséine du lait. Ce ferment, dont l'action a été étudiée en détail par Duclaux et Hammarsten et plus récemment par Arthus et Pagès, n'est autre que la présure encore nommée lab, ferment chymosine ou pexine.

Action des ferments figurés. — Avec les ferments figurés nous allons assister à des transformations plus profondes des matières albuminoïdes. La molécule protéique va être disloquée et les divers groupements qui la constituent mis en liberté, et cependant c'est toujours grâce au même mécanisme, grâce aux processus d'hydratation que la matière albuminoïde va subir une pareille décomposition. Cette étude de l'action des ferments figurés sur les matières albuminoïdes a été faite en détail par Nenki, Jeanneret, Brieger, Kühne, Duclaux, A. Gautier et Étard. Nous ne pouvons entrer, dans le comprend, dans le détail des faits, nous devons nous borner à exposer d'après A. Gautier la marche générale de la fermentation ou putréfaction des matières protéiques. Les bactéries diverses qui interviennent dans le processus commencent d'abord par faire subir un commencement d'hydratation à la matière organique grâce aux ferments solubles élaborés par elles. Puis l'attaque devient plus vive, des scindements moléculaires se produisent avec formation de produits infects. D'abord apparaissent quelques gaz, de l'hydrogène, de l'acide carbonique et des acides gras, acétique, lactique, butyrique. Puis la matière devient fortement alcaline ; il se forme de l'ammoniaque et une très faible quantité d'azote, une trace d'hydrogène sulfuré et de composés phosphorés volatils complexes. Au bout de quelque temps il ne se fait plus que de l'acide carbonique et de l'ammoniaque. C'est alors que se forment des acides amidés d'un poids moléculaire élevé : acides amidostéarique, amidocaproïque (leucine), de la tyrosine, des acides gras caproïque et surtout butyrique et palmitique. En même temps apparaissent aussi le phénol, l'indol, le scatol, le pyrol, les acides phénylacétique, phénylpropionique, para-oxyphénylpropionique, scatol carbonique et scatol acétique ; enfin des peptones plus ou moins toxiques (ptomopeptones) et des bases alcaloïdiques (ptomaïnes) variables suivant l'époque de la putréfaction.

Quand les bactéries aérobies interviennent seules, il ne se produit que peu ou pas de gaz et de produits odorants.

En somme, au cours de la décomposition bactérienne des albuminoïdes, nous voyons apparaître :

1° des gaz (H, CO^2, H^2S, Az) ;

---

1. Dans des recherches récentes (*C. R.*, 1892, t. cxv, p. 764), Schützenberger est arrivé à cette conclusion que la peptone (fibrine peptone) doit être envisagée comme un mélange dédoublable par l'acide phosphotungstique en une partie précipitable moins oxygénée et en une partie non précipitable, plus oxygénée, jouant, par rapport à la première, le rôle d'un alcool. La fibrine elle-même serait une espèce d'éther composé saponifiable par l'influence de la pepsine et se scindant en fixant de l'eau en ses deux termes opposés qui tous deux sont des uréides, c'est-à-dire contiennent les éléments de l'urée.

La transformation en peptone serait donc le résultat d'une décomposition d'éther par saponification.

2° des produits volatils : ammoniaque et ammoniaques composées des acides volatils, toute la série des acides gras jusqu'à l'acide caproïque ; des composés aromatiques ; indol, phénol, scatol, pyrol ;

3° des produits fixes : leucine, tyrosine, butalanine, glycocolle (dans la putréfaction de la gélatine) ; des acides fixes : acides lactique, succinique, palmitique ;

4° des bases toxiques : ptomaïnes.

La plupart de ces produits, nous les retrouverons dans les étapes de la désassimilation des matières albuminoïdes. Ainsi il y aurait une analogie remarquable entre les phénomènes chimiques qui se passent dans l'organisme et ceux de la fermentation putride. CLAUDE BERNARD avait affirmé cette analogie, et MITSCHERLICH, en comparant la vie *à une pourriture*, ne faisant qu'exprimer sous une forme un peu imagée une ressemblance qui ressortait de l'examen des faits.

A ce point de vue des recherches extrêmement intéressantes ont été faites récemment par A. GAUTIER. L'étude du fonctionnement anaérobie des tissus animaux et spécialement du tissu musculaire après la mort dans un milieu absolument aseptique a conduit cet éminent chimiste à des conclusions d'une haute importance. Les tissus abandonnés à eux-mêmes continuent à fonctionner et à modifier leurs substances constituantes tant que le permettent leurs réserves nutritives. Dans la chair musculaire placée à l'abri de l'air et des ferments extérieurs, on voit s'accumuler des produits qui n'apparaissent que passagèrement chez l'animal vivant. « Le muscle perd une portion notable de ses albuminoïdes transformées en partie en leucomaïnes plus ou moins toxiques. Il conserve au contraire presque intégralement tous ses corps gras et toute sa myoglobuline. Il produit à peine des traces d'ammoniaque, d'acide lactique, et d'acides gras. De sa substance il dégage spontanément et par simple fermentation anaérobie de l'acide carbonique, un peu d'azote et d'hydrogène qu'accompaguent une faible proportion d'alcool et quelques principes réducteurs indéterminés.

« Ainsi, de même que les ferments bactériens détruisent les matières albuminoïdes sans accès de l'oxygène en dégageant de l'acide carbonique et des ptomaïnes en petite quantité, nos cellules musculaires fonctionnant sans air produisent une trace de mêmes bases hydropyridiques (ptomaïnes), des leucomaïnes plus ou moins toxiques, un peu de gaz carbonique et d'azote. Mais là s'arrête l'analogie. Dans le cas du muscle fonctionnant sans air, pas de production d'ammoniaque sensible, pas de gaz putrides, pas d'hydrogène sulfuré, surtout *pas de fixation d'eau sur les corps protéiques*, mécanisme indispensable aux bactéries pour hydrater les corps à constitution de nitriles et les faire passer à l'état d'acides amidés, de carbonate d'ammoniaque, de sels ammoniacaux, d'acides gras et lactique. Au contraire, dans les muscles conservés *l'eau ne varie pas de poids*. Le phénomène principal ne consiste donc pas ici en une hydratation... La vie du muscle et en général des tissus, même lorsqu'ils vivent de leur vie anaérobie, n'est donc pas *une putréfaction*, comme le disait CLAUDE BERNARD, et comme nous l'avons pensé d'abord nous-même. Au contraire, le fonctionnement du muscle séparé de l'animal et privé d'air se fait par des dédoublements et échanges que provoquent les ferments solubles de la cellule, mais échanges où *l'eau ne sert que de milieu et ne disparaît pas*, contrairement au fonctionnement bactérien où l'eau se fixant sur les nitriles albuminoïdes et les amides en dégage abondamment de l'ammoniaque, des acides amidés et de l'acide carbonique, et disparaît proportionnellement et définitivement » (A. GAUTIER. *A. P.*, janvier 1893).

Élaboration et transformation des albuminoïdes par le végétal. — Métabolisme azoté végétal. — Albuminogénie végétale. — Il est établi par les recherches de BOUSSINGAULT, de GEORGES VILLE, de SCHLŒSING et MUNTZ, de WINOGRADSKY, que l'azote est fixé par la plante, soit sous forme d'azote libre, soit sous forme de sels ammoniacaux, mais surtout aux dépens de nitrates. C'est aux dépens de ces composés si simples que le végétal va former les matières protéiques qui entrent dans la constitution de ses tissus, grâce à une synthèse sur le mécanisme de laquelle A. GAUTIER a proposé une théorie très élégante et très suggestive. C'est l'acide cyanhydrique CAzH qui serait l'agent essentiel de cette édification moléculaire.

Les nitrates faiblement dissociés, grâce à leur dilution extrême et grâce à la légère acidité des sucs de la plante arrivent dans le protoplasma des cellules de la feuille où se produisent incessamment la protophylline, l'aldéhyde méthylique et le glucose à l'état naissant (sous l'influence de la fonction chlorophyllienne). Tous ces corps sont des réducteurs énergiques. Or dans la réduction des corps nitrés on voit toujours apparaître de l'acide cyanhydrique. La présence de l'acide cyanhydrique dans les plantes est connue depuis longtemps. On le trouve en effet dans une foule de végétaux (fleurs et feuilles de rosacées, de laurier rose, de laurier cerise, de saule; amygdaline des amandes amères, suc du manioc). Mais cet acide cyanhydrique ne peut exister à l'état libre, et il disparaît en s'unissant aux aldéhydes qui se forment sans cesse dans le protoplasma chlorophyllien. Or nous savons par les recherches de Schützenberger que la molécule albuminoïde est essentiellement formée par de l'urée et de l'oxamide, dont les hydrogènes ont été totalement ou en partie remplacés par des radicaux complexes, par des chaînes telles que celle-ci :

$$CO - CH^2 - CH^2 - \overset{|}{CH} - AzH - \overset{|}{CH}^2 - CH - AzH - CH^2 - CO^2H.$$

C'est par des réductions successives dues à l'hydrogène naissant que peut se former cette chaîne ; de même la formation de l'urée et de l'oxamide peut s'expliquer par ce fait que l'acide cyanhydrique donne aussi de l'urée et de l'aldéhyde méthylique par hydratation ménagée. Remarquons dans cette chaîne le radical CH^2 de l'aldéhyde formique CH^2O et le groupement CH-AzH qui ne diffère de l'acide cyanhydrique que par un H en plus. Or l'aldéhyde formique se trouvant en présence de CAzH naissant peut s'unir à lui, de sorte qu'en ne tenant compte que des facteurs primitifs qui se produisent dans la feuille, l'aldéhyde formique CH^2O, le groupe CAz H, et l'eau H^2O, nous pouvons établir la formule suivante :

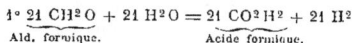

1° $21\ CH^2O + 21\ H^2O = 21\ CO^2H^2 + 21\ H^2$
Ald. formique.　　　　　　Acide formique.

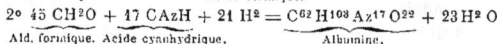

2° $45\ CH^2O + 17\ CAzH + 21\ H^2 = C^{62}H^{103}Az^{17}O^{22} + 23\ H^2O$
Ald. formique. Acide cyanhydrique.　　　　　Albumine.

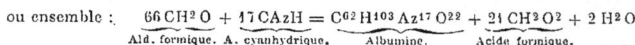

ou ensemble : $66\ CH^2O + 17\ CAzH = C^{62}H^{103}Az^{17}O^{22} + 21\ CH^2O^2 + 2\ H^2O$
Ald. formique. A. cyanhydrique.　　Albumine.　　Acide formique.

Cette hypothèse de l'introduction de l'azote dans les végétaux grâce à la réduction des nitrates sous forme d'acide cyanhydrique s'appuie aussi sur des preuves indirectes : A. Gautier a en effet montré que l'acide cyanhydrique en présence de l'eau et des acides faibles donne non pas des matières protéiques, mais des dérivés des matières albuminoïdes appartenant à la série urique (xanthine, sarcine, méthylxanthine, guanidine).

L'hypothèse du même auteur que le CAzH s'unissant aux aldéhydes de la feuille peut donner lieu à de nombreuses synthèses a été confirmée par Schützenberger et Kiliani. Ce dernier a obtenu par cette voie des cyanhydrines qui par hydratation lui ont donné la lactone lévusocarbonique $C^7H^{12}O^7$, les acides oxyprinélique et arabinosocar. bonique.

Enfin A. Gautier a appelé l'attention sur le rôle que le groupement CAzH joue non seulement dans la constitution de la molécule albuminoïde; mais encore dans les dérivés uriques et alcaloïdiques qui se trouvent surtout dans la cellule végétale en train de proliférer. On peut arrriver en associant CAzH à l'acétylène ou aux aldéhydes des alcools non saturés ou encore en réduisant les corps nitrés en présence de la glycérine, et des agents déshydratants, à reproduire les bases quinoléiques et pyridiques, c'est-à-dire les noyaux mêmes des alcaloïdes naturels.

C'est ainsi qu'on peut expliquer la formation de l'albumine primordiale dans les végétaux. Cette albumine une fois formée subit ensuite une sorte d'assimilation, qui la fait varier suivant les tissus et les liquides du végétal (caséine végétale, gluten, amandine, albumine proprement dite, globuline, etc.).

Théorie de Löw. — D'après Löw, l'asparagine jouerait un rôle important dans la synthèse des albuminoïdes par le végétal. Tous les corps qui peuvent servir à la formation de l'albumine renferment le groupement CHOH isomère de l'aldéhyde formique. D'autre part l'asparagine se trouve dans les végétaux partout où il y a une formation active d'albumine. Le premier stade consisterait dans la formation de l'aldéhyde aspartique, et, par des processus de condensation et de polymérisation, on aboutirait ainsi à la formule de l'albumine. Il est vrai que l'aldéhyde aspartique n'a pas été encore isolée dans les végétaux, mais son existence peut n'être que très éphémère. Löw fait aussi remarquer que le chiffre 72 (nombre d'atomes de C dans la formule de l'albumine de LIEBERKÜHN, représente un multiple du chiffre du carbone des formules du glucose de la glycérine, des acides oléique et stéarique, et il considère les graisses, les hydrates de carbone et les albuminoïdes comme ayant pour base le même groupement atomique à des degrés de condensation variables.

Ainsi élaborées, les matières albuminoïdes se présentent, soit à l'état de dissolution, soit à l'état cristallisé dans les sucs végétaux. D'autre part on trouve en dissolution dans le suc cellulaire un grand nombre de substances parmi lesquelles nous citerons les ferments solubles : amylase, invertine, émulsine, pepsine. C'est par l'intermédiaire de ces ferments solubles que les végétaux utilisent les matériaux organiques élaborés et accumulés dans leurs tissus. En effet, nous trouvons encore dans le suc cellulaire, en même temps que la pepsine, des substances résultant de l'action de la pepsine sur les matières albuminoïdes, c'est-à-dire des peptones. Mais l'hydratation et le dédoublement sont poussés plus loin ; car on trouve en dissolution dans le plasma des acides amidés. L'asparagine s'y trouve en abondance ; mais elle disparaît rapidement à l'état normal en s'engageant dans des combinaisons plus complexes. Elle ne s'accumule dans le végétal que toutes les fois qu'un organe abondamment pourvu de matières protéiques se développe sans renfermer et recevoir une quantité suffisante de substances ternaires (jeunes pousses d'asperges, plantules des légumineuses). Cette asparagine est due sans doute au dédoublement de substances protéiques sous l'influence de diatases spéciales. En présence de substances ternaires l'asparagine paraît se combiner avec elles ; et régénérer les principes albuminoïdes primordiaux.

D'autre part l'asparagine est toujours accompagnée chez le végétal de leucine et d'acide glutamique, de tyrosine. Ces trois substances ont la même origine et la même destinée. Elles ne s'accumulent dans le végétal que quand les composés ternaires font défaut et en s'unissant avec eux peuvent régénérer les albuminoïdes. Enfin, comme produits d'élaboration, nous rencontrons encore dans le plasma végétal un grand nombre d'alcaloïdes et de matières colorantes. On peut résumer dans le tableau suivant les substances azotées produits du métabolisme végétal.

$$\text{Diastases.} \begin{cases} \text{Amylase.} \\ \text{Invertine.} \\ \text{Émulsine.} \\ \text{Myrosine.} \\ \text{Pectase.} \\ \text{Pepsine.} \end{cases}$$

Pigment chlorophyllien (ne contenant pas de soufre).
Aleurone, gluten, légumine.
Peptones, asparagine, acide glutamique, leucine, tyrosine ; alcaloïdes ; matières colorantes azotées diverses.

Albumines des organismes inférieurs (Champignons, levures, bactéries). — Nous retrouvons, mais à un moindre degré que chez les végétaux supérieurs chlorophylliens, cette faculté d'élaborer des substances organiques très complexes aux dépens d'éléments simples. Il faut en effet que ces organismes inférieurs trouvent, dans le milieu qui les entoure, non seulement des composés minéraux, mais encore des composés organiques simples (tartrate d'ammoniaque, sucre). Des substances purement minérales ne suffiraient pas, comme l'ont montré les recherches de PASTEUR, de DUCLAUX, de RAULIN [1].

PASTEUR ensemence une trace de levure dans un liquide renfermant 10 grammes de sucre, 100 grammes de tartrate d'ammoniaque et les cendres de 1 gramme de levure. En interrompant la fermentation au moment où la moitié du sucre avait disparu, PASTEUR trouva de l'alcool, et un poids de $0^{gr},043$ de levure sèche. La levure s'était multipliée de façon non douteuse.

1. Il faut faire une exception pour un micro-organisme nitrifiant, le *Nitromonas* isolé par WINOGRADSKY (*Ann. de l'inst. Past.*, 1890) *et exempt de chlorophylle*. Ce micro-organisme se développe, c'est-à-dire opère la synthèse des principes immédiats constituant son protoplasma dans un milieu purement minéral (carbonates de chaux et de magnésie, sulfate d'ammoniaque et phosphate de potasse).

D'autre part Pasteur cultiva en présence de l'air le ferment acétique (*Mycoderma aceti*) dans un liquide contenant :

De l'alcool ou de l'acide acétique pur.
De l'ammoniaque (sel cristallisable pur).
De l'acide phosphorique.
De la potasse, de la magnésie.

Dans ce milieu il déposa une trace de ferment. Il ne tarda pas à se produire une quantité considérable de cellules nouvelles, et, dans cette récolte Pasteur trouva les matériaux les plus variés et les plus complexes de l'organisation : cellulose, corps gras, matières colorantes, acide succinique,.. *matières albuminoïdes.*

Ainsi donc les principes immédiats les plus complexes peuvent se former aux dépens de composés chimiques extrêmement simples. Les belles recherches de Raulin sur l'*Aspergillus niger* plaident aussi tout à fait dans le même sens. Quant aux microbes pathogènes en particulier, leur développement exige un milieu plus richement nutritif, des aliments organiques beaucoup plus complexes qu'ils trouvent dans les humeurs animales. A ce point de vue leur nutrition présente la plus grande analogie avec la nutrition de nos éléments anatomiques.

Quand aux résidus de la nutrition des organismes inférieurs, aux produits de désassimilation, les recherches de Schützenberger et Destrem, de Béchamp, de Schützenberger sur l'autophagie de la levure nous fournissent des renseignements précieux sur les produits azotés de la désassimilation. On trouve, en effet, parmi les matériaux azotés résultant de la vie de la levure : de la carnine, de la xanthine, de la leucine, de la tyrosine (on n'a pu trouver d'urée, d'acide urique, de créatine et de créatinine).

Enfin nous signalerons aussi les recherches récentes d'Arnaud et Charrin qui ont étudié avec soin les produits de la vie d'un microbe chromogène et pathogène, le bacille pyocyanique.

Transformations des substances albuminoïdes dans l'organisme animal. — Albuminogénie animale. — L'animal ne peut vivre et se nourrir qu'en utilisant les principes immédiats complexes élaborés par les végétaux. Mais il ne faudrait pas croire que les matières protéiques formées par le végétal sont assimilées telles quelles par les animaux. Elles sont d'abord soumises à l'action des sucs digestifs qui les transforment en peptones, lesquelles en se déshydratant fournissent au sang la matière albuminoïde primordiale aux dépens de laquelle vont se former les albuminoïdes des différents tissus, myosine, caséine, globuline, osséine, cartilagéine, etc. C'est avec les matériaux fournis par le sang que les éléments anatomiques opèrent la synthèse des principes immédiats qui entrent dans leur constitution, synthèse incomparablement plus simple, évidemment, que celle qu'opèrent les cellules végétales.

Enfin nous devons rappeler la première nutrition de l'enfant. Le lait ne lui offre que deux matières albuminoïdes, la caséine et l'albumine, avec lesquelles le jeune organisme fabrique toutes les matières protéiques qui entrent dans sa constitution. Quelles sont les réactions successives qui donnent naissance aux produits définitifs, qui sont les albuminoïdes des tissus, nous l'ignorons, mais il est permis de penser que ces transformations sont peu profondes, étant donné que toutes ces substances sont chimiquement voisines les unes des autres et qu'il suffit de modifications moléculaires assez simples pour passer de l'une à l'autre.

Existence dans l'organisme. Teneur en albuminoïdes des divers tissus et liquides de l'économie. — Les substances albuminoïdes ou leurs dérivés font partie de tous les éléments et de tous les tissus de l'organisme, on les trouve aussi dans tous les liquides ayant un caractère nutritif : sang, lymphe, chyle, lait, sucs des tissus, transsudations. Le tableau suivant, emprunté à Gorup-Besanez, nous montre la quantité d'albuminoïdes p. 1000 contenue dans les divers tissus et liquides.

LIQUIDES.		TISSUS.	
Cérébro-spinal	0,9	Synovie	31,9
Humeur aqueuse	1,4	Lait	39,4
Eau de l'amnios	7,0	Chyle	40,9
Liquide du péricarde	23,6	Sang	195,6
Lymphe	24,6	Moelle	74,9
Suc pancréatique	33,3	Cerveau	86,3

Foie	117,4	Tunique musculaire des artères.	273,0
Thymus (veau)	122,9	Cartilage	301,0
Œuf de poule	134,3	Os	345,0
Muscles	161,8	Cristallin	383,0

Quant à l'état dans lequel se trouvent les matières albuminoïdes de l'organisme, il varie suivant les endroits; tantôt elles sont à l'état de dissolution comme dans le sang et les divers liquides; et cette solution est due en très grande partie à la présence de sels alcalins; tantôt à l'état semi-fluide comme dans le protoplasma et les muscles; enfin à l'état solide dans le cartilage, les os, les membranes cellulaires. Dans les œufs de certains animaux, elles se présentent même à l'état cristallin (plaques vitellines) comme d'ailleurs l'hémoglobine ou matière colorante du sang.

Modifications subies par les matières albuminoïdes dans l'organisme animal. — Les matières albuminoïdes, soit végétales, soit animales, qui jouent dans l'alimentation un rôle si important, ne sont pas absorbées et assimilées telles quelles; mais au contraire doivent d'abord être soumises à l'action des sucs digestifs, d'où une première série de transformations se réduisant essentiellement, disons-le tout de suite, à un premier stade d'hydratation qui aboutit à la formation de peptones. Mais il faut étudier de plus près ces modifications.

Dans la bouche, sous l'influence de la salive, les matières albuminoïdes ne subissent aucune modification chimique. Arrivées dans l'estomac elles se trouvent en présence du suc gastrique (pepsine et HCl). Les premières modifications sont dues à l'acide chlorhydrique qui les transforme en *syntonine* (acide albumine; albuminose de BOUCHARDAT) en les gonflant fortement. Puis sous l'influence de la pepsine peu à peu les matières albuminoïdes sont transformées en *peptones*. Mais l'action du ferment soluble ne conduit pas d'emblée la matière protéique à ce stade : il y a des étapes intermédiaires, essentiellement caractérisées par la formation *d'albumoses* ou *propeptones* ou *hémi-albumines*. Enfin apparaissent les *peptones*. Comme nous l'avons dit, les recherches de DANILEWSKY, HERTH, MALY, et surtout HENNINGER ont montré que les peptones sont des hydrates d'albuminoïdes, ainsi que l'avait dit déjà A. GAUTIER. C'est donc un phénomène d'hydratation qui caractérise essentiellement le chimisme stomacal. Mais les travaux de KÜHNE et de ses élèves tendent à présenter ce phénomène de la peptonisation comme plus complexe. D'après le physiologiste de Heidelberg, l'albumine subirait un dédoublement, elle se scinderait en deux groupes, un groupe *d'hémidérivés* comprenant *l'hémalbumose* et *l'hémipeptone*, et un groupe *d'antidérivés* (*antialbumose* et *antipeptone*). Dans les deux groupes on distingue divers stades de transformtion, diverses *albumoses*.

1° La dysalbumose, insoluble dans l'eau, mais soluble dans les dissolutions salines.

2° L'hétéroalbumose, mêmes propriétés.

3° La protalbumose, soluble dans l'eau et les dissolutions salines.

4° La deutéroalbumose, mêmes propriétés.

Les trois premières albumoses sont précipitées de leurs dissolutions *neutres* par le sel marin en excès; la dernière au contraire n'est précipitée par le sel marin (et partiellement) qu'en présence d'un acide.

NEUMEISTER désigna sous le nom *d'albumoses primaires* la protalbumose et l'hétéroalbumose, et, sous le nom *d'albumoses secondaires*, la deutéroalbumose, plus voisine de la peptone. Les acides phosphomolybdique et phosphotungstique précipitent totalement les albumoses primaires et incomplètement les albumoses secondaires.

A ces albumoses succèdent les peptones ou plus exactement un mélange *d'hémipeptone* et *d'antipeptone* (mélange appelé par KÜHNE : *amphopeptone*). L'hémipeptone peut être attaquée par la trypsine et fournit alors de la leucine, de la tyrosine, de l'acide glutamique, de l'acide aspartique. L'antipeptone au contraire résiste.

```
                        Albumine.
          |                           |
  Antialbumoses.              Hémialbumoses.
          |                           |
  Antipeptone.                 Hémipeptone.          )
                                     |               ) Action de la trypsine.
                          Leucine, tyrosine, etc.    )
```

On peut établir un rapprochement entre ce dédoublement et le dédoublement de l'albumine sous l'influence des acides étendus et bouillants (qu'a étudié M. Schützen-berger) en *hémialbumine* et *hémiprotéine;* cette dernière, insoluble, n'étant attaquée que lentement par l'acide étendu qui la change en hémiprotéidine. Ce groupe résistant pourrait être comparé au groupe des *antidérivés* signalés par Kühne dans la peptonisation de l'albumine.

Ajoutons que, d'après les recherches récentes de Ch. Contejean, le processus de la peptonisation gastrique ne serait pas en réalité aussi complexe que l'a dit Kühne. D'après lui tous les produits intermédiaires (dysalbumose, hétéroalbumose, etc.) ne seraient que des produits artificiels dus à l'action des réactifs dans l'analyse des produits de la digestion gastrique, et l'albumine se transformerait simplement d'abord en syntonine, puis en propeptone, et enfin en peptone, étapes d'hydratation successives.

Ce qui des matières albuminoïdes a échappé à l'action du suc gastrique passe avec le chyme dans l'intestin grêle et est soumis à l'action de la trypsine pancréatique. Les processus de transformation sont les mêmes; seulement la trypsine agissant en milieu alcalin transforme les matières albuminoïdes d'abord en alcalialbumines puis en propeptones et enfin en *peptones.* Mais les modifications ne s'arrêtent pas là; une partie de ces peptones sous l'influence de la trypsine donne naissance, même dans un milieu aseptique, comme l'ont vu Kühne et Chittenden, à des acides amidés : de la leucine, de la tyrosine, des acides aspartique, glutamique, et, dans le cas de la digestion de la gélatine, du glycocolle. C'est ainsi en cela que la trypsine diffère de la pepsine gastrique, qui ne peut conduire la matière albuminoïde à des stades d'hydratation aussi avancés.

Enfin le reste de matières albuminoïdes devient dans l'intestin la proie des microorganismes, et nous assistons alors non plus à une véritable digestion mais à une fermentation putride. La molécule albuminoïde est complètement disloquée et ses groupements constitutifs se détachent successivement. C'est ainsi que se forment les acides amidés, les acides gras, les ptomaïnes, les composés aromatiques, indol, phénol, scatol (qui se combinent avec le soufre pour donner des acides sulfoconjugués). En même temps il se produit des gaz: CO^2, H^2, H^2S, Az, qui, mélangés aux composés aromatiques, donnent aux résidus alimentaires l'odeur fécaloïde qu'ils acquièrent dans les dernières portions du tube intestinal.

Absorption. — C'est à l'état de peptone, que les matières albuminoïdes sont absorbées par l'épithélium gastro-intestinal. Est-ce à dire que l'albumine ne puisse être résorbée en nature? Non, car les expériences de Voït et Bauer prouvent le contraire. Certains auteurs même (Fick entre autres) ont pensé que seule, l'albumine intacte pouvait servir à la réparation des tissus, tandis que les peptones ne servaient que de combustible à l'organisme. Certaines observations paraissent en effet venir à l'appui de cette hypothèse. Chez un animal à jeun la secrétion d'urée est réduite au minimum. 12 heures après un repas riche en albuminoïdes, on voit apparaître dans les urines une quantité d'azote correspondant à la quantité d'albuminoïdes ingérés. Si l'on donne à un chien une quantité d'albumine égale à celle qu'il a usée à jeun, il sécrète plus d'azote qu'il n'en a absorbé. L'équilibre de nutrition n'est rétabli que lorsqu'on lui donne une quantité d'albumine trois fois plus grande que celle dont il a besoin en réalité.

Mais cette distinction entre l'albumine absorbée en nature et celle transformée en peptone n'a plus sa raison d'être, puisque nous savons, grâce surtout aux recherches d'Hofmeister et de Salvioli, que les peptones sont déshydratées au niveau de l'épithélium intestinal, et régénèrent l'albumine. Toutefois une petite partie des peptones peut échapper à cette déshydratation; ces peptones sont remaniées au niveau du foie et transformées en albumine. D'ailleurs cette albumine absorbée par les radicules de la veine-porte n'est plus l'albumine telle qu'elle était formée par les aliments, c'est l'albumine du sérum, cette albumine *circulante,* selon l'expression de Voït, aux dépens de laquelle vont vivre et se nourrir les éléments anatomiques, aux dépens de laquelle vont se former les albuminoïdes particuliers constitutifs de divers tissus (osséine, cartilagéine, etc.). Mais auparavant encore cette albumine va subir une élaboration particulière au niveau du foie, comme l'avait entrevu Claude Bernard. Il est à remarquer en effet que les albumines du sang porte présentent assez souvent une toxicité qui disparaît au delà du foie.

Mise en réserve. — L'albumine ainsi absorbée au cours d'une alimentation normale n'est pas utilisée tout entière et immédiatement pour la nutrition des éléments anatomiques. En dehors des albuminoïdes soumis aux processus de la désassimilation, une partie des albuminoïdes (qu'il est impossible de préciser) subit une sorte d'emmagasinement précédant la nutrition. Cette mise en réserve peut être directe ou indirecte. Nous savons qu'une partie de la graisse absorbée s'accumule dans certaines régions du corps, le tissu cellulaire sous-cutané par exemple; les hydrates de carbone dans le foie sous forme de glycogène. Il est très probable qu'une partie des substances albuminoïdes s'emmagasine dans les organes lymphoïdes (rate et ganglions lymphatiques). Tous ces organismes sont en effet très riches en substances azotées, et jouent un rôle essentiel dans la formation des tissus, comme le prouve leur développement chez le fœtus et chez l'enfant; enfin ils sont le siège principal de la production des globules blancs dont le rôle formateur est hors de doute. Aussi voyons-nous dans l'inanition ces organes subir une perte de poids qui approche de celle que subit la graisse. C'est ainsi que, la perte de poids pour 1000 étant de 0,935 pour la graisse, elle est 0,714 pour la rate. D'autre part les muscles servent aussi d'organes d'emmagasinement pour les albuminoïdes. Les observations de MIESCHER sur les saumons en font foi. Pendant la migration des saumons vers le haut cours du Rhin au moment du frai, ces animaux ne prennent aucune nourriture, l'ovaire et le testicule augmentent considérablement de volume de 0,4 à 19,27 p. 100 du poids du corps; en revanche les muscles diminuent considérablement. En outre on sait que les muscles diminuent rapidement pendant l'inanition. C'est ainsi que sur un chat, après 13 jours de jeûne, alors que le cerveau et la moelle n'ont perdu que 2,3 p. 100, la musculature a diminué de 30,5 p. 100. En même temps que cette fonte du tissu musculaire chez le saumon, MIESCHER a aussi signalé l'augmentation de la quantité de *globulines* du sang. Cette augmentation a été constatée aussi, en même temps que la diminution de la quantité d'albumine, dans le sang des animaux inanitiés. Les globulines paraissent donc représenter la forme sous laquelle les matières albuminoïdes sont transportées d'un organe à l'autre, et on est tenté de considérer les globulines comme les matériaux aux dépens desquels se forment les molécules plus complexes du protoplasma vivant, à preuve la présence de globulines en abondance dans les œufs des animaux, les graines et les racines des plantes. Quoi qu'il en soit, il paraît certain que les muscles ne servent pas seulement à la locomotion, ils servent aussi à la mise en réserve qu'on pourrait en quelque sorte appeler *directe*. Il en est une autre en quelque sorte *indirecte*, l'organisme utilisant les albuminoïdes pour opérer d'autres élaborations d'autre synthèses; nous voulons parler de l'élaboration des graisses et du glycogène.

Formation des graisses aux dépens des albuminoïdes (Voyez Graisses).

Formation du glycogène aux dépens des albuminoïdes (Voyez Glycogène).

Désassimilation azotée. — La destruction des substances albuminoïdes dans l'organisme peut porter à la fois sur l'albumine circulante et sur les albuminoïdes faisant partie intégrante des tissus. A l'état normal, la nutrition étant normale, les produits de la désassimilation des matières protéiques se forment principalement aux dépens de l'albumine circulante. Dans l'inanition, au bout d'un certain temps, c'est l'albumine des tissus qui, par sa désintégration, fournit l'énergie nécessaire à l'être vivant. Ajoutons qu'à l'état normal la désassimilation azotée dépasse notablement les besoins de l'organisme, si nous nous rapportons au taux de l'urée éliminée pendant l'inanition et au cours de la nutrition normale. Il semble donc bien qu'il existe une véritable *consommation de luxe*, qui disparaît au moment où l'organisme privé d'alimentation azotée est obligé de vivre aux dépens des albuminoïdes de ses tissus. Dans ce cas, comme c'est la règle, les éléments les moins nobles se sacrifient pour les éléments placés au sommet de la hiérarchie physiologique, c'est-à-dire les éléments des centres nerveux.

Quant au mécanisme même de la désassimilation azotée (oxydation, hydratation, dédoublement) nous n'avons pas à le discuter. Ce qui est certain, c'est que la désassimilation donne naissance à une série de produits qui aboutissent finalement à l'urée et à l'acide carbonique. Ce qui est certain aussi, c'est que la transformation des albuminoïdes en urée n'est pas directe, comme on a pu le croire autrefois, mais qu'il existe toute une série de produits intermédiaires. Les albuminoïdes paraissent se dédoubler successivement en deux sortes de produits; les uns fortement azotés, les autres peu azotés ou simplement dépourvus d'azote; de telle sorte que la désassimilation des matières protéiques donne naissance à deux séries parallèles aboutissant, l'une à l'urée, l'autre à l'acide carbonique et à l'eau.

La désassimilation des albuminoïdes s'apprécie en général pratiquement par la quantité d'urée éliminée par l'urine, ou plus justement par la teneur de ce liquide en azote, azote provenant non seulement de l'urée, mais encore de l'acide urique, de la créatinine, etc. (azote total). De plus, les substances albuminoïdes contenant du soufre, on observe, parallèlement à cette élimination d'azote, une élimination de soufre sous forme de sulfates et d'acides sulfoconjugués.

Il nous faut maintenant jeter un coup d'œil rapide sur ces produits de la désassimilation des matières protéiques. A l'exemple de A. GAUTIER, nous diviserons les produits de la désassimilation en :

　1° Produits azotés complexes;
　2° Corps des séries xanthique et urique, leucomaïnes;
　3° Créatine et autres leucomaïnes ;
　4° Acides amidés;
　5° Composés aromatiques;
　6° Acides non azotés divers;
　7° Urée.

1° *Produits azotés complexes* (nucléines, lécithines, matières colorantes de la bile et de l'urine).

Les nucléines sont caractérisées par leur forte teneur en phosphore et la facilité avec laquelle les réactifs acides et alcalins produisent avec elles les bases de la série xanthique. Elles sont plus simples que les matières albuminoïdes dont elles doivent dériver. C'est probablement en se transformant en base de la série xanthique qu'elles se désassimilent.

Les lécithines sont des produits de synthèse des acides stéarique, et phosphoglycérique avec la névrine. La bilirubine provient du dédoublement avec oxydation de l'hémoglobine en passant par l'hématine, qui elle-même dérive de la décomposition de l'hémoglobine en albumine, hématine, urée et acides gras. De cette bilirubine une grande partie est éliminée avec les fèces, une autre est partiellement résorbée sous forme d'hydrobilirubine, s'oxyde dans le sang et colore les urines.

Il en est de même de l'indol, du phénol, du scatol, qui sont éliminés par l'urine sous forme d'acides sulfoconjugués.

2° *Séries urique et xanthique.* — On n'est pas encore bien fixé sur l'origine de l'acide urique. On croyait autrefois que c'était le prédécesseur immédiat de l'urée, qui dérivait de lui par oxydation directe. Mais cette opinion n'a plus cours aujourd'hui. L'origine de l'urée est probablement différente. Pour GAUTIER l'acide urique dériverait de la rencontre dans l'économie d'un groupement à 3 atomes de carbone, tel que

$$CO — CO — CH \quad ou \quad CO — C(OH) — CO$$

provenant de la combustion incomplète de la glycérine, du glucose ou de l'acide lactique, groupement qui s'unirait à deux molécules d'urée. Ce qui paraît certain, d'après les recherches de MINKOWSKI, c'est que l'acide urique doit se former dans le foie. Chez les oiseaux, après l'ablation de cet organe, l'urine ne contient plus que très peu d'acide urique ; en revanche la quantité d'ammoniaque augmente considérablement, ainsi que l'acide lactique. Aussi MINKOWSKI admet-il que l'acide urique se forme dans le foie par l'union de l'urée avec l'acide lactique. Par une série d'hydratations et d'oxydations successives, l'acide urique s'élimine à l'état d'urée, d'acides oxalique et carbonique et d'eau. On peut rencontrer dans certaines cellules les produits intermédiaires de cette décomposition (alloxane, allantoïne, acide oxalurique, etc.).

Quant aux produits de la série xanthique (xanthine, sarcine, guanine, adénine), ils constitueraient d'après KOSSEL des produits de désassimilation, non des albuminoïdes proprement dits, mais des *nucléines*. Les recherches d'HORBACZEWSKI confirment cette opinion. Quant aux dérivés par dédoublement et oxydation de ces produits, ils sont les mêmes que ceux de la série urique (urée, acides oxalurique, mésoxalique, oxalique, carbonique et eau).

3° *Créatine et leucomaïnes créatiniques.* — On rencontre la créatine dans les muscles et la créatinine dans l'urine. Au point de vue chimique la créatine résulte de la synthèse de la cyanamide avec la sarcosine ou méthylglycocolle. Or la cyanamide est un anhydride de l'urée. De même la guanidine en s'unissant à la sarcosine donne de la créatinine, et cette guanidine revient à l'union d'une molécule d'ammoniaque à une molécule d'urée avec élimination d'eau.

Ceci nous explique comment la créatine peut dériver de l'urée elle-même ou de corps aptes, comme les sels ammoniacaux, à la produire. En passant dans le rein la créatine en se déshydratant se transforme en créatinine que l'on trouve dans l'urine.

4° *Acides amidés*. — Nous avons vu que parmi les produits d'hydratation des albuminoïdes se trouvaient des acides amidés, leucine, butalanine, etc., ces composés n'ont qu'une existence éphémère dans l'organisme. C'est ainsi que le glycocolle s'unit à l'acide benzoïque pour former de l'acide hippurique ; une autre partie du glycocolle contribue à la formation de l'acide glycocholique et une autre peut donner de l'urée. La leucine, la butalanine contribuent ainsi à la formation de l'urée. L'ingestion de ces substances augmente en effet l'excrétion de l'urée et le supplément d'azote éliminé correspond à l'azote des acides amidés ingérés.

Taurine. — La taurine ou acide amido-iséthionique provient aussi de la décomposition d'albuminoïdes. Cette substance en s'unissant avec l'acide cholalique forme l'acide taurocholique. Elle passe en partie dans les fèces avec la bile, mais elle peut s'éliminer encore après s'être transformée en ammoniaque, sulfate et acétate de potasse. Une autre partie peut passer en nature dans les urines (SALKOWSKI), une autre peut s'unir à l'acide cyanique et former de l'acide taurocarbamique qui peut se retrouver dans les urines.

5° *Corps aromatiques*. — L'acide benzoïque, l'acide kynurénique, l'acide hippurique, les acides pyridique, carbonique, peuvent se produire par oxydation des albuminoïdes. De même la tyrosine, la cholestérine, les acides biliaires, les phénols, sont autant de types de cette grande série qui dérive des albuminoïdes.

La tyrosine disparaît en perdant d'abord de l'ammoniaque qui concourt à la formation de l'urée et donnant ensuite successivement, d'après BAUMANN, des acides hydroparacoumarique, paroxyphénylacétique, paroxybenzoïque, et enfin du phénol qu'on retrouve à l'état de phénolsulfate de potasse.

Le crésol dérive par perte de CO_2 de l'acide paroxyphénylacétique et s'élimine sous forme d'acide crésolsulfurique. De même l'indol, le scatol s'éliminent sous forme d'acides sulfoconjugués.

Acides biliaires. — *Cholestérine*. — Les acides biliaires se forment dans le foie par l'union de l'acide cholalique avec la taurine et le glycocolle. Quant à l'acide cholalique, pour les uns il proviendrait de la désassimilation des graisses (LEHMANN) ; pour les autres des matières albuminoïdes qui contiendraient le noyau qui donne naissance à cet acide.

6° *Acides non azotés divers*. — a. *Acides gras* en $C^n H^{2n} O^2$. — Ils proviennent selon toute probabilité d'un simple dédoublement fermentatif de la molécule albuminoïde ou des hydrates de carbone qui peuvent en dériver. On les voit apparaître et se former en abondance dans la fermentation putride des matières albuminoïdes. Leur existence dans l'organisme n'est qu'éphémère, et ils disparaissent par une série d'oxydations successives aboutissant à H^2O et CO^2.

b. *Acides* en $C^n H^{2n} O^3$ — L'acide lactique ($C^3 H^6 O^3$) peut se produire par dédoublement avec production d'alcool des résidus, des acides amidés ayant eux-mêmes les albuminoïdes pour origine. Une fois formé l'acide lactique n'est pas éliminé tel quel ; d'après des recherches récentes (MINKOWSKI) le foie serait chargé de sa destruction. Il apparaît en effet dans les excrétions après l'ablation du foie.

c. *Acides* en $C^n H^{2n} - 2 O^4$ (acide oxalique, succinique, etc.). — L'acide oxalique peut provenir de deux sources, 1° de l'alimentation, 2° il peut se former dans l'organisme même aux dépens des albuminoïdes (SCHÜTZENBERGER). L'acide oxalique se montre dans l'urine des animaux à sang chaud au moindre trouble des phénomènes digestifs, respiratoires ou perspiratoires. L'acide succinique provient de l'alimentation. Ces acides sont oxydés dans l'organisme en commençant sans doute à se dédoubler en acide carbonique et acides gras $C^n H^{2n} O^2$ (acide formique et acide propionique), les acides gras à leur tour sont oxydés et donnent de l'acide carbonique et de l'eau.

7° *Urée*[1]. — La plus grande partie de l'azote introduit dans l'organisme par les aliments est éliminée à l'état d'urée, et la persistance de l'urée dans l'urine pendant l'inanition prouve que, même en dehors de l'alimentation, l'urée peut provenir de la désassimilation des tissus azotés. Les recherches de SCHULTZEN et NENCKI ont montré les relations qui existent entre l'urée et les acides amidés ($C^n H^{2n} AzO^2$). D'ailleurs l'ingestion de ces corps augmente le taux de l'urée. Comment se forme l'urée aux dépens de ces acides amidés? Ce n'est certainement pas directement. Les recherches de KNIRIEM, de SCHMIEDEBERG, de MUNK, de DRECHSEL tendent à établir que c'est en grande partie aux dépens des composés ammoniacaux (que l'on trouve parmi les produits de décomposition des albuminoïdes) que se forme l'urée. Le foie serait l'organe essentiel de l'uropoïèse. Pour les détails, voyez les articles **Foie** et **Urée**.

Voici d'après BEAUNIS (*Physiologie*, 2e édition) un tableau synoptique qui montre la désassimilation des matières albuminoïdes dans l'économie animale :

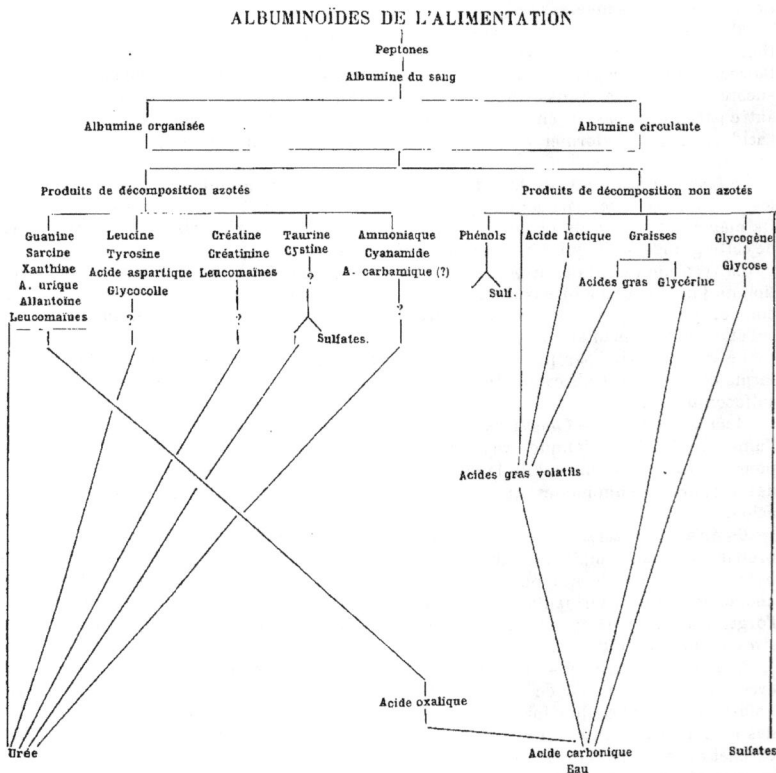

ALBUMINOÏDES DE L'ALIMENTATION

[1]. En décomposant la caséine par l'acide chlorhydrique concentré et le protochlorure d'étain, DRECHSEL a obtenu un mélange de bases dont l'une a pour formule $C^6H^{16}Az^3O$; l'auteur lui a donné le nom de *Lysatinine*. La base $C^6H^{13}Az^3O^2$ serait la *Lysatine*, et ces deux corps seraient homologues de la créatine et de la créatinine. En faisant réagir l'eau de baryte sur la base, DRECHSEL a obtenu de l'urée. Il conclut que dans l'organisme les albuminoïdes donnent la lysatine comme produit intermédiaire puis de l'urée. En prenant pour base les expériences de SCHÜTZENBERGER sur la décomposition des albuminoïdes par la baryte, DRECHSEL calcule que un neuvième

Énergie correspondant à la désassimilation azotée. — 100 grammes d'albumine en se désassimilant et s'oxydant donnent :

Acide carbonique	165 gr. 4
Eau	41 gr. 4
Urée	39 gr.
Acide sulfurique	45 gr.

En même temps que disparaissent ces 100 grammes d'albumine, l'organisme bénéficie de 486 calories environ. Tel est le résultat brut de la combustion de 100 grammes d'albumine. Assurément cette albumine, avant d'aboutir à l'acide carbonique, à l'eau et à l'urée, passe par une série de désassimilations intermédiaires. Mais ceci ne change rien au résultat ; car, suivant un théorème fondamental de thermochimie, quels que soient les termes de passage et la voie suivie au cours de ces transformations intermédiaires, pour 100 grammes d'albumine disparue à l'état d'eau, d'acide carbonique et d'urée, l'animal bénéficie toujours du nombre de calories indiqué.

L'expérience directe nous permet donc de connaître la quantité de calories et par conséquent d'énergie, que peut fournir la combustion d'une quantité donnée de substances albuminoïdes. Les belles recherches de Berthelot (au moyen de sa bombe calorimétrique) ont fourni les résultats suivants (exprimés en petites calories) pour la chaleur de combustion de 1 gramme de diverses substances protéiques :

Albumine de l'œuf	5 690	Jaune d'œuf (total)	8 124
Fibrine du sang	5 532	Fibrine végétale	5 836
Chair musculaire (dégraissée)	5 731	Gluten brut	4 995
Hémoglobine (cheval)	5 915	Colle de poisson	5 522
Caséine	5 629	Fibroïne	5 097
Osséine	5 414	Laine	5 567
Chondrine	5 346	Chitine	4 655
Vitelline	5 784	Tunicine	4 183

Urée	2 530
Acide urique	2 734
Acide hippurique	5 659

Mais, pour connaître exactement la quantité de calories fournies à l'organisme par une quantité donnée de substances albuminoïdes, il faut tenir compte de ce fait que l'azote est éliminé à l'état d'urée (et de produits azotés complexes dont on peut faire abstraction). Il faut donc déduire la chaleur de combustion de l'urée, de la chaleur de combustion des albuminoïdes. Or 100 grammes d'albumine contiennent en moyenne 16 grammes d'azote correspondant environ à 34 gr. 29 d'urée. Il faut donc retrancher de la chaleur de combustion totale la chaleur correspondant à cette urée : soit 850 calories environ.

Nous pouvons maintenant, sans vouloir empiéter sur l'article **Aliment**, où l'on trouvera une étude de ces faits, comparer cette chaleur de combustion à celle des hydrates de carbone et des graisses déterminée par le même procédé. Nous nous rendrons ainsi compte de la valeur de ces sortes de substances comme source d'énergie.

Pour 1 gramme de substance :

Hydrates. de carbone.				Corps gras.		
	Cellulose	4 209			Graisse de porc	9 380
	Amidon	4 228			Graisse de mouton	9 406
	Dextrine	4 180			Graisse humaine	9 378
	Glucose	3 762			Huile d'olive	9 328
					Beurre	9 192

En prenant les moyennes nous voyons en somme que :

Pour 1 gramme de substance	les corps gras fournissent	9 400 calories.			
—	—	—	les hydrates de carbone	4 260	—
—	—	—	les albuminoïdes	4 850	—

de l'urée est formé par cette voie. Le reste donne des acides amidés et principalement de la leucine qui s'oxyde en donnant de l'acide carbonique, puis l'urée (Drechsel. *D. Ch. G.*, t. xxiii, p. 3096 ; *Bull. Soc. Chim.*, (3) 1891).

et, en rapportant non plus à 1 gramme de matière, mais à un poids de matière tel qu'il contienne 1 gramme de carbone, on obtient :

Corps gras	12400 calories.
Hydrates de carbone	9470 —
Albuminoïdes.	9370 —

Ces chiffres nous montrent que les graisses l'emportent de beaucoup en énergie calorifique sur les autres substances, tandis que les hydrates de carbone et les albuminoïdes s'équivalent à peu près.

En résumant tous ces faits, nous voyons que le rôle des albuminoïdes dans l'alimentation est capital. Ils sont les seuls aliments dont l'organisme ne peut se passer ; car ils réalisent le type de l'aliment complet, c'est-à-dire d'une substance servant à la fois à la réparation de tissus et à la production d'énergie.

Pour les rapports des albuminoïdes avec l'alimentation, voyez **Aliments**.

Pour les rapports des albuminoïdes avec le travail musculaire, voyez **Travail**.

I. **Bibliographie générale.** — A. WURTZ. *Traité de chimie biologique.* — SCHÜTZENBERGER. *Traité de chimie générale.* — A. GAUTIER. *Cours de chimie biologique.* - BEAUNIS. (*T. P.*) — CHASTAING. *Encyclopédie de Frémy,* t. VIII, *Amides et Série aromatique.* — BUNGE. *Cours de chimie biologique et pathologique.* Traduction française de A. JAQUET. — HOPPE-SEYLER. *Traité d'analyse chimique.* Traduction de SCHLAGDENHAUFEN. — GORUP-BESANEZ. *Chimie biologique.* — LAMBLING, SCHLAGDENHAUFEN et GARNIER. *Chimie physiologique (Encyclopédie chimique de Frémy,* t. IX.). — A. WÜRTZ. (*D. W.,* 1er et 2e suppléments.) — G. BOUCHARDAT. *Histoire générale des albuminoïdes.* Th. d'ag., 1872. — GABRIEL POUCHET. *Transformations des matières albuminoïdes dans l'économie.* Th. d'ag., 1880. — G. GUÉRIN. *Origine des transformations des matières azotées chez les êtres vivants.* Th. d'ag., 1886. — DUCLAUX. *Encyclopédie chimique de Frémy,* t. IX, *Microbiologie.*

II. **Bibliographie spéciale.**

Historique. — Voir pour les renseignements bibliographiques la thèse d'agrégation de BOUCHARDAT.

Propriétés générales des albuminoïdes. — *Action des Réactifs.* — GRAHAM. *Philosoph. Transactions,* t. CLI, 1re part., p. 183, 1861. — GRIMAUX. *Substances colloïdales.* (*Rev. Sc.,* 1886.) — SCHÜTZENBERGER (*Bull. Soc. chim.,* t. XXXIII, p. 161, 193, 216, 242, 385 435 et t. XXIV, p. 2 et 245.) — ERLENMEYER et SCHAEFFER. (*J. f. prakt. Chem.,* t. LXXX, p. 397.) — RITTHAUSEN. (*J. f. prckt. Chem.,* t. CIII, p. 233.) — LUBAVIN. (*Die Eiveisskörper,* p. 200.) — HLASIVETZ et HABERMANN (*Ann. der Chem. und Pharm.,* t. CLIX, p. 304). — WÜRTZ. (*A. C.,* 3e série, t. II, p. 255). — LIEBIG. (*Ann. d. Ch. und Pharm.,* t. LVIII, p. 127.) — A. GAUTIER. (*B. Soc. Chim.,* 1874, II, p. 483.) — BÉCHAMP. (*A. C.* 4e série, t. XLVIII, p. 348.) — RITTER., (*B. Soc. Chim.,* t. XVI, p. 32). — TAPPEINER. (*Maly's Jaresb.,* t. I, p. 11). — LOSSEN. (*Ann. d. Ch. und Pharm.,* t. CI, 1880). — MUHLAUSER. (*A. d. Ch. u. Ph.,* t. XC, p. 171.) — GUCKELBERG. (*Id.,* t. LXIV, p. 39.)

Constitution et poids moléculaire des albuminoïdes. — SCHUTZENBERGER. *La constitution des mat. protéiques (Conf. de la Soc. Chim. in R. Sc.,* 24 juillet 1886.) — LIEBERKUHN (*Muller's Arch.,* 1848, p. 26 et *Pogg. Ann.,* LXXXVI. p. 117 et 298.) — HARNACK. (*Z. P. C.,* t. V, p. 198 ; *Maly's Jahresb.* t. XI, p. 20). — LÖW. (*A. Pf.,* t. XXXI, p. 298.) — BUNGE. (*Ch., Biol.,* p. 48 à 50.) — MULDER. (*Pogg. Ann.,* XL, 253, t. XXIV.) — SCHUTZENBERGER. (*A. C.,* t. XVI, p. 289.) — SCHUTZENBERGER. (*C. R.,* t. CXII, p. 198, 1891.) — A. GAUTIER. (*B. S. Chim.,* 1885, I, p. 198, 577, 597, II, 578.) — KOSSEL. (*Z. P. C.,* 11 mars 1886.)

Synthèse des albuminoïdes. — SCHUTZENBERGER. (*C. R.,* t. XCII, p. 198, 1891.) — GRIMAUX. (*C. R.,* t. XCIII, et t. XCVIII. *B. S. C.,* 1879, t. I, p. 49. *B. S. C.,* XLII, 156.)

Albumine morte et albumine vivante. — PFLUGER. (*A. Pf.,* t. X, 1875.) — LÖW. (*A. Pf.,* t. XXII, 1880. *Bot. Zeit.,* 1884. *Journ. f. prackt. Ch.,* t. XXXI, 1885.)

Réactions caractéristiques des albuminoïdes. — GANNAL (*Gaz. Méd.,* Paris, 1858.) — DENIS. *Mém. sur le sang,* Paris, 1859. — KOVVALEWSKI, (*Maly's Jahresb.,* t. XVII, p. 4.) — HOFMEISTER. (*Z. P. C.,* t. II, p. 228.) — PALM. (*Z. f. Anal. Chem.,* t. XXVI, 1887.) — WURSTER. (*C. P.,* 1887, p. 195.) — FROHDE. (*Z. f. Anal. Chem.,* t. VII, p. 266.) — KRASSER. (*B. S. C.,* t. II, 455, 1887.) — REICHL. (*Id.,* 1890.) — MICHAILOW. (*Deutsch. chem. Ges.,* t. XVII, p. 450.) — ADAMKIEWICZ (*A. Pf.,* t. IX, p. 156, 1874.) — AXENFELD. (*Cbl. f. med. Wissench.,* 1885, p. 209.)

Classification. — Schutzenberger. (*Art. Albuminoïdes D. W.*) — A. Gautier. *Cours de chimie biol.*, 1892. — Lambling. (*Encycl. chim. de Frémy*, t. ix.)

Albuminoïdes végétaux. — Ritthausen. (*A. Pf.*, t. xxi, p 81.)

Action des ferments solubles et figurés. — V. Duclaux. *Microbiologie (Enc. Ch. de Frémy,* **p. 639** et suiv. *Ferments solubles. Ferments figurés.* p. 726-776.) — Gautier. *Chimie biologique,* 1892.

Albuminogénie végétale. — Gautier. *Chim. biolog.* — Löw. (*A. Pf.*, t. xxii, p. 503.) *La chimie des plantes* (*Rev. Sc.,* 1877.) — Duclaux. *Microbiologie.* — Deherain (*Enc. ch.,* t. x). — Van Tieghem. *Traité de Botanique,* 1891.

Transformation des albuminoïdes. — **Albumoses et peptones.** — Herth. *Mon. f. Chem.,* t. v, p. 266. — Schutzenberger. (*C. R.,* t. cxv, p. 764.) — Kühne et Chittenden. (*Z. f. Biol.,* t. xx, p. 11, t. xxii, p. 409, t. xxv, p. 358.) — Henninger. (*D. P.,* 1878.) — Maly. *H. H.,* t. v, 1re partie, p. 93. — Neumeister. (*Z. f. Biol.,* t. xxiii, p. 381.) — Hofmeister. (*Arch. f. exp. Path. und Pharm.,* t. xix, 1885.) — Salvioli. (*A. Db.,* 1880, suppl. 112). — Voit et Bauer. (*Z. f. Biol.,* t. v, p. 502, 1869.) — Bunge. *Ch. Biol.,* p. 202 à 210). — Miescher. *Arch. fur Anat. und Phys.,* 1884, p. 192 (*Anat. Abth.*). — Lambling. Art. *Albumoses* du *D. W.*

Désassimilation des albuminoïdes. — Gautier. (*Ch. biolog.,* 1892.)

Les albuminoïdes, source d'énergie. — Berthelot et André. (*C. R.,* t. cx, p. 884, 1890, p. 923.) — Matignon. (*C. R.,* t. cx, p. 1267.) — Berthelot et Petit. (*Ann. de Ch. et de Phys.* (6), t. xx, p. 13.) — Voyez aussi Favre et Silbermann. (*A. de C.* (3), t. xxxiv, p. 337, 1852.) — Frankland. (*R. Sc.,* 1867, p. 81.) — Danilewski. (*A. Pf.,* t. xxxvi, p. 237, 1885.) — Rubner (*Z. B.,* t. xxi, p. 250 et 337, 1885.)

J.-E. ABELOUS.

ALBUMINURIE.

— Il est aujourd'hui certain que l'urine d'un individu normal ne contient pas d'albumine [1]. La présence de l'albumine dans l'urine en dehors de certaines conditions constitue donc un symptôme morbide. C'est l'albuminurie, c'est-à-dire la sécrétion par les reins d'une urine albumineuse.

Mais parmi les albuminuries, il faut distinguer les fausses albuminuries et les vraies albuminuries.

Si l'urine renferme du sang, du pus, de la lymphe, elle contiendra de l'albumine; mais ce sera une fausse albuminurie.

La vraie albuminurie consiste dans l'élimination par le rein d'une ou plusieurs matières albuminoïdes du sérum.

Aussi rattacherons-nous au groupe précédent ces albuminuries qui se produisent à la suite de l'introduction dans l'appareil circulatoire, soit par ingestion, soit par injection d'albumine étrangère, telle que celle du blanc d'œuf, albuminuries qui ont été signalées et étudiées pour la première fois par Claude Bernard.

Enfin, parmi les albuminuries vraies, il en est de transitoires accompagnant les affections diverses aiguës ou chroniques, certaines modifications passagères de l'état physiologique, la fatigue par exemple. D'autres sont *permanentes*, ce sont les albuminuries symptomatiques d'une lésion rénale, du mal de Bright par exemple.

Caractères des urines albumineuses. — Ces urines présentent des caractères variables selon les circonstances; les principaux sont les suivants :

Urines pâles, souvent louches, moussant aisément et conservant longtemps la mousse; odeur fade. L'acidité est souvent plus faible qu'à l'état normal, quelquefois nulle, et quelquefois enfin la réaction peut être alcaline. La densité varie de 1,007 à 1,018 (celle des urines normales étant de 1,022 à 1,030. Mais ce caractère dépend essentiellement du rapport entre l'eau et les matériaux dissous dans l'urine, et, par suite, de la plus ou moins grande quantité de liquide émis.

La quantité d'albumine qu'on peut trouver dans une urine d'albuminurique est très

---

1. Des recherches récentes portant sur un très grand nombre de sujets ont été faites par M. Géraud. La conclusion de ces recherches est que l'albuminurie dite normale n'existe pas (1893.

variable. Elle varie de 35 grammes par jour à 2 grammes et au-dessous. L'urée diminue dans ces urines (Voyez **Urine** et **Urée**).

Matières albuminoïdes qui peuvent se trouver dans les urines. — Ce sont la sérine, les globulines, la fibrine, l'hémi-albuminose, les peptones. Ces substances sont tantôt associées en nombre variable, tantôt isolées.

Recherche de l'albumine et des matières albuminoïdes (Voyez **Matières albuminoïdes, Albumine, Urine**). — *Conditions d'apparition dans l'urine.* — Nous avons dit que l'albumine peut se trouver en petites quantités dans l'urine en dehors de tout état pathologique constitué. Cette albuminurie transitoire peut se produire à la suite d'un exercice prolongé ou de repas copieux (LEUBE et EDLETZEN, BULL, FURBRINGER, SEMMOLA, etc.), mais la proportion d'albumine dans ces cas dépasse rarement plus de 0,1 p. 100.

L'albumine peut exister dans l'urine, surtout à la suite de lésions rénales, soit chroniques, soit passagères (néphrite, dégénérescence amyloïde, etc.), à la suite de maladies du cœur, d'emphysème pulmonaire, de certains troubles nerveux (épilepsie), de certaines altérations du sang : fièvres, maladies infectieuses, d'intoxications, arsenic, plomb, phosphore, cantharidine, alcool, etc.

Enfin, expérimentalement, on peut déterminer l'albuminurie par lésions nerveuses : lésions du plexus rénal des splanchniques, piqûre du plancher du IVe ventricule (CLAUDE BERNARD) (Voyez, à l'article **Rein**, l'influence du système nerveux sur la sécrétion urinaire).

L'injection dans le sang d'albumine de l'œuf détermine le passage de cette albumine dans l'urine, de même, son ingestion en excès (CLAUDE BERNARD).

L'injection d'eau, de bile, de glycérine, d'une solution d'hémoglobine dans le sang entraine, non plus l'albuminurie, mais l'hémoglobinurie (voir ce mot) par diffusion de la matière colorante du globule dans le plasma.

Du mécanisme de l'albuminurie. — L'albumine qu'on trouve dans l'urine est éliminée par le rein. Une première question à résoudre est la suivante. Dans quelle partie de l'appareil rénal — glomérules ou *tubuli-contorti* — se fait la sécrétion de l'albumine? Cette question se pose d'autant plus que nous savons par les recherches de HEIDENHAIN et de NUSSBAUM que les glomérules et les tubes contournés n'ont pas le même rôle, les glomérules étant préposés à la sécrétion de l'eau et des sels pour une part au moins, et dans certaines circonstances du sucre et des peptones, les canalicules contournés à la sécrétion de l'urée, de l'acide urique, des principes spécifiques de l'urine. L'élimination de ces diverses substances, notons-le en passant, n'est pas une filtration passive; nous avons affaire à un véritable travail physiologique actif des cellules qui composent ces divers segments de la glande rénale.

Lorsqu'on injecte à un animal de l'albumine de l'œuf ou qu'on ingère cette même substance en abondance, on peut en retrouver une certaine quantité dans l'urine, et l'albumine ainsi éliminée présente tous les caractères de l'albumine de l'œuf. Par où passe cette albumine? une expérience de NUSSBAUM permet de répondre avec précision.

On sait que chez la grenouille, le rein reçoit une veine qui lui apporte le sang des parties inférieures du corps : cette veine (veine-porte rénale) fournit un réseau capillaire qui irrigue les tubes contournés. A ces capillaires fait suite un autre tronc veineux (*vena revehens*) qui conduit le sang dans la veine-cave inférieure. Quant à l'artère rénale, elle fournit au glomérule. Il y a donc là deux circulations en quelque sorte indépendantes : c'est cette disposition que NUSSBAUM a mise à profit.

Si l'on injecte dans l'appareil circulatoire d'une grenouille une solution de blanc d'œuf, l'albumine passe dans les urines. Si auparavant on lie l'artère rénale, l'albumine ne passe plus. De même pour les peptones; si, au contraire, on injecte une solution d'urée, cette substance passe dans les urines.

On lie l'artère rénale et on injecte une solution d'urée : l'urée passe dans l'urine et cette urine ne contient pas d'albumine. Si on enlève la ligature pendant un certain temps, les urines contiennent, outre de l'urée, de l'albumine. C'est que dans ce cas les cellules du glomérule, par suite de la ligature, ont été en état d'anoxhémie pendant un temps suffisant pour suspendre leur activité vitale, qu'elles ne recouvrent qu'un certain temps après que la circulation s'est rétablie.

De même, la ligature temporaire de l'artère rénale chez les mammifères entraine l'albuminurie après que cette ligature a été supprimée. Or, si on enlève le rein à ce moment et si on le plonge dans l'eau bouillante, on trouve de l'albumine coagulée entre le peloton vasculaire du glomérule et la capsule de Bowmann.

Enfin, des injections d'albumine de l'œuf faites à des chiens ou des lapins ont permis de constater que la sécrétion de cette albumine se faisait bien par le glomérule et seulement par lui.

Conditions pathogéniques de l'albuminurie [1]. — On peut grouper les théories sous trois chefs :

1° Altération préalable du sang : théorie hématogène ;

2° Troubles de la circulation locale du rein ; théorie mécanique ;

3° Altération anatomique des éléments épithéliaux du rein ; théorie anatomique.

1° *Théorie hématogène.* — Elle se fonde sur des expériences anciennes de Magendie ; si on injecte dans les veines d'un animal une certaine quantité d'eau distillée, les urines, dit-on, deviennent albumineuses. Mais dans ces expériences ce n'est pas de l'albumine, c'est de l'hémoglobine qu'on trouve, hémoglobinurie qui résulte de l'action nocive de l'eau sur les hématies. Et, si l'injection est abondante et poussée rapidement, l'albumine qu'on trouve est l'albumine du sérum due à la rupture de vaisseaux rénaux qui laissent échapper du sang en nature.

Enfin, si l'injection d'eau est faite en petite quantité et avec précaution, jamais, d'après Stokvis et Westphal, les urines ne contiennent ni albumine, ni hémoglobine.

L'albuminurie résulterait-elle d'une modification, d'une altération préalable que subirait l'albumine du sang? C'est la théorie soutenue par Canstatt, Semmola, Proust, Graves.

Pour que cette théorie soit admissible, il faudrait démontrer que l'albumine de l'urine diffère de l'albumine du sang. Or, au contraire, les recherches de Becquerel et Vernois ont établi l'identité de l'albumine du sérum et de l'albumine des urines albuminuriques, au moins en ce qui concerne leurs caractères chimiques. Les recherches de Stokvis aboutissent aux mêmes conclusions.

De plus, Stokvis a montré que l'albumine des albuminuriques injectée à un chien ne passe pas dans les urines, à l'inverse de l'albumine du blanc d'œuf.

2° *Théorie mécanique.* — L'albuminurie est attribuée à une augmentation de pression survenue dans le glomérule, soit par le fait d'une stase veineuse, soit d'une hypertension artérielle.

Il faut distinguer le cas où la circulation locale du rein est seule modifiée et celui où c'est la circulation générale.

Or, pour le premier cas, rien ne prouve qu'une augmentation de pression dans l'artère rénale détermine l'albuminurie.

Au contraire, si on pose une ligature incomplète sur l'artère rénale, on ralentit le cours du sang dans le glomérule, on diminue sa pression au-delà de la ligature et cependant l'urine rare qui coule est albumineuse.

Si maintenant on lie la veine rénale, l'urine d'abord supprimée devient rare et albumineuse au bout d'un certain temps.

Il en est de même si la ligature n'est pas complète ; or, dans ces cas, la pression du sang est augmentée dans le glomérule.

Deux conditions peuvent donc produire l'albuminurie. Mais il y a dans ces deux ordres de faits un facteur constant, c'est la diminution de vitesse du sang ; que la sténose porte sur l'artère ou sur la veine, il y a ralentissement circulatoire.

Pour ce qui concerne les modifications de la circulation générale, il ne suffit pas que la pression artérielle augmente pour que l'albuminurie apparaisse. On peut, en effet, lier l'aorte au-dessous des rénales sans que l'albumine passe dans les urines, celles-ci étant d'ailleurs très abondantes.

Mais, en revanche, si la pression artérielle s'abaisse et si la pression veineuse s'élève, l'albuminurie peut apparaître, et, dans ce cas, nous avons encore affaire à un ralentissement de la circulation rénale. C'est ce qui se passe dans les lésions cardiaques avec asystolie où les urines sont rares et albumineuses.

---

1. Pour les conditions pathogéniques de l'albuminurie, voyez les leçons de Charcot sur les maladies des reins.

Or, le ralentissement circulatoire entraine l'anoxhémie de cellules épithéliales du glomérule et c'est ainsi que peut s'expliquer l'albuminurie liée aux troubles circulatoires.

3° *Théorie anatomique*. — L'albuminurie relèverait d'une lésion des épithéliums du rein et spécialement des tubes contournés.

Mais il y a des albuminuries transitoires dont l'existence ne peut s'expliquer par une lésion anatomique persistante. D'autre part, la physiologie nous apprend que l'albumine n'est pas éliminée ou résorbée (Kuss) par les *tubuli contorti*.

Enfin, d'une part, il y a des albuminuries sans lésion appréciable des cellules rénales, et, de l'autre, il existe des cas où cette lésion existant, l'albuminurie fait défaut. C'est donc, en somme, *les modifications circulatoires et le ralentissement dans le cours du sang* qui paraissent être la principale condition de l'albuminurie.

E. A.

ALCALINS (Métaux et Sels). — Les métaux alcalins forment une famille chimique assez homogène. Nous n'entrerons pas ici dans le détail de leur action toxique sur l'organisme; car cette étude trouvera mieux sa place aux articles **Ammoniaque, Potassium, Sodium**, etc. Nous devons donner cependant quelques aperçus sur la toxicologie générale et comparée des sels que forment ces métaux.

On peut les classer, par leur poids atomique, dans l'ordre suivant :

```
Lithium. . . . . . .    7
Sodium. . . . . .     23    (7 × 3)    + 2
Potassium. . . . .    39    (7 × 6)    — 3
Rubidium. . . . .     85    (7 × 12)   + 1
Césium . . . . . . .  133   (7 × 19)   --
```

A la rigueur, vu la grande similitude des réactions chimiques et des formes cristallographiques, on peut considérer l'ammonium comme ressemblant à un métal alcalin.

Tous ces métaux ont les propriétés suivantes :

1° Ils se combinent à un atome de chlore, ou de brome, ou d'iode, pour former des chlorures, bromures et iodures, stables et solubles;

2° Ils décomposent l'eau à température basse pour former avec l'oxygène des combinaisons basiques, stables et solubles;

3° Leurs sulfates et leurs carbonates (et en général tous leurs sels) sont solubles.

Parmi ces métaux, il en est deux, le potassium et le sodium, qui font partie intégrante de l'organisme des animaux et des végétaux; si bien qu'ils constituent l'un et l'autre un élément indispensable, avec cette différence que l'organisme végétal peut presque se passer de sels de sodium, tandis qu'un organisme animal a besoin pour vivre, à la fois de potassium et de sodium.

Quant aux métaux alcalins rares (lithium, rubidium et césium) on ne les trouve qu'exceptionnellement dans les organismes.

Si l'on rencontre des sels ammoniacaux dans les tissus ou les liqueurs des animaux, ce n'est pas que l'ammoniaque soit indispensable à l'existence; mais il constitue une sorte de déchet, de résidu de la combustion des matières azotées.

Il est évident que l'étude physiologique et toxicologique des métaux alcalins ne peut porter que sur les sels de ces métaux, et non sur les métaux eux-mêmes, qui sont insolubles, et décomposables par l'eau. D'ailleurs la nature de l'acide uni au métal est à peu près indifférente, quand il s'agit d'acides inoffensifs, radicaux électro-négatifs n'ayant pas d'action physiologique spéciale (Cl, Br, I, SO^4, PO^3, NO^3, CO^3, etc.), de sorte que l'histoire toxicologique des métaux alcalins, c'est l'histoire de quelques-uns de leurs sels. Généralement ce sont les chlorures qu'on prend comme terme de comparaison.

Peu d'études d'ensemble ont été faites sur cette action comparative. Je mentionnerai les travaux de MM. Aubert et Dehn (*A. Pf.*, t. ix, p. 118), un mémoire de M. Fausto Faggioli (*Atti d. Soc. Ligustica di Scienze natur.*, t, iv, n° 4, déc. 1893, p. 383, et t. v, n° 2, janv, 1894, p. 1), et les recherches nombreuses que j'ai faites sur le même sujet (*Trav. du Lab. de Physiol.*, t. ii, 1893, p. 398-493). Dans une certaine mesure, les recherches sur les antiseptiques comme celles de M. Miquel, de M. J. de la Croix, et d'autres bactériologistes, appartiennent à cet ordre d'études (V. **Antiseptiques**).

Plusieurs méthodes peuvent être employées. La plus simple consiste à faire vivre des animaux (ou des plantes, ou des microbes) dans des solutions, à divers degrés de concentration, des sels alcalins.

Les poissons se prêtent bien à ce genre d'expériences; en faisant vivre des poissons dans des solutions salines et en prenant comme limite de toxicité la dose minimum qui ne tue pas un poisson en 48 heures, j'ai trouvé les chiffres suivants, évalués en métal, non en sel métallique, par litre de liquide :

grammes.

Na.	26,0
Li.	0,25
K.	0,20
AzH^4.	0,065

En rapportant ces chiffres au poids atomique, nous ne modifions presque pas les données. On trouve en effet :

gr. moléc.

Na.	1,13
Li.	0,036
K.	0,005
AzH^4.	0,003

ce qui, en faisant la toxicité de la molécule de sodium égale à 100, devient :

grammes.

Li.	3
K.	0,15
AzH^4.	0,25

Je dois ajouter que ces recherches étaient faites sur des poissons de mer, et que je donne ici, non seulement la quantité de NaCl ajouté, mais encore la quantité de NaCl qui était normalement contenue dans l'eau de mer.

Ce qui en résulte, c'est, comme l'avait déjà montré BOUCHARDAT, la différence considérable entre les sels de sodium, presque inoffensifs, et les sels de potassium, vraiment très toxiques.

Quel que soit le procédé adopté pour étudier les divers sels alcalins, on trouve toujours cette plus grande toxicité du potassium. Ainsi, en injections sous-cutanées, le lithium, le rubidium et le potassium m'ont donné la série suivante de toxicité.

Toxicité moyenne des chlorures, bromures, iodures (par kilogr. d'animal)
(en poids de métal).

	LITHIUM.	POTASSIUM.	RUBIDIUM.
Poissons	0,105	0,510	0,830
Pigeons.	0,065	0,390	0,730
Cobayes.	0,102	0,440	0,790
	0,091	0,447	0,783

Comparé à ces trois métaux, le sodium peut être regardé comme inoffensif.

Mais, en faisant l'expérience avec des microbes, j'ai pu constater un effet imprévu, c'est que l'ordre de toxicité était, pour ainsi dire, renversé. A la dose à laquelle le sodium est assez offensif, le potassium n'exerce aucune action. Pour juger la question, je faisais fermenter du lait additionné de quantités variables de chlorures de lithium, de potassium ou de sodium. Voici les chiffres résultant de ces expériences. Étant forcé de prendre une définition arbitraire, je regarde comme toxique la dose qui ralentit de 50 p. 100 la quantité d'acide lactique formé, par rapport à du lait normal pris comme témoin.

Poids de métal (par litre) qui diminue de moitié en 24 heures
l'activité de la fermentation.

grammes.

Na.	19
K.	37
Li.	4

Il est probable qu'on peut généraliser cette différence remarquable entre les sels de sodium et les sels de potassium. Les animaux, c'est-à-dire, en dernière analyse, des êtres pourvus d'un système nerveux, sont plus sensibles au potassium. Les végétaux, c'est-à-dire des organismes sans système nerveux, sont plus sensibles au sodium. De même que la strychnine est un poison pour les animaux, sans agir comme toxique sur les végétaux, de même le potassium, poison du système nerveux, n'est toxique que pour les animaux.

On peut considérer, en effet, les poisons comme constitués par deux grands groupes, non homogènes assurément, mais qu'il importe d'établir pour faire une étude méthodique. Il y a les poisons qui sont délétères pour toute cellule vivante; poisons *universels*, et les poisons qui n'agissent que sur la cellule nerveuse, poisons *spéciaux*.

Les poisons universels, ce sont les éthers, les alcools, les essences, les composés aromatiques (chloroforme, benzine, essence d'absinthe, oxyde d'éthyle, etc.), les sels métalliques de mercure, d'argent, de platine, de plomb. Même à dose faible, ils détruisent l'activité de toute cellule vivante.

Au contraire les poisons spéciaux ne sont, à faible dose, actifs que sur la cellule nerveuse (strychnine, aconitine, curare, alcaloïdes en général, ammoniaque et sels de potassium).

On peut donc jusqu'à une certaine mesure proposer comme caractéristique de l'organisme animal qu'il est plus sensible à l'action du potassium qu'à celle du sodium, tandis que pour l'organisme végétal c'est l'inverse qu'on constate.

Dans toutes ces expériences, un point capital, et dont les expérimentateurs n'avaient guère tenu compte, c'est le rapport de la toxicité, non avec le poids brut du sel employé, mais avec le poids moléculaire.

Par exemple il n'est pas permis de comparer la toxicité du chlorure de lithium, dont la molécule ne pèse que 42, avec l'iodure de césium, je suppose, dont la molécule pèse 259. Si l'iodure de césium est à poids égal aussi toxique que le chlorure de lithium, cela signifie qu'en réalité la molécule d'iodure de césium est six fois moins toxique que la molécule de chlorure de lithium.

En rapportant à la molécule de sel alcalin employé la dose toxique trouvée, j'ai constaté que, d'une manière très générale, les sels des métaux alcalins avaient une toxicité proportionnelle à leur molécule.

Voici le tableau qui résume nos recherches :

Doses mortelles moléculaires minima (par kilo.)

		LITHIUM.	POTASSIUM.	RUBIDIUM.	MOYENNES.
Chlorures.	Poissons.	0,0126	0,0115	0,0085	0,0109
	Tortues.	0,0193	0,0123	0,0121	0,0146
	Grenouilles.	0,0207	0,0129	0,0109	0,0148
	Pigeons.	0,0120	0,0133	0,0129	0,0127
	Cobayes.	0,0141	0,0141	0,0123	0,0137
	Lapins.	0,0124	»	0,0128	0,0126
	MOYENNES. . .	0,0152	0,0128	0,0116	0,0132
Bromures.	Poissons.	0,0171	0,0154	0,0109	0,0144
	Pigeons.	0,0086	0,0104	0,0070	0,0087
	Cobayes.	0,0160	0,0103	0,0073	0,0112
	MOYENNES. . .	0,0139	0,0119	0,0084	0,0114
Iodures.	Poissons.	0,0150	0,0128	0,0098	0,125
	Pigeons.	0,0069	0,0059	0,0059	0,062
	Cobayes.	0,0143	0,0100	0,0081	0,104
	MOYENNES. . .	0,0121	0,0095	0,0079	0,0097
	MOYENNE GÉNÉRALE . . .	0,0143	0,0111	0,0093	0,0115

Dans le mémoire que j'ai cité, je suis entré dans le détail, ce que je ne puis faire ici. Je me contenterai donc de donner les conclusions qui me paraissent résulter directement des chiffres de ce tableau :

1° Pour les substances chimiques similaires, et notamment les sels des métaux alcalins, les doses toxiques sont à peu près proportionnelles au poids moléculaire, non au poids absolu (maximum : 0,0207, LiCl pour les grenouilles; minimum : 0,0059, RbI pour les pigeons).

2° Pour des poids moléculaires égaux, les métaux alcalins sont d'autant plus toxiques que leur poids atomique est plus élevé.

gr. moléc.

Li. 0,0143
K. 0,0111
Rb 0,0093

3° A poids moléculaire égal, le chlore, le brome et l'iode (combinés aux métaux alcalins) sont à peu près également toxiques; mais ils le sont d'autant plus que leur poids atomique est plus élevé.

gr. moléc.

Chlorures 0,0132
Bromures 0,0114
Iodures. . . . . 0,0097)

4° Les vertébrés et invertébrés (reptiles, poissons, mammifères, limaçons, écrevisses, oiseaux, batraciens) sont à peu près également sensibles à l'action toxique des sels alcalins. D'une manière générale, les oiseaux sont plus sensibles que les mammifères, et les mammifères plus sensibles que les poissons.

On voit qu'en définitive les efforts faits par divers auteurs, en particulier RABUTEAU, puis SIDNEY RINGER [1], et d'autres savants encore, pour relier, si possible, les propriétés physiologiques (et par conséquent toxiques) des métaux à leur poids atomique, ne peuvent guère aboutir, puisque ce qui semble résulter de ces recherches, c'est l'analogie d'action, à poids moléculaire égal, des métaux alcalins, avec une toxicité peut-être un peu plus forte, contrairement à ce qu'avait pensé RABUTEAU, quand le poids atomique s'élève.

5° Les sels alcalins agissent synergiquement, et, en les mélangeant les uns aux autres, l'effet produit est la somme de leur action.

Le mode d'action de ces sels alcalins est donc probablement identique, quel que soit l'animal étudié, quel que soit le sel employé; et il semble que cette action porte surtout sur le système nerveux.

A dose toxique aiguë, c'est un épuisement général du système nerveux central, paralysie, dépression, impuissance motrice, quelquefois, comme avec le lithium et l'ammonium, convulsions suivies d'un rapide épuisement post-épileptique; souvent adynamie cardiaque, abaissement énorme de la pression artérielle; le système nerveux cardiaque paraissant subir un des premiers les effets toxiques. Le potassium, quand il n'a pas paralysé le cœur, peut aussi provoquer, par exemple chez les poissons, des effets presque convulsifs. J'ai même pu constater que de très fortes doses de NaCl, injectées dans le système veineux des chiens, amenaient de vraies convulsions.

A dose toxique lente, on observe les mêmes effets d'adynamie et de prostration; et le résultat le plus éclatant de cette intoxication lente est un amaigrissement général et rapide, avec abaissement thermique manifeste. D'où il suit cette conséquence curieuse que chez les animaux à sang chaud et les animaux à sang froid la dose toxique est différente en été et en hiver. En hiver les pigeons sont bien plus sensibles que les poissons; et en été c'est plutôt l'inverse; car, pour les poissons, l'élévation thermique contribue à augmenter la toxicité, tandis qu'elle diminue chez les pigeons l'activité des échanges, et par conséquent leur permet de résister davantage à la dénutrition générale. Cette dénutrition est telle que certains animaux, intoxiqués chroniquement, ont perdu jusqu'à 45 p. 100 de leur poids.

1. *J. P.*, t. 1, n° 1, p. 84.

En étudiant sur *Paramaecium aurelia* (MÜLLER), l'action des trois chlorures de Na, de K et de Az H⁴, M. F. FAGGIOLI a trouvé comme limite de toxicité, dans 100 grammes d'eau :

	grammes.
AzH^4Cl	0,1250
KCl	0,2000
$NaCl$	0,2500

Or, en rapportant ces chiffres aux poids moléculaires, nous trouvons que la molécule de AzH^4Cl est toxique à $0^{gr},00024$, celle de KCl à $0^{gr},00027$, celle de $NaCl$ à $0^{gr},00043$. Autrement dit le chlorure de potassium est à peu près deux fois plus toxique que le chlorure de sodium.

En comparant les trois sulfates et les trois bromures, il a trouvé :

	grammes.
$(NH^4)^2SO^4$	0,187
K^2SO^4	0,125
Na^2SO^4	0,154
NH^4Br	0,250
KBr	0,430
$NaBr$	0,387

Mais je ne regarde pas comme tout à fait rigoureuses les expériences qu'il a faites ainsi ; car l'examen microscopique, si instructif qu'il soit, est bien moins précis que la simple détermination du moment de la mort par une solution toxique titrée.

M. FAGGIOLI a aussi étudié l'action des sels alcalins dont l'acide est variable. Mais la méthode d'observation adoptée par lui (examen des mouvements de *Paramaecium aurelia*) ne me paraît pas irréprochable.

Voici les chiffres qu'il donne :

Dose toxique pour 100 grammes d'eau.

SODIUM.		POTASSIUM.		AMMONIUM.	
Na^2CO^3 . . .	0,0800	K^2CO^3	0,0600	$(NH^4)^3PO^4$ . . .	0,0700
Na^2SO^4 . . .	0,1543	K^2SO4	0,1250	$(NH^4)^2CO^3$ . . .	0,1000
Na^3PO^4 . . .	0,1940	KCl	0,2000	NH^4NO^3	0,1200
$NaCl$	0,2500	$KHCO^3$	0,2000	NH^4Cl	0,1250
$NaHCO^3$ . . .	0,3400	K^3PO^4	0,2200	NH^4HCO^3 . . .	0,1800
NaH^2PO^4 . . .	0,3909	$KHPO^4$	0,4000	$(NH^4)^2SO^4$ . . .	0,1870
$NaBr$	0,3874	KBr	0,4300	NH^4Br	0,2500
$NaNO^3$	0,4500	KI	0,4800	NH^4I	0,2500
NaI	0,5773	KNO^3	0,5000	$NH^4H^2PO^4$ . . .	0,2750
MOYENNE . . .	0,28	MOYENNE . . .	0,25	MOYENNE . . .	0,17

Ainsi, d'après lui, le sodium et le potassium n'auraient pas une toxicité bien différente, ce qui me paraît à vrai dire trop paradoxal pour pouvoir être admis sans réserve. Il est vrai qu'il s'agit, dans ces recherches, de l'influence sur la motilité plutôt que de la toxicité vraie.

Il était intéressant de savoir comment les sels alcalins divers agissent sur la gustation. Des recherches que j'ai faites avec GLEY, il résulte que les chlorures, bromures et iodures se comportent à peu près de même.

Les doses limites, c'est-à-dire les plus faibles doses perceptibles, ont été, par litre de liquide, en poids de métal :

	grammes.
Chlorures.	0,26
Bromures.	0,24
Iodures.	0,22

Autrement dit, la dose gustative est sensiblement la même.

En prenant le poids moléculaire de ces doses sapides minima nous avons, trouvé par litre les chiffres suivants pour les sels alcalins :

	grammes.
Sels de sodium.	0,0036
— rubidium.	0,0059
— potassium	0,0072
— lithium.	0,0078

En somme, ces chiffres sont assez comparables pour que, vu les causes d'erreur nombreuses inhérentes au mode d'expérimentation, on puisse regarder comme vraisemblable. l'identité d'action des divers sels alcalins sur les nerfs du goût.

Nous pourrions ici traiter une question importante que nous avons passée sous silence, c'est l'action médicamenteuse des sels alcalins. A vrai dire, c'est plutôt de la thérapeutique que de la physiologie. Mais cependant la physiologie nous permet de considérer les sels alcalins comme des modificateurs de la nutrition (par l'intermédiaire du système nerveux). De fait, la similitude d'action, vraie en toxicologie, ne paraît pas vraie en thérapeutique ; il n'est pas possible de comparer le chlorure de lithium et le bromure de potassium. L'iodure et le bromure de potassium ont, comme on sait, des effets thérapeutiques tout à fait distincts.

On remarquera aussi que le sodium fait exception et qu'on ne peut le faire rentrer dans la famille des métaux alcalins, au point de vue toxicologique. Dans la classification de Mendéléeff, le sodium ne rentre pas dans la famille du lithium, du potassium, du rubidium ; on voit que physiologiquement il en diffère.

La conclusion générale, c'est que les sels des métaux alcalins ont (à l'exception du sodium) une toxicité très voisine, si on la rapporte au poids moléculaire.

Bibliographie. — Sur cette action d'ensemble des métaux alcalins, j'ai donné dans mon mémoire (*Trav. du Lab.*, t. ii, p. 398) les principales sources d'informations. Pour une bibliographie plus détaillée, voir plus loin les articles **Lithium**, **Potassium**, **Sodium**. Citons encore : P. BINET. *Action physiolog. des métaux alcalins et alcalino-terreux* (*Rev. méd. de la Suisse romande*, nos 8 et 9, Août et Sept. 1892). — BINZ. *Pharm. Kenntniss der Halogene.* (*A. P.*, t. xxiv, 1894, p. 185.)

Quant à la proportion des métaux alcalins contenus dans l'organisme, on trouvera les chiffres nécessaires à l'article **Aliments** (Voir aussi **Sang**, **Nutrition** et **Muscles**).

CHARLES RICHET.

ALCALINS (Milieux). — Voyez Basiques (Milieux.)

ALCALOÏDES. — Jusqu'au milieu de notre siècle, la dénomination d'*alcaloïdes naturels* fut réservée à une classe de produits extraits des végétaux, jouissant de propriétés plus ou moins énergiquement toxiques et capables de s'unir aux acides, à la façon de l'ammoniaque, pour former des sels.

Les découvertes de WŒHLER, en 1828 : celles de DUMAS et PELOUZE, en 1833 ; de ZININ, en 1842 ; de GERHARDT, en 1845 ; de WURTZ, en 1849 ; d'ANDERSON, en 1851, démontrèrent la possibilité de réaliser la synthèse de produits analogues aux alcaloïdes naturels et de préparer des substances alcaloïdiques complètement différentes de celles que l'on pouvait extraire des produits végétaux.

Dans ces dernières années, et notamment depuis 1880, la découverte des ptomaïnes et des leucomaïnes fit reconnaître que la dénomination d'alcaloïdes ne devait pas être réservée aux produits tirés du règne végétal et que le nombre de ces substances provenant des modifications subies, dans diverses circonstances, par les tissus animaux était beaucoup plus considérable que celui des alcaloïdes retirés des végétaux.

Actuellement, la dénomination d'alcaloïde doit être attribuée à toute substance *azotée*, volatile ou fixe, oxygénée ou non, ayant comme noyau de constitution une ammoniaque composée ou une base pyridique ; capable de se combiner aux acides pour former des composés définis, cristallisés, et susceptibles de s'unir à certains sels minéraux, chlorures ou cyanures de platine, d'or, de mercure, etc., en produisant des combinaisons fixes et bien cristallisées.

L'hypothèse de la substitution à l'hydrogène d'une molécule d'ammoniaque ou de pyridine de radicaux plus ou moins énergiquement électro-positifs ou électro-négatifs, permet de concevoir la complexité de certains des composés qui peuvent prendre ainsi naissance; et même de prévoir, suivant la valence positive ou négative du radical substitué, le degré de basicité et d'alcalinité du composé qui se forme dans ces conditions.

Historique. — Au point de vue historique, la première trace de l'obtention, involontaire il est vrai, d'un alcaloïde, remonte à la préparation, vers 1688, du *Magistère d'opium* par Robert Boyle. Ce savant avait remarqué que, suivant sa propre expression, pour rendre l'opium plus actif, il suffisait de le traiter par du tartre calciné et de l'alcool *Usefulness of philosophy*, vol. I, p. 74). Et en effet, la morphine ainsi mise en liberté par le carbonate de potasse se dissout dans l'alcool, et l'on obtient une solution beaucoup plus active, au point de vue thérapeutique, que le produit primitif. Mais cette découverte passa inaperçue, et il fallut attendre plus de cent années avant que les recherches de Derosne, Séguin et Sertuerner appelassent de nouveau l'attention sur ce point.

En 1791, au cours de ses travaux sur l'analyse des quinquinas, Fourcroy prophétise en quelque sorte la prochaine découverte des alcaloïdes ; et ce n'est pas sans étonnement qu'après avoir parcouru le remarquable mémoire qui résume ces recherches, on ne trouve pas la découverte de la quinine comme une conclusion toute naturelle de ce travail.

Un fait en tout cas absolument incontestable, c'est qu'en perfectionnant les méthodes d'analyse immédiate appliquée aux végétaux et en faisant progresser les connaissances relatives aux principes actifs de ces végétaux, Fourcroy et ses contemporains ont préparé la voie à la découverte des alcaloïdes.

Mais, égarés par cette idée préconçue que les végétaux ne pouvaient contenir, en dehors des sels minéraux, que des substances résineuses, des gommes, des produits neutres ou acides puisqu'ils donnaient des *phlegmes acides* sous l'influence de la chaleur, Fourcroy concluait que la matière enlevée par les acides à l'écorce de quinquina, et qu'il avait reconnue être de même nature que celle qui se dissout dans l'alcool, se rapprochait beaucoup plus des résines que de toute autre substance; Berthollet n'hésitait pas à regarder comme de la magnésie le précipité produit par l'eau de chaux dans la décoction acide de quinquina; et Vauquelin, revenant sur le même sujet, insiste sur les propriétés particulières du composé isolé par la chaux de la décoction acide. Il remarque que cette substance ne rentre dans aucune des catégories connues jusqu'alors, observe que la dissolution de ce corps dans l'eau aiguisée d'acide précipite par les alcalis, les carbonates alcalins, la gélatine, l'émétique, le chlorure ferrique, mais il ne paraît pas penser un seul instant que cette substance puisse avoir quelque parenté avec les alcalis; et il conclut en disant que ces *résines* du quinquina ont des propriétés particulières et qu'elles doivent être, ainsi que celles de beaucoup d'autres végétaux, séparées des résines proprement dites.

« Nous faisons des vœux, disait Fourcroy en terminant son travail sur l'analyse des quinquinas, pour que de pareils travaux soient entrepris sur les grands médicaments que l'art de guérir possède et dont il tirerait sans doute un parti bien plus avantageux encore si leurs principes étaient mieux connus. Si nos forces pouvaient nous le permettre, nous ébaucherions au moins ces travaux sur l'opium, le camphre, les cantharides, l'ipécacuanha, les narcotiques, les plantes antiscorbutiques, les dépurantes et les vireuses. » Cet appel fut entendu ; et l'opium devient bientôt, concurremment avec le quinquina et grâce sans doute à ses propriétés thérapeutiques énergiques et à son action intense sur l'économie, l'objet des recherches des chimistes de ce temps. En 1802, Derosne extrait de l'opium un principe cristallisable, constitué par de la narcotine impure, auquel il attribue des propriétés basiques. Cette substance porta depuis ce moment l'appellation de *sel de Derosne*. En 1804, Séguin publia, au sujet de recherches qu'il faisait sur l'opium, un mémoire qui peut être regardé comme un modèle d'analyse immédiate : il isola les deux substances qui devaient recevoir plus tard les noms de morphine et d'acide méconique ; mais il n'insista pas sur les propriétés basiques de la morphine, « cette substance cristalline qu'on ne peut jusqu'ici considérer que comme une substance nouvelle », ainsi qu'il s'exprime à son sujet.

Telle était l'influence des idées théoriques alors en cours que Séguin put, dans son travail, dire en parlant de la *Substance cristalline* qu'il avait isolée, qu'à l'état de pureté elle est soluble dans l'alcool qui acquiert, par suite de cette dissolution, la propriété de verdir le sirop de violettes; qu'elle se dissout également bien dans les acides et y est retenue par affinité, qu'elle peut en être séparée par d'autres substances qui ont pour l'acide une affinité plus forte, que l'acide de l'opium ayant la propriété de former avec les métaux des sels insolubles, il se produit pendant le mélange des sels métalliques avec la dissolution d'opium, une double décomposition; tout cela sans arriver à oser tirer la conclusion logique de ses recherches, bien que tous les caractères de l'alcalinité fussent ainsi énoncés d'une manière positive, et il abandonne à un autre le soin et en même temps la gloire d'imposer à ce nouveau corps son véritable caractère et de lui donner un nom.

C'est seulement en 1817 que SERTUERNER, reprenant les recherches qu'il avait déjà entreprises quinze ans auparavant, au moment où DEROSNE publiait les résultats des siennes, eut la hardiesse de rompre avec les idées régnantes et indiqua nettement le caractère basique de la substance extraite de l'opium et signalée auparavant par SÉGUIN : ce fut lui qui donna à cet alcaloïde le nom de morphine et celui d'acide méconique à l'acide isolé et étudié déjà par SÉGUIN.

SERTUERNER caractérise nettement la morphine comme une base et insiste sur ce fait que certaines de ses propriétés semblent la rapprocher de l'ammoniaque. De plus, il reconnaît par l'expérimentation physiologique qu'elle constitue la partie efficace de l'opium. Ce dernier point de son étude mérite de nous arrêter spécialement, d'une part parce que les essais de SERTUERNER constituent les premières tentatives d'expérimentation effectuées avec un alcaloïde, et, d'autre part, parce que l'auteur n'hésita pas à tenter ses expériences sur lui-même et sur des personnes de son entourage.

« La propriété la plus remarquable de la morphine, dit-il dans son mémoire, est l'effet qu'elle produit sur l'économie animale. Pour le déterminer avec exactitude, je me suis prêté moi-même à des expériences avec quelques autres personnes, parce que les expériences sur les animaux ne donnent pas de résultats exacts.

« Je dois fixer l'attention d'une manière particulière sur les effets terribles de ce nouveau corps pour prévenir des malheurs; car on a osé prétendre publiquement qu'on avait donné cette substance en quantité considérable à plusieurs personnes sans remarquer aucun effet. Si c'était bien de la morphine qu'on eût donné dans ce cas, il s'ensuivrait que cette substance n'est pas dissoute par le suc gastrique. Mes expériences antérieures, dont on n'a pas eu connaissance, comme il semble, m'avaient porté à demander expressément qu'on ne donnât cette substance que dissoute dans l'alcool ou dans un peu d'acide parce qu'elle se dissout difficilement dans l'eau et qu'elle n'est, par conséquent, attaquée qu'avec peine dans l'estomac sans l'intermédiaire de ces liquides.

« Pour examiner sévèrement mes propres expériences, j'engageai trois personnes, dont chacune n'avait que dix-sept ans, à prendre avec moi de la morphine. Mais averti par les effets que j'avais vus antérieurement, je n'en donnai à chacune qu'un demi-grain (2 milligr. 3) dissous dans un demi-gros (2 grammes) d'alcool étendu dans quelques onces d'eau distillée. Une rougeur générale, qu'on pouvait même apercevoir dans les yeux, couvrit leur figure, principalement les joues, et les forces vitales semblaient exaltées.

« Lorsque nous prîmes, après une demi-heure, encore un demi grain de morphine, cet état augmenta considérablement, et nous sentîmes une envie passagère de vomir et un étourdissement dans la tête. Sans en attendre l'effet, nous avalâmes encore, après un quart d'heure, un demi-grain de morphine en poudre grossière avec quelques gouttes d'alcool et une demi-once d'eau. L'effet en fut subit chez les trois jeunes gens; ils sentirent une vive douleur dans l'estomac, un affaiblissement et un engourdissement général, et ils étaient près de s'évanouir : j'éprouvais moi-même des effets semblables; en me couchant, je tombai dans un état rêveur et je sentis une espèce de palpitation dans les extrémités, principalement dans les bras.

« Ces symptômes évidents d'un empoisonnement véritable et surtout l'état d'évanouissement des trois jeunes gens, m'inspirèrent une telle inquiétude, que j'avalai sans y penser 6 à 8 onces d'un vinaigre très fort et que j'en fis prendre autant aux autres : il succéda un vomissement si violent que l'un de nous, qui était d'une constitution délicate et dont l'estomac était tout à fait vide, se trouva dans un état très douloureux. Il me parut que le vinaigre communiqua à la morphine cette violente propriété vomitive. Dès lors, je donnai au jeune homme du carbonate de magnésie qui ne tarda pas à faire cesser les vomissements. Il passa la nuit dans un profond sommeil. Le lendemain le vomissement revint, mais il cessa bientôt, après une forte dose de carbonate de magnésie. Le manque d'appétit, la constipation, l'engourdissement et les maux de tête et d'estomac ne cessèrent qu'après quelques jours. A en juger par cette expérience assez désagréable, la morphine est un poison violent, même à petites doses. Ses combinaisons avec les acides ont peut-être encore plus d'effet. Je crois que le demi-grain pris le dernier eut une action plus vive parce qu'il arriva concentré dans l'estomac et y fut dissous.

« Les autres parties constituantes de l'opium ne possédant aucune des propriétés dont il vient d'être fait mention, il me semble que les principaux effets de l'opium dépendent de la morphine pure. Nous pouvons ainsi attendre des effets efficaces des différents sels à base de morphine dans plusieurs maladies. »

Avant la publication de ce travail qui dégage si nettement la notion de l'alcaloïde comme base végétale et principe actif du produit médicamenteux, un certain nombre d'observations et de recherches effectuées depuis une dizaine d'années avaient appelé l'attention dans cette voie et rendaient imminente la découverte de SERTUERNER. C'était d'abord CHENEVIX qui tenta l'analyse immédiate du café et en sépara, au moyen du muriate d'étain, un produit de saveur amère, ni acide, ni alcalin, et se distinguant très nettement du tanin et de tous les autres principes végétaux examinés jusqu'alors. Puis en 1812, VAUQUELIN isola du *Daphne alpina* un principe âcre et caustique qu'il reconnut certainement ne pas être constitué par un sel, comme sa forme cristalline semblerait le faire croire, mais bien par une substance végétale particulière inconnue jusque là, ramenant au bleu la teinture de tournesol rougie par un acide.

Mais, c'est quand il s'agit d'interpréter cette réaction alcaline que les idées dominantes d'alors égarent le savant professeur qui attribue cette alcalinité à un mélange de la substance active végétale avec de l'ammoniaque, comme il l'avait fait également pour le *principe huileux et âcre du tabac.*

A la même époque, et à la demande de CHAUSSIER, BOULLAY entreprit l'analyse immédiate des graines du *Menispermum cocculus* d'où il retira un principe d'une excessive amertume, formant des cristaux d'une blancheur éclatante, auquel il donna le nom de *picrotoxine.* PELLETIER et MAGENDIE font, au sujet de l'ipécacuanha, une série de recherches chimiques et physiologiques les conduisant à isoler de cette écorce une substance à laquelle ils donnent le nom d'*émétine* et qui en constitue le principe actif.

Toutes ces observations et ces découvertes avaient imprimé une vive impulsion à l'étude des produits végétaux; et le mémoire de SERTUERNER sur *la Morphine et l'acide méconique considérés comme parties essentielles*, fut, en quelque sorte, la synthèse et la coordination des recherches éparses et sans lien commun jusque là.

Une grande découverte est bien rarement (pour ne pas dire jamais) le fruit du labeur d'un seul homme; et ce n'est pas l'un des moindres attraits de l'étude philosophique des sciences que de voir émerger péniblement, puis surgir tout à coup, dans un éclat subit, une découverte dont on peut suivre historiquement la genèse difficile, que l'on voit ensuite arriver peu à peu à cette période, à laquelle conviendrait parfaitement la qualification de *prémonitoire*, pendant laquelle chacun pressent une évolution scientifique imminente et à l'élaboration de laquelle chacun travaille plus ou moins consciemment.

La découverte des alcaloïdes suivit cette marche : les travaux des pharmaciens et chimistes français ouvrirent l'horizon, déblayèrent la voie; et ce fut un modeste pharmacien d'Eimsbeck, dans le royaume de Hanovre, qui eut le mérite et la gloire de dégager la vérité.

A partir de ce moment, la lumière est faite; les travaux se succèdent nombreux, apportant chaque jour la confirmation de la découverte des alcaloïdes. Pourtant, une idée inexacte persiste encore jusqu'à nos jours, celle que les végétaux sont seuls capables de réaliser la synthèse naturelle de ces alcaloïdes.

Parmi le grand nombre des savants dont les travaux contribuèrent à assurer nos connaissances relativement aux alcaloïdes végétaux, il faut citer plus particulièrement PELLETIER et CAVENTOU. On leur doit l'étude très complète d'un certain nombre de familles de plantes; et ces savants reconnurent les premiers l'existence d'alcaloïdes chimiquement et physiologiquement différents dans une même plante. La strychnine, et la brucine; la quinine et la cinchonine, la colchicine et la vératrine, la curarine, furent les résultats de leurs remarquables travaux. Lassaigne et Feneulle, Desfosses, Robiquet, Couerbe, en France; Brandes, Meisner, Mein, Geiger et Hesse, en Allemagne, étudient un grand nombre de plantes et font connaître de nouveaux alcaloïdes.

En 1822, Bussy entreprit de déterminer la composition exacte des diverses substances actives que l'on avait alors isolées des végétaux. L'idée de ce travail lui fut suggérée par la discussion qui s'était élevée depuis quelque temps au sujet de la picrotoxine, le principe actif découvert par Boullay dans le *Menispermum cocculus*, dont la nature basique était contestée par Thénard. La picrotoxine ne saturant pas les acides, n'ayant aucune action sur les réactifs colorés, ne pouvait, disaient les adversaires de Boullay, être considérée comme une base salifiable, mais seulement comme une substance amère, vénéneuse. Les progrès que la méthode de Gay-Lussac avait fait réaliser à l'analyse élémentaire des substances organiques permit à Bussy de mettre en évidence, dans la composition des alcaloïdes, la présence de l'azote et de doser cet élément dans la morphine où Sertuerner et Thomson l'avaient méconnu, ainsi que dans plusieurs autres bases végétales. Ce travail de Bussy fut complété par Pelletier et Dumas qui donnèrent, l'année suivante, la composition d'un assez grand nombre d'alcaloïdes et prouvèrent ainsi l'existence de l'azote dans toutes les bases végétales. L'une des conclusions de leurs travaux fut que la picrotoxine, ne possédant pas les caractères généraux et les réactions des bases végétales, et, de plus, ne renfermant pas d'azote, ne pouvait pas être considérée comme un alcaloïde.

A peu près vers la même époque, plusieurs chimistes arrivèrent à isoler, dans un état suffisant de pureté, des bases végétales liquides dont l'existence avait été jusqu'alors mise en doute. Déjà, en 1820, Pfschier et Brandes avaient attribué la toxicité de la grande ciguë à la présence d'un alcaloïde, mais sans fournir de leur opinion une preuve décisive. Ce n'est qu'en 1832 que Geiger sépara la conicine dont l'alcalinité fut attribuée par certains chimistes à de l'ammoniaque entraînée pendant la préparation. A la suite d'un long travail de Deschamps (d'Avallon) tendant à prouver cette dernière interprétation, travail adressé à la Société de pharmacie de Paris, Henri et Boutron furent chargés d'élucider cette question, et leurs recherches les amenèrent à reconnaître l'exactitude des assertions de Geiger. De plus, des essais comparatifs d'expérimentation physiologique, effectués par Christison, démontrèrent qu'il y avait identité d'action dans les résultats obtenus avec le suc de la grande ciguë et ceux fournis par l'alcaloïde liquide de Geiger. La découverte de la nicotine par Posselt et Reimann vint bientôt confirmer l'existence des alcaloïdes liquides.

Alcaloïdes artificiels. — A partir de cette époque (1829), il fallut attendre jusqu'au moment de la découverte des ammoniaques composées et des alcaloïdes artificiels oxygénés et non oxygénés pour voir la question qui nous occupe faire de réels progrès. La synthèse de l'urée, effectuée en 1828 par Wœhler, fut le premier exemple de formation artificielle d'un composé organique.

En 1834, Liebig prépare l'ammélide, l'amméline et la mélamine, composés dont les caractères se rapprochent de plus en plus de ceux des alcaloïdes. A la même époque, Dumas et Pelouze observaient que dans l'action de l'hydrate de plomb en présence de l'eau bouillante sur certains composés organiques azotés et sulfurés, il se forme de véritables bases; c'est ainsi que l'essence de moutarde soumise à la température de 100°, à l'action de l'hydrate de plomb en suspension dans l'eau, fournit la sinapoline ou diallylurée.

Dans des recherches entreprises sur le goudron de houille, Runge signale des corps doués de propriétés alcalines, mais qu'il étudie fort incomplètement et n'isole même pas à l'état de pureté.

En 1840, Fritzsche prépare de l'aniline par distillation sèche de l'indigo en présence de potasse caustique. En 1842, Gerhardt obtient et isole la quinoléine comme produit de la distillation sèche de certains alcaloïdes végétaux (quinine, strychnine et surtout cinchonine) en présence des alcalis caustiques. La même année, Zinin découvre la formation de composés basiques parmi les produits de réduction des dérivés nitrés des matières organiques. En 1845, Fownes appelle l'attention sur ce fait que les hydramides soumis à l'action de la potasse, en présence de l'eau, subissent une modification isomérique remarquable et se transforment en bases organiques.

Enfin, en 1849, Wurtz réalisa l'importante découverte des ammoniaques composées dont la formation avait été prévue sept ans auparavant par Liebig. C'est par la réaction de la potasse caustique sur les éthers cyaniques, cyanuriques et les urées que Wurtz obtint la formation de ces bases artificielles. Ses recherches furent continuées par Hoffmann qui démontra la possibilité d'obtenir des amines complexes.

En 1851, les travaux d'Anderson sur les produits de la distillation sèche des matières animales attirèrent l'attention sur les bases de la série pyridique, dont quelques-unes avaient déjà été entrevues par Unverdorben dans ses recherches sur l'huile animale de Dippel. Greville-Williams, Church et Owen complétèrent ces études, dont les travaux tout récents de Ramsay, Kœrner, Skraup, Weidel, Ladenburg, Cahours et Etard, Oechsner de Conynck, etc., etc., ont démontré toute l'importance relativement à la constitution des alcaloïdes naturels.

Alcaloïdes d'origine animale. — En 1853, Wurtz, faisant réagir la triméthylamine sur la chlorhydrine du glycol, réalisait, du même coup, non seulement la synthèse d'un alcaloïde oxygéné, la névrine, mais encore d'un alcaloïde d'origine animale, la névrine étant identique avec la choline retirée de la bile par Strecker en 1849.

Ce fut seulement au cours de ces dernières années, en 1881, que la propriété de donner naissance à des alcaloïdes fut nettement reconnue aux cellules animales.

Rapprochant les faits qu'il avait observés, en 1869, puis en 1872, de la formation d'ammoniaques composées pendant la putréfaction de l'albumine d'œuf et de la fibrine, de ceux mis en lumière par Selmi à partir de 1870 et relatifs à la présence d'alcaloïdes particuliers qu'il appela *ptomaïnes* dans les viscères d'individus que l'on soupçonnait avoir été empoisonnés, ainsi que des observations que j'avais faites en 1879 et 1880 de l'existence d'alcaloïdes bien déterminés dans l'urine et les humeurs normales de l'homme; généralisant toutes ces données, Armand Gautier montra qu'il s'agissait d'une fonction normale des cellules vivantes et que des alcaloïdes pouvaient prendre naissance au cours des processus vitaux de toutes les cellules, que leur origine fût végétale ou animale. Cette interprétation fut confirmée par l'étude qu'il publia en 1886 sur les *leucomaïnes*, alcaloïdes formés régulièrement et nécessairement au cours des phénomènes physico-chimiques dont les organismes animaux sont le siège pendant leur vie.

On est amené par ces considérations à faire rentrer dans le cadre des alcaloïdes un certain nombre de produits de sécrétion ou d'excrétion de l'organisme humain qui étaient classés autrefois parmi les amides, les nitriles, les composés du groupe urique, etc., tels que la leucine, la tyrosine, la séricine, la carnine, la guanine, la sarcine, la xanthine, les oxyhétaïnes, etc., etc. Quelques-uns de ces corps ne manifestent que des propriétés basiques extrêmement faibles, comme d'ailleurs certains alcaloïdes d'origine exclusivement végétale (la narcotine par exemple); mais, bien que ce caractère soit important, il ne doit pas être envisagé exclusivement.

Ainsi comprise, la notion d'alcaloïde est beaucoup plus vaste que celle qui lui correspondait autrefois, lorsque cette appellation désignait les seules bases végétales; mais elle offre le grand avantage de réunir des composés dont la synthèse naturelle s'effectue dans des conditions analogues, dont la parenté, au point de vue physiologique, est incontestable; et que leur constitution chimique, dont la connaissance se perfectionne de jour en jour, nous apprend être dérivés des mêmes groupements moléculaires fondamentaux.

Généralités. — La découverte des alcaloïdes est l'une des plus belles conquêtes de la chimie pendant notre siècle. Les travaux suscités dans ces dernières années par les ptomaïnes et les leucomaïnes ont considérablement agrandi cette question et lui ont donné une importance plus grande encore, non seulement en augmentant le nombre des composés chimiques qui rentrent dans son cadre, mais surtout en démontrant que la genèse des alcaloïdes est une fonction physiologique d'ordre absolument général. On peut dire aujourd'hui que la synthèse naturelle d'un alcaloïde est la preuve de l'existence d'un processus vital.

En plus de son importance au point de vue physiologique, l'étude des alcaloïdes, mais alors surtout, celle des alcaloïdes végétaux, a permis de réaliser un progrès immense en thérapeutique en modifiant les applications et en perfectionnant nos connaissances pharmacologiques au sujet des drogues végétales. En permettant de substituer à la plante médicinale ou à ses préparations galéniques, susceptibles de varier suivant une foule de circonstances, un produit toujours identique, de composition chimique absolument constante et dont les effets peuvent être dosés et régularisés avec une précision presque mathématique, la chimie a ouvert aux applications thérapeutiques une voie véritablement scientifique en leur permettant une rigueur dans l'observation dont elles avaient été dépourvues jusque-là. Les progrès de la chimie dans cette voie spéciale ont même été poussés jusqu'à réaliser la synthèse artificielle d'alcaloïdes naturels et même celle d'autres alcaloïdes dont on ne connaît pas, jusqu'ici, d'analogues dans le règne végétal, et dont l'utilisation de l'action physiologique rend les plus éminents services à l'art de guérir.

Toutefois, si l'alcaloïde est le principe *le plus actif* d'un végétal, il n'est pas toujours *le seul actif*, et ne peut être, en toute circonstance, substitué à la plante dont il est extrait. L'effet thérapeutique que l'on recherche n'est souvent que la résultante de l'action de chacun des principes constituants du végétal.

D'autre part, la richesse en alcaloïdes d'une substance végétale varie suivant un assez grand nombre de conditions et de circonstances dont les principales sont les suivantes : l'époque de la récolte, le lieu de croissance, la nature du sol possèdent sur tous les végétaux une influence à laquelle n'échappent pas les plantes susceptibles de donner naissance à des principes actifs, alcaloïdes ou autres.

La nature du sol n'est pas la seule cause de variation dans la quantité du principe actif : l'âge de la plante possède à cet égard une influence plus considérable encore. C'est ainsi que les jeunes pousses de certaines espèces d'apocynacées sont utilisées comme aliment par les nègres de l'Amérique du Sud et que les jeunes pousses d'aconit sont employées au même usage en Suède, alors que les mêmes végétaux adultes sont violemment toxiques. Bien plus, certains principes actifs apparaissent ou disparaissent suivant l'âge de la plante : le maximum de richesse s'observe, en général, au moment de l'entrée en floraison.

Le climat a plus de pouvoir que la nature du sol sur la richesse des végétaux en principes actifs; en général, ceux qui croissent dans les lieux élevés et qui sont plus exposés à la radiation solaire contiennent une plus forte proportion de substance active : la digitale et l'aconit sont dans ce cas, tandis que la belladone se montre, au contraire, plus active quand elle est exposée à l'ombre.

Le *summum* d'activité s'observe surtout chez les plantes récoltées dans leurs lieux d'origine. L'acclimatation et la culture affaiblissent ou dénaturent, tout au moins, les propriétés actives.

Le moment auquel la récolte de la plante a été effectuée possède une influence considérable. Cette condition n'avait pas échappé aux anciens pharmacologues; et nous voyons Dioscoride, Mesuè, Galien, Avicenne, recommander de faire la récolte des racines au printemps, à l'époque où les feuilles commencent à poindre; ou à l'automne, quand elles sont complètement tombées, de même que la tige, s'il s'agit de plantes bisannuelles. Ces observateurs avaient reconnu qu'au printemps la racine élabore de nouveaux sucs qui seraient bientôt absorbés par les feuilles si on les laissait se développer; tandis qu'à l'automne, après la maturation de la graine, les matériaux de nutrition, n'étant plus attirés vers les organes de reproduction, restent localisés principalement dans les racines jusqu'au moment où le froid arrête la végétation. Les racines des plantes vivaces ne doivent être récoltées qu'après plusieurs années de végétation; celles des plantes bisannuelles à l'automne de la première année ou au printemps de la seconde; celles des plantes annuelles sont nécessairement récoltées quand la plante est en pleine végétation.

Les tiges ligneuses doivent être recueillies l'hiver; les tiges herbacées après la foliation et avant la floraison.

Les écorces doivent provenir de végétaux adultes et en pleine vigueur : celles des arbrisseaux sont généralement récoltées en automne et celles des arbres, au printemps. Les alcaloïdes sont parfois localisés plus particulièrement dans certaines couches de l'écorce, comme cela arrive pour la quinine, qui abonde surtout dans la couche celluleuse, externe, des écorces de cinchona, tandis que la couche libérienne n'en renferme que de très faibles proportions.

Les feuilles doivent être recueillies au moment de leur plus grande vigueur, c'est-à-dire quand les organes reproducteurs commencent à poindre : il est préférable de récolter les feuilles des plantes bisannuelles pendant la seconde année.

Pour les semences, l'époque la meilleure est celle de la maturité complète, indiquée par la déhiscence des valves pour les fruits capsulaires et la maturité du péricarpe pour les fruits charnus.

Enfin, lorsqu'il s'agit de substances végétales qui ne peuvent être traitées immédiatement pour l'extraction des alcaloïdes, le mode de conservation exerce une influence parfois considérable sur la richesse en alcaloïde. Beaucoup de plantes éprouvent, par le fait seul de la dessiccation, une diminution ou une altération de leurs propriétés toxiques ou médicinales : si cette action s'exerce principalement sur les plantes dont les principes actifs sont constitués par des huiles essentielles, des gommes-résines, des glucosides, il n'en est pas moins certain que quelques alcaloïdes ne résistent pas à cette cause de destruction.

A ces causes d'altération, il convient encore d'ajouter d'autres causes accidentelles dont la valeur est loin d'être indifférente : telles sont, par exemple, l'oxydation lente à l'air sous l'influence du temps, la température, l'humidité, les moisissures.

Toutes ces considérations que je viens d'exposer très rapidement expliquent l'inégalité d'action de plantes ou parties végétales de la même espèce, et permettent de comprendre comment un seul produit médicamenteux, l'opium, par exemple, peut présenter des variations extrêmes de 2 à 30 pour 100, relativement à sa richesse en principes actifs. En outre, si l'on tient compte de ce fait sur lequel l'attention a été attirée par CLAUDE BERNARD, que ce même opium peut renfermer des proportions variables d'alcaloïdes dissemblables et différant, non seulement par leur composition et leurs propriétés chimiques, mais surtout par leur action physiologique, les uns étant calmants et narcotiques, alors que les autres sont excitants ou convulsivants; on comprendra l'incomparable service que l'isolement des alcaloïdes a rendu à la thérapeutique.

Procédés d'extraction. — Les alcaloïdes n'existent jamais à l'état libre dans les végétaux qui les produisent, il est donc nécessaire de les dégager de leurs combinaisons; et, pour arriver à ce but, de les faire passer en solution dans une liqueur sur laquelle on puisse faire agir facilement les réactifs. Mais une difficulté se présente aussitôt : certains de ces alcaloïdes sont fort altérables, soit en présence des acides, soit en présence des alcalis, surtout lorsqu'intervient une élévation de température. L'emploi des acides minéraux énergiques, tels que les acides sulfurique et chlorhydrique, qui permettent de faire passer en dissolution des alcaloïdes relativement très stables, comme la quinine, la strychnine, la morphine, ne saurait donner que de très mauvais résultats, s'il s'agissait d'alcaloïdes facilement altérables comme l'atropine et, mieux encore, l'aconitine, la colchicine : on risquerait alors de perdre, en le transformant, la majeure partie de l'alcaloïde que l'on veut isoler. Il faut, dans ce cas, ne faire usage que d'acides organiques et éviter, autant que possible, l'élévation de température prolongée pendant un temps assez long. Un procédé qui m'a toujours fourni d'excellents résultats et qui est absolument général est le suivant.

La substance (végétale ou animale) dans laquelle il s'agit de rechercher et d'isoler l'alcaloïde est finement divisée, additionnée de 5 pour 100 de son poids d'acide citrique pur; puis de trois fois son poids d'alcool à 60 pour 100, si elle est solide, d'alcool à 95, si elle est liquide; et le mélange est chauffé, durant quelques heures, à une température de 50° à 60°, en agitant fréquemment. Il importe que, dans tous les cas, la réaction de la liqueur hydro-alcoolique soit franchement acide au papier bleu de tournesol, même encore après 6 à 12 heures de macération.

Le mélange est alors filtré et le résidu de la filtration soumis à une forte pression pour en extraire tout le liquide. On répète l'épuisement de ce résidu à l'aide de trois fois son poids d'alcool à 60 p. 100 acidifié de 1 p. 100 d'acide citrique, on laisse digérer de nouveau quelque temps à la température de 50°; on filtre et on exprime derechef à la presse. Les liqueurs hydroalcooliques sont réunies et distillées *dans le vide* à une température ne dépassant pas 60°, jusqu'à ce que le résidu atteigne la consistance de sirop clair. Il est très facile, par une disposition convenable de l'appareil à distillation dans le vide de réaliser une alimentation continue et de condenser la presque tota-

lité de l'alcool dont on évite ainsi la perte. Dans le cas d'alcaloïdes éminemment altérables, comme cela arrive pour certains alcaloïdes volatils et un assez grand nombre
de ptomaïnes, il est encore préférable d'effectuer l'évaporation à la température ambiante, dans des capsules à fond plat disposées sous une cloche dans laquelle on fait
le vide et dont l'atmosphère est desséchée par de l'acide sulfurique à 66° Baumé, bouilli
au préalable et purifié de vapeurs nitreuses, acide que l'on remplace au fur et à mesure
qu'il absorbe le liquide. Un grand nombre d'alcaloïdes sont éminemment altérables
quand on chauffe leur solution au contact de l'air, surtout en présence de combinaisons
salines qui sont capables de favoriser la formation de produits de dédoublement. L'action des solutions alcalines est principalement intense, aussi doit-on toujours éviter
l'élévation de température, même très faible, d'une solution alcaline dans laquelle il
s'agit de rechercher des alcaloïdes. Les solutions très faiblement acides ont une action
décomposante beaucoup moins considérable, mais qui n'est cependant pas négligeable,
surtout lorsqu'on laisse intervenir deux autres causes de décomposition, impossibles à
éviter entièrement, la concentration des solutions et la durée de l'évaporation.

Dans tous les cas, une fois que le résidu de distillation ou d'évaporation a atteint la
consistance de sirop clair, on l'additionne de dix fois son volume d'alcool à 95 centièmes
et on laisse le mélange en contact pendant vingt-quatre heures, en agitant fréquemment.
La majeure partie des sels minéraux, des matières albuminoïdes, mucilagineuses, etc., etc.,
se trouve ainsi séparée à l'état insoluble, tandis que les sels acides des composés alcaloïdiques passent dans la solution alcoolique. On filtre pour séparer le résidu insoluble ;
la majeure partie de l'alcool est récupérée par distillation ménagée au bain-marie et le
résidu de la distillation est évaporé à siccité sous une cloche, dans le vide, comme il
vient d'être dit ci-dessus. La présence d'une proportion assez considérable d'alcool dans
la liqueur empêche, ou tout au moins atténue dans une notable proportion, la décomposition des sels d'alcaloïdes sous l'influence de l'élévation de température; aussi cette
distillation ne doit-elle pas être poussée trop loin, de peur de déterminer l'altération des
composés que l'on a pour but d'isoler. Il est préférable d'avoir un léger excès d'alcool
dans la liqueur que l'on soumet ensuite à l'évaporation dans le vide. Au surplus, l'acide
citrique n'exerce pas, à beaucoup près, une action décomposante aussi énergique que
celle des acides minéraux, et encore cette action est-elle entravée par la présence de
l'alcool. Ce sont toutes ces considérations qui m'ont fait préférer l'emploi de l'acide
citrique à celui des acides organiques plus énergiques que lui et des acides minéraux.

Le résidu de cette dernière évaporation est repris par un mélange de deux tiers
d'eau distillée et un tiers d'alcool à 95 p. 100 : on filtre sur un papier préalablement
mouillé d'eau distillée pour séparer une petite quantité de matières grasses ou cireuses
entraînées par la solution alcoolique; et l'on a une solution contenant à l'état de
citrate, en présence d'un excès d'acide, le ou les alcaloïdes qu'il s'agit d'isoler. Il ne
reste plus qu'à les dégager de cette combinaison au moyen d'un lait de magnésie ou de
chaux, d'un bicarbonate ou d'un carbonate alcalin, de l'ammoniaque, d'un alcali caustique; et à les enlever au mélange à l'aide d'un dissolvant approprié, chloroforme ;
benzine, ligroïne, éther, etc. Le choix du précipitant qui m'ont fait préférer l'emploi de l'acide
l'alcaloïde que l'on cherche à isoler : le lait de magnésie, le moins énergique de ces
réactifs alcalins, devra être employé pour les alcaloïdes facilement altérables ; la potasse
ou la soude caustique, au contraire, pour les alcaloïdes très stables. Pour ce qui est du
véhicule dissolvant, c'est la solubilité propre de l'alcaloïde qui devra guider dans son
choix.

Lorsque l'on est assuré à l'avance d'avoir affaire à un alcaloïde stable, le procédé
d'extraction peut être de beaucoup simplifié. On peut, par exemple, utiliser le procédé
de Pelletier et Caventou qui consistait à épuiser par de l'eau acidulée d'acide chlorhydrique ou sulfurique la substance renfermant l'alcaloïde, à filtrer cette solution, à y
ajouter un lait de chaux en excès et à agiter le mélange avec un dissolvant approprié.

On peut même, dans certains cas, réduire les végétaux en poudre fine, mélanger
cette poudre exactement à de la chaux éteinte et épuiser le mélange à l'aide d'un dissolvant convenable, soit dans un appareil à déplacement, soit dans un appareil à
lixiviation.

Il est encore possible, mais c'est là un procédé infidèle, de précipiter par le tanin la décoction aqueuse, ou dans l'eau légèrement acidulée, des parties végétales et de décomposer le précipité par la baryte ou l'hydrate de plomb en présence de l'alcool.

Enfin, pour les alcaloïdes volatils stables, la simple distillation de la substance renfermant l'alcaloïde avec une dissolution de potasse ou de soude caustiques, permet d'entraîner avec les vapeurs d'eau la base volatile qui se condense et vient surnager le liquide : on l'en sépare par décantation et rectification sur de la potasse solide, en opérant, au besoin, cette seconde distillation dans un courant de gaz inerte, ou, ce qui vaut encore mieux, d'hydrogène.

Propriétés générales. — Les alcaloïdes sont des composés azotés, à fonction plus ou moins nettement basique (les alcaloïdes végétaux sont presque toujours des bases énergiques), susceptibles, pour la plupart, de cristalliser par simple évaporation de dissolvants appropriés. Ils forment des sels par simple addition de leurs éléments à ceux des acides, comme l'ammoniaque. Quelques-uns sont susceptibles de donner des sels neutres et des sels acides; la plupart ne donnent qu'un seul sel. Les uns sont fixes, les autres volatils.

Les alcaloïdes volatils sont généralement liquides et composés seulement de carbone, hydrogène et azote, comme les ammoniaques composées, la conicine, la nicotine, la spartéine, les bases pyridiques et quinoléiques : cependant les pelletiérines, extraites de l'écorce de grenadier, sont volatiles, quoique oxygénées; la théobromine, la caféine et quelques autres alcaloïdes sont sublimables sans décomposition; la cinchonine, la quinine, la strychnine, la thébaïne, etc., ne sont que très partiellement sublimables, la majeure partie de l'alcaloïde se décomposant sous l'influence de l'élévation de la température.

Les alcaloïdes fixes sont presque tous solides, sauf la pilocarpine, dont la consistance est butyreuse : ils sont, pour la plupart, oxygénés, et comprennent la grande majorité des alcaloïdes végétaux naturels.

La solubilité des alcaloïdes est très variable. Les alcaloïdes volatils sont, généralement, solubles à peu près dans tous les dissolvants, sauf ceux de la série quinoléique qui sont surtout solubles dans l'alcool. Quant aux alcaloïdes de la série pyridique, ils deviennent de moins en moins solubles dans l'eau, à mesure que le nombre des branches forméniques substituées à l'hydrogène va en augmentant. Les alcaloïdes fixes sont, généralement, insolubles ou peu solubles dans l'eau, assez solubles dans l'alcool, qui est, pour la plupart, le meilleur dissolvant.

Mais, si les alcaloïdes végétaux sont à peu près insolubles dans l'eau, il n'en est pas de même des alcaloïdes artificiels et de quelques alcaloïdes d'origine animale qui sont, au contraire, fort solubles dans ce dissolvant : il en existe même qui sont déliquescents. Le chloroforme, la benzine, l'alcool amylique, les pétroles (pétrole léger ou ligroïne, pétrole lourd, schiste), les éthers, sont des dissolvants plus ou moins efficaces pour chacun des alcaloïdes en particulier. Les sels d'alcaloïdes sont fort solubles, en présence d'un léger excès d'acide, dans l'eau et dans l'alcool. Placés sur la langue, les alcaloïdes provoquent presque tous une saveur amère très prononcée qui se manifeste encore avec leurs sels.

Presque tous les alcaloïdes naturels exercent sur le plan de la lumière polarisée une action qui se traduit par une déviation à gauche; la cinchonine et la quinidine sont à peu près les seuls déviant à droite. On connaît quelques bases pyridiques, telles que la conicine, qui se présentent sous deux modifications isomériques déviant l'une à droite, l'autre à gauche, et dont le mélange, en proportion convenable, constitue une troisième variété, racémique, inactive. En outre, certains alcaloïdes, tels que la nicotine et la narcotine, dévient à gauche, tandis que leurs sels exercent la déviation à droite. Le pouvoir rotatoire moléculaire n'est pas constant et varie avec la dilution.

La lumière altère les alcaloïdes et provoque leur oxydation à l'air. Lorsqu'on les soumet à l'action de la chaleur, ils entrent généralement en fusion, à la manière des résines, se volatilisent partiellement (pour quelques-uns d'entre eux); puis finissent, si l'élévation de la température est continue, par donner des composés ammoniacaux, des ammoniaques composées, des bases des séries pyridique et quinoléique. Sous l'influence d'une température de 120° à 130° suffisamment prolongée, quelques alcaloïdes subissent une simple transformation isomérique.

En présence des alcalis, et notamment par la distillation sèche avec la chaux sodée ou potassée, la plupart des alcaloïdes donnent surtout un mélange de bases pyridiques et quinoléiques. Ceux qui ne fournissent pas ces derniers produits donnent des ammoniaques composées et de l'ammoniaque.

Parmi les acides, les hydracides, tels que l'acide chlorhydrique, exercent sur certains alcaloïdes une action remarquable : tantôt, une molécule d'eau se sépare de la molécule de l'alcaloïde (la morphine se transforme ainsi en apomorphine), tantôt un groupe méthyle est remplacé par un atome d'hydrogène (comme cela a lieu pour la quinine et la codéine); tantôt l'alcaloïde est dédoublé par hydratation (l'atropine fixe les éléments d'une molécule d'eau et se transforme en tropine et acide tropique; de même, la cocaïne fixe les éléments de deux molécules d'eau et se transforme en ecgonine, alcool méthylique et acide benzoïque).

L'acide iodhydrique agit comme réducteur sur un grand nombre d'alcaloïdes et donne des hydrures du noyau constituant de l'alcaloïde : cette réaction est surtout intense lorsqu'on fait réagir sur l'alcaloïde l'acide iodhydrique en présence du phosphore rouge. Dans d'autres cas, cette même réaction donne lieu à la formation de produits de condensation, comme cela se produit avec la morphine.

Le chlore et le brome donnent généralement naissance à des produits de substitution. L'iode, au contraire, donne lieu, plus généralement, à la formation de produits d'addition, ou même, à la fois, de produits d'addition et de substitution, que l'on connaît sous la dénomination d'*iodobases* et qui sont, pour la plupart, remarquables par leur forme cristalline, leur aspect et leur action sur la lumière polarisée.

Sous l'influence des iodures alcooliques, les alcaloïdes donnent, dans presque tous les cas, naissance à des composés cristallisés que l'oxyde d'argent, en présence de l'eau, transforme en hydrates d'ammonium quaternaires : les alcaloïdes à deux atomes d'azote fixent d'emblée, dans cette réaction, deux molécules d'iodure alcoolique, et l'on obtient l'iodhydrate d'un diammonium. La plupart des alcaloïdes végétaux naturels sont constitués par des bases tertiaires, c'est-à-dire ne renfermant plus d'hydrogène remplaçable par un radical monovalent.

L'acide azoteux, en agissant sur les alcaloïdes, donne naissance à la formation de dérivés oxydés ou nitrosés.

L'action des agents oxydants est tout particulièrement intéressante : c'est elle, en effet, qui a permis de réaliser les premiers essais dans la voie de la synthèse des alcaloïdes végétaux en démontrant que tous avaient, comme noyau d'origine, des bases pyridiques ou quinoléiques. L'acide nitrique dilué, l'acide chromique, et surtout le permanganate de potassium, lorsque leur action est poussée à un point suffisant, donnent naissance à des acides pyridiques mono ou polycarboniques que la distillation sèche, en présence des alcalis, transforme en bases pyridiques en leur enlevant les éléments d'une ou plusieurs molécules d'acide carbonique. On observe, en même temps, la formation de produits plus simples, dérivant des radicaux qui étaient substitués, dans l'alcaloïde primitif, à un ou plusieurs atomes d'hydrogène de la base pyridique. Ce sont seulement ces derniers produits d'oxydation que l'on obtient lorsqu'il s'agit d'alcaloïdes à noyau ammoniacal (ammoniaques composées, amines, amides, etc.). C'est grâce à l'étude des produits d'oxydation des alcaloïdes végétaux naturels que l'on a pu se faire une idée de leur constitution et arriver à réaliser la synthèse de quelques-uns d'entre eux, comme la conicine et l'atropine.

Réactifs généraux des alcaloïdes. — Il existe un certain nombre de réactifs donnant, avec les alcaloïdes, des précipités ou des colorations qui permettent de les reconnaître, sinon avec une entière certitude, du moins de façon à ce que la recherche se trouve considérablement limitée. Quel que soit le point de vue auquel on se place, étude chimique d'un composé alcaloïdique, recherche toxicologique, etc., il faudra toujours contrôler les indications fournies par les réactifs généraux des alcaloïdes, soit au moyen de l'analyse médiate qui permettra de fixer la formule du composé, s'il s'agit d'une étude au point de vue chimique; soit par l'expérimentation physiologique, s'il s'agit d'une recherche de toxicologie.

Un certain nombre de réactifs possèdent la propriété de précipiter les solutions des sels d'alcaloïdes : ces précipités peuvent être déjà par eux-mêmes un indice permettant de soupçonner la nature de l'alcaloïde, mais cette indication est, en général, bien vague. Voici les principaux et plus utiles de ces réactifs.

A. *Réactifs par précipitation*. — 1. *Réactif de* MAYER. (Iodure double de potassium et de mercure). — Ce réactif se prépare en dissolvant dans de l'eau distillée tiède 13ᵍʳ,346 de sublimé; on ajoute à cette liqueur une dissolution de 50 grammes d'iodure de potassium et on amène le mélange au volume de 1 litre par une addition suffisante d'eau distillée.

Sous l'influence de ce réactif, les sels neutres (ou très faiblement acides) des alcaloïdes donnent des précipités blancs ou jaunâtres, amorphes ou cristallins : un certain nombre de précipités, d'abord amorphes, prennent une structure cristalline après vingt-quatre heures de repos. La plupart des précipités amorphes, dissous dans l'alcool bouillant, deviennent cristallins après refroidissement et évaporation de l'alcool.

D'après DRAGENDORFF, les précipités amorphes produits dans la solution aqueuse de l'alcaloïde, ne deviennent jamais cristallins avec les alcaloïdes suivants : narcotine, thébaïne, narcéine, émétine, aconitine, delphine, berbérine. Les solutions très étendues de caféine, théobromine, solanine, digitaline, colchicine, ne sont pas précipitées. Avec la *conicine* et la *nicotine*, le précipité blanc, amorphe, qui se produit d'abord, se réunit bientôt sous forme d'une masse poisseuse adhérente aux parois du vase, et, au bout de vingt-quatre heures, cette masse s'est transformée en cristaux visibles à l'œil nu et ayant parfois jusqu'à 1 centimètre de longueur.

MAYER a proposé de doser les alcaloïdes à l'aide de leur précipitation par ce réactif. Pour cela, les solutions doivent être diluées au moins au deux centièmes, et il faut opérer comparativement avec une solution, de titre connu, de l'alcaloïde dont il s'agit d'évaluer la proportion.

II. *Réactif de* SONNENSCHEIN. (Phosphomolybdate de sodium). — Ce réactif se prépare de la manière suivante : on précipite une solution de molybdate d'ammoniaque dans l'acide azotique étendu par une solution également azotique de phosphate de soude; après vingt-quatre heures de repos, on décante le liquide surnageant le précipité; on lave ce dernier à l'eau distillée, puis on le dissout dans une solution récemment préparée de soude caustique pure; on évapore dans une capsule de porcelaine et on chauffe le résidu jusqu'à disparition de toute odeur ammoniacale; on redissout dans l'eau après refroidissement et l'on verse goutte à goutte dans la solution de l'acide azotique jusqu'à ce que le précipité formé au début se soit redissous. Il est important de noter que ce réactif donne, avec les sels et les dérivés ammoniacaux (ammoniaques composées) des précipités ressemblant beaucoup à ceux qu'il détermine dans les dissolutions des alcaloïdes végétaux.

Le phosphomolybdate donne des précipités amorphes et dont la couleur varie du jaune clair au jaune brun, dans les dissolutions légèrement acides des alcaloïdes suivants : morphine, narcotine, quinine, cinchonine, codéine, strychnine, brucine, vératrine, jervine, aconitine, émétine, caféine, théobromine, solanine, atropine, colchicine. delphine, berbérine, hyoscyamine, conicine, nicotine, pipérine, digitaline, elléborine. Un grand nombre de ces précipités se colore en vert ou en bleu quand on les laisse en suspension dans le liquide, par suite de la réduction de l'acide molybdique et de l'oxydation de l'alcaloïde. L'ammoniaque dissout quelques-uns de ces précipités; la couleur de la solution est *bleue* avec la berbérine, la conicine, l'aconitine, *verte* avec la brucine et la codéine; les solutions se décolorent sous l'influence de la chaleur, sauf celle de la brucine qui passe au brun et celle de la codéine qui passe à l'orangé. Lorsqu'on humecte avec de la potasse le précipité produit par la quinoïdine, il prend une couleur bleu de prusse. Les précipités sont décomposés par les alcalis et leurs carbonates, l'alcaloïde est mis en liberté : ces précipités sont insolubles, à froid, dans les acides minéraux étendus, sauf l'acide phosphorique.

III. *Réactif de* BOUCHARDAT (Iodure de potassium ioduré). — Eau distillée 100 grammes, iodure de potassium 10 grammes, iode 5 grammes. Précipités de couleur kermès avec les solutions neutres ou très légèrement acides de strychnine, de quinidine, de brucine, de cinchonine, de berbérine, d'aconitine, de vératrine, de morphine, de narcotine, de codéine, de papavérine, de thébaïne, de conicine, de colchicine, de delphine. Précipités rouge brun avec la quinine, l'atropine et la nicotine : cette dernière base, lorsqu'elle est très pure, donne d'abord un précipité jaune qui prend une couleur kermès sous l'influence d'un excès de réactif.

IV. — Les chlorures d'or et de platine donnent des chlorures doubles, combinaisons définies susceptibles de cristalliser avec la plupart des alcaloïdes.

Les caractères et les propriétés chimiques des chloroplatinates sont des plus importants au point de vue de la détermination de l'espèce des alcaloïdes et de leur composition moléculaire. Il en est de même avec les chlorures de mercure et de zinc ; mais ces deux derniers sels, et surtout le chlorure mercurique, sont plus particulièrement utiles en raison des sels doubles qu'ils forment avec les alcaloïdes d'origine animale, combinaisons ordinairement peu solubles dans l'eau froide, mais solubles dans l'eau bouillante et cristallisant par refroidissement. La séparation du métal, à l'aide d'un courant d'hydrogène sulfuré, dans ces divers sels doubles, s'effectue, en général, sans altérer l'alcaloïde qui reste à l'état de chlorhydrate et que l'on peut obtenir très pur en évaporant dans le vide, à la température ambiante, la solution aqueuse du sel double (chauffée au besoin) sur laquelle on a fait agir l'hydrogène sulfuré. Les ammoniaques composées ne précipitent pas avec les réactifs précédents, sauf le réactif de Sonnenschein, mais donnent des sels doubles cristallisés avec les chlorures d'or, de platine, de mercure et de zinc.

Les iodure et bromure mercuriques sont également susceptibles de donner des sels doubles cristallisés, dont l'obtention est quelquefois plus facile que celle des chlorures doubles, et qui paraissent également plus stables que ces derniers.

V. — L'acide picrique, en solution aqueuse saturée, donne, avec la plupart des alcaloïdes, des précipités qui se présentent, lorsqu'on les produit dans certaines conditions assez délicates à réaliser, sous une forme cristalline assez caractéristique pour certains de ces alcaloïdes. La solution du sel d'alcaloïde doit être diluée au moins à 1 pour 100 et additionnée de solution picrique en léger excès parce que quelques picrates d'alcaloïdes sont plus solubles dans la solution saline d'alcaloïde que dans l'eau ou la solution d'acide picrique. Les précipités, au début, sont toujours amorphes, quelques-uns commencent à cristalliser presque aussitôt et à la température ambiante, d'autres cristallisent seulement par évaporation ou lorsqu'on sursature la solution par chauffage. A la température de 100° les précipités se dissolvent plus ou moins complètement suivant la concentration de la liqueur et, par refroidissement ou évaporation, on obtient à l'état cristallin ceux qui en sont susceptibles. L'acide picrique permet de subdiviser quelques alcaloïdes en groupes : ceux qui ne précipitent pas, ou difficilement, dans une solution à 1 ou 2 p. 100 (muscarine, conicine, colchicine, lycoctonine, strophantine, méconine, cubébine, caféine); ceux qui précipitent et ne cristallisent pas (narcotine, narcéine, delphine quinine, aconitine, apomorphine, émétine, aspidospermine, curarine, gelsémine, quinidine) ; ceux qui précipitent et cristallisent (strychnine, brucine, cinchonine, thébaïne, cocaïne, nicotine, atropine, atropidine, papavérine, codéine, morphine, pilocarpine, spartéine, ptomaïnes). Dans ce dernier groupe, l'aspect et le mode d'assemblage des cristaux sont parfois assez typiques pour faire soupçonner avec beaucoup de vraisemblance la nature de l'alcaloïde cherché.

Un grand nombre d'autres réactifs ont été proposés pour précipiter les solutions plus ou moins étendues des sels d'alcaloïdes ; mais ils répondent plutôt, sauf le tanin, à des réactions spéciales à tel ou tel alcaloïde et ne présentent pas un caractère suffisant de généralité, aussi ne ferai-je que les citer ici. Ce sont : le tanin, le phosphotungstate de soude (réactif de Scheibler), l'acide phospho-antimonique (réactif de Schulze), l'iodure double de bismuth et de potassium (réactif de Dragendorff), l'iodure double de cadmium et de potassium (réactif de Marmé), l'argento-cyanure de potassium, le platino-cyanure de potassium, le bichromate de potassium, etc.

B. *Réactifs par coloration.* — Les réactions par coloration sont très délicates à effectuer et demandent, pour être faites avec succès, une grande habitude de ce genre de travail. Il faut être familiarisé à l'avance au moins avec les réactions des principaux alcaloïdes et opérer toujours comparativement et dans les mêmes conditions. On laisse tomber une à deux gouttes d'un réactif sur un verre de montre placé sur une feuille de papier blanc et contenant le résidu de l'évaporation du dissolvant de l'alcaloïde (benzine, chloroforme, etc.). La solution doit renfermer l'alcaloïde dans un état de pureté aussi parfait que possible pour éviter des colorations dues à la présence des matières étrangères. Ces essais doivent être faits à la lumière du jour : il est important d'observer les colorations à plusieurs reprises et à des intervalles de temps assez considérables.

I. *Acide sulfurique pur à 66°.* — L'acide employé ne doit pas renfermer de trace d'acide nitrique.

Curarine. — Couleur rouge très belle, passant au rouge violet, puis pâlissant après cinq à six heures.

Émétine. — Coloration brun verdâtre, se produisant très lentement.

Pipérine. — Couleur jaune clair, passant au brun foncé et devenant vert brunâtre après vingt-quatre heures.

Cubébine. — L'alcaloïde prend une teinte ardoisée; l'acide prend une coloration rouge carmin persistant pendant vingt-quatre heures.

Berbérine. — Couleur vert olive sale, s'éclaircissant après quinze ou vingt heures.

Aconitine. — Couleur jaune brunâtre clair, passant au brun rouge violacé, au violet, puis au brun chevreuil, après vingt-quatre heures.

Vératrine. — Coloration jaune passant rapidement à l'orangé, puis au rouge sang, et, au bout d'une demi-heure, au rouge carmin le plus vif et persistant longtemps.

Narcotine. — Coloration jaune clair après quelques instants; rouge à chaud, et passant au violet à une température d'environ 200°.

Codéine. — Coloration bleue se développant très lentement (souvent au bout de plusieurs jours).

Papavérine. — Coloration bleue ou bleu violacé avec l'alcaloïde du commerce et impur : la papavérine complètement purifiée ne se colore pas.

Thébaïne. — Coloration rouge sang passant à l'orangé.

Narcéine. — Coloration grisâtre passant au rouge sanguin.

Colchicine. — Coloration jaune bouton d'or, persistant longtemps.

Delphine. — Coloration brun rouge clair, persistant longtemps.

Un grand nombre de glucosides sont également colorés par l'acide sulfurique : la *salicine*, la *populine*, la *phloridzine* se colorent en rouge ; la *sénégine*, la *smilacine*, l'*hespérine*, la *limonine*, en jaune rougeâtre ; la *syringine* et la *ligustrine*, en violet.

Solanine. — Coloration rouge clair, passant au brun clair après vingt heures.

Digitaline. — Coloration brun foncé, puis rouge brunâtre, fonçant après quelques heures et devenant rouge cerise après quinze heures.

La crocine, matière colorante du safran, passe au bleu indigo foncé sous l'influence de l'acide sulfurique, l'élatérine, le colocynthine, la convolvuline, la jalapine prennent des colorations variant du jaune au rouge brun.

La strychnine, la quinine, la quinidine, la brucine, la cinchonine, la caféine, la théobromine, l'atropine, la morphine, la nicotine, la conicine, restent tout à fait incolores.

II. *Réactif d'ERDMANN* (Acide sulfurique à 66 degrés, 100 grammes, additionnés de 10 gouttes d'une solution aqueuse à 1/2 p. 100 d'acide azotique à 1,25 de densité). — Les colorations sont les mêmes que celles de l'acide sulfurique pur avec un grand nombre d'alcaloïdes; seulement les successions de coloration sont, en général, plus rapides et plus prononcées : la codéine, par exemple, prend beaucoup plus rapidement la coloration bleue.

Brucine. — Coloration rouge devenant rapidement très foncée.

Émétine. — Coloration vert brunâtre, passant au vert, puis à l'orangé.

Chélidonine. — Coloration verte.

Colchicine. — Coloration bleu violacé, passagère.

III. *Réactif de FRÖHDE* (Acide sulfurique concentré pur 100 centimètres cubes, molybdate de sodium 10 centigrammes). — Ce réactif donne des colorations remarquables avec certains alcaloïdes.

Brucine. — Coloration rouge, passant rapidement au jaune, puis décoloration après vingt-quatre heures.

Quinine. — L'alcaloïde se colore en vert, puis se décolore : la solution devient verte au bout d'une heure, et cette teinte persiste pendant vingt-quatre heures (même réaction pour la quinidine).

Pipérine. — Coloration jaune, puis brune, puis noire; après vingt-quatre heures, solution brune renfermant un dépôt floconneux.

Émétine. — Coloration rouge passant rapidement au vert.

Berbérine. — Solution vert brunâtre, passant au brun après un quart d'heure, et laissant déposer après vingt-quatre heures un dépôt floconneux.

Aconitine. — Solution jaune brunâtre qui se décolore.

Vératrine. — Coloration jaune gomme-gutte, passant au rouge-cerise et persistant pendant vingt-quatre heures.

Morphine. — Coloration violette magnifique : la solution devient verte, puis vert brunâtre, puis jaune et redevient bleu violet après vingt-quatre heures.

Narcotine. — Coloration verte passant rapidement au vert brunâtre, puis au jaune, enfin au rouge.

Codéine. — Solution d'un vert sale, devenant ensuite bleu royal; après vingt-quatre heures la teinte est devenue jaune.

Papavérine. — Solution verte, passant au violet, puis au rouge cerise.

Thébaïne. — Solution orangée se décolorant après vingt-quatre heures.

Narcéine. — Coloration brune passant successivement au vert, au rouge, puis au bleu.

Nicotine. — Coloration jaune, passant à la longue au rouge.

Conicine. — Coloration jaune clair.

Colchicine. — Coloration vert aunâtre, passant au rouge violet sale, puis redevenant jaune.

Certains glucosides sont également colorés par le réactif de FRÖHDE.

Solanine. — Coloration franche rouge cerise, passant au brun rougeâtre, puis au jaune, et laissant déposer, après vingt-quatre heures, des flocons noirs nageant dans un liquide vert.

Digitaline. — Coloration orangée foncée, passant rapidement au rouge cerise, puis au brun foncé après une demi-heure; après vingt-quatre heures solution jaunâtre dans laquelle nagent des flocons noirs.

Salicine. — Coloration violette, passant au rouge cerise longtemps persistant.

Colocynthine. — Coloration rouge cerise, très vive après quelque temps et passant peu à peu au brun roux.

Phloridzine. — Coloration bleu royal très fugace

Ononine. — Rouge franc; *élatérine,* jaune, *populine,* violet, *syringine,* rouge de sang passant au violet.

La strychnine, la cinchonine, la caféine, la théobromine, l'atropine, ne sont pas colorées.

VI. *Acide azotique pur de densité 1,4.* — Il est important que l'acide azotique ait exactement a densité 1,4 (41°.5 BAUMÉ) et qu'il soit exempt de vapeurs nitreuses, sans quoi les colorations obtenues peuvent être très différentes.

Brucine. — L'alcaloïde se colore en rouge, se dissout, et la solution prend une teinte orangée.

Strychnine. — Solution jaune clair, fonçant peu à peu (d'abord rouge, lorsqu'elle renferme des traces de brucine).

Curarine. — Coloration pourpre

Émétine. — Coloration orangée, passant au jaune clair.

Pipérine. — L'alcaloïde prend une coloration orangée; il se dissout lentement et donne une solution jaune verdâtre.

Cubébine. — Solution jaune : berbérine, solution brune très foncée

Atropine. — Coloration brune de l'alcaloïde; liquide incolore

Aconitine, Vératrine. — Solution jaune très peu colorée, ne se modifiant pas.

Morphine. — Solution rouge-orangée, s'éclaircissant et passant au jaune clair.

Codéine, thébaïne et narcéine. — Solution jaune. — *Narcotine,* solution jaune se décolorant peu à peu. — *Papavérine,* solution jaune passant peu à peu à l'orangé foncé.

Nicotine. — Solution faiblement jaunâtre lorsque l'alcaloïde est en très petite proportion. En quantité plus considérable, coloration violette, passant au rouge sang, puis décoloration assez rapide.

Conicine. — Solution incolore (jaune, s'il y a une assez forte proportion d'alcaloïdes, avec l'acide azotique fumant, coloration violet bleuâtre, passant à l'orangé.

Colchicine. — Magnifique coloration violet bleu, passant rapidement au violet rouge, au rouge brun, puis au jaune.

Solanine. — Solution incolore, prenant peu à peu une teinte d'un beau bleu.

La quinine, la quinidine, la cinchonine, la caféine, la théobromine, la digitaline, la delphine ne donnent pas de coloration.

V. *Réactif de* MANDELIN (Solution de vanadate d'ammonium dans l'acide sulfurique). — Un élève de DRAGENDORFF, M. MANDELIN a proposé ce réactif qui donne des réactions colorées comparables à celles du réactif de FRÖHDE. Ses réactions sont surtout caractéristiques avec les alcaloïdes suivants : aspidospermine, berbérine, gelsémine, narcotine, solanine, strychnine.

Cette réaction est très délicate, et varie avec la concentration du réactif et le degré d'hydratation de l'acide.

La solution préparée avec vanadate d'ammonium, 2 grammes, et acide sulfurique à 66° 100 grammes, donne les colorations suivantes :

Aconitine. — Coloration brun clair.

Brucine. — Coloration rouge jaunâtre, puis orangée, puis décoloration.

Codéine. — Coloration vert bleuâtre avec une quantité assez considérable d'alcaloïde.

Colchicine. — Coloration bleu verdâtre, puis verte, puis brun violacé.

Morphine. — Coloration rouge violacé.

Narcéine. — Coloration brune, passant au violet, puis à l'orangé.

Narcotine. — Coloration cinabre, passant au rouge brun, puis au rouge carmin.

Solanine. — Coloration orangé jaune, passant au brun, puis au rouge cerise, enfin au violet après quelques heures.

Strychnine. — Coloration violet bleu, passant au bleu violacé, puis au violet rouge.

Vératrine. — Coloration jaune, passant à l'orangé, puis au rouge carmin, enfin au rouge pourpre après vingt-quatre heures.

Atropine. — Coloration jaune.

Digitaline. — Coloration rouge brunâtre.

Gelsémine. — Coloration violette intense.

VI. Les solutions de sélénite et de séléniate d'ammonium dans l'acide sulfurique donnent également lieu à des colorations avec les alcaloïdes : M. PH. LAFON a signalé la coloration verte (sensible au dixième de milligramme) que donnent la codéine et la morphine avec une solution de :

> Sélénite d'ammonium. . . . .   1 gramme.
> Acide sulfurique à 66. . . . .   20 cent. cubes.

Cette coloration se produit également avec le séléniate d'ammonium, mais elle est plus sensible et plus intense avec le sélénite.

Toutes les réactions, par précipitation et par coloration, qui viennent d'être exposées ne suffisent pas à elles seules pour caractériser avec certitude un alcaloïde : les réactions par précipitation sont trop générales, et celles par colorations ne sont pas suffisamment exclusives pour qu'on puisse les considérer comme indiscutables. De plus, un grand nombre des substances que l'on est exposé à rencontrer et à isoler, dans les recherches toxicologiques, donnent des réactions concordant d'une façon plus ou moins complète avec celles que je viens de passer en revue : il me suffira de citer les peptones naturelles ou artificielles, des composés amidés ou des alcaloïdes existant normalement dans l'organisme, tels que la taurine, la créatinine, la lécithine et surtout les ptomaïnes, pour faire comprendre avec quelle réserve doivent être acceptées les indications fournies par les réactifs ci-dessus, et pour justifier ce que j'ai déjà dit, à savoir : que *la preuve chimique doit* TOUJOURS *être confirmée par la preuve physiologique* ou par la détermination de la formule.

Il est quelques rares alcaloïdes dont les réactions chimiques sont assez précises ; mais, dans la grande majorité des cas, il faut chercher à isoler la plus forte quantité possible de substance, afin de l'étudier *en nature*, et de pouvoir effectuer, avec le produit purifié, des expériences physiologiques qui achèvent d'entraîner la certitude. Malheureusement, en raison de la toxicité considérable d'un grand nombre d'alcaloïdes, ce desideratum peut être assez rarement réalisé dans les recherches toxicologiques[1].

1. Parmi les substances donnant des colorations avec les réactifs généraux des alcaloïdes, figurent dans les tableaux ci-dessus des glucosides et d'autres substances toxiques d'origine végé-

Absorption et élimination des alcaloïdes. — Lorsque des alcaloïdes, ou des préparations dans lesquelles entrent ces composés, sont administrés dans un but thérapeutique, c'est, en général, par la voie buccale qu'ils sont introduits dans l'organisme. Depuis quelques années cependant, l'emploi des injections hypodermiques a pris une assez grande extension ; et il faut bien reconnaître que, si ce mode d'administration de produits médicamenteux toujours fort énergiques offre l'immense avantage de la rapidité pour l'absorption et, par suite, pour l'effet thérapeutique, en même temps que la certitude de l'intégralité de cette absorption ; d'autre part, l'énergie de presque tous les alcaloïdes à l'état parfaitement purs est telle que l'emploi de ce procédé devient, sauf dans quelques cas bien déterminés, vraiment redoutable, surtout si l'on tient compte des susceptibilités individuelles qui se manifestent parfois avec une intensité tout à fait inattendue.

Par contre, si l'on veut étudier, au point de vue physiologique, ou pour une recherche toxicologique, un alcaloïde quelconque, c'est l'injection hypodermique, ou même dans quelques cas l'injection intra-veineuse qu'il faudra choisir comme voie d'introduction de la substance dans l'organisme de l'animal soumis à l'expérimentation. Il n'est donc pas sans intérêt de résumer ce qui est actuellement acquis au sujet de l'absorption et de l'élimination des alcaloïdes.

L'absorption par la surface gastro-intestinale est éminemment sujette à variations. Sans tenir compte du degré de dilution, qui a cependant son importance, suivant que le tube digestif est en état de réplétion ou de vacuité, les solutions introduites dans l'estomac seront lentement ou rapidement absorbées. De plus, la surface du tube digestif absorbe moins pendant la digestion : c'est là un fait absolument certain, et que Claude Bernard attribuait à une sorte de mouvement de transport des vaisseaux aux organes abdominaux dans le but de fournir abondamment tous les sucs nécessaires à la digestion, mouvement contrariant le phénomène d'osmose, en sens inverse, nécessaire pour l'absorption : il comparait ce qui se produit alors à ce fait que, si l'on excite la sécrétion d'une glande, on peut impunément y injecter de la strychnine qui n'est pas absorbée ; tandis qu'en dehors de la période de sécrétion, la strychnine, injectée dans cette même glande, tue rapidement. La lenteur de l'absorption par le canal alimentaire pendant la digestion est aisément démontrée à l'aide du curare qui occasionne des accidents d'intoxication quand on l'administre, à dose suffisante, à un animal à jeun, tandis que la même dose, et même une dose plus forte, ne déterminent aucun effet sur un animal en pleine digestion. On ne peut donc savoir avec certitude, en introduisant une substance dans l'estomac, si elle pénètrera dans le sang en quantité suffisante et en un temps voulu pour pouvoir manifester son action physiologique.

Il faut, en outre, tenir compte de la réaction acide ou alcaline du milieu (estomac ou intestin) dans lequel la solution d'alcaloïde sera introduite et des déplacements ou doubles décompositions qui pourraient alors s'effectuer. Puis, chaque région de l'appareil digestif n'absorbe pas avec la même énergie. Dans les voies pré-stomacales, bouche, pharynx, œsophage, l'absorption est à peu près nulle, à moins que l'on ne réalise un contact suffisamment prolongé de la solution active avec la muqueuse. Dans l'estomac, l'absorption s'effectue d'une façon plus efficace, mais c'est surtout grâce à l'acidité du suc gastrique que l'absorption est préparée et facilitée par une parfaite dissolution du principe actif, s'il n'était pas arrivé sous cette forme dans l'estomac. L'absorption dans l'intestin grêle est extrêmement rapide ; et il est difficile de s'empêcher de voir une relation de cause à effet entre les altérations anatomiques de la muqueuse de l'intestin grêle, dans la plupart des cas d'empoisonnement, et l'absorption, à ce niveau, de la substance toxique. Dans le gros intestin, l'absorption est un peu moins active que dans l'intestin grêle, quoique notablement plus accentuée que dans le reste du tube digestif. La réaction alcaline du suc intestinal doit intervenir ici pour atténuer la toxicité des alcaloïdes précipitables par les solutions alcalines faibles : mais il peut se faire aussi qu'une partie de la substance ainsi précipitée séjourne dans le tube digestif et, venant à se redissoudre dans des conditions convenables, reproduise à plus ou moins longue échéance les symptômes caractéristiques de son action.

talc (digitaline, par exemple), que l'on est susceptible de rencontrer assez fréquemment dans une analyse végétale ou toxicologique. Je n'ai pas cru, pour cette raison, devoir les en écarter

L'absorption par le tissu cellulaire sous-cutané est beaucoup plus fidèle, en même temps qu'elle offre l'avantage d'une grande rapidité et de la certitude que toute la substance active a été absorbée. Les mailles du tissu cellulaire sous-cutané étant en communication avec les réseaux d'origine des vaisseaux lymphatiques, et en contact direct avec les vaisseaux capillaires sanguins, quelle que soit la voie par laquelle l'absorption se produise, elle ne peut manquer de se faire. Il faut toutefois tenir compte encore ici de quelques circonstances accessoires. Dans certaines régions, ou chez certains animaux, le tissu cellulaire sous-cutané, plus ou moins chargé de graisse, forme une couche épaisse dans laquelle l'absorption s'effectue mal et très lentement : c'est à cette propriété que l'on attribue l'immunité du hérisson contre la morsure des serpents venimeux; l'absorption serait suffisamment lente, grâce à l'épaisseur du tissu adipeux, pour que l'élimination puisse s'effectuer sans permettre l'accumulation dans le sang en quantité suffisante pour déterminer les accidents toxiques. Chez le chien, le tissu cellulaire sous-cutané est très dense, très serré; les liquides se diffusent difficilement dans ses mailles; et, pour obtenir une absorption rapide, on est obligé d'effectuer les injections sous-cutanées dans le tissu plus lâche du creux axillaire ou du pli de l'aine.

Magendie pratiquait des injections intra-pleurales dans le but d'obtenir une absorption très rapide. Les autres séreuses, le péritoine, par exemple, absorbent également les alcaloïdes avec une grande rapidité.

L'absorption par la peau revêtue de son épiderme est très faible, mais n'est pas nulle pour les alcaloïdes. L'exemple de la dilatation pupillaire obtenue par simple application de feuilles de belladone sur la peau intacte suffirait seul à le prouver. Tout naturellement, cette absorption est d'autant plus facile et plus efficace que l'épiderme est plus mince, comme le prouvent les faits d'absorption par la peau de l'aisselle, la partie interne des cuisses. En outre cette absorption plus grande est en relation avec la richesse des régions en vaisseaux lymphatiques et veineux et en glandes sudoripares et sébacées. Lorsque l'on détermine une irritation, même légère, de la peau, l'absorption est encore activée.

La peau, dépouillée de son épiderme, est une voie très active d'absorption, et l'on en a fait un très fréquent emploi, avant l'usage des injections hypodermiques, pour faire pénétrer par ce moyen des alcaloïdes dans l'organisme : c'est ainsi qu'après avoir enlevé l'épiderme à l'aide d'un vésicatoire, on produit l'analgésie en saupoudrant la surface cutanée avec du chlorhydrate de morphine.

La muqueuse oculaire et celle du conduit auditif ont été également utilisées comme voie d'absorption des alcaloïdes : la muqueuse oculaire absorbe plus que celle du conduit auditif.

La muqueuse respiratoire est une remarquable voie d'absorption, non seulement pour les substances gazeuses, mais même pour les liquides, à la condition qu'ils lui soient offerts par très petites quantités à la fois. C'est de toutes les muqueuses de l'organisme celle qui est la plus favorable à l'absorption. Gohier a pu faire pénétrer par la surface pulmonaire jusqu'à 32 litres d'eau chez un cheval; et Colin a montré que cette absorption pouvait s'élever à 6 litres par heure. Ségalas a pu empoisonner très rapidement des chiens en leur injectant par la trachée 60 grammes d'eau contenant 3 centigrammes d'un extrait de noix vomique dont 10 centigrammes administrés par l'estomac ne produisaient aucun effet. Claude Bernard a montré que des doses très faibles des alcaloïdes de l'opium, inactives quand elles étaient injectées dans le tissu cellulaire sous-cutané, produisaient un effet quand on les introduisait par la surface pulmonaire. L. Jousset de Bellesme a appliqué ce procédé à la thérapeutique humaine et en a obtenu d'excellents résultats. Il est seulement nécessaire de faire l'injection médicamenteuse goutte à goutte par la trachée, au-dessous du larynx, de façon à éviter la toux réflexe produite par l'irritation du nerf laryngé supérieur.

L'absorption par voie d'injection intra-veineuse est la plus rapide, mais aussi la plus dangereuse et ne peut être utilisée que pour l'expérimentation physiologique : il faut avoir la précaution d'introduire la solution de substance active sous un volume réduit et en solution neutre ou faiblement alcaline par une veine des membres inférieurs, aussi loin que possible du cœur, de façon à ce que le mélange avec la masse sanguine soit aussi parfait que possible quand le sang arrivera au cœur. Pour certains alcaloïdes ou sels peu solubles dans l'eau, on est obligé d'employer des solutions hydro-alcooliques ou des solutions légèrement acides qui peuvent déterminer des phénomènes dont il faut tenir compte pour ne pas les attribuer faussement à l'alcaloïde.

Nos connaissances relativement à l'élimination des alcaloïdes sont encore bien peu avancées; et il serait désirable que des recherches suivies et de longue haleine fussent entreprises à ce sujet. Sur la quantité d'alcaloïde introduite dans l'organisme, une partie se fixe de préférence dans certains organes: une autre est éliminée par les différents émonctoires; une troisième est détruite, principalement dans le foie qui joue à cet égard un rôle particulièrement remarquable. Nous ne savons jusqu'ici rien de précis, d'appuyé sur des expériences certaines, relativement au mode de localisation et à l'élimination des alcaloïdes. L'état particulier de l'organisme, au point de vue de sa normalité absolue, s'il m'est permis de me servir de cette expression, doit évidemment exercer une influence considérable sur la localisation, la destruction dans l'organisme et l'élimination des alcaloïdes : je n'en veux pour preuve que ce que nous savons aujourd'hui de l'élimination des alcaloïdes formés comme produits normaux de la vie des cellules, somme de connaissances à laquelle j'ai contribué pour ma part depuis mes premières recherches de 1879 et 1880. De plus, l'élimination doit certainement différer suivant que la dose d'alcaloïde absorbée est une dose thérapeutique ou toxique : dans beaucoup de cas, en effet, l'un des premiers résultats des doses toxiques est d'enrayer l'élimination et de suspendre le pouvoir destructeur, ou, pour mieux dire, anti-toxique, du foie. Un certain nombre de causes extérieures, température, saison, etc., viennent encore exercer ici leur influence; et il serait vraiment prématuré de vouloir, actuellement, tracer un tableau, prétendant à être exact, des lois qui président à l'élimination des alcaloïdes.

Classification des alcaloïdes. — Une classification rationnelle des alcaloïdes est encore actuellement impossible. Que l'on se place au point de vue de leur constitution chimique ou de leur action physiologique, l'état de la science est insuffisamment avancé pour qu'il soit permis de tenter un essai de classification dont les progrès réalisables demain viendraient démontrer l'inanité.

Au point de vue de la constitution chimique, les alcaloïdes peuvent se rattacher actuellement à trois grands groupes : les ammoniaques composées; les bases des séries pyridique et quinoléique, ce groupe paraissant de beaucoup le plus important; les kétines et composés homologues.

Au point de vue de l'action physiologique, on ne peut que tenir compte des propriétés les plus saillantes, actuellement bien connues, de chaque alcaloïde; et, en dehors de quelques groupes plus ou moins nettement délimités, narcotiques, défervescents, mydriatiques, on retombe dans les classifications vagues en stupéfiants, hyposthénisants, névrosthéniques, musculaires, etc., qui ne présentent vraiment aucun avantage, et dans plusieurs desquelles un même alcaloïde peut rentrer à juste titre.

Les progrès réalisés depuis plusieurs années dans l'étude de la constitution chimique de quelques alcaloïdes permettent d'espérer que l'on pourra arriver un jour, non seulement à être fixé définitivement sur leur constitution moléculaire, mais encore à saisir des liens entre cette constitution moléculaire et leur action physiologique dominante : c'est ainsi que les dérivés oxyhydro-méthylés de la quinoléine possèdent des propriétés antithermiques qui se retrouvent dans la quinine dont la constitution se rapproche de celle de la kairine et de la thalline. La coniine, qui est une pentahydroisopropylpyridine, se rapproche par la plupart de ses propriétés physiologiques des bases de la série pyridique.

Toutefois, comme il importe, ne serait-ce que pour en faciliter l'étude et en permettre la distinction, de dresser une sorte de table des matières des alcaloïdes, la classification qui me paraît la plus convenable, parce qu'elle ne préjuge en rien des propriétés physiologiques et qu'elle réserve les découvertes à venir, est celle que l'on adopte le plus communément en rangeant ces alcaloïdes d'après la classification adoptée pour les familles de plantes, s'il s'agit d'alcaloïdes végétaux, dans les groupes des ammoniaques composées, des bases pyridiques et quinoléiques, des kétines, s'il s'agit d'alcaloïdes d'autre provenance.

GABRIEL POUCHET.

ALCAPTONE. — Nom donné par Bœdecker (*Z. für rat. Med.*, 1859, et *Ann. d. Ch. u. Ph.*, 1861) à une substance jaune amorphe, insipide, extraite d'une urine morbide. Elle paraît se rapprocher des sucres, mais ne fermente pas.

ALCOOLS. — L'étude des alcools, au point de vue physiologique, comprend deux chapitres : 1° production des alcools par les êtres vivants (V. plus loin, **Fermentation alcoolique**); 2° action des alcools sur les êtres vivants.

Les alcools qui intéressent le physiologiste se divisent en plusieurs groupes : leurs caractères chimiques sont décrits dans les ouvrages spéciaux.

I. — *Alcools monovalents :* éthylique, propylique, amylique, etc. (en général produits par fermentation); A. myricique (cire animale); A. cérylique (cire végétale); camphre de Bornéo (*Dryobalanops camphora*).

II. — *Alcools bivalents :* cholestérine (bile, sang, légumineuses).

III. — *Alcools trivalents :* glycérine (corps gras animaux et végétaux).

IV. — *Alcools tétravalents :* érythrite.

V. — *Alcools pentatomiques* ou *hexatomiques* (glycose, lévulose, inosite, saccharose, dextrine, cellulose, amidon animal ou glycogène).

VI. — *Phénols* et composés aromatiques.

Il ne sera question dans cet article que de l'action physiologique des alcools par fermentation, dont le type est l'alcool éthylique C^2H^6. OH (Pour les autres voy. **Cholestérine, Glycérine,** etc.).

Par leur action sur les êtres vivants, ces alcools se rapprochent beaucoup d'une quantité d'autres liquides organiques neutres, dont la composition et les fonctions chimiques sont fort différentes, tels que l'éther ordinaire, beaucoup d'éthers composés, certaines aldéhydes, des essences, des produits chlorés ou sulfurés du carbone, des carbures d'hydrogène, etc. Tous ces produits, si différents par leur composition et par leur structure moléculaire n'en possèdent pas moins un certain nombre de propriétés physiques et organoleptiques qui leur donnent, en dehors même de leur analogie d'action physiologique, comme un air de famille. Ils sont incolores et odorants, possèdent une saveur piquante, et produisent, quand on les applique sur la peau privée d'épithélium, une sensation de chaleur plus ou moins brûlante. Ce sont des liquides mobiles, volatils, doués, en général, d'une tension de vapeur d'autant plus grande et d'une solubilité dans l'eau d'autant plus faible qu'ils sont plus toxiques. Leur chaleur spécifique est de beaucoup inférieure à celle de l'eau, ils sont dysosmotiques, c'est-à-dire qu'ils traversent difficilement les membranes organisées. Cependant, mis en présence de gelées colloïdales, comme l'hydrate d'alumine gélatineuse, par exemple, ils peuvent se substituer à l'eau sans que la forme et l'apparence soient altérées. S'il s'agit des alcools, une petite quantité de ceux-ci suffira pour chasser d'un colloïde hydraté (hydrogèle de Graham) une forte proportion d'eau et donner un nouveau composé encore gélatineux, mais moins hydraté (alcoogèle de Graham). Inversement, une grande masse d'eau pourra permettre l'élimination de l'alcool et reconstituer l'hydrogèle. Tous ces corps forment la classe des *Anesthésiques généraux* (Voyez ce mot).

Action physiologique générale de l'alcool éthylique. — Dans un liquide fortement sucré, au sein duquel s'opère la fermentation alcoolique, on voit celle-ci marcher avec rapidité, si la température est convenable, mais, dès que le milieu contient 10 à 12 p. 100 d'alcool, elle se ralentit pour s'arrêter quand la proportion d'alcool formé a atteint 20 p. 100. La levure subit diverses modifications et tombe inerte au fond du vase. On pourrait croire qu'elle est tuée, pourtant il n'en est rien, car il suffit de rajouter à la liqueur une certaine proportion d'eau pour que la fermentation recommence, sans addition de ferment nouveau. Celui-ci était en état de vie latente, anesthésié par l'alcool. Cette quantité de 20 p. 100 d'alcool est d'ailleurs celle que les industriels considèrent comme nécessaire pour empêcher que la levure de conserve soit envahie par les moisissures.

La germination des graines, comme celle des spores, est empêchée par l'alcool, ce qui explique le pouvoir antiseptique temporaire de cet agent. L'alcool agit sur tous les protoplasmes à la manière des anesthésiques généraux : il paralyse l'irritabilité, la sensibilité, la contractilité, l'activité des ferments. Sous son action, les mouvements amiboïdes sont suspendus, comme ceux des cils vibratiles, des spermatozoïdes, etc. Lorsqu'il est concentré, il peut produire certains changements de coloration des tissus. En immergeant dans l'alcool concentré des carapaces fraîches d'écrevisse, on les voit devenir rouges, comme si elles avaient été cuites.

Tous ces effets tiennent à ce que l'alcool est un agent déshydratant du protoplasme, et que la spore ou la graine ne peuvent germer, et le protoplasme fonctionner qu'à la condition de contenir une certaine quantité d'eau.

Cette eau de constitution physiologique est plus nécessaire encore que l'oxygène, car ce dernier en présence du protoplasme sec ne peut le ranimer (R. Dubois, *Action des liquides organiques neutres sur la substance organisée, B. B.*, 1884). D'ailleurs, si on exagère la proportion d'eau, en comprimant des tissus à plusieurs centaines d'atmosphères, on obtient une surhydratation du protoplasme présentant quelques analogies avec la déshydratation, au point de vue de ses effets physiologiques; il est donc nécessaire que le protoplasme contienne une proportion déterminée d'eau.

Action physiologique de l'alcool sur les mammifères. — *Absorption.* — L'alcool éthylique peut être absorbé rapidement par le poumon, soit à l'état de vapeurs, soit en injection dans la trachée : il l'est également par la surface des plaies et par les muqueuses, mais son absorption par la peau intacte est douteuse.

Pour l'expérimentation, on peut le faire pénétrer dans l'organisme par injection dans les veines, s'il est assez dilué, ou bien dans le tissu sous-cutané : le pli de l'aine est, dans ce cas, le lieu d'élection ; il provoque parfois des eschares, s'il est trop concentré. Son absorption est assez rapide par l'estomac, mais il y subit des modifications. On se sert avec avantage de la sonde œsophagienne pour le faire absorber par cette voie chez le chien.

Digestion. — L'alcool produit sur toutes les muqueuses et en particulier sur celle des voies digestives, comme sur la peau dénudée de son épiderme, une sensation de chaleur, d'autant plus brûlante qu'il est moins dilué. Celle-ci doit être attribuée : 1° au mélange de l'alcool avec l'eau, s'il est concentré ; 2° à son action excitante particulière sur les terminaisons nerveuses sensitives ; 3° à l'hypersécrétion glandulaire, qui s'accompagne de production de chaleur. La circulation locale est modifiée : il y a d'abord une vaso-constriction suivie d'une vaso-dilatation des capillaires. L'irritation de la muqueuse buccale et de la langue produit par action réflexe une salivation plus ou moins abondante. On n'observe d'hyperémie à la face interne de l'œsophage chez le chien qu'après l'absorption d'une assez forte proportion d'alcool à 45 p. 100.

A dose modérée, l'eau-de-vie, introduite dans un estomac vide y séjourne assez longtemps pour congestionner la muqueuse de cet organe, exciter ses contractions et augmenter la sécrétion du suc gastrique au début. Mais, d'après Buchner et Schellhaas, l'action de l'alcool est nuisible à la digestion à 20 p. 100; selon Schütz (*Cent. f. Klin.* 1885, p. 163), la peptonisation est déjà ralentie à 2 p. 100; à 10 p. 100, le ralentissement est grand; à 15 p. 100, il n'y a seulement que des traces de peptones. Une solution fortement alcoolique, de même qu'une solution concentrée de chlorure de sodium, provoque seulement dans l'estomac la sécrétion d'un liquide neutre, ou faiblement alcalin, albumineux. Chez les animaux intoxiqués par l'alcool concentré, on trouve des ecchymoses plus ou moins larges, surtout vers la partie pylorique. Les vaisseaux du chorion de la muqueuse sont plus ou moins dilatés par le sang : on voit de nombreux globules rouges autour de ces vaisseaux et dans les mailles du tissu conjonctif. Les hémorrhagies capillaires que l'on observe sous la portion tubuleuse de la muqueuse gastrique sont le résultat d'embolies capillaires provoquées par la coagulation du sang au contact direct avec l'alcool.

Les tubes sécréteurs de la muqueuse renferment une grande quantité de cellules à mucus, parmi lesquelles on n'en distingue aucune à pepsine. Les glandes muqueuses sont rétrécies vers l'orifice et forment des culs-de-sac dilatés et gorgés de cellules sans noyaux. La surface de la muqueuse contient une couche épaisse de mucus coagulé (J. Jaillet. *De l'alcool, sa combustion physiologique, son antidote. D. P.*, 1884).

L'absorption répétée d'eau-de-vie provoque de la congestion, puis de l'inflammation de la muqueuse : celle-ci sécrète une abondante quantité de mucus. Au travail inflammatoire succède un épaississement, une induration de la muqueuse, qui devient exsangue, et l'estomac perd sa contractilité; ultérieurement surviennent des ulcérations plus ou moins profondes, dont les caractères intéressent particulièrement les pathologistes.

Ce qu'il importe de remarquer, c'est que, dans l'empoisonnement aigu, comme dans l'empoisonnement chronique, il s'accumule dans l'estomac une assez grande quantité de liquide aqueux, comme cela arrive dans l'anesthésie par l'éther ou le chloroforme. C'est ce liquide qui, expulsé par le vomissement, constitue la gastrorrhée ou pituite des buveurs.

On a constaté également dans l'intoxication aiguë de la congestion et même des ecchymoses dans l'intestin grêle. CLAUDE BERNARD a vu que la sécrétion pancréatique pouvait être suspendue par l'action de l'alcool ingéré.

D'après quelques auteurs, une certaine quantité d'alcool serait absorbée par l'intestin, mais la plus grande partie passerait de l'estomac dans la circulation. Toutefois, ce n'est pas la totalité de l'alcool ingéré qui pénètre dans l'économie : une partie subit dans l'estomac une véritable digestion, qui le transforme en acide acétique et en acétates. Cette transformation est d'autant plus grande que l'alcool est plus dilué, elle est faible lorsque l'alcool est très concentré. Les substances alcalines l'entravent, et c'est pour cette raison que certaines personnes prétendent que l'eau de Vichy, mélangée au vin, favorise l'ivresse (DUBOIS); sa dilution avec de l'eau pure diminue son activité toxique en favorisant sa transformation en acétates.

Circulation et sang. — L'alcool coagule le sang *in vitro*, comme dans les vaisseaux quand la concentration est suffisante, et lui communique alors une coloration noirâtre. Ajouté en assez forte proportion au sang, il provoque la séparation de l'hémoglobine des hématies : on a prétendu que dans l'alcoolisme aigu le volume de ces éléments pouvait être diminué, ou bien au contraire accru, ce qui n'est pas exact; mais leur nombre augmente, ainsi que la proportion d'hémoglobine, ce qui prouve qu'il y a concentration du sérum. Dans l'ivresse confirmée, le sang renferme beaucoup d'acide carbonique et son pouvoir respiratoire est amoindri : il se charge aussi de globules graisseux.

D'après BECKER (*Franck's Magazine*, t. IV, p. 762) l'alcool cimenterait en quelque sorte l'oxygène et le globule; pour d'autres, il paralyserait seulement leur action.

L. LALLEMAND, PERRIN et DUROY (*Du rôle de l'alcool et des anesthésiques dans l'organisme.* Paris, 1860) ont nié toute oxydation intra-organique de l'alcool et soutenu que son élimination se faisait en nature et très rapidement, en vingt-quatre heures au moins ils n'ont pas pu constater dans le sang les produits intermédiaires d'oxydation, ni aldéhyde, ni paraldéhyde, ni acétates. D'après JAILLIET, et d'autres expérimentateurs, l'alcool est brûlé dans le sang lui-même en fournissant de l'acide carbonique. Cette oxydation de l'alcool n'est pas directe; selon JAILLET (*loc. cit.*), il se forme d'abord de l'acide acétique dans le globule rouge, mais il y est rapidement brûlé : une petite quantité d'alcool ajoutée à du sang *in vitro* pourrait être rapidement transformée en acétate. La formation possible de l'aldéhyde ne saurait être mise en doute : l'odorat permet de reconnaître sa présence dans l'air expiré par certains buveurs d'eau-de-vie. En tous cas, une notable proportion d'alcool échappe à l'action du sang : on en a retiré du cerveau et du foie principalement, ainsi que des reins et de la rate des animaux alcoolisés; on l'a retrouvé en nature dans les excrétions, comme nous le verrons plus loin.

Au début de l'ivresse, il y a augmentation de la rapidité du pouls, puis ralentissement, et le cœur, comme avec l'éther et le chloroforme, reste toujours l'*ultimum moriens.*

Le cours du sang est ralenti. HERING, ayant introduit du prussiate de potasse dans la jugulaire du cheval, reconnut que cette substance traversait tout le trajet circulatoire en 25 ou 30 secondes, tandis qu'elle n'apparaissait dans le bout supérieur de la jugulaire qu'au bout de 40 à 45 secondes, quand on avait préalablement injecté dans le sang une certaine quantité d'alcool.

A. SAMSON, en examinant une patte de grenouille au microscope, a remarqué que l'alcool augmentait d'abord l'afflux sanguin, pour le ralentir ensuite.

A. MARVAUD (*L'alcool, son action physiologique, son utilité et ses applications en hygiène et en thérapeutique. Paris*, 1872) a étudié chez l'homme, au moyen du sphygmographe, l'influence de l'eau-de-vie à la dose de 20, 30, 50 grammes. Il a trouvé une diminution de la tension artérielle se révélant dans chaque pulsation par une ligne ascendante presque verticale, par une ligne descendante plus oblique et plus allongée, souvent en zigzags et formant une ligne brisée plus ou moins irrégulière, enfin par le sommet de la courbe, qui devient plus aigu. Il a constaté la fréquence, puis le ralentissement des battements du cœur.

Au moyen du kymographion mis en communication avec la carotide, H. ZIMMERBERG (*Recherches sur l'influence de l'alcool sur l'activité cardiaque. Diss. inaug.* Dorpat, 1869) a reconnu un abaissement considérable de la pression sanguine (15 à 19 p. 100) et, entre autres phénomènes, une diminution des contractions du cœur. D'après le même auteur, le ralentissement et l'affaiblissement du cœur par l'alcool tiennent principalement à l'excitation des extrémités centrales des nerfs vagues, car leur section ramène la pression sanguine à l'état normal. L'alcool agit aussi directement sur le tissu du cœur.

Respiration. — Après l'absorption de notables quantités d'alcool, la respiration augmente de fréquence, tout en restant régulière ; mais au bout de quelque temps elle s'embarrasse, devient difficile, saccadée, stertoreuse, puis les mouvements respiratoires diminuent de fréquence et deviennent très lents. Chez le chien, la respiration thoracique est d'abord amplifiée, et bientôt elle diminue, pour faire place, dans l'ivresse confirmée, à la respiration diaphragmatique. De nouvelles recherches sur les échanges respiratoires paraissent indiquées. LALLEMAND, PERRIN, DUROY, et plus tard V. BOECK et BAUER, ont soutenu qu'à des doses modérées l'alcool diminuait à la fois l'absorption de l'oxygène et l'élimination de l'acide carbonique. GUNZ et GEPPERT (*in Referat de* BINZ *au Congrès de Wiesbaden*, 1888, *Centr. f. Klin. Med.*, t. 27) n'ont pas observé d'action appréciable sur la proportion de l'oxygène fixé. HENRIJEAN (*R. S. M.*, t. XXIV, p. 437, 1884) et JAILLET affirment que l'alcool élève la consommation de l'oxygène.

Excrétion. — Une certaine quantité de l'alcool absorbé est éliminée par le poumon et par le rein, environ 5 p. 100, et même 3 p. 100 seulement d'après BOTLANDER. BINZ a donné les chiffres suivants : rein : 2,91 p. 100 ; poumon : 1,60 p. 100 ; peau : 0,14 p. 100. Il n'y aurait pas d'élimination par l'intestin.

Température. — Outre la sensation que produit l'eau-de-vie sur les muqueuses avec lesquelles elle est en contact, on éprouve, quelques instants après son ingestion, un réchauffement des téguments qui s'accompagne de rubéfaction de la peau, surtout au visage. Cette sensation de chaleur serait due, d'après SCHMIEDEBERG, à une vaso-dilatation paralytique des constricteurs, et, pour BINZ, à une excitation vaso-dilatatrice. Quoi qu'il en soit, le rayonnement est augmenté et l'ivrogne se refroidit, alors qu'il croit se réchauffer. Cette illusion est encore accrue, à une autre période, par ce fait que l'alcool émousse la sensibilité thermique, comme la sensibilité tactile, et que l'individu alcoolisé ne cherche pas à se soustraire ou à réagir contre un froid extérieur qu'il ne sent pas. C'est une double cause des morts fréquentes chez les ivrognes.

Mais alors même que le buveur n'est pas soumis aux causes ordinaires de refroidissement, la température de l'alcoolisé s'abaisse très rapidement de 0°,5 à 1°. Chez une vieille femme, en état d'ivresse confirmée, on a vu la température vaginale descendre jusqu'à 26°, et ne se relever que peu à peu dans l'espace de cinq heures jusqu'à 36°, au fur et à mesure que se faisait l'élimination de l'alcool. Des abaissements de température de cette nature ont été maintes fois constatés chez le chien. Ces faits constituent un argument puissant en faveur de l'opinion de ceux qui pensent que l'action toxique de l'alcool séjournant en nature dans le sang et dans tous les tissus, mais principalement dans le foie et le cerveau, est un ralentissement de la nutrition. Dès 1870, j'ai rapproché l'action de l'alcool sur les éléments de nos tissus de celle qu'il exerce sur la levure de bière (*Sur le mode d'action physiologique de l'alcool, B. B.*, 1870, p. 6), et montré qu'il agit en vertu de son pouvoir exosmotique comme un déshydratant énergique de la cellule. Ultérieurement, j'ai rapproché son action exactement son action sur le protoplasme, de celle qu'il exerce sur les colloïdes hydrogèles en les transformant en alcoogèles, avec élimination d'une assez forte proportion d'eau (*Action des liquides organiques neutres sur la substance organisée. B. B.*, 1884, et, *De la déshydratation des tissus par les vapeurs de chloroforme, d'éther, d'alcool. B. B.*, 1884). Le ralentissement des phénomènes de nutrition qui accompagne toujours la perte de l'eau normale du protoplasme, au point de produire l'état de vie latente comme dans la graine, le rotifère et l'anguillule du blé niellé desséchés, ou bien encore dans la levure alcoolisée, n'est pas compensé par les oxydations que peut subir l'alcool dans l'organisme et leur action sur la chaleur animale : l'abaissement constant de la température centrale le prouve surabondamment. La chaleur animale n'est que la résultante d'une foule de réactions, les unes exothermiques, comme les oxydations, les autres endothermiques comme les déshydratations : elles peuvent se produire simultanément et l'équilibre de la température du corps résulte seulement des différences de la chaleur qu'elles dégagent avec celle qu'elles absorbent.

Le résultat de la déshydratation des protoplasmes se traduit par une diurèse constatée par tous les observateurs, par des hypersécrétions salivaires ou stomacales et quelquefois par des sueurs profuses, de la diarrhée, etc. Personne n'ignore avec quelle énergie l'organisme réclame de l'eau, après un excès d'alcool et l'état de sécheresse excessive de la langue est le meilleur signe du dessèchement général de tout le corps.

Cette action déshydratante des alcools a été mise à profit par l'auteur de cet article pour obtenir une momification du corps humain à l'air libre et à la température ordinaire. L'injection interstitielle et intracavitaire d'alcool amylique constitue un procédé d'embaumement très pratique ne nécessitant aucun délabrement du sujet et aucun outillage spécial (*Mém. présenté par* M. BROUARDEL *à l'Acad. de méd.*, 1891. — *Étude historique et critique des embaumements avec description d'une nouvelle méthode par* PARCELLY, Thèse, Lyon, 1891). Pour H. SOULIER (*Traité de thérapeutique et de pharmacologie*, t. I, 1891, Paris), il n'y a pas de contradiction entre l'action antithermique de l'alcool et son oxydation intra-organique : s'il n'augmente pas la quantité d'oxygène absorbé, il est seulement brûlé à la place des graisses et joue ainsi le rôle d'épargne des réserves d'aliments respiratoires : le même auteur admet une action hypothermisante sur le système nerveux central. DUJARDIN-BAUMETZ et JAILLET supposent que l'effet paralysant s'exerce sur l'hématie, considérée comme agent principal de l'hématose. Dans le cas où il y aurait un peu plus d'oxygène absorbé, l'hypothermie alcoolique devrait être comme la résultante de deux facteurs, agissant en sens contraire, le facteur hypothermique l'emportant sur le facteur comburant.

On voit tout de suite combien ces interprétations sont vagues, et combien il est plus rationnel de s'adresser à la physiologie générale pour avoir l'explication du phénomène de ralentissement de la nutrition, qui ne peut être mis en doute. Celui-ci n'est pas seulement rendu évident par l'abaissement de la température, le sommeil et l'inertie dans lesquels tombent les individus fortement alcoolisés, mais encore par la diminution de l'urée et de l'acide urique, ainsi que des autres produits de désassimilation contenus dans les urines (MARVAUD). Quant à la formation de la graisse dans le sang ou les tissus, elle ne peut pas plus être attribuée à l'action nutritive de l'alcool que la stéatose produite par le phosphore ou l'arsenic.

Système nerveux. — D'après CLAUDE BERNARD l'ivresse tient à la présence de l'alcool dans le sang et à son action directe sur l'élément nerveux, mais il faut tenir compte cependant de l'état de la circulation cérébrale, dont les modifications sont des accidents qui accompagnent l'ivresse, sans constituer son essence (*Rev. d. cours scientifiques*, 1869, p. 334). Au début, il y a hyperhémie du cerveau, réplétion sanguine des sinus, congestion de la pie-mère : dans l'ivresse confirmée, avec la résolution musculaire, apparaît l'anémie et l'affaissement du cerveau : ses battements ne sont plus appréciables. L'extrémité centrale du nerf sensitif est d'abord atteinte, puis la motricité est abolie, et enfin le pouvoir excito-moteur de la moelle. Les nerfs sont affectés en même temps que la partie des centres nerveux d'où ils émanent; tous restent excitables sous l'influence de l'électricité : ce n'est qu'en dernier lieu que l'alcool agit sur le bulbe (CLAUDE BERNARD).

Des diverses formes de l'alcoolisme. — La plupart des phénomènes qui viennent d'être décrits appartiennent à l'intoxication aiguë, la seule qui ait été bien étudiée expérimentalement. L'alcoolisme aigu comprend trois phases parfaitement distinctes : 1° une *période d'agitation*, improprement appelée *période d'excitation;* 2° une *période de résolution et de sommeil;* 3° une *période syncopale ou algide*. Cette dernière, ordinairement mortelle, est peu connue. L'abus longtemps continué de l'alcool engendre *l'alcoolisme chronique*, dont les désordres sont bien différents de ceux de l'alcoolisme aigu. Je signalerai encore une troisième catégorie de troubles résultant indirectement de l'abus de l'alcool. Cette troisième forme est, en général, sous le nom de *delirium tremens*, confondue tantôt avec l'alcoolisme suraigu, tantôt avec l'alcoolisme chronique, bien que tout à fait distincte par sa nature et par ses symptômes.

Comme tous les poisons généraux, l'alcool entrave d'abord le fonctionnement des parties occupant le premier rang dans la hiérarchie organique; puis il en descend successivement tous les échelons. La nutrition, dans les organes, étant en rapport avec leur importance fonctionnelle, il n'est pas surprenant que ce soient surtout les tissus à nutrition rapide qui souffrent d'abord du contact d'un corps exosmotique et déshydratant.

Dans la première période de l'alcoolisme aigu, ce qui disparaît d'abord, c'est la fonction psychique qui se développe en dernier lieu chez l'enfant, c'est-à-dire la réserve, la dissimulation, le voile qui cache la véritable personnalité : d'où il semble résulter que nos facultés supérieures sont surtout employées à masquer la nature du caractère. Au proverbe qui dit que « la vérité sort de la bouche des enfants » correspond l'adage : *In vino veritas*.

Au début de l'ivresse, les idées se présentent avec une abondance, une facilité inaccoutumées, la parole est plus libre, le langage plus persuasif : on devient expansif, confiant; le monde paraît meilleur; tout ce qui nous entoure semble plein d'attraits, les soucis s'évanouissent, et les mauvais souvenirs d'un funeste passé font place aux rêves dorés de l'avenir ; l'œil s'allume, le visage s'anime, se colore légèrement ; la physionomie devient plus expressive, s'illumine ; un bien-être général s'empare de tout notre être, tandis qu'une douce chaleur se répand dans nos veines : on croit que la puissance physique, comme la puissance intellectuelle, s'accroît, alors que l'on est seulement moins méfiant, plus audacieux et plus naturel à la fois : c'est à ce moment que le poète ou le musicien, donnant libre carrière à son génie, pourra produire ses œuvres les plus vigoureuses, les plus originales. On a connu en France, en Angleterre, en Allemagne, des poètes illustres dont la muse ne se décidait à chanter qu'à l'aurore de l'ivresse.

Ce n'est pas le breuvage enivrant qui fait le génie, il le débarrasse seulement de ses entraves ou de ses voiles; mais il en est de même pour la sottise, et un sot ivre est doublement sot : il fait souvent parler ceux qui auraient intérêt à se taire, et ce n'était pas sans raison que Sganarelle ordonnait de faire prendre à la fille de Géronte quantité de pain trempé dans du vin, sous prétexte que c'était la meilleure manière de faire parler les perroquets.

Avec un verre d'eau-de-vie, on se sent plus fort, plus courageux, et le fantassin médiocre peut un instant se croire un marcheur infatigable; après une heure de marche, l'illusion s'évanouit, et le fanfaron qui trouvait que l'on marchait trop lentement au départ devient bien souvent un traînard. On peut faire la même observation à propos de son action sur le sens génésique : les désirs sont surexcités en même temps que la faculté du coït est diminuée. Le vin, suivant l'expression du portier de Shakespeare dans *Macbeth*, est un maître d'équivoque : « Il cause la volupté et la détruit ; il l'aiguillonne, et puis l'arrête en chemin ; il l'excite, et puis la décourage. »

L'ivresse a une action marquée sur les produits de la conception : les êtres conçus pendant l'alcoolisme aigu sont souvent des dégénérés : Féré a démontré dans ces temps derniers que les vapeurs d'alcools agissant sur les œufs pendant l'incubation produisaient des monstres (*B. B*, 1894, *passim*).

La soif vient en buvant, et on lui obéit d'autant plus facilement qu'elle se montre quand déjà la réflexion s'est assoupie, que la conscience sommeille.

Le tableau s'assombrit : c'est à son tour l'intelligence qui pâlit. Les idées, si nettes d'abord, deviennent plus confuses, dissociées, incomplètes; puis elles sont emportées dans un vertigineux tourbillon qui va se perdre dans le chaos. Le niveau continue à baisser 'a mémoire fait défaut; le buveur n'a pas achevé la phrase commencée qu'il en a déjà ou é les premiers mots; il ne répond plus à ce qu'on lui dit ou répond a ce qu'on ne lui dit pas; il se trompe sur le sens ou la valeur des expressions, prend des compliments pour des injures, et les insultes pour des gracieusetés. Il rit, chante, pleure ou cherche querelle ; se montre conciliant, tendre ou impitoyable, selon que le fond de son caractère, dont il ne cherche plus à masquer les imperfections, est gai, triste, sensible ou dur. L'ombre envahit de plus en plus son cerveau, la vue s'obscurcit, les sons frappent en vain son oreille et restent sans écho : il en est de même des autres sens.

Toutes les facultés psychiques se sont éteintes les unes après les autres par ordre d'importance : la perte de la prévoyance, la dissociation des idées, les erreurs de jugement, les illusions, la privation de la mémoire et de la conscience, tels sont les premiers résultats les plus évidents de l'action de l'alcool sur l'organisme et plus particulièrement sur le cerveau.

Après le cerveau, c'est le cervelet, puis la moelle; l'ivrogne veut marcher : ses mouvements ne sont plus coordonnés, mais incohérents comme ses idées; il décrit les courbes les plus capricieuses, trébuche, tombe, se relève pour tomber encore : s'il veut frapper, le plus souvent il manque son but et s'agite dans le vide : en tous cas le danger n'est pas grand, car il est déjà sous la protection du dieu des ivrognes, c'est-à-dire de l'inertie, vers laquelle il tend de plus en plus.

A ce moment, souvent plus tôt, apparaissent les symptômes ordinaires des intoxications aiguës : nausées, vomissements, pâleur, sueurs abondantes, refroidissement. Enfin, si la dose d'alcool a été assez forte, un lourd sommeil s'abat sur le corps, brisé par la fatigue, qui tombe inerte là où il se trouve, sans conscience du danger, sans notion du froid extérieur, qui devient souvent alors une cause de mort.

L'homme sort de ce sommeil de plomb, hébété, plein de dégoût, accablé de fatigue; il ne sait où poser sa tête appesantie, douloureuse, et cherche en vain à arracher quelque souvenir à son cerveau engourdi. Une soif ardente, qui lui brûle la gorge, témoigne assez de l'état de déshydratation des tissus. Ces symptômes appartiennent à la période de l'alcoolisme aigu en retour, c'est-à-dire à la désintoxication brusque; alors souvent, pour obtenir un soulagement, le buveur applique le principe de l'École de Salerne : *Si nocturna tibi nocent potatio vini, hoc ter iterum bibes, et fuerit medicina.* Aussi fréquemment celui qui a bu la veille boira le lendemain, et ainsi de suite jusqu'à ce qu'il roule dans l'abîme de l'alcoolisme chronique.

On pourrait décrire, en outre, une grande quantité de variétés d'ivresse, tenant soit à la nature des alcools ingérés, soit à l'état de dilution de ces alcools, ou aux conditions dans lesquelles ils ont été absorbés, et surtout aux substances : essences, produits aromatiques, amers, etc., avec lesquelles on les mélange pour les offrir à la consommation.

Les buveurs d'alcool éthylique pur ou d'eau-de-vie de vin sont aussi rares que l'existence de ces produits dans le commerce; de sorte que ce qu'on décrit d'ordinaire sous le nom d'*alcoolisme chronique* n'est qu'une foule de désordres dans lesquels l'action de l'alcool domine sans doute, mais qui appartiennent surtout à la catégorie des empoisonnements mixtes. Aussi insisterons-nous d'autant moins sur cette forme, que les faits expérimentaux font presque complètement défaut.

Chez certains individus, particulièrement ceux qui sont nés de parents alcooliques, ce qui n'était qu'un plaisir devient un besoin. L'organisme, qui au début avait fait des efforts pour repousser son ennemi, se résigne à vivre avec lui; il semble chercher partout un système de compensation pour réparer les désordres apportés dans son intérieur, et peu à peu il arrive à tolérer la présence du poison. Bientôt, le buveur n'est plus maître de lui, il est l'esclave du breuvage meurtrier. D'ailleurs, n'est-ce pas cela qui console, fait oublier les misères humaines, et calme les douleurs physiques et morales? L'ivrogne croit d'autant plus à la puissance de son démon familier, qu'il devient la proie de mille tortures matérielles et spirituelles dès qu'il est privé de son assistance. Une nuit de séparation suffit pour lui faire comprendre que désormais il ne saurait se priver impunément du philtre enchanteur.

Après quelques heures d'un mauvais sommeil, plein de rêves pénibles, pendant lequel le corps, agité par un besoin incessant de mouvement, n'a pu prendre le repos nécessaire, le buveur se réveille. Ses idées sont confuses, sa mémoire incertaine : la langue est embarrassée, la gorge sèche et l'haleine fétide, chargée souvent d'aldéhyde. Il repousse les aliments qu'on lui présente, et a plutôt besoin de vomir que de manger; en effet, après des efforts de toux parfois très pénibles, il rejette des mucosités filantes, des glaires, il a « sa pituite ». Le malaise physique s'accompagne d'une gêne morale : le buveur éprouve du dégoût pour tout ce qui l'entoure et voit tout en noir. Il est maussade, irascible, il souffre. Le défaut de suite dans les idées le rend instable, bizarre, lui enlève la plus grande partie de sa volonté. Il ne se rend pas bien compte du mal qui le domine et en fait volontiers tomber la responsabilité sur les autres. Parfois, il voit d'un œil indifférent la misère grandir à ses côtés chaque jour, tandis que l'incident le plus insignifiant le plonge dans une terreur profonde, provoque une colère terrible. Si le courage et la volonté ne lui faisaient pas défaut, il essayerait peut-être de travailler pour s'arracher à ses sombres préoccupations; mais il le voudrait qu'il ne le pourrait pas. Le désordre règne non seulement dans son esprit, mais encore dans ses mouvements : il chancelle sur ses jambes, tout son corps est agité d'un tremblement incessant, et c'est à peine si ses mains impuissantes peuvent porter à ses lèvres, arides et violacées, l'unique remède auquel il accorde sa confiance, le verre d'eau-de-vie qu'il vient de réclamer d'une voix rauque et chevrotante. Après cela, il se sent mieux équilibré, et peut se remettre au travail, mais ordinairement il n'en fournit pas une quantité normale, car, plus il boit, moins il mange. Et pourquoi mangerait-il, si les cellules, continuellement imprégnées d'un liquide alcoolique, se refusent à l'assimilation? D'ailleurs, le sens du goût est très émoussé, et le buveur éprouve de la répugnance pour les aliments qui lui paraissent fades ou insipides; son estomac, qui ne sécrète plus que difficilement le suc gastrique, les supporte mal, il est dyspeptique. Souvent aussi une âcre sensation de chaleur et de brûlure indique que l'organe principal de la digestion est altéré par une gastrite, quand ce n'est pas par un ulcère qui en ronge les parois et finit par les perforer, en donnant naissance à une péritonite suraiguë capable d'emporter le patient dans l'espace de quelques heures.

Le foie et les autres glandes ne fabriquent pas ou élaborent mal les sécrétions nécessaires à la digestion intestinale, et une diarrhée chronique, qui épuise rapidement les forces du buveur, peut le faire tomber dans un marasme profond auquel la mort ne tarde pas à succéder.

Chez d'autres, c'est la cirrhose avec son cortège ordinaire : ascite, œdème des membres inférieurs, etc. Souvent c'est l'albuminurie, étudiée récemment par DELVIT (D. P., 1894). Les urines contiennent une forte proportion d'acide urique et d'urates, ce qui témoigne de combustions incomplètes.

Les lésions les plus constantes sont dues à l'accumulation de la graisse dans le tissu cellulaire (surcharge graisseuse) ou dans les éléments qui n'en renferment pas normalement (dégénérescence graisseuse). Les gros vaisseaux, comme les capillaires, deviennent le siège d'anévrysmes. Les hémorrhagies, celles du cerveau, et surtout celles de la pituitaire, sont communes chez les alcooliques chroniques, et ces dernières particulièrement difficiles à arrêter. La dégénérescence graisseuse peut envahir jusqu'à la moelle et au tissu même des os; aussi, chez les alcooliques, les fractures se produisent-elles avec la plus grande facilité. La surcharge graisseuse du cœur a été souvent observée.

L'alcool n'a certainement pas le pouvoir de provoquer toutes les maladies, mais on peut affirmer qu'il prédispose à un grand nombre d'affections pathologiques, parce qu'il entrave la nutrition.

Il n'agit pas seulement comme cause prédisposante, mais dans beaucoup de cas il communique aux manifestations morbides une marche et une gravité particulières, comme dans la pneumonie des buveurs. On ne saurait mettre en doute l'influence de l'alcoolisme sur le développement de la tuberculose. Enfin, la détestable action qu'il exerce sur la cicatrisation des plaies est bien connue de tous les chirurgiens.

Par l'abus prolongé de l'alcool, les téguments de la face se vascularisent : la couperose et l'acné viennent stigmatiser la face abêtie de l'ivrogne, tandis que du côté du larynx se développent des laryngites chroniques qui fatiguent le malade et son entourage, c'est le « hem » des Anglais qui finit par érailler les cordes vocales et éteindre complètement la voix. Les désordres nerveux produits par l'abus continu de l'alcool sont trop nombreux pour qu'il soit possible de les énumérer tous ici : la motilité est amoindrie comme la sensibilité. Le goût, l'odorat, l'ouïe, la vision sont troublés par des illusions ou par des hallucinations.

Du côté de la vision, on a noté l'amblyopie alcoolique, caractérisée, d'après H. ROMÉE (Rec. d'ophtal., 1881, Paris), par l'affaiblissement de l'accommodation, pouvant aller jusqu'à la paralysie : les pupilles sont peu mobiles, souvent inégales, il y a diminution rapide de l'acuité visuelle, daltonisme, quelquefois dyschromatopsie complète. Les modifications des papilles peuvent se transformer en atrophie grise progressive.

Du côté du cerveau, l'athérôme entraîne des nécrobioses plus ou moins partielles, avec ramollissement, hémorrhagie, anémie cérébrale, etc., et toutes les conséquences qui en découlent, selon les territoires où elles se produisent, mais l'étude approfondie de ces perturbations appartient plutôt à la pathologie (V. LANCEREAUX, *De l'Alcoolisme*, Paris).

Les fonctions génitales sont affaiblies, parfois même jusqu'à l'impuissance, et cela est fort heureux, car les alcooliques chroniques n'engendrent la plupart du temps que des êtres porteurs d'une tare physiologique : nervosisme, épilepsie, criminalité. Les statistiques, en Allemagne, ont démontré que sur 100 condamnés il y en avait 60 qui étaient des alcooliques avérés ou des enfants d'alcooliques.

Mithridatisme alcoolique. — Les alcooliques chroniques semblent plus réfractaires à l'action des autres poisons. MICHELET rapporte que, pendant les guerres d'Italie, au XVIᵉ siècle, les mercenaires suisses, presque toujours ivres, pouvaient impunément boire l'eau des puits empoisonnés, qui faisait dans les rangs des soldats français de nombreuses victimes.

L'acide sulfhydrique, le gaz d'éclairage, l'arsenic, l'opium, les poisons miasmatiques ont moins de prise sur les sujets alcooliques? (Voy. *De l'influence des liquides alcooliques sur l'action des substances toxiques et medicamenteuses* par RAPHAEL DUBOIS : D. P., 1876.) La résistance des sujets alcooliques à l'anesthésie par l'éther et le chloroforme est une preuve certaine de ce mithridatisme universel.

Antagonisme de l'alcool et de divers poisons. — L'alcool a été longtemps considéré comme un antidote puissant, mais les nombreuses expériences que j'ai faites sur ce sujet (*loc. cit.*) ont prouvé qu'en général on voit apparaître, tantôt successivement, tantôt simultanément, les phénomènes caractéristiques de l'empoisonnement par l'alcool et par les diverses substances vénéneuses auxquelles il avait été associé; les unes ou les autres prédominent, selon la quantité relative et selon l'énergie respective de l'alcool et du poison. Certains accidents, qui se manifestent ordinairement lorsque ces deux agents pénètrent isolément dans l'organisme, pourront faire défaut ou même disparaître sous l'influence de leur action combinée. Dans bon nombre de cas, ces résultats paraissent dus bien plutôt à l'action parallèle des deux poisons qu'à une sorte d'antagonisme douteux et obscur. Ainsi, chez un animal empoisonné par la strychnine, la moindre excitation peut provoquer des convulsions violentes qui amèneront un épuisement rapide; mais si, sous l'influence de l'alcool, la sensibilité a été amoindrie ou anéantie, les mêmes effets ne se produiront plus, les convulsions seront moins fréquentes, moins longues et la mort pourra être moins prompte, peut-être même évitée si l'élimination du poison a eu le temps de se faire. Quand, par l'effet de l'alcool, la motricité aura été supprimée, il est bien évident que l'on ne pourra observer ni incoordination, ni tremblements, ni secousses cloniques ou tétaniques; mais, en général, l'action toxique n'aura pas été détruite parce que l'on aura aboli quelques-uns de ses symptômes.

L'action du poison varie selon la période de l'ivresse à laquelle il a été administré.

Les effets de l'alcool s'ajoutent directement à ceux du poison donné simultanément; dans certains cas, par exemple, lorsqu'on fait inhaler le chloroforme après avoir fait ingérer de l'alcool, la durée de la résistance du sujet est alors amoindrie (R. DUBOIS, B. B., 1884).

Antidotes de l'alcool. — On a préconisé divers antidotes de l'alcool. L'ammoniaque, administré à la dose de quelques gouttes dans un verre d'eau, n'a d'autre effet que d'arrêter brusquement la digestion de l'alcool et de provoquer des vomissements utiles. JAILLET (*loc. cit.*) a beaucoup vanté la strychnine, mais nos recherches sur l'action combinée de ce poison et de l'alcool ne nous permettent pas d'attribuer une grande confiance à ce prétendu contrepoison. On a dit aussi que l'abondante ingestion de corps gras empêchait ou retardait l'ivresse. C'est probablement en modifiant l'absorption stomacale.

Alcoolisme en retour ou « delirium tremens. » — Si l'on prive brusquement un alcoolique chronique de son poison habituel, on détruit l'état d'équilibre artificiel de l'organisme, et il peut en résulter des désordres graves, mais qui n'ont rien de commun avec ceux de l'alcoolisme aigu ou chronique (R. DUBOIS. *Congrès du Trocadéro*, 1878). Au lieu d'une dépression générale, c'est une surexcitation violente, d'une intensité tout à fait exceptionnelle, qui va se manifester. Le malheureux buveur est pris d'une violente agitation, incessante; il ne peut plus trouver un instant de repos ou de sommeil. Des spectres horribles apparaissent, les hallucinations prennent surtout la forme de bêtes immondes rampant sur son corps ou grouillant autour de lui. Il entend des sons, des cris, des hurlements, des voix qui lui donnent des ordres atroces, mais ces hallucinations de l'ouïe sont plus rares que celles de la vision. Elles résultent d'impressions accumulées dans la mémoire, se réveillant brusquement, avec une telle intensité, qu'il semble qu'elles viennent d'être perçues.

Comme la mémoire, la sensibilité est singulièrement exagérée, le moindre contact fait bondir le malade : l'ouïe et la vue possèdent une acuité extraordinaire : l'œil allumé brille d'un étrange éclat, la parole est brève, saccadée à cause du tremblement des muscles qui sont vibrants, comme de colère ; les mots succèdent aux mots, les phrases aux phrases avec une vertigineuse rapidité.

L'abondance et la vigueur des expressions donnent parfois une véritable éloquence à des hommes qui, ordinairement, s'expriment difficilement ; aussi la description qu'ils font de leurs apparitions est-elle parfois véritablement saisissante.

Les muscles se contractent, en frémissant, avec une force telle qu'il faut souvent réunir les efforts de plusieurs personnes pour maintenir le sujet dans l'immobilité.

La température s'élève : le corps ébranlé par des décharges successives semble vibrer tout entier. Il y a loin de cet état à celui de l'ivresse qui saisit nos facultés les unes après les autres pour les bâillonner ; c'est le contraire ici. La machine animale, qui depuis longtemps soufflait en traînant son lourd fardeau, vient de rompre ses liens, de briser son frein : rien ne peut plus modérer sa course folle : elle ne connaît plus ni mesure, ni direction dans l'emploi de sa force. L'organisme use jusqu'à la dernière étincelle de son activité ; puis, haletant, épuisé de fatigue, il tombe dans un coma profond qui, souvent, se termine par la mort. C'est sous l'empire de ces hallucinations que le malade atteint d'alcoolisme en retour commet des crimes ou se livre à des actes de destruction dont il n'est pas responsable, surtout quand il a été privé de son poison brusquement par l'internement dans un hôpital ou dans une prison. On ne saurait douter de l'irresponsabilité de ces alcooliques, quand on les voit arracher leurs appareils de pansement, au risque de courir les plus grands dangers et d'endurer de vives souffrances.

Le meilleur moyen de rendre momentanément le calme à l'organisme est de lui donner sa dose ordinaire de toxique.

Équivalents physiologiques de l'alcool. — Les accidents qui résultent de la privation brusque de l'alcool peuvent aussi être combattus par d'autres substances qui, bien qu'étant d'une nature différente, pourront suppléer dans l'organisme le poison ordinaire absent. Ce fait n'a rien qui puisse surprendre si l'on songe au mithridatisme dont j'ai parlé plus haut. Dans l'intoxication en retour par la morphinomanie, l'alcool peut rendre des services, et inversement le *delirium tremens* est calmé par l'opium. Mais ce poison et ses alcaloïdes sont dangereux parce que, le sujet étant mithridaté, il faut donner parfois des doses énormes du poison équivalent, et qu'on s'expose alors à dépasser le point limité. Il est bien préférable, si l'alcool ne peut être supporté, dans le cas de gastrite, d'ulcères, de vomissements, etc., d'administrer de l'éther ou du chloroforme, soit en inhalations, soit par l'estomac, mais en n'oubliant pas qu'une petite quantité d'éther, et surtout de chloroforme, est équivalente à une forte dose d'alcool (Voy. R. Dubois. *Actions de certains poisons sur le tremblement toxique; équivalents toxiques ou physiologiques*, B. B., 1883, p. 484).

Action physiologique comparée de l'alcool dans la série animale. — L'alcool se comporte comme un poison général, et ses effets sur tous les êtres vivants sont très comparables ; alors que l'on verra l'atropine comme le tabac rester sans action sur le lapin et la chèvre, l'alcool n'épargnera rien. Le chien, qui est moins mithridaté que l'homme, y est plus sensible, comme au chloroforme et à l'éther ; le lapin est facilement tué par une petite quantité d'eau-de-vie. Les oiseaux la supportent mieux et éprouvent une ivresse qui se rapproche beaucoup de celle des autres vertébrés à sang chaud. Les vertébrés à sang froid tombent vite en état de torpeur et y restent longtemps plongés ; parfois même il est difficile de les ramener à la vie.

Les insectes lumineux, particulièrement les beaux Elatérides phosphorescents des Antilles, mettent leur lampe en veilleuse pendant le sommeil alcoolique.

Les animaux aquatiques marins ou d'eau douce sont très sensibles aussi à l'action de l'alcool ; mais les premiers moins que les seconds. Les Actinies, plongées dans l'eau de mer alcoolisée, se rétractent beaucoup et tombent dans une sorte de vie latente d'où elles peuvent sortir au bout d'un temps assez long, si on a opéré avec ménagements : l'alcool agit sur elles à peu près de la même façon que l'éther et le chloroforme (R. Dubois. *Action physiologique du curare, de la strychnine, de l'alcool et du chloroforme sur les Actinies, B. B.,* 1883, p. 304).

RAPHAEL DUBOIS.

ALCOOLS (Toxicologie générale). — On peut placer dans un même

groupe, au point de vue de la toxicologie, les diverses substances alcooliques. En effet elles agissent toutes à peu près de la même manière sur les organismes vivants.

Cette immense famille chimique (alcools, éthers, et leurs dérivés) possède comme fonction physiologique générale l'anesthésie ; de sorte que, malgré l'apparence paradoxale de cette classification, on peut faire rentrer l'alcool parmi les anesthésiques ; et non seulement l'alcool, mais encore tous les alcools, et leurs innombrables dérivés ?

Classification des poisons. — Quelques notions de toxicologie générale sont indispensables pour expliquer cette proposition.

Si nous envisageons la manière d'agir d'une substance toxique quelconque, en laissant à part les corps, généralement gazeux, qui, comme l'oxyde de carbone, se fixent sur la matière colorante du sang, nous pouvons faire quatre grands groupes : 1° les *métaux*, sels métalliques et métalloïdes, qui, se substituant aux sels combinés à l'albumine dans la cellule vivante, en modifient les réactions et les fonctions ; 2° les *alcools* et *éthers* qui agissent sur tous les tissus, qui sont des poisons universels, pour les végétaux comme pour les animaux ; 3° les *alcaloïdes*, et les *ammoniaques* composées, qui (à dose souvent très faible) empoisonnent spécialement la cellule nerveuse, cellule nerveuse du cœur, ou du bulbe, ou des centres psychiques ; 4° les *ferments* (albuminoïdes) qui, à faible dose, déterminent des modifications profondes dans les matières albuminoïdes de nos tissus (leucomaïnes, antitoxines, venins, virus, etc.).

Donc nous pouvons séparer nettement les poisons alcooliques des métaux, des alcaloïdes, et des ferments.

Schéma de l'action des alcools. — Le type de ces corps est évidemment l'alcool éthylique, non seulement parce qu'il a été admirablement étudié par les médecins et les physiologistes, mais surtout parce qu'il agit à dose assez faible pour qu'on puisse en bien graduer les effets, et suivre méthodiquement les progrès de l'intoxication.

On voit alors, à mesure que la dose s'élève, se produire les phénomènes suivants :

A faible dose, nul trouble dans les fonctions organiques ; c'est l'intelligence seule qui est atteinte, et, comme toujours, une période d'excitation précède la période d'anéantissement. Donc, au début, période d'excitation, qui porte sur les fonctions intellectuelles, et respecte les autres appareils vivants.

La dose étant plus forte, l'intelligence n'est plus excitée, mais anéantie. Alors les autres parties du système nerveux central commencent à subir les effets du toxique, c'est-à-dire que les incitations nerveuses, qui commandent les actions chimiques, sont ralenties. De là diminution dans les échanges et la température, état de prostration et d'anesthésie, qui coïncide avec l'intégrité presque complète du fonctionnement des cellules autres que les cellules nerveuses. A cette période le bulbe rachidien, qui tient sous sa dépendance les mouvements respiratoires, n'est pas paralysé ; il continue à provoquer les respirations, si bien que l'être, quoique intellectuellement inerte, survit à cette intoxication profonde.

Enfin, à une dose encore plus forte, tout le système nerveux est paralysé, même le bulbe, et les autres cellules de l'organisme commencent à subir les atteintes du poison.

C'est cette forte dose qui est toxique pour toutes les cellules vivantes, quelles qu'elles soient. Par exemple, les cellules de la levûre ne peuvent plus vivre quand le milieu où elles se trouvent contient plus de 20 p. 100 d'alcool, et, à partir de 10 p. 100 d'alcool, elles commencent à ralentir leur activité fonctionnelle.

En réalité le tableau de toutes les intoxications aiguës par les alcools ou les éthers répond à une succession régulière d'intoxications diverses, portant sur les tissus vivants. Certes souvent elles empiètent les unes sur les autres, mais elles se produisent fatalement ainsi ; d'abord le système nerveux psychique, puis le système nerveux médullaire, puis le système nerveux bulbaire, puis toutes les cellules de l'économie.

Deux points entre autres sont à considérer; c'est d'abord la hiérarchie des tissus intoxiqués, et ensuite les variations de ces étapes toxiques suivant les propriétés spéciales de l'alcool étudié.

Hiérarchie des tissus. — Pour ce qui est de la hiérarchie des tissus, elle est très simple à établir, d'abord d'après le moment d'apparition des symptômes toxiques; ensuite par la facilité avec laquelle meurent ces tissus, quand ils sont soumis à la privation de sang ou d'oxygène.

Ici la toxicologie et la physiologie se prêtent un mutuel secours, et les conclusions sont les mêmes.

Le tissu le plus fragile, le plus délicat, celui qui meurt le premier, celui qui subit le premier les effets du poison circulant avec le sang à travers les cellules, c'est le système nerveux psychique, celui qui préside à l'idéation, à la mémoire, au jugement, à la conscience du moi.

Puis c'est le système nerveux médullaire, qui préside aux mouvements automatiques, aux actions réflexes, à l'innervation respiratoire, et il est à remarquer que les cellules du bulbe respiratoire sont les plus résistantes à l'action toxique.

Puis enfin, ce sont les autres tissus, nerfs périphériques, cellules musculaires, cellules glandulaires, qui ne sont atteints par l'alcool que lorsque la dose est très forte.

Stades variables dans les périodes toxiques. — Ces faits sont vrais pour tous les alcools et tous les corps qui dérivent des alcools, éthers, aldéhydes, essences; etc. Cependant les différences dans l'action de ces divers corps sont considérables, de sorte qu'au premier abord on ne voit pas comment on peut faire rentrer dans le même groupe toxique des corps comme l'alcool, le chloroforme, et l'essence d'absinthe. Mais, pour peu qu'on examine avec soin la marche des phénomènes, on verra que c'est bien toujours la même succession de symptômes, avec des caractéristiques variables dues à la prédominance ou à la plus grande durée de tel ou tel symptôme, de telle ou telle période.

Par exemple, quand la période d'hyperesthésie intellectuelle durera plus longtemps que les autres, le poison produira surtout l'ivresse. Quand au contraire la période d'hyperesthésie portera plutôt sur l'appareil médullaire que sur l'appareil cérébral, alors ce sera surtout un poison convulsif, comme les essences. Quand les périodes d'hyperesthésie seront courtes, et rapidement suivies d'une période d'anéantissement de toutes les fonctions nerveuses, alors le poison sera principalement un anesthésique.

De là, suivant la prépondérance de tel ou tel symptôme, la distinction des poisons alcooliques en trois groupes, les *convulsivants*, les *ébriogènes* et les *anesthésiques*. Mais la démarcation nette est impossible à faire, car ils ont tous plus ou moins ces trois caractères.

L'alcool, à forte dose, produit l'anesthésie, et, à dose moins forte, une sorte de vraie attaque convulsive. Le chloroforme, au début de son action, procure une véritable ivresse, et l'éther (oxyde d'éthyle) qui est un excellent anesthésique, amène une ivresse que certains individus recherchent avidement. La période convulsive ne manque pas non plus avec le chloroforme; c'est la période d'agitation, connue de tous les chirurgiens; les physiologistes qui chloroforment les animaux savent bien que, chez le chien, l'agitation due au chloroforme amène un état convulsif souvent prolongé. Quant à l'absinthe, elle produit, à faible dose, une ébriété, qui est, paraît-il, fort agréable, et, à dose plus forte, elle provoque, si on empêche les convulsions d'entraîner l'asphyxie, un vrai coma anesthésique.

Influence des conditions physiques sur la toxicité des Alcools. — Il nous reste donc à savoir pourquoi telle ou telle substance alcoolique, ou dérivée des alcools, possède la propriété d'être plus ou moins convulsive, ébriogène ou anesthésique.

Tout d'abord une première remarque est nécessaire, c'est que nous ne devons pas chercher cette différence dans les propriétés chimiques de ces corps. En effet ces propriétés sont trop voisines pour que des différences aussi énormes dans leur action puissent être dues exclusivement à des différences dans les propriétés chimiques. Vis-à-vis des tissus de l'organisme (matières albuminoïdes, graisses et hydrates de carbone) l'alcool éthylique et l'alcool amylique se comportent à peu près de même. Cependant la manière de réagir de l'organisme est tout à fait distincte vis-à-vis de l'alcool éthylique et de l'alcool amylique. De même les composés chlorés du formène C^3HCl, CH^2C^2,

CH Cl³, CCl⁴, ont des fonctions chimiques générales qui se ressemblent autant que diffèrent leurs fonctions physiologiques.

Mais, si leurs propriétés chimiques se ressemblent, en tant qu'ils sont des corps saturés, doués d'affinités médiocres pour les substances chimiques vivantes, leurs propriétés physiques sont très différentes, à savoir leur poids moléculaire, leur solubilité, et leur volatilité.

Prenons les alcools mono-atomiques de fermentation, et mettons en regard de leur formule leurs propriétés physiques.

		P. d'ébullit.	Sol. dans 100 vol. d'eau.	Poids moléculaire.
Alcool éthylique.	$C^2 H^6 O$	78°	∞	46
— propylique.	$C^3 H^8 O$	97°	∞	60
— butylique.	$C^4 H^{10} O$	116°	9	74
— amylique.	$C^6 H^{12} O$	137°	insol.	88

Il se trouve que la toxicité de ces corps est précisément inverse et de leur solubilité, et de leur poids moléculaire, et de leur point d'ébullition.

En effet, dans un travail mémorable (*Recherches expérimentales sur les alcools par fermentation*. Paris, 1875) DUJARDIN-BEAUMETZ et AUDIGÉ, étudiant chez le chien la toxicité de ces quatre alcools, ont pu établir que, si la toxicité de l'alcool éthylique est de 1, celle de l'alcool propylique est de 2, celle de l'alcool butylique de 3, et celle de l'alcool amylique de 4. En réalité ces chiffres sont encore trop faibles; car en tenant compte du poids moléculaire différent, et, en prenant pour la molécule d'alcool éthylique une toxicité de 1, nous avons :

Pour la molécule d'alcool propylique. 2.6
   —   —   —   butylique. 5,7
   —   —   —   amylique. 7,6

DÉSIGNATION	DOSE TOXIQUE CHEZ LE CHIEN PAR KILOGRAMME DU POIDS DU CORPS							
	PAR LA VOIE HYPODERMIQUE.				PAR L'ESTOMAC.			Toxicité générale en prenant l'alcool éthylique pour unité.
	Non dilué.	Dose moyenne.	Dilué.	Dose moyenne.	Quantités.	Dose moyenne.		
	gr. gr.	gr.	gr. gr.	gr.	gr. gr.	gr.		gr.
Alcool éthylique. . . .	6,18 à 8,00	7,09	6,00 à 7,20	6,52	5,50 à 6,50	6,00		1
— propylique. . .	4,08 à 4,57	4,32	3,04 à 3,64	3,28	3,00 à 3,27	3,13		1/2
— butylique. . .	2,00 à 2,30	2,15	1,85 à 1,99	1,90	1,72 à 1,76	1,74		1/3
— amylique. . .	1,83 à 2,23	2,02	1,30 à 1,71	1,55	1,40 à 1,55	1,48		1/4

Cette loi de la toxicité des alcools, d'autant plus grande que le poids atomique est plus élevé, avait été d'abord formulée par RABUTEAU (*Union médicale*, pp. 165. 1870.) Voyez aussi du même auteur : *Questions relatives à l'alcoolisme au Congrès international de 1878*. Impr. nation., 1 vol. in 8°, pp. 50 et 225. — *Atomes, molécules et biologie* (*Mém. Soc. Biol.*, 1883, pp. 77-94). — *Éléments de toxicologie*, p. 190, 1873. — RICHARDSON. (*British Association Reports for* 1868, p. 184; *for* 1869, p. 417).

La différence dans le point d'ébullition joue évidemment un certain rôle. Il est clair que l'alcool éthylique qui bout à 78° s'éliminera plus facilement à l'état de vapeur que l'alcool amylique qui bout à 137°.

Il y a là un fait remarquable sur lequel, semble-t-il, on n'a pas suffisamment insisté, c'est que, toutes conditions égales d'ailleurs au point de vue des réactions chimiques générales, la durée des effets d'une substance est en raison inverse de sa volatilité.

Ainsi, pour les composés chlorés du formène, si bien étudiés par REGNAULT et VILLE-JEAN (*C. R.* 1884, t. XCVIII, p. 1305 et *Bull. gén. de thérapeut.*, 30 mai et 13 juin 1886), on trouve la durée suivante pour le retour des fonctions après l'anesthésie :

		Point d'ébullition.
CH³ Cl	2'30"	— 24°
C²H²Cl²	8'	42°
CHCl³	10' ;environ	61°
CCl⁴	10' environ	78°

Même avec des substances alcooliques ou dérivant des alcools) très différentes, la durée des phénomènes est encore en rapport avec la volatilité. Le protoxyde d'azote gazeux a des effets qui disparaissent très vite. L'oxyde d'éthyle donne une anesthésie passagère, qui se dissipe plus promptement que l'anesthésie du chloroforme. De même les individus ivres morts (par le fait de l'alcool éthylique) reviennent plus lentement que les malades chloroformés : et enfin l'ivresse et le coma absinthiques sont plus longs encore à se dissiper. Dans tous ces cas nous voyons que, plus une substance est volatile, plus ses effets sont prompts à disparaître.

Il faut faire sans doute intervenir un autre élément, c'est le poids moléculaire différent de ces alcools. R. Dubois (1870) avait émis cette ingénieuse hypothèse que l'alcool agit par sa force exosmotique en déshydratant les tissus. D'autre part Béclard avait montré que le pouvoir exosmotique est d'autant plus grand que la chaleur spécifique est moins élevée; et enfin, d'après la loi de Dulong et Petit, les chaleurs spécifiques sont en raison inverse des poids atomiques. En reliant ces trois lois l'une à l'autre, on voit clairement que, plus le poids de la molécule s'élève, plus s'est accrue la puissance exosmotique (et par conséquent déshydratante) de la substance alcoolique.

Enfin une autre considération, sur laquelle j'ai eu souvent l'occasion d'insister, c'est le degré de solubilité (Ch. Richet. B. B., p. 775, 22 juill. 1893, et G. Houdaille. D. P., 1893. Étude sur les nouveaux hypnotiques). Plus un corps est soluble, moins il est toxique; l'alcool éthylique et l'alcool amylique; le chloral et le chloralose, l'aldéhyde et les essences ont des propriétés toxiques très différentes, précisément parce que leur solubilité n'est pas comparable. Un corps qui ne se dissout pas est toxique pour la cellule, probablement parce qu'il ne peut pas diffuser régulièrement dans le protoplasma. L'essence d'absinthe, qui est insoluble, est peut-être mille fois plus toxique que l'alcool éthylique, soluble dans l'eau en toutes proportions.

Par conséquent, quand on introduit, dans la molécule d'un alcool ou d'un éther, des atomes ou des groupes chimiques, qui, sans en modifier profondément les propriétés chimiques générales, en modifient graduellement les propriétés physiques, à mesure que la molécule devient plus complexe, on voit apparaître de grandes différences dans la toxicité. Les composés chlorés du formène en sont un exemple: et on pourrait citer aussi les benzines chlorées, dont les propriétés physiques (point d'ébullition et solubilité de l'eau) se modifient à mesure que l'on remplace 1, 2, 3, 4, 5, 6 atomes d'hydrogène par 1, 2, 3, 4, 5, 6 atomes de chlore.

L'introduction d'un radical CH³ ou C²H⁵ ou C⁶H⁵ dans une molécule alcoolique agit aussi probablement dans le même sens, comme l'ont prouvé les recherches de Lauden Brunton et de Rabuteau. De nombreux corps chimiques dérivés des alcools et des éthers, produits d'addition et de substitution, ont été à ce point de vue étudiés par les physiologistes toxicologues. On conçoit que, si l'on remplace 1, 2, 3 atomes d'hydrogène par 1, 2, 3 atomes de chlore, ou de brome ou d'acétyle, ou OH, ou AzO² ou AzH², on peut avoir presque à l'infini des corps nouveaux, qu'il est impossible de mentionner dans ce Dictionnaire, d'autant plus que très rarement la toxicologie de ces substances a été faite avec soin. Pour cette étude, à peine ébauchée encore, nous renverrons aux articles **Éthers** et **Toxicologie générale.**

Résumé. — Si maintenant l'on essaye de faire la synthèse des propriétés générales des alcools et des dérivés (éthers et aldéhydes) qu'ils forment, pour essayer de voir quels sont spécialement les ébriogènes, les convulsivants, ou les anesthésiques, on verra que les corps peu solubles, volatils, sont surtout anesthésiques, comme l'oxyde d'éthyle; les corps moins volatils, comme l'alcool, surtout ébriogènes; et les corps, dont le point d'ébullition est plus élevé que celui de l'eau, convulsivants.

On pourra ainsi formuler quelques lois générales qui serviront à prévoir à l'avance les propriétés physiologiques de telle ou telle substance alcoolique, d'après ses propriétés physiques générales.

1° La toxicité est d'autant plus grande, qu'elle est moins soluble dans l'eau.

2° Si elle est très volatile, elle est plutôt anesthésique; si elle est peu volatile, elle est plutôt convulsivante. Si elle est soluble dans l'eau, elle est plutôt ébriogène.

3° La durée de ses effets est inversement proportionnelle à sa volatilité, autrement dit l'élimination est d'autant plus facile que la volatilité est plus grande.

D'ailleurs on trouvera aux articles **Amylique, Anesthésiques, Butylique, Éthers, Essences** et **Toxicologie générale**, les développements nécessaires à cette importante étude.

Applications à l'hygiène. — Ce fait physiologique remarquable, de la toxicité extrême des alcools supérieurs et des aldéhydes à molécule compliquée, comporte une sanction pratique immédiate, sur laquelle, en France seulement, pour ne pas citer les pays étrangers, Rabuteau, Dujardin-Beaumetz, Laborde et Magnan ont avec raison souvent insisté; c'est que, pour la production de l'alcoolisme, — ce mal terrible qui fait des progrès chaque jour, — l'alcool éthylique est moins efficace que les autres alcools. Or, dans le vin naturel, il n'y a presque pas d'alcools supérieurs; tandis que dans les eaux-de-vie, et autres boissons alcooliques dont une habile industrie crée sans cesse des variétés nouvelles, les alcools supérieurs sont très abondants.

De là cette conclusion, qui paraîtrait au premier abord paradoxale, c'est que le vin naturel ne produit pas l'alcoolisme. Il suffit pour s'en assurer de constater qu'il n'y a vraiment d'alcoolisme que dans les pays où le vin ne se récolte pas et se boit peu. L'Espagne, l'Italie et la France du sud et du centre sont des régions où l'alcoolisme est à peu près inconnu. Le vin, pris en excès, peut donner l'ébriété, et, à la longue, l'alcoolisme chronique; mais à condition que le buveur en absorbe, et cela pendant longtemps, des quantités considérables; tandis qu'il obtiendrait sans peine un alcoolisme chronique à marche irrésistible avec de petites quantités de mauvaise eau-de-vie.

Aussi voit-on l'aliénation, les suicides, les dégénérescences mentales, toutes les lésions pathologiques que produit l'empoisonnement par l'alcool, suivre une marche absolument parallèle non pas avec la progression de la consommation du vin, mais avec la progression de la consommation des alcools.

Les innombrables débits, où les alcools les plus toxiques sont prodigués à bas prix, sont consacrés presque exclusivement à la distribution de l'alcool et non du vin, notamment en Normandie et en Bretagne, où il y a tant d'ivrognes, tant d'aliénés, tant d'alcooliques. Certes depuis une trentaine d'années la consommation du vin a augmenté, mais assez modérément, tandis que celle des alcools a pris une extension effrayante.

Donc, si les gouvernements avaient vraiment souci de la chose publique, s'ils considéraient comme un devoir sacré de protéger contre lui-même le peuple, ce grand enfant, ils prendraient des mesures restrictives, fiscales ou autres, pour empêcher la marche du fléau. Le plus simple procédé serait non seulement de surcharger de droits très lourds les alcools et autres boissons alcooliques toxiques, mais encore d'imposer d'énormes patentes aux débits, cabarets, estaminets, bars, tous établissements qui ne font pas d'autre commerce que le commerce des plus redoutables poisons.

Bibliographie. — La bibliographie de l'alcool et de l'alcoolisme est très étendue. Nous n'avons à citer que quelques-uns des ouvrages, ayant un intérêt physiologique immédiat, qui ne se trouvent ni aux articles *Alcoolisme* des *Dict. de médecine*, ni aux articles *Alcohol* et *Alcoholism* de l'*Index Catalogue*, t. I, pp. 173-181. Outre les travaux cités plus haut mentionnons: Cadéac et Meunier. *Contribution à l'étude de l'alcoolisme.* Paris, 1892. — Lauder Brunton. *Introduction to modern therapeutics.* Londres, 1892, pp. 105-138. — Zerboglio. *Alcoolismo.* Turin, 1892. — Lentz. *Alcoolisme.* Bruxelles, 1884. — Dastre. *Les Anesthésiques.* Paris, 1890. — Strassmann. *Nährwerth und Ausscheidung des Alkohols* (*A. Pf,* t. XLIX, p. 313). — Stammreich et Noorden. *Einfluss des Alcohols auf den Stoffwechsel des Menschen* (*Berl. klin. Woch.*, 1891, p. 554). — Chittenden. *Influence of alcohol on proteid metabolism* (J. P., 1891, t. XII, pp. 220-232). — Laffite. *L'intoxication alcoolique expérimentale* (D. P., 1892). — Gutkinow. *Einfluss des Alcohols auf die Blutcirculation* (*Zeitschr. f. klin. Med.*, 1892, t. XXI, pp. 153-171). — Gioffredi. *Sul potere coibente del fegato e del cervello negli avvelenamenti alcoolici* (An. in R. S. M., 1894, t. XLIV, p. 113). — Wolffhardt. *Influence de l'alcool sur la digestion stomacale* (An. in R. S. M., 1891, t. XXXVIII, p. 33). — Schneegans et Mering. *Beziehungen zwischen chemischer Constitution und hypnotischer Wirkung* (An. in Jb. P., 1892, p. 113). — Keller. *Einfluss des Aethylalkohols* *auf den Stoffwechsel des Menschen* (Z. C. P., t. XIII, fasc. 1 et 2, p. 128). — LABORDE. *Les alcools supérieurs et les bouquets artificiels* (Bull. de l'Ac. de médec. de Paris, 1888, n° 40, p. 470). — MAIRET et COMBEMALE. *Influence dégénérative de l'alcool sur la descendance* (C. R., t. CVI, 1888, n° 10, p. 667). — ALBERTONI. *Formation et transformation de l'alcool et de l'aldéhyde dans l'organisme* (A. B. I., p. 168, 1888, t. IX). — HARLEY. *Effects of moderate drinking on the human constitution : its influence on liver, kidney, heart and brain diseases* (Lancet, 1888, n° 3365). — BROUARDEL et POUCHET. *De la consommation de l'alcool dans ses rapports avec l'hygiène* (Ann. d'Hyg. publ., 1888, p. 241). — SCHAPIROW. *Physiologische Wirkung tertiärer Alkohole auf den Thierorganismus* (An. in Jb. P., 1887, t. XVI, p. 89). — GREBE. *Experimentelle Beiträge zur Wirkung des Weingeistes* (Arch. f. wiss. u. pract. Thierheilk, t. VIII, p. 71, 1882). — DANILLO. *Physiologie patholog. de la région corticale du cerveau dans l'empoisonnement par l'alcool ethylique et l'essence d'absinthe* (A. P., 1882, (2), pp. 388 et 559). — HENRIJEAN. *Rôle de l'alcool dans la nutrition* (Bull. de l'Ac. des sciences de Belgique, 13 janv. 1883, p. 113). — KÜLZ. *Wirkung und Schicksal der Trichloräthyl unp Trichlorbutylalkohols im Thierorganismus* (Z. B., 1883, t. XX, p. 157). — THIERFELDER et MERING. *Das Verhalten tertiär Alkohole im Organismus* (Z. P. C., 1883, t. IX, p. 511). — WOLFERS. *Einfluss einiger stickstofffreier Substanzen, speciell des Alkohols auf den thierischen Stoffwechsel* (A. Pf., 1883, t. XXXII, p. 222). — BODLÄNDER. *Ausscheidung aufgenommenen Weingeistes aus dem Körper* (A. Pf., 1883, t. XXXII, p. 398). — SPAINK. *Einwirkung reinen Alkohols auf Organismus und insbesondere auf das peripherische Nervensystems* (Molesch. Untersuch., 1891, t. XIV, p. 449). — GRÉHANT et QUINQUAUD. *Mesure de la puissance musculaire dans l'alcoolisme aigu* (B. B., 1891, p. 415). — BEARY. *A case of acute alcoholic poisoning*. (Lancet, 1893, (1), p. 723). — PRESNIAKOFF. *Influence de l'alcool sur la désassimilation de l'azote et du soufre*, d'après les analyses de l'urine En russe. Pétersbourg, 1892, cité par *Index medicus*, 1892, t. XIV, p. 538).

CH. R.

ALCOOLIQUE (Fermentation).

— On donne le nom de *fermentation alcoolique* à la production d'alcool aux dépens des matières sucrées, due à une transformation moléculaire provoquée par la vie de certains organismes. L'alcool produit est surtout l'alcool éthylique.

La fermentation alcoolique proprement dite est due à des champignons inférieurs nommés communément *Levures*; c'est de celles-ci qu'il sera surtout question. Des fermentations alcooliques peu importantes, secondaires, peuvent être produites par d'autres êtres qui seront passés en revue après.

Toutes les matières sucrées ne sont pas aptes à subir directement la fermentation alcoolique, mais seulement les sucres du groupe des glucoses, glucose ordinaire ou dextrose et lévulose. Les sucres du groupe des saccharides, sucre de canne, maltose, lactose, ont besoin d'être intervertis pour fermenter.

Sous l'influence de certains ferments, la glycérine peut aussi subir la fermentation alcoolique.

Historique. — La fermentation alcoolique est, de tous les processus analogues, celui qui a été le plus anciennement connu; la fabrication et l'usage des boissons fermentées obtenues à son aide remontant à une très haute antiquité. Pour en trouver une explication rationnelle et une étude complète, il faut toutefois arriver à une époque bien rapprochée. Et encore le phénomène chimique fondamental, la transformation du sucre en alcool et acide carbonique, fut mis en lumière, balance en main, par LAVOISIER, avant que la nature réelle du corps actif, du ferment, ait été élucidée. On connaissait bien cette sorte de dépôt blanchâtre qui se rencontrait toujours dans tous les liquides qui avaient fermenté, on comprenait même que sa présence était indispensable à l'accomplissement du phénomène, mais on en ignorait complètement la nature, lui attribuant une sorte de puissance mystérieuse, une simple action de présence inexpliquée, la *force catalytique*. GAY-LUSSAC, dans son mémoire sur la fermentation, déclare que la fermentation vineuse paraît être encore une des opérations les plus mystérieuses de la chimie.

LEEUWENHOECK, il y a plus de deux siècles, soumettant, dans son ardeur si féconde, les liquides en fermentation alcoolique à l'investigation de son microscope, avait bien signalé qu'ils renfermaient de nombreux corpuscules arrondis ; il ne s'était pas prononcé sur leur nature et n'avait émis aucune idée sur leur signification : il tendait même à les considérer comme des grains d'amidon provenant des farines employées dans la confection du moût de bière. Les premières notions exactes sur la nature du ferment se trouvent exposées dans le mémoire de CAGNIARD-LATOUR sur la *Fermentation vineuse* (1837). Il annonce que la levûre de bière n'est pas une substance organique ou chimique, comme on le supposait jusqu'alors, mais bien un amas de corpuscules vivants, pouvant se reproduire, et semblant n'agir sur la dissolution sucrée qu'autant qu'ils sont en vie ; d'où l'on peut conclure, ajoute-t-il, que c'est très problablement par quelque effet de leur végétation qu'ils dégagent de l'acide carbonique de cette dissolution et la convertissent en une liqueur spiritueuse. Presque en même temps, SCHWANN, KÜTZING, MITSCHERLICH, en Allemagne, TURPIN, en France, annonçaient des résultats analogues.

CAGNIARD-LATOUR, se basant sur l'absence de mouvements chez la levûre, en avait fait aussitôt un végétal. Tous l'ont admis à la suite. L'embarras fut plus grand pour le classer. Certains en firent une algue, à cause de son habitat aquatique ; KÜTZING créa, dans ce groupe, pour ces ferments, le genre *Cryptococcus*. D'autres, considérant surtout l'absence de chlorophylle, les rangèrent parmi les champignons ; c'est à eux qu'on a donné raison. PERSOON les comprenait dans son genre *Mycoderma* avec d'autres espèces très différentes ; d'autres en faisaient des *Torula*, coupe dans laquelle on a réuni longtemps tous les organismes élémentaires, très divers, dont les éléments étaient associés en chaînettes. MEYEN a eu l'heureuse idée de créer pour ces êtres un genre nouveau, le genre *Saccharomyces* ; c'est son opinion qui a prévalu.

Si l'on était suffisamment édifié sur la nature du ferment, le rôle qu'il joue dans l'accomplissement du phénomène de la fermentation était loin d'être démontré ; on en était resté à la simple supposition émise par CAGNIARD-LATOUR, que les modifications produites dans le liquide étaient un effet dé sa végétation. Des savants comme BERZÉLIUS persistaient cependant à ne voir là qu'une manifestation de la force catalytique ; LIEBIG proclamait hautement que les globules de levûre ne déterminaient la fermentation que par suite de leur décomposition putride et non par leur croissance.

C'est alors que PASTEUR vint établir, par des expériences indéniables, la nature et le rôle des ferments alcooliques, cause directe du phénomène de la fermentation, et expliquer, preuves en main, les particularités qu'elle peut présenter ; démontrant que ce processus est lié, d'une façon intime et directe, au développement, à la vie des organismes décrits par CAGNIARD-LATOUR ; que la décomposition du sucre est une véritable fonction physiologique de ces êtres, indépendante toutefois de leur vie végétative propre, qui se poursuit suivant les règles ordinaires à tout ce monde inférieur. On trouvera, clairement exposée suivant la coutume du maître, dans ses *Mémoires sur la fermentation alcoolique*, dans ses *Études sur le vin* et ses *Études sur la bière*, ces expériences importantes, qui, à elles seules, ont fait époque et fixé d'une façon définitive l'opinion sur ce point qui avait été si controversé. Ce qui a été découvert depuis n'est qu'extension et perfectionnement des résultats obtenus par PASTEUR.

Avant PASTEUR, on ne connaissait guère qu'un type de ferment alcoolique, la levûre de bière ; ses recherches ont démontré que la fermentation du moût de raisin était due à des espèces voisines, mais faciles à en distinguer par leurs caractères spéciaux. Les travaux de REES, d'ENGEL, de HANSEN sont venus établir avec une précision suffisante la morphologie de ces organismes. Ces données morphologiques sont trop importantes au point de vue de l'étude de la fermentation alcoolique pour que nous les passions sous silence.

Morphologie. — Les organismes du genre *Saccharomyces*, établi par MEYEN comme il a été dit plus haut, sont composés de cellules rondes, ovoïdes, ellipsoïdales ou quelquefois cylindriques, tantôt isolées, souvent réunies entre elles, en nombre restreint, formant de petits flocons arborescents. Ces cellules montrent une membrane rigide, bien nette, et un contenu protoplasmique grisâtre, finement granuleux, présentant souvent quelques vacuoles rondes, de taille diverse, hyalines. Il n'y a pas de noyau apparent, la substance du noyau paraît s'être éparpillée en un nombre assez grand de granulations que décèlent seuls les réactifs spéciaux. Dans les milieux appropriés, leur végétation se fait rapidement ; leur mode de multiplication végétative est le bourgeonnement. Les bourgeons naissent isolés vers les extrémités de la cellule-mère, rarement sur les côtés. Chaque bourgeon grandit vite, prend les caractères de la cellule qui lui a donné naissance et lui reste accolé ou se sépare d'elle suivant les circonstances.

Dans certaines conditions, au premier rang desquelles se trouvent la privation d'aliments et la dessication, les cellules végétatives peuvent produire de véritables spores endogènes. Certaines de ces cellules s'agrandissent, deviennent uniformément granuleuses; il apparaît bientôt, au milieu du protoplasme, deux ou quatre taches plus réfringentes, autour desquelles s'amassent les granulations. Ce sont des centres de condensation du protoplasme; chacun d'eux se différencie de plus en plus et prend une forme sphérique, puis se revêt d'une membrane qui s'épaissit peu à peu. Les spores sont ainsi formées au nombre de deux à quatre dans chaque cellule-mère. Lorsque la maturité est complète, la membrane de la cellule-mère se rompt, les spores sont mises en liberté. On en obtient facilement la germination en les transportant dans un liquide approprié. Le principal caractère de ces spores est de pouvoir supporter sans périr des influences qui tuent les cellules végétatives ordinaires. Ce sont les éléments durables de ces espèces.

Le nombre des espèces que renferme le genre *Saccharomyces* est assez restreint. Quelques-unes seulement sont des ferments alcooliques vrais; d'autres ne produisent d'alcool qu'en petite quantité; d'autres enfin n'en produisent jamais, quelles que soient les matières alimentaires qu'on leur offre. Nous allons décrire les types qu'il importe de connaître, en commençant par l'espèce qui a été le plus anciennement étudiée, la levûre de bière.

Saccharomyces cerevisiæ, MEYEN. Les cellules végétatives, rondes ou ovales, mesurent de 8 à 9 μ dans leur plus grande longueur. Les cellules-mères des spores mesurent de 10 à 15 μ de diamètre et contiennent deux à quatre spores de 4 à 5 μ. Il existe plusieurs variétés de ce ferment, caractérisées par des différences dans la végétation et les conditions nécessaires pour produire au mieux leur fermentation; les deux plus importantes sont désignées dans les brasseries sous les noms de *levûre haute* et *levûre basse*. On trouvera à l'article **Bière** des détails plus circonstanciés.

Saccharomyces ellipsoideus, REES. C'est le *ferment alcooliqueordinaire du vin* de PASTEUR, que l'on trouve toujours en très grande abondance dans le moût de raisin qui fermente normalement. Les cellules végétatives sont assez régulièrement elliptiques et mesurent environ 6 μ dans leur grand diamètre, sur 4 à 4,5 μ de largeur. Les cellules-mères des spores sont encore presque elliptiques et ne renferment d'ordinaire que deux spores, de 3 à 3,5 μ, rarement trois ou quatre. Lorsque la température reste basse, la végétation se fait lentement; les cellules s'isolent facilement les unes des autres; lorsqu'elle dépasse 16°, la végétation est plus active, les éléments restent unis en assez grand nombre en flocons arborisés assez denses et forment une sorte de voile à la surface du liquide. Cette levûre se trouve dans la nature à la surface des grains de raisins mûrs.

HANSEN décrit cette levûre sous le nom de *Saccharomyces ellipsoideus II* et considère comme une variété son *Saccharomyces ellipsoideus I* qui se rencontre aussi sur les grains de raisins mûrs. Ce ferment donne un voile à partir de 6°, voile qui contient souvent des éléments plus allongés que ceux du précédent; les spores sont souvent un peu plus petites, certaines n'ont guère que 2 μ.

Saccharomyces Pastorianus, REES. PASTEUR le considérait comme une simple variété de son *ferment alcoolique ordinaire du vin*, le *Saccharomyces ellipsoideus;* c'est bien une espèce particulière. C'est un ferment alcoolique lent, ne jouant qu'un rôle secondaire dans la fermentation. On le trouve dans l'air, les poussières des celliers et des brasseries; c'est de là probablement qu'il vient contaminer les fermentations du vin, du cidre ou de la bière, où on le trouve très fréquemment. Les cellules végétatives sont ovales, plus ou moins allongées, ressemblant souvent à celles de la levûre de bière et mesurant comme elles 6 μ de plus grande longueur. Lorsque la végétation est lente, elles deviennent pyriformes ou en forme de massue et peuvent alors atteindre de 18 à 22 μ de longueur; elles restent souvent alors unies et forment de petits flocons. Les cellules courtes ne contiennent que deux spores, les cellules en massue trois ou quatre; ces spores ont jusqu'à 6 μ de diamètre.

HANSEN décrit cette levûre sous le nom de *Saccharomyces Pastorianus II*. Il rapporte à ce type deux autres levûres. L'une, *Saccharomyces Pastorianus I*, a été isolée de poussières de l'air d'un cellier à fermentation; ses cellules et ses spores ont des dimensions un peu plus fortes. La seconde, *Saccharomyces Pastorianus III*, trouvée dans une bière trouble, a ses éléments allongés beaucoup plus grands, presque cylindriques.

Saccharomyces exiguus, Rees. C'est une petite espèce dont les cellules végétatives, qui ont une forme de toupie, n'ont guère que 5 μ de longueur sur 2,5 μ de largeur au gros bout. Les spores sont rares et disposées comme celles de la levure de bière. Cultivée dans les moûts, cette espèce ne donne que très peu d'alcool. Elle intervertit le saccharose et développe une fermentation active dans les solutions de saccharose et de glucose; elle ne donne pas lieu à la fermentation dans une solution de maltose.

Saccharomyces conglomeratus, Rees. C'est un ferment alcoolique douteux. Engel l'a rencontré dans des moûts de raisin à la fin de la fermentation, Hansen sur du raisin pourri. Les cellules, presque sphériques, ont environ 6 μ de diamètre; celles produites par bourgeonnement d'une seule cellule restent unies en assez grand nombre, formant un conglomérat. Les cellules-mères des spores sont rondes ou ovales et contiennent deux à quatre spores de 2,5 à 3 μ de diamètre.

Saccharomyces Marxianus, Hansen. C'est une espèce qui a été trouvée par Marx sur les grappes de raisin. Les petites cellules végétatives ressemblent à celles du *Saccharomyces ellipsoideus*: cultivées dans le moût de bière, elles donnent de longs éléments formant des colonies qui prennent l'aspect d'un mycélium. Dans le moût de bière, elle ne produit que très peu d'alcool. Elle en forme plus dans les solutions de glucose et de saccharose; elle intervertit le saccharose, mais n'attaque pas le maltose.

On a décrit d'autres ferments alcooliques qui se rapprochent par beaucoup de caractères des saccharomycètes vrais, mais s'en différencient surtout parce que, dans aucune des conditions où ils ont été observés, ils n'ont montré de formation de spores. C'est le cas d'une levûre trouvée par Duclaux dans un lait fermenté; elle présente la propriété de faire fermenter directement le sucre de lait. Ses cellules sont rondes, et ne mesurent que 1,5 μ à 2,5 μ de diamètre. Adametz a également décrit un ferment du lactose bien voisin du précédent, sinon identique. Kayser en a étudié un troisième.

Le *ferment apiculé* (*Saccharomyces apiculatus*) doit aussi être placé parmi les Saccharomycètes douteux. Il est formé de petites cellules d'aspect spécial: ovoïdes, plus ou moins allongées, elles possèdent à chaque pôle un petit apicule qui leur donne à peu près la forme d'un citron. La longueur des éléments est d'environ 6 μ. Engel pense qu'il se forme, à l'intérieur de cellules-mères, un grand nombre de petites spores rondes, mais il n'a jamais pu les observer. C'est un ferment alcoolique très commun dans les jus de fruits sucrés; il produit une fermentation énergique du glucose, mais ne modifie pas e sucre de canne.

Pasteur a décrit sous le nom de *Torula* des formes voisines des levûres alcooliques et très communes dans les fermentations. Elles ont des cellules rondes ou plus ou moins allongées, qui se multiplient par bourgeonnement, restant souvent unies en chapelets assez longs, mais ne donnant jamais de spores et s'allongent parfois en longs articles un peu semblables à des filaments mycéliens. Hansen en décrit sept ou huit espèces qu'il a rencontrées dans les moûts de bière, l'air, la terre, sur les fruits. Certaines forment jusqu'à 8 p. 100 d'alcool dans des solutions à 15 p. 100 de glucose. La plupart ne produisent pas d'interversion et sont sans action sur le sucre de canne et le maltose. On en peut-être rapprocher la *mycoderme* de Duclaux.

Il n'est guère possible d'étudier les ferments alcooliques sans parler du *Mycoderma vini* de Pasteur, que beaucoup regardent comme un *Saccharomyces*. Toutefois, comme les formes qui viennent d'être citées, il ne produit pas de spores endogènes: les corps donnés comme tels par Rees et Engel n'étant que des gouttelettes grasses, fréquentes dans les cellules de cet organisme. Loin d'être un ferment alcoolique, c'est un ennemi de ces fermentations; il s'attaque en effet à l'alcool produit et le brûle complètement en le transformant en acide carbonique et en eau. Il est formé de cellules ellipsoïdales ou cylindriques, de 7 μ de longueur moyenne, restant unies en assez grand nombre pour former, à la surface des liquides où elles vivent, des flocons blancs assez gros, très connus sous les noms de *fleurs de vin*, *fleurs de bière*, etc.

Purification des levûres. — D'après les données qui viennent d'être exposées, on voit qu'il existe deux ferments alcooliques principaux, le *Saccharomyces cerevisiæ*, ou levûre de bière, et le *Saccharomyces ellipsoideus*, ou ferment ordinaire du vin; les autres, qui sont toujours mélangés aux premiers dans la nature, ne jouent qu'un rôle secondaire et souvent même sont nuisibles parce qu'ils vivent aux dépens d'aliments qui pourraient être utilement transformés par leurs congénères, ou qu'ils rejettent dans le milieu des produits qui lui communiquent des propriétés spéciales. On aurait donc grand intérêt, lorsqu'on a à utiliser l'action de ces ferments, à éliminer ceux qui ne sont pas directement avantageux. Il n'est pas possible d'arriver à ce résultat en abandonnant au hasard le développement et la conduite des diverses fermentations. Les liquides fermentescibles apportant avec eux de nombreux germes de plusieurs espèces, qui proviennent des fruits employés pour les obtenir, de l'air, des vases qui les contiennent, c'est l'espèce qui prendra le dessus qui aura l'action prédominante dans le phénomène. Heureusement. c'est souvent la bonne, comme dans la plupart des fermentations de jus de raisin ; mais trop souvent encore d'autres l'emportent, ou tout au moins poussent plus ou moins abondamment aux côtés de la première ; de là perte importante pour l'homme qui les emploie. Les brasseurs ont compris depuis longtemps combien il était téméraire d'attendre l'ensemencement naturel des cuvées de moût que devançait trop souvent l'altération du liquide, et qui, d'autres fois, ne conduisait qu'à un mauvais résultat ; aussi ont-ils préféré ensemencer largement leurs moûts, avec une forte quantité de levûre provenant d'une opération précédente qui avait donnée de bons produits. Les bonnes espèces prédominaient ainsi rapidement ; l'opération était presque toujours conduite à bonne fin. Dès que Pasteur eut montré la possibilité d'isoler ces ferments et de les cultiver dans des milieux appropriés, le problème reçut sa solution rationnelle.

Les avantages de cette manière de faire parurent tout de suite très importants. Préparations faciles de grandes quantités de levûre de choix, élimination certaine des ferments secondaires inutiles ou nuisibles, tels étaient surtout les résultats que recherchaient les brasseurs. Pasteur avait en même temps résolu la question pour la fermentation du moût de raisin et la fabrication du vin ; là, cependant, les applications pratiques se firent attendre plus longtemps, bien que l'influence des ferments nuisibles fût ici plus considérable peut-être et qu'elle puisse persister pendant un temps très long, puisque la plupart des maladies des vins faits sont dues à ces ferments secondaires. Ce n'est guère que dans ces dernières années que ces cultures en grand de levûres pures commencèrent à pouvoir entrer dans la pratique, grâce surtout aux travaux de Hansen et de Jörgensen, à Copenhague, de Manx et de Jacquemin en France. Les résultats obtenus, à divers titres, suffisent amplement pour faire prédire à cette réforme un avenir sérieux.

Pasteur obtenait ses cultures pures en mettant en œuvre une sorte de sélection. Partant d'une levûre naturelle qui avait mené à bonne fin une fermentation normale, il en ensemençait une minime portion dans un milieu bien préparé et dûment privé, par une stérilisation préalable, de tout organisme vivant. La bonne levûre, existant en forte proportion dans la parcelle de semence, prenait rapidement le dessus et se trouvait, à un moment donné, dans cette seconde fermentation, en quantité bien plus grande que les autres. En opérant ainsi successivement dans des milieux nouveaux, après une série suffisante de cultures, la levûre cherchée se trouvait exister seule dans la culture. La vérification de la pureté se faisait au microscope qui décelait la présence d'autres organismes, lorsque le but n'était pas encore complètement obtenu.

Hansen a rendu l'isolement plus facile et plus rapide en usant, pour y arriver, du procédé des cultures sur plaques établi par Koch, qui donnait d'excellents résultats pour l'étude des Bactéries, et qu'il modifia d'une façon avantageuse pour la recherche spéciale des levûres. Une minime quantité de liquide, contenant le ferment sur lequel on veut opérer, est intimement mélangée à une gelée formée de moût de bière additionnée de 10 à 12 pour cent de gélatine blanche, stérilisée d'avance, puis liquéfiée, et maintenue de 30° à 35°. Ce liquide est alors réparti dans de petits cristallisoirs couverts, également stérilisés ; il fait prise par abaissement de la température. Les germes vivants, plus ou moins isolés dans sa masse, sont fixés à leur place par suite de la solidification de la gelée ; ils sont plus ou moins écartés les uns des autres suivant que le liquide en contenait plus ou moins. La dilution doit toutefois être faite de façon à obtenir un écartement suffisant dans la gelée nutritive. Chaque cellule ou groupe de cellules se met alors à végéter au bout de quelques jours et donne, au bout d'un temps variable suivant l'espèce et les conditions de température, une petite colonie, visible à l'œil nu ou

254 ALCOOLIQUE (Fermentation).

à un faible grossissement, dont il est facile de prélever une portion à l'aide d'un fil de platine stérilisé. Cette parcelle de colonie sert à ensemencer un milieu neuf, dans lequel se développe une seule espèce, si la colonie, dans laquelle on a fait la prise, était suffisamment éloignée des voisines pour que le mélange de leurs cellules ne fût pas possible. Les cultures sur gélatine doivent être maintenues à basse température, de 15° à 20°, pour que la gelée reste solide; toute fusion ou liquefaction amènerait en effet un mélange des cellules des colonies voisines et détruirait les avantages de la méthode. Il est même possible d'arriver à des résultats plus précis; on peut opérer la prise de semence sur des colonies ayant comme origine une seule cellule. Les précautions sont alors plus minutieuses, parce qu'elles exigent des manipulations sous le microscope à d'assez forts grossissements. On fait les cultures dans des petits espaces formés d'un anneau de verre de un ou deux centimètres de hauteur, collé sur un porte-objet avec du baume de Canada. On flambe ces petits espaces pour les stériliser et on enduit le bord de l'anneau d'un peu de vaseline au sublimé. On prend des lamelles fines portant sur une face un quadrillage tracé au diamant, dont les carrés ont environ deux millimètres de côté, et on dépose, à son milieu, à l'aide d'une pipette stérilisée, une ou deux gouttes de la dilution de ferment dans la gélatine fondue. On introduit, au fond de la chambre de verre flambée, une gouttelette d'eau stérilisée destinée à maintenir l'humidité suffisante et, après que la gelée a fait prise, la lamelle est appliquée sur la cellule de verre, de façon que la petite quantité de gelée soit comprise dans la cavité; la vaseline qui revêt les bords permet une adhérence parfaite et une obturation complète de la cellule de verre. On examine alors soigneusement au microscope, à un grossissement de 150 à 200 diamètres, la mince couche de gelée qui se trouve à la face inférieure de la lamelle; on y reconnaît la présence d'un nombre variable de ferment dont certaines sont bien isolées des voisines. Grâce au quadrillage de la lamelle, il est facile de noter leur position avec assez de précision pour pouvoir les retrouver à un examen ultérieur. La végétation de ces cellules isolées se poursuit lentement; les progrès en sont faciles à suivre grâce aux précautions indiquées. Au bout d'un certain temps, les colonies sont suffisamment développées pour qu'on puisse y faire facilement, à l'aide d'un fil de platine stérilisé, une prise destinée à l'ensemencement d'un milieu de culture. Les cultures obtenues présentent une homogénéité remarquable, puisqu'elles proviennent du développement d'un seul et même élément.

Phénomènes chimiques de la vie des ferments alcooliques. — Pour ces cultures, on peut se servir de tous les milieux où les levûres trouveront les aliments nécessaires. Les moûts de bière, obtenus par décoction du malt, au besoin additionnés de glucose ou de saccharose, sont des plus favorables. On peut en fabriquer de toutes pièces en tenant compte des conditions de nutrition de ces ferments. À l'aide de telles cultures pures, conduites dans des milieux de composition connue, il sera facilement possible de se rendre compte des conditions de vie de ces organismes et des modifications qu'ils font subir aux milieux où ils vivent.

Pour bien végéter, les ferments alcooliques doivent trouver, dans les milieux où ils vivent, les aliments nécessaires à l'édification de leur corps cellulaire. La connaissance de leur constitution donne donc sur ce point des renseignements précieux. On s'est surtout attaché à l'étude de la levûre de bière qui peut être prise pour type. L'analyse élémentaire de cette levûre a été faite par de nombreux savants; les résultats obtenus sont assez concordants. Elle paraît renfermer en moyenne :

```
Carbone. . . . . . . . . . . .  de 48 à 50 p. 100
Azote. . . . . . . . . . . . .  de 9 à 12   —
Hydrogène . . . . . . . . . .  de 6 à 7    —
Plus une petite quantité de soufre (0,6 p. 100. et de phosphore.
```

L'analyse suivante, due à NAEGELI et LOEW, donne des renseignements beaucoup plus précis sur la nature des principes immédiats qui entrent dans sa constitution :

```
Cellulose et mucilage végétal. . . . . .  37 p. 100.
Substances albuminoïdes. . . . . . .  65   —
Peptones. . . . . . . . . . . . .  2    —
```

Matières grasses.	5 p. 100
Matières extractives.	4 —
Cendres.	7 —

La cellulose paraît spéciale. Elle ne se dissout pas dans le réactif de Schweitzer (solution ammoniacale d'oxyde de cuivre), et se transforme, par ébullition avec l'acide sulfurique, en sucre fermentescible. La matière albuminoïde semble identique à l'hémiprotéine de Schutzenberger; d'après Stutzer, une partie serait de la nucléine. Les peptones doivent provenir de l'activité du protoplasme cellulaire. Les matières grasses sont, en majeure partie, composées d'oléine; on a signalé en outre la présence de cholestérine et de lécithine. Les matières extractives renferment de la leucine, de la tyrosine, de la lécithine, de la guanine, de la xanthine, de la glycérine, provenant toutes des processus de désassimilation. Enfin les cendres, qui contiennent 96,13 p. 100 de principes solubles dans l'eau, ont, d'après Bélohoubek, la composition suivante :

Acide phosphorique.	59,09 p. 100.
Acide sulfurique.	0,57 —
Acide silicique.	1,60 —
Chlore.	0,03 —
Potasse	38,68 p. 100.
Soude.	1,82 —
Magnésie	4,16 —
Chaux.	1,99 —
Oxyde de fer.	0,06 —
Protoxyde de manganèse.	traces.

En plus de ces composés, la levûre doit contenir une certaine quantité d'eau, pouvant être désignée sous le nom d'eau de constitution, qui ne doit pas être inférieure à 40 p. 100 pour que la plante puisse rester capable de se multiplier.

En tenant compte de ces données, on voit qu'il faut à ces organismes pour se nourrir des aliments azotés, des aliments hydrocarbonés, des aliments minéraux, et de l'eau.

Les aliments azotés essentiels sont les matières albuminoïdes. Les levures ne peuvent assimiler que les albumines solubles, ne possédant pas le pouvoir de solubiliser les autres; les peptones, facilement diffusibles, sont éminemment propices. Pasteur et Duclaux ont montré que les levures peuvent prendre leur azote aux composés ammoniacaux; cependant, lorsqu'on ne leur donne pas d'azote sous une autre forme, elles paraissent en quelque sorte dégénérer, tout au moins s'appauvrissent-elles en azote et deviennent-elles plus riches en matières grasses. Les levûres ne semblent pas pouvoir emprunter l'azote aux nitrates; du moins les résultats annoncés par Laurent ne sont pas suffisants pour faire admettre l'affirmative.

Les sucres sont les aliments hydrocarbonés par excellence des levûres. Toutefois il faut ici mettre de côté le processus de fermentation pour ne considérer que la nutrition vraie. La fermentation, en effet, est une fonction spéciale; distincte de la nutrition proprement dite, bien qu'ayant avec elle des rapports intimes; la preuve en est que les ferments peuvent très bien se nourrir et végéter abondamment sans produire de fermentation. Dans le cas particulier, la source de carbone, à l'exclusion complète des sucres, peut être l'acide tartrique, la mannite, la glycérine; il n'y a pas alors manifestation de la fonction de ferment.

Les matières grasses ont pour origine, principale au moins (si ce n'est exclusive), les deux catégories précédentes d'aliments et surtout les hydrocarbonés. Pasteur l'a démontré en cultivant de la levûre de bière dans de l'eau à laquelle il n'avait ajouté que du sucre pur et de l'extrait d'eau de levûre débarrassée de toutes traces de graisse par lavage à l'alcool et à l'éther; la levûre obtenue contenait encore 2 p. 100 de son poids sec de matières grasses.

On doit encore à Pasteur la preuve de la nécessité des sels minéraux pour le développement de la levûre. Ensemencé dans un milieu contenant du sucre candi pur, du tartrate d'ammoniaque et des cendres de levûre, le ferment végète bien et produit une fermentation normale. Si l'on vient à supprimer les cendres dans la composition du milieu, la végétation et conséquemment la fermentation ne se font pas. La nature des sels essentiels à la vie de ces organismes n'avait pas préoccupé Pasteur, qui s'était mis, il est vrai, dans de bonnes conditions en employant les cendres de levûre fraîche. Mayer a voulu se rendre compte de la valeur des différents principes que la chimie avait signalés dans ces cendres. Il ressort de ses expériences que le phosphate de potasse est, de tous les sels, celui qui a le plus d'action sur le développement, ce qui ne doit en rien surprendre si l'on se reporte au tableau de composition des cendres (p. 255).

L'origine du soufre et du phosphore que l'analyse décèle dans la levûre est moins connue. Le premier, qui existe en quantité assez forte, provient très probablement des aliments albuminoïdes qui en renferment toujours. Mayer en a cependant rencontré dans de la levûre développée en un liquide ne renfermant que du sucre candi, du phosphate de potasse et du phosphate ammoniaco-magnésien ; il pense qu'il se trouvait dans le sucre comme impureté. Quoi qu'il en soit, le soufre paraît être un aliment essentiel pour la levûre.

Comme tous les êtres vivants, les levûres ont un besoin absolu d'oxygène ; il faut qu'elles *respirent* pour vivre. Elles peuvent emprunter l'oxygène soit à l'air dissous dans le milieu nutritif, soit à des combinaisons oxygénées peu stables. Ainsi Schützenberger a démontré que la levûre de bière enlevait très facilement l'oxygène à l'oxyhémoglobine, faisant passer le sang artériel rouge à la teinte du sang veineux. Enfin, les levûres peuvent emprunter cet oxygène à des composés déterminés, les sucres ; cette soustraction d'oxygène détermine des modifications moléculaires importantes qui constituent la partie fondamentale du processus de la fermentation. C'est en effet quand la levûre n'a pas à sa disposition la quantité d'oxygène libre nécessaire et qu'elle trouve du sucre dans son milieu, qu'elle vit véritablement en *anaérobie* et qu'elle devient ferment.

L'oxygène sert ici comme partout à oxyder, brûler certains principes du protoplasme, d'où dégagement d'énergie qui peut se faire sous diverses formes. Le résidu est de l'acide carbonique qu'il y a lieu de distinguer de celui que nous retrouverons comme résidu de la fermentation.

Nature de la fermentation alcoolique. — Maintenant que les principales conditions de nutrition des levûres nous sont connues, essayons de les utiliser pour arriver à nous faire une idée générale de la fermentation alcoolique.

Nous savons déjà que la fermentation est un processus intimement lié à la vie de la levûre, mais à la vie dans certaines conditions, la présence de sucre dans le milieu et la privation relative d'oxygène.

La levûre peut, en effet, très bien vivre sans exercer son pouvoir de ferment ; c'est ce que l'on observe quand on lui offre, comme hydrocarbonés, d'autres produits que les sucres, par exemple de l'acide tartrique, de la mannite. C'est ce qui se passe aussi lorsqu'on la cultive en surface dans les milieux sucrés en présence d'oxygène en abondance. Pasteur a montré qu'en cultivant la levûre dans des cuvettes plates, contenant peu de liquide, assurant largement l'accès de l'air, il ne se formait que peu ou pas d'alcool, mais, par contre, beaucoup d'acide carbonique ; de plus, la végétation est des plus abondantes, le rapport entre le poids de levûre formée et le poids de sucre disparu est à son maximum, jusqu'à 1/4 dans une expérience. En diminuant l'accès de l'air, en cultivant la levûre dans un ballon rempli aux deux tiers, il se forme une bonne proportion d'alcool, mais la végétation est bien moindre à cause de la pénurie d'oxygène ; le rapport entre le poids de la levûre formée et le poids de sucre disparu diminue beaucoup, il n'a été que de 1/76 dans une expérience. Ces phénomènes s'accentuent encore si l'on cultive la levûre dans un liquide privé d'air par l'ébullition et remplissant entièrement le ballon ; on obtiendra alors le maximum d'alcool que la levûre peut fournir et le rapport entre le poids de levûre formée et le poids du sucre disparu atteindra un minimum, 1/89 dans une des expériences. Ces expériences démontrent nettement la concordance du processus de fermentation avec le manque d'oxygène. Dans les milieux partiellement exposés à l'air, c'est l'acide carbonique produit qui empêche l'accès d'air dans le liquide et soustrait pour ainsi dire la levûre à son action ; cette levûre agit alors comme en vase clos dans un milieu privé d'air. Ce sont ces observations qui ont conduit Pasteur à poser cet axiome : « La fermentation est la conséquence de la vie sans air. »

Ces relations de la fermentation alcoolique avec l'oxygène ont fait dire depuis longtemps que la levûre ne fait fermenter le sucre que pour obtenir l'oxygène qui lui est nécessaire; on a vu qu'elle ne le faisait que lorsque ce gaz libre lui faisait défaut. Ce caractère n'est du reste pas propre aux levûres alcooliques; certaines moisissures submergées dans un liquide sucré, des cellules végétales à contenu riche en sucre maintenues dans l'acide carbonique, produisent de l'alcool, comme nous le verrons plus loin. C'est plutôt un fait physiologique qui semble général; les éléments vivants le présentent à des degrés divers; les levûres à son maximum.

Cependant, si cette fonction des levûres s'opère au moins quand l'oxygène manque, cela ne veut pas dire que ce gaz ne soit pas utile à leur développement. Au contraire; puisque nous savons que, dans ces conditions de vie sans air ou avec peu d'oxygène, la multiplication végétative se fait mal, tandis qu'elle s'opère beaucoup mieux en présence d'une abondance d'oxygène. Cela prouve que le pouvoir de faire fermenter le sucre est bien distinct de la véritable nutrition hydrocarbonée. Cependant, il est des cas où l'apport d'oxygène peut rendre la fermentation plus active. C'est précisément quand on a ensemencé un milieu privé d'air; la levûre, ne trouvant pas trace d'oxygène, ne végète que très peu, en vertu de sa force acquise, puis s'arrête. Si l'on vient alors à faire passer un peu d'air dans le liquide, le phénomène reprend bientôt. Ce qui prouve que la levûre ne peut pas vivre constamment en anaérobie, — sa vitalité s'épuiserait vite, — et aussi que la vie en état de ferment n'est pas sa vie normale, mais plutôt un état transitoire, quasi accidentel.

Nous savons que tous les sucres ne sont pas aptes à subir la fermentation alcoolique; ceux du groupe des glucoses peuvent seuls fermenter directement. Les saccharides, sucre de canne, maltose, lactose, ont besoin d'être au préalable intervertis. L'interversion peut être opérée par certaines levûres qui sécrètent dans ce but un ferment inversif, la *sucrase* de Duclaux; les levûres qui ne jouissent pas de la propriété de produire cette invertine sont sans action sur les sucres du second groupe. Les deux principaux ferments alcooliques, la *Levûre de bière* et le *Saccharomyces ellipsoideus* sécrètent de l'invertine et font fermenter le sucre de canne et le maltose; elles ne font toutefois pas fermenter le lactose, mais le brûlent lentement. Le lactose ne subit la fermentation alcoolique que sous l'influence de levûres spéciales, encore peu connues, dont trois types ont été décrits par Duclaux, Adametz et Kayser.

D'après Naegeli et Laurent, la modification du sucre et sa transformation principale en alcool et acide carbonique s'opéreraient dans l'intérieur même du protoplasma des cellules de levûre. Il se produirait une véritable assimilation qui créerait dans l'élément une réserve hydrocarbonée, probablement sous forme de glycogène dont l'iode décèle la présence dans les cellules de levûre de bière en pleine activité. Ce glycogène se décomposerait pour subvenir aux besoins vitaux; les produits résiduaux seraient surtout de l'alcool et de l'acide carbonique. Tant que la levûre trouve du sucre dans son milieu, elle peut reconstituer sa réserve. Lorsque ce corps vient à manquer, elle épuise sa provision, puis vit sur elle-même, comme tout être en état d'inanition, c'est la période dite d'*autophagie* de la levûre. Dans ces dernières conditions on ne doit pas s'étonner de voir se former des produits spéciaux, parmi lesquels se rencontrent des produits de désassimilation des matières azotées, la leucine et la tyrosine surtout, indiquant que la levûre vit aux dépens de ses matériaux albuminoïdes.

La complexité du phénomène de la fermentation et celle des produits auxquels il donne naissance prouvent bien qu'il n'y a pas là une simple modification, un simple dédoublement du sucre, mais un véritable acte vital présentant les caractères que l'on est habitué à reconnaître dans les manifestations de la vie.

Lavoisier n'ayant trouvé dans le liquide issu de la fermentation alcoolique que de l'alcool, de l'acide carbonique et un peu d'acide acétique dont le poids correspondait à peu près au poids du sucre consommé, croyait à un simple dédoublement qu'il formulait très simplement par l'équation suivante :

$$\underset{\text{Sucre.}}{C^6 H^{12} O^6} = 2 CO^2 + \underset{\text{Alcool.}}{2 C^2 H^6 O}.$$

que Gay-Lussac traduisit, en disant que, sur 100 parties de sucre, 51,34 se transforment en alcool et 48,66 en acide carbonique.

Dumas et Boullay montrèrent que cette formule ne pouvait s'appliquer au sucre de canne, qui devait, par l'inversion, subir une hydratation préalable. Pasteur a renversé cette première théorie en démontrant l'existence constante de produits autres que l'acide carbonique et l'alcool provenant des actes de désassimilation. D'après lui, dans une fermentation alcoolique normale, sur 100 parties de sucre candi, 95 ou 96 donnent de l'alcool et de l'acide carbonique; les 4 ou 5 parties restantes servent de véritable nourriture hydrocarbonée à la levûre et donnent surtout comme résidu de l'acide succinique et de la glycérine. La modification de 100 grammes de sucre candi, selon lui, serait représentée, à peu de choses près, dans le tableau suivant :

Alcool.	51,10
Acide carbonique.	49,20
Glycérine.	3,40
Acide succinique.	0,65
Cellulose, graisses, etc.	1,30
	105,65

L'excédent de 5,65 serait dû à l'hydratation du sucre de canne pendant l'inversion par la levûre.

La modification complète, c'est-à-dire la fermentation alcoolique proprement dite, se formulerait alors de la façon suivante : 95 à 96 p. 100 du sucre donneraient de l'alcool et de l'acide carbonique suivant l'équation de Lavoisier, modifiée par Dumas et Boullay,

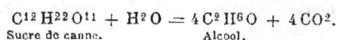

$$C^{12}H^{22}O^{11} + H^2O = 4C^2H^6O + 4CO^2.$$
$$\text{Sucre de canne.} \qquad \text{Alcool.}$$

Les 4 ou 5 parties restantes formeraient surtout l'acide succinique et la glycérine, suivant l'équation :

$$49(C^{12}H^{22}O^{11} + H^2O) = 24C^4H^6O^4 + 144C^3H^8O^3 + 60CO^2.$$
$$\text{Sucre de canne.} \qquad \text{Acide succinique.} \qquad \text{Glycérine.}$$

Suivant Monoyer, la transformation serait plus simple; elle pourrait se formuler ainsi :

$$4(C^{12}H^{22}O^{11} + H^2O) = 2C^4H^6O^4 + 12C^3H^8O^3 + 4CO^2 + O^2.$$
$$\text{Sucre de canne.} \qquad \text{Ac. succinique.} \qquad \text{Glycérine.}$$

Cet oxygène mis en liberté par la réaction servirait justement à la respiration de la levûre.

Les proportions d'acide succinique et de glycérine formées sont loin d'être fixes et invariables, elles subissent au contraire, mais en sens inverse, les variations de l'activité du ferment. L'acide succinique, par exemple, se forme en plus grande quantité quand la fermentation est lente; la glycérine, d'après d'Udransky, quand la levûre est dans la période d'autophagie. Ce qui est une preuve de plus pour les considérer comme des produits directs de la désassimilation.

Outre les produits secondaires qui viennent d'être cités, acide succinique et glycérine, les chimistes ont signalé la production, dans les fermentations alcooliques, de toute une série de composés dont le mode de formation est encore loin d'être expliqué. C'est l'aldéhyde, l'acide acétique, qui peuvent provenir d'une oxydation de l'alcool déjà formé; des acides gras supérieurs; des composés basiques, encore très peu connus; des alcools supérieurs, l'alcool amylique, l'alcool propylique, l'alcool isobutylique; des glycols; enfin, dans les vins spécialement, de très petites quantités d'éthers qui contribuent à former le bouquet du vin.

Ordonneau démontra que la nature de la levûre avait une grande influence sur la production de certains de ces composés, en annonçant que les alcools de queue des fermentations de vin étaient les alcools propyliques et butyliques normaux, tandis que les alcools supérieurs provenant de fermentations déterminées par la levûre de bière sont des iso-alcools.

Une partie de ces produits seraient de véritables impuretés pour la fermentation alcoolique normale, impuretés dues surtout à la présence de ferments étrangers. C'est ce que tendent à faire admettre les dosages, pratiqués par Lindet, des alcools supérieurs dans des fractions de moût prélevées à différents moments de la fermentation. Ces opérations démontrent que la proportion des alcools supérieurs augmente au moment où la fermentation touche à sa fin, alors que la levûre ralentit sa végétation et que les autres organismes, par alysés jusque-là, reprennent leur activité; dans une expérience, les dosages ont donné les résultats suivants :

1° pendant les 14 premières heures de la fermentation . . . . 0,36 d'alcools supérieurs p. 100 d'alcool formé.
2° Entre la 14° et la 20° heure. . . . . . 0,54 — — —
3° Entre la 20° et la 38° heure (fermentation terminée. . . . . 0,88 — — —
4° 24 heures après la fermentation terminée. . . . . 14,07 — — —

Des expériences similaires ont également prouvé que la proportion d'alcools supérieurs formés était moindre lorsque la fermentation était particulièrement active, comme celle provoquée par une grande quantité de bonne levûre qui l'emportait tout de suite sur les autres organismes; qu'elle s'élevait au contraire dans les fermentations lentes où les organismes étrangers entraient en concurrence avec la levûre alcoolique vraie.

On connaît très peu encore la part qui revient aux divers organismes, autres que les bonnes levûres, pouvant se rencontrer dans les fermentations alcooliques. PERDRIX a décrit récemment un bacille anaérobie, qu'il a isolé de l'eau, qui présente la curieuse propriété d'attaquer l'amidon, de le transformer en un sucre fermentescible et de produire aux dépens de ce sucre une forte proportion d'alcool amylique, de l'alcool butyrique, des acides acétique et butyrique. Il est bien probable que la présence de ces produits dans les alcools industriels de grains et de pommes de terre provient du développement de cette bactérie ou d'autres à action similaire.

Il résulte de là l'importance extrême d'éviter le plus possible la présence des organismes autres que les bonnes levûres alcooliques. Dans ce but on a proposé divers moyens. GAYON et EFFRONT ont démontré la possibilité de diminuer sensiblement les proportions d'alcools supérieurs en ajoutant des substances légèrement antiseptiques empêchant ou entravant le développement des organismes étrangers, tout en ne nuisant pas au bon fonctionnement de la levûre; le premier conseille l'addition de sous-nitrate de bismuth, le second celle de minimes quantités d'acide fluorhydrique. La voie la plus sûre semble être l'emploi des levûres pures combiné avec une préparation convenable des moûts qui parvienne à en écarter les impuretés nuisibles; c'est un moyen sûr, en train de passer actuellement dans la grande pratique, depuis les recherches de MARX et de JACQUEMIN sur ce sujet.

Toutes ces données prouvent bien qu'il n'est pas plus possible d'établir une formule complète et générale de la fermentation alcoolique que de mettre en équation un phénomène vital quelconque.

Influence des milieux. — Les ferments alcooliques subissent, comme tous les êtres vivants, l'influence des milieux. Il est pour eux des conditions et des substances favorables à la manifestation et à l'accroissement de leur fonction de ferment, d'autres qui leur sont nuisibles et produisent des modifications dans leurs propriétés vitales ou arrivent même à les faire périr. Ces influences mauvaises arrêtent d'abord les modifications extérieures, tout en laissant la nutrition se faire tant bien que mal. Si leur action persiste, la nutrition s'arrête, la mort peut survenir. C'est alors parfois que se produisent les spores, pour résister à des conditions qui font périr les simples cellules végétatives.

Parmi les conditions physiques nécessaires à la vie et au bon fonctionnement des levûres alcooliques, la chaleur tient certainement le premier rang. Leur végétation paraît nulle à 0°; elle ne commence guère que vers 2° ou 3°, puis augmente progressivement jusque vers 25° — 30°, où elle présente un optimum peu déterminé encore; elle reste stationnaire, puis s'arrête aux environs de 38° — 40°. Portées à une température supérieure, les levûres périssent de 53° à 70° suivant l'état de vitalité de leurs éléments et la composition du milieu; elles meurent plus vite, dans les milieux acides. Desséchée lentement, avec précautions, la levûre de bière peut supporter pendant plusieurs heures, sans périr, la température de 100°; le fait est toutefois peut-être dû à la présence de spores ou à leur formation pendant l'expérience. La fermentation alcoolique commence à basse température, 3° au minimum pour la levûre de bière; elle se fait alors très lentement. Elle est plus active, quoique encore lente, vers 6°, 8° et se montre dans son plein de 15° à 25°. Elle cesse vers 40°, sauf dans les cas où en opérant très lentement on la soumet à des températures un peu supérieures : elle peut alors se manifester encore à 45°.

Le froid paraît avoir assez peu d'action sur les levures, comme en général sur les micro-organismes; elles peuvent être soumises sans périr à des froids de — 100° et plus.

D'après Regnard, la lumière activerait la fermentation, qui cependant s'opère très bien à l'obscurité. Les effets de l'électricité ne paraissent guère plus remarquables; Dumas a observé que de grandes étincelles tuent la levure, ainsi qu'un fort courant de 10 éléments Bunsen : dans ce dernier cas cependant il est probable qu'il faut tenir compte des changements produits dans le milieu par l'électrolyse. De très fortes pressions n'arrivent pas à détruire la vitalité de ces organismes.

La dessiccation tue rapidement les cellules végétatives. Elle est sans action sur les spores. De la levûre desséchée lentement à la température ordinaire peut cependant garder longtemps son activité; le fait est dû sans doute à la formation de spores pendant l'opération.

De la levûre de bière conservée dans l'oxygène, l'hydrogène, l'azote, l'oxyde de carbone, le protoxyde d'azote, l'hydrogène protocarboné, a paru à Dumas conserver sa vitalité et son pouvoir de ferment. D'après P. Bert, l'oxygène comprimé ferait disparaître cette dernière propriété.

Les acides et les bases, en faibles proportions, n'ont aucune action; les doses élevées sont toxiques pour le ferment. L'addition de soufre détermine la production d'une petite quantité d'hydrogène sulfuré; Rey-Pailhade attribue cette réaction à la présence dans l'élément vivant d'une matière hydrogénée spéciale, le *philothion*, qui se combine au soufre en donnant de l'hydrogène sulfuré.

L'alcool arrête la fermentation alcoolique, dès qu'il se trouve en proportions de 16 à 17 p. 100 dans le liquide; de plus fortes quantités tuent les levûres.

Les antiseptiques entravent la fermentation à des doses variables suivant leur activité; si les doses augmentent, les levûres périssent (Voir **Antiseptiques**). Certains poisons, l'acide prussique par exemple, font de même.

Les anesthésiques paraissent pouvoir diminuer ou même arrêter la fermentation alcoolique, suivant la dose. D'après Duclaux, 1 p. 100 de chloroforme ralentit de moitié la fermentation de la levûre de bière jeune et très active, et peut même supprimer l'action de la levûre vieille. Charpentier a observé l'arrêt complet de cette fermentation par la cocaïne à la dose de 5 p. 100. Dans ces conditions, la levûre n'est pas tuée, car elle reprend sa vie dès que l'anesthésique a disparu; elle est sous le coup d'une véritable anesthésie.

Les levûres des fermentations alcooliques sont très répandues dans la nature. On en trouve constamment à la surface des fruits sucrés qui ont mûri à l'air libre; il suffit de les écraser pour que le jus subisse rapidement la fermentation alcoolique. On peut s'en convaincre, d'ailleurs, par l'examen direct; si on lave à l'eau distillée, comme l'a fait Pasteur, des grains de raisins mûrs à l'aide d'un pinceau de blaireau, l'examen au microscope du liquide trouble obtenu y fera reconnaître la présence, au milieu d'autres organismes, de nombreuses cellules de levûre dont certaines peuvent contenir des spores. Les raisins verts, par contre, s'en montrent constamment dépourvus. A tout moment de l'année, la terre des vignes s'est montrée à Pasteur capable, ajoutée à très petites doses, de provoquer la fermentation alcoolique dans les moûts sucrés. Il semble que le sol soit le véritable lieu de conservation de ces organismes. Tombées à sa surface avec les fruits mûrs sur lesquels elles ont pullulé, les levûres sporulent en partie, et passent, à l'état de spores, le temps assez long pendant lequel elles ne rencontreraient pas d'aliment sucré dans la nature. Transportées par le vent avec les poussières sur des fruits arrivés à un état de maturité suffisante, elles s'y accolent et peuvent se multiplier et agir dès qu'une solution de continuité quelconque des téguments les met en contact avec le jus sucré qu'ils contiennent. C'est la même raison qui fait que ces levûres sont très communes dans les poussières des locaux où s'opèrent en grand les fermentations alcooliques, celliers à vin et à cidre, caves de brasserie; de telle sorte qu'un moût sucré convenable, ne renfermant aucun ferment, entre rapidement en fermentation dès qu'il est simplement exposé à l'air libre dans de tels locaux. L'opinion de la fermentation *spontanée* de ces moûts est aujourd'hui complètement improuvée.

Ferments alcooliques autres que les levûres. — Les levûres ne sont pas les seuls éléments vivants qui possèdent la propriété de produire de l'alcool aux dépens du sucre; on retrouve cette particularité, à des degrés divers, chez d'autres organismes inférieurs ou même chez des organes d'êtres plus élevés, dans des conditions spéciales.

Lorsqu'on fait vivre certaines moisissures dans des liquides sucrés, en les soumettant à des conditions déterminées, au premier rang desquelles se trouve l'immersion de la plante dans le liquide, on observe une transformation du sucre et une production d'acide carbonique et d'alcool. Il est de ces champignons qui ne peuvent attaquer que les glucoses; d'autres font également fermenter le sucre de canne grâce à la sécrétion d'un ferment inversif. Cette propriété d'être ferment alcoolique coïncide avec des modifications spéciales que subit la partie végétative de la plante. Ce mycélium, au lieu d'être formé d'articles filamenteux souvent très longs et ramifiés, se segmente en une série d'articles courts, sphériques, ovoïdes ou cylindriques, ressemblant beaucoup à des cellules de levûres et semblant se reproduire comme elles par bourgeonnement. Cette forme n'est toutefois que transitoire; elle dépend du mode de vie spécial imposé à la plante, immersion dans un liquide et privation plus ou moins complète d'air. Dès que de tels articles, en effet, arrivent à la surface, ils donnent les tubes filamenteux habituels du mycélium de l'espèce. La quantité d'alcool formée est très variable; certaines espèces en donnent à peine des traces, d'autres des proportions notables. Une seule est utilisée comme ferment alcoolique, et encore la part qui lui revient dans l'opération est-elle minime.

Le *Mucor mucedo* est une de ces moisissures qui peuvent produire de l'alcool aux dépens du sucre. C'est une grande moisissure blanche qui se rencontre fréquemment sur les milieux sucrés, principalement sur les confitures. Vivant sur un corps humide ou à la surface d'un liquide en présence d'air en abondance, les filaments mycéliens sont très longs, rameux, enchevêtrés les uns dans les autres, constituant une membrane blanche feutrée, plus ou moins épaisse. De distance en distance, ils émettent des filaments verticaux qui se terminent par un sporange sphérique rempli de petites spores. Immergé dans un liquide, en présence d'une quantité insuffisante d'air, le mycélium pousse des articles courts, sphériques, ovoïdes ou cylindriques, qui peuvent se détacher et vivre à part, en produisant par bourgeonnement d'autres articles semblables; la ressemblance de ces derniers avec les levûres est très grande et a pu prêter à confusion. Dans ces conditions, la plante provoque une véritable fermentation alcoolique du sucre; on peut rencontrer dans le liquide, jusqu'à 3 p. 100 d'alcool, de l'acide succinique, de l'aldéhyde et des traces de glycérine. D'après GAYON, ce *Mucor* n'intervertirait pas le sucre de canne.

Le *Mucor racemosus* secrète de l'invertine, et peut faire fermenter le sucre de canne; il donne jusqu'à 8 p. 100 d'alcool. Le *Mucor circinelloïdes* n'intervertit pas le sucre de canne; et donne dans les moûts de glucose jusqu'à 5,5 p. 100 d'alcool. Dans les moûts de bière, le *Mucor erectus* peut donner jusqu'à 8 p. 100; le *Mucor spinosus*, 5 p. 100 d'alcool.

Dans les mêmes conditions les *Penicillium glaucum* et *Aspergillus glaucus*, formant les moisissures vertes les plus communes, produisent aussi de l'alcool, mais en quantités très minimes.

Des moisissures voisines de cette dernière espèce servent, au Japon et en Chine, à saccharifier le riz et à produire un peu d'alcool, donnant ainsi des boissons alcooliques très usitées dans ces pays, le *koji* et le *saké*. La fermentation s'obtient en ajoutant au riz, concassé et additionné d'eau, un levain spécial qui contient, comme parties actives, des spores de la moisissure et des cellules de levûres où domine une espèce qui paraît être le *Saccharomyces Pastorianus*. La moisissure sert surtout à saccharifier l'amidon; elle ne produit que très peu d'alcool, 2 à 3 p. 100 au maximum; la plus grande partie provient de l'action du *Saccharomyces* sur le glucose formé. C'est cet *Aspergillus* qu'on propose d'appeler *Aspergillus Oryzæ*, qui est en réalité la seule moisissure employée comme ferment alcoolique.

Plusieurs espèces de bactéries produisent de l'alcool aux dépens des sucres ou de la glycérine, mais cette formation d'alcool est souvent bien minime. L'*Actinobacter polymorphus* de DUCLAUX et le *Bacille éthylique* de FITZ sont dans ce cas. Le *Bacille amylozyme* de PERDRIX donne aux dépens de l'amidon à la fois de l'alcool éthylique et de l'alcool amylique, en faibles proportions il est vrai. MARCANO a signalé la présence de *vibrions*, dans la fermentation de la farine de maïs qui donne la boisson alcoolique nommée *chicha* dans l'Amérique du Sud ; rien dans ses observations ne prouve la production d'alcool par ces organismes. En résumé, aucune bactérie ne paraît, jusqu'ici du moins, pouvoir être un ferment alcoolique utilisable.

Ces organismes inférieurs, levûres, moisissures, bactéries, ne sont pas les seuls êtres vivants capables de produire de l'alcool aux dépens du sucre. Cette propriété se retrouve chez des plantes supérieures ou des parties de plantes placées dans des conditions de vie particulières. LECHARTIER et BELLAMY ont démontré qu'en plaçant des fruits sucrés, poires, pommes, cerises, etc., dans une atmosphère d'acide carbonique, il était possible, au bout d'un certain temps, de constater dans le fruit la production de quantités notables d'alcool, sans qu'un examen microscopique attentif pût déceler la présence de ferments alcooliques. MÜNTZ a prouvé qu'il en était de même pour des plantes entières (vigne, betterave, maïs, chou) placées dans de l'azote pur.

Il résulte de ces faits que la fermentation alcoolique n'est pas une fonction exclusive des levûres, mais peut être considérée comme une propriété générale des éléments vivants, propriété qui se manifeste seulement quand ces éléments sont en présence de conditions déterminées, lorsqu'ils trouvent à leur disposition des corps fermentescibles et qu'ils sont soumis à une privation d'oxygène. L'action produite dépend de la résistance qu'ils offrent à ces conditions spéciales. Les cellules des fruits, en particulier, résistent moins longtemps à la vie sans air parce que ce sont des éléments ayant terminé leur évolution, qui ne peuvent qu'épuiser l'énergie en réserve sans pouvoir en reformer de nouvelle ; elles meurent avant d'avoir transformé beaucoup de sucre.

En somme, tous ces faits tendent à prouver les rapports intimes qui unissent la fermentation alcoolique, dédoublement des glucoses en alcool et acide carbonique, et la suppression d'oxygène à des éléments vivants qui en ont besoin, et viennent corroborer la théorie de PASTEUR qui fait de la fermentation alcoolique une conséquence directe de la vie sans air.

Bibliographie. — PASTEUR. *Études sur le vin*, 1873. — *Études sur la bière*, 1876. — *Examen critique d'un écrit posthume de* CL. BERNARD *sur la fermentation*, 1879. — DUCLAUX. *Microbiologie* (*Encyclopédie chimique de Frémy*, 1883). — SCHÜTZENBERGER. *Les fermentations*, 1879. — HANSEN. *Comptes rendus du laboratoire de Carlsberg depuis* 1879. — CHARPENTIER. *Action de la cocaïne sur la fermentation* (*B. B.*, p. 17, 1885). — GARNIER. *Ferments et fermentations*, 1888. — JACQUEMIN. *Du Saccharomyces ellipsoideus et ses applications industrielles*, 1888. — BOURQUELOT. *Les fermentations*, 1889. — MARX. *Le laboratoire du brasseur*, 1889. — JÖRGENSEN. *Die Mikroorganismen der Gährungsindustrie*, 1890. — PERDRIX. *Sur le bacille amylozyme* (*Annales de l'Institut Pasteur*, 1889, t. v, p. 287). — LAURENT. *Nutrition de la levûre* (*Annales de l'Institut Pasteur*, 1889, t. v, pp. 113 et 362). — JACQUEMIN. *Les différentes levûres de fruits et le bouquet des boissons fermentées* (*Revue Scientifique*, 28 mars 1891). — KAYSER. *Levûres alcooliques du lactose* (*Annales de l'Institut Pasteur*, 1891. t. v, p. 395). — *Contributions à l'étude des levûres de vin* (*Ibid.*, 1892, t. vi, p. 569). — LINDET. *Les produits formés pendant la fermentation alcoolique* (*Revue générale des sciences*, 15 novembre 1891). — CALMETTE. *La levûre chinoise* (*Annales de l'Institut Pasteur*, 1892, t. vi, p. 604). — EFFRONT. *Action des fluorures sur les levûres* (*Bulletin de la Société chimique*, 1891).

E. MACÉ.

ALDÉHYDE (C^2H^4O). —L'aldéhyde est un produit de la déshydrogénation de l'alcool (C^2H^6O — H^2 = C^2H^4O), autrement dit l'intermédiaire entre l'acide acétique et l'alcool. C'est un liquide incolore, volatil, qui bout à 21°, et dont l'odeur est suffocante. produisant la toux, une sensation de constriction à la poitrine et le larmoiement. Respiré à faible dose, il a une odeur rappelant vaguement celle de la pomme. Pour reconnaître la présence de l'aldéhyde, la réaction ordinaire consiste à la chauffer avec une solution d'azotate d'argent, additionnée de quelques gouttes d'ammoniaque. Il y a alors réduction du métal.

Malgré ses effets caustiques et irritants, on a osé proposer l'emploi de l'aldéhyde comme anesthésique (POGGIALE et SIMPSON, cités par RABUTEAU, *Thérapeutique*, p. 641). La toux produite par les premières inhalations disparaîtrait pendant la période anesthésique pour reparaître quand l'anesthésie a pris fin. D'après Dujardin-Beaumetz et Audigé, l'aldéhyde est toxique à la dose de 1 à 1,2 par kilogramme d'animal; par conséquent, six fois plus toxique que l'alcool éthylique et un peu plus toxique que l'alcool amylique. D'après Albertoni (*Arch. italiennes de biologie*, t. IX, fasc. 2, p. 168, 1888), l'aldéhyde produit l'ivresse et l'anesthésie à des doses auxquelles l'alcool paraît encore peu actif, ce qui rend peu vraisemblable l'hypothèse, souvent émise par divers auteurs, que dans l'organisme l'alcool se transforme en aldéhyde. M. Albertoni a aussi constaté que l'aldéhyde ingérée ne subit pas d'oxydations; mais qu'elle semble être éliminée à l'état d'aldéhyde par les poumons et par les reins; car on la retrouve dans les exhalations, alors même qu'on n'en a absorbé qu'à petite dose. Après ingestion d'alcool on en constate parfois des traces (Krestchy. *D. Arch. für klin. Med.*, t. XVIII, pp. 527-541); mais le plus souvent on retrouve dans les urines et dans l'air expiré l'alcool ingéré (Tappeiner. *Z. B.*, t. XX, p. 52). Nous devons donc conclure qu'en somme l'aldéhyde est assez toxique, qu'elle a les propriétés générales des alcools et des éthers, et qu'elle ne subit pas de transformation dans l'organisme.

En présence du nitro-cyanure de sodium l'aldéhyde se colore en rouge, si l'on ajoute de l'acide acétique, et, si l'on chauffe, elle prend une teinte verte. L'addition de métaphényldiamine donne aux liqueurs contenant de l'aldéhyde une coloration jaune même avec une dilution de 1/500000. On obtient encore d'autres réactions colorées avec l'acide diazobenzolsulfurique, la phénylhydrazine, l'hydroxylamine. Pour faire le dosage quantitatif de l'aldéhyde, on la précipite par une solution de bisulfite de soude.

CH. R.

ALEXIE. — Ce terme est très fréquemment employé pour désigner une des formes de l'aphasie : la cécité visuelle verbale caractérisée par la perte de la faculté de lire (Voyez **Aphasie**).

P. B.

ALEXINE. — Expression introduite en 1891 par H. Buchner pour désigner les substances albuminoïdes, douées de propriétés bactérides, qui se rencontrent dans le sérum du sang normal (Voyez **Immunité**).

ALGÉSIMÈTRE (αλγησις, douleur, μετρον mesure). — Sous ce nom, Bjornstrom a décrit un instrument destiné à mesurer l'intensité de l'excitation nécessaire pour faire naître une impression douloureuse. Cet appareil consiste essentiellement en une pince, au moyen de laquelle on comprime un pli de la peau et qui permet de lire, en poids, la pression employée. M. Ch. Richet avait pour le même but employé un instrument analogue (*Rech. sur la sensibilité*, 1877, p. 291).

ALGIDITÉ. — Terme médical indiquant la période d'une affection morbide pendant laquelle il y a soit une sensation de refroidissement, soit un refroidissement.

Ce terme ayant une signification ambiguë, nous renvoyons à **Hypothermie**, qui a un sens précis.

ALGUES. — Un nombre considérable de faits ont été jusqu'à ce jour acquis à la science, concernant divers points de la physiologie de ces végétaux inférieurs. Mais aucun travail d'ensemble n'a été effectué, dans le but de rassembler ces données éparses dans un grand nombre de publications, et de montrer l'intérêt qu'elles sont susceptibles de présenter pour la physiologie générale. Nous avons essayé de combler cette lacune, dans la mesure du possible, mais que l'on ne s'attende pas à trouver ici une énumération complète des diverses notes et mémoires, concernant un sujet si riche, quant à la bibliographie : il est presque impossible aujourd'hui de faire la bibliographie complète d'une question, et d'ailleurs le but que nous nous proposons est beaucoup plus restreint.

Nous nous contenterons de grouper méthodiquement les faits qui nous ont paru offrir un intérêt d'une certaine généralité, tant pour la biologie propre des Algues, que pour celle des végétaux en général. Nombre de faits, relatifs à la constitution du corps des Algues, à leur reproduction, à leur polymorphisme, et même à leurs affinités, sont de nature à intéresser quiconque s'occupe de physiologie générale ; mais ces faits sont plutôt du domaine de la morphologie et nous n'y insisterons pas ici.

Composition chimique des algues. — Matières minérales. — Les données acquises à ce sujet sont encore assez limitées, et les chiffres donnés par les auteurs ne permettent guère de conclusions générales.

Les algues, qui étaient jadis employées pour l'extraction de la soude et de la potasse, sont évidemment les types les plus riches en matières minérales. Ce sont : *Fucus vesiculosus, F. serratus, F. nodosus, Himanthalia lorea, Halidrys siliquosa, Laminaria digitata, L. saccharina.*

Le sodium y est combiné à l'acide sulfurique et à des acides organiques.

Les varechs ou goémons de nos côtes, qui constituent le kelp des côtes d'Écosse et d'Irlande, contiennent en moyenne (Gautier de Claubry. *Analyse des varechs*, 1815) :

Sulfate de potassium	10,203
Chlorure —	13,476
— de sodium	15,018
Iode	0,600
Autres sels	2,103

Les matières minérales des Algues sont surtout remarquables par la présence des iodures et des bromures. Voici quelques chiffres, quant à la teneur en cendres, relativement à la composition centésimale : *Sphaerococcus* sp.? de 15 à 9,6 p. 100 ; *Fucus amylaceus*, 7,5 p. 100 ; *F. vesiculosus*, 3 p. 100. D'après Marchand, les algues les plus riches en iode sont : *Laminaria digitata*, 5,352 p. 100 ; *L. saccharina*, 2,730 p. 100 ; *Fucus serratus*, 0,834 p. 100 ; *F. vesiculosus*, 0,719 p. 100 ; *Cystoseira siliquosa*, 0,659 p. 100. D'après Vibrans, les chiffres seraient un peu différents : *F. serratus*, 0,56 p. 100 ; *F. vesiculosus* 1,05 ; *Laminaria* 1,67 p. 100 ; *Furcellaria fastigiata*, 0,24. Les Zostères en contiendraient 0,42 p. 100.

On trouve dans Brasack (*Ber. Berl.*, t. xi, p. 253) 2 analyses de varechs, empruntées à Cordillero et à Gijon.

	CORDILLERO.	GIJON.
K²SO⁴	9,79	28,87
SO⁴CA	0,79	1,67
KCl	57,00	33,68
NaCl	27,08	28,37
Na²S	1,21	»
Na²CO³	2,93	3,93
NaI	1,16	2,96
	100	100

E. Allazy (*B. S. C.*, t. xxviii, pp. 11-12) a donné des chiffres sur la teneur en cendres des varechs frais.

		Pour 1 000 kil.
Digitatus	jeune thalle	1,224 gr.
	partie inférieure d'une plante âgée	1,089 —
Stenolobus	vieux thalle	0,578 —
	plante entière	0,606 —
Digitatus stenophyllus (?)		0,996 —
Saccharinus		0,448 —
Aloria		0,408 —

Dans les varechs des côtes septentrionales d'Espagne, O. Schott a trouvé de 0,338 à 1,702 p. 100 d'iode.

Certaines algues sont abondamment pourvues de carbonate de chaux, qui, en se déposant dans leurs membranes, les incruste. Par exemple, chez les Characées, l'incrustation se localise en une série de zones annulaires, il en est de même chez certaines Siphonées marines : *Acetabularia, Halymeda*. L'exemple le plus frappant de ce phénomène est offert par des Floridées, des familles des Corallinées, et des Lithothamniées ; là l'incrustation est assez compacte pour donner à la plante la solidité et l'aspect extérieur de tiges de corail.

Dans le suc cellulaire de la vacuole de *Valonia utricularis*, GEISLER, puis A. MEYER (*Ber. d. deutsch Bot. Gesellsch.*, 1891, 3) ont pu caractériser : le chlore, l'acide sulfurique, l'acide phosphorique, le magnésium, le potassium, et un peu [de sodium. Le résultat le plus intéressant est l'absence de calcium, métal qui se trouve dans l'eau ambiante ; ce fait viendrait, jusqu'à un certain point, corroborer l'opinion de SCHIMPER (*Flora*, 1890, 3), à savoir que la chaux n'est qu'indirectement nécessaire à la majorité des plantes, parce qu'elle précipite, à l'état d'oxalate de chaux insoluble, l'oxalate'acide de potasse, qui, à une certaine dose, est toxique pour le protoplasme végétal.

Le sulfate de chaux se rencontre à l'état de cristaux, dans le thalle de *Fucus vesiculosus* : Les cristaux des Desmidiées sont bien connus, ils sont formés de sulfate de calcium, et toujours en mouvement dans une vacuole, située généralement au sommet de la cellule (FISCHER. *Ueber das Vorkommen von Gypskristallen bei den Desmidien*, in *Jahrb. für wissenchaft. Bot.*, t. XIV, pl. X). Chez les Spirogyres, ce sont des cristaux d'oxalate de chaux, en croix, dont les bras se terminent en pointe, en T, en croix type partant d'autres branches secondaires, en mâcles. Ces derniers observés dans une seule espèce *S. setiformis* (WILDEMAN). La production plus abondante de ces cristaux, au printemps qu'en été, est des plus douteuses ; leur abondance varie d'ailleurs, au même moment, d'une cellule à l'autre.

Il existe également dans le protoplasme de certaines algues de petits corpuscules en mouvement, très réfringents, ne réagissant pas au liquide de GRAM, inattaqués par SO^{4}H^2, et persistants après destruction du protoplasme. Ce sont les « Zerzetsungskörperchen » de FISCHER, signalés chez des Spirogyres, Zygnémées, Mésocarpées, Desmidiées, *Cosmarium*. Sur ces corps, curieux, mais de composition chimique indéterminée, voir FISCHER, *loc. cit.*; WILDEMAN, *loc. cit.*; GAY. *Essai d'une monographie locale des conjugués*, p. 22.

Certains métaux relativement rares se trouvent, en quantités plus ou moins notables, dans le thalle de certaines algues. C'est ainsi que *Fucus vesiculosus* contient, dans ses cendres, du strontium et du baryum, du zinc, du bore, du nickel et du cobalt.

Composés organiques. *Camphre.* — PHIPSON (*Pharm. Journ. Trans.*, t. CLXII, p. 479) a extrait une substance ressemblant aux camphres des espèces suivantes : *Chara fœtida, Palmella sp.?, Oscillaria autumnalis, tenuis, Nostoc sp.?* Il a nommé cette substance : *Characine.* On l'obtient en épuisant les plantes par l'eau ; cette substance se sépare sous forme de pellicule blanche, soluble dans l'éther.

Mannite. — La mannite est la matière sucrée, qui vient former à la surface de certaines algues, exposées à l'air, l'efflorescence blanche qui les recouvre. Chez la plupart des algues cette efflorescence est salée, ce qui est dû aux chlorures alcalins si abondants dans ces plantes marines; c'est surtout sur le stipe et les crampons qu'elle apparaît.

Ce sont surtout les *Laminaria saccharina* et *L. flexicaulis* qui donnent ainsi de la mannite. Cette substance a surtout été étudiée par PHIPSON, et SOUBEIRAN (*Note sur la matière sucrée des Algues*, 1857). Nous renvoyons à ce travail pour les caractères des cristaux, qui prendraient naissance dans la membrane cellulaire gélifiée; ils seraient dus à une action désoxydante, exercée sur le mucilage, et ne seraient par conséquent pas un véritable produit de sécrétion. PHIPSON suppose que le mucilage, en présence de l'eau, et en perdant un équivalent d'oxygène, se dédoublerait en deux molécules de mannite. Mais ce n'est là qu'une hypothèse.

Hydrates de carbone. Amidon, paramylon (Voir plus loin). — L'*inuline* a été rencontrée en dissolution dans le suc cellulaire de certaines algues, comme l'*Acetabularia*.

Le suc cellulaire de la large vacuole de *Valonia utricularis* contient de petites quantités de substances, capables de réduire la liqueur de FEHLING, et donnant, avec la phénylhydrazine, un faible dépôt cristallin, en un mot des sucres réducteurs.

SCHUNCK, d'après ses expériences sur les végétaux supérieurs, était arrivé en 1884 à cette conclusion, que la chlorophylle est un glucoside, ou du moins est accompagnée d'un glucoside, dans les tissus végétaux (Voir art. Chlorophylle pour la technique de la méthode). DE WILDEMAN (*Soc. Roy. Belg.*, 1887, p. 33) a appliqué cette méthode à certaines algues. La solution alcoolique d'une algue, telle qu'*Ulothrix zonata*, accuse une réduction de la liqueur de FEHLING ; de même *Ulva lactuca* : pour *Nostoc commune*, la réaction est moins intense. Dans tous ces cas, les sels de fer n'ont aucune action sur la solution aqueuse, donc ces espèces sont dépourvues de tannin. Les auteurs, qui regardent le tannin comme un|glucoside, ne peuvent donc invoquer ici la mise en liberté de glucose, aux dépens de ce dernier corps. Il est fort peu probable, en dépit de l'opinion de Schunck, que la chlorophylle soit un glucoside. Le glucoside en question se retrouve d'ailleurs dans des organes dépourvus de chlorophylle, telles que des bractées jaunes ; reste à isoler ce glucoside, des algues et des végétaux supérieurs.

L'*acide phycique*, obtenu par Lamy (*A. C.*, 3) a été retiré des *Protococcus vulgaris*, par la méthode indiquée pour la phycite ; il cristallise, après purification par lavage à l'éther. La solution alcoolique chaude laisse déposer des aiguilles blanches, opaques, dépourvues de goût et d'odeur, à réaction neutre, fondant à 136°, en un liquide brunâtre. Une plus haute température les détruit, elles sont insolubles dans l'eau, mais solubles dans l'alcool, l'éther, les huiles volatiles et grasses. Elles forment des sels cristallisables avec les alcalis ; le sel d'argent est blanc et insoluble. L'analyse indique 70,22 p. 100 de carbone, 11,76 p. 100 d'hydrogène, 3,72 p. 100 d'azote, et 14,30 p. 100 d'oxygène.

A côté de cet acide, se trouve dans les algues la *phycite* $C^{12}H^{30}O^{12}$, matière sucrée extraite par Lamy de *Protococcus vulgaris*. R. Wagner la supposait identique à l'érythrite ou érythroglucine, produit de dédoublement des substances existant dans certains Lichens ; cette opinion est admise aussi par Lamy ; mais, comme il n'y a pas correspondance entre les points de fusion et les angles des cristaux de ces deux substances, il y aurait lieu de s'en tenir au doute.

On l'obtient par ébullition des algues, pendant plusieurs heures, dans l'eau, après concentration, jusqu'à consistance sirupeuse, du liquide filtré et décoloré par le charbon animal. On précipite les matières gommeuses, par addition de 95 p. 100 d'alcool ou par l'acétate de plomb ; par une lente évaporation, le liquide filtré abandonne des cristaux.

Si on veut obtenir en même temps l'acide phycique, on fait macérer l'algue dans cinq fois son poids d'alcool à 85° ; après expression, on distille la moitié de l'alcool. De la lessive mère, se sépare, par une lente évaporation à chaud, l'acide phycique, qui se répartit en deux couches, dont l'inférieure, par concentration prolongée, ne fournit que des cristaux peu colorés, et d'un goût sucré. On les obtient purs, par pression dans du papier buvard, le tout dans une très petite quantité d'eau froide, et faisant cristalliser à nouveau.

La phycite cristallise en prismes incolores, transparents, rectangulaires, à densité de 1,59, d'un goût doux et frais, à réaction neutre. Elle fond à 120°, sans perte d'eau, en un liquide incolore ; à une température plus élevée, elle se volatilise, sans gonflement, en subissant une décomposition partielle. Jetée sur des charbons ardents, elle dégage une odeur de sucre brûlé. C'est un corps non fermentescible, optiquement inactif, décomposable par les bases fortes, même par une légère coction ; l'acide sulfurique concentré les dissout en formant un acide mixte ; oxydée par l'acide nitrique, cette substance donne de l'acide oxalique.

Nombre d'algues peuvent fournir des *mucilages*, surtout étudiés dans le carragheen (*Sphærococcus crispus*) et l'agar-agar (*Sphærococcus compressus*). Ces mucilages se gonflent fortement dans l'eau, et s'y dissolvent, en grande partie. Leur solution est précipitable par l'alcool, l'acétate de plomb, et fournit par évaporation lente une matière cornée. Par action de l'acide nitrique, on n'obtient que peu d'acide oxalique, mais, en abondance, de l'acide mucique (Fluckiger et Obermeier). D'après Giraud, des traces seules d'azote y sont contenues. Blondeau (*Journ. Pharm.*, 1865) y a trouvé : 2,3 p. 100 de S et 2 p. 100 d'azote. En employant 5 p. 100 d'acide sulfurique à haute température, on obtient, d'après Bente (1876), l'acide lévulique et un sucre amorphe ; par une action plus prolongée, du fucusol, substance isomère du furfurol.

Payen a obtenu en 1859 de l'agar-agar une substance gommeuse, qui ne fut pas retrouvée plus tard par Fluckiger et autres, et qu'il appela *gélose*. H. Morin (*C. R.*, t. xc, p. 924 ; *Berl. Ber.*, t. xiii, p. 1141) trouva qu'elle est soluble dans l'eau acidulée, et dans l'eau pure par emploi de la vapeur sous pression. Cette solution n'est plus gélatineuse, dévie à gauche le plan de polarisation ; traitée par l'acide sulfurique étendu, elle devient dextrogyre. Cette solution réduit la liqueur de Fehling, le chlorure d'or, le sublimé. La gélose contient 22,85 H^2O, 3,88 p. 100 de cendres, elle donne avec l'acide nitrique de l'acide mucique et de l'acide oxalique. Porumbaru (*C. R.*, t. xc, p. 108) attribue à la gélose la formule $C^2H^{10}O^5$, il l'a transformée en une substance ulmique, insoluble dans l'eau, et une combinaison ressemblant au sucre, lévogyre, à pouvoir réducteur, non fermentescible :

$C^6H^{12}O^6H^2O$. Par l'emploi de l'acide sulfurique étendu, on obtient, en même temps que la substance ulmique, un corps cristallisable en longues aiguilles $C^6H^{10}O^5$; le chlorure d'acétyle agit de même. H. Greenisch (*Pharm. Z. Rüss.*, t. xxii, p. 50) a examiné l'agar-agar du *Fucus amylaceus*, et y constata la présence simultanée de sept hydrates de carbone (mucilage soluble dans l'eau, substance gélatinogène, amidon, une substance voisine de la pararabine, de la métarabine, de la gomme, de la cellulose), toutes substances fournissant du sucre avec l'acide sulfurique étendu.

Ces divers corps proviennent d'une gélification de la membrane ; aussi est-ce le moment de donner quelques détails succincts sur sa composition chez les algues. Il y a quelques années De Wildeman avait déjà indiqué que la majeure partie de la membrane des Spirogyres devait être formée de pectose. Le fait est prouvé aujourd'hui. La présence des composés pectiques dans la membrane explique les phénomènes de gélification intense qu'elle présente.

Une question fort intéressante a été soulevée par M. Klebs : la membrane est-elle un organe vivant, comparable au corpuscule chlorophyllien? L'expérience de cet auteur qui conclut par l'affirmative n'est guère probante. Il a obtenu la régénération d'une membrane autour des vacuoles, dans des Spirogyres plasmolysées. Mais une cellule privée de sa membrane peut presque toujours en régénérer une autre, tandis que cette cellule, privée de corpuscules chlorophylliens, ne pourrait en reformer. Il est vrai que la membrane contient du protoplasme, le fait est prouvé par des réactions microchimiques (*Kohlwachsthum und Eiweissgehalt vegetabilischer Zellhäute*, in *Bot. Centralblatt*, 1889, n° 1). Mais la proportion de protoplasme diminue avec l'âge. Il semble donc logique de ne pas accorder à la membrane la valeur d'un organe vivant, sinon à l'état très jeune, et de la regarder comme un produit de l'activité des autres parties de la cellule, en particulier du protoplasme.

Les membranes de nombre d'algues inférieures présentent des particularités curieuses, susceptibles d'un certain intérêt, au point de vue de l'histoire générale de la membrane végétale, mais ces faits sont plutôt du domaine de la morphologie que de celui de la physiologie. Nous renvoyons le lecteur aux travaux suivants : De Bary. *Untersuch. über die Familie der Conjugaten*, p. 81. — Klebs. *Ueber die Organisation der Gallerte bei einigen Algen und Flagellaten* (*Unters. aus den bot. Institut Tübingen*, t. ii, fasc, 2, p. 333). — Strasburger. *Ueber Kern und Zelltheilung*. — Zacharias. *Ueber Entstehung und Wachsthum der Zellhaut* (*Jahrb. Wissenchaftl. Bot.*, t. xx). — De Wildeman, *loc. cit.*

Deux points cependant de l'histoire de cette membrane intéressent la physiologie générale.

La membrane des *Oedogonium* bleuit énergiquement par l'action de l'iode et de l'acide sulfurique, ou du chloro-iodure de zinc, ce qui indique la présence de la cellulose. Par contre, la coloration est bien faible avec les Spirogyres.

La *cellulose* des algues doit donc différer, dans la plupart des cas, de celles des végétaux supérieurs. Il importe d'ailleurs de bien remarquer que certainement la cellulose n'est pas le seul hydrate de carbone entrant dans la constitution de la membrane des algues. Nous savons aujourd'hui que, chez les Phanérogames et les champignons, plusieurs hydrates de carbone différents prennent part à la formation de la membrane. Ce qu'il importerait de savoir ce n'est pas si la membrane présente les mêmes réactions microchimiques que celles des Phanérogames, mais quels sont les hydrates de carbone qui entrent dans sa constitution. Aucune recherche n'a dans ce sens encore été effectuée.

La solidité de certaines parties âgées de diverses algues est assurée par un phénomène curieux, dont l'intérêt physiologique n'est pas à négliger. C'est ainsi que, chez certaines Cladophorées, les cellules du thalle, en s'accroissant, s'enfoncent dans les cellules sous-jacentes, les cellules des rameaux peuvent même s'introduire dans les vieilles cellules de l'axe, porteur de ces rameaux. Les *Chœtomorpha œra* et *Melagonium* présentent très régulièrement ce curieux phénomène (Voy. Kolderup Rosenwinge. *Botanisk Tidsskrift*, 18, 1, 1892, avec résumé français).

Tannin. — La présence du *tannin* ou plus exactement de corps tanniques chez les Algues d'eau douce a suscité un certain nombre de travaux. Le plus complet et le plus récent est celui de De Wildeman (*Soc. Bot. Belg.*, 1886, p. 125).

Les procédés employés pour déceler ce corps sont les suivants :

On traite les filaments de l'algue en expérience par l'alcool; pour précipiter le tannin, on ajoute à la solution alcoolique 2 volumes d'éther. Après agitation modérée, le mélange se sépare en deux couches. On verse alors dans le liquide une solution de sulfate de fer en excès, on obtient ainsi un précipité bleu, analogue à celui que l'on obtient par l'action des sels de fer sur l'acide tannique.

Si la solution chlorophyllienne est faiblement colorée, et contient une certaine quantité de tannin, il suffit d'ajouter le réactif à la solution alcoolique étendue d'eau.

La réaction par les sels de fer paraît être, chez les algues, supérieure à la réaction par le bichromate de potasse, l'acide osmique, et la solution dans le chlorure d'ammonium, de molybdate d'ammoniaque.

Le tannin se trouve probablement chez les algues, comme chez les autres plantes, sous une autre forme que celle sous laquelle nous le connaissons. Dans les cellules vivantes, il ne jouit pas de la propriété de coaguler le protoplasme, tandis que des Spirogyres, plongées dans une solution faible de cet acide, ont leur protoplasme immédiatement coagulé. Se trouverait-il, comme l'ont supposé Loew et Bokorny (*Bot. Zeit.*, 1882, p. 11), en combinaison avec la chaux?

Gardiner a supposé (*On the general occurence of tannin in the vegetable cell.*, Proc. of the Cambridge Philos. Soc., t. iv, 1883) que chez les plantes, pendant la vie, le protoplasme n'est pas influencé par l'acide tannique, qui ne se forme qu'après la mort, aux dépens du protoplasme. Aussi retrouverait-on toujours du tannin, dans les tissus qui ont séjourné dans l'alcool. Cette affirmation serait en défaut pour les algues : les espèces qui ne montrent pas de tannin à l'état de vie n'en fournissent pas après séjour dans l'alcool.

Le rôle du tannin chez les algues serait peut-être celui que Schell et Kutscher veulent lui faire jouer chez les végétaux supérieurs (*Ueber die Verwendung der Gerbsaure in Stoffwechsel der Pflanze, Flora*, 1883). On ne peut guère le considérer comme un produit d'excrétion; car il ne peut se rendre dans des cellules spéciales; ce serait une matière de réserve. Peut-être serait-il consommé lors du développement de l'algue, les spores mères ne semblant pas en contenir, tandis que les éléments en conjugaison, avant formation de la spore, accusent une réaction marquée.

Le tannin n'existe pas chez toutes les algues d'eau douce.

On l'a trouvé chez une *Vaucheria*, chez les Spirogyres, chez les Mésocarpées, toutes les Zygnémées et les Mésocarpées. Sa présence est douteuse chez les Desmidiées.

Il manque chez les Oedogoniacées, les Nostocacées, les Confervées et les Batrachospermées. En se décomposant, les Zygnémées et Mésocarpées prennent une coloration noirâtre, et teignent ainsi le liquide où elles séjournent, fait dû vraisemblablement à la présence du tannin. On serait donc en droit de conclure que les algues qui se conservent longtemps, sans qu'aucune coloration se manifeste dans leurs cellules, sont dépourvues de tannin. Tel est le cas des *Oedogonium, Bulbochœte, Cladophora, Conferva*. Cette différence de composition chimique est peut-être en rapport avec le genre de vie. Ainsi les Zygnémées et Mésocarpées, pourvues de tannin, abondent dans les eaux vaseuses, fossés, mares; les *Cladophora* et *Oedogonium*, au contraire, affectionnent les eaux calcaires, les sources et les courants rapides.

Le chlorure de zinc iodé ne donne, en présence du tannin, que des colorations susceptibles de porter au doute.

Les *Batrachospermum*, plongés dans le sulfate de fer, n'accusent pas de coloration; traités par le chloro-iodure de zinc, une coloration intense brun foncé se manifeste dans toutes les cellules. Une coloration analogue a été observée dans le *Lemanea annulata* (Errera. *Glycogène des végétaux*) et semblerait indiquer chez les algues la présence du glycogène, si répandu chez les champignons.

Voir, outre les travaux cités : Schnetzler. *Sur la présence du tannin dans les cellules végétales* (Arch. des sc. phys. et nat., 1879). — *Notiz über Tanninreaction bei Süsswasseralgen* (Bot. Centralblatt, t. xvi, n° 5, p. 157).

Cette question du tannin chez les algues se rattache intimement à celle de l'*albumine active* du protoplasme vivant, soulevée par Loew et Bokorny pour l'ensemble des protoplasmes végétaux. Car le réactif de la vie, la solution argentique alcaline de ces auteurs, peut être réduite par le tannin.

C'est chez les *Spirogyra* que Loew et Bokorny ont essayé pour la première fois d'établir une différence entre le protoplasme vivant et le protoplasme mort.

Si on traite une cellule de Spirogyre par une solution alcaline faible de nitrate d'argent, il se forme un précipité noir. Si on la traite d'abord par une base, potasse ou ammoniaque, il se sépare des granules, qui donneront la coloration noire en présence du réactif.

Pour Loew et Bokorny, le protoplasme vivant contient des groupements aldéhydiques, qui précipitent les sels d'argent; après la mort, les groupements aldéhydiques disparaissent, ou affectent de nouveaux groupements, qui n'ont plus d'action sur le réactif.

Les solutions faibles de nitrate d'argent seraient donc un réactif du protoplasme vivant, et suffiraient à le différencier du protoplasme mort. Mais cette théorie est passible d'une grave objection. Rien ne prouve que la coloration noire soit due à l'albumine vivante. Le tannin est susceptible de fournir la même coloration. Les granules séparés par l'action d'un alcali, comme il est dit plus haut, prennent, en présence du sulfate ferreux, une coloration bleu foncé, réaction qui décèle la présence du tannin dans le contenu des tubes de Spirogyres.

Bokorny a répondu à l'objection par l'expérience suivante. Si on plasmolyse le protoplasme par une solution à 15 p. 100 de nitrate de potasse, la couche externe de la vacuole réagit seule au sel d'argent. Mais on est en droit de répondre que le tannin diffuse à travers la membrane de la vacuole, et c'est à lui, et à lui seulement, qu'est due la coloration. Il est juste cependant de remarquer que si on fait agir un alcali sur une vésicule plasmolysée, elle se déforme puis se déchire; par suite le tannin qu'elle contient est mis en liberté, et cependant la précipitation a lieu seulement à la surface externe de la masse plasmolysée.

Pour Pfeffer, les sels d'argent seraient réduits par la seule présence du tannin. Cependant ce dernier ne doit pas concourir seul à former le précipité noir. Sur des cellules d'algues malades, les sels de fer décèlent une notable quantité de tannin, et cependant le précipité par le nitrate d'argent est considérablement réduit. Sur des cellules desséchées, à protoplasme mort, le sel d'argent ne donne plus de précipité, et la coloration bleue par les sels de fer est encore intense.

Loew et Bokorny ont indiqué de plus que la solution de sulfate ferreux oxydé agit comme les lessives alcalines.

Chez les *Vaucheria*, genre d'algues voisin des *Spirogyra*, la faculté de réagir au nitrate d'argent se conserve après la mort; la coloration ne peut donc, dans ce cas, être due qu'au tannin. Pendant la vie, la réaction au nitrate d'argent est peu accusée ; après action de SO^4H^2, même étendue, elle ne se produit plus (De Wildeman). Il faut, à ce propos, remarquer que la vitalité du protoplasme des *Vaucheria* est très grande, et que l'on ne peut pas être sûr de la détruire, par une légère ébullition, ou par l'acide sulfurique étendu.

On trouve du tannin chez toutes les Spirogyres; peut-être existe-t-il, en proportions variables, chez toutes les algues.

Fait curieux, dans la conjugaison de ces algues, la cellule qui remplit le rôle d'organe mâle présente en général la plus forte réaction par rapport au tannin. C'est la portion proéminente vers la cellule femelle qui présente la réaction la plus accusée (De Wildeman).

Comme pour les Phanérogames, deux opinions se trouvent en présence, relativement au rôle du tannin. Pour les uns c'est une réserve, pour les autres un déchet.

Chez les Spirogyres, il semble utilisé pour la croissance, mais ne paraît pas exister dans les spores.

Pour Krauss, l'apparition du tannin est en rapport avec l'assimilation du carbone, sa formation est en rapport avec la présence de la chlorophylle. Pour Muller, au contraire, l'obscurité favorise la production de ce corps. Pour Wildeman enfin, lumière ou obscurité n'influent pas sur l'intensité de la réaction des sels de fer, c'est-à-dire sur la quantité de tannin élaborée.

Krauss, qui veut voir dans le tannin une matière excrémentitielle, le regarde cependant comme indirectement utile à la conservation de la plante, en empêchant la putréfaction, et en la préservant de l'attaque des animaux.

Cependant les Spirogyres, qui contiennent une grande quantité de tannin, se putréfient beaucoup plus vite que les *Cladophora, Conferva, Ulothrix,* qui n'en contiennent presque pas. Le rôle antiputréfactif est donc hypothétique; il en est de même en ce qui concerne la protection envers les insectes, ou d'une façon plus générale les parasites, car, dans un aquarium, ce sont toujours les Spirogyres qui sont infestées les premières avant leurs congénères.

Matières protéiques. — Il existe, chez nombre d'algues, des *cristalloïdes* protéiques, libres dans les cellules, qui présentent une certaine analogie avec ceux que l'on trouve chez les Mucorinées, parmi les champignons. Chez ces derniers, on les appelle parfois corpuscules de *mucorine,* mais ce dernier mot ne sert qu'à masquer notre ignorance sur leur constitution chimique; ils semblent résulter d'un travail de séparation, qui s'accomplit dans l'appareil reproducteur, entre le protoplasme destiné à former les corps reproducteurs, et celui qui restera dans le tube sporifère, destiné à disparaître. Le même processus leur donne-t-il naissance chez les algues? Malgré son intérêt, cette supposition n'a pas encore été vérifiée.

Les algues Floridées sont riches en cristalloïdes, qui semblent différer de la mucorine, dans leurs cellules végétatives. Ces cristalloïdes toujours biréfringents sont souvent octaédriques (*Bornetia, Griffithsia, Laurencia*), et appartiennent sans doute au système du prisme rhomboïdal oblique. Il existe des cristalloïdes libres, dans certaines algues vertes : hexaédriques (*Acetabularia*) ou octaédriques (*Codium*).

Dans toutes les parties des *Nitella,* même dans les cellules en voie de dépérissement, on rencontre des *corpuscules ciliés,* sur la nature physiologique desquels on n'est pas très fixé. Ces corps sphériques, chargés d'épines délicates, présentent les réactions, à la fois du tannin et des substances albuminoïdes (Overton. *Beitr. zur Histol. und Physiol., der Characeen, Bot. Centralbl.,* t. XLIV, 1890). Ces corpuscules paraissent résulter de la transformation des vacuoles, qui se multiplieraient par division, non pas dans le suc cellulaire, mais au sein du protoplasme. Ces corps augmentent rapidement de nombre et de grosseur, à mesure que la cellule qui les contient assimile davantage; mais le fait qu'on les trouve en grande abondance dans les cellules en voie de dépérissement, semble indiquer qu'ils ne sont pas utilisés par la suite. Au point de vue de leur forme, ils ne sont pas sans analogie avec les grains d'aleurone (du Ricin par exemple).

Nous avons parlé plus haut de la théorie de Loew et Bokorny sur l'albumine vivante du protoplasme, et de la réaction de l'aldéhyde (caractéristique de la vie, selon ces auteurs), sur la solution argentique alcaline. Voici les conclusions que ces auteurs pensaient établies sur des preuves irréfutables.

L'albumine active est dissoute dans le suc cellulaire de plusieurs Spirogyres, et est transformée en granulations par le carbonate d'ammoniaque, la potasse, la soude, les bases organiques, par les sels neutres d'ammoniaque. Ces granulations présentent les réactions des matières albuminoïdes, et réduisent énergiquement la solution argentique alcaline. Cette formation de granulations, qui ne se produit pas lorsqu'on agit sur des cellules mortes, provient, d'après ces auteurs, d'une polymérisation de l'albumine active; secondairement, il se produit à la surface de chaque granulation un peu de matière tannique.

L'assertion de Pfeffer, que ces granulations sont un produit de la combinaison d'un tannin avec l'albumine (survenue lors de la neutralisation du suc cellulaire, par introduction de la solution de carbonate d'ammoniaque) est considérée par ces auteurs comme erronée. Cette affirmation est fondée sur de nombreux arguments, pour le détail desquels nous renvoyons au mémoire original.

Pour répondre aux objections soulevées par cette théorie de l'albumine vivante, différente de l'albumine morte, Loew refit diverses expériences sur *Spirogyra nitida* et *S. dubia.* (Pour le détail de ces expériences, voyez : A. Pf., t. XXX, pp. 348-362, *Ein weiteres Beweis dass das Eiweiss der lebenden Protop. eine andere chem. Constitut. besitzt als das des abgestorben.*)

Pour vérifier si le suc cellulaire des Spirogyres possède une réaction acide, on ajoute à l'eau de culture de l'iodure de potassium, ou du nitrate de potassium ou de sodium. Si la réaction est acide, l'iode ou l'acide nitrique seront mis en liberté, et par suite la mort des cellules surviendra. Or tel n'est pas le cas. L'acide nitrique n'est vénéneux que parce qu'il oxyde fortement les groupements amidés de l'albumine active.

L'albumine du protoplasme vivant est une matière en état d'équilibre instable, dont les atomes, en état de mouvement énergique, changent très facilement leur position d'équilibre. Leurs mouvements sont encore accélérés par les processus respiratoires.

Aucune des objections faites jusqu'à ce jour à la différence de nature qui existerait entre la constitution de l'albumine vivante et de l'albumine morte, n'a été établie sur des preuves certaines. Telle est l'opinion des auteurs de cette théorie; mais empressons-nous d'ajouter qu'elle n'est pas celle de nombre d'auteurs compétents. Enregistrons les faits, et gardons-nous de conclusions prématurées.

Aliments des algues. — D'importantes études sur la *nutrition* des algues ont été entreprises par Loew et Bokorny (*Chemisch-physiologische Studien über Algen*. (*Journal für practische Chimie*, 1887, p. 272). — Bokorny. *Ueber Stärkebildung aus verschiedenen Stoffen* (in *Berichte der deutschen botan. Gesellschaft*, 1888, t, vi, p. 116).

Voici les résultats acquis à la science par les travaux de ces auteurs. Les filaments des algues contiennent de 85 à 90 p. 100 d'eau; séchés à 100°, de 6 à 9 p. 100 de graisse, 28 à 32 p. 100 d'albumine, 60 à 66 p. 100 de cellulose et d'amidon. Les matières grasses sont localisées surtout dans les bandes chlorophylliennes, celles qui se trouvent dans le plasma incolore pourraient bien être de la lécithine. Les Spirogyres contiennent aussi de la cholestérine; la teneur en amidon varie, et augmente, par suite d'un état pathologique, lorsqu'une température basse s'allie à un temps clair. La glycose ne se montre que pendant la copulation; les grains d'amidon diminuent en même temps. Les cloisons inter-cellulaires contiennent du mucilage, le contenu cellulaire contient des quantités très variables d'un tannin qui bleuit par les sels de fer. Dans les Spirogyres, on ne trouve pas de leucine, ni d'asparagine, mais de l'acide succinique.

Dans des essais sur la nutrition, ces auteurs ont constaté : que l'acide nitrique est une source d'azote, plus favorable au développement des Zygnémacées que l'ammoniaque; les sels ammoniacaux sont nuisibles aux Spirogyres, et non aux autres algues. Le nitrate de chaux est remarquablement plus favorable au développement que le nitrate de soude.

Pour ce qui est des matières nutritives organiques, voici les résultats :

Cultivées à l'obscurité, les algues peuvent se nourrir aux dépens de l'acide aspartique, et aussi, mais moins bien, de l'hexaméthylamine.

A la lumière, elles utilisent l'acide aspartique et l'acide succinique. La toxicité des substances augmente à mesure que l'on emploie des corps où entrent des groupements azotés. C'est ainsi que dans l'uréthane le développement se fait bien; dans l'urée, elles deviennent malades au bout de quelques jours, et, avec la guanidine, elles meurent au bout de quelques heures.

Lorsque des groupements acides entrent dans la molécule des corps employés, l'influence nuisible disparaît; l'exemple de l'hydantoïne et de la créatine le prouve.

Ces deux derniers corps sont de meilleurs aliments que la leucine et l'uréthane, parce que le groupement CH^2 y est plus facilement dissociable. Cette facilité de disso-ciation est considérée par ces auteurs comme la caractéristique d'un bon aliment pour ces plantes.

Des bases et fréquemment leurs sels déterminent, à des degrés divers, la production de granulations dans le protoplasme des Spirogyres, ce fait repose probablement sur une polymérisation de l'albumine active; c'est pour cela que dans les cellules, préalable-ment tuées, les mêmes substances ne produisent pas de granulations.

Si on n'offre à la cellule qu'une quantité de sels ammoniacaux suffisante pour que la formation d'albumine marche parallèlement à l'absorption et à l'utilisation de l'ammo-niaque, on n'observe aucune influence nuisible. On peut s'appuyer sur ce fait pour con-clure que les sels ammoniacaux ne donnent, dans les cultures, que des résultats infé-rieurs à ceux obtenus par les nitrates.

Si on emploie plus de sels ammoniacaux, la masse totale des sels introduits se sépare, l'ammoniaque détermine la formation de granulations dans le protoplasme, il se forme de l'aldéhyde-ammoniaque, aux dépens des groupements aldéhydiques, restés intacts dans la molécule d'albumine active. Mais le résultat est la mort du protoplasme ou un ralen-tissement dans l'énergie des fonctions. Les hypophosphates, phosphates, hyposulfates de soude, les chlorures de baryum, de rubidium, de lithium, l'iodure de potassium, le ferrocyanure de potassium ne nuisent en rien aux Spirogyres, alors que les sels de baryum et les phosphates sont toxiques pour les animaux, et les sels de rubidium, de lithium, et les iodures pour les plantes supérieures.

Les iodates sont vénéneux parce que les sécrétions acides (des racines) mettent en liberté de l'acide iodhydrique, qui par oxydation donne de l'iode libre. Les nitrites sont également toxiques, parce que de l'acide nitrique est mis en liberté par le même procédé. Cet acide, en s'emparant des groupes amidés de l'albumine active, tue le protoplasme.

Les Spirogyres, en effet, dont le contenu est neutre, ne sont pas tuées par les nitrates. L'acide nitrique libre, le bichromate de potasse, le chlorate de potasse, les sels d'hydroxylamine (AzH^2OH), l'arséniate de potasse, sont toxiques; l'arsénite de potasse, au contraire, ne l'est pas.

La toxicité de l'acide cyanhydrique provient peut-être de ce que l'aldéhyde du protoplasme, comme toutes les aldéhydes, se combine avec la plus grande facilité à cet acide, d'où la privation pour la molécule d'albumine de ses groupements aldéhydiques.

La question de savoir si l'aldéhyde formique ou ses combinaisons peuvent nourrir certaines plantes, en particulier les algues, présentait un intérêt particulier. Cette aldéhyde s'est montrée constamment nuisible pour les *Vaucheria* et *Spirogyra*. L'aldéhyde formique ou l'alcool méthylique peuvent prendre naissance aux dépens du méthylal $CH^2(OC^2H^3)^2$, par action de l'acide sulfurique. Peut-être un processus semblable se trouve-t-il réalisé dans le chimisme de la chlorophylle. Or le méthylal peut nourrir les Spirogyres et les Vauchéries, mais il ne donne pas lieu à la formation d'amidon. Il est vrai que les bandes chlorophylliennes des Spirogyres, après un séjour de trois semaines dans une solution de méthylal, et à l'obscurité, étaient si réduites dans leurs dimensions, que tout faisait prévoir leur mort prochaine. A la lumière elles reprirent vie. Cette réduction dans les dimensions, cet amaigrissement, si l'on veut, s'expliquerait par le manque d'azote. Les Vauchéries fabriquent de la cellulose en présence du méthylal, ce qui tendrait à prouver qu'un hydrate de carbone se forme aux dépens du méthylal, hydrate susceptible de se transformer en cellulose. Dans les essais avec la cyanhydrine, de laquelle on peut séparer l'aldéhyde formique et l'acide cyanhydrique, on ne remarque pas la formation d'amidon, mais bien des altérations de la bande chlorophyllienne.

Loew et Bokorny croient cependant à la formation de l'amidon, aux dépens de la formaldéhyde, parce que les bactéries prennent de la cellulose aux dépens du méthylal, de l'alcool méthylique, des sels sulfo-méthyliques, ou de l'hexa-méthylènamine. C'est à cette formation de cellulose que vraisemblablement sert la formaldéhyde qui a été formée aux dépens des combinaisons ci-dessus, ou bien dont la synthèse a été faite par les bactéries aux dépens de groupements CH^3.

Loew (*Sitz. ber. Bot. Ver. München. Bot. Central.*, t. XLVIII, pp. 250-251) a expérimenté l'action du cyanure de sodium, sur les algues.

Ce sel est pour la plupart des cellules végétales un poison énergique, mais il n'est pas toxique pour les algues et les champignons. Dans la solution au 1/1000, les Diatomées, Desmidiées et Oscillariées ne meurent qu'au bout du troisième jour, les Spirogyres peuvent y végéter pendant 10 jours. En une solution plus étendue, ce sel serait même peut-être un aliment, car dans la solution à 1/10 000, ces algues restent vivantes, et les *Vaucheria* y poussent de nouveaux utricules en grand nombre. Il est vraisemblable que l'acide cyanhydrique se transforme dans les cellules des algues en AzH^3.

Le méthylal est un bon amylogène, mais c'est un corps facilement dédoublable en alcool méthylique et en aldéhyde formique; comme la plante peut produire de l'amidon aux dépens de l'alcool méthylique, il est impossible, en opérant avec le méthylal, de déterminer la part qui revient, dans l'amylogenèse, à l'aldéhyde formique.

Aussi Bokorny a-t-il employé dans des recherches ultérieures (*Ber. d. Deutsch. bot. Gesellsch.*, 1892, fasc. 4), l'oxyméthylsulfite de sodium, auquel Loew avait reconnu des propriétés nutritives et amylogènes. A température peu élevée, ce sel se décompose en aldéhyde formique et sulfite acide de sodium.

Spirogyra majuscula supporte bien la solution au millième du sel ci-dessus. La plante vivant à l'air et à la lumière forme plus d'amidon, lorsqu'elle reçoit cet aliment, que lorsqu'elle n'en reçoit pas. Si on place l'algue à la lumière (condition indispensable à l'amylogenèse, dans ces circonstances expérimentales) et qu'on la prive de CO^2, il ne se forme plus d'amidon; mais, si on ajoute à l'eau de culture de l'oxyméthylsulfite (additionné de phosphate bipotassique, destiné à neutraliser le sulfate acide formé), l'amylogenèse se produit. Il est important d'opérer en l'absence de moisissures, qui pourraient être une source de CO^2.

De cette expérience, Bokorny conclut que l'oxyméthysulfite de sodium est dédoublé en aldéhyde formique et en sulfite acide, puisque l'aldéhyde se polymérise pour donner de l'amidon. L'expérience sur les Spirogyres démontrerait donc la vérité des idées théoriques de Bæyer sur le mécanisme de l'assimilation du carbone.

Mais en réalité ces conclusions sont passibles d'objection très graves. Tout d'abord le dédoublement de l'oxyméthylsulfite de soude n'est pas prouvé. De plus les expériences mêmes de l'auteur ont prouvé la toxicité pour la plante de l'aldéhyde méthylique; au moment de sa mise en liberté, comment ne tue-t-elle pas le protoplasme? Il faut faire ici une nouvelle hypothèse, et admettre qu'au fur et à mesure de sa production, l'aldéhyde est polymérisée, et cesse d'être nuisible presque instantanément.

D'autre part, en absorbant du glucose, la plante verte forme de l'amidon; or le protoplasme de la plante en expérience peut et doit contenir du glucose; pourquoi l'amidon ne proviendrait-il pas de la déshydratation de ce glucose?

Ces expériences n'amènent pas, somme toute, à des conclusions précises, et laissent place au doute, comme la plupart des expériences, entreprises dans le but, non d'étudier un phénomène dans ses détails, indépendamment des idées *a priori*, mais à seule fin d'étayer des vues théoriques et hypothétiques. Bokorny a montré dans ce même mémoire que la synthèse de l'amidon était impossible, en l'absence du potassium; pourquoi s'obstiner alors à démontrer que le carbone, mis en liberté par dédoublement de CO^2, passe à l'état d'amidon, par la seule intervention des éléments de l'eau? Les combinaisons où entre le carbone, à sa mise en liberté, sont probablement beaucoup plus complexes que l'on ne tend à l'admettre couramment, et les seuls résultats que l'on peut logiquement tirer pour la physiologie générale des plantes, de ces expériences sur l'assimilation chez les algues, sont que la plante utilise le carbone, non seulement de CO^2, mais de corps carbonés plus complexes : sucre, alcool méthylique, oxyméthylsulfite de sodium. Quant aux corps intermédiaires entre ces générateurs de carbone et l'amidon, nous sommes dans l'ignorance la plus complète sur leur constitution et leur rôle.

Assimilation de l'azote par les algues. — Cette question rentre dans celle de l'assimilation de l'azote par les végétaux en général : elle sera traitée par G. André, à l'article **Azote**. Nous rappellerons seulement quelques faits qui touchent plus particulièrement à la physiologie des algues.

D'après Beyerinck, le *Scenedesmus acutus* n'assimile l'azote qu'à l'état de peptone et peut-être d'amide, mais non à l'état de nitrate ou de sel ammoniacal. (Voir plus haut les résultats de Loew et Bokorny sur l'assimilation de ces divers corps azotés.)

Pour ce qui est de la fixation de l'azote libre, Frank avait déjà émis une opinion affirmative (*Ueber den experimentellen Nachweis der Assimilation freien Stickstoffs durch erdboden bewohnende Algen. Ber. d. deutsch Bot. Ges.*, t. VIII, 1889. — *Landwirthschaftl. Jahrbücher*, t. XVII, 1888. — *Ann. de la science agronomique française et étrangère*, 1888.) à l'aide de preuves indirectes et insuffisantes, semble-t-il. A. Gautier et R. Drouin (*C. R.*, t. CVI, 1888; t. CXII, 1891) ont signalé l'influence des algues vertes sur la fixation de l'azote par le sol. Mais ils ramènent le phénomène à une simple absorption des composés azotés, et rejettent l'idée de la fixation libre d'azote.

Plus récemment, Th. Schlœsing fils et Em. Laurent (*Ann. Inst. Past.*, 1892, p. 109) ont vu leurs sols d'expérience recouverts d'algues diverses : *Conferva*, *Oscillaria*, *Nitzchia*, et en même temps de diverses mousses (*Bryum*, *Leptobryum*) et concluent que, parmi ces plantes, certaines au moins sont capables d'emprunter de l'azote gazeux à l'atmosphère.

D'après de nouvelles expériences, les mêmes auteurs ont affirmé que certaines algues, végétant communément à la surface du sol, sont capables de fixer l'azote libre de l'air en quantité considérable. Les algues sur lesquelles ont porté ces expériences sont : *Nostoc punctiforme* Har., *Nostoc miniatum* Desm., *Cylindrospermum majus* Kutz., *Phormidium papyraceum*, *Phormidium autumnale* Gom., *Microcoleus vaginatus*, *Lyngbia oscillatoria*, des Chlorospermées : *Tetraspora*, *Protococcus*, *Stichococcus*, *Ulothrix*. Dans ces expériences, lorsqu'on observe une disparition d'azote gazeux, on retrouve dans les plantes l'azote disparu. « L'entrée en combinaison de l'azote libre ainsi absorbé a pu trouver dans l'action chlorophyllienne l'énergie qui lui est nécessaire. Comme il est fort difficile d'obtenir des cultures d'algues pures, on ne peut affirmer que seules, elles peuvent suffire à la fixation de l'azote. Le concours d'autres êtres organisés est peut-être nécessaire. Il est possible qu'il s'établisse des relations plus ou moins symbiotiques entre l'algue et les bactéries. Cependant, dans ces cultures expérimentales, les bactéries étaient rares dans les endroits où les algues poussaient avec vigueur.

Les algues se trouvent répandues à la surface de presque tous les sols; leur pouvoir fixateur pour l'azote libre doit jouer un rôle capital dans la statique de l'azote de la nature. On sait qu'en dehors de toute culture de Légumineuse il y a toujours excédent d'azote, à la fin d'une rotation. Cet excédent ne peut être attribué qu'en partie à l'apport des composés azotés de l'atmosphère; les algues doivent jouer un grand rôle dans ce phénomène. Leur influence doit être surtout considérable dans la jachère, et les sols humides, où leur pullulation est intense. (Pour des détails complémentaires sur cette question, et relativement surtout aux questions de priorité, voir *C. R.*, 1891 et 1892, *passim.*)

D'après Laurent (*Ann. Inst. Past.*, 1870, p. 741), la réduction des nitrates par certaines algues serait un fait non douteux. Cette réduction avait déjà été signalée pour les Conferves, par Schönbein (*Journ. für prak. Chemie*, t. cv, p. 208, 1868). Si on place des filaments de *Cladophora* dans une solution de nitrate de potasse, à 1 p. 100, après une demi-heure de séjour à l'obscurité, on observe une réaction nitreuse; celle-ci est beaucoup plus forte le lendemain. Si l'algue est exposée au soleil, elle dégage de l'oxygène et, sous l'influence de ce gaz, les nitrites disparaissent. Replacée à l'obscurité, l'algue redécompose à nouveau le nitrate. L'expérience réussit également avec plusieurs espèces d'*Oedogonium* et de *Spirogyra*. Mais il est à remarquer que toutes les expériences sur les réductions des nitrates par les végétaux ont été faites en employant comme réactif le chlorure de naphtylamine qui, en présence des nitrites, se colore en rose, lorsqu'il est additionné d'acide chlorhydrique dilué et d'acide sulfanilique. Or, malgré les raisons données par les auteurs de ces expériences, sur la valeur de ce réactif, nombre de chimistes persistent à affirmer que la coloration rose se produit en présence d'une foule de corps, qui n'ont aucun rapport avec les nitrites.

Pour ce qui est de l'influence de certains sels sur la végétation des algues, voy. Wyplel (*Ueber den Einfluss einiger Chloride, Fluoride und Bromide auf Algen. Weidhofen a. d. Thaya*, 1893).

L'acide sulfhydrique, si toxique pour les phanérogames (à la dose de $\frac{1}{1300}$ dans l'air, il jaunit promptement les feuilles, par action directe sur la chlorophylle, semble-t-il) est sans action aucune sur les Oscillaires blanches, dites *Beggiatoa*, qui vivent et pullulent dans les eaux sulfureuses, où ce gaz est en forte proportion, l'eau de Barèges par exemple. Ces plantes de la famille des Cyanophycées méritent, à cause de cet habitat, le nom de Sulfuraires et de Barégines. Bien plus, l'acide sulfhydrique qui existe dans ces eaux provient de la nutrition même de la plante. On ne sait que peu de chose sur les phénomènes intimes de cette nutrition, mais ce qu'il y a de certain, c'est que ces algues réduisent les sulfates et produisent de l'acide sulfhydrique, qui se dissout dans l'eau. Le soufre réduit se fixe sous forme de grains anguleux et cristallins, solubles dans le sulfure de carbone. Ce soufre se redissout plus tard dans la cellule, il paraît constituer une réserve.

Bien que nous n'ayons pas à tracer ici l'histoire physiologique des Bactériacées, il est intéressant de rapprocher de ce fait la réduction des sulfates par certaines algues, la nutrition de certains bacilles aux dépens du soufre libre. Certaines espèces s'emparent ainsi du soufre renfermé dans le caoutchouc vulcanisé, et dégagent de l'acide sulfhydrique. Si ce dégagement a lieu en milieu alcalin, l'acide dégagé passe à l'état de sulfures, et on arrive ainsi à du sulfhydrate d'ammoniaque, des sulfures de sodium ou de calcium (Miquel. *Ann. Observat. de Montsouris*, 1880, p. 306).

Certaines algues dépourvues de chlorophylle semblent dégager des bulles d'hydrogène protocarboné. Peut-être est-ce là la source de ce formène, dégagé par les marais et la vase. Une de ces algues productrices de gaz protocarboné serait le *Sycamina nigrescens*, une Volvocinée (Van Tieghem, *Soc. Bot.*, t. xxvii, p. 200, 1880).

L'azote exerce une influence très favorable sur le développement des Diatomées. (CAS-
TRACONE. *Nuovo Sistema di ricerche sulle diatomee. Att. dell. Ac. pont. d. Nuovi Lincei*, 1870).
Ces algues exigeraient également CO^2, des azotates du fer et de la silice; l'influence favorable des sulfates et des phosphates n'est que probable; peut-être exigeraient-elles
aussi des sels potassiques? MIQUEL (*Ann. de micr.*, t. IV, 1894) vient d'étudier avec soin
l'action de diverses substances sur les Diatomées.

Pigments chlorophylliens. — Nombre d'algues jouissent de la propriété de décomposer CO^2. Le fait est connu depuis fort longtemps. Il est même à supposer que toutes
les algues, colorées par un pigment quelconque, jouissent de cette propriété qui n'appartient pas exclusivement aux algues vertes, où la chlorophylle est si visible.

Aug. MORREN a démontré dès 1836 (*Rech. sur l'influence qu'exercent la lumière et la
subst. org. de coul. verte dans l'eau stagn. sur la qual. et la quant. de gaz que celle-ci peut
contenir*, Paris, 1836, in-4°) que, dans les eaux où se trouvent des organismes inférieurs
verts, organismes qui appartiennent presque tous aux algues, la proportion d'O dissous
s'élevait à 23, 48, 61 p. 100, au lieu de 32 qui est la proportion normale, sous l'influence
de la lumière solaire. Il a prouvé le même fait pour l'eau de mer (*Rech. sur les gaz de
l'eau de mer*, Paris, 1834, et *A. C.*, IIIᵉ série, t. XII).

AIMÉ (*A. C.*, t. II, p. 333) a constaté que l'air renfermé dans les vésicules des *Fucus*,
renferme moins d'O pendant la nuit que l'air atmosphérique (17 p. 100), mais que, quand
l'influence solaire s'est manifestée, la quantité d'oxygène s'élève jusqu'à 36 p. 100. Fait
d'autant plus intéressant que les *Fucus* sont des algues brunes, d'où on peut déduire
tout de suite que le pigment brun ne nuit en rien à l'action de la chlorophylle.

Le pigment chlorophyllien des algues a été surtout étudié chez les *Spirogyra*. Là,
les chromatophores sont des bandes spiralées, à contours crénelés, dont la structure
intime commence à être bien connue; elles se composent d'un substratum albuminoïde
incolore, et d'un pigment qui imprègne ce substratum.

Ces bandes chlorophylliennes permettent d'étudier une curieuse action de la lumière
sur les algues. FAMINTZIN. *Die Wirkung des Lichtes auf Algen und einige andere ihnen
verwandten Organismen* (*Jahrb. f. Wiss. Bot.*, t. VI, p. 1, pl. I-III). — BUSCH. *Untersuchungen über die Frage ob das Licht zu den unmittelbaren Lebensbedingungen der Pflanzen
oder einzelne Pflanzenorgane gehört* (*Ber. deutsch. ges. Gen. Versammlung*, 1889). — PRIN-
GSHEIM. *Ueber Lichtwirkung und Chlorophyllfunction in der Pflanze* (*Jahrbuch. f. Wissenchaft. Bot.*, t. XII, p. 188, pl. XI-XXVI).

Si on examine des échantillons, placés pendant quelque temps à l'obscurité, on
remarque que les bandes spiralées se contractent, diminuent de diamètre, en même
temps que les grains d'amidon, accumulés dans les cellules, disparaissent; le noyau
paraît ne pas subir de modifications.

Si l'obscurité persiste, la chlorophylle se fragmente; la spire est réduite à un simple
cordon, reliant les divers fragments; les noyaux se désorganisent.

La destruction de la chlorophylle ne serait pas, d'après certains auteurs, un effet de
l'obscurité, mais un phénomène secondaire, résultant de la mort de la cellule, par suite
de la privation de lumière.

L'action d'une lumière trop vive ou trop prolongée paraît occasionner les mêmes
déformations dans les bandes chlorophylliennes.

La contraction des bandes comprime évidemment le contenu cellulaire, protoplasme et
vacuole. Aussi voit-on cette dernière se diviser en plusieurs petites vacuoles secondaires,
HANSEN (*Das Chlorophyllgrün der Fucaceen. Sitzber. der Phys. Med. Ges. zu Würzburg*, 1884.
p. 104-106. — *Arb. d. Bot. Instituts zu Würzburg*, t. III, fasc. II, pp. 289-302) a extrait
(d'après la méthode qu'il avait appliquée aux feuilles de blé) une matière verte et une
matière jaune du *Fucus vesiculosus*, matières dont les propriétés se trouvent identiques à
celles des substances de même nom, extraites des feuilles de blé. Pour les caractères
spectroscopiques de ces substances, nous renvoyons le lecteur à la figure annexée au
mémoire de HANSEN.

REINKE a repris les essais de HANSEN, en suivant la méthode indiquée par cet auteur,
pour extraire la matière colorante jaune. Il a bien obtenu des cristaux, mais formés,
selon lui, non pas par le pigment cristallisé, mais par des cristaux de cholestérine,
souillés par le pigment. En essayant de séparer ce pigment, il ne parvint pas à le faire

cristalliser. La conclusion de ces essais serait que le vert et le jaune de chlorophylle ne sont autre chose que de la cholestérine.

Divers auteurs, et en particulier HANSEN (loc. cit.), prétendent que le pigment brun de certaines algues ne fait que masquer de la chlorophylle. Ils s'appuient sur ce fait, qu'en traitant ces algues, par exemple les Fucus, par l'eau chaude, on fait apparaître une coloration verte. REINKE (loc. cit.) s'élève contre cette opinion, et prétend que le verdissement ainsi provoqué est une altération cadavérique, due à la décomposition du pigment brun. En effet, si, au lieu de traiter un Fucus par l'eau bouillante, on fait simplement agir sur lui de la vapeur d'eau, ou de la vapeur d'éther, la coloration verte se produit, ce qui ne peut être attribué, dans ces conditions, à une dissolution du pigment brun.

BEYERINCK a étudié le dégagement d'oxygène par les algues inférieures, qu'il appelle des Chlorella. Voici la marche suivie par cet expérimentateur ; elle peut intéresser les physiologistes. Il introduit dans un tube à essai une solution de gélatine à 10 p. 100, colorée en vert par les Chlorella, et y ajoute du sulfoindigotate de soude, décoloré par un très léger excès d'hydrosulfite de soude. Par le refroidissement, la masse prend une consistance gélatineuse. Si l'on expose ce tube à la lumière, en le recouvrant d'une cloche à double paroi, remplie d'une solution cupro-ammoniacale, il ne se manifeste aucun changement ; mais, si le liquide de la cloche est une solution de bichromate de potasse, au bout de quelques minutes, on voit apparaître la coloration bleue indiquant un dégagement d'oxygène. Il en résulte que, contrairement à l'opinion de PRINGSHEIM, les cellules vertes peuvent décomposer l'acide carbonique dans un milieu ne contenant pas du tout d'oxygène.

Le seul développement de l'algue peut suffire à faire apprécier le dégagement d'oxygène par les Chlorelles, sous l'influence de la lumière ; car elles se développent très activement dans les parties éclairées de la culture, et non dans les portions obscures, où on ne rencontre que des individus isolés. On peut même faire une expérience élégante, en se fondant sur cette observation. Vient-on à tendre un cheveu, devant la fente qui livre passage à la lumière, le développement des algues s'arrête, dans la partie située dans l'ombre portée par lui.

On peut également mettre en évidence l'influence des rayons de réfrangibilité différente sur la décomposition de CO^2 par la chlorophylle. On recouvre entièrement de papier noir un tube de gélatine avec Chlorella, puis on pratique une fente longitudinale sur le papier, sur laquelle on peut concentrer, au moyen d'une lentille, la lumière d'un bec Bunsen, à flamme colorée par du sodium ou du lithium. On constate alors que la lumière jaune du sodium est sans action, tandis que la lumière rouge du lithium détermine, au bout de 3 ou 4 heures, la coloration en bleu de la gélatine, dans les parties des tubes exposées à la lumière.

Le thalle vivant de diverses Floridées ne présente pas de fluorescence, mais la fluorescence apparaît, lorsqu'il est tué par les vapeurs d'eau ou d'éther.

De ce fait, REINKE conclut qu'après la mort de profondes modifications se produisent dans les chromatophores ; aussi cet auteur prétend-il réduire le nom de chlorophylle à la seule matière colorante qui se trouve dans les chromatophores vivants ; dénomination, somme toute, en désaccord avec toutes les données reçues.

La chlorophylle des algues Floridées présente les mêmes réactions chimiques que la chlorophylle des Phanérogames, mais doit être considérée comme une variété de cette dernière à cause de ses propriétés optiques différentes (PRINGSHEIM, Monatsber d. Berl. Akad., oct. 1874, déc. 1875).

Pour certains auteurs, l'endochrome des Diatomées (phycochrome de NAGELI) ne serait pas différente de la chlorophylle. ARDISSANE (Le Alghe, Milano, 1875) invoque à l'appui de cette opinion : 1° que cette endochrome, traitée par l'éther et l'acide chlorhydrique, se sépare en deux matières colorantes, au moins analogues à la phylloxanthine et à la phyllocyanine de FRÉMY, caractère de la chlorophylle ; 2° que les algues pourvues d'endochrome décomposent l'acide carbonique comme les plantes vertes. Mais ce dernier argument n'est plus valable, aujourd'hui que l'on sait que d'autres pigments jouissent aussi de cette propriété de décomposition. SACHS (Traité de Botanique, 1873, p. 288) admet aussi que l'endochrome des Diatomées est un mélange de chlorophylle et d'une autre substance.

La chlorophylle des Spirogyres se composerait, d'après les dernières recherches, de deux substances : l'une verte, l'autre jaune, unies à un corps gras (Meunier. *Le nucléole des Spirogyres*). Pringsheim (*loc. cit.*) a pu produire, aux dépens de la chlorophylle, une autre matière qu'il appelle : *hypochlorine*, substance huileuse, qui serait une des matières grasses combinées aux deux principes colorants, incolore et cristallisable. Pour l'obtenir, on fait agir sur une cellule de Spirogyre de l'acide chlorhydrique dilué : on voit bientôt apparaître, dans les bandes de chlorophylle, des aiguilles cristallines brunes, qui se forment peu à peu dans des gouttelettes huileuses, incolores. L'action de l'acide picrique, en solution concentrée, des acides sulfurique et acétique est la même.

Les filaments soumis à l'action d'une lumière trop vive ne peuvent plus donner de cristaux d'hypochlorine. Il en est de même chez certains individus malades, à chromatophores de forme normale, que l'on rencontre fréquemment dans les aquariums. On n'est pas fixé sur le rôle de cette substance dans la cellule, et on ignore si, une fois disparue, elle est susceptible de se reformer.

Engelmann (*Bot. Zeit.*, 30 juin 1882, 15 juillet 1881) s'est servi des filaments d'une conferve : *Cladophora*, pour établir une méthode nouvelle d'expérimentation, au sujet de l'influence de la réfrangibilité des radiations sur la décomposition de CO^2. C'est la méthode dite des Bactéries, qui sera exposée à l'article **Chlorophylle**, avec les détails qu'elle comporte. Toute autre algue verte filamenteuse se prête à la reproduction de l'expérience.

On peut aussi faire avec les cellules de ces algues une expérience intéressante, démontrant à la fois le rôle de la chlorophylle et de l'hémoglobine dans les processus vitaux.

Plongeons un filament de conferve dans une solution d'hémoglobine, sous le microspectroscope, et exposons ce filament à une lumière intense. CO^2, dissous dans l'eau où plonge la conferve, sera décomposé par l'effet de la chlorophylle; O sera mis en liberté, et au contact de la conferve on verra apparaître deux zones spectrales, présentant les raies de l'oxyhémoglobine.

Pigments autres que la chlorophylle. — Ces pigments ont été étudiés par divers auteurs, on a quelques notions sur le rôle physiologique de certains d'entre eux, mais on se trouve dans l'ignorance la plus absolue, au sujet de leur constitution chimique, si ce n'est pour quelques-uns d'entre eux, qui semblent bien appartenir au groupe encore vague et mal défini des lutéines, ou lipochromes.

Les auteurs qui se sont occupés des pigments des algues désignent sous le nom de *rouge des Floridées* des substances différentes. C'est ainsi que Nägeli et Schwendener (*Mikr.* 1877, p. 848) comprennent, sous le nom de rouge des Floridées, toute la matière colorante de ces algues : la chlorophylle et le pigment dit *phycoérythrine*. Ce dernier nom a été appliqué à la matière rouge des Floridées par Kützing (*Phycologia generalis*, pp. 17 et 299), et par Cohn (*Bot. Zeitung*, 1867, p. 38). C'est une matière soluble dans l'eau, qui peut être extraite par ce liquide du protoplasme mort. Exposée à la lumière et à l'air libre, elle se décolore; cette décoloration est également produite par la potasse. L'acide sulfurique n'altère pas la couleur. Saccusse (*Die Farbstoffe...*, etc., Leipzig, 1877) a employé ce nom, dans le même sens (Voy. aussi Schütt, *Ueber das Phyco-érythrin*, Ber. Deutsch. Bot. Ges.*, 1888, t. VI, fasc. 1).

Certaines Floridées ne présentent pas une teinte rougeâtre constante aux diverses époques de leur végétation. Tel est le cas pour *Balbiana investiens* (Sirodot, *Ann. Sc. Nat. Bot.*, série 6, t. III). Cette algue est d'un beau rose pourpre, en avril-mai; vers mai-juin apparaissent des teintes d'un jaune verdâtre terreux, peu à peu cette dernière coloration remplace la première. La coloration pourpre du printemps est due à la multiplicité des ramuscules sporuligènes, elle disparaît à mesure que les sporules se détachent; plus tard apparaissent les organes de la fécondation : anthéridies presque incolores, organes femelles, d'un jaune verdâtre, et la fructification où cette couleur se trouve en mélange dans d'assez fortes proportions. L'abondance de ce pigment dans certaines formes reproductrices est un fait digne d'intérêt.

Kützing a nommé *phycohématine* le pigment d'une algue, abondante dans certaines mers, en particulier dans le bassin d'Arcachon, où elle colore parfois les huîtres en violet : *Rhytiphloea tinctoria*. Cette substance n'a été qu'insuffisamment étudiée.

Phipson (*C. R.*, 1879, août, n° 5, p, 316) a nommé *palmelline* la matière colorante rouge du *Porphyridium cruentum*, Nag., matière soluble dans l'eau; l'alcool et l'acide acétique produisent dans cette solution un précipité *filamenteux* (?), l'ammoniaque et les alcalis donnent ce même précipité, mais la coloration devient bleue. Le sulfhydrate d'ammoniaque colore cette palmelline en jaune, sans produire de précipité filamenteux,

On a appelé : *Phycoxanthine* (MILLARDET et ASKENASY) une substance colorante jaune des Bacillariées et des Fucacées, plus facilement soluble dans l'alcool que la chlorophylle. C'est cette substance qui forme avec la chlorophylle l'*endochrome* jaune brun des Diatomées (PETIT, *Brebissonia*, II, 1880, n° 7, p. 81). Cette endochrome avait déjà été étudiée en 1868 par KRAUSS et MILLARDET. La *Diatomine* de NÄGELI n'est autre que l'endochrome. Cette substance s'extrait du thalle des Fucacées, par l'alcool étendu à 40 p. 100, qui ne dissout pas la chlorophylle; elle se colore en vert bleuâtre par de faibles quantités d'acide; les alcalis et la lumière sont presque sans action sur elle (MILLARDET. C. R., 1869. — ASKENASY. *Bot. Zeit.*, 1867, p. 227; 1869, p. 786).

Certaines algues vert-bleuâtre doivent cette coloration à la *phycochromine*. Sous ce nom NÄGELI (*loc. cit.*) comprenait la chlorophylle de ces algues, et la matière colorante dite phycochromine par SACHSSE (*loc. cit.*).

Cette phycochromine serait également, d'après SACHSSE, un mélange de phycocyanine (bleu de certaines algues) et de phycoérythrine, mélangées en proportions variables, selon les types examinés. Il y a aussi une phycocyanine de KÜTZING, soluble dans l'eau, et qui colore les Oscillariées.

Les cellules qui renferment de la phycochromine prennent une coloration intermédiaire entre le jaune-verdâtre et le jaune-brunâtre, par les alcalis, et se colorent en orangé ou rouge brique par HCl.

Dans le thalle des Fucacées, on trouve, mélangée à la chlorophylle et à la phycoxanthine, une matière colorante brune, soluble dans l'eau, mais non dans l'alcool, que MILLARDET (*loc. cit.*) a appelée *Phycophéine*. Cette substance n'est que très imparfaitement connue, est-ce même un corps bien défini ?

Tous ces pigments se rencontrent dans le protoplasme. Mais il en existe aussi dans les membranes des éléments du thalle de certaines algues.

Dans les membranes des *Glœocapsa*, et quelques algues filamenteuses, existe une substance colorante rouge, devenant rouge ou rouge-brun par HCl, bleue ou violette par KOH; c'est la *gléocapsine*.

La *Scytonémine*, jaune ou brune, existe dans les membranes d'un grand nombre de Phycochromacées; elle devient vert-de-gris par HCl, et redevient jaune par les alcalis.

SORBY (*Journ. of the Linn. Soc.*, t. XV, p. 34) conclut, de ses études sur les pigments des algues, à l'existence de 6 pigments différents, qu'il distingue par les propriétés spectrales, et les nuances de coloration.

	Centre.	Largeur.	Fluorescence.
Bleue phycocyanine (Oscillariées) .	650	18	rouge.
Pourpre — —	624	32	rose.
— — (Porphyra) . . .	624	32	rose.
Rose — (Oscillariées . .	567	29	douteuse.
— phycoérythrine (Porphyra) .	569	18	orange.
Rouge — —	497	27	nulle.

La chlorophylle est plus ou moins masquée par la présence des pigments des algues bleues (phycocyanine), brunes (phycophéine), rouges (phycoérythrine), selon la proportion de ces derniers. La présence de ces pigments exclut toujours celle de l'hypochlorine, qui existe constamment chez les Chlorophycées.

La présence de ces pigments déplace les bandes d'absorption de la chlorophylle. La principale bande d'absorption de celle-ci, située entre les raies B et C, se trouve répartie avec la phycocyanine dans le jaune, vers la raie D, avec la phycophéine dans le vert entre D et E, avec la phycoérythrine également dans le vert, mais plus loin vers le bleu. L'absorption des radiations les plus réfrangibles est, comme l'on sait, forte avec la chlorophylle pure, faible lorsque la phycocyanine s'y joint, mais plus intense, lors de la présence de la phycophéine, et surtout de la phycoérythrine.

Lorsque la phycocyanine existe avec la chlorophylle, celle-ci est répandue à l'état de dissolution dans tout le protoplasme, elle se localise, ainsi que la phycoérythrine et la phycophéine sur des *chromoleucites*. Pour ce qui est de la structure de ces derniers, qui intéresse plutôt la morphologie que la physiologie, et la présence des *pyrénoïdes* qu'ils contiennent, nous renverrons le lecteur à certains mémoires spéciaux : Schmitz. *Die Chromatophoren der Algen (Verhandl. des nat. Vereins der Rheinl. und Westf.*, 1883).

Il est facile de démontrer, à l'aide de la méthode d'Engelmann (*Farbe und Assimilation, Bot. Zeit.*, 1882) dite des Bactéries, que chez les algues, munies de chromoleucites, c'est à l'intérieur de ceux-ci que s'effectue la décomposition de CO_2. Le protoplasme incolore est incapable d'opérer cette décomposition. Le maximum de dégagement d'oxygène, ou, ce qui revient au même, le maximum de décomposition de CO_2 se trouve, dans le spectre, coïncidant toujours avec le maximum d'absorption pour les radiations. Le dégagement maximum d'oxygène a lieu dans le rouge, entre B et C avec une algue verte ; dans le jaune, entre C et D avec une algue bleue ; dans le vert, entre D et E avec une algue brune. Si enfin l'algue considérée est rouge, le maximum est vers le bleu, c'est-à-dire au point où l'absorption est la plus forte. Il y a donc une relation nécessaire entre l'absorption des radiations et la décomposition de CO_2.

C'est ce qui explique que dans les eaux marines, les algues ne puissent pas vivre au-dessous d'une certaine profondeur. A 100 mètres de profondeur les algues deviennent rares, elles disparaissent en général au-dessous de 400 mètres. Les divers niveaux bathymétriques sont caractérisés par la couleur des algues qui y végètent. On peut ainsi distinguer quatre zones, au point de vue algologique. La zone supérieure est habitée par les algues bleues, la seconde par les vertes, la troisième par les brunes, l'inférieure par les rouges. A marée basse, ces zones sont plus ou moins nettes. Le fait s'explique par les données ci-dessus. Les radiations lumineuses sont d'autant plus rapidement absorbées (à mesure que l'épaisseur de la couche d'eau augmente), que leur réfrangibilité est moindre. La coloration différente des pigments est donc un moyen que possèdent les algues de végéter à des niveaux variables, suivant la nature de ce pigment, et qui seraient impropres ou moins propres à leur vie, si elle ne possédait que de la chlorophylle ; autrement dit, la présence des pigments facilite la décomposition de CO_2. Mais si la qualité et la quantité des radiations lumineuses sont les régulateurs essentiels de la distribution des algues, on peut remarquer que certaines observations ou expériences, en apparence inexplicables dans cette manière de voir, la confirment parfaitement. C'est ainsi qu'une algue rouge, qui végète d'ordinaire à une cinquantaine de mètres au-dessous de la surface des flots, pourra très bien se trouver parfois sur les rochers de la surface ; mais dans ce cas, elle végète dans le creux des rochers, dans une grotte sombre, par exemple, qui n'est éclairée que par la lumière bleue, transmise à travers les eaux.

La présence des radiations lumineuses étant nécessaire pour la décomposition de CO_2, l'assimilation ne peut avoir lieu que pendant la période d'éclairement, et ce sera pendant la nuit (la lumière retarde la croissance), que se fera le cloisonnement des algues, et par suite l'utilisation des matières de réserve.

Les voyageurs ont signalé un fait frappant de ce phénomène. Au Spitzberg, la nuit polaire dure trois mois, et pendant cette période de basse température (moyenne de 1°) les corps reproducteurs des algues se forment aux dépens des réserves, accumulées seulement pendant les mois d'insolation.

Un grand nombre d'algues vivent au fond des eaux, à une profondeur telle, que la lumière qu'elles reçoivent doit être bien faible. De Humboldt (*Mém. des savants étrangers de l'Institut*, t. I. — *Gilbert's Ann.*, t. XIV, p. 364) a vu retirer, près des Canaries, le *Fucus vitifolius*, d'une profondeur de 52 mètres, et offrir une belle couleur verte. Cependant, d'après les calculs, la lumière ne pénètre guère avec une intensité notable dans ces profondeurs. De Candolle (*Phys. végét.*, t. II, 900) cite une observation semblable de Henri Wydler sur les *Fucus*.

Les produits directs ou indirects de l'assimilation du carbone sont chez les algues, comme chez les autres végétaux verts, des matières amylacées, et peut-être des matières grasses.

On admet, comme l'on sait, que les grains d'amidon contenus dans les végétaux sont formés de deux substances : l'amylose et la granulose, dont les proportions relatives varient beaucoup selon les plantes.

Chez les Floridées, il arrive fréquemment que les grains d'amidon sont entièrement dépourvus de granulose, et formés en totalité d'amylose pure; ces grains ont la structure ordinaire des grains d'amidon; ils se colorent par l'iode en jaune cuivreux, ou même ne se colorent pas; car c'est la granulose qui se teinte en bleu par l'iode. Ce sont comme les squelettes d'amylose des grains ordinaires, qui restent après disparition de la granulose. Bien que ces données soient classiques, il est bon d'ajouter que de récentes recherches tendent à faire douter de l'existence de ces deux substances distinctes dans le grain d'amidon.

Dans le corps des Euglènes, on a trouvé des granules d'une substance amylacée, pour laquelle on avait créé le nom de *paramylon;* c'est simplement de l'amylose pure. Et par là les Euglènes, placées maintenant parmi les algues, s'écartent des Infusoires, qui comme les *Paramecium,* les *Chilomonas* possèdent des grains normaux d'amidon, qui bleuissent par l'iode.

Nous pouvons rappeler, bien que nous n'ayons pas à parler ici des Bactéries, que chez certaines de ces algues (*Spirillum amyliferum, Bacillus amylobacter*), au moment de la formation des spores, le protoplasme s'imprègne partout ou sur des points localisés d'une substance amylacée en dissolution, qui bleuit comme la granulose, par l'action de l'iode. C'est une réserve qui disparaît au fur et à mesure de la formation des spores.

Les gouttelettes oléagineuses, qui se trouvent dans l'endochrome de nombreuses algues, proviennent sans doute de l'assimilation du carbone. Mais on n'est guère fixé sur leur rôle physiologique. Certains (CASTRACANE. *Osservazioni sopra una diatomea del genere Podosphœnia. Att. dell' Acc. pontific. de Nuovi Lincei*, Sess. V, 1869) admettent que ce rôle serait purement mécanique; mais cette manière de voir semble très obscure, et il est plus probable que ces gouttelettes constituent des substances de réserve, tout comme les granules d'amidon.

Le rôle des divers pigments, surajoutés à la chlorophylle, et que nous venons d'étudier sommairement, est incontestablement un rôle photochimique. Ils déplacent les bandes d'absorption du spectre de la chlorophylle, et permettent aux algues d'absorber le maximum de radiations, compatibles avec le niveau bathymétrique qu'elles occupent. Leur présence est en rapport avec la décomposition de CO^2. Si leur rôle physiologique semble bien établi dans ses grandes lignes, on est par contre dans l'ignorance la plus complète sur leur nature chimique.

Un autre groupe de pigments, qui semblent abondamment répandus chez les algues est celui des pigments mal définis, dits *lutéiniques.* Le pigment étudié par les auteurs, sous le nom de *chlororufine,* appartient certainement à ce groupe, et il est étonnant que les auteurs aient tant discuté sur sa nature chimique, au moins en tant que groupe général. On ignore totalement son rôle, et nous reviendrons sur cette délicate question des pigments lutéiniques, à l'article **Pigments**.

Les oospores des *Œdogonium, Vaucheria,* les anthéridies de *Chara,* les œufs des *Bulbochœte,* les *Hœmatococcus, Clamydomonas, Trentepohlia,* etc., sont colorés en rouge par une substance dite *Chlororufine* (ROSTAFINSKI. *Bot. Zeitung,* 1881, p. 461). La réaction caractéristique de cette substance est sa coloration bleue intense, par SO^4H^2 concentré. Réaction qui pourrait peut-être indiquer des analogies avec la chrysoquinone de LIBERMANN. L'acide nitrique fumant dissout la chlororufine, une solution faible d'acide nitrique ne l'altère pas. C'est DE BARY qui, en 1856 (*Ber. d. naturf. Ges. Freiburg*, n° 13), a découvert cette réaction, produite par l'acide sulfurique.

Cette propriété rapprochant la chlororufine de la chrysoquinone, étudiée par LIBERMANN (*Ann. der Chemie u. Pharmacie*, 1871, S. 299), ROSTAFINSKI fit comparativement l'examen spectrale des deux substances.

Avec la chrysoquinone, on obtient près de A une bande obscure, et l'absorption totale commence à peu de distance de la raie D.

La chlororufine présente les caractères spectraux de la chrysoquinone, et de plus, entre B et C, la bande caractéristique de la chlorophylle. D'où le nom donné à la substance par ROSTAFINSKI, qui est porté à croire qu'elle provient de la réduction de la chlorophylle.

La chlororufine est très probablement un corps impur, et se rapproche certainement des pigments du groupes des lutéines ou carottines. Cette substance est nommée par TH. COHN (*loc. cit.*) hématochrome. Elle se présente sans doute en solution, dans une matière grasse, sous forme de globules, sur lesquels le chloro-iodure de zinc produit une coloration violacée presque noire. Elle existe également, d'après DE TONI, chez *Hansgirgia flabellifera*.

Les tubes spiralés qui entourent l'oosphère des Characées contiennent un pigment rouge que OVERTON signale comme cristallisable. Très vraisemblablement, ce pigment appartient au groupe des pigments lutéiques, car il serait identique à la rufine des Euglènes (GARCIN).

La solution d'hydrate de chloral sépare facilement ce pigment de la chlorophylle qui l'accompagne. On avait pensé que les spores non colorées représentent des oogemmes non fécondés (la fécondation aurait donc provoqué la formation du pigment), en réalité, d'après cet auteur, le manque de coloration est en relation avec la destruction précoce de la gaine de tubes spiralés qui entourent la cellule centrale.

Chez *Ctenocladus circinnatus*, d'après BRIOSI (*Studi algologici*, 1883), l'insolation détermine la transformation de la chlorophylle en une substance oléagineuse, qui se rassemble en grosses gouttes, dans la cavité des cellules. Cette substance est certainement analogue, sinon identique, à la chlororufine des autres types, c'est-à-dire appartient au groupe des substances lutéiniques.

GARCIN (*Journ. de Bot. de Morot*) a étudié le pigment rouge d'un organisme bien connu, que l'on tend à rapprocher aujourd'hui beaucoup plutôt des algues, que des Infusoires, où il était placé par nombre d'auteurs : *Euglena sanguinea*. Les Euglènes vertes sont assez répandues dans certaines eaux dormantes; à certains moments, on voit apparaître en grande quantité, dans les mêmes conditions, des Euglènes rouges, existant seules ou mélangées aux Euglènes vertes. Sont-ce deux espèces différentes? la chose est discutée; mais il serait important de pouvoir déterminer les conditions physiologiques ou pathologiques, qui déterminent l'apparition du pigment rouge, au cas où la forme rouge ne serait qu'une variété, pour ainsi dire physiologique, de la verte. GARCIN, qui avait essayé de résoudre cet intéressant problème, n'y est pas parvenu.

Le pigment rouge se trouve à l'état de petits corpuscules, distribués à la périphérie du protoplasme, il est insoluble dans l'eau, peu soluble dans l'alcool froid; soluble parfaitement dans le chloroforme. GARCIN a appelé cette substance *rufine*, car il suppose, avec raison, semble-t-il, que la chlororufine de ROSTAFINSKY n'est qu'un mélange de rufine et de chlorophylle. Cette manière de voir est confirmée, autant qu'elle peut l'être, par l'examen spectroscopique. La rufine ne présente pas de bandes nettes d'absorption, le spectre est peu à peu estompé vers le violet, à partir de la raie D. L'absence d'une bande spectrale en A, dans la solution de rufine, et la présence de cette bande avec la chrysoquinone semblent suffisantes à GARCIN, pour éloigner tout à fait la rufine de la chrysoquinone. Qu'il n'y ait pas identité entre ces deux substances, la chose est probable; mais seule l'analyse chimique de la rufine permettra de se prononcer sur sa nature réelle, et sa ressemblance avec des corps plus ou moins voisins des quinones. Comme tous les pigments lutéiniques, la rufine bleuit énergiquement par l'acide sulfurique concentré.

On sait que le point oculiforme de diverses algues inférieures et de nombreuses zoospores est imprégné d'une matière rougeâtre. On pourrait se demander si, en particulier, le point oculiforme des Euglènes vertes n'est pas coloré par la rufine. La non coloration en bleu, et même la décoloration de ce point, sous l'influence de l'acide sulfurique, semble permettre de conclure par la négative.

La même substance semble aussi exister chez les *Volvox*, et en particulier le *Volvox dioicus* (HENNEGUY. Sur la reproduction du V. dioïque, C. R., 24 juillet 1876). Dans ce type, après la fécondation, les oosphères perdent la couleur d'un vert foncé, qu'elles possédaient auparavant, et prennent une teinte vert jaunâtre, puis orangée ce pigment orange est localisé dans des gouttelettes huileuses, et avait fait croire à l'existence d'une espèce spéciale de *Volvox* : *V. aureus*. Il est très intéressant de constater ici l'apparition du pigment dans les corpuscules reproducteurs; nous avons déjà insisté ailleurs sur la présence, si fréquente dans les deux règnes, des pigments lutéiniques dans les organes reproducteurs. De plus, tandis que les Volvox verts recherchent la lumière, les Volvox orangés la fuient rapidement. Le fait est remarquable; mais l'hypothèse d'HENNEGUY, à savoir que c'est par une sorte d'attraction s'exerçant sur la matière verte, que les Volvox sont entraînés par la lumière, et que c'est par une sorte de répulsion, qui s'exerce sur la matière rouge des gynogonidies fécondées que ces mêmes Volvox recherchent ensuite l'obscurité, nous semble un peu prématurée.

. Nous nous contenterons ici de ces notions sommaires sur les pigments des algues, nous réservant de revenir sur certains points de leur histoire, à l'article **Pigments**.

Motilité. — Nombre d'algues présentent des phénomènes de motilité trop connus pour qu'il soit nécessaire d'insister sur les détails. Nous nous bornerons à indiquer rapidement quelques-uns de ces phénomènes.

Les mouvements *amiboïdes* s'observent dans les spores de certaines Floridées : les *Bangia* et *Helminthora* par exemple, formées de simples masses de protoplasme nu.

Un grand nombre d'algues, à corps protoplasmique de forme constante, jouissent d'une *contractilité générale*. Chez beaucoup de Diatomées, de Desmidiées, d'Oscillaires, les stades jeunes des Nostocacées et Rivulariacées, le protoplasme, en se contractant, entraîne la membrane qui le limite, et la cellule se déplace dans le liquide ambiant, parcourant parfois un espace notable par une sorte de mouvement de glissement (*Glitschbewegung de* Nageli). Les Diatomées se déplacent en ligne droite, les Oscillaires, par un mouvement spiralé, tantôt en avant, tantôt en arrière. L'amplitude de ce mouvement ne dépasse guère 0,04 millim. par seconde; elle est d'ailleurs variable, selon le moment de l'observation, pour le même individu.

Il est à noter que certains auteurs n'expliquent pas ces mouvements par une simple contractilité du protoplasme contenu dans la membrane de l'élément mobile. Pour eux, il existerait, à la surface externe de la membrane cellulaire, une mince couche de protoplasme mobile qui, par sa contractilité ou son adhérence aux corps voisins, déplacerait le corps entier de l'algue (Max Schultze. *Ueber die Bewegungen d. Diatomeen, Arch. f. microscop. Anat.* t. i, pp. 376-402. pl. XXIII, 1865). Pendant la vie de la cellule, cette couche protoplasmique externe n'est pas visible, à cause de sa minceur et de sa faible réfringence. Mais on pourrait la mettre en évidence, dans beaucoup de cas, par l'emploi de réactifs coagulants (Engelmann. *Ueber die Bewegungen der Oscillarien und Diatomeen, Arch. f. Ges. Physiol.*, t. xix, p. 8, 1878).

Plus souvent encore, la contractilité du protoplasme est limitée à une ou plusieurs de ses portions ; le corps de l'algue mobile est muni d'un ou de plusieurs cils vibratiles. Les mouvements de ces cils vibratiles sont trop connus pour que nous y insistions. Les zoospores des Euglènes ont un seul cil vibratile, les zoospores et anthérozoïdes de nombre d'algues en ont deux : l'un dirigé en avant, qui sert de rame, et l'autre, dirigé en arrière qui fait l'office de gouvernail, tous deux insérés latéralement. Il existe également deux cils, attachés en avant dans les zoospores des *Saprolegnia*, *Cladophora*, il en existe quatre dans les zoospores des *Ulothrix*, une couronne antérieure, complète dans celles des *Œdogonium ;* enfin un revêtement continu de cils se rencontre à la surface des zoospores de *Vaucheria*, attachés deux par deux, au-dessus d'une petite ampoule creuse, située dans l'épaisseur de la couche périphérique du protoplasme. Chez *Chlamydococcus pluvialis* et les autres Volvocinées, le corps protoplasmique est revêtu d'une membrane, où se trouvent des ouvertures, livrant passage à des cils vibratiles.

Le sens de la rotation du cil, autour de l'axe du corps, se fait tantôt en sens variable, chez les Volvocinées par exemple, tantôt toujours vers la gauche (*Vaucheria*), tantôt toujours vers la droite (*Œdogonium*). Le mouvement ciliaire est rapide. Les zoospores d'*Œdogonium* parcourent $0^{mm},20$ à 0,15 par seconde, celles de *Vaucheria* 0,14 à 0,10.

Si le corps protoplasmique cilié rencontre un obstacle, il recule un peu, en tournant autour de son axe, en sens contraire du mouvement normal, puis il revient à la rotation normale, en s'éloignant dans une autre direction que celle de l'obstacle.

Il peut arriver que le corps cilié de certaines algues soit doué à la fois de contractilité ciliaire, et de contractilité générale. Les zoospores de *Vaucheria* et *Cladophora*, par exemple, sortent par une étroite ouverture de leur cellule-mère, et pour cela leur corps subit une déformation considérable. Les déformations des Euglènes sont connues de tous les micrographes. Les anthérozoïdes de *Volvox* se prolongent par leur partie antérieure en un appendice grêle, incurvé sur lui-même deux fois, et à la base duquel s'insèrent deux cils vibratils. Les mouvements de cet appendice sont tout à fait analogues à ceux d'une anguille.

La température influence grandement le mouvement ciliaire. Dans le *Chlamydococcus pluvialis* par exemple, il ne se manifeste qu'à 5°, s'accélère rapidement, à mesure que la température s'élève jusqu'à un maximum, puis, si la température continue à s'élever, il se ralentit pour cesser à 43°.

Les mouvements des zoospores sont influencés par diverses substances chimiques : l'alcool, l'ammoniaque, les acides, les tuent; il en est de même de l'iode en solution suffisamment concentrée. Mais ce dernier corps en faible dilution dans l'eau ne fait que ralentir les mouvements des zoospores; il en est de même de l'opium (BAILLON. *Mouvements dans les organes sexuels des végétaux. Thèse d'agrégation*, 1856).

Les mouvements de rotation du protoplasme, à l'intérieur des cellules des Characées, sont des faits trop classiques pour que nous ayons à y ,insister ici, il en sera d'ailleurs parlé à l'article **Cellule**. Mais ces algues peuvent servir à démontrer l'influence de quelques agents physiques sur les mouvements du protoplasme.

On peut démontrer facilement, sur les *Nitella* et *Chara*, l'influence de la température sur le mouvement circulatoire intérieur du protoplasme. Chez *Nitella flexilis*, il commence à 0°,5, sa vitesse augmente progressivement avec la température jusqu'à un certain maximum, atteint vers 37°, puis elle décroît jusqu'à devenir nulle ; si la température continue à s'élever, le mouvement s'arrête brusquement un peu au-dessus de 37°. Il reprend ensuite, si la température s'abaisse.

On sait que toute action mécanique, exercée sur le protoplasme, arrête momentanément la motilité du protoplasme si elle est modérée, et le détruit si elle est trop intense.

Les grandes cellules des *Chara* se prêtent à la démonstration de ce fait. Si on pince ou lie par le milieu une de ces cellules, le courant protoplasmique commence par s'arrêter, puis il reprend dans chaque moitié, comme s'il s'agissait de deux cellules distinctes. En plasmolysant tout à coup le protoplasme d'une de ces cellules, le mouvement s'arrête.

Chimiotaxie. — Bien que les propriétés chimiotactiques des éléments anatomiques animaux et végétaux doivent être traitées dans un article spécial, nous signalerons ici que, d'après les recherches de PFEFFER, pour les gamètes de *Chlamydomonas pulvisculus* et d'*Ulothrix zonata*, on n'a pas trouvé jusqu'ici de substances capables d'augmenter leur mobilité. Les propriétés chimiotactiques doivent cependant exister dans les gamètes des algues, car seules elles peuvent donner une explication satisfaisante de l'attraction plus ou moins nettement constatée, selon les types, des gamètes d'un sexe sur ceux de l'autre sexe.

Action de la pesanteur. *Géotactisme*. — Le thalle des algues est sensible à la pesanteur, il est géotactique. On ne sait presque rien sur les phénomènes de géotropisme chez les algues. Il est cependant possible de constater que les tubes d'une Vaucherie par exemple, supposés placés horizontalement, subissent un accroissement inégal sur la face supérieure et sur la face inférieure, du fait de la pesanteur. Il y a ralentissement de la croissance sur l'une des faces. Si ce ralentissement s'opère sur la face supérieure, le géotropisme est négatif, s'il opère sur la face inférieure, le géotropisme est positif. Le fait le plus intéressant est de constater que dans ce thalle, les deux parties du corps, sur lesquelles la pesanteur agit en sens inverse, sont deux parties d'un même élément cellulaire.

Action de la température. — On possède quelques données sur l'influence de la température sur la formation des spores de quelques algues (BRIOSI. *Studi algologici*, Messina, 1883). *Ulva Lactuca* exige pour la formation des zoospores, à l'intérieur des cellules, et leur mise en liberté, une température d'environ 8-16° C. ; l'optimum semble être aux environs de 15°; vers 7°-9° la formation des spores cesse totalement; à 34°-36°, il devient extrêmement difficile d'assister à la mise en liberté des spores. Le mouvement des zoospores libres est également influencé par la température. Ce mouvement persiste dans la chambre humide, en règle générale, une vingtaine d'heures; il subit un arrêt au commencement de la nuit. La température vient-elle à s'abaisser de 4° jusqu'à 0°, le mouvement cesse, il reprend si la température s'élève. Si cependant la température basse persiste un certain temps, le mouvement cesse définitivement. A 40°, les zoospores sont tuées. Chez *Ctenocladus circinnatus*, l'optimum pour l'évacuation des Macrospores paraît être de 12° environ, mais cette évacuation peut être arrêtée ou retardée par un ciel couvert, ou un fort abaissement de température. Par une température de 4°, l'évacuation ne se produit plus.

A la suite du dessèchement produit par les chaleurs de l'été, quelques membres, dans les colonies de *Ctenocladus*, deviennent comme rigides, et cassent avec facilité.

Miquel a étudié l'action des températures funestes aux Diatomées (*Ann. de micr.*, t. IV).

Action de la lumière. *Héliotropisme, Phototactisme.* — Les radiations modifient la croissance des algues, et si elles sont unilatérales, provoquent des flexions héliotropiques, dont la direction varie avec l'intensité de la radiation incidente. La couleur de l'algue n'influe en rien sur la marche du phénomène. Avec une lumière d'intensité faible, il y a manifestations héliotropiques positives, manifestations négatives avec une lumière forte; avec une intensité moyenne, l'héliotropisme est transversal.

La sensibilité des algues à la lumière est connue depuis longtemps. Dès 1817, Treviranus (*Vermischte Studien*) publiait des observations du plus haut intérêt, sur certains phénomènes de mouvement des algues. Ayant exposé dans un vase de porcelaine à la lumière des filaments de *Conferva mutabilis* Roth. (*Batrachospermum glomeratum* Vauch.), il vit s'échapper des tubes du thalle des globules verts, qui tournoyaient avec vivacité, et recherchaient le côté ombré du vase. Au bout d'un certain temps, les corps mobiles se fixaient et redonnaient une plante adulte. Il observa les mêmes phénomènes sur *Conferva compacta* Roth. Ces corps mobiles, sur la nature desquels on n'était pas encore fixé, sont certainement des zoospores, et Treviranus rapprocha immédiatement ces mouvements des mouvements protoplasmiques que Corti et Fontana venaient de découvrir, et que l'on attribuait alors au suc cellulaire.

Voilà fort longtemps que l'on a observé l'action de la lumière sur les organes reproducteurs des algues. Agardh avait déjà vu que parmi les zoospores, les unes recherchent la lumière, les autres la fuient; les premières étant toujours plus actives, plus propres à la germination. L'émission même des zoospores hors des sporanges est influencée par la lumière, ainsi que Thuret l'a constaté; ces corps sortent en grand nombre quand le ciel vient à s'éclaircir. C'est probablement aussi à des différences d'intensité lumineuse qu'il faut attribuer les variations de la mobilité des zoospores, aux différentes heures de la journée. A peu d'exception près, c'est le matin surtout que les zoospores s'agitent, un peu plus tard dans la journée, elles sont fixées. De là, pendant longtemps, l'impossibilité où se sont trouvés les observateurs, de rencontrer ces corps.

La lumière agit d'une façon très nette sur la motilité du protoplasme des algues. Pour bien étudier cette action, il y a lieu de distinguer deux cas : 1° le thalle est unicellulaire, par suite facilement mobile; 2° il est pluricellulaire, et le protoplasme seul, contenu dans ses éléments, est mobile, à leur intérieur.

1° *Algues unicellulaires.* — La lumière exerce une attraction simple sur certaines Diatomées, algues unicellulaires, comme l'on sait. Par exemple, les Navicules se meuvent, tantôt dans la direction d'un rayon lumineux incident, tantôt dans la direction opposée, mais elles n'affectent pas d'orientation fixe, par rapport à ce rayon. Après un certain nombre d'oscillations, elles se sont rapprochées de la source lumineuse.

Les spores peuvent être regardées comme des algues unicellulaires. Certaines sont très nettement phototactiques.

Rostafinski et Janczewski avaient montré dès 1874 que les macrospores d'*Enteromorpha compressa* sont négativement héliotropiques. Ces expériences ont été reprises plus récemment par Briosi, à l'aide de cultures en chambre humide. Cet auteur remarque, comme l'avait déjà indiqué Thuret, que les spores suivent la direction de la lumière, et forment des groupements remarquables, sur la face insolée du vase. Au bout d'un certain temps, ces groupements disparaissent, la plus grande partie des spores tombent sur le fond du vase, quelques-unes errent sans suivre une direction déterminée.

Pour bien mettre le fait en évidence, on répand des cultures pures sur le fond d'un large vase de verre, puis on le recouvre avec un cylindre, recouvert lui-même intérieurement d'un vernis noir. Ce même vase possède d'un côté une cloison verticale, vers laquelle on dirige une source de lumière. Dans les premières heures, toutes les zoospores se portent vers la lumière incidente, et séjournent dans la zone éclairée une paire d'heures, les zygospores s'éloignent dans différents sens de la source lumineuse, tandis que les spores en petit nombre, qui n'avaient pas subi de conjugaison, se dissolvent en partie, peu à peu leurs restes s'accumulent au fond du vase.

Chez certaines Desmidiées, il y a orientation phototactique (Braun). Le genre *Penium*, par exemple. glisse vers la source lumineuse, en tournant vers elle, d'une façon constante. sa face la plus jeune. Le *Pleurotenium* se conduit à peu près de même. Le *Micrasterias Rota*, formé de cellules aplaties, se place perpendiculairement à la direction du rayon incident. Il y a donc ici polarité et polarité constante.

Les zoospores peuvent être regardées, au point de vue qui nous occupe, comme des algues unicellulaires. Certaines ne sont pas phototactiques. d'autres, au contraire. le sont à un haut degré. Elles s'orientent. de façon à placer toujours leur axe dans la direction du rayon incident. Si la lumière incidente est d'intensité faible. la zoospore s'oriente et se dirige vers la source lumineuse, puis elle pivote sur elle-même. et présente à la source son extrémité non ciliée. Le mouvement se produisant toujours dans la direction vers laquelle est tourné le cil vibratile, il y a donc alternance de mouvement, tantôt vers la source, tantôt en sens contraire. Dans le cas d'une intensité lumineuse faible. la somme des petits mouvements partiels vers la source finit par l'emporter sur la somme des petits mouvements partiels en sens inverse ; en définitive, la zoospore se rapproche de la source.

Il y a donc ici alternance dans la polarité. polarité périodique (STRASBÜRGER. *Wirkung des Lichtes und der Wärme auf Schwärmsporen*, Iéna, 1878. — STAHL. *Ueber den Einfluss der Lichtes auf die Bewegungserscheinungen der Schwärmsporen. Verhandl. der phys. medic. Gesellsch. in Wurzburg*, t. XI, 1878).

C'est le même fait que l'on observe chez les Clostériées, du groupe des Desmidiées, algues formées d'une seule cellule, libre, effilée aux deux bouts. En les plaçant dans une auge en cristal, et en faisant varier la direction de la lumière incidente, on voit très nettement les phénomènes. L'algue commence par appuyer une de ses extrémités effilées sur le fond de l'auge, puis elle place son corps de telle sorte que son axe coïncide avec la direction de la lumière incidente.

Chaque fois que la direction de la lumière change, l'algue change elle-même son orientation. Vient-on à faire varier brusquement de 180° la direction de la lumière incidente, aussitôt la Clostérie tourne de 180°, autour de sa pointe fixée, et replace la même extrémité dans la direction du rayon incident.

Il y a donc ici une polarité très nette et constante, puisque c'est toujours la même extrémité de la Clostérie, qui est tournée vers la source lumineuse. Mais cette polarité ne garde sa constance que pendant un certain temps. Après avoir dirigé vers la lumière son extrémité la plus jeune, l'algue se renverse sens pour sens : c'est l'extrémité la plus jeune qui se fixe au fond de l'auge. et l'extrémité la plus âgée qui se dirige vers la lumière ; l'équilibre persiste ainsi quelques instants, puis, il y a un nouveau renversement, et ainsi de suite. Le laps de temps qui sépare deux versions consécutives est de 6 à 8 minutes. à la température de 33° ; il augmente, si la température s'abaisse. Mais en même temps qu'orientation, il y a mouvement. Si la lumière incidente est latérale. par rapport à l'auge d'expérience, la Clostérie dans ses oscillations se dirige peu à peu vers la face éclairée, par une série de véritables pirouettes. combinées à un glissement de l'extrémité fixée à la surface du verre de l'auge.

Si l'éclairement a lieu par-dessus, le déplacement ne pouvant se produire vers la source, puisque l'algue touche la face inférieure par une de ses extrémités, les pirouettes s'exécutent sur place.

Les Oscillaires, dont le corps est formé d'une file de cellules superposées, sont encore mobiles, et se trouvent attirées par une lumière de faible intensité.

On possède également un certain nombre de faits, concernant l'influence de l'intensité des radiations actives sur les mouvements phototactiques des algues. Considérons par exemple la Clostérie, que nous avons examinée tout à l'heure, et soumettons-la à l'action d'une lumière très intense. Elle tourne aussitôt de 90°, autour de son extrémité postérieure fixée, et se place perpendiculairement au rayon incident ; les pirouettes si curieuses qu'elle exécute avec un éclairement de moyenne intensité ne se produisent plus avec un éclairement intense. La position de la Clostérie ne semble pas changer, mais en réalité un lent mouvement de glissement s'effectue sur l'extrémité fixée, et peu à peu l'algue s'éloigne de la face éclairée du vase.

Même fait chez *Pleurotœnium*. Les Diatomées ne présentent pas, nous l'avons dit, d'orientation à la lumière, mais elles s'éloignent aussi d'une lumière trop intense. De même les Oscillaires. Les zoospores phototactiques conservent l'orientation de leur corps, suivent la direction du rayon incident, subissent des renversements périodiques, mais finalement s'écartent de la source lumineuse.

A une lumière intense, les *Mesocarpus* présentent par la tranche leur lame chlorophyllienne, au lieu de la présenter perpendiculairement à la lumière incidente; de même les lames de corpuscules chlorophylliens, chez les *Vaucheria* (Voy. STAHL. *Bot. Zeit.*, p. 297, 1880).

Entre les deux valeurs extrêmes de l'intensité lumineuse (provoquant, l'une, l'attraction des corpuscules chlorophylliens, l'autre leur répulsion; l'une, l'orientation perpendiculaire, l'autre celle par la tranche) il y a, *a priori*, une valeur moyenne qui doit ne produire rien; cette valeur prévue par la théorie n'a pas encore été évaluée en pratique.

Nous avons déjà vu que la nature de l'algue considérée terminait son mode de réaction à la radiation : tantôt orientation et déplacement total, tantôt déplacement sans orientation.

Des espèces, même voisines, n'obéissent pas avec la même rapidité à l'action de la lumière. Ainsi l'*Acetabularia* est très sensible, la *Vaucheria* l'est moins. Pour certaines zoospores, il n'y a pas phototactisme, tantôt positif, tantôt négatif; quelle que soit l'intensité de la source lumineuse, les zoospores du *Botrydium* se dirigent vers la source.

Il y a, nous l'avons déjà dit, des algues tout à fait aphototactiques; les Characées (*Nitella*) par exemple, certaines zoospores de *Vaucheria*, *Codium*, *Ectocarpus*, etc.

Même si l'algue n'est pas mobile, le protoplasme contenu dans les cellules de son thalle pourra se montrer phototactique.

Dans les *Vaucheria* par exemple, la chlorophylle est condensée sur des granules séparées; on voit tous ces chloroleucites se répartir exclusivement sur la face, directement exposée à la radiation d'une part, et sur la face opposée de l'autre. Il se forme donc, sous l'influence des radiations, deux bandes de corpuscules chlorophylliens, perpendiculaires à la direction de la radiation incidente. Si cette direction vient à changer, les deux bandes se déplacent, de manière à rester perpendiculaires à cette direction (STAHL. *Bot. Zeit.*. 1880, p. 324).

Le phototactisme du protoplasme, emprisonné dans des parois cellulaires, chez les algues, est d'ailleurs un fait connu de tous, depuis les travaux de BŒHM, FAMINTZIN, BORODIN, PRILLIEUX, FRANK, STAHL. L'exemple d'un genre de conjuguées, *Mesocarpus*, est classique. Le thalle de ces algues vertes est formé de cellules superposées, et dans chaque cellule, se trouve une lame protoplasmique, chlorophyllienne, traversant la cellule dans toute sa longueur, et suivant son axe. Éclairons le filament de *Mesocarpus*, perpendiculairement à sa longueur, par une lumière de faible intensité, la lame chlorophyllienne tournera sur elle-même, de manière à se trouver perpendiculaire au rayon incident. Si la direction de ce rayon change subitement de 180°, la lame reste en place, si elle prend tout autre direction intermédiaire, la lame tournera pour prendre la position perpendiculaire.

Certaines algues vertes, formées de rangées de cellules, sont d'ailleurs insensibles à la lumière; telles les *Nitella*, totalement dépourvues de propriétés phototactiques.

Il semble d'ailleurs bien certain que c'est le protoplasme lui-même qui est phototactique, et que les grains de chlorophylle sont passivement entraînés par le protoplasme, sensible à l'influence de la radiation.

Les radiations de réfrangibilité différente n'agissent pas de la même façon sur le protoplasme des algues. Le fait est particulièrement démontré pour les zoospores phototactiques. Ce sont les rayons bleus, indigos et violets, qui agissent seuls; le maximum d'action a lieu avec les rayons indigos, les radiations rouges et infra-rouges n'agissent pas (STRASBURGER, *loc. cit.*, p. 43, 1878) (V. aussi MIQUEL. *Rech. expér. sur la Physiol.*, la *Morph. et la Path. des Diatomées. — Ann. de micr.*, t. IV, 1894).

La sensibilité phototactique change d'ailleurs chez une même algue, avec l'âge. Les Clostéries sont très sensibles à la radiation, pendant leur jeunesse, puis leur paroi s'épaissit, le protoplasme se charge de produits de réserve, et sa sensibilité s'émousse. On peut dire que la Clostérie devient paresseuse à réagir à la radiation, à mesure qu'elle acquiert de l'âge.

L'utilité de tous ces phénomènes phototactiques pour les algues sera étudiée d'une façon plus générale, en même temps que leur utilité pour les autres plantes, dans le chapitre relatif à l'action de la lumière sur les végétaux.

Action de la salure de l'eau ambiante. *Plasmolyse.* — Il résulte des recherches de OLTMANNS (*Ueber die Bedeutung der Concentrationsänderungen des Meerwassers für Leben der Algen, K. Akad.* Berlin, 1891, t. x, pp. 193-203) qu'un changement rapide dans la concentration de l'eau de mer est nuisible à la croissance des algues, tandis qu'un changement lent et progressif de cette concentration est supporté sans inconvénient par ces plantes. Les expériences ont été faites sur *Fucus vesiculosus* et *Polysiphonia nigrescens.* Ce fait explique les cas de répartition des algues dans certains ports de mer. La pauvreté de la Baltique en algues, opposée à la richesse de la mer du Nord, est beaucoup plus due, selon toute vraisemblance, à la moindre teneur en sel des eaux de cette mer, qu'aux variations plus considérables de la concentration de ses eaux.

Des espèces qui, dans la mer du Nord, croissent superficiellement, se montrent dans la Baltique à de plus grandes profondeurs, là où les variations de salure sont moindres. Cette influence de la concentration ne s'explique pas par les conditions de nutrition des algues, mais bien par la turgescence de leurs cellules, qui est sous la dépendance de la concentration du liquide ambiant; cette turgescence ne peut se maintenir qu'avec des variations lentes de la concentration. Les plantes marines exigent un minimum de sel, non parce que les sels sont des aliments, mais parce que la turgescence est intimement liée à la teneur en sel du liquide cellulaire.

Les phénomènes de plasmolyse sont faciles à mettre en évidence sur les cellules de certaines algues conjuguées, en particulier chez *Mesocarpus pleurocarpus* DBy (Voy. DE WILDEMAN. *Soc. Roy. Bot. Belg.*, t. xxix, p. 99). Les membranes qui séparent les divers articles du thalle se présentent sous forme d'un bourrelet en cercle, fait sans doute dû à ce que la membrane est trop grande pour occuper, en cas de turgescence égale des deux cellules voisines, la partie interne du cylindre, sous forme d'une surface plane. Si la turgescence d'une cellule est supérieure par rapport à celle de sa voisine, la paroi de séparation entre les deux cellules devient concave par rapport à la cellule à faible pression. Si la pression est suffisante, le bourrelet n'apparaît plus; si elle n'atteint pas un degré suffisant, on voit encore la trace d'un bourrelet.

Si, à l'aide d'une solution plasmolysante, on vient à diminuer fortement la turgescence dans deux cellules voisines, la paroi transverse se scinde en deux lames, qui se séparent l'une de l'autre, et prennent alors la forme sous laquelle la membrane est généralement figurée, c'est-à-dire qu'elles sont rejetées chacune vers la cellule dont elles forment la limite, laissant entre elles un espace lenticulaire. Les membranes latérales de chaque article, ayant une paroi plus résistante, ne sont pas modifiées par la plasmolyse.

L'étude des êtres vivant dans les neiges qui couvrent les hauts sommets présente un réel intérêt pour la physiologie générale. Les algues entrent pour une part importante dans le nombre des habitants des neiges. La *Sphærella nivalis* est bien connue comme colorant la neige en rouge, elle est répandue sur les hauts sommets des montagnes aussi bien d'Europe que d'Amérique. DE LAGERHEIM (*Deutsche Bot. Gesellsch.*, 1894) a observé récemment dans les neiges des sommets des hauts volcans de l'Équateur des Volvocinées, des *Chlamydomonas*, qui sont constamment accompagnées par un petit champignon : *Selenotila nivalis*, qui est le seul champignon saprophyte de la neige que l'on connaisse, les bactéries exceptées.

Rapports des algues avec les êtres vivants. — Les algues jouent un grand rôle dans l'harmonie générale de la nature. La grande majorité d'entre elles sont pourvues de chlorophylle; aussi, dans les eaux douces et salées, détruisent-elles l'acide carbonique, soit à l'état de dissolution, soit à l'état de combinaison avec les alcalis terreux. Le fait corrélatif de cette décomposition est la mise en liberté d'oxygène; les algues rendent donc les eaux habitables pour les animaux. Peut-être absorbent-elles aussi les matières organiques dissoutes, ou dont elles ont provoqué la dissolution, et rendent-elles ainsi potables des eaux chargées d'impuretés?

Les algues sont un intermédiaire fréquent entre la nature purement minérale et les animaux. Avec les seuls matériaux qui les entourent, eau, sels minéraux et acide carbonique, elles fabriquent de la matière organique, assimilable pour les animaux. Dans toutes les classes du règne animal, il y a des espèces qui se nourrissent, pour tout ou partie de leur alimentation, d'algues.

CUVIER et VALENCIENNES ont signalé depuis longtemps que certains poissons ont l'estomac rempli d'algues. MERTENS a rencontré dans le golfe de Venise l'*Ulva latissima* percée de nombreux trous, et en partie dévorée par *Bulla hydatis;* il a fait la même observation à Ancône sur *Porphyra vulgaris*. Il est fréquent de trouver sur nos côtes des stipes de *Laminaria flexicaulis*, creusés de cavités, où se logent de petites Patelles. D'après CORNICHOEL, l'Otarie et le *Chætodon monoductyles* se nourrissent de *Microcystis pyrifera*. Les tortues marines sont particulièrement friandes des *Caulerpa*.

Certaines larves de Diptères se nourrissent exclusivement d'algues (LEVI-MORENOS. *Sul nutrimento preferito dalle larve di alcuni insetti ed applicazione practica di questa conoscenza all' allevamento dei Salmonidi, Notarisia,* 1891, vol. VI, n° 23, pp. 1178-1282), par exemple celles de Chironome, dont le tube digestif est rempli de Diatomées, de filaments d'Oscillariées, de fragments d'*Ulothrix*, de cellules d'*Hydrurus*, de *Scenedesmus*. Le plus souvent le contenu cellulaire de ces algues n'est pas altéré, et les larves doivent surtout se nourrir du mucilage qui enveloppe les cellules (?). On a même pu penser qu'il y avait une évolution défensive des Diatomées, en rapport avec la « diatomophagie » des animaux aquatiques (LEVI-MORENOS. *Notarisia, anno* V, n° 20).

Le rôle des algues vertes dans les rapports biologiques réciproques des êtres a été bien démontré, dès 1838, par une expérience intéressante de CH. MORREN (*Essai sur l'hétérogénie dominante,* p. 31). Lorsqu'on place de l'eau pure dans un vase ouvert à l'air libre, et exposé à la lumière, ce sont des algues très inférieures qui apparaissent. Si, au lieu d'employer l'eau pure, on emploie un vase plein d'une infusion organique en décomposition, l'accès de la lumière n'est pas nécessaire au développement d'êtres inférieurs animaux, tels que les Infusoires. « La source de vie produite, dit avec beaucoup de justesse MORREN, croît quand la lumière augmente, comme si les organismes végétaux développés condensaient et fixaient la lumière dans la matière organisée; les animaux n'apparaissent que comme une conséquence de la vie végétale, et dans un milieu préalablement organisé. »

Symbiose des algues. — Nous ne parlerons pas ici des zoochlorelles et des zooxanthelles, ces corpuscules verts, si fréquents dans les corps de nombre d'animaux aquatiques, et que l'on tend à considérer aujourd'hui comme des algues, vivant en symbiose, avec l'animal qu'elles habitent. Il en sera parlé à l'article **Symbiose**. Cet article contiendra également les données utiles aux physiologistes sur la symbiose des algues avec les champignons, dans la théorie algo-lichénique.

Ces algues sont unicellulaires, mais il en existe nombre d'autres, qui s'associent d'une façon plus ou moins intime à divers animaux. On a bien prononcé pour ces cas le nom de symbiose, mais il est peut-être encore plus discutable que pour les zoochlorelles, et c'est ici le lieu de parler de ces algues parasites, au moins très brièvement.

On a trouvé récemment, dans les îles de la Sonde, des Noctiluques colorées en vert par des algues unicellulaires, qu'il faut probablement rapporter aux *Zoochlorella*. (Voyez pour ce cas de symbiose et les suivants, le très intéressant mémoire de Mme WEBER VAN BOSSE, in *Annales du Jardin bot. de Buitenzorg,* 1890.)

Dans les mêmes régions, on a observé des cas de symbiose (?) entre algues et Éponges. Une Éponge lacustre, *Ephydatia fluviatilis,* est normalement d'une couleur gris-jaunâtre, et présente de distance en distance des taches vertes, situées de préférence au voisinage des oscules. Ces taches sont dues à des filaments verts, ramifiés et entrelacés, d'une algue du genre *Trentepohlia*. Cette algue « mène une vie en commun avec l'éponge, profite de son hôte, et cette symbiose prend déjà la forme du parasitisme, mais d'un parasitisme peu exigeant, car l'Éponge ne souffre pas visiblement des dommages que lui cause l'algue ».

Un cas de symbiose plus parfait et mieux caractérisé s'observerait entre l'algue *Struvea delicatula* et une Éponge marine. Les deux êtres « s'influencent mutuellement d'une manière extraordinaire, qui va si loin, que tous deux perdent à un moment donné leur habitus ordinaire ». L'algue *Struvea* se transforme si complètement, par la vie en commun avec cette Éponge du genre *Halicondria*, qu'elle a été classée par divers algologues, dans un genre spécial : *Spongocladia*.

Du reste les Spongiaires semblent se prêter plus volontiers que les autres animaux à des association avec les algues. Brandt a dressé une liste très importante de ces cas d'association (*Mittheil. Zool. Stat. Neapel*, t. IV, 1883).

Il ne faudrait pas croire que ce sont seulement des algues vertes qui jouissent ainsi de ces propriétés d'association. Une Floridée filiforme, *Callithamnium membranaceum*, forme par ses filaments juxtaposés de larges plaques, à la surface des fibres cornées de *Spongelia pallescens*, ou entre les lamelles concentriques de ces fibres.

Une Cyanophycée, *Oscillaria spongeliae*, réduite à de petits bâtonnets, habite la surface de la même algue, et a été rencontrée dans les cellules embryonnaires de l'Éponge, en voie de division (Schultze. *Unters. uber den Bau und die Entwickelung der Spongien: Gattung Spongelia, Zeitsch. Wiss. Zool.*, t. XXXII, 1879).

Une Phœophycée, *Chœtoceros sp.*, remplit de ses cellules le corps d'un infusoire cilié : *Titinnus inquilinus* (Famintzin. *Beitr. z. Symbiose von Algen und Thieren*, 2e part., 1891. *Mém. Ac. Imp. Sc.*, Saint-Pétersbourg, t. XXXVIII, n° 4).

Parasitisme des Algues. — A. *Sur les végétaux.* — Le nombre des algues, parasites des autres végétaux, s'accroît chaque jour, à mesure des investigations nouvelles. Mais leur nombre est encore assez restreint.

La plus anciennement étudiée est parasite des feuilles de *Camellia*, dans l'Inde, c'est le *Mycoidea parasitica* (Cunningham. *On Mycoidea parasitica, a new Genus of Parasitic Algae. Trans. Linn. Soc. of London*, janv. 1879.)

Tandis que la croissance du *Mycoidea* se fait entre les couches épidermiques et sous-épidermiques de la feuille, cette croissance est purement superficielle chez un nouveau genre voisin l'*Hansgirgia* (De Toni. *Sur un nouveau genre d'Algues aériennes. Bull. Soc. Bot. Belg.*, juillet 1888). Le disque qui supporte cette algue se détache avec facilité de son support, la feuille, par action de la potasse caustique. Il n'y a pas en effet, comme chez *Mycoidea*, de radicelles qui s'enfoncent dans le tissu de la feuille parasitée.

L'*Hansgirgia* se présente à la surface des feuilles, sous forme de petites taches jaunâtres, ce doit être une plante commune dans les pays tropicaux, surtout au Brésil, elle est introduite accidentellement, dans les jardins botaniques, et ne peut végéter que dans les serres chaudes (Voy. de Wildeman. *Sur quelques formes d'Algues terrestres épiphytes. Soc. Bot. Belg.*, 1888).

Peut-on, à propos de cette algue parler de parasitisme? La chose est encore douteuse. Elle ne fait peut-être qu'emprunter à la plante un support favorable à son développement, et profiter peut être de CO^2 que le parenchyme foliaire dégage, pour le décomposer ensuite; elle possède en effet de la chlorophylle, simplement masquée par un pigment rougeâtre.

Le genre *Trentepohlia*, très voisin de ce dernier, possède également des espèces épiphytes, pour lesquelles on ne peut probablement pas parler de parasitisme : *T. lagenifera, Kurzii, polycarpa, calamicola, Reinschii.*

. Le *Chlorochytrium*, algue verte, attaque les lentilles d'eau (*Lemna*), le *Phyllosiphon*, les feuilles d'*Arisarum*.

Certaines algues cherchent un abri dans les méats intercellulaires d'autres plantes. Certains *Nostoc* s'établissent ainsi dans le corps des *Lemna*, dans le thalle des Hépatiques, les feuilles des *Azolla*, la racine des *Cycas*, le rhizome des *Gunnera*, où ils pénètrent même à l'intérieur des cellules, en s'introduisant par les ponctuations des parois cellulaires. Dans ce cas, malgré leur teneur en chlorophylle, ces algues ne peuvent vraisemblablement assimiler, faute de lumière, et elles vivent en vrais parasites. (Janczewski. *Parasitische Lebensweise des Nostoc lichenoïdes, Bot. Ztg. 5*, 1872. — Prantl. *Die Assimilation freien Stickstoffes und der Parasitismus von Nostoc, Hedwigia, 2*, 1889. — Reinke. *Parasitismus einer Nostochacee in Gunnera-Arten, Gött. Nachrichten*, 624, 1871. — Reinke. *Parasitismus Anabœna in Wurzeln der Cycadeen, Gött. Nachricht*, 107, 1872; *Morpholog. Abhandl.* 12, 1873. — Sorauer. *Pflanzenkrankheiten*, t. 3, 1886. — Strasburger. *Ueber Azolla*, 1873. — Albert Schneider. *Mutualistic symbiosis of Algæ and Bacteria with Cycas revoluta, Bot. Gaz.*, t. XIX, n° 1, janv. 1894. — Bengt Joensonn. *Studier ofver Algparasiten has Gunnera; Botaniska Nostier*, 1894, fasc. 1.)

Certaines algues semblent n'affecter une vie parasitaire que pendant une certaine période de leur existence. C'est ainsi que *Balbiania investiens* (Voy. Sirodot, *loc. cit.*)

présente une forme sexuée, qui n'affecte que de très faibles adhérences avec les filaments des *Batrachospermum*. Cette forme sexuée ne trouverait, comme un type voisin, les *Chantransia*, dans la ramification des *Batrachospermum* que des conditions plus favorables pour se fixer que sur un autre support. Même recouverte d'un revêtement continu, l'algue support n'est pas sensiblement altérée dans sa forme. Mais il existe pour cette plante une forme asexuée, prothalle si l'on veut, qui semble affecter avec les Batrachospermes des rapports plus intimes, et son parasitisme est sinon établi, du moins probable.

Pour des détails plus complets sur les algues parasites, leur répartition, leur action sur les organes des plantes parasitées, voyez Möbius, *Conspectus Algarum endophytarum*, *Notarisia*, t. IV, 1891. — *Ueber endophytische Algen*, Biol. Centralblatt, t. XI, n° 18. — *Verh. d. Naturh. Med. Ver. zu Heidelberg*, IV, t. V, fasc. VI, nov. 1892.

Deux espèces d'algues Phéosporées, *Streblonemopsis irritans*, et *Ectocarpus Valiantei*, en pénétrant dans le thalle d'autres algues, y provoquent une prolifération qui aboutit à la formation d'une véritable galle. Ce sont donc là de véritables algo-cécidies, se développant sur des algues.

Mais il existe aussi au moins une algo-cécidie, bien déterminée sur une Phanérogame. Une espèce d'algue que l'on a placée dans un genre *Phytophysa* habite, en parasite, le corps d'une Phanérogame du genre *Pilea*. Son thalle forme une véritable galle (algo-cécidie), sous forme d'une vésicule pleine de chlorophylle, à membrane épaisse, remplie pendant toute la durée de la vie végétative, d'un protoplasme réticulé. Les spores sont mises en liberté, par rupture de cette membrane, et se répandant en dehors par les fissures produites sur la plante nourricière. Toutes les parties du *Pilea* sont infestées, mais surtout la tige, les pétioles et les bourgeons (Voy. Weber Van Bosse, *loc. cit.*).

B. *Sur les animaux.* — L'algue, *Palmella spongiarum*, colorée en rouge, comme *P. nivalis*, est parasite des Éponges : *Halicondria panicea, Cliona celata, Amorphina stellifera* (Carter. *Parasites of the Spongia*. Ann. of nat. Hist. (5), t.. II, 1878), auxquelles elle communique une coloration intense.

Le *Chlorochytrium Cohni* présente des faits de parasitisme encore plus curieux. Cette Protococcacée vit d'abord en parasite dans le thalle d'une Floridée, *Polysiphonia nuceolaria;* puis ses spores vont germer chez deux infusoires : un *Epistylis* et *Vaginicola crystallina*, où la forme définitive apparaît. L'hôte meurt et son corps ressemble à un kyste plein de sporules vertes (Wright).

On a trouvé des algues, du groupe des Trentepohliacées, vivant en parasites sur les poils de Mammifères : les Paresseux (A. Weber van Bosse. *Étude sur les Algues parasites des Paresseux; Natuurk. Verhandl. Hollandsche Maatsch. der Wetensch.*, t. V, fasc. 3, Haarlem, 1887.)

Dans la couche cellulaire recouvrante des poils des Paresseux (*Bradypus Cholæpus*), le *Trichophilus Welckeri* se développe en compagnie d'une Cyanophycée : *Cyanoderma*. Ce sont là plutôt des saprophytes que des parasites, car elles vivent seulement au milieu des débris épidermiques.

Le *Cladophora ophiophila* vit sur un Ophidien (Magnus and Wills. *Ueber die auf der süsswasserschlange Herpeton tentaculatum, aus Bangkok in Siam wachsenden Algen; Sitzungsber. Gesell. Naturf. Freunde zu Berlin.* 1882). Les *Characium Hookeri* et *Debaryanum* se développent sur divers Entomostracés. L'*Epicladia flustræ* vit en parasite sur les Flustres. Le *Dermatophyton radicans*, Confervacée étudiée par Peter (*Ueber eine auf Thieren schmaratzende Alge; Tagebl. d. 59 Vers. deutsch. Naturf. in Berlin*, 1886) et voisine des Ulves, se développe sur le dos d'une tortue : *Emys Europæa*. Mais dans ces derniers cas peut-on même parler de parasitisme? L'algue ne profite-t-elle pas seulement d'un support favorable à son développement, sans emprunter en rien sa nourriture à son hôte, ni lui être en aucune façon nuisible?

Ce passage, pour ainsi dire insensible de la vie épiphyte des algues, à leur vie endophyte, et inversement, nous amène à dire quelques mots des algues, hôtes des coquilles fluviatiles et marines.

Algues calcivores. — Les zoologistes ont signalé depuis longtemps la présence de végétaux perforants dans le test calcaire des Mollusques, mais l'étude botanique de ces êtres est de date récente.

De Lagerheim (*Codiolum polyrhizum n. sp.; Ofversigt of Kongle Vetnskaps-Akademiens Faerhandlinger*, 1885, n° 8, p. 21. Stockholm. — *Note sur le Mastigocoleus; Notarisia*, 1886, n° 2, p. 65), a décrit le premier un *Codiolum*, et un nouveau genre de Sirosiphoniacées, *Mastigocoleus testarum*, vivant dans l'épaisseur des coquilles mortes. Ces algues abondent sur toutes nos côtes; elles sont mêlées le plus souvent d'une façon inextricable à d'autres espèces moins connues, dont deux ont été étudiées par Bornet et Flahault (*Journ. de Bot. de Morot*, 16 mai 1888). Ces auteurs ont montré que l'état chlorococcodoïde, regardé par Lagerheim comme appartenant au cycle de *Mastigocoleus*, appartenait à un genre nouveau : *Hyella*. Quant au *Codiolum polryhizum*, ce serait un sporange, appartenant à *Gomontia polyrhiza*, chlorosporée filamenteuse ayant la structure d'une Siphonocladée.

Le *Zygomitus reticulatus* est également une algue perforante, ainsi que le *Trichophilus Neniæ*, décrit plus récemment par Lagerheim (*Ber. deutsch. bot. Gesell.*, t. x, 1892). Voyez aussi Bornet et Flahault, *Sur quelques plantes vivant dans le test calcaire des Mollusques; Congrès botanique de 1889*.

L'*Hyella fontana* est une algue perforante d'eau douce qui perfore les coquilles d'*Helix*, qui ont longtemps séjourné dans l'eau. On la trouve, sur ces coquilles, mêlée à de nombreux filaments d'une autre algue perforante, *Plectonema terebrans*. (Voyez pour la description de cette espèce *Journ..de Bot. de Morot*, 1892, n°s 15 et 16.)

On voit par là que les algues jouent un grand rôle dans la dissolution des coquilles calcaires : c'est une donnée biologique à retenir, et il serait bien intéressant de connaître le mécanisme chimique de la dissolution.

Il est probable que ces algues excrètent par leur thalle quelque acide capable de décomposer le carbonate de chaux, et peut-être aussi un ferment capable d'hydrater la trame organique de la coquille, se conduisant en cela comme certains champignons entomophytes dont les hyphes peuvent perforer les téguments chitineux des insectes, et peut-être transformer la chitine en glycose.

Les sécrétions acides des algues calcivores seraient tout à fait analogues à celles des racines, bien connues depuis les expériences de Sachs. Peut-être l'acide carbonique dégagé par la respiration de ces algues est-il aussi un facteur de la dissolution du carbonate de chaux. Cette dissolution est parfois très active. Schimper (*Flora*, 1864, p. 509) a rencontré dans plusieurs lacs de la Suisse des galets calcaires, percés de trous nombreux et profonds, leur donnant l'aspect d'éponges grossières ; ces excavations seraient dues à l'influence d'une algue, *Euactis calcivora*. Ces faits sont à rapprocher de ceux qu'à signalés Gœppert (*Jahresb. der Schles. Ges. für Vaterl. Cultur*, Breslau, 1859), de la décomposition par des Lichens de diverses roches : granit, mica-schiste, gneiss, en caolin, quartz et mica.

Les lichens crustacés attaquent de même les calcaires qui leur servent de support, le calcaire leur sert à former l'oxalate de chaux qu'ils contiennent souvent en grande quantité. Peut-être serait-ce à l'algue qu'il faudrait rapporter les phénomènes de corrosion produits par le lichen : *Verrucaria consequens*, si on admet la symbiose algo-lichénique; dans ce cas l'algue serait une Cyanophycée.

Les phénomènes de la corrosion exercée par les algues sur les calcaires des lacs de Suisse ont été étudiés par divers auteurs. A. Braun indiqua comme espèce active l'*Euactis calcivora* Kütz. spec. Alg., p. 342; Rabenhorst en étudia une autre sous le nom de *Zonatrichia calcivora* (*Flor. Alg. europ.*, p. 214). La première de ces espèces a été rapportée récemment par Bornet et Flahault (*Revis. des Nostocacées hétérocystées*, 350) à *Rivularia hæmatites Ag.* Selon ces auteurs, c'est à cette algue que doivent être rapportées un grand nombre de formes, observées sur des calcaires corrodés en divers points de l'Europe. Signalons encore *Hyphcothrix Zenkeri*, une Schizophycée, décrite par Bornemann, corrodant les calcaires de Thüringe. Selon cet auteur (*Geolog. Algenstudien; Jahrb. Preuss. Geol. Landesanstalt*, 1886) des algues fossiles érodaient déjà les calcaires à des époques géologiques reculées, il a observé sur les calcaires jurassiques des érosions qu'il attribue à des espèces nommées par lui : *Siphonema incrustans*, *Zonatrichites lissaviensis*, *Calcinema triasinum*.

D'intéressantes recherches sur les algues calcaires viennent d'être, tout récemment, faites par Cohn (*Schlesische Gesellsch. für vaterländische Cultur*, 1893, Bot. Sect., p. 19).

Cet auteur a étudié les érosions de calcaires provenant des lacs de la Suisse, offrant à la surface des crêtes, ressemblant à des chaînes de montagnes, entre-croisées en divers sens. Les échantillons extraits du fond des lacs sont recouverts d'une sorte de tuf, tandis que ceux qui éprouvent un véritable lavage de la part des eaux, ne présentent que leurs reliefs, avec des sillons lisses d'érosion. Dans la masse tuffeuse, traitée par un acide, on trouve les débris de nombreuses Diatomées (*Eunotia, Epithemia, Himantidium, Navicula, Pinnularia, Gubella, Melosira*). Des filaments de *Leptothrix* sont mêlés à des Rivulariacées. Ces algues dissolvent le calcaire, d'où les érosions, puis s'entourent d'un tuf protecteur, dont les saillies ressemblent à une carte en relief d'une région montagneuse.

Bien que tout ne soit pas élucidé dans l'histoire de ces algues lacustres calcivores, il est hors de doute que l'érosion des calcaires est dûe à l'action de Schizophycées, Rivulariacées et Schizotrichées, qui adhèrent à la roche à l'aide de leurs hétérocystes et de leurs cellules basales, tandis que les filaments verts du thalle sont dressés. Il est intéressant de remarquer à ce propos, qu'il existe une différence de polarité très accentuée entre les deux extrémités des filaments du thalle, les rhizoïdes se montrant négativement héliotropiques, tandis que l'autre extrémité l'est positivement. Il semble bien en effet que cette différence de polarité doive être de nature héliotropique, mais on ne peut affirmer que d'autres forces n'entrent pas en jeu pour la déterminer. En tous cas, au point de vue chimique, il y a un contraste absolu entre les deux extrémités d'un même filament. La portion basale laisse exsuder un acide qui dissout le calcaire; celui-ci est absorbé par le filament, dont le sommet s'entoure, en faisant repasser la chaux à l'état de nouvelle combinaison, probablement de carbonate. Ce sel forme le dépôt qui sépare les divers filaments les uns des autres.

Parasites des Algues — Certaines algues sont fréquemment attaquées par des Chytridinées. Chez les Péridiniens, que les travaux les plus récents tendent à faire considérer comme des algues, certains de ces champignons forment des corps dits endogènes, par rapport à la plante parasite, et qui avaient été regardés par certains auteurs comme appartenant aux Péridiniens, alors qu'ils n'en sont que des parasites. Nous ne pouvons que renvoyer pour l'étude de cet intéressant sujet, au mémoire de DANGEARD (*Les Péridiniens et leurs parasites*. Journ. de Morot, 16 avril 1888).

Le genre *Chytridium* contient de très nombreuses espèces parasites épiphytes des algues qui désorganisent les cellules du thalle de leur boîte, à l'aide de sortes de suçoirs. Nous ne pouvons, pour ce type comme pour les suivants, entrer dans le détail des élirations produites par le parasite sur les cellules de l'hôte. (Voy. A. BRAUN. *Abhandl. d. Berl. Akad.*, 1855, pp. 28, 185. — SCHENK. *Verhandl. d. phys. med. Ges. zur Würzburg.*, 1857, t. VIII, pp. 236-242. — NOVAKOWSKI. *Beitr. z. Kenntn. d. Chytridiacum; Cohn's Beitr. z. Biol. d. Pfl.* II. — COHN. *Hedwigia*, 1865, 12.)

Les *Olpidium*, en développant leur sporange à l'intérieur des cellules de diverses algues, *Closterium, Vaucheria, Antithamnion, Bangia, Harmidium, Coleochaete*, semblent produire une cécidée, caractérisée par le développement anormal des cellules infestées. (Voy. A. BRAUN, *loc. cit.* — KONG. *Sitzungsber. d. Gesellsch. naturf. Freunde zu Berlin*, 21 nov. 1871. — MAGNUS, *ibid.*, 1873). — A citer encore les genres *Olpidiopsis, Rozella, Woronina* (CORNU. *Ann. Soc. nat.* 5e série, t. XV, 1872), *Rhizidium* (A. BRAUN, *loc cit.*), *Chadochytrium* (NOVAKOWSKI, *loc. cit.*), dont l'action sur l'être parasite a beaucoup moins préoccupé les auteurs qui les ont étudiés, que leur développement propre et leur détermination générique et spécifique. Certaines Saprolignées sont également parasites des algues, *Pythium, Saprolignia, Lagenidium, Aphanomyces, Achlyogetum, Anglistes, Succapodium*. (Voy. SCHENK. *Verhandl. d. phys. med. Gesellsch. Würzburg*, nov. 1857, t. IX, et 1859, p. 398. — PRINGSHEIM. *Jahrb. f. wissensch. Bot.* t. I, p. 289. — LOHDE. *Verhandl. d. bot. Sect. d. 47 Vers. deutsch Naturforsch. Aerzte zu Breslau*, 1874. — WALZ. *Bot. Zeit.*, 1870, p. 537. — DE BARY. *Pringsheim's Jahrb.*, t. II, p. 179. — PFITZER. *Monatsbr. d. Berl. Akad.*, mai 1872. — SARAKIN. *Hedwigia*, 1877, p. 88).

On ne connaît jusqu'à ce jour qu'une seule zoocécidie des algues ; elle est produite sur les *Vaucheria*, par un Rotifère, *Notommata Werneckii*. Ce parasite détermine sur *V. terrestris* une véritable galle, étudiée par BALBIANI (*Ann. Sc. Nat.*, 1878). Ces galles sont dues à une hypertrophie des filaments de la plante, qui portent les organes de la ructification. Il y a souvent formation de filaments, que l'on pourrait qualifier d'adventifs, sur divers points de la surface de la galle. Les jeunes Notommates sortent des galles et vont infester de nouveaux filaments de *Vaucheria*; leur sortie s'effectue par des ouvertures, se produisant spontanément au sommet des filaments adventifs, ou provoqués par les cornicules du parasite. Le Rotifère présente deux périodes dans son existence, l'une de vie libre, l'autre de vie parasitaire : pendant la première, il est vermiforme, segmenté; pendant la seconde, dilaté, sacciforme, non segmenté, et à maturité sexuelle.

Il existe une similitude de structure des plus singulières entre certains parasites des algues et leurs plantes nourricières, similitude si grande, que pendant longtemps elle a fait méconnaître la nature réelle des parasites. Fait encore plus curieux, certains d'entre eux se développent constamment, à la place même qu'occupent normalement les véritables organes reproducteurs. Ces végétations parasitaires désignées par les algologues sous le nom de « némathécies » présentent une telle ressemblance avec les véritables cystocarpes des algues parasitées, qu'on les a prises fréquemment pour les organes reproducteurs. Il y aurait donc ici production parasitaire d'un pseudo-fruit; production comparable, *jusqu'à certain point*, aux pseudo-fruits déterminés par divers êtres galligènes, chez les Phanérogames. Nous ne pouvons que signaler cet aperçu des plus intéressants pour la physiologie générale, en renvoyant le lecteur aux mémoires ayant trait à ce sujet (SCHMITZ. *Knöllchenartige Auswuckse an der Sprossen einiger Florideen. Bot. Zeit.*, 1892, n° 38. — *Die Gattung Actinococcus. Flora*, 1893. — BARTON. *On the occurrence of Galls in Rhodymenia palmata. Journ. of Bot.*, mars, 1891. — GOMONT. *Journ. de Bot.*, 1er avril 1894).

Dans cet intéressant chapitre, relatif à l'histoire des rapports des algues avec les autres êtres vivants, nous n'avons fait qu'effleurer bien des points qui mériteraient d'être examinés en détail. Mais nombre d'entre eux appartiennent plutôt à la morphologie qu'à la physiologie proprement dite; d'ailleurs combien d'obscurités encore dans l'interprétation biologique des faits observés! Nous avons surtout tenu a exposer des faits, en nous gardant d'entrer sur le terrain des hypothèses prématurées, terrain préféré de tant de biologistes modernes. Bornons-nous à signaler encore dans cet ordre d'idée un sujet très peu étudié et des plus attrayants : le mimétisme, qui existe dans certains cas entre algues et animaux (Voy. PICCONE. *Casi di mimetisma tra animali ed Alghe; Nuova Notarisia*, 20 juillet 1892).

La plupart des types animaux qui habitent dans la mer des Sargasses, au milieu de ces algues flottantes, prennent une livrée qui les dissimule admirablement. Certains poissons, les Syngnathes, se laissent flotter comme des frondes mortes, auxquelles ils ressemblent au plus haut point. Un poisson voisin de la Tasmanie, *Phyllapteryx foliatus*, ressemble aux algues à thalle déchiqueté au milieu desquelles il habite.

Culture des Algues. — Nombre de recherches physiologiques pouvant être effectuées sur les algues, il peut être utile pour les physiologistes d'obtenir des cultures pures de ces végétaux. On peut cultiver les algues dans l'eau distillée (peut-être ce milieu favoriserait-il l'apparition de certaines formes du cycle évolutif de la plante, que l'on pourrait sans exagération, qualifier d'involutives), additionnée d'une petite quantité de chlorure de sodium. CHODAT et MALINESCO (*Bullet. de l'herb. Boissier*, t. I, 1893, n° 4, p. 186) ont cultivé des algues vertes dans le liquide de NÆGELI, dans un milieu additionné de maltose, d'un sel ammoniacal et de fer. L'eau alcaline (de Vichy) leur a paru être le milieu le plus favorable pour le type étudié par eux, *Scenedesmus*. BEYERINCK (*Culturversuche mit zoochlorellen Lichengonidien und anderen niederen Algen; Bot. Zeit.*, 1890, Jahrg. 48) a employé l'eau gélatinisée à 8 p. 100, additionnée de peptone (0,8 p. 100), d'asparagine (0,2 p. 100) et de sucre de canne (1 p. 100), ou l'eau de mer additionnée de quelques gouttes d'une décoction de malt.

Pour isoler des algues vertes, végétant par exemple dans les eaux croupissantes, on suit la marche ci-dessous. On fait une dissolution de gélatine à 10 p. 100 dans de l'eau de fossé bouillie. Ce liquide est ensemencé avec une goutte d'eau, contenant en suspension des algues à cultiver, puis étendu sur des plaques de verre, où il se prend en masse par refroidissement. Dans ce milieu si pauvre en matières azotées et phosphatées, les Bactéries ne se développent que très mal, et ne liquéfient la gélatine qu'assez tard, pour qu'on puisse conserver des cultures pendant des semaines. On obtient ensuite une culture pure, par ensemencement sur nouvelle gélatine.

Pour la culture de ses *Chlorella*, BEYERINCK emploie la gélatine additionnée de peptone, d'asparagine et de saccharose, ce dernier corps peut être remplacé par du glucose ou du maltose. (BEYERINCK, *Bericht über meine Kulturen niedere Algen auf Nährgelatine. Centralbl. f. Bak. u. Parasitenkunde*, 1893.)

Au bout de quelques jours d'ensemencement, un liquide clair se sépare, en même temps que s'effectue un dépôt de *Chlorella*; on décante, et ce dépôt peut être mêlé à de la gélatine, puis étendu sur plaques, qu'il colore en vert plus ou moins intense.

Pour obtenir des cultures dans des milieux liquides, on dissout 2 grammes de gélatine dans 100 grammes d'eau, et on ajoute un peu de poudre de pancréas. On met digérer le mélange à l'étuve à 40°, pendant 12 heures, puis on porte à l'ébullition, et on filtre. Le liquide ainsi obtenu est jaunâtre, s'il contient des spores de Bactéries; un nouveau séjour à l'étuve à 40° détermine la germination des spores, et on les tue plus facilement à cet état par une nouvelle ébullition. D'ailleurs, la présence des Bactéries peut favoriser le développement de l'algue, par peptonification des albuminoïdes, qui deviennent directement assimilables pour l'algue.

D'ailleurs l'optimum de température pour le développement des Bactéries est entre 40° et 50°, tandis qu'il est pour les algues aux environs de 20°; en maintenant les cultures au voisinage de 20°, les Bactéries ne se développent que lentement. Si on veut expérimenter sur la décomposition de CO^2, il suffit d'ajouter au milieu nutritif 1 à 2 p. 100 de glucose et de la levure : *Mycoderma Sphæromyces*, par exemple, qui, en présence de l'oxygène, décompose le glucose en acide carbonique et eau.

On a cultivé des Spirogyres dans des solutions d'acide citrique à 0,004 p. 100 (MIGULA. *Ueber den Einfluss stark verdünnter Saürelösungen auf Algenzellen*, p. 29, fig. 6). Mais, dans cette solution, l'algue prendrait certains caractères anormaux, en particulier elle développerait des rhizoïdes, organes qui ne se différencieraient pas dans les conditions ordinaires. Cependant ces rhizoïdes ont été retrouvés depuis dans des Spyrogyres poussant dans des eaux agitées par des remous. L'influence tératogénique de ce milieu acide de culture n'est donc pas prouvée.

Pour la culture artificielle des Diatomées, voir MIQUEL (*Le Diatomiste*, 1892-93; *C. R.* t. CXIV, 28 mars 1892).

La culture des Nostocs, au moins de certaines espèces, aurait réussi entre les mains de quelques expérimentateurs (SAUVAGEAU, *C. R.*, 1892, p. 322).

Il est facile de cultiver dans les laboratoires des algues vertes, dont les filaments peuvent être précieux pour l'étude de diverses questions de physiologie. Voici le procédé recommandé par SACHS (*Vorl. über Pflanzen-Physiol.*, p. 342) et qui réussit bien pour la culture des Spirogyres.

Celles-ci sont maintenues dans des vases peu profonds, opaques ou entourés de papier noir, car la lumière latérale est très nuisible à ces algues. Le liquide de culture peut être de l'eau de source pauvre en sels calcaires, à laquelle on ajoute de temps en temps quelques morceaux de tourbe bouillis et imbibés de la solution nutritive suivante :

Nitrate de potasse.	1 gramme.
Chlorure de sodium.	0 gr. 50
Sulfate de chaux	0 gr. 50
Sulfate de magnésie	0 gr. 50
Phosphate de chaux pulvérisé. . . .	0 gr. 50
Eau	100 cent. cubes.

Il ne se dissout que des traces de phosphate de chaux. Dans ces conditions, les Spirogyres, et en général les algues d'eau douce se développent rapidement.

F. HEIM.

ALIMENTS. — Définition. — I.

La notion d'aliments, au point de vue de la connaissance vulgaire, est claire; mais la définition scientifique n'en est pas facile. L'aliment, c'est une substance chimique que l'être vivant emprunte au milieu ambiant pour vivre. Mais, quand il faut préciser et caractériser cet emprunt, la difficulté apparaît. Aussi les auteurs ne sont-ils pas d'accord sur l'extension à donner au mot aliment. En effet, la plupart des physiologistes ne comprennent pas l'oxygène comme un aliment; mais il nous paraît qu'ils ont tort de faire cette exception; car l'oxygène est une substance destinée évidemment à la nutrition de l'être; et par conséquent à son alimentation. De là la nécessité de donner à la définition du mot *aliment* assez d'étendue pour que l'oxygène y soit compris.

De même, quand on définit l'aliment, il faut songer aussi aux organismes végétaux, qui se nourrissent et s'accroissent, et qui, par conséquent, ont, tout comme les organismes animaux, besoin d'aliments.

Aussi toute définition qui ne s'applique qu'aux animaux nous paraît-elle défectueuse.

Voyons d'abord quelques définitions anciennes. A. MILNE EDWARDS (cité par BÉRARD, *T. P.*, t. I, p. 555) dit : substances qui, introduites dans l'appareil digestif, servent à l'entretien de la vie.

Cette définition est bien incomplète, et celle de BÉRARD (*ibid.*) ne l'est pas moins : substances qui, introduites dans l'appareil digestif, vont ultérieurement réparer les parties solides, et solidifiables, ou extractives, du sang, et concourent ainsi à l'entretien de la vie.

Le tort de ces deux définitions, c'est qu'elles supposent l'introduction dans le système digestif. Or l'absorption par le tube digestif n'est pas nécessaire. Par exemple, on conçoit que des injections péritonéales ou sous-cutanées de bouillon ou de lait puissent être alimentaires et servir à la nutrition.

CLAUDE BERNARD dit que la délimitation entre l'aliment et le poison est impossible à faire (*Subst. toxiques et médicamenteuses*, 1857, p. 38). Toutefois il essaye de les distinguer en disant que les aliments sont des substances nécessaires à l'entretien des phénomènes de l'organisme sain, et à la réparation des pertes qu'il fait constamment. C'est une définition très générale, certainement meilleure que les précédentes. Elle a le grand avantage de s'appliquer à la fois aux végétaux et aux animaux, et de permettre de ranger l'oxygène parmi les aliments. Cependant elle est peut-être un peu trop longue pour une définition qui doit toujours être courte et claire.

ORÉ (*Dict. méd. chir. prat.*, art. *Aliments*) définit l'aliment : toute substance solide ou liquide qui, après avoir subi, dans l'appareil digestif, l'influence modificatrice des différents sucs avec lesquels elle se trouve en contact, devient apte à réparer les pertes de l'organisme, et concourt ainsi à son entretien et à son développement.

Dans ce même article aliments, ORÉ rapporte encore d'autres définitions de BRACHET, de CORVISART, de MAGENDIE. Elles sont toutes également fautives, ni meilleures ni pires que celles d'ORÉ.

VOIT (*H. H.*, t. VI, p. 330) appelle aliments toutes substances qui apportent un élément nécessaire à la constitution de l'organisme, ou qui diminuent (ou empêchent) sa dénutrition.

C'est là une définition très vaste, mais bien obscure, et qui a cet avantage d'introduire la notion nouvelle des aliments d'épargne, dont il faut tenir compte dans toute définition complète.

D'après VIAULT et JOLYET (*T. P.*, p. 116), les aliments sont les matières premières qui servent à la fabrication des matériaux de rénovation de l'organisme.

LANGLOIS et DE VARIGNY (*T. P.*, p. 23) disent que les aliments sont les combustibles nécessaires à l'entretien de la machine animale, à sa production de chaleur et de force. Mais c'est là une définition incomplète; car l'eau et le chlorure de sodium, qui ne sont pas des combustibles, sont cependant à coup sûr des aliments.

DUCLAUX (*Ann. Inst. Pasteur*, 1890), examinant à propos d'un cas particulier l'extension qu'il convient de donner au mot *aliment*, est amené à en poser la définition suivante : « Est réputé aliment tout ce qui contribue à assurer le bon fonctionnement de l'un quelconque des organes d'un être vivant » (p. 750), et il en conclut que l'alcool est un aliment, « ... par cela seul qu'il peut servir dans certaines conditions à exciter l'activité cérébrale ». Mais à l'envisager ainsi, une pareille définition apparaît évidemment comme trop large; toute la thérapeutique, comme toute l'hygiène, y seraient comprises.

Enfin LITTRÉ (*Dict. de la langue française*, art. *Aliments*, p. 107, t. I) définit l'aliment : matières, quelle qu'en soit la nature, qui servent habituellement ou peuvent servir à la nutrition.

De fait, une définition irréprochable de l'Aliment ne peut être donnée; car l'emploi du mot *aliment* implique la connaissance des phénomènes de la nutrition, et le mot de *nutrition* est par lui-même extrêmement vague.

D'abord, entre poison et aliment la délimitation est impossible. Le chlorure de sodium est un aliment; mais, si la dose ingérée est trop forte, il y a une véritable intoxication. L'oxygène est un aliment; mais, s'il pénètre à dose trop forte, c'est-à-dire avec une pression de cinq atmosphères, il devient toxique. Donc un aliment peut devenir un poison.

D'autre part certaines substances, comme l'alcool par exemple, en diminuant la combustion des matériaux de l'organisme, sont vraiment des aliments, quoique par eux-mêmes ils ne puissent se fixer sur les tissus, ni faire partie de l'organisme que quand ils ont été presque complètement transformés par combustion et oxydation.

Mais ce sont peut-être là des subtilités, et une définition ne peut jamais répondre à toutes les critiques.

Aussi bien nous paraît-il préférable de ne pas nous attarder sur la définition même, et nous dirons que les aliments sont des substances introduites dans l'organisme pour : 1° subvenir à ses dépenses en forces vives; 2° fournir des matériaux de réparation ou de croissance, s'il y a lieu.

C'est en somme la définition de Cl. Bernard, et on voit que l'oxygène rentre dans la définition de l'aliment; mais, pour nous conformer à la classification habituelle, qui est excellente, nous laisserons l'histoire de l'oxygène à la respiration. En outre nous ne nous occuperons pas des aliments nécessaires aux végétaux, et nous n'étudierons les aliments qu'à un point de vue plus restreint; substances introduites dans les organismes animaux par la voie digestive.

Classification. — Les classifications anciennes sont défectueuses, et on les a, à bon droit, abandonnées. En effet, il est peu rationnel de diviser les aliments en *respiratoires* et *plastiques*, comme Liebig a essayé de le faire; car les aliments plastiques servent aussi à la respiration, et les aliments respiratoires sont aussi des aliments plastiques.

De même les termes d'aliments d'épargne, ou dynamogènes, ou thermogènes, sont justement délaissés, car tous les aliments sont plus ou moins, suivant les conditions, dynamogènes ou thermogènes, ou d'épargne. On est donc convenu de les classer d'après leur constitution chimique.

On a alors la classification suivante :

1° Aliments ne contenant pas de carbone, ou inorganiques;

2° Aliments contenant du carbone, ou organiques.

Ce second groupe comprend une première subdivision :

α. Aliments organiques ne contenant pas d'azote;

β. Aliments organiques contenant de l'azote.

Le groupe α se subdivise lui-même en deux groupes :

α'. Aliments organiques non azotés dont l'hydrogène et l'oxygène sont dans le rapport (en volumes gazeux) de 2 à 1, soit des hydrates de carbone;

β'. Aliments organiques non azotés, contenant de l'hydrogène dans des proportions plus grandes (par rapport à l'oxygène) que dans les hydrates de carbone : ce sont les Aliments gras.

Le groupe β est constitué par les substances azotées, dont les unes α″ sont cristallisables, et dont les autres β″ sont colloïdes.

En somme les aliments se classent ainsi :

> A. sans carbone, non organiques.
> B. avec carbone, organiques.
>   α sans azote.
>   α' hydrates de carbone.
>   β' corps gras.
>   β avec azote.
>   α″ non albuminoïdes.
>   β″ albuminoïdes.

Si simple que soit cette classification, elle n'est cependant pas suffisante; elle est trop théorique, car des matières chimiques, isolées et définies, ne sont que rarement introduites dans l'organisme sous cette forme. Presque toujours, les aliments ingérés constituent des espèces chimiques multiples, extrêmement diversifiées, et il semble même que cette variété soit une des conditions d'une alimentation saine et agréable.

Dans l'alimentation naturelle de l'homme, existent seulement deux substances minérales qui soient des corps chimiques : H^2O et NaCl. L'industrie et la civilisation n'ont guère introduit en fait de substance organique séparée à l'état sensiblement pur que le sucre de canne.

Le plus souvent, en effet, nous employons pour nous nourrir des tissus végétaux ou animaux, tous très complexes quant à leur composition. Le lait, l'œuf, la viande, le blé, etc., sont des *aliments composés* qui contiennent tous les aliments simples.

De là la nécessité d'étudier d'abord les aliments simples, puis les aliments composés.

Alimentation moyenne du Parisien adulte. — Mais, avant d'entreprendre cette étude systématique, nous allons tout d'abord essayer de poser le relevé statistique de la consommation d'un sujet donné. C'est une dérogation au plan théorique que nous voulons suivre ; mais nous pourrons, grâce à ce tableau qui nous servira d'exemple, poursuivre d'une façon moins abstraite l'étude de chacun des groupes chimiques d'Aliments.

Il nous paraît convenable de prendre comme type l'homme, et plus précisément l'homme adulte des villes d'Europe. C'est, en effet, sans comparaison possible, le sujet sur lequel a été réuni le plus grand nombre de renseignements ; nous ne trouverons encore que trop de lacunes dans les documents qui le concernent.

Un relevé de cette nature portant sur un nombre considérable d'individus peut donc être regardé comme très exact, par rapport aux moyennes individuelles.

Nous allons essayer de le faire pour l'habitant de Paris.

Pour cela nous emprunterons quelques données à la *Statistique municipale de la Ville de Paris*, à l'*Annuaire statistique de la France* et aux *Documents sur les falsifications de la Préfecture de police de Paris*.

Voici d'abord pour la plupart des aliments, sauf le pain, les quantités de matières introduites à Paris, et par conséquent consommées (la réexportation était insignifiante) en 1890 :

Bœuf, veau, mouton.	152 106 650 kilogrammes.
Porc et charcuterie	27 572 442 —
Cheval	4 116 400 ·
Volaille et gibier.	26 791 974 —
Fraises, champignons, etc.	1 076 665 —
Cerises, pois, haricots.	3 688 350 —
Pommes, poires, pommes de terre.	2 413 985 —·
Lait.	91 250 000 —·
Poissons.	25 516 167 —
Œufs	22 324 103 —
Beurres	19 932 181 —
Fromages secs.	7 261 489 —
Fromages mous.	57 000 000 —

Ce chiffre est évidemment inférieur à la réalité ; car nombre de fruits et de légumes sont introduits à Paris sans passer par les Halles et payer de droits d'octroi. Mais comme, d'autre part, nous ne tenons pas compte des réexpéditions, et enfin, comme, dans cette masse de substances introduites à Paris, il y a évidemment des produits avariés, inutilisés, gâchés et détruits, il s'ensuit que, d'une manière générale, la balance s'équilibre sans doute assez bien, et que ces chiffres peuvent être considérés comme exacts.

Nous devons y ajouter les huiles, vins, alcools et boissons diverses :

Vins	447 446 684 litres.
Alcools	17 046 609 --
Cidres	7 074 611 —
Bières.	27 358 389 —
Huile d'olive	1 253 620 —

Cela posé, évaluons la population parisienne. Évidemment, il ne suffira pas de faire une division par le chiffre de la population ; car il y a des enfants et des femmes qui consomment moins que des adultes, c'est-à-dire précisément ceux dont nous voulons préciser la ration alimentaire naturelle.

Nous ferons d'abord cette hypothèse que la consommation alimentaire est proportionnelle au poids; cela étant admis, il nous est facile de rapporter à la consommation d'un adulte moyen la consommation des Parisiens.

Pour cela, éliminons d'abord des 2235 000 habitants de Paris les enfants âgés de moins d'un an, qui consomment soit du lait, soit le lait maternel. Cela réduit la population à 2 177 000. Mais il faut de ce nombre séparer les non-adultes, ainsi répartis :

Population de 1 an à 5 ans.	. . . . . .	207 000
— de 5 ans à 10 ans.	. . . . .	200 000
— de 10 ans à 15 ans.	. . . . .	188 000
	TOTAL.	595 000

Restent donc 1 782 000 adultes de plus de quinze ans, dont 891 000 femmes et 891 000 hommes. Pour simplifier, nous supposerons qu'au-dessous de quinze ans la consommation des garçons et des filles est la même.

Mais la différence de poids entre l'homme et la femme est de 11 kilogrammes en moyenne, d'après QUETELET (*Anthropométrie*, 1870, p. 346), l'homme pesant 66 kilogrammes et la femme 55 kilogrammes. Par conséquent, la proportion de la ration alimentaire doit être de 6,6 pour l'homme contre 5,5 pour la femme. Soit 100 celle de l'homme, elle sera égale à 83 pour la femme.

On peut donc supposer que les 891 000 Parisiennes adultes consomment comme 891 000 × 0,83 Parisiens adultes, soit en chiffres ronds 740 000.

Les enfants de 1 an à 5 ans pèsent 12 kilogrammes, en moyenne : de 5 ans à 10 ans, 18 kilogrammes ; de 10 ans à 15 ans, 30 kilogrammes. Par conséquent, les 207 000 enfants au-dessous de 6 ans consommeront comme 40000 adultes, les 200 000 enfants au-dessous de 11 ans comme 56 000 adultes et les 188 000 enfants au-dessous de 16 ans comme 90 000 adultes.

Tout compte fait, la valeur de la population représentée par des hommes adultes pourra être comptée de la manière suivante :

Adultes.	. . . .	891 000
Femmes	. . . .	740 000
Enfants.	. . . .	186 000
		1 817 000
Soit en chiffres ronds.	. . .	1 820 000

Il est évident, et nous n'avons pas besoin d'insister là-dessus, que ce calcul est tout à fait approximatif; que nous ne tenons compte ni de la nourriture d'accroissement des enfants et adolescents, ni de beaucoup d'autres éléments; car, à vrai dire, ils se compensent l'un par l'autre, et, vu l'énormité des chiffres, cela modifierait peu la moyenne. (Par exemple le nombre des voyageurs passant par Paris est compensé par le nombre des Parisiens qui ont quitté la ville).

Pour faire l'évaluation par jour et par individu, il suffira de diviser les quantités alimentaires introduites par 365 × 1 817 000.

Nous aurons ainsi le tableau suivant :

	gr.	En chiffres ronds.
Bœuf, veau, mouton.	230,0	230
Porc et charcuterie.	41,0	40
Cheval.	6,0	6
Volaille et gibier.	40,6	40
Fraises, etc.	1,7	2
Cerises, etc.	5,5	6
Pommes, etc.	3,6	4
Lait	140,0	140
Poissons	39,0	40
Œufs.	33,5	35
Beurres.	30,0	30

	gr.	En chiffres ronds.
Fromages [1]	26,0	25
Vin	670,0	670
Alcools	25,5	25
Cidres	10,6	10
Bière	40,0	40
Huile d'olive	1,8	2

Dans ce calcul, nous ne faisons pas intervenir le pain, qui joue cependant un rôle prépondérant dans l'alimentation.

D'après la statistique municipale, la quantité de pain consommé a été par habitant de 146 kilogrammes en un an ; ce qui, en ramenant la population de 2 350 000 à 1 820 000, nous donne par jour et par habitant adulte le chiffre de 520 grammes.

. Il faut aussi modifier d'autres chiffres, évidemment erronés. D'abord le chiffre relatif au vin est beaucoup trop faible, car les femmes et les enfants en consomment relativement bien moins que les adultes. Nous pouvons donc le porter à 1 000 grammes, et nous serons encore au-dessous de la vérité. Quant au lait, le chiffre est un peu trop fort, car les enfants de moins d'un an en prennent des quantités parfois considérables, vu que l'allaitement maternel ne leur suffit pas. On peut donc, très approximativement, admettre le chiffre de 125 grammes.

Une omission plus grave consiste dans l'évaluation, très inexacte, des légumes consommés à Paris. Ainsi nous trouvons, d'après les statistiques officielles, qu'il n'est entré que pour 869 530 kilogrammes de choux, carottes et pommes de terre, ce qui ne représente pas, par habitant et par jour, beaucoup plus de 1 gramme. Il y a là évidemment une énorme erreur due à ce que les pommes de terre, par exemple, qui ne payent pas de droits d'entrée, vont directement chez les fruitiers et consommateurs sans passer par le carreau des Halles.

De même pour certains autres produits de consommation, tels que le sucre, le riz, etc.

Nous pouvons cependant à peu près rétablir cette consommation moyenne, grâce à l'admirable livre de Husson (*Les Consommations de Paris*, 1856).

Voici, d'après lui, la consommation moyenne annuelle par habitant (vers 1854). Nous admettons comme vraisemblable que le régime des Parisiens est resté le même.

Pâtisseries diverses	4 730 grammes.
Pâtes et farines	1 800 —
Riz	1 550 —
Fécules diverses	430 —
Sucre sous diverses formes	11 935 —
Fruits divers, raisins, oranges, fraises	232 000 —
Pommes de terre	25 000 —
Légumes divers frais	128 000 —
Légumes secs	8 100 —

Mais Husson a supposé une population de 1 053 262 habitants, alors que, pour les raisons données plus haut, et d'après les mêmes calculs, il aurait dû rapporter ces chiffres à 811 000 adultes. Ses chiffres deviennent alors, pour chaque Parisien adulte :

	Par an. gr.	Par jour. gr.	Chiffres ronds. gr.
Fruits divers	300 000	820	800
Légumes frais divers	166 000	455	450
Légumes secs	10 500	28,5	30
Pommes de terre	32 500	88	90
Sucre	15 600	43	45
Pâtisseries	6 175	17	15
Pâtes et farines	2 350	6,5	6
Riz	2 015	5,6	5
Fécules diverses	585	1,6	2

1. Calculé en fromage sec.

Les chiffres suivants résument toutes les données précédentes :

	gr.	
Pain.	520	
Viande de bœuf.	230	
Viande de porc.	40	
Volaille et gibier.	40	350
Poissons.	40	
Lait.	125	
Œufs	35	
Fruits	800	
Légumes frais	450	1 250
Légumes secs	30	
Pommes de terre.	90	
Riz et fécules.	10	
Pâtes et pâtisseries. . . .	20	
Sucre	45	
Beurre.	30	
Fromage.	26	
Vin	700	
Huile d'olive.	12	
Cidres et bières	50	
Alcools	25	

Nous aurons souvent, dans le cours de ce travail, à tenir compte de ces différents chiffres. Aussi est-il nécessaire de les modifier quelque peu afin de les simplifier encore.

D'abord nous réunirons sous une même rubrique le pain, les pâtes et les pâtisseries : ce qui nous donnera le chiffre total de 540, que nous comprendrons sous la rubrique Pain.

Les viandes de boucherie,[1] volailles, gibier, charcuterie, poissons, peuvent être réunies sous la rubrique, Viandes. 350 grammes. Mais ce chiffre est trop fort; car, dans un kilogramme de viande brute, il n'y a évidemment pas 1 kilogramme de chair musculaire ; il en est de même pour toutes les autres viandes : poissons, homards, poulets, lapins, etc. Mais, la plus grosse part de beaucoup dans le total étant la viande de boucherie, nous calculerons le tout de la même façon, c'est-à-dire que nous retrancherons 20 p. 100 pour les os. La viande nette, désossée, deviendra alors 280 grammes par tête d'adulte et par jour.

Le chiffre de 800 grammes de fruits par jour paraît certainement un peu fort, mais il faut songer que la matière nutritive n'en fait qu'une partie minime. Les poires et les pommes, qui en font le principal élément (60 p. 100), sont pesées avec la tige, les pépins, l'épiderme, qui constituent moitié au moins du poids total. Dans les melons, les potirons, les concombres, il n'y a pas même la moitié du fruit qui est alimentaire.

Les légumes frais sont constitués surtout par les choux (24 p.100) ; les carottes (20 p.100); les oignons et poireaux (16 p. 100); les salades, oseilles, épinards (14 p. 100); les autres légumes représentant ensemble seulement 25 p. 100 (artichauts, asperges, navets, fèves, pois, haricots, champignons, melons, céleris, tomates, etc.). Nous pouvons admettre que les déchets et les épluchures constituent la moitié de la quantité achetée au marché.

Ainsi, en réunissant les légumes et les fruits sous une rubrique commune, nous pouvons prendre, au lieu du chiffre total de 1 250 grammes, la moitié seulement de ce chiffre, soit 600 grammes environ.

Nous réunirons l'huile et le beurre, comme étant deux aliments très analogues par la constitution chimique, malgré l'extrême différence de l'origine; soit 40 grammes en chiffres ronds.

De même, pour simplifier, les pommes de terre, riz et fécules seront assimilés, de manière à donner le chiffre rond de 100 grammes.

Enfin, pour le vin, nous supposerons que les alcools, les cidres et les bières sont consommés sous forme de vin, ce qui nous permettra d'établir le chiffre moyen de 1 000 grammes par jour de vin, chiffre que nous croyons très proche de la vérité.

Finalement, il nous restera, en chiffres ronds :

Tableau A.

Pain et pâtes.	550	grammes
Viande désossée	280	—
Lait	125	—
Œufs.	35	—
Fruits et légumes frais.	600	—
Légumes secs.	30	—
Pommes de terre, riz et fécules.	100	—
Sucre	45	—
Fromage.	25	—
Beurre et huiles	40	—
Vin et alcools.	1 000	—

C'est d'après ce tableau que nous chercherons à reconstituer la ration moyenne d'un Parisien adulte.

Aliments minéraux. — Les corps simples de la chimie que l'on trouve comme partie intégrante des êtres vivants et circulant en eux sont :

Le *carbone*, l'*hydrogène*, l'*oxygène*, l'*azote*, le *soufre*, le *phosphore*, le *chlore*, le *fluor*, le *silicium*, le *potassium*, le *sodium*, le *calcium*, le *magnésium*, le *fer*, le *manganèse* [1].

L'oxygène est le seul de ces corps qui pénètre dans l'organisme pour y jouer un rôle à l'état de corps simple. Cette substance mérite d'ailleurs à tant d'égards une place à part que son étude ne peut être faite ici ; nous renverrons aux articles **Oxygène**, **Respiration** et **Sang**.

Les autres forment entre eux des combinaisons organiques ou non organiques.

Eau. — Parmi les composés inorganiques nous rencontrons en premier lieu l'*eau*.

L'eau constitue une partie pondéralement considérable des organismes. Le corps d'un homme adulte contient environ 63 p. 100 d'eau (Voit).

Pour les divers tissus du corps de l'homme, voici les proportions d'eau, d'après Bischoff (cité par Voit, *H. H.*, t. vi, p. 346).

Sang.	83,00		Intestins.	74,54
Reins.	82,68		Peau.	72,03
Cœur.	79,21		Foie.	68,25
Poumons.	78,96		Nerfs .	58,33
Rate.	75,77		Graisse .	29,92
Muscles..	75,67		Os.	22,04
Cerveau .	74,84			

Les tissus des jeunes animaux sont plus aqueux que les tissus des vieux, d'après Bezold (cité par Voit, *loc. cit.*), qui a fait l'expérience sur des souris ;

Souris embryon .	87,15
Souris à la naissance.	82,53
Souris de huit jours .	76,78
Souris adulte .	70,81

Selon que l'animal est gras ou maigre, la proportion d'eau qu'il contient est très différente ; les animaux gras sont beaucoup moins riches en eau que les autres. Tous les

---

1. Cette liste n'est certainement pas complète. Les études de chimie biologique n'ont porté encore que sur un nombre relativement très restreint d'espèces animales ou végétales, et il est possible que les progrès de ces études montrent d'autres corps jouant un rôle dans la nutrition d'autres espèces. Dans l'état actuel de nos connaissances, nous pourrions déjà y ajouter :

1º Le *zinc*. Dans ses recherches, capitales pour la biologie des êtres inférieurs, Raulin a montré le rôle considérable que joue ce métal dans la végétation de l'*Aspergillus niger*, sa suppression dans le liquide nutritif diminue des 9/10 la quantité de tissus formés ; il n'en faut d'ailleurs qu'une quantité tout à fait minime (1/50 000) pour donner à la végétation toute son ampleur.

2º Le *brome* et l'*iode*. Ces métalloïdes existent normalement dans les tissus des plantes marines ; ils existent également dans les tissus des poissons de mer, comme on l'a constaté, par exemple, en étudiant l'huile de foie de morue. Berthelot a montré qu'une partie au moins de l'iode existe dans ce dernier cas sous forme de combinaison organique (Lambling, *Enc. chim.*, t. ix, p. 31 et suivantes).

3º Le *cuivre*. C'est un composant normal du sang des céphalopodes ; il y joue peut-être le rôle qui est dévolu au fer dans le sang des vertébrés (Fredericq. *C. R.*, t. lxxxvii, p. 996, 1878).

chimistes sont d'accord sur ce point. Les recherches très précises de LAWES et GILBERT (cités par GRANDEAU. *L'alimentation de l'homme*, 1893, p. 281) sont confirmatives à cet égard :

Proportion d'eau dans le corps (p. 100).

Porc maigre	55,1
Porc gras	41,3
Mouton maigre	57,3
Mouton demi-gras	50,2
Mouton gras	43,4
Mouton extra-gras	33,2
Bœuf demi-gras	51,5
Bœuf gras	45,5

Les parties vivantes des plantes contiennent des proportions d'eau encore plus considérables. Si nous mettons à part les tissus de soutien et de protection (bois, liège), etc., et les organes qui sont surchargés de réserves féculentes ou sucrées (tubercules, fruits), nous trouvons des proportions d'eau voisines de 90 p. 100 et pouvant aller jusqu'à 96 p. 100. On en trouvera quelques exemples dans la liste d'aliments végétaux que nous donnons plus loin.

La circulation de l'eau dans les êtres vivants est très active. Les plantes en vaporisent des quantités considérables. Les animaux supérieurs en éliminent par quatre voies différentes : évaporation pulmonaire, sueur, urine, eau des matières fécales.

Pour remplacer ces pertes, il faut une alimentation en eau assez abondante.

L'eau est ingérée sous plusieurs formes; non seulement dans les boissons, mais encore dans les aliments, dits solides, qui contiennent tous une proportion d'eau considérable, si bien qu'un individu se nourrissant exclusivement d'aliments dits solides, comme viande, fromage, œufs durs, pain, etc., peut continuer à excréter de l'eau. Cette eau, rendue dans les urines et dans la sueur, a une triple origine; d'abord l'eau ingérée sous forme de boissons, puis l'eau contenue normalement dans les viandes, le pain, le fromage, les œufs, et qui est mise en liberté quand, par le fait de la digestion, ces aliments se désagrègent; et enfin l'eau qui résulte de la combustion de l'hydrogène contenu dans les hydrates de carbone, les albuminoïdes et les graisses.

Ainsi, pour rendre de l'eau par la sueur, l'exhalation pulmonaire et l'urine, il n'est pas nécessaire d'ingérer des aliments liquides.

La proportion d'eau contenue dans les aliments est variable. Voici quelques chiffres que BUNGE (*Cours de chimie biologique*, p. 78) a extraits du recueil d'analyses de KÖNIG (*Chemie der menschlichen Nahrungs und Genussmittel*).

Eau pour 100 parties.		Eau pour 100 parties.	
Concombres	96,0	Raisins	78,0
Asperges	94,0	Pommes de terre	75,0
Champignons	91,0	Seigle	15,0
Choux-fleurs	91,0	Pois	15,0
Melons	90,0	Orge	14,0
Choux	90,0	Farine de seigle	14,0
Carottes	89,0	Fèves	14,0
Fraises	88,0	Maïs	13,0
Radis	87,0	Farine de riz	13,0
Oignons	86,0	Farine de froment	13,0
Framboises	86,0	Lentilles	12,0
Pommes	85,0	Amandes	5,4
Poires	83,0	Noix	4,7
Navets	82,0	Noisettes	3,8

Pour le pain, suivant la qualité, la teneur en eau est variable.

En voici les variations d'après RIVOT (cité par A. GAUTIER; art. *Nutrition* du D. W., t. III, p. 579).

Pain de munition	50,86 [1]
Pain de ménage	47,00
Pain blanc ordinaire	45,50
Pain blanc des collèges	45,70

1. Ces observations sont sans doute faites sur *la mie*.

Nous trouvons dans König les chiffres de diverses observations sur des pains allemands (pain de froment), la proportion d'eau a varié de 47 à 30 p. 100; elle est en moyenne de 35 p. 100.

Les moyennes suivantes sont extraites des chiffres donnés dans le travail récent de M. A. Balland[1] :

	EAU P. 100.	
	Mie.	Croûte.
Pains de munition ordinaires (1 500 gr.).	45	24
Pains ronds de 1 kilogramme.	41	19
Pains longs de 1 kilogramme.	44	19
Pains à café de 70 grammes.	43	16

Ainsi, plus un pain sera riche en croûte, moins il contiendra d'eau. En fait, la proportion de celle-ci varie pour le pain total, entre 39,7 p. 100 (pain de munition) et 30 p. 100 (pain à café).

Le pain abandonné à l'air perd du poids; il abandonne de l'eau en se durcissant. Dans une observation du même auteur, faite en hiver, un pain long, pesant 1 060 grammes une demi-heure après sa sortie du four, pesait le lendemain 1 048 grammes; au bout d'une semaine, 982 grammes; après 50 jours, 790 grammes: il avait donc perdu en tout 270 grammes: il contenait encore à ce moment 13 p. 100 d'eau.

Donnons aussi, d'après A. Gautier (loc. cit.), la composition en eau des céréales :

Orge d'hiver.	13.0
Blé.	14.0
Avoine.	14.0
Riz.	14.1
Seigle.	16.6
Maïs.	17.7
Sarrazin.	18.0

La farine de froment contient de 10 à 13 p. 100 d'eau (König).

A. Balland a trouvé (loc. cit.), dans des farines fraîches, de 12 à 14 p. 100.

On voit par ces tableaux qu'il y a, au point de vue de la teneur en eau, trois grandes variétés dans les aliments végétaux.

Il y a 1° les végétaux qu'on peut appeler *hydratés*, salades, légumes verts, fruits, etc., qui contiennent environ 85 p. 100 d'eau; 2° les végétaux *amylacés* qui ne contiennent que 15 p. 100 d'eau (blé, riz. fèves, lentilles); 3° les graines *oléagineuses* (amandes et noix) qui n'ont que 5 p. 100 d'eau.

Comme, de tous les aliments animaux, le plus important est la viande, de très nombreuses analyses ont été faites de la composition des différentes viandes et leur teneur en eau. Nous les donnons ici, d'après Dujardin-Beaumetz (Clinique thérapeutique, t. 1, pp. 293-299).

Bœuf.	77.5	Berzelius	Brochet.	84.0	Almen	
Veau.	78,7	Moleschott.	Morue.	83.0	»	
Chevreuil.	75.2	»	Perche.	80.1	»	
Porc.	70.7	»	Carrelet.	77.4	»	
Poulet.	77,3	Bibra	Hareng.	73.2	»	
			Maquereau.	74.4	»	
Grenouilles.	80,3	»	Saumon.	70.3	»	
Huîtres.	80,4	Payen	Anguille.	53.0	»	
Moules.	75.7	»	Hareng salé.	42.6	»	
Homard.	76,6	»	Morue sèche.	12,3	»	

Enfin la proportion d'eau contenue dans les boissons est variable, et nous pouvons admettre les chiffres suivants, moyenne générale.

Vin.	88
Bière.	91

1. *Recherches sur les blés, les farines et le pain* (Paris, Ch. Lavauzelle. 1894).

Pour les Aliments d'origine animale autres que la viande, voici quelques chiffres (König) :

	Eau p. 100.	
Lait	87	
Beurre de Normandie	12	(Duclaux)
Fromage de Brie	51	(Duclaux)
Gruyère	34	
Œufs de poule	74	
Blanc d'œuf	85	
Jaune d'œuf	51	

Nous pouvons donc, grâce à ces données, calculer la quantité d'eau que contient la partie *solide* de notre ration type :

Tableau B. — Eau de la ration alimentaire.

	EAU.	
	Moyenne p. 100.	Quantité contenue. dans la ration alimentaire.
550 grammes pain	35	192
280 — viande	73	205
35 — œufs	74	26
30 — légumes secs	14	4
600 — fruits et légumes frais	87	522
100 — féculents	14	14
45 — sucre	2,5	1
25 — fromage	45	11
40 — beurre et huile	7	3
TOTAL		978

Il ne faut pas oublier en outre que l'*hydrogène* contenu dans la molécule des diverses substances alimentaires doit finalement être éliminé en totalité sous forme d'eau. La quantité ainsi formée n'est pas négligeable. Dans notre ration type, nous trouvons à peu près 48 grammes d'hydrogène, qui doivent, en se combinant à 384 grammes d'oxygène, donner 432 grammes d'H^2O. Notons en passant que, sur les 384 grammes d'oxygène nécessaires à la combustion de l'hydrogène, nous en trouvons déjà 283 dans les molécules chimiques des matériaux de la ration. Il n'y a donc que 100 grammes d'oxygène à emprunter à la respiration pour fournir ces 432 grammes d'eau.

Nous trouvons ainsi, en chiffres ronds, une somme totale de 1 400 grammes d'eau auxquels il faut ajouter 900 grammes d'eau contenus dans le vin de la ration et 100 grammes dans le lait de la ration, soit 1 000 grammes d'eau.

Mais ces chiffres sont plutôt théoriques — et, d'ailleurs, très variables suivant les individus ; — pour connaître les quantités d'eau que notre ration met réellement à la disposition de l'organisme, il faut faire les deux corrections suivantes :

1° Les préparations culinaires que nous faisons subir aux aliments modifient la proportion d'eau.

En général, d'après les recherches inédites faites par l'un de nous, la cuisine diminue la proportion d'eau de 25 et même 50 p. 100.

2° Dans le calcul de l'eau fournie par l'hydrogène de la ration, il faut tenir compte non des aliments ingérés, mais des aliments réellement absorbés et transformés. Or nous verrons plus loin qu'une notable quantité passe avec les fèces sans avoir subi de transformation[1].

En chiffres ronds, la ration alimentaire se compose, en eau, de trois litres d'eau, dont 1 600 grammes sont ingérés en eau et boissons, 1 000 grammes en eau associée aux aliments ; et, vu la combustion de l'hydrogène des aliments, l'élimination quotidienne d'eau doit se faire à raison de 3 000 grammes. Le résidu sec de la ration alimentaire s'élève à 800 grammes.

Cendres des aliments. — Les autres composés inorganiques sont étudiés dans les *cendres* des tissus végétaux et animaux. Il faut reconnaître tout d'abord que ce mode d'analyse ne nous donne que des renseignements très défectueux sur la façon dont

---

1. Il en résulte que le chiffre de 2 400 (pour 2 410) est un peu trop fort, et qu'on pourrait le réduire à 2 300 ou 2 350.

s'agencent les uns par rapport aux autres les divers aliments dans l'organisme. La combustion détruit les combinaisons qui existent et en forme d'autres.

Ce que l'on étudie dans les cendres sous forme de sels minéraux provient donc, en partie de sels minéraux qui pouvaient être différents (par exemple, des carbonates alcalins sont transformés en sulfates et en phosphates avec départ de l'acide carbonique), en partie de matières organiques (exemple : le soufre des albuminoïdes, le phosphore des nucléines et des lécithines sont rendus à l'état de sulfates et de phosphates).

Cette étude est pourtant intéressante, d'abord à défaut d'une autre plus exacte; ensuite parce que la combustion vitale arrive à des résultats qui ne sont pas très différents de ceux du creuset, et que les sels de l'urine ressemblent aux cendres des aliments.

Donnons quelques chiffres relatifs à la composition des différents aliments en matériaux minéraux; nous verrons ensuite la proportion des différents sels (de soude, de potasse, de chaux) dans ces cendres.

D'abord, pour les végétaux, voici la teneur en cendres (moyennes de König, d'après un très grand nombre d'analyses d'auteurs divers).

Proportions centésimales des cendres dans les végétaux.

Haricots	3,66		Laitue	1,03
Avoine	3,29		Pommes de terre	1,09
Châtaignes	2,97		Cerises	0,73
Sarrasin	2,77		Riz (décortiqué)	0,82
Pois	2,68		Oignons	0,70
Orge	2,64		Haricots verts	0,61
Lentilles	3,04		Pommes	0,49
Seigle	2,06		Prunes	0,66
Épinards	1,94		Raisin	0,53
Froment	1,78		Navets	0,75
Maïs	1,69		Pain	0,66 [1]
Poires	0,31		Farine de froment fine	0,48
Choux	1,64		— grossière	0,96
Carottes	1,02			

La moyenne de ces chiffres est de 1gr,75 environ; mais, comme la base de l'alimentation végétale est le pain (avec une plus faible proportion : 0,66), on sera plus proche de la vérité en adoptant le chiffre de 1,50 pour exprimer en moyenne la proportion centésimale des matières minérales ingérées avec les aliments végétaux.

Dans les boissons, alcooliques ou autres, la proportion de matières minérales est plus faible. Nous trouvons en effet :

Café (infusion)	0,61
Vin rouge	0,23
Marsala	0,31
Champagne	0,13
Bière allemande	0,22
Bière anglaise	0,27
Thé (infusion)	0,18

En moyenne, pour les boissons, 0,2 de matières minérales.
Quant à la viande et aux aliments animaux, nous avons :

Jaune d'œuf	1,75
Viande de bœuf	1,30
Lait de vache	0,70
Blanc d'œuf	0,71

D'où il suit que la proportion de matières minérales est un peu plus faible pour les aliments végétaux que pour les aliments animaux.

Voyons, d'après ces chiffres, quelle peut être à peu près la quantité de matières minérales que comporte la ration du Parisien, telle que nous l'avons déterminée plus haut :

1. D'après dix analyses rapportées in *Documents du laboratoire municipal*, 1885, p. 526.

Tableau C. — Cendres de la ration alimentaire.

Matières minérales.

			gr.
550	grammes	pain et pâtes.	5,5
280	—	viande	3,6
125	—	lait.	0,9
35	—	œufs	0,4
600	—	fruits et légumes frais.	4,5
30	—-	légumes secs	0,9
100	—	pommes de terre, riz, fécules.	1,0
26	—	fromage	1,2 [1]
1 000	—-	vin, etc.	2,3
		Total.	20,3

Mais ce chiffre est évidemment trop faible, car l'expérience apprend que la proportion de matières minérales rendues par les urines le dépasse beaucoup. Cette contradiction s'explique facilement. A nos aliments naturels nous ajoutons une certaine quantité de chlorure de sodium.

D'après A. Gautier (art. **Urines**, *D. W.*, t. iv, p. 582), la quantité moyenne de matières minérales rendues par l'urine en vingt-quatre heures serait de 20gr,19; par conséquent égale au chiffre total de nos aliments naturels. Pourtant des quantités appréciables de matière minérale sont éliminées par les fèces ou la sueur.

D'après Wehsarg, la quantité moyenne des matières fécales chez l'homme serait de 131 grammes environ (cité par Schutzenberger, *D. W.*, art. **Excréments**, p. 1307); avec 3,5 p. 100 de sels minéraux (Garnier et Schlagdenhauffen, *Encycl. chim.*, t. ix, 2e sect., fasc. 2, p. 344).

Par conséquent la moyenne des sels minéraux excrétés par les fèces serait d'environ 4gr,6; chiffre plutôt faible, car, avec une alimentation végétale, les excréments sont en bien plus grande quantité.

La sueur est excrétée en quantité très variable. Faute de documents plus précis, nous évaluerons à 750 grammes de liquide la quantité de sueur produite par vingt-quatre heures, et nous prendrons la moyenne de cinq analyses, celles d'Anselmino (II), de Favre, de Schoffin et de Funke (Gorup Besanez, *Chimie physiolog.*, trad. franç., 1880, p. 773).

Sa composition moyenne est alors (sur 1 000 grammes).

Eau	990,90
Matières organiques.	3,90
Sels minéraux.	5,20

Par conséquent, pour 750 grammes, il y aurait une élimination de 3,90; en somme l'excrétion totale de substances minérales serait en chiffres ronds :

Urine.	20,20
Sueur.	4
Fèces	4,00
	29,20

Ce nombre dépasse environ de 10 grammes la quantité de sels ingérés, qui se trouvent dans les aliments naturels. Par conséquent, c'est une addition de 10 grammes de matière minérale que nous faisons chaque jour, en mêlant à nos aliments une certaine quantité de sel marin.

Le besoin de sel ne s'explique pas facilement; il ne semble pas que ce soient les matières minérales dans leur ensemble dont la somme soit trop petite; le sel de cuisine ne peut en effet être remplacé par aucune autre substance minérale, et l'on sait que, dans les pays privés de gisements naturels de chlorure de sodium, cette substance est très recherchée, et monte à des prix élevés si les conditions du commerce en rendent

1. Ces sels sont dus, presque en totalité, au chlorure de sodium ajouté pendant la fabrication car les sels du lait restent dissous dans le petit-lait.

l'approvisionnement difficile. Notons que le besoin de sel marin n'est pas spécial à l'homme, que les herbivores le recherchent avidement. Mais remettons l'étude de cette question jusqu'au moment où nous connaîtrons la composition centésimale des sels minéraux ingérés.

Voici la composition des cendres de nos aliments.

1° Aliments animaux. — *Viande.* — Dans leurs laborieuses recherches sur la composition des corps des animaux de boucherie Lawes et Gilbert (cités par Grandeau, *loc. cit.*, p. 359) ont trouvé, sur 100 parties de cendres de bœuf (y compris les os).

Potasse.	4,41	Acide sulfurique.	0,86
Soude.	3,08	Chlore.	1,24
Magnésie.	2,03	FeO^2.	0,97
Acide phosphatique.	46,02	CO^2.	1,97
Chaux.	40,22	SiO^3.	0.24

Voici la composition des cendres de la *viande de bœuf* (d'après Bunge, cité par Garnier, *Encycl. chim.*, t. ix, p. 473) pour 100 grammes de substance fraîche.

	gr.
Potasse (K^2O).	0,463
Acide phosphorique (P^2O^5).	0,467
Soufre.	0,221
Soude (Na^2O).	0,077
Chlore.	0,067
Magnésie (MgO).	0.044
Chaux (CaO).	0,009
Fer (Fe^2O^3)	0.006
	1,353

König (t. ii, p. 92) donne la composition suivante pour les cendres de la viande de différents animaux [1].

	K^2O.	Na^2O.	CaO.	MgO.	Fe^2O^3.	P^2O^5.	SO^3.	Cl.	SiO^2.
Minimum.	25,0	»	0.9	1,4	0,3	36.1	0.3	0,6 *	»
Maximum.	48,9	25,6	7,5	4,8	1,1	48,1	3.8	8,4	2,5
Moyenne.	37,04	10,14	2,42	3,23	0.44	41,20	0,98	4,66	0,69

* König donne 9,6, faute d'impression évidente.

Pour les poissons, la composition minérale varie considérablement, suivant que l'on a affaire à un poisson de mer ou à un poisson d'eau douce.

	CENDRES p. 100 dans substance sèche.	K^2O.	Na^2O.	CaO.	MgO.	P^2O^5.	SO^3.	Cl.
Poisson de mer (*Gadus aglefinus*).	11,26	13,84	36,51	3.39	1,90	13,70	0,31	38,11
Poisson d'eau douce (*Brochet*).	6,13	23,92	20,45	7,38	3.81	38,16	2,50	4,74

ATWATER, cité par König (ii. 125).

1. Dans tous les tableaux de composition centésimale, les cendres sont calculées exempte de CO^2.

On voit que c'est l'addition d'une quantité notable de NaCl, fait nullement étonnant, qui modifie le tableau des sels minéraux du poisson de mer.

Voici les sels minéraux de nos autres aliments d'origine animale, les œufs et le lait.

	K²O.	Na²O.	CaO.	MgO.	Fe²O³.	P²O⁵.	SO³.	SiO².	Cl.
Œuf total* sans coquille	17,37	22,87	10,91	1,14	0,39	37,62	0,32	0,31	8,98
Blanc	31,41	31,57	2,78	2,79	0,57	4,41	2,12	1,06	28,82
Jaune	9,29	5,87	13,01	2,13	1,65	65,16	»	0,86	1,93
Lait de vache** . .	24,65	8,18	22,42	2,59	0,29	26,28	2,52	»	13,95
Lait de femme*** . .	33,78	9,16	16,64	2,16	0,25	22,74	1,89	»	18,38

* König, t. II, p. 202. — ** Ibid. t. II, p. 227. — *** Ibid., t. II, p. 222.

2° Aliments végétaux. — La composition minérale des plantes qui servent à la nourriture de l'homme est extrêmement variable. On n'en peut donner l'idée que par des tableaux détaillés[1].

En première ligne, se placent les céréales.

Tableau α. — Cendres des Céréales.

	K²O.	Na²O.	CaO.	MgO.	Fe²O³.	P²O⁵.	SO².	SiO².	Cl.
Froment.	31,16	3,07	3,25	12.06	1,28	47,22	1,39	1,96	0,32
Seigle.	32,10	1,47	2,91	11,22	1,24	47,74	1,28	1,37	0,48
Orge	20,92	2,39	2,64	8,83	1,19	35,10	1,80	25,91	1,02
Avoine	17,90	1,66	3.60	7,13	1,18	25,64	1,78	30,18	0,94
Maïs	29,78	1,10	2.17	15,52	0,76	45,61	0,78	2,09	0,91
Riz	17,51	5,53	4,00	10,76	1,84	40,64	0,86	18,26	0,86
Sarasin	23,07	6,12	4,42	12,12	1,74	48,67	2,11	0,23	1,30

Nous donnerons aussi la composition complète des cendres pour les graines des légumineuses.

Tableau β. — Cendres des Légumes secs.

	K²O.	Na²O.	CaO.	MgO.	Fe²O³.	P²O⁵.	SO³.	SiO².	Cl.
Haricots.	44,01	1,49	6,38	7,62	0,32	35,52	4,05	0,57	0,86
Pois.	41,79	0,96	4,99	7,96	0,86	36,43	3,49	0,86	1,54
Fèves.	41,48	1,06	4,99	7,15	0,46	38,86	3,39	0,65	1,78
Lentilles (1ʳᵉ qualité).	34,76	13,50	6,34	2,47	2,00	36,30	»	»	4,63

Et pour la pomme de terre, qui mérite, par son rôle dans l'alimentation, comme par diverses particularités que nous aurons à examiner, d'être mise à part.

1. Tous ces tableaux sont extraits du recueil de König, t. II, *passim*.

Tableau γ. — Cendres des Pommes de terre.

	K²O.	Na²O.	CaO.	MgO.	Fe²O³.	P²O⁵.	SO³.	SiO².	Cl.
Pommes de terre. .	66,06	2,96	2,64	4,93	1,10	16,86	6,52	2,04	3,46

Pour les diverses plantes qui sont consommées à l'état de légumes frais, comme elles appartiennent à des familles très éloignées les unes des autres, et que les parties utilisées diffèrent de l'une à l'autre, les divergences dans la composition minérale sont extrêmes. Nous mettons en regard le p. 100 d'eau dans les substances fraîches et le p. 100 des cendres dans les substances sèches, ce qui permet d'effectuer, relativement à ces éléments, les calculs pour la ration alimentaire.

Tableau δ. — Cendres des Légumes frais.

	Eau p. 100 dans subst. fraîche.	Cendres p. 100 dans subst. sèche.	QUANTITÉS CENTÉSIMALES DANS LES CENDRES PURES.								
			K²O.	Na²O.	CaO.	MgO.	Fe²O³.	P²O⁵.	SO³.	SiO².	Cl.
Asperge.	94	7,26	24,0	17,1	10,9	4,3	3,4	18,6	6,2	10,1	5,9
Courge.	90	4,41	19,5	21,1	7,7	3,4	2,6	32,9	2,4	7,3	0,4
Concombre . . .	95	8,79	51,7	4,2	6,9	4,5	0,7	13,1	5,7	4,3	9,2
Oignon	86	5,28	25,1	3,2	21,9	5,3	4,5	15,0	5,5	16,7	2,8
Radis.	93	7,23	32,0	21,1	14,9	2,6	2,3	10,9	6,5	0,9	9,1
Rave.	87	15,67	21,9	3,8	8,8	3,5	1,2	41,1	7,7	8,2	4,9
Navet.	88	8,01	45,4	9,8	10,6	3,7	0,8	12,7	11,2	1,9	5,1
Carotte	87	5,57	37,0	21,2	11,3	4,4	1,0	12,8	6,4	2,1	4,6
Betterave. . . .	87	6,44	54,0	15,9	4,1	4,5	0,8	8,4	3,2	2,4	8,4
Topinambour . .	79	4,88	47,7	10,2	3,3	2,9	3,7	14,0	4,9	10,0	3,9
Chou-fleur . .	91	11,27	26,4	10,2	18,7	2,3	0,4	13,1	11,4	12,8	6,1
Chou.	87	10,84	26,8	13,9	14,8	4,2	1,6	13,2	12,8	5,2	7,5
Chou cabus. . .	90	10,83	37,8	11,4	9,4	3,5	0,2	12,3	15,5	»	7,0
Salade pommée.	94	18,03	37,6	7,5	4,7	6,2	5,3	9,2	3,8	8,1	7,6
Romaine	92	13,11	25,3	35,3	11,9	4,3	1,3	10,9	3,9	3,0	4,2
Épinards	88	16,48	16,6	35,3	11,9	6,1	3,3	10,2	6,9	4,5	6,3

Nous rapporterons les mêmes données pour les fruits dont nous avons trouvé l'analyse dans Kӧnig.

Tableau ε. — Cendres des Fruits.

	EAU p. 100.	CENDRES p. 100. subst. sèche.	K²O.	Na²O.
Pommes.	84	1,44	36	26
Poires.	84	1,97	55	9
Prunes (chair).	85	2,34	49	9
Cerises (totale).	80	2,20	52	2
Fraises.	88	3,10	21	28
Groseilles à maquereau. . . .	86	3,39	39	10
Myrtilles.	78	2,87	57	3

Potasse et soude. — Dans l'organisme total des mammifères, la potasse et la soude se rencontrent à équivalents sensiblement égaux (Voir plus haut le tableau de

LAWES et GILBERT, p. 20). Or nous voyons que, dans presque tous nos aliments, la potasse l'emporte énormément sur la soude.

BUNGE, qui a étudié avec beaucoup de soin les proportions relatives de Na^2O et de K^2O dans l'alimentation, a construit le tableau suivant.

Soit la quantité de Na^2O (en équivalents = 62) égale à 100, quelle sera la teneur en K^2O (en équivalents = 96) correspondante.

Sang de bœuf.	7	Riz.	2 400
Lait	104	Pommes de terre.	4 800
Viande de bœuf.	400	Trèfle	9 000
Froment.	1 700	Pommes	10 000
Avoine.	1 800	Fèves	11 000

Ce tableau est très frappant, mais il est trop schématique et repose sur un choix quelque peu arbitraire. En se reportant aux tableaux que nous avons donnés, on voit qu'il est des aliments végétaux dans lesquels la soude et la potasse ne s'écartent pas trop de l'équivalence, dans quelques-uns même, tels que les épinards, légume assez usuel, c'est la soude qui l'emporte notablement sur la potasse.

Si l'on fait la moyenne pour toutes les matières alimentaires du tableau à, on trouve une quantité de soude égale à la moitié de la quantité de potasse, et en équivalents, la proportion monte environ aux quatre cinquièmes.

Nous allons revenir encore à notre alimentation type, et calculer les quantités de soude et de potasse au moyen des quantités de cendres données dans le tableau C avec les compositions centésimales que nous venons de voir.

Potasse et soude de la ration alimentaire.

	CENDRES.	K^2O.	Na^2O.
550 gr. pain et pâtes [1].	1.80	0,62	0,014
280 — viande .	3.6	1,33	0,36
125 — lait.	0.9	0,22	0,07
35 — œufs .	0.5	0.07	0,09
600 — fruits et légumes frais [2].	4.5	1.65	0,62
30 — légumes secs.	0.9	0.40	0.014
100 — féculents [3].	1,0	0.60	0,03
		4,89	1,198

Nous trouvons presque exactement 4 fois plus de potasse que de soude.

Si alors nous nous reportons à la quantité de potasse excrétée par l'urine, nous trouvons un chiffre différent ; en effet, le rapport de la potasse à la soude de l'urine est, d'après SALKOWSKI (cité par NEUBAUER et VOGEL, De l'urine, 1877, p. 74), dans la propor-

1. Le pain contient généralement une certaine quantité, évidemment variable, de NaCl qu'on y introduit pendant la fabrication.
Nous laisserons de côté ce NaCl du pain, de même que celui qui est ajouté dans la préparation culinaire des autres aliments, et nous considérerons le pain comme de la farine de froment, farine fine. puisque notre ration est celle du Parisien.
Voici la composition minérale de la farine de froment fine (KÖNIG, II, 520).

K^2O.	Na^2O.	CaO.	MgO.	Fe^2O^3.	P^2O^5.
34.42	0,76	7,48	7,70	0,61	49,38

La quantité de cendres est d'environ 0gr,50 p. 100 dans la substance sèche.
Nos 550 grammes de pain à 35 p. 100 d'eau contiennent 358 de substances sèches, soit 1gr,80 de cendres.
2. Nous supposons poids égal de fruits et de légumes frais.
3. Nous prendrons comme composition de cendres celles des pommes de terres, qui constituent de beaucoup la plus grosse part de ce groupe.

tion de 100 de potasse à 135 de soude. WEIDNER (*ibid.*) aurait trouvé une élimination moyenne de 4 grammes de potasse par jour.

Admettons le chiffre moyen de 4 grammes de potasse éliminée par l'urine. Il reste en poids de potasse à éliminer par les matières fécales et la peau $1^{gr},24$. Or, dans les excréments, d'après PORTER (*D. W.*, art. Excréments) nous trouvons 6 p. 100 de potasse dans les cendres, soit le chiffre minime quotidien de $0^{gr},12$. Dans la sueur, la quantité de K^2O éliminée est un peu plus considérable, quoique très faible encore. En supposant 750 grammes de sueur avec $0^{gr},86$ p. 1 000 de KCl, cela fait par jour $0^{gr},48$ de K^2O, de sorte que nous trouvons en réalité une excrétion de $0^{gr},60$ de potasse, par les fèces et la sueur.

Mais ces chiffres n'indiquent qu'une moyenne. En effet, WEIDNER a eu un maximum de $5^{gr},9$ pour l'élimination par l'urine ; d'autre part, dans les fèces, FLEITMANN (cité par GARNIER et SCHLAGDENHAUFFEN, *Encycl. chim.*, t. IX, 2e partie, p. 330, 1892) a trouvé 19 p. 100 de potasse dans les cendres des excréments : avec une alimentation végétale, les excréments sont plus riches encore en matières solides et en potasse.

Enfin, si l'on compte 300 grammes de viande, il est clair qu'il ne s'agit pas de chair musculaire seulement, mais de viande avec des os, des matières grasses, des tendons, etc., ce qui doit diminuer d'un 1/3 environ la proportion de potasse que nous avons supposée ; soit de $0^{gr},47$ environ. Le chiffre de K^2O ingéré tombe alors de $5^{gr},239$ à $4^{gr},77$, ou en chiffres ronds $4^{gr},75$.

Il reste donc en somme une différence de $0^{gr},17$, qui est tout à fait négligeable, et minime, facile à expliquer d'abord avec les variations de la moyenne (aussi bien pour l'alimentation que pour l'excrétion urinaire) et ensuite par les imperfections mêmes des analyses (tant des aliments, que de l'urine, et de la sueur et des excréments).

Nous ferons donc une sorte de moyenne, et nous admettrons en chiffres ronds :

Ingestion quotidienne de potasse. . .		4,75	
Élimination de potasse.	Urine	4.00	
	Matières fécales . . .	0.25	4,75
	Sueur	0,50	

Pour la soude, nous voyons que les sels de sodium contenus dans les aliments naturels sont en proportion faible, de $0^{gr},87$ de Na^2O, si l'on néglige la quantité de chlorure de sodium introduite dans le pain (soit $0^{gr},595$).

Mais on introduit du sel dans les aliments, et il s'ensuit que la quantité de soude éliminée (à l'état de chlorure de sodium) est de $5^{gr},40$ environ. A cette quantité il faut ajouter la soude des matières fécales, $0^{gr},10$, et de la sueur $(1^{gr},50)$, ce qui fait en tout une élimination de 7 grammes.

Finalement voici le tableau des quantités de potasse et de soude ingérées et excrétées, tableau assurément schématique, mais qui fournit une base aux calculs de comparaison.

	Potasse des aliments.	Soude des aliments.	Soude ajoutée.	Soude totale.
Ingestion. . . .	4,75	0,55	6.45	7.00

		Potasse.	Soude.
Excrétion.. . .	Urine.	4.00	5.40
	Matières fécales. . . .	0.25	0.10
	Sueur	0,50	1,50
	TOTAL	4,75	7,00

Les quantités relatives de la potasse et de la soude ne sont rien moins que fixes dans les urines. Il y a une variabilité assez grande. SALKOWSKI et LEUBE (*Die Lehre von Harn*, 1882, p. 173) admettent que la quantité de NaCl varie entre 11 grammes et 15 grammes par 24 heures chez l'adulte, dans des conditions tout à fait normales. Mais dans certaines circonstances l'excrétion de NaCl peut atteindre 55 grammes par jour (VOGEL, cité par SALKOWSKI et LEUBE, *loc. cit.*). LEHMANN a trouvé que les matériaux inorganiques de l'urine oscillaient autour de $13^{gr},245$, variant de $9^{gr},625$ à $17^{gr},284$; c'est-à-dire du simple au double.

Il est d'ailleurs évident, même en laissant de côté toute influence pathologique, que, suivant qu'on ingérera plus ou moins de tels ou tels sels, sans aucun détriment apparent pour la santé, ces sels en plus ou moins grande quantité apparaîtront dans l'urine. Telle personne a l'habitude de consommer beaucoup de sel. Il est clair que cet excès de NaCl va se retrouver dans ses urines. Telle autre aime à manger des aliments peu salés, et ses urines contiendront peu de NaCl. Pour l'une et l'autre évidemment, la proportion sera différente.

Quant aux quantités de KCl, elles seront variables, elles aussi, suivant la nature des aliments. Mais les différences seront moindres que pour le NaCl, dont on peut ajouter ce qu'on veut[1].

Il n'en est pas moins remarquable de voir varier aussi dans de larges proportions la teneur du sang en potasse et en soude, comme l'indique le tableau suivant dû à HOPPE-SEYLER (cité par BEAUNIS, *T. P.*, 1888, t. I, p. 439).

	Chien.	Homme.	Homme.	Homme.	Veau.	Mouton.	Poulet.
Potasse	3,96	26,55	12,71	11,39	7,00	6,61	18,41
Soude.	43,40	24,11	31,90	36,24	56,55	41,92	30,00

Ces chiffres indiquent les quantités de potasse et de soude contenues dans 100 grammes de cendres. On voit que, même pour la même espèce animale, il y a des différences très appréciables. On trouvera dans les ouvrages classiques de nombreuses variations analogues, par exemple dans les tableaux donnés par GORUP-BESANEZ (*Chim. physiol.*, 1880, t. I, p. 506). Chez trois chiens la potasse a été de 15gr,16, de 19gr,16 et de 4gr,43 dans 100 grammes de cendres du sang.

Certes l'imperfection des méthodes analytiques y est pour quelque chose ; mais il faut admettre aussi des variations individuelles sans doute assez étendues, de sorte que, selon toute apparence, nous pouvons légèrement modifier par l'alimentation, sans dommage pour la santé, les proportions relatives des sels de potassium et de sodium, contenus dans nos tissus et notre sang.

L'hypothèse d'une stabilité absolue, nécessaire, dans les proportions de potassium et de sodium de nos tissus nous paraît inadmissible, et nous tendrions plutôt à admettre une assez grande latitude dans la teneur des liquides organiques en K et en Na. On est forcé d'arriver à cette conclusion, si l'on admet comme valables les analyses que nous venons de citer.

Maintenant, reprenons l'étude des aliments au point de vue du K et du Na contenus ; nous disions tout à l'heure que nous ingérons à peu près quatre fois plus de potasse que de soude, et que, par conséquent, il faut ajouter du sel à notre alimentation.

C'est surtout M. BUNGE qui a bien traité cette question, en lui donnant d'ingénieux développements (Voyez dans son *Cours de Chim. biol.*, trad. franç., 1891, la 7e leçon, pp. 97-123).

Nous reproduisons ici une partie de son argumentation.

D'abord, dit-il, le carnassier qui se nourrit de viande, prend 4 fois plus de potasse que de soude ; mais, s'il mange l'animal entier, avec le sang, il prend des quantités de potasse et de soude presque équivalentes. On sait que beaucoup de carnassiers saignent l'animal en suçant avidement son sang pour le tuer, et parfois même se contentent de sucer le sang, et dédaignent la chair. On peut donc admettre qu'en général, dans l'alimentation animale, la potasse et la soude sont consommées en quantités équivalentes.

Au contraire, chez les herbivores, il y a une alimentation bien plus riche en potasse qu'en soude. La farine de froment a 15 fois plus de potasse que de soude, les pommes de terre 40 fois plus, et le trèfle 90 fois plus.

A cette pauvreté relative en sels de soude, correspond une appétence extrême pour le sel. De fait, tous les herbivores sont avides de sel, tandis que les carnassiers ne paraissent pas l'être. Les ruminants viennent lécher les roches ou les efflorescences salines ; les herbivores domestiques engraissent et prospèrent quand on ajoute du sel marin à leur nourriture. Les peuples qui ne vivent que de légumes recherchent avidement le

[1]. Il est clair que certaines personnes font grand abus de NaCl, qu'elles emploient, sans autre cause qu'une sorte de perversion du goût, pour stimuler leur appétit, à dose exagérée.

sel, tandis que les sauvages, vivant de chasse ou de pêche, n'ont aucun goût pour le sel, et même, paraît-il, certains ont une antipathie déclarée pour les aliments salés.

Comment expliquer cette contradiction ? La pauvreté en soude n'est pas absolue dans l'alimentation végétale ; elle n'est que relative. Ce qui diffère dans l'alimentation végétale et l'alimentation animale, ce n'est pas la soude qui est ingérée en quantités égales, c'est la potasse ingérée en proportion quatre ou cinq fois plus forte chez l'herbivore. On peut supposer que l'élimination de la potasse entraîne l'élimination de la soude, et l'expérience directe est venue confirmer cette hypothèse.

En effet, en ajoutant à son alimentation des sels de potasse, M. BUNGE a vu augmenter l'excrétion de la soude. Ingérant 18 grammes de K^2O (ajoutés à ses aliments), il a vu une excrétion (en excès) de 6 grammes environ de Na^2O, et il en conclut que, chaque fois qu'on ingère des aliments riches en potasse, on force le rein à éliminer, en même temps que cet excès de potasse, une certaine quantité de soude.

De là, pour les herbivores, la nécessité d'introduire un excès de soude dans leur alimentation pour compenser les pertes en soude qu'entraîne l'élimination de la potasse ingérée en grande quantité.

Aussi M. BUNGE pense-t-il que les aliments trop riches en potasse présentent un certain inconvénient, et propose-t-il de donner la préférence au riz qui contient très peu de sels minéraux, sur la pomme de terre qui contient des proportions énormes de sels potassiques.

Chaux. — Parmi les autres métaux faisant partie de notre alimentation, le plus important, après le sodium et le potassium, c'est le calcium ; et, en effet, il ne manque à presque aucun aliment.

Le calcium présente, au point de vue de la nutrition, cette particularité qu'il est utile surtout aux premiers temps de l'existence ; car il va se fixer dans les os, et la dénutrition en est lente. Pendant longtemps le calcium va se fixer sur les os, et presque tout ce qui est absorbé va se déposer dans le corps, sans parallélisme entre l'ingestion et l'élimination. D'après LAWES et GILBERT (cités par GRANDEAU, loc. cit., p. 356), sur 100 grammes de cendres, il y a chez le bœuf $46^{gr},62$ de chaux contre $4^{gr},41$ de potasse, $3^{gr},04$ de soude, et $1^{gr},52$ de magnésie. Par conséquent, dans le corps d'un animal adulte, il y a dix fois plus de chaux que de potasse, et cependant l'élimination suit un ordre inverse. D'après les recherches de divers auteurs, la chaux éliminée par l'urine en 24 heures est de $0^{gr},260$ (SOBOROW), $0^{gr},330$ (NEUBAUER), $0^{gr},375$ (SCHETELIG) (cités par SALKOWSKI et LEUBE, loc. cit., p. 192) ; en moyenne $0^{gr},325$, alors que la quantité de potasse éliminée est, dans le même temps, de 4 grammes, et la quantité de soude de $6^{gr},50$ environ ; tous ces chiffres étant approximatifs, mais indiquant bien la moyenne de l'élimination.

Il s'ensuit qu'en rangeant les trois métaux d'après la quantité éliminée, on a :

Chaux. 1,0
Potasse 12,5
Soude 20,3

tandis qu'en les rangeant d'après la quantité contenue dans le corps, on a :

Chaux 1,00
Potasse 0,10
Soude 0,07

On en peut conclure que la chaux s'élimine cent fois plus difficilement que la potasse, et deux cent cinquante fois plus que la soude. L'explication de cette différence entre les trois métaux, assez difficile à comprendre pour ce qui est de la potasse et de la soude, est très simple pour la chaux. En effet, elle est à l'état de phosphate insoluble ou presque insoluble dans les solutions alcalines ; et, alors que tous les sels de potasse et de soude se dissolvent bien dans le sang, et peuvent diffuser à travers le rein, le phosphate de chaux se dissout à peine, et ne diffuse pas.

La nécessité de l'alimentation du nouveau-né en calcium fait qu'il y a dans le lait une proportion de chaux considérable.

Voici les proportions de sels et de chaux contenues dans un litre de lait, d'après BUNGE (cité par VOIT, H. H., t. VI, p. 454) :

	LAIT de CHIENNE.	LAIT de VACHE.	LAIT de FEMME.
Chaux	4,530	1,599	0,343
Potasse.	1,413	1,766	0,703
Soude	0,806	1,110	0,237
Magnésie.	0,196	0,210	0,065
Oxyde de fer. . . .	0,019	0,0035	0,0058

En outre, Bunge fait remarquer que le lait d'un animal a une composition minérale presque identique à celle de l'animal lui-même (*Cours de Chim. biol.*, p. 98).

On trouve en effet dans 100 grammes de cendres :

	JEUNE LAPIN.	JEUNE CHAT.	JEUNE CHIEN.	LAIT de CHIENNE.
Potasse	10,8	8,5	10,1	10,7
Soude	6.0	8,2	8,3	6,1
Chaux	33,0	35.8	34,1	34,4
Magnésie.	2,2	1,6	1,5	1,5
Oxyde de fer	0,23	0,34	0,24	0,14
Acide phosphorique. .	41,9	39,8	40,2	37,5
Cl	4,9	7.3	7,1	12,4

Il y a là une analogie saisissante bien faite pour montrer à quel point le lait maternel est bien adapté à la constitution du nouveau-né.

Les aliments végétaux ou animaux contiennent tous de la chaux (et de la magnésie) (Voir les tableaux α, β, γ).

En faisant le calcul de la chaux approximativement ingérée dans nos aliments, nous trouvons un total de 1gr,180.

Chaux de la ration alimentaire.

	MATIÈRES MINÉRALES.	CHAUX.
550 gr. pain.	1,80	0,13
280 — viande.	3,6	0,09
125 — lait	0,9	0,20
35 — œufs.	0,4	0,04
600 — fruits et légumes.	4,5	0,49
30 — légumes secs.	0,9	0,05
100 — féculents.	1,0	0,03
1000 — vins	2,3	0.15
TOTAL. . . .		1,18

Encore ce chiffre est-il trop faible; car l'eau ordinaire renferme des proportions de chaux fort appréciables. Il y a par litre en chaux, dans les eaux du Rhône, de la Seine, du Rhin, du Danube, de la Loire et de la Garonne (voy. A. Gautier, *Encycl. d'Hygiène*, 1890, t. ii, p. 381), une quantité moyenne de chaux égale à 0gr,052 par litre.

Dans les eaux de sources qui alimentent Paris :

Vanne. 0gr 113
Dhuis 0gr 109

(*Ann. statistique de Paris*, 1891, p. 16.)

Or on peut admettre une consommation moyenne de 1 000 grammes d'eau, ce qui porte à 1^{gr},300 environ le chiffre total de la chaux ingérée quotidiennement par un adulte.

On remarquera que le lait, malgré sa petite quantité, est un des principaux facteurs de notre alimentation en chaux; mais ce sont les fruits et légumes verts qui tiennent de beaucoup la place la plus importante; le vin, jus du fruit, relevant en somme de la même origine; ils donnent près de moitié de la quantité totale.

En nous reportant au chiffre de la chaux éliminée par l'urine, nous trouvons que cette quantité est de 0^{gr},325; par conséquent, il y a un excès de chaux de 0^{gr},975.

C'est dans les fèces que se trouve cet excédent de chaux. En effet, d'après PORTES et FLEITMANN (cités par GARNIER et SCHLAGDENHAUFFEN, loc. cit.), il y a, sur 100 grammes de cendres, 24 grammes de chaux; par conséquent, en admettant que les matières fécales contiennent 3 p. 100 de cendres, et que les excréments chez l'homme soient d'environ 130 grammes, on arrive à un chiffre de 0^{gr},90 de chaux éliminée.

BERTRAM (cité par VOIT, H. H., t. VI, p. 373) a trouvé sur un bouc 19 fois plus de chaux dans les fèces que dans l'urine.

Magnésie. — Les sels de magnésie sont constamment associés aux sels de chaux, et on peut dire que, sauf dans le lait, dans tous les aliments, la proportion des deux, métaux est à peu près la même.

La viande contient un peu plus de magnésie que de chaux; et les végétaux, selon l'espèce et probablement aussi selon la nature du sol et de la culture, ont tantôt plus, tantôt moins de magnésie que de chaux, comme on peut s'en assurer en consultant les tableaux donnés plus haut. Le pain, c'est-à-dire la farine de froment, contient 3 fois plus de magnésie que de chaux. Or, comme le pain est la base de notre alimentation, il s'ensuit que la magnésie est en proportion notablement plus grande que la chaux dans notre alimentation.

Le taux normal de la quantité de magnésie éliminée par l'urine a été, d'après 52 dosages de NEUBAUER (cité par SALKOWSKI et LEUBE, loc. cit., p. 195) de 0^{gr},8 à 1^{gr},26, soit, en chiffres ronds 1 gramme, c'est-à-dire trois fois plus que la chaux; et cet excès est dû probablement à la quantité plus forte de magnésie contenue dans le blé et dans le pain.

En prenant le tableau de l'alimentation normale, nous avons :

Magnésie de la ration alimentaire.

	CENDRES.	MgO.
550 gr. pain	1,8	0,14
280 — viande.	3,6	0,11
125 — lait	0,9	0,023
35 — œufs	0,4	0,004
600 — fruits et légumes.	4,5	0,18
30 — légumes secs	0,9	0,05
100 — féculents.	1,0	0,05
1000 — vin	2,3	0,10
		0,66

Il y a, comme on voit, un petit écart entre 1 gramme et 0,66. Mais cet écart s'explique, d'une part par l'imperfection des analyses, d'autre part et surtout par les variations de régime.

Fer et manganèse. — Le fer et le manganèse n'entrent dans nos aliments qu'en minime quantité. L'urine ne contient guère que 0^{gr},005 de fer par litre en moyenne (MAGNIER, cité par SALKOWSKI et LEUBE, p. 201). D'autre part, la quantité de fer qui se trouve dans un kilogramme de corps est très faible. D'après LAWES et GILBERT (cités par GRANDEAU, loc. cit., p. 358), dans 100 grammes de cendres de deux bœufs, il n'y avait que $0^{gr},97$ et $0^{gr},41$ de peroxyde de fer, en moyenne $0^{gr},69$. Comme l'animal entier a $4^{gr},25$ p. 100 de cendres, ce chiffre représente pour un kilogramme de l'animal entier, $0^{gr},29$; soit environ $0^{gr},19$ de fer métallique par kilo. Autrement dit encore, un bœuf de 500 kilogrammes contient 100 grammes de fer. Boussingault (cité par Voit, *H. H.*, t. vi, p. 383) a trouvé chez le mouton par kilogramme $0^{gr},151$ de fer, et chez la souris, seulement $0^{gr},111$.

Par conséquent, la quantité de fer nécessaire à l'alimentation n'est pas très considérable, et il est clair que nous en ingérons plus que ce qui est strictement nécessaire pour fournir à la minime dépense de $0^{gr},0075$ par jour.

En effet, Bunge (*Cours de Chim. biol.*, p. 102) donne les proportions suivantes de fer dans les aliments (à l'état de fer métallique, par kilogramme) :

Viande de bœuf.	0,035
Pain.	0,090
Pommes de terre.	0,080
Lait.	0,004

Prenant alors les quantités de fer ingérées, nous avons :

Fer de la ration alimentaire.

	CENDRES.	Fe^2O^3.
550 gr. pain.	1,8	0,011
280 — viande.	3,6	0,018
125 — lait.	0,9	0,003
35 — œufs.	0,4	0,002
600 — fruits et légumes frais.	4,5	0,090
50 — légumes secs.	0,9	0,008
100 — féculents.	1,0	0,011
1000 — vin.	2,3	»
		0,143
Sans les légumes.		0,053

Ce chiffre, encore qu'il soit bien faible, est encore supérieur à la quantité de fer que l'urine élimine, $0^{gr},006$ par jour, et même la quantité de $0^{gr},006$ est-elle peut-être trop forte.

Mais cela ne doit pas surprendre, car le fer n'est que très partiellement éliminé par l'urine. Les poils en gardent une notable partie ($0^{gr},021$ p. 100 d'après Baudrimont; $0^{gr},154$ p. 100 d'après van Laer, cités par Voit). Quant aux fèces, elles en contiennent encore davantage. A. Meyer évalue à $0^{gr},02$ la quantité qui passe par les matières fécales, chez l'homme (cité par Voit, *ibid.*). Ce chiffre semble trop faible. Il est probable qu'il est très variable, et va en augmentant si l'on augmente la quantité de fer qu'on ingère.

On s'est demandé quelle est dans l'élimination de fer la part de fer organique (dû à la dénutrition des tissus) et du fer alimentaire (ingestion des aliments). Si on soumet un animal, un chien par exemple, à l'inanition, il continue à rendre du fer, et le fer rendu n'est pas seulement dans l'urine, mais encore dans les excréments; car la bile continue à être sécrétée, et elle contient une proportion appréciable de fer. D'après Diek un chien de 6 kilogrammes rendait par jour $0^{gr},00186$ de fer. Forster, nourrissant deux chiens de 25 kilogrammes avec des matières alimentaires exemptes de fer(?), a trouvé qu'ils rendaient par jour environ $0^{gr},06$ de fer (Pour plus de détails, voir **Fer**).

Quant au manganèse, il y en a des traces dans les aliments, mais son rôle est inconnu.

Nous avons à examiner maintenant le rôle alimentaire du chlore, du phosphore et du soufre, car les métaux, potassium, sodium, magnésium, calcium et fer se trouvent sous la forme de chlorures, phosphates et sulfates, sans qu'on puisse exactement savoir à quel métal le chlore, l'acide phosphorique ou l'acide sulfurique sont combinés.

Chlore. — La quantité de chlore contenu dans les aliments a été évaluée par nombre d'auteurs. Nous donnerons le tableau synthétique de ces éléments ingérés avec notre ration type, renvoyant pour le détail aux tableaux. Nous ferons seulement remarquer que les chiffres du chlore des anciennes analyses sont contestés.

Sulfates, phosphates et chlorures de la ration alimentaire.

	CENDRES.	P²O⁵.	SO³.	Cl.
550 gr. pain.	1,8	0,90	0,02	0,05
280 — viande.	3,6	1,47	0,04	0,17
125 — lait	0,9	0,23	0,03	0,14
35 — œufs.	0,4	0,15	»	0,04
600 — fruits et légumes frais. .	4,5	0,58	0,27	0,18
30 — légumes secs.	0,9	0,32	0,03	0,02
100 — féculents.	1,0	0,17	0,06	0,03
1000 — vin	2,3	0,18	»	»
				0,63

Ainsi, en éliminant la quantité de chlore ajouté au pain, nous ne trouvons dans les aliments naturels que la minime quantité de 0ᵍʳ,63 de chlore, alors que du chlore est éliminé en quantité considérable par la sueur, les fèces et l'urine.

Prenant en effet les chiffres relatifs à l'élimination du chlore, nous trouvons d'après SALKOWSKI (*loc. cit.*, p. 173) une quantité moyenne pour 24 heures de 7 grammes dans l'urine; dans les matières fécales, d'après PORTER (*loc. cit.*, p. 349), des traces, négligeables; 2 p. 100 dans les cendres; et dans la sueur 2 grammes par litre, soit pour 750 grammes de sueur une élimination moyenne de 1ᵍʳ,5; soit sensiblement 8ᵍʳ,5 de Cl, pour l'élimination quotidienne.

Alors la quantité de chlore alimentaire sera à peu près la suivante :

Chlore du sel ajouté au pain. 1,35
Chlore du sel ajouté à nos aliments 6,60
Chlore des aliments naturels. 0,63
TOTAL. 8,58

Reportons-nous maintenant à ce que nous disions plus haut à propos de la soude. Nous avions trouvé que la quantité moyenne de soude ajoutée à nos aliments était en chiffres ronds de 5ᵍʳ,850 : chiffre qui répond à 6ᵍʳ,70 de chlore. Par conséquent la concordance est parfaite entre la donnée que nous fournit le calcul du chlore et celle que nous fournit le calcul de la soude; et on en peut conclure que nous ingérons en sel marin 11ᵍʳ,96 par jour, sans compter le sel marin du pain, sensiblement 2 grammes; soit 14 grammes de sel par jour, chiffre moyen très variable, mais qui résulte d'assez nombreuses moyennes pour qu'on le considère comme répondant bien aux nécessités de l'alimentation.

On voit, en définitive, en comparant l'alimentation naturelle, sans addition de sel marin, à l'alimentation réelle, en usage chez les peuples civilisés, que la véritable caractéristique de notre alimentation, c'est la pénurie de chlorure de sodium naturel, pénurie à laquelle nous remédions par les préparations culinaires diverses qui consistent essentiellement en la cuisson et l'addition de sel.

Soufre. — Le soufre est éliminé par l'urine à la dose de 0ᵍʳ,5 à 0ᵍʳ,6 environ par 24 heures chez l'homme, soit 1ᵍʳ,50 en acide sulfurique, chiffre supérieur au chiffre que nous avons trouvé pour l'ingestion du soufre; mais il est à noter que le soufre alimentaire que nous avons mentionné est du soufre combiné aux métaux, à l'état de sulfate (de potasse ou de soude) et que dans l'évaluation des cendres le soufre organique contenu dans les matières albuminoïdes n'est pas compris. Or les matières albuminoïdes ingérées par un homme adulte ont un poids total répondant, à peu près, à 20 grammes d'azote ; ce qui ferait $2^{gr},2$ de soufre, si toutes les matières azotées ingérées avaient la composition de l'albumine de l'œuf.

A vrai dire, il n'en est pas tout à fait ainsi, et il faut admettre une diversité très grande dans la teneur en soufre des différentes matières protéiques. Nous avons, pour 100 grammes de matières azotées sèches en soufre, les quantités suivante :

Albumine de l'œuf.	1,80
Syntonine musculaire.	1,80
Albumine du blé (22 p. 100 du blé).	1,55
Légumine des pois.	0,10
Gluten du blé (78 p. 100 du blé). .	0,70 (en moyenne)

ce qui, en calculant la quantité d'aliments ingérés, fournit :

550 gr. de pain	avec	38 gr. matières albuminoïdes	et	0,34 de S.
280 — viande.	—	50 —	—	0,90 —
125 — lait	—	4,2 —	—	0,07 —
33 — œufs.	—	5,2 —	—	0,10 —
600 — fruits et légumes frais . .	—	12 —	—	0,05 —
30 — légumes secs.	—	7 —	—	0,03 —
100 — féculents.	—	12 —	—	0,05 —
26 — fromage	—	7 —	—	0,12 —
		135,4		1,66 de S.

Auxquels il faut ajouter 0,18 du soufre des sulfates . . . . 0,18 —

1,84 de S.

Soit en chiffres ronds environ $1^{gr},8$ de soufre, qui correspond bien au chiffre de $0^{gr},6$ de soufre éliminé par l'urine et à une quantité de $1^{gr},2$ éliminée avec les excréments, les fèces, la sueur, etc.

Phosphore. — Le phosphore est ingéré en notable quantité ; une petite portion à l'état de phosphore organique, une portion relativement fort grande sous forme de phosphates, soit $1^{gr},72$ de phosphore. D'après SALKOWSKI et LEUBE, par l'urine il y a une excrétion quotidienne d'environ $2^{gr},50$ à 3 grammes de P^2O^5, soit $2^{gr},75$ en moyenne, ce qui répond à $1^{gr},2$ de phosphore, chiffre bien différent du chiffre de 4 grammes de P^2O^5 (soit 1,72 de P) que semblerait nous indiquer l'alimentation moyenne.

Mais, si nous tenons compte de la quantité de phosphates éliminés par les fèces, nous retrouverons le déficit. En effet, dans les 150 grammes de fèces quotidiennement éliminées, il y a environ 20 p. 100 de cendres, soit $3^{gr},96$ de cendres. Dans ces cendres l'acide phosphorique est très abondant, et représente environ 33 p. 100 du chiffre total : c'est donc une élimination moyenne de 1 gramme de P^2O^5 par les fèces, répondant à $0^{gr},43$ de P.

En ajoutant $1^{gr},2$ (éliminés par l'urine) à $0^{gr},43$ (éliminés par les fèces) on a un total de $1^{gr},63$ qui ne diffère guère du chiffre total $1^{gr},72$ que nous obtenons en calculant la moyenne de P, introduit par les aliments. Nous pouvons nous faire maintenant une idée des ingestions et excrétions des matières minérales.

Il est bien entendu que les chiffres que nous donnons ici sont une moyenne, par conséquent un chiffre variable ; mais tant bien intéressant à connaître ; car, c'est un point de ralliement pour les diverses analyses qu'on peut faire.

Ingesta.

	H^2O.	K^2O.	Na^2O.	CaO.	MgO.	Fe^2O^3.	Cl.	P.	S.
Aliments naturels. .	1 000	4,75	0,55	1,18	0,66	0,14	0,63	1,72	1,84
Boissons.	1 600								
Addition aux aliments.	»	»	6,45	»	»	»	6,0	»	»
Combustion de H. .	400	»	»	»	»	»	»	»	»

Il nous reste, pour en finir avec la partie minérale de notre alimentation, à dire quelques mots du *silicium* et du *fluor*. Nos connaissances sur ce point sont médiocres. Le *silicium* ne manque dans aucun de nos aliments, comme on peut le voir dans les tableaux α, β, γ, etc. Il est absorbé et passe dans l'urine; nous ne savons rien de son rôle physiologique chez les animaux; nous ne pouvons même affirmer qu'il en ait un; il est peut-être là simplement parce qu'il existe dans les aliments végétaux.

Le *fluor* n'a guère été recherché dans les aliments; mais, par contre, nous savons qu'il entre d'une façon normale et constante dans la composition des os. Il est probable que la molécule inorganique de ces organes est un sel de chaux compliqué, où l'atome de fluor est compris. Pondéralement, c'est peu de chose; peut-être est-ce un élément très important de l'édifice, peut-être est-ce lui qui maintient la masse calcaire dans l'état d'insolubilité nécessaire à sa fonction physiologique; mais nous en sommes réduits aux hypothèses.

Alimentation minérale des animaux mammifères. — Après cette étude, sur les éléments minéraux, il nous suffira de donner quelques points de comparaison établissant les différences essentielles dans l'alimentation des divers animaux.

Prenons quelques-uns des chiffres donnés par les agriculteurs sur la ration d'entretien [1]. Adoptons les chiffres donnés par M. CORNEVIN (*T. de zool. gén.*, 1891, p. 903). Il admet, d'après CREVAT, pour un cheval de 640 kilogrammes, la ration suivante :

Foin	6 kilogrammes.
Avoine	4 —
Féverole	4 —
Maïs	2 —
Paille	2 —
TOTAL	18 kilogrammes.

Or, 1 000 parties de substance sèche contiennent, d'après BUNGE, en potasse et en soude :

	K^2O.	Na^2O.
Foin	12	0,9
Avoine	5,5	0,25
Féverole	21	0,10
Maïs	4,32	0,16 (KÖNIG, t. II).
Paille	?	?

Ce qui équivaut finalement aux quantités de K^2O et de Na^2O suivantes :

	K^2O.	Na^2O.
Foin (14 p. 100 d'eau, WOLFF)	62	4gr7
Avoine (en moyenne 12 p. 100 d'eau KÖNIG) . .	19	0gr9
Féverole (4 p. 100)	10	0gr05
Maïs et paille (2 p. 100)	7	0gr29
TOTAL	98 gr.	5gr94

En rapportant ce poids au kilogramme de poids vif, nous trouvons que la ration alimentaire d'un kilogramme de cheval est

K^2O	0,153
Na^2O	0,009

Au contraire chez l'homme, nous trouvons, par kilogramme de poids vif, une quantité bien plus faible de potasse :

K^2O	0,079
Na^2O [2]	0,019

Si la différence est si grande, cela tient uniquement à ce que chez les herbivores les excréments, très abondants, contiennent une grande quantité de matières alimen-

1. Il y a de si nombreuses divergences à cet égard, et si importantes, que nous ne pouvons pas même les mentionner.
2. Non compris le NaCl ajouté, ni le vin.

taires qui ne sont ni digérées ni dissoutes ; de sorte que, pour ce 'grand échange de matières nutritives, il y a en réalité une perte considérable, de près de 50 p. 100 et quelquefois davantage. On voit qu'en admettant une perte de 50 p. 100 par les excréments, ce
qui est bien près de la vérité, la quantité de matière minérale ingérée par kilogramme
pour un herbivore et pour l'homme est à peu près la même. Il est intéressant de le
constater, quoique *a priori* on ait très bien pu le supposer.

D'après d'autres auteurs, la quantité d'aliments minéraux ingérés est plus considérable
que celle qu'admet CREVAT. Mais cela ne change rien au résultat final ; car c'est toujours
la plus ou moins grande perte par les fèces qui produit le déficit entre l'ingestion alimentaire, et l'excrétion par l'urine. BOUSSINGAULT, dont les admirables études ont été le point
de départ de toutes nos connaissances précises sur la question (cité par COLIN, *T. P.*,
t. II, 1873, p. 583) admet qu'un cheval (de 600 kilogrammes) ingère en 24 heures
672 grammes de matières minérales, et qu'il en rend 110 grammes par l'urine et
560 grammes par les excréments. En considérant comme perdues pour la nutrition les
quantités rendues par les fèces, on voit que la somme des sels est de 0^{gr},180 par kilogramme, alors que chez l'homme elle est de 10 grammes (déduction faite du sel marin
ingéré) soit de 0^{gr},160 par kilogramme[1] ; chiffres qui se ressemblent beaucoup.

Une vache de 600 kilogrammes ingérait en 24 heures 102 grammes de chaux ; et elle
en rendait par l'urine seulement 4^{gr},75 en 24 heures, soit 0^{gr},0075 par kilogramme. Chez
l'homme la quantité de chaux éliminée par kilogramme étant de 0^{gr},0053, chiffre à peu
près semblable.

Nous pouvons jusqu'à un certain point considérer comme inutiles à la nutrition les
substances qui passent dans les matières fécales, et n'attacher d'importance qu'à celles
qui après avoir été entraînées dans la circulation générale, sont éliminées par l'urine.

Nous arrivons alors à constater les proportions suivantes de minéraux :

Proportion des minéraux éliminés par l'urine.

	CHEVAL[*].	BŒUF[**].	BÉLIER[***].	PORC[****].
K²O.	36,85	64,70	55,0	58,7
Na²O.	3,71		9,0	0,30
MgO.	4,41	1,29	3,5	1,64
CaO.	21,92	0,20	1,2	0,76
P²O⁵.	»	»	0,2	11,84
SO⁴H².	17,16	4,35	4,4	?
Cl.	15,36	18,20	25,5	8,00
SiO³.	0,32	0,45	1,2	11,05
Fe²O³.	?	0,14	?	0,20

[*] D'après WOLFF (cité par TEREG, *in* ELLENBERGER, *Vergleich. Physiol. der Haussaugethiere*, 1890, t. I, p. 384.
[**] D'après J. MUNK, *Ibid.*, p. 394.
[***] D'après HENNEBERG, *Ibid.*, p. 395.
[****] D'après HEIDEN. *Ibid.*, p. 398.

Comparons ces chiffres à ceux de l'urine humaine, et rapportons à 100 la quantité
totale des sels ; nous avons, selon qu'on tient compte ou non du sel marin ingéré par
addition aux aliments :

	Avec le sel marin d'addition.	Sans le sel marin d'addition.
K²O.	17,8	36,5
Na²O.	23,8	3,2
CaO	1,6	3,2
MgO	4,8	9,0
Fe²O³.	0,02	0,05
Cl.	30,6	2,70
P²O⁵	13,0	27,00
SO⁴H²	8,3	20,05

1. Poids moyen des Français, 62 kil. (TENON, cité par SAPPEY. *Traité d'Anatomie*, t. I).

Nous voyons donc par la comparaison de ces tableaux entre eux que la composition de l'urine, et par conséquent la composition des aliments en sels minéraux, est très variable. N'est-il pas légitime de supposer que les besoins réels de l'alimentation en sels minéraux sont satisfaits dans les uns et les autres cas; et que par conséquent il est inutile d'exiger à l'aliment une fixité absolue dans le rapport des différents sels.

Si chez l'homme on trouve tant de soude, c'est par suite non d'une nécessité absolue, mais d'une habitude prise, qui ne semble pas indispensable, puisque aussi bien, chez le porc, qui est omnivore, on ne trouve presque pas de soude, mais une dose énorme de potasse, 60 p. 100 environ sur 100 grammes de cendres.

Il est facile de comprendre comment l'élimination urinaire du phosphore est si faible chez les herbivores. L'urine, étant alcaline, ne peut contenir à la fois sous la forme soluble des phosphates et des sels de chaux. De fait, dans l'urine du cheval, il y a de la chaux à l'état de sulfate, et il n'existe que des traces de phosphates. Par conséquent les phosphates ingérés, et ingérés en très grande quantité, puisque on doit l'évaluer à peu près à 40 grammes par jour, passent dans les fèces, mais sont probablement aussi éliminés par la bile, c'est-à-dire qu'il y a dans les fèces non seulement des phosphates non assimilés, mais encore des phosphates provenant des sécrétions glandulaires du foie et de l'intestin. C'était l'opinion de LIEBIG, et, quoique assez peu satisfaisante, il faut l'admettre, faute de mieux.

On ne peut donc se faire, avec des animaux nourris suivant telle ou telle variété d'aliment, une idée exacte de leur nécessaire et véritable alimentation. On a cherché alors à voir quel était le taux des *excreta* minéraux dans le cas d'inanition. D'après VOIT (*H. H.*, t. VI, p. 359), un chien de 34 kilogrammes a rendu par l'urine, pendant l'inanition, les quantités suivantes de sels minéraux :

1er jour.	5,54		5e	—	1,90
2e	—	2,49	6e	—	1,71
3e	—	2,25	7e	—	2,10
4e	—	1,79	8e	—	2,57

Soit, en ne tenant pas compte du premier jour, une moyenne de $2^{gr},10$, auxquels il faut ajouter $0^{gr},36$ éliminés par les fèces; soit encore, par rapport au poids du chien, une dénutrition moyenne de $0^{gr},07$ de sels minéraux par kilogramme et par 24 heures. FALCK, expérimentant sur un chien de 21 kilogrammes, et sur un autre de $8^k,900$, a trouvé deux chiffres très différents (FALCK, *Beiträge zur Physiologie*, etc., 1875, p. 92); et pour des raisons trop longues à discuter ici, il admet comme valable un seul de ses chiffres, soit en moyenne par 24 heures une élimination de chlore égale à $0^{gr},017$; ce qui pour un chien de 21 kilogrammes descendant successivement à $10^k,830$ (moyenne = 16 kilogrammes) fait à peu près $0^{gr},00106$ par kilogramme. Dans ces mêmes expériences la quantité de P retrouvée dans l'urine a été par kilogramme pour les deux mêmes chiens de $0^{gr},1221$, et $0^{gr},0338$ et $0^{gr},1047$ (chat observé par SCHMIDT). Sur un chien de 34 kilogrammes BISCHOFF (cité par VOIT, *loc. cit.*) a trouvé $1^{gr},1$ dans le jeûne, soit $0^{gr},032$ par kilogramme. Le soufre total a été de $0^{gr},03$ par kilogramme.

La chaux éliminée dans le jeûne a été trouvée par ETZINGER pour un chien de 34 kilogrammes égale à $0^{gr},22$ de CaO, soit $0^{gr},0065$ par kilogramme et par jour.

Rien ne prouve mieux cette influence de l'alimentation que l'expérience suivante de WEISKE (cité par TEREG, *loc. cit.*, p. 398). Il a pris deux chevreaux ; l'un nourri avec des herbes, et l'autre avec du lait. Voici la teneur en cendres, comparée dans les deux urines, sur 100 grammes de cendres.

	Urine du chevreau herbivore.	Urine du chevreau lactivore.
K^2O	34,91	42,83
Na^2O	22,48	14,05
MgO	0,77	0,98
SO^4H^2	16,89	3,02
P^2O^5	»	22,22
Cl	13,35	20,67
CO^2	10,40	»
SiO^3	0,59	»

Dans les nombreux dosages effectués sur l'urine de Succi qui est resté à jeun pendant 30 jours, Luciani a trouvé les chiffres suivants, pour l'élimination des matières salines (*Fisiologia del Digiuno*, 1889, p. 116).

	Chlore.	Acide phosphorique. P^2O^5.
Du 4e au 8e jour, moyenne.	0,825	2,282
Du 8e au 12e — —	0,531	1,407
Du 12e au 16e — —	0,270	0,830
Du 16e au 20e — —	0,200	1,063
Du 20e au 24e — —	0,245	0,847
Du 24e au 30e — —	0,291	0,827

La moyenne en chiffres ronds de Cl émis pendant la période de jeûne complet est donc voisine de $0^{gr},260$; ce qui, en lui supposant un poids moyen de 55 kilogrammes (63^k,300 au début, 45^k,650 à la fin du jeûne) équivaut par kilogramme et par 24 heures, pour la dénutrition organique proprement dite, à environ $0^{gr},0047$ pour le chlore; et $0^{gr},830$ pour P^2O^5, ce qui fait par kilogramme $0^{gr},015$.

Ce sont là des chiffres très faibles, mais ils représentent évidemment la combustion d'un individu à jeûn et souffrant de la faim.

En résumé on peut admettre à peu près les quantités suivantes, par kilogramme et par 24 heures, pour un individu normal :

$$
\begin{array}{ll}
Na^2O. . . . . & 0,005 \\
K^2O. . . . . & 0,015 \\
P^2O^5 . . . . & 0,060 \\
CaO. . . . . & 0,005 \\
Cl. . . . . . & 0,025 \\
\end{array}
$$

De là, pour un homme de 60 kilogrammes, une consommation minimum quotidienne de :

	Consommation minimum.	Consommation moyenne [1].
Na^2O.	0,30	7,00
K^2O	0,90	4,75
P^2O^5	3,60	4,75
CaO	0,30	0,75
Cl.	1,50	8,00

Il s'ensuit qu'en fait de sels minéraux nous avons une vraie alimentation de luxe — et les animaux, eux aussi, ont une alimentation de luxe — et que nous ingérons beaucoup plus de sels que cela ne serait rigoureusement nécessaire. Nous discuterons plus loin cette question pour tous les aliments.

Quant au rapport de ces divers sels, on ne peut rien affirmer de précis; car, selon toute apparence, les sels de Na peuvent dans une certaine mesure se substituer aux sels de K; les sels de Ca aux sels de Mg, et inversement. De même Cl peut être remplacé par P^2O^5 ou SO^4.

D'après les analyses de Lawes et Gilbert, la proportion des cendres est la suivante, pour un bœuf moyen :

		En admettant $K^2O = 100$.
K^2O. . . .	4,41	100
Na^2O	3,08	71
MgO. . . .	2,03	45
CaO. . . .	45,26	»
Fe^2O^3 . . .	0,97	2,2
P^2O^5. . . .	48,22	»
SO^4H^2. . .	0,86	1,9
Cl.	1,24	28,0
SiO^3	0,24	0,5

Mais cela ne nous donne aucune indication sur la nécessité de tel ou tel aliment; car

---

1. Chiffres obtenus, en nous reportant au tableau donné plus haut. Nous trouvons donc une différence considérable entre l'alimentation minimum et l'alimentation réelle.

le phosphate de chaux, qui est là en quantité si prépondérante, ne subit certainement que des transformations tout à fait lentes, et reste fixé dans le tissu osseux bien plus que les sels de soude ou de potasse qui sont sans doute en rénovation continuelle dans les muscles et dans le sang.

Il semble que le vrai type de nos besoins en sels minéraux doit nous être donné par la composition du lait; toujours en éliminant le phosphate de chaux, car le nouveau-né a besoin de fixer, pour le reste de sa vie, du phosphate de chaux dans ses tissus.

En faisant cette proportion, nous trouvons sur 100 grammes (d'après BUNGE), pour le lait de chienne :

		Soit $K^2O = 100$.
K^2O	10,7	100
Na^2O	6,1	57
MgO	1,5	14

De là il s'ensuit, pour terminer cette longue discussion, qu'on peut à peu près, en prenant la moyenne de ces moyennes, très hétéroclites, adopter les chiffres suivants (schématiques), pour les besoins de l'organisme par kilogramme et par 24 heures.

	gr.
Na^2O	0,010
K^2O	0,030
P^2O^5	0,060
CaO	0,005
Cl	0,025
MgO	0,005
TOTAL	0,135

Si cette limite est dépassée — et elle l'est toujours beaucoup dans l'alimentation normale, — c'est qu'il y a, pour les matières minérales comme pour les matières organiques, un véritable luxe alimentaire, et que nous ingérons plus de sels minéraux que ne l'exigeraient les stricts besoins de notre organisme.

Reptiles, Oiseaux, Poissons. — Jusque ici nous n'avons étudié que les aliments de l'homme et des mammifères. Il faudrait examiner maintenant les aliments minéraux nécessaires aux autres vertébrés et aux invertébrés. Mais, si déjà nous avons souvent eu l'occasion de constater que les recherches précises font défaut en maints points de détail, pour l'alimentation de l'homme et des animaux domestiques, à plus forte raison quand il s'agira des oiseaux, des reptiles, des poissons, des mollusques et des insectes.

D'une manière générale on peut dire que les besoins de l'organisme d'un oiseau doivent être à peu près les mêmes, à égalité de poids, que ceux d'un mammifère; mais les chiffres précis manquent.

Même il n'existe pas d'analyse complète du guano, au point de vue de la teneur respective en K et en Na. Dans l'art. Engrais (D. W., p. 1231, t.4) M. DEHÉRAIN donne pour le guano des îles Falkland la composition suivante (résultat de trois analyses) :

Phosphate tricalcique	19,0
Phosphate de fer et d'alumine	4,7
Sulfate de chaux hydraté	14,00
Silice	26,3
Sels alcalins	7,0
Eau	11,0
Matières organiques	18,0

En supposant que la proportion de NaCl à KCl soit de 1 a 5; pour comparer les excrétions des oiseaux à celles des mammifères, cela donne à peu près les proportions suivantes :

	p. 100 de guano.	P. 100 de mat. minérale (CaO, P^2O^5, Na^2O, K^2O).
CaO	11,8	44,4
P^2O^5	12,4	37,0
Na^2O	0,8	2,4
K^2O	3,5	10,5
SiO^3	26,3	
SO^4H^2	7,9	

On voit que ce document ne nous renseigne que d'une manière assez insuffisante.

J'en dirai autant des analyses bien imparfaites et peu nombreuses qu'on a données de l'urine des serpents (H. MILNE-EDWARDS, *T. P.*, t. VII, p. 446). Dans l'urine d'un boa, PROUT n'aurait pas trouvé de soude; mais l'analyse est manifestement insuffisante. M. WESLEY MILLS (*J. of Physiol.*, t. VII, 1886, p. 453), analysant l'urine des tortues, n'a pas dosé les sels, quoique il ait eu de notables quantités de matière à sa disposition.

Nous pouvons cependant supposer, malgré cette défectuosité des analyses, que l'alimentation des oiseaux et des reptiles ressemble au point de vue des sels minéraux à celle des mammifères; les uns sont carnivores; les autres, herbivores; avec des proportions un peu plus fortes de soude chez les animaux carnassiers que chez les granivores et les herbivores.

Un seul point est digne de remarque, c'est la formation de chaux pour la coquille de l'œuf chez les oiseaux. Une poule qui pèse 2 kilogrammes en moyenne peut produire un œuf par jour à certaines saisons ; le poids de la coquille est de 6 grammes environ. Si l'on admet que c'est du carbonate de chaux presque pur, cela fait une élimination quotidienne de 4^{gr},5 environ de CaO, chiffre énorme, d'autant plus considérable que certainement les urines contiennent encore de la chaux, et que l'œuf lui-même renferme des quantités de chaux qui sont relativement très grandes. On peut dire que dans ces conditions l'oiseau a besoin au moins de 5 grammes de CaO par jour dans ses aliments.

Il paraît même qu'en alimentant des poules avec une nourriture riche en phosphate de chaux, on peut augmenter beaucoup la teneur de l'œuf (albumen et vitellus) en chaux. M. LANEL a pu, avec cette alimentation spéciale, avoir des œufs contenant 0^{gr},89 de phosphate de chaux pour 100 grammes; alors que la proportion normale n'est que de 0,^{gr}34.

Ainsi, par le seul fait de la nécessité d'une coquille pour un œuf, les besoins de l'alimentation de l'oiseau en chaux sont profondément modifiés. Il paraît que, si l'on empêche les poules de mêler à leurs aliments des petits graviers ou des petits cailloux, elles cessent de pondre.

Invertébrés. — Pour ce qui concerne l'alimentation des invertébrés, nous avons bien moins de données encore. Il est certain qu'il y a des sels de soude, de chaux et de potasse dans leurs tissus, et que ces métaux ont été introduits par l'alimentation; mais nous ne pouvons savoir dans quelles proportions (Voyez MILNE-EDWARDS, *T. P.*, t. VII, p. 449). M. LETELLIER, qui semble avoir étudié ce sujet avec soin (*Th. doct. Fac. sciences de Paris*, 1887, et *Arch. de zoolog. expérimentale*), a trouvé chez divers mollusques acéphales des calculs de phosphate ammoniaco-magnésien, de phosphate tribasique de calcium, avec des traces de phosphate de soude et de fer. Mais ces analyses, si importantes qu'elles soient, ne sont pas quantitatives et par conséquent ne nous fournissent que des renseignements imparfaits.

Notons aussi que la soie sécrétée par le ver du bombyx contient 6,4 pour 100 de sels minéraux, dont la moitié est constituée par des sels de chaux, l'autre moitié par des sels d'alumine et de fer[1].

Dans l'histoire chimique des invertébrés, ce qui doit surtout frapper, c'est la proportion considérable de chaux que la plupart de ces êtres vont fixer sur leur coquille à l'état de carbonate. C'est là dans l'ensemble de la vie des êtres un phénomène tout à fait remarquable.

C'est même un phénomène commun à tous les animaux, supérieurs ou inférieurs. La fixation de chaux à l'état de carbonate et phosphate de chaux paraît être une des lois fondamentales de la Biologie. Pour faire la trame solide de leur organisme, de manière à offrir un support à leurs parties molles, les êtres vivants, quels qu'ils soient, vont chercher dans leurs aliments un minéral qui donnera un sel insoluble, et par conséquent une masse dure et résistante. Le squelette, intérieur chez les vertébrés, extérieur chez les mollusques et les crustacés, a toujours une base de chaux.

Et cette quantité de chaux ainsi fixée est considérable. D'après SOXHLET, dont les chiffres sont confirmés par LEHMANN et WEISKE (cités par VOIT, *H. H.*, t. v, p. 378), un veau de 50 kilogrammes a besoin par jour pour sa croissance de 14^{gr},5 de CaO. Mais ce

---

1. A noter que les insectes sont riches en soude (BUNGE, *Cours de Chim. biol,*. p. 122).

chiffre est beaucoup trop faible et il y a évidemment une erreur. En effet, d'après LAWES et GILBERT, un bœuf de 500 kilogrammes ne contient pas moins de 24 kilogrammes de phosphate de chaux. En supposant qu'il ait un an et demi d'existence, cela fait une fixation moyenne de 54^{gr},5 de phosphate de chaux, par jour ; ou 50 grammes en chiffres ronds. Les sels de chaux qui se sont amassés dans les os des grands herbivores d'autrefois constituent maintenant d'importants gisements exploités pour l'agriculture.

De même que la plante accumule du carbone et de la potasse, dans ses tissus, de même l'animal accumule du phosphate de chaux, et il ne serait peut-être pas difficile d'établir une classification d'après cette fixation minérale différente ; puisque aussi bien c'est afin de pouvoir se mouvoir et donner des points d'appui à leurs muscles que les animaux ont amassé ainsi des sels de chaux, tandis que les végétaux, qui n'ont pas besoin d'un squelette aussi résistant, n'amassent que de la potasse qu'ils vont puiser dans le sol.

Plus remarquable encore est cette fixation de chaux quand on étudie le mode de vie des mollusques. En effet, la plupart de ces animaux vont puiser dans leurs Aliments, et spécialement dans l'eau, la chaux qui leur est nécessaire.

Les coquilles des mollusques, le test des crustacés et le squelette des polypiers sont constitués presque uniquement par du carbonate de chaux.

Voici quelques analyses à ce sujet (JOLLY. Les phosphates, Paris, 1887, pp. 208, 216, 218).

TEST DE LANGOUSTE (CENDRES)

CO^3Ca	72,10
CO^3Mg	9,30
$(PO^3)^2Ca^2$	18,60

CORAIL.

CO^3Ca	97,031
CO^3Mg	0,376
$(PO^3)^2Mg^3$	0,016
$(PO^3)^2Ca^3$	2,547

COQUILLES DES HUITRES

Matière organique	1
CO^3Ca	98
$(PO^3)^2Ca^3$	1

Ainsi le squelette des invertébrés est constitué presque exclusivement par du carbonate de chaux, avec 2 et 3 p. 100 en moyenne de phosphate de chaux. Cela indique une fixation de chaux considérable et très active. Dans une huître de taille moyenne, il y a donc environ 200 grammes de chaux. Or, comme, dans l'eau de mer, il y a 0^{gr},60 de CaO par litre, on voit qu'il faut que l'huître ait séparé totalement toute la chaux que peuvent contenir 300 litres d'eau de mer. Cette fixation est plus étonnante encore quand on songe qu'elle se fait en partie au moyen d'acide phosphorique ; car il n'y a que des traces de phosphates dans l'eau de mer, et cependant les animaux marins, vertébrés et invertébrés, contiennent tous dans leurs tissus de notables quantités de phosphore, soit à l'état de phosphates de chaux, de potasse et de soude, soit à l'état de combinaison organique.

Cette fixation minérale (de chaux) par les invertébrés est vraiment un phénomène extraordinaire, si l'on songe aux formations géologiques, soit anciennes, soit actuelles. Des terrains calcaires, d'une puissance et d'une étendue considérables, sont formés entièrement par des agglomérations de coquilles ; et actuellement des îles et des continents se forment, dans l'océan Pacifique par exemple, par l'accroissement des polypiers et coralliaires (Voy. DARWIN, Voyage d'un naturaliste, 1883, p. 496).

Ainsi donc, les vertébrés supérieurs, et, avec une plus grande intensité, les vertébré inférieurs, trouvent dans leurs aliments de la chaux, et la fixent dans leurs tissus, pour en former leur squelette solide, constituant ainsi une colossale réserve de chaux qu'ils séparent de la nature ambiante où cette chaux était disséminée.

Quant aux sels de potassium, de sodium et de magnésium, ils sont aussi fixés par les organismes marins ; mais d'abord cette fixation est moins complète, et ensuite elle es plus facile à comprendre, car les eaux de mer contiennent, par litre, 15 grammes de soude, 1^{gr},9 de magnésie et 0^{gr},9 de potasse.

Cette même huître, qui a eu besoin de 300 litres d'eau de mer pour y trouver une quantité de chaux suffisante à sa coquille, trouvera dans un litre d'eau de mer assez de potasse, de soude et de magnésie, pour la constitution minérale de son organisme.

En définitive, nos connaissances sur la nutrition des invertébrés en aliments minéraux sont assez peu avancées, et appellent certainement de nouvelles recherches.

Abstinence d'aliments minéraux. — On a naturellement cherché à savoir quelle serait, sur l'organisme, l'influence de l'abstinence totale de sels de sodium et de potassium, et on est arrivé à des résultats positifs, quoique à bien des égards imparfaits (La question a été bien résumée et exposée par Voit. *H. H*, t. vi, pp. 362-371).

On sait d'abord que les animaux de boucherie engraissent plus vite quand on ajoute du sel marin à leur alimentation. C'est là une donnée qui trouve journellement son application dans l'industrie agricole.

D'autre part, il est assez difficile de nourrir un animal tout en le privant absolument de sel; car les aliments minéraux adhèrent avec ténacité aux matières albuminoïdes, si bien qu'on ne peut les en complètement débarrasser.

Aussi bien n'a-t-on jamais pu établir la démonstration que l'absence de matières minérales, prolongée, fait mourir par une sorte d'inanition minérale. Cependant FORSTER, qui a fait cette étude en 1873 (*Hofmann's Jahresberichte für Phys.*, 1875, p. 407), admet que les chiens et les pigeons, ainsi privés de toute substance saline, finissent par mourir.

On a essayé aussi de supprimer chez l'homme le sel marin de l'alimentation, mais, qu'on le remarque bien, cette suppression n'est jamais totale, car il reste toujours dans les aliments, même non salés, assez de chlorures et de sels de soude pour constituer encore une suffisante ration de NaCl.

En prenant des aliments sans aucune addition de sel, WUNDT a vu diminuer, comme cela était à prévoir, le NaCl éliminé par l'urine.

1er jour	. . . .	7,21
2e —	. . . .	3,61
3e —	. . . .	2,44
4e —	. . . .	1,36
5e —	. . . .	1,09

KLEIN et PERRON ont pu vivre pendant huit jours sans être incommodés en n'ingérant, tout compris, qu'une quantité maximum de NaCl égale à 1^{gr},4. Ils ont constaté, en dosant le NaCl du sang, que la proportion de sel, qui était par litre de sang de 4^{gr},02, est tombée à 2^{gr},82, pour remonter à 4^{gr},23, après que l'expérience de privation de sel a pris fin.

Si l'on voulait faire cette expérience, il faudrait se résigner à la poursuivre pendant plus longtemps, avec du riz, du sucre de canne, du beurre, de la viande bouillie et de l'eau distillée à discrétion; on aurait évidemment une alimentation peu agréable, mais suffisante au point de vue du carbone, de l'hydrogène et de l'azote. Elle serait assez pauvre en sels pour que la masse des matières minérales ne dépasse pas 5 grammes. Encore, en ayant soin de faire bouillir le riz au préalable, pourrait-on abaisser à 3 ou 4 grammes ce taux minimum d'éléments minéraux.

Quant au rôle du phosphore, nous avons peu de faits à citer. KEMMERICH (*A. Pf.*, 1869, t. ii), a nourri deux jeunes chiens avec de la viande bouillie et lavée; mais en variant le sel, de sorte que l'un (A) recevait en outre 5 grammes de NaCl, tandis que l'autre (B) recevait 5 grammes des cendres du bouillon (phosphate de potasse); il a vu que le chien au phosphate de potasse prospérait, tandis que l'autre n'augmentait pas. Mais quand on a donné au chien A du phosphate de K et au chien B du NaCl, c'est l'inverse qu'on a observé. Quelque intéressante que soit cette expérience, on pensera sans doute qu'elle ne suffit pas pour établir le rôle du phosphore dans la nutrition.

Il est à présumer que ce rôle est très important; car, chez les plantes, les phosphates sont absolument nécessaires à une bonne végétation, et il faut donner des engrais phosphatés si le sol ne contient pas de phosphore. Enfin la richesse du lait et de l'œuf en phosphore nous prouve bien à quel point ce corps est utile à l'existence du jeune être.

L'absence de chaux dans l'alimentation a été plus souvent étudiée (Voit, *H. H.*, t. v, p. 374). Il se produit alors des lésions osseuses qu'on peut désigner sous le nom générique d'ostéomalacie. Nous n'entrerons pas ici dans la discussion des faits, qu'on trouvera relatés à **Calcium** et à **Ostéomalacie**; nous nous contenterons d'indiquer une cause d'erreur assez grave, commune d'ailleurs à toutes ces expériences.

Quand on soumet un animal à une alimentation artificielle, ainsi que l'est nécessairement toute alimentation, dont il faut éliminer soit NaCl, soit KCl, soit $(PO^3)^2 Ca^3$; il ne mange plus qu'avec une extrême répugnance, et finalement il dépérit et meurt d'alimentation insuffisante, sans qu'on puisse décider si l'insuffisance de nutrition porte sur les éléments minéraux ou sur les autres.

Ce qui est certain, c'est, comme l'a bien vu le premier Chossat, que les animaux privés de sels de calcium ont des os fragiles, poreux, cassables, et finissent par mourir. Voit préfère appeler ce phénomène de l'*ostéoporose*, plutôt que de l'*ostéomalacie* et du *rachitisme*, qui coïncident avec une inflammation véritable plutôt qu'à une raréfaction de l'élément minéral dans la trame du tissu osseux.

Alcalinité des aliments. — En dehors de la somme totale d'éléments minéraux, et du rôle de chacun de ces éléments pris en particulier, nous devons considérer encore la somme des bases, d'une part, la somme des acides, de l'autre, ces deux sommes étant comptées après transformation complète du phosphore et du soufre en acides phosphorique et sulfurique, ainsi que cela se passe dans l'organisme. Or, dans les aliments végétaux, la somme des bases l'emporte sur la somme des acides, tandis que c'est l'inverse dans les aliments animaux : les cendres des végétaux sont alcalines, les cendres de la viande sont acides. A cette constatation correspond le fait physiologique connu, que les urines des herbivores sont alcalines, les urines des carnivores sont acides. Ce dernier fait démontre que le rein est capable de débarrasser le sang d'une partie des acides qui tendent à détruire son alcalinité normale. Mais les lois chimiques qui permettent ainsi au filtre rénal d'extraire du sang alcalin un liquide limitent ce phénomène à certains sels, spécialement aux phosphates (Voir **Rein**). L'acide sulfurique qui se forme sans cesse par la combustion des matériaux albuminoïdes dans l'organisme des carnivores s'emparerait peu à peu de toutes les bases fixes de cet organisme et finirait par le détruire.

Il intervient ici un mécanisme particulier, neutralisation de cet acide sulfurique par de l'ammoniaque[1] (Voir **Nutrition**). Mais ce mécanisme serait lui-même insuffisant si la nourriture ne contenait pas du tout de sels alcalins; car la production d'ammoniaque est limitée. C'est du moins ce qui semble ressortir d'expériences intéressantes entreprises sous l'inspiration de Bunge. Forster avait vu que des chiens nourris avec de la viande fortement bouillie et ne contenant presque plus de cendres périssent assez rapidement. Lunin[2] reprit la question spécialement au point de vue de l'alcalinité des cendres. Il expérimenta sur des souris à cause de la difficulté d'obtenir une nourriture exempte de cendres pour un grand nombre d'animaux de plus grande taille.

La nourriture était préparée de la manière suivante : en précipitant par l'acide acétique du lait étendu d'eau et en lavant avec de l'eau acidulée le précipité floconneux, on obtenait un mélange de graisse et de caséine, ne contenant que $0^{gr},05$ à $0^{gr},08$ de cendres sur 100 parties de substance séchée (c'était dix fois moins que dans les viandes bouillies de Forster). On ajoutait à ce mélange du sucre de canne exempt de cendres, comme représentant des hydrates de carbone.

Avec cette nourriture et de l'eau distillée, cinq souris vécurent 11, 13, 14, 15 et 21 jours; à l'inanition complète deux souris vécurent 4 jours, deux autres 3 jours. Ensuite six souris furent mises à cette nourriture déminéralisée, mais avec addition de carbonate de soude. Celles-ci vécurent 16, 23, 24, 26 et 30 jours, c'est-à-dire le double des sujets précédents.

Or on pouvait dire que cette survie tenait, non pas à la neutralisation de l'acide sulfurique formé dans l'organisme, suivant l'hypothèse qui présidait à ces recherches, mais simplement à la présence de l'un du moins des éléments minéraux nécessaires,

1. Walter, *Arch. f. exp. Path.*, t. vii, p. 148.
2. Cité par Bunge, *Cours de chimie biol.*, p. 106.

agissant là, non en tant que base, mais en tant que sel de sodium. Pour répondre à cette objection, LUNIN institua l'expérience suivante : 7 souris furent ∫mises au même régime, mais au carbonate de soude fut substituée la quantité correspondante de chlorure de sodium, c'est-à-dire d'un sel de sodium incapable de neutraliser l'acide sulfurique. Les 7 sujets périrent au bout de 6, 10, 11, 15, 16, 17 et 20 jours, c'est-à-dire exactement comme les sujets qui n'avaient reçu aucun élément minéral.

Une série parallèle instituée avec le carbonate de potassium et le chlorure de potassium donna les mêmes résultats.

Mais, si un sel alcalin est capable d'assurer une survie de 10 à 15 jours, quelle est la cause de la mort des animaux au bout de ce temps? est-ce le déficit d'aliments minéraux particuliers?

Pour résoudre cette question, LUNIN reprit une série de souris auxquelles il donna, en outre des aliments gras, hydrocarbonés et albuminoïdes préparés comme nous avons vu plus haut, *tous les sels minéraux* qui sont contenus dans le lait et précisément dans la proportion où ils y sont contenus; 6 souris dans ces conditions vécurent 20, 23, 25, 29, 30 et 31 jours, c'est-à-dire *le même temps que les sujets qui n'avaient reçu que du carbonate de soude* en fait d'aliments minéraux.

Nous avons tenu à rapporter d'une façon complète cette expérience, parce que, en même temps qu'elle élucide un point intéressant, elle nous montre toute la complexité et la difficulté de ces questions de ration. Il faut noter, en effet, que les souris vivent indéfiniment avec du lait, et qu'ici, où on leur donne tous les éléments du lait, isolés puis réunis de nouveau (à l'exception de la petite quantité d'albumine du lait), elles périssent en un temps assez court.

Nous aurons d'ailleurs à rappeler plus loin cette expérience.

II. Aliments organiques. — Avant d'entrer dans l'étude de chacun des groupes qui constituent cette classe, il y a une remarque générale à faire : c'est qu'ils sont tous destinés à être transformés dans l'économie, et transformés régressivement, soit par hydratation, soit par oxydation, de façon à dégager au sein de l'organisme à l'état de force vive tout ou partie de l'énergie potentielle de leur molécule.

Dans la définition que nous avons donnée des aliments considérés dans leur ensemble, nous avons été amenés à distinguer deux fonctions dans le rôle de ces aliments : 1° fournir sous forme utilisable par la machine animale l'énergie potentielle équivalente aux dépenses en force vive : chaleur perdue par rayonnement et évaporation, travail mécanique; 2° Fournir des substances chimiques particulières, pour remplacer celles qui se détruisent ou s'éliminent constamment.

Ce second rôle appartient à diverses substances minérales, comme nous l'avons étudié dans ce qui précède; il appartient aussi à certaines substances organiques. Mais celles-ci seulement, étant combustibles, sont aptes à remplir le premier, celui que nous avons placé en tête parce qu'il l'emporte de beaucoup sur l'autre, du moins au point de vue quantitatif : car les deux fonctions sont toutes deux nécessaires.

Chez tous les animaux, il y a perte constante de chaleur, et destruction dans l'organisme d'une quantité correspondante de combustible; chez les animaux à sang chaud, cette dépense est considérable. C'est cette dépense qui crée essentiellement le besoin d'alimentation, puisque l'organisme se détruit lui-même, s'il ne peut prendre à l'extérieur de l'énergie potentielle utilisable pour lui (Voir **Inanition**). Il importe de se rendre compte de la grandeur de cette consommation.

Nous considérerons surtout le cas des animaux à sang chaud, plus étudiés.

CH. RICHET[1] a montré que chez ces animaux la dépense de chaleur est régie d'une façon presque exacte par les lois physiques du rayonnement; c'est-à-dire que cette dépense est fonction : 1° de la température extérieure (sous certaines réserves); 2° de l'étendue de la surface du corps; 3° de la nature de cette surface et de son revêtement (Voir **Chaleur animale**).

Dans une même espèce, et sous les mêmes conditions extérieures, les animaux de petite taille perdent donc, par rapport à leur poids, des quantités de chaleur plus considérables que les animaux de grande taille, la surface par unité de poids étant plus petite

1. *Trav. Lab.*, t. i, *Recherches de Calorimétrie*, plus spécialement pp. 180 et 194.

chez ces derniers. Il faut donc que les combustions destinées à fournir cette chaleur soient, pour une même masse de tissus, plus énergiques chez les petits animaux que chez les grands. Si l'on passe d'une espèce à l'autre, il intervient des coefficients spécifiques dus en majeure partie à la différence du tégument, qui empêchent la proportionnalité d'être exacte, mais il n'en reste pas moins vrai que les petites espèces ont des combustions beaucoup plus actives que les grandes.

Voici un tableau, emprunté au travail cité plus haut, et qui servira d'exemple.

ESPÈCE.	POIDS MOYEN	CALORIES PAR KILO et par heure.
	kil.	kil.
Chiens.	10.000	3.200
Enfants	7.500	4.000
Oies.	3.250	3.500
Chat.	3.150	3.300
Chat.	1.700	4.500
Chien	1.650	5.800
Canards.	1.500	5.500
Poule	1.500	5.700
Cobayes	700	6.600
Pigeons	300	10.500
Cobayes	150	12.500
Moineaux.	20	36.000

Les animaux brûlent et brûlent vite: pour le moineau, par exemple, la vitesse de cette destruction par combustion peut être sans aucune exagération comparée à celle d'une bougie.

Les chiffres indiqués ci-dessus se rapportent à des températures voisines de 15°. Avec des températures plus élevées, la dépense de calorique serait moindre; avec des températures plus basses, elle serait plus élevée. Mais la progression ne suit pas la loi de NEWTON, si ce n'est entre des limites assez rapprochées, parce qu'il intervient divers phénomènes *régulateurs*, soit abaissement de la température à la périphérie du corps, par vaso-constriction, c'est-à-dire diminution de rayonnement, soit évaporation d'eau, c'est-à-dire dépense de chaleur par une autre voie que le rayonnement. Cependant, d'une manière générale, on peut dire que la dépense augmente quand la température baisse, et diminue quand la température monte.

Le besoin alimentaire est évidemment soumis aux mêmes lois; le chiffre de calories qui exprime la perte de chaleur d'un animal, abstraction faite du travail mécanique extérieur que cet animal peut produire, exprime la quantité d'énergie chimique que sa ration doit lui fournir.

Il est bien entendu que cette quantité d'énergie chimique correspondant à la dépense de chaleur doit être comprise comme quantité *nette*, comme potentiel réellement utilisable par l'organisme. C'est-à-dire : 1° qu'il faut compter la valeur thermique des substances alimentaires, non pas par la valeur qu'elles donnent dans la bombe calorimétrique, mais par celle qu'elles donnent *dans l'organisme*. En effet plusieurs des combustibles n'y sont pas transformés entièrement, et sont éliminés non pas à l'état de produits ultimes, mais sous forme de molécules contenant encore une certaine énergie chimique qui est perdue pour l'organisme; 2° qu'il y a à compter entre la ration ingérée et la ration assimilée un certain déchet par suite de digestion incomplète. L'utilisation digestive varie sous des influences diverses; il n'est pas possible de fixer un coefficient pour chaque substance alimentaire; le déchet dépend bien moins de la nature chimique de l'aliment que de la forme sous laquelle il est introduit (Voir **Digestion**).

Il n'en reste pas moins vrai que la perte de chaleur, étant la cause essentielle du besoin d'alimentation, est la mesure essentielle de la grandeur de ce besoin, sauf corrections pratiques.

Il s'ensuit que la valeur totale d'une ration doit s'exprimer non pas en comptant sa teneur en telle ou telle substance, mais en additionnant le nombre de *calories* que ses divers composants réunis peuvent dégager dans l'organisme.

Les substances qui servent de combustible à l'animal peuvent se ranger sous trois chefs principaux : 1° Hydrates de carbone; 2° graisses; 3° substances albuminoïdes.

1° Hydrates de carbone. — On a donné ce nom à toute une série de corps composés de carbone, d'hydrogène et d'oxygène, ces deux derniers éléments étant toujours dans le rapport de un atome d'oxygène pour deux atomes d'hydrogène; de sorte que la formule centésimale de la molécule semble résulter d'une combinaison de carbone et d'eau.

Ce n'est pas ici le lieu de faire l'étude chimique de ces corps; on peut résumer brièvement leur constitution et leurs propriétés de la manière suivante.

Les corps de formule $C^6H^{12}O^6$ sont, dans cette famille, les véritables combustibles de la machine animale directement utilisables; les autres ne comptent comme aliments qu'autant qu'ils peuvent, à la suite d'actions digestives, se transformer en l'un ou l'autre de ces corps.

On peut les désigner génériquement sous le nom de *glucoses*, par extension du nom qui s'applique plus spécialement à l'un d'eux.

Ce sont des corps très solubles dans l'eau; ils ont pour caractéristique chimique, fait important ici, une grande facilité à s'oxyder, surtout en milieu alcalin (ce qui est précisément la condition réalisée dans l'organisme) : en effet, ils réduisent, à chaud, l'azotate d'argent ammoniacal, la liqueur de FEHLING, l'azotate de bismuth dissous dans la potasse; ils décolorent l'indigo en présence du carbonate de sodium (réaction de MULDER); on a même reconnu récemment qu'en milieu alcalin, ils se détruisent spontanément par oxydation à la température de l'incubation (NENCKI).

Ils agissent tous sur la lumière polarisée, mais différemment les uns des autres, ce qui permet de les distinguer facilement. La *dextrose* dévie à droite; la *lévulose* à gauche. Ces deux corps ont été caractérisés comme constituant; le premier, une *aldéhyde*, et le second, *une acétone* de l'alcool hexatomique $C^6H^{14}O^6$ (*Mannite*). Ces constitutions rendent compte de leurs propriétés réductrices.

A ces deux corps, il faut joindre la *galactose* qu'on n'a aucune raison d'en séparer au point de vue alimentaire. Elle dérive de la même façon d'un isomère de la mannite, la *dulcite* (BERTHELOT).

Au contraire, il faut mettre complètement à part un autre isomère, l'*inosite*, qui n'exerce aucune action sur la lumière polarisée, n'est pas réductrice et ne fermente pas. Elle se rencontre dans les aliments, et est transformée dans l'économie; mais on ne sait rien de sa valeur alimentaire; on sait par contre qu'il s'en produit au sein de l'organisme animal lui-même. Il faut donc l'étudier à part (Voir Inosite).

Les glucoses constituent l'aliment naturel de la levure de bière; ce schizophyte les transforme, suivant qu'il y a ou non accès de l'oxygène, soit en acide carbonique et eau, utilisant ainsi toute l'énergie potentielle de la molécule, suivant l'équation :

$$C^6H^{12}O^6 + 12O = 6CO^2 + 6H^2O$$

ou bien les dédouble simplement en alcool et acide carbonique, suivant l'équation :

$$C^6H^{12}O^6 = 2C^2H^6O + 2CO^2.$$

Ce dédoublement subi sous l'influence de la levure, type de fermentation, est caractéristique des glucoses.

Corps en $C^{12}H^{22}O^{11}$. — Ce sont des *biglucoses*, c'est-à-dire qu'ils résultent de l'union de 2 molécules de glucose avec élimination d'une molécule d'eau.

Les acides étendus à chaud, certains ferments solubles, les hydratent et les dédoublent; c'est ce qu'on appelle l'*inversion*.

Les deux principaux corps de cette série sont :

1° La *saccharose*, qui se trouve dans un grand nombre d'aliments végétaux; elle en est extraite en grand par l'industrie, et figure dans l'alimentation, à l'état pur et cristallisé, pour une part qui n'est pas à négliger.

Elle est très soluble, dévie à droite la lumière polarisée, ne réduit pas la liqueur cupro-potassique. La levure de bière ne peut la faire fermenter qu'après l'avoir intervertie au moyen d'une zymase spéciale. Intervertie, elle donne une molécule de glucose et une de lévulose.

2° La *lactose* se rencontre dans le lait des mammifères : elle est relativement peu soluble; dévie à droite la lumière polarisée, réduit la liqueur cupro-potassique; elle ne peut fermenter qu'après inversion. Intervertie, elle donne 2 molécules de *galactose*.

Ces corps sont toujours intervertis par la digestion; non transformés en glucoses, ils ne sont pas plus utilisables pour l'organisme animal que pour la levure de bière.

Il existe d'autres types de *polyglucoses*, qui présentent dans leur ensemble des propriétés analogues, mais qui ont moins d'intérêt au point de vue de l'alimentation ; ce sont, par exemple, la *maltose* (2 molécules de dextrose), la *raffinose* et la *mélésitose* (triglucoses).

Corps en $C^6H^{10}O^5$. — Ces corps, très variés, et difficiles à bien étudier chimiquement, résultent de la polymérisation du premier anhydride des glucoses. Leur molécule, qui doit être représentée par $(C^6H^{10}O^5)^n$, est de grandeur variable; elle atteint certainement, bien qu'on n'ait pu l'évaluer, un poids moléculaire considérable dans les formes insolubles qui constituent la masse importante des tissus végétaux.

Ces corps représentent, en physiologie végétale et animale, les formes de réserve sous lesquelles le combustible glycose est emmagasiné à l'état solide; ils reprennent très facilement la forme soluble, en s'hydratant sous l'influence des *diastases* saccharifiantes, qui se rencontrent en abondance chez tous les êtres vivants.

Les substances les plus répandues et les plus importantes au point de vue de l'alimentation sont les substances désignées collectivement sous le nom d'*amidon* ou fécule. L'amidon se présente dans les tissus végétaux sous forme de grains à couches concentriques, arrondis ou polyédriques par pression réciproque; il existe dans un grand nombre de végétaux des réserves qui sont constituées presque uniquement par des masses de grains d'amidons serrés les uns contre les autres (tubercules, semences); ces réserves sont recherchées par les animaux pour leur nourriture, et elles jouent un rôle capital dans l'alimentation de l'homme. Les grains d'amidon diffèrent d'aspect, suivant le végétal qui les a fournis; il y a peut-être là des substances différentes que la chimie n'a pas encore réussi à caractériser; mais tous les amidons ont des propriétés communes; ils sont insolubles; l'eau bouillante leur fait subir une transformation mal connue, par laquelle ils acquièrent la propriété de se colorer en bleu au contact de l'iode; les acides forts, en solution étendue et chaude, les transforment en glycoses; diverses diastases ont la même action à froid.

C'est la possibilité de cette transformation, nous l'avons vu, qui fait leur valeur pour l'alimentation animale. Cette transformation ne s'accomplit pas en un seul temps; en outre de l'hydratation, il se produit une dépolymérisation; c'est ainsi que se forment les *dextrines*, encore de formule $(C^6H^{10}O^5)^n$, mais à molécules moins élevées; solubles, donnant des solutions gommeuses. Tout le rôle physiologique des dextrines peut se déduire de cette situation intermédiaire.

A côté des dextrines doit se placer le *glycogène*, qui est aux animaux ce que l'amidon est aux végétaux. Au point de vue alimentaire, le glycogène, très rare dans nos aliments, a une importance faible, tandis qu'il en a une considérable au point de vue *nutrition*.

L'*inuline* et la *lévuline* sont des substances, toujours de formule $C^6H^{10}O^5$, qui sont voisines des matières amylacées et qui interviennent parfois dans l'alimentation. L'inuline se rencontre, à l'état dissous, dans les tubercules de la grande aunée (*Inula Helenium*), du topinambour, du dahlia et dans divers champignons; par l'action des acides étendus elle se change très facilement en lévulose; elle est au contraire assez résistante vis-à-vis des diastases et de la levure de bière. Elle dévie la lumière polarisée à gauche, ne se colore pas par l'iode, ne réduit pas directement la liqueur de FEHLING, mais bien le nitrate d'argent ammoniacal. La lévuline se rencontre dans les tubercules du topinambour et dans la graine des céréales avant leur complète maturité, parfois en très grande proportion (MÜNTZ); elle est inactive vis-à-vis de la lumière polarisée, ne réduit pas la liqueur de Fehling; elle fermente facilement; les acides étendus et les diastases la transforment en lévulose.

C'est donc toujours comme source d'un glucose quelconque que les hydrates de carbone peuvent jouer un rôle dans l'alimentation animale.

Il faut mentionner aussi les *mucilages*, les *gommes*, la *pectine*, qui se rencontrent très fréquemment dans les fruits et les graisses, et qui ont également pour formule ($C^6H^{10}O^5$)^n; mais on ne sait pas grand'chose de leur valeur alimentaire; par hydratation, certains mucilages et certaines gommes donnent de l'*arabinose*, $C^6H^{12}O^6$, corps dextrogyre, réducteur, mais non fermentescible.

Enfin, les végétaux contiennent en abondance un autre corps ou groupe de corps en ($C^6H^{10}O^5$)^n; *cellulose*, substance insoluble, qui forme la paroi de toutes les cellules végétales. Elle ne se laisse saccharifier ni par les diastases, ni par les acides étendus. Par suite de sa résistance aux sucs digestifs, la cellulose serait inutilisable pour les animaux réduits à l'action de ces sucs; mais en fait elle peut devenir pour eux une source de glucose, par l'intervention dans les processus digestifs de fermentations microbiennes particulières; c'est le *Bacillus amylobacter* qui est l'agent de ce processus (voir **Digestion**). Cette fermentation acquiert une grande intensité et joue un rôle considérable dans l'alimentation des herbivores. Chez l'homme, elle est bien moins importante. Mais alors, prenant un rôle inverse, la cellulose intervient comme empêchement à la digestion; non seulement elle résiste pour sa part à l'action des sucs digestifs, mais encore elle empêche cette action de s'exercer sur les réserves nutritives contenues dans les cellules végétales ingérées. L'utilisation des aliments végétaux est sous la dépendance essentielle de conditions créées par les parois cellulosiques qui ont échappé à la destruction mécanique (mastication, etc.) et c'est sous l'influence de ces conditions que la perte (par non-utilisation) est beaucoup plus considérable pour les aliments végétaux que pour les aliments animaux.

En outre, la cellulose paraît jouer dans la digestion un rôle important, comme excitant mécanique des mouvements de l'intestin (Bunge).

Nous allons revenir sur ces points, mais, pour commencer, nous aurons soin d'indiquer à part la teneur en cellulose des aliments végétaux.

Pour les autres hydrates de carbone, au contraire, nous pouvons tous les compter ensemble, et leur donner la valeur du glucose; car par le fait de la digestion ils se transforment finalement tous en glycose. C'est donc en poids de glycose ou, si l'on veut, en poids d'amidon qu'il faut les compter, le calcul étant facile à faire pour passer de l'un à l'autre. Le glycose $C^6H^{12}O^6$ pèse 180, et son anhydride en diffère par une molécule d'eau en moins, H^2O, pesant 18. C'est-à-dire que 9 d'amidon font juste 10 de glycose.

En réalité, les analyses des auteurs nous donnent le plus souvent, pour la composition des aliments végétaux, un chiffre brut, global, de *matières extractives non azotées* (voir König, *loc. cit.*, t. ii, p. 412) qui comprend et l'amidon et les hydrates de carbone qui peuvent s'y trouver à l'état soluble; de plus, des acides végétaux, des résines, etc.

Teneur en hydrates de carbone des aliments végétaux (par kil.).

(D'après Molescuott, cité par G. Pouchet, *Enc. d'hygiène*, 1890, t. ii, p. 233.)

Riz	834,3	Pommes de terre	173,3
Farine de froment	723,9	Cerises	149,2
Maïs	679,4	Raisins	143,1
Seigle	663,8	Chou-rave	140,0
Figues sèches	657,0	Champignons	117,0
Dattes	614,0	Pêches	113,1
Fèves	584,3	Poires	108,5
Avoine	550,0	Truffes	101,0
Sarrazin	553,0	Betteraves	92,2
Lentilles	559,0	Amandes	90,0
Pois	526,5	Abricots	88,5
Haricots	499,0	Navets	83,8
Pain de froment	470,0	Pommes	79,6
Châtaignes	356,5	Fraises	50,9

Teneur en cellulose des aliments végétaux (par kil.).

Avoine	116	Fraises	42
Orge	97	Châtaignes	38
Pommes de terre	64	Raisins	36
Noix	62	Froment	32
Truffes	57	Poires	28
Maïs	52	Champignons	23
Fèves	50	Lentilles	22
Pois	49	Choux	18
Seigle	49	Pommes	15
Sarrasin	47	Amandes	14
Haricots	44	Riz	6

On conçoit qu'avec des quantités si variables toute moyenne est impossible. On peut dire cependant qu'en général la proportion de cellulose est de 5 p. 100, et que la proportion d'amidon et de sucre est, dans un premier groupe (aliments amylacés), de 50 p. 100, et, dans un autre groupe (aliments herbacés et fruits), de 10 p. 100.

La richesse en hydrates de carbone caractérise l'aliment végétal. En effet, si nous comparons l'aliment végétal et l'aliment animal, nous trouvons que les divers aliments animaux sont très pauvres en hydrates de carbone.

Teneur en hydrates de carbone des aliments animaux (par kil.).

Lait	40	Jaune d'œuf	8,5
Foie de veau et de bœuf	22	Viande de bœuf	4
Cervelle de bœuf	13	Blanc d'œuf	2,6

Ainsi *une alimentation animale est caractérisée par l'absence d'hydrates de carbone,* sucres ou amylacés; nous aurons, quand nous discuterons la question du régime alimentaire, à revenir sur cette caractéristique.

Quelle que soit la forme sous laquelle ils pénètrent dans l'organisme, les sucres, en dernière analyse, subissent une oxydation qui les transforme en $CO^2 + H^2O$. Il est possible qu'il y ait des produits intermédiaires, mais, au point de vue thermo-chimique, ces étapes transitoires sont sans importance. Comme l'a bien montré BERTHELOT, dans une série d'admirables travaux, tout dépend de l'état final et de l'état initial.

Or la chaleur de combustion du glucose est, par molécule, de 673. Autrement dit, 6 atomes de C du glycose produisent 673 calories. Comme 6 atomes de C pur produisent par leur combustion 564 calories, la valeur alimentaire du carbone des hydrates de carbone est plus grande (d'un sixième environ) qu'elle le serait si, au lieu d'ingérer du carbone sous la forme d'amidon, nous l'ingérions sous la forme de carbone pur.

Ainsi, 180 grammes de glycose produisent 673 calories, ce qui donne sensiblement à 1 gramme de glycose une valeur thermique de $3^{cal},75$.

Comme on peut évaluer à 2 500 calories environ la quantité de chaleur produite par un homme dans les conditions habituelles, il s'ensuit que la quantité d'hydrates de carbone nécessaire et suffisante pour entretenir la chaleur normale serait en poids de 670 grammes de glycose. En forçant un peu ce chiffre, on peut admettre le chiffre de 700 grammes, en supposant que nul autre aliment, graisse ou albumine, ne soit introduit en même temps que le sucre.

En nous reportant alors au tableau précédent, on voit que la quantité de matière alimentaire nécessaire pour la vie, au seul point de vue de la chaleur, serait, en poids, pour les aliments ci-dessus mentionnés :

Riz	850	Pommes de terre	4 000
Froment	975	Raisins	5 000
Pois	1 300	Lait	17 000

Mais ces chiffres ne signifient pas grand'chose, car le lait, par exemple, contient des graisses et de la caséine, qui servent aussi à la production de chaleur. Le froment et les pois, comme la plupart des céréales, contiennent aussi des matières combustibles qui ne sont pas des hydrates de carbone, et qui servent à la production de chaleur.

A vrai dire, dans l'alimentation végétale, une bonne partie des substances amylacées ou cellulosiques introduites passent dans le tube digestif sans être altérées. Ce point spécial et important a été étudié avec soin par beaucoup d'auteurs, dont M. Voit rapporte les expériences (*H. H.*, t. IV, pp. 472 et suiv.).

C'est surtout M. Rubner qui a étudié ces imparfaites digestions des aliments végétaux, et voici quelques-uns des résultats obtenus.

Soit 100 la quantité des hydrates de carbone ingérée, quelle a été la proportion retrouvée inattaquée dans les matières fécales?

Pain blanc	1,4	Maïs	3,2
—	0,8	Riz	0,9
Pain noir	10,9	Pommes de terre	7,6
Macaroni	1,2	Carottes	18,2
—	2,3	Lentilles	3,6
—	1,6	—	7,0

Ainsi, chez l'homme, l'utilisation des hydrates de carbone est très complète, quand il s'agit de matières amylacées ou sucrées, puisqu'il n'y a guère que 3 à 4 p. 100 de cet amidon qui échappe à la digestion.

Mais quand beaucoup de cellulose mélangée aux aliments, comme, par exemple, quand il s'agit de l'ingestion alimentaire faite par les grands animaux herbivores, il en est tout autrement.

D'après Ellenberger (*T. P.*, 1890, I p. 849,), le cheval ne digère que 35 p. 100 de la cellulose ingérée, le veau 50 p. 100, le mouton 50 p. 100, le porc 35 p. 100.

Bien entendu, ces chiffres varient avec le temps. Six heures après l'ingestion d'avoine, un porc n'avait digéré que 50 p. 100 des matières ternaires ingérées, et, au bout de 26 heures, il restait encore 32 p. 100 des hydrates de carbone (cellulose et amidon) de l'avoine à digérer.

D'après Bunge (*loc. cit.*, p. 76), on a mélangé de la sciure de bois et du papier à du foin, et on a vu que la quantité consommée passait de 30 à 80 p. 100.

Weiske (cité par Bunge) a essayé de voir, par des expériences faites sur lui-même, la proportion de cellulose consommée, et il a trouvé, en se nourrissant de choux, de céleris et de carottes, qu'il en consommait 62 p. 100. Knieriex a constaté qu'il absorbait seulement 25 p. 100 de la cellulose de la salade.

En somme, d'une manière générale, on peut dire que, de la cellulose, il n'est digéré que 40 p. 100, et que, par conséquent, les aliments riches en cellulose sont essentiellement défectueux, puisqu'il faut en ingérer 250 grammes pour avoir un effet utile de 100 grammes.

Mais les aliments cellulosiques ne sont pas peut-être aussi inutiles qu'on le supposerait d'abord. En effet, ils ont un rôle mécanique, en facilitant l'absorption des éléments, graisses ou albuminoïdes, auxquels ils sont mélangés. Des animaux herbivores, nourris sans cellulose, avec des quantités suffisantes, et même trop fortes, de matières alibiles, finissent par mourir de volvulus et d'inanition.

Ce fait que les aliments se trouvent mélangés à de la cellulose exerce, sur la quantité de la masse alimentaire à ingérer, et, par conséquent, sur les processus mêmes de la digestion, une influence prépondérante. De sorte que, pour bien faire, il faudrait diviser les animaux non en herbivores et carnivores, mais en *cellulosivores*, et *non cellulosivores*. Car, au lieu d'ingérer 100, il faut ingérer 250, quand les aliments sont cellulosiques ; de là la nécessité d'une alimentation très abondante, et d'un appareil digestif, intestinal, très long et très volumineux.

Non seulement, en effet, la cellulose est difficilement assimilable, mais encore elle oppose, par sa présence même, une grosse résistance à l'absorption, par les sucs digestifs, des matières albuminoïdes ou féculentes. Chez les animaux qui se nourrissent de foin, de luzerne, de paille, de trèfle, les matières albuminoïdes nutritives, perdues au milieu d'un grand amas de cellulose, ne sont que très imparfaitement assimilées, et il n'y a guère que 50 p. 100 de l'albumine ingérée qui soit absorbée et transformée. La moitié de cette albumine passe inaltérée dans les fèces.

Au contraire, chez les carnivores, les fèces ne contiennent que très peu de matières alimentaires non absorbées; par exemple, chez les chiens nourris exclusivement avec de la viande, les fèces sont peu abondantes, et tout ce qui a été ingéré a été assimilé. Hofmann, nourrissant un homme avec 207 grammes de lentilles, 1 000 grammes de pommes de terre et 40 grammes de pain, constata que le poids des fèces sèches était de 116 grammes, avec 47 p. 100 de l'azote ingéré. Le même individu, étant nourri avec 390 grammes de viande et 126 grammes de graisse, avait seulement 28 grammes de fèces sèches, avec 17 p. 100 de l'azote ingéré.

Graisses. — La notion de graisse est une notion vulgaire, très ancienne; les graisses constituant fréquemment, chez les végétaux comme chez les animaux, des réserves localisées dans certaines parties de l'organisme, d'où il est très facile de les séparer. Ces substances présentent des propriétés organoleptiques, particulièrement au toucher, qui sont typiques. Depuis les travaux mémorables de Chevreul (1813), on sait que ces corps ont une constitution chimique particulière. D'ailleurs la chimie a pu obtenir des substances nouvelles qui présentent ces mêmes propriétés organoleptiques, avec une constitution chimique toute différente, par exemple, les vaselines. Seules, les vraies graisses, les *éthers gras de la glycérine*, ont une valeur alimentaire; les hydrocarbures, telles que les vaselines, ont beau lui ressembler à un tel point que la fraude puisse en introduire à leur place dans nos aliments, l'organisme animal ne peut tirer aucun parti de l'énergie potentielle considérable contenue dans ces corps. Et même, certains corps qui sont de vraies graisses au point de vue chimique, peuvent ne pas être des aliments. Ainsi, les corps gras à point de fusion supérieure à 53° ne sont, en général, pas assimilables[1].

Toutes les graisses qui entrent dans l'alimentation, qu'elles proviennent d'animaux ou de plantes, sont des mélanges d'un petit nombre de substances chimiques, et la composition centésimale de ces graisses est, à très peu de chose près, toujours la même. Schulze et Reineck[2] ont analysé à ce point de vue les graisses de bœuf, de mouton, de porc, de cheval, de chien, de chat et d'homme, ainsi que le beurre. Les chiffres obtenus s'écartent extrêmement peu de la moyenne suivante :

$$C. 76,5; \quad H. 11,9; \quad O. 11,6.$$

König[3] donne un tableau dont les données sont empruntées pour la plupart à ses propres recherches, où l'on voit la composition élémentaire de 33 espèces de graisses végétales. Les chiffres sont plus différents, mais les oscillations sont encore assez petites eu égard aux provenances très diverses. Ainsi la proportion varie pour le carbone, entre 74 et 78; pour l'hydrogène, entre 10,3 et 12; pour l'oxygène, entre 15,7 et 9,4. Encore ces termes extrêmes sont-ils très peu représentés, et pour la plupart des espèces, la composition s'écarte peu de 76 à 77 pour le carbone, 11 à 12 pour l'hydrogène, 11 à 13 pour l'oxygène. C'est-à-dire que la moyenne donnée ci-dessus pour les graisses animales est en somme valable pour l'ensemble des graisses naturelles.

Au point de vue de la constitution chimique, les trois corps que l'on rencontre principalement dans les graisses sont la *tripalmitine*, la *tristéarine* et la *trioléine;* ils sont constitués par la combinaison de trois molécules d'acides *palmitique, stéarique* ou *oléique* (d'où leurs noms) avec une molécule de glycérine, alcool triatomique. Sous diverses influences, la combinaison se dissocie; les alcalis lui enlèvent ses acides, et forment des stéarates, palmitates, oléates alcalins (*savons*), tandis que la glycérine est reconstituée et mise en liberté; la vapeur d'eau surchauffée, ainsi que certains ferments solubles, par exemple un ferment du pancréas, dédoublent les corps gras par fixation de 3 molécules d'eau et mettent en liberté d'une part les acides, de l'autre la glycérine.

Les acides palmitique et stéarique dérivent d'hydrocarbures de la série saturée; ils sont par conséquent de la famille de l'acide formique; l'acide oléique, de la série non saturée, se rattache à l'acide acrylique.

La tripalmitine et la tristéarine sont solides à la température ordinaire; la trioléine est liquide. Ces corps sont insolubles dans l'eau et dans l'alcool froid, solubles dans l'éther, le chloroforme, les hydrocarbures; ils sont aussi solubles les uns dans les autres.

1. J. Munk, *Thérap. Monatsh.*, 1888, cité par Lambling.
2. Cités par Voit, *H. H.*, t. vi, p. 403.
3. *Op. cit.*, t. ii, p. 384.

Les eaux alcalines les dissolvent en les saponifiant. Ils ne distillent pas, et ne se laissent pas entraîner par la vapeur d'eau. Liquides ou dissous dans des dissolvants volatils, ils laissent sur le papier des taches d'un aspect caractéristique.

Agités à l'état liquide avec de l'eau qui contient de l'albumine ou des mucilages, ils se divisent en fines gouttelettes qui, ne pouvant se réunir, restent en suspension; le liquide prend un aspect blanc, opaque, comme le lait. Cet état des graisses s'appelle *émulsion;* l'aspect du lait lui-même tient à la présence du beurre à l'état d'émulsion. Les sucs intestinaux jouissent à un haut degré de la propriété d'émulsionner les graisses.

Les acides libres ressemblent beaucoup aux graisses mêmes dont il font partie. Les acides palmitique ($C^{16}H^{31}O.OH$) et stéarique ($C^{18}H^{35}O.OH$) sont solides à la température ordinaire et fondent à une température peu élevée : ils sont blancs, *gras* au toucher, insolubles dans l'eau, solubles dans l'alcool bouillant, l'éther, le chloroforme, l'acide acétique, les graisses. Ils cristallisent facilement par le refroidissement de leur solution alcoolique. L'acide oléique $C^{18}H^{33}O.OH$ est liquide à la température ordinaire; il présente les mêmes solubilités que les deux précédents et peut les dissoudre.

Les solutions de ces acides ne rougissent pas le papier de tournesol.

Les graisses sont facilement combustibles à l'air libre et brûlent avec une flamme éclairante et même fuligineuse, à cause de la grande quantité de carbone qu'elles contiennent; cette propriété a été utilisée dès la plus haute antiquité pour l'éclairage (lampes et chandelles); leurs acides présentent les mêmes propriétés et sont aujourd'hui utilisés dans le même but (bougies).

La chaleur de combustion des graisses et des acides gras est considérable. Lou-GUININE[1] a trouvé pour 1 gramme d'acide palmitique 9cal, 264 et pour 1 gramme d'acide stéarique 9cal, 443. On n'a pas déterminé la chaleur de combustion de la stéarine, de la palmitine ni de l'oléine, à cause de la très grande difficulté d'avoir ces corps bien purs. Voici, déterminées par STOHMANN[2], les chaleurs dégagées par 1 gramme de quelques graisses naturelles.

	Cal.
Graisse de porc	9,380
— de mouton.	9,406
— humaine.	9,398
Huile d'olive.	9,328
Beurre.	9,192

Les graisses naturelles sont en réalité des mélanges en proportions variables de stéarine, de palmitine et d'oléine; de plus il y a fréquemment, surtout dans les graisses végétales, une certaine proportion d'acides libres. C'est la plus ou moins grande proportion d'oléine qui détermine la consistance du mélange, celle-ci étant d'autant moins ferme que l'oléine s'y rencontre en plus grande quantité; lorsque la proportion d'oléine est suffisante, la graisse est liquide à la température ordinaire, tous les autres composants étant dissous dans l'oléine : la graisse porte alors le nom d'huile. On voit que cette question d'état solide ou liquide est toute relative; l'huile d'olive est solide ou demi-solide en hiver, et, dans les pays chauds, le beurre est souvent presque liquide.

Le beurre frais n'est pas de la graisse pure; il retient toujours des quantités de *petit lait*, plus ou moins grandes, suivant les soins avec lesquels il a été fabriqué, petit lait qui lui ajoute, outre de l'eau, de la caséine, du sucre de lait et des sels.

Mais la *graisse du beurre* elle-même, séparée de ces impuretés, se distingue des autres graisses animales, en ce qu'elle contient, à côté des corps gras que nous venons de passer en revue, une certaine quantité de glycérides des acides gras inférieurs, volatils; acides butyrique, caproïque, caprylique, caprique. DUCLAUX[3] donne les proportions suivantes (pour 100) de ces acides qu'il a dosés dans 8 échantillons de beurre de vache.

Acide butyrique.	3,38 à 3,65
Acides caproïque, et autres.	2,00 à 2,26

1. Cité par LAMBLING, *op. cit.*, p. 100.
2. Cité par LAMBLING, *ibid.*
   C. R., 1886, t. 102, p. 1022, cité par KÖNIG, *op. cit.*, t. II, p. 301.

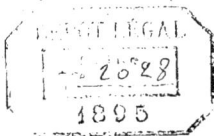

La teneur des beurres en acides gras inférieurs, d'après König, est soumise à des variations assez considérables suivant la nourriture, la race de la vache, la façon dont le beurre a été préparé et conservé, etc.

Les beurres de chèvre et de brebis contiennent sensiblement la même proportion d'acides gras volatils que le beurre de vache (E. Schmidt [1]).

Ces acides gras inférieurs, volatils, possèdent des odeurs désagréables; leurs glycérides sont inodores, mais les microbes qui pullulent au bout de quelque temps dans le petit lait, retenu par le beurre, saponifient en partie les graisses de celui-ci, et l'acide butyrique mis en liberté exhale alors l'odeur bien connue du beurre rance.

Les acides gras dégagent d'autant plus de chaleur dans leur combustion que le nombre d'atomes de carbone est plus élevé. Les acides gras inférieurs dégagent moins de chaleur que ceux que nous avons étudiés plus haut. Ainsi l'acide caprylique $C^8 H^{16} O^2$ dégage, d'après Louguinine, seulement $7^{cal},907$. C'est à cause de la présence d'éthers glycériques de ces acides que la graisse du beurre, comme on a pu le remarquer dans le tableau donné plus haut, a une chaleur de combustion un peu moindre que celle des autres graisses.

Les corps gras et les acides gras introduits dans le tube digestif sont, au moins pour la très grande partie, absorbés en nature; l'action des sucs digestifs n'a pour but que de les amener à un état tel qu'ils puissent être absorbés, soit qu'ils soient émulsionnés et absorbés à l'état de fines gouttelettes, soit qu'ils soient saponifiés dans l'intestin, puis recombinés à l'état de graisse neutre dans leur passage à travers la muqueuse intestinale [2]; ils sont emportés à l'état d'émulsion par les lymphatiques et versés dans le sang; une très petite quantité seulement pénètre à l'état de savon (Voir **Absorption**, **Digestion** et **Graisses**).

La preuve que les graisses de l'alimentation passent dans l'organisme à l'état de graisse, c'est que, lorsqu'elles sont fournies en excès et se déposent sous forme de réserves, ces réserves affectent le caractère des graisses ingérées, et peuvent dans certains cas différer nettement de la graisse naturelle de l'animal. C'est J. Munk qui a donné cette démonstration élégante [3]. Après avoir fait par le jeûne disparaître toute la graisse d'un chien, il lui donna une ration qui comprenait en abondance de l'huile de colza. Quand le chien fut sacrifié au bout d'un certain temps, on trouva dans ses organes une graisse qui était presque liquide à la température ordinaire; à l'analyse, cette graisse donna 82 p. 100 d'acide oléique et 12,5 d'acides solides, tandis que la graisse de chien normal contient 66 d'acide oléique et 29 d'acides solides. En outre, Munk put démontrer dans cette graisse la présence d'un acide gras particulier, l'acide *érucique* ($C^{22} H^{41} O.OH$), élément de l'huile de colza, qui fait complètement défaut dans la graisse animale naturelle.

D'autre part, les graisses et les acides gras, quand ils sont brûlés dans l'organisme, le sont complètement et subissent la transformation jusqu'aux produits ultimes, eau et acide carbonique. Il s'ensuit que les chaleurs de combustion observées par la bombe calorimétrique valent pour la combustion dans l'organisme.

Nous n'avons pas parlé de la chaleur de combustion de l'autre composant des graisses, la glycérine; cette chaleur est pourtant assez considérable; elle est de 392 calories [4] pour une molécule pesant 92 grammes, soit $4^{cal},29$ par gramme, à peu près la même que celle de l'amidon. Mais il n'importe pas au physiologiste de connaître la valeur combustible de la glycérine *libre* [5], puisqu'elle est presque toujours ingérée en combinaison avec les acides gras. De fait, elle est comprise dans la molécule graisse, brûlée et comptée comme telle; on n'a donc pas à s'en occuper à part.

Voici la teneur en graisses de quelques aliments végétaux (par kilo), d'après Moleschott, cité par Pouchet :

1. Cité par König, *op. cit.*, t. II, p. 303.
2. Perewoznikoff a démontré la réalité de cette synthèse, C. W., 1876.
3. *A. Db.*, 1883 et *A. V.*, 1884, cité par Bunge, p. 359.
4. Louguinine (cité d'après l'*Annuaire du bureau des Longitudes*).
5. Munk dénie toute valeur alimentaire à la glycérine libre; mais il ne convient peut-être pas de se montrer dès maintenant aussi négatif (Voir Bunge, pp. 357 et 358). Nous reviendrons d'ailleurs plus loin sur la valeur alimentaire des alcools en général.

Teneur en graisses des aliments végétaux.

Pommes de terre.	1,5	Haricots	19,5
Dattes	2,0	Pois	19,5
Navets	2,5	Lentilles	24,0
Champignons.	2,5	Orge	27,0
Choux-raves	3,0	Maïs	48,0
Riz.	8,0	Avoine	55,0
Châtaignes	8,5	Sarrasin	55,0
Figues	9,0	Colza.	330,0
Fèves	15,0	Amandes.	540,0
Froment	18,5	Noisettes.	600,0

On peut ainsi, en faisant exception des amandes, noix, noisettes qui contiennent près de 50 p. 100 de graisse (amandes oléagineuses), constater que les céréales ont environ 5 p. 1000, les légumineuses 20 p. 1000; et enfin les autres fruits et légumes herbacés ou amylacés de 2 à 10 p. 1000.

Nous trouvons dans les aliments animaux de plus fortes proportions de graisses. Voici la teneur en graisses (par kilo).

Teneur en graisses des aliments animaux.

Poisson maigre (brochet).	5	Saumon.	47
Blanc d'œuf.	10	Viande de porc (maigre).	57
Viande de bœuf (maigre).	15	Hareng frais	103
Chevreuil.	19	Cervelle de bœuf.	165
Veau.	25	Fromage	242
Canard.	25	Viande de bœuf (grasse).	260
Mouton.	27	Anguille	280
Foie de bœuf.	35	Jaune d'œuf	320
Lait	45	Viande de porc (grasse).	370

Substances albuminoïdes. — Les deux groupes de substances que nous venons d'étudier ne contenaient que du carbone, de l'hydrogène et de l'oxygène, trois éléments seulement, d'où le nom de *substances ternaires* qui leur est souvent donné. Celles dont nous avons à nous occuper maintenant en contiennent quatre en proportion importante (c'est-à-dire de l'azote en plus des trois corps précédents), d'où leur nom de substances *quaternaires;* en réalité, elles contiennent *presque toujours* un cinquième élément, le soufre.

La composition centésimale oscille en général entre les limites suivantes [1] :

$$
\begin{aligned}
&C. & 50,0 \text{ à } 55,0 \\
&H. & 6,5 - 7,3 \\
&Az. & 15,0 - 19,0 \\
&S. & 0,4 - 5,0 \\
&O. & 19,0 - 24,0
\end{aligned}
$$

Étant déjà plus compliquées que les substances ternaires par le nombre des *espèces* d'atomes qui entre dans leur molécule, elles le sont encore bien davantage, si l'on considère le nombre total d'atomes qui constituent cette molécule et les groupements que ces atomes constituent.

En effet, le poids moléculaire du glucose est de 180; celui de l'amidon est sans doute plus considérable, au moins trois fois ce nombre (moins le poids de 3 molécules d'eau); mais cet amidon n'est constitué que par polymérisation, c'est-à-dire par le groupement de molécules identiques entre elles; les graisses ont un poids moléculaire voisin de 700 à 800. Pour les substances albuminoïdes, la grandeur de la molécule est bien autre; cette grandeur même en rend l'étude très difficile, et les chimistes, malgré de belles expériences, n'en ont pas encore élucidé la structure; pourtant, diverses considérations sur des cas particulièrement favorables à l'étude ont conduit à admettre les valeurs suivantes pour les poids moléculaires *minima* de quelques corps de ce groupe; nous donnons aussi le nombre d'atomes de carbone [2].

1. LAMBLING, *l. c.*, p. 62.
2. Tableau emprunté à LAMBLING, *l. c.*, p. 98.

Albumine de l'œuf (Harnack)	4 618	C^{204}
— — (Schutzenberger)	5 478	C^{240}
— — (Gautier)	5 739	C^{250}
Globuline des semences de courge	6 637	C^{292}
Hémoglobine du cheval	16 218	C^{680}
— du chien	16 077	C^{726}

Ces molécules énormes sont extrêmement complexes; l'étude de leurs fonctions et de leurs radicaux a été faite plus haut (Voyez **Albuminoïdes**).

Les données qui nous sont nécessaires ici sont les suivantes :

Les matières albuminoïdes sont généralement solubles, soit dans l'eau pure, soit dans les solutions étendues de sels neutres des métaux alcalins : quelques-unes sont insolubles dans ces conditions; elles se dissolvent dans les alcalis ou les acides étendus; il s'agit alors d'une combinaison chimique avec l'alcali ou l'acide.

Les matières albuminoïdes ne traversent pas ou ne traversent qu'avec une extrême lenteur les membranes animales : elles ne sont pas *dialysables*.

Une chaleur même inférieure à 100° les *coagule* : ce phénomène consiste en un changement chimique de nature encore inconnue.

Elles sont précipitées de leurs solutions par un grand nombre de réactifs; à noter que la plupart de ces réactifs sont ceux qui précipitent les alcaloïdes.

Toutes les matières albuminoïdes en solution dévient à gauche le plan de la lumière polarisée; la grandeur de cette rotation est un caractère spécifique.

Au point de vue de leur constitution, les matières albuminoïdes doivent être considérées comme étant essentiellement des *amides*. Leur dédoublement *par hydratation* a fourni à Schutzenberger les produits suivants :

L'ammoniaque,
L'acide carbonique,
L'acide oxalique,
L'acide acétique,
La tyrosine,
Les acides amidés de la série $C^n H^{2n+1} Az O^2$,
Les acides amidés de la série $C^n H^{2n-1} Az O^4$,
Les leucéines $C^n H^{2n-2} Az^2 O^4$,
Les glucoprotéines $C^n H^{2n} Az^2 O^4$.

L'ammoniaque, l'acide oxalique et l'acide carbonique sont en quantité exactement nécessaires pour former de l'urée et de l'oxamide. C'est pourquoi on admet, après Schutzenberger, qu'une partie de la molécule est construite par substitution à partir de l'urée :

$$CO \Big\langle \begin{array}{l} AzH - \\ AzH - \end{array}$$

et l'autre partie à partir de l'oxamide :

$$\begin{array}{l} CO - AzH - \\ | \\ CO - AzH - \end{array}$$

La présence de la *tyrosine* parmi les produits de dédoublement indique l'existence dans les substances albuminoïdes d'un noyau aromatique.

Nous ne nous occuperons pas ici de la classification chimique des matières albuminoïdes. Au point de vue de l'alimentation, toutes celles qui répondent aux caractères que nous avons indiqués s'équivalent, ou plus exactement, la science jusqu'ici n'a pu faire aucune distinction entre ces diverses substances quant à leur valeur nutritive.

Mais il y a une substance qui est très voisine de celles-là, qui a la même composition centésimale, qui précipite par un grand nombre des réactifs qui précipitent l'albumine et donne la plupart des réactions colorées que donne l'albumine; elle s'en distingue : 1° par sa solubilité très grande dans l'eau chaude, sans modification, tandis qu'à froid elle reprend la forme solide, la forme de gelée si elle contient beaucoup d'eau interposée (c'est cette propriété qui lui a valu son nom de *gélatine*); 2° par les produits de dédoublement qu'elle fournit; la principale différence est l'absence parmi ces produits de la tyrosine.

On avait attaché une grande importance à cette absence de la tyrosine, et Drechsel [1] en avait fait un caractère de classification, rangeant d'une part les substances dont la décomposition fournit des matières aromatiques, de l'autre celles qui n'en fournissent pas.

Mais, depuis les récents travaux de Maly [2] sur l'albumine et la gélatine, une semblable distinction ne peut plus être maintenue, et l'absence de tyrosine apparaît comme tout à fait secondaire. En effet, la gélatine fournit, non de la tyrosine, il est vrai, mais une autre substance aromatique, l'acide benzoïque. Et Maly a étudié un corps, l'acide *oxyprotéine sulfurique*, qui est bien un albuminoïde vrai, non dédoublé, enrichi seulement par l'action du permanganate de potassium de quelques centièmes d'oxygène, mais qui, décomposé par hydratation, abandonne son groupe aromatique sous forme d'acide benzoïque et non plus sous forme de tyrosine.

Mais que la différence chimique entre la gélatine et les substances albuminoïdes soit plus petite qu'on ne l'avait supposé, que la gélatine contienne ou ne contienne pas les mêmes groupements d'atomes que ces substances, il n'en existe pas moins, au point de vue physiologique, une différence énorme entre la gélatine d'une part et les albuminoïdes de l'autre, comme nous le verrons plus loin. Toutefois, au point de vue qui nous occupe plus spécialement en ce moment, à savoir l'assimilabilité et l'utilisation pour la calorification, elles peuvent être provisoirement confondues.

Les substances albuminoïdes ne peuvent être directement assimilées; il faut qu'elles soient transformées par les sucs digestifs. Nous n'entrerons pas ici dans le détail des transformations qu'elles subissent par l'action nécessaire du suc gastrique (acide chlorhydrique et pepsine) et du suc pancréatique (pancréatine ou trypsine). Le résultat final est la formation de *peptones*; ces nouvelles substances répondent sensiblement à la même composition centésimale que les albuminoïdes; mais elles s'en séparent par diverses propriétés; les deux plus importantes, c'est que : 1° les peptones sont très solubles à chaud comme à froid et ne coagulent pas par la chaleur ni les acides; 2° elles sont diffusibles et *dialysables*. En outre, elles restent insensibles à divers réactifs qui précipitent les albuminoïdes.

On discute encore sur la question de savoir quelle est la nature de la transformation qui s'est opérée dans le passage des substances albuminoïdes à l'état de peptones; pour les uns, qui s'appuient surtout sur l'identité de composition centésimale, la molécule d'albumine a été simplement une ou plusieurs fois dédoublée ; tout indique, en effet, que la molécule de peptone est considérablement plus petite que la molécule d'albumine; mais, pour les autres, ce dédoublement s'est accompagné d'une hydratation. Il faut remarquer, en effet, que l'adjonction de quelques atomes d'hydrogène et d'oxygène à une molécule qui en contient déjà des centaines ne donne pas une modification bien appréciable de la composition centésimale: l'argument donné contre l'hydratation n'est donc guère probant. Il y a à alléguer pour l'hydratation les faits suivants : de l'albumine chauffée en vase clos avec de l'eau, simplement, se peptonise ; inversement, certains agents de déshydratation, l'anhydride acétique (Henninger), la dessiccation à 130° (Hofmeister), transforment les peptones en corps doués de propriétés semblables à celles des albuminoïdes.

Un point qui reste encore plus douteux, c'est de savoir si, à chaque espèce d'albuminoïde correspond une peptone, ou s'il y a un petit nombre seulement de peptones, ou même une seule peptone. On voit tout de suite combien cette question est importante pour la théorie du rôle alimentaire des albuminoïdes; s'il n'y avait qu'une seule peptone, en effet, on serait en droit de compter en bloc, comme on l'a fait d'ailleurs par nécessité, toutes les albuminoïdes de l'alimentation la plus variée, toutes ces albuminoïdes se trouvant, par la digestion, ramenées, pour l'organisme, à une seule et même substance, la *peptone;* mais on ne peut rien affirmer là-dessus; ce qu'on sait,

1. Ladenburgs. *Handwörterbuch der Chemie.* Breslau, 1885, t. III, p. 549; cité d'après Lambling, p. 73.

2. *Monatsh. f. Chemie,* t. x, p. 26; cité d'après Lambling.

c'est que les peptones de la fibrine, de l'albumine, de la caséine, se ressemblent beaucoup plus entre elles que ne le font les albuminoïdes dont elles proviennent; la seule différence appréciable réside dans la grandeur du pouvoir rotatoire, qui est toujours lévogyre comme pour les albuminoïdes.

La gélatine, sous les mêmes influences que les véritables albuminoïdes, donne aussi une peptone, et celle-ci se rapproche par tous ses caractères chimiques et physiques des peptones d'albuminoïdes; mais ici la question de non-identité est jugée physiologiquement, puisque la gélatine ne peut pas complètement remplacer les albuminoïdes dans la ration alimentaire.

Si les albuminoïdes ne sont pas absorbables, les peptones, de leur côté, ne sont pas assimilables pour les tissus lorsqu'elles sont introduites directement dans le sang; elles sont, dans ce cas, éliminées par l'urine (WASSERMANN [1]). Il faut donc qu'elles soient transformées; c'est dans la paroi intestinale elle-même que s'opère cette transformation. On ne trouve, en effet, pas de peptone dans les veines pendant la digestion (WASSERMANN), bien que divers auteurs aient cru en trouver, trompés vraisemblablement par une précipitation incomplète des albuminoïdes du sang. Il y a sans doute reconstitution de l'albuminoïde aux dépens de la peptone, par déshydratation de celle-ci ; l'épithélium intestinal possède en effet ce pouvoir déshydratant, puisque nous savons qu'il recombine les éléments des graisses saponifiées (PEREWOZNIKOFF).

Il existe un groupe de substances qui se rattachent étroitement aux albuminoïdes, mais qui s'en distinguent par la façon dont ils résistent à l'action peptonisante des sucs digestifs; c'est cette propriété qui les a fait découvrir, et c'est grâce à elle qu'on les sépare des albuminoïdes auxquelles elles sont mêlées. Lorsqu'en effet on a fait agir sur les globules du pus ou sur la laitance (spermatozoïdes) de poisson le suc gastrique à basse température, et qu'on épuise le résidu inattaqué par une solution faible de carbonate de soude, on obtient en solution une substance qui se précipite lorsqu'on ajoute un peu d'acide. MIESCHER [2], qui l'a découverte dans ces conditions, lui a donné le nom de *nucléine*; on retrouve, en effet, des substances de ce genre dans toutes les cellules animales ou végétales qui sont douées d'une grande activité, et généralement ces cellules ont un noyau volumineux; il est probable que les noyaux cellulaires sont constitués en grande partie par de la nucléine, mais on en trouve également dans la levure de bière qui n'a pas de noyau, ainsi que dans le jaune d'œuf, et, en petite quantité, dans le lait.

Les *nucléines* sont caractérisées chimiquement par la présence du phosphore : la nucléine du pus en contient 2 à 3 p. 100; la nucléine du lait, 4,6; celle du jaune d'œuf, 6 à 7; et celle de la laitance du saumon, jusqu'à 9,6.

Les nucléines sont très peu ou pas solubles dans l'eau pure, très solubles dans les solutions légèrement alcalines (carbonate de sodium, phosphate disodique, etc.); elles jouissent de propriétés acides marquées. Elles abandonnent peu à peu leur phosphore sous des influences dissociantes même légères, l'ébullition de leur solution par exemple, et leur teneur en phosphore varie sensiblement suivant le temps pendant lequel on a laissé agir sur elles le suc gastrique et suivant la température à laquelle s'est faite cette réaction ; à mesure qu'elles perdent de leur phosphore, elles reviennent aux propriétés générales des albuminoïdes. Décomposées par l'action d'un acide minéral étendu et chaud, les nucléines donnent, entre autres produits de dédoublement, toute la série des bases *xanthiques* (KOSSEL). Par oxydation, elles donnent de l'*acide urique* (HORBACZEWSKI). BUNGE [3] a décrit en outre des nucléines contenant du fer. Reprenant la séparation de la nucléine du jaune d'œuf, suivant le procédé de MIESCHER, mais avec un suc gastrique moins acide, qu'il faisait agir avec une extrême précaution, il a obtenu un corps doué des propriétés générales des nucléines et répondant à la composition centésimale suivante :

C : 42,11 — H : 6,08 — Az : 14,73 — S : 0,55 — P : 5,19 — Fe : 0,29 — O : 31,03.

BUNGE attribue à cette combinaison, qu'il appelle *hématogène*, une grande importance

1. *D. P.*, 1883.
2. *Medicinische chemische Untersuchungen*, de HOPPE-SEYLER, p. 441.
3. *Z. P. C.*, 1884 (Voir son *Cours de Chim. biol.*, pp. 92 et suiv.).

alimentaire ; d'après lui, ce serait la forme assimilable du fer, non seulement pour l'embryon de poulet, ce qui n'est guère contestable, mais pour tous les animaux qui trouveraient des combinaisons de ce genre dans les aliments tant végétaux qu'animaux. Les raisons théoriques qu'il donne semblent très bonnes, mais jusqu'ici la théorie n'est pas appuyée sur des expériences directes. Une des grandes difficultés, c'est l'indigestibilité de cette nucléine [1].

Toutes les nucléines d'ailleurs, nous l'avons vu, sont dans le même cas ; aussi leur rôle dans l'alimentation reste fort obscur ; il serait téméraire de leur refuser toute utilité, car, si l'on sait que des nucléines inaltérées passent dans les fèces, on n'a jamais fait de dosages comparatifs entre les entrées et les sorties pour savoir s'il n'y en avait pas une portion quelconque d'assimilée ; et, d'autre part, comme le fait remarquer Bunge, la présence de nucléine dans le lait plaide en faveur de son utilité comme aliment.

Les matières albuminoïdes assimilées, puis utilisées, sont éliminées sous forme d'eau, d'acide carbonique, d'acide sulfurique et de matières azotées diverses contenant encore une quantité notable d'énergie potentielle ; pour évaluer la quantité de chaleur qu'elles ont livrée à l'organisme, il faut donc retrancher de leur chaleur de combustion la chaleur de combustion de ces produits azotés excrémentitiels.

Nous disons chaleur de *combustion*, cela n'implique nullement que les matières albuminoïdes soient décomposées dans l'organisme uniquement par un processus d'oxydation ; nous n'avons pas besoin de savoir quelle part il faut attribuer dans le phénomène à ce processus et quelle part au processus d'hydratation. Pour le calcul de la chaleur dégagée, peu importe, nous n'avons qu'à appliquer le théorème de Berthelot sur l'état initial et l'état final ; la différence des chaleurs de combustion entre ces deux états doit toujours nous donner la somme de chaleur dégagée par l'ensemble des processus intervenus, quels qu'ils soient.

Voici les chaleurs de combustion de diverses substances albuminoïdes, déterminées par Berthelot et André [2], précisément dans les conditions où nous avons besoin de les connaître, c'est-à-dire avec oxydation complète du soufre à l'état d'acide sulfurique dissous.

Les chiffres sont exprimés en petites calories pour un gramme de matière [3] :

Albumine	5 690	Osséine	5 414
Fibrine du sang,	5 532	Chondrine	5 346
Chair musculaire (dégrais-		Vitelline	5 784
sée)	5 731	Fibrine végétale	5 836
Hémoglobine	5 913	Gluten brut	5 995
Caséine	5 629	Colle de poisson	5 242

La valeur moyenne est de 5 691 calories pour un gramme de matière : ce qui fait pour un gramme de carbone, contenu dans la molécule, à peu près 10 870 calories.

Mais l'azote est éliminé, non sous forme d'azote gazeux, comme dans la bombe, mais sous forme de combinaisons quaternaires qui se retrouvent dans l'urine.

Plusieurs de ces combinaisons sont des molécules encore assez élevées ; mais elles ont peu d'importance au point de vue quantitatif ; les trois seules qui aient un intérêt à ce point de vue sont : l'urée, l'acide hippurique et l'acide urique.

Voici leurs chaleurs de combustion :

Urée [4]	2 530 calories.	
Acide urique [5]	2 734	—
Acide hippurique [6]	5 639	—

1. Tout récemment, Schmiedeberg (*Arch. f. exp. Path.*, 1894) s'est efforcé de démontrer que la forme assimilable du fer est une combinaison intime de ce métal avec de l'albumine ; il a donné le nom de *ferratine* à cette combinaison, qu'il a extraite du foie de porc et qui a été obtenue synthétiquement par Marfori.
2. *C. R.*, t. cx, p. 925, 1890.
3. Stohmann (*Wärmewerth der Bestandtheile der Nahrungsmittel.* Z. B. 1894, p. 364) a donné le tableau complet de la valeur calorifique des diverses matières alimentaires.
4. Berthelot et Petit. *C. R.*, t. cix, p. 759.
5. Matignon. *Soc. chim. de Paris*, 1894, p. 568.
6. Berthelot et André.

Chez l'homme, l'urée représente la forme d'élimination de 85 à 90 p. 100 de l'azote éliminé; chez les oiseaux et les reptiles, c'est l'acide urique qui est la forme d'élimination de beaucoup la plus importante; enfin l'urine des herbivores contient une proportion notable d'acide hippurique.

Sachant que l'azote de tel albuminoïde détruit dans l'organisme est éliminé sous forme de l'une ou l'autre de ces substances, il est facile de faire le compte de la chaleur dégagée dans l'organisme par cette destruction.

Mais le calcul fait avec cette précision n'a guère qu'un intérêt théorique. Pour l'évaluation thermique d'une ration, on est obligé de se contenter de moyennes. Or, pour l'homme (de même pour le chien), nous ne ferons qu'une erreur très faible en admettant que tout l'azote s'élimine sous forme d'urée; d'autre part, le déficit de chaleur, par rapport à la combustion totale, qui résulte de l'élimination de l'azote sous cette forme, a été calculé par BERTHELOT et ANDRÉ (loc. cit.) pour chacune des substances dont nous avons indiqué plus haut la chaleur de combustion. Ce déficit varie de 15 à 17 centièmes de la chaleur dégagée; exceptionnellement pour la colle de poisson (gélatine), il atteint 20 centièmes; c'est en moyenne 16 centièmes ou 1/6 à retrancher de la valeur moyenne que nous avons donnée pour ces substances. Cette valeur devient alors 4 740 calories par gramme de matière, et 9 060 calories pour la quantité de matière renfermant un gramme de carbone.

Pour un organisme (oiseau, reptile) qui élimine la plus grande partie de son azote (pour simplifier, admettons tout son azote) sous forme d'acide urique, ces valeurs doivent être encore abaissées de 1/8 (MATIGNON[1]); un gramme d'albuminoïde ne fournit à cet organisme que 4 320 calories.

Voici la teneur en matière azotée des principales matières végétales pour 1 000 parties :

Albuminoïdes des aliments végétaux (par kilo).

Lentilles.	265	Betteraves.	29
Fèves.	244	Choux-raves.	20
Amandes	240	Navets	15
Pois.	238	Pommes de terre	13
Haricots.	225	Manioc	11
Avoine	144	Cerises	8
Froment.	135	Raisin.	7
Orge	129	Prunes	7
Seigle.	107	Abricots.	
Maïs	79	Fraises	5
Noix	91	Choux-fleurs	5
Sarrasin.	69	Pommes.	4
Riz.	51	Pêches	3
Champignons	47	Poires.	2,5
Châtaignes	45		

On voit que la variété est très grande et qu'on peut, à ce point de vue, distinguer les aliments végétaux en plusieurs groupes, suivant qu'ils appartiennent aux légumineuses, aux céréales, aux plantes féculentes et aux plantes herbacées. Les légumineuses ont plus de 20 p. 100 de matières azotées (lentilles, fèves, pois, haricots). Les céréales ont 10 à 20 p. 100 (seigle, orge, avoine, froment). Les plantes féculentes (pommes de terre, riz, châtaignes) ont de 1 à 6 p. 100. Et enfin, les fruits et les légumes herbacés ont de 0,2 à 1 p. 100.

Autrement dit et plus schématiquement encore :

Légumineuses.	250	
Céréales.	125	
Féculents.	25	par kilogramme.
Fruits	5	

Pour les aliments animaux, nous trouvons aussi des proportions variables de matière azotée, et, contrairement à l'opinion vulgaire, ils ne sont pas notablement plus

1. Mém. Soc. Chim. de Paris, t. XI, p. 570, 1894.

riches en azote que les légumineuses. Voici la proportion, d'après Moleschott, pour 1 000 parties :

Albuminoïdes des aliments animaux (par kilo).

Fromage	334	Jaune d'œuf	163
Viande de canard	203	Viande de poisson	139
— de bœuf	174	Blanc d'œuf	117
— de porc	171	Lait	55
— de veau	166		

Vu l'importance de la valeur en azote des aliments, nous reproduisons ici quelques tableaux construits par Bunge (*Chim. biol.*, 1891, p. 68), au moyen de chiffres tirés du recueil de König.

1er Tableau.

Combien faut-il d'aliments pour fournir 100 grammes de matière azotée?

(Aliments naturels.)

	gr.		gr.
Pommes	25 000	Blanc d'œuf de poule	750
Carottes	9 000	Poisson gras (anguille)	750
Pommes de terre	5 000	Viande de porc (grasse)	630
Lait de femme	4 200	Vitellus de poule	620
Choux	3 000	Viande de bœuf grasse	600
Lait de vache	3 000	Poisson maigre	550
Riz	1 250	Viande de bœuf maigre	480
Maïs	1 000	Pois	430
Froment	800		

2e Tableau.

Combien faut-il d'aliments pour fournir 100 grammes de matières albuminoïdes?

(Aliments séchés.)

	gr.		gr.
Pommes	4 200	Lait de vache	370
Pommes de terre	1 250	Viande de porc grasse	360
Riz	1 100	Poisson gras	330
Carottes	1 000	Vitellus de poule	300
Maïs	900	Viande de bœuf grasse	250
Froment	700	— maigre	112
Lait de femme	550	Blanc d'œuf de poule	112
Choux	440	Poisson maigre (brochet)	110
Pois	370		

Il ne faut pas se faire d'illusions sur la précision des nombres contenus dans ces tableaux, et d'une façon générale, des nombres donnés dans les analyses d'aliments pour représenter la teneur de ces aliments en albuminoïdes. Pratiquement, on ne dose pas les albuminoïdes, on dose *l'azote* et on calcule les albuminoïdes en multipliant le poids d'azote par le facteur 6,25. C'est ce produit qui figure dans les tableaux de tous les auteurs. Voyons ce qu'il représente au juste.

1° Le facteur 6,25 est exact si l'albuminoïde auquel on a affaire contient exactement 16 p. 100 d'azote; pour un albuminoïde qui contient moins d'azote, il donne une valeur trop faible; pour un albuminoïde qui en contient davantage, il donne une valeur trop forte. Nous avons vu (p. 338) que l'azote des albuminoïdes varie de 15 à 19; les écarts autour de cette proportion de 16 p. 100 sont donc assez sensibles, et il y a beaucoup d'albuminoïdes qui contiennent plus de 16 p. 100 d'azote. Le chiffre ainsi obtenu sera donc souvent trop fort.

2° Tout l'azote des aliments n'est pas de l'azote d'albuminoïdes. Dans les substances animales, il n'y a généralement que fort peu d'azote non albuminoïde : ainsi dans la viande de bœuf on n'en trouve que 0,2 p. 100 (König, t. II, p. 112); cet azote est sous forme de bases xanthiques. L'erreur est ici insignifiante.

Mais il n'en est pas de même pour les aliments végétaux; les plantes ou parties de plantes dont se nourrissent l'homme et les animaux contiennent des proportions souvent considérables d'*amides*.

L'un des plus répandus de ces corps est *l'asparagine* (Voyez ce mot), sur lequel nous aurons à revenir, son rôle dans l'alimentation ayant fait l'objet de recherches intéressantes; mais, quelle que puisse être la conclusion de ces recherches, il est évident que l'on fait une erreur importante en comptant ces amides comme albuminoïdes. Voyons par exemple, au simple point de vue de la production de chaleur qui nous occupe en ce moment, ce qu'est cette erreur.

1 gramme d'azote trouvé par l'analyse correspond à $4^{gr},7$ d'asparagine $C^4H^8Az^2O^3$; la chaleur de combustion d'une molécule d'asparagine est de 448 calories, d'où il faut retrancher, pour la chaleur de l'urée sous forme de laquelle son azote est éliminé, 156 calories [1]; reste 292 calories pour une molécule pesant 132, soit 2 210 petites calories par gramme de matière, $4^{gr},7$ d'asparagine donnent dans l'organisme 10 387 calories.

Ce même gramme d'azote compté comme albumine donnerait $6^{gr},25$ de matière à 4 740 calories par gramme (voir p. 343), ce qui fait 29 525 calories.

On voit qu'on attribuerait à la substance d'où provient ce gramme d'azote presque *trois fois* sa valeur thermique réelle.

Or les aliments végétaux, disons-nous, contiennent souvent des proportions considérables d'amides, et de diverses substances azotées non albuminoïdes. Voici quelques exemples tirés du recueil de König (t. II, pp. 652, 631).

Azote non albuminoïde des aliments végétaux pour 100.

	AZOTE TOTAL (p. 100 de substance sèche).	AZOTE NON ALBUMINOÏDE (p. 100 de l'azote total).
Asperges.	4,13	20
Épinards.	4,56	23
Laitue.	4,85	39
Fèves	5,57	49
Pois.	4,69	24
Haricots.	4,32	38
Chou..	4,89	49
Chou-fleur.	5,11	49
Carotte..	1,91	18
Navet	2,02	45
Chou-navet.	4,64	56
Pommes de terre. . . .	1,33	de 35 à 58

Dans les céréales, la proportion de ces substances azotées non albuminoïdes est moins considérable, mais elle est encore très sensible (König, t. II, pp. 458 et ss.).

	AZOTE TOTAL (p. 100 de substance sèche).	AZOTE NON ALBUMINOÏDE (p. 100 de l'azote total).
Froment.	2,22	5 à 11
Seigle.	2,15	5
Orge.	1,79	1,4 à 1,5
Avoine.	1,94	3 à 8
Maïs.	1,74	5
Riz	1,39	6 à 10

1. BERTHELOT et ANDRÉ. *C. R.*, t. CX, p. 888.

Valeur calorimétrique et isodynamie des aliments. — Nous venons ainsi de passer en revue trois groupes de substances, qui, introduites dans le tube digestif d'un animal, sont digérées, assimilées, puis détruites, et leurs éléments éliminés; nous avons vu quelles sont les quantités d'énergie potentielle qu'elles contiennent lorsqu'elles entrent, et quelles sont celles qu'elles doivent avoir abandonnées dans l'organisme lorsqu'elles en sortent sous forme d'eau, d'acide carbonique et d'urée.

On résumera ces données par les nombres schématiques suivants :

		Cal.
1 gramme de graisse dégage		9,4
1 — d'albumine	—	4,7
1 — d'amidon	—	4,1

Nous pouvons maintenant calculer facilement quelle est la quantité de combustible à fournir pour couvrir une perte de chaleur donnée. Supposons, par exemple, un homme dont la dépense journalière de calorique serait égale à 2 500 calories; cette dépense sera également couverte par

266 grammes de graisse,
532 — d'albumine,
610 — d'amidon,

en supposant, bien entendu, qu'il s'agit de la ration réellement absorbée, sans tenir compte de ce qui est perdu pour la digestion et passe dans les fèces.

On pourra donc dire que 266 grammes de graisse sont *isodynames* à 532 grammes d'albumine et à 610 grammes d'amidon.

Et si, comme c'est toujours le cas dans la nature, la ration comprend les trois espèces de combustible, et que la somme de leurs énergies potentielles soit suffisante pour couvrir les dépenses et réaliser l'équilibre du budget physiologique, une quantité n de l'un des combustibles pourra toujours être remplacée par une quantité m isodyname d'un autre combustible.

Rubner[1], qui a introduit en physiologie cette notion de l'isodynamie, a fait des expériences pour vérifier sur l'organisme animal cette vue de l'esprit, et ces expériences ont été remarquablement d'accord avec la théorie.

Voici les quantités de substance alimentaire qui se sont montrées dans l'organisme animal, isodynames à 100 grammes de graisse, et en regard, les quantités calculées d'après les données calorimétriques :

	Observées.	Calculées.
Syntonine.	225	243
Fécule.	232	229
Chair musculaire.	243	235
Sucre de canne.	234	235
Sucre de raisin.	256	255

Il est donc aussi légitime que facile de calculer en calories la valeur d'une ration, quelle que soit la composition de cette ration. Nous aurons plus loin à faire une réserve pour les albuminoïdes.

Mais nous avons vu que les données analytiques que nous pouvons obtenir sur les aliments ne sont pas exactes. Rubner a proposé d'introduire une correction moyenne, portant sur les coefficients thermiques à attribuer à chacun des groupes d'aliments tels qu'ils nous sont fournis par les analyses; au lieu des valeurs indiquées plus haut, il compte pour 1 gramme de substance :

	Calories.
Graisse.	9,3
Albumine	4,1
Amidon	4,1

Ces coefficients pratiques ont été adoptés depuis par tous les physiologistes qui se sont occupés de la question.

Nous pouvons maintenant chercher quelle est la grandeur du besoin alimentaire

1. *Z. B.*, 1886, t. xxii, p. 40 ; cité d'après König.

chez les animaux; nous prendrons comme exemple l'homme, qui a donné lieu à bien plus de recherches que n'importe quel autre animal.

Le moyen le plus simple d'arriver à déterminer la quantité de chaleur dépensée chaque jour est de déterminer la valeur thermique de la ration d'équilibre. C'est l'ancienne méthode de calorimétrie indirecte de Boussingault, Liebig, J.-B. Dumas; mais nous avons aujourd'hui des bases précises qui manquaient à ces grands physiologistes. Nous aurons soin en outre de rapporter les quantités de chaleur non pas au poids, mais à la surface, conformément à la loi que nous avons citée plus haut.

Pour l'homme, la surface peut se calculer d'après le poids au moyen de la formule de Meeh[1], $S = 12,3 \sqrt{P^2}$.

Commençons par nous reporter à la ration journalière que nous avons déterminée pour le Parisien adulte (p. 300). Voyons ce qu'elle contient en substances alimentaires organiques et le nombre de calories qu'elle vaut.

ALIMENT	ALBUMINE	HYDRATES DE CARBONE	GRAISSES
	gr.	gr.	gr.
550 grammes pain	38,5	297	2
280 — viande.	50,4	»	22,4
125 — lait.	4,25	6,25	5
35 — œufs.	5,25	»	5,5
600 — fruits et légumes	6	54	1
30 — légumes secs	7	17	0,5
100 — féculents	6	77	»
45 — sucre.	»	43	»
26 — fromage.	6,25	»	6,50
40 — beurre et huile	»	»	37
Total.	124	494	80,5

Si l'on fait le calcul, on trouve un total de 3 278 calories.

Admettons pour le poids moyen des Parisiens le chiffre de 62 kilogrammes donné par Tenon[2]; la surface correspondante, calculée d'après la formule de Meeh, donne 1mq,93. Si nous divisons par cette surface le nombre des calories, il vient 1690 calories par mètre carré.

Mais nous pouvons avoir des chiffres plus précis en nous servant d'expériences, où, l'équilibre ayant été réalisé, on a à la fois le poids du sujet et la valeur de sa ration en calories.

Voici les chiffres d'un certain nombre d'expériences et d'observations récentes, auxquelles on a ajouté, à cause de son intérêt historique, le sujet des mémorables expériences de Voit et Pettenkofer[3].

AUTEURS	POIDS DU SUJET	CALORIES DE LA RATION	CALORIES PAR MÈTRE CARRÉ
Ouvrier de Voit et Pettenkoffer.	70	3 054	1 470
Hirschfeld	73	3 348	1 560
Kumagawa	48	2 478	1 556
Sold. japonais, R. Mori	59	2 579	1 380
Étud. japonais, Tsuboï et Murato.	46	2 355	1 430
Sujet n° II, Lapicque et Marette.	73	3 027	1 420
Rubner.	67	3 094	1 520

1. Cité par Vierordt, Anat. physik. und physiol. Daten und Tabellen.
2. Cité par Sappey, T. A., t. i, p. 31.
3. Par comparaison nous citerons le cas d'un individu soumis à un régime trop substantiel.

(Ce tableau, moins le n° 7, est emprunté à LAPICQUE, *A. P.*, 1894, p. 609. Le chiffre de RUBNER est cité d'après KÖNIG, t. I, p. 80).

Tous les sujets cités ici sont des hommes, dans la force de l'âge, déployant une activité musculaire modérée.

Ces chiffres rapportés à l'unité de surface nous paraissent une remarquable illustration de la loi que nous indiquions; on voit en effet combien ces chiffres sont voisins les uns des autres, pour des sujets placés dans des conditions analogues, mais dont le poids varie de 46 a 73 kilogrammes. Ils nous permettent de fixer la quantité d'énergie potentielle que la ration alimentaire doit fournir à un homme actif dans les climats tempérés; cette quantité est de 1400 à 1600 calories par mètre carré de la surface du sujet. Le chiffre trouvé pour le Parisien par notre calcul des moyennes est un peu plus fort; mais, si l'on réfléchit que dans cette moyenne sont compris un grand nombre d'*ouvriers*, c'est-à-dire d'hommes qui produisent un travail extérieur, cet excès d'énergie cesse d'être un écart, et l'accord est au contraire très satisfaisant, étant donnée la diversité des procédés d'observations, et des méthodes.

Il faut remarquer que ces chiffres se rapportent à des rations ingérées, et qu'il y aurait une diminution à faire pour la partie qui a passé dans les fèces. Ce déficit a été évalué par RUBNER à 8,11 p. 100. On peut admettre en chiffres ronds 10 p. 100, qu'il faudrait déduire si l'on voulait calculer la quantité d'énergie réellement dépensée par l'organisme; mais, puisque ce que nous cherchons à déterminer ici, c'est la grandeur du besoin alimentaire, les chiffres que nous venons de donner sont ceux-là mêmes que nous cherchions.

LAPICQUE, dans le même travail, donne la valeur de la ration observée par lui pour des hommes vivant entre les tropiques.

	Poids.	Calories.	Cal. par m².
Abyssin	32ᵏ	2 000	1 160
Malais	52ᵏ	2 072	1 200

Nous avons donc ici l'influence d'une température plus élevée, qui s'accuse par une diminution de 300 calories par mètre carré sur la moyenne de la dépense dans les climats tempérés.

C. EIKMANN [1] a analysé le régime de huit Européens habitant Batavia depuis plusieurs années; la moyenne de ses observations donne les chiffres suivants :

Poids moyen : 63ᵏ,4 — Cal. totales : 2470 — Pour 1ᵐ² : 1240 Cal.

Ce chiffre concorde bien avec les deux autres donnés ci-dessus. Mais il faut noter que l'auteur conclut dans le sens d'un besoin alimentaire égal pour les habitants des régions chaudes et ceux des régions tempérées. Il considère que ses sujets ne se livrent à aucun travail, et compare le chiffre trouvé par lui à celui donné par RUBNER pour la catégorie I (Voir ci-dessous).

Ration de repos et ration de travail. — Il est évident *a priori* que la quantité d'énergie dépensée par les combustions vitales varie suivant que le sujet reste au repos, ou produit en dehors de lui un travail mécanique. Mais on conçoit aussi que la loi qui exprime l'augmentation de ces combustions par suite du travail n'est pas simple et ne peut s'exprimer directement en partant de l'équivalent mécanique de la chaleur et du coefficient de rendement de la machine animale. D'abord ce rendement ne peut être précisé; il varie suivant le genre de travail (voir **Travail**); ensuite la quantité d'énergie qui n'est pas transformée en travail, soit, pour donner un chiffre schématique, les quatre

---

S..., observé par CH. RICHET (*T. L.*, t. I, p. 512), pesait 47ᵏⁱˡ,300, au début de l'expérience. Son régime (500 grammes de pain, 500 grammes de pommes de terre et 400 grammes de viande, avec 50 grammes de beurre et 50 grammes de fromage et 50 grammes de sucre) représentait le chiffre énorme de 4350 calories. Aussi se mit-il à engraisser rapidement, si bien qu'en quinze jours, du 15 mars au 1ᵉʳ avril, son poids augmente de 47ᵏⁱˡ,500 à 52 kilos, ce qui représente 4500 grammes en quinze jours, soit 300 grammes par jour. En admettant, ce qui est très près de la vérité, que ces 300 grammes répondent à 150 grammes de graisse, cela fait précisément 2980 calories par jour avec une réserve quotidienne, répondant à 1350 calories.

1. *Beitrag zur Kenntniss des Stoffwechsels der Tropenbewohner* (Arch. de Virchow, t. CXXXII, p. 105, 1893).

cinquièmes de l'énergie potentielle consommée, apparaît sous forme de chaleur, et cette chaleur vient en déduction de la consommation nécessaire pour maintenir la température constante. D'autre part, cette utilisation pour le maintien de la température, de la chaleur perdue pour le travail, est essentiellement variable suivant les cas. Si le travail mécanique intérieur est assez faible pour que la chaleur dégagée en un temps donné soit inférieure ou au plus égale à la perte par rayonnement dans ce même temps (déduction faite de la chaleur dégagée dans ce même temps par le travail intérieur, circulation, respiration, etc., qui ne peut s'arrêter), l'énergie totale des combustibles détruits se trouve utilisée. Mais si, le travail augmentant, la quantité de chaleur produite dépasse la dépense normale, l'organisme tend à s'échauffer et fait intervenir alors des moyens de dépenses supplémentaires, vaso-dilatation cutanée, et surtout évaporation d'eau (par la peau : *homme, cheval ;* par le' poumon : *chien*). Il y a alors de la chaleur réellement perdue sans aucune compensation. On voit dès lors que tout calcul à partir du nombre de kilogrammètres produits dans une journée devient illusoire, l'économie de la chaleur pouvait varier considérablement suivant que la production du travail est répartie en des périodes plus ou moins longues, ou réunie dans des temps courts d'efforts violents. On ne peut tenir compte que des chiffres obtenus expérimentalement et s'appliquant seulement au cas spécial pour lequel ils ont été obtenus, ou bien, si l'on veut généraliser, se contenter d'approximations très larges.

Rubner a dressé, pour l'homme, le tableau suivant, au moyen des données puisées dans les recherches de Pettenkofer, Voit, Förster, Playfair, etc. [1].

CATÉGORIE DU TRAVAIL	RATION BRUTE DES 24 HEURES.	RATION NETTE FÈCES DÉDUITS.
	Calories.	Calories.
Repos et jeûne	»	2 304
I. *Médecin, employé*	2 631	2 445
II. Travail modéré, *garçon menuisier, soldat.*	3 121	2 868
III. Travail intense. *manœuvre tournant une roue.*	3 659	3 362
IV. *Mineurs, valets de ferme, bûcherons.*	5 213	4 790

Combustibles accessoires et aliments douteux. — Nous avons rencontré, en étudiant chacun des trois groupes de combustibles, des substances qui les accompagnent dans les aliments naturels, que les analyses confondent souvent avec l'un de ces groupes sous un titre commun, qui sont absorbés et brûlés dans l'organisme, mais qui ne sont ni des hydrates de carbone, ni des graisses, ni des albuminoïdes.

Il faut examiner maintenant si ces substances ont réellement la valeur de combustibles pour l'organisme animal ; nous avons déjà été obligés çà et là de toucher la question, mais il est nécessaire de la discuter au fond.

Nous allons d'abord passer rapidement en revue celles de ces substances qui ont un intérêt. Les végétaux contiennent, généralement sous forme de sels de potasse ou de chaux, des acides organiques ; les acides citrique, malique et tartrique se trouvent en quantité notable dans les fruits ; dans les fruits mal mûrs, ils constituent même, si on excepte la cellulose, la plus grande partie des substances ternaires : l'acide oxalique se rencontre en abondance dans les feuilles des plantes du genre *Rumex*, dont plusieurs espèces servent d'aliment à l'homme et aux herbivores ; l'acide acétique ne se trouve pas, du moins en notable quantité, dans les aliments naturels, mais beaucoup de substances en fournissent par fermentation ; il en est de même pour l'acide lactique. Tous ces acides

1. Rubner. *Lehrbuch der Hygiène*, 4ᵉ éd., 1892, p. 473.

appartiennent à la *série grasse*. Les acides acétique, butyrique, caproïque, sont les homologues inférieurs des vrais acides de la graisse, avec beaucoup moins d'atomes de carbone; les autres acides sont bi ou tribasiques; ils peuvent par conséquent former des sels acides, et c'est généralement sous cette forme qu'ils se présentent dans la nature.

Ingérés à l'état de sels, ces acides sont absorbés et ne reparaissent pas dans l'urine; ils sont brûlés dans l'organisme, et éliminés, comme les hydrates de carbone et les graisses, sous forme d'acide carbonique et d'eau. Ils ont par conséquent dégagé dans l'organisme leur chaleur de combustion. Voici les grandeurs de ces chaleurs de combustion, en grandes Calories :

	Par molécule.	Par gramme.
Acide acétique.	210	3,5
— butyrique	524	6
— oxalique.	60	0,66
— citrique.	480	2,5
— lactique.	329	3,6

Ces acides, nous l'avons vu, sont généralement comptés, dans les analyses d'aliments végétaux, avec les hydrates de carbone, sous le nom collectif de *substances extractives non azotées*.

A côté des hydrates de carbone viennent se ranger les alcools, et plus spécialement l'alcool éthylique, qui, à vrai dire, ne se rencontre pas dans les aliments naturels; mais la plupart des aliments riches en hydrates de carbone peuvent, directement ou après saccharification, être soumis à la fermentation alcoolique. Nous avons vu plus haut suivant quelle équation l'alcool dérive des glucoses; en fait, l'alcool tient une place souvent importante dans l'alimentation de l'homme, qui, dans presque toutes les contrées, a trouvé le moyen de transformer en boisson alcoolique quelqu'un de ses aliments naturels; on fait fermenter en effet des jus de fruits (vin, poiré, cidre), du lait (Koumys), du miel délayé dans de l'eau (hydromel), des graines de céréales dont les hydrates de carbone ont été en partie saccharifiés soit par la germination (bière, vin de riz des Chinois et des Japonais), soit par des procédés chimiques appliqués industriellement (eaux-de-vie de grain).

Ce n'est pas pour sa valeur nutritive que l'alcool est aussi généralement recherché par l'homme; c'est à cause de son action pharmacodynamique sur le système nerveux. Mais nous n'avons à nous occuper en ce moment que de sa valeur chimique dans l'alimentation.

L'alcool qui n'est pas ingéré à doses trop élevées est brûlé dans l'organisme comme toutes les autres substances ternaires et par conséquent finalement éliminé sous forme d'eau et acide carbonique. Ingéré en excès, il est éliminé en nature par les reins et les poumons. Mais il semble que la quantité d'alcool apte à se détruire dans l'organisme soit assez élevée, si cet alcool est ingéré sous forme de boissons étendues, vin, bière, etc., et non sous forme de produit concentré par la distillation.

La chaleur de combustion de l'alcool est considérable, 7 calories par gramme.

L'alcool éthylique est à peu près le seul qui ait quelque intérêt au point de vue qui nous occupe; les homologues supérieurs, qui se rencontrent à côté de lui dans les liquides fermentés, n'existent qu'en très petites proportions, et d'ailleurs, ils sont beaucoup trop toxiques pour jouer un rôle alimentaire quelconque. Quant à l'alcool méthylique, homologue inférieur, il n'entre pas dans la consommation.

Si nous passons aux alcools polyatomiques, nous trouvons la *mannite* et la *dulcite*, alcools hexatomiques dont les aldéhydes (glycoses) jouent le rôle important que nous avons vu. — Nous avons rencontré déjà la glycérine; nous avons vu le rôle qu'elle joue dans les graisses; libre, c'est-à-dire à l'état d'alcool et non plus d'éther, elle ne peut être absorbée qu'en très petite quantité; dans ce cas, d'ailleurs, elle est brûlée et dégage dans l'organisme sa chaleur de combustion, 4^{cal},29 par gramme.

Sous le nom générique de *cires*, on range des substances qui ressemblent plus ou moins aux graisses, et qui, en fait, sont constituées par les éthers gras d'alcools où le nombre des atomes de carbone est élevé; ce sont, par exemple, l'alcool *cétylique*, $C^{16}H^{34}O$, l'alcool *cérylique*, $C^{27}H^{56}O$, l'alcool *myricique*, $C^{30}H^{62}O$; la cire d'abeille, type du groupe, est un mélange de palmitate et de *cérotate* de ce dernier alcool. Les cires se rencontrent çà et là dans les aliments de l'homme et des animaux ; mais, malgré leur grande parenté physique et chimique avec les graisses, et bien qu'elles aient une chaleur de combustion très considérable, ces substances semblent inutilisables pour l'organisme.

Une autre substance, qui ressemble beaucoup physiquement aux graisses, et qui, dans les analyses, est comptée avec elles parce qu'elle a les mêmes dissolvants, est un alcool et non un éther ; c'est la cholestérine, $C^{26}H^{44}O$. La cholestérine est extrêmement répandue dans la nature organisée ; elle fait partie de la plupart de nos aliments, y compris le lait, mais on ne sait rien de son importance alimentaire ; il est possible qu'elle ne soit pas absorbée du tout ; elle est peut-être une forme d'élimination, produit d'excrétion plutôt que substance alimentaire. En tout cas elle existe constamment dans la bile des mammifères, et se retrouve dans les fèces.

Enfin il faut encore mettre à côté des graisses une série de substances (lécithines) très répandues dans notre alimentation, et qui, en fait, sont jusqu'à un certain point des graisses, puisqu'elles contiennent des acides gras (stéarique, palmitique ou oléique) combinés avec de la glycérine ; mais il n'y a que deux oxhydriles de la glycérine saturés par des acides gras, le troisième est éthérifié par de l'acide phosphorique, qui, d'autre part, combine l'acidité qui lui reste avec une base particulière, la *névrine*.

Les lécithines sont saponifiées par le suc pancréatique (Bokay)[1] et leurs éléments sont absorbés, mais on ignore leur sort ultérieur. La présence de la lécithine dans le lait paraît plaider en faveur de son importance comme aliment (Bunge).[2]

Nous en avons fini avec les substances ternaires, et, quant à ce qui regarde les combinaisons azotées qui ne sont pas des albuminoïdes, nous avons déjà été amenés à considérer le sort des amides de l'alimentation, en prenant comme type l'asparagine. Les corps de la série anthique, en partie passent inaltérés, en partie sont brûlés, avec élimination de leur azote, sous forme d'urée. D'une façon générale, l'azote ammoniacal et tous ses dérivés, introduits dans l'organisme des mammifères, sont éliminés sous forme d'urée, chez les oiseaux sous forme d'acide urique, et les radicaux substitués sont brûlés, excepté s'il s'agit de radicaux aromatiques ; ceux-ci sont éliminés à l'état d'acide hippurique ou de sulfophénates ; quant à l'azote nitrique, dont on trouve parfois de petites quantités dans les plantes, sous forme de nitrates, nous n'avons pas à nous en occuper ici (Voyez **Azote**).

Nous avons rencontré, parmi ces éléments accessoires de l'alimentation, trois substances ou groupes de substances qui s'oxydent dans l'organisme et y dégagent de la chaleur, à savoir les acides, l'alcool, les amides. Cette chaleur dégagée (les lois de la thermochimie ne permettent pas de douter qu'il n'y ait une quantité déterminée de chaleur dégagée) sert-elle à l'organisme ? La valeur thermique de telles substances est-elle physiologiquement *isodyname* d'une valeur égale en graisse ou en sucre ? Voilà la question. Elle a été fort vivement discutée, et a même donné lieu, en ce qui concerne l'alcool, à des débats passionnés.

Voici comment un chimiste physiologiste, partisan de la négative, expose son opinion : « Il est connu que l'alcool est brûlé... L'alcool est donc, à n'en pas douter, une source de force vive de notre corps. Mais cela ne veut pas dire qu'il soit un aliment. Pour justifier cette conception, il faudrait prouver que la force vive mise en liberté par sa combustion est employée à l'accomplissement d'une fonction normale. Il ne suffit pas que l'énergie potentielle d'une combinaison se transforme en force vive. La transformation doit avoir lieu au bon endroit et au bon moment, en un point déterminé d'un élément anatomique déterminé... On objectera que la force vive développée par la combustion de l'alcool devra, en tout cas, en tant que chaleur, profiter à notre corps, quand bien même aucun organe particulier n'emploierait cette énergie à l'accomplissement de ses fonctions ; la combustion de l'alcool devrait nécessairement épargner d'autres aliments. Mais on ne peut pas concéder cela non plus[3]... »

Nous arrêtons là notre citation ; ce qui suit ne peut se rapporter qu'à l'alcool ; Bunge pense que l'alcool ne peut économiser, tout combustible qu'il est, aucun aliment véri-

---

1. *Z. P. C.*, t. i, p. 157, 1877.
2. *Cours de chimie biol.*, p. 82.
3. Bunge. *Cours de Chimie biol.*, p. 126 (124 de la 2ᵉ édition allemande).

tablé, parce qu'il « provoque une dilatation des vaisseaux, principalement des vaisseaux cutanés, et consécutivement une perte de chaleur ». Ce qu'il fait gagner d'un côté, il le ferait perdre de l'autre. Sans vouloir examiner pour le moment si l'on peut admettre aussi facilement une balance exacte entre les propriétés *toxiques*, vaso-dilatatrices, de l'alcool, et sa valeur thermique *alimentaire*, tenons-nous-en au développement qui précède. Il ne vise nominativement que l'alcool, mais il peut s'appliquer de même aux acides gras inférieurs et aux amides, qui n'ont pas ces propriétés toxiques, et sur lesquels, par conséquent, ne saurait porter cette dernière objection

Les aliments dont la valeur est incontestable, sucres, graisses et albuminoïdes, sont évidemment les sources où l'animal puise l'énergie dépensée dans la vie de ses celluloses, dans ce que Chauveau a appelé d'une façon si heureuse le *travail physiologique*[1], tandis que rien ne prouve que les substances accessoires qui nous occupent dégagent leur énergie au « bon moment et au bon endroit » pour servir à ce travail physiologique. D'autre part, il est incontestable aussi que ce travail physiologique est la cause efficiente essentielle de la chaleur animale. Mais il est impossible d'admettre que la production de chaleur, chez un animal à sang chaud, ne soit qu'un épiphénomène. Il suffit de considérer qu'un animal, *au repos*, dégage et, par conséquent, *produit* d'autant plus de chaleur que la température est plus basse ; le mécanisme qui intervient dans ce cas est le suivant : le système nerveux augmente la tonicité musculaire[2] et, au besoin, commande le *frisson*, c'est-à-dire une activité musculaire considérable. Ici, nous voyons nettement le travail physiologique avoir *pour but* la production de chaleur. Or, c'est le cas le plus ordinaire dans la vie d'un animal ; c'est pourquoi nous avons pu dire, en commençant l'étude des aliments organiques, que c'est le besoin de chaleur qui règle la grandeur des besoins de ces aliments pris dans leur ensemble. Nous venons d'en trouver une nouvelle preuve dans ce fait que l'habitant des régions tropicales, toutes choses égales d'ailleurs, demande à son régime plusieurs centaines de calories de moins que l'habitant des pays tempérés. Dès lors, il devient évident, de même que toute diminution dans les causes de refroidissement entraîne une diminution dans la dépense des combustibles, que toute chaleur dégagée dans l'organisme, « quand bien même aucun organe particulier n'emploierait cette énergie à l'accomplissement de ses fonctions », permet une économie des autres combustibles. La démonstration expérimentale a d'ailleurs été donnée pour quelques-uns de ces acides gras inférieurs : acide lactique (Zuntz et V. Mering); acide butyrique (Munk); acide acétique (Mallèvre), que ces corps sont utilisés pour la production de chaleur par l'animal, et on a pu mesurer leur valeur isodyname dans l'organisme.

Donc, ces substances qui se brûlent dans l'organisme animal, et qui ne sont ni sucres, ni graisses, ni albuminoïdes, jouent un rôle de combustibles utiles ; mais il semble qu'ils ne puissent fournir qu'une petite partie de la chaleur dépensée par l'organisme, et, en fait, ils ne se présentent qu'en quantité relativement petite dans les rations naturelles ; voilà pourquoi nous les avons désignées du nom de *combustibles accessoires*.

Besoin de substances chimiques déterminées. — Au point de vue de la quantité d'énergie fournie à l'animal, les diverses espèces d'aliments s'équivalent suivant une proportion que nous avons déterminée. Mais il ne suffit pas à l'animal de recevoir chaque jour une quantité d'énergie potentielle égale à ses dépenses en force vive. Il a besoin, pour maintenir son organisme, de recevoir par son alimentation les éléments chimiques qu'il élimine par ses diverses excrétions, et il faut que ces éléments lui soient fournis sous forme de combinaisons déterminées. Les transformations et les synthèses qu'il peut accomplir sont limitées. Il détruit chaque jour une certaine quantité de molécules qu'il ne peut rebâtir au moyen de leurs éléments, et il faut qu'il trouve dans son alimentation, soit les mêmes molécules, soit des molécules assez semblables pour que la transformation à opérer soit à sa portée.

Ce chapitre de la physiologie alimentaire d'un animal devrait consister en un tableau, avec un poids en regard de chaque nom des substances nécessaires ainsi pour un animal d'un poids donné et d'une espèce donnée. Mais nous ne faisons que pressentir

1. Voir, en particulier, A. Chauveau. *La vie et l'énergie chez l'animal.* Paris, 1894.
2. Ch. Richet. *La chaleur animale*, p. 151.

ce chapitre : nous pouvons soupçonner, à bon droit, que ce tableau devrait être assez complexe, mais, sauf ce que nous avons vu pour les matières minérales, il n'a été fait de recherches que pour la détermination quantitative d'un seul élément de ce tableau, les matières albuminoïdes; et bien que les recherches aient été fort nombreuses, on n'est pas encore arrivé, sur ce point limité, à des résultats définitifs.

Le besoin d'albumine a attiré de bonne heure l'attention des physiologistes, parce qu'il est intense et urgent. Cet aliment avait même, sous l'influence de Liebig, pris une telle importance que l'on ne voulait considérer que lui, et Boussingault, quand il commença ses mémorables études sur la ration d'entretien, avait commencé par dresser une table d'équivalence des fourrages où cette équivalence était tout simplement calculée théoriquement sur la teneur respective en azote; il ne tarda pas à s'apercevoir de son erreur, du reste, et refit ses tables d'équivalence en tenant compte de la somme d'aliments ternaires et quaternaires contenus dans ces fourrages.

On croyait aussi, jusque dans ces derniers temps, qu'il était nécessaire que la ration alimentaire contînt les trois grandes espèces d'aliments simples; les expériences de Magendie, de Tiedemann, de Gosselin, de Chossat, avaient donné des résultats d'où l'on avait cru pouvoir conclure qu'une ration composée exclusivement d'aliments azotés, aussi bien qu'une ration composée exclusivement d'aliments ternaires, était impropre à entretenir la vie. Il ne faut pas oublier qu'à cette époque on attribuait à l'organisme animal une aptitude à faire des transformations chimiques bien moindre que celle qu'il possède en réalité; et l'on pensait que, l'organisme détruisant du sucre, de la graisse et des albuminoïdes, il fallait lui fournir du sucre, de la graisse et des albuminoïdes. On ne se préoccupait que de déterminer exactement la proportion dans laquelle ces trois espèces d'aliments devaient se trouver combinées dans la ration.

Depuis, on a démontré que les animaux pouvaient faire de la graisse avec de l'albumine; puis, qu'ils pouvaient en faire avec des hydrates de carbone (voir **Nutrition**); ils peuvent aussi faire du glycogène, c'est-à-dire du sucre, avec des albuminoïdes. Les albuminoïdes, donnés en quantité suffisante, doivent donc suffire à tous les besoins de l'organisme. En fait, la démonstration directe de ce fait a été donnée récemment par Pflüger (*A. Pf.*, t. l, p. 98, 1891). Il a pris un chien de 30 kilogrammes, très maigre, et, du 9 mai au 19 décembre 1890, il l'a nourri uniquement avec de la viande ne contenant que des quantités minimes de graisse et d'hydrocarbonés. A ce chien il faisait accomplir un travail musculaire considérable. Par conséquent, il a démontré par cette simple expérience que l'albumine, à elle seule, peut suffire à tout, à la chaleur, à l'engraissement et au travail mécanique.

Il est assez facile de se rendre compte théoriquement de la formation de graisse et d'hydrates de carbone à partir de la molécule d'albumine, par une hydratation et un dédoublement tout à fait analogue aux dédoublements des fermentations.

Voici, par exemple, l'équation proposée par A. Gautier[1] (schématiquement et en négligeant des produits secondaires en minime quantité) :

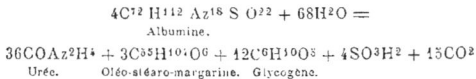

$$4C^{72} H^{112} Az^{18} S O^{22} + 68H^2O =$$
Albumine.
$$36COAz^2H^4 + 3C^{55}H^{104}O^6 + 12C^6H^{10}O^5 + 4SO^3H^2 + 15CO^2$$
Urée. Oléo-stéaro-margarine. Glycogène.

C'est-à-dire que, si un animal qui ne reçoit que des albuminoïdes a besoin, pour l'utiliser à une fonction déterminée telle que la contraction musculaire, que l'énergie potentielle lui soit fournie sous forme d'un combustible déterminé tel que le sucre (et nous savons qu'en réalité il en est ainsi), cet animal peut (probablement dans le foie) dédoubler les albuminoïdes de sa nourriture pour fournir à ses muscles le sucre dont ils ont besoin.

Comme il peut d'autre part faire de la graisse avec des hydrates de carbone — on le sait par des expériences directes, — comme il n'est pas douteux non plus qu'il puisse faire du sucre avec sa graisse, on voit qu'il n'y a pas à chercher la quantité de graisse ou d'hydrates de carbone nécessaire à un animal : il suffit que le besoin de chaleur soit

1. A. Gautier. *La Chimie de la cellule vivante.* Paris, 1891, p. 94.

couvert, soit par l'albumine seule, soit par l'albumine jointe à l'un quelconque des aliments ternaires.

Mais l'albumine ne peut être supprimée d'une ration. Quelle que soit l'énergie potentielle fournie par les aliments ternaires que l'on donne à l'animal, celui-ci consomme de sa propre albumine, comme il est facile de le constater par les déchets azotés que son urine élimine constamment.

L'azote de l'urine donne la mesure exacte de la quantité d'albuminoïdes détruite dans l'organisme. Dès qu'on a dosé la quantité d'albuminoïdes introduite par l'alimentation, il est facile de voir si l'animal en détruit plus qu'il n'en reçoit, s'il consomme de sa propre chair, ou si, au contraire, il en assimile. Lorsque l'azote ingéré est exactement égal à l'azote éliminé, on dit que l'animal est en état d'*équilibre azoté.* La réalisation de cet équilibre peut s'obtenir avec des rations très différentes. Si, comme dans l'expérience de PFLUGER, on ne donne à un chien que des albuminoïdes pour tout aliment, il faut lui en donner des quantités considérables; c'est alors, en effet, le besoin thermique et non plus le besoin d'albumine qui est ainsi couvert; en ajoutant à la ration des quantités croissantes d'aliments ternaires, on peut diminuer progressivement la quantité d'albumine en maintenant toujours l'équilibre azoté. Mais, en continuant ainsi, on arrive à un moment où l'azote excrété l'emporte sur l'azote ingéré, quoique la ration soit suffisante au point de vue thermique; il y a donc un minimum d'albumine nécessaire *en tant qu'albumine;* c'est ce chiffre qu'il s'agit de déterminer.

A priori, ce chiffre doit varier pour chaque espèce animale. Nous allons étudier plus spécialement le besoin d'albumine de l'homme, qui a donné lieu à beaucoup plus de travaux.

Besoin d'albumine chez l'homme[1]. — Si nous considérons la ration alimentaire de l'Européen, nous voyons que les matières albuminoïdes interviennent pour une part considérable dans la somme de calories fournies.

Nous empruntons le tableau suivant à KÖNIG[2].

AUTEURS.	SUJET.	ALBUMINE.	GRAISSE.	HYDRATES DE CARBONE.
MOLESCHOTT.	Homme avec travail modéré. .	130	84	404
WOLFF.	— —	120	35	540
VOIT ET P.	Ouvrier vigoureux.	137	173	352
VOIT.	Mécanicien bien payé.	151	54	479
PAYEN.	Ouvrier anglais.	140	34	435
—	Ouvrier français.	138	80	502
—	Ouvrier rural du Nord. . . .	198	19	710
J. RANKE.	Ouvrier italien.	167	117	675
—	Valet de ferme.	143	108	788
LIEBIG.	Ouvrier brasseur, travail fatigant. .	190	73	599
STEINBEIL.	Mineurs, travail fatigant. . .	133	113	634
	Valets de ferme.	187	55	542
	Garçons brasseurs.	149	61	735
	Serruriers.	94	27	369
	Charpentiers.	139	40	687
	Boisseliers.	106	26	470

1. Il s'agit exclusivement ici de la ration alimentaire de l'homme adulte, menant une vie naturelle, c'est-à-dire aussi rapprochée que possible de celle d'un animal en liberté; nous laissons de côté le cas du *travail,* au sens social du mot, c'est-à-dire de l'homme utilisé comme moteur, et le cas de fatigues exceptionnelles, comme des ascensions de montagne. Dans ce cas, nous avons affaire à un problème différent, qui est de savoir si le surcroît de travail mécanique se règle simplement par une augmentation de la dépense des combustibles, ou bien s'il y a usure de l'appareil musculaire.

2. *Op. cit.,* t. I, p. 152.

Pettenkofer et Voit ont posé comme règle la ration suivante pour *l'ouvrier moyen*.

Albumine : 118 grammes; *graisse :* 56 grammes; *hydrates de carbone :* 500 grammes.

Cette ration totale vaut 3 050 calories; l'albumine qui y est comprise vaut $118 \times 4,1$, = 484 calories. La valeur thermique de l'albumine est donc égale à 15.8 p. 100 de la valeur totale de la ration. Cette proportion, qui se retrouve à peu près dans toutes les observations (15,5 dans notre ration du Parisien) est-elle nécessaire? ou bien une fraction notable de cette albumine peut-elle être remplacée par une quantité isodyname d'un aliment ternaire?

Disons tout de suite que l'étude de la désassimilation azotée pendant le jeûne ne peut en aucune manière donner la mesure de la quantité d'albumine nécessaire. L'autophagie dans le jeûne est destinée avant tout à couvrir la dépense de calorique; rien ne permet *a priori* d'affirmer que la dépense d'albumine y soit aussi petite que possible. On peut au contraire, de par l'expérience, affirmer qu'elle ne l'est pas. Rubner[1], sur un chien inanitié, vit diminuer l'excrétion d'azote par l'urine lorsqu'il donnait une certaine quantité de sucre à l'animal. Chez l'homme, Pettenkofer et Voit ont trouvé que, dans le premier jour de jeûne, il se consommait 80 grammes d'albumine. Tout récemment, W. Prausnitz[2] a repris cette détermination sur une série de dix sujets qu'il soumettait à un jeûne de deux jours; il considère, pour diverses raisons, que l'excrétion d'azote du deuxième jour est seule caractéristique, celle du premier jour variant sous des influences diverses; cette excrétion atteint en moyenne 13gr,8 d'azote, soit 86 grammes d'albumine. Or on peut, avec un régime convenable, fournissant des calories en suffisance, obtenir l'équilibre azoté avec un chiffre bien plus bas.

F. Hirschfeld[3], dans une expérience faite sur lui-même et qui dura huit jours, obtint cet équilibre pendant les quatre derniers jours avec une ration qui ne renfermait que 42gr,05 de substances azotées, avec une énergie potentielle totale de 3 460 calories; son poids était de 73 kilogrammes. Muneo Kumagawa[4] put, avec une ration de 2 478 calories avec 54gr,7 d'albumine, assimiler par jour 4 grammes d'albumine; la dépense réelle était, abstraction faite de l'albumine excrétée par les fèces, de 38 grammes; son poids était de 48 kilogrammes. Peschel[5] serait arrivé à un chiffre encore plus bas, 32 ou 33 grammes seulement d'albumine, avec une ration totale de 3 650 calories, et Breisacher[6], au cours de recherches instituées dans un but différent, a pu réaliser sur lui l'état d'équilibre avec une ration d'albumine relativement forte (surtout si l'on considère que le sujet ne pesait que 55 kilogrammes), 67gr,8, la ration totale valant 2 867 calories; mais son expérience a le mérite d'avoir duré trente-trois jours, mérite rare : en effet, il est assez pénible de s'astreindre pendant une longue série de jours à un régime strictement mesuré, en recueillant ses excreta. Ce sont, d'autre part, des expériences que le physiologiste doit faire sur lui-même, s'il veut avoir des garanties suffisantes. Lapicque et Marette[7], enfin, ont obtenu, sur un sujet pesant 73 kilogrammes, l'équilibre azoté avec une ration valant 3 027 calories et contenant 57gr,1 d'albumine, en moyenne.

Il faut noter que, dans l'expérience de Kumagawa et dans celle de Lapicque et Marette, l'azote a été dosé dans les fèces, et l'équilibre constaté par conséquent, entre l'albumine détruite et l'albumine réellement absorbée. Dans les autres expériences, l'azote excrété a été dosé dans l'urine seulement, l'albumine absorbée a été calculée d'après les recherches des auteurs qui ont donné les coefficients de digestibilité des divers aliments naturels, Rubner en particulier.

Mais nous ferons observer que cette distinction a quelque chose de conventionnel; en effet, on sait très bien aujourd'hui que l'azote éliminé par les fèces ne se compose pas seulement des aliments azotés non digérés et non absorbés, mais encore de matières

1. Z. B., t. xxi.
2. Z. B., 1893, t. xi; anal. in C. P., 1893, p. 413.
3. A. Pf., 1887.
4. A. V., 1889.
5. Diss. inaug. Berlin, 1890; cité d'après Breisacher.
6. Deutsche med. Wochenschr., 1891.
7. B. B., 1894.

azotées excrétées par l'intestin ; il est impossible de faire la part entre ces deux facteurs. Aussi le mieux est de compter l'azote ingéré d'une part, et l'azote excrété de l'autre (en négligeant seulement l'azote excrété par la peau). D'autant plus que, pour déterminer la grandeur d'un besoin alimentaire, comme nous le voulons faire ici, et non la grandeur d'une fonction de nutrition, c'est bien la quantité d'albumine à ingérer qui nous intéresse. C'est donc de celle-ci qu'il sera question désormais.

Les expériences, que nous avons rapportées plus haut, nous paraissent donner d'une façon suffisante la démonstration que le besoin d'albumine, déterminé sur des expériences de bilan nutritif pendant un temps donné, avait été évalué trop haut.

On a contesté que des expériences de ce genre aient une portée générale ; rien ne prouve, a-t-on dit, que ce qui est ou paraît suffisant pendant quelques jours, fût-ce même trente jours comme dans l'expérience de BREISACHER, le soit indéfiniment. En bonne logique, l'objection est fondée. Il n'est pourtant pas inutile de faire remarquer que la théorie défendue par ces arguments a été établie sur des expériences du même genre.

Mais, ajoute-t-on, l'observation de régimes naturels, librement choisis, ne donne jamais, pour un homme normalement musclé, un chiffre d'albumine inférieur à 100 grammes. Cela peut être vrai, en effet, mais pour l'Européen. Les recherches récentes ont parfaitement confirmé les chiffres de VOIT et PETTENKOFFER, qui peuvent être conservés pour représenter la moyenne du régime normal européen. Nous avons trouvé, dans la ration moyenne du Parisien, 124 grammes d'albumine, chiffre tout à fait concordant. Mais de quel droit conclure d'une habitude à un besoin ? Les peuples se nourrissent de ce qu'ils ont ; or, il faut observer que l'aliment naturel *végétal* qui fait la base de la nourriture européenne, le grain de nos céréales, est déjà par lui-même relativement riche en azote, même si on écarte tout appoint d'aliment animal. Il y a des régions du globe considérables où l'aliment essentiel est plus pauvre en azote. Comparons, par exemple, au blé soit la *durrha* (*Sorghum vulgare*), qui est l'aliment essentiel d'une grande partie de l'Asie, soit le riz, qui est celui d'une vaste région en Extrême-Orient. Voici les quantités d'albumine et d'hydrates de carbone que ces aliments contiennent pour 100 parties [1].

	Albumine.	Hydrates de carbone.
Farine de froment.	12	76
Farine de durrha (*sèche*) .	9	83
Riz.	6	74

Si nous y ajoutons uniformément 2 p. 100 de graisse, ce qui ne s'éloigne pas beaucoup de la vérité, nous voyons, par un calcul simple, qu'une ration, fournissant 3 000 calories avec un seul de ces aliments, contiendrait en albumine :

	Albumine.
Froment	98 grammes.
Durrha	70
Riz.	52

C'est évidemment chez les peuples qui ont à se nourrir avec ces substances nutritives pauvres en albuminoïdes qu'il faudrait rechercher si des aliments plus azotés sont toujours ajoutés, ou bien si, comme on l'a supposé gratuitement, par déduction pure et simple, ils engloutissent des kilogrammes de nourriture pour trouver quand même ces 120 grammes ou au moins ces 100 grammes d'albumine, posés en loi absolue.

LAPICQUE [2] a étudié, chez les Abyssins, un type d'alimentation par la durrha, et chez les Malais, un type d'alimentation par le riz. Voici ce qu'il a observé : les Abyssins se contentent de la durrha, ou n'y ajoutent que fort peu de viande, de lait, de légumineuses ; les Malais joignent à leur riz, d'une façon constante, de petites quantités de poisson ou de volaille.

Au total, les Abyssins, pesant 52 kilogrammes, consomment 50 grammes d'albumine et 2 000 à 2 200 calories ; les Malais, pesant également 52 kilogrammes, consomment le même nombre de calories avec 60 grammes d'albumine.

1. La composition de la farine de froment et celle du riz, d'après les tables du recueil de KÖNIG ; celle de la farine de durrha, d'après les analyses de LAPICQUE (*B. B.*, 4 mars 1893).
2. *B. B.*, 1893, p. 251. et 1894, p. 103. — Voir aussi LAPICQUE. *A. P.*, 1894, p. 596.

Il n'est pas nécessaire d'établir chimiquement leur bilan nutritif pour démontrer que cette ration leur suffit; il n'y a qu'à constater qu'ils vivent avec ce régime, qu'ils travaillent, et qu'ils se reproduisent, et, autant qu'on peut le savoir, que ce régime est le même depuis des générations, vraisemblablement depuis des siècles. Une telle constatation, si elle est suffisamment établie, répond d'elle-même à toutes les objections théoriques.

Dans quelques recherches du même genre, nous trouvons des données tout à fait confirmatives de ces observations. C'est d'abord une série de recherches quantitatives sur le régime japonais. Il faut rappeler que ce sont les physiologistes japonais qui ont attiré l'attention sur la difficulté de trouver dans le régime alimentaire de leur pays la quantité d'albumine considérée comme indispensable. J. Tsuboï et Murato [1] ont observé le régime de deux étudiants à Tokio, et ils ont constaté une ration journalière : pour l'un, de 51 grammes, pour l'autre, de 58 grammes d'albumine ; en faisant le calcul de la valeur thermique de la ration totale indiquée par ces auteurs, on trouve respectivement 2 472 et 2435 calories. R. Mori, G. Oï et S. Jhisima [2] ont étudié avec soin le bilan nutritif d'un certain nombre de soldats japonais, soumis aux divers régimes qui étaient en essai dans l'armée impériale ; la seule série qui nous intéresse ici est celle des sujets alimentés à la façon habituelle du pays, c'est-à-dire riz, poissons et divers légumes, de plus un peu de viande de veau ajoutée sans doute sous l'influence des conceptions théoriques européennes [3]. Cette série, composée de six sujets pesant de 52 à 67 kilogrammes, a montré, pour une ration de 71 grammes d'albumine et 2 579 calories, une *assimilation quotidienne moyenne de 14gr,5 d'albumine ;* c'est-à-dire que 60 grammes d'albumine eussent été plus que suffisants.

Voici, résumés en un tableau synoptique, ces résultats de l'observation et de l'expérimentation que je viens de rapporter.

Je mets en tête l'ouvrier de Voit et Pettenkofer, pris avec raison comme type du régime européen, et à tort, comme formule de la loi du régime humain.

	Poids en kilogrammes.	Albumine.
L'ouvrier de Voit et Pettenkoffer.	70	118
Hirschfeld.	73	39
Kumagawa.	48	54,7
Peschel.	77	33
Breisacher.	55	67,8
Soldats japonais, d'après R. Mori, etc.	59	60 [4]
Étudiants japonais, d'après Tsuboï et M.	46	52
Sujet n° II, de Lapicque et Marette.	73	57
Abyssin, d'après Lapicque.	52	50
Malais, d'après Lapicque.	52	60

Comment ces données peuvent-elles être utilisées pour la détermination du besoin d'albumine ?

Nous avons d'abord des sujets de poids très différents. Nous ne savons pas comment il faut rapporter à ce poids la quantité d'albumine observée ; nous ne savons pas à quelle fonction nécessaire est employé le minimum d'albumine que nous cherchons à établir. On peut provisoirement admettre, avec Voit et tous ceux, je crois, qui se sont

1. *Travaux de la Faculté de médecine de l'Université impériale japonaise,* t. I ; résumé dans le *J. B.* pour 1891, p. 368.

2. *Travaux de l'École de médecine militaire impériale japonaise,* t. I : résumé dans le *J. B.* pour 1892, p. 465.

3. C'est un fait digne de remarque, que la croyance aux 120, ou tout au moins aux 100 grammes d'albumine nécessaires, était si puissante, avait si bien pris la forme d'un dogme, que les médecins japonais élevés à l'école de la physiologie allemande ont craint que leurs soldats ne périssent d'inanition si on les nourrissait comme avaient vécu tous les Japonais jusque-là ; et on a cherché des régimes nouveaux, qui, en fait, ne valent pas le pur et simple régime japonais, comme le démontrent les recherches de Mori et de ses collaborateurs.

Et ne voit-on pas en France, dans les traités les plus récents, des hygiénistes s'inquiéter de voir des paysans vivre avec une nourriture, qui, théoriquement, n'aurait pas le droit de leur suffire ?

4. Chiffre suffisant déduit du chiffre surabondant observé.

occupés de la question, que la dépense obligatoire en albumine est fonction de la *masse de matière vivante*, albuminoïde, de l'organisme. Nous rapporterons donc les quantités observées directement au poids, en supposant, faute de données exactes, que la proportion de cette matière vivante est la même pour tous les sujets.

Nous obtenons alors le tableau suivant :

	Albumine pour 100 kilogrammes.
L'ouvrier de Voit et Pettenkoffer . . .	169
Hirschfeld	60
Kumagawa	114
Peschel.	42
Breisacher	123
Soldats japonais.	101
Étudiants japonais.	119
Sujet n° II, de Lapicque et Marette . . .	78
Abyssin.	96
Malais.	115

Les chiffres, ainsi ramenés à l'unité, sont très différents entre eux.

Ce que nous cherchons, c'est un minimum : théoriquement, la plus petite quantité d'albumine qui s'est montrée suffisante doit représenter *au moins* ce minimum ; mais ces plus petites quantités, 42, 60, 78, nous les trouvons dans des expériences de courte durée. D'autre part, nous voyons que, si un peuple à régime de durrha peut se contenter de cet aliment seul, les peuples à régime de riz, Japonais, Malais, y ajoutent constamment quelque quantité d'un aliment plus azoté.

Or, le riz seul, en quantité suffisante pour fournir le nombre de calories observé, donnerait dans ce tableau un chiffre d'environ 80 grammes d'albumine. Il y a donc quelque raison de croire que ce chiffre n'est pas suffisant.

Au contraire, le chiffre de 100 grammes se présente avec une valeur peu contestable dans deux observations bien distinctes : les soldats japonais observés par Mori et les Abyssins observés par Lapicque. D'autre part, le chiffre des étudiants japonais et celui des Malais est à peine plus élevé.

Nous nous arrêterons donc à la proportion de 1 gramme d'albumine par kilogramme de poids corporel, pour représenter, jusqu'à nouvel ordre, la quantité d'albumine qui doit être ingérée dans la ration quotidienne.

La valeur thermique de cette albumine représente alors 10 p. 100 de la ration totale, au lieu des 16 p. 100 que nous constations page 355.

Est-ce à dire que ce chiffre représente la quantité d'albumine nécessairement détruite chaque jour dans l'organisme humain ? Cette quantité est nécessairement beaucoup plus petite ; d'abord, une certaine proportion de l'albumine ingérée n'est pas absorbée et passe dans les résidus de la digestion, proportion assez élevée qui, avec des aliments végétaux, atteint au moins 15 p.100[1]. Ensuite, dans les analyses des aliments, on calcule l'albumine à partir de l'azote total ; mais une partie de cet azote se présente sous forme de combinaisons autres que l'albumine ; c'est, par exemple, dans la viande, la gélatine ; dans les végétaux, les amides.

En réalité, nous ne connaissons du besoin d'albumine pas plus la grandeur que la cause. Nous devons nous borner à noter pour le moment la plus petite quantité qu'il soit nécessaire d'ingérer.

Il a été fait sur le chien une série d'expériences des plus intéressantes que nous devons rapporter ici. Ces expériences ont été produites comme argument contre la possibilité de diminuer le chiffre d'albumine de Voit et Pettenkoffer. Mais nous allons voir que si elles ne sont pas concluantes dans ce sens, elles présentent un autre intérêt.

Ces recherches[2] ont démontré que les régimes, ou plus exactement certains régimes pauvres en albumine, exercent à la longue une influence pernicieuse sur la santé. Si on donne à un chien une nourriture suffisamment riche en hydrates de carbone et en

1. Voir les recherches de divers auteurs, en particulier de Rubner, rapportées dans König (*loc. cit.*, t. i, pp. 36 et suiv.).
2. Rosenheim. *A. Pf.*, t. xlvi et liv ; *A. Db.*, 1891. — J. Munk. *A. Db.*, 1891 ; *A. V.*, 1893.

graisse, contenant seulement 1 gramme à 1^{gr},5 d'albumine par kilogramme du poids corporel, on obtient l'équilibre azoté, et l'état général se maintient d'abord, sauf dans quelques cas, d'une façon satisfaisante. Mais, au bout de huit ou dix semaines, il survient des troubles digestifs, la graisse est de moins en moins bien digérée, les fèces sont décolorées comme après une fistule biliaire, il y a parfois de l'ictère, et finalement l'animal meurt. A l'autopsie, on observe des lésions du tube intestinal et du foie.

Les conclusions à tirer de ces expériences ne peuvent en tout cas être transportées directement du chien, *carnivore*, à l'homme, *omnivore*, et les observations de régimes ethniques que nous avons examinées le démontreraient au besoin. Mais, même pour le chien, il n'est pas sûr que les troubles observés reconnaissent comme cause un déficit d'albumine. En effet, l'équilibre azoté se maintient (et MUNK insiste sur ce point) jusque dans la période des troubles. Pourquoi donc dire que c'est l'albumine qui manque? En supprimant à un chien la plus grande partie de la viande de son régime, on lui supprime par là, en même temps que de l'albumine, des sels minéraux, des matières extractives, des nucléines... N'est-ce pas l'insuffisance de ces substances qui doit être incriminée?

Nous voici ramenés à la question des aliments particuliers autres que l'albumine, et qui sont aussi nécessaires qu'elle, bien qu'en plus petite quantité, évidemment; mais là-dessus, en dehors de ce que nous avons vu pour quelques aliments minéraux, il faut avouer que la question est encore tout à fait obscure. Cependant il est difficile de douter qu'il y ait de ces aliments nécessaires. Ces expériences de ROSENHEIM et de MUNK ne peuvent guère s'interpréter que par le déficit de quelques-uns de ces aliments. Il faut se rappeler, en outre, que, dans presque toutes les expériences où on a voulu donner à un animal un régime uniforme, il a été impossible d'obtenir une longue survie du sujet. C'est peut-être par quelque raison de cet ordre qu'il faut expliquer le résultat des anciennes expériences où l'on avait vu les animaux soumis au régime exclusif d'albuminoïdes dépérir assez rapidement. C'est aussi ce besoin de substances encore indéterminées qui nécessite la variété du régime, fait connu depuis longtemps en hygiène; il y a peu de chances, en effet, pour qu'un seul aliment naturel ou un petit nombre de ces aliments contiennent toutes les substances nécessaires.

Il faut faire exception pour le lait, bien entendu, qui est par sa destination même un régime complet. Mais ici encore, nous avons l'expérience de LUNIN avec son résultat paradoxal, qui est bien faite pour mettre en évidence le besoin de substances que nous n'avons pas encore classées avec le rang qu'elles méritent dans le tableau de l'alimentation animale. Rappelons en deux mots cette expérience que nous avons rapportée page 328. Tandis que les souris vivent indéfiniment avec du lait naturel pour tout aliment, des souris alimentées avec la caséine et le beurre du lait, plus du sucre de canne, plus tous les éléments minéraux du lait, ce qui constitue un régime suffisant d'après tout ce que nous savons, périssent rapidement.

SOCIN[1] a également constaté l'impossibilité de faire vivre des animaux pendant un temps un peu long avec une nourriture artificiellement préparée.

Les albuminoïdes seuls sont nettement classés comme aliments indispensables, et encore il ne faudrait pas oublier que toute la question, telle que nous l'avons étudiée, porte sur la classe entière des albuminoïdes; nous ne savons pas s'il ne faudrait pas distinguer entre les diverses espèces d'albuminoïdes, nous avons même quelques raisons de croire que cette distinction devra être faite par la suite.

Voyons, par exemple, le rôle que peut jouer la gélatine. Nous savons qu'elle se distingue des vraies matières albuminoïdes par quelques caractères, bien que par l'ensemble de ses propriétés elle se rapproche beaucoup de ces substances. Or il est bien établi qu'elle ne peut jouer le rôle physiologique de ces substances et qu'elle ne doit pas être comprise dans le chiffre que nous avons essayé de déterminer comme nécessaire. Mais VOIT[2], en même temps qu'il a mis ce point hors de doute, a reconnu que la gélatine exerce vis-à-vis de l'albumine ce qu'il appelait une action d'épargne, ce qui veut dire que la gélatine, qui est, on le sait, brûlée dans l'organisme, peut compléter

1. Z. P. C., t. xv, 1891, pp. 93-139.
2. Z. B., 1872.

une ration thermique comme les aliments ternaires; il y a pourtant là quelque chose de particulier, puisque Voit insiste sur ce point que la gélatine épargne *mieux* et *plus énergiquement* l'albumine que ne font la graisse et les hydrates de carbone. Il est fort possible que la gélatine, sans pouvoir se substituer pour toutes les fonctions physiologiques à l'albumine, le puisse pour quelques-unes. Il est même possible que, pour certaines de ces fonctions, l'albumine ne soit exigée qu'en tant qu'*amide*. C'est du moins ce qu'on pourrait conclure d'une série d'expériences et d'observations assez nombreuses déjà, qui auraient montré qu'une fraction de l'albumine nécessaire peut être remplacée dans l'alimentation par de l'*asparagine* (Voir ce mot). Toutefois, une conclusion en ces matières nous paraît prématurée : il nous suffit d'avoir indiqué la complexité du problème.

Condiments et consommations d'agrément (*Genussmittel* des Allemands). — A côté des aliments proprement dits, il faut, dans l'étude du régime alimentaire de l'homme, faire une place à toute une catégorie de substances qui sont recherchées et consommées, non pour leur valeur nutritive, mais à cause de leur action agréable, soit sur les sens annexés à l'appareil digestif, goût, odorat, sens tactile buccal, soit sur le système nerveux central, par un mécanisme pharmacodynamique. Ce n'est point ici la place d'étudier le rôle du plaisir et de la sensualité en physiologie, ni de discuter si la digestion et la nutrition s'accompliraient d'une façon satisfaisante en l'absence de toute excitation sensorielle; constater que le besoin de telles substances agréables est universel chez l'homme, c'est assez pour nous obliger à les ranger à côté des aliments, bien que leur valeur nutritive réelle soit ou nulle ou très effacée, c'est-à-dire qu'elles n'apportent à l'organisme, en quantité notable, ni énergie potentielle, ni matériaux de réparation des tissus. Elles augmentent l'appétit; l'excitation qu'elles provoquent a un retentissement réflexe sur les sécrétions digestives; peut-être cette excitation est-elle nécessaire; mais il n'est pas même démontré qu'elle soit avantageuse (Voir **Digestion**). En tout cas, si le rôle physiologique de ces substances est discutable, si elles ne sont pas nécessaires, elles répondent évidemment à un besoin général et intense; les *épiciers* sont aussi répandus et font un commerce aussi considérable que les bouchers et les boulangers, et, au xvie siècle, la découverte du *pays des épices* fut le mobile d'un grand mouvement d'explorations et la cause de rivalités violentes entre les États européens.

Les condiments sont les substances que l'on ajoute aux aliments pour modifier et le plus généralement augmenter leur saveur et leur goût. Il faut remarquer, en effet, qu'un grand nombre de nos aliments naturels, les céréales, par exemple, ont peu de saveur, et même que les substances nutritives les plus importantes, telles que l'amidon et les graisses, n'ont absolument ni goût ni saveur. Les viandes, lorsqu'elles sont crues, sont très fades. Au contraire, par la cuisson, elles acquièrent une saveur et un goût intenses et agréables. Pour les autres aliments, il ne suffit pas de les faire cuire, il faut leur ajouter des substances qui possèdent des actions énergiques sur nos organes sensoriels, il suffit alors d'en ajouter très peu. Chez les peuples civilisés, la façon de combiner ces additions avec les modifications que tel ou tel mode de cuisson apporte au goût des aliments constitue un art compliqué, mais on en trouve l'ébauche chez les peuples les plus primitifs : chez ceux-ci, on voit l'intensité de la sensation recherchée plutôt que la délicatesse.

En examinant ce que sont ces condiments, nous en trouvons d'abord trois espèces qui correspondent à trois des quatre saveurs admises comme sensations gustatives, ce sont : le chlorure de sodium, le sucre et les acides. Les deux premiers sont des substances nutritives; nous avons vu leur valeur à ce point de vue; mais il y a bien des cas où ce n'est pas cette qualité qui est recherchée en eux. Par exemple, nous trouvons la viande sans sel extrêmement désagréable, et la théorie de Bunge sur le balancement entre la potasse et la soude n'est sûrement pas applicable en ce cas; d'autre part, ce n'est pas le manque d'hydrates de carbone qui fait sucrer un plat de riz. Il est évident que la sensation gustative est ici seule en cause.

Les acides végétaux sont employés dans le même but. Le plus important de ces condiments est le *vinaigre;* c'est essentiellement une solution étendue d'acide acétique. A côté du vinaigre on peut ranger, à titre tout à fait accessoire, le *jus de citron* et le *verjus*. Nous avons vu plus haut le rôle très effacé que jouent les acides végétaux au point de vue alimentaire ; encore faut-il, pour qu'ils soient brûlés dans l'organisme, et qu'ils y dégagent leur faible chaleur potentielle, qu'ils soient combinés à des bases alcalines ; ingérés à l'état libre en quantité tant soit peu notable, ils passent inaltérés dans les urines.

La quatrième saveur, l'*amer*, ne paraît pas recherchée dans la nourriture ; nous verrons pourtant plus loin qu'elle est parfois recherchée dans des consommations de pur agrément.

Mais, on le sait, le goût et la saveur des aliments ne sont pas faits seulement de sensations gustatives proprement dites ; la sensibilité générale de la muqueuse buccale intervient largement dans la sensation complexe que traduit la notion vulgaire de *goût*, et la sensibilité olfactive y prend aussi une part importante. Il y a des condiments nombreux, toutes les *épices*, qui s'adressent principalement ou exclusivement à l'une ou à l'autre de ces sensibilités.

Nous nous servirons encore du mot *saveur*, à défaut d'autre, pour désigner la sensation, non proprement gustative, produite par les substances qui irritent la muqueuse buccale ; dans ces sensations on peut distinguer deux catégories : la saveur *brûlante* et la saveur *piquante*. Nous allons passer rapidement en revue les condiments qui produisent l'une ou l'autre de ces saveurs.

Le *piment* est le type du premier groupe. Cette épice est constituée par les fruits de diverses espèces de *Capsicum* (solanées), notamment *C. longum* et *C. fastigiatum ;* le principe actif est une substance spéciale, la *capsicine* [1], qui existe dans ces fruits en très petite proportion, 1 à 2 pour 10 000.

Le piment est relativement peu employé dans nos régions du nord-ouest de l'Europe, mais il y a des populations nombreuses qui en font une consommation considérable et lui attribuent une importance de premier ordre dans leur alimentation. Il ne semble pas qu'il puisse avoir d'autre action qu'une action irritante sur les muqueuses avec lesquelles il entre en contact.

Le *poivre*, qui est constitué par les graines des diverses espèces du genre *Piper*, spécialement *P. nigrum*, présente une saveur chaude du même ordre ; cette saveur est due à la *pipérine*, ou plutôt à la *pipéridine*, alcaloïde volatil qui possède à un très haut degré la propriété de provoquer cette sensation. La pipéridine existe préformée dans le poivre en petite quantité, environ un demi pour 100 (W. JOHNSTONE) et se produit dans la décomposition de la pipérine en milieu alcalin ; celle-ci existe dans le poivre dans la proportion de 5 pour 100. Le poivre contient en outre une huile essentielle à laquelle il doit son parfum.

La pipéridine est toxique ; on a vu des accidents consécutifs à l'ingestion de quantités exagérées de poivre ; elle s'élimine par les reins, continuant sur l'appareil urinaire son action irritante. C'est probablement par un mécanisme réflexe à partir de cette irritation que doit s'expliquer l'action aphrodisiaque généralement attribuée au poivre.

Le *gingembre* est un condiment beaucoup moins employé que les précédents ; il a joui dans l'antiquité d'une haute réputation. C'est la racine du *Zingiber officinale*. L'essence de gingembre, qui donne à cette espèce sa saveur poivrée et son parfum spécial, est constituée principalement par un terpène. On lui attribue des propriétés excitantes générales un peu vagues.

Le type des condiments à saveur piquante est la moutarde ; la graine du *Brassica* (*Sinapis*) *nigra* broyée avec de l'eau donne naissance à une essence volatile sulfurée, *essence de moutarde*, qui existe dans les graines sous forme d'un glycoside ; celui-ci, dans la préparation de la moutarde, se dédouble sous l'influence d'un ferment spécial et met l'essence en liberté. Cette essence est extrêmement irritante ; mise en contact avec la peau, elle détermine de l'érythème (sinapisme) ; sur la muqueuse buccale, elle provoque une sensation très vive.

Cette même essence se retrouve en plus ou moins grande quantité dans diverses crucifères qui sont, pour cette raison, employées aussi comme condiment, la racine de raifort, par exemple (*Cochlearia armoricia*) ; d'autres espèces fournissent des salades ou

1. TRESCH, in *The pharm. Journ. and Trans.*, 1876.

des légumes crus recherchés pour cette même saveur piquante, le cresson, les radis (*Nasturtium officinale, Lepidium sativum, Raphanus sativus*).

Dans la famille voisine des Capparidées, le *Capparis spinosa* fournit encore des boutons floraux recherchés comme condiment piquant (câpres).

Si nous passons aux épices qui sont destinées à agir exclusivement ou principalement sur le sens olfactif, nous trouvons différentes parties de plantes, graines, fleurs, écorces, qui contiennent des huiles essentielles spéciales ; généralement, le tissu végétal lui-même n'est pas consommé ; on se contente d'en placer quelques fragments en contact, avec les mets pendant la cuisson, de telle façon que l'huile essentielle diffuse et se trouve mêlée avec les aliments à l'état de trace seulement.

Dans cette série, il faut mentionner : le clou de girofle, boutons floraux de l'*Eugenia caryophyllata* (Myrtacées) : principe actif, l'*Eugénol ;* la canelle, écorce du *Cinnammomum zeylanicum* (Lauracées) : principe actif, l'aldéhyde cinnamique ; la vanille, gousses de la *Vanilla planiforma* (Orchidées) : principe actif, la *vanilline*, éther méthylique de l'aldéhyde protocatéchique ; la noix muscade, amande de la graine du *Myristica fragrans*, et le macis, arille de la même graine ; le safran, pistils du *Crocus sativus* (Iridacées) ; diverses plantes de la famille des Ombellifères, telles que le cerfeuil, *Chærophyllum sativum* et le persil, *Apium petroselinum*, dont les feuilles et les tiges sont d'un emploi fréquent dans la cuisson occidentale (l'huile essentielle de cette dernière plante, l'*Apiol*, est relativement toxique et employée en médecine comme emménagogue), la Coriandre, *Coriandrum sativum*, l'anis, *Carum anisum* et *C. carvi*, le cumin, *Cuminum cyminum* dont les grains contiennent des essences particulières ; l'estragon, *Artemisia dracunculus* (Composées) ; diverses espèces du genre *Allium*, d'abord l'oignon, *Allium cepa*, très employé comme condiment, mais qui peut aussi être considéré comme un véritable légume et jouer un rôle effectif dans l'alimentation, puis l'ail, *A. sativum ;* l'échalotte, *A. ascalonicum* et la ciboule, *A. schœnoprasum*, qui sont, eux, de purs condiments ; outre leur parfum violent, ces condiments ont une saveur brûlante due au *sulfocyanure d'allyle*.

Cette liste déjà longue le serait bien davantage si elle comprenait toutes les substances dont l'homme par toute la terre a la fantaisie d'assaisonner sa nourriture. C'est surtout avec les aliments végétaux que se fait sentir le besoin d'ajouter des épices ; il semble que chez tous les peuples le *pain sec* soit considéré comme un régime de mortification, bien qu'il suffise parfaitement à la vie et au travail. Il est vrai que ce n'est pas seulement aux épices que conduit le besoin sensuel d'ajouter quelque chose de plus savoureux à l'aliment végétal qui fait le fond du régime ; c'est souvent vers des aliments plus azotés qui, en même temps qu'ils satisfont le goût, apportent des matériaux utiles à l'organisme. Parmi ces aliments véritables qui, à cause de leur haut goût sont recherchés surtout à titre de condiments, on peut citer chez nous les truffes, le fromage, les anchois. Les Malais ont une seule appellation, pour désigner tout ce qu'ils prennent avec leur riz à l'eau pour en relever la fadeur, aussi bien le poisson faisandé que la compote de piments ; ils ne mangent d'ailleurs guère plus de l'un que de l'autre. Les Chinois ont développé largement la production industrielle de ces condiments-aliments ; les produits odorants qui se développent dans la fermentation des matières albuminoïdes leur plaisent surtout. Il y aurait une liste curieuse à dresser de tous les aliments auxquels ils donnent du montant par un commencement de putréfaction habilement ménagé, depuis les œufs fermentés jusqu'au fromage de haricot.

Les prétendus aliments d'épargne. — Si l'on peut accorder une utilité digestive à des substances sapides et odorantes, non nutritives, ingérées avec les aliments, il n'en est pas de même quand de telles substances sont ingérées pour elles-mêmes, en dehors des repas et quand la faim est satisfaite. Ici, c'est la sensualité pure qui est en jeu ; l'explication du besoin de ces consommations est autant du domaine de la psychologie que de celui de la physiologie. Pourtant la question est, par bien des points, entremêlée à la physiologie de l'alimentation ; nous aurons en particulier à discuter une théorie relative à certaines de ces consommations, la théorie des *aliments d'épargne*.

On peut passer rapidement sur les friandises, les bonbons variés qui sont surtout les consommations d'agrément des enfants et des femmes ; il s'agit le plus souvent de sucre aromatisé, ou de fruits confits dans le sucre. Ces consommations ont par conséquent une valeur alimentaire, mais elles sont généralement prises en si petites quantités que cette valeur devient négligeable[1].

On peut en dire autant des sirops, qui sont sous forme liquide le pendant exact de ces friandises.

La variété des boissons d'agrément est infinie. Le seul aliment que réclame la soif est l'eau, mais ce corps à l'état pur est parfaitement inodore et insipide; l'eau de source doit quelque saveur aux sels et à l'acide carbonique qu'elle tient en dissolution, mais cette saveur très faible ne l'empêche pas d'être encore une boisson assez fade; elle ne provoque presque aucune sensation buccale si elle n'est pas à une température suffisamment basse pour provoquer une sensation de froid. Or, la soif n'est pas satisfaite par l'introduction de l'eau dans l'estomac, si cette ingestion ne s'est pas révélée à la conscience avec une intensité suffisante; il faut attendre alors que cette eau soit absorbée pour voir disparaître l'état de malaise qui se traduisait par la soif. Si, au contraire, la boisson éveille vivement la sensibilité, au besoin succède immédiatement la satisfaction.

L'eau donne si peu cette satisfaction sensuelle que dans nos contrées où la soif véritable, la disette d'eau de l'organisme, est à peu près inconnue, on dit couramment que « l'eau ne désaltère pas ». On l'additionne alors de diverses substances sapides, qui pourraient tout aussi bien trouver place dans le chapitre précédent et porter l'étiquette *condiments*, puisqu'elles servent à rendre savoureux un aliment qui ne l'est pas naturellement. Mais le plus souvent les boissons ainsi obtenues n'ont pas pour but de satisfaire une soif qui n'existe pas, c'est la sensation qui est recherchée pour elle-même; nous pouvons donc les appeler boissons d'agrément.

Il faut mentionner d'abord l'eau sucrée, aromatisée, acidulée, chargée d'acide carbonique. Ces différents moyens de donner une saveur à l'eau sont combinés de manières variées; ce sont souvent des fruits ou des extraits de fruits qui sont employés. Quand on soumet des jus de fruits ou des liquides sucrés quelconques à la fermentation, on obtient les boissons alcooliques. Celles-ci méritent qu'on s'y arrête.

Nous avons un élément nouveau qui s'introduit ici; c'est la toxicité de ces boissons. L'alcool s'y présente en effet à des doses suffisantes pour marquer son action sur le système nerveux.

Voici les proportions d'alcool de diverses boissons fermentées (en poids pour cent) :

Vins rouges de France (Hauts-Bourgogne, Bordeaux, Midi)[2]	7 à 9
Vins légers (Basse-Bourgogne, Cher, etc.)[2]	5 à 7
Vins ordinaires d'Italie et d'Espagne[3]	11 à 12
Vins de liqueur (Malaga, Porto, Xérès, Marsala, etc.)[3]	14 à 16
Cidre pur[2]	4 à 5
Bières de conserve (Strasbourg, Bavière, Lorraine)[2]	2,5 à 5
Bières anglaises (Ale, Porter)[2]	4 à 6
Bières de débit[3]	1,5 à 2

Les vins sont une des consommations d'agrément les plus appréciées; les qualités de saveur en sont très complexes et très variables; il y a à considérer sous ce rapport outre l'alcool, l'acidité, l'astringence, la glycérine, le sucre dans quelques-uns, enfin et surtout le *bouquet*, c'est-à-dire l'odeur qui est due à des éthers en petite quantité. Ces éthers, variables suivant les crus, sont d'ailleurs très toxiques et se trouvent dans certains vins en quantité suffisante pour intervenir dans la toxicité, et modifier la forme de l'ivresse alcoolique. Dans divers pays, en France notamment, on en est venu, depuis un certain temps dans toutes les classes de la population, à considérer le vin comme un élément indispensable de l'alimentation. C'est à peine s'il commence à se produire, sous l'influence des médecins, une réaction efficace contre cette notion. On sait à quel important commerce le vin donne lieu.

La bière, outre son alcool, contient des hydrates de carbone; elle est aromatisée avec

1. Dans des cas exceptionnels, il peut en être autrement, et il n'est pas absolument rare de voir des hystériques, prétendant ne rien manger, qui absorbent des sucreries par centaines de grammes. Bonbons ou pommes de terre, les hydrates de carbone valent toujours 3cal,7 par gramme de glucose correspondant.

2. D'après les *Documents du Laboratoire Municipal*, Paris, 1885.

3. D'après le recueil de Kônig.

le houblon, qui lui communique une saveur amère; l'extrait de houblon contient un principe stupéfiant, la *lupuline*, à dose suffisante pour que son action se fasse sentir sur les buveurs de bière. Dans les pays allemands, les hommes consomment des quantités considérables de bière; dans ces vingt dernières années, l'usage s'en est beaucoup étendu en France.

Le cidre est la boisson habituelle de la région nord-ouest de la France; outre sa petite quantité d'alcool, il ne présente guère à noter que sa forte quantité d'acides végétaux.

L'hydromel, le koumis, le vin de riz (il serait plus exact de dire bière de riz) sont les boissons alcooliques de divers peuples de l'ancien monde. On ne leur connaît pas de particularité notable.

Ces particularités, d'ailleurs, importent peu en somme. Dans toutes les boissons que nous venons de passer en revue, l'alcool prend un rôle absolument prépondérant, et c'est pour l'action nerveuse produite par ce poison, bien plus que pour leur saveur, que ces boissons sont recherchées.

Si dans la liste que nous avons donnée plus haut, on met à part les vins de liqueurs qui ne sont pas employés comme boisson usuelle, on voit que la proportion d'alcool varie de 2 à 12 p. 100. Dans l'usage courant des gens sobres la plupart des vins sont considérés comme trop forts pour être bus purs et ramenés, au moment de la consommation, à un titre plus bas par addition d'eau. De sorte que les boissons dites hygiéniques peuvent être considérées comme contenant de 3 à 5 p. 100 d'alcool.

Nous avons admis, pour la moyenne des Parisiens, une ingestion quotidienne de 1 000 grammes de boisson. Ce serait donc, avec de telles boissons hygiéniques, de 30 à 50 grammes d'alcool ingérés quotidiennement.

Nous avons discuté le rôle de l'alcool dans l'alimentation (p. 340), et nous avons vu que les calories de cet alcool, lorsqu'il est absorbé en quantité modérée dans des solutions assez étendues, sont probablement utilisées par l'organisme. Ces 30 à 50 grammes d'alcool valent 200 à 350 calories, qui seraient à ajouter au chiffre de 3 300 calories (en chiffres ronds) que nous avons trouvé pour la ration totale de ce même Parisien.

Mais ce chiffre de 30 à 50 grammes d'alcool est inférieur à la moyenne réelle. Nous avons, en effet, trouvé :

700 grammes de vin à 8 p. 100 d'alcool.	56 grammes.
50 — cidre et bière à 4 p. 100 d'alcool . .	2 —
25 — spiritueux à 50 p. 100 d'alcool. . . .	12 —
Total . .	70 —

C'est que dans cette moyenne interviennent des consommations d'agrément qui sont prises par un assez grand nombre de sujets en dehors de tout besoin alimentaire dans le but, avoué ou non, d'obtenir soit l'ivresse véritable, soit plus fréquemment un degré moindre d'intoxication alcoolique, auquel on applique des euphémismes variés. Ce premier stade de l'intoxication se caractérise par un sentiment de bien-être général, dont on trouvera une bonne description à l'article **Alcool** (p. 239).

Pour produire et renouveler ce commencement d'ivresse, on a recours le plus souvent, non aux boissons fermentées elles-mêmes, mais à de l'alcool plus concentré, obtenu par distillation. Le titre des liqueurs fortes varie de 30 à 60 degrés; la saveur de l'alcool pur n'étant pas agréable par elle-même, ces liqueurs sont quelquefois sucrées, plus souvent aromatisées, et les essences qui sont ajoutées dans ce but ajoutent leur toxicité propre à celle de l'alcool; quelquefois cette toxicité l'emporte même sur celle de l'alcool qui sert de véhicule aux essences; tel est le cas de l'*absinthe* (Voir ce mot). A un degré moindre, on retrouve des essences toxiques dans un grand nombre de liqueurs, le bitter, le vulnéraire, le vermouth, la chartreuse, le genièvre, etc. L'étude de l'absinthe et de ses composants suffit pour se rendre compte de l'action physiologique de tout ce groupe de toxiques.

Diverses liqueurs fortes très appréciées doivent leur parfum et leur saveur à des impuretés qui proviennent des modes mêmes de préparation ou de la substance qui a servi de matière à la fermentation; tels sont le kirsch, le rhum, l'eau-de-vie de marc.

Ces impuretés, alcools supérieurs ou huiles essentielles, pour être naturelles, n'en sont pas moins toxiques. On contrefait industriellement ces liqueurs en ajoutant à des alcools plus ou moins purs des *bouquets*, c'est-à-dire des éthers et des huiles essentielles en combinaison appropriée. Les alcools industriels qui servent à cette fabrication proviennent de la fermentation de grains ou de fécules de pommes de terre; s'ils sont mal rectifiés, ils contiennent des alcools supérieurs, du furfurol, etc., qui en augmentent la toxicité [1].

Naturelles ou artificielles, les impuretés des liqueurs alcooliques modifient le plus souvent l'action physiologique de l'alcool et la forme de l'ivresse, sa durée, ces conséquences éloignées varient plus ou moins suivant la liqueur à laquelle on a eu recours pour se procurer cette ivresse. Néanmoins, sauf peut-être pour l'absinthe, c'est l'intoxication alcoolique l'*éthylisme*, qui, dans tous ces cas, tient la première place.

Il est remarquable de voir de combien de substances diverses l'homme a su tirer de l'alcool. Il n'est pas moins remarquable de voir quelle est l'extension géographique de l'usage de ce toxique; on sait avec quelle rapidité les peuples primitifs en prennent le goût aussitôt que les civilisés le leur ont fait connaître. Chez le buveur d'alcool, même chez celui qui ne s'enivre jamais complètement, le besoin d'alcool devient rapidement aussi impérieux que la faim. Ces deux besoins ont même de grandes ressemblances dans leurs manifestations. C'est un point sur lequel nous allons revenir.

Il y a une autre substance qui est recherchée presque à l'égal de l'alcool pour l'action pharmacodynamique qu'elle produit sur le système nerveux central : c'est la caféine (*triméthylxanthine*). Sans aucune connaissance chimique, l'homme dans toutes les régions du globe a su reconnaître et utiliser des plantes qui appartiennent aux familles les plus diverses, que rien d'agréable ne signale d'abord à l'odorat ou au goût, et qui n'ont rien de commun entre elles que leurs propriétés excitantes dues à la caféine. Ces plantes sont le *café*, originaire de l'Afrique orientale, le *thé*, originaire de l'extrême Orient, la *kola*, dans l'Afrique occidentale, le *maté* et le *guarana*, dans l'Amérique du Sud.

Dans le thé et le maté, ce sont les feuilles qui sont utilisées; dans [le café,[la kola et le guarana, ce sont les graines.

Voici les proportions de caféine contenues dans ces substances :

Café [2]. . . . . 1,28 p. 100.
Thé [2]. . . . . 3,5 —
Maté [3]. . . . . 1,0 —
Kola [4]. . . . . 2,35 —
Guarana [5]. . . . . . 4 — (environ).

A côté de la caféine ces substances contiennent toutes du tannin en quantité plus ou moins considérable; ce corps a peu d'importance. Il n'en est pas de même des huiles essentielles qui préexistent dans ces substances (kola) ou s'y produisent par la torréfaction (thé, café). L'action physiologique des huiles essentielles n'est pas très bien connue, mais elle est appréciable. L'infusion de thé diffère suffisamment de l'infusion de café pour que, dans certains cas, l'une produise de l'insomnie chez des sujets habitués à l'autre. L'huile essentielle de la kola serait aphrodisiaque.

La caféine est un excitant cérébral et médullaire (Voir **Caféine**). Ingérée à la dose de 20 à 30 centigrammes, elle produit un sentiment de bien-être général, de force et de légèreté, qui, subjectivement, ne diffère pas beaucoup du sentiment produit par les doses modérées d'alcool. Mais, à l'inverse de celui-ci, elle procure effectivement une augmentation de la force et une accélération dans les réactions psycho-motrices.

C'est cette action sur le système nerveux qui fait rechercher les substances à caféine, car, excepté pour le thé, leurs propriétés organoleptiques sont plutôt désagréables. Il faut être habitué au café pour l'aimer, et encore, il est habituel en Europe qu'on l'additionne de sucre pour masquer son amertume.

[1. Pour le détail de ces faits et pour la bibliographie que nous ne pouvons donner ici, voir l'article **Alcool** (*Toxicologie générale*).
2. Moyenne des analyses du recueil de KÖNIG.
3. KÖNIG, t. II, p. 1083.
4. SCHLAGDENHAUFEN et HÆCKEL. *Journ. de Pharm. et Ch.*, 1883.
5. GOSSET. *D. P.*, 1885.

Les peuples musulmans, auxquels leur religion interdit l'alcool, font un grand usage du café (Arabes) ou du thé (Persans), remplaçant ainsi une excitation par une autre.

A côté des substances à caféine, on pourrait ranger le cacao, qui contient, outre très peu de caféine, un homologue inférieur de la caféine, la *théobromine (diméthylxanthine)*. Mais ce corps ne possède que des propriétés excitantes très faibles ; d'autre part, les fruits du cacao, par leur *beurre* particulièrement, jouissent de propriétés nutritives réelles, et le *chocolat*, mélange de sucre et de cacao qui est la forme de consommation la plus habituelle du cacao, est bien un véritable aliment, encore que par son goût, il flatte la sensualité et soit pris le plus souvent en dehors des repas sérieux.

La composition du cacao est la suivante (amandes grillées)[1] :

Eau	5,6
Substances azotées	14,1
Théobromine	1,55
Caféine	0,17
Graisse	50,0
Fécule	8,77
Substances extractives non azotées . . .	13,9
Cellulose	3,9
Cendres	3,6

La caféine, comme l'alcool, est utilisée dans des régions fort étendues et par des peuples très différents. Les substances suivantes, au contraire, sont les toxiques usuels de peuples déterminés et n'ont à ce point de vue qu'une aire de dispersion restreinte ; leur usage même un caractère ethnographique.

La *coca* (*Erythroxylum coca*) est employée comme excitant par les indigènes du Pérou et des régions voisines. Son principe actif est un alcaloïde, la *cocaïne* (Voir ce mot).

Le *Haschich* (sommités fleuries du *chanvre*) produit une ivresse spéciale qui est recherchée en Egypte, en Asie-Mineure et dans l'Inde. Il semble que dans l'antiquité, le chanvre était, en Orient, cultivé exclusivement pour ses propriétés enivrantes et négligé comme textile[2]. Le principe actif est une huile essentielle (Voir **Haschich**).

Le *Kat* (*Catha edulis*) est très recherché dans l'Yémen et le sud de l'Abyssinie pour des propriétés analogues ; les Arabes de cette région en mâchent les feuilles fraîches. On ne sait pas encore quelle en est la substance active[3].

Le *Kava* (*Piper methysticum*) sert aux Polynésiens à préparer une boisson enivrante.

L'*opium* est consommé par les Chinois en inhalations ; une préparation pâteuse d'opium (*Chan-dou*) sert à former de petites boulettes qui sont grillées sur une veilleuse ; la fumée qui s'en échappe est aspirée au moyen d'un tube spécial dans la bouche et dans les poumons. Ces inhalations sont beaucoup moins toxiques qu'on ne l'a cru ; on leur a même, récemment, dénié toute action pharmacodynamique ; elles produisent pourtant un état nerveux particulier fort apprécié des fumeurs d'opium et le besoin, une fois l'habitude prise, en devient très impérieux (Voir **Opium**).

Cette façon de fumer l'opium s'éloigne de la consommation alimentaire proprement dite ; mais au point de vue physiologique, la différence importe peu. Ce que nous étudions en ce moment, c'est l'usage habituel de toxiques ; ceux-ci sont pris le plus souvent en boissons, le fait reste le même quand ils sont pris en inhalations ; il reste encore le même quand ils sont pris en injections sous-cutanées, comme la morphine ou la cocaïne. Dans ce dernier cas, l'intoxication systématique est évidente. Au contraire, pour le vin, le café, d'une façon générale pour les poisons que nous venons de passer en revue et qui se prennent par la bouche, il s'établit une confusion avec les aliments véritables ; l'expérience vulgaire ne peut en effet distinguer les uns des autres ; non seulement *ça se mange* ou *ça se boit*, mais *ça donne des forces*.

Théorie des aliments d'épargne. — La sensation de réconfort que produisent ces consommations, semblable à celle que produit un bon repas, est particulièrement frappante

---

1. D'après König.
2. De Candolle. *Origine des plantes cultivées*, Paris, 1883.
3. Leloup. *Le Catha edulis*, D. P., 1890.

dans un certain nombre de cas où l'alimentation réelle est supprimée momentanément.

Au Pérou, les Indiens font de longues courses, marchant nuit et jour, sans autre provision qu'une petite quantité de feuilles de coca qu'ils mâchent de temps en temps. Tschudy[1] raconte qu'un Indien fit un travail pénible pendant cinq jours et cinq nuits, en ne dormant que deux heures par nuit, sans prendre d'autre nourriture qu'une demi-once espagnole (14 grammes) de feuilles de coca qu'il chiquait toutes les deux ou trois heures.

Dans l'Afrique occidentale, les Nègres accomplissent des prouesses du même genre, remplaçant le coca par la noix de kola.

Ces faits, et bien d'autres du même genre, ont attiré depuis longtemps l'attention des voyageurs ; ils ont conduit à attribuer à ces plantes exotiques des propriétés merveilleuses et ont donné lieu à une étonnante floraison de réclames pharmaceutiques.

Il y a lieu de les tenir pour réels ; ils sont faciles à vérifier ; l'un de nous, à plusieurs reprises, a pu rester 40 heures sans manger, et pendant ce jeûne fournir sans fatigue une journée entière de marche, en prenant quelques grammes d'une préparation de kola. La quantité de caféine correspondant à cette kola, prise dans les mêmes conditions, a montré les mêmes effets. La faim et la faiblesse qu'elle entraîne étaient parfaitement supprimées[2].

Comme l'analyse chimique ne montre dans ces substances (l'alcool étant mis à part)[3] ni aliments plastiques, ni aliments respiratoires (la théorie date de l'époque de Liebig), du moins en quantité qui puisse entrer en compte, on imagina que les principes actifs de ces substances (les *aliments nervins* de Liebig) arrêtaient ou tout au moins diminuaient le métabolisme organique, empêchaient la dénutrition. Au lieu de se dépenser, suivant la loi ordinaire, l'organisme soumis à l'influence de ces substances se réduirait à la plus stricte économie. Ces substances seraient donc des *moyens d'épargne, Sparrmittel ;* le mot et l'idée sont de Schultz (1831), ils ont été repris par W. Bœcker[4] et à sa suite par un grand nombre d'auteurs parmi lesquels on [peu citer, en France, G. Sée, Gubler et surtout Marvaud[5].

Le mot a si bien fait fortune qu'on en est arrivé à l'employer couramment sans discuter la théorie qu'il suppose[6]. Cette théorie pourtant se heurte à des difficultés insurmontables. Dès l'origine de la question, les objections ont été formulées d'une manière catégorique.

« L'eau-de-vie (dit Liebig en parlant d'un travailleur insuffisamment nourri), par son action sur les nerfs, lui permet de réparer, *aux dépens de son corps*, la force qui lui manque, de dépenser aujourd'hui la force qui, dans l'ordre naturel des choses, ne devrait s'employer que demain. C'est comme une lettre de change tirée sur sa santé[7]. »

En effet, la simple loi élémentaire de la conservation de l'énergie empêche absolument d'admettre une production quelconque de travail sans dépense équivalente d'énergie potentielle. Toutefois, comme le rendement mécanique de la machine humaine n'est pas parfait (un cinquième, environ), si des expériences démontraient effectivement, sous l'influence des prétendus aliments d'épargne, une diminution des dépenses, il serait possible, peut-être, d'admettre une amélioration du rendement. Mais cette diminution des dépenses n'existe pas en réalité. On a cru trouver la démonstration cherchée dans l'analyse de l'urine ; à l'époque où, suivant la théorie de Liebig, les aliments azotés passaient pour l'origine de la force organique, une diminution de l'urée excrétée démontrait une moindre usure. Cet abaissement du chiffre de l'urée a été constamment invoqué par les partisans de l'épargne. Mais, 1° cet abaissement n'est pas un fait cons-

---

1. *Reiseskissen aus Peru in den, Jahren 1838-1842*, Saint-Gall, 1846 ; cité par Marvaud.
2. Lapicque. *B. B.*, 1890. Voir pour les détails des faits précédents Parisot, *D. P.*, 1890.
3. L'alcool doit à ce point de vue être mis à part ; nous avons vu plus haut qu'il apporte des calories à l'organisme ; c'est donc un aliment, et aliment d'épargne, bien que le mot soit pris alors dans un sens un peu différent.
4. *Beiträge zur Heilkunde*. Crefeld, 1849 ; t. 1, *Genussmittel* ; cité par Marvaud.
5. Marvaud. *Les aliments d'épargne*. Paris, 1874.
6. Dans un traité de Chimie biologique tout récent, traduit de l'allemand en français, le mot *Genussmittel* est rendu par *aliments d'épargne*, Or l'auteur se montre adversaire résolu de la théorie de l'épargne, même pour l'alcool, qui est de tous les prétendus moyens d'épargne le seul qui peut-être mériterait cette qualification.
7. *Nouvelles lettres sur la Chimie*, Paris, 1852, p. 244.

tant, loin de là. Pour chacune des substances visées, à côté d'une liste d'expérimentateurs qui ont trouvé une diminution, on peut mettre une autre liste d'expérimentateurs qui ont trouvé une augmentation de l'urée excrétée sous l'influence de ces substances; d'autres leur dénient toute action caractéristique sur l'excrétion de l'azote; 2º la quantité d'azote excrété n'est nullement une mesure des réserves consommées; elle l'est seulement des réserves azotées, et nous savons que les réserves ternaires ont un rôle au moins aussi considérable dans la production de la force et de la chaleur.

Les déterminations calorimétriques jugeraient directement la question, mais elles manquent; à leur défaut, nous avons les recherches thermométriques et les déterminations du CO_2 rendu. Or ici nous trouvons, pour les deux substances précisément qui sont en cause dans ces faits merveilleux dont nous parlions plus haut, la cocaïne et la caféine, une élévation de la température et une augmentation du CO_2 exhalé.

Pour ces deux substances aussi, nous trouvons quelques séries d'expériences qui montrent tout le contraire d'une action d'épargne. Si l'on met des animaux à l'inanition complète ou à un régime insuffisant, on voit que l'administration de ces substances non seulement ne prolonge pas leur vie, mais souvent les fait mourir plus vite (cocaïne, CL. BERNARD, MORENO Y MAÏZ; caféine, GUIMARAÈS et RAPOSO).

Mais tout autre est la question, suivant que l'on considère l'état subjectif et l'aptitude au travail d'un homme privé de nourriture pendant quelques jours, ou que l'on considère la résistance à l'inanition.

La condition pour résister à l'inanition est de réduire les pertes au minimum, s'il s'agit de passer un temps un peu long sans aliments, mais dans l'inaction; c'est bien l'économie qui s'impose.

La condition est réalisée, pour les animaux à sang chaud, d'une manière aussi complète que possible dans le cas de l'hibernation [1]; dans toute inanition, on voit aussi, bien qu'à un degré moindre, l'organisme diminuer ses dépenses. La température s'abaisse de quelques dixièmes; la quantité d'acide carbonique excrété est sensiblement au-dessous de la quantité excrétée par le même sujet quand il est normalement nourri; EDW. SMITH indique une diminution de 25 p. 100; RANKE d'une part, HANRIOT et CH. RICHET de l'autre ont trouvé sensiblement les mêmes valeurs : un sujet qui exhale 18 litres de CO_2 par heure quand il est nourri n'en exhale plus que 14 en moyenne pendant le jeûne. Les animaux de grande taille supportent l'inanition pendant un nombre assez grand de jours (trente, quarante et davantage) sans autre dommage organique qu'un amaigrissement qui se répare aussitôt qu'une alimentation suffisante leur est rendue.

Mais le début de l'inanition est marqué (et chez l'homme, semble-t-il, avec plus d'intensité que chez les animaux) par des phénomènes pénibles, de l'angoisse, de la faiblesse, de la douleur localisée dans l'estomac. Ces phénomènes n'attendent nullement pour se manifester qu'il y ait déjà une portion sensible des réserves consommées et que la vie du jeûneur soit en jeu; c'est dès le premier jour, à l'heure même où manque le premier repas habituel, qu'ils se manifestent; au contraire, ils vont en s'amendant si l'on passe outre à cette première période. Le jeûne du second jour est souvent déjà moins pénible que celui du premier.

La description de ces symptômes indique d'elle-même leur caractère nerveux; et ce caractère se dessine encore avec plus de précision si nous examinons la façon dont ces symptômes disparaissent. Un repas les fait en effet cesser immédiatement, par son ingestion même; ils font place instantanément à une sensation de bien-être général et de vigueur. Or, à ce moment, la digestion n'est pas même commencée, il n'y a reconstitution d'aucune réserve, il ne peut même y avoir de modification notable dans la composition du milieu intérieur. L'organisme n'a reçu que des excitations nerveuses, venues par les voies suivantes: 1º sensations gustatives et olfactives; 2º excitations mécaniques des premières parties du tube digestif : déglutitions répétées, réplétion de l'estomac: 3º absorption de substances extractives des aliments, qui sont en état d'être absorbées sans modification digestive; ces substances n'existent qu'en petite quantité, mais peuvent après leur passage dans le sang, passage qui peut avoir lieu très rapidement, venir exciter le système nerveux central par un mécanisme pharmacodynamique.

1. Voir pour ceci et pour ce qui suit: CH. RICHET, l'Inanition. Trav. du laboratoire, t. II.

Il y a un exemple, d'expérience vulgaire, où se trouve réalisée la séparation entre le pouvoir nutritif et les propriétés excitantes des aliments : c'est le bouillon de viande. L'ingestion d'une tasse de bouillon chaud représente : 1° des sensations gustatives et olfactives : 2° des excitations mécaniques dans les premières parties du tube digestif ; 3° des matières extractives immédiatement absorbables. Cela suffit pour que le bouillon produise, avec une intensité qui lui a fait prêter des propriétés merveilleuses, le sentiment de réconfort d'un bon repas. Et pourtant sa valeur alimentaire est sensiblement nulle [1].

Il est facile maintenant de concevoir que les phénomènes nerveux de la faim cèdent à des poisons du système nerveux ; et on comprend qu'ils puissent céder également à des excitants, qui remplacent l'excitation des aliments. et à des narcotiques, qui suppriment le besoin. Seulement les premiers, telles que la caféine et la cocaïne, sont évidemment ceux qu'ils faut employer lorsqu'il y a un travail à fournir pendant l'inanition. Il faut, en effet, réagir contre cette tendance instinctive de l'organisme inanitié à s'inhiber, à se mettre en état de repos pour dépenser moins, et c'est probablement parce qu'elles sont tout le contraire d'un agent d'épargne que ces substances permettent les efforts pendant le jeûne dont nous avons parlé.

Il nous semble donc que la dénomination d'*aliments d'épargne* appliquée à de telles substances constitue un contre-sens, et qu'elle doit disparaître.

Mais si maintenant nous considérons l'alcool, que nous avions systématiquement laissé de côté dans les considérations qui précèdent, nous trouvons à cette substance deux ordres de propriétés distinctes : 1° une action sur le système nerveux : à ce point de vue il peut rentrer complètement dans la catégorie précédente, et tout ce que nous avons dit des autres s'applique également à lui ; 2° une valeur comme combustible. Nous avons à ce point de vue examiné l'alcool ainsi que d'autres substances dans un autre chapitre (Voir page 346). Nous avons trouvé là une notion de l'*épargne* tout à fait distincte de celle que nous venons d'examiner ici. C'est la théorie de Voit, où l'on voit la graisse, l'amidon, la gélatine, etc., épargner l'albumine. Cette expression d'*épargne* est donc amphibologique.

De plus, dans cette seconde acception, elle n'est pas absolument exacte. Si les hydrates de carbone, en effet, épargnent l'albumine, celle-ci à son tour, dans le cas, par exemple, d'une alimentation exclusivement quaternaire, épargnera les réserves de graisse de l'organisme. Il s'agit donc d'une action réciproque que la notion d'épargne exprime mal, semblant impliquer un ressouvenir de la théorie de Liebig sur l'albumine, seule source de l'énergie organique, substance primordiale de la nutrition que les autres aliments simples peuvent seulement suppléer plus ou moins. Il nous semble donc, que dans ce second cas aussi, il y a avantage à supprimer la notion d'aliments d'épargne, pour la remplacer par la notion autrement précise de l'*isodynamie*.

Il nous reste alors, si nous considérons l'ensemble des substances alimentaires. trois catégories parfaitement claires : 1° des combustibles, isodynames entre eux suivant les lois de la thermochimie ; 2° des substances, minérales et organiques, nécessaires chacune pour elle-même en raison de leurs propriétés chimiques, — ces deux classes comprenant tous les aliments véritables. nécessaires ; 3° des excitants du système nerveux. agissant soit par la voie sensorielle, soit par action pharmacodynamique ; ceux-ci n'étant pas des aliments véritables, et n'étant pas nécessaires.

Ration alimentaire. Physiologie comparée. — L'étude de la ration alimentaire sur les divers animaux n'a guère été entreprise méthodiquement que sur les animaux domestiques par les agronomes. Pour les invertébrés et les animaux à sang froid, on ne sait rien de précis ou à peu près rien. Il est de fait que les animaux à sang froid ont besoin de peu d'aliments en hiver ; que des serpents peuvent rester plusieurs mois sans nourriture ; tandis qu'en été la consommation est plus active ; mais ce ne sont pas là des chiffres exacts. Même pour les oiseaux et la plupart des mammifères, les données

---

1. Le bouillon lui-même est souvent étudié parmi les *aliments d'épargne*, et on a fait de nombreuses recherches pour découvrir parmi ses composants une substance active comparable à la caféine, par exemple ; on a successivement désigné comme tels la créatine et les sels de potasse, sans pouvoir fournir à cette opinion une base expérimentale. Il nous semble que la propriété du bouillon résulte de ce qu'il est en quelque sorte, pour le système nerveux, l'*illusion* complète de la nourriture.

sérieuses font défaut. Au contraire pour les chevaux, les bœufs, les porcs, les moutons, on a des chiffres très nombreux. En effet, ce n'est pas seulement un problème scientifique, c'est encore et surtout un problème d'industrie agricole. Il s'agit de savoir quel est le meilleur rendement, de telle ou telle alimentation donnée, en graisse, en viande, en lait, en laine, en travail. On comprend que la question a dû souvent être traitée, et avec beaucoup d'ampleur, comme toutes les fois qu'il s'agit d'une application pratique immédiate. Les chiffres obtenus ont une très grande valeur; car ils portent sur des quantités considérables.

Nous ne pouvons aborder cette partie de l'économie rurale ici dans tous les détails; et nous nous contenterons pour une étude plus développée de renvoyer aux ouvrages où elle a été approfondie, depuis les travaux fondamentaux de BOUSSINGAULT [(Economie rurale, 2e édit., 1851). — Mentionnons BAUDEMENT, ALLIBERT (cités par MILNE EDWARDS, T. P., t. VIII, p. 187). — HENNEBERG et STOHMANN (Beiträge zur Begründung einer rationellen Fütterung der Wiederkäuern). Braunschweig, 1860. — LAWES et GILBERT (Experimental inquiry into the composition of some of the animals fed and slaughered as human food, in Philos. Transact., passim : travaux analysés avec grand soin dans le livre de GRANDEAU, L'alimentation de l'homme et des animaux domestiques. Paris, 1893, t. I, pp. 220-364).'— WOLFF (Alimentation des animaux domestiques ; trad. franç., Paris, 1888). — CREVAT (Alimentation rationnelle du bétail. Lyon, 1885). — CORNEVIN (Traité de zootechnie. Paris, 1891, pp. 841-920). — C. HUSSON (L'alimentation animale, Paris, 1882). — LAVALARD (Le Cheval, t. I, Alimentation, Paris, 1891). On trouvera dans ces divers ouvrages des tableaux, que nous ne pouvons reproduire ici, sur la composition chimique centésimale des divers fourrages et leur valeur alimentaire différente.

A vrai dire il est rare que l'agriculteur s'occupe de la ration d'entretien proprement dite. Le plus souvent il a un autre but que celui de faire vivre les animaux, et alors il y a une ration d'engraissement (on peut faire rentrer dans l'engraissement la lactation, la production de viande, la production de laine); et l'élevage des jeunes animaux, et une ration de travail (bœufs au labour, chevaux de labour ou de trait, etc.).

Mais, dans certains cas, la ration d'entretien peut se confondre avec la ration d'engraissement à condition qu'on déduise de l'alimentation par un simple calcul le poids dont l'animal s'est accru en engraissant.

Ration d'entretien. — Voici quelques chiffres, d'après HENNEBERG et STÖHMANN.

Pour des bœufs supposés de 1 000 kilos, on peut donner par 24 heures diverses associations alimentaires, comme les cinq groupes suivants :

	FOIN DE TRÈFLE.	PAILLE D'AVOINE.	TOURTEAUX DE COLZA.	PAILLE DE SEIGLE.	BETTERAVES.
	kil.	kil.	kil.	kil.	kil.
1.	17,5	»	»	»	»
2.	3.7	13	0,6	»	»
3.	2,6	14,2	0,5	»	»
4.	3,8	»	0,6	13,3	»
5.	»	12,6	1,0	»	25,6

ce qui correspond aux matières alimentaires suivantes :

	kil.
Matières albumineuses.	0,570
Hydrates de carbone.	6,800
Graisses.	0.660

A cela il faut ajouter pour des bœufs de 1000 kilos :

	kil.		kil.
Eau	55	CaO.	0,100
$P^2 O^5$.	0,05	Autres sels. . . .	0,100

Il a été observé, entre autres faits curieux, que la consommation croît à mesure que la température de l'étable s'abaisse, si bien que de + 20° à + 10°, la consommation croît de 2,5 p. 100 ; et de + 10° à 0° de 6 p. 100.

Ce qui ressort encore de ces recherches, c'est que l'on ne doit pas considérer ce que Boussingault, puis Wolff, ont appelé *l'équivalence du foin* comme une mesure légitime de l'alimentation, puisque cela conduirait à des conclusions absurdes, faciles à déduire des chiffres qui précèdent.

En comparant la nutrition des moutons, des bœufs et de l'homme, on arrive aux chiffres suivants, d'une part par kilo, d'autre part par mètre carré de surface en calories.

	Alb. par kil.	Hyd. de C. par kil.	Graisses par kil.	Calories par m. q.
Homme, 62 kilos	2,0	8,0	1,30	1690 cal.
Bœufs, 800 kilos	0,57	6,8	0,66	3037
Moutons, 48 kilos	1,14	10,2	0,32	1740

Le chiffre de 3 037 calories par mètres carrés chez le bœuf ne concorde pas avec le chiffre 1690 de l'homme. Mais la mesure de la surface est très arbitraire et comporte sans doute une fort grosse erreur; ce qu'on pouvait prévoir d'ailleurs par la mesure du CO^2 excrété, qui est, chez les bœufs, de 3gr, 70 par heure et par mètre carré, alors qu'il est chez le mouton de 2gr,25 et chez l'homme, de 2 grammes (Ch. Richet. *Trav. du Lab.*, t. 1. p. 573).

La proportionnalité de l'alimentation avec le poids confirme d'une manière remarquable toutes les études entreprises sur la variation des échanges respiratoires avec le poids et par conséquent avec la surface des animaux (Ch. Richet. *De la mesure des combustions respiratoires chez les mammifères*, in *Trav. du Laborat.*, t. 1, p. 560). D'après Allibert, une souris a besoin par kilogramme de 46 grammes de matière azotée, tandis que le lapin, qui pèse près de 150 fois plus qu'une souris, n'a besoin que de 8 grammes de matière protéique par kilogramme; l'homme ayant, d'après ce qui précède, besoin de 2 grammes et le bœuf, de 0gr,6.

Les moutons de petite race auraient besoin, d'après Henneberg, de 1gr,5 d'alb. par kilogramme et 12 de grammes de corps ternaires, avec un rapport nutritif de 1 à 8. (Les agronomes appellent *rapport nutritif* le rapport entre la matière protéique prise comme unité, et les autres matières organiques, non azotées, alimentaires.) Les moutons de grandes races auraient besoin de 1gr,2 d'albumine et 10gr,8 de corps ternaires, ensemble 12 grammes, avec un rapport nutritif de 1 à 9.

Ration d'engraissement, de lactation et d'élevage. — L'étude de la ration d'engraissement a été surtout faite par Lawes et Gilbert, dont les analyses sont vraiment admirables. Il résulte de leurs recherches : 1° que pour la ration d'engraissement ce rapport nutritif doit être de 1 à 5 environ; autrement dit, en poids, 5 fois plus de matières non azotées que de matières azotées (On remarquera que c'est là précisément le rapport nutritif de la ration alimentaire normale de l'homme); 2° que le croît d'un animal adulte qui passe de l'état maigre à l'état gras représente par kilogramme d'accroissement (en moyenne) :

Eau	248
Graisse	678
Matière albuminoïde	73
Matière minérale	11

3° que sur 100 grammes de fourrage sec il y a de 15 à 9 grammes qui sont directement fixés dans les tissus pour l'accroissement; 4° qu'il se forme plus de graisse dans le corps qu'il n'y en a dans le fourrage alimentaire.

A ces faits importants ajoutons cette donnée pratique, due à Wolff, que la ration d'engraissement doit à peu près doubler la ration d'entretien pour qu'elle ait son plein effet. Dans ces conditions, chez certains animaux, chez le porc notamment, et certaines variétés de porcs, on peut avoir jusque à un rendement de 25 pour 100; c'est-à-dire pour 100 grammes d'aliments obtenir un croît de 25 grammes.

Bien entendu l'engraissement peut être accéléré par l'addition de certains aliments, par exemple de sel marin, ou de craie (chaux), ou de lait riche en phosphates et en graisses.

Pour la production du lait, et l'assimilation du lait des jeunes animaux (Voyez Lait).

Ration de travail. — L'étude de la ration de travail est plus complexe encore. D'abord il ne faut pas espérer trouver, dans l'étude des aliments, la solution de la dynamique animale, un des plus difficiles problèmes de la physiologie; rien n'est plus incertain que la mesure du travail réel effectué par les moteurs animés, de sorte qu'il faut se contenter d'approximations assez vagues.

D'abord nous pouvons admettre comme démontré que la valeur dynamique d'un aliment quelconque est égale à sa valeur calorifique. En effet, les hydrates de carbone peuvent se transformer en graisses, les matières azotées en hydrates de carbone, de sorte qu'il y a équivalence parfaite entre la valeur dynamogène et la valeur thermogène des aliments. Cela est évident puisqu'ils se transforment l'un dans l'autre suivant des équations thermochimiques inexorables (Voy. **Chaleur** et **Travail**).

Cela posé, voyons comment les agronomes ont résolu le problème au point de vue de l'alimentation. Autrement dit quelle est la différence de ration entre un animal au repos et un animal qui travaille? Bien entendu nous ne prétendons pas ici, à propos des aliments, discuter la question si complexe des origines de la force musculaire. Nous nous contentons d'exposer quelques relations entre l'aliment et travail.

Théoriquement, à supposer que l'aliment soit ingéré tout entier, et absorbé tout entier, et que tout serve à produire du travail, une Calorie produisant 425 kilogrammètres, il faudrait multiplier par 425 la valeur calorifique des aliments pour avoir leur rendement en kilogrammètres. Par conséquent, en prenant pour point de départ le travail quotidien fourni par un excellent cheval de gros trait (2 millions de kilogrammètres), cela suppose une alimentation répondant à 4700 calories; valeur correspondant à 1140 grammes d'amidon, soit à 1160 grammes de matières azotées, soit à 500 grammes de graisse.

Mais nous savons, d'une part, que tout l'aliment n'est pas absorbé; que 30 p. 100 environ sont indigérés; de sorte que les chiffres ci-dessus devront être augmentés, et portés pour l'amidon à 1600 grammes et pour la graisse à 700 grammes en chiffres ronds : soit 6600 calories.

Nous pouvons admettre que toute cette matière organique brûlée sert dans ce cas à produire du travail, non pas qu'il en soit réellement ainsi; mais parce que, s'il se produit de la chaleur en excès, comme c'est le cas, pour les trois quarts de l'aliment transformé en travail, cette chaleur va diminuer d'autant la consommation nécessaire des aliments de la ration d'entretien.

Dans l'équation de la ration d'entretien nous avons :

$$A \text{ Alim.} = \text{Chal. C.}$$

Dans l'équation de la ration de travail nous avons :

$$A' \text{ Alim.} - \text{Chal. C'} + \text{Travail. T.}$$

Donc nous devons déduire de Chal. C. la quantité C' de chaleur produite par la ration de travail, ce qui diminue d'autant la quantité A de l'alimentation.

Calculant à combien de trèfle sec, par exemple, ou d'avoine répondent ces 6600 calories nécessaires au dynamisme de l'animal, nous trouvons, d'après les tableaux de WOLFF (loc. cit., p. 358, sect. IV, tableau I) pour le foin, en albumine et en hydrates de carbone, 46gr, 4 p. 100; en graisses, 1 p. 100; pour l'avoine, en albumine et en hydrates de carbone, 52 p. 100; en graisses, 4,3 p. 100, ce qui correspond pour 1 kilogramme de foin (sec) à 2000 calories; pour 1 kilogramme d'avoine à 2500 calories, en chiffres ronds.

Par conséquent (théoriquement) on peut évaluer à 3kil, 500 de foin (ou une somme de 2 kilogrammes de foin et 1 kilogramme d'avoine), la quantité d'aliments qu'il faudra ajouter à la ration d'entretien d'un cheval pour lui permettre de fournir du travail, sans l'emprunter à ses tissus, de manière à rester dans un état de bonne nutrition.

Telles sont les considérations théoriques qu'on peut formuler, avant toute expérience sur la ration de travail. Mais les expériences entreprises montrent qu'il y a d'autres éléments dont il faut tenir compte.

D'après WOLFF un cheval (de 530 kilogrammes), pour faire un supplément de travail de 500000 kilogrammètres, a dû consommer 570 grammes d'amidon (réellement digéré) en plus de sa ration. Un autre, pour faire encore un supplément de travail de 500000 kilogrammètres, dut consommer 219 grammes de graisse (réellement digérée) en plus de sa ration. Or 500000 kilogrammètres répondent à 1180 calories; tandis que 570 d'amidon répondent à 2300 calories et 219 grammes de graisse répondent à 2000 calories. La moitié seulement a été employée en travail.

Pour expliquer ce résultat, paradoxal en apparence, il suffira de faire remarquer que les animaux qui travaillent dégagent une somme de chaleur supérieure à celle qu'ils dégagent quand ils sont au repos. Certes, quand la radiation calorique devient très intense, par divers procédés l'organisme remédie à cette déperdition exagérée de chaleur; mais ce n'en est pas moins une consommation de carbone, plus forte qu'à l'état normal.

GRANDEAU et LECLERCQ ont entrepris des recherches très méthodiques sur l'alimentation des chevaux de la Compagnie des omnibus (1882) et MUNTZ sur l'alimentation des chevaux de la Compagnie des petites voitures.

GRANDEAU et LECLERCQ sur des chevaux de 425 kilogrammes ont essayé de distinguer la ration alimentaire d'entretien de la ration de travail. D'après eux un cheval de 425 kilogrammes a besoin, pour ration d'entretien, de 2562 grammes de matière organique (répondant à 4400 grammes de fourrage), tandis que, si on le fait travailler avec une production de 1674000 kilogrammètres — l'évaluation du travail produit est très difficile, et tant soit peu hypothétique — il a besoin de 4800 grammes de matière organique, répondant à 8500 grammes de fourrage; soit une différence en plus de 2444 grammes de matière organique ou 3700 grammes de fourrage.

En comparant ce chiffre au chiffre que nous avons fourni plus haut, 3500 de foin pour 12 millions de kilogrammètres, on voit qu'il y a toujours un déficit notable, dû probablement à l'excès de chaleur dégagée pendant le travail.

Sous une autre forme, GRANDEAU et LECLERCQ ont ainsi calculé l'emploi dynamique des aliments. Soit 100 la ration de travail; il y aura :

> Entretien strict. 42
> Transport automoteur . . 33
> Travail industriel. 25

Et MUNTZ a admis pour 100 de ration de travail :

> Entretien strict. 67
> Transport automoteur . . 7
> Travail industriel 26

Dans la cavalerie militaire allemande (TEREG, in ELLENBERGER's *Vergleichende Physiologie*, 1890, t. I, p. 154) la ration de garnison pour les chevaux est de :

> Avoine 4900
> Foin 2500
> Paille 3500

Tandis que la ration de campagne n'est pas très différente :

> Avoine 5500
> Foin 1500
> Paille 1750

Déduction faite de la ration d'entretien, l'alimentation de garnison répondrait à 367000 kilogrammètres et l'alimentation de campagne à 512500 kilogrammètres.

Il est inutile d'insister pour prouver que ces divers chiffres sont peu satisfaisants.

Nous arrivons à une plus grande incertitude encore quand nous voulons essayer de fixer en matière albuminoïde l'équivalence de travail effectué, comme l'a proposé SANSON (*Mesure du travail effectué dans la locomotion du quadrupède. Journ. de l'An. et de la Phys.*, 1886), qui estime à un kilogramme de protéine alimentaire la quantité nécessaire à la production de 1600000 kilogrammètres.

D'autres problèmes bien intéressants, et bien obscurs aussi, ont été soulevés à ce sujet, comme l'influence des allures de l'animal sur le travail réel effectué; et le rapport de l'azote au carbone dans ces rations de travail intensif; nous ne pouvons les approfondir ici. On les trouvera dans le livre de AYRAUD (*Alimentation rationnelle des animaux domestiques*. Paris, 1888) et dans celui de CORNEVIN (*Traité de Zootechnie*, 1891, pp. 841-915). D'ailleurs, à propos de la ration alimentaire de l'homme, on a vu quelle était la ration de travail, différente de la ration d'entretien.

En tout cas nous pouvons admettre, comme résultat d'ensemble, les trois propositions suivantes :

1° Pour la ration de travail il faut un excès d'alimentation en rapport avec le travail produit;

2° Le meilleur rapport nutritif est de 1 à 5; soit 1 gramme de matière azotée pour 5 grammes de matière organique non azotée (hydrates de carbone et graisse);

3° Sans rien préjuger relativement à la transformation des combustions en travail mécanique et en chaleur, il faut ajouter à la ration d'entretien 100 d'aliments pour produire 60 de travail. Par conséquent il faudra en chiffres ronds, pour 1 million de kilogrammètres une ration supplémentaire répondant à 4 000 calories, ce qui fait environ 1 000 grammes de sucre ou de protéine; ou encore 420 grammes de graisse.

Alimentation de luxe. — La question de l'alimentation de luxe ne se trouve pas posée aujourd'hui comme elle l'était du temps de LIEBIG. En effet, il ne s'agissait alors que de la consommation, plus ou moins utile des matières protéiques, considérées alors comme les seuls aliments plastiques.

Si, disait LIEBIG, on ne fait pas de travail musculaire et que par conséquent on n'emploie pas pour réparer les muscles les aliments azotés ingérés, alors on brûle l'excès de ces aliments, et ils sont devenus relativement superflus puisque on s'en sert pour la chaleur, au lieu de s'en servir pour la reconstruction organique. Mais, pour les raisons que nous avons longuement développées plus haut, cette théorie du rôle exclusivement ou même spécialement plastique des aliments azotés ne tient plus debout. Nous savons maintenant que les aliments azotés sont calorifiques, eux aussi, et même, à poids égal, aussi calorifiques que les hydrates de carbone, et d'autre part il est prouvé que les graisses et les hydrates de carbone sont aussi plastiques que les matières azotées, et qu'il y a fréquemment transformation des uns en les autres, si bien qu'un animal peut vivre en ne consommant absolument que des matières azotées, comme le font certains carnassiers, qui, avec les matières azotées, trouvent moyen de faire du sucre et de la graisse.

Donc il ne peut être question de luxe dans ce sens; car, du moment qu'un aliment produit de la chaleur, ce n'est plus un aliment de luxe; de sorte que la question peut se ramener à un autre problème qui est aussi fort difficile à résoudre. Est-ce que nous produisons par un excès dans l'alimentation un excès de chaleur? Y a-t-il une chaleur de luxe?

Or, si nous mesurons les échanges, nous voyons constamment, une, deux et trois heures après le repas, croître énormément la consommation d'oxygène et la production d'acide carbonique. Par exemple, HANRIOT et CH. RICHET (*Trav. du Lab.*, t. I, p. 480) ont vu que, toutes conditions égales d'ailleurs, la proportion d'acide carbonique passait, chez l'homme, par le seul fait de l'alimentation, de 0,492 à 0,560. Chez les animaux les chiffres sont au moins aussi évidents. Donc nous voyons par le fait de l'alimentation les échanges augmenter dans la proportion d'un sixième.

En même temps la température s'élève légèrement, comme de nombreuses déterminations l'ont appris, si bien que les échanges et la production de chaleur augmentent après les repas. Même il est probable que la température augmente moins que n'augmente la production de chaleur, car, après les repas, il y a une dilatation vasculaire qui répond à une radiation calorique plus intense.

Ainsi, à n'envisager les phénomènes que sous cette forme simple, l'alimentation, dans la plupart des cas, peut bien encourir le reproche d'être trop abondante, puisqu'elle fait croître sans utilité apparente pour l'organisme la consommation chimique et la production de chaleur.

Mais il est presque impossible de décider si cet excès est vraiment inutile. On se trouve là en présence de la difficulté à laquelle se heurtent constamment les économistes quand ils ont à traiter la question du luxe dans les sociétés. Tout dans une société peut être à la rigueur considéré comme étant du luxe. On sait que même l'écuelle de DIOGÈNE a été rejetée par lui ainsi qu'un meuble superflu. Dira-t-on que c'était un objet de luxe? Si l'on ne considérait comme indispensable que ce qui suffit à l'entretien strict de la vie, on finirait par retrancher à peu près tout ce qui fait la civilisation.

Lorsque nous prenons dans notre alimentation 120 grammes d'albumine et 500 grammes d'hydrates de carbone, il est certain que nous pourrions, sans que notre santé soit immédiatement affectée, diminuer notre ration tout au moins d'un sixième. La meilleure preuve qu'on en puisse donner, c'est que, parmi dix individus de même taille, de même sexe, de même race, de même âge, et vivant dans le même pays, les rations varieront dans une proportion très forte. Assurément, en prenant au hasard dix personnes, on en trouvera une mangeant deux fois plus que la personne qui mangera le moins et qui néanmoins se portera fort bien. Pourquoi cette différence, s'il n'y avait pas chez la personne mangeant le plus une consommation alimentaire tant soit peu exagérée ?

A la vérité on peut admettre que la radiation calorique et le travail musculaire ne sont pas identiques chez les uns et les autres, et qu'il y a des besoins individuels variables.

Mais, malgré ces idiosyncrasies de nutrition et de calorification, les écarts des rations alimentaires sont certainement trop considérables pour qu'on n'attribue pas à l'habitude de manger plus ou moins une influence très grande. En s'étudiant soi-même, on constate qu'on peut changer ses habitudes, et si pendant quelque temps on mange moins, on pourra continuer ce régime de moindre ration sans que la santé en souffre. Non seulement on n'en pâtit pas, mais parfois on se trouve en meilleure santé au point de vue de la digestion et de la nutrition. En soumettant un dyspeptique à un régime, on modifie sans grande peine sa ration journalière. Il est bien évident qu'on pourrait de même soumettre à un régime des gens bien portants sans leur faire éprouver le moindre dommage. En comparant la manière de vivre des citadins avec celle des campagnards, on voit que les citadins mangent beaucoup plus que les campagnards ; sans que pour cela les citadins se portent mieux.

Cependant il ne faudrait pas en conclure que ce léger excès de l'alimentation est absolument inutile. Une alimentation de luxe peut n'avoir que les apparences du luxe, et, suivant une formule, que l'un de nous énonce fréquemment dans ses cours de physiologie : *pour avoir assez il faut avoir trop.* Si on se contentait du strict minimum de nos exigences organiques en oxygène, en carbone et en azote, ce minimum serait insuffisant à un moment donné. Il faut un léger excès de charbon à une machine pour qu'elle travaille sans heurt, sans *à coup*, sans avoir à craindre de s'arrêter brusquement par défaut de combustible; il faut qu'un coup de collier puisse être donné, sans que pour cela la machine cesse de fonctionner, comme ce serait le cas si elle était réduite à la quantité de charbon strictement suffisante au travail moyen. Donc, pour un état de santé satisfaisant, il faut assurément un peu plus que la ration limite. Il faut que, dans chaque période post-digestive, l'organisme puisse mettre en réserve quelques matériaux qui seront utilisés plus tard; et qu'il travaille avec un excès de ressources.

Pour conclure, nous dirons qu'il y a une alimentation de luxe, non pas dans le sens de LIEBIG, c'est-à-dire dans le sens d'une consommation trop forte d'aliments azotés, mais dans le sens d'une production exagérée de calorique.

Quant à savoir jusqu'à quel point ce luxe alimentaire, entraînant le luxe des combustions, est favorable à l'organisme, ou même quant à décider s'il est favorable ou défavorable, c'est un problème assez délicat. Il nous semble toutefois que la ration alimentaire de chaque individu est, dans une assez grande limite, fonction de ses habitudes, et que, chez les habitants des villes et chez les individus de la classe aisée, il y a généralement une tendance à adopter une ration un peu trop considérable. Autrement dit encore, c'est l'habitude qui règle dans une large mesure notre consommation alimentaire quotidienne, et certaines classes sociales ont pris l'habitude de la régler à un taux trop élevé. Un peu plus de frugalité, cela n'aurait, semble-t-il, que des avantages de toute sorte.

On ne peut pas objecter que l'appétit est un guide infaillible pour une saine alimentation. Il est de fait que c'est un guide très trompeur, même chez les gens bien portants. Tel individu fera un repas plantureux si on lui sert des aliments satisfaisant sa sensualité gustative, qui ne touchera que du bout des dents à un dîner, aussi nutritif, mais plus modeste. L'expérience a appris qu'on consomme (dans les lycées par exemple) deux fois plus de pain, quand on sert du pain frais que quand on sert du pain rassis. D'ailleurs l'appétit juge plutôt le degré de la réplétion stomacale que la quantité des matières alibiles introduites dans l'estomac. Le vieux précepte de l'École de Salerne qu'il faut se lever de table avec quelque appétit encore, est assez sage, somme toute; car il n'est vraiment pas rationnel de continuer à manger tant que l'estomac n'est pas rempli. A ce compte l'appétit est aussi une affaire d'habitude, puisque on prend l'habitude de s'arrêter quand l'estomac a acquis telle ou telle distension. Or cette distension stomacale n'a qu'une relation assez lointaine avec la ration alimentaire.

Il est vrai que, si un repas unique n'est pas la mesure exacte des besoins de l'organisme, l'ensemble de plusieurs repas pourra donner une mesure très satisfaisante : car si un repas unique a été trop abondant, l'inappétence se prolongera ; et d'autre part s'il a été trop frugal, on aura un appétit formidable, survenant avant qu'arrive l'heure du repas consécutif, de sorte qu'en fin de compte, tant bien que mal l'équilibre s'établit. Si l'on admet que pendant les six heures qui suivent le repas, il y a excédent calorique (et par conséquent alimentaire) d'un sixième ; comme en général il se fait deux repas par jour ; cela fait pendant douze heures un excédent d'un sixième ; soit, finalement une consommation alimentaire dépassant en vingt-quatre heures d'un douzième la consommation nécessaire, 10 grammes d'albumine et 45 grammes d'hydrates de carbone. Quoique non négligeable, cet excès est en somme peu de chose. Qui sait s'il ne serait pas avantageux à chacun d'essayer de faire sur soi-même cette petite réforme dans ses habitudes ? Nous pencherions à croire qu'on pourrait sans inconvénient la faire encore plus grande[1].

Tableaux indiquant la composition centésimale des principaux aliments de l'homme.

La plupart des substances naturelles ou fabriquées industriellement qui servent à la nourriture de l'homme ont une composition qui varie dans des limites assez étendues ; suivant l'état des animaux qui l'ont fournie, la viande contient des proportions de graisse très variables ; les conditions de la culture, le climat, la variété ensemencée, influencent la quantité de gluten dans les céréales. Les moyennes et les types que nous donnons ci-dessous, tous extraits du recueil de König, ne peuvent donc servir que comme renseignements généraux.

Viandes de boucherie.

	EAU.	SUBSTANCE AZOTÉE.	GRAISSE.
Viande de bœuf très gras.	53	17	29
— — demi-gras.	72	21	5
— — maigre.	76	21	2
Viande de veau gras	72	19	7
— — maigre.	79	20	1
Viande de mouton demi-gras . . .	76	17	6
Viande de porc gras	47	15	37
— — maigre	73	20	7

Volaille, Gibier.

	EAU.	SUBSTANCE AZOTÉE.	GRAISSE.
Viande de lapin gras.	67	21	10
— chevreuil.	76	20	2
— poule maigre.	76	20	2
— poulet gras.	70	18	9
— dindon demi-gras . . .	66	23	8
— pigeon.	75	22	1
— oie grasse.	38	16	46
— perdrix grise.	72	23	1

1. Ce chapitre relatif à l'alimentation de luxe exprime des idées qui me sont personnelles, et que mon collaborateur et ami LAPICQUE ne peut accepter. Il est disposé à croire qu'il n'y a pas d'alimentation de luxe, et que nous ne consommons que le strict nécessaire. **Ch. R.**

Poissons.

	EAU.	SUBSTANCE AZOTÉE.	GRAISSE.
Viande de saumon..	64	22	13
— anguille	57	13	28
— hareng.	75	14	9
— maquereau.	71	19	8
— brochet	80	18	0,5
— morue	82	16	0.3
. . sole	86	12	0.2
— carpe	77	22	1

Invertébrés.

	EAU.	SUBSTANCE AZOTÉE.	GRAISSE.	SUBST. EXTR. NON AZOTÉE.
Huître, chair	80	9	2	6
Moule	84	9	1	4
Homard	82	14	2	
Écrevisse	81	16	0,5	1

Abats.

	EAU.	SUBSTANCE AZOTÉE.	GRAISSE.	SUBST. EXTR. NON AZOTÉE.
Rognons de moutons.	79	17	3	0,2
Foie de veau.	73	18	2	5,4
— porc.	72	19	5	1.8

Œuf de poule.

Un œuf de poule pèse de 30 à 72 grammes; en moyenne : 53 grammes.

dont :

    Coquille, de 3 à 7 grammes; en moyenne. . .   6 grammes.
    Blanc,   de 15 à 43   —   —   . . . 31   —
    Jaune,   de 10 à 23   —   —   . . . 16   —

ou, pour 100 parties :

    Coquille : 11,5; blanc : 58,5; jaune : 30,0.

	EAU.	SUBSTANCE AZOTÉE.	GRAISSE.
Blanc	86	13	
Jaune	51	16	32
Ensemble	74	13	12

Lait de vache.

	DENSITÉ.	EAU.	CASÉINE.	ALBUMINE.	GRAISSE.	SUCRE DE LAIT.	SELS.
Minimum.	1.026	89,3	1.8	0.3	1.7	2.1	0,4
Maximum.	1,037	90,7	6.3	1.4	6,5	6.2	1,2
Moyenne. . .	**1,032**	**7,82**	**3,02**	**0,53**	**3,7**	**4,9**	**0,7**

Lait de femme (moyenne).

Eau.	Caséine.	Albumine.	Graisse.	Sucre de lait.	Sels.
87.4	1.0	1.3	3.8	6.2	0,3

Autres Laits.

	EAU.	CASÉINE.	ALBUMINE	GRAISSE.	SUCRE DE LAIT.	SELS.
Chèvre.	85.7	3.2	1.1	4.8	4.3	0.8
Brebis.	80.8	5.0	1.5	6.9	4.9	0.9
Jument.	90.8	1.2	0.8	1.2	5.7	0.3
Anesse.	89.7	0.7	1.5	1.6	6,0	0.5
Chienne	75.4	6.1	5.0	9.4	3,1	0.7

Beurre.

	EAU.	GRAISSE.	CASÉINE.	SUCRE DE LAIT et ACIDE LACTIQUE.	SELS.
Minimum.	4.1	70.0	0.2	0.4	0.02
Maximum.	35.1	86.1	4.8	1.2	15,10
Moyenne.	**13,6**	**84,4**	**0,7**	**0,6**	**0,7**

Fromages.

	EAU.	SUBSTANCE AZOTÉE.	GRAISSE.	SUCRE DE LAIT et ACIDE LACTIQUE.	CENDRES.
Petit suisse (Neufchâtel ou Gervais). . .	41,0	14.3	43.2	»	1.4
Brie.	49.8	20,0	26.9	0.8	4,5
Roquefort	30.4	27.7	33.4	3.1	5,3
Gruyère	36.5	30.8	28.0	0.7	5.2
Parmesan	31.8	41.2	19,5	1.2	9.3

Céréales.

	EAU.	SUBSTANCE AZOTÉE.	GRAISSE.	HYDR. DE C.	CELLULOSE.	CENDRES.
Froments français	13.4	13.2	1.6	67.6	2.6	1.6
— d'Autr.-Hong.	13.4	12.7	2.0	64.9	3.4	1.7
— de Russie. . . .	13.4	17.0	1.6	6.7		1.7
— d'Amérique. .	13.4	11.6	2.4	64.5	1.7	1.8
Épeautre.	13.4	11.8	1.8	68.2	2.6	2.4
Seigle.	13.4	10.8	1.8	70.2	1.8	2.4
Orge.	13.4	9.7	1.4	67.6	4.9	2.4
Avoine.	12.4	10.7	5.0	58.4	10.6	3.3
Maïs.	13.3	9.4	4.4	69.1	2.3	1.4
Sorgho Durrha	11.5	9.9	3.8	70.2	3.6	1.9
Riz.	12.6	6.7	0.9	78.5	0.6	0.8
Sarrasin.	11.4	11.3	2.0	70.4	13.8	2.8

Farines.

	EAU.	SUBSTANCE AZOTÉE.	GRAISSE.	HYDR. DE C.	CELLULOSE.	CENDRES.
Farine de froment fine.	13.4	10.2	0.9	74.7	0.5	0.5
Farine de froment grossière.	12.8	12.4	1.4	71.8	1.0	1.0
Farine de seigle	13.7	11.0	2.4	69.7	1.6	1.4
— d'orge	11.8	11.4	1.3	71.2	0.4	0.6
— d'avoine	9.6	13.4	5.9	67.0	1.6	2.4
— de maïs	14.2	9.6	3.8	69.5	1.3	1.3
— de sarrasin. . .	13.5	8.9	1.6	74.5	0.7	1.1

Pains[1].

	EAU.	SUBSTANCE AZOTÉE.	GRAISSE.	HYDR. DE C.	CELLULOSE.	CENDRES.
Pain de froment, 1re q.	35.6	7.4	0.5	55.6	0.5	1.1
— 2e q.	40.4	6.4	0.4	54.4	0.6	1.2
Pain de seigle. . . .	42.3	6.4	0.4	49.2	0.5	1.5
Pain de gluten, Paris . .	9.9	57.6	1.6	26.7		1.5
Biscuit de mer.	15.5	8.5	1.0	73.4	0.6	1.5

Légumineuses sèches.

	EAU.	SUBSTANCE AZOTÉE.	GRAISSE.	SUBSTANCES EXTRACT. NON AZOTÉES.	CELLULOSE.	CENDRES.
Fèves.	14.8	23.3	1.7	48.3	8.4	3.4
Haricots.	11.2	23.7	2.0	55.6	3.9	3.7
Pois.	13.9	22.4	1.4	52.7	5.7	2.7
Lentilles.	12.3	25.2	1.9	52.8	3.9	3.0
Fèves de Soja	9.9	33.4	17.7	29.9	4.7	5.4

ALIMENTS.

Divers.

	EAU.	SUBSTANCE AZOTÉE.	GRAISSE.	SUBSTANCES EXTRACTIVES non azotées.	CELLULOSE.	CENDRES.
Châtaignes.	7,3	10.8	2,9	73.0	3,0	3,0
Banane (chair).	73,1	1,9	0,6	23,0	0,3	1,1
Courge (chair).	90,3	1.1	0,1	6,5	1,2	0,7
Melon	90,1	1,0	0,3	6,5	1,1	0,7
Concombre.	95,2	1,2	0,1	2,3	0,8	0,4
Haricots verts	88,7	2,7	0,1	6,6	1,2	0,6
Petits pois.	78,4	6,3	0,6	12,0	1,9	0,8

Tubercules, Racines, etc.

	EAU.	SUBSTANCE AZOTÉE.	GRAISSE.	SUBSTANCES EXTRACT. non azotées.	CELLULOSE.	CENDRES.
Pomme de terre	75,0	2,1	0,2	21,0	0,7	1,1
Topinambour.	79,2	1,8	0,1	16,7	1,1	1,1
Patate.	71,9	1,8	0,2	25,0	1,0	0,9
Crosnes du Japon . . .	79,2	2,9	0,1	16,0	0,7	1,1
Betterave.	82,2	1,3	0,1	14,4	1,1	0,8
Carotte.	86,8	1,2	0,3	9,2	1,5	1,0
Navet	87,8	1,5	0,2	8,2	1,3	0,9
Radis	93,3	1,2	0,1	3,8	0,7	0,7
Oignon.	86,0	1,7	0,1	10,8	0,7	0,7

Légumes frais.

	EAU.	SUBSTANCE AZOTÉE.	GRAISSE.	MATIÈRES EXTRACT. non azotées.	CELLULOSE.	CENDRES.
Asperge.	93,7	1,8	0,2	2,6	1,0	0,5
Chou-fleur.	90,9	2,5	0,3	4,5	0,9	0,9
Chou de Bruxelles . . .	85,6	4,8	0,5	6,2	1,6	1,3
Chou de Milan.	87,1	3,3	0,7	6,0	1,2	1,6
Chou cabus	90,0	1,9	0,2	4,8	1,8	1,2
Épinards.	88,5	3,5	0,6	4,4	0,9	2,1
Salades : Endive. . . .	94,1	1,7	0,1	2,6	0,6	0,8
Romaine. . .	92,5	1,3	0,5	3,6	1,2	1,0

Fruits et Graines riches en graisse.

	EAU.	SUBSTANCE AZOTÉE.	GRAISSE.	MATIÈRES EXTRACT. non azotées.	CELLULOSE.	CENDRES.
Olives (chair).	30,1	5,2	51,9	»	»	2,3
Faînes (écossées). . . .	9,1	21,7	42,5	19,2	3,7	3,9
Noisettes.	7,1	17,4	62,6	7,2	3,2	2,5
Noix.	7,2	15,8	57,4	13,0	4,6	2,0
Amandes.	6,0	23,5	53,0	7,8	6,5	3,1

Fruits.

	EAU.	SUBSTANCE AZOTÉE.	ACIDES LIBRES.	SUCRE.	AUTRES SUBSTANCES extract. non azot.	CELLULOSE*.	CENDRES.
Pommes	84,8	0,4	0,8	7,2	5,8	1,5	0,5
Poires	83,0	0,4	0,2	8,3	3,5	4,3	0,3
Prunes.	84,9	0,4	1,5	3,6	4,7	4,3	0,7
Mirabelles	79,4	0,4	0,5	4,0	10,1	5,0	0,6
Pêches.	80,0	0,6	0,9	4,5	7,2	6,1	0,7
Abricots	81,2	0,5	1,2	4,7	6,3	5,3	0,8
Cerises.	79,8	0,7	0,9	10,2	1,8	6,1	0,7
Raisins.	78,2	0,6	0,8	14,4	2,0	3,6	0,5
Fraises.	87,7	0,5	0,9	6,3	1,5	2,3	0,8
Framboises . . .	85,7	0,4	1,4	3,9	0,7	7,4	0,5

* Compris noyaux ou pépins.

Champignons.

	EAU.	SUBSTANCE AZOTÉE.	GRAISSE.	MAT. EXT. NON AZOTÉE.	CELLULOSE.	CENDRES.
Psalliata campestris (Champignon de pré ou de couche).	91.3	3,7	0,2	3,4	0,8	0,5
Boletus edulis	91,3	3,6	0,2	3,7	0,6	0.6
Hydnum repandum. . .	92.7	1.8	0,3	3,5	1,0	0,7
Morille (M. esculenta) .	89,1	3,7	0.3	5,1	0,7	1,2
Truffe (Tuber melanosporum)	74,9	8,8	,3	13,8		2.1

En terminant, faisons remarquer que nous n'avons pas pu traiter dans toute leur ampleur l'histoire des aliments; car elle se trouve enchevêtrée avec d'autres articles qui seront développés à leur tour : **Nutrition, Digestion, Inanition, Calorimétrie. Travail**. De même pour le détail des divers aliments il faudra voir les articles spéciaux : **Graisse, Albumine, Sucre, Amylacés, Lait, Œuf, Gélatine, Asparagine, Pain, Viandes, Vin, Alcool, Potassium, Sodium, Calcium**. Pour l'alimentation des végétaux, voir **Engrais** et **Nutrition**.

Bibliographie. — Une bibliographie détaillée est impossible à faire. Nous n'indiquerons ici que les ouvrages généraux dont nous nous sommes servis; on trouvera dans ces ouvrages la bibliographie des questions particulières. Nous avons donné chemin faisant les indications bibliographiques des mémoires consultés par nous : C. VON VOIT. *Physiologie der allgemeinen Stoffwechsel und der Ernährung*. Tome VI du *Handbuch der Physiologie* de L. HERMANN. Leipzig, 1881. — J. KÖNIG. *Chemie der menschlichen Nahrungs und Genussmittel*, 3e édition. Berlin, 1889 et 1893. 2 volumes [1]. — G. BUNGE. *Lehrbuch der physiologischen und pathologischen Chemie*, 2e édition. Leipzig, 1889. Traduction française sous le titre : *Cours de Chimie biologique*. Paris, 1891. — LAMBLING. *Les Aliments*, t. IX (2e section, 2e fascicule, liv. I et II) de l'*Encyclopédie chimique* de FRÉMY. Paris, 1892.

L. LAPICQUE et CHARLES RICHET.

1. Le tome Ier contient, sous forme d'introduction (174 pages), un traité systématique de la nutrition. Le reste contient, sous forme de tableaux, les chiffres d'à peu près toutes les analyses qui ont été faites des aliments de l'homme; le second volume reprend l'étude de chaque aliment en particulier, avec les divers procédés d'examen et d'analyse.

ALLAITEMENT. — Voyez Lactation et Lait.

ALLANTOÏDE — L'allantoïde (ἀλλάς, saucisse ; εἶδος, forme) est un organe embryonnaire qui affecte chez certains mammifères la forme d'un long boyau ; de là son nom. L'allantoïde s'observe chez les reptiles, les oiseaux et les mammifères.

Origine de l'allantoïde. — Dès le troisième jour de la vie embryonnaire du poulet, on voit apparaître sur la paroi ventrale de l'intestin une saillie piriforme (*Al*). C'est une sorte d'évagination de la portion terminale du tube digestif. Elle est dès l'origine entourée de tissu mésodermique, qui devient très vasculaire. Chez certains vertébrés, les reptiles par exemple, et le cobaye, chez les mammifères, l'allantoïde apparaît comme

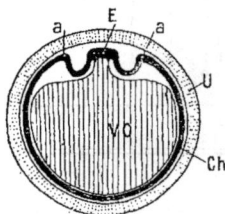

Fig. 28.

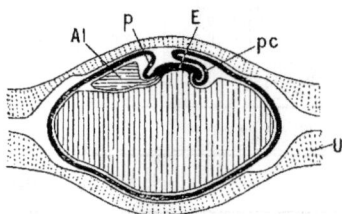

Fig. 29.

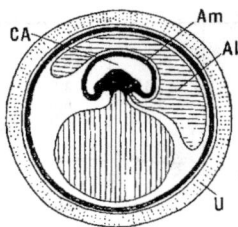

Fig. 30.

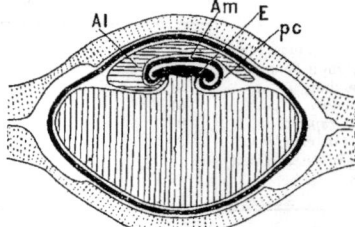

Fig. 31.

Fig. 29 à 31. — Schéma du développement et de la disposition de l'amnios et de l'allantoïde chez les Carnivores, d'après Mathias-Duval. Coupes transversales, fig. 28 et 30 ; coupes longitudinales, fig. 29 et 31. L'ectoderme, l'amnios et l'embryon sont en noir : la vésicule ombilicale est ombrée de lignes verticales, l'allantoïde de lignes horizontales. On n'a pas représenté dans ces schémas les lames mésodermiques correspondantes. Am, amnios ; Al, allantoïde ; Om, vésicule ombilicale ; U, utérus ; E, embryon ; Ch, chorion ; CA, cavité amniotique ; aa, crête des replis amniotiques.

une saillie pleine du tissu mésodermique ou conjonctif du tube digestif, et ce n'est qu'ultérieurement que l'intestin y envoie un prolongement épithélial. A mesure que cette saillie se développe, elle s'avance dans la cavité générale extra-embryonnaire (cœlome externe) (voir **Amnios**). Alors elle prend la forme d'une dilatation qui pénètre entre l'amnios et la vésicule ombilicale et qu'un pédicule (conduit allantoïdien ou futur ouraque) continue à rattacher à l'intestin.

De nombreux vaisseaux sanguins ne tardent pas à se développer dans le tissu mésodermique qui double la vésicule de l'allantoïde dont l'intérieur est tapissé par l'épithélium intestinal (endoderme). Le sang de l'embryon arrive dans le système vasculaire de l'allantoïde par deux artères, artères allantoïdiennes, qui viennent elles-mêmes des artères iliaques. Comme les artères allantoïdiennes passent plus tard par le cordon ombilical, elles ont reçu le nom d'artères *ombilicales* [1].

---

1. Le sang est ramené au corps de l'embryon par deux branches veineuses, qui se réunissent

En s'étendant davantage, la face externe de l'allantoïde vient s'appliquer contre la surface interne du chorion avec lequel elle s'unit intimement (Voir plus loin).

A. Oiseaux. — Chez le poulet, le pédicule de l'allantoïde prend naissance dans une partie de l'intestin terminale ou cloaque, où débouchent les conduits excréteurs (conduits de WOLFF) des reins primitifs (corps de WOLFF). C'est par conséquent la cavité de l'allantoïde qui reçoit les produits d'excrétion des reins primitifs. L'allantoïde joue le rôle de vessie.

D'autre part, le sang *noir* que les artères ombilicales conduisent à l'allantoïde se charge d'oxygène à la surface de l'œuf, devient sang *rouge*, qui est amené à l'embryon par la veine ombilicale. L'allantoïde joue donc le rôle d'organe respiratoire, c'est-à-dire de poumon, chez l'embryon de poulet.

Avant la vascularisation de l'allantoïde, c'est la vésicule ombilicale qui remplissait la fonction d'organe de la respiration, grâce aux nombreux vaisseaux qui sillonnent sa surface.

MATHIAS-DUVAL a montré que l'allantoïde des oiseaux a encore un autre rôle. Le petit bout de l'œuf renferme une forte provision d'albumine, qui ne peut être résorbée par la vésicule ombilicale, parce que celle-ci s'entoure dans le cours du développement d'une paroi qui l'en sépare complètement. Dans ces conditions, l'allantoïde s'étend le long de la face interne de la coquille, du côté du petit bout de l'œuf, en se coiffant du chorion (ectoderme et mésoderme). Peu à peu l'allantoïde enveloppe la masse albumineuse comme dans un sac; le chorion pousse des saillies vasculaires, ou villosités, qui plongent dans l'intérieur de la masse albumineuse. Les villosités de ce sac puisent les sucs nutritifs dans la masse albumineuse, et la veine ombilicale les amène à l'embryon. L'allantoïde des oiseaux est donc comparable de tous points à celle des mammifères, à l'époque où le placenta s'est formé, puisqu'elle sert d'organe respiratoire et nutritif. Au lieu d'emprunter l'oxygène et les sucs nutritifs au sang de la mère, l'allantoïde des oiseaux prend l'oxygène à l'air extérieur et les sucs nutritifs à la masse d'albumine que les organes maternels ont déposée, en guise de provision alimentaire, dans l'espace circonscrit par la coquille de l'œuf.

B. Mammifères. — Chez les mammifères inférieurs, les *marsupiaux*, l'allantoïde reste petite et ne s'adosse pas à la face interne du chorion. Aussi ces êtres naissent-ils de bonne heure, incomplètement développés; ils continuent leur développement dans la poche marsupiale. Ce sont les *didelphes*. Chez les autres mammifères où les embryons restent longtemps dans l'utérus (monodelphes), l'allantoïde prend une grande extension et s'unit à la face interne, soit de la plus grande partie du chorion, soit d'une portion circonscrite de ce dernier. Les vaisseaux de l'allantoïde pénètrent dans les villosités du chorion, de sorte que l'œuf est pourvu d'une membrane extérieure très vasculaire.

La portion du chorion que vascularise l'allantoïde est très variable, quant à la forme, l'étendue et le développement des villosités.

I. Dans un premier groupe de mammifères, l'allantoïde forme une couche vasculaire à tout le chorion. Mais la structure de cette membrane présente des variétés nombreuses :

a. La surface du chorion ne présente que des plis et des touffes vasculaires, chez le porc par exemple. D'autres fois, comme chez le cheval, les touffes vasculaires sont ramifiées et forment de petits tubercules. Un semblable chorion, doublé de l'allantoïde, est appelé *placenta diffus.* Sa surface externe se met en contact intime avec la muqueuse utérine hypertrophiée. Le sang du fœtus vient puiser dans le sang maternel l'oxygène et les principes nutritifs nécessaires à son développement.

b. Chez les ruminants, le chorion vascularisé par l'allantoïde présente par places seulement des villosités qui forment des saillies vasculaires, au nombre de 60 en moyenne. Ces saillies vasculaires (cotylédons ou placentas fœtaux), se mettent en rapport avec des corps semblables (cotylédons maternels) de la muqueuse utérine. L'ensemble de ces placentas porte le nom de *placenta multiple.* Leur rôle est semblable à celui du placenta diffus.

II. — Dans un second groupe de mammifères, l'allantoïde ne contracte des rapports intimes avec le chorion que sur une région bien circonscrite.

a. Chez les rongeurs, les insectivores, le singe et l'homme, le chorion de cette région

bientôt en un seul tronc, la veine ombilicale, allant au foie. Plus tard il n'existe qu'une seule branche, ou veine ombilicale, par suite de l'atrophie de la branche droite.

circonscrite s'hypertrophie : les cellules épithéliales qui recouvrent à cet endroit la surface externe du chorion se multiplient et forment une saillie épithéliale, dans laquelle viennent se ramifier les vaisseaux fœtaux de l'allantoïde. La saillie vasculaire ainsi constituée se met en rapport intime avec la portion correspondante de la muqueuse utérine également hypertrophiée. L'ensemble porte le nom de *placenta discoïde*.

b. Enfin, chez les *carnivores*, l'allantoïde n'envoie ses vaisseaux que dans la zone moyenne du chorion où se forme une ceinture annulaire, tandis que les extrémités de l'œuf restent lisses et sans villosités. C'est le *placenta zonaire*.

Quelle que soit la forme du placenta, jamais les vaisseaux fœtaux ne s'abouchent dans les vaisseaux maternels ; en un mot, il ne s'établit pas d'anastomoses entre eux. Le courant sanguin du fœtus est toujours séparé par une couche épithéliale mince (endothélium) du sang maternel qui circule dans les lacunes ou sinus du placenta. C'est à travers cet endothélium vasculaire que se font les échanges gazeux et liquides entre les sangs maternel et fœtal. (Voir **Placenta**).

ÉD. RETTERER.

ALLANTOÏNE ($C^4H^6Az^4O^3$). — L'allantoïne a été découverte par Vauquelin et Buniva (*Ann. de chim.*, t. xxxiii, p. 269.), dans le liquide amniotique de la vache ; on l'a retrouvée dans le liquide de l'allantoïde (Lassaigne. *A. C.*, t. xvii, p. 301), dans l'urine (Woehler. *Ann. der Chem. u. Pharm.*, t. lxx, p. 220).

Préparation. — 1° On traite l'acide urique délayé dans l'eau par l'oxyde de plomb. Il se dégage de l'acide carbonique. On filtre à chaud : l'allantoïne cristallise par refroidissement. Il reste de l'urée en solution.

2° Le liquide de l'allantoïde de la vache, évaporé à 1/6 de son volume, et abandonné à lui-même dans un endroit frais, laisse déposer des cristaux d'allantoïne que l'on purifie par recristallisation et décoloration au charbon animal.

3° L'urine des jeunes veaux est évaporée au bain marie jusqu'à consistance sirupeuse. Par le refroidissement, il se dépose une boue composée d'allantoïne, de phosphate et d'urate magnésiens. On décante et on lave le dépôt avec un peu d'eau froide qu'on laisse écouler. On traite ensuite par l'eau bouillante et le noir animal. L'allantoïne se dépose par le refroidissement. On ajoute un peu d'acide chlorhydrique au liquide encore chaud pour éviter que du phosphate magnésien ne se dépose avec l'allantoïne.

Pour retirer l'allantoïne de l'urine humaine qui n'en contient que fort peu, Meissner précipite l'urine par la baryte, filtre, élimine l'excès de baryte par l'acide sulfurique, filtre, précipite l'allantoïne par $HgCl^2$ en solution alcaline, recueille le précipité, le décompose par H^2S, filtre, concentre à un très petit volume et laisse cristalliser. Finalement les cristaux purifiés par recristillisation sont transformés en composé d'argent. On peut aussi précipiter l'urine par l'acétate de plomb, et rechercher l'allantoïne dans le filtrat (après traitement par H^2S. E. Schulze et Bosshard (*Z. P. C.*, 1885, t. ix, p. 420) traitent le liquide filtré par le nitrate de mercure qui précipite l'asparagine, la glutamine, l'allantoïne, l'hypoxanthine et la guanine (Voir le mémoire original pour le procédé de séparation de ces différentes substances).

Propriétés. — Prismes clinorhombiques brillants, incolores, vitreux, se dissolvant dans 160 parties d'eau froide, dans 131 parties d'eau à 21°8 et dans 10 à 12 parties d'eau bouillante, solubles dans l'alcool chaud, insolubles dans l'alcool froid et dans l'éther. Sa solution aqueuse est inodore, insipide, neutre.

Une solution concentrée *d'allantoïne*, additionnée de furfurol et d'acide chlorhydrique concentré, se colore en violet.

L'allantoïne forme des combinaisons métalliques.

La solution aqueuse d'allantoïne ne précipite pas par le nitrate d'argent ; mais si l'on ajoute de l'ammoniaque avec précaution, il se forme un précipité blanc, floconneux, $C^4H^5AgAz^4O^3$, soluble dans un excès d'ammoniaque. Ce précipité contient 40,75 p. 100 d'argent et peut servir à caractériser l'allantoïne.

L'allantoïne est précipitée par le nitrate mercurique. On a basé sur cette propriété un procédé de dosage de l'allantoïne dans les liquides qui ne contiennent pas d'urée. Le procédé est identique à celui que Liebig a imaginé pour doser l'urée : 100 grammes d'allantoïne exigent pour leur précipitation 172 grammes d'oxyde mercurique.

L'allantoïne traitée par l'hypobromite de sodium perdrait la moitié de son azote à l'état gazeux.

Traitée par HI, elle se réduit et fournit de l'hydantoïne ou glycolylurée, $C^3H^4Az^2O^2$ et de l'urée, $COAz^2H^4$.

Une solution d'allantoïne conservée à 30° en présence de levure de bière finit par se transformer en urée, oxalate, carbonate d'ammoniaque et un acide sirupeux (acide allanturique?). Chauffée avec de l'acide sulfurique concentré, l'allantoïne se décompose en ammoniaque, CO^2 et CO. Bouillie avec de l'acide azotique, elle se décompose en urée et acide allanturique, $C^3H^4Az^2O^3$. Les alcalis bouillants la transforment en ammoniaque et acide oxalique. L'ébullition avec le baryte la transforme en urée et en acide allanturique, acide gommeux, sirupeux, soluble dans l'eau, insoluble dans l'alcool, dont les sels de potassium et de plomb cristallisent :

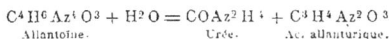

$$C^4H^6Az^4O^3 + H^2O = COAz^2H^4 + C^3H^4Az^2O^3$$
Allantoïne.　　　　　Urée.　　　Ac. allanturique.

L'acide allanturique lui-même se décompose par la baryte en acide parabanique et en acide hydantoïque.

$$2C^3H^4Az^2O^3 = C^3H^2Az^2O^3 + C^3H^6Az^2O^3$$
Ac. allanturique.　Ac. parabanique.　Ac. hydantoïque.

L'acide parabanique donne immédiatement de l'urée et de l'acide oxalique.

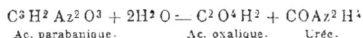

$$C^3H^2Az^2O^3 + 2H^2O = C^2O^4H^2 + COAz^2H^4$$
Ac. parabanique.　　　Ac. oxalique.　Urée.

Enfin, l'urée elle-même se transforme en carbonate d'ammoniaque, de sorte que les produits ultimes de l'action de la baryte sur l'allantoïne sont l'acide hydantoïque, l'acide oxalique, l'acide carbonique et l'ammoniaque.

La synthèse de l'allantoïne, réalisée par GRIMAUX par l'action de l'acide glyoxylique (1 p.) sur l'urée (2 p.), nous montre que ce corps est bien une diuréide glyoxylique, par exemple :

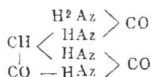

$$\begin{matrix} \text{CH} \\ | \\ \text{CO} \end{matrix} < \begin{matrix} \text{H}^2\text{Az} \\ \text{HAz} \\ \text{HAz} \\ -\text{HAz} \end{matrix} \begin{matrix} >\text{CO} \\ \\ >\text{CO} \end{matrix}$$

Physiologie. — L'allantoïne remplace l'urée dans l'urine du fœtus : l'allantoïne, qui existe en grande quantité dans le liquide de l'allantoïde de la vache, n'a pas d'autre origine. Elle existe en quantité notable dans les urines des jeunes veaux et des mammifères, en général pendant les premiers temps de la vie extra-utérine. Elle est remplacée dans l'urine peu à peu par l'urée après la naissance. On en trouve des traces dans l'urine de l'adulte, notamment dans l'espèce humaine (GABRIEL POUCHET. Journ. thérap., 1880, t. vII, p. 503 et D. P., 1880). La quantité augmente un peu dans l'urine de la mère pendant la grossesse. On l'a trouvée également dans le liquide amniotique. L'allantoïne a évidemment ici la même signification que l'urée. Elle représente un des produits azotés de la métamorphose régressive ou combustion organique des albuminoïdes. Il est très probable qu'elle est simplement excrétée par les reins, auxquels elle est amenée toute formée par le sang et qu'elle se produit comme l'urée dans d'autres organes que le rein. Peut-être le foie joue-t-il un certain rôle dans l'élaboration de l'allantoïne.

Chez les plantes, l'allantoïne a été trouvée avec l'asparagine et quelques autres acides amidés dans les jeunes pousses des platanes, des marronniers et dans beaucoup d'autre plantes (E. SCHULZE. Z. P. C., 1885, t. ix, p. 420; Land w. Jahrb., 1891, t. xxi, p. 105). Dans l'organisme végétal, l'allantoïne représente probablement, comme l'asparagine, un des stades de la synthèse des matières albuminoïdes. Il est possible que l'allantoïne des végétaux provienne aussi en partie de la destruction d'albuminoïdes.

L'ingestion d'acide tannique augmente sa proportion dans l'urine humaine. SALKOWSKI (B. d. d. chem. Ges., t. ix, p. 719 et t. xi, p. 580) a admis qu'après ingestion d'acide urique il y avait également augmentation d'urée, d'acide oxalique et d'allantoïne dans l'urine du chien.

Dario Baldi (*La Terapia moderna*, nº 12, 1891, analysé dans *Arch. ital. Biol.*, 1892, t. xvii, p. 326) a trouvé que *l'allantoïne*, bien qu'elle ne détermine pas une augmentation de l'excitabilité spinale, est capable d'élever l'excitabilité musculaire chez la grenouille, et de déterminer, comme la xanthine, la rigidité cadavérique chez la grenouille.

Bibliographie. — Voir *D. W.*, t. i, p. 142, et les deux suppléments du *Maly's Jahresb.*

LÉON FREDERICQ.

ALLOCHIRIE. — Le terme allochirie (ἄλλος χείρ, confusion des mains) a été proposé en 1881 par Oberstyeiner (*On allochiria.* Brain., 1885, p. 153) pour désigner un trouble singulier consistant en ce que, la sensibilité ainsi que le pouvoir de localisation étant plus ou moins conservés, le sujet est dans le doute, et même fait erreur, quant au côté du corps où il est touché. Ce signe consiste, en somme, dans le fait de rapporter à une région plus ou moins symétrique du membre d'un côté, les impressions dues aux excitations du revêtement cutané du membre de l'autre côté. Le malade, lorsqu'on le touche au mollet droit, par exemple, en ressent la sensation au mollet gauche. L'allochirie peut exister pour tous les modes de la sensibilité. On l'a tout d'abord constatée seulement aux membres inférieurs, dans les cas de tabès, où elle paraissait, par suite, en rapport avec les lésions des cordons postérieurs de la moelle épinière qui caractérisent cette maladie. Elle semble ne pas dépendre d'une *lésion* spéciale ; mais d'une *distribution* particulière des lésions scléreuses vulgaires des cordons, entraînant une déviation dans la marche des sensations. Il résulte de ce changement de direction dans la voie de l'impression, causée elle-même par une certaine obstruction des faisceaux altérés de la moelle, que cette impression est transmise d'un côté du corps au même côté du cerveau. Par suite, elle est rapportée au côté opposé du corps. Ultérieurement, les recherches de Bosc (*Revue de médecine*, 1892, p. 841) ont établi que l'allochirie pouvait également reconnaître une origine cérébrale, car l'existence de ce symptôme fut démontrée chez un malade qui souffrait uniquement d'une hémiplégie par lésion hémisphérique. Dans ce cas, le mécanisme de l'allochirie provient de la déviation des sensations d'un hémisphère à l'autre, de même que, lors d'allochirie par altérations de la moelle, il s'agit d'une déviation des sensations d'un segment de l'axe spinal à l'autre. Ce passage des sensations d'un côté à l'autre de la moelle et des hémisphères cérébraux s'explique par l'existence de voies de communications, encore difficiles à déterminer anatomiquement, dans l'axe spinal, et qui résident dans le corps calleux, en ce qui concerne le cerveau. On peut donc distinguer — en exceptant l'allochirie spontanée ou suggérée de l'hystérie — une allochirie de *réception* ou avec lésions cérébrales, et une allochirie de *transmission* ou avec lésions médullaires. Dans ce dernier cas (lésions scléreuses des faisceaux postérieurs d'un côté de la moelle) les sensations passent du côté opposé de l'axe spinal ; dans le cas de lésions d'un hémisphère cérébral, la moelle restant normale, les sensations parvenues à l'hémisphère lésé passent par le corps calleux dans l'hémisphère opposé. Mais, dans ces deux alternatives, le résultat est univoque quant à la perception de la sensation, malgré la différence des lésions ; l'allochirie consécutive consiste, en définitive, dans le fait de la perception par l'un des hémisphères cérébraux de sensations qui ne lui étaient pas normalement destinées.

PAUL BLOCQ.

ALLOCINÉSIE. — L'allocinésie est un trouble exceptionnel de la motilité, caractérisé par ce fait que le sujet qui en est atteint, lorsqu'on lui commande d'exécuter un mouvement avec les membres d'un côté du corps, les accomplit exactement, mais en exécutant des mouvements avec le membre symétrique. Si on lui dit, par exemple, de lever le bras droit, il fait le mouvement demandé avec le bras gauche. Des exemples de cette singulière perversion n'ont encore été vus que chez des hystériques.

P. B.

ALLOXANE ($C^4H^3N^2O^4$). — Décrite en 1817 sous le nom d'acide érythrique par G. Brugnatelli, puis étudiée par Liebig et Wöhler, l'alloxane est un produit d'oxydation de l'acide urique. Elle a été trouvée une fois par Liebig dans le produit de sécrétion d'un catarrhe intestinal (*A. C.*, t. cxxi, p. 80; *Rép. Chim. pure*, 1862, p. 288).

Chimie. — *Préparation.* — On projette par petites portions des cristaux d'acide urique dans de l'acide azotique concentré (densité 1,4 à 1,42) refroidi au préalable. Il se dépose des cristaux d'alloxane (Schlieper. *Ann. d. Chem. u. Pharm.*, t. lv, p. 253). D'autres corps oxydants transforment également l'acide urique en alloxane.

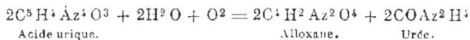

$$2C^5H^4Az^4O^3 + 2H^2O + O^2 = 2C^4H^2Az^2O^4 + 2COAz^2H^4$$
$$\text{Acide urique.} \qquad \text{Alloxane.} \qquad \text{Urée.}$$

Propriétés. — Prismes volumineux, ayant l'apparence d'octaèdres rhomboïdaux tronqués aux extrémités (prismes clinorhombiques), transparents, incolores, à éclat vitreux, ne s'effleurissant pas à l'air, perdant à 150° leur molécule d'eau de cristallisation. L'alloxane est soluble dans l'eau et l'alcool, insoluble dans l'acide azotique.

L'alloxane se décompose par la chaleur, fond et fournit, entre autres produits de décomposition, du cyanure d'ammonium et de l'urée. Par l'acide azotique étendu et chaud elle se transforme en acide parabanique ($C^3H^2Az^2O^3$ ou oxalylurée) et CO^2. L'acide parabanique, en absorbant une molécule d'eau, fournit l'acide oxalurique, $C^3H^4Az^2O^4$, qui a été trouvé en très petite quantité dans les urines. L'acide oxalurique se transforme facilement en acide oxalique et urée. Par l'acide chlorhydrique ou l'acide sulfurique, elle fournit de l'alloxantine qui se dépose et de l'oxalate d'ammonium qui reste en solution. Par les agents de réduction (H^2S, H^2 naissant) ou par l'action du courant électrique, elle se transforme d'abord en alloxantine, puis en acide dialurique.

Une solution ammoniacale d'alloxane se prend par le refroidissement en une gelée jaune et transparente de mycomélate d'ammonium. L'alloxane se colore en bleu très foncé par les sels ferreux. Additionnée d'une goutte de HCAz, puis d'ammoniaque, elle fournit, au bout de peu de temps, un dépôt d'oxaluramide $C^3H^5Az^3O^3$ sous forme de fines aiguilles cristallines blanches.

L'alloxane doit être considérée comme la mésoxalylurée.

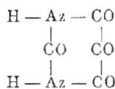

$$
\begin{array}{ccc}
H-Az- & CO & \\
| & & | \\
CO & & CO \\
| & & | \\
H-Az- & CO &
\end{array}
$$

Par l'ébullition avec les alcalis caustiques, elle fournit de l'acide mésoxalique $C^3H^2O^5$ et de l'urée. L'acide mésoxalique lui-même en s'oxydant fournit de l'acide oxalique et de l'urée.

Physiologie. — La solution aqueuse d'alloxane communique au bout de quelques temps aux matières albuminoïdes solides et à la peau, ainsi qu'à la tyrosine, à l'acide aspartique et à l'asparagine, une couleur pourpre et une odeur désagréable.

L'alloxane oxyde l'hémoglobine dissoute et la convertit en méthémoglobine; elle est sans action sur l'oxyhémoglobine et sur le sang défibriné (M. Kowalewsky. *C. W.*, 1887, pp. 1, 17, 658 et 676).

Bibliographie. — Voir *D. W.* et les deux suppléments.

LÉON FREDERICQ

ALLOXANTINE ($C^8H^4Az^4O^7$, $3H^2O$). — Chimie. — *Préparation.* — L'*Alloxantine* ou *Uroxine* se produit par l'action des agents réducteurs (du chlorure de zinc par exemple), par celle de l'eau ou des acides sulfurique ou chlorhydrique étendus et bouillants sur l'alloxane; par l'union de l'alloxane et de l'acide dialurique, par l'oxydation directe de l'acide urique, au moyen d'acide azotique étendu et légèrement chauffé, etc. C'est un produit secondaire de la préparation de l'alloxane par l'acide urique et l'acide azotique.

Propriétés. — Prismes obliques, durs, friables, transparents et incolores ou jaunâtres, à peine solubles dans l'eau froide, un peu plus solubles dans l'eau bouillante.

L'ammoniaque colore en pourpre les solutions chaudes d'alloxantine par suite de la formation de la murexide ou purpurate d'ammoniaque.

L'eau de baryte précipite les solutions d'alloxantine en violet. Le précipité se décolore par l'ébullition et finit par disparaître. Le chlorure ferrique colore la solution d'alloxantine en bleu.

Les agents d'oxydation transforment l'alloxantine en alloxane.

Physiologie. — L'alloxantine n'a pas encore été rencontrée dans l'organisme.

L'alloxantine, ajoutée au sang défibriné ou à une solution d'oxyhémoglobine, réduit cette dernière à l'état d'hémoglobine, à condition qu'on opère à l'abri de l'air. Si l'on opère au contact de l'air, l'alloxantine s'oxyde et fournit des produits d'oxydation, notamment de l'alloxane, qui réagissant sur l'hémoglobine réduite, la transforment en méthémoglobine. La méthémoglobine peut ultérieurement être réduite en hémoglobine par l'action de l'alloxantine non réduite. $0^{gr},005$ d'alloxantine solide suffisent pour transformer complètement en sept minutes l'oxyhémoglobine d'un centimètre cube de sang en méthémoglobine (au contact de l'air) (N. KOWALEWSKY. C. W., 1887, pp. 1,17, 658 et 676).

DARIO BALDI (*La Terapia moderna*, 1891, n° 12, analysé dans *Arch. ital. Biol.*, 1892, t. XVII, p. 326) a étudié récemment *l'action de la xanthine, de l'allantoïne et de l'alloxantine, comparée à celle de la caféine, par rapport spécialement à l'excitabilité musculaire.* Il a trouvé que l'alloxantine ne provoque d'augmentation ni dans l'excitabilité spinale, ni dans l'excitabilité musculaire, et qu'elle ne détermine pas la rigidité cadavérique. Les expériences ont été faites sur la grenouille.

Bibliographie. — *D. W.*   **LÉON FREDERICQ.**

ALOÈS. — Plante de la famille des Asphodèles, dont le suc est employé en thérapeutique comme purgatif. Ce suc contient deux substances : l'*Aloïne*, corps jaune cristallisable, très amer ($C^{17}H^{18}O^7$); probablement un glucoside, et une autre substance insoluble ou *Aloétine* qui est également un glucoside. Par l'effet de l'acide nitrique on obtient un acide alloétique dont la formule est encore incertaine. Ses effets physiologiques sont peu connus. En thérapeutique, on emploie l'aloès comme purgatif. D'après SCHROFF, cité par RABUTEAU (*Thérapeutique*, 1884, p. 913), l'aloïne aurait les mêmes effets purgatifs que l'aloès. WEDEKIND, cité par RABUTEAU, dit que l'aloès appliqué sur les plaies détermine des effets purgatifs, que, par conséquent, il agit non comme irritant de la muqueuse stomacale, mais comme provoquant une sécrétion biliaire active. A vrai dire, l'histoire physiologique de l'aloès est encore très obscure.

                                                                         CH. R.

ALTITUDE. — L'altitude est la hauteur d'un lieu au-dessus du niveau moyen de la mer. Les altitudes se déterminent par des nivellements géométriques ou géodésiques, par des mesures prises à l'aide du théodolite, ou par l'emploi du baromètre (*Tables pour calculer les hauteurs par les observations barométriques*, in *Annuaire du Bureau des Longitudes*).

L'influence de l'altitude a été bien démontrée sur les diverses fonctions organiques par de nombreux travaux de médecins et de physiologistes (Voir l'article **Baromètre et Pression barométrique**). A ce titre nous donnons ici un tableau de l'altitude des principales villes et des plus importants sommets de montagnes.

Altitude moyenne de différents endroits du globe.

AFRIQUE	ALTITUDE mèt.		ALTITUDE mèt.		ALTITUDE mèt.
A. — RÉGION DE L'ATLAS		Chellah ou Chelliya (Aurés).	2328	**C. — RÉGION DU NIL**	
				Alantika.	3000
		B. — SAHARA, SOUDAN ET GUINÉE SEPTENTRIONALE		Victoria-Nyanza. . .	1157
Miltsin (Maroc). . . .	3360			Kénia	5500
Maroc	422			Kilima-Ndjaro. . . .	5705
Mont Anna (Rif) . . .	2210	In-Çalah.	137	Sennaar.	426
Col de Taza (Atl. Alg.).	1110	Ghadamès	351	Khartoum.	378
Rador de Tlemcen. .	1579	Ghat.	726	Ankober.	2500
Mouzaïa.	1604	Mourzouk	559	Mota	2538
Dira.	1812	Lac Tchad.	259	Gondar	2270
Col de Chellata. . .	1622	Cameroun.	4197	Ouocho	3060

	ALTITUDE mèt.
Mont Abuna	4196
Phila	100
Le Caire	12
Lac Tana	1859

D. — AFRIQUE AUSTRALE ET ILES

Prétoria	1224
Kazé	1086
Nyangoué	426
Bloemfontein	1600
Lac Bangouéolo	1125
Lac Dilolo	1445
Monts Livingstone	3800
Mont des Sources	3048
Mont du Pic (Açores)	4412
Pic de Teyde (Ténér.)	3716
Pico do Fogo (du cap vert)	3300
Pic de Fernando Po	3108

ASIE

A. — HIMALAYA (DE L'EST A L'OUEST)

Dardjeling	2184
Katmandou	1330
Mouktinath	4012
Kursok	4511
Srinagar (Cachemire)	1595
Kargil	2678
Djamalari	7297
Kintchin-Ginga	8582
Gaorisankar	8840
Djindjiba	8200
Dhaoualagiri	8176
Thoung-Loung	4529

B. — MASSIF CENTRAL

Thok Djalounk	4977
L'Hassa	3565
Yarkand	1197
Kachgar	1232
Ourga	1294
Dapsang	8621
Najikla	7347
Tagberma	7620

C. — ASIE OCCIDENTALE

Choumi	2356
Caboul	1951
Ispahan	1516
Téhéran	1172
Erzeroum	1862
Angora	1080
Jérusalem	779
Koubi-Baba	4827
Se fid-Kouh	4660
Grand Ararat	5157

D. — INDE ET ASIE ORIENTALE

Nagpore	285
Dolabeila	2396
Pic d'Adam (Ceylan)	2260

	ALTITUDE mèt.

E. — CHINE ET JAPON

Péking	37
Fousi-Jama	3770

F. — SIBÉRIE

Semipalatinsk	231
Tobolsk	108
Tomsk	84
Irkoutsk	456
Lac Baïkal	469
Khoutchef (Kamtchat)	4900

OCÉANIE

A. — MALAISIE ET NOUVELLE-GUINÉE

Ophir (Sumatra)	4222
Semerou (Java)	3729
Kinabalou (Bornéo)	4172

B. — AUSTRALASIE ET POLYNÉSIE

Murrugura (Aus.)	2130
M. Clarke (Aus.)	2201
Ben Lomond (Tasmanie)	1527
Franklin (Nouvelle-Zélande)	3050
Nauna Kea (Hawaï)	4650
Pic Humboldt (N.-Cal.)	1610
Orohena (Tahiti)	2292

AMÉRIQUE DU NORD

SYSTÈME DE LA CORDILLÈRE

Aspen	2274
Denver	1581
Station du pic de Pike	4358
Mexico	2280
Guatemala la Nueva	1330
San José	1178
Saint Élie	4568
Brown	4816
Pic de Lincoln	4387
Pic Blanca	4408
Pic d'Orizaba	5400

AMÉRIQUE DU SUD

SYSTÈME DES ANDES (DU NORD AU SUD)

Caracas	917
Bogota	2650
Quito	2720
Lima	156
Crucero	4470
La Paz	3700
Sucre	3200
Potosi	4000
Santiago	569
Chimborazo	6253
Cotopaxi	5943
Illimani	6410
Col del Mercedario	6798
Aconcagua	6834

	ALTITUDE mèt.
Tapungato	6178
San Valentin	3870
Sarmiento	2073

EUROPE

Région des Alpes.

A. — ALPES CENTRALES

Genève	408
Zermatt	1620
Avers	1949
Bormio	1224
S. Morite	1856
Sta Maria	2512
Leukerbad	1411
Berne	538
Grand Combin	4317
Mont Pleureur	3706
Mont Rose	4638
Simplon	2010
Saint-Gothard	2114
Pic Stella	3406
Monte della Disgrazia	3680
Wilder Pfaff	3509
Finsteraar Horn	4275
Todi	3623
Pic Linard	3416
Ortler	3905
Adamello	3557

B. — ALPES ORIENTALES

Innspruck	566
Hochfeiler	3484
Drei-Herm-Spitze	3505
Hafner-Spitze	3093
Dachstein	3005
Vienne	133
Marmolata	3494

EUROPE CENTRALE

A. — RIVE GAUCHE DU RHIN

Strasbourg	143
Luxembourg	306
Bruxelles (Pal. Roy.)	137
Metz	177
Donnersberg	690
Wald Erbeskopf	815
Jadarkopf	737
Zitterwald	679

B. — ALLEMAGNE MOYENNE ET BASSE-ALLEMAGNE

Cassel	179
Gotha	285
Göttingen	141
Berlin (Observatoire)	34
Gr. Feldberg (Taun.)	881
Kahle Astenberg	842
Abströder Höhe	950
Beerberg	983
Brocken (Harz)	1029
Kœnigsberg	1029

	ALTITUDE mèt.
C. — HAUTE-ALLEMAGNE	
Karlsruhe	171
Stuttgart	280
Ulm	478
Augsbourg	491
Munich	516
Ratisbonne (Regensb.)	326
Feldberg	1495
Belchen	1415
Lemberg	1014
Schafberg	1005
D. — MASSIFS DE BOHÈME ET DE SAXE	
Freiberg	414
Leipzig	110
Dresde	117
Prague	179
Grand Arber	1458
Rachel Spitze	1454
Schneeberg	1069
Schneekopfe	1601
Brumberg	1555
Hohe Kamm	1422
E. — RÉGION DES KARPATHES	
Budapest	116
Belgrade	64
Bucarest	87
Karlsbourg	241
Yassi	318
Bradlo (Pet. Karp.)	815
Babia Gova	1722
Pic de Gerlsdovs	2646
Pietrosz	2297
Bucsecs	2519
Parangu	2587

PÉNINSULE IBÉRIQUE

A. — RÉGION PYRÉNÉENNE ESPAGNOLE	
Pic d'Anato	3404
Posets	3367
Monsech (de Catal.)	1677
Peña vieja	2678
Peña Ubina	2500
B. — RÉGION DU PLATEAU DE CASTILLE	
Pic de Peñalara	3305
Plaza d'Almanzor	2662
Burgos	819
Soria	1058
Madrid	663
Tolède	450
Albacète	702
Cerro de St-Lorenzo	2303
C. — PARTIE MÉRIDIONALE	
Cerro de Mulhacen	3481
Picacho Veleta	3470
Cerro Caballo	3200
Sierra de Magina	2200

	ALTITUDE mèt.
D. — PORTUGAL	
Lisbonne	59
Serra da Estrella	1991
Guarda	1057

ITALIE

A. — APENNINS	
Gimone	2164
Rotondo	2104
Corno	2914
Amaro	2793
Gran Sasso	2921
Velino	2488
B. — AUTRES PARTIES DE L'ITALIE ET ILES	
Turin (seuil du palais Madame)	239
Milan (seuil du palais Brera)	122
Bologne' (pavé de la cour de l'Observatoire)	121
Avellino (place de l'église)	357
Vésuve	1262
Etna	3313
Madonia	1656
Gennargentu (Sardaigne)	1794

PÉNINSULE HELLÉNIQUE

A. — ALPES DINARIQUES, TCHAR-DAGH, PINDE, ETC.	
Biela Lassitsa	1530
Dinara	1810
Dourmiton	2483
Getigné-Tzetigné	638
Lyoubatin (Tchar-D.)	2566
Parnasse	2733
Hélicon	1745
Athènes (Acropole)	158
Olympe	2975
B. — RÉGION DES BALKANS ET DU DESPORTO PLANINA	
Vidin	30
Kopaonik (Serbie)	1945
Alexinatz	174
Niche	210
Sofia	530
Maraljeduk (B.)	2330
Rosalita (B.)	1931
Rilo Planina (Desp. pl.)	2750
C. — PÉLOPONÈSE ET ILES	
Olenos	2370
Khelmos	2341
Taygète	2567

	ALTITUDE mèt.
ILES BRITANNIQUES	
A. — ANGLETERRE ET PAYS DE GALLES	
Beacon de Brecknock	878
Snowdon	1094
Cheviot Hill	735
B. — ÉCOSSE	
Broad-Law	833
Edimbourg (Old Castle)	17
Bew-Nevis(Grampian)	1340
Bew-Mac Dhui (Grampian)	1306
C. — IRLANDE	
Carransuohill	1054
Mont de Comemara	810

RUSSIE

A. — PLAINE ORIENTALE	
Moscou	142
Varsovie	111
Popova Gora	350
Kazan	35
B. — OURAL	
Sablia	1567
Tel-pos-Iz	1656
C. — CAUCASE	
Alexandropol	1547
Elbrouz	5644
Kachtantau	5218
Betingue	4632
Cheboulos	4504
Chah-dagh	4143

EUROPE SEPTENTRIONALE

A. — SCANDINAVIE	
Gaustad (Thelemark)	1883
Högrund (Rondane)	2030
Galdhæpiggen (Jotnuf)	2560
Snehætten (Dowe) Sarjektäkko	2080
B. — ILES DU NORD	
Acrafa Jakul (Islande)	1958
Hekla (Islande)	1557
Incon (Spitzberg)	2448

FRANCE

A. — ALTITUDE DES PRINCIPALES VILLES ET LIEUX HABITÉS	
Angers	47
Alger	35
Barèges	1241
Bagnères	550

	ALTITUDE mèt.		ALTITUDE mèt.		ALTITUD. mèt.
Belfort	419	Rodez	633	M. Tendre	1 680
Besançon	368	Rouen	22	M. Dôle	1 678
Bordeaux	7	Rennes	54		
Briançon	1 321	Saint-Véran	2 010	E. — VOSGES	
Brest	41	Toulouse	139		
Château-Chinon	552	Toulon	4	Ballon d'Alsace	1 497
Clermont-Ferrand	407	Tours	55	Rothenbach	1 319
Constantine	672	Versailles	123		
Digne	652			F. — CÉVENNES ET MASSIF CENTRAL	
Dijon	246	B. — PICS ET MONTAGNES ALPES OCCIDENTALES			
Fontainebleau	79			Mezenc	1 754
Gavarni	1 335	Levanna	3 640	Signal de Finiel	1 782
Grenoble	213	Grande Sassère	3 756	Plomb du Cantal	1 858
Le Havre	5	Petit Saint-Bernard	2 157	Puy de Sancy	1 886
Lille	24	Sommet du M.-Blanc	4 810	Puy-de-Dôme	1 465
Limoges	287	Aiguille du Géant	4 010		
Lyon	285			G. — PYRÉNÉES	
Mende	739	C. — CHAINE A L'OUEST DE LA FRONTIÈRE			
Montpellier	44			Canigou	2 785
Nantes	19			Pic de Grabioulés	3 104
Nancy	200	Pelvoux	3 954	Pic de Montcalm	3 080
Oran	432	Barre des Écrins	4 103	Pont de Gavarni	2 282
Orléans	116	Meije	3 987	Pic Long	3 194
Paris (Panthéon)	60	Trois Ellions	3 514	Observatoire du Pic du Midi de Bigorre	2 870
Poitiers	118	D. — JURA		Vignemale	3 298
Poste du M. Cenis	1 906			Pic du Midi d'Ossau	2 885
Reims	86	Réculet	1 720		

Bibliographie. — *Annuaire du bureau des longitudes*, de 1887. — E. RECLUS. *Géographie universelle.* — VIVIEN DE SAINT-MARTIN. *Dictionnaire de géographie.* — *Die Bevölkerung der Erde.* — STRELBITSKY. *Superficie de l'Europe.* Saint-Pétersbourg, 1884.

CARVALLO et PACHON.

ALUMINIUM (Al. Poids atomique 27,5). — **Chimie.** — L'aluminium est un métal très répandu dans la nature; il entre dans la composition des argiles et des roches où il se trouve combiné avec le silice. Son oxyde, l'alumine, lorsqu'il est cristallisé, constitue diverses pierres précieuses, le corindon, le rubis, la topaze orientale, le saphir, l'améthyste. Les composés de l'aluminium sont connus depuis la plus haute antiquité; mais on n'avait pas pu isoler l'aluminium, et jusqu'en 1845 l'alumine passait pour une terre irréductible.

Ce fut WÖLER qui le premier obtint de petits globules d'aluminium en électrolysant le chlorure d'aluminium fondu; mais on peut dire que c'est H. SAINTE-CLAIRE DEVILLE qui obtint le premier l'aluminium pur et qui en étudia les propriétés.

L'aluminium est un métal blanc, bleuâtre, susceptible de prendre un beau mat qu'il conserve indéfiniment à l'air. Frappé après avoir été suspendu par un fil, un lingot d'aluminium rend un son aigu comparable à celui du cristal.

L'aluminium fondu a une densité de 2,5; cette faible densité est une de ses propriétés les plus remarquables qui le rend éminemment propre à tous les usages où le poids des autres métaux est un inconvénient.

Sa conductibilité pour la chaleur et l'électricité est la même que celle de l'argent.

Sa chaleur spécifique est considérable; 0,218, supérieure de beaucoup à celle des autres métaux.

Le procédé imaginé par H. SAINTE-CLAIRE DEVILLE, et qui a été le seul employé jusqu'à ces années dernières, était basé sur la réduction du chlorure d'aluminium par le sodium. Actuellement on prépare l'aluminium par l'électrolyse.

L'aluminium se combine à l'oxygène pour donner un seul composé, l'alumine (Al^2O^3).

L'alumine pure est une poudre blanche, légère, sans odeur ni saveur, insoluble dans l'eau, soluble dans les acides avec lesquels elle forme des sels; soluble dans la potasse et la soude avec lesquelles elle forme des aluminates.

On obtient l'alumine hydratée sous forme d'un précipité blanc gélatineux en traitant un sel soluble d'aluminium par de l'ammoniaque.

L'alumine donne des sels avec les acides; nous ne citerons que l'un d'eux, le sulfate d'alumine $Al^2(SO^4)^3$. On le prépare en traitant le kaolin, aussi exempt de fer que possible, par de l'acide sulfurique; on obtient un sel blanc, déliquescent, très caustique, employé comme mordant en teinture.

Ce sulfate forme, avec les sulfates alcalins, des sels doubles très importants.

Le sulfate double d'alumine et de potasse, $Al^2(SO^4)^3 + K^2SO^4 + (24\ H^2O)$, est le type d'une série de composés remarquables, qui portent le nom générique d'*aluns*. Ces corps plus ou moins solubles dans l'eau cristallisent en octaèdres; ils ne diffèrent du composé typique qu'en ce que l'alumine ou la potasse peuvent y être remplacées en totalité ou en partie par des oxydes isomorphes; ils possèdent la même formule de constitution; ils sont isomorphes. L'alumine peut y être remplacée par un sesquioxyde de fer, de chrome, ou de manganèse; par le potassium, par le sodium, l'ammonium, le rubidium, le cœsium, le thallium et même par l'argent.

L'alun ordinaire, alun de potasse, sulfate double d'alumine et de potasse $(SO^4)^3\ Al^2 + SO^4\ K^2 + 24H^2O$ cristallise en octaèdres réguliers qu'on peut obtenir très volumineux. Ces cristaux s'effleurissent faiblement à l'air, et seulement à leur surface. Leur saveur est douceâtre et astringente. Ils sont beaucoup plus solubles à chaud qu'à froid.

Chauffé à 92°, l'alun fond dans son eau de cristallisation, puis il perd successivement ses molécules d'eau de cristallisation ou 45 p. 100 de son poids jusque vers le rouge. L'alun se boursoufle pendant sa dessiccation et forme un champignon qui s'élève au-dessus de l'ouverture du creuset. On obtient ainsi l'alun calciné employé comme caustique.

Physiologie. — *Aluminium*. — L'aluminium métallique tend de jour en jour à devenir d'un usage courant pour la confection des articles de gobletterie et ustensiles de ménage. Aussi divers auteurs se sont-ils inquiétés de rechercher d'une part l'action des liquides alimentaires, vins, bières, etc., sur l'aluminium, et d'autre part l'action des sels solubles d'aluminium sur l'économie.

Les travaux entrepris dans le premier ordre d'idées ont abouti à des conclusions contradictoires.

Plagge et Lebbin (*Hyg. Rundsch.*, t. III, n° 6, p. 272, 18 mars 1893) affirment qu'avec l'eau pure, en présence ou en l'absence de l'air, l'aluminium même en feuille mince n'est pas attaqué. Gœpel affirme au contraire que même à l'état pur l'aluminium est corrodé profondément par l'eau distillée froide. Kobert a constaté que la bière mise en contact avec de l'aluminium en dissout environ 8 milligrammes par litre.

Ohlmüller et Heise (*Hyg. Rundsch.*, t. II, p. 1053, 1er décembre 1892) ont observé que l'aluminium était attaqué par les liqueurs acides ou alcalines et le sel à la température ordinaire, en faible proportion; mais qu'à la température de l'ébullition cette attaque était notable.

Dans des expériences personnelles, l'auteur de cet article a constaté qu'à la température ordinaire l'aluminium était attaqué légèrement par l'eau pure, que les solutions salines, notamment l'eau de mer, l'attaquaient d'une façon plus appréciable. Si l'on a affaire à une solution de sulfate d'alumine étendue, et qu'on chauffe légèrement, l'attaque de l'aluminium devient notable et se continue, même lorsqu'on cesse l'action de la chaleur.

Les faibles doses d'aluminium ainsi entraînées dans les aliments sont-elles nuisibles à l'organisme?

Les partisans de l'aluminium prétendent que non, et citent à l'appui de leur dire des expériences et des analyses.

Ohlmüller et Heise ont fait prendre à deux hommes pendant un mois un gramme de tartrate d'alumine sans observer de trouble de l'appétit ni de la santé. Plagge et Lebbin ont fait manger deux hommes pendant 18 mois dans des vases en aluminium sans inconvénient. Aubry rappelle que presque tous nos aliments renferment de l'aluminium, la viande, les légumes, les fruits. 100 grammes de farine de froment contiennent 7,5 de phosphate d'alumine. Bibra a constaté la présence du phosphate d'alumine dans la chair musculaire. Plagge et Lebbin on rencontré sur 26 analyses d'eau des puits de Berlin et de la Sprée 24 échantillons qui contenaient de 0 milligr. 2 à 18 milligr. 46 d'aluminium par litre.

Quoi qu'il en soit, Kobert pense qu'à la longue les sels d'aluminium pourraient devenir toxiques, dans le cas où ils seraient absorbés et s'accumuleraient dans le foie.

Les sels d'aluminium absorbés par voie stomacale semblent être peu toxiques et diffusent difficilement dans l'organisme. — Il n'en est pas de même pour les sels d'aluminium introduits directement dans l'organisme.

Siem, qui a étudié cette action dans une thèse inaugurale soutenue à Dorpat en 1886, a constaté que les sels d'aluminium injectés directement dans le sang étaient toxiques. La dose toxique déterminée par kilogramme d'animal est de :

300 milligrammes d'aluminium pour le lapin.
250 à 280 — — — le chat.
250 — — — le chien.

L'aluminium agit sur le système nerveux central, dont il détermine d'abord une excitation passagère, bientôt suivie d'une paralysie progressive des centres nerveux, qui perdent successivement toute irritabilité directe ou réflexe. Les animaux meurent par suite de la cessation complète des fonctions des centres nerveux. Le cœur est l'*ultimum moriens*.

Siem a constaté, à l'autopsie, de la dégénérescence graisseuse du foie et de la dégénérescence hyaline de l'épithélium rénal. Il n'a pas recherché si l'aluminium s'éliminait par les urines ou si au contraire il s'accumulait dans l'organisme.

Alun. — L'alun se distingue des autres composés de l'aluminium par sa propriété astringente qui en fait un des meilleurs astringents locaux de la matière médicale.

L'alun agit localement en contractant les tissus et les capillaires; c'est en même temps un irritant. Mialhe distingue deux actions différentes : à faibles doses il coagule les liquides albumineux de l'organisme; lorsqu'on augmente la dose, le coagulum se redissout dans les mêmes liquides albumineux, qui, se trouvant saturés d'alun, acquièrent une fluidité plus considérable. Les tissus vivants laissent alors transsuder au dehors les humeurs qui les imprègnent. Delioux de Savignac n'admet pas cette distinction; pour lui l'alun est toujours un astringent. Pris à l'intérieur (par voie stomacale) l'alun agit comme un coagulant et semble augmenter la plasticité du sang. Orfila dit avoir recherché et retrouvé de l'alun dans la rate et le foie d'un chien auquel il en avait administré à haute dose. Il a aussi constaté la présence de l'alun dans l'urine. Cullen, Barbier, Merat, Trousseau ont constaté que l'alun déposé dans l'estomac à la dose de 1 à 4 grammes cause des pincements et autres sensations douloureuses. Ils ont observé de la difficulté dans la digestion, des nausées et même des vomissements.

Cullen a remarqué que l'alun purge lorsqu'il est pris à haute dose, qu'il constipe à petite dose.

Barthez, qui a expérimenté l'alun sur lui-même, a constaté, le prenant à jeun à la dose de 2 grammes, de l'astriction dans la bouche et dans l'estomac pendant un quart d'heure; à la dose de 4 grammes, astriction plus forte, appétit plus vif, digestion plus prompte. Il a poussé la dose jusqu'à 8, 10 et 12 grammes; avec 10 grammes, il a eu des nausées; avec 12 grammes, des vomissements.

L'alun pris à l'intérieur tend à ralentir légèrement la circulation, augmente la sécrétion urinaire, diminue la transpiration cutanée.

Les sels d'aluminium ingérés par voie stomacale sont facilement tolérés par l'organisme et ne sont pas vénéneux, à moins d'exagérer leur dose. On peut expliquer ce fait en se rappelant que :

1° Leur pénétration dans les voies d'absorption est lente et graduelle, sans doute imparfaite, empêchée par l'action coagulante topique et la formation de sous-sels insolubles;

2° L'aluminium se rencontre comme partie intégrante de beaucoup de nos principes immédiats. Biria (*Gaz. de médecine*, 1846, p. 334) a reconnu que le phosphate d'alumine est le sel dominant de la chair musculaire.

Introduits directement dans la circulation, les sels d'aluminium sont toxiques et agissent principalement sur les centres nerveux.

Appliqués localement, les sels d'aluminium sont des irritants.

Le sulfate d'alumine a été employé par Homolle qui l'associait au sulfate de zinc pour la destruction des produits hétéromorphes végétant avec une activité excessive.

L'alun jouit en outre de propriétés astringentes énergiques. Lorsqu'on met cette substance sur une partie très vascularisée, on voit bientôt le sang se retirer. La turgescence et la coloration disparaissent, le tissu paraît flétri. Mais, si l'alun est mis en grande quantité, on voit bientôt des phénomènes inflammatoires succéder à ceux d'astriction (Trousseau et Pidoux).

Les voies d'élimination de l'aluminium ne sont pas exactement connues; malgré l'observation d'Orfila, qui dit avoir trouvé de l'alumine dans les urines, cette question n'est pas encore élucidée.

Nous devons rappeler ici les propriétés antiseptiques et désinfectantes des sels d'aluminium; on a proposé d'employer le chlorure d'aluminium comme désinfectant; mais sa réaction fortement acide limite beaucoup son emploi.

Toxicologie. — La recherche toxicologique de l'aluminium ne s'est jamais présentée; car l'alun n'est pas une substance facile à employer dans un but criminel. Pour le rechercher, on n'aura qu'à détruire les matières organiques par la calcination et chercher l'alumine dans les cendres. On doit se rappeler que les tissus de l'organisme contiennent de l'aluminium.

Le sulfhydrate d'ammoniaque donne un précipité blanc d'alumine, l'acide sulfhydrique se dégage.

Les carbonates alcalins donnent un précipité d'alumine insoluble dans un excès de réactif avec dégagement d'acide carbonique.

Ce précipité d'alumine humecté d'azotate de cobalt, puis calciné au chalumeau, donne une masse colorée en bleu ciel, cette coloration est caractéristique.

Le phosphate de soude donne un précipité de phosphate d'alumine soluble dans les acides.

Applications. — L'aluminium tend à entrer de plus en plus dans l'usage courant pour la confection des divers objets d'emploi usuel. Malheureusement il est attaqué trop facilement par divers agents chimiques, ce qui limite forcément son emploi.

En médecine on emploie l'alun calciné en poudre, comme agent topique local, en solution comme astringent hémostatique.

Bibliographie. — *Chimie.* — *D. W.* et suppléments (article *Aluminium*). — **Physiologie et médecine.** — *Dictionnaires de Médecine.* — Siem. Thèse inaugur. Dorpat, 1886. — Ohlmuller et Heise (*Hyg. Rund.*, t. ii, p. 105, 1er décembre 1892). — Plagge et Lebbin (*Hyg. Rund.* t. iii, p. 272, 15 mars 1893).

A. CHASSEVANT.

ALUN. — Voyez Aluminium.

AMÉTROPIE. — On réunit sous le nom d'amétropie (ἄ privatif et μέτρον, mesure) l'hypermétropie et la myopie. On oppose l'amétropie à l'*emmétropie*. Un œil emmétrope est celui dont la rétine se trouve dans le plan focal principal du système dioptrique de l'œil, celui qui sans accommoder voit bien à distance. L'œil hypermétrope a le foyer principal du système dioptrique en arrière de la rétine; pour voir à distance, il doit accommoder (Voyez **Hypermétropie**). L'œil myope, trop long, a la rétine située en arrière du plan focal principal du système dioptrique. Il ne voit pas nettement à distance, mais bien à une distance plus ou moins rapprochée de l'œil (Voyez **Myopie**). — Dans son acception habituelle, l'amétropie ne comprend pas l'astigmatisme, qui constitue une troisième anomalie de la réfraction de l'œil (Voyez **Astigmatisme**).

NUEL.

AMIBES et AMIBOÏDES (Mouvements). — L'étude des amibes présente un intérêt considérable pour la physiologie générale. Ce sont peut-être les êtres les plus simples qui puissent servir à l'étude des propriétés générales du protoplasme.

Biologie générale des amibes. — L'existence de masses protoplasmiques, sans formes et *sans limites* précises, telles que celles qui constituent, selon certains auteurs, le *Bathybius Hæckeli*, est encore actuellement des plus douteuses. Il est vrai qu'il existe certainement des êtres tels que *Protamœba primitiva*, dont la forme est absolument indéfinie et changeante d'un instant à l'autre; mais, dans une semblable Monère, l'accroissement indéfini de la masse vivante est impossible. La masse protoplasmique vivante est de forme variable, mais de volume limité. Il semble que les molécules protoplasmiques soient maintenues par une attraction centrale, qui ne s'exerce que dans une zone d'un certain diamètre. Les molécules vivantes du *Protamœba* peuvent bien graviter autour d'un centre d'attraction, mais le rayon de l'orbite est étroitement limité; et si, par suite de l'accroissement de la masse vivante, du fait de la nutrition, une molécule sort de l'aire limitée par cette orbite, elle gravite dès lors d'une manière indépendante, autour d'un nouveau centre d'attraction, formé par suite de la condensation des molécules congénères échappées de l'orbite primitive. Sitôt que l'accroissement du *Protamœba* dépasse une certaine limite, une portion de la masse s'isole pour former un être nouveau. Le physiologiste ne peut donc qu'étudier les propriétés d'une masse protoplasmique limitée. Il peut sembler, au premier abord, que le plasmode des Myxomycètes, si souvent utilisé dans les recherches de physiologie, puisse représenter une masse protoplasmique sans limites précises; mais on sait qu'on a en réalité affaire à un *syncytium*, formé par réunion plus ou moins intime de petites masses protoplasmiques, dont les molécules sont groupées autour d'autant de petits centres d'attraction qu'il y a d'organismes élémentaires composant le plasmode.

Les Monères, telles que *Protamœba primitiva*, *Protogenes primordialis*, semblent bien inférieures aux amibes proprement dites par un caractère important : l'absence du corps que nous désignerons tout à l'heure, dans les amibes, sous le nom de noyau; mais cette absence est, il faut le reconnaître, encore problématique; les exemples se multiplient chaque jour de cellules à noyaux diffus, et il est permis de se demander aujourd'hui s'il n'existe un seul *Cytode*, au sens exact du mot, et si tous les êtres vivants ne sont pas formés d'un ou de plusieurs *Nucléoles* à noyau plus ou moins diffus (Voy. Cellule).

Enfin, il est encore une autre raison, celle-ci d'un ordre purement pratique, qui recommande l'étude des amibes comme celle des êtres les plus simples : il est facile de s'en procurer presque en tous lieux et en toutes saisons. Si on fait macérer dans l'eau des débris végétaux, on peut être à peu près sûr d'y rencontrer des amibes, et, en particulier, l'*Amœba vulgaris*. L'*Amœba princeps* Ehr. est aussi très fréquente dans les infusions végétales. Mais l'*Amœba terricola* Greeff est encore l'espèce la plus facile à se procurer; on la trouve dans le sable et les parcelles de terre, qui se déposent au fond de l'eau, où l'on agite la base des mousses terricoles ou lignicoles.

Cet être ressemble, à l'état de repos, à une masse irrégulière, réfringente, que l'on peut comparer, avec assez de justesse, à un fragment de quartz. Son contenu, généralement jaunâtre, est, le plus souvent, ramassé en petites boules, et, par une observation attentive, il est facile de reconnaître le mouvement intérieur des granulations du protoplasme, du *sarcode*, pour employer l'expression de Dujardin, qui a le premier bien étudié les amibes, désignées aussi par lui sous le nom significatif de Protées (1835).

La masse protoplasmique est homogène, hyaline, très consistante à la surface, liquide et granuleuse à l'intérieur. Le protoplasme n'est donc homogène qu'en apparence; les granulations qui le constituent se groupent vers l'intérieur, et on peut distinguer deux couches imparfaitement délimitées, la couche externe ou *ectosarque*, et la couche interne ou *endosarque*. Il serait peut-être plus heureux de donner à l'ectosarque le nom de *couche membraneuse*, nom que porte le protoplasme périphérique dans les cellules végétales.

Irritabilité et contractilité. — Les propriétés essentielles du protoplasme : irritabilité et contractilité, peuvent être étudiées d'une manière parfaite sur l'amibe.

L'amibe est dans un certain état chimico-physique. Vient-on à changer cet état, l'amibe réagira, que l'excitation soit physique, chimique ou mécanique. L'*irritabilité* de l'amibe sera donc sa réaction aux forces extérieures qui agissent sur elle.

C'est à la *contractilité* que cet être doit le pouvoir pousser dans toutes les directions des prolongements, dits *pseudopodes* ou *lobopodes*. Ces prolongements sont irréguliers, hyalins, en forme de verrues, de gibbosités, au moyen desquelles l'amibe se meut d'une manière saccadée, en tombant presque d'un pseudopode sur l'autre. Les pseudopodes ne sont pas toujours homogènes; on peut les voir parcourus par des courants de granulations protoplasmiques, partant de la masse centrale. Leur extrémité se fixe sur les corps solides, contre lesquels ils prennent un point d'appui, et, par leurs contractions, ils déplacent peu à peu la masse du corps, comme par la traction de petits câbles protoplasmiques, agissant sur la masse centrale et s'appuyant sur les corps auxquels ils adhèrent. Les pseudopodes peuvent revêtir des formes diverses, semblables à des hernies, des boursouflures; ils peuvent être simples, lobés, arrondis, confluer les uns avec les autres, d'une manière plus ou moins nette. Le fait que ces pseudopodes peuvent confluer prouve bien qu'ils ne sont pas limités par une enveloppe, et qu'ils sont entièrement constitués par une substance plastique. On pourrait presque les définir : du protoplasme coulant dans une direction déterminée, s'agglutinant à lui-même et adhérant à l'objet qui le supporte.

Lors de la formation d'un pseudopode, on voit l'endosarque se porter, par un courant plus ou moins rapide, vers le point où naît le pseudopode, et, à mesure que celui-ci s'allonge, le courant intérieur, accusé par le mouvement des granulations, avance vers la périphérie.

Les granulations intérieures, le plus souvent groupées en sphérules, entourées d'un halo transparent, remplissent peu à peu l'intérieur du pseudopode, tout en laissant à sa surface une couche transparente, dans laquelle elles ne pénètrent pas, et qui représente l'ectosarque qui s'est laissée distendre par la coulée, limitée en un point, de l'endosarque.

Ce sont, en réalité, les contractions de l'ectosarque qui déterminent les mouvements de la masse interne, plus liquide. Car le côté opposé au pseudopode naissant présente, lors de la formation de ce dernier, des rides, des plis dans sa couche externe, absolument comme un ballon de caoutchouc qui, se gonflant en un point, se déprime au point diamétralement opposé.

Il est cependant essentiel de ne pas croire à une séparation absolue entre les deux couches protoplasmiques; leurs contours ne sont pas arrêtés; on passe insensiblement de l'une à l'autre, alors même que la masse granulée interne n'atteint pas la périphérie.

On peut expliquer la formation de l'ectosarque par l'action du milieu ambiant sur le protoplasme. Mais il est difficile d'être fixé sur la nature intime de cette action. La teneur en eau du protoplasme périphérique est-elle susceptible de varier, selon les conditions du milieu? Ou bien se forme-t-il une sorte de précipité moins solide, comme dans les cellules artificielles de TRAUBE? En tous cas, il faut remarquer que cette précipitation de la masse périphérique n'entrave nullement les échanges osmotiques.

Vacuoles contractiles. — Le protoplasme des amibes présente toujours des *vacuoles contractiles*, extrêmement variables de forme et de volume, mais toujours pleines d'un liquide transparent, de composition complexe, non encore définie, moins dense que le protoplasme, et différant sensiblement de lui au point de vue chimique. Elles se forment en des endroits indéterminés, grossissent, puis parfois viennent à confluer ou à se diviser en vacuoles plus petites, et limitées par le protoplasme formant le corps de l'amibe. Quelquefois ces vacuoles deviennent énormes; elles atteignent alors la périphérie, soulèvent la surface, sous forme d'une mince pellicule, puis se vident subitement. L'expulsion de leur contenu est toujours déterminée par la pression exercée sur elles par la progression, vers la périphérie, du protoplasme sous-jacent. On ne voit jamais d'ouverture par où le contenu de la vacuole s'épancherait au dehors. Souvent la vacuole une fois vidée, on voit persister à sa place un espace semi-lunaire, qui marque la distance entre la masse interne du protoplasme, s'avançant comme un tampon, et la couche périphérique. Bientôt cet espace disparaît, et le protoplasme se voit engendrant, comme dans les autres points, de nouvelles vacuoles, d'abord très petites puis confluentes. Les pulsations que présentent ces vacuoles, leurs mouvements d'expansion et de contraction, n'ont rien de rythmique.

Il est permis de penser que le liquide de ces vacuoles provient, en partie du protoplasme qui les entoure, en partie de l'eau ambiante. Si le protoplasme se contracte une certaine quantité de liquide va s'accumuler dans la vacuole contractile, dont le diamètre augmente. Si, au contraire, le protoplasme se dilate, il reprend une partie du liquide de la vacuole, et celle-ci diminue de diamètre.

Les mouvements alternatifs de contraction et d'expansion des vacuoles sont donc simplement déterminés par des mouvements inverses du protoplasme qui les circonscrit. Elles traduisent, à nos yeux, leurs mouvements incessants qui, en l'absence des vacuoles, passeraient inaperçus.

On a, tour à tour, considéré ces vacuoles comme des organes circulatoires, d'excrétions ou aquifères, sans que l'on puisse donner de raisons valables en faveur de l'une ou l'autre opinion. En réalité, ces vacuoles peuvent bien cumuler les trois fonctions. Les contractions animent de mouvements plus ou moins réguliers la substance protoplasmique. Comme le liquide vacuolaire provient, au moins en partie, du protoplasme, on peut, avec assez de vraisemblance, le considérer comme un produit de sécrétion de ce protoplasme. La projection de ce liquide au dehors peut alors être considérée comme un véritable acte d'excrétion. Lorsque la vacuole est poussée vers la périphérie, puis revient dans la masse, on peut conclure qu'elle a dû dissoudre, dans son liquide, une certaine quantité d'oxygène, emprunté au liquide ambiant; elle cède ce gaz à la masse centrale, et pourrait expulser l'acide carbonique, dans son mouvement en sens inverse, du centre vers la périphérie. La dénomination d'appareil aquifère ou respiratoire serait de ce chef assez bien justifiée. Il est cependant à remarquer que la fonction respiratoire ne peut pas être localisée exclusivement dans les vacuoles; il faut admettre qu'elle s'effectue par toute la surface du corps. La poussée des pseudopodes, à laquelle le corps tout entier contribue, permet à toutes les parties du protoplasme de se mettre successivement en contact avec de nouvelles couches d'eau, et assure ainsi son oxygénation.

Digestion intra-cellulaire. — La nourriture liquide pénètre par tous les points du corps par endosmose; mais, en outre, le protoplasme exerce une action digestive sur les substances organiques. C'est une véritable *digestion intra-cellulaire*.

On voit les pseudopodes diffluer sur les particules avec lesquelles ils sont en contact, et qui peu à peu sont englobées par le protoplasme; les corpuscules solides pénètrent ainsi jusqu'au centre de la masse de l'amibe. Les diatomées par exemple, qui ont pénétré dans le protoplasme, en sont rejetées, les valves parfaitement vides, privées de tout contenu; leur masse a donc été assimilée par le protoplasme de l'amibe.

Les amibes paraissent surtout se nourrir de matières végétales en décomposition. Les granulations jaunes, plus ou moins disséminées, parfois agglomérées, que nous avons déjà signalées dans la masse protoplasmique, se présentent, à de forts grossissements, sous la forme de petites baguettes ou de corpuscules arrondis, qu'on doit considérer comme des résidus de l'assimilation. On rencontre, en effet, des individus dans lesquels les granulations font entièrement défaut, tandis que, dans d'autres, on aperçoit encore des fragments d'oscillaires vertes, dont le thalle est en train de se dissocier par désagrégation des cellules.

La digestion intra-cellulaire du protozoaire est susceptible d'être étudiée par des procédés expérimentaux. C'est un des phénomènes les plus essentiels qui doivent fixer l'attention des physiologistes. Mais nous ne possédons actuellement de notions que sur le mécanisme de la digestion des ingesta dans la masse protoplasmique, et nous sommes dans l'ignorance complète des transformations chimiques des substances déjà élaborées par la digestion intra-cellulaire.

Les amibes, à cause même de la simplicité de leur structure, sont à ce point de vue un sujet d'étude des plus recommandables. Il est d'abord à remarquer que chaque particule ingérée dans le protoplasme se trouve entourée d'une vacuole. On s'est d'abord servi du tournesol, pour étudier la réaction du contenu de ces vacuoles, et avec ce réactif, GREENWOOD n'a pu déceler aucune réaction dans les vacuoles de l'*Amœba proteus*.

Mais ce réactif manque de sensibilité. On sait en effet qu'il y a dans le tournesol un excès d'alcalinité qu'il faut, avant tout, neutraliser; car le volume de la vacuole est du même ordre de grandeur que celui du grain ingéré.

Le tournesol brut ne pourra déceler l'acidité d'une vacuole que si elle est très forte. Il faut, en outre, neutraliser l'alcalinité du milieu contenant le protozoaire en expérience. Or, s'il est délicat, cette neutralisation chimique peut compromettre sa vitalité.

L'étude de la digestion intra-cellulaire chez les amibes, a été, dans ces derniers temps, reprise par LE DANTEC (*Ann. Inst. Past.*, 1890, p. 784) à l'aide d'un réactif plus parfait : l'alizarine sulfoconjuguée. Nous renvoyons au mémoire de l'auteur pour le détail de la technique. Rappelons seulement le principe de la méthode.

L'eau dans laquelle vivent les protozoaires est, en général, légèrement alcaline, et donne à l'alizarine une teinte variant du violet au rose, selon le degré de l'alcalinité. Sous l'action de l'ammoniaque de l'air, les petits grumeaux qu'elle forme dans l'eau se colorent en violet. La matière colorante se dépose, au bout de quelques jours, en aiguilles violet foncé. Ce sont ces grumeaux ou ces aiguilles que les protozoaires ingèrent. Si ces particules se trouvent en contact avec un liquide acide, elles vireront de teinte et passeront à une teinte rose. On place, dans la goutte d'eau contenant les amibes, une goutte de solution d'alizarine violette, c'est-à-dire légèrement alcaline. Au début, toutes les amibes sont claires et dépourvues de vacuoles colorées, au milieu de la solution violette.

Au bout de quelques heures, toutes les amibes présentent, au contraire, des vacuoles roses, d'une couleur très distincte de celle de l'alizarine violette externe. Il y a donc production d'acide autour du grumeau d'alizarine ingérée. Pour être sûr que la matière rose est bien de l'alizarine, il suffit d'écraser l'amibe, et de déposer à son contact une goutte d'ammoniaque; la vacuole rose vire au violet.

Lorsque l'alizarine est en contact avec une quantité suffisante d'acide, elle vire au jaune. Mais il est très rare que l'amibe conserve assez longtemps l'alizarine dans sa masse pour que cette coloration se manifeste. Il y a donc sécrétion d'acide dans la vacuole, mais sécrétion bien faible, puisque la neutralité qui correspond à la teinte rose n'y est pas dépassée.

L'ingestion du grain d'alizarine, substance inerte, provoque-t-elle une sécrétion et la formation d'une vacuole? L'observation est délicate; mais peut être faite en goutte suspendue. L'amibe étend des pseudopodes vers un grumeau d'alizarine; parfois il ne se produit rien, mais parfois aussi on voit brusquement le grumeau qui était extérieur à l'amibe, situé à son intérieur, au centre d'une vacuole. Il est à supposer que les pseudopodes se touchent sur un point, et s'anastomosent brusquement, en englobant le grumeau dans une vacuole ronde, et paraissant remplie d'eau venant du liquide ambiant. Le granule conserve quelque temps, dans la vacuole, sa teinte initiale; la réaction du liquide vacuolaire est donc, au début, toujours la même que celle du liquide ambiant. Pour montrer que le liquide vacuolaire est bien de l'eau ingérée, on peut faire l'expérience suivante. En changeant la réaction du liquide ambiant, on devrait changer la réaction de la vacuole, si le protoplasme avait la propriété de sécréter à son intérieur un liquide, ayant toujours au début la même réaction que l'eau ambiante. Or acidifions l'eau ambiante, la vacuole deviendra rose; neutralisons alors légèrement l'acidité de l'eau ambiante, celle-ci redeviendra violette, tandis que la vacuole reste rose. Donc le liquide de la vacuole n'est pas sécrété au début par l'amibe, de façon à avoir toujours une alcalinité identique à celle de l'eau ambiante.

On peut même calculer approximativement la quantité d'acide sécrété dans la vacuole. Le virage de la teinte violette à la teinte rose correspond à une quantité d'acide égale à $\frac{1}{15\,000}$ du volume de la vacuole (chiffre déterminé par une expérience préliminaire). Le diamètre d'une vacuole varie de 1 à 7 ou à 8 μ; la quantité d'acide sécrétée est donc à peu près de un trente millionième à un soixante millionième de milligramme. On peut juger par là de l'exquise sensibilité de l'alizarine aux variations de l'alcalinité. Dans le cas où l'expulsion de la particule colorante n'est pas trop rapide, la teinte arrive au jaune, mais il faut pour cela attendre plusieurs heures.

GREENWOOD prétendait qu'il n'y a pas de vacuoles autour des particules ingérées, non nutritives; ce qui est erroné, d'après les observations que nous venons de rapporter; de même que l'assertion de cet auteur, que les particules non nutritives ne déterminent pas de sécrétion. La vacuole, extrêmement nette au moment de l'ingestion d'une particule solide, devient ensuite moins évidente. Il est probable que cette apparence est due à la sécrétion qui la remplit, dont la réfrangibilité égale à peu près celle du protoplasme. Mais la vacuole persiste; car, si elle disparaissait, l'alizarine qui s'y trouve redeviendrait violette au contact du protoplasme alcalin. D'après LE DANTEC, il doit toujours y avoir sécrétion, au moins d'acide, dans la vacuole. Aucun fait n'autorise à nier que la sécrétion soit plus complète autour d'un granule nutritif qu'autour d'un granule inerte; peut-être y a-t-il là élaboration d'un ferment, absent dans l'autre cas; mais ce ne sont là que des hypothèses. L'acidité est égale dans les deux cas.

GREENWOOD (loc. cit.) et LEYDY (*Freshwater Rhizopods of N.-America*) avaient observé que l'éjection des particules solides, non nutritives, n'est pas accompagnée d'un fluide visqueux, comme lorsque il s'agit de l'éjection de débris des particules nutritives. Les grains d'amidon se comporteraient comme des particules non nutritives. Ces observations ont été précisées par LE DANTEC. Les amibes, plongées dans un bain d'alizarine violette, peuvent parfois rejeter, presque simultanément, des vacuoles d'un rose presque violet, et des vacuoles d'un rose très vif. Les premières sont à bords très nets; ce sont presque de simples gouttes d'eau; les autres, au contraire, ont une réfrangibilité voisine de celle du protoplasme. Ces deux sortes de vacuoles sont rejetées de façon toute différente. Les premières crèvent doucement, à la surface du protoplasme, laissant sortir un grain d'alizarine isolé; les secondes, au contraire, ressemblent à des sortes de sphères glutineuses, se délitant peu à peu dans le liquide, et contenant des débris de particules nutritives, de bacilles par exemple.

LE DANTEC donne de ce phénomène une explication ingénieuse, et qui semble très plausible, basée sur la capillarité. Appelons a la tension superficielle du liquide de la vacuole, au contact du protoplasme, r le rayon de la vacuole; lorsque la vacuole est en équilibre, elle subit et résiste à une pression $P = \frac{2a}{r}$, r étant très petit, la pression peut être très grande, si a a une valeur non négligeable. Or, a varie avec la composition du liquide vacuolaire.

a diminue à mesure que la sécrétion de la vacuole s'effectue; donc la force expulsive qui préside à son rejet est plus faible que celle qui préside au rejet de la vacuole dépourvue de sécrétion et ne contenant pas de particules nutritives. Comme les deux vacuoles que nous comparons contiennent toutes deux une quantité égale d'acide, d'après ce que nous avons dit tout à l'heure, cette expérience peut mettre en évidence l'élaboration de la particule nutritive, et la présence dans la vacuole de produits de cette élaboration, capables de faire varier la tension superficielle. D'où une explication purement physique de l'expulsion brusque, avec éclat, de la vacuole sans particule nutritive, et de l'expulsion lente de la vacuole à particule nutritive. Ces considérations expliquent également que les vacuoles, dépourvues de granules nutritifs, sont expulsées moins vite que celles contenant des granules inertes, puisque dans les premières, l'élaboration des matières nutritives fait diminuer rapidement a. Il y a d'ailleurs un grand intérêt pour la vie de l'amibe à ce qu'une vacuole à forte tension soit rapidement expulsée. Soumise à une forte pression superficielle, cette vacuole, poussée par les mouvements du protoplasme, crève rapidement à la surface.

Il est, en outre, à remarquer que c'est surtout quelques instants après l'ingestion que les matières ingérées sont rejetées. On a même cité des cas où des infusoires ingérés sont rejetés vivants dans le liquide. Si ces particules résistent quelque temps à l'expulsion, elles ont des chances de prolonger longtemps leur séjour dans la masse de l'amibe.

L'éjection est donc un phénomène purement passif pour l'amibe, de même que l'ingestion des matières nutritives. Il faut donc revenir de l'ancienne opinion de l'ingestion élective des particules nutritives. L'ingestion est peut-être le résultat du simple stimulus au point de contact, hypothèse admise déjà par DE BARY pour les Myxomycètes.

LE DANTEC pense que, chez les amibes, « il n'y a pas, à proprement parler, défécation des résidus solides des matières ingérées depuis longtemps : ces matières semblent abandonnées, simplement par un phénomène d'adhérence, par l'amibe qui rampe à la surface d'un corps quelconque » (Rech. sur la digestion intra-cellulaire chez les Protozoaires. Bull. scient. de la France et de la Belgique, t. XXIII, 2e partie).

Cette conclusion ne s'étend certainement pas à tous les types voisins des amibes. Un Rhizopode très voisin, Nuclearia, présenterait à ce point de vue un perfectionnement déjà considérable; car il rejette, pendant les stades de repos, les résidus de la digestion, d'une manière très régulière, autour du corps; il s'agit donc bien là d'une véritable défécation.

Diverses amibes se nourrissent des bactéries qui pullulent dans les solutions organiques où elles se développent. Ces bactéries subissent dans le corps de l'amibe des transformations profondes; elles acquièrent la propriété d'absorber facilement des solutions de vésuvine, qui ne colorent pas les bactéries vivant dans le milieu extérieur. B. HOFER a démontré que, chez les amibes, plus la nourriture est altérée dans l'intérieur de leur masse protoplasmique, plus elle se colore par les couleurs d'aniline.

Noyau, nucléole, segmentation et reproduction. — Les amibes possèdent un *noyau*, souvent très difficile à apercevoir au milieu des granulations protoplasmiques.

Chez *Amœba terricola*, que nous avons pris pour type, le noyau présente une couleur grisâtre ; il se trouve limité par une capsule très nette, hyaline, remplie d'une substance granuleuse dont l'aspect est très variable, tantôt nébuleuse, tantôt agglomérée en traînées ou en granules arrondis, ressemblant à de très petites cellules individualisées.

On voit parfois, mais rarement, un nucléole nettement distinct dans le noyau.

CARTER et WALLICH ont signalé, chez *A. princeps*, l'existence de nombreux petits noyaux, qu'ils considèrent comme formés par la segmentation du noyau primitif, et comme destinés à se transformer en autant d'amibes, lors de leur expulsion hors du corps de l'amibe mère.

L'observation la plus précise que l'on possède, relativement à la segmentation des amibes, est due à F.-E. SCHULZE ; elle a été faite sur *Amœba polypodia*. Cet auteur a vu la division du noyau et celle du nucléole (très volumineux dans cette espèce) s'effectuer avant que le protoplasme offre le moindre indice de segmentation.

On sait d'ailleurs que, selon les cellules considérées, la division du noyau semble précéder ou suivre celle du protoplasme.

Selon GRAFF (*Arch. f. meth. Anat.*, 1876, t. XII), chez *A. terricola*, la reproduction serait précédée de la division du noyau. La substance nucléaire se disperserait dans l'endosarque en granules. Ces noyaux filles s'entoureraient de particules protoplasmiques, et seraient ensuite expulsés de l'amibe mère. Les jeunes amibes montreraient d'abord un noyau très clair, un protoplasme hyalin ; plus tard apparaîtraient les vacuoles contractiles et les pseudopodes.

Ces phénomènes de division du noyau sont difficiles à saisir. Mais on trouve assez souvent des amibes, dont le corps est rempli de granules, desquels l'origine nucléaire est très vraisemblable, et qui sont dépourvues de noyau.

Il semble donc y avoir deux modes de reproduction chez les amibes : *a*, simple bipartition, intéressant à la fois le protoplasme et le noyau ; *b*, reproduction par une sorte d'enkystement, division en spores du contenu du kyste, et mise en liberté des spores, qui ne tardent pas à prendre la forme amiboïde. Le terme de *kyste* est peut-être ici exagéré ; car l'amibe ne semble pas s'entourer (dans la période de repos préparatoire à sa segmentation) d'une véritable membrane kystique. Mais ce terme a le grand avantage de rattacher ce mode de reproduction, encore mal connu, à celui des Sporozoaires.

GRASSI a observé chez *Amœba Chætognathi* et *A. pigmentifera*, espèces parasites du Chætognathe *Sagitta*, un mode de reproduction nettement endogène.

A un moment donné, les exemplaires de moyenne et de grande taille se chargent de granulations, qui se conjuguent 2 par 2, ou plusieurs ensemble. Les individus conjugués s'entourent d'une membrane commune, puis leur endoplasme se fragmente en un grand nombre de corpuscules ovales, qui s'échappent hors de la membrane du kyste.

Le même processus de sporulation s'observe chez les deux espèces ci-dessus. Mais, chez *A. pigmentifera*, chaque spore présente un flagellum deux fois plus long que le corps, des vacuoles, un contenu granuleux, mais pas de noyau. Cette absence de noyau les fait ressembler à certaines zoospores.

Le noyau est beaucoup plus net, et a été étudié avec quelques détails chez *Amœba princeps* par AUERBACH (*Zeitschr. f. Wiss. Zool.*, t. VIII). C'est une masse arrondie, très réfringente, plus claire sur les bords, contenant très souvent un ou deux nucléoles brillants. Chez l'amibe, le noyau peut être mis assez facilement en évidence. En le traitant par l'acide acétique dilué, le protoplasme devient très clair, et le noyau très brillant. Par le picrocarminate d'ammoniaque, le protoplasme prend une coloration pâle, le noyau se colore au contraire avec intensité.

Influence des agents physico-chimiques sur la vitalité des amibes. — CELLI notamment a donné d'intéressantes indications sur ce point particulier de leur biologie (Congrès d'hygiène de Budapest, 1894).

Une température moyenne de 0° à 15° est favorable à leur développement ; elles périssent après un séjour de cinq heures à l'étuve à 45°, et d'une heure à 50°. Lorsqu'elles ont revêtu la forme kystique (forme de résistance aux conditions cosmiques défavorables), elles peuvent supporter sans périr une température de 60° pendant une heure. Elles peuvent même supporter la température de 67°, après avoir été progressivement soumises à des températures croissantes jusqu'aux environs de 50°. Sous forme kystique, les amibes supportent facilement l'insolation pendant une durée de 270 heures.

Elles ne se développent pas dans un milieu privé d'oxygène ; mais elles n'y périssent pas. On peut les retrouver vivantes dans des liquides putréfiés, contenant les produits de décomposition des substances animales, même après 23 à 33 jours.

Même sous la forme kystique, les amibes offrent infiniment moins de résistance aux antiseptiques que les bactéries.

On trouve dans la terre divers types d'amibes que CELLI a désignés sous le nom de : *Amœba globosa*, avec diverses variétés, *spinosa, diaphana, vermicularia, reticularia, arborescens*. Ce sont les formes *globosa* et *spinosa* qui sont les plus fréquentes dans la terre. S'agit-il là d'espèces distinctes, ou ne sont-ce que des variétés, formes temporaires d'une même espèce, il semble imprudent de le dire, si on considère le polymorphisme des amibes, et le peu de constance des caractères indiqués pour séparer les diverses formes.

Influence des agents physico-chimiques sur la motilité des amibes. — Les amibes sont *irritables*, c'est-à-dire que, si l'on vient à changer d'une façon quelconque l'état physico-chimique de leur milieu ambiant, elles réagissent. Cette réaction se manifeste par des phénomènes de motilité, et surtout par des mouvements amiboïdes.

Il est assez difficile de savoir si les mouvements sarcodiques sont réellement spontanés, ou s'ils sont toujours provoqués par une excitation extérieure. Lorsqu'on observe au microscope des amibes, dans une goutte de liquide, il se passe certainement dans le liquide des changements physico-chimiques qui peuvent jouer le rôle d'excitant, et, par conséquent, mettre en jeu l'irritabilité propre de la cellule. Tout ce que l'on peut dire, c'est que les mouvements paraissent spontanés, en ce sens qu'il est impossible d'observer une amibe, en état d'immobilité prolongée.

Toute force extérieure, *tout ce qui modifie l'état actuel du protoplasme de l'amibe* est un excitant (Voy. CH. RICHET. *Psychologie générale*, 1891, p. 12).

Excitations mécaniques. — Il y a plus d'un siècle que ROSEL vit, pour la première fois, les amibes répondre par une contraction de leur masse à une excitation mécanique.

Sous l'influence d'un ébranlement mécanique, on voit les courants de granules qui sillonnent la masse des plasmodes, se ralentir temporairement et même s'arrêter complètement.

Excitations lumineuses. — Les amibes proprement dites ne semblent pas irritables par la lumière. Une amibe d'eau douce, *Pelomyxa palustris*, se contracte dès qu'elle est exposée soudainement à une lumière vive. Inversement, si elle était placée d'abord à la lumière, l'exposition subite à l'obscurité provoque sa contraction. Si les modifications de l'intensité lumineuse ne sont pas brusques, il n'y a pas de réaction de la part de l'amibe (ENGELMANN, *Ueber Reizung des Protoplasma durch plötzliche Beleuchtung.*, A. Pf., t. XIX, p. 1).

Excitations électriques. — Nous devons à ENGELMANN quelques notions sur le mode de réaction des amibes aux excitations électriques. Soumises à l'action d'un *courant galvanique*, elles ne réagissent pas aussitôt après la fermeture du courant ; il y a là une sorte de temps perdu qui peut être très long. On peut constater également des phénomènes d'addition latente. L'amibe ne réagit pas à des excitations isolées de faible intensité, mais la succession rapide de plusieurs excitations de même intensité amène finalement une réaction parfois énergique.

Soumises à l'action des *courants faradiques*, les amibes d'eau douce réagissent vivement. Après une phase d'excitation latente (d'une durée de quelques secondes), si l'intensité du courant est faible, on voit survenir un arrêt des mouvements internes des granules protoplasmiques, et des mouvements amiboïdes.

Si l'intensité du courant est forte, la phase d'excitation latente peut devenir à peine appréciable ; et la masse totale ne tarde pas à prendre la forme sphérique.

On voit alors apparaître, à la surface du corps, et par intermittences, des prolongements hyalins, où affluent les granules protoplasmiques, qui parfois atteignent la surface même de ces prolongements. Au bout d'un certain temps, l'un de ces pseudopodes attire à lui toute la masse du corps, et, une dizaine de secondes environ après l'excitation, l'aspect et la mobilité de l'amibe sont revenus à l'état normal.

Excitations chimiques. — La neutralité ou une alcalinité faible du milieu semblent être indispensables à la conservation des mouvements amiboïdes. Ces derniers cessent très rapidement chez les amibes, sous l'action d'un liquide faiblement *acide* (acétique, chlorhydrique, osmique). Il en est de même des mouvements des Myxomycètes (KUHNE, *Unters. über das Protoplasma und die Contractilität*).

L'acide carbonique, en grande quantité, est également funeste aux amibes et aux plasmodes de Myxomycètes. Si son action n'est pas trop prolongée, en chassant ce gaz par un courant d'air, on peut voir la mobilité reparaître dans ces organismes.

Des amibes placées dans des solutions étendues d'*alcalis* caustiques ont un protoplasme qui se gonfle, puis finit par se dissoudre. On peut souvent remarquer, avant la cessation des mouvements protoplasmiques, l'accélération des mouvements normaux.

FIG. 32.

Cellules de *Tradescantia*, d'après KUHNE.

A, normale; B, excitée par l'électricité.

Les amibes se comportent à peu près de même.

KUHNE a vu des amibes d'eau douce, des Myxomycètes, mourir assez rapidement lorsqu'on les plaçait dans des solutions de *vératrine*, même étendues, dont la réaction alcaline était à peine appréciable, et même dans des solutions neutralisées de cet alcaloïde. Le protoplasme de ces êtres se troublait rapidement, présentait une apparence de coagulation, et finissait par se dissoudre. L'action de cet agent sur les éléments essentiellement mobiles et contractiles est à rapprocher de son action si particulière sur la fibre musculaire.

Les amibes d'eau douce peuvent s'accoutumer à une salure modérée de l'eau ambiante (2,5 p. 100 de NaCl). Si à cette *dissolution saline* de faible titre on ajoute quelques gouttes d'une dissolution saline plus concentrée, on voit les Amibes se contracter violemment. Puis, au bout de quelques minutes, elles reprennent leurs mouvements normaux. Cette expérience d'ENGELMANN montre à la fois l'accoutumance des amibes à un élément salin normal, accoutumance assez rapide, et l'excitation que détermine sur leur masse une variation brusque de la teneur en sel du milieu ambiant.

Parasitisme des amibes. — On trouve diverses espèces d'amibes, parasites des Invertébrés (tube digestif). Outre les *A. Chætognathi* et *pigmentifera*, citées ci-dessus, nous devons signaler les *A. Succineæ, Limax*, parasites de petits Mollusques : *Sphorium, Limax, Succinea; A. blattorum*, hôte fréquent de l'intestin de la Blatte orientale. L'influence pathogénique de ces espèces est plus que douteuse.

Il ne semble pas en être de même des amibes parasites des Mammifères. Les *A. coli vaginalis* sont décrites dans tous les ouvrages de parasitologie humaine. C'est vraisemblablement à tort que l'on a voulu distinguer de l'*A. coli* la forme dite *A. intestinalis*, rencontrée dans l'intestin de l'homme affecté de dysenterie des pays chauds.

La question du rôle pathogénique de l'*Amœba coli*, dans la dysenterie, est encore loin d'être élucidée, malgré les expériences de culture et d'infestation expérimentale.

Nous pouvons à peine citer les noms des auteurs qui se sont occupés de la question et nous nous contenterons de renvoyer le lecteur aux plus récents mémoires.

CELLI. *Congrès international d'hygiène de Budapest*, 1894. — BABÈS et SIGURA (*Arch. méd. expériment.*, nov. 1894). — COUNCILMAN (*Bost. med. and. Surg. journ.*, 1892). — FINAGLIA (*Congrès de la Société italienne de méd.*, 1891). — KARTULIS (*Centralbl. f. Bakt.*, 1891. — *Zeitschr. f. Hygiene*, 1893, t. I. — A. V., 1886, p. 524). — LŒSCH (A. V., t. LXV).

Maggiora (*Centralbl. f. Bakt.*, 1892, p. 173). — Posner (*Berl. klin. Woch.*, n° 28).

Culture des amibes. — La culture *in vitro* des amibes, isolées à l'état de pureté, permettrait aux physiologistes d'avoir à leur disposition un organisme animal aussi simple que possible, parfaitement apte à servir de sujet d'expérience, dans l'étude des diverses propriétés physiologiques du protoplasme. Après des essais infructueux de Kovacs, Kartulis (*loc. cit.*) y a réussi, à l'aide de la technique suivante : Il fait bouillir, pendant un quart d'heure, 20 à 30 grammes de paille fraîche dans 2 litres d'eau, puis il filtre le liquide et le stérilise. Le liquide placé dans des vases à col large ou dans des ballons de la contenance de 50 à 100 c³, est ensemencé avec de petites quantités de mucus, provenant de l'intestin d'un dysentérique, et renfermant des amibes; puis on met en vases à l'étuve à 30° ou 38°. Après [vingt-quatre ou quarante-huit heures, on voit, à la surface du liquide, une fine membrane riche en amibes et en bactéries.

Kartulis n'est jamais arrivé à obtenir des cultures pures d'amibes, lorsque la semence était riche en Bactéries. En ensemençant le pus d'un abcès hépatique, d'origine dysentérique (dans les pays tropicaux, le pus est assez souvent privé de Bactéries), il a obtenu une seule fois une culture pure.

La culture des amibes *in vitro* a été reprise récemment par Celli (*loc. cit.*). Ses expériences lui ont permis de préciser certains points du développement morphologique des amibes. C'est ainsi qu'il a distingué : une phase *amiboïde* que [l'on pourrait qualifier de phase active; une phase de *repos*, qui peut aboutir à une phase de vie latente ou phase kystique, et enfin une phase de *reproduction*.

Pathologie des amibes. Mérotomie. — Il est du plus haut intérêt, pour la physiologie et la pathologie générales, d'étudier les phénomènes pathologiques que présentent les êtres unicellulaires, et en particulier les plus simples de ces êtres : les amibes. Les faits acquis dans cette voie permettent de se faire une idée nette des phénomènes essentiels de la pathologie cellulaire.

Si on coupe une amibe en deux morceaux, il ne se forme, le long de la section, rien de semblable à une plaie; les bords se réunissant immédiatement après le passage de l'instrument tranchant. On obtient deux amibes nouvelles : celle qui a gardé le noyau primitif continue à croître; l'autre moitié, privée du noyau, périt plus ou moins rapidement (Bruno Hofer. *Experimentelle Untersuch. üb. d. Einfluss des Kerns auf das Protoplasma. Ienaische Zeitschrift für Naturwissenchaft*, t. xxiv, 1889, p. 109, pl. iv et v). (Nous voyons par là l'importance prépondérante du noyau dans la vie de cet élément cellulaire.)

On ne peut pas parler ici d'inflammation, consécutive au traumatisme. La lésion est simplement suivie d'une régénération plus ou moins parfaite et facile.

On peut se livrer sur les amibes à des expériences de *mérotomie*. Ce terme, introduit dans la science par Balbiani, désigne l'opération qui consiste à séparer, sur un organisme vivant, un fragment plus ou moins considérable du corps, dans le but d'observer les phénomènes de survie, présentés par cette portion isolée, qui peut recevoir le nom de *mérozoïte*.

Max Verworn (*Biol. Protisten Studien. Zeitschr. f. Wiss. Zool.*, t. xlvi, 1888. — *Psychophysiologische Protisten-Studien. Experimentelle Untersuchungen*, 1889) s'est livré à des expériences de ce genre sur divers Protozoaires, et en particulier sur les Gymno-Amibiens : *Amœba Pelomyxa*, et les Théco-Amibiens : *Difflugia, Arcella*. Il est arrivé à cette conclusion générale : « Tous les fragments sans noyau, jusqu'aux plus petits, après avoir passé par un stade d'excitation, conséquence immédiate de la lésion, stade qui se traduit par la contraction du corps, exécutent exactement les mêmes mouvements que ceux qu'ils exécutaient lorsqu'ils faisaient encore partie de l'animal intact. »

Verworn concluait de ses recherches que le noyau ne présente pas un centre psychique (ou plus simplement de coordination) pour les mouvements. Chaque particule de la masse protoplasmique constitue un centre indépendant, pouvant avoir des mouvements propres, lorsqu'on l'isole du reste de la masse. Tous ces centres sont reliés entre eux, lorsque l'animal est intact, de manière à produire une action harmonique, synergique, des mouvements automatiques, placés eux-mêmes sous la dépendance des excitations physico-chimiques du milieu ambiant.

B. Hofer a étudié, chez *Amœba proteus*, l'influence de la mérotomie sur les mouvements, sur la sécrétion, sur la digestion. Le fragment avec noyau n'est affecté en rien par l'opération, et on ne voit d'abord rien d'anormal se produire ; mais, au bout d'un quart d'heure, les mouvements de ce fragment commencent à se ralentir, et il tend à prendre une forme sphérique. Il est rare que des pseudopodes se forment après la section sur ce fragment. Le mérozoïte anucléé peut contenir la vacuole pulsatile. Les mouvements de celle-ci continuent d'abord, pour se ralentir ensuite et cesser. Si le fragment anucléé n'a pas de vésicule, il s'en forme une à l'intérieur.

L'influence du noyau sur la sécrétion se manifeste d'une façon très nette par la non-production de la substance agglutinante, qui permet à l'amibe intacte de prendre un point d'appui, lorsqu'elle veut émettre des pseudopodes.

Le fragment anucléé, incapable dès lors d'émettre des pseudopodes, ne tarde pas à mourir d'inanition, puisqu'il ne peut plus capturer de proies. Mais, s'il contient des particules alimentaires, ingérées avant la section, celles-ci subissent une digestion lente et incomplète.

Nous avons déjà dit qu'Hofer appréciait le degré de digestion des particules alimentaires, à l'aide du brun Bismarck, en solution faible (1 : 20 000). Par ce procédé, on peut s'assurer que, lorsque les fragments anucléés renferment des aliments abondants, une plus ou moins grande quantité de ceux-ci est rejetée, sans avoir subi de digestion, tandis que, si les aliments sont ténus et rares, ils subissent souvent une digestion complète.

On peut, avec Hofer, conclure de ces observations que les fragments anucléés n'emploient pour la digestion que les sucs digestifs qu'ils contiennent lors de la division, et n'en peuvent pas sécréter une nouvelle quantité, en l'absence du noyau.

Hofer a repris sur le même type d'Amibien les expériences de mérotomie de Verworn, relativement à l'influence du noyau sur les mouvements du protoplasme. Il a constaté que ces mouvements continuent d'une manière très régulière, dans le fragment anucléé. Cet auteur tire de ces observations cette conclusion, que le noyau représente un centre régulateur des mouvements protoplasmiques, qu'il tient sous sa dépendance les actions sécrétoires, mais qu'il est sans utilité pour la respiration et les contractions des vacuoles.

Il est donc en désaccord avec Verworn, au sujet de l'influence du noyau sur les mouvements protoplasmiques, ou plus exactement au sujet de l'interprétation des faits observés. En effet, Verworn a ultérieurement (*Biol. Protisten Studien (II) Zeitschr. f. Wiss. Zool.*, t. L, 1890, p. 44) vérifié les fait observés par Hofer, en étudiant le Théco-Amibien : *Difflugia lobostoma*.

Verworn fait remarquer avec raison que, si le noyau est un centre régulateur de mouvements, il ne peut exercer ses effets après sa suppression. Or le fragment anucléé présente, tout d'abord, des mouvements réguliers. L'activité motrice du protoplasme est sous la dépendance des échanges nutritifs entre lui et le noyau. La persistance temporaire des mouvements du fragment anucléé s'explique ainsi : les propriétés nutritives, c'est-à-dire chimiques, du protoplasme, finissent par s'épuiser après la soustraction du noyau, mais suffisent un certain temps à l'entretien régulier des mouvements.

Verworn et Hofer admettent donc bien tous les deux une action consécutive (*Nachwirkung*). Mais, pour le premier de ces auteurs, cette action est moléculaire (chimique), pour l'autre, elle est dynamique (physique).

Parasites infectant les amibes. — Un être unicellulaire, aussi simple que l'amibe, est-il sujet à des maladies infectieuses, et quels changements l'*infection* est-elle susceptible de produire dans son organisme?

Metchnikoff a observé chez les amibes une épidémie produite par un organisme très simple, en forme de cellule ronde, munie d'une mince enveloppe et d'un noyau, susceptible de se multiplier par division. En observant les amibes, on voit souvent leur masse renfermer, outre les Diatomées dont elles font leur nourriture, un petit nombre des cellules rondes que Metchnikoff désigne sous le nom de *Microsphæra*. Rien d'anormal ne se manifeste d'abord dans le protoplasma de l'amibe; mais une observation suivie montre que bientôt les Diatomées ingérées sont détruites par digestion intra-cellulaire, tandis que les Microsphères se développent sans entrave. L'amibe rejette les Diatomées, puis devient de moins en moins mobile, à mesure que les Microsphères se multiplient. L'état de malaise de l'amibe s'accentue, et elle finit par périr.

La Microsphère, si chétive en apparence, peut donc infecter l'amibe, en résistant à sa puissance digestive, à laquelle les Diatomées ne peuvent résister. Quel est le mécanisme de cette résistance? La Microsphère est-elle entourée d'une substance protectrice, ou bien sécrète-t-elle une substance toxique pour l'amibe, capable d'arrêter la sécrétion digestive de cette dernière?

Les relations du protozoaire avec l'être parasite qui l'infeste se résument en une lutte entre les deux êtres. Le parasite attaque son hôte, en sécrétant des substances toxiques ou dissolvantes, en paralysant l'action digestive et expulsive de cet hôte. Celui-ci cherche à digérer et à éliminer le parasite. La lutte entre les deux êtres unicellulaires se réduit donc à une sécrétion de substances chimiques antagonistes, et à la mise en action de la contractilité protoplasmique, qui se manifeste par des phénomènes d'expulsion du parasite.

Des êtres très supérieurs en organisation aux amibes, sous leur forme amiboïde, présentent des phénomènes extrèmement nets de phagocytisme, que l'on pourrait, sans exagération, regarder comme un reste physiologique d'un état ancestral.

Mouvements amiboïdes. — Nous avons déjà parlé des mouvements amiboïdes des amibes proprement dites. Ils se retrouvent avec les mêmes caractères chez tous les êtres qui présentent dans les phases de leur développement un état amiboïde. Mais ce sont surtout les leucocytes qui ont servi de sujets d'étude pour élucider les diverses particularités de ces mouvements.

Les mouvements amiboïdes ont été observés d'abord sur les amibes, par DUJARDIN, en 1835, qui les désigne sous le nom de mouvements *sarcodiques*.

Découverts par WHARTON JONES, en 1846, sur les leucocytes, ils ont été étudiés par DAVAINE, et surtout par RECKLINGHAUSEN et RANVIER; ils sont particulièrement faciles à étudier chez les Vertébrés à sang froid : Grenouille, Triton.

Si l'on transporte une goutte de lymphe sur une lame de verre, on voit les globules blancs revenir sur eux-mêmes par une sorte de contraction. Par le fait du changement de milieu, ils éprouvent un arrêt de mouvement. Cet arrêt n'est que temporaire, et bientôt on voit les globules changer lentement de forme, et pousser une expansion en forme de bourgeon dans un sens déterminé. Cette expansion s'accroît, puis se ré-

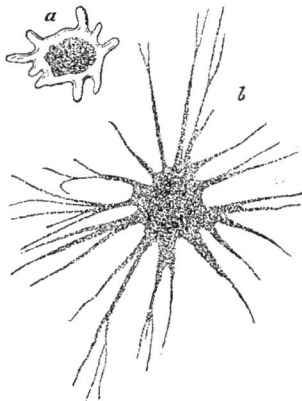

FIG. 33.

a, mouvement sarcodique; b, mouvement filamenteux.

tracte, change de forme, devient bifide ou trifide, en même temps que d'autres expansions se produisent en d'autres points du globule. Celui-ci se déforme lentement, et peut parfois présenter un mouvement sur place. Mais chez la plupart des globules les mouvements amiboïdes déterminent un déplacement dans un sens donné. Les expansions des leucocytes méritent donc bien, comme celles des amibes, le nom de *pseudopodes*.

Les leucocytes enfermés entre une lame de verre et la lamelle couvre-objet présentent naturellement des mouvements d'expansion et de déplacement, surtout dans le sens de l'espace libre, c'est-à-dire latéralement. Mais, perpendiculairement aux lames limitantes, naissent aussi des pseudopodes courts, changeant lentement de dimensions, et s'insérant sur des points variables de la surface du leucocyte.

La tendance que présentent souvent les leucocytes à s'étaler en nappe mince sera mieux décrite à l'article **Leucocytes**. Cette déformation particulière ne pourrait être qualifiée de mouvement amiboïde que par un véritable abus de langage.

Cette forme de pseudopodes, que nous venons de décrire, a reçu le nom de *pseudopodes en nappe*.

Les leucocytes de certains Batraciens (en particulier du *Triton cristatus*) présentent des pseudopodes, en forme d'épines, de baguettes hyalines, d'apparence rigide. Ce sont de véritables *rhizopodes* comme on en rencontre chez les Protozoaires. On les a appelés encore *pseudopodes en aiguilles*. On les rencontre aussi dans les leucocytes des crustacés Décapode (Écrevisse, Homard).

L'influence de divers agents physico-chimiques sur les mouvements amiboïdes n'est pas foncièrement différente de celle exercée par ces agents sur les mouvements de protoplasme en général (Voy. **Cellules, Leucocytes**).

On peut rattacher aux mouvements amiboïdes les mouvements de reptation des leucocytes à la surface des corps solides, lorsqu'ils sont placés dans des conditions favorables. Ces mouvements sont mis en évidence par l'expérience classique de la moelle de sureau, taillée en petit cylindre, et introduite dans le sac lymphatique dorsal d'une grenouille. Ce cylindre est bientôt imbibé de lymphe, et, sur des coupes transversales, menées perpendiculairement à son axe, on voit que les leucocytes ont pénétré à l'intérieur des cellules végétales mortes qui constituent la moelle. Les rangées périphériques de cellules renferment des leucocytes, tandis que les assises centrales sont simplement remplies de plasma. Les mouvements amiboïdes des leucocytes sont d'autant plus vifs que l'on examine des cellules situées plus près de la périphérie (RANVIER).

Dans les cellules qui confinent à la région centrale de la moelle, les leucocytes ont pris la forme ronde et ont subi la dégénérescence graisseuse; ils sont morts, transformés en globules de pus. Les cloisons des cellules de la moelle sont munies de perforations, qui ont servi de passage aux leucocytes pour pénétrer à l'intérieur des cellules. Parvenus dans les cellules profondes, les leucocytes n'ont pas conservé assez de vitalité pour pouvoir traverser la moelle de part en part, et ils ont dégénéré dans ce milieu défavorable à leur vie. Les préparations de la moelle de sureau ainsi mise en expérience, fixées par l'action de l'acide osmique, sont des plus instructives. On voit, dans les cellules périphériques, les leucocytes fixés avec leurs expansions pseudopodiques, plus intérieurement une couche de cellules à leucocytes doués d'une plus faible activité amiboïde, plus profondément encore, la zone des cellules à leucocytes arrondis, ayant subi la dégénérescence graisseuse, et alors teintés en noir par l'acide osmique.

On peut admettre que, dans cette expérience, la cause qui a diminué les mouvements amiboïdes des leucocytes situés dans les couches profondes de la moelle, et amené leur dégénérescence finale, est le manque d'oxygène.

Action de l'oxygène sur les mouvements amiboïdes. — La présence de l'oxygène est absolument indispensable à l'activité des éléments amiboïdes.

Une expérience simple le démontre. Dans une préparation de lymphe, lutée à la paraffine, dépourvue de toute bulle d'air, les mouvements amiboïdes des leucocytes sont d'abord énergiques. Cette préparation, maintenue en chambre humide, de façon à éviter toute évaporation, montre bientôt des éléments revenus a la forme ronde, parfois à contours anguleux, mais privés de toute espèce de mouvements. Si l'expérience se prolonge peu, et que l'on soulève la lamelle couvre-objet, pour faire rentrer quelques bulles d'air, les mouvements amiboïdes reprennent peu à peu, puis sont plus accusés, finalement très énergiques autour des bulles d'air. L'oxygène est donc un véritable excitant de l'activité des leucocytes. Si, sans soulever la lamelle, on place sur la platine, chauffée à 30°, la préparation à leucocytes immobiles, on voit réapparaître les mouvements. La chaleur réveille donc aussi l'activité des leucocytes.

L'action de l'oxygène sur le phénomène qui nous occupe est d'ailleurs bien mise en évidence par l'expérience suivante de RANVIER (*Traité technique d'histologie*, pp. 162-163). On dispose, dans la chambre humide et aérée, une goutte de lymphe. Au bout de 24 heures, on voit que les globules placés à la périphérie de la préparation, c'est-à-dire au contact de l'air, présentent d'actifs mouvements amiboïdes, tandis que ceux situés au centre ont revêtu une forme plus ou moins sphérique, immobile. De plus, les leucocytes sont accumulés en grand nombre, le second jour de l'expérience, à la périphérie de la préparation. Il y a une véritable attraction exercée par le milieu aéré sur les leucocytes, primitivement épars uniformément dans la goutte de lymphe.

L'oxygène est également nécessaire à la vie des leucocytes des mammifères. Une préparation de lymphe de chien, privée d'air, ne montre plus, au bout de 24 heures, que des leucocytes à forme ronde, dont l'activité ne peut plus être réveillée, même par une élévation de température. Au bout du même laps de temps, une préparation placée dans la chambre humide, au contact de l'air, possède des leucocytes extrêmement actifs.

La lymphe du canal lymphatique est très pauvre en oxygène (HAMMERS). Recueillie (en évitant tout contact avec l'air), on la voit posséder des leucocytes inertes, qu'une température de 38° ne réveille que tardivement et peu. A cause de cette pauvreté en oxygène des canaux collecteurs de la lymphe, les leucocytes qui s'y trouvent perdent momentanément leur propriété d'adhérence et de mobilité. Ce fait a une grande importance : il assure le débit régulier de la lymphe dans ces canaux collecteurs, qui autrement risqueraient d'être obstrués par les leucocytes, agglomérés ou adhérents aux parois.

Influence de la température. — On peut observer l'influence de la température sur les mouvements amiboïdes en plaçant une goutte de lymphe de grenouille en chambre humide, et en élevant progressivement la température. Une élévation modérée de température (10°-30°) active les mouvements. Au-dessus de 41-42°, les leucocytes sont frappés d'immobilité et subissent diverses altérations pathologiques. MAUREL a publié divers mémoires intéressants (1888-1894) sur ces influences thermiques.

La présence de l'oxygène, une certaine élévation de la température ne sont pas les seules conditions indispensables à l'activité amiboïde des leucocytes. Pour que leur activité se manifeste, il faut encore qu'ils se trouvent maintenus dans leur plasma normal : sang ou lymphe. Vient-on à délayer une goutte de lymphe dans l'humeur aqueuse de la grenouille, les mouve-

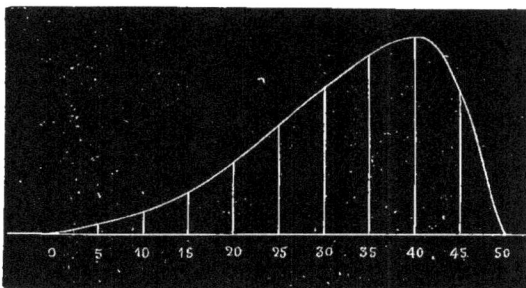

Fig. 34.

Influence de la chaleur sur la motilité des cellules (schéma). A 40°, maximum d'activité ; 50°, mort ; 0°, immobilité. (D'après Ch. RICHET.)

ments amiboïdes des leucocytes ne tardent pas à disparaître, et ceux-ci présentent bientôt des altérations pathologiques.

L'activité des leucocytes des vertébrés à sang chaud ne se manifeste qu'à la température caractéristique de l'animal considéré. Les mouvements amiboïdes se montrent nettement dans une préparation de lymphe de lapin, maintenue à 20° (RANVIER). Les leucocytes émettent, dans ces conditions, des pseudopodes en nappes ou des pseudopodes en aiguilles, plus ou moins ramifiés. A 32°-35°, ces mouvements sont très rapides, les pseudopodes rentrent dans la masse du leucocyte, et se produisent à ses dépens avec la plus grande rapidité. Au-dessus de 40°, les leucocytes meurent.

Influence de l'électricité. — L'action des courants faradiques sur les leucocytes de la grenouille ont été étudiés par divers auteurs. Si l'on vient à exciter un leucocyte par un seul choc d'induction, il présente, comme les amibes, une courte période (1/4 de minute à 1 minute) d'excitation latente, puis ses prolongements aigus (pseudopodes en aiguilles) rentrent peu à peu dans la masse totale. Lorsque l'excitation est plus forte, la masse totale peut prendre rapidement la forme sphérique, conserver cette forme pendant quelque temps, puis revenir à l'état initial.

Si l'on augmente encore l'intensité de l'excitation, on voit tout d'abord la masse du leucocyte revêtir brusquement la forme sphérique, puis, sur un point de cette masse, apparaît une vacuole réfringente, qui s'accroît peu à peu, pour décroître ensuite, tandis que, en d'autres points de la masse, apparaissent d'autres vacuoles. Cette sorte de remaniement interne de la masse protoplasmique détermine des modifications rapides et frappantes de la forme du leucocyte. Au bout d'un certain temps, ce phénomène s'atténue ; les vacuoles sont résorbées, et on voit réapparaître des pseudopodes en aiguille, répartis à la surface, d'une façon irrégulière, comme à l'état normal.

Il est possible d'observer les mouvements amiboïdes même sur les leucocytes de la lymphe humaine. Une goutte de sang humain défibriné, placée à l'air, dans la chambre humide, contient un assez grand nombre de leucocytes, dont les mouvements amiboïdes s'effectuent à 32° et persistent jusque vers 40°, tout comme chez le lapin et le chien.

Quant aux phénomènes généraux qui résultent, nous renvoyons aux articles **Diapédèse**, **Phagocytisme**, etc.

A côté du mouvement amiboïde proprement dit, il y a lieu de distinguer avec Schultze un mouvement *filamenteux* qui s'observe aussi chez certains êtres amibiformes : surtout les Rhizopodes et les Radiolaires. Le protoplasme semble glisser au dehors de la cellule et former des expansions radiées extrêmement fines (Voir des détails intéressants sur ce mouvement particulier dans l'article de Engelmann, *in H. H.*, t. i, pp. 344 et 519). L'étude des cils vibratils (voir ce mot) se rattache aussi par certains côtés au mouvement amiboïde.

Plasmode. — On conçoit que, si plusieurs amibes viennent à fusionner leurs masses respectives, les propriétés de la masse totale résultante ne soient pas modifiées.

Une semblable masse se rencontre fréquemment dans la nature : c'est le *plasmode* des Myxomycètes. L'étude de ces propriétés physiologiques est-elle inséparable de celle des propriétés des amibes. Elle est d'autant plus importante, que nombre des propriétés essentielles du protoplasme ont été particulièrement étudiées chez les plasmodes.

Passer de l'étude des propriétés de l'amibe à celle des propriétés du plasmode, c'est passer insensiblement, de l'étude des propriétés d'un être unicellulaire à celle d'un être pluricellulaire, particulièrement favorable aux études expérimentales; car il présente la masse protoplasmique la plus grande que l'on puisse rencontrer dans la nature.

Le plasmode est, en somme, un état amiboïde colossal, résultant de la fusion de zoospores de Myxomycètes, renfermant une grande quantité de noyaux, plongés dans un protoplasme commun.

Propriétés physiologiques du plasmode. — Dans l'étude des propriétés physiologiques du plasmode, nous retrouvons toutes celles qu'on a constatées chez les Amibes.

Motilité. — Ramifié dans les différentes directions, il peut se déplacer à la surface des objets, présenter des mouvements amiboïdes sur les bords de son ectoplasme, tandis que son endoplasme se montre affecté de mouvements rapides, comparables à ceux de la lave volcanique.

Digestion intra-cellulaire. — Si les corps englobés sont des grains d'amidon ou des cellules végétales (bactéries, levures), on les voit souvent sortir des myxamibes ou des plasmodes, sans paraître avoir subi d'altérations. Les plasmodes englobent, à la façon des amibes, les corps solides qui se trouvent à leur portée, et, s'ils sont alibiles, les digèrent à l'aide d'un ferment et d'un acide.

Les zoospores amiboïdes du *Physarum tussilaginis* sont parfois remplies de bactéries (Saville Kent). Les bactéries, saisies par les pseudopodes de divers Myxomycètes, à l'état de zoospores, sont entraînées dans l'intérieur de la masse protoplasmique, et englobées dans des vacuoles nutritives. Elles finissent par s'y dissoudre presque entièrement. C'est ainsi qu'une zoospore de *Chondrioderma difforme* digère totalement deux grands bacilles, dans l'espace d'une heure et demie.

Il y a longtemps déjà qu'un ferment peptique a été trouvé dans le plasmode par Krukenberg (*Unters. Physiol. Inst. d. Univ. Heidelberg*, t. ii, 1878, p. 173). La présence d'un acide y a été démontrée plus récemment (*Ann. Inst.* Pasteur, 1889, p. 25).

Les résidus de la digestion et les corps non alibiles sont rejetés à l'extérieur, et forment ainsi des traces, indiquant les endroits où a passé le plasmode, dans ses mouvements de déplacement.

Propriétés chimiotactiques. — Le plasmode présente une propriété dont l'étude est capitale aussi bien pour la physiologie que pour la pathologie générale : la *chimiotaxie*. Cette propriété n'a pas été reconnue jusqu'ici chez les amibes, peut-être à cause de manque de recherches dans cette direction.

Dès 1884, Stahl montre que la décoction de feuilles mortes (substratum de nombreux Myxomycètes) attire les plasmodes, tandis que d'autres solutions (sels, sucre) les repoussent. Cet auteur donna à ces phénomènes le nom de *trophotropisme* : *positif* en cas d'attraction, *négatif* en cas de répulsion, les reliant ainsi aux phénomènes de nutrition (*Bot. Zeit.*, nos 10-12, 1884).

Lorsque Pfeffer eut démontré que les anthérozoïdes de divers cryptogames sont attirés par les archégones de ces plantes, on vit clairement que ces phénomènes d'attraction par les substances chimiques pouvaient n'affecter aucun rapport avec les phénomènes de nutrition, et le nom de trophotropisme disparut pour être remplacé par celui plus général de *chimiotactisme* ou *chimiotaxie*.

Metchnikoff a quelque peu étendu les recherches de Stahl sur la sensibilité chimiotactique des plasmodes (*Pathol. comparée de l'inflammation*, p. 42). Il place plusieurs échantillons de plasmode du *Didymium farinaceum* dans des solutions de sulfate de quinine à 0,1 ; 0,01 ; 0,05 ; 0,005 ; 0,0005 p. 100. Ces dernières solutions n'empêchent pas le plasmode de s'approcher d'elles, et même de pousser quelques prolongements à leur surface. Les trois premières, au contraire, repoussent énergiquement le plasmode. Ce dernier apprécie donc des différences de 0,05 à 0,005 p. 100 dans les proportions pondérales de sulfate de quinine en solution.

Mais, fait encore plus intéressant, le plasmode, comme les autres organismes inférieurs, s'accoutume graduellement à des solutions qu'il évitait primitivement. Le fait a été observé, la première fois, par Stahl. Le plasmode de *Fuligo septica* s'éloigne d'abord d'une solution de sel marin à 2 p. 100 et au-dessous ; puis, après avoir subi, à un certain degré, le manque d'eau, il finit par s'adapter, et plonge ses pseudopodes dans la solution salée. Sous l'influence de l'accoutumance, il s'est donc produit des changements inappréciables à nos sens dans le protoplasme, d'où résulte une inversion des propriétés chimiotactiques.

Ce fait est d'une importance capitale, aujourd'hui que l'on fait jouer un si grand rôle à la chimiotaxie positive ou négative des leucocytes, dans la lutte de l'organisme contre les agents infectieux. Son étude approfondie s'impose donc. On peut faire à ce sujet une expérience intéressante (Metchnikoff). Un plasmode de *Physarum* est étalé sur une lame, dans un bocal contenant une solution à 0,3 p. 100 de NaCl. Le plasmode s'éloigne aussitôt du niveau du liquide. On le transporte alors dans un autre bocal renfermant une solution du même sel à 0,2 p. 100. Le plasmode, d'abord repoussé, s'approche de la solution au bout de plusieurs heures. On remet alors le plasmode dans le vase avec une solution à 0,3 p. 100. Le plasmode s'éloigne du liquide, au lieu de s'en approcher ; au bout de douze heures, il finit par redescendre au niveau du liquide, mais sans y plonger ses prolongements.

On peut également, avec le même auteur, placer sur un porte-objet un plasmode de *Physarum*, à égale distance de deux cristallisoirs remplis ; l'un, d'une vieille infusion de feuilles sèches où pullulent les bactéries, l'autre, de la même infusion, préalablement filtrée avec soin. Les deux extrémités du plasmode sont réunies chacune par un papier buvard à l'une des solutions : le plasmode se dirige vers la bande de papier imprégnée de solution filtrée. Le plasmode fuit donc un liquide chargé de bactéries.

Répétons la même expérience avec une infusion très fraîche de feuilles mortes dans l'eau froide. Cette fois, le plasmode se dirige vers la vieille infusion, riche en bactéries. Ce résultat semble dû à ce que l'infusion fraîche ne renferme pas de substances nutritives dissoutes, au moins en quantité suffisante.

De deux infusions, l'une non nutritive, l'autre nutritive, mais chargée de bactéries, le plasmode préfère la première ; mais de deux infusions nutritives, dont l'une est plus riche en bactéries que l'autre, le plasmode évite la plus chargée en bactéries.

La chimiotaxie négative est donc pour le plasmode un moyen d'éviter les agents nuisibles : agents chimiques, et aussi êtres vivants sécrétant des substances chimiques nocives. Il semble plausible de supposer que cette propriété peut préserver le plasmode contre l'attaque d'autres organismes, notamment d'organismes parasites et pathogènes.

Si cette propriété chimiotactique n'existait pas réellement chez les amibes (ce dont il est encore permis de douter), nous assisterions à un perfectionnement très marqué dans l'évolution défensive du protoplasme contre les agents nocifs, en passant des amibes au stade amiboïde des Myxomycètes.

Sensibilité aux agents physiques. — Le plasmode est sensible à *l'humidité*. Il fuit une humidité trop grande : c'est ainsi que si le plan où se meut le plasmode offre à sa surface des places sèches et des places humides, il ne sort que sur des places sèches. Sitôt que l'on mouille ces places, le plasmode s'enfonce dans les profondeurs.

Le plasmode est *phototactique*. Attiré par une lumière de faible intensité, il est repoussé par une radiation plus vive, et même par la lumière diffuse du jour. L'insolation directe le fait fuir, et même la formation de granules à son intérieur, sous cette influence, est un indice de la nocivité de cette insolation directe. Pour une lumière d'intensité moyenne, le plasmode est indifférent. La réaction phototactique du plasmode varie donc, et même change de sens, suivant l'intensité des rayons lumineux qui agissent sur lui (BARANETZKY. *Infl. de la lumière sur les plasmodes de Myxomycètes : Mém. de la Soc. des sc. nat. de Cherbourg*, t. XIX, p. 321, 1876). Ces mouvements phototactiques ne sont sous la dépendance que des radiations de la portion la plus réfrangible du spectre, à partir du bleu jusqu'à la limite de l'extrême violet. On s'est borné à constater que les mouvements phototactiques s'opèrent aussi bien derrière une dissolution ammoniacale d'oxyde de cuivre, que dans la radiation totale, tandis qu'il n'y a plus de manifestations phototactiques derrière une dissolution de bichromate de potasse. Les plasmodes d'*Aethalium* n'émettent, en rampant à la lumière, que des prolongements courts et pressés; dans l'obscurité, au contraire, ils émettent des ramifications longues, étroites et minces.

Le plasmode est sensible à la *pesanteur*, il est *géotactique*. Il s'élève en grimpant le long des parois verticales humides, soulevant ainsi son propre poids. Si on le place sur un disque vertical tournant, sous l'influence de la force centrifuge, il se dirige vers le centre du disque. Le plasmode est donc négativement géotactique (ROSANOFF. *De l'influence de l'attraction terrestre sur la direction des plasmodes des Myxomycètes : Mém. de la Soc. des sc. nat. de Cherbourg*, t. XIV, 1869).

On peut réaliser facilement toutes ces expériences, en faisant arriver le plasmode sur une feuille de papier humide : il s'y étale en rampant. En découpant cette feuille avec des ciseaux, on peut tailler le plasmode en morceaux réguliers, qui jouissent des mêmes propriétés que la masse totale du plasmode, et peuvent servir à diverses expériences physiologiques.

Le plasmode des Myxomycètes réagit énergiquement aux *excitations électriques*. KUHNE l'a montré par une intéressante expérience. Il prend un plasmode et en remplit un fragment d'intestin d'hydrophile. Cette sorte de cylindre vivant réagirait à l'électricité, comme pourrait le faire un muscle véritable.

Comme l'a dit ENGELMANN, on a attribué à cette expérience de KUHNE une importance qu'elle n'avait pas. En effet cette masse protoplasmique n'a peut être pas conservé toutes ses propriétés physiologiques normales. Le plasmode a été fragmenté mécaniquement, ses fragments ont été imbibés d'eau : or il suffit de meurtrir une masse plasmodiale pour voir, même à l'œil nu, s'opérer un changement dans sa constitution, changement trahi par la mise en liberté et l'expulsion, sous forme de gouttelettes plus ou moins volumineuses, de l'eau primitivement incluse dans la masse plasmodiale. De plus, en admettant que l'on puisse négliger cette altération traumatique, le soi-disant muscle artificiel ne sera qu'un agrégat d'amibes, et la contraction simultanée de tous ses éléments constituants ne le fera pas varier sensiblement de forme.

Si, après avoir soumis le muscle artificiel à un certain nombre d'excitations, on le vide de son contenu plasmodial, on voit que son contenu offre une structure très anormale. Il se compose de masses tuberculiformes isolées, de bulles et de granules libres. Loin donc de représenter une sorte de tissu musculaire, cette masse a même perdu la structure du protoplasme normal.

Le plasmode des Myxomycètes semble réagir aux courants faradiques, de la même façon que les amibes, mais ici les phénomènes sont plus compliqués, parce que, à cause même de l'étendue de la masse plasmodiale, l'excitation ne peut porter que sur une portion limitée du plasmode.

Composition chimique du plasmode. — C'est sur le plasmode de *Fuligo septica* que l'on a, pour la première fois, déterminé la composition chimique du protoplasme. Mais il est à remarquer que, dans cet état de plasmode, la masse protoplasmique a accumulé de nombreuses réserves. Le plasmode est dépourvu de membrane et de suc cellulaire.

Il se compose (REINKE, *Bot. Zeit.*, 26 nov. 1880), pour 100 de matière sèche, de 30 de substances azotées, 41 de substances ternaires, et 29 de cendres.

Les matières azotées sont : vitelline, myosine, peptone, pepsine, lécithine, guanine, sarcine, xanthine, carbonate d'ammoniaque). Les matières ternaires : paracholestérine, une résine, des corps gras ou autres et des acides gras (oléique, stéarique, palmitique). Les substances minérales : sels de chaux, lactate et sels des acides gras, acétate, formiate, oxalate, phosphate, sulfate, carbonate, phosphates de potasse et de magnésie, chlorure de sodium, sels de fer. 54 p. 100 des cendres sont formées de carbonate de chaux, chez les *Fuligo* et d'autres Myxomycètes.

Réactions pathologiques du plasmode. — Le plasmode des Myxomycètes est un excellent sujet d'étude, pour arriver à connaître certains phénomènes de la vie pathologique du protoplasme. Métchnikoff (*loc. cit.*) a institué sur ce point quelques expériences que nous devons relater brièvement.

Introduisons dans la masse plasmodiale un corps étranger, solide et inerte, par exemple un tube de verre. Ce traumatisme déchire une partie du plasmode, qui se répand dans le milieu ambiant. Le tube de verre séjourne quelque temps dans la masse protoplasmique, qui ne semble pas être affectée par la présence de ce corps étranger ; puis il est rejeté comme un corps inerte.

Touchons la partie centrale du plasmode avec une tige de verre chauffée. Sous l'influence de cette excitation thermique, la partie touchée meurt, et se distingue nettement de la partie périphérique, restée indemne. Au bout d'un certain temps, le fragment nécrosé est éliminé, comme un corps étranger quelconque.

Les excitants agissent encore plus énergiquement. Touchons le bord du plasmode avec un petit fragment de nitrate d'argent, puis lavons immédiatement avec une solution de 1 p. 100 de NaCl, de façon à précipiter le nitrate d'argent dissous.

La portion touchée par le nitrate meurt, et se détache du reste du plasmode, au bout d'un certain temps. Mais, de plus, le plasmode réagit immédiatement à cette excitation chimique. Lors de l'attouchement avec le sel caustique, les mouvements protoplasmiques étaient dirigés dans un certain sens ; les granulations protoplasmiques se dirigeaient, par exemple, du centre vers la périphérie (point cautérisé). Sitôt l'excitation perçue par le protoplasma, les mouvements des granulations protoplasmatiques subissent une inversion de sens : les granulations se dirigent de la périphérie vers le centre.

Les excitations irritantes provoquent donc dans le plasmode des phénomènes d'attraction (assez semblables à ceux qui accompagnent l'ingestion d'une proie) et des phénomènes de répulsion. Ces phénomènes pathologiques ne diffèrent donc en rien, dans leur essence, des phénomènes physiologiques normaux.

Depuis longtemps Stahl avait fait remarquer que les plasmodes ne sont jamais attaqués par les parasites. Il explique ce fait par leur mobilité facile, et leur propriété de rejeter en dehors les corps étrangers, propriété en relation avec la digestion intracellulaire des particules solides. Pfeffer (*Ueber Aufnahme und Ausgabe ungelöster Körper : Abhandl. d. mathem. phys. Cl. der. K. Sachs. Gesell. d. Wissensch.*, t. xvi, 1890, p. 161) a vu les plasmodes de *Chondrioderma* rejeter les Pandorines et les Diatomées à l'état vivant. On n'a cependant pas encore fait d'observations directes sur l'expulsion des parasites par les plasmodes.

L'exemple des Amibes, infestées par les *Microsphæra*, montre d'ailleurs que certains parasites peuvent résister aux propriétés expulsives que le protoplasme manifeste vis-à-vis des corps étrangers, peut-être en paralysant, à l'aide d'un produit de sécrétion, ces propriétés expulsives.

État amiboïde de divers types animaux et végétaux. — Un grand nombre de types animaux et végétaux présentent pendant une portion de leur existence un état nettement amiboïde.

Certaines Grégarines (*Porospora*) ont une phase nettement amiboïde dans leur développement. C'est sous la forme d'un corpuscule amiboïde que les Coccidies proprement dites envahissent les cellules épithéliales. Semblable forme, que l'on pourrait qualifier du nom de forme agressive (vis-à-vis des cellules de l'organisme parasité) s'observe également chez les Sarcosporidies (*Sarcocystis*).

Les Myxosporidies se présentent, pendant les premières phases de leur développement, sous forme de petites masses amiboïdes, à mouvements énergiques. Il semble même que plusieurs de ces masses élémentaires se fusionnent finalement en un véritable plasmode, qui s'enkyste, et au sein duquel se développent les Psorospermies.

Les spores des Microsporidies, et en particulier celles du *Microsporidium Bombycis*, germent, en laissant échapper leur contenu protoplasmique, sous forme d'une petite masse amiboïde (Voir **Sporozoaires**).

Chez les Sporozoaires sanguicoles existeraient aussi des phases amiboïdes, fort intéressantes, au point de vue de l'organisation et du rôle pathogénique de ces êtres (Voir **Hématozoaires**).

L'œuf des Éponges (*Halisarca*), même à l'état de maturité, est animé d'actifs mouvements amiboïdes, qui lui permettent de ramper à la surface des cavités internes de l'animal mère ; aussi l'a-t-on pris longtemps pour une amibe parasite. L'ovule des Éponges est d'ailleurs un élément mésoblastique, à propriétés plus ou moins amiboïdes, d'abord indifférent, puis ayant subi une différenciation nouvelle.

Il est fort intéressant de constater que chez les plus inférieurs des Métazoaires, les cellules épithéliales conservent encore des propriétés amiboïdes chez les Spongiaires, où il existe nettement trois feuillets différenciés, (dont le moyen est constitué essentiellement par des amibocytes), l'ectoderme est formé de cellules épithéliales plates, visiblement contractiles. Il semble qu'il y ait là une suite d'un état amiboïde primordial, qui n'aurait persisté chez l'animal différencié que dans la seule couche soustraite à l'action directe des agents extérieurs, c'est-à-dire dans le mésoderme. Lorsqu'on examine de jeunes Spongiaires, on voit sur leurs bords libres des prolongements amiboïdes, appartenant aux éléments ectodermiques. La contractilité de ces cellules joue un rôle évident dans l'ouverture des pores, répartis à la surface de l'éponge, et apparaissant entre deux ou plusieurs cellules plates ectodermiques. Ces pores s'ouvrent, en livrant passage à un courant d'eau qui tient en suspension les corpuscules amenés par l'eau ambiante.

Phénomène remarquable, les Éponges maintiennent leurs pores fermés pour empêcher l'accès de substances nuisibles, non seulement sous forme de granules, mais aussi les substances en solution. Les solutions toxiques (de morphine, strychnine, vératrine) amènent le resserrement des pores, qui ne s'ouvrent qu'au bout d'un certain temps (DE LUNDENFELD. *Experiment. Untersuch. über die Phys. der Spongien. Zeit. f. wiss. Zool.*, t. XLVIII, 1889).

L'analogie avec les propriétés des plasmodes de Myxomycètes est évidente : nous nous trouvons en présence des mêmes propriétés chimiotactiques, mais la réaction est différente. La cause de cette différence est toute mécanique : le plasmode est mobile, il fuit l'agent nuisible ; la cellule ectodermique de l'Éponge est reliée intimement à ses congénères, elle n'est mobile qu'à sa surface libre (bords du pore), et c'est en manifestant sa mobilité en ce point qu'elle agrandit ou rétrécit l'orifice, susceptible de livrer passage à l'agent nuisible.

Nous voyons ici le passage insensible de l'élément anatomique amiboïde à l'élément épithélial ; de même que nous avons vu plus haut le passage du pseudopode au cil vibratile.

L'œuf de l'Hydre d'eau douce est une véritable amibe de grande taille, dont la masse est gorgée de granulations vitellines, et de grains colorés en vert par la chlorophylle (zoochlorelles).

Les spermatozoïdes des Nématodes sont dépourvus du filament caudal, si caractéristique des spermatozoïdes des autres animaux. Privés de cet organe de locomotion, ils ne peuvent progresser que grâce à des mouvements amiboïdes, et parviennent ainsi jusqu'au sommet de l'utérus de la femelle. Chez les Strongylides, les changements de forme des spermatozoïdes sont tellement accusés qu'ils rendent parfois ces éléments méconnaissables.

Certains éléments épithéliaux peuvent émettre des prolongements qui ressemblent plus ou moins à des pseudopodes amibiformes. Si on examine la vésicule séminale de l'*Ascaris lumbricoïdes*, on voit ainsi les cellules épithéliales qui la tapissent émettre des ramifications changeant de forme lentement (LEUCKART). Ces pseudopodes épithéliaux doivent jouer le rôle des cils vibratiles absents, et aider à la progression du sperme. Ce serait pour ainsi dire un terme de passage, au point de vue morphologique, entre les pseudopodes typiques et les cils vibratiles, qui peuvent être considérés comme de simples modifications des premiers. Il serait fort intéressant de rechercher si ces éléments possèdent les propriétés caractéristiques des cils vibratiles, ou celles des éléments amiboïdes. Aucune donnée ne nous permet encore de conclure s'ils constituent également un terme de passage au point de vue physiologique.

Le même fait se retrouve dans l'histoire de certains groupes de champignons.

Les Chytridinées présentent très nettement un état amiboïde. Arrivées au contact du végétal ou de l'infusoire qu'elles infestent, les zoospores perdent chacune leur cil vibratile qu'elles rétractent, et rampent à la surface de l'être parasité, à l'aide de mouvements amiboïdes. Les zoospores des Vampyrellées présentent également une phase amiboïde, et se fusionnent parfois en un plasmode plus ou moins volumineux, avant de se fixer au corps de la plante nourricière. Pendant leur reptation à la surface de l'oogone, les anthérozoïdes se déforment à l'aide de mouvements amiboïdes, chez les *Monoblepharis;* mais ces éléments ne représentent pas des éléments amiboïdes typiques, car ils restent munis d'un assez long cil vibratile.

Chez les Algues, les formes amiboïdes temporaires sont plus rares. Cependant, les spores issues de l'œuf des *Bangia* sont douées d'énergiques mouvements amiboïdes.

Cet état amiboïde pourrait, semble-t-il au premier abord, être regardé comme un reste ancestral. Mais, en réalité, il apparaît beaucoup comme une adaptation à certaines conditions de milieu. La forme amiboïde est avant tout une forme de reptation, qui facilite singulièrement à l'être qui le revêt, la recherche d'un milieu favorable à son évolution ultérieure. Dans certains cas d'ailleurs (Sporozoaires), on pourrait regarder la phase amiboïde surtout comme une forme d'attaque, vis-à-vis des cellules parasitées : nous l'avons dit plus haut.

La fréquence de cette forme amiboïde dans les deux règnes, surtout chez les animaux (amibocytes), est, somme toute, un bel exemple de cette loi, que les nécessités physiologiques déterminent souvent les caractères morphologiques aussi bien des organismes que des éléments anatomiques.

Bibliographie. — Outre les indications données dans le cours de cet article mentionnons : P. ALBERTONI. *Action paralysante de la cocaïne sur la contractilité du protoplasma* (A. B., 1891, t. XV, pp. 1-13). — CRIVELLI et L. MAGGI. *Sulla produzione delle amibe* (*Rendicont. d. R. Ist. Lomb. di sc. e lett.*, 1870, pp. 367-375; 1875, pp. 198-203). — CZERNY. *Einige Beobachtungen uber Amœben* (*Arch. f. meth. An.*, 1869, t. v, pp. 158-163). — GREEFF. *Uber die Erd. Amœben* (*Sitzb. der Ges. zu Marburg*, 1892, pp. 1-26). — HOWARD. *The amœba coli, its importance in diagnosis and prognosis, with the report of two cases* (*Med. News*, 1892, t. LXI, pp. 705-710). — CATTANEO. *Amibocytes des crustacés* (A. B., 1888, t. X, p. 267). — ROVIDA. *Azione delle soluzioni saline concentrati sulle cellule amiboidi* (*Ann. un. di med.*, 1867, pp. 591-605). — L. UNGER. *Amœboïde Kernbewegungen in normalen und entzundeten Geweben* (*Med. Jahrb.*, 1878, t. VIII, pp. 393-407).

F. HEIM.

Appendice. — Au moment où cette feuille allait être tirée, paraissait un ouvrage important de M. VERWORN, dont les travaux ont été cités plusieurs fois dans le cours de cet article (*Allgemeine Physiologie, ein Grundriss der Lehre vom Leben*, Iéna, Fischer, 1895, in-8°, 584 pp., 270 fig.). La physiologie des amibes y est traitée d'une manière beaucoup plus complète qu'elle n'avait pu l'être jusqu'à présent. C'est un traité de physiologie générale qui a pour base la physiologie des êtres inférieurs, amibes, leucocytes, cils vibratiles, protistes, rhizopodes, etc. On consultera notamment la fig. 15 (p. 79), qui indique admirablement les modifications de l'amibe pendant la progression ; plus loin, dans le chapitre V, il faudra lire le § 4 et le § 5 (pp. 439-446), où sont traités le thermotropisme et le galvanotropisme des amibes, avec d'excellentes figures. Notamment la fig. 215 (p. 443) montre le galvanotropisme de l'*Amoeba diffluens* qui se dirige énergiquement par de vigoureux pseudopodes vers le pôle négatif. De même (fig. 216), fait *Polytoma uvella*. L'auteur a aussi donné des figures qui représentent l'amibe ingérant et enveloppant un fragment d'algue (fig. 42, p. 150). On remarquera surtout le chapitre consacré à l'irritabilité des amibes, ainsi que des êtres analogues, où l'auteur donne des conclusions générales intéressantes pour la physiologie des animaux supérieurs.

CH. R.

AMMONIACALE (Fermentation).

AMMONIACALE (Fermentation). — On donne le nom de *fermentation ammoniacale* à la transformation de l'urée en carbonate d'ammoniaque, opérée par des bactéries et quelques mucédinées. Ce n'est probablement qu'une des modalités de la formation d'ammoniaque aux dépens des matières azotées sous l'influence de la vie de beaucoup de microbes, surtout des espèces anaérobies qui vivent aux dépens des albuminoïdes, qu'il y ait ou non, dans ces conditions, production antérieure d'urée.

Cette modification de l'urée parait être une simple hydratation plutôt qu'une transformation véritable. Les chimistes l'obtiennent du reste dans ce sens à l'aide de forces dont ils disposent ; ainsi, en traitant l'urée par les bases énergiques ou en la soumettant à une température élevée, 140°, en présence de l'eau. Ils la formulent de la façon suivante :

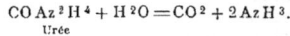

$$CO\,Az^2H^4 + H^2O = CO^2 + 2\,AzH^3.$$
Urée

La fermentation ammoniacale s'observe spontanément dans l'urine exposée à l'air. Ce liquide, dans ces conditions, devient rapidement alcalin et exhale une odeur ammoniacale, en même temps qu'apparait un trouble qui s'accentue de plus en plus.

Il est des conditions pathologiques où cette modification s'opère déjà dans la vessie, l'urine est ammoniacale dès son émission.

Les premiers chimistes qui ont étudié ce phénomène, Vauquelin et Dumas principalement, pensaient que cette transformation était intimement liée à l'altération des matières albuminoïdes ou du mucus de l'urine. Pasteur le premier, en 1862, l'attribua à la présence et au développement, dans le liquide, d'un ferment organisé. Van Tieghem, deux ans après, confirma ces conclusions et précisa les conditions de vie et d'activité du ferment.

Ces observateurs, toutefois, paraissent avoir étudié deux organismes différents. Celui que décrit Pasteur est, en effet, un micrococque formant le plus souvent des diplocoques ou des tétrades ; tandis que celui de Van Tieghem a ses éléments réunis en longs chapelets à courbures élégantes. Du reste, les recherches ultérieures, celles de Miquel en particulier, sont venues confirmer cette pluralité des ferments de l'urée. Dès 1878, Miquel a isolé des eaux d'égout une forme en bâtonnets, un vrai bacille, qui produit énergiquement la transformation ammoniacale de l'urée; depuis, il a reconnu la présence dans l'air, le sol, les eaux, de toute une série de ces agents de fermentation ammoniacale, d'activité variable. De telle sorte que, avec les espèces similaires ou identiques décrites par Leube et Cambier, on peut compter actuellement une vingtaine d'espèces bactériennes qui jouissent bien nettement de cette curieuse propriété.

Ces ferments sont cependant loin de posséder une puissance d'action égale. Beaucoup sont relativement peu actifs ; ceux qui possèdent l'activité la plus grande sont encore le micrococcus étudié par Pasteur et le bacille décrit en premier lieu par Miquel.

Les microbes de la fermentation ammoniacale de l'urée sont très répandus dans la nature. Ils abondent dans tous les milieux, l'air, le sol, les eaux, même celles qui sont très pures. Cette large répartition explique l'envahissement si facile et si rapide de l'urine dès son émission. Ils sont en outre assez communs partout pour assurer toujours la transformation de l'urée provenant de l'urine des animaux ou de la décomposition des matières albuminoïdes.

C'est qu'à ce point de vue, leur importance est considérable dans la circulation de la matière. L'urée provenant de la désassimilation animale ne peut en effet rentrer dans la nutrition qu'après sa transformation en composés ammoniacaux utilisables pour les plantes.

Ce rôle de ferment ammoniacal de l'urée ne paraît pas cependant être un caractère obligatoire de ces espèces microbiennes, tel que leur vie ne puisse s'accomplir que lorsqu'ils le remplissent; mais plutôt une fonction secondaire qui peut être plus ou moins indépendante de la nutrition du microbe et de son développement. C'est un phénomène semblable à ce que l'on observe pour bien des espèces pathogènes qui peuvent vivre et se multiplier abondamment en simples saprophytes, ne manifestant leurs propriétés pathogènes qu'en présence de conditions de vie déterminées.

D'un autre côté, l'urée peut être pour ces espèces un véritable aliment azoté; mais, loin d'en faire un aliment de choix, elles ne l'utilisent comme source d'azote qu'à défaut d'un autre plus aisément assimilable. Aussi, dans un mélange de peptones et d'urée, ces ferments consomment d'abord les peptones et n'utilisent l'urée qu'à leur défaut. Ils l'attaquent cependant après avoir vécu aux dépens des peptones, car la balance montre avec précision que, dans un mélange d'urée et de peptones en quantité suffisante, au bout d'un certain temps, toute l'urée peut être transformée en carbonate d'ammoniaque. Ceci concourt encore à démontrer que cette fermentation n'est pas un acte de nutrition.

En 1876, Musculus a annoncé qu'il était parvenu à retirer des urines ammoniacales un ferment soluble jouissant de la propriété de transformer l'urée en carbonate d'ammoniaque en l'absence de tout ferment figuré. Par ses propriétés principales ce ferment devait être rapproché d'autres que l'on connaissait déjà, comme la diastase de l'orge germée, la ptyaline salivaire, la pepsine du suc gastrique. Comme eux, il était soluble dans l'eau et précipitable par l'alcool et voyait son activité détruite par une température de 80° environ; une petite quantité de ferment suffisait à transformer une quantité relativement considérable de substance fermentescible.

Des recherches de Pasteur et Joubert démontrèrent peu après que la production de ce ferment soluble était sous la dépendance nécessaire et immédiate de la vie dans ces urines du ferment organisé que le premier de ces savants avait découvert quatorze ans auparavant.

Après bien des insuccès, Miquel, dans ses recherches approfondies sur les ferments de l'urée, a pu confirmer les résultats obtenus par Musculus, Pasteur et Joubert, et préciser les conditions de la production du ferment soluble par les microbes en question et de la transformation de l'urée qu'il occasionne. En suivant la terminologie établie par Duclaux, ce ferment soluble doit être nommé *uréase*.

Toutes ces recherches concourent bien à démontrer que la fermentation ammoniacale de l'urée s'opère réellement en deux temps : le premier est la période de nutrition et de développement du microbe, c'est celui où se fait la sécrétion d'uréase; le second est une simple action chimique, l'action du ferment soluble sur l'urée, pouvant alors s'opérer en dehors de la présence de tout ferment organisé. (V. **Urée**).

La production d'uréase n'est du reste pas nécessaire à la vie de ces espèces; pas plus du reste, pour beaucoup d'entre elles au moins, que la présence d'urée et sa transformation. Elles n'en produisent que sollicitées par de l'urée à attaquer. La fermentation ammoniacale ne peut donc être considérée que comme un phénomène secondaire de leur vie; à côté de cette propriété, elles peuvent en posséder d'autres non moins intéressantes, comme celle d'être ferments de l'albumine par exemple, ou d'être pathogènes, à quelque degré que ce soit. C'est une raison, peut-être, pour ne pas se baser, pour les séparer des autres bactéries, sur ce caractère seul, et créer des coupes comme les *Urobacillus*, les *Urococcus*, les *Urosarcina* de Miquel.

L'uréase jouit des propriétés générales des diastases. Elle s'obtient en suivant les procédés usités en pareil cas. L'action chimique qu'elle détermine varie avec la température; la destruction de la quantité maximum d'urée a lieu vers 50°, elle s'arrête vers 70° et le ferment soluble est détruit si cette température est maintenue pendant vingt à trente minutes.

La quantité d'urée dissoute qui peut être transformée par cette diastase, varie, suivant les conditions, entre 40 et 80 grammes par litre de solution. Lorsque la proportion d'urée est trop grande, aussi bien dans des urines que dans des solutions artificielles, la fermentation ammoniacale ne se fait pas, lors même que les ferments figurés peuvent se développer dans ces liquides.

La proportion d'uréase sécrétée, et conséquemment l'énergie de la fermentation ammoniacale de l'urée, varie dans les grandes limites, avec l'espèce microbienne qui agit. A côté de bactéries très actives, transformant un maximum d'urée dans les cultures ou l'urine, il en est de très peu énergiques qui, quelles que soient les conditions favorables où elles peuvent être placées, ne produisent qu'une fermentation bien minime. A ces dernières peut-on encore conserver le titre principal de ferments de l'urée et le nom générique d'*Urobactéries?*

La sécrétion d'uréase, et conséquemment la fermentation ammoniacale de l'urée qui en est l'effet direct, est facilement entravée par des antiseptiques faibles qui laissent s'opérer quand même le développement du microbe ferment, n'entravant ainsi que l'une de ses fonctions. Pasteur et Joubert ont signalé particulièrement à ce point de vue l'acide borique, plus actif même contre la production d'uréase que l'acide phénique en mêmes proportions; la thérapeutique chirurgicale des affections vésicales a mis tout de suite cette découverte à profit.

Nous savons déjà qu'il existe un assez grand nombre d'espèces bactériennes qui jouissent de la propriété de transformer l'urée en carbonate d'ammoniaque. Quelques moisissures paraissent posséder la même fonction, sécrétant probablement de l'uréase comme les premiers microbes; leur étude à ce point de vue est à peine ébauchée.

Miquel dit qu'il existe une soixantaine de bactéries ferments de l'urée. Il en a décrit minutieusement dix-sept dont.neuf sont des microcoques, sept des bacilles et une, une sarcine, isolés de l'air, du sol ou des eaux. Les milieux contaminés par les urines de l'homme ou des animaux sont naturellement les plus riches. Ces ferments cependant se rencontrent même dans les eaux les plus pures, provenant du sol qui en contient toujours des quantités considérables; ils n'indiqueraient une contamination directe de l'eau que lorsqu'ils se rencontrent en proportions supérieures à 2 p. 100 des microbes observés.

Bibliographie. — Pasteur. *Mémoire sur les corpuscules organisés de l'atmosphère* (*Ann. des Sciences naturelles. Zoologie*, 1862). — Van Tieghem. *Recherches sur la fermentation de l'urée et de l'acide hippurique* (*Ann. scientifiques de l'École normale supérieure*, 1864). — Miquel. *Recherches sur le Bacillus ferment de l'urée* (*Bull. de la Société chimique de Paris*, 1878, t. xxxi, p. 391 et 1879, t. xxxii, p. 126). — Leube. *Ueber die ammoniakalische Harngährung* (*A. V.*, 1879, t. c, p. 540). — Miquel. *Étude sur la fermentation ammoniacale et les ferments de l'urée* (*Annales de Micrographie*, 1889-1894). — Cambier. *Contribution à l'étude de la fermentation ammoniacale et des ferments de l'urée* (*Ann. de Micr.*, 1893). — Musculus. *Sur le ferment de l'urée* (*C. R.*, 1876, t. lxxxii, p. 334).

E. MACÉ.

AMMONIAQUE. — Chimie générale.

— L'ammoniaque (gaz ammoniac, alcali volatil), AzH³, est un gaz incolore à odeur suffocante. La densité à 0° est, sous la pression de 0^m, 760, de 0,5895 par rapport à l'air et de 8,5 par rapport à l'hydrogène. Un litre de gaz ammoniac, pris à la température de 0° et à la pression de 0^m,760, pèse 0^{gr},7635. Sa solubilité dans l'eau est très considérable (727, 2 vol. à + 15°). Sa chaleur spécifique en poids et sous pression constante est de 0,5082.

L'ammoniaque n'existe dans l'air atmosphérique qu'à l'état de trace. Elle provient en partie de la putréfaction des débris animaux et végétaux, en partie de la combinaison de l'eau et de l'azote de l'air, avec formation d'azotite d'ammonium, sous l'influence des décharges électriques des orages (Az² + H²O = AzO³AzH⁴). L'eau de mer, l'eau des rivières ne contiennent que de minimes quantités d'ammoniaque.

L'ammoniaque se combine aux acides, sans élimination d'eau, pour former des sels, que l'on considère comme sels du métal hypothétique, *ammonium*, AzH⁴, et qui sont tout à fait semblables aux sels de sodium, et surtout de potassium, de césium et de rubidium, avec lesquels ils présentent de grandes analogies. — La solution aqueuse d'ammoniaque est supposée contenir l'hydrate d'oxyde d'ammonium, AzH⁴OH, analogue à KOH.

Les trois atomes d'hydrogène de l'ammoniaque peuvent être remplacés par des radicaux divers, et notamment par des radicaux alcooliques (ou phénoliques) ou par des radicaux acides. Dans le premier cas, il se produit des *amines* ou *ammoniaques composées* (méthylamine, éthylamine, phénylamine ou aniline, naphtylamine, etc.), et dans le second des amides (acétamide, oxamide, carbamide ou urée, benzoylamide ou benzamide, etc.). S'il y a substitution simultanée de radicaux alcooliques et acides, il y a formation d'*alcamides*. Les amines peuvent être *primaires*, *secondaires* ou *tertiaires* selon qu'il y a remplacement de un, deux ou trois atomes d'hydrogène pour un même radical ou plusieurs radicaux différents (monométhylamine, diméthylamine, triméthylamine ou plus généralement, AzH²R, AzHR², AzR³, représentant un radical alcoolique quelconque).

On connaît aussi des produits de substitution rapportables au type AzH⁴OH: Ce sont les *bases ammoniées*; telle par exemple l'hydrate de tétraméthylammonium Az (CH³)³ OH et les corps du groupe de la choline.

L'action pharmacodynamique des ammoniaques composées et des bases ammoniées sera étudiée aux articles **Méthylamine**, **Éthylamine**, **Propylamine**, **Choline**, etc., et celles des amines aux articles **Urée**, etc.

Sels ammoniacaux et ammoniaque dans l'organisme. — Le mouvement des sels ammoniacaux dans l'organisme animal ne porte pas sur des quantités considérables, et, au premier abord, l'importance physiologique de ces composés paraît être très secondaire, puisque dans l'urine, où l'ammoniaque est le plus abondamment représentée, on n'en trouve, chez l'homme, en moyenne que 0^{gr},7 par jour. En réalité, les sels ammoniacaux participent aux réactions chimiques de la nutrition dans ce que celles-ci ont de plus intime et de plus profond, et, si ce phénomène ne se traduit à l'extérieur, comme il arrive du côté des urines par exemple, que d'une manière peu marquée au point de vue quantitatif, il paraît probable que, dans l'organisme, des masses notables d'ammoniaque sont mises en jeu, au moins transitoirement, aux cours des phénomènes de désassimilation.

Il est certain qu'une partie des sels ammoniacaux qui circulent dans l'organisme et s'éliminent par les urines provient directement de nos aliments, bien que sous ce rapport les données analytiques précises soient des plus clairsemées. Certains aliments d'origine végétale, tels que les radis, contiennent en effet de notables proportions de sels ammoniacaux (Voy. König. *Nahrungs-und Genussmittel*, 3e éd., Berlin, 1889, t. i, pp. 707, 748, etc.).

Mais, comme on voit l'excrétion d'ammoniaque persister dans l'état d'inanition absolue (voy. plus loin, p. 419), on peut conclure que ce corps est un produit normal de désassimilation, que son caractère de corps azoté rattache évidemment aux matières albuminoïdes.

La présence de l'ammoniaque a été constatée dans un grand nombre de liquides et de tissus de l'organisme. Il convient d'ajouter pourtant que là où on n'en a signalé que des traces, la démonstration manque parfois de netteté, car l'urée accompagne presque partout l'ammoniaque, et ce que l'on sait aujourd'hui, notamment depuis les dernières recherches de Berthelot et André, sur l'extrême facilité avec laquelle ce corps se transforme en carbonate d'ammonium sous les plus minimes influences, rendrait sans doute nécessaire la révision de quelques-unes de ces données (Berthelot et André, *Bull. de la Soc. chim.* (2), t. xlvii, p. 841, 1887). — Voici quelques indications numériques relatives à la présence de l'ammoniaque dans l'organisme :

En valeur absolue, l'excrétion de l'ammoniaque par les urines à l'état normal est en moyenne de 0,6 à 0,8 grammes par jour chez l'adulte, les chiffres extrêmes étant 0,3 et 1,2 environ. En valeur relative, il vient, sur 100 parties d'azote, 2 à 5 p. 100 à l'état d'ammoniaque; 84 à 87 p. 100 à l'état d'urée; 1 à 3 p. 100 à l'état d'acide urique; 7 à 10 p. 100 sous la forme de matières extractives. On trouve encore de petites quantités d'ammoniaque dans le tube digestif. Même à l'état normal on en peut déceler dans les liquides de la bouche des traces qui proviennent probablement de fermentations locales. Dans le suc gastrique du chien, C. Schmidt en a trouvé 0^{gr},148, et chez l'homme Husche a pu en extraire de 0^{gr},1 à 0^{gr},15 p. 1000 du contenu stomacal. Plus bas on rencontre également un peu d'ammoniaque, qui provient, soit du travail des microorganismes, soit de l'hydratation des petites quantités d'urée déversées le long du tube digestif. Ch. Richet et R. Moutard-Martin ont montré que l'urée injectée dans le sang s'élimine en grande quantité par les sucs digestifs, que la muqueuse stomacale des chiens morts d'urémie expérimentale est très ammoniacale, et que, mise en contact avec une solution d'urée, elle la fait fermenter activement, comme si cette muqueuse contenait un ferment. Cette ammoniaque est en grande partie reprise par le travail d'absorption ; car on en trouve de moins en moins à mesure que l'on se rapproche de l'anus. Les fèces n'en renferment plus, d'après Brauneck, que 0^{gr},1 à 0^{gr},100 de matière sèche. (Neubauer et Vogel. *Analyse des Harns*, 9e éd., par Huppert et Thomas; Wiesbaden, 1890, p. 27. — Bidder et C. Schmidt. *Die Verdauungsäfte und der Stoffwechsel*. Mittau et Leipzig, 1852, p. 61. — Husche, *Centralbl. f. klin. Med.*, 1892, p. 817. — Ch. Richet et Moutard-Martin, *C. R.*, t. xcii, p. 465, 1881. — Brauneck, *Jb.*, *P.*, t. xvi, p. 281, 1886.)

Dans le sang on en a trouvé, pour 1000 centimètres cubes, de 0^{gr},036 à 0^{gr},078 chez le bœuf; 0^{gr},022 chez le lapin; 0^{gr},042 chez le chien. Dans la lymphe, Hensen et Dehnhardt en ont dosé 0^{gr},160 p. 1000 chez l'homme. D'après Latschenberger, la bile de bœuf en renferme 0^{gr},028, et le lait de vache jusqu'à 0^{gr},210 p. 1000. On en trouve également de petites quantités dans le foie (0^{gr},118-0^{gr},070 p. 1000 chez le lapin), dans le tissu musculaire (de 0^{gr},061 à 0,113 p. 1000 chez le lapin et 0^{gr},124 p. 1000 chez le chien), dans le thymus et dans la sueur. (Latschenberger, *Jb. P.*, t. xiv, p. 222, 1884. — Salomon. *Ibid.*, p. 225. — Hoppe-Seyler. *Physiol. Chem.*, Berlin, 1881, pp. 591 et 721.)

Rapports de la formation d'ammoniaque avec la formation d'urée. — La question de l'origine et des variations de l'ammoniaque dans l'organisme est étroitement liée au double problème de la formation de l'urée et de l'action exercée par les acides sur les mutations de matière. On sait que, parmi les diverses théories relatives à la formation de l'urée, — théories qu'il ne faudrait pas d'ailleurs considérer comme exclusives les unes des autres, — celle de Schmiedeberg offre la base expérimentale la plus sûre et la plus étendue. On suppose dans cette théorie que la désassimilation des matières albuminoïdes aboutit jusqu'à l'acide carbonique et à l'ammoniaque, et que ces deux corps s'unissent, avec élimination d'eau, pour former de l'urée.

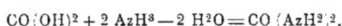

$$CO(OH)^2 + 2\ AzH^3 - 2\ H^2O = CO(AzH^2)^2.$$

Parmi les observations très nombreuses sur lesquelles s'appuie cette manière de voir, retenons ici celles qui touchent directement à l'histoire des sels ammoniacaux dans l'organisme. On va voir qu'elles sont comme le point central en même temps que la partie la plus précise et la plus intéressante de cette histoire.

Lorsqu'on introduit dans l'économie des sels ammoniacaux à acides organiques tels que le citrate d'ammonium, ces sels ne s'éliminent pas, comme il arrive pour les citrates de potassium ou de sodium, à l'état de carbonate alcalin : l'urine reste acide et la proportion de l'urée est augmentée. Avec des sels ammoniacaux à acides forts, tel que le chlorure d'ammonium, ce phénomène ne s'observe nettement que chez les herbivores (lapin). Chez l'homme et chez le chien, l'augmentation de l'urée est moins nette, et la majeure partie du sel ammoniac se retrouve en nature dans l'urine. Mais, en remplaçant chez le chien le chlorure par le carbonate d'ammonium, Schmiedeberg et Hallerworden constatèrent que l'urine restait acide et que la proportion d'urée était nettement augmentée. Ajoutons que les belles expériences de W. von Schroeder ont établi que cette formation d'urée aux dépens des sels ammoniacaux s'opère dans le foie. (Lohrer. *Inaug. Dissert.*. Dorpat, 1862. — W. von Knieriem. *Z. B.*, t. x, p. 263, 1874. — Feder. *Ibid.*, t. xiii, p. 236, 1877. — E. Salkowski. *Z. P. C.*, t. i, p. 1, 1877. — Hallerworden (et Schmiedeberg). *A. P. P.*, t. x, p. 124, 1879. — W. von Schroder. *Ibid.*, t. xv, p. 364, 1882, et t. xix, p. 373, 1883.)

Cette théorie sur le rôle de l'ammoniaque dans la formation de l'urée trouve une confirmation importante dans une série de faits relatifs à l'action des acides sur l'excrétion de l'ammoniaque et de l'urée. Si la formation de l'urée se fait réellement aux dépens de l'ammoniaque et de l'acide carbonique, la présence d'acides forts doit entraver en partie cette synthèse de l'urée, et, par suite, dans l'urine, la proportion des sels ammoniacaux doit augmenter aux dépens de l'urée.

La confirmation de cette hypothèse se trouve déjà dans les faits exposés plus haut. Tandis que le carbonate d'ammonium se transforme très facilement en urée chez le carnivore, au contraire le chlorure passe presque inattaqué, parce que l'ammoniaque, fortement retenue par l'acide chlorhydrique, ne peut entrer en réaction avec l'acide carbonique. Si chez l'herbivore, le chlorure d'ammonium contribue néanmoins à la formation de l'urée, cela tient à ce fait que l'alimentation végétale apporte avec elle une surabondance de bases alcalines, sans doute à l'état de carbonates de potassium ou de sodium, et qui font la double décomposition avec le chlorure d'ammonium et le transforment en carbonate.

En outre, chez le chien et chez l'homme, l'ingestion d'acides minéraux augmente la proportion de l'ammoniaque dans les urines et diminue celle de l'urée, parce que l'acide introduit fixe l'ammoniaque. Ceux d'entre les acides organiques qui ne sont pas brûlés dans l'organisme, par exemple l'acide benzoïque, produisent le même effet. Ceux au contraire qui sont brûlés et transformés en eau et en acide carbonique (comme les acides citrique, tartrique, acétique) sont sans action sous ce rapport. Inversement l'introduction d'alcalins (chez l'homme) réduit l'excrétion des sels ammoniacaux à un

minimum. (WALTER. *A. P. P.*, t. VII, p. 148, 1877. — CORANDA. *Ibid.*, t. XII, p. 76, 1880.
— GAEHTGENS. *Z. P. C.*, t. IV, p. 35, 1880. — S. JOLIN. *Deutsche chem. Gesellsch.*, t. XXIII,
Ref. p. 773, 1891.)

Il y a donc entre les quantités d'ammoniaque et d'urée excrétées par les urines une
sorte de balancement, et cette neutralisation des acides par l'ammoniaque ainsi soustraite au processus formateur de l'urée constitue le mécanisme par lequel l'organisme
des carnivores résiste à l'intoxication par les acides et se préserve des accidents graves
qui se produiraient si les bases nécessaires au fonctionnement normal des protoplasmes
venaient à être arrachées aux cellules.

Chez les herbivores ce mécanisme compensateur n'existe pas, sans doute parce que ces
organismes vivent, grâce à leur alimentation, dans une surabondance constante de principes alcalins, et qu'à l'état normal ils n'ont jamais besoin, comme il arrive chez les
carnivores, de saturer une partie des acides produits par la désassimilation, en emprun-
tant en quelque sorte de l'ammoniaque à l'urée. Aussi voit-on chez ces animaux l'intoxication par les acides produire rapidement des accidents mortels (SALKOWSKI.
Virchow's Arch., t. LVIII, p. 1, 1873. — WALTER, *loc. cit.*).

Les acides qui se forment dans l'organisme même, au cours des phénomènes de
désassimilation, produisent le même effet que ceux que l'on introduit artificiellement.
Dans l'alimentation carnée, la décomposition des albumines et des nucléo-albumines produit des quantités très notables d'acide phosphorique. Ainsi on peut admettre que les
quatre cinquièmes environ du soufre des albuminoïdes sont éliminés par les urines sous
la forme de sulfates. Or, en posant égale à 1 p. 100 la teneur des albumines en soufre,
on peut calculer qu'une ration de 100 grammes d'albumine en 24 heures fournit environ $2^{gr},50$ d'acide sulfurique, SO^4H^2. Aussi voit-on, en ce qui concerne l'élimination de
l'ammoniaque par les urines, l'alimentation animale agir comme l'ingestion des acides;
l'alimentation végétale, comme celle des alcalins. Ainsi CORANDA a trouvé sur lui-
même, pour une alimentation végétale, $0^{gr},3998$; pour une alimentation mixte, $0^{gr},6422$;
pour une alimentation surtout animale, $0^{gr},875$ d'ammoniaque par jour. Dans les
mêmes conditions, GUMLICH a trouvé respectivement $0^{gr},371 — 0^{gr},669$ et $0^{gr},836 — 1^{gr},237$
d'ammoniaque par jour (CORANDA. *Loc. cit.* — GUMLICH. *Z. P. C.*, t. XVII, p. 10, 1892).

L'inanition agit comme l'alimentation carnée, ainsi qu'on devait le prévoir, et
augmente la proportion d'ammoniaque. VOGES a trouvé chez une mélancolique, aux 2e, 5^e
et 8e jours d'une inanition presque totale, respectivement $0^{gr},961 — 0^{gr},973 — 0^{gr},888$
d'ammoniaque. Cette augmentation de l'ammoniaque apparaît mieux encore lorsqu'on
compare l'excrétion de l'azote ammoniacal à celle de l'azote total. Dans les cas rapporté
par VOGES, l'azote de l'ammoniaque représentait respectivement $16,3 — 13,5$ et $13,5$ p. 100
de l'azote total (au lieu de 2 à 5 p. 100 à l'état normal). Le travail musculaire qui diminue l'alcalinité du sang, ce qui indique la formation de principes acides, provoque aussi
une plus forte excrétion d'ammoniaque. Mais sur ce point on ne possède qu'une seule
observation de C. VON NOORDEN, qui trouva chez un jeune homme, après un exercice
violent (quatre heures de canotage) $1^{gr},018$ d'ammoniaque, contre $0^{gr},877$, dosés le jour
précédent (VOGES, cité par C. VON NOORDEN. *Pathologie des Stoffwechsels*. Berlin, 1893,
p. 168. — C. VON NOORDEN. *Loc. cit.*, p. 130).

La relation étroite qui existe entre les sels ammoniacaux et l'urée dans l'organisme
ne peut donc être mise en doute. Il est possible qu'entre le carbonate d'ammonium et
l'urée, on doive intercaler, comme produit intermédiaire, un autre sel ammoniacal, le
carbamate d'ammonium, que DRECHSEL considère comme l'origine de l'urée dans l'organisme. Les formules suivantes montrent que la soustraction d'une molécule d'eau transforme le carbonate d'ammonium en carbamate d'ammonium et que, par perte d'une
deuxième molécule d'eau, le carbamate se transforme en urée.

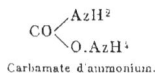

$$CO\left\{\begin{matrix}O.AzH^4\\O.AzH^4\end{matrix}\right. \qquad CO\left\{\begin{matrix}AzH^2\\O.AzH^4\end{matrix}\right. \qquad CO\left\{\begin{matrix}AzH^2\\AzH^2\end{matrix}\right.$$

Carbonate d'ammonium.   Carbamate d'ammonium.   Urée.

. DRECHSEL a trouvé de petites quantités de carbamate d'ammonium dans le sang du
chien, et de carbamate de calcium dans l'urine du cheval; d'après HAHN et NENCKI,
l'urine du chien et celle de l'homme renfermeraient presque constamment un peu d'acide

carbamique. D'autre part ABEL et MUIRHEAD ont signalé ce fait intéressant que l'ingestion de notables quantités de chaux (à l'état de base) amène (chez l'homme et le chien) l'élimination de carbamate de calcium par les urines. Celles-ci sont alcalines et dégagent spontanément de l'ammoniaque, en l'absence de toute fermentation ammoniacale. Enfin, dans un travail remarquable, MASSEN et PAULOW ont montré que l'urine des chiens ayant subi l'opération de la fistule d'ECK (ligature de la veine porte à son entrée dans le foie et établissement d'une fistule entre la veine porte et la veine cave) contient d'une manière constante de l'acide carbamique, et que les accidents très graves (crampes tétaniques, ataxie, etc.) que l'on observe chez ces animaux reproduisent exactement le tableau de l'empoisonnement par l'ammoniaque (DRECHSEL. *Ber. d. sächs. Gesell. d. Wissensch.*, 1875, p. 177 et *A. Db.*, 1891, p. 236. — ABEL et MUIRHEAD. *A. P. P.*, t. XXXI, p. 15, 1892. — V. MASSEN et J. PAULOW; M. HAHN et NENCKI. *Arch. des sciences biol. de Saint-Pétersbourg*, 1892, p. 401; *J. B.*, t. XXII, p. 214).

Il convient d'ajouter, enfin, que l'ammoniaque que l'on retrouve dans les urines ne peut pas être considérée dans sa totalité comme un résidu de la formation physiologique de l'urée, résidu qui aurait échappé à la transformation en urée grâce à la présence de substances acides. Il faut admettre que l'ammoniaque provient encore d'une autre source; car, même en inondant l'organisme par des alcalins, on retrouve toujours dans l'urine quelques décigrammes d'ammoniaque ($0^{gr},3$-$0^{gr},4$ par jour) (STADELMANN. *Ueber den Einfluss d. Alkalien auf. d. Stoffwechsel d. Menschen*. Stuttgart, 1890, cité d'après C. VON NOORDEN, *loc. cit.*, p. 49).

Variations pathologiques. Formation d'ammoniaque dans les maladies. — L'étude des variations pathologiques de l'ammoniaque fournit des vérifications encore plus frappantes de la loi physiologique exposée plus haut, relativement à l'influence des acides sur l'excrétion de l'ammoniaque. Toutes les affections ou états pathologiques, qui provoquent une production d'acides dans l'organisme, augmentent l'excrétion de l'ammoniaque par les urines.

On sait que la fièvre s'accompagne toujours d'une diminution de l'alcalinité du sang, en même temps que du côté des urines apparaissent les acides acétylacétique, β-oxybutyrique — qui témoignent de la fonte rapide et anormale du protoplasma des cellules de l'organisme — et des acides gras divers (*lipacidurie fébrile* de VON JAKSCH). Parallèlement on observe que le taux de l'ammoniaque dans les urines s'élève jusqu'à $1^{gr},5$ à 2 grammes par jour (au lieu de $0^{gr},7$ à l'état normal) et que son azote forme jusqu'à 8-12 p. 100 de l'azote total (au lieu de 2-5 p. 100 dans l'état normal) (HALLERWORDEN. *A. P. P.*, t. XII, p. 237, 1880. — BOHLAND. *A. Pf.*, t. XLII, p. 30, 1888. — GUMLICH. *Loc. cit.*).

Dans le diabète, et spécialement dans la période du coma, l'urine contient des proportions considérables d'ammoniaque, et de 3 à 6 grammes par jour, et même, dans un cas rapporté par STADELMANN, 12 grammes par jour. Ce fait est dû à la production de quantités considérables d'acides anormaux, tels que l'acide acétylacétique, l'acide β-oxybutyrique qui inondent littéralement l'organisme du diabétique. C'est précisément après avoir constaté la présence de quantités considérables d'ammoniaque dans l'urine des diabétiques, que STADELMANN, concluant de ce fait à une intoxication acide, découvrit dans les urines l'acide β-oxybutyrique (d'abord pris par lui pour de l'acide α-crotonique). L'excrétion de quantités aussi considérables d'ammoniaque s'explique, quand on se rappelle à quel degré d'intensité extraordinaire les phénomènes de l'intoxication acide peuvent être portés dans la période ultime du diabète. Des quantités de 30 à 50 grammes d'acide β-oxybutyrique dans l'urine des 24 heures se rencontrent couramment, et KULZ rapporte un cas où l'on put extraire la masse énorme de 226,5 grammes d'acide oxybutyrique de l'urine des 24 heures. Le mécanisme compensateur signalé plus haut se trouve ici tendu jusqu'à ses dernières limites, et, à ce propos, C. VON NOORDEN insiste sur ce fait que des différences individuelles assez grandes peuvent être observées ici, en ce qui concerne le parallélisme entre la production des acides et l'excrétion de l'ammoniaque. Ajoutons que l'administration des alcalins fait baisser aussitôt la proportion de l'ammoniaque urinaire (HALLERWORDEN. *A. P. P.*, t. XII, p. 237, 1880. — STADELMANN. *Ibid.*, t. XVII, p. 419, 1883. — MINKOWSKI. *Ibid.*, t. XVIII, p. 35, 1886. — WOLPE. *Ibid.*, t. XXI, p. 159, 1886. — C. VON NOORDEN. *Loc. cit.*, p. 412).

On constate encore une augmentation de l'ammoniaque urinaire dans les cas de carcinome, où l'azote de l'ammoniaque représente jusqu'à 10,2 à 13,9 p. 100 de l'azote total (en valeur absolue $0^{gr},9$ à $1^{gr},3$). L'inanition et la fonte pathologique des tissus agissent ici dans le même sens (C. von Noorden. *Loc. cit.*, p. 463).

Il est intéressant de constater encore que dans les affections du foie l'ammoniaque augmente dans les urines, et que cette augmentation paraît se faire aux dépens de l'urée. C. von Noorden rapporte un certain nombre d'analyses de Hallerworden, de Gumlich, de Fawitzki, et d'autres encore, où, dans des cas de cirrhose du foie, 9,5-12,3 et même 17,5 p. 100 de l'azote total s'éliminaient sous la forme d'ammoniaque. Des constatations analogues ont été faites pour l'empoisonnement par le phosphore. Ici l'excrétion de l'urée, qui dans les cas de cirrhose peut se maintenir jusqu'au taux normal, s'annule presque complètement, tandis que celle de l'ammoniaque est haussée de manière à représenter 14-18-25 et même 37 p. 100 de l'azote total. Deux causes interviennent dans ce cas : c'est, d'une part, la suppression de la fonction uropoïétique du foie, gravement altéré par le toxique, et, d'autre part, l'intoxication acide, démontrée par l'apparition de fortes proportions d'acide lactique dans les urines (C. von Noorden. *Loc. cit.*, p. 294).

Recherche de l'ammoniaque. — La recherche de l'ammoniaque dans les liquides organiques se fait très aisément d'après la méthode de Latschenberger. On traite le liquide (urine, lait, etc.) par son volume d'une dissolution saturée à froid de sulfate cuivrique et on ajoute de l'eau de baryte jusqu'à réaction neutre. Le filtrat, qui toujours est tout à fait incolore, est traité par un peu de réactif de Nessler. Il se produit, selon la proportion d'ammoniaque, soit un précipité rouge brun, soit une coloration brune ou jaune plus ou moins intense. Quant au dosage, il se fait aisément par la méthode classique de Schlœsing, telle que Neubauer l'a appliquée au dosage de l'ammoniaque dans l'urine, ou telle qu'elle a été modifiée par Wurster. Latschenberger a fait un grand nombre de déterminations dans le lait, le sang, etc. (voir plus haut), en dosant l'ammoniaque à l'aide du réactif de Nessler, par voie chromométrique dans le filtrat séparé du précipité cuivrique (Latschenberger. *Jb. P.*, t. xiv, p. 222, 1884, — Neubauer et Vogel. *Analyse des Harns*, 9e éd., par Huppert et Thomas, Wiesbaden, 1890, p. 438. — Wurster. *C. P.*, 1887, p. 485).

E. LAMBLING.

AMMONIAQUE et SELS AMMONIACAUX (Pharmacodynamie et Toxicologie). — Effets convulsivants. — On pourrait

d'abord croire que beaucoup de travaux ont été entrepris sur les effets pharmacodynamiques et toxicologiques de l'ammoniaque et des sels ammoniacaux : de fait il n'en est rien, et c'est un sujet qui a été quelque peu négligé, surtout si l'on considère avec quel luxe de détails d'autres substances ont été étudiées.

L'effet principal de l'ammoniaque et de ses sels, c'est de produire à certaines doses des convulsions violentes. Il paraît, d'après Husemann et Selige (*Beitr. zur Wirk. des Trimethylamins und der Ammoniaksalze. A. P. P.*, 1877, t. vi, p. 76) que, déjà au xviiᵉ siècle, cet effet convulsivant des sels ammoniacaux (NH^4Cl) était connu. Scheel en 1802 l'aurait observé sur des grenouilles, et depuis lors tous les physiologistes l'ont constaté.

Si l'on injecte dans la veine d'un chien, ou d'un chat, ou d'un lapin, une dose convenable d'un sel ammoniacal, on voit apparaître de fortes convulsions, qui ressemblent beaucoup à celles de la strychnine, quoiqu'elles soient moins violentes. Surtout elles s'atténuent plus vite, et, si l'on est arrivé à la dose limite, l'animal peut parfaitement survivre à une ou plusieurs attaques convulsives. Il est vrai qu'on observe aussi cette survie même dans l'empoisonnement strychnique; mais l'écart entre la dose convulsivante et la dose mortelle est faible pour la strychnine, et plus étendu pour le sel ammoniacal, ce qui tient sans doute à une plus rapide élimination du poison ammoniacal que du poison strychnique.

Quoiqu'il y ait quelques minimes différences entre les divers sels ammoniacaux, elles sont de fait négligeables; le carbonate, le sulfate, l'acétate, le chlorure, le bromure d'ammonium sont à peu près également toxiques, si l'on tient compte du poids moléculaire du sel injecté, et si on n'envisage dans le sel que la quantité de NH^3 qu'il contient. Il est clair que, pour les sels principalement étudiés, nous aurons comme teneur en NH^3 sur 100 grammes de sel :

	Quantité de NH3
Acétate	22
Bromure	17
Chlorure	33
Carbonate	35
Sulfate	30

D'après RABUTEAU (*Elém. de toxicologie*, p. 293), NH^4Cl est toxique à la dose de 5 gr. pour un chien de 10 kilogr. soit de $0^{gr},5$ par kilogr. HUSEMANN et SELIGE semblent admettre pour le lapin $0^{gr},65$ par kilogr. (mais leur chiffre est évidemment erroné). LANGE et BŒHM (*Uber das Verhalten und die Wirkungen der Ammoniaksalze im thierischen Organismus. A. P. P.*, 1874, t. II, p. 364), injectant du carbonate de NH^4 à des chats (dont ils n'indiquent pas le poids, mais qu'on peut admettre en moyenne de 2500 gr.), ont obtenu des convulsions aux doses de $0^{gr},3$; $0^{gr},9$; $0^{gr},3$; $0^{gr},6$; en moyenne $0^{gr},4$; ce qui donne par kilogr. le chiffre très approximatif de $0^{gr},16$ de NH^3 par kilo. Mais, pour déterminer ce chiffre avec précision, de nouvelles expériences seraient nécessaires. Il ne faut pas oublier que la rapidité avec laquelle se fait l'injection est un élément très important. O. FUNKE et A. DEAHNA, en employant la solution d'ammoniaque caustique en injection intra-veineuse (*Wirk. des Ammoniaks auf den thierischen Organismus, A. Pf.*, 1874, t. IX, p. 420), ont déterminé des convulsions chez des lapins (de 2 kil.?) en injectant 3 centimètres cubes d'une solution d'ammoniaque à 1/20, soit à peu près 0,07 par kil. de HN^3, ce qui répond bien à 0,21 de NH^4 Cl. LIOUVILLE (*B. B.*, 15 *mars* 1873, pp. 112, 113), injectant du carbonate d'ammoniaque à des lapins (de 2 kil.?) admet que la dose de 2 gr. (soit de 1 gr. par kil.) est la dose toxique limite qui permet encore la vie, et pour les cobayes (de 500 gr.?) la dose toxique de $0^{gr},60$. Il est vrai que ses injections étaient faites sous la peau et non dans la veine. On sait — et c'est un point sur lequel, après beaucoup d'auteurs, j'ai appelé spécialement l'attention (*Toxicologie des métaux alcalins. Trav. du Lab.*, t. II 1893, p. 448) — que les différences de toxicité sont énormes suivant que le poison est injecté sous la peau ou dans la veine, ou ingéré par la voie alimentaire. Juste avec tous les poisons, cette proposition comporte d'autant plus d'importance que le sel toxique est plus facile à éliminer. Par exemple, avec les sels de potassium, les différences peuvent aller de 1 à 10.

Dans les expériences de BOUCHARD et TAPRET (citées par LEGENDRE, BARETTE et LEPAGE *Traité prat. d'antisepsie appl. à la thérapeut. et l'hygiène*, 1888, t. I, pp. 58-59), les doses toxiques suivantes ont été trouvées, par kilogr. de lapin, à la suite d'injection intra-veineuse.

SEL.	DOSE TOXIQUE du sel.	DOSE TOXIQUE de NH3 contenu dans le sel.
	gr.	gr.
Chlorure de fer et d'ammonium	0,50	0,083
Carbonate d'ammoniaque	0,24	0,084
Acétate —	0,28	0,062
Sulfate —	0,38	0,098
Bromhydrate —	0,85	0,145
Valérianate —	0,67	0,096
Chlorhydrate —	0,38	0,125
Azotate —	0,35	0,074
MOYENNES	0,456	0,112

Ces expériences sont assurément les meilleures que nous possédions, car toutes celles que nous avons rapportées plus haut sont, pour une cause ou une autre, incomplètes, surtout parce que le poids de l'animal injecté n'a pas été mentionné, très grave omission, et très lourde faute qui est trop souvent commise.

C'est ce même défaut que nous trouvons aux expériences de FELTZ et RITTER (*Étude exp. sur l'alcalinité des urines. Journ. de l'An. et de la Phys.*, 1874, t. x, pp. 326-329). Ils ont fait des expériences sur les chiens avec divers sels ammoniacaux, mais ils n'en indiquent pas le poids, et d'ailleurs ils ont déterminé des convulsions sans arriver à la dose mortelle. Les doses non mortelles injectées ont été de 2^{gr},2 de chlorhydrate, 2^{gr},5 d'hippurate, 2^{gr},6 de benzoate, 1^{gr},5 de tartrate, 3^{gr},97 de benzoate, et 2^{gr},4 de sulfate. En supposant des chiens de 10 kil., poids moyen, cela fait des doses (par kil.) en NH^3 de 0,07 de chlorhydrate, 0,07 de sulfate, 0,028, et 0,050 de benzoate; ce qui concorde assez bien avec le chiffre toxique de 0,112 résultant des recherches de BOUCHARD et TAPRET. En somme FELTZ et RITTER sont restés au-dessous de la dose mortelle.

Nous pouvons donc, en résumant toutes ces expériences, et en donnant une valeur absolument prépondérante aux données de BOUCHARD et TAPRET, admettre que la dose convulsive par kilogr. est en chiffres ronds pour les sels ammoniacaux de 0^{gr},15, en injections intra-veineuses; et que la dose toxique mortelle est de 0^{gr},5. Cela fait, pour la quantité de NH^3 contenu, environ 0^{gr},04 pour la dose convulsive, et 0^{gr},12 pour la dose mortelle.

Chez les grenouilles on observe aussi des convulsions, quoiqu'elles soient moins marquées que chez les mammifères. Chez les poissons les effets convulsivants sont éclatants. Il suffit de faire une solution contenant plus de 0^{gr},35 par litre d'un sel ammoniacal. Au bout d'une demi-heure, il meurt dans de violentes convulsions qui le font sauter brusquement hors du vase où on l'avait placé (CH. RICHET. *Loc. cit.*, p. 417).

Cet effet convulsivant des sels ammoniacaux est très général, et, dans toute la série des ammoniaques composées, propylamines, méthyl et éthylamines, on le retrouve. Il est assez difficile de comprendre comment AISSA HAMDY, dans le bon travail qu'il a fait sur les effets de la propylamine et de la triméthylamine (*D. P.*, 1873) a pu attribuer (p. 114) les effets convulsifs observés par lui à des impuretés, et conclure que, privée d'ammoniaque, la propylamine n'a pas d'action convulsive.

Il faut rapprocher ces effets convulsivants de l'ammoniaque et des ammoniaques composées, des effets convulsivants qu'on peut obtenir, suivant la dose, avec les phénylamines, et surtout, ce qui est plus intéressant encore, avec presque tous les alcaloïdes, lesquels, en somme, ont dans leur formule le groupe NH^3. La strychnine, la picrotoxine, la vératrine, la morphine, l'atropine sont des poisons tétanogènes, à des degrés divers, bien entendu; comme aussi certaines ptomaïnes.

Nous pouvons donc, dans une certaine mesure, généraliser, et dire que le groupe NH^3 est convulsivant, et qu'il reste convulsivant quand un ou plusieurs des groupes de H unis à l'azote se trouvent remplacés par des radicaux plus ou moins compliqués.

Effets excitateurs des sels ammoniacaux. — Les convulsions déterminées par l'ammoniaque ne représentent qu'une phase de l'intoxication ; c'est-à-dire l'état maximum de l'excitabilité. Si l'on injecte avec précaution des doses inférieures à la dose convulsive, on voit survenir divers phénomènes dus évidemment à l'excitation du système nerveux central.

Un des principaux est l'exaltation de la sensibilité réflexe, qu'on observe chez les mammifères, mais plus nettement encore chez les grenouilles. Il est clair que l'état convulsif n'est qu'un stade supérieur de l'hyperexcitabilité. Cette hyperexcitabilité se traduit surtout par l'accroissement du pouvoir réflexe. De même, les excitations périphériques ont le pouvoir d'accélérer les convulsions, ou de les faire revenir, lorsqu'elles ont cessé.

L'effet excitateur est aussi très évident sur le système nerveux respiratoire. Les expériences de LANGE à cet égard sont tout à fait décisives. En général, au moment de l'injection, il y a d'abord un arrêt; cet arrêt, dû selon toute apparence à une action d'inhibition sur le cœur par l'effet local direct du poison sur l'endocarde, n'est pas suivi de convulsions si la dose n'est pas trop forte, mais bien d'une accélération respiratoire intense. Dans un cas la respiration s'est élevée par minute de 97 à 119, au moment de l'injection; puis, la minute suivante à 138, et la minute suivante à 116.

En même temps la pression artérielle s'élève (LANGE), même quand il n'y a pas de convulsions.

Il est évident que cette accélération respiratoire et cette élévation de la pression sont bien plus marquées encore quand il y a des convulsions; mais l'intérêt de l'observation devient moindre; car le fait même de l'état convulsif général tend à produire à la fois une accélération respiratoire (par suite des échanges respiratoires accrus) et une élévation de la pression artérielle.

Toutefois, pour ce qui est de la pression, même quand il n'y a pas de convulsions, comme chez les animaux curarisés, on voit, à mesure qu'on augmente la dose toxique, monter la tension du sang dans les artères, tout comme dans l'empoisonnement strychnique des animaux curarisés. Ainsi, chez un chat curarisé, la pression qui était avant l'expérience de 0^m138 de mercure, s'est élevée, après injection de $0^{gr},08$ de carbonate d'ammoniaque, au chiffre considérable de $0^m,228$; et, dans un autre cas, plus net encore, un chat, dont la pression était de $0^m,102$ après curarisation, eut, après injection de $0^{gr},9$ de NH^4Cl, une pression de $0^m,272$.

Simultanément le cœur s'accélère; mais l'accélération n'est pas aussi marquée que l'élévation de la pression artérielle. LANGE pense que c'est à cause de l'accélération cardiaque du curare qui a porté d'emblée la fréquence des battements du cœur à son maximum; car, chez les animaux non curarisés, l'injection d'un sel ammoniacal accélère beaucoup le rythme cardiaque.

S'agit-il d'un effet sur le centre bulbaire des vaso-moteurs? BOEHM et LANGE ne le pensent pas, et ils se fondent sur ce fait que la section sous-bulbaire n'empêche pas l'élévation de la pression artérielle. D'autre part, FUNKE et DEAHNA ont vu les vaisseaux artériels se rétrécir, de sorte qu'on pourrait supposer une action de l'ammoniaque portant, non sur les centres nerveux vaso-constricteurs de la moelle et du bulbe, mais sur les ganglions nerveux vaso-constricteurs disséminés dans les parois des artères. BEYER, dans des expériences faites sur des tortues, a cru voir à la suite d'injections d'un sérum artificiel chargé d'un sel ammoniacal, se produire aussi l'excitation des ganglions vaso-constricteurs, après une courte période de vaso-dilatation. Ainsi ce serait sur les ganglions périphériques que l'ammoniaque agirait sur la pression artérielle. Toutefois une pareille conclusion est encore assez hypothétique, et il ne faut pas se faire d'illusions sur sa fragilité.

Ce qui a été dit sur l'excitation centrale des origines du nerf vague paraît assez contestable aussi. On observe les mêmes effets, que les nerfs vagues soient coupés ou non. L'accélération respiratoire est même un peu plus marquée quand les nerfs vagues ont été coupés : il faut donc en conclure qu'il s'agit bien d'une excitation des centres respiratoires, et non d'une excitation des terminaisons du nerf vague. Probablement les différences entre l'opinion de LANGE et celle de FUNKE tiennent au moins en partie aux différences de doses. A des doses fortes, la respiration se ralentit au lieu de s'accélérer; ce qui ne peut pas surprendre; l'ammoniaque, comme tous les poisons, ayant des effets excitateurs ou paralysants suivant la dose.

Les convulsions relèvent aussi évidemment de l'excitabilité accrue du système nerveux central : elles persistent quand la moelle a été coupée au-dessous du bulbe, et, d'autre part, elles se manifestent aussi dans le tronc postérieur d'une grenouille dont l'aorte abdominale a été liée, ce qui exclut absolument l'hypothèse d'une action périphérique sur les muscles et les plaques motrices terminales.

La synthèse de ces effets est facile à faire; l'ammoniaque est un stimulant du système nerveux; à dose plus forte cette stimulation va à la convulsion: car l'on peut assimiler les accélérations respiratoires et les spasmes des vaso-constricteurs aux phénomènes convulsifs du système musculaire de la vie organique.

En ce qui concerne la nutrition générale, il est intéressant de signaler l'action de l'ammoniaque sur la fonction glycogénique. Après ingestion de 2 à 4 grammes de carbonate d'ammoniaque chez le chien, KOHMANN a vu que le foie contenait 2 à 3 fois plus de glycogène. Le sel ammoniacal n'agit par ici en tant que sel alcalin, car le lactate d'ammonium ne produit pas les mêmes effets (KOHMANN. *Centralbl. f. klin. Med.*, 1884, n° 35. et A., *Pf.*, t. XXXIX, p. 21, 1886). Rappelons à ce propos qu'ADAMKIEWICZ a cru observer chez les diabétiques la disparition rapide du sucre des urines sous l'influence des sels ammoniacaux (chlorure). Mais CUFFER et REGNARD, GUTMANN et d'autres encore ont clairement établi qu'il n'en est rien (ADAMKIEWICZ. *J. B.*, t. VIII, p. 349; t. IX, pp. 293

et 302; t. x, p. 362. — Gutmann. *Zeitschr. f. klin. Med.*, t. i, p. 610 et t. ii, pp. 195 et 473. — Cuffer et Regnard. *Gaz. méd. de Paris*, 1879, p. 319).

Effets des doses toxiques. — Si la dose dépasse, en sel ammoniacal, 0^{gr},5 environ par kilogramme, les phénomènes d'excitation cessent, et les effets dépressifs se manifestent. La mort survient par arrêt du cœur, après une période, plus ou moins prolongée, de ralentissement cardiaque, et d'abaissement de la pression.

Dans la plupart des cas d'empoisonnement chez l'homme, c'est surtout cette période de dépression qui a été observée.

On a invoqué aussi l'action sur les globules du sanguin. Cette action est peu marquée, et on ne peut guère citer que les observations encore incomplètes de Belky. Il faudrait d'ailleurs complètement séparer l'effet de l'amoniaque gazeuse, telle que Belky l'a expérimentée et l'effet des sels ammoniacaux. Il est vraisemblable que le gaz ammoniacal inspiré, par son action caustique immédiate, peut agir sur les globules et l'hémoglobine, alors que les sels ammoniacaux sont sans effet bien marqué, au moins à faible dose; car, avec une dose forte, Feltz et Ritter ont vu les sels ammoniacaux dissoudre les globules et diminuer la capacité d'absorption de l'hémoglobine pour l'oxygène.

Lorsqu'on fait inhaler à un lapin de l'air mêlé d'ammoniaque, gazeuse, on constate, en observant, d'après le procédé de Vierordt, le spectre du sang dans l'oreille même de l'animal, qu'il y a réduction de l'oxyhémoglobine. Si l'on fait de nouveau respirer de l'air pur, le spectre de la matière colorante oxygénée reparaît (J. Belky) (Lehmann. *Arch. f. Hygiene*, t. v, p. 1, 1886. — J. Belky. *Jb. P.*, t. xv, p. 156, 1885).

Chez les animaux (chiens et chats) empoisonnés par de fortes doses ammoniacales la respiration et le cœur s'arrêtent presque en même temps; mais il me paraît probable que la mort survient, comme dans l'empoisonnement par les sels de potassium, par la paralysie du cœur qui s'affaiblit et s'arrête en diastole; car j'ai constaté que la respiration artificielle, même vigoureusement pratiquée, n'a pas d'effet bien marqué sur la dose toxique, contrairement à ce qui se passe avec d'autres poisons, comme la strychnine et la vératrine (*Chal. animale*, p. 191.)

La température suit les mêmes phases que l'excitation du système nerveux. Toutefois les convulsions ne sont pas assez violentes et prolongées pour faire énormément monter le thermomètre, comme dans le cas des convulsions strychniques. J'ai pu cependant donner quelques exemples d'hyperthermie due aux convulsions.

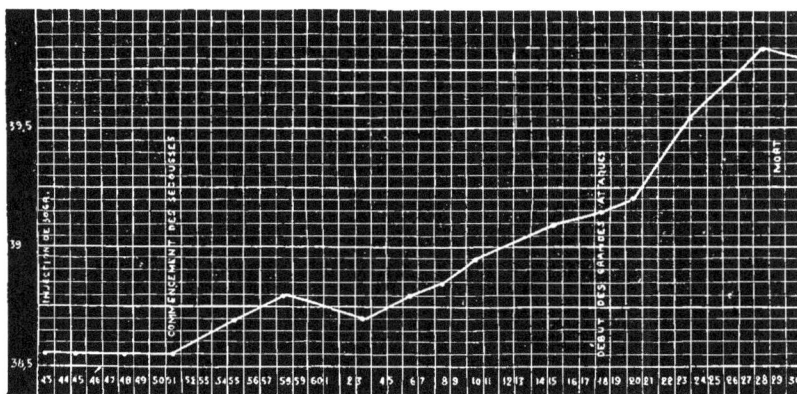

Fig. 35. — Température d'un chien empoisonné par l'acétate d'ammoniaque. — Dès que les secousses commencent la température s'élève; et cette élévation est très rapide au moment où se produisent les grandes attaques.

On voit dans la figure ci-jointe que, sur un chien dont la température baisse parce que l'animal est attaché, après injection d'acétate d'ammoniaque la température s'élève à 41°8 par le fait des convulsions; je ne comprends guère comment Rabuteau et Vulpian dans une discussion à la société de Biologie (*B. B.*, 1873, t. xxv, pp. 112-115), ont pu dire que la température s'abaissait pendant l'état convulsif.

Élimination. — L'élimination du sel ammoniacal ingéré se fait par l'urine. On a vu plus haut que dans certaines conditions de petites quantités de NH^3 peuvent être transformées en carbonate d'ammoniaque $CO^3N^2H^8$, et ensuite par réduction (SCHULTZEN, 1872) en urée CON^2H^4 ; mais il est douteux que cette réaction soit suffisante pour éliminer les sels ammoniacaux ingérés à dose toxique ou presque toxique.

D'autre part SCHIFFER a constaté (*Berl. klin.*, Woch., 1872, n° 42) que, malgré l'injection d'un sel ammoniacal dans le sang, il ne se dégage pas de gaz ammoniac par l'expiration, et cela a été formellement confirmé par LANGE (*Loc. cit.*, p. 367). Cet auteur a constaté que le sang additionné à doses modérées d'un sel ammonical, *in vitro*, ne dégage pas d'ammoniaque à des températures inférieures à 45°.

Il faut considérer ces faits comme positifs ; et cependant chez les chiens dont les uretères ont été liés, ou les reins enlevés, on a dit que les gaz expirés contenaient de l'ammoniaque. Quoique les deux cas ne soient pas absolument comparables, il y a là une contradiction qu'il serait intéressant d'expliquer et d'approfondir.

Comparaison entre les sels ammoniacaux et les sels alcalins. — Plusieurs auteurs ont comparé les sels ammoniacaux aux sels de potassium, de sodium, de lithium, de rubidium. Quoique cette étude ait déjà été faite à l'article **Alcalins** (v. plus haut, p. 210), il faut y revenir pour ce qui est spécial à l'ammoniaque. Je ne vois pas pourquoi P. BINET (*Rech. compar. sur l'act. physiolog. des métaux alcalins et alcalino-terreux. Rev. méd. de la Suisse romande*, n°s 8 et 9, août et sept. 1892, 35 p.) a fait l'étude des alcalins en exceptant l'ammoniaque : cela ne me paraît pas très rationnel.

En faisant vivre des poissons dans des milieux divers, j'ai trouvé que la limite de toxicité était la suivante en poids de métal (NH^4, Na, Li, K) par litre de liquide.

NH^4	0,06
K	0,20
Li	0,25
Na	26,00

En faisant tomber goutte à goutte des solutions salines sur le cœur de la grenouille, et en cherchant la dose qui arrête le cœur ; j'ai trouvé, en donnant au chlorure de sodium la valeur de 100 ; en métal les valeurs suivantes :

NaCl	100
CsCl	104
RbCl	42
LiCl	28
KCl	25
NH^4Cl	25

Ainsi, dans ces deux séries d'expériences, les sels ammoniques se sont montrés plus toxiques que les autres sels alcalins, et cette toxicité plus forte encore, si l'on songe que la molécule NH^4 (18) est plus faible que l'atome de K (39) ou de Na (23) ou de Rubidium (84), plus forte seulement que l'atome de Lithium (7).

C'est à une conclusion à peu près semblable qu'est arrivé F. FAGGIOLI (Voir p. 215). Les sels d'ammonium avaient, dans ses expériences, une toxicité de 0,17 ; les sels de potassium 0,25, et les sels de sodium 0,28.

Nous avons vu plus haut que la dose toxique de NH^4Cl était voisine, en injection veineuse, de 0,5 par kil. ; ce qui répond à 0,15 de NH^4 ; chiffre bien plus fort que la dose toxique de KCl, qui en injection intra-veineuse détermine la mort à la dose de 0,025 de K par kil. soit 0,050 de KCl, mais d'autre part bien plus faible que la dose toxique de KCl injecté sous la peau ; 0,470 de K., en moyenne, chez les poissons, pigeons et cobayes. Il semble qu'en injection intra-veineuse les sels de potassium sont très toxiques pour l'endocarde et myocarde, surtout chez le chien ; car chez le lapin la dose toxique est plus forte (BOUCHARD et TAPRET, *loc. cit.*) 0gr,18 de KCl par kil.

La conclusion générale, c'est que l'ammoniaque est toxique autant, sinon davantage, que le lithium et le potassium, les plus toxiques des métaux alcalins, et que la molécule d'un sel ammoniacal est à peu près deux fois moins toxique que la molécule d'un sel de potassium. En tout cas ces toxicités de l'ammonium, du potassium et du lithium sont du même ordre de grandeur; à peu près, d'une manière très générale, de $0^{gr},1$ par kil. en chiffres ronds.

Il est inutile de rappeler ce que nous disions à propos des alcalins, que cette grande toxicité du potassium et de l'ammonium ne s'applique qu'aux animaux et non aux végétaux. Les sels ammoniacaux sont d'excellents engrais pour les plantes, et les bactéries ne sont pas tuées par des doses de 25 grammes par litre d'un sel ammoniacal. Or, comme la différence entre le végétal et l'animal est essentiellement l'absence ou la présence d'un système nerveux, c'est une preuve de plus, et une excellente preuve, que l'ammoniaque est un poison du système nerveux, et par conséquent inoffensif pour les végétaux. Cette constatation a d'autant plus d'importance que la proposition doit s'étendre aux alcaloïdes, inoffensifs pour les végétaux et toxiques pour les animaux.

De l'empoisonnement ammoniacal dans l'urémie. — L'histoire pharmacodynamique des sels ammoniacaux est surtout intéressante par les étroites relations qui unissent l'urémie avec l'empoisonnement par l'ammoniaque.

Nous ne pouvons entrer dans la discussion approfondie des théories proposées pour expliquer la mort dans l'urémie (Voy. **Urémie**). Toutefois il est nécessaire de préciser quelques points essentiels.

On sait que, lorsque un animal a les deux reins enlevés, ou, ce qui revient à peu près au même, les deux uretères liés, la mort survient au bout de quelques jours; soit dans les convulsions, soit, plus souvent, après une période convulsive plus ou moins longue, dans l'hypothermie et le coma, symptômes qui, dans l'ensemble, coïncident très bien avec un empoisonnement aigu par l'ammoniaque.

L'hypothèse que l'urée, s'accumulant dans le sang, est la cause de la mort, doit être absolument écartée, malgré les efforts de GRÉHANT et QUINQUAUD pour établir que l'urée est toxique. En effet l'urée n'est pas toxique, ou du moins il faut des doses telles qu'on ne peut l'incriminer dans la mort par l'urémie expérimentale aiguë. Un chien peut recevoir des doses d'urée de 20 grammes par kil. sans mourir. Or l'élimination quotidienne d'urée n'est guère que de $0^{gr},8$ par kil : ce qui ferait trente jours environ pour qu'il s'accumule dans son corps assez d'urée pour déterminer la mort. D'autre part, pour un chien de 1 kil., $0^{gr},8$ d'urée, se transformant par hydratation en carbonate d'ammoniaque représentent $1^{gr},28$ de sel ammoniacal, dose absolument suffisante pour tuer un chien. C'est un fait tellement important que j'ai coutume, dans mes cours de physiologie, de faire l'expérience suivante devant les étudiants en médecine. A un chien de 10 kil. j'injecte 100 grammes d'urée pure, ce qui ne produit aucun trouble apparent ni sur le cœur, ni sur le système nerveux, ni sur la respiration. Puis je fais l'injection de 6 grammes de carbonate d'ammoniaque, ce qui représente un peu moins de la vingtième partie de l'urée injectée, en poids d'azote; et je détermine la mort rapide de l'animal, avec convulsions, puis coma et arrêt du cœur, par l'injection de ces 6 grammes.

Cette simple expérience montre bien que l'urée, se transformant en carbonate d'ammoniaque, se transforme en un corps qui est vingt fois et même trente fois plus toxique. Reste à savoir si cette transformation peut se faire dans l'organisme.

CLAUDE BERNARD (*Leçons sur les liquides de l'organisme*, 1859, t. II, pp. 39-53) a bien montré que cette transformation avait lieu. Il a constaté que l'estomac et l'intestin des animaux mourant d'urémie contenaient des quantités considérables d'ammoniaque. La proportion d'ammoniaque est même assez grande pour que, par l'odeur seulement, on puisse être assuré d'une formation ammoniacale active dans l'intestin. Le mécanisme est facile à comprendre. CLAUDE BERNARD l'avait bien indiqué, et j'ai pu, dans des expériences faites avec R. MOUTARD-MARTIN (*Rech. expérim. sur la polyurie. A. P.*, 1880. t. VIII, p. 1, et *Trav. du Lab.*, tome II, 1893, p. 181), en préciser plus exactement les conditions.

Quand on injecte une grande quantité d'urée dans le sang, très rapidement, c'est-à-dire en une dizaine de minutes environ, cette urée diffuse dans les tissus; une partie, relativement minime aussi, reste dans le sang. Le reste, c'est-à-dire à peu près 75 p. 100 de la quantité injectée, disparaît; autrement dit va se localiser dans les tissus et surtout diffuser dans les exsudats, dans la lymphe, dans la bile, dans les sécrétions intestinales et stomacales, de telle sorte que l'estomac et les intestins sont baignés dans un liquide très riche en urée.

Or, dans l'estomac et les intestins, des agents microbiens de fermentation existent constamment, si bien que cette solution d'urée se met à fermenter rapidement, et à donner de l'ammoniaque par hydratation de l'urée, tout comme dans les cystites purulentes l'urine de la vessie devient ammoniacale.

Cette transformation est sans doute très active. R. Moutard-Martin et moi nous avons montré que des fragments de muqueuse stomacale ajoutés à une solution d'urée accéléraient énormément (probablement par les peptones et les matières albuminoïdes) le développement du ferment de l'urée, si bien que l'urée intestino-stomacale se trouve dans d'excellentes conditions pour se transformer rapidement et complètement en carbonate d'ammoniaque.

Avec sa pénétration habituelle Claude Bernard avait bien vu la transformation d'urée en ammoniaque, mais, à l'époque où il faisait cette importante constatation, la théorie de la fermentation ammoniacale de l'urée par des microrganismes vivants n'était pas encore établie (1859).

On conçoit maintenant que les 0,8 d'urée quotidienne (par kil.) puissent donner, à supposer que le quart seulement passe dans l'intestin, en quatre jours 1gr,28 de carbonate d'ammoniaque. L'élimination ne pouvant se faire par le rein (enlevé) ni par le poumon (Schiffer, Lange, etc.), il est évident qu'une intoxication ammoniacale aiguë va se produire, qui amènera à bref délai la mort de l'animal.

L'ablation du rein n'est pas le seul cas où la transformation de l'urée en ammoniaque détermine des accidents. Dans les cystites, et cystonéphrites purulentes, la fermentation ammoniacale de l'urine, par suite de la présence des microrganismes fermentateurs, a lieu dans la vessie même; l'urine émise est fortement alcaline, et exhalant une odeur infecte, franchement ammoniacale. Or il n'est pas douteux que la vessie absorbe, quoique lentement; de sorte que cette ammoniaque ainsi formée passe dans le sang en partie. La quantité qui pénètre dans le sang est-elle suffisante pour devenir mortelle? Cela est douteux; car d'abord la mort ne survient en général qu'après une assez longue maladie, et il y a d'autres causes d'infection, plus graves sans doute que la simple intoxication ammoniacale; puisque d'autres microbes pathogènes coexistent toujours dans la vessie à côté du ferment de l'urée.

Il est intéressant de rattacher à ces faits les belles expériences mentionnées plus haut. (v. p. 420) de Pawloff et Nencki sur le carbamate d'ammoniaque des chiens dont la veine porte a été reliée directement à la veine cave. A l'état normal le foie transforme le carbamate d'ammoniaque en urée; mais, quand il n'y a plus de circulation hépatique, si une alimentation azotée introduit dans la veine porte directement beaucoup de carbamate d'ammoniaque, il survient une véritable intoxication ammoniacale. Les chiens ainsi privés de leur circulation hépatique sont pris de convulsions, parfois mortelles, si on leur donne un repas trop abondant et trop azoté. En somme le foie, à l'état normal, semble avoir un rôle antagoniste du rôle des microbes de la fermentation. Il transforme le carbamate de NH⁴ en urée, tandis que les microbes de l'intestin font avec l'urée du carbonate de NH⁴; et il est probable que le foie, qui peut transformer le sel carbamique de NH⁴ en urée, ne peut pas opérer cette transformation avec le carbonate.

En somme, suivant moi, au moins provisoirement, le mécanisme de la mort dans l'urémie aiguë, c'est une intoxication par l'ammoniaque; une ammoniémie. Mais il ne faut pas se dissimuler que c'est encore une théorie hypothétique et qu'elle soulève de nombreuses objections.

D'abord la présence de l'ammoniaque en excès dans le sang a été contestée, et cependant il semble que c'est là vraiment le point fondamental. De nouvelles recherches à ce point de vue seraient absolument nécessaires.

En second lieu, les sels de potasse, non éliminés; les matières extractives, non éliminées, jouent sans doute aussi un rôle dans l'intoxication urémique. Brown-Séquard n'avait-il pas récemment admis qu'il y a pour le rein une *sécrétion interne*, tout aussi importante à la vie que la sécrétion interne des capsules surrénales, de la glande thyroïde et du pancréas? (*Importance de la sécrétion interne des reins démontrée par les phénomènes de l'anurie et de l'urémie; A. P.*, 1893, (5), t. v, p. 778.)

Enfin tous les animaux ne produisent pas, comme les carnivores, de l'urée. Chez les herbivores il y a surtout de l'acide hippurique. Chez les oiseaux, il y a surtout de l'acide urique, et l'urémie se manifeste chez eux, à peu près avec les mêmes symptômes.

Je n'oserais donc dire que la théorie de la mort par ammoniémie dans l'urémie est absolument prouvée, et, pour la discussion plus approfondie, je renverrai, comme je l'ai dit, aux articles **Rein** et **Urémie**, quoique je considère comme probable que la mort dans l'urémie est causée par la transformation de l'urée en ammoniaque dans l'appareil digestif, et par l'accumulation de cette ammoniaque jusqu'à la dose mortelle.

Action thérapeutique. — L'ammoniaque caustique à été employée comme substance vésicante ; mais ses effets vraiment utiles sont la neutralisation des venins. Les piqûres des moustiques, des fourmis, des guêpes, qui causent une douleur si cuisante, sont rapidement soulagées, si, immédiatement après la piqûre, on touche la petite plaie avec de l'ammoniaque caustique. S'agit-il d'acide formique ou d'un autre acide organique neutralisé ? cela est douteux, car la soude et la potasse n'ont pas les effets salutaires de l'ammoniaque. Il est possible que, par suite de la diffusibilité du gaz ammoniacal, la pénétration soit plus rapide et plus complète que si l'on emploie les alcalis fixes. Pour les piqûres dues à des animaux plus venimeux, l'ammoniaque semble aussi pouvoir être employée avec avantage ; ce qui tient sans doute toujours à la même cause ; la facilité avec laquelle le gaz caustique peut pénétrer dans les tissus, et aller jusqu'aux parties contaminées par le venin. Il est possible aussi qu'il s'agisse d'une action véritablement spécifique et antitoxique ; car l'injection d'ammoniaque dans la circulation a été en quelques cas un remède efficace contre les morsures de vipères (ORÉ. *Injection d'ammoniaque dans les veines pour combattre les accidents de la morsure de la vipère, R. S. M.*, 1874, t. IV, p. 320. — HALLFORD. *Ammonia in suspended animation, R. S. M.*, 1873, t. I, pp. 401-402). — FAYRER (cité par GENEUIL, D. P., 1873, p. 13) pense au contraire que les injections ammoniacales n'ont aucun effet salutaire contre l'envenimation.

Les autres emplois de l'ammoniaque liquide sont peu importants et contestables. On a prétendu que l'inspiration d'air chargé d'ammoniaque gazeux dissipait les effets de l'ivresse. Rien n'est moins prouvé.

Les effets thérapeutiques des sels ammoniacaux seraient multiples et de haute valeur, si l'on ajoutait grande confiance à toutes les recommandations qu'ont faites divers médecins. Quelques faits positifs seulement peuvent être mentionnés : c'est d'abord l'action diurétique, qui est évidente. Toutes les substances salines sont d'ailleurs des diurétiques. On peut employer avec avantage l'acétate d'ammoniaque (esprit de MINDERERUS) à la dose moyenne de 5 grammes.

On dit aussi que les sels ammoniacaux sont diaphorétiques (ce qui est douteux) et antispasmodiques, diminuant l'éréthisme du système nerveux dans les fièvres, l'hystérie, les névralgies, la dysménorrhée.

Toxicologie. — Les cas d'empoisonnement par l'ammoniaque liquide ne sont pas absolument rares. On verra à la bibliographie qu'il y en a d'assez nombreuses observations. DELIOUX DE SAVIGNAC, en 1873, en cite treize observations en France seulement (art. *Ammoniaque, D. D.*, t. III, p. 708). Il s'agit généralement d'ingestion stomacale, soit par suite d'une erreur, soit pour cause de suicide. Ce sont surtout les effets caustiques qui dominent la scène, avec des hémorrhagies stomacales et intestinales. Rarement on observe les convulsions ; cependant ORFILA les a notées dans un cas, ainsi que RULLIÉ (cité par DELIOUX DE SAVIGNAC).

Le plus souvent il y a une dépression générale des forces, affaiblissement du système nerveux et tendance à la syncope ; mais il est très difficile de séparer ce qui est dû, soit à l'action caustique, soit à l'action toxique, proprement dite.

La mort par ingestion de sels ammoniacaux est beaucoup plus rare ; car il faut par ingestion stomacale une dose très forte, peut-être plus de 50 gr. de sel pour déterminer la mort, attendu que l'élimination par le rein est très rapide, et se fait simultanément avec l'absorption. Au fur et à mesure que la substance est absorbée, elle est éliminée par le rein, régulateur de la teneur du sang en sels.

Il y a cependant un cas de CRICHTON BROWNE (*Lancet*, 1868, (1), p. 761, cité par HUSEMANN et SELIGE, *loc. cit.*, p. 76) : mort par le chlorhydrate d'ammoniaque, avec hallucinations, état convulsif et vertige ; et un cas curieux de HUXHAM (cité par DELIOUX DE SAVI-

GNAL) : empoisonnement chronique par le sesquicarbonate d'ammoniaque. Il s'agit d'un jeune homme, qui, par suite d'une étrange perversion du goût, absorbait chaque jour une quantité considérable de ce sel, employé dans le commerce sous le nom de sel anglais volatil : mais il ne paraît pas bien certain que sa mort n'ait pas été causée par une affection morbide distincte de l'intoxication.

Bibliographie. 1° **Métabolisme de l'Ammoniaque.** — BACHL. *Ausscheidung von Ammoniak durch die Lungen* (Z. B., 1869, t. V, pp. 61-65). — LOSSEN. *Même sujet* (Z. B., 1865, t. I, pp. 206-213). — SCHENK. *Ammoniak unter den gasförmigen Ausscheidungsproducten* (A. Pf., 1870, t. III, pp. 470-476). — THIRY. *Ammoniakgehalt des Blutes, des Harns und der Expirationluft* (Zeits. f. rat. Med., 1863, t. XVII, pp. 166-187). — AXENFELD. *Trasformazione dei sali di ammonio in urea nell'organismo* (Ann. di Chim. e di Farmac., t. VIII, 1888, p. 572). — FEDER. *Ausscheidung des Salmiaks im Harn* (Z. B., 1877, t. XIII, pp. 256-298; 1878, t. XIV, pp. 161-189). — HALLERVORDEN. *Verhalten des Ammoniaks im Organismus und seine Beziehung zur Harnstoffbildung* (A. P. P., 1878, t. X, pp. 125-146). — E. BRÜCKE. *Aufsuchen von Ammoniak in thierischen Flüssigkeiten und Verhalten desselben in einigen seiner Verbindungen* (Ac. des sc. de Vienne, 1868, t. LVII). — JAFFÉ. *Vermeintliche Umwandlung von Ammoniak in Salpetersäure innerhalb des thierischen Organismus* (SCHMIDT's Jahrb., 1853, t. LXXIX, p. 117). — KOPPE. *Ammoniakausscheidung durch die Nieren* (Pet. med. Zeits., 1868, t. XIV, pp. 75-90). — C. WURSTER. *Bildung von salpetriger Säure und Salpetersäure im Speichel aus Wasserstoffsuperoxyd und Ammoniak* (an. in C. P., 1889, t. III, p. 566). — C. WURSTER. *Ammoniakbestimmung im Harn* (C. P., 1887, pp. 485-487). — MUNK. *Transformation du chlorhydrate d'ammoniaque dans l'organisme* (Z. P. C., 1879, t. II, pp. 29-47). — SCHRÖDER. *Transformation de l'ammoniaque en acide urique chez la poule* (Z. P. C., 1879, t. II, pp. 228-241). — SALKOWSKI. *Sels ammoniacaux dans l'organisme* (Z. P. C., 1879, t. II, pp. 386-403).

2° **Action pharmacodynamique.** — W. REULING. *Über den Ammoniakgehalt der expirirten Luft und sein Verhalten in Krankheiten, mit besonderer Rücksicht auf Uraemie* (Thèse de Giessen, 1854, 80). — BISTROFF. *Physiol. Wirkung des Ammonium Bromatum auf den thierischen Organismus* (A. f. An. Phys. u. wiss. Med., 1868, pp. 721-728). — BOHM. *Verhalten und. Wirkungen der Ammoniaksalze im thierischen Organismus* (A. P. P., 1874, t. II, pp. 364-383). — O. FUNKE et A. DEAHNA. *Wirkung des Ammoniaks auf den thierischen Organismus* (A. Pf., 1874, t. IX, pp. 416-438). — LANGE. *Physiol. Untersuch. über das Verhalten und die Wirkung einiger Ammoniaksalze im thierischen Organismus* (Th. de Dorpat, 1874). — SELIGE. *Beiträge zur Wirkung des Trimethylamins und der Ammoniaksalze* (A. P. P., 1876, t. V, pp. 55-77). — FELTZ et RITTER. *Étude expériment. sur l'ammoniémie* (C. R., 1874, t. LXXVIII, p. 859). — RIGLER. *Beiträge zur Lehre über Ammoniämie* (Wien. med. Woch., 1861, t. XI, pp. 141, 177, 193). — ROSENSTEIN. *Ammoniämie* (D. Zeitsch. f. prakt. Med., 1874, (1), p. 167). — H. BEYER. *Direct. action of calcium, sodium, potassium and ammonium salts on the bloodvessels* (an. in J. P., 1886, t. XV, p. 98). — BELKY. *Beiträge zur Wirkung der gasförmigen Gifte* (A. V., 1886, t. CVI, pp. 148-166). — F. BETZ. *Die ammoniakalische Urämie* (Memorabilien, Heilbronn, 1892, t. XVII, pp. 97-115). — A. KRUSE. *Beziehungen des kohlensauren Ammoniaks zur Urämie* (Th. de Greifswald, 1887, in-8°). — A. LINAS. *L'urémie et l'ammoniémie* (Gaz. hebd. de méd., 1869, (2), t. VI, p. 8). — R. LIMBECK. *Zur Lehre von der urämischen Intoxication* (A. P. P., 1892, t. XXX, pp. 180-201).

3° **Toxicologie.** — BLAKE. *Poisoning by caustic ammonia* (St Georges Hosp. Rep., 1871, t. V, pp. 72-75). — CASTAN. *Empoisonnement par le gaz ammoniac* (Montpellier médical, 1870, t. XXV, p. 377-394). — DELIOUX DE SAVIGNAC. Art. *Ammoniaque*, D. D., t. III, pp. 707-716. — GILLAM. *Case of poisoning by liquor ammoniac; post mortem notes* (Med. Times and Gaz., 1878, (2), p. 706). — IMBERT GOURBEYRE. *Observations d'empoisonnement par l'ammoniaque* (Journ. de chim. médic., 1854, t. X, pp. 648-654). — JEANTY. *Un cas d'empoisonnement par l'ammoniaque* (Arch. méd. belges, 1867, t. VI, pp. 102-105). — MANKIEWICZ. *Ein Fall von Vergiftung durch liquor ammonii caustici* (A. V., 1869, t. XLV, p. 522). — MATTERSON. *Poisoning by liquor ammoniac* (Lancet, 1876, (1), p. 280). — POTAIN. *Empoisonnement par l'ammoniaque liquide* (Un. médic., 1862, t. XIII, pp. 119-126). — ROBIN. *Empoisonnement par l'ammoniaque* (B. B., 1874, p. 135). — ROUTIER. *Intoxicat. par l'ammoniaque* (France médic., 1879, t. XXVI, p. 65). — SKODA. *Vergiftung mit Ammonia liquida* (Allg. Wien. med. Zeit., 1856, p. 22). — GENEUIL. *Étude sur l'empoisonnement par l'ammoniaque* (D. P., 1873, 84 pp.). —

Da Costa. *A case of ammonia poisoning with unusual features (Bost. med. and. surg. Journ.*, 1891, t. cxxv, p. 677).

CHARLES RICHET.

AMNÉSIE. — Le mot amnésie (ἀ privatif, μνῆσις, mémoire) signifie étymologiquement privation de la mémoire; il ne s'applique pas à ces abolitions totales des fonctions intellectuelles, dans lesquelles la mémoire disparaît avec l'ensemble de l'intelligence, mais à des états particuliers dans lesquels la perte de la mémoire coexiste avec une conservation au moins apparente des autres fonctions intellectuelles. Ainsi entendu, le mot amnésie semble désigner un phénomène simple et invariable; mais de nombreuses observations ont montré que les pertes de la mémoire étaient au contraire extrêmement nombreuses et différentes les unes des autres. Pour comprendre ces variations il a été nécessaire de modifier la conception de la mémoire et de la considérer non plus comme un phénomène unique tantôt présent, tantôt absent, mais comme un ensemble de phénomènes très nombreux, qui peuvent être modifiés isolément. L'étude de l'amnésie est un des exemples les plus curieux à signaler pour montrer les services que la psychiatrie a rendus à la psychologie normale, et l'on peut dire que toute la théorie de la mémoire est sortie peu à peu de l'étude de l'amnésie.

Des amnésies de toute espèce ont été observées depuis longtemps. « Rien n'est plus fragile que la mémoire de l'homme, disait déjà PLINE (*Histoire naturelle*, livre vii, ch. 24), les maladies, les chutes, une simple frayeur l'altèrent soit complètement, soit partiellement. » Il a donc été nécessaire de distinguer ces divers phénomènes les uns des autres et de les classer. Cette classification est ici un problème très important, car elle est en même temps une analyse des différents éléments de la mémoire.

Plusieurs auteurs, préoccupés surtout du point de vue médical, ont étudié particulièrement les causes des amnésies et ont proposé des classifications étiologiques. A. VOISIN divisait en six classes les causes de l'amnésie [1], LEGRAND DU SAULLE [2], à peu près de la même manière que KUSSMAUL [3], distinguait : 1° des amnésies se rattachant à des vices de structure ou à des lésions anatomiques de la substance cérébrale; 2° des amnésies dépendant d'un trouble fonctionnel primitif des cellules nerveuses; 3° des amnésies dues à des troubles de la circulation cérébrale; 4° des amnésies dues à des altérations du sang, infection ou toxémie. ROUILLARD [4], après avoir exposé et discuté les classifications précédentes, distingue sept groupes : 1° amnésie congénitale, 2° amnésie par traumatisme, 3° amnésie liée à des maladies de l'encéphale, 4° amnésie par anémie cérébrale, 5° amnésie liée aux grandes névroses, 6° amnésie liée à des maladies aiguës, 7° amnésie liée à une intoxication. Dans un ouvrage remarquable, qui a été le point de départ de la plupart de ces recherches, RIBOT [5] se plaçait à un point de vue un peu différent, et, dans sa classification des amnésies, tenait surtout compte de l'évolution des symptômes; après avoir distingué les amnésies générales et les amnésies partielles, il insistait sur 1° les amnésies temporaires, 2° les amnésies périodiques, 3° les amnésies à forme progressive, 4° les amnésies congénitales. SOLLIER, dans un travail récent [6], semble se préoccuper aussi de l'évolution et du pronostic quand il distingue des amnésies dues à des modifications organiques et irréparables et les amnésies en rapport avec de simples troubles fonctionnels et curables. Toutes ces classifications ont leurs avantages, surtout quand la description de l'amnésie est faite d'une manière médicale. Nous nous plaçons ici à un point de vue exclusivement physiologique, et nous cherchons surtout à décrire les symptômes et à reconnaître, grâce à l'amnésie, les fonctions de la mémoire. Aussi décrirons-nous simplement dans les diverses amnésies trois caractères essentiels, leur *localisation*, leur *forme* et leur *degré*.

I. Localisation des amnésies. — Nos souvenirs sont très nombreux, et ils sont ou paraissent étendus sur toute la durée du temps passé; suivant le groupe des souve-

1. AUG. VOISIN. Art. *Amnésie* in *Nouveau dictionn. de médec. et de chirurgie pratiques*, ii, 5.
2. LEGRAND DU SAULLE. *Les maladies de la mémoire* (*Gazette des hôpitaux*, 1884, p. 1164).
3. KUSSMAUL. *Les troubles de la parole*, traduct., p. 40.
4. ROUILLARD. *Essai sur les amnésies, principalement au point de vue étiologique*, 1885, p. 62.
5. RIBOT. *Les maladies de la mémoire*, 1881.
6. P. SOLLIER. *Les troubles de la mémoire*, 1892, p. 92.

nirs ou la période du temps sur laquelle porte l'amnésie, ce symptôme présente des localisations différentes.

1° Les *amnésies systématiques*[1] sont parmi les plus fréquentes; les malades perdent, non pas tous les souvenirs acquis pendant une période, mais seulement une certaine catégorie de souvenirs, un certain groupe d'idées du même genre formant ensemble un système. Les uns oublient les chiffres, les autres les noms des localités, ceux-ci oublient tout ce qui a rapport à leur famille, ceux-là toutes les idées relatives à une personne déterminée, etc.

Les amnésies de ce genre les plus importantes sont celles qui ont rapport au langage, soit que les sujets aient oublié totalement telle ou telle langue étrangère en conservant la mémoire d'une autre, soit qu'ils aient perdu totalement les images motrices nécessaires pour articuler les mots ou les écrire, les images auditives nécessaires pour comprendre la parole, ou les images visuelles qui permettent de comprendre la lecture. Ces questions sont étudiées à l'article **Aphasie**; nous nous bornons à remarquer ici que les diverses aphasies sont des amnésies systématiques.

Signalons aussi les amnésies systématiques qui portent sur des mouvements. Les mouvements de nos membres ne sont que la manifestation extérieure de certaines images qui existent dans la pensée. La perte de ces images motrices est une véritable amnésie qui se manifeste extérieurement par une paralysie[2]. Dans certains cas, les malades ont perdu le pouvoir d'effectuer telle ou telle catégorie de mouvements, tandis qu'ils ont conservé à peu près complètement les autres. Ce sont des paralysies systématiques dont l'*astasie-abasie* peut être considérée comme le type : on constate dans cette affection « une perte des synergies musculaires qui assurent l'équilibre dans la station verticale et dans la marche qui contraste avec l'intégrité de la sensibilité de la force musculaire et de la coordination des autres mouvements des membres inférieurs[3]. » Beaucoup d'autres troubles du langage et du mouvement se rattachent à l'amnésie systématique.

2° Dans les *amnésies localisées* les événements dont le souvenir est perdu sont réunis par un caractère commun; ils appartiennent tous à une même période de la vie des malades.

Dans le cas le plus simple, le malade oublie un seul événement qui a déterminé un traumatisme ou une émotion violente : c'est l'*amnésie simple* de Sollier[4].

Plus souvent le malade oublie, outre l'événement principal, une certaine période de sa vie, plus ou moins longue suivant les cas, précédant immédiatement cet événement. Cette *amnésie rétrograde* a d'abord été signalée à la suite des traumatismes craniens; mais il faut remarquer qu'elle est beaucoup plus commune et accompagne très souvent les autres formes d'amnésie. Par exemple, l'oubli qui suit le somnambulisme n'est pas exactement limité, et presque toujours il s'étend en arrière, au delà du début de l'état anormal. « Nous avons remarqué, dit Chambard, que l'oubli intéresse non seulement la période de l'accès, mais encore les instants qui l'ont immédiatement précédé[5]. »

L'amnésie peut aussi porter sur les événements qui ont suivi l'accident, *amnésie antérograde*[6]; au bout d'un certain temps, ordinairement assez court, le sujet se réveille complètement comme s'il sortait d'un état anormal, et on constate qu'il a oublié non seulement le traumatisme lui-même et ce qui l'a précédé, mais tout ce qu'il vient de faire à la suite de l'accident[7].

Enfin l'*amnésie localisée* peut s'étendre sur une période assez longue pendant laquelle le sujet était dans un état anormal. On constate souvent un oubli complet de tout ce qui

1. P. Janet. *Stigmates mentaux des hystériques*, 1892, p. 83.
2. P. Janet. *Automatisme psychologique*, 1889, p. 347, 362.
3. Paul Blocq. *Archives de neurologie*, 1888 ; *les troubles de la marche dans les maladies nerveuses*, 1892, p. 55. — Paul Richer. *Paralysies et contractures hystériques*, 1892, p. 48. — Pierre Jolly. *Contribution à l'étude de l'astasie-abasie*, Lyon, 1892, p. 9.
4. Sollier. *Op. cit.*. p. 158. — Rouillard. *Op. cit.*, p. 71.
5. Chambard. *Somnambulisme provoqué* in *Dictionn. encycl. des sc. médicales*, 3ᵉ série, x, p. 381. — Pitres. *Leçons sur l'hystérie*, ii, p. 195; cf. *Stigmates mentaux des hystériques*, p. 114.
6. Sollier. *Op. cit.*, p. 79.
7. Ritti. *Annales médico-psychologiques*, 1887, ii, p. 310.

vient de se passer à la suite de certaines ivresses, à la suite des somnambulismes, ou même après des périodes de simple rêverie. Presque toujours ces périodes oubliées sont caractérisées par des modifications psychologiques importantes, des délires, des modifications de la sensibilité et même de la motilité. Nous sommes disposé à croire que ces modifications jouent un grand rôle dans la production de l'amnésie elle-même[1].

3° Dans certains cas très rares, l'*amnésie* peut être ou du moins paraître *générale*, c'est-à-dire porter sur tous les souvenirs acquis jusque-là par le malade. Le sujet semble naître une seconde fois et doit apprendre de nouveau tout ce qu'il avait déjà appris depuis son enfance. On trouvera les observations les plus importantes réunies dans le livre de Ribot[2], et dans un travail intéressant de Weir Mitchell[3].

4° L'*amnésie continue* ne porte pas sur les souvenirs des événements passés, mais uniquement sur les souvenirs des événements présents. A partir d'un certain moment, le malade, tout en conservant les souvenirs acquis antérieurement, semble perdre la faculté d'acquérir des souvenirs nouveaux. L'amnésie marche en avant; elle est antérograde, disait Charcot[4]. Le mot antérograde s'appliquant plus exactement à une certaine forme d'amnésie localisée, nous avons désigné cette amnésie sous le nom d'amnésie continue parce qu'elle ne porte pas sur certains souvenirs déterminés, mais qu'elle continue à envahir les souvenirs au fur et à mesure de leur production[5]. C'est là un trouble intellectuel assez compliqué dont nous signalons seulement la localisation.

II. Formes de l'amnésie. — L'oubli qui porte sur ces divers événements n'est pas toujours de la même nature. Il est parfois très différent dans son mécanisme et ses conséquences; ce qui nous amène à distinguer des *formes* de l'amnésie.

1° *Amnésie de conservation.* — « La mémoire, considérée au point de vue physiologique, dit Ch. Richet, peut être ramenée à ce fait que toute irritation brève laisse après elle un retentissement prolongé qui peut être latent[6]. » — « Les molécules, dit Ribot, perdant le pouvoir de revenir à leur mouvement naturel, prennent définitivement celui qui leur a été imposé[7]. » Ces modifications permanentes sont la condition essentielle qui rend possible la conservation des souvenirs. Dans certains cas ces modifications ne se produisent pas, ou ne se conservent pas, et les souvenirs qui en dépendaient sont irrémédiablement perdus.

C'est ce que l'on observe dans les amnésies congénitales ; « les cellules sont réduites en nombre, en volume, elles sont en pleine dégénérescence », disait Ball[8], ce sont des cellules idiotes, suivant une expression de Maudsley. Des altérations du même genre se rencontrent à la suite des ramollissements cérébraux, de bien des altérations pathologiques du cerveau et amènent également une amnésie définitive. Les lésions qui provoquent les diverses formes d'aphasie sont presque toujours de ce genre; elles sont destructives, enlèvent complètement les traces qui permettaient la conservation des souvenirs et rendent toute restauration impossible.

On constate ces altérations brutales de la mémoire par l'observation des animaux aussi bien que celle des hommes. Ch. Richet a réussi à produire chez une chienne la suppression complète de la mémoire des images visuelles. « Elle voyait les objets en tant qu'obstacles, mais ne reconnaissait pas leur nature ; elle ne s'effrayait plus en voyant un bâton qui la menaçait. » A l'autopsie on constata, comme dans d'autres observations

1. *Automatisme psychologique*, p. 94. *Stigmates mentaux*, p. 117. *Accidents mentaux des hystériques*, 1893, p. 213.

2. *Op. cit.*, 1883, p. 63.

3. Weir Mitchell. *Mary Reynolds, a case of double consciousness.* Philadelphie, 1889.

4. Charcot. *Sur un cas d'amnésie rétro-antérograde* (*Revue de médecine*, 10 févr. 1892, p. 81). — Souques. *Étude sur l'amnésie rétro-antérograde dans l'hystérie, les traumatismes cérébraux, l'alcoolisme chronique* (*Revue de médecine*, 1892, p. 367). — Séglas et Sollier. *Folie puerpérale, amnésie, etc.* (*Archives de neurologie*, 1890, n° 60).

5. *Amnésie continue* (*Revue générale des sciences*, 1893, p. 175).

6. Ch. Richet. *Essai de psychologie générale*, 1887, p. 157.

7. Ribot. *Op. cit.*, p. 14.

8. B. Ball. *Maladies mentales*, 1880, p. 824.

du même genre, des lésions du gyrus sigmoïde et du lobule [du pli courbe [1] (V. fig. 36).
Cette première forme d'amnésie est naturellement définitive, et irrémédiable.

2° *Amnésie de reproduction*. — Dans d'autres cas, au contraire, les souvenirs ne sont pas complètement détruits, puisqu'ils peuvent réapparaître; on a constaté bien souvent ces réapparitions surprenantes de souvenirs que l'on croyait effacés [2]. Il était nécessaire d'admettre que, dans ces cas, la conservation des souvenirs restait intacte, mais que l'altération avait porté sur un autre élément du souvenir, la reproduction des images. La reproduction semble demander entre autres conditions un état psycho-physiologique analogue à celui dans lequel les souvenirs ont été acquis. Quand cet état se présente de nouveau, par exemple dans une nouvelle ivresse ou un nouveau délire, les souvenirs en apparence disparus jusque-là se reproduiront avec facilité.

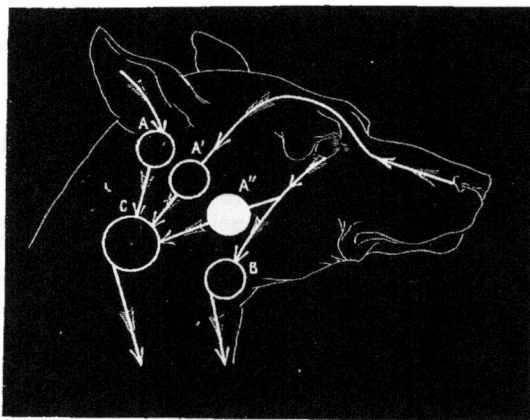

Fig. 36. — Schéma de l'amnésie chez le chien D'après Ch. R..
En A'' lésion du pli courbe.

La reproduction peut aussi dépendre de certaines associations d'idées; c'est pourquoi les souvenirs réapparaissent à propos de certains rêves ou de certains délires, comme dans les cas d'*ecmnésie* signalés par Pitres [3]. Quand ces conditions physiques ou morales, desquelles dépend la reproduction, se trouveront régulièrement réunies à de certains moments pour disparaître dans les intervalles, les amnésies disparaîtront, puis réapparaîtront régulièrement; elles seront *périodiques*.

3° *Amnésie d'assimilation*. — Dans bien des cas le trouble psychologique qui amène l'amnésie est encore moins profond. Non seulement la conservation, mais même la reproduction des souvenirs, paraît subsister. Mais cette reproduction des images ne se fait que d'une manière automatique et à l'insu du sujet lui-même. Ces souvenirs en apparence perdus manifestent leur présence par les modifications qu'ils impriment aux sentiments et aux actions du sujet; ils sont même exprimés quand le sujet est distrait, parle ou écrit, non seulement sans réflexion, mais sans conscience, sans savoir ce qu'il fait. Ces reproductions inconscientes des souvenirs ont été quelquefois signalées dans les amnésies alcooliques [4]; elles sont très fréquentes et très nettes, ainsi que nous avons essayé de le montrer, dans la plupart des amnésies hystériques [5]. Voici comment on pourra peut-être essayer de se représenter ces faits curieux. « Il ne suffit pas, pour que nous ayons conscience d'un souvenir, que telle ou telle image soit reproduite par le jeu automatique de l'association des idées : il faut encore que la perception personnelle saisisse cette image et la rattache aux autres souvenirs, aux sensations nettes ou confuses, extérieures ou intérieures, dont l'ensemble constitue notre personnalité; que l'on appelle cette opération, comme on voudra, que l'on forge pour elle le mot de *personnification*,

1. Ch. Richet. Soc. de psychologie physiologique, 1890, p. 7. *Cécité psychique expérimentale chez le chien* Travaux du laboratoire, t. i. 1893, p. 126.
2. Taine. *Intelligence*, t. i, p. 133. — Rouillard. *Op. cit.*, p. 35.
3. Pitres. *Leçons cliniques sur l'hystérie*. 1891, t. ii. p. 219.
4. Korsakoff. *Une maladie de la mémoire* (Revue philosophique. 1889, t. ii, p. 503).
5. *Amnésie continue* (Revue générale des sciences. 1893. p. 172).

ou que l'on se contente des termes vulgaires que nous avons toujours employés, *perception personnelle des souvenirs* ou *assimilation psychologique des images*, il faut toujours constater le fait lui-même et lui donner une place dans la psychologie de la mémoire, comme dans celle des sensations. Cette opération est si simple et si facile chez nous que l'on ne soupçonne même pas son rôle. Mais elle peut être altérée et supprimée, tandis que les autres phénomènes du souvenir, conservation et reproduction des images, subsistent intégralement. Son absence suffira pour produire chez les malades un trouble de la mémoire qui sera, *pour eux*, une véritable amnésie, et que l'on peut exprimer par ce mot, une amnésie d'assimilation[1]. »

4° *Amnésie de reconnaissance et de localisation.* — Les opérations les plus délicates de la mémoire, celles qui ont pour rôle de classer les images, de les distinguer des sensations présentes et de leur assigner une place apparente dans le passé sont les seules atteintes. Les souvenirs sont confondus avec les sensations et semblent des événements présents; ou bien au contraire des sensations présentes sont rejetées en arrière et semblent des souvenirs. La localisation est inexacte, des souvenirs récents paraissent très anciens ou réciproquement. Ces phénomènes très variés, qui sont des troubles de la mémoire, plutôt que des amnésies proprement dites, sont très fréquents dans bien des maladies, et contribuent à la formation des délires. Sollier a décrit quelques-uns de ces faits sous le nom de *par-amnésies*[2]. Wigan, Lewes, Ribot, Sander, Guyau en ont décrit d'autres sous le nom de fausses mémoires, illusions de la mémoire. Nous ne pouvons que signaler cette dernière forme de l'amnésie.

Les fonctions qui constituent la mémoire ont été analysées par les diverses formes de l'amnésie, car dans chacune un phénomène particulier a été modifié isolément.

III. Degrés de l'amnésie. — Quelles que soient la localisation et la forme de l'amnésie, cette affection peut être plus ou moins grave, plus ou moins profonde.

1° *Amnésie complète.* Chaque type d'amnésie que nous avons décrit peut être complet : par exemple, absolument tous les souvenirs d'une période déterminée seront effacés dans l'amnésie localisée : aucun effort d'attention ne pourra donner au malade la conscience personnelle des souvenirs dans l'amnésie d'assimilation, etc.

2° Dans le cas contraire l'*amnésie* sera *incomplète*, quelques souvenirs subsistent et les efforts d'attention pourront pour un moment rendre la mémoire consciente. Ce sont des phénomènes de ce genre qui ont souvent été désignés sous le nom d'amnésies partielles ou de dysmnésies (Louyer-Villermay)[3].

3° L'*amnésie* sera *brusque*, quand l'affection est immédiatement complète ; c'est ce que l'on observe par exemple après les traumatismes cérébraux[4].

4° L'*amnésie* sera au contraire *progressive* quand elle est d'abord incomplète, puis qu'elle augmente peu à peu. L'étude des amnésies progressives a été des plus fructueuses et a permis de constater des lois importantes. Tous les aliénistes (Griesinger, Baillarger, Falret, Foville, etc.) ont remarqué depuis longtemps que l'affaiblissement de la mémoire portait d'abord sur les faits récents qui étaient oubliés, tandis que les souvenirs des faits anciens subsistaient. Les explications qui ont été proposées sont nombreuses et encore incertaines. « Les conditions anatomiques de la stabilité et de la réviviscence manquent pour les phénomènes récents, disait Ribot, mais les modifications fixées dans les éléments nerveux depuis de longues années et devenues organiques, les associations dynamiques et les groupes d'association cent et mille fois répétées persistent encore ; elles ont une plus grande force de résistance contre la destruction. Ainsi s'explique ce paradoxe de la mémoire: le nouveau meurt avant l'ancien[5]. » — « Les souvenirs les plus récents disparaissant les premiers, dit Sollier : il semble tout naturel d'admettre que les souvenirs les plus anciens siègent dans les couches les plus profondes de l'écorce, qu'il y a, comme on l'a dit justement, une stratification des souvenirs[6]. »

Après les souvenirs des faits récents, les acquisitions intellectuelles se perdent peu à

1. *Stigmates mentaux des hystériques*, 1893, p. 108.
2. Sollier. *Op. cit.*, p. 15.
3. Rouillard. *Op. cit.*, p.43.
4. Sollier. *Op. cit.*, p. 161.
5. Ribot. *Op. cit.*, p. 92.
6. Sollier. *Op. cit.*, p. 61.

peu, les noms propres d'abord, puis les noms communs, les connaissances scientifiques, artistiques, professionnelles. Les meilleurs observateurs ont remarqué que les facultés affectives s'éteignent bien plus lentement que les facultés intellectuelles. Les acquisitions qui résistent en dernier lieu sont celles qui sont presque entièrement organiques : la routine journalière, les habitudes contractées de longue date. « La destruction progressive de la mémoire suit donc une marche logique, une loi. *Elle descend progressivement de l'instable au stable.* Elle commence par les souvenirs récents qui, mal fixés dans les éléments nerveux, rarement répétés et par conséquent faiblement associés avec les autres, représentent l'organisation à son plus faible degré. Elle finit par cette mémoire sensorielle, instinctive, qui, fixée dans l'organisme, devenue une partie de lui-même ou plutôt lui-même, représente l'organisation à son degré le plus fort [1]. »

5° Enfin, dans des cas exceptionnels, l'*amnésie,* après être devenue peu à peu complète, peut être *régressive.* Il est intéressant de remarquer que l'on a vu quelquefois la mémoire suivre dans sa réhabilitation un ordre inverse de celui que l'on observe dans son abolition.

Ces divers aspects de l'amnésie au point de vue de son intensité peuvent se mêler à toutes les formes précédentes et donner naissance à d'innombrables variétés d'amnésies particulières. Il est impossible d'étudier ici ces combinaisons, ni les maladies de l'esprit auxquelles elles donnent naissance. Nous rappelons seulement que nous avons signalé, à propos des classifications étiologiques, les diverses affections dans lesquelles on constate d'ordinaire des amnésies. Nous renvoyons aux auteurs que nous avons cités pour une étude plus précise; on trouvera des indications bibliographiques plus complètes dans les ouvrages de Ribot, de Sollier, de Rouillard (particulièrement au point de vue de l'amnésie alcoolique), dans l'article de Falret. *Dictionn. encycl. d. sc. méd.*, 1e série, t. iii, 726. Voir aussi: Boudon. *Essai sur l'amnésie dans la paralysie générale* (D. P., 1886). — Dichas. *Étude de la mémoire dans ses rapports avec le sommeil hypnotique* (D. P., 1887). — Baret. *De l'état de la mémoire dans les vésanies* (D. P. 1887). — Sharpey. *Reeducation of the adult brain* (Brain, 1879, t. ii, pp. 1-9). — Motet. *Amnésie temporaire* (Union médic., 1879, t. xxvii, p. 950). — Guardia. *Les maladies de la mémoire* (R. Scientif., 1881, (1), p. 738). —Pick. *Zur Pathologie des Gedächtnisses* (Arch. für Psych., 1886, t. xvii, pp. 83-98). — Sander. *Erinnerungstäuschungen* (Arch. für Psych., 1873, t. iv, p. 244). — Zaborowski. *La mémoire et ses maladies* (Bull. Soc. Anthrop. de Paris, 1881, p. 514). (Voyez **Psychologie, Mémoire**.)

PIERRE JANET.

AMNIOS. — L'amnios (τὸ ἀμνίον δέρμα. ὁ ἄμνιος ὑμήν) est l'enveloppe fœtale la plus interne; il forme une poche renfermant le liquide amniotique dans lequel nage l'embryon, puis le fœtus. L'amnios existe chez les vertébrés qui ont une allantoïde, c'est-à-dire les reptiles, les oiseaux et les mammifères.

L'embryon des reptiles et des oiseaux se développe dans un œuf à enveloppe résistante et inextensible; de plus, l'œuf est placé dans un milieu sec. L'embryon des mammifères est logé dans l'utérus à parois épaisses. Aussi l'embryon de ces divers vertébrés s'entoure-t-il de membranes molles, dont la plus interne se remplit de liquide. L'embryon se développe ainsi dans un milieu aqueux, de sorte qu'il se trouve dans des conditions semblables à celles du poisson ou du batracien dont le premier développement se fait dans l'eau.

L'histoire de l'amnios est loin d'être complétement élucidée; pour se rendre compte de ses fonctions, il est nécessaire de savoir d'où il vient, comment il se développe, comment il est constitué, et d'où provient le liquide contenu dans la cavité amniotique.

I. Origine et constitution. — L'ovule fécondé se divise en une série de segments ou cellules, formant d'abord une masse pleine, mais peu à peu, elles s'écartent du centre et se juxtaposent sur deux rangées en constituant une vésicule dite *blastodermique.*

Chez les mammifères, que nous prendrons comme exemple, les phénomènes précédents ont lieu dans l'oviducte, et c'est dans cet état de vésicule visible à l'œil nu que l'œuf arrive dans l'utérus. Il est alors constitué : 1° par une rangée extérieure de cellules cubiques, formant le feuillet *extérieur* ou *ectoderme; 2°* par une rangée intérieure de cellules larges ou aplaties, feuillet *intérieur ou endoderme.*

---

1. Ribot. *Op. cit.*, p. 94.

Peu à peu on voit se former un épaississement sur un point de la vésicule blastodermique. Le schéma 37 représente une coupe transversale de la vésicule blastodermique dans l'intérieur de l'utérus U : à l'équateur de la vésicule. on aperçoit un point plus sombre E résultant d'une multiplication cellulaire plus active à cet endroit. Ce point épaissi est l'ébauche du futur être, c'est-à-dire la tache embryonnaire. Nous n'avons pas à suivre ici la façon dont se fait cet épaississement : constatons seulement qu'il est dû à des éléments venant des feuillets primitifs et allant s'interposer entre eux pour constituer un feuillet moyen ou *mésoderme*. Pour ne pas compliquer les dessins, on a négligé de figurer le mésoderme.

La tache embryonnaire n'est donc qu'une partie de la vésicule blastodermique allant donner naissance au corps de l'embryon ; nous laisserons de côté tout ce qui est relatif au développement de ce dernier, et nous tâcherons de voir comment la vésicule blastodermique évolue pour produire *l'amnios.*

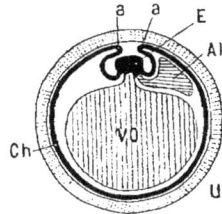

Fig. 37. — Schéma de la vésicule blastodermique dans l'intérieur de l'utérus, d'après Mathias Duval.
U. utérus : E. embryon (coupe transversale) ; aa. début des replis amniotiques ; VO. vésicule ombilicale Ch. chorion.

Toute la portion de l'ectoderme qui n'a pas pris part à la formation de l'embryon continue à s'accroître : elle porte le nom de *membrane séreuse* ou *chorion* (Ch). Quant à l'endoderme qui n'est pas renfermé dans le corps de l'embryon, il porte le nom de sac vitellin ou *vésicule ombilicale* (VO).

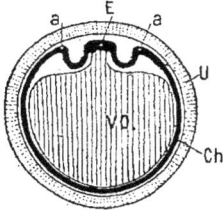

Fig. 38.

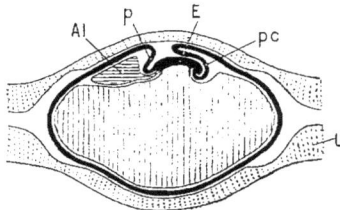

Fig. 40.

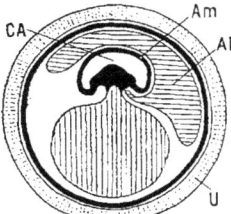

Fig. 39.

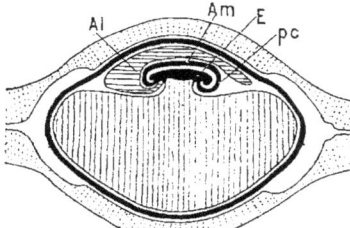

Fig. 41.

Fig. 38 à 41. — Schéma du développement et de la disposition de l'amnios et de l'allantoïde chez les Carnivores, d'après Mathias-Duval. Coupes transversales. fig. 38 et 40 : coupes longitudinales. fig. 39 et 41. L'ectoderme, l'amnios et l'embryon sont en noir : la vésicule ombilicale est ombrée de lignes verticales, l'allantoïde, de lignes horizontales. On n'a pas représenté dans ces schémas les lames mésodermiques correspondantes. Am, amnios ; Al. allantoïde ; Om. vésicule ombilicale : U. utérus ; E. embryon ; Ch. chorion ; CA. cavité amniotique ; aa. crête des replis amniotiques.

La fig. 37 montre que la tache embryonnaire se continue sur la périphérie avec le chorion ; mais, sur le pourtour même du corps embryonnaire, la vésicule blastodermique subit un accroissement et une extension plus notables, qui se traduisent par des *plis* (a). En suivant le développement de chacun de ces deux plis, on voit (fig. 38 et 39), qu'ils s'allongent et enveloppent peu à peu le corps de l'embryon. En *aa*, chacun d'eux forme une crête qui contourne le dos de l'embryon et s'avance vers son congénère. Comme on le voit sur le schéma ces crêtes arrivent au contact, et, après s'être soudées, elles constituent à l'embryon une double enveloppe : 1° une interne ou *amnios* (Am) qui délimite la cavité amniotique (CA) et 2° une externe, ou *chorion* (Ch) qui renferme aussi bien l'amnios que l'embryon lui même. Pour plus de simplicité, nous n'avons examiné que des coupes transversales, c'est-à-dire que nous avons considéré seulement la façon dont se comportent les plis amniotiques sur les parties latérales de l'embryon. On donne le nom de *replis latéraux* à cette portion des plis amniotiques. En outre, nous les avons supposés formés d'ectoderme seulement.

Il nous faut maintenant voir comment ces plis se comportent aux extrémités céphalique et caudale de l'embryon et comment le mésoderme arrive à tapisser l'ectoderme des plis amniotiques. La fig. 40 montre que du côté céphalique le corps de l'embryon se continue avec le reste de la vésicule blastodermique par un pli (*pc*), *repli céphalique*. Au

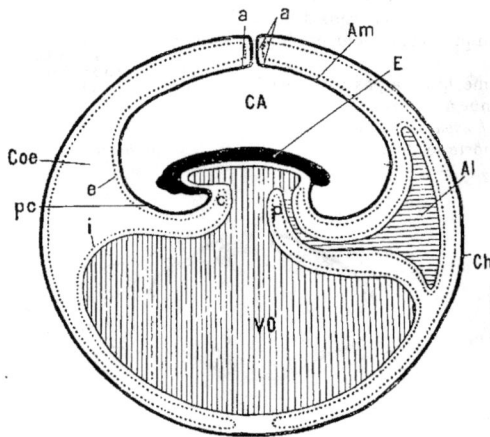

FIG. 42. — Coupe longitudinale de l'embryon et des annexes embryonnaires avec leurs lames mésodermiques correspondantes.
E, embryon; Al, allantoïde; VO, vésicule ombilicale; p et c, clivage du mésoderme extra-embryonnaire en deux feuillets. Chacun des feuillets est représenté par une ligne pointillée : e. feuillet fibro-cutané du mésoderme; i, son feuillet fibro-intestinal; Coe, cœlome; pc, repli céphalique; Ch, chorion; Am, amnios.

début, ce pli n'est formé que par l'ectoderme revêtu d'endoderme; il porte alors le nom de *proamnios*, qui, je le répète, n'est que l'ébauche du *repli céphalique*.

Du côté caudal, un pli (*p*) analogue aux précédents prend naissance; c'est le *pli caudal*. La crête des plis céphalique et caudal s'étend et s'accroît autour du dos de l'embryon, s'approche de celle de son congénère et délimite en avant et en arrière la cavité amniotique, comme l'ont fait les plis latéraux sur les côtés. Le point (fig. 42, *aa*) où les crêtes de ces plis se rencontrent et se soudent a été appelé *ombilic amniotique*.

Nous avons vu que, sauf du côté céphalique, les replis amniotiques sont dès l'origine accompagnés par le mésoderme. Ce dernier feuillet provient du corps de l'embryon et ne tarde pas à suivre l'extension de la vésicule blastodermique. Le schéma montre comment en *c* et *p* (là même où les replis céphalique et caudal se continuent avec le corps embryonnaire) le mésoderme extra-embryonnaire (représenté par une ligne pointillée) se sépare en deux feuillets : l'un (*e*) s'unit à l'ectoderme (*feuillet fibro-cutané ou pariétal*) et l'autre (*i*) à *l'endoderme* (*feuillet fibro-intestinal ou viscéral*).

Dans l'intervalle de ces deux feuillets, apparaît une fente, l'ébauche de la cavité qui circonscrit l'embryon : c'est le *cœlome extra-embryonnaire* (κοίλωμα, creux) qu'on appelle externe par opposition au cœlome *interne* ou *cavité pleuro-péritonéale*.

L'ectoderme uni au feuillet pariétal du mésoderme forme une membrane qui a reçu le nom de *somatopleure* (σῶμα, corps; πλευρά, flanc). L'endoderme et le feuillet viscéral du mésoderme constituent une lame, dite *splanchnopleure* (σπλάγχνον, viscère).

La coupe longitudinale et médiane (schéma 42) fait saisir d'un coup d'œil la production de ces capuchons et le mode de formation, non seulement de l'amnios, mais encore du chorion. De plus, on voit de quelle façon la splanchnopleure enveloppe l'intestin et sa dépendance extra-embryonnaire ou vésicule ombilicale.

On a édifié bien des théories pour expliquer la formation de l'amnios; les uns ont pensé que le poids de l'embryon le fait descendre dans la vésicule blastodermique, de sorte qu'il s'enveloppe des membranes comme d'un manteau. D'autres ont invoqué des causes phylogénétiques. Les faits de développement comparé nous permettent de nous faire une idée très exacte de l'origine de l'amnios. Lorsque les œufs se développent dans l'eau, comme c'est le cas des poissons et des batraciens, la vésicule blastodermique ne produit pas une cavité amniotique enveloppant l'embryon. Quand par contre les œufs évoluent dans l'air, comme chez les reptiles et les oiseaux, la vésicule blastodermique produit des replis qui délimitent autour du corps de l'embryon une cavité se remplissant de liquide. L'ovule des mammifères se greffant sur la muqueuse du muscle utérin s'entoure de même d'une enveloppe amniotique, dans la cavité de laquelle s'accumule du liquide. En un mot, l'embryon doit être suspendu dans un milieu liquide pour se développer d'une façon complète. Les invertébrés eux-mêmes n'échappent pas à cette nécessité physiologique : les œufs des insectes, par exemple, qui se développent dans l'air, se recouvrent d'une enveloppe analogue, qui est une dépendance de la région superficielle du corps.

En comparant l'ensemble des faits, on voit que c'est la vésicule blastodermique ou le corps embryonnaire lui-même qui végète de façon à développer l'enveloppe amniotique. Ce développement a lieu d'après un mécanisme semblable à celui qui préside à la formation du système nerveux, du cristallin et des glandes : c'est une *prolifération cellulaire, localisée*, aboutissant à l'établissement d'une membrane.

Avant de considérer la structure et les fonctions de l'amnios, rappelons les rapports d'une autre vésicule qui prend naissance sous la forme d'une évagination ou d'un bourgeon, à la partie postérieure de l'intestin. Cette vésicule appelée *allantoïde* s'insinue et s'étend, dans la cavité séreuse ou *cœlome externe*, entre le chorion et la vésicule ombilicale (Voy. **Allantoïde**, p. 382).

Tel est l'ensemble des annexes embryonnaires des vertébrés supérieurs (mammifères, oiseaux, reptiles) qui ont reçu pour ce motif le nom d'*amniotiques* ou d'*allantoïdiens*. Galien imposa le premier le nom de *chorion* à l'enveloppe extérieure et générale qu'il vit autour de l'œuf des ruminants ; il décrivit l'enveloppe plus interne et particulière au fœtus sous le nom d'*amnios ;* enfin, il appela *allantoïde* la troisième membrane qui affecte la forme d'un intestin, qui se trouve entre le chorion et l'amnios et qui communique avec la vessie par l'ouraque.

Bien plus tard, vers 1667, Gauthier Needham découvrit une autre annexe fœtale chez les mammifères; c'est un prolongement extra-embryonnaire de l'intestin formant la *vésicule ombilicale*. Après avoir démontré l'existence de cet organe embryonnaire, cet auteur établit son analogie avec la vésicule du jaune de l'œuf de l'oiseau.

L'amnios représente ainsi une membrane qui tapisse la face interne du chorion et qui se continue avec la substance propre du cordon ombilical (*VO*) ainsi qu'avec l'épithélium qui revêt ce dernier. L'amnios est formé d'une couche mince de tissu conjonctif, de la variété dite muqueuse. Ce tissu est constitué par de grandes cellules conjonctives étoilées, qui sont rangées en deux ou trois séries; elles présentent des prolongements qui s'anastomosent. Chez les oiseaux, on y trouve de plus des cellules musculaires lisses, contractiles (Voir plus loin).

Du côté de la cavité amniotique, le tissu conjonctif de l'amnios est tapissé par un revêtement épithélial, formé d'une seule assise de cellules cubiques, chacune munie d'un beau noyau. Fait intéressant : *l'amnios est privé de vaisseaux sanguins*.

II. Liquide amniotique. — D'abord exactement appliqué sur le corps de l'embryon, l'amnios s'en éloigne progressivement, parce qu'un liquide se dépose dans sa cavité. La quantité de liquide amniotique est variable, non seulement selon l'espèce animale, mais encore selon l'époque de la gestation. Chez les fœtus humains, elle est vers la fin de la gestation de 680 centimètres cubes, selon H. Fehling ; de 824 grammes selon F. Levison; de 1750 grammes selon Gassner.

Les fœtus de mammifères quadrupèdes présentent des quantités variables de liquide amniotique : la brebis en a beaucoup; le cobaye, peu.

Le liquide amniotique est généralement trouble, jaunâtre, et même brunâtre : il abandonne à la longue un dépôt formé de flocons blancs. Il présente une odeur fade, une saveur faiblement salée, une réaction neutre ou faiblement alcaline, et une densité variant entre 1,002 et 1,028. On y distingue, à l'aide du microscope, des amas de mucus et des débris d'épithéliums pavimenteux et vibratile (Gorup-Besanez).

Le liquide amniotique renferme essentiellement de l'eau (988 sur 1 000), des matières minérales (6 sur 1 000), des matières albuminoïdes (6 sur 1 000, consistant en albumine, vitelline, mucine) et des proportions variables d'urée, d'allantoïne, etc.

L'urée apparaît dans le liquide de l'amnios au bout du sixième mois de la gestation (Gorup-Besanez).

III. Usages du liquide amniotique. — « Dilater, dit Roux (*Anat.* de Bichat), l'utérus plus uniformément que ne le feraient les parties inégales du corps du fœtus; empêcher que celui-ci, par ses mouvements, ne heurte trop violemment contre les parois de la matrice; assurer sous quelques rapports sa conservation en l'éloignant des corps extérieurs; favoriser son développement en offrant moins de résistance que les parois de l'utérus; enfin faciliter l'accouchement en opérant la dilatation du col : tels sont les usages des eaux de l'amnios considérées comme simple liquide. »

« On a cru, continue Roux, que les eaux de l'amnios serviraient à la nutrition du fœtus par suite de leur intromission directe donc les voies digestives. »

Dans ces dernières années, Ahlfeld a tenté de soutenir cette dernière opinion, c'est-à-dire que les eaux de l'amnios servent à la nutrition du fœtus. En effet, vers la fin de la gestation le fœtus avale une forte quantité de liquide amniotique. Ce fait est démontré par la présence des poils du duvet et des cellules épithéliales qu'on trouve dans le méconium. Mais il est peu probable que les eaux de l'amnios soient l'une des bases de l'alimentation fœtale.

En résumé, le liquide amniotique est le milieu physique dans lequel vit l'embryon des reptiles, des oiseaux et des mammifères. Les embryons de reptiles et d'oiseaux tirent leurs principes nutritifs des matériaux accumulés dans l'œuf et l'oxygène de l'air extérieur; les embryons de mammifères empruntent les éléments nutritifs au sang de la mère, pendant que le liquide amniotique leur constitue un milieu extérieur de suspension.

Dareste a montré expérimentalement l'importance du liquide amniotique sur le développement. Chez le poulet, les adhérences de l'amnios, le défaut, ou du moins la diminution considérable du liquide amniotique, amènent des arrêts de développement, ou la production de monstruosités. L'amnios reste appliqué sur le corps de l'embryon, au lieu de s'en écarter; il comprime ainsi des régions plus ou moins étendues du corps. Cruveilhier avait déjà remarqué que la pression extérieure provoquait des monstruosités simples (Voy. **Tératologie**).

Les anomalies dans la formation de l'amnios aboutissent à des résultats identiques. L'embryon peut se former dans ces conditions et même atteindre un certain degré de développement. Il est probable, toutefois, que l'embryon ainsi privé d'enveloppes ne peut atteindre le terme de l'évolution, parce que l'absence de l'amnios s'oppose au développement de l'allantoïde.

Le défaut de formation ou l'arrêt de développement de l'amnios est la cause qui détermine, dans le plus grand nombre des cas, la production de monstruosité simples.

IV. Contractilité du sac amniotique. — L'embryon n'est pas inerte dans l'intérieur de la cavité amniotique.

Dès 1651, Harvey avait remarqué que le poulet exécutait des mouvements dans l'œuf, à partir du sixième jour d'incubation.

Von Baer constata, en 1828, que les contractions de l'amnios faisaient faire des mouvements d'ensemble au corps embryonnaire. En piquant l'amnios avec une aiguille, il provoqua de nouveaux mouvements. En 1834, Remak confirma ces observations, et l'étude microscopique lui montra la présence de fibres musculaires lisses dans la paroi de l'amnios.

Remak crut que l'ouverture de l'œuf et l'accès de l'air, en excitant les fibres musculaires, étaient le point de départ de ces contractions.

Vulpian, dès 1857, constata, par le mirage, que l'embryon exécute des mouvements dans l'œuf intact (non ouvert) et il les attribua aux contractions de l'amnios.

Mathias-Duval (1880) répéta ces observations sur les œufs intacts des petits oiseaux)rossignols, fauvettes). Grâce à la grande transparence de ces petits œufs, il a pu voir, plus nettement que sur les œufs de poule, les oscillations rythmiques que l'amnios imprime au corps de l'embryon. Ces contractions sont donc bien décidément un fait physiologique ; elles représentent une fonction de l'amnios; elles sont dues à des fibres musculaires lisses qui se trouvent dans la couche fibreuse de l'amnios.

KÖLLIKER (1861), puis MATHIAS-DUVAL, ont décrit avec soin les fibres lisses de l'amnios du poulet : elles forment une seule et mince couche qu'on pourrait appeler une sorte d'*épithélium musculaire*; les fibres-cellules y sont régulièrement disposées comme les éléments d'un épithélium pavimenteux simple. L'excitation électrique appliquée à ces éléments détermine leur contraction. Vu la disposition de ces cellules contractiles sur une couche simple, il est facile d'y rechercher s'il existe des éléments nerveux. Or MATHIAS-DUVAL en y appliquant le procédé du chlorure d'or n'y a pas trouvé trace de fibre nerveuse. Existe-t-il également des fibres musculaires lisses dans l'amnios des mammifères? « Malgré les recherches les plus attentives, continue MATHIAS-DUVAL, on ne peut trouver de fibres musculaires lisses dans l'amnios des mammifères, alors qu'il est si facile de les constater sur l'amnios des oiseaux. Il est sans doute permis d'en inférer que, si l'embryon en voie de développement a besoin d'être soumis à certains déplacements rythmiques dans les eaux de l'amnios, chez les mammifères, les contractions des parois abdominales de la mère, ses mouvements respiratoires, doivent suffire pour produire des compressions alternatives de tout l'œuf, et, par suite, les déplacements du fœtus dans le liquide amniotique; il semble donc inutile qu'il y ait une contractilité propre à l'amnios. Dans l'œuf d'oiseau, au contraire, entouré d'une coque solide, on conçoit que les mouvements ne peuvent être imprimés au liquide renfermé dans les membranes que par la contraction de ses membranes elles-mêmes. »

V. Origine du liquide amniotique. — Il n'est pas de théorie, dit BAR (*Recherches pour servir à l'histoire de l'hydramnios*. Paris, 1881), qui n'ait été proposée touchant l'origine du liquide amniotique.

Les uns considèrent les eaux de l'amnios comme produites par le fœtus, les autres leur attribuent une origine maternelle.

A. *Le liquide amniotique doit son origine au fœtus ou à ses annexes.* — Les embryons des oiseaux et des reptiles, bien que se développant loin de la mère, possèdent une cavité amniotique remplie de liquide. Ce fait prouve d'une façon péremptoire que les eaux de l'amnios sont chez ces animaux d'origine fœtale et non maternelle. Il est infiniment probable que chez les mammifères les premières portions du liquide amniotique se produisent d'une façon identique.

Mais, ce fait capital une fois admis, quels sont les organes qui donnent naissance à ce liquide? Serait-il dû à la sécrétion urinaire et à l'excrétion de l'urine dans la cavité de l'amnios? La peau de l'embryon laisserait-elle exsuder la partie liquide du plasma sanguin, ou bien les eaux de l'amnios représenteraient-elles le résultat de la sudation embryonnaire. D'autre part, les annexes embryonnaires (chorion, allantoïde ou amnios) concourraient-elles à sécréter le liquide amniotique?

1° *Le liquide amniotique contient de l'urée.* — Celle-ci peut provenir du fœtus. En effet, les embryons possèdent un corps de WOLFF, de structure semblable à celle du rein permanent. Les glomérules de MALPIGHI et les tubes urinifères du corps de WOLFF doivent fonctionner comme ceux du rein définitif et déverser leur contenu dans le sinus urogénital, et de là dans l'allantoïde, d'où le liquide urinaire diffuse et passe dans la cavité amniotique. Plus tard, le rein définitif du fœtus est constitué, et il est capable de fonctionner de même.

L'expérience corrobore ces conclusions. En injectant, comme l'a fait BAR, une substance liquide absorbable et diffusible dans la circulation fœtale, on la retrouve, au bout d'une dizaine de minutes, dans l'urine. C'est là une preuve que les reins sécrètent avec une activité comparable à celle des glandes rénales chez l'adulte.

2° *La peau du fœtus fournirait une partie du liquide amniotique.* — GALIEN attribuait une pareille origine aux eaux de l'amnios. SCHERER (1852), SCHATZ (1874) et d'autres continuent à soutenir cette opinion. Aujourd'hui encore BONNET admet que les vaisseaux si abondants qui parcourent la peau des embryons laissent exsuder le premier liquide amniotique. Grâce au mince épiderme qui revêt la peau embryonnaire, la transsudation se ferait aisément.

B. *Le liquide amniotique proviendrait des annexes fœtales.* — Les uns pensent que le revêtement épithélial de la membrane amniotique sécréterait les eaux de l'amnios; d'autres, et Bonnet en particulier, admettent que l'allantoïde, si vasculaire, qui enveloppe de tous côtés l'amnios, fournirait une nouvelle quantité de liquide s'ajoutant aux eaux sécrétées primitivement par la peau embryonnaire.

D'autres encore avancent que les gros vaisseaux ombilicaux (artères et veine), au moment où ils traversent la cavité amniotique, laissent transsuder une partie du plasma sanguin. Sallinger (1875) puis Bar (1881) ont fait un certain nombre d'expériences qui démontrent la réalité de cette transsudation. En injectant une solution de ferrocyanure de potassium, par exemple. dans la veine ombilicale, on voit, au bout d'une dizaine de minutes, le liquide suinter à la surface du cordon et de la partie de l'amnios qui correspond au placenta. Ce liquide est bien du ferrocyanure de potassium, puisqu'il produit une coloration bleue au contact du perchlorure de fer.

En résumé, il est hors de doute que, chez les oiseaux et les reptiles, le liquide amniotique tire son origine du fœtus. Il est probable qu'il en est de même chez les embryons et les fœtus de mammifères. Quant à la part que prennent à sa formation les reins primitifs ou définitifs, la peau (vaisseaux et glandes sudoripares), les vaisseaux de l'allantoïde ou du placenta, il est impossible de la déterminer exactement. Ces divers organes contribuent probablement dans une certaine mesure à produire une portion plus ou moins variable des eaux amniotiques.

L'anatomie comparée établit un fait indiscutable; c'est que les eaux de l'amnios sont d'origine fœtale. Mais chez les mammifères peut-il s'établir des échanges entre le liquide amniotique une fois formé et l'organisme maternel? Pour montrer qu'il en est ainsi, Wiener (1881), puis Bar (*loc. cit.*, p. 73) injectèrent dans les vaisseaux veineux de la mère une substance qu'ils retrouvèrent dans le liquide amniotique. Lorsqu'on injecte une solution de ferrocyanure de potassium, par exemple, dans la veine jugulaire d'une lapine pleine, on voit se produire la réaction bleue, lorsqu'au bout de 25 minutes on ajoute du perchlorure de fer au liquide amniotique. Or le ferrocyanure n'a pas passé par le corps de l'embryon, puisque les reins de ce dernier ne donnaient pas la réaction caractéristique.

Ad. Törngren (*Comptes rendus de la Société de Biologie*, 9 juin 1888) a montré que c'est le placenta ou les membranes qui opèrent cet échange entre les matériaux contenus dans la cavité amniotique et ceux qui se trouvent dans les vaisseaux maternels.

Plus récemment, le même auteur (*Biologiska Föreningens Förhandlingar*, 1888-1889, p. 66) a repris l'étude de cette question en se demandant si, une fois formé, le liquide amniotique reste définitivement enfermé dans l'œuf, ou bien s'il y a une certaine résorption à la surface de l'amnios, ou une absorption par le fœtus.

En ouvrant la cavité abdominale et la corne utérine des lapins à la fin de la gestation, Törngren a pu lier le cordon ombilical. Après avoir fermé la plaie, il injecta une solution d'iodure de potassium, soit dans la cavité amniotique, soit sous la peau de la mère. Il rechercha ensuite l'iode, soit chez la mère, soit dans le liquide amniotique.

Ces expériences ont donné le résultat suivant : *Une suppression de la circulation dans le cordon ombilical et les autres annexes du fœtus altère les échanges entre les matériaux du liquide amniotique et ceux du sang maternel.*

Dans les expériences où il injecta la solution d'iodure de potassium sous la peau de la mère, le liquide amniotique n'en renferma point, quand le cordon avait été lié. Lorsque le cordon n'est pas lié, l'iodure passe alors dans le liquide amniotique. Il fit d'autres expériences où il injecta la solution d'iodure de potassium dans la cavité amniotique (après ligature préalable du cordon), mais ne put jamais trouver trace d'iode ni chez la mère, ni dans les autres œufs. De même le placenta de l'œuf injecté ne contenait pas trace d'iode.

Gusserow confirme les résultats précédents. Il a fait dix expériences, avec injection de strychnine dans la cavité amniotique. Trois fois les mères ont été prises de convulsions et ont péri. Sept fois les mères sont restées vivantes, de 40 à 45 minutes après l'injection. Mais, les trois fois où les mères eurent des convulsions, les petits furent trouvés vivants dans l'utérus, tandis que, dans les sept cas où les mères restèrent vivantes, les petits furent trouvés morts à l'ouverture de l'utérus.

Il y a, par conséquent, échanges, durant la gestation, entre le liquide amniotique et les vaisseaux maternels.

ÉD. RETTERER.

AMUSIE. — Le terme général Amusie a été récemment introduit dans la nomenclature médicale pour servir à désigner certains troubles de la faculté musicale, qui paraissent correspondre à ceux de la faculté du langage, connus sous le nom d'aphasie, auxquels ils sont du reste associés le plus souvent. Au surplus, la musique semble reconnaître la même origine que la parole, car leur fond est évidemment tiré, pour l'une et pour l'autre, du langage émotionnel primitif. De même que, selon la doctrine de CHARCOT, le mot est un complexus à la formation duquel concourent quatre éléments : la mémoire auditive, la visuelle, la motrice d'articulation et la motrice graphique ; de même aussi la note de musique est-elle parallèlement un composé d'éléments analogues à ceux du mot articulé. Il est aisé en effet de concevoir, que la note peut être *entendue*, *lue*, *chantée* et *écrite* mentalement, mais il existe ici de plus des représentations mémoratives du jeu des instruments. Si l'on poursuit ce parallèle au point de vue du mode de formation de ces diverses fonctions, on voit que, dans les deux cas, ce sont également les images auditives qui se sont formées en premier lieu : c'est sous leur influence que se sont différenciées ensuite, en ce qui concerne la musique, les images motrices articulatoires du chant. Ces deux variétés pourront du reste exister seules sur les sujets non éduqués. La lecture et l'écriture de la musique, le jeu des instruments s'acquerront, par des études particulières, plus ou moins longtemps poursuivies, et ainsi serait déterminée à la longue l'existence de centres fonctionnels correspondants, dont les manifestations intérieures seront d'autant plus importantes, que l'éducation qui aura présidé à leur acquisition aura été plus complète.

A cet égard, si, tout au début, et comme pour le langage verbal, il existe une dépendance incontestable entre les centres sensoriels et les centres moteurs, si même le jeu des instruments apparaît comme un dernier perfectionnement, il n'en est pas moins vrai, ainsi qu'on le verra, que chacun de ces centres ne tarde pas à acquérir une autonomie relative. La connaissance du symbole graphique ne précède pas non plus, en tous les cas, celle des mouvements nécessaires au jeu des instruments. Il est en effet, comme on sait, des musiciens qui sont aptes à jouer, plus ou moins brillamment, divers instruments, le violon, par exemple, sans avoir aucune connaissance des notes de musique ; à mon avis on peut les comparer à ces calculateurs prodiges, qui néanmoins ne savent ni lire, ni écrire les chiffres.

Quoi qu'il en soit, les images auditives jouent un rôle prédominant dans l'organisation des centres de la musique : elles sont même à ce point spécifiques qu'il n'est guère de musiciens qui se servent de leurs autres souvenirs, sinon à titre complémentaire. Pour ce qui est du langage verbal, les images auditives ont également la prépondérance ; aussi certains auteurs ont-ils pu se demander si les images des sons musicaux ne s'acquerraient pas avant celles des mots, faisant observer, à l'appui de leur conception, que bon nombre d'enfants chantent avant de savoir parler. Toutefois, à l'encontre de cette opinion on peut faire valoir que chez quelques-uns d'entre eux les centres auditifs relatifs à la musique ne fonctionnent que très tardivement, pour ne pas dire jamais. Cette question de l'époque d'acquisition des images auditives musicales et verbales aurait une certaine importance ; car, en se fondant sur la loi de régression d'après laquelle, dans l'amnésie, la désagrégation des souvenirs se fait successivement, des impressions les plus récemment acquises aux plus anciennes, et en admettant l'invariabilité de cette succession dans la formation des images, on en conclurait, les musicales étant plus anciennes que les verbales, que la surdité verbale précède, en tous cas, la surdité musicale, et que celle-ci dès lors ne serait plus susceptible d'exister isolément. Or certains faits pathologiques ont établi, contradictoirement, la réalité de la perte isolée de l'audition musicale, sans surdité verbale.

Il nous paraît intéressant de remarquer, plus précisément en ce qui concerne la musique, que les images auditives ne sont jamais purement *sensorielles*, en ce sens qu'à leurs éléments composants, auditifs essentiels, s'agrègent toujours, et pour une part importante, parfois même prépondérante, des éléments de sensibilité musculaire, provenant du jeu, associé et nécessaire des muscles de l'oreille moyenne dans l'audition. C'est surtout dans l'appréciation de la direction et de l'intensité des sons, de la rapidité de leur succession, que nous renseigneraient ces sensations musculaires. Aussi, nous a-t-il semblé permis de préjuger que les centres spéciaux de ces éléments kinesthésiques, si particuliers, de la sensation auditive pourraient être altérés isolément, parallèlement à ce qui se passe, comme nous avons contribué à le montrer, en ce qui concerne les centres analogues du langage verbal, où cette sorte de dissociation a pu être constatée.

Le rôle des images *visuelles* dans le langage musical intérieur ne peut offrir d'intérêt que chez des musiciens pour lesquels la lecture de la musique (avec tout ce qu'elle suppose de compréhension) est devenue courante. Dans les cas de ce genre eux-mêmes, on observe rarement que les sujets aient la faculté de se remémorer isolément leurs images visuelles. Toutefois on connaît le cas d'un jeune chef d'orchestre qui dirigeait l'exécution de ses partitions, soit de *mémoire*, soit en *lisant mentalement*.

De beaucoup plus importantes sont les *images motrices*, du moins celles qui se rapportent au chant, et au jeu des instruments. En effet, en ce qui concerne les images motrices graphiques (écriture des notes de musique), il n'existe pas de cas, jusqu'ici, où leurs représentations mentales aient été affectées seules. Le fait est bien connu du musicien qui ne parvient à se remémorer un air qu'en le fredonnant, ou en jouant de son instrument ordinaire. Il a recours, dans ce cas, à sa mémoire motrice, comme bon nombre d'entre nous, qui, comme on le sait, ne parvenons à retrouver l'orthographe exacte d'un nom qui nous a échappé, qu'en l'écrivant. Certains musiciens sont même de véritables moteurs, en ce sens qu'ils n'arrivent à se rappeler un motif que s'ils le chantent intérieurement, ou se le remémorent en exécutant les mouvements nécessaires à son exécution instrumentale. Ces exemples montrent bien que les mouvements coordonnés pour le chant, de même que ceux qu'exige le jeu des instruments de musique variés, dépendent probablement de centres également distincts et spécialisés. Toutefois, si ces seules considérations d'ordre physiologique paraissaient insuffisantes pour cette démonstration, on pourrait faire valoir à l'appui les observations pathologiques de cas caractérisés par l'existence isolée de chacun de ces troubles, observations où se trouvent réalisées les preuves cliniques de cette conception. La différenciation de ces centres de la musique a été même poussée plus loin encore, et on a pu isoler des images purement motrices particulières, relatives au chant et au jeu des instruments, un de leurs éléments, commun à tous deux, celui qui correspond au rythme. Il est arrivé en effet que la compréhension du rythme seul fut conservée chez des malades devenus incapables, soit de se représenter la valeur des sons, soit de les reproduire.

Nous venons d'établir quelles étaient les composantes essentielles, pourrait-on dire, de la faculté musicale, en dissociant celle-ci en des éléments moteurs et sensoriels, parallèles à ceux qui constituent le langage parlé. Il est aisé de concevoir que la lésion de l'un ou l'autre des centres correspondant dans le cerveau à ces fonctions relativement distinctes, sera susceptible d'entraîner une forme simple de l'amusie. C'est ainsi qu'on a pu observer chez les malades de ces catégories, ou amusiques, d'une part de l'amusie réceptive ou sensorielle, soit auditive (impossibilité pour un musicien de comprendre à l'audition la signification des airs de musique) soit visuelle (incapacité pour un musicien de lire la musique, avec conservation de la lecture des caractères typographiques): d'autre part, de l'amusie expressive ou motrice, se révélant sous diverses formes. Chez ces derniers, il s'agit tantôt d'amusie motrice vraie (impossibilité de chanter), tantôt d'amusie musicale (impossibilité de jouer d'un instrument).

Néanmoins ces cas *simples* sont des plus rares dans la réalité : le plus ordinairement ce sont des amusies complexes ou totales qui se rencontrent. Le sujet est devenu, par exemple, non seulement incapable de comprendre la musique entendue, mais encore il a perdu en même temps la faculté de chanter et de jouer de son instrument.

De plus, ces troubles de la faculté musicale coexistent très fréquemment avec ceux de la faculté du langage parlé, avec l'aphasie, ce qui montre bien les relations étroites qui unissent entre eux les centres de ces deux fonctions. Au surplus ces rapports, sur lesquels seuls on a pu se baser jusqu'ici pour admettre la proximité anatomique des sièges des uns et des autres centres dans l'écorce cérébrale nous semblent bien établis par la parenté de leur mode de formation ontogénique.

L'éducation musicale nécessite, en effet, l'aide du langage, tant en ce que le chant est le plus souvent vocalisé, qu'en ce que, pour l'apprentissage de la signification des notes, c'est à des mots qu'on a recours, pour fixer dans l'esprit leur valeur symbolique. Il résulte de là qu'il se crée à l'état normal une union intime entre les deux facultés, qui rend compte de leurs liens pathologiques. En somme, le mécanisme psycho-physiologique qui préside à l'élaboration et à la constitution de la faculté musicale paraît être tout à fait analogue à celui par lequel se crée et s'établit la faculté du langage verbal, bien qu'ils jouissent l'un et l'autre d'une relative autonomie.

Pour la bibliographie, elle est la même que pour **Aphasie**; car la plupart des auteurs ont traité l'Amusie comme un chapitre de l'Aphasie.

PAUL BLOCQ.

AMYGDALINE. — Découverte par ROBIQUET et BOUTRON-CHARLARD dans les amandes amères, cette substance, dont la formule est $C^{20}H^{27}AzO^{11} + 3H^2O$, est un diglycoside benzoylcyanhydrique. Elle se présente sous la forme d'une poudre blanche, formée par des cristaux en paillettes soyeuses. Sans odeur, d'une saveur amère, soluble dans l'eau bouillante et l'alcool, insoluble dans l'éther; sa réaction est neutre. Elle est lévogyre.

Préparation. — Pour la préparer on traite le tourteau d'amandes amères par l'alcool à 94° bouillant. On distille pour recueillir une grande partie de l'alcool. Dans le résidu se trouve l'amygdaline que l'on précipite par l'éther et que l'on purifie en la faisant redissoudre dans l'alcool ou l'eau bouillante et en la laissant cristalliser.

Propriétés. — Elle jouit d'une propriété spéciale de dédoublement sous l'action de substances pouvant produire son hydratation; elle se décompose alors en glycose, acide cyanhydrique et essence d'amandes amères.

Cette transformation est produite d'une façon très rapide sous l'influence de la synaptase ou émulsine, ferment spécial des amandes, en présence de l'eau, en ayant soin d'éviter les agents qui coagulent l'émulsine, tels que l'alcool, le tannin, les acides énergiques, une température élevée, etc. CL. BERNARD s'est servi de cette propriété pour montrer que les fermentations peuvent avoir lieu dans le sang, et qu'elles déterminent dans l'organisme des phénomènes dus à la présence du principe toxique qui a pris naissance. Dans la veine jugulaire d'un lapin on injecte 1 gramme d'amygdaline dissous dans environ 8 centimètres cubes d'eau, simultanément on injecte, dans l'autre veine jugulaire, une quantité suffisante de dissolution d'émulsine préparée en faisant macérer pendant quelques heures, dans l'eau tiède, des amandes douces pilées, et en filtrant ensuite. L'émulsine agit bientôt sur l'amygdaline, et, si la quantité est suffisante pour que l'acide cyanhydrique produit ne soit pas éliminé, à mesure de sa formation, par le poumon, l'animal ne tarde pas à succomber intoxiqué.

L'amygdaline n'a pas de propriétés physiologiques spéciales et n'est pas employée en médecine. Le seul usage que l'on pourrait en faire serait de profiter, comme l'ont conseillé LIEBIG et WOEHLER, de sa transformation sous l'influence de l'émulsine, pour remplacer l'eau distillée de laurier cerise, dont la composition est loin d'être toujours égale, par une mixture qui donnerait un produit sur lequel on pourrait compter, qui contiendrait 5 centigrammes d'acide cyanhydrique anhydre et 16 centigrammes d'essence d'amandes amères. Pour l'obtenir, on fait une émulsion avec 8 grammes d'amandes douces, 32 grammes d'eau et 1 gramme d'amygdaline.

Bibliographie. — *D. W. et Suppl.* — REYMOND. *Du dédoublement de l'amygdaline par l'émulsine dans le corps vivant* (*Thèse de Lausanne*, 1876). — MACKWORT et HÄFNER. *Einfluss der Zeit, der Concentration, und der Temperatur auf die Menge des vom Emulsin zersetzten Amygdalins* (*J. für prakt. Chem.*, 1875, t. XXI, p. 194). — CLAUDE BERNARD. *Subst. tox. et médicament*, 1857, p. 97. — JONES. *Poisoning by essential oil of bitter almonds* (*Lancet*, 1857, (1), p. 45). — *I. C* (art. *Amygdala amara*).

CH. LIVON.

AMYLACÉS. — On désigne sous le nom de matières amylacées des substances ternaires, solides, amorphes ou offrant le plus souvent un certain degré d'organisation, solubles ou insolubles dans l'eau, pouvant être représentées par du carbone uni à l'hydrogène et à l'oxygène (ces deux derniers corps dans les proportions de l'eau) et dont le caractère chimique fondamental est le dédoublement avec hydratation en composés plus simples et moins condensés, de même constitution chimique.

Tous ces corps répondent à la formule $(C^6 H^{10} O^5)^n$. Ils appartiennent à la grande famille des alcools hexatomiques[1] (alcools en C^6) dont le type est la mannite $(C^6 H^{14} O^6)$. Le glucose $C^6 H^{12} O^6$ est une aldéhyde de ces alcools hexavalents et jouit de la fonction mixte alcool aldéhyde.

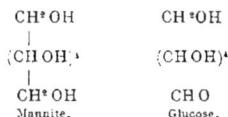

$$
\begin{array}{ll}
CH^2OH & CH^2OH \\
| & \\
(CHOH)^4 & (CHOH)^4 \\
| & \\
CH^2OH & CHO \\
\text{Mannite.} & \text{Glucose.}
\end{array}
$$

Les glucoses contiennent le groupe CH^2OH caractéristique des alcools primaires; le groupe $CHOH$ caractéristique des alcools secondaires, et le groupe COH caractéristique des aldéhydes.

Des glucoses dérivent les *saccharoses* par dédoublement de la molécule de glucose avec élimination d'eau :

$$2(C^6 H^{12} O^6) = \underbrace{C^{12} H^{22} O^{11}}_{\text{Saccharose}} + H^2 O$$

Ce sont les premiers anhydrides des glucoses. Les *dextrines* et *gommes* solubles répondant à la formule $C^{12} H^{20} O^{10}$ (dextrines, glycogène et gommes solubles) sont les seconds anhydrides.

Un troisième groupe comprend les *amyloses*, ou *amylacés* proprement dits, répondant à la formule générale $(C^6 H^{10} O^5)^n$ comprenant l'amidon, le paramylon, l'inuline, la lichénine, les mucilages, les gommes insolubles.

Enfin un dernier groupe comprend les *celluloses*, la tunicine, polymères beaucoup plus condensés encore.

On voit donc qu'au point de vue de la constitution chimique, la dextrine, l'amidon et les celluloses ne font pas exactement partie du même groupe. Mais, au point de vue physiologique, qui est celui auquel nous nous placerons, on peut, en se basant sur l'analyse des produits de transformation, réunir en une seule famille, sous la rubrique de substances *amylacées*, tous les corps ayant pour formule générale $(C^6 H^{10} O^5)^n$ anhydrides du glucose, n représentant un multiple indéterminé. Nous comprendrons donc dans le groupe des amylacés : *l'amidon, la dextrine, le glycogène, le paramylon, l'inuline, la lichénine, les gommes solubles et insolubles, la cellulose, la tunicine.*

La nature et la constitution chimiques des matières amylacées nous font prévoir leurs propriétés chimiques générales. Ce sont en somme des alcools polyatomiques. Aussi jouissent-ils comme les alcools de la propriété de donner des éthers en se combinant avec les acides. Comme pour les alcools, leur oxydation donne naissance à des acides variant suivant le degré d'oxydation. Enfin ce sont des anhydrides du glucose : leur hydratation donnera donc naissance à du sucre d'une façon générale. Il est difficile dans l'état actuel de la science de fixer pour chacun d'eux le poids moléculaire; mais leur hydratation et leur transformation définitive en glucose établit nettement leur constitution et leur nature d'anhydrides, à la fois aldéhydiques et alcooliques.

En se plaçant au point de vue de leur solubilité dans l'eau, on peut diviser les amylacés en 3 groupes.

1° Substances solubles dans l'eau (Ex. : dextrine, glycogène).

2° Substances se gonflant simplement dans l'eau (amidon, inuline, lichénine, paramylon, mucilages).

3° Substances absolument insolubles dans l'eau (cellulose, tunicine).

Toutes ces substances sont insolubles dans l'alcool.

Dans l'étude d'ensemble que nous allons faire des amylacés, nous jetterons d'abord

---

1. Les relations générales du groupe dans son entier, ainsi que la fonction chimique des types principaux, ont été découvertes et exposées par M. BERTHELOT (*Leçons faites à la Société chimique*. Paris, 1862, p. 327).

un coup d'œil rapide sur chacun des membres de cette famille, renvoyant pour les détails aux articles spéciaux. Nous établirons ensuite les ressemblances et les différences.

2° Nous consacrerons ensuite une étude détaillée à l'hydratation des amylacés spécialement par les ferments solubles, procédé de transformation qui joue un si grand rôle dans l'organisme soit végétal, soit animal, et l'action des ferments organisés sur ces substances.

3° Nous exposerons ensuite les faits et les théories concernant la formation des substances amylacées par le végétal et par l'animal.

4° Nous décrirons les transformations que fait subir l'organisme à ces substances, leur assimilation, leur mise en réserve, leur désassimilation.

5° Enfin un dernier chapitre aura pour objet le rôle des substances amylacées chez l'être vivant.

Dans l'étude que nous allons faire de chacune des substances amylacées, nous ne tiendrons pas compte de leur origine végétale ou animale. Les propriétés chimiques de la dextrine, par exemple, qui se forme dans la fermentation de l'orge, ne diffèrent pas en effet sensiblement de celles du glycogène qu'élabore l'animal. D'ailleurs nous verrons que telle substance, comme le glycogène, qu'on croyait spéciale au règne animal, a été retrouvée chez les végétaux. La différence d'origine ne peut donc nous empêcher de réunir en une même étude les matières amylacées végétales et animales.

Histoire des substances amylacées. Amidon. — L'amylacé le plus anciennement connu et le plus anciennement étudié (LEUWENHOECK, au XVII° siècle; FOURCROY et PARMENTIER au XVIII°) est l'amidon ou fécule. Ces deux termes désignent la même substance, qu'elle soit extraite des semences (amidon) ou des tubercules et des racines (fécule).

L'amidon se présente sous forme d'une poudre blanche qui, examinée au microscope, apparaît composée de glomérules à structure semi-organisée, de figure et de grosseur variables. Le grain d'amidon est formé de couches emboîtées. Au centre se trouve une dépression nommée *hile*. Sous l'influence de l'eau tiède les grains se gonflent et s'entr'ouvrent en laissant apparaître les couches successives. A partir de 50°, c'est de l'empois d'amidon qui se forme. Le grain d'amidon n'est pas chimiquement homogène, il n'est pas formé d'une seule substance. Pour NAEGELI il se composerait de deux substances : la *granulose*, soluble dans l'eau, la salive, se colorant en bleu par l'iode; et la *cellulose*, insoluble, se colorant en rouge par l'iode. Cette substance est en partie soluble dans l'alcool; peut-être renferme-t-elle de la cutose ou quelque produit analogue. La *granulose* elle-même ne serait pas simple; mais, d'après BOURQUELOT, constituée par un mélange de plusieurs hydrates de carbone distincts. D'après BRÜCKE, le grain d'amidon contiendrait trois substances : la *granulose*, se colorant en bleu par l'iode, *l'érythro-granulose*, se colorant en rouge et la *cellulose*, ne se colorant pas du tout ou très faiblement en jaune.

La densité de l'amidon est voisine de 1,53. Composition centésimale = $\begin{smallmatrix} C & H \\ 44,5 & 6,2 \end{smallmatrix}$

Action de l'eau. — L'amidon est insoluble dans l'eau froide. A 60 ou 70°, il se gonfle considérablement (empois). En cet état il dévie énergiquement à droite la lumière polarisée $[\alpha]$ j = + 216°. En portant l'eau à l'ébullition, une partie de l'amidon se dissout. Cette dissolution est précipitable par l'alcool. C'est ce qu'on appelle généralement *l'amidon soluble*, poudre blanche insoluble à froid, mais soluble dans l'eau à partir de 50°. Son pouvoir dextrogyre = + 218°. Il ne réduit pas la liqueur de FEHLING et se colore en bleu par l'iode.

Chaleur. — Quand on chauffe à 100° pendant assez longtemps l'amidon, il se change en amidon soluble; à 160° il se forme de la *dextrine*; à 210° de la *pyrodextrine*, matière qui résiste à l'action des acides étendus et qui est précipitée par les acides concentrés.

Le pyrodextrine est insoluble dans l'alcool et l'éther; elle réduit la liqueur cupropotassique.

Oxydation. — L'ébullition de l'amidon avec l'acide nitrique étendu donne de *l'acide oxalique*. L'action du bioxyde de manganèse et de l'acide sulfurique donne de l'acide *carbonique* et de l'*acide formique*.

Réaction avec l'iode. — L'iode colore en bleu intense l'amidon, l'empois, l'amidon soluble. Réaction d'une sensibilité extrême; 1/500 000 et même 1/1 000 000 d'iode sont rendus sensibles. La constitution de la matière colorante nommée iodure d'amidon est mal connue. Ce n'est pas une combinaison, selon toute probabilité. Pour Personne ce serait une sorte de laque. On peut précipiter l'iodure d'amidon sous forme de flocons bleus en traitant la liqueur par le sulfate de soude ou le chlorure de calcium.

Action des alcalis. — L'amidon se combine aux alcalis. A chaud la potasse le transforme en amidon soluble. La solution d'amidon est précipitée par l'eau de baryte, l'eau de chaux et l'acétate de plomb ammoniacal.

Action des acides. — Action des acides étendus : quand on fait bouillir l'amidon avec les acides minéraux étendus, il se forme de l'amidon soluble, des dextrines diverses, du maltose et du glucose. D'après Bondonneau, O'Sullivan, Musculus et Gruber, les transformations auraient lieu par hydratation et dédoublement successifs, formation simultanée d'une molécule de maltose et de dextrine. Le maltose serait à son tour transformé en glucose. (C'est là un caractère différentiel de l'action de la diastase, comme nous le verrons.)

D'après Salomon la transformation de l'amidon sous l'influence de l'acide sulfurique étendu consisterait premièrement en une dépolymérisation de la molécule d'amidon n $(C^6 H^{10} O^5)$, qui se transformerait en une molécule moins condensée, l'amidon soluble ; puis en une molécule encore plus simple, la dextrine ; en même temps intervient une action chimique, et la dextrine donne, en s'hydratant, du glucose. Les seuls composés qui se forment dans cette réaction seraient les suivants : a, *amidon soluble ;* b, *dextrine;* c, *dextrose* (glucose) ; il n'y aurait aucune raison pour admettre la formation du maltose.

La réaction, quoique plus lente, avec les acides organiques serait de même nature.

Action des acides concentrés. — Les acides concentrés éthérifient l'amidon ; on connaît un acide amylosulfurique. L'acide nitrique fumant dissout l'amidon, l'eau précipite de cette solution la *xyloïdine,* véritable éther trinitrique de l'amidon, corps explosif à 180° ainsi que par le choc.

Paramylon. — C'est une substance analogue à l'amidon que Gottlieb a découverte dans un infusoire, l'*Euglena viridis.* Ses grains sont plus petits que ceux de l'amidon. Il est insoluble dans l'eau, soluble dans les acides étendus, non colorable par l'iode ; la diastase ne l'attaque pas sensiblement. Les acides étendus le changent en un glucose fermentescible. Remarquons que l'*Euglena viridis* contient des granulations chlorophylliennes. Nous verrons ultérieurement le rôle capital que joue la chlorophylle dans l'élaboration de l'amidon par le végétal.

Lichénine. — On trouve la lichénine dans le lichen d'Islande et quelques autres lichens voisins. La découverte en est due à Proust. Cette substance se gonfle dans l'eau froide, se dissout dans l'eau bouillante. L'ébullition prolongée lui fait perdre la propriété de se prendre en gelée par le refroidissement.

Elle ne se colore pas par l'iode ; elle ne donne pas d'acide mucique quand on la traite par l'acide nitrique étendu. Les acides la saccharifient. Sa composition centésimale est celle de l'amidon.

Mucilages. — On peut placer à côté de la lichénine les *mucilages* qui comme elle se gonflent dans l'eau et présentent la composition centésimale de l'amidon ; mais l'acide azotique donne à leurs dépens de l'acide mucique, tandis que l'amidon, la lichénine donnent de l'acide saccharique (mucilages de coing, de guimauve, de lin).

La bassorine forme la partie principale de la gomme de Bassora.

Sous l'influence des acides minéraux étendus, à l'ébullition, ces substances donnent du sucre.

Inuline. — L'inuline a été découverte par V. Rose, qui l'a extraite de la racine d'aunée (*Inula Helenium*). On la trouve dans beaucoup d'autres synanthérées telles que le topinambour, le dahlia, la bardane, la chicorée, l'*Atractylis gummifera,* le colchique d'automne, la mémanthe, etc.

L'inuline se présente sous forme de grains blancs, dont la structure est différente de celle des grains d'amidon. Complètement desséchés, les grains présentent une organisation rayonnée. Sa densité est à l'état anhydre de 1,432 ou 1,349. Quant à son pouvoir rotatoire, il est de — 36°,30.

Cette substance, sans odeur ni saveur, est insoluble dans l'eau froide et dans l'alcool, soluble dans l'eau bouillante. L'iode ne la bleuit pas, mais lui communique une teinte brune passagère. L'inuline pure ne réduit pas la liqueur cupropotassique. Chauffée à 150° pendant 30 heures en tubes scellés avec l'hydrate de baryte, l'inuline fournit de l'acide lactique de fermentation (KILIANI).

Sous l'influence de l'acide nitrique étendu, l'inuline donne, d'après le même auteur, un mélange d'acides formique, oxalique, glycolique et paratartrique; pas d'acide acétique ni d'acide saccharique.

Par l'ébullition avec les acides minéraux étendus, l'inuline donne de la lévulose, sucre lévogyre ($C^6H^{12}O^6$). La diastase de l'orge germée ne le saccharifie pas; c'est un ferment spécial, l'*inulase*, comme nous le verrons, qui la transforme.

TANRET a isolé deux principes voisins de l'inuline; la *pseudo-inuline* et l'*inulénine*. La pseudo-inuline se dépose en granules irréguliers de ses solutions aqueuses; en granules irréguliers de ses solutions alcooliques. En se desséchant, elle s'agglomère en masses cornées transparentes; déshydratée, elle se présente sous forme de poudre blanche.

Elle est très soluble à chaud dans l'alcool et l'alcool faible; à froid, dans 350 et 400 parties d'eau. Elle est insoluble dans l'alcool à froid.

Pouvoir rotatoire. — Lévogyre = — 32°2. Sous l'influence des acides étendus, ce pouvoir s'élève à — 85,6.

$$\text{Composition.} \quad \begin{cases} C = 44 \\ H = 6,30 \end{cases}$$

Réactions. — La pseudo-inuline ne réduit pas la liqueur de FEHLING. L'eau de baryte froide la dissout, en excès elle la précipite. La pseudo-inuline se dissout dans les alcalis; elle ne précipite ni par l'acétate neutre ni par l'acétate basique de plomb.

L'*inulénine* est un produit cristallisé en fines aiguilles, soluble dans l'eau froide, dans 35 parties d'alcool à 30° à froid et dans 245 parties d'alcool à 50°.

Lévogyre : P.R. = — 29°6 : s'élève à — 79°18 en chauffant avec eau et acide acétique.
à — 83°6 avec acide sulfurique étendu.

$$\text{Composition.} \quad \begin{cases} C = 43,3 \\ H = 6,50 \end{cases}$$

L'eau de baryte froide ne la précipite pas; mais l'eau de baryte tiède et concentrée la précipite; l'alcool faible précipite les solutions barytiques.

D'autre part, TANRET, étudiant les hydrates de carbone du topinambour, a isolé deux substances nouvelles, l'*hélianthine* et le *synanthrine*.

Hélianthine. — Cristallise en fines aiguilles microscopiques réunies en boules, soluble dans son poids d'eau froide, plus faiblement soluble dans l'alcool concentré que dans l'alcool étendu.

Lévogyre : P.R. = — 23°5 ; après l'action des acides étendus = — 70°2.

$$\text{Composition.} \quad \begin{cases} C = 42,95 \\ H = 6,36 \end{cases}$$

Ne réduit pas la liqueur de FEHLING; ne précipite en solution aqueuse ni par la baryte ni par l'acétate de plomb. Elle est fermentescible.

Synanthrine. — Corps blanc amorphe et à peu près insipide. Soluble à froid en toutes proportions dans l'eau et dans l'alcool faible, moins soluble dans l'alcool concentré.

Lévogyre : P.R. = — 17° ; après l'action des acides étendus = — 70°.

$$\text{Composition.} \quad \begin{cases} C = 42,83 \\ H = 6,24 \end{cases}$$

Réactions. — Ne réduit pas la liqueur de FEHLING, fermente difficilement en solution aqueuse, empêche la formation de saccharate de baryte en présence du sucre de canne et d'eau de baryte bouillante. Le précipité ne se forme que si la proportion de sucre dépasse 1/5 de sucre pour 1 de synanthrine.

Amylanes. — O'SULLIVAN a extrait de l'orge deux hydrates de carbone ayant pour formule $C^6H^{10}O^5$, et auxquels il a donné le nom de α et β amylanes.

L'α amylane ne réduit pas la liqueur cupropotassique; l'acide sulfurique étendu la convertit en dextrose. Pouv. rot. = — 24°.

La β amylane est transformée en glucose par l'acide sulfurique étendu.

Pouv. rot. = — 72°.

Dextrines. — L'étude de la dextrine a été commencée par Biot et Persoz, puis Payen a apporté sur ce sujet un grand nombre d'observations ultérieurement complétées et développées par Jacquelain, Béchamp, Bondonneau, Musculus, Gruber, Von Mering, O'Sullivan, Salomon, etc.

On trouve la dextrine à l'état naturel dans la manne du frêne et dans divers produits végétaux. On la trouve aussi dans le sang de certains animaux, du cheval par exemple, dans le sang des diabétiques, dans la viande des animaux de boucherie, etc.

On peut l'obtenir en soumettant l'amidon à l'action de la chaleur entre 160° et 210°, ou à l'action de la chaleur et des acides, enfin à l'action de la diastase.

C'est une substance amorphe, transparente, très hygrométrique, soluble dans l'eau, insoluble dans l'alcool et l'éther. La dextrine commerciale est en réalité un mélange de plusieurs dextrines isomères allant depuis l'amidon soluble jusqu'à la dextrine proprement dite.

En se basant sur les différents pouvoirs rotatoires et réducteurs, on a reconnu l'existence de :

1° L'*érythrodextrine*, qui forme la majeure partie de la dextrine commerciale, soluble dans l'eau froide, attaquable par la diastase, se colorant en pourpre par l'iode, et dont le pouvoir rotatoire est de + 213° à + 215°.

2° L'*achroodextrine* α. — A peine colorable par l'iode, moins attaquable par la diastase, réduisant faiblement la liqueur cupropotassique. Pouv. Rot. = + 210°; son pouvoir réducteur, celui du glucose étant 100, est de 12.

3° L'*achroodextrine* β. — Ne se colore pas par l'iode et n'est pas attaquée par la diastase. Son pouvoir rotatoire =, + 100°; son pouvoir réducteur = 12.

4° L'*achroodextrine* γ. — Résiste à la diastase et ne se colore pas par l'iode. Elle ne se saccharifie à ébullition avec l'acide sulfurique étendu que lentement. Son pouvoir rotatoire est de + 150°; son pouvoir réducteur de 28.

On voit que ces diverses dextrines représentent des produits de dédoublement de plus en plus avancés de l'amidon. La dernière serait le type de la véritable dextrine.

Réactions. — Elle se comporte à peu près comme l'amidon sous l'influence de la chaleur et des acides. On obtient de la sorte des composés analogues aux glucosides.

Sous l'influence prolongée de l'effluve électrique, elle peut fixer une certaine quantité d'azote atmosphérique (Berthelot).

Avec le brome, puis l'oxyde d'argent humide, elle donne de l'acide dextronique (Habermann). Par l'action successive des acides nitrique et sulfurique, on obtient de la dextrine tétranitrique. Enfin, d'après Maly, elle fermente au contact de la muqueuse stomacale en donnant un mélange d'acides lactique et sarcolactique.

Musculus, en dissolvant du glucose à froid dans l'acide sulfurique et en ajoutant une grande quantité d'alcool, a vu, au bout de quelques semaines, se précipiter un corps se rapprochant beaucoup de l'achroodextrine γ.

Glycogène. (Dextrine animale). — Découvert par Claude Bernard et Hensen (foie, placenta, œuf), chez l'embryon (Cl. Bernard, Rouget), dans les muscles (Nasse) et aussi dans les végétaux (Errera).

Substance amorphe et pulvérulente. Donne avec l'eau une solution opalescente, se colore en rouge par l'iode. Son pouvoir rotatoire = + 211°.

Réactions. — Il ne réduit pas la liqueur cupropotassique.

Il se distingue de la dextrine en ce que la coloration rouge par l'iode, qui disparaît avec la chaleur, reparaît par le refroidissement ; elle ne reparaît pas avec la dextrine. La solution ne précipite pas l'acétate de plomb basique.

Le pur, l'oxyde d'argent le font passer à l'état d'acide glycogénique. Avec l'acide nitrique fumant, il se forme du glycogène tétranitrique, corps explosif.

Par l'action des acides étendus et de l'ébullition, sous l'influence de la salive, de l'amylase, il se transforme en glycose en passant par le maltose et différentes dextrines. Il subit la fermentation lactique.

Sinistrine. — Trouvée par Kuhlnemann dans l'orge germée. Substance lévogyre. Elle paraît devoir être confondue avec les amylanes de O'Sullivan.

Gommes solubles. Arabine. Pectine. — Suivant Frémy, la gomme arabique est formée d'une combinaison d'*arabine* $C^{12}H^{20}O^{10}$ avec la chaux et la potasse (arabinate ou gummate de chaux et de potasse). L'arabine est une substance très soluble dans l'eau qu'elle rend visqueuse, elle est lévogyre, et son pouvoir rotatoire = — 36°. Chauffée de 120° à 140°, elle devient insoluble. Sous l'influence des acides étendus et chauds, l'arabine se change en *galactose;* l'acide nitrique l'oxyde en donnant des acides saccharique, mucique, racémique et oxalique.

Pectine. — Très semblable à l'arabine ; donne par l'action des alcalis étendus de l'acide pectique.

La pectine est une substance amorphe formant avec l'eau une solution épaisse, que précipitent l'alcool et aussi le sous-acétate de plomb.

L'acide pectique paraît se former aux dépens de la pectine en présence d'un ferment spécial de pectine. Les corps pectiques se transforment en galactose sous l'influence des acides étendus.

Celluloses $(C^6 H^{10} O^5)^n$. — Les fibres des plantes et l'enveloppe des cellules végétales sont principalement formées de cellulose ou de principes isomères de l'amidon, mais doués d'une grande résistance aux divers réactifs.

Leur caractère principal est leur insolubilité dans la plupart des dissolvants connus.

La cellulose est sans odeur ni saveur, blanche, insoluble dans tous les dissolvants habituels.

Les seuls réactifs qui dissolvent les celluloses sont le réactif ammoniaco-cuprique de Schweitzer et un mélange indiqué par E. F. Cross et E. J. Bevan qui se prépare en ajoutant à de l'acide chlorhydrique la moitié de son poids de chlorure de zinc. Ce réactif dissout la cellulose sans la modifier.

La cellulose précipitée de ces dissolvants est amorphe, gélatineuse.

La densité de la cellulose est voisine de 1,45.

Chaleur. — Au delà de + 200°, la cellulose se décompose en donnant de l'eau, de l'acide acétique, des produits empyreumatiques complexes, et différents gaz.

Oxydation. — L'acide nitrique ordinaire à l'ébullition donne avec la cellulose de l'acide oxalique. L'acide oxalique se forme également par l'action des alcalis (potasse caustique) à + 160°.

Le bioxyde de manganèse en présence de l'acide sulfurique donne de l'acide formique.

Action des acides. — Ils peuvent agir de deux façons, ou bien : 1° modifier la cellulose et la transformer en différents produits distincts, ou bien 2° se combiner avec elle pour donner des *cellulosides* (cellulosides hexanitriques, octonitriques, décanitriques (coton poudre).

La cellulose, imbibée d'acide sulfurique concentré, et lavée presque aussitôt pour enlever l'acide, acquiert ainsi certaines propriétés voisines de celles de l'amidon et se colore en bleu par l'iode.

Quand on prolonge l'action de l'acide sulfurique concentré et froid, on transforme la cellulose en *cellulose soluble* qui présente beaucoup d'analogie avec l'amidon soluble.

Par un contact plus prolongé encore on obtient, non plus de la cellulose soluble, mais une dextrine particulière, dont le pouvoir dextrogyre est plus faible que celui de la dextrine ordinaire ; puis un glucose fermentescible. On peut finalement parvenir à transformer la totalité de la cellulose en un mélange de glucoses fermentescibles, dont l'un est le glucose ordinaire.

Tunicine (Cellulose animale). — Découverte par Schmidt, étudiée par Berthelot, la tunicine est extraite de l'enveloppe des mollusques tuniciers. C'est une masse blanche qui conserve encore l'aspect général des organes qui ont servi à sa préparation. Elle se colore en jaune par l'iode et, si on la traite d'abord par l'acide sulfurique, en bleu.

La tunicine ne se dissout pas dans le réactif de Schweitzer et résiste même à la potasse fondante aux environs de 220°. L'ébullition avec l'acide sulfurique étendu ne la modifie pas. Toutefois on peut l'attaquer en la broyant avec l'acide sulfurique concentré. Elle s'y dissout sensiblement, et, si l'on vient à verser ce liquide goutte à goutte dans l'eau, puis qu'on fasse bouillir, la tunicine finit par se transformer en un glucose fermentescible.

Amyloïde végétal. — C'est un hydrate de carbone imprégnant la membrane cellulaire de divers végétaux. Il bleuit au contact de l'iode, ce qui le distingue de la cellulose ; on l'a rencontré dans les graines où il paraît constituer une matière nutritive en réserve.

Avec l'acide nitrique il donne de l'acide succinique.

Son poids spécifique est de 1,15. Son pouvoir rotatoire dextrogyre $= + 93°$.

Il est saccharifié par l'acide sulfurique bouillant et donne du galactose, du xylose et du dextrose (glucose) (Winterstein).

Caractères communs et caractères différentiels des matières amylacées. — Toutes ces substances présentent la même composition élémentaire et constituent des hydrates de carbone représentés par la formule $(C^n H^{2n-2} O^{n-1})$ représentant l'anhydride de $(C^n H^{2n} O^n)$. Toutes sont amorphes ou présentent un certain degré d'organisation.

L'action des agents d'hydratation (acides minéraux étendus et chaleur, ferments solubles) les transforme en produits plus simples aboutissant au glucose $(C^6 H^{12} O^6)$.

La chaleur en vase clos les décompose, d'une part en charbon, et, de l'autre, en produits volatils, parmi lesquels l'acide acétique, l'eau, les carbures d'hydrogène.

Les oxydants aidés de la chaleur les convertissent en acide carbonique et eau.

Toutes sont susceptibles de combinaisons avec l'acide azotique (éthers nitriques).

Beaucoup fournissent avec les acides organiques des éthers saponifiables par l'action des bases.

Elles fixent l'iode avec plus ou moins d'intensité.

Les celluloses se distinguent des matières amylacées proprement dites par une condensation moléculaire beaucoup plus grande ;

— par une structure physique plus avancée et qui les rapproche des éléments organisés ;

— par une insolubilité complète dans l'eau ;

— par une résistance beaucoup plus grande à tous les agents chimiques ;

— par la coloration que leur communique l'iode, coloration faiblement jaunâtre, à moins d'une modification préalable imprimée à la substance cellulosique.

La cellulose animale diffère de la cellulose végétale par une résistance plus grande à l'action de tous les réactifs communs.

Action des ferments solubles sur les amylacés. — Saccharification. — Action de la diastase de l'orge germée ou amylase. — En 1823, Dubrunfaut observa qu'en mélangeant à de l'empois d'amidon un peu de malt en farine délayé dans de l'eau tiède et en soumettant le mélange à une température de 60 à 65°, au bout d'un temps assez court (un quart d'heure) le mélange était fluidifié : sa saveur devenait de plus en plus sucrée, et il finissait par subir la fermentation alcoolique.

En 1830 Dubrunfaut reconnaissait que cette propriété de transformer l'empois d'amidon appartient aussi bien à l'infusion de malt qu'au malt en farine. En 1833, Payen et Persoz précipitèrent par l'alcool la substance active de l'extrait de malt et obtinrent ainsi, à l'état impur, il est vrai, le ferment soluble nommé *diastase* ou *amylase*. D'après eux le ferment pouvait saccharifier jusqu'à 2 000 fois son poids de fécule. Duclaux fait observer qu'il faut lire probablement 2 000 fois le poids d'empois de fécule, c'est-à-dire 50 à 100 fois le poids d'empois de fécule crue. En 1836, Dubrunfaut obtint une diastase plus active et plus pure par des précipitations fractionnées. Ce ferment soluble n'existe pas dans le grain d'orge d'une façon continue; il se forme au moment de la germination, et c'est lui qui permet à la plante naissante d'utiliser les réserves amylacées de la graine.

En 1847, Dubrunfaut, traitant l'empois d'amidon par l'extrait de malt, prépara un sucre cristallisable possédant un pouvoir rotatoire bien plus considérable que celui du glucose ordinaire. Il donna à ce sucre le nom de *maltose*. Cependant cette découverte passa inaperçue, et pendant longtemps on considéra le sucre résultant de l'action de la diastase de l'empois comme du glucose ordinaire. Ce n'est qu'en 1872 que O'Sullivan confirma la découverte de Dubrunfaut et montra que le sucre formé était bien du maltose $(C^{12} H^{22} O^{11})$ mélangé à des dextrines. Il faut dire toutefois qu'on trouve aussi de petites proportions de glucose. L'origine de cette petite quantité de glucose est controversée. Pour les uns (Schulze, Brown et Héron, Herzfelt) l'amylase serait sans action sur le maltose; pour les autres (O'Sullivan, Von Mering) l'influence prolongée du ferment finirait par transformer le maltose en glucose. Rappelons que le maltose a un pouvoir rotatoire plus

Tableau synoptique des propriétés et réactions des principales matières amylacées.

	PROVENANCE.	ÉTAT PHYSIQUE APRÈS DESSICCATION.	ACTION DE L'EAU.	ACTION SUR LA LUMIÈRE polarisée.	ACTION DE L'IODE.	SUCRES PRODUITS.	PRODUITS D'OXYDATION.
Amidon.	Organes constitués de tous les végétaux, tissus animaux.	Grains arrondis blancs à couches concentriques.	Insoluble dans l'eau froide, se gonfle dans l'eau chaude.	Dextrogyre + 216°.	Coloration bleue intense.	Maltose et glycose.	Acides oxalique, tartrique, carbonique, eau, acide saccharique.
Inuline.	Parties souterraines de l'aunée et autres plantes.	Grains blancs amorphes.	Insoluble dans l'eau froide, soluble dans l'eau bouillante.	Lévogyre — 32° α O = — 40°.	Teinte brune fugitive.	Lévulose.	id.
Paramylon.	Euglena viridis.	Granules blancs.	Insoluble dans l'eau.	»	Non coloré.	Glucose fermentescible.	id.
Lichénine.	Lichens.	Masse jaunâtre translucide.	Se gonfle dans l'eau froide; soluble dans l'eau bouillante.	»	»	Isomère du glucose.	id.
Bassorine Mucilagéine.	Cactus, astragales, coing, racine de guimauve.	Blanche, amorphe, aspect vitreux.	Se gonflent et se dissolvent dans l'eau.	»	»	Glucose et galactose.	Acide mucique.
Dextrine.	Exsudation de plusieurs plantes, manne du frêne, du tilleul.	Poudre jaunâtre, amorphe.	Soluble.	Dextrogyre + 150° à + 213° suivant les dextrines.	Coloration pourpre par l'érythrodextrine.	Maltose et glucose.	Acide saccharique.
Glycogène.	Végétaux inférieurs et animaux.	Poudre blanche, amorphe.	Soluble.	Dextrogyre + 211°	Coloration pourpre.	Maltose et glucose.	Acide glycogénique, acide saccharique.
Gommes solubles Arabine, Pectine.	Acacias.	Écailles vitreuses.	Solubles.	Lévogyres — 36°	»	Galactose.	Acides saccharique, mucique, racémique, oxalique.
Cellulose.	Végétaux.	Substance blanche, précipitée de sa solution dans le liquide de Schweitzer, amorphe, gélatineuse.	Insoluble.	»	Très faible coloration jaune ou pas de coloration; après action de SO⁴ H² coloration bleue.	Glucose.	Acide oxalique, éthers cellulosiques.
Tunicine.	Tuniciers.	Masse blanche.	Insoluble.	»	Coloration jaune; après action de $SO^4 H^2$ coloration bleue.	Glucose.	Sucre obtenu traité par acide azotique fournit acide saccharique.

considérable que le glucose (P.R. du glucose $= + 53°4$; P.R. du maltose $= + 139°3$). Son pouvoir réducteur est moindre que celui du glucose, 61 de glucose réduisent autant de cuivre que 100 de maltose. Les acides le dédoublent par hydratation en 2 molécules de glucose.

Mais déjà, avant les recherches de O'Sullivan, Musculus en 1860 avait étudié avec soin les produits résultant de l'action de la diastase sur l'empois d'amidon, tout en considérant le sucre formé comme étant du glucose. Avant lui on pensait que l'amidon se changeait d'abord en dextrine, puisque cette dextrine se transformait en glucose. Musculus, à la suite de ses recherches, conclut que le glucose et la dextrine se forment simultanément, et toujours dans le même rapport : 2 de dextrine pour 1 de sucre. La dextrine serait inattaquable par la diastase, et, d'après Musculus, le processus consisterait dans un dédoublement avec hydratation de l'amidon.

$$\underbrace{C^{12}H^{20}O^{10}}_{\text{Amylacé}} + H^2O = \underbrace{C^6H^{10}O^5}_{\text{Dextrine}} + \underbrace{C^6H^{12}O^6}_{\text{Glucose}}$$

Payen, en 1865, à l'encontre de Musculus, conclut que la diastase saccharifie la dextrine pure et produit en agissant sur l'empois des proportions de dextrine et de glucose variables suivant les conditions dans lesquelles on opère, c'est-à-dire suivant la dilution et le temps; il admet une production première de dextrine suivie de sa transformation en sucre.

O'Sullivan, étudiant avec soin l'influence de la température, conclut à l'existence de proportions différentes de dextrine et de maltose suivant la température.

A une température inférieure à 60°, il se formerait 68 de maltose pour 32 de dextrine.

Entre 64° et 68° il y aurait 34,54 de maltose et 65,46 de dextrine.

Enfin de 68° à 70° il y a 17,4 de maltose et 82,6 de dextrine. Au bout d'un certain temps la quantité de maltose augmenterait par suite de l'action ultérieure de la diastase sur la dextrine.

En définitive on n'obtiendrait plus à la fin que du maltose et du glucose (O'Sullivan, 1879, B. S. C., t. xxxii, p. 493).

Mais cette dextrine qui se forme, répond-elle à une substance chimique simple? Dès 1870 on tendait à admettre que dans les saccharifications il se fait, non pas une seule dextrine, mais plusieurs dextrines. Il est certain que l'amidon soluble, qui se produit au début de l'action de la diastase, et la dextrine qui reste à la fin de cette action, sont deux espèces chimiques distinctes. Mais entre ces deux termes il y a des termes intermédiaires. Au cours de la saccharification on peut en effet trouver des substances qui se colorent en rouge (érythrodextrines) et des substances qui se colorent pas par l'iode (achroodextrine). Parmi ces achrodextrines il faut distinguer l'achroodextrine α, β, γ (Voir plus haut leurs caractères). Cette opinion, défendue par Brucke, Musculus et Gruber, Bondonneau, O'Sullivan, Brown et Héron, Herzfeld, Von Mering, a été attaquée par Salomon qui soutient au contraire qu'il n'existe, outre l'amidon soluble, qu'une seule dextrine. Les colorations différentes avec l'iode tiendraient à la présence de quantités variables d'amidon soluble non encore saccharifié. Jusqu'à ces derniers temps l'hypothèse de Musculus a été plus généralement admise. Pour lui l'amidon, sous l'influence de la diastase, subit une série de dédoublements successifs avec hydratation simultanée. A chaque dédoublement il se formerait du maltose et une nouvelle dextrine à poids moléculaire plus faible. Cette théorie serait parfaitement compatible avec la différence dans la quantité de maltose et de dextrine formées suivant la température. Il suffirait d'admettre en effet qu'à 60° la diastase possède toute son énergie et peut pousser la saccharification jusqu'au bout; qu'à mesure au contraire que la température s'élève au delà de 60° le pouvoir saccharifiant diminue. Marker au contraire avait supposé qu'il y a dans la diastase deux ferments, dont l'un, qui donne plus de maltose et moins de dextrine, est détruit à une basse température, et dont l'autre, qui donne plus de dextrine et moins de maltose, résiste à cette température. Cette opinion est aussi celle de Cuisinier et de Dubrunfaut. Les recherches récentes de Wijsman viennent à l'appui de cette hypothèse. C'est à l'action de deux ferments inégalement impressionnés par la température que seraient dues les proportions respectives variables de dextrine et de maltose. L'action de l'extrait de malt sur l'empois donne lieu à la formation de

L'érythrogranulose, qui se colore en violet par l'iode ;
La maltodextrine, non colorée, et réduisant la liqueur de FEHLING ;
La leucodextrine, non colorable, et sans action sur la liqueur de FEHLING ;

toutes substances répondant à l'amidon soluble, à l'érythrodextrine, et aux achroodextrines de BRÜCKE. WIJSMAN appelle *maltase* et *dextrinase* ces deux ferments et résume le processus de la saccharification de la façon suivante :

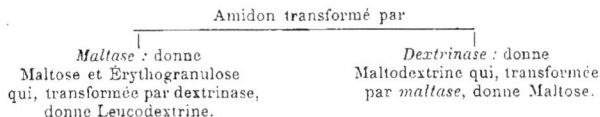

Amidon transformé par

Maltase : donne	*Dextrinase :* donne
Maltose et Érythrogranulose qui, transformée par dextrinase, donne Leucodextrine.	Maltodextrine qui, transformée par *maltase*, donne Maltose.

La leucodextrine ne peut plus être attaquée par l'extrait de malt.

La maltase est détruite par la chaleur au-dessus de 55°, la dextrinase résiste au contraire ; ce qui explique qu'au-dessus de 55° la dose de maltase diminue de plus en plus. Par d'ingénieuses et élégantes expériences WIJSMAN a démontré l'existence de ces deux ferments ; il a pu découvrir la *maltase* dans le grain d'orge non germé ; il a reconnu que la *dextrinase* au contraire prend naissance pendant la germination et se localise surtout dans les enveloppes extérieures du grain. Si donc on emploie de l'orge perlée (débarrassée de ses téguments externes) l'extrait de malt contiendra surtout de la *maltase*.

L'arrêt de la transformation de l'amidon en maltase-dextrine et de la saccharification avait été attribué par PAYEN à la présence et à l'accumulation du maltose. LINDET a confirmé cette opinion et en a donné la démonstration. En prenant un moût saccharifié à refus et en précipitant le maltose par la phénylhydrazine, il a pu de nouveau transformer en sucre plus de la moitié des dextrines existant d'abord dans le mélange ; une nouvelle précipitation de maltose entraînait une nouvelle saccharification.

Enfin EFFRONT a étudié l'action de l'acide fluorhydrique dans la saccharification. Il a constaté qu'une dose de 1 p. 10000 d'acide à une température de 30° permet d'obtenir un rendement de 90 p. 100 de sucre et de 4 p. 100 seulement de dextrine pour l'amidon du maïs.

L'inuline diffère de l'amidon en ce sens qu'avec les agents hydratants (SO^4H^2 étendu et bouillant) l'amidon donne naissance à du glucose (dextrose), tandis que l'inuline fournit du *lévulose*.

L'agent de saccharification de l'inuline a été extrait seulement en 1888 par J. R. GREEN des tubercules du topinambour. GREEN lui a donné le nom d'*Inulase*. Sous l'influence de ce ferment l'inuline se transforme en lévulose. L'invertine et la diastase n'exercent aucune action sur l'inuline. L'*Aspergillus niger* renferme un ferment, sinon identique, du moins analogue à l'inulase (BOURQUELOT). Enfin l'*inulase* diffère de la *tréhalase* en ce que celle-ci est détruite à 64°.

Action des ferments figurés sur les matières amylacées. — Les ferments figurés (champignons, levures, bactéries) n'agissent en général sur les matières amylacées qu'après les avoir hydratées, saccharifiées au moyen d'un ferment soluble, d'une amylase sécrétée par eux. Dans toute fermentation des amylacés il y a donc une phase, plus ou moins passagère, caractérisée par la saccharification. C'est sur les sucres fermentescibles (maltose, glycose, lévulose) que les ferments figurés agissent ensuite pour les transformer en acides gras, en acide carbonique et en eau. Lorsqu'en effet on laisse de l'empois d'amidon exposé à l'air libre, on ne tarde pas à voir cet empois se fluidifier. Une analyse très simple révèle alors l'existence de dextrines, de maltose, de glucose. Ces transformations sont sous la dépendance des germes de l'air qui se développent dans le milieu amylacé. Avec le temps les transformations ne s'arrêtent pas là ; la réaction devient de plus en plus acide, et cette acidité est due à la présence d'acides gras en proportions variables : acides lactique, acétique, butyrique. Mais il faut tenir grand compte de l'aération plus ou moins grande du milieu. A l'air libre, en effet, les ferments organisés vivent à l'état d'agents comburants, brûlant le sucre, ou utilisant pour la construction de leur tissu tout ce qu'ils ne transforment plus en acide carbonique et en eau, et ils se reproduisent activement dans ces conditions. C'est ainsi que, si l'on ensemence de l'*Aspergillus niger* sur de l'empois d'amidon largement exposé à l'air, cet empois se liquéfie d'abord, puis se saccharifie. En définitive maltose et dextrine sont brûlés, et il reste un liquide limpide ne renfermant en suspension que de petits cristaux d'oxalate de chaux. En même temps il s'est produit de l'acide carbonique et de l'eau.

À l'abri de l'air, au contraire, le développement des microorganismes est moins luxuriant, et la vie est alors caractérisée par la production d'acide carbonique et d'alcool en proportions variables. Il se forme souvent alors de l'acide butyrique, en même temps qu'il se dégage de l'hydrogène et de l'acide carbonique.

Les fermentations que subissent spontanément les hydrates de carbone abandonnés à l'invasion de germes extérieurs sont surtout la fermentation lactique et la fermentation butyrique.

α. *Fermentation butyrique.* — L'action du ferment butyrique sur les amylacés (fécule de pomme de terre) a été bien étudiée dans ces derniers temps par A. VILLIERS.

Au bout de 24 heures l'empois ensemencé avec le *Bacillus amylobacter* est généralement liquéfié. On laisse la fermentation continuer jusqu'à ce qu'on constate que le liquide ne donne plus de coloration bleue ou violette par l'iode. Pendant cette transformation de petites bulles gazeuses se dégagent. Le liquide obtenu est très légèrement acide et présente nettement l'odeur de l'acide butyrique ; mais il ne renferme qu'une très faible quantité de cet acide. Les produits principaux sont constitués par des dextrines non attaquables par le bacille, du moins en présence des autres produits formés simultanément.

Ces dextrines se transforment très difficilement en glucose sous l'influence de l'eau et des acides ; elles réduisent la liqueur cupropotassique, et leur pouvoir réducteur est d'autant plus grand que leur pouvoir rotatoire est plus faible. Ce qui est remarquable au cours de cette fermentation, c'est l'absence de maltose et de glucose ; ce qui semblerait démontrer que le ferment détermine la transformation de la fécule en dextrine directement, et non par l'intermédiaire d'une diastase sécrétée par le microorganisme.

En même temps il se forme, mais en très petite quantité, un hydrate de carbone qui se sépare en beaux cristaux radiés au bout de quelques semaines dans l'alcool ayant servi à la précipitation des dextrines. Cet hydrate de carbone, VILLIERS lui donne le nom de *cellulosine ;* sa solubilité dans l'eau à la température ordinaire est très faible ; elle augmente avec la température. Son pouvoir rotatoire est très élevé. Il n'est pas fermentescible et ne réduit pas la liqueur de FEHLING. Les acides minéraux étendus et bouillants transforment ce produit en glucose, mais très lentement.

Enfin il reste un résidu insoluble, sous forme de flocons blancs amorphes qui, après dessiccation, s'agglutinent entre eux. Ce résidu a la composition de la cellulose.

De même que la fécule de pomme de terre, les divers amidons et fécules fermentent dans les mêmes conditions sous l'action du ferment butyrique ; il est vrai que les produits formés ne sont pas toujours identiques.

β. *Fermentation lactique.* — La fermentation lactique des amylacés précède souvent la fermentation butyrique. Elle est précédée de la saccharification de la matière amylacée, que cette saccharification aboutisse à du maltose, du glucose ou du galactose. L'agent principal de cette transformation du sucre en acide lactique de fermentation est le ferment lactique isolé par PASTEUR : c'est un microbe essentiellement aérobie. Mais beaucoup d'autres microorganismes sont capables de produire des transformations analogues (Voyez FERNBACH. *Ann. de l'Institut Pasteur*, 1894) [1].

1. Dans les muscles fatigués on trouve de l'acide lactique qui donne à l'extrait musculaire une réaction acide. En même temps on constate une diminution dans la quantité du glycogène que contiennent les muscles. Il semble bien que l'acide lactique se forme aux dépens du glycogène. Est-ce directement ou indirectement, c'est-à-dire en passant par le glucose ?

La formule de cette transformation pourrait s'écrire ainsi :

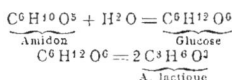

$$\underbrace{C^6 H^{10} O^5}_{\text{Amidon}} + H^2 O = \underbrace{C^6 H^{12} O^6}_{\text{Glucose}}$$

$$C^6 H^{12} O^6 = \underbrace{2\, C^3 H^6 O^3}_{\text{A. lactique}}$$

ou bien :

$$\underbrace{C^6 H^{10} O^5}_{\text{Amidon}} + 6\, O = \underbrace{C^3 H^6 O^3}_{\text{A. lactique}} + 3\, CO^2 + 2\, H^2 O$$

La fermentation lactique des hydrates de carbone est entravée par la présence de l'acide lactique. Aussi se poursuit-elle mieux si on neutralise au fur et à mesure l'acide par du carbonate de chaux.

Le lactate de chaux ainsi formé peut à son tour être décomposé par le ferment butyrique de Pasteur (*Bacillus butyricus*) et donner de l'acide butyrique.

$$\underbrace{2\, C^3 H^6 O^3}_{\text{A. lactique}} = \underbrace{C^4 H^8 O^2}_{\text{A. Butyrique.}} + 2\, CO^2 + 2\, HO^2$$

C'est ainsi que la fermentation butyrique peut succéder à la fermentation lactique.

γ. *Fermentation acétique.* — Les matières amylacées peuvent aussi fournir de l'acide acétique : Fitz en effet a décrit un bacille ; le *Bacillus æthylicus*, qui attaque l'empois vers 40° en produisant beaucoup d'acide butyrique, un peu d'alcool ordinaire et *d'acide acétique*, et une trace d'acide succinique.

La levure de bière n'a pas d'action directe sur les amylacés ; mais, quand ceux-ci sont saccharifiés par la diastase, elle transforme le sucre en alcool et acide carbonique.

C'est ainsi que se fabrique la bière ordinaire, une bière de riz nommée *Saké*, ou *Chicha*, boisson alcoolique que préparent les Indiens de l'Amérique du Sud avec la farine de maïs.

δ. *Fermentation panaire.* — C'est également par une fermentation de la farine de froment que se fabrique le pain. Mais cette fermentation panaire présente encore dans son étude quelques obscurités. La fermentation panaire a été l'objet des recherches approfondies de Boutroux.

Deux théories principales ont été proposées pour expliquer la fermentation panaire, la théorie de la fermentation par la levure et celle de la fermentation par les bactéries.

La plus ancienne, développée par Graham, suppose que l'amidon de la pâte est transformé par une diastase (la céréaline) en dextrine et maltose, et que le sucre formé subit sous l'action de la levure du levain une fermentation alcoolique normale.

Une seconde théorie plus récente attribue la fermentation panaire à des bactéries (*Bacillus glutinis* de Chicandard : *Bacillus panificans* de E. Laurent).

Boutroux a trouvé dans la pâte du pain en fermentation ou dans la farine cinq espèces de levures et trois espèces de bactéries. Il a trouvé qu'une trace de levure délayée avec de la farine saine et de l'eau salée fournit un levain cultivable de pâte en pâte.

Au contraire les bactéries n'ont pu fournir un levain de pâte cultivable. Ces résultats conduisent à considérer toutes les bactéries du levain comme incapables de faire lever le pain à elles seules ; au contraire les espèces de levures qui sont des ferments actifs remplissent cette condition. Mais peut-on faire du pain en éliminant complètement l'action des bactéries ?

En ajoutant de l'acide tartrique à la pâte, on crée ainsi un milieu très défavorable aux microbes. Or une dose d'acide tartrique qui empêche absolument la pâte sans levain de se gonfler permet au contraire à la pâte additionnée de levain de lever aussi vite qu'une pâte semblable faite sans acide tartrique. L'acide tartrique employé à dose tolérable pour la levure, mais suffisante pour rendre impossible le gonflement de la pâte sous l'influence des microbes que contient la farine, n'empêche pas de lever la pâte additionnée de levain. Ces expériences démontrent donc que la levure est l'agent essentiel de la fermentation proprement dite.

La fermentation panaire consisterait essentiellement en une fermentation alcoolique normale du sucre préexistant dans la farine, auquel s'adjoint peut-être du sucre formé par saccharification d'une trace d'hydrate de carbone. Dès lors les microbes que l'on trouve dans le levain ou dans la pâte ne peuvent être qu'inutiles ou nuisibles. Quant à l'alcool qui doit se former pendant l'action de la levure, les uns n'en ont pas trouvé, les autres en ont trouvé. A GIRARD a même admis que l'alcool et l'acide carbonique se produisent exactement dans les proportions qui caractérisent la fermentation alcoolique normale. Pour DUCLAUX, au contraire, il n'y aurait pas production d'alcool. Selon BOUTROUX, les résultats seraient différents, suivant que la pâte était faite avec du levain ou avec de la levure. Dans le premier cas, pas ou presque pas d'alcool ; dans le second, la pâte gonflée peut contenir de l'alcool en quantité appréciable. Relativement enfin à la diastase qui saccharifierait la fécule au commencement de la fermentation panaire, contrairement à RÜSMENBERGER, BOUTROUX lui dénie tout rôle important dans le processus de fermentation. Ce serait essentiellement le sucre préexistant dans la farine qui subirait la fermentation.

ι. *Fermentation muqueuse*. — PASTEUR a décrit un ferment qui provoque dans un certain nombre de jus sucrés une sorte de transformation visqueuse. KRAMER a décrit une fermentation muqueuse pouvant s'accomplir aux dépens de certains hydrates de carbone, mannite, amidon, pourvu que la liqueur contienne en même temps une quantité suffisante de matières albuminoïdes et de substances minérales, parmi lesquelles les phosphates alcalins qui sont indispensables. Les produits de la fermentation sont une matière gommeuse ayant pour formule $C^6H^{10}O^5$, la mannite ($C^6H^{14}O^6$) et de l'acide carbonique. Il se produit aussi des acides lactique et butyrique avec de l'hydrogène libre. Ces produits sont dus aux fermentations lactique et butyrique, conséquence de l'impureté du ferment employé.

Ce ferment varierait suivant la nature de la matière fermentescible. La matière gommeuse produite, précipitée par l'alcool, est blanche, amorphe, s'étirant en filaments. Elle se gonfle simplement dans l'eau, ne se colore pas par l'iode. Son pouvoir rotatoire est de + 195°.

η. *Fermentation de la cellulose*. — On sait que la cellulose entre pour une très grande part dans la composition de l'alimentation des herbivores. Ces animaux utilisent une grande partie de cette cellulose; ils en digèrent 70 p. 100 environ. La cellulose est donc transformée dans le tube digestif. Les recherches de TAPPEINER ont montré que de la cellulose (coton, papier fin) mise en suspension dans une solution d'extrait de viande à 1 p. 100 ensemencé avec une goutte du contenu de la panse des ruminants se désagrège et disparaît peu à peu. Il se produit en même temps de l'acide carbonique, mélangé tantôt à de l'hydrogène, tantôt à du méthane CH^4.

On a constaté en même temps la présence de nombreux bacilles courts et mobiles. Au bout de quatre semaines la réaction est achevée; 50 p. 100 au moins de la cellulose sont dissous, et la solution très acide renferme une petite quantité d'un corps aldéhydique, et des acides gras, en partie libres, en partie combinés. On ne trouve pas d'acide formique, mais de l'acide acétique en abondance et des acides gras supérieurs mal définis.

Déjà, en 1850, MISTSCHERLICH avait observé le mécanisme de la dissolution de la cellulose dans les macérations végétales et reconnu la présence de vibrions auxquels il était disposé à accorder un rôle important dans la dissolution de la cellulose. Ces microrganismes ont été étudiés en 1865 par TRÉCUL, qui a reconnu chez eux la propriété de bleuir par l'iode et qui, à cause de cela, leur a donné le nom de *B. amylobacter*.

Enfin VAN TIEGHEM a étudié la morphologie et la biologie de ces microrganismes. Le *Bacillus amylobacter* peut se développer aux dépens de matériaux très divers.

Si, dans une fermentation de glucose, sous l'action du *B. amylobacter*, on introduit une substance cellulosique, on voit au bout d'un certain temps cette substance se désagréger, se dissoudre peu à peu. Cette dissolution est probablement due à une diastase ; mais ce ferment soluble n'a pu être encore isolé. Ajoutons aussi que le microbe n'agit pas également bien sur toutes les celluloses ; ce sont les celluloses tendres qu'il attaque.

Le *Bacillus amylobacter* se développe très bien à l'abri de l'air. La fermentation s'accompagne d'un dégagement d'acide carbonique et d'hydrogène. Il se forme en même temps de l'acide butyrique, dont l'accumulation finit par entraver l'activité du ferment.

C'est très probablement ce microrganisme qui est l'agent essentiel de la transformation de la cellulose dans le tube digestif. On le trouve en effet dans le jabot des oiseaux et la panse des ruminants. Il transforme la cellulose en dextrine et en glucose qu'on retrouve dans les liquides de la panse; il produit de l'acide carbonique et de l hydrogène qui la distendent; de l'acide butyrique qui en rend le contenu acide. Chose remarquable, le *Bacillus amylobacter* ne s'attaque dans la cellule végétale qu'à l'enveloppe extérieure, il en laisse le corps inaltéré, dans sa forme et dans sa structure. On conçoit le rôle important que joue ce microrganisme dans la digestion des aliments herbacés.

Formation des substances amylacées par les végétaux. — Le végétal à chlorophylle élabore, on le sait, les matériaux de ses tissus aux dépens d'éléments minéraux fournis par l'atmosphère et par le sol. C'est aux dépens du carbone, de l'oxygène et de l'hydrogène que la plante va former toutes les substances ternaires qui entrent dans son organisation. Grâce à l'activité chimique de la chlorophylle, il s'opère une vraie synthèse qui donne naissance aux hydrates de carbone. C'est dans de petits grains de forme déterminée, ordinairement sphériques, nommés *chromoleucites*, que se produit le plus important de tous les principes colorants des plantes : la chlorophylle. Or ces chromoleucites sont les agents par le moyen desquels s'opère l'élaboration de la matière amylacée. Cette élaboration se fait avec une rapidité extrême. Des feuilles dépourvues d'amidon à la suite d'un séjour à l'obscurité présentent très rapidement la réaction caractéristique par l'iode, dès qu'on les expose à la lumière. Une expérience élégante de Timiriazeff le démontre aussi. Si on fait tomber un spectre lumineux sur une feuille vivante, partout où existeraient les bandes d'absorption de la chlorophylle si la lumière traversait le limbe, il se forme de l'amidon que l'iode fait apparaître en bleu. Mais cet amidon est certainement précédé par l'élaboration du sucre dont il est l'anhydride.

Résumons donc rapidement nos connaissances actuelles sur la synthèse des sucres par le végétal.

Les feuilles vertes dégagent à la lumière un volume d'oxygène égal à celui de l'acide carbonique qu'elles absorbent. Cet oxygène provient selon toute probabilité à la fois de l'eau et de l'acide carbonique.

$$CO^2 + H^2O = CO \big< {OH \atop OH}$$

Ce composé $CO(OH)^2$ qui répond à l'acide carbonique dont CO^2 est l'anhydride, perdant deux atomes d'hydrogène, laisse comme résidu un hydrate de carbone isomère des glucoses.

$$nCO(OH)^2 = nO^2 + (CH^2O)^n$$

Ne pouvant prendre toutes les valeurs possibles, ce composé CH^2O n'est autre que l'aldéhyde formique ou méthylique. Par la polymérisation de ce corps on arrive facilement à la formule du glucose $C^6H^{12}O^6 = 6CH^2O$. On conçoit que, d'une manière analogue, par des condensations de degrés différents, d'autres hydrates de carbone puissent se former.

Cette opinion fut soutenue pour la première fois par Bæyer et adoptée par Würtz. On objecta à cette théorie l'action toxique exercée par les aldéhydes volatiles sur les cellules végétales. Mais cette aldéhyde méthylique est extrêmement instable; elle se transforme immédiatement. Pourtant l'existence de l'aldéhyde méthylique, bien qu'éphémère, paraît certaine. Maquenne, en effet, a réussi à extraire des feuilles vertes de diverses espèces de l'alcool méthylique par simple distillation avec l'eau. Enfin l'existence de ce noyau primordial des hydrates de carbone paraît encore plus certaine après les admirables synthèses réalisées par Fischer dans le groupe des sucres. En effet Boutlerow, puis Löw, et enfin Fischer, sont arrivés à produire des sucres ($C^6H^{12}O^6$) par polymérisation de l'aldéhyde méthylique.

Ces remarquables travaux confirment, on le voit, l'hypothèse de Bæyer, et l'on peut aujourd'hui admettre que la synthèse végétale débute par la décomposition de l'acide carbonique $CO(OH)^2$, dédoublé en aldéhyde méthylique et en O qui se dégage. Cette aldéhyde se polymérise au fur et à mesure de sa production, et arrive par des étapes successives de condensation à former du glucose et des composés analogues. Dès lors la production de l'amidon, une fois le glucose formé, peut s'expliquer facilement par une simple déshydratation opérée par la cellule végétale. Cette dernière hypothèse peut s'appliquer également à la formation des autres hydrates de carbone qui existent dans la plante, polysaccharides, inuline, gommes et enfin celluloses. (Voy. **Chlorophylle**.)

Amylogénie animale. — Ce n'est plus aux dépens de simples éléments minéraux que l'animal élabore les matières amylacées. Son alimentation doit lui fournir des principes immédiats complexes, pour lui permettre de faire face à ses dépenses d'énergie et à la réparation de ses tissus. C'est dans ses aliments que l'animal trouve les matériaux de cette élaboration infiniment plus simple que la synthèse des hydrates de carbone par les végétaux. Mais, comme l'a montré CL. BERNARD, ce n'est pas seulement aux dépens des sucres des amylacés de l'alimentation que l'animal forme le glycogène (dextrine animale); c'est encore aux dépens d'aliments azotés, et, quoique ces synthèses soient peut-être plus simples que celles qu'opère le végétal, le processus glycogénique découvert par CL. BERNARD a contribué à faire tomber les barrières que les anciens physiologistes avaient établies entre le végétal, appareil de synthèse, et l'animal, appareil de désassimilation. Mais faire l'histoire de l'amylogénie animale, ce serait faire l'histoire de la glycogenèse, et nous renvoyons le lecteur à l'article **Glycogène.**

Transformations des substances amylacées chez le végétal. — Ce n'est pas dans ses organes même de production, c'est-à-dire dans les feuilles, que l'amidon est utilisé. C'est un article d'exportation, si l'on peut s'exprimer ainsi, et il est aussitôt enlevé que fabriqué. Les feuilles représentent l'offre, les organes en formation la demande. Mais il faut un intermédiaire qui transporte le principe immédiat demandé sous une forme commode. Or la seule forme possible dans les échanges qui se passent dans le végétal, c'est la forme liquide. D'où la nécessité pour l'amidon de se transformer en un de ses isomères, amidon soluble, dextrine, ou glucose. C'est par l'intermédiaire des ferments solubles que ces changements s'opèrent.

A certains moments, en effet, par exemple quand les graines, les tubercules ou les bourgeons passent de la vie latente à la vie manifestée, on voit les grains d'amidon se dissoudre peu à peu dans les cellules, et finalement être remplacées par du maltose. A ce moment le protoplasma de la cellule manifeste une réaction acide; mais cette acidité est trop faible pour pouvoir, à elle seule, à la température ordinaire, attaquer les grains d'amidon. C'est l'amylase qui opère ces transformations. Tantôt la diastase ne prend naissance qu'au début de la germination, comme dans le haricot, tantôt elle existe toute formée durant la vie latente, et la germination ne fait qu'en accroître la quantité, comme dans les pois. Elle se développe d'ailleurs tout aussi bien dans les cellules qui n'ont pas d'amidon, comme dans les racines tuberculeuses de la carotte, du chou-rave, que dans celles qui en possèdent. Ce dernier fait est à rapprocher d'un fait analogue qui se produit chez les organismes inférieurs, chez l'*Aspergillus niger* par exemple, où on voit se faire une sécrétion d'amylase, alors que le milieu nutritif ne contient pas de substance amylacée.

L'amylase, dans un milieu légèrement acide, attaque le grain d'amidon et le dédouble en dextrines et maltose.

En effet nous trouvons les dextrines dans tous les organes en cours de végétation active, et partout où l'amidon formé est en train d'être résorbé. On peut regarder la dextrine comme une des formes sous laquelle la matière amylacée chemine de cellule en cellule, soit pour fournir aux régions en voie de croissance les éléments nécessaires à la formation des tissus, soit pour constituer de nouvelles réserves nutritives loin des points où l'accumulation première a eu lieu (VAN TIEGHEM).

De même l'inuline, les gommes, les matières pectiques, sont transformées par l'action de diastases particulières, et ces transformations aboutissent en définitive à la saccharification.

Les matières amylacées peuvent se former aussi dans l'organisme végétal aux dépens de corps gras. Ceux-ci sont saponifiés par une diastase, la *saponase*, qui les dédouble en acides gras et en glycérine. La glycérine disparaît graduellement, les acides gras s'oxydent et paraissent se convertir en hydrates de carbone, dont une partie se dépose dans les cellules sous forme de grains d'amidon. C'est là un phénomène qui se produit dans la germination des graines oléagineuses.

Mais le phénomène inverse peut se produire; les hydrates de carbone peuvent se transformer en huiles et en graisses à certains moments de la vie de la plante.

Dans les fruits et les feuilles de l'olivier on trouve au mois de septembre et d'octobre une grande quantité de mannite qui disparaît peu à peu, à mesure qu'augmente proportionnellement l'huile qui se concentre dans le fruit mûr. Rapprochement intéressant : Seegen attribue aussi au glycogène hépatique un rôle important dans l'adipogénie animale.

Transformations des substances amylacées dans l'organisme animal. — Nous ne donnerons qu'un aperçu général et rapide de ces transformations, renvoyant pour les détails aux articles Digestion et Glycogénie.

Les diverses substances amylacées que renferme l'alimentation des animaux ne sont absorbées qu'après avoir été saccharifiées par les sucs digestifs. Ici encore cette saccharification est le résultat de l'action du ferment soluble de l'amylase ou diastase proprement dite. Ce ferment saccharifiant est extrêmement répandu dans l'organisme animal. On le trouve, non seulement dans le tube digestif et dans ses annexes, mais encore dans le sang, l'urine, les muscles, la plupart des organes du corps, à tel point que Wittich a pu dire que ce ferment « n'est pas un produit de l'activité cellulaire du parenchyme des glandes, ou du moins n'a pas cette origine unique, que c'est bien plutôt un principe engendré dans les échanges organiques en général ».

De même Lépine a trouvé dans tous les organes, excepté dans le cristallin, une substance diastasique, et Seegen conclut de ses propres recherches que « les tissus albuminoïdes, ainsi que les corps albuminoïdes, solubles totalement ou partiellement dans l'eau, possèdent la faculté d'exercer une action saccharifiante ».

Cette conclusion apparaîtra peut-être un peu trop absolue, si l'on songe à l'intervention possible, dans ces expériences, de microbes producteurs de diastase. On sait, en effet, qu'il suffit de laisser de l'empois d'amidon exposé à l'air pour le voir se fluidifier et se saccharifier très rapidement sous l'influence des germes atmosphériques. Or il ne ressort pas de l'exposé des expériences des auteurs ci-dessus, en particulier de Seegen, que des précautions suffisantes aient été prises pour éviter l'ingérence des bactéries.

Quoi qu'il en soit, l'action du ferment saccharifiant, quelle que soit son origine, est toujours la même. Les matières amylacées sont hydratées et dédoublées en dextrines et maltose.

C'est dans la cavité buccale que les aliments féculents sont d'abord soumis à cette action. Nous ne pouvons discuter la question de l'origine même de l'amylase salivaire ou ptyaline, c'est-à-dire si ce ferment est dû en grande partie aux microrganismes de la bouche, comme le veut Duclaux, ou si sa principale source est dans les glandes salivaires. Ce qui est certain cependant, c'est que les infusions des glandes salivaires possèdent le pouvoir saccharifiant, comme la salive elle-même.

On admettait autrefois que l'amidon était transformé en dextrine et glucose. L'action saccharifiante de la ptyaline (action découverte par Leucus) comme celle de la diastase de l'orge germée est plus complexe, et il se forme en réalité une série de dextrines, et du maltose. Nasse avait cru que le sucre formé était un sucre particulier, auquel il donna le nom de *ptyalose*; d'après Musculus, cette ptyalose de Nasse ne serait qu'un mélange de dextrine et de maltose avec des traces de glucose. Il se forme en effet des traces de glucose dans la saccharification de l'amidon par la salive.

L'amidon cru est très lentement saccharifié par la salive (deux ou trois heures d'après Schiff). Enfin les divers amidons ne sont pas saccharifiés également vite. Mais cette différence disparaît quand les grains d'amidon sont pulvérisés au préalable.

La ptyaline n'agit pas seulement sur l'amidon, elle saccharifie, quoique plus lentement d'après Seegen, le glycogène.

Cette action saccharifiante peut se produire dans l'estomac, au moins pendant les premiers temps de la digestion gastrique, alors que l'acidité du milieu n'est pas trop considérable (Ch. Richet). Bourquelot a étudié avec grand soin cette influence du milieu alcalin ou acide ainsi que le phénomène de diastase chez divers invertébrés. *Rech. sur les phénom. de la digestion chez les mollusques céphalopodes (Th. doct. des sciences.* Paris, 1884, 123 pp.).

Dans l'intestin grêle les matières amylacées vont subir l'action du suc pancréatique, action beaucoup plus rapide et beaucoup plus énergique que celle de la salive. Cette action saccharifiante, découverte par Valentin, est due à un ferment, amylase pancréatique, qu'on n'est pas encore arrivé à bien isoler. La marche de la transformation est la même que pour la diastase et la ptyaline, mais elle est caractérisée par une très grande rapidité et une très grande énergie. Enfin le suc intestinal lui-même possède une action saccharifiante, comme l'a vu Paschutin.

Ajoutons que, dans le tube digestif, depuis la bouche jusqu'à l'anus, de très nombreux microbes viennent collaborer à l'action saccharifiante des sucs glandulaires. Mais leur action ne s'arrête pas à la simple saccharification.

Ils font en effet fermenter les matières amylacées et leurs produits de transformation, et c'est sous leur influence que se forment les acides gras volatils : acides acétique, formique, butyrique, lactique. En même temps il se fait un abondant dégagement de gaz acide carbonique et hydrogène.

Cette fermentation bactérienne des amylacés ne se produit pas dans l'estomac à l'état normal, parce que l'acide chlorhydrique du suc gastrique entrave l'action des microbes, mais il suffit que cette acidité diminue notablement pour que les fermentations s'établissent.

Quant à la digestion de la cellulose, nous avons vu que cette substance est digérée en proportions notables par les herbivores, et que ses transformations sont dues aux microorganismes. Chez l'homme, la cellulose occupe dans l'alimentation une place moins importante. Cependant les transformations des amylacés dans l'intestin chez l'homme relèvent très probablement des mêmes agents que chez les herbivores.

Les amylacés ne sont absorbés qu'après leur transformation en glucose. Ce glucose, absorbé par les rameaux de la veine-porte, est saisi par le foie et mis en réserve sous forme de glycogène, anhydride du glucose. Pour les besoins de l'organisme ce glycogène est retransformé en glucose. Le mécanisme de cette transformation est controversé. Pour les uns elle serait due à l'activité propre de la cellule hépatique sans intervention d'un ferment diastasique (Dastre) ; pour Cl. Bernard, au contraire, le foie sécréterait un ferment soluble (ferment hépatique), qui transformerait le glycogène en sucre. Les recherches récentes d'Arthus et Huber viennent à l'appui des conclusions de Cl. Bernard. On sait que les muscles contiennent aussi un ferment saccharifiant, étudié par Nasse et par Halliburton. C'est à lui qu'on doit attribuer les transformations du glycogène dans le tissu musculaire. Son action est assez lente, même à 40°. Pour Seegen, au contraire, ce ferment n'existerait pas, et la saccharification du glycogène serait due à l'activité propre de la cellule musculaire. Ajoutons qu'on a signalé la présence du maltose dans les muscles. |Ce sucre vient-il de l'alimentation et du produit du dédoublement des amylacés dans l'intestin, ou résulte-t-il d'une transformation sur place de la matière glycogène ?

Rôle des amylacés dans l'alimentation, la nutrition, le travail musculaire. — Voyez **Aliments, Nutrition, Sucres, Travail.**

Bibliographie générale (Nous ne mentionnerons ici que les ouvrages ou mémoires se rapportant aux matières amylacées en général ; car pour **Dextrine, Diastase, Cellulose, Glycogène, Maltose,** la bibliographie sera faite à ces mots). — A. Wurtz. *Chimie biologique,* 1885. — A. Gautier. *Cours de chimie,* t. ii, 1887; t. iii, 1891. — Schutzenberger. *Traité de chimie générale,* t. v, 1887. — Prunier (*Encyclopédie chimique,* t. vi, 2º fascicule, 1885). — Beaunis. *Traité de physiologie,* 3º édition, 1888, t. i, pp. 109-129. — H. Byasson. *Des matières amylacées et sucrées Th. d'agrégation* de Paris, 1872. — G. Bleicher. *Les Fécules. Th. d'agrégation* de Paris, 1878. — Duclaux (*Encyclopédie chimique de Frémy. Microbiologie,* t. ix, 1883). — Lambling, Garnier et Schlagdenhauffen (*Encyclopédie chimique, Chimie physiologique,* t. ix, 1892). — Landois. *Physiol. humaine* (trad. franç., 1892).

Bibliographie spéciale. — **Amidon et amylacés.** — Payen. *Mém. sur l'amidon* (*Ann. des sc. nat.,* t. x, 2º série, 1838). — Nœgeli. *Die Starkekœrner.* Zurich, 1858, et *Die Stärkegruppe.* Leipzig, 1874. — P. Bahlmann. *Uber die Bedeutung der Amidsubstanzen für die thierische Ernährung* (Th. d'Erlangen, 1885). — L. Mialhe. *Mém. sur la digest. et l'assimilat. des matières amyloïdes et sucrées.* Paris, 1846. — E. Bourquelot. *Sur la composition du grain d'amidon* (*B. B.,* 1887, pp. 32-34). — H. Brown et J. Héron. *Beiträge sur Geschichte der Stärke und der Verwandlungen derselben* (*Ann. d. Chem.,* 1879. t. cxcix, pp. 165-253). — F. Musculus et D. Gruber. *Ein Beitrag zur Chemie der Stärke* (*Z. P. C.,* 1878, t. ii, pp. 177-190). — C. O'Sullivan. *On the estimation of starch* (*Journ. Chem. Soc.,* 1884, t. xlv, pp. 1-10). — A. F. V. Schimper. *Researches upon the development of starch grains* (*Quarterl. Journ. Micr. Sc.,* 1881, t. xxi, pp. 291-306). — E. Schulze. *Uber den Ein-*

fluss der Nahrung auf die Ausscheidung der Amidartigen Substanzen (Th. de Bonn, 1890). — Br. Brückner. *Beiträge zur genauere Kenntniss der chem. Beschaffenheiten der Stärkekörner* (*Monatsh. f. Chem.*, t. IV, 1883). — F. Salomon. *Die Stärke und ihre Verwandlungen* (*Journ. f. prak. Chem.*, t. XXVIII, 1883). — Dehérain. *La nutrition végétale* (*Encyclopédie chimique*, 1885, t. X). — Van Tieghem. *Traité de Botan.*, 1884, pp. 504-518. — Baranetzky. *Die Stärke-umbildende Fermente in den Pflanzen.* Leipzig, 1878. — Musculus. *Sur la constitution chimique des matières amylacées* (*C. R.*, 1869, t. LXVIII, p. 1267). — *Sur les modifications des propriétés physiques de l'amidon* (*Ibid.*, 1879, t. LXXXVIII, p. 612). — A. Richardson. *The chemical composition of wheat and corn as influenced by environment* (*Americ. chem. Journ.*, t. VI, déc. 1884, pp. 302-318). — O. Nasse. *Bemerkung zur Physiologie der Kohlenhydrate* (*A. Pf.*, t. XIV, 1877, pp. 473-485).

AMYLE (Dérivés de l').

— L'amyle est un radical hypothétique, C^5H^{11}, dont on admet l'existence dans les dérivés de l'alcool amylique.

L'alcool amylique (C^5H^{11}, OH) bout à 132°. Il est insoluble dans l'eau ; il possède une odeur pénétrante, suffocante ; même de petites quantités suffisent pour provoquer la toux et une sensation spéciale d'angoisse thoracique. Il est toxique trois fois plus que l'alcool éthylique ; et les effets consécutifs de l'intoxication amylique sont bien plus graves que ceux de l'intoxication éthylique. Sa présence dans les alcools de mauvaise qualité contribue pour une grande part à rendre ces alcools extrêmement dangereux pour la santé publique (Voyez **Alcools, toxicologie générale**, p. 244).

Les autres composés amyliques n'ont pas été étudiés par les physiologistes, sauf le nitrite d'amyle qui mérite une étude toute spéciale.

En médecine on emploie le valérianate d'amyle (qui bout à 190°), à la dose de quelques centigrammes. On attribue à ce corps des propriétés sédatives. Turnbull. *Researches on the physiolog. and med. properties of the compounds of organic radicals, methyle, ethyle and amyle* (*Gaz. méd. de Paris*, 1855, pp. 424-440) (Voy. plus loin **Amylène**, p. 468).

AMYLE (Nitrite d').

— **Chimie. Historique.** — Le nitrite d'amyle ($C^5H^{11}AzO^2$) se prépare en chauffant doucement un mélange d'hydrate d'amyle et d'acide nitrique. C'est un liquide légèrement coloré en jaune, qui bout à 99°. Sa densité est 0,877. Au point de vue physiologique, c'est le plus important des composés amyliques.

En 1859, Guthrie en étudiant au point de vue chimique le nitrite d'amyle, constata que, lorsqu'il respirait des vapeurs de cet éther, son visage se colorait brusquement et que les pulsations cardiaques augmentaient de fréquence et d'amplitude. Cette action spéciale du nitrite d'amyle sur la circulation caractérise une des propriétés intéressantes de ce corps ; depuis cette époque, les recherches physiologiques ont été multipliées et il en est résulté des applications thérapeutiques importantes.

Nous devons donc examiner avec quelques détails l'action du nitrite d'amyle sur les différentes fonctions de l'organisme.

Après Guthrie, Richardson étudia plus méthodiquement le nitrite d'amyle, et il montra que chez la grenouille on observe une dilatation générale des capillaires avec renforcement du cœur, suivie secondairement d'une contraction de ces capillaires et d'un affaiblissement de l'énergie cardiaque.

Gamgee (1869) constate la diminution de la pression sanguine : ses recherches furent confirmées par Lauder Brunton, qui poursuivit le mécanisme d'action de cette diminution de pression et admit une action directe sur les parois des vaisseaux sanguins.

Depuis cette époque le nitrite d'amyle a été étudié par beaucoup de physiologistes et par des médecins.

Action sur la circulation. — Le fait le plus saillant de l'action du nitrite d'amyle, c'est l'accélération du rythme cardiaque coïncidant avec une baisse considérable de la pression sanguine et une dilatation des dernières ramifications artérielles.

L'accélération du rythme cardiaque n'est point la cause de la dépression sanguine. On pouvait admettre en effet, comme cela se produit dans l'excitation de certains nerfs accélérateurs, que le cœur, en se contractant trop rapidement, envoyait à chaque systole une quantité de sang inférieure à la quantité normale. Il n'en est pas ainsi. En utilisant la méthode de Fr. Franck pour étudier les changements de volume du cœur, on voit qu'à chaque contraction le déplacement volumétrique du cœur, c'est-à-dire, en réalité, la quantité de sang envoyée par le cœur, est la même, avant et après l'accélération due au nitrite d'amyle (Dugau. *D. P.*, 1879, p. 64).

Filehne (*A. Pf.*, t. ix, p. 470) signale la différence de réaction sur le lapin et la grenouille. Chez les deux animaux les contractions seraient plus puissantes, mais l'accélération ne se manifesterait pas chez la grenouille. Chez cette dernière, au contraire, on observe, même avec de faibles doses, une diminution dans le rythme allant jusqu'à l'arrêt en diastole. L'action stimulante du nitrite d'amyle sur le cœur est généralement admise.

Inutile d'insister sur les observations de Mayer et de Friedrich (*A. P. P.*, t. v, p. 55, 1876) qui ont constaté l'arrêt du cœur après avoir injecté *directement* dans cet organe du nitrite d'amyle. C'est un phénomène commun à toutes les substances de cet ordre. Mais, administré à petite dose, le nitrite paraît agir comme stimulant (Reichert. *New York medical Journ.*, juillet 1881. — Atkinson. *Journ. of Anat. and. Physiol.*, 1888). En tout cas ces doses doivent être très faibles; autrement l'effet excitateur est remplacé par une dépression intense.

Pour Dugau les variations dans le rythme cardiaque ne sont pas liées nécessairement aux modifications de la pression artérielle. Tantôt, en effet, l'accélération du rythme coïncide avec le début de la baisse de pression, et cesse quand la chute est très forte; tantôt l'accélération ne se produit pas, malgré une forte dépression.

Chez les animaux à pneumogastriques coupés, et chez qui, par conséquent, le cœur bat déjà très vite, les inhalations de nitrite d'amyle ne peuvent plus modifier le rythme, tout en amenant la dépression artérielle. Mais, si l'on attend un certain temps après la vagotomie, pour que le cœur revienne à un rythme normal, on voit les inhalations de nitrite déterminer l'accélération. Ce n'était donc pas la section des nerfs vagues qui empêchait une nouvelle accélération; c'était simplement parce que le nitrite d'amyle ne peut déterminer qu'une certaine accélération, et que, si celle-ci est atteinte déjà avant les inhalations, elle ne peut plus désormais augmenter.

Effets vaso-dilatateurs. — La vaso-dilatation est l'effet le plus évident de l'inhalation du nitrite d'amyle. Chez l'homme il suffit de constater la rougeur de la face, le développement des branches de la temporale. A l'ophtalmoscope on observe une dilatation remarquable des vaisseaux de la pupille (Bader. *Lancet*, 8 mai 1875, p. 644). — Nous devons ajouter que cette dilatation est niée par R. Pick et Amez-Droz. — Chez le lapin, la vascularisation de l'oreille est manifeste. L'injection des vaisseaux de la pie-mère peut être constatée en pratiquant une couronne de trépan (Slereetée. *Thèse d'Utrecht*, 1873).

Mais, si la vaso-dilatation est admise par tous les auteurs, le mécanisme même de cette action reste encore discuté. Nous avons déjà vu que l'on ne saurait évoquer, ainsi que l'admettait Richardson (*Lancet*, août 1875), une action directe sur le cœur. Il suffit de constater l'abaissement de pression dans les vaisseaux pour rejeter cette théorie; d'ailleurs nous avons dit qu'il n'existait aucune corrélation entre l'accélération du cœur et la vascularisation périphérique.

Trois hypothèses restent donc :

1° Dilatation passive, par paralysie directe des parois musculaires des vaisseaux ;

2° Dilatation passive par paralysie du système vaso-constricteur, soit dans les centres nerveux, soit à la périphérie.

3° Dilatation active par action dynamique de l'appareil vaso-dilatateur, soit dans les centres nerveux, soit à la périphérie.

Lauder Brunton (*Lancet*, juillet 1867), puis H. Wood (*American Journal of med. Sc.*, juillet 1871, t. lxii, pp. 39-65 ; 359-362) rejettent l'action des centres vaso-moteurs bulbaires, en s'appuyant sur cette expérience que l'action vaso-motrice se produit encore après la section de la moelle cervicale au-dessous de l'atlas. Wood est même porté à admettre une action directe sur la fibre musculaire des artères; et cette opinion d'après lui trouve encore sa confirmation dans l'action paralysante du nitrite d'amyle sur les muscles. LEECH (*Lancet*. t. 1, 1893) admet qu'il suffit d'une solution au millième de nitrite d'amyle pour supprimer l'activité des muscles striés, et que les muscles à fibres lisses sont encore plus sensibles.

Les expériences invoquées par L. BRUNTON et H. WOOD sont sujettes à de graves critiques. Ces auteurs admettent en effet que les nerfs vaso-moteurs ont pour origine unique les centres de la moelle allongée. Or VULPIAN, GOLTZ, et bien d'autres, ont montré l'action vaso-motrice de diverses parties de la moelle épinière. GLEY, allant plus loin, a confirmé l'idée presque hypothétique encore de VULPIAN sur les centres ganglionnaires extra-médullaires.

D'autre part, on ne saurait admettre la paralysie du système vaso-constricteur périphérique. Si, en effet. comme l'ont fait FRANÇOIS-FRANCK, SLEEETÉE, on excite, après inhalation de nitrite d'amyle, soit le bout périphérique du sympathique, soit le bout central d'un nerf sensitif quelconque. on observe la constriction ordinaire des vaisseaux et l'augmentation de tension du réseau périphérique. Les appareils terminaux ne sont donc pas paralysés.

Il n'existe donc ni paralysie des muscles, ni paralysie du système vaso-constricteur périphérique. Deux hypothèses restent encore : une action réflexe suspensive exercée sur les centres vaso-moteurs de la moelle épinière, ou une vaso-dilatation active dépendante ou non des centres médullaires.

SLEEETÉE soutient la première de ces hypothèses, mais en admettant toutefois une action directe sur les fibres nerveuses de la paroi vasculaire; car il a vu qu'après avoir sectionné un des sympathiques, la vaso-dilatation s'accentue encore dans le côté sectionné sous l'influence des inhalations de nitrite d'amyle.

Cette action directe sur les parois vasculaires est admise par BERGER (*D. Zeitsch. f. prakt. Med.*, 1874, p. 395, SCHRAMM, S. MAYER et FRIDRICH (*A. P. P.*, 1875, pp. 55-85), HUIZINGA (*A. Pf.*, t. xi). FRANÇOIS-FRANCK et DUGAU. L'expérience citée par DUGAU est des plus élégantes. Si l'on met à nu les deux glandes sous-maxillaires et qu'on coupe la corde du tympan d'un côté, l'action vaso-dilatatrice du nitrite d'amyle ne pourra se manifester que du côté où la corde du tympan est intacte, si cette substance agit exclusivement sur les centres nerveux. Elle devrait s'accuser au contraire dans les deux glandes, si l'influence périphérique suffisait. Or c'est ce dernier cas qui se produit. Les deux glandes présentent tous les caractères de la dilatation vasculaire active, sauf la rutilance du sang veineux, par suite des altérations colorimétriques du sang, caractéristiques de l'intoxication par le nitrite d'amyle.

DUGAU ne veut cependant pas exclure complètement l'action sur les centres médullaires. Cette réserve est prudente; car MARINESCO (*Archives de Pharmacodynamie*, t. 1, 1894) a montré que si, après section du sympathique et du grand auriculaire, on observe encore, après inhalation de nitrite d'amyle, la vaso-dilatation, celle-ci ne se produit pas identiquement dans l'oreille énervée et dans l'oreille intacte, qu'il existe des différences et de quantité et de synchronisme. La section du sympathique est insuffisante pour énerver l'oreille au point de vue vaso-moteur. et il est indispensable de faire, en même temps que la section de ce nerf, celle du nerf auriculaire (M. SCHIFF, A. MOREAU).

On le voit, la question aujourd'hui encore n'est pas absolument résolue. Toutefois il paraît bien établi qu'il s'agit d'une action vaso-dilatatrice active et non paralytique; l'influence des centres vaso-moteurs de la moelle et surtout de la protubérance, bien que non exclusive, paraît dominer les phénomènes.

Action sur la respiration. — Le nitrite d'amyle est donné presque toujours en inhalation. Tous les auteurs ont observé des modifications respiratoires, mais ces modifications varient suivant la dose. Au début des inhalations, il y a toujours accélération (RICHARDSON, WOOD, FILEHNE. *Einfluss auf Gefässtonus und Herzschlag; A. Pf.*, 1874, t. ix, pp. 470-491) et augmentation dans l'amplitude des respirations: en un mot, la ventilation pulmonaire est exagérée; mais, quand les inhalations sont poursuivies quelque temps, la respiration devient irrégulière, dyspnéique, se ralentit et reste superficielle. WOOD attribue même la mort à l'arrêt de la respiration par suite de la paralysie des centres respiratoires (*Therapeutics*, 1894, p. 325).

AREZ-DROZ signale chez l'homme de violents accès de toux qu'il attribue à une excitation de la muqueuse laryngée par la vapeur irritante du gaz. CRICHTON BROWNE (*Practi-*

tions, 1874) a constaté une tendance au bâillement quand le nitrite d'amyle était donné en inhalations, alors que ce phénomène n'apparaissait pas quand il l'injectait sous la peau. La toux réflexe s'explique facilement. Quant aux modifications du rythme, elles paraissent se rattacher aux modifications si importantes que le nitrite d'amyle amène dans l'appareil circulatoire et dans le sang lui-même.

Action sur le sang. — Lorsqu'un animal a respiré quelque temps du nitrite d'amyle, il présente rapidement tous les phénomènes de l'asphyxie. Le sang artériel est noirâtre, de couleur chocolat, et, battu au contact de l'air, il conserve sa couleur noire. Toutefois cette action est relativement temporaire, et au bout de vingt-quatre heures, si l'animal a survécu, toute trace de coloration anormale a disparu.

Ces faits avaient été signalés par RICHARDSON dès 1863, WOOD, GAMGEE (*Phil. Transac.*, 1868). RABUTEAU (*B. B.*, 1875), qui reprit cette étude en 1875, admet que les nitrites transforment l'hémoglobine en hématine acide. On obtient avec le sang, traité par le nitrite d'amyle, la bande de l'hématine acide : bande obscure à gauche de la raie C et s'étendant jusqu'au milieu de C et D. C'est à la même conclusion qu'arrivent JOLYET et REGNARD (*D. P.*, 1879), diminution de la capacité respiratoire, apparition de la bande de l'hématine. GIACOSA (*Archiv. per le Scienze mediche*, t. III, 1879) arrive à d'autres conclusions; il ne s'agit plus pour lui d'hématine, mais de méthémoglobine. L'hématine et la méthémoglobine donnent en effet les mêmes raies spectroscopiques. Mais, si on traite la solution par du sulfhydrate d'ammoniaque, alors que l'hématine transformée donne une bande entre les deux bandes obscures de l'hémoglobine, la méthémoglobine réduite en hémoglobine ne donne que les deux bandes, sans bande intermédiaire. Or c'est ce spectre que GIACOSA a obtenu avec le sang de ces animaux. Quoi qu'il en soit, le nitrite d'amyle diminue les oxydations dans le sang et amène l'asphyxie par un arrêt des échanges.

Nous citerons simplement les recherches de HŒKERMANN et de LADENDORF (*Berl. klin. Woch.*, 1874, cités par DUGAU) sur l'action en quelque sorte mécanique du nitrite d'amyle sur les globules. Quand on approche une baguette imprégnée de nitrite d'amyle d'une goutte fraîche de sang sous la lamelle du microscope, on voit les globules se rapprocher rapidement de la baguette; puis ils finissent par se gonfler et se décolorer. LADENDORF tire de ces observations une théorie, tout au moins curieuse, pour expliquer l'action physiologique du nitrite d'amyle. Pendant l'inhalation, les globules rouges, au lieu d'affluer dans les capillaires pulmonaires, en sont chassés et reviennent vers le système artériel du poumon. L'expiration trop courte étant impuissante à rétablir l'état normal, il se produit dans le système artériel général une forte dépression. Si les globules repoussés des capillaires pulmonaires arrivent dans le cœur, ils produisent l'ébranlement du système nerveux intracardiaque et secondairement des contractions musculaires qui se traduisent par des battements plus forts et plus rapides. Nous avons constaté une diminution considérable du pouvoir isotonique des globules sanguins traités *in vitro* par le nitrite d'amyle (I = 0,70 en NaCl. au lieu de I normale = 0,58) (P. LANGLOIS. *Expériences inédites*).

Action sur le système nerveux. — Nous avons vu à propos de l'action sur la circulation, que l'opinion la plus accréditée (FRANÇOIS-FRANCK et DUGAU) est que le nitrite d'amyle agirait surtout sur les éléments périphériques; que son action s'exercerait non pas sur les centres vaso-dilatateurs bulbo-médullaires, mais plutôt sur les éléments mêmes des vaisseaux.

En ce qui concerne la moelle épinière, WOOD admet une action essentiellement dépressive. L'activité réflexe et les mouvements volontaires sont considérablement diminués; les convulsions, que l'on note quelquefois dans les inhalations seraient d'origine cérébrale et déterminées par l'asphyxie. Quant à la sensibilité, elle resterait intacte jusqu'à la mort. Telle est également l'opinion de GIACOSA, qui chez le chien a constaté dans la tête des manifestations de sensibilité à la douleur, bien que les réflexes moteurs fussent abolis dans le tronc et les membres. VEYRIÈRES admet au contraire de l'anesthésie, mais seulement quand la résolution musculaire est complète. Il est difficile, à vrai dire, de constater cette suppression des sensations douloureuses chez l'animal. Chez l'homme on constate toujours une sensation de vertige coïncidant avec la vaso-dilatation, ces vertiges pouvant aller jusqu'à l'ivresse; les troubles circulatoires cérébraux expliquent facilement ces premiers symptômes, comme les altérations du sang rendent compte des troubles consécutifs aux inhalations prolongées, céphalalgie persistante, paresse intellectuelle, etc.

Les troubles de la vue ont été notés; les malades de Bourneville voyaient les individus mi-partie jaune, mi-partie noire; ceux de Pick, qui fixaient un point blanc, le voyaient ensuite entouré d'une zone jaune enveloppée elle-même par une zone extérieure violette.

Les secousses musculaires, les crampes observées pendant les inhalations du nitrite d'amyle, sont certainement d'origine centrale, peut-être même de cause asphyxique (Mayer et Friedrich). Car l'action prolongée des vapeurs de nitrite d'amyle sur le muscle, ou l'application du liquide dilué, amènent rapidement, en moins de 10 minutes (Dugau), la disparition de l'excitabilité électrique; si le contact n'a pas été trop prolongé, cette inexcitabilité disparaît, ce qui prouve qu'il ne s'agit pas d'une action absolument destructive des éléments anatomiques.

Action sur la température. — L'inhalation de nitrite d'amyle amène une diminution de la température centrale, qui peut atteindre 1°, et même, chez les fébricitants, 3°, au bout d'une heure (Manassein et Sassezki. *Pet. med. Wochensch.*, 1879, p. 392). Cet abaissement de température centrale s'explique facilement par la vaso-dilatation qui amène une radiation beaucoup plus grande de la périphérie; les recherches de Ladendorf, de Manassein, montrent en effet que la température locale de la tête, de la bouche, s'élève pendant quelque temps.

La radiation exagérée ne paraît pas être la cause unique de l'abaissement thermique. Wood a constaté qu'il y avait en même temps diminution dans l'excrétion de l'acide carbonique; l'altération de l'hémoglobine du sang explique qu'il se produit également un arrêt des échanges, amenant une diminution dans la thermogenèse.

Applications thérapeutiques. — Les applications du nitrite d'amyle dérivent des propriétés physiologiques si caractéristiques de cette substance: toutes les fois que l'on se trouve en présence d'une vaso-constriction intense, l'emploi du nitrite d'amyle, sauf des contre-indications qu'il est facile d'établir, est précieux. C'est ainsi que les crises d'asthme ont été souvent victorieusement combattues par les inhalations de nitrite d'amyle. Dans un grand nombre d'autres affections, où le spasme des artères périphériques est invoqué comme cause pathogénique, ces inhalations ont été préconisées: l'angine de poitrine, par exemple, et l'épilepsie. Ceux qui voient dans un spasme vasomoteur la cause même de l'épilepsie, ont employé le nitrite d'amyle. Weir Mitchell (*Philad. med. Times*, t. v, p. 553) a prévenu, dit-il, la phase convulsive, quand il a pu faire respirer le nitrite d'amyle au début même de l'*aura*. Dans le tétanos, les inhalations auraient pour effet d'exercer une action sédative sur la moelle, en même temps qu'elles facilitent l'irrigation sanguine des muscles contracturés. Signalons en passant son emploi dans les phases dépressives des maladies du cœur, emploi qui nous paraît loin d'être justifié d'ailleurs, quelles que soient les observations citées: Osgood. Madden. Wood, qui a cherché à l'utiliser dans les accidents qui peuvent se présenter dans la narcose chloroformique, reconnaît que son emploi est, sinon peu justifié, au moins dangereux. Le nitrite d'amyle est donné en inhalation à la dose de quelques gouttes à la fois et toujours à faible dose, son action sur le sang ne permettant pas de le faire absorber pendant une période prolongée. Nous n'avons trouvé qu'un seul exemple de nitrite d'amyle donné par voie gastrique: dans le *Traitement du choléra*, par Smith.

Bibliographie. — Outre les mémoires cités dans l'article, on consultera: Amez Droz (*A. P.*, 1873, t. v, pp. 467-503). — Bernheim (*A. Pf.*, 1874, t. viii, pp. 253-257). — Lauder Brunton. *Action of N. A. on the circulation* (*Journ. of An. a. Phys.*, 1871, pp. 92-101). — Giacosa. *Wirkung des Amylnitrits auf das Blut* (*Z. P. C.*, 1879, t. iii, p. 54). — Filehne (*A. Db.*, 1879, pp. 386-418). — Filehne. *Action du N. A. sur le tonus des vaisseaux et les mouvements du cœur* (*A. Pf.*, t. ix, pp. 470-492). — F. A. Hoffmann (*Arch. f. An. Phys. u. wiss. Med.*, 1872, pp. 746-753). — Guttmann. *Wirkung einiger neueren Artzneimitteln* (*Berl. klin. Woch.*, 1873, 1er déc., n° 48). — Jolyet et Regnaud. *Action sur les produits de la respiration et du sang* (*Mém. Soc. Biol.*, 1876, pp. 214-218). — Otto (*Allg. Zeitsch. f. Psych.*, t. xxxi, pp. 441-462). — Ladendorf. *Verhalten der Kopftemperatur bei Amylnitritinhalationen* (*Berl. klin. Woch.*, 1874, t. xi, pp. 537-539). — R. Pick. *Physiol. und therapeut. Würdigung des A. n.* (*D. Arch. f. klin. Med.*, 1876, t. xvii, pp. 127-147). — Urbantschitsch. *Therap. Wirkung des A. n.* (*Wien. med. Presse*, 1877, t. xviii., pp. 225,

262, 294, 359, 390). — VEYRIÈRES (*D. P.*, 1874, 51 pp.). — A. WOOD. *Experim. researches on the physiological action of N. A.* (*Am. Journ. Med. Sc.*, 1871, t. LXII, pp. 39-65).

P. LANGLOIS.

AMYLÈNE (C^5H^{10}).

— Carbure d'hydrogène de la série C^nH^{2n}. C'est un corps bouillant à 42°, peu soluble dans l'eau. Il a été employé jadis par SNOW comme anesthésique ; mais on a vite abandonné son usage, car c'est une substance à la fois infidèle et dangereuse.

Bibliographie. — VAYRON (*D. P.*, 1857). — SUIN (*D. P.*, 1865). — *Un cas de mort par l'amylène* (*Un. médic.*, 1857, t. XI, p. 234). — SNOW. *Cases of death from amylene* (*Med. Times and Gaz.*, 1857, t. XV, pp. 133, 381). — GIRALDÈS. *Études cliniques sur l'amylène* (*Bull. Ac. de médec.*, 1857, t. XXII, pp. 1118-1132). — LANGENBECK (*Deutsche Klinik*, 1857, t. IX, pp. 152-154). — LUTON (*Arch. gén. de médec.*, 1857, (1), pp. 196-200). — ROBERT (*Bull. gén. de thér.*, 1857, t. LII, pp. 443-451). — SNOW (*Med. Times and Gaz.*, 1857, t. XIV, pp. 60, 82, 332, 357, 379). — TOURDES (*Gaz. hebd.*, 1857, t. IV, pp. 161-165).

AMYLÈNE (Hydrate d') ($C^5H^{10}O$).

— Alcool amylique tertiaire ; c'est un liquide peu soluble dans l'eau, qui bout à 105°. Peu d'expériences physiologiques ont été faites sur ses effets ; pourtant on l'emploie (très rarement) en médecine comme hypnotique, à la dose de 2, 3, 4 ou 5 grammes.

Bibliographie. — HOUDAILLE. *Les nouveaux hypnotiques* (*D. P.*, 1893). — PEISER. *Einfluss des Chlorhydrats und des Amylenhydrats auf die Stickstoffausscheidung beim Menschen* (Th. de Halle, 1892). — HARNACK et MEYER. *Wirkungen des Amylenhydrats* (*Fortsch. d. Med.*, 1893, t. XI, pp. 319-321).

AMYLOÏDE (SUBSTANCE). — Chimie.

— Sous le nom de substance amyloïde, VIRCHOW a désigné un corps qui se produit par des influences pathologiques dans les organes internes : rate, foie, rein, etc., sous forme d'infiltration vitreuse, et qui ne paraît pas avoir encore été isolé jusqu'à présent à l'état tout à fait pur. FRIEDREICH et KEKULÉ, ainsi que KUHNE et RUDNEFF, ont trouvé dans cette substance : C : 53,6 ; H : 7,0 ; Az : 15,5 ; S : 1,3 ; O : 22,6 pour cent. D'après sa composition on doit le ranger parmi les matières albuminoïdes : comme celles-ci elle donne certaines réactions colorées caractéristiques :

1° La réaction de la xanthoprotéine (coloration jaune avec l'acide azotique concentré à chaud) ;

2° La réaction de MILLON (coloration rouge en chauffant avec une solution d'azotate mercurique contenant un peu de nitrite) ;

3° La réaction d'ADAMKIEWICZ (coloration rouge violet en chauffant avec un mélange d'une partie d'acide sulfurique concentré et de deux parties d'acide acétique cristallisable).

Il est insoluble dans l'eau, l'alcool, l'éther, dans l'acide acétique faible et dans l'acide chlorhydrique ; il se transforme sous l'influence d'acide chlorhydrique concentré ou de lessive de soude en acidalbumine ou en alcalialbumine, et se comporte par conséquent comme les matières albuminoïdes coagulées ; mais il est attaqué à peine par le suc gastrique ordinaire ou artificiel (pepsine et solution de HCl à 20 p. 100). Cependant, d'après KOSTJURIN, il se dissout dans une solution très acide de pepsine (avec 4 p. 100 d'acide chlorhydrique). Il se distingue, au contraire, de toutes les matières albuminoïdes par sa *réaction caractéristique* : coloration rouge brun avec l'iode (solution d'iode dans l'iodure de potassium ou teinture d'iode), qui, après addition d'acide sulfurique concentré, passe à la coloration violette ou bleue ; puis coloration rouge avec la solution de violet de méthyle (iodure de méthylaniline) surtout après addition de quelques gouttes d'acide acétique.

Sa parenté avec les hydrates de carbone qu'on avait supposée en se basant sur la réaction avec l'iode n'existe pas ; car, en le faisant bouillir avec des acides minéraux faibles, on n'obtient ni sucre ni autre substance réductrice ; mais, comme avec les matières albuminoïdes, de la leucine et de la tyrosine. Pour préparer la substance amyloïde on traite par l'eau froide des foies ou des rates fortement infiltrés ; on fait ensuite bouillir le résidu avec de l'eau pour dissoudre le tissu conjonctif ; on l'épuise par l'alcool et l'éther (pour enlever les graisses et la cholestérine); on le fait bouillir avec de l'alcool contenant de l'acide chlorhydrique et on met à digérer le reste non dissous à 40° avec du suc gastrique artificiel faiblement acide qui dissout en 24 heures l'albumine et le tissu élastique en attaquant à peine la substance amyloïde ; la substance non digérée donne la coloration caractéristique avec l'iode ou l'iode et l'acide sulfurique.

Dégénérescence amyloïde (dégénérescence cireuse, infiltration amyloïde). — Elle consiste en une transformation des tissus atteints en une masse volumineuse, fragile, transparente et presque incolore. La constitution chimique de l'amyloïde n'est pas nettement établie. Quant à son origine, on ne sait encore si elle préexiste dans le sang et est déposée dans les tissus, ou si elle se forme sur place dans les tissus mêmes. La dernière opinion est plus probable. La substance amyloïde doit son nom à la réaction chimique avec l'iode dans laquelle elle se comporte comme l'amylon (amidon).

La réaction (d'après Virchow) se fait de la façon suivante : on fait agir sur une coupe une solution assez forte d'iode dans l'iodure de potassium, on la couvre avec une lamelle et on ajoute une goutte d'acide sulfurique concentré qui pénètre lentement. Alors la réaction caractéristique se montre à la place où l'acide sulfurique pénètre et disparaît rapidement : elle consiste en une coloration violette de la substance amyloïde.

Cette réaction a été souvent méconnue, parce qu'il faut traiter les coupes par l'acide sulfurique faible ou même les mettre dans un vase d'acide sulfurique faible. Pour obtenir la réaction avec la solution d'iode dans l'iodure de potassium, on acidule préalablement le tissu avec l'acide acétique. La substance amyloïde se colore alors en rouge lie de vin. On peut obtenir une réaction très brillante avec le violet d'aniline qui colore la substance amyloïde en rouge et le reste de tissu en bleu-violet. Cependant les deux dernières réactions donnent quelquefois des résultats peu satisfaisants ; les teintes ne sont pas très caractéristiques. Dans ces cas, il faut, pour être sûr, recourir à la réaction avec l'iode et acide sulfurique.

La dégénérescence amyloïde se trouve principalement dans deux cas, notamment dans des suppurations longues et dans la syphilis constitutionnelle. Elle existe exceptionnellement aussi chez les nouveau-nés et les vieillards sans cachexie; et aussi, mais exceptionnellement, dans quelques cas de néoplasmes sarcomateux et fibreux ou myxomateux. Mais, comme la phtisie pulmonaire et les affections tuberculeuses des os produisent le plus souvent les suppurations longues, ce sont elles qui sont aussi la cause la plus fréquente de la dégénérescence amyloïde. Celle-ci peut cependant se développer dans des cas d'abcès chroniques et même dans les cas de carie insignifiante de la mâchoire avec carie des dents. Elle est surtout fréquente dans la syphilis constitutionnelle et dans certains cas tout à fait pathognomoniques. Il est à remarquer qu'elle est très rare dans la cachexie carcinomateuse et se trouve seulement chez les sujets où les cancers ont présenté des ulcérations étendues.

Au point de vue de sa distribution, on peut dire que ce sont les organes abdominaux qui sont surtout atteints, et principalement la rate. Viennent après, dans l'ordre de fréquence décroissante : le foie, les reins, l'intestin, les ganglions lymphatiques, les capsules surrénales, l'épiploon, l'utérus, les ovaires, les testicules, la muqueuse urétrale.

Les organes du cou et du thorax présentent moins souvent la dégénérescence amyloïde : la glande thyroïde, la base de la langue, la muqueuse des bronches et le muscle cardiaque. La tunique interne des gros vaisseaux et le tissu adipeux sont quelquefois atteints. Dans des cas exceptionnels l'hypophyse cérébrale est affectée.

En général, on peut dire de la dégénérescence amyloïde qu'elle commence dans les capillaires et les petits vaisseaux où quelquefois la tunique musculaire seule est atteinte. De là elle se propage au voisinage et peut envahir le tissu conjonctif, la musculature et la membrane propre des glandes.

Dans les glandes lymphatiques et la rate, les cellules parenchymateuses sont aussi atteintes. Au contraire, les observations d'après lesquelles les cellules épithéliales seraient capables de subir la dégénérescence amyloïde sont erronées. L'organe dans lequel on croyait observer la dégénérescence amyloïde des cellules épithéliales était le foie. Mais on peut démontrer qu'ici, comme dans les reins, les cellules épithéliales disparaissent et que les masses amyloïdes se mettent à leur place.

La masse colloïde de la glande thyroïde donne avec l'iode une réaction semblable à l'amyloïde, par conséquent une attention particulière dans l'observation s'impose.

Corpuscules amyloïdes (*Corpora amylacea*). — Ce sont ordinairement des corpuscules microscopiques, ronds ou ovales, qui prennent une coloration bleue ou verte avec l'addition de l'iode. La réaction se produit quelquefois seulement après addition d'acide sulfurique. Sur l'origine et la signification de ces corpuscules on ne sait rien, ils sont probablement en rapport avec quelque dégénérescence cellulaire. En tous cas, ils n'ont rien de commun avec la dégénérescence amyloïde. Ils se trouvent quelquefois dans des tissus malades, surtout dans la sclérose cérébrale et dans l'induration chronique des poumons. Quelquefois on les observe dans l'épendyme des ventricules du cerveau et dans les poumons, qui ne paraissent pas malades. Ils existent fréquemment dans la prostate des vieillards et se présentent à l'œil nu comme des grains brun (tabac à priser). Accidentellement on trouve des corpuscules amyloïdes dans la bile, dans les cicatrices et dans des néoplasmes. GRANDIS et T. CARBONE. *Études sur la réaction de la substance amyloïde* (A. B., 1890, t. XIV, pp. 424-430).

HANSEMANN.

Real-Lexicon der Medicinischen Propädeutik
de J. GAD (1803. t. I, p. 246).

AMYOTAXIE. — ROSSOLIMO (de Moscou) (*Revue Neurologique*, 15 nov. 1893, n° 21, p. 586) a proposé de désigner sous ce nom des convulsions involontaires et de caractère réflexe qui surviennent parfois au cours de l'ataxie locomotrice, et qui ont pour cause aussi bien les affections des régions sensitives que celles des régions motrices du système nerveux. Elles dépendent le plus souvent de névrites multiples. Ces mouvements avaient été décrits antérieurement par les auteurs sous divers noms : on les avait appelés notamment : mouvements athétoïdes, et mouvements choréiformes.

PAUL BLOCQ.

AMYOTROPHIE. — **Définition.** — **Limitation du sujet.** — Il ne sera question sous ce titre que de l'atrophie des muscles *striés* de la vie de relation.

Pour ces muscles, le terme, pris d'une façon générale, peut désigner tous les troubles *trophiques* qui en amènent la disparition, ou la diminution, totale ou partielle; mais on ne l'applique pas aux altérations directes de l'élément musculaire par lésion inflammatoire locale, ou étendue (myosites infectieuses, tumeurs sous-jacentes, etc.), non plus qu'aux états de débilitation du muscle, si justement dénommés *marasme musculaire*, qu'on voit survenir au cours ou au déclin des cachexies aiguës ou chroniques, au même titre que les autres altérations organiques : il y a alors émaciation plutôt qu'atrophie telle que nous la comprenons.

Toutefois, déjà, l'atrophie peut prédominer dans ce cas, et elle peut s'accompagner d'altérations non seulement musculaires, mais nerveuses, qui se retrouvent à l'occasion de toutes les amyotrophies qui nous restent à étudier.

Pour celles-ci nous devons envisager ici, non pas tel ou tel cas particulier, mais la physiologie pathologique générale du processus qui comprend :

1° l'étude du muscle en amyotrophie ;

2° la pathogénie du trouble trophique.

I. Étude physiologique de l'amyotrophie. — 1° *Le muscle sain.* — Un aperçu de l'état normal nous montre que le muscle strié se décompose en *fibrilles* élémentaires, élastiques et *contractiles*; et la physiologie nous prouve que cette contractilité est une propriété bien spéciale, inhérente à la fibrille, et indépendante de toute autre influence (voy. **Muscles**); mais elle est mise en jeu par des excitants divers.

Expérimentalement, on peut les varier beaucoup; excitants physiques et chimiques de toutes sortes ; mais sur l'homme nous ne disposons que de deux modes d'excitation, la *volonté*, et les excitants *mécaniques* et *électriques*. Soumis à un choc brusque, le muscle se contracte activement, rapidement, et revient à sa forme initiale; soumis à l'électrisation, il agit de même; et la volonté a aussi sur lui le même pouvoir. Ces diverses influences peuvent agir à maintes reprises, ou d'une façon prolongée, sans, pour cela, supprimer la contractilité de l'élément.

2° *Le muscle atrophié.* — Sous des influences diverses que nous aurons à rechercher, et qui, d'ailleurs, nous restent souvent encore inconnues, la fibrille périclite: sa vitalité est compromise: l'élément diminue de volume : c'est *l'atrophie simple.* Cette atrophie peut s'accompagner en d'autres cas de la prolifération du tissu cellulaire: celui-ci peut se surcharger de graisse, et le muscle dans sa totalité peut atteindre des dimensions hypertrophiques considérables, alors que la fibrille élémentaire est réduite au minimum, ou disparaît totalement. Le résultat physiologique, dans tous les cas, est le même : *suppression de l'élément contractile.* Il s'ensuit que, physiologiquement, l'action des excitants dont nous avons parlé cesse d'avoir son résultat habituel : la contraction du muscle.

Il se peut que la *volonté* manifeste en apparence sa puissance pendant quelque temps, parce que les fibrilles ne sont atteintes que progressivement, et qu'il en reste suffisamment pour satisfaire aux fonctions musculaires ordinaires; toutefois, peu à peu, s'établit un état paralytique progressif.

D'autre part, la faiblesse de l'élément musculaire se trahit par des modifications réactionnelles caractéristiques aux excitants *mécaniques* et *électriques.* D'une façon générale, la formule en est simple :

Il y a une diminution de l'excitabilité mécanique et électrique qui est proportionnelle au degré d'atrophie. C'est-à-dire que :

a. Il faut pour produire un même résultat fonctionnel une excitation plus forte ;

b. L'excitabilité est moins durable, le muscle cessant plus rapidement de répondre aux excitants ;

c. Par degrés, cette atténuation fonctionnelle peut arriver à l'abolition complète, quand l'amyotrophie est totale.

Voilà ce que nous fournit l'étude du muscle pour les atrophies dites *myopathiques* dans lesquelles le processus est primitivement et reste définitivement local, c'est-à-dire purement musculaire; mais c'est là l'exception, et, le plus souvent apparaît manifestement l'influence dominatrice du *système nerveux.*

C'est que, en effet, anatomiquement, comme physiologiquement, on ne peut envisager séparément le muscle d'une part, le système nerveux de l'autre ; les deux sont intimement unis. Il faut reconnaître l'existence d'un système anatomiquement complexe, mais *un* physiologiquement, *le système neuro-musculaire,* qui comprend : la fibrille musculaire, l'arborisation terminale nerveuse, le cylindraxe et ses enveloppes, puis la cellule des cornes antérieures de la moelle. Or, ainsi que nous le verrons, l'altération de chacun de ces éléments peut faire l'amyotrophie. Nous avons dit ce qui concernait la fibrille; voyons ce que ses rapports avec le système nerveux ajoutent à l'étude physiologique :

A l'état normal. — *a.* Le système nerveux entretient dans la fibre musculaire un état d'activité permanente, ou *tonus.* Cet état tonique est dû à l'action de la cellule médullaire; il est conduit à la fibrille par les filets nerveux ;

b. Les excitants *physiologiques,* volonté, incitations réflexes, mettent en jeu la contractilité fibrillaire qui est passagère, et cesse avec l'excitation.

c. Enfin, sous l'influence des excitants *mécaniques,* et sous l'influence de *l'électrisation,* il y a réaction contractile, immédiate et brusque du muscle sain, suivie aussitôt de retour à l'état de repos.

A l'état morbide. — Si l'amyotrophie est en rapport avec un système nerveux altéré, soit dans un de ses centres cellulaires, soit dans un des conducteurs périphériques.

a'. On peut avoir un état de *paralysie,* ou bien, si le nerf seul est lésé, l'influence excitante des centres cessant de se faire sentir au muscle d'une façon continue; au lieu d'une action tonique, permanente, on voit apparaître des *secousses fibrillaires;*

b'. Les excitants physiologiques : volonté, réflexes, peuvent, au début des altérations cellulaires et nerveuses, produire une exagération fonctionnelle qui fait l'état de *contracture;* plus tard, avec la destruction de l'élément central, ou des nerfs, s'établissent la *paralysie,* et *l'abolition des réflexes;*

c'. Enfin, parallèlement aux phénomènes normaux, nous voyons apparaître, relevant de l'état morbide de la fibrille, et du nerf, une *hyperexcitabilité mécanique* générale, telle qu'à une excitation ordinaire succède un *état myotonique* intense exagéré et des *modifications électriques* telles que la contraction, au lieu d'être immédiate, tarde à se produire : qu'au lieu d'être brusque, momentanée, elle devient traînante, une fois réalisée.

La réaction à l'électricité est modifiée profondément. Laissons de côté l'électricité *statique*, dont les usages sont restreints, et appelons l'électrisation par courants intermittents, *faradique* (F), et l'électrisation par courants continus, *galvanique* (G).

Or l'expérience a appris que, dans les divers cas d'amyotrophie, tantôt ces deux électricités se modifiaient également, par diminution, ou par abolition simple ; que, tantôt l'une (G) augmentait, ou restait égale, alors que l'autre (F) diminuait ; on dit alors qu'il y a modification *quantitative;* que tantôt, la réaction électrique devient plus lente à se produire, ou plus prolongée ; ou bien que l'action du courant allant du pôle négatif au pôle positif, d'ordinaire plus marquée, devient, au contraire, moindre. On dit alors qu'il y a *modification qualitative par inversion de la formule normale de la loi des secousses musculaires* (Voy. **Électricité**). C'est à l'ensemble des modifications *quantitative* et *qualitative* des électricités faradique et galvanique qu'on donne, depuis Enb, le nom de *Réaction de Dégénérescence* (DR).

Nous n'avons pas à nous étendre ici sur ces considérations qui servent au diagnostic clinique et qui s'appliquent plus spécialement à l'histoire des névrites. Pratiquement, nous devons retenir :

1° Que la DR n'apparaît pas dans les amyotrophies d'origine cérébrale, parmi lesquelles *l'hystérie* [1] ;

2° Qu'elle n'appartient pas non plus à l'amyotrophie myopathique ;

3° Que, par contre, elle est de règle dans les amyotrophies par altérations cellulaires spinales, par altérations des racines antérieures, et surtout par altérations des nerfs périphériques.

Ajoutons encore que le pronostic d'une amyotrophie est, en général, en proportion directe de l'intensité de cette *réaction de dégénérescence.*

Le *pronostic* général de l'amyotrophie nous apprend qu'elle peut guérir ; et un fait fort important de physiologie pathologique est celui du retour possible à ses propriétés normales pour un muscle frappé d'atrophie depuis un temps qui peut atteindre et dépasser 12 et 14 mois.

Dans tout ce qui précède nous n'avons en vue que la fonction du muscle, *en général;* en effet, les fonctions qu'accomplissent les divers muscles, *en tant qu'organes distincts*, ne peuvent être étudiées ici spécialement : leur mode d'action, soit isolément, soit en s'associant à des *congénères*, soit en luttant avec d'autres muscles, dits *antagonistes*, appartient à la physiologie mécanique des muscles ; et les perturbations fonctionnelles qu'entraîne l'atrophie musculaire rentrent plutôt dans une étude de symptomatologie. Nous ne mentionnerons donc pas les affaiblissements paralytiques, les immobilisations des segments de membres en flexion, en extension, les déviations articulaires (pied-bot, par exemple); celles des organes (strabisme), etc.

II. Pathogénie des amyotrophies. — Ce qui précède nous fait voir l'intimité des rapports de la fibrille musculaire avec ses éléments d'innervation ; nous allons montrer que ces rapports constituent le véritable substratum anatomo-physiologique pour une pathogénie des amyotrophies. En effet, les diverses causes morbides ne parviennent, en général, à influencer le muscle que par l'intermédiaire du système nerveux ; — réserve faite quant à présent, pour certains cas, sur lesquels nous reviendrons, où le muscle paraît atteint primitivement.

Le chapitre pathogénique doit donc comprendre : A, une étude de l'amyotrophie dans ses rapports avec le système nerveux; B, une étude étiologique générale.

A. Étude de l'amyotrophie dans ses rapports avec le système nerveux. — Tout repose sur la conception d'un système *neuro-musculaire* dans lequel la fonction et la vitalité musculaire sont sous la dépendance de l'élément nerveux. En dehors de la fibrille musculaire ce système comprend : le nerf moteur et la cellule des cornes antérieures ; de plus, cette cellule est en rapport plus ou moins direct ou compliqué avec des filets nerveux sensitifs venus du muscle ou de la région celluleuse et cutanée qui l'entoure, ou d'un

---

1. Le fait reste encore très discutable pour cette névrose.

point quelconque de l'économie, ce qui constitue un arc réflexe complet dont l'aboutissant est la fibre contractile; enfin, cette cellule spinale est en relation avec les fibres des faisceaux pyramidaux qui viennent des cellules de l'écorce cérébrale, ce qui établit la domination des centres de la volonté sur le mouvement.

L'intégrité de ces éléments *divers* assure la fonction motrice normale; leur altération la compromet, et, modifiant en même temps la vitalité de la fibrille, peut faire l'amyotrophie. Comment celle-ci se réalise-t-elle?

Hypothèse de l'inertie fonctionnelle. — On s'est demandé si l'amyotrophie n'était pas tout simplement la conséquence de l'inertie fonctionnelle, puisque, dans bon nombre de cas, on voyait une altération cellulaire centrale déterminer une paralysie qui était suivie ultérieurement d'atrophie du muscle *(paralysies spinales, hémiplégie vulgaire avec sclérose descendante)*, etc.

Hypothèse du pouvoir trophique. — Mais, d'une part, il est facile de s'assurer chez des sujets à moelle saine que des membres ont pu rester dans l'inaction pendant des mois et des années sans qu'il en soit résulté de l'amyotrophie; d'autre part, quand l'amyotrophie est le phénomène de début, quand elle évolue longuement *seule*, c'est-à-dire sans paralysies *(atrophies musculaires progressives)*, on voit bien que l'explication de l'atrophie par inertie fonctionnelle ne peut être invoquée; et il faut admettre alors une influence spéciale de la cellule spinale, un *pouvoir trophique* qui, seul encore, nous permet l'interprétation de faits complexes dans lesquels l'atrophie musculaire s'accompagne d'arrêt de formation des os et des articulations *(paralysie infantile)*: telle est l'hypothèse dite de la trophonévrose centrale (ERB). (Il est à noter que ce pouvoir incontestable que possède la cellule centrale ne se manifeste, à l'état normal, que par le maintien d'un *statu quo* physiologique, et que tout état morbide semble influencer la cellule pour en diminuer la puissance trophique.) L'importance de ce centre, la *cellule médullaire antérieure*, est telle qu'on a pu créer un seul groupe des atrophies, dites *myélopathiques*, en opposition avec le petit groupe, indépendant en apparence, où le muscle paraît seul en cause *(amyotrophies myopathiques*; classification de CHARCOT).

Les corrélations anatomo-physiologiques de la cellule centrale avec les divers éléments nerveux dont nous avons parlé nous permettent d'établir les subdivisions suivantes (Voy. PARISOT. *Pathogénie des atrophies musculaires.* Th. agrég., Paris, 1886):

Amyotrophies dites d'origine nerveuse où l'on distingue:
- Des Amyotrophies d'origine centrale.
  - *Myélopathiques.*
  - *Bulbaires.*
  - *Cérébrales.*
- Des Amyotrophies d'origine périphérique.
  - *Directes* par névrites.
  - *Réflexes.*

Amyotrophies d'origine **myopathique**.

Développons rapidement les considérations physiologiques qui ont trait à chacune de ces variétés.

§I. *Amyotrophies dites d'origine* **nerveuse**. α. *Centrales.* — 1° *Amyotrophies myélopathiques.* — Toute maladie aiguë ou chronique faisant lésion des cellules multipolaires des cornes antérieures fait l'amyotrophie: des preuves anatomiques convaincantes ont été fournies en clinique pour toutes les affections *primitives* ou *secondaires* de la moelle suivies d'atrophie musculaire; nous n'avons pas à nous étendre sur ce sujet. La physiologie va plus loin; elle est arrivée à reconnaître dans la moelle des localisations précises en vertu desquelles les lésions des mêmes groupements cellulaires sont toujours suivies des mêmes désordres trophiques musculaires (par exemple: autopsie de PRÉVOST et DAVID, montrant dans une lésion circonscrite de la corne antérieure cervicale, en un point répondant à l'origine des 7e et 8e paires cervicales, la cause anatomique du début de l'*atrophie musculaire progressive* par l'éminence thénar).

2° *Amyotrophies bulbaires.* — Le bulbe n'est, en physiologie, que l'expansion terminale de la moelle: aussi la connaissance des localisations nous explique-t-elle pleinement le syndrôme clinique de la paralysie glosso-labio-laryngée, pathognomonique d'une altération des noyaux moteurs bulbaires, qu'elle soit primitive ou secondaire.

3o *Amyotrophies d'origine cérébrale.* — Elles sont faciles à comprendre quand il s'agit d'une propagation descendante de sclérose jusqu'aux cellules médullaires par l'intermédiaire des faisceaux pyramidaux directs et croisés. Dans certains cas, la preuve anatomique est complète; dans d'autres, il y a bien amyotrophie, il y a aussi lésion cérébrale initiale, mais la lésion médullaire intermédiaire, qui nous paraît indispensable, *semble faire défaut* (observation de BABINSKI). Un fait de ce genre est d'importance capitale; car, en nous faisant voir qu'un désordre cérébral matériel, sans participation évidente de la moelle, peut suffire à produire l'amyotrophie, il nous autorise à interpréter dans le même sens l'influence d'un simple trouble fonctionnel des centres cérébraux, comme l'*hystérie.*

En résumé, action dystrophique liée à une altération matérielle des centres médullo-bulbaires, liée parfois à une altération matérielle des centres cérébraux, ou bien, plus simplement, à une modification fonctionnelle de ces derniers : telle nous paraît être, actuellement, la raison suffisante et nécessaire de l'amyotrophie d'origine *centrale.*

β. *Périphériques.* — Les communications physiologiques du centre nerveux et de la fibre musculaire peuvent être interrompues par une lésion portant sur le nerf intermédiaire; d'autre part, il peut arriver que la cellule centrale subisse un retentissement morbide provenant d'une excitation périphérique centripète portant sur les extrémités nerveuses terminales. L'amyotrophie est alors dite d'origine périphérique, *directe* dans le premier cas, *réflexe* dans le deuxième.

1o *Amyotrophies directes.* — Quand le processus est direct, on a, pour l'interpréter, bien des théories, mais il en est peu de satisfaisantes.

a. *Théorie vaso-motrice.* — La névrite, portant sur un nerf mixte, atteint à la fois les filets sensitifs, les filets moteurs, et les filets du sympathique : on a donc fait intervenir tantôt la vaso-dilatation, tantôt la vaso-constriction : or, expérimentalement, ni l'une ni l'autre ne fait spécialement l'amyotrophie.

b. *Hypothèse de* SAMUEL. — Cet auteur expliquait les désordres par l'altération de filets spéciaux dits *trophiques.* Dans ces conditions, il est inutile d'émettre une hypothèse de plus, et mieux vaut s'en tenir à l'idée de l'interruption de l'influence trophique de la moelle.

c. *Hypothèse de la névrite ascendante.* — Dans d'autres cas, l'explication de l'action directe d'une névrite tombe devant ce fait que l'atrophie peut porter sur une zone plus étendue que celle du nerf lésé, soit sur une zone éloignée. Pour expliquer ces particularités, on a invoqué la *névrite ascendante.* Certaines expériences (HAYEM) montrent la méningo-myélite consécutive aux irritations traumatiques du sciatique; mais la clinique ne confirme pas les données expérimentales. D'ordinaire, les altérations périphériques, celles des nerfs mixtes, comme celles du sympathique, suivent la lésion des centres. Il n'y a donc pas de lésions matérielles ascendantes; la seule explication satisfaisante est toujours celle d'un retentissement d'irritations périphériques par voie réflexe sur le centre trophique.

2o *Amyotrophies réflexes.* — La clinique et l'expérimentation sont complètement concordantes en ce qui a trait aux amyotrophies par lésions articulaires; et celles-ci peuvent servir à faire comprendre toutes les amyotrophies réflexes.

Amyotrophies arthropathiques. — Dans des expériences précises, F. RAYMOND démontre que chez un animal, si, en même temps qu'on provoque une arthrite, on sectionne les racines lombaires postérieures, c'est-à-dire centripètes, on arrête ou on retarde l'évolution de l'amyotrophie des extenseurs qui accompagne ces arthrites. Il semble donc bien que la lésion périphérique entretienne dans la cellule motrice et trophique un état de stupeur, de torpeur fonctionnelle, qui peut disparaître, puisque la guérison des accidents musculaires est possible; qui peut s'aggraver, puisqu'il y a des cas où le désordre ne rétrocède plus.

La même explication, l'influence réflexe, doit s'appliquer aux amyotrophies qui avoisinent certaines pleurésies ou qui suivent de simples lésions tégumentaires superficielles. Elle seule est valable; car l'hypothèse de la myosite, comme celle de la névrite par propagation sont controuvées anatomiquement.

§ II. *Amyotrophies* **myopathiques.** — Nous avons mis en dernier lieu l'étude des processus atrophiques qui paraissent frapper le muscle exclusivement. Pour ces myopathies, rien n'est encore établi définitivement : Landouzy et Dejerine, avec Charcot, veulent qu'on s'en tienne à la dénomination de *myopathies progressives primitives*, et cela, en raison de la localisation anatomique purement musculaire, en raison de l'absence d'altérations centrales, en raison de données physiologiques de réelle valeur : pas de tremblement fibrillaire, pas d'abolition des réflexes, pas de contractures, pas de réaction de dégénérescence; tous symptômes qu'on rencontrerait s'il s'agissait d'un processus myélo-névropathique.

Or, à vrai dire, nos recherches anatomiques sont encore si imparfaites; à mesure que les faits s'accumulent, on constate tant de cas intermédiaires où se montrent quelques-unes des modifications fonctionnelles précédentes; il y a si souvent symétrie des lésions; l'influence héréditaire paraît si prédominante, qu'en réalité l'hypothèse de la *trophonévrose centrale* de Erb apparaît comme très acceptable pour rendre compte de ces myopathies.

L'exposé étiologique qui suit va nous faire revenir sur ce sujet.

B. Étiologie pathogénique. — C'est l'étude des causes qui, agissant sur le muscle directement ou sur le système nerveux qui le régit, y déterminent l'incitation morbide, laquelle fait le désordre spécial, l'*amyotrophie*.

1° *Le muscle.* — La physiologie pathologique du muscle ne peut par elle-même nous fournir l'explication pathogénique des amyotrophies.

Cet organe, très délicat, reste intact, à la température normale, à condition de posséder une circulation normale permettant des échanges interstitiels normaux, assurant une oxydation suffisante et une élimination convenable de l'acide carbonique. Aussi une température au-dessus de la normale (38°) trouble-t-elle la fonction musculaire et l'on sait qu'à 43° la myosine se coagule, faisant la mort du muscle; de plus, l'inanition, ainsi que les troubles circulatoires artériels déterminent l'anoxémie; la stase veineuse asphyxie le muscle par surcharge en acide carbonique, etc.

Tous ces désordres entraînent la débilitation ou la mort du muscle, comme on le voit dans les états dyscrasiques ou cachectiques; d'autre part la myosite peut détruire les fibrilles *in situ*; mais dans aucun de ces cas il n'existe l'*amyotrophie*, avec la lenteur dans l'évolution et la continuité progressive qui font ses caractères.

2° *Le système nerveux.* — C'est une loi de physiologie générale que toute lésion systématique ait pour conséquence un désordre ou un ensemble de troubles fonctionnels qui dépendent, non de la nature, mais de la localisation même de la lésion. Dès lors, étant donné ce que nous avons dit précédemment de cet ensemble physiologique, le *système neuro-musculaire*, qui, à l'état normal, possède un pouvoir trophique que nous avons défini, nous pouvons établir comme notion d'étiologie générale *que tout ce qui peut altérer le système des cornes antérieures et les filets moteurs qui en émanent est capable de faire l'amyotrophie.*

De ceci nous avons pour la plupart des cas la démonstration anatomique sous forme de lésions caractéristiques; c'est à rechercher les différentes causes qui peuvent faire les altérations anatomiques que doit s'appliquer notre étiologie.

Nous avons vu qu'il y a des amyotrophies *secondaires* dans lesquelles la myélopathie qui fait le trouble trophique est mise en jeu, soit par *propagation* d'une lésion supérieure (cérébrale), soit par *contact* d'une lésion voisine (cordons médullaires), soit enfin, par *retentissement* d'une lésion distante (irritation périphérique par voie réflexe); nous savons enfin qu'il y a des amyotrophies directes dues au traumatisme des nerfs moteurs.

Là l'étiologie est précise : l'amyotrophie survient comme complication d'une altération nerveuse préexistante dont nous n'avons pas à rechercher la nature. Dans d'autres cas, l'amyotrophie est dite *protopathique*, c'est-à-dire que l'atrophie musculaire constitue longtemps par elle-même, uniquement, ou tout spécialement, un processus morbide distinct. Pour ce groupe, nous possédons, d'une part, des renseignements anatomiques qui nous permettent d'établir des amyotrophies *myélopathiques* liées à l'altération des cellules des cornes antérieures (paralysies spinales, atrophie musculaire progressive du type Aran-Duchenne); d'autre part, l'absence d'altérations myélitiques et névritiques pour certaines amyotrophies où tout se borne à des altérations fibrillaires nous fait reconnaître un groupe d'amyotrophies *myopathiques*.

Pendant longtemps on s'est contenté de constater simplement ces résultats; on se bornait, à propos de leur étiologie, à invoquer les raisons d'hérédité, d'âge, de prédisposition; il a fallu les travaux modernes sur la névrite périphérique pour nous conduire à la recherche d'une cause plus prochaine[1].

On reconnut que dans bon nombre de cas l'amyotrophie se rattache à des altérations névritiques, conséquences elles-mêmes d'intoxications ou d'états infectieux variés; et on se demanda si cette raison étiologique, l'*intoxication* ou l'*infection*, ne pouvait, par extension, s'appliquer à la pathogénie des autres amyotrophies en faisant des localisations diverses pour les différents cas.

a. L'intoxication. — Des éléments toxiques, parmi lesquels, en premier lieu, l'alcool et le plomb, font des lésions de névrite périphérique, qui, parmi leurs symptômes, peuvent comprendre l'amyotrophie. — Le fait est simple, et, du moins, prévu, en raison de ce que nous venons de dire; ce qui l'est moins, c'est que, dans certains cas d'intoxication par le plomb, on a pu voir évoluer, non plus une amyotrophie de névrite périphérique, symptôme vulgaire, et accessoire, mais un ensemble symptomatique rappelant de tous points le processus de *l'atrophie musculaire progressive, ce qui semble indiquer un retentissement du toxique sur le centre médullaire.*

b. L'infection. — Les recherches modernes nous montrent les analogies des produits d'infection avec les toxiques, et parmi ces analogies, la plus marquée, peut-être, est une affinité spéciale pour le nerf périphérique. Toutefois, leur mode d'action est plus complexe. Parmi les maladies infectieuses (tuberculose, fièvre typhoïde, fièvres éruptives, diphthérie, lèpre, béribéri, rage, rhumatisme etc.), qui peuvent faire l'amyotrophie, quelques-unes seulement se prêtent à l'expérimentation, pour les autres, on en est réduit à procéder par induction. Voyons cependant ce qu'ont déjà fourni les recherches.

1° *Névrites microbiennes.* — Nous devons citer en premier lieu le processus, démonstratif à l'évidence, de la lèpre, dans laquelle nous voyons le microbe envahir les nerfs périphériques, et léser directement le filet nerveux musculaire. Peut-être encore certains cas d'amyotrophie chez des tuberculeux ont-ils une étiologie aussi précise par névrite bacillaire, mais ce sont là des exceptions.

2° *Névrites toxiques.* — Pour les autres maladies infectieuses, le microbe ne paraît pas faire localisation sur les organes nerveux. Charrié dans la masse sanguine, ou fixé en tel ou tel point de l'économie, il peut donner naissance à des produits de sécrétion qui, dans leur dissémination, pourront porter leur influence délétère sur l'élément nerveux au même titre que sur divers parenchymes. Ce processus, admirablement élucidé pour la diphthérie, par Roux et Yersin, se reproduit pour bon nombre d'autres infections.

Dans ces conditions, ce que nous faisions pressentir pour les intoxications se retrouve ici; le microbe ou ses poisons, au lieu d'atteindre isolément le nerf périphérique, se fixent à la fois sur ce nerf et sur les centres médullaires, ou sur ceux-ci plus spécialement, ils pourront déterminer alors ces altérations cellulaires centrales, dont le symptôme unique et définitif est l'atrophie musculaire; celles qui constituent, en un mot, les grands processus d'amyotrophie musculaire progressive.

C'est ce que l'expérimentation semble avoir réalisé aujourd'hui.

Preuves expérimentales. — Avec les poisons de la diphthérie, isolés des cultures qui les ont produits, Roux et Yersin ont provoqué des accidents paralytiques suivis d'amyotrophie. Les recherches anatomiques premières ont cru pouvoir limiter l'action de ces poisons aux nerfs périphériques, mais il semble y avoir plus, car on observe assez fréquemment des symptômes d'altérations bulbaires, et P. Marie a tout récemment signalé des altérations des cordons postérieurs sur des moelles de sujets diphthéritiques atteints également de névrites périphériques (*Soc. méd. des hôp.*, juillet 1894).

Enfin, Roger a reproduit expérimentalement chez le lapin quatorze cas de myélite systématique répondant histologiquement à la dégénérescence des cellules des cornes

---

1. Il va sans dire, toutefois, que l'étiologie est toujours dominée par des influences majeures; l'hérédité, la prédisposition par l'âge ou par la force organique, grâce auxquelles tel sujet présente une vulnérabilité plus marquée, tel autre une plus grande résistance, tel autre, enfin, une véritable immunité aux agents toxiques.

antérieures, et se traduisant cliniquement par un *ensemble symptomatique de phénomènes comparables à ceux de l'atrophie musculaire progressive* (*C. R.*, 26 nov. 91).

Nous renvoyons pour le détail à la communication originale de l'auteur. Cependant, rappelons que Roger injectait aux animaux en expérience des cultures de *streptocoque de l'érysipèle*, modifiées dans le sens de l'atténuation progressive par dix mois de cultures successives sur sérum. La plupart des animaux ont succombé du 4ᵉ au 19ᵉ jour, sauf un qui a survécu deux mois. A la mort des animaux, il n'y a plus de microbes dans le sang (ceux-ci disparaissent au bout de 8 jours) ; et l'auteur admet que les accidents postérieurs relèvent de produits solubles sécrétés par les microbes.

Nous-même, poursuivant sur des chiens des expériences au sujet de la production expérimentale de la chorée par injections de cultures de cocci mal définis, provenant du sang de chiens malades, avons réalisé l'atrophie musculaire progressive à plusieurs reprises : parfois rapidement (15 jours) ; une fois en 4 mois.

Dans plusieurs cas, à la moelle dorsale, plus spécialement, nous avons trouvé des modifications des cellules des cornes antérieures comparables aux altérations histologiques déjà signalées par Roger (perte des prolongements protoplasmiques, faible affinité pour le carmin, non-coloration de quelques cellules ; et, sur celles-ci, en plusieurs points, présence de vacuoles) (Triboulet. *D. P.*, 1894, pp. 76 et suiv. ; *Trav. du Lab. de* Ch. Richet, t. iii, p. 196).

Conclusion. — Il y aurait, on le conçoit, à reprendre ces recherches au sujet de tous les agents microbiens ; il y aurait à se rendre compte pour chacun d'eux des variations dans la *période d'incubation* (rapide ou lente) du processus ; dans *la durée* (forme aiguë, forme chronique) ; dans *l'intensité* (atrophies limitées ou étendues) ; dans l'extension (atrophies définitives, atrophies progressives, etc.).

Quoi qu'il en soit, nous possédons là déjà un argument de physiologie pathologique générale bien puissant : *l'influence de certains produits d'infection sur la pathogénie des amyotrophies*. La clinique confirme ces données : on connaît les paralysies spinales aiguës de l'enfance (paralysie infantile) et de l'adulte, avec leurs amyotrophies, et l'on sait qu'elles succèdent à un état *fébrile*, c'est-à-dire *infectieux*, toujours manifeste, et d'ordinaire rapproché. D'autre part, Erb rapporte l'observation suivante : « Homme, 23 ans, sain ; *fièvre*, puis atrophie musculaire, mort par parésie diaphragmatique. Anatomiquement, lésions des nerfs périphériques, intégrité des racines, mais altérations vacuolaires des cellules de la moelle. » *Pour Erb, toute amyotrophie est fonction d'une altération de la cellule spinale ; quand il y a, comme dans l'observation ci-dessus, névrites, périphériques et altérations cellulaires, il faut subordonner les premières aux secondes. Si nous ne trouvons pas celles-ci, c'est que nos moyens d'investigation sont encore insuffisants.*

« Il n'existe pas dans la science de cas prouvant le contraire, d'une façon certaine », dit L. Landouzy ; nous voyons de plus que les recherches de Marie le conduisent, avec preuves matérielles, à la même interprétation des phénomènes. C'est l'impossibilité où nous sommes actuellement d'affirmer *l'absence certaine* de lésions centrales pour tel ou tel cas, qui nous a forcé à la réserve en ce qui concerne les amyotrophies dites *myopathiques*.

Il est possible, comme le pense Strümpell, qu'une même cause, *toxique ou infectieuse*, fasse à la fois, ou plus spécialement, la poliomyélite antérieure, la névrite multiple, et l'altération musculaire ; mais l'hypothèse de la *trophonévrose centrale* de Erb nous paraît suffisante pour expliquer tous les cas, et elle coïncide pleinement avec cette conception première de Charcot : « *Toute atrophie musculaire est le résultat direct ou indirect d'une lésion des cornes antérieures de la moelle.* »

Parmi les causes qui font cette lésion, nous voyons que *l'infection* prend chaque jour une plus large part.

Bibliographie. — Aran. *Rech. sur une maladie non encore décrite du syst. musculaire* (*Arch. gén. de médec.*, 1850, t. iii, pp. 5, 172). — Duchenne de Boulogne. *Physiologie des mouvements*. Paris, 1867. — Friedreich. *Über progressive Muskelatrophie, uber wahre und falsche Muskelhypertrophie*. Berlin, 1873. — Charcot et Gombault. *Note sur un cas d'atrophie musculaire progressive spinale protopathique* (*A. P.*, 1873, pp. 733-755). — Charcot et Joffroy. *Deux cas d'atrophie musculaire progressive avec lésion de la substance* grise des faisc. ant. latér. de la moelle (A. P., 1869, pp. 354, 629, 744). — EULENBURG. *Progressive Muskelatrophie* (*Handb. d. spec. Path.* de ZIEMSSEN, 1875, t. XII, pp. 102-148). — VULPIAN. *Des atrophies musculaires* (*Clin. médic. de la Charité*. Paris, 1879, pp.707-772). — STRUMPELL. *Zur Lehre der progress. Muskelatrophie* (*D. Zeitschr. f. Nerv.*, 1892, t. III, pp. 471-501). — THOMSON et BRUCE. *Progr. muscul. atrophy in a child, with a spinal lesion* (*Edinb. hospit. Rev.*, 1893, pp. 361-383). — GAULE. *Die trophischen Eigenschaften der Nerven* (*Berl. klin. Woch.*, 1893, pp. 1065 et 1099). — LANDOUZY et DEJERINE (*Rev. mens. de méd.*, 1890).

Dans ces divers ouvrages, ainsi que dans les articles de Dictionnaires, et dans l'*Index Catal.* (*Atrophy muscular progressive*) on trouvera la très nombreuse bibliographie des cas intéressants fournis par la clinique.

H. TRIBOULET.

ANABIOSE. — Terme employé par PREYER pour indiquer le retour à la vie active après la vie latente (PREYER. *Physiol. générale*, 1884, p. 109) (Voy. **Réviviscence**).

ANAGYRINE. — Alcaloïde extrait par HARDY et GALLOIS de *l'Anagyris fetida* en 1885 (*B. B.*, 13 juin 1885, t. XXXVII, p. 391). La formule serait $C^{14}H^{18}Az^2O^2$. Elle est fortement alcaline et donne un chlorhydrate cristallisable. Son action physiologique a été étudiée par GALLOIS ET HARDY d'abord, puis par BOCHEFONTAINE; enfin avec plus de détails par GLEY (*B. B.*, 23 juillet 1892, t. XLIV, p. 684). Les recherches d'ARNOUX (1870) avaient montré que les extraits d'anagyre sont toxiques. Cette toxicité paraît due à l'anagyrine qui est en effet très active. A dose moyenne, 0,01 chez le chien, elle ralentit le cœur; et, presque aussitôt après l'accélère énormément. Cette accélération persiste alors que les pneumogastriques ont été paralysés par l'atropine; par conséquent elle n'est pas due à la paralysie des terminaisons de ces nerfs. GLEY pense que l'anagyrine agit non pas sur le cœur lui-même, mais sur les ganglions périphériques présidant à l'innervation vasculaire. Ce qui paraît démontrer que ce sont les terminaisons périphériques des nerfs qui sont atteintes, c'est que la destruction du bulbe n'empêche pas l'effet de l'anagyrine de se produire. Quoique ces interprétations soient encore assez hypothétiques, on peut admettre que l'anagyrine agit surtout sur les ganglions nerveux vaso-moteurs de la périphérie en faisant rétrécir les vaisseaux, et par conséquent en élevant la pression. Le chloral supprime les effets de l'anagyrine.

Cette substance est aussi un poison du système nerveux central, comme le prouvent les phénomènes qu'elle provoque (vomissements, ralentissement des mouvements respiratoires, arrêt de la respiration, arrêt du cœur). Chez les grenouilles, le cœur continue à battre, alors que tout le système musculaire est paralysé.

CH. R.

ANALGÉSIE (de ἀ et ἄλγος douleur). — On dit qu'il y a analgésie lorsque une partie quelconque de l'organisme, ou l'organisme tout entier, sont devenus insensibles à la douleur. A la rigueur on pourrait dire que toute anesthésie est en même temps une analgésie, puisqu'il y a suppression de toute perception douloureuse dans l'anesthésie. Cependant BEAU, qui a employé un des premiers l'expression analgésie (*Arch. gén. de méd.*, 1848, p. 5), — avant BEAU on la trouve dans FLEMMING. *Analgesia als Symptom der Krankheiten mit Irresein. Med. Zeit. Berlin*, 1833, (2), p. 199, — réserve ce mot à l'insensibilité à la douleur coïncidant avec la conservation plus ou moins complète des autres sensibilités tactiles.

Dans l'hystérie, ainsi que dans diverses affections nerveuses, on observe souvent cette dissociation remarquable; elle sera étudiée plus loin à l'article **Anesthésie** : c'est l'analgésie *pathologique*, liée à un trouble de l'innervation centrale.

Nous étudierons ici l'analgésie *toxique*, et pour cela nous devons mentionner les effets curieux de certains médicaments ou poisons (en général des anesthésiques) qui ont la propriété d'abolir la douleur, sans faire perdre la sensibilité tactile. Mais il faut à cet égard distinguer la sensibilité normale et la sensibilité pathologique.

En effet deux cas peuvent se présenter. Tantôt il s'agit d'un individu normal qui, par suite d'une médicamentation ou d'une intoxication, perd la sensibilité à la douleur.

Tantôt il s'agit d'un individu qui, souffrant de vives douleurs en un point quelconque de l'organisme, éprouve, par le fait d'un médicament ou d'un poison, une atténuation de sa douleur.

Pour ce qui est de la douleur pathologique, il n'y a guère qu'un seul médicament qui soit vraiment analgésique; c'est la morphine. Les substances hypnotiques qui provoquent le sommeil chez les individus qui souffrent, n'apaisent la douleur que parce qu'elles amènent le sommeil. Le chloral, le sulfonal, le chloralose ne sont pas des analgésiques; car, tant que l'individu est éveillé, il conserve sa douleur, presque aussi tenace qu'avant l'injection médicamenteuse. Au contraire, avec la morphine, le patient, quoique éveillé, a une sensibilité émoussée et ne perçoit plus qu'une douleur sourde, indistincte, bien différente de la douleur lancinante, aiguë, exaspérante, qu'il ressentait tout à l'heure.

Le mot analgésie n'est à vrai dire pas tout à fait exact, et il vaudrait mieux peut-être, pour expliquer cette action, recourir à un néologisme et se servir du mot *hypoalgésie*.

Expérimentalement on observe très bien l'hypoalgésie sur les animaux qui ont reçu une forte dose de morphine. Il ont conservé la sensibilité tactile, très fine; le moindre contact détermine une réaction de sensibilité et un réflexe; si l'on fait une opération, ils crient, hurlent, se débattent pendant tout le temps; mais, une fois que l'opération est terminée, quoique mutilés, ils s'engourdissent, et ne paraissent plus ressentir de douleurs : c'est là, semble-t-il, de l'hypoalgésie.

En somme l'atténuation de la douleur, c'est de l'analgésie incomplète.

Les anesthésiques, à une certaine période de leur action, par conséquent aussi lorsqu'ils sont administrés à une certaine dose, amènent une analgésie complète. Il est clair que nous ne parlons pas de cette période d'anesthésie profonde où la conscience est abolie, en même temps que la faculté de se mouvoir, mais de cette période pendant laquelle la conscience est à peu près conservée, avec perception des sensations tactiles, mais abolition des sensations douloureuses. A. RICHET en a cité des exemples instructifs (*Anat. méd. chir.*, 5ᵉ édit., p. 316) et j'en ai rapporté plusieurs cas (*Rech. expér. sur la sensibilité.* D. P., 1877, pp. 238-262). GUIBERT (*De l'analgésie obtenue par l'act. combinée de la morphine et du chloroforme. C. R.*, t. LXXXV, p. 967) a montré que des injections préalables de morphine permettaient de donner du chloroforme à faible dose, en provoquant l'insensibilité à la douleur sans faire perdre la conscience. LABBÉ et GOUJON ont eu des résultats analogues (*Act. combinée de la morphine et du chloroforme. C. R.*, févr. 1872, t. LXXIV, p. 627. Voy. aussi DASTRE. *Les anesthésiques*, 1890, pp. 45-61). Comme ce phénomène se produit à dose toxique faible, l'on comprend qu'il y a dans toute anesthésie chloroformique complète une période de début (analgésie de début) et une période finale (analgésie de retour), selon qu'il n'y a pas encore assez ou qu'il n'y a plus assez de poison pour produire l'anesthésie absolue.

C'est surtout dans la pratique des accouchements que l'analgésie chloroformique serait intéressante à 'obtenir. A cet égard on trouve de nombreux documents dans les ouvrages spéciaux. (Voir surtout PINARD. *Action comparée du chloroforme, du chloral, de l'opium et de la morphine chez la femme en travail. Th. d'agr.* Paris, 1878. — DUMONTPALLIER. *Chloroforme dans l'accouchement à dose analgésiante utérine et péri-utérine. Rev. de thér.*, 1878, t. XXVI, p. 97.) Il y a là en effet des indications spéciales; il faut que la sensibilité réflexe ne soit pas abolie, et cependant que l'algesthésie soit supprimée. Il importe peu au physiologiste de savoir si, au point de vue de la pratique, l'anesthésie obstétricale a plus d'avantages que d'inconvénients, ou inversement, et nous n'avons pas à prendre parti ; il nous suffira de constater que, dans certains cas, la douleur est à peu près complètement abolie, alors que les autres sensibilités (tactile et excito-motrice) sont conservées.

La théorie de ce phénomène n'est probablement pas très simple. Reprenant une ancienne idée de J. MOREAU (*Un. Méd.* Paris, 1847, (1), p. 83) j'ai pensé que cette analgésie pouvait se confondre avec une sorte d'amnésie. Le fait dominant de la douleur, c'est moins le fugitif moment d'une violente excitation douloureuse que le retentissement prolongé qu'un tel excitant détermine dans les centres nerveux (D. P., p. 294.). De fait une douleur passagère ne laissant pas derrière elle un ébranlement douloureux n'est pas une vraie douleur.

Nous avouerons d'ailleurs que, si cette explication suffit pour l'analgésie incomplète, elle ne suffit pas pour l'analgésie totale. Mais une autre hypothèse fera bien saisir comment le chloroforme (ou l'éther, ou l'alcool) peuvent supprimer la sensibilité à la douleur. Admettons que la douleur soit constituée par le retentissement d'une vibration nerveuse, soit des nerfs périphériques, soit des centres. Si cette vibration n'est pas très intense, la douleur sera médiocre, et, si la vibration est plus faible encore, la douleur sera nulle, quoique le nerf puisse encore conduire l'excitation, et que les centres nerveux puissent encore la percevoir. En un mot, la douleur sera mesurée par l'amplitude de la vibration nerveuse, et toute substance, qui, comme les poisons anesthésiques, diminue l'amplitude de cette vibration, aura des effets analgésiques.

On conçoit alors que l'analgésie puisse être obtenue non seulement par des substances qui empoisonnent le système nerveux central, mais encore par toutes celles qui diminuent l'excitabilité des nerfs périphériques. Il faut donc dans l'analgésie toxique distinguer celle qui est *générale* et celle qui est *locale*. Nous avons vu que, suivant la dose, le mode d'administration, et surtout l'association avec la morphine, on pouvait donner du chloroforme de manière à avoir l'analgésie et non l'anesthésie ; de même, en agissant sur la sensibilité locale, ou peut, à une certaine période, obtenir l'analgésie. Si l'on plonge le doigt dans un mélange réfrigérant, on n'abolit pas complètement la sensibilité tactile, quoiqu'elle soit cependant singulièrement émoussée ; mais la sensibilité à la douleur est perdue, et perdue à tel point qu'on peut appliquer cette méthode à la pratique chirurgicale en employant la glace (ARNOTT, 1851) ou la réfrigération par l'éther (A. RICHET, 1854).

Mais le meilleur procédé pour obtenir l'anesthésie locale, c'est l'injection de cocaïne (Voy. Cocaïne). En réalité, cette substance produit une véritable analgésie. Injectée dans le sang, à dose modérée, elle anesthésie le tégument cutané, par action sur les terminaisons nerveuses (spécialement sur la grenouille l'expérience est très nette). ARLOING (cité par DASTRE, *loc. cit.*, p. 215) a constaté que cette analgésie périphérique coïncidait précisément avec l'agitation frénétique qui accompagne l'empoisonnement par la cocaïne. Les injections locales déterminent tout autour du point injecté une zone d'analgésie qui permet de pratiquer des opérations assez longues. On sait que c'est surtout pour les opérations sur l'œil et la cornée que cette méthode a été employée ; mais elle tend à se généraliser à beaucoup d'opérations sur les membres. L'analgésie et l'anesthésie s'observent concurremment ; d'abord, l'analgésie ; puis, quand la solution cocaïnique a agi avec plus d'intensité, l'anesthésie complète avec perte de toutes les sensibilités (Voy. DELBOSC. *Trav. Lab. de Physiol. de* CH. RICHET, t. II, p. 529).

En somme, qu'il s'agisse de l'analgésie pathologique, ou de l'analgésie toxique, soit générale ou locale, soit centrale ou périphérique, il semble que la cause première soit toujours la même : une diminution de l'excitabilité nerveuse. Tout se passe comme si la douleur était l'effet d'une vibration forte et prolongée des centres nerveux. Par conséquent toute cause qui va diminuer cette vibration intense, soit dans les nerfs périphériques, soit dans le système nerveux central, commencera par produire de l'analgésie.

D'ailleurs, l'histoire de l'analgésie ne peut être ici traitée complètement. Elle est intimement liée à d'autres fonctions (Voy. Anesthésie, Cocaïne, Douleur, Sensibilité).

CH. R.

ANAPHRODISIAQUE. — Le mot anaphrodisiaque (ἀ privatif, Ἀφροδίτη, Vénus) n'est que le qualificatif du terme anaphrodisie : l'absence de l'appétit génital, nécessaire, chez l'homme, pour le convier à l'accomplissement de la fonction de reproduction. Bien que cette définition soit suffisamment précise, il importe de formuler plus explicitement ce qu'on entend sous ce nom ; car sa compréhension a été étendue, indûment à notre avis, à la plupart des états caractérisés par de l'inaptitude génitale. Rappelons donc que l'acte de la génération comporte, chez l'homme, plusieurs épisodes liés entre eux, mais non pas confondus. Précédé de désirs d'une nature spéciale, il s'accomplit à l'aide du mécanisme de l'érection, s'accompagne de sensations particulières et se termine enfin par l'éjaculation de la liqueur séminale. Or chacun des stades que nous venons de passer en revue est susceptible d'être affecté, pathologiquement, pour son propre compte, indépendamment des autres, et il résulte alors de là autant de formes d'inaptitude sexuelle, dont chacune doit également être différenciée en patho-

logie. Pour nous, il n'y a que les troubles dus à l'affaiblissement ou à la disparition du *désir sexuel* qui méritent d'être appelés anaphrodisie.

L'anaphrodisie peut être congénitale ; alors le plus souvent elle est liée à un arrêt de développement des organes génitaux.

Mais l'anaphrodisie vraie est celle qui est en rapport avec des maladies générales de l'organisme, et plus encore causée par des affections du système nerveux : psycho-névroses et maladies organiques. Les influences morales (répulsion, peur des maladies vénériennes, excès de travail intellectuel, etc.) paraissent influer le plus pour la déter-miner, ce qui démontre le rôle considérable que jouent les centres nerveux supérieurs dans son fonctionnement.

L'absence de l'appétit sexuel, rare chez l'homme, et même exceptionnelle quand il n'y a pas arrêt de développement, paraîtrait au contraire très fréquente chez la femme en dehors de toute cause organique. On pourrait attribuer cette anaphrodisie aux rai-sons suivantes. Il est certain tout d'abord que, si l'appétit sexuel est nécessaire chez l'homme pour assurer la conservation de l'espèce, il ne l'est pas autant chez la femme. De plus on a constaté que, d'une façon générale, il n'acquiert qu'exceptionnellement chez cette dernière la même intensité que chez l'homme : on ferait valoir, aussi, que dès le plus jeune âge, l'éducation des jeunes filles chez les peuples civilisés tend, pour des raisons, sur la valeur desquelles nous n'avons pas à nous expliquer ici, à déprimer le développement de la sexualité chez elles ; on ne peut douter que ce désir, déjà instable par lui-même, finit par s'atténuer par ces lentes modifications, et qui sont transmises longtemps héréditairement.

On connaît certaines substances qui seraient susceptibles de provoquer l'anaphro-disie et auxquelles on donne le nom d'*anti-aphrodisiaques* ou d'*anaphrodisiaques*. Tel l'*Agnus castus*, désigné sous le nom expressif de *poivre des moines*, dont on préparait un sirop dit de chasteté : telle encore la *Nymphæa alba*, dont les propriétés spéciales sont loin d'être établies. Il paraît mieux prouvé que le camphre, la belladone et les bro-mures offrent, à cet égard, des propriétés déprimant le désir sexuel. Néanmoins, aucun de ces médicaments n'est doué d'une action qu'on pourrait qualifier de véritablement spécifique ; leurs effets sont plutôt ceux de stupéfiants du système nerveux en général.

Il est d'ailleurs évident que toutes les substances agissant sur l'intelligence, pour la déprimer, sont des anaphrodisiaques ; les alcools, les anesthésiques, et en général tous les poisons du système nerveux.

Pour la bibliographie, voir les articles des Dictionnaires de médecine, et les thèses de doctorat de Paris : CARON (1843) et PÉCHENET (1873). *Physiol. étiolog. et traitement de l'anaphrodisie.*

AUL BLOCQ.

ANATOMIE. — Le mot *Anatomie* a un peu dévié du sens qu'on serait étymo-logiquement en droit de lui attribuer.

Formé de deux mots grecs (ανα, au travers ; τεμνω, je coupe), il est, par son origine, synonyme du mot *dissection* (*secare*, couper). En fait, on lui donne depuis longtemps une compréhension plus étendue. L'anatomie est la science de l'organisation des êtres vivants, comme la physiologie est la science de la vie ; la dissection est le moyen que le chercheur emploie pour arriver à connaître l'anatomie, comme l'expérimentation est la méthode qui conduit les travaux du physiologiste.

L'anatomiste analyse, décrit, compare, généralise ; le dissecteur sépare les organes et les isole. Le premier travaille avec son cerveau, le second avec ses mains. L'anatomie est une science, la dissection un art ; la première, le but qu'on poursuit ; la seconde, la méthode qui permet de l'atteindre. Il y a deux sortes de dissection : la dissection des organes, ou dissection macroscopique, et la dissection des éléments qui composent ces organes, ou dissection microscopique : à elles deux, elles forment ce qu'on peut appeler la technique de la science anatomique ; c'est en les utilisant que nous parvenons à con-naître la composition, la structure et la texture de l'homme, des animaux et des plantes. « Disséquer en anatomie, écrit BICHAT, faire des expériences en physiologie, suivre les malades et ouvrir les cadavres en médecine, c'est là une triple voie hors laquelle il ne peut y avoir d'anatomiste, de physiologiste ni de médecin. »

Les êtres vivants sont si nombreux et si variés, leurs organes sont si multiples et si complexes, il y a tant de rouages et si compliqués dans cette délicate machine qu'étudie l'anatomiste, qu'il n'est point, au moins de nos jours où tant de secrets ont déjà été pénétrés, d'esprit si érudit ou de chercheur si original qui puisse explorer le domaine tout entier de la science de l'organisation des êtres. Pour visiter avec fruit les régions déjà connues de ce vaste domaine, pour se mettre en mesure surtout d'en découvrir de nouvelles, il faut se résigner à n'en parcourir que des zones limitées. L'anatomie, en effet, si elle est toujours une, puisqu'elle poursuit un seul but — la connaissance des organes de la vie — embrasse néanmoins dans sa complexité plusieurs sciences secondaires, plusieurs branches.

Classification. — L'anatomiste qui étudie l'organisation des animaux est un *zootomiste;* celui qui étudie l'organisation des plantes est un *phytotomiste;* l'anthropologie est un rameau de la zootomie : c'est, ou plutôt ce devrait être (car le mot a aujourd'hui une signification plus restreinte) l'anatomie du corps humain. Dans ce sens, on dit plus généralement *anthropotomie.*

α. *Anatomie artistique.* — Étudier les formes extérieures, les saillies et les méplats de la surface du corps, « les inégalités et les enfoncements sous-cutanés », les proportions, les surfaces, les lignes, les arêtes et les contours, étudier les modifications de l'habitus extérieur dans « le calme de l'âme ou dans l'orage des passions », les attitudes et les mouvements dans l'expression des sentiments et des sensations, c'est faire l'*anatomie artistique,* l'anatomie des beaux-arts, l'anatomie des peintres et des sculpteurs, l'anatomie plastique. La corde que forme le sterno-mastoïdien sur le cou dans certaines positions de la tête, la ligne saillante de la saphène sur la face interne de la cuisse, la grosse proéminence du biceps et du long supinateur dans la flexion de l'avant-bras, le creux du rachis et la saillie du râble, les rides transversales que le frontal creuse sur le front dans la réflexion profonde et dans les soucis, les sillons verticaux que trace au-dessus de la racine du nez le sourcilier dans la souffrance et la tristesse, le rictus des zygomatiques, la terreur qu'exprime la contraction du carré mentonnier en tirant en dehors la commissure labiale, le dégoût et le mépris qu'imprime au visage la contraction simultanée du releveur de la lèvre supérieure et du triangulaire des lèvres qui abaisse la commissure labiale, les oscillations du globe oculaire sous l'influence du cornet musculaire qui l'enveloppe : voilà quelques exemples de l'anatomie qui intéresse les artistes.

β. *Anatomie topographique.* — Étudier comment, dans une région donnée du corps, les différents organes s'accommodent les uns aux autres, se réunissent, se séparent, se superposent et s'agencent entre eux, c'est faire l'*anatomie topographique.* Cette anatomie topographique est surtout utile au chirurgien qui « dans la connaissance de nos parties cherche avant tout un guide à l'instrument qu'il doit les diviser »; aussi la dénomme-t-on assez généralement *anatomie chirurgicale;* mais elle est aussi, au moins en ce qui concerne les viscères, la seule base sur laquelle l'exploration médicale puisse solidement édifier son diagnostic. Qui donc pourrait bien étudier par la palpation, la percussion et l'auscultation les troubles fonctionnels du cœur, s'il ne connaissait la topographie de cet organe, les rapports de ses orifices avec la paroi thoracique, l'interposition d'une lame de poumon entre sa face antérieure et les côtes? La science de l'anatomie s'impose au médecin. Ne doit-il pas appeler à son secours la myologie et la névrologie dans l'étude des myopathies, des atrophies musculaires d'origine médullaire, des paralysies radiculaires du plexus trachial, des différents types de griffes que les atrophies musculaires impriment à la main?

γ. *Embryologie. Anatomie comparée.* — Étudier les différentes phases par lesquelles passe un organe pour arriver à son complet épanouissement, le suivre depuis les premiers jours de la vie intra-utérine jusqu'à sa période de régression et de décrépitude, c'est s'adonner à la science du développement, c'est faire de l'*embryologie;* c'est faire aussi, pourrait-on dire par un abus de langage qu'autorisent les données scientifiques actuelles, de l'*anatomie comparée.* A vrai dire l'anatomie comparée, ou plus exactement l'anatomie comparative « traite de l'organisation dans la série animale et considère successivement les mêmes organes dans les diverses espèces, afin d'arriver, par voie de comparaison, à une notion plus exacte et plus complète de chacun d'eux »; mais, dans cette étude, le savant ne tarde pas à s'apercevoir que l'organisation des êtres est une organisation sériée, qu'il y a entre les animaux les plus différents en apparence une chaîne ininterrompue d'intermédiaires qui les rapproche et les unit, que la « nature ne procède point par bonds » et que, dans le cours de leur développement embryonnaire, l'homme et les mammifères, ses voisins, traversent différentes phases pendant lesquelles leurs organes prennent, pour un laps de temps déterminé, l'aspect que conservent, d'une façon définitive et permanente, ceux des vertébrés moins perfectionnés (batraciens, poissons, reptiles, oiseaux) et même ceux des animaux inférieurs (invertébrés). C'est que l'évolution de l'individu marche parallèlement à celle de l'espèce ; que l'histoire du développement de l'individu est la récapitulation à travers le temps de l'histoire de l'espèce à laquelle il appartient, et comme la répétition brève de sa généalogie ; ou — en grec — que l'ontogenèse est le résumé de la phylogenèse ; ou encore, comme disait SERRES dans une langue autrement élégante, que le développement de l'organisation humaine est une anatomie comparée transitoire, et, qu'à son tour, l'anatomie comparée est l'état fixe et permanent de l'organisation de l'homme. En vérité, « l'anatomie comparée est une embryogénie permanente » et, suivant le fameux aphorisme de TIEDEMANN, « le règne animal tout entier n'est qu'un organisme en voie de métamorphose ».

Et voilà comment l'embryologie, quand elle s'élève au-dessus de la description toujours un peu aride de ses nombreuses et difficiles découvertes, cesse d'être une science de détails, pour devenir comme un appendice de cette anatomie comparée qui est la plus séduisante, la plus riche et la plus féconde de toutes les branches de la biologie. Quelques exemples. Ne trouve-t-on pas dans le crâne des fœtus de mammifères les mêmes os qui constituent le crâne des reptiles et des poissons adultes? Notre foie, pendant le premier stade de la vie embryonnaire, est aussi l'image du foie définitif des invertébrés : c'est une glande en grappe élémentaire, une simple évagination de l'intestin, une poussée de l'épithélium du canal digestif ; mais bientôt le tissu conjonctif, trame banale, envahit le tissu épithélial, bourgeons nobles, apportant avec lui ses vaisseaux ; alors ceux-ci pénètrent les travées épithéliales, les dissocient, les hachent, et interrompent à tel point leur continuité, que l'élément épithélial disparaît sous l'abondante prolifération de l'élément vasculaire sanguin, et que le foie n'a plus rien de commun, au moins en apparence, avec une glande en grappe. L'utérus embryonnaire de la femme est d'abord double, comme celui des marsupiaux. Avant de subir la torsion qui modifie ses rapports et la topographie de ses vaisseaux, notre intestin est rectiligne, comme celui de la grande Roussette. Nous avons pour un moment des arcs branchiaux comme en possèdent pour toute la vie les poissons et les amphibies pérennibranches. Notre colonne vertébrale s'édifie sur une notocorde éphémère qui demeure, pour les espèces inférieures, un organe définitif. Nos testicules sont, pendant six ou sept mois de l'existence intra-utérine, enfouis dans la cavité abdominale, comme ceux des oiseaux et de quelques mammifères. L'axe du pied, chez les fœtus très jeunes, se continue presque directement avec l'axe de la jambe, et c'est là comme une image de la conformation que présentent certains quadrupèdes, les pachydermes solipèdes en particulier. A une époque de notre vie fœtale, deux veines caves supérieures descendent, dans notre médiastin, du cou vers le cœur : telles chez beaucoup d'animaux. Enfin, avant que ses deux hémiarcs soient soudés l'un à l'autre, notre mandibule inférieure n'est-elle pas momentanément analogue à la mâchoire permanente des serpents avec ses deux moitiés qui jouent l'une sur l'autre pour donner à l'animal une bouche plus largement béante?

On pourrait ainsi multiplier les exemples.

δ. *Tératologie.* — Quand l'anatomiste étudie le développement des organes, non plus dans son évolution normale, mais bien dans ses irrégularités, ses aberrations et les monstruosités qu'elles créent, il fait de la *tératologie*, et cette tératologie est, elle aussi, comme une province détachée du grand territoire de l'anatomie comparée. Et voici pourquoi. Considérées autrefois comme une manifestation de la gloire et de la colère de Dieu, ou comme le fruit de l'astuce du Démon, au point que JEAN RIOLAN (1600) conseillait d'enfermer les enfants faits à l'image du diable et de tuer ceux qui étaient demihommes et demi-animaux, les monstruosités et les anomalies, étudiées ensuite comme de simples curiosités, donnèrent plus tard naissance aux puissantes conceptions d'ÉTIENNE et d'ISIDORE GEOFFROY SAINT-HILAIRE et de LAMARCK. Elles cessèrent dès lors d'être considérées comme un jeu, comme une erreur ou comme une faute de la nature ; elles sortirent du domaine du désordre et de la bizarrerie pour rentrer dans celui de la loi commune, et le jour vint enfin où à ce vieux mot de PLINE L'ANCIEN « La nature se plaît à faire des miracles et à se jouer de nous », on put substituer celui du grand SAINT-HILAIRE : « Il y a exception aux lois des naturalistes, mais jamais aux lois de la nature ». On peut dire que les monstres (je laisse de côté les monstres doubles, triples, quadruples qui ne sont que l'association, suivant des modes différents, de la moitié droite et de la moitié gauche d'individus normaux) ne sont « que des embryons normaux arrêtés dans leur développement, d'où cette conséquence — puisque les animaux supérieurs, dans le cours de leur évolution traversent des stades de transformations qui sont l'image de dispositions achevées et définitives des animaux inférieurs — que la tératologie est une embryogénie permanente ou une autre anatomie comparée. »

Au total, il est vrai que toute anomalie est la photographie d'une disposition ancestrale, ou bien la reproduction anticipée, avant la lettre, d'une disposition future, un souvenir de nos pères ou un espoir (qui ne répond pas fatalement à un perfectionnement) pour nos descendants.

Quelques exemples en tératologie. La bifidité accidentelle du gland et du pénis de l'homme ne rappelle-t-elle pas les deux hémi-glandes des marsupiaux et les deux hémi-pénis des sélaciens? La polydactylie n'est-elle pas l'image du type heptadactyle qui appartient aux Batraciens et aux Reptiles? Et du reste, la polydactylie n'est-elle pas la règle chez les ichtyoïdes, nos ancêtres plus vieux encore? Et la division des segments digitaux en deux moitiés, l'une cubito-péronéale, l'autre radio-cubitale, qu'on observe quelquefois, ne nous rappelle-t-elle pas, comme dit P. POIRIER, que non seulement les rayons des nageoires des poissons sont divisés à leur extrémité libre, mais encore que, chez l'embryon humain lui-même, avant l'apparition des cartilages, chaque traînée phalangienne est, non point simple, mais double (SCHENK)?

Et, pour ne parler plus maintenant que d'anomalies simples, ne nous arrive-t-il pas de reprendre au chien et à d'autres mammifères leurs mamelles multiples, aux marsupiaux leur double utérus et leur double vagin, aux quadrupèdes leur muscle présternal, aux sauteurs leur petit psoas, aux singes leur élévateur de la clavicule? Autant d'anomalies qui sont régressives, qui représentent des réversions ataviques. Quand, au contraire, nos circonvolutions cérébrales s'infléchissent en méandres supplémentaires, quand notre douzième côte se raccourcit (il y a des animaux qui ont des côtes lombaires), quand notre appendice iléo-cœcal se réduit aux simples proportions d'une languette longue de deux ou trois centimètres (tout le cœcum se développe dans la série, et l'appendice vermiculaire est un organe rudimentaire qui tend vers la disparition), quand notre peaussier du cou (vestige imparfait du vaste peaussier des ruminants, des pachydermes et autres mammifères) s'atrophie, quand notre plantaire grêle et notre palmaire grêle, restes débiles de puissants muscles, disparaissent, quand monte vers le corps thyroïde l'artère thyroïdienne moyenne, alors c'est d'anomalie progressive qu'il s'agit. Et de toutes ces bizarreries apparentes l'anatomie comparée nous fournit encore la clef, puisqu'elle nous montre les étapes successives par lesquelles ont passé tous ces organes, les uns, devenus inutiles à nos fonctions, pour s'atrophier et devenir rudimentaires, les autres, que réclament les générations à venir, pour s'amplifier et marcher vers le perfectionnement.

Voilà bien comment la tératologie n'est qu'une forme de l'anatomie comparée.

ε. *Histologie.* — Pour étudier les éléments morphologiques qui entrent dans la structure des organes, l'homme, dont l'acuité des sens devient insuffisante aux examens délicats que nécessitent de pareilles recherches, est obligé de faire appel aux instruments d'optique : il fait alors usage du microscope. Mais tous les éléments anatomiques se réduisent, en dernière analyse, aux cellules : celles-ci peuvent être plus ou moins transformées et différenciées par leur morphologie, leur groupement, leur adaptation à une fonction ou à une autre — et c'est pour cela que nous ne les reconnaissons pas toujours — mais si différentes qu'apparaissent, *a priori*, de la cellule telle que nous avons accoutumé de l'envisager, les fibres musculaires, les fibres élastiques, les fibres conjonctives, elles n'en sont pas moins, les unes et les autres, des dérivés cellulaires. *L'anatomie microscopique* n'est donc pas autre chose que *l'anatomie cellulaire ;* on pourrait l'appeler *mérologie* (μέρος, partie constituante) ainsi que le propose J. BÉCLARD ; elle est, en effet, l'étude des parties élémentaires auxquelles, par l'analyse anatomique et par dédoublement successif, on peut ramener les tissus et les humeurs.

Mais les éléments figurés, outre qu'ils possèdent, chacun pour sa part, une morphologie très diverse, s'associent, s'unissent, s'adaptent les uns aux autres, tandis que les substances amorphes de l'organisme assurent leur cohésion; et c'est précisément de cet assemblage, dont les modes sont très variés, que résultent les tissus. La connaissance des éléments figurés ne suffit donc pas à l'anatomiste; il faut encore qu'il apprenne les différentes façons dont ces éléments se tissent, se feutrent, s'enlacent. On dit alors qu'il fait de l'histologie (ιστος, tissu). La mérologie est donc la science de la structure des tissus; elle essaie de pénétrer la nature des éléments anatomiques; l'histologie est la science de la texture des tissus; elle recherche les modes variés suivant lesquels ces parties élémentaires s'agencent et se disposent pour former une trame déterminée. Mais ce n'est pas tout.

D'une part, pour analyser les tissus, le microscope n'est pas le seul procédé que le savant emploie : il se sert encore de la coction, de la macération, des réactifs chimiques, etc. : son étude ne se borne donc pas à la simple constatation de la forme et de l'agencement des éléments figurés; elle porte encore sur « leurs propriétés vitales et physiques, sur leurs sympathies », sur leur parenté, sur leur genèse et sur leur évolution. D'autre part, l'agencement des parties élémentaires les unes par rapport aux autres et leurs connexions réciproques ne sont pas variables à l'infini; le nombre des tissus créés chez les animaux par les différents modes de cet agencement est même relativement si limité, que le même tissu se retrouve, en réalité, dans les organes en apparence les plus différents : de là vient la nécessité, pour l'anatomiste, de comparer d'abord et de synthétiser ensuite, c'est-à-dire de rechercher, dans les régions les plus disparates, les parties qui sont similaires, puis d'en faire un groupement. Voilà pourquoi l'on désigne encore la mérologie et l'histologie sous le nom d'anatomie générale. Et rien n'est plus juste, car c'est vraiment si bien « la constitution élémentaire qui est le caractère prédominant auquel on reconnaît les parties semblables », et il est si vrai que le microscope est le principal instrument qui nous permet de découvrir et d'approfondir cette constitution élémentaire, qu'on peut, sans méprise, faire synonymes l'une de l'autre les dénominations d'anatomie générale et d'anatomie microscopique.

Il y a, dans l'économie, un certain nombre de tissus qu'on trouve, associés en plus ou moins grande quantité, dans tous les organes : ces tissus sont des tissus primordiaux, des tissus simples; chacun d'eux constitue une unité, une entité indivisible; ils sont fondamentaux et irréductibles; leur étude est une véritable abstraction, car elle se fait absolument en dehors des organes à la formation desquels ils concourent. Ce sont : le *tissu conjonctif* et ses différents sous-ordres (tissu cellulaire, tissu fibreux, tissu élastique, tissu adipeux) le *tissu osseux* et le *tissu cartilagineux* (que REICHERT englobait aussi, non sans quelque raison, dans le vaste groupe du tissu conjonctif), le *tissu musculaire*, le *tissu nerveux*, le *tissu épithélial*, le *tissu endothélial*. Chacun de ces tissus est répandu sur plusieurs points de l'économie animale et se retrouve dans des organes ; visiblement très dissemblables. Aussi peuvent-ils être considérés les uns et les autres comme formant autant de systèmes. C'est à eux qu'on peut, avec BICHAT, donner le nom de *systèmes de la vie organique*. A la vérité, sous cette dénomination, BICHAT n'entendait pas seulement ce que je viens d'appeler les systèmes simples ou primordiaux de l'organisme, mais encore les systèmes qu'il conviendrait de nommer, à mon sens, les systèmes composés ou secondaires, et parmi lesquels on trouverait, entre autres, le système artériel, le système veineux, le système lymphatique, le système muqueux, le système séreux, le système tendineux, etc. : ce groupement serait, à ce qu'il semble, plus naturel. Une artère, par exemple, n'est pas un tissu ; ce n'est pas un système indivisible; sa texture est faite de tissu conjonctif, de tissu musculaire, de tissu endothélial, et on en peut dire autant d'une veine, d'une muqueuse, d'une séreuse, etc. Bref, quelle que soit la façon d'envisager les choses, on peut dire de l'anatomie générale qu'elle est l'*anatomie des systèmes organiques*. Mais à côté des systèmes, il y a les organes; et, à côté des organes, les appareils. Un organe est plus complexe qu'un système; il n'est pas formé seulement d'un certain nombre de tissus différents, il est encore la combinaison de plusieurs systèmes de second ordre. Dans les bronches, par exemple, il n'y a pas seulement du tissu cartilagineux, du tissu élastique, du tissu musculaire — systèmes primordiaux; — il y a aussi des artères, des veines, des lymphatiques — systèmes composés. — Enfin, un appareil est l'assemblage de plusieurs organes concourant à une même fonction : tels l'appareil digestif, l'appareil respiratoire, etc. Tandis que l'anatomie générale étudie les tissus et les systèmes, l'anatomie descriptive doit être considérée comme l'anatomie des organes et des appareils.

γ. *Anatomie philosophique.* — J'ai montré comment l'embryologie et la tératologie pouvaient être considérées comme des sciences annexes de l'anatomie comparative. Or, en comparant les différents individus dont l'ensemble constitue le règne animal, l'on ne tarde pas à s'apercevoir que, sous les apparences les plus variées, ces individus cachent de profondes ressemblances, et qu'il y a entre les organes similaires des uns et des autres des analogies très certaines, sinon toujours très évidentes. Quand, après avoir observé les faits, noté les points de contact et les différences, dépisté les rapports que présente d'une espèce à l'autre, d'une classe à l'autre, d'un embranchement à l'autre, l'organisation des êtres vivants, l'anatomiste déduit des aperçus généraux, formule des lois, pose des principes, s'élève de la constatation simple des choses à l'abstraction, « du *posteriori* au *priori*, » de l'examen à la théorie et à la spéculation, de la sensation à l'idée, quand il généralise, enfin, on dit alors qu'il fait de l'*anatomie philosophique* ou *transcendentale*.

L'anatomie transcendante est tout entière édifiée sur la constatation des homologies et des analogies.

Quand je compare les unes aux autres les différentes parties d'un même individu, je m'attache à l'étude des *homologies*. Je constate, par exemple, que le membre supérieur droit est l'homologue du membre supérieur gauche ; que le membre supérieur est l'homotype du membre inférieur; que le crâne, formé de plusieurs vertèbres différenciées, est, à la tête, le représentant de la colonne vertébrale du cou, du dos et des lombes. Voilà autant de types d'*homologies spéciales ou partielles*, parce que la comparaison porte sur certaines parties seulement de l'individu. Quand, au contraire, d'après l'étude de la formation des plaques vertébrales, je considère, par généralisation, l'animal supérieur, formé, comme les vers, par une série de pièces disposées à la suite les unes des autres, par une superposition d'anneaux ou de segments renfermant chacun une portion d'organe respiratoire, digestif, circulatoire, etc.; quand j'établis, au résumé, la théorie des zoonites, des somites ou des métamères, je fais là ce qu'on appelle de l'*homologie générale*. Si maintenant, faisant excursion dans le domaine de l'anatomie comparée, je fais un parallèle entre les organes dans la série animale pour découvrir, sous leur apparente diversité, leurs nombreuses ressemblances, je me préoccupe des *analogies*. Ainsi, quand j'établis les rapports qui unissent le bras de l'homme et le train antérieur du quadrupède, l'aile de l'oiseau et la nageoire du poisson. Ces analogies entre organes similaires d'animaux différents reposent sur leur développement, sur leur forme, sur leur composition élémentaire, sur leurs connexions, sur l'influence qu'ils exercent sur les organes voisins.

C'est dans la recherche des homologies et des analogies que les savants ont découvert les grandes lois qui régissent l'organisation du règne animal. Malheureusement, sur ce terrain, la pente est glissante. S'il est permis d'aller plus vite que Cuvier qui voulait qu'on étudiât d'abord les faits, qu'on en déduisît seulement les conséquences immédiates, qu'on observât et qu'on raisonnât ensuite, qu'il n'est pas défendu, à l'exemple de notre grand Geoffroy Saint-Hilaire, le père de l'anatomie transcendantale, de subordonner, dans une certaine mesure, les faits aux idées et l'examen à l'abstraction, c'est-à-dire de penser, de concevoir, de généraliser sur des données incertaines et insuffisantes, sauf à les vérifier ensuite, à soumettre la spéculation à l'épreuve de la constatation des faits et à démolir de l'édifice construit toutes les parties dont celle-ci n'aura pas démontré la solidité; si, dis-je, il est permis de marcher dans cette voie, où, au fond, le raisonnement ne peut s'égarer, protégé qu'il est par les observations de l'anatomie descriptive, il faut aussi se garder d'entrer dans les errements de l'école de Schelling où l'imagination seule fait la théorie, où l'observation est mise tout entière au service des idées, et où l'on aboutit à des conclusions dont la fantastique bizarrerie a presque toujours choqué, jusqu'à notre époque, l'esprit positif et logique des plus généralisateurs de nos anatomistes français. Dire, par exemple, que la tête représente le reste du corps, que la mâchoire supérieure est l'image du bras, la mâchoire inférieure l'image des jambes, les dents l'image des ongles et des griffes, imaginer un membre céphalique dans lequel l'écaille temporale représente l'omoplate, l'apophyse zygomatique l'épine du scapulaire, la fosse temporale la fosse sus-épineuse, l'os malaire la clavicule, le condyle maxillaire l'humérus; dire que la tête est l'image synthétique de la Terre ou de l'Univers, faire, sans rire, de la langue l'homologue de l'organe copulateur, c'est, ou je me trompe beaucoup, s'aventurer dans l'invention pure; de nos jours tout au moins, où il me semble que nous ne sommes pas encore armés pour de pareilles généralisations. En se confinant dans le domaine des homologies et des analogies vraies, et non pas en se livrant à de pareils écarts de l'imagination, E. GEOFFROY SAINT-HILAIRE, LAMARCK, DARWIN ont pu établir les lois auxquelles est soumise l'évolution de l'organisation animale, et marquer la véritable place de l'homme dans la nature.

Je disais que des observations de l'anatomie comparative le savant déduit des lois générales, et que c'est là, proprement, le rôle de l'anatomie transcendantale. N'est-ce pas en étudiant les homologies et les homotypies que SERRES a pu découvrir les lois qui président à l'ossification des os longs (existence du point diaphysaire et des deux points épiphysaires, ordre d'apparition de ces points et ordre de soudure, direction du canal nourricier principal de l'os), et en donner une formule générale heureusement complétée par ALEXIS JULIEN, qui a, dans ces derniers temps, démontré que le premier point complémentaire apparaît sur l'extrémité osseuse voisine de l'articulation où se produisent les mouvements les plus importants du membre? N'est-ce pas encore en scrutant les organes analogues que ce même ALEXIS JULIEN a pu traduire en une phrase concise la loi de position des centres nerveux dans le règne animal tout entier : « Il y a un rapport constant et direct entre la position des principaux centres nerveux et celle des principaux organes sensoriels et locomoteurs » ? N'est-ce pas, enfin, par l'étude des analogies, poursuivie jusque dans l'évolution des êtres vivants à travers les temps et dans leur « succession géologique », que les anatomistes sont arrivés à comprendre les modifications imprimées aux organes des animaux, dans la suite des siècles, par le milieu, les conditions climatériques, l'exercice ou l'inaction, la lutte pour l'existence, les croisements, l'hérédité directe, l'imprégnation ou hérédité par influence, la sélection naturelle, la segrégation et la migration; établissant ainsi que l'homme « n'est pas sorti un beau jour tout d'une pièce du limon de la terre, qu'il s'est développé lentement, en passant dans le cours des âges par une série de formes qu'il répète plus ou moins pendant son développement embryonnaire, qu'il n'a pas toujours été ce qu'il est, et qu'on retrouve dans son organisation les traces de sa parenté avec le reste du monde animal » ? (DEBIERRE). Voilà comment est née, entre les mains de LAMARCK et de DARWIN, la grande doctrine de l'évolution des êtres vivants. Le darwinisme est le dernier terme et comme le couronnement de l'anatomie transcendantale.

Histoire de l'anatomie. — Il paraît que les peuples antiques de l'Inde, à l'encontre des Égyptiens et des Hébreux, avaient, en anatomie, des connaissances relativement étendues. Mais, en réalité, l'histoire de cette science ne commence guère pour nous qu'à ARISTOTE; car HIPPOCRATE lui-même (460 ans av. J.-C.) la dédaigna au point que ses œuvres n'en portent guère la trace. Sous le règne des Ptolémée (280 ans av. J.-C.), HÉROPHILE et ÉRASISTRATE, à Alexandrie, firent de très remarquables études ; ils disséquèrent même, dit la légende, des criminels vivants. Puis, après eux, l'anatomie retomba presque dans le néant, jusqu'au jour où GALIEN (131 ans av. J.-C.) étudia les organes du singe, peut-être aussi ceux des enfants abandonnés, et en donna une description qui fut respectée religieusement pendant des siècles. La parole du maître resta sacrée, comme celle d'un oracle, et ses « pâles continuateurs » acceptèrent tout, erreurs et vérités, jusqu'au moment où, après une longue éclipse de 1300 ans, MUNDINUS, médecin de Milan (1306) et après lui VÉSALE (1514), de Bruxelles, recommencèrent à disséquer des cadavres humains; bientôt après suivirent FALLOPE, EUSTACHE, BARTHOLIN, MONRO, HIGGLISS, LOWER, STÉNON, WILLIS, MALPIGHI, RUYSCH, SWAMMERDAM et tant d'autres, qui tous apportèrent leur pierre à l'édifice...

L'anatomie fut alors définitivement délivrée des entraves qu'une ordonnance du pape Urbain VIII (1300), frappant d'excommunication ceux qui déterraient les morts pour les disséquer, avait mises à ses progrès, et débarrassée des obstacles que la superstition avait jetés sur son chemin. Elle marcha de conquête en conquête, souvent protégée par les souverains eux-mêmes, puisque, vers 1550, le grand duc de Toscane, dans un édit barbare, ordonna de livrer les criminels aux médecins de Pise; ceux-ci, raconte l'histoire, tuaient les malheureux à leur manière et les disséquaient ensuite.

Mais je ne veux point écrire ici, même en abrégé, le passé de la science anatomique, ni montrer les progrès réalisés peu à peu par tous les illustres chercheurs qui pendant le XVIIe, le XVIIIe et le XIXe siècles se sont adonnés à son étude; je voudrais seulement, dans cette encyclopédie de physiologie, faire voir, à l'aide de quelques exemples, comment l'anatomie et la physiologie se sont suivies pas à pas; comment, depuis les temps les plus anciens jusqu'à nos jours, elles ont subi la même destinée, accompli la même évolution, véritables sœurs jumelles qui ont toujours été, sont encore et resteront à tout jamais inséparables.

Influence des découvertes anatomiques sur la connaissance de la physiologie. — Tant que persista la ligne de démarcation que les anciens avaient tirée entre l'anatomie et la physiologie, tant que « les dépouilles de la mort furent le domaine de l'anatomiste et que le physiologiste eut en partage les phénomènes de la vie », tant qu'HALLER ne vint pas, arrachant la physiologie « à l'empire du mécanisme et du vitalisme », montrer que « la science des fonctions est le but, et celle des organes le moyen d'atteindre ce but », cette physiologie ne put que construire un « vain échafaudage dressé par l'imagination, mais que le souffle de la raison renversa sans peine ». Au reste, il suffit de parcourir l'histoire de l'anatomie pour se convaincre que chaque découverte, chaque progrès nouveau réalisé par elle, a détruit une conception physiologique erronée, pour lui substituer une juste notion des faits; et c'est ainsi que, peu à peu, l'erreur a cédé la place à la vérité dans l'évolution de la science de la vie.

ÉRASISTRATE, sous le règne de Ptolémée Philadelphe (28 ans av. J.-C.), découvre l'œsophage, et démontre, en même temps, qu'il est parcouru par les boissons et les aliments; du coup, il réfute la vieille opinion de PLATON, de GALIEN et de ceux qui, après eux, avaient prétendu que l'air et le bol alimentaire passaient indistinctement par la trachée qui était « humectée pendant la déglutition ». CASSIUS, un des disciples d'ASCLÉPIADE, constate que, dans les plaies de tête, si le côté droit est blessé, ce sont les muscles du côté gauche qui tombent en paralysie : il en conclut que les nerfs craniens s'entrecroisent à la base du cerveau. ARÉTÉE (de Cappadoce) fait les mêmes constatations, et c'est toujours en se basant sur les mêmes données physiologiques que plus près de nous, au XVIIIe siècle, VALSALVA, POURFOUR DU PETIT et d'autres ont décrit l'entrecroisement des nerfs aux éminences pyramidales et olivaires, « aux bras et aux cuisses de la moelle allongée ».

Les anciens croyaient que, pendant l'inspiration, l'air, chargé de particules odorantes, passait par les petits orifices que CELSE avait découverts sur la voûte des fosses nasales et allait ainsi impressionner le cerveau : mais THÉOPHILE PROTOSPATARIUS découvre les nerfs olfactifs, montre leur usage et corrige, par l'anatomie, l'erreur physiologique de ses prédécesseurs.

GALIEN observe que le cerveau est animé de battements dépendant de la pulsation des artères, mais il voit aussi, après avoir enlevé des rondelles de crâne à des animaux, que le cerveau se gonfle quand l'animal se défend, fait des efforts et crie, puis qu'il diminue quand survient le repos. Il interprète ces mouvements — qu'il appelle la respiration du cerveau — par le passage de l'air inspiré au travers de la lame criblée de l'ethmoïde, passage favorisé par l'existence d'un espace vide entre la dure-mère et les circonvolutions. Mais JACQUES DUBOIS, surnommé SYLVIUS, démontre au XVIe siècle, par des dissections, qu'il n'y a point de vide entre les méninges et l'encéphale, qu'il n'existe pas de conduits par lesquels l'air puisse pénétrer des fosses nasales dans les ventricules du cerveau, et détruit ainsi la théorie de la respiration cérébrale. Ce n'est pas tout. Dans l'opinion des anciens, du liquide sécrété par la glande pinéale filtrait au dehors du crâne par les orifices ethmoïdaux et sphénoïdaux; après avoir traversé la tige pituitaire, et pénétrait ainsi dans les fosses nasales d'où il s'écoulait abondamment pendant le coryza; à cette humeur on donnait le nom de *liqueur pituiteuse*. Or, SCHNEIDER (de Wittemberg) au xvie siècle, démontre que la prétendue liqueur pituiteuse provient des fosses nasales elles-mêmes, que les trous de l'ethmoïde et du sphénoïde sont hermétiquement fermés par la dure-mère, et que le liquide qui imbibe certaines parties du cerveau est sécrété, ainsi que VESLING l'avait déjà dit, par la membrane interne des ventricules, comme la sérosité péritonéale, pleurale et péricardique, par le péritoine, la plèvre et le péricarde. Ainsi, les deux grands pas étaient faits : d'une part, il était démontré qu'aucun orifice ne pouvait conduire l'air dans le cerveau (VÉSALE et FALLOPE l'avaient affirmé de nouveau); d'autre part, le liquide céphalo-rachidien était découvert; la physiologie n'avait plus qu'à expérimenter et à conclure. Voici, en effet, qu'en 1744, SCHLICHTING, d'Amsterdam, découvre qu'en dehors des battements que déterminent dans sa masse les pulsations artérielles, le cerveau s'élève dans l'expiration violente et s'affaisse dans l'inspiration profonde (GALIEN avait précisément enseigné le contraire), et démontre que ce soulèvement de l'expiration forcée, synchrone du repos diaphragmatique, doit être attribué au reflux du sang de la veine cave dans les jugulaires et les sinus encéphaliques, car les jugulaires *n'ont pas de valvules*. Enfin, plus tard, les anatomistes disséquent les riches plexus veineux intra-rachidiens, les nombreuses et larges voies anastomotiques qui les relient aux veines extra-rachidiennes, et ainsi s'établit définitivement la théorie du mécanisme des mouvements du cerveau, par une sorte de balancement entre le sang et le liquide céphalo-rachidien, celui-ci fuyant vers le canal vertébral à tout moment où le cerveau augmente de volume, et la moelle épinière échappant à la compression, grâce à l'épaisseur du coussinet veineux qui la protège et aux nombreuses soupapes de sûreté dont est pourvu celui-ci.

L'on pensait, même après GALIEN qui avait cependant découvert la glande lacrymale, que les larmes venaient des ventricules cérébraux en suivant les veines et les nerfs, ou même qu'elles émanaient du cristallin et de l'humeur vitrée. Mais FRANCO, GUILLEMEAU, ALBERTI décrivent les points lacrymaux ainsi que le canal nasal et démontrent ainsi le mécanisme de l'évacuation des larmes dans les fosses nasales. Bien plus tard, STÉNON, en 1661, découvre les conduits excréteurs de la glande lacrymale, « vaisseaux hygrophtalmiques », que voient, après lui, SANTORINI, WINSLOW et MONRO. Et ainsi tombent enfin les vieux préjugés qui avaient résisté pendant si longtemps à la découverte de GALIEN.

Pour se convaincre que l'uretère est un canal qui conduit du rein à la vessie, GALIEN en pratique la ligature, et voit l'urine s'accumuler dans le bassinet, appelant ainsi la physiologie au secours de l'anatomie. Malgré le résultat de cette célèbre expérience, plusieurs anatomistes continuent à penser que les liquides vont directement de l'estomac à la vessie par des canaux inconnus, et il faut qu'EUSTACHE, pour trancher la question, refasse, au xvie siècle, l'expérience de GALIEN. En étudiant l'anatomie de la vessie, il observe que les uretères s'y ouvrent après en avoir obliquement traversé les parois, et, sur cette constatation, il édifie sa théorie physiologique, montrant bien que si, au moment de sa contraction, la vessie ne chasse pas l'urine dans l'uretère, c'est qu'elle ferme, par cette contraction même, l'embouchure uretérale.

C'est la physiologie qui apprend la composition chimique et le développement des os. Au xvie siècle, SÉVERIN PINEAU jette des os dans du vinaigre, et voit qu'ils deviennent mous et flexibles. A la même époque, ANTOINE MISAUD nourrit des animaux avec de la garance, et constate que leurs os deviennent rouges. Au xviiie siècle, DUHAMEL, en France, et BELCHIER, en Angleterre, complètent et confirment les observations de SÉVERIN PINEAU. FALLOPE et son disciple VOLCHERKOYTER avaient d'ailleurs prouvé anatomiquement que, dans les os longs, l'ossification commence par la partie moyenne et finit par les extrémités. SANCTORIUS et HÉRISSANT, refaisant les expériences de SÉVERIN PINEAU, montrent définitivement comment l'os se compose d'une « base terreuse » et « d'une substance visqueuse, mucilagineuse ou membraneuse », et comment la matière crétacée seule se colore sous l'influence de l'alimentation par la garance. Ainsi l'élan est donné, et plus tard les fameuses recherches de FLOURENS établissent d'une façon définitive comment, dans l'accroissement de l'os en épaisseur, c'est « le périoste seul qui travaille », et comment « les lames intérieures de celui-ci s'ossifient et augmentent la grosseur des os ». Enfin, sous nos propres yeux, dans les mains d'OLLIER, de Lyon, la physiologie démontre que les os s'accroissent en longueur par l'intermédiaire du cartilage de conju-

gaison, et ainsi est désormais établi, par l'expérimentation et contre toutes les théories
de l'école allemande, le principe du développement périphérique de l'os.

Il fallut que FALLOPE découvrît l'artère centrale de la rétine pour qu'on s'expliquât
comment le nerf optique était un nerf creusé à son centre d'une cavité, et pour qu'on
jugeât à sa juste valeur la fameuse hypothèse d'Hérophile et de GALIEN, d'après qui
« l'esprit visuel » se rendait du cerveau aux yeux par le canal du nerf optique.

Quelles hypothèses bizarres n'a-t-on pas émises sur la menstruation, l'ovulation et
la fécondation ; quelles n'ont pas été les luttes entre les ovistes et les spermistes dis-
putant sur l'importance relative de la semence de l'homme et de la femme, jusqu'à ce
que VON BAER (1827) ait découvert l'ovule, que COSTE ait observé la rupture de l'ovisac
au moment du rut des animaux et des règles des femmes (1837), et qu'enfin GENDRIN et
NÉGRIER aient définitivement montré les rapports intimes qui unissent la menstruation
et l'ovulation ?

ASELLI, de Crémone, découvre, en 1622, les vaisseaux chylifères ou « veines lactées »,
et quelques années plus tard JEAN PECQUET, de Dieppe, après avoir trouvé le réservoir
du chyle (citerne de PECQUET) démontre que ce liquide, au lieu d'être porté vers le foie,
ainsi que le pensait GALIEN, circule vers les veines sous-clavières et vers le cœur. Et
voilà que s'éclaire tout d'un coup la question de l'absorption physiologique et expérimentale des liquides et des graisses, absorption que les anciens connaissaient en partie,
puisque la pratique des lavements nutritifs date des temps les plus reculés.

Mais nulle part le parallélisme de la marche suivie par l'anatomie et la physiologie
n'apparaît mieux que dans l'histoire de la circulation du sang. ÉRASISTRATE croyait que
les artères contenaient de l'air : GALIEN démontre qu'elles sont remplies de sang ; il
découvre aussi le trou interauriculaire du fœtus, le canal artériel et les valvules du
cœur. VÉSALE observe que la cloison interventriculaire n'est point perforée. CHARLES
ESTIENNE de Paris, AMATUS de Ferrare, JACQUES DUBOIS (dit SYLVIUS), FABRICE d'Aquapendente, FRA PAOLO SARPI de Venise, décrivent tour à tour les différentes valvules des
veines. Et là-dessus, MICHEL SERVET, de Villanueva, découvre en 1550 la circulation pulmonaire qu'AMBROISE PARÉ se refuse à admettre. Puis, cent ans plus tard, HARVEY, disciple de FABRICE, d'Aquapendente, se basant sur les démonstrations anatomiques de son
maître et sur les détails qu'il avait donnés de la situation et de la direction des valvules
veineuses, examine les pulsations du cœur et des artères, observe le résultat de la
ligature des veines et démontre enfin, en 1628, le mécanisme de la grande circulation
qu'ANDRÉ CESALPINO, d'Arezzo, avait déjà parfaitement conçue et définie « par la seule
force de son génie », vers l'an 1560 ; à CESALPINO n'est pas resté l'honneur de cette immor-
telle découverte, parce qu'il ne sut malheureusement pas lui donner la consécration anatomique que lui donna plus tard HARVEY, dont le monde médical, qui était resté sourd aux
paroles du savant italien, accepta les idées avec enthousiasme, parce que celles-là seules,
parmi les affirmations, « peuvent prendre racine qui ont un fondement anatomique ».

Ces quelques exemples d'histoire déjà ancienne, pris entre tant d'autres, suffiront,
je pense, à montrer les services que, dans la suite des temps, se sont rendus réciproquement l'anatomie et la physiologie. On peut dire que la science de l'organisation
des êtres est inséparable de la science de la vie. Est-il besoin de citer des faits plus
récents ? Ils abondent.

N'est-ce pas la physiologie qui, dans les mains de CH. BELL (1811) et de MAGENDIE (1822),
nous a appris que les fibres des racines antérieures des nerfs rachidiens aboutissent
aux muscles et celles des racines postérieures à la peau et aux muqueuses ? N'est-ce
pas la physiologie qui, après nous avoir enseigné, de concert avec la méthode anatomo-
clinique, l'existence des centre moteurs et sensitifs sur le cerveau des animaux et sur celui
de l'homme, nous a montré, par l'étude des dégénérations ascendantes et descendantes,
la composition de la capsule interne, du pédoncule cérébral, du bulbe et des cordons
médullaires ? N'est-ce pas à elle que nous devons toutes nos connaissances actuelles sur
le faisceau psychique, le faisceau géniculé, le faisceau pyramidal, le faisceau sensitif ?
Comment saurions-nous que la corde du tympan anime la muqueuse linguale et la glande
sous-maxillaire, si, après en avoir pratiqué la section, nous ne trouvions pas des fibres
dégénérées dans le tronc du nerf lingual jusque sur ces deux organes ? Et pour la branche
interne du nerf spinal, de quoi, sinon de l'expérimentation, tiendrions-nous qu'elle

innerve le cœur et les muscles du larynx? N'avons-nous pas appris de la célèbre expérience de Cl. Bernard sur l'oreille du lapin que c'est du sympathique que partent les rameaux destinés à la mise en œuvre des fibres musculaires lisses des vaisseaux? N'est-ce pas encore l'expérimentation qui nous a renseignés sur l'innervation sympathique de l'iris? N'est-ce pas elle, enfin, qui nous a montré la véritable origine et le véritable trajet des filets qui composent le nerf vertébral?

D'ailleurs, l'anatomie n'est jamais restée en arrière dans ce continuel échange de services réciproques et de bons procédés. Le physiologiste s'étonnait que l'extirpation du corps thyroïde ne produisît pas toujours les mêmes troubles chez l'animal : mais voici que l'anatomie découvre les thyroïdes accessoires. On discute sur le phénomène de l'accommodation; on l'explique par le relâchement et le resserrement alternatifs de la pupille, par des contractions des muscles moteurs du globe oculaire modifiant la longueur de l'œil ou la courbure de la cornée, par des mouvements de translation du cristallin en avant ou en arrière, jusqu'au jour où la découverte du muscle ciliaire, muni de fibres annulaires et de fibres radiées, fait comprendre comment la face antérieure du cristallin subit des modifications de courbure qui permettent à la lentille oculaire de s'adapter à la vision proche et à la vision éloignée.

Au reste, on ne conçoit pas qu'un physiologiste ne soit pas aussi un anatomiste ; la connaissance macroscopique et microscopique des organes s'impose à lui. Je ne veux pas dire par là qu'on puisse et qu'on doive mener de front l'étude des deux sciences : aujourd'hui, plus que jamais, la spécialisation s'impose, mais elle ne s'impose qu'à cette seule condition que le physiologiste acquière, avant d'expérimenter, un fonds solide de connaissances anatomiques, et qu'il se tienne, au jour le jour, plus ou moins au courant des progrès réalisés par la science de l'organisation animale. Certes il trouvera, au milieu des nouvelles découvertes anatomiques, des questions de détails qui ne l'intéresseront que médiocrement et ne pourront avoir — au moins pour l'heure présente — que des rapports lointains avec la physiologie; mais combien d'autres, en revanche, pourront l'éclairer dans ses recherches, le guider dans son expérimentation, fixer ses idées, l'aider à résoudre des problèmes restés jusque-là inconnus! Quelques exemples encore. Le mécanisme de la chaîne des osselets et le fonctionnement de l'oreille moyenne ne suppose-t-il pas, pour être compris, la connaissance des muscles moteurs de l'étrier et du marteau, celle de la trompe d'Eustache et celle du muscle péristaphylin externe? Ne faut-il pas savoir la disposition de l'appareil autoclave de la veine dorsale de la verge, pour s'expliquer l'érection des corps caverneux et celle du corps spongieux de l'urèthre, qui ne survient qu'après la première? Conçoit-on qu'on puisse étudier la physiologie de la voix sans une connaissance parfaite des muscles du larynx et de leur innervation, celle des mouvements du globe de l'œil sans une exacte notion des fibres d'association des noyaux de la 3e, de la 4e et de la 6e paires?

Et l'anatomie microscopique n'est pas moins nécessaire au physiologiste que l'anatomie descriptive. L'étude des mouvements de l'estomac et de l'intestin suppose la connaissance de leur système musculaire. Le phénomène de l'expiration et la transformation du courant intermittent du sang en courant continu ne peuvent être compris que par celui qui connaît la disposition des fibres élastiques dans le poumon et leur distribution dans les différentes artères. On ne saurait imaginer comment l'ovule chemine dans la trompe, et le spermatozoïde dans le canal déférent, ni comment les poussières sont expulsées au dehors des voies aériennes, si l'on ignore la morphologie des épithéliums et les différences qui séparent l'épithélium plat (épithélium de protection de l'œsophage) de l'épithélium à cils vibratiles (épithélium de propulsion de la trachée et des organes génitaux).

Il est, du reste, un point où la physiologie et l'histologie se confondent. N'est-ce pas avec le microscope que le physiologiste, étudiant la circulation capillaire, démontre que les globules blancs cheminent le long de la paroi du vaisseau, formant là comme une veine liquide à courant très lent (couche adhérente de Poiseuille), toute prête à la diapédèse? N'est-ce pas encore avec le microscope que le physiologiste scrute les phénomènes intimes et les modifications cellulaires de la sécrétion des glandes? Mais c'est tomber dans la banalité que de vouloir démontrer des choses d'une pareille évidence. Il est certain que le physiologiste doit être doublé d'un bon anatomiste.

La science de la vie suppose la science de l'organisation, parce que les fonctions d'un organe sont liées à la structure de cet organe; les travaux du physiologiste sont nécessairement et immédiatement enchaînés aux recherches de l'anatomiste, « et la science des fonctions, privée du flambeau de la science de l'organisation, ne peut que marcher au hasard et se nourrir seulement des écarts du génie ».

PIERRE SEBILEAU.

ANÉLECTROTONUS. — Nom sous lequel est désigné l'état électrique, à l'anode, d'un muscle ou d'un nerf soumis pendant un certain temps à l'action d'un courant électrique (Voy. **Électricité, Electrotonus**).

ANÉMIE (de ἀ et αἷμα, sang, privation de sang). — **Pathologie.** — En pathologie l'anémie signifie une maladie caractérisée par la diminution du sang, et plus particulièrement de certains éléments du sang, les globules rouges; soit que le nombre des globules rouges ait diminué par rapport au plasma, soit, le plus souvent, que la teneur de ces globules rouges en hémoglobine ait diminué, de manière à altérer notablement l'hématose d'une part, et d'autre part la vie des tissus, spécialement des centres nerveux.

L'histoire de l'anémie relève donc exclusivement de la pathologie; soit pour ses causes, qui sont multiples; soit pour ses modalités, et la marche générale de la maladie. Les déductions importantes qu'on peut tirer de la physiologie normale, au point de vue de la nutrition, de la calorification, de l'innervation, seront exposées aux articles **Fer, Hématie, Hémoglobine** et **Sang** (Voy. aussi POTAIN. Art. « Anémie » du *Dict. encycl.*). Notons seulement que l'anémie, qui jouait jadis un si grand rôle dans la pathologie, est bien déchue de son importance, et que certaines affections, comme par exemple l'anémie des mineurs, lui ont été totalement enlevées.

En physiologie générale, l'anémie signifie la privation de sang d'un tissu. Elle est très importante à étudier d'une manière tant soit peu approfondie; car elle nous apprend quelles sont les propriétés essentielles, caractéristiques de tel ou tel tissu vivant, indépendamment du sang oxygéné qui l'irrigue.

Anémie et Hémorrhagie. — Quand on provoque la mort d'un animal par hémorrhagie, on le tue en réalité par anémie, mais les symptômes généraux des hémorrhagies sont trop complexes pour être étudiés ici (Voir **Hémorrhagie**). D'ailleurs nous étudions, dans cet article, non la mort de l'individu, mais la mort de chaque tissu. L'individu meurt quand le système nerveux n'est plus en relation avec un appareil circulatoire intact; mais chaque tissu survit plus ou moins longtemps à cette mort de l'individu, et c'est précisément cette survivance des tissus que nous avons à étudier.

On peut cependant, dans quelques cas, faire périr un animal par anémie sans soustraction du liquide sanguin. Alors ce n'est pas l'anémie totale qui le tue; mais seulement l'anémie cérébrale. On change les conditions d'équilibre d'un quadrupède en le mettant la tête en l'air. L'expérience a été faite par SALATHÉ (*D. P.*, 1877), et je l'ai maintes fois répétée dans mes cours. En plaçant un lapin dans la position verticale, et en l'attachant sur une planche, on le fait mourir en une vingtaine de minutes environ. Quelquefois, sans qu'on en connaisse bien la cause, l'expérience ne réussit pas. Même, chez le chien, elle ne réussit jamais dans les conditions normales. Mais HAYEM a montré qu'après une hémorrhagie abondante, quoique non immédiatement mortelle, un chien meurt au bout de deux ou trois minutes si on le place dans la position verticale, ce que j'ai aussi vérifié comme parfaitement exact (*B. B.*, 1891, p. 35. *Influence de l'attitude sur l'anémie cérébrale*).

Ce qui rend cette expérience instructive, c'est qu'elle établit bien la différence entre la mort de l'individu et la mort des tissus. Il est clair que le cerveau et le bulbe sont dans ce cas les seules parties de l'organisme anémiées; mais cela suffit pour amener la mort de l'individu, par suite de la domination que l'appareil nerveux exerce sur les autres appareils. L'anémie d'un seul organe aussi important que le cerveau et le bulbe amène la mort du cœur, et par suite celle de tous les autres organes : c'est sans doute le cas de toutes les morts, quelles qu'elles soient. Elles sont dues à la mort du système nerveux central, qui régit la circulation et la respiration.

Anémie des tissus en général. — A mesure qu'on étudie de plus près l'histoire de l'anémie, on s'aperçoit bien que les tissus ont une existence *personnelle*, indépendante du sang qui les irrigue. Le sang sert à entretenir la nutrition et la vie ; mais la vie peut continuer quelque temps, et un temps très variable, suivant la nature du tissu étudié et les conditions extérieures.

Les expériences qui prouvent ce fait important sont innombrables ; un muscle continue à être irritable par l'électricité ou les autres agents excitateurs longtemps après que la circulation a cessé ; les cils vibratiles arrachés de l'organisme continuent à se mouvoir ; un cœur de grenouille ou de tortue se contracte pendant plusieurs jours, même si l'on a remplacé le sang par une solution saline ; voilà des faits positifs qui établissent bien cette première loi que la vie des tissus est indépendante du sang.

C'est surtout sur les nerfs et les muscles qu'on peut bien suivre les effets de l'anémie, autrement dit les différentes phases par lesquelles passe le nerf avant de mourir définitivement par la privation de sang. La méthode graphique permet d'enregistrer minute par minute les oscillations de l'excitabilité, en même temps qu'on peut doser exactement la force excitante par l'emploi des courants électriques.

Plusieurs auteurs, FAIVRE (*B. B.*, 1858, p. 223; 1860, p. 26); CLAUDE BERNARD (*Rapport sur les progrès de la physiologie*, 1867, p. 27); ROSENTHAL (*Les nerfs et les muscles*, 1881, p. 104); CH. RICHET (*Physiologie des muscles et des nerfs*, 1883, p. 609); A. WALLER (*A. P.*, 1888, p. 457) ont analysé les phases de l'anémie, et ils ont vu constamment que le nerf, dès qu'il a été privé de sang, commence par devenir plus excitable ; puis, à mesure que l'anémie se prolonge, il perd ses propriétés fonctionnelles, si bien qu'il finit par mourir au bout d'un temps plus ou moins long. Mais toujours une période d'excitabilité accrue a précédé la mort.

C'est là une loi très générale, pour le nerf comme pour le muscle, comme pour les autres tissus, et dans la mort par l'anémie comme dans la mort par un empoisonnement quelconque. Les grenouilles dont le cœur a été enlevé, et qui ont été lavées par un courant d'eau légèrement salée, d'après la méthode de COUNHEIM et OERTMANN, présentent une période d'excitabilité psychique accrue qui précède la mort. Le chloroforme, avant d'abolir la sensibilité et l'intelligence, commence par provoquer une période d'hyperesthésie d'abord, puis de délire et d'ivresse. Ainsi font les substances alcooliques et tous les anesthésiques. La figure schématique suivante indique bien les phases de l'excitabilité dans la mort par l'anémie.

On peut noter sur soi-même par une expérience très simple ces effets excitateurs de l'anémie au début. Pour cela il suffit d'anémier un membre, l'avant-bras par exemple, avec une bande de caoutchouc serrée. On voit alors, ou plutôt on sent, la série des phénomènes par lesquels passent les nerfs sensitifs soumis à la privation de sang. On perçoit une grande variété de sensations, peu agréables d'ailleurs, qui toutes peuvent être appelées de l'hyperesthésie, et qui finissent au bout de dix à quinze minutes par devenir une douleur insupportable, ce qui prouve bien que l'anémie est, au moins au début, une cause d'excitabilité du nerf.

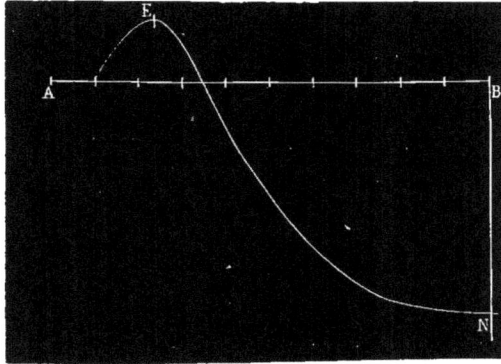

FIG. 43. — Marche de l'excitabilité dans l'anémie (Schéma).

AB, ligne des temps. État normal ; E, excitabilité accrue ; N, mort du tissu.

A ces variations dans l'excitabilité correspondent des variations dans la constitution chimique. Le muscle, même quand tout ferment extérieur a été éliminé, devient de plus en plus acide et se rigidifie.

ANÉMIE.

Le nerf, lui aussi, devient acide, et sa fonction électro-motrice disparaît peu à peu, quoique très lentement, après une courte période d'exaltation.

On s'expliquera bien l'ensemble de ces phénomènes si l'on considère l'état instable des substances chimiques qui sont constitutives de nos tissus. Elles sont en voie perpétuelle de destruction pour dégager de la force, et, si elles ne trouvent pas dans le milieu ambiant, qui, à l'état normal est le sang oxygéné, les éléments chimiques nécessaires à la reconstitution de la substance qui a disparu, elles finissent par périr. Ce n'est pas là tout à fait de la théorie; c'est surtout l'exposé d'un fait. Mais l'affirmation d'un tel principe a cet avantage que nous pouvons alors, d'après la durée plus ou moins grande de la résistance à l'anémie, apprécier la plus ou moins grande activité chimique de tel ou tel tissu. On verra plus loin qu'une autre hypothèse peut être invoquée, qui ressemble beaucoup à celle-ci; c'est que la vie chimique des tissus produit une substance toxique que le sang a pour mission d'enlever, au fur et à mesure de sa production.

Dans l'un et l'autre cas il s'agit de phénomènes chimiques, et ce n'est pas là une constatation banale; car il est clair que l'activité d'un tissu au point de vue chimique mesure son énergie intérieure, et indique la place qu'il doit tenir dans la hiérarchie des tissus.

Certes ce mot de *hiérarchie* que j'ai employé, je crois, le premier, dans ce sens, ne peut pas signifier autre chose qu'une susceptibilité plus ou moins grande aux causes de destruction chimique. Il n'y a évidemment pas parmi les tissus une hiérarchie comme dans une société, avec des gens qui commandent et d'autres qui obéissent; mais on conçoit qu'il faut mettre au sommet de la hiérarchie les tissus les plus compliqués; il s'ensuit que, plus un tissu est compliqué, plus il a une activité chimique intense, et par conséquent de fragilité.

Une autre conséquence de cette explication chimique de la mort des tissus par l'anémie, conséquence qu'on peut admettre *a priori*, et qui se démontre rigoureusement par beaucoup d'expériences, c'est que la température exercera une influence considérable sur la durée de la vie des tissus. Les phénomènes chimiques étant exaltés par la chaleur, la chaleur va hâter le moment de la mort par l'anémie :

En somme quatre hypothèses sont possibles pour expliquer comment l'anémie tue à des moments différents telle ou telle cellule :

1° Destruction plus ou moins rapide d'une substance nécessaire; autrement dit activité chimique plus ou moins grande;

2° Quantité plus ou moins considérable, mise au préalable en réserve dans la cellule, de la substance qui se détruit par le fonctionnement cellulaire ;

3° Production plus ou moins rapide d'une substance toxique, autrement dit activité chimique plus ou moins grande.

4° Résistance plus ou moins considérable à l'intoxication par cette substance toxique.

A vrai dire la science n'est guère encore en état de discuter avec fruit ces diverses hypothèses. Au fond elles reviennent toutes à la constatation de cette grande loi de la physiologie, que la vie est une fonction chimique.

Anémie des centres nerveux. Centres nerveux psychiques. — Plusieurs méthodes peuvent être employées pour analyser les effets de l'anémie du cerveau. Bien entendu il ne sera question ici que de l'anémie totale; car l'anémie incomplète ou l'anémie lente est plutôt du ressort de la pathologie. D'ailleurs c'est une question fort obscure et incertaine, toujours traitée d'une manière bien insuffisante (Voy. *Anémie cérébrale* du *Traité de Médecine*, 1895, tome VI). Au contraire l'anémie soudaine et radicale de toute la masse cérébrale peut être facilement pratiquée par divers moyens. On peut injecter avec une forte seringue de l'air dans une des carotides. Grâce aux anastomoses larges qui font communiquer entre elles toutes les artérioles cérébrales, l'air se répandra immédiatement dans la masse du cerveau et chassera le sang qu'il contenait. Au lieu d'air, on peut aussi, comme l'a proposé Vulpian, injecter une fine poussière, de la poudre de lycopode par exemple, suspendue dans l'eau. On peut encore arrêter brusquement le cœur, et par conséquent la circulation, soit par une rapide excision, soit par l'électrisation. La contractilité artérielle expulse aussitôt tout le sang contenu dans les vaisseaux, et le cerveau devient exsangue.

La décollation ou décapitation est aussi un procédé d'anémie absolue; car la circulation est aussitôt supprimée, et les veines et artères ouvertes laissent s'écouler une assez grande quantité de sang.

Quelle que soit la manière dont l'anémie totale est pratiquée, on est d'accord pour constater, chez les animaux à sang chaud, la mort presque immédiate du système nerveux psychique.

Les expériences faites à ce point de vue sur l'encéphale des animaux supérieurs sont dues à de nombreux auteurs, depuis ASTLEY COOPER (1836) jusqu'à nos contemporains, parmi lesquels il faut citer surtout BROWN-SÉQUARD, HAYEM et BARRIER (A. P., 1887, p. 1) et P. LOYE qui en a fait le sujet d'un excellent travail (La mort par la décapitation, 1888), auquel nous renvoyons pour la bibliographie. L'histoire détaillée des faits qui se rapportent aux phénomènes physiologiques sera traitée ailleurs (V. Cerveau et Décapitation); mais nous devons cependant en retenir quelques particularités.

Le principal fait, sur lequel, à quelques nuances près, tout le monde est d'accord, c'est que la vie psychique est immédiatement abolie. Il n'est pas possible de supposer qu'il y a, après la décollation, survivance de l'intelligence. Les contractions des muscles de la face, les mouvements des bulbes oculaires, le rictus et les bâillements, ne prouvent aucunement qu'il y ait encore sensibilité et conscience. En essayant de voir combien de temps le plus simple réflexe psychique met à disparaître (occlusion des paupières à l'approche d'un objet brusque), on voit que la disparition du réflexe psychique le plus élémentaire est toujours immédiate. Or on a à peu près le droit strict de supposer que l'intelligence et la conscience sont au moins aussi fragiles que ce réflexe. Même HAYEM et BARRIER, qui admettent une trace de conscience chez les chiens décapités, reconnaissent que ce ne peut être que pendant trois ou quatre secondes, et encore même cette persistance est-elle douteuse.

En anémiant un chien par l'électrisation du cœur, on voit au contraire, pendant une période de 30 à 45 secondes, ainsi que je l'ai souvent constaté, la conscience persister. Quoique le cœur se soit arrêté, l'animal continue à regarder autour de lui, et à comprendre ce qui se passe. Bientôt il pousse des cris de douleur, et il manifeste une angoisse effrayante. Mais on n'a pas évidemment réalisé une anémie complète; car, pendant un temps appréciable, les artères continuent à se vider dans l'encéphale, de sorte qu'on ne peut comparer cette demi-anémie à l'anémie totale que produit la décollation.

LOYE a supposé qu'outre l'anémie absolue, soudaine, la mort par la décollation produisait une sorte de choc, avec des phénomènes d'inhibition. Cela est possible : mais l'anémie suffit pour expliquer la mort rapide de la conscience; car, en introduisant rapidement de l'air dans une carotide, on voit tous les phénomènes intellectuels disparaître rapidement. Alors on n'observe pas la période spéciale, très courte, du stade d'étonnement et d'inquiétude, comme après l'électrisation du cœur; mais les cris douloureux surviennent d'emblée, et il ne s'écoule guère plus de dix à quinze secondes jusqu'au moment où l'intelligence consciente paraît anéantie. On peut donc admettre que, dans la décollation, il y a suppression soudaine et totale de la conscience; tandis que, dans les autres anémies, moins complètes et surtout moins rapides, la conscience survit encore pendant quelques secondes.

On rapprochera ces faits des syncopes, par exemple de la syncope épileptique, où la perte de la conscience est instantanée, ou de la vraie syncope réflexe qui survient après une forte émotion. Souvent alors, dans ces cas, la perte de connaissance est immédiate, et il ne s'écoule pas plus d'une, ou deux, ou trois secondes entre le moment où l'ébranlement survient et le moment où la conscience disparaît. Mais il n'est pas certain que l'ictus épileptique ou la syncope même émotive soient des phénomènes d'anémie cérébrale.

Il résulte de tout ceci que la conscience est vraiment l'appareil le plus délicat et le plus fragile de l'organisme. Alors que tous les tissus vivent et continuent leur fonction, la conscience est morte. Il faut au système nerveux, qui préside à l'idéation consciente, un renouvellement chimique ininterrompu. Dès que l'abord du sang est supprimé, aussitôt la mort survient. Donc, dans la hiérarchie des tissus, nous placerons en première ligne l'appareil cérébral psychique, et avec d'autant plus de certitude que, dans les empoisonnements, comme dans l'asphyxie, on retrouve cette même fragilité des cellules nerveuses de la vie psychique.

Ces faits ne sont pas applicables aux animaux à sang froid ; car, même lorsque l'anémie cérébrale est totale, chez les reptiles, les batraciens, les poissons, il y a encore persistance de l'activité intellectuelle. C'est une bonne preuve qu'il s'agit là essentiellement
d'un phénomène d'ordre chimique. Lorsqu'on a enlevé le cœur d'une grenouille, et
remplacé le sang qui irrigue ses tissus par une solution saline, elle continue à sauter, à
voir et à entendre, étant pendant quelques minutes tout à fait semblable à une grenouille normale (RINGER et MURRELL, *J. P.*, t. i, p. 72). On a constaté aussi que la persistance de la conscience après anémie est chez les grenouilles d'autant plus longue que la
température est plus basse. Comme les échanges chimiques sont fonction des variations
thermiques, tout concorde à cette conclusion, qui semble rigoureuse, que la conscience
est un phénomène d'ordre chimique, marchant parallèlement avec les échanges chimiques
des tissus.

Si l'on refroidit un animal à sang chaud, on voit tous les phénomènes ordinaires
de l'anémie se ralentir. J'ai eu l'occasion d'observer un singe qui, à la fin d'une
maladie nerveuse (de nature inconnue), présentait avant de mourir une température de
21°3. Il fut alors décapité par une section brusque, qui fut rapidement et complètement
faite. Les réflexes palpébraux, provoqués par l'attouchement de la cornée, ne disparurent qu'au bout de 1'55". Les mouvements asphyxiques de la face persistèrent quatre
minutes.

On a cherché à savoir combien il faut de temps pour que la mort par l'anémie soit
définitive, sans qu'il y ait possibilité de faire revenir les fonctions par le rétablissement
de la circulation. Jusqu'ici, à part une expérience de BROWN-SÉQUARD, où l'anémie
n'était sans doute pas totale, à part quelques essais de HAYEM et BARRIER, qui ne semblent
pas très concluants, on n'a pas encore vu reparaître la conscience après que l'anémie l'a
une fois abolie. Cependant on peut prévoir que cette expérience est possible, et qu'on y
arriverait en se plaçant dans d'excellentes conditions expérimentales, difficiles à réaliser.
Mais cela ne prouverait que ceci : c'est que la vie consciente, après une courte interruption, peut reparaître si le cerveau est rétabli dans ses conditions normales. Cette étude a
été bien traitée par LOYE (*Loc. cit.* p. 84).

Tout ce que nous venons de dire s'applique à la fonction psychique générale, sans
localisation fonctionnelle. C'est qu'en effet l'anémie, comme les empoisonnements et
l'asphyxie, dissocie admirablement les fonctions du cerveau. La fonction psychique
disparaît tout de suite ; mais les autres fonctions cérébrales sont plus résistantes. Ainsi il
y a, dans la tête séparée du tronc, des phénomènes d'activité nerveuse manifeste qui
témoignent même qu'il y a une période *d'excitation* qui précède la période *d'anéantisse-*
ment. Ce sont d'ailleurs des manifestations de l'activité protubérantielle ou bulbaire, et
non de l'activité corticale. Baillements, grimaces, contractions fibrillaires des muscles
de la face, nystagmus, mouvements des paupières, rotation des yeux, tout cela est dû à
la protubérance et au bulbe, non aux circonvolutions cérébrales.

Quant à l'excitabilité des circonvolutions à l'électricité, c'est un phénomène d'ordre
expérimental qu'il ne faut pas confondre avec l'activité psychique. Des expériences ont
été faites à ce sujet par LABORDE sur les têtes des décapités (*Des phénom. extér. que*
l'on trouve sur la tête et le tronc des décapités, B. B., 7 févr. 1891, p. 99) et sur les chiens
par FRANÇOIS-FRANCK (*Fonctions motrices du cerveau*, 1887, p. 249), ORCHANSKY (*Einfluss der*
Anemie auf die electrische Erregbarkeit des Grosshirns, A. Db., 1883, p. 297) et ADUCCO
(*Action de l'anémie sur l'excitabilité des centres nerveux*, A. B. I., 1891, t. XIV, p. 141). Ces
auteurs ont tous constaté une augmentation d'excitabilité après anémie. Il est vrai que,
sauf dans les cas de LABORDE, qui opérait sur des décapités, l'anémie n'était pas complète, étant provoquée par la ligature des carotides et des vertébrales, ce qui ne suffit pas
à empêcher absolument toute trace de circulation.

La discussion des effets de l'anémie incomplète sur l'intelligence, sur le sommeil,
sur l'anesthésie, relève plutôt d'autres articles (Voir **Sommeil, Psychologie**). Je mentionnerai seulement à ce propos l'ouvrage volumineux de SERGUEYEFF (*Physiologie de la veille*
et du sommeil, Paris, 1890, 2 vol.).

Disons cependant d'une manière générale que l'explication d'un phénomène nerveux
quelconque (épilepsie, sommeil, anesthésie) par une anémie du cerveau ou de certaines
parties du cerveau est probablement erronée. Il est douteux, malgré les raisons allé-

guées par Brown-Séquard, qu'un effet vaso-moteur puisse modifier d'une manière efficace et prolongée l'innervation cérébrale.

La ligature des vertébrales et des carotides sur le chien et sur le lapin produit aussi des effets remarquables. Au bout d'un temps assez court, mais variable suivant la dilatation des artérioles qui rétablissent la circulation cérébrale, les convulsions qui précèdent presque fatalement la mort apparaissent généralement au bout d'une ou deux ou trois minutes. Kussmaul et Tenner (1857), L. Frédéricq (Exp. inédites), Prévost et Waller (Contract. des vaso-moteurs du cerveau, B. B., 18 nov. 1871, p. 142) ont produit une anémie incomplète, avec convulsions, par l'électrisation du sympathique cervical. D'après les travaux de Nawalichin, de S. Mayer (Zeitsch. f. Heilk., t. iv, 1883), et des auteurs qui ont fait des ligatures des artères allant au cerveau, il y a encore au bout de une ou deux minutes, réparation possible du tissu cérébral; mais, si l'anémie dure plus longtemps, la restitution (ad integrum) est impossible. On verra plus loin que la restitution des fonctions de la moelle, après anémie, peut avoir lieu au bout de vingt minutes. Il en résulte que la fragilité du tissu cérébral doit être considérée comme plus grande que celle du tissu médullaire.

Centres nerveux médullaires. — Pour les centres nerveux médullaires, les lois générales sont les mêmes que pour le cerveau; mais les périodes sont sensiblement plus longues, quoiqu'elles doivent, quand l'anémie est totale, se compter encore par secondes et non par minutes.

Voici pour servir de schéma, en quelque sorte, deux expériences faites par moi tout récemment, qui montreront bien comment les centres nerveux divers se comportent lorsqu'ils sont anémiés.

Un chien de moyenne taille, après une assez abondante perte de sang, est tué par l'électrisation du cœur. Un des électrodes est enfoncé dans le cou; l'autre dans le cœur. Au moment même où passe le courant d'induction (rythme fréquent, une pile Grenet, bobine à fil fin), le cœur s'arrête.

L'électrisation dure à peine deux secondes.

Douze secondes après, l'animal, qui était jusque-là resté hagard, et comme hébété, se met à pousser des cris déchirants. La respiration s'accélère et devient, à la fois, plus profonde et plus rapide.

Le maximum des cris douloureux se produit à la dix-huitième seconde. Les réflexes (clignement de la paupière au contact conjonctival et réflexe rotulien) sont conservés.

A la 30ᵉ seconde les cris douloureux cessent. L'animal paraît inerte et sans mouvements volontaires; mais les réflexes ne sont pas abolis.

A la 40ᵉ seconde, extension générale de tout le corps, avec contractions intestinales. Ces grands mouvements d'extension durent 10 secondes, pour cesser complètement à la 55ᵉ seconde. Alors il y a encore le réflexe cornéen; mais le réflexe rotulien est aboli.

Le réflexe cornéen ne disparaît qu'au bout d'une minute et 5 secondes.

Silence général, sans aucune manifestation vitale que le frémissement fibrillaire non interrompu du ventricule.

Au bout de 1 minute et 25 secondes, respirations agoniques, profondes, assez distantes les unes des autres. Il y en a quatre, bien nettes. La dernière cesse après une minute et 30 secondes.

Au bout de 2 minutes et 30 secondes, légers mouvements fibrillaires dans les muscles du dos et des cuisses. Le cœur frémissant toujours.

— Voici une autre expérience, qui prouvera à quel point toujours ce drame de la mort par l'anémie reste semblable à lui-même.

Chien vigoureux, ayant subi une assez abondante perte de sang. Alors on électrise le cœur (un pôle dans une aiguille traversant le cœur, l'autre pôle enfoncé au cou).

Pendant 6 secondes, silence de l'animal qui reste hébété et hagard.

A la 6ᵉ seconde, la respiration devient fréquente, profonde, de plus en plus anxieuse.

A la 12ᵉ seconde, cris de douleur, mouvements d'extension de l'animal.

A la 25ᵉ seconde, les cris se ralentissent, deviennent plus faibles, et ils cessent complètement à la 35ᵉ seconde.

A la 40ᵉ seconde, l'extension tonique cesse. Il y a encore quelques réflexes cornéens.

A la 45ᵉ seconde, le réflexe cornéen a disparu. Il y a encore des réflexes de la queue ; ceux-ci, très faibles à la 55ᵉ seconde, ne disparaissent qu'après la première minute.

A 1 minute 20 secondes, respirations agoniques. Mouvements fibrillaires des muscles du cou. Saccades brusques du tronc. A 1 minute 30 secondes, fin des respirations agoniques. Les mouvements fibrillaires des muscles du cou continuent jusqu'à 2 minutes 5 secondes, en s'atténuant graduellement.

Si je rapporte ces deux expériences, c'est qu'elles sont typiques, et qu'en les répétant un grand nombre de fois, on retrouvera toujours les mêmes phénomènes. Admettons que les cris aigus poussés par l'animal indiquent la douleur, et par conséquent la conscience, on voit que l'intelligence a duré une demi-minute, tandis que les réflexes ont duré une minute et 5 secondes, et l'innervation bulbaire respiratoire, une minute et 50 secondes.

On voit aussi que la période de mort, soit pour le cerveau, soit pour la moelle qui préside aux réflexes, soit pour le bulbe qui commande les respirations, a été constamment précédée d'une période d'hyperesthésie ou d'hyperkinésie, caractérisée pour le cerveau par des cris de douleur ; pour la moelle, par l'extension générale, convulsion tonique de tout le corps ; pour le bulbe respiratoire, par des respirations accélérées.

Il est vrai que, dans cette anémie par l'électrisation, il n'y a pas suppression totale et immédiate de toute circulation, de sorte que la survie de 1 minute pour les fonctions de la moelle est peut-être un peu trop longue. En effet, sur les têtes de décapités, là où l'anémie est absolue, le réflexe cornéen, provoqué par l'attouchement de la conjonctive, disparaît, d'après Loye, au bout de 30 secondes environ, et le réflexe de constriction de l'iris disparaît aussi en même temps, tandis que les incitations respiratoires, caractérisées par les bâillements, ne disparaissent qu'au bout de 2 minutes environ. Il est possible que, chez l'homme, la fin des réflexes soit encore plus rapide ; car Loye a constaté (loc. cit., p. 163) que, six secondes après la décapition, il était impossible d'obtenir le moindre réflexe sur la tête anémiée.

Je ne parle pas, bien entendu, de certains mouvements de l'iris à la lumière, mouvements, qui, d'après Laborde, persistent pendant 20 minutes (loc. cit. p. 101), car il est probable qu'il s'agit d'une action directe de la lumière sur la fibre musculaire.

L'expérience de Stenon, dans laquelle on fait la ligature de l'aorte abdominale, n'est pas aussi probante au point de vue de l'anémie absolue des centres nerveux ; car la circulation, quoique gênée dans les parties inférieures de la moelle, n'y est pas totalement abolie.

Mais, en modifiant les conditions, L. Fredericq a obtenu des résultats fort intéressants qui concordent bien avec les faits que nous venons de mentionner.

Voici en quoi consistent ces expériences (L. Fredericq, *Anémie expérim. comme procédé de dissociat. des propriétés motrices et sensitives de la moelle épinière. Trav. du Lab. de* Fredericq, t. iii., 1890, pp. 5-12. — Colson, *Rech. physiol. sur l'occlusion de l'aorte thoracique, ibid.*, pp. 111-164). Ces deux physiologistes ont en outre donné dans leur mémoire, auquel nous renvoyons, les recherches faites jusqu'à cette époque (1890) au sujet de l'expérience de Sténon (ou, comme ils disent, de Swammerdam). Le procédé employé par eux pour anémier un membre consistait en l'oblitération de l'aorte thoracique par une ampoule introduite dans la carotide et de là dans l'aorte, et qu'on pouvait gonfler en l'insufflant. Cette ingénieuse méthode avait déjà été employée par Pauloff (*A. Pf.*, 1888, p. 261) et Ch. Bohr (*C. P.*, 1888, p. 261).

L'anémie obtenue ainsi amène en 35 minutes environ, ou 50 minutes, d'après Colson, la suppression du pouvoir moteur médullaire. A ce moment la sensibilité est intacte encore (c'est dans le même ordre, ainsi que je l'ai vu souvent, que disparaissent les fonctions de la moelle chez les animaux chloralisés). Cette paralysie est précédée d'une période d'hyperkinésie dont le maximum est vers 25 minutes.

La période d'hyperesthésie survient au bout de 1 h. 30 minutes environ ; et l'anesthésie est complète vers la fin de la quatrième minute.

Ainsi les fonctions motrices de la moelle disparaissent avant ses fonctions sensibles.

Le retour des fonctions médullaires n'est possible que si l'anémie n'a pas duré plus de 20 minutes.

Quant aux plaques terminales, elles meurent au bout de trois quarts d'heure. Mais il ne faut pas oublier que l'excitabilité des plaques terminales est jugée par l'excitation électrique appliquée au nerf sciatique, et que ces conditions sont probablement différentes de celles où l'excitant physiologique (volonté) intervient. VULPIAN avait déjà noté cette différence entre les excitations électriques et les excitations volontaires dans l'intoxication par le curare. Or, comme je l'ai vu en étudiant les effets de l'anémie par application de la bande de caoutchouc, au bout de 7 à 8 minutes déjà les mouvements volontaires sont modifiés, et on ne peut faire intervenir une action médullaire, puisque la moelle est hors de cause. On doit donc admettre que la fonction des plaques terminales n'est abolie totalement qu'au bout de trois quarts d'heure; mais qu'au bout de 10 minutes elle est déjà fortement atteinte.

Quant aux nerfs eux-mêmes, et aux muscles, leur excitabilité ne disparaît qu'au bout de plusieurs heures d'anémie.

Pour de plus amples détails sur la mort des centres nerveux dans l'anémie, nous renverrons au mémoire de COLSON et à l'article *Moelle* de VULPIAN (D. D.).

Assurément la *température* même de l'organisme exerce une influence prépondérante ; car, si l'on refroidit un animal à sang chaud, la survie de la moelle est plus prolongée. On retrouve pour la moelle anémiée ce que j'ai vu pour le cœur asphyxié, c'est-à-dire que la température, en s'abaissant, fait croître avec une régularité parfaite la durée de la persistance des mouvements du cœur (*La mort du cœur dans l'asphyxie*, A. P., 1894, p. 653).

Chez les animaux à sang froid, la durée de la survie médullaire est bien plus grande. RINGER et MURRELL (*Action of potash salts*, J. P., t. I, p. 72); ANREP (*Aortenunterbindung beim Frosch*, C. W., 1879, p. 915); CH. RICHET (*Durée des phénomènes réflexes dans l'anémie*, Trav. du Lab., 1893, t. I, p. 139); OERTMANN (*Stoffwechsel entbluteter Frosche*, A. Pf., t. XV, p. 381).

Deux conditions la déterminent : la température organique d'une part, et, d'autre part, les propriétés particulières du système nerveux de tel ou tel animal.

Il est inutile d'insister sur l'influence thermique ; car elle est évidente. Une grenouille qu'on laisse dans de l'eau glacée conserve pendant plusieurs heures l'activité réflexe, après que le cœur a été lié ou enlevé; inversement, si on fait vivre l'animal dans de l'eau à 25°, les réflexes disparaîtront 20 minutes à peine après qu'on aura fait la section ou l'ablation du cœur.

Mais la question de la température ne suffit pas pour expliquer la persistance plus ou moins grande des réflexes. Il y a encore un autre élément, tout aussi important, c'est l'espèce animale.

Si l'on enlève le cœur à divers poissons, d'espèce différente, et qu'on étudie la survie des réflexes à l'ablation du cœur, on sera frappé des différences considérables entre la survie des fonctions de la moelle pour les différentes espèces. Ainsi, par exemple, certains poissons, comme les sardines, les maquereaux, les bogues, ne résisteront à l'anémie que quelques minutes à peine, tandis que d'autres, comme les squales, les anguilles, les tanches, pourront résister plusieurs heures, et, à de basses températures, presque une journée entière. Il est remarquable de voir que l'asphyxie et l'anémie se confondent à ce point de vue, et que les animaux qui gardent le plus longtemps leurs réflexes par l'anémie sont précisément les mêmes qui les gardent le plus longtemps par le fait de l'asphyxie, ce qui prouve bien que les deux processus sont essentiellement identiques quant à leur nature intime ; résistance variable du tissu aux altérations chimiques dues aux combustions intra-organiques, et simultanément, sans doute, combustions intra-organiques d'activité différente (Voir **Asphyxie**).

Il y a donc chez les divers animaux une hiérarchie physiologique, bien distincte de la hiérarchie zoologique ; et à la hiérarchie des *tissus* il faut juxtaposer la hiérarchie des *espèces*, puisque le même tissu à la même température chez des animaux différents ne se comporte pas de même.

Anémie des autres cellules nerveuses. — On a vu dans les expériences citées plus haut que, parmi les groupes cellulaires de la moelle, le bulbe fait exception. En effet, alors que, sur un animal dont le cœur a été arrêté, il y a silence complet de toutes les fonctions médullaires, au bout d'une minute environ de ce silence, on voit soudain une grande respiration se produire, qui est due à une forte contraction du diaphragme et de tous les muscles inspiratoires (dernier soupir). Donc alors le centre nerveux de l'inspiration n'est pas paralysé par l'anémie, puisqu'il manifeste son activité. Il semble nécessaire d'admettre que le bulbe est plus résistant à la privation de sang que les autres parties de l'axe cérébro-spinal.

On peut en dire autant de certains autres centres; par exemple ceux qui président aux actions intestino-motrices; car, en même temps que les inspirations agoniques, il se fait des contractions violentes de l'intestin qui expulsent les matières fécales. Chez les lapins, dont la paroi abdominale est mince, on voit, après l'anémie que produisent l'ablation du cœur ou la section de l'aorte, se dessiner les mouvements de l'intestin formant sous la peau des ondulations vermiculaires très apparentes. On ne sait pas bien si c'est un effet de l'excitation de la moelle, ou de l'excitation des ganglions nerveux disséminés dans les parois de l'intestin.

Alors aussi les artérioles se contractent avec force; alors l'iris se dilate énormément. Mais ce ne sont pas des phénomènes réflexes; car ces phénomènes doivent être attribués à l'excitation par l'anémie du tissu nerveux médullaire lui-même, excitation qui précède l'anéantissement.

Il serait très intéressant de pouvoir étudier de près la réaction différente à l'anémie de toutes les cellules nerveuses diverses qui existent à la périphérie, soit des nerfs sensitifs, soit des nerfs moteurs, et aussi celle des ganglions nerveux préposés à l'innervation à demi indépendante de quelques organes, comme les intestins, le cœur, les glandes et l'iris. Mais nous ne sommes bien renseignés que sur certains de ces éléments nerveux, et, sur la plupart d'entre eux, les données précises font défaut.

Anémie du cœur. — Les ganglions du cœur paraissent très fragiles, et il semble que pour eux l'anémie soit une cause de mort rapide. Il est certain qu'en introduisant de l'air, ou mieux de la poudre de lycopode, dans les artères coronaires, on peut arrêter subitement les contractions rythmiques du cœur, au moins chez le chien. Sans mentionner les expériences anciennes de Chirac, Panum et Erichsen, nous citerons les travaux de Roussy (*D. P.*, 1881), de Cohnheim et Reichberg (*A. V.*, t. lxxxv, p. 503-540), de Samuelson (*A. V.*, t. lxxxvi, p. 539) et de Bochefontaine, *Influence de l'obstruct. des artères coron. sur les mouvements du cœur* (1 broch., 26 janvier 1881). La bibliographie est donnée complètement par W. Townsend Porter, *On the results of ligation of the coronary arteries* (*J. P.*, 1893, t. xv, pp. 121-138).

On ne peut comparer le cœur du lapin et le cœur du chien. Le lapin a un cœur qui peut survivre près d'une heure à l'anémie totale (par obstruction des coronaires), tandis que le cœur du chien meurt presque instantanément. L'électricité d'induction, qui tue immédiatement le cœur du chien, ne tue pas le cœur du lapin, ainsi que je l'ai souvent constaté, après Vulpian et d'autres physiologistes. Traversé par une forte secousse électrique, le cœur du lapin revient à la vie, et reprend ses battements.

Il n'est guère vraisemblable que cette mort rapide et presque instantanée du cœur du chien par l'anémie soit due à l'anémie de la fibre musculaire elle-même. Il paraît au contraire probable que ce sont les ganglions nerveux qui subissent les effets délétères de la privation de sang, et alors on s'explique bien la différence entre les cœurs des divers mammifères, cœurs très différents au point de vue de l'agencement des ganglions nerveux moteurs.

Il faut être aussi très réservé sur la cause immédiate de la mort des ganglions du cœur par l'anémie. Cohnheim pense qu'il se produit une substance toxique qui entrave la vie des ganglions nerveux, et que ce n'est pas la privation de sang oxygéné qui est la cause même de la mort. Mais il est bien difficile de pénétrer le mécanisme intime de cette anémie, et de dire si la cause est l'absence d'une régénération perpétuellement nécessaire par le sang oxygéné, ou bien la destruction d'une substance indispensable.

A ce point de vue le cœur des animaux à sang froid, et spécialement de la grenouille, est tout à fait différent du cœur des mammifères. On peut faire vivre pendant un temps fort long, plus de dix jours, d'après Engelmann, le cœur d'une grenouille ou d'une tortue, à condition qu'on lui donne des substances nutritives, et qu'on empêche l'accumulation des substances toxiques, par exemple celle des acides que produisent les contractions musculaires, et tout spécialement celle de l'acide carbonique. Le sang n'est donc pas indispensable à la vie des ganglions nerveux et de la fibre musculaire cardiaque, puisqu'un sérum artificiel est suffisant à entretenir longtemps leur énergie et leur synergie (Voir pour le détail à l'article **Cœur** les travaux de LUDWIG, de KRONECKER, de MERUNOWICZ et autres physiologistes).

Une distinction importante est à faire entre la manière dont se comporte le cœur dans son ensemble, et celle dont se comporte la fibre musculaire cardiaque. Même privée de sang, la fibre musculaire du cœur reste longtemps excitable ; elle a des frémissements fibrillaires qui durent parfois plus de 24 heures. On sait, depuis HALLER, que le cœur est *l'ultimum moriens*, et, de fait, quand le cœur a été sidéré par l'électricité, les trémulations de l'oreillette, et même celles du ventricule, persistent pendant longtemps. Sur des cadavres, alors même que tous les autres muscles ont perdu leur irritabilité, la fibre musculaire du cœur, et spécialement celle de l'oreillette, est encore capable de répondre aux excitations. Contraste intéressant entre le cœur qui meurt si vite, au moins quant à son consensus synergique, et la fibre musculaire cardiaque qui est si résistante. C'est que la synergie du cœur, avec ses contractions fortes qui expulsent rythmiquement le sang contenu, est due à l'activité des ganglions, bien distincte de l'irritabilité musculaire proprement dite.

Nous ne discuterons pas non plus ici la théorie, aujourd'hui abandonnée, d'après laquelle la diastole cardiaque est une conséquence de son anémie, le rythme du cœur étant produit par l'alternative d'anémie et d'irrigation sanguine. En effet, il est bien prouvé aujourd'hui que l'artère coronaire, au lieu d'être privée de sang pendant la systole, est au contraire pleine de sang à ce moment, et qu'elle a un pouls synchrone avec le pouls des autres artères.

Peut-être la mort du cœur par l'électricité, quand on l'excite directement par un courant d'induction vigoureux, même très court, est-elle un effet de l'anémie. Mais il me paraît plus simple d'admettre que c'est un épuisement mortel des ganglions du cœur. En effet, la mort est trop rapide pour que l'on puisse invoquer l'anémie. Tout au plus peut-on dire qu'il y a tout d'abord une paralysie, par sidération électrique, qui entraîne l'anémie ; et que la paralysie ne peut être efficacement combattue par le retour du sang, puisqu'il n'y a plus de circulation. Chez certains petits poissons (*Crenolabrus*) j'ai déterminé la mort immédiate par un courant électrique. Donc l'épuisement nerveux à la suite d'une forte secousse électrique paraît être une cause de mort suffisante. Le désordre produit par l'électrisation est d'autant moins réparable, que le sang ne circule plus, et empêche toute restauration des fonctions du tissu. (Voir pour l'électrisation du cœur : KRONECKER et SCHMEY, *Das Coordinationscentrum der Herzkammerbewegungen* (Ac. des sc. de Berlin, 1884, p. 87) ; E. GLEY, *Mouvements trémulatoires du cœur* (B. B., 1890, p. 411 ; 1891, pp. 108 et 259) ; KRONECKER, *Trémulations fibrillaires du cœur* (B. B., 1891, p. 257).

Terminaisons nerveuses sensitives et motrices. — Les terminaisons motrices des nerfs dans les muscles paraissent être aussi assez sensibles à l'anémie, et c'est cette notable fragilité qui induit souvent en erreur quand on étudie la manière dont meurent les muscles anémiés.

En effet, quand on anémie un muscle, on voit au bout d'une dizaine de minutes la courbe de la contraction musculaire se modifier, au moins quand on fait l'excitation indirecte. Pourtant ce n'est pas le nerf qui est atteint, ni la fibre musculaire qui reste contractile, ce sont les terminaisons nerveuses motrices. L'anémie agit en somme sur ces éléments à peu près de la même manière que le curare. Nous retrouvons donc ici encore la loi que nous avons signalée pour le cœur ; à savoir la plus grande fragilité des éléments nerveux cellulaires, qu'ils soient au centre du système cérébro-spinal ou à sa périphérie.

Dans leurs expériences, L. FREDERICQ et COLSON admettent qu'il faut 25 minutes ou 40 minutes environ pour que toute trace d'excitabilité indirecte ait disparu ; mais l'affaiblissement de l'excitabilité indirecte commence bien longtemps auparavant, vers la 10e ou la 15e minute, et, au myographe, on voit une modification de la courbe par l'anémie se produire quelques minutes seulement après qu'elle a été faite.

De même encore nous savons que la corde du tympan n'excite plus la sécrétion salivaire une ou deux minutes après que la circulation a cessé. Pourtant la fibre nerveuse est certainement encore excitable, et les cellules glandulaires n'ont probablement pas perdu leur activité ; ce sont les terminaisons des nerfs dans les glandes qui sont détruites au point de vue fonctionnel.

Les terminaisons sensitives se comportent aussi de même. Un excellent exemple peut en être donné quand on examine la manière dont la sensibilité est influencée après l'anémie d'un membre par une forte ligature avec une bande de caoutchouc. Il ne faut pas plus de 5 à 7 ou 8 minutes pour que la sensibilité tactile devienne tout à fait obtuse. Dans ce cas la dissociation est complète entre la sensibilité tactile et les autres formes de la sensibilité. Le membre anémié devient extrêmement douloureux, et le moindre contact, par suite de l'hyperesthésie, est une vraie souffrance; mais la finesse du toucher est abolie, et on ne peut plus distinguer les pointes de l'esthésiomètre. On sent l'ébranlement, la douleur, le froid et le chaud, mais on n'a plus ces fines perceptions tactiles que seules peuvent donner les terminaisons nerveuses des corpuscules du tact.

Cependant la résistance à l'anémie des petits ramuscules nerveux conducteurs est considérable, comme nous le verrons par la suite.

Nous arrivons donc à concevoir les éléments nerveux cellulaires comme des organismes ayant besoin d'une irrigation sanguine perpétuelle, soit pour l'apport d'oxygène ou d'autres substances nutritives et réparatrices, soit pour la neutralisation par le sang des substances toxiques produites par l'activité chimique intra-cellulaire, soit encore pour l'enlèvement de ces déchets de nutrition.

Résumons-nous. Chez les animaux à sang chaud, la mort est : 1° pour les cellules de la vie psychique, de *quelques secondes;* 2° pour les éléments médullaires qui président aux réflexes, et pour les ganglions cardiaques, de 20 *à* 30 *secondes;* 3° pour les cellules du bulbe (respiratoire), de *une minute et demie à deux minutes;* 4° pour les terminaisons nerveuses dans les muscles ou les corpuscules du tact de *dix minutes à quarante minutes.*

Cette résistance variable à l'anémie peut être appelée la *hiérarchie* des tissus.

Muscles. — L'anémie des muscles a été étudiée avec beaucoup de soin, et pour le détail nous renvoyons aux articles **Irritabilité, Muscles, Rigidité.** Il nous suffira d'en indiquer les lignes générales. En effet, si le muscle meurt, comme c'est un tissu extrêmement résistant à l'action des poisons, c'est toujours par l'anémie qu'il meurt, de sorte que l'extinction des propriétés physiologiques des fibres musculaires après la mort de l'individu est toujours un phénomène d'anémie.

L'expérience classique fondamentale est celle de STÉNON, qui consiste à lier l'aorte abdominale d'un cobaye ou d'un chien, et à constater que cette anémie amène une paraplégie; mais l'interprétation est en général défectueuse, et, même dans les livres classiques, on la trouve mal exposée. (Je renvoie pour les détails bibliographiques au mémoire, déjà cité, de FREDERICQ.) Il y a en effet plusieurs éléments dont il faut tenir compte, la moelle, les terminaisons nerveuses motrices, les nerfs et les muscles. Si, dès les premières minutes qui suivent la ligature, on voit la paraplégie se produire, c'est à la moelle seule qu'il faut attribuer ce phénomène; car les nerfs sont encore excitables; plus tard, les terminaisons nerveuses sont paralysées, et l'excitation électrique ne provoque plus de mouvement, quoique les muscles soient encore directement excitables.

En somme, ce qui domine dans cette histoire de l'irritabilité musculaire, c'est l'indépendance relative de la cellule musculaire. Ni les nerfs, ni le sang ne sont cause immédiate de son activité. C'est une propriété de tissu, qui persiste tant que le tissu vit, malgré l'absence de sang, ou la destruction des terminaisons nerveuses par le poison ou l'anémie.

Pour la fibre musculaire, on a observé très nettement, au début, une augmentation de l'excitabilité par le fait de l'anémie. Cela a été bien constaté entre autres par SCHMULE-VITCH (*Einfluss des Blutgehaltes der Muskeln auf deren Reizbarkeit. A. Db.,* 1879, p. 374, t. LXXXVII). J'ai répété cette expérience (*Physiol. des muscles et des nerfs,* 1881, p. 268) et trouvé que, s'il faut pour exciter un muscle normal un excitant de valeur égale à 79, par exemple, au bout de 12 minutes, un excitant de valeur égale à 75 suffira, et ce n'est qu'au bout de 30 minutes que l'excitabilité sera revenue au degré qu'elle avait avant l'anémie, pour s'éteindre très lentement à partir de ce moment. On a cherché à expliquer ce phénomène, soit par des effets vaso-moteurs (SCHMOULEVITCH), soit par une accumulation d'acide carbonique (BROWN-SÉQUARD); mais il me paraît que c'est plutôt l'accumulation des substances toxiques que produit la vie chimique intra-musculaire : ces substances. n'étant pas détruites ou entraînées par le sang, s'amassent dans le muscle, et augmentent son excitabilité Voyez Faivre, *B. B.*, 1858, p. 123).

Tout en admettant la relative indépendance de l'irritabilité musculaire, il est certain que la contraction des muscles se fait d'autant mieux qu'il y a plus de sang. Les beaux graphiques que donne Marey en sont une preuve formelle. On doit rappeler aussi que le muscle a des artérioles qui se dilatent pendant la contraction, de sorte que la quantité de sang irrigateur augmente. Chauveau, en calculant la quantité de sang qui traverse le muscle releveur de la lèvre chez le cheval, a vu que le sang circule 5 fois plus vite pendant la contraction que pendant le repos *C. R.*, 1887, *passim*, et *Le travail musculaire*, 1891, p. 274, tabl. D'. Les travaux de Ludwig *H. H.*, t. i., p. 133) et ceux plus récents de Humilewsky (*A. Db.*, 1886, p. 126) viennent à l'appui de ce fait important; de même que les observations curieuses de Ranvier, qui a trouvé dans les artérioles musculaires de petites dilatations ampullaires.

Pour étudier les effets de l'anémie sur les muscles, j'ai essayé d'analyser tantôt sur moi-même, tantôt sur d'autres personnes. les effets que produit la compression par la bande de caoutchouc.

Le bras est alors absolument livide et comme cadavérique : nulle goutte de sang ne s'en échappe, lorsqu'on y fait une piqûre ou une incision. Sans nous occuper ici des troubles de la sensibilité. notons que l'état physiologique des muscles concorde avec ce que nous apprennent les expériences faites sur les animaux. Au bout de 10 minutes, quelquefois même après 7 à 8 minutes, les mouvements volontaires deviennent plus difficiles et plus lents. On n'a plus d'agilité ni de force dans les doigts. Puis, si l'anémie continue, au bout d'un quart d'heure environ. et de 20 minutes, tout au plus, il n'y a plus de mouvement volontaire possible. Par suite de la prédominance des fléchisseurs sur les extenseurs, les doigts ne peuvent plus être étendus, et s'infléchissent vers la paume de la main : le bras est inerte et ne répond plus aux excitations qui lui sont transmises par les nerfs. Les muscles restent cependant excitables à l'électricité directement appliquée. La conservation de l'irritabilité dans les muscles prouve bien que la paralysie dépend d'un trouble dans l'innervation, et qu'elle tient aux nerfs, non aux muscles. On ne peut malheureusement pas prolonger l'expérience jusqu'au moment où l'excitabilité au galvanisme a complètement cessé; car la douleur produite par l'anémie et la compression nerveuses est, à la longue, intolérable, et on est forcé de cesser l'expérience, quelque courage qu'on y mette.

On a vu que, dans l'anémie aortique expérimentale, c'est au bout de 35 minutes que cesse l'excitabilité indirecte. Au contraire, dans l'expérience de la bande de caoutchouc, l'excitabilité par la volonté cesse au bout de 20 minutes. Mais l'électricité est plus puissante pour agir sur les nerfs que l'excitant volontaire. Cela a été bien prouvé par Vulpian pour le curare (*Subst. tox. et médicam.*, p. 193).

Un muscle privé de son sang perd son irritabilité plus vite que si on laisse séjourner le sang qu'il contenait. Déjà Haller avait montré qu'on change l'*ultimum moriens*, qui est normalement l'oreillette gauche, en retenant le sang dans le ventricule gauche. On transfère alors au cœur gauche la propriété de rester plus longtemps excitable que le cœur droit. De même, en excitant un nerf moteur. on retarde notablement la rigidité cadavérique, et c'est sans doute par accumulation du sang dans les vaisseaux. Tamassia (*Arch. di freniatria*, 1882, t. viii, fasc. 1 et 2); Bierfreund (*A. Pf.*, t. xliii, p. 195 ; Gendre (*Einfluss des Centralnervensystems auf die Todtenstarre, A. Pf.*, t. xxxv, p. 45).

La durée de la mort des muscles par l'anémie est très variable, et, en thèse générale, chez les animaux à sang chaud, on peut admettre une heure et demie à deux heures et demie. Bien entendu, la température, le genre de mort de l'animal, c'est-à-dire la fatigue préalable. plus ou moins grande, et l'accumulation (immédiatement avant la mort) des déchets de la combustion musculaire modifieront beaucoup cette durée.

Comme il s'agit toujours du même tissu, fibre musculaire, il ne peut être question de la hiérarchie *anatomique*; mais la hiérarchie *zoologique* persiste. Autrement dit chez certains animaux le muscle reste vivant très longtemps, tandis que chez d'autres la perte de toutes les fonctions est rapide. Cependant il y a encore une sorte de hiérarchie anatomique, puisque, chez le même animal, il y a une différence de vitalité entre les divers muscles : les fibres cardiaques étant bien plus résistantes que celles de tout autre muscle, et les muscles des mâchoires et du cou perdant leur excitabilité avant les muscles des membres.

L'irritabilité variable des divers muscles a été anciennement étudiée par NYSTEN.

Quant aux modifications électro-motrices du muscle par l'anémie, A. WALLER a vu que c'est une propriété qui disparaît bien plus tardivement que la contractilité (*Force électro-motrice des muscles après la mort. A. P.*, 1888, p. 457).

Le retour du muscle à l'excitabilité par le retour du sang a été observé il y a déjà longtemps par BROWN-SÉQUARD, et bien d'autres physiologistes l'ont confirmé. Au moment où se rétablit la circulation dans le muscle anémié, il se fait de petites contractions fibrillaires dans les muscles, contractions qui ne paraissent pas dues à l'excitation nerveuse; car elles persistent même quand le nerf moteur a été sectionné (MAYER, *Hemmung und Wiederstellung des Blutstromes im Kopfe, Jb. P.*, 1878, p. 19). HEUBEL, cité par LANDOIS (*T. P., trad. fr.*, 1893, p. 545), a pu rétablir les battements du cœur de la grenouille quatorze heures après la mort par la circulation de sang frais.

On rapprochera d'ailleurs les mouvements fibrillaires que produit le retour du sang dans un muscle anémié de ces douleurs atroces que provoque le retour du sang dans un membre anémié par la bande de caoutchouc. Au moment où le sang revient, il se produit des sensations de cuisson, de brûlure, de fourmillement, qui sont vraiment insupportables. De même qu'il y a une hyperkinésie et une hyperesthésie de début, il y a une hyperkinésie et une hyperesthésie de retour.

Nerfs périphériques. — Les effets de l'anémie sur les nerfs sont à peu près les mêmes que sur les muscles; mais il est difficile de bien étudier ce phénomène sur les nerfs moteurs, car la présence des terminaisons motrices et des cellules musculaires peut induire en erreur. On voit d'abord l'excitabilité croître, puis décroître, tout à fait comme pour le muscle. CLAUDE BERNARD, dans son *Rapport sur les progrès de la Physiologie en France* (1867), a consigné les résultats de ses importantes recherches (notes 32 et 33, p. 169); il a vu, ainsi que VULPIAN, que les nerfs sensitifs conservaient leur fonction plus longtemps que les nerfs moteurs, ce qui ne tient probablement pas à une différence de structure intime, mais bien à ce que, dans le cas de soi-disant paralysie du nerf moteur, on attribue au nerf ce qui n'est en réalité que l'effet de l'altération des plaques terminales.

J'ai répété ces expériences en les modifiant, et j'ai pu constater des survies plus prolongées encore (*Physiol. des muscles et des nerfs*, 1881, p. 607). Un nerf sensitif de grenouille, si l'on prend soin d'empêcher le dessèchement, la chaleur et les altérations microbiennes, peut rester excitable pendant plus de 4 jours, étant toujours en connexion avec l'appareil central de l'animal qu'on conserve en vie. Sur les chiens et les lapins la survie est moins longue, mais cependant elle dépasse beaucoup la durée de la survie du muscle. Voici comment on peut faire l'expérience. Sur un chien engourdi par une forte dose de chloral et de morphine (afin de ne pas trop le faire souffrir pendant ce long supplice), on pratique la section complète de tout le membre, en respectant le fémur et le nerf sciatique. On a ainsi réalisé une anémie absolue. Si bien endormi que soit le chien, on peut encore le réveiller en excitant son nerf sciatique par des courants électriques forts, et ainsi apprécier si le nerf est encore capable de conduire les excitations. Or, dans ces conditions, on voit la vie du nerf persister plusieurs heures. Dans un cas, les muscles d'un chien ont cessé d'être excitables deux heures et demie après l'anémie, tandis que les pulpes digitales, étant pressées par une pince, faisaient encore souffrir l'animal. Dans une expérience, faite tout récemment sur un lapin, j'ai vu que la patte anémiée était encore sensible 7 heures après l'anémie, tandis qu'elle avait perdu toute sensibilité 8 heures et demie après.

Nous sommes par ces expériences conduits à penser que le nerf périphérique est un des tissus qui résistent le mieux à la privation de sang, et qu'il peut survivre deux ou trois fois plus de temps que le muscle. Il faut rapprocher ce fait intéressant de ce que les physiologistes contemporains ont si bien étudié sous le nom de l'*infatigabilité* des nerfs. Le nerf optique conduit les excitations rétiniennes sans jamais se fatiguer, le nerf pneumogastrique envoie sans relâche au cœur son courant nerveux modérateur. BOWDITCH, en excitant pendant plusieurs heures un nerf sensitif, n'a pas pu trouver après 4 heures de trace d'épuisement (*Unermüdlichkeit der Säugethiernerven, A. Db.*, 1890,

p. 505); A. Szana (*Unermüdl. der Nerven*, A. Db., 1890, p. 315); Wedenski, par d'ingénieuses méthodes est arrivé au même résultat (*C. W.*, 1884, n° 5); voyez aussi Fredericq et Nuel (*T. P.*, (2), p. 11, 1° éd.); Lambert (*Th. de doct. de* Nancy. 1894).

Si nous indiquons ces résultats pour le nerf sensitif seulement, c'est qu'on n'a pas le moyen d'analyser, aussi longtemps, les réactions du nerf moteur, puisque le muscle est paralysé. Mais d'Arsonval a fait une élégante expérience qui montre que sans doute dans le nerf moteur les propriétés nerveuses ne sont pas abolies par l'anémie aussi vite qu'on pourrait le croire, si l'on s'en rapportait uniquement à la contraction musculaire apparente. En effet, en excitant le nerf moteur par un courant électrique, et en écoutant au téléphone les bruits donnés par le muscle que ce nerf anime, quoiqu'il n'y ait pas de contraction visible, on entend très nettement une sorte de bruit musculaire se produire tout le temps que dure l'excitation du nerf.

Pour les autres tissus et organes, les effets de l'anémie ont été à peine étudiés. On a essayé de faire circuler du sérum artificiel à travers les reins, et on a vu certaines actions chimiques se produire, n'ayant qu'un rapport très lointain avec la sécrétion urinaire. De même, j'ai pu montrer que le foie, soustrait à l'organisme et à la circulation, continue à produire de l'urée, même quand on le prive d'oxygène (*C. R.*, mai 1894, t. cxviii, p. 1125). Enfin, pour certaines cellules, comme les cils vibratiles, on voit le mouvement continuer pendant longtemps, même pendant plusieurs jours, alors qu'il n'y a plus trace de circulation. D'ailleurs les nombreux exemples de transplantation et de greffe, pour des fragments de peau ou des dents, ou des lambeaux de périoste, prouvent bien que les tissus peuvent vivre quelque temps, même sans circulation sanguine. Il est inutile de rapporter à ce propos la célèbre expérience de Vulpian sur la queue du têtard (*C. R.*, t. xlviii, p. 807).

Résumé. — Nous pouvons alors nous faire quelque idée sur la nature de l'action du sang. Avant tout nous devons repousser cette idée que le sang est immédiatement nécessaire à la vie d'une cellule. Non, assurément; et chaque cellule vit par elle-même; non seulement la cellule du nerf sensitif ou la cellule vibratile, mais même la cellule nerveuse psychique, si altérable. Les unes et les autres, en agissant, font des opérations chimiques, condition de leur énergie, qui détruisent certaines substances utiles ou plutôt produisent des substances toxiques. La mort par l'anémie équivaut donc à une sorte d'intoxication, comme d'ailleurs la mort par l'asphyxie. Le sang remédie à cet empoisonnement, non pas tant en enlevant la substance toxique qu'en mettant la cellule en présence d'une certaine quantité d'oxygène qui décompose le produit toxique formé, de sorte que le sang asphyxique n'a aucun effet réparateur, alors que le sang oxygéné est efficace.

La vie consiste donc en une série de décompositions dont le premier terme est une substance toxique, qui est détruite par l'oxygène. Les produits de cette oxydation passent dans le sang et sont éliminés. De là, pour l'intégrité de l'organe, la nécessité d'un courant circulatoire, qui apporte de l'oxygène, et enlève les produits de dénutrition.

Autrement dit encore, pour prendre une comparaison que tout le monde comprendra, la cellule vit dans le sang, comme le microbe vit dans un bouillon de culture. Une expérience classique de Schützenberger établit bien cette analogie. Il fait circuler du sang chargé d'hémoglobine dans un tube membraneux perméable, au milieu d'un liquide où végète la levure de bière. Celle-ci prend l'oxygène au sang qui circule, et poursuit sa végétation. C'est de cette manière que vivent les cellules de nos tissus.

On conçoit alors que, suivant l'intensité de leur existence individuelle, les cellules meurent plus ou moins vite quand elles sont privées de sang.

C'est qu'elles ont, par leur activité chimique plus ou moins intense, produit plus ou moins vite les substances toxiques qui vont abolir leur fonction. Aussi la principale cause de la mort plus ou moins rapide par l'anémie paraît-elle être une activité différente dans les phénomènes chimiques intimes.

Mais il y a sans doute une autre cause; c'est la résistance variable de la cellule à l'empoisonnement. De même que le chloroforme, disséminé à dose égale dans les diverses cellules, fait mourir les unes, alors qu'il modifie à peine la vie des autres, de même le poison intra-cellulaire, qui s'accumule par le fait de l'anémie, tue à des doses différentes les différentes cellules.

Production variable de la substance toxique, sensibilité variable à l'action de cette substance ; telles sont les deux causes qui modifient la résistance variable des tissus à l'anémie.

Il est d'ailleurs évident que c'est là une hypothèse ; et que, pour expliquer les effets de l'anémie, on pourrait tout aussi bien admettre la destruction plus ou moins rapide, soit de l'oxygène même, soit d'une autre substance nécessaire à la cellule, et plus ou moins abondante dans son protoplasme.

CHARLES RICHET.

ANESTHÉSIE. — Le mot Anesthésie (ἀ αἴσθησις) désigne d'une manière générale les suppressions, les altérations de la sensibilité consciente. Cependant il n'est pas appliqué d'ordinaire aux troubles de certaines sensibilités spéciales, vue, ouïe, odorat ; mais il est réservé aux altérations de la sensibilité générale qui est répartie sur toute la surface du corps. Même ainsi restreinte, cette expression est encore fort complexe : d'une part les sensations rapportées à la sensibilité générale sont très variées, tact, douleur, sensation de température, de pression, etc., d'autre part, les organes qui contribuent à former la sensation sont très nombreux, et chacun d'eux, suivant ses altérations, peut donner naissance à une forme d'anesthésie particulière. L'énumération des principales variétés de l'anesthésie ne peut guère être ici que l'indication des nombreux problèmes soulevés par l'étude de la sensation consciente et de ses altérations. Les recherches particulières sur les lésions de tel ou tel organe seront signalées dans cet ouvrage à propos de chacun d'eux ; nous insisterons surtout sur le caractère psychologique des anesthésies, sur la lacune plus ou moins grave qu'elles déterminent dans la conscience.

Anesthésies périphériques. — Elles sont produites par la lésion de l'un des appareils qui ont pour fonction de conduire aux centres et surtout à l'écorce cérébrale les impressions extérieures. A la périphérie cutanée se trouvent une série de petits organes, corpuscules de KRAUSE, de MEISSNER, de PACINI, destinés à renforcer et à préciser les impressions tactiles, il est donc évident que dans certaines maladies du tégument on rencontrera des altérations de ces organes, et par suite des troubles de la sensibilité. On les a souvent décrits, sans bien préciser leur nature, dans la lèpre, le mal perforant, l'eczéma, le psoriasis le lichen, etc. Les troubles de la sensibilité dans le tabes relèvent en partie de cette cause.

Les nerfs sont les conducteurs nécessaires qui transmettent les impressions reçues par les organes du tact, et leurs altérations donneront naissance à une deuxième variété d'anesthésie périphérique. Certaines substances stupéfient localement la sensibilité en agissant sur les dernières ramifications des nerfs, par exemple la cocaïne (Voyez **Anesthésiques**). D'autres substances, comme le phénol, produisent d'abord une excitation violente caractérisée par de l'hyperesthésie et elles semblent ne produire l'anesthésie que par une destruction du tissu nerveux. Le froid enlève d'abord la sensation de douleur, puis celle du contact, comme les substances précédentes, il produit une hyperesthésie avant de rendre la région insensible. L'anémie des tissus produit aussi au début une hyperesthésie ; l'anesthésie ne vient que plus tard lorsque les parties malades sont absolument privées de sang. Enfin nous retrouverons la même succession de phénomènes dans les cas de compression des troncs nerveux, dans lesquels on voit se succéder régulièrement certains stades d'hyperesthésie et d'anesthésie bien étudiés par VULPIAN, BASTIEN, SOULIÉ, KRISHABER, MOREL, LABORDE, CH. RICHET (*Recherches expérimentales et cliniques sur la sensibilité*, D. P., 1877, p. 109).

La section des nerfs semble être le procédé le plus radical pour déterminer des anesthésies bien nettes, et cependant la région innervée par le nerf sectionné est loin d'être absolument insensible, la sensibilité y semble diminuée, engourdie, plutôt que supprimée. C'est que, ainsi que l'a montré A. RICHET en étudiant les effets immédiats des sutures nerveuses (1874), les différents nerfs d'un membre s'anastomosent surtout à leur extrémité et se suppléent les uns les autres. Ce fait est l'origine des difficultés que l'on rencontre dans l'interprétation des phénomènes consécutifs aux sutures nerveuses. Cependant on a pu déterminer, au moins d'une façon approximative, la distribution sensorielle des nerfs spinaux d'après la localisation des anesthésies consécutives à leur section. Parmi les études récentes sur cette question, nous citerons les travaux de HEAD, de

Mackensie, de Sherrington, résumés dans un article de W. Thorburn, *Brain*, 1893, p. 335 (Voyez **Nerfs**).

Les lésions de la moelle épinière, ce conducteur principal des impressions périphériques produisent des troubles de la sensibilité, mais en général les modifications du mouvement sont plus nettes que celles de la sensibilité. Sauf dans quelques cas particuliers que nous ne pouvons étudier ici, tels que l'hémisection de la moelle et l'anesthésie croisée caractéristique du syndrome de Brown-Séquard, les physiologistes ne sont guère d'accord sur les effets des sections partielles de la moelle (Beaunis, *T. P.*, 1888, t. ii, p. 690). La clinique cependant permet de constater des anesthésies dont la localisation est très nette, consécutives à des lésions de la moelle (W. Hale White, *On the exact sensory defects produced by a localised lesion of the spinal cord. Brain*, 1895, 373) (Voyez **Moelle épinière**).

Enfin on sait que certaines parties du cerveau jouent le rôle de conducteurs des impressions de la périphérie à l'écorce (J. Soury, *le faisceau sensitif. Rev. génér. des sciences*, 1894, p. 190), et l'on peut considérer également comme des anesthésies périphériques celles qui sont déterminées par les lésions du pied du pédoncule cérébral ou de la région postérieure, lenticulo-optique, de la capsule interne (Charcot, *Leçons sur les localisations*, 1887, p. 107) (Voyez **Cerveau**).

Toutes ces anesthésies périphériques diffèrent évidemment dans leur siège, dans leur importance, dans leurs conséquences, suivant que la lésion porte sur tel ou tel organe; mais elles présentent cependant un certain nombre de caractères analogues.

1° Ces anesthésies périphériques présentent souvent un caractère intéressant, elles peuvent être *dissociées*, c'est-à-dire qu'elles peuvent porter spécialement sur tel ou tel mode de la sensibilité tactile. On observe des malades dont un membre est insensible à la température et à la douleur, mais a conservé au même endroit la sensation de toucher proprement dit; il en est fréquemment ainsi dans la syringomyélie. On constate fréquemment la perte isolée de la sensation kinesthésique ou musculaire, le fait a été observé depuis longtemps dans le tabès et plus récemment au cours de maladies infectieuses (L. Vanni, *Riv. sper. di fren. e di med. leg.*, t. xix, pp. 2 et 3 : *Semaine médicale*, 1893, p. 359); enfin il n'est pas rare d'observer la perte du sentiment de la douleur avec conservation en apparence complète des autres sensibilités.

Des faits de ce genre doivent être observés avec soin; car ils fournissent des enseignements précieux sur une question encore controversée, sur la multiplicité des organes et des nerfs en rapport avec la sensibilité générale. Beaucoup de physiologistes ont conclu de ces faits qu'il existait autant d'organes terminaux et de nerfs distincts que nous éprouvions de sensibilités différentes capables de subsister isolément. D'après leur interprétation, si on plonge la main dans un liquide à 60°, la souffrance consécutive n'est pas le résultat d'une excitation plus forte des nerfs sensibles à la température normale, mais à l'excitation d'un système particulier de fibres qu'un liquide à 30° aurait été incapable d'exciter. Ce système particulier pourrait être paralysé isolément et donner naissance à une insensibilité à la douleur thermique, à une *thermo-analgésie*, sans que les autres sensibilités pour le contact, pour la pression, soient atteintes.

Cette hypothèse est probablement juste en grande partie. On sait que les terminaisons nerveuses cutanées sont distinctes et qu'elles ont probablement des fonctions différentes. Les terminaisons libres intra-dermiques joueraient le rôle capital dans les sensations de température; les organes de Klein et de Golgi qui siègent dans les tendons auraient le même caractère pour le sens musculaire; les corpuscules de Pacini recueilleraient les sensations de pression, et les corpuscules de Meissner et de Krause, les sensations tactiles proprement dites (Viault et Jolyet, *T. P.*, p. 656). Quelques faits ont même conduit certains auteurs à distinguer les fonctions de certaines fibres nerveuses et de certaines portions de la moelle : dans la syringomyélie, par exemple, les fibres qui transmettent les impressions thermiques seraient particulièrement atteintes à cause de leur position centrale dans la moelle.

Ces conclusions, les dernières surtout, doivent être discutées avec précision : il ne faut pas oublier que les variétés de nos sensations dépendent aussi de la manière dont l'agent extérieur agit sur les extrémités nerveuses, des centres auxquels se rendent les nerfs et surtout des réflexes différents associés avec telle ou telle excitation. En effet, ces réflexes variés, très nombreux, provoquent, dans toutes les parties du corps, des contractions, des mouvements, des sécrétions; ces phénomènes ne passent pas tous inaperçus, ils sont sentis d'une façon plus ou moins vague, et ces sensations secondaires s'associent avec la sensation primitive pour constituer une émotion, une douleur, un plaisir; en un mot pour donner à cette sensation une nuance particulière. Ces phénomènes secondaires peuvent être altérés de bien des manières et donner lieu à des anesthésies particulières qui ne dépendent pas toujours de la lésion d'un organe périphérique parfaitement isolé des autres. De telles précautions sont surtout indispensables quand il s'agit de la dissociation des sensibilités chez les hystériques, car bien souvent ces dissociations dépendent bien plutôt de troubles centraux cérébraux que de troubles périphériques. On peut consulter sur ce problème le travail déjà ancien de Dieulafoy, article *Douleur* dans le *Nouveau dictionnaire de médecine et de chirurgie pratiques*, p. xi, 1869; Ch. Richet, *op. cit.* pp. 206, 234; Goldscheider, *Neue Thatsachen ueber die Hautsinnesnerven. A. V.*, 1885; Dana, *Semaine médicale*, 1893, p. 575; Bourdon, *Sensation de plaisir. Revue philosophique*, 1893, t. ii, p. 229; Max Dessoir, *Monographie sur le sens du toucher. A. Db.*, 1892, p. 340.

2° Ces anesthésies sont générales, elles suppriment toute une catégorie de sensations provenant de tel ou tel organe. Il n'est pas admissible, par exemple, que, dans une anesthésie du bras produite par section des nerfs, le contact de tel objet particulier soit senti, tandis que le contact de tel autre ne l'est pas, que la température d'un objet soit distinguée, et non celle d'un autre. On ne rencontre pas dans l'anesthésie périphérique les systématisations délicates qui vont caractériser certaines anesthésies centrales.

3° La localisation de ces anesthésies est en général assez vague, et il est difficile, à cause des innombrables anastomoses nerveuses, de délimiter exactement la région insensible. A la suite des lésions radiculaires ou médullaires, la localisation de l'anesthésie est plus nette, elle présente alors un grand caractère, elle est anatomique. L'étendue et la configuration de la région anesthésiée dépend rigoureusement de la répartition des filets nerveux telle qu'elle est constatée par l'anatomie. Par exemple, dans les lésions du plexus brachial, l'anesthésie cutanée s'étendra sur les mains et sur l'avant-bras et se limitera en avant par une ligne qui atteint à peine la partie moyenne du bras; en arrière elle ne dépassera pas la région du coude; en un mot elle respectera la région de l'épaule qui est innervée par le plexus cervical (fig. 43). Charcot, *Mal. du système nerveux*, 1887, t. iii, p. 309, et Klumpke, *Les paralysies radiculaires du plexus brachial* (*Revue de médecine*, 1885, p. 604). De même, dans les lésions des nerfs de la queue de cheval, dans les myélites transverses, les anesthésies ont une répartition étroitement en rapport avec le nerf atteint, avec la hauteur de la lésion ou de la compression médullaire (fig. 44). Voir des exemples dans l'ouvrage de Souques, *Études sur les syndromes hystériques simulateurs de maladies organiques de la moelle épinière*

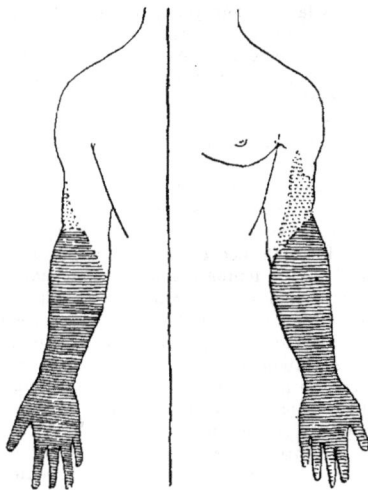

Fig. 44. — Répartition de l'anesthésie dans un cas de lésion du plexus brachial.
≡≡ Zones d'anesthésie.
⋯⋯ Zone d'hypoesthésie.

1891). Il en est ainsi dans toutes les anesthésies d'origine périphérique.

4° Ces anesthésies peuvent être plus ou moins complètes, et l'on a vu que dans les sections nerveuses elles laissent presque toujours subsister quelque sensations, mais du moins elles sont toujours absolues. La sensation perdue est bien réellement perdue elle n'existe plus dans l'esprit et ne peut être retrouvée, au moins pendant un certain temps. Il en résulte des troubles profonds dans les phénomènes physiologiques et psychologiques. Ces anesthésies périphériques existent rarement sans être accompagnées par des altérations de la motilité, des troubles dans le fonctionnement des sphincters, des modifications des réflexes. Elles donnent lieu à bien des douleurs plus ou moins pénibles : des hyperesthésies les précèdent, les suivent, et souvent persistent autour de la zone insensible ; des engourdissements, des fourmillements sont ressentis sur la région atteinte. En outre, les malades se rendent compte de la lacune de leur sensibilité, et ils en souffrent. On connaît, par exemple, ce symptôme particulier du tabes que Charcot a été l'un des premiers à décrire et qu'il a appelé le masque tabétique. Les malades perdent la sensibilité d'une partie plus ou moins étendue de la face, mais ils s'en rendent compte subjectivement et déclarent éprouver à ce propos un sentiment horrible.

5° Ces anesthésies laissent toujours subsister, intactes dans la conscience, les souvenirs, les images de la sensibilité perdue. Le malade dans ses rêves possède encore cette sensation qu'il ne peut plus éprouver pendant la veille. La conservation des souvenirs lui permet de comparer le passé avec le présent, de se rendre compte de son insensibilité et d'en souffrir. Ces caractères nous semblent les plus importants, non pour étudier les anesthésies périphériques en elles-mêmes, mais pour les comparer aux anesthésies centrales qui sont loin de se présenter de la même manière. En effet la lésion ou

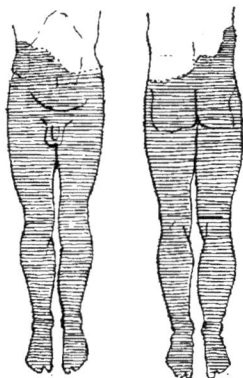

Fig. 45. — Répartition de l'anesthésie dans un cas de myélite transverse.

la destruction d'un nerf périphérique n'abolit pas la notion consciente de la région insensible. Un individu dont le nerf sciatique a été coupé perçoit encore des sensations qu'il rapporte à la périphérie, quoique la périphérie soit insensible. Les amputés croit sentir dans le membre absent de vives douleurs. De même qu'en électrisant le tronc d'un nerf, on provoque des sensations qui sont rapportées à l'extrémité du membre innervé; de même les douleurs qui se produisent dans le moignon d'un membre paraissent siéger à l'extrémité du membre absent. Certaines névralgies (anesthésies douloureuses) coïncident avec l'anesthésie totale de la région qui paraît douloureuse (Voyez **Nerfs**).

Anesthésies centrales. — Les altérations des centres supérieurs du cerveau, qu'elles soient organiques, c'est-à-dire visibles, ou simplement fonctionnelles, c'est-à-dire encore inaccessibles aux observations anatomiques, se traduisent par des modifications des phénomènes psychologiques. On ne peut comprendre des anesthésies dues à ces lésions qu'en examinant les différentes opérations psychologiques qui nous permettent d'avoir conscience des impressions extérieures.

1. *Anesthésie par défaut de sensation.* — Dans certains cas, malgré l'intégrité des conducteurs, le phénomène physiologique qui donne naissance aux sensations ne se produit pas. Cela arrive, par exemple, quand le fonctionnement des cellules cérébrales est supprimé ou arrêté, soit par absence de l'irrigation sanguine, soit par défaut d'oxygène, ou d'une manière générale à la suite d'une intoxication. Ces anesthésies consécutives à des intoxications sont d'ordinaire accompagnées par une perturbation générale de tous les phénomènes psychologiques. La sensation ne disparaît pas isolément ; elle s'éteint avec toutes les autres manifestations psychiques (Voyez **Anesthésiques**). Dans d'autres cas plus intéressants, et dont l'étude toute récente est loin d'être achevée, certaines sensations disparaissent isolément, parce que les centres nerveux où se trouvaient leurs conditions d'existence ont été supprimés. Les lésions corticales, accidentelles ou expérimentales, provoquent, non seulement des paralysies, mais également des anesthésies. Le fait est incontestable pour les sens spéciaux, et certaines lésions de l'écorce ont provoqué chez des animaux des hémiopies, des cécités très nettes. Il en est de même pour la sensibilité générale : « Nous espérons prouver, disait Tripier en 1880, que, chez l'homme aussi, les lésions de ces mêmes parties (c'est-à-dire des couches corticales de la zone motrice) donnent lieu, non

seulement à des troubles de la mobilité mais aussi à une diminution de la sensibilité[1]. »
L'hémianesthésie accompagne presque toujours l'hémiplégie d'origine corticale, ainsi
que l'ont montré les observations de TRIPIER, de GRASSET, de BALLET[2], les expériences de
SCHIFF, HITZIG, MUNK, EXNER, TAMBURINI, LUCIANI, BECHTEREW, etc., qui sont résumées et
discutées dans l'ouvrage récent de SOURY[3] (Voyez Cerveau). Ces phénomènes sont encore insuffisamment connus pour que l'on puisse déterminer les caractères psychologiques des
anesthésies ainsi produites; nous signalerons seulement un problème intéressant. D'après
un certain nombre d'observations, il semble que, à l'inverse des anesthésies périphé-
ques, ces anesthésies par destruction des centres corticaux s'accompagnent le plus souvent d'une amnésie. Les images seraient perdues en même temps que les sensations;
cette remarque, si elle était juste, serait favorable à l'hypothèse qui assigne le même
siège aux images et aux sensations. Certains faits cependant paraissent contradictoires,
et quelques auteurs séparent les parties de l'écorce qui président aux sensations visuelles
et celles qui donnent naissance aux images visuelles. Il serait donc nécessaire dans les
observations de ce genre de noter exactement si les souvenirs et les rêves ont subi la
même altération que les sensations.

2. *Anesthésie par défaut d'assimilation.* — Un second groupe d'anesthésies centrales est
un peu mieux connu; il nous paraît important; car il renferme des phénomènes très fréquents qui viennent souvent compliquer
l'étude des autres insensibilités. Certaines
anesthésies qui se rencontrent dans des
circonstances bien différentes, pendant la
distraction de l'homme normal, dans les
intoxications légères, dans les névroses et
surtout dans l'hystérie, ont des caractères
nettement différents de ceux qui viennent
d'être constatés. Ces anesthésies sont souvent *systématiques*, « elles ne portent pas
sur toutes les sensations provenant de l'excitation d'un certain sens ou d'un certain
point du corps, mais sur un groupe de
sensations formant un système, en laissant
parvenir à la conscience la connaissance de
tous les autres phénomènes qui impressionnent ce même sens ou ce même point
de la surface cutanée. Une somnambule
par exemple, ne peut sentir qu'une certaine
catégorie, un certain système d'objets en
rapport avec son rêve; mais, quoiqu'elle
ait les sens ouverts pour ces objets-là, elle
semble insensible pour tous les autres.
Quand ces anesthésies sont *localisées*, leur
répartition ne correspond évidemment pas
à des régions anatomiquement distinctes;
c'est le bras tout entier, dans le sens vul-

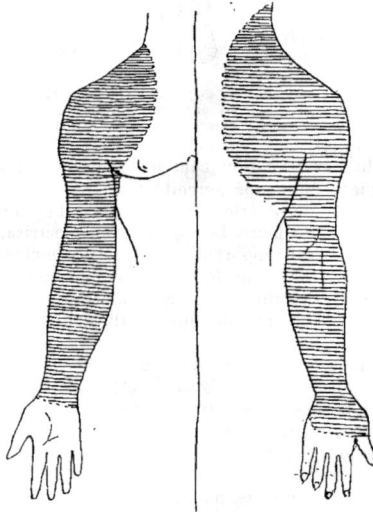

FIG. 46. — Répartition de l'anesthésie
dans un cas de monoplégie brachiale hystérique.

gaire, populaire, du mot, y compris la région de l'épaule, qui est anesthésique, et non le territoire innervé par le plexus brachial (fig. 45)[4]; les idées vulgaires que nous nous faisons
de nos organes semblent déterminer cette répartition. Quand ces anesthésies sont *générales*, elle peuvent exister sans produire *aucune perturbation notable* dans les fonctions de
nutrition, dans les mouvements, dans les réflexes. En outre cette insensibilité n'est pas

1. R. TRIPIER. *Recherches cliniques et expérimentales sur l'anesthésie produite par les lésions
des circonvolutions cérébrales* (Revue mensuelle de médecine, 1880).
2. G. BALLET. *Recherches anatomiques et cliniques sur le faisceau sensitif et les troubles de
la sensibilité dans les lésions du cerveau*, 1881.
3. J. SOURY. Les fonctions du cerveau, doctrines de l'école de Strasbourg et de l'école Italienne, 1891.
4. CHARCOT. Maladies du système nerveux, t. III, p. 347.

appréciée par le sujet, elle lui est *indifférente*, et passe le plus souvent inaperçue, au lieu de provoquer les engourdissements et la gêne qui accompagnent l'anesthésie périphérique. On sait par exemple l'impression très pénible que l'on éprouve après un badigeonnage du pharynx avec une solution de cocaïne; les hystériques cependant ont souvent le pharynx bien plus insensible et ne s'en aperçoivent même pas. Ajoutons encore que ces anesthésies sont *mobiles :* sous diverses influences, en particulier à la suite d'un effort d'attention, elles disparaissent momentanément ou changent leur localisation avec la plus grande facilité. Enfin nous avons essayé de mettre en lumière un dernier caractère très important[1]; ces anesthésies sont *contradictoires*. Au moment même où elles semblent être complètes, au moment même où le sujet affirme sincèrement qu'il ne sent rien, on constate une quantité de mouvements et d'actions en rapport avec cette sensation disparue qui prouvent son existence. Des faits de ce genre avaient été bien souvent remarqués, et avaient même donné lieu à des accusations de simulation : il faut constater cependant qu'ils sont réels et que ces anesthésies varient, se manifestant par des phénomènes contradictoires suivant la façon dont on interroge les malades.

Pour comprendre ces distractions et ces anesthésies, nous avons proposé de distinguer la sensation élémentaire TT'T"MM'M'... (fig. 46) et l'opération d'*assimilation*, de synthèse, PP, qui combine entre eux ces phénomènes élémentaires, et surtout qui, à chaque moment de la vie, les rattache à la notion vaste et antérieure de la personnalité[2]. Chez les individus distraits d'une manière accidentelle et chez les hystériques d'une manière permanente, cette seconde opération, la perception personnelle PP, serait insuffisante et ne rattacherait à la personna-

T T' T" M M' M" V V' V" A A' A"
+ + + + + + + + + + + +
                      (PP)

T T' T" M M' M" V V' V" A A' A"
+ + + + + + + + + + + +
                      (PP)

Fig. 47.

lité à chaque moment de la vie qu'un petit nombre de sensations, tandis que les autres resteraient à l'état élémentaire, subconscient. Cette représentation cherchait seulement à réunir dans une formule intelligible les caractères de certaines anesthésies bien distinctes de toutes les autres[3].

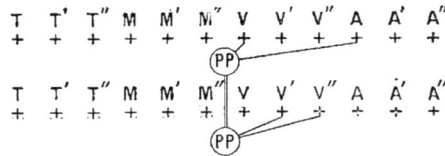

Cette explication permettrait encore d'interpréter certains faits d'*analgésie* que l'on constate dans les névroses et dans les intoxications légères. Les impressions qui devraient être douloureuses sont senties d'une manière vague, mais elles deviennent indifférentes et ne provoquent pas de douleur réelle. Cette absence de douleur tient d'abord à l'absence de mémoire. Comme Ch. Richet l'a très bien montré, « ce qui fait la cruauté de la douleur, c'est moins la douleur elle-même, que son souvenir et le retentissement pénible qu'elle laisse après elle » (*Loc. cit.*, p. 258). Nous dirons aussi que la douleur est un état de conscience déjà complexe, une émotion, et qu'elle dépend de la synthèse des phénomènes psychologiques. Elle diminue et disparaît quand cette synthèse s'affaiblit, et, dans certains cas bien entendu, l'absence de douleur nous paraît dépendre aussi d'un défaut d'assimilation des phénomènes psychologiques élémentaires à la personnalité.

Cette analgésie, cette indifférence, qui ne dépend en réalité que d'un affaiblissement des fonctions cérébrales les plus élevées, est loin cependant d'être insignifiante. Quand elle siège sur les organes internes, elle peut donner lieu à des troubles fort graves et fo t intéressants de leurs fonctions. Nous avons souvent eu l'occasion d'insister sur les symptômes singuliers que produit chez les hystériques l'anesthésie vésicale et uréthrale. Elles ne sentent plus le besoin d'uriner et ne sont averties de la réplétion de leur vessie que par la gêne que cet organe trop distendu apporte à la respiration et à la marche. Elles songent alors à uriner, par raisonnement et non par besoin. A ce moment elles ne

---

1. Pierre Janet. *Anesthésie systématisée et dissociation des phénomènes psychologiques* (*Revue philosophique*), 1887, t. i, p. 442.

2. Pierre Janet. *Automatisme psychologique*, 1889, pp. 39, 314.

3. Pour la bibliographie et la discussion de ces études, nous renvoyons à notre travail sur *l'État mental des hystériques, stigmates mentaux*, 1893.

peuvent savoir si la miction est commencée, si elle est accomplie, ou si elle est terminée; elles ont besoin de regarder le jet d'urine, d'écouter le bruit qu'il fait en tombant dans le vase; quelquefois, comme faisait un malade, de toucher le méat pour surveiller l'accomplissement de cette fonction. La disparition de la faim et de la soif, conséquence de l'anesthésie des voies digestives, n'est pas moins importante. Elle est souvent l'origine des refus des aliments, de l'anorexie, elle donne probablement naissance à des troubles gastriques. Nous avons observé bien des faits qui justifient cette supposition, et récemment SOLLIER en signalait également l'importance (*De l'influence de l'état de la sensibilité de l'estomac sur l'évolution de la digestion;* communication au Congrès de médecine interne de Lyon, 1894).

D'autre part, ces anesthésies, quoiqu'elles soient d'origine psychologique, ont elles-mêmes une influence considérable sur les faits de conscience. De même que la douleur est supprimée, le plaisir et les autres émotions sont diminués ou anéantis. Dans tous nos sentiments entrent des sensations variées dues aux innombrables modifications qui s'accomplissent dans tous nos organes sous l'influence des impressions du monde extérieur et de nos idées. Si ces modifications ne sont pas senties, ne sont pas réunies en une même conscience, l'émotion et le sentiment disparaissent. Nous avons décrit des malades qui devenaient complètement indifférentes, qui perdaient toute joie, tout sentiment de famille, toutes affections, toute pudeur, quand elles étaient atteintes d'anesthésie généralisée et surtout d'anesthésie viscérale (PIERRE JANET, *Stigmates mentaux des hystériques*, 1893, p. 216).

Les troubles de l'activité volontaire, en général, sont également considérables (voyez **Aboulie**), mais ils se rattachent à la diminution générale de la synthèse psychologique plutôt qu'à telle ou telle anesthésie déterminée. Au contraire, les troubles du mouvement volontaire en rapport avec l'anesthésie sont considérables et demanderaient toute une étude spéciale. Nous rappellerons seulement ici que, dans les anesthésies tactiles et musculaires incomplètes, les mouvements volontaires sont ralentis, indécis et mal dirigés, comme s'il y avait une ataxie particulière : ils sont affaiblis et simplifiés, c'est-à-dire que le malade ne peut plus exécuter qu'un très petit nombre de mouvements simultanés. Quand l'anesthésie tactile et musculaire est complète, l'altération des mouvements prend une forme plus particulière, que nous avons cru pouvoir désigner sous le nom de syndrome de LASÈGUE. Voici les faits essentiels qui constituent ce syndrome : 1° le sujet est incapable d'exécuter aucun mouvement du côté anesthésique sans le secours de la vue; 2° dans certaines expériences le mouvement commencé avec le secours de la vue peut se continuer sans ce secours; 3° les imaginations visuelles ou même la sensation tactile peuvent remplacer la sensation visuelle, pourvu qu'elles apprennent au sujet la position de son membre au début du mouvement; 4° ce caractère ne semble pas gêner le sujet, qui pendant le cours de la vie normale effectue tous les mouvements sans se plaindre de rien; 5° si on lève le bras du sujet sans qu'il le voie, ce bras reste immobile dans des postures cataleptiques; 6° des mouvements peuvent être obtenus sans le secours de la vue; mais ils sont subconscients et le sujet ne s'en rend pas compte. Pour l'étude et la bibliographie de ces questions nous renvoyons à nos travaux sur les mouvements des hystériques (*Stigmates mentaux des hystériques*, p. 163), et aux articles **Inconscience**, **Catalepsie**, **Sens musculaire**.

Les altérations de l'intelligence qui accompagnent l'anesthésie sont très complexes, ce sont des troubles de l'attention, de la croyance et de la perception. Quelquefois, les sujets perdent le sentiment de l'existence de leurs organes et ils éprouvent à ce sujet les illusions les plus singulières qui deviennent même le point de départ de certains délires. Quelques auteurs ont récemment insisté sur un fait particulier qui semble accompagner les anesthésies très étendues, tout à fait généralisées : c'est la diminution considérable des phénomènes intellectuels; c'est le sommeil. STRÜMPELL (*Ein Beitrag zur Theorie des Schlafs*, A. Pf., t. xv, p. 573) a décrit l'un des premiers un cas de ce genre. Il s'agit d'une jeune fille de dix ans, affectée d'une anesthésie générale de la peau, des muscles, des muqueuses, qui avait également perdu le goût, l'odorat, l'ouïe et la vue d'un côté. Elle n'avait de communications avec le monde extérieur que par l'œil droit et l'oreille gauche : si on fermait ces deux derniers organes, elle s'endormait aussitôt. Des cas de ce genre ont été étudiés par LIÉGEOIS, HEYNE, ZIEMSSEN, F. RAYMOND (*De l'anesthésie cutanée et musculaire généralisée dans ses rapports avec le sommeil provoqué et avec les troubles du mouvement; Revue de médecine*, 1891, p. 389 . Ces phénomènes sont difficiles à interpréter : on peut admettre que les phénomènes intellectuels sont sous la dépendance immédiate des provocations sensorielles et qu'ils disparaissent complètement par défaut d'excitation quand on ferme les derniers sens du sujet. On peut aussi soutenir non sans vraisemblance que l'état ainsi déterminé n'est pas un véritable sommeil avec disparition de tous les phénomènes psychologiques, mais que c'est un état somnambulique dans lequel beaucoup de pensées subsistent et qui a été provoqué par un mécanisme différent suivant les cas et principalement par la suggestion. On trouvera ces deux interprétations discutées dans le livre de FÉRÉ, *Pathologie des émotions*. 1893. p. 83: dans notre travail sur *Les accidents mentaux des hystériques*, 1893, p. 219, et dans l'article de I. SÉGLAS et BONNUS *anesthésie généralisée*, *expérience* de STRÜMPELL. *Arch. de neurologie*. 1894, p. 353).

Toutes ces perturbations des sentiments, des mouvements volontaires, de l'intelligence, transforment complètement la personnalité, et ces anesthésies, dues à une insuffisance de la synthèse psychologique, à un défaut de l'assimilation personnelle, sont à la fois la conséquence et le principe de beaucoup de maladies mentales.

3. *Anesthésie par défaut de perception*. — Nous signalons seulement une dernière catégorie de phénomènes qui se rattachent plus indirectement aux anesthésies. Les sensations existent, elles sont même conscientes, c'est-à-dire associées avec les notions qui constituent la personnalité, mais elles ne sont plus comprises, ni reconnues. Ce sont des anesthésies psychiques qui ont surtout été étudiées à propos des lésions des centres de l'ouïe et de la vue (SOURY. *Les fonctions du cerveau*, 69, 187). Il s'agit ici d'une association, plus délicate encore, entre la sensation nouvelle et les souvenirs anciens qui est détruite par la maladie. Cette question appartient plutôt à l'étude de l'intelligence, et il nous suffit de la signaler.

Les diverses anesthésies nous permettent de passer en revue tous les éléments nécessaires à la constitution d'une sensation intelligente. Chacun de ces éléments, les conducteurs périphériques, les centres, la sensation élémentaire, l'assimilation à la personnalité consciente, la perception intelligente, peuvent être lésés isolément. Ici encore la maladie a réalisé l'analyse de la fonction normale.

La bibliographie complète d'une semblable étude serait immense : on trouvera la plupart des indications utiles dans les ouvrages qui ont été cités.

PIERRE JANET.

ANESTHÉSIE et ANESTHÉSIQUES. — Nous confondrons dans

la même étude l'histoire de l'anesthésie produite par des substances toxiques, et celle de ces substances mêmes. Nous ferons d'abord dans cette étude complexe la distinction entre l'anesthésie *générale* et l'anesthésie *locale*.

1. Anesthésie générale.

Historique. — On peut faire remonter l'histoire de l'anesthésie générale pratiquée pour diminuer la douleur des opérations à une époque très reculée. En effet, il est certain que l'idée de faire des opérations chirurgicales sans douleur, ou en atténuant la douleur, avait dû de tout temps venir à l'esprit des opérateurs. Mais nous n'insisterons pas sur les moyens imparfaits et grossiers qu'on employait jadis. On trouvera l'historique bien exposé dans quelques livres, d'abord dans tous les ouvrages d'ensemble sur l'anesthésie (voir la Bibliographie et dans une bonne étude de BILLAULT *Premiers essais d'anesthésie chirurgicale. D. P.*, 1890). L'ivresse provoquée par des boissons alcooliques, ou la stupeur due à des narcotiques végétaux, voire même le somnambulisme, ont été irrégulièrement mis en usage pour obtenir l'insensibilité. Mais ce n'étaient que des essais informes[1].

Le vrai principe de l'anesthésie chirurgicale peut être résumé ainsi : *obtenir par des substances toxiques une insensibilité inoffensive et passagère*. Or il est évident, pour des

---

1. D'après J. B. ROTTENSTEIN, il existerait dans la bibliothèque du grand-duc de Hesse un précieux manuscrit de DENIS PAPIN. daté de 1681 et ayant pour titre *Traité des opérations sans douleur*. Quoi qu'il en soit de la réalité de ce fait, l'anesthésie était inconnue avant 1844.

raisons que nous aurons l'occasion de développer plus loin, que les substances volatiles, et même gazeuses, sont les seules qui puissent sans danger pour l'organisme provoquer une insensibilité absolue. De sorte que la vraie découverte de l'anesthésie chirurgicale revient à celui qui a conçu l'idée de faire respirer un gaz inoffensif ou une vapeur inoffensive, capables cependant de produire une insensibilité assez longue pour la durée d'une opération.

S'il en est ainsi, le véritable créateur de l'anesthésie, c'est HORACE WELLS, de Hartfort (Connecticut). C'était un jeune homme de vingt et un ans qui exerçait la profession de dentiste. Le 10 décembre 1844, il assistait à un cours de chimie fait par un médecin nommé COLTON. On administra alors à un des assistants, comme c'était l'usage depuis les vieilles expériences de H. DAVY, restées classiques, du protoxyde d'azote ou gaz hilarant, et, comme d'habitude, il y eut une scène d'ivresse. L'individu intoxiqué roula par terre et se contusionna les jambes contre les bancs. Interrogé par WELLS à ce sujet, il déclara n'avoir ressenti aucune douleur. Ce fait, en apparence insignifiant, paraît avoir été un trait de lumière pour WELLS, qui songea tout de suite à profiter de cette insensibilité pour l'appliquer à l'extraction des dents.

C'est là, il faut bien le dire, le trait caractéristique et la vraie origine de la découverte des anesthésiques. Assurément, il est très extraordinaire que personne avant WELLS n'ait songé à appliquer les effets du gaz hilarant aux opérations. Il faut croire pourtant que l'idée n'était pas simple, puisqu'elle n'était venue à personne avant WELLS. Quelque étonnante qu'elle soit, nous sommes forcés de faire cette constatation. D'ailleurs nous sommes assez mal placés pour juger si l'idée était simple ou non ; puisque le milieu dans lequel nous vivons ne nous permet pas de comprendre l'état d'esprit des hommes qui vivaient avant la découverte et la pratique de l'anesthésie.

Le lendemain du jour où WELLS avait vu les effets de l'anesthésie provoquée par le protoxyde d'azote, il résolut d'en faire l'application sur lui-même ; et il se fit endormir par COLTON avec le gaz hilarant. C'est pendant qu'il était ainsi endormi que COLTON lui arracha une dent. Réveillé presque aussitôt après l'opération, WELLS s'écria : « Une nouvelle ère dans l'extraction des dents! Cela ne m'a fait pas plus de mal qu'une piqûre d'épingle!» (Voir pour plus de détails ROTTENSTEIN, *Traité d'anesthésie chirurgicale*, Paris, 1880.)

En somme l'anesthésie chirurgicale était découverte ; car le fait d'appliquer le gaz hilarant à d'autres opérations qu'aux extractions dentaires, comme le fait d'employer d'autres substances que le protoxyde d'azote, l'éther ou le chloroforme, ou tout autre corps analogue, ce sont des perfectionnements importants ; ce n'est pas l'essence même de la découverte. Aussi bien, dans l'histoire de l'anesthésie, doit-on donner la première place au malheureux HORACE WELLS.

En général, on attribue à JACKSON et à MORTON la découverte des anesthésiques ; mais il faut faire remarquer d'abord que WELLS leur avait communiqué, comme ils l'ont avoué, les résultats de sa pratique avec le protoxyde d'azote ; ensuite que WELLS a probablement essayé l'éther avant eux, puisque WELLS (*Boston med. and Surg. Journal*, 1845) mentionne avant toute autre publication les effets anesthésiques obtenus de la pratique courante des extractions dentaires à Hartford. Notons que JACKSON et MORTON, au lieu de publier dans un recueil scientifique les effets des opérations qu'ils pratiquaient sur des individus endormis par l'éther, ne songèrent qu'à prendre un brevet en dissimulant sous le nom de *léthéon* la substance qui produisait l'insensibilité.

Pourtant, JACKSON et MORTON ont eu le mérite de faire avec l'éther beaucoup d'opérations chirurgicales, extractions dentaires ou opérations plus longues, alors que l'éther n'avait donné à WELLS, pour des raisons que nous ignorons, que des résultats imparfaits. MARION SIMS a prétendu qu'un chirurgien américain, CRAWFORD LONG, avait, depuis 1842, fait nombre d'opérations en endormant par l'éther ; mais rien n'a été publié là-dessus avant 1849, de sorte que, malgré l'authenticité des témoignages apportés par C. LONG, on est forcé de lui enlever l'honneur d'avoir découvert l'anesthésie chirurgicale. Pourquoi, si vraiment il avait trouvé depuis deux ans le moyen d'insensibiliser ses opérés, n'avait-il rien publié et rien fait connaître? La chose en valait la peine assurément.

Entre JACKSON et MORTON, la question de priorité est difficile à juger. Il est certain que JACKSON, chimiste, bien plus instruit que MORTON, connaissait plus ou moins vaguement les effets calmants de l'éther, de sorte que, quand MORTON vint lui demander de préparer un gaz pour insensibiliser ses patients, ainsi que le faisait couramment WELLS, JACKSON lui conseilla d'employer l'éther. Le 17 octobre 1846, par conséquent près de deux ans après les essais de WELLS, MORTON, emportant le corps que JACKSON lui avait donné, endormit un malade auquel le chirurgien WARREN fit une opération.

A partir de ce moment les faits se succédèrent rapidement. La méthode de l'anesthésie chirurgicale était trouvée. Deux autres opérations furent faites, et le 27 octobre MORTON et JACKSON prenaient en commun un brevet d'invention, ce qui occasionna, quelque temps après, entre eux, une longue et confuse polémique.

Nous n'avons pas à raconter ici les progrès rapides de l'anesthésie, tellement rapides qu'à la fin de 1847, dans tous les pays civilisés, elle était devenue de pratique courante. Nous voulions présenter seulement en quelques mots l'histoire de cette grande découverte qui revient, en réalité, à WELLS; puis, avec des droits à peu près égaux, à JACKSON et à MORTON qui ont employé l'éther au lieu du protoxyde d'azote, et qui ont osé employer l'anesthésie pour de grandes opérations [1].

A partir de 1847, les publications et les découvertes de détails deviennent trop nombreuses pour que nous en puissions donner même un résumé. Signalons seulement les faits les plus intéressants; la découverte par FLOURENS des propriétés anesthésiques du chloroforme (C. R., 8 mars 1847, t. xxiv, p. 342. Note touchant l'action de l'éther sur les centres nerveux), ainsi qu'un essai d'une théorie générale de l'anesthésie; les premières opérations de J.-V. SIMPSON en novembre 1847, avec le chloroforme (On a new anesthetic agent more efficient than sulphuric ether. Lancet, 1847 (2), p. 549), les expériences de CLAUDE BERNARD sur l'association de la morphine au chloroforme et sur les effets des anesthésiques sur les plantes.

Quant à l'histoire des autres corps gazeux, éthers chlorés ou non chlorés, capables de produire l'insensibilité, ce sont des notions physiologiques de détail que nous aurons à diverses reprises l'occasion de mentionner; mais brièvement, car notre but est ici d'exposer dans ses lignes générales le mécanisme physiologique de l'anesthésie chirurgicale.

Effets des anesthésiques. Première période. Ivresse. — Le premier effet d'un anesthésique est de provoquer l'ivresse, et une ivresse qui varie quelque peu avec chaque substance employée, mais qui de fait présente toujours les mêmes symptômes psychologiques fondamentaux.

Quoique ces symptômes aient été analysés déjà à l'article **Alcool** (t. i, p. 239), il sera bon d'insister sur certains points; car le mode de désorganisation de l'intelligence fournit des documents précieux sur la nature même de l'intelligence.

---

1. Il faut citer, ne fût-ce que comme curiosité, les paroles de MAGENDIE à l'Académie des sciences (1er février 1847) lorsque VELPEAU communiqua les premiers faits de l'anesthésie chirurgicale (C. R., t. xxiv, p. 134. Remarques à l'occasion d'une communication de M. VELPEAU sur les effets de l'éther).

« C'est la première fois, dit-il textuellement, que j'entends retentir dans cette enceinte le récit des effets merveilleux de l'éther sulfurique; car on en pourrait dire autant des autres éthers, sorte de narration dont la presse s'empare et qu'elle porte au loin, satisfaisant ainsi cet insatiable et avide besoin du public pour le miraculeux et l'impossible. Ce que je vois de plus clair dans ces récits, c'est que, depuis quelques semaines, un certain nombre de chirurgiens se livrent à des expériences sur des hommes, et que, dans le but louable sans doute d'opérer sans douleur, ils enivrent leurs patients jusqu'au point de les réduire à l'état de cadavre que l'on coupe, taille impunément, et sans aucune souffrance. A peine l'expérience est-elle faite, et souvent avant qu'elle soit terminée, on la livre à la publicité. Je rends justice à l'intention; mais je dis qu'en agissant ainsi MM. les chirurgiens font défaut à la raison, à la morale, et pourraient arriver à des conséquences dangereuses pour la sécurité publique; aussi je me sens disposé à protester contre ces essais imprudents, et souvent contre les publications précipitées. »

MAGENDIE a rendu trop de services à la physiologie pour qu'il soit convenable d'insister sur l'absurdité et l'ineptie de telles paroles. Mais vraiment n'est-ce pas un exemple, à ajouter à tant d'autres, de la résistance que les hommes, même les plus grands, opposent aux découvertes nouvelles? Une sorte de néophobie, plus forte encore chez les savants que chez les autres hommes, les empêche d'admettre ce qu'ils ne connaissent pas. D'ailleurs, dans cette même séance, VELPEAU lui fit une verte réponse, bien méritée assurément.

Quoique les effets de l'éther, ou du chloroforme, ou du protoxyde d'azote inspirés soient bien plus rapides que ceux de l'alcool ingéré, on peut encore suivre les phases par lesquelles passe la conscience avant d'être finalement anéantie. Nous prendrons comme type l'éthérisation ; parce que, dans bien des cas, en Amérique notamment, en Angleterre, et surtout en Irlande, certains individus absorbent de l'éther pour s'enivrer. D'ailleurs, la période d'ivresse de l'éther est plus longue que celle du chloroforme, poison plus actif, qui abolit très vite toute fonction intellectuelle, tandis que l'éther la surexcite avant de la détruire. DRAPER. *Ether drinking in the Nord of Ireland* (*Med. Press and Circul. Dublin*, 1877, p. 425). — GALLARD. *Intoxicat. chronique par l'éther* (*Gaz. des hôpit.*, 1870, p. 213). — LEGRAND DU SAULLE. *Note médico-légale sur un cas rare de dipsomanie* (*éther*) (*Ann. d'hyg.*, 1882, p. 416). — MONTALTE. *Les buveurs d'éther* (*Journ. des conn. méd. chir.*, 1879, p. 92).

Un des premiers phénomènes, c'est l'abondance, l'activité, et pour ainsi dire l'hypertrophie des idées. Il y a un état d'hypéridéation tout à fait caractéristique. Mais en même temps la conscience du monde extérieur et les impressions sensitives vont en s'altérant. Il semble que ce double processus soit corrélatif; la diminution des excitations périphériques; et l'augmentation de l'activité intellectuelle. Autrement dit encore, tout se passe comme si l'intelligence était de plus en plus séparée du monde extérieur et livrée à sa propre activité. Alors cette activité devient délirante. Plus de correctif aux débordements tumultueux des idées. Elles poursuivent leur évolution sans frein, comme si à l'état normal nous étions constamment rappelés à la réalité par les excitations sensorielles innombrables, qui modifient sans cesse, même quand on ne s'en rend pas compte, la marche des phénomènes intellectuels.

Ce qui domine dans cette ivresse, c'est un sentiment de force exagérée, de puissance surhumaine. On n'a plus la notion des effets musculaires possibles ; le sens musculaire étant, comme les autres sensations, profondément altéré. Quelquefois, mais plus rarement, c'est la tristesse qui l'emporte. En tout cas, tout est toujours exagéré; tristesse ou gaieté, frayeur ou colère, tout est hors de propos. Il n'y a plus de volonté, ni d'arrêt, ni d'attention qui fixe sur un point déterminé les idées délirantes.

Les deux phénomènes psychologiques fondamentaux de notre constitution mentale, la notion d'espace et la notion de temps, sont primitivement et gravement altérés. Quoique dans certaines ivresses, notamment dans l'ivresse par le hachich, la perversion soit encore plus profonde, cependant les individus éthérisés ont des sensations anormales sur le temps, qui leur paraît en général beaucoup plus long qu'il n'est en réalité. De même les objets semblent comme éloignés, et on ne peut plus bien juger de la distance. En un mot, il n'y a plus ce jugement du monde extérieur qui se fait constamment chez l'individu normal par la comparaison des sensations diverses et la simultanéité de toutes les excitations sensitives qui sont appréciées.

Quant à la mémoire, elle est altérée dans un certain sens; c'est-à-dire que la mémoire *d'évocation* reste intacte. Les souvenirs anciens n'ont pas disparu, quoique à vrai dire ils puissent de moins en moins revenir quand on les appelle. D'autre part la mémoire de *fixation*, c'est-à-dire la faculté de fixer dans l'esprit les images et les faits, a complètement disparu, ou plutôt elle disparaît au fur et à mesure que l'intoxication progresse, si bien qu'après l'ivresse on ne se souvient plus de ce qui s'est passé (CH. RICHET. *De la mémoire. Rev. philosoph.*, 1886, pp. 561-590).

Ainsi, par le fait des anesthésiques inhalés à faible dose, nous voyons parmi les fonctions de l'intelligence la fonction fondamentale qui persiste, c'est l'*idéation*. Elle dure après que la mémoire de fixation, l'attention, le jugement, la volonté, ont disparu. De même, dans le sommeil normal, la faculté de rêver survit aux autres facultés. Au contraire le pouvoir de *direction*, de combinaison, et de comparaison, disparaît très vite, comme si c'était de toutes les fonctions intellectuelles la plus fragile, et par conséquent la plus élevée dans la hiérarchie.

Cependant il serait inexact de dire que, à cette période de l'ivresse, toute sensibilité est abolie; car même les sens spéciaux ne sont pas tout à fait éteints, et la notion du monde extérieur, quoique pervertie, n'est pas détruite. L'individu éthérisé voit, entend, mais il ne juge pas sainement les sensations qu'il éprouve. Aussi les erreurs d'appréciation sont-elles énormes. En réalité, comme la volonté est abolie, comme il n'y a plus d'attention régulatrice, comme une partie des excitations de la périphérie sensorielle n'arrivent plus aux centres conscients, celles qui arrivent encore à la conscience sont mal interprétées; elles ne se corrigent plus l'une par l'autre, et alors elles provoquent des rêves absurdes, et un vrai délire qui va en s'exagérant, à mesure que les doses de poison absorbé augmentent. Les paroles agitées, dramatiques, que profère le patient, deviennent de plus en plus confuses; et elles s'éteignent graduellement en un marmottement inintelligible, qui lui-même finit par cesser.

Or c'est tout à fait ainsi que survient le sommeil normal; il y a donc une différence dans la *cause*, plutôt que dans la *modalité* du sommeil anesthésique et du sommeil normal. Nos idées, au moment du sommeil, ne sont plus dirigées par nous. Elles ont d'abord quelque vraisemblance; puis peu à peu elles prennent des formes de plus en plus absurdes; finalement le monde extérieur s'enfuit, et les rêves continuent pourtant jusqu'à s'évanouir tout à fait, sans qu'on puisse saisir le moment précis où toute idéation est anéantie.

Il s'ensuit qu'on ne peut pas préciser le moment où la conscience disparaît; car ce n'est pas un point mathématique dont le terme peut être déterminé. La conscience du *moi* ne s'en va pas tout d'un coup, mais graduellement, comme dans le sommeil normal. S'il est vrai, comme nous le croyons pour notre part, qu'elle soit surtout un phénomène de mémoire, la chaîne des sensations passées étant reliée aux sensations présentes, on voit que la conscience diminue à mesure que la mémoire va en s'affaiblissant.

Une des fonctions du système nerveux qui paraît atteinte parmi les premières, c'est l'équilibre. Dès les premières inspirations d'un anesthésique, le patient éprouve une sorte de vertige. Les objets tourbillonnent autour de lui, il prend une démarche chancelante, la tête lui *tourne*, comme on dit vulgairement; la station ou la marche équilibrée est devenue impossible. On sait, que dans l'ivresse alcoolique, c'est aussi cette faculté d'équilibre qui est d'abord atteinte, et que les individus ivres, quoique ayant conservé la conscience d'eux-mêmes, la sensibilité à la douleur et toutes les sensibilités, ainsi qu'une intégrité intellectuelle presque complète, ne peuvent marcher droit, et titubent. On n'a pas, à ce qu'il semble, suffisamment insisté sur cette fonction de l'équilibre, qui semble nécessiter un état cérébral et bulbaire d'une intégrité parfaite, puisque les intoxications ont pour premier effet de l'altérer; de même que les premiers symptômes de l'anémie cérébrale sont marqués précisément par le défaut d'équilibre.

Au début de l'ivresse, cette anesthésie sensorielle partielle coïncide avec une hyperesthésie sensorielle, partielle aussi. Certaines sensations sont amplifiées; ce qui entraîne autant d'erreurs que l'abolition même de la sensibilité. Mais cette exagération de nos sensations ne laisse pas de traces dans la mémoire; car, dès les premières inhalations anesthésiques, le souvenir fixateur des images diminue, de manière que les sensations, même hypertrophiées au moment où elles sont perçues, s'effacent sans laisser de trace.

Mais peu à peu les sensations elles-mêmes s'émoussent, et alors apparaît ce curieux phénomène de l'analgésie qui, bien avant que WELLS l'eût remarqué, avait déjà été constaté par DAVY, dans ses observations sur le gaz hilarant (Voy. **Analgésie**).

En effet, même pendant cette première période de l'anesthésie, alors que le patient parle, rêve, divague, répond aux questions, interroge, entend tous les bruits qui se passent, perçoit les sensations tactiles, parfois le sentiment de la douleur est affaibli de telle sorte qu'on peut pratiquer des opérations sans que le patient souffre. Même s'il pousse des cris de douleur, la souffrance est si passagère, qu'elle ne peut compter pour une vraie souffrance; si on le réveille au moment même de ses gémissements, et si on lui demande pourquoi il a crié, il dira qu'il n'a pas souffert, et qu'il n'a rien senti.

La nature de l'agent anesthésique modifie la forme du délire. Avec le protoxyde d'azote et avec l'éther, c'est plutôt de la gaieté sans fureur, tandis qu'avec le chloroforme, surtout chez les alcooliques, le délire est terrible. C'est la période d'excitation décrite par tous les chirurgiens. Sur les chiens chloroformés dans nos laboratoires, la période d'excitation chloroformique est aussi très marquée, même quand on administre le chloroforme par la trachée, contrairement à une affirmation de P. BERT, qui ne repose que sur un trop petit nombre d'expériences. Les enfants (BERGERON. *Le chloroforme dans la chirurgie des enfants*, D. P., 1874) subissent presque sans délire les effets du chloroforme, et le sommeil survient vite, presque sans aucune agitation. Le chloral, injecté dans la veine des chiens, ou mieux dans le péritoine, ce qui permet d'en bien étudier les effets successifs, produit une agitation vive, de la titubation, et de l'impuissance motrice, avant l'abolition de la sensibilité. On peut voir alors nettement combien le chloral trouble l'innervation motrice avant d'atteindre la sensibilité; car des chiens qui gisent à terre, incapables de se mouvoir, poussent encore des gémissements plaintifs, et quelquefois de longs et insupportables hurlements, quand on appuie sur leurs pattes. Il y a donc paralysie du mouvement avant qu'il y ait paralysie de la sensibilité; cependant alors la sensibilité à la douleur est déjà diminuée; car, dès que l'on cesse d'opérer, les gémissements s'arrêtent.

La période d'excitation du chloroforme et de l'éther n'est donc pas du tout de l'asphyxie, comme on l'a prétendu. Certes, chez les individus vigoureux, le chloroforme amène quelquefois une sorte de convulsion spasmodique des muscles du thorax. Alors la respiration est suspendue; la face bleuit; les veines de la tête grossissent; la langue est violacée; et il semble que l'asphyxie soit imminente; mais c'est pour ainsi dire un épiphénomène qui ne modifie guère le cours des symptômes de l'anesthésie, et l'asphyxie est la conséquence, non la cause de la période d'excitation. En effet la période d'excitation apparaît encore, même quand la respiration artificielle est faite et que la saturation du sang en oxygène est assurée.

Tous les autres appareils organiques subissent les conséquences de la surexcitation nerveuse. La pression sanguine est élevée; les battements du cœur s'accélèrent; la respiration est augmentée dans son rythme et dans sa profondeur, et la température augmente.

On peut dire qu'au début la substance anesthésique limite son action au système nerveux psychique. Pourtant il est certain, comme l'a dit récemment HEYMANS, que les muscles et les épithéliums subissent, même à faible dose, l'influence de l'intoxication chloroformique. On le prouve par les effets qu'exercent sur les reins les injections répétées de petites doses de chloroforme, et récemment on a voulu attribuer à ces altérations rénales la plupart des cas de morts tardives après le chloroforme. Toutefois il est évident que l'action sur les muscles et sur les glandes est très peu appréciable, et que la principale, pour ne pas dire l'unique lésion fonctionnelle porte sur les centres nerveux cérébraux psychiques.

Si la dose augmente, alors l'anesthésie remplace l'analgésie, et ce ne sont pas seulement les centres cérébraux qui sont atteints, mais aussi tous les centres nerveux, médullaires et ganglionnaires.

Deuxième période. Anesthésie avec réflexes. — Pendant l'ivresse du début l'individu chloroformé se débat et s'agite; il semble animé par une hyperidéation excessive; mais maintenant tout est rentré dans le silence; la respiration est devenue moins fréquente, régulière et superficielle; le cœur bat plus lentement; la pupille est moyennement rétrécie; c'est vraiment le sommeil anesthésique. Les plus fortes excitations de la sensibilité ne provoquent plus ni gémissement ni douleur. Cependant les réflexes ne sont pas encore abolis. Autrement dit, le cerveau a perdu toute son activité fonctionnelle, alors que la moelle est intacte. Ce qui est important à noter, c'est que dans cette période, masquée, comme le dit bien DASTRE, par la brutalité de la pratique, la tonicité musculaire, phénomène réflexe, n'est pas abolie. Les muscles qui entourent un membre luxé sont encore contractés avec force et s'opposent à la réduction; la section d'un muscle est suivie de la rétraction immédiate de ce muscle.

Troisième période. Anesthésie sans réflexes. — Peu à peu les réflexes eux-mêmes disparaissent; le réflexe conjonctival, c'est-à-dire le clignement de la paupière consécutif à l'attouchement de la cornée; le réflexe patellaire, et le réflexe labio-mentonnier, étudié par DASTRE et LOYE (V. DASTRE, *Les anesthésiques*, p. 84). Le réflexe cardiaque disparaît aussi, quoique plus tardivement (Nous y reviendrons, quand nous parlerons de la syncope chloroformique).

Quant aux réflexes respiratoires, ils ne disparaissent jamais, tant que l'automatisme de la respiration n'est pas aboli. Le fait a quelque importance au point de vue physiologique; car il démontre que les voies de conduction dans la moelle, soit centripètes, soit centrifuges, ne sont jamais lésées assez pour être interrompues. Ce qui meurt dans l'anesthésie, c'est le centre nerveux ; ce ne sont pas les appareils de conduction, intra-ou extra-médullaires. La conduction n'est pas notablement altérée, et si, pour les centres nerveux autres que le centre respiratoire, on ne peut la déceler, c'est que, par suite de l'abolition de la fonction de ces centres, il est impossible de constater qu'une excitation quelconque peut encore leur être transmise.

Cette période, pendant laquelle il n'y a plus de réflexes, est la vraie période anesthé-sique ; celle pendant laquelle le chirurgien fait l'opération. Alors non seulement la sensibilité est totalement abolie ; mais encore des réflexes, parfois dangereux, sont sup-primés, et les mouvements du patient, qui rendraient difficiles les manœuvres opéra-toires, sont devenus impossibles. De plus, comme dans certains cas de luxation, par exemple, l'abolition de la tonicité musculaire permet d'agir sur des membres inertes, ce qui est un grand avantage.

A cette période la pression sanguine est très diminuée ; elle s'abaisse, chez les ani-maux chloralisés, jusqu'à environ 8 ou même 6 millimètres de mercure, quelquefois moins encore. Par suite de cet abaissement de pression, le cœur bat assez rapidement. Un animal chloralisé et non refroidi a toujours un certain degré de tachycardie, ce qui n'est pas dû à l'absence des effets modérateurs du nerf vague ; car à aucun moment, comme je l'ai souvent constaté, le nerf vague ne perd le pouvoir de ralentir, et même d'arrêter les mouvements du cœur. Le chloroforme, qui abaisse la pression moins que le chloral, accélère aussi beaucoup moins les systoles cardiaques.

La respiration est devenue très régulière ; car les excitations psychiques, qui, à l'état normal, modifient incessamment le rythme, suivant l'idéation et les sensations extérieures, ne sont plus là pour exercer leur influence perturbatrice. Elle est superficielle ; car l'hé-matose, à cause de la diminution des échanges, peut être assurée par une ventilation pulmonaire faible, et sa fréquence ne paraît guère modifiée. FREDERICQ a montré que le chloral agissait d'une manière spéciale sur les centres respiratoires ; car, chez les lapins chloralisés, l'arrêt de la respiration a lieu en expiration, contrairement à ce qui se pro-duit chez les lapins normaux, quand on excite les bouts centraux des nerfs pneumogas-triques (*T. P.*, 1883, p. 169, fig. 6).

La force musculaire respiratoire a varié d'une manière tout à fait caractéristique. C'est un point que P. LANGLOIS et moi nous avons étudié, en analysant la force de l'ex-piration et la force d'inspiration chez les chiens chloralisés (*Trav. Lab.*, 1893, t. II, pp. 333-351. *Influence des pressions extérieures sur la ventilation pulmonaire*). Au moyen d'une sou-pape de MULLER, on peut dissocier les deux fonctions musculaires de la respiration, et noter ce qui se produit quand on augmente la hauteur de la colonne de mercure à tra-vers laquelle doit respirer l'animal, tant pour inspirer que pour expirer. Il se trouve que l'effort *inspiratoire* est peu modifié par l'anesthésie chloralique, et que les chiens peuvent encore surmonter une résistance de 25 millimètres de mercure. Au contraire l'effort *expiratoire* est presque complètement paralysé ; car même une colonne de 6 mil-limètres de mercure suffit pour abolir toute expiration, et par conséquent pour asphyxier un chien anesthésié. Autrement dit, dans le sommeil chloroformique profond, le moindre obstacle à l'expiration est dangereux et même très dangereux (fait important pour la pratique chirurgicale), tandis que l'inspiration n'est pas sensiblement affectée.

On comprendra sans peine pourquoi l'agent anesthésique établit cette différence entre l'inspiration et l'expiration: c'est que, dans cette période, le bulbe respiratoire n'est pas atteint, et conserve à peu près toute sa force. Or l'expiration n'est pas, comme l'inspira-tion, due à l'innervation automatique du bulbe; elle dépend en partie de l'élasticité pulmonaire, retrait du poumon qui suit la distension inspiratoire; en partie de la con-traction musculaire des muscles expirateurs, muscles mis en jeu par un effort volontaire, ou par une excitation réflexe. Or, pendant une anesthésie profonde, il ne reste plus ni effort volontaire ni réflexe. Il n'y a plus que l'élasticité pulmonaire qui puisse déter-miner l'expiration; et cette élasticité n'est pas suffisante pour soulever une colonne de 5 à 6 millimètres.

Un des phénomènes constants de l'anesthésie, et surtout de l'anesthésie chlorofor-mique, ce sont les vomissements. On les observe presque toujours avec le chloral, et un peu moins fréquemment avec les autres anesthésiques. Comme le chloroforme agit sur les vaisseaux d'une manière tout à fait différente du chloral, on ne peut vraiment sup-

. poser que ces vomissements sont dus à la congestion ou à l'anémie bulbaires. C'est assurément un phénomène d'excitation (par la substance toxique) des centres nerveux qui président au vomissement. Dans certains cas ces vomissements sont presque incoercibles ; il faut alors continuer l'administration de l'anesthésique ; car, par les progrès de l'intoxication nerveuse, les centres bulbaires, qui commandent les mouvements expulsifs de l'estomac et des muscles abdominaux, finiront par être paralysés au lieu d'être excités. Le progrès de l'anesthésie fait cesser les vomissements. Dans d'autres cas, heureusement assez rares, alors que la période d'anesthésie est dissipée, les vomissements reparaissent, souvent très douloureux et très tenaces.

Les anesthésiques agissent certainement sur la fibre musculaire elle-même. SYDNEY RINGER (cité par DASTRE, loc. cit., p. 95) a vu que le cœur de la grenouille est empoisonné par le chloroforme. BERT (cité aussi par DASTRE) a vu que l'effet musculaire produit par l'excitation du sciatique allait en diminuant avec les progrès de l'anesthésie. J'ai vu se modifier notablement la courbe de la secousse musculaire des écrevisses placées dans de l'eau chloroformée. Mais, malgré cela, il est clair que, même à la dose anesthésique, la fonction des muscles n'est guère modifiée ; et on peut dire que seuls, les centres nerveux sont fortement atteints.

Le sang n'est pas altéré par le chloroforme et l'éther, et probablement aussi, quoique moins sûrement, par le protoxyde d'azote, aux doses anesthésiques. Le sang artériel est rouge ; le sang veineux n'est pas très noir, ce qui tient à la faiblesse des échanges. Agité à l'air, le sang garde toujours la capacité de fixer les mêmes proportions d'oxygène. Je m'en suis souvent assuré par le procédé de dosage de SCHUTZENBERGER.

Les échanges respiratoires sont cependant énormément modifiés. Avec le chloroforme peu d'expériences ont été faites, tandis que la question a été souvent étudiée avec le chloral. RUMPF a trouvé, avec l'éther, le chloroforme, l'alcool, le chloral, une diminution des échanges de 40, 50 et 60 p. 100 ; et parallèlement une diminution correspondante de la température. J'ai fait aussi à ce sujet de nombreuses recherches sur les chiens (*Echanges respiratoires et chloral. Trav. du lab.*, t. ɪ, p. 355) et j'ai trouvé que les chiens chloralisés ne produisaient en moyenne que $0^{gr},600$ d'acide carbonique par kilo et par heure, tandis que les chiens normaux en produisent $1^{gr},200$. Par conséquent l'activité chimique de l'organisme a diminué de 50 p. 100. Il est certain qu'une grande part de cette diminution reconnaît pour cause la résolution musculaire complète qu'on observe alors ; mais il est probable que les tissus autres que les muscles, glandes et autres appareils, subissent aussi une diminution de leur activité.

Parallèlement à l'abaissement des échanges on observe une diminution de la température. Chez l'homme, par le fait de la rapidité de l'anesthésie et des précautions qu'on prend pour empêcher le refroidissement, cette hypothermie est négligeable ; mais, chez les animaux chloralisés, elle est parfois énorme ; et peut aller jusqu'à 25°, et même plus bas encore. RUMPF a noté une fois 18° chez un cobaye chloralisé.

Il m'a été possible de montrer par une expérience très simple que le rôle de l'anesthésique dans ce cas était de paralyser le pouvoir régulateur de la calorification. Chez un chien normal, les échanges, et par conséquent la production de chaleur, sont en rapport avec la surface, grâce au système nerveux qui règle le phénomène ; mais, chez l'animal chloralisé, cette proportionnalité avec la surface n'existe plus ; les gros et les petits chiens fournissent par kilogramme la même quantité d'acide carbonique. Or, comme la déperdition des gros et des petits animaux n'est pas la même par kilogramme, et qu'elle se fait proportionnellement non au poids, mais à la surface, il s'ensuit que les petits chiens chloralisés doivent se refroidir bien plus vite que les gros. Et en effet il en est ainsi. Donc la régulation de la chaleur par rapport à la surface est un phénomène qui dépend du système nerveux central. Quand l'animal est anesthésié, ce pouvoir régulateur a disparu (en même temps que toutes les autres fonctions du système nerveux central), et le refroidissement se fait proportionnellement à la surface, c'est-à-dire plus vite chez les petits animaux que chez les gros.

La pupille, à la troisième comme à la seconde période, est toujours rétrécie, surtout avec le chloroforme ; elle n'est pas susceptible de réflexes, quoique l'excitation électrique du grand sympathique ait gardé tout son pouvoir. Ce sont donc les centres nerveux réflexes qui sont atteints et non les troncs nerveux conducteurs, ni les terminaisons nerveuses.

La circulation périphérique ne se comporte pas de la même manière suivant la nature de l'agent anesthésique administré. Avec le chloroforme il y a une vaso-constriction générale, les téguments sont pâles, et le sang des artérioles ouvertes s'écoule en petite quantité (Dastre, p. 88) ; tandis qu'avec l'éther il y a plutôt vaso-dilatation et congestion des tissus. L'éther favorise les hémorrhagies, tandis que le chloroforme les diminue.

Même après les hémorrhagies abondantes, le chloroforme paraît être bien supporté. Kirmisson. De l'anémie consécutive aux hémorrhagies traumatiques et de son influence sur la marche des blessures (Th. d'agrégat. Paris, 1880).

Quatrième période. Arrêt de la respiration. — A vrai dire cette période n'existe pas dans l'anesthésie chirurgicale, et il ne faut jamais pousser le chloroforme jusqu'à la dose qui abolit l'innervation bulbaire. Mais sur les animaux, en poussant au maximum les effets anesthésiques, on voit que le cœur continue à battre alors que les mouvements respiratoires automatiques ont cessé. Il faut donc, sous peine de voir l'animal s'asphyxier, pratiquer la respiration artificielle, et cela parfois pendant plusieurs minutes, sans que la respiration naturelle revienne. Mais cette suspension de l'effort respiratoire n'est jamais dangereuse, tant que le cœur bat; car, en continuant l'insufflation pulmonaire, on est à peu près sûr de voir revenir au bout d'un temps plus ou moins long la respiration spontanée.

Au moment de la mort du cœur, comme au moment de l'asphyxie respiratoire, il se produit dans la pupille un phénomène important; c'est la brusque dilatation. Pendant le sommeil régulier, qu'il s'agisse du sommeil chloroformique ou du sommeil naturel, la pupille est rétrécie parfois à l'extrême; mais, dès que survient l'asphyxie, elle se dilate. Aussi les chirurgiens recommandent-ils une observation attentive de la pupille, qui indique dans une certaine mesure l'état d'oxygénation du sang.

V. J. Dogiel. Wirkung des Chloroforms auf den Organismus der Thiere im allgemeinen und besonders auf die Bewegung der Iris (A. Db., 1866, pp. 234 et 415). — C. Westphal. Uber ein Pupillenphänomen in der Chloroformnarkose (A. V., 1863, t. xxvii, pp. 409-412). — P. Budin et P. Coyne. Rech. clin. et expérim. sur l'état de la pupille pendant l'anesthésie chirurgicale chloroformique (A. P., 1875, pp. 64-100). — M. Schiff. Nota sulla pupilla nella narcosi cloroformica (Imparziale, 1876, t. xvi, p. 363). — Schlager. Veränderungen der Pupille in der Chloroformnarkose (Centrbl. f. Chir., 1877, p. 385). — Vogel. Même sujet (Pet. med. Woch.), 1879, pp. 113, 123).

La mort à cette période peut survenir par arrêt du cœur; même quand il n'y a pas trace d'asphyxie. Nous ne parlons pas ici des morts primitives, qui surviennent dans le cours de la troisième, de la seconde et quelquefois même de la première période; mais de ces morts lentes où la respiration continue, superficielle et très rare, et où les systoles ventriculaires, de plus en plus faibles, finissent par s'éteindre tout à fait. Dans ce cas la respiration artificielle ne suffit pas à empêcher la mort. Il est bien probable qu'il s'agit là d'une intoxication profonde (par l'agent anesthésique) des ganglions nerveux du cœur ou même de la fibre myocardique. Il est en outre probable que l'abaissement de la pression n'est pas sans quelque influence.

En tout cas la mort du cœur et celle de la respiration ne sont pas, à cette période, accompagnées des symptômes bruyants qu'on observe chez les individus normaux. L'asphyxie, dans l'anesthésie, a lieu sans convulsions ni réactions de douleur. Mais surtout, ce qui est un point essentiel, l'asphyxie se produit *avec une lenteur extrême*. La diminution des échanges, l'absence de toute réaction convulsive, comme aussi (au moins dans les expérimentations physiologiques) l'abaissement thermique, toutes ces causes font que, sur un animal très profondément chloralisé, on peut laisser la trachée fermée pendant longtemps sans déterminer l'arrêt asphyxique du cœur. Chez les lapins par exemple, qui à l'état normal s'asphyxient en deux minutes et demie environ, il faut parfois six et même huit ou dix minutes pour les asphyxier quand ils sont chloralisés. Fait bien important à noter, puisqu'il nous prouve que la suppression de la respiration n'amène pas une mort rapide. On ne peut donc l'incriminer comme cause de mort, à moins de faute lourde de la part de l'opérateur. Nous reviendrons d'ailleurs avec détail sur ce point essentiel qui ne doit pas être traité légèrement.

Période d'élimination et de retour. — Le retour à l'état normal se fait plus ou moins rapidement selon l'agent anesthésique. S'il s'agit d'un corps gazeux, comme le protoxyde d'azote, le retour est tellement rapide que la sensibilité reparaît presque aussitôt qu'on a cessé les inhalations. Avec l'éther, très volatil, le retour est plus rapide qu'avec le chloroforme. Il faut comparer à ce point de vue les substances anesthésiques avec les substances alcooliques qui amènent l'ivresse. Nous avons vu (Alcool, Toxicologie générale, p. 244), que les alcools sont d'autant plus longs à être éliminés qu'ils sont plus fixes. Pour les anesthésiques, plus volatils que les alcools, il en est de même, et on pourrait presque établir une gamme dans la rapidité de l'élimination d'après la volatilité des substances employées. D'autant plus que l'éther et le chloroforme ne s'éliminent probablement pas par les urines, et que presque tout est exhalé par le poumon.

Les différentes fonctions reparaissent en suivant à peu près le même ordre dans leur retour que dans leur disparition. Le vertige, la titubation et la céphalalgie, sont les symptômes qui persistent le plus longtemps. Le chloroforme produit quelquefois un très léger degré d'albuminurie ; et c'est une des raisons qu'on a invoquées pour préférer l'éther ; car ces troubles dans la fonction du rein paraissent être spéciaux au chloroforme, et faire défaut dans l'anesthésie par le protoxyde d'azote et l'éther.

Des causes de la mort dans l'anesthésie. — La question, intéressante au point de vue de la physiologie, a une importance primordiale au point de vue chirurgical. On comprend en effet que, depuis les premières observations de 1847, on a cherché à bien analyser les causes de la mort.

Disons tout de suite que relativement la mort est rare, et même très rare. Nous n'avons pas à entrer ici dans les détails statistiques qui seraient mieux placés dans un traité de chirurgie. Mais, en rappelant les 241 cas de mort signalés par DURET en 1879, pour le chloroforme, en tenant compte des accidents produits par les autres anesthésiques, en admettant que les chirurgiens n'aient pas tous publié tous leurs cas malheureux, on arrive très approximativement à un chiffre de 1000 cas environ qu'on doit considérer comme un maximum sans doute exagéré. Ce n'est rien, si l'on réfléchit au nombre immense des anesthésies chirurgicales qui ont été pratiquées, et pour lesquelles toute évaluation précise est impossible. DASTRE admet une mort sur 2000 cas ; mais, comme il le dit, c'est sans doute beaucoup trop fort encore. En admettant, sans grandes preuves à l'appui d'ailleurs, le chiffre de une mort sur 4000, on sera plus près de la vérité. Mon père, dans sa longue pratique, comptant à peu près, à ce que je crois, 9000 anesthésies, n'a eu que deux cas de mort. Dans la guerre de Sécession, sur 11 448 chloroformisations, il n'y a eu qu'une mort ; dans la guerre de Crimée, BAUDENS parle de une mort sur 10 000 cas. A. VERNEUIL (Comm. orale) évalue les chloroformisations pratiquées par lui à 12000 au moins, et il n'a eu que deux cas de mort ; encore s'agissait-il dans un cas d'un individu très tuberculeux. Nous pouvons donc admettre que c'est en moyenne une mort sur quatre mille patients. La probabilité de la mort par l'agent anesthésique est donc très faible.

Il n'importe pas moins d'en connaître aussi exactement que possible les causes.

Nous laissons de côté les causes accessoires, dues par exemple aux impuretés du chloroforme, si tant est que ces altérations exercent quelque influence, aux hémorrhagies incoercibles (auxquelles l'éther expose plus que le chloroforme) ou à la formation d'azote (?) (KAPPELER) qui entraverait la contractilité du cœur. De fait la mort ne survient que par déficience de la respiration ou du cœur.

Je ne craindrai pas ici d'être en désaccord avec plusieurs physiologistes et la plupart des chirurgiens, en affirmant, sur des preuves que je crois positives, que la mort ne survient jamais par la déficience respiratoire.

En effet l'arrêt de la respiration peut avoir lieu, soit au début de l'anesthésie, soit plus tard, à la période de résolution. Il faut distinguer ces deux conditions bien différentes.

Pendant la période d'agitation, surtout quand il s'agit du chloroforme, on voit le malade pris d'une agitation frénétique, avec un spasme des muscles thoraciques, une congestion de la face, et un aspect violacé qui fait penser à l'asphyxie. Soudain toute cette agitation cesse ; la résolution musculaire remplace l'état convulsivo-tonique des muscles ; la tête, qui se tenait, sur le cou contracturé, penchée en avant, retombe brusquement, et en même temps le pouls s'arrête. Est-ce là de l'asphyxie ?

Rappelons-nous ce qui survient dans l'asphyxie normale provoquée par l'oblitération de la trachée. Les convulsions asphyxiques, très analogues à l'agitation anesthésique du début, durent une minute à peu près; puis, pendant trois, quatre et même cinq minutes, il y a encore des contractions ventriculaires efficaces; or, pendant tout ce temps, la vie peut revenir si l'on fait la respiration artificielle. Jamais, sauf dans les cas spéciaux d'immersion, d'hyperthermie, de fatigue musculaire et d'atropinisation, l'asphyxie n'entraîne la mort du cœur en moins de quatre à cinq minutes. Il faudrait donc admettre, pour supposer que cet arrêt respiratoire primitif entraîne la mort du malade, que le chirurgien ou le physiologiste opérateur a fait cette lourde, et très lourde faute (bien trop grave pour que je puisse reprocher à un chirurgien quelconque de l'avoir faite), de rester pendant cinq minutes devant un individu qui ne respire pas, et d'attendre tranquillement que, par les progrès de l'asphyxie, le cœur finisse à la longue par s'arrêter.

Certes, il faut toujours observer l'état de la respiration; il faut la surveiller avec la plus grande attention; il faut savoir que la langue à demi paralysée peut retomber en arrière sur la glotte, et opposer un obstacle infranchissable à l'expiration qui est presque impuissante; mais on peut être rassuré, si le cœur continue à battre, même quand, pour une cause ou pour une autre, la respiration a été suspendue pendant une ou deux minutes, voire même pendant trois longues minutes. S'il n'y a pas paralysie du cœur, jamais un arrêt respiratoire, durât-il trois minutes, ne suffira pour produire la mort. Au bout de trois minutes, et souvent bien davantage, la respiration artificielle est encore efficace à ramener la vie et les respirations spontanées. Même si la respiration naturelle ne revient pas tout de suite, elle ne tardera pas à revenir après la respiration artificielle continuée aussi longtemps que ce sera nécessaire.

Sur les chiens on peut, quand on veut, obtenir expérimentalement la mort rapide, dès les premières inspirations de chloroforme. Il suffit de leur donner une très forte dose en inhalation. Tout de suite, après une courte période d'agitation (presque des convulsions) qui ressemble beaucoup à une vraie asphyxie, la respiration s'arrête, la résolution survient, et l'animal meurt. Mais cette mort n'est pas de l'asphyxie, car, malgré une respiration artificielle vigoureuse et prolongée, il est impossible de faire revenir le cœur. Même les grandes inspirations agoniques ne servent à rien; le cœur reste inerte, et la mort est définitive.

Tous les physiologistes et tous les médecins sont d'accord pour établir que dans ce cas la respiration s'arrête avant le cœur. Le fait est bien certain; mais il ne s'ensuit pas du tout que ce soit l'arrêt de la respiration qui entraîne la mort. Assurément l'absence de la respiration serait une cause de mort suffisante si la respiration artificielle n'était pas là; *mais elle est là;* et il n'est pas besoin d'être un grand savant pour faire la traction de la langue, et exercer quelques pressions sur le thorax; ce qui suffit à introduire un peu d'air dans le poumon. Le médecin le moins expérimenté fera ainsi: et pourtant il ne sauvera pas son malade; car, presque en même temps que la respiration, le cœur s'est arrêté. Or cet arrêt survient bien trop vite, et est trop irrémédiable pour qu'on l'attribue à l'asphyxie. Je ne puis donc accepter l'opinion de Dastre et Morat que la suppression de la respiration entraîne l'arrêt mortel du cœur (Dastre, *Anesthésiques*, p. 126), car au contraire l'arrêt asphyxique du cœur est un arrêt tutélaire, protecteur, qui ne se termine jamais par la mort, si, au moment où le cœur commence à se ralentir la respiration artificielle lui rend de l'oxygène. Dastre et Morat disent que la section des pneumogastriques éloigne l'issue mortelle. Eh bien, je crois avoir prouvé que c'est précisément le contraire, et que l'arrêt du cœur retarde notablement la mort, de sorte que la section des pneumogastriques rend la mort deux fois plus rapide (Ch. Richet. *La mort du cœur dans l'asphyxie*, A. P., 1894, pp. 653-668).

Donc le ralentissement asphyxique du cœur n'est pas une cause de mort, et je ne puis admettre que la syncope respiratoire soit mortelle; car je suppose, bien entendu, qu'on ne va pas rester inactif pendant cinq minutes, mais bien qu'on va se mettre aussitôt à pratiquer la respiration artificielle, dès qu'on verra la respiration arrêtée.

Ainsi donc, avec tous les physiologistes, et en particulier avec Lauder-Brunton, qui présidait la commission de Hyderabad, je suis bien convaincu qu'il y a d'abord une syncope respiratoire, et que le noyau bulbaire qui commande les inspirations est paralysé avant le cœur. Mais ce que je ne puis admettre, c'est que cet arrêt respiratoire soit la vraie cause de la mort dans les cas chirurgicaux.

Cette importante question de la cause de la mort par le chloroforme a été traitée avec une grande ampleur par la commission dite de Hyderabad. Le gouvernement du Nizan dans l'Inde a offert une somme de 25 000 francs à l'effet de savoir dans quelles conditions on peut administrer sans danger des substances anesthésiques. ED. LAURIE, LAUDER-BRUNTON, BOMFORD, et RUSTOMJI-HAKIM, ont fait une grande quantité d'expériences dans l'Inde durant le second semestre de 1889 (*Lancet*, 1890, pp. 139, 149, 421, 433, 486, 515, 662, 877, 1140, et surtout pp. 1370-1388, où les tracés graphiques obtenus sont reproduits). Dans 171 expériences faites sur les chiens, et 26 expériences faites sur les singes, ils ont vu constamment le cœur s'arrêter après la respiration, et quelquefois longtemps après, dans les proportions suivantes :

		CHIENS	SINGES
Après 1 minute.		1 fois	» fois.
— 2 minutes		10 —	2 —
— 3 —		15 —	8 —
— 4 —		53 —	4 —
— 5 —		32 —	2 —
— 6 —		15 —	2 —
— 7 —		8 —	4 —
— 8 —		3 —	2 —
— 9 —		2 —	» —
— 10 —		2 —	1 —
— 11 —		1 —	» —

Il semble en résulter bien nettement un fait indiscutable, c'est qu'il faut 3 à 4 minutes environ pour que, dans la chloroformisation, après arrêt des mouvements respiratoires, le cœur s'arrête à son tour.

Mais, si importante que soit cette statistique, elle ne prouve pas du tout que chez l'homme la mort ne soit pas due à l'arrêt du cœur.

Les longues et méthodiques expérimentations de la commission de Hyderabad prouvent seulement que la respiration s'arrête presque toujours avant le cœur; que par conséquent il faut surveiller attentivement la respiration et faire la respiration artificielle, dès que la respiration spontanée s'est arrêtée. Cela prouve aussi que *dans presque tous les cas le temps ne fait pas défaut*, et que, par conséquent, le chirurgien est *inexcusable*, si son malade meurt par l'arrêt de la respiration.

Or nous croyons que, dans les cas malheureux de mort par le chloroforme, le chirurgien est excusable; car ce n'est pas par l'arrêt respiratoire que le malade est mort, mais par l'arrêt cardiaque.

En effet il n'est pas prouvé du tout que, dans les cas où le cœur s'est arrêté une ou deux minutes après la respiration spontanée, la respiration artificielle eût pu sauver le malade. Il est possible qu'une dose trop forte de chloroforme introduite dans le sang tue d'abord le bulbe, puis, quelques instants après, le cœur; et cela fatalement, même si on remédie au défaut de respiration spontanée par la respiration artificielle; car il y a trop de chloroforme dans le sang et dans le cœur, pour qu'on puisse empêcher la mort des ganglions cardiaques, mort fatale, malgré une hématose assurée par une respiration artificielle énergique.

Pour résumer, nous dirons qu'il n'y a aucun danger à l'arrêt respiratoire en lui-même, puisque la respiration artificielle permet d'en combattre les effets ; et que nous ne supposerons pas de chirurgien assez imprudent pour ne voir pendant trois minutes que la respiration s'est arrêtée et pour ne pas faire immédiatement la respiration artificielle. Jamais, à moins de très lourde faute, le malade ne meurt par asphyxie. Il meurt par syncope, même quand le cœur s'arrête quelque temps après la respiration, car il faut au minimum trois ou quatre minutes d'asphyxie pour faire mourir le cœur.

Si la mort survient à cette période de l'anesthésie, c'est qu'une grande quantité de chloroforme est arrivée trop vite au contact du myocarde et des ganglions cardiaques, de manière à arrêter le cœur, non pas tout de suite, mais au bout d'un certain temps. Les faits qui prouvent cette action funeste des anesthésiques sur la systole cardiaque sont innombrables, et je me contenterai d'en citer quelques-uns. Si l'on injecte seulement un demi-centimètre cube de chloroforme dans la veine auriculaire d'un lapin, on amène instantanément la mort, et le cœur s'arrête subitement. Il ne faut guère de dose plus forte pour un chien de moyenne taille recevant dans la veine une injection chloroformique. TROQUART, dans un excellent travail, a très bien analysé les effets du chloral sur l'endocarde (*Action physiologique du chloral. D. P.*, 1887, *Thèse faite au laboratoire de* MAREY, *sous la direction de* FRANÇOIS-FRANCK). L'anesthésie, dite par sidération ; les doses massives, données d'emblée, constituent une pratique qui, fort heureusement, est abandonnée aujourd'hui. Et en effet, ce mode d'administration de l'anesthésique introduit dans la circulation pulmonaire des quantités de chloroforme beaucoup plus grandes que la petite dose injectée directement dans la veine. Quoi d'étonnant à voir survenir alors une paralysie cardiaque soudaine, réflexe endocardique, suivant TROQUART, et que je croirais plutôt myocardique.

Mais, qu'elle soit réflexe ou non, cette paralysie du cœur est la vraie cause de la mort qu'on a signalée dès les premières inhalations chloroformiques.

On peut objecter qu'il n'est pas possible de comparer le cœur d'un animal sain et le cœur d'un animal chloroformé. L'asphyxie qui amènerait la mort au bout de cinq minutes chez l'être sain pourrait l'amener en une minute chez l'être chloroformé. Mais l'expérience montre qu'il n'en est pas ainsi ; un animal chloroformé supporte l'asphyxie presque aussi bien sinon mieux qu'un animal sain : d'ailleurs soutenir cette doctrine, c'est implicitement admettre la même opinion que moi, puisque je prétends que le danger vient uniquement du cœur, et que la syncope respiratoire n'est à pas craindre ; car la respiration artificielle remédie efficacement à la syncope respiratoire, tandis que rien ne peut remédier à la syncope cardiaque.

Ainsi l'arrêt de la respiration, n'est pas grave en lui-même. Pourtant c'est le signe redoutable qu'il y a une intoxication profonde ; que par conséquent la dose de chloroforme est tout près de la dose qui va tuer le cœur ; peut-être même que la dose qui tuera le cœur est déjà dépassée. C'est un symptôme grave, un signe précurseur, qui doit faire suspendre toute inhalation nouvelle ; mais, en soi, il n'offre aucun danger réel.

Nous pouvons donc hardiment éliminer l'hypothèse de la mort par déficience respiratoire.

Reste maintenant la question des réflexes cardiaques, auxquels on a souvent essayé de faire jouer un rôle prépondérant dans la syncope cardiaque du début, réflexes ayant pour origine le trijumeau ou bien les nerfs laryngés, ou même un nerf sensible quelconque. Il est certain que l'excitation d'un nerf sensitif amène toujours un changement notable, soit, le plus souvent, accélération, soit ralentissement dans le cœur ; dans certains cas, ce ralentissement peut aller jusqu'à la syncope. L'excitation des premières voies respiratoires par une substance irritante, acide acétique, alcool, chloroforme, fait cesser aussitôt les inspirations et ralentit le cœur chez le lapin (KNOLL). FRANÇOIS-FRANCK a donné d'excellents graphiques de ce phénomène.

Mais cette syncope réflexe peut-elle amener la mort? C'est là précisément le point en litige, et que pour ma part je ne considère pas du tout comme résolu, malgré l'accord unanime des physiologistes et des chirurgiens à admettre que ces réflexes sont mortels.

D'abord, chez un animal normal, expérimentalement, une excitation réflexe, si forte qu'on la suppose, n'entraîne jamais la mort définitive du cœur ; mais seulement, s'il y a syncope, une syncope passagère. Pourquoi les excitations réflexes produites par les vapeurs du chloroforme entraîneraient-elles la mort plutôt que les excitations directes des nerfs vagues, ou les plus violents traumatismes, si ces soi-disant excitations réflexes par la vapeur caustique du chloroforme n'étaient au fond qu'une intoxication de la fibre musculaire cardiaque et des ganglions? Puisque jamais on n'a pu, par l'excitation électrique, même la plus longue et la plus forte, des deux nerfs vagues, arrêter définitivement le cœur, je ne vois pas pourquoi on donnerait au chloroforme la propriété d'agir plus fortement que les plus énergiques courants d'induction appliqués directement à un nerf vague ou à un nerf sensitif quelconque.

L'excitation des vagues n'a jamais produit d'arrêt mortel du cœur. Au contraire elle a paru exercer plutôt une influence retardatrice, tandis que la section des vagues et l'injection d'atropine ont plutôt agi en sens inverse, en hâtant la mort par l'accélération produite sur les mouvements du cœur. C'est là une considération qui doit rendre suspectes ces soi-disant syncopes cardiaques réflexes.

Même lorsque les animaux sont profondément chloroformés, l'arrêt du cœur par l'excitation des nerfs vagues n'entraîne pas la mort. Il n'y a donc vraiment pas lieu de supposer que ce qui ne tue pas le cœur très intoxiqué, va pouvoir faire mourir un cœur à demi empoisonné, alors que d'autre part, sur un cœur normal, la galvanisation des nerfs vagues est sans danger. L'innocuité des excitations prolongées des nerfs vagues est une de ces expériences que tous les professeurs de physiologie répètent chaque année à leurs cours.

Il ne faudrait cependant pas nier toute influence réflexe sur le cœur, comme cause de syncope mortelle. En effet, quoique le fait soit prodigieusement rare, une émotion morale la frayeur, une excitation périphérique très douloureuse, peuvent amener la mort. J'en ai cité des exemples d'après Hosteing (*Physiologie des muscles et des nerfs* (1882), p. 748). Terrier et Péraire (*loc. cit.*, p. 152) en citent aussi des exemples intéressants, de sorte qu'on ne saurait attribuer aux anesthésiques cette propriété étonnante de supprimer la possibilité d'une mort subite accidentelle par syncope cardiaque. Tout ce qu'on peut dire, c'est que les syncopes réflexes se terminant par la mort, chez un sujet non atteint d'affection cardiaque, sont tellement exceptionnelles qu'on peut presque les révoquer en doute.

Pourtant je ne voudrais pas être trop affirmatif. Cette mort par réflexe cardiaque est possible. Par conséquent il faut se prémunir contre elle, et éviter les effets désagréables, de suffocation et d'irritation, que produisent les premières inhalations des vapeurs chloroformiques. Il est probable que l'irritation des fosses nasales et du larynx est parfois une cause de syncope réflexe ; ce qui est douteux, c'est que cette syncope puisse devenir mortelle.

De même aussi le traumatisme opératoire, si l'anesthésie n'est pas complète, peut amener un arrêt réflexe du cœur. Que cette syncope soit mortelle, je ne le crois guère ; car expérimentalement on ne peut l'amener. Les membres de la commission d'Hyderabad n'ont jamais pu amener l'arrêt du cœur par l'excitation électrique des nerfs vagues ; mais, d'autre part, la réduction des luxations et certaines petites opérations douloureuses, faites pendant une anesthésie imparfaite, ont parfois déterminé des syncopes finalement mortelles. Qui sait, d'ailleurs, si un cœur à demi empoisonné par le chloroforme n'est pas devenu plus sensible aux inhibitions réflexes qu'un cœur sain et normal ? Nous savons qu'on ne détermine pas, par une excitation réflexe, aussi violente qu'on voudra, la mort d'un cœur sain. Mais nous ne sommes pas aussi certains que cette même excitation réflexe ne va pas paralyser un cœur qui se contracte mal, et que le chloroforme a déjà presque complètement empoisonné.

Donc, tout en ne croyant pas à la syncope réflexe, comme après tout c'est une question de vie ou de mort, et non pas un simple problème de physiologie, je pense qu'il faut faire comme si cette syncope réflexe mortelle était démontrée, et prendre toutes les précautions nécessaires pour l'éviter ; d'autant plus que, pour d'autres raisons, le système des inhalations lentement progressives est en tout point préférable au système des inhalations brusques.

Pour résumer cette discussion — un peu longue, mais nécessaire en un sujet intéressant à la fois la physiologie et la chirurgie, — je dirai que la cause de la mort au début de la chloroformisation me paraît presque exclusivement la syncope cardiaque, et que cette syncope cardiaque n'est probablement pas d'origine réflexe, mais produite par l'intoxication même du myocarde. Aussi me paraît-il plus très rationnel d'adopter le procédé que Dastre et Morat ont recommandé, c'est-à-dire d'associer l'atropine au chloroforme. Il me semble que, surtout chez l'homme, l'atrophine expose à des dangers spéciaux, de sorte que l'emploi de l'atropine, au lieu de remédier au péril des syncopes réflexes, que je considère comme illusoire, surajoute les dangers de l'empoisonnement par un alcaloïde très toxique aux dangers mêmes du chloroforme. Il semble du reste qu'on ait en général abandonné cette méthode. Reynier (*Bull. Soc. de chir.*, 1890) a signalé un cas de mort. Si Dastre et Morat ont eu des résultats très favorables dans l'expérimentation physiologique, c'est qu'ils donnaient à leurs chiens de la morphine en même temps que de l'atropine, ce qui leur permettait de diminuer beaucoup la dose de chloroforme, et par conséquent de ne pas introduire trop rapidement de grandes quantités de la substance anesthésique.

Ce que nous venons de dire sur la mort dans la période d'agitation et dans celle d'anesthésie nous permettra d'être bref pour les causes de la mort dans la période de résolution. On ne peut plus alors invoquer l'action réflexe, puisque tout réflexe est supprimé, mais on peut encore attribuer quelque importance à la syncope respiratoire. Dans le décours normal des phénomènes, c'est bien le bulbe respiratoire qui meurt le premier, avant le cœur, mais cela ne signifie pas que la mort soit une asphyxie. Les hommes qui meurent pendant la chloroformisation à la période d'anesthésie complète, sont livides, cadavériques, et ne présentent pas l'aspect violacé, congestif, des individus asphyxiés. Je suppose toujours, bien entendu, que le chirurgien, voyant la respiration arrêtée, n'a pas commis la faute de ne pas faire la respiration artificielle, qui a pour effet d'introduire immédiatement une quantité d'oxygène qui doit suffire amplement à tous les besoins des tissus.

Si donc, dans les cas chirurgicaux, la mort survient dans le cours de l'anesthésie très profonde, il me paraît que la seule cause de cette mort, c'est l'intoxication du cœur, dont la fibre musculaire ou les ganglions ont été graduellement atteints par le poison.

De là une conséquence pratique importante, c'est qu'il faut toujours avoir devant les yeux la gravité de la syncope cardiaque à laquelle on ne peut porter remède, tandis que la syncope respiratoire, si elle ne se complique pas de troubles cardiaques, n'a vraiment aucune gravité, puisque on peut la combattre très facilement. Les actions réflexes, à mon sens, ne sont pas à craindre, et le seul danger, — mais celui-là est très redoutable, — réside dans l'empoisonnement du cœur. Par conséquent, dans les maladies du cœur, tout anesthésique ne devra être employé qu'avec une extrême circonspection.

La respiration artificielle n'est pas seulement utile pour suppléer à la respiration spontanée qui s'est arrêtée, mais elle agit encore de la manière la plus efficace sur les systoles des ventricules; la distension pulmonaire favorise mécaniquement la circulation intra-cardiaque, de sorte qu'outre son rôle *chimique*, qui est souverain, elle a encore un autre rôle, *mécanique*, très salutaire. C'est donc, dans les cas de mort imminente, le remède héroïque qu'il faut résolument appliquer, sans préjudice des autres procédés accessoires, comme la position déclive, la flagellation, le massage; toutes manœuvres qui refoulent le sang vers les parties centrales pour obvier au défaut de pression.

Dans l'administration d'un anesthésique quelconque, et surtout du chloroforme, il faut absolument proscrire la méthode barbare de la sidération, qui introduit de grandes quantités de poison, pénétrant à dose massive dans le poumon et de là en moins de deux secondes dans le cœur, de manière à abolir irrémédiablement la contractilité cardiaque.

Avec du chloroforme bien pur, donné progressivement, par petites fractions, chez un malade dont le cœur est sain et dont on surveille attentivement la respiration, les voies respiratoires étant tenues aussi libres que possible, avec l'intention bien nette de faire au premier arrêt respiratoire une vigoureuse respiration artificielle, on peut être *à peu près* sûr d'éviter les accidents. Tout au moins, si un malheur arrive, n'aura-t-on rien à se reprocher.

Emploi répété des anesthésiques. Intoxication chronique. — L'emploi répété des anesthésiques conduit certainement à un état qui se rapproche beaucoup de l'alcoolisme; dégénérescence graisseuse des tissus, albuminurie, dépression psychique, vomissements répétés, incoercibles. Avec le chloroforme, chez l'homme, l'intoxication chronique est rare. C'est un poison trop actif pour être employé facilement par les personnes qui demandent une ivresse à demi consciente. Mais l'éther est fort en usage, et on pourrait décrire un *éthérisme* qui serait très voisin de l'*alcoolisme*, et à certains égards du *morphinisme*. Il y a aussi des cas de *chloralisme*. J'en ai pour ma part connu un exemple typique. Alors la consommation du poison quotidien devient un besoin urgent. Pour l'éther, comme pour l'alcool, comme pour le chloral, comme pour la morphine, l'habitude crée une sorte d'exigence à la fois organique et psychique; et la suspension du toxique habituel entraîne un état d'insomnie, d'agitation et de souffrance.

P. Bert a étudié sur le chien les effets du chloroforme donné à diverses reprises pendant longtemps (*B. B.*, août 1883, p. 71). Pendant trente-deux jours un chien fut soumis chaque jour au chloroforme. Il n'y eut pas d'accoutumance à l'anesthésie, mais seulement à la période d'excitation du début qui allait toujours en s'amoindrissant. On nota un amaigrissement général, progressif, et de la stéatose du foie, comme dans l'alcoolisme.

En donnant pendant près de deux mois 2 grammes de chloralose à dose anesthésique à un chien de 8 kilogrammes, j'ai constaté une sorte d'accoutumance, c'est-à-dire une sensibilité moindre à l'action du poison; mais cette accoutumance était bien moins marquée que l'accoutumance à la morphine.

Injecté sous la peau à dose faible non anesthésique, le chloroforme paraît exercer une action nuisible sur les reins, et il se produit à la longue de l'albuminurie et de la stéatose viscérale, lésions qui semblent bien être le mode de mort des tissus soumis à l'action prolongée et faible des alcools, des éthers, et par conséquent des substances anesthésiques.

Il faudrait peut-être rattacher à l'histoire de ces intoxications chroniques l'empoisonnement lent par le sulfure de carbone. En effet, ce gaz est, à la dose toxique, un véritable anesthésique, quoiqu'il soit absolument impossible de s'en servir dans la pratique à cause de sa toxicité et des dangers de son maniement (Voir **Chloroforme, Sulfure de carbone**).

Administration des anesthésiques. — Nous avons vu que le procédé de la sidération est dangereux et doit être absolument banni. Il faut donc mettre en usage l'anesthésie lente, avec une dose de chloroforme, parfois considérable quant à la quantité totale finalement employée, mais toujours faible quant à la proportion du gaz anesthésique contenu dans l'air inspiré. C'est là une donnée empirique. P. Bert en a su donner la formule rationnelle, et en imaginer une application scientifique ingénieuse par l'emploi des mélanges titrés.

Scientifiquement le procédé est excellent; et il se fonde sur une loi de physique évidente, à savoir que la quantité de chloroforme (ou d'éther, ou de protoxyde d'azote) dissous dans le sang est proportionnelle à la tension de sa vapeur dans l'air inspiré. D'autre part, la dose toxique d'un corps quelconque est nécessairement proportionnelle à la quantité de ce corps dissoute dans le sang. Par conséquent, en graduant la tension de la vapeur chloroformique dans l'air, on peut faire, comme on veut, varier la quantité dissoute dans le sang. Donc on peut graduer la dose de chloroforme qui, par le sang, arrive au contact des centres nerveux et du cœur.

Cette méthode revient ainsi à faire respirer au patient des mélanges titrés de telle sorte que l'on a atteint la dose anesthésique sans avoir encore atteint la dose toxique. En étudiant les effets de divers mélanges titrés, P. Bert a vu qu'il y a une dose qui engourdit, une dose qui anesthésie, sans provoquer la mort, et une dose qui anesthésie, mais qui est dangereuse; ce qu'on peut encore exprimer en disant qu'il y a : 1° une dose *inefficace*; 2° une dose anesthésique, *non dangereuse*, ou dose *maniable*; 3° une dose anesthésique, *dangereuse*.

Pour le chien, voici les résultats (Dastre, *loc. cit.*, p. 106) : A 4 p. 100 de chloroforme dans l'air inspiré, pas d'anesthésie et mort au bout de 9 à 10 heures. A 6 p. 100, pas d'anesthésie et mort en 6 ou 7 heures. A 8 p. 100, lente anesthésie et mort en 4 heures. A 10 p. 100, anesthésie en quelques minutes et mort en 2 ou 3 heures. Les mélanges supérieurs anesthésient très vite. La mort survient en 2 heures par le mélange à 12 p. 100; en 40 minutes par le mélange à 15 p. 100; en une demi-heure pour le mélange à 20 p. 100; en 3 minutes pour le mélange à 30 p. 100. Ce sont les doses de 8, 9, 10, 11 et 12 p. 100 qui constituent les doses *maniables*, celles qui permettent au chirurgien d'opérer avec sécurité, sans avoir à craindre les *à-coups* dans la tension variable des vapeurs anesthésiantes, *à-coups* qu'on produit forcément quand on verse du chloroforme ou de l'éther sur une compresse, un cornet ou tout autre appareil qui ne comporte pas la graduation.

On a donc essayé d'appliquer à la pratique chirurgicale cette importante donnée scientifique. Déjà Clover, sans en donner la théorie, avait employé un appareil de dosage et de titration du chloroforme dans l'air inspiré. Mais c'était encore de l'empirisme. Au contraire, sur les indications de P. Bert, des appareils plus précis ont été construits par lui et par ses élèves, de Saint-Martin, Aubeau, R. Dubois, V. Tatin, R. Blanchard, Fontaine (R. Dubois. *Anesthésie physiologique et ses applications*. Paris,

1894, p. 106. — BLANCHARD. *Anesthésie par le protoxyde d'azote. D. P.*, 1880). Les résultats en ont été excellents, mais malheureusement la complication de ces vastes et coûteux appareils en a restreint les usages, et, de fait — cela est regrettable à dire, — on ne l'a guère employé, si bien qu'aujourd'hui on ne s'en sert pas dans les hôpitaux de Paris, ni ailleurs. Cependant la méthode par les mélanges titrés a eu, entre autres, le grand mérite de montrer avec évidence le danger des fortes doses brusquement données, et par conséquent de contribuer à propager la méthode d'une anesthésie par doses faibles, progressives.

Au point de vue de la pratique chirurgicale, nous n'avons pas à entrer dans le détail. On trouvera dans les ouvrages spéciaux les renseignements nécessaires (F. TERRIER et PÉRAIRE. *Manuel d'anesthésie chirurgicale*, 1894). Plus loin, à propos du protoxyde d'azote, nous reviendrons sur la détermination de la zone maniable.

Comparaison des divers anesthésiques. — Ce serait une très longue étude que l'histoire physiologique minutieuse de toutes les substances anesthésiques.

Nous nous contenterons d'une indication sommaire, renvoyant pour les détails aux articles **Éthers, Chloroforme, Protoxyde d'azote.**

L'éther agit moins vite que le chloroforme, et il est assurément bien moins toxique. On peut en donner la démonstration évidente sur les animaux à sang froid, par exemple les poissons, en les faisant vivre dans de l'eau contenant des quantités mesurées d'éther ou de chloroforme. On voit alors que l'éther est à peu près, à poids égal, dix fois moins toxique que le chloroforme (G. HOUDAILLE. *Étude sur les nouveaux hypnotiques. D. P.*, 1893).

L'éther a une période d'ivresse plus longue, plus consciente que celle du chloroforme : les effets se dissipent plus rapidement, la vaso-constriction est moindre, et l'anémie cérébrale est moins à craindre. ARLOING, qui a étudié de très près les effets comparés des deux corps (*Recherches exp. comp. sur l'action du chloral, du chloroforme et de l'éther avec ses appl. prat., D. P.*, 1879), admet que la pression baisse plus avec l'éther qu'avec le chloroforme.

FLOURENS, en indiquant aux chirurgiens les effets du chloroforme en 1847, disait : « Si l'éther est un agent merveilleux et terrible, les effets du chloroforme sont plus merveilleux et plus terribles encore. » Ces paroles, dit avec raison R. DUBOIS, donnent une idée exacte des avantages et des inconvénients relatifs de ces deux anesthésiques.

Actuellement il y a une tendance de divers chirurgiens à revenir à l'éther; pourtant c'est toujours le chloroforme qui l'emporte encore. A Lyon, et aussi, paraît-il, à New-York, on emploie aujourd'hui l'éther plutôt que le chloroforme. Nous n'avons pas à prendre parti; car le choix de l'un ou l'autre de ces deux excellents anesthésiques ne peut être guère déterminé par des raisons physiologiques, mais seulement par des motifs empruntés à la pratique chirurgicale elle-même.

Le protoxyde d'azote ne peut guère servir que pour des opérations de courte durée, comme par exemple pour les extractions dentaires. Malgré une vraie innocuité, il y a cependant eu des cas de mort. ROTTENSTEIN, en 1880 (*Traité de l'anesthésie*, p. 387), ne pouvait citer que deux décès, et il y a eu certainement plus de trois cent mille anesthésies par le protoxyde d'azote.

A vrai dire, depuis 1880, on a signalé de nouveaux accidents : cependant, tout compte fait, le protoxyde d'azote est moins toxique que le chloroforme et l'éther. Voici les seuls cas de mort que nous ayons pu rencontrer dans la bibliographie. BROWNE MASON, DRAK et PATTISON. *Alleged death from the effects of nitrous oxide (Trans. Odont. Soc. Gr. Brit.,* 1872, pp. 83-94). — *Death after the administration of nitrous oxide (Brit. med. Journ.,* 1873, (1), pp. 126 et 254). — *Death while under the effects of nitrous oxide (Lancet, (1),* 1887, p. 509). — *Homicide par imprudence. Anesthésie par le protoxyde d'azote; mort du patient, jugement (Gaz. des hôpit.,* 1885, p. 117). — PURCELL. *Death from the inhalation of nitrous oxide gaz (Philad. med. and surg. Rep.,* 1872, p. 343). — W. R. WILLIAMS. *A death during the administration of nitrous oxide gaz (Brit. med. Journ.,* 1883, (2), p. 729). — XIFIA. *Caso de muerte debida a la administracion del gas protoxido de azoe (Lanceta di Barcelona,* 1885, pp. 2-4). — *Reported death under nitrous oxide (Lancet,* 1889, (2), p. 712).

Une première question se pose au physiologiste; c'est de savoir si le protoxyde d'azote agit par une anesthésie due à un vrai état asphyxique, ou bien parce qu'il a une puissance anesthésique propre.

La théorie de l'asphyxie était admissible, jusqu'aux belles expériences de P. BERT, et on pouvait prétendre que l'action du protoxyde d'azote est surtout de l'asphyxie. En effet l'aspect violacé du patient et son agitation convulsive ne diffèrent pas notablement du tableau de l'asphyxie, à cela près que l'ivresse dissimule la sensation asphyxique. On était donc presque autorisé à admettre que le protoxyde d'azote pur asphyxie et n'anesthésie pas. Pourtant, en étudiant les réactions des végétaux au protoxyde d'azote et en faisant beaucoup d'expériences sur les animaux, GOLDSTEIN, dont ROTTENSTEIN donne avec détail les protocolles d'expérience (p. 104), a montré que le protoxyde d'azote amenait vraiment l'anesthésie. A vrai dire, c'est surtout P. BERT qui en a donné une élégante et irréfulable démonstration en augmentant la pression du protoxyde d'azote inhalé, ou en ajoutant de l'oxygène au protoxyde d'azote pur.

On sait que les mélanges de divers gaz agissent sur les liquides pour se dissoudre et produire un effet chimique comme si chacun de ces gaz était seul; c'est-à-dire que la pression à laquelle chaque gaz se trouve est indépendante de la pression du mélange, mais fonction seulement de sa pression propre. Par conséquent, si le protoxyde d'azote mélangé à l'air ne produit l'anesthésie que lorsque en même temps il produit l'asphyxie, c'est parce que, pour atteindre la dose anesthésique, il faut une quantité de protoxyde d'azote si considérable qu'alors dans le mélange gazeux il y a en même temps un déficit d'oxygène. Eh bien! en remplaçant l'air par de l'oxygène, on obtient l'effet anesthésique voulu, et cela sans faire courir au patient le moindre danger d'asphyxie.

L'expérience faite sur les animaux a donné des résultats excellents. Un mélange de cinq parties de protoxyde d'azote et de une partie d'oxygène pur anesthésient très vite, sans aucune réaction douloureuse, sans malaise, sans menace d'asphyxie. Le rétablissement des fonctions après l'anesthésie est rapide, et en quelques inspirations il y a retour à l'état normal. L'effet est plus remarquable encore quand l'action de l'anesthésique est aidée par une élévation de la pression atmosphérique, ce qu'on réalise en faisant respirer sous pression le mélange de protoxyde d'azote et d'oxygène.

Il semble que cette méthode soit théoriquement la méthode de choix. On a pu chez l'homme prolonger dans ces conditions le sommeil anesthésique pendant sept heures, et MARTIN a pu le continuer pendant soixante heures sur un animal (R. DUBOIS, p. 121). Aucun cas de mort, par cette méthode, n'a été signalé; ce qui tient peut-être, il faut bien le dire, au nombre relativement petit des opérations pratiquées ainsi. Quoi qu'il en soit, il faut constater cette innocuité; car, même avec des anesthésiques peu employés, il y a parfois un martyrologe assez bien fourni.

En somme, si intéressante que soit cette méthode, elle n'a guère été employée que par un petit nombre de chirurgiens. D'abord il faut opérer sous pression, ce qui nécessite un appareil coûteux, encombrant, difficile à construire et à manier. Il faut aussi du gaz protoxyde d'azote et du gaz oxygène bien purs, ce qui n'est pas très simple; de sorte que, tout compte fait, le procédé est à peu près abandonné. Pour moi, sans avoir d'expérience personnelle, je croirais volontiers que c'est très regrettable.

Le chloral, introduit dans la thérapeutique par LIEBREICH, n'a que rarement servi à l'anesthésie chirurgicale, mais en revanche les physiologistes l'emploient couramment. On peut dire que ses effets occupent une place intermédiaire entre ceux du chloroforme et ceux de l'alcool. Les fonctions motrices de la moelle semblent plus vite et plus gravement atteintes que les fonctions sensitives, et la pression est plus abaissée que par l'éther lui-même. Les échanges respiratoires diminuent de 50 p. 100 et même de 60 p. 100. et la température descend très vite. Le mécanisme de l'action du chloral est probablement différent de celui du chloroforme, et on ne peut admettre l'ancienne opinion de PERSONNE, que le chloral, dans l'organisme, donne du chloroforme et de l'acide formique; car il est éliminé par les urines sous la forme d'acide urochloralique (KÜLZ). Malgré de nombreuses observations dues à ORÉ, et quelques essais de TRÉLAT, le chloral n'est plus guère employé que comme agent hypnotique.

Le chloralose, le sulfonal, de même que le chloral, ne peuvent être vraiment appelés des anesthésiques : ce sont plutôt des hypnotiques ; car ils s'éliminent par les reins, et il faut un temps assez long pour que leurs effets se dissipent.

Nous n'insisterons donc pas sur les phénomènes dus à l'action de ces corps ; car nous aurons à y revenir en parlant des procédés d'anesthésie qui conviennent dans les laboratoires de physiologie ; mais nous mentionnerons les gaz ou liquides volatils qu'on a successivement essayés dans la pratique chirurgicale pour remplacer le chloroforme ou l'éther.

Ce sont d'abord les homologues du chloroforme : CCl^4 ; CH^2Cl^2 ; CH^3Cl. Mais le chlorure de méthyle (que j'ai essayé sur les animaux) paraît peu recommandable. L'anesthésie se dissipe très vite, comme toujours d'ailleurs, lorsque on agit avec des gaz, et il provoque une agitation qui ressemble beaucoup à de l'asphyxie. Le chlorure de méthylène produit de l'anesthésie, mais en même temps une agitation convulsive qui se rapproche d'un état de strychnisme véritable (REGNAULT et VILLEJEAN). Il n'y a donc pas à songer à l'emploi chirurgical de cette substance intéressante.

Au point de vue de la théorie des anesthésiques, il est curieux de voir à quel point les propriétés anesthésiantes et les propriétés convulsivantes d'une substance sont voisines. Qu'il existe un stade un peu plus long dans la période d'excitation, et la substance est convulsivante ; car la convulsion n'est guère que la période d'excitation, amplifiée et prolongée.

Il est possible, comme l'a soutenu LIEBREICH, que le groupement chimique CCl^3 soit par lui-même doué de propriétés anesthésiantes : mais cette généralisation nous paraît prématurée ; car les effets du chloral, du chloroforme, du chloralose, sont trop différents pour qu'on puisse considérer ces trois substances comme anesthésiantes par leur molécule de CCl^3. D'ailleurs, dans l'oxyde d'éthyle comme dans le protoxyde d'azote, nous avons, d'excellents anesthésiques, quoique le groupement CCl^3 n'y soit pas.

Le tétrachlorure de carbone est aussi anesthésique. LABORDE a montré récemment qu'à certains égards il ressemblait au chloralose, agissant sur la sensibilité et l'intelligence, en respectant la pression artérielle, et les fonctions reflexes de la moelle. MOREL, LAFFONT, RABUTEAU, qui l'ont étudié sur les animaux, admettent que sa toxicité est très forte, et qu'il a des propriétés convulsivantes plus marquées que celles du chloroforme.

En somme, des composés chlorés du formène, le chloroforme est le plus anesthésique, et peut-être le moins convulsivant.

Signalons rapidement les autres anesthésiques employés. Ils ont tous une grande analogie dans leurs effets, si l'on admet que l'excitation et la convulsion sont des phénomènes de même ordre, et que la rapidité de l'action anesthésique comme la rapidité du retour à l'état normal, sont proportionnelles à la volatilité de la substance.

Les composés chlorés de l'éthylène sont vraiment peu recommandables. Le chlorure d'éthylène a été étudié par R. DUBOIS et ROUX (C. R., 1887), il produirait un phénomène bien singulier ; l'opacité de la cornée, ce qu'il faudrait attribuer à l'action déshydratante de ce corps. Mais, dans l'ouvrage récent qu'il vient de publier sur les anesthésiques, R. DUBOIS n'en parle pas. Il faut donc supposer que ses effets comme anesthésique général ne sont pas bien favorables.

Le chlorure d'éthylidène ($C^2H^4Cl^2$), le méthylchloroforme, ou chlorure d'éthylidène monochloré ($C^2H^3Cl^3$) n'ont été employés que rarement ; ce sont des substances peu intéressantes quant à leurs effets physiologiques et à leurs applications pratiques.

Les éthers acétique et benzoïque de l'éthyle ont été étudiés par RABUTEAU, qui a remarqué que ces corps, qui agissent assez bien sur les grenouilles, sont à peu près sans effet sur les animaux à sang chaud. Il attribue cette différence à ce que dans le sang, milieu alcalin, ces éthers se décomposent avec formation d'alcool et d'un sel correspondant, décomposition qui ne se produirait pas à basse température. Dans des recherches faites avec P. BERGER, nous avons constaté que l'éther benzoïque, qui anesthésie les grenouilles, n'anesthésie pas les lapins ou les chiens (P. BERGER et Ch. RICHET. Recherches sur les anesthésiques. Rev. scientif., 1880, p. 1232).

Un des composés éthylés qu'on a essayé d'employer récemment est le bromure d'éthyle (V. la bibliographie dans TERRIER et PÉRAIRE, p. 156). L'anesthésie qu'il produit est rapide et se dissipe vite; ce qui tient à sa volatilité. La période analgésique paraît un peu plus longue qu'avec le chloroforme (HARTMANN et BOURBON. *Le bromure d'éthyle comme anesthésique général. Revue de chirurgie*, 1893, pp. 701-736). Au début il provoque le vertige et l'ivresse, avec une salivation abondante, parfois même gênante. L'agitation n'est pas très grande, bien moindre qu'avec les autres anesthésiques. En somme il paraît avoir quelques avantages, encore qu'on ait déjà, malgré son emploi relativement restreint, noté six cas de mort (R. DUBOIS). Pour les petites opérations rapides, quelques chirurgiens le préfèrent au chloroforme.

Le pental triméthyléthylène (C⁵H⁷), recommandé par MERING, n'a pas été encore très employé. Il aurait quelques avantages, au moins pour les opérations de courte durée. Malgré l'opinion de quelques chirurgiens, il me paraît assez peu digne d'intérêt; car il y a déjà au moins trois cas de mort. L'anesthésie est lente à venir, et le retour n'est pas rapide.

L'amylène a été vite abandonné; car il semble très toxique — 2 morts sur 110 opérations — comme les composés amyliques (chlorure d'amyle, alcool amylique).

Tous ces éthers, substitués ou non substitués, chlorés, méthylés, bromés, etc., ont des propriétés anesthésiques. On conçoit qu'à mesure que les substances sont plus compliquées dans leur molécule, et conséquemment plus fixes, leurs propriétés toxiques vont en augmentant, sans que pour cela leur fonction anesthésique soit modifiée. A ce compte, les alcools supérieurs sont aussi des anesthésiques, car, à une certaine période de leur action, on voit qu'ils ont fini par produire l'anesthésie, c'est-à-dire l'insensibilité générale, coïncidant avec la résolution musculaire, la persistance des battements cardiaques et de la respiration. Les essences, comme les alcools supérieurs, ont toutes un pareil effet. En mélangeant à de l'eau des quantités variables de telle ou telle essence, on observe toujours l'anesthésie des poissons qu'on fait vivre dans ce mélange.

La bibliographie relative à ces diverses substances employées comme anesthésiques se trouvera à la fin de cet article. Voici seulement un tableau dans lequel ces corps anesthésiques sont groupés d'après leur volatilité plus ou moins grande.

Composition chimique et propriétés physiques des principaux anesthésiques.

NOMS.	FORMULE.	DENSITE. (à l'état liquide)	POINT D'ÉBULLITION.
Protoxyde d'azote.	Az^2O	»	— 87°,9
Acide carbonique	CO^2	»	— 78°,2
Chlorure de méthyle.	CH^3Cl	0,991	— 23°,7
Chlorure d'éthyle	C^2H^5Cl	0,925	12°,5
Bromure de méthyle	CH^3Br	1,733	13°
Aldéhyde.	C^2H^4O	0,806	20°,8
Oxyde d'éthyle (Éther)	$(C^2H^5)^2O$	0,736	34°,8
Bromure d'éthyle	C^2H^5Br	1,460	38°,8
Amylène	C^4H^{10}	»	40°,0
Chlorure de méthylène	CH^2Cl^2	1,360	41°,6
Sulfure de carbone	CS^2	»	46°,2
Acétate de méthyle	$C^2H^3O^2(CH^3)$	0,956	56°
Acétone	C^3H^6O	0,810	56°,4
Chlorure d'éthylidène	$C^2H^4Cl^2$	1,174	57°,5
Chloroforme	$CHCl^3$	1,526	61°,2
Chlorure d'éthyle bichloré	$(C^2H^3Cl^2)Cl$	1,372	75°,0
Acétate d'éthyle.	$C^2H^3O^2(C^2H^5)$	0,907	77°,2
Tétrachlorure de carbone	CCl^4	1,630	78°,1
Chlorure d'éthylène	$C^2H^4Cl^2$	1,252	84°,7
Chloral anhydre	C^2Cl^3OH	1,512	99°,4
Acétal	$C^6H^{14}O^2$	0,831	104°
Chlorure d'amyle	$C^5H^{11}Cl$	0,901	106°
Benzoate d'éthyle	$C^9H^{10}O^2$	1,050	213°

On voit en somme que jusqu'ici les louables tentatives faites pour remplacer le chloroforme, ou l'éther, ou le protoxyde d'azote, n'ont pas été très heureuses, et que, jusqu'à présent, on n'a pas trouvé mieux. Peut-être même est-ce un peu chimérique que de chercher un poison qui, dans les conditions singulièrement graves d'une opération prolongée, produit une insensibilité profonde, c'est-à-dire en réalité une altération profonde du système nerveux, sans faire courir *jamais* le moindre risque ; et cela, malgré l'état peu favorable du patient épouvanté, gravement atteint par une maladie redoutable, souvent aussi malgré la légèreté et l'ignorance des aides, voire même celles du chirurgien lui-même. Ce qui doit étonner, c'est non pas qu'il y ait tant de cas de morts, mais plutôt qu'il y en ait si peu. Je serais tenté de croire qu'on ne trouvera pas un anesthésique qui sera absolument et constamment inoffensif. J'avouerai donc, quoique timidement, qu'il me paraît difficile qu'on puisse un jour trouver un corps plus inoffensif que le chloroforme, lequel, sagement administré, n'expose qu'à des dangers presque nuls.

Anesthésies mixtes. — Les anesthésies mixtes sont celles dans lesquelles on associe entre elles deux ou plusieurs substances anesthésiantes, de manière à compléter leurs effets, et à unir, si possible, les avantages qu'offrent l'une et l'autre.

La plus importante de ces associations anesthésiques est celle de la morphine avec le chloroforme.

L'influence curieuse de la morphine sur la chloroformisation a été vue simultanément et indépendamment, la même semaine, par Nussbaum et par Claude Bernard (*Leç. sur les anesthésiques*, 1875, p. 226). Guibert a publié à ce sujet des expériences intéressantes (*C. R.*, 1872), après que Cl. Bernard eut indiqué nettement le phénomène (*Revue des cours scientifiques*, mars, avril et mai 1869). Nussbaum en Allemagne, Labbé et Goujon, en France, et d'autres encore, Rigaud et Sarrazin à Strasbourg (cités par Dastre), puis beaucoup de physiologistes et de chirurgiens ont publié des faits nombreux se rapportant à cette anesthésie mixte. Dans les laboratoires de physiologie, quand on doit donner du chloroforme à un chien, on lui fait presque toujours au préalable une injection sous-cutanée de chlorhydrate de morphine, ce qui rend l'anesthésie plus rapide, plus prolongée, et surtout ce qui diminue la période d'excitation, longue, désagréable, et parfois dangereuse.

Nous ne savons guère pourquoi l'association de la morphine et du chloroforme exerce une action anesthésique et analgésique si marquée. Il faut assurément pour anesthésier un individu morphiné deux ou trois fois moins de chloroforme que pour un individu normal. Dès les premières bouffées de chloroforme inhalé, il est à peu près insensible. La conscience n'a pas disparu, mais la sensibilité à la douleur est éteinte. Le vrai moyen d'obtenir l'analgésie, c'est d'associer la morphine et le chloroforme. Aussi a-t-on proposé pour les accouchements cette méthode mixte, qui donne l'analgésie sans abolir les réflexes de la parturition. Il ne semble pourtant pas qu'on doive employer cette méthode dans les opérations de courte durée ; car l'anesthésie est bien plus prolongée qu'après l'administration du chloroforme seul, et le retour à l'état normal se fait avec lenteur, ce qui s'explique d'ailleurs fort bien par la lenteur avec laquelle doit s'éliminer la morphine.

Quant à l'explication de l'activité plus grande du chloroforme chez l'individu morphiné, l'hypothèse de Claude Bernard est probablement la seule qu'on puisse admettre ; à savoir que la morphine augmente l'excitabilité des centres nerveux, et par conséquent commence déjà l'intoxication. Alors le chloroforme n'aurait plus qu'à achever la tâche, si bien que, dans ces conditions, des doses faibles de chloroforme suffisent pour déterminer l'anesthésie complète.

Il est certain que par ce procédé mixte il y a eu des cas de mort ; mais ces morts sont sans doute peu nombreuses. Bossis en cite un cas qu'on ne peut vraiment reprocher au procédé lui-même (*Essai sur l'analgésie chirurgicale obtenue par l'action combinée de la morphine et du chloroforme*. D. P., 1879, p. 83) ; car il s'agit d'une femme à qui le chirurgien accoucheur laissa respirer elle-même, sans précautions, le flacon de chloroforme. Dans un autre cas la mort est survenue chez une morphinomane à laquelle on avait pour l'opération administré un mélange de chloroforme et d'éther.

Les chirurgiens ont presque tous délaissé cette méthode ; ils disent que l'association du chloroforme et de la morphine laisse le patient après l'opération dans une sorte d'état syncopal, lent à se dissiper, avec pâleur de la face, état nauséeux et refroidissement. Pourtant il semble que l'on ne devrait peut-être pas trop dédaigner ce procédé si rationnel. Je pencherais à croire qu'il faudrait abaisser la dose de morphine injectée (car même un quart de centigramme de morphine est encore actif) et s'imposer la tâche d'en faire une étude approfondie et vraiment scientifique.

Dastre et Morat ont proposé une autre anesthésie mixte, qui consiste à associer la morphine et l'atropine. Dans la pratique du laboratoire, ils n'ont pas eu d'accidents, alors que par le chloroforme la mort des chiens était relativement fréquente. Sur l'homme le procédé a été mis en usage par Aubert (de Lyon) et Tripier (B. B., 1883). La quantité de morphine à injecter est, d'après Dastre, de 1 centigramme et demi, et la quantité de sulfate d'atropine de trois quarts de centigramme. Je n'oserais formuler d'opinion sur un procédé chirurgical; mais ce que nous disions plus haut de la difficulté d'obtenir un réflexe syncopal mortel ne me paraît pas plaider en faveur de l'usage de l'atropine, poison toujours redoutable chez l'homme; et de fait il y a eu au moins un cas de mort, et l'état syncopal, avec pâleur et refroidissement, difficulté du retour à la normale, est peut-être encore plus marqué qu'après l'emploi de la morphine seule. La suppression de l'état nauséeux est évidemment un avantage; mais il n'est pas, somme toute, assez important pour faire passer par-dessus les autres inconvénients du procédé.

Les autres méthodes d'anesthésie mixte sont plutôt des curiosités physiologiques, et ne sont jusqu'à présent guère dignes d'être encouragées.

Rabuteau a proposé la narcéine au lieu de la morphine. Ce n'est qu'une légère variante à l'usage de la morphine.

Poitou-Duplessy associe le bromure d'éthyle au chloroforme; il commence l'anesthésie par le bromure d'éthyle pour éviter l'intolérance et l'agitation du début, et peu après, il administre le chloroforme, suivant les moyens habituels (V. Hartmann, loc. cit., p. 171). En 1868, Clover faisait de même avec le protoxyde d'azote, par lequel il faisait débuter l'anesthésie.

Stefanis et Vachetta donnent d'abord de l'alcool sous forme de vin avant l'opération, et produisent une sorte d'ébriété.

Trélat (V. Choquet. De l'emploi du chloral comme agent d'anesthésie chirurgicale, D. P., 1880) donne aux malades qu'il va opérer une potion de chloral et de morphine. Nous n'osons pas nous prononcer par un a priori; pourtant il semble que le chloral (qui agit d'une manière dépressive sur le cœur) soit sans grands avantages au point de vue des dangers à éviter.

Les associations de l'alcool méthylique et du chloroforme, du chloroforme et de l'éther sont aussi, à ce qu'il semble, sans vrais motifs sérieux d'emploi; et dans la pratique ces diverses combinaisons ont été abandonnées (Truman, Lancet, 16 Févr. 1895; et Fr. Silk. Anaesthesia by the chloroforme and æther mixture; Lancet, 1895 (1), p. 502).

Pour éviter la répulsion et la douleur du début, François-Franck a conseillé de faire l'anesthésie locale des premières voies respiratoires avec une solution de cocaïne. Mais, d'après R. Dubois (cité par Terrier et Péraire, p. 181), la cocaïne entraverait l'évolution normale de l'anesthésie.

P. Langlois a proposé l'association de la spartéine au chloroforme.

Il nous paraît donc, pour conclure de cette longue énumération, que la morphine est le seul agent qu'il conviendrait d'associer au chloroforme; mais à condition qu'on l'emploie à dose plus faible que la dose employée ordinairement; c'est-à-dire en ne dépassant pas un demi-centigramme. Peut-être devrait-on la donner, non pas une demi-heure, mais trois ou quatre heures avant la chloroformisation, car c'est après ce long temps seulement que la morphine peut se fixer dans les tissus nerveux d'une manière efficace. Au bout d'une ou de deux heures elle est loin d'avoir exercé le maximum de son effet modérateur.

Anesthésie dans l'expérimentation physiologique. — Sans admettre dans leurs absurdités les assertions des antivivisectionnistes, il faut cependant reconnaître que la souffrance des êtres vivants n'est pas chose indifférente. Pour ma part — et je crois bien qu'aucun physiologiste ne me démentira, — ce n'est jamais sans un sentiment pénible que je fais une expérience douloureuse sur un chien, voire même sur un lapin ou une grenouille. A mesure que j'avance en âge, je comprends mieux le sens profond dissimulé sous les exagérations enfantines des ligueurs antivivisectionnistes. On ne doit pas acheter un progrès par la douleur et le mal; et le succès ne justifie pas le moyen. Je pense donc qu'il faut autant que possible éviter les souffrances des animaux qu'on martyrisait jadis, et les anesthésiques doivent être constamment, sauf de très rares exceptions, mis en usage dans la pratique physiologique.

Ce n'est pas dire par là qu'il faut s'abstenir des vivisections. Je suis profondément convaincu que la physiologie ne peut progresser sans les expériences, et que les progrès de la physiologie entraînent une amélioration, à plus ou moins brève échéance, des douleurs humaines. Donc, à moins de préférer — ce qui est bien franchement absurde — les animaux à nos frères humains, je crois qu'il faut continuer l'usage des vivisections, mais à condition d'employer autant que possible l'anesthésie qui supprime la douleur. De fait, quand il n'y a pas de douleur, une opération, aussi sanglante qu'on peut le supposer, n'a plus rien de cruel. Opérer sur un chien profondément endormi, et qui n'a plus trace de conscience, cela est aussi inoffensif que de faire bouillir du lait dans un vase, ou de traiter du blanc d'œuf par de l'acide nitrique. Or il est peu d'opérations ou d'expériences où l'emploi des anesthésiques soit contre-indiqué.

Pour les animaux à sang froid, tels que tortues, grenouilles, poissons, le chloroforme est encore l'agent le plus fidèle et le plus commode. On agite l'eau avec du chloroforme, et, quoique l'eau n'en dissolve que de faibles quantités, c'en est assez pour que des grenouilles, après quelques minutes de séjour dans cette eau, perdent toute sensibilité, et n'aient plus ni mouvements spontanés ni réflexes. Le cœur continue à battre, quoique avec une force diminuée. Quant aux muscles, ils sont un peu modifiés dans leur myogramme; ils ne le sont cependant pas assez pour que l'étude myographique ne soit pas encore fructueuse. Il est vrai qu'on peut remplacer l'anesthésie dans bien des cas par l'ablation cérébrale qui entraîne l'anéantissement de la conscience.

Claude Bernard a montré que chez les grenouilles, et probablement tous les animaux à sang froid, l'élévation de la température entraînait une insensibilité complète, coïncidant avec la conservation des fonctions du cœur. Une grenouille exposée pendant dix minutes à une température de 37° n'a plus de mouvements volontaires ni de réflexes. On doit donc admettre qu'elle est devenue insensible. En étudiant l'influence de températures croissantes sur les centres nerveux de l'écrevisse, j'ai retrouvé ce même ordre dans la disparition des fonctions. Ce sont d'abord les fonctions de spontanéité qui disparaissent; puis les fonctions réflexes, puis enfin la contraction musculaire Ch. Richet. *Influence de la chaleur sur les fonctions des centres nerveux de l'écrevisse. C. R.*, 1879. t. LXXXVIII, p. 977. En effet, pour la chaleur, comme pour les poisons, la hiérarchie des tissus reste la même; c'est une loi constante que le système nerveux psychique, le plus délicat, est celui qui meurt tout d'abord; puis meurt l'appareil réflexe; puis le système musculaire, qui est toujours l'*ultimum moriens*.

Chez les chiens, les lapins, les cobayes, les chats, les oiseaux, les procédés d'anesthésie doivent être un peu différents suivant l'espèce animale. Ainsi les chats, qui ont une défense énergique, et ne supportent pas la contention, doivent, pour pouvoir être maniés, être introduits sous une cloche dans laquelle on place une éponge imbibée de chloroforme. Quand l'ivresse et la résolution musculaire sont suffisantes, on peut les attacher et les anesthésier par le procédé convenable. Mais au début on ne peut guère employer d'autre mode d'anesthésie que les inhalations chloroformiques ou éthérées dans une cloche. Il en est de même des singes qui sont tout aussi difficiles à manier que les chats.

Toutefois, sur les chats, on peut se servir avec avantage du chloralose, sur lequel je reviendrai tout à l'heure.

Chez les chiens et les lapins le chloroforme en inhalations n'est vraiment pas un bon procédé, et cela pour plusieurs raisons. La première, c'est que (je ne sais vraiment pour quelle cause) le chloroforme est dangereux pour les chiens, et on en perd souvent par ce moyen. Malgré les soins qu'on met à suppléer à la respiration spontanée (qui s'arrête) par une respiration artificielle énergique pratiquée immédiatement, on n'empêche pas le cœur de s'arrêter, ce qui prouve bien, par parenthèse, comme nous l'avons dit plus haut, que ce n'est pas par asphyxie que meurent les animaux chloroformés. Quand une fois le cœur s'est arrêté, tout retour à la vie est devenu impossible, et ce n'est certainement pas l'arrêt respiratoire qui a produit la mort. En second lieu le chloroforme provoque chez les chiens des cris, des hurlements, une période d'excitation convulsive prolongée, insupportable. La température organique s'élève; les muscles se fatiguent; il survient de la polypnée due à cet excès thermique, et c'est un spectacle pénible que cette longue et frénétique agitation. Enfin, quand il s'agit d'une longue expérience, l'anesthésie chloroformique se dissipe avant que l'expérience soit terminée; il faut redonner du chloroforme, et chaque fois qu'on en redonne, la même agitation recommence, au détriment de l'expérience délicate qu'on a entreprise; parfois avec un danger toujours renouvelé pour la vie de l'animal.

Sur les chiens morphinés tout ce tumulte disparaît; l'agitation est faible, et la prolongation de l'anesthésie permet de plus longues opérations, de sorte qu'il est indispensable, si l'on veut sur un chien employer le chloroforme ou l'éther, de toujours recourir à la méthode de Claude Bernard, c'est-à-dire à l'association de la morphine et du chloroforme.

Mais depuis longtemps les physiologistes ont préféré le chloral. Vulpian en a un des premiers réglé et méthodisé l'emploi. Il faisait l'injection par la veine saphène du membre postérieur, au point où elle passe au côté externe du pied obliquement de bas en haut et d'avant en arrière. Une solution de chloral à 10 p. 100 est alors injectée jusqu'à résolution complète de l'animal.

Cette méthode est excellente, et elle a été adoptée presque par tous les physiologistes. Mais elle a un inconvénient sérieux. Si l'on agit sans précautions, par exemple qu'on laisse un aide inexpérimenté faire cette petite opération, l'injection chloralique, pénétrant trop rapidement dans le sang, agit directement sur l'endocarde et détermine la mort du cœur, une syncope contre laquelle tous les moyens sont impuissants.

Enfin, si l'on veut conserver l'animal opéré, on aura fait, outre le traumatisme opératoire principal, une petite blessure à la jambe, blessure qui suppurera et guérira difficilement. En outre, si l'on veut pratiquer sur le même animal plusieurs opérations à quelques jours de distance, la veine oblitérée ne pourra servir; par exemple, si on a fait une opération à droite et une opération à gauche, il faudra chercher la veine au pli de l'aine, ce qui n'est plus aussi facile.

Chez le lapin on fera l'injection de chloral par l'injection directe dans la veine marginale de l'oreille. On n'aura pas à dénuder la veine; car, avec une aiguille bien affilée, on pénètre d'emblée dans la veine. Mais, par suite des dimensions moindres de l'animal, et de la rapidité avec laquelle la solution arrive directement au cœur, il faut injecter le liquide très doucement, et prendre une solution de chloral moins concentrée; 5 p. 100 au lieu de 10 p. 100.

J'ai proposé une autre méthode qui est maintenant d'un usage quotidien dans beaucoup de laboratoires; c'est l'injection péritonéale. Nul danger de péritonite; car on ne blesse jamais l'intestin qui fuit devant l'aiguille. De sorte qu'on ne pourrait pas le léser, même si on le voulait faire. La solution de chloral est par elle-même assez antiseptique pour que la stérilisation soit inutile, et, si on ne dépasse pas la proportion de 100 grammes de chloral par litre, elle n'est pas caustique. On peut alors injecter exactement la quantité de chloral nécessaire. Si l'on veut avoir un sommeil prolongé et calme, il convient d'ajouter un peu de chlorhydrate de morphine au chloral. La solution que j'emploie contient par litre 100 grammes d'hydrate de chloral et 30 centigrammes de morphine. La dose de morphine est trop faible pour provoquer des vomissements et troubler les fonctions des organes. L'absorption est rapide. On peut suivre les différentes phases de l'anesthésie; d'abord l'ivresse et la titubation; puis, au bout de dix à douze minutes, l'impuissance motrice et parfois les gémissements de l'animal, qui pleure et hurle, non parce qu'il souffre, mais parce qu'il ne peut plus se mouvoir. Au bout de vingt minutes environ, et quelquefois moins de temps encore, l'anesthésie est complète, sans que le cœur ait couru de danger, comme dans les injections intra-veineuses.

Même quand on fait des opérations abdominales, ce procédé n'est pas contre-indiqué; car on n'ouvrira le péritoine que quand l'anesthésie sera complète (V. Ch. Richet. *Trav. du lab.*, t. i, 1893).

La dose la plus convenable m'a paru, après de longues études, pour une anesthésie parfaite et inoffensive, être de 35 centigrammes de chloral par kilogramme de poids vif, avec cette nuance que, chez les très jeunes chiens, cette dose est un peu forte et qu'il faut alors plutôt $0^{gr},30$, tandis que chez les vieux chiens il faut presque $0^{gr},40$. La dose de $0^{gr},60$ par kilogramme a toujours été mortelle.

On peut introduire du chloral par le même procédé d'injection péritonéale chez les lapins, les cobayes, les chats; mais il faut savoir que tous ces animaux, et surtout les chats, sont extrêmement sensibles aux anesthésiques, et que les doses de $0^{gr},20$ et $0^{gr},25$ par kilogramme sont suffisantes; quelquefois même trop fortes.

Chez les oiseaux, au lieu d'injecter le chloral dans le péritoine, on peut l'injecter dans le muscle grand pectoral. L'absorption est d'une rapidité extrême, et il ne faut pas une minute pour qu'un pigeon ainsi chloralisé (par le grand pectoral) titube, et soit impuissant à s'échapper. Il faut à peu près les mêmes doses que pour le lapin et le chat, c'est-à-dire $0^{gr},20$ par kilogramme.

Si, dans le cours d'une opération, l'animal se réveille, on peut faire une nouvelle injection, mais l'absorption est alors toujours moins rapide qu'après la première injection, et il faudra avoir la patience d'attendre une dizaine de minutes au moins pour que les effets de la seconde injection puissent se manifester.

Le chloral est un excellent anesthésique assurément; mais il a le grand inconvénient d'entraîner une diminution des échanges et alors un abaissement thermique assez prompt, surtout chez les petits animaux. En outre, il abaisse la pression et affaiblit le cœur. Le chloralose n'a pas ce désavantage. Aussi ai-je proposé de remplacer le curare par le chloralose. En effet le curare, si admirablement étudié par CLAUDE BERNARD, a l'avantage d'immobiliser l'animal et de conserver intacts tous les réflexes de la vie organique avec une pression relativement élevée. Mais le curare n'anesthésie pas, de sorte qu'on a toujours cette préoccupation que le chien souffre, quoiqu'il ne puisse manifester sa douleur. Je ne crains pas d'avouer que c'est toujours avec une extrême répugnance que je fais des expériences sur des chiens curarisés; car la pensée qu'ils souffrent cruellement m'empêche d'avoir l'esprit libre et d'agir comme s'ils étaient insensibles.

Or, avec le chloralose, on n'a pas un pareil souci; et, d'autre part, les réflexes organiques sont conservés; la pression artérielle est presque aussi élevée qu'à l'état normal, et le cœur n'est pas paralysé ou affaibli comme avec le chloral. Enfin le grave inconvénient de la trachéotomie préalable n'existe plus; car si la dose de chloralose ne dépasse pas $0^{gr},15$ par kilogramme, la respiration artificielle n'est pas nécessaire.

Pour employer le chloralose dans l'expérimentation physiologique, on peut pratiquer soit les injections intra-veineuses, soit l'ingestion stomacale. Les injections veineuses se font par la veine saphène, comme les injections de chloral. On n'a jamais à craindre l'arrêt syncopal du cœur, et, si vite qu'on injecte la solution, il n'y a pas d'accident. Mais il y a un inconvénient sérieux dans le peu de solubilité du chloralose, qui ne se dissout que dans 120 parties d'eau. La solution normale est de $7^{gr},5$ par litre, avec $7^{gr},5$ de chlorure de sodium pour éviter l'altération globulaire. La quantité d'eau injectée est donc assez grande, puisque la dose anesthésique la plus convenable, celle qui permet de faire de longues opérations sans que l'animal souffre ni remue, sans que sa vie soit menacée, sans que sa température s'abaisse trop vite, sans qu'il soit jamais besoin de recourir à la respiration artificielle, est de $0^{gr},15$ par kilogramme. Or cette dose totale de $1^{gr},5$ pour un chien de 10 kilogrammes, poids moyen, répond à une grande masse d'eau, soit 200 centimètres cubes. C'est là un ennui sérieux; mais, si sérieux qu'il soit, il me paraît compensé par tant d'autres avantages qu'actuellement je n'hésite pas à préférer le chloralose à tout autre agent anesthésique, même au chloral. Quand il s'agit, non d'une expérimentation, mais d'une opération, lorsqu'on veut conserver l'animal après lui avoir fait telle ou telle opération, alors le vrai procédé est l'anesthésie par le chloral-morphine en injection péritonéale. Mais, quand on veut étudier des phénomènes de pression, d'excitation électrique, de sécrétion glandulaire, d'innervation cardiaque, sans vouloir conserver l'animal, le chloralose en injection veineuse est le procédé de choix (M. HANRIOT et CH. RICHET. *De l'action physiolog. du chloralose. Trav. du labor.*, t. III, 1893, pp. 77-103).

On peut aussi donner le chloralose mélangé aux aliments. Par exemple, chez les chats ou chez les oiseaux, on donne, une demi-heure avant l'opération, dans du lait par exemple, 0ᵍʳ,10 ou 0ᵍʳ,15 de chloralose, et, en une demi-heure, l'animal engourdi est devenu maniable et insensible. Aux canards et aux poulets, j'introduis directement dans l'œsophage la quantité convenable, 0ᵍʳ,12 environ, en faisant une boulette avec du pain. Une demi-heure après l'avoir avalée, l'animal est tout à fait insensible.

Avec le chloralose, comme avec les autres anesthésiques, il y a toujours une période d'excitation qui précède l'anesthésie. Il ne faut pas se laisser troubler par les cris, les gémissements que pousse l'animal injecté; mais bien arriver rapidement jusqu'à la dose anesthésique, et on peut aller vite sans aucun danger. De plus, comme l'imprégnation des cellules nerveuses par le poison n'a pas lieu immédiatement, il faut toujours attendre quelques minutes pour en voir les effets se manifester, même après que l'injection de toute la quantité nécessaire a été terminée.

Dans la pratique vétérinaire, c'est-à-dire pour le cheval, on se sert presque exclusivement du chloroforme. Le cheval est couché, et on le fait respirer à travers une éponge imbibée de chloroforme. Il est presque inutile d'employer des appareils spéciaux; la compression ou l'éponge suffisent. D'après R. Dubois, il faut 30 à 40 grammes de chloroforme pour un cheval de moyenne taille, et le temps nécessaire à l'anesthésie est de cinq minutes environ. Une injection préalable de morphine rendra le sommeil plus facile et atténuera la période d'excitation qui est parfois des plus violentes et presque dangereuse pour les assistants. On peut sans crainte administrer deux heures avant l'opération un demi-gramme de chlorhydrate de morphine sous la peau.

Théorie de l'action des anesthésiques. — A une certaine dose de leur action, tous les poisons, quels qu'ils soient, produisent l'anesthésie. Même l'absence d'oxygène produit l'insensibilité, alors que le cœur continue à battre et qu'il y a encore des efforts respiratoires. Il ne pouvait en être autrement, car le fait de l'anesthésie indique seulement que les cellules nerveuses qui président à la sensibilité sont paralysées avant les autres appareils nerveux. Or, elles sont certainement beaucoup plus fragiles que les autres cellules de l'organisme.

Toutefois le mot *anesthésie* a reçu dans la pratique une acception plus précise. On dit qu'une substance est anesthésique lorsque son action est passagère, autrement dit, lorsque, après la période d'insensibilité, il y a retour possible à la vie normale. Par exemple, l'aconitine à forte dose produit l'abolition de la conscience et l'insensibilité; mais personne ne pensera à donner à cet alcaloïde la qualification d'anesthésique; car les fonctions du cœur et du bulbe sont déjà profondément troublées, et le retour à la vie n'est pas possible.

Donc le type des substances anesthésiques doit être cherché parmi les corps qui agissent sur la sensibilité sans déterminer la mort, sans provoquer de convulsions, et en ne faisant naître qu'une période d'excitation minimum. Poison anesthésique veut donc dire poison qui engourdit l'intelligence et la conscience sans léser les autres fonctions organiques. Définition arbitraire évidemment, mais qui a cet avantage au moins d'être précise et de limiter le nombre des anesthésiques.

Le corps qui répond le mieux à cette condition d'avoir une action passagère et inoffensive, c'est probablement le protoxyde d'azote, qui anesthésie tant qu'on le respire; mais dont les effets disparaissent dès qu'on a cessé de le respirer. Depuis le protoxyde d'azote jusqu'aux corps très fixes, comme les alcools et les éthers dont le point d'ébullition est élevé, il y a une série de gradations, de transitions, difficiles à déterminer. Mais toujours nous retrouvons ces trois périodes caractéristiques : une période d'excitation, une période d'anesthésie et une période d'élimination. On dira alors, par définition même, lorsque l'élimination d'une substance n'est pas possible par le poumon ou qu'elle est très lente, que la substance n'est pas vraiment anesthésique, comme dans le cas des alcaloïdes par exemple.

Si la période d'excitation est très marquée, il s'agira d'une substance convulsivante plutôt que d'une substance anesthésique; mais il n'y a aucune contradiction entre ces deux qualités pharmacodynamiques d'un corps; puisque aussi bien nous voyons le chloroforme, cet admirable anesthésique, provoquer une agitation presque convulsive, alors que le bichlorure de méthylène (CH_2Cl_2), si voisin du chloroforme ($CHCl_3$), est très con-

vulsivant et modérément anesthésique. La strychnine même, ce type des poisons convulsivants, produit à certaines doses de l'anesthésie.

C'est la plus ou moins grande durée, la plus ou moins grande intensité de la période
d'excitation qui donne à tel ou tel anesthésique son caractère essentiel; mais c'est aussi
la facilité variable de l'élimination. Or, pour les poisons qui n'agissent pas sur le sang,
on peut presque formuler cette loi que la vitesse de l'élimination est fonction de la volatilité.

Il est évident que certains corps gazeux paraissent faire exception; mais l'acide cyanhydrique, l'oxyde de carbone, le chlore, l'acide sulfureux, le bioxyde d'azote, qui, par
leurs affinités énergiques, se combinent immédiatement aux substances chimiques des
tissus, ne peuvent être rangés parmi les anesthésiques; et il n'y a pas d'élimination possible, puisqu'ils ont produit des dédoublements chimiques non réversibles. Au contraire,
on peut admettre qu'un anesthésique, tout en se combinant avec les tissus, forme une
combinaison instable qui est réversible; *et c'est le fait même de cette combinaison passagère et réversible qui caractérise les substances anesthésiques.*

A l'extrémité opposée de l'échelle, il y a les corps indifférents qui ne se combinent
ni avec le sang, ni avec les cellules nerveuses. L'azote, par exemple, est un gaz tout à
fait inerte. Nous avons donc dans l'azote et ses deux premières combinaisons avec l'oxygène trois corps dont les activités chimiques vont en croissant : 1º l'azote qui est inactif;
2º le protoxyde d'azote qui est facile à éliminer et ne produit que des combinaisons dissociables, qui, par conséquent, est anesthésique, et enfin 3º le bioxyde d'azote qui ne
s'élimine pas; car les combinaisons qu'il opère avec les humeurs et les tissus ne sont
ni dissociables ni réversibles.

La famille chimique à laquelle appartiennent les anesthésiques ne peut être pré-
cisée; car c'est une fonction physiologique qui paraît pouvoir être due à un grand
nombre de substances sans lien chimique entre elles. L'acide carbonique est, lui aussi,
un agent anesthésique. Les anciennes expériences de Moson, de Gênes, sur l'acide carbonique, répétées par Ozanam en 1858, puis par P. Bert, et enfin par N. Gréhant (*Les
poisons de l'air*, 1890, p. 93), ont montré qu'on peut sans danger anesthésier un animal
en lui faisant respirer un mélange d'oxygène et d'acide carbonique. Quand le mélange
contient 40 p. 100 d'acide carbonique, il n'y a pas d'anesthésie. Il faut élever la dose de
gaz acide carbonique à 45 p. 100. Alors l'anesthésie survient en près de deux minutes ;
le sang contient plus de 80 p. 100 de gaz acide carbonique, et la vie n'est pas en danger
si l'on a soin d'introduire dans le mélange une quantité d'oxygène normale, ou même
un peu supérieure à la normale. Notons que l'élimination de l'acide carbonique n'est
pas aussi rapide qu'avec les autres anesthésiques, car le gaz acide carbonique n'est pas
chimiquement indifférent, puisqu'il joue le rôle d'un acide et se combine aux alcalis du
sang et des tissus.

Protoxyde d'azote, acide carbonique, chloroforme, oxyde d'éthyle, amylène, aldéhyde,
toutes ces substances anesthésiques n'ont donc aucun caractère chimique commun.
Elles appartiennent à des familles très différentes. Tout ce qu'on peut en dire, c'est
qu'elles sont toutes volatiles. Mais même ce caractère ne peut être regardé comme
absolu ; car l'éther benzoïque, qui amène l'anesthésie, est bien peu volatil. Nous
n'avons donc pas le moyen d'établir une relation entre la composition chimique
des corps et leurs propriétés anesthésiques.

Quoique, à différentes reprises, nous ayions parlé de la hiérarchie des tissus, en mon-
rant que les cellules nerveuses sont empoisonnées les premières, il ne faudrait pas en
conclure que les autres cellules ne subissent pas les effets du poison. En effet, comme
l'a bien montré Claude Bernard, les végétaux, dépourvus cependant de cellules nerveuses,
subissent l'action des anesthésiques. Si l'on met des graines en présence des vapeurs de
chloroforme ou d'éther, elles ne germeront pas, et cependant les cellules de l'embryon
végétal ne seront pas mortes, puisqu'elles pourront vivre et germer si on les soustrait à
l'action du gaz anesthésique. C'est donc, comme sur les animaux supérieurs, un véritable
sommeil qu'on aura provoqué chez la plante avec retour possible à la vie normale.

Cette expérience sur la vie retardée des plantes est bien intéressante ; elle nous fait
pénétrer un peu mieux dans le mécanisme intime de l'action des anesthésiques. C'est
une intoxication qui n'est pas définitive, et qui paralyse pour un temps les phénomènes

chimiques de la cellule vivante, mais qui n'altère pas d'une manière permanente la structure chimique de la cellule. Nous revenons donc à cette formule qui semble vraiment caractériser le rôle chimique des anesthésiques : formation d'une combinaison dissociable.

Les microbes, comme les végétaux plus élevés, sont très sensibles à l'action des anesthésiques. Quelques gouttes de chloroforme retarderont énormément les phénomènes chimiques dus aux microbes. L'éther, le protoxyde d'azote, l'acide carbonique sous pression, exercent les mêmes effets retardateurs; de même le chloral, et à un degré moindre, l'alcool éthylique. Mais, quoique on puisse à la rigueur employer dans ce cas le mot d'antisepsie, ce n'est pas là une antisepsie véritable. Les anesthésiques sont antifermentescibles; ils ne sont pas antiseptiques. Les microbes, si l'on ajoute du chloroforme au liquide où ils se trouvent, ne fermenteront plus, mais ils ne mourront pas; et, dès qu'on aura laissé le chloroforme s'évaporer, ils retrouveront toute leur activité, de sorte que nous ne pouvons pas ranger les anesthésiques parmi les antiseptiques, malgré le ralentissement qu'ils amènent dans la fermentation. Les vrais antiseptiques abolissent définitivement la fermentation et la vie; les anesthésiques ne font que la suspendre durant tout le temps de leur contact avec les microbes.

On a donné de ces fermentations ralenties des graphiques très instructifs; par exemple avec la levure de bière et la levure alcoolique.

R. Dubois a émis une explication ingénieuse de ces phénomènes, et donné une théorie, encore très hypothétique, sur le mécanisme par lequel agiraient les anesthésiques. Il suppose que ces corps, quels qu'ils soient au point de vue chimique, exercent une action déshydratante sur les cellules, augmentant la tension de dissociation de l'eau dans les tissus, et par conséquent altérant par une sorte de soustraction d'eau la nature chimique des cellules vivantes. Ce qui rend assez vraisemblable cette hypothèse, c'est l'analogie de la déshydratation expérimentale, — au point de vue des effets produits, — avec l'anesthésie. En plaçant des graines ou des microbes, ou des rotifères, dans de l'air sec, on les dessèche et on paralyse leur activité, mais l'activité revient quand on leur rend l'eau qu'on avait enlevée. En mettant des plantes grasses en contact avec des vapeurs d'éther, on voit de grosses gouttelettes d'eau perler à la surface. J'ai vu un phénomène analogue en mettant des grappes de raisin et des poires dans une cloche où j'avais fait passer des vapeurs chloroformiques, espérant, sans succès d'ailleurs, conserver ainsi des fruits à l'état frais. Le chloroforme n'empêche pas la maturation du fruit et la transformation des matières cellulosiques en sucre (*B. B.*, 13 janv. 1883, pp. 26-27).

Tout se passe en somme, d'après R. Dubois, comme si l'action d'un anesthésique consistait en une dissociation de l'eau des tissus. On comprendrait alors comment l'anesthésie est fonction de la tension de vapeur des gaz anesthésiques. Il faudrait une certaine tension de cette vapeur pour provoquer la dissociation aqueuse nécessaire et pour produire une certaine déshydratation de la cellule, et par conséquent l'insensibilité.

Autres procédés d'anesthésie générale. — Nous ne parlons que pour mémoire des moyens autres que les agents anesthésiques proprement dits, qui ont été proposés pour abolir la douleur. Par exemple on a indiqué la *compression des carotides* qui produit du vertige et un état de sommeil avec demi-conscience. C'est assurément un procédé qui ne doit réussir que rarement, si tant est qu'il réussisse jamais.

Le *froid intense* agit sur la périphérie cutanée pour diminuer la sensibilité à la douleur : mais ce n'est pas là de la vraie anesthésie, et d'ailleurs les animaux refroidis ne sont pas insensibles; seulement la réaction à la douleur est retardée, et les réflexes sont devenus très lents. Les lapins refroidis à 20° sont encore sensibles aux excitations traumatiques qui paraissent toujours douloureuses; mais ils ne réagissent qu'avec une grande lenteur.

L'*hypnotisme* et la magnétisation ont été aussi essayés, et il est avéré que dans certains cas on a pu faire des accouchements ou de grandes opérations sans provoquer de douleur. On comprend en effet que la conscience de la douleur puisse être supprimée, soit par une suggestion puissante, soit par des manœuvres hypnotiques qui troublent l'innervation centrale. Cette analgésie complète n'est assurément pas commune; mais on peut la constater dans certains cas exceptionnels chez des sujets très sensibles. Toutefois ce n'est guère qu'une curiosité; car jusqu'à présent la pratique de l'hypnotisme n'a pas pu encore sortir d'un empirisme étroit, et, si le nombre des sujets qu'on réussit à endormir est assez grand, le nombre de ceux qui sont devenus absolument insensibles à toute douleur est fort restreint. En outre il est possible que la longue éducation nécessaire pour amener un sujet hypnotisable à l'analgésie absolue ait pour la santé générale au moins autant d'inconvénients qu'une chloroformisation passagère.

On trouvera plus loin, à la bibliographie, quelques indications sur certains cas dans lesquels l'anesthésie chirurgicale ou l'anesthésie obstétricale ont pu être obtenues par le magnétisme.

II. Anesthésie localisée. — Le principe de l'anesthésie localisée est tout différent du principe de l'anesthésie générale. Par le fait de l'anesthésie générale, les centres nerveux qui président à la conscience, et par conséquent à la douleur, sont devenus inactifs, la volonté et l'intelligence sont anéanties ; au contraire elles restent intactes dans l'anesthésie localisée qui a pour but de rendre telle ou telle région insensible, sans que les centres nerveux soient touchés. Par conséquent le danger, toujours plus ou moins menaçant quand un trouble aussi grave qu'une anesthésie complète est porté à l'innervation centrale, est supprimé quand il n'y a qu'une insensibilisation locale d'une partie du tégument.

Si donc on parvenait à réaliser une anesthésie localisée, comme celle qu'on peut obtenir dès à présent avec la cocaïne pour la cornée, il est certain que l'anesthésie générale serait inutile. Il est donc bien important de connaître les moyens dont on dispose aujourd'hui pour obtenir de l'analgésie en un point quelconque de la peau.

Historique. — Les anciens médecins pratiquaient déjà des applications de substances narcotiques, et surtout, depuis PERCIVAL POTT (1771), des bains d'acide carbonique. Mais rarement l'insensibilité était complète : c'était une sensibilité plutôt émoussée qu'abolie.

ARNOTT proposa l'emploi du froid en 1851, et VELPEAU pratiqua ainsi à Paris plusieurs petites opérations. En mettant le doigt dans un linge contenant un mélange réfrigérant de glace et de sel marin, on voit la peau qui pâlit, s'anémie, et finalement devient insensible à la douleur. La sensibilité tactile n'est cependant pas totalement abolie : le patient perçoit l'ébranlement mécanique, mais non la douleur, de sorte que l'incision des tissus ne fait ni couler de sang ni ressentir de souffrance. On avait aussi proposé de tremper le doigt dans l'éther, en espérant que l'effet anesthésique de l'éther, au lieu de porter sur les centres nerveux, par pénétration dans le système circulatoire général, porterait sur les nerfs périphériques par imbibition.

Mais l'emploi de l'éther, dans lequel on met à tremper le doigt qu'on veut rendre insensible, n'avait donné que des résultats assez imparfaits, jusqu'au moment où A. RICHET a eu l'idée d'activer l'évaporation de l'éther au moyen d'un insufflateur spécial. Cet insufflateur venait d'être imaginé par GUÉRARD pour évaporer de l'éther à la surface de régions douloureuses et ulcérées (A. RICHET. *Mémoire lu à la Société de chirurgie sur l'anesthésie localisée. Gazette des hôpitaux*, 1854, t. XXVII, p. 153 ; et *Discussion à la Société de chirurgie sur l'anesthésie localisée*, 1853-1854, t. IV, pp. 519-546). La méthode de l'anesthésie localisée était créée.

A partir de 1854, on fit diverses modifications de détail qui apportèrent de notables perfectionnements. Les appareils insufflateurs furent rendus plus maniables. Le bromure d'éthyle fut substitué à l'éther qui est inflammable : comme le refroidissement est plus rapide (le bromure d'éthyle étant plus volatil que l'éther), l'anesthésie survient plus rapidement (O. TERRILLON). Mais, en somme, c'est aux observations faites par mon père en 1854 qu'il faut faire remonter les premiers essais méthodiques d'anesthésie localisée par évaporation.

Anesthésie localisée par réfrigération. — L'action de la vapeur anesthésique sur les extrémités nerveuses est-elle une action chimique anesthésique, ou bien une action réfrigérante? La question n'est pas facile à résoudre. On admet en général que l'évaporation de l'éther agit surtout par le froid produit ; mais je pencherais à croire qu'on fait trop bon marché de l'action locale de la vapeur d'éther. La peau, même parfaitement intacte, absorbe les gaz et les vapeurs des liquides volatils. C'est une démonstration qui a été faite bien souvent par tous les physiologistes. Il suffit d'avoir manié de l'éther pour que les mains en conservent encore l'odeur pendant quelque temps, de sorte que nous pouvons regarder non seulement comme possible, mais même comme nécessaire la pénétration d'une certaine quantité d'éther à travers la peau. Ainsi les nerfs de la peau, étant en contact avec l'éther, sont anesthésiés par une sorte d'imbibition locale, sans que les centres nerveux aient reçu l'atteinte d'une quantité de poison suffisante pour anéantir leur activité. Dans les expériences préliminaires qu'il faisait avec l'éther, mon père avait remarqué que, si l'on fait la compression circulaire du doigt (de manière à empêcher la circulation d'enlever l'éther dont la peau est imbibée, et qui s'est probablement combiné aux cellules nerveuses du derme), l'anesthésie survient plus facilement. Il est d'ailleurs vraisemblable que le froid, en ralentissant énormément la circulation et, presque en l'abolissant, a pour effet de ne pas permettre au sang d'enlever l'éther qui a pénétré dans le derme. Par conséquent le froid agit non seulement en tant que froid, mais encore comme agent retardateur de la circulation ; ce qui favorise l'imbibition par le derme.

Il est probable que tous les liquides volatils à basse température, ainsi que tous les gaz projetés sur la peau à l'état liquide, agissant par réfrigération d'une part, et d'autre part par imbibition du derme, sont capables, quels qu'ils soient, de produire l'anesthésie locale. Outre l'éther et le bromure d'éthyle, on a employé le chlorure d'éthyle, qui bout à 11°, et qu'on peut avoir assez pur, même à bas prix, et surtout le chlorure de méthyle qui bout à — 23°.

La pulvérisation sur la peau du chlorure de méthyle produit aussitôt une zone anémique blanchâtre qui est tout à fait insensible. Mais le froid produit est parfois trop intense pour n'être pas sans quelque danger au point de vue de la production de certaines lésions locales de la peau. Aussi a-t-on songé à y remédier. BAILLY, a proposé de pulvériser le gaz sur des tampons d'ouate qui s'imprègnent de chlorure de méthyle, et qui descendent alors à une température très basse. Cette ouate, mise au contact de la peau, l'anesthésie assez vite sans faire courir le danger d'une eschare ; c'est ce qu'il a appelé le *stypage*. GALIPPE (*B. B.*, 4 février 1888) a eu l'ingénieuse idée de mélanger le chlorure de méthyle à l'éther. Le liquide mixte ainsi constitué ne s'évapore qu'assez lentement, et il produit un froid très vif qui anesthésie bien quand on verse ce liquide sur la partie qu'on veut rendre insensible. TERRIER et PÉRAIRE recommandent de couvrir les parties anesthésiées avec de la vaseline ; alors les phlyctènes et la vésication de la peau ne sont plus à craindre.

On trouvera dans le *Traité d'anesthésie chirurgicale* de TERRIER et PÉRAIRE, l'indication de divers mélanges de chlorure de méthyle, sous les noms bizarres de *coryle* et d'*anesthyle* (MARTIN. *Presse médicale belge*, 11 déc. 1892. — DANDOIS. *Étude sur l'anesthésie locale. Revue médicale de Louvain*, 1892, pp. 193-231.) — SAUVEZ. *Des meilleurs moyens d'anesthésie à employer en art dentaire. D. P.*, 1893).

L'acide carbonique solide peut aussi être employé. En dégageant rapidement ce gaz des récipients où il est comprimé et en le recueillant dans des enveloppes de laine, on obtient, par suite du froid intense qui se produit, la congélation d'une partie de la substance : alors on peut prendre en main des morceaux d'acide carbonique neigeux qui restent un temps encore appréciable avant de se volatiliser tout à fait. L'application de cette neige sur la peau produit le froid anesthésique. Mais, comme pour l'éther, il est possible que l'action chimique de l'acide carbonique sur les expansions nerveuses vienne s'ajouter à l'action physique qu'il exerce (WIESENDANGER. *Die Verwendung der flüssigen Kohlensäure zur Erzeugung localer Anaesthesie*, cité par TERRIER et PÉRAIRE, p. 43)

En physiologie on a aussi utilisé la réfrigération, et cela non seulement par pulvérisation locale de telle ou telle partie du corps, comme dans la pratique chirurgicale mais encore en agissant directement sur les centres nerveux. R. DUBOIS a anesthésié de tortues et des grenouilles, et spécialement des vipères, en refroidissant l'encéphale au moyen d'un jet d'éther.

Quoique nous nous soyons toujours servi du mot d'anesthésie pour ces phénomènes le mot d'analgésie serait évidemment plus exact. Il semble que la sensibilité tactile à la pression ne puisse disparaître que très tardivement, tandis que l'algesthésie disparaît assez vite. Encore faut-il distinguer dans la sensibilité tactile deux phases ; une première qui est la *finesse du toucher*, — celle-ci disparaît tout de suite, — et une autre, qui donne une *vague notion de toucher*; celle-ci disparaît lentement. La sensibilité à la douleur disparaît après la finesse du tact, mais longtemps avant que toute sensibilité à la pression ait disparu. On rapprochera ces faits de ceux qui ont été observés d'abord par Longet (1847), puis par beaucoup de physiologistes, sur les effets des substances anesthésiques directement appliquées sur les troncs nerveux. La sensibilité et la motilité ne sont pas atteintes en même temps. Surtout on a bien constaté que l'excitabilité d'un nerf périt avant sa conductibilité. Autrement dit un nerf empoisonné localement peut encore conduire l'excitation, alors que, si cette excitation est portée directement sur le point empoisonné, elle n'a plus aucun effet excitateur (Voy. **Nerfs, Sensibilité**).

Anesthésie localisée par injections sous-cutanées. — En 1884, K. Koller fit une découverte importante. Il montra que, si l'on met une solution de cocaïne au contact de la conjonctive, la cornée devient insensible et qu'on peut pratiquer sur la cornée et sur l'iris des opérations non douloureuses (*Uber die Verwendung des Cocain zur Anaesthaesirung des Auges. Wien. med. Woch.*, 1884, p. 1276). La dose de cocaïne injectée est minime, de sorte qu'elle ne peut produire aucun effet général sur l'organisme. C'est donc le type des anesthésiques localisés, puisque la cornée est tout à fait insensible et qu'elle seule est insensible. L'expérience sur les animaux de toute espèce donne le même résultat, et on est forcé d'admettre que la cocaïne, imbibant les cellules nerveuses sensitives ou les filaments nerveux terminaux de la cornée, les paralyse pendant quelques temps.

Cette découverte de Koller fut aussitôt confirmée de toutes parts, et bientôt on employa la cocaïne, non seulement pour l'anesthésie oculaire, mais encore pour l'anesthésie de la peau et des muqueuses, de manière à pouvoir faire de petites et même de grandes opérations, à l'aide de ce procédé ingénieux.

Nous n'avons pas à entrer ici dans l'histoire physiologique de la cocaïne, pas plus que nous ne l'avons fait pour l'histoire détaillée du chloroforme et de l'éther. Disons seulement que la cocaïne, aux doses auxquelles on l'injecte pour produire l'anesthésie localisée, n'anesthésie pas les centres nerveux. Si l'on injecte des doses de cocaïne considérables, on parvient à diminuer la sensibilité à la douleur chez les animaux, mais non à l'abolir complètement. Même aux doses qui produisent des convulsions, il y a encore une trace de sensibilité qui persiste.

L'analogie est remarquable entre la cocaïne qui paralyse les terminaisons nerveuses sensitives, et le curare qui paralyse les terminaisons motrices. Laborde a donc eu raison de définir la cocaïne en disant que c'est un *curare sensitif*. Elle a une affinité spéciale pour les filaments nerveux terminaux, récepteurs des sensations. Les petits ramuscules nerveux eux-mêmes, si rebelles pourtant à l'action des poisons, sont devenus inexcitables. Mais, quelle que soit l'affinité de la cocaïne pour les nerfs sensitifs, une injection intra-veineuse ne produit pas l'anesthésie périphérique, ou du moins elle ne la produit que si la dose est devenue très forte.

Les chirurgiens ont imaginé divers procédés pour réaliser l'anesthésie locale par la cocaïne avec l'injection d'une quantité minima de poison. P. Reclus, qui a beaucoup contribué à rendre méthodique et à vulgariser l'emploi de la cocaïne en chirurgie, ne l'injecte pas sous la peau, mais dans l'épaisseur du derme (P. Reclus et Isch-Wall. *Revue de chirurgie*, 1889, p. 158. — C. Delbosc. *De la cocaïne; Trav. du lab. de* Ch. Richet, t. II, pp. 329-364). On trouve dans l'ouvrage de Terrier et de Péraire (pp. 65-74) les modifications apportées par certains chirurgiens pour rendre l'anesthésie plus durable. Corning pulvérise d'abord de l'éther, puis injecte du beurre de cacao qui, par le froid, se solidifie et empêche la cocaïne de diffuser trop vite dans la circulation générale et d'y disparaître. Mayo-Robson emploie la bande d'Esmarch, absolument comme A. Richet avait fait pour la réfrigération par l'éther. Gauthier associe la trinitrine à la cocaïne; car les effets de la trinitrine qui dilate les vaisseaux sont directement opposés aux effets constricteurs de la cocaïne. Marchand dissout la cocaïne dans de l'huile. Bignon la précipite à l'état de base par du carbonate de soude, et obtient ainsi un lait de cocaïne; la cocaïne, base alcaloïdique, étant bien moins soluble et plus active cependant que son chlorhydrate.

Oefele se sert du phénate de cocaïne dont l'action analgésique est plus puissante que celle du chlorhydrate. Il paraîtrait que ce sel est moins dépressif du cœur que le chlorhydrate, tout en étant plus actif au point de vue de l'analgésie(?).

CHADBOURNE préfère la tropacocaïne, et son sel chlorhydrique. Cette substance, trop peu expérimentée encore pour qu'on puisse se former à son égard une opinion rationnelle, serait deux fois moins toxique que la cocaïne; l'analgésie serait cependant plus étendue et plus durable.

D'ailleurs ce n'est pas seulement pour la pratique des opérations que la cocaïne est utile comme anesthésique. On s'en est servi pour rendre les muqueuses insensibles. Des badigeonnages avec une solution appropriée font disparaître les douleurs des plaies, empêchent les réflexes, parfois incommodes, de se produire. En somme, dans des affections très diverses, dont nous n'avons pas à faire ici l'énumération, les médecins et les chirurgiens mettent à profit les propriétés anesthésiantes remarquables de cette substance.

Le mécanisme de l'action anesthésiante de la cocaïne n'est pas explicable par ses effets vaso-constricteurs. L'anémie qu'on observe constamment après une injection de cocaïne ne suffit pas pour rendre compte de l'insensibilité, et cela pour plusieurs raisons; d'abord parce que l'insensibilité survient plus vite que ne pourrait le faire l'anémie; ensuite parce que l'anémie n'est jamais complète. Les tissus, quoique insensibles, saignent encore quand on les incise. Enfin, dans la cornée par exemple, il n'y a pas de vaisseaux sanguins; et cependant nous voyons qu'elle devient insensible par le fait de la cocaïne. Il faut donc admettre, ce qui est d'ailleurs très rationnel, que la cocaïne, portant son action sur les terminaisons nerveuses, les empoisonne directement et non par le mécanisme de l'anémie. D'ailleurs, en physiologie, l'explication mécanique des intoxications par des effets vaso-moteurs est bien rarement exacte. Presque jamais ni l'anémie ni la congestion ne suffisent pour expliquer les symptômes observés.

Si sur les animaux à sang chaud on n'arrive pas par des injections intra-veineuses à obtenir l'insensibilité complète du tégument, c'est que d'autres troubles généraux, dus à l'action de la cocaïne sur les centres nerveux, empêchent la vie de se prolonger; l'agitation, les convulsions, l'hyperthermie. Mais chez les grenouilles on suit bien ces diverses phases, et on peut voir un animal vivant, avec un cœur qui bat régulièrement, des muscles qui sont encore irritables par l'excitation du nerf moteur, et dont cependant tout le tégument est devenu insensible.

En principe il semblerait que jamais la cocaïne ne doit provoquer d'accidents; car la dose injectée pour anesthésier un point limité de la peau est trop faible pour agir sur l'ensemble de l'organisme. Mais il est des cas cependant où des phénomènes graves ont été notés. E. DELBOSC, dans sa thèse de 1889, avait trouvé quatre cas de mort. P. BERGER en a signalé un autre. Même si l'on attribue au hasard ces cinq cas funestes, c'est peu de chose assurément, si l'on tient compte du nombre immense d'opérations pratiquées avec la cocaïne : il n'en est pas moins vrai que des accidents qui entraînent non la mort du patient, mais l'inquiétude du chirurgien, ont été observés.

La symptomatologie est à peu près toujours la même. Ce sont des troubles cérébraux, intellectuels, et des troubles cardiaques; les premiers, quelque effrayants qu'ils paraissent, sont en somme inoffensifs, tandis que les autres sont extrêmement sérieux.

Même à dose modérée, la cocaïne agit sur l'intelligence. C'est un poison psychique, qui amène l'ivresse, de la loquacité, une agitation incessante, le besoin de parler, de rire, de se mouvoir, et l'impossibilité de rester en place. Plus tard, cette excitation est remplacée par de la céphalalgie et de l'abattement.

Mais les troubles cardiaques sont les plus graves; c'est une tendance à la syncope. La face pâlit; les extrémités se refroidissent; le cœur se ralentit, et le pouls devient petit, filiforme (V. Cocaïne). Aussi, quand on donne de la cocaïne, doit-on toujours bien se rappeler que c'est un poison actif, capable, à certaines doses, d'amener la mort par arrêt du cœur.

La dose mortelle paraît être, comme pour tous les poisons psychiques, assez variable, au moins chez l'homme. Sur le chien, j'ai pu, avec P. LANGLOIS, préciser la dose convulsivante et montrer qu'elle est fonction de la température. A la température de 38°, la dose qui provoque les convulsions est de 0gr,02 par kilogramme, en injection veineuse. Mais on ferait une grave erreur si l'on inférait de là qu'il faut chez un homme de 70 kil. donner 1gr,4 pour obtenir des accidents convulsifs; car les poisons psychiques agissent bien plus activement sur l'homme que sur les animaux. D'ailleurs, sur les singes, GRASSET a trouvé une dose toxique plus faible que chez les chiens, soit 0gr,012 par kilogramme (P. Langlois et Ch. Richet. *Influence de la température organique sur les convulsions. A. P.*, 1889, pp. 181-196).

La plus faible dose ayant déterminé la mort chez l'homme est indiquée dans une observation de Simes, cité par Delbosc *(loc. cit.*, p. 560); la quantité injectée était de $0^{gr},75$. Il ne faut donc pas atteindre cette dose, quoique on ait pu souvent en injecter bien davantage sans accidents; mais il vaut mieux être en deçà qu'au delà. Le plus souvent la dose de $0^{gr},05$ ou $0^{gr},10$ seront suffisantes pour une anesthésie localisée, même assez étendue, et on pourra sans danger doubler la dose, si c'est nécessaire. A moins de contre-indications formelles, il ne faudra pas dépasser la dose de $0^{gr},25$.

On a discuté l'influence de la cocaïne sur la germination et la fermentation. R. Dubois, P. Regnard et A. Charpentier (*cités par* Dastre, *loc. cit.*, p. 210) sont arrivés à des résultats opposés. Quoi qu'il en soit, même en admettant que de fortes doses paralysent la végétation, il n'est pas possible d'assimiler l'action de la cocaïne à celle des vrais anesthésiques, comme le chloroforme ou l'éther, qui, à dose très faible, paralysent complètement les levures et les ferments.

Il existe encore quelques substances qui ont certaines propriétés analogues à celles de la cocaïne; mais leur histoire est encore inachevée. Nous avons déjà parlé de la tropacocaïne; il faut y ajouter l'érythrophléine, la strophantine, et l'ouabaïne. Ces divers alcaloïdes sont d'ailleurs très toxiques, surtout l'ouabaïne; et il faut attendre avant de pouvoir se faire une opinion sur leur valeur thérapeutique.

Au point de vue physiologique, il n'est pas douteux que ces corps, appliqués à l'état de solution sur la cornée, puissent l'insensibiliser. D'après E. Gley, une solution de strophantine ou d'ouabaïne au millième aurait le même effet, et même un effet plus prolongé, qu'une solution de cocaïne au centième.

Quelques autres substances ont aussi été proposées; mais elles sont plutôt des caustiques, comme le phénol, et la formanilide. Des pulvérisations de phénol produisent d'abord, par imbibition des nerfs sous-cutanés, une assez forte excitation et des fourmillements, prélude ordinaire de l'anesthésie. La formanilide, préconisée par Preisach (1893), a été employée pour anesthésier les muqueuses. Il est clair que toute substance qui a un effet caustique doit avoir aussi quelque effet anesthésique, par destruction des extrémités nerveuses. C'est ce qu'on a appelé parfois l'*anesthésie douloureuse*. Mais de là à l'anesthésie véritable, il y a loin.

Je ne mentionnerai que pour mémoire le procédé d'anesthésie, employé surtout par les dentistes, qui consiste à détruire passagèrement l'excitabilité d'un nerf par un courant électrique très violent, et à profiter pour telle ou telle opération de cette anesthésie transitoire. A vrai dire, pour détruire toute sensibilité, il faut une excitation électrique si forte qu'elle devient presque aussi douloureuse que l'opération elle-même.

En résumé l'histoire des anesthésiques nous donne un éclatant exemple des secours que la physiologie a pu apporter à l'humanité souffrante. Certes la découverte même est due au hasard et non à la science. Wells, Morton et Jackson n'étaient rien moins que des physiologistes. Mais, après les empiriques, bienfaiteurs dont il ne faut pas diminuer le mérite, tout ce que nous savons de précis sur l'anesthésie est bien dû à la collaboration persistante de l'observateur chirurgien et de l'expérimentateur physiologiste. Il n'est peut-être pas de meilleur exemple pour établir l'influence puissante et féconde des sciences physiologiques sur les progrès de la thérapeutique.

Bibliographie. — La bibliographie des anesthésiques est considérable. Nous renverrons d'abord aux articles **Chloroforme, Cocaïne, Éther, Protoxyde d'Azote**, pour les détails relatifs à l'action physiologique de ces diverses substances. Quant à l'anesthésie en général, les principaux ouvrages à consulter sont :

Claude Bernard. *Leçons sur les anesthésiques et l'asphyxie*. Paris, 1875. — Simonin. *De l'emploi de l'éther sulfurique et du chloroforme à la clinique chirurgicale de Nancy*. 2 vol., Paris, 1849, 1856, 1871. — Perrin et Lallemand. *Traité d'anesthésie chirurgicale*. Paris, 1863. — Perrin. *Art. Anesthésie du Dict. encycl. des sc. médic.*, t. IV, p. 434, 1866. — Ozanam. *L'anesthésie, histoire de la douleur*. Paris, 1857. — Terrier et Péraire. *Petit manuel d'anesthésie chirurgicale.* Paris, 1894. — TURNBULL. *The advantages and accidents of arti-ficial anaesthesia, being a manual of anaesthetic agents.* Philadelphia, 1879. — DASTRE. *Les anesthésiques. Physiologie et applications chirurgicales.* Paris, 1890. — R. DUBOIS. *Anes-thésie physiologique et ses applications.* Paris, 1894. — ROTTENSTEIN. *Traité d'anesthésie chirurgicale.* Paris, 1880. — H. SOULIER. *Traité de thérapeut.*, t. I, 1891, pp. 632-705. — G. HAYEM. *Leç. de thérap.*, 2ᵉ série, 1890, pp. 408-492. — AUVARD et CAULET. *Anesthésie chi-rurgicale et obstétricale.* Paris, 1892. — E. HANKEL. *Handbuch der Inhalations Anaesthetica, Chloroform, Aether, Stickstoff Oxydul, Aethyl, Bromid, mit Berücksichtigung der Straflichen Verantwortlichkeit bei Anwendung derselben.* Wiesbaden, 1892, 240 pp. — *Report of the Hyderabad chloroform Commission.* Bombay, 1891, 399 pp. — W. BUXTON. *Anaesthetics, their use and administration.* Londres, 1892, 236 pp.

Pour les mémoires, il est impossible de les mentionner tous ; et d'ailleurs cette nomen-clature serait sans grand intérêt. Dans le cours de l'article nous en avons déjà indiqué quelques-uns ; il nous suffira d'ajouter quelques travaux intéressant la physiologie de l'anesthésie. Nous donnons plus d'extension aux travaux récents ; car les dernières publi-cations permettent de recourir aux ouvrages plus anciens.

Anesthésie en général. Physiologie générale. — FLOURENS. *Note touchant les effets de l'in-halation de l'éther sur la moelle épinière (C. R.,* 1847, t. XXIV, p. 161); *sur la moelle allongée (ibid.,* pp. 242, 253); *sur les centres nerveux (ibid.,* p. 340). — VULPIAN. *Sur l'action qu'exercent les anesthésiques sur le centre respiratoire et sur les ganglions cardiaques (C. R.,* 1878, t. LXXXVI, p. 1303). — ARLOING. *Rech. expér. comparat. sur l'action du chloral, du chloroforme, de l'éther, avec ses applications pratiques.* Paris, 1879. — *Discussion de l'Aca-démie de médecine sur l'Anesthésie (Bull. de l'Ac. de médec. de Paris,* 1857, t. XXII, pp. 908, 932, 963, 992, 1016, 1061, 1084). — S. DUPLAY. *De l'action physiologique du chloroforme et de l'ét. er considérée au point de vue de l'anesthésie chirurgicale (Arch. gén. de médec.,* 1870, (1), pp. 207-224). — DUMÉRIL et DEMARQUAY. *Rech. expér. sur les modificat. imprimées à la temp. animale par l'éther et par le chloroforme (Arch. gén. de méd.,* 1848, (1), pp. 189 et 332). — DURET. *Des contre-indications de l'anesthésie chirurgicale (Th. d'agrégat.,* Paris, 1880). — BUDIN et COYNE. *La pupille pendant l'anesthésie chloroformique et chloralique, et pendant les efforts de vomissements (B. B.,* 1875, pp. 21-27). — HAKE. *Studies on ether and chloroform, from Prof.* SCHIFF's *physiological Laboratory (Pratictioner,* 1874, pp. 241-250). — FR. FRANCK. *Effets des excitations des nerfs sensibles sur le cœur, la respiration et la circulation artérielle (Trav. du lab. de* MAREY, 1876, t. II, pp. 221-288). — KNOLL. *Uber die Wirkung von Chloroform und Aether auf Athmung und Blutkreislauf (Ac. des sc. de Vienne. Sc. médic.,* 1879, pp. 223-252). — LACASSAGNE. *Des phénomènes psychologiques avant, pendant et après l'anesthésie provoquée (Mém. de l'Ac. de méd. Paris,* 1869, pp. 1-72). — PIDOUX. *Même sujet (Un. médic.,* 1869, pp. 13, 29). — RANKE. *Wirkungsweise der Anaesthaetica (C. W.,* 1867, pp. 209-213 ; et 1877, pp. 609-614). — SCHIFF. *Delle differenze fra l'anestesia prodotta dall etere e quella prodotta dal cloroformio (Imparziale,* 1874, p. 165). — VIERORDT. *Die Spannung des Arterienblutes in der Ether und Chloroformnarkose (Arch. f. physiol. Heil-kunde,* 1856, pp. 269-274). — WITTMEYER. *Uber Anaesthesie (Deutsche Klinik,* 1862, pp. 188, 195, 206, 237, 266, 293, 308). — PINARD. *De l'action comparée du chloroforme, du chloral, de l'opium et de la morphine chez la femme en travail (Th. d'agrégat.* Paris, 1878). — BRUNS. *Zur Aethernarkose (D. med. Woch.,* 1894, t. XXXI, pp. 1147-1149). — HOLZ. *Ver-halten der Pulswelle in der Aether und Chloroformnarkose (Beitr. zur klin. Chir.,* t. VII, p. 43). — LARÉGINIE. *Action du chloroforme sur le syst. circulat. (D. P.,* 1877, 38 pp.). — MAC WIL-LIAM. *Graphic records of the action of chloroform and aether on the vascular system (J. P.,* 1892, t. XIII, pp. 860-869). — HOARE. *On the use of anaesthetics in veterinary practice (Vet. Journ. et Ann. comp. Pathol.,* 1892, t. XXXV, pp. 393-399). — GASKELL et SHORE. *A report on the physiological action of chloroform with a cristicism of the second Hyderabad chloro-form commission (Brit. med. Journ.,* (1), 1893, pp. 105, 164, 222). — OLIVIER et GARRETT. *An analysis of the gases of the blood during chloroform, ether, bichloride of methylene and nitrous oxide anaesthaesia (Lancet,* 1893, (2), pp. 625-627). — DUMONT. *Verantwortlichkeit des Arztes bei der Chloroform und Aethernakose (Festchr. z. Jubilaeum v.* THEOD. KOCHER, 1891, pp. 357-401). — CUSHNY. *Chloroform und Aethernarkose (Z. B.,* t. X, pp. 365-404). — PERELES et M. SACHS. *Wirkung von Aether, Chloroform und Alkohol auf das Leitungsvermögen motorischer und sensibler Nervenfasern des Frosches (A. Pf.,* 1892, t. LII, pp. 526-534).

G. PALIS. *Act. physiol. du chloroforme, modifications dans la quantité d'acide carbonique exhalé par les poumons sous l'influence des inhalations chloroformiques* (D. P., 1885, 42 pp.). — KAST. *Stoffwechslelstörungen nach Chloroformnarkose* (*Münch. med. Woch.*, 1889, p. 869). — RUMPF. *Wärmeregulation in der Narkose und im Schlaf* (*A. Pf.*, t. XXXIII, 1884, p, 538). — CARLE et MUSSO. *Modificazioni della circolazione del sangue nel cervello durante la narcosi cloroformica e per gli eccitamenti periferici* (R. S. M., 1886, t. XXVIII, p. 413). — LAFFONT. *Rech. sur l'innervat. respirat., modifications des mouvements respiratoires sous l'influence de l'anesthésie* (R. S. M., 1884, t. XXIII, p. 427). — AMRUS. *Vagusreizung in der Chloroformnarkose* (R. S. M., 1886, t. XXVII, p. 28).

DEVILLERS. *Des agents anesthésiques au point de vue du diagnostic de cert. affect., et notamment des affections simulées* (D. P., 1876, 80 pp.). — DRESCER. *Uber die Zusammensetzung des bei der Aethernarkose geathmeten Luftgemenges* (*Beitr. zur klin. Chirurg.*, 1893, pp. 412-422). — VALLAS. *De l'anesthésie par l'éther et de ses résultats dans la pratique des chirurgiens lyonnais* (*Rev. de chir.*, 1893, t. XIII, pp. 289-309). — *Report of the Lancet Commission appointed to investigate the subject of the administration of chloroform and other anaesthetics from a clinical standpoint* (Lancet, (1), 1893, pp. 629, 693, 761, 809, 971, 1111, 1479). — A. WATSON. *An experimental study of the effects (amélioration et rétablissement) of puncture of the heart in cases of chloroform narcosis* (An. in C. P., 1888, t. II, p.324). — GRÉHANT et QUINQUAUD. *Dosage du chloroforme dans le sang d'un animal anesthésié* (C. R., oct. 1884).

P. BERT. *Sur la non-accumulation du chloroforme dans l'organisme après anesthésie complète* (B. B., 1884, pp. 454-456). — DE LA ROCHE AU LION. *Accidents tardifs dans l'anesthésie chirurgicale* (D. P., 1873, 40 pp.). — ROCHET. *Même sujet* (D. P., 1870, 86 pp.). — FRANKEL. *Chloroformnachwirkungen beim Menschen* (A. V., 1892, pp. 256-284).

P. BERT. *Intoxication chronique par le chloroforme* (B. B.,1885, pp. 71-574). — BUDIN GER. *Lähmungen nach Chloroformnarkosen* (Arch. f. klin. Chir., 1894, t. XLVII, pp. 121-145). — SIRONI et ALESSANDRI. *Alterazioni renali post-cloroformiche* (Gazz. med. di Roma, 1894, pp. 73-77). — E. SALKOWSKI. *Wirkung einiger Narkotica auf den Eiweisszerfall* (C. W., 1889, p. 945). — STRASSMANN. *Tödtliche Nachwirkung des Chloroforms* (A. V., 1889, t. CXV, p. 1). — KAPPELER. *Beiträge zur Lehre von den Anästhetics* (Arch. f. klin. Chir., 1887, t. XXXV, p. 373). — DRAPIER. *Influence des anesthésiques sur la nutrition* (D. P., 1886).

BAUDELOCQUE. *Rech. expér. sur la chloroformisation par un mélange titré d'air et de chloroforme* (D. P., 1875, 70 pp.). — STANTON. *A year's exper. with the CLOVER inhaler* (Chic. Med. Record, 1892, t. III, pp. 841-844). — ROYER. *Étude sur le chloroforme par les petites doses* (D. P., 1892, 50 pp.). — KAPPELER. *Weitere Erfahrungen und neue Versuche über die Narkose mit messbaren Chloroformluft-mischungen* (Beitr. zur Chir. Festschr. v. BILLROTH. 1892, Stuttgardt, pp. 67-102; et Deutsche Zeitsch. für Chirurg., 1893, t. XXXVI, pp. 247-282). — NICAISE. *De la chloroformisation goutte à goutte* (Rev. de chir., 1892, t. XII, pp. 582-606). — M. BAUDOUIN. *De la chloroformisation à doses faibles et continues* (Gaz. des hôpit., 1890, p. 467). — R. BLANCHARD. *De l'anesthésie par le protoxyde d'azote d'après la méthode de P. BERT.* (P. P., 1880, 101 pp.). — HEWITT. *On the anaesthetic effects of nitrous oxide when administered with oxygen at ordinary atmospheric pressures, with remarks on 800 cases* (Transact. Odont. Soc. Gr. Brit., 1892, t. XXIV, pp. 194-244). — AUBEAU. *Anesthésie à l'aide d'un mélange de chloroforme et d'air exactement titrés* (B. B., 1884, pp. 396-400). — R. DUBOIS. *Machine à anesthésier, construite par M. V. TATIN pour la chloroformisation par la méthode de P. BERT* (B. B., 1884, pp. 400-403). — A. RICHET. *Sur les emplois des mélanges titrés des vapeurs anesthétiques et d'air dans la chloroformisation* (C. R., 28 janv. 1884). — R. DUBOIS. *Mémoire sur l'anesthésie par les mélanges titrés* (Mém. Soc. Biol., 1885, pp. 1-13). — CLOVER. *Remarks on the production of sleep during surgical operations* (Brit. med. Journ., 1874, (1), pp. 200-203).

De quelques anesthésiques en particulier, et des anesthésies mixtes. — HARDY et DUMONTPALLIER. *Sur un anesthésique nouveau dérivé du chlorure de carbone* (Bull. gén. de thérap., 1872, p. 34). — GEORGE. *Sur les effets physiologiques de l'éther de pétrole* (C. R., 1864, t. LVIII, p. 1192). — RABATZ. *Ein neues Anaestheticum, und eine Würdigung der alten Anaesthetica (Oënanthylène)* (Wien. med. Woch., 1865, pp. 277, 293, 320, 336).

RABOT. *Anesth. supplém. ou anesth. chloroform. continuée par la morphine* (Un. méd., 1864, pp. 359-362). — KÖNIG. *Morphin Chloroformnarkose* (Centr. f. Chir., 1877, pp. 609-

611). — REEVE. *Modification of the anaesthetic process by hypodermic injections of narcotics* (Am. Journ. of med. Sc., 1876, pp. 374-381). — VERRIET-LITARDIÈRE. *Anesthésie mixte ou emploi combiné de la morphine et du chloroforme* (D. P., 1878, 42 pp.). — DROUET. *Analgésie chloroformique dans les accouchements naturels* (D. P., 1887, 134 pp.). — D'ARGENT. *Analgésie obstétricale* (D. P., 1880, 57 pp.). — CHAIGNEAU. *Étude comparative des divers agents anesthésiques employés dans les accouchements naturels* (D. P., 1890, 174 pp.). — RABUTEAU. *Inject. sous-cutanées de narcéine combinées avec les inhalations de chloroforme* (B. B., 1883, p. 103). — TAULE. *Anesthésie sans sommeil et avec conservation entière de la connaissance obtenue par l'opium administré à dose progressive, et sans l'aide du chloroforme* (Gaz. des hôpit., 1845, p. 306). — HUETER. *Zur Morphium Chloroform Narkose* (Centrbl. f. Chir., 1877, p. 673).

COLOMBEL. *Étude expér. sur un nouveau procédé d'anesthésie mixte (atropine, morphine, chloroforme)* (R. S. M., 1886, t. XXVII, pp. 630-634). — ROCCHI. *Anestesia atropo morfino cloroformica* (Bull. di soc. Lancisiana degli Osped. di Roma, 1892, pp. 236-259). — CADÉAC et MALLET. *Anesthésie par l'action combinée du chloral en lavement et de la morphine en injections sous-cutanées* (Lyon médical, 1892, t. LXIX, pp. 220-223).

LONGE. *Chloroformisation et inject. hypod. de cognac* (Gaz. d. hóp., 1894, p. 927). — STRAUS. *Moyen de provoquer l'anesthésie chez le lapin (injection d'alcool dans l'estomac)* (B. B., 1887, p. 54). — LYNK. *Alcohol as an anaesthetic* (Cincinnati Lancet and Observer, 1876, pp. 409-416). — MAC CORMAK. *On the production of anaesthaesia by the vapour of absolute alcohol* (Med. Press and Circular de Dublin, 1867, p. 598). — SMITH. *Anaesthaesia by chloral and ether* (Birmingham med. Review, 1879, pp. 263-265).

RICHARDSON. *Note on the late reported case of death from the inhalation of ether and on the amyls as anaesthactics* (Lancet, 1875, (1), p. 719). — GIRALDÈS. *L'amylène comme gaz anesthésique* (C. R., 1857, t. XLIV, p. 492). — SANFORD. *Chloramyl, a new anaesthetic and an improved inhaler* (Med. Rec. New York, 1878, t. XIV, p. 279).

TURNBULL. *Observat. and experim. with the agents employed in anaesthactic mixtures* (Saint Louis med. and surg. Journal, 1879, pp. 178-184). — BOUTIGNY. *Note sur les propriétés anesthésiques de l'aldéhyde* (C. R., t. XXV, 1847, p. 904). — POGGIALE. *Même sujet* (ibid., t. XXVII, 1848, p. 334).

BREUER et LINDNER. *Pentalnarkosen* (Wien. klin. Woch., 1892, pp. 46 et 68). — BAUCHURTZ. *Pental als Anaestheticum* (Therap. Monatsh., 1893, t. VII, pp. 250-259). — PHILIP. *Uber Pentalnarkose in der Chirurgie* (Arch. f. klin. Chir., 1892, t. XLV, pp. 114-120). — KLEINDIENST. *Uber Pental als Anaesthaesicum* (D. Zeitsch. f. Chir., t. XXXV, pp. 333-350).

FLOURENS. *Effets de l'éther chlorhydrique chloré sur les animaux* (C. R., 1851, t. XXXII, p. 25). — E. ROBIN. *Sur un nouvel agent anesthésique, l'éther bromhydrique* (C. R., 1851, t. XXXII, p. 649). — Ed. ROBIN. *Moyen de composer des anesthésiques* (C. R., 1852, t. XXXII, p. 839). — CH. MOREL. *Emploi du tétrachlorure de carbone comme anesthésique* (C. R., t. LXXXIV, 1877, p. 1460).

CH. OZANAM. *Des inhalations d'acide carbonique considérées comme anesthésique efficace et sans danger* (C. R., 1858, t. XLVI, p. 417). — HERPIN. *L'emploi du gaz carbonique comme anesthésique* (C. R., 1858, t. XLVI, p. 484). — CH. OZANAM. *L'acide carbonique anesthésique sûr, facile et sans danger* (B. B., 1887, p. 81). — N. GRÉHANT. *Anesthésie des rongeurs par l'acide carbonique* (B. B., 1887, p. 153).

P. GUYOT. *L'iodal et ses propriétés anesthésiques* (C. R., 1870, t. LXIX, p. 1033). — RABUTEAU. *Note sur trois anesthésiques nouveaux ; le bromoforme, le bromal, et l'iodal* (Gaz. hebd., 1869, p. 681). — WUTZEYS. *Propriétés anesthésiques des bromures d'éthyle, de propyle et d'amyle* (C. R., t. LXXXIV, 1877, p. 404). — O. TERRILLON. *Anesthésie locale et générale produite par le bromure d'éthyle* (C. R., t. XC, 1880, p. 1170). — RABUTEAU. *Propriétés anesthésiques du bromure d'éthyle* (C. R., 1877, t. LXXXIV, p. 465). — LUBET-BARBON. *Anesthésie générale par le bromure d'éthyle* (Arch. de laryng., 1892, pp. 2-8). — GLEICH. *Bromäthylnarkosen* (Wien. klin. Woch., 1891, pp. 1002-1004). — ZIEMACKI. *Bromäthyl in der Chirurgie* (Arch. f. klin. Chir., 1891, t. XLII, pp. 717-752). — DUCASSE. *Emploi du bromure d'éthyle dans les accouchements naturels* (D. P., 1883, 50 p.). — POITOU-DUPLESSY. *Anesthésie mixte par l'association du bromure d'éthyle et du chloroforme* (Un. médic., 1893, pp. 136, 141). — REICH. *Uber Bromäther und kombinirte (successive) Bromäther Chloroformnarkose* (Wien. med. Woch., 1893, t. XLIII, pp. 1090, 1141, 1178, 1224). — LOHERS. *Wirkung des Bromäthyl auf Athmung und Kreislauf* (*D. med. Woch.*, 1890, p. 467). — Fischer. *Ueber die Narkose mit Dimethylacetal und Chloroform* (R. S. M., 1886, t. xxvii, p. 634).

Oré. *De l'anesthésie produite chez l'homme par les injections de chloral dans les veines* (*C. R.*, t. lxxviii, 1874, pp. 513, 651, 1311; t. lxxix, pp. 531, 1014, 1416; 1875, t. lxxxi, p. 244; 1876, t. lxxxii, p. 1272). — Choquet. *Emploi du chloral comme agent d'anesthésie chirurgicale* (D. P., 1880, 135 pp.). — E. Bouchut. *Anesthésie chirurgicale chez les enfants à l'aide du chloral dans l'estomac* (Bull. gén. de thérap., 1875, pp. 354-353). — Hartwig. *Combinirte Chloroform Chloralhydrat Narkose* (Centrbl. f. Chir., 1877, p. 497).

Regnauld et Villejean. *Rech. sur les propriétés anesthésiques du formène et de ses dérivés chlorés* (Bull. gén. de thérapeut., 30 mai et 15 juin 1886). — B. W. Richardson. *Methylene for anaesthesia* (Asclepiad., London, 1893, pp. 54-60). — Hattyasy. *Chlorure d'ethylène* (Pest. med. chir. Presse, 1892, p. 515). — Faravelli. *A proposito dell'azione delle inalazioni di bicloruro di etylene sulla cornea* (Arch. p. l. sc. med., 1892, t. xvi, pp. 79-86). — Heymans et Debue. *Étude exp. sur l'act. du chlorure de méthylène, du chloroforme et du tétrachlorure de carbone en injection hypodermique chez le lapin* (Presse méd. belge, 1894, pp. 97-100). — Metzenberg. *Methylenbichlorid als Narkoticum* (In. Diss. Berlin, 1888). — R. Dubois. *Étude comparative des propriétés physiologiques des composés chlorés de l'éthane* (A. P., 1888, t. vii, p. 298).

Laborde et Meillière. *L'anesthésie chirurgicale par un mélange nouveau de chloroforme pur et d'éther dans des proportions déterminées* (Bull. Ac. de Méd. de Paris, 1894, pp. 623-626). — Kocher. *Combinirte Chloroforme Aether Narkose* (Corrbl. f. schw. Aerzte, 1089, p. 577).

Moreau. *Note sur un fait d'anesthésie générale provoquée par l'action combinée du chlorhydrate de morphine et du chlorhydrate de cocaïne* (B. B., 1888, p. 747).

Fokker. *Einfluss des Chloroforms auf die Protoplasmawirkungen* (C. W., 1888, p. 417). — Arloing. *Identité des conditions à réaliser pour obtenir l'Anesthésie chez les animaux et les végétaux* (B. B., 1882, pp. 523-525). — Jourdain. *Expér. sur le mode d'action du chloroforme sur l'irritabilité des étamines des Mahonia*(C. R., 1870, t. lxx, p. 948). — Tassi. *Effetti anestetici dell'ipnone e della paraldeide sui fiori di alcuni piante* (Anestesia dei fiori independente degli abbassamenti di temperatura prodotti dall'evaporazione delle sostanze sperimentale) (Bull. Soc. Sc. di Siena, 1887, nos-8-9). — Brenstein. *Einwirkung einer concentrirten Aetheratmosphäre auf das Leben von Pflanzen* (Chem. Centralbl., 1887, p. 1512).

Oui. *Primipare hystérique; sommeil hypnotique pendant l'accouchement* (Ann. de gynéc., 1894, t. xxxvi, pp. 374-379). — Pitres. *Anesthésie chirurgicale par suggestion* (Journ. de méd. de Bordeaux, 6 juin 1886). — P. Broca. *Sur l'anesthésie chirurgicale provoquée par l'hypnotisme* (Bull. Soc. Chir. de Paris, 1859, t. x, pp. 247-270). — Guérineau. *Amputation de cuisse pratiquée sans douleur sous l'influence de manœuvres hypnotiques* (Gaz. méd. de Paris, 1860, t. xv, p. 21). — Bouyer, *Hémorrhoïdes. Opérations par la ligature, hypnotisme* (Gaz. des hôpit. Paris, 1860, t. xxxiii, p. 315). — Mesnet. *Un accouchement dans l'état de somnambulisme provoqué* (Bull. Ac. de méd. de Paris, 1887, t. xviii, pp. 27-37).

Dutertre. *Anesthésiques pendant le moyen âge* (D. P., 26 pp.).

Anesthésie localisée. — J. Arnott. *On cold as a means of producing local insensibility* (Lancet, 1848, (2), p. 98). — J. Arnott. *On the invention of local anaesthesia by refrigeration.* — A. Richet. *Anesthésie locale* (Bull. Soc. Chir. Paris, 1854, t. iv, pp. 519 et 546; Gaz. des hôpit., 1854, t. xxvii, p. 153; Bull. gén. de thérap., 1854, t. xlvi, pp. 391-402). — Horvath. *Zur Kalteanästhesie* (C. W., 1873, t. xi, pp. 209-211). — W. Richardson. *On a new and ready mode of producing local anaesthesia* (Med. Times and Gaz., 1866, (1), pp. 115-117; 169; 249, 277). — L. Le Fort. *Anesthésie locale par la pulvérisation de l'éther* (Bull. Soc. Chir. de Paris, 1867, t. vii, pp. 104, 108). — O. Liebreich. *Locale Anästhesie* (Neur. Centralbl., 1888, p. 276 et B. B., 1888, p. 340). — N. Laborde. *Même sujet* (B. B., 1888, p. 403). — Horand. *Considérations sur la pulvérisation de l'éther* (Mém. Soc. des sc. méd. de Lyon, 1868, pp. 3-26 et (2e part.) pp. 24-26; A. P., 1876, pp. 173-175). — J. Letamendi. *Un pas vers la résolution du problème de l'anesthésie locale.* Barcelone, 1875. — Chauvel. *Appareil d'Esmarch pour obtenir l'insensibilité locale* (Rev. méd. photogr. des hôpit. de Paris, 1874, p. 207). — Chandelux. *Emploi de la bande d'Esmarch dans les anesthésies locales* (R. S. M., 1886, t. xxvii, p. 632). — P. Reclus. *Analgésie cocaïnique* (Clin. chir. de la Pitié, 1894, pp. 1-48).

Chadbourne. *Tropacocaïne as a local anaesthetic* (*Brit. med. Journ.*, 1892, p. 402). — Guinard et Gelet. *Act. anesth. locale de la spartéine* (*B. B.*, 1894, pp. 583-585). — Köhler. *Die lokale Anaesthesirung durch Saponin.* Halle, 1873.

E. Gley. *Anesthésie produite par l'Ouabaïne et la Strophantine* (*B. B.*, 1890, p. 101). — Panas. *Act. anesth. locale de la Strophantine et de l'Ouabaïne* (*Bull. Ac. de Méd. de Paris*, 1890, t. XXIII, p. 261 et *Arch. d'Opht.*, 1890, t. X, p. 165).

Chirone. *Della caffeina e della theina quali anestetici locali* (*Morgagni*, 1888, p. 47). — Preisach. *Formanilid, ein neues Analgeticum* (*Wien. med. Woch.*, 1893, pp. 387-388.).

F. Rouillon. *Réfrigération par le chlorure de méthyle* (*D. P.*, 1885). — Ferrand. *Ampoules de chlorure d'éthyle pour anesthésie locale* (*Lyon méd.*, 1891, p. 235). — M. Baudouin. *Même sujet* (*Progrès médical*, 1892, p. 175).

A. Verneuil. *Analgésie locale par l'acide carbonique* (*Rev. de thérap. méd. chirurg.*, 1856, pp. 593-596; et 1857, pp. 113-119). — Gellé. *Anesthésie du conduit auditif et du tympan au moyen d'un jet de gaz acide carbonique* (*B. B.*, 1884, p. 278).

Simonin. *Sulfure de carbone comme anesthésique local* (*Gaz. méd. de Paris*, 1866, t. XXI, p. 188). Cl. Bernard. *Anesthésie locale par le sulfure de carbone* (*Gaz. méd. de l'Algérie*, 1874, pp. 4, 15, 27). — Perrin. *Même sujet* (*Bull. de soc. de Chir. de Paris*, 1867, pp. 143-145).

S. L. Hardy. *On the use of chloroform and other vapours, when applied locally and in the form of vapour bath, in the treatment of various diseases; together with the description of instruments for the purpose* (*Dubl. med. Press*, 1854, t. XXXI, pp. 241-245 et t. XXXII, pp. 305-312). — Fournié. *Chloracétisation, nouveau moyen de produire l'anesthésie locale* (*C. R.*, 1861, t. LIII, p. 1066). — Schleich. *Combinirte Oether-Cocaïnanästhäsie* (*D. med. Zeit.*, 1891, p. 515).

J. Althaus. *Elecktrische und elektrochemische Anästhesie* (*Wien. med. Woch.*, 1859, t. IX, pp. 433-435). — T. Guyot. *Anesthésie cutanée produite par un courant électrique, abaissement de température, sous l'influence du même moyen, dans les parties électrisées* (*Gaz. des hôpit.*, 1878, p. 693). — Jobert. *Électricité dans l'anesthésie chirurgicale* (*Gaz. médic. de Paris*, 1853, t. VIII, pp. 831-835). — R. Rodolfi. *Anestesia electrica* (*Gazz. med. ital. lomb.*, 1865, pp. 87 et 115). — Solaro. *Anestesia electrica nell' uomo; l'electricita sviluppa accessi epilettici* (*ibid.*, p. 118). — A. Tripier. *Faradic anaesthesia* (*Arch. electr. et neurol. of New York*, 1874, pp. 109-115). — A. Waller. *Experiments on Dr Richardson's mode of performing painless operations by voltaic narcotism* (*Med. Times and Gaz.*, 1859, t. XVIII, pp. 285-491).

CH. RICHET.

ANGÉLIQUE (Essence d') [C^5H^8O].

— L'essence d'angélique possède les propriétés générales des essences; elle est probablement isomère de l'essence de camomille. Elle a été étudiée au point de vue physiologique par Cadéac et Meunier (*R. d'hygiène*, janvier 1891). A faible dose, c'est un stimulant psychique et physique. A dose plus forte elle amène l'ivresse et le coma. En somme son action est identique à celle des autres essences. Elle entre dans la composition de l'eau de mélisse.

ANHALONINE.

— Alcaloïde contenu dans *Anhalonium Lewinii*, cactée du Mexique. Lewin en a fait extraire par Merck deux alcaloïdes qui paraissent identiques, et qui cristallisent en aiguilles blanches, sous la forme de chlorhydrate soluble dans l'eau bouillante et l'alcool (*A. P. P.*, 1894, t. XXXIV, p. 375). Le chlorhydrate d'anhalonine ($C^{12}H^{15}AzO^3HCl$), à la dose de $0^{gr},01$ augmente l'excitabilité réflexe des grenouilles et peut même provoquer une sorte de tétanos, analogue à celui de la strychnine. Les mêmes effets strychnisants ont été observés sur des lapins, à la dose de $0^{gr},2$ par kil. Pour Hefter (*A. P. P.*, 1894, t. XXXIV, p. 82), l'*Anhalonium Lewinii* contiendrait trois alcaloïdes; les deux qui peuvent cristalliser provoqueraient une paralysie centrale, mais non une augmentation de l'excitabilité réflexe. C'est l'alcaloïde amorphe qui aurait seul cet effet.

CH. R.

ANILINE. — Notions chimiques.

— L'aniline est devenue la matière première d'une très grande industrie, et la fabrication des couleurs qui en dérivent a pris une extension de plus en plus considérable. Les ouvriers employés à cette industrie peuvent être exposés à de graves accidents, qu'il est du devoir du médecin de connaître. A ce titre déjà, cette substance mérite d'être l'objet d'une étude particulière. A un point de vue plus général, les troubles variés qu'elle détermine sur le sang, sur la température du corps, sur le système nerveux, prêtent à des considérations théoriques intéressantes pour la physiologie pathologique.

L'aniline a été signalée pour la première fois en 1826 par le chimiste suédois UNVERDORBEN, parmi les produits de la distillation sèche de l'indigo. Son nom, qui lui a été donné par FRITSCHE, vient d'anil, nom portugais de l'indigo. ZININ a indiqué un remarquable procédé de production de ce corps, qui consiste à traiter la nitro-benzine par les agents réducteurs. HOFMANN lui a donné le nom de phénylamine. On peut, en effet, la ranger dans la classe des amines aromatiques.

$$Az \Big\langle \begin{array}{l} H \\ H \\ C^6 H^5 \end{array}$$

Le radical positif monovalent substitué à un atome d'H d'$Az H^3$ est emprunté au phénol $C^6 H^5 OH$, de sorte que, traitée par l'acide azoteux, l'aniline produit le phénol :

$$C^6 H^5 Az H^2 + Az O^2 H = C^6 H^5 OH + Az^2 + H^2 O.$$

Cependant les corps qu'on a appelés amines aromatiques se distinguent par un certain nombre de caractères importants des amines grasses. Leurs propriétés basiques sont bien plus faibles que celles de ces dernières, de sorte que leurs sels sont instables, et se dissocient avec la plus grande facilité. Aussi GRIESS a-t-il proposé pour l'aniline le nom d'*amido-benzol*.

L'aniline se prépare industriellement en soumettant la nitrobenzine à l'action réductrice d'un mélange d'acide acétique et de limaille de fer (procédé de BÉCHAMP) : à l'acide acétique trop coûteux, on substitue souvent maintenant l'acide chlorhydrique.

Elle se présente sous la forme d'une huile incolore, d'odeur particulière, très réfringente, d'une densité de 1,036 à 0° et de 1,024 à 17°. Elle bout à 183°7, se prend à basse température en masse cristalline ; impure, elle reste encore liquide à — 20°. Elle est soluble à 12° dans 31 parties d'eau ; elle est fort soluble dans l'alcool, l'éther, les carbures d'hydrogène. Elle dissout le soufre, le phosphore, l'indigo, les résines, le camphre. Sa réaction est très faiblement alcaline : elle ne bleuit pas le papier de tournesol, ne brunit pas la teinture de curcuma, mais fait passer au vert la teinture de dahlia. Avec le chlorure de chaux et les hypochlorites, elle se colore en violet pourpre ;cette réaction est très sensible. Si l'on agite la solution pourpre avec de l'éther, celui-ci s'empare d'une belle matière colorante rouge, tandis que la liqueur reste bleue. Lorsqu'à une solution aqueuse d'aniline, on ajoute une trace de chlorure de chaux, jusqu'à ce que la teinte violette commence à être à peine visible, puis quelques gouttes de sulfhydrate d'ammoniaque, la liqueur prend une teinte rose, sensible même avec 1 250 000 d'aniline (GAUTIER). Avec le bichromate de potassium et l'acide sulfurique, l'aniline donne une coloration bleue. Elle coagule l'albumine.

L'aniline dite *pour rouge* est un mélange d'aniline et des deux toluidines, ortho et para, avec très peu de xylidine. Elle renferme 10 à 20 p. 100 d'aniline, 25 p. 100 de paratoluidine, 30 à 40 p. 100 d'orthotoluidine.

Les sels d'aniline sont presque tous cristallisables et solubles dans l'eau et l'alcool ; ils sont incolores à l'état de pureté, mais ils rougissent un peu à l'air. Ils donnent avec une solution aqueuse d'acide chromique une coloration verte, bleue ou noire suivant la concentration de la solution ; avec le chlorure de chaux ils se colorent en bleu, comme l'aniline, mais la réaction n'est pas durable ; additionnés d'acide chlorhydrique, ils colorent en jaune intense les copeaux de bois de sapin et la moelle de sureau. Nous ne citons ici que les réactions les plus usuelles.

Les sels les plus usités sont le chlorhydrate ($C^6 H^7 Az$, HCl), le sulfate ($C^6 H^7 Az$, $SO^4 H^2$) neutre, le nitrate, l'oxalate neutre.

Physiologie pathologique. — 1° *Historique*. — Les premières recherches relatives à l'influence de l'aniline sur l'économie animale ont été faites par WOEHLER et FRERICHS, qui, d'après des expériences pratiquées sur des chiens, ont trouvé que cette substance n'est pas toxique et qu'elle ne passe pas dans l'urine (*Annal. der Chemie und Pharmacie*, t. LIV, p. 343). Cependant HOFFMANN reconnaît que, « sans être absolument vénéneuse » l'aniline exerce des effets nuisibles sur l'économie. Un demi-gramme de la substance diluée dans trois fois son poids d'eau, injecté dans l'œsophage d'un lapin, provoqua de violentes convulsions cloniques, dont l'animal ne s'était pas encore remis au bout de 24 heures. On ne trouva pas l'aniline dans l'urine d'un chien auquel elle avait été administrée (*Handwörterb. der Chemie* de LIEBIG, POGGENDORFF et WOEULER, *Suppl.*, 1850, p. 239). RUNGE mentionne que les sangsues meurent lorsqu'on les plonge dans une solution d'aniline. SCHUCHARDT le premier a fait une série d'expériences méthodiques sur les propriétés toxiques de cette substance, et arrive aux conclusions suivantes. Les lapins meurent très rapidement si on leur donne par la bouche une quantité suffisante d'aniline : il en est de même pour les grenouilles : celles-ci succombent également si on leur injecte trois gouttes de la substance sous la peau, ou si on les plonge dans une solution diluée d'aniline. Chez tous les animaux il se produit, peu après l'intoxication, des convulsions cloniques et toniques ; plus tard la sensibilité diminue, d'abord dans les extrémités postérieures, puis dans tout le reste du corps, et finit par disparaître entièrement, surtout dans le train postérieur. L'abaissement de la température est un phénomène constant. L'aniline produit une action irritante locale sur les parties avec lesquelles elle est en contact; muqueuses de l'estomac, de la langue, conjonctive. L'aniline ne peut être trouvée dans l'urine : il semble qu'elle s'élimine par les voies respiratoires (*A. V.*, 1861, t. XX, p. 438).

A partir de cette époque, des observations d'empoisonnements professionnels ou autres ont été publiées, quoique relativement peu nombreuses. Les principales sont celles de KNAGGS (*Medic. Times and Gaz.*, 1862, t. I, p. 583) et MOREL MACKENZIE (*Ibid.*, t. I, p. 239), celles plus récentes de MERKLEN (*France médicale*, 1880, 3 décembre), de FR. MÜLLER (*Deutsche med. Wochenschr.*, n° 2, 1887, p. 27), de HERCZEL (*Wien. med. Wochenschr.*, 1887, n°s 31, 32 et 33, de DEMIO (*Berl. klin. Wochenschr.*, n° 1, p. 11).

D'autre part différents auteurs ont tracé le tableau des accidents qui se manifestent chez les ouvriers employés à l'industrie de l'aniline. Citons en particulier CHARVET (*D. P.*, 1863 et *Ann. d'hygiène*, 1863, t. XX, p. 281), KREUZER (*Rev. de thérap. méd. et chirurg.*, 1864, t. XXXI, p. 349), SONNENKALB (*Anilin und Anilen farben in toxicol. Beziehung*, Leipzig, 1864), JULES BERGERON (*Bullet. de l'Académie de médec.*, 1865, t. XX, p. 327), CHEVALLIER (*Annal. d'hyg.*, 2me série, 1865, t. XXIV, p. 374), GRANDHOMME (*Vierteljahrs. f. gerich. Med. u. œff. Sanit.*, 1879, t. XXXI, p. 390, analysé dans *R. S. M.*, t. XVI, p. 97). Mais il faut remarquer que les accidents observés dans l'industrie ne sont pas toujours imputables à l'aniline elle-même. C'est ainsi que, dans la « Relation d'une épidémie qui a sévi parmi les ouvriers de la fabrique de fuchsine de Pierre-bénite », CHARVET n'hésite pas à les attribuer à l'action de l'arsenic qui, à l'état d'acide arsénieux, servait à oxyder l'aniline dans la fabrication de la fuchsine. D'autre part, outre que, dans l'industrie, les effets de l'aniline se compliquent souvent de ceux de la nitro-benzine, le tableau des accidents observés n'est en général pas assez caractéristique pour donner une idée bien nette de ce qu'est l'intoxication par l'aniline. Aussi vaut-il mieux baser l'étude des effets physiologiques de cette substance sur les faits expérimentaux, ainsi que sur certaines observations cliniques dans lesquelles les phénomènes ont été très prononcés et minutieusement observés.

Après SCHUCHARD, l'étude expérimentale de l'aniline a été faite particulièrement par TURNBULL (*On the Physiol. and Med. Propert. of Anilin*, Lancet, 1861, (2), p. 469), LETEEBY (*On the physiolog. Propert. of Nitrobenzin and Anilin*, British med. Journ., 1863, (2), p. 550), AUG. OLLIVIER et GEORGES BERGERON (*Journal de la Physiol.*, t. VI, p. 268), FILEHNE (*Ub. die Wirk. des Nitrobenz. u. des Anilin*, 1876, Sitzungsber. der Erlanger Gesellsch., analysé in Jahresber. de VIRCHOW et HIRSCH, 1877), LELOIR (*B. B.*, 1879, p. 315 et 341), WERTHEIMER et MEYER (*B. B.*, déc. 1888 et janvier 1889). Les résultats de ces dernières expériences ont été exposés avec plus de détails dans la thèse de WALLEZ (*Recherches expérimentales sur quelques effets physiologiques et toxiques de l'aniline et des toluidines*. Th. de Lille, 1889) à laquelle j'emprunte en grande partie la matière de cet article.

Je ne m'occuperai d'ailleurs ici que de l'aniline, renvoyant à l'article **Fuchsine** pour tout ce qui concerne les couleurs dérivées de l'aniline.

Action sur le sang. — Dès les premières recherches faites pour étudier les effets de l'aniline, les expérimentateurs furent frappés de l'action exercée par cette substance sur le liquide sanguin. On remarqua tout d'abord la coloration particulière qu'il prend dans cette intoxication. Dans le compte rendu de leurs expériences, OLLIVIER et BERGERON disent qu'il est profondément altéré, brun poisseux, non coagulé et qu'il ne devient plus rutilant quand on le laisse sous une cloche remplie d'oxygène. LELOIR a insisté tout spécialement sur la coloration goudron ou sépia que prend le sang, et il fait remarquer que le battage à l'air ne lui rend pas son aspect normal. Lors de la communication de LELOIR à la Société de Biologie, QUINQUAUD fit observer que, dans l'empoisonnement par l'aniline, l'hémoglobine avait beaucoup diminué et qu'une partie était incapable d'absorber l'oxygène. Chez l'homme, dit-il, on constate dans le sang une diminution d'hémoglobine, et une portion de l'hémoglobine est devenue inerte.

Tous ces faits sont parfaitement exacts ; mais cette portion inerte, que représente-t-elle ?

On trouve déjà dans STARKOW l'indication d'un caractère spectroscopique du sang bien observé, mais mal interprété. Pour l'aniline en nature, cet auteur dit qu'elle détruit les globules à la façon de l'hydrogène arsénié ou phosphoré ; mais le sulfate d'aniline donnerait toujours sans exception la bande de l'hématine acide, aussi bien sur l'animal vivant qu'en dehors de l'organisme. Cette bande de l'hématine, STARKOW la décrit sur les limites du rouge et de l'orangé et au voisinage de la raie C de FRAUENHOFER. STARKOW a évidemment vu la bande de la méthémoglobine, mais il l'a attribuée à l'hématine acide.

En effet la modification la plus caractéristique qu'éprouve le sang lorsqu'on injecte à un animal du sel d'aniline, c'est la transformation d'une partie de l'hémoglobine en méthémoglobine, qui donne à ce liquide sa coloration spéciale. Comme la méthémoglobine est incapable d'absorber de l'oxygène, on voit immédiatement quelles sont les conséquences de cette modification de la matière colorante du sang au point de vue des échanges respiratoires.

Bien que nous n'ayons pas ici à nous occuper du spectre propre à la méthémoglobine (voy. ce mot), disons cependant que ce qui la caractérise au point de vue pratique, c'est la présence d'une bande dans le rouge entre C et D ; elle a bien encore d'autres bandes qui lui sont propres, mais elles se confondent avec celles de l'oxyhémoglobine, et, comme l'examen spectroscopique porte sur le sang en nature, c'est-à-dire sur un mélange d'oxy- et de méthémoglobine, on se borne à rechercher la bande dans le rouge qui est suffisamment caractéristique. Pour éviter la confusion faite par STARKOW entre cette bande et celle de l'hématine acide, il suffit de recourir aux moyens suivants : s'il s'agit de la méthémoglobine, l'addition de sulfure ammonique donne le spectre de l'hémoglobine réduite : avec l'hématine le même réactif donne les deux bandes de l'hémochromogène, dont l'une plus foncée occupe une portion intermédiaire entre la bande I et II de l'oxyhémoglobine, tandis que la seconde est plus à droite que cette bande II.

P. MULLER, en retirant par une piqûre au doigt un peu de sang à la malade qui fait le sujet de son observation, a trouvé au spectroscope la bande dans le rouge.

WERTHEIMER et MEYER ont cherché à déterminer le moment de l'apparition de la méthémoglobine sous l'influence du chlorhydrate d'aniline. En injectant ce sel à la dose de 30 centigr. par kilogr., ils ont trouvé la bande dans le rouge de une à trois minutes après l'injection. LELOIR avait déjà remarqué que, si l'on injecte 1gr, 50 de chlorhydrate d'aniline dans la saphène d'un chien, le sang carotidien présente, une minute après l'injection, une coloration d'un brun violacé. Cette coloration étant précisément la conséquence de la formation de la méthémoglobine, ces résultats sont bien concordants. Dans nos expériences in vitro, nous avons trouvé la bande de la méthémoglobine manifeste de la 7e à la 9e minute.

La transformation de la méthémoglobine a pour conséquence forcée la diminution de la quantité d'oxygène du sang. Un chien de 4kil,600 par exemple, avait normalement 18,1 p. 100 d'oxygène : une heure après l'injection de 1gr,35 de chlorhydrate d'aniline, la proportion de ce gaz était tombée à 5,7 p. 100.

Non seulement le chiffre d'oxygène baisse notablement après l'injection intra-veineuse d'un sel d'aniline, mais la plus grande partie de la matière colorante du sang est devenue incapable de fixer de l'oxygène, ou en d'autres termes la capacité respiratoire est notablement réduite. C'est ainsi que le sang d'un chien fixait normalement 23,1 p. 100 d'O, lorsqu'il était agité pendant plusieurs minutes dans un flacon rempli de ce gaz; une heure après l'injection dans la veine fémorale de 30 centigr. de chlorhydrate d'aniline (par kilogramme), il n'en fixait plus que 7,3 p. 100. Dans les expériences *in vitro* la capacité respiratoire est tombée de 22,7 à 10,5 quand on mélangeait, par exemple, 30 centimètres cubes de sang avec 0,25 gramme de chlorhydrate d'aniline et qu'on les laissait à l'étuve à 38° 5 pendant une heure.

Mêmes résultats quand c'est l'aniline elle-même que l'on employait, en l'introduisant dans l'estomac par une sonde œsophagienne : 5 heures après l'administration de la substance toxique (20 centigrammes par kilogrammme) la capacité respiratoire était tombée de 23,9 à 7,1.

La formation de la méthémoglobine s'accompagne de la destruction des globules rouges et d'une diminution considérable de leur nombre. HERCZEL a vu, dans des expériences *in vitro*, qu'une solution de chlorhydrate d'aniline à 0,60 p. 100, excessivement diluée, ne laisse persister que le stroma des globules rouges absolument décolorés. Dans un cas d'intoxication observé par cet auteur chez l'homme, le nombre des corpuscules était tombé à 1 230 000 par millimètre cube après absorption d'environ un gramme d'aniline. De plus HERCZEL trouva encore au microscope beaucoup de globules rouges décolorés, les globules blancs devenus plus nombreux, de la microcytose et de la poikylocytose.

DEHIO, dans l'observation dont il sera encore question plus loin, n'a plus compté chez sa malade, sept jours après l'ingestion de la substance toxique, que 2 700 000 globules par millimètre cube, et le onzième jour 1 400 000 seulement : il ne restait donc plus à ce moment que le quart environ de ces éléments. DEHIO signale aussi toutes les altérations microscopiques observées par HERCZEL. En outre les globules rouges paraissent se reformer très lentement : dans le cas de DEHIO leur nombre était encore, le dix-huitième jour, d'un tiers au-dessous de la normale.

On comprend combien cette atteinte portée à la constitution du liquide sanguin doit réagir sur l'ensemble de la nutrition : de là, la faiblesse profonde, la prostration, la pâleur cadavérique (DEHIO) qui, dans certains cas, persistent plusieurs jours après l'empoisonnement. Les échanges nutritifs sont à tel point influencés qu'au bout de 19 jours, dans le cas de DEHIO, la quantité d'urée et d'acide urique de l'urine était encore réduite à la moitié de sa valeur normale.

Pour terminer ce qui a trait aux modifications du sang, il reste encore à signaler la présence de l'aniline en nature, constatée par AUG. OLLIVIER et G. BERGERON dans leurs expériences sur les animaux, par DRAGENDORFF chez la malade de DEHIO. Enfin, contrairement à ce qu'ont avancé OLLIVIER et G. BERGERON, le sang reste coagulable.

Action de l'aniline sur quelques sécrétions. — L'altération et la destruction des hématies ont des effets très remarquables sur la sécrétion de la bile et de l'urine, indépendamment de ceux qui résultent de l'élimination de la substance toxique par ce dernier liquide. A la suite de l'absorption de l'aniline on observe en effet : 1° le passage de la matière colorante biliaire dans l'urine, et l'ictère; 2° dans certains cas, de l'hémoglobinurie : 3° souvent aussi le passage de la matière colorante du sang dans la bile, ou hémoglobinocholie.

Dans les expériences faites en collaboration avec MEYER, ce qui a appelé notre attention sur l'ictère, c'est la coloration jaune citron que présentait le tissu adipeux des animaux mis en expérience qui avaient survécu pendant quelque temps. Chez des chiens qui avaient reçu de 30 à 40 centigrammes de chlorhydrate d'aniline, nous avons pu alors déceler la présence des pigments biliaires dans l'urine, au bout de 36 à 48 heures, soit par le procédé d'HUPPERT, soit par celui de SALKOWSKI, et suivre pendant plusieurs jours leur élimination par l'urine.

Avant nous DEHIO avait signalé l'ictère chez la femme empoisonnée par l'aniline qui fait le sujet de son observation : 21 heures après l'ingestion d'aniline la réaction de GMELIN indiquait déjà la présence des matières colorantes de la bile : au bout de 30 heures s'est manifestée la coloration jaune des téguments et de la sclérotique. L'ictère devint de plus en plus intense jusqu'au 5° jour, puis disparut peu à peu vers le 9°.

L'apparition de l'ictère n'a d'ailleurs rien qui doive surprendre; ce symptôme suit de près, on peut dire constamment, l'absorption des substances qui détruisent les hématies. Il y a quelques années on lui attribuait habituellement une origine hématogène : on admettait une transformation directe dans le sang de l'hémoglobine en matière colorante biliaire qui passait ensuite directement dans l'urine. Depuis les recherches d'AFANASIEW et de STADELMANN, l'opinion contraire a prévalu; l'ictère serait d'origine hépatogène, c'est-à-dire que l'hémoglobine mise en liberté dans le plasma est élaborée en plus grande quantité dans le foie, d'où production plus abondante de pigments biliaires. Ceux-ci passeraient aussi dans l'urine, non seulement parce qu'ils sont formés en abondance, parce qu'il y a polycholie, mais encore parce que le produit de sécrétion visqueux et épaissi obstruerait les capillaires biliaires. Ces conditions réunies amèneraient finalement un ictère par résorption. En est-il de même avec l'aniline? On peut l'admettre par analogie, mais nous n'en n'avons pas fourni dans nos expériences la preuve directe, qui serait la présence des acides biliaires dans l'urine en même temps que celle des pigments.

Nous avons aussi nettement constaté à plusieurs reprises dans l'urine ictérique du chien la raie de l'urobiline.

Il semblerait que l'hémoglobinurie, plus encore que l'ictère, dût être une conséquence constante de la destruction des globules. Il y a de l'oxyhémoglobine ou de la méthémoglobine en liberté dans le plasma : on s'attendrait donc à la voir passer dans l'urine; mais il n'est pas toujours ainsi, du moins chez le chien.

Il faut sans doute que la proportion de matière colorante devenue libre ait atteint un certain taux pour apparaître dans l'urine; toujours est-il que, sous l'influence de l'aniline, l'hémoglobinurie n'est pas constante. Pour l'obtenir il faut des doses plus fortes que pour obtenir l'ictère. A la suite des injections intra-veineuses on l'observe plus souvent que lorsque la substance est ingérée par voie buccale. Peut-être aussi, dans l'intoxication par l'aniline, quand l'oxyhémoglobine n'existe qu'en très faible quantité dans l'urine, est-on exposé à ne pas l'apercevoir au spectroscope à cause de la coloration très foncée de l'urine : cependant il est à noter que, dans leurs expériences sur la toluyléndiamine, AFANASEW et STADELMANN ont rarement observé l'hémoglobinurie chez le chien, tandis que, chez le chat, elle était la règle.

Ces différences tiennent à l'organisation particulière à chaque animal. Chez les uns, comme le chien, le foie et peut-être la rate arriveraient à transformer toute l'hémoglobine mise en liberté, tandis que chez les autres ces organes ne suffiraient pas à la besogne (?). C'est généralement du 4e au 5e jour que nous avons vu apparaître l'hémoglobine dans l'urine.

Il est à remarquer que, toutes les fois que nous avons pu examiner l'urine fraîche ou recueillie directement dans la vessie, c'est l'oxyhémoglobine qui a été trouvée : quand, au contraire, le liquide avait séjourné pendant quelque temps à l'air, la raie de la méthémoglobine se montrait. Il est d'autant plus utile de signaler ce point que HOPPE-SEYLER, dont l'autorité est si grande en ces matières, soutient que dans l'hémoglobinurie c'est toujours de la méthémoglobine que l'on rencontre dans l'urine.

Chez l'homme, DEHIO est le premier, et je crois aussi le seul, qui ait jusqu'à présent mentionné l'hémoglobinurie comme symptôme possible de l'intoxication par l'aniline. Elle se manifesta le 7e jour après l'ingestion de la substance toxique, et dura trois jours. DEHIO, qui a examiné également l'urine au sortir de la vessie, n'a signalé que la présence de l'oxyhémoglobine, et non celle de la méthémoglobine. Il faut ajouter cependant que HERCZEL a provoqué l'hémoglobinurie chez des animaux en leur injectant de l'acétanilide. L'urine ne renferme habituellement ni albumine ni sucre; cependant, dans une observation de MERKLEN, il est dit qu'elle était albumineuse.

Chez les chiens, outre l'activité plus grande de la sécrétion biliaire dont il a déjà été question, nous avons observé un fait d'un grand intérêt pour la physiologie du foie, c'est, dans certains cas, le passage soit de l'oxyhémoglobine, soit de l'hématine dans la bile chez les animaux intoxiqués par l'aniline, alors que l'urine ne renfermait pas ces substances. On trouve dans ce phénomène une preuve bien frappante de l'affinité élective des cellules hépatiques pour la matière colorante du sang. Celle-ci une fois mise en liberté sous l'influence de la substance toxique, les éléments du parenchyme hépatique s'en emparent, seulement ils en incorporent une quantité trop considérable pour pouvoir la transformer totalement en bilirubine, et une partie de l'hémoglobine est alors rejetée à l'état naturel par les voies d'excrétion de la bile.

Du côté des glandes salivaires on observe une hypersécrétion abondante, après l'injection des sels d'aniline : chez l'homme on a noté également une sudation généralisée.

Action de l'aniline sur la température. — L'aniline fait baisser très notablement la température du corps, ainsi que l'avait déjà remarqué Schuchard. Dans l'observation de Herczel, elle est tombée de 39°5 à 34°2; dans celle de Denio, de 36°9 à 35°7, dans le courant des 24 heures qui suivirent l'intoxication : mais le lendemain elle était déjà revenue à 37°. Chez les chiens qui recevaient une dose relativement élevée de l'agent toxique, nous avons vu toujours un abaissement de température très marqué. Ainsi un animal pesant 4kil,700, ayant reçu, à 10 h. 30, 1gr,88 de chlorhydrate d'aniline et dont la température rectale était de 80°6, avait à 6 h. 30 du soir 33° 5 : un autre, du poids de 4 kilos, et dont la température normale était de 39°1, ayant reçu dans l'estomac 0,20 d'aniline par kilo, avait au bout de 5 heures 33°,2 : plus tard encore la température descend à 29°8 et même à 20°.

Il paraît rationnel de rattacher cet abaissement de température à l'altération même du sang; plus la destruction des globules rouges et la production de méthémoglobine sont considérables, plus les combustions doivent se ralentir et la température diminuer : toujours est-il que, dans les expériences comparatives faites avec des substances homologues de l'aniline, nous avons trouvé que pour chacune d'elles l'abaissement de la température était proportionnel à celui de la capacité respiratoire.

Cependant d'autres auteurs invoquent dans les cas de ce genre une action directe de la substance toxique sur les centres nerveux : je n'ai pas à discuter ici cette question théorique.

Action de l'aniline sur le système nerveux. — La physionomie des troubles occasionnés par l'aniline du côté du système nerveux varie selon qu'elle a été administrée par voie buccale ou par injection intra-veineuse.

Leloir a parfaitement décrit les phénomènes qui s'observent à la suite de l'injection intra-veineuse du chlorhydrate d'aniline. Il se produit, presque aussitôt l'injection faite, deux ou trois fortes inspirations, presque en même temps opisthotonos avec raideur des membres; cris ou gémissements, puis convulsions cloniques, secousses de tout le tronc survenant environ toutes les minutes; les convulsions cloniques durent environ une demi-heure. « En même temps salivation très abondante qui ne se produit pas si on sectionne les nerfs glandulaires, et dilatation pupillaire : puis survient une perte presque complète du mouvement volontaire, trémulation générale, agitation convulsive, presque continue, des membres. »

Nous avons souvent observé ces accidents, tels qu'ils ont été décrits par Leloir : dans l'intoxication par le chlorhydrate d'aniline en injection intra-veineuse, ces attaques épileptiformes sont tout à fait caractéristiques.

Quel est le mécanisme de ces troubles nerveux? Leloir a admis, comme l'avaient déjà fait antérieurement A. Ollivier et G. Bergeron, qu'ils sont dus à l'altération du sang. Le poison agit primitivement sur le liquide en le rendant impropre à la respiration, tous les phénomènes produits proviennent de cette altération qui se fait avec une extrême rapidité. Cette opinion est, sans doute, très fondée; mais elle n'est pas adoptée par tous les expérimentateurs.

On a pensé que l'aniline agit directement sur le système nerveux. Dans le traité de Ziemssen, Boehm soutient cette manière de voir. « L'opinion d'auteurs français, d'après laquelle les symptômes d'empoisonnement sont dus à l'altération du sang, et non pas à une action directe sur les centres nerveux, n'a pas été confirmée. Les observations sur lesquelles cette hypothèse s'appuyait, à savoir le défaut de coagulation du sang et les altérations particulières des globules rouges, ont été reconnues fausses ». Il est vrai que le sang continue à se coaguler dans l'intoxication par l'aniline : mais personne ne mettra plus en doute aujourd'hui les altérations des hématies. Nous avons constaté pour notre part que, parmi les substances étudiées comparativement à l'aniline, celles qui agissent le plus énergiquement sur les globules sont aussi celles qui amènent les troubles nerveux les plus considérables. Cependant rien n'autorise à nier l'influence directe de ces substances toxiques sur l'élément nerveux.

Quoi qu'il en soit, l'excitation consécutive à leur introduction dans l'organisme ne porte pas sur un centre particulier, mais bien sur l'ensemble du système nerveux. Les convulsions se produisent encore dans le tronc et dans les membres, si l'on pratique la section sous-bulbaire de la moelle. La tête et le reste du corps exécutent alors leurs mouvements convulsifs isolément. J'ai même vu dans ces conditions les injections de chlorhydrate d'aniline réveiller l'excitabilité des centres médullaires respiratoires, si on laisse un certain intervalle entre la section de la moelle et l'injection du sel.

Les phénomènes d'excitation et les convulsions ne s'observent pas seulement chez les animaux à température constante, mais encore chez les batraciens (SCHUCHARDT, A. OLLIVIER et BERGERON, FILEHNE). Une grenouille à laquelle nous avons injecté une dose équivalente à celle que l'on donnait aux chiens, présenta les mêmes convulsions que dans l'empoisonnement par la strychnine. Seulement, pour peu que l'on force la dose, l'animal est comme sidéré avant qu'elles aient pu se produire.

Si l'on fait prendre l'agent toxique par la bouche, le tableau de l'empoisonnement n'est plus tout à fait le même. La description, en ce qui concerne l'aniline, a déjà été donnée à plusieurs reprises, en particulier par OLLIVIER et BERGERON et par SCHUCHARDT. Voici en résumé ce que nous avons observé dans nos expériences. Si on fait prendre à un chien 40 centigrammes de chlorhydrate d'aniline ou 20 centigrammes d'aniline par kilogramme, peu de temps après l'intoxication, il se produit une salivation abondante et des frissonnements de tout le corps. OLLIVIER et BERGERON ont particulièrement insisté sur ce dernier symptôme. Une à deux heures après, la marche est mal assurée, le chien vacille sur ses pattes ; il y a une diminution évidente de la motilité volontaire, qui paraît porter plus spécialement sur les membres postérieurs. Si l'animal tombe, il agite convulsivement les quatre membres et éprouve de la difficulté pour se relever. Pendant les quelques heures suivantes le chien est abattu, ordinairement étendu, sans chercher à faire des mouvements volontaires, mais les membres sont agités presque continuellement par des secousses rythmiques peu intenses ; la respiration est irrégulière, saccadée. La sensibilité est obtuse, l'animal réagit faiblement aux excitations, telles que pincement de la peau, piqûres superficielles ou profondes.

Cet état persiste habituellement tout le temps que l'animal survit, c'est-à-dire pendant 24 ou 36 heures pour la dose indiquée. Les secousses convulsives persistent dans les membres et s'étendent souvent aux muscles de la mâchoire, de sorte que les dents s'entrechoquent continuellement. La sensibilité générale s'émousse de plus en plus, et parfois l'attouchement de la cornée ne provoque plus de réflexe palpébral.

A dose un peu plus forte les mouvements convulsifs des pattes sont plus intenses et s'établissent plus rapidement, mais ils n'ont jamais ce caractère de violence qu'on observe à la suite des injections intra-veineuses.

L'aniline a été administrée aussi en vapeur à des animaux par JULES BERGERON, afin d'imiter ce qui se passe dans les fabriques. Les effets ont été plus lents et moins nettement accusés que dans les cas d'ingestion dans les voies digestives. Cependant on observa des troubles fonctionnels analogues, c'est-à-dire des phénomènes d'excitation par l'aniline. Chez un cochon d'Inde soumis dans un espace clos à d'abondantes vapeurs d'aniline, A. OLLIVIER et GEORGES BERGERON ont obtenu une intoxication assez prompte, avec paraplégie, peu de mouvements convulsifs, mais une agitation continue des membres, et la mort au bout de quelques heures.

En définitive, que le poison soit introduit dans le système circulatoire directement par une veine, ou indirectement par les voies digestives ou respiratoires, la nature des phénomènes ne change pas ; leur ordre d'apparition et leur intensité seuls varient.

Lorsque l'aniline est injectée dans les veines, on assiste d'abord à une phase d'excitation violente du système nerveux ; mais à cette période en succède bientôt une autre, caractérisée par une profonde dépression ; la diminution d'excitabilité porte sans doute à la fois sur les centres et sur le système nerveux périphérique, du moins d'après les expériences de WINIGRADOW et de FILEHNE. Ce que nous avons constaté, pour notre part, c'est qu'à la suite des convulsions l'animal est dans un état comateux plus ou moins complet ; la sensibilité de la cornée est émoussée ou même abolie. Si l'on pince le nerf crural, l'animal ne réagit pas. Quand on le détache après l'injection, ou bien il reste couché sur le flanc, ou bien, s'il essaie de marcher, il retombe à chaque instant.

Si le poison a été donné par la bouche, les troubles nerveux restent essentiellement les mêmes ; ni les signes d'excitation, ni ceux de dépression ne font défaut. Toutefois, au lieu de passer par deux phases bien tranchées, ils coexistent : c'est ainsi que les secousses convulsives, la trémulation générale s'accompagnent d'un affaiblissement de la mobilité et de la sensibilité.

Les causes de ces différences sont faciles à saisir; si l'agent toxique est introduit d'emblée dans les voies de la circulation, le système nerveux sera troublé brusquement dans son fonctionnement, et par suite de l'altération profonde du sang et sans doute aussi par l'action directe d'une dose massive de poison. De là une réaction violente dont la conséquence forcée sera un épuisement plus ou moins prolongé, indépendamment même de l'action dépressive du poison. L'absorption se fait-elle au contraire par les voies digestives, les éléments nerveux ne seront atteints que lentement et progressivement dans leurs différentes propriétés.

Il reste encore à établir un parallèle entre les accidents nerveux de l'empoisonnement par l'aniline, tels qu'ils ont été décrits chez l'homme et ceux qui ont été constatés chez les animaux. Il est facile de prévoir que, dans les observations médicales, la physionomie de l'intoxication ressemblera plutôt à celle qu'elle présente chez les animaux empoisonnés par voie buccale, qu'à celle de l'empoisonnement par injection intra-veineuse.

Chez l'homme, dans les différents cas publiés, l'absorption se fait, en effet, soit par le tube digestif, soit par les voies respiratoires, soit même par la peau, du moins par une peau malade et atteinte de psoriasis (LALLIER). Dans ces conditions diverses, la pénétration du poison dans le sang est relativement lente et graduelle.

Dans le traité de ZIEMSSEN, BŒHM a tracé de la façon suivante le tableau des troubles nerveux dans l'intoxication aiguë par l'aniline. « Les premiers symptômes consistent en nausées, vertiges, céphalalgie; puis gêne de la respiration, oppression, somnolence. Dans certains cas les troubles vont en augmentant jusqu'à la perte de connaissance. Presque tous les observateurs ont signalé des douleurs dans les membres, de la faiblesse musculaire avec trémulation et de l'anesthésie cutanée. Le pouls et la respiration sont accélérés au début; plus tard le pouls se ralentit et est légèrement déprimé; la respiration devient dyspnéique. Les convulsions générales n'ont pas été observées jusqu'à présent chez l'homme; aucun cas mortel n'a encore été signalé. » Cependant HAEUSERMANN et SCHMIDT ont rapporté l'histoire d'un ouvrier qui, étant resté une demi-heure dans une chaudière renfermant plusieurs quintaux d'aniline, fut pris, sans aucuns prodromes, une heure après qu'il l'eût quittée, de vertiges et de syncopes, et succomba (Anal. in R. S. M. 1878, t, II, p. 97) : depuis lors, dans une observation de F. MULLER en 1887, un autre cas d'intoxication s'est également terminé par la mort.

On est étonné du peu de place donné dans la description de BŒHM aux symptômes d'excitation, surtout si l'on a à l'esprit la physionomie de l'empoisonnement chez le chien. Il est vrai que, si l'on passe en revue les principaux cas qui ont été publiés, les convulsions font souvent défaut, et même les phénomènes de dépression prédominent. C'est ainsi que, dans un cas de MORELL-MACKENZIE, un jeune homme occupé à nettoyer une cuve remplie précédemment d'aniline, y fut retrouvé dans un état d'insensibilité complète. Le lendemain il y avait de la cyanose; puis les symptômes se sont dissipés peu à peu. Dans une observation de KNAGGS, un ouvrier brisa par accident un vase contenant de l'aniline; et ses vêtements en furent couverts. Il se mit activement à faire disparaître les traces de l'accident qu'il voulait cacher à son patron, mais au bout d'une heure il eut des vertiges, et le cœur lui manqua. Plus tard survint la cyanose; la respiration devint convulsive; le pouls, excessivement faible et irrégulier, mais l'intelligence demeura intacte. Au bout de quelques jours, il ne ressentait plus rien. Les accidents survenus chez les malades de LALLIER ont été résumés ainsi par LELOIR : « Environ une heure et demie après l'application de compresses trempées dans une solution de chlorhydrate d'aniline : somnolence, coma même dans un cas, dyspnée, respiration irrégulière, abaissement considérable de la température, cyanose très prononcée de la face et des extrémités, crampes dans les mollets, vomissements. »

Dans le cas publié récemment par DEHIO en 1887, une femme récemment accouchée dans un hôpital se procure pendant la nuit, au laboratoire de la clinique, un flacon renfermant environ 10 grammes d'huile d'aniline. Elle avale ce flacon d'un trait dans l'intention de se suicider. Elle se couche, mais l'attention de l'infirmière est attirée par les plaintes de l'accouchée. L'interne appelé aussitôt lui fait absorber du lait, ce qui amène d'abondants vomissements. La malade est alors prise de somnolence et reste sans connaissance jusqu'au matin. À 9 heures du matin, elle est toujours dans le même état. La perte de connaissance est complète; la malade est insensible aux piqûres d'épingles, ne répond pas à l'appel de son nom, et, quand on lui introduit du liquide dans la bouche, elle ne déglutit pas. Les pupilles sont à demi dilatées, mais réagissent sous l'influence de la lumière. Cyanose; respiration accélérée, irrégulière; pouls faible et déprimé, entre 124 et 136. Pendant les 24 premières heures, pas de modifications.

Le lendemain, la malade est toujours dans la torpeur, mais les piqûres d'épingles commencent à être ressenties et provoquent quelques mouvements réflexes. Le 3e jour au matin, la connaissance est complètement revenue. Les jours suivants, on ne trouve plus à signaler parmi les symptômes qui nous occupent que de la céphalalgie, des douleurs à l'épigastre et de la rétention d'urine. Cette malade, qui présentait, comme nous l'avons dit, de l'ictère et de l'hémoglobinurie, mit quelques semaines à se rétablir.

Dans l'observation de F. MÜLLER, les conditions étiologiques sont les mêmes que dans l'observation précédente. C'est encore une malade qui, pour attenter à ses jours, s'empare d'un flacon d'aniline du laboratoire et en absorbe environ 25 centimètres cubes. Elle est retrouvée le matin dans un état de coma complet, elle a beaucoup vomi. Respiration accélérée (30) et pénible; pouls, 80 à 88. Le réflexe rotulien persiste, la malade ne réagit contre les excitations intenses que par des gémissements. Cyanose, abaissement de la température. Cet état resta le même jusqu'au lendemain matin 7 heures. La malade mourut sans qu'il survînt de convulsions.

Quand on a parcouru ces différentes observations, on n'est plus étonné que les auteurs qui se sont occupés de cette question, en particulier HERCZEL, aient insisté sur l'action dépressive de l'aniline.

Rappelant les expériences de LELOIR, l'auteur allemand prétend que les convulsions n'appartiennent qu'aux intoxications par injection intra-veineuse. Cette opinion est erronée : la littérature médicale renferme des cas où les accidents ressemblent entièrement à ceux que l'on produit chez les animaux. Ainsi, lors de la communication de LELOIR, LABORDE fit observer que, dans les fabriques d'aniline, les ouvriers sont sujets aux convulsions épileptiformes. C'est également ce qui ressort de la description, donnée par BERGERON, des accidents observés dans les ateliers.

« Un ouvrier se sent abattu, somnolent; sa face se congestionne; sa démarche devient incertaine et vacillante comme celle d'un homme ivre. Puis il tombe subitement dans un état demi-comateux; semblable à une masse inerte, il fait à peine quelques mouvements automatiques du tronc et des membres. La respiration est pénible, irrégulière. Au bout d'une heure, parfois plus, l'intelligence se réveille, et il ne reste plus de cette crise qu'un sentiment de fatigue générale et un irrésistible besoin de sommeil.

« Chez un autre, l'état comateux se complique de véritables convulsions épileptiformes des membres, de contractures tétaniques des muscles de la région cervicale postérieure, alternant avec des accès de délire et un tremblement général. Les mouvements respiratoires sont irréguliers, la peau est froide et insensible. Les battements du cœur, fréquents au début, et surtout d'une violence extrême, se ralentissent plus tard et deviennent irréguliers... »

Dans l'observation suivante, due à MERKLEN, l'analogie avec les phénomènes d'intoxication chez les animaux est encore des plus évidentes. Un homme de vingt-cinq ans avala par erreur 100 à 120 grammes d'un mélange d'aniline et de toluidine; au bout de 3 quarts d'heure il présenta de l'hébétude, de l'immobilité, de la stupeur. Les compagnons de travail racontèrent alors au chimiste de l'établissement l'accident dont cet ouvrier avait été victime; il lui administra aussitôt du tartre stibié mélangé à du sel de *Seignette;* il s'ensuivit des vomissements abondants, aqueux, mélangés à une matière colorante jaunâtre. — 20 minutes après, perte de connaissance, coma, cyanose du visage, puis contracture des muscles de la face, rire sardonique, trismus. — Administration d'alcool : le malade paraît s'éveiller; nouveaux vomissements.

Le poison avait été bu à 8 heures du matin : à 2 heures nouvelle perte de connaissance, pouls faible, cyanose persistante vers 3 heures, convulsions cloniques des membres, plus de contractures. Le sujet est amené à Beaujon dans le service de MILLARD.

A son entrée : coma profond, dilatation pupillaire; on retire par cathétérisme 200 grammes d'urine très colorée en brun.

Pendant toute la nuit, coma extrême, et convulsions. Le matin, réveil avec céphalée; la sensibilité est normale, sauf le voile du palais qui n'offre point de réflexe. Le malade urine un liquide foncé, alcalin, albumineux : l'urine de la veille était acide et non albumineuse. Dans l'urine du soir, on retrouva l'aniline non encore modifiée; le lendemain matin il n'y avait plus trace de cette substance. Le sujet sort de l'hôpital au bout de 6 jours, ne conservant que sa paralysie du voile du palais (MERKLEN, France médicale, 5 décembre 1880).

A côté de la description de BOEHM et d'HERCZEL, il n'était pas inutile de mettre en lumière les cas précédents. Nous devons cependant chercher à nous rendre compte de l'absence de convulsions, de cette diminution d'excitabilité de tout le système nerveux, si fréquemment signalée chez l'homme et caractérisée par la perte de connaissance, le coma, le peu d'intensité ou l'absence même de réactions réflexes.

Une observation, faite en passant par LELOIR, est très instructive sous ce rapport. Si, au lieu d'injecter brusquement des doses fortes de sels, on fait une série d'injections faibles, on conduit peu à peu l'animal à la mort sans convulsions. Or, quand l'aniline est absorbée par le tube digestif ou les voies respiratoires, la pénétration progressive du poison doit évidemment se faire bien plus lentement encore que si l'on introduit directement, par des injections répétées, la substance toxique dans le système circulatoire. On s'explique ainsi facilement que, dans ces conditions, les convulsions fassent souvent défaut.

Mais, si la quantité introduite par les voies de la digestion est assez considérable pour qu'elle soit absorbée à dose massive, les convulsions se produisent chez les animaux; c'est ce que démontre en particulier l'observation de MERKLEN. La différence ne repose donc que dans une question de dose et de rapidité d'absorption.

Chez l'homme il sera rarement possible de déterminer la quantité de poison absorbé à cause des vomissements spontanés qui surviennent presque constamment. De plus, la rapidité de l'absorption dépendra de l'état de réplétion ou de vacuité du tube digestif, et d'autres conditions accessoires qu'on ne peut préciser. De là, une différence de symptomatologie suivant les cas.

Quant à la perte de connaissance et à l'absence de réactions réflexes, il faut considérer que, chez l'homme, les altérations du sang troublent rapidement les fonctions intellectuelles et sensorielles. — Il ne faut pas oublier non plus que l'aniline a réellement sur le système nerveux une influence dépressive aussi nette que son action excitante, et s'exerçant aussi bien sur la sensibilité que le mouvement. WINIGRADOW a particulièrement insisté sur la diminution d'excitabilité de la moelle produite par l'aniline : d'après lui cette substance pourrait empêcher les convulsions dues à la strychnine de se manifester.

D'après FILEHNE elle agirait sur les nerfs moteurs à la façon du curare, avant même qu'elle ne paralyse les centres : si l'on injecte un sel d'aniline dans l'artère iliaque, l'excitabilité du nerf sciatique est abolie sans qu'il y ait rigidité musculaire.

Action de l'aniline sur le cœur et la respiration. — Les données que l'on trouve à ce sujet dans les observations sont très variables : cependant le pouls est souvent accéléré, quelquefois irrégulier, et la respiration presque toujours laborieuse.

Dans les injections intra-veineuses faites chez les animaux, les muscles respiratoires participent aux convulsions de tout le corps. Pendant la durée de l'injection il se produit souvent une augmentation de pression de 3 à 5 centimètres de mercure ou même davantage. Puis, quand les convulsions commencent, le cœur se ralentit. Ce ralentissement est dû à l'excitation du centre modérateur qui accompagne celle des autres centres : la pression reste d'abord élevée, malgré la diminution de fréquence des battements du cœur, à cause de l'excitation simultanée du centre vaso-constricteur; puis, quand le ralentissement se prononce encore davantage, la pression baisse.

La diminution des battements du cœur va quelquefois jusqu'à l'arrêt momentané, et, quand la crise épileptiforme a cessé, et que les mouvements respiratoires sont plutôt ralentis, les pulsations du cœur ne reprennent qu'à chaque inspiration.

Mode d'élimination de l'aniline. — Cette substance s'élimine-t-elle en nature par les reins ? On trouve sur ce point des résultats contradictoires dans les observations et les expériences. C'est ainsi que ni Schmiedeberg (*Arch. f. experim. Pathol.*, 1878, t. viii) qui, il est vrai, ne donnait à des chiens de 10 kilos que 0,35 à 0,94 centigr. de la substance, ni Schuchardt, ni Sonnenkalb, ni Lutz, d'après la communication de Leloir, n'ont pu retrouver cette substance dans l'urine des animaux mis en expérience. Par contre, F. Muller a très nettement constaté dans ce liquide la présence de l'aniline : de même Dragendorff, qui a examiné les urines de la malade de Dehio. La différence des résultats tient sans doute à une différence de doses.

On peut, comme nous l'avons fait, retrouver l'aniline dans l'urine par le procédé suivant. On concentre au bain-marie environ 50 cc. d'urine ; on l'alcalinise faiblement par la soude, puis on l'épuise par l'éther. L'éther est évaporé, et le produit de l'évaporation est repris par l'eau qu'on peut aciduler avec de l'acide chlorhydrique. Dans cette solution on cherche l'aniline au moyen des réactifs caractéristiques déjà indiqués (chlorure de chaux, bichromate de potasse et acide sulfurique, copeaux de sapin).

D'après la communication de Leloir, Lutz a trouvé que l'aniline se transforme dans l'organisme en fuchsine. Il serait très remarquable que celle-ci pût être produite dans l'économie par l'oxydation de l'aniline pure, alors que dans l'industrie un mélange d'aniline, de para et d'orthotoluidine est nécessaire.

La méthode suivie par Lutz n'a pas été indiquée par Leloir. En suivant le procédé habituel indiqué pour la recherche de la fuchsine, nous n'avons pu trouver cette matière colorante. L'urine était alcalinisée par quelques gouttes d'ammoniaque et agitée avec de l'éther : l'éther était décanté, additionné d'acide acétique et évaporé en présence d'un fil de soie blanche ou de laine blanche : l'éther et le fil sont restés incolores. Nous n'avons pas été plus heureux en faisant prendre aux animaux, non plus l'huile ou le chlorhydrate d'aniline, mais l'aniline pour rouge qui renferme le mélange nécessaire à la formation de la fuchsine.

Dragendorff ne signale pas la fuchsine dans l'urine de la malade qu'il a examinée. F. Muller, rappelant la note de Leloir, fait remarquer que dans son cas le liquide ne présentait pas de raie d'absorption au spectroscope, et que, par suite, il ne devait pas renfermer des quantités appréciables de fuchsine.

Ce qu'il y a de certain, c'est que les produits de transformation de l'aniline s'éliminent de l'urine à l'état de dérivés sulfo-conjugués. Schmiedeberg le premier a attiré l'attention sur ce point, et a constaté chez les animaux auxquels il donnait de l'aniline que la quantité d'acide sulfurique des sulfates diminuait, tandis que SO^4H^2 des dérivés sulfo-conjugués augmentait. Vers le 9e jour il ne restait presque plus de SO^4H^2 à l'état de sulfates, et en même temps apparaissaient les signes d'intoxication : d'où Schmiedeberg a conclu que la toxicité de l'aniline ne commence à se manifester que lorsque tout l'acide sulfurique disponible a été employé à se combiner avec les dérivés de l'aniline. Aussi ajoute-t-il qu'on pourrait peut-être recommander, dans l'empoisonnement par l'aniline, l'emploi des sulfates alcalins solubles, comme Baumann l'a fait pour l'empoisonnement par le phénol.

Schmiedeberg se demande ensuite si l'aniline n'est pas transformée en phénol pour former de l'acide phénolsulfurique ; mais il n'a pas constaté d'augmentation de la quantité de phénol. Par contre, en faisant bouillir l'urine avec de l'acide chlorhydrique, puis alcalinisant par la potasse, il a obtenu une substance basique qu'il n'a pas exactement déterminée, mais qui probablement, d'après lui, est le paramidophénol.

Fr. Muller a plus tard nettement caractérisé la présence du paramidophénol dans l'urine de sa malade. Il constate d'abord, comme Schmiedeberg, en traitant d'une part le liquide par le chlorure de barium et l'acide acétique qui précipitent l'acide sulfurique des sulfates et, d'autre part, en le faisant bouillir pendant quelques minutes avec l'acide chlorhydrique qui dédouble, par voie d'hydratation, les dérivés sulfo-conjugués, que l'acide sulfurique des sulfates a diminué (0,00475 pour 100 centimètres cubes d'urine) tandis que l'acide sulfurique conjugué a augmenté (0,0761).

Il démontre la présence du paramidophénol par le procédé suivant. Une portion de l'urine, ayant été bouillie avec de l'acide chlorhydrique, est légèrement alcalinisée par la soude, puis agitée avec de l'éther. L'extrait éthéré évaporé est repris par de l'eau acidulée avec de l'acide chlorhydrique. On ajoute ensuite à cette solution de l'acide phénique, on oxyde par le perchlorure de fer, et on alcalinise par l'ammoniaque : on obtient alors une belle coloration bleue. Cette réaction dénote le paramidophénol $C^6H^4(OH)AzH^2$ dérivé par oxydation de l'aniline $C^6H^5AzH^2$. En effet un mélange de paramidophénol et d'acide phénique traité par un oxydant donne un composé : l'indo-phénol, rouge en solution acide, bleu en solution alcaline.

Nous avons répété ces réactions sur l'urine de nos chiens qui avaient reçu de l'aniline avec les mêmes résultats que F. MULLER : mais, de plus, après ébullition avec l'acide chlorhydrique et agitation avec l'éther, nous avons obtenu une matière colorante d'un beau rouge dont s'emparait l'éther.

DRAGENDORFF a également retiré, de l'urine de la malade de DEHIO, une matière rouge ressemblant comme coloration à la fuchsine, lorsqu'après ébullition avec l'acide chlorhydrique il avait agité le liquide avec un mélange d'éther et d'alcool amylique. Si, au contraire, l'urine bouillie avec l'acide chlorhydrique avait été alcalinisée, ce mélange s'emparait d'une matière colorante verte qui redevenait rouge au contact de l'air. Il est à remarquer que, dans tous ces cas, l'éther ne se charge de matière colorante qu'autant que les dérivés sulfo-conjugués ont été dédoublés par l'acide chlorhydrique; c'est par conséquent sous cette forme que s'éliminent les produits de transformation de l'aniline, indépendamment de la quantité plus ou moins grande de la substance qui passe en nature.

De la cyanose dans l'intoxication par l'aniline. — Nous devons signaler encore un symptôme qui ne manque jamais dans l'empoisonnement par l'aniline, et auquel on a donné le nom de cyanose. Il s'agit d'une coloration particulière des téguments, qualifiée par les uns de bleue, par les autres de gris bleu, gris de plomb, gris ardoise. Elle est ordinairement très prononcée surtout sur les muqueuses buccale et gingivale, sur les lèvres et les conjonctives, sur le pavillon de l'oreille, et, chez l'homme, ordinairement sur toute la face, les mains et les pieds. Elle n'est nullement due à la stase du sang veineux. LETHEBY et TURNBULL ont les premiers supposé que cette prétendue cyanose doit être attribuée à une matière colorante formée dans le sang aux dépens de l'aniline, subissant dans l'économie une modification semblable à celle qu'on lui fait subir dans l'industrie.

Fr. MULLER pense que la coloration de la peau doit être attribuée à la présence de la méthémoglobine dans le sang. DRAGENDORFF se rattache à l'opinon de TURNBULL, et admet que c'est la substance formée aux dépens de l'aniline qui s'imprègne dans les téguments il a en effet pu retirer du sang la même matière colorante rouge que celle de l'urine.

Il est bien probable cependant que la coloration si spéciale du sang due à la méthémoglobine est pour quelque chose dans la coloration du tégument.

De l'anilisme dans l'industrie. — Bien que cette question soit plutôt du ressort de l'hygiène que de celui de la physiologie, nous devons cependant en toucher ici quelques mots. A part quelques accidents graves qui paraissent avoir été observés surtout quand l'industrie de l'aniline était à ses débuts, l'anilisme dans les fabriques se présente généralement sous une forme atténuée ou de moyenne intensité, et semble devenir plus rare depuis que les précautions hygiéniques sont mieux prises.

J. BERGERON, qui avait cependant signalé, comme on l'a vu, au nombre des symptômes les convulsions épileptiformes et le coma, a déjà insisté sur l'évolution habituellemen bénigne des troubles généraux de la nutrition : « Un effet constant des émanation d'aniline et de nitro-benzine est de donner à tous les ouvriers un aspect anémiqu incompatible en apparence avec la dépense de forces que nécessite leur travail. Auss ce remarquable contraste démontrerait-il à lui seul qu'il s'agit d'une véritable chloro-anémie, si l'absence de palpitations et de souffle cardiaque ou artériel, si surtout la rapidité avec laquelle la décoloration se produit et la rapidité non moins grande avec laquelle les couleurs normales reparaissent, ne tendaient à prouver que, dans ces cas, l'altératio du sang ne peut être bien profonde et ne doit certainement pas se caractériser anatomi quement par une diminution de la proportion des globules. » Il y aurait, d'après BERGE-RON, simple décoloration des globules du sang ; soit effet direct de l'action des carbure incessamment mis en contact avec ce liquide par les voies respiratoires, soit résultat indirect d'une diminution de la proportion d'oxygène dans l'air que ces ouvriers respirent.

Il est clair cependant que l'aniline inhalée par le poumon doit modifier le sang, comme elle le fait quand elle est introduite par toute autre voie ; par conséquent, si l'anémie des ouvriers est vraiment imputable à l'aniline, une certaine quantité d'hémoglobine a dû être transformée en méthémoglobine. Mais, à l'époque où écrivait J. Bergeron, on ne connaissait pas cette altération du sang. La bénignité des accidents et la rapide disparition de l'anémie quand les ouvriers cessent de travailler s'expliquent sans doute parce que cette altération est peu profonde : l'aniline n'est absorbée qu'en faible proportion et s'élimine progressivement par l'urine sous une forme ou sous une autre.

Grandhomme, dans un travail complet sur l'aniline basé sur les observations faites dans l'usine d'Hœchst-sur-Main, distingue différents degrés d'anilisme, mais toujours légers ou de moyenne intensité.

Dans cette usine les différentes opérations relatives à l'industrie de l'aniline se font en des ateliers séparés. Le premier est celui où se prépare la nitro-benzine : les phénomènes d'intoxication dus à cette substance ne doivent pas nous occuper. C'est dans le deuxième atelier, ou atelier de réduction, que l'aniline se retire de la nitro-benzine. Dans l'atelier suivant on prépare la fuchsine en oxydant l'aniline par la nitro-benzine en présence de fer et d'acide chlorhydrique. Grandhomme fait ressortir avec d'autres observateurs l'innocuité de la fuchsine non arsénicale.

Quant à l'intoxication par l'aniline, les causes ordinaires sont l'émanation des vapeurs qu'on ne peut toujours empêcher malgré toutes les précautions, et le transport de la substance qui ne s'opère pas sans que les vêtements en soient plus ou moins souillés.

C'est ainsi que s'explique le développement des plus faibles degrés d'anilisme qui restent inaperçus des ouvriers qui en sont la victime. Ce sont les surveillants qui, remarquant la cyanose caractéristique des lèvres, font immédiatement sortir à l'air libre les individus qui la présentent. Ils se trouvent parfaitement rétablis en quelques heures.

D'autres fois l'ouvrier est subitement pris d'un sentiment de faiblesse et de lassitude, il a la tête lourde, embarrassée, tendance au vertige, marche incertaine ; le visage est blafard, les lèvres bleuâtres. L'ensemble des symptômes présente celui d'une ivresse commençante.

Il est des malades qui accusent des papillotages devant les yeux, d'autres un fréquent besoin d'uriner avec ardeur dans la miction, mais l'urine ne renferme aucun élément morbide. Contrairement à d'autres auteurs, jamais Grandhomme n'a constaté la présence d'aniline dans l'urine des ouvriers intoxiqués. Je rapprocherai cette observation de celle de Schmiedeberg, qui n'a pas retrouvé non plus l'aniline dans l'urine chez les animaux en expérience ; la raison en est sans doute la même, dans les deux cas, et dans d'autres analogues ; la faible dose d'aniline absorbée, dont les produits de transformation reparaissent entièrement, sous forme de composés sulfo-conjugués.

Les accidents d'intoxication sont plus graves quand ils résultent d'un nettoyage des appareils, parce qu'alors l'action des vapeurs a été plus prolongée et plus intense, ou quand les ouvriers renversent de l'aniline sur leurs vêtements.

L'affaiblissement devient extrême : les malades accusent une céphalalgie violente et des étourdissements, leur marche est titubante. De livide, la teinte des lèvres devient bleu foncé et gagne le nez, la bouche, les oreilles. Dégoût prononcé pour les aliments et nausées.

Tous ces symptômes peuvent pourtant disparaître au bout de 24 heures, mais le plus souvent ils s'aggravent encore pendant quelques heures. On voit alors survenir la perte de la connaissance et des troubles profonds de la sensibilité. Les douleurs de tête et le sentiment vertigineux ne faisant que s'accroître, le malade s'affaisse, perd connaissance durant 10 à 20 minutes, puis revient à lui en vomissant et en accusant une faiblesse générale intense et de la lourdeur de tête.

L'anesthésie cutanée est absolue, les pupilles sont rétrécies ; la température n'est pas sensiblement modifiée, le pouls est tantôt accéléré, tantôt ralenti. Les envies de miction sont fréquentes ; l'haleine exhale l'odeur d'aniline. Les malades eux-mêmes guérissent en général dans le cours de 3 à 8 jours, sans qu'il leur reste d'autre atteinte qu'un peu de strangurie.

Dans les trois usines qui ont servi de champ d'observations à Grandhomme, il n'est jamais survenu d'accidents foudroyants mortels ni d'intoxication chronique (d'après l'analyse in R. S. M., t. xviii, 1881, p. 71).

Dans un autre mémoire Grandhomme dit qu'en 5 ans 4 cas d'anilisme seulement se sont montrés sur une population moyenne de 13 ouvriers, dans l'atelier de réduction : il ajoute aussi n'avoir rien observé d'analogue aux 3 exemples d'affections oculaires que Galezowski (*Recueil d'Ophtalmologie*, 1876) a attribuées à l'aniline.

Nous pouvons encore mentionner une thèse récente de Dupays (Lyon, 1892). Bien qu'elle se rapporte plus particulièrement à l'industrie de la fuchsine, l'auteur de cette thèse dit, dans ses conclusions, avoir observé par lui-même qu'à Neuville-sur-Saône les ouvriers ne souffrent en aucune manière de leur séjour dans l'usine.

Essais thérapeutiques avec l'aniline. — Turnbull, et quelques autres médecins après lui, ont expérimenté l'aniline ou ses sels dans les affections convulsives du système nerveux, chorée, accidents épileptiformes.

Les succès obtenus par Turnbull n'ont pas en général été confirmés, et la médication paraît entièrement abandonnée.

Signalons cependant que Cahn et Hepp (*Berl. Klin. Wochenschr.*, 1887, p. 27) ont trouvé au sulfate d'aniline une action antipyrétique, ce qui n'a rien d'étonnant, après ce qui a été dit plus haut. Herczel a obtenu des résultats semblables avec le camphorate d'aniline à la dose de 0, 20 à 0, 25 grammes.

E. WERTHEIMER.

ANIMISME. — Doctrine philosophique et en même temps physiologico-médicale qui fait intervenir dans les corps organisés, considérés comme inertes, l'*âme,* cause première non seulement des faits intellectuels, mais encore des faits vitaux, et veut expliquer ainsi chaque maladie. C'est la doctrine de Stahl, qui étudie les phénomènes vitaux en eux-mêmes et indépendamment des phénomènes chimiques et physiques qui s'y passent. C'est l'âme, être immatériel, qui est le principe du mouvement vital, la cause de l'activité du corps, c'est elle qui constitue l'homme. Les organes ne sont que de simples instruments. L'âme veille à la réparation de notre corps, à sa conservation, préside à tous les actes de la nutrition, des sécrétions, des sensations, etc. La fonction de l'âme étant de protéger les fonctions que tendent à troubler les causes morbifiques, c'est du combat qui s'établit entre l'effort de l'une et la résistance des autres que naissent les phénomènes morbides. Telle est, brièvement résumée, cette théorie de l'animisme, qui remonte à Aristote et eut de fervents adeptes aux XVIIe et XVIIIe siècles. Il n'en reste plus aujourd'hui que le nom.

ANIS (Essence d') $[C^{10}H^{12}O]$. — L'essence d'anis n'a pas été étudiée au point de vue physiologique. Il est probable que ses propriétés sont celles des essences. On ne connaît pas davantage les propriétés physiologiques de ses dérivés, acide anisique $[C^8H^8O^3]$; alcool anisique $[C^{10}H^8O^2]$; aldéhyde anisique $[C^8H^8O^2]$ acide anisoïque $[C^{10}H^{18}O^6]$; anisol $[C^7H^8O]$; acide anisurique $[C^{10}H^{18}O^6]$.

L'essence d'anis est isomère de l'essence d'estragon et de l'essence de fenouil. L'acide anisique dans l'organisme se transformerait, paraît-il, en acide anisurique.

ANISOMÉTROPIE. — Généralement, dans le cas d'amétropie, les deux yeux sont à peu près également myopes ou hypermétropes. Il arrive cependant que l'un des deux yeux soit notablement plus myope ou hypermétrope que son congénère; ou que l'un soit emmétrope, l'autre amétrope. Il y a alors *anisométropie* (de ἀ privatif; ἴσος, égal; μέτρον, mesure). La vision de chaque œil se fait alors dans les conditions propres au degré de l'amétropie (myopie ou hypermétropie). Une question beaucoup discutée est celle de l'accommodation dans l'anisométropie. En vue d'égaliser le plus possible la vision des deux yeux, il y aurait intérêt à ce qu'un œil accommodât moins ou plus que l'autre. Il résulte des recherches faites sur ce sujet que, si l'accommodation peut être inégale sur les yeux (ce qui est contesté), la différence ne peut jamais être grande (Voy. **Accommodation**).

NUEL.

ANODE. — On emploie dans l'application d'un courant le terme *anode* pour distinguer l'électrode positive de l'électrode négative ou *cathode* (Voy. **Électricité**).

ANORCHIDIE. — Absence des deux testicules. Il est douteux qu'elle existe jamais : c'est presque toujours une cryptorchidie.

ANOREXIE. — Absence d'appétit. Phénomène tantôt normal, tantôt pathologique.

L'anorexie normale est le sentiment de satiété qui suit l'alimentation. On étudiera à l'article **Faim** les causes, encore assez obscures, déterminant la faim, et la cessation de la faim. Il semble que ce soit à la fois un phénomène général, et un phénomène dû à la réplétion stomacale.

L'anorexie pathologique se rencontre dans les maladies diverses et, on pourrait presque dire, dans toutes les maladies. D'abord la fièvre suffit pour provoquer l'anorexie. Il n'y a pas d'exemple de malade ayant une température dépassant 39°,5 ou 40° qui ait conservé de l'appétit. Est-ce un phénomène thermique, ou un phénomène d'infection? Nous l'ignorons, et des études précises seraient nécessaires. Notons seulement ces deux points : d'abord que le sentiment de la soif, au lieu d'être aboli comme le sentiment de la faim, est surexcité par la fièvre, et, en second lieu, que les animaux se comportent tout à fait comme l'homme. Les animaux malades, à qui on a injecté des substances septiques, qui ont une suppuration quelconque, ou une maladie fébrile infectieuse, ne mangent pas, mais ils ont une soif très vive.

Les maladies de l'estomac sont aussi cause fréquente de troubles du sentiment de la faim ; quelquefois une exagération (boulimie), mais le plus souvent, ou même presque toujours, anorexie. Par exemple dans le cancer de l'estomac, il y a tantôt conservation, tantôt abolition complète de l'appétit, sans qu'on puisse déterminer pourquoi on observe de si grandes différences dans les cas particuliers (J. Béhier. Art. *Anorexie, D. D.*, 1866, t. v, p. 226).

Il est à remarquer aussi que, chez les malades comme chez les hystériques, l'anorexie n'est le plus souvent pas totale, et qu'elle ne porte que sur certains aliments, et notamment la viande. Les phtisiques fébricitants ont un dégoût invincible pour la viande; de même les hystériques.

Les affections du système nerveux sont aussi une cause fréquente d'anorexie; c'est surtout dans l'hystérie qu'on l'observe. Lasègue en a fait une excellente étude (*De l'anorexie hystérique. Arch. gén. de méd.*, 1873, (1), pp. 385-403). Ce qui caractérise cette perversion du sentiment de la faim, c'est que la fièvre est nulle, les organes nullement malades, à persistance du phénomène prolongée pendant des mois et des années; et en même temps les troubles de la nutrition atténués d'une manière extraordinaire. On sait que chez certaines hystériques, le besoin d'alimentation est quelquefois réduit à un minimum invraisemblable. Il est des femmes ayant vécu plusieurs années qui ne consommaient pas même un demi-litre de lait par jour, en moyenne. L'appétit se conforme à cette désassimilation ralentie (V. **Hystérie**).

Il est prouvé par là que le sentiment de faim est bien un phénomène d'ordre central ; une de ces sensations internes qui nécessitent l'intégrité du système nerveux (V. Beaunis. *Les sensations internes*, 1889, p. 27). Toutes les causes qui troublent le système nerveux central, soit directement (intoxications, hyperthermie, anémie), soit indirectement (actions réflexes, traumatismes, névralgies, névrites, émotions morales), abolissent la sensation de faim.

Bibliographie. — Outre les indications qu'on trouvera à l'article Faim, voir Brugnoli, *Sull' anoressia storic e consideracioni (Mém. Acc. d. sc. d. Istit. di Bologna*, 1875, t. vi, (3), p. 351-364). — Bartelink. *Uber psychologische Bedeutungen der Appetits-störungen* (Th. e Munich, 1876). — W. Gull. *Anorexia nervosa, hysterica* (*Transact. Clin. Soc. London*, 1874, t. vii, pp. 22-28, 3 pl.). — Rist. *Observation d'anorexie idiopathique* (*Bull. Soc. méd. e la Suisse Romande*, 1878, t. xii, pp. 59-64). — Ch. Richet. *L'inanition* (*Trav. du Laborat.*, t. ii, 1893, p. 318).

ANOSMIE. — Perte ou diminution de l'odorat (V. **Odorat**).

ANTAGONISME. — Étymologiquement *antagonisme* veut dire état de deux forces de direction contraire tendant à annuler réciproquement leurs effets. Il n'est pas difficile de trouver dans l'organisme des oppositions de ce genre. Les actes plus ou moins complexes répondant à cette définition y sont au contraire extrèmement fréquents. Si, au premier abord, un tel emploi des forces ne paraît pas très économique, on comprend néanmoins qu'il y est nécessité par l'obligation de régler les effets de ces forces avec précision et promptitude et dans le but de les équilibrer les unes par les autres. Telle est l'idée à la fois générale et sommaire qu'on peut se faire en physiologie des actions dites *antagonistes*. Mais, pour peu qu'on entre dans le détail, on voit qu'une notion aussi restreinte ne suffit pas et qu'il faut y joindre des explications relatives à chaque cas particulier, ou tout au moins à chacun des cas principaux.

Les forces qui interviennent dans l'organisme sont représentées par les *énergies* diverses, ou, comme l'on dit, *spécifiques*, de ses éléments composants, c'est-à-dire des formes différenciées de son protoplasme. Ces forces, à l'état que nous appelons de repos, sont *en tension*. Elles constituent une réserve, un potentiel que l'organisme peut, à un moment donné, dépenser. Ces tensions, un choc, un ébranlement, ou, comme nous disons dans notre langage physiologique, une *excitation*, pourra les libérer, c'est-à-dire les transformer en forces vives qui s'exerceront dans une direction déterminée, en partie tracée d'avance par le développement embryogénique. Elles donnent alors lieu aux actes les plus divers; déplacements réciproques des leviers osseux; pressions exercées sur des liquides pour les faire progresser dans des tuyaux; appel d'air dans les cavités respiratoires; séparation de substances chimiques qui sont rejetées, éliminées ou employées dans de nouvelles combinaisons, le tout avec dégagement de chaleur, etc., etc. De toutes ces activités, la plus typique, celle qui revient le plus souvent dans les exemples généraux de la physiologie, parce qu'elle est le plus facilement appréciable et la plus connue, c'est la contraction musculaire : mieux que toute autre elle nous servira à fixer nos idées.

Au-dessus des muscles, comme au-dessus de tous les agents exécutants directs des fonctions de l'organisme, afin de régler et d'harmoniser toutes ces activités différentes en les commandant, est le système nerveux lui-même composé de pièces différentes (nerfs moteurs, nerfs sensitifs; nerfs excitateurs, nerfs inhibiteurs) s'influençant les unes les autres; tantôt s'excitant, tantôt au contraire se neutralisant, et par là donnant lieu dans le système nerveux lui-même à des actions antagonistes.

Tout ceci concerne le jeu normal et régulier de nos fonctions; mais cet état normal, nous intervenons (nous, physiologistes) pour le troubler; par nos paralysies ou nos excitations artificielles, par nos agents physiologiques, par nos poisons nous pouvons le déséquilibrer, tantôt dans un sens, tantôt dans l'autre, et, en vertu d'une convention métaphorique dont il faut bien comprendre la signification et l'origine, nous transportons de l'organisme à ces substances mêmes ces actions antagonistes que le présent article a pour but d'analyser et de catégoriser.

Enfin les effets de ces substances toxiques étudiées sur le terrain et par les méthodes de la physiologie sont une base solide offerte à l'explication des phénomènes de la pathologie, dans laquelle nous voyons également des produits solubles, des toxines résultat de l'action des virus ferments, troubler d'une façon analogue le jeu des fonctions, additionner et parfois aussi neutraliser leurs effets par un mécanisme du même genre.

Antagonisme musculaire. — Prenons pour point de départ un exemple très simple. Deux muscles (biceps et triceps brachiaux) viennent de l'humérus et de l'épaule s'attacher à un même levier osseux (os de l'avant-bras) : le premier est fléchisseur, le second est extenseur de ce levier. Ces muscles sont directement antagonistes, ils travaillent exactement en sens inverse, tellement que l'un est obligé de s'allonger quand l'autre se raccourcit, et réciproquement. Cet antagonisme se manifeste soit par des mouvements alternatifs de flexion et d'extension, soit par une contracture simultanée qui raidit l'avant-bras dans une position déterminée; enfin il se manifeste encore par la contraction très inégale, mais simultanée, des deux muscles (ou groupes de muscles synergiques) pendant soit la flexion, soit l'extension de l'avant-bras. Car, comme le remarque justement DUCHENNE (de Boulogne), et contrairement à ce que l'on a de la tendance à croire, un mouvement de ce genre est plutôt un effet différentiel résultant de l'action de deux efforts opposés, et parfois d'un nombre assez grand d'efforts musculaires inégaux, mais synchrones. Bien des raisons font qu'il en doive être ainsi.

Les exemples d'antagonisme musculaire sont donc extrèmement multipliés. On peut même poser en principe qu'il n'est pas un seul muscle qui ne soit dans une certaine mesure l'antagoniste d'un autre. Seulement la direction des forces opposées n'est pas toujours, comme dans l'exemple type qui vient d'être cité, celle même des fibres musculaires, et, pour l'indiquer correctement (vu la position très variable des muscles par rapport aux leviers qu'ils doivent mouvoir) il faut construire sur l'un des muscles ou sur tous deux une représentation du parallélogramme des forces, dont l'une des composantes tracera avec sa grandeur relative la direction de la force efficace.

Citons encore quelques exemples empruntés aux principales fonctions. Les mouvements de la respiration sont sous la dépendance de deux ordres de muscles, les uns inspirateurs, les autres expirateurs. Encore faut-il ajouter que les puissances inspiratrices luttent contre une force élastique qui, lorsqu'elle est laissée libre d'agir, est, à elle seule, à peu près suffisante pour produire l'expiration. C'est un exemple de l'inégalité si fréquente qu'on peut observer entre les puissances antagonistes, comme aussi de l'artifice employé pour corriger cette inégalité par le jeu d'un ressort simplement élastique, dit lui-même antagoniste du muscle. C'est ce qui existe, paraît-il, dans la pupille, où l'action du sphincter irien est contrebalancée uniquement par une membrane élastique et point par des fibres musculaires radiées, comme il avait paru naturel de le supposer. Mais l'inégalité d'action des muscles inspirateurs et expirateurs est simplement fonctionnelle. Les muscles expirateurs, qui, en temps ordinaire, prennent si peu de part à la respiration, disposent néanmoins d'une grande puissance qu'ils opposent assez rarement à celle des inspirateurs, mais qui intervient dans l'acte de l'effort, lorsqu'il est nécessaire de fixer solidement la cage thoracique à laquelle s'attachent de puissants muscles des membres. Ils compriment l'air de la poitrine emprisonné par l'occlusion de la glotte, et trouvent alors de nouveaux antagonistes dans les muscles constricteurs du larynx.

Le cœur, qui chasse le sang de sa cavité, lutte non seulement contre l'élasticité artérielle, mais aussi contre les petits muscles vasculaires qui tendent à obturer les orifices capillaires par où le sang est obligé de passer. De même, l'estomac lutte contre le pylore, et tous les muscles enserrant une cavité qui reste close par l'action d'un sphincter, luttent plus ou moins contre ce sphincter; tels l'intestin, la vessie, la vésicule du fiel, etc. On comprend encore très bien l'action antagoniste de ces différents muscles, bien qu'elle sorte déjà notablement des conditions simples de l'exemple du début.

Comme d'autre part on sait que les muscles qui réalisent ces efforts sont sous la domination de *nerfs* qui leur commandent, il n'y a qu'à transporter ce qui a été dit de ces muscles aux nerfs eux-mêmes, qui seront ainsi réciproquement antagonistes au même titre que les muscles; mais il faut tout de suite remarquer que l'antagonisme n'est plus ici *direct*, mais, au contraire, *indirect*, en tant qu'il s'exerce par l'intermédiaire de muscles opposés fonctionnellement les uns aux autres. Cette remarque est d'autant plus indispensable que justement dans le système nerveux on peut montrer des exemples d'actions directement antagonistes de ses éléments les uns à l'égard des autres.

Nous ferons le même raisonnement pour les *centres* d'où proviennent les nerfs. Seulement nous ne pourrons guère remonter plus haut que les centres bulbo-médullaires, parce qu'au delà nous ne pouvons plus affirmer la continuité fibre à fibre des éléments nerveux. Rien ne prouve que le groupement de ces éléments reste le même au-dessus et au-dessous de ces centres : tout nous fait supposer au contraire que ces groupements se sont modifiés et que des rapports nouveaux sont intervenus entre eux.

Nous dirons donc seulement : il y a des muscles, des nerfs et aussi des centres antagonistes, en entendant ce mot dans le sens qui a été plus haut défini.

A partir de là une donnée nouvelle va intervenir qu'il faut maintenant examiner. Il nous faut pour cela revenir à l'exemple de la pupille, dans laquelle nous ne trouvons qu'un muscle (le sphincter irien) et qui jouit néanmoins de deux ordres de mouvements. Ces mouvements sont : l'un de constriction; il est réalisé par la contraction du sphincter irien, qui ferme l'orifice pupillaire, comme le ferait en se serrant le cordon d'une bourse; l'autre, de dilatation, qui s'effectue sans l'intervention d'une puissance motrice antagoniste, mais par l'action laissée libre d'agir d'une sorte de ressort antagoniste qui agrandit l'orifice pupillaire parfois jusqu'à l'effacement.

Antagonisme nerveux. — Je dis que ces deux mouvements sont antagonistes, et, d'après notre définition, cette expression entraîne nécessairement l'idée de quelque force plus ou moins directement opposée à une autre ; elle n'implique pas simplement le retour passif d'un organe à sa forme première après que sa phase d'activité est terminée. Les forces ici opposées l'une à l'autre ne sont plus deux muscles, mais bien deux nerfs. Ce cas particulier d'antagonisme a de nombreux équivalents dans tout l'organisme, et c'est là justement ce qui fait son intérêt. Cet antagonisme, pour le dire en un mot, n'est qu'une des formes de cet acte nerveux encore environné de tant d'obscurité, mais qui est si général en physiologie, et qu'on nomme aujourd'hui l'*inhibition* : c'est ce qu'on appelait autrefois l'action d'*arrêt*. Voyons les faits.

Le muscle constricteur de la pupille obéit à un nerf, l'oculo-moteur commun, mais les fibres de ce nerf qui sont destinées à la pupille ne s'y rendent pas d'emblée, elles traversent successivement un ganglion (g. ophtalmique) et un plexus ganglionnaire (p. ciliaire). En somme elles présentent deux relais ganglionnaires. Ces particularités anatomiques sont déjà à mettre en concordance avec certains faits d'expérience qu'ils expliquent plus ou moins. C'est ainsi qu'on remarque que la section du tronc de l'oculo-moteur laisse bien agrandir la pupille, mais ne la paralyse pas complètement ; car elle est encore susceptible de mouvement après cette mutilation : de même, les effets de l'excitation de ce nerf sur la pupille ne sont pas à comparer avec ceux qu'ils produisent sur le muscle moteur de l'œil : ce sont là les caractères très sommairement indiqués d'un nerf moteur ganglionnaire. Ces faits une fois constatés, nous pouvons en observer d'autres qui en sont l'exacte contre-partie, en nous adressant à un autre tronc nerveux, le sympathique cervical : sa section fait se resserrer la pupille, comme l'a vu depuis longtemps POURFOUR DU PETIT ; son excitation la fait dilater à l'extrême, pour peu que cette excitation soit un peu énergique (BIFFI). Nous devons conclure que le sympathique est dans cette action l'antagoniste de l'oculo-moteur : et nous devons conclure de plus que cet antagonisme s'exerce nerf à nerf, puisque, comme il a été dit plus haut, il n'y a pas de muscle dilatateur de la pupille, mais uniquement un nerf constricteur.

L'antagonisme réciproque du sympathique cervical et de l'oculo-moteur a été transporté de la pupille à l'appareil ciliaire accommodateur. Ce sont les deux mêmes troncs nerveux traversant les deux mêmes relais ganglionnaires ; l'excitation de l'oculo-moteur accommode l'œil pour la vision de près (HENSEN et VOLKERS), l'excitation du sympathique cervical l'accommode pour la vision de loin (MORAT et DOYON). Ici encore il n'y a qu'un muscle, le muscle ciliaire, composé, il est vrai, de deux parties, mais agissant dans le même sens pour accommoder l'œil aux petites distances ; l'accommodation pour la vision éloignée se fait par la réaction de parties élastiques qui aplatissent le cristallin.

Il peut sembler que ces exemples d'antagonisme purement nerveux ne soient pas absolument probants, parce que la question de l'existence ou de l'absence d'un muscle dilatateur de la pupille (peut-être même d'un muscle accommodateur pour l'infini) est de temps en temps soumise à la discussion. Toutefois, en supposant même qu'on finisse par découvrir quelque organe contractile qui soit sous la dépendance du sympathique, tant en ce qui concerne les mouvements pupillaires que ceux de l'accommodation, il est à croire que ces muscles ne sont pas en puissance les équivalents des muscles ciliaire et pupillaire, et que, pour la plus grande part, les effets antagonistes dus au sympathique sont dus à l'inhibition.

Mais, si ces exemples devaient nous manquer, il en est d'autres qui, à ce point de vue, sont irrécusables. Il est certain, par exemple, que le cœur, pourvu de fibres si puissantes pour réduire le volume de sa cavité et en chasser le sang, en est totalement dépourvu pour produire le mouvement inverse d'agrandissement ou d'amplification de cette cavité : il n'y a pas de fibres dilatatrices du cœur : ce qui veut dire (car il faut bien préciser les termes), il n'y a dans aucune des cavités du cœur, prise isolément, de fibres dont l'effet serait d'agrandir cette cavité. Que des muscles extrinsèques comme ceux de la respiration puissent, par un mécanisme très indirect, avoir cet effet, que même l'action constrictive des muscles d'une cavité puisse par contre-coup dilater plus ou moins la cavité voisine (suivante ou précédente), ceci est totalement en dehors de la question que nous traitons en ce moment.

Or, à ce muscle, le cœur, qui, comme tout muscle, n'a qu'une seule manière d'agir, une seule réponse à l'excitant, une seule propriété dans l'ordre physiologique, la contractilité, le raccourcissement de ses fibres, nous voyons aboutir aussi deux nerfs, ou, s l'on veut, deux ordres de nerfs. Les uns viennent plus particulièrement de la chaîne du sympathique, ils sont augmentateurs, accélérateurs de son mouvement, ils excitent ses contractions, ils en augmentent le nombre et l'intensité. Les autres viennent du pneumogastrique, ils ont un effet inverse, antagoniste du précédent; ils diminuent le nombre et l'intensité de ses mouvements, de ses systoles. C'est encore un exemple d'antagonisme réalisé nerf à nerf comme le précédent; c'est même le premier exemple connu d'inhibition. J'entends dire le premier fait de ce genre reconnu comme tel sous l'ancienne désignation d'action d'arrêt.

Nous ne devons pas ici nous attarder à décrire par le menu ce phénomène d'antagonisme nerveux ou d'inhibition, mais plutôt en montrer d'abord la généralité. L'innervation des muscles vasculaires reproduit assez fidèlement celle du cœur lui-même. Comme le cœur, les vaisseaux sont pourvus de muscles, et ces muscles n'ont, eux aussi, qu'une propriété, le pouvoir de se contracter : or cette contraction, quelle que soit la disposition des muscles des vaisseaux, n'a qu'une action possible, celle de resserrer leur cavité, d'en chasser le sang qui y est contenu, d'empêcher de nouvelles quantités de sang d'y affluer, si cette contraction est poussée à l'extrème, de diminuer en tout cas son écoulement à travers ces tuyaux. De plus, ces muscles sont subordonnés à l'action de deux ordres de nerfs; les uns qui augmentent leur contraction ou leur tonus, les autres qui, inversement, diminuent l'énergie de cette contraction : ce sont les deux divisions, les deux classes des nerfs que dans leur ensemble on appelle les *vaso-moteurs*: les premiers sont les *constricteurs*, parce que le résultat pratique de leur action est le resserrement des vaisseaux, les autres sont appelés *dilatateurs*, non pas qu'ils dilatent à proprement parler les vaisseaux, mais, en diminuant leur effort contractile, ils les rendent moins aptes à résister à la poussée du sang qui vient d'ailleurs, et en fin de compte l'effet visible de leur entrée en jeu est une vaso-dilatation ou congestion des territoires vasculaires innervés par eux.

L'antagonisme des deux nerfs entre eux se complique, comme on voit, d'un antagonisme entre le cœur et les vaisseaux dans le genre de celui qui a été indiqué au début; et, sans qu'il soit besoin d'entrer dans de grands développements à cet égard, il est facile de concevoir comment l'entrée en fonction des nerfs inhibiteurs des vaisseaux (nerfs vaso-dilatateurs) facilite l'action du cœur en abaissant la tension dans le système artériel, et comment, tout au contraire, l'activité des constricteurs fait obstacle à cette action en élevant la tension artérielle au point qu'elle interromprait la circulation si l'oblitération des capillaires pouvait jamais devenir à la fois complète et générale. Par des mécanismes en réalité fort différents, les inhibiteurs du cœur et les constricteurs des vaisseaux tendent au même résultat final, qui est la suppression du mouvement du sang; tandis que les accélérateurs du cœur et les inhibiteurs des vaisseaux tendent à lui donner son maximum de vitesse. Les accélérateurs du cœur et les constricteurs des vaisseaux sont en antagonisme fonctionnel par le fait de la disposition particulière des muscles qu'ils commandent. Les deux ordres de nerfs (les uns moteurs, les autres inhibiteurs) qui s'opposent réciproquement leur influence, et dont sont pourvus et le muscle cardiaque et les muscles vasculaires, constituent par-dessus le précédent un nouvel ordre d'antagonisme surajouté, superposé, et qui le complique en multipliant les moyens d'action et de régulation de l'organisme à l'égard des fonctions dont sa conservation dépend. Le détail de ces explications est justifié par la nécessité de bien faire comprendre que l'effet ou mouvement inverse obtenu par l'excitation d'un nerf inhibiteur n'est pas dû à ce nerf lui-même, mais à quelque force tonique éloignée et opposée qui reprend aussitôt ses droits, quand le nerf inhibiteur vient à supprimer pour un moment la force antagoniste dépendante du nerf moteur inhibé par lui. Et pour qu'il ne reste rien d'obscur sur le sens à attribuer au terme antagonisme qui revient si souvent, il nous faut encore compléter cette explication par quelques développements.

Le nerf inhibiteur, lorsqu'il entre en activité, a deux effets : l'un direct, immédiat, et l'autre indirect, obtenu par contre-coup. Exemple : un muscle est en contraction, on excite son nerf d'arrêt, il cesse de se contracter; c'est l'effet direct. Le mouvement a fait place au repos, seulement ce mouvement par lui-même ne change pas de signe; l'effet, si on peut ainsi parler, est contradictoire, il n'est pas contraire. Mais le plus généralement l'effet de l'inhibition ne se borne pas à cela: la cessation de la contraction du muscle inhibé laisse s'exercer efficacement la contraction d'un autre muscle ou simplement la tension d'une autre force qui produit alors réellement le mouvement inverse, le mouvement contraire, antagoniste du précédent. Et de fait, l'inhibition d'une puissance motrice a souvent pour but de préparer, de favoriser l'action d'une autre puissance motrice opposée : par ce double jeu les mouvements si variés de nos organes s'accomplissent avec économie et précision.

Il est à peine besoin de réfuter l'opinion de ceux qui ont pu croire que l'inhibition est une action du nerf sur le muscle l'obligeant à s'allonger, de même que l'excitation le force à se raccourcir. Les physiologistes, à de rares exception près, se refusent à admettre qu'il puisse y avoir, par exemple, une diastole active du ventricule du cœur commandée par le pneumogastrique. Les effets d'aspiration qu'un cœur peut exercer en se détendant après sa contraction sont sûrement dus à une reprise par lui de sa forme normale, en vertu d'une propriété toute physique, l'élasticité ; il n'y a rien d'impossible du reste à ce que cet effet d'aspiration soit utilisé dans une certaine mesure, la nature, comme nous le savons, ne négligeant pas même les plus petits profits.

Seulement, si le nerf inhibiteur ne fait que détruire les effets d'une excitation, sans aller par lui-même jusqu'à orienter le mouvement dans un sens contraire à sa direction première, de quel droit l'appelons-nous antagoniste? Je l'ai déjà dit plus haut, c'est un antagonisme qui s'exerce nerf à nerf, et qui, dans tous les cas, ne peut pas changer la propriété ni la manière habituelle de réagir du muscle. Tout nous fait croire, tout ce qu'on connaît de l'inhibition doit nous porter à admettre que c'est un phénomène, un acte consommé, non dans le muscle, mais dans le système nerveux, à une certaine distance du muscle. C'est d'abord, selon la remarque de Rouget, la présence de masses ganglionnaires invariablement situées le long ou près de la terminaison des nerfs inhibiteurs les mieux caractérisés (le vague, le sympathique, la corde tympanique, etc.), ce sont ensuite des expériences aussi directes que celles qu'on peut tenter sur un acte de cette nature. Prenons un exemple ; voici le cœur qui est sous l'influence de deux nerfs, l'un augmentateur de son mouvement, le sympathique, l'autre modérateur de ce mouvement, le pneumogastrique ; son rythme actuel est une résultante de ces deux tendances opposées : sans les supprimer ni l'une ni l'autre, nous intervenons avec le dessein de faire prédominer l'une des deux, la modératrice, et à cet effet nous excitons les vagues, et le cœur se ralentit, ou même s'arrête. Où se crée l'obstacle qui empêche le cœur de battre? Ce ne peut être qu'un obstacle développé dans le cœur lui-même et opposé à son mouvement ou un obstacle développé sur le trajet des nerfs et opposé simplement à la transmission de l'excitation. La seconde hypothèse est plus vraisemblable par raison d'économie, mais examinons pourtant la première. Si le pneumogastrique développe dans le cœur un obstacle à sa contraction, l'annihilation du travail positif du cœur obtenu par un tel moyen doit dégager une certaine quantité de chaleur. Or l'expérience montre qu'il n'en est point ainsi, il y a au contraire abaissement de sa température, comme dans un muscle qui cesse simplement de se contracter. L'inhibition n'est donc pas dans le cœur, mais bien vraisemblablement sur le trajet de l'excitation, à la rencontre des deux nerfs (vague et sympathique). Nous devons admettre que là, à ce point précis, l'énergie mise en jeu par l'excitation du nerf inhibiteur dans ce nerf lui-même s'oppose à la transmission de l'énergie propagée par le nerf excitateur, ce qui est reproduire en termes nouveaux et plus modernes l'ancienne explication donnée par Cl. Bernard. En somme, c'est bien une action antagoniste, mais d'un genre très particulier.

L'estomac, l'intestin sont, eux aussi, pourvus de deux ordres de nerfs, les uns excitateurs ou augmentateurs de leurs mouvements, les autres inhibiteurs de ces mouvements, et ces deux sources nerveuses sont encore représentées par le vague et le sympathique ; mais ces troncs nerveux ont cette fois inverti leurs fonctions par comparaison avec le cœur. Le vague est ici moteur ; et le sympathique, modérateur. C'est assez dire que les deux nerfs sont des branchements ou divisions d'un même système plus général, celui des nerfs moteurs ganglionnaires. Tout ce que nous avons dit du cœur ou des vaisseaux peut s'appliquer aux organes.

Il n'est pas jusqu'aux glandes elles-mêmes pour lesquelles on n'admette l'existence d'une double innervation de ce genre, en vertu de laquelle le système nerveux peut tantôt activer, tantôt ralentir ou supprimer la sécrétion. Loin que les nerfs d'arrêt soient spéciaux à certains appareils, comme on a semblé le croire tout d'abord, ces nerfs sont au contraire très répandus. Il est remarquable de voir que tout l'ensemble du système qu'on a appelé ganglionnaire en contient. C'est à lui qu'on s'adresse toutes les fois qu'on cherche, dans cet ordre d'idées et de faits, des exemples bien probants. On ne peut admettre toutefois que l'inhibition et les éléments nerveux qui la représentent soient exclusivement confinés dans ce système, tandis qu'ils seraient absents de l'ensemble de nerfs qui commandent les actes concernant la vie dite de relation. Un certain nombre de faits positifs, bien que moins circonstanciés que les précédents, nous prouve déjà qu'il faut étendre les même subdivisions du système moteur à tout l'ensemble du système nerveux et que les muscles de la vie de relation ont leurs nerfs inhibiteurs aussi bien que les organes de la vie végétative. Seulement les organes inhibiteurs des muscles du squelette, à l'inverse de ceux des organes du mouvement involontaire, se trouvent confinés dans une région du système nerveux général d'où ils ne sortent pas : tous paraissent contenus dans cette masse de substance blanche et de substance grise, de conducteurs et de ganglions qu'on appelle communément les *centres* et qui est renfermée dans la cavité encéphalo-rachidienne. C'est là, dans la moelle et le cerveau, qu'il faut chercher les phénomènes d'inhibition qui concernent les mouvements dits volontaires, et point en dehors. On ne connaît pas de nerf centrifuge qui, sous l'influence d'une excitation banale, soit capable d'arrêter les mouvements de cette catégorie : ou, pour mieux préciser ma pensée, en dehors de la cavité cérébrospinale, en dehors de la masse des centres, il n'y a point de nerf qui joue à l'égard d'un muscle de la vie de relation le rôle du vague à l'égard du cœur. Les phénomènes d'arrêt qu'on a observés ou décrits sur ces nerfs relèvent soit de l'électrotonus, soit peut-être même de l'inhibition, mais à la condition de donner à ce terme un sens d'une grande généralité qui sort tout à fait de l'ordre restreint et bien catégorisé de phénomènes que nous avons en vue ici. En tous cas, nous admettons la généralité de la donnée développée ci-dessus en vertu de laquelle tout le système nerveux moteur se repartage en deux ordres d'éléments opposés les uns aux autres, les uns à proprement parler excitateurs, les autres inhibiteurs. L'extension de cette donnée si évidente dans l'étude des centres régionaux disséminés du système sympathique aux centres supérieurs de la vie de relation est pour ainsi dire commandée par l'analogie en même temps qu'elle a déjà un point d'appui sérieux sur des faits d'expérience.

De tout ce qui précède nous concluons : il y a dans l'organisme des forces, des énergies qui s'opposent, et qui, pour cette raison, méritent d'être appelées antagonistes. Ces énergies ainsi opposées les unes aux autres sont représentées tout d'abord par des muscles, et c'est sous cette forme qu'on se figure le plus communément l'antagonisme physiologique. Pourtant dans l'organisme *non seulement les énergies peuvent s'opposer; mais aussi les excitations; non seulement il y a des muscles; mais des éléments nerveux antagonistes*, et c'est cet antagonisme nerveux qui constitue une des formes les plus connues d'inhibition.

Avec ces données nous pouvons maintenant aborder un autre côté de la question, celui-là tout à la fois physiologique et médical, celui de l'action dite également antagoniste de certaines substances *toxiques* ou *médicamenteuses*. Les faits qui ressortiront à cet ordre d'idées sont également nombreux et divers, et ils justifient très inégalement la désignation générale sous laquelle on les comprend. Il faut les examiner méthodiquement par groupements homologues.

Poisons antagonistes. — Commençons par un exemple bien connu : une certaine quantité d'un sel de strychnine, un centigramme environ, est injecté dans le tissu cellulaire d'un chien : au bout d'un moment des convulsions éclatent dans tous ses muscles; ces convulsions arrivent par crises qui, après un moment de durée, cessent pour recommencer à la moindre excitation. Si, avant que ces crises aient déterminé chez l'animal un état d'asphyxie suffisant pour produire la mort, on injecte également dans le tissu cellulaire cinq centigrammes de curare, on voit bientôt les convulsions cesser, devenir impossibles, et non seulement les mouvements convulsifs, mais tout effort musculaire (volontaire), disparaît chez l'animal. On en voudra conclure que le curare est une substance antagoniste de la strychnine, on se trompera ; et cette erreur provient de l'oubli d'un précepte que le physiologiste doit avoir toujours présent à l'esprit : à savoir que ce n'est pas l'organisme considéré dans son entier qui réagit sous l'influence d'un poison, mais seulement un de ses éléments en particulier, et que cet élément est variable pour chaque poison. La strychnine excite la moelle (elle agit dans tous les cas comme si elle l'excitait), le curare paralyse les nerfs moteurs, son intervention, en réalité, ne supprime pas l'action de la strychnine, mais elle en rend impossibles les manifestations extérieures, c'est comme si on avait coupé tous les nerfs moteurs. Il n'y a là d'antagonisme en aucune façon.

Cela est si vrai que, si, après la suppression des convulsions par le curare, on essaye de les faire renaître en donnant une dose nouvelle de strychnine, on n'y réussit pas. La paralysie curarique, tant qu'elle dure, a masqué pour toujours les effets du strychnisme en rendant toute réaction motrice impossible.

Pour qu'il y ait réellement antagonisme, il faut que cet antagonisme soit *bilatéral, réversible;* il faut que dans une certaine mesure les effets de deux poisons soient capables de se substituer l'un à l'autre un certain nombre de fois. En fait, il y a des substances qui agissent ainsi. Il faut surtout en citer deux qui ont été particulièrement étudiées à ce point de vue : l'atropine et la pilocarpine. Un certain nombre de travaux ont été faits également sur l'antagonisme de l'atropine et de la muscarine. Plus loin, nous en citerons plusieurs autres. Exposons d'abord les faits qui ont servi de point de départ et de base à la discussion.

Sur un cœur de grenouille mis à nu on dépose une petite quantité de muscarine, assez pour ralentir ou arrêter un certain temps ses battements sous l'influence de l'atropine, on voit ces battements renaître; mais, si on fait intervenir de nouveau la muscarine à dose un peu forte, le cœur de nouveau s'arrête (Schmiedeberg). Ce n'est donc pas seulement l'un des poisons qui masque l'autre, il y a retour de la fonction après suppression de celle-ci, quand on fait intervenir à nouveau l'agent du début.

On instille dans l'œil une solution d'un sel de pilocarpine : un certain degré de constriction de la pupille en est la conséquence. Cet effet produit, on instille une solution du sel d'atropine, il y a dilatation. En instillant de nouveau la pilocarpine on produira de nouveau la constriction, qui fera une seconde fois place à la dilatation sous l'influence d'une nouvelle dose d'atropine.

Ces substitutions d'action dans les cas qui précèdent s'obtiennent plutôt par tâtonnement que par des doses véritablement déterminées d'avance. On peut donner d'autres exemples avec chiffres à l'appui.

Chez le chat (animal favorable aux expériences sur la sudation), on produit une sudation généralisée par l'injection de 0gr,01 de chlorhydrate de pilocarpine. Cette sudation est arrêtée par l'injection de 0gr,001 à 0gr,003 de sulfate d'atropine. Si de nouveau on injecte sous la peau 0gr,01 de pilocarpine, il y a réapparition de la sueur; mais seulement localement dans le membre correspondant à l'injection (Luchsinger).

On peut faire chez l'homme des constatations du même genre à l'aide de diverses méthodes. La grande extension chez lui du système sudoripare l'indique pour ainsi dire de préférence pour l'étude des doses des substances susceptibles de s'opposer deux à deux dans le fonctionnement de ces glandes.

Straus a observé que une à deux gouttes d'eau tenant en solution 0gr,001 à 0gr,004 de nitrate de pilocarpine provoquent une sueur purement locale, sans phénomènes généraux. C'est bien la preuve d'une action périphérique, et non centrale, de la substance en question.

Le même auteur a vu que, sur un sujet en pleine sueur provoquée par la pilocarpine, on peut obtenir l'arrêt *local* de la sudation avec 1 millième de milligramme d'atropine, réaction indiquant une sensibilité plus grande même que celle de l'iris qui ne se dilate que pour des doses supérieures à celles-ci. Il a vu de même sur un homme après avoir injecté sous la peau 0gr,002 de sulfate d'atropine, puis une demi-heure après 0gr,02 de pilocarpine, dans une autre région, qu'on ne provoque ni sueur générale ni salivation, mais seulement une sueur locale.

Les mêmes effets d'opposition peuvent encore, en ce qui concerne les glandes sudoripares, être constatés par la méthode d'Aubert (de Lyon) à l'aide d'*empreintes* prises sur papiers sensibilisés (au nitrate d'argent ou protonitrate de mercure) et sur lesquels viennent réagir les acides de la sueur à l'orifice de chaque glande. A cette méthode,

Aubert eu a joint une autre, plus récemment, qui consiste à faire pénétrer les substances actives par l'action d'un courant électrique, la pénétration des substances se fait suivant le sens qu'on attribue d'ordinaire au courant. Par ces moyens combinés l'auteur a pu apprécier et mesurer l'action cataphorique ou antisudorale d'un grand nombre de substances.

L'explication de ces faits est dans l'analyse détaillée de l'action élémentaire de chacun des deux poisons. Examinons-les séparément. L'atropine dilate la pupille, sèche les glandes, accélère le cœur, immobilise l'estomac, les réservoirs des sécrétions, etc. Comment influence-t-elle tous ces organes? — Par leurs nerfs et seulement par eux. Elle paralyse l'oculo-moteur commun, tant au point de vue de la pupille qu'au point de vue de l'accommodation; elle paralyse les nerfs sécréteurs, ou tout au moins beaucoup d'entre eux, d'une façon très complète; elle paralyse les filets du vague qui commandent les mouvements de l'estomac, comme le curare agit sur les nerfs moteurs ordinaires, et il est facile d'en donner la preuve par les mêmes moyens qui consistent à découvrir ces troncs nerveux et à porter sur eux l'excitant électrique pour voir s'ils réagissent comme avant : on constate que leur excitabilité a plus ou moins diminué ou disparu, la réaction est nulle ou insignifiante. Cette inexcitabilité des nerfs nous explique très bien l'inertie fonctionnelle des organes auxquels ils commandent, au même titre que celle des nerfs moteurs nous explique celle des muscles dans l'empoisonnement curarique. Seule l'action sur le cœur (en apparence excitatrice) détonne quelque peu au milieu de tous ces organes condamnés à l'inaction, en ce sens que son mouvement à lui est au contraire augmenté et pourtant cette accélération des battements cardiaques est aussi l'effet d'une paralysie, car cette paralysie est celle de ses nerfs inhibiteurs, les pneumogastriques, de sorte que, privé de son frein habituel, le cœur est livré sans contrepoids aux excitations provocatrices de ses nerfs accélérateurs et précipite ses mouvements.

La comparaison de l'atropine avec le curare est juste à plus d'un point de vue ; il y a une sorte de parallèle à dresser entre les actions de ces deux substances. Le curare paralyse les nerfs centrifuges moteurs de la vie de relation, il prend secondairement les nerfs moteurs ganglionnaires. L'atropine paralyse les nerfs centrifuges moteurs ganglionnaires ou de la vie végétative, et secondairement les nerfs moteurs de la vie de relation. — Le curare paraît s'adresser de préférence au segment nerveux infra-ganglionnaire directement en rapport avec le muscle; l'atropine paraît limiter son action à des segments supra-ganglionnaires, à des fibres intercentrales qui ont leurs terminaisons dans des masses ganglionnaires à la vérité très rapprochées des organes eux-mêmes (muscles ou glandes), quand il s'agit des nerfs de la vie végétative. — Le curare paralyse les nerfs moteurs par la périphérie, l'atropine fait exactement de même, et atteint toujours la fibre nerveuse sur laquelle elle agit par son extrémité le plus près de la périphérie.

La pilocarpine, à des doses différentes, généralement beaucoup plus fortes, agit sur les mêmes organes que l'atropine et trouble les mêmes fonctions, mais en sens inverse. Elle resserre la pupille, fait sécréter les glandes, active le mouvement de l'estomac et de l'intestin, ralentit ou arrête le cœur. Par quel mécanisme produit-elle des effets aussi diamétralement opposés? C'est encore par l'intermédiaire de nerfs et en les paralysant. Ces nerfs bien évidemment sont antagonistes de ceux que l'atropine paralyse de son côté. On peut en effet fournir la preuve qu'il en est ainsi, au moins pour quelques organes. La pilocarpine paralyse les éléments inhibiteurs que le sympathique cervical fournit pour la pupille et le muscle ciliaire; elle paralyse les inhibiteurs de l'estomac et de l'intestin; elle paralyse d'autre part les accélérateurs du cœur, ce qui entraîne la diminution de son mouvement. La preuve n'a pu encore être faite pour les glandes, en raison des difficultés particulières que rencontre l'étude de leurs éléments nerveux inhibiteurs; mais il n'y a guère à supposer qu'il en puisse être autrement.

La pilocarpine est donc, elle aussi, un curare. Entre le curare et elle nous établirions le même parallèle qu'avec l'atropine, à la seule condition d'inverser la fonction des éléments nerveux auxquels elle s'adresse.

Ces faits nous amènent à une conclusion qui a son importance. En réalité il y a bien un antagonisme représenté par des forces opposées deux à deux et se contrebalançant assez efficacement, assez rigoureusement même, pour que l'on puisse avec facilité donner la prédominance à l'une ou à l'autre à volonté, en forçant quelque peu la dose tantôt de l'atropine, tantôt de la pilocarpine. Mais *cet antagonisme* en réalité *n'est pas entre les substances elles-mêmes : il est entre les deux portions du système nerveux moteur, l'une, à proprement parler, motrice, l'autre inhibitrice*, qui s'opposent ainsi leurs énergies tant dans le système nerveux de la vie de relation que dans le système ganglionnaire. C'est cette opposition que nous avons tout d'abord étudiée avec détail au début de cet article. C'est elle qui nous rend compte de l'antagonisme de ces substances qu'aucune action chimique ne peut expliquer.

L'inversion si nette et si constante des effets produits par les deux substances semble indiquer une action absolument spécifique de chacune d'elles, tantôt sur l'une, tantôt sur l'autre des deux espèces de nerfs, comme si les uns étaient complètement épargnés par l'atropine et les autres par la pilocarpine. En réalité il n'en est pas tout à fait ainsi, et, s'il en était ainsi, on ne s'expliquerait pas bien comment l'atropine, par exemple, porte son action sur le système excitateur quand il s'agit de la pupille, des glandes ou de l'estomac et au contraire sur le système d'arrêt quand il s'agit du cœur. C'est même là une difficulté que l'on n'est pas en mesure de lever entièrement dans l'état actuel de la science ; mais elle apparaît moins grande quand on tient compte des faits qui suivent.

Soit l'une soit l'autre des deux substances porte son action sur l'une ou sur l'autre des deux catégories de nerfs, mais cette action n'est pas exclusive ; elle est seulement prédominante sur l'une des deux, et, suivant les cas pour une même substance. Ceci est très facile à vérifier à l'égard des nerfs du cœur. La pilocarpine paralyse les nerfs accélérateurs, d'où prédominance d'action des modérateurs, et tendance à l'arrêt, mais, pour peu que la dose ait été un peu exagérée, quand elle dépasse 5 centigrammes pour un chien de 10 kilogrammes, en injection dans les veines, on trouve le pneumogastrique moins excitable, parfois même complètement paralysé dans les premiers instants qui suivent l'administration du poison. On avait signalé déjà l'inexcitabilité de ce nerf dans le cas d'empoisonnement par la muscarine (SCHMIEDEBERG), poison dont les effets sont très semblables à ceux de la pilocarpine, mais plus accusés. Cette inexcitabilité du nerf inhibiteur du cœur produite par un agent toxique qui lui-même ralentit le cœur a par elle-même quelque chose de contradictoire et qui dans tous les cas ne nous rend pas compte de l'action ralentissante de cet agent. Elle ne constitue qu'un des phénomènes en quelque sorte accessoires de l'intoxication, et c'est bien ce qui est, puisque en réalité cette inexcitabilité est seulement relative et moindre en somme que celle du système antagoniste représenté par les accélérateurs. Une constatation du même genre et aboutissant à la même conclusion peut être faite également pour l'atropine : cette substance qui, même à faible dose, paralyse les inhibiteurs du cœur, ne limite pas son action sur eux seuls à l'exclusion des accélérateurs. Ces derniers sont également atteints par elle. Si on donne l'atropine ou la belladone à dose massive, le cœur finit par se ralentir, au lieu de s'accélérer (MEURIOT). Il est des animaux, comme la grenouille, chez lesquels le ralentissement est le seul effet constatable, quelle que soit la dose. Ces faits ne sont pas difficiles à constater, rien de plus simple que de vérifier l'état de l'excitabilité d'un nerf, quand ce nerf a été préalablement mis à nu pour le soumettre commodément à des excitations électriques convenablement graduées, pendant les différentes phases de l'empoisonnement : ils concordent du reste avec des faits déjà connus antérieurement, et surtout avec cette observation faite par tous les auteurs qui se sont occupés d'antagonisme et d'antidotisme, à savoir que l'effet réversible est toujours compris entre des limites assez étroites, et que, une fois ces limites franchies, les deux substances, réputées antagonistes, travaillent conjointement dans le sens d'une abolition plus ou moins complète de la fonction, finissant par entraîner la mort. Tous ont exprimé déjà plus ou moins cette opinion que l'antagonisme n'est pas entre les substances elles-mêmes, auquel cas cet antagonisme devrait être illimité, comme celui, par exemple, qui existe entre l'acide sulfurique et la soude pour produire, à volonté et dans les limites qu'on désire, alternativement l'acidité et l'alcalinité d'une solution. Seulement, pour transporter cet antagonisme aux pièces mêmes qui composent la partie motrice du système nerveux, il leur manquait la connaissance de faits qui nous obligent maintenant à considérer ce système comme double et muni d'autant d'éléments inhibiteurs qu'il contient d'éléments excitateurs du mouvement. Les exemples d'abord isolés d'appareils nerveux construits sur ce type se sont peu à peu multipliés; à l'heure qu'il est beaucoup de physiologistes n'hésitent plus à généraliser cette conception dualiste à toute la partie du système nerveux qui tient dans sa dépendance le mouvement des organes, quelle que soit la nature de ce mouvement. Mes recherches personnelles sur l'antagonisme des poisons ont consisté surtout à vérifier ce schéma et à l'appliquer aux différentes fonctions en étudiant les modifications de l'excitabilité imprimées dans chaque cas par chaque poison aux deux éléments constituants opposés du système nerveux.

Cette théorie de l'antagonisme (car, quelque désir qu'on ait de rester sur le terrain des faits, il est impossible de ne point relier ceux-ci entre eux par quelque caractère d'un ordre un peu général), cette théorie, dis-je, diffère de celle qu'on s'était faite jusqu'à présent et qu'on trouve exprimée dans les ouvrages antérieurs sur cette question, à peu près sous la forme qui suit : l'antagonisme de l'atropine, de la pilocarpine (ou de toutes substances qui, considérées deux à deux, se comportent comme ces deux poisons), n'étant pas entre ces substances elles-mêmes, on expliquerait leur effet opposé en admettant qu'elles agissent d'une façon élective sur certains éléments nerveux ; l'une en paralysant ces éléments, les autres en les excitant, et cela plus ou moins suivant les doses employées : une variante de cette opinion consiste à transporter le siège de l'action toxique du nerf à son organe terminal, glande, muscle, etc. Les preuves de l'action paralysante sont tirées soit de la cessation de la fonction, soit de l'impossibilité constatée de la réveiller par l'intervention des excitants appliqués sur le nerf paralysé : il y a non seulement paralysie, mais perte momentanée de l'excitabilité. Les preuves de l'action excitante antagoniste sont tirées du réveil de la fonction obtenu par l'action du poison antagoniste, et même, dans certains cas, de la restitution par cet agent au nerf paralysé de tout ou partie de son excitabilité première. HEIDENHAIN a publié des faits de ce genre, dans lesquels il voyait la corde tympanique, nerf sécréteur de la glande sous-maxillaire, préalablement paralysée et privée d'excitabilité par une dose limite d'atropine, récupérer son excitabilité et sa fonction sécrétoire sous l'action d'une forte dose d'ésérine injectée directement par les vaisseaux de la glande.

Les faits sur lesquels on s'est appuyé pour admettre cette restauration de l'excitabilité d'un nerf par un poison à action inverse de celui qui l'avait détruite paraissent, au premier abord, contradictoires de ceux que j'ai exposés ci-dessus et inconciliables avec eux. Il n'y a pas à les nier pourtant, il n'y a pas à supposer qu'aucune cause d'erreur se soit glissée dans l'expérience : il n'y a pas même à arguer de la difficulté que d'autres expérimentateurs ont éprouvée à les reproduire dans toutes leurs circonstances ; cette difficulté est inhérente à toute expérience dans laquelle on se propose de démontrer la réversibilité de l'antagonisme de deux substances données. Elle tient, comme je l'ai dit, à l'étroitesse notable des limites dans lesquelles ces faits sont observables et qui s'explique justement par les considérations que j'ai déjà invoquées. L'apparente contradiction tient simplement à ceci : le mot excitabilité est une expression qui, dans le langage physiologique, désigne non pas précisément une propriété, mais la résultante d'un ensemble de phénomènes, de mouvements, de réactions, voire de propriétés diverses, dont nous n'envisageons souvent que l'effet fruste, la traduction extérieure totalisée, la somme algébrique, si on peut ainsi parler, sans entrer dans leur analyse et leur détail; un exemple pris en dehors de la physiologie fera comprendre ma pensée. Une force électromotrice donnée produit un effet moteur donné, cet effet moteur peut être augmenté, non seulement sans que la force ait été accrue, mais, même alors qu'elle aurait été diminuée, si, par exemple, on a diminué dans une proportion plus forte encore une résistance antagoniste, une force contre-électromotrice, comme celle qui constitue la résistance au courant dans les fils de transmission de celui-ci. C'est quelque chose de ce genre (autant que cette comparaison est admissible) qui se produit dans l'expérience que j'ai en vue. L'augmentation d'excitabilité du nerf tympanique due à l'intervention de l'ésérine n'est qu'apparente ; elle est due sans aucun doute à la résistance moindre qu'éprouve l'excitation de ce nerf à se transmettre à la glande en raison de la diminution de l'excitabilité du système antagoniste. Il est en tous cas impossible d'éliminer purement et simplement cette explication, si on songe aux faits d'expérience, si probants et si faciles à reproduire, dans lesquels on voit ce même agent, l'ésérine, produire la paralysie, la perte d'excitabilité de nerfs tout à fait semblables.

L'hypothèse d'une augmentation, non pas seulement relative, mais absolue, de l'excitabilité a contre elle à peu près tous les faits. Elle ne peut s'admettre qu'en la doublant d'autres hypothèses qu'il suffit d'énoncer pour en faire saisir l'invraisemblance : il faut accepter en effet pour la rendre valable que la même substance, tantôt excite, et tantôt paralyse. Enfin, quand il s'agit du cœur, nous voyons trop bien que l'exagération de son mouvement est due à la paralysie de ses inhibiteurs et non pas à l'excitation de ses éléments moteurs. Sans doute, l'explication complète des faits d'antagonisme tels que ceux existant entre l'atropine et la pilocarpine présente encore des obscurités, et, loin de les dissimuler, il faut au contraire les faire ressortir. Prenons encore une fois l'exemple du cœur qui se prête mieux à l'analyse. Lorsqu'on injecte dans le sang une dose un peu plus forte de pilocarpine, nous savons ce qui arrive : le cœur se ralentit considérablement; si les accélérateurs ont été préalablement découverts et qu'on les excite, on les trouve tout à fait paralysés; si on excite les vagues, ils sont paralysés, eux aussi. Si la paralysie des deux systèmes est poussée à ce point, comment se fait-il que le cœur ne s'arrête pas tout à fait? Comment peut-il continuer à battre même avec un rythme extrêmement ralenti? Je ne vois guère qu'une explication à donner de ce fait. Nous savons que le cœur, même privé de toute son innervation extrinsèque, complètement séparé des centres bulbo-médullaires, détaché même par une solution de continuité complète de l'organisme auquel il appartenait, continue de battre; ce qui implique la conservation, non seulement de son excitabilité, mais encore d'une source d'excitation régulière, et cette source, ou, pour mieux dire, cette provision d'excitation, réside dans des ganglions qu'il contient à sa base. Nous savons encore que ces ganglions, considérés au point de vue de leurs fonctions propres, se répartissent en deux groupements : les uns, centres moteurs proprement dits (ganglions de BIDDER et de LUDWIG) situés dans les cloisons inter-auriculaire et auriculo-ventriculaire; les autres, centre d'arrêt (ganglion de REMACK), situés au milieu du sinus de la veine-cave et de l'oreillette, de telle sorte que le cœur isolé se trouve encore soumis à deux influences contraires, l'une excitatrice, l'autre inhibitrice, antagonistes l'une et l'autre. En d'autres mots, nous distinguons pour le cœur, comme pour un grand nombre d'organes analogues, comme vraisemblablement pour tous les organes moteurs, une double innervation : l'une provocatrice, et l'autre frénatrice; mais dans un autre sens l'innervation du cœur considérée anatomiquement se repartage entre les deux groupements marqués par la présence de centres ou de ganglions sur le trajet des conducteurs; l'un de ces groupements, celui qui reste adhérent au cœur quand on l'enlève, représente ce qu'on appelle l'innervation *intrinsèque* de cet organe, et l'autre, celui qui s'étend du myélaxe aux ganglions cardiaques, son innervation *extrinsèque*. Il me paraît vraisemblable d'admettre que l'action du poison antagoniste que nous étudions se fait sentir de préférence sur cette dernière, tandis qu'elle ménage relativement la première. Il faut même qu'il en soit ainsi pour que, dans l'empoisonnement par la pilocarpine poussé un peu loin, le cœur continue de battre, alors que nous trouvons les nerfs extrinsèques absolument réfractaires à l'excitation. Il nous reste à faire l'hypothèse, assurément plausible, que les organes nerveux intrinsèques, atteints à un moindre degré, mais atteints cependant, par l'empoisonnement, subissent ces effets dans le même ordre que les nerfs extrinsèques, et alors nous pouvons nous représenter d'une façon suffisamment claire tout ce qui a trait à l'action antagoniste des deux substances considérées.

J'ai pris pour types de substances antagonistes l'atropine et la pilocarpine, parce que, au point de vue particulier de l'opposition qu'ils présentent dans leurs effets, ce sont les deux poisons les plus étudiés ; mais chacune de ces deux substances a des succédanées qui peuvent se substituer à elle-même vis-à-vis de l'autre, et réciproquement, ce qui, par un calcul simple à faire, multiplie beaucoup ces actions dites antagonistes. Il n'est besoin que d'en citer quelques-unes.

L'atropine peut être remplacée par la duboisine dont les effets sont à peu près semblables. L'hyosciamine et la daturine agissent dans leur ensemble également dans le même sens, ce sont là des poisons appartenant incontestablement à un même groupe physiologique : dans un groupe opposé nous placerons en regard, à côté de la pilocarpine, la muscarine et l'ésérine dont les effets sont assez semblables d'une de ces substances à l'autre, mais qui sont loin d'être identiques, qu'on les apprécie quantitativement et même qualitativement. L'ésérine, par exemple, pour le dire en passant, appliquée localement sur la peau, ne produit pas la sudation (AUBERT). Chacune des substances de l'un des deux groupes, prise individuellement, s'oppose à chacune de celles de l'autre groupe, et réciproquement.

Ce sont là les exemples les plus marqués, les plus incontestables, de cet antagonisme que nous qualifions de *réel*, de *bilatéral*, de *réversible*. On en pourra produire d'autres, à mesure qu'on définira d'une façon plus précise l'action élémentaire des substances, réputées toxiques, actuellement connues ou encore à connaître. A la suite de ces types si bien définis nous en trouverions d'autres, beaucoup plus incomplets, ne s'opposant entre eux que par certains de leurs effets, et cela encore dans une mesure plus ou moins restreinte. La désignation sous forme de nomenclature des substances qui, à un titre quelconque, ont été réputées antagonistes, ne présente par elle-même aucun intérêt, et cela pour la raison que j'ai déjà indiquée : il ne faut pas accepter cette notion d'opposition d'une façon fruste, mais au contraire chercher à l'expliquer à la lumière des faits qui ont été rappelés plus haut, et l'on verra alors qu'il y a peu de substances qui ne méritent d'être considérées, à quelque point de vue et dans de certaines limites, comme antagonistes de certaines autres. A cet égard on peut, je crois, poser la loi suivante : *en dehors des substances qui sont susceptibles de se neutraliser chimiquement à la façon des acides et des alcalis, l'effet antagoniste d'une substance à l'égard d'une autre est déterminé et mesuré par l'action antagoniste des éléments sur lesquels agissent réciproquement ces deux substances.*

Les nerfs qui vont à l'iris, au cœur, à l'estomac, à l'intestin, à la vessie, aux glandes, autrement dit le champ nerveux sur lequel agissent les substances prises comme types de poisons antagonistes, constituent un système moteur particulier, celui des *nerfs ganglionnaires*, représenté en très grande partie par le *grand sympathique* des anatomistes ; auquel il faut adjoindre quelques formations aberrantes, telles qu'une partie du vague et du facial, et que dans son ensemble on appelle par extension le *système sympathique*, du nom de sa portion à la fois la plus considérable et la mieux caractérisée. — Ce système n'est pas atteint d'une façon égale dans toutes ses parties par les poisons sus-désignés ; mais dans son ensemble il est atteint assez fortement, avant que ces poisons fassent sentir leurs effets sur d'autres nerfs moteurs distincts des précédents, *les nerfs moteurs, dits de la vie de relation*. — Il ne faudrait pas croire pour cela que ces derniers échappent à l'empoisonnement ; ils sont pris à leur tour, il est vrai dans une beaucoup plus faible mesure ; et, ce qui est intéressant, l'action antagoniste des deux groupes d'alcaloïdes s'y observe également.

Les cliniciens ont eu maintes fois l'occasion de constater, surtout chez les enfants, le délire, l'état d'excitation, d'agitation extrême, les convulsions, et même la fièvre, qui accompagnent l'empoisonnement par la belladone. Inversement on trouve noté dans les observations d'empoisonnement par le jaborandi ou la pilocarpine un ensemble de phénomènes qui est comme la contre-partie du précédent et qui est marqué par le collapsus et la tendance au refroidissement. — Le physiologiste peut réaliser à volonté ces états opposés par l'emploi alternatif des deux substances : il peut même, en raison de la résistance plus grande des nerfs de la vie de relation à l'empoisonnement, observer ici plus facilement la bilatéralité ou la réversibilité des effets. On peut, en graduant convenablement les doses, faire passer plusieurs fois et en peu de temps le même animal par les différents états d'excitation générale et de dépression qui marquent les effets opposés des deux poisons. C'est ce qui se voit surtout très bien en ce qui concerne la respiration. De même aussi la température s'élève par l'atropine et s'abaisse par la pilocarpine ; la glycémie est également modifiée ; on voit la proportion de sucre dans le sang baisser par l'atropine et s'élever par la pilocarpine. Avec une action aussi générale sur les nerfs, il n'est pour ainsi dire pas de fonction qui puisse rester complètement en dehors de l'empoisonnement, et n'être pas atteinte, au moins par contre-coup.

La diminution du sucre du sang, l'exagération de l'activité musculaire, l'accélération de la respiration, la suppression de la sueur, sont autant de phénomènes pour ainsi dire concordants, et qui nous expliquent, chacun pour une part, l'élévation de la température qui suit l'administration de la belladone à certaine dose. — De même les phénomènes inverses, la tendance à l'hyperglycémie, la dépression musculaire, le ralentis-

sement du rythme respiratoire, les sueurs profuses, nous expliquent par leur ensemble
l'abaissement thermique qui suit l'empoisonnement par la pilocarpine ou le jaborandi.
Il serait sans doute exagéré de croire qu'il y ait dans l'action antagoniste de ces deux
substances quelque ordre invariable, et tel qu'à l'égard d'une de ces grandes fonctions
d'ensemble (thermogénèse, glycémie) l'action de chaque substance en particulier doive
être univoque et de près ou de loin toujours influencer cette fonction de la même manière. En réalité l'élévation thermique dans un cas, l'abaissement dans l'autre, sont
comme une résultante générale d'actions particulières qui peuvent-être assez diverses ou
parfois individuellement contraires. Le résultat est comme une somme algébrique, dans
laquelle les valeurs positives prédominent dans un cas, et les valeurs négatives dans l'autre.

Conclusions générales. — La notion d'antagonisme, à être développée, comporterait encore l'examen de nombre de questions, et finirait par se confondre avec celle
de *réaction*, dans le sens où nous entendons ce mot en physiologie. — Les fonctions,
c'est-à-dire l'ensemble des phénomènes harmonisés pour l'entretien de la vie, n'atteignent le résultat précis pour lequel elles existent qu'à la condition d'être réglées,
c'est-à-dire d'être maintenues entre certaines limites; il n'est pour ainsi dire pas ur
phénomène de l'organisme, pas une seule des activités diverses manifestées par ses éléments composants, qui ne soit aussi maintenu entre des limites extrêmes qu'il fran
chirait aisément si la condition régulatrice n'existait pas. Il nous faut ajouter : ce
sont les tendances mêmes de ces activités à sortir de leurs limites prescrites qui son
utilisées en vue de les y maintenir; l'effet produit devenant, par le fait d'un méca
nisme préétabli, ou pour mieux dire peu à peu établi par le développement, cause à son
tour d'un effet inverse; exemple : les variations de la température extérieure sont em
ployées à régler la température des animaux (à sang chaud) en produisant par l'abaisse
ment extérieur une élévation de la température interne, et inversement. Non seulemen
la température règle la température, mais par des mécanismes semblables la pression
règle la pression; la respiration règle la respiration; l'état chimique du sang règle ce
état chimique lui-même, et tous ces mécanismes régulateurs sont à peu près invariable
ment construits sur le même type; pour leur donner toute la sensibilité voulue, le sys
tème nerveux intervient par le moyen de ces actes qu'on appelle réflexes, consistant e
un cycle d'excitation transmise de pièce en pièce à travers l'organisme et par lui, en vert
desquels une excitation initiale partie du milieu extérieur fait retour contre ce milieu
extérieur. Le mot *sensibilité* même n'est pas ici une métaphore : il doit être pris a
pied de la lettre. C'est à cause de sa plus grande excitabilité ou sensibilité que le sys
tème nerveux intervient dans ce mécanisme, qu'on considère comme automatique, mai
qui est en réalité sensible, et qui doit à sa grande excitabilité sa précision extrême. –
Le mot réaction a, lui aussi, un sens profond dont il faut dégager au moins une de
acceptions. La réaction, c'est l'activité cellulaire déchaînée par l'excitation, activité d'un
organe ou d'un ensemble d'éléments, activité dont l'intensité est réglée dans une cer
taine mesure par l'excitation, mais dont le sens, la direction, a surtout un rapport étroi
avec la nature de cette excitation même.

C'est une fois de plus par *deux* séries d'actions nerveuses parallèles et *inverses* qu
s'opère cette régulation des fonctions. Des excitations qui arrivent aux centres nerveux
les unes atteignent des centres *moteurs*, les autres des centres *inhibiteurs*, et, suivant qu
les unes ou les autres prédominent, il y a inhibition ou mouvement des parties; d'apré
un des exemples cités un peu plus haut, le froid agit comme excitant pour produire l
chaleur et la conserver dans l'organisme; le chaud agit diversement pour la déperdi
ou l'absorber sur place, afin que dans les deux cas la température centrale reste fix
sensiblement. *Tout mécanisme régulateur suppose un antagonisme préétabli entre deu
influences contraires, desquelles l'organisme entend rester également éloigné.*

Cette étude des mécanismes régulateurs ou réflexes, protecteurs et conservateurs d
fonctions, est encore tout à fait à son début.

Pour beaucoup de fonctions, ces mécanismes sont vaguement soupçonnés plut
qu'ils ne sont réellement connus. On entrevoit cependant que dans plus d'un cas i
devront peut-être se ramener à celui que nous avons longuement étudié en décrivan
les effets opposés de l'atropine et de la pilocarpine. Parmi les déchets de l'organisme
paraît exister des résidus qui sont employés à un tel office; ces substances agiraient e

impressionnant certains systèmes moteurs particuliers sur lesquels elles ont une action élective ou prédominante. Mieux que les alcaloïdes ci-dessus dénommés, qui sont empruntés aux végétaux, et qui, par le fait, n'ont pas de fonctions proprement dites à remplir dans l'organisme des animaux, ces substances sauraient choisir entre les nerfs moteurs et les inhibiteurs, peut-être même entre les moteurs ou les inhibiteurs de diverses fonctions. C'est par une vue de ce genre que CHAUVEAU et KAUFMANN ont tenté d'expliquer l'action régulatrice du pancréas à l'égard de la fonction glycogénique. Si l'existence d'un tel mécanisme régulateur peut être établie pour une fonction en particulier, on ne doutera guère qu'il présente au fond une grande généralité.

Antidotisme. — L'antidotisme relève à un certain point de vue de l'antagonisme, mais il est accessoire pour nous, en ce qu'il concerne plus particulièrement la thérapeutique. Sont *antidotes* d'un poison toutes les substances qui, par un moyen physiologique, chimique ou quelconque, empêchent ou atténuent l'effet fâcheux produit par ce poison. La notion d'antidotisme est tout empirique, tirée de considérations exclusivement pratiques. Cette notion, comme on voit, n'est nullement équivalente de celle d'antagonisme, et, comme le remarque très justement J. L. PRÉVOST, alors même qu'une substance ne présenterait pas avec un poison donné d'antagonisme réel, elle peut très bien lui servir d'antidote, son effet consistant à empêcher ou atténuer par un moyen quelconque les symptômes du poison dont la mort peut dépendre.

Maladies antagonistes. — Il était autrefois enseigné traditionnellement que deux pyrexies ne pouvaient se développer simultanément sur le même sujet. Le dogme de *l'incompatibilité des actions morbides* avait été proclamé par HUNTER. Cette croyance est contraire à la réalité des faits cliniques, ainsi qu'on l'a fait voir surtout de nos jours. Lorsque deux épidémies coexistent (suette et choléra, par exemple) on a pu voir les symptômes de l'une des deux affections disparaître brusquement à l'apparition de ceux de l'autre, qui continue à évoluer seule, et réciproquement.

Les études microbiennes, en nous instruisant sur la cause première des maladies de cet ordre, ont donné un nouvel intérêt aux observations de ce genre et nous ont mis en main un levier puissant pour en poursuivre l'analyse en les reproduisant dans certains cas chez les animaux. On a annoncé l'action résolutive exercée par le microcoque de l'érysipèle sur certaines tumeurs malignes. Le vibrion du choléra est tué par les bactéridies de la putréfaction, le bacille fluorescent est un antagoniste énergique du staphylocoque pyogène doré, du bacille typhique, du pneumo-bacille de FRIEDLANDER. D'après BOUCHARD, l'inoculation simultanée du bacille pyocyanique et de la bactéridie charbonneuse du lapin a été suivie 12 fois de guérison sur 26 sujets expérimentés, tandis que 20 lapins inoculés avec les mêmes matières charbonneuses sans inoculation pyocyanique ont donné 20 morts (KELSCH. *Maladies épidémiques*, t. I, pp. 75 à 87).

Cet ordre de faits déborde, si l'on peut ainsi dire, le champ de la physiologie. Ce ne sont plus ici en effet des substances qui s'opposent chimiquement leurs propriétés et par là se neutralisent, ou des corps agissant d'une façon plus ou moins élective sur des organes à fonctions opposées, mais des êtres figurés en état de *concurrence vitale*, de *lutte pour l'existence*, et probablement l'antagonisme des maladies contient ces différents points de vue tous à la fois, dans une mesure qui reste à déterminer. Quand l'analyse aura fait la part de chacun de ces différents facteurs, alors seulement cet antagonisme morbide recevra son explication, et la clinique, une fois de plus, profitera de données qui relèvent surtout de l'expérimentation.

Bibliographie. — SYDNEY RINGER et MURRELL (J. P., 1878-79, t. I, pp. 72, 232, 211). — STRAUS. *Inject. hypoderm, de pilocarpine et d'atropine* (C. R., 1879, t. LXXXIX, p. 53). — VULPIAN. *Substances toxiques.* — J.-L. PRÉVOST. *Antagonisme physiologique* (A. P., 1877, t. IV, (2), pp. 801-839). — LUCHSINGER. *Muscarin und Atropin auf die Schweissdrüsen der Katze, A. Pf.*, 1881, t. XVIII, pp. 501, 587. — ROSSBACH (*ibid.*, t. XXI, p. 1). — ROBILLARD. *Thèse de Lille*, 1881. — AUBERT (*Lyon médical*, 1874-1893). — J. P. MORAT (*Revue Scientifique*, juillet 1892).

J. P. MORAT.

ANTHROPOLOGIE. — Au sens étymologique, c'est la *science de l'homme*.

BROCA l'a définie « l'étude du groupe humain envisagé dans son ensemble, dans ses détails et dans ses rapports avec le reste de la nature ».

C'est-à-dire que l'anthropologie est la monographie du genre *homme*, comprenant son étude anatomique, physiologique, psychologique ; tout ce qui se rapporte à l'homme rentre dans son domaine ; les traités d'anatomie dont se servent les étudiants en médecine sont de l'anthropologie pure, puisqu'il n'y est question que de l'homme ; la philologie, l'archéologie, l'histoire, la sociologie, sont des sciences anthropologiques, puisqu'elles décrivent les diverses façons dont les hommes parlent, les monuments que les hommes ont construits, les sociétés qu'ils ont formées et qu'ils forment encore.

La légitimité d'une telle science à donné lieu a des débats passionnés, dans lesquels les tendances métaphysiques semblent, au fond, avoir tenu plus de place que les considérations scientifiques. On ne voit pas bien, aujourd'hui, quelles objections théoriques pourraient être faites à une délimitation aussi large du programme de l'anthropologie, non plus qu'à sa constitution en science distincte [1]. AUGUSTE COMTE a divisé les sciences en deux catégories : les sciences générales ou abstraites, qui recherchent les lois des phénomènes, et les sciences particulières ou concrètes, qui envisagent les différentes sortes d'êtres existants. Ces dernières peuvent envisager des groupes d'êtres plus ou moins larges, tous les animaux, par exemple (*zoologie*), ou un embranchement (*entomologie*) ou bien des groupes plus restreints, un seul genre ou une seule espèce. Dans ce dernier cas, il est vrai, on ne prend guère la peine de fabriquer un nom spécial pour désigner la monographie du polype d'eau douce ou celle de l'écrevisse. Mais ce qui serait une pédanterie inutile pour une science qui peut tenir en un volume devient légitime quand il s'agit d'êtres qui présentent des phénomènes infiniment plus compliqués, et, disons-le aussi, bien plus étudiés. On ne peut empêcher que l'espèce à laquelle nous appartenons ne nous intéresse plus que toute autre : un médecin est par nécessité un anthropologiste.

Mais pratiquement, au point où nous en sommes actuellement, les sciences tirent leur individualité bien plus de leur méthode que de leur objet. Le physiologiste, qui, travaillant dans une faculté de médecine, a pour but la connaissance des phénomènes physiologiques de l'homme et de leurs déviations morbides, c'est-à-dire une partie de l'anthropologie, expérimente principalement sur le chien, le lapin, la grenouille, et l'on comprend sans explication qu'il n'en peut être autrement.

L'anthropologie physiologique se composera donc de tout ce qui, dans les résultats obtenus par la physiologie générale et la chimie biologique, est applicable à l'homme. Pour trouver ces résultats dans ce dictionnaire, il nous faut renvoyer à tous les articles qui traitent d'une fonction représentée chez l'homme, ou d'une substance chimique existant dans ses tissus ; c'est-à-dire à presque tous. Car, par suite de cet intérêt pratique que nous signalions plus haut, nos connaissances sont bien plus étendues sur l'homme et ses proches, les mammifères, que sur les animaux plus éloignés de lui. L'article **Aliment** est, en grande partie, de l'anthropologie physiologique. La science, quoique nous en puissions dire abstraitement, est si bien *anthropocentrique* que l'étude des plantes elles-mêmes est faite le plus souvent par rapport à l'homme. Voyez par exemple **Absinthe, Tabac**. Pourtant, ces résultats des sciences abstraites ne suffisent pas pour constituer la science de l'homme. Quand on a pris et systématisé tous les renseignements qu'elles fournissent pour l'homme en général, il reste encore à faire ce dont BROCA sentait le besoin quand il a créé la Société d'anthropologie, ce qu'il lui proposait comme but : l'étude des races humaines.

Quelles différences physiologiques existent entre les divers êtres humains ? Voilà la question physiologique spéciale que l'anthropologie doit résoudre elle-même par sa méthode propre, l'observation ethnique.

Nous laisserons de côté ici les différences physiologiques sexuelles, qui doivent être traitées dans un article à part, pour ne nous occuper que des différences observées entre les diverses races. Malheureusement, les matériaux rassemblés jusqu'ici sont extrêmement peu nombreux. L'anthropologie physiologique réduite à ce thème est presque une page blanche.

Dans les fonctions de nutrition, il n'y a, pour ce qu'on en sait, que peu ou point de

---

1. Voir L. MANOUVRIER. *Classification naturelle des sciences ; position et programme de l'anthropologie ; Assoc. fr. p. l'avancement des sciences.* Congrès de Paris, 1889.

variations d'une race à l'autre; et il serait étonnant qu'il en fût autrement, étant donné que les différences à ce point de vue entre les diverses espèces des mammifères ne sont généralement que de peu d'étendue.

La température est exactement la même chez les Malais et chez les Européens habitant la Malaisie (EIJKMANN. *Blutuntersuchungen in den Tropen, A. V.*, t. cxxvi, p. 113). Le même auteur a constaté aussi chez ces deux populations exactement la même composition chimique du sang.

Pour l'activité des combustions, il n'a pas été fait de mesures directes. Mais l'étude des rations alimentaires montre que le besoin alimentaire est le même, toutes choses égales d'ailleurs, pour les divers peuples qui ont été étudiés à ce point de vue. En particulier les Japonais, qui ont fait l'objet de travaux nombreux, fournissent des chiffres exactement concordants avec ceux obtenus en Europe. Pour les peuples vivant entre les tropiques, le besoin alimentaire est plus faible : *a priori* on conçoit que cela tient aux conditions différentes de la température ambiante; la preuve qu'il ne s'agit point là d'une différence ethnique nous est fournie par ce fait, que les habitants des régions tempérées, transportés dans les régions tropicales, présentent la même diminution dans leur besoin alimentaire (Voir **Aliments**, pp. 347-348).

Le préjugé contraire est très répandu : on raconte facilement que tel ou tel peuple est extrêmement sobre et vit de presque rien. En réalité, une observation superficielle donne seule cette impression; toutes les études quantitatives conduisent à des chiffres de consommation à peu près constants si on les rapporte à la surface du sujet considéré et à ses conditions de vie. Quand j'ai commencé, en Abyssinie, à m'enquérir du régime des Indigènes, tous les Européens que j'interrogeais me servaient la phrase classique : « *Ces gens-là vivent de rien;* une galette de durrha le matin, une le soir, c'est tout. » Ces deux repas sommaires coûtent en effet chacun dix centimes (quand la durrha est chère) et sont absorbées en quelques secondes; mais, en les pesant et en les analysant, on constate qu'à eux deux ils représentent une énergie de 2 000 calories et qu'ils contiennent 50 grammes d'albumine (LAPICQUE. *Étude quantitative sur le régime alimentaire des Abyssins, B. B.*, 1893, p. 251).

Peut-être observerait-on des différences dans les aptitudes digestives. Ainsi OSAWA a constaté que, chez les Japonais, le riz ingéré est mieux utilisé que chez les Européens. Chez les premiers, on retrouve dans les fèces, pour 100 parties ingérées, 2 p. 8 de substance sèche et 20 p., 7 d'albumine; tandis que chez les Européens d'après les auteurs européens, ces chiffres sont 4 p., 1 de substance sèche et 25 p., 1 d'albumine[1]. Le riz et, d'une façon générale, les nourritures végétales volumineuses étant habituelles à l'une des catégories de sujets et non à l'autre, il serait difficile de dire si l'on a affaire là à un caractère ethnique ou à une simple adaptation individuelle. Mais la divergence peut même n'être pas réelle; les chiffres ont été obtenus de part et d'autre par des observateurs différents avec des méthodes différentes, et, chez les Européens seuls, les divergences individuelles sont parfois aussi étendues.

Les quelques observations recueillies ne semblent pas indiquer des différences dans le rythme respiratoire ou circulatoire, sinon des différences qui pourraient s'observer aussi bien chez divers sujets d'une même race, suivant la taille, les conditions physiologiques, etc.

La peau et ses annexes offrent, au contraire, des différences ethniques très nettes, sinon très importantes en elles-mêmes, qui sont employées dans les classifications. La production de pigment épidermique varie dans des limites très étendues, de façon à produire des colorations qui vont du noir complet à cette couleur brune extrêmement claire que nous appelons blanc. Il n'est pas douteux qu'il s'agisse là d'un caractère ethnique, et non d'une adaptation à des conditions diverses d'éclairage, de chaleur, d'humidité, etc. Dans la Péninsule Malaise on peut voir dans la même forêt deux espèces de gibbons très voisines : l'une entièrement noire (*Hylobates syndactylus*), l'autre au pelage d'un blond très clair presque blanc (*H. agilis*); de même on trouve dans des vallées séparées seulement par quelques journées de marche des tribus de sauvages vivant dans les mêmes conditions, et dont les unes sont couleur de chocolat, et les autres, guère plus foncées que des Européens hâlés.

1. D'après analyse dans *J. B.* de MALY, 1892, p. 469.

L'abondance du système pileux et sa répartition sur le corps varient aussi avec les races; la forme des cheveux surtout donne des aspects dont la diversité est frappante (cheveux lisses, cheveux crépus).

Mais ces caractères de la peau et du poil sont autant de l'anatomie que de la physiologie. C'est dans l'étude des fonctions de relation qu'il y aurait réellement lieu de chercher à constituer une physiologie comparée des races humaines. Les données anatomiques nous montrent un développement cérébral variable suivant les races (voir **Cerveau**); il est très vraisemblable qu'à cette différence anatomique correspondent des différences physiologiques, et il est probable que celles-ci doivent porter surtout sur les fonctions psychologiques (Voir Manouvrier. *De la quantité dans l'encéphale*, D. P., 1882). Mais sur ces faits, nous manquons non seulement d'observations précises, mais même d'une bonne méthode d'observation. Pour obtenir des grandeurs mesurables dans l'état actuel de la science, et pouvoir faire des comparaisons ayant une valeur objective, il faudrait se contenter de l'étude de ces phénomènes qui sont sur le seuil de la physiologie et qu'on mesure par les méthodes psychophysiques. Les acuités sensorielles, par exemple, la sensibilité à la douleur, sont susceptibles de s'exprimer en chiffres; étudiées dans la série ethnique, elles montreraient sans doute des variations intéressantes.

On possède quelques chiffres sur l'énergie de la contraction volontaire, mesurée par la pression des fléchisseurs des doigts sur un dynamomètre (Voir Topinard. *L'Anthropologie*, 3e édition, Paris, 1879, p. 413). Mais la comparaison des chiffres obtenus par des observateurs différents avec des méthodes mal précisées serait peut-être aventureuse. Broca recommandait, comme moins sujette aux erreurs, la mesure de la force de traction verticale des reins.

Il semble que l'étude du temps perdu de la réaction volontaire doive fournir des données intéressantes. Je ne connais aucun chiffre publié relativement à cette durée chez d'autres sujets que des Européens. Pendant le voyage de la *Sémiramis*, j'ai fait quelques mesures (non publiées encore) au moyen du chronographe électrique de d'Arsonval, sur des Négritos andamanais et sur des Hindous. J'ai obtenu des moyennes un peu différentes suivant la race observée; les Andamanais mettent quelques centièmes de seconde de plus à réagir que les Européens, et les Hindous sont encore un peu plus lents. Mais sur ces questions, il faut des séries de chiffres extrêmement nombreuses pour permettre de conclure.

Avant tout, dans de telles recherches, il est nécessaire de commencer par bien préciser la donnée ethnique sur laquelle on veut opérer; or le classement d'une population dans une race donnée n'est pas toujours facile. Ensuite, il faudrait définir exactement les conditions de la vie du sujet; on ne peut comparer directement un sauvage qui rôde par les forêts, subissant la famine, les moustiques, souvent la fièvre, à un étudiant européen qui, à l'abri de toutes les intempéries, a soumis ses centres cérébraux à un entraînement systématique de plusieurs années.

En somme, la physiologie comparée des races humaines en est encore à l'état de simple desideratum.

LOUIS LAPICQUE.

ANTIDOTE. — Substance médicamenteuse capable de neutraliser les effets physiologiques d'un poison. On a distingué les antidotes mécaniques, chimiques et physiologiques. Cette classification n'a d'intérêt qu'au point de vue physiologique (Voy. **Antagonisme**).

ANTIFÉBRINE. — Voyez **Acétanilide**.

ANTIMOINE [Sb = 122]. — **Propriétés physiques et chimiques de l'antimoine et de ses composés.** — Ce métal a été isolé pour la première fois par Basile Valentin vers le milieu du xve siècle. Son principal composé, le sulfure d'antimoine, était déjà connu depuis la plus haute antiquité: les anciens s'en servaient et le désignaient sous le nom de *stibium*.

Il est peu de corps qui aient autant exercé la sagacité des alchimistes et joui d'une aussi grande vogue auprès des médecins.

Son emploi en médecine donna lieu à tant d'abus que le Parlement crut devoir en proscrire l'emploi, en 1566, suivant l'avis de la Faculté.

L'antimoine est un métal blanc bleuâtre à texture cristalline, lamelleuse si l'antimoine est impur, et qui se clive facilement suivant la base du rhomboèdre. Les masses d'antimoine fondu présentent à leur surface des dessins simulant les feuilles de fougère. Il est très cassant et facile à pulvériser à cause de sa texture cristalline.

L'antimoine en se combinant à l'oxygène donne naissance à trois composés :

$$
\begin{array}{ll}
\text{Le protoxyde d'antimoine.} & \text{Sb}^2\text{O}^3 \\
\text{L'antimoniate d'antimoine.} & \text{Sb}^2\text{O}^4 \\
\text{L'anhydride antimonique.} & \text{Sb}^2\text{O}^5 \\
\end{array}
$$

Ces composés sont des poudres blanches insolubles et ne présentent par eux-mêmes que peu d'intérêt.

Le protoxyde d'antimoine Sb^2O^3 s'unit aux acides en jouant le rôle de base faible pour donner des sels ayant peu de stabilité. On peut admettre qu'il existe deux classes de sels antimonieux : dans l'une l'antimoine remplace trois atomes d'hydrogène ; dans l'autre, c'est un radical monoatomique $(SbO)'$, l'antimonyle, qui remplace un atome d'hydrogène.

Parmi les sels de cette seconde classe se trouvent les émétiques qui sont les composés les plus importants de l'antimoine.

Les émétiques sont des tartrates doubles d'antimoine et d'un autre métal.

Les deux principaux sont : l'émétique de soude, $SbONaC^4H^4O^6$; l'émétique de potasse, $SbOKC^4H^4O^6$. Ces sels cristallisent dans le système orthorhombique. L'émétique de potasse est soluble dans 14 p. 5 d'eau froide et dans 1 p. 9 d'eau bouillante ; celui de soude est déliquescent.

On prépare l'émétique de potasse en faisant bouillir pendant une heure un mélange de 3 parties d'oxyde d'antimoine et de 4 parties de crème de tartre délayée dans de l'eau, en ayant soin de remettre de l'eau au fur et à mesure qu'elle s'évapore. Lorsque la plus grande partie de l'oxyde d'antimoine et de la crème de tartre est dissoute, on filtre et on laisse refroidir l'émétique cristallisé par refroidissement ; on le purifie par des cristallisations répétées.

L'émétique de soude se prépare de la même façon, en substituant le tartrate acide de soude à la crème de tartre.

L'anhydride antimonique forme plusieurs hydrates :

$$
\begin{array}{l}
\text{SbO}^4\text{H}^3 \\
\text{SbO}^3\text{H} \quad \text{Acide antimonique.} \\
\text{Sb}^2\text{O}^7\text{H}^4 \quad \text{Acide pyro-antimonique (métaantimonique de Frémy).}
\end{array}
$$

L'acide antimonique, le plus stable des hydrates de l'anhydride antimonique, s'obtient par l'action de l'eau régale sur l'antimoine métallique. C'est une poudre blanc jaunâtre, presque insoluble dans l'eau, à laquelle elle communique néanmoins une légère acidité ; insoluble à froid dans l'ammoniaque, soluble dans la potasse caustique et légèrement soluble dans l'acide chlorhydrique.

Cet acide donne naissance à deux séries de sels, les antimoniates neutres et les antimoniates acides. — Citons l'antimoniate acide de potasse, $2SbO^3K$, Sb^2O^5 employé en médecine et connu à tort sous le nom d'oxyde blanc d'antimoine.

L'antimoine se combine au soufre pour donner deux composés, le trisulfure Sb^2S^3, appelé stilbine lorsqu'il est naturel, qui se trouve abondamment dans la nature et le pentasulfure Sb^2S^5. On connaît en outre de nombreux composés mal définis constitués par des oxysulfures ; tous mélangés, en proportions variables, aux sulfures et aux oxydes. Ils sont pour la plupart instables, insolubles plus ou moins dans l'eau froide et partant sans grande action physiologique : ils ont cependant constitué pendant longtemps la base de la médication antimoniale qui était en si grande faveur aux siècles précédents. Les principaux de ces composés qui sont encore employés actuellement sont les foies d'antimoine (*crocus metallorum*), le soufre doré d'antimoine, le kermès, etc,.

Le chlore donne naissance à deux chlorures d'antimoine, le trichlorure ou beurre d'antimoine $SbCl^3$ et le pentachlorure $SbCl^5$.

Le trichlorure est un sel déliquescent qu'on obtient facilement en attaquant le trisulfure par l'acide chlorhydrique. Il se dégage de l'hydrogène sulfuré, et le trichlorure d'antimoine reste dans le ballon, en solution dans un excès d'acide chlorhydrique.

Ce corps est décomposable par l'eau, qui le transforme en oxychlorure SbOCl, ou poudre d'algaroth, poudre blanche insoluble dans l'eau.

Action physiologique. — L'antimoine métallique est inattaqué par les liquides de l'organisme, et est éliminé directement par les voies digestives comme tout corps étranger. On l'a employé dans le temps comme purgatif, les pilules perpétuelles (*pilulæ æternæ*) de nos pères, étaient de petites balles d'antimoine métallique.

Les composés solubles à base d'antimoine, si l'on en excepte le trichlorure qui est fortement caustique, activent les sécrétions.

Nous prendrons comme type des composés antimoniaux l'émétique; sa stabilité, sa solubilité permettent de graduer sa dose facilement et d'étudier son action. Tous les autres composés de l'antimoine ont une action analogue, généralement atténuée par suite de leur instabilité et de leur solubilité incomplète.

Action générale de l'émétique. — L'antimoine, pris par la voie stomacale à la dose de 1 centigramme d'émétique, détermine une saveur métallique désagréable, des nausées, et une exagération des sécrétions de l'estomac, de l'intestin, du pancréas et du foie.

A la dose de 5 à 10 centigrammes, on observe des phénomènes de nausées, de vomissements; employé aux mêmes doses, mais dilué dans un litre d'eau, il produit un effet purgatif. On arrive à faire tolérer 1 gramme d'émétique administré par doses réfractées sans obtenir les phénomènes réactionnels habituels. On observe alors un ralentissement du pouls, un abaissement de température, de la faiblesse musculaire.

Ces phénomènes de tolérance s'observent d'emblée, suivant TAYLOR, chez les sujets atteints de pneumonie, de maladies nerveuses, de chorée.

L'antimoine a donc une action double : d'une part sur le système nerveux et le cœur, d'autre part sur le système gastro-intestinal (NOTHNAGEL et ROSSBACH).

Lorsqu'on injecte directement dans le sang les préparations antimoniées, on observe des phénomènes analogues.

Action sur le système gastro-intestinal. — L'antimoine ingéré directement dans l'estomac détermine des nausées, des vomissements et de la diarrhée. On a attribué ces phénomènes réactionnels à une action locale des composés antimoniaux sur les muqueuses du système digestif; mais MAGENDIE a observé que l'émétique injecté directement par voie hypodermique déterminait ces mêmes réactions.

On a alors émis deux hypothèses différentes pour expliquer ces phénomènes :

D'ORNELLAS, MÉHU, E. LABBÉ, GUBLER, partisans de l'action locale, admirent que les vomissements et la diarrhée provoqués par l'injection directe dans le système circulatoire n'apparaissent que tardivement, c'est-à-dire au moment où l'antimoine, en s'éliminant, venait au contact de la muqueuse gastro-intestinale, et qu'il était nécessaire pour provoquer le vomissement d'employer une dose plus forte que celle qui suffit lorsqu'on administre l'émétique par la voie stomacale.

MAGENDIE, ORFILA, BRINTON, RICHARDSON supposaient, au contraire, que les vomissements et la diarrhée étaient dus à des phénomènes réactionnels réflexes occasionnés par une action sur les centres nerveux.

SOLOVEITSCHYK (*Wirkungen der Antimonverbindungen. A. P. P.*, 1881, t. XII, p. 438), en expérimentant sur la grenouille et le lapin, a constaté que les nausées et les vomissements apparaissaient rapidement chez la grenouille, plus tardivement chez le lapin, après injection d'émétique dans le torrent circulatoire. Il admet que ces phénomènes sont provoqués par l'élimination de l'antimoine par la muqueuse stomacale et dus à l'imprégnation des terminaisons nerveuses par le poison.

Il a observé, en outre, des selles abondantes et sanglantes, dues à l'inflammation de la muqueuse intestinale souvent érodée et parsemée de suffusions sanguines.

Action sur la circulation et la respiration. — Le pouls est irrégulier, il s'abaisse de 10 pulsations (Hirtz. *Dict. de med. et de ch. prat.*, t. v, p. 84). Trousseau et Grisolle avaient admis une bien plus grande diminution dans le nombre des pulsations; Gubler a observé une diminution de 20 pulsations.

La température s'abaisse de 2° chez les fébricitants, de 1° chez les apyrétiques.

On observe avant l'abaissement de la température une légère élévation temporaire : ce fait a été constaté chez l'homme par Ackermann, chez les animaux par Duméril et Demarquay et par Pécholier.

Soloveitschyk a constaté que l'antimoine provoquait un abaissement continu de la pression sanguine en dilatant les vaisseaux, et peut-être en agissant directement sur le cœur; il a expérimenté avec l'émétique de soude.

L'antimoine a une action sur le sang qui n'est pas encore bien déterminée. Mialhe admettait que l'antimoine forme avec le sang des composés insolubles: mais on n'a presque jamais noté d'embolie dans les cas d'empoisonnement par l'antimoine. En général le sang est sombre et fluide.

Suivant Hirtz la diminution des mouvements respiratoires n'est pas proportionnelle à celle du pouls. Suivant Trousseau et Pidoux le nombre de ces mouvements s'abaisse de 16 à 6, et la respiration se fait sans difficulté. Orfila et Magendie ont observé une congestion intense et de l'hyperhémie du poumon.

Action sur le système neuro-musculaire. — Injecté dans le sang à la dose de 50 centigrammes, l'antimoine provoque la mort foudroyante par arrêt du cœur. Avec des doses moins fortes, on observe un ralentissement des battements du cœur, de la prostration, de la paraplégie. Une période d'excitation musculaire précède cette paralysie. Le système nerveux est ensuite atteint; les nerfs de la vie végétative sont aussi bien atteints que ceux de la vie de relation.

Soloveitschyk, en expérimentant sur la grenouille avec l'émétique de soude, a constaté : que l'antimoine paralyse les mouvements réflexes de la moelle; que cette paralysie est précédée d'une excitation passagère des centres de coordination; que les centres spinaux proprement dits échappent à cette irritation première; que l'appareil excito-moteur du cœur se trouve paralysé; que l'excitabilité des nerfs moteurs des muscles soumis à la volonté n'est pas modifiée.

Sur les mammifères, il admet que l'antimoine a aussi une action sur le cœur et l'appareil nerveux central et que l'abaissement de la pression vasculaire est due à la paralysie des vaso-moteurs et à la dilatation des artérioles.

Le ralentissement du cœur est le produit d'une action sur les ganglions cardiaques : la section du pneumogastrique ne fait pas cesser le ralentissement des battements.

Action sur la nutrition et les sécrétions. — Le ralentissement de la circulation et de la respiration diminue l'intensité des phénomènes de la nutrition. C'est cette modification dans les actes physico-chimiques de combustion vitale que les agronomes allemands mettent à profit pour engraisser les animaux : ils donnent des sels d'antimoine (oxysulfure) aux animaux qu'ils veulent engraisser. C'est aussi ce phénomène qui explique la stéatose des organes constatée par Salkowski dans un cas d'empoisonnement chronique.

L'antimoine augmente les sécrétions et les excrétions par son action hypercrinique sur les muqueuses et les glandes. C'est à cette action qu'on doit rapporter la diarrhée, le flux bronchique, l'expectoration et le vomissement.

L'antimoine s'élimine par les glandes salivaires, mammaires et rénales; par les muqueuses bronchiques, intestinales; par la peau.

Lewal et Hepp ont constaté la présence de l'antimoine dans le lait, la sueur et l'urine. L'action de l'antimoine qui s'élimine par la peau détermine presque toujours une éruption de pustules analogues à celles de la variole (*stibialismus cutaneus — ecthyma stibiatum*) qui apparaît vers le deuxième jour de l'empoisonnement si la mort n'est pas survenue auparavant. Cette éruption se manifeste surtout aux parties génitales, aux cuisses, aux bras, dans le dos; elle se présente sous forme d'élevures rougeâtres, de volume variable, qui, acuminées au début, s'aplatissent, s'ombiliquent et se remplissent de pus, crèvent et donnent des plaies suppurantes excavées (Rabuteau). On observe des lésions analogues sur la muqueuse intestinale, même lorsque l'antimoine a été introduit directement dans la circulation.

L'antimoine séjourne longtemps dans l'économie, et son élimination se fait par intermittence (MILLON et LAVERAN. *C. R.*, 1845, t. XXI, p. 236).

Action locale. — Les sels d'antimoine sont irritants, et leur action est d'autant plus énergique qu'ils sont plus solubles. Ils déterminent une inflammation qui aboutit à l'éruption pustuleuse varioliforme décrite plus haut.

Le protochlorure d'antimoine (beurre d'antimoine) a une action toute spéciale. C'est un caustique violent qui produit des eschares molles. Il a été préconisé comme caustique dans les cas de morsures par les animaux suspects de rage. Sa facile liquéfaction en fait un agent peu maniable, qui crée des eschares irrégulières et mérite d'être banni de la thérapeutique chirurgicale.

Empoisonnement. — Les préparations antimoniales ont rarement été employées comme agent toxique dans un but criminel : leur goût amer et nauséeux décelant facilement leur présence.

On n'observe généralement des accidents que chez des personnes où l'antimoine employé dans un but thérapeutique a été administré à dose trop considérable; surtout chez les enfants, qui ont une intolérance spéciale pour l'émétique.

Symptômes de l'empoisonnement aigu. — Saveur métallique désagréable, nausées, vomissements abondants, diarrhée intense avec douleurs épigastriques. Excitation passagère des système nerveux et musculaire suivie de paralysie; ralentissement des mouvements cardiaques et respiratoires; le pouls devient petit et misérable, insensible, stase veineuse, cyanose, réfrigération (algidité stibiée). Prostration, tremblement des lèvres et des extrémités; crampes. Puis céphalagie, vertige, perte de connaissance, délire, convulsions toniques et cloniques. La mort survient par arrêt de la circulation. Le rapport entre ces symptômes et ceux du choléra a été consacré par l'expression de choléra stibié. Si la mort n'est pas survenue le deuxième jour, on voit apparaître l'éruption varioliforme.

Symptômes de l'empoisonnement chronique. — L'antimoine agit sur la nutrition comme le phosphore et l'arsenic en provoquant la stéatose des organes. Suivant TAYLOR, l'administration prolongée de tartre stibié détermine des nausées; des vomissements muqueux et bilieux; des diarrhées séreuses suivies de constipations opiniâtres.

Le pouls devient petit, fréquent; la peau humide, froide; on observe de la faiblesse musculaire, l'aphonie, l'épuisement. L'éruption stibiée est de règle.

La durée peut dépasser plusieurs mois, la mort survient après convulsions ou sans agonie (TARDIEU).

On observe des pustules, semblables à celles de la peau, sur la muqueuse du système digestif (épiglotte, œsophage, estomac, intestin).

Il y a de la rougeur et de l'injection du canal intestinal : extravasation sanguine, suivant RAYER, ulcérations hémorrhagiques, suivant TROUSSEAU.

Le sang est sombre et fluide; la cavité cardiaque est vide (MAYERHOFER). Il y a infiltration séreuse et congestion des méninges; congestion et ramollissement du cerveau; congestion des poumons (MAGENDIE).

Toxicologie. — Les matières organiques qui sont suspectées de contenir de l'antimoine doivent être détruites avant de rechercher ce corps. La méthode la plus avantageuse est celle que A. GAUTIER a publiée en 1875 (*A. G., Traité de chimie*).

Elle consiste à prendre 100 grammes de matière, les sécher à 100°; les placer dans une capsule, ajouter 30 grammes d'acide azotique pur ordinaire additionné de 5 à 6 gouttes d'acide sulfurique, chauffer : le mélange se liquéfie et devient orangé.

Retirer la capsule du feu, ajouter 5 à 6 grammes d'acide sulfurique pur, la masse brunit; chauffer jusqu'à ce qu'il se dégage des vapeurs d'acide sulfurique. Ajouter alors 10 à 12 grammes d'acide azotique et chauffer jusqu'à carbonisation.

On lave le charbon à l'eau, qui enlève l'arsenic s'il y en a; puis on le traite au bain marie : 1° par l'acide chlorhydrique concentré ; 2° par une solution au 1/10ᵉ d'acide tartrique.

Mélanger ensuite les liqueurs, les soumettre à l'action de l'hydrogène sulfuré. S'il se forme un précipité, le mettre à digérer avec du sulfhydrate d'ammoniaque. Le sulfure d'antimoine s'y dissout.

Transformer alors ce sulfure en chlorure par l'acide chlorhydrique concentré, additionner le tout d'acide sulfurique, et mettre le mélange dans un appareil de MARSH.

Les composés de l'antimoine, comme ceux de l'arsenic, sont réduits par l'hydrogène naissant : il se forme de l'hydrogène antimonié, qui, comme l'hydrogène arsenié, se détruit par la chaleur en laissant déposer des anneaux et des taches d'antimoine métallique.

On doit différencier les taches d'antimoine de celles d'arsenic.

Denigès donne une bonne méthode de différenciation (C. R., t. cxi, 1890, p. 824).

Il traite les taches suspectes recueillies dans une petite capsule par quelques gouttes d'acide nitrique, chauffe pour achever l'oxydation, ajoute ensuite quelques gouttes de molybdate d'ammoniaque. Il se forme un précipité, si c'est de l'arsenic; rien, si c'est de l'antimoine.

Bibliographie. — **Chimie.** — *Dict. de Wurtz.* — Denigès *(C. R.*, t. cxi, 1890, p. 824). — A. Gautier. *Traité de chimie*, 1875.

Physiologie. — **Médecine.** — **Toxicologie.** — Barbaran. *Recherches expérimentales sur les effets toxiques du tartre stibié (Gaz. des hôp.*, 1875, t. xlviii, p. 397). — Bonamy. *Étude sur les effets physiologiques et thérapeutiques du tartre stibié* (Paris, 1841). — Hirtz. *Dict. de méd. et de chir. prat.*, t. v, p. 84. — Millon et Laveran *(C. R.*, t. xxi, p. 236, 1845). — Morton. *Note sur l'élimination de l'antimoine de l'organisme humain (Ann. J. Med. Sc. Phila.* (1879), t. lxxvii, pp. 89-91). — Pécholier. *Action physiologique du tartre stibié (Montpellier Médical*, 1863, pp. 408-442). — A. Mosso. *Sull' azione del tartaro emetico. Sperimentale*, 1875, t. xxxvi, pp. 616-636). — Ackermann. *Wirkungen des Brechweinsteins auf das Herz (A. V.*, 1862, t. xxv, pp. 531-533). — Harnack. *Über den pract. therap. Werth der Antimonverbindungen (Münch. med. Woch.* (1892), t. xxxix, p. 179). — Rabuteau. *Traité de toxicologie.*

A. CHASSEVANT.

ANTIPEPTONE. — Nom donné par Kühne à certaines peptones résistant à l'action des ferments (Voy. **Peptone**).

ANTIPÉRISTALTIQUE. — Voyez **Péristaltique.**

ANTIPYRÉTIQUES. — Voyez **Chaleur** et **Fièvre.**

ANTIPYRINE. — Sous le nom commercial d'antipyrine, Knorr, de Munich, fit connaître un dérivé de la quinoléine; la diméthyloxyquinizine. En France, l'antipyrine est désignée souvent sous le nom d'analgésine et en Angleterre elle est appelée, dans la *British Pharmacopœia*, Phenazone.

L'antipyrine se présente sous l'aspect de cristaux blancs grisâtres, ayant au microscope un aspect feuilleté ou de colonnes tronquées. Elle est très soluble dans l'eau, dans l'alcool, peu dans l'éther : 10 grammes d'antipyrine se dissolvent dans 6 grammes d'eau froide. Les réactifs les plus sensibles sont : 1° L'acide nitreux, qui produit une belle coloration verte; 2° L'acide azotique fumant qui donne la même coloration ; 3° Le perchlorure de fer fait apparaître une coloration rouge pourpre même dans des solutions diluées. Ce dernier réactif permet de déceler l'antipyrine dans l'urine.

Action sur le système nerveux. — Quand on injecte à une grenouille (de 25 à 30 grammes) 5 à 10 centigrammes d'antipyrine, on observe des convulsions avec tendances à l'opisthotonos. La grenouille présente même tous les caractères d'un animal intoxiqué par la strychnine, et le tracé de la courbe musculaire indique la formation d'un véritable tétanos sous l'influence d'une faible excitation. L'antipyrine dans ce cas a augmenté l'excitabilité de la moelle.

Telle est du reste l'opinion d'un certain nombre d'auteurs qui ont étudié l'action physiologique de l'antipyrine (Arduin. *Contribution à l'étude thérapeutique et physiologique de l'Antipyrine, D. P.*, 1885. — Coppola. *Sur l'action physiologique de l'antipyrine, A. B.*, 1884, t. vi, p. 134.) — Toutefois Blumenau (*Pet. med. Wochens.*, 1887, p. 438) avait signalé dans les premières phases de l'intoxication une diminution de l'activité réflexe. Les recherches de Gley, indiquées dans la thèse de Caravias (*Recherches expérimentales et cliniques sur l'antipyrine, D. P.*, 1887), permettent d'interpréter cette première phase, et de se rendre compte des effets thérapeutiques si remarquables obtenus avec cette substance. En n'injectant à des grenouilles que des doses faibles (un centigramme pour une grenouille de 30 grammes) ces auteurs virent qu'au bout d'un temps variable, de 30 à 40 minutes après l'injection, il était nécessaire pour obtenir un mouvement dans la patte non excitée (contraction névro-réflexe) de rapprocher considérablement la bobine induite (Distance de la bobine induite : avant l'injection, 12; après l'injection, 5). En outre, la forme de la contraction névro-réflexe, qui normalement diffère tant de la contraction directe, et dans sa forme, et dans sa période latente, perd ses caractères propres, pour s'identifier avec la contraction névro-directe, comme si la moelle, ayant perdu sous l'influence de l'antipyrine ses fonctions réflecto-motrices, ne jouait plus qu'un rôle de conduction. L'étude du tétanos névro-réflexe donne les mêmes résultats : courant plus intense, tendances à s'identifier avec le tétanos direct.

On comprend alors comment, avec une dose trop forte, tétanisante, BLUMENAU a pu signaler cette première phase de diminution de l'activité réflexe; la totalité de la substance toxique n'a pas encore imprégué les centres nerveux, et on assiste à une action des doses faibles : c'est là une confirmation de la loi donnée par CH. RICHET : les substances qui, à une dose faible, diminuent le pouvoir réflexe de la moelle (probablement par excitation cérébrale), à forte dose l'augmentent; et celles qui, à faible dose, exagèrent l'excitabilité médullaire, à forte dose la diminuent. CH. RICHET avait montré (Revue Scientifique, 1886, p. 45) l'action paralysante de la strychnine à haute dose; l'antipyrine, on le voit, est au contraire sédative à faible dose, tétanisante à haute dose.

Mais l'excitabilité de la moelle n'est pas seule touchée; l'excito-motricité est également atteinte; l'amplitude des contractions diminue après l'injection d'antipyrine, et il suffit d'une courte série d'excitation, pour épuiser le nerf pour un certain temps. Cet épuisement se produit beaucoup moins vite et la contractilité persiste plus longtemps, si l'on a soin de lier avant l'injection les artères d'une des pattes.

E. GLEY en conclut que l'antipyrine n'agit pas seulement sur la moelle et sur les troncs nerveux, mais encore, dans une certaine mesure, sur les plaques terminales motrices et peut-être sur le muscle lui-même.

COPPOLA, qui se servait de fortes doses, 8 centigrammes, ne trouve aucun changement, ni dans la période latente, ni dans la forme de la courbe; seulement, après un certain temps, les courbes deviennent plus petites, et il conclut que l'antipyrine n'a d'action ni sur les muscles striés, ni sur les nerfs périphériques.

L'action de l'antipyrine sur l'axe cérébro-spinal étant connue, il reste à déterminer s'il existe une action élective sur la moelle ou sur le cerveau. Les divergences de vue que l'on note à ce sujet dans les différents travaux tendent à nous faire admettre que l'antipyrine agit en réalité sur tous les centres nerveux; tandis que BLUMENAU et BATTEN et BOKENHAM (Brit. med. Journ. (1), 1889, p. 1222) ont vu que la section de la moelle n'empêche pas les convulsions antipyriques d'éclater dans le segment inférieur du corps; COPPOLA, SIMON et HOCK (John Hopkins hosp. Bull., 1890) ont observé un effet contraire.

CARAVIAS, en étudiant la contraction névro-réflexe chez des grenouilles excérébrées, a vu que chez ces dernières on ne notait plus les modifications signalées plus haut chez les grenouilles normales; toutefois il n'ose en tirer une conclusion ferme. H. WOOD (Therapeutics), en s'appuyant principalement sur l'action thérapeutique ou toxique de l'antipyrine chez l'homme, admet une influence particulière sur l'écorce cérébrale, mais sans preuve directe.

L'action sur la moelle épinière, en tout cas au point de vue de l'action sédative, est manifeste; une expérience élégante de CHOUPPE tend encore à la démontrer (B. B., 1887, p. 430). Il injecte à un chien de 16 kilos d'abord 1^{gr},25 d'antipyrine, puis 0^{gr},003 de strychnine (dose convulsivante), et le strychnisme n'apparaît pas.

Les opinions contradictoires sur l'action de l'antipyrine sur les centres nerveux nous ont conduit à reprendre ce sujet. En collaboration avec GUIBBAUD nous avons fait chez des chiens à moelle cervicale sectionnée un certain nombre d'expériences, qui, en permettant d'établir le mécanisme de l'intoxication, expliquent les divergences d'opinions des auteurs (GUIBBAUD et P. LANGLOIS. De l'action de l'antipyrine sur les centres nerveux. B. B., 24 mars 1895). Suivant la dose injectée, les divers centres nerveux réagissent différemment. Nous avons pu établir ainsi en injectant lentement dans la veine saphène, chez le chien, une solution à 25 p. 100 d'antipyrine, une série de stades très caractérisés.

1re stade. — 0,27 grammes par kilo. Les réflexes sont exagérés du côté de la tête; puis les convulsions apparaissent, nettement localisées dans la région innervée par les nerfs d'origine bulbo-cérébrale. Ces convulsions sont cloniques, subintrantes. Il faut noter que cette dose, chez un chien intact, ne détermine pas de convulsions, même dans la tête.

Dans le tronc, les réflexes exagérés après la section de la moelle sont maintenant atténués, le tronc reste complètement immobile, malgré les secousses de la tête.

2e *stade*. — 0,54 grammes par kilogramme. Les convulsions cloniques persistent dans la tête, puis apparaît une convulsion tonique, spasmodique du tronc et des membres qui dure peu de temps : le corps retombe ensuite dans l'inertie.

3e *stade*. — 1gr,35 par kilogramme. Les convulsions cloniques subintrantes continuent dans la tête, puis elles apparaissent dans le tronc : mais ces dernières sont dues à l'hyperexcitabilité réflexe de la moelle. Le réflexe de la patte est manifestement exagéré, et le fait est d'autant plus sensible qu'il était atténué pendant le 1er stade. Une excitation directe suffit pour donner lieu à une série de secousses dans la patte. Chaque secousse convulsive dans le tronc est précédée par l'ébranlement du tronc que produit la secousse de la tête. L'inscription graphique simultanée des secousses dans la face et dans le tronc permet de calculer le retard dans la convulsion du tronc.

4e *stade*. — Les réflexes de la face, oculaires et mentonniers, ont disparu : ceux du front persistent. L'activité réflexe des centres supérieurs est désormais épuisée.

5e *stade*. — 2 grammes environ, de 1gr,80 à 2gr,45 . Les réflexes médullaires tendent à disparaître à leur tour. Les convulsions ne peuvent plus se produire. Les variations de l'excitabilité nerveuse sont analogues et dans les sphères supérieures et dans la moelle.

Ainsi l'intoxication ne suit pas une marche isochrone, par suite de l'action plus spéciale des cellules cérébro-bulbaires. De même que l'excitabilité cérébrale a précédé l'excitabilité de la moelle, l'épuisement a suivi le même ordre.

Si nous restons dans ce terme vague de cellules ou centres cérébro-bulbaires, c'est que nous n'avons pas encore pu différencier suffisamment l'action des zones cervicales, des noyaux centraux et des noyaux bulbaires.

Action sur la sensibilité. — L'antipyrine exerce également une action sur les nerfs sensibles; mais, quand elle est absorbée complètement, qu'elle a diffusé dans l'organisme, il est difficile de faire la part de son action sur les nerfs sensibles, et celle de son action sur l'excitabilité de la moelle. Toutefois son action anesthésique locale est certaine. Déjà Coppola avait signalé la diminution passagère de la sensibilité au point injecté, et, à la suite d'autres expériences, il concluait à une action dépressive sur les troncs nerveux sensitifs. Batten et Bokenham (*British med. Journ.*, 1889) ont observé qu'une application directe de l'antipyrine sur l'intestin empêche la production des mouvements peristaltiques que détermine l'application d'un grain de sel. Saint-Hilaire a utilisé cette action anesthésique locale dans les affections spasmodiques du larynx et du pharynx. On obtient aussi avec une solution concentrée (40 p. 100), non seulement l'anesthésie tactile, mais encore la perte de la sensibilité thermique. La durée de l'anesthésie locale persiste quelquefois deux heures.

Action sur la circulation. — L'action de l'antipyrine sur la circulation des animaux à sang froid est peu marquée. Les doses capables de déterminer les accès tétaniques et l'arrêt respiratoire ne modifient ni le rythme, ni l'énergie des contractions cardiaques. A doses énormes, plus de 10 centigrammes, on observe un ralentissement qui va en s'accentuant, la diastole étant de plus en plus allongée. D'après Coppola, l'arrêt se fait en systole, alors que Ardiun, Lépine, Armand ont vu le cœur arrêter en diastole. Chez les animaux supérieurs, les résultats sont assez contradictoires. Toutefois presque tous les auteurs admettent une vaso-dilatation de la peau : Maragliano, Queirolo, Bettelheim, Casimir, en s'appuyant sur une élévation de température de la peau, l'observation de la dilatation des vaisseaux de l'oreille chez le chien, l'augmentation de volume du bras avec le pléthysmographe de Mosso, etc. — La méthode des pressions sanguines, prises simultanément dans le bout central et le bout périphérique d'une artère, peut seule résoudre la question.

A dose modérée (2 grammes pour un chien de 10kil,500), l'antipyrine n'exerce aucune action appréciable ni sur la pression, ni sur le rythme cardiaque. Mais, quand on dépasse cette dose, on observe immédiatement après l'injection une chute de pression de 5 à 15 millimètres de mercure dans le bout périphérique, la pression dans le bout central restant normale. Seule une vaso-dilatation périphérique peut expliquer cette chute. A la dose de 7 grammes, l'animal est pris de convulsions cloniques, suivies d'une attaque téta-nique, et la pression s'élève nécessairement dans les deux bouts; mais cette élévation de pression est indépendante des contractions musculaires, car on l'observe encore chez l'animal curarisé. La section au-dessous du bulbe ne la supprime pas, tout en l'atténuant.

La vaso-dilatation périphérique est bien démontrée dans cette expérience de GLEY et CARAVIAS, mais, en même temps qu'il se produit une vaso-dilatation périphérique, il peut exister en même temps une vaso-constriction centrale. C'est par cette vaso-constriction que GLEY et CARAVIAS expliquent l'augmentation de pression du bout central constatée avec 4 grammes, alors qu'il n'existe aucune augmentation ni dans la fréquence, ni dans l'amplitude de contraction. La vaso-constriction centrale est constatée par la diminution de volume du rein, enregistrée par CASIMIR avec le néphrographe (*De l'influence de l'anti-pyrine sur la sécrétion urinaire. Th. doct. Lyon*, 1886).

Dans quelques cas on note une augmentation dans la fréquence du rythme cardiaque; CERNA et CARTER (*New Remedies*, 1892, cités par H. WOOD) expliquent cette accélération par une influence paralytique sur les nerfs modérateurs du cœur, mais cette explication est purement hypothétique; elle est tout au moins en contradiction avec les expériences de GLEY, qui a vu qu'il fallait une très forte dose pour modifier l'excitabilité des pneumo-gastriques.

Quant à l'action de l'antipyrine sur le sang, elle paraît peu importante. LÉPINE avait attiré l'attention sur la formation de la méthémoglobine; mais cette transformation, est niée par BROUARDEL et LOYE. HÉNOCQUE et ARDUIN (thèse citée) ont noté l'action hémostatique de l'antipyrine. En solution au 1/20, son action est très nette, supérieure à celle du perchlorure de fer et de l'ergotine. Cette propriété est souvent employée pour faire l'hémostase après les piqûres de sangsues. Les propriétés antiseptiques de l'antipyrine contribuent à recommander son emploi dans ce but.

Action sur la température. — Le nom même d'antipyrine donné par FILEHNE au médicament indique les propriétés spéciales attribuées à ce dérivé de la quinoléine; mais cette action sur la température doit être étudiée à un double point de vue : l'action antithermique, l'action antipyrétique. Par action antithermique, nous admettons l'influence que peut avoir une substance sur l'abaissement de la température chez un sujet normal, les antipyrétiques ayant surtout pour effet de faire baisser une tempéra-ture supérieure à la normale. La première influence est perturbatrice, la seconde étant régulatrice. Cette distinction un peu théorique nous paraît cependant fondée par l'étude des diverses substances employées contre l'hyperthermie.

Quelle est l'action de l'antipyrine sur un animal à température normale? A faible dose, elle est nulle. Sur nous-même, nous n'avons jamais constaté une variation sensible, même après l'absorption de trois grammes en 7 heures; MULLER admet une dimi-nution de quelques dixièmes de degré. Étant données les variations physiologiques de la température chez l'homme sain, ces quelques dixièmes peuvent être considérés comme négligeables. Sur les animaux les résultats sont assez variables. Souvent, après l'injection d'une dose suffisante pour déterminer l'analgésie, 1 gramme pour un lapin de 2^{kil},600 (CARAVIAS, *loc. cit.*, p. 13), on constate une légère élévation thermique, élévation d'ailleurs passagère; puis la température redevient normale, ou s'abaisse légèrement. WERNER ROSENTHAL (*Temperaturvertheilung im Fieber, A. P. P.*, 1893, p. 230) a trouvé également que chez l'animal normal la température rectale ne subissait que de très fai-bles variations.

L'action antipyrétique, au contraire, est incontestable. En Allemagne, où l'on a employé l'antipyrine à très haute dose (5 à 6 grammes pris en trois fois d'heure en heure), on a obtenu des abaissements thermiques notables. Mais JACCOUD (*Bull. de l'Ac. de Méd.*, 27 oct. 1883) insiste sur la fugacité de la chute thermique et sur la rapidité avec laquelle s'opère la réascension, souvent accompagnée de frissons violents. Dans les fièvres à forme continue, comme la fièvre typhoïde, l'emploi de l'antipyrine paraît aujour-d'hui condamné. Chez les enfants, l'action antipyrétique paraît plus nette, plus accen-tuée et plus durable que chez l'adulte: on obtient facilement, avec des doses faibles, un abaissement de 1° à 2°.

Sur les animaux rendus fébricitants, l'action antipyrétique est manifeste, que l'hyperthermie soit déterminée par l'injection de produits septiques (WERNER ROSENTHAL, U. MOSSO, CERNA et CARTER, etc.), ou bien par la piqûre des centres cérébraux (GIRARD, SAWADOWSKI, U. MOSSO, GOTTLIEB).

Mais par quel mécanisme la chute de la température anormale se produit-elle? WERNER ROSENTHAL (loc. cit.), dans une étude très minutieuse pratiquée avec les appareils thermo-électriques, fait intervenir comme facteur essentiel la vaso-dilatation et, par suite, l'augmentation dans la déperdition du calorique. Prenant simultanément ses mesures dans le rectum, l'oreille, la peau, il constata qu'après injections ou absorption par la voie gastrique de 30 à 40 centigrammes, la chute de la température centrale était toujours précédée par une élévation de la température cutanée, et, d'autre part, qu'une nouvelle poussée hyperthermique se produisait quand la température cutanée restait quelque temps stationnaire. Mais l'action vaso-dilatatrice est-elle suffisante pour expliquer l'action des antipyrétiques en général et de l'antipyrine en particulier sur l'hyperthermie? Déterminer quelles sont les modifications apportées non seulement dans la radiation calorique, mais aussi dans la thermogenèse, est une recherche difficile : les procédés calorimétriques actuels ne permettent pas encore d'obtenir des résultats bien précis.

H. WOOD (Therapeutics, 1892, p. 699) dit avoir constaté sous l'influence de l'antipyrine une diminution à la fois dans la production du calorique et dans la radiation; mais la première serait plus forte. La diminution dans la radiation, postérieure à la diminution dans la thermogenèse, ne serait d'après lui qu'un effet de l'affaiblissement de l'activité thermogénique. Ces résultats sont en contradiction avec ceux de W. ROSENTHAL. Il obtenait l'hyperthermie chez des chiens par une injection de pepsine. CERNA et CARTER, en injectant du sang corrompu, ont trouvé que la perte de chaleur coïncidait avec la chute dans la production de calories. Les expériences de GOTTLIEB (A. P. P., t. XXVIII, 1891) sont en contradiction avec celles de WOOD. Dans trois expériences les injections d'antipyrine ont déterminé à la fois une augmentation et dans la production de chaleur et dans la radiation. Mais comme celle-ci l'emporte, il en résulte un abaissement de la température.

OTT (Modern Antipyretics, 1892, p. 73) a étudié sur l'homme même; son sujet était fébricitant par suite d'une néphrite chronique. Notons cependant que dans tous les graphiques donnés par l'auteur nous ne lisons pas de température supérieure à 39°6.

Cet homme, avant la prise de 1gr,30 d'antipyrine, avait donné une radiation thermique égale à son activité thermogénique, soit 104,40 calories heures dans les deux jours. Après l'injection, son activité thermogénique tombe à 83,4 et sa radiation est de 102,5. Bien que les deux chiffres soient plus faibles, l'activité thermogénique surtout a diminué, sa température tombe de 0°,3. Dans la seconde heure la production s'élève à 113,6 et la radiation à 110. Aussi la température remonte-t-elle légèrement. Au mot Fièvre on aura l'occasion de revenir sur la discussion même des méthodes calorimétriques employées et sur les critiques qu'elles suscitent. C'est là seulement que la question des centres thermiques et des appareils thermotaxiques pourra être utilement traitée. Nous devons cependant citer quelques recherches faites sur l'action de l'antipyrine dans l'hyperthermie consécutive au traumatisme cérébral. GIRARD (De l'action de l'antipyrine sur l'un des centres thermiques. Revue médicale de la suisse Romande, 1887) a vu que l'antipyrine agissait sur l'hyperthermie déterminée par la piqûre du cerveau chez le lapin. SAWADOWSKI (Zur Frage uber die Localisation der Wärmeregulirenden Centren in Gehirn und uber die Wirkung des Antipyrin auf den Thierkörper. C. W., 1888, pp. 8-11) admet également l'action de l'antipyrine; mais l'explication qu'il donne de cette action est tout au moins très diffuse.

L'augmentation dans la perte de chaleur, dit-il, est due à l'excitation d'un centre thermique vaso-moteur spécial (partie antérieure du corps strié?); puis, pour expliquer la diminution dans la production et dans la radiation, il suppose une action paralysante sur les centres producteurs de la chaleur du même centre, ou bien encore une excitation de la région modératrice de ces mêmes centres. On voit combien est vague cette explication. U. MOSSO (La doctrine de la fièvre. A. B., 1890, p. 476) n'a constaté aucun effet appréciable en administrant l'antipyrine, soit avant, soit après la lésion. MARTIN (Modern therapeutics de OTT, 1892, p. 65), au contraire, trouve que l'antipyrine empêche ou diminue la production de chaleur que l'on observe après la piqûre du corps strié. Gottlieb, déjà cité, admet que la perte de chaleur après injection d'antipyrine sur les animaux aux centres thermiques excités atteint 55 p. 100, alors que la quinine n'amène qu'une hyperradiation de 40 p. 100. D'où cette conclusion clinique, que, dans les hyperthermies aiguës, quand on veut obtenir une chute rapide de la température, il faut préférer l'antipyrine à la quinine, mais en se tenant prêt à combattre la réascension thermique qui se produit bientôt. Dans les cas où l'on cherche, au contraire, une action antithermique durable, la quinine est supérieure à l'antipyrine.

Action antiseptique. — Brouardel et Loye (B. B., 1885, p. 105), étudiant comparativement l'action physiologique de la thalline, de l'antipyrine et de la kaïrine, virent que l'antipyrine retardait la fermentation de la levure de bière, et, en solution de 1 p. 100, s'opposait à la germination des graines. Caravias (thèse citée, p. 37), Cazeneuve et Visbeck (Lyon médical, 1892) signalent le rôle antiputride de l'antipyrine à la dose de 1 p. 100; Roux et Rodet (Lyon médical, 1892) ont vu également une solution de 4 p. 100 suffire pour gêner, sinon stériliser des cultures de Bacillus coli communis. D'après Chittenden et Stewart (cités par Wood), même à très faible dose, 3 p. 100, l'antipyrine arrêterait l'action digestive d'une solution acidulée de pepsine. Cette observation, intéressante au point de vue clinique, mériterait d'être reprise méthodiquement.

Absorption et élimination. — L'absorption de l'antipyrine même par la voie digestive est très rapide. Chez l'homme les effets sédatifs se manifestent souvent un quart d'heure après la prise du cachet. Injectée dans la veine, son action est immédiate; nous avons vu les convulsions cloniques éclater dans la tête chez un chien à moelle sectionnée, quand l'injection des 5 centimètres cubes de la solution à 25 p. 100 n'était pas encore complètement terminée. Capitan et Gley (De la toxicité de l'antipyrine suivant les voies d'introduction. B. B., 1887, p. 703) ont chez le lapin déterminé la dose toxique suivant le mode d'introduction. Par injection sous-cutanée il faut $1^{gr},43$ à $1^{gr},50$ par kilogramme pour tuer l'animal en 1 heure 30, chiffre moyen. Par injection intra-veineuse (veine de l'oreille), il faut 0,64, 0,68 suivant un temps qui varie de 15 à 45 minutes. Par la veine mésentérique, 0,75 à 0,95; mort en 30 ou 36 minutes. Les accidents toxiques sont plus intenses lorsque l'injection est faite sous la peau ou dans la veine périphérique que lorsqu'elle est poussée dans une veine mésentérique. Ces recherches tendent à montrer que le foie possède le pouvoir de retenir une certaine quantité d'antipyrine, comme il le fait pour la nicotine et presque tous les alcaloïdes. Cette opinion trouve sa confirmation dans les recherches de Wera Iwanoff (A. Db., 1887, Suppl.) sur le foie des grenouilles antipyrinées. Les cellules hépatiques sont profondément modifiées dans leur cellule et leur protoplasma.

L'antipyrine s'élimine surtout par les urines; on ne l'a trouvée ni dans la sueur ni dans la salive, Haye (Koberts Jahresb., 1885); mais Pinzani aurait reconnu sa présence dans le lait d'une nourrice (Centr. f. die Ges. Therap., août 1890).

Pour rechercher l'antipyrine dans l'urine, on acidifie avec SO^4H^2, 6 à 8 gouttes pour 10 centimètres cubes d'urine, et on traite par une goutte de perchlorure de fer qui donne une coloration rouge pourpre : il est souvent utile de décolorer au préalable l'urine par le noir animal.

On peut généralement reconnaître le passage du médicament dans l'urine dès la vingt-cinquième minute : vers la quatrième ou cinquième heure, la réaction est la plus nette, mais elle persiste encore, quoique très faible, au bout de 36 heures.

L'antipyrine paraît diminuer la sécrétion de l'urine; mais le fait au point de vue clinique est loin d'être bien établi. Expérimentalement Casimir (loc. cit., 1886) a vu que des doses massives (3,50) diminuent la sécrétion urinaire pendant une demi-heure (vasoconstriction indiquée par le néphrographe); puis la quantité d'urine émise par les uretères reprenait le chiffre normal, ou même le dépassait.

P. LANGLOIS.

ANTISEPSIE et ASEPSIE.

ANTISEPSIE et ASEPSIE. — Sous le nom d'antisepsie on désigne l'ensemble des moyens dont le médecin et le chirurgien disposent pour combattre les maladies septiques ou infectieuses, c'est-à-dire les maladies dues à la présence dans l'organisme de microbes ou bactéries (voy. Bactériologie), qui entravent et pervertissent le fonctionnement normal de cet organisme, non seulement par leur présence, mais encore et surtout par la production des *toxines* qu'ils sécrètent, véritables poisons versés dans les liquides de l'économie.

Sous le nom d'*asepsie*, on désigne l'ensemble des moyens hygiéniques qui ont pour but de prévenir ou d'empêcher l'introduction de ces microbes ou de leurs toxines dans l'organisme. Le terme d'*antisepsie prophylactique* est quelquefois employé dans le même sens, avec cette nuance que l'asepsie n'emploie que des moyens hygiéniques proprement dits, tandis que l'antisepsie prophylactique a recours à des agents thérapeutiques (dits *antiseptiques*), analogues ou identiques à ceux que l'on emploierait si la maladie était déclarée. Mais, bien que l'asepsie et l'antisepsie soient deux choses distinctes, ces deux choses se touchent, dans la pratique, par tant de points, qu'il nous paraît préférable de les traiter dans un seul et même article, d'autant plus qu'elles concourent en définitive au même résultat.

Historique. — Le mot *antisepsie* est un néologisme qui remonte à peine à une dizaine d'années, et la théorie sur laquelle repose la méthode antiseptique, telle que nous la concevons aujourd'hui, est évidemment postérieure à la découverte du rôle des microbes dans les maladies septiques ou infectieuses. La dernière édition du dictionnaire de l'Académie ne contient ni *Antisepsie* ni *Asepsie*, mais on y trouve *Antiseptique*, ce qui prouve que la chose existait dans la pratique avant qu'on eût édifié cette théorie. *Antiseptique* y est défini comme un adjectif employé substantivement pour désigner « les substances qui préviennent la putréfaction ». En effet, on a fait usage de nombreux antiseptiques, avant d'être fixé d'une façon précise sur le véritable mode d'action des substances que l'on désignait sous ce nom, et sur la nature même de la « putréfaction ».

Les médecins de l'antiquité et du moyen âge ont employé diverses substances, reconnues encore actuellement comme antiseptiques, dans le traitement des plaies. Les *baumes* et les *onguents*, qui jouaient un si grand rôle dans leur thérapeutique chirurgicale, sont, tout au moins, des substances propres à soustraire les plaies au contact de l'air ou des agents extérieurs, et l'on trouve en germe, dans cette pratique, le principe de l'*occlusion des plaies*, si nettement formulé par A. Guérin et les chirurgiens modernes. Les Arabes employaient dans ce but le goudron, dont le principe actif n'est autre que l'acide phénique (Barette).

La méthode, si universellement répandue jusqu'à Ambroise Paré, et même longtemps après lui, de la cautérisation des plaies de guerre à l'aide du fer rouge, semble fondée sur une théorie antiseptique grossière et brutale, mais qui ne peut nous étonner, puisque le *flambage des plaies* a été proposé récemment comme un moyen de produire l'antisepsie parfaite dans les opérations chirurgicales. En substituant au fer rouge *l'huile de rose*, le père de la chirurgie moderne faisait encore de l'antisepsie. Cette huile agissait sans doute, à la fois par son astringence et par l'essence très active qu'elle renferme.

Mondeville, chirurgien de Philippe-le-Bel au commencement du XIVe siècle, bien antérieur par conséquent à Paré, avait des idées très nettes d'antisepsie, si l'on en juge d'après les extraits de ses œuvres récemment publiés par Nicaise. Mondeville déclare que la suppuration peut être évitée par la réunion immédiate, suivie d'un pansement au vin chaud ou salé. Ce qu'il importe surtout, c'est de protéger les plaies contre l'air, agent de suppuration : c'est pourquoi il y applique un emplâtre antiseptique. On ne ferait pas mieux aujourd'hui.

On s'étonne, après cela, du peu de progrès fait par la chirurgie antiseptique depuis A. Paré jusqu'à l'époque contemporaine. Est-il une meilleure preuve de ce fait incontestable que les méthodes thérapeutiques ne triomphent, en médecine, que grâce aux théories qui leur ont donné naissance ou sur lesquelles elles s'appuient? Dénué de cette base, l'empirisme aveugle ne peut avoir de fondements durables.

Que l'on ouvre un traité de chirurgie publié de 1860 à 1870, c'est-à-dire il y a trente ans à peine, on sera frappé du peu de précision qui règne dans le traitement des plaies après opération. Nulle part il n'est question d'asepsie ou d'antisepsie : l'opportunité de la réunion immédiate est encore discutée ou méconnue, faute d'une asepsie suffisante du champ opératoire. C'est l'époque du pansement à la charpie et au cérat ou à l'onguent digestif, toutes choses que l'on ne se préoccupait nullement de rendre aseptiques! Ceux qui ont connu ces pansements en connaissent aussi les résultats, et savent combien les grandes suppurations, les abcès métastatiques et l'infection purulente étaient fréquents dans les salles de chirurgie de nos hôpitaux.

Quelques chirurgiens, cependant, semblent avoir pressenti, dès cette époque, la révolution qui se préparait. S'il n'est pas encore question d'antisepsie, ou fait, tout au moins, de l'asepsie, bien que le mot ne soit pas encore inventé. A l'*irrigation continue* par l'eau froide, qui n'agissait, sans doute, qu'en éloignant de la plaie les microbes et le pus, on substitue les bains ou *fomentations tièdes*, préconisés par les médecins anglais et adoptés par Sédillot, un des chirurgiens les plus habiles de cette époque. Le *drainage* des plaies permet d'avoir recours plus souvent à la réunion immédiate. Kœberlé (de Strasbourg), qui fut un des premiers, en France à faire la laparotomie (ovariotomie), n'employait pas d'autre antiseptique que l'eau tiède ; mais il attribuait, avec raison, ses succès au soin méticuleux qu'il prenait de laver et de sécher, de la façon la plus parfaite, la cavité péritonéale, avant d'opérer la réunion des parois abdominales.

Nélaton, A. Richet, et d'autres chirurgiens employaient les pansements à l'alcool. C'est à cette époque (1866-1873) que les expériences fondamentales de Pasteur sur les germes de l'air provoquèrent une révolution complète dans la théorie de l'infection des plaies par les agents extérieurs. En montrant que l'agent esssentiel de toute putréfaction était un microrganisme analogue à celui des fermentations, et non pas un miasme de nature gazeuse, comme on le supposait encore, Pasteur fit entrer la physiologie et la médecine dans une voie nouvelle et féconde. En prouvant que la chaleur détruisait ces microrganismes et qu'un simple bouchon d'ouate suffisait ensuite pour arrêter tous les germes suspendus dans l'air et assurer l'asepsie des liquides organiques, Pasteur faisait triompher la doctrine de la réunion par première intention et de l'occlusion des plaies, qui rend le chirurgien maître de toutes les suppurations. Une science nouvelle, la Microbiologie, se créait en quelque sorte de toutes pièces et prenait, en moins de dix ans, un essor prodigieux. L'asepsie et l'antisepsie, créées du même coup ou régénérées sur des bases nouvelles, prenaient droit de cité dans la thérapeutique moderne et en constituaient bientôt une des branches les plus importantes. Le pansement occlusif ouaté de A. Guérin, le pansement antiseptique à l'acide phénique de Lister, l'emploi du sublimé, de l'iodoforme, etc., dans l'asepsie et l'antisepsie prophylactique des pièces de pansement et dans les accouchements, enfin l'antisepsie du milieu intérieur à laquelle s'attache le nom de Bouchard, marquent les principales étapes du progrès réalisé dans cette voie essentiellement pratique et qui a donné à la chirurgie opératoire une sécurité inconnue jusqu'à ce jour.

Antisepsie physiologique de l'organisme : auto-antisepsie. — On sait que l'organisme est continuellement en contact, extérieurement, avec les microbes de l'air, intérieurement avec ceux qui sont introduits, dans le poumon par la respiration, dans le canal digestif par les *ingesta* sous forme d'aliments ou de boissons. Tant que cet organisme est sain et intact, et tant que les microbes ne sont pas en trop grand nombre, les moyens dont l'organisme dispose, à l'état physiologique, pour s'opposer à leur introduction ou pour s'en débarrasser lorsqu'ils sont introduits, suffisent amplement à réaliser l'antisepsie du milieu intérieur (Voyez Ch. Richet. *La défense de l'organisme. Trav. du Lab.*, t. iii, 1894, § iii. Les microbes).

La peau, et plus particulièrement les couches cornées de l'épiderme, constituent une barrière inaccessible aux microbes, pourvu que leur intégrité soit parfaite, ce qui est rarement le cas : il est prouvé aujourd'hui qu'un simple bulbe pileux, surtout lorsque le poil a été arraché ou seulement tiraillé, peut devenir la porte d'entrée d'une affection microbienne, la *furonculose*, par exemple. Le tétanos dit *idiopathique*, c'est-à-dire non consécutif aux plaies et aux opérations, reconnaît toujours pour cause des érosions, en apparence sans importance, siégeant le plus souvent aux mains du malade qui, par suite de l'habitude, n'en a fait aucun cas. Cependant l'usage du bain, qui débarrasse la peau de toutes les impuretés et qui évite le grattage avec les ongles (source fréquente d'inoculation microbienne), se retrouve, comme un instinct naturel, chez la plupart des animaux.

Les muqueuses des voies respiratoires et du canal digestif protégées par un épithélium plus délicat et plus sensible que celui de la peau, se défendent au moyen de réflexes qui les avertissent de la présence d'un corps étranger, si ténu qu'il soit : l'éternuement, la toux, le vomissement sont les principaux moyens mécaniques dont l'organisme dispose pour se débarrasser des substances septiques. Dans l'estomac, l'acidité du suc gastrique est considérée comme conférant à ce liquide un pouvoir antiseptique qui semble avoir été exagéré, puisque la plupart des microbes arrivent encore vivants dans le duodénum : mais, dans l'intestin, le mélange du suc intestinal, du suc pancréatique et de la bile paraît jouir de propriétés antiseptiques manifestes. La bile surtout joue un grand rôle dans la désinfection des matières non assimilables qui forment le résidu de la digestion et séjournent plus ou moins longtemps dans le gros intestin avant d'être expulsées : on en peut juger par l'odeur infecte que présentent les matières fécales lorsqu'il existe un obstacle mécanique au cours normal de la bile, et par les auto-intoxications qui se produisent si facilement dans les ictères dus à cette cause. Le flux intestinal appelé *diarrhée* n'est le plus souvent qu'un moyen employé par l'organisme pour se débarrasser des matières septiques que renferme l'intestin. De même on conçoit que l'ingestion exagérée d'un liquide quelconque (eau, vin, alcool, etc.), en délayant outre mesure les sécrétions normales de l'estomac et de l'intestin, laisse l'organisme désarmé contre l'attaque des microbes et de leurs toxines. Nous ne pouvons insister ici sur les conséquences si importantes de ces faits au point de vue de l'hygiène alimentaire.

Les différentes formes que prend l'inflammation des muqueuses ne sont que les différents moyens employés par ces tissus pour se défendre contre les microbes et leurs toxines : la fausse membrane de la diphtérie, l'expectoration de la bronchite et de la pneumonie, le tubercule pulmonaire, etc., nous montrent comment chaque tissu de l'organisme réagit à sa manière en cherchant à résister à l'envahissement du parasite.

Le foie, grâce au système de la veine porte qui lui amène le sang venant des intestins, est, comme l'ont démontré des expériences récentes faites sur les animaux, une puissante barrière qui s'oppose à l'introduction des microbes et de leurs toxines dans la circulation générale et les rejette vers l'intestin. De même, par leurs sécrétions spéciales, le rein et les glandes sébacées concourent, avec l'intestin, à purger le sang des toxines, et, dans certains cas, des microbes eux-mêmes.

D'ailleurs, lorsque ces microbes, quelle que soit leur porte d'entrée, ont réussi à pénétrer dans le milieu intérieur, ce milieu ne reste pas désarmé. Le sérum du sang, grâce à sa constitution chimique, possède, sans doute, un pouvoir antiseptique notable, qui s'exerce surtout sur les toxines, tandis que les éléments figurés jouent le même rôle en face des microbes eux-mêmes.

Ce sont les leucocytes ou globules blancs, fonctionnant comme des *amibes*, qui jouissent de la propriété d'englober les bactéries et de les détruire, comme l'a montré METSCHNIKOFF. Ce phénomène est désigné sous le nom de *phagocytose*. Ces cellules vivantes, dépourvues de membrane d'enveloppe, douées par suite de la faculté de mouvoir des pseudopodes ou prolongements amiboïdes, sont désignées sous le nom de *phagocytes*, parce qu'elles enveloppent tous les corps étrangers à l'aide de ces pseudopodes, exactement comme l'amibe enveloppe la proie dont il se nourrit.

Chez les Vertébrés, il existe des phagocytes de deux espèces. La première est représentée par les leucocytes ou cellules migratrices à noyau multiple, qui existent normalement dans le sang et le système lymphatique : ce sont les *phagocytes microphages*, ainsi nommés à cause de leur taille plus petite. La seconde comprend les cellules normalement fixes du tissu conjonctif, les cellules endothéliales du poumon, les cellules de la rate, celles de la moelle des os, qui ont en général un seul gros noyau, et que l'on nomme, en raison de leur taille plus grande, *phagocytes macrophages*.

Cette théorie de METSCHNIKOFF a jeté quelque clarté sur ce phénomène de la suppuration qui avait, si longtemps, mis à l'épreuve la sagacité des physiologistes, et que la découverte de la *diapédèse* n'avait éclairé que d'une manière insuffisante. Le pus est essentiellement formé par les phagocytes, qui se montrent en grand nombre partout où il existe des microbes, notamment sur les plaies que l'on abandonne au contact de l'air.

Ces phagocytes sont, dans l'organisme, comme une armée bien organisée, mais qui ne se mobilise qu'au moment de l'attaque de l'ennemi, représenté ici par les microbes. Les leucocytes du sang sont comme l'armée permanente ou la garde de police, toujours peu nombreuse, mais qui suffit dans l'état de santé pour assurer la paix de l'organisme. Dès que cet état de santé est troublé, les leucocytes se montrent en plus grand nombre :

c'est ce qui explique le gonflement des glandes lymphatiques, dès qu'il existe une inflam
mation, ces glandes étant essentiellement des amas de phagocytes.

Si les microbes sont en petit nombre et que les phagocytes soient assez vivaces pour
en triompher, la guérison est rapide. Sinon l'organisme s'épuise en fournissant de
nouvelles levées de phagocytes destinés à remplacer ceux qui ont succombé dans une
lutte inégale : c'est ce que l'on voit dans les grandes suppurations.

Les phagocytes, par leur nature même, sont des cellules sacrifiées, destinées à mourir pour protéger l'organisme, et leurs cadavres sont un embarras et un danger pour
cet organisme, car, dès qu'il sont morts, ils deviennent la proie des microbes. Bien plus,
ils les charrient avec eux dans les vaisseaux jusqu'aux ganglions lymphatiques, jusqu'à
la rate, dans les capillaires des os et des centres nerveux, formant ainsi des foyers d'infection secondaires : c'est ce qui constitue la pyohémie.

Ces considérations nous prouvent que la suppuration est loin d'être une condition
nécessaire de l'inflammation et qu'il y a le plus grand intérêt à réduire à son minimum
l'intervention des phagocytes. C'est là le rôle de l'antisepsie et de l'asepsie ; car, là où il
n'y a pas de microbes, il n'y a pas de suppuration. On connaissait depuis longtemps la
différence qui existe entre les plaies ouvertes et les lésions internes par la comparaison
des fractures simples avec les fractures compliquées de plaies extérieures, des sections
sous-cutanées avec les incisions largement ouvertes, etc., mais la véritable explication de ces faits n'a pu être donnée que par la théorie microbienne.

Asepsie et antisepsie hygiéniques et prophylactiques. — Dans l'état de santé,
les moyens les plus simples suffisent à entretenir l'asepsie de l'organisme ; mais la connaissance du rôle des microbes dans l'étiologie des maladies a montré tout au moins
la nécessité de se conformer d'une façon étroite aux règles de l'hygiène, et particulièrement aux soins vulgaires de propreté, que beaucoup de personnes considèrent encore
comme inutiles ou superflus. L'eau, formant la base de ces soins de propreté, doit être
aussi pure, c'est-à-dire aussi exempte de microbes qu'il est possible de l'obtenir dans une
localité donnée. Le savon doit lui venir en aide pour débarrasser la peau de toutes les
impuretés, surtout s'il s'agit de parties du corps qui ne sont pas l'objet de soins journa-
liers, ou des mains plus exposées à se souiller, en raison des usages multiples auxquels
elles doivent servir. La propreté du linge de corps et des vêtements est la conséquence
de celle de la peau : on conçoit sans peine que l'on s'expose à se réinfecter après un bain,
en remettant le linge que l'on vient de quitter.

L'asepsie du canal digestif est encore plus indispensable que celle de la peau. Aussi
l'eau destinée à servir de boisson doit-elle être aseptique d'une manière absolue, et cette
pureté de l'eau potable doit être exigée beaucoup plus rigoureusement que pour l'eau
servant aux soins de propreté, puisqu'il est prouvé aujourd'hui que les maladies les plus
dangereuses (fièvre typhoïde, choléra, etc.) se contractent à peu près exclusivement par
l'eau employée comme boisson.

La bouche doit être l'objet de soins de propreté tout particuliers : on sait que la carie
dentaire est produite par des microbes particuliers et qu'à l'état de santé on trouve dans
la bouche de l'homme, en plus ou moins grande quantité, un grand nombre de microbes,
parmi lesquels figure le *microbe lancéolé* de PASTEUR ou *pneumocoque* de FRÄNKEL et de
TALAMON, considéré comme l'agent essentiel de la pneumonie fibrineuse. Il est donc
indispensable de réduire ces microbes à leur minimum de virulence, au moyen d'un
liquide approprié. L'expérience a montré qu'il n'y avait pas de véritable asepsie sans
l'emploi d'un antiseptique d'une efficacité réelle. Il ne suffit donc pas de se rincer la
bouche avec de l'eau pure, si aseptique qu'elle soit : à cette eau on doit ajouter un antiseptique quelconque (chlorate de potasse, acide borique, alcoolat de menthe, etc). Nos
pères avaient coutume de servir à la fin du repas un rince-bouche composé d'eau de
menthe tiède. Cet usage excellent a disparu le jour où l'on s'est avisé d'y voir quelque
chose de répugnant. Tout au moins est-il indiqué de se rincer la bouche le soir, avant
de se coucher, les détritus d'aliments qui peuvent rester entre les dents jusqu'au lendemain matin étant toujours une source de fermentations nuisibles, éminemment favorables à la multiplication des microbes.

L'asepsie physiologique de l'estomac et de l'intestin ne peut exister que chez les personnes dont la digestion se fait de la façon la plus parfaite. Les dyspeptiques doivent

donc surveiller leur régime avec une grande sévérité : les boissons trop abondantes sont dangereuses, parce qu'elles délayent le suc gastrique et rendent la digestion beaucoup plus lente, surtout dans un estomac dilaté. Les aliments crus ou peu cuits, les viandes avancées (huîtres, salades, viandes saignantes, poissons, crustacés, gibiers, etc.) doivent être proscrits comme renfermant en plus ou moins grand nombre des microbes qu'une cuisson imparfaite n'a pas détruits. Lorsqu'il existe une lésion quelconque de l'estomac, de l'intestin, du foie ou du rein, le régime du malade doit être encore plus sévère : c'est alors que le lait bouilli ou stérilisé s'impose comme aliment complet et exclusif, et, dans la convalescence, les viandes fumées (jambon d'York) sont les premières qu'il convient de permettre parce qu'elles contiennent encore moins de microbes que les viandes les mieux cuites, et que la créosote, qui s'y est développée par le fumage, est par elle-même un antiseptique. Dans bien des cas il est nécessaire de joindre à ce régime de véritables antiseptiques (naphtol, salol, benzonaphtol, etc.).

La constipation opiniâtre est par elle-même un danger, en retenant dans le rectum des matières excrémentitielles pouvant donner lieu à des fermentations microbiennes et contenant, d'ailleurs, par elles-mêmes, de véritables poisons (phénol, indol, etc.). On doit y remédier suivant les indications, soit par un régime approprié, soit par des lavements, soit par des purgatifs.

Lorsqu'une opération doit être faite sur l'un ou l'autre des organes contenus dans l'abdomen, il est indispensable d'assurer, à l'avance, l'asepsie de l'intestin. Le chirurgien prépare toujours plusieurs jours à l'avance chez son malade cette asepsie, par un régime sévère, des purgatifs et l'emploi des antiseptiques dont nous avons déjà parlé.

Antisepsie médicale ou thérapeutique. — Dans toutes les maladies, qu'elles soient d'ailleurs de nature microbienne ou dues à d'autres causes, le médecin doit se préoccuper de faire de l'antisepsie et d'approprier cette antisepsie à la nature des lésions produites par la maladie particulière qu'il est appelé à soigner ou bien aux complications qui peuvent en être la conséquence. Tout ce qui n'était qu'utile dans l'état de santé devient alors indispensable.

On ne connaît pas encore d'antiseptiques que l'on puisse considérer comme *spécifiques* dans tous les cas où le rôle des microbes dans les maladies est actuellement bien établi : cependant on connaît déjà un certain nombre de ces spécifiques (mercure et sels mercuriels, quinquina et sels de quinine, etc.), et le nombre de ces médicaments d'une efficacité reconnue et dont le choix s'impose de préférence à tout autre s'augmente chaque jour. A défaut de spécifiques, l'expérience a prouvé que beaucoup d'antiseptiques exercent leur action indifféremment sur tous les microbes, ce qui n'a pas lieu de surprendre, puisque la très grande majorité des organismes que l'on désigne sous ce nom appartiennent à une seule et même famille; celle des bactériacées. Dans l'état actuel de la science, le médecin doit donc se préoccuper surtout du mode d'application de l'antiseptique et de son mode d'élimination, plutôt que de son action plus ou moins rapide sur tel ou tel microbe. Il est évident que tel antiseptique, qui convient pour le traitement des maladies de la peau ou pour le pansement des plaies, ne pourra être administré par la bouche, sous peine de produire une intoxication, ou devra l'être à beaucoup plus faible dose. Le salol et les salicylates solubles devront être rejetés toutes les fois qu'il existe une néphrite rendant le rein moins perméable aux urines; car l'accumulation des doses qui se produisent inévitablement dans ce cas provoque les symptômes les plus graves du côté des centres nerveux. Dans les maladies du poumon, les baumes (tolu, terpinol, térébenthine, créosote, etc.) doivent être préférés à tous les autres antiseptiques en raison de leur action élective sur la muqueuse bronchique par laquelle ils s'éliminent, etc. Nous reviendrons sur ce point en traitant des antiseptiques.

Dans la plupart des cas on peut distinguer l'*antisepsie locale* de l'*antisepsie générale*, et, suivant les circonstances, on fera l'une ou l'autre, ou bien on emploiera les deux simultanément, et l'on choisira les antiseptiques qui conviennent le mieux à l'une ou à l'autre.

L'*antisepsie locale* est celle où le médicament antiseptique peut être appliqué directement sur la surface que l'on veut atteindre. Telle est l'antisepsie de la peau et des muqueuses qui tapissent les cavités facilement accessibles (bouche, arrière-gorge, fosses nasales, vagin, urèthre, etc.). Cette antisepsie est plus facile à faire et à limiter dans son action : l'absorption par ces muqueuses est moins rapide que dans le canal digestif ou le milieu intérieur, et l'antiseptique peut être rapidement écarté ou rejeté, dès que son action sur les microbes paraît suffisante. On pourra donc employer dans ce cas les antiseptiques les plus énergiques à la dose que l'expérience a démontré être à la fois efficace et sans danger pour l'organisme. L'antisepsie des cavités closes des séreuses, faite après ponction ou à la suite d'une opération, doit aussi être considérée comme une antisepie locale.

L'*antisepsie générale* est celle qui s'exerce sur le milieu intérieur, où l'on cherche à atteindre les microbes et leurs toxines, soit que l'on administre par l'estomac des substances solubles et absorbables, soit que l'on ait recours aux injections hypodermiques qui font pénétrer ces mêmes substances directement dans le milieu intérieur où le sang se charge de les répandre rapidement dans tout l'organisme. Les injections faites directement dans les veines seraient incontestablement plus efficaces ; mais ces injections ne sont pas encore vulgarisées dans la thérapeutique humaine, et restent, jusqu'à présent, presque exclusivement des expériences de laboratoire, faites sur des animaux (BOUCHARD). Par contre, des injections interstitielles dans le parenchyme des organes internes, le poumon par exemple, ont été faites avec succès. L'administration du sulfate de quinine dans les fièvres intermittentes, celle du mercure dans la syphilis, celle du salicylate de soude dans le rhumatisme, peuvent être citées comme des exemples d'antisepsie générale.

L'antisepsie du tube digestif tient le milieu entre l'antisepsie locale et l'antisepsie générale. En réalité, elle n'est dans bien des cas qu'une antisepsie locale, comme lorsqu'on administre par la bouche des poudres insolubles (charbon, sels de bismuth, etc.), ou peu et lentement solubles, et par suite moins dangereuses pour l'organisme. Dans le choix de ces antiseptiques on peut encore tenir compte d'indications spéciales, comme lorsqu'on emploie, par exemple, le calomel, dont on utilise à la fois la faible solubilité, l'action antiseptique et les effets purgatifs et cholagogues, dans les affections du foie ayant plus particulièrement leur siège du côté de la vésicule biliaire.

Les déjections des malades, les vases et le linge qui leur ont servi, les objets de literie et le local même où ces malades ont été traités, doivent être soumis à une désinfection parfaite qui en assure l'asepsie avant le lavage proprement dit. Pour ces objets la *chaleur* est le meilleur de tous les antiseptiques : on les passe à l'étuve portée à une température de 120° à 140°. La désinfection des locaux, comme on le conçoit facilement, ne peut être faite par ce procédé : les équipes municipales de la Ville de Paris, dont le service est gratuit, la font actuellement à l'aide du sublimé. Mais ce moyen coûteux, et qui détériore les objets métalliques, n'en est pas moins souvent insuffisant, puisqu'on a vu des *épidémies de maisons* résister à la désinfection opérée selon toutes les règles établies. — Un bon procédé de désinfection, applicable aux locaux contaminés, est donc encore un des principaux *desiderata* de l'antisepsie moderne.

Antisepsie chirurgicale. — Si les médecins discutent encore sur l'opportunité de l'antisepsie interne, les chirurgiens sont presque tous d'accord pour admettre la nécessité de l'antisepsie dans le pansement des plaies, les opérations chirurgicales et toutes les interventions manuelles, y compris les accouchements simples ou artificiels.

L'asepsie ou l'antisepsie du chirurgien lui-même doit précéder toutes les autres, et ce que nous disons ici du chirurgien s'applique, avec la même rigueur, aux aides et à toutes les personnes qui doivent toucher le blessé ou l'opéré ainsi qu'à ce dernier. Comme nous l'avons déjà dit, les soins de propreté ordinaire sont considérés actuellement comme insuffisants : il est nécessaire de faire usage des antiseptiques.

L'asepsie parfaite des mains de l'opérateur est le point le plus important. Pour cela, les ongles (qui servent si facilement de refuge aux microbes) doivent être tenus courts (à un millimètre environ). Immédiatement avant de procéder à l'opération, les mains et l'avant-bras seront lavés et savonnés jusqu'au coude, et les ongles seront frottés soigneusement avec la brosse imbibée d'eau de savon. Après avoir essuyé et séché les mains à l'aide d'un linge aseptique (passé à l'étuve), on les trempera un instant dans une solution antiseptique (solution de sublimé au millième, dite liqueur de VAN SWIETEN). TERRILLON prétend que, lorsqu'il a touché une plaie en suppuration, ses mains ne redeviennent parfaitement aseptiques (malgré les lavages sus-indiqués), *que 48 heures après cette contamination*. Il y a là, sans doute, un élément personnel, variable, dans une certaine mesure, d'un opérateur à l'autre; mais ce fait prouve de combien de précautions le chirurgien doit s'entourer lorsqu'il tient à n'opérer qu'avec une sécurité parfaite.

Lorsque le chirurgien veut se rendre compte, une fois pour toutes, de l'efficacité des procédés d'antisepsie dont il fait usage, il lui suffit de prendre, immédiatement après ces ablutions, un tube contenant un bouillon de culture parfaitement pur de tout microbe. On le débouche rapidement et l'on y trempe l'extrémité de l'index, puis on le rebouche et l'on attend le résultat. Si le bouillon reste clair, c'est que l'asepsie était parfaite; s'il se trouble, c'est que le procédé employé est insuffisant. Un tube témoin rempli du même bouillon et soumis à la même manipulation, moins l'introduction du doigt, permet de faire la preuve de cette petite opération.

La barbe et les cheveux du chirurgien seront tenus, autant que possible, courts, et seront l'objet des mêmes soins de propreté. L'opérateur mettra devant lui un tablier passé à l'étuve, et, s'il garde ses vêtements de dessus, il y ajoutera des manches également aseptiques, montant jusqu'au coude et serrées au poignet; ou mieux encore, il revêtira un *sarrau* à manches, boutonné dans le dos et recouvrant tous ses vêtements : ce sarrau, passé à l'étuve, sera serré au cou et aux poignets. — Ces indications semblent suffisantes. Quant aux changements complets de vêtements, prescrits dans certains traités d'antisepsie, ils sont trop peu pratiques pour qu'on puisse supposer que ceux-là même qui les préconisent s'y soient réellement astreints d'une façon suivie.

Les instruments exigent une asepsie encore plus parfaite. Ils doivent être entièrement en métal (manche et lame), afin de pouvoir être rendus aseptiques par la chaleur, c'est-à-dire par le séjour dans l'étuve à une température de 140°. Ces instruments doivent en outre être rangés dans une boîte en métal à fermeture hermétique. Un séjour de 30 minutes dans l'étuve donne une sécurité suffisante. Lorsque l'on doit transporter les instruments, on place la boîte qui les contient dans un étui en peau ou en tissu imperméable, qui permet de les maintenir à l'abri de toute poussière. Je n'ai pas à décrire ici les diverses étuves ou *stérilisateurs* à gaz actuellement en usage. A défaut de l'étuve, on soumet les instruments à l'ébullition pendant quelques minutes dans la solution phéniquée forte. Après l'opération, on les nettoie par l'ébullition pendant 10 minutes, on les lave à l'alcool ou au chloroforme, et on les remet en place dans leur boîte, dans l'étuve ou dans une vitrine bien fermée. Les instruments en gomme, en caoutchouc, etc., qui seraient endommagés par la chaleur, sont rendus aseptiques par un lavage dans la solution de sublimé (liqueur de Van Swieten), ou la solution phéniquée forte dans laquelle on peut les laisser tremper jusqu'au moment de s'en servir. La solution d'éther iodoformé est employée pour aseptiser les tiges de laminaire, la glycérine phéniquée pour les drains de caoutchouc, les fils de sutures, etc., qui doivent rester un certain temps en contact avec l'organisme. — Lorsque les instruments sont trop grands pour être renfermés dans une boîte à fermeture hermétique (forceps, céphalotribe, etc.) ou lorsqu'on a négligé cette précaution, on les aseptise, immédiatement avant de s'en servir, par le *flambage* qui consiste à les plonger dans de l'alcool auquel on met le feu.

Les objets de pansement rendus préalablement aseptiques ou antiseptiques doivent être conservés dans des flacons de verre lavés à la solution de sublimé et hermétiquement fermés, jusqu'au moment de s'en servir.

La table d'opération, les toiles cirées ou caoutchoutées, le matelas et les alèzes sur lesquels on place le malade à opérer doivent être l'objet de précautions antiseptiques analogues. Les murs de la salle d'opération seront, autant que possible, blanchis à la chaux : on évitera les tentures, les meubles à moulures, etc., qui servent de réceptacle à la poussière, ou bien on les fera enlever avant de procéder à l'opération.

Le patient, après avoir été revêtu de linge propre et nettoyé aussi complètement que possible, est amené dans la salle d'opération, où, après l'avoir disposé et chloroformé sur la table d'opération (à moins que le chloroforme n'ait été préalablement administré), on procède à l'antisepsie du champ opératoire, c'est-à-dire à la toilette de la région qui doit être opérée. La peau est lavée avec soin à l'eau tiède et au savon; les poils sont rasés; et, après avoir essuyé et séché, on fait un second lavage à la liqueur de Van Swieten ou à la solution phéniquée. On indiquera à chaque aide le rôle qu'il doit strictement remplir.

Pendant l'opération on observera les précautions générales qui permettent d'avoir la certitude qu'aucune faute contre l'asepsie ne sera commise. On a renoncé au *spray* phéniqué de Lister, c'est-à-dire à la pulvérisation antiseptique faite sur le champ opératoire, l'utilité de cette manœuvre ne paraissant pas démontrée. Les éponges qui servaient autrefois à étancher le sang, et qu'il est difficile de rendre parfaitement aseptiques, sont remplacées actuellement par des bourdonnets d'ouate antiseptique.

L'opération terminée, on fera la réunion avec des fils de catgut, ou mieux de *Florence* (glande séricigène du ver à soie) parfaitement aseptique. La gaze antiseptique (phéniquée, iodoformée. salolée ou résorcinée), l'ouate préparée suivant les mêmes règles, et passée à l'étuve, seront seules employées; les bandes qui maintiennent le pansement seront également passées à l'étuve. Lorsque la plaie offre une large surface, l'iodoforme est l'antiseptique qui offre le plus de garanties et qui s'oppose le mieux à la suppuration. Pour les plaies moins étendues, le salol en poudre ou la solution phéniquée (à 1 p. 100) suffisent. La suppuration étant presque nulle, lorsque ce pansement est bien fait, on peut presque toujours se passer de drains et ne renouveler le pansement qu'à des intervalles éloignés (24 et 48 heures). Lorsque la plaie se complique d'une infection spécifique, l'*isolement* du blessé est de rigueur.

Antisepsie du physiologiste. — Les règles que nous venons d'établir pour l'antisepsie chirurgicale s'appliquent de tous points à l'antisepsie des opérations faites. sur les animaux, dans un but expérimental. On conçoit, en effet, qu'une opération ou une expérience peut être viciée dans ses résultats par l'inoculation d'un microbe quelconque, faite inconsciemment, par les instruments et par les mains de l'expérimentateur. Tout ce que nous avons dit, dans le paragraphe précédent, de l'antisepsie du chirurgien, de celle de ses mains, de ses instruments, de la table d'opération, du local opératoire, etc., s'applique donc exactement au physiologiste et à son laboratoire. Les animaux servant aux opérations devront être soumis à une antisepsie préalable très minutieuse : lorsqu'il s'agit de mammifères, dont le pelage plus ou moins fourni est toujours un repaire de microbes, la région du corps où doit se faire une opération devra toujours être rasée très soigneusement, puis lavée et savonnée à l'eau tiède, enfin stérilisée au moyen d'un liquide antiseptique.

Il faut faire remarquer d'ailleurs que l'antisepsie dans le laboratoire de physiologie est très difficile à réaliser d'une manière irréprochable, non au moment même de l'opération mais pour les phénomènes consécutifs. Les animaux sont indociles; ils lèchent leurs plaies, défont les bandages, souillent de leurs excrétions toutes les pièces du pansement, si bien qu'il faut des précautions spéciales et minutieuses pour assurer une antisepsie parfaite. Celle-ci est cependant nécessaire, si l'on veut faire réussir certaines opérations graves (ablation d'organes : pancréas, estomac, intestin, rein, cerveau, etc.). Le physiologiste qui veut conserver les animaux opérés n'a plus le droit d'ignorer les règles d'une sévère antisepsie.

Les laboratoires où l'on fait des expériences de cultures microbiennes devront être l'objet d'une surveillance spéciale. E. Klein a appelé le premier l'attention sur les singulières erreurs qui peuvent être commises, dans ces laboratoires, faute d'une observation suffisante des règles de l'asepsie ou de l'antisepsie (*Microbes et Maladies*, trad. française, 1re éd., 1885, pp. 228 et suiv.). Ayant l'intention d'inoculer un cochon d'Inde avec le sang d'un chien atteint de la maladie des jeunes chiens, Klein fut fort étonné de voir l'animal inoculé mourir en deux jours avec tous les symptômes du charbon : le sang renfermait des *Bacillus anthracis.* Une enquête prouva que des expériences sur ce dernier microbe avaient été faites *dans le cabinet voisin;* les spores de cette bactérie avaient dû être transportées par les vêtements des physiologistes se rendant visite d'un cabinet à l'autre, et s'étaient fixées aux tables, au parquet et au pelage du cobaye soumis à cette expérience. Dans un autre cas, un animal inoculé avec une culture atténuée du *Bacillus anthracis* fut trouvé quelque temps après atteint de tuberculose généralisée : les notes du laboratoire prouvèrent que, le jour de l'inoculation, de la matière tuberculeuse avait été maniée dans le même cabinet. Les instruments d'ailleurs avaient toujours été différents. L'histoire du prétendu bacille du jequirity (qui n'est autre que le *Bacillus subtilis*) se rattache au même ordre d'erreurs ou de fautes contre l'asepsie.

On doit donc établir comme règle générale que la salle destinée aux opérations, dans un laboratoire, sera complètement séparée et isolée des salles où se font les expériences de cultures microbiennes, et aussi éloignée que possible de celles-ci. Les liquides préparés, devant servir aux inoculations, seront transportés dans des flacons soigneusement bouchés et en s'entourant de toutes les précautions désirables. Les visiteurs prendront, avant d'entrer, les mêmes précautions d'antisepsie que le physiologiste et ses aides. Le balayage et le lavage des parquets des tables sera fait à une heure aussi éloignée que possible des opérations projetées, et un arrosage fait en temps utile abattra la poussière qui renferme toujours des spores de microbes. Les murs seront blanchis à la chaux et les meubles très simples réduits au strict nécessaire, afin que leur nettoyage antiseptique puisse se faire facilement et aussi souvent qu'il est nécessaire.

Dans les laboratoires de cultures microbiennes on tiendra les tubes et flacons d'expériences soigneusement bouchés. On a inventé des appareils spéciaux qui permettent d'ensemencer un milieu de culture en se mettant à l'abri des germes de l'air. Les instruments et procédés nécessaires sont décrits dans les traités de Bactériologie (Voy. ce mot).

Bibliographie. — Bouchard. *Thérapeutique des maladies infectieuses*, 1889. — Trouessart. *La Thérapeutique antiseptique*, 1892. — Terrillon et Chaput. *Asepsie et antisepsie chirurgicales*, 1893. — Le Gendre, Barette et Lepage. *Antisepsie médicale et chirurgicale*, 1889. — Cornil et Babès. *Les Bactéries*, 3e édit., 1890. — F. Terrier. *L'asepsie en chirurgie* (*Revue de chirurgie*, 1894, t. xiv, pp. 829-915). — Tarnier. *Asepsie et antisepsie en obstétrique*, 1894.

E. TROUESSART.

ANTISEPTIQUES. — On désigne aujourd'hui sous ce nom les substances chimiques capables de détruire ou d'empêcher le développement des microbes pathogènes et de neutraliser l'action des principes septiques sécrétés par ces microrganismes. — Avant l'introduction de la doctrine microbienne en pathologie, on désignait sous le nom d'*antiseptiques* « les substances qui préviennent la putréfaction » (*Dictionnaire de* Nysten, édit. de 1864). Dès cette époque, on distinguait les antiseptiques des *désinfectants*; on définissait ceux-ci : « toute substance qui, par une action mécanique ou chimique, masque, neutralise ou détruit *les matières organiques qui vicient l'air atmosphérique* » (*Loc. cit.*). Cette définition, très vague ou trop exclusive, manquait de précision, puisqu'il est dit, quelques lignes plus loin, que « les essences et les camphres agissent en empêchant les *dédoublements des substances organiques putrescibles et fermentescibles* », ce qui aurait dû faire ranger ces substances parmi les antiseptiques. Quant au dédoublement des substances organiques putrescibles et fermentescibles, on admettait qu'il se faisait par une action physico-chimique très obscure désignée sous le nom d'action « *catalytique* ». On sait aujourd'hui que cette action « catalytique » n'est que le résultat de l'activité vitale (nutrition et sécrétion) d'organismes inférieurs appartenant pour la plupart au règne végétal et que l'on désigne sous les noms de ferments organisés et de microbes.

Le terme d'antiseptique doit donc s'appliquer également à toute substance qui empêche la décomposition des matières organiques mortes. On sait que ces matières sont facilement la proie des microbes ; telles sont les sécrétions, les déjections et tous les déchets de l'organisme, qu'ils résultent du travail normal de rénovation des tissus ou d'un travail morbide, tel que l'inflammation, la nécrose, etc. Le terme de désinfectant est souvent appliqué indifféremment à toutes les substances qui agissent, *en dehors de l'organisme*, sur les matières organiques en putréfaction ou sur les gaz délétères de nature purement chimique. Il y aurait avantage à réserver pour ces derniers le terme de désinfectants et à désigner toujours sous le nom d'antiseptiques les substances qui agissent sur les substances organiques en putréfaction, c'est-à-dire sur les décompositions dues à l'intervention de microbes.

Les premiers antiseptiques connus étaient désignés sous le nom de *spécifiques* en raison de leur action spéciale, reconnue depuis longtemps, sur certaines maladies.

On a montré au mot **Antisepsie**, quelle est d'une façon générale l'utilité et le mode d'application de la méthode antiseptique. On examinera plus particulièrement ici les antiseptiques au point de vue de leur action sur les microbes et sur l'organisme lui-même, quand on s'en sert dans un but thérapeutique ou prophylactique.

Nature de l'intervention antiseptique. — Ce qui frappe tout d'abord, lorsqu'on cherche à se rendre compte du rôle de l'intervention antiseptique dans les maladies, c'est que le médicament antiseptique répond à une indication toute spéciale et très différente de celle des autres médicaments. Ceux-ci doivent agir sur l'organisme lui-même, soit en modifiant ses fonctions dans un sens favorable à la guérison (*médicaments eusthéniques*), soit en calmant simplement la souffrance (*hypnotiques*), et ne peuvent agir utilement que sur les cellules saines de nos organes.

Tout autre est le rôle du médicament antiseptique. Évitant, autant que possible, d'agir sur les cellules saines, son action est au contraire dirigée contre les agents de maladie venus du dehors, ou contre ces cellules mortes, véritables déchets de l'organisme qui offrent une proie facile aux microbes. En outre, la médication antiseptique s'adresse directement à la *cause même* de l'affection, et c'est par là seulement qu'elle peut être considérée comme ayant le pas sur les autres médications. Mais, si elle ne prévient pas toujours cette cause (ce qui est le but de l'antisepsie prophylactique), elle l'empêche tout au moins de prolonger et d'accroître ses effets.

Procédés employés pour fixer la valeur des divers antiseptiques. — Les antiseptiques actuellement en usage sont, ou des médicaments anciennement connus et employés empiriquement comme *spécifiques* ou *désinfectants*, ou des produits nouveaux introduits dans la matière médicale par les progrès de la chimie moderne. D'ordinaire la composition de ces produits permet de les considérer, a priori, comme doués de propriétés antiseptiques. Dans tous les cas, il convient de se rendre compte, d'une façon précise, de la double action de ces substances sur les microbes et sur l'organisme de l'homme. Il importe, en effet, de donner l'antiseptique à la plus faible dose que comporte son action utile, en vertu du principe thérapeutique : « *primo non nocere* », la plupart des antiseptiques étant des poisons à haute dose.

On expérimente donc ces produits chimiques dans les laboratoires, et les expériences sont de trois ordres.

1° Pour connaître l'action du produit examiné sur un microbe pathogène donné, on prend une culture *in vitro* de ce microbe, ensemencée dans un milieu nutritif analogue à celui des liquides que le microbe trouve dans l'organisme, et, lorsque cette culture est en plein développement, on y ajoute une solution plus ou moins concentrée de l'antiseptique en expérience. Au moyen de tâtonnements successifs on arrive à déterminer d'une façon précise quelle est la quantité minimum de l'antiseptique qui arrête complètement le développement du microbe. Dans une autre série d'expériences l'antiseptique est ajouté préalablement au milieu nutritif que l'on ensemence ensuite à l'aide du même microbe : on détermine ainsi quelle est la quantité minimum de l'antiseptique qui neutralise le milieu nutritif, c'est-à-dire qui empêche tout développement du microbe dans ce milieu : c'est l'*équivalent antiseptique*.

2° Pour connaître l'action toxique du même produit sur des animaux d'une organisation plus ou moins semblable à celle de l'homme (chiens, lapins, cobayes, etc.), on administre à ces animaux par l'estomac, en injection sous-cutanée, mais de préférence en injection intra-veineuse, des doses progressivement croissantes, afin de fixer la dose maxima qui peut être administrée sans danger, à ces animaux d'abord, puis à l'homme lui-même : cette dose est ce qu'on appelle l'*équivalent toxique*.

3° Dans une troisième série d'expériences, on cherche à apprécier le rôle thérapeutique de l'antiseptique examiné. Pour cela, on inocule à un animal le microbe qu'il s'agit de combattre, et, lorsque ce microbe a produit la maladie dont il est l'agent pathogène, on administre à l'animal l'antiseptique dont on veut apprécier la valeur, à la dose que les expériences précédentes ont indiquée.

Un second animal, inoculé de la même manière, ne reçoit pas d'antiseptique, et sert de témoin. On arrive ainsi à fixer l'*équivalent thérapeutique* du produit en question.

On peut encore suivre la marche inverse, c'est-à-dire donner l'antiseptique avant d'inoculer la maladie, ce qui permet d'apprécier l'*équivalent prophylactique* du produit expérimenté.

Si les expériences ainsi faites donnent un résultat favorable, on en fait l'application à la thérapeutique humaine. Comme nous l'avons déjà dit (voy. **Antisepsie**), les injections intra-veineuses jusqu'ici ne sont pas praticables, ou à peine praticables, sur l'homme.

Équivalent antiseptique. — Dans les recherches relatives aux antiseptiques on s'est généralement borné, jusqu'à ce jour, à déterminer la dose qui empêche la germination de tel ou tel microbe dans 1000 grammes de bouillon (de culture). C'est l'*équivalent antiseptique*, dose bien inférieure à celle qui tue le microbe, mais supérieure, de moitié, au moins, à celle qui retarde seulement la germination, et qui est déjà une dose fort utile en thérapeutique (BOUCHARD). — L'expérience montre, en effet, que, lorsqu'on emploie les antiseptiques dans un but thérapeutique, il n'est nullement besoin d'atteindre la dose qui tue le microbe et qui, souvent, peut être offensive pour l'organisme lui-même ; d'ordinaire la dose qui neutralise le microbe, c'est-à-dire celle qui empêche sa reproduction et son développement ultérieurs, qui le met hors d'état de sécréter sa toxine, est suffisante pour permettre à l'organisme de reprendre l'offensive et d'expulser l'agent pathogène à l'aide des seuls moyens qui sont en son pouvoir (*auto-antisepsie*).

Un grand nombre d'auteurs ont publié le résultat de leurs recherches sur l'*équivalent antiseptique* comparé des médicaments étudiés par eux. JALAN DE LA CROIX (1881), MIQUEL (1883), BOUCHARD et TAPRET (1888) et d'autres ont donné ces résultats sous forme de tableaux synoptiques que l'on trouvera reproduits à la fin de cet article.

Équivalent toxique. — La recherche de l'équivalent toxique présente une grande importance, puisque c'est sur elle qu'est basée la possibilité de l'emploi de l'antiseptique dans l'organisme. BOUCHARD considère comme tel : « la quantité de l'antiseptique nécessaire pour *tuer un kilogramme de matière vivante* » appartenant à l'animal sur lequel on expérimente ; cette quantité étant variable d'une espèce à l'autre. En médecine humaine, l'équivalent toxique sera donc *la quantité de l'antiseptique nécessaire pour tuer un kilogramme du corps de l'homme*. Cet équivalent varie d'ailleurs, non seulement suivant le poids du sujet en expérience, mais suivant l'âge, le sexe, l'accoutumance ou la disposition du moment, ou suivant des *idiosyncrasies* tout à fait individuelles. « La notion de l'*équivalent toxique* doit suivre la notion de l'équivalent antiseptique » (BOUCHARD). — BOUCHARD et TAPRET ont donné un tableau de cinquante substances (empruntées pour la plupart à la chimie minérale et usitées en médecine), indiquant la dose à laquelle les solutions de ces substances injectées dans une veine périphérique amènent la mort d'un kilogramme de matière vivante (*équivalent toxique*). On trouvera ce tableau reproduit plus loin.

Équivalent thérapeutique. — Ce dernier équivalent se trouve naturellement compris entre l'équivalent antiseptique et l'équivalent toxique, c'est-à-dire que cet équivalent sera toujours représenté par des chiffres inférieurs à ceux de l'équivalent toxique, mais généralement supérieurs à ceux de l'équivalent antiseptique.

Pour obtenir cet équivalent sur les animaux, BOUCHARD injecte l'antiseptique directement dans une veine, et considère comme représentant cet équivalent *la dose qui a été injectée au moment précis où se manifestent les premiers effets physiologiques* (dilatation pupillaire pour l'atropine, narcose pour l'alcool). La voie digestive et la voie hypodermique, bien que seules employées, jusqu'à présent, en thérapeutique humaine, ne peuvent donner de résultats aussi précis, en raison de la lenteur de l'absorption par les voies stomacale et sous-cutanée.

Considérations générales sur les antiseptiques. — Les substances que l'on désigne sous le nom d'antiseptiques appartiennent à la chimie minérale (ou inorganique) et à la chimie organique. Il convient d'étudier séparément ces deux ordres d'antiseptiques.

Les *substances métalliques* qui jouent le rôle d'antiseptiques énergiques sont, comme j'ai été le premier à le faire remarquer, des *substances qui n'existent pas à l'état normal dans l'organisme*, et qui sont *peu répandues dans la nature*, ce qui explique l'efficacité de leur action sur les microbes ; mais on ne doit pas oublier que, pour la même raison, la plupart de ces substances sont, à forte dose, des poisons violents.

« Lorsqu'on jette un coup d'œil général, dit DUJARDIN-BEAUMETZ, sur l'ensemble des chiffres donnés par MIQUEL (*Tableau des substances antiseptiques*), on peut en tirer quelques conclusions assez importantes ; c'est d'abord le rang très élevé d'asepsie qu'occupent dans cette échelle les métaux nobles, tels que le mercure, le platine, l'argent et l'or. Dans un rang secondaire, il faudrait placer les métaux communs, tels que le cuivre, le fer, etc. Dans un troisième rang, les métaux alcalins terreux, et en quatrième lieu les métaux alcalins » (*Les nouvelles médications*, 1re série, 1886, p. 73).

Quant aux *métalloïdes*, c'est *le plus ou moins d'affinité que ces corps présentent pour l'hy-drogène* qui paraît servir de règle à leur pouvoir antiseptique. Le chlore, le brome et l'iode, qui se combinent à volume égal avec l'hydrogène, sont des antiseptiques énergiques, et le chlore, qui s'unit directement à l'hydrogène, sous l'influence de la lumière diffuse, est plus puissant que les deux autres : mais son pouvoir toxique est proportionnel à son pouvoir antiseptique, et il en est de même des autres métalloïdes_de ce groupe (corps halogènes).

Les *sels* paraissent avoir un pouvoir antiseptique et une toxicité en rapport inverse de leur abondance dans la nature et plus particulièrement dans les tissus des êtres vivants. Les sels de sodium, de potassium, de fer, qui sont plus ou moins répandus dans les tissus de l'homme, des animaux et des plantes qui leur servent de nourriture — et qui servent aussi à la nourriture des microbes pathogènes, — ne sont pas toxiques ou ne le sont qu'à haute dose, tandis que les sels d'argent, de mercure, de cuivre, de plomb, qui sont très rares dans l'organisme, sont à la fois toxiques et antiseptiques. Ch. Richet a insisté sur ce point, en étudiant la fermentation lactique (C. R., 20 juin 1892, t. cxiv, p. 1494) et Chassevant a présenté divers exemples très caractéristiques de ces différences (*Action des sels métall. sur la fermentat. lactique. D. P.*, 1893).

L'atomicité ne joue ici qu'un rôle secondaire, tandis qu'elle est très importante dans la composition des substances organiques antiseptiques.

Les acides sont beaucoup plus antiseptiques que les bases : Miquel énumère dix-sept acides dont le pouvoir microbicide a été constaté, tandis que l'ammoniaque et surtout la soude caustique, même à haute dose, ne sont que des antiseptiques faibles. On sait d'ailleurs que les bactéries prospèrent dans un milieu nutritif neutre ou légèrement alcalin, tandis que le moindre excès d'acide les empêche, à quelques rares exceptions près, de se développer. Les acides minéraux sont plus antiseptiques que les acides organiques. Notons que cette action des acides sur les bactéries ne s'étend pas aux champignons du groupe des ferments ou levures : celles-ci prospèrent au contraire dans un milieu acide, comme on l'observe dans beaucoup de fermentations et dans le *muguet* (*Saccharomyces albicans*).

Le pouvoir antiseptique des sels dépend à la fois de la nature du métal dont l'oxyde ou l'hydrate leur sert de base, et de celle du métalloïde qui joue le rôle d'acide dans leur composition. Ainsi, bien que la plupart des sels de potassium soient des antiseptiques faibles, le *bromure* et l'*iodure de potassium* ont leur pouvoir antiseptique élevé par la présence du brome et de l'iode. De même, les sels riches en oxygène, tels que le *permanganate* (KMn^2O4), le *bichromate* ($Cr^2O^7K^2$) et le *chlorate* ($KClO^3$), sont rendus antiseptiques par la proportion considérable d'oxygène qu'ils renferment et qu'ils cèdent facilement aux matières organiques avec lesquelles on les met en contact. Les chlorates agissent peut-être aussi par le chlore mis en liberté dans cette réaction.

Les *antiseptiques organiques* sont aujourd'hui beaucoup plus nombreux que les autres et ce sont ceux qui doivent avoir la préférence dans le traitement des maladies internes, leur pouvoir toxique n'étant pas en proportion de leur pouvoir antiseptique. Nous rechercherons plus loin la cause de cette heureuse propriété.

Les recherches de Rottenstein et Bourcart (*Les Antiseptiques*, 1891) tendent à prouver que le pouvoir antiseptique des substances organiques dépend du *groupement des atomes* de carbone, hydrogène, oxygène, azote, etc., qui constituent leur molécule chimique, *surtout du nombre de ces atomes*, et qu'il est d'autant plus énergique que ce nombre est plus grand.

Le pouvoir antiseptique d'un composé organique est directement proportionnel au nombre des groupes d'hydrocarbures ($C^{10}H^7$ ou *naphtyl*, C^6H^5 ou *phényl*, CH^3 ou *méthyl*) ou d'halogènes (chlore, brome, iode) qui se trouvent liés ensemble dans la molécule élémentaire de ce composé chimique. Le groupe *naphtyl* est environ une fois plus antiseptique que le groupe *phényl*, et celui-ci est cinq ou six fois plus énergique que le groupe *méthyl*.

Notons à ce propos que la comparaison des *poids absolus* de substance antiseptique si intéressante et importante qu'elle soit, devrait être remplacée, au moins pour la théorie, par la comparaison des *poids moléculaires*. Ainsi si le phénol (dont le poids moléculaire est de 94) et le biiodure de mercure (dont le poids moléculaire est 456) même à poids égal, avaient le même pouvoir antiseptique, au point de vue de la molécule même, ils auraient une valeur antiseptique différente, une molécule de biiodure de mercure étant, dans cette hypothèse, 3 fois plus antiseptique qu'une molécule de phénol. De fait le mercure est 300 fois plus toxique que le phénol, et par conséquent, à dose moléculaire, 1500 fois plus toxique.

L'oxygène combiné à C et H, et même à Az, augmente de beaucoup le pouvoir bactéricide des dérivés de ces hydrocarbures. — L'azote, au contraire, combiné ou non avec un ou deux atomes d'hydrogène, *abaisse toujours le pouvoir* antiseptique d'une combinaison organique, et d'autant plus qu'il est lié à un ou deux équivalents d'hydrogène. Il n'y a d'exceptions que pour le groupe *cyanogène* (CAz) qui se comporte comme un métalloïde halogène, et se montre au moins aussi actif que le chlore, et pour le groupe *ammonium* (AzH^4) qui se comporte comme un métal. Tous deux sont des poisons violents, et leurs composés organiques présentent des propriétés analogues.

La substitution, dans un groupe *Amide* (AzH^2), d'un groupe naphtyl, phényl, etc., à un ou deux équivalents d'hydrogène, relève immédiatement le pouvoir bactéricide du composé.

Enfin, lorsqu'on étudie l'action des antiseptiques sur les microbes, on doit distinguer deux choses : 1° l'effet du composé lui-même sur les microbes ; 2° l'effet des produits de la décomposition de ces substances par les bactéries ou par les substances organiques mortes sur les bactéries elles-mêmes.

Ces considérations générales jettent quelque lumière sur le mode d'action des antiseptiques d'origine organique, si bien que l'on a pu dire qu' « à partir d'aujourd'hui il sera possible, dès que l'on connaîtra la composition chimique d'une substance, d'en établir non seulement le pouvoir antiseptique, mais aussi de comparer ce pouvoir à celui des autres substances déjà classées » (ROTTENSTEIN et BOURCART).

Une dernière remarque ressort de ces considérations. Nous avons vu qu'en chimie organique, les composés les plus complexes, au point de vue atomique, étaient ceux qui, toutes choses égales d'ailleurs, présentaient le pouvoir antiseptique le plus manifeste, tout en ayant une action toxique très faible. De même, l'expérience a montré, en chimie inorganique, que le mélange de plusieurs antiseptiques (minéraux) donnait *un produit plus antiseptique, sans être plus toxique* que chacun des antiseptiques pris séparément (BOUCHARD). Du rapprochement de ces deux faits on peut tirer l'indication suivante : c'est qu'il y aura intérêt à chercher à obtenir des *produits inorganiques bien définis,* au point de vue de leur composition chimique, en faisant réagir les uns sur les autres les principaux antiseptiques d'origine minérale actuellement connus, afin de pouvoir substituer à de *simples mélanges* des corps spécifiquement cristallisables, présentant par suite plus de garanties que les mélanges, et jouissant comme ceux-ci de la propriété d'être des antiseptiques énergiques, tout en ayant une action toxique très faible. Nous examinerons plus loin les résultats auxquels on est arrivé dans cette voie.

Excipients ou véhicules des antiseptiques. — Les excipients ou véhicules qui servent à dissoudre les substances antiseptiques méritent une certaine attention ; car de leur nature dépend souvent le plus ou moins d'action utile et le plus ou moins de toxicité de l'antiseptique lui-même. La plupart des véhicules actuellement usités sont, par eux-mêmes, des antiseptiques (alcool, glycérine, vaseline). L'alcool et la glycérine, qui dissolvent un grand nombre de substances insolubles dans l'eau, agissent sur les microbes, non seulement par leur composition chimique, mais encore par une action physique qui se rattache à l'avidité de ces substances pour l'eau ; la glycérine, notamment, entrave et arrête le développement des microbes, parce qu'elle modifie instantanément les conditions hygrométriques des tissus et du milieu de culture, naturel ou artificiel, aux dépens desquels vivent ces microbes. La glycérine est donc, par elle-même, un excellent antiseptique, que l'on peut, dans la plupart des cas, substituer à l'alcool pour aider à dissoudre un corps peu ou pas soluble dans l'eau ; cependant la solution aqueuse doit contenir moins de 50 p. 100 de glycérine. Toutes les fois que la substitution peut se faire, on doit préférer la glycérine, qui est beaucoup moins irritante, c'est-à-dire beaucoup moins toxique que l'alcool (équivalent toxique : 14 cc. par kilo au lieu de 3 cc. pour l'alcool).

De même les antiseptiques réduits en poudre très fine présentent, sous cette forme, des avantages que l'on utilise dans le traitement des plaies ou dans l'antisepsie du canal digestif. Ces composés pulvérulents sont ou insolubles ou lentement solubles, et même, lorsqu'ils sont facilement solubles, cette opération modifie les conditions hygrométriques du milieu dans un sens défavorable au développement des microbes. En outre, lorsqu'ils se décomposent lentement au contact de ces derniers ou des substances organiques qui leur servent d'aliment, ils mettent en liberté, *à l'état naissant*, des produits dont l'action antiseptique s'exerce avec une plus grande intensité sur le milieu de culture dans lequel on les a introduits. C'est ainsi que l'iodoforme en poudre agit, très probablement, sur les plaies suppurantes, par un lent dégagement d'iode à l'état naissant.

Antiseptiques fournis par la chimie organique. — Nous ne pouvons faire ici l'étude complète des antiseptiques organiques actuellement usités : il suffira de citer ceux qui ont actuellement le plus d'importance en thérapeutique, dans l'ordre où il convient de les étudier d'après leur composition :

1° Hydrocarbures saturés, série grasse ou dérivés du méthane. — Pétrole, vaseline, alcools méthylique, etc., glycérine, chloroforme, chloral, iodoforme, iodol, bromol, acides organiques, cyanogène, sulfure de carbone.

2° Hydrocarbures de la série aromatique ou dérivés de la benzine. — Benzine, fuchsine, phénols et acide phénique, créosote, résorcine, gaïacol, salol, thymol, aristol, camphre, etc., acide salicylique, etc., naphtols, benzonaphtol, microcidine, essences de mirbane, d'amandes amères, de moutarde, etc., exalgine, antipyrine, etc.

Pour les détails relatifs à ces composés, nous renvoyons aux divers ouvrages mentionnés dans la bibliographie.

Parmi les antiseptiques, les essences méritent une mention spéciale en raison de leurs propriétés très actives sur les microbes. CHAMBERLAND, qui a fait une étude spéciale (*Annales de l'Institut Pasteur*, 1887) des plus usitées de ces essences (origan, santal citrin, canelle de Ceylan, canelle de Chine, essence de girofles, de genièvre, d'artemise), leur a reconnu un pouvoir antiseptique égal à celui du sulfate de cuivre (rangé parmi les substances *très fortement* antiseptiques), mais inférieur à celui du sublimé. — Les essences sont des hydrocarbures de la formule $C^{10}H^{16}$ (qui est le *camphène* ou essence de camphre) et les *camphres* n'en diffèrent que par la présence de l'oxygène. Le *thymol* (qui est le camphre de l'essence de thym), est, ainsi que l'acide thymique, un antiseptique puissant, qui n'a contre lui que son prix élevé.

BOUCHARD a étudié, de son côté, l'action antiseptique des essences. Six de ces essences sont considérées par lui comme ayant un pouvoir antiseptique comparable à celui des sels mercuriels (essences d'origan, de canelle de Chine et de Ceylan, d'angélique, de vespétro et de géranium d'Algérie). Un mélange de ces six essences, expérimenté au point de vue antiseptique et toxique, s'est montré supérieur au naphtol : on n'en a pas encore fait l'application à la médecine humaine; mais il est à désirer que de nouvelles recherches soient entreprises dans ce sens, bien que les essences soient des produits assez coûteux.

Mélanges de plusieurs antiseptiques minéraux, et antiseptiques minéraux de composition complexe. — Comme nous l'avons déjà dit, on a cherché par l'association de plusieurs antiseptiques empruntés à la chimie inorganique à imiter ce qui se passe pour les produits organiques, c'est-à-dire à obtenir des *composés fortement antiseptiques, tout en étant faiblement toxiques*. La plupart de ces composés actuellement usités sont de simples mélanges : c'est ainsi que l'adjonction du chlorure de sodium ou de l'acide tartrique à une solution aqueuse de sublimé rend cette solution à la fois plus parfaite et plus antiseptique. En effet l'addition de l'acide chlorhydrique ou de l'acide tartrique (dans la proportion de 5 pour 1000) empêche le sel mercuriel de former un *albuminate* insoluble en présence des matières albuminoïdes de l'organisme. La solution de sublimé est donc plus active à plus faible dose. Des mélanges très complexes du même genre ont été proposés par divers auteurs, et l'on a même associé les antiseptiques organiques aux antiseptiques inorganiques. Il serait bien préférable d'avoir des produits définis fournis par la réaction mutuelle des principaux antiseptiques.

On a proposé récemment le sulfoxychlorure de mercure borico-aluné, qui se présente sous forme d'une solution faiblement colorée en jaune et sans odeur : cette solution cristallise, par simple évaporation, en paillettes d'un jaune citron. Expérimenté au laboratoire de bactériologie de l'Hôpital International, cet antiseptique a donné les résultats suivants : les spores charbonneuses sont détruites en 15 minutes, alors que le sublimé ne donne le même résultat qu'au bout de 24 heures et l'acide phénique au bout de 48 heures. Une solution à 5 ou 8 p. 100 empêche le développement du bacille d'EBERTH, du streptocoque de l'érysipèle et des *Staphylococcus albus* et *aureus*, tuant ces bactéries en moins de 5 minutes. La désinfection des matières en putréfaction à l'aide de cette solution est presque instantanée, comme le prouve la disparition de toute odeur, en 2 ou 3 minutes. L'avenir de l'antisepsie est aux composés de cette nature, c'est-à-dire à des corps à la fois faiblement toxiques et fortement antiseptiques.

APPENDICE

Nous croyons devoir donner ici les chiffres indiqués par divers auteurs pour la détermination de la valeur antiseptique de telle ou telle substance. Il est clair que ces chiffres sont modifiables suivant la manière de procéder et d'expérimenter. Mais ce ne sont que des modifications de détails, et on peut, grâce à la précision de ces recherches, d'ailleurs assez faciles, considérer la valeur antiseptique comparée des différents corps chimiques comme à peu près définitivement acquise.

Tableaux comparatifs des substances antiseptiques.

A. — Tableau de JALAN DE LA CROIX, résumé par DUCLAUX, indiquant les doses d'antiseptiques neutralisant l'action des bactéries pathogènes.

Les chiffres représentent le *nombre de milligrammes* employés pour empêcher le développement des bactéries et stériliser *un litre de jus de viande* servant de milieu de culture à ces bactéries.

ANTISEPTIQUES PURS	DOSES qui empêchent.	DOSES qui n'empêchent pas.	DOSES qui arrêtent.	DOSES qui n'arrêtent pas.	DOSES qui stérilisent.	DOSES qui ne stérilisent pas.
Sublimé corrosif. . . .	40	20	170	154	80	66
Chlore.	33	24	44	33	2 320	2 170
Chlorure de chaux à 98°.	90	76	268	224	5 880	3 875
Acide sulfureux	155	117	500	200	5 265	3 660
Acide sulfurique. . . .	170	120	500	300	8 620	4 900
Bromures	155	126	392	250	2 975	1 820
Iodures	200	150	646	500	2 140	1 916
Acétate d'alumine. . .	235	184	2 350	1 200	15 620	10 870
Essence de moutarde. .	300	175	1 690	1 220	35 700	25 000
Acide benzoïque. . . .	350	250	2 140	1 960	8 265	4 760
Borosalicylate de soude.	350	264	15 890	9 090	33 330	20 000
Acide picrique.	500	330	1 000	700	6 660	5 000
Thymol	445	450	9 175	4 715	50 000	27 780
Acide salicylique. . . .	1 000	893	18 660	12 820		28 570
Hypermanganate de K.	1 000	700	6 660	5 000	6 600	5 000
Acide phénique	1 500	1 000	45 550	23 810	376 000	250 000
Chloroforme.	11 110	8 930	8 930	7 460		1 250 000
Borax	15 140	12 990	20 830	14 500		83 350
Alcool	47 620	28 570	227 300	166 600		847 000
Essence d'eucalyptus. .	71 400	50 000	8 900	4 800		171 580

B. — Tableau de MIQUEL indiquant la plus petite quantité de substance antiseptique nécessaire pour empêcher la putréfaction d'un litre de bouillon de bœuf neutralisé, puis exposé aux germes de l'air :

1° Substances éminemment antiseptiques.

	grammes.
Bichlorure de mercure.	0,07
Nitrate d'argent.	0,08
Biiodure de mercure	0,025
Iodure d'argent.	0,030
Eau oxygénée	0,05

2° Substances très fortement antiseptiques.

	grammes.		grammes.
Acide osmique.	0,15	Iodure de cadmium.	0,50
Acide chromique.	0,20	Brome.	0,60
Chlore.	0,25	Iodoforme.	0,70
Iode.	0,25	Chlorure de cuivre.	0,70
Chlorure d'or.	0,25	Chloroforme.	0,80
Bichlorure de platine.	0,30	Sulfate de cuivre.	0,90
Acide cyanhydrique	0,40		

3° Substances fortement antiseptiques.

	grammes.		grammes.
Acide salicylique.	1,00	Acide chlorhydrique... } 2 à	3,00
Acide benzoïque.	1,10	— phosphorique... }	
Cyanure de potassium	1,20	Essence d'amandes amères. .	3,00
Bichromate de potasse.	1,20	Acide phénique	3,20
Acide picrique.	1,50	Permanganate de potasse	3,50
Gaz ammoniac.	1,40	Alun	4,50
Chlorure de zinc.	1,90	Tanin.	4,80
Acide thymique.	2,00	Acide oxalique. . . . }	
Sulfate de nickel.	2,50	— tartrique. . . . } 3 à	5,00
Nitrobenzine.	2,60	— citrique . . . . }	
Acide sulfurique . . . } 2 à 3,00		Sulfhydrate alcalin.	5,00
— azotique . . . }			

4° Substances modérément antiseptiques.

	grammes.		grammes.
Bromhydrate de quinine	5,50	Chloral.	9,30
Acide arsénieux	6,00	Salicylate de soude	10,00
Sulfate de strychnine	7,00	Sulfate de protoxyde de fer.	11,00
Acide borique.	7,50	Soude caustique	18,00

5° Substances faiblement antiseptiques.

	grammes.		grammes.
Éther sulfurique	22	Chlorhydrate de morphine	75
Chlorure de calcium	40	Chlorure de baryum	95
Borax	70	Alcool éthylique	95

6° Substances très faiblement antiseptiques.

	grammes.		grammes.
Chlorhydrate d'ammoniaque.	115	Bromure de potassium	240
Iodure de potassium	140	Sulfate d'ammoniaque	250
Chlorure de sodium.	165	Hyposulfite de soude	275
Glycérine	225		

C. — Tableau de BOUCHARD et TAPRET indiquant la dose à laquelle les divers agents solubles les plus employés, injectés dans une veine périphérique, amènent la mort d'un kilogramme de matière vivante (Équivalent toxique) :

SUBSTANCES ESSAYÉES.	TITRE de la SOLUTION.	DOSE MORTELLE pour 1 kilogr.	SUBSTANCES ESSAYÉES	TITRE de la SOLUTION.	DOSE MORTELLE pour 1 kilogr.
		grammes.			grammes.
Potasse	2/1000	0,125	Cholate de sodium. . .	2/100	0,54
Chlorure de potassium .	1/180	0,18	Choléate — . . .	2/100	0,46
Carbonate — . .	1/200	0,19	Tartrate de potasse et de		
Bicarbonate — . .	1/100	0,08	soude	5/150	0,64
Tartrate — . .	1/200	0,24	Tartrate de fer et de po-		
Nitrate — . .	1/200	0,17	tasse	5/150	0,38
Chlorate — . .	1/100	0,16	Tartrate de fer et d'am-		
Bichromate — . .	1/200	0,09	moniaque	5/150	0,49
Bromure — . .	1/100	0,25	Pyrophosphate de fer ci-		
Soude.	5/1000	0,39	tro-ammoniacal . . .	1/100	0,36
Arséniate de sodium . .	5/1000	0,225	Chlorure de fer et d'am-		
Azotite — . . .	2/100	0,89	monium	2/100	0,50
Azotate — . . .	4/1000	2,30	Citrate de lithine. . . .	1/100	0,254
Sulfite — . . .	1/6	2,03	Carbonate d'ammonia-		
Hyposulfite — . . .	15/100	3,90	que	1/100	0,24
Oxalate — . . .	1/200	0,10	Acétate d'ammoniaque .	1/100	0,28
Pyrophosphate — . . .	2/24	2,25	Sulfate — . .	2/100	0,38
Hypophosphite — . . .	1/100	2,00	Valérianate — . .	1/100	0,67
Phosphate — . . .	1/15	3,03	Bromure d'ammonium .	2/100	0,85
Sulfovinate — . . .	1/6	4,20	Chlorhydrate d'ammo-		
Lactate — . . .	1/6	3,01	niaque.	1/100	0,38
Citrate — . . .	5/100	0,70	Citrate de fer.	1/100	0,35
Tartrate — . . .	5/100	0,95	Tartrate —	2/100	1,51
Chlorate — . . .	1/20	0,40	Iodure —	2/100	1,34
Bromure — . . .	1/10	5,50	Perchlorure de fer . . .	5/400	0,88
Salicylate — . . .	4/100	0,90	Lactate de fer	3/240	0,57
Carbonate — . . .	1/25	3,00	Sulfate de fer dessé-		
Bicarbonate — . . .	4/100	1,75	ché	1/1000	0,29

D. Tableau de CH. RICHET indiquant la dose antiseptique comparée à la dose toxique pour les poissons, dans un litre de liquide (eau de mer et peptone)[1].

	Poids de métal[2] qui entrave la putréfaction.	Poids de métal qui tue un poisson en moins de 48 heures.
Mercure (Hg^2)	0,0055	0,00029
Zinc.	0,026	0,0084
Cadmium.	0,040	0,017
Cuivre (Cu^2)	0,062	0,0033
Nickel.	0,18	0,125
Fer (Fe^3.)	0,24	0,014
Baryum.	3,35	0,78
Lithium.	6,90	0,30
Magnésium.	7,20	1,50
Manganèse.	7,70	0,30
Ammonium.	18,70	0,064
Calcium.	30,00	2,40
Sodium.	24,00	24,00
Potassium.	58,00	0,10

1. *Action toxique comparée des métaux sur les microbes* (C. R., 1883, t. XCVII, p. 1004).
2. Les poids donnés se rapportent au poids du métal contenu dans le sel et non au sel lui-même. Tous les sels employés étaient des chlorures.

E. Tableau résumant, d'après CH. RICHET, les doses des divers antiseptiques.

NOMS DES SUBSTANCES.	1 [1]	2 [2]	3 [3]	4 [4]	5 [5]
	grammes.	grammes.	grammes.	grammes.	grammes.
Bichlorure de mercure.	0,05	0,04	0,07	0,04	0,07
Iode.	»	0,2	»	»	0,25
Chlorure de zinc.	»	»	0,03	»	1,4
Benzoate de soude.	0,5	0,3	»	0,18	»
Acide salicylique.	1,3	1,0	»	0,13	1,0
Phénol.	5,0	1,3	»	0,5	3,2
Chloroforme.	»	10,0	»	»	0,8
Acide borique	6,6	12,0	»	7,5	7,5
Chlorure de baryum	»	»	7,0	»	95,0
Alcool.	20,0	50,0	»	25,0	95,0
Chlorhydrate d'ammoniaque. . . .	»	»	54,0	»	113,0
Acide sulfurique.	»	1,7	»	6,0	2,5
Chlorure de sodium.	»	»	106,0	»	165,0

1. Buchholtz. *Antiseptica und Bacterien* (A. P. P., 1875, t. iv, p. 80).
2. Jalan de la Croix. *Das Verhalten der Bacterien des Fleischwassers gegen einige Antiseptica* (A. P., 1881, t. xiii, p. 175).
3. Ch. Richet. *Act. tox. comparée des métaux sur les microbes* (C. R., 1883, t. xcvii, p. 1004).
4. Marcus et Pinet. *Act. de quelques subst. sur les bact. de la putréfaction* (B. B., 1882, p. 718).
5. Miquel. *Organismes de l'atmosphère vivants* (D. P., 1883).

Bibliographie. — Outre les ouvrages indiqués à l'article **Antisepsie**, consultez : Adrian. *Petit formulaire des antiseptiques*, 1892. — Bardet. *Formulaire des nouveaux remèdes*, 1893.

Quant aux bibliographies spéciales, on les trouvera à **Iodoforme, Mercure, Phénol**, etc.

E. TROUESSART.

ANTISPASMODIQUES. — Substances thérapeutiques faisant disparaître l'état dit spasmodique qui, dans la terminologie scientifique actuelle, signifie contractures, crampes, convulsions toniques ou cloniques. Les antispasmodiques sont essentiellement des substances qui abolissent ou diminuent l'excitabilité des centres nerveux et spécialement les anesthésiques (Voyez **Convulsions**).

ANTITHERMIQUES. — Voyez **Chaleur** et **Fièvre.**

ANTITOXINES. — La notion des antitoxines est avant tout une notion d'ordre physiologique ; nous connaissons ces principes antitoxiques par leurs effets sur les tissus, par leurs propriétés, beaucoup plus que par leur constitution chimique, qui, en dépit de la consonnance, de la terminaison du mot, terminaison propre à faire croire à un alcaloïde, est à peine soupçonnée. Il n'y a pas, au moins jusqu'à présent, dans les substances désignées sous le nom d'antitoxines, de corps chimiques définis. Tout au plus, du reste, pourrait-on l'appliquer à quelques rares substances capables de neutraliser leurs effets toxiques, comme l'atropine et la pilocarpine (Voy. **Antagonisme**).

L'histoire de ces principes est intimement liée à celle de l'immunité, en particulier de l'immunité acquise, de l'immunité artificielle. Un animal subit l'action d'un virus, d'un microbe, par exemple du bacille de Nicolaïer ; il succombe au milieu des accidents tétaniques les plus caractérisés. Ses humeurs, à aucun moment, n'ont paru s'opposer au développement de l'agent pathogène, pas plus que, mélangées aux sécrétions de cet agent, elles n'ont atténué les propriétés nuisibles de ces sécrétions. Si, au contraire, on a pris soin, au préalable, de vacciner cet animal, si on lui a injecté les produits solubles de ce bacille de Nicolaïer, produits chauffés, préparés, les inoculations demeurent sans résultat. D'autre part, si on associe à ces produits solubles le sérum de cet animal rendu résistant, on constate que ces produits ont perdu en partie ou même en totalité leurs attributs necifs : ce sérum est devenu antitoxique.

Il existe donc un rapport étroit entre l'apparition de l'élément ou des éléments qui confèrent aux liquides ou tissus de l'organisme la puissance de neutraliser les effets des substances bactériennes et la réalisation de l'état réfractaire. — Étudier la genèse de cet état réfractaire, comme les faits l'établissent pleinement, c'est rechercher le pourquoi et le comment de la naissance des antitoxines.

Les doctrines relatives à ces questions, du moins celles qui, revêtues de quelque précision, ont commencé à s'appuyer sur des données positives, ne sont pas de date ancienne.

Théories de l'immunité. — Théorie de la soustraction. — Le 9 février 1880, dans une communication à l'Académie des sciences, PASTEUR, parlant de l'immunité qui succède à la lésion provoquée par l'inoculation de la culture atténuée du choléra des poules, s'exprimait en ces termes : « Le muscle qui a été très malade est devenu, même après guérison et réparation, en quelque sorte-impuissant à cultiver le microbe, comme si ce dernier, par une culture antérieure, avait supprimé dans le muscle quelque principe que la vie n'y ramène pas et dont l'absence empêche le développement du petit organisme. Nul doute que cette explication, à laquelle les faits les plus palpables nous conduisent en ce moment, ne devienne générale, applicable à toutes les maladies virulentes. »

Le 26 avril 1880, PASTEUR formule une autre hypothèse, celle qui invoque la matière empêchante, mais pour la combattre : « A la rigueur on peut se rendre compte des faits de non-récidive en admettant que la vie du microbe, au lieu d'enlever ou de détruire certaines matières dans le corps des animaux, ait ajoute au contraire, qui seraient pour ce microbe un obstacle à un développement ultérieur.

« Dans les cultures de notre microbe, il pourrait y avoir formation de produits dont la présence expliquerait, à la rigueur, la non-récidive et la vaccination. Nos cultures artificielles du parasite vont encore nous permettre de contrôler cette hypothèse. »

Il indique alors l'expérience suivante. Il évapore à siccité une culture de choléra des poules devenue stérile, dilue l'extrait avec du bouillon neut jusqu'à concurrence du volume primitif, puis ensemence avec succès; il en conclut qu'il n'y avait pas de matière empêchante. — Il ajoute : « On ne peut donc croire que pendant la vie du parasite apparaissent des substances capables de s'opposer à son développement ultérieur. Cette observation corrobore l'opinion à laquelle nous avons été conduit tout à l'heure. » (PASTEUR. *Sur les maladies virulentes et en particulier sur la maladie appelée vulgairement choléra des poules.* C. R., 1880, t. XC, pp. 239, 952, 1030).

Ainsi l'expérimentation semblait démontrer que, si une première invasion bactérienne rend impossible une nouvelle tentative, c'est parce que les agents pathogènes, au moment de cette première invasion, ont, en quelque sorte, épuisé le terrain, et fait disparaître des éléments indispensables à leur évolution.

Toutefois, il est permis de remarquer que l'économie, à certains égards, est bien différente d'un ballon, d'un tube de culture, d'un vase clos. Lorsqu'une substance a été supprimée, la vie des cellules, l'alimentation, la respiration, des apports variés, etc., peuvent la remplacer.

D'autre part, les recherches de divers auteurs, plus spécialement celles de BOUCHARD (*Leçons sur la Thérap. des Mal. inf.*, pp. 111 à 115. Paris, 1889), ont prouvé que, même *in vitro*, dans quelques cas au moins, l'évolution des germes prenait fin, soit parce que ces germes avaient consommé les principes nutritifs, soit aussi parce qu'ils avaient introduit, dans le milieu, des matières nuisibles pour eux-mêmes.

Du reste, ceux qui pensaient que l'immunité relevait de l'introduction de corps nouveaux ne se tinrent pas pour battus.

Théorie de l'addition. — CHAUVEAU crut démontrer la réalité de cette doctrine, dite doctrine de l'addition. — Il fit remarquer que les agneaux nés de brebis charbonneuses offraient, vis-à-vis de cette maladie, une certaine résistance. Considérant le placenta comme un filtre infranchissable pour les éléments figurés, pour les agents pathogènes vivants, pour la bactéridie, il pensa que cette vaccination était la conséquence du passage des produits solubles, créés par cette bactéridie, de la mère au fœtus (*Renforcement de l'immunité des moutons algériens à l'égard du sang de rate par des inoculations* *préventives. Influence de l'inoculation de la mère sur la réceptivité du fœtus. C. R.,* 19 juillet 1880, t. XCI, p. 148).

On sait que les découvertes ultérieures ont montré que cet organe placentaire n'est nullement imperméable aux infiniment petits. Cette constatation a porté atteinte à la rigueur de la démonstration.

TOUSSAINT, en injectant du sang charbonneux chauffé à 58°, fit apparaître l'immunisation. Il estima qu'elle était due aux substances dissoutes dans le sang, croyant que la chaleur avait anéanti tout corps vivant (*De l'immunité pour le charbon, acquise à la suite d'inoculations préventives. C. R.,* t. XCI, p. 135, 12 juillet 1880). En prouvant qu'il n'en était rien, et que cette température ne suffisait pas pour détruire tout germe organisé, on a établi le peu de solidité de cette conclusion.

C'est en 1885 que SALMON et SMITH sont parvenus à vacciner, contre le choléra des porcs, avec des toxines stérilisées. — Pourtant il semble que leurs expériences n'ont pas été réalisées dans des conditions exemptes de tout reproche. Ces savants n'ont chauffé qu'entre 56° et 60°, températures avoisinant précisément celles des recherches de TOUSSAINT, températures impuissantes à détruire l'ensemble des germes, surtout les sporogènes, températures insuffisantes dans ce cas particulier. Il convient cependant de reconnaître que ces expérimentateurs ont cru démontrer, par des ensemencements restés infructueux, que leurs cultures, après chauffage, étaient stériles. Mais cette démonstration n'a rien d'absolu; car MAXIMOVITCH a prouvé que, si les microbes ont subi de graves causes de détérioration, ils peuvent devenir incapables de se multiplier dans les milieux inertes, *in vitro,* même si la teneur du liquide n'est pas défavorable, alors qu'ils évoluent dans l'animal. De plus, pour établir, d'une façon indiscutable, qu'un liquide supposé pauvre en éléments figurés n'en contient plus aucun, il faudrait, en pleine rigueur, le semer entièrement. Il est également permis de remarquer que c'est au pigeon seul que SALMON et SMITH ont conféré l'immunité; or cet animal est, de leur propre aveu, à la limite de la réceptivité.

WOOLRIDGE (*A. Db.,* 1888, p. 527) traitant le *B. anthracis* par des extraits de thymus, et de testicules de veau, aurait obtenu par filtration des substances vaccinantes. Toutefois, d'une part, il ne s'agit pas là d'éléments d'origine bactérienne; d'autre part, jamais on n'a pu réaliser, en suivant ce procédé, la création de l'immunité vis-à-vis de la bactéridie. Cet auteur affirme, d'un autre côté, avoir pratiqué au même instant, avec succès, et l'inoculation positive de ce germe et l'injection de toxines charbonneuses rendant immédiatement l'animal invulnérable. Personne n'a, jusqu'à ce jour, observé, avec cette bactérie, des faits semblables; au contraire, si ces produits solubles pénètrent au moment où l'on introduit l'agent pathogène, loin de protéger, ils aggravent le mal. Il y a donc lieu de formuler des réserves, quel que soit d'ailleurs l'incontestable mérite de ces recherches.

Démonstration de la théorie de l'addition, de la doctrine de la vaccination à la suite de l'injection des toxines. — Le 24 octobre 1887 (*C. R.,* t. CV) j'indiquai la possibilité de vacciner, de rendre la résistance plus ou moins complète, plus ou moins durable, en injectant au préalable les produits solubles des cultures chauffés à 115°, ou filtrés à la bougie de porcelaine, c'est-à-dire parfaitement stérilisés.

Ces expériences n'ont jamais été attaquées; à l'heure présente, je ne vois pas encore par quelle fissure l'erreur aurait pu se glisser, d'autant plus que les confirmations ne se sont pas fait attendre.

Deux mois après, en décembre de la même année, ROUX et CHAMBERLAND, confirmant cette doctrine, annoncèrent que l'on réussit à faire apparaître l'immunité contre le germe de l'œdème malin, en se servant des humeurs des animaux tués par ce germe, humeurs renfermant les produits solubles issus du fonctionnement de ce germe. Pour le charbon symptomatique, pour la fièvre typhoïde, pour les infections expérimentales attribuables au pneumocoque, au streptocoque, etc., en moins de dix-huit mois après ma communication, des démonstrations analogues furent faites. La possibilité de vacciner, en suivant les procédés dont j'ai, le premier, établi la réalité par des expériences demeurées intactes, est aujourd'hui établie pour douze maladies, tandis qu'avant mes recherches, des tentatives incomplètes, n'ayant pas entraîné la conviction, n'avaient concerné que deux affections.

Diversité des modes de vaccination. — Assurément, il est possible de créer l'état réfractaire en ayant recours à d'autres procédés. On peut user des germes atténués; toutefois, si cette atténuation a dépassé le but, l'inoculation demeure sans effet; si elle a été trop incomplètement réalisée, on court le risque de provoquer une affection mortelle.

Dans quelques cas, on réussit en déposant le virus normal dans un point particulier, en se servant d'une porte d'entrée particulière. Injecté dans les veines, le charbon symptomatique protège contre la maladie mortelle qu'il détermine, lorsqu'on le place sous la peau, dans la profondeur du tissu cellulaire.

Certains microbes paraissent propres à immuniser contre des espèces différentes; d'autre part, des principes qui ne dérivent pas de la vie des bactéries semblent capables de jouer ce rôle de vaccins, etc. Il n'en demeure pas moins établi que c'est habituellement aux toxines que l'on s'adresse, quand on désire augmenter la résistance à l'infection.

Ainsi, avoir prouvé que l'injection de ces toxines accroît cette résistance, c'est avoir introduit, je pense, une notion d'une certaine importance, qui conduit à vacciner, aisément, avec plus de sécurité. Cependant le dernier mot n'est pas dit; on arrive à se demander par quels procédés ces toxines créent l'état réfractaire.

Les toxines ne vaccinent pas par elles-mêmes. — La première idée porte à supposer que ces matières interviennent à la façon des antiseptiques qu'on dépose dans un bouillon de culture. Cette idée ne résiste pas à l'examen; nous l'avons prouvé, Bouchard et moi.

En premier lieu, on ne saurait comparer l'économie vivante, pourvue d'organes de transformation et d'élimination, à un vase inerte, fermé. En second lieu, les substances bacillaires introduites s'échappent, comme s'échappent les médicaments. Bouchard, en reproduisant la paralysie pyocyanique avec les urines des lapins qui avaient reçu les principes créés par le bacille pyocyanique, avant tout autre, a mis en évidence cette élimination, attendu que, si ces urines provoquent les troubles que causent ces principes, c'est parce qu'elles les contiennent (*Thérap. Mal. Inf.* Paris, 1889). Roux et Yersin ont confirmé cette découverte dans leurs études sur la diphtérie.

D'autre part, avec Ruffer (*Mal. Pyocyan.*, D. P., 1889 et B. B., juillet 1891, p. 535), j'ai établi qu'au bout de quinze jours cette élimination prenait fin; C. Fränkel a vérifié cette assertion. Or l'immunité n'existe pas au moment où l'animal possède la plus grande partie de ces produits vaccinants, à savoir au moment où on vient de les injecter; à ce moment il est au contraire prédisposé, comme je l'ai vu, après Bouchard. Cette immunité n'apparaît que vers le quatrième ou le sixième jour, elle se poursuit longtemps après, alors que les produits vaccinants ont disparu. Il n'y a donc pas de relation directe entre cette immunité et la présence de ces produits; autrement dit ces produits n'agissent point par eux-mêmes. Voilà ce qui a été établi par Bouchard comme par moi, grâce aux études réalisées à l'aide du bacille pyocyanogène. Voilà pourtant ce que quelques-uns croient découvrir à nouveau, en prouvant que les principes nuisibles aux agents pathogènes ou à leurs sécrétions dérivent de la vie des tissus animaux.

Modifications des humeurs chez les vaccinés. — Découverte des principes dits bactéricides. — Dès lors il convenait de rechercher ce qui se passe chez les vaccinés.

Longtemps les recherches sont demeurées négatives. On cultivait le microbe, contre lequel on avait prémuni, dans des bouillons faits, les uns avec des tissus de sujets sains, les autres avec des tissus de réfractaires; on ne voyait aucune différence, et cela parce que, pour stériliser ces bouillons, on les chauffait, détruisant ainsi, comme on l'a vu plus tard, les principes protecteurs créés par la vaccination.

Grohmann, puis Fodor, Nuttal, Nissen, etc., ont reconnu que les germes poussaient moins bien dans les humeurs des réfractaires, si on ne chauffait pas ces humeurs au delà de 55°. Cependant, dans un de ses travaux, Nissen concluait en disant que ces différences étaient peu sensibles, inconstantes; le doute pouvait subsister relativement à ces différences entre les plasmas des animaux rendus résistants et ceux des animaux sains (Voir pour la bibliographie Barbier. *Rôle du sang dans la défense de l'organisme. Gaz. médic.*, 1891, nos 3, 4, 5, 6, etc.).

C'est à ce moment que j'ai repris la question, avec Roger (*B. B.*, 23 nov. 1889, p. 667). — Nous avons montré que le bacille pyocyanogène cultivé dans le sérum des lapins vaccinés pullulait moins abondamment, variait ses formes et surtout sécrétait moins de pigment.

C'est qu'en effet, et c'est là un point important que nous avons mis en évidence, les modifications humorales des vaccinés n'agissent pas sur les germes avec l'énergie des antiseptiques puissants, du sublimé par exemple; s'il en était ainsi, nos cellules seraien les premières à s'en plaindre; la vaccination, loin d'être utile, serait désastreuse. Ces modifications sont la conséquence de l'apparition des éléments dits bactéricides ou antitoxiques; ces éléments interviennent d'une manière plus ou moins vive, suivant l'intensité de la vaccination, l'immunité ayant tous les degrés; parfois ils ne font varier que les fonctions les plus délicates, les plus contingentes. Or nous avons vu que, pour ce bacille pyocyanogène, on influençait son pouvoir chromogène avant de toucher à sa reproduction; c'est ainsi que les antiseptiques exercent leur action; nous l'avons démontré. — Voilà pourquoi il nous a été donné de mettre en lumière avec certitude ce pouvoir bactéricide.

Nissen comptait, à l'aide de la méthode des colonies en plaques, le nombre des microbes développés soit dans le sérum des témoins, soit dans celui des vaccinés; il lui arrivait de ne pas trouver de différences toujours nettes. Nous savons aujourd'hui pourquoi; nous savons que ce défaut de différence tient à l'insuffisance d'action des substances germicides ou antitoxiques. Dans nos expériences, au contraire, alors même que le nombre n'était pas changé, grâce à la sensibilité des attributs pigmentaires, nous avons pu affirmer définitivement que, chez les vaccinés, les bactéries rencontrent des conditions peu favorables à leur évolution, attendu que tarir les sécrétions constitue un résultat considérable, ces bactéries agissant par leurs sécrétions; leur présence est chose secondaire, si elles sont inactives.

J'ai donc ainsi contribué à établir que la vaccination fait naître des substances qui, dans les plasmas, s'opposent à la libre pullulation, au libre fonctionnement des ferments figurés. Dès lors, les poisons font défaut; ils manquent de qualité comme de quantité pour réaliser les désordres morbides; dès lors, le mal avorte; dès lors, les germes atténués deviennent plus aisément la proie des phagocytes. Ce sont là des faits que j'ai constatés; beaucoup d'auteurs les ont observés, comme moi, dans leurs différents détails.

Découverte des éléments antitoxiques. — A ces notions qui mettent en évidence l'existence, chez les réfractaires, des corps nuisibles à l'évolution des microbes vivants est venue s'ajouter la découverte des propriétés antitoxiques des humeurs.

J. Héricourt et Ch. Richet ont d'abord montré que le sang des animaux vacciné contre le *Staphylococcus pyosepticus*, peut, s'il est transfusé à des animaux sensibles, leu conférer l'immunité (*De la transfusion péritonéale et de l'immunité qu'elle confère. C. R.* 5 nov. 1888, t. cvii, p. 748). Puis Bouchard a prouvé que cette activité antitoxique d sang était dans le sérum (*Réflexions à propos de la comm. de Ch. Richet, B. B.* 7 juin 1890, p. 361). Pour l'historique, voir Ch. Richet. *De l'hématothérapie en général Trav. du Lab.*, t. l, 1895, t. iii, pp. 233-263).

Plus tard Behring (*D. med. Woch.*, n° 49, 4 déc. 1890) a fait une série de recherche remarquables sur ce sujet en collaboration avec Kitasato. On vaccine un lapin contre l tétanos; on éprouve son immunité en lui injectant 10 centimètres cubes d'une cultur active qui tue à la dose de 0,5; ce lapin vacciné résiste. On prend du sang dans la caro tide de cet animal; immédiatement avant la coagulation, on introduit ce liquide dans l péritoine de deux souris, 0cc,3 chez l'une, 0cc,2 chez l'autre; au bout de vingt-quatre heures on leur inocule, ainsi qu'à deux témoins, des bacilles actifs. Ces témoins contractent l tétanos vers la vingtième heure; ils succombent aux environs de la trentième; les deu vaccinés ne sont pas malades. On laisse le sang de ce lapin se coaguler; on recueill une quantité de sérum assez grande; on fait pénétrer cette quantité, toujours dans l séreuse abdominale, chez six nouvelles souris, à raison de 0cc,2 par tête; elles reçoiver ensuite le virus, bien entendu, en même temps que des témoins. Ces témoins périssen les six autres n'éprouvent pas d'accident.

Ce sérum peut également être employé d'une façon thérapeutique. On inocul d'abord le liquide virulent; on injecte, en second lieu, le sérum en question; les suje ainsi traités survivent.

Cette humeur est capable de détruire une proportion énorme de poison tétanique, d'ailleurs très énergique; il suffit, en effet, $0^{mg},05$ d'une culture débarrassée des ferments figurés, pour anéantir une souris, au bout de quatre à six journées; $0^{mg},1$ la tue en moins de deux; or ce sérum s'oppose à ces actions nocives.

Cinq centimètres cubes du sérum d'un lapin vacciné sont mélangés à un centimètre cube de culture tétanique, et laissés en contact. On administre, à quatre souris, $0^{cc},1$ de ce mélange, soit $0^{cc},033$ de la culture, c'est-à-dire plus de trois cents fois la dose mortelle pour l'une d'elles; les quatre restent saines; des témoins qui ont eu $0^{cc},0001$ de bouillon, sans addition, meurent en trente-six heures. Toutes ces souris survivantes sont devenues réfractaires pour longtemps; plus tard, BEHRING et KITASATO les ont éprouvées par des microbes actifs sans les rendre souffrantes.

Le phénomène est très remarquable; car, au cours d'expériences antérieures, jamais les auteurs n'avaient trouvé ni une souris, ni un lapin, doués d'immunité naturelle; ils ont opéré sur d'autres sujets, tous étaient sensibles au tétanos. Jusqu'à ce jour, à l'Institut d'Hygiène de Berlin, on s'était inutilement efforcé de prémunir, contre cette affection, diverses espèces.

Mécanisme des effets antitoxiques. — Ces phénomènes d'atténuation des sécrétions microbiennes par le sérum des réfractaires une fois établis, cherchons à pénétrer le mécanisme de ces modifications des sécrétions toxiques des bactéries.

L'expérience dans laquelle le pouvoir antitoxique se manifeste avec le plus de netteté est celle où l'on mélange le sérum antitétanique avec la toxine. On verse dans une série de verres un volume connu d'une toxine très active, celle qui tue une souris à la dose de $1/1000^e$ de centimètre cube; on ajoute dans chacun des quantités variables de ce sérum anti-tétanique, dont le pouvoir préventif égale un trillion. Une partie de ce sérum suffit à rendre inoffensives 900 parties de toxine; un demi-centimètre cube du mélange injecté à un cobaye ne lui donne pas le tétanos, bien qu'il ne renferme qu'un 1800e de centimètre cube de sérum.

Pour BUCHNER, pour EHRLICH, l'antitoxine protège l'organisme; pour BEHRING, elle détruit les poisons bactériens. Les faits, on l'a vu, ruinent cette seconde hypothèse.

Du reste, dans l'état actuel de nos connaissances, l'utilité de ces actions antitoxiques paraît secondaire en matière d'immunisation. On admet généralement, en effet, que chez les sujets rendus résistants à un virus, le microbe, agent actif de ce virus, se développe peu, incomplètement, sécrète encore moins. Dès lors, on saisit par-dessus tout la mise en jeu des principes bactéricides, c'est-à-dire de ceux qui gênent le développement de ce microbe. Mais, du moment où ce microbe ne peut librement évoluer, il est incapable de fabriquer en grand des toxines, des toxines suffisantes en quantité comme en qualité. Il en résulte que neutraliser ou détruire ce qui n'existe pas ou ce qui existe à peine n'est pas absolument chose de première nécessité. Il en va|autrement, quand il s'agit d'attaquer une infection qui évolue, de procéder thérapeutiquement.

Le poison paraît donc annulé comme dans une opération chimique, où une quantité donnée d'un corps sature une quantité donnée d'un autre. Les choses ne se passent pas cependant avec cette simplicité. D'abord rien n'est plus difficile que de saisir le point exact de la saturation. BUCHNER a déjà vu qu'un mélange qui n'agit pas sur la souris est actif sur le cobaye. L'association de 900 parties de toxine et de 1 de sérum est inoffensive à la dose d'un demi-centimètre cube pour 8 cobayes sur 10; mais il en est 2, dans le lot, qui prendront un tétanos plus ou moins sévère, qui se comporteront comme des réactifs plus sensibles, en montrant qu'il y a encore du poison libre dans la liqueur. Si on diminue la proportion des toxines, si à 500 parties de toxines on ajoute une partie de sérum, un demi-centimètre cube de ce nouveau mélange ne produit aucun effet; toutefois 3 centimètres cubes donneront le tétanos.

Il n'y a pas là la netteté d'une réaction chimique. soit que nous manquions d'un réactif suffisant pour nous indiquer le point exact de saturation, soit peut-être que cette saturation ne puisse se réaliser, soit que toxine et antitoxine continuent à exister côte à côte. Des expériences de VAILLARD et ROUX (*Congr. de Budapest*, 1894) tendent à prouver qu'il en est ainsi.

On ne peut s'empêcher de rapprocher ces phénomènes de ceux qui sont conséquence de l'intervention de certains organes protecteurs des glandes internes, du foie, corps thyroïde, des capsules surrénales, etc., par exemple, organes qui, eux aussi, atténuent les poisons fabriqués dans l'organisme. Ces corps agissent probablement par la production d'antitoxines déversées dans le sang ; à moins que la cellule glandulaire parvienne à détruire les poisons qui circulent dans le sang, au fur et à mesure qu'elle est en rapport avec le liquide sanguin (V. CHARRIN et LANGLOIS. *Act. antitoxique du tissu des capsules surrénales. B. B.*, 1894, pp. 410-412).

Influences des modifications antérieures de l'organisme sur l'action des antitoxines. — On injecte à cinq cobayes neufs un demi-centimètre cube du mélange : toxine, 900 parties ; sérum, 1 partie ; aucun ne contracte le tétanos. — A cinq autres cobayes de même poids, ayant les meilleures apparences de santé, mais immunisés quelque temps auparavant contre le vibrion de Masaouah, on donne le même liquide à la même dose ; ils contracteront le tétanos ; bien plus, de semblables cobayes pourront être rendus tétaniques avec 1 tiers de centimètre cube de ce mélange de 500 parties de toxine pour 1 de sérum. — Des cochons d'Inde, qui reçoivent d'abord 1 centimètre cube de sérum préventif, actif au trillionième, c'est-à-dire une quantité capable de les immuniser des milliers de fois, puis, une dose mortelle de toxine tétanique, restent bien portants dans les conditions ordinaires. Plusieurs d'entre eux prendront le tétanos, si on leur injecte ensuite des produits microbiens, tels que ceux du bacille de KIEL, du *Bacterium coli* et d'autres bactéries. La toxine n'est donc pas détruite puisqu'elle donne le tétanos, même après plusieurs jours, aux cobayes dont on modifie la résistance.

De même une quantité de sérum antidiphtérique, amplement suffisante à préserver des cobayes neufs contre une dose mortelle de toxine, ne retarde pas la mort des cobayes de même poids qui ont subi des inoculations antérieures dont ils sont parfaitement rétablis. Et cependant, si l'antitoxine détruisait la toxine, cette même quantité de sérum serait efficace chez tous ces cobayes du même poids.

Ces faits montrent l'influence que peut avoir une maladie passée, qui ne laisse pas de traces apparentes, soit sur la réceptivité à l'égard des virus, soit sur la sensibilité vis-à-vis des substances toxiques. L'explication naturelle n'est-elle pas dans l'action du sérum sur les cellules plutôt que sur la toxine ? Les cellules bien vivaces des cobayes neufs répondent à la stimulation du sérum ; elles sont comme indifférentes à la toxine ; au contraire celles des cobayes déjà impressionnés par les produits microbiens ne lui résistent pas. Des faits analogues s'observent, lorsqu'on inocule des virus actifs : c'est là une observation d'une portée générale.

Siège des antitoxines. — **Cellules génératrices.** — Ces substances antitoxiques se trouvent répandues dans les divers tissus, dans les différentes humeurs de l'économie. Il semble cependant que la répartition ne se réalise pas toujours d'une façon absolument uniforme ; le foie, la rate, par exemple, paraissent, dans certains cas au moins, en contenir plus que les muscles, le sang, en particulier le sérum, plus que la salive, plus que l'urine.

Tous les éléments anatomiques concourent-ils à la formation de ces antitoxines ou cette formation est-elle l'œuvre exclusive de quelques-uns d'entre eux ? Dans le cas où ces principes dériveraient du fonctionnement de l'ensemble des tissus, certains de ces tissus n'ont-ils pas dans cette création une part prépondérante ? L'urée, le glycogène naissent un peu partout, mais plus spécialement dans le foie. Pour ces principes, les choses se passent-elles de cette façon ? Un organe joue-t-il, dans leur genèse, un rôle plus important que celui des différents autres viscères ? Il est impossible, à l'heure présente, de formuler des réponses absolues à toutes ces questions pourtant capitales.

DENYS, VAN DER VELDE, HAVET (*Congrès de Budapest*, sept. 1894) estiment que les matières bactéricides, qui ont avec ces antitoxines tant d'affinités proviennent des leucocytes ; elles augmentent dans un exsudat en suivant la même progression que ces leucocytes ; peut-être ces leucocytes sécrètent-ils ces antitoxines, comme ils sécrètent les alexines, les substances nuisibles aux bactéries vivantes.

Des raisons analogues tendent à faire admettre que les cellules éosinophiles pourraient bien intervenir dans les opérations génératrices de ces produits ; HANKIN, KANTHACK, HARDY attribuent à ces cellules éosinophiles les propriétés accordées par d'autres aux globules blancs, aux globules lymphatiques.

D'autre part, les recherches de MESNIL (*La Cellule*, t. x, 1894, p. 7 et p. 221), sur les humeurs des poisons montrent que les cellules éosinophiles ne constituent pas les sources uniques de pareilles substances. De récentes expériences, tout en confirmant la participation des leucocytes, me portent à penser que, dans certains cas, le foie intervient.

Rapports des éléments antitoxiques, bactéricides, globulicides. — Caractères des produits antitoxiques. — Leurs variations. — Pour BUCHNER, les antitoxines, les corps globulicides, les éléments bactéricides ne seraient que des manières d'être variées d'une unique substance. — Cette substance supporte l'action des alcalins, de l'acide chlorhydrique faible, du chlorure de sodium, de l'extrait de sangsue, tandis qu'elle est détruite ou altérée par les bases en excès, par les acides forts, par la lumière, la dialyse, les congélations, l'hydratation, les dilutions, la chaleur.

Une foule de conditions sont capables de faire osciller l'état bactéricide dans l'économie vivante. La saignée, la faim, la soif, le surmenage, l'ablation de la rate, l'agonie, etc., font fléchir cet état bactéricide ; parfois le bicarbonate de soude l'augmente.

Les relations qui unissent cet état au pouvoir antitoxique permettent de penser que les agents et les circonstances, propres à agir sur le premier, agissent aussi sur le second. S'il existe des relations entre ces corps, de nature albuminoïde probable, on sait, nous l'avons indiqué, qu'ils sont autres que les toxines proprement dites, puisque ces corps sont détruits à 75°, tandis que ces toxines conservent certaines propriétés, malgré une température de 110°.

Transmission héréditaire des attributs antitoxiques. — Il est établi que la création des antitoxines est une propriété cellulaire ; dès lors, comme toutes les propriétés cellulaires, elle peut être transmise des ascendants aux descendants.

GLEY et CHARRIN (*Rech. expérim. sur la transmission de l'immunité*. A. P., 1893, t. v, (5), pp. 75-82 et 1894, t. vi, (6) p. 1-6) ont montré que l'état bactéricide constaté chez le père ou la mère se retrouvait parfois chez quelques rejetons ; les éléments anatomiques qui, chez les générateurs, sécrétaient des principes nuisibles aux germes vivants, continuent chez les engendrés à sécréter ces principes. On ne s'étonne pas de voir les attributs qui ont trait à la formation de la bile ou de la salive passer des uns aux autres ; pourquoi s'étonner de la transmission de qualités analogues concernant la formation d'autres humeurs ?

Toutefois, il s'agit là d'une fonction acquise, d'une fonction de luxe, accessoire, nullement indispensable à l'existence. Aussi, suivant la loi commune, cette fonction tend-elle à disparaître, si on ne s'applique pas de temps à autre à la consolider.

L'hérédité de l'immunité implique celle des antitoxines, puisque cette immunité consiste, pour une part, en la mise en jeu de ces antitoxines dans leur activité.

Généralisation des propriétés antitoxiques. — Virus capables d'engendrer ces propriétés. — On a remarqué que l'antitoxine diphtéritique ou tétanique atténuait les effets de certains venins ; son action ne se limite pas aux sécrétions du bacille de LÖFFLER ou de NICOLAÏER.

Cette sorte d'extension de pouvoir se rattache à l'intéressante question des vaccinations réciproques. SOBERNHEIM (*Hyg. Rundsch.*, 1893), CESARIS-DEMEL, ORLANDI, SZEKELY et SZANA (*Veränderungen der sogenannten mikrobiciden Kraft des Blutes, während und nach der Infection des Organismus. Centralbl. f. Bakt.*, t. xii, 1892, pp. 64-74, 139-142), etc., ont soutenu que des animaux immunisés contre le *B. prodigiosus* et le bacille typhique résistaient au vibrion du choléra. Ces faits méritent d'être rapprochés ; ils peuvent s'expliquer, s'éclairer mutuellement.

Jusqu'à ce jour, il n'y a guère que le virus du tétanos ou celui de la diphtérie qui paraissent propres à faire apparaître les antitoxines. PFEIFFER les a inutilement recherchées dans le choléra indien ; METCHNIKOFF (*Immunité des lapins vaccinés contre le Hog-cholera. Ann. Institut Pasteur*, 1892, t. vi, pp. 289-321) dans celui des porcs ; ISSAEF dans la pneumonie ; SANARELLI dans la fièvre typhoïde. En revanche ces corps se produisent chez les vipères, d'après PHISALIX et BERTRAND (*Propriété antitoxique du sang des animaux vaccinés contre le venin de vipère. B. B.*, 1894, p. 111) et d'après CALMETTE (*ibid.*, p. 111-121).

Toutefois, l'abrine, la ricine seraient capables de leur donner naissance, ou du moins de provoquer la formation de corps qui, sans annuler l'action des poisons microbiens avec l'énergie des sérums des animaux vaccinés contre le bacille de Löffler ou de Nicolaïer diminueraient cependant l'intensité des effets de cette abrine, de cette ricine.

Si on tient compte de ces anti-toxines atténuées, peut-être faut-il admettre que les humeurs des êtres rendus réfractaires au vibrion cholérique, au pneumocoque, au microbe du pus bleu, d'après Charrin, contiennent des principes jouissant, dans des mesures variables, de ces attributs antitoxiques.

Sérothérapie. — Il est légitime de se demander si la sérothérapie ne doit pas ses succès, pour une part au moins, à ces antitoxines; la réponse ne paraît pas douteuse pour le tétanos ou pour la diphtérie, attendu que le sérum n'agit qu'à partir du moment où ces corps ont apparu, attendu que le sérum cesse d'être actif, si on le chauffe à 75°, c'est-à-dire si on détruit les antitoxines.

Toutefois, il est difficile de préciser par quels procédés interviennent ces antitoxines. Déjà nous avons vu que probablement ces éléments ne neutralisent pas les poisons microbiens à la manière d'une réaction chimique; mais il est malaisé d'aller plus loin. Il semble cependant que *ces éléments interviennent en agissant sur les germes, en actionnant les tissus plutôt que les poisons, en excitant les réactions nerveuses.*

De l'ensemble de ces faits se dégagent des notions établissant que les principes antitoxiques apparaissent dans l'organisme à l'occasion d'une vaccination, et qu'ils existent probablement dans le sang des animaux réfractaires à une infection. — Ces principes dérivent de la vie des cellules, vie modifiée par le passage et l'action des toxines. — Ils s'opposent aux effets nocifs de ces toxines, grâce à un mécanisme d'atténuation, pour certains auteurs; de protection de l'économie, pour d'autres. — Ces principes sont répandus un peu partout dans les tissus. — Diverses cellules, de préférence celles du foie et de la rate, les leucocytes, les éléments éosinophiles, etc., concourent à leur formation. — Leurs caractères, leurs réactions, leurs modifications, etc., les rapprochent des produits bactéricides, comme des corps globulicides. — Ces propriétés antitoxiques sont parfois héréditaires, bien que, si, on ne vient pas les renforcer de temps à autre, elles aient une tendance à disparaître, suivant les lois de la nature. — Le pouvoir de ces principes peut se généraliser, s'étendre à plusieurs virus. — On peut les utiliser au point de vue thérapeutique (Sérothérapie ou hématothérapie).

Telles sont les principales données actuelles (avril 1895), relatives aux antitoxines. Il est bien probable que, dans peu d'années, comme c'est un sujet tout récent, et étudié avec ardeur de toutes parts, la connaissance des antitoxines aura fait de très grands progrès.

CHARRIN.

APERCEPTION (On écrit aussi APPERCEPTION). — Mot créé par Leibniz : il signifie, dans sa langue, perception distincte ou *réfléchie*. La perception, cet état intérieur de la monade (substance simple) représentant les choses internes, l'aperception, la connaissance réflexive de cet état intérieur qui n'appartient pas à toutes les âmes, ni constamment aux âmes qui en sont douées. Traduit en notre langage psychologique contemporain, cela se ramène à dire qu'il faut entendre par perception tout phénomène psychique de représentation, par aperception les phénomènes psychiques seulement qui s'accompagnent de conscience distincte et de mémoire. Leibniz a appelé encore les perceptions : petites perceptions, perceptions sourdes; elles correspondent à la fois aux éléments de conscience et aux états subconscients des psychologues contemporains, elles s'opposent à la claire conscience, à la réflexion ou aperception. Leibniz admet entre les deux termes opposés une série indéfinie de degrés : les animaux qui possèdent le *sentiment*, et non pas encore la *raison*, sont doués à quelque degré d'aperception. Le rapport des deux termes l'un à l'autre est très net dans le passage suivant : « Quand il y a une grande multitude de petites perceptions, où il n'y a rien de distingué, on est étourdi; comme quand on tourne continuellement d'un même sens plusieurs fois de suite, où il vient un vertige qui peut nous faire évanouir et qui ne nous laisse rien distinguer de bien net, et, puisque, réveillé de l'étourdissement, on s'*aperçoit* de ses perceptions, il faut bien qu'on en ait eu immédiatement auparavant, quoiqu'on ne s'en soit point aperçu » (*Monadologie*, pp. 21-23). Kant a repris l'expression

à son compte en lui donnant un sens un peu différent : l'aperception n'est plus pour lui une perception d'une espèce particulière, une perception qui s'accompagne de conscience, de mémoire et de réflexion, c'est l'activité synthétisante de l'esprit. Il distingue deux aspects différents de l'aperception : l'aperception empirique, c'est-à-dire l'unification, la synthèse opérée par la conscience entre les données sensibles, l'aperception pure ou unité synthétique et primitive de l'aperception ou unité transcendentale de la conscience, c'est-à-dire l'acte par lequel nous relions au « je pense » les éléments de la conscience empirique, l'application des catégories de l'entendement aux sensations. Maine de Biran a désigné à son tour par l'expression d'*aperception immédiate interne le fait primitif de conscience*, l'acte par lequel le moi se saisit comme cause dans l'effort musculaire. L'aperception joue dans la psychologie d'Herbart et de son école un rôle particulièrement important ; c'est pour les Herbartiens le renforcement que reçoit une sensation de la résurrection, de la revivification dans l'esprit, des images qui lui sont apparentées, ou, si l'on veut, l'assimilation d'une sensation ou d'une idée par les systèmes d'états de conscience déjà constitués (V. sur ce sujet G.-F. Stout. *The Herbartian Psychology*, *Mind*, t. xiii). Wundt et ses élèves font un grand usage du mot d'aperception, qu'ils prennent dans un sens très différent de celui où l'entendait Herbart, et plus voisin de celui qu'il a dans la critique kantienne (Wundt. *Physiologische Psychologie*, t. xv, § 2, t. xvi, xvii, § 3). Wundt oppose les liaisons aperceptives aux liaisons associatives, le cours des représentations à leur aperception ; l'aperception, c'est l'activité mentale consciente et réfléchie, la perception attentive des phénomènes extérieurs ou des événements internes ; on ne la saurait mieux comparer qu'à la vision distincte. Elle est soumise en une certaine mesure, comme la fixation même du regard, à l'influence de la volonté. Wundt distingue deux formes d'aperceptions, l'aperception passive et l'aperception active : la première est immédiatement déterminée par le cours des représentations elles-mêmes parmi lesquelles il en est d'ordinaire une qui, en raison de son intensité ou de sa valeur exceptionnelle s'impose à l'attention. K. Lange. *Ueber Apperception* (1879). — Stande. *Philosophische Studien*, t. i. — Marty. *Vierteljahrschift für wiss. Philosophie*, t. x.

L. MARILLIER.

APHASIE. — I. — Le langage, c'est-à-dire la parole, l'écriture et les gestes, sert à exprimer nos états de conscience.

Le langage et l'idéation ne sont pas subordonnés l'un à l'autre d'une façon absolue, bien que chez l'enfant ils se développent et se perfectionnent parallèlement. Les mots parlés, les mots écrits, et aussi, mais à un moindre degré, les gestes, ne sont que les auxiliaires des idées : ils servent à les exprimer et à faciliter leur formation.

Comment l'enfant apprend-il à parler ?

Les divers mouvements musculaires des lèvres, des joues, de la langue, du voile du palais, etc., dont la combinaison fort complexe sert à l'articulation des mots sont, pris isolément, des mouvements réflexes (mouvements primaires).

Grâce aux sens musculaire et tactile, et peut-être aussi au sens d'innervation, ces contractions réflexes, lorsqu'elles ont été exécutées plusieurs fois, finissent par engendrer dans la zone motrice de l'écorce cérébrale des images ou représentations de motilité. Dorénavant, par l'intermédiaire de ces images, les mouvements innés peuvent être exécutés consciemment (mouvements secondaires ou volontaires).

L'apprentissage de la parole est un acte d'éducation : il se développe d'abord dans la sphère sensible de l'écorce cérébrale des images ou représentations auditives des mots entendus : centre auditif de la parole découvert par Wernicke. Grâce à ces représentations, le cerveau de l'enfant garde le souvenir ou l'écho des mots parlés.

Les images auditives peuvent être éveillées, soit par l'intermédiaire du nerf acoustique, lorsque les mots sont prononcés à haute voix (excitation directe), soit par l'intermédiaire d'autres centres sensoriels, c'est-à-dire par association (excitation indirecte).

Les représentations verbales auditives constituent la parole interne. Bientôt l'enfant, grâce à son instinct d'imitation, s'efforce de répéter les mots qu'il entend. L'enfant, en effet, apprend à parler en entendant parler.

Le mot entendu éveille son image auditive, et celle-ci, à l'aide des fibres d'association, éveille les centres psycho-moteurs d'où dépend l'innervation des divers muscles articulateurs. Au début, le mot est prononcé incorrectement. Ce n'est qu'après un long et laborieux apprentissage que l'excitation, partant de l'image auditive, aboutit, soit simultanément, soit avec la succession voulue, à ceux des centres psycho-moteurs dont l'intervention est absolument nécessaire à l'articulation correcte du mot.

L'image ou la représentation motrice du mot articulé est déposée dans ces divers centres psycho-moteurs élémentaires qui, grâce à leur intime association réciproque, fonctionnent comme un centre unique : centre moteur de la parole découvert par Broca.

Par conséquent, le mot parlé est constitué par deux images, une image auditive et une image motrice, associées l'une avec l'autre.

L'enfant apprend à associer le mot entendu à l'idée qu'il représente, tantôt avant, tantôt après avoir appris à prononcer lui-même le mot.

Prenons les idées concrètes.

L'idée concrète d'un objet résulte de l'association d'un certain nombre d'images sensorielles. L'idée de la rose, par exemple, est formée d'une image visuelle qui nous renseigne sur la forme, les dimensions, la couleur, etc., d'une image tactile qui nous renseigne sur la consistance et en même temps sur la forme et les dimensions, et, en troisième lieu, d'une image olfactive. Ces trois images finissent par s'associer si intimement entre elles qu'il suffit que l'une d'elles s'éveille pour que les autres s'éveillent aussi, soit simultanément, soit successivement. (Association par contiguïté dans le temps et dans l'espace.) L'association des idées aux mots se fait lentement et laborieusement.

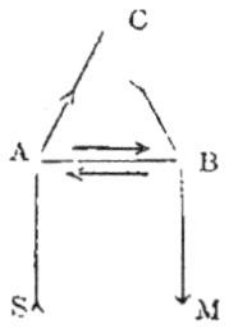

Fig. 48.

Lorsque l'enfant se trouve en présence d'une rose et qu'il entend prononcer le mot (rose), ou qu'il le prononce lui-même à haute voix, il s'établit après quelque temps une association étroite entre les trois images partielles de l'objet (rose) et l'image auditive du mot. De cette façon, le mot entendu éveille instantanément l'idée.

Plus tard aussi, d'après Wernicke et Lichtheim, les images partielles des objets s'associent directement avec les images d'articulation des mots.

La figure schématique 48 résume les idées de Wernicke et de Lichtheim sur la formation de la parole.

A. Centre des images verbales auditives.

B. Centre des images d'articulation.

AB. Voie qui relie entre eux le centre moteur et le centre auditif de la parole.

C. Centres partiels des objets. (Idées concrètes.)

SA. Voie centripète conduisant l'excitation acoustique au centre auditif des mots.

BM. Voie centrifuge conduisant l'excitation du centre d'articulation des mots vers les noyaux de la protubérance annulaire et de la moelle allongée.

AC. Voie centripète conduisant l'excitation du centre auditif des mots vers les centres de l'idéation.

CB. Voie centrifuge conduisant l'excitation des centres de l'idéation vers le centre d'articulation des mots.

C'est par la voie S A B M que l'enfant apprend à parler et que plus tard il répète mécaniquement, sans comprendre les mots entendus.

Grâce à l'association de A et C les mots entendus sont compris, c'est-à-dire éveillent les idées dont ils sont le symbole.

La parole spontanée s'effectue par la voie C B.

Lichtheim et Wernicke admettent que dans la parole spontanée les images verbales auditives jouent un rôle correcteur. D'après Lichtheim, le centre articulateur B, avant de transmettre l'excitation qu'il a reçue des centres conscients C vers les noyaux périphériques, éveille d'abord, par l'intermédiaire de la voie A B, le centre auditif A. Les centres conscients C, percevant les images auditives, peuvent contrôler si c'est bien l'image motrice voulue qui a été éveillée et dans l'affirmative envoyer l'excitation à la périphérie. D'après Wernicke, au contraire, les centres de l'idéation C éveille directement et simultanément les centres A et B; et, de cette façon, ils peuvent, grâce aux renseignements fournis par le centre A, contrôler l'action du centre B.

Ainsi, d'après Wernicke, la voie A C est à la fois centripète et centrifuge, tandis que pour Lichtheim, elle est exclusivement centripète.

Il s'en faut que tous les auteurs admettent avec Wernicke et Lichtheim l'existence de la voie C B. Kussmaul, Moeli et Freud, entre autres, croient que c'est toujours par l'intermédiaire des images auditives que l'idéation éveille les images motrices d'articulation. « L'articulation des mots, écrit Kussmaul, exige que l'excitation émanant du centre de l'idéation traverse la même station que celle par où le mot a passé avant d'être perçu par le moi. »

Charcot et son école croient à l'existence de la voie C B, sans admettre cependant, il s'en faut, que les idées ne puissent jamais éveiller le centre d'articulation par l'intermédiaire du centre auditif : chez les moteurs, le centre d'articulation est directement innervé par l'idée, tandis que chez les auditifs, l'innervation franchit d'abord le centre auditif.

Les auditifs entendent leur pensée avant de la parler. « Pour peu qu'on veuille se donner la peine, écrit Ballet, de s'observer attentivement, on arrivera aisément en général, et sauf cas exceptionnel, à se convaincre du rôle capital que jouent, chez la plupart d'entre nous, durant la réflexion, les représentations auditives verbales. Nous entendons, en effet, les mots qui expriment notre pensée, comme si une voix intérieure parlait délicatement à notre oreille. C'est là certainement ce qu'a voulu dire de Bonald lorsqu'il a écrit la phrase bien connue : « L'homme pense sa parole (c'est-à-dire l'entend mentalement avant de parler sa pensée). » Et plus loin, Ballet écrit encore : « Si le langage est rapide, non interrompu, les mots se suivent et s'enchaînent automatiquement, et la parole intérieure n'est pas remarquée. Lorsque, au contraire, nous parlons avec lenteur, quand le discours présente des intervalles et des suspensions, au moment de ces suspensions, la parole intérieure se fait entendre, elle joue en quelque sorte le rôle de souffleur, elle dicte les mots qui vont suivre. »

Les moteurs, au contraire, parlent leur pensée. « Je suis porté à penser, écrit Ballet, que le type moteur n'est pas exceptionnel. Pour ma part, en m'analysant attentivement, je suis arrivé à me convaincre que je relève de ce type. Chez moi, en effet, les images motrices ont, dans les conditions ordinaires de la réflexion, une intensité très grande : J'ai la sensation très nette que, sauf circonstances exceptionnelles, je ne vois ni n'entends ma pensée : je la parle mentalement. »

Stricker, professeur à Vienne, se déclare aussi un pur moteur.

L'écriture et la lecture subissent des troubles marqués dans différentes formes d'aphasie. Je crois donc utile d'indiquer brièvement comment l'enfant apprend à lire et à écrire.

L'enfant apprend à épeler les mots parlés après avoir déjà appris à parler correctement, mais avant d'apprendre à lire. Chaque lettre parlée est formée, à l'instar du mot entier, d'une image auditive et d'une image motrice, intimement associées l'une à l'autre. Lorsque le mot est entièrement épelé, son image auditive s'éveille, et le mot est compris.

Par conséquent, le mot parlé existe en double dans le cerveau : d'abord comme unité, ensuite comme une succession de lettres.

Lorsque l'enfant voit une lettre, une image visuelle de celle-ci se dépose dans l'écorce occipitale. Cette image visuelle ne tarde pas à s'associer avec l'image auditive et par l'intermédiaire de celle-ci avec l'image motrice de la lettre.

La lecture d'un mot se fait de la façon suivante : chaque lettre vue éveille d'abord son image visuelle, puis son image auditive et, en dernier lieu, son image motrice. Au ravivement successif des images motrices des différentes lettres succède, d'après Lichtheim, par réflexion, le ravivement successif des images auditives ; alors l'image auditive du mot entier s'éveille et le mot lu est compris (fig. 49, O, centre de la lecture).

Ce qui démontre bien la subordination du centre des images verbales visuelles au centre des images verbales auditives, c'est qu'en jetant un coup d'œil sur un mot, à l'instant même nous entendons intérieurement le son du mot.

Cependant, d'après Charcot et ses élèves, cette subordination n'existe pas dans tous les cas ; quelquefois le centre de la lecture possède une indépendance complète vis-à-vis des centres de la parole.

FERRIER croit que le centre de la lecture est relié, non pas au centre auditif, mais au centre d'articulation.

Dans l'écriture, l'idée du mot éveille l'image motrice, tandis que dans la lecture, nous venons de le voir, l'idée du mot est éveillée par l'image visuelle.

L'enfant qui apprend à écrire imite les images visuelles des lettres par l'intermédiaire de la voie O E (fig. 50, E centre moteur de l'écriture). La voie O E a donc la même signification pour l'apprentissage de l'écriture que la voie A B pour celui de la parole.

WERNICKE admet que pendant l'apprentissage les images optiques s'associent directement non seulement aux images auditives mais aussi aux images motrices. C'est grâce à cette double association que d'après l'auteur allemand s'accomplissent l'écriture sous dictée et l'écriture spontanée.

Dans l'écriture sous dictée, le mot entendu éveille la notion entière du mot, c'est-à-dire l'image auditive et l'image motrice. Ensuite le mot est décomposé en ses diverses lettres. La notion de chaque lettre, enfin, éveille l'image visuelle, et celle-ci l'image graphique. Par conséquent, l'écriture sous dictée, sans compréhension, se fait par la voie M A B O E F.

Lorsque la voie A C intervient, la dictée est comprise (fig. 31).

L'écriture spontanée se fait de la même manière que l'écriture sous dictée, avec la

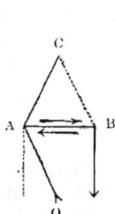
FIG. 49.

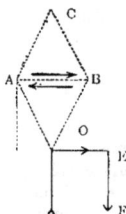
FIG. 50.

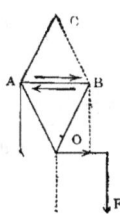
FIG. 51.

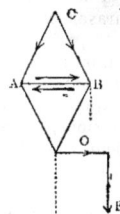
FIG. 52.

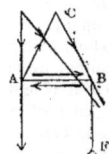
FIG. 53.

seule différence que l'idée du mot est éveillée par le centre conscient C et non par le nerf acoustique (fig. 52).

Lorsqu'on copie, sans comprendre, par exemple une langue inconnue, c'est la voie D O E F seule qui fonctionne, la même qui a servi à l'apprentissage de l'écriture (fig. 50).

SACHS incline à croire que l'image visuelle de la lettre n'est pas reliée avec l'image d'articulation, mais que la voie O A qui va de l'image visuelle à l'image auditive suffit aussi bien pour l'écriture spontanée et l'écriture sous dictée que pour la lecture.

LICHTHEIM, dans son premier schéma, relie le centre de l'écriture avec le centre de l'articulation, car il n'admet pas la possibilité d'écrire spontanément, si on n'associe pas les images motrices d'articulation aux images motrices graphiques (fig. 53).

Ainsi, la notion du mot, chez les gens lettrés, est constituée par l'association de quatre images : auditive (mot entendu), visuelle (mot lu), motrice d'articulation (mot parlé) et motrice graphique (mot écrit).

II. — L'étude de l'aphasie date de BOUILLAUD. Il existe, écrivait celui-ci en 1825, dans la partie antérieure du cerveau, un centre cérébral qui dicte, pour ainsi dire, et coordonne les mouvements compliqués par le moyen desquels l'homme exprime les opérations de son entendement. LORDAT, DAX père et DAX fils ne tardèrent pas à partager la manière de voir de BOUILLAUD. Mais en 1861, BROCA localisa plus exactement le centre d'articulation, dans le tiers postérieur de la troisième circonvolution frontale et décrivit plus minutieusement que ses devanciers, sous le nom d'aphémie, les troubles du langage articulé. A partir de 1874, grâce aux travaux de WERNICKE sur l'aphasie sensorielle, de KUSSMAUL sur la cécité verbale, de CHARCOT, de LICHTHEIM et d'autres, on acquit la certitude qu'il n'y avait pas une seule, mais plusieurs espèces d'aphasies, et que chacune d'elles dépendait de l'altération d'une région cérébrale distincte. A partir de cette époque datent aussi nos connaissances sur la véritable formation de la parole.

Sous le nom générique d'aphasie, on comprend tous les troubles psychiques de la parole dus à des lésions situées dans ces régions cérébrales que MEYNERT a appelées premier système de projection. Par conséquent l'aphasie ne comprend pas les troubles de la parole qui relèvent soit de la paralysie des muscles articulateurs, soit de l'altération des masses grises subcorticales et des nerfs périphériques. Généralement on ne désigne pas non plus du nom d'aphasie les troubles de la parole qui résultent d'une altération primitive de l'intelligence.

Beaucoup de schémas du développement de la parole, autres que celui de LICHTHEIM-WERNICKE, ont été construits dans le but d'expliquer les différentes espèces d'aphasie, notamment par KUSSMAUL, CHARCOT, GRASHEY, GOLDSCHEIDER, MOELI et FREUD.

Nous donnons la préférence au schéma de LICHTHEIM-WERNICKE, ainsi qu'à la classification des aphasies adoptée par ces auteurs; mais nous leur apporterons des modifications et des réserves que nous jugeons nécessaires.

LICHTHEIM et WERNICKE distinguent quatre grandes classes d'aphasies :

A. *Aphasies corticales.*

Les centres A et B sont lésés[1]. La lésion du centre B engendre l'*aphasie corticale motrice* et la lésion du centre A l'*aphasie corticale sensorielle.*

B. *Aphasies subcorticales.*

Les voies A S et B M sont lésées. La lésion de la voie B M engendre l'*aphasie subcorticale motrice* et la lésion de la voie A S l'*aphasie subcorticale sensorielle.*

C. *Aphasies transcorticales.*

Les voies A C et B C sont lésées. La lésion de la voie B C engendre l'*aphasie transcorticale motrice* et la lésion de la voie A C l'*aphasie transcorticale sensorielle.*

D. *Aphasie de conductibilité.*

La voie B A est lésée.

III. — A. Aphasies corticales. — 1. *Aphasie corticale motrice* Aphémie de BROCA, aphasie ataxique de KUSSMAUL, aphasie motrice de CHARCOT. — Les représentations d'articulation étant perdues, le malade ne sait plus parler spontanément ni répéter les mots qu'il entend.

L'aphasie est tantôt complète, le malade est condamné au mutisme absolu ; tantôt, et c'est le cas le plus fréquent, elle est incomplète, c'est-à-dire ne s'étend qu'à quelques mots, aux substantifs, à une seule langue si le malade en connaît plusieurs, etc.

Cependant le malade continue à comprendre la parole de ses interlocuteurs, le centre auditif A étant resté intact.

LICHTHEIM croit que les images auditives ne peuvent plus être éveillées spontanément ; aussi le malade est incapable d'indiquer, à l'aide de gestes par exemple, le nombre de syllabes dont se composent les noms des objets qu'on lui montre. Nous avons vu plus haut que, d'après LICHTHEIM, l'innervation spontanée du centre verbal auditif se fait toujours par l'intermédiaire du centre verbal d'articulation.

La lecture mentale est conservée, sauf chez les gens peu instruits qui ne comprennent l'écriture qu'en la lisant à haute voix.

L'écriture spontanée et l'écriture sous dictée sont nécessairement abolies, car leur accomplissement exige l'intégrité du mot entier, aussi bien de son image motrice que de son image auditive.

La faculté de copier, sans compréhension, est conservée.

D'après CHARCOT, l'agraphie et l'alexie n'accompagnent l'aphasie motrice que dans les cas où les centres de l'écriture et de la lecture sont altérés en même temps que le centre de Broca.

Il n'existe aucun autre trouble de l'intelligence.

Il n'est pas douteux que les représentations d'articulation n'occupent, comme BROCA l'a affirmé le premier, le tiers postérieur de la troisième circonvolution frontale. Mais il n'est pas certain qu'elles ne siègent encore dans d'autres régions. LICHTHEIM, entre autres, est d'avis que le centre de BROCA s'étend à la troisième circonvolution frontale tout entière ainsi qu'au tiers inférieur des deux circonvolutions centrales. SACHS admet que

---

1. D'après FREUD et GOLDSCHEIDER, toutes les aphasies sont dues à une lésion ou à une altération fonctionnelle des processus d'association.

les nerfs hypoglosse et glossopharyngien se terminent dans la troisième circonvolution frontale, les fibres du facial destinées à la musculature des lèvres, dans la partie de la troisième circonvolution frontale qui se continue avec la circonvolution centrale antérieure, les fibres du facial destinées aux autres régions buccales et la branche motrice du trijumeau, dans la circonvolution centrale postérieure et la partie postérieure de la circonvolution centrale.

Les images motrices de tous les mouvements du corps occupent les deux hémisphères cérébraux; les images motrices compliquées de la parole font seules exception; elles n'occupent qu'un seul hémisphère, le gauche chez les droitiers et le droit chez les gauchers.

II. *Aphasie corticale sensorielle* (Surdité verbale ou surdité psychique verbale.) — Les représentations verbales auditives étant perdues, le malade ne sait plus comprendre ni répéter les mots entendus.

Cependant les mots aussi bien que les sons et les bruits continuent à être perçus; il n'y a donc pas de surdité corticale.

Les sons et les bruits peuvent être non seulement perçus, mais aussi compris; la surdité psychique ne s'étend donc qu'aux mots.

La surdité verbale est tantôt complète, tantôt incomplète.

La surdité incomplète ou partielle peut se borner à certains mots, certaines voyelles, certaines consonnes, certaines syllabes, etc. Chose curieuse, elle peut se borner à une seule langue seulement, quand le malade en parle plusieurs.

La surdité verbale et la surdité musicale peuvent exister simultanément ou isolément.

D'après Lichtheim et Wernicke qui admettent la voie CB, les malades atteints de surdité psychique verbale peuvent encore parler spontanément; mais, privés de leurs images auditives qui servent à contrôler la parole, ils confondent à chaque instant les mots : ils sont atteints de paraphasie.

Les auteurs qui, à l'exemple de Kussmaul, nient l'existence de la voie CB et croient que la parole spontanée ne peut s'accomplir que par l'intermédiaire des images auditives, doivent nécessairement ranger l'abolition de la parole volontaire parmi les symptômes de la surdité verbale. Aussi, d'après Freud, ce qui caractérise l'aphasie sensorielle, c'est l'abolition de la parole, malgré une impulsion très forte à parler.

D'après Charcot, au contraire, la surdité verbale, quand elle n'est pas poussée trop loin, n'empêche pas la parole spontanée, même correcte.

Lichtheim est d'avis que la surdité verbale est toujours accompagnée d'alexie et d'agraphie transcorticales. Les images visuelles étant subordonnées aux images auditives, les mots lus ne peuvent être compris qu'à la condition que le centre auditif soit intact. Il en est de même pour l'écriture spontanée et l'écriture sous dictée. La faculté de copier est seule conservée.

Wernicke admet également que le malade frappé de surdité verbale ne peut plus écrire ni spontanément, ni sous dictée. Mais l'alexie n'existe que chez les malades peu instruits. L'homme peu habitué à lire ne comprend l'écriture qu'à la condition de la lire à haute voix. L'homme instruit, au contraire, parcourt rapidement des phrases entières dont il saisit parfaitement le sens, sans devoir fixer son attention sur chaque mot et par conséquent sans que les images auditives ne doivent être éveillées.

D'après Charcot et ses élèves, les troubles secondaires qu'entraînent la surdité verbale dépendent des différences individuelles. Chacun de nous, dit Ballet, a sa formule psychique. Chez les auditifs, la lecture, l'écriture, de même que la parole articulée, sont subordonnées à l'audition mentale et par conséquent l'abolition de celle-ci entraînera l'alexie et l'agraphie. Mais il n'en sera pas de même chez les visuels.

Les images verbales auditives occupent la première circonvolution temporale gauche ; c'est donc d'une lésion de celle-ci que dépend l'aphasie sensorielle.

Puisque les images verbales auditives sont exclusivement localisées à gauche chez les droitiers, nous sommes forcés d'admettre, comme le fait observer Sachs, que le cerveau gauche de l'homme, contrairement à celui du chien, est relié avec les deux nerfs acoustiques, et que par conséquent les nerfs acoustiques ne subissent, comme les nerfs optiques, qu'une décussation partielle; sinon nous ne pourrions comprendre les mots exclusivement entendus avec l'oreille gauche.

On donne le nom d'*amnésie verbale auditive* aux formes légères de la surdité verbale, celles dans lesquelles les images auditives ne sont pas effacées, mais ne peuvent plus être ravivées aussi facilement qu'à l'état normal.

Il est permis de croire avec Bastian que les différents centres du langage s'éveillent le plus facilement sous l'influence d'une excitation sensorielle directe, moins facilement sous l'influence d'une excitation qui émane d'un autre centre, c'est-à-dire par voie d'association, et le moins facilement sous l'influence de la volonté. Les malades dont les images verbales auditives ne peuvent plus être éveillées spontanément, mais seulement par une excitation directe et par voie d'association, sont atteints d'amnésie verbale auditive.

Le malade de Grasmey était un amnésique : il comprenait facilement la parole d'autrui, mais il ne parvenait pas à nommer spontanément les objets, à moins de voir leurs noms écrits. Les images auditives ne pouvaient donc plus être éveillées par les idées ; mais elles pouvaient encore l'être par les images visuelles des mots et par l'excitation du nerf acoustique. Mais l'amnésique de Grasbey présentait encore un autre symptôme : lorsqu'on prononçait à haute voix un mot en sa présence, et qu'on détournait immédiatement après son attention sur un autre mot, il lui était impossible de répéter le premier mot ; de même lorsqu'on lui montrait un objet qu'il reconnaissait parfaitement et que, quelques instants après, on lui demandait de toucher cet objet, il ne le pouvait pas : car il avait oublié de quel objet il s'agissait. Grasbey attribue ce symptôme à la trop faible durée de la perception des images verbales auditives et des images partielles des objets.

Citons encore le cas relaté par Trousseau. « Vous vous rappelez, dit Trousseau, l'expérience que j'ai souvent répétée au lit de Marcou. Je plaçais son bonnet de nuit sur son lit et lui demandais ce que c'était. Mais, après l'avoir regardé attentivement, il ne pouvait dire comment on l'appelait et s'écriait : « Et cependant je sais bien ce que c'est, mais je ne puis m'en souvenir. » Lorsque je lui disais que c'était un bonnet de nuit, il répondait : « Oh oui! C'est un bonnet de nuit. » La même scène se répétait pour les divers autres objets qu'on lui montrait. »

B. Aphasies subcorticales. — I. *Aphasie subcorticale motrice* (Anarthrie). — L'aphasie subcorticale motrice a beaucoup de ressemblance avec l'aphasie corticale motrice ; elle n'en diffère que par la conservation de la lecture et de l'écriture, ainsi que, d'après Lichtheim, par la possibilité d'éveiller spontanément les images verbales auditives, les malades pouvant par conséquent indiquer au moyen de gestes le nombre de syllabes dont se composent les noms des objets qu'on leur montre.

Il paraît que le plus souvent les fibres nerveuses qui partent du centre de Broca se dirigent en grande partie dans l'hémisphère droit pour descendre par la capsule interne et le pédoncule cérébral du même côté. Cela expliquerait pourquoi les lésions de la capsule interne et du pédoncule cérébral du côté gauche ne sont que rarement suivies d'aphasie.

II. *Aphasie subcorticale sensorielle.* — Les mots entendus ne sont pas compris, contrairement aux autres sons et bruits. Cette dernière particularité distingue l'aphasie subcorticale sensorielle de la surdité d'origine périphérique.

Le malade ne peut pas répéter les mots qu'il entend : abolition de la parole en écho. L'écriture sous dictée n'est plus possible.

D'autres altérations n'existent pas, ni de l'intelligence, ni de l'écriture, ni de la lecture. La parole spontanée est également conservée, sauf chez les enfants dont les images verbales auditives ne sont pas encore assez solidement ou en assez grand nombre enracinées dans le cerveau. Les enfants qui n'avaient pas encore appris à parler, avant d'être atteints d'une lésion de la voie A S, restent muets.

Beaucoup d'auteurs n'admettent pas la symptomatologie attribuée par Lichtheim et Wernicke à l'aphasie subcorticale sensorielle. Ils ne croient pas qu'il existe dans le nerf acoustique des fibres nerveuses chargées exclusivement de transmettre les sons des mots de l'oreille interne au centre de Wernicke ; par conséquent, d'après eux, une lésion du nerf acoustique, quelque circonscrite qu'elle soit, ne peut jamais déterminer la surdité verbale sans altérer en même temps l'audition des autres sons et bruits.

C. Aphasies transcorticales. — I. *Aphasie transcorticale motrice.* — Le malade ne peut plus parler ni écrire spontanément.

La faculté de copier, l'écriture sous dictée, la parole en écho, la compréhension de la parole d'autrui et la lecture sont restées intactes.

Pour que la parole et l'écriture spontanées soient totalement abolies, il faut que toutes les voies qui relient le centre de Broca aux différentes images partielles dont se composent les idées concrètes soient interrompues. Mais il peut se faire qu'une seule des voies transcorticales, supposons la voie olfactive, soit altérée; dans ce cas le malade ne pourra prononcer spontanément le mot *rose*, si l'image visuelle ou l'image tactile de la rose ne sont pas éveillées en même temps que l'image olfactive.

Par conséquent, il existe une aphasie transcorticale motrice olfactive, optique, tactile, etc.

Nous avons vu précédemment qu'un grand nombre d'auteurs nient l'existence de la voie CB; mais admettent, au contraire, que la parole spontanée ou volontaire se fait toujours par l'intermédiaire du centre auditif, c'est-à-dire par la même voie par où s'accomplit la parole en écho. Aussi ces auteurs expliquent-ils autrement la symptomatologie attribuée par Wernicke et Lichtheim à l'aphasie transcorticale motrice. Sachs les rattache à une diminution de l'excitabilité du centre de Broca; celui-ci, conformément à la loi établie par Bastian, se laissant plus difficilement raviver par la volonté que par le centre auditif (parole en écho et écriture sous dictée) et par le centre visuel des mots (lecture à haute voix et écriture copiée).

II. *Aphasie transcorticale sensorielle*. — Le malade ne comprend pas les mots entendus. Il peut répéter les mots qu'il entend, mais sans les comprendre.

D'après Lichtheim et Wernicke, la parole spontanée est conservée, mais accompagnée de paraphasie. D'après les auteurs, au contraire, qui n'admettent pas la voie CB, la parole spontanée n'est plus possible.

La lecture peut encore se faire, mais sans être comprise. Il en est de même de l'écriture sous dictée et de la faculté de copier.

Le malade peut même, d'après Lichtheim et Wernicke, écrire spontanément; mais il est atteint de paragraphie.

Comme pour l'aphasie transcorticale motrice, on distingue une aphasie transcorticale sensorielle olfactive, optique, etc.

D. Aphasie de conductibilité. — La parole en écho est abolie. Les mots cependant sont entendus et compris.

Le malade continue à pouvoir parler spontanément, mais en confondant à chaque instant les mots. D'après Wernicke, la paraphasie paraît ici un peu moins accusée que dans l'aphasie corticale sensorielle, parce que, les images verbales auditives étant conservées, le malade est à même, en prononçant d'abord les mots à voix basse, de se renseigner si les mots qu'il veut employer sont exacts et peut par conséquent se corriger à temps, si c'est nécessaire, avant de parler à haute voix.

Les auteurs qui prétendent que la parole spontanée ne peut s'accomplir que par l'intermédiaire des images auditives, sont forcés d'admettre que l'interruption de la voie A B est suivie d'un mutisme absolu. C'est l'opinion également de Freud qui nie formellement que la parole spontanée puisse être conservée quand la parole en écho est abolie.

Wernicke pense que le malade atteint d'aphasie de conductilité peut encore lire, sauf lorsqu'il est obligé d'épeler chaque mot pour comprendre la lecture. D'après Lichtheim, au contraire, l'alexie s'observe toujours, quel que soit le degré d'instruction.

L'écriture spontanée et l'écriture sous dictée sont abolies; ce n'est que la facilité de copier qui est conservée.

Pour Wernicke, la voie AB est située dans l'Insula.

IV. — Avant de terminer, nous croyons utile de relever brièvement quelques points importants.

1° L'enfant commence l'apprentissage de la parole, lorsque son cerveau s'est déjà enrichi d'un nombre plus ou moins considérable d'idées.

Il serait cependant erroné de croire que ce sont les idées qui créent les mots, comme l'ont prétendu jadis un grand nombre de philosophes et de linguistes. Si réellement les idées déterminaient la formation de la parole, les aveugles-nés, comme le remarque Wernicke, devraient beaucoup plus être frappés de mutisme que les sourds-nés, car les représentations visuelles concourent bien plus efficacement à la formation des idées que les représentations auditives.

Nous avons vu plus haut que l'enfant apprend à parler en entendant parler, c'est-à-dire que les représentations verbales auditives engendrent directement les représentations verbales motrices. Voilà pourquoi les enfants qui naissent sourds, de même que ceux qui deviennent accidentellement sourds dans les premières années de leur âge, restent irrémédiablement frappés de mutisme; ils restent sourds-muets pendant toute la vie.

2° Les mots parlés et les idées se forment dans l'écorce cérébrale indépendamment les uns des autres. Cette indépendance réciproque des mots et des idées ne peut pas être démontrée d'une façon plus convaincante que par l'étude de l'aphasie. Nous voyons des aphasiques perdre l'usage total de la parole, sans que leur intelligence paraisse en souffrir.

3° Quoique les mots et les idées se développent parallèlement, il n'en est pas moins vrai qu'une association étroite ne tarde pas à s'établir entre eux, et que leur indépendance réciproque n'est pas absolue. En effet, toutes les images sensorielles dont se compose l'idée concrète d'un objet sont reliées avec l'image auditive du mot adéquat; et cette liaison finit par devenir si intime que l'image verbale auditive éveille instantanément toutes les images sensorielles de l'objet, c'est-à-dire l'idée concrète de cet objet, et, réciproquement, l'une ou l'autre des images sensorielles de l'objet éveille instantanément, avec l'idée entière, le mot correspondant.

Les images verbales auditives sont associées avec les idées générales et abstraites aussi bien qu'avec les idées particulières ou individuelles.

Une idée générale résulte de l'association d'un nombre souvent très considérable, soit d'idées particulières, soit d'images sensorielles soustraites à différentes idées particulières. Toutes ces idées particulières ou ces images partielles appartenant à des idées particulières différentes se réunissent entre elles par l'intermédiaire de l'image auditive du mot adéquat. Cela explique pourquoi les enfants ne possèdent pas des idées générales avant d'avoir appris à parler, que les sourds-muets n'en gagnent qu'avec beaucoup d'efforts, et que les animaux paraissent ne pas en avoir.

Les idées abstraites qui, comme s'exprime H. BEAUNIS, ne sont qu'un degré supérieur des idées générales, reposent également sur une association d'idées particulières reliées entre elles par les images auditives des mots génériques.

Il serait cependant erroné de croire, avec un grand nombre de psychologues, que ce sont les mots qui créent les idées générales et abstraites; car, nous venons de le dire, les sourds-muets n'en sont pas totalement dépourvus. Il est par conséquent permis de croire que, si les idées générales et abstraites se produisent le plus facilement par l'association des idées particulières avec les noms génériques, elles peuvent se produire aussi par l'association mutuelle des idées particulières, sans l'intervention de la parole.

Ce sont également les images verbales auditives, d'après WERNICKE, qui relient les mots écrits aux idées.

L'association intime des mots parlés et écrits avec les idées, tant abstraites que concrètes, nous explique pourquoi nous avons l'habitude de penser à l'aide des mots.

L'importance des images verbales auditives, au point de vue de leur nombre et de leur relation avec toutes les autres régions du cerveau, explique ce fait anatomique que chez l'homme le lobe temporal est si développé.

4° L'éveil des idées par l'intermédiaire des images verbales auditives, et réciproquement, la parole et l'écriture spontanée constituent un argument puissant en faveur de la doctrine de l'association des représentations établie par les psychologues anglais.

5° MEYNERT a établi la loi que tous les mouvements volontaires ont pour origine des mouvements réflexes innés. Les mouvements de la parole, les plus compliqués de tous nos mouvements, ne font pas exception. Si nous analysons ces mouvements, nous constatons qu'ils sont formés par la combinaison d'une série de mouvements simples que le nouveau-né est capable d'exécuter d'une façon réflexe.

6° Les expériences faites par les physiologistes sur l'écorce cérébrale des animaux, principalement des chiens et des singes, expériences consistant tantôt en excitation électrique, tantôt en extirpation de l'une ou l'autre des régions, ont démontré que les facultés psychiques des animaux sont nettement localisées.

La doctrine des localisations cérébrales ne compte plus que de rares adversaires, parmi lesquels se trouve GOLTZ de Strasbourg.

Lorsqu'en 1861, BROCA trouva qu'une lésion de la troisième circonvolution frontale gauche engendre toujours l'aphasie motrice, et que plus tard, en 1874, WERNICKE découvrit en outre que l'aphasie sensorielle résulte d'une lésion circonscrite de la première circonvolution temporale gauche, on fut presque unanime pour admettre que, chez l'homme aussi bien que chez l'animal, les fonctions psychiques élémentaires se localisent dans des territoires distincts du cerveau.

Mais les expériences physiologiques ont démontré que la localisation ne se rapporte qu'aux fonctions psychiques élémentaires. Les sensations et les représentations visuelles ont pour siège la région où se trouvent les terminaisons centrales des nerfs optiques; les sensations et les représentations auditives, la région où se trouvent les terminaisons centrales des nerfs acoustiques; les sensations et les représentations tactiles, la région où se trouvent les terminaisons centrales des nerfs du toucher; les sensations et les représentations olfactives, la région où se trouvent les terminaisons centrales des nerfs olfactifs; et enfin les sensations et les représentations gustatives, la région où se trouvent les terminaisons centrales des nerfs gustatifs. De même, les sensations et les représentations motrices siègent à l'origine cérébrale des nerfs moteurs.

Mais les fonctions psychiques plus élevées, à commencer par les idées les plus simples, reposent sur une association de divers territoires du cerveau.

L'idée du mot parlé est formée par l'association d'une image auditive localisée dans l'écorce temporale avec une image motrice localisée dans l'écorce frontale. Cette association est démontrée par l'aphasie de conductibilité de WERNICKE, résultant d'une lésion dans l'Insula de REIL.

6° Les sensations et les représentations constituent le contenu de la conscience.

La question n'est pas élucidée si les mêmes cellules peuvent être le siège à la fois de sensations et de représentations, en d'autres mots, si les sensations et les représentations reconnaissent le même substratum anatomique. Les expériences de H. MUNK semblent prouver qu'il n'en est pas ainsi. Lorsque l'on extirpe chez un chien ou un singe la région centrale de la sphère psycho-optique, l'animal est frappé de cécité psychique. Mais celle-ci s'améliore graduellement, et finit, après quelques semaines, par guérir totalement, parce que les représentations visuelles se déposent dans la région périphérique restée intacte. De même, après l'extirpation de la région centrale de la sphère psycho-acoustique, l'animal continue à entendre, mais sans reconnaître ce qu'il entend : il est frappé de surdité psychique. Mais celle-ci finit également par disparaître, la région périphérique restée intacte devenant à son tour le siège des représentations auditives, remplaçant ainsi la région disparue.

La surdité psychique des mots, de même que la cécité psychique des mots, constitue, me semble-t-il, un argument précieux en faveur de l'hypothèse de MUNK. Les malades atteints d'aphasie sensorielle continuent à entendre les mots; mais ils ne les comprennent plus, parce que les éléments nerveux où sont déposées les images auditives verbales sont altérés, tandis que ceux où les sensations s'élaborent sont restés intacts.

7° Pour bien comprendre le mécanisme de la formation de la parole, il est indispensable de recourir aux notions fournies à la fois par la psychologie, la physiologie du cerveau et la pathologie cérébrale. « La psychologie et la physiologie d'une part, écrit KUSSMAUL, et la pathologie cérébrale d'autre part, s'éclairent mutuellement pour expliquer les lois qui président à la formation de la parole. »

V. **Bibliographie**. — WERNICKE. *Gesammelte Aufsätze und kritische Referate zur Pathologie des Nervensystems.* Berlin, 1893. — LICHTHEIM. *Ueber Aphasie (Deutsches Archiv für klin. Medicine,* 1885, t. XXXVI, fasc. 3 et 4). — KUSSMAUL. *Störungen der Sprache,* 1877, aus *Ziemssen's Handbuch der spec. Pathol. u. Therapie.* Leipzig. — MOELI. *Ueber den Gegenwartigen Stand der Aphasielehre (Berliner klin. Wochenschrift,* 1891, nos 48 et 49). — FREUND. *Zur Auffassung der Aphasien, eine kritische Studie,* 1891. Leipzig et Vienne. — CHARCOT. *Leçons sur les maladies du système nerveux,* t. III. Paris, 1882, *passim.* — BALLET. *Le langage intérieur,* etc. Paris, 1888. — STRICKER. *Studien über die Sprachvorstellungen.* Wien, 1880.

— FERRIER. *The functions of the brain*. London, 1886. — SACHS. *Vorträge zur Bau und Thätigkeit des Grosshirns*. Breslau, 1892. — GRASHEY, *Ueber Aphasie und ihre Beziehungen zur Wahrnehmungr (Archiv für Psychiatrie*, t. XVI, 1885). — GOLDSCHEIDER. *Ueber centrale Sprache-Schreib-und Lesestörungen (Berliner kl. Wochenschrift*, 1892, n°s 4, 5, 6, 7, et 8). — BOUILLAUD. *Traité de l'encéphalite*. Paris, 1825. — BROCA. *Sur le siège de la faculté du langage articulé (Bull. Soc. Anat. de Paris*, p. 398, 1861). — CH. BASTIAN. *On different kinds of Aphasie (British Medical Journal*, 1887, 9 oct. et 5 nov.). — FREUND. *Optische Aphasie (Archiv f. Psychiatrie*, t. XX, fasc. 1).

E. LAHOUSSE.

APHONIE. — Privation de la voix par un trouble dans les fonctions du larynx. Il faut distinguer l'aphonie de la mutité et de l'aphasie. Quand les cordes vocales, pour une cause ou une autre (paralysies, ulcérations, etc.), ne peuvent plus entrer en jeu, la voix ne peut plus être émise ; mais le langage est conservé. De là, la distinction entre l'Aphonie et les affections où le langage est aboli comme l'aphasie et la mutité. (Voir **Larynx** et **Voix**.)

APHRODISIAQUE. — L'aphrodisie est une exagération de l'appétit génital, et le terme *Aphrodisiaque* ('Αφροδίτη, Vénus) est son qualificatif. Cette surexcitation du désir porte chez l'homme le nom de *Satyriasis* et chez la femme le nom de *Nymphomanie*.

Ce que nous avons dit des causes de l'anaphrodisie est également applicable ici ; il est rare, en effet, que ce trouble dépende de causes locales, et le plus souvent il est dû à des modifications de la nutrition, et plus fréquemment encore à des altérations du système nerveux cérébro-spinal. Les phénomènes psychologiques peuvent revendiquer une part importante dans la pathogénie de ce trouble : déjà, il était aisé de le prévoir en considérant le rôle que jouent les représentations mentales dans la vie sexuelle, rôle que dévoile manifestement l'étude de l'amour normal et des amours morbides, mais, de plus, l'association de l'excitation génésique à un grand nombre de maladies mentales dont elle figure parfois le syndrome initiateur (comme dans le tabès et dans la paralysie générale) en est un témoignage tout à fait convaincant.

On doit également distinguer ici, entre l'exagération des désirs sexuels et la faculté de les satisfaire, qui peut en même temps faire défaut ; il arrive de la même façon que l'organisme génésique, l'érection, devienne presque permanente sans s'accompagner d'appétence sexuelle d'aucune sorte.

Il est plus rare qu'on ne le dit, que les affections locales des organes génitaux, les oxyures, le phimosis, le développement hypertrophique, puissent être considérées comme de vraies causes de l'aphrodisie. Le plus souvent elles ne déterminent de phénomènes d'excitation que parce qu'elles existent chez des sujets prédisposés.

L'aphrodisie et l'anaphrodisie, d'une part, les diverses perversions et inversions sexuelles d'autre part, par l'origine manifestement psychique que révèlent les caractères de leurs complexus, plaident incontestablement en faveur de l'existence dans le cerveau d'un centre génital. Mais, malgré les raisons qu'on a fait valoir, pour la localisation supposée de celui-ci, proche du centre olfactif, aucun fait anatomique irréprochable ne permet jusqu'à présent d'en admettre l'existence.

Il existe un certain nombre de médicaments dits aphrodisiaques, dont aucun, on doit le remarquer, ne présente d'action élective spécifique : tous exercent leurs effets sur le système nerveux en général. Parmi ceux-ci, les vertus de la *cantharide* méritent d'être signalées en premier lieu ; nous citerons aussi la *noix vomique*, dont les effets excitateurs sur la moelle épinière ne sont pas douteux, et le *phosphore*, dont les propriétés à cet égard sont moins actives (?).

En dehors de ces médicaments, il est des aliments dont l'action excitatrice sur les désirs sexuels est réputée. Tel le *poisson* (auquel on attribue les qualités prolifiques des populations du littoral), le *gibier*, les *truffes* : parmi les condiments on considère le *poivre*, le *gingembre*, le *piment*, la *muscade*, la *cannelle* et la *vanille* comme aphrodisiaques (?).

PAUL BLOCQ.

APNÉE (*Apnoea*, ἄπνοια, absence de respiration). — État d'un animal vivant chez lequel les mouvements respiratoires n'existent pas ou sont suspendus momentanément par suite de la non-activité des centres nerveux respiratoires.

Le terme d'*apnée* se trouve déjà chez GALIEN (*De locis affectis*, lib. IV, vol. VIII, p. 181, édit. KÜHN, cité par ROSENTHAL, *H. H.*, t. IV, (2), p. 264), mais pris dans un sens un peu différent de celui que nous y attachons. D'après BURDON-SANDERSON, HOOK est le premier physiologiste qui ait obtenu la suspension des mouvements respiratoires en insufflant de l'air dans les poumons d'un chien. L'expérience fut faite en octobre 1667 devant la Société Royale de Londres. L'auteur ne tira aucune conclusion de son expérience.

La notion moderne et la dénomination d'*apnée* ont été introduites en physiologie par les beaux travaux de ROSENTHAL sur l'innervation de la respiration. L'expérience d'*apnée* est décrite par lui, en 1862, dans les termes suivants (*Die Athembewegungen und ihre Beziehungen zum Nervus vagus*. Berlin, 1862, p. 157) :

« Si l'on insuffle de l'air aux animaux de la façon qui a été décrite, on peut arriver à ce résultat que les mouvements du diaphragme deviennent de plus en plus faibles pour cesser entièrement à la fin. On pourrait croire l'animal mort si le cœur mis à nu ne continuait pas à battre vigoureusement, et si l'attouchement le plus léger de la cornée de l'œil ne provoquait immédiatement le clignotement. J'ai même réussi, par une manœuvre énergique du soufflet servant à la respiration artificielle, à saturer tellement le sang d'oxygène pendant un certain temps qu'après cessation complète de la respiration artificielle, le diaphragme restait encore immobile pendant longtemps, cinq minutes et au delà. Alors seulement les mouvements reprenaient, d'abord faibles et rares, puis de plus en plus fréquents et énergiques. »

L'explication donnée ici par ROSENTHAL se rattache à sa théorie de la respiration des mouvements respiratoires par la composition gazeuse (teneur en oxygène) du sang qui circule dans la moelle allongée, au niveau des centres respiratoires.

Avant d'aborder les controverses auxquelles cette explication a donné lieu, il est nécessaire de rappeler dans ses grandes lignes la théorie de ROSENTHAL.

Les mouvements de tous les muscles de la respiration sont réglés par l'activité de centres nerveux situés dans la moelle allongée. On sait que l'intervention de la volonté n'est pas nécessaire pour le fonctionnement régulier de ces centres : en effet, les mouvements respiratoires persistent pendant le sommeil, dans l'anesthésie, ou chez les animaux auxquels on a enlevé les hémisphères cérébraux.

L'activité des centres respiratoires ne paraît pas non plus être de nature réflexe, comme le croyaient VOLKMANN (*Müller's Archiv*, 1841, p. 342), VIERORDT (*Wagner's Handwörterbuch*, t. II, p. 912), et jusqu'à un certain point MARSHALL HALL et SCHIFF (*Lehrbuch der Physiologie*, t. I, p. 413), puis plus récemment RACH (*Quo modo medulla oblongata, ut respirandi motus efficiat, incitatur. Diss. inaug. Königsberg*, 1863).

En effet, il ne s'agit pas d'une action consécutive à des impressions sensitives, puisque l'on peut isoler la région des centres respiratoires du reste du système nerveux sans arrêter leur activité. ROSENTHAL (*Studien über Athembewegungen. Archiv f. Anat., und Physiol.*, 1865, p. 200) a vu les mouvements respiratoires du diaphragme persister chez un lapin dont les hémisphères cérébraux étaient enlevés, dont la moelle épinière était coupée au niveau de la première vertèbre dorsale et chez lequel, de plus, les pneumogastriques et toutes les racines postérieures sensibles des nerfs du cou étaient également sectionnés [1].

L'excitant qui provoque l'activité des centres respiratoires ne leur est donc pas apporté par des nerfs centripètes agissant par voie réflexe. Séparés de presque tous les nerfs sensibles du corps, ces centres continuent à agir : ils trouvent en eux-mêmes ou dans leur voisinage immédiat l'excitant qui les met en jeu. Leur fonctionnement appar-

---

1. Ce point est contesté par MARCKWALD (*Die Athembewegungen und deren Innervation beim Kaninchen. Z. B.*, t. XXIII, 1887) pour le lapin et par CAT. SCHIPILOFF pour la grenouille, confirmé au contraire par C. FRANCK et LANGENDORFF (*Die Automatie des Athemcentrums. A. Db.*, 1887, p. 284 ; *Ueber die automatische Thätigkeit des Athmungscentrums bei Säugethieren. A. Db.*, 1888, p. 286). Voir aussi LOEWY : *Ueber das Athemcentrum in der Med. oblongata und die Bedingungen seiner Thätigkeit* (*A. DB.*, 1887, p. 472).

tient à la catégorie d'actions nerveuses auxquelles J. Müller a donné le nom d'actions *automatiques*.

Quelle est la cause qui provoque l'activité des centres respiratoires au moment où l'enfant vient au monde et qui l'entretient pendant toute la vie? Les belles expériences de Rosenthal (1862) ont montré qu'il existe un rapport intime entre le degré d'activité des centres respiratoires et la composition chimique du sang qui baigne la moelle allongée.

Le stimulus sous l'influence duquel les centres respiratoires agissent doit être cherché dans un certain degré de veinosité du sang qui les baigne. Il s'agit à la fois d'un déficit d'oxygène et d'un excès de CO_2 d'après les travaux de Dohmen et de Pflüger, confirmés par ceux de P. Bert, Heeter et Friedländer, S. Fredericq, etc. (S. W. Dohmen. *Untersuchungen über den Einfluss den die Blutgase d. i. Sauerstoff und Kohlensäure, auf die Athembewegungen ausüben. Untersuchungen aus dem physiologischen Laboratorium.* Bonn, 1867; E. Pflüger. *Ueber die Ursache der Athembewegungen, sowie der Dyspnoë und Apnoë. A. Pf.*, 1868, t. i, p. 60 . D'autres substances peuvent contribuer aussi à exagérer la veinosité du sang [1].

Plus le sang est pauvre en oxygène, riche en CO_2, plus il excite puissamment la moelle allongée, plus les mouvements respiratoires sont nombreux et profonds. C'est par ce mécanisme remarquable que le centre respiratoire accommode à chaque instant l'énergie de la ventilation pulmonaire aux besoins de l'organisme.

Je me borne à signaler l'expérience suivante qui me semble donner de la théorie de Rosenthal une démonstration nouvelle et élégante.

Je prends deux chiens ou deux très grands lapins, A et B, auxquels je lie au préalable les vertébrales et sur lesquels je prépare les carotides. J'introduis des canules dans ces vaisseaux de manière qu'il y ait échange de sang carotidien ou circulation céphalique croisée entre les deux animaux. Les carotides du lapin A envoient leur sang dans la tête du lapin B ; pareillement, la tête du lapin A ne reçoit que du sang provenant du corps de B. Si à ce moment je fais respirer au lapin A un mélange gazeux pauvre en oxygène, ou si je lui ferme la trachée, c'est le lapin B. celui dont la tête reçoit le sang asphyxique de A, qui montrera de la dyspnée ou des convulsions asphyxiques, tandis que le lapin A présentera plutôt une tendance à l'*apnée*. Il y a donc une relation étroite entre la composition du sang qui circule dans la tête et l'activité des mouvements respiratoires (Léon Fredericq. *Sur la circulation céphalique croisée ou échange de sang carotidien entre deux animaux. Archives de Biologie*, t. x, p. 127, et *Travaux du laboratoire*, 1889-90, p. 1. Voir aussi Bienfait et Hogge. *Recherches sur le rythme respiratoire. Archives de Biologie*, t. x, p. 139).

Toute cause tendant à exagérer le degré de veinosité (excès de CO_2, déficit d'oxygène) du sang qui baigne la moelle allongée, provoque une vive excitation des centres respiratoires se traduisant par une ventilation pulmonaire plus énergique. La respiration s'accélère, mais surtout devient plus profonde, comme on sait, à la suite d'un repas, et surtout par le fait de l'exercice musculaire. Dans les deux cas, la consommation de l'oxygène et l'accumulation de l'anhydride carbonique augmentent dans le sang.

La veinosité du sang s'exagère pareillement dans beaucoup de maladies du poumon qui portent obstacle aux échanges gazeux du poumon, ou lorsqu'on respire une atmosphère trop pauvre en oxygène ou trop riche en CO_2 : il se produit encore de la *dyspnée* ou gêne respiratoire.

En élevant artificiellement la température du sang qui baigne la moelle allongée (placer les deux carotides dans des gouttières creuses où circule un courant d'eau chaude), on provoque une accélération très marquée des mouvements respiratoires polypnée thermique de Ch. Richet).

On provoque tout aussi sûrement chez le lapin un accès de *dyspnée* pouvant aller

---

1. D'après Geppert et Zuntz, 1886. la dyspnée se montre à la suite d'exercice musculaire énergique sans qu'il y ait accumulation de CO_2 ou déficit d'oxygène dans le sang. Elle est due lors à la présence dans le sang d'un produit (indéterminé) de la combustion organique, autre que CO_2.

jusqu'aux convulsions générales (KUSSMAUL et TENNER), en arrêtant momentanément le cours du sang dans les carotides et les vertébrales : le sang ne se renouvelant plus au niveau de la moelle allongée y devient promptement veineux. La *dyspnée* qui se montre à la suite d'une hémorrhagie s'explique de la même façon.

Lorsqu'on essaie de suspendre volontairement les mouvements de la respiration, il est clair que CO_2, continuant à se produire, s'accumulera dans le sang et qu'en même temps, l'oxygène y diminuera rapidement, le sang deviendra donc d'instant en instant plus veineux et la stimulation qu'il exerce sur les centres respiratoires croîtra rapidement, pour atteindre en peu de temps une telle intensité que l'action de la volonté ne sera plus capable d'empêcher le fonctionnement de ces centres : on est obligé de se remettre à respirer.

L'explication de l'*apnée*, telle que l'a donnée ROSENTHAL, se rattache aux considérations développées précédemment. Si le sang qui baigne la moelle allongée est trop artérialisé, trop riche en oxygène ou trop pauvre en CO_2, le stimulus physiologique des centres respiratoires fait défaut : ceux-ci suspendent leur action et l'animal cesse momentanément de respirer. Comme l'a montré ROSENTHAL, cet état d'*apnée*, dans lequel l'animal n'exécute plus de mouvements respiratoires, est facile à obtenir chez le chien et chez le lapin. Il suffit de pratiquer pendant quelques instants la respiration artificielle en ayant soin de ventiler énergiquement les poumons de manière à artérialiser le, sang au maximum. Si l'on cesse alors les insufflations artificielles, l'animal ne se remet pas immédiatement à respirer, il peut rester à l'état d'apnée pendant plusieurs secondes, pendant une demi-minute, une minute et davantage. Le sang reprend bientôt de lui-même son degré normal de veinosité ; les mouvements respiratoires se rétablissent, d'abord faibles et presque imperceptibles, puis ils reprennent peu à peu leur énergie normale. La preuve que la suspension de la respiration est due, en partie au moins, à une action locale d'un sang riche en oxygène sur la moelle allongée nous est fournie par ce fait que la ligature des carotides et des vertébrales met immédiatement fin à l'*apnée* (ROSENTHAL. *Archiv f. Anat. und Physiol.*, 1865, p. 194).

FRANZ (*Ueber kunstliche Athmung. A. Db.*, 1880, p. 398) a réussi à provoquer l'apnée sans insufflations, par des excitations rythmées des phréniques. Il a constaté que le sang artériel, d'un beau rouge pendant l'apnée, prenait une teinte foncée au moment de la cessation de l'apnée.

On peut faire sur l'homme une expérience analogue. Si l'on exécute une série d'inspirations très profondes, on n'éprouve plus, pendant plusieurs secondes, le besoin de respirer : on est à l'état d'*apnée*.

Ajoutons que, pendant l'*apnée*, l'excitabilité des centres respiratoires paraît diminuée sinon suspendue complètement : dans cet état de l'animal, l'excitation électrique du bout central du pneumogastrique (ROSENTHAL. *Athembewegungen*, 1862, p. 159), celle des centres respiratoires (MARKWALD et KRONECKER. *Arch. f. Physiol.*, 1879, p. 593) n'est suivie d'aucun effet respiratoire. Cependant, d'après CHRISTIANI, l'excitation électrique du centre inspiratoire du cerveau provoquerait un mouvement d'inspiration pendant l'apnée. HEAD (*On the regulation of respiration*, J. P., 1889, t. x, p. 1) a constaté aussi que pendant l'apnée les centres respiratoires pouvaient être influencés par des excitations réflexes ayant pour point de départ les nerfs du poumon et par voie centripète le tronc du pneumogastrique. Pendant l'apnée les changements de volume provoqués dans le poumon peuvent amener la contraction du diaphragme relâché jusqu'à ce moment ou le relâchement du diaphragme primitivement contracté.

Pendant l'*apnée*, il y a diminution d'activité des centres vaso-moteurs et cardio-inhibiteurs. On constate chez le chien la dilatation des vaisseaux des viscères, la chute de la pression artérielle, l'accélération des pulsations cardiaques et la disparition des inégalités respiratoires du rythme cardiaque.

La consommation de l'oxygène et l'exhalation de CO_2 ne paraissent guère modifiées par l'*apnée*.

Enfin, l'excitabilité réflexe de la moelle épinière se trouve également déprimée. Pendant l'*apnée*, la strychnine et les autres poisons des réflexes ne provoquent pas de convulsions. — (LEUBE. *Arch. f. Anat. u. Physiol.*, 1867, p. 629. — USPENSKY. *Arch. f. Anat. und Physiol.*, 1868, pp. 401, 522).

H. Aronson (*Ueber Apnoe bei Kaltblütern und neugeborenen Säugethiere. A. Db.* 1885, p. 266) a constaté qu'il est impossible de provoquer l'*apnée* par ventilation pulmonaire chez les animaux à sang froid (grenouille, tortue) et chez les mammifères nouveau-nés (chats âgés d'un jour). Cela tient sans doute à ce fait que le sang artérialisé dans le poumon par la respiration artificielle, se mélange ultérieurement avec du sang veineux avant d'être distribué aux centres respiratoires, d'où impossibilité de placer ceux-ci dans les conditions d'oxygénation pour amener l'*apnee*. L'impossibilité de provoquer l'apnée chez les mammifères nouveau-nés avait déjà été signalée par Max Runge (*Zeitschrift f. Geburtshülfe und Gynäkologie*, t. II, p. 390), et par Preyer (*Specielle Physiologie des Embryo*).

Ch. Richet a constaté que la polypnée thermique ne peut s'établir que si le chien est en état d'apnée, ou plus exactement si le besoin chimique de la respiration est suspendu. Le chien respire sans avoir besoin de respirer; il respire pour se refroidir. Si on oblitère brusquement la trachée d'un chien rendu polypnéique, le rythme accéléré restera le même pendant une ou deux minutes, quoiqu'il y ait absence complète de renouvellement de l'air. L'animal vit sur la provision d'oxygène accumulée dans son sang jusqu'à ce que, cette provision venant à s'épuiser, les premiers signes de la dyspnée se manifestent par un rythme respiratoire plus lent et plus profond. On sait que chez les chiens qui ne sont pas atteints de polypnée, l'oblitération de la trachée provoque immédiatement les signes de la dyspnée (Ch. Richet. *Nouvelle fonction du bulbe rachidien. Régulation de la température par la respiration. A. P.*, 1888, t. I, 4, p. 292).

Cette théorie chimique de l'*apnée* et du fonctionnement des centres respiratoires, telle que Rosenthal l'avait formulée, a été vivement attaquée à différents points de vue par un assez grand nombre de physiologistes. Nous allons passer en revue les objections qu'on lui a faites.

Paul Hering trouva que le sang artériel du chat ne contient, pendant l'apnée, pas plus d'oxygène (même moins) que chez les animaux respirant normalement *Einige Untersuchungen über die Zusammensetzung der Blutgase während der Apnoë. Dissertation*, Dorpat, 1867). Pflüger (*A. Pf.*, t. I, 1868, p. 100) mit en doute les résultats de Paul Hering et y signala une cause d'erreur; il fit reprendre la question dans son laboratoire. Aug. Ewald démontra sous sa direction que le sang artériel du chien est, pendant l'apnée, toujours un peu plus riche en oxygène (0,1 à 0,9 p. 100 d'oxygène en plus) et notablement plus pauvre en CO^2, qu'immédiatement avant ou après l'apnée. Le sang apnoïque est à peu près saturé d'oxygène (August Ewald. *Zur Kenntniss der Apnoë. A. Pf.*, t. VII, 1873, p. 575).

Hoppe-Seyler, s'appuyant sur les déterminations de tension de l'oxygène dans le sang artériel faites dans son laboratoire par Herter (*Ueber die Spannung des Sauerstoffs im arteriellen Blute. Zeits. f. physiol. Chemie*, 1879, t. III, p. 98) avait admis que le sang artériel est déjà à l'état normal souvent saturé d'oxygène, au moins en ce qui concerne l'oxygène fixé sur l'hémoglobine et que, par conséquent, la ventilation pulmonaire la plus énergique ne pouvait guère augmenter cette saturation. Tout au plus la tension de ce gaz dans le sang pourra-t-elle s'élever de quelques centièmes d'atmosphère par le fait de la respiration artificielle. Mais s'il suffit d'augmenter de quelques pour cent la tension de l'oxygène dans le sang pour provoquer l'apnée, Hoppe-Seyler trouve inexplicable que l'apnée ne s'établisse pas d'emblée lorsqu'on respire de l'oxygène pur ou de l'air comprimé (F. Hoppe-Seyler. *Ueber die Ursache der Athembewegungen. Z. P. C.*, 1879, t. III, p. 104). Il fait aussi remarquer que la teneur du sang artériel en oxygène varie dans des limites extrêmement larges, sans que l'on observe des variations correspondantes dans le rythme respiratoire. Hoppe-Seyler conclut en attribuant l'apnée à l'épuisement des muscles respiratoires maltraités par la respiration artificielle.

Filehne répondit (*Ein Beitrag zur Physiologie der Athmung und der Vasomotion; Nachtrag. Arch. f. Physiol.*, 1879, p. 240) à Hoppe-Seyler en lui opposant les chiffres des analyses d'Ewald et les résultats des recherches de Hüfner sur la détermination photométrique de l'hémoglobine et de l'oxygène du sang (*Ueber die Bestimmung des Hämoglobin-und Sauerstoffgehaltes im Blute. Zeits. f. physiol. Chemie*, t. III, 1879, p. 1). D'après Hüfner, le sang artériel du chien n'est nullement saturé d'oxygène et contient encore de l'hémoglobine réduite. Rosenthal lui-même fit observer que l'*apnée* chez un animal placé dans l'oxygène serait un non sens, car, sans mouvements respiratoirss, l'oxygène pur de l'extérieur ne pourrait diffuser assez rapidement de l'extérieur dans les alvéoles pulmonaires pour maintenir au sang le degré voulu de saturation. Tout au plus pourrait-on donc s'attendre à une diminution du nombre des mouvements respiratoires (ROSENTHAL, dans *H. H.*, t. IV, (2), p. 278).

Les déterminations de tension d'oxygène, faites par LÉON FREDERICQ (*Ueber die Tension des Sauerstoffes im arteriellen Pepotnblut bei Erhöhung derselben in der eingeathmeten Luft. Centralblatt für Physiologie*, 1894, p. 34) dans le sang artériel de chiens respirant des mélanges gazeux riches en oxygène, ont permis de trancher cette question dans ce sens que l'augmentation de l'oxygène du sang doit être un facteur insignifiant dans la production de l'apnée. En effet, la tension de l'oxygène peut atteindre 70 p. 100 d'une atmosphère dans le sang d'un chien qui respire de l'oxygène pur, sans que l'animal montre de l'apnée. Tout au plus sa respiration est-elle un peu plus lente.

J'ajouterai que SPECK et DOHMEN ont constaté ce ralentissement du rythme respiratoire par suite de la respiration d'oxygène et que G. VON LIEBIG signale pareillement une diminution des mouvements respiratoires sous l'influence de l'air comprimé.

Enfin, BIELETZKY (*Zur Frage über die Ursache der Apnoe. Biol. Centralblatt*, t. I, 1882, p. 743) a repris sur *Astur palumbarius* l'expérience d'apnée en évitant les mouvements de la cage thoracique afin de ne pas donner prise au reproche formulé par HOPPE-SEYLER et concernant la fatigue des muscles respiratoires. Il scia en travers les os des ailes et des pattes de l'oiseau et fixa une canule dans la trachée, puis fit passer à travers les poumons sous pression constante un courant d'air continu. L'air entrait par la trachée et sortait par les surfaces de section des os : l'apnée s'établit facilement dans ces conditions.

Citons encore parmi les adversaires de la théorie de ROSENTHAL, MARCKWALD et MOSSO. MARCKWALD (*Die Athembewegungen und deren Innervation beim Kaninchen. Z. B.*, 1887, t. XXIII) insista sur ce fait que la respiration peut persister pendant longtemps alors que la circulation est arrêtée complètement au niveau des centres respiratoires; il rejeta la théorie de ROSENTHAL et affirma que la régulation normale de la respiration ainsi que l'apnée, « n'ont rien à voir avec les gaz du sang »; il constata aussi l'extrême difficulté de provoquer l'apnée et de supprimer les convulsions respiratoires par la respiration artificielle chez le lapin dont les pneumogastriques sont coupés et dont la moelle allongée est sectionnée au devant des centres respiratoires.

Dans son intéressant mémoire sur la respiration superflue ou de luxe (*A. B.* 1886, t. VII, p. 48. *La respirazione periodica e la respirazione superflua e di lusso. Reale Academia dei Lincei*, anno CCLXXXII, 1885. — *Periodische Athmung und Luxus Athmung. A. Db.*, 1886. *Suppl.*, 37) Mosso insiste sur les variations énormes que présente le rythme respiratoire en dehors de toute modification des besoins respiratoires de l'organisme. Il en conclut que ce rythme n'est pas réglé par le chimisme respiratoire et est indépendant de ce dernier. Il repousse par conséquent la théorie de ROSENTHAL.

Il me semble que l'objection la plus sérieuse que l'on puisse faire à la théorie chimique de l'apnée, c'est que l'insufflation de mélanges gazeux relativement pauvres en oxygène ou riches en CO_2 peut amener l'apnée, tant que les pneumogastriques sont intacts; et que, par contre, lorsque ces nerfs sont coupés, l'aération la plus énergique des poumons pratiquée avec de l'air frais ne la produit pas toujours. En 1865, THIRY (*Rec. des travaux de la Soc. méd. all.*, Paris, 1865, p. 69) avait réussi à provoquer l'apnée en insufflant un mélange à parties égales d'air et d'hydrogène. D'autres expérimentateurs étaient arrivés au même résultat en employant pour la respiration artificielle la même masse d'air confinée, dont la composition chimique s'altérait de plus en plus par le fait de la respiration de l'animal. HEAD (*On the regulation of respiration. J. P.*, 1889, t. X, p. 1) a même obtenu l'apnée chez le lapin en faisant des insufflations d'hydrogène. L'apnée s'obtiendrait dans ce cas aussi vite au moyen d'insufflations d'oxygène : mais elle serait de très courte durée. D'autre part, BROWN-SÉQUARD déclarait (*B. B.*, 1871, pp. 135 et 156) que l'intégrité des pneumogastriques est nécessaire à la réussite de l'expérience d'apnée « et que l'insufflation détermine l'apnée plutôt par une action mécanique », il était, il est vrai, contredit par ROSENTHAL qui affirmait que l'apnée s'obtient tout aussi facilement par insufflation pulmonaire après section des pneumogastriques que chez l'animal intact (*H. H.*, t. iv, (2), p. 274, 1880). Mais d'autres physiolo-gistes, Filehne (*Archiv f. Anat. u. Physiol.*, 1873, p. 366), Knoll (*Wiener Sitzungsber*, t. lxxxv, fasc. 3, t. lxxxvi, p. 3). Rosenbach (*Stud. üb. den Nervus vagus.* Berlin, 1877, p.109) et Gad (*Ueber Apnoe.* Wurzbourg, 1880, et *Die Regulirung der normalen Athmung.* A. Db., 1880, 1) montrèrent que la vérité se trouve entre ces deux assertions extrêmes exclusives. J'ai constaté comme eux que l'apnée s'obtient encore, mais plus difficilement, après la section des pneumogastriques.

C. Franck et Langendorff (*Ueber die automatische Thätigkeit des Athmungscentrums bei Säugethieren.* A. Db., 1888, p. 296) ont obtenu facilement l'apnée par ventilation pulmonaire chez le lapin auquel ils avaient pratiqué la section transversale des centres nerveux au-devant des centres respiratoires et la double section des pneumo-gas-triques. Ils croient que l'on a exagéré l'influence des pneumogastriques sur la pro-duction de l'apnée.

D'après Head, les insufflations d'hydrogène seraient impuissantes à produire l'apnée chez le lapin dont les pneumogastriques sont intacts. On l'obtiendrait au contraire assez facilement après section de ces nerfs, à condition d'employer un mélange gazeux riche en oxygène, et de ne pas tenter l'expérience immédiatement après la section des pneumogastriques. Il faudrait laisser aux centres respiratoires le temps de s'habituer à l'action d'un sang plus veineux que d'ordinaire.

Il me paraît incontestable que les pneumogastriques jouent un certain rôle dans la pro-duction de l'apnée. Gad (*Die Regulirung der normalen Athmung.* A. Db., 1880, p. 28) a montré qu'on peut écourter notablement la durée de celle-ci et hâter la reprise des mouvements respiratoires en congelant brusquement le tronc des pneumogastriques (suppression des innervations centripètes du vague sans irritation préalable). Knoll avait constaté aussi que, si l'on provoque l'apnée chez un animal à pneumogastriques intacts, cette apnée se prolonge bien au delà du temps pendant lequel on peut admettre une suroxy-génation du sang. A la fin de l'apnée, le sang des carotides peut avoir une teinte mani-festement veineuse : et l'on peut même parfois observer de véritables symptômes d'as-phyxie (hausse de la pression sanguine, ralentissement des pulsations cardiaques) avant la reprise des mouvements respiratoires spontanés.

Dans la production de l'*apnée*, l'influence exercée sur les centres respiratoires par le sang surartérialisé se combine donc avec une action adjuvante émanée des fibres centripètes du pneumogastrique. Il s'agit sans doute d'une excitation mécanique des terminaisons sensibles des rameaux pulmonaires du pneumogastrique par le fait de l'insufflation du poumon et du déplissement de ses alvéoles. Hering et Breuer (*Die Selbststeuerung der Athmung durch dem Nervus vagus. Sitzungsber. der k. Akad. der Wiss.* Vienne, 1868, t. lvii, p. 909) ont montré en effet que toute insufflation du poumon provo-quait par voie réflexe un arrêt respiratoire, tant que les pneumogastriques sont intacts, et que cet arrêt respiratoire a pour point de départ une irritation (mécanique?) des terminaisons intrapulmonaires du vague [1].

Head (*J. P.*, 1889, t. x, p. 1) a constaté récemment que l'apnée présente des caractères différents suivant que l'on se borne à faire des insufflations rythmées (*ventilation posi-tive*) en abandonnant les expirations à l'animal, ou suivant que l'on se borne à des succions rythmées sans insufflations (*ventilation négative*), ou suivant que l'on exécute alternativement une insufflation et une succion (*ventilation mixte*). Dans le premier cas (*ventilation positive*), le diaphragme reste relâché pendant l'apnée; dans le second cas (*ventilation négative*), le diaphragme reste contracté pendant l'apnée qui suit la ces-sation de la ventilation; dans le troisième cas (*ventilation mixte*), le diaphragme prend une position intermédiaire permanente entre le relâchement et la contraction com-plète. Ces différences ne se montrent que tant que les pneumogastriques ont été conservés.

1. A. Loewy (*Ueber das Athemcentrum in der Med. oblongata und die Bedingungen seiner Thätigkeit. A. Db.*, 1887, p. 472) a constaté que les rameaux pulmonaires du pneumogastrique envoient aux centres respiratoires des excitations toniques (outre les excitations découvertes par Hering et Breuer) tant que les poumons sont remplis d'air. Si les poumons s'affaissent (atélectasie), le tonus des pneumogastriques est supprimé : il se rétablit lorsqu'on insuffle de nouveau le poumon.

Tout ceci nous conduit à distinguer avec MIESCHER-RÜSCH (*Bemerkungen zur Lehre von den Athembewegungen. A. Db.*, 1885, p. 265) une *Apnoea vera*, d'origine purement chimique (surartérialisation du sang par diminution de CO^2, plutôt que par augmentation d'oxygène) et une *Apnoea Vagi* d'origine nerveuse. L'*Apnoea Vagi* n'est elle-même qu'un cas particulier des arrêts respiratoires qui peuvent s'obtenir par excitation de diverses parties du système nerveux (nerfs laryngés, fibres nasales du trijumeau, *cauda corporis striati* d'après DANILEWSKY) et que MIESCHER-RÜSCH réunit sous le nom d'*Apnoeæ spuriæ* et pour lesquelles DANILEWSKY a proposé le nom d'*apnée nerveuse* (*Gehirn und Athmung. Biolog. Centralbl.*, t. II, 1882-83, p. 692).

L'arrêt respiratoire qui se montre immédiatement après cessation d'une excitation du bout périphérique du pneumogastrique (nerf coupé) doit sans doute être considéré comme une *apnée vraie*. S. MEYER (*Experimenteller Beitrag zur Lehre von den Athembewegungen. Sitzungsber. der k. Akad. der Wiss. Math. Naturw.* Cl. 3, t. LXIX, p. 111) en donne l'explication suivante : pendant l'arrêt du cœur, la stagnation du sang agit comme excitant sur les centres respiratoires, d'où dyspnée, ventilation énergique du poumon et surartérialisation du sang. Aussitôt qu'on cesse l'excitation du pneumogastrique, le cœur se remet à battre; l'arrivée brusque d'un sang surartérialisé au niveau des centres respiratoires provoque l'apnée. FR. FRANCK (*Étude sur quelques arrêts respiratoires; apnée, phénomène de Cheyne-Stokes, arrêts réflexes de cause cardiaque. Journ. de l'An. et de la Physiol.*, 1877, p. 545) admet la même explication pour la pause qui suit l'excitation du bout central du pneumogastrique, lorsque cette excitation a provoqué des mouvements respiratoires désordonnés, exagérant la ventilation pulmonaire. Il a observé également des pauses apnéiques après ouverture de la trachée chez des chiens jeunes et vigoureux. L'ouverture de la trachée provoque une exagération de la ventilation pulmonaire.

A la question de l'apnée se rattache celle de l'étude des causes du premier mouvement respiratoire. ROSENTHAL admet que le fœtus, encore contenu dans l'utérus maternel est à l'état d'apnée, parce que la circulation placentaire charge son sang d'oxygène et prévient toute accumulation de CO^2. D'ailleurs, chez le fœtus, la consommation de l'oxygène est réduite à un minimum. Entièrement plongé dans un bain tiède, il n'a pas à intervenir dans le chauffage de son organisme; ses glandes digestives, ses muscles, son système nerveux sont dans un repos presque absolu : comme le fait remarquer PFL ER, le cœur est chez lui le seul organe qui montre quelque activité. Aussi chez le fœtu la transformation du sang artériel en sang veineux est-elle à peine marquée, et le san s artères ombilicales y est presque aussi rouge que celui de la veine qui revient du placenta (ZWEIFEL, N. ZUNTZ).

Dès que l'enfant est né, les conditions de l'hématose changent brusquement. D'une part, la circulation maternelle du placenta s'arrête plus ou moins : ce réservoir d'oxygène n'est plus accessible au sang de l'enfant; d'un autre côté, l'impression subite du froid extérieur sur la peau provoque une série de mouvements musculaires. La consommation de l'oxygène éprouve donc brusquement une augmentation colossale, et le renouvellement de l'oxygène n'a plus lieu. Ces conditions nouvelles suffisent sans doute à expliquer la cessation de l'*apnée intra-utérine*, au moment de la naissance (SCHWARTZ. *Die vorzeitigen Athembewegungen.* Leipzig, 1858). On possède un grand nombre d'observations authentiques de fœtus encore contenus dans leurs membranes, suffisamment protégés contre le froid et chez lesquels l'interruption de la circulation placentaire a suffi pour provoquer des mouvements respiratoires. Les expériences récentes d'ENGSTRÖM (*Skand. Arch. f. Physiologie*, t. II, 1891, p. 158) ont démontré le fait pour les fœtus de cobayes et de lapins.

Il ne faut cependant pas méconnaître la part qui peut revenir à l'excitation de la peau dans la production du premier mouvement respiratoire. L'impression du froid extérieur sur les nerfs sensibles de la peau de l'enfant agit sans doute d'une façon réflexe sur le centre respiratoire et augmente son excitabilité. PREYER (*Zeits. f. Geburtshülfe*, t. VII, 1880, p. 241 et *Ueber die Ursache der ersten Athembewegungen. Sitzungsber. d. Jenaischen Ges. f. Med. u. Naturw.*, 1880. *Spec. Physiologie des Embryo.* Leipzig, 1885) a vu qu'on peut provoquer des mouvements respiratoires réflexes sur des fœtus de cobayes encore enveloppés de leurs membranes, en excitant les nerfs de la peau par une incision ou par une injection de substance irritante dans le liquide amniotique.

PFLÜGER admet que le déplissement du poumon et l'entrée de l'air qui accompagne le premier mouvement respiratoire place les centres respiratoires dans des conditions nouvelles d'excitabilité. Tant que le fœtus contenu dans ses membranes n'a pas respiré et n'a pas dilaté ses poumons, les excitations les plus fortes, tant réflexes qu'automatiques, des centres respiratoires ne provoquent que des mouvements respiratoires isolés ou peu nombreux. Mais dès qu'on permet à l'air l'entrée des poumons, la respiration aérienne une fois établie ne s'arrête plus.

Bibliographie. — Consulter, pour la bibliographie, les mémoires cités dans le texte, surtout ceux de F. MIESCHER-RUSCH, MARCKWALD, ROSENTHAL, FILEHNE, GAD, puis ROSENTHAL. *Ueber Athembewegungen* (*Biol. Centralbl.*, t. I, pp. 88, 115, 185, 211, et *H. II.*, t. IV). — GRÜTZNER (*Deuts. med. Wochens.*, nᵒˢ 46 et 47, 1886); et pour la bibliographie de la cause du premier mouvement respiratoire : ENGSTRÖM (*Skand. Arch.*, t. II, 1891, p. 158).

LÉON FREDERICQ.

APOCODÉINE.
— Produit de déshydratation de la codéine. MATIESSEN et BURNSIDE l'ont obtenue en chauffant à 170° ou 180° la codéine avec du chlorure de zinc (*Ann. Chem. Pharm.*, t. CLVIII, p. 131). La formule de chlorhydrate est $C^{18}H^{19}NO^2HCl$; elle diffère de l'apomorphine $C^{17}H^{17}NO^2$ par la substitution de CH^3 à H; c'est donc de la méthylapomorphine, comme la codéine est de la méthylmorphine.

L'apocodéine a été étudiée principalement par L. GUINARD (*Contribut. à l'étude physiol. de l'apocodéine*, Th. de doct. de Lyon, 1893, 63 p. et *B. B.*, 27 mai, 3 et 17 juin, 8 juillet 1893) dans le laboratoire d'ARLOING. — V. aussi FRÖHNER (*Unters. uber das Codein und Apocodein als Ersatzmittel des Morphiums und Apomorphins nebst einigen Beitragen zur Toxikol. des Morphiums. Monatsh. f. pract. Chem.*, t, IV, n° 6, 1893).

GUINARD a constaté, ainsi que FRÖHNER, que l'apocodéine n'a pas les propriétés vomitives de l'apomorphine. En injection intra-veineuse, à la dose de $0^{gr},015$ par kilogramme, elle détermine une agitation violente, et presque des convulsions : en augmentant la dose à $0^{gr},02$ les convulsions deviennent très intenses. En injection sous-cutanée, c'est un état de somnolence qui survient à la dose de $0^{gr},025$ par kilogramme. Le cœur et la respiration se ralentissent; la température baisse de 2°; les échanges diminuent, il y a hypersécrétion de la salive (GUINARD a constaté cet effet sur lui-même). Les chats sont sensibles surtout aux effets convulsivants, plus qu'aux effets déprimants.

En somme, l'apocodéine est un poison du système nerveux (probablement a c prédominance pour l'appareil cérébral), déprimant ou convulsif suivant la dose. Elle a quelque analogie avec la morphine qui, à dose très forte, est vraiment convulsivante.

CH. R.

APOMORPHINE.
— L'apomorphine est un alcaloïde dérivé de la morphine dont il ne diffère que par H^2O en moins. La formule atomique de la morphine étant $C^{17}H^{19}AzO^3$, celle de l'apomorphine est $C^{17}H^{17}AzO^2$. C'est ARPPE qui le premier l'obtint en 1845, en faisant agir de l'acide sulfurique sur la morphine. En 1848 GERHARDT et LAURENT préparèrent la même substance qu'ils appelèrent sulphomorphine; peu après ANDERSON prépara de l'apomorphine en faisant agir l'acide sulfurique sur la codéine.

Il faut arriver aux travaux de MATHIESSEN et WRIGHT (1870) pour avoir une étude complète de la constitution, de la préparation et des propriétés de cette substance qu'ils appellent apomorphine. Puis les travaux se multiplient, il faut citer parmi les principaux auteurs qui se sont occupés de cette substance SIEBERT, MAYER, D'ESPINE, BOURGEOIS, ROUTY, GUBLER, MAX QUEUL, CARVILLE, E. HARTNACK, VERGER, VULPIAN, JURASZ, CHOUPPE, DUJARDIN-BEAUMETZ, etc.

Propriétés physiques et chimiques. — L'apomorphine pure se présente sous la forme d'un corps brun noirâtre, assez soluble dans l'eau et surtout dans l'eau légèrement acidulée; sa solution, d'abord légèrement brune, devient rapidement d'un beau vert émeraude par l'exposition à l'air. On emploie rarement l'apomorphine pure, son chlorhydrate est le sel dont on fait généralement usage. Le chlorhydrate d'apomorphine se présente sous la forme d'une poudre d'un gris légèrement brunâtre mêlée de petites écailles à éclat chatoyant. Il est très peu soluble dans l'eau froide, mais il se dissout dans l'eau bouillante, l'alcool, le chloroforme, l'éther. Il ne renferme pas d'eau de cristallisation. Laissé à l'air, il se colore en vert par suite d'une oxydation, avec augmentation de poids. La solution de chlorhydrate d'apomorphine, d'abord jaune sale, comme la solution d'apomorphine, ne tarde pas en présence de l'air à prendre la teinte vert émeraude. Cette substance peut néanmoins se conserver au sec et en vase clos. Sa réaction est neutre, son odeur nulle et sa saveur franchement amère.

Les sels d'apomorphine en solution au centième donnent les réactions suivantes :

Avec le carbonate de soude, un abondant précipité d'un blanc éclatant devenant rapidement vert au contact de l'air.

Avec la potasse et l'ammoniaque on obtient un précipité blanc, devenant rapidement noir, soluble dans un excès de réactif ;

Avec l'eau de chaux, un précipité blanc noircissant lentement ;

Avec l'acide nitrique concentré, une coloration rouge sang, palissant à la chaleur ;

Avec le chlorure ferrique, une coloration d'améthyste sombre ;

Avec le bichromate de potasse, un précipité jaune, facilement décomposable ;

Avec le nitrate d'argent, une réduction très rapide ;

Avec l'iodure de potassium, un précipité blanc amorphe ;

Avec le bichlorure de potassium, un précipité jaune ;

Avec le chlorure d'or, un précipité d'un beau rouge pourpre, qui se dissout dans un grand excès d'eau et se colore à l'ébullition en rouge brun foncé.

Cette dernière réaction serait caractéristique des sels d'apomorphine.

On a remarqué que c'étaient surtout les vieilles solutions de chlorhydrate de morphine qui provoquaient le vomissement, quand on en faisait des injections sous-cutanées, et on a pensé que l'action vomitive était, dans ce cas, peut-être due à la formation d'apomorphine. Mais cette hypothèse n'est pas très fondée, puisque d'une part, la morphine à l'état de pureté absolue produit encore le vomissement, et que d'autre part, dans les solutions anciennes, la quantité d'apomorphine formée est vraiment insignifiante.

Propriétés physiologiques. — Pour étudier l'action physiologique du chlorhydrate d'apomorphine, quelle est la meilleure voie d'administration? C'est sans contredit l'injection hypodermique qu'il faut choisir. Outre que la rapidité d'action par cette voie est beaucoup plus rapide que par la voie stomacale, dans la proportion de 3 à 1, l'injection permet toujours de doser exactement le médicament, et de connaître la dose physiologique par kilo de poids de l'animal.

Les recherches expérimentales montrent, de la façon la plus évidente, que l'apomorphine est un vomitif énergique et simplement un vomitif, puisque les autres fonctions ne semblent pas altérées. En effet, peu après l'injection, à peine quelques minutes, le vomissement se produit sans que l'animal paraisse tourmenté par des nausées (BOURGEOIS) ; pendant la période de vomissements, l'animal est fatigué et dans la résolution, puis une demi-heure après, une heure au maximum, si la dose n'a pas été trop forte, il reprend son allure antérieure et se met même à manger. C'est ce qui se produit lorsque l'on fait une injection hypodermique de 1 centigramme de chlorhydrate d'apomorphine à un chien de taille moyenne.

L'action émétique est très nette et très rapide, généralement en rapport avec la dose administrée ; c'est le contraire pour l'émétine (D'ORNELLAS). Les vomissements se produisent au nombre de deux ou trois, suivant la dose et la susceptibilité du sujet, puis, au bout de trois quarts d'heure à une heure, l'effet est fini.

En injection intra-veineuse, les vomissements se produisent très vite, durent moins longtemps et sont moins nombreux (CHOUPPE). C'est ainsi qu'en injectant dans les veines d'un chien moyen 5 centigrammes de chlorhydrate d'apomorphine, le vomissement se produit vingt à trente secondes après l'injection, et quelquefois même avant la fin de l'injection.

Cette rapidité d'action explique parfaitement pourquoi la période nauséeuse a passé inaperçue à certains expérimentateurs, puisqu'il suffit de quelques milligrammes pour amener très rapidement les vomissements.

Contrairement à BOURGEOIS, VULPIAN a toujours constaté la période nauséeuse précédant l'effet vomitif ; seulement, à cause de la rapidité du vomissement, cette période est extrêmement courte. On constate très bien les nausées, la tendance syncopale, chez certains malades (VULPIAN, ROUTY): état syncopal qui peut être parfois assez sérieux. Cette divergence peut tenir soit aux dispositions individuelles, soit à la dose administrée.

Les injections hypodermiques ne sont pas douloureuses si l'on a la précaution d'employer des solutions qui ne soient pas acides et de les pratiquer dans une région peu riche en filets nerveux et où le tissu cellulaire soit assez abondant.

Circulation. — Des variations légères et irrégulières se manifestent dans le pouls sous l'influence de l'apomorphine. Dès le début des nausées on constate de l'accélération, puis, du ralentissement, quoique le nombre des pulsations reste au-dessus de la moyenne. Avant chaque vomissement, il y a de l'accélération, puis ensuite du ralentissement et ainsi de suite à chaque vomissement, avec petitesse du pouls. C'est du reste ce qui se produit avec presque tous les émétiques.

On ne constate pas de modification du côté de la pression sanguine (SIEBERT) ni du côté de la température.

Respiration. — La fréquence du pouls est accompagnée d'une accélération de la respiration qui devient en même temps irrégulière. Ces phénomènes respiratoires coïncident au début des vomissements, ils font place ensuite à un ralentissement qui dure assez longtemps ; le rythme respiratoire étant plus lent qu'à l'état normal. On constate pourtant certaines différences suivant les animaux sur lesquels porte l'expérience. Chez le chien, par exemple, la respiration est généralement accélérée. Avec de fortes doses, chez le lapin, on peut l'arrêter. Avec 10 milligrammes, on l'arrête toujours chez la grenouille.

Appareil digestif. — L'apomorphine ne paraît pas avoir d'action sur le tube digestif, quoique BORDIER ait avancé que l'effet de cette substance était dû à son action sur la muqueuse gastrique, son élimination se faisant par cette voie. On peut opposer à cette interprétation la section des vagues, qui n'empêche pas le vomissement ; la rapidité étonnante des vomissements après l'injection hypodermique et surtout après l'injection intra-veineuse. A l'appui de son opinion, BORDIER a bien prétendu que l'opium diminuant les sécrétions, une injection préalable de morphine empêchait les vomissements, mais CHOUPPE a démontré que, malgré une injection d'atropine, dont l'effet est encore plus énergique que celui de la morphine, l'action de l'apomorphine était la même.

Ce n'est donc pas par son action locale sur les éléments nerveux de la muqueuse gastrique qu'agit cette substance.

D'après COYNE et BUDIN, on constaterait quelquefois une action irritative sur la muqueuse intestinale, mais ce fait n'est pas confirmé pas les nombreux auteurs qui ont fait des recherches sur l'apomorphine.

Système nerveux. — C'est sans contredit le système nerveux qui est le plus impressionné par l'apomorphine, et l'action semble concentrée sur le bulbe qui renferme le centre vomitif, car la masse cérébrale ne paraît pas atteinte. On constate bien, en effet, quelquefois un peu de sommeil invincible, dû à l'impureté de la substance ou à la reconstitution de la morphine comme l'ont prétendu certains auteurs, mais ce sont là des effets qui ne sont pas constants, ainsi que les phénomènes de manège signalés par HARTNACK, SIEBERT, etc.

MAX QUEHL, qui a fait de nombreuses expériences, n'a constaté aucune modification ni des nerfs moteurs, ni des nerfs sensitifs ; il n'a trouvé non plus aucune modification du côté des vaso-moteurs. Pourtant HARTNACK, avec des doses assez fortes, a obtenu des paralysies, ce qui semblerait indiquer une action centrale. BERGMEISTER et LUDWIG lui ont trouvé une action anesthésique sur la conjonctive, analogue à celle de la cocaïne, et STOCQUART l'a employée pour calmer les douleurs des muqueuses, dans les stomatites, les glossites, etc.

La véritable action de l'apomorphine se manifeste sur le centre vomitif bulbaire, il n'y a aucun effet sur les terminaisons périphériques du pneumogastrique, puisque la double section des vagues, contrairement à ce qu'a avancé M. QUEHL, n'empêche pas le vomissement pour lequel la dose minimum à sa production est la même, que les nerfs soient ou ne soient pas coupés. Mais on peut se demander si ce centre ne serait pas paralysé par de fortes doses, car elles produisent des vomissements très rapides, mais infiniment moins nombreux, moins prolongés, moins abondants que les doses moyennes.

Hartnack ayant obtenu des paralysies complètes chez le chien et le chat, compare l'action de l'apomorphine à celle de la morphine. Dans le premier stade on trouverait l'excitation des centres nerveux due à la morphine et les vomissements qui se manifestent alors, puis, plus tard, l'action paralysante.

On ne peut admettre cette interprétation, la différence est trop manifeste entre les résultats expérimentaux que l'on obtient d'un côté avec l'apomorphine, de l'autre avec la morphine, ne serait-ce que le vomissement instantané qui est provoqué par l'injection intra-veineuse d'une faible dose d'apomorphine. On peut encore trouver une différence capitale dans ce fait, démontré par Siebert, que l'organisme ne s'habitue pas à l'apomorphine : or on sait avec quelle facilité s'établit l'accoutumance pour la morphine. Siebert a, pendant 15 jours, administré tous les jours une injection hypodermique de 1 milligramme au même chien, le vomissement se produisait invariablement trois minutes après l'injection. Injectant alors une dose de 1 décigramme, l'animal vomit pendant quarante-cinq minutes, puis revint à son état normal. L'expérience, ayant été reprise, donné les mêmes résultats.

Action sur l'homme. — Dans ce qui précède, nous avons surtout décrit les phénomènes que l'on constate sur les animaux, mais, l'apomorphine pouvant sans danger s'administrer à l'homme, il est facile d'analyser son action sur l'espèce humaine. Voici, d'après Chouppe, les effets observés. Pendant les deux ou trois premières minutes qui suivent l'injection, le malade n'éprouve absolument rien, il est calme, tranquille, sans ressentir le moindre malaise. Bientôt une sensation de pesanteur à la région épigastrique est suivie d'une légère douleur de tête, puis la salivation devient abondante, le corps se couvre de sueur; un ou deux efforts de vomissement secouent le thorax, sans que rien soit rendu; au troisième effort, plus rarement au quatrième, le malade vomit. Il rejette alors des liquides en abondance, vomit trois ou quatre fois de suite, puis survient une période de calme; les vomissements s'arrêtent pour cinq à six minutes, pendant lesquelles parfois le malade sommeille. Il est bientôt éveillé par la nausée, et toute la scène recommence; le même phénomène se reproduit à cinq ou six reprises différentes. Enfin, au bout d'une demi-heure environ, le malaise se dissipe d'une manière définitive et le malade s'endort. Ce sommeil très calme dure en général d'une demi-heure à une heure, temps au bout duquel le malade s'éveille, ne conservant aucune fatigue.

Toxicité. — L'apomorphine, aux faibles doses de 0,01, ou 0,02, n'est pas toxique; c'est du moins ce qu'ont constaté les expérimentateurs sur les chiens et les lapins (Bourgeois et Vulpian); sur les cobayes (Carville); sur les chats, les pigeons et les grenouilles (Hartnack, David). On ne constate même rien chez les animaux, tels que les lapins et les cobayes, qui ne peuvent pas vomir. Chez ceux qui vomissent, comme les chiens et les chats, après le vomissement, on observe de la fatigue, quelquefois du sommeil plus ou moins prolongé, mais toujours, quelques heures après, ils reviennent à leur état antérieur. Pourtant cette innocuité n'est que relative, attendu que, si l'on administre de très fortes doses, 20 à 40 centigrammes par exemple pour le chien, on voit survenir de l'agitation, des mouvements de rotation, et la mort s'ensuit (David, Kœhler, Moeller, Quehl).

Si l'on injecte dans le péritoine d'une grenouille de taille moyenne 0,03 d'apomorphine, la mort survient au bout de quelques heures; ou bien il se produit un état de mort apparente, sauf persistance des mouvements du cœur; et le retour à la motilité et à la sensibilité n'a lieu que longtemps après. Une dose de 0,009, injectée de la même façon, produira seulement des mouvements vifs et fréquents de déglutition, généralement dans la première heure qui suit l'injection.

Comme, avec des doses faibles ou modérées, il y a eu des cas de collapsus observés chez certains malades, même à faible dose, il est probable qu'il s'agit là de ces idiosyncrasies qui se manifestent si fréquemment quand il s'agit de la syncope cardiaque.

Toxicologie. — Malgré ce que nous venons de dire, si l'on soupçonnait un empoisonnement par cette substance, on la rechercherait par la méthode de Stas; puis l'on rechercherait ses principales réactions, mais, ce qui est encore préférable, on procéderait à des expériences de physiologie qui constituent le réactif le plus sensible pour bien faire reconnaître la nature de la substance.

Usages. — De son action physiologique il est facile de déduire les cas dans lesquels on devra employer l'apomorphine. Toutes les fois qu'il faut provoquer les efforts de vomissement et que l'on ne craint pas une excitation du bulbe, on pourra l'administrer.

Son mode d'emploi facile, rapide et sûr, par injections hypodermiques, fait qu'elle rend de grands services lorsque l'on ne peut rien faire absorber par l'estomac, l'œsophage étant obstrué par des corps étrangers que les efforts de vomissement font généralement expulser (Théod. Verger). Elle donne aussi d'excellents résultats dans les empoisonnements et dans la médecine des enfants et des aliénés à cause de son mode d'administration.

L'apomorphine présente sur les autres vomitifs : ipéca, tartre stibié, l'avantage de n'être jamais tolérée. Aussi est-elle très utile quand il faut faire vomir fréquemment, comme dans certains cas d'intoxication palustre. Un de ses avantages étant aussi de ne produire presque pas ou pas de troubles des fonctions digestives en dehors de l'acte du vomissement, elle peut rendre service dans les cas où la diarrhée serait nuisible, chez les tuberculeux par exemple, et pour les affections gastriques dans lesquelles on ne doit pas porter dans l'estomac des substances irritantes.

Elle a été employée avantageusement dans les affections des poumons et des bronches, bronchite chronique, œdème pulmonaire, asthme, emphysème, coqueluche, même chez les malades réfractaires aux autres vomitifs. Mais où son emploi est excellent, c'est lorsqu'il faut faire vomir promptement, dans l'asphyxie croupale, par exemple. D'après Jurasz, c'est un bon expectorant à doses réfractées et petites, dans les phlegmasies des bronches; l'expectoration devient plus facile et plus abondante, les râles secs deviennent humides, les mucosités sont rendues plus fluides. Néanmoins, Fliesburg, qui l'a employée dans les bronchites capillaires et des croups, la considère comme infidèle et dangereuse, pouvant produire du collapsus.

C'est dans les affections des voies respiratoires que son emploi est le mieux justifié ; pourtant on a employé l'apomorphine dans bien d'autres cas. Vallender emploie une solution au centième dont il injecte sous la peau 10 à 15 gouttes à la fois comme préservatif des attaques d'épilepsie. Le résultat serait d'autant meilleur que l'intervalle qui existe entre l'aura et l'attaque serait plus grand, attendu que l'injection, étant faite au moment de l'aura, aurait plus de temps pour agir.

Dans l'apoplexie cérébrale, C. Paul a conseillé d'utiliser l'état nauséeux pour ralentir le pouls; toutefois il est bon de faire remarquer que, lorsque le phénomène nausée doit jouer un certain rôle, ce n'est pas à l'apomorphine qu'il faut s'adresser, puisque nous avons vu que cette période était si courte qu'elle a été niée par quelques expérimentateurs.

Elle n'aurait point d'action sur l'écoulement de la bile : aussi C. Paul conseille-t-il de ne pas l'employer comme vomitif lorsque l'on veut favoriser cette sécrétion. L'apomorphine jouirait aussi de propriétés anesthésiques analogues à celles de la cocaïne (Bergmeister et Ludwig). En instillant 6, 8 et même 18 gouttes d'une solution à 2 p. 100 de chlorhydrate d'apomorphine cristallisée dans le sac conjonctival de l'homme et des animaux, les auteurs précités auraient constaté l'insensibilité de la cornée dix minutes après. La durée de cette anesthésie serait proportionnée à la dose, mais elle serait précédée de douleurs vives, d'injection passagère de la conjonctive et des paupières, et, quand l'anesthésie se produit, on constaterait de la mydriase et des nausées. Il y aurait aussi une diminution de la sécrétion de la conjonctive de la paupière inférieure, allant jusqu'à la sécheresse. Stocquart aurait aussi utilisé cette action anesthésiante pour calmer les douleurs des muqueuses des voies respiratoires.

L'emploi de l'apomorphine et de ses sels doit être surveillé minutieusement, car on a observé des accidents à la suite de son administration. On rencontre quelquefois des individus, ayant une susceptibilité extrême pour cette substance, pris immédiatement de coliques, de nausées, de diarrhée, ou de collapsus, et même de troubles du côté du cœur. Ces accidents peuvent provenir de la faible dose administrée; mais, comme la question des doses est loin d'être tranchée en clinique, relativement à l'apomorphine, le plus sage est d'aller avec prudence : c'est du reste ce que conseillent tous ceux qui en ont fait usage. Aussi son emploi est-il devenu fort restreint.

Incompatibilités. — On s'est demandé si certaines substances étaient incompatibles avec l'apomorphine. On peut dire que jusqu'ici ou ne connaît point de substances qui, administrées simultanément avec l'apomorphine, deviennent toxiques.

La belladone conserve ses propriétés sans empêcher l'action de l'apomorphine. En administrant du sulfate d'atropine à un animal, on tarit la sécrétion salivaire. Si, à ce moment, on donne de l'apomorphine, il y a vomissement, mais sans salivation pendant la nausée.

Les agents anesthésiques s'opposent aux effets de l'apomorphine. Un chien profondément chloralisé n'éprouve plus les effets de l'apomorphine (VULPIAN), du moins jusqu'à son réveil. Le chloroforme donne le même résultat (HARTNACK). S'il est administré à doses résolutives, l'effet de l'apomorphine est retardé jusqu'au réveil (DAVID). Une injection préalable de 3 centigrammes de chlorhydrate de morphine chez un chien empêche l'action de l'apomorphine de se produire (BORDIER). On ne peut attribuer ce fait à l'assèchement des glandes de l'estomac, comme le pense cet auteur, puisque l'atropine, qui tarit les sécrétions d'une façon plus manifeste que la morphine, n'empêche pas le vomissement. Aussi de ce fait doit-on tirer la conclusion que ce n'est pas l'apomorphine qu'il faudrait choisir comme vomitif pour vider l'estomac dans un empoisonnement par la morphine.

Quoiqu'elle soit un vomitif rapide et sûr, elle peut encore ne pas faire vomir, administrée à des malades à la dernière extrémité chez lesquels l'absorption et la vitalité des centres nerveux sont fortement diminuées.

Mode d'emploi. Doses. — De tous les sels d'apomorphine, c'est le chlorhydrate que l'on emploie de préférence. On l'administre par la bouche, mais surtout en injections hypodermiques, son action par cette voie étant plus active dans la proportion de 3 à 4. Un point important est de n'employer que des solutions récentes pour être sûr de la dose du médicament administrée, les solutions s'altérant très rapidement au contact de l'air. On se sert d'une solution à 1 p. 100 dans l'eau stérilisée. BOURGEOIS, qui n'a jamais observé de résultat chez l'homme avec une dose inférieure à 6 milligrammes, fixe les doses à 1 centigramme pour l'homme adulte par la voie hypodermique ; 8 milligrammes pour la femme, 6 milligrammes pour les enfants.

Par la voie stomacale, la dose doit être triplée. Lorsque l'apomorphine est administrée en potion, contre les phlegmasies des bronches (JURASZ), la dose doit être de 1 à 3 milligrammes toutes les deux heures. Il y a quelquefois des nausées à la première dose, mais cet effet disparaît ensuite.

On doit ne pas oublier qu'une solution renfermant plus de 1 p. 100 de substance est trouble et qu'il faut ajouter une ou deux gouttes d'acide chlorhydrique ordinaire pour l'éclaircir. Mais alors on a un liquide acide toujours plus désagréable en injections hypodermiques. Il faut, pour ce mode d'administration, tâcher d'obtenir toujours des solutions neutres.

Les solutions d'apomorphine additionnées de glycose se conserveraient parfaitement, ainsi que les solutions dans la glycérine. Mais, comme il est facile de conserver dans des tubes scellés de faibles quantités de cette substance, il est préférable de faire la dissolution au moment de l'injection.

Bibliographie. — ANDERSON. *De la constitution de la codéine et de ses dérivés* (Edinburgh Roy. Soc. Transact., t. XX). — ARPPE. *D'un changement remarquable de la morphine sous l'influence de l'acide sulfurique* (Liebig's Annal. der Chem. u. Pharm., t. LV, p. 96). — BERGMEISTER et LUDWIG. *Action anesthésique de l'apomorphine* (Heitler's Cent. für die gesam. Therapie, mai 1885. — BLASER. *Ueber die Haltbark. des Apomorph.* (Arch. der Heilk., t. XIII, p. 272, 1872). — A. BORDIER. *De quelques médicaments nouveaux* (Journal de thérapeutique, 1874, n° 20, p. 779). — BOUCHARDAT (Annuaire de thérapeutique, 1874, p. 5). — BOURGEOIS. *De l'apomorphine, recherches cliniques sur un nouvel émétique* (D. P., 1874, n° 19). — J. BROWN (Brit. Med. Journ., mars 1890 et Ann. of the Univ. Med. Sciences, 1890, t. V, A, p. 19). — BUDIN et COYNE. *Recherches expérimentales sur certains effets de l'apomorphine pendant l'anesthésie chloroformique* (Gaz. méd., 1874, p. 649 et B. B., 12 déc. 1874, t. XXVI, p. 387). — CARVILLE. *Emploi de l'apomorphine en injections sous-cutanées* (B. B., 20 juin 1874). — CHOUPPE. *Étude physiologique et thérapeutique de l'apomorphine* (Gaz. hebdomad. de méd. et de chirurg., 1874, n°s 49, 51). — CONSTANTIN

PAUL. *Mode d'action et emploi de l'apomorphine* (*Répertoire de pharmacie*, 1874, n° 22, p. 689. — *Soc. de thérapeutiq.*, 14 oct. 1874. *Gaz. hebd. de méd. et de chir.*, 1874, n° 43, p. 691). — COYNE. *L'apomorphine chez les chiens chloralisés* (*B. B.*, 12 décembre 1874). — C. DAVID. *Action physiologique de l'apomorphine* (*C. R.*, 1874, t. LXXIX, p. 537. *Gaz. hebd. de méd. et de chir.*, 1874, n° 36, p. 580). — D. ESPINE. *Une visite à l'université de Leipzig* (*Gaz. hebd. de méd. et de chir.*, 1874, n° 49). — DUJARDIN-BEAUMETZ. *Mode d'action et emploi de l'apomorphine* (*Soc. de thérapeut.*, 14 oct. 1874. *Gaz. hebd. de méd. et de chir.*, 1874, n° 43, p. 691). — *Note sur l'action thér. de l'apomorphine* (*Bull. génér. de thérapeut.*, t. LXXXVII, 1874, p. 345). — B. DUPUY. *Alcaloïdes*. Paris, 1889, t. I, p. 196. — FLIESBURG (*Therap. Gaz.* 1888, et *Annual of the Med. Sciences*, 1888, t. IV, p. 447). — GÉE. *Note on Apomorphine* (*Saint-Barth. hosp. Rep.*, 1869, t. VI). — GELLHORN. *Anwendung des Apomorph.* (*Allg. Zeitschr. f. Psych.*, 1873, t., XXX, p. 46, 1873). — GERHARDT et LAURENT. *Sur deux dérivés de la morphine et de la narcotine* (*Journ. de chim. et de phys.*, 3ᵉ série, t. XIV, p. 303). — GUBLER. *Comment. thérap.*, 2ᵉ édit. p. 259. — H. A. HARE (*Satellite of the Annual*, février 1890 et *Annual of the Univ. Med. Sciences*, 1890, t. V, A, p. 19). — HARNACK. *Action de l'apomorphine sur les mammifères et les grenouilles* (*Archiv. für experim. Pathol. und Pharmacol.*, t. II, pp. 254-306, 1874 et *Gaz. hebd. de med. et de chir.*, 1874, n° 37). — HECKEL. *Histoire des nouveaux agents médicamenteux*, p. 88. — J. S. HORSLEY (*Med. New York Record*, déc. 1892 et *Annual of the Univ. Med. Sciences*, 1892, t. V, A, p. 25). — H. HUCHARD. *De l'apomorphine* (*Union médicale*, 1874, p. 493). — INGRAM (*Southern. Med. Record Atlanta*, avril 1893 et *Annual of the Med. Sciences*, 1893, t. V, A, p. 17). — T. JONES (*Brit. Med. Journ.*, février 1890 et *Annual of the Univ. Med. Sciences*, 1890, t. V, A, p. 19). — JURASZ (*C. W.*, juillet 1874, t. XII, p. 499 et *Gaz. hebd. de méd. et de chir.*, 1874, n° 34). — KÖHLER (*Deutsch. Klin.*, pp. 35 et 36 et *R. S. M.*, t. I, p. 302). — LOEB. *Ueber den Gebrauch des Apomorph.* (*Berl. klin. Wochensch.*, 1872, t. IX, p. 400). — MATHIESSEN et WRIGHT. *De l'action de l'acide chlorhydrique sur la morphine et la codéine* (*Proceedings of the Roy. Soc.*, t. XVII et *Bullet. de la Soc. chimiq.*, 1869, t. XII, p. 484). — MAYER. *Notice sur l'action du chlorure de zinc sur la morphine* (*Berichte der deutsch. chem. Gesellsch.* Berlin, 1871, t. IV). — MAYER. *Unters. über. d. physiol. Wirkung des Apomorphin.* (*Dissert. inaug. Dorpat*, 1871). — C. MEHU. *Annuaire pharmaceutique*, 1874, p. 48. — MEYER (*Bullet. de la Soc. Roy. de pharmacie.* Bruxelles, 1872). — MOELLER (*Bullet. de l'Acad. de Med. de Belgique*, t. VIII, 3ᵉ série). — MŒRZ. *Beiträge f. prakt. Anwendung des salzsaüren Apomorphins* (*Prag. Vierteljahrs f. prakt. Heilk.*, 1872, t. XXIX, V, III, pp. 76-84. et *R. S. M.*, t. I, p. 853). — W. MURRELL (*Provinc. Med. Journ. Leicester Eng.*, mai 1892 et *Annual of the Univ. Med. Sciences*, 1892, t. V, A, p. 25). — OBERLIN. *Sur l'apomorphine* (*Rev. médic. de l'Est*, 1874, p. 98). — PÉCHOLIER. *Récit de mon empoisonnement avec de l'apomorphine employée en injection hypodermique* (*Bull. thérap.*, t. CII, p. 353). — PIERCE. *Notes on Apomorphin* (*Brit. Med. Journ.* (1), p. 204, 1870). — J. L. PRÉVOST. *Note relative à un cas de collapsus inquiétant produit par l'apomorphine* (*Gaz. hebd. de méd. et de chir.*, 1875, n° 2). — MAX QUEHL. *Ueber die physiol. Wirkung. des Apomorphin.* (*Diss. inaug. Halle.*, 1872). — RAYMOND. *Nouvel exemple de l'emploi de l'apomorphine* (*B. B.*, juin 1874). — RIEGEL et BŒHN. *Unt. über die brechenerregende Wirkung des Apomorph.* (*Deutsch. Archiv. für klin. Med.*, 1871, t. IX, p. 211). — ROUTY. *De l'apomorphine* (*D. P.*, 1874, n° 437). — SIEBERT. *Unters. über. die physiol. Wirkung des Apomorphin* (*Diss. inaugur. Dorpat.*, 1871 et *Arch. d. Heilk.*, 1891, t. XII, p. 522). — L. C. SMITH (*Annual of the Univ. Med. Sciences*, 1892, t. V, A., p. 25). — J. G. STEVENS (*St.-Louis med. and surg. Journ.*, juin 1890 et *Annual of the Univ. Med. Sciences*, 1890, t. V, A, p. 19). — STOCQUART. *Étude sur le chlorhyd. d'apomorphine* (*Arch. de méd. et de chir. prat. de Bruxelles*, 1887, p. 86 et *Rev. génér. de cliniq. et de thérapeut.*, 1887, p. 632). — G. VALENTIN. *Eudiometr. Unters. uber Apomorphin. A. f. exp. Path.*, 1879, t. XI, pp. 399-414). — E. VALLENDER. *Suppression d'attaques épileptiques au moyen d'injections sous-cutanées d'apomorphine* (*Berl. klin. Woch.*, 1877, n° 14, p. 185, et *R. S. M.*, 1878, t. XI, p. 626). — G. WESTBY (*Brit. Med. Journ.*, février 1890 et *Annual of the Univ. Med. Sciences*, 1890, t. V, A, p. 19). — VULPIAN. *Recherches sur l'action des vomitifs* (*Journ. de l'École de médecine*, 1877).

CH. LIVON.

APPERCEPTION. — Voyez Aperception.

APRAXIE. — Ce terme sert à désigner une variété très importante de l'Asymbolie (ou trouble de l'utilisation des signes pour comprendre ou pour exprimer les sentiments et les idées).

L'apraxie est caractérisée par la perte de la faculté de l'appréciation des formes des sujets. Ceux-ci sont vus, et reconnus quant à leur couleur; mais le malade, bien qu'ayant conservé une vision et une intelligence intactes, est devenu incapable de saisir leurs formes. Nous avons émis pour notre part l'hypothèse qu'il s'agissait dans ces cas d'un trouble localisé au centre des images du sens musculaire se rapportant aux mouvements des yeux, et concourant à la fonction visuelle, dont le centre lui-même reste alors indemne. Ce désordre serait ainsi comparable à ceux que l'on peut observer dans diverses formes d'aphasie (Voir **Aphasie**).

PAUL BLOCQ.

ARABINOSE. — Sucre pentatomique extrait de la gomme du cerisier ($C^6H^{12}O^6$). Il réduit la liqueur de FEHLING, surtout à chaud. SCHEIBLER, qui découvrit ce corps, avançait que l'arabinose n'est pas directement fermentescible en présence de la levure de bière, mais il est prouvé par les travaux de A. MUNTZ (1885) qu'elle présente tous les caractères des glucoses. Avec le chloral anhydre elle donne un chloralose cristallisable (V. **Chloralose**).

ARACHNIDES. — **Caractères zoologiques.** — Chez l'individu développé, point d'appendices comparables aux antennes des Myriopodes ou des Insectes. Tous les segments céphaliques et plusieurs des segments suivants entièrement fusionnés en un *céphalothorax* servant seul à l'insertion des membres au nombre de six paires. Les appendices de première paire terminés par une griffe ou par une pince didactyle sont les *chélicères*; ceux de seconde paire jouent dans beaucoup de cas le rôle de mâchoires par leur base et portent, en outre, du côté externe, un long prolongement multiarticulé, le pédipalpe ou plus simplement le *palpe*, parfois aussi transformé en pince. Les appendices des quatre paires postérieures sont des pattes locomotrices. L'abdomen segmenté ou indivis, ou même soudé au céphalothorax, n'offre pas de membres. La respiration s'effectue, soit par des organes à structure lamelleuse (*poumons*), soit par ces organes et des *trachées* tubuleuses, soit enfin par des trachées seules.

Subdivision de la classe des Arachnides.

SOUS-CLASSE I. — *Arthrogastres* (abdomen segmenté).

Ordre I. Scorpionides	Exemples :	Euscorpius, Androctonus, Buthus;
Ordre II. Solifuges (ou Solpugides)	—	Galeodes;
Ordre III. Pédipalpes	—	Phrynus, Thelyphonus;
Ordre IV. Chernétides (ou Pseudoscorpions) . .	—	Chelifer, Obisium;
Ordre V. Phalangides	—	Phalangium, Liobunum;
Ordre VI. Cyphophthalmides	—	Cyphophthalmus, Gibocellum.

SOUS CLASSE II. — *Hologastres* (abdomen non segmenté).

Ordre I. Aranéides	Tétrapneumones. Ex. : Mygale, Cteniza, Atypus;	
	Dipneumones. Ex. : Segestria, Attus, Salticus, Lycosa, Tarantula, Tegenaria, Agelena, Argyroneta, Latrodectus, Theridium, Epeira, Meta;	
Ordre II. Acariens	Ex. : Trombidium, Hydrachna, Ixodes, Tyroglyphus, Sarcoptes, Demodex;	
Ordre III. Linguatulides	Ex. : Pentastomum;	
Ordre IV. Tardigrades.	Ex. : Macrobiotus.	

ANNEXE AUX ARACHNIDES?

Pycnogonides (ou Pantopodes). Ex. : *Nymphon, Pycnogonum.*

Téguments, mues. — Les téguments des Arachnides offrent la constitution commune à tous les Anthropodes; on y trouve, de dehors en dedans, une zone superficielle chitineuse, cuticulaire, formée de lamelles superposées, percée de canaux et donnant lieu aux poils, aux piquants, etc.; puis une zone profonde, épithéliale, à structure cellulaire plus ou moins nette, portant, suivant les auteurs, les noms de *couche chitinogène*, d'hypoderme, de matrice, etc.

Comme tous les Arthropodes, les Arachnides subissent, dans le cours de leur existence, une série de mues, d'abord assez rapprochées les unes des autres et généralement accompagnées de métamorphoses, ensuite espacées et en relation avec la croissance.

La mue consiste essentiellement dans le décollement des anciennes couches cuticulaires chitineuses et leur remplacement par des couches nouvelles. Ce phénomène n'intéresse donc pas seulement les téguments proprement dits : il y a en même temps renouvellement du revêtement chitineux de tous les organes internes ou externes tapissés par une cuticule de cette nature (portion chitineuse des yeux, revêtement de la première et de la dernière partie du tube digestif, des canaux excréteurs des glandes aboutissant à l'extérieur, des couches chitineuses des poumons ou des trachées, des tendons, etc.).

Chez les Aranéides, où les faits ont été étudiés de très près, les choses se passeraient comme suit : une mince couche de plasma granuleux, interposée entre les cellules chitinogènes et la zone cuticulaire, se modifie; ses granulations disparaissent; elle prend la propriété de se colorer au contact des matières tinctoriales et passe à l'état de cuticule nouvelle. Celle-ci, d'abord en contact immédiat avec la zone chitineuse ancienne, s'en sépare graduellement; l'intervalle qui se forme ainsi se remplit d'un liquide dont la quantité augmente au début avec l'agrandissement de la cavité, mais qui disparaît par résorption quelques heures avant le dépouillement, et est alors remplacé par de l'air. La nouvelle cuticule s'accroît très rapidement, et, dans les régions où le revêtement ancien n'est pas extensible, comme au céphalothorax, elle offre momentanément de nombreux plis. Puis, à un moment donné, le vieux revêtement extérieur se rompt en certains points déterminés, et l'animal en sort, en retirant ses divers appendices des étuis qui les enveloppaient. Il apparaît alors avec des téguments mous et plissés, et, comme la production de couches chitineuses nouvelles a nécessité une dépense énorme, l'Araignée est pendant quelques temps tellement affaiblie qu'on peut la toucher et la déplacer sans qu'elle tente de fuir ou de se défendre (W. WAGNER).

Régénération des organes perdus. — Les Arachnides sont fréquemment exposés, soit dans les combats entre mâles, soit dans une lutte avec un autre ennemi, à perdre un ou plusieurs appendices, palpes ou pattes (Voyez plus bas *Autotomie*). — Comme chez les Crustacés, ces organes perdus repoussent facilement; mais, au moins pour les Araignées, ils n'atteignent finalement, chez l'adulte, la taille des autres, que si l'amputation a été faite dans le jeune âge.

Lors de la rupture d'une patte, l'Araignée arrache presque toujours elle même ce qui reste du membre, de façon à ne conserver que l'article basilaire. La plaie se ferme rapidement par la production d'un bouchon chitineux; les muscles et les autres tissus du moignon, excepté la couche chitinogène, subissent la dégénérescence graisseuse et disparaissent, détruits par les éléments figurés du sang qui se comportent comme phagocytes. La couche chitinogène restée en grande partie intacte et dont les extrémités libres s'étaient réunies du côté du bouchon, se rétracte en se détachant de la zone cuticulaire, elle forme ainsi une sorte de cupule, au centre de laquelle s'élève une petite papille. Cette papille est le nouveau membre dans l'axe duquel apparaissent des fibres musculaires et qui, forcé de s'allonger dans l'espace fort restreint compris, dans le moignon, entre sa base et le bouchon chitineux, se tord graduellement en spirale. Ce membre spiraloïde acquiert une cuticule et se divise en articles (W. WAGNER).

La nouvelle patte ainsi formée, naturellement encore petite, perdra sa torsion quand elle sera mise en liberté par une mue entraînant le moignon de l'ancien membre qui l'emprisonnait et, ainsi que nous l'avons dit plus haut, elle n'atteindra approximativement les dimensions des autres appendices que lorsque l'Arachnide aura subi plusieurs mues ultérieures.

Mouvement. — Les muscles des Araignées se composent de fibres striées toutes isolées les unes des autres par des gaines de sarcolemme montrant, de distance en distance, des noyaux fort petits qui paraissent appartenir à ces gaines. Dans chaque fibre existent de *nombreux* noyaux plus considérables disposés sur plusieurs rangées longitudinales (Leydig, Arndt, Schimkewitsch).

Malgré cette conformation qui rappelle la fibre musculaire embryonnaire, les propriétés physiologiques sont celles des muscles de la plupart des Articulés ; ainsi, chez la Mygale « les différents stades de la contraction présentent le même aspect des stries que chez l'Hydrophile. Les dimensions des stries paraissent exactement les mêmes... l'inversion se produit également au moment où le segment musculaire offre une longueur de 4 µ,5 environ » (L. Fredericq).

Les muscles des Arachnides s'insèrent par des tendons chitinisés sur les saillies internes des pièces du squelette cutané. Ils fonctionnent probablement suivant les mêmes lois que chez les Insectes.

La locomotion est terrestre, aquatique ou aérienne.

A. *Locomotion terrestre.* — Elle a été étudiée chez quelques Araignées (Carlet, H. Dixon, Marey) et chez les Scorpions (Demoor, Marey). Dixon a employé la photographie instantanée, Marey la chronophotographie.

Nous résumons ce qui concerne la marche du Scorpion : dans cette locomotion *octopode*, les pattes antérieures et postérieures, c'est-à-dire les numéros 1 et 4, sont les véritables organes actifs de la marche ; les pattes moyennes 2 et 3 sont les membres d'appui. Les extrémités des membres d'appui forment toujours un triangle dont la base passe alternativement à droite et à gauche de la ligne droite suivant laquelle l'animal se déplace. Ainsi, la base du triangle étant, par exemple, à droite, les extrémités de cette base sont occupées par les bouts des pattes 2 et 3 droites, tandis qu'au sommet du triangle, à gauche, se trouvent réunis les bouts des pattes 2 et 3 gauches. La forme triangulaire de cette figure est analogue à la surface d'appui des Insectes. Pendant que les pattes moyennes fonctionnent ainsi comme appuis, les pattes antérieure et postérieure situées du côté du sommet du triangle sont fortement écartées et vont agir, au moment du changement de position des pattes moyennes ; la première en tirant, la dernière en poussant. A cet instant aussi, le corps tombe en basculant autour du côté antérieur du triangle d'appui. Le mécanisme de la marche du Scorpion ressemble donc à celui qu'on observe chez les Insectes ; mais, chez le Scorpion, la bascule du corps est obtenue par des pattes actives indépendantes du triangle de sustentation (Demoor).

B. *Locomotion aquatique.* — Un certain nombre d'Araignées (*Dolomedes, Lycosa*) courent facilement à la surface de l'eau. Nous n'entendons pas parler de ce genre de locomotion, en somme à peu près identique à la locomotion terrestre, mais bien de la natation réelle, sous la surface de l'eau, de l'*Argyroneta* (Aranéide) et des *Hydrachna* (Acariens). Personne ne paraît l'avoir étudiée.

C. *Locomotion aérienne.* — On entend communément par *vol des Araignées* un moyen de locomotion fort curieux offert par beaucoup d'espèces. Ces animaux peuvent employer deux procédés : dans le premier, l'Arachnide se suspend d'abord verticalement en émettant, probablement à l'aide de filières différentes, deux fils distincts ; l'un, tendu par le poids du corps, est le fil de suspension proprement dit, l'autre, lâche, forme une *boucle* dont les points d'attache sont : 1° les filières, 2° le fil de suspension à une petite distance au-dessus de l'animal. Le moindre souffle suffit alors pour faire flotter la boucle, et, comme l'araignée l'allonge rapidement, celle-ci constitue bientôt un long appendice qui s'accroche aisément, grâce à sa forme, au premier objet solide, feuille ou rameau, placé sur le trajet du courant d'air. Dès que l'animal a constaté par de légères tractions que la boucle est fixée, il tire sur la base à l'aide de ses pattes, la pelotonne, la tend et la transforme en un pont dont l'usage se devine (F. Terby).

Le second procédé est surtout employé par des individus jeunes, peu de temps après avoir quitté le cocon maternel. On l'a observé, par exemple, chez de jeunes Lycoses : la petite Araignée, dressée sur ses pattes, élève son abdomen, pointe ses filières dans la direction du vent, émet rapidement une véritable jet de soie d'une ténuité extrême et se laisse entraîner dans l'espace par les courants aériens. Des Araignées, telles que le *Sarotes venatorius* ont été disséminées ainsi par les vents alizés sur toute l'étendue de la ceinture tropicale de la terre (Mc Cook).

Comme le phénomène a attiré déjà l'attention des plus anciens arachnéologues, la bibliographie de cette petite question spéciale est fort étendue.

Émission de sons, de bruits. — Quelques Araignées, en très petit nombre, émettent des sons par le frottement réciproque de certaines parties des téguments chitineux. WESTRING a, le premier, signalé ce détail curieux que les mâles, mais les mâles seuls, de plusieurs espèces de *Theridium*, tels que *Th. hamatum, castaneum, bipunctatum,* etc., produisent un son très faible, analogue à celui que font entendre plusieurs Insectes coléoptères longicornes. Le fait a été confirmé et réétudié depuis par LANDOIS et GRABER. A la base de l'abdomen, là où il s'insère sur la partie postérieure du céphalothorax, existe, du côté dorsal, un repli semi-annulaire de la cuticule chitineuse, garni, comme une scie, de petites dents saillantes. Les portions droite et gauche du céphalothorax, immédiatement en contact avec cette surface rugueuse, sont un peu saillantes et marquées de stries. Pour produire la friction, le *Theridium* élève et abaisse alternativement l'abdomen.

Ajoutons que, malgré l'assertion de WESTRING, les femelles de certains *Theridium*, tels que *Th. guttatum,* posséderaient un organe musical presque aussi développé que celui du mâle (MAULE CAMPBELL).

Plus récemment, J. WOOD MASON a décrit l'organe de stridulation d'une grande Mygale de l'Inde, *M. Stridulans* d'Assam. Ici, le son beaucoup plus intense est émis par les individus des deux sexes. Une sorte de peigne composé de dents en forme de massues garnit la face interne de l'article basilaire du palpe et frotte contre une rangée d'épines portées par la face externe correspondante de l'avant-dernier article de la chélicère.

En 1880, MAULE CAMPBELL a observé chez le mâle et la femelle d'une Araignée d'Europe, *Linyphia tenebricola,* des organes de stridulation constitués par des cordes chitineuses saillantes placées sur la chélicère et contre lesquelles viennent gratter des rugosités transversales du palpe. Cependant le bruit que cette espèce pourrait émettre n'a pas encore été entendu. Enfin E. SIMON vient de faire connaître chez le *Sciarus thomisoïdes* un organe stridulatoire représenté par une série de tubercules garnissant le palpe et frottant sur une plaque ovale finement striée en travers porté par la face externe de la chélicère.

Inutile de vouloir baser sur cette production de sons un argument en faveur de l'audition chez les Arachnides. Ces animaux, très sensibles aux moindres ébranlements de l'atmosphère ou de leur support, perçoivent probablement l'existence de vibrations, mais *n'entendent pas,* dans le sens que nous attachons au mot *entendre* (Voyez plus bas : *Sens tactile et Audition*).

Innervation. — Le système nerveux central de la plupart des Arachnides est un système nerveux *condensé,* dans lequel, comme chez les Crabes, parmi les Crustacés, tous ou presque tous les ganglions de la chaîne ventrale sont rapprochés au point de former, en apparence, une seule masse sous-œsophagienne. Les Scorpions font seuls exception, par suite du grand développement de la portion abdominale de leur corps. La masse sous-œsophagienne n'est constituée chez eux que par l'union des centres nerveux thoraciques; elle est suivie d'une véritable chaîne dont les paires ganglionnaires, très éloignées les unes des autres, sont au nombre de sept ou huit.

La structure du cerveau des Arachnides a été étudiée par SAINT-RÉMY et VIALLANES. Cette structure démontre que les Arachnides forment, avec les Limules, un type à part dans l'embranchement des Arthropodes. En effet, tandis que, chez les Crustacés, les Insectes et les Myriopodes, le cerveau se compose de trois segments répondant aux trois premiers zoonites céphaliques, savoir :

Insectes.	1er zoonite. *Protocerebron.*	Innervant les yeux. Siège des centres psychiques et des perceptions visuelles.
	2e zoonite. *Deutocerebron.*	Innervant les antennes. Siège des perceptions olfactives.
	3e zoonite. *Tritocerebron.*	Innervant le labre et les parties initiales du tube digestif. Siège des perceptions gustatives.

chez les Arachnides, le tritocerebron manque totalement; ces animaux ne possèdent donc que le proto et le deutocerebron. Leur protocerebron innerve les yeux, le deuto-cerebron innerve les chélicères et le rostre (VIALLANES).

Soit à cause de la grande condensation, soit à cause de la difficulté relative avec laquelle on manie les Arachnides vivants, les recherches expérimentales sur le système nerveux de ces articulés sont à peine ébauchées. ÉMILE BLANCHARD seul a fait quelques expériences sur des Scorpions (*Buthus europæus*) : en voici le résumé :

Piqûre du cerveau. — L'animal manifeste un grand trouble et ne sait plus se diriger.

Piqûre de la masse sous-œsophagienne thoracique. — L'Arachnide ne montre qu'un peu de gêne dans les mouvements des pattes ; il se dirige comme s'il était intact et prend une attitude menaçante lorsqu'on l'inquiète.

Section des nerfs se rendant aux grands yeux médians. — Les Scorpions se dirigent comme auparavant ; cependant, ils paraissent se rendre très difficilement compte de la présence des objets ; il devient impossible de les déterminer à saisir une proie.

Section de la chaîne nerveuse au-dessus du premier ganglion caudal. — L'animal continue à redresser la queue en marchant parce que les grands muscles releveurs du post-abdomen sont innervés par la dernière paire ganglionnaire intacte de l'abdomen proprement dit. Les ganglions de la queue, quoique isolés de la partie antérieure de la chaîne, conservent leur action propre pendant quelque temps. Au bout d'une heure, elle est déjà affaiblie et, après un jour, la queue, entièrement paralysée au-dessous de la section, ne se redresse plus que tout d'une pièce.

Section de la partie caudale de la chaîne en divers points de sa longueur. — Si la chaîne est divisée de façon que la partie placée en arrière de la section conserve encore plusieurs centres, l'action de ces derniers persiste pendant plus ou moins longtemps, et s'éteint d'autant plus vite que les ganglions placés en arrière de la section sont moins nombreux.

Section d'un seul des deux connectifs longitudinaux en différents points. — Toute la portion du corps située en arrière de la section s'incurve du côté intact.

Ces expériences prouvent que chez les Arachnides, comme chez les autres Arthropodes, tout ganglion de la chaîne ventrale est le centre moteur du zoonite auquel il appartient.

Autotomie (mutilation active ou mutilation réflexe). — Beaucoup de Reptiles, d'Insectes, de Crustacés, d'Échinodermes, etc., « échappent à l'ennemi qui les a saisis par un membre ou par la queue, en provoquant activement, mais d'une façon inconsciente, *par voie réflexe...*, la rupture de l'extrémité captive » (LÉON FREDERICQ).

Divers Arachnides, *Phalangium, Theridium, Epeira* et des Pycnogonides (*Nymphon*) nous offrent le même phénomène. L'animal peut être maintenu captif par une ou plusieurs pattes sans qu'il les rompe, tant que les nerfs sensibles de ces appendices ne sont pas irrités. Ainsi, malgré une assertion de P. PARIZE, l'Araignée, dont les pattes sont prises dans de la glu, ne brise aucun de ses membres. Au contraire, l'Arthropode étant soulevé par le milieu d'une patte tenue entre le pouce et l'index de l'expérimentateur, rompt celle-ci *à la base*, dès qu'on sectionne l'extrémité de la patte avec des ciseaux. De même que chez les Crustacés, le court moignon adhérant ne saigne pas (LÉON FREDERICQ).

L'identité des faits extérieurs observés permet de supposer que, comme chez les Crustacés, la rupture de la patte de l'Arachnide résulte d'une contraction réflexe brusque du muscle extenseur qui meut la base de l'organe ; contraction déterminée par l'irritation du nerf mixte sensible du membre. Les centres nerveux qui président au phénomène seraient, comme chez les Crustacés, les ganglions de la masse nerveuse thoracique.

La rupture autotomique des pattes des Phalangides est accompagnée d'un phénomène accessoire intéressant ; on sait que, tandis que chez les Crabes et les Araignées, la patte détachée devient immédiatement immobile en contraction, les parties amputées de la patte du Faucheur présentent, au contraire, pendant quelques minutes des mouvements convulsifs. Ces mouvements, au moins chez le *Phalangium opilio*, ont lieu sous l'influence d'un petit centre spécial automoteur représenté par un ganglion nerveux situé sur le nerf de la patte à l'origine de ses ramifications (GAUBERT).

Perceptions sensorielles. — A. *Sens tactile.* — Le toucher est, en général, extrêmement délicat chez les Arachnides. Ces animaux perçoivent immédiatement le plus léger ébranlement de l'air, du sol qui les porte ou de la toile qu'ils habitent (Voir plus bas : *Audition*). Les organes servant d'intermédiaires sont des *poils tactiles* répandus à profusion, principalement sur les appendices (pattes et palpes), et garnissant un plus grand nombre d'articles chez les Araignées vagabondes chasseuses que chez les espèces sédentaires tissant des toiles.

Chacun de ces poils (chez les Araignées) est implanté dans une cupule saillante formée par la cuticule chitineuse, et sous le fond de laquelle existe une sorte d'ampoule également cuticulaire remplie par des éléments de la zone chitinogène. Une fibre nerveuse traverse l'ampoule et s'engage dans l'axe du poil dont les plus petits déplacements impressionnent, par conséquent, le système nerveux. La tige du poil tactile peut offrir des formes diverses, être cylindrique, en massue, etc. (W. WAGNER).

Les *fentes* et les *organes lyriformes* dont il sera question ci-après (*Sens thermique*) ne sont peut-être autre chose que des organes du toucher.

Chez les Scorpions, les *peignes* qui garnissent la face inférieure de l'abdomen en arrière de la quatrième paire de pattes font, avec les pinces, fonction d'organes explorateurs pendant la marche et jouent le rôle d'organes excitateurs lors de l'accouplement (CH. BRONGNIART et GAUBERT). Ils sont garnis de poils tactiles occupant l'extrémité et le bord interne des dents. Enfin, la structure histologique des *raquettes coxales* portées par les articles de la base des pattes de dernière paire chez les Galéodes permet de supposer qu'il s'agit encore d'organes du toucher (GAUBERT). En résumé, la sensibilité tactile des Arachnides est telle qu'un bon nombre des faits cités à tort comme démontrant la vision, l'audition, etc., s'expliquent par la perception d'ébranlements mécaniques.

B. *Sens thermique*. — Les Arachnides sont très sensibles aux différences de température. Ainsi BOYS, qui employait des diapasons dans ses expériences sur l'ouïe (voir plus loin : *Audition*), vit des Araignées fuir épouvantées quand on en approchait un diapason chauffé, mais dont la température permettait de le tenir à la main.

Bien que ses essais soient insuffisants, GAUBERT place le sens thermique des Arachnides dans les *fentes* et les *organes lyriformes*. Ce sont des fentes verticales profondes intéressant presque toute l'épaisseur de la cuticule chitineuse, sauf la couche superficielle qui joue le rôle de membrane protectrice : une cellule neuro-épithéliale résultant d'une modification locale de la couche chitinogène est logée dans chacune de ces fentes. Ces productions peuvent se rencontrer isolées, par exemple à la face inférieure du céphalothorax des Araignées; mais, le plus souvent, les fentes sont groupées l'une près de l'autre, en nombre plus ou moins considérable, chaque petit groupe constituant alors ce que l'on a appelé un *organe lyriforme*. On trouve généralement les organes lyriformes sur les appendices (pattes et palpes). Ils ont été observés chez les *Aranéides*, les *Phrynes*, les *Thelyphones*, les *Phalangides* et les *Chernétides*. Ils manquent chez les Galéodes, les Scorpions et les Acariens (GAUBERT).

GAUBERT s'appuie sur les expériences suivantes : il enduit d'une légère couche de vernis les organes lyriformes de plusieurs Lycoses ou Tégénaires, puis il met ces individus en compagnie d'autres intacts, dans un grand bocal posé horizontalement et renfermant, vers une de ses extrémités, des objets pouvant servir d'abri aux Araignées. Il chauffe ensuite cette région du bocal en la plaçant dans l'eau chaude. Quand la température commence à s'élever, les Araignées n'ayant subi aucune préparation fuient vers les parties plus froides. Celles qui ont les organes lyriformes vernis ne quittent leur retraite que plus tard, lorsque la température est élevée (aucune indication thermométrique). L'auteur fait remarquer que la couche de chitine, épaisse sur tout le reste du corps, devient fort mince dans les organes lyriformes, les terminaisons nerveuses y étant presque en contact avec l'extérieur.

C. *Vision*. — Un certain nombre d'Arachnides cavernicoles ou habitant des endroits obscurs offrent une atrophie partielle des organes visuels. Chez d'autres également, souterrains, les yeux manquent totalement; tels sont, par exemple, parmi les Aranéides, les *Stalita* et les *Hadites* de la Dalmatie et de la Carniole; parmi les Pédipalpes, les *Nyctalops* de Ceylan. Les Acariens parasites sont aussi généralement aveugles.

Chez les Arachnides pourvus d'yeux, ces organes appartiennent toujours au type auquel on a donné les noms d'*Ocelles* et d'*Yeux simples*.

Les nombreuses expériences effectuées surtout par F. Plateau l'ont amené à formuler les conclusions suivantes :

Aranéides. — Les Aranéides, en général, perçoivent à distance les déplacements des corps *volumineux*. Les Araignées chasseuses (*Attes, Lycoses*) sont probablement les seules qui *voient* les mouvements de petits objets; elles perçoivent ces mouvements à une distance qui oscille, suivant les espèces, entre 2 et 12 centimètres; la distance à laquelle la proie est vue assez bien pour que la capture en soit tentée n'est que de 1 à 2 centimètres; même à cette faible distance la vision n'est pas nette, puisque les Araignées chasseuses commettent de nombreuses erreurs, capturant de grossiers simulacres d'Insectes figurés par des fragments de plume, des boulettes de cire, etc.

Quand aux Araignées tendant des toiles, elles ont une vue détestable à toutes les distances. Elles ne constatent la présence et la direction de la proie qu'aux vibrations de leur filet et cherchent à prendre de petits objets tout autres que des Insectes, dès que la présence de ces objets détermine dans le réseau des secousses analogues à celles que produiraient les mouvements d'Arthropodes ailés.

Scorpionides. — Des observations de Ray Lankester sur l'*Androctonus funestus* et l'*Euscorpius italicus*, de F. Plateau sur le *Buthus europæus*, de Pocock sur les *Parabuthus capensis* et *Euscorpius carpathicus*, il résulte que la vue des Scorpions est très mauvaise; que la distance de vision distincte ne dépasse pas 1 centimètre pour les yeux médians du *Buthus europæus*, et 2 1/2 centimètres pour les yeux latéraux de la même espèce; que ces animaux ne chassent pas, mais, ou bien qu'ils errent au hasard jusqu'à ce qu'une proie soit à leur portée, ou bien qu'ils attendent dans leur retraite les Articulés imprudents qui s'y glissent; que ce sont leurs pinces et non leurs yeux qui les avertissent d'obstacles placés sur leur route; enfin que, lorsqu'ils ont capturé un Insecte, c'est surtout par le toucher qu'ils jugent de l'endroit où doit être enfoncé l'aiguillon.

Phalangides. — Les expériences et observations de F. Plateau conduisent à des résultats analogues à ceux fournis par les Araignées tissant des toiles. La vue est fort mauvaise, et il semble n'y avoir de vision distincte à aucune distance. Ces Arthropodes compensent l'insuffisance du sens visuel en utilisant la sensibilité tactile exquise de leurs membres, et surtout en employant comme organes explorateurs les longues pattes de la seconde paire qui jouent à peu près le rôle des antennes des Myriopodes.

D. *Perception des couleurs*. — L'impossibilité pratique de donner à deux éclairages de couleurs différentes la même intensité *absolue* rend illusoires toutes les expériences faites pour constater si les animaux autres que les Vertébrés perçoivent les couleurs. G. et E. Peckham, expérimentant sur des Araignées coureuses du genre Lycose placées dans une longue boîte éclairée par une série de vitres vertes, jaunes, rouges et bleues rangées à la suite les unes des autres et interchangeables, ont vu que les individus étudiés allaient se placer de préférence dans la région rouge. *Cela ne prouve pas du tout la distinction des couleurs*, étant donné qu'on sait, depuis les recherches de Graber, que les animaux leucophiles soumis à des lumières colorées choisissent toujours celui qui correspond aux rayons les plus réfrangibles; que ceux qui sont leucophobes recherchent constamment les rayons de moindre réfrangibilité, le rouge leur produisant l'effet de l'obscurité.

E. *Audition*. — Par suite de la déplorable tendance des zoologistes à accorder aux Invertébrés toutes les propriétés des Vertébrés supérieurs et à attribuer gratuitement des fonctions à des organes en se basant sur de simples analogies morphologiques, on a admis chez les Arachnides l'existence de perceptions auditives et considéré successivement des organes très différents comme siège de ces perceptions.

Pour Dahl, les organes auditifs des Arachnides sont des poils sensitifs qui ne sont évidemment que des poils tactiles; pour Bertkau, Schimkewitsch, Wagner, les organes de l'audition sont les fentes et les organes lyriformes dont nous avons parlé (Voyez plus haut : *Sens tactiles* et *Sens thermique*). Ceci rappelé, disons que tous ceux qui ont cru observer des phénomènes d'audition chez les Arachnides ont été trompés par des manifestations résultant de la grande sensibilité tactile des animaux en question.

Les expériences proprement dites, effectuées sur les Araignées, sont d'abord celles de Dahl sur une Araignée chasseuse, l'*Attus arcuatus;* elles consistaient à produire un bruit bref et fort en frappant le plat d'un livre à l'aide d'une baguette (des précautions étaient prises pour que l'Araignée ne pût voir les mouvements). Presque à chaque coup, l'Atte réagissait, soit en s'arrêtant dans sa marche, soit en effectuant un petit saut. Viennent ensuite les expériences de Boys, puis de G. et E. Peckham qui, tous trois, utilisèrent des diapasons. Remarquez que ces expériences ne donnèrent quelque chose qu'avec les araignées tissant des toiles et placées sur leur réseau. Boys constata : 1° que dès qu'un diapason en vibration touche un des fils de la toile ou seulement l'un des rameaux auxquels celle-ci est fixée, l'Araignée trompée par les trépidations ressemblant à celles que produit un insecte qui se débat, suit le fil secoué et se précipite vers le diapason ; 2° que, si le diapason vibrant est simplement approché sans toucher la toile, les grosses Épeires, averties évidemment par les mouvements de l'air analogues au souffle amené par les battements rapides des ailes d'une Guêpe ou d'une Abeille, mouvements qui font, encore une fois, vibrer la toile, prennent une attitude défensive, tandis que les petites Araignées, cherchant leur salut dans la fuite, se laissent immédiatement tomber.

Les essais de G. et E. Peckham, plus complets, donnèrent les mêmes résultats. Chose très importante à retenir, ces derniers expérimentateurs n'obtinrent rien chez les Araignées chasseuses, Lycoses, Dolomèdes, etc., qui ne tissent pas de toile ; le diapason les laisse absolument indifférentes. La chute ou la descente le long d'un fil d'Araignées tisseuses dont le réseau est mis en vibration par le voisinage d'un instrument de musique quelconque explique très bien la plupart des anecdotes inutiles à répéter que l'on recopie dans tous les livres pour prouver la soi-disant audition des Aranéides.

Des essais sur l'audition chez les Scorpions ont été tentés par Ant. Dugès, Ray Lankester et Pocock. Les deux derniers n'ont réussi à constater aucune perception auditive. Les anciennes expériences de Dugès (1838) sont encore plus décisives : ni le son d'une montre à répétition approchée très près d'un Scorpion d'Europe, ni le sifflement le plus aigu n'agitaient l'animal ; mais le moindre frottement du doigt sur le sol le faisait tressaillir ; de même une vive secousse de tous ses membres témoignait de sa sensibilité aux vibrations de l'air quand on tendait brusquement une feuille de papier à distance, et même derrière un écran. L'ouïe, dit Dugès, n'est chez eux « qu'une dépendance du tact ».

Comme conclusion, citons cette appréciation de P. Bonnier qui résume tout : « Nous les croyons (les Araignées), pour notre part, absolument sourdes, presque aveugles, mais remarquablement douées au point de vue de ce qu'on peut appeler *le sens de la trépidation*, sens qui suffit aux besoins de la grande majorité des animaux... »

F. *Odorat*. — La perception de la présence de matières volatiles affectant notre propre muqueuse olfactive est incontestable chez la plupart des Araignées, mais nous ne pouvons pas en conclure qu'il existe chez ces animaux un véritable sens de l'odorat.

Dahl avait constaté cette perception chez une Epeire et une Erygone en observant les manifestations extérieures de l'animal lorsqu'on en approchait un pinceau imbibé d'un liquide odorant. Ses résultats, que confirment mes observations personnelles sur une Amaurobie, montrent que la sensibilité aux vapeurs odorantes est faible, que la perception est lente (exigeant toujours plusieurs secondes), enfin que la nature de cette perception n'est pas la même que chez l'homme, l'ammoniaque, par exemple, produisant fort peu d'effet, parfois rien.

Dahl ayant employé, outre l'essence de girofle, l'essence de térébenthine et une solution d'ammoniaque, substances que les Araignées, à l'état de nature, n'ont guère occasion de sentir, ses essais soulevèrent des objections multiples qu'essayèrent d'éviter G. et E. Peckham en n'employant que des matières odorantes végétales analogues à celles que produisent les fleurs. Ces habiles observateurs firent plus de deux cents expériences portant sur vingt-sept espèces d'Araignées. Leur procédé consiste à approcher de l'Arachnide, tantôt ostensiblement, tantôt sans que l'animal puisse voir le mouvement, un chaume de graminée d'abord sec et propre, ensuite trempé dans l'un des liquides suivants : essence de menthe, de lavande, de cèdre, de girofle, eau de Cologne. Trois espèces seulement, une *Argyrœpeira*, une *Dolomède* et un *Herpyllus*, ne manifestèrent jamais rien ; pour toutes les vingt-quatre autres espèces, il était évident que l'articulé percevait quelque chose. Suivant les individus et la nature de la substance, les Araignées manifestaient la perception, soit par divers mouvements des pattes, des palpes et de l'abdomen, soit en secouant leur toile, soit en entourant le bout de la baguette de fil, comme s'il s'était agi d'un Insecte capturé, soit enfin, dans le cas spécial des Attes, en s'approchant avec les premières pattes et les palpes dressés.

Existe-t-il un organe particulier qui soit le siège de cette perception des substances volatiles? On l'ignore absolument. DAHL a bien décrit sur la mâchoire (organe de manducation servant de support au palpe) un prétendu organe olfactif; mais il est même douteux que ce soit un organe sensoriel (VOGT et YUNG).

La sensibilité des Scorpions aux substances odorantes paraît très faible. Ainsi, j'ai constaté, à l'aide d'une baguette de verre mouillée de divers liquides, que le *Buthus europœus* ne perçoit la présence ni de l'essence de térébenthine, ni de l'éther, ni du chloroforme; l'acide phénique seul amenait des signes de répulsion. ÉMILE BLANCHARD, opérant autrefois sur la même espèce, était arrivé aussi à cette conclusion que la perception est généralement nulle, et que le Scorpion ne manifeste quelque chose que lorsque des substances irritantes affectent ses organes respiratoires.

G. *Goût.* — Il est fort probable que les Arachnides possèdent, à l'entrée des voies digestives, un ou des organes leur permettant de choisir entre les aliments; mais aucune recherche sérieuse n'a été faite à cet égard et l'on ne doit pas se dissimuler que les expériences où il faudra éviter les erreurs provenant d'un odorat possible seront fort délicates.

N. B. — Pour tout ce qui concerne les *prétendues facultés mentales* des Arachnides, le physiologiste aura présent à la mémoire ceci, que la plupart des actes exécutés par les Arthropodes sont ou des actes réflexes ou des actes instinctifs. L'*instinct* étant, d'après la définition très exacte de H. FOL, *le désir ou le besoin impérieux que ressent un animal d'effectuer des actes dont il est incapable de comprendre la signification*. Ce principe général mettra le lecteur en garde contre les idées souvent exposées dans les ouvrages de vulgarisation.

Alimentation. — A l'exception d'une partie des Acariens, parasites sur des végétaux, et de quelques formes vivant au milieu de substances organiques en décomposition, les Arachnides se nourrissent tous de matières animales vivantes. Les uns, comme les Aranéides, les Phrynes, beaucoup d'Acariens, les Linguatules, semblent n'absorber jamais que des corps liquides (les parties liquides de la proie ou, spécialement dans le cas des Aranéides, les tissus de la proie liquéfiés par l'action d'un liquide digestif sécrété par les glandes buccales, glande du rostre, glande labiale) (BERTKAU); d'autres, qui sont les Scorpions, les Thélyphones, les Phalangides et les Tardigrades, *avalent* réellement une partie de leur capture constituée par les portions les plus molles et ne rejettent que les portions trop dures. Enfin, la manière dont la nourriture est absorbée par certaines larves parasites d'Acariens est fort remarquable : suivant S. JOURDAIN, leur rostre se prolonge au milieu des tissus de leur hôte en une trompe irrégulièrement ramifiée, terminée par des ventouses multiples, dont le rôle serait analogue à celui des tubes ou stomatorhizes des Sacculines parasites des Crabes.

Nous ne parlerons pas ici des procédés divers employés par les Araignées pour se procurer du gibier, ce sujet n'étant guère du domaine de la physiologie; mais nous devons ajouter un mot quant à la fonction faussement attribuée à certaines pièces buccales.

Rôle des palpes. — D'après les arachnéologues, les Araignées utiliseraient leurs palpes dans la capture et la fixation des insectes et, peut-être, dans la construction de leurs toiles. Or, de nombreuses expériences longuement prolongées, sur des Tégénaires, des Amaurobies, des Agelènes, des Épeires et des Meta, prouvent que les Araignées, privées de leurs palpes, tissent des toiles normales, prennent les Insectes et les sucent, absolument comme des Araignées intactes (F. PLATEAU).

Digestion. — Comme dans le règne animal entier, la transformation chimique des aliments s'opère sous l'action de trois catégories de ferments solubles contenus dans des liquides sécrétés par des cellules épithéliales. Ce sont des ferments saccharifiants amenant la transformation des féculents en sucre (Glucose), des ferments saponifiants dédoublant les corps gras, les émulsionnant et les saponifiant, enfin des ferments peptonisants transformant les albumines en peptones.

Chez les Vertébrés, la digestion arrivée à son dernier degré de complication est fractionnée en une série d'opérations distinctes, se passant chacune dans un compartiment spécial du tube digestif. Cette subdivision du travail n'existant pas au même degré chez les Arthropodes, les dénominations d'estomac, intestin grêle, gros intestin, etc., par lesquelles, *malgré les physiologistes*, on continue à désigner arbitrairement les portions successives du canal alimentaire des Articulés n'ont aucune raison d'être.

On observe, chez les Arachnides :

A. *Un intestin buccal ou antérieur* (*Stomodæum*) caractérisé par la présence d'un revêtement interne chitineux donnant souvent lieu à des crêtes, des gouttières, des plaques de formes diverses; il se compose : 1° de la bouche; 2° d'un sac pharyngien à structure très variable, situé en avant de l'anneau nerveux, fonctionnant comme organe de succion, sauf chez les Aranéides, et dont les parois sont mues par des muscles souvent très nombreux (MAC-LEOD); 3° d'un tube d'accès auquel on peut conserver le nom d'œsophage, se terminant exceptionnellement, chez les Araignées seules, en arrière de l'anneau nerveux, par une portion plus ou moins dilatée, garnie de plaques de chitine mises en mouvement par des muscles spéciaux (estomac suceur des auteurs). Cette partie de l'intestin antérieur des Aranéides sans homologue chez les autres Arachnides, sert à pomper les aliments liquides; rôle rempli ailleurs par le sac pharyngien.

Des glandes s'ouvrant dans la bouche, ou à la base de pièces buccales, ou même dans le sac pharyngien, ont été décrites chez plusieurs types; leurs fonctions sont inconnues, et la dénomination de glandes salivaires qu'on leur donne souvent est peut-être tout à fait erronée.

B. *Un intestin moyen* (*mesenteron*), dépourvu du revêtement chitineux interne, siège réel de la digestion, et comprenant en général deux régions successives (fusionnées en une seule chez les Phalangides). Chez les formes nombreuses, Aranéides, Thélyphones, Phrynes, Galéodes, Scorpions, où les deux régions sont bien distinctes, la première ou antérieure se trouve dans le céphalothorax, la seconde occupe une grande partie de l'abdomen. Chacune est munie d'un groupe important de diverticules spacieux, simples ou divisés, et dont l'épithélium est manifestement sécrétoire. Il existe donc un groupe de diverticules céphalothoraciques et un groupe de diverticules abdominaux.

Les diverticules céphalothoraciques offrent souvent l'aspect de cœcums glandulaires rayonnant vers les bases des pattes. Leur fonction est obscure. Les recherches faites chez les Aranéides sur la nature du liquide sécrété et sur la pénétration possible de matières en digestion dans les cœcums n'ont pas abouti (F. PLATEAU).

Le rôle des diverticules du second groupe ou groupe abdominal est, au contraire, en grande partie connu. Nous avons donc à nous en occuper plus longuement. Le groupe des diverticules abdominaux est constitué par une série de tubes débouchant dans l'intestin moyen dont ils sont, on ne saurait trop le répéter, de *véritables branches*, comparables aux cœcums multiple du tube digestif des vers trématodes, des hirudinées, etc. — Ce système peut offrir des degrés divers de complication. Ainsi chez les Phalangides on observe, de chaque côté, quinze énormes cœcums simples remplissant presque toute la cavité abdominale; chez certains Acariens, comme Argas, par exemple, les diverticules affectent à droite et à gauche la forme de deux poches divisées en leur fond en digitations obtuses; chez les Galéodes, les cœcums proportionnellement plus petits et innombrables ont leurs extrémités périphériques multifides, l'abdomen semblant ainsi rempli par une glande tubuleuse composée; enfin, chez les Aranéides, les Phrynes, les Thélyphones et les Scorpions, les diverticules abdominaux *principaux*, au nombre de deux, de quatre ou de cinq de chaque côté, quelquefois accompagnés de diverticules impairs, se subdivisent d'une façon plus ou moins arborescente pour se terminer par des follicules ou *acini* groupés en petits lobes et réunis entre eux par du tissu conjonctif, le tout présentant l'aspect d'une glande volumineuse désignée sous le nom de *foie* par beaucoup de naturalistes, qui oublient qu'un foie véritable, caractérisé par une sécrétion biliaire, n'existe que chez les Vertébrés.

On sait aujourd'hui, surtout par les recherches effectuées par F. PLATEAU sur les Phalangides, par PLATEAU et par BERTKAU sur les Aranéides, que les diverticules abdominaux fonctionnent : 1° d'une façon certaine comme glandes digestives; 2° avec beaucoup de probabilité comme organes de résorption. Enfin, à ces deux propriétés, il faudra probablement en ajouter une troisième, l'excrétion.

Bertkau a constaté que l'épithélium qui tapisse l'intérieur des follicules terminaux du prétendu foie des Araignées se compose de cellules de *deux espèces différentes*, fait qui, on le verra plus loin, a probablement une grande importance. Il y décrit de petites cellules oviformes en contact direct avec la tunique propre et dont le contenu est constitué presque exclusivement par des sphérules homogènes à peu près incolores, puis de grandes cellules claviformes dont les bases étroites s'insinuent entre les petites cellules et dont les extrémités libres renflées font saillie dans le follicule. Ces grandes cellules contiennent, outre leur protoplasme incolore, des globules ou granules très fins dans la base effilée, de nombreuses sphérules graisseuses dans la partie large et, entre tout cela, de microscopiques cristaux prismatiques. Ce sont les seules cellules pigmentées ; le pigment jaune, vert, brun ou rougeâtre qui détermine la coloration dominante de l'abdomen existe à l'état diffus dans la grosse extrémité.

Le liquide sécrété où l'on retrouve les granulations fines, les globules graisseux et la substance colorante des cellules claviformes des Araignées est neutre ou très légèrement acide. A la température ordinaire de l'été, il dissout activement les substances albuminoïdes, muscles d'articulés, fibrine fraîche ou albumine cuite, en donnant lieu à de la peptone, le pouvoir peptonisant augmentant par l'addition de substances alcalines telles que le carbonate de sodium ; il émulsionne très bien les graisses et presque instantanément les graisses liquides comme l'huile d'olive ; enfin, suivant Plateau, il a, chez les Araignées, une action nette sur les féculents qu'il transformerait partiellement en sucre. Cette dernière propriété n'a pas été confirmée par Bertkau.

L'organe glandulaire abdominal dont nous parlons contient une faible quantité de glycogène observée chez le Scorpion par E. Blanchard, chez les Phalangides et les Aranéides par F. Plateau ; mais le liquide qu'il produit n'a aucune des propriétés physiologiques de la bile, ni aucune de ses réactions colorées. Cette absence de caractères hépatiques et l'analogie des propriétés du liquide sécrété avec le suc pancréatique des Vertébrés, démontrent, sans contestation possible, qu'il faut cesser de parler du *foie* des Arachnides. (Nous exposerons plus loin ce qui concerne la résorption et l'excrétion.)

C. *Intestin terminal (proctodæum)*. — Il s'étend de l'intestin moyen à l'anus ; il est ordinairement assez court, excepté chez les Scorpions, peut se renfler et, chez les Aranéides, est accompagné d'une énorme *poche stercorale*, ovoïde ou piriforme reposant dorsalement sur les dernières parties du canal. Aucun travail digestif ne s'y effectue, et, comme l'intestin reçoit, chez presque tous les Arachnides, les produits de sécrétion des tubes de Malpighi, le contenu se compose de substances ayant deux origines différentes, résidus de la digestion ou excréments et produits de désassimilation.

Excréments. — Des excréments nettement distincts des produits urinaires n'ont été observés que chez les Phalangides et les Aranéides. Ce sont des corps plus ou moins volumineux (variant entre un demi millim. et un millim. et demi de longueur, chez nos formes indigènes) elliptiques allongés, composés : 1° d'un contenu noirâtre ou brunâtre constitué par de fins granules auxquels s'ajoutent (Phalangides) des grains de sable, des cristaux microscopiques et des débris chitineux d'insectes avalés, au bien des globules graisseux analogues à ceux des cellules des diverticules de la glande abdominale dont ils proviennent évidemment ; 2° d'une enveloppe membraneuse translucide, insoluble dans l'eau, l'acide acétique et résistant plus ou moins longtemps à la soude caustique (F. Plateau).

Ainsi que chez les Myriopodes chilopodes, c'est-à-dire carnassiers, l'enveloppe qui entoure chaque masse excrémentitielle se dépose autour de celle-ci, non dans l'intestin terminal, mais bien dans l'intestin moyen, comme le prouvent des observations directes, où l'on a assisté en quelque sorte à sa formation, et l'absence dans le contenu des produits urinaires que l'intestin terminal renferme toujours en quantité. — Ajoutons que ce sont ces excréments foncés et solides, rencontrés en grand nombre dans le liquide blanc remplissant la poche stercorale des **Araignées**, qui ont fait croire à quelques naturalistes que ces animaux avalaient réellement des débris solides d'Insectes (Plateau).

Résorption. — La façon dont s'opère la résorption chez les Arthropodes a été longtemps un problème, aujourd'hui en voie de solution, pour les Crustacés et les Arachnides, c'est-à-dire pour les formes chez lesquelles l'intestin moyen se prolonge dans les nombreux diverticules digestifs dont l'ensemble est faussement appelé foie. C. de Saint-

HILAIRE (1892) et 'L. CUÉNOT (1893) ont constaté, en effet, que si l'on fait manger à une Écrevisse de la viande mélangée de substances colorantes, les cœcums de la glande digestive se remplissent d'un liquide renfermant en dissolution les couleurs employées. D'après CUÉNOT, il n'y a pénétration que des portions liquides résultant de la digestion; les matières non digérées continuent au contraire leur route dans l'intestin. Presque toutes les couleurs employées sont arrêtées au passage et ne franchissent pas la paroi épithéliale qui exerce une sélection, possède une fonction d'arrêt. Cependant, c'est bien à travers l'épithélium des diverticules que passent dans le sang les *produits nutritifs* dont la matière colorante indique exactement le chemin, car C. DE SAINT-HILAIRE a reconnu que la vésuvine, injectée par la voie intestinale, est d'abord absorbée par l'épithélium de la glande digestive, puis traverse celui-ci pour passer dans le sang du Crustacé.

Des expériences nouvelles et récentes manquent pour les Arachnides; toutefois, il y a une quarantaine d'années, ÉMILE BLANCHARD a été bien près de résoudre la question pour les Scorpions. Il a constaté, en nourrissant ces animaux de Mouches dans le corps desquelles on introduisait de l'indigo ou de la garance, qu'après plusieurs jours de ce régime, le sang était bleu ou rose; c'est-à-dire, en traduisant suivant les vues actuelles, que la matière colorante, avec la partie liquide des produits digestifs, avait pénétré dans les diverticules de la glande abdominale, avait été absorbée par les cellules épithéliales, puis était passée dans les lacunes sanguines. Plus tard (1884) BERTKAU a démontré expérimentalement que, chez les Araignées, les cellules des diverticules absorbent effectivement les substances colorantes introduites par la voie intestinale : ayant réussi à faire sucer à des Aranéides de l'eau chargée de poussière de carmin et ayant tué les animaux six heures après, il retrouva une grande partie du carmin localisée dans l'épithélium du pseudo-foie.

Abstinence. — La plupart des Arthropodes peuvent supporter pendant longtemps la privation de nourriture et vivre alors exclusivement aux dépens de leurs réserves. Les Aranéides possèdent à un haut degré cette curieuse propriété qui s'observe non seulement durant l'hiver, mais aussi durant la belle saison. Le cas le plus curieux est celui cité par BLACKWALL d'un *Theridium quadripunctatum* qui vécut sans manger un an et cinq mois.

Désassimilation. — Les produits d'usure de l'organisme des Arachnides sont éliminés par deux voies principales : 1° d'une façon probable par les diverticules annexes de l'intestin moyen (Glande digestive ou faux-foie); 2° d'une manière certaine par les tubes de MALPIGHI.

A. *Excrétion par la glande digestive.* — Nous avons vu plus haut que BERTKAU avait signalé, dans les diverticules des Araignées la présence de deux espèces de cellules, différentes. Le même fait capital s'observe dans la glande digestive des Crustacés où l'on constate l'existence de cellules à vacuoles graisseuses et de cellules plus petites, les *Fermentzellen* de FRENZEL. Enfin, chez les Mollusques gastropodes pulmonés, on sait, d'après BARFURTH, YUNG et FRENZEL, que l'épithélium de la glande digestive de ces animaux, outre des éléments à granules calcaires destinés à la réparation de la coquille, comprend aussi au moins deux espèces de cellules sécrétoires, des cellules à vacuoles remplies d'un liquide jaune et des cellules plus petites à granules jaunes et incolores.

La méthode des injections physiologiques a permis à CUÉNOT de déterminer que, chez les Mollusques gastéropodes, les ferments digestifs sont sécrétés par les petites cellules, tandis que les grandes cellules vacuolaires sont excrétoires. En effet, lorsqu'on injecte dans le *cœlome* d'un de ces Mollusques une matière colorante de la série des couleurs d'aniline, dissoute, par exemple, dans le sang de l'animal, les cellules des organes excréteurs se colorent, et entre autres les cellules vacuolaires de la glande digestive. Les petites cellules de cette glande restent incolores, de sorte que les matières en digestion dans le sac stomacal et le liquide digestif proprement dit ne contiennent pas de substance colorante, tandis que les produits d'excrétion mis en liberté, à un moment ultérieur, sont au contraire colorés et viennent donner une teinte caractéristique aux excréments qui s'accumulent dans l'intestin. C. DE SAINT-HILAIRE opérant sur l'Écrevisse a vu des phénomènes du même ordre : diverses matières colorantes, par exemple le bleu de méthyle, injectées dans la cavité du corps de l'animal, sont absorbées par certaines cellules spéciales des acini de la glande digestive (les *Fermentzellen* de FRENZEL)

avec des caractères tout autres que lorsqu'il s'agit d'une simple teinture. Ces matières colorantes à l'état libre ou dans des cellules détachées passeraient ensuite avec les produits
d'excrétion dans l'intestin. De tout cela résulte que la glande digestive ou pseudo-foie
des Arachnides fonctionne très probablement suivant les mêmes lois et, comme celle
des Mollusques gastéropodes et des Crustacés, est à la fois un organe sécréteur de ferments digestifs, un organe de résorption et un organe d'excrétion.

B. *Excrétion par les tubes de* MALPIGHI. — Des tubes excréteurs très analogues, au
point de vue fonctionnel, aux tubes de MALPIGHI des Myriopodes et des Insectes, mais
ayant une autre origine embryonnaire, s'observent chez presque tous les Arachnides :
Scorpions, Galéodes, Phrynes, Thélyphones, Aranéides et Acariens (ils manqueraient chez
les Phalangides et les Chernétides). Comme chez les Insectes, ces tubes glandulaires
débutent par des extrémités closes (parfois renflées en utricules) et débouchent d'autre
part dans le canal intestinal où s'accumule le produit de leur sécrétion. Offrant d'innombrables ramifications chez les Aranéides, les Galéodes, etc., ils parcourent en se
contournant le tissu conjonctif qui relie entre eux les diverticules de la glande digestive et finissent par aboutir à l'intestin par des troncs terminaux toujours en petit nombre, parfois quatre, généralement deux.

C'est chez les Aranéides que la fonction des tubes de MALPIGHI a été le plus nettement
élucidée. La poche stercorale des Araignées est en général distendue par un liquide,
ordinairement blanc comme un lait de chaux et dans lequel flottent les excréments
solides foncés entourés de leur membrane d'enveloppe (Voir plus haut).

Le liquide blanc que les Araignées évacuent, sous forme de grosses gouttes déterminant en se desséchant des taches blanches, est le produit des tubes malpighiens. Il
se compose d'une portion fluide incolore, ou légèrement jaunâtre, tenant en suspension
d'innombrables corpuscules microscopiques qu'on retrouve, du reste, identiques dans les
tubes. Ce liquide puisé dans la poche stercorale peut, en outre, contenir parfois de très
petits cristaux prismatiques ou en tables rhomboïdales, dont l'origine doit probablement
être cherchée dans les grandes cellules épithéliales des diverticules de la glande digestive. Chez les Aranéides, d'après DAVY, WILL et GORUP-BESANEZ, PLATEAU, WEINLAND, le
liquide malpighien ne contiendrait ni acide urique, ni urates en quantités appréciables,
mais un autre produit de désassimilation de l'azote, la guanine (A. JOHNSTONE et A. B.
GRIFFITHS auraient, au contraire, trouvé de l'urate de sodium dans l'extrait aqueux des
tubes de MALPIGHI de la Tégénaire domestique?). De la guanine a été signalée dans les
produits de désassimilation des Scorpions (DAVY, PAUL MARCHAL). Les déjections rendues
par les Ixodes, parmi les Acariens, se composent uniquement d'urates alcalins (MÉGNIN).
Enfin, bien que les véritables organes urinaires des Phalangides soient encore à trouver,
il est incontestable que le liquide brun, qui accompagne les excréments solides rendus
par ces animaux, donne sous le microscope, après addition d'acide acétique étendu, des
cristaux caractéristiques d'acide urique (PLATEAU).

Glandes coxales. — Depuis que RAY-LANKESTER a signalé, en 1882 et 1884, chez les
Arachnides, l'existence de glandes coxales localisées dans le céphalothorax sous les diverticules antérieurs du tube digestif et en rapport avec les hanches des pattes, on considère ces organes comme homologues des glandes du test et des glandes antennaires des
Crustacés, c'est-à-dire qu'on les regarde comme organes excréteurs.

On a retrouvé des glandes coxales chez des Acariens, des Chernétides, les Scorpions,
les Galéodes, les Phrynes, les Aranéides et les Phalangides.

Comme on ne sait rien de positif sur la nature de la sécrétion, et que, de plus, il
paraît résulter des recherches morphologiques et embryologiques récentes que, sauf chez
les Phalangides, l'orifice faisant communiquer la glande coxale de l'embryon avec l'extérieur est oblitéré chez l'individu développé, de sorte que la glande constitue alors un
système fermé et ne fonctionne pas (J. S. KINGSLEY) nous ne nous étendrons pas davantage sur ce sujet.

Sécrétions spéciales. — A. *Sécrétions de la soie.* Des glandes de la soie et souvent
des filières existent chez toutes les Araignées proprement dites, chez les Chernétides,
quelques Cyphophthalmides, et les Acariens du genre *Tetranychus;* la position de ces
organes et de leurs orifices variant suivant les types examinés.

La soie des Araignées paraît avoir la même composition que celle des chenilles de

Lépidoptères. Elle serait constituée de *Fibroïne* et, en outre, pour certains fils, d'une substance agglutinante (grès des éducateurs de vers à soie, *Seidenleim*) la *Séricine*.

Fibroïne et séricine ont une composition tellement voisine de celles de la chitine, de la conchyoline, de la cornéine et de la spongine, que tous ces corps peuvent être réunis sous une dénomination commune de *Squelettine*. Leurs caractères généraux sont les suivants : substances azotées ne contenant pas de soufre et vraisemblablement dérivées d'hydrates de carbone. Toutes renferment dans leur molécule 30 atomes de carbone et seulement de 9 à 10 atomes d'azote. Toutes offrent une grande résistance aux alcalis et aux acides, résistent indéfiniment à l'action de l'eau, de l'alcool, de l'éther, ainsi qu'aux ferments saccharifiants ou peptonisants. L'iode leur donne une coloration brunée. La fibroïne a, d'après Cramer, la formule $C^{30}H^{46}N^{10}O^{12}$, la séricine $C^{30}H^{50}N^{10}O^{16}$ (Krukenberg).

Il est rare qu'un fil d'Araignée se compose d'un filament unique; on peut, au contraire y distinguer ordinairement de deux à quatre filaments parallèles, *non fusionnés et non tordus*. — Le fil spiral caractéristique de la toile circulaire de l'Épéire diadème est constitué par deux filaments parallèles unis entre eux par une matière visqueuse (probablement séricine) qui, par un phénomène capillaire bien connu, affecte l'aspect d'un chapelet de globules. — Enfin les fils servant à emmailloter un Insecte capturé se composent chacun d'un nombre considérable de filaments. — Les filaments entrant dans la constitution d'un fil sont d'une excessive ténuité : chez l'Épéire, leur diamètre assez constant dans chaque partie déterminée du réseau varie entre 0,0016 millim. et 0,006 millim. Les filaments du cocon sont les plus gros (C. Warburton).

Ajoutons que d'après les recherches de C. Apstein (1889) et de Warburton (1890) les diverses formes de glandes séricigènes et chacune des filières d'une Araignée donnée ont leur rôle spécial dans la confection des fils de la toile, du cocon protecteur des œufs, etc. C'est là un sujet extrêmement intéressant, mais que nous ne pourrions exposer sans de longues descriptions anatomiques.

B. *Sécrétions venimeuses.* Des glandes sécrétant un venin très actif existent au nombre de deux, soit dans le céphalothorax, soit dans l'article proximal des chélicères des Aranéides, le canal excréteur de chacune d'elles débouchant par un pore près de l'extrémité du crochet de la chélicère. Des glandes à fonction semblable occupent le dernier article du post-abdomen des Scorpions, leurs orifices se trouvent à droite et à gauche près de la pointe du crochet courbe qui termine cet article. Des glandes considérées comme venimeuses s'ouvrent à la base des chélicères des Acariens du groupe des Gamasides. — Enfin les Galéodes sont réputées dangereuses, mais on ne sait si ces animaux sont réellement pourvus de glandes vénénifiques.

Chez les Aranéides et chez les Scorpions, la glande venimeuse est un sac piriforme dont la cavité centrale sert de réservoir; elle offre toujours une enveloppe musculaire.

La contraction brusque de cette enveloppe, par voie réflexe, amène l'éjaculation du liquide.

La morsure de certaines Araignées des contrées tropicales, ou subtropicales, telles que le *Latrodectus formidabilis* du Chili, étudié par F. Puga Borne (1892), non seulement tue des Insectes, mais amène la mort chez les Vertébrés (grenouilles, serpents, lézards, oiseaux, cochons d'Inde, lapins); les accidents mortels chez l'homme ne sont pas rares, et les morsures simultanées de cinq Latrodectes tuent un cheval.

Les Araignées de l'Europe tempérée et septentrionale sont, au contraire, peu à craindre, et il faut se méfier de la plupart des relations reproduites dans des traités de zoologie ou dans des ouvrages de vulgarisation; car les expériences de physiologistes sérieux, dont le premier fut Harvey, permettent d'affirmer que la morsure n'a jamais de suites graves : Blackwall, qui se fit mordre par de grosses Épéires, ne constata jamais autre chose qu'une douleur locale analogue à celle que produirait une piqûre d'aiguille; Forel, mordu au doigt par le *Chiracanthium nutrix*, l'une des rares formes dont il faille se méfier, ressentit une vive douleur dans la main, puis dans le bras, suivie d'un malaise général avec sueur froide; malaise et douleur se dissipèrent assez rapidement. Il y a plus, G. Carusi (1848) et P. Panceri (1868) essayèrent l'action de la morsure de la fameuse Tarentule (*Lycosa tarantula*) sur l'homme, le lapin, les oiseaux, une tortue, un triton, et arrivèrent à cette conclusion que tout ce qu'on a écrit autrefois sur le tarentisme est pure fable; la morsure de la Tarentule, bien que douloureuse, n'est accom-

pagnée que de phénomènes locaux : enflure, rougeur; aucun symptôme général même
faible. En général l'action du venin des Araignées sur les Insectes est rapide, mais de
courte durée; un Insecte un peu volumineux est stupéfié pendant quelques minutes,
puis se remet bientôt complètement.

Les auteurs varient quand à la gravité de la piqûre des Scorpions. La taille, l'espèce
de Scorpion, l'état de santé, l'âge de la victime, contribuent certainement à faire varier
les résultats. Les expériences de Joyeux-Laffuie prouvent qu'à une faible dose le venin
du *Buthus europœus* (*Scorpio occitanus*) détermine la mort de grenouilles, de souris,
de lapins et de chiens, et qu'une très petite quantité suffit pour tuer immédiatement un
grand crabe. On ignore la nature de son principe actif. Cependant, de la presque identité des symptômes observés, on peut conclure que le poison sécrété par le scorpion est
le même que celui produit par les Aranéides.

C'est un poison du système nerveux (Paul Bert), et, lors de la piqûre du Scorpion ou
de la morsure par une Araignée réellement dangereuse, les phénomènes d'empoisonnement apparaissent dans l'ordre suivant : *a*, douleur au point piqué; *b*, période d'excitation; *c*, période de paralysie. Ils peuvent être accompagnés de symptômes accessoires
confirmatifs : hallucinations, tremblement, convulsions, nausées, sueur abondante, ralentissement du pouls, abaissement de la température, etc. Comme le dit Joyeux-Laffuie,
les phénomènes qui caractérisent la période d'excitation sont dus à l'action du venin
sur les centres nerveux; les phénomènes de paralysie sont causés par l'effet du venin
sur les extrémités périphériques des nerfs moteurs dont il supprime, à la façon du
curare, l'action sur les muscles striés.

Ajoutons qu'il résulte des expériences de C. Lloyd Morgan (1883) et de Ag. Bourne
(1887) ce fait remarquable, signalé déjà, du reste, à propos de serpents venimeux, que
le venin du Scorpion est sans effet, non seulement sur l'individu lui-même, mais sur
d'autres individus et sur des spécimens appartenant à des espèces différentes.

C. *Autres sécrétions.* — On a signalé chez les Arachnides d'autres glandes cutanées
s'ouvrant en divers points de la surface du corps. La nature exacte de leur sécrétion est
en général inconnue.

Circulation. — A. *Sang.* — Le sang des Arachnides dont on se procure facilement quelques gouttes, soit par la section des pattes des Araignées et des Faucheurs, soit par celle
du dernier article post-abdominal des Scorpions, se compose, comme chez tous les Arthropodes, d'un plasma riche en albumines coagulables ou précipitables par l'alcool, le tanin, etc., et de globules animés de mouvements amiboïdes, les *amibocytes*. La quantité
de ce liquide, par rapport au volume de l'Arachnide, est faible; deux ou trois gouttes
retirées à une Araignée l'épuisent et amènent la mort. Légèrement alcalin (chez les Aranéides), le sang offre des colorations diverses, parfois en rapport avec celle de l'animal
lui-même : incolore (Phalangides), bleuâtre ou jaunâtre (Aranéides), d'un jaune clair
(*Epeira diadema*), vert (*Drassus viridissinus*), bleu verdâtre (Scorpions). Il change ordinairement de teinte au contact de l'air, brunissant ou devenant plus foncé. Dès qu'il est sorti
de l'animal, il se forme un coagulum de fibrine englobant les amibocytes; le liquide limpide restant renferme un protéide dissous, probablement voisin de l'*hémocyanine* des
Céphalopodes chez les Aranéides, qui est l'hémocyanine vraie, chez les Scorpions, comme
l'a reconnu Ray-Lankester; cette hémocyanine bleuit à l'air, mais d'une façon peu intense.

Les amibocytes murs, plus petits chez les jeunes Araignées de la deuxième mue ou de la
troisième mue que chez les adultes, mesurent 9 μ chez le *Phalangium Opilio*, 15 μ environ
chez les *Tegenaria domestica* et *Epeira diadema*, 13 μ chez les Scorpions européens; ils
sont remplis de granules très réfringents, et, sur le porte-objet du microscope, émettent
de courts pseudopodes. Leur nombre est assez considérable; dans une goutte de sang
d'une *Trochosa* adulte, répandue en couche mince sur le porte-objet, les amibocytes
occupent à peu près le quart du champ visuel.

Outre les amibocytes intacts ou en voie de régression, on peut observer, chez les Aranéides, de rares cellules de grande dimension, mesurant jusqu'à 28 μ, nettement amiboïdes, dérivant des amibocytes, et renfermant des produits variés, de fins granules animés de mouvements browniens, parfois des prismes cristallins allongés, de nature
protéique; chez les Scorpions, des cellules de 15 μ bourrées de gros granules incolores
réfringents. Le contenu de ces éléments représenterait des matériaux de réserve.

Enfin les Pycnogonides offriraient une particularité extrêmement curieuse. Chez toutes les espèces, le sang renfermerait à la fois des amibocytes et des hématies (W. WAGNER, L. CUENOT).

B. *Circulation proprement dite.* — Un cœur et des vaisseaux manquent chez les Linguatulides et un grand nombre d'Acariens. Chez les autres Arachnides, il existe un cœur artériel dorsal occupant la région supérieure de l'abdomen, ordinairement tubulaire et muni, pour l'entrée du sang, pendant la diastole, d'orifices pairs ou ostioles dont le nombre est d'autant plus grand que le type étudié est plus différencié. Ce cœur est logé, chez les Aranéides et les Scorpionides, dans un péricarde où aboutissent les courants de retour.

Les vaisseaux proprement dits se réduisent à des troncs artériels venant tous déboucher dans un système de lacunes où le sang circule suivant des sens déterminés. Chez les Acariens possédant un cœur, chez les Cyphophthalmides, les Phalangides et les Chernétides, il n'existe, en tout, qu'un tronc artériel appelé *aorte antérieure* et partant de l'extrémité antérieure du cœur. Chez les Aranéides, et surtout les Scorpionides, l'arbre circulatoire artériel devient plus compliqué : ces animaux possèdent une aorte antérieure parcourant le céphalothorax et donnant des troncs à divers organes et aux pattes, une *aorte postérieure* et enfin des *artères latérales* naissant du cœur par paires. Lorsque l'Arachnide est muni des organes respiratoires lamelleux auxquels on donne ordinairement le nom de poumons, le sang veineux ne se rend jamais à ces organes que par des courants lacunaires.

La circulation chez les Araignées a été vue, pour la première fois, par DE GEER (1778) dans les pattes d'un jeune individu examiné au microscope par transparence. Le même procédé, pour l'étude de l'ensemble de la circulation de ces animaux a été employé de nos jours avec succès par CLAPARÈDE (1863) qui étudia surtout les Lycoses venant d'éclore et par MARCEL CAUSARD (1892) dont les investigations portèrent sur les jeunes de quinze genres différents. Enfin W. WAGNER (1893) a utilisé la facilité avec laquelle on voit le cœur au travers des téguments du *Sparassus virescens* pour analyser les mouvements de cet organe chez une araignée adulte.

Voici, en résumé, les faits *principaux* pour les Aranéides : Les vaisseaux artériels présentent des pulsations rythmiques synchroniques avec celles du cœur. A chaque systole le cœur chasse une partie minime de son contenu en avant dans l'aorte antérieure et la plus grande masse du liquide d'*avant en arrière* dans les artères latérales et l'aorte postérieure. Le cours du sang dans le cœur est donc, en grande partie en sens inverse de la direction observée chez les Insectes. Le sang qui, sortant des artères, passe dans les lacunes, se porte ventralement vers les poumons, pour la totalité du céphalothorax et pour une grande partie de l'abdomen ; là le liquide sanguin circule *dans* les lames pulmonaires en contact avec l'air par leurs deux faces, puis retourne au sac péricardique dans lequel il est déversé en face des orifices antérieurs du cœur. Tout le sang veineux du céphalothorax s'hématose ainsi avant d'arriver à l'organe propulseur. Une portion de celui de l'abdomen revient directement au péricarde, sans passer par les poumons, et, dans le sac péricardique lui-même, chemine d'arrière en avant, pour gagner les orifices postérieurs et moyens.

Dans les membres et autres appendices, on voit les amibocytes des courants artériels se suivre en file étroite, tandis que les courants veineux, plus larges, forment une nappe sous les téguments. Une partie seulement du sang artériel amené dans une patte pénètre jusqu'à l'extrémité de celle-ci ; beaucoup d'amibocytes s'engagent déjà dans le courant veineux avant d'atteindre le bout du membre, et cela en passant par des orifices artério-veineux à position constante percés dans la mince membrane qui sépare les deux courants (CLAPARÈDE, CAUSARD). Quant aux mouvements du cœur, chez le *Sparassus virescens*, on y observe la succession habituelle : systole, diastole, pause ; la systole offrant son intensité maxima vers le milieu de la longueur de l'organe.

La plus légère excitation fait monter rapidement le nombre de pulsations par minute, et, lorsque l'excitation de l'animal cesse, le retour au rythme normal s'opère au contraire lentement. Le pouls monte chez l'araignée qui suce une proie, chez la femelle accouplée, etc. Une température élevée accélère les battements, une température basse les ralentit : ainsi, à 0°, le pouls n'est pas perceptible ; à 46°, il monte à 200 et se main-

tient tel chez l'individu calme. Enfin l'abstinence prolongée diminue progressivement
l'amplitude des mouvements et rend en même temps ceux-ci de plus en plus rapides
(W. WAGNER).

Respiration. — Un appareil respiratoire localisé fait défaut chez les Linguatulides,
un grand nombre d'Acariens, les Tardigrades et les Pycnogonides.

Les autres Arachnides respirent, soit à l'aide de trachées seules (Galéades, Chernétides,
Phalangides, Cyphophthalmides et une partie des Acariens), soit à la fois à l'aide de trachées de ce genre et de poumons lamelleux (Aranéides dipneumones), soit enfin exclusivement au moyen de poumons lamelleux (Scorpionides, Thélyphones, Phrynes, Aranéides
tétrapneumones ou mygalides).

Les trachées sont ici des tubes aérifères offrant intérieurement un revêtement cuticu-
aire se relevant tantôt en crête spirale, comme dans les trachées si connues des Insectes,
tantôt (Aranéides) en nombreux appendices spiniformes ayant beaucoup d'analogie avec
les saillies ou épines des lames pulmonaires que nous décrirons plus bas. De même que
les trachées des Insectes, elles sont baignées extérieurement par le sang, de sorte que
les échanges gazeux sont faciles.

Quant aux organes appelés *poumons* et dont l'homologie est encore discutée, chacun
d'eux se compose d'un sac résultant du refoulement de la paroi ventrale du corps et
communiquant avec l'extérieur par un orifice laissant pénétrer l'air. La paroi antérieure
du sac se relève, au-dedans de celui-ci, en un nombre plus ou moins grand de replis ou
lames pulmonaires rappelant, par leurs rapports mutuels, la disposition des feuillets d'un
livre. De minces couches d'air séparent les lames pulmonaires les unes des autres,
tandis que du sang circule dans leur *intérieur*.

Toute lame pulmonaire est constituée par deux lamelles chitineuses en continuité au
bord libre de la lame. La surface extérieure de la lamelle dorsale est garnie d'innombrables tigelles chitineuses, maintenant les lames pulmonaires à distance, de manière à
assurer l'accès constant du gaz respirable. Enfin, les deux lamelles chitineuses d'une
même lame pulmonaire sont reliées de distance en distance par des cellules transversales
en forme de ponts, *cellules interlamellaires*, considérées comme contractiles, et, par
conséquent comme susceptibles de modifier la capacité des espaces où le sang circule
(MAC LÉOD, BERTEAUX).

Mécanisme respiratoire. — L'analogie, sinon l'homologie, entre les appareils respiratoires des Arachnides et des Insectes permettait de supposer que l'on observerait chez les
premiers des mouvements des parois de l'abdomen rappelant ceux que les Insectes nous
présentent. Il n'en est rien : les divers diamètres de l'abdomen des Scorpions, des Phalangides et des Aranéides restent constants; jamais on ne constate les diminutions et réta-
blissements alternatifs des diamètres vertical et tranversal de l'abdomen qui constituent
les mouvements respiratoires des Insectes. On peut s'en assurer nettement par trois
procédés : l'observation directe à la loupe, la méthode graphique (applicable seulement
aux Scorpions) avec cylindre enfumé tournant et leviers inscripteurs excessivement légers,
enfin, surtout, la méthode des projections (applicable à tous les types) : l'Arachnide, convenablement fixé sur un support, est introduit dans une grande lanterne magique éclairée par une bonne lampe. En ne dépassant pas un grossissement de 7 à 10 diamètres
on obtient une silhouette fort nette sur laquelle il est facile de voir des déplacements
réels d'une fraction de millimètre.

En outre, bien que le contraire ait été écrit, les orifices stigmatiques des sacs pulmonaires restent toujours légèrement entr'ouverts; leurs lèvres ne bougent pas, même lorsqu'on emploie des vapeurs irritantes, comme la fumée de tabac.

Les seuls mouvements rythmiques que révèle la méthode des projections sont, chez
les Araignées : 1° des oscillations, dans un plan vertical, de l'ensemble de l'abdomen et
de ceux des appendices, tels que les palpes, qui ne sont pas fixés par des liens; 2° des
mouvements rythmés des filières qui se rapprochent et s'éloignent alternativement les
unes des autres. Les oscillations verticales de l'ensemble de l'abdomen sont assez rapides,
130 par minute pour la Tégénaire domestique, 147 pour la *Meta segmentata;* leur amplitude est faible, 1/6 à 1/7 de millimètre (F. PLATEAU).

Il résulte de ce qui précède que les divers muscles (muscles dorso-ventraux, muscles
des stigmates, etc.), auxquels les anatomistes ont fait jouer un rôle respiratoire, n'inter-

viennent probablement pas, et qu'aucune des méthodes d'investigation connues ne per met de déterminer en quoi consistent réellement les mouvements respiratoires des Arachnides. On en est donc réduit à des hypothèses inutiles à reproduire ici, puisque l'on n'a pas encore fait de recherches expérimentales pour s'assurer de leur valeur.

Respiration aérienne sous l'eau. — Une Araignée extrêmement intéressante, *l'Argyroneta aquatica*, bien que possédant une paire de poumons et un système de trachées très développé, passe presque toute sa vie sous l'eau. Elle respire l'air en nature grâce à la propriété suivante : son abdomen entier et la face inférieure du céphalothorax sont recouverts d'une couche assez épaisse d'air brillant sous l'eau comme de l'argent métallique. — Dans les régions ainsi revêtues de gaz, la surface de la peau porte de nombreux poils barbelés traversant la couche gazeuse et la subdivisant à l'infini. — L'adhérence de l'air au corps de l'Arachnide, malgré les mouvements de natation et la poussée hydrostatique, s'explique par ce fait que la surface de contact entre l'air et un liquide offre une grande résistance à la déformation lorsque l'étendue de cette surface est suffisamment petite. Les poils qui *traversent* la couche d'air divisent en effet, ici, la surface générale en une série de très petites surfaces présentant une grande stabilité (F. PLATEAU).

Phénomènes chimiques de la respiration. — Les recherches sur les échanges gazeux respiratoires chez les Arachnides se réduisent à peu de chose. On ne peut guère citer que les très anciennes expériences de HAUSMANN (1803) et de SORG (1805) qui prouvent que les Aranéides et les Phalangides absorbent de l'oxygène et exhalent, dans l'unité de temps, une quantité d'acide carbonique analogue à celle que dégagent beaucoup d'Insectes.

Certains pigments paraissent jouer un rôle important dans la respiration interne ou respiration des tissus des Invertébrés. On les appelle pigments respiratoires. MAC-MUNN, qui en a découvert l'existence à l'aide du microspectroscope, leur donne le nom général d'*histohématines*, réservant l'appellation de *myohématine* à l'histohématine du tissu musculaire. MAC-MUNN a retrouvé de la myohématine chez des Araignées (*Tegenaria* et *Epeira*).

Reproduction. — La reproduction est exclusivement sexuelle. Les Tardigrades seuls sont hermaphrodites suffisants; toutes les autres formes ont les sexes distincts.

Les glandes génitales, généralement paires, parfois impaires (ovaire des Chernétides, des Phalangides, des Linguatulides et des Gamases, testicule des Phalangides et de quelques Linguatulides), appartiennent presque toujours au type tubulaire; elles sont fréquemment accompagnées de glandes accessoires.

L'orifice génital, souvent impair, occupe ordinairement la partie antérieure de la face ventrale de l'abdomen.

Les spermatozoïdes appartiennent à deux types morphologiques différents : chez les Scorpionides, les Aranéides. et probablement d'autres groupes, ils offrent une tête renflée en sphère, quelquefois en cylindre et un filament caudal très fin, court et mobile (ÉMILE BLANCHARD, LEYDIG, BERTKAU). Chez les Phalangides, au contraire, ils sont circulaires, en forme de petites lentilles biconvexes, avec un noyau également lenticulaire, et paraissent ne posséder aucun mouvement propre (H. BLANC).

Dans le sexe femelle, on observe des réceptacles séminaux où s'accumulent les spermatozoïdes lors de l'accouplement, tantôt comme annexes du vagin (Phalangides, Linguatulides), tantôt distincts de celui-ci (Aranéides, Acariens du genre *Trychodactylus*). — La présence de ces réceptacles séminaux assure la fécondation d'un nombre considérable d'œufs, et explique ces faits signalés plusieurs fois d'Aranéides femelles longtemps séquestrées et qui pondent des œufs féconds. BLACKWALL, par des expériences bien conduites, a fait justice de cette prétendue parthénogenèse.

Les œufs ovariens de beaucoup d'Aranéides et de plusieurs Phalangides se font remarquer par la présence, à côté de la vésicule germinative, d'un *noyau vitellin (Dotterkern)* constitué par une vésicule centrale entourée d'une série de lamelles concentriques. Bien que le noyau vitellin ait été observé chez d'autres types animaux, les œufs de certaines Araignées et surtout de la Tégénaire domestique sont, à cet égard, un matériel classique (BALBIANI).

Les Phalangides mâles offrent souvent, comme les Crapauds parmi les Vertébrés amphibies, un hermaphrodisme rudimentaire très intéressant, découvert autrefois par TRE-

VIRANUS et réobservé plusieurs fois depuis. Il consiste dans cette particularité que, sur la surface *externe* du testicule, existent, en des points divers, des grappes de follicules saillants et pédiculés contenant chacun un véritable ovule identique aux ovules de la femelle, avec membrane vitelline, vésicule germinative et noyau vitellin bien évidents. Comme ceux du Crapaud mâle, ces ovules restent stériles (H. BLANC).

Le viviparisme existe chez les Scorpions, les Galéodes, les Phrynes et plusieurs Acariens.

La ponte des œufs dans le sol ou dans des cavités spéciales peut être assurée par un tube ou oviscapte (Phalangides, nombreux Acariens).

L'accouplement des Arachnides s'effectue par des procédés divers, parfois fort curieux : les Scorpions s'appliquent ventre à ventre et enchevêtrent les dents de leurs peignes qui fonctionnent comme organes excitateurs (ANDRÉ MARÈS, d'après BRONGNIART et GAUBERT). L'introduction du sperme dans l'orifice génital de la femelle a lieu au moyen d'un double pénis (ÉMILE BLANCHARD).

Chez les Phalangides, au moment de l'accouplement, le mâle et la femelle se rencontrent face à face. Le mâle maintient la femelle avec les pinces de ses chélicères, fait saillir un long pénis et en introduit l'extrémité dans l'ouverture génitale de l'autre sexe. L'accouplement ne dure que quelques secondes (MENGE, LOMAN, SIMON).

Enfin, c'est chez les Aranéides que l'acte de l'accouplement est le plus singulier. On sait en effet que l'Araignée mâle ne possède pas de pénis et qu'elle utilise ses palpes profondément modifiés pour introduire le sperme dans le réceptacle séminal de la femelle.

L'article terminal du palpe mâle variant beaucoup d'un groupe à l'autre, nous n'exposerons que le principe de sa structure et de son fonctionnement en évitant, en outre, les nombreux termes spéciaux employés par les descripteurs. Cet article, fortement renflé, et dont la cavité communique naturellement avec les lacunes sanguines de l'animal, offre, sur le côté externe, une dépression profonde logeant l'organe copulateur proprement dit. Celui-ci, rétracté à l'état de repos, se compose d'une ampoule à parois minces, à extrémité libre effilée et à base plissée plus ou moins tordue contenant, dans son intérieur, un canal chitineux spiraloïde dont l'extrémité proximale est close, tandis que le bout distal s'ouvre au sommet effilé de l'ampoule. — Les parois du canal chitineux spiraloïde, au voisinage de l'extrémité close, sont percées de pores fins.

Pour charger ses organes copulateurs de liquide spermatique, le mâle plonge les extrémités de ses palpes dans une goutte de sperme perlant à son orifice génital. Les canaux chitineux spiraloïdes se rempliraient alors par capillarité. A l'instant de l'accouplement proprement dit, le mâle applique à la fente génitale de la femelle la face extérieure d'un de ses palpes et, au moyen de contractions de la musculature de l'abdomen, chasserait du sang dans l'article terminal. Ce serait sous l'influence de cette augmentation de pression que l'ampoule ferait saillie et que, le canal chitineux se vidant, l'éjaculation du sperme aurait lieu (W. WAGNER).

MENGE a décrit, chez plusieurs Aranéides d'Europe, les positions respectives et très diverses que prennent les deux sexes pendant l'accouplement même, et G. et E. PECKHAM ont attiré l'attention sur les moyens consistant par exemple, en attitudes étranges, qu'emploient les mâles de quelques espèces américaines pour captiver l'attention de la femelle et obtenir ses faveurs.

Bibliographie. Travaux principaux. — I. Anatomie. — EMILE BLANCHARD. *L'organisation du règne animal. Arachnides.* Paris, 1851-1859. — C. VOGT et E. YUNG. *Traité d'Anatomie comparée pratique,* livraisons 14 et 15. — A LANG. *Traité d'Anatomie comparée et de Zoologie, traduit par* CURTEL, 3° fascicule, Paris, 1892.

II. **Anatomie, physiologie et zoologie.** — O. P. CAMBRIGE. *Arachnida* (dans : *Encyclopaedia britannica,* 9e édition, vol. II, p. 271, 1875).

III. **Biologie.** — A. MENGE. *Ueber die Lebensweise der Arachniden (Neuesten Schriften der Naturforschenden Gesellschaft in Danzig,* t. IV, fasc. 1, 1843). — A. MENGE. *Ueber die Lebensweise der Afterspinnen, Phalangida (ibid.,* 1850).

IV. **Téguments, mues.** — W. WAGNER. *La mue des Araignées (Annales des Sciences naturelles, Zoologie,* 58e année, 7° série, t. VI, 1888).

V. **Régénération des organes perdus.** — W. WAGNER. *La régénération des organes perdus chez les Araignées (Société impériale des naturalistes de Moscou,* n° 4, 1887).

VI. Locomotion terrestre. — CARLET. *Sur la locomotion des Insectes et des Arachnides* (C. R., t. LXXXIX, p. 1124, 29 déc. 1879). — DEMOOR. *Recherches sur la marche des Insectes et des Arachnides* (*Archives de Biologie*, t. X, 1890). — H. DIXON. *On the Walking of Arthropoda* (*Nature anglaise*, t. XLVII, n° 1203, 17 novembre, p. 56, 1892) et *La marche des Arthropodes* (*Revue Scientifique*, 3e série, t. XXIV, p. 841, 1892).

VII. Vol des Araignées. — TERBY. *Sur le procédé qu'emploient les Araignées pour relier des points éloignés par un fil* (*Bulletins de l'Acad. Roy. de Belgique*, 2e série, t. XXIII, n° 3, 1867). — MC COOK. *The Aeronautic Flight of Spiders* (*Proceed. Acad. of Nat. Science.* Philadelphie, part III, p. 308, 1877). — G. ROGERON. *Sur la nature des fils d'Araignée connus sous le nom de fils de la Vierge* (*Revue Scientifique*, t. XLVIII, n° 5, 1er avril 1891, p. 154, extrait de la *Revue des Sciences naturelles appliquées*). — TERBY. *Le soi-disant vol des Araignées et l'étirage de leur fil par le souffle* (*Revue Scientifique*, t. XLVIII, 10 octobre 1891, p. 464). — DE VARIGNY. *A propos du vol des Araignées* (*Revue Scientifique*, t. XLVIII, n° 20, 14 novembre 1891, p. 633).

VIII. Expériences sur le système nerveux. — EMILE BLANCHARD (voir plus haut : *Anatomie*).

IX. Autotomie. — LÉON FREDERICQ. *L'autotomie ou la mutilation active* (*Archives de Zoologie expérimentale*, 1883 ; *Revue Scientifique*, 1886 et 1887, et *Travaux du laboratoire de L. Fredericq*, t. II, p. 201, 1887-1888). — GAUBERT. *Sur un ganglion nerveux des pattes du Phalangium opilio* (C. R., t. CXV, n° 22, p. 960, 1892).

X. Émission de sons. — H. LANDOIS. *Thierstimmen*, Fribourg-en-Brisgau, 1874. — J. WOOD MASON. *Note on Mygale stridulans* (*Trans. Entomological Society*, Londres, part. IV, p. 281, déc. 1877). — F. MAULE CAMPBELL. *On supposed stridulating Organs of Steatoda guttata and Linyphia tenebricola* (*Journal of Linnean Society*, vol. XV, 17 juin 1880). — E. SIMON. *Organe stridulatoire dans le genre Sciarus* (*Ann. Soc. entomol. de France*, vol. LXII, 3e trim., *Bull.*, p. 224 1893).

XI. Sens. — DAHL. *Versuch einer Darstellung der psychischen Vorgänge in den Spinnen* (*Vierteljahrschrift f. Wissenschaftl. Philosophie*, t. IX, 1, 1884). — G. et E. PECKAM. *Some Observations on the mental powers of Spiders* (*Journal of Morphology*, vol. I, n° 2, décembre 1887, Boston). — C. V. BOYS. *Notes on the Habits of some common english Spiders* (*Nature anglaise*, vol. XLIII, n° 1098, 13 novembre, 1890, p. 40). — RAY LANKESTER. *Notes on some Habits of the Scorpions* (*Journal of the Linnean Society, Zoology*, vol. XVI, p. 455, Londres, 1883). — F. PLATEAU. *Recherches expérimentales sur la vision chez les Arthropodes; deuxième partie, vision chez les Arachnides* (*Bullet. Acad. Roy. de Belgique*, 3e série, t. XIV, n° 11, 1887). — GAUBERT. *Recherches sur les organes des sens et sur les systèmes tégumentaire, glandulaire et musculaire des appendices des Arachnides* (*Annales des sciences naturelles, Zoologie*, VIIe série, t. XIII, n° 1, 2, 3, 1892). — R.-I. POCOCK. *Notes upon the Habits of some living Scorpions* (*Nature anglaise*, vol. XLVIII, n° 1231, 1er juin 1893, p. 104). — *Les mœurs des scorpions* (*Revue Scientifique*, t. LII, n° 5, 29 juil. 1893).

XII Rôle des palpes. — F. PLATEAU. *Expériences sur le rôle des palpes chez les Arthropodes maxillés; 2e partie, palpes des Myriopodes et des Aranéides* (*Bullet. Soc. zool. de France*, t. XI, 1886).

XIII. Digestion. — F. PLATEAU. *Note sur les phénomènes de la digestion et sur la structure de l'appareil digestif chez les Phalangides* (*Bullet. Acad. Roy. de Belgique*, 2e série, t. XLII, n° 11, novembre 1876). — F. PLATEAU. *Recherches sur la structure de l'appareil digestif et sur les phénomènes de la digestion chez les Aranéides dipneumones*, en trois parties (*Bullet. Acad. Roy. de Belgique*, 2e série, t. XLIV, 1877). — PH. BERTKAU. *Ueber den Bau und die Funktion der sog. Leber bei den Spinnen* (*Arch. f. mikroskop. Anatomie*, t. XXIII, 1884).

XIV. Désassimilation. — WILL et GORUP-BESANEZ. *Guanin, ein wesentlicher Bestandtheil gewisser Secrete Wirbelloser Thiere* (*Gelehrte Anzeigen herausgegeben von Mitgliedern der K. Bayer. Akademie der Wissenschaften*, t. XXVII, n° 233, col. 825, juillet-décembre 1848). — WEINLAND. *Notiz über das Vorkommen von Guanin in den Excrementen der Kreuzspinne* (Z. B., t. XXV, pp. 390-395, 1888). — PAUL MARCHAL. *Contribution à l'étude de la désassimilation de l'Azote. L'acide urique et la fonction rénale chez les Invertébrés.* Lille, 1889.

XV. Sécrétion de la soie. — C. WARBURTON. *The spinning Apparatus of geometric Spiders* (*Quarterly Journal of Microscopical Science*, avril 1890).

XVI. Sécrétion venimeuse. — P. Panceri. *Esperienze sopra il veleno della Lycosa tarantula* (*Rendiconti dell' Accademia Pontaniana*. Naples, 1868). — Paul Bert. *Contribution à l'étude des venins : Venin du Scorpion* (B. B., 4e série, t. ii, p. 136, 1865). — Joyeux-Laffuie. *Appareil venimeux et venin du Scorpion* (D. P., 1883).

XVII. Sang. — W. Wagner. *Du sang des Araignées* (*Archives slaves de Biologie*, 15 novembre 1887). — L. Cuénot. *Études sur le sang et les glandes lymphatiques dans la série animale;* 2o *partie, Invertébrés* (*Archives de Zoologie expérimentale*, 2e série, t. ix, no 3, p. 401, 1891).

XVIII. Circulation. — Claparède. *Étude sur la circulation du sang chez les Araignées du genre Lycose* (*Mém. de la Soc. de physique et d'histoire naturelle de Genève*, t. xvii, 1863). — Causard. *Sur la circulation du sang chez les jeunes Araignées* (C. R., t. cxiv, no 18, p. 1035, 1892). — W. Wagner. *Étude sur l'activité du cœur chez les Araignées.* (*Ann. sc. nat., zoologie, viiie série, 59e année, t. xv, no 4-5, 1893).

XIX. Respiration. — F. Plateau. *Observations sur l'Argyronète aquatique* (*Bullet. Acad. Roy. de Belgique*, 2o série, t. xxiii,|1867). — F. Plateau. *De l'absence de mouvements respiratoires perceptibles chez les Arachnides* (*Archives de Biologie*, t. vii, p. 331, 1886). — C.-A. Mac Munn. *Researches on the Myohæmatin and the Histohæmatins* (*Philos. Trans. of the Royal Soc. London*, t. clxxvii, pour 1886, p. 267, publié en 1887).

XX. Reproduction. — Il n'existe pas de travail spécial; les faits sont disséminés dans des travaux de zoologie ou d'embryologie.

F. PLATEAU.

ARÉCAÏNE. — Voyez Arécoline.

ARÉCOLINE. — De la noix d'Arec E. Jahns a extrait deux alcaloïdes; l'arécaïne, qui cristallise dans l'eau ($C^7H^{11}AzO^2$, H^2O), et est insoluble dans l'alcool; et l'arécoline ($C^8H^{13}AzO^2$), qui est liquide, soluble dans l'eau et l'alcool (D. W., *Supplém.* p. 358). Le bromhydrate d'arécoline cristallise bien et paraît assez stable. Il a été étudié par Fröhner (*Monatsh. f. pract. Thierheilk.*, 1894, t. v, p. 353), puis par C. Gräfe (*ibid.* 1894, t. vi, p. 145) et par Ehling (*Hamb. Mittheil. für Thierärtzte*, 1894, p. 337). Les effets physiologiques seraient analogues à ceux de la pilocarpine; car il provoque, à dose dix fois moindre, la même salivation abondante que la pilocarpine.

La salivation commence tout de suite après l'injection, et le maximum a lieu une demi-heure après. Chez le cheval, l'arécoline agit comme laxatif, de sorte qu'on peut l'employer dans la médecine vétérinaire pour succédané de l'ésérine.

C'est un poison extrêmement violent puisque, chez le cheval, la dose thérapeutique ne doit pas dépasser $0^{gr},1$.

CH. R.

ARGENT ($Ag = 108$). — Nous ne nous occuperons pas de l'action attribuée à l'argent métallique sur le système nerveux. Cette action forme la base d'une méthode thérapeutique, encore douteuse, la métallothérapie, dont nous ne pouvons nous occuper ici.

Lorsqu'on étudie l'action physiologique des sels d'argent, on se sert généralement d'un seul sel soluble stable, comme le nitrate d'argent. C'est donc plutôt de la physiologie du nitrate d'argent dont nous allons nous occuper.

Action locale. — Le nitrate d'argent a d'abord une action locale bien définie : c'est un des caustiques des plus puissants; il y a alors fixation, soit d'argent métallique, soit d'un composé oxygéné inférieur, qui est la cause de cette coloration brune noirâtre que prennent les cellules touchées par cet agent. L'élection particulière de ce réactif pour la substance fondamentale extra-cellulaire, découverte par Recklinghausen, a été mise à profit par les histologistes pour l'étude des tissus.

Action générale. — *Voie stomacale.* — L'absorption gastro-intestinale est assez difficile : on peut faire absorber par des animaux des quantités relativement considérable de sels d'argent par la voie stomacale, sans occasionner la mort.

Il y a cependant absorption réelle, facilement démontrée par le phénomène de l'argyrie que présentent les animaux et les personnes qui ont absorbé des sels d'argent (Mialhe, Charcot). Les sels d'argent, surtout le nitrate, sont des poisons violents.

Orfila, expérimentant sur le chien, a constaté que de fortes doses d'azotate d'argent le font vomir, mais qu'il se relève et peut échapper à l'intoxication; qu'au contraire, s'il liait l'œsophage, l'animal mourait au bout de 1 à 2 jours. A l'autopsie il a alors trouvé que l'estomac et les intestins étaient ulcérés et vivement enflammés. Il a retrouvé des traces d'argent dans le foie, les reins, la rate et l'urine.

Dans les cas d'empoisonnements aigus par des doses de 4 à 5 grammes, le patient ressent au début une saveur d'encre, de la sécheresse et de la constriction de l'arrière-gorge, des sensations de cuisson, de chaleur. Il ne tarde pas à avoir des nausées, des vomissements mêlés de stries blanchâtres et de grumeaux analogues à du lait caillé. Il se plaint de douleurs épigastriques, de vertiges ; il a du délire, de l'agitation, et perte de connaissance.

Dans la deuxième phase de l'empoisonnement, le malade est en résolution complète, sauf les muscles du cou et des mâchoires qui sont contracturés. Les pupilles sont dilatées et insensibles à l'action de la lumière. Le pouls est lent, la respiration suspirieuse.

Si la guérison survient, la raideur cesse, la sensibilité générale reparaît, le malade reprend connaissance. La douleur épigastrique persiste violente.

Dans deux cas le malade, après avoir repris connaissance, retombait après quelques mouvements convulsifs dans le coma.

En cas de guérison, ces accidents laissent après eux des ulcérations en voie de cicatrisation, de la dyspepsie, des rétrécissements et du ramollissement de l'estomac. L'ingestion de doses médicamenteuses trop élevées, ou un traitement trop prolongé peuvent donner naissance à un empoisonnement chronique. On observe alors que le malade, dont tout le corps se colore en noir ardoisé, surtout pour les parties exposées à l'air et à la lumière, se cachectise, quelquefois on a observé des éruptions érythémateuses.

L'absorption des sels d'argent à dose médicamenteuse, qui ne détermine aucun accident toxique, donne à la peau une coloration noir violacé ou brun brillant, généralement indélébile, même lorsque l'on a cessé tout traitement depuis longtemps. Cette coloration, appelée par Vulpian et Charcot *argyrisme*, s'observe surtout dès le début sur les lèvres, la face interne des joues, les narines et les paupières.

Les animaux présentent ainsi que les hommes ce même phénomène. Rabuteau cite l'observation d'un rat dont les pattes et le nez avaient pris une coloration noir intense, parce qu'on l'avait nourri en ajoutant du nitrate d'argent à ses aliments.

La cause de ce phénomène, qui a été observé pour la première fois par Fourcroy, n'est pas encore expliquée. On a supposé que l'argent avait une tendance à s'éliminer par la peau ; mais, comme nous le verrons tout à l'heure, on a retrouvé de l'argent dans tous les organes. Patterson pense que l'argent se trouve dans la peau à l'état métallique ; Brandes admet qu'il s'y trouve à l'état d'oxyde ; Krahmer, à l'état d'albuminate ; mais aucun des auteurs ne donne de preuves suffisantes à l'appui de son opinion.

Cette coloration peut s'accompagner de démangeaisons intolérables, qui ont été observées par Charcot et Vulpian chez des ataxiques soumis au traitement argyrique.

Injection directe dans la circulation. — Les sels d'argent sont beaucoup plus toxiques lorsqu'on les injecte directement dans la circulation : il suffit de quelques centigrammes pour occasionner la mort.

Orfila injecte dans la veine jugulaire d'un chien 2 centigrammes d'une solution de nitrate d'argent : l'animal est pris de convulsions, suffoque et meurt.

Charcot et Ball, expérimentant avec l'albuminate d'argent, ont constaté qu'une injection de 0^{gr},30 d'albuminate en dissolution dans de l'eau, a déterminé la mort au bout d'une demi-heure. Ils ont observé une sécrétion énorme de mucus bronchique écumeux qui a étouffé l'animal, sans qu'il y eût d'autres phénomènes nerveux que ceux dus à l'asphyxie.

Avec l'hyposulfite, 0^{gr},20 d'hyposulfite d'argent en dissolution, la mort fut presque instantanée, elle survint après quelques convulsions. 0^{gr},05 ont amené la mort au bout de 7 à 8 minutes; on observe dans ce cas, outre l'asphyxie, une paralysie du train postérieur caractérisée par un affaiblissement des pattes de derrière et une diminution de la sensibilité.

A l'autopsie, pas d'autres lésions qu'un œdème du poumon et du mucus écumeux dans les bronches.

Mourier a injecté à un chien 0^{gr},05 d'azotate d'argent dissous avec 0^{gr},30

666 ARGENT.

d'hyposulfite de soude. Il a observé un ralentissement des battements cardiaques, de la difficulté dans la respiration, des râles nombreux, de l'écume abondante, les lèvres cyanosées, les pupilles dilatées. La mort est survenue par asphyxie 8 à 10 minutes après l'injection. Le cœur s'est arrêté en diastole, les poumons sont congestionnés. Avec 0gr,02 la mort ne survient qu'au bout de 20 minutes, les phénomènes sont les mêmes.

CHARCOT et BALL concluent de leurs expériences que : 1° Si la cause directe de la mort est l'asphyxie causée par la sécrétion exagérée de l'écume bronchique, il y a cependant une action manifeste sur le système nerveux; 2° L'hypersécrétion bronchique est le résultat d'une action nerveuse d'ordre réflexe, car on ne peut retrouver d'argent, par analyse, dans le liquide sécrété.

Absorption et élimination. — Les sels d'argent ingérés par la voie stomacale sont difficilement absorbés, la plus grande partie est éliminée sans avoir passé dans l'organisme, après s'être transformés en sulfure dans l'intestin qu'ils colorent en noir. Cette absorption est cependant réelle et est démontrée victorieusement par les phénomènes d'argyrie.

A quel état l'argent pénètre-t-il dans l'économie? A l'état d'albuminate, suivant CHARCOT et BALL; à l'état de chlorure, suivant RABUTEAU (Thér., p. 538).

Si l'absorption est difficile, l'élimination l'est plus encore. L'argent reste réduit dans la profondeur de l'organisme; les colorations de la peau, des nymphes du vagin, de la muqueuse buccale, le liseré bleu des gencives, observé par DUGUET, signes qui restent presque indélébiles malgré la cessation du traitement, en sont les preuves. On a du reste retrouvé l'argent dans les diverses parties de l'individu. BRANDES a retrouvé de l'argent dans les os, le pancréas, le plexus choroïde. ORFILA, VAN GENNS, FROHMAN, CHARCOT, BALL, VULPIAN, LIOUVILLE, en ont retrouvé dans le foie, les reins, les bronches, le cerveau, les os.

Il s'en élimine pourtant une certaine proportion par l'urine. CLOEZ a pu retirer un globule d'argent des urines de plusieurs malades de VULPIAN et CHARCOT; la bile et la sueur en contiennent aussi.

LOEW rapporte le cas d'un individu atteint de tabès et traité par le nitrate d'argent pendant deux ans : il avait absorbé 94gr,032 de ce sel. On n'a retrouvé d'argent en quantité appréciable que dans les reins. Il semble donc que l'argent s'élimine, au fur et à mesure de son absorption, par les voies urinaires.

Analyse et recherche toxicologique. — Pour rechercher l'argent mélangé à des matières organiques il suffit de détruire ces dernières par la chaleur, reprendre les cendres par l'acide azotique qui dissout l'argent et rechercher l'argent par les méthodes analytiques ordinaires dans cette liqueur.

L'acide chlorhydrique donne avec tous les sels d'argent, sauf l'hyposulfite, un précipité blanc de chlorure d'argent insoluble dans les acides, soluble dans l'ammoniaque.

La potasse, la soude donnent un précipité brun clair d'oxyde soluble dans l'ammoniaque.

Le carbonate de soude donne un précipité blanc de carbonate soluble dans le carbonate d'ammoniaque.

L'hydrogène sulfuré et le sulfhydrate d'ammoniaque donnent un précipité noir.

Le phosphate de soude, un précipité jaune.

Le chromate neutre de potasse, un précipité rouge soluble dans les acides.

Au chalumeau on obtient facilement avec de la soude un globule d'argent sur le charbon.

Bibliographie. — D. W. Article Argent. — BALL. Phénomènes déterminés par l'injection directe des sels d'argent dans le système circulatoire (B. B., 1865, p. 4). — BOGOSLOWSKY. Veränderungen welche unter dem Einflusse des Silbers im Blute und in Bau der Gewebe erzeugt werden (A. V., 1869, t. XLVI, p. 409). — BUCHANAN. Effects of internal use of the nitrate of silver (Glascow med. Journ., 1831, t. VI, p. 175). — CARCI. Azione dell' argento sul sistema nervoso e muscolare (Sperimentale, 1875, t. XXXVI, p. 636). — DELIOUX. Considérations chimiques, physiologiques et thérapeutiques sur les sels d'argent (Gaz. méd., 1851, 3e série, t. VI, pp. 536, 552, 585). — DUGUET. Un cas d'argyrie (B. B., 1874, p. 31).

— Foot. *Note on silverstaining* (*Dubl. J. of. med. sc.*, 1888, p. 293). — Frommann. *Ein Fall von Argyria* (*A. V.*, 1859, t. xvii, p. 135). — Huet. *Recherches sur l'argyrie* (*J. de l'Anat. et de la Phys.*, 1873, t. ix, p. 408). — Jacobi. *Uber die Aufnahme der Silberpräparate in den Organismus* (*A. P. P.*, 1877, t. viii, p. 198). — Jerosch. *Experimentale Untersuchugen uber die desinficirenden Wirkung von Höllensteinlösungen* (*Beitr. z. Path. u. z. allg. Path.*, 1889, t. vii, p. 71). — Lœw. *Chemie der Argyria* (*A. Pf.*, t. xxxiv, 1884, p. 602). — Levin. *De l'argyrie locale des ouvriers en argenterie* (*Ann. derm. et syph.*, 1887, 2e série, t. viii, p. 520). — Mayencon et Bergeret. *Rech. de l'argent et du palladium dans les humeurs et les tissus par la méthode électrolytique* (*Journ. de l'An. et de la Phys.*, 1873, t. ix, p. 389). — De Mello de Souza Brandaoe Menezez. *Considérations sur les propriétés physiologiques et thérapeutiques du nitrate d'argent* (*D. P.*, 1856). — Mitscherlisch. *Uber die Einwirkung des Silbers und der Verbindung desselben auf den thierischen Organimus* (*Med. Zeit.*, 1839, t. viii, p. 133). — Riemer. *Ein Fall von Argyrie* (*Arch. der Heilk.*, 1875, t. xvi, pp. 296 et 385; 1876, t. xvii, p. 330). — Rozsahegyi. *Empoisonnement chronique par l'argent* (*A. P. P.*, 1878, t. ix, p. 289). — Scattergood. *A case of poisoning by nitrate of silver* (*Brit. med. Journ.*, (1), 1871, p. 527).

A. CHASSEVANT.

ARGININE. — Base extraite par Schultze et Steiger (*Zeitschrift für physiologische Chemie*, t. xi, p. 43) des graines de lupin. Elle dérive probablement des matières albuminoïdes de la graine au moment de la germination.

ARGON (de ἀργός, inactif). — L'argon est le nouveau gaz découvert dans l'air atmosphérique par lord Rayleigh et Ramsay. Leur première communication date de la réunion de la *British Association* en août 1894. Mais ils n'ont donné l'exposé détaillé de leur belle découverte qu'au 31 janvier 1895 à la *Royal Society* (V. *Revue Scientifique*, 14 février 1895, n° 7, pp. 163, 207).

Le point de départ de leurs recherches a été le suivant. Si l'on compare la densité de l'azote extrait des combinaisons azotées (décomposition du bioxyde d'azote, de l'urée, de l'azotite d'ammoniaque, de l'acide azoteux) avec le soi-disant azote atmosphérique, on constate une différence de densité constante, 2,299 au lieu de 2,310. De plus, en cherchant à absorber par divers procédés l'azote atmosphérique, par l'étincelle électrique et l'oxygène; par la combustion de l'azote en présence du carbone et de la baryte, ou du bore, ou du silicium, ou surtout du magnésium, on obtient toujours un gaz résiduel, dont la densité est différente de celle de l'azote; 19,9 au lieu de 14,2; et qui ne peut plus se combiner ni au magnésium, ni au bore, ni à l'oxygène, par l'étincelle électrique.

Ce gaz résiduel présente des raies spectrales differentes des raies de l'azote (W. Crookes). Soumis à une pression forte et au froid, il se condense en un liquide qui n'a pas le même point d'ébullition que l'azote, — 187° au lieu de — 194° (Olszewski). Il s'agit donc bien d'un corps nouveau, différent de l'azote.

Ce corps aurait pour caractéristique principale d'être inerte et de ne se combiner avec aucun corps. Il est plus soluble dans l'eau que l'azote; car 100 parties d'eau en dissolvent 4,05 à 13° 9.

L'air en contient environ 3,5 p. 100, c'est donc une quantité relativement considérable.

Nous ne pouvons prévoir les conséquences de cette récente découverte pour la théorie de la respiration. Le fait de la solubilité de l'argon, supérieure à celle de l'azote, permet seulement de supposer que le sang doit dissoudre une certaine quantité d'argon. La proportion de l'azote étant de 76 p. 100 dans l'air, avec une solubilité de 1; celle de l'argon étant de 3,5, avec une solubilité de 2,5; le rapport de l'argon dissous à l'azote dissous doit être de 9 à 76; soit, si le sang dissout 2,4 de soi-disant azote, il s'ensuit qu'il y aurait environ 0,4 d'argon pour 100 parties de sang(?).

D'après M. Berthelot (*Observations sur l'argon : spectre de fluorescence.* C. R., 16 avril 1895, t. cxx, p. 797), l'argon pourrait se combiner à la benzine, sous l'influence de l'effluve électrique.

CH. R.

ARISTOTE. — La physiologie d'Aristote n'est pas seulement intéressante en elle-même, par les aperçus profonds et ingénieux qu'on y trouve; elle l'est surtout par l'influence prépondérante qu'elle a exercée pendant des siècles. Le moyen âge tout entier a vécu sur la doctrine aristotélique.

- A vrai dire, le physiologiste de l'antiquité, ce n'est pas ARISTOTE, c'est GALIEN. Le génie grec, qui a créé toutes les sciences, a créé aussi l'anatomie, la médecine, la zoologie, et la physiologie : HIPPOCRATE, ARISTOTE et GALIEN sont les trois savants qui représentent ces trois sciences. HIPPOCRATE décrit les maladies, les épidémies, les causes des maux qui affligent les hommes, il fait des observations cliniques, qui, même après deux mille ans, sont restées véridiques et utiles à consulter; mais sa physiologie est enfantine, ou plutôt il n'a pas fait de physiologie. Le seul physiologiste des temps anciens, c'est GALIEN. Celui-là est vraiment le précurseur de notre science; il a sur la biologie générale peut-être moins d'idées qu'ARISTOTE, et il ne semble pas prendre grand intérêt aux choses de la nature; mais il est médecin, et, par une sorte de divination, il comprend que la médecine, la chirurgie, et la thérapeutique n'ont pas seulement comme base l'observation clinique et la méthode hippocratique, mais encore l'anatomie et la physiologie. Aussi fait-il des expériences, et sait-il les interpréter avec une rare sagacité. ARISTOTE, qui a observé les animaux et leurs mœurs, qui a disséqué les poissons, les poulpes, les oursins, les insectes, n'a guère fait de recherches précises en physiologie. En biologie générale, il émet souvent des idées profondes et géniales; mais la science physiologique même, celle que nous cultivons aujourd'hui, et dont la base est l'expérimentation, il ne la connaît pas, et ne soupçonne même pas qu'elle existe. Il admet implicitement, comme cela résulte de tous ses écrits, que l'anatomie est la seule lumière qui peut éclairer la physiologie. Il faudra arriver jusqu'à MAGENDIE et CLAUDE-BERNARD pour que cette énorme faute de méthode soit dissipée.

Cependant il nous paraît important de résumer aussi brièvement que possible les notions d'ARISTOTE sur la physiologie. On verra qu'elles sont parfois admirables, ouvrant sur l'avenir des vues merveilleuses, mais bien souvent aussi tout à fait ridicules. Les unes comme les autres sont utiles à mentionner, ne fût-ce que pour faire saisir quelles immenses difficultés s'opposent à la découverte d'une vérité, même quand cette vérité, après qu'elle a été reconnue, paraissait bien simple à reconnaître.

Nous n'entrerons évidemment pas dans la critique bibliographique relative à l'authenticité plus ou moins certaine de tel ou tel ouvrage d'ARISTOTE. Nous considérerons toute l'œuvre comme authentique, et nous prendrons pour guide la grande édition in-folio de Duval (2 vol. Paris, 1619) ainsi que les Commentaires de MAGIRE (1 vol. in 12°, Francfort, 1612.) Quant aux écrits plus modernes sur la physiologie aristotélique, il y a à citer surtout les traductions excellentes de BARTHÉLEMY SAINT-HILAIRE, une thèse de la Faculté de médecine de Paris par GEOFFROY, sur l'anatomie et la physiologie d'ARISTOTE, et surtout un beau travail de GEORGES POUCHET, dans la Revue philosophique (Biologie aristotélique, t. XVIII, 1884, pp. 353 et suiv.)

La physiologie expérimentale est la partie faible de l'œuvre d'ARISTOTE, et en effet, ce qui est la base de notre science, c'est-à-dire la chimie, devait échapper complètement à tous les savants de l'antiquité. Comme j'ai eu souvent l'occasion de le dire, il faut faire remonter la physiologie moderne à LAVOISIER, bien plutôt qu'à HARVEY. LAVOISIER, c'est le créateur de la physiologie, par la découverte du phénomène essentiel de la vie, la combustion respiratoire.

Pour ARISTOTE la respiration se fait par le poumon et la trachée artère qui donne passage à l'air (non aux aliments, comme on le soutenait à tort). Tous les animaux qui vivent sur terre ont un poumon, car ils ont tous besoin de refroidir le sang par la respiration, et, d'autre part, tous les animaux qui ont du sang ont besoin que ce sang soit refroidi; mais, pour les animaux aquatiques, le refroidissement se fait par l'eau, tandis qu'il se fait par l'air pour les animaux terrestres. Le cœur est l'organe où le sang s'échauffe, et, pour que cet échauffement n'aille pas trop loin, il faut le refroidissement par la respiration. En somme la respiration agit comme un soufflet qui aspire et rejette l'air par le même orifice. Pour prouver ce rôle réfrigérant du poumon, ARISTOTE donne un curieux exemple qui montre combien une observation vraie peut être mal interprétée et conduire à des conclusions absolument fausses. Il y a, dit-il, des maladies qui durcissent le poumon; alors il se fait une chaleur fébrile trop forte, et une respiration plus fréquente pour suppléer à l'absence de refroidissement. Les poissons ne respirent pas l'air, mais ils se refroidissent par l'eau qui circule dans leurs branchies, et en effet ils n'ont pas de trachée artère, et, quand on les met dans l'eau, on ne voit pas l'air se dégager par le fait de leur respiration ; donc ils n'ont pas besoin d'air pour vivre, mais seulement d'eau qui les refroidit.

Le cerveau est l'organe le plus froid du corps ; il est privé de sang ; c'est lui qui est l'organe du sommeil ; mais les sensations n'ont pas leur siège dans le cerveau ; c'est dans le cœur, foyer central de la vie. Sur ce point ARISTOTE est moins avisé qu'HIPPO-CRATE qui avait placé dans le cerveau l'intelligence.

Ainsi la chaleur animale, naturelle, est fixée dans le cœur et le cerveau ; tandis que le poumon, où circule de l'air, est l'appareil modérateur de cette chaleur naturelle, née du cœur.

Voilà certes une physiologie qui nous paraît très absurde ; mais, à côté de ces erreurs énormes, il y a, dans certains passages, des observations bien curieuses sur le sommeil ; et en particulier sur cette faculté remarquable de discerner d'une manière inconsciente, pendant notre sommeil, telles et telles excitations qui, sans être nettement perçues, arrivent jusqu'à l'âme qui n'est jamais complètement endormie, et peuvent provoquer des rêves.

C'est d'ailleurs le propre de ces physiologies anciennes que de mêler d'étonnantes vérités à de non moins étonnantes erreurs. ARISTOTE connaissait le phénomène des phosphènes ; et il savait qu'en comprimant l'œil, on fait éprouver une vive sensation de lumière. « Il y a des sens, dit-il, agissant médiatement, comme la vue et l'ouïe, et d'autres agissant par le contact direct, comme le goût, le toucher et l'odorat. » On sait qu'une des plus curieuses expériences de la physiologie psychologique, celle de la boule unique perçue comme double quand on la touche par le médius et l'index inversés de leur position naturelle réciproque, est attribuée à ARISTOTE.

La physiologie du cœur ne contient pas moins d'erreurs grossières mêlées à quelques vérités.

D'abord il est dit que le cœur a trois cavités.

Tous les animaux qui ont du sang ont un cœur, et c'est le cœur qui est le siège de la chaleur naturelle. De même le cœur est le centre des veines, et le point de départ des nerfs qui se continuent avec l'aorte ; c'est aussi le cœur qui est le siège des sensations. Le sang est dans les veines, et il n'y a d'exception que pour le sang du cœur. Là en effet le sang n'est pas contenu dans les veines ; c'est une exception unique dans l'être ; car les artères, le cerveau et les glandes ne contiennent pas de sang. Au moment de la formation de l'être, le premier mouvement qui apparaisse, c'est le mouvement du cœur (*punctum saliens*), et c'est aussi, par une conséquence nécessaire, le dernier organe qui, au moment de la mort, soit encore animé de mouvements.

La prédominance du cœur sur tous les autres organes est un des fondements de la doctrine physiologique d'ARISTOTE. En effet le cœur est rattaché à la trachée, et, si l'on insuffle le poumon par la trachée, on voit l'air pénétrer dans le cœur (erreur expérimentale qu'il est difficile d'expliquer). Secondement les nerfs partent du cœur, qui est aussi le centre de toutes les émotions psychiques, et enfin les aliments passent dans le cœur pour y donner naissance à la chaleur naturelle.

Le phénomène du pouls n'avait pas échappé à ARISTOTE ; mais il ne le rattache pas au cœur, ou du moins il n'insiste pas sur ce sujet ; il dit seulement que la respiration est indépendante du pouls, tandis que les mouvements du cœur et ceux du pouls se passent en même temps.

Relevons aussi cette remarque à peu près exacte, c'est que le cœur est un des organes qu'on trouve le moins souvent malade ; car son importance est telle que, s'il était malade, la vie de l'animal serait impossible.

Le sang se forme dans le cœur, en même temps que le cœur, et alors que dans aucune partie de l'organisme il ne s'est formé de sang. Il se compose de deux parties, une partie aqueuse, froide, qui ne se coagule pas ; une autre partie, fibrineuse, qui est susceptible du coagulation. Si l'on enlève la fibrine, le sang ne se coagule plus : c'est comme si, de la boue, on enlevait la partie terreuse ; alors il ne resterait plus que le liquide. Le sang de tous les animaux se coagule ; sauf celui du cerf et du daim qui reste toujours liquide ce qui est évidemment une erreur, même en supposant qu'il s'agisse d'observations faites sur des animaux forcés à la chasse).

Le diaphragme est une membrane charnue qui sépare le ventre et le thorax. En effet il était nécessaire que la chaleur produite par les aliments ne vînt pas affecter, d'une manière fâcheuse, le cœur, foyer de la vie, du sang et des sensations. Les parties nobles où est l'âme sont au-dessus du diaphragme ; les parties non nobles sont au-dessous.

L'hypothèse d'une chaleur venant des aliments est évidemment une des parties les plus faibles de la doctrine aristotélique. Les vapeurs chaudes nées de l'aliment remontent vers le cœur et troublent la pensée ; en tout cas c'est cette chaleur (qui se communique au cœur) qui est la cause déterminante de la respiration ; car elle provoque une dilatation du thorax, et par conséquent un mouvement respiratoire, dont l'effet est un refroidissement immédiat du sang.

Les aliments sont introduits par la bouche dans l'œsophage, et de là dans l'estomac. C'est une grave erreur que de croire qu'ils passent par la trachée ; car, dès qu'une parcelle d'aliments liquides ou solides pénètre dans les voies aériennes, elle amène aussitôt la toux et la suffocation. L'épiglotte est là précisément pour empêcher les aliments de passer dans la trachée ; et, quand on vomit le vin qu'on a ingéré, ce vin ne passe pas par la trachée, mais par l'œsophage.

L'estomac sert à recevoir les aliments et à les préparer à leur transformation, ou *coction*. Mais, si toutefois l'on peut bien saisir le sens que donne ARISTOTE à la fonction de l'estomac, il s'agit surtout d'un rôle mécanique. Les animaux qui n'ont pas de dents ou peu de dents, et qui, de plus, se nourrissent d'aliments durs, ont quatre estomacs ; ce sont les animaux qui ruminent. Chez certains animaux on trouve des poches appendues à l'estomac (appendices pyloriques des poissons, ou double cæcum des oiseaux) qui aident à la digestion.

Après l'estomac vient l'intestin qui achève l'élaboration de l'aliment. Cet aliment élaboré passe par le mésentère qui va de l'intestin à la grande veine (veine cave) et à l'aorte. C'est ainsi que les animaux se nourrissent ; ils vivent comme les plantes qui, par leurs racines, tirent la nourriture de l'intestin.

Le foie sert aussi à la coction de l'aliment ; mais sur ce point ARISTOTE est aussi peu explicite que possible, et il n'y a pas lieu d'en être surpris, puisque aujourd'hui encore, après tant de laborieuses recherches, nous connaissons à peine quelques unes des fonctions du foie. D'ailleurs le propre des théories fausses, n'est-ce pas de se contenter de preuves insuffisantes et de ne pas saisir les contradictions et les incohérences qu'elles traînent derrière elles ? La rate (qui est un foie bâtard, comme un faux foie) produit de la chaleur, parce qu'elle a du sang, et elle attire les humeurs excrémentitielles venant de l'estomac, pour leur faire subir une nouvelle coction, supplémentaire.

Les reins contribuent à la séparation de l'excrément liquide, mais, comme le fait remarquer G. POUCHET, ARISTOTE ne dit nulle part bien clairement que ce soient les reins qui soient chargés de l'excrétion de l'urine. Toutefois il sait distinguer l'urine des vivipares, qui est liquide, et celle des ovipares (reptiles et oiseaux) qui est solide. Quant à la distinction des muscles, des tendons et des nerfs, elle est assez confuse.

ARISTOTE s'est aussi beaucoup préoccupé des fonctions de reproduction, et il y insiste à diverses reprises : d'ailleurs ce sont des études relevant plutôt d'observations zoologiques ou médicales que d'expérimentations physiologiques proprement dites.

La procréation résulte de l'union du mâle et de la femelle ; le mâle apportant le mouvement et le principe, la femelle apportant la matière. Le sperme contient l'âme ; c'est l'élément actif de la vie, et nécessaire à la formation du nouvel être. Au moment de l'accouplement, le sperme pénètre dans la matrice qui l'attire par sa chaleur propre. Une fois dans la matrice, il coagule les menstrues — c'est-à-dire le sang — qui s'y trouvent, de manière à former des membranes qui bientôt vont entourer la partie essentielle du sperme. Alors se produisent les mêmes phénomènes que chez les végétaux, et l'animal fœtus qui a besoin de se nourrir, se nourrit comme les plantes ; il va donc puiser la vie dans la matrice, comme les plantes dans la terre. Pour cela partent du cœur de l'embryon, qui est le centre de sa vie, deux veines qui forment le cordon ombilical, et vont, ainsi que deux racines, chercher leur nourriture dans les cotylédons de l'utérus.

Vers la fin de la grossesse, le sang se change en lait. Le lait est formé d'une partie liquide, petit lait ou sérum, et d'une partie solide, caséum. Le lait riche en caséum, comme celui des ruminants, est plus nourrissant, mais il est cependant trop épais pour les enfants. Le premier lait qui sort de la mamelle n'est pas de bonne qualité, il est filant, mais on a tort de le comparer à du pus. Le suc du figuier, et l'estomac des animaux (présure) déterminent la coagulation du lait.

Sur le temps de la gestation, le moment de la parturition, le diagnostic des grossesses de garçons ou de filles, la forme du fœtus, la copulation chez les divers animaux, Aristote donne de nombreux détails, mais qui sont toujours plutôt de la zoologie que de la physiologie, dans le sens que nous entendons aujourd'hui.

Telle est, en résumé, la physiologie d'Aristote, très imparfaite, comme on voit, et n'ayant plus qu'un intérêt historique; car l'observation anatomique, qui était sa seule méthode d'étude, ne peut pas conduire à la physiologie. Ignorance absolue, et invraisemblable, des fonctions du cerveau, des nerfs et de la moelle; ignorance de la circulation et de l'essence même de la fonction du cœur; ignorance absolue des phénomènes mécaniques de la respiration, et encore plus, si c'est possible, de leur fonction chimique; ignorance des relations qui existent entre les aliments et la nutrition. Malgré cela, de place en place, jetant dans cette ombre épaisse une étrange lueur, une appréciation juste et perspicace de certains détails, mais le plus souvent de détails anatomiques.

En somme, comme on peut s'en rendre compte par ce rapide exposé, la physiologie d'Aristote, malgré quelques curieuses échappées vers la vérité, est bien loin de la vérité; mais en revanche, ses notions en zoologie, et surtout ses vues sur la biologie générale sont admirables.

D'abord les détails de zoologie physiologique sont innombrables. Ainsi le fait du sommeil hibernal ne lui avait pas échappé; et quelques observations qu'il fait à cet égard seraient encore aujourd'hui bonnes à recueillir. Il sait, par exemple, que les ours hibernent, et que, pendant ce temps, c'est-à-dire au fort de l'hiver, ils ne mangent pas, si bien que, lorsqu'on les prend alors, on leur trouve l'estomac et les intestins absolument vides. Il connaît la mue de la peau des serpents, et le changement de carapace des crabes et des langoustes. Il fournit sur l'instinct et l'intelligence des animaux des notions fort intéressantes et curieuses; il a étudié les transformations des insectes qui commencent par être des vers, puis des chrysalides, puis des adultes. Il a vu que les poissons cartilagineux ont des appareils reproducteurs et une vraie copulation, tandis que les serrans sont hermaphodites, et que l'on ne connaît pas le mode de génération des anguilles, à la vérité presque aussi inconnu de nos jours qu'il l'était à Aristote. On trouverait facilement nombre d'exemples tout aussi curieux que ceux-là.

Quant aux remarques de biologie générale, elles abondent, et je ne peux me dispenser d'en citer quelques-unes. Il semble que parfois certains ouvrages de zoologie moderne, remplis de détails minuscules, souvent bien peu intéressants, auraient à gagner, si de semblables généralités venaient interrompre l'aridité des détails techniques. Je cite presque au hasard.

« Un seul sens est commun à tous les animaux sans exception, c'est le toucher.

« Les animaux privés de sang — c'est-à-dire les invertébrés — sont plus petits que les animaux qui ont du sang, à l'exception de certains mollusques qui sont énormes. »

Mais voici un passage plus intéressant encore, comme une vue prophétique du grand savant grec, relativement à cette lutte pour la vie que Darwin a magistralement développée deux mille ans après.

« Toutes les fois que les animaux habitent les mêmes lieux et qu'ils tirent leur vie des mêmes substances, ils se font mutuellement la guerre. Si la nourriture est par trop rare, les bêtes, même de race semblable, se battent entre elles. C'est ainsi que les phoques d'une même région se font une guerre implacable, mâle contre mâle, femelle contre femelle, jusqu'à ce que l'un des deux ait tué l'autre, ou ait été chassé par lui; les petits se battent avec non moins d'acharnement. Tous les animaux sont en guerre avec les carnivores, qui, mutuellement, sont, eux aussi, en guerre avec tous les autres, puisqu'ils ne peuvent vivre que d'animaux... Les plus forts font la guerre aux plus faibles et les dévorent. »

Voici un autre passage que Barthélemy Saint-Hilaire a, non sans raison, rapproché de certains discours de Cuvier : « La constitution entière de l'animal peut être assimilée à une cité régie par de bonnes lois. Une fois que l'ordre est établi dans la cité, il n'est plus besoin que le monarque assiste spécialement à tout ce qui se fait; mais chaque citoyen remplit la fonction particulière qui lui a été assignée, et alors telle chose s'accomplit après telle autre, selon ce qui a été réglé. Dans les animaux aussi, c'est la Nature qui maintient un ordre tout à fait pareil, et cet ordre subsiste, parce que toutes les parties des êtres ainsi organisés peuvent chacune accomplir naturellement leur fonction spéciale. »

Il admet comme essentielle la notion d'une finalité présidant à toutes les formes anatomiques, notion qui, plus tard, inspirera si heureusement GALIEN. « Dans toutes les œuvres de la Nature, dit-il, il y a toujours place pour l'admiration, et on peut leur appliquer le mot de DÉMOCRITE à des étrangers qui venaient pour le voir et s'entretenir avec lui. Comme ils le trouvaient se chauffant au feu de la cuisine : « Entrez sans crainte, « leur dit le philosophe, les dieux sont toujours ici. » De même, dans l'étude des animaux, quels qu'ils soient, il n'y a jamais à détourner nos regards dédaigneux, parce que dans tous il y a quelque chose de la puissance de la Nature et de sa beauté. Il n'est pas de hasard dans les œuvres qu'elle nous présente ; toujours ces œuvres ont en vue une certaine fin, et il n'y en a pas où ce caractère éclate plus fortement qu'en elles. Si quelqu'un était porté à mépriser l'étude des autres animaux, qu'il sache que ce serait aussi se mépriser soi-même. »

Mais, de toutes les idées d'ARISTOTE, la plus importante, et sans doute la plus célèbre, est celle que LEIBNIZ a reprise et traduite sous la forme de ce fameux axiome : « *Natura non facit saltus.* »

Voici comment ARISTOTE en a parlé : « La Nature passe des êtres sans vie aux êtres animés par des nuances tellement insensibles que la continuité nous cache la limite commune des uns et des autres, et qu'on est embarrassé de savoir auquel des deux extrêmes on doit rattacher l'intermédiaire. Ainsi, après la classe des êtres animés vient d'abord celle des plantes. Déjà, si l'on compare les plantes entre elles, les unes semblent avoir une plus grande somme de vie que certaines autres, puis la classe entière des végétaux doit paraître presque animée comparativement à d'autres corps ; mais, en même temps, quand on la compare à la classe des animaux, elle paraît presque sans vie. D'ailleurs le passage des plantes aux animaux présente si peu d'intervalles que, pour certains êtres qui habitent la mer, on hésite et on ne sait pas si ce sont vraiment des animaux ou des plantes. Ainsi l'éponge produit absolument l'effet d'un végétal ; mais c'est toujours par une différence très légère que ces êtres, les uns comparés aux autres, semblent avoir de plus en plus la vie et le mouvement. Il n'y a presque pas de différence entre l'organisation des Téthyes (ascidies) et celle des plantes, bien que les Téthyes doivent être considérées comme des animaux, à plus juste titre que les éponges ; car ces dernières offrent absolument les conditions d'une plante. C'est que la Nature passe sans discontinuité des êtres privés de vie aux animaux vivants, par l'intermédiaire d'êtres qui vivent et qui sont animés, sans être cependant de vrais animaux. Ces êtres étant fort rapprochés entre eux, il semble qu'ils ne présentent qu'une différence imperceptible. Ainsi, par cette propriété qu'a l'éponge de ne pouvoir vivre qu'en s'attachant quelque part, et de ne plus vivre dès qu'on la détache, elle est tout à fait comme les plantes. Les Holothuries et d'autres animaux marins diffèrent aussi bien peu des plantes, et présentent le même phénomène quand on les arrache. Ces êtres n'ont pas trace de sensibilité, et ils vivent comme des végétaux détachés du sol. Parmi les plantes que nourrit la terre, il en est qui vivent et poussent, tantôt sur d'autres plantes, et tantôt même après qu'on les a arrachées. C'est le cas de la plante du Parnasse qu'on appelle l'*épipétron*, qui vit longtemps encore sur les poteaux où on la suspend. De même les Ascidies et les êtres qui y ressemblent et se rapprochent beaucoup de la plante, en ce que, d'une part, ils ne peuvent vivre qu'en s'attachant comme elle, bien que d'autre part, on puisse y découvrir une certaine sensibilité, puisque elles ont une partie qui est de la chair. De là l'embarras qu'on éprouve à les classer. »

L'idée de cette chaîne continue, reliant ensemble les différents êtres qui peuplent la terre, chaîne qui semble indiquer la notion d'une parenté commune, n'est donc pas moderne, mais antique ; et, quant à cet autre axiome, qu'on croit souvent tout à fait moderne, que l'ontogénie reproduit la phylogénie, il suffira de citer un admirable passage de HARVEY, qui, lui aussi, sur ce point devance la science de son temps : « Iisdem gradibus in formatione cujuscumque animalis, transiens per omnium animalium constitutiones, ut ita dicam, ovum, vermem, fetum, perfectionem in singulis acquirit. »

En pareille matière, les citations sont plus intéressantes que les commentaires, et je ferai encore, pour terminer, la citation d'un passage d'Aristote, qui semble avoir été écrit par un zoologiste contemporain : « Si, dit-il, on veut se rendre compte de ces deux organisations (celle des animaux qui ont du sang — vertébrés, — et celle des animaux qui n'en ont pas — invertébrés —) on n'a qu'à imaginer une ligne droite qui représenterait la structure des quadrupèdes et celle de l'homme. D'abord, au sommet de cette droite, serait la bouche indiquée par la lettre A; puis l'œsophage, indiqué par B; le ventre. par C; et l'intestin, dans toute sa longueur jusqu'à l'issue des excréments, indiqué par D. Telle est la disposition des organes chez les animaux qui ont du sang et chez lesquels on distingue la tête et ce qu'on appelle le tronc. Quant aux autres parties, c'est pour le mouvement que la Nature les a ajoutées, et en a fait des membres antérieurs et postérieurs. Dans les crustacés et les insectes, la ligne droite se retrouve pour les organes intérieurs, et il n'y a de différences essentielles chez les animaux qui ont du sang que par la disposition des organes extérieurs consacrés à la locomotion. Quant aux mollusques et testacés turbinés, s'ils se rapprochent entre eux par leur organisation, ils sont tout à fait différents des quadrupèdes. L'extrémité terminale s'infléchit sur l'extrémité initiale, comme si la ligne droite centrale était repliée, avec le point D incliné vers le point A. Les parties intérieures se trouvent alors enveloppées par cette partie qu'on appelle le manteau, dans les mollusques, et que, dans les poulpes, on appelle exclusivement la tête[1]. »

Il semble que ces citations sont suffisantes pour faire juger l'œuvre du Maître. C'est bien le Maître en effet, celui qui va régner sans partage dans la science pendant plus de dix-huit siècles. Mais, si grand qu'il soit, il est bon qu'il ait été détrôné. La Nature est plus riche encore que les ouvrages des plus grands entre les hommes, et, quand Harvey essaiera de donner la démonstration de quelques-unes des grandes lois de la physiologie, on lui opposera malheureusement Aristote. Dans la recherche de la vérité que nous poursuivons avec ardeur, nos prédécesseurs doivent être pour nous, non un obstacle, mais un appui.

CH. R.

ARLOING (S.) — Professeur de physiologie à la Faculté des sciences de Lyon (1884), actuellement professeur de médecine expérimentale et comparée à la Faculté de médecine de Lyon et à l'École vétérinaire, 1887.

Outre ses travaux de physiologie, Arloing a fait des travaux nombreux de pathologie expérimentale que nous ne pouvons mentionner que très sommairement.

Recherches sur la sensibilité des téguments et des nerfs de la main (en coll. avec L. Tripier) (*A. P.*, 1869, t. ii, pp. 33-60; 307-321). — *Des conditions de la persistance de la sensibilité dans le bout périphérique des nerfs sectionnés* (En coll. avec L. Tripier) (*A. P.*, 1876, 2e série, t. iii, pp. 11-44 et pp. 103-132). — *Contribution a la physiologie des nerfs vagues* (En coll. avec L. Tripier) (*A. P.*, 1871, t. iv, pp. 411-426; 588-601; 732-742 et 1873, t. v, pp. 157-175). — *Application de la méthode graphique à l'étude du mécanisme de la déglutition chez les mammifères et les oiseaux* (Th. doct. ès sciences nat., 1 vol. 8°. Paris, Masson, 1877). — *Détermination des points excitables du manteau de l'hémisphère des animaux solipèdes. Applications à la topographie cérébrale* (Rev. mens. de médec. et de chir., 1879, p. 178). — *Une addition à l'histoire de l'excitabilité du manteau de l'hémisphère cérébral du chien* (Rev. mens. de médec. et de chir., 1879, pp. 177-186). — *Recherches comparatives sur l'action du chloral, du chloroforme et de l'éther, avec applications pratiques* (D. P., 1 vol. in-8°, Masson, 1879). — *Contribution à l'étude de la partie cervicale du grand sympathique envisagé comme nerf sécrétoire* (A. P., janv. 1890, (5), t. ii, pp. 1-16). — *Des relations fonctionnelles du sympathique cervical avec l'évolution de l'épiderme et des glandes* (A. P., janv. 1891,

1. Voici, d'après l'édition de Duval (t. i. 1619) la liste des ouvrages où Aristote a émis ses idées en physiologie: *De historia Animalium* (pp. 761-966). — *De respiratione* (pp. 714-732). — *De animalium incessu* (pp. 733-747). — *De spiritu* (pp. 748-756). — *De partibus animalium* (pp. 966-1046). — *De generatione animalium* (pp. 1047-1149). — *De anima* (pp. 616-661). — *De sensu et sensili* (pp. 662-678). — *De animalium motione* (pp. 708-710). — *De longitudine et brevitate vitæ* (pp. 710-714). Il n'y a de ces différents mémoires que l'*Histoire des animaux* qui ait été traduite en français; mais la grande édition in-fol. de Duval contient le texte latin à côté du texte grec.

(5), t. III, p. 160-172). — *Nouvelle contribution à l'étude de la partie cervicale du grand sympathique envisagée comme nerf sécrétoire chez les animaux solipèdes* (A. P., avril 1891, (5), t. III, p. 241-282). — *Poils et ongles (anat. et phys.)* (*Th. agr.*, Paris, 1880, 1 vol. in-8°, Masson). — *Modifications de la circulation sous l'influence de la saignée* (*Rev. de méd.*, 1882, pp. 97-111). — *Modifications des effets vaso-constricteurs du sympath. cervical produites par la section du pneumogastrique chez les animaux où ces deux nerfs sont isolables* (B. B., févr. 1882, pp. 85-87). — *Procédé général pour évaluer la force mécanique de l'élasticité des gros troncs artériels* (ibid.; pp. 87-88). — *Note sur les rapports de la pression à la vitesse du sang dans les artères pour servir à l'étude des phénomènes vasomoteurs* (A. P., janv. 1889, pp. 115-124). — *Tétanos du myocarde chez les mammifères par excitation du nerf pneumogastrique* (A. P., janv. 1893, (5), t. V, pp. 103-113). — *Remarques sur quelques troubles du rythme cardiaque* (A. P., janv. 1894, (5), t. VI, pp. 85-92). — *Modifications rares ou peu connues de la contraction des cavités du cœur sous l'influence de la section et de l'excitation des nerfs pneumogastriques* (ibid., pp. 163-172). — *Note sur l'état des cellules glandul. de la sous-maxillaire après l'excitation de la corde du tympan* (En coll. avec J. RENAUT) (C. R., 1879, t. LXXXVIII, p. 1366). — *Rech. sur l'anat. et la physiol. des muscles striés pâles et foncés* (En coll. avec LAVOCAT) (*Mém. de l'Acad. de Sc., inscript. et belles-lettres de Toulouse*, 1875, t. VII, pp. 177-194). — *Dégénération et centre trophique des nerfs, examen critique des opinions émises sur leur nature; applications* (B. B., 1886, (8), t. III, p. 553-556). — *Appareil simple pour déterminer la quantité d'acide carbonique exhalé par les petits animaux à l'état de santé et de maladie* (A. P., (3), t. VII, 1886, pp. 322-345). — *Note sur les effets physiologiques du formiate de soude* (C. R., 1879, t. LXXXIX, p. 487). — *Note sur quelques points de l'action physiologique de la cocaïne* (*Mém. Soc. Biol.*, 1885, (8), t. II, pp. 16-22).

Traité d'anatomie comparée (en coll. avec CHAUVEAU), 4° éd., 1 vol. in-8°, Paris, J. B. Baillière, 1890. — *Cours élémentaire d'anatomie générale.* 1 vol. in-8°, Asselin et Houzeau, Paris, 1890.

De l'existence d'une matière phlogogène dans les bouillons de culture et dans les humeurs naturelles où ont vécu certains microbes (C. R., 7 mai 1888, t. CVIII, p. 1365). — *Remarques sur les diastases sécrétées par le Bacillus heminecrobiophilus dans les milieux de culture* (C. R., 2 déc. 1889, t. CXI., p. 842). — *Détermination du microbe producteur de la péripneumonie contagieuse du bœuf* (C. R., 16 sept. 1889, t. CXI, p. 459). — *Sur la propriété immunisante des cultures de Pneumobacillus liquefaciens bovis contre la péripneumonie contagieuse* (Soc. centr. de médec. vétérin., 10 mai 1894). — *Du charbon bactérien (charbon symptomatique de CHABERT); Pathogénie et inoculations préventives* (En coll. avec CORNEVIN et THOMAS) 2° édit., 1 vol. in-8°. Paris, Asselin, 1887. — *Influence de la lumière blanche et de ses rayons constituants sur le développement et les propriétés du Bacillus anthracis* (A. P., 1886, (3), t. VII, pp. 209-235). — *Fermentation des matières azotées sous l'influence de virus anaérobies* (C. R., 1886, t. CIII, p. 1268). — *De l'exhalation de l'acide carbonique dans les maladies infectieuses déterminées par des microbes aérobies* (C. R., 1886, t. CIII, p. 610). — *Les virus*, 1 vol. in-8°. Paris, Alcan, 1891. — *Leçons sur la tuberculose et certaines septicémies*, 1 vol. in-8°. Paris, Asselin, 1892.

ARSENIC. — Notions chimiques. — L'arsenic se rencontre dans la nature à l'état natif en petites masses bacillaires et fibreuses, dans certains gîtes métallifères : mais on le trouve surtout à l'état de sulfure d'arsenic, ou de sulfarséniure. Il a été signalé en très petites quantités dans un certain nombre d'eaux minérales, en particulier dans les eaux ferrugineuses.

L'arsenic est une des substances les plus répandues dans la nature. Beaucoup de terrains sont arsenicaux, les aliments qui y croissent peuvent alors renfermer des traces de toxique. Ce sont les parties les plus nutritives, comme les semences, qui en contiennent le plus; l'arsenic, a-t-on prétendu, se substituant au phosphore (DRAGENDORFF). On verra plus loin que la possibilité de la substitution de l'arsenic au phosphore dans certains tissus animaux a également été admise.

Les eaux qui ont traversé des terrains naturellement arsenicaux ou dans lesquels on fait écouler des résidus arsenicaux provenant des laboratoires de chimie ou d'établissements industriels peuvent renfermer de l'arsenic. SONNENSCHEIN a fait remarquer que l'air pouvait renfermer du chlorure d'arsenic au voisinage des fabriques de soude artificielle qui consomment de l'acide sulfurique arsenical; l'humidité condensera ce corps.

La question de savoir si l'arsenic du sol peut s'introduire dans un corps inhumé est discutée dans tous les traités ou articles de toxicologie. Mais Garnier et Schlagdenhauffen (*Ann. d'hygiène publique*, 1887, t. XVII, p. 28) ont montré que, quelle que soit la richesse naturelle en composés arsenicaux du terrain sur lequel est établi un cimetière, jamais l'arsenic retrouvé dans un cadavre, pourvu qu'il n'y ait aucun mélange de la terre de la fosse avec les débris organiques soumis à l'analyse, ne peut provenir du sol avoisinant. L'arsenic contenu dans le sol à l'état naturel s'y trouve très probablement à l'état d'acide arsénique combiné à la chaux ou plutôt au fer : ces deux composés ne sont jamais entraînés par les eaux de pluie, quelles que soient les conditions climatériques et saisonnières; par suite, ils ne peuvent venir au contact des cadavres inhumés et s'y introduire par un phénomène d'imbibition. Il en serait de même de l'arsenic introduit dans le sol sous une forme soluble; il se transforme rapidement à courte distance en dérivé insoluble. C'est du reste exactement ce que dit Orfila (Article *Arsenic* du *Dict. Encyclop.*). E. Ludwig et Mauthner sont moins affirmatifs (*Ub. das Vorkommen von Arsen in Friedhofserden : Wien. klin. Wochenschr.*, 1890).

L'arsenic est un corps solide, d'aspect métallique, de couleur blanc grisâtre. Poids atomique = 75; poids moléculaire = 300. Comme celle du phosphore, sa molécule contient donc 4 atomes en 2 volumes. Sa densité est 5,75. Sous l'influence de la chaleur il se volatilise à 180° sans fondre; mais, si l'on fait intervenir la pression, il se transforme en un liquide transparent. Sa vapeur est jaune-citron, elle émet une odeur alliacée, grâce à un commencement d'oxydation. Elle se condense sous forme d'un dépôt brun (tache ou anneau) plus ou moins brillant, à éclat plus ou moins métallique, suivant l'épaisseur. Une solution étendue d'hypochlorite de soude dissout instantanément ce dépôt. Une tache arsenicale est transformée en une tache jaune de sulfure d'arsenic lorsqu'on la mouille avec du sulfure d'ammonium et qu'on évapore avec précaution : la tache jaune est insoluble dans l'acide chlorhydrique mélangé de son volume d'eau. Si l'on dissout la tache arsenicale dans l'acide nitrique pur, on obtient, après évaporation, un résidu blanchâtre d'acide arsénique. Une goutte d'ammoniaque ajoutée au résidu, donne de l'arséniate d'ammoniaque. Si l'on chasse alors à 100° l'excès d'ammoniaque, et si l'on touche le résidu blanchâtre restant au fond de la capsule avec une solution faible de nitrate d'argent, on obtient une coloration rouge brique caractéristique qui est celle de l'arséniate d'argent.

Au-dessous du rouge sombre, l'arsenic s'enflamme dans l'oxygène ou dans l'air et brule avec une lueur livide en donnant de l'acide arsénieux et dégageant une forte odeur d'ail. Il s'oxyde assez rapidement à l'air, et, pour le conserver brillant on le garde sous une couche d'eau qui dissout les petites quantités d'acide arsénieux qui peuvent se former. On a dit qu'étant insoluble il n'est pas toxique : mais il se transforme partiellement dans le suc gastrique en acide arsénieux. Des expériences récentes, dont il sera question plus loin, ont d'ailleurs montré qu'il peut donner lieu à des accidents. On s'en sert pour fabriquer des poudres et papier tue-mouches, après l'avoir pulvérisé et humecté d'eau.

Composés oxygénés. — L'arsenic forme avec l'oxygène deux combinaisons bien définies : l'anhydride arsénieux As^2O^3 et l'anhydride arsénique As^2O^5.

A. Anhydride arsénieux et arsénites. — L'anhydride arsénieux, acide arsénieux, arsenic blanc, se prépare industriellement par le grillage du mispickel, et accessoirement par le grillage des minerais arsénifères de cobalt et de nickel. Le grillage se fait dans de grands moufles d'où les vapeurs se dirigent dans de longs canaux légèrement inclinés, où se dépose l'anhydride arsénieux à l'état de farine ou de fleurs d'arsenic.

Au bout d'un certain temps on racle cette poudre; cette opération est très dangereuse et les ouvriers qu'on y emploie sont exposés à de graves accidents. On soumet la farine à une nouvelle sublimation dans une chaudière en fonte surmontée d'une série de cylindres en tôle, sur les parois desquels se condense l'anhydride en masses compactes qui sont ainsi livrées au commerce : les vapeurs non condensées arrivent dans une caisse en bois où elles se déposent.

Lorsque les fleurs d'arsenic sont mélangées de soufre, ce qui a lieu généralement, on en fait une pâte avec de la potasse et on soumet cette pâte à la sublimation. Il arrive quelquefois que le produit est mélangé d'arsenic métallique; celui-ci se combinant avec le fer de la chaudière peut la percer et le produit tombe alors dans le foyer d'où il se répand en vapeur dans l'atelier : aussi cette opération est-elle une des plus dangereuses de l'exploitation (D. W).

L'acide arsénieux se présente sous deux états. Récemment préparé et fondu, c'est une substance amorphe, incolore, vitreuse, transparente, d'une densité de 3,74, soluble dans 25 fois son poids d'eau à 13°. Lentement à froid, plus rapidement à chaud, ou bien lorsqu'on le triture, il perd sa transparence et prend l'aspect de la porcelaine. Cette transformation est due à la production de petits cristaux eu octaèdres réguliers microscopiques. L'acide porcelanique ou opaque possède une densité de 3,687 et ne se dissout plus que dans 80 fois son poids d'eau. La transformation de l'acide vitreux en acide porcelanique se produit en allant de la surface des fragments vers leur centre : aussi, lorsqu'on casse un fragment ainsi modifié, trouve-t-on qu'il a encore un noyau vitreux.

La question de la solubilité de l'anhydride arsénieux est intéressante pour la toxicologie. Nous avons donné les chiffres classiques : les différents auteurs ne s'accordent pas toujours à ce sujet. Dogiel (A. Pf., t. xxiv, p. 328, 1881) en a réuni un grand nombre. S'ils varient, d'après les expérimentateurs, c'est que les observations n'ont pas toujours été faites dans les mêmes conditions : comme le fait remarquer Dogiel, il faut tenir compte : 1° de la forme de l'anhydride arsénieux; 2° de la température de l'eau; 3° de la durée du contact avec l'eau ou de celle de l'ébullition; 4° du degré de refroidissement de la solution.

C'est ainsi que Taylor a trouvé que l'eau froide à la température ordinaire ne dissout que 1/500 à 1/1000 de son poids; l'eau chaude 1/400; et qu'il faut une ébullition d'une heure pour qu'elle arrive à en dissoudre 1/24.

Dogiel donne lui-même les chiffres suivants : à 13°, l'acide arsénieux vitré se dissout dans 59 parties d'eau. L'acide porcelané se dissout dans 71,8 parties d'eau quand le liquide a été porté à 100°, puis refroidi; dans 35,1 parties, quand l'ébullition a duré une heure. La présence de substances organiques dans l'eau diminue sa solubilité : il est peu soluble dans la graisse (0,6 p. 100), il se dissout, par contre, dans les solutions alcalines.

As^2O^3 est réduit au rouge sombre par le charbon, l'hydrogène, les métaux. Les solutions le sont également à froid par le zinc, l'acide phosphoreux, etc. En présence de l'hydrogène naissant, il est transformé en hydrogène arsénié;

$$As^2O^3 + 12H = 2AsH^3 + 3H^2O.$$

Cette réaction est utilisée pour la recherche de l'arsenic par l'appareil de Marsh. La solution bouillante d'acide arsénieux (ou arsénique) dans l'acide chlorhydrique se réduit très facilement à l'état d'arsenic sous l'influence du chlorure stanneux. Le métal se dépose sous forme d'un dépôt brun volumineux (Bettendorf).

Les agents oxydants, l'eau régale, l'acide azotique, le chlore ou l'iode en présence de l'eau convertissent l'acide arsénieux en acide arsénique.

Les arsénites de sodium et de potassium sont solubles dans l'eau; l'hydrogène sulfuré ne les précipite pas; mais si, après les avoir traitées par l'hydrogène sulfuré, on y ajoute ensuite de l'acide chlorhydrique, il se dépose du bisulfure jaune : ils donnent avec l'azotate d'argent un précipité jaune d'arsénite d'argent soluble dans l'ammoniaque et dans l'acide azotique; et avec le sulfate de cuivre un précipité vert. On emploie en médecine l'arsénite de potasse sous le nom de liqueur de Fowler, elle se compose d'acide arsénieux, 5 parties; carbonate de potasse, 5; eau distillée, 500, alcoolat de mélisse, 15 parties.

L'arsénite de cuivre (vert de Scheele ou vert suédois), est insoluble dans l'eau : mais il peut se dissoudre dans le suc gastrique, grâce à l'acide qu'il renferme.

L'acéto-arsénite de cuivre (vert de Schweinfurt, de Neuvied, de Mitis), est dans le même cas : ces composés ont été employés trop fréquemment dans la fabrication des papiers peints, des fleurs artificielles, des tissus et même pour colorer les bonbons, les abatjour, etc.

B. Acide arsénique et arséniates. — L'acide arsénique existe sous deux états : l'anhydride arsénique As^2O^5 et l'acide normal AsO^4H^3. Ce dernier s'obtient en oxydant l'acide arsénieux avec de l'acide azotique ou bien avec de l'eau régale : l'anhydride arsénique en chauffant l'acide arsénieux au rouge sombre.

L'acide arsénique cristallisé se dissout facilement dans l'eau : il est déliquescent, sa solution présente une réaction acide et est très caustique. Traitée par l'hydrogène sulfuré elle ne donne pas de précipité immédiat : ce n'est que lentement à froid, même en liqueur acide, plus vite à chaud, qu'il se dépose en précipité jaune clair de pentasulfure d'arsenic, suivant les uns, d'un mélange de soufre et de trisulfure suivant les autres.

L'hydrogène à l'état naissant transforme l'acide arsénique en hydrogène arsénié ; mais cette réduction est moins nette qu'avec l'acide arsénieux : aussi est-il bon de le ramener d'abord à un état d'oxydation inférieur par un corps réducteur, tel que l'acide sulfureux. Il est réduit à l'état d'arsenic au rouge naissant par le charbon, les cyanures, l'hydrogène.

L'acide arsénique est utilisé en grandes quantités comme oxydant dans la fabrication des couleurs d'aniline.

Traités par le nitrate d'argent, les arséniates donnent un arséniate triargentique AsO^4Ag^3, caractérisé par sa couleur rouge brique : ce précipité se dissout dans l'ammoniaque comme l'arsénite, mais plus difficilement dans l'acide azotique : le sulfate de cuivre produit un précipité bleu, le chlorure de magnésium ammoniacal un précipité blanc cristallin d'arséniate ammoniaco-magnésien.

L'arséniate de soude constitue la liqueur de PEARSON: 3 centigrammes sur 30 grammes d'eau distillée ; on emploie également l'arséniate ferreux.

C. Sulfures d'arsenic. — On admet qu'il existe plusieurs sulfures d'arsenic : nous ne nous occuperons que du bisulfure ou réalgar et du trisulfure ou orpiment.

On emploie le réalgar en peinture et dans la préparation du feu blanc indien.

Le trisulfure d'arsenic ou orpiment existe à l'état natif sous forme de cristaux jaune vif, brillants.

Les sulfures d'arsenic, lorsqu'ils sont purs, sont insolubles, et comme tels, théoriquement au moins, non toxiques. On attribue habituellement à V. SCHROFF la démonstration expérimentale du fait. Mais en 1760 dans son travail : *Experimenta quædam circa venena*, HILLEFELD a déjà observé qu'un lapin pouvait supporter sans inconvénient 10 grammes d'orpiment. HUSEMANN, à qui j'emprunte cette indication, a également rapporté des expériences confirmatives : chez un lapin qui avait reçu 10 grammes de réalgar en une semaine le foie ne renfermait pas trace d'arsenic.

Mais au point de vue pratique, il faut se rappeler que l'orpiment du commerce renferme d'énormes proportions d'acide arsénieux, jusqu'à 94 p. 100 (GUIBOURT), de sorte qu'il n'a plus d'orpiment que le nom. Aussi son application sur des ulcères, des tissus cancéreux, a-t-elle donné lieu à des intoxications.

Pour les recherches médico-légales il est intéressant de noter aussi que d'après OSSIKOVSKY (*Journ f. prakt. Chemie*, t. xxii, p. 348, analysé in *Jahresb. de* VIRCHOW et HIRSCH, 1880) le sulfure d'arsenic peut en présence de matières albuminoïdes en putréfaction, donner de l'acide arsénieux et même une certaine quantité d'acide arsénique. De plus, le trisulfure d'arsenic fraîchement précipité, peut, à la température de l'étuve, dans de l'eau distillée, fournir de l'acide arsénieux même en l'absence de ces matières albuminoïdes. Enfin OSSIKOVSKY ajoute encore que la formation de l'acide arsénieux aux dépens du trisulfure est favorisée par la présence de carbonates alcalins : en présence du carbonate de sodium il peut former du sulfoarsénite de sodium, qui à son tour, par oxydation, pourra donner de l'acide arsénieux.

Nous n'avons pas à nous étendre ici sur les procédés de recherche de l'arsenic dans les tissus. Le principe de la méthode est celui de MARSH qui imagina de séparer l'arsenic contenu dans les matières suspectes en le faisant passer à l'état d'hydrogène arsénié, gaz décomposable à chaud en hydrogène et en arsenic métalloïdique, facile à caractériser par ses réactions. Mais il faut d'abord isoler complètement l'arsenic des matières organiques, et dans ce but différents procédés ont été indiqués, pour lesquels nous renvoyons aux traités de toxicologie.

Causes d'intoxication. — Les intoxications par l'arsenic sont professionnelles, accidentelles et criminelles.

A. — Dans la première catégorie d'intoxications, tantôt l'arsenic est directement manipulé, tantôt il n'intervient que comme agent d'impureté des substances employées. Il faut d'abord placer en tête les différentes opérations relatives à la préparation de l'arsenic et de l'acide arsénieux. Les ouvriers qui extraient le minerai arsénifère n'en éprouvent aucun inconvénient particulier, tout au plus quelques accidents locaux. Il n'en est plus de même du broyage, surtout quand l'opération se fait à la main et au sec. Les accidents se montrent plus particulièrement dans les opérations qui ont pour but la volatilisation de l'arsenic et le raclage de l'acide arsénieux déposé dans les chambres de condensation : ce sont surtout les formes chroniques de l'empoisonnement qu'on observe.

La fabrication des couleurs arsenicales, comme le vert de Scheele et le vert de Schweinfurt, toutes les professions où l'on manipule ces couleurs (fabricants de papiers peints, de fleurs artificielles, d'abat-jour verts, de cartons peints, de capsules en papier peint, etc.), l'empaillage des animaux au moyen de certaines préparations, exposent les ouvriers à l'intoxication arsenicale.

Des accidents d'arsenicisme ont été signalés souvent dans les fabriques de fuchsine où l'on oxyde l'aniline au moyen de l'acide arsénique (voir le tableau des intoxications professionnelles dans l'*Encyclopédie d'hygiène*, t. vi, p. 502, *Les intoxications professionnelles*, par Layet).

Il faut noter aussi que les établissements industriels dans lesquels on prépare les arsenicaux ou bien les fabriques de produits chimiques où ces substances sont employées à divers usages peuvent agir sur le voisinage : les nappes souterraines qui alimentent les puits aux alentours de l'usine peuvent être intoxiquées. Un des exemples les plus connus est celui qui a été observé dans le voisinage de la fabrique de fuchsine de *Pierre Bénite* (Chevallier, *Ann. d'hygiène*, 2e série, t. xxv, p. 15, 1866).

B. — Les causes d'empoisonnement accidentelles sont infiniment variées. C'est d'abord l'usage de papiers, fleurs, étoffes colorées avec des verts arsenicaux. Ziurek de Berlin a, dans une robe de tarlatane de vingt aunes pesant 544gr,52, trouvé 300 grammes de couleur dans lesquels le composé arsenical s'élevait à 60 grammes. Le séjour dans des chambres tapissées de papiers colorés par des préparations arsenicales a été souvent la cause d'accidents. Il faut signaler encore ici le cas de cet amateur de chasse qui avait réuni dans son cabinet un nombre considérable d'animaux empaillés enduits d'une préparation arsenicale, et qui présentait tous les symptômes d'un empoisonnement causé par la présence du poison dans les poussières de l'appartement (Delpech. *Ann. d'hyg. publique et de méd. lég.*, 2e série, 1870, t. xxxiii, p. 314). En Russie, où les paysans se servent souvent de l'acide arsénieux et de préparations arsenicales pour se débarrasser des insectes et de la vermine, les intoxications sont de ce fait, assez communes.

Les substances alimentaires peuvent être toxiques, soit qu'elles aient été colorées par des couleurs de ce genre (pâtisseries, bonbons, saucisses), soit que l'arsenic y ait été directement incorporé. C'est par centaines qu'on a compté, à Wurzbourg en 1869, à Saint-Denis en 1883, les intoxications produites par du pain dans la préparation duquel était entré de l'acide arsénieux. On se rappelle également les fameux et récents empoisonnements d'Hyères et du Havre par du vin arsenical. On a trouvé de l'arsenic dans du fromage auquel le marchand avait eu l'ingénieuse idée de mêler de la mort aux rats pour y empêcher le développement de vers, dans les vinaigres provenant de la décomposition de l'acétate de soude par de l'acide sulfurique arsenical, dans le glucose où c'est encore l'acide sulfurique destiné à la saccharification qui l'a introduit (Clouet. *Ann. d'hygiène publ. et de médecine légale*, t. xlix, p. 145, 1878).

Certains médicaments, le bismuth, le chloroforme, la glycérine, renferment souvent de l'arsenic. Chez un diabétique qui avait pris beaucoup de glycérine, Joroschky a observé des accidents dus très vraisemblablement à ce toxique (*Prag. med. Wochensch.*, 1889, analysé in *Schmidt's Jahrb.*, 1889, p. 234).

L'empoisonnement peut être dû à des doses trop élevées ou trop longtemps prolongées, de composés arsenicaux administrés dans un but thérapeutique, ou encore à leur application sur des tumeurs, ulcères, etc.

C. — L'arsenic a été autrefois le poison le plus fréquemment employé dans un but criminel. L'acide arsénieux était surtout usité en raison de ses propriétés physiques qui le rendent si facile à confondre avec toutes les poudres blanches alimentaires, sucre, farine, amidon. Cependant les statistiques de TARDIEU montrent que les empoisonnements par l'arsenic ont subi à partir d'une certaine époque une diminution considérable : ce qui tient d'une part aux mesures restrictives apportées à la vente de l'arsenic, et d'autre part à ce que le progrès de la science arrivant à déceler la moindre trace du poison a détourné les criminels de son emploi.

Historique. — Les anciens ne paraissaient avoir connu que les sulfures, le réalgar et l'orpiment. Le premier s'appelait la sandaraque ou arsenic rouge, le second, l'arsenic proprement dit ou arsenic jaune. DIOSCORIDE (78 ans après J.-C.), CELSE, GALIEN attribuent surtout à ces substances des propriétés caustiques, dépilatoires, parasiticides, mais signalent cependant leur influence favorable comme médicament interne dans les toux opiniâtres, les dyspnées, les affections de la voix, les suppurations des organes respiratoires. PLINE a conseillé de faire respirer aux asthmatiques les vapeurs résultant de sa combustion avec du bois de cèdre : la calcination donne en effet naissance à de l'acide arsénieux.

Après avoir perdu de sa faveur vers la fin du règne des Arabistes, continuateurs des pratiques du galénisme, l'arsenic reparaît de nouveau en thérapeutique à partir du XVIᵉ siècle. PARACELSE (1493-1541) s'en est servi dans le cancer, qui est d'après lui une affection arsenicale de la mamelle, un réalgar qui se dépose. Malgré cette opinion singulière, il recommande de ne pas cautériser ni extirper les humeurs cancéreuses, parce que, mis en contact avec l'air, le réalgar s'échappe et va exercer sa malice ailleurs. Il faut donc le traiter à sa manière, c'est à dire adoucir et combattre les accidents, et n'avoir recours à l'arsenic que pour nettoyer le fond. FALLOPE (1523 à 1562) a employé l'arsenic contre la gangrène et les ulcères cancéreux. VAN HELMONT assure que le réalgar guérit plus de soixante espèces d'ulcères et en opère la cure à raison de ses qualités vénéneuses.

Communément on n'employait alors l'arsenic qu'à l'extérieur. Cependant LAUCIUS rapporte que GEORGES WERTH, médecin de Louis Iᵉʳ roi de Hongrie (1380), avait coutume d'ordonner contre l'asthme un électuaire dont l'arsenic formait la base. C'est au XVIIᵉ siècle qu'a commencé à se propager son usage interne. D'après SPRENGEL, les premiers essais que l'on tenta en vue de le faire prendre intérieurement furent sans doute occasionnés par l'ignorance des traducteurs et des imitateurs des Arabes qui confondirent la cannelle (en arabe dar-zini) avec l'arsenic. Quoi qu'il en soit, DAVID DE PLANISCAMP le prescrit dans la syphilis, JEAN DE GORRES, médecin de Louis XIII, le recommande contre plusieurs maladies, et LEMERY s'élève contre l'usage que l'on en fait dans les fièvres quartes.

Au XVIIIᵉ siècle la lutte fut longue entre les partisans de l'emploi interne de l'arsenic et ses adversaires. Dans les deux camps on rencontre des noms célèbres, d'un côté WEPFER, STŒRCK, STAHL, PEYRILLHE, HORN, HUFELAND : de l'autre SLEVOGT, KEIL, BERHARDT, DONALD MONRO, JACOBI, HUERMANN, les deux PLENATZ, LEFÉBURE DE SAINT-ILDEFOND, qui vanta surtout l'arsenic contre le cancer, FOWLER, WILLAN, PEARSON. C'est JACOBI qui enseigna le premier, dit SPRENGEL, à se servir de l'arsenic blanc avec plus de circonspection en le faisant digérer avec de la potasse pour le saturer et en le dissolvant ensuite dans l'eau, procédé qui a été suivi plus tard par FOWLER. Parmi les travaux du commencement de ce siècle, il faut surtout citer ceux de HARLES, qui en 1813 publia une remarquable monographie sur l'arsenic, de FODÉRA, qui contribua à répandre en France l'usage de l'arsenic, de CAZENAVE, et, plus près de nous, celui de BOUDIN. Les mémoires plus récents sur l'action thérapeutique de l'arsenic seront cités dans le courant de cet article.

Le pouvoir toxique des composés arsenicaux semble avoir moins frappé les premiers observateurs que leurs propriétés curatives. CELSE et GALIEN passent sous silence leur action délétère. DIOSCORIDE a écrit, il est vrai, que, pris en breuvage, le sandaraque et l'arsenic occasionnent de violentes douleurs dans les intestins qui sont vivement corrodés, mais il ne va pas plus loin et recommande de combattre les effets corrosifs par des émollients. ROGER BACON, qui a trouvé le moyen de préparer l'acide arsénieux, ne parle pas des propriétés vénéneuses de ce corps. C'est surtout PIERRE DE ABANO (1250-1316), professeur à Padoue, qui a bien étudié les symptômes de l'intoxication et paraît avoir le premier signalé les accidents paralytiques dus à l'arsenic (*De Venenis eorumque reme-*

diis). Il est probable, dit ORFILA (Article *Arsenic* du *D. D.*), que l'arsenic sublimé et les sulfures ont été les instruments des nombreux cas d'empoisonnement dont parlent les chroniques du xiiie et du xive siècle. Vers le milieu du xve siècle, ARDOINI (*Opus de venenis*, Venise, 1492) donne l'énumération des principaux accidents qui suivent l'injection des composés arsenicaux ; ils ont été décrits depuis par un grand nombre d'auteurs parmi lesquels il faut citer le fondateur de l'homœopathie, HAHNEMANN, et dont on trouvera l'énumération dans un travail de DANA (*On pseudo tabes from Arsenical poisoning*, Brain, t. ix, 1887, p. 456), ainsi que dans celui d'IMBERT-GOURBEYRE (*Des suites de l'empoisonnement arsenical*, Paris, 1881).

Il est à croire que l'acide arsénieux a été le poison des Borgia, et qu'il a formé la base de la fameuse *acqua Toffana*, ainsi appelée du nom de la célèbre empoisonneuse, qui s'en servit, du moins d'après ses aveux arrachés à la torture, pour donner la mort à plus de 600 personnes.

Dose toxique. — Des manifestations légères d'intoxication sont constantes après l'injection de 2 à 3 centigrammes d'acide arsénieux : l'arsénite de potassium, plus soluble, est plus toxique que l'acide arsénieux. Ce dernier peut amener la mort à la dose de 10 à 20 centigrammes, lorsqu'il est dissous. D'après LACHÈZE (*Ann. d'hygiène et de médecine légale*, 1834, 1re série, t. xvii, p. 334), 6 milligrammes d'As^2O^3 peuvent produire des accidents sans gravité, 1 à 3 centigrammes, des symptômes d'empoisonnement, 5 à 10 centigrammes, la mort. Cependant il faut être réservé dans l'appréciation de ces doses mortelles. « Pouvons-nous affirmer, dit TAYLOR, qu'il soit impossible qu'une personne guérisse après avoir pris 5 à 10 grammes d'arsenic, je ne le pense pas. Tout ce que nous sommes fondés à dire, c'est qu'en jugeant d'après les effets des doses plus petites, ces quantités doivent probablement donner la mort, mais que nous ne sommes nullement certains de la quantité nécessaire pour constituer la dose la plus faible à laquelle le poison puisse être fatal. » Le dépouillement attentif d'un grand nombre d'observations, dit TARDIEU (*Étude médico-légale et clinique sur l'empoisonnement*, Paris, 1875), ne permet pas de douter que 10 à 15 centigrammes suffisent dans certains cas, peu fréquents il est vrai, à donner la mort. ORFILA croit qu'il faut 20 centigrammes (Art. *Arsenic* du *D. D.*); il dit avoir vu un cas de guérison après l'ingestion de 2 grammes d'acide arsénique.

ROUYER, d'après des expériences faites sur les chiens, a donné les chiffres suivants (*Essai sur les doses toxiques et les contrepoisons des composés arsenicaux*. Th. Nancy, 1876). En injection veineuse l'acide arsénieux est toxique à la dose de 0gr,0006 par kilogramme ; il détermine des symptômes graves d'empoisonnement, et quelquefois la mort en vingt-quatre à trente-cinq heures, à la dose de 0gr,0025 par kilogramme : la mort est certaine quand la dose injectée atteint 0gr,003 par kilogramme, et elle arrive alors au bout de huit heures. Lorsqu'il est donné par la voie stomacale, et en solution, 0gr,06 par kilogramme produisent presque toujours, et 0gr,07 toujours, la mort : à la dose de 0gr,06 par kilogramme la mort arrive ordinairement au bout de vingt-quatre heures. Pour l'arsénite de potassium la dose mortelle est également de 0gr,003 par kilogramme en injection veineuse et de 0gr,06 *per os :* dans ce dernier cas la mort arrive en six à sept heures. L'arsénite de soude, introduit dans l'estomac, amène, à la dose de 0gr,15 par kilogramme, des symptômes d'empoisonnement très graves et susceptibles de donner la mort : celle-ci arrive alors au bout de vingt-quatre à trente heures, mais elle peut aussi ne pas arriver : la dose mortelle du même composé est de 0gr,005 par kilogramme en injection veineuse.

Tableau résumé des doses toxiques, habituellement mortelles.

	DANS LE SANG.	DANS L'ESTOMAC.	
Acide arsénieux	0 gr. 003	0 gr. 06	
Arséniate de soude	0 gr. 005	0 gr. 15	par kilogramme.
Arsénite de potasse	0 gr. 003	0 gr. 06	

Lorsque l'arsenic est ingéré avec les aliments, son action toxique n'a pas la même puissance que lorsque l'ingestion a lieu à jeun, sans mélange avec les aliments. La nature même des aliments influe beaucoup sur les résultats de l'intoxication (*Rapport de* BROUARDEL *sur les empoisonnements de Saint-Denis*, PAPADAKIS (*D. P.*, 1883).

On a attribué en particulier aux corps gras la propriété de retarder et d'atténuer les accidents toxiques. CHAPUIS (*Influence des corps gras sur l'absorption de l'Arsenic. Ann. d'hygiène et de médecine légale*, 9ᵐᵉ série, t. III, p. 414, 1880) a insisté sur ce fait que l'arsenic est moins toxique lorsqu'il est mélangé aux corps gras. Il a été contredit cependant sur ce point par PAPADAKIS. Dans ses expériences sur les chiens, ce dernier a trouvé que le beurre n'exerce aucune influence manifeste sur le moment où se montrent les premiers symptômes d'empoisonnement. Il est vrai qu'on peut observer dans certains cas un retard plus ou moins considérable, mais le fait est rare, et il se produit aussi après l'injection d'autres substances. C'est surtout quand l'arsenic avait été incorporé à du pain cuit que PAPADAKIS a vu les accidents survenir tardivement, dans la majorité des cas; donné dans la décoction de café, l'arsenic peut aussi, dans certains cas, n'agir que longtemps après son ingestion, de 2 heures 30 à 6 heures après : cependant le plus souvent son action ne se fait pas attendre.

Par contre, chez les chiens, l'albumine a eu une influence manifeste et constante sur l'époque d'apparition des premiers accidents : ingérée en même temps que l'arsenic, elle hâte notablement l'apparition des premiers symptômes, c'est-à-dire l'apparition des vomissements, et augmente leur fréquence.

Il faut tenir compte aussi des conditions individuelles. Dans les empoisonnements de Saint-Denis, le vomissement a débuté chez les adultes plus tardivement que chez les enfants.

Intoxication aiguë. — Si l'arsenic a été pris à l'intérieur, les symptômes apparaissent en général au bout d'une heure, quelquefois d'une demi-heure ; mais dans certains cas ils sont plus lents à se développer et ne se montrent que de deux à quatre heures après l'administration du poison.

Ils peuvent se borner à ceux d'une gastro-entérite intense. Soif vive, sécheresse de la gorge, douleurs violentes dans l'estomac et l'intestin, vomissements continuels, bilieux ou sanguinolents, diarrhée muqueuse ou séreuse; il n'est pas rare qu'il se produise des selles riziformes, analogues à celles du choléra. La présence du sang dans les vomissements peut avoir quelque importance au point de vue du diagnostic ; OLLIVIER rapporte que, dans l'épidémie de choléra de 1885, ce signe lui a fait soupçonner un empoisonnement par l'arsenic chez une femme envoyée dans son service comme cholérique, et, en effet, dans l'urine on trouva la substance toxique.

En général il y a diminution de la sécrétion urinaire, quelquefois de l'anurie et de l'albuminurie; des crampes très douloureuses se font sentir dans les membres. En même temps on observe de la cyanose, du refroidissement, des sueurs froides; la faiblesse et l'irrégularité du pouls, la tendance à la syncope attestent la gravité de l'état général. L'issue peut être rapidement fatale au bout de vingt-quatre heures, quelquefois au bout de cinq à quinze heures.

Dans la forme subaiguë, plus commune, la mort n'arrive qu'au bout de deux à six ou dix jours; on voit apparaître alors du deuxième au cinquième jour des éruptions cutanées diverses, papuleuses ou pustuleuses : les crampes s'accompagnent de fourmillements et de diminution de sensibilité dans les membres; des accidents paralytiques peuvent se manifester : il y a de l'agitation, de l'insomnie, quelquefois du vertige et du délire. Ces symptômes nerveux se montrent habituellement après que les troubles gastro-intestinaux ont cessé ou qu'ils se sont notablement amendés.

« Dans certains cas rares il ne survient ni vomissements ni évacuations alvines : la peau reste fraîche; le pouls normal, il y a une grande apparence de calme; mais une faiblesse qui se marque par quelques vomissements et qui est bientôt suivie d'une somnolence au milieu de laquelle la vie s'éteint sans agonie, mais en quelques heures, comme dans la forme suraiguë. C'est, en quelque sorte, une forme latente de l'empoisonnement, dont LABORDE et RENAULT ont rapporté des exemples » (TARDIEU).

Quant au traitement, s'il s'agit d'une intoxication récente, il faut évacuer le contenu de l'estomac à l'aide de vomitifs ou de la pompe stomacale. En même temps on devra s'efforcer de neutraliser le toxique. L'antidote classique est le peroxyde de fer hydraté, préconisé par BUNSEN, qui forme des combinaisons insolubles avec l'acide arsénieux, les arsénites, l'acide arsénique et les arséniates. On le produit au moment même de son emploi par addition d'ammoniaque à une solution de perchlorure ou de persulfate de fer. Il doit être administré en grandes quantités, quatre à huit grammes, à des intervalles assez rapprochés, dix minutes à peu près.

Un autre contre-poison tout aussi efficace (BUSSY) est la magnésie hydratée obtenue en faisant bouillir extemporanément dans l'eau la magnésie calcinée.

En Allemagne, et dans divers autres pays, on associe le peroxyde de fer gélatineux à la magnésie hydratée. On ajoute 15 grammes de magnésie triturée dans 250 grammes d'eau à 30 grammes de sulfate ferrique dans 250 grammes d'eau. Il se forme de l'hydrate de peroxyde de fer, de l'hydrate de magnésie et du sulfate de magnésie. Ce dernier corps a l'avantage de provoquer l'évacuation, par les selles, de l'arsénite de fer et de l'arsénite de magnésie formés qui sont arrivés dans l'intestin et qui ne sont pas absolument inoffensifs. Si l'on ajoute au mélange du charbon animal, destiné à entraîner mécaniquement l'acide arsénieux, on obtient l'antidote multiple de JEANNEL, qui se donne chaque fois à la dose de 30 à 100 grammes.

Le sulfure de fer récemment précipité est également employé.

Intoxications chroniques. — « Entre les formes les plus aiguës, celles où la mort survient en quelques heures et celles qui déterminent des accidents dont l'évolution ne s'accomplit qu'en quelques semaines ou quelques mois, il y a presque similitude. Dans les formes les plus lentes, il ne paraît pas de nouveaux symptômes, mais la durée de quelques-uns d'entre eux permet de les étudier en détail, révèle en quelque sorte leur présence, qui passe inaperçue quand tout le drame s'accomplit en quelques jours. Dans les deux cas les mêmes organes sont atteints, les mêmes fonctions sont troublées. » C'est ainsi que s'exprime BROUARDEL dans sa communication à l'Académie de médecine, au sujet des empoisonnements d'Hyères et du Havre (*Bullet. de l'Académie de médecine*, 1889, 3e série, t. XXI, p. 913).

D'après BROUARDEL, on pourrait décrire dans ces intoxications chroniques quatre phases : 1° Troubles de l'appareil digestif; 2° Catarrhe laryngé et bronchique, période dans laquelle prédominent les éruptions; 3° Troubles de la sensibilité, période acrodynique; 4° Paralysies. HAHNEMANN notait déjà trois phases dans l'empoisonnement arsenical, comme le fait remarquer BROUARDEL. Il disait que, lorsque les accidents passent à l'état chronique, il y a des accès de fièvre avec coliques, de la rétraction du ventre, de la céphalalgie, de la soif, de temps en temps des vomissements et de la diarrhée, puis surviennent des douleurs dans les membres, des tremblements et de la paralysie.

Nous reproduirons en grande partie la description donnée par BROUARDEL, en y ajoutant les faits signalés par d'autres observateurs.

1re *Période.* — Troubles digestifs. Les caractères des vomissements sont assez spéciaux : ils diffèrent de ceux qu'on observe dans l'empoisonnement aigu et subaigu; ils ne s'accompagnent pas ordinairement de sensations douloureuses à l'estomac, ils surviennent brusquement et ne laissent pas de douleurs vives ni de brûlures à leur suite. Ils sont assez abondants et se composent d'un liquide muqueux mélangé de bile : enfin ils sont assez fréquents. — La constipation est plus fréquente que la diarrhée, parfois il y a eu quelques selles sanguinolentes.

2me *Période.* — Dans les observations sur lesquelles s'appuie la description de BROUARDEL, la fréquence du catarrhe laryngo-bronchique a été telle que les médecins ont pensé à une épidémie de grippe : quelques sujets ont eu presque sans toux une aphonie qui, chez l'un, a duré plus de quinze jours. Il y a des signes de bronchite. En même temps paraît un coryza intense, quelquefois avec larmoiement et injection de la conjonctive.

Pendant cette période, même avant le catarrhe, parfois aussi pendant les périodes suivantes, paraissent des éruptions cutanées : rougeur et bouffissure des paupières, du scrotum, érythèmes divers, exfoliations épidermiques purpuracées : on a noté la chute des ongles, on a constaté également des vésicules, des vésico-pustules, de l'urticaire, des éruptions rubéoliques, des plaques pigmentées.

La séparation des deux périodes n'est cependant pas toujours aussi tranchée, et les symptômes peuvent se manifester dans un ordre un peu différent de celui qu'a observé BROUARDEL : le mode d'absorption, la dose, la répétition plus ou moins fréquente de l'ingestion de la substance toxique modifieront le tableau. C'est ainsi que d'après HUSEMANN (*Arzneimittellehre*, 1892, p. 425) lorsque l'administration prolongée de doses médicinales d'arsenic amène un état d'intoxication chronique, on en est d'abord averti par de la rougeur de la conjonctive et de la paupière inférieure, de la sécheresse des yeux, du nez, du pharynx, un léger enrouement, parfois des douleurs gastriques et de la diarrhée. ISNARD avait déjà insisté sur la signification de l'œdème palpébral dans les cas de ce genre. Viennent ensuite, si le traitement n'est pas suspendu, les accidents plus graves.

D'autre part, chez les ouvriers employés à l'extraction de l'arsenic, les premiers accidents sont occasionnés par l'action directe des poussières arsenicales sur la peau et ses dépendances, et limités à ces parties : il se développe d'abord des éruptions pustuleuses, appelées autrefois à tort eczéma arsenical, du gonflement de la peau, du scrotum et des aisselles, des abcès des doigts, de la calvitie, puis surviennent les troubles digestifs, de la dysurie et de l'anurie, enfin des altérations de la sensibilité et du mouvement.

3ᵐᵉ *Période.* — Les troubles de la sensibilité précèdent ceux des mouvements. Un phénomène douloureux fréquent et assez précoce est la céphalalgie qui occupe presque tout le crâne et persiste longtemps. Puis le malade ressent dans les membres inférieurs, surtout dans les jambes et les pieds, un engourdissement incommode. A un degré plus avancé on observe des douleurs intenses ; quelquefois ce sont des élancements, mais souvent les sujets se plaignent d'une sensation de broiement très pénible siégeant particulièrement dans les articulations tibio-tarsiennes et tarso-métatarsiennes ; le frottement des couvertures du lit sur les pieds et les jambes est tout à fait insupportable.

Dans ses observations, BROUARDEL n'a pas trouvé d'anesthésie véritable, mais la diminution de la sensibilité était souvent assez prononcée, surtout aux membres inférieurs, notamment aux pieds. Les malades perdent alors la notion exacte de la résistance du sol. La piqûre est moins nettement sentie : la pression, les attouchements peuvent même n'être pas perçus du tout. Aux membres supérieurs des troubles de la sensibilité ont aussi été constatés. Chez plusieurs des malades dont parle BROUARDEL, ils étaient assez prononcés pour qu'ils ne pussent garder des objets dans leurs mains quand ils en détournaient les yeux.

Cependant la sensibilité peut être plus gravement altérée qu'elle ne l'a été dans les cas observés par BROUARDEL. SCOLOSUBOFF a vu les sensations du tact et celles de la température disparaître entièrement à la paume des mains, à la plante des pieds, au bout des doigts, présenter une diminution considérable aux côtés externes des pieds et des mains, des jambes, et des avant-bras, moins marquée dans la moitié inférieure des cuisses et dans le tiers inférieur des bras. La sensibilité à la pesanteur était affaiblie profondément aux jambes et aux avant-bras, aux mains et aux pieds : un poids de 150 grammes mis sur le membre inférieur, puis sur l'avant-bras du sujet, n'a point été senti par lui. La sensibilité à la douleur était exagérée dans les endroits où il y avait le moins de sensibilité tactile ; une légère piqûre aux doigts faisait pousser des cris aux malades. Cette hyperalgésie paraît assez fréquente : elle peut s'accompagner d'une sensibilité excessive aux variations de température (*Gaz. méd. de Paris*, 1875, p. 396). Quelques-uns de ces faits sont intéressants au point de vue de la dissociation des sensations thermiques. Dans les cas de SCOLOSUBOFF l'eau chaude paraissait bouillante au sujet ; et l'eau tiède, glacée : mais dans un cas mentionné par PARKINS (cité par IMBERT-GOURBEYRE, p. 50) le malade ne sentait pas l'eau bouillante, tandis que l'eau glacée lui causait une grande douleur ; la sensibilité au froid était telle que, quand il dormait, le plus léger courant d'air sur la figure le réveillait, l'ouverture comme la fermeture d'une porte lui causait un froid désagréable.

On a noté presque toujours l'absence des réflexes tendineux au niveau des membres inférieurs ; les réflexes cutanés sont plus ou moins atteints suivant les cas. La douleur à la pression le long des troncs nerveux a été signalée par divers observateurs.

Il faut encore signaler comme une des conséquences de l'intoxication arsenicale chronique l'anesthésie génitale, l'anaphrodisie observée par BIETT, RAYER, CHARCOT, à la suite de l'emploi prolongé de doses trop fortes d'arsenic. DEVERGIE s'était inscrit contre ces faits, ne les ayant pas observés dans sa longue pratique : il rapporte même un cas où la médication aurait produit une excitation considérable du côté des organes génitaux. DELIOUX de SAVIGNAC (Art. *Arsenic du D. D.*) dit aussi avoir constaté chez quelques sujets, sous l'influence d'une dose journalière de 2 à 3 milligrammes d'acide arsénieux, un véritable état d'éréthisme du sens génital. On a rapporté également que les mangeurs d'arsenic étaient sujets à l'orgasme vénérien ; IMBERT-GOURBEYRE ajoute aux observations précédentes que l'arsenic peut causer en effet des excitations voluptueuses et du priapisme, — que l'anaphrodisie est un phénomène rare, mais qu'il n'en existe pas moins.

Quand l'intoxication est peu profonde, les troubles moteurs font défaut ou n'existent qu'à l'état de vestige. Ils débutent par un certain degré d'affaiblissement; puis la paresse augmente, le malade se fatigue beaucoup plus vite, il jette ses jambes, non pas latéralement en fauchant, mais droit devant lui. Bientôt il ne peut plus marcher.

Il semble, dit BROUARDEL, que la paralysie débute par l'extenseur commun des orteils. C'est dans ce muscle qu'elle persiste le plus longtemps; les autres muscles de la région antéro-externe sont atteints ensuite : de prédilection, le jambier antérieur, l'extenseur propre du gros orteil, les long et court péroniers latéraux. Les muscles de la région postérieure, les fléchisseurs des orteils sont aussi fortement atteints; les jumeaux et le soléaire sont beaucoup mieux conservés, le pied peut être quelquefois fixé en équin par suite de la paralysie des extenseurs. On peut constater également de l'affaiblissement dans la partie inférieure des muscles de la cuisse, vaste interne et vaste externe, alors que le droit antérieur est respecté (BROUARDEL).

Tous les muscles où la paralysie est assez prononcée subissent une atrophie très notable : les muscles des pieds sont parmi les plus atteints, le pédieux peut ne plus avoir trace de contractilité volontaire, il en est de même des muscles interosseux et des muscles propres de la plante du pied.

Les membres supérieurs ne se prennent que plus tardivement, mais non chez tous les malades : ce sont encore les extenseurs des doigts et notamment l'extenseur commun qui sont tout spécialement atteints : l'atrophie porte plus particulièrement sur ces muscles, ainsi que les interosseux, les muscles des éminences thénar et hypothénar; elle est beaucoup moins marquée au bras.

On ne peut donc pas dire avec IMBERT-GOURBEYRE que la paralysie ne dépasse pas les coudes et les genoux : elle est habituellement peu prononcée aux cuisses et aux bras, mais elle y a été constatée. Le même auteur, sur plus de cent observations de paralysie qu'il a pu recueillir, en trouve plus de la moitié portant sur les quatre membres, un quart seulement portant sur les extrémités inférieures seules, le reste pour les paralysies partielles. Il distingue dans la première catégorie de paralysies deux formes principales, l'une plus fréquente, dans laquelle les mains et les pieds seraient exclusivement atteints, et qu'il appelle *chiro-podale*, l'autre qui s'étend jusqu'aux coudes et aux genoux. Il ne semble cependant pas, comme il a déjà été dit, que la délimitation soit d'habitude si nettement tranchée. Par contre IMBERT-GOURBEYRE fait remarquer, avec raison, l'action élective, en quelque sorte, de l'arsenic pour les extrémités inférieures qui sont presque toujours plus atteintes que les supérieures, quand elles ne le sont pas exclusivement.

Les muscles de la face et les sphincters semblent avoir toujours été indemnes.

L'excitabilité des muscles à la pression, à la percussion, est souvent manifestement exagérée : les mouvements volontaires sont quelquefois douloureux. La contractilité faradique des muscles atrophiés, en particulier des jambier antérieur, extenseur commun des orteils, est complètement abolie : sur les muscles moins atteints elle est seulement diminuée.

La contractilité galvanique est d'ordinaire affaiblie seulement : l'inversion des formules a été assez rare dans les cas observés par BROUARDEL, et elle ne s'est montrée avec une régularité frappante que sur deux muscles toujours les mêmes, extenseur commun des orteils et vaste interne, $AnSz > KaSz$; sur quelques autres muscles; $AnSz = KaSz$.

SEELIGMULLER (*Deutsche med. Wochensch.*, 1880), DA COSTA (*Philad. med. Times*, 1880) ont donné des accidents nerveux de l'arsenicisme une description qui se rapproche beaucoup de celle que nous venons de tracer, d'après BROUARDEL. SEELIGMULLER indique, de plus, les caractères différentiels qui permettent de distinguer la paralysie arsenicale d'avec la paralysie saturnine. La première apparaît souvent à la suite d'une intoxication aiguë, la seconde seulement dans l'intoxication chronique : celle-là s'accompagne de troubles très marqués de la sensibilité, qui manquent souvent entièrement dans la paralysie saturnine : l'une atteint principalement les membres inférieurs, tandis que, dans la seconde, ils sont plus rarement intéressés. L'atrophie musculaire est très rapide dans l'empoisonnement arsenical et est déjà manifeste au bout de quatorze jours; enfin elle s'accompagne des troubles trophiques déjà signalés, chute des ongles, des cheveux, etc. Imbert-Gourbeyre a également formulé les éléments de ce diagnostic (Voir *loc. cit.*, p. 58).

Les troubles de la coordination motrice n'ont pas échappé à Brouardel : Seeligmuller a fait remarquer que dans la forme chronique de l'empoisonnement ils rappellent ceux du tabès, alors que les phénomènes paralytiques proprement dits sont moins prononcés. Ch. Dana, qui a étudié plus particulièrement cette question (*loc. cit.*), distingue deux formes de paralysie arsenicale ; une forme ordinaire, mixte, caractérisée par la paralysie et à la fois motrice et sensitive et par la prédominance des troubles moteurs et trophiques, et la forme pseudo-tabétique dans laquelle la paralysie motrice cède le pas aux troubles sensitifs et à l'ataxie des mouvements. On trouvera dans ce dernier auteur une bibliographie très étendue des accidents nerveux dans l'intoxication arsenicale. Comme observations plus récentes je citerai encore celle de Krehl (*Uber Arsenlähmung ; Arch. f. klin. Med.*, t. xliv, p, 325), celle de Kovacs (*Ein Fall von Arsenlähmung ; Wien. med. Wochenschr.*, 1887, n° 33), et celle de Marik (*Uber Arsenlähmung ; Wien. klin. Wochenschr.*, 1891).

Les contractures accompagnent quelquefois la paralysie : elles paraissent être surtout une conséquence de la prédominance d'action des muscles respectés par le poison. Cependant Hahnemann rapporte un cas où la contracture aurait été la suite immédiate de l'empoisonnement.

Imbert-Gourbeyre a réuni un grand nombre d'observations de tremblement arsenical, qui pourrait exister seul ou se mêler aux autres phénomènes nerveux ; le plus souvent général, il est quelquefois localisé, et apparaît habituellement dans les premières heures de l'empoisonnement.

Troubles fonctionnels et lésions anatomiques du tube digestif. — Les lésions anatomiques les plus constantes du tube digestif consistent en une coloration rouge brun de la muqueuse de l'estomac et de l'intestin, qui paraît en même temps gonflée : mais souvent il n'existe à la surface de l'estomac que quatre ou cinq plaques de forme oblongue ou arrondie d'un rouge violacé ou noirâtre, ou bien ce sont des ulcérations de même forme. La plupart des auteurs mentionnent cette dernière lésion, soit d'après les observations sur l'homme, soit d'après les expériences sur les animaux, contrairement à Tardieu qui reconnaît que les plaques prennent quelquefois un caractère gangréneux : « mais la membrane muqueuse reste saine dans les intervalles des parties enflammées qui ne deviennent jamais, du reste, atteintes d'ulcérations ou de perforations ».

On peut aussi ne rencontrer que la lésion décrite par Virchow sous le nom de gastroadénite parenchymateuse et caractérisée par une tuméfaction trouble et la dégénérescence graisseuse de l'épithélium glandulaire (*A. V.*, t. lvii).

Dans l'intestin, ce sont des lésions de même nature, rougeur plus ou moins étendue, ou bien suffusions sanguines disséminées, altération graisseuse de l'épithélium des glandes et enfin une sorte d'éruption psorentérique (Tardieu) formée par le développement des follicules isolés, en tout semblable à celle que l'on observe dans le choléra. Des phénomènes d'irritation se rencontrent aussi quelquefois dans la bouche et l'œsophage, mais plus rarement.

Il semble que les altérations du tube digestif puissent s'expliquer facilement par l'action irritante locale des préparations arsenicales, et en effet celle-ci est incontestable quand le poison a été ingéré par la bouche. C'est ainsi que, dans un cas de Hofmann (*A. V.*, t. l, p. 455), on trouva au-dessous d'une masse agglutinée d'arsenic une érosion de même grandeur et de même forme. Mais, comme l'avait déjà signalé Sprengel en 1753, les mêmes lésions se produisent encore quand l'arsenic a été résorbé par la peau, et le fait a été confirmé souvent depuis, en particulier par Orfila et Tardieu, par Taylor, par Boehm et Unterberger (*Beit. z. Kenntniss der physiol. Wirk. der Arsen. Säure. A. P. P.*, 1874, t. ii, p. 89). Taylor a invoqué une action spécifique du poison : pour les deux auteurs allemands le facteur principal, c'est la paralysie des vaisseaux du tractus digestif.

On pourrait supposer que c'est l'arsenic éliminé par le réseau vasculaire à la surface de la muqueuse gastro-intestinale qui occasionne les altérations observées ; celles-ci seraient encore, de la sorte, les conséquences d'une irritation locale. Mais Boehm et Unterberger n'ont trouvé dans le contenu de l'intestin que des traces de la substance toxique, et ils citent Quincke comme ayant obtenu les mêmes résultats.

Lesser, qui combat l'opinion de ces deux expérimentateurs, objecte que Quincke n'a analysé que le suc entérique proprement dit et non le contenu intestinal dans sa totalité. Celui-ci, d'après lui, en renferme plus que des traces : après injection de 15 centigrammes d'acide arsénieux dans la veine pédieuse, il a obtenu avec le liquide intestinal un anneau arsenical correspondant à 1 milligramme de la substance. Il est vrai, dit-il, que les glandes de Lieberkuhn ne sont pas la voie principale d'élimination de l'arsenic : car l'inflammation de la muqueuse stomacale est toujours plus marquée au voisinage de l'abouchement du canal cholédoque et au commencement du jejunum, abstraction faite de la muqueuse stomacale. Il n'affirme 'pas que les altérations profondes du tube digestif soient dues à cette faible quantité d'arsenic trouvée dans le tube digestif, mais il faut tenir compte aussi de celle qui est incessamment résorbée par les lymphatiques et les veines, et de celle qui se dépose dans l'intimité des tissus de la paroi intestinale.

Boehm et Unterberger avaient décrit également à la surface de l'intestin une membrane pyogène d'un millimètre d'épaisseur, jaunâtre, gélatineuse, pouvant se détacher par lambeaux et formée d'une matière amorphe englobant un grand nombre de globules de pus : au-dessous d'elle ils ont trouvé la muqueuse ecchymotique, les villosités gonflées et dépourvues d'épéthilium.

Lesser (A. V., t. lxxiii et lxxiv) n'a rien observé de semblable; pour lui, cette membrane n'est autre chose que le revêtement épithélial desquammé. Une inflammation pseudomembraneuse ne s'observerait que quand l'arsenic a été administré sous forme de poudre, et non quand il a été donné en solution; elle serait due au contact direct de la substance pulvérulente.

Pistorius (A. P. P., 1883, t. xvi, p. 188), ayant repris ces expériences, confirme, au contraire, l'existence de la membrane décrite par Boehm et Unterberger. On la trouve, d'après lui, au bout de 2 à 3 heures, après une injection veineuse. Elle serait formée d'une masse gélatineuse englobant l'épithélium intestinal en voie de dégénérescence graisseuse, avec des boules hyalines et des cellules rondes : dans la muqueuse elle-même on trouve le réseau capillaire des villosités dilaté et gorgé de sang; la couche épithéliale s'est desquammée. Il y aurait une violente hyperémie des vaisseaux de l'intestin, de là une transsudation abondante d'un liquide fibrineux facilement coagulable, qui, en se concrétant, englobe l'épithélium et forme ainsi la pseudo-membrane. En définitive, on voit que Pistorius, tout en cherchant à démontrer l'existence d'une membrane spéciale, est au fond d'accord avec Lesser, quand celui-ci l'attribue à une simple desquammation épithéliale.

Pour expliquer les lésions ulcéreuses de l'estomac, Filehne invoque une condition particulière; d'après lui ni la dégénérescence graisseuse de l'épithélium glandulaire, ni les modifications vasculaires ne sauraient suffire : il y aurait auto-digestion de l'estomac par le suc gastrique acide (A. V., t. lxxxiii, 1881, p. 1).

Filehne empoisonne deux lapins de même poids avec la même dose d'arsenic en injection sous-cutanée, et introduit chez l'un d'eux, d'heure en heure, par une sonde œsophagienne, une substance alcaline, pour neutraliser l'acidité du suc gastrique : la muqueuse reste intacte chez ce dernier, tandis que chez l'autre elle présente ses lésions ordinaires. On pourrait objecter que c'est la petite quantité d'acide arsénieux éliminée par l'estomac qui agit localement pour amener l'ulcération, et que, précipitée par la magnésie, elle serait ainsi rendue inoffensive : mais les lésions habituelles ne se modifient pas non plus lorsque l'acidité de l'estomac est neutralisée par le bicarbonate de soude qui forme avec l'acide arsénieux un composé pourtant soluble.

D'après Filehne, si, chez l'homme, c'est surtout la paroi postérieure qui est le siège des ulcérations, c'est à cause de la position horizontale que conservent habituellement les personnes empoisonnées : de même chez le lapin on les trouve surtout dans les régions déclives, soit qu'on maintienne l'animal dans la station normale, soit qu'on lui donne une position anormale. Chez cet animal c'est surtout le grand cul-de-sac qui présente des ulcérations, c'est-à-dire la région où se forme particulièrement l'acide : la portion pylorique est intacte. Dans les expériences où l'estomac n'a pas été trouvé altéré, c'est que le poison avait été absorbé à jeun, et que l'estomac n'était pas suffisamment acide : il en a été de même chez des chats empoisonnés à jeun.

Différentes conditions paraissent donc concourir à produire des lésions du tube digestif, alors même que le poison n'a pas été pris par la bouche : l'élimination d'une certaine quantité d'arsenic par les vaisseaux de la muqueuse, sa résorption ultérieure à
travers cette même membrane, sont des causes d'irritation locale, auxquelles viennent
se joindre les altérations nutritives de l'épithélium glandulaire et la paralysie des vaso-
moteurs de l'intestin qui dépendent d'une influence générale de la substance toxique.
Enfin il est bien vraisemblable que, dans un certain nombre de cas, le mécanisme
invoqué par Filehne intervient réellement. La dégénérescence des épithéliums doit laisser
la muqueuse en quelque sorte sans défense contre l'action du suc gastrique. Il est à
remarquer que dans certaines observations d'empoisonnements terminés par la mort,
on a noté l'intégrité absolue de la muqueuse du tube digestif.

On a souvent fait ressortir l'analogie des lésions anatomiques de l'intestin dans
l'intoxication arsenicale avec celles qu'on rencontre dans le choléra ; Virchow en a rapporté
un cas remarquable, dans lequel l'examen microscopique montra en plus, dans le contenu
intestinal, les microrganismes signalés dans le choléra (*Chloleraähnlicher Befund bei
Arsenikergiftung; A. V.*, 1869, t. xlvii, p. 524). Il est vrai qu'à ce moment les études
bactériologiques étaient encore peu avancées. Dans un travail récent Kraus a cherché
établir sous ce rapport les caractères différentiels entre le choléra et l'intoxication
arsenicale. Dans ce dernier cas, le contenu de l'intestin n'est pas riziforme, mais présente
l'aspect d'une soupe à la farine, c'est-à-dire jaune brun, ou celui d'une gelée vert jaunâtre. Je ferai remarquer cependant que Virchow, dans l'observation citée plus haut,
compare le liquide intestinal à l'eau de riz. Quoi qu'il en soit, d'après Kraus, les lésions
de l'intestin ressemblent surtout à celles de la période typhoïde du choléra : le processus
inflammatoire est particulièrement développé dans le duodénum et la partie supérieure
de l'intestin grêle, tandis que dans le choléra, c'est l'iléon qui est habituellement le plus
malade. Les microrganismes sont tout autres que ceux qu'on trouve dans le choléra et
semblables à ceux qui se rencontrent dans l'intestin normal. Dans les expériences faites
sur les animaux, si la mort survient à la suite de l'injection de fortes doses de poison,
le nombre des microbes est beaucoup diminué, et ils peuvent même manquer complètement. Pour des doses moindres, on ne trouve dans l'intestin que les colonies du
cterium coli commune, tandis que d'autres colonies qui normalement existent dans l'intestin du chat et du chien manquent, en particulier celles qui fluidifient la gélatine.
dose plus petites ni le nombre ni les espèces de colonies bactériennes ne sont
modifiés, jamais on n'a rencontré de colonies de vibrions (*Ein Beitr. z. Differenzialdiagn.
ischen Cholera und Arsenikvergift.* Analysé in *Virchow's Jahresber.*, 1888). Il y aurait donc
deux caractères différentiels entre les deux états pathologiques ; d'une part la dimi-
tion du nombre de microrganismes dans l'intoxication arsenicale, et d'autre part
absence des vibrions caractéristiques du choléra : mais il faut remarquer que récem-
ent on a signalé même dans l'intestin normal l'existence de ces vibrions.

Mentionnons encore à la surface de la muqueuse la présence de petits grains blancs
jaunâtres qui y adhèrent plus ou moins fortement. Ils sont constitués, les blancs par
l'acide arsénieux, si l'empoisonnement a eu lieu par cette substance, les jaunes par du
sulfure d'arsenic, dont il est facile de comprendre la formation au contact de l'hydro-
ne sulfuré de l'intestin. Mais Tardieu a constaté que dans certains cas ces granulations
unes ou blanches étaient exclusivement formées d'albumine et de matière grasse.
après Campbell Brown et Edward (*Med. Times*, mars 1889, analysé in *R. S. M.*, t. xxiv,
97), les grains jaunes sont quelquefois un produit de décomposition de la bile ; ils
nt formés d'une ou de plusieurs substances organiques, dont l'une se rapproche du pig-
nt que l'on obtient en traitant une solution alcaline de bile par des agents réducteurs.

Effets de l'arsenic sur la circulation et la respiration. — Sklarek (1866) avait
ncé que l'acide arsénieux tue les grenouilles par arrêt du cœur ; chez les mammi-
es il avait observé également un affaiblissement de cet organe. Ces expériences ont déjà
contredites par Cunze (1866) qui a vu persister les contractions de l'oreillette vingt-six
res après l'empoisonnement, chez les grenouilles ; elles l'ont été plus tard par Boehm
Unterberger (*loc. cit.*) et particulièrement par Lesser (*loc. cit.*). Celui-ci a montré
e chez les batraciens la mort ne pouvait être attribuée à l'arrêt du cœur, puis-
e l'animal survit pendant trente minutes à l'excision de cet organe, tandis qu'il

succombe au bout de dix minutes à l'empoisonnement par l'arsenic. SYDNEY RINGER et MURRELL (*J. P.*, t. I, p. 213, 1878) ont observé également que des grenouilles intoxiquées avec l'acide arsénieux perdent leur excitabilité médullaire plus vite qu'après l'ablation du cerveau et du cœur.

LESSER a suivi de près les troubles cardiaques produits par le poison sur la grenouille. L'arrêt du cœur en diastole provoqué par l'arséniate de soude ne se manifeste pas immédiatement, mais au bout de quatre à cinq minutes. Non seulement l'organe se ralentit et s'affaiblit, mais son rythme se modifie, de sorte que la succession normale des contractions de l'oreillette et du ventricule est troublée. Après que le cœur s'est arrêté, il se manifeste de nouveau, au bout de quelques minutes, des contractions du ventricule qui partent du sillon auriculo-ventriculaire, et qui disparaissent après vingt à trente minutes. A ce moment les excitations mécaniques du sillon auriculo-ventriculaire peuvent encore provoquer pendant 30 minutes des systoles du ventricule, alors que des excitations plus fortes du sinus ramènent également des contractions du cœur tout entier, mais pendant une période moins longue. D'où LESSER conclut que les ganglions de REMAK et de BIDDER se paralysent; les premiers (considérés par LESSER comme excito-moteurs) perdent donc d'abord leur excitabilité, puis vient le tour de ceux de BIDDER. Les mêmes effets s'obtiennent si l'on applique directement le poison sur le cœur : mais on observe alors une période d'accélération qui manque chez la grenouille intacte, et qui est empêchée chez elle par l'excitation que la substance toxique détermine sur les nerfs vagues : si l'on détruit l'encéphale, cette augmentation de fréquence se produit également après.

Chez les mammifères, BOEHM et UNTERBERGER ont fait jouer dans les troubles circulatoires un rôle prédominant à la paralysie vaso-motrice du réseau abdominal. A la suite de l'injection des solutions d'acide arsénieux, ils ont vu se produire en quelque minutes une diminution progressive de la pression artérielle, aussi prononcée parfois que celle qui succède à la section de la moelle allongée, sans être jamais précédée d'une augmentation préalable. Les nerfs vagues avaient conservé leur excitabilité : pa contre l'excitation, soit directe, soit réflexe, de la moelle épinière n'arrivait plus à releve la pression chez des animaux qui avaient reçu une dose suffisante de poison : ils e ont conclu à la paralysie des vaisseaux, et ont trouvé de plus qu'elle était limitée a domaine du nerf splanchnique : l'excitation de ce nerf n'élevait plus la pression arté rielle, comme elle fait chez les animaux normaux; le sympathique cervical, au contraire conservait encore son action sur les vaisseaux de l'oreille, chez les lapins intoxiqués. O ne pourrait donc invoquer une paralysie centrale, puisque seuls les vaisseaux qui so sous la dépendance du nerf splanchnique avaient perdu leur tonicité.

Ces faits ont été mis en doute par LESSER; pour ce dernier ni les centres vasculaire ni les nerfs correspondants, ni les parois des vaisseaux ne sont paralysés. En examina les anses intestinales, mises à découvert, chez des animaux intoxiqués, il a constaté q l'excitation directe ou asphyxique de la moelle provoque encore ses effets habituel c'est-à-dire la contraction des vaisseaux.

A. VRYENS (*Recherches sur l'intoxication arsenicale aiguë A. P.*, 1881, t. VIII, (2), p. 780) e arrivé aux mêmes résultats que LESSER. Il trouve que les vaisseaux mésentérique comme ceux de l'oreille, se contractent encore sous l'influence de l'excitation du gra sympathique, que l'excitation de la moelle épinière, celle des nerfs sensibles, et l'a phyxie, continuent à élever la pression, et que, d'autre part, l'injection de nitrite d'amy et l'excitation des nerfs dépresseurs l'abaissent; que par conséquent l'appareil vaso-mote fonctionne encore à peu près normalement.

En reprenant l'étude de cette question, PISTORIUS arrive à concilier ces opinio extrêmes. Pour lui, à une certaine période de l'intoxication, les nerfs vasculaires conse vent leur excitabilité directe et réflexe; plus tard l'excitation réflexe des centres vas moteurs n'a plus d'effet, mais l'excitation directe agit encore, quoique d'une façon moi marquée. Quand l'empoisonnement arrive à son plus haut degré, l'excitation mêi de la moelle est inefficace, et alors celle du splanchnique le devient également : do d'après PISTORIUS, la paralysie vaso-motrice existe bien réellement, mais elle po aussi bien sur les centres que sur les appareils périphériques.

Si l'on considère que VRYENS accorde aussi que l'excitabilité de ces organes, bien q conservée, est cependant affaiblie, l'abaissement de la pression artérielle, l'hyperén du tube digestif trouvent déjà en partie leur explication : il faut sans doute y ajouter, avec LESSER et DOGIEL, l'action exercée par le poison sur le myocarde et sur ses ganglions intrinsèques. L'abaissement de pression n'est pas toujours le phénomène primitif; elle est précédée d'une augmentation préalable si le poison a été injecté à petite dose. Dans ce dernier cas aussi, la fréquence du cœur est d'abord accélérée (PISTORIUS, DOGIEL, LESSER); pour des doses moyennes, le rythme se précipite d'abord, puis se ralentit; pour des doses fortes, le ralentissement est immédiat (LESSER). Si l'injection, au lieu d'être veineuse, est sous-cutanée, l'accélération primitive est la règle d'après ce dernier.

Ni VRYENS, ni PISTORIUS n'ont constaté la perte de l'excitabilité du pneumogastrique signalée par LESSER.

DOGIEL, qui a étudié au moyen du compteur de LUDWIG la vitesse de la circulation chez les animaux empoisonnés, a trouvé qu'elle était d'abord augmentée, puis diminuée.

On trouve peu de renseignements relatifs à l'action de l'arsenic sur les centres de la respiration. D'après LESSER, les modifications respiratoires sont indépendantes de celles de la circulation : c'est d'abord l'excitation, puis la dépression, qui se manifeste surtout si l'on injecte des doses progressives et si les nerfs vagues sont intacts. Lorsque l'injection a été faite dans une veine, la diminution d'excitabilité des centres amène le ralentissement et l'affaiblissement immédiats de la respiration : il en est de même si le poison est introduit dans une carotide. Les battements du cœur survivent en général à la respiration chez les animaux à sang chaud : c'est le contraire chez la grenouille.

Action sur le sang. — L'arsenic ou pour mieux dire les acides arsénieux et arsénique ne sont pas des poisons du sang, et sous ce rapport la physiologie pathologique de ces composés doit être entièrement séparée de celle de l'hydrogène arsénié. D'après les documents, peu nombreux d'ailleurs, que l'on a sur ce sujet, il apparaît bien que leur action sur le liquide sanguin est peu prononcée. On dit que l'arsenic absorbé se trouve dans le caillot et non dans le sérum (ce qui prouverait l'affinité des éléments figurés pour le poison), et qu'il diminue le pouvoir absorbant du sang pour l'oxygène.

D'après DOGIEL, lorsqu'on ajoute à du sang défibriné de chien ou de grenouille de l'acide arsénieux en poudre, au bout de quelques jours, il n'y a de modification ni dans la forme des globules ni dans la couleur du sang, tandis que sous l'influence de l'acide arsénique la forme des globules s'altère : dans le sang de la grenouille, le noyau devient plus net en même temps que granuleux. On peut se demander si cet effet n'est pas dû uniquement à l'acidité du composé.

Chez l'homme des recherches ont été faites par CUTTLER et BRADFORD, qui ont soumis des anémiques au traitement par la liqueur de FOWLER, et disent avoir observé d'abord une augmentation des globules rouges et blancs; puis une diminution de ces éléments. HAYEM, en donnant pendant des semaines de l'arsenic à des chlorotiques, n'a rien constaté de particulier. En reprenant ces expériences dans le laboratoire de HAYEM, DELPEUCH (D. P., 1880) a trouvé que le sang ne présente pas de modifications tant que la dose d'arsenic n'a pas atteint $0^{gr},01$. Quand on arrive à ce chiffre, le résultat est constant : le nombre des globules rouges a diminué : mais, au fur et à mesure que cette diminution se produit, la quantité d'hémoglobine augmente dans les globules intacts, de sorte que la richesse du sang en matière colorante ne subit que peu de variations. D'autre part les globules blancs et les hématoblastes ne présentent que d'insignifiantes modifications.

A. VRYENS exagère donc l'action destructive des composés arsenicaux, en parlant, comme le font beaucoup d'autres auteurs, de la dissolution des globules sanguins par l'arsenic : il suffit de faire remarquer que les composés dont il est ici question ne produisent qu'exceptionnellement l'hémoglobinurie. A. VRYENS reconnaît du reste que la destruction des hématies est très peu importante en général, dans les cas où la quantité injectée ne dépasse pas $0^{gr},01$ d'As^2O^3 pour 1 kilogramme, ce qui est une dose considérable. L'animal, dit-il, se porte encore assez bien immédiatement après l'intoxication, et ce n'est qu'au bout de quelques heures que les symptômes graves se déclarent : cette sorte de période d'incubation, ajoute-t-il, prouve que ce n'est pas aux troubles de la composition chimique du sang que l'on peut rattacher les symptômes graves qui ne surviennent que beaucoup plus tard. Aussi Binz et Schultz ont-ils pu dire avec raison que l'état du sang a peu d'importance dans l'empoisonnement par l'arsenic.

Récemment Silbermann a cherché à prouver que l'arsenic produit des coagulations intra-vasculaires auxquelles il fait jouer un rôle prépondérant dans l'intoxication. Sa méthode consiste à injecter à l'animal après l'empoisonnement une matière colorante telle que l'indigorosulfate de soude, le rouge de phloxéine ; les parties où il s'est formé des caillots restent incolores, tandis que celles dont les vaisseaux ne sont pas obstrués sont colorées. Des chiens, des lapins recevaient sous la peau 0gr,25 à 0gr,30 d'acide arsénieux : le poumon, la muqueuse de l'estomac, le foie et le rein, prenaient après l'injection de la matière colorante un aspect marbré, résultant de ce qu'un certain nombre de ramifications vasculaires étaient devenues imperméables dans ces différents organes. Il se formerait également pendant la vie des caillots dans le cœur droit, les gros vaisseaux, l'artère pulmonaire, les veines caves. La transfusion à un animal sain d'une certaine quantité de sang d'un animal intoxiqué produirait les mêmes résultats (*Ueber das Auftreten multipl. intravitaler Blutgerinnungen nach acut. Intoxic. durch chlorsäure Salze, Arsen., Phosphor, etc.*; *A. V.*, 1889, t. cxvii, p. 288).

Les coagulations se produisent sur place : ce sont des thromboses et elles adhèrent fortement à la paroi : les thromboses capillaires disséminées dans les organes amèneraient consécutivement des thromboses par stase dans les gros vaisseaux, veines caves et artères pulmonaires.

L'auteur croit pouvoir rapporter aux obstructions capillaires la chute de pression dans le système aortique, ainsi que la stase veineuse dans le domaine de la veine porte ; dans le poumon elles amènent d'une part des stagnations et une diminution des surfaces respiratoires, d'autre part une réplétion moindre du système artériel : l'anémie à son tour a comme conséquence la dyspnée, les convulsions, la faiblesse générale. Enfin les obstructions vasculaires auraient leur part dans la pathogénie des dégénérescences nécrobiotiques. La formation des caillots trouverait son point de départ dans une altération des éléments figurés du sang.

Falkenberg et Filehne ont contesté les résultats obtenus par la méthode de Silbermann. Heinz est, au contraire, arrivé à des résultats semblables (*Natur und Enstehungsart der bei Arsenikvergift. auftretenden Gefässverlegungen; A. V.*, t. cxxvi, p. 495). En injectant sous la peau 5 cent. cubes d'une solution d'acide arsénieux à 5 p. 100, il trouve dans la muqueuse intestinale une grande quantité de capillaires simplement gorgés de sang, par la stase : mais cette stase elle-même est provoquée par des thromboses veineuses. Les concrétions sanguines sont constituées, non par de la fibrine, mais par des amas de plaquettes : ce qui semble démontrer une altération du sang, soit que les plaquettes, si elles existent normalement, se détruisent et s'agglomèrent, soit qu'elles se forment sous l'influence de l'arsenic. Plus tard le thrombus devient mixte, c'est-à-dire qu'il s'y ajoute de la fibrine, mais il ne se prolonge pas dans les capillaires. Il produit un infarctus hémorrhagique, et, si l'animal survit pendant 24 ou 48 heures, une lésion ulcéreuse.

Action sur la nutrition. — Schmidt et Sturzwage (*Ueb. den Einfluss der Arsenige Saüre auf den Stoffwechsel; Moleschott's Untersuch.*, t. vi, p. 183, 1859) avaient trouvé que sous l'influence de l'arsenic l'excrétion de l'urée et celle de CO^2 diminuent. Lolliot (*D. P.*, 1868) était arrivé pour l'urée à des résultats semblables. Voit a montré que les expériences des deux auteurs allemands n'étaient pas probantes, que la diminution de l'urée était la conséquence du rejet par le vomissement d'une grande partie des matières alimentaires. Aux recherches de Lolliot on a objecté que cet auteur avait déterminé la proportion centésimale de l'urée sans tenir compte de la quantité d'urine éliminée en vingt-quatre heures. Cependant, si H. von Bœck (*Z. B.*, t. vii, p. 430, 1871), si Fokker (cité par Voit, *H. H.*, t. vi, 1re partie, p. 1825) n'ont reconnu à l'arsenic aucune influence sur la destruction des matières albuminoïdes lorsqu'ils administraient la substance à des chiens, à des doses en quelque sorte médicinales, par contre, Ritter et Vaudey (Th. Strasbourg, 1870) ont constaté chez l'homme une diminution de l'urée avec augmentation de l'acide urique : de même, Weiske, en donnant l'arsenic à petites doses à des herbivores, trouva qu'en même temps que le poids des animaux augmentait, la décomposition des matières albuminoïdes était réduite de 4 p. 100, que l'élimination d'azote par les matières fécales était réduite de 0,3 p. 100, et il émit l'opinion que l'arsenic permet une assimilation plus complète de l'albumine.

Il n'y a guère que SALLET qui ait trouvé une augmentation journalière de 2 grammes d'urée pour des doses thérapeutiques; mais VOIT fait remarquer que c'est seulement par une préparation minutieuse de la ration alimentaire que l'on peut maintenir à un taux régulier la quantité d'azote ingérée et éviter des variations journalières de 2 grammes d'urée dans l'urine.

Si pour les doses faibles les résultats sont contradictoires, les expériences de GAETH-GENS et de KOSSEL ont par contre bien établi que les doses fortes d'arsenic augmentent la production d'urée. Un chien du poids de 21 kilogrammes reçut d'abord pendant quinze jours une ration alimentaire régulière, mais insuffisante : le neuvième jour, l'animal éliminait dans son urine 4 grammes 7 d'azote : pendant les six jours suivants on lui donna de l'arséniate de soude, et la quantité quotidienne d'azote fut en moyenne de 4^{gr},8. Comme, pendant les deux derniers jours, l'animal vomit une partie de sa nourriture, on pouvait déjà admettre que l'albumine était décomposée plus activement.

Pour éviter l'influence perturbatrice du vomissement, l'animal fut alors soumis au jeûne pendant douze jours, tout en continuant à recevoir de l'arsenic, et l'excrétion journalière de l'azote s'éleva progressivement de 3 grammes à 8^{gr},7 (GAETHGENS. C. W., 1873, p. 529; KOSSEL. *Kenntniss d. Arsenikwirk.; A. P. P.*, 1876, t. v, p. 128).

On objecta à ces expériences que l'inanition pouvait, par elle-même, amener une production plus abondante d'urée (FORSTER, *Z. B.*, t. xi, p. 522, 1875; V. BŒCK, *ibid.*, t. xii, p. 512, 1876). GAETHGENS en fit de nouvelles pour démontrer que l'augmentation d'urée est si intimement liée à l'administration de l'arsenic que cette interprétation ne saurait être admise. Chez un chien à jeun, l'élimination d'azote étant devenue régulière dès le troisième jour, on commença à donner de l'arsenic, et l'on obtint les chiffres consignés dans le tableau suivant (D'après VOIT, *loc. cit.*).

Jour de jeûne.	Arsenic.	Azote dans l'urine.	Jour de jeûne.	Arsenic.	Azote dans l'urine.
3	0	4,5	7	0	5,0
4	arsenic	4,4	8	0	3,3
5	arsenic	5,4	9	0	3,7
6	arsenic	5,8			

V. BŒCK reconnut du reste plus tard lui-même la réalité du fait, tout en contestant les conclusions qu'en avait tirées GAETHGENS pour expliquer les effets de l'arsenic (*C. W.*, 1879, p. 216).

Il paraît donc bien démontré qu'à fortes doses l'arsenic se comporte comme le phosphore, c'est-à-dire qu'il augmente l'excrétion d'urée. On a supposé par analogie, mais sans preuve directe, que, comme ce dernier corps, il diminue dans ces mêmes conditions l'exhalation de CO^2 par les poumons, ainsi que l'absorption d'oxygène.

L'arsenic provoque donc, comme le phosphore, à un moindre degré toutefois que ce dernier, le dédoublement d'une grande quantité d'albumine; mais, alors que l'azote de la molécule d'albumine est éliminé en excès, les produits de décomposition non azotés qu'elle fournit sont retenus dans l'organisme, comme le prouve, si l'on applique à l'arsenic les faits observés pour le phosphore, l'élimination moindre de CO^2[1].

Cette influence sur les échanges nutritifs a permis d'expliquer l'accumulation de matières grasses qui, au premier abord, ne semble pas se concilier avec une activité plus grande du processus de désassimilation, attestée par l'excrétion plus abondante d'urée. Les travaux de VOIT et de BAUER ont montré que les deux ordres de phénomènes sont loin d'être incompatibles.

Mais, comme le dit BUNGE, nous ignorons complètement le mode suivant lequel, dans les empoisonnements par le phosphore et l'arsenic, s'accomplit la réaction qui fait de la graisse aux dépens du contenu azoté des cellules. On ne sait pas mieux ce qui met obstacle à la désassimilation des matières grasses. On peut supposer, ce qui n'est pas prouvé, que l'apport d'oxygène a diminué à cause des altérations du sang,

1. PFLUGER, cependant, a mis récemment en discussion les faits et les conclusions qu'on en a tirées (*A. Pf.*, t. LI, 1892, p. 229).

ou bien que le protoplasma cellulaire, altéré dans sa composition, n'est plus apte à décomposer les matières grasses en produits oxydables, d'où résulterait indirectement une absorption moindre d'oxygène. Ce que l'on sait de l'état du sang rend la deuxième hypothèse plus vraisemblable que la première. Enfin il faut ajouter qu'un fait qui ne cadre ni avec l'une ni avec l'autre, c'est que l'arsénite et l'arséniate de soude, même à dose mortelle, n'empêchent pas la transformation de la benzine en phénol dans l'organisme animal : preuve pour NENCKI et SIEBER que, contrairement au phosphore, l'arsenic ne met pas obstacle aux oxydations organiques (A. Pf., t. XXXI, p. 329).

Ce dont on ne doute pas cependant, c'est que la désorganisation des matières albuminoïdes ne soit la cause de la dégénérescence graisseuse des organes, qui est un des caractères de l'intoxication arsenicale et qui a été bien étudiée expérimentalement par SALKOWSKY (A. V., 1865, t. XXXIV, p. 73).

Le foie est particulièrement atteint. Tandis que chez trois lapins normaux la quantité de graisse du foie était de 6,10, de 6,75, de 5 p. 100; chez trois autres animaux empoisonnés avec de l'acide arsénieux, elle s'est élevée à 8, 12,50, 11 p. 100 (SALKOWSKY).

L'épithélium des canalicules du rein, celui des glandes de l'estomac, le cœur et le diaphragme avaient subi également l'altération graisseuse. Dans le même volume des archives de VIRCHOW, GROHE et MOSSLER rapportent un cas d'empoisonnement chez un enfant de deux ans qui mourut en l'espace de dix-sept heures et chez lequel on put constater à l'autopsie les lésions que SALKOWSKY avait signalées chez le lapin. Depuis lors, elles ont été souvent étudiées. Voir en particulier, au point de vue histologique, CORNIL et BRAULT (Journ. de l'Anat., 1881, t. XVIII. p. 1). On a observé la dégénérescence graisseuse de l'épithélium pulmonaire, de l'endothélium des vaisseaux, et des ganglions mésentériques.

Ici vient se placer aussi l'augmentation d'embonpoint, la tendance à l'obésité, si souvent signalées comme la conséquence de l'usage prolongé de l'arsenic, soit chez les arsenicophages, soit chez les sujets soumis à la médication arsenicale. Le développement du pannicule adipeux, soit chez l'homme, soit chez les animaux, s'expliquait facilement, tant que l'on ne reconnaissait à l'arsenic d'autre influence que celle de diminuer les échanges nutritifs. La cause de cette surcharge graisseuse est plus complexe, puisque c'est à la désorganisation de l'albumine que l'excès de graisse doit en grande partie son origine, (VAUDEY. D. P., 1890). Cependant les expériences de RITTER (cité par VAUDEY) et de WEISKE portent à croire que, quand la dose n'est pas trop élevée, l'arsenic ralentit les processus de désassimilation dans leur ensemble.

On ne peut en effet se refuser à admettre que dans certaines circonstances cette substance ne permette une utilisation plus parfaite et plus complète de tous les matériaux de la nutrition. Les faits sont nombreux qui parlent en ce sens. Je rappellerai ceux qu'ont signalé WEISKE et FOKKER. ROUSSIN, ayant nourri pendant trois mois de jeunes lapins avec de l'arséniate calcaire, de telle sorte qu'ils recevaient jusqu'à 0^{gr},10 d'acide arsénique par jour, note qu'au bout de ce temps, ils étaient vifs, alertes « et d'une grosseur surprenante ». GIESS aussi, comme tant d'autres, a constaté, sous l'influence de faibles doses d'arsenic, une augmentation du poids du corps chez les animaux en expériences, mais, de plus, un accroissement énorme dans le développement sous-périostique et épiphysaire des os, qui étaient devenus à la fois plus longs et plus épais (A. P. P., t. VIII). MAAS avait déjà fait la même observation. GIESS rapporte encore que des femelles de lapin, soumises à l'intoxication chronique et fécondées par des mâles intoxiqués également, mirent bas des petits mort-nés, mais beaucoup plus développés que ne le sont les fœtus normaux, et il attribue leur mort à la lenteur de l'expulsion occasionnée par leur volume.

Dans ces conditions, il ne s'agit plus d'un simple dépôt de graisse ou bien d'une accumulation de certains matériaux produits au détriment de certains autres, mais l'arsenic manifeste ici son influence sur le développement général des tissus et des organes, et elle paraît bien être telle que les processus d'assimilation l'emportent sur les processus contraires.

On a cherché encore dans la combustion moins active du carbone, dans la diminution hypothétique des oxydations, la cause de la vigueur musculaire des arsenicophages, de la facilité avec laquelle ils supportent les excursions en montagne, et de leur grande capacité de travail, en général. Comme les combustions se font pour la majeure partie dans les muscles, si elles deviennent moins actives, il en résultera, a-t-on dit, une production moindre d'acide lactique et d'autres substances fatigantes.

La facilité de la respiration, qui paraît être une des conséquences de l'usage de l'arsenic, a été attribuée de même au ralentissement des échanges dans les muscles thoraciques : d'autre part, le sang moins chargé de CO_2 serait un excitant moins puissant pour les centres respiratoires : le besoin de respirer se ferait donc moins vivement sentir.

Ces explications sont peu satisfaisantes. Si, en effet, les combustions diminuent dans le muscle, forcément il produira moins de travail, puisque l'énergie qu'il manifeste n'est qu'une transformation de l'énergie chimique des matériaux combustibles : forcément aussi, pour peu qu'il se contracte avec activité, comme par exemple dans une course en montagne, il devra produire des substances ponogènes et excitantes pour les centres respiratoires.

Il est plus vraisemblable que l'arsenic agit sur la motilité par l'intermédiaire du système nerveux, soit qu'en stimulant les centres moteurs il lui permette de mieux utiliser et de mieux régler l'emploi de l'énergie mise en liberté, soit, au contraire, qu'en diminuant l'excitabilité des nerfs sensitifs il atténue la sensation d'effort et de fatigue. L'une et l'autre de ces deux hypothèses, malgré ce qu'elles ont de contradictoire, sont permises si l'on considère que, dans l'intoxication arsenicale, des phénomènes d'excitation très marqués du système nerveux coexistent avec des phénomènes de dépression non moins prononcés.

Comme dernière manifestation de l'influence exercée par l'arsenic sur la nutrition, il faut signaler la diminution, et même quelquefois l'absence totale, de glycogène du foie, qui a été observée d'abord par SALKOWSKY. De sorte que chez les animaux intoxiqués par l'arsenic la piqûre diabétique, le curare resteraient inefficaces pour produire la glycosurie. Ce fait a été vérifié par divers expérimentateurs, en particulier par QUINQUAUD. Ce dernier trouve, par exemple, qu'un chien non intoxiqué et rendu diabétique par piqûre du quatrième ventricule excrète en vingt-quatre heures $10^{gr},909$ de sucre, tandis qu'un autre chien de même poids, intoxiqué par l'arsenic et soumis ensuite à la piqûre, n'excrète que $0^{gr},175$ de sucre (B. B., 1882, p. 537). Cependant, BIMMERMANN a vu encore dans ces conditions la glycosurie se produire par l'action du curare et du nitrite d'amyle (In Jahresber. de VIRCHOW et HIRSCH, 1879).

LEHMANN (analysé in A. P. P., t. II, p. 463, 1874), dans ses expériences, a cherché à élucider le mécanisme de la disparition du glycogène. Il constate d'abord, sur une première série d'animaux, qui n'avaient reçu que de petites doses de liqueur de FOWLER ($0^{gr},10$), que la quantité de glycogène n'était pas sensiblement modifiée. Par contre, quand des animaux, qui avaient jeûné deux ou trois jours, recevaient un repas copieux en même temps que 1 gramme à $1^{gr},5$ de liqueur de FOWLER, on trouvait dans leur foie beaucoup moins de glycogène que chez ceux qui, ayant été également soumis au jeûne, n'avaient pas pris d'arsenic.

LEHMANN avance, d'autre part, que, chez les animaux, normaux, à jeun, le sucre injecté dans la veine-porte traverse plus facilement le foie que chez les animaux bien nourris, et qu'il reparaît dans l'urine; mais, si les animaux, quoique bien alimentés, reçoivent en même temps de l'arsenic, la glycosurie s'établit encore après l'injection de sucre, c'est-à-dire que le foie arsenical se comporterait par rapport au glycose, comme le foie en état d'inanition : l'un comme l'autre sont devenus moins aptes à transformer les matières hydrocarbonées en glycogène.

Les expériences de NAUNYN montrent aussi que l'arsenic empêche la transformation du sucre en glycogène (Handb. der speciell. Pathol. de ZIEMSSEN, t. XV, p. 351). A des lapins à jeun pendant trois jours ou plus, cet expérimentateur, ayant donné de deux heures en deux heures 4 à 10 grammes de sucre additionnés chaque fois de $0^{gr},02$ d'acide arsénieux, ne trouva dans leur foie que de faibles quantités de matière glycogène, au maximum 0,15 p. 100 du poids de l'organe frais; cependant l'urine ne renfermait pas de sucre. Par contre, LUCHSINGER a vu le sucre, injecté dans le sang d'animaux intoxiqués, reparaître dans l'urine, tandis que le foie et les muscles ne contenaient pas de glycogène.

Il est probable que ce n est pas le sucre seul qui ne peut plus être transformé par le foie arsenical, mais que tous les matériaux qui donnent origine au glycogène sont dans le même cas. La disparition du glycogène n'a rien qui puisse surprendre, si l'on considère, comme l'a fait bien remarquer Roger, que cette substance est en quelque sorte le témoin de l'activité des cellules hépatiques. Quand celles-ci auront subi la dégénérescence graisseuse, l'élaboration du glycogène ne pourra plus avoir lieu; mais, avant même qu'elles n'aient éprouvé des altérations grossières, la vitalité de leur protoplasma pourra être assez compromise par le poison pour que leur fonctionnement s'en ressente.

Action sur le système nerveux. — Nous avons décrit en détail les accidents nerveux de l'intoxication arsenicale. Il reste encore à étudier leur pathogénie. Sont-ils d'origine centrale ou périphérique?

Sidney Ringer et Murrell, de leurs expériences sur la grenouille, ont conclu que l'acide arsénieux affecte d'abord, et très rapidement, les centres nerveux, puis, qu'au bout de quelques heures il détruit la conductibilité des nerfs moteurs et l'irritabilité musculaire; la perte de ces dernières propriétés n'est pas la conséquence de l'arrêt du cœur; car elles disparaissent au bout de trois à neuf heures après l'empoisonnement par l'acide arsénieux, tandis qu'elles durent en moyenne vingt-neuf heures quand on a détruit le cœur et le cerveau.

Chez les mammifères, Scolosuboff est probablement le premier qui ait cherché à étudier par la méthode expérimentale le mécanisme des troubles nerveux, et il est arrivé à cette conclusion qu'ils résultent de l'altération des centres nerveux par l'arsenic : cette conclusion se fondait sur des recherches chimiques dont il sera question plus loin. Bien que la donnée même qui lui servait de base ait été contredite par la majorité des expérimentateurs, l'opinion de Scolosuboff fut cependant confirmée, d'autre part, par les recherches anatomo-pathologiques. Dans des expériences entreprises sous la direction de Mierzejewsky, Popoff (Petersb. med. Wochenschr. analysé in Jahresb. de Virchow et Hirsch, 1880) trouva que, chez les animaux soumis à une intoxication suraiguë, il se produit des lésions très manifestes de la moelle ayant les caractères d'une polyomyélite aiguë. Dans les cas plus chroniques, l'inflammation s'étendrait à la substance blanche, et il se produirait des myélites diffuses. Les nerfs, examinés à leur sortie de la moelle aussi bien que dans leur trajet périphérique, ne montraient aucune altération, même dans les cas où la mort n'était survenue que trois mois après l'intoxication.

Plus tard, répondant aux objections qui lui étaient faites, Popoff décrivit, dans un cas d'empoisonnement chez l'homme, les mêmes altérations qu'il avait observées chez les animaux : gonflement, état trouble, décoloration et vacuolisation des cellules nerveuses, hyperémie et diffusions sanguines dans les régions cervicale et dorsale de la moelle, au voisinage du canal central, dans les cornes postérieures et les cordons latéraux, exsudats plastiques dans le renflement cervical. Mais, d'après Kreysig (A. V., t. cii, 1883), la décoloration des cellules ganglionnaires, la formation de vacuoles dans leur intérieur sont produites par la méthode de durcissement employée et peuvent se rencontrer sur la moelle d'animaux normaux : après l'empoisonnement par l'arsenic, il ne constate dans les centres nerveux d'autres lésions que quelques hémorrhagies capillaires de la substance grise, lesquelles ne sont pas constantes; il cite Vulpian comme étant arrivé également à des résultats négatifs.

Sur un chien, chez lequel de fortes doses d'arsenic données pendant dix jours avaient amené une paralysie, Jaschke n'a de même trouvé que quelques petites apoplexies dans les méninges, sans aucune indication de myélite centrale. Cet auteur paraît avoir été le premier à attribuer les troubles moteurs et sensoriels de l'arsenic à des lésions périphériques, à la polynévrite; et cette opinion est soutenue aujourd'hui par la plupart de ceux qui se sont occupés de cette question. Jaschke a invoqué les motifs suivants : 1° la localisation des troubles de la sensibilité et du mouvement dans le domaine de certains nerfs : ainsi, dans un cas, une anesthésie très prononcée était limitée au territoire du nerf médian; 2° les troubles sensitifs très marqués, les phénomènes ataxiques, la douleur à la pression sur le trajet du nerf; 3° l'absence des symptômes habituels des paraplégies médullaires, tels que les troubles de la miction; 4° l'absence de l'atrophie rapide et intense qui accompagne la poliomyélite antérieure; 5° la guérison complète et relativement rapide, malgré un degré très prononcé de paralysie ; 6° l'existence du zona ; 7° les réactions électriques qui sont celles des paralysies périphériques légères ; 8° la sensibilité des muscles paralysés.

Dana (loc. cit.) ajoute à ces arguments : 1° l'existence de la névrite optique qu'il a observée ; 2° la paralysie motrice localisée, comme par exemple celle d'une seule corde vocale ; 3° le fait même que l'arsenic peut produire une forme de pseudo-tabès semblable au tabès dû à l'alcool ou à la diphtérie : et on sait que dans ces derniers cas, il est sous la dépendance d'une polynévrite.

Lancereaux s'était déjà appuyé sur cette preuve par analogie et sur le tableau clinique des paralysies arsenicales pour les ranger, avec celles de l'alcool, dans le groupe des paralysies d'origine périphérique (Gaz. des hôpit., 1883, n° 46).

Dans une communication au congrès médical de Berlin, Nauxyn (Berl. klin. Wochenschr., 1886, p. 555) fait ressortir également, d'après un cas qu'il a observé, l'analogie des symptômes avec ceux de la polynévrite. Cette opinion est confirmée par les recherches expérimentales d'Alexander (Klin. med. experim. Beiträge zur Kenntniss der Lähmungen nach Arsenik. Vergiftung. Th. de Breslau, 1889) qui a observé sur des lapins intoxiqués de l'atrophie dégénérative des nerfs et des muscles, sans altérations centrales. Mais en même temps l'auteur arrive à cette conclusion que, chez les animaux, il est difficile de déterminer par une intoxication chronique l'apparition tant d'une polynévrite que d'une myélite. Becq (Arch. de neurologie, 1894, p. 108) dans ses expériences a rencontré les mêmes difficultés : dans la moelle, pas de modification de structure : dans les nerfs, la seule particularité à signaler, c'est que la myéline, au lieu d'avoir le reflet bleuâtre que lui donne habituellement l'acide osmique, avait une teinte gris noirâtre, semblable à celle qu'ont trouvée Pitres et Vaillard dans les névrites provoquées par l'alcool et l'éther.

Il semble, d'après tous ces faits, que les manifestations nerveuses doivent être rattachées dans la majorité des cas à des altérations périphériques : mais il ne faudrait pas généraliser davantage, puisque tout récemment Henschen (Neurol. Centralb., février 1894) a publié un fait dans lequel il a constaté des lésions médullaires primitives, très nettes et très étendues. Le syndrome clinique avait du reste fait admettre la participation de la moelle au processus morbide.

Action sur la peau et les muqueuses. — Les manifestations produites par l'arsenic du côté de la peau ont été déjà signalées plus haut dans le tableau d'ensemble de l'intoxication arsenicale. On a vu que les altérations les plus diverses ont été observées, rougeur avec gonflement, éruptions papuleuses, ortiées, érysipélateuses, pustuleuses, chute des cheveux, des poils, des ongles : elles semblent reconnaître pour cause l'élimination du poison par la peau. Dans l'arsenicisme professionnel, il faut faire intervenir aussi le contact direct du poison avec le tégument ; enfin on n'a peut-être pas tenu suffisamment compte des troubles trophiques que doivent amener les altérations des nerfs.

Une modification curieuse de la peau, qui a souvent été observée à la suite de l'usage prolongé de l'arsenic à dose thérapeutique, est cette pigmentation anormale que l'on a désignée sous le nom de mélanose arsenicale. Wyss, qui a fait des coupes microscopiques sur la peau des sujets qui en étaient atteints, a trouvé un pigment brun-jaune ou brun rougeâtre déposé, suivant que les cas étaient plus ou moins intenses et invétérés, soit dans les lymphatiques des papilles seulement, soit dans le réseau lymphatique du derme. Il pense que c'est la matière colorante du sang qui forme ces granulations pigmentaires, il invoque à ce sujet les recherches de Stierlin qui a vu l'usage de la liqueur de Fowler réduire le chiffre des globules rouges et la quantité d'hémoglobine. Sur ce dernier point, Delpeuch est arrivé, comme il a été dit, à des résultats différents : mais la diminution du nombre des hématies peut venir à l'appui de l'opinion émise par Wyss.

Aux différentes affections des muqueuses déjà mentionnées, telles que conjonctivite, laryngite, il faut ajouter la rhinite ulcéreuse. Dans une observation de Cartaz la manipulation et la préparation du vert du Schweinfurth a eu comme conséquence des ulcérations de la muqueuse nasale avec destruction complète de la cloison ; la maladie rétrocédait quand le malade cessait son métier. Saint-Philippe (Gaz. méd. de Bordeaux, n° 42, 1877) a cité deux observations d'uréthrites développées en dehors de toute contamination vénéneuse et qu'il rapporte à l'abus de l'arsenic, pris dans un but thérapeutique. L'irritation produite par une urine chargée d'arsenic expliquerait cette inflammation sur laquelle DELATOUR avait déjà attiré l'attention.

Il faut sans doute expliquer de la même façon le chatouillement de l'urèthre avec tendance à l'érection observé dans des cas semblables, ainsi que la dysurie, la strangurie, et le ténesme vésical signalés comme accidents de l'intoxication arsenicale.

Absorption, localisation et élimination. — L'absorption des composés arsenicaux peut se faire par les muqueuses, par le tissu cellulaire sous-cutané, par des plaies, des ulcères de la peau.

L'acide arsénieux introduit en solution dans le tube digestif pénètre rapidement dans le sang; car au bout de quelques minutes on le retrouve déjà dans les urines. Il est absorbé dans l'intestin sous forme d'arsénite de soude : une petite partie y est transformée en sulfure d'arsenic qui, insoluble, n'est pas soumis à la résorption. Il est vrai que, sous l'influence de la putréfaction, c'est-à-dire de l'activité microbienne, le sulfure en présence de l'eau et à la température du corps peut, d'après OSSIKOWSKY, redevenir de l'acide arsénieux et même de l'acide arsénique : mais dans les expériences de cet auteur le sulfure d'arsenic restait en contact au moins pendant deux jours avec le pancréas, à une température de 35 à 40°, tandis que dans l'intestin il est rapidement éliminé avec les matières fécales.

Dans l'urine on peut obtenir en certains cas un précipité de sulfure d'arsenic en y faisant passer directement de l'hydrogène sulfuré après l'avoir acidulé avec de l'acide chlorhydrique. Il ne paraît pas démontré jusqu'à présent (HUSEMANN. *Erwiesenes und Hypothetisches vom Arsen.; Deut. med. Wochenschr.*, 1892, p. 108) que l'acide arsénieux reparaisse dans l'urine à l'état d'acide arsénique. Par contre, l'arsenic peut s'y trouver à l'état de combinaison organique. Ainsi, lorsque l'hydrogène sulfuré n'a pas produit de précipité, il ne faut pas en conclure que l'urine soit exempte d'arsenic, sa présence peut y être démontrée si l'on a recours à l'appareil de MARSH après avoir détruit les matières organiques.

HASEMANN cite à ce propos le passage suivant de MORNER : « On ne sait pas encore exactement à quel état l'arsenic s'élimine par les urines. En général on a admis qu'il doit s'y trouver sous forme d'arsénite ou d'arséniate. Comme preuve de cette manière de voir, on peut faire valoir les recherches de SCHMIDT et BRETTSCHNEIDER qui, dans leurs expériences sur les chevaux, ont trouvé l'acide arsénieux non transformé dans le sang et dans l'urine. En outre REICHARDT assure que l'arsenic peut sans autre préparation être précipité de l'urine, acidulée par HCl, au moyen de l'hydrogène sulfuré. Cependant il ne faut pas croire que l'arsenic passe toujours dans l'urine à l'état d'acide arsénieux ou arsénique. Dans quelques expériences, je n'ai pu, chez des personnes qui prenaient de l'arsenic comme médicament, précipiter de l'arsenic dans l'urine acidulée par l'acide chlorhydrique, bien que, tenant compte de la difficulté de précipiter l'acide arsénieux, j'aie à plusieurs reprises et à quelques jours d'intervalle fait passer de l'hydrogène sulfuré : et cependant d'autres procédés permettaient de démontrer facilement la présence de l'arsenic dans ces mêmes urines. »

SELMI a prouvé, en effet, que le métalloïde s'élimine en partie sous forme de combinaison organique. Chez des chiens qui ont reçu pendant quelque temps de l'acide arsénieux, on trouve, du troisième au septième jour de l'intoxication, une arsine volatile à propriétés tétaniques, plus tard une base volatile renfermant encore une faible quantité d'arsenic, beaucoup moins toxique ; plus tard enfin, une autre base non toxique pour la grenouille, à la dose de 0^{gr},02. Pendant tout le temps de l'empoisonnement il s'élimine un composé basique et volatil renfermant du phosphore. L'élimination de l'arsenic sous forme de composés inorganiques commence aussitôt après l'intoxication et peut durer encore quarante jours après qu'on a cessé d'administrer l'arsenic.

ROUSSIN, ayant donné à des animaux de l'arséniate calcaire, suppose qu'il passe dans les urines à l'état d'arséniate ammoniaco-magnésien.

KIRCHGASSER rapporte une observation prise sur l'homme, où l'on put retrouver de l'arsenic pendant six semaines dans les urines et pendant deux semaines dans les féces, après que l'administration du toxique eut cessé (cité par DRAGENDORFF).

Dans une observation de GAILLARD de Poitiers, rappelée par BROUARDEL, on a également constaté la présence de l'arsenic dans l'urine jusqu'à quarante jours après l'empoisonnement. Il semble que l'arsenic éliminé par les matières fécales doive y être amené par la bile; cependant ORFILA, d'après quelques expériences qu'il a exécutées, se croit autorisé à dire qu'il n'en est rien. Chez les chiens, il trouve que l'élimination par les sécrétions est terminée au bout de quinze jours : on a vu qu'elle peut durer plus longtemps, d'après SELMI. Chez l'homme on peut admettre par induction que l'arsenic est entraîné par les sécrétions en six semaines. L'élimination pourrait même, dans certains cas, se prolonger davantage. WOOD a trouvé encore de l'arsenic dans l'urine au bout de 93 jours (*Boston Journal* 1893). Voir aussi, PUTNAM, *Boston Journal*, 1889.

Notons encore que, dans le rapport sur l'empoisonnement du duc de PRASLIN, l'examen de l'urine rendue dans les derniers moments de la vie, c'est-à-dire six jours après l'empoisonnement, ne donna que des résultats négatifs. ROUSSIN rappelle qu'il a depuis longtemps signalé le fait, qu'on peut trouver de l'arsenic dans l'urine à telle époque de l'empoisonnement et ne pas en déceler plus tard. D'après TAYLOR également, l'excrétion du toxique par l'urine pourrait être intermittente.

BERGERON et LEMATTRE ont avancé que l'arséniate de soude et l'arsénite de potasse se retrouvent en nature, non seulement dans l'urine, mais encore dans la sueur (*Arch. générales de médecine*, 1864). Leurs expériences toutefois, d'après RABUTEAU, ne seraient pas très convaincantes. CHATIN a trouvé de l'arsenic dans la sérosité d'un vésicatoire chez un sujet qui en avait absorbé (*Journ. de Chim. méd.*, 1847, p. 328); on verra aussi plus loin que la substance passe dans le lait.

La localisation de l'arsenic dans les tissus a fait l'objet de nombreuses recherches. ORFILA et CHRISTISON avaient noté qu'il se dépose surtout dans le foie; tel était aussi l'avis de FLANDIN et de TAYLOR qui plaçaient au second rang les reins, et en dernier lieu le cerveau. Les expériences de SCOLOSUBOFF lui avaient donné un résultat contraire. Il avait trouvé que, dans les empoisonnements aigus, le métalloïde se localise tout spécialement dans le cerveau; que, dans les empoisonnements chroniques, il se concentre surtout dans le cerveau et la moelle, qu'il n'envahit que consécutivement les muscles et le foie; et qu'on ne le trouve jamais dans cet organe à dose aussi considérable que dans la substance nerveuse (*A. P.*, 2e série, t II, 1875, p. 653).

Les expériences de SCOLOSUBOFF ont été faites sur des chiens et des lapins. L'empoisonnement était produit, soit en moins de vingt-quatre heures par des injections hypodermiques d'arséniate de soude, soit lentement en imprégnant pendant des mois les aliments avec la même solution. Voici un exemple de ce dernier genre : un chien bouledogue prend, du 28 mai au 1er juin, $0^{gr},010$ d'arsenic; du 1er juin au 11, $0^{gr},020$; du 11 au 16, $0^{gr},040$: du 16 au 26 juin, $0^{gr},080$; le 26 juin, $0^{gr},150$; le 30 juin et le 1er juillet, $0^{gr},160$. Le 2 juillet il est sacrifié. On a trouvé :

	Poids total de l'anneau arsenical. grammes	Rapport de ce nombre à l'arsenic du muscle.
Pour 100 grammes de muscle frais. . . .	0,00025	1
— de foie.	0,00271	10,8
— de cerveau	0,00885	36,5
— de moelle.	0,00933	37,3

Ainsi chez ce chien on trouva dans le cerveau une quantité d'arsenic 36 à 37 fois plus grande que dans le même poids de muscle frais et 4 fois plus grande que dans le foie.

Dans d'autres cas où les animaux étaient soumis à l'intoxication aiguë et où la mort arrivait en quelques heures, l'anneau arsenical du cerveau était très notable, moindre pour la moelle, à peine sensible pour le foie et pour le muscle. Se fondant sur les recherches précédentes, CAILLOL de PONGY et LIVON (*B. B.*, p. 202, 1879), ayant constaté que chez des cochons d'Inde la quantité d'acide phosphorique éliminée par les urines augmente sous l'influence de l'arsenic, ont émis l'hypothèse que l'arsenic remplace le phosphore dans la lécithine de la substance nerveuse. Mais on a objecté à ces expériences que la quantité d'arsenic administrée ne suffisait pas à compenser les pertes en phosphore qui se faisaient par l'urine.

D'ailleurs, à la même époque, E. LUDWIG montrait, d'après des expériences sur les animaux et des observations faites chez l'homme (*Ub. die Localisation des Arsens im thierischen Organismus nach Einverleibung von Arsenig. Saüre*; *Wien. med. Blätt.*, 1879, analysé in *Jahresb.* de VIRCHOW ET HIRSCH) que ce n'est pas dans les centres nerveux que se dépose de préférence l'arsenic, mais bien dans le foie et le rein. Dans un cas, chez l'homme, on trouva, pour 1480 grammes de foie, $0^{gr},135$ d'arsenic, pour 1481 grammes de cerveau $0^{gr},0015$, pour 144 grammes de rein, $0^{gr},0195$ et pour 600 grammes de muscle, $0^{gr},002$, de sorte que les muscles renfermaient 3 fois plus, le foie 89 fois plus et les reins 135 fois plus que le cerveau. LUDWIG a constaté également chez les animaux comme ch'z l'homme que l'arsenic est assimilé par l'os en quantité très appréciable : en donnant à des chiens de l'acide arsénieux pendant quelque temps, les os renfermaient encore de l'arsenic 27 jours après qu'on eût administré le poison; au 40me jour ils n'en contenaient plus, alors qu'on en trouvait encore dans le foie.

Ces résultats ont été souvent confirmés. Dans une observation de BERGERON, DELENS et L'HOTE (*Ann. d'hygiène publ. et de médec. légale*, 3me série, 1880, t. III) où l'empoisonnement eut lieu par du vert de Mitis, on trouve les chiffres suivants : dans 100 grammes de cerveau, $0^{gr},2$ d'arsenic; dans 42 grammes d'estomac et de pancréas, $0^{gr},4$; dans 100 grammes de foie, $1^{gr},4$; dans 100 grammes de poumon, $0^{gr},7$; dans 10 grammes de cœur, traces; dans 100 grammes d'intestin, $0^{gr},5$; dans 100 grammes de rein, $0^{gr},4$; dans 9 grammes de cheveux, $0^{gr},1$; dans 60 grammes de glande mammaire, $0^{gr},2$; dans 40 grammes de muscle, $0^{gr},1$. Le poison s'était donc particulièrement localisé dans le foie.

De même GUARESCHI (*Localizazione dell'arsenico nell'organismo*; *Rivista di chim. med. e farmacol.*, analysé in *Jahresb.* de VIRCHOW et HIRSCH, 1883) a trouvé dans l'estomac 0,0165 d'arsenic p. 100; dans le foie, 0,00105; dans le gros intestin, 0,00138; les poumons et le cœur, 0,0006; le muscle, 0,00011 et dans le cerveau des traces seulement. Il cite aussi SAHAPP et MONARI qui, chez une vache ayant reçu pendant 44 jours 0,4 à 0,5 d'acide arsénieux par jour, trouvèrent dans l'estomac, 0,025 p. 100 d'arsenic; dans le foie, 0,0015; dans la rate, 0,001; dans les reins, 0,0006; dans les muscles, 0,0005; dans les poumons, 0,0004 et dans le sang, 0,003. Après l'estomac c'est donc le foie et la rate qui contenaient le plus d'arsenic. Voir aussi GARNIER, qui donne un grand nombre de chiffres déterminés par divers observateurs (*Ann. d'hyg. publique et de médecine légale*, t. IX, p. 310, 1883), et BAYLEY (*On the distrib. of. arsenic in the bodies*; *Med. News*, 1893).

Au point de vue médico-légal, CHITTENDEN croit pouvoir tirer du mode de répartition de l'arsenic dans les tissus des éléments d'information importants (*Significance of the absorpt. and eliminat. of poison in medico-legal cases*; *The médico-legal Journal*, t. II, p. 224, sept. 1884, *R. S. M.*). Lorsque l'arsenic existe dans le foie en très grande quantité, 30 ou 40 centigr. par exemple, on peut affirmer, s'il s'agit d'acide arsénieux, qu'il a été introduit au moins 15 heures avant la mort; car les expériences de GEOGHEGAN, confirmées par DOGIEL, ont montré que c'est à ce moment que l'arsenic offre un maximum d'assimilation dans cet organe. L'absence d'arsenic dans l'estomac, coïncidant avec sa présence en proportion considérable dans le foie, indique nettement que le poison a été pris plusieurs jours avant la mort. La présence d'une quantité relativement considérable dans le cerveau coïncidant avec son abondance dans quelques muscles, sa distribution très inégale dans le système musculaire et son absence dans les os, semble indiquer qu'on à affaire à un composé très soluble et à un empoisonnement aigu. CHITTENDEN attribue en effet les résultats obtenus par SCOLOSUBOF à ce que ce dernier a employé un composé très soluble, l'arséniate de soude.

Parmi les organes dans lesquels l'arsenic s'accumule de préférence, il faut faire une place à part aux os. On a vu plus haut que, d'après LUDWIG, le poison aurait déjà disparu dans le tissu osseux, alors qu'il existe encore dans le foie. Tout autres ont été les résultats des expériences de G. POUCHET et BROUARDEL. Lorsque l'arsenic est donné à faibles doses répétées, on retrouve des traces nettement appréciables du métalloïde à l'appareil de MARSH, huit ou dix semaines après la cessation de toute absorption arsenicale, tandis qu'à partir de la troisième semaine les différents viscères des animaux sacrifiés n'en renferment plus : mais ce n'est plus alors que dans les os riches en tissu spongieux, crâne, vertèbres surtout, omoplate, que l'analyse permet de retrouver l'arsenic. Dans les os riches en tissu compact, tels que le fémur, on ne peut plus en déceler la présence au bout d'un certain temps. Il se trouve au contraire en petite quantité dans ces derniers os, lorsque l'arsenic a été donné à doses capables de déterminer en quelques heures des accidents manifestes d'intoxication. Chez les animaux empoisonnés par des doses massives, on obtient une sorte de diffusion générale de l'arsenic et le tissu osseux n'offre rien de particulier au point de vue de la localisation. Ces conclusions qui résultaient de l'expérimentation ont été confirmées par les recherches toxicologiques faites au sujet des empoisonnements du Havre. La présence de l'arsenic constatée dans les os du crâne et des vertèbres chez les sujets ayant succombé à l'intoxication, doit faire ranger, parmi les faits définitivement acquis à la toxicologie humaine, la localisation de l'arsenic dans le tissu spongieux des os.

Il faut dire que Roussin (*Journ. de Pharm. et de Chimie*, 1863, p. 121) s'était déjà occupé de cette question. Comme les arséniates sont isomorphes avec les phosphates, il s'était demandé si l'arséniate calcaire ne se fixerait pas dans le squelette osseux. Les expériences faites sur des lapins, dont les aliments étaient mélangés avec de l'arséniate calcaire, lui montrèrent que l'arsenic s'accumule progressivement dans les os, alors que les muscles n'en fournissent que des traces.

Une lapine reçoit environ $0^{gr},5$ d'acide arsénique par jour pendant un mois, sous forme d'arséniate calcaire. Au bout de ce temps elle est accouplée; puis elle met bas cinq petits. Au bout de vingt-cinq jours un des petits fut tué; la mère avait toujours continué à recevoir de l'arsenic. Dans les os du petit on trouva une quantité assez considérable d'arsenic, des traces seulement dans les muscles. La lapine mère ayant été sacrifiée cinq mois après qu'elle eût été privée de toute alimentation arsenicale, la présence de l'arsenic fut encore constatée dans les os : mais pour la constater il fallut opérer en une seule fois sur les deux tiers de la substance osseuse. Chez l'homme, après un long usage médical, Gille aurait trouvé de l'arsenic dans les os et le foie après six mois (Putnam, *loc. cit.*)[1]. Roussin n'a pas constaté de différences appréciables entre les os du squelette. Quoi qu'il en soit, ce qui est certain, comme le fait remarquer Brouardel, c'est qu'au bout de cinq à six semaines il peut rester dans les os une quantité suffisante d'arsenic pour démontrer qu'il y a eu intoxication. Quant à la question de savoir si l'arsenic qui se trouve dans les os y joue le rôle du phosphore, à l'état d'arséniate remplaçant les phosphates, comme on l'a supposé aussi pour la lécithine, il faudrait en faire la preuve et retirer des os l'arséniate tribasique de chaux : cette preuve n'a encore été fournie par personne (A. Gautier. *Bull. de l'Acad. de médecine*, 1889, t. xxii, p. 53).

L'élimination de l'arsenic par les cheveux, les poils, les ongles, les productions épidermiques en général, doit être considérée aussi comme un fait acquis. Dans 100 grammes de cheveux et de poils, Brouardel et Pouchet ont trouvé un anneau arsenical pesant de un à deux milligrammes.

Chez les animaux nouveau-nés, d'après les mêmes auteurs, la localisation de l'arsenic n'obéirait plus aux mêmes lois : elle serait à peu près nulle dans le tissu osseux ainsi que dans la peau et les poils. Ainsi, à une lapine qui avait mis bas le 24 avril, on commença à donner, six jours après, six gouttes de liqueur de Fowler par jour : la dose fut progressivement augmentée de six gouttes tous les jours, et, lorsque l'animal arriva à la proportion de trente gouttes par jour, le 19 mai, on sacrifia deux des petits. La recherche de l'arsenic fut faite séparément sur chacun et conduisit aux résultats suivants : 1er lapin : poids total, 240 grammes ; muscles, viscères, quelques parties d'os et de cartilage, traces notables d'arsenic. 2me lapin : poids total, 405 grammes ; muscles, viscères, traces notables ; os et fragments de cartilage des deux lapins : poids total, 90 grammes : traces à peine perceptibles. Peau et poils des deux lapins, poids total, 165 grammes : traces d'arsenic.

Une chienne qui avait mis bas depuis dix jours reçut le 27 mai vingt gouttes de liqueur de Fowler : le lendemain ni elle ni ses petits ne paraissent avoir éprouvé le moindre accident; on lui fait absorber alors soixante gouttes de liqueur de Fowler; dans la journée du 28 les petits sont pris de diarrhée, l'un d'eux a des vomissents dans la soirée,

---

[1]. Contrairement à toutes les données précédentes, Severi a trouvé que chez les cochons d'Inde, dans les intoxications subaiguës, l'élimination de l'arsenic était terminée au bout de quatre ours, et qu'à ce moment ni les os ni le foie ne renfermaient de poison. Il signale aussi le cas d'un sujet mort 8 jours et demi après l'intoxication, chez lequel l'examen du foie, des reins, de l'estomac ne donna que des résultats négatifs (*Riforma med.*, 1892).

et meurt pendant la nuit suivante. La recherche de l'arsenic donna chez lui les résultats ci-après : muscles, tissu cellulaire, traces notables; foie et tissu nerveux, de même; os et cartilage, rien ; peau et poils, rien.

Les expériences précédentes montrent en même temps que l'arsenic passe dans le lait. Elles ont été entreprises précisément par Brouardel et G. Pouchet pour répondre à la question de savoir si un enfant de deux mois a pu mourir empoisonné en absorbant le lait de sa mère, à laquelle avait été administré de l'arsenic dans un but criminel, alors qu'elle donnait le sein à l'enfant : la femme avait eu des vomissements et de la diarrhée, l'enfant avait été pris d'accidents analogues et avait succombé en quarante-huit heures. En donnant à des nourrices progressivement de deux à douze gouttes de liqueur de Fowler, Brouardel et G. Pouchet n'ont observé de symptômes particuliers ni chez l'enfant ni chez la mère; mais dans le lait de la nourrice ils ont toujours constaté la présence de l'arsenic. Dans une de ces expériences, la quantité d'arsenic contenue dans 100 grammes de lait s'éleva à environ un milligramme, après que l'absorption de la liqueur de Fowler eût été continuée pendant six jours à la dose quotidienne de douze gouttes. On est donc fondé à admettre qu'à la suite de l'ingestion d'une dose massive d'arsenic sa proportion dans le lait doit pouvoir atteindre un chiffre tel que son absorption par un enfant en bas âge puisse amener des accidents d'intoxication.

Roussin déjà avait trouvé une proportion notable d'arsenic dans le lait des lapines auxquelles il administrait de l'arséniate calcaire. De même Dolau (R. S. M., t. XXI, p. 83) avait constaté sa présence dans le lait d'une femme qui prenait douze milligrammes d'acide arsénieux par jour. Les résultats négatifs obtenus par Ewald chez une nourrice qui avait pris six milligrammes d'acide arsénieux par jour pendant cinq jours tiennent peut-être à la faible dose employée (Berl. klin. Woch., n° 35, p. 544, 1882; R. S. M., 1885, p. 25).

L'influence de l'arsenic sur le lait, chez la vache, a été étudiée également par Selmi qui est arrivé à des résultats très curieux. Une vache âgée de huit ans prit pendant quarante-quatre jours 40 à 50 centigrammes d'anhydride arsénieux par jour. Elle donnait tous les jours plus d'un litre de lait qu'on fit prendre pendant vingt jours de suite à une petite chienne, qui cependant ne cessa de jouir d'une excellente santé.

Avant qu'on ne commençât à administrer l'arsenic, Selmi avait fait des recherches sur le lait de la vache et y avait trouvé une base volatile en petite quantité, mais qui avait sur les grenouilles une action toxique manifeste. En extrayant les bases volatiles après l'administration de l'arsenic, Selmi s'assura pendant toute la durée de l'expérience qu'il ne s'était pas produit de base arsenicale, mais qu'au contraire la base toxique du lait normal avait disparu, remplacée par une autre base chimiquement identique, mais d'une parfaite innocuité : d'où il conclut que l'arsenic jouit d'une action reconstituante. Un autre fait curieux, c'est que la quantité d'arsenic contenue dans le lait, qui avait d'abord augmenté de façon à atteindre la proportion de $0^{gr},0018$ par litre, diminua peu à peu les jours suivants, alors que la dose administrée à l'animal était devenue plus forte : et même bientôt l'appareil de Marsh ne décela plus la présence du métalloïde. Il se trouva, en effet, que les acides sulfurique et nitrique ne suffisaient plus à détruire les combinaisons de l'arsenic dans le lait, et il fallut avoir recours au traitement par le chlorate de potassium et l'acide chlorhydrique. Selmi supposa que l'arsenic avait dû se combiner avec les matières grasses du lait. En effet, séparant le beurre du sérum et du caséum, il s'assura que le sérum ne donnait qu'une quantité minime d'arsenic, à peu près un vingtième de milligramme, que la caséine n'en donnait point et que la matière grasse fournissait un anneau abondant (A. B. I., t. v, p. 22, 1884).

Le placenta se laisse difficilement traverser par l'arsenic : il faut employer de fortes doses pour amener le passage de la substance toxique dans l'organisme du fœtus chez lequel l'organe électif d'accumulation serait le tégument cutané (Porak. Arch. de pathol. expérim., 1894). De Arcangelis avait déjà étudié cette question en détail. Il a constaté que l'arsenic peut se trouver chez le fœtus aussi bien dans les intoxications aiguës que dans les intoxications chroniques, et qu'il provoque souvent l'accouchement prématuré et l'avortement. (Riv. sperim. d. frèn. e. med. leg., 1891, analysé in Jahresb. de Virchow et Hirsch, 1892, t. ı, p. 520).

Arsenic métalloïdique. — L'arsenic, étant insoluble, a pu être considéré comme non toxique. Cependant, d'après PACHKIS et OBERMEYER (*Wien. med. Jahrbericht*, t. III, p. 117, 1888), finement pulvérisé, il peut être absorbé par la peau quand il est employé en frictions sous forme de pommade, comme le mercure, ou suspendu dans l'huile et injecté dans le tissu cellulaire sous-cutané. Les expérimentateurs se sont servis d'arsenic pur sans mélange de produits d'oxydation.

Un chien à qui on injecta, sous la peau du dos, 0gr,1 d'arsenic métallique, rendait le lendemain une urine arsenicale : le troisième jour, les fèces renfermaient de l'arsenic ; puis survint de la diarrhée, et l'animal succomba le quatorzième jour. Le résultat fut le même chez le lapin : on trouva à l'autopsie de la gastro-entérite et de la néphrite.

En appliquant sur la peau une pommade dans laquelle l'arsenic était incorporé à de la lanoline, on trouva également de l'arsenic dans l'urine et les matières fécales ; mais sans que la mort survint. PACHKIS et OBERMEYER ne mettent donc pas en doute que l'arsenic métallique soit absorbé : chez les animaux sacrifiés on rencontra du reste de l'arsenic dans le foie, mais non dans les reins et le cerveau.

Action des combinaisons organiques de l'arsenic. — Nous passerons seulement en revue ceux de ses composés dont l'action a été étudiée expérimentalement. La première connue de ces arsines (combinaisons de l'arsenic avec des radicaux alcooliques) a été le cacodyle ou arsendiméthyle As (CH³)². Cette substance, ainsi nommée à cause de son odeur désagréable, se trouve mélangée avec l'oxyde de cacodyle, dans la liqueur fumante de CADET, ainsi nommée du chimiste français qui l'obtint en 1760 par la distillation d'un mélange d'anhydride arsénieux et d'acétate de potassium ; spontanément inflammable, il s'oxyde lentement à l'air en donnant de l'oxyde de cacodyle et de l'acide cacodylique ; il s'oxyde très rapidement, lorsqu'on le met en contact sous l'eau avec l'oxyde mercurique, et donne de l'acide cacodylique (CH³)² AsO OH ou acide diméthylarsinique. La toxicité du cacodyle et de son oxyde ont toujours été reconnues : il n'en est pas de même de celle de l'acide cacodylique.

Acide cacodylique. L'acide cacodylique est un corps solide, incolore, très soluble dans l'eau et dans l'alcool étendu ; il cristallise de sa solution alcoolique en gros cristaux très nets sous forme de prismes clinorhombiques ; il est sans odeur ni saveur, et sa réaction est légèrement acide.

Ce corps, qui contient environ 54 p. 100 de son poids d'arsenic, fut considéré pendant longtemps comme inactif. Tels avaient été au moins les résultats des expériences de BUNSEN, de KÜRSCHNER, de SCHMIDT et CHOMZE. V. RENZ l'avait employé chez quelques malades et avait constaté de l'accélération du pouls, de l'insomnie, de la sécheresse de la bouche avec perte de l'appétit. On dut suspendre son administration à cause de l'odeur nauséabonde de l'air expiré, de la sueur, de l'urine et des gaz intestinaux.

LEBAHN a montré le premier que l'acide cacodylique est toxique. Le corps est probablement réduit en totalité ou en partie dans l'économie en oxyde de cacodyle (CH³)⁴ As² O ; sans doute aussi en cacodyle, As (CH³)², comme le montre l'odeur des excrétions et des déjections : peut-être se décompose-t-il partiellement en gaz des marais ou en acide arsénique.

$$(CH^3)^2 AsO. OH + 2H^2O = (CH^4)^2 + AsO^4 H^3.$$

H. SCHULZ (*A. P. P.*, 1879, t XI, p. 131) a confirmé les recherches de LEBAHN et a montré que les troubles produits par l'acide cacodylique sont semblables à ceux que provoquent les autres préparations arsenicales.

Mais il est moins toxique que l'acide arsénieux relativement à l'arsenic qu'il contient. Un lapin reçoit 0gr,13 d'acide cacodylique, et un autre 0gr,09 d'acide arsénieux (en injection sous-cutanée) ; ce qui fait pour chaque animal 0gr,075 d'arsenic. Le premier se rétablit, le second meurt au bout de 39 minutes.

Un lapin, auquel on donna 0gr,25 d'acide cacodylique, ce qui correspond à 0gr,17 d'acide arsénieux, mourut en 5 jours : un autre, qui reçut 0gr,10 d'acide arsénieux, succomba au bout de 4 jours. En injection sous-cutanée il faut 0gr,40 à 0gr,50 d'acide cacodylique pour amener la mort en 5 ou 6 heures.

RABUTEAU, qui ne paraît pas avoir eu connaissance des expériences de SCHULZ, est arrivé plus tard à des résultats semblables sur la grenouille, le cochon d'Inde, le chien ; mais les chiffres qu'il donne pour les doses toxiques sont plus forts. Il a décrit également les altérations de la muqueuse stomacale, la dégénérescence graisseuse des reins, du foie, des muscles, produite par le composé arsenical. Il a constaté de plus la présence de l'acide cacodylique dans l'urine par le procédé suivant : l'urine est évaporée à siccité ; le résidu traité par l'alcool absolu, et la solution alcoolique évaporée : le résidu dissous dans un à deux centimètres cubes d'eau, et traité par l'ébullition avec l'acide phosphoreux, dégage des vapeurs blanches de cacodyle faciles à reconnaître à leur odeur alliacée (*B. B.*, 1882, pp. 195, 409, 443, 491).

Acides mono et diphénylarsinique. — La toxicité de ces corps a été étudiée par SCHULZ. L'acide diphénylarsinique $\dfrac{C^6 H^5}{C^6 H^5}$ $<$ AsO. OH, agit assez rapidement, et, à la dose de 0,1 à 0,2, produit la mort au milieu d'accidents convulsifs.

Que devient-il dans l'organisme ? Peut-être en fixant deux molécules d'eau se transforme-t-il en acide arsénique et benzine.

$$(C^6 H^5)^2 AsO.OH + 2H^2 O = (C^6 H^6)^2 + AsO^4 H^3.$$

L'acide monophénylarsinique $C^6 H^5$. AsO. $(OH)^2$ agit plus lentement ; mais tout aussi sûrement. Les lésions *post mortem* sont semblables à celles qu'on trouve dans les intoxications arsenicales. On trouve de l'arsenic dans l'urine.

Acide benzarsinique $\left(C^6 H^4 \dfrac{COOH}{AsO(OH)^2} \right)$. — Son action ne diffère pas de celle de ces derniers composés (SCHROETER. *Beitr. z. chem. Theor. der Arsenwirkung. Erlangen Dissert.*, 1881). Les manifestations de l'empoisonnement et les résultats de l'autopsie sont les mêmes. Seulement chez la grenouille il se produit des convulsions qui devraient être attribuées à l'effet de l'acide benzoïque ou de corps voisins.

L'acide benzarsinique se décompose dans l'économie et apparaît dans l'urine sous forme d'un composé analogue à l'acide hippurique et contenant de l'arsenic : mais il en est ainsi le premier jour seulement : plus tard l'arsenic passe dans l'urine sous une autre forme. Le sang présente chez la grenouille, mais non chez le lapin, la raie de la méthémoglobine, ce qui est dû soit à des composés aromatiques, soit peut-être à de l'acide arsénieux ? (Analysé in *Jahresb.* de VIRCHOW et HIRSCH, 1881).

Iodure de tétréthylarsonium $(C^2 H^5)^4 AsI$. — L'action de ce corps, qui contient 23, 587 p. 100 de son poids d'arsenic, a été étudiée par RABUTEAU : il provoque des effets de paralysie motrice semblables à ceux du curare. A la suite de l'injection sous-cutanée d'un centigramme du composé à des grenouilles, l'excitation du sciatique était devenue inefficace, tandis que les muscles répondaient encore à l'excitation : le sciatique restait excitable, si les membres avaient été préservés du poison par une ligature comprenant tout le membre, sauf le nerf.

Chez un cobaye du poids de 570 grammes l'injection sous-cutanée de $0^{gr},10$ d'iodure de tétréthylarsonium, ce qui correspond à 3 centigrammes d'acide arsénieux, n'a produit que des effets peu marqués et passagers : un autre du poids de 600 grammes reçut $0^{gr},18$ du composé et mourut au bout de 25 minutes par paralysie des muscles respiratoires, comme les animaux curarisés.

Le composé passe rapidement dans l'urine, du moins si on en juge par la réaction de l'iode que l'on obtient facilement ; mais on ne peut déceler la présence de l'arsenic dans l'urine : en effet, même si l'on traite ce liquide par l'acide chlorhydrique et le chlorate de potasse, on n'obtient rien à l'appareil de MARSH ; il en est du reste de même, d'après RABUTEAU, si l'on introduit directement dans l'appareil de l'iodure de tétréthylarsonium dissous dans l'urine ou dans l'eau. De même l'électrolyse donne de l'iode métallique, dont il est facile de constater la présence, mais aucun dépôt d'arsenic ni au pôle positif ni au pôle négatif. L'arsenic se trouve rivé dans les composés d'arsonium, aussi intimement que l'azote dans les composés d'ammonium, et c'est ce qui explique son innocuité relativement très grande.

L'injection d'iodure double de tétréthylarsonium et de zinc $[(C^2 H^5)^4 As^2 I]^2 + Zn^2 I^2]$, injecté à une grenouille n'amena pas la mort à la dose de un centigramme. Ce sel ne contient pas une quantité suffisante d'iodure de tétréthylarsonium pour être mortel : mais, à la dose de deux centigrammes, il amena chez les grenouilles la paralysie motrice, qui se compliqua de la paralysie du cœur, due au sel de zinc. Injecté à un cochon d'Inde de 1100 grammes, à la dose de $0^{gr},20$, ce qui correspond à $4^{centigr},14$ d'anhydride arsénieux, le sel double ne provoqua que des symptômes passagers : chez un autre cobaye de 500 grammes il amena, à la dose de $0^{gr},15$, des troubles moteurs peu durables.

Rabuteau a encore expérimenté l'iodure double de tétréthylarsonium et de cadmium : mais ici c'est surtout l'action du cadmium qui domine la scène, et finit même par devenir seule évidente.

Théorie générale de l'action de l'arsenic. — Liebig avait avancé que l'arsenic entre en combinaison avec l'albumine organique et que les éléments anatomiques perdent ainsi leurs propriétés vitales, de même qu'ils deviennent imputrescibles. On a déjà vu ce qu'ils faut penser de cette dernière allégation ; Liebig a du reste vainement cherché à obtenir cette combinaison d'albumine avec l'arsenic. Kendal et Edwards n'ont pas été plus heureux.

L'explication de Bunsen et Berthold n'était pas plus satisfaisante. Ces auteurs admettaient que le poison agit comme excitant direct sur les tissus avec lesquels il entre immédiatement en contact, comme excitant indirect par l'intermédiaire du sang sur le reste de l'économie, et que l'excitation exagérée aboutit à l'inflammation et à la paralysie.

Binz et Schultz, dans une série de recherches et de mémoires (*A. P. P.*, t. xi, 1879, p. 200 ; t. xiii, 1881, p. 256 ; t. xiv, 1881, p. 343 ; t. xv, 1882, p. 322. — H. Schultz, *Deutsche med. Wochenschr.*, 1892, p. 441) ont cherché à édifier l'opinion que les propriétés toxiques de l'arsenic ne seraient dues qu'à la facilité extrême avec laquelle ses composés cèdent et enlèvent de l'oxygène aux molécules d'albumine organisée. Les désordres observés sont la conséquence de l'ébranlement qu'entraînent dans le tissu ces oxydations et réductions rapides de l'albumine organisée. L'acide arsénieux est un puissant agent de réduction ; l'acide arsénique, un puissant agent d'oxydation. Les deux processus se suivent sans interruption : c'est comme un va-et-vient de l'oxygène entre les deux acides arsenicaux : l'arsenic est un remueur d'oxygène, un véhicule d'oxygène actif, et la cellule se désorganise par suite du mouvement intra-moléculaire qui résulte de ce déplacement ininterrompu.

Ils ont fait de nombreuses expériences pour appuyer cette théorie. Le fait fondamental, c'est que du tissu vivant peut transformer l'acide arsénieux en acide arsénique, et réciproquement. Si l'on fait digérer des fragments de cerveau d'un animal récemment tué, du pancréas, du tissu musculaire frais, de la muqueuse de l'estomac, avec de l'arséniate de soude, dans le produit dialysé on trouve de l'acide arsénieux. Le protoplasma végétal, comme par exemple celui des jeunes feuilles de laitue, se comporte de même.

Ces mêmes tissus transforment une partie de l'acide arsénieux qu'on laisse en contact avec eux en acide arsénique. C'est le foie qui possède le pouvoir oxydant le plus actif. Le sang oxyde faiblement l'acide arsénieux ; mais par contre il a une action réductrice très marquée sur l'acide arsénique.

Pour que l'oxydation se produise, il est nécessaire que l'on fasse agir sur l'acide arsénieux du protoplasma vivant ; l'albumine morte ou l'albumine du blanc d'œuf réduit énergiquement l'acide arsénique, mais n'a pas la propriété d'oxyder de nouveau l'acide arsénieux produit.

Binz et Schulz ont fait également quelques expériences non plus *in vitro*, mais *in vivo*. En injectant à des chiens, à des lapins, à des chats, de l'acide arsénique ou de l'arséniate de soude dans une anse intestinale de vingt centimètres liée à ses deux bouts, ils ont constaté, au bout d'une heure, dans le contenu dialysé de l'intestin, de l'acide arsénieux : dans les mêmes conditions, de l'acide arsénieux a été transformé en acide arsénique.

Cette théorie a été attaquée de différents côtés, entre autres par Dogiel et Husemann. Dogiel fait valoir d'abord que l'acide arsénieux introduit dans le sang ne se transforme pas en acide arsénique : il se trouve encore au bout de quelque temps sous le même état dans ce liquide. Binz et Schulz répondent à cette objection qu'en effet, comme ils l'ont reconnu eux-mêmes, le sang n'a qu'une action oxydante très faible, mais que, d'ailleurs, le poison abandonne rapidement le sang pour se déposer dans les tissus : aussi celui-ci ne présente-t-il pas dans l'intoxication arsenicale des modifications bien caractéristiques. Dogiel prétend encore que l'albumine du blanc d'œuf n'a sur les composés arsenicaux ni action réductive, ni action oxydante. Mais Binz et Schulz n'ont jamais accordé le pouvoir d'oxydation à l'albumine morte, et ils maintiennent contre Dogiel que son pouvoir réducteur est très manifeste.

D'après ses expériences, Dogiel déclare se rattacher à l'opinion de Liebig, en se fondant sur les faits suivants : si l'on fait cuire de l'acide arsénique avec du blanc d'œuf, on n'obtient pas de coagulum, mais il se forme une masse gélatineuse qui se redissout par la coction, après addition d'alcool éthylique ou même après addition d'eau. Cette masse gélatineuse représenterait une combinaison de l'albumine avec l'arsenic.

On n'obtient rien de semblable avec l'acide arsénieux qui n'agit pas sur l'albumine du blanc d'œuf. Mais, répondent avec raison Binz et Schulz, si l'acide arsénieux ne se combine pas avec l'albumine, si, d'autre part, comme le pense Dogiel, l'acide arsénieux ne se transforme pas dans l'économie en acide arsénique, comment admettre que l'arsenic ingéré à l'état d'acide arsénieux puisse former une combinaison avec l'albumine?

Des objections plus importantes ont été faites à la théorie de Binz et Schulz par Husemann. De ce que des parties détachées du corps transforment l'acide arsénieux en acide arsénique, et réciproquement, on n'est pas en droit de conclure que ces transformations s'accomplissent chez l'animal intact.

A-t-on jamais démontré avec certitude la présence de l'acide arsénique dans l'urine des malades qui ont pris de la liqueur de Fowler, ou de l'acide arsénieux? A-t-on jamais, dans les expertises médico-légales, constaté après un empoisonnement par l'acide arsénieux la présence de l'acide arsénique dans les produits de sécrétion ou dans les organes?

Enfin, ce qui vient plaider surtout contre la théorie du va-et-vient d'oxygène, c'est la toxicité relativement moindre de l'acide arsénique comparée à celle de l'acide arsénieux. Les deux composés devraient en effet avoir une toxicité égale, ou du moins proportionnelle, à la quantité d'arsenic qu'ils renferment, et, même si l'oxygène actif était la cause de la toxicité, l'acide arsénique qui abandonne son oxygène aux tissus devrait avoir une action, sinon plus marquée, au moins plus rapide que l'acide arsénieux qui le leur enlève. C'est le contraire que l'on observe, comme l'avaient déjà fait remarquer Wœhler et Frerichs, ainsi que Sawitsch.

Il faut tenir compte, il est vrai, de la quantité d'arsenic contenue dans chacun des deux acides : l'acide arsénique renferme à peu près la moitié de son poids d'arsenic ; l'anhydride arsénieux, à peu près les trois quarts. La toxicité de l'acide arsénique comparée à celle de l'acide arsénieux devrait donc être comme 2 : 3.

Mais en réalité elle est beaucoup moindre que ne le comporte la quantité d'arsenic qu'il contient. Husemann a montré que du papier imprégné d'acide arsénique n'empoisonne pas les mouches. Loew a prouvé, pour d'autres organismes inférieurs et pour les plantes, que la différence de toxicité est très manifeste entre les deux composés. Sydney-Ringer et Sainsbury en ont fourni la démonstration pour la grenouille, Marmé et Flugge pour les mammifères.

On peut dire que chez ces derniers, si le poids d'As de AsO^4H^3 est au poids d'As de As^2O^3 comme 2 : 3, le rapport de la toxicité n'est que de 1 : 2. Les lésions trouvées à l'autopsie sont les mêmes, quant à leur nature, qu'on administre l'un ou l'autre composé ; mais, des expériences de Marmé et Flugge, il résulte que les altérations du tube digestif sont plus marquées, si l'intoxication est due à l'acide arsénieux et aux arsénites, surtout quand ils ont été donnés *per os* : l'injection sous-cutanée d'arséniate ou d'acide arsénique peut amener, principalement chez le lapin, plus rarement chez le chien, des hémorrhagies et des ulcérations de la muqueuse stomacale aussi bien que l'injection d'acide arsénieux : mais, avec le premier composé, les effets sont plus lents à se manifester.

Chez la grenouille, Ringer et Sainsbury constatent également que l'arséniate de soude n'amène la mort que si on donne une dose renfermant deux fois plus d'arsenic que la dose mortelle d'arsénite. En particulier chez *Rana temporaria*, l'acide arsénique et l'arséniate de soude abolissent les fonctions des centres nerveux au bout de vingt et une heures; les doses mortelles d'acide arsénieux demandent un temps dix fois moindre même lorsque la dose d'arséniate renferme cinq fois plus d'arsenic que la dose d'acide arsénieux, la perte d'excitabilité des nerfs et des muscles exige une durée cinq fois plus longue.

SAINSBURY et RINGER tirent de la lenteur d'action de l'arséniate la conclusion que, pour produire son effet, il doit être transformé en arsénite. Ainsi, quand la réduction n'a plus lieu, l'arséniate de sodium n'agit pas autrement qu'un autre sel neutre de soude. Si, par exemple, on établit à travers les cavités cardiaques une circulation artificielle avec de l'arséniate de soude, la contractilité du cœur s'affaiblit; mais elle reparaît après qu'on a fait passer par l'organe du sang frais, tandis qu'après l'action de l'acide arsénieux l'affaiblissement du muscle cardiaque ne cède plus à l'influence du liquide réparateur. LOEW aussi a admis cette réduction; mais HUSEMANN objecte qu'elle n'est pas prouvée, et qu'on n'a pas démontré qu'après avoir donné de l'acide arsénique, on trouve de l'acide arsénieux dans les tissus et les organes.

Ce qu'on peut dire de plus certain, c'est que l'arsenic est un poison du protoplasma en général, et que sa toxicité diminue lorsqu'il est enveloppé en quelque sorte par d'autres groupements atomiques, comme le prouve l'innocuité relative de ses combinaisons organiques. On pourrait peut-être s'expliquer, de la même façon, sa nocivité moindre, lorsque, à l'état d'acide arsénique, il est combiné avec un plus grand nombre d'atomes d'oxygène.

La toxicité de l'arsenic pour le protoplasma végétal avait été d'abord niée par LOEW (A. Pf., t. XXXII, p. 112, 1883). Cet auteur avait trouvé que l'acide arsénique n'agit sur les algues que comme acide, et qu'il n'a pas plus d'effet que l'acide acétique ou l'acide citrique, par exemple. Des spirogyres se développèrent dans une solution qui renfermait $0^{gr},2$ d'arséniate de potassium par litre, sans rien présenter d'anormal; transplantées dans une solution à 1 p. 1000, elles se développèrent également. Des infusoires aussi purent vivre dans ce liquide pendant des semaines, tandis que des organismes un peu plus élevés succombèrent dans l'espace de vingt-quatre à quarante-huit heures.

Mais bientôt les recherches de NOBBE montrèrent que l'arsénite de potassium est un poison très actif pour les plantes élevées en organisation. Des pois mouraient au bout de quatre jours, lorsqu'une solution nutritive renfermait 1/30000 d'arsenic sous forme d'arsénite de potassium; au bout de douze jours, si elle en contenait 1/300000. L'action du poison porterait d'abord sur les cellules épidermiques.

KNOP trouva peu après que l'arsénite de K est un violent poison pour le maïs, tandis que l'arséniate, à la dose de $0^{gr},005$ par litre, n'amena aucune modification.

Ces expériences portaient à penser que l'arsenic à l'état d'arsénite agirait peut-être aussi sur les plantes inférieures. En effet LOEW, reprenant ses expériences, vit que ce composé, en solution à 1 p. 1000, tua des spirogyres dont le protoplasma se contracta et devint granuleux alors que l'arséniate à la même dose n'amena aucun effet fâcheux. Des algues, des diatomées se comportèrent de même par rapport aux deux corps, ainsi que les infusoires.

Pour les schizomycètes, pour les champignons de la moisissure, il n'y eut pas de différence entre les deux acides; ces organismes restèrent en vie dans des solutions renfermant de l'arsenite de K. On sait du reste que les moisissures se développent dans des solutions d'acide arsénieux, si elles renferment des traces de matière organique. Il est intéressant de rappeler, à ce propos, que les traités de pharmacie signalent la présence fréquente de l'*Hygrocrocus arsenicus* et de quelques espèces voisines dans la liqueur de FOWLER et dans la liqueur de PEARSON (BOURGOIN. *Traité de Pharm.*, 1880, p. 290).

JOHANSOHN (*Ub. die Einwirkung des arsenig. Saüre auf Gährungsvorg*: A. P. P., 1874, t. II, p. 99), après SAVITSCH, avait déjà fait des expériences relatives à l'action de l'acide arsénieux sur la levure de bière. Il trouva que ce corps n'empêche pas l'action de la levure, qu'il diminue notablement la fermentation pendant les deux premiers jours, mais que, plus tard, le processus reprend son activité, de sorte que vers le quatrième jour il y a autant de sucre disparu qu'il en disparaît dans un mélange normal. SCHULTZE a même constaté que l'acide arsénieux à faible dose, 1/40000, augmente l'activité de la

Ce ralentissement de la fermentation, son interruption, son réveil ne pourraient s'expliquer par une action chimique : il faut admettre que l'activité vitale de la levure est influencée par le poison, mais que cet effet n'est que passager : la cellule s'accoutume à son nouveau milieu, et reprend sa vitalité après une phase de dépression. SCHULTZE a même constaté que l'acide arsénieux à faible dose, 1/40000, augmente l'activité de la levure de bière (*Uber Hefegifte: A.Pf.*, t. xlii, p. 517, 1888). Ch. Richet a constaté ce même phénomène paradoxal d'accélération par les doses faibles pour toutes les substances toxiques et antiseptiques (*C. R.*, 1892, t. ii, p. 1494).

Cependant, si, avant de mettre en contact la levure avec les solutions sucrées, on la soumet à l'action prolongée de l'acide arsénieux, elle perd ses propriétés, non pas brusquement, mais progressivement; et sa structure s'altère.

Johansohn note également que le développement et la reproduction des cellules de la levure sont influencées par l'acide arsénieux; de faibles doses (0^{gr},5) leur permettent encore de se faire : des doses plus fortes (0^{gr},80 à 0^{gr},10) l'empêchent complètement. Il en fut de même pour le *Micrococcus urcæ* et pour le ferment lactique.

De plus, l'acide arsénieux, ajouté en certaine quantité à la levure de bière, favorisait plutôt sa putréfaction, ainsi que le développement des moisissures et du *Bacterium termo*. Dans ces solutions il se formait de l'hydrogène arsénié. Ces organismes inférieurs prennent en effet aux substances organiques en solution dans le liquide de culture de l'oxygène et du carbone; l'hydrogène naissant mis en liberté réduit As^2O^3 en AsH^3.

Suivant Loew (*A. Pf.*, t. xl, p. 444), on pourrait, au point de vue de l'action de l'arsenic, ranger en 3 groupes les organismes : 1° ceux pour lesquels ni l'acide arsénieux, ni l'acide arsénique ne sont toxiques : champignons inférieurs; 2° ceux pour lesquels l'acide arsénieux est toxique, mais non l'acide arsénique : plantes élevées en organisation et quelques animaux inférieurs; 3° ceux pour lesquels ils sont tous deux toxiques : animaux supérieurs.

Il faut remarquer cependant, relativement à cette classification de Loew, que, si certains végétaux inférieurs sont en effet insensibles à l'action de l'arsenic, il en est dont la vitalité et le développement sont compromis par cet agent, comme le montrent les expériences de Johansohn.

Mais, en général, son influence sur les microbes saprogènes ou pathogènes est peu énergique. Pour arrêter le développement de la bactéridie charbonneuse, il faut que la solution d'acide arsénieux renferme 10 à 30 fois plus de substance active que si l'on a recours au sublimé. Pour tuer les spores il faut laisser agir une solution d'acide arsénieux à 1/1000 pendant dix jours (Husemann). Si à des matières en putréfaction on ajoute de l'arsenic, la putréfaction n'est pas empêchée.

Aussi ce qu'on a dit de l'état de conservation extraordinaire des cadavres des individus empoisonnés par l'acide arsénieux paraît exagéré. Dans certains cas, la putréfaction s'établit comme d'habitude; dans d'autres, la momification a lieu, mais il n'y aurait là rien de spécial à l'arsenic (Löwig. *Gericht. med. Abhandl.* in *Jahresb.* de Virchow et Hirsch, 1887, p. 566). D'après Zaaiger (*Vierteljahrsch. f. ger. Med.*, t. xliv, p. 249 in *R. S. M.*, 1887), la momification d'origine arsenicale n'existe pas.

Enfin l'arsenic n'a aucune action sur les ferments solubles, émulsine, myrosine, pepsine, trypsine (Schaefer et Boehm. *R. S. M.*, 1873, t. ii, p. 74).

Tolérance pour l'arsenic. — On sait que les habitants de la basse Autriche, de la Styrie, du Tyrol, ont la singulière habitude de manger de l'arsenic. Schallgrueber et Tschudi (*Ueber die Giftesser; Wien. med. Wochenschr.*, 1851, p. 454, n° 28 et 1858, p. 8) ont attiré l'attention sur cette pratique bizarre par laquelle le arsenicophages cherchent à se donner un air sain et frais, de l'embonpoint et un surcroît de vigueur. Ce sont surtout les jeunes paysans et paysannes qui ont recours à cet expédient par coquetterie; mais ils en retirent, paraît-il, encore un autre avantage qui est de faciliter la respiration et la marche dans les excursions à travers les montagnes.

Les arsenicophages commencent ordinairement par un petit fragment d'un grain, et arrivent peu à peu à en prendre jusqu'à 0^{gr},20 et 0^{gr},40, et quelquefois jusqu'à 1 gramme et 1^{gr},5; dans les observations de Maris cependant, les plus grandes quantités ingérées sans aucun accident ont été de 0^{gr},32 à 0^{gr},40 d'acide arsénieux (*Mercredi Médical*, 1892, p. 12). Ces doses sont prises soit journellement, soit de deux jours l'un, soit une ou deux fois par semaine. Ils évitent en général de boire immédiatement après; ils ne suivent pas de régime particulier; dans certains districts seulement, ils interrompent de temps en temps et prennent de l'aloès (Husemann. *Handb. d. Arzneimittellehre*, p. 425).

L'habitude de prendre l'arsenic est contractée souvent vers 17 ou 18 ans et se continue jusque dans un âge déjà avancé. Tschudi rapporte l'histoire d'un arsenicophage âgé de 63 ans qui faisait usage du poison depuis l'âge de 29 ans. Il avait débuté par un fragment d'un grain, et était arrivé graduellement à trois et quatre grains.

Les assertions de Tschudi n'avaient d'abord été reçues qu'avec méfiance, mais elles ont été confirmées depuis par de nombreux observateurs, Nothnagel et Rossbach (*Nouveaux éléments de matière médicale et de thérap., trad. française*, 1880, p. 185) mettent cependant en doute les récits faits au sujet de la tolérance pour l'arsenic, et font valoir que la préparation dont se servent les arsenicophages est du sulfure d'arsenic, c'est-à-dire un composé insoluble. Ces doutes ne paraissent pas fondés ; puisque, comme nous l'avons dit, le sulfure d'arsenic est ordinairement mélangé d'une très forte proportion d'acide arsénieux. D'autre part Knapp a présenté au congrès des naturalistes à Gratz, en 1875 (*Jahresb. de* Virchow *et* Hirsch), deux arsenicophages qui, en présence des membres de la section de médecine, ingérèrent, l'un 3 décigrammes de sulfure d'As, l'autre 4 décigrammes d'acide arsénique, et chez lesquels la présence de l'arsenic dans l'urine fut démontrée.

Cependant ce n'est pas toujours impunément que des doses aussi fortes d'arsenic sont ingérées, et l'on a signalé des accidents d'intoxication aiguë et même des cas mortels (Parker. *Case of death resulting from the practice of arsenic eating : Edinb. Med. Journ.*, 1864, pp. 116-123. — Lindquist. *Perforation de l'estomac à la suite d'arsenicophagie. Upsala Lakar. Firh,* 1867, t. III, p. 216). Chez les sujets qui, après avoir commencé l'usage de l'arsenic, le suspendent brusquement, il se produirait souvent une grande faiblesse et des signes de cachexie qui amènent à en renouveler l'emploi.

Dans les pays où l'arsenicophagie est en honneur, on administre aussi la substance toxique aux animaux domestiques dans un but d'engraissement, particulièrement aux chevaux pour leur donner un poil plus luisant, des formes arrondies, en un mot une belle apparence. On trouve aussi, dans diverses expériences, des exemples remarquables de la tolérance des animaux pour l'arsenic. Dans le mémoire déjà cité de Brouardel, il est question d'une lapine à qui on faisait prendre jusqu'à 100 gouttes de liqueur de Fowler par jour, du moins pendant quelques jours, sans avoir d'accidents appréciables. Les expériences de Roussin fournissent aussi des preuves de cette remarquable tolérance chez les animaux. Selmi avait entrepris, à ce sujet, des recherches méthodiques dont sa mort subite interrompit malheureusement le cours (*Tolérance des animaux domestiques pour l'arsenic.' A. B.,* 1884, p. 22). Dans le fragment publié, on signale les faits suivants : la vache dont il a été question plus haut, à propos de l'élimination de l'arsenic par le lait, prit pendant 44 jours 40 à 50 centigrammes d'anhydride arsénieux chaque jour, et une quantité ordinaire de foin ; son poids s'accrut de 80 kilogrammes.

Dans le but de savoir s'il était vrai qu'en cessant tout à coup de donner de l'arsenic aux animaux qui y étaient habitués, il en résultait une prompte et rapide dénutrition, on fit prendre pendant un mois de l'arsenic à deux petits cochons, tous deux de même poids. Le poids de ces animaux étant resté égal, on cessa de donner de l'arsenic à l'un d'entre eux pendant 13 jours, et cela sans constater de changement de poids. Cependant une observation de Roussin rappelle les faits signalés chez les arsenicophages. Un lapin reçut pendant 3 mois environ une nourriture arsenicale ; lorsqu'il fut privé de sa ration quotidienne d'arséniate calcaire, il commença à maigrir visiblement ; quelques semaines après, il n'était pas encore revenu à son état d'embonpoint ordinaire et paraissait triste et oppressé. Cependant il se rétablit à peu près complètement.

On ne saurait donc admettre l'opinion de Nothnagel et Rossbach, qui déclarent erronée, jusqu'à preuve scientifique du contraire, la croyance d'après laquelle l'homme ou les animaux pourraient non seulement s'habituer à des doses toujours croissantes des composés arsenicaux absorbables, mais encore y gagner une santé plus florissante.

On a cherché à expliquer cette tolérance en admettant que l'arsenic se localise dans certains organes, en particulier dans le foie, et qu'il n'est repris par la circulation que progressivement, et en quelque sorte à petites doses. Mais d'autres substances, qui s'éliminent assez vite de l'organisme, peuvent aussi, par l'accoutumance, être ingérées impunément en quantité relativement considérable.

Le mécanisme de cette tolérance reste encore à trouver. Rossbach a émis au sujet de la tolérance pour les poisons organiques diverses hypothèses, dont quelques-unes pourraient s'appliquer à l'arsenic (*Ub. die Gewöhnung an Gifte ; A. Pf.,* 1880, t. XXI, p. 213).

Emploi thérapeutique. — Les effets physiologiques de l'arsenic sont si complexes et encore en partie si obscurs qu'il est le plus souvent difficile de se rendre compte de son action thérapeutique dans les diverses affections où son emploi est recommandé. Il en est cependant quelques-unes dans lesquelles le bénéfice qu'on en retire s'explique rationnellement.

Dans les dermatoses, l'arsenic agit favorablement, sans doute en s'éliminant par la peau; mais l'irritation qu'il produit sur son passage doit détourner de son emploi dans les affections aiguës de la peau. C'est surtout dans le psoriasis chronique qu'il réussit le mieux, et aussi, mais à un moindre degré, dans l'eczéma de même nature.

Le tableau des intoxications par l'arsenic démontre que le poison exerce une action très marquée sur les nerfs sensibles : les modifications qu'il imprime à la vitalité et au fonctionnement des conducteurs centripètes permettent de se rendre compte des résultats favorables qu'on en obtient dans le traitement des névralgies. Peut-être, dans les maladies cutanées, l'arsenic agit-il indirectement par l'intermédiaire des nerfs sur la nutrition du tégument.

Il y a longtemps qu'on a fait usage de cet agent comme fébrifuge. Mais c'est surtout Boudin qui l'a préconisé contre les fièvres palustres. Il paraît réussir particulièrement dans les formes invétérées qui résistent à la quinine : mais il ne faut pas le considérer comme le succédané de cet alcaloïde.

L'acide arsénieux, dit Laveran, est formellement contre-indiqué dans les formes aiguës du paludisme et surtout pendant la période endémo-épidémique. Il serait au contraire indiqué dans les fièvres intermittentes rebelles et dans la cachexie palustre (*Traité des fièvres palustres*, 1884, p. 316). Dans les fièvres pernicieuses il est également inutile.

Les conditions spéciales dans lesquelles l'arsenic réussit semblent bien prouver qu'il n'agit pas comme le fait la quinine sur les parasites du paludisme, et l'on a vu en effet que son influence sur les micro-organismes est en général peu énergique. C'est aussi l'opinion de Laveran que l'acide arsénieux réussit beaucoup plus en vertu de ses propriétés toniques qu'en vertu d'une action spécifique comparable à celle de la quinine.

L'action tonique attribuée par Laveran à l'arsenic a été beaucoup vantée et exagérée par Isnard (*De l'arsenic dans la pathologie du système nerveux*, Paris, 1865) qui a recommandé ce médicament dans toutes les cachexies en général. On ne peut en effet douter, d'après un certain nombre d'expériences bien conduites, telles que celles de Roussin, Weiske, Selmi, etc., et aussi d'après ce qu'on rapporte des résultats obtenus par les arsenicophages, que l'acide arsénieux à petite dose, ou même à dose progressivement croissante, n'influence favorablement la nutrition générale, et, sans aller aussi loin qu'Isnard, on doit cependant accorder que, dans un certain nombre de cas, la nutrition se trouve améliorée par les arsenicaux.

Dans ces dernières années de nombreux succès ont été enregistrés à l'actif de ces composés dans le traitement des lymphomes malins par les chirurgiens allemands, en particulier par Winiewarter et Billroth. L'arsenic est administré *per os*, et en même temps injecté dans les tumeurs ganglionnaires. Pour expliquer les succès à l'égard desquels Quenu cependant se montre sceptique (*Traité de chirurgie*, t. 1), on a supposé que le lymphadénome était peut-être une affection infectieuse, et que l'arsenic aurait une élection élective sur le micro-organisme pathogène (H. Barth. *Gaz. hebdomad.*, 1888, p. 758). La même opinion pourrait s'appliquer aux effets favorables qu'on dit avoir obtenus dans le traitement de l'anémie pernicieuse par l'arsenic. Il faut se rappeler aussi que le poison à haute dose peut amener la dégénérescence graisseuse des éléments anatomiques : et c'est peut-être de la sorte qu'injecté dans les masses ganglionnaires en même temps qu'ingéré par la voie digestive il provoque le ramollissement et la fonte des néoplasmes.

Se fondant sur la propriété que possède l'arsenic d'enrayer la fonction glycogénique on a eu l'idée de recourir à son emploi dans le traitement du diabète. Il est en effet beaucoup de malades qui sous cette influence voient diminuer la glycosurie et la polyurie. Quinquaud (*loc. cit.*) a fourni à ce sujet quelques chiffres. Un malade, qui éliminait en 24 heures 300 grammes de sucre avant le traitement arsenical, n'en excrétait plus que 134 après un mois de médication : en même temps on observa un abaissement du chiffre de l'urée et de la quantité des urines. Chez un deuxième malade, le sucre tomba de 92 à 60 grammes en 12 jours. Un troisième, rendant 133 grammes de glucose avant le traitement, n'en excrétait plus que 65 grammes après 10 jours de la médication arsenicale. Chez certains diabétiques, la diminution était nulle ou faible.

Cependant l'emploi de l'arsenic dans le diabète ne paraît pas très rationnel, puisque c'est non pas l'excès de production du sucre, mais l'insuffisance de sa consommation qui constitue la maladie. Il est vrai qu'au moyen de l'arsenic on arrive à restreindre la production de glucose, et que par conséquent la glycosurie doit diminuer. Ce résultat, toutefois, ne sera acquis qu'au détriment de la vitalité de la cellule hépatique et par conséquent aussi au détriment des autres fonctions importantes qu'elle doit remplir. D'autre part, comme l'a constaté QUINQUAUD chez ses malades, lorsque le sucre était descendu à 134, 60, 65 grammes, on avait beau continuer la médication, le glucose ne diminuait plus. Il faut interpréter sans doute cette observation de la façon suivante : tant qu'on ne va pas au delà des doses médicales, l'altération ou le trouble fonctionnel de la cellule glycogénique ne dépasse pas une certaine limite, et alors, comme l'organisme continue à ne plus détruire le sucre produit, la glycosurie reste stationnaire. Si l'on forçait les doses, on arriverait certainement à restreindre davantage encore la production, et par suite l'élimination du sucre, mais on aboutirait alors à la stéatose plus ou moins complète avec les conséquences que nous ont fait connaître les expériences de GAETHGENS, c'est-à-dire qu'on provoquerait la désassimilation excessive de l'albumine, qu'il faut au contraire chercher à enrayer chez le diabétique quand elle existe.

On comprend donc que BOUCHARD veuille réserver l'arsenic aux cas où l'azoturie vient compliquer le diabète : son emploi dans ces conditions est en effet justifié par les expériences dans lesquelles on a reconnu à l'arsenic donné à petites doses la propriété de restreindre la production d'urée.

Les heureux effets que produit l'arsenic dans la chorée (WANNEBROUCQ. Bulletin médical du Nord, 1863) peuvent faire penser que cet agent diminue l'excitabilité des centres nerveux : c'est aussi la seule explication que l'on puisse trouver à son emploi dans l'asthme, puisque cette affection spasmodique paraît avoir son point de départ dans une hyperexcitabilité directe ou réflexe des centres respiratoires.

Hydrogène arsénié. — Ce corps est un toxique des plus redoutables : son histoire doit être, comme nous l'avons dit, complètement séparée de celle des composés oxygénés et organiques de l'arsenic, bien que quelques auteurs, notamment RABUTEAU, aient attribué à la formation d'hydrogène arsénié dans l'organisme la toxicité de l'acide arsénieux et de l'acide arsénique.

L'hydrogène arsénié est un type des poisons du sang : c'est la destruction et la dissolution des hématies qui domine la scène. Aussi le tableau symptomatique des empoisonnements par ce gaz est-il aussi simple que celui des accidents consécutifs à l'absorption des composés oxygénés de l'arsenic est complexe.

Des cas assez nombreux d'intoxication par ce corps ont été observés dans les laboratoires de chimie; les plus connus sont ceux de GEHLEN de Stockholm (1815), de SCHINDLER de Berlin (1839), de BRITTON de Dublin. Quelquefois c'est la préparation même de l'hydrogène arsénié qui occasionne les accidents; mais souvent la simple préparation de l'hydrogène produit cette intoxication, par exemple dans les manipulations où l'on emploie du zinc impur qui, traité par de l'acide sulfurique ou de l'acide chlorhydrique, dégage de l'hydrogène arsénié. CHEVALLIER a publié des faits de ce genre, observés chez des ouvriers travaillant à la fabrication du blanc de zinc.

LAYET rapporte le cas suivant : dans une mine de plomb argentifère, à Sollberg près d'Aix-la-Chapelle, on fit fondre le minerai avec du zinc afin d'obtenir du zinc argentifère. Ce zinc argentifère fut traité par l'acide chlorhydrique, afin de pouvoir en extraire l'argent. L'opération donna lieu à un dégagement considérable de gaz. Toutes les personnes, au nombre de neuf, qui prirent part à cette opération tombèrent, malades, et trois en moururent.

WAECHTER, d'Altona (Casuistik der Arsenwasserstoff Intoxication. Vierteljahrischer f. gerich. Med., t. XXVIII, p. 231, 1878, in R. S. M., t. XIII, 1879), a publié l'histoire de quatre Italiens, marchands de ballons en caoutchouc colorés et qu'ils remplissaient avec de l'hydrogène. Pour préparer le gaz ils achetaient de l'acide sulfurique du commerce et des rognures de zinc. L'hydrogène produit dans un flacon se dégageait par un tube de verre

qui traversait le bouchon : pour renouveler les matières premières, il fallait nécessairement soulever ce bouchon. Durant cette manœuvre, ainsi que dans les intervalles fréquents qui s'écoulaient entre le remplissage du ballon et sa fermeture, une quantité
notable de gaz pouvait se répandre dans l'atmosphère. Comme ces hommes travaillaient
dans une pièce de dimensions très restreintes, ils tombèrent gravement malades tous les
quatre, et l'un d'eux mourut.

Les troubles par lesquels se manifeste l'intoxication consistent en maux de tête,
prostration générale, dyspnée, souvent aussi en douleurs gastriques et vomissements;
mais ces derniers symptômes ne sont pas dus à des lésions locales, comme le montre
l'autopsie; les signes plus caractéristiques sont une hémoglobinurie et une hématurie
très rapide et très prononcée, la rareté des urines; quelquefois des douleurs lombaires et
des selles sanguinolentes, enfin de l'ictère.

Dans une observation due à VALETTE (Lyon méd., 1870, p. 440), au bout de quelques
jours on vit apparaître des papules très peu saillantes, tout à fait comparables à celles
de la rougeole, puis, plus tard, des suintements sanguins par le nez, les gencives et
toute la muqueuse buccale; l'éruption cutanée offrit alors une teinte violacée, et la
muqueuse du gland et du prépuce laissa aussi transsuder un sang pâle et décoloré :
la mort ne survint qu'un mois environ après l'accident; mais le plus souvent elle est
beaucoup plus rapide.

On n'a signalé ni les accidents cholériformes, ni les troubles de la sensibilité et du
mouvement observés dans les intoxications par les autres composés arsenicaux. On
trouve de l'arsenic dans l'urine, mais on ne sait pas exactement sous quelle forme il
s'élimine.

L'autopsie ne donne que des résultats à peu près négatifs; dans les canalicules urinifères on trouve des cristaux d'hémoglobine et des globules rouges altérés : l'épithélium
rénal peut avoir cependant subi la dégénérescence graisseuse; mais c'est par suite de
l'élimination prolongée de la matière colorante du sang.

Dans ses expériences sur les chiens et les lapins, STADELMANN, non seulement ne mentionne pas les altérations cadavériques qui caractérisent l'empoisonnement par l'arsenic;
mais il note expressément à plusieurs reprises l'absence de toute inflammation du tube
digestif; chez les lapins il trouve quelquefois de petites hémorrhagies sous la séreuse
péritonéale et du sang dans le contenu intestinal.

Quant au mécanisme des accidents, il peut se résumer en un mot : la dissolution du
sang, avec ses conséquences habituelles, c'est-à-dire l'hémoglobinurie et l'ictère.

La destruction des hématies a comme résultat une production plus abondante de
pigment biliaire par le foie, mais, tandis que la quantité de bilirubine est de vingt fois
supérieure au chiffre normal, la proportion de bile et des acides biliaires diminue; d'où
STADELMANN (A. P. P., t. XVI, 1883, p. 221) conclut que la matière colorante du sang sert à
former les pigments biliaires, mais non les acides.

Quant à l'ictère, ce n'est pas, comme on pourrait le croire, un ictère hématogène, c'est
un ictère hépatogène; la résorption du pigment, sécrété en grande abondance, reconnaît
comme cause l'obstruction des canalicules excréteurs par une bile épaisse et consistante.

Chez les animaux ce n'est pas exclusivement de l'hémoglobine qu'on trouve dans
l'urine : on y rencontre beaucoup de globules détruits. Les lapins supportent mieux
l'intoxication que les chiens, et surtout que les chats, qui y sont beaucoup plus sensibles.

                                                        E. WERTHEIMER.

ARSONVAL (A. d'), Professeur au Collège de France (1894). — Outre ses
travaux de physiologie proprement dite, D'ARSONVAL a fait des recherches de physique,
qui ne seront pas mentionnées ici.

Électricité. — *Le téléphone employé comme galvanoscope* (B. B., 2 mars 1878, (6),
t. v, pp. 82-83; C. R., 1878, t. LXXXVI, p. 832). — *Sur les causes des courants électriques
d'origine animale, dits courants d'action et sur la décharge des poissons électriques* (B. B.,
4 juill. 1885, (8), t. II, pp. 453-456). — *Sur un phénomène physique analogue à la conductibilité nerveuse* (B. B., 3 avril 1886, (8), t. III, pp. 170-171). — *Production d'électricité chez l'homme* (B. B., 14 janv. et 11 févr. 1888, (8), t. v, pp. 142-144). — *Compte rendu
de la commission d'électro-physiologie* (Revue Scientifique, 3 déc. 1881). — *Ondes électri-*

ques; caractéristiques d'excitation (*B. B.*, 1er avril 1882, (7), t. iv, pp. 244-245). — *La mort par l'électricité dans l'industrie. Ses mécanismes physiologiques. Moyens préservateurs* (*B. B.*, 19 févr. 1887, (8), t. iv, pp. 95-97). — *Action du champ magnétique sur les phén. chim. et physiologiques* B. B., 22 avril 1882, pp. 276-377). — *Chronomètre électrique mesurant la vitesse des impressions nerveuses, à 1/5000e de seconde* (*B. B.*, 15 mai 1886, (8), t. iii, pp. 235-236). — *Parallèle entre l'excitation électrique et l'excitation mécanique des nerfs* (*B. B.*, 4 juillet 1891, (9), t. iii, pp. 558-560). — *Action physiologique des courants alternatifs* (*ibid.*, 2 mai 1891, pp. 283-287). — *Production de courants de haute fréquence et de grande intensité; leurs effets physiologiques* (*B. B.*, 4 févr. 1893, pp. 122-124, et *A. P.*, 1893, (5), t. v, pp. 401-408). — *Recherches d'électrothérapie; la voltaisation sinusoïdale* (*A. P.*, 1892, (5), t. iv, pp. 69-80).

La fibre musculaire est directement excitable par la lumière (*B. B.*, 9 mai 1891, (9), t. iii, pp. 318-320).

Respiration. — *Rech. théor. et expérim. sur le rôle de l'élasticité pulmonaire* (*B. P.*, 1887). — *Recherches démontrant que la toxicité de l'air expiré dépend d'un poison provenant des poumons et non de l'acide carbonique* (*En coll. avec* R. BROWN-SÉQUARD) (*B. B.*, 1877, p. 819 ; 1888, pp. 33, 54, 98, 99, 108, 110, 151, 172; *C. R.*, 28 nov. 1887, t. cv; 9 et 16 janv. 1888, t. cvi; 11 févr. et 24 juin 1889, t. cviii; *A. P.*, 1893, (5), t. vi, pp. 113-124). — *Procédé pour absorber rapidement l'acide carbonique de la respiration* (*B. B.*, 10 déc. 1887, (8), t. iv, pp. 750-751). — *Durée comparative de la survie chez les grenouilles plongées dans différents gaz et dans le vide* (*A. P.*, 1889).

Chaleur animale. — *Rech. sur la chaleur animale* (*Trav. du Lab. de* MAREY, t. iv, 1880, pp. 386-406). — *Nouvelle méthode de calorimétrie* (*B. B.*, 1er déc. 1887, (6), t. iv, pp. 436-437). — *Calorimètre par rayonnement* (*Lumière électrique*, 18 oct. 1884). — *L'anémocalorimètre ou nouvelle méthode de calorimétrie humaine normale et pathologique* (*A. P.*, 1894, (5), t. vi, pp. 360-370). — *Rech. de calorimétrie animale* (*B. B.*, 27 déc. 1884, (8), t. i, pp. 763-766). — *Perfectionnements nouveaux apportés à la calorimétrie animale. Thermomètre différentiel enregistreur* (*B. B.*, 17 févr. 1894, (9), t. v). — *Production de chaleur dans le muscle, indépendamment de toute contraction* (*B. B.*, 13 mars 1886, (8), t. iii, pp. 124-125).

— *Filtration et stérilisation rapide des liquides organiques par l'emploi de l'acide carbonique liquéfié* (*B. B.*, 7 févr. 1891, (9), t. iii, pp. 90-92 et *A. P.*, 1891, (5), t. iii, pp. 382-391). — *Action des très basses températures sur les ferments* (*B. B.*, 22 oct. 1892, (9), t. iv, pp. 808-809). — *Influence des agents cosmiques (électricité, pression, lumière, froid, ozone, etc.) sur l'évolution de la cellule bactérienne* (*En coll. avec* A. CHARRIN) (*A. P.*, (5), t. vi, pp. 335-362 et *B. B.*, 1893, (9), t. v, pp. 37, 70, 121, 237, 337, 467, 532, 764 et 1028).

Note sur la préparation de l'extrait testiculaire concentré (*A. P.*, 1893, (5), t. v, pp. 180-183). — *Règles relatives à l'emploi du liquide testiculaire* (*En collab. avec* R. BROWN-SÉQUARD) (*ibid.*, pp. 192-193). — *Injection dans le sang d'extraits liquides du pancréas, du foie, du cerveau, et de quelques autres organes* (*A. P.*, 1894, (5), t. vi, pp. 148-157).

ARTÉMISINE.

— Corps obtenu par MERCK (*Annales de* 1894, p. 3) dans le traitement des semences de l'*Artemisia maritima*. C'est une substance qui donne avec le chloroforme une combinaison cristallisée. Elle est très analogue à la santonine, et on peut provisoirement la considérer comme de l'oxysantonine $[C^{15}H^{18}O^4]$.

ARTÈRES.

— **Résumé anatomique.** — Les artères sont des vaisseaux dans lesquels circule du sang qui, parti du cœur, chemine vers les capillaires. Leur forme est celle de cylindres plus ou moins réguliers.

Elles proviennent de la ramification de deux artères principales : l'aorte, issue du ventricule cardiaque gauche; l'artère pulmonaire, venant du ventricule droit.

Elles se divisent de façons diverses[1]; tantôt une artère donne naissance à deux autres d'égale importance qu'on appelle branches ou troncs; tantôt l'une est moins volumineuse, tandis que l'autre semble continuer l'artère primitive; on donne à la première le

---

1. V. ROUX. *Ueber die Verzweigung der Blutgefässe* (*Ienaische Zeitschrift f. Med. u. Natur.* t. xii).

nom de branche collatérale. L'angle sous lequel se détachent les collatérales est variable il peut être aigu, droit ou obtus. Dans ce dernier cas les artères sont dites récurrentes. Cet angle est, comme l'avait déjà signalé J. HUNTER, important à connaître au point de vue physiologique, car il influe sur le cours du sang. Parfois, au point où elle se détache d'un tronc, une branche présente une dilatation[1].

Le calibre des artères est extrêmement variable, depuis l'aorte jusqu'aux plus petites artérioles. Il dépend de l'importance du territoire auquel l'artère se distribue ; de l'activité fonctionnelle de l'organe irrigué bien plus que de son étendue.

Les glandes reçoivent des artères très volumineuses ; le cartilage n'en possède pas.

Le calibre relatif diffère suivant les périodes de la vie. La carotide, la vertébrale, la sous-clavière sont relativement bien plus larges chez l'enfant que chez l'adulte. C'est l'inverse pour les artères iliaques primitives.

On a comparé aussi le calibre des artères avec le poids des organes. Ces évaluations présentent souvent une difficulté parce que certains organes se rapetissent ou augmentent par rapport au poids total du corps. Le calibre de l'artère augmente avec l'âge, quand même le poids de l'organe reste constant[2].

En général, exception faite des grosses artères, le calibre d'un tronc donné est inférieur à la somme des calibres de ses ramifications immédiates.

L'épaisseur des artères est toujours assez forte, comparativement aux veines correspondantes ; mais elle offre de grandes variations, en rapport avec celles du calibre ; elle diminue généralement quand le calibre augmente.

Les artères peuvent s'anastomoser ensemble, soit simplement, soit en formant des réseaux. On appelle réseaux admirables ceux constitués tout à coup par une artère unique, qui se divise en un point pour former un riche bouquet de branches s'anastomosant entre elles. Ils peuvent se continuer directement avec les capillaires et sont dits unipolaires ; ou bien être bipolaires, c'est-à-dire se réunir pour former une nouvelle artère : tel est le cas des artères glomérulaires du rein.

Chez les animaux plongeurs, ces formations sont assez développées. Elles constituent une réserve sanguine permettant une assez longue résistance à l'asphyxie. On les observe particulièrement dans la paroi thoracique des cétacés.

Les artères suivent la surface concave du tronc et des membres. C'est là que les mouvements ont le moins d'amplitude : et que par conséquent les vaisseaux sont le moins sujets aux tiraillements[3].

Des réseaux vasculaires situés du côté opposé parent aux effets fâcheux de la compression ; ils correspondent généralement à l'axe du mouvement. A la périphérie les troncs artériels se terminent en formant des anses qui facilitent le cours du sang. C'est de ces anses que partent les réseaux terminaux.

En certains endroits les artères sont protégées par des arcades fibreuses ou osseuses. Elles peuvent être contenues dans des conduits osseux, comme cela existe, par exemple, pour l'artère vertébrale.

Les artères sont accompagnées par une ou plusieurs veines. Il semble exister parfois des communications directes entre les deux sortes de vaisseaux : tels sont les canaux dérivatifs de SUCQUET.

Ces canaux ont été décrits chez plusieurs espèces animales et à des endroits variés.

Il faut en rapprocher ceux démontrés par BOURCERET[4] à la pulpe des doigts. Indépendamment des capillaires qui assurent la nutrition des tissus, il existe des conduits plus

1. HANS STAHEL. Ueber Arterienspindeln und über die Beziehung der Wanddicke der Arterien zum Blutdruck (Arch. f. Anat. u. Physiol., 1886, pp. 307-334).
2. NIKIFOROFF. Ueber die Proportion zwischen dem Arterienkaliber einerseits und dem Gewichte, Umfange der Organe, und dem Gewichte der Körperabschnitt anderseits. Dissert. Saint-Pétersbourg, 1883 (anal. in Jb. P., 1883). — VALERIE SCHIELE WIEGANDT. Ueber Wanddicke und Umfang der Arterien des menschlischen Körpers (A. V., t. LXXXII).
3. P. LESSHAFT. De la loi générale qui procède à la distribution des artères dans le corps de l'homme (Intern. Monatsh. f. An. und Phys., t. II, p. 234).
4. BOURCERET. Circulations locales. Procédé d'injection des veines du cœur vers les extrémités, malgré les valvules et sans les forcer. Paris, 1885.

larges, ayant pour but d'amener une plus grande quantité de sang au contact de ces organes périphériques, particulièrement exposés au refroidissement.

TESTUT [1] a signalé l'existence de canaux dérivatifs sur la pie-mère de cerveaux adultes.

DEBIERRE et GÉRARD [2] ont publié récemment l'observation de communications directes entre les artères et des veines volumineuses par des conduits de calibre assez considérable, 2 millimètres et demi dans un cas d'anastomose entre la veine et l'artère fémorales. Généralement ces communications se feraient au niveau des plis articulaires des membres; mais elles peuvent exister entre l'aorte et la veine cave inférieure. Malgré ces faits, on peut regarder comme à peu près absolue la non-communication du sang artériel et du sang veineux par d'autres voies que les capillaires. Chez les invertébrés la disposition des vaisseaux est tout à fait différente. Les artères prennent naissance chez le fœtus, aux dépens du mésoderme, par des cordons cellulaires pleins qui se creusent ensuite.

Le cœur émet un tronc artériel qui se bifurque; les deux branches se recourbent et redescendent, pour se fusionner et donner l'aorte impaire. Les aortes descendantes sont en relation par des arcs aortiques, aux dépens desquels se formeront les principales artères voisines du cœur.

Texture des artères. — La texture des artères diffère suivant que l'on considère les petites artères, proches de la périphérie, ou les artères volumineuses, voisines du cœur. RANVIER [3] les divise ainsi en deux grands groupes; le premier comprend celles à type musculaire, le second celles à type élastique.

Toutes sont formées essentiellement par trois tuniques : c'est la tunique moyenne qui offre les différences caractéristiques.

La tunique interne est constituée par une couche de cellules endothéliales reposant, pour ce qui est des artérioles, sur une mince membrane, la membrane propre ou vitrée du vaisseau.

Dans les artères plus volumineuses, entre cette membrane et la couche moyenne, séparée de cette dernière par la limitante élastique, se trouve l'endartère.

RENAUT [4] distingue dans l'endartère deux couches; l'une interne ou muqueuse, l'autre externe ou striée.

La couche muqueuse comprend deux à trois lignes de cellules plates, puis une couche épaisse de substance connective avec quelques cellules transversales. La couche striée se compose de lames élastiques disposées en systèmes de tente; entre ces lames se trouvent de grandes cellules longitudinales. C'est dans le sens perpendiculaire à la longueur du vaisseau qu'apparaît la striation.

La tunique externe est formée de fibres connectives et élastiques longitudinales. Elle sert de soutien pour les ramifications vasculaires et nerveuses.

La tunique moyenne diffère suivant les types artériels que l'on considère.

Dans les artères à type musculaire, la tunique moyenne est constituée par des fibres lisses circulaires; elles sont superposées de telle façon que l'ensemble de leurs noyaux décrive une spirale autour du vaisseau.

Dans l'autre groupe d'artères, cette tunique moyenne est composée d'une série de membranes élastiques réunies entre elles par des travées de fibres élastiques. On y rencontre aussi des faisceaux du tissu conjonctif et des fibres musculaires lisses. Dans les artères de volume moyen, comme les artères principales des membres, l'épaisseur de cette tunique est supérieure à la somme de celles des deux autres.

Les petites artères ne renferment pas de vaisseaux dans leur paroi; le sang qu'elles contiennent peut suffire à leur nutrition. Dans les artères plus volumineuses, au contraire, le liquide sanguin ne peut pas filtrer au travers des tuniques, comme l'a montré STROGANOW. Des *vasa-vasorum* sont compris dans la tunique externe. Les globules blancs qui en partent par diapédèse peuvent arriver jusque dans l'endartère.

1. L. TESTUT. *Traité d'Anatomie humaine*, t. II, p. 51.
2. DEBIERRE et GÉRARD. *Sur les anastomoses directes entre une grosse artère et une grosse veine* (B. B.,1895), p. 27.
3. RANVIER. *Traité technique d'histologie*.
4. J. RENAUT. *Traité d'histologie pratique*.

Les artères reçoivent de nombreux filets nerveux : ils forment des plexus dans la tunique externe. De ces plexus partent des fibres amyéliniques qui viennent se terminer librement par des extrémités variqueuses sur les cellules musculaires. Leur mode de terminaison dans la tunique interne est encore mal connu.

Médecine opératoire physiologique. — La texture des artères explique différents faits que l'on observe au cours d'opérations sur ces vaisseaux.

Une section incomplète d'un tronc artériel donne lieu à une hémorrhagie considérable, une section complète détermine généralement une perte de sang moins forte. En effet, par suite de l'élasticité artérielle et de la contraction active des fibres musculaires, dans le premier cas, les lèvres de la plaie s'écartent, livrant passage au sang qui s'échappe par jets saccadés; dans le second au contraire, les deux bouts du vaisseau sectionné se rétractent dans leur gaine conjonctive dépourvue d'élasticité; le sang ne sort plus qu'en bavant et ne tarde pas à se coaguler.

Le même fait s'observe pathologiquement; dans les arrachements de membres, l'hémorrhagie est infiniment moins forte que dans les sections franches.

L'application de ce fait est utilisée dans l'arrachement ou la torsion des artères. La torsion, même pour celles qui sont de fort calibre, remplace avantageusement la ligature, particulièrement au cas où l'isolement ne peut pas être effectué avec facilité.

Pour pratiquer la torsion, on saisit l'artère entre les mors d'une pince à pression continue, à laquelle on fait exécuter un mouvement de rotation suivant son axe jusqu'à ce que survienne la rupture spontanée. Quand on exécute cette opération, on constate que la tunique moyenne se rompt ainsi que la tunique interne, tandis que la tunique externe résiste, grâce à sa texture lâche. Les deux autres tuniques repoussées par la torsion s'envaginent dans la lumière du vaisseau qu'elles contribuent à obturer.

La ligature agit de la même façon. La striction du fil rompt et refoule les tuniques interne et moyenne ; la tunique externe seule résiste. On comprend dès lors l'importance qu'il y a à ne pas pousser trop loin la dénudation de l'artère mise à nu. L'ablation complète de la tunique externe risquerait d'amener une section transversale, et non plus une oblitération du vaisseau.

Pour effectuer la recherche des artères, on utilise les connaissances anatomiques que l'on a de la région sur laquelle on opère. Les rameaux principaux étant généralement accompagnés de branches veineuses et de filets nerveux, c'est avec ces éléments qu'il faudra éviter de les confondre. On reconnaîtra l'artère à sa consistance élastique, aux pulsations dont elle est animée, à sa coloration rose ou rouge clair. Les veines échappent habituellement à l'exploration digitale et apparaissent à l'œil comme des vaisseaux noirâtres et de calibre irrégulier. Les nerfs sont des cordons durs, cylindriques, non dépressibles, d'aspect blanc nacré. En comprimant une artère, le bout périphérique se vide et pâlit, le bout central se gonfle et est animé de battements énergiques. La compression des veines vide au contraire le bout central.

L'artère reconnue est isolée des éléments voisins et dénudée sur une largeur juste suffisante. On la charge alors sur un fil que l'on passe au moyen d'une aiguille mousse recourbée. S'il y a des organes à ménager, les veines satellites en particulier, on commence à passer le fil de leur côté.

Les opérations que l'on a le plus souvent à exécuter sur les artères, en physiologie, sont l'introduction et la fixation de canules, pour recueillir du sang ou prendre la pression.

On ne craindra pas de faire des incisions larges des diverses couches superposées à l'artère. De cette façon, s'il se produit des réactions douloureuses, il n'y aura pas de compression de l'artère par les muscles de la plaie, ce qui viendrait fausser les résultats. On dénude le vaisseau sur une longueur assez grande, et on lie le bout périphérique. Puis on suspend momentanément le cours du sang dans le bout central en le comprimant. Il faut employer, pour effectuer cette compression, un instrument qui ne contusionne pas les tuniques artérielles. On se sert avantageusement du compresseur de FRANÇOIS-FRANCK, construit sur le modèle des lithotriteurs. On peut plus simplement exercer une traction modérée sur le bout central à l'aide d'une anse de fil. On soulève l'artère au moyen du fil de la ligature périphérique; on introduit sous elle l'index gauche et on y pratique, à l'aide de fins ciseaux, une incision en V à pointe tournée vers la périphérie. L'introduction de la canule est faite doucement en lui faisant exécuter un mouvement de rotation.

On la fixe à l'aide d'un fil placé dans ce but au début de l'opération. Il est bon, après avoir fait une double ligature, de nouer les deux chefs du fil avec celui qui a été posé sur le bout périphérique de l'artère. On en laisse pendre un au dehors de la plaie, ce qui permet, le cas échéant, de retrouver rapidement l'artère et d'y replacer la canule.

Physiologie (Voir les articles : Circulation, Vaso-moteurs, Pouls.). — Si l'on fait par la pensée des sections successives, parallèles entre elles, du système artériel, en commençant à l'aorte et en allant jusqu'aux capillaires, la somme des surfaces comprises dans chaque section ira sans cesse en augmentant, et chacune de ces sommes est équivalente à un cercle déterminé. La superposition de ces cercles constitue un cône qui schématisera la capacité de l'ensemble des artères, augmentant progressivement du cœur à la périphérie. Un cône analogue est formé par l'artère pulmonaire et ses ramifications. On voit que le sang chemine dans un ensemble de canaux de plus en plus larges jusqu'au lac formé par les capillaires. Il en résulte que le cours se ralentit de plus en plus et qu'il est à son maximum de lenteur là où les échanges doivent se produire (fig. 54, *C. C.*).

Les parois du cône artériel n'ont pas partout la même composition, ainsi que nous l'avons déjà signalé. Élastiques au sommet, elles deviennent musculaires à la base ; le deux tissus sont dans la partie moyenne en proportions à peu près égales. Leur présence détermine les deux propriétés essentielles des artères, l'*élasticité* et la *contractilité*.

Élasticité artérielle. — L'élasticité des artères se manifeste par les modifications de forme et de calibre qu'éprouvent ces vaisseaux à chaque battement cardiaque.

Les artères rectilignes deviennent sinueuses, comme cela est facile à voir, par exemple sur l'artère humérale, chez les sujets amaigris.

Lorsqu'il existe déjà une courbure, elle devient plus prononcée ; si elle s'opère brusquement, son rayon augmente.

Quand il y a un obstacle brusque au courant sanguin, l'artère s'allonge au moment de la systole du cœur. Cela s'observe aux éperons de bifurcation, ou mieux encore au cours d'une amputation. Quand on a lié et sectionné une artère

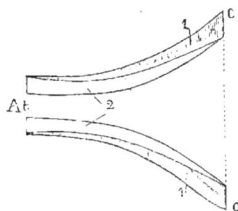

FIG. 54. — Schéma du cône artériel.

A. aorte. — C. capillaires. — 1. tissu musculaire. — 2. tissu élastique.

au ras d'un moignon, on la voit animée de mouvements d'expansion et de retrait périodiques.

L'augmentation de calibre par la contraction ventriculaire avait déjà été observée par SPALLANZANI, sur l'aorte de la salamandre. Il entourait ce vaisseau d'un anneau un peu trop large pendant les repos du cœur, mais qui devenait pendant l'activité du cœur, ou systole, juste suffisant.

Le même fait peut encore être mis en évidence à l'aide du dispositif employé par POISEUILLE [1]. Il faisait passer une artère à travers une boîte portant, ainsi que son couvercle, une rainure de diamètre juste suffisant. La boîte, hermétiquement fermée et remplie de liquide, communique avec un manomètre dont les oscillations indiquent les variations de volume du vaisseau.

Plusieurs auteurs ont étudié avec soin l'élasticité artérielle. WERTHEIM [2] a vu qu'elle est parfaite dans des limites assez étendues, c'est-à-dire que, déformées, les artères reprennent exactement leur forme primitive. Mais leur force élastique est peu considérable ; l'effort nécessaire pour produire une déformation n'a pas besoin d'être bien grand. Cette force élastique n'est pas proportionnelle aux efforts ; mais elle croit, plus vite que la pression, en raison de la distension qu'ont déjà subie les vaisseaux. Pour allonger une bandelette artérielle de 1, 2, 3 millimètres, il faut des poids croissant plus rapidement que ces nombres. WERTHEIM donne comme valeur du coefficient d'élasticité des artères, c'est-à-dire du poids qui allongerait de l'unité un tronçon d'artère ayant l'unité pour longueur et pour section, le chiffre 0,032. C'est l'un des plus faibles des principaux tissus du corps.

1. POISEUILLE. *Sur la pression du sang dans le système artériel* (C. R., 1860).
2. WERTHEIM. *Élasticité et cohésion des principaux tissus du corps humain.*

Le coffcient d'allongement, qui est l'allongement de l'unité de longueur sous l'unité de section et sous l'unité de charge, a la valeur très considérable de 19,2308.

Dans ces expériences on ne s'est occupé que de l'allongement linéaire des artères. Il est plus intéressant pour le physiologiste d'étudier l'allongement produit dans tous les sens et amenant une augmentation de capacité. Ces deux phénomènes ne suivent pas les mêmes lois. Une lanière de caoutchouc s'allonge proportionnellement aux efforts de traction ; une sphère ou un cylindre creux subissent des augmentations de volume qui croissent plus rapidement.

MAREY[1] a mesuré, par la méthode des déplacements, les changements de volume de tronçons artériels soumis à des pressions intérieures graduellement croissantes. Les recherches ont porté surtout sur des aortes d'hommes ou de grands animaux. Ce choix était déterminé par ce fait, déjà signalé plus haut, que l'aorte constitue le principal réservoir élastique du sang.

L'appareil de MAREY consiste en un manchon rempli de liquide portant latéralement un tube horizontal gradué. Le tronçon d'artère y est renfermé. L'une de ses extrémités est fermée, l'autre livre passage à un tube communiquant avec un réservoir dont on peut faire varier la hauteur : quand celle-ci s'élève, la pression augmente; l'artère se distend par suite de son élasticité, et déplace une certaine quantité du liquide du manchon dans le tube gradué. Ces déplacements servent de mesure aux changements de volume artériels.

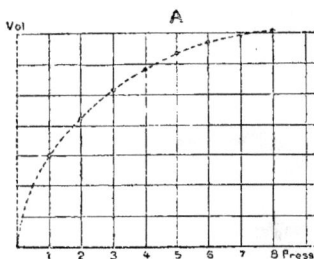

En opérant sous des charges graduellement croissantes, on observe une dilatation de moins en moins grande. La force élastique croît plus vite que la pression. Si l'on représente graphiquement le phénomène, on obtient une courbe surbaissée à convexité supérieure (fig. 55).

Les expériences de MAREY sur les tronçons artériels amènent un résultat analogue à celles de WERTHEIM sur des bandelettes de tissu artériel; mais ces dernières ne pouvaient le faire prévoir a priori. Il existe, comme nous l'avons signalé, des corps dont l'élasticité ne suit pas les mêmes lois, suivant qu'ils sont taillés en lanière ou en cylindres creux dont on étudie l'ampliation.

FIG. 55. — Courbure des changements de volume d'un tube élastique pour des pressions régulièrement croissantes (MAREY).

Si l'on voulait comparer entre elles les courbes d'élasticité de différentes artères, il faudrait tenir compte de leur capacité initiale et donner aux ordonnées des valeurs proportionnelles. Les artères volumineuses, permettant, en effet, un plus grand déplacement de liquide, donnent des courbes s'élevant plus brusquement.

Il faut avoir soin, au début de l'expérience, de remplir complètement l'artère. Sans cette précaution, elle se laisserait distendre passivement, et l'élasticité n'entrerait en jeu qu'au bout d'un certain temps.

ROY[2] a employé pour l'étude de l'élasticité artérielle un appareil analogue à celui de MAREY; mais les changements de volume s'inscrivaient automatiquement. Suivant cet auteur les artères seraient distendues à leur maximum pendant la vie sous l'influence de la pression sanguine.

L'existence de l'élasticité se manifeste pendant la vie chez l'homme ou les animaux, quand par une compression on force le sang à s'accumuler dans un organe ou que l'on soustrait une partie du corps à l'abord du sang. Nous en donnons ici un exemple emprunté à MAREY (fig. 56). Lorsqu'on comprime les veines de la main par une ligature, le sang s'accumule dans les artères sous l'influence de l'impulsion cardiaque qui reste constante. Il en résulte qu'à chaque battement du cœur le volume de la main augmente; mais, la force élastique augmentant en même temps, ces accroissements sont de moins

1. MAREY. Recherches sur la tension artérielle. Travaux du laboratoire, 1878, p. 175. La circulation du sang, pp. 158 et ss.
2. ROY, The elastic Properties of the arterial Wall (J. P., 1880, t. III, pp. 125-159).

en moins considérables, et la forme générale de la courbe est analogue à celle que l'on obtient dans les expériences de MAREY sur les artères détachées.

De même, si l'on prend la pression dans une artère périphérique et qu'on vienne à la comprimer dans une portion plus voisine du cœur, on voit la courbe s'abaisser en présentant une concavité supérieure, montrant que la force élastique diminue de moins en moins vite.

L'élasticité artérielle joue un rôle important dans la mécanique circulatoire. Elle régularise le cours du sang et favorise l'action du cœur en diminuant les résistances que cet organe doit surmonter.

On doit à MAREY la démonstration de ce fait. Il met en relation un vase de MARIOTTE rempli de liquide avec deux tubes de même calibre, placés au même niveau, mais de substance différente. L'un est rigide, en verre; l'autre élastique, en caoutchouc. Si l'on

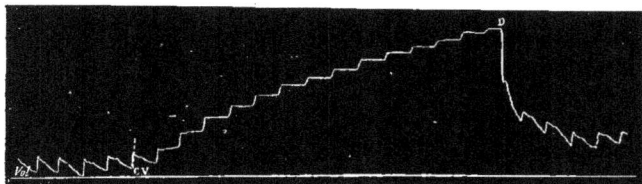

FIG. 56. — Accroissements graduels du volume de la main sous l'influence d'un obstacle à la circulation veineuse CV. (MAREY).

ouvre et ferme alternativement, à intervalles réguliers assez rapprochés imitant le rythme cardiaque, le robinet qui conduit à ces tubes, on voit que l'écoulement ne s'effectue pas de la même façon dans chacun d'eux. Il se fait par saccades synchrones aux ouvertures du robinet dans le tube rigide. Il est régulier et continu dans le tube élastique. De plus le débit de ce dernier tube est supérieur à celui de l'autre. Mais cette augmentation du débit ne se produit pas dans le cas d'afflux intermittents. La force agissant brusquement sur le liquide contenu dans un tube rigide doit déplacer toute sa masse et vaincre son inertie. Le tube élastique présente l'avantage de se laisser distendre et de restituer sous forme de force de tension, d'une manière progressive, la force empruntée au moteur.

La force élastique influe sur la vitesse de transport des ondes liquides. Cette vitesse lui est proportionnelle.

C'est à l'élasticité artérielle qu'est dû le phénomène du *pouls* (Voy. ce mot).

Contractilité artérielle. — Les anciens auteurs professaient sur la contractilité des artères, propriété que possèdent ces vaisseaux de modifier activement le calibre de leurs parois, des opinions diverses. Des notions positives ne pouvaient guère se faire jour à une époque où le microscope n'avait pas encore caractérisé l'élément contractile, où les expérimentateurs pensaient que leur examen devait porter le plus avantageusement sur les gros vaisseaux. Or nous avons vu que c'est là que les fibres musculaires sont le moins développées.

HALLER[1], sans nier absolument l'existence de la contractilité, ne trouvait pas suffisantes les expériences qui tendaient à la démontrer. BICHAT[2] pensait que les changements de volume des artères reconnaissent toujours pour cause l'élasticité. MAGENDIE[3] professait une opinion analogue. Pour lui c'était l'élasticité seule qui faisait vider le bout périphérique d'une artère lorsqu'on y avait posé une ligature.

SPALLANZANI[4] refusait même aux artères la possibilité de se resserrer par suite de leur élasticité.

1. HALLER. *Mémoires sur la nature sensible et irritable des parties du corps animal*, 1756, t. I, p. 57.
2. BICHAT. *Anatomie générale*. 1801, t. I. p. 336.
3. MAGENDIE. *Précis élémentaire de Physiologie*. t. II, p. 387.
4. SPALLANZANI. *Expériences sur la circulation observée dans l'universalité du système vasculaire*. Tr. Tourdes, Paris, an VIII, p. 380.

Cependant d'autres auteurs avaient affirmé l'existence de la contractilité. SÉNAC[1], ABR. ENS[2], avaient même reconnu sa dépendance du système nerveux. Mais ils se faisaient une fausse idée de son utilité. Ils pensaient que les artères sont douées de mouvements propres rythmiques, aidant à la progression du sang; c'étaient, suivant eux, de véritables cœurs périphériques.

Il faut arriver aux expériences de J. HUNTER, à la découverte par HENLE[3] des éléments musculaires dans la paroi des artères, pour voir à la fois la contractilité démontrée et sa véritable signification reconnue. On vit alors que, si le mouvement du sang dépend du cœur, sa répartition est dépendante des vaisseaux.

J. HUNTER[4] démontra que le resserrement du bout périphérique d'une artère liée n'était pas dû uniquement à l'élasticité. Lorsqu'après cette ligature on pratique une injection dans le tronçon artériel et qu'on le laisse ensuite revenir sur lui-même, le calibre qu'il prend est plus considérable que celui qu'il avait acquis au début après la ligature. L'injection a détruit l'état de contraction, et l'élasticité, seule persistante, donne à l'artère une largeur plus grande. La même observation peut être faite sur un animal tué par hémorrhagie; la contractilité des artères disparaît assez rapidement, tandis que l'élasticité persiste. Une injection pratiquée dans le système artériel y reste en partie, tandis qu'après la mort les artères sont vides de sang, par suite de la contraction de la tunique musculaire.

Lorsqu'on mesure successivement le calibre des artères après qu'on les a vidées par hémorrhagie et après qu'on a pratiqué leur distension forcée, la différence est d'autant plus considérable qu'on s'adresse à des artères plus éloignées du cœur.

Dans une expérience de HUNTER, la différence des diamètres de l'aorte était dans ces conditions de $\frac{1}{17}$. L'aorte s'était donc contractée au moment de la mort de telle façon que son diamètre fut réduit de $\frac{1}{17}$. Le diamètre de la fémorale s'était réduit des deux tiers.

Les considérations qui précèdent permettent d'affirmer l'existence de la contractilité artérielle. Mais la démonstration peut être poussée plus loin. La tunique musculaire des artères est excitable par les divers agents mécaniques, électriques, thermiques, chimiques. En les portant directement sur ces vaisseaux, il est facile d'y constater des changements de volume.

L'un des premiers observateurs qui aient signalé l'action sur les artères des excitants mécaniques est VERSCHUIR[5]. En grattant la carotide ou la crurale d'un chien avec la pointe d'un scalpel, il les vit se resserrer par place. THOMSON[6], WHARTON-JONES[7], HASTINGS[8], PAGET[9] ont fait des observations analogues sur les vaisseaux de la grenouille, sur les grosses artères du lapin, sur l'aile de la chauve-souris.

REINARZ et BURDACH[10] démontrent l'existence de la contractilité par une expérience élégante. Ils introduisent dans un tronçon d'artère un petit cylindre de cire, de calibre tel que sa pénétration s'effectue sans effort. Sous l'influence de cette excitation mécanique le vaisseau se resserre et comprime le cylindre de cire qui ne peut plus être retiré qu'avec peine.

VULPIAN[11] a effectué un grand nombre d'expériences sur la contractilité des vaisseaux. Il a vu, en frottant rapidement une artère avec la pointe d'une paire de ciseaux, ce vaisseau diminuer de volume d'une manière très manifeste, même lorsqu'il opérait sur des

1. SÉNAC. Traité de la structure du cœur. 2e éd. Paris, 1777, t. II. p. 193.
2. ABR. ENS. De causa vices cordis alternas producente. Utrecht, 1745.
3. HENLE. Wochenschrift für die gesammte Heilkunde, 1840, n° 21. p. 329.
4. J. HUNTER. Sur le sang et l'inflammation. Œuvres complètes, t. III, p. 194, trad. Richelot.
5. VERSCHUIR. Dissertatio medica inauguralis de arteriarum et venarum vi irritabili, 1766.
6. THOMSON. Traité médico-chirurgical de l'inflammation. p. 57.
7. WHARTON-JONES. On the State of Blood and Blood-Vessel in Inflammation (Guy's Hospital Reports, 2e série, t. VII. p. 9).
8. HASTINGS. Disputatio phys. inaug. de vi contractili vasorum, 1818.
9. PAGET. Lectures on the inflammation (London Medical Gazette, 1850).
10. BURDACH. Traité de physiologie, t. VI, p. 353.
11. VULPIAN. B. B., 1856, p. 186; et 1858, p. 3. — Leçons sur l'appareil vaso-moteur, t. I, p. 43.

vaisseaux de fort calibre. Cependant la contraction est d'autant plus nette qu'on s'a-
dresse à des artères plus petites. Lorsqu'on limite l'excitation mécanique à un espace
assez restreint, on voit après quelques instants le point touché se resserrer, pâlir; les pulsations diminuent ou disparaissent. La contraction dure environ vingt secondes, puis
disparaît progressivement; et l'artère prend même un calibre plus considérable qu'avant
le début de l'expérience; les battements y sont prononcés; puis tout rentre dans l'ordre.

La contraction des petits vaisseaux peut s'observer aisément sans la moindre vivi-
section sur l'oreille du lapin. Les artères y sont visibles par transparence. Il suffit de
frotter l'épiderme à leur niveau avec un instrument mousse pour que, excitées ainsi d'une
façon médiate, elle se resserrent aussitôt.

Des expériences analogues ont été faites chez l'homme, principalement par MAREY.
Lorsqu'on trace vivement une ligne sur la peau avec une pointe mousse; la peau pâlit
tout d'abord à cet endroit, parce qu'on en a chassé mécaniquement le sang; puis les
artérioles excitées se resserrent; on éprouve une sensation de constriction, et la ligne
reste blanche un moment pour acquérir de nouveau progressivement sa coloration normale, ou même, au début, la dépasser. Lorsque l'excitation est faite d'une manière plus
énergique, on obtient une ligne rouge très persistante, saillante, séparée des parties voisines par des traînées latérales pâles.

Il faut faire intervenir pour l'explication de ces faits le système vaso-moteur; mais ils
reconnaissent en partie pour cause, selon VULPIAN, la contractilité des muscles artériels.
On peut les observer en d'autres endroits qu'à la peau, par exemple sur certains organes,
comme le foie ou les reins.

La faculté qu'ont les artères de se resserrer sous l'influence d'excitants mécaniques
explique que la section de certaines artères puisse parfois ne donner aucun écoulement
sanguin; puis secondairement fournir des hémorrhagies sérieuses lorsque la contraction
a cessé.

Cette propriété ne doit pas être perdue de vue par les physiologistes. Des excitations
mécaniques intempestives des artères peuvent masquer complètement l'action de filets
vaso-moteurs que l'on se propose d'étudier.

Les excitations électriques permettent mieux encore l'étude de la contractilité artérielle.

WEDEMEYER[2], en galvanisant une aorte de grenouille, ne réussit pas à y constater de
changement de volume; mais, en opérant de la même manière sur les artères mésentériques de cet animal, il les vit se contracter de telle sorte que leur lumière ne possédait
plus que la moitié ou le tiers de leur diamètre primitif.

Les frères WEBER[3] ont fait des constatations analogues en faradisant de petites
artères. La réduction de volume peut être suffisante pour arrêter le cours du sang.

La contraction des artères sous l'influence de l'électricité a été observée chez l'homme
après amputations par KÖLLIKER[4] sur la tibiale et la poplitée.

Dans ses expériences, VULPIAN (loc. cit.) a vérifié cette action de l'électricité. La contraction se montre tout d'abord à l'endroit où étaient appliqués les électrodes; puis,
l'afflux sanguin diminuant, elle se propage généralement jusqu'à l'anastomose la plus
voisine. Si cette anastomose fait défaut, les capillaires et les veines elles-mêmes diminuent de volume. Contrairement à l'assertion de WEBER, on verrait toujours primitivement une contraction, jamais une dilatation, même lorsqu'on emploie des courants très
intenses. Le sens du courant n'influerait pas sur la réaction des muscles artériels. Au
dire de LEGROS et ONIMUS, les courants ascendants produiraient un resserrement; les courants descendants, une dilatation.

Les excitants thermiques ont, comme on le sait, une action très marquée sur la fibre
musculaire lisse. Aussi les variations de température influent-elles d'une manière considérable sur le calibre des artères. WHARTON JONES (loc. cit.) avait constaté le resser-

1. MAREY. Mémoire sur la contractilité vasculaire (Ann. des Sc. nat., 1858, (4), t. IX, p. 68).
2. WEDEMEYER. Untersuchungen über den Kreislauf des Blutes. Hannover, 1828, p. 180.
3. ED. et E. WEBER. Ueber die Wirkungen welche die magnetoelectrische Reizung der Blutgefässe bei lebenden Thieren hervorbringt (Müller's Archiv, 1847, p. 234).
4. KÖLLIKER. Zeitschrift für wissensch. Zoologie. 1849.

rement des artères de la membrane interdigitale de la grenouille sous l'influence d'instillation d'eau froide. Une observation de ce genre se fait aisément lorsqu'on ouvre
l'abdomen d'un mammifère. L'intestin pâlit tout d'abord; il se produit ensuite une
vaso-dilatation.

Les effets du froid sur les vaisseaux des doigts sont bien connus. Les artères se contractent et les doigts prennent, par suite de la stase veineuse, une teinte rouge violacée.
Si l'action du froid se prolonge, les extrémités deviennent complètement blanches et
exsangues.

La chaleur produit généralement un effet inverse, une dilatation vasculaire. Il ne faut
pas oublier, dans l'interprétation des faits que l'on observe sous l'influence de ces
excitants, que les artères sont sous la dépendance du système nerveux ; et il est nécessaire de faire la part des réactions vaso-motrices.

Le fait que les artères se contractent sous l'influence du froid trouve son utilisation
en médecine dans l'emploi de la glace pour arrêter les hémorrhagies.

Les excitants chimiques ont été appliqués par un grand nombre d'auteurs à l'étude
de la contractilité artérielle, mais leurs résultats sont assez différents. Suivant VULPIAN,
toutes les substances irritantes, telles que les acides, les alcalis, l'essence de moutarde,
la cantharidine, produiraient la contraction des artères; puis secondairement leur
dilatation.

Ainsi donc non seulement l'histologie, qui caractérise dans les parois artérielles
l'élément contractile, mais encore la physiologie, qui avec HUNTER montre des faits
inexplicables par l'élasticité seule, et qui, avec de nombreux expérimentateurs, nous fait
assister aux modifications des artères produites par les divers excitants, prouvent de la
manière la plus nette l'existence de la contractilité artérielle.

Régie p le système nerveux, cette propriété s'exerce par les nerfs spéciaux qui se
rendent aux vaisseaux. L'influx nerveux doit prendre place en première ligne à côté
des excitants que nous venons d'énumérer, et la découverte par CLAUDE BERNARD de
filets qui commandent les mouvements actifs des artères a donné la preuve la plus
décisive de leur existence.

Qu'on la produise d'une manière quelconque, la contraction des artères s'effectue
avec des caractères qui la rapprochent de celle des muscles de la vie organique. Le
temps perdu, c'est-à-dire le temps qui s'écoule entre l'excitation et le début de la réaction, est toujours considérable. La contraction s'établit lentement et augmente d'une
manière progressive. On peut la produire après la mort pendant un temps variant de
quelques minutes à deux ou trois heures. La persistance de la contractilité dépend des
artères et de l'état de l'animal. Elle est généralement moins forte chez les individus
affaiblis.

Le principal rôle de la contractilité artérielle est de permettre l'existence des circulations locales et aussi de régler l'afflux sanguin qui se rend à un organe déterminé en
suivant les variations de son activité. Pendant le repos les artères sont contractées,
la quantité de sang est peu considérable; pendant le fonctionnement les artères se
dilatent de manière à donner un débit sanguin plus grand. Parallèlement à ces modifications vasculaires se passent des changements de volume de l'organe entier. Ces
derniers, aisément constatables, sont souvent employés pour déceler les variations des
parois des artères.

Les artères sont, pendant la vie, dans un état continu de demi-contraction, auquel
on donne le nom de tonicité. Cette tonicité est commandée par le système nerveux, et
peut-être en particulier par de petits ganglions qui seraient disséminés dans les parois
des vaisseaux et qui leur donneraient une autonomie propre. Le tonus vasculaire ne
garde pas toujours une valeur rigoureusement identique, mais oscille autour d'une
moyenne. Ce fait se traduit parfois, sur des courbes de pression sanguine, par des ondulations régulières, assez lentes, ne dépendant ni du cœur ni de la respiration, et connues
sous le nom de courbes de TRAUBE.

Les mouvements rythmiques peuvent être observés par transparence sur l'artère
médiane de l'oreille du lapin; ce qui lui a valu de SCHIFF [1] le nom de cœur accessoire. Ces

---

1. SCHIFF. *Sur un cœur artériel accessoire dans les lapins* (C. R., 1854, t. LXXXIX, pp. 508 et ss.).

mouvements, que plusieurs observateurs ont signalés dans un grand nombre de vaisseaux, seront étudiés à l'article Vaso-moteurs.

Aussitôt après la mort, les artères se contractent, par un mécanisme que nous ne pouvons pas envisager ici. Il en résulte qu'elles chassent le sang qu'elles contiennent à travers les capillaires dans les veines qui se laissent distendre passivement. Aussi trouve-t-on généralement, aux autopsies, les artères vides. Elles ont alors une forme rubanée. Ce fait semble dû à la pression atmosphérique qui aplatit ces vaisseaux comme elle aplatit un tube de caoutchouc dans lequel on fait le vide. Vient-on à inciser une artère de manière à permettre à l'air d'y pénétrer, elle reprend aussitôt la forme cylindrique. A ce moment les propriétés des fibres musculaires ont disparu; aussi peut-on penser que la forme cylindrique n'est pas la forme naturelle des artères. Mais il est difficile d'admettre avec Oger[1] que cette forme naturelle soit celle d'un ruban aplati par suite d'un compromis entre l'élasticité et la contractilité. Si l'élasticité tend à donner à l'artère une lumière cylindrique large, et la contractilité une lumière cylindrique très réduite, la résultante ne peut être qu'une lumière de calibre intermédiaire, mais toujours cylindrique. Il n'en est autrement que si les parois ne sont pas homogènes.

Pendant la vie, les artères, distendues par le sang qu'elles renferment, ont une forme plus ou moins cylindrique.

Bruits artériels. — L'auscultation permet de percevoir dans les artères des bruits variés. Les uns ne sont que la propagation des bruits du cœur. D'autres bruits de choc ou de souffle prennent naissance dans les vaisseaux eux-mêmes. Ils peuvent se produire spontanément ou être dûs à une compression extérieure.

Les bruits spontanés s'établissent surtout lorsqu'il y a de brusques variations de la tension artérielle, et particulièrement aux endroits où les artères présentent des courbures ou des sinuosités.

Les bruits développés se perçoivent aisément quand en auscultant une artère on la comprime à l'aide du stéthoscope.

Les anciens auteurs pensaient que les bruits de souffle étaient dûs au frottement du sang contre la paroi des vaisseaux. Or on sait aujourd'hui que le sang est séparé de cette paroi par une couche liquide immobile. D'ailleurs Chauveau[2] a montré directement que la présence de rugosités à l'intérieur d'un tube ne suffit pas à y faire naître un bruit.

Pour lui les bruits artériels seraient dûs à la vibration de la colonne sanguine passant brusquement d'un point comprimé dans un espace dilaté. Le jet de sang passe avec force et pression à travers l'orifice rétréci, et détermine des tourbillons du courant sanguin. La compression localisée augmente leur intensité. Marey[3] pense qu'il s'agit de vibrations périodiques sonores.

La compression détermine une augmentation de la tension sanguine en deçà du point comprimé, une diminution au dela. Quand la pression est suffisante dans le bout central, le sang pénètre dans le bout périphérique; la pression y augmente, tandis qu'elle diminue dans l'autre. Mais, l'introduction du sang se faisant avec trop de force dans le bout périphérique, le liquide reflue vers le bout central. Les phénomènes se répètent périodiquement dans le même ordre, et une vibration prend naissance.

Cette vibration est perceptible non seulement à l'oreille, mais encore au toucher qui ressent une sensation particulière, à laquelle on donne le nom de *thrill*.

Les bruits de souffle s'établissent d'autant plus facilement que les variations de tension qui leur donnent naissance trouvent des conditions plus favorables à leur développement. Pour que la tension baisse rapidement dans le bout périphérique, il faut que les capillaires soient facilement perméables. L'importance de cette condition peut se vérifier à l'aide du schéma de la circulation de Marey. Les bruits que l'on perçoit en comprimant le tube artériel sont d'autant plus développés que l'ajutage représentant les capillaires est moins rétréci.

1. Oger. *Considérations sur la forme naturelle et la forme apparente de quelques organes, et en particulier sur la forme apparente des artères* (Thèse de Strasbourg, 1870).
2. Chauveau. *Mécanisme et théorie générale des murmures vasculaires* (C. R., 1858, t. XLVI, p. 839 et 933). *Gazette médicale*, 1857.
3. Marey. *Du pouls et des bruits vasculaires* (Journal de la physiologie, 1859 et t. II, pp. 259-80, et *la circulation du sang*, p. 648 et suiv.

Les maladies qui déterminent un abaissement de la pression sanguine, en facilitant l'écoulement par les capillaires, seront favorables à l'apparition des bruits de souffle.

Les explications précédentes sont applicables aux bruits que l'on perçoit dans certains cas particuliers, comme au niveau de l'utérus pendant la grossesse ; ou à l'état pathologique, comme lorsqu'il existe des tumeurs anévrysmales.

Sensibilité des artères. — L'excitation des artères est généralement insensible. Cependant, d'après COLIN[1], la ligature des artères des principaux organes abdominaux, de la rate particulièrement, provoquerait des excitations vives et douloureuses.

HEGER[2] a signalé que, lorsqu'on injecte une solution irritante dans les artères d'un membre presque complètement sectionné, n'étant plus en relation avec le corps que par son nerf, on observe des troubles circulatoires réflexes. Mais il faudrait pour les produire que l'injection pénétrât jusqu'aux capillaires.

Mentionnons aussi ce fait que, comme pour les autres vaisseaux, l'endothélium artériel semble avoir sur le sang une action anticoagulante (Voir **Coagulation**).

Bibliographie. — Voir les articles **Circulation, Pouls, Vaso-moteurs.**

M. LAMBERT.

ASCITE (de ασκος, outre). — **Définition. Synonymie.** — On donne le nom d'*ascite*, ou d'*hydropisie ascite*, ou d'*hydropéritonie* à un phénomène morbide consistant en un épanchement de sérosité contenue librement dans la cavité même du sac péritonéal.

Division du sujet. — L'ascite est un symptôme ; c'est une variété de l'hydropisie ; elle peut se rencontrer au cours de toutes les maladies qui font l'infiltration séreuse. Il en résulte que le phénomène, en tant qu'hydropisie, est dominé d'abord par un ensemble de *conditions physiologiques générales ;* et qu'ensuite sa localisation, particulière au péritoine, le soumet à des *conditions spéciales.*

1. *Causes générales.* — Nous ne pouvons insister sur les causes générales ; leur étude se place d'elle-même à l'article **Hydropisie.** Elles comprennent :

Les altérations humorales qui favorisent la transsudation séreuse ;

Les altérations vasculaires qui l'activent ; et les modifications de l'hydraulique centrale (asystolie) qui peuvent la préparer en faisant la stase veineuse.

Nous devrons toujours avoir en vue ces éléments primordiaux et les invoquer encore, alors même que prédominent les causes locales.

II. *Causes locales.* — Pour bien apprécier la valeur pathogénique de celles-ci, il faut envisager tout le système abdominal, viscéral et séreux, pariétal aussi, comme formant une grande unité physiologique, avec vascularisation sanguine et lymphatique, et avec innervation connexes ; mais on voit alors à quel point cette complexité anatomique peut rendre toute physiologie expérimentale impraticable et illusoire dans ses résultats. Il y a plus : comme, à l'état normal et pendant la vie, il n'y a pas de liquide péritonéal, comme, par conséquent, la comparaison est impossible entre l'état pathologique (ascite) et l'état physiologique, le premier n'étant pas une exagération du second, mais bien quelque chose de spécial, nous n'avons pas à nous étendre ici sur la physiologie de la séreuse et à nous attacher à l'analyse des phénomènes d'une soi-disant *sécrétion* classée par certains auteurs au nombre des sécrétions dites *récrémentitielles*[3].

---

1. COLIN. *Sur la sensibilité des artères viscérales* (C. R., 1862, t. LV. p. 403).
2. HEGER. *Einige Versuche über die Empfindlichkeit der Gefässe* (Beiträge zur Physiologie zu C. LUDWIG's 70 *Geburtstage*, pp. 196-199).
3. Aussi n'avons-nous pas voulu insister ici sur des exposés d'analyses dont on retrouvera le détail aux articles **Sécrétions, Séreuses.** Les travaux de GORUP-BESANEZ, de CH. ROBIN, de MÉHU, ont donné des résultats extrêmement variables ; et leurs recherches s'appliquent à des liquides pathologiques différents ou à des liquides extraits de cadavres. Les chiffres peuvent varier, pour 1000 grammes de sérosité péritonéale, entre les limites suivantes :

Eau.	970 à 980	grammes.
Albumine.	10 à 30	—
Fibrine.	0.5 à 1	—
Mat. extract.	10 à 15	—
Sels.	4 à 8	—

Il y a longtemps que Bichat a démontré qu'il n'y avait *normalement*, ni *liquide*, ni « *vapeur* » péritonéale ou pleurétique, comme on disait autrefois; et s'il y a un liquide ascitique, c'est un liquide tout pathologique qui ne saurait être le résultat d'un accroissement d'une sécrétion normale qui n'existe pas.

Ce liquide d'ascite provient d'une exhalation morbide; et, ce qu'il convient de chercher, ce sont les *causes déterminantes immédiates* de l'épanchement insolite.

Ces causes plus ou moins directes peuvent être ramenées :

a. Soit à une exagération de la circulation artérielle, sous l'influence de perturbations vaso-motrices, d'où apport sanguin exagéré, d'où congestion ;

b. Soit à un ralentisssement de la circulation en retour, lymphatique ou veineuse ;

c. Enfin, partiellement, ou dans l'ensemble, le péritoine peut être lésé, et l'*inflammation*, toute inconnue qu'elle soit dans son essence, joue alors dans la production de l'ascite un rôle prépondérant.

Nous devons examiner successivement, avec le contrôle de l'expérimentation, chaque fois qu'il sera possible, la valeur pathogénique de ces divers éléments :

a. **Désordres vaso-moteurs.** — Le système nerveux, bien étudié dans ses rapports avec les fonctions sécrétoires des glandes, est reconnu aussi, *mais sans preuves précises*, comme un intermédiaire très probable dans la pathogénie de certains œdèmes, comme aussi, peut-être, de certaines hydropisies séreuses : on admet alors l'existence d'une *paralysie vaso-motrice*, sous l'influence de certains agents physiques (le froid en particulier) ou chimiques (toxines alimentaires, médicamenteuses ou microbiennes). Mais de ce que ces causes diverses peuvent produire des congestions et des œdèmes circonscrits, ou plus ou moins diffus à la surface du corps, peut-on conclure à des modifications de la séreuse péritonéale comparables à celles du revêtement cutané ou des muqueuses? Rien n'autorise la supposition. Il existe toutefois des faits d'expériences. sinon d'expérimentation, qui permettent d'attribuer à la *vaso-dilatation neuro-paralytique* un rôle non douteux ; ce sont certains faits fréquents en pathologie vétérinaire : des chiens s'étant plongés dans l'eau, au milieu d'une course active, ont pu présenter des accidents d'ascite bien accusés; de même Reynal a signalé des quasi-épidémies d'ascite frappant des colonies de lapins enfermés dans des endroits humides. Chez l'homme, l'ascite *a frigore*, après action périphérique du froid, ou après ingestion de liquide glacé, est admise par certains auteurs. Mais ces faits, qui surviennent spontanément, n'ont pu être reproduits par l'expérimentation et ces épanchements séreux, *transitoires*, ne rappellent qu'infidèlement les ascites ordinaires, plus *durables*.

b. **Gêne de la circulation en retour.** — Le *système lymphatique* joue certainement un rôle dans la production de l'ascite; libre, il favorise le dégorgement séreux; obstrué, il le gêne; mais, même dans les thromboses complètes, d'ailleurs bien rares, du canal thoracique ou dans les compressions, énergiques intra-médiastines, la lymphe peut toujours se frayer une voie de retour.

Il n'en est plus de même quand il y a *stase veineuse*. — Celle-ci a sur les hydropisies en général une influence prédominante (surcharge du système capillaire, augmentation de tension, d'où transsudation séreuse favorisée souvent par l'altération concomitante des vaisseaux et par les modifications du sang). Aussi, les connexions intimes des vaisseaux porte et cave, par anastomoses, l'étendue de leurs ramifications dans le péritoine et au voisinage de celui-ci, désignent-elles suffisamment ces deux systèmes veineux comme devant dominer la pathogénie des ascites.

L'expérimentation confirme ces prévisions. Déjà, au siècle dernier, Van Swieten citait une expérience de Lower, lequel avait pratiqué chez le chien une ligature de la veine cave inférieure, près de son embouchure, et avait ainsi déterminé l'*ascite expérimentale*. Mais, pour si évidente qu'elle fût, cette explication n'a eu cours que longtemps après, et n'a été bien établie que par les grands cliniciens de ce siècle (Andral, Cruveilhier, Frerichs); les travaux de Virchow sur la thrombose lui ont encore donné pleine confirmation. Aujourd'hui il est bien définitivement reconnu que toute oblitération du tronc cave ou du tronc porte, ou des branches spléniques ou hépatiques de ce dernier, produit l'ascite; *et celle-ci sera d'autant plus rapide, d'autant plus intense, et d'autant plus persistante qu'une circulation collaterale de dérivation aura plus de peine à s'établir;* ce qui est très fréquent au cours des affections où se rencontre l'ascite.

c. **L'inflammation.** — Telles sont les conditions générales de pathogénie d'une ascite; nous les voyons réalisées dans les cas les plus simples, en apparence, où les obstacles mécaniques prédominent (cas de compression par [les tumeurs du médiastin); elles se rencontrent également dans les affections du cœur qui conduisent à l'asystolie, c'est-à-dire à la stase veineuse généralisée; l'explication pathogénique est encore la même pour les compressions vasculaires intra-abdominales, pour les thromboses oblitérant la veine cave inférieure, ou, plus fréquemment, le tronc de la veine porte (pyléphlébite); la même aussi pour les scléroses diverses de la rate, ou surtout du foie, enserrant les radicules porte (cirrhose atrophique, sclérose syphilitique, tuberculose, etc.). Mais on se tromperait grandement en s'en tenant en physiologie humaine à cette explication univoque; d'autres éléments interviennent, et, en dehors des altérations de dégénérescence des vaisseaux que nous avons signalées, en dehors des modifications dyscrasiques du sang, il reste, pour augmenter encore l'incertitude, à faire la part de *l'élément inflammatoire*.

Rien n'est plus difficile d'abord, en pathologie, que d'établir la part respective de l'inflammation dans des *processus* complexes, où elle se rencontre à des degrés fort variables; d'un autre côté, rien n'est plus mal déterminé que la réaction de la séreuse au contact des agents irritants.

A cet égard l'expérimentation ne donne que des résultats décevants. Elle comprend deux ordres de faits :

1° Introduit-on dans le péritoine des corps irritants *non septiques* : suivant leur énergie on verra se produire au milieu de phénomènes nerveux d'intensité variable une réaction inflammatoire pouvant donner lieu à des adhérences avec un peu de sérosité collectée; mais ce n'est pas là de l'ascite. D'ailleurs les voies de résorption, bien perméables, sont si actives que, si c'est un liquide qui a été injecté, on le voit souvent se résorber fort vite;

2° D'autre part, si les instruments employés, si les produits inoculés ou injectés sont septiques, des désordres intenses surviennent : mais, si marqués qu'ils puissent être suppuration rapide, locale ou diffuse, ils ne font pas l'ascite; tout au plus produisent-ils un peu de suintement séreux.

De ces deux ordres de considérations s'appuyant sur l'expérimentation, il ressort cette conclusion négative que l'irritation péritonéale aiguë ne suffit pas à faire l'épanchement intra-séreux.

Mais ce que ne fait pas un *processus* brusque, une marche subaiguë ou chronique des accidents le réalise presque à coup sûr, et on sait qu'il n'est guère de péritonite chronique qui ne s'accompagne d'ascite (cancer, tuberculose, tumeurs kystiques ou tumeurs diverses; inflammations parenchymateuses sous-jacentes, etc.).

Dans ce cas l'explication de l'hydropisie est fort difficile à fournir : pour les tumeurs, on peut penser encore aux phénomènes de compression; mais, si l'inflammation ne se traduit que par des plaques disséminées, superficielles, ou périviscérales, on se voit obligé de recourir au terme vague d'irritation, sans pouvoir rien préciser.

Pour nous, il est un élément de toute importance à invoquer alors; c'est la gêne certaine et parfois extrême de la circulation collatérale, ainsi que nous le signalions. Chez un sujet sain et chez les animaux en expérience, en particulier, les suppléances veineuses s'établissent presque d'emblée : aussi l'ascite est-elle toujours alors transitoire; résorbée grâce aux nouveaux vaisseaux supplémentaires.

Au contraire, quand il y a inflammation chronique, celle-ci, dans son travail de sclérose, enserre non seulement les voies ordinaires de circulation, mais aussi les radicules des canaux de dérivation; il y a apport continuel, sans décharge possible, d'où l'accroissement et la persistance des phénomènes ascitiques.

Ceci n'est pas une hypothèse gratuite; la clinique nous montre la réalité du fait dans la *circulation collatérale cutanée* qui accompagne l'ascite, et dont on peut parfois, au cours de certaines autopsies, juger toute l'importance : certains sujets meurent sans ascite, avec un foie atrophié de cirrhose, et l'on trouve des vaisseaux sous-cutanés qui, de l'état de simples veinules, sont passés à celui de canaux veineux considérables et dilatés en permanence. Ces vaisseaux, pendant l'existence, ont joué le rôle de canaux de dérivation, empêchant ou modérant l'épanchement; par contre, s'ils manquent ou s'ils viennent à s'oblitérer, les accidents d'ascite se produisent au maximum. On voit par là que, si nous ne savons pas *comment* se fait l'épanchement, nous savons du moins *pourquoi* il persiste.

Les considérations exclusivement générales que nous avons développées sur l'ascite s'appliquent surtout à la collection de sérosité : mais l'épanchement intra-péritonéal peut se présenter, comme on sait, sous des aspects multiples qui tiennent à des modifications histologiques du liquide : nous avons déjà parlé des cas d'ascite *purulente;* laquelle est fonction de diverses infections microbiennes. Nous n'avons pas à nous étendre sur les autres variétés qui ne répondent pas à des conditions physiologiques suffisamment bien déterminées, et qui, d'ailleurs, s'expliquent à peu près d'elles-mêmes par les qualificatifs qu'on leur a accordés. — De ce nombre sont les A. *hématiques*, à teinte rosée, ou rouge, plus ou moins foncée, accompagnant habituellement des néoplasmes cancéreux : les A. *bilieuses*, qui, si elles ont la coloration de la bile, n'en ont nullement la composition chimique; les A. *gélatineuses* qui annoncent souvent la présence de tumeurs colloïdes de l'intestin sous-jacentes : enfin nous devons signaler surtout les A. *chyleuses* ou *chyliformes* qui ont beaucoup occupé les auteurs. La dénomination appliquée à ces épanchements pourrait faire supposer que les troubles de la circulation lymphatique jouent un rôle important dans leur production ; il n'en est rien. Ces ascites, comme l'a bien indiqué LETULLE, répondent à des modifications inflammatoires chroniques du péritoine, le plus souvent d'origine tuberculeuse.

Pour être complet, nous signalerons encore deux variétés de l'ascite : *l'ascite de la grossesse* et *l'ascite congénitale*. Cette dernière s'accompagne d'ordinaire de malformations diverses du fœtus, telles que l'imperforation de l'anus et de l'urèthre ou de maladie des enveloppes, plus particulièrement d'hydramnios. Ces faits, signalés, pour mention, n'éclairent en rien la pathogénie de l'ascite en général.

En résumé, si l'on s'en tient aux seules données *certaines d'expérimentation*, l'ascite paraît dépendre d'un obstacle survenu dans la circulation veineuse supérieure de l'abdomen (système cave, système porte), puisqu'une ligature la produit.

L'expérience clinique confirme cette donnée expérimentale pour bon nombre d'affections où la circulation cave supérieure, ou bien la circulation porte sont intéressées par des compressions totales ou partielles. Mais déjà beaucoup de ces cas cliniques, et certains autres spécialement, mettent en jeu un tout autre élément pathogénique, non soumis encore convenablement à nos conditions expérimentales : *l'inflammation* de la séreuse, et tout particulièrement son *inflammation chronique*.

Ce qui, dans tous ces cas, distingue nettement le phénomène clinique du fait expérimental, c'est que, tandis que ce dernier est transitoire, le premier est durable; et, pour expliquer cette particularité, il faut faire intervenir chez le malade des éléments de toute importance, et qu'on ne peut apprécier par l'expérimentation, ce sont des altérations humorales et vasculaires qui, dans certains cas, prennent toute la part dans la production des accidents.

Bibliographie. — CH. ROBIN. *Traité des humeurs*. — BESNIER. Article « *Ascite* » du *Dict.* DECHAMBRE. — RENDU. Article « *Foie* » du *Dict.* DECHAMBRE.

ASEPSIE. — Voyez Antisepsie.

ASPARAGINE (C⁴H⁸Az²O³). — Découverte par VAUQUELIN et ROBIQUET en 1805, analysée par LIEBIG, l'asparagine se trouve en grande quantité dans les jeunes pousses d'asperges, dans les tiges étiolées des vesces, des pois et dans beaucoup d'autres tissus végétaux en voie de croissance. On ne l'a jamais trouvée dans les tissus animaux.

Chimie. — *Préparation*. — Le suc des asperges ou des tiges de vesces est coagulé par l'ébullition, filtré et évaporé à un petit volume. L'asparagine ne tarde pas à cristalliser. 10 kilogr. de vesces ont fourni à PIRIA 130 grammes d'asparagine. Si l'on veut rechercher l'asparagine dans des liquides contenant une grande quantité de substances étrangères, on pourra précipiter l'asparagine par le nitrate de mercure (qui précipite également la glutamine, l'allantoïne, l'hypoxanthine et la guanine), puis décomposer le précipité blanc par l'hydrogène sulfuré, ce qui remet l'asparagine en liberté. On peut également éliminer au préalable une partie des impuretés par un traitement par l'acétate de plomb

E. Schulze. *Ber. d. d. chem. Ges.*, 1882, t. xv, p. 2855 et *Zeit. f. physiol. Chemie*, 1885, t. ix, p. 420).

L'asparagine peut être obtenue synthétiquement (Voir plus loin).

Propriétés physiques et chimiques. — Cristaux volumineux du système ortho-rhombique, durs, cassants, inaltérables à l'air, transparents, devenant blancs et opaques à 100°, en perdant une molécule d'eau de cristallisation (12°/₀ d'eau), inodores, presque insipides. L'asparagine est très peu soluble dans l'eau froide, plus soluble dans l'eau bouillante : d'après GUARESCHI, 1 partie d'asparagine se dissout dans eau :

à 0°	10°5	28°	40°	50°	78°	100°
105 p.	55,9.	28,3	17,5	11,1	3,6	1,89

elle est soluble dans les acides et les alcalis, insoluble dans l'alcool absolu, l'éther, les huiles grasses et essentielles. La solution rougit légèrement le papier de tournesol et est faiblement lévogyre, $\alpha \lbrack D \rbrack = -5°41$ (en solution ammoniacale). Les acides rendent la substance dextrogyre. Chaleur de combustion pour 1 gramme = 3,514 calories (STOH-MANN).

L'asparagine ordinaire ou α asparagine gauche doit être considérée comme l'acide de l'acide aspartique (ou acide amido-succinique) :

$$
\begin{array}{l}
CO\,Az\,H^2 \\
| \\
CH \\
| \\
CH^2 Az\,H \\
| \\
CO^2\,H^2
\end{array}
$$

En effet, elle se transforme en aspartate d'ammonium par l'action de l'eau surchauf-fée, en acide aspartique ou aspartate alcalin par l'ébullition en présence des acides ou des alcalis. De plus, on peut l'obtenir synthétiquement par l'action à chaud de l'ammo-niaque concentrée sur l'acide éthyl-aspartique inactif.

L'asparagine forme avec les acides des sels analogues aux sels ammoniacaux : chlor-hydrate, azotate, oxalate d'asparagine. Elle peut également jouer le rôle d'acide mono-basique et laisser remplacer un H par un métal M′ : asparagine potassique, calci-que, etc.

Les solutions impures d'asparagine fermentent facilement, se putréfient et se trans-forment pour une notable partie en succinate d'ammoniaque. 10 grammes d'asparagine fournirent à HOPPE-SEYLER 3ᵍʳ,5 de succinate calcique, et les eaux mères contenaient encore de l'asparagine non altérée (Z. f. ph. *Chemie*, 1878, t. ii, p. 13). Voir aussi MIQUEL (Bull. Soc. Chim., 1879, (2), t. xxxi, p. 101).

Isomères. — Outre l'asparagine ordinaire ou l'asparagine gauche, on a découvert également dans les sucs végétaux une asparagine droite α $D = +5°41$, à saveur sucrée, qui paraît être l'amide de l'acide aspartique droit.

Enfin PIUTTI a préparé synthétiquement une asparagine β inactive.

Recherche de l'asparagine (Voir plus haut *Préparation*). BORODINE (Bot. Zeitung, 1878, nᵒˢ 51 et 52) a utilisé comme réaction micro-chimique la formation des cristaux d'asparagine qui se produit par addition d'alcool aux tissus végétaux qui contiennent de l'asparagine.

E. [SCHULZE et BOSSHARD Z. P. C., ix, 1885, p. 425 et Zeits. f. anal. Chemie, t. xxii, p. 325, 1883 et Landw. Versuchsst, t. xix, p. 399, 1883) recommandent la détermination de l'eau de cristallisation comme moyen d'identifier l'asparagine (12°/₀ eau de cristallisation qui se volatilise à 100°). Les cristaux sont transparents; ils atteignent des dimensions considérables, ils deviennent blancs et opaques à 100°, ils montrent à la lumière polarisée de superbes jeux de couleurs. La solution d'asparagine, saturée à chaud par l'hydrate cui-vrique, devient bleu d'azur : par le refroidissement, il se dépose de petits cristaux d'une combinaison cuivrique d'un bleu légèrement violacé.

L'asparagine, chauffée avec une solution diluée de potasse caustique, donne un abon-dant dégagement d'ammoniaque. Chauffée avec de l'acide chlorhydrique très dilué, elle fournit un sel ammoniacal dont on reconnaît la présence par l'addition du réactif de NESSLER (après refroidissement préalable du liquide).

Pour la comparaison des réactions de l'asparagine et des autres acides amidés voir :
Fr. Hofmeister. *Sitzungsber. Wien.*, p. 75, t. ii, 1877, anal. in. Maly's *Jahresb.*, p. 78, t. vii, 1877.

Dosage. — On chauffe pendant deux heures à l'ébullition le liquide qui renferme l'asparagine avec un excès d'acide chlorhydrique concentré et on dose l'ammoniaque produite, soit au moyen de la magnésie, soit en mesurant le volume d'azote qui se dégage au contact de l'hypobromite de sodium : une molécule d'ammoniaque correspond à une molécule d'asparagine, l'acide aspartique n'étant pas décomposé dans ces conditions (Voir Sachsse. *Journ. f. prakt. Chem.*, (2), t. vi. p. 118, *Bull. Soc. Chim.*, t. xviii, p. 550).

Physiologie. — *Rôle de l'asparagine dans la formation, la désassimilation et le transport de l'albumine végétale.* — L'asparagine semble jouer un rôle important dans la synthèse des albuminoïdes qui se réalise dans le protoplasme végétal au moyen des matériaux inorganiques puisés dans le sol. L'ammoniaque (ou l'acide nitrique) s'unirait aux acides organiques pour former des acides amidés : l'acide malique formerait ainsi de l'asparagine (acide amido-aspartique), qui elle-même, se combinant ultérieurement aux sulfates et à des substances non azotées (sucre par exemple), formerait la molécule compliquée des substances albuminoïdes.

Si l'asparagine a en général dans le règne végétal la signification de matériel servant à la construction des molécules plus compliquées, elle paraît dans certains cas, au contraire, constituer un produit de la désassimilation des matières albuminoïdes. Schulze et Kisser ont montré que les plantes coupées, dont on plonge les tiges dans l'eau, et que l'on conserve dans l'obscurité, s'appauvrissent en matériaux albuminoïdes, et que la disparition de l'albumine s'accompagne d'une production considérable d'asparagine. E. Schulze et E. Kisser (*Landw. Versuchs. stat.*, t. xxxvi, 1). On la considère également comme représentant la forme soluble sous laquelle l'albumine peu diffusible est liquéfiée dans les endroits de dépôt (cotylédons de la graine, racines, tubercules, etc.) pour être transportée au loin dans la plante et y servir à reconstituer l'albumine primitive. Voir Pfeffer, *Pflanzenphysiol.;* Borodine, *Bot. Zeitung*, 1878; Müller, *Landw. Versuchsst.*, 1886, p. 326; E. Schulze; Z. *P. Ch.*, t. xii, p. 405, et 1892, t. xvii, p. 193; *Landwirth, Jahr.*, 1880, t. viii, p. 689; 1888, t. xvii, p. 683; 1891, t. xxi, p. 105.)

Transformation de l'asparagine dans l'organisme animal. — Lehmann avait constaté que l'asparagine ingérée ne se retrouve pas dans les urines. Le fait fut confirmé par Hilger.

Hilger (Liebig's *Annalen*, t. 171, p. 208) trouva dans ses urines de l'acide succinique et un excès d'ammoniaque, après ingestion d'une grande quantité d'asperges. Il ne put déterminer la substance qui donne dans ce cas à l'urine son odeur désagréable bien connue. Ce n'est pas l'asparagine.

Rudzei confirma l'apparition d'acide succinique dans les urines après ingestion d'*asparagine* (*Pet. med. Woch.*, 1876, n° 29, d'après Maly, t. vi, 1876, p. 37).

Von Longo (Z. *P. Ch.*, t. i, p, 212, 1877) reprit la question et constata sur lui-même l'absence d'acide succinique et d'acide aspartique dans les urines après ingestion d'un kilo d'asperges, après celle de 10 grammes, puis de 38 grammes d'*asparagine* ingérés en 36 heures.

Von Knieriem (Z. *B.*, t. x, p. 263, 1874 et t. xiii, p. 36, 1877), expérimentant sur un petit chien de 7 kilos auquel il faisait prendre jusqu'à 19 grammes d'asparagine par jour, avait d'ailleurs retrouvé presque tout l'azote de *l'asparagine* sous forme d'urée dans les urines. Il n'observa ni hématurie, ni action diurétique (*contra* Reil).

Chez le poulet, tout l'azote de l'asparagine ingérée (4gr,61 et 4gr,8 par jour) fut retrouvé dans les urines, sous forme d'acide urique.

Il semble donc établi que la plus grande partie, sinon la totalité de l'asparagine ingérée est transformée dans l'organisme en urée ou acide urique. La formation d'acide succinique, paraît douteuse. Ajoutons que d'après G. Bufalini (*Ann. di chim. e di farmacol.*, 1890, t. xii, p. 199), l'excrétion du sucre diminuerait chez les diabétiques, après l'ingestion d'asparagine ou de sel ammoniaque.

Valeur nutritive de l'asparagine. — Les nombreuses expériences de H. Weiske et de ses élèves; M. Schrödt, St. von Dangel, G. Kennepohl, B. Schulze (Z. *B.*, t. xv, p. 261, 1879; t. xvii, p. 413, 1882; t. xx, p. 277, 1884), ont montré que l'asparagine possède chez les animaux herbivores (agneaux, brebis laitières, chèvres, oies, lapins,) une valeur

728

ASPHYXIE.
alimentaire. L'addition d'asparagine à une ration alimentaire pauvre en azote permet d'y réduire encore la portion d'albuminoïdes. L'asparagine empêche la destruction d'une partie de l'albumine alimentaire : il paraît peu probable qu'une partie de l'asparagine puisse servir à reconstituer par synthèse de l'albumine animale, comme cela a lieu dans les tissus végétaux.

Les recherches de N. Kutz (*A. Db.*, 1882, p. 424) et celles de Pottuast (*A. Pf.*, t. xxxii, p. 280, 1883) faites chez le lapin, celles de Gabriel faites sur des rats blancs (*Z. B.*, 1892, t. xxix, p. 115) ont confirmé le rôle alimentaire de l'asparagine. Celles de Graffenberger (*Z. B.*, 1892, t. xxix), faites sur l'homme, semblent parler dans le même sens. Graffenberger a constaté sur lui-même que les 80 p. 100 de l'azote de l'asparagine ingérée se retrouvaient dans les urines pendant les dix premières heures. L'asparagine se comporte sous ce rapport comme la gélatine et la fibrine. L'auteur lui attribue en outre une action diurétique (Munk également), et a constaté que l'asparagine lui occasionnait des palpitations nerveuses. On sait que l'asparagine a été employée dans la thérapeutique des maladies du cœur.

Au contraire J. Munck (*A. f. path. Anat.*, 1883, t. xciv, p. 436, et 1884, t. xcviii, p. 364) a montré que chez le chien carnivore, nourri de viande ou de viande et d'hydrocarbonés, avec ou sans addition d'asparagine, cette substance non seulement ne réduit pas la destruction organique de l'albumine, mais qu'à en juger d'après le dosage du soufre des urines, il y a plutôt une légère (3, 5 à 7 p. 100) augmentation d'albumine brûlée dans l'organisme. Voir aussi J. König (*C. W.*, 1890, n° 47).

La valeur nutritive de l'asparagine serait insignifiante d'après Politis (*Bay, Acad.*, 1883, p. 401, et *Z. B.*, t, xxviii, p. 492, 1892), chez le rat blanc, et, d'après J. Mauthner (*Z. B.*, t. xviii, p. 507, 1892), chez le chien. Citons encore le travail de Dario Baldi (*A. B.*, 1893, t. xix, p. 256), *Sur la valeur nutritive de l'asparagine*. L'auteur a nourri un pigeon avec une alimentation contenant de l'asparagine au lieu d'albumine. L'animal vécut 27 jours et perdit seulement 22 p. 100 de son poids. L'auteur admet que l'asparagine a eu une influence utile sur la durée de la vie.

En résumé, la valeur alimentaire de l'asparagine, comme succédané des albuminoïdes ou de la gélatine, paraît établie dans le cas d'une alimentation pauvre en substances azotées. Dans les autres cas, la valeur thermogène de l'asparagine découle de ce fait que l'asparagine se transforme à peu près intégralement dans l'organisme par combustion en urée ou acide urique. Le calorique de combustion de l'asparagine est de 3514 calories ; celui de l'urée de 2542 calories. En supposant qu'une molécule d'asparagine fournisse une molécule d'urée, il y a mise en liberté dans l'organisme de 2358 micro-calories par gramme d'asparagine transformée, 1 gramme d'asparagine serait donc au point de vue thermogène isodyname à 0gr,63 de glycose. L'asparagine a été considérée par plusieurs auteurs comme légèrement diurétique. Ce point est encore controversé.

D'après Bufalini (*A. B.*, 1890, t. xiii, p. 82), la macération d'une solution d'asparagine au contact du tissu du foie de la grenouille, des poumons, des muscles et du ferment ammoniacal de l'urine, amènerait la formation de quantités notables de succinate ammonique.

Ajoutons que l'asparagine a été employée en thérapeutique pour former une combinaison mercurielle soluble employée dans le traitement de la syphilis (J. Neumann. *Wiener med. Blätter*, anal. in. *C. W.*, 1892, p. 544).

Bibliographie. — La bibliographie des travaux de chimie pure sur l'asparagine est donnée à l'article *Asparagine* du *Dictionnaire de Chimie* de Wurtz, celle des travaux de physiologie animale dans les *Jahresberichte* de Maly et dans J. König (*C. W.*, 1890, n° 47), celle de physiologie végétale dans Pfeffer, *Pflanzenphysiologie*, pour la bibliographie ancienne ; en grande partie dans les *Jahresber.* de Maly, pour la bibliographie récente, et dans le travail de Borodine.

LÉON FREDERICQ.

ASPHYXIE. — Le mot asphyxie, d'après son étymologie grecque, signifie absence de pouls. On pourrait donc supposer que l'asphyxie est surtout l'arrêt de la circulation. Mais de fait le mot asphyxie a été peu à peu détourné de son sens primitif, si bien que, dans le langage scientifique comme dans le langage usuel, asphyxie veut dire arrêt de la respiration. Il serait tout à fait oiseux de vouloir modifier cette dénomination universellement acceptée.

Ainsi l'asphyxie, c'est *l'absence de la respiration*; mais, comme la respiration est essentiellement la vie des tissus dans l'oxygène, il s'ensuit que le mot asphyxie veut dire *absence d'oxygène*. Donc on peut absolument généraliser le phénomène de l'asphyxie, et l'étendre à tous les êtres qui pour vivre ont besoin d'oxygène.

A vrai dire il n'y a que bien peu d'êtres qui puissent vivre sans oxygène; c'est le tout petit groupe des microbes anaérobies. Ceux-là évidemment ne peuvent avoir d'asphyxie à subir, puisque l'oxygène les tue au lieu de les faire vivre; et le mot asphyxie n'a pas de sens pour eux. Mais, à part cette exception, tous les êtres vivants peuvent être asphyxiés si on leur supprime l'oxygène.

L'asphyxie, à proprement parler, n'est pas un phénomène physiologique; car c'est un processus de mort, et non de vie. Mais, comme l'étude qu'on peut en faire est fondée presque exclusivement sur l'expérimentation: comme c'est le mode de mort le plus fréquent; comme enfin la respiration normale ne se peut comprendre que si l'on connaît bien l'asphyxie, nous traiterons l'asphyxie avec autant de détails que s'il s'agissait de physiologie normale, en faisant toutefois remarquer que les observations des médecins, et spécialement des médecins légistes, nous ont apporté de précieux documents.

Nous devons au préalable faire une observation importante. Les tissus, et l'être lui-même, qui est un composé de différents tissus, meurent quand ils sont privés de sang aussi bien que quand ils sont privés d'oxygène, de sorte qu'il y a une *mort par anémie*, comme il y a une mort *par asphyxie*. Il est fort possible que le mécanisme soit dans les deux cas à peu près le même, et qu'un tissu, quand il meurt par défaut de sang oxygéné, meure, en somme, de la même manière que quand il est privé de sang. Ainsi, en fin de compte, c'est toujours la privation d'oxygène qui, dans l'anémie comme dans l'asphyxie, entraîne la mort. Mais, si essentiellement le phénomène est identique, les symptômes et la marche diffèrent assez pour qu'on ait le droit de dissocier l'anémie et l'asphyxie. Quand on enlève le cœur d'une grenouille, elle meurt au bout d'une heure environ par anémie: mais, si on la plonge dans un gaz irrespirable comme l'hydrogène, elle ne mourra qu'au bout de plusieurs heures. L'anémie est donc, si l'on veut, en dernière analyse, de l'asphyxie; mais c'est une asphyxie si soudaine et si spéciale, qu'il vaut mieux traiter à part les phénomènes de l'anémie Voy. **Anémie**, p. 492. Sans qu'il soit besoin d'insister, on comprendra qu'il est impossible de confondre ces deux genres de mort, tout en reconnaissant qu'ils relèvent de la même cause essentielle.

Puisque les tissus vivent dans l'oxygène, il est clair que chaque tissu peut être isolément asphyxié, et que l'on devrait distinguer les asphyxies de chaque tissu. Le muscle, le nerf, la cellule glandulaire subissent, chacun à sa manière, les effets de la privation d'oxygène, de sorte qu'il y a une asphyxie pour le muscle, ou le nerf, ou la cellule glandulaire. La respiration élémentaire, fonction propre à chaque tissu vivant, comporte donc aussi une *asphyxie élémentaire* qui mériterait une étude spéciale.

Mais cette étude spéciale a été faite à l'article **Anémie**, si bien qu'il est inutile d'y revenir; et nous ne traiterons que de l'asphyxie de l'être total, non l'asphyxie différentielle de chacun des tissus qui le composent. A vrai dire, comme ce qui constitue l'être, c'est le système nerveux régulateur et coordinateur, l'asphyxie de l'être total, c'est l'asphyxie de son système nerveux.

Nous verrons d'ailleurs par la suite que tous les éléments du système nerveux ne subissent pas en même temps les effets de l'asphyxie.

Historique. — Avant Lavoisier, on ne pouvait évidemment rien savoir de précis sur l'asphyxie. Ce grand homme, le vrai créateur de la physiologie, en nous faisant connaître la composition de l'air et la nature du phénomène de la respiration, nous a du même coup appris la cause de l'asphyxie; car les idées des anciens physiologistes sur ce sujet étaient aussi absurdes que leur idées sur la fonction respiratoire. Néanmoins Lavoisier ne s'est pas occupé spécialement de l'asphyxie, et ce n'est qu'indirectement que son nom se trouve mêlé à l'historique de l'asphyxie.

Au contraire Bichat a fait sur l'asphyxie toute une série d'expériences mémorables et exactes. Haller, et surtout le médecin anglais Goodwin, avaient supposé que la mort par l'asphyxie était due à l'arrêt de la circulation du sang dans les poumons, et par consé-

quent à l'accumulation du sang dans le cœur. Cette opinion était confirmée par ce fait
d'observation vulgaire que, chez les individus asphyxiés, le cœur est gorgé de sang noir,
et énormément distendu par ce sang accumulé. Or BICHAT a pu démontrer que pendant
l'asphyxie la circulation du sang continue : le sang continue à couler dans les artères;
mais c'est un sang noir, et par conséquent, d'après BICHAT, impropre à la vie.

En même temps que BICHAT, SPALLANZANI, dans d'admirables expériences, prouvait que
certains animaux, les animaux à sang froid et les animaux hibernants, peuvent supporter la privation d'oxygène beaucoup plus longtemps que les autres, et que cette résistance à l'asphyxie est due, au moins en partie, à ce qu'ils consomment moins d'oxygène.

Puis sont venues les belles expériences de WILLIAM EDWARDS qui a consigné dans un
livre excellent et qu'il faut toujours relire — *Influence des agents physiques sur la vie* —
le résultat de ses nombreuses et ingénieuses expérimentations (1823).

Enfin les recherches des physiologistes plus modernes, parmi lesquels en première
ligne il faut citer PAUL BERT, ont apporté beaucoup de faits nouveaux et intéressants,
mais non pas essentiels, puisque aussi bien BICHAT, SPALLANZANI, et W. EDWARDS avaient
vu à peu près tout ce qu'il y a de fondamental dans l'asphyxie.

Nous distinguerons l'asphyxie *aiguë* et l'asphyxie *lente*.

Asphyxie aiguë. — Mécanisme de l'asphyxie aiguë. — Les causes de l'asphyxie
aiguë peuvent être multiples.

A. — *Le milieu extérieur devient irrespirable,* par suite de l'absence d'oxygène libre.
C'est le cas de la submersion; le cas d'un animal introduit dans une cloche contenant
un gaz inerte, comme l'azote, l'hydrogène, ou le gaz d'éclairage, ou encore d'un animal
placé dans le vide pneumatique, ou d'un poisson que l'on met dans de l'eau privée d'air.

B. — *Les voies aériennes sont oblitérées.* L'occlusion peut porter sur la trachée, comme,
par exemple, dans la strangulation ou la pendaison. Quelquefois la trachée est fermée par une ligature, dans un but expérimental. Quelquefois c'est un corps étranger
qui pénètre dans le larynx, et de là dans les bronches (rupture d'un abcès dans les bronches). Tantôt ce sont des membranes diphtéritiques qui oblitèrent le larynx, et inter-
ceptent le passage de l'air. Ou bien encore c'est la section des récurrents ou des vagues
qui, chez les jeunes animaux, par exemple, détermine la mort par paralysie des cordes
vocales.

Ou bien, il y a un obstacle mécanique à l'inspiration ou à l'expiration, par exemple
quand on fait respirer un animal à travers une soupape de MULLER, où la hauteur de la
colonne mercurielle interposée, soit à l'expiration, soit à l'inspiration, dépasse 10 centimètres de mercure. Plus rarement ce sont les premières voies aériennes qui sont oblitérées, comme après la section des deux nerfs faciaux chez le cheval. Enfin il peut y avoir
une contracture des cordes vocales (spasme de la glotte), ou de l'œdème de la glotte, ou
encore une compression des nerfs du larynx entraînant la paralysie des cordes vocales
ou leur spasme; les tumeurs du cou déterminent la mort par ce procédé plutôt que par
la compression même de la trachée; car dans ce cas il y a une lente asphyxie.

C. — *La respiration est suspendue par suite d'un défaut d'innervation.* Par suite de la
multiplicité des nerfs inspirateurs, la section d'un ou de plusieurs nerfs ne suffit pas pour
empêcher la respiration. Même quand les fréniques ont été coupés, l'inspiration peut
encore s'effectuer; mais le centre respirateur peut être atteint par un traumatisme. Les
chiens dont on pique le bulbe meurent d'asphyxie; les lapins à qui on donne un coup
sur la nuque (coup du lapin) meurent asphyxiés par suite de la déchirure du bulbe
qui entraîne la paralysie du centre respiratoire.

La paralysie dans ce cas peut être due à une action réflexe inhibitoire. On a signalé
des morts subites dues à la compression violente du larynx, ou à un coup sur l'épigastre,
ou à une violente commotion cérébrale; mais il est permis de douter que ce soit là de
l'asphyxie véritable; car la mort est plus rapide que ne le comporterait une asphyxie
vraie, se déroulant avec toutes ses périodes régulières. Il s'agit plutôt, comme l'admet
BROWN-SÉQUARD, d'un arrêt des échanges, ou d'une sorte de sidération du nœud
vital, comme PAUL BERT penche à l'admettre, en voyant mourir subitement des animaux
dont il excite vigoureusement par l'électricité le pneumogastrique (bout central) (*Leçons
sur la respiration*, 1870, p. 484).

Enfin le centre nerveux inspirateur peut être paralysé par des substances toxiques et en particulier par les anesthésiques. Quand on a empoisonné un chien ou un lapin par une forte dose de chloral, on voit souvent le cœur continuer à battre, alors que la respiration a cessé. Si l'on ne fait pas la respiration artificielle, l'asphyxie finira par survenir, sans que les mouvements respiratoires spontanés aient reparu. C'est ce qu'on a souvent, assez mal à propos, appelé la *syncope respiratoire;* mais cette syncope respiratoire n'est pas dangereuse, si l'attention du médecin ou du physiologiste est en éveil; car elle ne persiste jamais très longtemps, et, tant que le cœur bat, il n'y a pas de danger réel pour la vie de l'animal.

Aussi, dans les cas de mort par le chloroforme, ne doit-on pas incriminer l'asphyxie. Sauf le cas de faute lourde du chirurgien, il ne peut y avoir de mort que par la syncope. La syncope tue immédiatement, sans retour possible à la vie, tandis que la mort par asphyxie est toujours longue, et plus longue encore chez les individus chloroformés que chez les autres, de sorte qu'il est difficile d'admettre qu'un chirurgien laisse pendant huit à dix minutes son malade asphyxier, sans songer à regarder comment se font les inspirations.

D. — *La respiration est suspendue par suite de la paralysie ou de la contracture des muscles respirateurs.* — C'est le cas du curare qui paralyse les terminaisons motrices des nerfs dans les muscles, ou de la strychnine qui détermine la contraction tétanique de tous les muscles; dans un cas comme dans l'autre, la respiration artificielle empêche la mort. Le tétanos traumatique peut tuer aussi par la contracture des muscles inspirateurs.

E. — *Le sang est empoisonné de manière à ne plus pouvoir fixer l'oxygène.* — C'est le cas de l'empoisonnement par l'oxyde de carbone qui a été si merveilleusement analysé par CLAUDE BERNARD. La circulation est intacte; les voies aériennes sont libres; les mouvements respiratoires continuent à se faire, et le milieu extérieur n'a pas changé; mais le sang ne peut plus absorber de l'oxygène et le porter aux tissus. Aussi la mort par l'oxyde de carbone et par quelques autres gaz, dont l'étude toxicologique est moins bien faite, est-elle en somme une vraie asphyxie (asphyxie toxique).

Évidemment ces diverses formes d'asphyxie ne peuvent s'observer que chez les animaux supérieurs, possédant un appareil respiratoire compliqué. Chez les animaux ou végétaux qui ne respirent que par diffusion et qui sont dépourvus d'organes respiratoires proprement dits, l'asphyxie ne peut être produite que par la suppression de l'oxygène ambiant; et, même chez les animaux pourvus de poumons, ou de branchies, quand la peau est nue, une respiration cutanée, encore assez active, intervient, qui permet la continuation de la vie, malgré la suppression complète des organes respiratoires.

Durée de l'asphyxie chez l'homme. — La durée de l'asphyxie, c'est le temps qui s'écoule entre le moment où commence la privation d'oxygène et le moment même de la mort. Rien de plus important que la détermination exacte de cette durée pour le médecin comme pour le physiologiste. Mais une pareille précision est impossible à obtenir, par cette simple raison que *le moment même de la mort ne peut être défini.*

La physiologie générale nous apprend que les divers tissus, dont l'être est composé, possèdent chacun leur autonomie, et que, lorsque la même cause de mort ou de destruction, par exemple la privation d'oxygène, vient à agir sur eux, ils restent encore vivants pendant un temps variable pour chaque tissu. Le cerveau mourra avant le bulbe, et la moelle avant le cœur. Alors quand dira-t-on que l'individu est mort?

On pourrait difficilement adopter pour la mort de l'individu le moment de la mort de la conscience; car la conscience se dissout très vite, et, dès que le cerveau n'est plus traversé par du sang bien artérialisé, la conscience disparaît, cependant que l'individu continue à respirer, à se mouvoir, et garde les apparences de la vie. Quelques bouffées d'air pur vont faire reparaître la conscience; c'était l'anéantissement passager, et non définitif, de l'intelligence, et le sommeil plutôt que la mort.

Dirons-nous alors que la mort survient quand tout mouvement a cessé, et qu'il n'y a plus ni réflexe, ni respiration? Ce serait, à ce qu'il me semble, une conclusion assez téméraire; car, si le cœur est animé encore de quelques battements, la vie peut reparaître, dès qu'on pratique la respiration artificielle. Certes, si l'individu est abandonné à lui-même, la mort survient fatalement; mais ce n'est pas une raison pour dire qu'il est mort. Il *va mourir*, si on ne le secourt pas, mais il *n'est pas mort*, puisque, si on le secourt, le cœur se remettra à battre avec force, la respiration reviendra et la conscience aussi.

On serait donc tenté de dire que *le moment de la mort, c'est le moment où le cœur a cessé de battre;* mais ce serait encore une détermination imparfaite; car d'une part on n'est jamais bien certain que le cœur ne bat plus. Dans la pratique des médecins comme dans celle des physiologistes, rien n'est plus délicat que de faire cette affirmation. Des mouvements de l'oreillette peuvent faire croire à une systole ventriculaire, et les mouvements des ventricules sont parfois assez peu marqués pour qu'on ne puisse les apprécier. Quelquefois même les ventricules ont des frémissements qui peuvent faire croire à la vie, et qui ne sont en réalité que des frémissements agoniques. D'autre part il y a des cas, relativement assez nombreux, où, le cœur s'étant arrêté, la respiration artificielle a pu ranimer ses battements. Cela se voit admirablement sur les animaux refroidis, en particulier les lapins, dont le cœur cesse parfois de battre pendant une demi-heure pour reprendre par le fait de la respiration artificielle.

Cependant, comme en pareille matière il faut adopter une solution, même si elle n'est pas irréprochable, je serais tenté d'admettre comme étant le vrai moment de la mort *l'arrêt définitif du cœur,* et je dirais que (sauf l'exception des animaux refroidis), *l'arrêt est définitif quand il s'est prolongé pendant plus d'une minute.*

Ce n'est pas d'ailleurs une simple curiosité physiologique que cette détermination du moment de la mort. Il y a en médecine légale nombre de cas bien intéressants, où le médecin a été appelé à se prononcer sur le moment même de la mort dans des cas d'asphyxie. A l'article *Submersion* du *Dictionnaire encyclopédique* on trouvera l'exposé de l'affaire Rivoire, et de l'affaire de la pointe de Penmark. Dans l'un et l'autre de ces cas il y avait de gros intérêts engagés, il s'agissait de savoir à qui reviendrait la fortune considérable du premier survivant.

La question se posait ainsi pour l'expert : deux personnes étant asphyxiées en même temps, quelle est celle qui est morte la première? Les raisons qu'on a données pour affirmer la survie de telle ou telle ne sont peut-être pas satisfaisantes, et, pour notre part, nous nous rallierons volontiers à l'opinion de BROUARDEL qui, à propos du crime de Pranzini, disait : Mieux vaut dire à temps devant le juge d'instruction « je ne sais pas » que d'être obligé de dire plus tard devant le jury « je ne savais pas ».

Durée de l'asphyxie chez l'homme. — Dans son admirable ouvrage : *Elementa physiologiæ,* t. III, l. VIII, § XIX, p. 266, HALLER s'exprime ainsi : « Si aliæ historiæ exstant hominum qui suscitati fuerunt cum sub aqua fuissent 15 minutis, et 20 et 22 et 25 et 30, et hora, et novem horis, et 16 et 42 et 40 horis, et aliis temporibus etiam longioribus, si de natatorum legimus qui 15 et 30 minutis, et quatuor horis, et integrum diem, et triduum sub aquis edurarunt, eæ historiæ partim ab ignaris hominibus, neque ad observandum minutius rerum curam adhibentibus profectæ sparguntur, partim ad alias causas pertinent. » Nous devons évidemment imiter la réserve de HALLER, et même être plus réservés encore, ce qui nous fera considérer comme apocryphes les récits de survie prolongée sous l'eau.

Disons-le tout de suite. En général, les individus qui se noient meurent au bout de deux ou trois minutes tout au plus; c'est là, comme on le verra tout à l'heure, le terme moyen, mais, tout en étant sceptique, il est difficile de se refuser à admettre des survies bien plus prolongées; même si l'on refuse l'authenticité au fait (cité par TOURDES, article *Submersion* du *Dictionnaire encyclopédique)* de POITREAU, qui aurait observé, en 1749, un noyé revenu à la vie après trois heures de séjour sous l'eau. Ainsi, pour citer les principaux cas de survie prolongée, BOURGEOIS (*Arch. de méd.,* t. XX, p. 220) rapporte un cas de retour à la vie après 20 minutes de submersion. POPE (*Lancet,* oct. 1881, p. 605) raconte l'histoire d'un individu qui resta sous l'eau pendant 12 à 15 minutes et fut ranimé. Dans *Index Catalogue* (articles *Asphyxia* [*Treatment of*] et *Drowning*), nous trouvons les cas suivants dont les titres sont suffisamment explicites pour ne pas nécessiter de plus longues descriptions : BOURKE. *Resuscitation of a child after ten minutes of total submersion in water.* — DOUGLASS (1842). *Recovery after fourteen minutes submersion.* — LAUB. *Retour à la vie après 15 minutes d'immersion* (1868). — POVALL. *Successful resuscitation after suspended animation by submersion for 25 minutes* (1829). — SMEET. *Retour à la vie après 40 minutes d'immersion et mort apparente* (1840). — DAMOISEAU [*Union médicale,*

1872, p. 293) parle d'un individu qui resta dix minutes au fond de l'eau et put être ranimé. Il attribue sa résurrection à la violente contracture des mâchoires qui aurait empêché l'eau de pénétrer. Mais vraiment cette explication est assez peu satisfaisante; car la contracture des mâchoires n'empêche pas les fosses nasales d'être perméables.

Il ne faut, ce me semble, accepter ces faits qu'avec les plus expresses réserves; et cela pour deux raisons principales. D'abord à cause de la mesure très imparfaite du temps. Quand quelqu'un est tombé à l'eau, la terreur et l'émotion des assistants ne permettent guère une juste appréciation de la durée du temps qui s'écoule. Souvent, en faisant sur des chiens quelque expérience d'asphyxie, j'étais surpris de la lenteur avec laquelle le temps semblait marcher, si bien que, si je n'avais mesuré le temps avec une montre à secondes, j'aurais commis les plus grosses erreurs dans l'appréciation de la durée du temps écoulé, et tous les assistants se trompaient comme moi. D'autre part est-on jamais assuré que l'individu, dans les efforts qu'il fait pour se sauver, n'est pas, au moins pendant un temps très court, remonté à la surface de l'eau pour aspirer quelques bouffées d'air? Même dans les expériences physiologiques, où cependant cette erreur peut facilement être évitée, je vois qu'on a noté que l'animal est revenu à la surface, et malgré cela on commet la faute de compter comme valable tout le temps écoulé depuis le début de l'asphyxie, par exemple dans le très bon travail de Lecoquil (D. P., 1893).

Nous admettrons difficilement que chez l'homme la submersion puisse être prolongée plus longtemps que chez le chien. Le contraire serait plutôt vrai, car, tout compte fait, l'homme est plus sensible que le chien. Or, chez le chien, la physiologie expérimentale nous apprend que la mort survient fatalement quand la submersion dépasse deux minutes; nous tendrons donc à considérer cette limite comme exacte aussi pour l'homme, d'autant plus que les cas de mort après une immersion d'une minute ou une minute et demie sont très fréquents. Wolley, médecin de la Société humaine de Londres, qui a secouru un grand nombre de noyés, exagère probablement dans un sens favorable en disant qu'on ne peut espérer sauver un noyé quand il a séjourné plus de trois minutes et quelques secondes dans l'eau.

Mais, si cette durée de trois minutes est trop longue au point de vue physiologique, elle est beaucoup trop courte au point de vue médical. Je veux dire par là que, même après un long séjour sous l'eau, on n'a pas le droit de se décourager et de cesser de secourir le noyé. Il faut espérer, contre toute espérance, pratiquer sans se lasser une respiration artificielle énergique. Dans le doute il faut agir, et non s'abstenir, suivant un axiome très absurde. Après tout il est certain que le contact de l'eau froide provoque parfois une syncope qui suspend la respiration et les échanges, empêche par conséquent l'eau de pénétrer dans les poumons, et préserve ainsi de la mort rapide. On sait qu'on a distingué les noyés blancs (syncope cardiaque) qui réchappent parfois, des noyés bleus qui ne peuvent être ranimés.

La mort par la pendaison est aussi une mort due exclusivement à l'asphyxie. Des expériences de Cortagne et surtout de Tamassia, ont bien montré que, si la trachée était exceptée du lien qui sert à la pendaison, la mort ne survenait que très lentement, et inversement, qu'en exceptant du lien constricteur les vaisseaux du cou, et en prenant simplement la trachée, on obtenait une mort tout aussi rapide.

De même les lésions de la moelle sont extrêmement rares dans la pendaison; la mort relève donc uniquement de l'asphyxie. Mais cette asphyxie n'est pas toujours complète; car il est fort possible qu'une petite quantité d'air passe encore par la trachée incomplètement comprimée.

Cela explique bien comment, dans quelques cas, la mort a été notablement retardée. On en trouvera des cas intéressants dans l'excellent article, Pendaison de Tourdes Dictionnaire encyclopédique, t. xxii, p. 477). Le récit le plus curieux est assurément celui du pendu de Bloomfield, en Amérique, qui, au bout de dix minutes de suspension, paraît tout à fait mort. Après 14 minutes on le détache et on le remet aux médecins qui ne constatent plus de battements cardiaques. La respiration artificielle est alors pratiquée, mais sans résultats. Alors un courant électrique est appliqué aux nerfs pneumogastriques. Quelques signes de respiration spontanée apparaissent. Mais le shériff s'interpose, et les expériences sont interrompues. Une heure après la pendaison les médecins les reprennent, et le cœur recommence à battre. Alors de nouveau le shériff intervient et emporte les rhéophores. Une demi-heure se passe encore, et au bout de ce temps de nouveau les médecins se remettent à essayer de ranimer le pendu. Ils y réussissent si bien que le pouls reparaît, les paupières se rouvrent, et l'individu revient à la vie. Il meurt pourtant le lendemain, après 15 heures de survie.

A côté de ces cas de survie prolongée, qui sont extrêmement rares, les cas de mort très rapide ont été observés, et assez souvent. Esquirol rapporte l'histoire d'un aliéné qu'on vit de loin s'accrocher à une fenêtre. Les témoins étaient dans la cour, et ils montèrent à la hâte, comme bien on pense. Pourtant ils arrivèrent trop tard, et le malheureux était mort. En tout cas, ce qui est remarquable dans la mort par pendaison, c'est la rapidité avec laquelle l'individu pendu perd la conscience. Au bout d'une demi-minute, et parfois même au bout d'un quart de minute, il a perdu connaissance, et cependant les mouvements réflexes persistent pendant 2 ou 3 minutes encore. Fleischmann, qui a essayé sur lui-même les effets de la suspension, aurait certainement couru quelques dangers s'il n'avait été promptement détaché par la personne qui était à côté de lui. On a d'ailleurs fait remarquer qu'il n'est pas d'exemple de pendu s'étant détaché lui-même.

L'étude expérimentale de la pendaison et de la submersion, faites sur les animaux, donne des résultats plus précis que les observations faites sur l'homme. On verra plus loin quelles conclusions elles comportent. Mais sur l'homme l'examen des plongeurs et des apnées volontaires donne des indications assez utiles.

D'abord on sait que, dans certains exercices de cirque, des acrobates, hommes ou femmes, entrent dans des cuves pleines d'eau et y séjournent pendant un assez long temps. Ce temps paraît fort long, grâce à la multiplicité des exercices accomplis; mais, quand on regarde l'heure à la montre, on constate que ce temps de submersion est moins long que celui qui est indiqué sur l'affiche, et, si la durée est de trois minutes, c'est déjà fort long. Les récits de plongeurs restant sous l'eau pendant dix minutes sont des récits fabuleux, et, au dire des témoins sérieux, les meilleurs plongeurs ne peuvent rester plus de trois minutes sous l'eau. Lacassagne (Arch. d'Anthr. crim.) raconte l'histoire du capitaine James qui pouvait demeurer sous l'eau probablement plus longtemps que tout autre individu, et pourtant il n'a jamais pu y rester plus que quatre minutes et 14 secondes. Encore, par suite d'un mécanisme particulier, que je ne saurais décrire ici, pouvait-il emmagasiner dans son œsophage une certaine quantité d'air.

Il paraît même qu'un prix de 5 000 francs avait été proposé à Londres pour le plongeur capable de rester 5 minutes sous l'eau, et que le capitaine James ne put le gagner.

On peut facilement étudier sur soi-même dans quelles conditions et combien de temps la respiration peut être suspendue. Pour cela on se met en état d'apnée, c'est-à-dire qu'on fait une énergique et prolongée ventilation. Avec un peu d'exercice, on arrive bientôt à être assez habile dans cette mécanique respiratoire. On fait une série de grandes et de petites respirations très rapides, assez pour déterminer par l'effet de ces inspirations répétées une vraie anémie cérébrale de cause mécanique; les éblouissements et les vertiges qu'on observe alors sur soi n'ont rien de pénible ni de dangereux. Quand l'état d'apnée est ainsi obtenu, on cesse de respirer, on ferme légèrement les narines avec la main, et on tient la bouche fermée. Je suppose qu'on a devant soi une montre à secondes qui marque les temps. Surtout il faut s'asseoir commodément, de manière à pouvoir demeurer, pendant le temps de l'expérience, tout à fait immobile; car le moindre mouvement diminue énormément la durée de l'apnée. J'ai souvent fait cette simple expérience, et je suis arrivé à pouvoir ainsi rester au maximum 2 minutes 15 secondes, sans éprouver de gêne; mais à la rigueur j'aurais pu encore rester 15 secondes de plus sans respirer : ces 15 secondes d'ailleurs sont trop pénibles pour qu'on veuille pousser l'expérience jusque-là, et il faut s'arrêter dès que la gêne et l'angoisse commencent.

Cette durée de 2 minutes 30 secondes est bien en rapport avec la quantité d'oxygène dissous dans le sang, ainsi qu'un simple calcul va le montrer.

Un homme de 70 kilogrammes a à peu près 5400 grammes de sang, et ce sang artériel, d'après de très nombreuses analyses citées par Vierordt (Daten und Tabellen, 1888, p. 115) contient 18 p. 100 d'oxygène. Par conséquent, il y a dans le sang d'un homme de 70 kil., en supposant que tout son sang est aussi oxygéné que le sang artériel, par suite des respirations fréquentes longtemps continuées, une réserve de 972 centimètres cubes d'oxygène. A ce chiffre il faut ajouter la quantité d'oxygène qui est dans l'air inspiré, soit, en supposant une très grande inspiration, 4000 centimètres cubes d'air, c'est-à-dire 800 centimètres cubes d'oxygène. Mais ces 800 centimètres cubes ne peuvent être jamais entièrement consommés, et l'expérience prouve que nous ne pouvons utiliser, et cela dans les meilleures conditions, que 8 p. 100 en oxygène de l'air intra-pulmonaire. Or, en supposant cela, c'est une provision de 320 centimètres cubes utilisable, que nous avons dans le poumon, après une inspiration de 4 litres d'air. En additionnant ces 320 centimètres cubes aux 972 centimètres cubes du sang cela nous donne un total de 1292 centimètres cubes d'oxygène dont nous pouvons disposer dans ces conditions d'apnée expérimentale.

Venons maintenant à la consommation d'oxygène; elle est, d'après les auteurs autorisés, en moyenne, de 380 centimètres cubes par kilogramme et par heure, ce qui fait, pour un homme de 70 kil., 440 centimètres cubes par minute.

Ce chiffre, étant multiplié par 2 minutes 30 secondes, temps que dure l'apnée la plus prolongée qu'on puisse vraisemblablement supporter, nous donne 1100 centimètres cubes, chiffre qui se rapproche beaucoup de la réserve de 1292 centimètres cubes qui est dans les poumons et dans le sang. Il ne reste en somme que 192 centimètres cubes; c'est-à-dire de quoi supporter une prolongation d'asphyxie d'une demi-minute à peine.

Durée de l'asphyxie chez les animaux à sang chaud. — A. *Chiens.* — Nous avons de nombreux documents, et principalement les expériences du Comité de Londres, rapportées intégralement par TARDIEU (*Annales d'Hygiène*, 1863, t. XIX, p. 312-360). Dans 5 expériences, l'occlusion de la trachée ayant été faite complètement, la cessation des mouvements respiratoires eut lieu, en moyenne, après 4'5", avec un maximum de 4'40" et un minimum de 3'30". Le cœur cessa de battre après 7'11", en moyenne; avec un maximum de 7'45", et un minimum de 6'25". On doit donc admettre, en chiffres ronds, 4' pour la fin des respirations et 7' pour la mort du cœur.

Il était important de rechercher au bout de combien de temps l'asphyxie est irrémédiable sans respiration artificielle. Les savants expérimentateurs du Comité de Londres ont constaté dans 5 expériences que la vie revenait après des asphyxies durant 2', 3'5", 3'35" et 3'50". Au contraire, après une occlusion trachéale de 4'10", le retour à la vie, par la respiration spontanée, fut impossible.

La submersion détermine une mort bien plus prompte que l'occlusion trachéale, et surtout elle se fait dans des conditions telles que le retour à la vie est impossible. Ainsi dans dix expériences du Comité de Londres, des chiens furent maintenus sous l'eau 2'.

1. Quelques chiffres de statistique prouveront que, pour les accidents comme pour les suicides, l'asphyxie est le genre de mort le plus fréquent.
Les chiffres sont empruntés à l'article de TOURDES.

ANNÉES.	SUBMERSION ACCIDENTELLE.	SUBMERSION VOLONTAIRE.	PENDAISON.	TOTAL.
1875	4 366	1 610	2 439	8 415
1876	5 689	1 681	2 519	9 889
1877	3 120	1 236	2 488	6 844
1878	3 162	1 295	2 808	7 265
1879	4 071	1 342	2 858	8 271
1880	3 781	1 937	2 774	8 492
1881	3 942	1 934	2 908	8 784

Ils se rapportent aux années 1875 à 1881.
Ainsi, sur 5500 suicides, chiffre moyen annuel des suicides en France, il y en a environ 4 500 qui s'effectuent par l'asphyxie, soit 80 p. 100; et, sur 1400 morts accidentelles, la submersion compte pour 400, c'est-à-dire qu'elle représente à peu près 30 p. 100.

Ils moururent tous, sans exception. La mort est aussi survenue après des submersions de 1'45'', 1'30'', 1'30'', 1'30''. Mais il y a eu survie après submersion de 1' et 1'15'', P. Bert a vu chez un chien la mort après submersion de 1'20'', et la survie après 1'10''. Pour ma part, j'ai constaté la mort après submersion de 1'45'' et, dans un autre cas, la survie après submersion de 1'30''. Encore cette survie n'a-t-elle pas été définitive; car le chien ainsi submergé est mort le lendemain.

En réunissant ces données diverses, nous voyons que, si la mort par l'occlusion trachéale a lieu au bout de 4', la mort par submersion a lieu au bout de 1'30''.

Ces expériences, faites sur les animaux dans des conditions de parfaite rigueur scientifique, sont plus précises que les observations faites sur l'homme, de sorte que nous pouvons admettre pour l'homme les chiffres analogues pour l'asphyxie.

La cause de cette énorme différence entre la mort par submersion et la mort par occlusion de la trachée n'est pas difficile à comprendre. Elle est due évidemment à un phénomène constant dans l'asphyxie par submersion, à savoir l'entrée de l'eau par les poumons. P. Bert a vu qu'un chien de 10 kilos peut aspirer jusqu'à 1 kilo d'eau, ce qui est une quantité probablement bien supérieure à ce que peut absorber la muqueuse pulmonaire, malgré toute sa puissance résorbante. Brouardel et Loye, dans une étude approfondie de la mort par submersion (A. P., 1889, pp. 408 et 578) ont montré que cette absorption d'eau (souvent considérable, 420 centimètres cubes pour un chien de 5 kil. et 780 centimètres cubes pour un chien de 15 kil.) avait lieu presque toujours à la fin de la première minute et au commencement de la deuxième minute de submersion. C'est à ce moment que l'animal rejette l'air qui était dans le poumon. Or on comprend que d'abord il se prive ainsi d'une certaine réserve d'oxygène intra-pulmonaire, mais surtout il introduit dans l'arbre aérien, et cela jusqu'aux dernières ramifications bronchiques, de l'eau irrespirable, qui fait obstacle à l'hématose, et empêche les respirations qu'il peut faire encore d'être efficaces.

Ce qui prouve bien que la mort si rapide par la submersion est due à la pénétration de l'eau dans les poumons, c'est que, si l'on fait au préalable la ligature de la trachée, et qu'on submerge un chien à trachée ligaturée, de telle sorte qu'il subit tous les effets de la submersion, sauf l'introduction d'eau dans le poumon, il peut alors supporter une longue submersion. J'ai ramené sans peine à la vie un chien dont la trachée avait été liée, et qui était resté sous l'eau pendant 3'30''. Des expériences analogues, peut-être moins probantes, ont été faites par le comité de Londres sur des chiens chloroformés.

Si le retour à la vie est possible spontanément sans respiration artificielle après 4 minutes d'asphyxie, ce temps est bien plus prolongé si on essaye de ranimer l'animal par la respiration artificielle. Les expérimentateurs du Comité de Londres ont pu, par l'insufflation, ranimer un chien après asphyxie de 4'30'', un autre après 5'25''; mais la respiration artificielle échoua quand elle fut pratiquée après 6'30'', et 6'10''. Toutefois, autant que j'en puis juger par les expériences que j'ai faites, le chiffre de 6' me paraît compatible avec un retour possible à la vie par la respiration artificielle. Piot (D. P., 1882) a ramené à la vie des chiens après asphyxie de 8', de 8', de 6', et de 7'.

Il faut considérer évidemment comme erronée l'expérience (unique) de Germe (Rech. sur les lois de la circul. pulm., 1 vol. in-8°, Masson, Paris, 1895), d'après laquelle un chien trachéotomisé (p. 271) put vivre une demi-heure en ne respirant que de l'azote. Il est évident que ce soi-disant azote était de l'air plus ou moins pauvre en oxygène. Il a cherché inutilement à ressusciter la théorie de la mort par arrêt de la circulation pulmonaire.

Nous verrons tout à l'heure que dans certaines conditions la durée de l'asphyxie peut être encore bien plus prolongée. Il nous suffit d'établir que, dans les conditions ordinaires, chez le chien, la durée de l'asphyxie est de six à sept à huit minutes, et qu'au bout de ce temps la respiration artificielle peut le ranimer.

Certains phénomènes interviennent qui modifient beaucoup la durée de l'asphyxie. D'abord les mouvements de l'animal. Si en effet on prend un chien vigoureux, se débattant énergiquement, il est clair que ses efforts musculaires, épuisant la réserve d'oxygène qui est dans son sang, vont contribuer à hâter sa fin. Un chien profondément anesthésié, et qui ne se débat pas, résistera longtemps à l'asphyxie, alors que les chiens qui s'agitent meurent bien plus vite. Sur les lapins, j'ai souvent montré dans mes cours le lapin strychnisé qui meurt d'asphyxie, moins de deux minutes après ligature de la

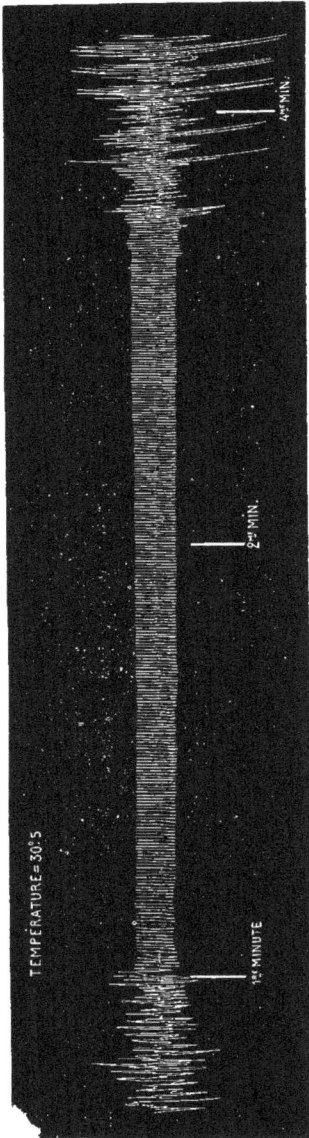

Fig. 57. — Contractions du cœur chez un chien refroidi et chloralisé. — Lire de gauche à droite. — A 1ʳᵉ minute (lire 0 minute) on oblitère la trachée. Avant la 1ᵉ minute quelques respirations.

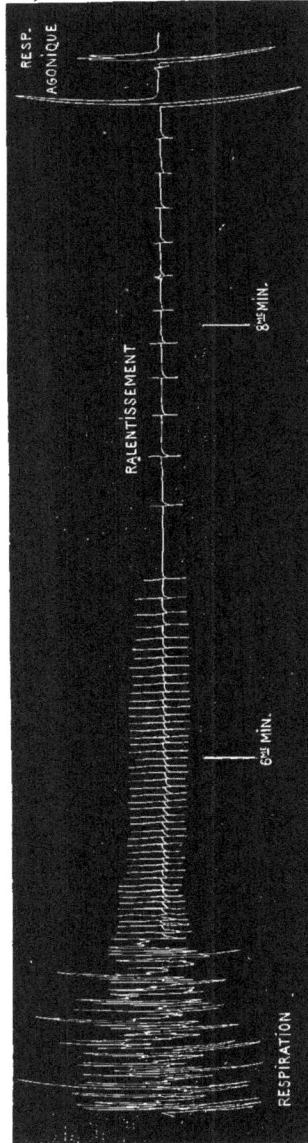

Fig. 58. — Même animal. Suite de la figure 57. On voit que le cœur se ralentit de plus en plus, avec un maximum de ralentissement vers la 7ᵉ minute.

trachée, tandis que le lapin chloralisé ne meurt qu'au bout de trois à cinq minutes, toutes autres conditions étant les mêmes.

Mais, de toutes les influences, celle qui paraît être la plus importante, pour modifier la durée des phénomènes asphyxiques, c'est la température. J'ai fait à cet effet une série d'expériences méthodiques, qui permettent de préciser tant soit peu la durée de la vie après ligature de la trachée (*La mort du cœur dans l'asphyxie. A. P.* 1894, pp. 654-668).

Je n'ai jamais vu survivre un chien à une occlusion de plus de 16'; mais, dans un cas, un chien refroidi à 25° ne mourut pas, après qu'on lui eut oblitéré la trachée pendant 16'.

A 29°, la mort survient après 15', et on peut souvent conserver des chiens ayant vécu 13' et 14'; à 33° la durée de la vie n'est plus que de 11'. Bien entendu, il y a toujours des variations individuelles assez considérables.

D'ailleurs de vraies difficultés se présentent pour déterminer le moment de la mort définitive. En premier lieu, on ne peut guère faire servir le même chien plus de deux ou trois fois, non par raison d'humanité, puisqu'il s'agit d'animaux chloroformés, ou, dans mes expériences, chloralosés jusqu'à insensibilité complète par une dose moyenne de 0,15 de chloralose par kilogramme, mais parce que chaque période d'asphyxie épuise l'animal de manière à le rendre de plus en plus sensible à la privation d'oxygène.

Pourtant ce n'est pas là la plus grande difficulté. Il s'agit de savoir quand survient la mort véritable, sans retour possible à la vie.

En effet, d'une part on n'est jamais certain d'avoir poussé l'asphyxie jusqu'à ses dernières limites, et, d'autre part, si l'on va trop loin, on court risque de ne plus pouvoir réveiller le cœur. Il m'a semblé que, tant que le cœur est ralenti, il peut encore être ranimé. Après ce ralentissement survient une période d'accélération qui dure une demi-minute à peu près. C'est ce moment qui est grave; car *l'accélération cardiaque est un signe précurseur de la mort du cœur*, et, pour peu qu'on tarde, le cœur se ralentit de nouveau; ralentissement secondaire qui est l'indice fatal de la mort; car le cœur, ainsi ralenti après accélération, ne peut pas être rappelé à la vie. A vrai dire il y a quelques différences dans cette dernière période, mais presque toujours on peut considérer comme la fin du cœur le ralentissement qui succède immédiatement à l'accélération finale.

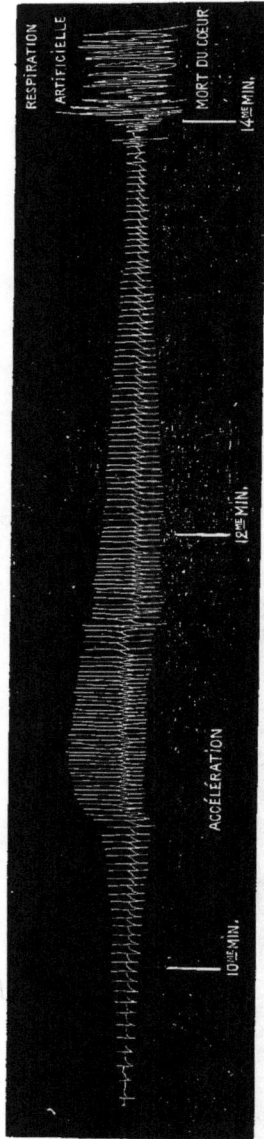

Fig. 57, 58 et 59. — La même expérience poursuivie pendant 11'. — Mort du cœur dans l'asphyxie.

L'occlusion de la trachée (fig. 57) amène la cessation des respirations. Au lieu de 1re minute, il faut lire 0 minute; c'est-à-dire que c'est le moment où la trachée est fermée. Au bout de 3'30'' environ, les mouvements respiratoires, qui étaient supprimés, réapparaissent. Ils cessent vers la 5e minute (fig. 58). Vers la 7e minute le ralentissement est extrême, interrompu par des respirations agoniques. A partir de la 10e minute, le cœur s'accélère. A la 14e minute, on fait la respiration artificielle; mais elle est inefficace et l'animal meurt.

En prenant comme terme ultime de la vie du cœur le moment où, après ralentissement, il s'accélère, j'ai obtenu les chiffres suivants :

MOYENNE DE ? EXPÉR.	MAXIMA ET MINIMA DE TEMPERATURE	TEMPÉRATURE MOYENNE.	ACCÉLÉRATION DU CŒUR après une durée moyenne de ? minutes.
II	41°2 à 41°0	41°12	3'10"
I	39°2	39°20	3'40"
III	37°3 à 35°8	36°70	7'15"
IV	34°9 à 34°4	34°60	9'30"
VI	33°3 à 32°2	32°70	10'45"
VI	30°3 à 28°8	29°70	12'
I	27°4	27°40	13'45"
II	25°3 à 24°9	25°20	15'30"
II	23°7 à 23°6	23°65	18'

Dans sept expériences, la respiration artificielle a été inefficace, après des asphyxies
de durée variable et de température variable.

Température.	Durée de l'asphyxie.
41°05	3'20"
39°20	4'
32°80	10'30"
32°30	11'
30°00	13'
23°70	20'
23°60	19'

Au contraire la respiration artificielle a été efficace et a ramené la vie après les
périodes suivantes :

41°2	4'	33°4	10'
37°3	9'	32°5	12'
36°9	6'30"	32°2	11'
36°8	5'	30°5	13'
35°8	7'30"	30°0	12'
34°9	8'	29°6	12'
34°5	10'	29°2	11'
34°5	9'30"	28°8	12'
34°4	12'30"	27°4	13'
34°	8'	25°5	16'
33°5	10'30"	24°9	16'

Comme moyen mnémotechnique, on voit que, quand la température baisse de 39°
à 25°, soit de 14°, la durée de l'asphyxie se prolonge de 7' à 16'; soit de 9'; c'est-à-dire
sensiblement pour 3 degrés d'abaissement une prolongation dans l'asphyxie de
2 minutes.

Un autre élément intervient encore dans la prolongation de l'asphyxie; c'est le ralentissement du cœur; mais nous aurons l'occasion d'y revenir à propos des symptômes
mêmes de l'asphyxie.

En définitive, pour les chiens, on peut admettre les moyennes suivantes.
Submergés : 1'30".
A trachée fermée : 4' (sans respiration artificielle).
Retour possible à la vie par respiration artificielle : 7'30".
Refroidis à 25° : 16'.

B. *Chats.* — L'étude de l'asphyxie sur les chats a été très bien faite par Boehm (*Wiederbelebungen nach Vergiftungen und Asphyxie. A. P. P.*, 877, t. viii, pp. 68-101).

Dans ses expériences Boehm compare la mort par asphyxie à la mort par l'empoisonnement avec les sels de potassium, et avec le chloroforme qui arrêtent le cœur. Il constate d'abord ce fait très intéressant et qui paraîtrait extraordinaire et invraisemblable s'il n'était établi par un aussi bon observateur, que, 16' après arrêt complet du cœur par le chloroforme, le cœur peut se remettre à battre. Mais c'est là un résultat exceptionnel; et, en général, au bout de 4 à 5 minutes d'arrêt, le cœur ne peut

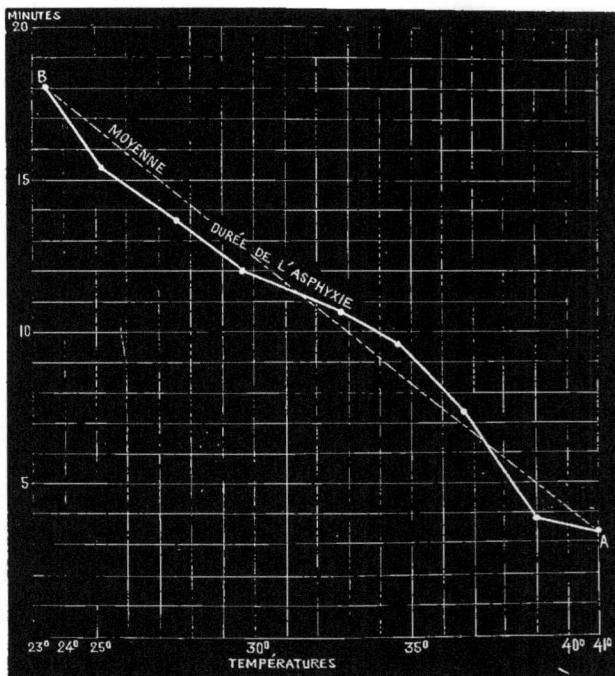

Fig. 60. — Influence de la température sur la mort du cœur dans l'asphyxie.

Graphique résultant de la moyenne de vingt-sept expériences. A l'ordonnée inférieure sont marquées les températures; à l'ordonnée latérale, les temps en minutes. Les temps sont comptés depuis le moment où la trachée est ouverte jusqu'au moment où le cœur s'accélère; accélération qui précède immédiatement la mort.

être rappelé à la vie. Au contraire, quand le cœur s'était arrêté par suite du défaut d'oxygène, c'est-à-dire par asphyxie, il n'a pu rester arrêté (sans mourir définitivement) que pendant un temps très court, de 20 à 30 secondes tout au plus, sauf quelques cas fort rares. La durée de l'asphyxie a été de 4, 5, 6, 7, 8, et même 11 minutes; et, au bout de ce temps même, la mort dans un cas n'a pas été fatale. Cependant en général la mort survenait après une asphyxie de 7 minutes, c'est-à-dire à peu près aussi longtemps, ni plus ni moins, que chez le chien. Peut-être, dans ces grandes variations de durée, la température, qui n'a pas été prise, a-t-elle joué un rôle.

C. *Rongeurs.* — Les expériences faites d'autres animaux sont moins nombreuses. Elles sont dues à Paul Bert, qui, dans ses *Leçons sur la respiration*, nous en donne de bons exemples.

Chez les lapins, après submersion, le dernier mouvement respiratoire a eu lieu, en
moyenne, 3 minutes après le début de l'asphyxie. Chez les cobayes, ç'a été à peu près
aussi le même temps. La commission de Londres a vu, en plongeant un cobaye dans du
mercure, les mouvements cesser après 2 minutes. W. EDWARDS admet pour les cobayes
une durée plus longue, de 3'35''; PAUL BERT, chez les rats d'égout et chez les rats d'eau,
2'17''; en somme, mêmes chiffres. LE COQUIL, après 11 expériences faites sur des rats,
adopte le chiffre de 3' pour la durée de la vie dans la submersion. W. EDWARDS, en mettant une chauve-souris dans l'hydrogène, l'a vue mourir en 4'.

D. *Animaux nouveau-nés.* — Il y a une condition qui modifie énormément la durée de
l'asphyxie, c'est l'âge de l'animal. On sait que les animaux nouveau-nés résistent très
longtemps, et on peut se demander aussi pourquoi le fœtus, qui supporte si bien l'absence d'oxygène, devient sensible à l'asphyxie, dès qu'il a commencé à respirer. Le
problème a été posé par HARVEY, et on nous permettra de reproduire ses paroles, car
on en parle souvent, sans connaître les termes mêmes dont il s'est servi (*De generatione
animalium*, édit. de Leyde, 1737, p. 353) : « Debet interea problema hoc viris doctis pro-
ponere : quomodo nempe embryo post septimum mensem in utero matris perseveret?
quum tamen eo tempore exclusus statim respiret, imo vero sine respiratione ne horulam
quidem superesse possit, in utero autem manens, ut dixi, ultra nonum mensem, absque
respirationis adminiculo vivus et sanus degat? Dicam planius : qui fit ut fœtus, in lucem
editus ac membranis integris opertus, et etiamnum in aqua sua manens, per aliquot
horas, citra suffocationis periculum, superstes sit, idem tamen, secundis exutus, si semel
aerem intra pulmones attraxerit, postea ne momentum quidem temporis absque eo du-
rare possit, sed confestim moriatur? »

Or, ainsi que HALLER l'a bien montré, le problème de HARVEY ne doit pas être
posé dans ces termes. Le fœtus, tant qu'il respire par le placenta, ne peut, au point de
vue de la respiration, être comparé à un adulte ; car les procédés d'oxygénation sont
tout à fait différents. En outre la petite circulation du fœtus se fait tout autrement que
chez l'adulte.

C'est un fait connu de toute antiquité que la mère peut mourir, et que le fœtus reste
vivant encore, quoique la circulation du sang maternel à travers le placenta ait absolument cessé. Si la persistance de la vie du fœtus tenait à l'existence du trou de BOTAL
et du canal artériel, il faudrait admettre que la mort des adultes dans l'asphyxie
est due à un trouble de la circulation pulmonaire ; mais c'est là évidemment une théorie
tout à fait erronée, et la mort par asphyxie est due uniquement à la privation d'oxygène,
comme cela a été prouvé par BICHAT et tous les autres physiologistes.

La seule explication acceptable qu'on puisse donner de la résistance plus grande du
fœtus à l'asphyxie, c'est que les tissus du fœtus, et spécialement le système nerveux, peuvent longtemps résister à la privation d'oxygène. Une belle observation de BUFFON prouve
que, même chez les animaux nouveau-nés qui ont respiré, la résistance à la privation
d'oxygène est encore beaucoup plus grande que chez l'adulte. Ce grand naturaliste, en
plongeant des chiens nouveau-nés dans du lait tiède, les a vus rester plus d'une demi-
heure sans mourir. Expérience fondamentale, répétée par HALLER, par LEGALLOIS, par
W. EDWARDS, par PAUL BERT, et qui a toujours donné le même résultat, de sorte que ce
fait, malgré sa singularité, est un des mieux démontrés de la physiologie.

PAUL BERT, plongeant dans l'eau de jeunes rats d'une même portée, a vu que, suivant l'âge, la résistance à l'asphyxie varie de la manière suivante.

Rat de 12 à 15 heures	. . . . . .	Dernier mouvement à 30'
— 3 jours	. . . .	— — 27'
— 3 —	. . . .	— — 20'
— 6 —	. . . .	— 15'
— 7 —	. . . .	— — 12'
— 10 —	. . . .	— — 11'30''
— 13 —	. . . .	— — 7'20''
— 14 —	. . . .	— — 4'15''
— 20 —	. . . .	— — 1'35''

Ainsi, dit PAUL BERT, un jeune rat périt sous l'eau en même temps qu'un rat adulte, seulement lorsqu'il est âgé de 20 jours, et pourtant depuis longtemps la circulation des jeunes rats est tout à fait la même que celle des adultes.

Dans son ouvrage sur l'influence des agents physiques sur la vie, W. Edwards donne de très nombreux cas de cette extrême résistance des jeunes animaux; les jeunes cobayes de 2 à 3 jours ne meurent asphyxiés qu'au bout de 5' 25", tandis que les cobayes adultes meurent au bout de 3' 35".

Chez les oiseaux, il y a, comme on sait, deux groupes bien distincts : les oiseaux qui naissent avec leurs plumes, capables de se mouvoir et de chercher eux-mêmes leur vie, et les oiseaux qui naissent sans plumes, et les yeux fermés. Par exemple, les gallinacés sortent de la coquille tout à fait vivaces, et déjà presque adultes, si je puis dire, tandis que les tout jeunes passereaux sont encore, au moment de l'éclosion, dans un état à demi embryonnaire. Or les jeunes gallinacés ne présentent pas plus de résistance à l'asphyxie que les adultes, tandis que les jeunes passereaux se comportent, par leur grande résistance, comme les mammifères nouveau-nés.

Une autre expérience vient prouver encore que ce n'est pas par suite de leur appareil fœtal de circulation que les nouveau-nés résistent si longtemps à l'asphyxie. En effet, si l'on enlève le cœur d'un chat ou d'un chien nouveau-né, il est clair qu'alors on ne peut plus invoquer pour expliquer la persistance de la vitalité du système nerveux une cause de mécanique circulatoire, puisque alors toute circulation est complètement supprimée. Cependant, après ablation du cœur chez les nouveau-nés, la vitalité des tissus est prodigieusement longue, non certes par rapport à ce qu'on peut observer chez les animaux à sang froid, mais par rapport à ce qui existe chez les mammifères adultes. Après cessation de la circulation chez l'adulte, il y a arrêt des réflexes presque immédiat, au bout d'une demi-minute tout au plus. Eh bien, chez les chats et les chiens nouveau-nés, comme je m'en suis assuré à maintes reprises avec P. Langlois, on voit encore des réflexes, et notamment des respirations réflexes, 12 et parfois 14 minutes après que le cœur a été enlevé. Comment expliquer cette persistance, sinon en supposant que les tissus nerveux du nouveau-né présentent une résistance bien plus grande que les tissus nerveux de l'adulte à la mort par privation de sang ou d'oxygène?

De fait c'est la seule hypothèse admissible, et nous verrons que, chez les animaux à sang froid, les variations de la température organique ne suffisent pas pour expliquer les différences énormes qu'on constate dans la résistance à l'asphyxie, mais bien qu'il faut reconnaître une autre influence, c'est-à-dire une résistance variable du système nerveux chez les divers animaux.

E. *Oiseaux et animaux plongeurs*. — Chez les oiseaux la durée de l'asphyxie est variable. Les petits oiseaux, dont la respiration est extrêmement active, et le système nerveux très fragile, meurent bien vite. Ainsi les moineaux, les alouettes, d'après Paul Bert, meurent au bout d'une demi-minute. Les pigeons meurent en 1' 15". Ce chiffre me paraît tout à fait exact; car j'ai vu mourir un pigeon, après asphyxie de 1' 30", et un autre survivre après asphyxie de 1' 10". A mesure que l'oiseau est plus gros, et par conséquent produisant, par rapport à son poids, une moins grande quantité d'oxygène, la durée de la vie se prolonge. Ainsi, dans six expériences, Paul Bert a vu que les poules ne meurent qu'après 3' 31".

C'est là d'ailleurs un fait facile à comprendre, et nous avons vu la même loi chez les mammifères, puisque les rats, par exemple, succombent en deux minutes, tandis que les chiens ne succombent qu'en six minutes.

Parmi les oiseaux, il en est qui méritent au point de vue de l'asphyxie une étude toute spéciale; ce sont les oiseaux plongeurs, dont le type est le canard, sur lequel on peut facilement expérimenter.

Or, les canards, placés sous l'eau, résistent admirablement à l'asphyxie. Au bout de 11 minutes (moyenne de 8 expériences de Paul Bert) ils donnent encore quelques signes de vie, et en général, plongés sous l'eau pendant 7 à 8 minutes, ils ne paraissent nullement incommodés, tandis qu'un poulet de même taille succombe en moins de 3 minutes.

Cherchant à étudier la raison de cette différence, Paul Bert a supposé que la vraie cause était une plus grande quantité de sang dans l'organisme du canard, et, pour cela, il a fait une abondante hémorragie à un canard, et il a vu alors ce canard qui avait perdu du sang, ne résister pas plus qu'un poulet. Il a donc supposé que la résistance du canard était due précisément à une plus grande quantité de sang. Mais cette explication ne me paraît pas satisfaisante, et un simple calcul va nous montrer que l'hypothèse de PAUL BERT est inadmissible.

En effet, la quantité de sang contenue dans l'organisme du canard serait, d'après PAUL BERT lui-même, de un seizième du poids du corps. Par conséquent un canard de 1 kilogramme ne peut guère avoir que 65 grammes de sang. Supposons un chiffre plus fort; soit 100 grammes de sang. Ces 100 grammes ne représenteront au plus que 30 centimètres cubes d'oxygène. Or la consommation d'un canard en oxygène est au moins de 400 centimètres cubes par kilogramme et par heure, soit de 7 centimètres cubes par minute. Ainsi, avec ces chiffres manifestement exagérés, il n'y a d'oxygène que pour une durée de 4 minutes au plus. Pourtant nous voyons le canard résister 11 minutes. Donc cette longue résistance ne peut tenir à une quantité de sang plus grande que chez les autres oiseaux.

L'expérience directe vient confirmer l'inexactitude de la théorie de PAUL BERT (CH. RICHET, *Résistance des canards à l'asphyxie.* B. B., 18 mars 1894, pp. 244-245; 789-790). En effet, en faisant subir une grave hémorragie à un canard, je n'ai diminué que dans une bien faible proportion sa résistance à l'asphyxie. Un canard de 880 grammes, à qui j'ouvris les deux veines jugulaires, perdit en quelques minutes 40 grammes de sang, soit près des deux tiers de la quantité totale de son sang. Cette hémorragie l'affaiblit beaucoup; mais, une demi-heure après, il paraissait remis. Alors je le plongeai dans l'eau pendant 4 minutes, et, au bout de ce temps, il ne sembla pas incommodé. Un autre canard, pesant exactement le même poids, subit une hémorragie de 35 grammes de sang. Une heure après il fut submergé pendant 6' 30''; quoique assez incommodé quand on le retira de l'eau, au bout de quelque temps il était parfaitement remis. Comme contrôle, je plongeai sous l'eau, 5 minutes après que le canard hémorragié y était déjà, un gros pigeon presque de même poids, et je les retirai en même temps l'un et l'autre. Mais le pigeon était mort, tandis que le canard se rétablit très vite. Donc cette ingénieuse hypothèse sur l'influence d'une grande quantité de sang n'est pas défendable.

D'ailleurs PAUL BERT n'a fait que très peu d'expériences (une seule!), et il n'est pas aussi affirmatif que les auteurs semblent le dire. En tout cas il est évident que la résistance du canard ne tient pas au sang très abondant, mais bien plutôt à la résistance vitale plus grande de ses tissus, et spécialement de son système nerveux.

Ajoutons une autre condition, probablement très efficace, pour hâter la fin des animaux non plongeurs submergés; c'est que, placés sous l'eau, ils se débattent avec violence, sans doute leur agitation incessante active la dépense de l'oxygène que leur sang tient en réserve. Au contraire le canard reste presque absolument immobile quand on le plonge dans l'eau.

Il ne faut pas non plus oublier qu'il y a tout un système de sacs aériens, osseux et viscéraux, chez les gallinacés, et que la capacité de ces appareils est assez notable. GRÉHANT évalue à 300 centimètres cubes la quantité d'air contenue ainsi dans le corps d'un canard, c'est-à-dire 60 centimètres cubes d'oxygène. En supposant qu'il puisse en utiliser le tiers, ce qui est possible, cela fait encore à peu près assez d'oxygène pour prolonger la vie pendant trois minutes.

Les oies résistent moins bien que les canards, mais mieux que les poulets. Dans une expérience, j'ai trouvé pour l'asphyxie d'une oie 5'40''; chez une autre oie décapitée, les mouvements n'ont cessé qu'au bout de 8'10''. Il est vrai que, dans ce cas, l'animal avait été antérieurement refroidi.

Puisque nous parlons des animaux plongeurs, il faudrait aussi étudier les causes qui permettent à certains mammifères, comme les phoques et les baleines, de résister longtemps au besoin de respirer. Mais, dans ces cas, l'expérimentation n'est pas facile : il faut donc se contenter, d'une part des considérations anatomiques, toujours insuffisantes, d'autre part des données plus ou moins précises recueillies par les voyageurs. BERT a vu qu'un phoque, déjà malade il est vrai, et probablement refroidi, a eu encore des mouvements après 28' d'asphyxie. GRATIOLET, cité par PAUL BERT, dit que les hippopotames peuvent rester 15 minutes sans respirer. J'ai vu, au jardin zoologique d'Amsterdam, un hippopotame rester 8 minutes sous l'eau, et, d'après Scoresby, une baleine peut plonger pendant 30 minutes, fait que m'a confirmé récemment E. Retterer.

On a cherché à expliquer cette résistance par une plus grande quantité de sang — ce qui nous semble une explication insuffisante — ou par la présence d'un sphincter puissant autour de l'orifice de la veine cave inférieure. Mais ce sphincter ne peut guère être qu'une condition adjuvante, pour retarder de très peu de temps la mort du cœur; puisque nous savons que la mort dans l'asphyxie est due, non à un défaut de la circulation pulmonaire, mais à l'absence d'oxygène dans les centres nerveux et dans le cœur.

En réalité, comme l'admettent Gratiolet lui-même, le défenseur de l'ingénieuse théorie du sphincter de la veine cave, et Paul Bert, qui a soutenu l'hypothèse du sang plus abondant, il faut, pour les plongeurs comme pour les nouveau-nés, reconnaître que la principale cause de la résistance prolongée à l'asphyxie, c'est une résistance plus grande des centres nerveux et du cœur à la privation d'oxygène. Le ralentissement du cœur exerce aussi quelque influence. En effet, en donnant à un canard une dose d'a tropine, tout à fait insuffisante pour le tuer, soit $0^{gr},015$, mais suffisante pour paralyser les terminaisons du pneumogastrique, j'ai pu diminuer énormément la résistance à la submersion, qui n'est plus que de 3 ou 4 minutes à peine (B. B., 1894, t. i, pp. 244, 789). Dissard a constaté le même phénomène chez les poissons (B. B., 1894, p. 835).

Résumé. Hiérarchie physiologique. — Il y a entre les différents animaux une *hiérarchie physiologique*, bien différente de la hiérarchie zoologique. Certains êtres sont très sensibles à l'asphyxie, comme le moineau, comme l'homme adulte; d'autres au contraire, comme le nouveau-né ou l'animal plongeur, sont très résistants. C'est le système nerveux qui meurt plus ou moins vite chez les uns et les autres, et cette donnée, au lieu d'être absurde, est au contraire tout à fait nécessaire. Comment admettre que des tissus appartenant à des êtres divers soient exactement semblables? *A priori* ils ne peuvent être identiques, et ce qui est surprenant, c'est plutôt leur étonnante ressemblance et la similitude de toutes leurs réactions vitales que leurs minimes diversifications.

Il est remarquable de voir que, dans la mort par submersion, l'élévation de la température, au lieu d'accélérer la mort, comme on pourrait le supposer *a priori*, tend au contraire à la ralentir, au moins sur les jeunes animaux.

Les expériences de W. Edwards le prouvent nettement.

IX Chats (de 2 jours)	à	0°	ont vécu	4'33" (moyenne)
III —	—	10°	—	10'23" —
II —	—	20°	—	38'45" —
I —	—	26°	—	34'30" —
II —	—	30°	—	29'00" —
IV —	—	42°	—	10'27" —
II Chiens de 5 jours à		0°	—	12'05" —
I —	—	22°5	—	55'30" —
VI Moineaux adultes à		0°	—	0'30" —
VII —	—	20°	—	0'46" —
VI —	—	40°	—	0'39" —

Mais, en réfléchissant à cette influence, on comprend bien que le froid d'un bain à 0° doit provoquer une réaction énergique : le système nerveux commande alors des combustions plus actives. En un mot l'abaissement de la température *extérieure* ne diminue pas la durée de l'asphyxie; au contraire; car il provoque des combustions plus intenses. Ce qui diminue la durée de l'asphyxie, c'est l'abaissement de la température *organique* des animaux eux-mêmes, tandis que celle du milieu ambiant a un effet absolument opposé.

Durée de l'asphyxie chez les animaux à sang froid. — Chez les animaux à sang froid, la diversité est bien plus grande que chez les mammifères et les oiseaux, et cette diversité relève de deux causes essentielles; d'une part la température, d'autre part la résistance propre des tissus.

D'une manière générale, comme les animaux à sang froid vivent à des températures notablement plus basses que les homéothermes, il s'ensuit que leurs combustions sont beaucoup moins actives, et par conséquent que la durée de l'asphyxie est beaucoup plus longue. Une expérience simple, un peu trop simple peut-être, que je fais dans mes cours, établira bien cette distinction.

L'oxygène dissous dans le sang constitue en réalité une réserve de comburant; et on peut comparer l'animal dont la trachée est oblitérée à une flamme qui brûle dans un espace clos. Que l'on prenne une cloche d'air, et qu'on fasse brûler dans cette cloche un gros bec de gaz, pour peu que le débit de gaz soit rapide, en quelques secondes tout l'oxygène de la cloche aura disparu, et la flamme s'éteindra; ce sera, si l'on veut, l'*asphyxie* de la flamme. Mais que l'on fasse brûler dans cette même cloche un petit bec de gaz avec débit très faible, il faudra quelques minutes, au lieu de quelques secondes, pour épuiser la réserve d'oxygène contenue dans la cloche. J'ai l'usage, dans mes cours, de faire cette expérience très simple, presque enfantine, pour bien montrer aux élèves comment un animal à sang chaud et un animal à sang froid se comportent très différemment dans le même milieu.

On peut comparer à la petite flamme du gaz l'animal à sang froid. Comme il brûle peu, il mettra longtemps à s'asphyxier, et il y a une relation étroite entre la quantité des échanges interstitiels et la durée même de l'asphyxie.

En dehors de toute influence thermique, voyons dans quelles conditions survient l'asphyxie des animaux à sang froid.

Je mentionnerai d'abord les faits très extraordinaires et presque invraisemblables de la longue survie de certains animaux enfermés dans du plâtre ou conservés dans les troncs des vieux arbres. Nous avons, RONDEAU et moi, rapporté ces curieuses observations d'autrefois. (*Sur la vie des animaux enfermés dans du plâtre : B. B.*, 1882, t. IV, (7), p. 692). Pour la bibliographie voir ce mémoire et un article critique de A. DE ROCHAS (*Nature*, 1885) (1). Nous y avons ajouté quelques expériences nouvelles. HÉRISSANT avait montré que des crapauds, qui vivent longtemps quand on les a enfermés dans du plâtre laissé simplement à l'air libre, meurent bientôt si on plonge la masse de plâtre dans l'eau, de sorte que c'est probablement à travers le plâtre perméable aux gaz que se fait la diffusion de l'oxygène. W. EDWARDS, répétant cette expérience de diverses manières, l'a pleinement confirmée. En réalité il s'agit dans ce cas d'une sorte de respiration cutanée qui se fait à travers le plâtre et qui supplée à la respiration normale, par les poumons. Mais pour les tortues, l'explication est plus difficile ; car l'épaisse carapace de ces reptiles à peau écailleuse s'oppose presque absolument à la diffusion gazeuse, et cependant des tortues immobilisées dans du plâtre peuvent vivre trois mois ainsi, conservant leur vitalité et leurs réflexes. Cette expérience d'ailleurs ne prouve qu'une chose, mais avec toute évidence, c'est que la consommation de gaz oxygène peut dans certains cas devenir extrêmement faible. Il serait très curieux de reprendre ces faits et de faire alors les dosages des échanges gazeux (Voy. **Respiration**).

Assurément, pour expliquer cette absence d'asphyxie, il faut admettre que les phénomènes chimiques, encore qu'ils continuent sans doute, sont extrêmement ralentis; car, c'est tout au plus, si, au niveau du bec corné de la tortue, il peut y avoir un petit espace libre servant pour ainsi dire de chambre à air.

De nombreuses observations ont été faites sur l'asphyxie des poissons. On sait qu'un poisson ne peut vivre dans de l'eau privée d'air, ou même seulement dans un vase contenant une petite quantité d'eau qui est recouverte d'une couche d'huile de manière à empêcher l'air extérieur de se dissoudre dans l'eau du vase. Or dans ces conditions la durée de l'asphyxie est extrêmement variable, même quand la température ne varie pas, selon les diverses espèces de poissons sur lesquels on expérimente. Il en est qui meurent presque immédiatement quand on les retire de l'eau. Tous les pêcheurs savent que parmi les poissons divers qu'on retire du filet, il en est qui survivent au bout d'une heure, tandis que d'autres périssent dès qu'on les retire de l'eau. Par exemple les sardines et les maquereaux meurent tout de suite, tandis que les anguilles et les squales restent longtemps en vie. Récemment DISSART et NOÉ ont essayé d'établir que les migrateurs, chez qui les phénomènes chimiques sont très intenses, ont une existence fragile, tandis que les poissons sédentaires, qui en général ne sortent guère de l'étroit espace où ils vivent, résistent bien mieux à l'asphyxie, comme s'ils avaient en quelque sorte pris l'habitude de vivre dans un milieu presque confiné (*Résistance des poissons à l'asphyxie dans l'air. B. B.*, 30 déc. 1893, t. v, (9), pp. 1049-1052 et *Résistance des poissons aux substances toxiques. Ibid.*, 10 fév. 1893, t. vi, (9), p. 140].

On a souvent essayé d'expliquer cette différence en supposant que les poissons qu'on retire de l'eau continuent à absorber par leurs branchies de l'oxygène, prenant non plus l'oxygène dissous dans l'eau, mais l'oxygène libre de l'air atmosphérique. Cependant cette explication n'est guère valable, et il n'est pas besoin de supposer que la disposition des branchies est différente; car, même dans l'hydrogène ou dans l'azote, alors que les branchies ne peuvent plus absorber d'oxygène, il y a encore à peu près les mêmes différences de survie. Certes les poissons exposés à l'air continuent à prendre de l'oxygène, et j'ai souvent constaté, entre autres avec P. Rondeau, dans des expériences déjà anciennes, faites au Laboratoire de Physiologie du Havre, que la survie dans l'air pour les poissons était bien plus longue que dans l'hydrogène. D'ailleurs Humboldt et Provençal avaient, au commencement de ce siècle, bien établi ce fait important. Mais, dans le cas actuel, cela importe peu, puisque la diversité dans la durée de l'asphyxie s'observe avec l'hydrogène comme avec l'air. Par conséquent la seule explication rationnelle est d'admettre une variation dans la vitalité des tissus nerveux sous l'influence de la privation d'oxygène.

Il y a donc pour les animaux à sang froid, encore plus que pour les animaux à sang chaud, une hiérarchie physiologique ; les uns sont très fragiles, les autres au contraire très résistants.

Les différences de résistance ne sont même pas en rapport avec l'intensité des échanges interstitiels ; car, à quelques différences insignifiantes près, la consommation d'oxygène semble être à peu près la même chez les uns et les autres.

Il serait très intéressant de dresser une liste des divers animaux à sang froid selon leur degré de résistance et l'activité de leurs échanges. On verrait que les moins résistants de tous sont probablement les poissons migrateurs, tandis qu'il faudrait placer à l'extrémité de l'échelle les vers intestinaux qui vivent dans des milieux presque complètement dépourvus d'oxygène, les gaz intestinaux, où la proportion d'oxygène n'est parfois que de 2 p. 100. Bunge a directement constaté que les vers intestinaux vivent encore dans des milieux absolument dépourvus d'oxygène, au bout de 15 jours. Ce qui est extraordinaire, ce n'est pas tant le fait même de la survie prolongée qui a été observé pour d'autres animaux à sang froid, et qui n'est pas spécial aux vers intestinaux : mais la continuation de la mobilité : car, en même temps qu'ils vivent, les vers intestinaux restent actifs, tandis que les grenouilles ou les tortues, placées dans de l'hydrogène, perdent bientôt la faculté de se mouvoir.

En résumé il est presque impossible actuellement de déterminer par un chiffre unique la durée de l'asphyxie chez les animaux à sang froid ; car elle peut varier depuis cinq minutes jusqu'à quinze jours, chez les espèces différentes, dans les mêmes conditions de température.

Il va sans dire que, lorsque nous parlons de l'asphyxie, il s'agit de l'asphyxie totale, et non d'une demi-asphyxie, comme par exemple lorsqu'on enlève le poumon d'une grenouille, ou lorsqu'on submerge une grenouille dans de l'eau aérée. En effet, dans ces conditions, une grenouille peut vivre fort longtemps ; car l'oxygène de l'eau diffuse à travers la peau, et passe par la circulation. On peut garder en vie pendant plusieurs semaines, d'après W. Edwards, des grenouilles que l'on empêche de venir respirer à la surface. Sans doute les tortues immobilisées dans du plâtre se trouvent aussi soumises à une sorte d'asphyxie, mais assez incomplète pour pouvoir rester en vie durant plusieurs mois.

Marcacci, étudiant l'asphyxie des grenouilles, a contredit sur plusieurs points l'opinion classique. On sait que, pour la plupart des auteurs, si les grenouilles survivent à l'ablation des poumons, c'est parce que la respiration cutanée supplée à la respiration pulmonaire. Mais Marcacci ne pense pas qu'il en soit ainsi, et il attribue une certaine importance aux mouvements de déglutition qui font circuler de l'air dans la cavité buccale, ce qu'il appelle le *vestibule respiratoire*. Si on bâillonne une grenouille de manière à empêcher ses mouvements de déglutition, on la verra s'asphyxier rapidement, malgré la conservation de la respiration cutanée, qui, d'après Marcacci, serait toujours inefficace (*A. B.*, t. xxi, fasc. 1, 1894, p. 1).

W. Edwards (*loc. cit.*, pp. 600-606) a constaté de grandes différences dans la résistance, même chez des espèces très voisines.

Dans un litre d'eau aérée à 20°, un *Cyprinus alburnus* a vécu 1 h. 17', un *Cyprinus gobio* a vécu 2 h. 19'; et deux *Cyprinus auratus* ont vécu [6 h. 10'30'' (moyenne). A 10° un *Cyprinus alburnus* a vécu 4 h. 27'; et un *Cyprinus gobio* a vécu 9 h. 45'.

Il faut aussi faire des réserves sur les submersions prolongées auxquelles on pourrait, paraît-il, soumettre des fourmis et des insectes; car, au moment où on les immerge, ces petits animaux, garnis de poils très fins, entraînent avec eux une certaine quantité d'air, et par là même l'expérience se trouve viciée; mais il suffit d'attirer l'attention sur ce point pour que l'erreur ne soit pas commise.

On comprend d'ailleurs que, puisque il y a des êtres anaérobies, on doit trouver tous les intermédiaires entre les *aérobies*, tels que sont la plupart des êtres, et les *anaérobies*, comme certains microbes. Si générale que soit la fonction respiratoire, elle comporte quelques exceptions, et comme une gradation successive, entre les différentes cellules nerveuses, celle des animaux supérieurs qui meurent dès que l'oxygène leur fait défaut, et celles des vers intestinaux qui supportent la privation d'oxygène pendant des semaines entières.

L'influence de la température sur la durée de l'asphyxie est encore plus importante chez les animaux à sang froid que sur les animaux à sang chaud, et les faits qu'on peut invoquer à ce sujet sont nombreux et importants.

En premier lieu je citerai les belles expériences de W. Edwards.

Des tortues ont vécu, sous l'eau

à 24°	840'
a 0°	8520'

Des lézards gris, mis sous l'eau, ont été asphyxiés :

Température		Durée
a 40°	en	6'
à 30°	—	42'15''
à 20°	—	100'30''
à 10°	—	123'22''
à 0°	—	313'30''

Aubert (*A. Pf.*, t. xxvi, p. 293, 1881) a fait aussi une étude attentive de la question. Voici le tableau qu'il donne de la durée de l'asphyxie d'après la température de l'animal. Il considère l'asphyxie comme achevée lorsqu'il n'y a plus ni mouvements spontanés ni mouvements réflexes (p. 315, tableau vi).

Température.	Temps nécessaire à la cessation des mouvements.	Température.	Temps nécessaire à la cessation des mouvements.
2°	1540'	18°5	138'
6°	1750'	19°6	165'
8°	1383'	19°7	113'
10°5	427'	21°1	101'
11°8	480'	22°5	92'
12°7	355'	22°8	83'
13°8	250'	26°5	45'
13°9	330'	27°	37'
14°5	280'	27°5	40'
15°5	182'	27°5	30'
15°3	175'	28°	15'
17°5	218'	29°	12'
18°2	288'		

Il semble que rien ne soit aussi démonstratif que cette expérience pour prouver à quel point l'asphyxie dépend de la température. Une grenouille, placée à une température de 2°, peut pendant plusieurs jours continuer à faire des mouvements réflexes dans un milieu privé de toute trace d'oxygène, alors que, si la température est de 29°, en 2 minutes elle a perdu toute excitabilité nerveuse.

J'ai pu établir un fait analogue, en étudiant la durée de la persistance des réflexes chez les grenouilles en l'absence de toute circulation, et, pour le prouver, j'ai fait l'ablation du cœur, de manière à obtenir l'arrêt total de la circulation. Au fond, il s'agit du même phénomène que de l'asphyxie, puisque, si les tissus meurent, c'est parce qu'ils ont épuisé leur réserve d'oxygène. Seulement il faut s'attendre à trouver par l'anémie une mort un peu plus rapide que par l'asphyxie. C'est en effet ce qu'on observe, mais en somme les chiffres que j'ai donnés se rapprochent beaucoup de ceux qu'a fournis AUBERT.

	Mort au bout de
12°	180'
12°	180'
17°	80'
19°	81'
25°	42'
27°	27'
27°	12'

Comme, d'autre part, il a été prouvé que les échanges sont d'autant plus actifs que la température est plus élevée, on est amené à regarder comme très vraisemblable que, si l'asphyxie dure si longtemps chez les grenouilles refroidies, c'est qu'elles épuisent très lentement leur réserve d'oxygène, tandis que les grenouilles chauffées l'épuisent très vite. Même lorsque le cœur a été enlevé, il reste encore dans les tissus une certaine quantité d'oxygène qui peut servir à l'entretien de la vie; mais, si cette réserve est vite épuisée, la mort survient promptement (chez les grenouilles échauffées), tandis que la réserve dure longtemps chez les grenouilles refroidies.

Sur les poissons, comme sur les grenouilles, on retrouve aussi l'influence de la température sur la persistance des fonctions. J'ai fait à cet égard plusieurs expériences que je ne rapporte pas ici; car elles ne font que confirmer la loi générale, et n'apportent aucun fait nouveau.

Il serait intéressant de comparer la durée de l'asphyxie chez les animaux à sang froid avec la quantité d'oxygène qu'ils absorbent, quantité très variable selon l'espèce animale; mais les chiffres que les physiologistes ont donnés là-dessus sont assez peu concordants, et d'ailleurs peu nombreux. Nous renvoyons à l'article **Respiration**, où la question sera traitée dans son ensemble.

Symptômes. — Nous n'envisagerons ici que les symptômes de l'asphyxie aiguë, en prenant pour types les animaux dont on lie la trachée, et chez lesquels on peut alors suivre avec une grande précision la marche des phénomènes.

D'après les auteurs classiques, on peut diviser l'asphyxie en trois périodes; mais nous croyons préférable de séparer en quatre groupes les phénomènes, selon qu'ils sont accompagnés de la disparition de telle ou telle fonction organique. Nous aurons alors successivement : 1° la mort de la conscience; 2° la mort des réflexes; 3° la mort des respirations; 4° la mort du cœur.

A. La première période, celle qui se termine par la mort de la conscience, ne peut guère être bien étudiée que chez l'homme. Dès le début, les respirations se ralentissent, et deviennent plus amples et plus profondes, prenant le type dyspnéique ou asphyxique. Si elles étaient fréquentes, elles se ralentissent (par exemple dans le cas de la polypnée thermique qui est énormément ralentie par l'asphyxie); si elles étaient rares, elles deviennent fréquentes, de manière à revêtir un type uniforme, quel qu'ait été le point de départ au moment où l'asphyxie a commencé. Le cœur s'accélère, bat avec plus de force. Une sensation d'angoisse affreuse émeut la conscience; des mouvements involontaires, presque convulsifs, se produisent dans tous les membres. Un vertige passe devant les yeux, la vue se trouble, les oreilles bruissent, et quand ce summum de douleur et d'angoisse est atteint, tout d'un coup la conscience disparaît.

Est-ce bien la conscience, ou seulement la mémoire? C'est là un point à discuter. Il est possible que, sous l'influence de l'asphyxie, il y ait une sorte d'amnésie rétrograde, comme celle qu'on a signalée dans les commotions et les empoisonnements, comme celle qu'on observe dans la chloroformisation. Toujours est-il que, dans la pendaison par exemple, les individus qu'on vient à dépendre racontent que la suffocation n'a pas duré longtemps, et qu'ils ont presque immédiatement perdu connaissance. Quelques noyés rapportent aussi que leur angoisse a été très courte, et l'anéantissement de la conscience presque subit, précédé souvent d'un court moment de délire avec certaines hallucinations, parfois l'évocation soudaine de tous les faits anciens, endormis dans la mémoire du passé.

En tout cas, quelque variables que soit, selon les conditions mêmes de l'asphyxie, la durée de cette période, elle est fort courte, et ne dépasse probablement pas une minute. Même il est possible que cette durée d'une minute soit souvent amoindrie encore, et je croirais volontiers que, dans les asphyxies totales, la perte de connaissance est plus rapide.

On remarquera à quel point ces phénomènes ressemblent à ceux qu'on a si bien étudiés dans l'ivresse et dans la chloroformisation, et l'explication doit sans doute être à peu près la même. De tous les tissus, le plus fragile est assurément le tissu nerveux cérébral, celui qui préside à l'idéation. Qu'il s'agisse d'un poison de la cellule nerveuse comme l'alcool ou le chloroforme ; ou de l'absence d'oxygène, qui peut être considérée comme un vrai empoisonnement ; la marche des symptômes doit se ressembler ; car c'est le tissu le plus délicat qui doit périr le premier. En outre, sa susceptibilité doit s'exercer dans le même sens, c'est-à-dire qu'il doit périr de la même manière, et passer successivement par des périodes d'excitabilité exagérée, puis d'anesthésie et de mort. D'abord l'ivresse, puis la stupeur ; c'est ainsi que meurt toujours la cellule cérébrale.

Y a-t-il encore conscience, alors que la mémoire est abolie ? qui donc oserait le dire ? Mais à vrai dire c'est là une subtilité, et, dès que la mémoire n'est plus là pour fixer les souvenirs des sentiments passés, on peut soutenir que la conscience n'existe plus. Ainsi que je l'ai dit jadis à propos du chloroforme, une douleur qui ne laisse pas de traces dans la mémoire est absolument comme si elle n'existait pas.

La détermination rigoureuse de la durée de la conscience est donc une question de psychologie plus que de physiologie, et on comprend que c'est sur l'homme seul qu'on peut juger de ces phénomènes de conscience abolie ; car l'apparence de l'intelligence persiste, encore qu'elle n'existe plus.

B. Les mouvements réflexes au début de la deuxième période sont encore très accentués, et même presque convulsifs. L'animal asphyxié donne alors tous les signes de la plus violente douleur, quoiqu'il n'y ait vraiment pas de douleur, puisque la conscience est morte. Quant aux mouvements respiratoires, ils commencent à se ralentir ; ils sont même moins forts qu'au début. En enregistrant la force déployée par les muscles inspirateurs à ce moment, P. Langlois et moi, nous avons établi que la force en était notablement amoindrie.

La première période dure une minute, et on peut aussi, au moins comme moyen mnémotechnique, adopter le chiffre moyen d'une minute pour la seconde période.

A la fin de cette période, c'est-à-dire vers la deuxième minute et le commencement de la troisième, l'asphyxie est déjà très avancée : la pupille est dilatée ; il y a émission de matières fécales et d'urine ; car, par l'absence d'oxygène, la moelle est excitée et commande des contractions de tous les muscles lisses ; les intestins se contractent avec force et on voit leurs mouvements péristaltiques se dessiner sous la peau de l'abdomen (chez le lapin notamment). Les respirations sont de plus en plus espacées. Quant au cœur, il est accéléré et bat avec force, ne paraissant modifié que dans le sens d'un surcroît d'énergie.

En assignant une minute à la première période, nous l'avons quelque peu allongée ; mais, en assignant une minute à la seconde période, nous tendons à la raccourcir ; car, le plus souvent, c'est seulement au bout de deux minutes et demie que les réflexes ont complètement disparu.

Alors les respirations et les battements du cœur persistent seuls chez l'animal inerte ; plus de sensibilité ni de mouvements, spontanés ou réflexes ; le sang est complètement noir, et il se produit des congestions viscérales par accumulation et stase veineuse. En effet, tout en n'attribuant pas, comme ont fait les auteurs qui ont précédé Bichat, la mort à l'arrêt de la circulation, il faut bien reconnaître que l'absence de circulation gêne énormément la circulation du sang à travers les poumons et le cœur.

C. La troisième période, qui commence au milieu et souvent au début même de la troisième minute, est caractérisée par la continuation des mouvements respiratoires, alors que les mouvements réflexes ou volontaires ont tout à fait disparu. La respiration est déjà profondément atteinte; ce sont de grandes inspirations qui naturellement sont inefficaces et qui vont en se ralentissant de plus en plus de manière à être espacées de près de dix à quinze secondes. Finalement elles cessent, et il ne reste plus de vivant dans l'organisme que le cœur, plus résistant que tous les autres tissus et continuant à battre, alors qu'il y a mort des centres nerveux et même des centres respiratoires.

Ainsi, dans cette hiérarchie des tissus, nous avons d'abord les centres nerveux intellectuels, puis, en second lieu, les centres nerveux médullaires, qui président aux réflexes, puis les centres nerveux bulbo-respiratours, puis les centres nerveux médullaires et cardiaques qui commandent les mouvements du cœur.

Évidemment, nous ne parlons pas des cellules nerveuses conductrices; car il est bien entendu qu'à aucun moment de l'asphyxie, ni les troncs nerveux, ni les fibres musculaires n'ont eu le temps de mourir. Ces tissus ont admirablement supporté la privation d'oxygène, et il n'y a que les centres nerveux qui soient vraiment atteints.

D. La quatrième période commence en général au milieu de la troisième minute, et elle dure près d'une minute et demie, mais c'est la période la plus variable, comme durée et comme manifestations. On voit des animaux garder deux minutes, et même davantage, des contractions du cœur, sans aucun mouvement respiratoire et, inversement, il est des cas, assez rares d'ailleurs, où le cœur faiblit presque en même temps que la respiration.

Le plus souvent, au début de la quatrième minute, il n'y a plus de respiration et le cœur est très ralenti. Il se ralentit de plus en plus, et cependant sa force ne paraît pas diminuée. La pression reste élevée, et, sur l'animal immobile et inerte, on voit parfois la poitrine complètement soulevée par les battements énergiques des ventricules du cœur. Pendant quelque temps les battements du cœur sont à la fois lents et réguliers; puis ils s'affaiblissent sans se ralentir, et alors tout d'un coup survient un phénomène presque constant; c'est un renforcement du cœur accompagné d'une énorme accélération. C'est là le moment critique, et qui indique qu'on ne peut plus attendre plus longtemps sans faire courir les plus grands risques au muscle cardiaque et aux ganglions nerveux qui déterminent le consensus synergique de ses mouvements.

Cette accélération indique que l'appareil modérateur du cœur est mort; car, ainsi que l'a bien vu DASTRE, si, pendant la phase de ralentissement, on fait la section des nerfs pneumogastriques, on voit aussitôt le cœur s'accélérer; ce qui prouve bien que le ralentissement était dû à l'action du nerf modérateur.

On reconnaît que la vie du cœur va s'éteindre quand on voit s'affaiblir ces mouvements accélérés. Alors il faut, sans perdre un instant, faire la respiration artificielle et presser le thorax pour faciliter encore le passage du sang à travers les poumons, maintenant remplis d'air respirable. Mais, si on laisse l'asphyxie continuer, ne fût-ce que quelques secondes, le cœur s'arrête définitivement. Quelquefois même, dès que l'accélération s'est produite, il est trop tard pour faire vivre le cœur, et la respiration artificielle est inutile. Alors les oreillettes continuent encore à battre; vains battements, car, dès que la phase des frémissements ventriculaires s'est produite, le retour du cœur à la vie est devenu impossible.

Le ralentissement du cœur dans l'asphyxie exerce une influence protectrice remarquable que j'ai essayé de mettre en lumière.

Reportons-nous, en effet, au tableau précédemment donné, où on voit la durée de l'asphyxie être, en chiffres ronds, de 4' à 39°, de 9' à 35°, de 12' à 30°, de 15' à 25°. Quand un chien a ses nerfs vagues intacts, telle est à peu près la durée de l'asphyxie; mais, s'il n'a pas ce ralentissement protecteur, alors l'asphyxie est bien plus rapide, comme l'indiquent les chiffres suivants (p. 751).

Ainsi les *pneumogastriques retardent la mort par l'asphyxie en ralentissant le rythme cardiaque.* C'est un exemple remarquable d'une défense de l'organisme qui réagit contre une fréquente cause de mort; le nerf vague est le protecteur du cœur, et, quand la quantité d'oxygène, comme dans le cas d'asphyxie, est en petite proportion, alors il faut que la consommation en soit réduite au minimum, et c'est pour cela que le cœur bat très lentement. Si le cœur ne ralentit pas ses battements, l'asphyxie survient très vite; elle est presque foudroyante, malgré l'abaissement de la température.

	TEMPÉRATURE.	MORT APRÈS une asphyxie de	DIFFÉRENCE avec la durée de l'asphyxie chez des chiens intacts.
0,04 d'atropine.	26°8	8′	— 6′00″
0,04 d'atropine.	27,6	4	— 8 30
0,02 d'atropine.	28,3	6	— 6 30
Section des pneumogastriques. .	33,7	5	— 5 00
0,035 d'atropine.	37,2	4	— 5 00

Nous arrivons donc à ce résultat, en apparence paradoxal et cependant nettement constaté, que, même lorsque le cœur bat encore, même lorsque la respiration artificielle supplée à l'impuissance de la respiration spontanée, si, pendant une asphyxie de quelques minutes, le cœur ne s'est pas ralenti, il meurt asphyxié.

Cela nous conduit directement à une constatation de grande importance. Il est évident en effet que ce qui détermine la durée moindre de l'asphyxie, ce n'est pas la quantité d'oxygène plus ou moins grande consommée par les contractions cardiaques. Cette quan-

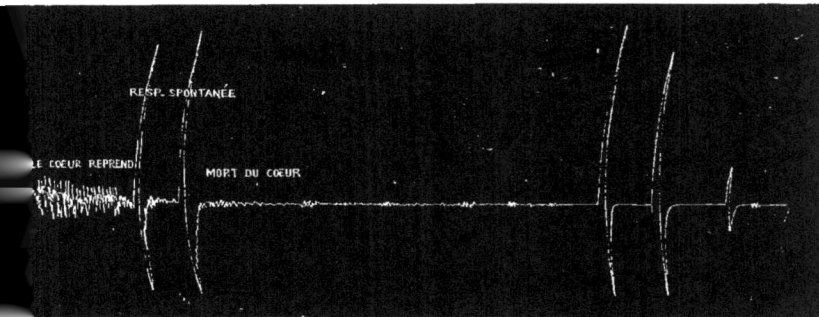

FIG. 61. — Chien atropinisé. L'asphyxie terminée, on a fait la respiration artificielle : le cœur bat encore. L'animal a alors des respirations spontanées : mais malgré cela le cœur meurt. Frémissements fibrillaires auxquels succèdent, à droite de la figure, des respirations spontanées, agoniques.

tité est en somme assez faible pour être à peu près négligeable. Certes, un cœur qui se contracte vite, ou un cœur qui se contracte lentement brûlent des quantités d'oxygène différentes; mais, dans la masse totale du sang, la mesure de cette différence serait difficile; on comprendrait bien que la mort fût, par cette moindre consommation d'oxygène, ralentie de quelques secondes, mais non de quelques minutes, comme c'est le cas. Il y a donc autre chose qu'une consommation d'oxygène dans le sang.

Par conséquent, même en forçant les chiffres, on voit bien que ce n'est pas la consommation plus rapide de l'oxygène du sang qui fait que le non-ralentissement du cœur dans l'asphyxie est une cause d'asphyxie prompte.

Il faut donc de toute nécessité admettre que ce qui fait la mort du cœur dans l'asphyxie, ce n'est pas la *consommation de l'oxygène contenu dans la masse sanguine*.

Mais alors, pourquoi les contractions fréquentes du cœur dans l'asphyxie amènent-elles la mort, que n'amènent pas des contractions lentes? L'hypothèse la plus vraisemblable, c'est que la contraction musculaire détermine dans la trame même de la fibre musculaire (ou des cellules nerveuses ganglionnaires), soit l'usure de certaines substances qui ne peuvent être réparées que par l'oxygène, soit la production de certains poisons qui ne peuvent être détruits que par l'oxygène.

L'impuissance de la théorie de l'hématose simple à expliquer les phénomènes de l'asphyxie concorde bien avec les recherches de GEPPERT et ZUNTZ (*Regulation der Athmung. A. Pf.*, 1888, t. XLII, pp. 189 et 265).

Cette description de l'asphyxie s'applique au chien; elle comporte quelques différences, au moins dans la durée des phénomènes, chez les autres animaux.

D'abord, chez le lapin, elle est sensiblement plus courte, d'après S. FREDERICQ, qui a étudié avec soin les périodes et distingué ce qui est dû à l'absence d'oxygène et à l'excès d'acide carbonique. D'après lui, la durée totale de l'asphyxie jusqu'à l'arrêt des contractions cardiaques est de 4'40" par le fait de la privation d'oxygène (*T. L.*, t. I, p. 221). Il y aurait une première phase de dyspnée, durant 35", puis une seconde phase de convulsions, durant 35", puis une troisième période d'épuisement qu'on peut diviser en deux temps; un premier temps pendant lequel les mouvements respiratoires continuent, temps qui est de 1'30", et un autre de 2', pendant lequel il n'y a plus que des contractions du cœur sans respirations. On voit que les symptômes sont en somme les mêmes que chez le chien, mais qu'ils se passent avec plus de rapidité.

Une autre différence importante, c'est que le cœur du lapin, après qu'il a complètement cessé de battre, peut encore reprendre ses battements. Alors l'animal reste dans un état, qui peut être très prolongé, de mort apparente, avec des contractions cardiaques nulles ou à peu près. Des lapins très refroidis, aux environs de 20°, demeurent pendant une demi-heure, et parfois davantage, sans que le cœur ait le moindre mouvement, tout à fait comme morts, et on est stupéfait, si on les réchauffe et qu'on fait la respiration artificielle, de voir d'abord les battements cardiaques et, plus tard, les respirations spontanées, revenir.

Cette différence entre l'asphyxie du chien et celle du lapin tient à deux causes principales; d'abord on peut refroidir les lapins beaucoup plus que les chiens, jusqu'à 16° et même 15°, tandis que les chiens meurent aux environs d'un abaissement de 23°, malgré la respiration artificielle. Ensuite le cœur du lapin, après qu'il a eu les frémissements fibrillaires ultimes, ne meurt pas définitivement comme le cœur du chien. L'excitation électrique directe, qui tue instantanément le cœur du chien, est impuissante à tuer le cœur du lapin, moins fragile, quant à son consensus synergique, que le cœur du chien.

Tels sont les phénomènes fondamentaux de l'asphyxie aiguë; mais il est d'autres phénomènes secondaires concomitants qui méritent aussi l'attention. D'une manière générale, ils sont dus à l'excitation des centres nerveux médullaires par l'absence d'oxygène.

Pour ce qui concerne l'influence sur les vaso-moteurs et la circulation, nous avons à signaler principalement un travail remarquable de DASTRE et MORAT (*A. P.*, 1884, p. 1). Après avoir constaté que l'asphyxie amène l'accélération du cœur (chez un animal à qui a été faite la section des pneumogastriques) et prouvé que l'asphyxie produit l'excitation des centres accélérateurs du cœur, ces physiologistes ont étudié la circulation périphérique, et ils ont constaté un fait d'un grand intérêt, c'est qu'il y a un antagonisme entre la circulation périphérique et la circulation cutanée. Pendant que les vaisseaux cutanés sont extrêmement dilatés, les vaisseaux de l'intestin sont rétrécis et exsangues.

Tout se passe comme si les centres nerveux vaso-constricteurs et vaso-dilatateurs étaient tous deux excités, le résultat étant dû à l'effet prédominant de l'un ou l'autre appareil antagoniste. Dans ce cas, il faut évidemment admettre une sorte de prévoyance de la nature qui, pour assurer dans ce danger de mort par privation d'oxygène une oxygénation plus active, tend à faire affluer le sang à la périphérie cutanée, où il peut s'artérialiser, au moins chez les animaux inférieurs, en même temps que la constriction des vaisseaux intestinaux et des viscères, comme de la rate par exemple, tend à ralentir le cœur et à épargner à ces organes essentiels l'abord d'un sang noir, impropre à la vie?

S'agit-il là de la mise en jeu de centres distincts, vaso-moteurs de la peau et vaso-moteurs viscéraux, subissant différemment les effets du sang noir ou bien, comme l'a supposé récemment STEFANI, d'une simple différence dans la résistance élastique et musculaire des artérioles de chacun de ces départements vasculaires? (*Mutamenti fisici c mutamenti psicologici del lume dei vasi* (*Atti dell'* xi *Congr. medic. Torino,* 1894, t. ii, p. 86-104). C'est ce que nous ne pouvons discuter ici (Voy. **Vaso-Moteurs**).

Comme Dastre et Morat le font remarquer avec raison, tous ces phénomènes de l'asphyxie sont des phénomènes d'excitation, et tout se passe comme si la moelle était énergiquement stimulée, de manière à exercer sur tous les organes qu'elle innerve un effet excitateur.

Mais, ce qui est surprenant, c'est que la pression reste alors très élevée et que cette pression élevée coïncide avec une énorme dilatation des vaisseaux cutanés. C'est peut-être le seul exemple d'une dilatation vasculaire coïncidant avec une pression artérielle forte.

Par le fait de l'asphyxie, toutes les glandes sécrètent plus abondamment. Les glandes sudoripares (chez le chat par exemple, émettent des gouttes de sueur qu'on voit perler sur les pulpes digitales (Luchsinger). La sueur froide qui couvre la peau des mourants est due sans doute à ce même effet excitateur (Voy. **Agonie**). Bochefontaine a vu la salive sécrétée en grande abondance. Dastre a bien observé le phénomène important de la glycémie asphyxique. Voici comment il résume ce fait, et nous ne saurions mieux faire que de rapporter ses propres paroles. « Entre la teneur des gaz et la teneur du sucre dans le sang il y a un rapport constant, et tel que, lorsque l'oxygène diminue, le sucre augmente, et inversement. Ce résultat s'explique précisément par l'action excitante du sang noir asphyxique sur l'organe hépatique : disons mieux, sur l'appareil nerveux qui régit les fonctions de cet organe. Cette excitation se traduit par une augmentation de l'activité glycogénique du foie ; le sucre s'accumule dans le sang à tel point qu'il excède de beaucoup la proportion centésimale sous laquelle nous le trouvons dans les conditions normales ; il atteint bientôt celle de 3 pour 1 000. à partir de laquelle il s'élimine de l'organisme par la voie de l'excrétion rénale. La question est de savoir si l'activité fonctionnelle du foie est sous la dépendance exclusive de l'appareil nerveux vasomoteur hépatique ou si elle reçoit en plus l'influence excitatrice et directe d'un appareil nerveux spécial en connexion directe avec la cellule hépatique, comparable et équivalant, en un mot, aux nerfs sécréteurs des glandes ordinaires. »

Les muscles de la vie végétative, muscles à fibres lisses, subissent les effets de l'asphyxie aussi bien que les muscles de la vie animale : seulement les effets convulsifs sont plus retardés. Au bout de la deuxième minute il n'y a déjà plus de convulsions générales du tronc et des muscles ; et le relâchement musculaire est absolu. Cependant, à ce moment même, les muscles lisses, ceux des intestins, par exemple, ou des divers canaux excréteurs, sont encore contractiles ; et c'est au moment de la mort du cœur, et seulement à ce moment, que survient la contraction générale de tous ces appareils. Doyon a montré le rôle de l'excitation asphyxique sur la contractilité biliaire ; elle provoque la contraction de tous les appareils excréteurs de la bile, comme l'indiquent les figures très claires qu'il en donne *Étude anaty. des organes moteurs des voies biliaires. Th. doct.,* Lyon, 1893, pp. 100-118 .

Ainsi, pour résumer, on observe une excitation générale : contractions de la vessie qui expulsent l'urine, contractions des intestins qui chassent les matières fécales au dehors ; et aussi dilatation de la pupille qui contraste avec le myosis du début. On sait que, dans la chloroformisation des patients soumis à une opération chirurgicale, cette étude des phénomènes pupillaires a une grande importance. Pendant tout le temps que dure la chloroformisation, la pupille est très resserrée. et comme punctiforme ; mais si, pour une cause ou pour une autre, apparaissent des phénomènes d'asphyxie, alors aussitôt on voit la pupille se dilater énormément.

Cette dilatation est due à l'excitation de la moelle par le sang noir ; le centre ciliospinal étant sans doute plus résistant que le centre protubérantiel, qui préside aux mouvements de contraction de la pupille.

Quant aux mouvements vermiformes de l'intestin, ils indiqueraient la cessation de l'influence nerveuse centrale plutôt qu'une excitation de ces centres. Il est vraisemblable qu'il y a antagonisme entre les centres ganglionnaires des tuniques intestinales et les centres innervateurs qui sont dans l'axe encéphalo-médullaire. Quand la moelle est paralysée par l'asphyxie totale, alors l'inhibition des mouvements intestinaux ne peut plus s'exercer, et les centres ganglionnaires, plus résistants à l'asphyxie que la moelle

elle-même, peuvent, sans être arrêtés dans leur action, déterminer d'énergiques mouvements péristaltiques.

D'ailleurs, pour l'étude plus approfondie de ces phénomènes, nous renvoyons aux
articles **Agonie, Anémie, Iris, Intestin, Vaso-Moteurs.**

Causes de l'asphyxie. — La vraie cause de l'asphyxie et de tous les phénomènes
qui l'accompagnent, c'est l'absence d'oxygène. Sur ce point, il y a à peu près accord
unanime. Mais il faut cependant discuter les autres hypothèses, et voir quelles sont les
conditions précises de la mort par l'absence d'oxygène.

D'abord, ainsi que nous le disions en commençant, la théorie des auteurs qui ont
précédé Bichat doit être abandonnée. Il n'y a pas arrêt de la circulation. Elle est troublée, et assez gravement troublée, puisque le cœur ralentit ses battements ; mais elle
persiste suffisamment pour que l'irrigation sanguine soit assurée.

De fait, il s'agit, comme cause de l'asphyxie, ou de l'absence d'oxygène ou de l'excès
d'acide carbonique, puisque dans la plupart des cas les deux phénomènes vont de pair,
mais des expériences très simples mettent l'acide carbonique hors de cause.

En effet, si l'on fait respirer un animal à sang chaud dans un milieu riche en oxygène, on peut élever jusqu'à une proportion considérable la quantité d'acide carbonique du milieu gazeux sans amener la mort. Et, quand nous parlons de grandes proportions d'acide carbonique, c'est 25 p. 100 et même 35 p. 100 que nous voulons dire.
Un chien ou un lapin peuvent vivre presque indéfiniment quand l'air qu'ils respirent
contient 25 p. 100 d'oxygène et 25 p. 100 d'acide carbonique. Certes, alors la respiration
est modifiée dans son rythme, et je ne sais si la vie pourrait continuer pendant plusieurs jours; mais en tout cas elle continue pendant plusieurs heures, de sorte que par
cette seule expérience on peut affirmer que dans l'asphyxie simple l'acide carbonique
n'est pas la cause déterminante de la mort (N. Gréhant).

Une autre expérience, tout aussi probante, amène la même conclusion. Si l'on fait
respirer un chien dans l'hydrogène pur ou dans l'azote, la mort sera tout aussi rapide
que si on lui oblitère la trachée ; et cependant, quand il respire dans l'hydrogène, il peut
se débarrasser du gaz carbonique du sang aussi bien que s'il respirait dans l'air pur.
Par conséquent, ce qui tue dans l'asphyxie par l'hydrogène, ce ne peut être que l'absence d'oxygène, puisque l'acide carbonique ne peut s'accumuler dans les tissus.

Les analyses du sang faites dans ces conditions ont fourni la preuve de cette absorption d'oxygène.

Voici quelques chiffres indiquant, d'après Strogaxoff (*Oxydationsprocesse im normalem
und Erstickungsblute. A. Pf.*, t. XII, p. 18, 1877), la teneur en oxygène du sang artériel
asphyxique (pour 100 parties) :

1,161	Setschenoff.	0,00	Schmidt
traces	—	2,98	—
traces	—	1,94	—
traces	—	1,51	Afanassief
1,1	Pfluger.	1,44	—
2,4	—	0,10	—
0,81	Schmidt.	0,09	—
0,00	—	0,70	P. Bert.
2,71	—	0,00	—
0,20	—	0,00	—
0,00	—	0,40	—
0,81	—	0,33	—

Ainsi la proportion d'oxygène dans le sang a diminué énormément jusqu'à devenir
dans beaucoup de cas tout à fait nulle.

Quant aux proportions de CO_2 dans le sang artériel, nous trouvons (P. Bert) pour
l'asphyxie lente.

Fin de l'asphyxie	Début de l'asphyxie
20,6	48,0
25,0	50,8
29,0	47,3
23,6	45,0
34,5	29,4
24,0	49,0

Il importe de faire cette constatation, en apparence paradoxale, que le sang artériel asphyxique contient moins de CO_2 que le sang artériel normal. Nous avons donc parfaitement le droit de conclure que l'asphyxie n'est pas due à l'acide carbonique : puisque, par les progrès de l'asphyxie l'acide carbonique ne s'accumule pas dans le sang.

BUCHNER *Die Kohlensäure in der Lymphe des Athmenden und des erstickten Thiere*. R. S. M., 1878, t. XII, p. 45 a constaté un fait assez paradoxal, au sujet de l'accumulation de CO_2 dans le sang et dans la lymphe pendant l'asphyxie. Il a cru voir qu'il s'établissait une sorte d'équilibre, et que, pendant l'asphyxie, le sang se chargeait de CO_2, mais que la lymphe en contenait moins. Voici le résultat d'une de ses expériences.

	CO_2 de la lymphe.	CO_2 du sang.
Respiration normale.	42.36	34.39
Asphyxie	38.69	40.17

En même temps que l'oxygène disparaît du sang, la couleur du sang se modifie. Le sang artériel qui était rutilant, rouge vermeil, devient très vite violacé et noir : ce changement de coloration est dû, comme on le sait, à la réduction de l'oxy-hémoglobine (Voy. **Hémoglobine**).

Mais il se passe aussi sans doute d'autres phénomènes plus complexes, production de substances réductrices, probablement toxiques. Le fait a été établi par STROGANOFF qui a constaté que le sang asphyxique absorbe plus d'oxygène, quand on l'agite avec de l'air, qu'on ne peut en retrouver par l'extraction à l'aide du vide. Par conséquent il se fait des combinaisons chimiques stables, c'est-à-dire des oxydations de certaines substances qui ont pris naissance dans le sang asphyxique.

J'ai fait indirectement la même démonstration, en étudiant les phénomènes post-asphyxiques. Un chien, quand il a été asphyxié, puis ramené à la vie par la respiration artificielle, ne retrouve pas immédiatement l'intégrité de son innervation. Le retour de l'oxygène ne suffit pas pour le rétablir dans le *statu quo ante*. Il ne faut pas moins d'une demi-heure à une heure pour qu'il revienne parfaitement à l'état précédent (frisson thermique, rythme respiratoire, rythme cardiaque, intensité des réflexes, etc.). Nécessairement donc on doit admettre qu'il y a autre chose que le simple déficit d'oxygène ; probablement une intoxication par certaines substances qui se forment, anormalement, quand la tension de l'oxygène dans le sang a diminué (Voy. fig. 63, 64, 65).

OTTOLENGHI vient de constater encore le même fait en étudiant la toxicité du sérum des animaux asphyxiés, beaucoup plus grande que celle du sérum des animaux normaux.

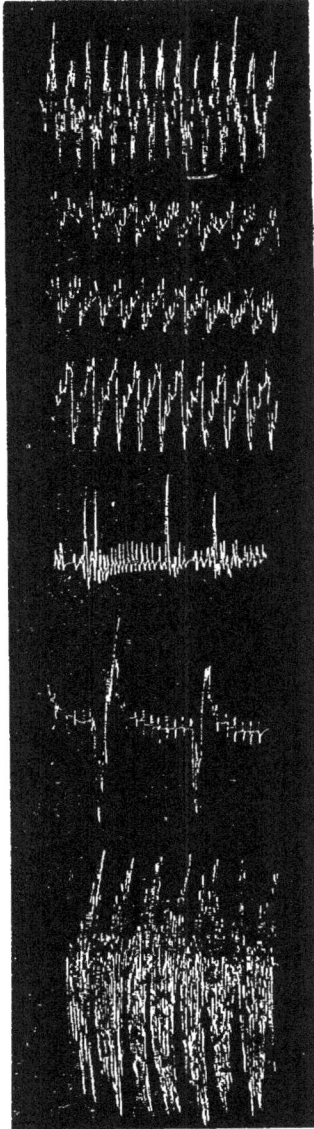

FIG. 62. — Phénomènes post-asphyxiques (se lit de bas en haut). En bas frisson avant l'asphyxie. Ligne 2, asphyxie. L. 3, la tracée est libérée. Respiration ralentie. Six minutes d'intervalle entre chaque trace. Or, 36' après l'asphyxie, le frisson n'est pas encore revenu. — Inscription cardiographique.

Quant aux phénomènes qui se passent dans le sang veineux, ils sont tout à fait de même ordre que ceux du sang artériel, avec cette particularité intéressante que la différence d'oxygène dans les deux sangs reste à peu près constante, jusqu'à ce que la quantité d'oxygène dans le sang veineux soit réduite à son minimum (P. Bert).

Les altérations morphologiques du sang dans l'asphyxie ont été étudiées surtout par les médecins légistes. Ottolenghi a donné une bonne analyse des travaux qui ont été faits sur ce sujet (*Osservazioni sperimentali sul sangue*

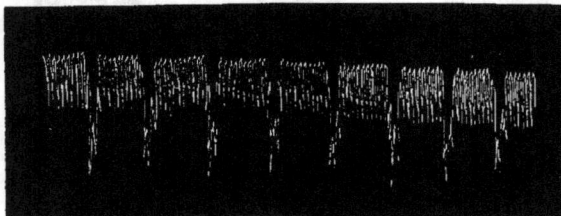

Fig. 63. — Cœur du chien avant l'asphyxie. (T. 30°. Chloralose). Les grandes oscillations sont les respirations de l'animal. — Enregistrement par le cardiographe. Voy. la figure 65 où les mêmes phénomènes sont enregistrés après l'asphyxie.

asfittico. Arch. per le scienze mediche, t. xvii, fasc. 4, p. 343). Il admet que la résistance des globules (à la dissolution par le sel marin) diminue dans l'asphyxie, qu'il y a un ralentissement notable dans le moment de la coagulation (chez le cobaye, 20′ au lieu de 6′); et enfin que le sang asphyxique s'oxyde moins rapidement que le sang normal.

Nous devons donc, en fin de compte, reconnaître que la cause vraie de l'asphyxie, c'est l'absence d'oxygène dans les tissus; mais en y ajoutant comme probable cette hypothèse que, par la vie anaérobie des tissus, il se produit des substances toxiques qui hâtent la mort.

Que l'acide carbonique exerce quelque influence sur la marche des phénomènes, cela paraît être bien douteux : car d'abord la proportion centésimale de CO_2 dans le sang

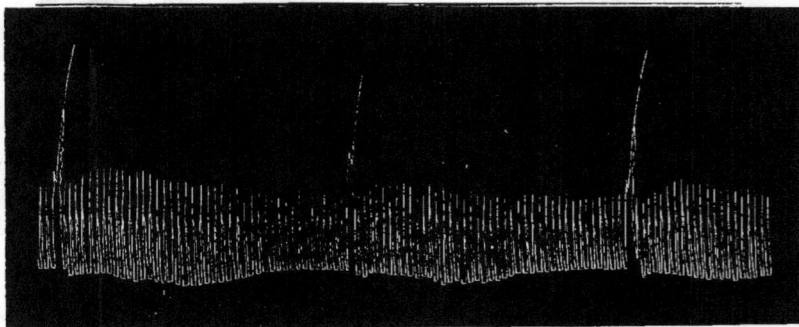

Fig. 64. — Phénomènes post-asphyxiques. Cœur et respiration six minutes après la fin de l'asphyxie. (Compar. avec la fig. 64.) Toutes conditions étant les mêmes que dans la figure précédente.

est moindre qu'à l'état normal dans l'asphyxie; et d'ailleurs l'intoxication par de fortes doses de CO_2 diffère beaucoup des phénomènes produits par l'absence d'oxygène (S. Fredericq, Gréhant). En somme l'acide carbonique, s'il est un poison, est un poison faible, tandis que les autres poisons (inconnus encore) qui se produisent dans l'asphyxie sont probablement beaucoup plus énergiques.

Reconnaissons toutefois que, si l'acide carbonique en excès ne hâte pas la mort, il modifie singulièrement la forme des respirations qui prennent alors un type spécial (W. Rosenthal).

De l'asphyxie lente. — Nous ne pouvons entrer dans tous les détails de l'asphyxie lente; car elle existe à tous les degrés, et relève de la médecine plus que de la physiologie ; par exemple, lorsque, par suite d'une imperforation du trou de Botal (Voy. Cyanose), le sang artériel et le sang veineux se mélangent dans le cœur, une sorte d'asphyxie fait succomber le petit être nouveau-né. De même, quand, par le fait d'une congestion pulmonaire, les poumons sont devenus imperméables à l'air, c'est encore une variété d'asphyxie lente.

On peut en dire autant de la période terminale de la plupart des maladies. Comme l'individu doit finir par succomber à une perversion fonctionnelle quelconque, c'est très souvent par l'asphyxie que se termine la scène; mais, dans l'état de dépression extrême des forces de l'organisme, on ne peut pas dire que la vraie cause de la mort soit l'asphyxie ; c'est seulement le mode de la mort.

L'histoire de l'asphyxie lente est en réalité l'histoire de la respiration dans de l'air confiné; car les variations de la pression barométrique, si elles provoquent des phénomènes essentiellement identiques aux phénomènes asphyxiques, doivent être étudiées par des méthodes trop spéciales pour que nous en abordions ici l'exposé (Voy. Barométrique (Pression); Respiration; Mal des montagnes. Nous nous bornerons donc à l'étude de la respiration dans l'air confiné.

Plusieurs méthodes peuvent être employées; d'abord la plus simple, qui consiste à placer un animal dans une enceinte limitée, où il n'y a pas renouvellement de l'air ; puis la constitution de mélanges gazeux artificiels, où les proportions d'oxygène sont moindres que dans l'air atmosphérique, avec l'analyse des phénomènes physiologiques qu'on voit alors survenir ; enfin on peut faire simplement respirer l'animal dans un long tube où le va-et-vient de l'air n'est pas suffisant pour amener un renouvellement de l'air intrapulmonaire ; mais de fait c'est toujours le même principe, c'est-à-dire le non-renouvellement de l'air.

Les symptômes de cette asphyxie lente sont à vrai dire les mêmes que ceux de l'asphyxie aiguë; mais naturellement ils se passent avec plus de lenteur et se déroulent pendant une demi-heure, ou une heure, ou parfois plus longtemps encore. On y retrouve, comme dans l'asphyxie aiguë, l'angoisse, puis l'accélération respiratoire, puis l'arrêt des respirations volontaires, puis enfin la mort du cœur.

Voici comment P. Bert retrace ce tableau de l'asphyxie lente :

« Lorsqu'un animal est placé sous une cloche, on le voit, après un temps plus ou moins long, donner tous les signes de malaise. Son poil se hérisse; il s'agite dans le vase; si quelque fissure laisse entrer un peu d'air frais, il y applique avidement les narines. Sa respiration s'est accélérée; elle devient haletante. Puis elle se ralentit en même temps que l'animal semble se calmer, ou du moins ne s'agite plus avec la même énergie; plus lente, elle devient plus ample; enfin l'animal tombe au fond de la cloche; il n'a plus que quelques rares mouvements; la gêne respiratoire est devenue maintenant de l'angoisse; il ouvre béantes les narines et la bouche; il fait d'énormes efforts; ses pupilles se dilatent; son intelligence, sa sensibilité sont de moins en moins actives; enfin la mort survient. »

En général, dans l'asphyxie aiguë, il n'y a pas d'hypothermie, ou du moins l'abaissement thermique est faible; parfois même la température augmente, tandis que, dans l'asphyxie lente, le plus souvent on note une diminution de la température organique de quelques degrés. Est-ce à cette cause qu'il faut attribuer l'absence presque complète de convulsions dans l'asphyxie lente par les progrès de l'altération de l'air?

P. Bert, étudiant avec beaucoup de soin les modifications de la composition de cet air confiné au moment même de la mort de l'animal, est arrivé à cette conclusion que la mort coïncide avec une proportion moyenne de 2 p. 100 d'oxygène, et de 17 p. 100 d'acide carbonique, les oiseaux et les mammifères ne présentant à ce point de vue que des différences insignifiantes.

W. Muller, et après lui P. Bert, ont constaté que, si l'enceinte, à air pauvre en oxygène, où respire l'animal, était très vaste, l'oxygène ne pouvait pas être consommé en totalité, tandis que, dans des milieux confinés très limités, la consommation de l'oxygène était presque totale. Le type de cet air confiné est alors évidemment l'air contenu dans les bronches mêmes et la trachée de l'animal dont la trachée a été liée. Alors la proportion d'oxygène descend à 1 p. 100, même encore au-dessous. On comprend sans peine cette différence. En effet, tant que la circulation continue, le sang se charge d'oxygène, et dépouille l'air de tout l'oxygène qu'il contenait. Or, si la circulation et la respiration se continuent pendant quelque temps, alors, malgré l'asphyxie, la petite quantité d'oxygène qui reste peut être consommée en totalité.

Il n'y a alors rien d'étonnant à trouver que, dans un vase très vaste, un petit animal ne peut absorber avant de mourir que la moitié tout au plus de l'oxygène qui y est contenu, tandis que, dans un petit vase, un gros animal, pendant les quelques minutes de circulation et de respiration qui lui restent, peut absorber presque tout l'oxygène qui s'y trouve.

Il est évident que, pour les animaux à sang froid, la mort par l'air confiné survient bien plus tardivement; et qu'il en est de même pour les animaux hibernants. SPALLANZANI avait admis qu'une marmotte peut vivre dans de l'acide carbonique pur quand elle est en hibernation, et SAISSY a cru aussi constater que des hibernants peuvent rester vivants plus d'une heure dans une enceinte dont ils ont absorbé tout l'oxygène. VALENTIN, qui conteste ces affirmations, dit cependant qu'il a vu vivre un hérisson en hibernation quand l'air ne contenait plus que 4 p. 100 d'oxygène avec 11 p. 100 d'acide carbonique. D'ailleurs on conçoit que l'asphyxie aiguë, qui, chez les animaux à sang froid, survient si lentement, même dans des atmosphères privées d'oxygène, doit survenir bien plus lentement encore quand il reste des quantités notables d'oxygène.

Les hygiénistes se sont préoccupés avec raison des proportions minima d'oxygène compatibles avec la vie, et ils sont arrivés à des résultats assez concordants.

D'abord il faut distinguer les altérations de l'air confiné proprement dit et le défaut d'oxygène. Tout le monde sait que l'air où ont vécu et respiré plusieurs personnes exhale une odeur fétide. Il est chargé de vapeur d'eau, et contient des produits volatils, dus en partie à la transpiration cutanée, en partie aux exhalations intestinales, en partie peut-être aux substances (encore hypothétiques) qui seraient exhalées avec la respiration. Mais en tout cas la proportion d'oxygène n'a pas beaucoup varié. Dans les analyses d'air confiné (salles de spectacle, salles d'hôpital, chambrées de caserne) on n'a jamais trouvé une diminution d'oxygène de plus de 1 p. 100, et encore ce chiffre est-il rarement atteint, si bien qu'on pourrait croire que l'air devient irrespirable, quand la proportion d'oxygène diminue de 1 p. 100. Mais ce serait une erreur; car on peut faire vivre presque indéfiniment des animaux dans des atmosphères plus pauvres encore en oxygène, si l'on a soin d'éliminer les produits d'exhalation, tels que la vapeur d'eau, et les substances solubles dans l'eau. Nous avons donc ce paradoxe que l'air confiné est toxique par d'autres causes que le déficit d'oxygène ou l'excès d'acide carbonique.

On sait d'ailleurs que D'ARSONVAL et BROWN-SÉQUARD ont prouvé que l'air confiné contient des substances toxiques volatiles, dues à l'exhalation pulmonaire. La démonstration de ce fait important n'a pas encore été établie d'une manière irréprochable; toutefois, d'après leurs dernières recherches, elle semble bien probable (*La toxicité de l'air expiré dépend d'un poison provenant des poumons et non de l'acide carbonique*, A. P., 1894, t. VI, (5), p. 113). Voy. **Respiration**.

Quoiqu'il soit impossible d'assigner un chiffre précis à la composition gazeuse de l'air asphyxique, nous voyons cependant que, lorsque l'air ne contient plus que 15 ou 16 p. 100 d'oxygène, les animaux commencent à donner quelques signes de malaise. Ils peuvent encore quelque temps vivre dans ces atmosphères pauvres en oxygène; mais, quand il n'y a plus que 12 ou 10 p. 100 d'oxygène, alors l'asphyxie est presque fatale. Encore faut-il tenir compte de bien des conditions accessoires, la brusquerie plus ou moins grande des altérations de l'air, la température extérieure, celle de l'animal, l'intensité de ses contractions musculaires, toutes causes qui augmentent ou diminuent ses besoins en oxygène.

A la vérité on peut faire vivre quelque temps des animaux dans des milieux contenant moins de 10 p. 100 d'oxygène, et nous venons de voir que, si l'on analyse les mélanges gazeux dans lesquels ont succombé des animaux divers, on trouve que la proportion d'oxygène est moindre que 4 p. 100; mais il est certain que la vie ne pouvait continuer, et qu'un animal à sang chaud ne peut vivre que peu de temps quand l'air ne contient que 10 p. 100 d'oxygène.

On rapprochera de ce chiffre de 10 p. 100 le chiffre qui résulte de l'étude des pressions basses; car c'est précisément quand la pression s'est abaissée à 50 p. 100 de la pression normale que l'animal meurt asphyxié. Or une diminution de 50 p. 100 de la pression correspond à une diminution de proportionnalité de l'oxygène de 50 p. 100.

Si donc je devais formuler d'une manière schématique, et trop schématique pour être exacte, les proportions convenables d'oxygène dans l'air, je dirais : *au-dessous de 20 p. 100, malaise; au-dessous de 16 p. 100, asphyxie lente; au-dessous de 6 p. 100, asphyxie rapide.*

On n'a guère étudié les modifications que fait subir à l'organisme le fait de respirer pendant longtemps dans un air pauvre en oxygène. On peut citer cependant les expériences de ALWITSKI (An. in *Jahresber. fur Physiol.* 1883, t. xii, p. 290). Il a placé des chiens dans des enceintes où de l'hydrogène était mêlé à l'air, de manière que la proportion de l'oxygène ne fût plus que de 16, 15, 14 et 5 p, 100. L'acide carbonique produit était éliminé au fur et à mesure de sa production. Quand la quantité d'oxygène était supérieure à 10 p. 100 dans l'air inspiré, les échanges interstitiels n'étaient pas modifiés. Mais, si ces proportions d'oxygène deviennent inférieures à 9, 8, 7 p. 100, alors on voit la respiration devenir très profonde, dyspnéique et laborieuse. Le cœur se ralentit; la température s'abaisse de 8° ou 10°, et l'animal est plongé dans une sorte de demi-coma. Des phénomènes curieux se passent du côté du rein. Après quatre ou cinq heures de respiration dans ce milieu asphyxique, l'animal émet une urine sanguinolente, riche en globules sanguins. Les globules du sang qui circule dans les vaisseaux sont eux aussi profondément altérés. Si l'oxygène est, dans l'air, en proportion plus faible, soit inférieure à 5 p. 100, il y a anurie complète (les canalicules du rein sont remplis de cristaux d'hémoglobine) et l'urée filtre dans le tube digestif. JONES (cité par H. MILNE EDWARDS (*T. P.*, 1857, t. i, p. 529) avait noté que chez les tortues l'asphyxie altère la forme des globules rouges du sang.

Il est à noter que presque toujours, en revenant à l'air libre, ces phénomènes graves s'amendent rapidement, si bien qu'au bout de quelques heures l'animal est revenu à son état primitif.

C'est à une conclusion à peu près identique qu'est arrivé LAULANIÉ (*Marche des altérations de l'air dans l'asphyxie en vase clos. A. P.*, 1894, p. vi, (5), pp. 842-859). Le chimisme respiratoire ne se modifie pas tant que la tension de l'oxygène est égale ou supérieure à 12 p. 100 environ.

Quant à l'acide carbonique, il faut répéter ce que j'ai souvent déjà dit, à savoir que sa toxicité est faible, et que l'on peut presque impunément respirer des mélanges où il y a 4 et 8 p. 100 de ce gaz. La mort par l'asphyxie dans l'air confiné n'est certainement pas due à l'acide carbonique; car, si l'on remplace l'oxygène consommé par du nouvel oxygène, on peut faire vivre longtemps des animaux dans ce milieu riche en oxygène riche et aussi en acide carbonique. Aussi voit-on souvent dans les expériences des physiologistes vivre des animaux qui respirent 20 et même 30 p. 100 d'acide carbonique.

Nous arrivons donc finalement à cette conclusion générale que la mort, dans l'asphyxie lente comme dans l'asphyxie aiguë, est due à l'absence d'oxygène et que l'acide carbonique, dans l'un et dans l'autre cas, ne joue qu'un rôle médiocre, et même à peu près nul, pour provoquer les phénomènes de l'asphyxie.

Un autre procédé pour déterminer l'asphyxie lente consiste à diminuer non la proportion de l'oxygène de l'air, mais la ventilation pulmonaire, par exemple en diminuant le calibre de la trachée par un moyen expérimental quelconque, ou bien en interposant à l'inspiration ou à l'expiration une colonne d'eau ou de mercure assez haute pour faire une résistance mécanique importante.

MAREY a employé le premier moyen; mais il n'a pas poussé jusqu'à l'asphyxie la diminution du calibre trachéal, puisque ses expériences ont été faites sur l'homme, et s'est surtout attaché à l'étude des changements de forme de type respiratoire du ythme (*Méthode graphique*, p. 553).

P. BERT a aussi fait quelques études sur le chien à ce point de vue, mais surtout pour la forme de la respiration (*Leçons sur la respiration*, p. 412).

Quant à l'interposition d'une colonne liquide résistante, il n'y a guère à citer que les expériences que j'ai faites avec P. LANGLOIS. Nous sommes arrivés ainsi à diminuer, dans des proportions qui varient avec la hauteur de la pression, la ventilation des ieux en expérience; et par conséquent nous avons pu tant bien que mal préciser le chiffre minimum de la ventilation compatible avec la vie (*Influence des pressions extérieures sur la ventilation pulmonaire. T. L.*, t. II, p. 340).

La ventilation diminue avec la pression à vaincre, et, si nous supposons la ventilation normale d'un chien égale à 100, elle sera diminuée de 50 p. 100 quand la pression sera de 30 centimètres d'eau. Si la pression atteint 40 centimètres, alors la ventilation diminue de 60 p. 100, et il y a asphyxie imminente; par conséquent on ne peut diminuer la ventilation normale de plus de 60 p. 100 sans qu'il y ait péril d'asphyxie.

Ce chiffre de 60 p. 100 n'est évidemment pas absolu, et, chez les chiens chloralisés ou morphinés, on peut encore, par rapport à la respiration normale, diminuer la ventilation de 70 p. 100, sans que l'asphyxie soit imminente.

Toutes ces expériences d'ailleurs ne nous renseignent pas beaucoup sur les phénomènes physiologiques, chimiques ou nerveux qui se passent dans l'asphyxie lente. Ce serait sans doute une intéressante étude à faire, et toute nouvelle; car il n'existe à ce point de vue que peu de données précises.

Traitement de l'asphyxie. — Rien de plus simple en principe que le traitement de l'asphyxie. Il consiste en ceci qu'il faut faire respirer l'animal asphyxié et introduire de l'air dans les poumons; mais diverses considérations préalables méritent d'être mentionnées.

Nous pouvons d'abord établir en principe que ce qui domine la situation, c'est-à-dire la possibilité de la survie, c'est l'état du cœur. Tant que le cœur bat, la vie est possible. Au contraire, dès que le cœur a cessé de battre, il est malheureusement très probable que tous les efforts pour ranimer l'asphyxié seront inutiles. C'est dans des cas tout à fait exceptionnels qu'on voit les contractions cardiaques reparaître après avoir disparu pendant quelque temps.

Toutefois ce n'est pas une raison pour se décourager; et même, en cas de syncope prolongée, il faut faire comme si la syncope n'existait pas.

Donc, puisqu'on ne peut rien, quoi qu'on en dise, sur le cœur, il faut introduire de l'air dans les poumons par la respiration artificielle. Mais quel est le meilleur procédé de respiration artificielle?

1° *Compression du thorax*. — C'est assurément le moyen le plus simple, et il n'est pas le plus mauvais, tant s'en faut. Il ne nécessite aucune instrumentation, et les personnes les moins expérimentées peuvent l'employer.

Voici comment on peut opérer. On comprime le thorax qui, par son élasticité propre, revient, après avoir été comprimé, à sa position primitive, et on continue cette manœuvre jusqu'à ce que la respiration naturelle soit revenue. Un des avantages importants de cette méthode, c'est que, par la compression du thorax, on n'agit pas seulement sur la respiration; on peut aussi comprimer quelque peu le cœur qui, à cette période d'asphyxie profonde, est notablement asphyxié et se trouve alors gorgé de sang noir. Le ventricule droit est plein de sang asphyxique, et la compression tend à faciliter la déplétion du ventricule droit surchargé de sang toxique. J'ai vu quelquefois, par la compression du thorax, revenir à la vie des chiens asphyxiés que la respiration artificielle n'avait pas pu ranimer.

2° *Élévation des bras*. — C'est le procédé qu'on appelle souvent de SYLVESTER; il n'est pas aussi efficace, semble-t-il, que la compression du thorax; c'est d'ailleurs une méthode simple et qu'on peut combiner à la compression du thorax.

3° *Électrisation des nerfs phréniques*. — Moyen d'une exécution difficile, plus théorique que pratique, et qui me paraît assez mal conçu; car, en somme, il importe peu que l'air entre dans les poumons par la contraction du diaphragme ou par la compression du thorax. Au fond cette méthode de l'électrisation des nerfs phréniques n'est jamais employée, et on a raison.

4° *Procédé de* MARSHALL-HALL. — Ce procédé consiste à mettre l'asphyxié sur la face au lieu de le placer dans le décubitus dorsal et à pratiquer alors la respiration artificielle par compression du thorax. A vrai dire, ce n'est pas un procédé général contre l'asphyxie, mais seulement dans le cas d'asphyxie par submersion; la position du patient facilite ainsi l'écoulement de l'eau qui a pénétré dans la trachée.

5° *Aspiration thoracique*. — C'est encore là un moyen peu employé qui consisterait à faire le vide dans la poitrine au moyen d'une aspiration mécanique (M. PERRIN, article *Asphyxie* du *Dict. encycl.*, p. 611).

6° *Insufflation pulmonaire.* — Elle peut se faire de diverses manières, tantôt par la bouche, tantôt par le larynx, tantôt par la trachée. En réalité, l'insufflation par la bouche ou le pharynx sont assez peu efficaces; car l'épiglotte est là qui oppose un sérieux obstacle à la pénétration de l'air dans la trachée, de sorte qu'en fin de compte c'est l'insufflation trachéale qu'il faudra faire. Certes la trachéotomie est un moyen héroïque, et de cette manière on est absolument sûr de faire bien pénétrer de l'air dans les vésicules pulmonaires; mais d'abord la trachéotomie exige un certain temps et la nécessité d'un secours urgent se compte ici non par minutes, mais par secondes; enfin c'est une opération grave qu'un chirurgien habile est seul en état de faire, et elle laisse après elle une mutilation. Donc, sur l'homme, tout au moins (si dans un laboratoire de physiologie on peut songer à la trachéotomie), le médecin doit renoncer résolument à la trachéotomie, et pour faire la respiration artificielle et l'insufflation pulmonaire, pénétrer dans la trachée par une canule introduite par la bouche. Divers appareils ont été proposés, surtout par des médecins accoucheurs, car il faut remédier activement à l'asphyxie des nouveau-nés qui se présente fréquemment. Mais nous ne pouvons entrer dans le détail technique de ces instruments, très nombreux.

L'insufflation trachéale, à condition, bien entendu qu'elle soit pratiquée avec une certaine modération, ne paraît entraîner aucun accident grave, et c'est bien à tort que LEROY D'ÉTIOLLES, en 1829, dans un mémoire célèbre, l'a considérée comme amenant des déchirures, de l'emphysème, et tout un cortège d'accidents qui me paraissent illusoires.

7° *Tractions rythmées de la langue. Procédé de* V. LABORDE. — Ce moyen combiné avec la respiration artificielle paraît avoir donné d'excellents résultats (*Tractions rythmées de la langue,* 1 vol. in-8, Paris, 1894). Dans le livre que V. LABORDE a publié sur ce sujet, on trouvera un grand nombre d'observations où le rappel à la vie a été obtenu par les tractions rythmées de la langue dans les cas les plus divers, submersion, intoxications, tétanos, éclampsie, fulguration, asphyxie des nouveau-nés, chloroformisation, diphtérie, etc. On peut s'assurer que ce procédé a fait ses preuves et qu'il est préférable à tous les autres, sauf cependant celui de l'insufflation pulmonaire, comme TARNIER et PINARD l'ont bien montré dans une discussion à l'Académie de médecine (1894); d'autant plus qu'il est facile à mettre en usage et qu'il n'est pas besoin d'un médecin pour le pratiquer. MARESCHAL en a indiqué nettement les termes dans une instruction adressée aux pontonniers.

Le principe de ce traitement consiste à faire la respiration artificielle combinée avec les tractions de la langue. Mais, tout en reconnaissant la valeur de ce procédé, je ne pense pas que l'explication physiologique que donne LABORDE soit suffisante. Pour lui, en effet, ce serait par une action réflexe dont le point de départ est dans les nerfs de la langue que seraient réveillées les respirations. Il me paraît difficile d'admettre qu'il peut se produire un réflexe; car, à cette période ultime de l'asphyxie, il n'y a plus aucun signe de vie. Toute activité du système nerveux, spontanée ou réflexe, a disparu par le fait de l'absence d'oxygène. Le bulbe et la moelle sont dans un état de mort apparente. Comment alors se produirait-il des réflexes?

Le cœur bat encore; on ne doit pas l'oublier. Par conséquent, il suffira de faire revenir de l'air dans le poumon pour ranimer la vie du bulbe et de la moelle. Quelle que soit la dépression du système nerveux respiratoire, tant que le cœur bat, il y a espoir; car, dans ce cas, on est à peu près sûr, dès qu'on rend de l'air aux poumons, même si pendant une demi-heure les respirations spontanées ne reviennent pas, qu'elles finiront par revenir tôt ou tard, de sorte que la méthode des tractions rythmées de la langue ne paraît pas du tout agir par un mécanisme réflexe, mais uniquement parce qu'elle est le meilleur procédé de respiration artificielle.

En effet, si nous analysons son mode d'action, nous voyons que c'est en somme une respiration artificielle avec trachée ouverte, c'est-à-dire dans des conditions qui assurent un renouvellement efficace de l'air des poumons. On ne peut en dire autant des procédés de respiration qui laissent l'épiglotte reposer sur la glotte et constituent ainsi un obstacle faible, mais réel, à la respiration. Nous avons démontré, P. LANGLOIS et moi, que, dans l'anesthésie par le chloroforme, par exemple, le moindre obstacle mécanique à l'expiration devenait infranchissable. Donc je tendrais à croire qu'il n'y a

Durée de l'asphyxie aiguë.

EXPÉRIMENTATEURS.	ANIMAUX.	NOMBRE D'EXPÉRIENCES.	DURÉE DE L'ASPHYXIE.	GENRE D'ASPHYXIE.	OBSERVATIONS.
Paul Bert.	Chiens.	IV	4'25"	Submersion.	Dernier mouvement à —.
Comité de Londres.	—	V	3'55"	Occlusion de la trachée.	Dernière respiration à —. Dernier battement de cœur après 7'.
Piot	—	IV	7'	Occlusion de la trachée.	Dernier battement de cœur à —. Retour à la vie par la respiration artificielle.
Comité de Londres.	—	X	1'30"	Submersion.	Retour à la vie impossible par la respiration artificielle ; un retour à la vie après 1'15" de submersion.
—	—	VIII	5'25"	Occlusion de la trachée.	Retour à la vie possible.
Ch. Richet.	—	III	1'30"	Submersion.	Retour à la vie après 1'15" impossible.
—	—	II	16'	Occlusion de la trachée.	Chiens refroidis à 31° et chloralisés. Retour à la vie possible après 15'.
Brouardel et Loye.	—	IV	3'40"	Submersion.	Dernier soupir à —.
W. Edwards. . . .	Chiens (n.-nés).	II	12'5"	—	Eau à 0°.
—	—	I	55'30"	—	Eau à 22°.
Paul Bert.	Chats.	III	2'55"	—	Dernier mouvement à —.
Boehm	—	XII	3'	Occlusion de la trachée.	Dernière respiration spontanée à —. Retour à la vie après 4' pour certains par la respiration artificielle.
W. Edwards. . . .	Chats (n.-nés).	II	38'45"	Submersion.	Eau à 20°.
Paul Bert	Cobayes.	I	2'	—	Dernier mouvement à —.
W. Edwards. . . .	—	III	3'25"	—	
—	Cobayes (n.-nés).	VI	5'25"	—	
Le Coquil	Cobayes.	V	3'	—	Retour à la vie par respiration artificielle après 1'40" de submersion.
Paul Bert.	Lapins.	VI	3'	—	
Comité de Londres.	—	III	3'20"	—	Dernière respiration à —. Dernier mouvement du cœur à 7'.
Le Coquil	Rats.	IX	3'	—	
Paul Bert.	Rats blancs.	II	2'6"	—	Dernier mouvement à —.
—	Rats d'eau.	IV	2'17"	—	Dernier mouvement à —.
—	Phoque.	I	28'	—	Dernier mouvement à —.
—	Chouette effraie.	I	2'01"	—	Dernier mouvement à —.
—	Moineaux.	II	37"	—	Dernier mouvement à —.
—	Alouette.	II	33"	—	Dernier mouvement à —.
—	Roitelet huppé.	I	20"	—	Dernier mouvement à —.
—	Hirondelle.	I	45"	—	Dernier mouvement à —.
—	Étourneau.	I	1'30"	—	Dernier mouvement à —.
Ch. Richet.	Pigeon.	I	45"	—	Ne meurt pas.
—	'	I	1'15"	Ligature de la trachée.	Mort.
Paul Bert.	—	V	1'16"	Submersion.	Dernier mouvement à —.
—	Poule.	VI	3'31"	—	Dernier mouvement à —.
—	Perdrix.	II	2'10"	—	Dernier mouvement à —.
—	Râle d'eau.	I	4'30"	—	Dernier mouvement à —.
—	Goéland brun.	I	4'43"	—	Dernier mouvement à —.
—	Canard sarcelle.	II	7'15"	—	Dernier mouvement à —.
—	Canard.	VIII	11'17"	—	Dernier mouvement à —.
Ch. Richet.	Canard.	VIII	7'30"	—	Aucuns troubles.
—	Canard.	I	4'	—	L'animal est submergé après avoir éprouvé une perte de sang de 40 grammes ; se remet très bien.
Paul Bert.	Dindon.	I	2'30"	—	Dernier mouvement à —.
W. Edwards. . . .	Moineaux adultes.	VII	0'30"	—	Eau à 0°.
—	Moineaux adultes.	VII	0'46"	—	Eau à 20°.

pas de rappel à la vie par un réflexe, puisque tous les réflexes sont abolis. Si la traction de la langue agit, c'est parce qu'elle ouvre largement la trachée et assure le renouvellement de l'air intra-pulmonaire.

Aux procédés de respiration artificielle il faut ajouter des moyens adjuvants qui ont leur importance, mais une importance qu'il ne faudrait pas exagérer; car nous sommes impuissants à agir sur le cœur quand il est arrêté, et, quant à la respiration, une fois que l'air a pénétré dans les poumons, si le cœur vit, on peut être sûr du succès. Cependant il y a des cas, surtout quand il s'agit d'asphyxies toxiques, où, le cœur continuant à battre, la respiration spontanée reparaît pendant quelque temps pour cesser ensuite définitivement. Il faut en effet se rappeler ce que nous avons dit plus haut, c'est que l'état asphyxique crée une intoxication véritable, plus ou moins prolongée, dont les centres nerveux ne se remettent pas immédiatement. Aussi, dans quelques cas exceptionnels, malgré le retour de la circulation et de la respiration, les centres nerveux ne peuvent-ils revenir à leur fonction normale.

On peut supposer ainsi, avec Boehm, que la respiration artificielle est efficace pour combattre certains empoisonnements, par exemple l'intoxication par la potasse; de sorte que la dose toxique n'est pas la même, selon qu'on fait ou non la respiration artificielle, même lorsque la cause de la mort n'est pas l'asphyxie. Dans les maladies infectieuses, même quand la fonction respiratoire n'est pas paralysée complètement, peut-être la respiration artificielle ne serait-elle pas sans influence; comme si une lente asphyxie contribuait à rendre plus graves tous les phénomènes d'intoxication.

Bibliographie. — Articles *Asphyxie, Submersion, Strangulation, Pendaison,* des *Dictionnaires de médecine; Traités de physiologie et de Médecine légale;* art. *Asphyxia* de l'*Index-Catalogue* (t. i, p. 635, 1880). — T. Ackermann. *Unters. ub. den Einfluss der Erstickung auf die Menge des Blutes im Gehirn und in den Lungen* (A. V., 1858, t. xv, pp. 401-464). — C. Artigalas. *Des asphyxies toxiques* (Th. d'agrégat., Paris, 1883). — Beau. *Considér. sur l'asphyxie* (Arch. gén. de méd., 1864, (1), pp. 5-20). — Boehm. *Verschied. Meth. d. künstlich. Athmung bei asphyk.* Neugeb. (Zeitschr. f. Geb. u. Gyn., t. v, p. 36). — J. Ben. *Unters. uber die Giftigkeit der Expirationsluft* (Zeitsch. f. Hyg., t. xiv, p. 64). — Cl. Bernard. *Leçons sur les anesthésiques et l'asphyxie,* 1875. — P. Bert. *Rôle de l'acide carbonique dans l'asphyxie* (B. B., 18 oct. 1884). — P. Bert. *Leçons sur la respiration,* 1870. — *La pression barométrique,* 1880. — Bichat. *Recherches sur la vie et la mort,* Paris, 1803. — P. Black. *A theory of asphixia* (Brit. med. Journ., 1876, (1), p. 316). — Bochefontaine. *Hypersécrétion qui se produit dans certaines glandes au moment de la mort par asphyxie* (B. B., 1875, p. 293). — R. Brown-Séquard. *Rech. exp. et clin. sur quelques questions relatives à l'asphyxie* (Journ. de la phys. de l'homme, 1859, t. ii, pp. 93-103). — L. Camus et E. Gley. *Influence du sang asphyxique et de ses poisons sur la contractilité des vaisseaux lymphatiques* (C. R., 1895, (1), 747). — A. Cavazzani. *Dell'azione dell'asfissia sui vasi cerebrali* (Arch. p. l. sc. med., 1892, t. xvi, pp. 225-240). — Chambrelent et Saint-Hilaire. *Influence de l'asphyxie sur la parturition* (B. B., 1891, t. iii, pp. 783-785). — H. Champneys. *Experim. researches on artific. respir. in stillborn children* (Brit. med. journ., 1887, p. 946). — A. Dastre. *De la glycémie asphyxique* (D. P., 1879). — H. Devaux. *Asphyxie par submersion chez les animaux et les plantes* (B. B., 1891, t. iii, (9), pp. 43-45). — L. Dreyfus-Brisac. *De l'asphyxie non toxique* (Th. d'agrég. Paris, 1883). — J. Erichsen. *Experimental inquiry into the pathology and treatement of asphyxia* (Edimb. med. a. surg. Journ., 1845, t. lxiii, pp. 1-56). — F. Falck. *Ueb. den Tod im Wasser* (A. V., t. xlvii, p. 39). — J. Gad. *Haemorrhagische Dyspnoe* (A. Db., 1886, pp. 543-547). — E. Goodwin. *The connexion of life with respiration, or an experimental inquiry into the effects of submersion, strangulation and several kinds of noxious airs on living animals, with an account of the disease of the nature they produce; its distinction from death itself and the most effectual means of cure.* Londres, 4°, 1788. — Gréhant. *Les poisons de l'air,* 1891. — E. Hofmann. *Mehrstundiges Fortschlagen des Herzens in der Asphyxie und nach dem Tode* (Wien. med. Presse, 1878, t. xix, pp. 322-354). — A. Hogyes. *Verlauf der Athmungsbewegungen während der Erstickung* (A. P. P., 1875, t. v, p. 86). — *Lebenszähigkeit der Säugethier-Foetus* (A. Pf., 1877, t. xv, pp. 325-342). — Jolyet et Sellier. *Hyperglobulie déterminée par une asphyxie artificielle* (Sem. médic., 22 mai 1895, p. 234). — G. Johnson. *Remarks on Burdon-Sanderson's theory of asphyxia* (Lancet, 1889, (2), p. 255). — J. P. Kay. *Physiol. exp. and observations on the cessation of the contractility of the heart and muscles in the asphyxia of warm bloo-

ded animals (*Ed. med. a. surg. Journ.*, 1828, t. XXIX, pp. 37-66). — G.KONOW et TH. STEN-
BECK. *Blutdruck bei Erstickung* (*Skand. Arch. f. Physiol.*, 1889, t. I, p. 403). — M. IDE. *Strom
und Sauerstoffdruck im Blute bei fortschreitender Erstickung* (*A. Db.*, 1893, t. VI, p, 491).
— V. LABORDE. *Traitement de l'asphyxie par les tractions rythmées de la langue*, 1894. — A. LA-
CASSAGNE. *Submersion expérimentale. Rôle de l'estomac comme réservoir d'air chez les plongeurs* (*Arch. d'anthr. crim.*, t. II, 1887). — LAFFONT. *Influence de l'asphyxie sur la dilatation des vaisseaux périphériques* (*B. B.*, 1881, t. III, (7), pp. 159-161). — O. LANGENDORFF.
Erstickung des Herzens (*A. Db.*, 1893, p. 417). — LAULANIÉ. *Troubles nerveux consécutifs à
l'asphyxie poussée jusqu'à la mort apparente et offerts par les animaux rappelés à la vie par
la respiration artificielle. De la part de l'acide carbonique et de l'oxygène dans leur production* (*B. B.*, 1890, t. II, (9), pp. 333-337). — *Innervation cardiaque et variations périodiques des
rythmes du cœur au cours de l'asphyxie chez le chien* (*B. B.*, 8 juill. 1893, p. 722). —
G. LE BON. *Rech. expér. sur le traitement de l'asphyxie* (*Gaz. hebd.*, 1872, t. IX, p. 806). —
J. LEROY D'ETIOLLES. *De l'asphyxie*. Paris, 8°, 1840. — B. LUCHSINGER. *Zur Lehre v. d. Nerven-
centren* (*Influence du sang asphyx. sur les glandes sudorales et salivaires* (*A. Pf.*, 1877, t. XIV,
p. 383). — A. MARCACCI. *L'asfissia negli animali a sangue freddo* (*Lab. di. Fis. d. R. Uni-
versit. di Palermo.* Pisa, 1893, 8°, 37 p.) — MARCHANT. *Asphyxie et insufflation pulmonaire*
(*Arch. gén. de méd.*, 1867, (I), pp. 526-557). — S. MAYER. *Beitrag zur Kenntniss des Athemcentrums* (*Prag. Zeitschr. f. Heilkunde*, t. IV, p. 187). — A. MORIGGIA. *Quelques expér. sur les
têtards et les grenouilles* (*A. B. I.*, 1891, t. XIV, pp. 142-148). — OTTOLENGHI. *Toxicité du
sang asphyxique* (*A. B. I.*, 1893, t. XXI). — QUINQUAUD. *Physiologie patholog. de l'asphyxie* (*B. B.*, 1890, t. II, (9), pp. 383-387). — RACER. *Unters. über die Giftigkeit der Expirationsluft* (*Zeitsch. f. Hyg.*, t. XV, 1893, p. 57). — J. REID. *On the order of succession in which
the vital actions are arrested in asphyxia* (*Ed. med. a. surg. Journ.*, 1841, t. LV, pp. 437-453).
— M. ROSENTHAL. *Form der Kohlensäure und Sauerstoffdyspnoë* (*A. Db.*, 1886, Suppl.,
pp. 248-261). — SETSCHENOFF. *Pneumatologie des Blutes* (*Sitz. d. k. Acad. d. Wiss.*, t. XXXVI,
1859, p. 318). — A. TAMASSIA. *Sulla asfissia da compressione sul torace* (*Riv. ven. di sc. med.*,
1892, t. XVII, pp. 1-24). — TARDIEU. *Étude médico-légale sur la pendaison, la strangulation
et la suffocation*, 1879. — C. TEMPLEMANN. *Two hundred and fifty eight cases of suffocation
of infants* (*Edimb. med. Journ.*, 1892, t. XXXVIII, pp. 322-329). — J. DE TIZOL. *Asphyxie fœtale,
précédée de quelques réflexions sur la respiration du fœtus* (*D. P.*, 1872). — L. TRAUBE. *We-
sen und Ursache der Erstickungserscheinungen am Respirationsapparate*. Berlin, 8°, 1867.
— TSCHIRIEW. *Die Unterschiede der Blut und Lymphgase des ersticken Thieres* (*Arb. a. d. physiol. Anstalt zu Leipzig*, 1874, t. IX, pp. 38-50). — G. VALENTIN. *Erstickung im geschlossenen
Raume nach der Vagustrennung* (*Zeits. f. rat. Med.*, 1862, t. XIV, pp. 164-181). — *Erstickungs-
versuche an Nattern* (*ibid.*, pp. 161-164). — N. ZUNTZ. *Respiration des Säugethier-Fœtus*
(*A. Pf.*, 1877, t. XIV, pp. 605-627). — N. ZUNTZ et P. STRASSMANN. *Zustandekommen der Ath-
mung beim Neugeborenen und die Mittel zur Wiederbelebung Asphyktischer* (*Berl. klin.
Woch.*, 29 avril 1895, n° 17, pp. 361-364).

Voir aussi, dans ce Dictionnaire, les articles **Oxygène, Respiration, Sang**.

CH. R.

ASPIDOSPERMATINE. — Alcaloïde retiré de l'écorce de l'*Aspido-
sperma quebracho*. Voyez **Aspidospermine**.

ASPIDOSPERMINE ($C^{22}H^{30}AZ^2O^2$). — L'aspidospermine est un alca-
loïde retiré pour la première fois par FROUDE de l'écorce de l'*Aspidosperma quebracho* ou
quebracho blanco, arbre de la famille des apocynées.

Outre l'aspidospermine, l'écorce du *quebracho blanco* fournit d'autres principes actifs
qui sont : la québrachine, l'aspidospermatine, l'hypoquébrachine, l'aspidosamine, la
québrachamine ; du québrachol analogue aux alcools ; de l'amidon et du tanin.

C'est le mélange des quatre premiers alcaloïdes qui constitue l'aspidospermine du
commerce, qu'il faut distinguer, au point de vue des propriétés, de l'aspidospermine pure.

Préparation. — Dans un appareil à déplacement, on épuise 1500 grammes d'écorce
finement concassée, par 5 kilogrammes d'eau froide additionnée de 100 grammes
d'acide sulfurique. Par un léger excès d'acétate de plomb, on débarrasse la liqueur obtenue du tanin et des matières colorantes. Après filtration, on fait passer un courant

d'acide sulfhydrique pour enlever le plomb en excès ; on filtre, on ajoute du carbonate de soude jusqu'à réaction alcaline ; on obtient un dépôt caséeux que l'on recueille, que l'on sèche et que l'on épuise par l'alcool. Le résidu est constitué par du carbonate de chaux. On fait bouillir assez longtemps la solution alcoolique avec du noir animal, on filtre, on distille presque tout l'alcool et l'on mélange le résidu à un égal volume d'eau bouillante ; on abandonne à l'évaporation spontanée. Peu à peu il se dépose des cristaux colorés d'alcaloïde. On les essore, et on les dissout dans de l'alcool. On fait de nouveau bouillir avec du noir animal et on traite comme précédemment. C'est après 4 à 5 traitements du même genre que l'on obtient l'alcaloïde cristallisé et décoloré (Dupuy).

Propriétés physiques et chimiques. — L'aspidospermine pure cristallise en petits cristaux prismatiques ou en fines aiguilles. Très soluble dans l'alcool, la benzine, le chloroforme et l'éther, elle est très peu soluble dans l'eau : 1 pour 6000 ; elle est lévogyre, très amère et fond à 205°-206°. Avec les acides sulfurique, chlorhydrique, acétique, citrique, elle donne des sels qui cristallisent difficilement et qui sont plutôt amorphes. Ces sels sont solubles dans l'eau et l'alcool.

Chauffée avec une solution d'acide perchlorique, l'aspidospermine donne une réaction rouge. Si à de l'aspidospermine arrosée d'une goutte de SO^4H^2, on ajoute une parcelle de peroxyde de plomb, on obtient une coloration d'abord brune, puis rouge cerise. Si la base est impure, la couleur est violette.

Propriétés physiologiques. — Bien des auteurs ont étudié les propriétés de l'écorce de quebracho, mais c'est à Ch. Eloy et H. Huchard (A. P., 1886, p. 236) que l'on doit une étude détaillée de l'action des principaux alcaloïdes de cette écorce sur les diverses fonctions de l'organisme. L'aspidospermine pure agit sur la *motilité*, elle provoque, à doses élevées, des convulsions ; à faibles doses, des tremblements ; à doses massives, la paralysie. Un fait à noter, c'est l'enrouement que l'on constate chez les animaux en expérience, par suite, sans doute, de la paralysie des muscles tenseurs des cordes vocales.

Elle n'altère pas la *sensibilité* périphérique, mais on constate, sous son influence, une augmentation de l'excitabilité électrique du nerf phrénique.

La *circulation* est modifiée en ce sens que les battements cardiaques sont ralentis de 156 à 126 par exemple.

La *respiration* est la fonction qui est le plus modifiée par l'aspidospermine. On constate en effet, au bout de 8 à 15 minutes, une augmentation non du nombre des mouvements respiratoires, mais de leur amplitude ; cette augmentation se fait dans la proportion de 1 à 5. Un moment après, le rythme change, la fréquence est accrue dans le rapport de 11 à 12 (lapin) ou de 10 à 11 (chien). Cette augmentation de fréquence se manifeste environ un quart d'heure après l'administration de l'aspidospermine, elle persiste pendant deux à quatre heures et n'est pas transitoire comme l'augmentation de l'amplitude.

Si l'on dépasse la dose physiologique (5 à 10 centigrammes pour le chien) ou si l'élimination de la substance active est nulle ou insuffisante, on constate l'arythmie des mouvements respiratoires et la diminution de leur étendue qui va en s'accentuant jusqu'à la mort.

La méthode graphique permet de constater que la fréquence de la respiration costale est plus modifiée que celle de la respiration abdominale.

La *température* subit un abaissement très marqué. Ainsi, chez le lapin, 1 centigramme de chlorhydrate d'aspidospermine fait baisser la température en 49 minutes, de 39° à 36°5.

Le *sang veineux* est modifié dans sa coloration, chez un animal intoxiqué par l'aspidospermine. Il est, en effet, rouge groseille ou rosé, comme chez les animaux qui succombent après la piqûre du bec du calamus, par arrêt des échanges. Il est facile de constater par la méthode d'Hénocque, que l'hémoglobine n'est pas diminuée, qu'elle n'est pas non plus réduite ; les globules sanguins restent intacts. L'aspidospermine produirait donc l'arrêt des échanges entre le sang et les tissus.

Elle agit aussi sur les *sécrétions* des reins, des glandes intestinales et des glandes salivaires en produisant une hypersécrétion.

Ce que nous venons de dire prouve que cette substance peut devenir toxique, car elle peut amener la mort par asphyxie, par paralysie des muscles respiratoires ou par arrêt des échanges.

Son action semble s'exercer sur le centre respiratoire. Pour GUTMANN, chez les animaux à sang chaud, l'action primitive se fait sentir sur le cœur; les ganglions cardiaques seraient atteints; la température baisse parallèlement, puis surviennent les troubles respiratoires. Pour HARNACK et HOFFMANN l'aspidospermine produirait un abaissement de l'excitabilité du centre respiratoire (*Zeitschr. f. klin. Med.*, 1884, t. VIII, pp. 471-516).

Ce qui précède se rapporte à l'aspidospermine pure. L'action de l'aspidospermine du commerce en diffère un peu, car elle n'est qu'un mélange de quatre alcaloïdes : de l'aspidospermine, de la québrachine, de l'aspidospermatine et de l'hypoquébrachine.

La québrachine ($C^{22}H^{26}Az^2O^2$) cristallise en aiguilles déliées, qui jaunissent à l'air. Soluble dans l'eau, l'alcool, le chloroforme bouillant, elle dévie à droite le plan de polarisation. Le lactate de québrachine est le seul sel soluble. Sa solution additionnée d'un cristal de bichromate de potasse se colore en bleu ou en violet.

L'aspidospermatine ($C^{22}H^{28}Az^2O^2$) est très soluble dans l'alcool, l'éther, le chloroforme; elle forme avec les acides des sels amorphes dont le lactate est assez soluble.

L'hypoquébrachine est analogue à la québrachine; avec les acides elle forme des sels dont le sulfate est le plus soluble.

C'est le mélange de ces substances qui constitue l'aspidospermine du commerce, poudre blanc jaunâtre, riche en matière colorante, se dissolvant dans les liquides acidulés et dont la composition est moins définie. Elle a toutes les propriétés essentielles de l'aspidospermine pure, avec cette différence que l'action sur la circulation et la respiration est moindre et que l'action hypothermique au contraire est plus prononcée, à cause de la québrachine qui est l'alcaloïde le plus antithermique.

L'aspidospermine du commerce est aussi toxique que la pure; elle peut amener la mort, soit par paralysie des muscles de la respiration, soit par arrêt des échanges. Il est donc important de bien connaître les effets physiologiques signalés précédemment pour pouvoir faire une bonne application thérapeutique.

Bibliographie. — G. CESARI (*Arch. med. ital.*, 1882, t. I, pp. 337-366). — E. MARAGLIANO (*C. W.*, 1883, t. XXI, p. 771). — J. MEIER (Kiel, 1891, in-8°, 16 p.). — C. PAUL (*Bull. Soc. de thérap.*, Paris, 1883, (2), t. X, p. 65). — F. PENZOLDT (*Berl. klin. Woch.*, 1880, t. XVII, pp. 129-132 et 565-567). — L. M. PETRONE (*Sperimentale*, 1883, t. LII, pp. 129-142). — A. POEHL (*Pet. med. Woch.*, 1880, t. V, p. 37). — PRIBRAM (*Prog. med. Woch.*, 1879, t. IV, p. 502). — L. M. REUSS (*Journ. de thérap.*, Paris, 1880, t. VII, pp. 890-897). — L. E. STRŒBEL (*Th. doct.*, Montpellier, 1882).

CH. LIVON.

ASSIMILATION.

ASSIMILATION. — Pour la plupart des auteurs qui se sont occupés de cette importante question, il faut entendre par assimilation l'acte intime par lequel les substances absorbées deviennent parties intégrantes des éléments anatomiques, c'est-à-dire deviennent de la substance vivante, *du protoplasme, au sens le plus large de ce mot*.

Pour se faire une idée nette de cette transformation, il faudrait par conséquent avoir des notions exactes sur la composition chimique de cette matière vivante.

Malheureusement, si nous connaissons la nature des éléments hydrocarbonés et des graisses que l'on trouve dans le protoplasme, nous en sommes réduits à des hypothèses quand il s'agit de déterminer la structure du constituant principal, de l'albumine.

La théorie de SCHÜTZENBERGER qui considère l'albumine comme une uréide complexe, une combinaison de l'urée avec des glycoprotéines ne cherche pas à rendre compte des différences entre la matière inerte, morte, et la matière active, vivante. PFLÜGER est le premier qui ait tenté d'interpréter ces différences. Pour lui l'azote serait dans l'albumine morte combiné sous forme d'amide (AzH^2), tandis qu'il se trouverait dans l'albumine vivante sous forme de cyanogène (CAz). — Dans l'assimilation de l'albumine inerte, la molécule de cette dernière formerait avec la molécule de l'albumine vivante une combinaison éthérée avec dégagement d'eau. L'azote devenu libre par la mise en liberté de l'hydrogène se combinerait au carbone pour donner naissance au radical peu stable du cyanogène.

Une différence plus grande entre l'albumine morte et l'albumine vivante consisterait dans la présence en cette dernière de plusieurs groupements aldéhydiques, extrèmement instables par conséquent (PFLÜGER, NENCKI).

Peut-être aussi faut-il attribuer, avec LŒW, une grande importance à la présence dans l'albumine vivante de groupements aldéhydiques et amidés qui hérisseraient en quelque sorte la surface de la molécule

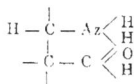

$$H - \overset{|}{C} - Az \overset{H}{\underset{H}{<}}$$
$$- \overset{|}{C} - C \overset{O}{\underset{H}{<}}$$

et qui pourraient, par un simple glissement, se transformer en groupements semblables à celui-ci :

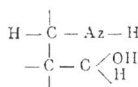

$$H - \overset{|}{C} - Az - H$$
$$- \overset{|}{C} - C \overset{OH}{\underset{H}{<}}$$

Ce court aperçu montre bien que nous en serons encore longtemps réduits à des hypothèses sur la nature intime de l'assimilation. — Mais, même abstraction faite de ces délicates transpositions d'atomes, le gros du phénomène ne nous est encore qu'imparfaitement connu.

A. GAUTIER (*Chimie physiologique*) admet que l'assimilation consiste en une modification des principes immédiats suivant laquelle ceux-ci sont transformés en variétés de même espèce, mais différentes suivant les tissus. Ainsi les hydrates de carbone, les corps amidés, les substances protéiniques, les sels qui se trouvent également dans les plantes et dans les différentes espèces animales subissent par le passage des éléments les uns dans les autres une modification qui semble ne porter que sur les annexes de la molécule ; c'est-à-dire que les transformations ne porteraient pas sur les éléments qui donnent à ces corps leurs caractères fondamentaux. Il en serait par exemple des transformations assimilatrices à peu près ce qui en est des transformations des graisses dans l'organisme : celles-ci peuvent, en effet, voir se changer l'acide qui entre dans leur composition, tandis que le radical glycérique reste le même. Il faut bien noter, dès maintenant, que l'assimilation ne consiste pas dans un choix effectué dans le sang, par les éléments cellulaires, de l'élément qui leur convient. La transformation, quelle qu'elle soit, a lieu dans l'intérieur même de l'élément. C'est celui-ci, ou les produits directs de celui-ci, qui en sont les facteurs.

C'est donc, suivant A. GAUTIER, grâce à l'assimilation que l'albumine végétale, la caséine végétale, la conglutine des amandes, la légumine des pois, la gluten-caséine du blé se transforment en albumine de l'œuf, caséine du lait, fibrine, myosine, osséine, ou que ces dernières se transforment les unes dans les autres,

Mais c'est là ne considérer que les deux termes les plus éloignés l'un de l'autre dans la série des transformations multiples que doit subir l'albumine morte avant de s'élever au rang d'albumine vivante. C'est constater l'absorption d'un corps étranger, sa dissolution, son intégration par la cellule, sans se demander ce qui se passe entre la dissolution et l'intégration et pendant l'intégration elle-même. C'est, par exemple, chez les animaux supérieurs, laisser inexploré l'espace immense qui sépare la peptonisation des albumines de leur transformation en myosinogène.

Aussi l'étude des organismes inférieurs donne-t-elle peu de résultats dans cette question de l'assimilation. Il faut, pour arriver à des conclusions plus nettes, s'adresser à des êtres plus complexes, chez lesquels les modifications sont en quelque sorte plus lentes ou plutôt moins condensées, réparties successivement en un nombre plus ou moins grand d'organes que l'on pourrait appeler différenciateurs.

En supposant un enfant nourri avec une quantité convenable de lait, les albumines du lait serviront bien chez lui à produire une étonnante variété de substances albuminoïdes; mais celles-ci ne sont pas formées directement des albumines du lait, pas plus que de la peptone qui en dérive. Cette peptone, elle-même, est en partie déjà transformée dans la paroi intestinale et plus tard, dans le courant sanguin qui la ramène au foie, en albumine du sang; et c'est aux dépens de cette albumine, ou plutôt de ces matières albuminoïdes du sang que les cellules des différents tissus forment leurs propres matières albuminoïdes.

Ces cellules ne peuvent pas assimiler n'importe quoi. Popoff et Brinк ont démontré, par exemple, que la peptone pure était impuissante à entretenir les battements du cœur de la grenouille, mais qu'elle acquérait cette propriété par un séjour plus ou moins prolongé dans le canal gastro-intestinal.

S'agit-il là, comme ces auteurs ont conclu de ce dernier fait, d'une transformation de la peptone en albumine du sérum ou en un corps très voisin de cette dernière ?

Tout porte à le croire, ainsi que nous aurons l'occasion de le démontrer quand nous nous occuperons spécialement de l'assimilation des substances albuminoïdes.

On peut donc, jusqu'à un certain point, considérer la digestion comme un des premiers faits de l'assimilation. Elle fusionne en quelque sorte toutes les matières albuminoïdes, en fait de l'albumine du sang qui se transforme ensuite par une série de processus encore inconnus en albumines des différents tissus. Dans cette série de modifications, il s'opère une espèce de triage, grâce auquel certaines substances très analogues aux substances albuminoïdes, les gélatines, par exemple, sont rejetées de l'organisme.

Klug (*Ueber die Verdaulichkeit des Leims, A. Pf.*, 1891, t. xlviii, p. 100,) a démontré que ces dernières, introduites dans l'instestin telles quelles, ou sous forme de peptones de gélatines, ou dans la circulation sous forme de peptones, étaient complètement éliminées.

A cet égard, on peut donc, jusqu'à un certain point, parler d'une sélection faite par les cellules des tissus dans les matières nutritives qui leur sont offertes. Le même fait s'observe d'ailleurs, comme nous le verrons plus tard, pour certains sucres que l'organisme rejette impitoyablement, quelle que soit leur voie d'entrée.

Ce serait une erreur de croire, d'après ce court aperçu, que l'assimilation ne consiste qu'en transformations superficielles de molécules. Nous ne pouvons nous résigner, en effet, avec A. Gautier, à considérer la formation de graisse aux dépens des albumines comme un processus tout différent de l'assimilation. A raisonner de la sorte, on ne considérera plus le fait bien démontré de la création de graisse aux dépens d'hydrates de carbone comme de l'assimilation. On pourra nous objecter, il est vrai, que, pour former de la graisse avec de l'albumine, il faut une décomposition de cette dernière et que toute décomposition, tout effondrement d'une molécule suppose une désassimilation commençante de cette dernière. Nous pouvons, croyons-nous, répondre que tout ce qui reste fixé dans l'organisme, prêt à être utilisé au moment du besoin, doit être considéré comme assimilé par lui.

Une dernière question serait à résoudre avant de quitter le terrain des généralités. Par quels processus une cellule est-elle capable de transformer les substances qui lui sont offertes en sa propre substance ? Comment, par exemple, les fibres musculaires peuvent-elles transformer les albumines du sang en myosinogène ?

Faut-il admettre l'existence de corps ayant une action analogue aux ferments? S'il est vrai que Danhardt a retiré des glandes mammaires une substance capable de transformer l'albumine en caséine, on pourrait se rattacher à cette hypothèse; mais l'ignorance où nous sommes encore de l'action intime des ferments et des différences qui séparent les diverses albumines nous impose de grandes réserves.

Assimilation des graisses. — Il semblerait puéril aujourd'hui d'affirmer que la plus grande partie des graisses de l'organisme provient de la graisse alimentaire. Cependant on comprend qu'on en ait pu douter dans un temps où l'on admettait que la graisse insoluble ne pouvait comme telle traverser la paroi intestinale, et où l'on n'était guère disposé à admettre une synthèse, une recomposition des savons et de la glycérine au delà de la paroi. Ce sont les recherches de Hofmann (Z. B., t. viii, p. 153, 1882), de Pettenkofer, et Voit (Z. B., t. ix, p. 1 (1873) et surtout celles de Lebedeff (*Ueber Fettansatz im Thierkörper. C. W.*, 1882, n° 8) et de Munk (*Ueber die Bildung von Fett aus Fettsäuren im Thierkörper. A. Db.*, 1883, p. 273) qui ont nettement établi ce fait. Nous ne rapporterons pour le démontrer que l'histoire des chiens de Lebedeff. Après les avoir dégraissés complètement par un jeûne prolongé, on les nourrissait, soit avec du suif de mouton, soit avec de l'huile de lin. Dans le premier cas on retrouvait à l'autopsie une grande quantité de graisse ayant un point de fusion élevé comme le suif de mouton; dans le second une graisse très fluide à point de fusion très bas. Plus concluantes encore sont les recherches de Munk où les chiens étaient nourris avec de l'huile de colza; à l'autopsie on retrouvait dans la graisse de l'animal l'acide érucique caractéristique de cette huile.

On a déjà démontré à l'article **Absorption** qu'une partie de la graisse se résorbait comme telle sous forme de graisse neutre, une autre partie sous forme de savons qui se recombinaient dans la paroi intestinale à la glycérine pour reformer de la graisse neutre. La quantité de savon ou d'acides gras libres que l'on rencontre dans le canal thoracique est en effet très peu élevée. Mais un fait intéressant démontré par Munk (*loc. cit.*) est que, si l'on administre à un chien des acides gras libres au lieu de graisse neutre, c'est encore de la graisse qui est assimilée. Il y a donc ici encore synthèse de ces acides avec la glycérine au niveau de la muqueuse intestinale. Minkowsky a d'ailleurs pu faire la même observation chez un homme atteint d'ascite chyleuse (*Ueber die Synthese des Fettes aus Fettsäuren im Organismus des Menschen. A. P. P.*, t. xxi, p. 373, 1886). Munk a pu, à l'occasion de ces recherches, établir ce fait intéressant que les graisses sont d'autant moins assimilables que le point de fusion de leur acide est plus élevé. Le suif de mouton, dont les acides fondent entre 49° et 51°, est encore très facilement assimilable (7/8 ne sont pas retrouvés dans les selles); tandis que la lanoline est pour ainsi dire rejetée telle quelle (96 p. 100) avec les selles. Le point de fusion le plus élevé pour des acides résorbables serait donc au-dessous de 53° (*Ist das Lanolin vom Darm resorbirbar? Therapeut. Monatshefte*, mars 1888).

Nous venons de voir que l'administration d'acides gras sans glycérine donnait naissance à des graisses utilisables. Il faut évidemment pour cela que ces acides trouvent au niveau de la muqueuse intestinale la glycérine nécessaire; mais nous ignorons l'origine de ce corps. On pourrait *a priori* supposer que, inversement, l'administration de glycérine peut jusqu'à un certain point suppléer aux graisses que l'on retirerait de l'alimentation. Les recherches de Munk (*Die physiologische Bedeutung und das Verhalten des Glycerins im thierischen Organismus, A. V.*, t. LXXVI, p. 119, 1878) et de Lewin (*Ueber den Einfluss des Glycerins auf den Eiweissumsatz, Z. B.*, t. xv, p. 293, 1879) semblent démontrer qu'il n'en est rien. La graisse administrée à l'animal diminue l'excrétion d'azote ce que ne fait pas la glycérine. Toutefois des recherches plus récentes exécutées par Arnschink (*Ueber den Einfluss des Glycerins auf die Zersetzungen im Thierkörper und uber den Nährwerth desselben, Z. B.*, t. xxiii, p. 413, 1887) tendraient à faire croire que la glycérine peut, jusqu'à un certain point, remplacer la graisse de l'alimentation. Bunge (*Lehrbuch der physiolog. und patholog. Chemie*, 1887, p. 355) arrive aux mêmes conclusions que Arnschink en se basant sur l'équivalent thermique de la glycérine, qui est plus élevé que celui des sucres.

Nous avons vu plus haut que la synthèse des graisses alimentaires, leur assimilation par conséquent, s'opère au niveau de la muqueuse intestinale. Quels sont les éléments de cette dernière qui prennent part à cette combinaison? Il est probable que les cellules épithéliales ne sont pas tout à fait inactives; mais l'afflux considérable de leucocytes, qui se fait dans cette muqueuse au moment de la digestion, sa richesse en tissu adénoïde, rendent très vraisemblable pour Hofmeister la participation quasi-exclusive des globules blancs de cette assimilation. Nous pouvons donc conclure de cet exposé que la *graisse de l'alimentation est résorbée et assimilée.*

Mais une autre question se pose. L'albumine ne peut-elle former de la graisse dans l'organisme animal? Prenant en considération ce qui se passe en anatomie pathologique, la dégénérescence graisseuse des tissus, on pourrait croire qu'il est facile et justifié de répondre affirmativement. Malheureusement les processus qui accompagnent cette dégénérescence graisseuse sont trop lents pour qu'on puisse les soumettre à un examen physiologique approfondi. Ce n'est qu'en étudiant ce qui se passe dans le cas d'empoisonnement subaigu par le phosphore que l'on a pu faire des observations rigoureuses.

Bauer (*Z. B.*, 1874, t. vii, p. 63, et 1878, t. xiv, p. 527), ayant fait jeûner des chiens et ayant mesuré l'élimination d'azote et d'acide carbonique, les empoisonna ensuite par le phosphore. A la suite de l'administration journalière de petites doses il vit augmenter l'excrétion d'azote de plus du double, tandis que sa quantité d'oxygène absorbée et d'acide carbonique exhalée tombait de moitié. Il y avait donc une grande quantité d'albumine détruite dont toute la partie azotée était éliminée, tandis qu'une partie non azotée restait dans l'organisme. A l'autopsie on trouvait une dégénérescence graisseuse de tous les organes. Une expérience tentée en 1883 par LEBEDEFF enlève un peu de valeur cependant à celle de BAUER. LEBEDEFF (*Woraus bildet sich das Fett in Fällen der acuten Fettbildung? A. Pf.*, t. XXXI, p. 11, 1883) fait jeûner un chien jusqu'à lui faire perdre toute sa graisse, puis le nourrit avec de l'albumine, des substances hydrocarbonées et de l'huile de lin. Quand il est suffisamment rengraissé, le chien est empoisonné par le phosphore. A l'autopsie, on constate également de la dégénérescence graisseuse des organes; mais la graisse qu'ils renferment se rapproche beaucoup de l'huile de lin (23 p. 100 d'acides solides, 67 p. 100 d'acides liquides contenant 1/5 d'acide oléique et 4/5 d'acide linoléique). Ces résultats n'ont malheureusement pas beaucoup de valeur contre les bilans nutritifs soigneusement établis de BAUER.

Une autre observation qui semble venir à l'appui de la transformation de l'albumine en graisse est celle que HOFMANN a faite chez les mouches à viande (*Z. B.*, t. VIII, p. 159, 1872). Les larves de ces mouches sont séparées en deux portions : l'une sert à doser la graisse des larves, l'autre est placée sur du sang dont on a soigneusement évalué la teneur en graisse. Or, quand les larves ont suffisamment grandi, elles contiennent plus de graisse que le sang, y compris la graisse et même le sucre du sang n'aurait pu leur en fournir. PFLÜGER (*Ueber die Entstehung von Fett aus Eiweiss im Körper der Thiere, A. Pf.*, p. 229, 1891) prétend expliquer la chose, en admettant que les bactéries ont elles-mêmes créé de la graisse dans le sang aux dépens de l'albumine.

Enfin, il nous reste à signaler les expériences de PETTENKOFER et VOIT (*Z. B.*, t. VI, p. 377, 1870 et t. VII, p. 433, 1871). Un chien est nourri exclusivement avec de la viande de muscles et l'on mesure tous ses ingesta et ses excreta. Tout l'azote de l'alimentation est retrouvé dans les urines et les excréments. Il n'y a donc pas d'albumine assimilée. Mais une bonne partie du carbone de cette albumine n'a pas reparu dans l'air expiré sous forme de CO^2. L'augmentation de poids de l'animal, considérée comme graisse, correspondait exactement à la quantité de carbone fixé dans les tissus.

Nous devons ajouter cependant que PFLÜGER conteste l'exactitude des calculs de VOIT et PETTENKOFER.

Il est en somme assez difficile de décider, avec les données actuelles, si l'organisme fabrique de la graisse aux dépens de l'albumine ; mais, comme le fait remarquer BUNGE (*loc. cit.*), cela est très probable, si l'on considère que le glycogène de l'organisme peut provenir de l'albumine, et que la graisse elle-même, comme nous allons le voir, peut provenir des hydrates de carbone.

Dans le même ordre d'idées, PFLÜGER (*Ueber die synthetischen Processe und der Bildungsart des Glycogens im thierischen Organismus. A. Pf.*, t. XLII, p. 144, 1888) dit que la formation de graisse aux dépens de l'albumine ne dépend pas d'une simple décomposition de la molécule, mais a son origine dans une synthèse de produits de décomposition moins riches en carbone.

Quant à la formation de graisse aux dépens des hydrocarbones, c'est un fait qui résulte surtout des expériences d'engraissement sur les animaux. L'exemple le plus démonstratif à côté de ceux de KÜHNE (1868), de WEISKE et WILDT (1874), de SCHULZE (1882), de SOXHLET (1881), de CHANIEWSKY (1884), est peut-être celui qu'ont signalé MEISSEL et STROHMER (*Sitzungsber. der K. Akad. d. Wissensch in Wien*, t. LXXXVIII, (3), p. 205, 1883).

Un porc de 140 kilogrammes est nourri pendant 7 jours avec du riz (peu de graisse et d'albumine, beaucoup d'hydrates de carbone). Le riz avait été analysé. On recueillait l'urine et les fèces. Le 3e et le 6e jour, l'animal fut placé dans l'appareil à respiration de PETTENKOFER pour mesurer l'élimination de CO^2. On constata que du carbone absorbé tous les jours, 289 grammes restaient dans l'organisme. Pour l'azote il en restait 6 grammes, correspondant à 38 grammes d'albumine, contenant 28 grammes de carbone. 269 grammes de carbone devraient donc être restés dans l'organisme sous forme de graisse, car on ne peut admettre une rétention journalière de glycogène correspondant à une telle quantité de carbone. D'où provenait cette graisse? L'animal avait digéré 5^{gr},3 de graisse et 104 grammes d'albumine par jour; de cette dernière 38 grammes avaient été assimilés comme telle. Le restant, 66 grammes et 5^{gr},3 de graisse, ne pouvaient pas avoir fourni 269 grammes de charbon pour fabriquer de la graisse. Celle-ci devait donc provenir des hydrates de carbone.

Munk (*Die Fettbildung aus Kohlehydraten beim Hunde. A. V.*, t. ci, p. 91, 1885) et Rubner (*Ueber die Fettbildung aus Kohlehydraten im Körper des Fleischfressers. Z. B.*, t. xxii, p. 272, 1886) ont d'ailleurs démontré que la formation des graisses aux dépens des hydrates de carbone s'opérait aussi bien chez les carnivores (chien) que chez les omnivores.

M. Hanriot, plus récemment (*Sur l'assimilation des hydrates de carbone, C. R.*, t. cxiv, p. 371, 1892) a fourni une démonstration plus élégante et plus scientifique de cette transformation; quand on donne à un individu à jeun des hydrates de carbone dans une grande quantité d'eau, le quotient respiratoire dépasse régulièrement l'unité. C'est donc, pense Hanriot, que les hydrates de carbone fournissent à côté de CO^2 une substance moins riche en oxygène que CO^2. S'agit-il d'un processus tel que la fermentation butyrique, qui se passerait dans l'intestin? Il ne le croit pas, se basant sur les résultats négatifs que lui a donnés l'antisepsie intestinale par le naphtol. Le processus se passe donc, non dans l'intestin, mais dans l'organisme lui-même. Hanriot a pensé que la glycose pouvait former de la graisse d'après l'équation :

$$13 \, C^{61}H^2O^6 = C^{55}H^{104}O^6 + 23 \, CO^2 + 26 \, H^2O.$$

Il a choisi la formule de l'oléostéaropalmitine comme graisse de composition moyenne. D'après cette équation 100 grammes de glycose donneraient, en se transformant en graisse, 21 litres de CO^2. Or, en évaluant le quotient respiratoire d'un individu à jeun, et en lui donnant ensuite une certaine quantité de glycose dans beaucoup d'eau, en évaluant ensuite l'absorption d'oxygène et l'excrétion de CO^2 jusqu'au moment où le quotient respiratoire reprend sa valeur primitive, l'acide carbonique trouvé en trop correspond à l'acide carbonique produit d'après l'équation indiquée.

A. Gautier avait d'ailleurs (*Chimie biologique*) signalé une équation analogue et démontré qu'il se passe, dans l'organisme des animaux supérieurs, des processus de fermentation qui n'ont rien à voir avec l'oxydation.

C'est ici le moment de faire remarquer avec Pflüger (*loco citato*) que les mêmes féculents administrés à différents animaux produisent des graisses différentes chez les uns et chez les autres. De quoi cette variété dépend-elle? Il ne s'agit pas évidemment de processus différents s'exécutant au niveau de l'intestin, attendu que les féculents sont absorbés à ce niveau sous la forme d'hydrocarbonés et non sous celle de graisse. Il nous faut bien admettre dès lors que l'organisme, en fabriquant de la graisse aux dépens des hydrates de carbone de ses tissus, l'élabore d'une façon spéciale suivant les espèces; tandis que, lorsqu'il s'assimile la graisse qu'il trouve dans sa nourriture, il ne peut modifier la forme sous laquelle elle lui a été fournie.

Assimilation des substances hydrocarbonées. — Nous n'avons à nous occuper ici que de la question de savoir quelles sont les substances hydrocarbonées qui sont assimilées et sous quelle forme elles sont assimilées. Leur sort ultérieur dans l'organisme sera mieux étudié à l'article Glycogène.

L'absorption des sucres par la muqueuse intestinale en amène une quantité plus ou moins considérable dans le territoire de la veine porte au moment de la digestion. Il est probable que, dans les conditions ordinaires, la majeure partie de ce sucre est constituée par la dextrose. La maltose, produit de l'action du suc pancréatique sur la fécule, serait en effet transformée par la muqueuse intestinale en dextrose (Philips, 1884; Shore et Telb (*J. P.*, t. xiii, p. 19, 1892).

Il ne semble plus douteux aujourd'hui que l'accumulation de glycogène dans le foie après un repas riche en féculents soit due à la combinaison de plusieurs molécules de ce sucre avec dégagement d'eau (théorie de la déshydratation.) Une autre théorie (théorie de l'épargne) qui considère l'albumine comme source principale du glycogène et qui ne regarde les sucres que comme des corps pouvant empêcher la destruction de l'albumine et favoriser ainsi la formation de glycogène aux dépens de cette dernière, est certainement applicable dans les cas où la nourriture est pauvre en hydrates de carbone. Mais, dans le cas contraire, il faut bien admettre la théorie de la déshydratation. Ce sont surtout les belles recherches faites dans ces dernières années par l'école de Munich qui ont contribué à établir ce fait. Nous ne signalerons que celles faites par ERW. VOIT (*Die Glykogenbildung aus Kohlehydraten; Z. B.* 25, 543, 1888). Une oie, que l'on avait débarrassée de son glycogène par un jeûne de 4 jours et demi, reçut en 5 jours 766^{gr},2 de riz. Après ce temps la quantité totale de glycogène était de 44^{gr},17. Or le bilan nutritif établissait qu'il ne pouvait y avoir que 5^{gr},5 de carbone assimilés aux dépens de l'albumine alimentaire; si l'on suppose que cette quantité est entièrement transformée en glycogène, elle ne représente quand même que 12^{gr},60 de cette substance. Il y a donc 31^{gr},57 qui doivent fatalement provenir des hydrates de carbone de la nourriture.

Mais tous les sucres peuvent-ils s'assimiler sous forme de glycogène? Des expériences de CARL VOIT et de ses élèves (*Ueber die Glykogenbilung nach Aufnahme verschiedener Zuckerarten. Z. B.,* t. XXVIII, p. 245, 1892) semblent démontrer qu'il n'en est rien.

La dextrose est de beaucoup la mieux utilisée. Puis viennent le sucre de canne, la lévulose, la maltose, et enfin la galactose et le sucre de lait, ces deux derniers fournissant très peu de glycogène. Des recherches plus récentes, communiquées par CREMER au Congrès de physiologie de 1892, ont prouvé que l'isomaltose augmente également la quantité de glycogène, tandis que la dextromannose se comportait à peu près comme la galactose et reparaîtrait pour ainsi dire complètement dans les urines. Peut-être pourrait-elle contribuer à augmenter le glycogène du foie en épargnant les matières albuminoïdes.

Enfin, il était intéressant de voir comment différents sucres se comportaient injectés dans le tissu sous-cutané au point de vue de la formation du glycogène. CARL VOIT (*loc. cit.*) a constaté que, dans ces conditions, il se formait beaucoup moins de glycogène, ce que les recherches de LÉPINE sur le pouvoir glycolytique du sang pourraient peut-être expliquer. Néanmoins ce sont encore le sucre de raisin et la lévulose qui donnent le meilleur rendement en glycogène; chose remarquable, ni le sucre de canne, ni le sucre de lait ne fournissent de glycogène; ils ne sont donc intervertis, c'est-à-dire rendus assimilables, que quand on les administre par la voie gastro-intestinale.

Un autre procédé pour se rendre compte de l'assimilation ou plutôt de l'utilisation des substances hydrocarbonées consiste à rechercher le passage de sucre dans l'urine. Il serait à désirer cependant qu'en même temps on établît le bilan nutritif de l'animal pour voir ce que ces substances sont devenues. HOFMEISTER, dans cet ordre d'idées, recherche ce qu'il appelle les limites de l'assimilation des différents sucres (*Ueber die Assimilationsgrenze der Zuckerarten A. P. P.,* t. XXV, p. 240, 1889), c'est-à-dire la quantité minimum que l'on doit donner pour voir apparaître le sucre dans l'urine. Comme on devait s'y attendre, ce sont le sucre de lait et la galactose qui possèdent la limite la plus basse. Voir plus haut les résultats de l'injection de lactose dans le sang (VOIT).

DASTRE qui s'est également occupé de l'assimilation des sucres et qui s'est servi aussi de l'analyse des urines pour la contrôler est arrivé à des résultats assez intéressants. Il a montré, par exemple (DASTRE et BOURQUELOT. *De l'assimilation du maltose. C. R.,* t. XCVIII, n° 26, 1884), que le maltose, injecté sous la peau ou dans une veine, reparaît en assez grande quantité dans l'urine; mais qu'il reparaît en plus grande proportion encore, si l'on injecte en même temps du sucre de raisin, en moins grande quantité, au contraire, si l'on injecte en même temps du sucre de canne.

Ces résultats, antérieurs d'ailleurs à ceux de l'École de Munich, concordent avec ces derniers, bien qu'ils aient été obtenus par un procédé différent.

Plus tard enfin, DASTRE a montré (*Pouvoir nutritif direct du sucre de lait. A. P.,* 1889, p. 718 et 1891, p. 718, et *Transformation du lactose dans l'organisme. Ibid,* 1891, p. 103) que le sucre de lait ne devient un peu assimilable que s'il a passé par le tube gastro-intestinal, où il peut être légèrement interverti par les bactéries; si on l'intervertit préalablement à son introduction dans l'organisme (voie intestinale ou veineuse), il est en grande partie assimilé directement.

Pour lui, les sucres se rangeraient pour leur facilité d'assimilation (injection dans le sang) dans l'ordre suivant : saccharose, sucre de lait, maltose et glucose.

Comme on le voit, ces résultats ne sont pas en contradiction avec ceux de VOIT et de ses élèves, si ce n'est peut-être au point de vue de l'assimilation du galactose; mais n'oublions pas que Voit évalue le sucre transformé en glycogène, tandis que Dastre dose le sucre qui n'a été ni assimilé, ni utilisé; il est certain qu'une partie du galactose a pu être détruite dans l'organisme; mais c'est là une question qui sera traitée à l'article Glycogène. Nous avons signalé plus haut déjà la formation des graisses aux dépens des hydrocarbacés; nous n'y reviendrons pas.

Assimilation des matières albuminoïdes. — Nous avons déjà précédemment considéré la peptonisation comme un des premiers actes de l'assimilation. Certains faits cependant tendraient à faire croire que ce n'est pas un acte absolument nécessaire et que l'albumine résorbée telle quelle peut être assimilée. Ainsi s'explique la valeur des lavements nutritifs pratiqués dans des conditions telles que l'on pouvait éliminer une action du suc pancréatique sur l'albumine injectée (Czerny et Latschenberger. A. V., t. lix, p. 161, 1874). Ajoutons cependant que si, dans ces expériences, il y a eu de l'albumine résorbée, le bilan nutritif n'a pas été établi, et qu'on n'a par conséquent pas démontré scientifiquement l'assimilation.

Le blanc d'œuf administré tel quel, non coagulé, par la voie intestinale ou par injection intra-péritonéale, ou par injection intra-veineuse, est bien entraîné comme tel dans la circulation; mais il est éliminé immédiatement par les reins. Tout tend même à faire croire que, dans le premier cas, la partie résorbée est celle qui a pu échapper à la peptonisation. L'albuminurie que l'on observe chez les chlorotiques à la suite d'administration de blanc d'œuf pourrait être due par conséquent, non, comme on l'a cru, à un défaut d'assimilation, mais à une résorption plus facile de blanc d'œuf non peptonisé.

Il est vrai que dans cette question nous n'avons guère pour nous éclairer que des observations cliniques forcément plus incomplètes que des expériences de laboratoire. Cependant les faits précis observés par Ludwig et Tschiriew (Arbeiten aus der physiologischen Anstalt zu Leipzig, 1874, p. 441) nous porte à croire que cette interprétation est la bonne. En injectant à un chien dans la veine jugulaire du sang défibriné d'un autre chien, ils n'ont observé qu'une augmentation insignifiante de l'excrétion d'azote. Si l'animal au contraire absorbait la même quantité de sang par la voie gastrique, l'excrétion d'azote augmentait d'une quantité proportionnelle à la quantité de sang introduite. La conclusion qui s'impose en quelque sorte est donc que l'albumine, pour être assimilée, doit subir les processus de digestion, la peptonisation.

Il est hors de doute aujourd'hui, après les recherches de Plosz et Gyergyai (A. Pf., t. x, p. 545, 1875), de Maly (ibid., t. ix, p. 385, 1874), d'Adamkiewicz (Die Natur und der Nahrwerth des Peptons, Berlin, Hirschwald, 1877), de Zuntz (A. Pf., t. xxxvii, p. 313, 1885) et de Pollitzer (ibid., p. 301) que les peptones ont une valeur nutritive égale ou à peu près à celle de l'albumine, qu'elles sont par conséquent assimilables. Exception serait faite, nous l'avons déjà vu, pour les peptones de gélatine qui, bien qu'absorbables, ne sont pas assimilables. Voyez au surplus à ce sujet les recherches de Leumann signalées dans Bunge (Lehrb. der physiolog. Chemie, p. 62).

Dans quel endroit de l'organisme se fait l'assimilation des peptones? Nous avons déjà signalé les résultats que les élèves de Kronecker (Popoff et Brinck spécialement) avaient obtenus en laissant séjourner de la peptone dans le tube gastro-intestinal. Si leurs recherches n'ont pas démontré chimiquement la transformation de peptone en albumine, elles ont au moins prouvé que la muqueuse gastro-intestinale rendait cette peptone assimilable par les tissus de l'organisme.

Le mérite d'avoir démontré directement cette transformation de la peptone en albumine revient surtout à Hofmeister. Nous ne citerons parmi les nombreuses contributions de cet auteur à cette importante étude que les faits suivants (Z. P. C., t. vi, p. 69, et A. P. P., t. xix, p. 8, 1885). Si l'on divise en deux moitiés aussi égales que possible la muqueuse gastrique d'un chien en pleine digestion, et, si l'on analyse la première moitié tout de suite, la seconde vingt-cinq à quarante minutes plus tard, on trouve beaucoup moins de peptone dans la seconde que dans la première. Si on la met pendant trois à quatre heures à l'étuve humide à 40°, on n'y rencontre plus de peptone. Si, au contraire, on la jette d'emblée dans de l'eau à 60° et qu'on l'y laisse séjourner quelques minutes, sa teneur en peptone reste, à peu de chose près, la même que celle de la première moitié. Des expériences analogues ont conduit au même résultat pour la muqueuse intestinale. La transformation des peptones est donc bien liée à la vie des cellules de cette muqueuse.

SALVIOLI (*A. Db.*, 1880, *Suppl.*, p. 112) est plus explicite encore. Dans une anse intestinale isolée du corps et dans laquelle on pratique une circulation artificielle, on introduit une solution de 1 gramme de peptone dans 10 centimètres cubes d'eau. Après quatre heures le contenu intestinal est analysé et contient 1 demi-gramme d'*albumine coagulable* et seulement des traces de peptone. Le sang qui avait servi à la circulation artificielle ne contenait pas de peptone du tout. Il y a plus, et nous aurons à revenir plus tard sur ce fait, si l'on ajoute de la peptone à ce sang la circulation artificielle ne fait pas disparaître cette peptone.

Mais le rôle assimilateur de la muqueuse digestive ressort encore plus clairement des expériences qui consistent à injecter de la peptone pure dans le sang. Quand la quantité injectée est peu considérable, SCHMIDT-MÜLHEIM (*A. Db.*, 1880, p. 46), G. FANO (*ibid.*, 1881, p. 281) et HOFMEISTER constatent que les 4/5 au moins de la peptone se retrouvent au bout de vingt-quatre heures dans les urines. Si la dose est plus forte, l'élimination est moins rapide, comme le fait observer HOFMEISTER, à cause de la baisse considérable de pression sanguine que la peptone détermine; mais, contrairement à ce que SCHMIDT-MÜLHEIM affirme, on peut en retrouver des quantités considérables dans l'urine, si la vie se prolonge suffisamment.

NEUMEISTER (*Z. B.*, t. XXV, p. 877 et t. XXVII, p. 309, 1890) qui a répété les expériences de HOFMEISTER en se servant de produits purs, a constaté que, si l'on injectait de la proto ou de l'hétéro-albumose dans le sang, elle reparaissait sous forme de deutéro-albumose dans l'urine, que la deutéro-albumose reparaissait sous forme de peptone, et la peptone telle quelle. Si l'on jette dans du sang contenant de la peptone de petits morceaux de muqueuse intestinale et si l'on fait passer un courant d'air en maintenant le mélange à la température du corps, la majeure partie de la peptone disparaît sans qu'on puisse la retrouver dans la muqueuse intestinale. Aucun autre organe, si ce n'est le foie du lapin, ne possède cette curieuse propriété.

De cet ensemble de faits une conclusion bien nette se dégage : la peptone introduite directement dans le sang n'est pas assimilable; elle est rejetée à l'extérieur comme un corps étranger. NEUMEISTER va même plus loin, et ce que nous avons déjà dit plus haut semble confirmer une partie de ses vues : pour lui, quand on introduit directement dans le sang (chez le chien) des corps albuminoïdes, ceux-là sont assimilés qui, en suivant les voies ordinaires (estomac, intestin) peuvent arriver dans les tissus sans subir les processus de la digestion. Ainsi en est-il de la syntonine des muscles, de la phytovitelline et de l'albumine du sérum. Au contraire, les tissus se débarrassent comme de corps étrangers des substances qui ne peuvent arriver jusqu'à eux sans subir de transformation : albumine du blanc d'œuf, caséine, hémoglobine, albumoses et peptones. Faisons toutefois remarquer que l'albumine du sérum ne serait pas assimilée par cette voie d'après LUDWIG et TSCHIRIEW (voir plus haut).

Une difficulté cependant se soulève à propos de la peptone. SCHMIDT-MÜLHEIM et HOFMEISTER ont toujours constaté dans la veine porte d'un animal en train de digérer des quantités assez notables de peptone. Comment, d'après ce qui a été dit plus haut, cette peptone peut-elle être assimilée? HOFMEISTER avait dû être frappé de ce fait; car la quantité de peptone que l'on retrouve dans le sang après une injection sous-cutanée de cette substance est toujours beaucoup moindre que celle que l'on retrouve dans le sang d'animaux en pleine digestion, et qui, elle, ne se retrouve pas dans les urines. Pour expliquer cette contradiction, HOFMEISTER admet que la peptone arrivant dans le sang par la voie intestinale n'est pas contenue dans le plasma, mais dans les leucocytes. Voici les faits sur lesquels il s'appuie : 1° Dans le pus on retrouve toujours des quantités notables de peptone, et cela surtout, mais pas exclusivement, dans les leucocytes. 2° En examinant le sang d'un animal en voie de digestion, on ne trouve pas de peptone dans le sérum; mais bien dans la couche supérieure du caillot, la plus riche en leucocytes. 3° La proportion centésimale de peptone contenue dans la rate (très riche en leucocytes) est toujours plus élevée que celle du sang chez un animal en voie de digestion. 4° Le tissu adénoïde qui, chez les animaux à jeun, contient relativement peu de leucocytes, en est littéralement bourré chez un animal qui digère. 5° Enfin les cellules de ce tissu chez un animal en voie de digestion présentent beaucoup plus de figures karyokynétiques que chez un animal à jeun.

Il semble donc, dit Bunge, que les cellules lymphatiques ne servent pas uniquement à transporter les peptones dans le courant sanguin. Leur accroissement, leur multiplication semblent en rapport avec la résorption et l'assimilation des aliments azotés. Le nombre des leucocytes étant à peu près constant à mesure que l'albumine est résorbée et que de nouvelles cellules sont produites, il doit s'en détruire une quantité correspondante.

Ainsi s'expliquerait la destruction rapide et considérable d'albumine qui suit la résorption d'une grande quantité d'albumine. Pour Hofmeister, la peptone ainsi accumulée serait cédée aux tissus dans les capillaires ; car le sang des veines de la grande circulation n'en contient pas du tout.

Il y a, on ne peut se le dissimuler, bien des contradictions dans l'élégante théorie de Hofmeister, et, pour notre part, nous sommes bien plus disposés à admettre les résultats que Neumeister a communiqués en 1889 (Sitzungsberichte der physik. medic. Gesellsch. zu Würzburg, p. 64). Pour lui, si l'on a retrouvé dans le sang de la veine porte de la peptone chez des animaux en voie de digestion, c'est que la méthode employée était défectueuse. Il n'en a jamais trouvé, pas plus que dans le sang d'un autre organe, en s'entourant de toutes les précautions désirables. Pour lui, la conclusion à tirer de tous ces faits est que la peptone n'est assimilable que quand elle arrive dans l'organisme par l'estomac ou l'intestin et que la transformation en albumine, ou assimilation se fait au niveau de la muqueuse intestinale. Nous n'avons pas à nous occuper ici de l'importance considérable que peuvent avoir les expériences pour la signification de la peptonurie.

Une autre question d'une grande importance est celle de savoir si l'organisme peut fabriquer, synthétiser de l'albumine de toutes pièces. Rudzki, qui s'en est occupé (S. Petersburger med. Wochenschrift, 1876, n° 29), prétend que la chose est possible. Un animal auquel il fournissait des amides (extrait de Liebig ou acide urique) et des hydrocarbonés, a pu, prétend-il, se maintenir en équilibre nutritif. Nous croyons que ces constatations sont très sujettes à caution et n'ont été vérifiées par personne.

Dans le même ordre d'idées, on s'est demandé si l'asparagine ne pouvait pas, non pas se synthétiser avec des hydrocarbonés pour former de l'albumine, mais remplacer, économiser en quelque sorte cette dernière. Les expériences de Munk (1883) et de Mauthner (Z. B., t. xxviii, p. 507, 1892) ont résolu la question négativement en ce qui concerne les carnivores. Politis (ibid., p. 492) et Gabriel (ibid., t. xxix, p. 115) croient que l'asparagine peut, chez le rat, remplacer jusqu'à un certain point l'albumine, mais seulement quand cette dernière fait défaut dans la nourriture.

Il nous resterait, pour terminer cette analyse, à nous demander ce que devient l'albumine une fois introduite dans le sang, quels processus elle doit subir pour être dans la suite transformée en albumine des différents tissus.

Mais nos connaissances à ce sujet sont trop rudimentaires encore. Tout au plus pouvons-nous supposer que, dans le sang lui-même, d'après Al. Schmidt (Zur Blutlehre, Leipzig, 1892), il se produit une transformation incessante des albumines les unes dans les autres. Les cellules du sang ne contiendraient pas d'albumine proprement dite, mais des corps d'une structure plus compliquée : la cytine et la cytoglobine. Ces corps fourniraient sans cesse par leur destruction de la paraglobuline et du fibrinogène entre autres substances albuminoïdes.

F. HENRIJEAN et G. CORIN.

ASTHME. — En clinique, l'asthme, asthme vrai, essentiel, est décrit comme une affection *sine materia*, névrose, bien distincte des asthmes faux ou symptomatiques, états pathologiques divers avec lésions reconnues, au cours desquels se montre de la dyspnée pouvant simuler l'asthme.

La physiologie pathologique, qui, seule, nous occupera ici, doit être plus éclectique ; mais son rôle est fort difficile, l'étude ne pouvant s'appuyer : *A*, ni sur l'anatomie pathologique ; *B*, ni sur l'expérimentation.

A. Il n'y a pas, en effet, à tenir compte des renseignements anatomiques, puisqu'on peut voir l'asthme typique sans nulles lésions apparentes; puisqu'on peut le voir survenir avec des lésions diverses; puisque enfin, avec les mêmes lésions, on peut n'avoir nulle manifestation asthmatique.

B. D'autre part, l'expérimentation, limitée à l'homme, nous indique à peine l'existence de certaines circonstances extérieures favorables à l'éclosion des accidents; entreprise sur les animaux, elles nous montre des analogies dans certaines perturbations respiratoires, mais elle ne peut rien nous apprendre sur les conditions intimes qui préparent le phénomène.

Toutefois il est une indication majeure qui doit guider dans l'étude de ce sujet. Quoi qu'il en soit de leur nature; que, pour l'étude physiologique on les sépare ou on les réunisse, les asthmes vrais ou faux présentent cette particularité dominante : c'est de répondre à un état transitoire, alors que la prédisposition, réelle ou supposée, est permanente. L'asthme, quel qu'il puisse être, procède par accès. Aussi faut-il, à l'exemple de beaucoup d'anciens (AVICENNE, VAN HELMONT, WILLIS, etc.), et de la généralité des modernes, voir dans la marche de cette affection une influence centrale dominante; influence nerveuse, puisqu'il y a paroxysmes : et cette influence nerveuse, comme on en ignore la nature, on l'appelle névrose.

La définition de l'asthme peut devenir alors celle de BRISSAUD : « L'asthme est une névrose consistant en crises de dyspnée spasmodique, le plus souvent accompagnées de troubles vaso-secrétoires des muqueuses des voies aériennes, » définition moins absolue, partant plus médicale, que celle de PARROT, qui voit dans l'asthme « une attaque de nerfs de nature secrétoire », moins anatomique, partant plus généralisable, que celle de G. SÉE, qui décrit l'asthme comme « une maladie chronique composée de trois éléments : une dyspnée intermittente spéciale, une exsudation chronique et une lésion secondaire des vésicules pulmonaires, ou emphysème », ou comme « un composé défini d'éléments nerveux (dyspnée), secrétoire (catarrhe) et mécanique (emphysème) ».

Nous en tenant à la définition de BRISSAUD, nous avons à rechercher, pour les analyser, les éléments de la physiologie pathologique d'une névrose. Nous rappellerons tout d'abord cette donnée indispensable, comme aussi tout inconnue : la prédisposition, héréditaire ou acquise. L'hérédité pouvant être similaire, quand un asthmatique est fils de père ou de mère asthmatique; ou dissemblable, quand l'asthmatique est issu de souche neuro-arthritique avec ou sans asthme chez les ascendants ou chez les collatéraux.

Quant à la prédisposition acquise, elle l'est sous certaines influences que nous ignorons encore (l'âge, le sexe ne paraissent pas avoir une importance spéciale).

Chez ce prédisposé, chez cet asthmatique en puissance, pourquoi et comment les accès ou crises surviennent-ils ? Quels sont les phénomènes observés alors ? Voilà réellement ce que nous devons étudier dans un chapitre de physiologie pathologique; mais nous suivrons l'ordre inverse, examinant d'abord les faits et leurs allures physiologiques.

I. L'asthme. Ses accès. Physiologie des accidents. — Nous n'avons pas à faire ici une description symptomatique de l'asthme, mais recherchons ce que peut actuellement nous fournir de renseignements la physiologie, au sujet des phénomènes observés :

Nous ne possédons rien en explication des allures de névrose : crises à début brusque, ou avec prodromes à retour souvent périodique; quant aux autres phénomènes : troubles respiratoires (sensation anormale), besoin de respirer (dyspnée); attitudes du corps, contraction des muscles respiratoires, avec allongement du thorax; type de respiration à rythme renversé, d'expiration deux et même trois fois plus longue que l'inspiration; réplétion exagérée des alvéoles; toux, expectoration, etc. Tous ces désordres qui font partie de l'accès relèvent de troubles de l'innervation que la physiologie a plus ou moins heureusement expliqués.

Cette dyspnée asthmatique n'est pas une dyspnée mécanique liée au catarrhe, puisque la gêne respiratoire précède le flux catarrhal; ce n'est pas non plus une dyspnée chimique, liée à l'altération des milieux ambiants, puisque l'accès peut survenir dans l'atmosphère la plus parfaitement pure. C'est une dyspnée d'origine nerveuse. Dans les conditions physiologiques, à des excitations périphériques multiples (cutanées, pulmonaires, digestives), ou centrales (émotions) répondent des modifications du centre respiratoire bulbaire, qui, à son tour, influence le pneumogastrique, lequel, enfin, par ses branches pulmonaires, modifie le rhythme de la respiration. C'est donc par l'intermédiaire du nerf vague et de son centre bulbaire que peut s'établir une dyspnée d'innervation.

Deux influences peuvent entrer en cause : soit la paralysie, soit l'excitation.

1° *La paralysie.* A. *La dyspnée asthmatique n'est pas une paralysie du vague.* — La physiologie expérimentale nous apprend en effet que la section du pneumogastrique entraîne un ralentissement notable de la respiration, α, sans dyspnée proprement dite ; β, avec inspiration anxieuse et profonde ; γ, avec expiration courte, trois éléments qui sont à l'inverse de ceux qu'on observe dans l'asthme. B. *Cette dyspnée ne tient pas davantage à une paralysie du phrénique,* état qui n'entraîne que la dyspnée d'effort.

2° Si l'on envisage *l'excitation,* il y a deux façons de la faire intervenir : on suppose *a* une excitation centrifuge ; *b* une excitation centripète.

a. Pour justifier l'hypothèse d'une excitation centrifuge, on a admis que l'asthme se composait d'un accès de spasme bronchique. (Auteurs anciens ; — auteurs modernes invoquant les constatations anatomiques de REISEISSEN sur les muscles bronchiques; LEFÈVRE, VALTER.) — Or, quand on parle du spasme bronchique, on suppose qu'il y a contraction avec rétrécissement plus ou moins serré de la bronche, d'où difficulté d'introduction de l'air, d'où dyspnée. Mais alors, il devrait y avoir introduction de l'air au minimum dans le poumon, et il se trouve que cet organe est, dans l'accès d'asthme, distendu plus qu'à l'ordinaire. Il y a là contradiction, et l'hypothèse de l'excitation centrifuge n'est pas valable, d'autant moins encore que l'excitation du bout périphérique d'un pneumogastrique coupé ne donne pas lieu à des effets bien évidents de spasme bronchique.

b. Si l'on invoque l'excitation centripète, il faut, dit G. SÉE, comprendre les choses de la façon suivante : une irritation part des extrémités du vague, ou d'extrémités périphériques quelconques (en particulier du nerf laryngé supérieur), impressionne le nœud vital ; puis par la moelle agit sur les nerfs phréniques, sur les nerfs intercostaux ; il en résulte une inspiration tétaniforme, d'où distension forcée du thorax, ce qui est réel ; distension suivie bientôt elle-même d'un retour en expiration prolongée sous l'influence de l'épuisement nerveux et musculaire, qui suit la tétanisation ; l'élasticité propre du poumon retrouve progressivement son influence. — En résumé, il y aurait successivement tétanisation, puis paralysie transitoire du pneumogastrique, jusqu'à la fin de l'accès d'asthme où alors prédomine l'état paralytique.

Les mêmes considérations sont invoquées par G. SÉE pour assigner au catarrhe, qui suit si souvent l'accès d'asthme, une pathogénie rationnelle. Le catarrhe se montre à la période terminale de l'accès, quand il y a paralysie du vague, et résulte vraisemblablement d'une vaso-dilatation paralytique. On ne peut, en effet, admettre, ainsi que le font beaucoup d'auteurs, que ce catarrhe soit fonction d'excitation de filets sécrétoires contenus dans le pneumogastrique, car alors il devrait se montrer toujours dans l'asthme, ce qui n'est pas nécessairement ; et s'y montrer en outre au début, ce qui n'est pas.

Les limites de cet article ne nous permettent pas de nous étendre en détails sur la justification de ces données physiologiques ; ce que nous en avons dit concorde bien avec les constatations diverses de la clinique, et nous nous en tenons là.

Il s'agit maintenant d'aborder la seconde partie de notre sujet et de voir sous quelles influences périphériques, ou centrales, sont mises en jeu les perturbations nerveuses pneumobulbaires que nous avons invoquées en explication des phénomènes.

II. Pathogénie de l'asthme. — Ce que nous avons dit du substratum nerveux de l'asthme (nœud respiratoire bulbaire) nous montre le bulbe comme le centre nécessaire du réflexe qui fait l'asthme ; nous savons aussi que la voie centrifuge du réflexe aboutit à une hyperactivité des muscles inspirateurs, par l'intermédiaire probable de la moelle et des nerfs phréniques et intercostaux, alors que le pneumogastrique ne paraît agir, ainsi que le laryngé supérieur, que comme voie centripète du réflexe. Dans ces conditions, pour l'étude pathogénique nous devons envisager :

Les influences qui peuvent agir sur le centre bulbaire,

A, directement;

B, indirectement, à distance (point de départ périphérique du réflexe).

A. Influences qui actionnent directement le bulbe. — En dehors des dyspnées liées à des lésions des centres bulbo-médullaires par des tumeurs, par exemple, dyspnées qui peuvent être à forme asthmatique, mais qui n'ont rien de l'asthme proprement dit, peut-on croire à un asthme purement dynamique, émotionnel, par exemple, ou bien encore à un asthme hystérique? Nous n'avons pas à insister sur ce sujet, et, tant que l'asthme n'est pour nous qu'une névrose, une affection d'essence inconnue, une hypothèse de ce genre reste permise.

Cette même ignorance nous obligerait à faire mention des diverses altérations humorales vraies ou supposées dont l'action n'est nullement une certitude, mais qui peuvent se montrer à l'état de coïncidences vraiment surprenantes par leur fréquence, à l'origine et au cours de certains états de dyspnée dite asthmatique.

Parmi le nombre des diathèses dont ont fait justice les recherches modernes, il reste, pour les esprits non prévenus, certains états constitutionnels au cours desquels l'asthme peut se montrer comme première manifestation, ou dans lesquels la disparition d'un état fonctionnel morbide quelconque est suivie de l'apparition de l'asthme (telles sont les métastases dites dartreuse, goutteuse, rhumatismale).

Dans un ordre d'idées plus concrètes, chez un sujet indemne, ou chez un sujet déjà entaché d'asthme, certaines altérations humorales, aujourd'hui bien connues, en particulier l'état d'albuminurie avec la surcharge toxique du sérum qui l'accompagne, peut agir sur le nœud bulbaire et provoquer des crises de dyspnée asthmatique. C'est affaire au diagnostic clinique de distinguer ces accidents respiratoires de l'asthme vrai, en tenant compte des phénomènes qui ont précédé, accompagné ou suivi l'accès. Pour la physiologie pathologique, nous l'avons dit, cette distinction serait arbitraire, et, pour elle, les mêmes éléments nerveux (centre respiratoire bulbaire) étant mis en action, les effets produits sont les mêmes pour l'excitation, les mêmes pour la paralysie, les différentes causes ne pouvant agir que sur le degré, la durée, les intermittences, etc. (respiration ralentie, précipitée, rythme de CHEYNE-STOKES, etc.). Ce qui s'ajoute pour faire l'asthme, et ses accès caractéristiques, est ce *quid ignotum* dont nous parlions et que nous appelons encore, faute de mieux, la prédisposition.

B. Influences qui peuvent agir indirectement et à distance sur le bulbe. — Cette partie de la question a trait à l'étude des points de départ périphériques possibles du réflexe. Or les voies centripètes qui peuvent conduire au centre respiratoire bulbaire, au nœud vital, sont multiples, et nous devons les envisager toutes successivement, puisque toutes peuvent, après excitation, ce centre et mettre en jeu les phénomènes dyspnéiques, ceux de l'asthme tout aussi bien.

Parmi ces influences centripètes, il en est de supposées, d'empiriquement connues, qu'on ne peut soumettre à une véritable expérimentation. Il en est enfin d'indiscutables, que l'expérience de chaque jour a rendues évidentes.

a. Parmi les premières, nous citerons ces causes d'ordre interne qui sont des irritations génitales (mal définies); des irritations gastro-intestinales, des dyspepsies d'effet parfois assuré (asthme dyspeptique), des irritations cutanées (froid) d'effet souvent certain.

b. Parmi les influences indiscutables, nous signalerons toutes les irritations de la muqueuse des voies respiratoires (nez, pharynx, larynx, bronches, alvéoles) avec les nerfs trijumeau et pneumo-gastrique (branche laryngée et branche pulmonaire) comme point de départ du réflexe. Sur les filets terminaux de ces nerfs peuvent agir l'impression de certaines poussières (ipéca, foin pour ne citer que les plus actives) l'action de certaines vapeurs, de certains gaz, de la fumée, etc.; l'influence de l'atmosphère, du climat, des saisons, etc.; toutes ces causes, éminemment variées et variables, agissant cependant d'ordinaire dans les mêmes conditions pour le même sujet. Peuvent agir encore incontestablement les lésions de bronchite, d'œdème pulmonaire, sans que parfois chez les vieux asthmatiques on puisse reconnaître la part d'intervention de ces désordres comme cause ou comme effet.

Avant de terminer, nous reconnaissons avec la plupart des auteurs l'ensemble clinique décrit sous le nom d'asthme d'été, asthme des foins, comme une modalité de l'asthme et nullement comme une affection à part. Ce qui distingue cette variété, c'est le siège et l'intensité des réactions catarrhales limitées souvent à la zone de distribution du trijumeau.

Quant aux dyspnées qui accompagnent certains états morbides aujourd'hui bien reconnus, c'est par abus de langage qu'on a pu leur conserver le nom d'asthme, comme synonyme de dyspnée, tel l'asthme cardiaque.

Nous en dirons autant de synonymies mal appropriées qui font du spasme de la glotte, l'asthme thymique (hypothèse de la compression du récurrent par le thymus hypertrophié) qui font du faux-croup ou laryngite striduleuse, l'asthme de MILLARD.

L'expectoration de l'asthme a donné lieu à des recherches importantes. LEYDEN, en 1872, et CHARCOT, vers la même époque, ont signalé la présence de cristaux qui pouvaient, pensaient ces savants, irriter la muqueuse bronchique et provoquer l'accès. CURSCHMANN, en 1883, constata que, si les cristaux manquaient assez souvent, par contre, on rencontrait un produit beaucoup plus constant : des spirales organiques, non pas cause des accidents, mais produit d'une bronchite exsudative. En 1889, FR. MÜLLER signala l'abondance des cellules éosinophiles dans l'expectoration de l'asthme, et plus tard dans le sang des asthmatiques. Tour à tour contestées, ces données, qui ont peut-être entre elles de grands rapports (présence des cristaux, des spirilles et des cellules éosinophiles), ont servi à des essais d'explications multiples. Dans les cas où il y a accès d'asthme, puis catarrhe, la physiologie établit les relations suivantes entre les phénomènes : « L'asthme débute par de la dyspnée avec toux sèche; ce n'est que lorsque la toux devient humide que l'accès se calme; la substance toxique irritante, cause de l'asthme et origine des cristaux, est peu à peu englobée par l'exsudation qu'elle provoque; et en quelque sorte enrobée par les cellules éosinophiles, elle est rendue inoffensive. »

Tout cela est acceptable pour l'asthme avec catarrhe, mais l'asthme sec est un asthme tout aussi typique, et il faut bien alors d'autres irritations que celles dues aux cristaux de CHARCOT-LEYDEN pour exciter le vague.

Bibliographie. — G. SÉE. *Mal. simples du poumon.* — BRISSAUD. Art. *Asthme, Traité de médecine.* — ARTHAUD et BUTTE. *Du nerf pneumogastrique*, 1892, 8°, 218 p. — LEYDEN (*Deutsche med. Woch.*, 1891, p. 1085).

H. TRIBOULET.

ASTIGMATISME. — Sous le nom d'astigmatisme (de $\check{\alpha}$ privatif, et στίγμα, point), on désigne différents états de réfraction de la lumière dans l'œil, dont le caractère commun est que, après passage à travers les milieux transparents, des rayons lumineux homocentriques (partis d'un point), ne se réunissent plus, et même ne tendent plus à se réunir en un point focal.

Dans un œil normal (il en est de même de l'œil myope et de l'œil hypermétrope, la réfraction de la lumière est telle que les rayons partis de chaque point lumineux d'un objet, et qui pénètrent dans l'œil, se réunissent sur la rétine ou tendent à s'y réunir en un point focal, qui est l'image du point lumineux. La formation de points focaux sur la rétine est la condition *sine quâ non* d'une bonne vision, qui suppose la formation, sur la rétine, d'images nettes des objets extérieurs. A l'article **Dioptrique de l'œil**, on verra comment la netteté des images est réalisée. Il faut, à cet effet, non seulement : 1° que les rayons tombant sur un méridien de l'œil se réunissent en un point focal, mais encore : 2° que les différents méridiens des milieux transparents soient identiques au point de vue dioptrique.

Le *desideratum* de la formation d'images nettes ne serait pas réalisé si (dans un œil sans cristallin) la cornée transparente avait une courbure sphérique. Après réfraction de rayons homocentriques par une surface sphérique, ceux qui passent par des portions périphériques de la surface se réunissent (en foyer) sur l'axe optique plus près de la surface réfringente que ceux qui passent par le centre de cette surface. En fait, la cornée a une courbure ellipsoïdale, c'est-à-dire que ses portions périphériques sont moins convexes que les centrales : l'aberration de sphéricité est ainsi plus ou moins évitée pour chaque méridien pris isolément. La réfringence particulière du cristallin concourt au même but. Nous verrons cependant (à propos de l'astigmatisme irrégulier de l'œil) que la correction de l'aberration sphérique de l'œil n'est jamais complète, que l'œil le plus normal n'est jamais « aplanétique ».

L'aberration de sphéricité relève donc d'une forme spéciale des différents méridiens réfringents de l'œil, mais ces méridiens sont sensiblement égaux entre eux, et, de plus, les deux moitiés d'un même méridien sont égales entre elles.

Ces deux conditions, égalité des différents méridiens, et égalité des deux moitiés de chaque méridien (symétrie autour de l'axe optique) ne sont pas toujours réalisées. En ce qui regarde la cornée notamment, il faudrait à cet effet que sa surface antérieure fût une partie d'un ellipsoïde de révolution, qu'on obtient en faisant tourner un méridien cornéen autour de l'axe optique. Or souvent cette surface fait partie d'un ellipsoïde à trois axes; les différents méridiens, tout en étant des ellipses, ont des courbures inégales. Des irrégularités du même ordre peuvent exister dans le cristallin. On conçoit que, de ce chef, la réfringence doit varier d'un méridien à l'autre du système dioptrique.

L'irrégularité de courbure peut être plus grande encore. Une moitié ou une partie plus petite d'un méridien peut avoir une courbure plus forte ou plus faible que ne le veut la forme de l'ellipse. La réfringence variera le long du même méridien; mais dans des directions très diverses.

Lorsque ces deux conditions, courbure ellipsoïdale de chaque méridien et égalité des différents méridiens, ne sont pas réalisées, par un vice de conformation, soit de la surface cornéenne, soit des autres surfaces réfringentes (cristalliniennes) de l'œil, les rayons homocentriques, ayant pénétré dans l'œil, ne tendent plus à se réunir en un point focal, on parle « d'astigmatisme ».

On prévoit qu'un caractère commun à tous ces états est la formation d'images rétiniennes plus ou moins diffuses, c'est-à-dire une vision plus ou moins défectueuse.

On distingue dans l'œil l'*astigmatisme régulier* et l'*astigmatisme irrégulier*.

Dans l'astigmatisme régulier, la réfringence est régulière en chaque méridien pris isolément; mais les différents méridiens sont inégaux entre eux. La plupart du temps, il a son siège dans la cornée, dont la surface, au lieu d'être celle d'un solide de révolution, fait partie d'un ellipsoïde à trois axes inégaux. Il y a un méridien de plus forte courbure et un autre, perpendiculaire au premier, de plus faible courbure. Les autres diminuent de courbure à partir du premier. Le qualificatif de régulier lui vient de cette régularité dans l'asymétrie. Il peut généralement être corrigé, neutralisé par des verres appropriés.

On donne le nom générique d'*astigmatisme irrégulier* aux circonstances très diverses dans lesquelles (soit par des anomalies de courbure, soit par des anomalies de l'indice de réfraction) la réfringence varie d'un endroit à l'autre d'un méridien du système dioptrique, et cela d'une autre façon que par suite d'une courbure sphérique ou ellipsoïdale. Les causes de cet astigmatisme siègent en grande partie dans le cristallin; il en est cependant aussi dans la cornée.

Des degrés modérés d'astigmatisme régulier et irrégulier existent dans tout œil. Des degrés plus prononcés constituent une infirmité, une maladie.

Astigmatisme régulier. — Pour nous rendre compte de la réfraction dans un système analogue à celui de l'œil affecté d'astigmatisme régulier, nous supposons les diverses surfaces réfringentes de l'œil réduites à une seule. Cela est d'autant plus licite que l'anomalie en question est presque toujours due à une courbure asymétrique de la cornée. Dans nos développements théoriques, nous considérons donc des rayons homocentriques pénétrant dans un milieu plus réfringent par une surface convexe qui fait partie d'un ellipsoïde à trois axes inégaux. Cette surface a donc un méridien à courbure maximale, et un autre, perpendiculaire au premier, avec un minimum de courbure. Les méridiens intermédiaires diminuent graduellement de courbure à partir du premier jusqu'au second.

En tant que nos développements supposent des expériences, il faut avoir recours à un artifice, attendu qu'on ne sait pas encore fabriquer des surfaces irréprochables de verre faisant partie d'un ellipsoïde à trois axes inégaux. Cet artifice consiste à combiner une lentille sphérique positive avec une lentille cylindrique positive.

Un fragment découpé dans un cylindre de verre à base circulaire, par un plan parallèle à l'axe du cylindre (fig. 66) est une lentille cylindrique positive. Ce fragment a un maximum de courbure suivant sa section transversale. Dans le sens perpendiculaire, suivant l'axe du cylindre, la courbure est nulle. Dans les directions intermédiaires, elle va en diminuant vers la direction à courbure minimale. Un plan de rayons lumineux qui pénètrent dans le verre suivant la section horizontale subit une réfraction sphérique régulière. Un plan lumineux, pénétrant par la ligne droite génératrice du cylindre, par son « axe », ne subit pas de réfraction du tout. Pour des plans à directions intermédiaires, la réfraction diminue à mesure que le plan s'éloigne de la section transversale. De plus, les rayons traversant un méridien intermédiaire ne tendent plus à se réunir en un point focal. Les choses sont assez compliquées pour ces directions intermédiaires et, du reste, nous pouvons nous dispenser de leur exposé théorique.

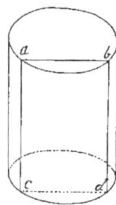

Fig. 65.

L'industrie nous fournit de tels morceaux de verres, arrondis aux angles, des *lentilles cylindriques* positives de diverses forces, selon la courbure du cylindre. On a de même des lentilles cylindriques négatives, ayant une face cylindrique concave.

Un tel cylindre convexe a donc un foyer principal sous forme de ligne parallèle à l'axe du cylindre. La distance entre cette ligne et la lentille, distance focale principale, est d'autant plus courte que le cylindre est plus convexe, plus réfringent.

Nous pouvons associer une lentille cylindrique positive (ayant une surface plane, l'autre cylindrique convexe) avec une lentille sphérique positive; par exemple le cylindre ayant 30 centimètres de distance focale et la lentille sphérique 10 centimètres. Le système dioptrique résultant jouit de toutes les propriétés dioptriques d'une surface réfringente ellipsoïdale à trois axes. Il a un méridien où la réfringence a un maximum; de là celle-ci va en diminuant jusqu'au méridien qui a la plus faible réfringence et qui est perpendiculaire au premier.

Reprenons donc notre surface réfringente ellipsoïdale à trois axes. On appelle *méridiens principaux* celui de la plus forte et celui de la plus faible courbure (et réfringence). Pour la simplicité de l'exposé, nommons le premier « méridien maximal », et le second « méridien minimal ». La figure 67 représente la réfraction suivant les deux méridiens principaux. S figure une lentille de ce genre ou plutôt une surface ellipsoïdale à trois axes inégaux vue plus ou moins de profil. Le lumière est sensée venir de bas en haut, et de loin; elle se réfracte sur la surface S, qui est supposée séparer deux milieux dont le second est plus réfringent. xx' est l'axe optique, la ligne perpendiculaire au centre de la surface; ab est le méridien maximal, cd le méridien minimal de la surface. Expérimentalement, on peut isoler les deux méridiens principaux en plaçant devant le système un diaphragme opaque, percé d'une fente qu'on oriente tantôt dans l'un et tantôt dans l'autre méridien principal. On peut aussi se servir d'un écran à deux fentes, une perpendiculaire à l'autre, chacune placée suivant un méridien principal. Supposons un point lumineux situé à l'infini (très loin, à 5 mètres par exemple) sur l'axe optique xx'.

La trace que les rayons passant à travers un méridien forment sur un écran tenu à diverses distances de S sera d'abord une ligne parallèle au méridien en question; cette ligne va se raccourcissant, pour devenir un point (en f pour le méridien maximal, en f' pour le méridien minimal). Passé le point focal, la ligne reparaît, et elle va s'agrandissant indéfiniment. Dans le foyer, les rayons s'entrecroisent, ce qu'on peut rendre visible en colorant une partie des rayons par un verre coloré, masquant une moitié du système réfringent S.

En plaçant simultanément les deux fentes suivant les deux méridiens principaux, on jugera comparativement de l'effet des deux, ainsi que le représentent les croix placées à gauche (resp. en haut) dans la figure 67. Ces figures représentent, vues de champ, les apparences qui, dans le schéma précédent, sont vues plus ou moins de profil. En 1, les

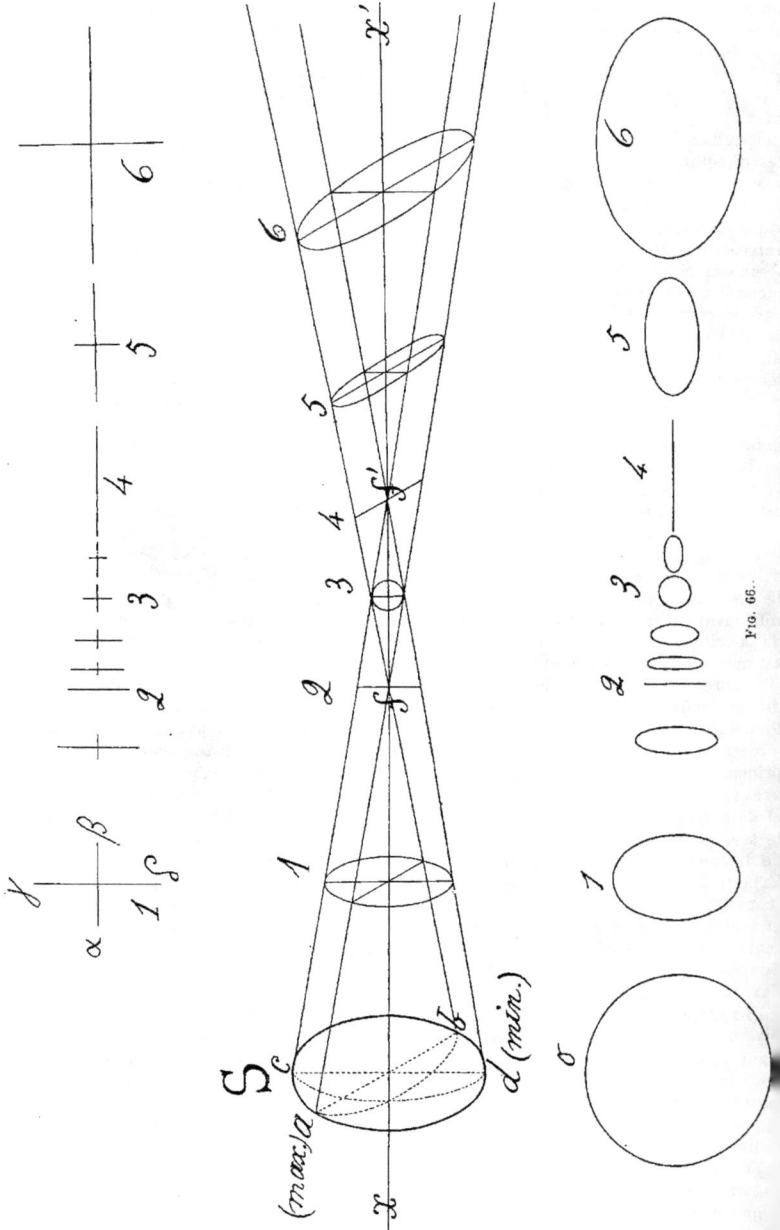

Fig. 66.

rayons passant à travers le méridien maximal sont déjà un peu ramassés, condensés dans la longueur $x\beta$. Ceux qui ont traversé le méridien minimal le sont moins : ils forment la ligne un peu plus longue $\gamma\delta$. Les deux ensemble forment une croix à branches inégales. En reculant encore l'écran, les branches de la croix diminuent de plus en plus. En 2, dans le foyer du méridien maximal, les rayons ayant traversé ce dernier forment un foyer punctiforme, c'est-à-dire que la croix se réduit à une ligne parallèle au méridien minimal. Au delà de cette limite, la ligne du méridien maximal reparaît et s'allonge — ces rayons divergent après entrecroisement — tandis que la ligne lumineuse du méridien minimal va encore se raccourcissant. On arrive donc en un endroit, 3, où les quatre branches de la croix sont égales. Plus loin encore, la ligne du méridien minimal diminue : elle devient plus courte que l'autre, et, dans le foyer du méridien minimal 4, elle se réduit à un point : on voit sur l'écran récepteur une ligne parallèle au méridien maximal. Si on recule encore l'écran, la ligne du méridien minimal reparaît — ces rayons aussi sont entrecroisés — elle va en augmentant de longueur, mais toujours elle reste plus petite que la ligne du méridien maximal : la croix a toujours ses branches inégales.

L'expérience est très démonstrative si on couvre d'un verre rouge une moitié de la croix : en avant des deux foyers, les branches sont colorées du même côté que les fentes correspondantes ; en arrière des foyers, c'est l'inverse qui a lieu : démonstration de l'entrecroisement des rayons dans les foyers.

Ainsi des rayons lumineux homocentriques, après passage à travers les deux méridiens principaux de notre système, ne se réunissent nulle part en un point. ils forment tantôt une croix avec prédominance de l'une ou l'autre branche ; en un point c'est une croix à branches égales ; et aux deux foyers des méridiens, on ne voit que des lignes perpendiculaires au méridien dont c'est le foyer.

Si l'on avait opéré avec un système à courbure sphéroïdale, ou plutôt ellipsoïdale, à deux axes (ellipsoïde de révolution), les croix auraient toujours eu les branches égales, et au foyer (commun aux deux méridiens), la croix se serait réduite à un point.

Il n'est pas sans intérêt, avant de considérer la réfraction dans le système entier, de voir ce qu'il advient de la réfraction dans les *méridiens intermédiaires*. A cet effet, plaçons la fente unique de notre diaphragme dans ces positions, puis recevons toujours les rayons réfractés sur un écran. Tout près de la surface réfringente, dans la position 1, nous voyons sur l'écran une bande lumineuse assez large et presque parallèle à la fente : elle est même plus large que celle-ci : preuve qu'il y a des cercles de diffusion transversaux, en réalité obliques, par rapport à la bande. Plus loin, cette strie lumineuse diffuse se raccourcit, devient de plus en plus nette, et s'incline vers le méridien minimal qu'elle atteint dans le foyer f du méridien maximal. Plus loin encore, elle continue à tourner s'allonge de nouveau et s'élargit, c'est-à-dire qu'elle dépasse dans son mouvement rotatoire le méridien minimal ; enfin, au foyer f' du méridien minimal, elle se place dans le méridien maximal, et ainsi de suite. Ainsi les rayons qui passent par un méridien intermédiaire ne concourent nulle part en un foyer punctiforme. Il se croisent, mais dans des plans différents ; le lieu géométrique de ces entrecroisements est une espèce d'hélice. De plus, l'intersection de ces rayons par un plan, c'est-à-dire l'image du point lumineux, est toujours plus ou moins élargie, diffuse ; la ligne qui est cette image n'est nulle part aussi nette que si elle est formée par les méridiens principaux dans leurs foyers respectifs.

Complétons maintenant cette démonstration expérimentale en recevant sur un écran, au sortir du système en question, tout le faisceau lumineux qui tombe sur la surface réfringente. Supposons toujours un faisceau de rayons lumineux venus d'un point très éloigné et tombant sur la surface réfringente parallèlement à son axe xx'. A droite (c'est-à-dire en bas), dans la figure 2, sont représentées les sections successives des rayons émergents. telles qu'elles se dessinent sur un écran qu'on déplace. Ces sections représentent évidemment les images d'un point lumineux.

Si la courbure de la surface était celle d'un ellipsoïde de révolution, comme celle de la cornée théoriquement normale, le cylindre lumineux serait, après réfraction, un cône section circulaire, et dont le sommet serait au foyer (unique) de la surface. Avec une surface d'ellipsoïde à trois axes, la section du cylindre lumineux, après réfraction, est une ellipse (1), d'abord à petit axe parallèle au méridien maximal, et à grand axe parallèle au méridien minimal ; ou plutôt les images de diffusion formées par les deux méridiens principaux sont les axes de ces ellipses. A partir de la surface réfringente, l'ellipse devient de plus en plus petite, et son excentricité augmente. Dans le foyer (principal) du méridien maximal, elle se réduit à une ligne (2) parallèle au méridien minimal. Plus loin de la surface réfringente, l'ellipse reparaît, plus petite, très excentrique, toujours avec le grand axe parallèle au méridien minimal. Son excentricité diminue de plus en plus, et en un point l'ellipse se transforme en cercle(3), au delà duquel nous voyons survenir une ellipse, peu excentrique d'abord, mais avec grand axe parallèle au méridien maximal. L'excentricité augmente ensuite, et dans le foyer (principal) du méridien maximal, l'ellipse se réduit à une ligne (4) parallèle au méridien maximal (perpendiculaire au méridien du foyer en question). Reculant encore l'écran récepteur, l'ellipse reparaît (5), avec son grand axe parallèle au méridien maximal, et d'abord très excentrique. L'excentricité va ensuite en diminuant, pendant que la grandeur totale de l'ellipse (6) augmente, et que, partant, sa clarté diminue.

L'image d'un point lumineux, formée par un système « astigmate », ne peut donc jamais être un point. Elle est une ellipse, ou bien un cercle (en un point), ou enfin une ligne (en deux points). Les deux lignes sont désignées du nom de première et de seconde ligne focale ; celle-là se trouve à l'endroit du foyer (principal) du méridien le plus réfringent, là seconde au foyer du méridien minimal. La distance entre les deux lignes focales est la ligne interfocale ou ligne de Sturm. L'image d'un point, ou d'un objet éloigné, formée par le système astigmate, n'est nette nulle part. Sa netteté est relativement grande sur toute l'étendue de la ligne focale ; mais elle atteint un maximum aux deux lignes focales, et nullement au point où l'image d'un point est un petit cercle.

Un point lumineux situé plus près du système dioptrique donne lieu aux mêmes phénomènes. Seulement, les lignes focales « conjuguées » sont situées plus loin du système réfringent que la ligne focale « principale ».

La longueur de la ligne ou distance interfocale ff' est d'autant plus grande que l'asymétrie du système, autrement dit l'astigmatisme, est plus prononcée.

La figure 2 fait voir aussi que la première ligne focale est plus courte que la seconde. Cette inégalité est d'autant plus grande que l'astigmatisme est plus grand. Enfin l'endroit où l'image d'un point est un cercle n'est pas au milieu de la ligne interfocale ; il est plus rapproché de la première ligne focale, et cela d'autant plus que l'astigmatisme est plus grand.

Ce qui précède nous met à même de comprendre la vision de *l'œil astigmate*, affecté d'astigmatisme régulier. Supposons, ce qui du reste est le cas habituel, que ce soit le méridien vertical du système dioptrique de l'œil qui soit le plus réfringent ; la première ligne focale est donc horizontale.

Nous verrons que, relativement à la réfraction absolue, tous les cas imaginables peuvent se présenter. La rétine peut se trouver au-devant (plus près de la cornée) de la première ligne focale ; elle peut se trouver dans cette ligne, ou entre les deux lignes focales, ou encore dans la seconde ligne (dans le foyer principal du méridien minimal, qui est horizontal), ou enfin en arrière des deux lignes focales. Autrement dit, les deux méridiens principaux (et par conséquent tous les méridiens) peuvent être hypermétropes (voir l'article **Hypermétropie**), mais à divers degrés ; un seul peut être emmétrope, l'autre hypermétrope ; l'un peut être myope (voyez **Myopie**) et l'autre hypermétrope ou emmétrope ; enfin tous les méridiens peuvent être myopes. Le cas habituel est celui où tous les méridiens ont la même amétropie, et sont hypermétropes ou myopes. Toutefois il n'est pas rare de trouver un méridien principal emmétrope, l'autre myope ou hypermétrope. Exceptionnellement l'un de ces méridiens est myope, l'autre hypermétrope. Les phénomènes sont surtout frappants lorsque les deux méridiens principaux sont myopes, ce qu'au besoin on peut réaliser en munissant l'œil d'un verre biconvexe suffisamment fort : on augmente ainsi la réfraction également dans tous les méridiens. S'il le faut, on se rend astigmate en munissant l'œil d'un verre cylindrique positif (avec l'axe horizontal) ; on observe ainsi les phénomènes visuels suivants :

1° Un point n'est jamais vu sous forme d'un point, mais sous forme d'ellipses, d'un cercle ou de lignes. Dans une chambre obscure, on masque la lumière d'une lampe par un carton percé d'un trou d'aiguille. L'astigmate myopique, en s'éloignant et en se rapprochant de ce point lumineux, trouve aisément une distance à laquelle le petit cercle lumineux lui paraît rond : la rétine se trouve au point interfocal caractérisé plus haut. Si maintenant on s'éloigne de plus en plus de la lampe, la seconde ligne focale (verticale perpendiculaire au méridien minimal (horizontal), se rapproche de la rétine et la dépasse : le cercle s'allonge en une ellipse verticale, qui se transforme en une ligne verticale, puis de nouveau en une ellipse verticale de plus en plus grande et de moins en moins claire (en raison de son agrandissement). Si, au contraire, à partir du point de départ on se rapproche de la source lumineuse, la première ligne focale (horizontale) recule vers la rétine, et la dépasse : le petit cercle devient une petite ellipse horizontale, puis une ligne horizontale; ensuite reparaît l'ellipse horizontale, qui va grandissant. La distance entre les deux distances auxquelles le point paraît sous forme de ligne est d'autant plus grande que l'astigmatisme est plus fort. Le phénomène n'est guère apparent avec un faible astigmatisme.

2° Des lignes de directions différentes ne sont jamais vues à la fois avec une égale netteté; quand l'astigmate voit nettement les unes, les autres paraissent pâles, diffuses. Une ligne en effet est une succession de points. Soit (fig. 68) C un dessin composé de deux lignes pointillées, l'une verticale, l'autre horizontale. Dans notre hypothèse, le méridien maximal étant vertical, si l'éloignement de l'objet est tel que la première ligne focale

Fig. 67.

tombe sur la rétine (à une distance assez rapprochée), chaque point sera vu allongé horizontalement, il y aura à chacun d'eux des cercles de diffusion horizontaux. Ceux-ci se couvrent pour une ligne horizontale, et sont comme non avenus, sauf que la ligne paraît un peu allongée (B); pour une ligne verticale, les cercles de diffusions ne se couvrent pas; la ligne paraîtra élargie et plus pâle que la première. L'inverse a lieu si (A), soit en éloignant les lignes, soit en accommodant, nous faisons en sorte que la seconde ligne focale tombe sur la rétine. Lorsque ni l'un ni l'autre des méridiens principaux n'est adapté à la distance de l'objet, toutes les lignes paraîtront diffuses.

Lorsque la ligne se trouve dans un méridien intermédiaire, elle n'est vue nettement nulle part; d'après ce que nous avons vu plus haut, les rayons émanés d'un de ses points ne sont nulle part réunis en un foyer punctiforme.

A ce même point de vue s'explique le chatoiement particulier à une figure composée de cercles concentriques noirs et blancs, suffisamment serrés. Des rayons plus pâles tournent autour du centre pendant qu'on regarde le dessin. C'est que, l'accommodation intervenant, tantôt l'une, tantôt l'autre ligne focale est plus près de la rétine. Le phénomène est apparent pour presque tous les yeux, attendu qu'à peu près tous les yeux sont affectés d'un certain degré d'astigmatisme, ainsi que nous le verrons plus loin.

3° Un œil astigmate voit mieux à travers une mince fente (fente sthénopéique) ou un trou étroit percé dans un écran opaque. A l'aide de la fente, on ne laisse passer dans l'œil des rayons lumineux qu'à travers un seul méridien ou à peu près. Dans les deux méridiens principaux, la fente ne laisse pénétrer que des rayons qui peuvent se réunir en foyers punctiformes, au besoin l'accommodation aidant. Les images rétiniennes seront donc plus nettes ; l'acuité visuelle sera augmentée. Cette augmentation sera moins prononcée lorsque la fente coïncide avec un méridien intermédiaire, pour des raisons indiquées déjà. — Le point étant un élément d'une ligne, on conçoit que le trou percé dans un écran augmente également l'acuité visuelle.

4° L'astigmate *voit plus mal* qu'un emmétrope, et de plus *les objets sont vus déformés.*

L'acuité visuelle défectueuse de l'astigmate se comprend, puisque à aucune distance un objet ne peut former sur la rétine une image nette. L'amblyopie sera d'autant plus forte que l'astigmatisme est plus prononcé. Toutefois la question de savoir *comment voient les astigmates* est un problème assez compliqué.

D'abord, l'astigmate préfère-t-il porter (en accommodant, par exemple) sur sa rétine une ligne focale, ou bien un point de la distance interfocale, par exemple celui où un point lumineux apparaît sous forme d'un cercle? Il paraît bien prouvé que l'astigmate voit le mieux lorsqu'une ligne focale tombe sur la rétine (JAVAL, MAUTHNER). A ce propos, on fait observer (MAUTHNER) qu'un myope (ou un hypermétrope) imparfaitement corrigé ,portant un verre trop faible) affectionne d'incliner la tête de façon à regarder obliquement à travers les verres trop faibles. Par cette manœuvre, il augmente la force du verre dans le méridien parallèle à l'inclinaison ; ainsi faisant, il diminue et efface les cercles de diffusion dans ce méridien seul, tandis qu'on les laisse persister dans l'autre. Le myope se rend ainsi astigmate, et il gagne au change. Le myope non corrigé obtient le même effet par le clignotement, si caractéristique pour ce genre d'affection. Pour un motif analogue, les astigmates préfèrent reporter (si possible) sur la rétine la ligne focale verticale, ne laissant persister que les cercles de diffusion verticaux (JAVAL), qu'il diminue par le clignotement.

Les cercles de diffusion d'une seule direction ont sur les images diffuses circulaires un très grand avantage, surtout pour la lecture et l'écriture. Dans les caractères imprimés ou écrits prédominent les traits d'une direction, ou les verticaux et les horizontaux. On comprend que des images diffuses dans une seule direction, pourvu que celle-ci coïncide avec celle des traits, gêne la vision beaucoup moins que les images diffuses circulaires de mêmes dimensions, et que certaines lettres des échelles visuelles (voyez **Acuité visuelle**) sont reconnues, alors que d'autres, beaucoup plus grandes, ne le sont pas. On comprend que, pour la lecture, le myope ou l'amétrope préfère, par une inclinaison appropriée de la tête, ou par le rapprochement des paupières, transformer son amétropie en un astigmatisme du même degré.

L'astigmate voit les objets déformés, des lettres par exemple allongées dans un sens, dans celui du méridien principal qui a la plus forte courbure. Une personne non astigmate peut s'en convaincre en regardant, soit à travers un verre cylindrique, soit à travers un verre sphérique incliné. D'abord, un cercle, par exemple, sera vu plus grand suivant le méridien le plus réfringent, qui grossit comparativement au méridien minimal. En second lieu, les cercles de diffusion, dirigés habituellement dans un seul sens, allongeront également les objets dans cette direction. Les deux facteurs n'agissent pas toujours dans le même sens, et peuvent se contre-balancer. Les objets sont surtout étirés en un sens lorsque les deux facteurs agissent dans le même sens, ce qui est le cas lorsque l'astigmate regarde en ayant la seconde ligne focale (verticale, sur la rétine ; alors des lignes verticales paraissent allongées, d'une part en vertu du grossissement plus grand dans le sens vertical, celui du méridien le plus réfringent, et d'autre part en vertu des cercles de diffusion, qui allongent les lignes, par exemple dans le seul sens vertical.

On a soutenu aussi, non seulement que l'astigmate voit toujours les objets allongés dans un sens, mais encore qu'en les dessinant il les reproduit toujours déformés, allongés dans un sens. On a même voulu par ce moyen reconnaître l'astigmatisme des peintres décédés, rien que par l'inspection de leurs œuvres. Pour ce qui est du premier point, nous venons de voir que l'astigmate ne voit les objets étirés que dans certaines circonstances. Quant au second, il semble impossible que l'astigmate dessine les objets étirés, bien que peut-être il les voie déformés. S'il voit un cercle sous forme d'ellipse, il doit le dessiner sous forme de cercle, pour que son dessin lui représente la même ellipse que la vue de l'objet. Et, s'il lui donnait la forme d'une ellipse, l'excentricité de celle-ci serait pour lui plus grande que celle qu'il voit au cercle objet. L'opinion que nous avons en vue ici, et qui a fait quelque bruit dans le monde, repose donc sur une interprétation fautive des choses.

Un chapitre intéressant au double point de vue physiologique et pratique est celui de l'accommodation chez les astigmates. Pour bien le comprendre, il faut savoir d'abord où siège la cause de l'astigmatisme régulier, et en quoi consiste cette cause.

Dans l'immense majorité des cas, l'astigmatisme régulier est dû à une courbure anormale de la cornée transparente. Au lieu d'avoir une courbure sphérique, ou plutôt celle d'un ellipsoïde de révolution, sa face antérieure a celle d'un ellipsoïde qui n'est pas de révolution, mais qui a trois axes inégaux. Chaque méridien est une portion d'ellipse; mais il y en a un dont la courbure est la plus forte; la convexité va de là en diminuant, pour devenir un minimum dans le méridien perpendiculaire au premier. La réfraction dans le cristallin est régulière. Nous avons ainsi un système dioptrique astigmatique, tel que nous venons de le décrire. Généralement le méridien maximal (à la plus forte courbure) est vertical, le méridien minimal est horizontal. Assez souvent le méridien maximal dévie plus ou moins à droite ou à gauche de la verticale. Dès lors, il faut en tenir compte dans les développements qui précèdent. Pour la lecture, par exemple, un tel astigmate aime à incliner la tête latéralement, à l'effet de faire coïncider un méridien principal avec les traits prédominant dans les caractères qu'il lit.

Pour expliquer le fait que c'est le méridien vertical qui est le plus convexe, on invoque, avec une apparence de raison, la compression exercée sur le globe oculaire par les paupières, qui l'aplatiraient à l'équateur, et augmenteraient la courbure cornéenne dans le sens vertical.

Dans des cas relativement rares, c'est le méridien oculaire horizontal, ou un autre approchant, qui est le plus réfringent. Dans ce cas l'anomalie n'est qu'exceptionnellement le fait de la courbure cornéenne.

L'observation clinique des astigmates a démontré que, dans la proportion d'un quart environ des cas, le cristallin contribue à produire l'astigmatisme de l'œil. Rarement l est seul en cause; le plus souvent il y intervient concurremment avec la cornée. On distingue donc entre l'astigmatisme *cornéen*, l'astigmatisme *cristallinien* et l'astigmatisme *total*.

L'astigmatisme cristallinien est un des problèmes les plus discutés de la pratique oculistique, problème qui intéresse en même temps la physiologie à plus d'un titre. Avant d'aller plus loin, il convient de dire quelques mots sur la manière dont on détermine l'astigmatisme.

Mesure de l'astigmatisme. — Pour évaluer la part revenant soit à la cornée, soit au cristallin, dans la production de l'astigmatisme total, le mieux serait de pouvoir mesurer exactement la courbure cornéenne et celles des deux faces du cristallin (dans leurs différents méridiens). Malheureusement, ces déterminations à l'aide de l'ophtalmomètre de HELMHOLTZ (voyez à l'article **Accommodation**), instrument qui semblerait tout désigné à cet effet, sont tellement laborieuses, surtout en ce qui regarde le cristallin, qu'on a dû y renoncer. Elles n'ont abouti que dans des cas tout à fait isolés.

JAVAL et SCHIÖTZ ont fait subir à l'ophtalmomètre de HELMHOLTZ une modification qui le rend plus pratique. Mais, même sous cette forme, il ne peut guère servir qu'à déterminer l'astigmatisme cornéen. Pour ce dernier but, c'est du reste un instrument d'une valeur absolument supérieure, et dont l'emploi a permis de résoudre plusieurs questions de la plus haute importance théorique et pratique. En combinant ses données avec la détermination de l'astigmatisme total, on arrive dans une certaine mesure à faire la part de l'astigmatisme cristallinien.

A l'aide de l'ophtalmomètre, on calcule la courbure cornéenne d'après la grandeur de l'image catoptrique d'un objet (à grandeur connue), formée sur le miroir cornéen[1].

Voyons donc les méthodes servant à déterminer l'astigmatisme total de l'œil humain.

---

1. Cette image par réflexion a été employée encore plus directement pour constater l'existence de l'astigmatisme cornéen, et même pour en mesurer le degré, la valeur absolue. — Les images formées par réflexion sur un miroir convexe se ressentent de la forme de ce dernier; elles peuvent même servir à mesurer la courbure du miroir dans ses différents méridiens. Si la courbure du miroir est sphérique, l'image d'un objet à contours réguliers est régulière aussi, semblable à l'objet. Si la courbure diminue vers un méridien, l'image est étirée, agrandie, dans ce sens. Cette déformation, facile à constater, est révélatrice de l'astigmatisme cornéen. PLACIDO a vulgarisé l'emploi d'un disque portant des lignes concentriques, qu'on fait réfléchir sur la cornée pendant que l'examinateur regarde la cornée examinée à travers une ouverture centrale du disque, et que l'œil examiné regarde le centre du disque. Si la surface cornéenne est une surface à révolution, la petite image sera régulière. DE WECKER et MASSELON ont donné à cette expérience une forme qui permet de déterminer avec un certain degré d'exactitude le degré de l'asymétrie cornéenne.

Il y a de cela quelques années seulement, on n'avait à cet effet que la méthode laborieuse consistant à essayer d'augmenter l'acuité visuelle à l'aide de verres cylindriques, combinés au besoin avec des verres sphériques. On commençait d'abord par déterminer les directions des méridiens de la plus forte et de la plus faible courbure, à rechercher l'axe de l'astigmatisme, détermination par laquelle aujourd'hui encore doivent commencer toutes les mensurations de ce genre. A cet effet, on peut se servir soit de points lumineux, soit de systèmes de lignes différemment orientées, disposées, par exemple, en étoile. Pour ce qui est des points lumineux (percés dans un écran portant la graduation d'un cercle), on n'a qu'à faire en sorte (voir plus haut) qu'ils se présentent sous forme de lignes. La direction de celles-ci donne celle soit du méridien maximal, soit du méridien minimal. Si on se sert de systèmes de lignes différemment orientées, celles qui apparaissent le plus nettement sont dans le méridien maximal ou dans le minimal.

La direction des méridiens principaux étant connue, on élimine préalablement, s'il y a lieu, toute trace de myopie ou d'hypermétropie, en augmentant le plus possible l'acuité visuelle à l'aide de verres sphériques. Si maintenant il reste encore de l'astigmatisme, on le corrige en essayant, avec des verres cylindriques de diverses forces, placés avec leur axe dans l'un ou l'autre méridien principal, d'obtenir le maximum possible de l'acuité visuelle. La valeur du cylindre correcteur donne la valeur de l'asymétrie astigmatique de l'œil.

Le côté faible de cette *détermination subjective de l'astigmatisme total* est qu'on est réduit à interpréter les réponses du sujet examiné, qui se fatigue, donne des réponses erronées et ainsi déroute l'examinateur. Enfin, cette méthode n'est guère applicable aux enfants. Telle qu'elle est, cependant, elle rend encore de grands services ; et surtout il faut toujours finir par contrôler, à l'aide d'elle, les résultats fournis par les méthodes qui servent à déterminer objectivement l'astigmatisme total.

Pour *déterminer objectivement l'astigmatisme total de l'œil*, nous possédons aujourd'hui, dans la « skiascopie » imaginée par CUIGNET (et développée par LANDOLT, PARENT, CHIBRET, etc., etc.), une méthode absolument rigoureuse. En voici les principes expérimentaux (pour la théorie et les règles plus pratiques, voir l'article **Skiaskopie**) :

Si on éclaire le fond d'un œil à l'aide d'un ophtalmoscope (le mieux tenu à un peu plus d'un mètre de l'œil examiné), la pupille paraît rouge dans toute son étendue. Qu'arrive-t-il si on éclaire le disque pupillaire peu à peu, en déplaçant le reflet ophtalmoscopique vers le centre pupillaire, ce qu'on obtient en inclinant de plus en plus le miroir ophtalmoscopique? Lorsque ce reflet s'avance sur la pupille, celle-ci ne paraît d'emblée rouge dans toute son étendue que dans un seul cas, celui d'une réfraction emmétropique de l'œil. Si l'œil est myope, et si le miroir employé est plan, la pupille de l'œil myope s'éclaire partiellement d'abord, puis tout à fait, en commençant par le bord opposé à celui d'où vient (sur la face du sujet examiné) l'éclairage, le reflet ophtalmoscopique. Si l'œil est hypermétrope, l'éclat pupillaire marche dans le même sens que le reflet ophtalmoscopique. Avec un miroir concave, la marche du reflet pupillaire est inverse. Le verre sphérique, placé devant l'œil examiné, qui fait que la pupille s'éclaire d'emblée dans toute son étendue, donne le degré de l'amétropie.

Rien n'est changé aux phénomènes si on avance le reflet lumineux vers la pupille, suivant ses méridiens les plus divers. Mais, s'il y a astigmatisme, le verre correcteur d'un méridien ne l'est plus pour un autre. Et la différence, d'une part entre le verre qui corrige le méridien le moins amétrope, et d'autre part entre celui qui corrige le méridien le plus amétrope, donne le degré, la valeur de l'astigmatisme total avec une rigueur assez grande.

Dans la skiascopie aussi, il faut commencer par déterminer l'axe de l'astigmatisme, c'est-à-dire la direction des méridiens principaux, ce qui se fait facilement et d'emblée. En réalité on voit se mouvoir sur la rétine une image plus ou moins diffuse de la source lumineuse, ovale dans l'œil astigmate. Cette image, et partant sa ligne de démarcation avec la partie obscure de la pupille, ne sera perpendiculaire au sens du mouvement de l'ophtalmoscope, que si ce dernier a lieu dans un des méridiens principaux. Si le reflet lumineux s'avance dans un méridien intermédiaire, la ligne de démarcation est oblique par rapport au sens du mouvement, et placée toujours dans un des méridiens principaux

La direction d'un de ceux-ci devient manifeste dès le commencement de l'épreuve.

En fin de compte, il s'est trouvé que, dans la grande majorité des cas (les trois quarts), l'astigmatisme cornéen est égal à l'astigmatisme total, et que, par conséquent, il est seul à produire ce dernier.

Et lorsqu'il y a un astigmatisme imputable au cristallin, il est la plupart du temps « contraire à la règle »; c'est-à-dire qu'au contraire de ce qui est vrai pour la cornée, c'est le méridien horizontal (ou à peu près) du cristallin qui a la plus forte courbure.

Cet astigmatisme cristallinien est rare en somme, comparativement à l'astigmatisme en général; de plus, sa valeur absolue, son degré est relativement faible, en regard de l'astigmatisme cornéen. Il corrige donc plus ou moins ce dernier. Dans le cas, absolument exceptionnel, où l'astigmatisme total est « contraire à la règle », c'est-à-dire lorsque le méridien maximal est horizontal, il dépend ordinairement du cristallin (JAVAL). Il se trouve enfin des cas où l'axe de l'astigmatisme cristallinien n'est pas absolument perpendiculaire à celui de l'astigmatisme cornéen : l'axe de l'astigmatisme total est intermédiaire entre celui de la cornée et celui du cristallin.

Quant à la cause de l'astigmatisme cristallinien, elle pourrait résider dans la courbure du cristallin, qui serait celle d'un ellipsoïde à trois axes inégaux, comme pour la cornée. Il résulte des recherches de TCHERNING que, dans le plus grand nombre au moins des cas de l'espèce, il est dû à une position oblique du cristallin. Ce dernier est décentré; comme s'il avait subi une rotation autour de son diamètre équatorial vertical. Nous avons vu plus haut que dans ces circonstances la réfraction du cristallin normal devient astigmate, que le méridien horizontal acquiert un pouvoir réfringent plus fort.

Mais les ophtalmologistes avaient cru pouvoir conclure de leurs expériences qu'une courbure inégale des différents méridiens du cristallin serait une cause très fréquente d'astigmatisme cristallinien, et que cette courbure inégale était le résultat d'une contraction partielle de certains segments du muscle ciliaire. Ces contractions partielles donneraient lieu à un astigmatisme « dynamique », passager, du cristallin, qui pourrait corriger, diminuer, surcorriger, augmenter l'astigmatisme résultant de la cornée, ou enfin produire un astigmatisme à lui seul. Cet astigmatisme dynamique serait très fréquent, surtout chez les jeunes astigmates (de par la cornée.) Par sa longue durée, il pourrait même finir par octroyer au cristallin une forme asymétrique permanente, devenir « statique ».

En tant que cet astigmatisme dynamique pourrait corriger un astigmatisme cornéen, qui aux épreuves visuelles ne devient manifeste que pendant le repos ou la paralysie de l'accommodation, on parle d'astigmatisme « latent », tout comme on parle de l'hypermétropie latente.

Les partisans des contractions partielles, « astigmates », du muscle ciliaire ne manquent pas de rappeler que, d'après les expériences faites par HENSEN et VOELKERS (sur le chien), la lésion d'un seul filet des nerfs ciliaires postérieurs paralyse, et son excitation fait contracter une partie isolée du muscle ciliaire. Mais leurs arguments principaux sont tirés d'observations faites sur des yeux humains astigmates.

DOBROWOLSKY, et à sa suite beaucoup d'oculistes (G. MARTIN, etc.), ont trouvé qu'après atropinisation d'un œil astigmate (paralysie du muscle ciliaire), souvent l'astigmatisme (subjectif) total de l'œil est plus fort ou plus faible, ou même que l'axe en est déplacé un peu. L'atropine n'exerçant pas d'action sur la courbure de la cornée, ils concluent que, chez les astigmates, il se produit souvent des contractions partielles du muscle ciliaire, contractions « astigmates » en tant qu'elles agissent sur le cristallin. Tantôt ces contractions diminuent et neutralisent même l'astigmatisme cornéen, tantôt elles l'augmentent. Il peut aussi se produire ainsi, au dire de ces auteurs, un astigmatisme « latent », un œil d'abord emmétrope aux épreuves visuelles se révélant après atropinisation comme atteint d'astigmatisme, siégeant dans la cornée, ainsi que le dénoterait l'ophtalmomètre. On parle d'astigmatisme « dynamique » lorsqu'un œil astigmate aux épreuves visuelles apparaît aux épreuves visuelles) après atropinisation, dépourvu d'astigmatisme. On cite même des cas d'astigmatisme où le méridien maximal est myope, le minimal emmétrope; une contraction astigmate, portant sur le méridien minimal, transformerait l'astigmatisme en myopie simple. Enfin, tous les effets imaginables de ces contractions astigmates ont été décrits comme ayant été observés réellement.

On compare les contractions astigmates du muscle ciliaire avec celles qui produisent l'hypermétropie latente. Elles se produisent, toujours au dire de ces auteurs, chaque fois que l'individu veut voir quelque chose ; l'intention de voir quoi que ce soit suffit à cet effet. Elle disparaissent, et avec elles leur effet sur le cristallin, par l'atropinisation, et lorsque le sujet laisse errer le regard sans but visuel, notamment à l'examen ophtalmoscopique ou skiascopique. Cet examen peut donc les déceler. — De même que les contractions du muscle ciliaire qui rendent latente l'hypermétropie, les contractions astigmates ont pour but d'améliorer l'acuité visuelle. Seulement elles peuvent dépasser le but, ou même se produire dans un sens fautif. — Comme elles existent à peu près toujours à l'état de veille, on met sur leur compte les phénomènes asthénopiques (douleurs autour des yeux, larmoiement, etc.) dont se plaignent si souvent les astigmates.

G. Martin distingue même dans l'astigmatisme résultant de contractions partielles du muscle ciliaire deux parts : l'une céderait au port de verres appropriés, et au moment où le sujet n'a pas l'intention de regarder quelque chose ; l'autre ne céderait qu'à l'usage prolongé de l'atropine.

Les contractions astigmates étant, au dire de Dobrowolsky, etc., un fait très général surtout chez de jeunes sujets, on a essayé de les provoquer en rendant des yeux artificiellement astigmates, au moyen de lunettes cylindriques. S'il survenait dans ces conditions des contractions astigmates correctrices, le trouble visuel produit par l'astigmatisme artificiel devrait disparaître. C'est ce que divers auteurs prétendent avoir observé réellement. Mais les auteurs en question n'ont pas pris toutes les précautions nécessaires pour exclure d'autres facteurs qui pourraient dans ces circonstances neutraliser plus ou moins l'effet du verre cylindrique.

Bull a récemment publié une critique remarquable des travaux que nous avons en vue ; il a montré comme quoi les conclusions de Dobrowolsky et de ses continuateurs ne s'imposent pas.

En ce qui regarde les contractions astigmates provoquées par le port de verres cylindriques, Bull montre qu'il se peut que la neutralisation du verre cylindrique soit obtenue par une contraction générale du muscle ciliaire qui rend verticaux tous les cercles de diffusion, et alors ceux-ci sont supprimés par un clignotement qui transforme la fente palpébrale en fente sthénopéique. Le même phénomène se produit dans beaucoup de cas d'astigmatisme réel ou apparent, dans lesquels l'atropinisation aurait diminué, quelquefois même augmenté l'astigmatisme, ou bien dans ceux où le port de verres cylindriques aurait à la longue diminué l'astigmatisme subjectif. Ici encore Bull fait voir comment la plupart du temps une variation survenue entre temps dans l'accommodation totale, aidée ou non d'un clignotement, explique les phénomènes au moins aussi bien que l'hypothèse d'une contraction astigmate du muscle ciliaire. Des observations de ce genre peuvent même être faites dans les yeux privés de cristallin (opérés de cataracte).

La réalité d'efforts accommodateurs à peu près constants chez les astigmates, jeunes surtout, semble mise hors de doute. Seulement, ce sont des efforts étendus à tout le muscle ciliaire. D'après les observations de Bull, ils ont réellement pour effet d'augmenter souvent l'acuité visuelle, ne fût-ce qu'en obtenant de faire tomber une des lignes focales sur la rétine. Souvenons-nous aussi que les objets que nous regardons ont les lignes de contour les plus diverses, et, pour les voir le plus nettement possible, l'astigmate trouve avantage à faire tomber sur la rétine, tantôt la première, tantôt la seconde ligne focale ; ce qui ne peut s'obtenir que par une modification de l'accommodation. Cette nécessité de modifier incessamment l'accommodation (totale) existe même pour les yeux myopes qui sont astigmates en même temps, alors que dans la myopie simple l'accommodation est généralement superflue. Mais le problème de l'accommodation est des plus compliqués chez l'astigmate, et on se figure aisément des cas où d'aucune façon elle ne saurait améliorer la vision, et où même elle l'empire, par exemple dans l'astigmatisme myopique. Quoi d'étonnant alors à ce que le muscle ciliaire, surmené, entre en une contraction tétanique, spasmodique, et simule de la myopie, cas qui s'observe réellement ? L'asthénopie, les phénomènes douloureux, les obscurcissements passagers de la vue, l'apparition d'un état névrosique pouvant aller, au dire de certains auteurs, jusqu'à la névrose grave, tout cela se comprend sans qu'on soit forcé de recourir à l'hypothèse des contractions astigmatiques du muscle ciliaire.

Les expériences faites sur des yeux avec et sans atropinisation sont du reste entachées d'une autre cause d'erreur. Il suffisait à certains cliniciens de constater aux épreuves visuelles une différence dans l'astigmatisme total avant et après atropinisation de l'œil pour mettre la différence au compte du muscle ciliaire, que l'atropine paralyse; on négligeait même souvent de mesurer la courbure cornéenne à l'ophtalmomètre. Or l'atropine produit dans l'œil encore d'autres changements importants au point de vue dioptrique. Elle dilate notamment la pupille et démasque ainsi, pour la lumière incidente, des portions plus périphériques de la cornée et du cristallin, dont la réfraction diffère souvent notablement de celle des parties avoisinant l'axe optique; il peut en résulter une modification de l'acuité visuelle, qui est une fonction de la réfraction de *tous* les rayons lumineux qui pénètrent dans l'œil.

Jackson a reconnu par l'examen skiascopique que très souvent la réfraction d'une partie périphérique du champ pupillaire (avec la pupille un peu dilatée) est sensiblement différente de celle du centre. Une partie de cette inégalité de réfraction peut revenir au cristallin. Mais Sulzer a démontré récemment que la cornée y entre aussi pour une large part. A l'aide de mensurations ophtalmométriques, cet auteur a démontré que très souvent la cornée est loin de présenter la courbure d'un ellipsoïde de révolution, ou même celle d'un ellipsoïde à trois axes (dans le cas d'astigmatisme) telle que nous l'avons supposée dans ce qui précède. La cornée peut avoir une courbure à peu près idéale, si on ne considère qu'une aire de deux millimètres autour du centre cornéen. Mais cette régularité n'existe plus si on envisage une plus grande aire cornéenne, telle qu'elle est utilisée dans la vision d'un œil atropiné. Un méridien donné diffère beaucoup d'une ellipse; ses deux branches, prises à partir du centre cornéen, ont ordinairement des courbures inégales, ce qui produit de l'astigmatisme irrégulier. A notre point de vue actuel, il importe de relever surtout les conclusions suivantes du travail de Sulzer : 1° Des cornées, ne présentant pas d'astigmatisme dans les parties centrales, sont astigmatiques dans leurs parties périphériques. 2° Les diverses zones périphériques d'une cornée astigmatique présentent des degrés différents d'astigmatisme, différents de celui des parties centrales. 3° Les parties périphériques des cornées sans astigmatisme central présentent la plupart du temps un astigmatisme contraire à la règle. 4° Les parties périphériques des cornées à astigmatisme central un peu fort sont plus astigmates que les parties centrales. Il en résulte que, de par la courbure cornéenne, les yeux sans astigmatisme subjectif, lorsque leur pupille est étroite, présentent, après atropinisation, un faible astigmatisme subjectif contraire à la règle, l'astigmatisme subjectif d'un œil à pupille étroite peut, après atropinisation, être diminué, corrigé, ou renversé, ou enfin augmenté; enfin, l'axe de l'astigmatisme subjectif peut être déplacé après atropinisation.

Dès lors une conclusion s'impose. Les matériaux amassés par les cliniciens, sur la détermination de l'astigmatisme total subjectif, avec et sans l'atropinisation de l'œil, ne prouvent rien dans la question de l'astigmatisme cristallinien, et surtout dans celle de l'astigmatisme cristallinien dynamique résultant de contractions partielles du muscle ciliaire. Bien qu'ils ne soient pas dépourvus de toute valeur, ils ont besoin d'une revision critique sérieuse, qui peut-être ne pourra guère être tentée fructueusement avant que nous disposions d'un moyen pratique pour mesurer la courbure des faces du cristallin dans différents méridiens. La plupart du temps, les écarts constatés entre l'astigmatisme subjectif avec et sans atropinisation sont d'une valeur telle qu'ils peuvent s'expliquer parfaitement par la différence de courbure existant entre la périphérie et le centre cornéen.

En résumé donc, les faits allégués par Dobrowolsky, G. Martin, etc., ne sont pas démonstratifs dans la question des contractions astigmates du muscle ciliaire. Il est prouvé dès maintenant que dans un grand nombre de cas de l'espèce, il ne s'agissait nullement de contractions astigmates du muscle ciliaire.

Voici encore quelques points relatifs à l'astigmatisme régulier, et qui n'ont pas trouvé place dans ce qui précède.

Degré de l'astigmatisme. — L'asymétrie astigmate de l'œil, mesurée par la différence de réfringence dans les deux méridiens principaux, peut être plus ou moins pro-

noncée. De même que l'hypermétropie et la myopie, l'astigmatisme peut être représenté par le verre qui corrige l'asymétrie. L'astigmatisme est évalué par le verre cylindrique (positif ou négatif) qui fait disparaître l'inégalité de réfringence dans les deux
méridiens principaux. Il peut y avoir en même temps hypermétropie ou myopie totale
de l'œil, mais cela n'entre pas en ligne de compte pour l'évaluation de l'astigmatisme.

Quant à l'évaluation du pouvoir réfringent des lentilles cylindriques, elle se fait de la
même façon que celle des lentilles sphériques (voyez à l'article **Hypermétropie**), au moyen
des distances focales des lentilles à comparer. Les pouvoirs réfringents de différentes
lentilles à comparer sont inversement proportionnels aux distances focales de ces mêmes

lentilles $Fr : = \frac{1}{D}$; et $Df = \frac{1}{Fr}$. Une lentille deux, quatre, etc., fois plus réfringente qu'une

autre a une distance focale qui n'est que la moitié, le quart, etc., de celle de la dernière.

Les ophtalmologistes comparent toutes les forces réfringentes à celle d'une lentille
ayant un mètre de distance focale. Celle-ci est donc prise comme unité; on lui donne
le nom de *dioptrie*. Des lentilles ayant deux, trois, etc., mètres de distance focale ont
des pouvoirs réfringents de 1/2, de un tiers, etc., de dioptrie. Ce sont là les lentilles les
plus faibles dont on tienne compte en pratique; plus faibles, elles n'influencent plus la
vision d'une manière sensible. Des lentilles de deux, trois, cinq, etc., dioptries (de 2, 3,
5 unités de force réfringente) ont des distances focales de 1/2, 1/3, 1/5, etc., de
mètre. Ce qui se détermine aisément en pratique, c'est la distance focale. Celle-ci alors
sert à calculer la force réfringente en dioptries.

Les verres correcteurs de l'oculiste sont numérotés dans le système des dioptries. Le
verre correcteur qu'il trouve corriger l'astigmatisme lui donne du même coup, exprimé
en dioptries, le degré de l'astigmatisme. Supposons des astigmatismes qui sont corrigés
par des verres cylindriques de 1, 2, 3 dioptries. La valeur dioptrique de ces astigmatismes sera de 1, 2, 3 dioptries.

De même, à l'examen skiascopique, la différence des deux verres qui corrigent les
deux méridiens principaux donne la valeur de l'astigmatisme, exprimée en dioptries.

Quand aux valeurs absolues des astigmatismes qu'on observe réellement, il est exceptionnel d'en rencontrer de cinq et six dioptries et même plus (corrigés par des verres de 20,
18 et de 16 centimètres de distance focale). Un astigmatisme de deux dioptries est déjà
qualifié de fort. Un œil emmétrope, muni d'un tel verre, n'a qu'une acuité visuelle qui n'est
que la moitié de la normale, quatre dioptries la réduisent à un septième. Une dioptrie
d'astigmatisme est déjà très sensible à la vision. Un astigmatisme de 1/2 et de 1/4 de
dioptrie (corrigé par un verre de 2 et de 4 mètres de distance focale) ne produit pas une
diminution bien sensible de l'acuité visuelle. Mais, de même que les astigmates plus
forts, ces sortes de gens se plaignent souvent beaucoup de ce que la lecture est fatigante,
occasionne des douleurs du front, du larmoiement, etc., bref, ils accusent les symptômes
dits asthénopiques. Selon toutes les apparences, la cause des phénomènes asthénopiques
réside dans des contractions plus ou moins spasmodiques du muscle ciliaire. Nous
avons vu plus haut que l'astigmatisme, même myopique, donne lieu à des contractions
incessamment variées du muscle ciliaire, à l'effet de faire tomber ou de rapprocher
le plus possible de la rétine, tantôt l'une, tantôt l'autre ligne focale, de préférence même,
si c'est possible, la ligne verticale. Pour beaucoup d'objets, ces efforts accommodateurs améliorent la vision, surtout s'ils sont aidés du clignotement des paupières. De
même que dans l'hypermétropie, l'attention de voir quelque chose suffit bientôt pour
faire contracter le muscle ciliaire. Cette contraction permanente doit donner lieu aux
phénomènes d'asthénopie (larmoiement, douleurs, etc.), tout comme dans l'hypermétropie; et les verres correcteurs les font disparaître. Il semble même que, dans l'astigmatisme, ces contractions deviennent souvent comme spasmodiques, dépassent le but,
probablement parce que dans telles circonstances, par exemple avec une direction
déterminée des lignes de contour des objets, l'effet voulu, c'est-à-dire la vision nette,
ne saurait être obtenu par aucune contraction du muscle ciliaire dans son ensemble. Il
semblerait aussi que le clignotement longtemps continué peut suffire à lui seul pour
produire des sensations douloureuses.

Un faible degré d'astigmatisme régulier, de un quart de dioptrie environ (4 mètres
de distance focale), peut être décelé dans à peu près tous les yeux réputés normaux

Une preuve en a été déjà donnée plus haut, à l'aide des cercles concentriques. Ce faible astigmatisme de tout œil ressort aussi de ce fait que tous les yeux voient avec une netteté inégale des systèmes de lignes parallèles, différemment orientés, ou enfin des lignes disposées en étoile. — DONDERS donne de cet astigmatisme faible, propre à tout œil, la preuve suivante. Pendant qu'on regarde des épreuves visuelles à distance, on tourne autour de son axe optique un verre cylindrique très faible, de un quart de dioptrie par exemple placé au-devant de l'œil. On remarquera que dans une orientation du cylindre l'acuité visuelle est un peu augmentée, et diminuée dans une autre, perpendiculaire à la première. Évidemment, si la réfraction était la même dans tous les méridiens de l'œil, on devrait voir à peu près également bien (ou mal) avec toutes les orientations du cylindre. Dans une position le cylindre corrige, et dans l'autre il renforce l'astigmatisme régulier dont tout œil est affecté.

Les astigmates se plaignent souvent de polyopie (monoculaire). Avec un seul œil, ils voient doubles, triples, des points et des lignes. L'astigmatisme régulier n'est guère capable à lui seul de produire le phénomène. Ce dernier est une conséquence de l'astigmatisme irrégulier dont les yeux de ce genre sont tous atteints. L'astigmatisme régulier non corrigé est une circonstance favorable à la manifestation de cette polyopie (Voyez plus bas *Astigmatisme irrégulier*).

L'astigmatisme régulier, même s'il est fort, est une *malformation congénitale* et souvent *héréditaire*. Le vieillard est aussi astigmate qu'il l'était comme enfant. Seulement, avec la diminution de l'accommodation résultant de l'âge, le trouble visuel devient plus apparent. L'anomalie est souvent héréditaire : un enfant issu de parents fortement astigmates a beaucoup de chance de l'être à son tour ; et, si on rencontre un astigmate dans une famille, il est plus que probable qu'il y en a encore d'autres. D'après LANDOLT, DE WECKER, etc., les astigmates présenteraient souvent des asymétries notables de la face et du crâne : la cause dernière produisant l'asymétrie oculaire devrait donc être recherchée dans le développement embryonnaire. A ce point de vue nous avons plus haut appelé l'attention sur l'influence exercée sur l'œil par la pression des paupières. On a aussi incriminé, sans grand succès, l'influence des contractions des muscles droits de l'œil.

Souvent les deux yeux sont astigmates à la fois ; et alors ordinairement les axes de l'astigmatisme sont symétriques.

Très souvent, malgré la correction la plus soignée, l'acuité visuelle de l'œil astigmate reste défectueuse. Cette « amblyopie astigmatique », on l'a souvent mise sur le compte d'une malformation congénitale, d'un développement défectueux du fond de l'œil, spécialement des éléments rétiniens. Jusqu'à plus ample informé, il est plus rationnel de la mettre sur le compte des anomalies concomitantes des courbures cornéennes et cristalliniennes qui ne se laissent pas corriger par des verres cylindriques. C'est là de l'astigmatisme irrégulier, anomalie dont chaque œil est plus ou moins atteint et qui est particulièrement prononcée dans les yeux affectés d'astigmatisme régulier.

Dans ce qui précède, nous n'avons parlé que de l'astigmatisme régulier congénital, qui est l'état physiologique de certains yeux. Une asymétrie cornéenne produisant de l'astigmatisme régulier est très souvent la conséquence d'ulcères ou de plaies accidentelles ou opératoires (iridectomie, extraction de la cataracte) de la cornée, et souvent dans une mesure très prononcée. Cet *astigmatisme acquis*, qui du reste peut être souvent corrigé avec avantage, est du domaine de la pathologie.

Signalons enfin que les yeux des mammifères, et spécialement des mammifères domestiques, sont toujours affectés de degrés très notables d'astigmatisme cornéen (régulier) et d'astigmatisme irrégulier ayant son siège dans le cristallin (BERLIN).

Historique. — La connaissance pratique de l'astigmatisme régulier date de l'année 1862, de l'apparition à peu près simultanée des travaux de DONDERS et de KNAPP. Mais ici se reproduit le fait bien connu : à chaque nouvelle découverte il se trouve qu'elle a été entrevue ou même effectuée plus ou moins par des prédécesseurs. Seulement, pour des raisons très diverses, leurs démonstrations n'ont pas été assez complètes pour s'imposer à l'attention du monde savant. Les annales de la science signalent THOMAS YOUNG comme un précurseur devançant de loin son siècle, en cette question comme en beaucoup d'autres. En 1793, il décrivit (*Philos. Transact.*, t. LXXXIII, p. 169) son propre astigmatisme régulier qu'il mit sur le compte du cristallin; il supposa la lentille décentrée. Parmi les savants qui, dans la suite, décrivirent l'astigmatisme oculaire, citons Goulier, officier d'artillerie à Metz, qui envoya, en 1832, à l'Académie des sciences un pli cacheté dans lequel furent signalées la fréquence de l'astigmatisme et la manière de le corriger à l'aide de verres cylindriques. Le contenu de ce pli fut publié en 1865. Voyez du reste l'histoire ancienne et détaillée de l'astigmatisme dans Donders (*Anomalies de la réfraction*, etc., 1866) et dans Javal (*Ann. d'Ocul.*, 1866, p. 105).

Un travail capital en la question fut celui du mathématicien Sturm, qui (*C. R.*, t. xx, pp. 554, 767) développa la théorie mathématique de la réfraction sur des surfaces asymétriques.

Son travail fut utilisé plus tard par Donders et Knapp et forme encore aujourd'hui la base mathémathique de l'astigmatisme.

Ce furent donc Donders et Knapp qui firent voir à tout le monde l'importance théorique et pratique de l'astigmatisme oculaire. Depuis leurs mensurations ophtalmométriques on savait bien que cette anomalie a surtout son siège dans la cornée. Mais la détermination pratique de l'astigmatisme était toujours très laborieuse, vu qu'elle était basée à peu près exclusivement sur des procédés subjectifs. Le mérite d'avoir inventé des procédés pratiques pour déterminer objectivement l'astigmatisme revient à deux savants français. En 1881, Javal nous dota de son ophtalmomètre, qui permit de résoudre une foule de questions relatives à l'astigmatisme. Mais dès 1874, Cuignet avait publié, sous le nom de *kératoscopie*, son procédé, si ingénieux et si facile à mettre en pratique. Landolt, Parent, Chibret, Zieminski et d'autres en développèrent la théorie et fixèrent les règles pratiques de son emploi. Cuignet employa le nom de kératoscopie. Parent préféra celui de « rétinoscopie », et Chibret celui de « skiascopie » (de σκία, ombre).

En 1868, Dobrowolsky suscita la question des contractions astigmates du muscle. Il convient de citer encore G. Martin, Bull, Tcherning, Sulzer, etc., comme ayant pris une large part aux discussions qui durent toujours sur ce dernier point.

Bibliographie de l'astigmatisme régulier. — A. et R. Ahrens. *Neue Versuche über anisomorphe Akkommod.* (*Klin. Monatsbl.*, 1889, p. 291). — G.-J. Bull. *Du rapport de la contraction irrégul. du muscle ciliaire avec l'ast.* (*Ann. d'Ocul.*, février 1892). — Charnley. *On the theory of the so called keratoscopie* (*Ophth. Hosp. Rep.*, t. x, p. 257). — Cuignet. *Kératoscopie* (*Rec. d'Opht.*, 1873, p. 14; 1874, p. 316; 1877, p. 59; 1880, juin, et *Soc. franc. d'Opht.*, 1887, p. 25). — Chibret (*Ann. d'Ocul.*, nov. 1882; *Arch. d'Opht.*, 1886, p. 146 et 1890). — Dobrowolsky. *Ueber die Veränder. des Ast.*, etc. (*Arch. f. Opht.*, 1868, p. 51). — Donders. *Astigm. en cylindr. glazen* (in *Comptes rend. de la clinique opht. d'Utrecht*, 1862). L'ensemble des recherches de Donders est consigné dans les *Anomalies de la réfraction et de l'accommod.*, publiées en 1864 par la *Sydenham Society*; traduction allem. en 1866, Vienne. — Helmholtz. *Optique physiol.*, éd. franç. 1867, Paris. — Edw. Jackson. *Symmetr. aberrat. of the eye* (*Transact. of the americ. ophth. Soc.*, 1888, p. 141). — Javal n'a cessé de s'occuper d'une manière prépondérante de la question de l'astigmatisme régulier; ses nombreux travaux sont épars dans les revues et les comptes rendus des congrès. L'ophtalmomètre de Javal et Schiötz fut décrit sous sa forme primitive en 1882. Sous sa dernière forme, l'instrument est décrit dans les *Bull. Soc. franç. d'opht.*, 1889, p. 91. Voir aussi *Contrib. à l'ophtalmométrie* (*Ann. d'Ocul.*, 1881, juillet 1882, p. 213, 1883, p. 1). — *L'Ophtalmométrie clinique* (in *Livre jubilaire de* Helmholtz, 1891). — Knapp. *Ueber die Asymetrie des Auges*, etc. (*Arch. f. Opht.*, 1862, pp. 108, 220 et 335). — C.-J.-A. Leroy. *Théorie de l'astigm.* (*Arch. d'Opht.*, t. 1, 1881). — *Influence des muscles de l'œil sur la forme normale de la cornée humaine* (*C. R.*, 1888, n° 18, et *A. P.*, 1889, p. 14). — Landolt. *Astigmatisme* dans le *Traité complet d'ophtalm.* publié par de Wecker et Landolt, 1883. — Mauthner. *Die optischen Fehler des Auges*, Vienne, 1872-1873, p. 706. — Middelburg (et Donders). *De Zitplaats van het Astigmatisme* (*Compte rendu de la clinique opht. d'Utrecht*, 1863. — Mangin. *De la kératoscopie* (*Rec. d'Opht.*, avril 1875). — G. Martin. *Études sur les contractions astigmates du muscle ciliaire* (*Ann. d'Ocul.*, 1887, pp. 5, 142 et 277; 1886, p. 217). — *Nouvelles études sur les contractions astigmates*. Paris, 1888. — Nagel. *Astigmatisme cristallinien chez les animaux* (*Zeitschr. f. vergleichende Augenheilkunde*, 1887, p. 1). — Priestley Smith. *Transient Astigmatism due to paralysis of ocula.*

muscles (*Ophth. review*, 1885, p. 354. — PARENT. *De la kératoscopie* (*Rec. d'Opht.*, 1880. pp. 62 et 424). — *Diagnostic et détermin. de l'astigm.* Paris, 1881, p. 15. — PLACIDO. *Nouvel instrument pour la recherche rapide des irrégularités de courbure de la cornée*, etc. (*Period. di oftal. pratica*, 1880. — W. RAEDER. *Ueher Entstehung des Astigmatismus* (*Centralbl. f. Augenheilk.*, 1888, p. 158. — SULZER. *La forme de la cornée humaine et son influence sur la vision* (*Soc. franç. d'opht.*, 6 mai 1891, et *Arch. d'Opht.*, déc. 1891, et janvier 1892, p. 32). — TCHERNING. *Une nouvelle méthode pour mesurer les rayons de courbure du cristallin décentré* (*Soc. franç. d'opht.*, 8 mai 1890. — *Notice sur un changement*, etc., *que subit le cristallin pendant l'accommodation* (*Arch. d'ophtalm.*, 1892, p. 168). — *Sur la position du cristallin de l'œil humain* (*Soc. franç. d'opht.*, 1889, p. 78). — DE WECKER et MASSELON. *Astigmomètre* (*Ann. d'Ocul.*, juillet 1882. — ZIEMINSKI. *Détermination du degré de l'amétropie par la rétinoskiascopie* (*Soc. franç. d'opht.*, 1887, p. 29).

Astigmatisme irrégulier. — Dans l'œil théoriquement normal, les rayons lumineux homocentriques se réunissent, après réfraction, en un point, en un foyer punctiforme. Dans l'œil affecté d'astigmatisme régulier, il en est de même pour les rayons homocentriques réfractés dans un méridien (principal), à l'exclusion des autres; l'anomalie astigmatique peut être supposée obtenue, dans ce cas, par l'addition d'une valeur dioptrique cylindrique au système normal, sphérique. Enfin, l'astigmatisme régulier est tel qu'on peut le neutraliser au moyen de verres cylindriques appropriés : il est établi d'après certaines règles simples, d'où le nom de « régulier » qu'on lui a donné.

On pouvait prévoir que des milieux dioptriques *organisés* ne réaliseront guère les conditions nécessaires pour l'obtention d'une réfraction aussi parfaite que le supposent les yeux théoriquement normaux, ou même affectés d'astigmatisme régulier. Effectivement, dans tous les yeux, la réfringence de chaque méridien est telle que non seulement les rayons homocentriques qui le traversent ne se réunissent plus en un foyer punctiforme, mais encore que l'une des moitiés du méridien a une réfringence différente de celle de l'autre. L'anomalie ne saurait être corrigée ni par des verres sphériques, ni par des verres cylindriques. Les imperfections de ce genre, inhérentes à des degrés divers à tous les yeux, sont réunies sous le nom générique d'*astigmatisme irrégulier*.

L'astigmatisme irrégulier ne comprend donc pas l'aberration de sphéricité, anomalie dont tout œil est également affecté, et qui consiste en ceci : les rayons homocentriques qui traversent une lentille biconvexe ordinaire ne se réunissent en un foyer punctiforme que s'ils passent par une petite partie centrale, autour de l'axe optique. Ceux qui traversent des parties plus périphériques de la lentille coupent l'axe optique plus près de la lentille. — L'image d'un point formée sur un écran par des rayons traversant un large champ de la lentille doit être toujours diffuse, même si l'écran est placé dans le foyer principal. — Des phénomènes de cette aberration existent dans chaque œil, si la pupille est un peu large. Ils sont moins prononcés, ou même font défaut si la pupille est étroite. Dans un tel système, la réfraction est symétrique, par rapport à l'axe optique, non seulement dans un seul méridien, mais dans tous; et de plus les différents méridiens se ressemblent. Chaque zone concentrique autour du centre de la lentille a un foyer à part, situé sur l'axe optique, d'autant plus rapproché de la lentille que la zone est plus périphérique. Dans l'astigmatisme irrégulier, cette symétrie autour de l'axe optique n'existe plus; différents segments des zones concentriques du système dioptrique ont des foyers à part, et l'asymétrie ne peut plus être sensée réalisée par l'addition d'une lentille cylindrique à un système réfringent sphérique.

D'une manière générale, l'astigmatisme irrégulier, quel qu'en soit le siège, aura pour effet de diminuer l'acuité visuelle, puisqu'il rend les images rétiniennes plus ou moins diffuses. Des phénomènes plus caractéristiques seront la vision double, triple, etc., d'un point (*polyopie monoculaire.*) Il faut dès lors opérer avec un seul point lumineux, pour éviter que les doubles images de points lumineux voisins ne se superposent sur la rétine, et qui embrouillerait les phénomènes.

Il s'agit avant tout d'examiner les apparences visuelles que revêt un point clair sur fond obscur (ou *vice versa*), d'abord au delà de la distance de la vision distincte, et enfin en deçà de cette limite, de plus en plus près de l'œil. — Pour pouvoir placer le point, ou un petit disque lumineux au delà du punctum remotum, il faut opérer sur un œil myope, ou rendu myope par l'apposition d'un verre sphérique positif. Le point lumineux (sur fond noir) sera donné, par exemple, par des grains de craie grattée, soit par un reflet lumineux quelconque punctiforme, produit par un corps brillant, une gouttelette de mercure, par exemple, soit encore par l'image que produit une lentille positive d'une lumière placée assez loin. Certains détails deviennent très apparents si on remplace le point par un disque éclairé d'un centimètre de diamètre, qu'on regarde à la distance de 5 mètres avec un œil rendu faiblement myope. L'emploi d'un trou étroit percé dans un écran opaque ne convient pas à cause des phénomènes de diffraction qui compliqueraient les apparences visuelles.

Placé dans les limites de la vision distincte (entre le punctum remotum et le punctum proximum), le point lumineux paraît à peu près sous forme de point. A peu près, disons-nous, car, presque sans exception, on le verra allongé dans l'un ou l'autre sens, ou même doublé, triplé selon les yeux. Cette *polyopie monoculaire* s'accuse lorsque le point lumineux dépasse légèrement les limites du terrain d'accommodation, ou lorsque l'œil n'est pas exactement accommodé pour la distance. Enfin, lorsque l'adaptation de l'œil est défectueuse, les images multiples s'allongent en rayonnant à partir du centre; il en apparaît de nouvelles, etc. En d'autres mots, placé dans les limites du terrain d'accommodation de l'œil myope, le point lumineux paraît plus ou moins sous forme de point; mais jamais ce n'est un point mathématique; souvent il est double, triple : cela dépend des yeux. Au delà du punctum remotum et en deçà du punctum proximum, chaque fois

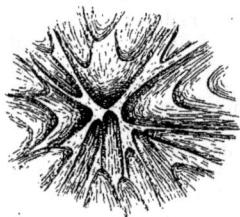

FIG. 68.

enfin que l'œil n'est pas adapté pour sa distance, le point lumineux paraît sous forme d'un cercle de diffusion, d'un disque pâle à bord frangé, d'autant plus grand que l'adaptation de l'œil pour sa distance est moins exacte. Mais ce cercle, loin d'être homogène, comme dans le cas où il est formé par une lentille biconvexe et reçu sur un écran, présente en nombre plus ou moins grand des taches plus lumineuses, dont chacune a son maximum d'intensité vers le centre du disque et envoie des prolongements rayonnés vers la périphérie.

La figure 69 reproduit cette apparence telle qu'elle se présente dans notre œil droit, le point lumineux étant placé au delà du punctum remotum. Les noirs de la figure indiquent les intensités lumineuses relatives du cercle de diffusion. L'éclairage n'y est nulle part égal à zéro. Les points lumineux centraux ne se touchent pas; ils sont du reste les plus clairs; l'intensité lumineuse moyenne diminue du centre vers la périphérie. Le nombre des points lumineux périphériques augmente avec la dilatation de la pupille obtenue en couvrant l'autre œil. On se convaincra aisément que les taches plus intenses correspondent chacune à une des images multiples (punctiformes) qu'on voit quand l'œil est adapté pour la distance.

Un écran qu'on avance au-devant de la pupille éteint successivement les différents points, à commencer du même côté, si le point lumineux est placé au delà de la distance de la vision distincte. Une petite ouverture, percée dans un écran opaque promené au-devant de la pupille, fait apparaître tantôt l'un, tantôt l'autre point lumineux. Dans ces expériences d'extinction partielle, il devient très apparent que les points lumineux avec leurs rayons ont des bords colorés : le bord central est rouge, le bord périphérique l'extrémité des rayons, est bleu violacé. — Soit dit en passant, cette expérience démontre clairement que l'œil n'est pas achromatique. — Enfin toutes les apparences diffèrent d'un œil à l'autre, quant au nombre et à l'arrangement des points et des rayons.

Si le point lumineux est placé en deçà du punctum proximum, l'apparence est en somme la même, sauf que la périphérie du cercle est relativement claire, pour les raisons optiques qui font que le cercle de diffusion plus homogène, formé par une lentille sphérique dans des circonstances analogues, est dégradé vers la périphérie, si l'écran récepteur est en avant du foyer du point lumineux, et plus clair vers la périphérie si l'écran récepteur est plus reculé que ce foyer. Un corps opaque (écran) qu'on avance au-devant de la pupille éteint maintenant les points du bord opposé du disque, et alors aussi la chromasie des points devient très manifeste. Seulement, c'est maintenant le bleu qui est vers le centre du disque, le bord périphérique est rouge. En somme, les différents secteurs du cercle sont de véritables spectres.

Lorsqu'on place une parcelle lumineuse très petite en deçà du terrain de la vision distincte, les taches allongées du cercle de diffusion prennent l'apparence de rayons très fins; l'apparence ressemble à une étoile rayonnée si le point lumineux est au delà du punctum remotum. S'il se trouve en deçà du punctum proximum, les rayons en question ne se dégradent pas vers la périphérie; et lorsque le point arrive dans le foyer antérieur de l'œil (à 13 millimètres environ au-devant de la cornée), ils constituent les lignes rayonnées intenses de la figure 70 (Donders). Cette figure représente l'apparence entop-

tique du cristallin (voyez **Vision entoptique**); les rayons du disque sont donc l'expression entoptique de la composition en secteurs du cristallin. Dès lors, comme le dit Donders, la polyopie monoculaire, l'apparence rayonnée du cercle de diffusion, le fait, notamment, qu'en dehors des limites de la vision distincte, un point peut se présenter sous forme d'une étoile (rayonnée), enfin l'apparence entoptique de la figure 70, tout cela repose sur une seule et même particularité structurale de l'œil. Ainsi que cela est démontré à l'article **Vision entoptique**, la cause en réside dans la structure particulière du cristallin, lentille composée de secteurs, dont chacun a une structure fibrillaire qui se traduit dans la striation rayonnée plus fine de la figure 70. Rien de tout cela ne s'observe dans les yeux privés de cristallin

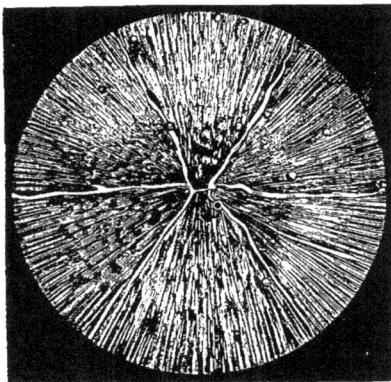

Fig. 69.

(opérés de cataracte). Les points lumineux principaux, centraux, de la figure 68 semblent correspondre aux parties centrales des grands secteurs du cristallin. Les points périphériques plus pâles, nombreux surtout avec la pupille dilatée, semblent être produits par la réfraction dans les subdivisions (périphériques) de chaque secteur principal.

Les images multiples sous lesquelles peut se présenter un point ont déjà été étudiées par de la Hire (1694) et Th. Young (1801). C'est Donders (1846) qui en a localisé la cause dans le cristallin. Les choses se passent, dit Donders, comme si les différents secteurs cristalliniens avaient des distances focales différentes. Toutefois il avoue ne pouvoir donner une explication satisfaisante des détails du phénomène.

Stellwag et Cadiat ont invoqué la polarisation de la lumière pour expliquer les phénomènes, mais à tort, puisque l'œil muni d'un prisme de Nikol voit parfaitement ces apparences, même si on tourne le prisme.

S. Exner a essayé de serrer de plus près l'explication, dans l'hypothèse d'une simple inégalité de réfringence entre les différents segments du cristallin, que cette inégalité soit produite par des courbures inégales ou par des différences dans l'indice de réfraction. Il donne la figure 71, qui est donc explicative de l'opinion de Donders. C'est une surface réfringente dont un segment a possède un applatissement relatif, et un segment b une courbure plus forte que le restant de la surface. En f, il se forme un foyer des rayons qui tombent sur la surface, foyer qui approche plus ou moins de la forme d'un point. Le faisceau partiel qui traverse a forme un foyer en f^2, en arrière de f, et le faisceau qui traverse b forme foyer en f^1. Un écran blanc placé successivement en f, puis en arrière et au delà, montre des cercles de diffusion qui reproduisent plus ou moins les apparences perçues par l'œil humain. Exner rappelle à ce propos l'effet que les petites bosselures d'un verre à vitre produisent sur la lumière solaire directe. Une surface éclairée par la lumière, qui a passé à travers une glace non polie, montre un éclairage inégal, comme un dessin de vagues figées. Ce serait là un phénomène du même ordre que ceux qui nous occupent.

Cependant cette conception est loin d'expliquer toutes les modalités des phénomènes en question. Elle nous rend bien compte du fait que, d'après la situation du point lumineux, un corps opaque s'avançant au-devant de la pupille éteint tantôt des parties d'un côté du cercle de diffusion, tantôt du côté opposé. Dans un cas, les rayons se sont entrecroisés au-devant de la rétine : on éteint l'image rétinienne par le bord opposé ; dans un autre cas, c'est l'inverse qui a lieu, le foyer global est reporté en arrière de la rétine.

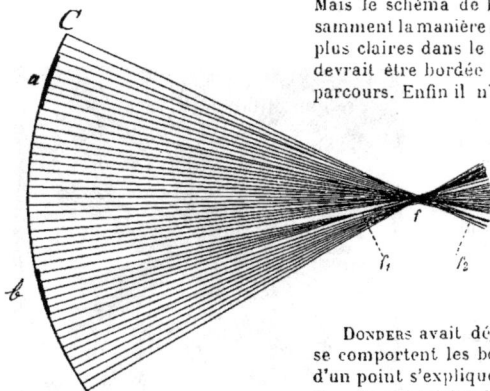

Fig. 70.

Mais le schéma de la figure 71 n'explique pas suffisamment la manière d'être des bords colorés des taches plus claires dans le cercle de diffusion ; chaque tache devrait être bordée de la même couleur sur tout son parcours. Enfin il n'explique pas pourquoi beaucoup d'yeux, dont l'astigmatisme régulier est corrigé, continuent à voir étiré dans l'une ou l'autre direction le point lumineux pour lequel l'œil est adapté. Il reste surtout impuissant devant les yeux assez nombreux qui voient toujours multiple un point très petit.

DONDERS avait déjà compris que la manière dont se comportent les bords colorés des images multiples d'un point s'expliquent par l'existence d'une aberration de sphéricité des différents secteurs du système dioptrique, jointe à la chromasie du même système.

Quant à la polyopie de certains yeux, même quant ils sont bien adaptés pour la distance du point lumineux, il avait songé à une inclinaison différente (en avant ou en arrière) des différents secteurs du cristallin, à une décentration de certains de ces secteurs.

Des recherches récentes de TCHERNING démontrent que l'aberration sphérique du système dioptrique peut être inégale pour les différents secteurs du système dioptrique ; que cette aberration sphérique sectorale entre pour beaucoup dans la production des phénomènes qui nous occupent, qu'elle explique notamment pourquoi certains yeux voient le point lumineux toujours étiré dans un ou plusieurs sens ; enfin, que la polyopie dans l'espace de la vision distincte peut reposer sur la même aberration sectorale du système dioptrique.

TCHERNING est lui-même atteint d'un astigmatisme irrégulier, avec cette apparence de décentration d'un secteur de son système dioptrique. D'abord le cercle de diffusion formé par un point pour lequel son œil n'est pas adapté n'est pas un cercle, mais un disque rétréci d'un côté. Nous avons dit plus haut que, lorsque dans des expériences on couvre partiellement la pupille, la tache lumineuse se rétrécit du même côté si le point lumineux est plus éloigné que le *punctum remotum* (de l'œil myope ou rendu myope), et par le côté opposé si le point lumineux objectif est en deçà du *punctum proximum*. Cela n'est pas vrai pour l'œil de TCHERNING, lorsque le point lumineux approche du terrain d'accommodation. Dans ces circonstances, en avançant de divers côtés l'écran opaque au-devant de la pupille, dans un cas c'est du même côté qu'il fait disparaître un secteur du disque, et dans un autre cas il éteint, ou au moins il diminue l'éclairage d'un secteur du côté opposé.

La figure 72 représente la marche des rayons lumineux dans un méridien C de ce système dioptrique. Les rayons passant par la moitié inférieure du système ont déjà passé l'axe optique, alors que ceux de la moitié supérieure ne font que se rapprocher de cet axe. Si la rétine est placée très en arrière du foyer global, en R, c'est-à-dire si le point lumineux est beaucoup au delà de la distance de la vision distincte, le cercle de diffusion, très grand, sera éteint du côté d'où l'on avance un écran opaque au-devant de la pupille[1]. Dans la même situation du point lumineux objectif, le cercle de diffusion sera vu échancré d'un côté, puisque le centre de l'image rétinienne est en a. Cette même échancrure existera si le point lumineux est plus rapproché, si la rétine est située en 1 ou en 2. Mais, dans la position 1, l'écran qu'on avance au-devant de la pupille éteint le cercle de diffusion, une fois du même côté, l'autre fois par son bord opposé.

La même figure 72 représente l'aberration sphérique de chaque secteur partiel du système dioptrique. Cette aberration est plus forte pour les rayons qui passent par la partie inférieure du méridien réfringent. Il en résulte que l'image diffuse qui se forme

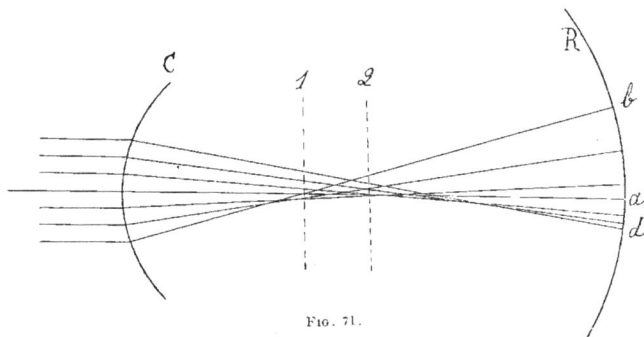

Fig. 71.

sur la rétine est comme échancrée en bas, dans le cas où le point lumineux est placé au delà du terrain de la vision distincte.

Le schéma de la figure 71 ne tient aucun compte de l'aberration en question. Il devrait de ce chef subir une correction importante. Le faisceau b (figure 71), outre qu'il forme son foyer en avant des autres, devrait passer la ligne médiane en avant, et ses rayons devraient subir une transposition résultant de l'aberration de sphéricité, conformément au tracé de la figure 72.

Tcherning a du reste démontré de la manière suivante que son système dioptrique est affecté d'aberration sphérique, et que les différents secteurs de ce système ont une aberration inégale. Recevons sur un écran le cercle de diffusion d'un point lumineux, à l'aide d'une lentille convexe placée de manière à ce que le foyer conjugué par rapport au point lumineux ne tombe pas sur l'écran. On place contre la lentille une ligne droite (épingle) dont on verra l'image diffuse dans le cercle de diffusion, sur l'écran. Cette image ne sera droite que si la ligne passe par l'axe optique. Si l'épingle couvre une partie périphérique de la lentille, son ombre sera courbe, avec la convexité tournée vers le centre (si le foyer est en avant de l'écran); elle est tournée vers la périphérie du cercle, si le point lumineux est rapproché de la lentille au point que son foyer tend à se former derrière l'écran. Ces inflexions résultent de l'aberration de sphéricité, avec cette circonstance que, dans la lentille, la réfraction augmente pour des rayons qui en traversent des zones de plus en plus périphériques. Ce moyen a été employé déjà par Young pour étudier l'aberration de sphéricité de l'œil. Tcherning se sert à cet effet d'une lentille plane convexe de 52 centimètres de distance focale (pour rendre l'œil myope), portant sur la face plane un micromètre tracé en forme de quadrillé. On regarde un point éloigné à travers cette lentille (nommée « aberroscope »), tenue de 10 à 20 centimètres de l'œil. Les traits périphériques du quadrillé ne sont vus droits (fig. 73, A) que si la réfraction est la même dans tout l'espace pupillaire. Si la réfraction totale augmente vers la périphérie du champ pupillaire, les lignes s'infléchissent, avec leur convexité vers le milieu; si elle diminue vers la périphérie (aberration négative), elles sont au contraire concaves vers le milieu[2].

1. En tenant compte du renversement des images rétiniennes.
2. La moitié seulement des yeux examinés par Tcherning voient les lignes droites (au

Dans l'œil de Tcherning les lignes (fig. 73, B) sont convexes vers le centre en bas, à droite et à gauche, elles sont concaves en haut. La réfringence de son système dioptrique augmente vers la périphérie du champ pupillaire, mais seulement en bas et sur les deux côtés; elle diminue vers le haut (lignes concaves vers le centre). Il faudrait même faire subir au schéma de la figure 71 une modification résultant de ce qu'en haut l'aberration est négative, c'est-à-dire que, dans la moitié supérieure, les rayons extrêmes sont moins réfractés que les centraux.

Cette aberration sphérique inégale des différents secteurs du système dioptrique produit une espèce de déviation prismatique inégale, telle que nous l'avons signalée plus haut. Elle suffit pour mettre en évidence la polyopie monoculaire, ou plutôt c'est grâce à elle que la structure du cristallin peut se manifester sous forme de polyopie, même lorsque le point lumineux est placé dans l'espace de la vision la plus distincte. Dans l'œil de Tcherning, elle étire le point lumineux pour lequel l'œil est adapté. On entrevoit des conditions dioptriques de ce genre, notamment une plus grande asymétrie sectorale, qui produisent de la polyopie franche. Il suffit à cet effet que deux ou trois centres de l'image diffuse d'un point soient séparés par un éclairage du fond assez faible pour qu'il disparaisse devant celui des centres eux-mêmes.

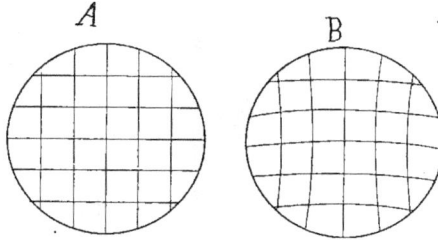

Fig. 72.

De même aussi, l'astigmatisme régulier (cornéen) non corrigé est une condition suffisante pour manifester la polyopie, qui cependant, en dernière analyse, repose sur la structure du cristallin.

A la rigueur, l'aberration sphérique sectorale (de l'œil) pourrait résider également dans le cristallin. Il est cependant plus que probable que, dans la plupart des cas, nous devons la rechercher (et qu'on la trouvera) dans les asymétries nombreuses de la courbure cornéenne, asymétries si fréquentes d'après les recherches de Sulzer (voyez plus haut : *Astigmatisme régulier*). *La cause prochaine de la polyopie monoculaire réside donc dans le cristallin; les asymétries cornéennes sont des circonstances favorables pour qu'elle se manifeste* dans certains yeux, même lorsque le point lumineux est placé dans les limites de la vision distincte.

Une asymétrie cornéenne n'est guère capable de produire à elle seule de la polyopie, à moins d'être excessive, par exemple dans le cas de facettes cornéennes résultant d'ulcères mal cicatrisés; et jamais cette polyopie ne revêt les caractères typiques décrits plus haut. Un œil privé de son cristallin voit le cercle de diffusion d'un point sous forme d'un cercle à peu près homogène. Et si cet œil est affecté d'astigmatisme régulier, ce qui en somme est le cas habituel, et si la pupille est ronde, le cercle (d'après nos expériences) devient une ellipse plus ou moins prononcée. Mais, pas plus que Donders, nous n'avons pu y déceler des phénomènes bien manifestes de polyopie. Et cependant ces yeux présentent les asymétries cornéennes au même degré que les yeux munis de cristallins.

Revenons encore un moment à l'aberration sphérique et chromatique sectorale de l'œil. A l'aide du sphéroscope de Tcherning, on peut démontrer que l'aberration sphérique existe dans la moitié à peu près des yeux. Le même instrument sert à démontrer que cette aberration peut différer d'un secteur à l'autre du système dioptrique; que par conséquent la réfraction s'y opère suivant le schéma de la figure 72.

Les bords colorés des images multiples d'un point montrent d'autre part que chaque secteur du système dioptrique de l'œil est affecté de l'aberration chromatique. L'inver-

moins avec les pupilles non dilatées). Parmi les autres, la plupart voient les lignes convexes en dedans; ils ont une aberration positive, la périphérie du système dioptrique est plus réfringente. Quelques-uns les voient concaves en dedans; ils ont une aberration négative; la réfringence y diminue vers la périphérie.

sion des bords colorés, selon qu'on place le point lumineux au delà ou en deçà du terrain de la vision distincte, s'explique très bien dans l'hypothèse d'une aberration sphérique du système dioptrique en son ensemble, et de chacun de ses secteurs pris isolément. En ce sens, les bords colorés des images multiples d'un point constituent même une preuve de l'aberration sphérique de l'œil. Ils démontrent que la réfraction s'opère d'après le schéma de la figure 71, et non d'après celui de la figure 70.

Un degré plus au moins prononcé d'astigmatisme irrégulier, cornéen et cristallinien, existe donc dans chaque œil normal. Les images rétiniennes sont de ce chef plus ou moins diffuses, selon le degré de l'anomalie. Si elle est un peu forte, l'acuité visuelle se trouve abaissée en dessous de la normale. Bon nombre d'yeux prétendus amblyopiques par suite d'une anomalie congénitale de l'appareil nerveux visuel sont en réalité affectés d'astigmatisme régulier dépassant la moyenne. L'examen du cercle de diffusion d'un point et l'emploi de l'aberroscope de Tscherning pourront élucider la chose ; le premier procédé renseigne sur des différences de réfringence dans des secteurs plus petits que le second.

Malheureusement, si dès maintenant nous sommes à même la plupart du temps de diagnostiquer l'anomalie et même d'en préciser le siège, nous ne saurions y remédier par des moyens bien pratiques.

Voici encore quelques manifestations visuelles reposant sur l'astigmatisme irrégulier.

En premier lieu, il y a l'apparence des points lumineux et surtout des étoiles, qui ne nous apparaissent pas sous forme de points simples, mais sous celle de points à rayons (variables d'un œil à l'autre). On a remarqué que les gens à acuité visuelle exceptionnellement bonne voient les rayons des étoiles peu développés ; on cite quelques hommes ayant vu les étoiles sous forme de points ; ils avaient des acuités visuelles extraordinairement bonnes.

C'est en grande partie à l'astigmatisme irrégulier qu'est dû le phénomène de la « goutte noire », qui gêne tant les observations astronomiques, et qu'on peut démontrer en rapprochant jusqu'au contact le pouce et l'index tenus au-devant d'une lumière. Avant que les doigts ne se touchent, ils semblent réunis par une goutte noire étendue entre eux : la goutte noire est l'expression des images multiples des doigts, dont les lignes de contour se juxtaposent. De même aussi une planète, par exemple, qui entre en conjugaison avec le soleil semble confluer avec le disque solaire avant qu'il y ait contact réel.

Certains yeux voient la lune double et triple, au moins dans certaines circonstances. La polyopie monoculaire se manifeste facilement pour des lignes droites isolées.

Il n'y a cependant pas que du mal à dire de l'astigmatisme irrégulier. Plus haut nous avons mis en évidence la chromasie de l'œil en couvrant une partie de la pupille. Cette chromasie est à l'ordinaire peu sensible, parce que les spectres d'un point lumineux produits par les différents secteurs du système dioptrique se superposent. Elle devient plus apparente si nous supprimons les spectres d'une moitié du champ pupillaire, si nous les enlevons de l'image compliquée d'un point, c'est-à-dire si nous enlevons certains effets de l'astigmatisme irrégulier.

Nous n'avons fait intervenir la cornée qu'en tant que sa courbure peut, par son asymétrie, constituer une condition favorable pour la manifestation de l'astigmatisme irrégulier du cristallin. Il est cependant certain que, si les irrégularités de courbure de la cornée atteignent un certain degré, elles peuvent donner lieu à des phénomènes visuels du même ordre. Toutefois elles ne pourront guère donner lieu à l'image de diffusion si caractéristique d'un point, décrite plus haut. Nous avons déjà dit que dans les cas de facettes anormales de la surface cornéenne, résultant par exemple d'ulcères mal cicatrisés, on observe de la polyopie monoculaire très prononcée, et une fort mauvaise acuité visuelle.

Un fait d'astigmatisme cornéen curieux est le suivant. Après avoir travaillé quelque temps au microscope, la vision de l'œil inactif se montre brouillée pendant un quart d'heure et plus. Cet œil voit doubles et triples les seules lignes horizontales ; les verticales sont vues simples. La polyopie ne disparaît pas si on regarde à travers divers verres sphériques ou cylindriques. Pour notre part, nous trouvons qu'en même temps la réfraction totale de cet œil a notablement augmenté. — Le siège et la cause du phénomène sont imparfaitement connus. Tandis que LEROY incrimine le cristallin, BULL, avec beaucoup d'apparence de raison, en cherche la cause dans la cornée; BULL croit avoir trouvé par la méthode entoptique que le clignotement prolongé de l'œil inactif plisse pour quelque temps la cornée suivant son diamètre horizontal, et la transforme en une espèce de prisme, qui doit occasionner la polyopie des lignes horizontales, mais non des lignes verticales.

L'astigmatisme irrégulier augmente avec l'âge, parce que, chez les vieilles gens, les inégalités de réfringence dans le cristallin se prononcent de plus en plus, ainsi que cela ressort du fait que, chez les personnes âgées, on peut mieux voir la surface du cristallin; on voit même chez eux l'étoile de la surface cristallinienne antérieure, résultant de la juxtaposition des différents secteurs. Dans la cataracte commençante, caractérisée par une inégalité très forte des différents secteurs du cristallin, les malades sont molestés par une polyopie monoculaire très grande.

Bibliographie de l'astigmatisme irrégulier. — Voir dans DONDERS et HELMHOLTZ la bibliographie plus complète. — BULL. *De la diplopie monocul. asymétr. (Soc. franç. d'opht.*, 1891, p. 208). — CADIAT (*B. B*, 13 janvier 1877.) — DONDERS. *Over entopt. Gesichts-verschijnselen, etc.* (*Nederl. Lancet*, 1846-47, pp. 345, 432 et 537). — Voir aussi *Anomalies de la réfr. et de l'accommod.*, édit. all., 1866, p. 457. — DE LA HIRE. *Accidents de la vue* (*Mém. Acad. des sc. Paris*, 1694, p. 400). — HELMHOLTZ. *Physiologie optique*, 1867. — C.-J.-A. LEROY. *De la polyopie monoculaire asymétrique (Soc. franc. d'ophtalm.*, 1869, p. 81). — STELLWAG v. CARION. *Ueber doppelte Brechung, etc.* (*Compt. rend. Acad. Vienne*, 1853, p. 172). — SULZER. *La forme de la cornée humaine, etc.* (*Soc. franc. d'opht.*, 6 mai 1891; *Arch. d'Opht.*, déc. 1891, et janvier 1892). — TSCHERNING. *L'aberroscope* (*Arch. d'Opht.*, 1893, p. 615). — TH. YOUNG. *Phil. Transact.*, 1801, p. 43.

NUEL.

ATAVISME. — A s'en tenir à l'étymologie de ce mot, atavisme signifie « hérédité des aptitudes caractéristiques spéciales des aïeux ». Or, comme tout être a pour aïeux non pas seulement ses aïeux véritables, les parents de ses parents, mais toute la lignée antérieure à ceux-ci, il en résulte que si l'on ne limite point le sens du mot aïeul en l'attribuant exclusivement aux grands parents (ce qu'on ne fait ni en matière d'état civil, ni en zootechnie, ni encore en horticulture), ce mot signifie forcément l'hérédité des aptitudes ou caractéristiques de tous les individus antérieurs aux parents. On voit par là l'extension qu'il peut prendre et qu'il prend effectivement, car à la vérité on ne sait où s'arrêtent les aïeux. Les êtres vivants ont certainement commencé à un moment quelconque de l'histoire du globe : si l'on accepte le dogme biblique, les aïeux consistent en toute l'ascendance jusqu'au premier couple de l'espèce; si l'on préfère le dogme transformiste, la limite est reculée indéfiniment. Il n'y a pas de raisons, en effet, pour ne pas comprendre parmi les aïeux toute l'ascendance jusqu'à la première forme de vie, à supposer les formes diversifiées actuelles comme provenant de formes antérieures moins diversifiées, et celles-ci provenant à leur tour, par de nombreuses étapes d'ailleurs, d'une même et unique souche ou, ce qui est moins compréhensible, d'un petit nombre de souches différentes. Sans compliquer la question déjà ardue de l'atavisme de cette autre question plus ardue encore de l'enchaînement des formes animales, tenons-nous en à l'atavisme à l'intérieur de l'espèce. Nous considérerons comme atavistiques les formes et aptitudes héritées des aïeux à partir des grands parents. La définition est sans doute excellente, parfaitement claire et suffisante. Le malheur est qu'on aura toutes les peines du monde à l'appliquer. Il faudrait, en effet, pour affirmer le caractère atavique de telle ou telle particularité morphologique, physiologique ou psychique, il faudrait avoir connu les aïeux, et tous les aïeux. Or, nous ne les connaissons pas, naturellement, et dans les rares cas où, pour l'homme, la collection des documents relatifs aux aïeux est la plus complète, — je parle des familles royales — ces documents sont insuffisants, trop peu étendus, sans compter que la naturelle « fragilité de la chair » rend très problématique toute spéculation sur la descendance, et la laissera telle tant que le nom et la transmission légale appartiendront à l'homme et non à la femme, comme il serait naturel, et plus sûr. L'histoire ne nous fournit que des documents incomplets, sur un trop petit nombre d'individus en ligne directe, et par surcroît elle nous montre combien est souvent détruite cette dernière. A vrai dire des expériences sur des chiens ou sur des cobayes seraient cent fois plus probantes, et plus assurées. Cette ignorance véritable où nous sommes des aïeux tant soit peu reculés fait qu'il est très difficile de reconnaître si certains caractères sont ataviques ou non. L'ancêtre qui aurait présenté le caractère reparu chez le descendant n'est-il pas trop reculé dans le temps, aussitôt on crie à l'atavisme. L'ignore-t-on, et de suite on crie au *sport*, à la variation brusque, individuelle. Et remarquons que ce cas se présente chaque jour, non seulement pour les formes relativement compactes, s'il est permis de parler ainsi, pour les espèces bien caractérisées, mais pour les formes les plus étroitement limitées, pour les races dont la ferme, l'écurie, la basse-cour et le pigeonnier sont remplis. Beaucoup d'entre ces dernières ont une origine déjà reculée, et quand un caractère divergent apparaît chez un individu, nous ne saurions, le plus souvent, décider s'il y a là un *sport*, ou la réapparition d'un caractère possédé par quelque individu antérieur.

Du moment où forcément l'atavisme peut et doit sortir des limites de l'espèce, le problème se complique plus encore. Le caractère nouveau a pu exister chez l'un des ancêtres dont tel descendant a été pour moitié dans l'origine de la race, mais nous n'en savons naturellement rien. Et c'est sans doute cette difficulté qui a fait que l'on a appliqué et que l'on applique encore le mot atavisme dans des cas autrement difficiles. C'est ainsi que certaines anomalies musculaires chez l'homme (la présence de l'abducteur du cinquième métatarsien par exemple) sont expliquées comme étant des « souvenirs » du singe, qu'ALBRECHT considère le développement du temporal par deux points d'ossification comme un souvenir de la condition sauro-mammifère, et que TESTUT regarde le muscle sternal comme un retour du présternal des ophidiens. A la vérité, tout cela est difficile à accepter.

En effet, les explications qu'on donne de ces anomalies sont un cercle vicieux bien caractérisé. On montre d'abord telle ou telle anomalie, et l'on affirme qu'elle est la reproduction pure et simple de conditions qui étaient normales chez des organismes très différents. Ensuite, ces affirmations servent à prouver que l'espèce présentant cette anomalie descend, par un escalier d'ailleurs très compliqué, du groupe très différent chez qui les conditions considérées sont l'état normal. On n'a absolument rien prouvé dans tout cela, et une hypothèse a simplement servi à en élever une autre. Nous sommes en pleine spéculation. Remarquons aussi, en passant, qu'avec ce procédé qui consiste à toujours trouver l'explication d'une anomalie de l'homme chez un mammifère quelconque si on ne le trouve chez les primates, chez le reptile si le mammifère refuse de la donner, au besoin chez le poisson, si le reptile ne peut rien fournir, on arrive à construire à l'homme l'arbre généalogique le plus variable et le plus fantaisiste qui puisse être. Sans doute, cet arbre est encore bien hypothétique, mais ce serait singulièrement comprendre la descendance de l'homme que de lui donner pour ancêtres tout le règne animal, alors que selon toute probabilité il est seulement une branche entre plusieurs, et que la branche homme, au lieu d'être insérée sur la branche reptile par exemple, tient à un même tronc, à un niveau plus élevé. Bref, chercher dans l'anatomie du type reptilien le plus *différencié*, le plus *récent*, l'explication d'une anomalie chez l'homme semble de la haute fantaisie. Car, s'il y a du reptile dans l'ascendance de l'homme, ce n'est pas dans le reptile actuel et très spécialisé qu'il faut chercher les points communs; c'est dans le type reptilien le plus vague, le plus reculé, le moins reptilien, le plus généralisé.

Si par atavisme nous désignons tout caractère autre que ceux de nos parents, la question de savoir où commence et où finit celui-ci, déjà fort embrouillée, s'obscurcit davantage. Voici un être, un homme par exemple; que doit-il à ses ancêtres, et quoi à ses parents? Il possède une grande quantité de caractères anatomiques, physiologiques, psychologiques. En doit-il plus à ses parents, ou à ses ancêtres? N'est-il pas évident qu'il doit beaucoup plus à ceux-ci qu'à ceux-là, et que, si l'on fait une part des caractères généraux communs à l'espèce, et une part des caractères spéciaux aux parents, la part ancestrale chez le descendant est autrement importante que celle des parents directs? En anatomie, sa physiologie, sa psychologie, ce sont ses parents qui les lui ont données, mais les ont-ils inventées? Non pas ! il les tiennent de leur ascendance, et les ont simplement transmises à leur descendance, sans grandes modifications, avec des altérations de détails infinitésimales. En un mot nous sommes les fils de nos ancêtres bien plus que de nos parents. Il ne saurait être question ici d'entrer dans la discussion du sujet des caractères acquis et de leur transmission héréditaire : mais il est manifeste, à tout le moins, que les caractères acquis par une génération quelconque ne se transmettent guère à la génération suivante, à moins que les conditions dans lesquelles ils ont été acquis pour la première persistent pour la seconde. Dans ces conditions, en thèse générale, la conclusion qui précède prend plus de force encore.

Mais alors, l'atavisme n'est autre chose que l'hérédité tout entière, ou peu s'en faut? C'est la suite logique de ce qui précède, et, si l'on ne limite ce terme de façon à lui faire signifier l'hérédité des particularités des aïeux jusqu'à une génération donnée, ou des grands parents seuls, il faut assurément y voir toute l'hérédité.

Quelques auteurs ont voulu pourtant établir une limite. Baudement, par exemple, a fait de l'atavisme l'expression de l'hérédité de la race. Mais qu'est-ce que la race? Une variété constante de l'espèce, dit de Quatrefages. C'est le sens généralement accepté, et alors l'atavisme semblerait avoir des limites fixes. Mais n'est-il pas évident que le créateur de la race, que l'individu, ou le couple qui a présenté une variation sensible, et procréé des descendants pourvus de la même variation, doit lui aussi, les 99 centièmes, pour le moins, de ce qu'il transmet à ses descendants, à ses ascendants? Et la limitation devient impossible. Mais aussi le mot race a d'autres significations. Sanson[1] rappelle un passage de Buffon : « L'espèce de l'aigle commun est moins pure, et la race en paraît moins noble que celle du grand aigle. » N'est-il pas clair que pour Buffon, race veut dire espèce, et que la race, c'est l'espèce *pro tempore et pro loco*? La limitation est plus impossible encore: mais il reste ceci, que l'atavisme est encore l'ensemble des puissances héréditaires; c'est toute l'hérédité.

Ceci dit, il suffira de rappeler en quelques mots les principaux phénomènes de l'atavisme tel qu'il s'entend dans le langage courant, c'est-à-dire de la transmission des particularités des grands parents ou arrière-grands parents, des aïeux les plus rapprochés. Ce sont surtout des caractères psychologiques et physiologiques dans la race humaine, ce sont des façons d'agir, des gestes, des attitudes, ou bien des traits de caractère, d'humeur, de méthode mentale, parfois des similitudes de visage ou de conformation. L'atavisme est parfois collatéral, tel est le cas quand la particularité passe de l'oncle ou grand-oncle, au neveu ou petit-neveu (il va de soi que le cas est le même entre tante ou grande-tante et neveu ou nièce). Dans ce cas, il faut admettre qu'il y a atavisme plus lointain, le grand-oncle et la petite-nièce par exemple tenant assurément le trait commun d'un ascendant commun plus reculé, et le grand-oncle n'étant pour rien dans le phénomène.

C'est dans les hybrides et métis que l'atavisme est le plus fréquent et le plus net. Dans ce cas, en effet, l'héritage des parents est plus hétérogène, et il est plus facile de faire chez les descendants la part des deux héritages reçus. Chez les métis et hybrides, il y a tendance très forte à la réversion, au retour atavique. Leur progéniture rappelle bien vite l'un ou l'autre des grands parents, et ceci confirme encore ce qui a été dit plus haut de notre parenté plus profonde avec nos aïeux qu'avec nos propres parents. Chez les léporides, par exemple, les descendants reviennent bientôt à l'un ou l'autre des types primitifs; chez les plantes hybrides si nombreuses, on ne peut assurer la permanence de la variété nouvelle qu'en la reconstituant sans cesse par le croisement nécessaire, sans quoi l'un des types finit par l'emporter entièrement sur l'autre. Mais cette question sera traitée au mot **Hybridité**.

Pour la théorie de l'atavisme, elle ne se distingue point de celle de l'hérédité. Nous n'en sommes plus à admettre l'hérédité par influence en quelque sorte, la théorie qui pour contre-partie celle de l'*aura seminalis* par laquelle on expliquait la fécondation. Si petit que soit l'œuf ou le spermatozoïde, c'est en lui, et en lui seul, c'est dans cette petite masse de matière vivante qu'il faut chercher l'explication de l'hérédité, et celle-ci une base matérielle, incontestable, tout incompréhensible qu'elle soit encore. La théorie provisoire de la pangénèse, des gemmules de Darwin, celle des pangènes de De Vries, celle du plasma germinatif enfin de Weismann, constituent des tentatives d'explication

1. *L'hérédité normale et pathologique.* Paris, Asselin et Houzeau, 1893.

très imparfaites encore, mais dont l'orientation paraît bonne. Comme la question de l'atavisme se ramène à celle de l'hérédité tout entière, il sera inutile de dire ici ce qui devra être répété à l'article **Hérédité**, et il suffira de renvoyer le lecteur au chapitre de Darwin, au mémoire de De Vries, et aux deux derniers livres de Weismann : *Les essais de l'hérédité*, dont j'ai donné une traduction française, et *Das Keimplasm, eine Theorie der Vererbung*, traduit en anglais sous le titre de *The Germ plasm, a Theory of heredity*, par M. N. H. Parker et Mlle Rönnefeldt (1893, Walter Scott, Londres). — Voir encore Cornevin : *Traité de Zootechnie générale;* H. F. Osborn : *Present Problems in Evolution and Heredity;* Delage (Y.) : *La structure du protoplasma et l'hérédité*, 1895.

HENRY DE VARIGNY.

ATAXIE. (α privatif, ταξις, ordre.) — **De l'ataxie en général**. — Par son étymologie, le mot ataxie signifie absence d'ordre : on lui donne comme synonyme *incoordination*. L'excellent mémoire de Topinard (1864) contient un abrégé historique des phases par lesquelles ce mot est passé avant d'acquérir sa signification définitive.

Ce mot était en effet, à son origine, un terme vague, général, puisque Hippocrate l'appliquait inconsidérément aux désordres morbides déviant de leur évolution normale ; que, plusieurs siècles après, Galien l'employait pour signaler les inégalités du pouls, et qu'il y a deux cents ans, Sydenham, imbu des idées de son temps, rapportait un grand nombre d'états nerveux à l'ataxie des esprits animaux.

On sait le rôle que l'ataxie a joué ensuite dans les formes cliniques des fièvres : les fièvres étaient ataxiques parce qu'elles étaient désordonnées.

Andral a précisé le terme du mot ataxie en lui donnant la signification de : « les contractions anormales et irrégulières du muscle ». L'ataxie devra donc désigner la chorée, le tremblement, les convulsions, le nystagmus, la carphologie.

Bouillaud considérait, du reste, le bégaiement et le bredouillement comme des ataxies partielles, et la chorée n'était à ses yeux qu'une sorte d'ataxie de l'action nerveuse qui préside aux mouvements. Topinard a essayé de classer ces différents phénomènes dits ataxiques ; distinguant l'ataxie musculaire et l'ataxie locomotrice ; « l'ataxie musculaire consiste en des mouvements brusques et désordonnés ou dans une incapacité de marcher et de se tenir debout, paraissant liés à un défaut de coordination musculaire ».

Ataxie locomotrice. Symptômes. — Depuis que Duchenne, de Boulogne, en 1864, décrivit un nouvel état morbide, caractérisé principalement par « l'abolition progressive de la coordination des mouvements, et la paralysie apparente, coïncidant avec l'intégrité de la force musculaire » et qu'il lui donna le nom d'ataxie locomotrice progressive, ce mot ataxie ne représenta plus que le syndrome si admirablement décrit par son auteur. Il différencia l'ataxie locomotrice ainsi comprise des autres troubles du mouvement ; un peu plus tard, il insistait sur la différence fondamentale qui sépare l'ataxie et les troubles nerveux d'origine cérébelleuse : « Les lésions cérébelleuses produisent une sorte d'ivresse des mouvements et non leur incoordination » et dans un autre rapport il est facile de distinguer cette titubation vertigineuse produite par les affections cérébelleuses de la titubation asynergique observée dans l'ataxie locomotrice ». Il ne faut pas désigner la titubation cérébelleuse par le terme d'ataxie, car la titubation cérébelleuse, comme l'a si bien démontré Luciani, n'est pas de l'incoordination.

Il faut donc comprendre l'ataxie dans le sens que lui a donné Duchenne, c'est-à-dire dans le sens d'incoordination.

Winslow avait entrevu les synergies musculaires ; et Duchenne lui emprunte cette phrase caractéristique : « Pour mouvoir quelque partie, ou pour la tenir dans une situation déterminée, tous les muscles qui la peuvent mouvoir y coopèrent. »

La faculté coordinatrice de locomotion met en jeu deux ordres d'associations musculaires : les unes impulsives, les autres antagonistes.

Les impulsives sont destinées à imprimer à une partie du corps tout mouvement volontaire vers une situation ou une attitude quelconque.

Les associations musculaires antagonistes sont de deux ordres : modératrices et latérales.

Celles-là ne s'unissent aux associations impulsives que pour les modérer : celles-ci assurent le mouvement en l'empêchant de s'écarter latéralement de sa direction (enarthroses et arthrodies). C'est là l'harmonie des antagonistes. Il y a entre cette coordination des mouvements volontaires des membres et les synergies musculaires, qui sont en action dans la station verticale, une analogie frappante.

Voici les caractères de l'ataxie observée par DUCHENNE au cours de la maladie dite ataxie locomotrice progressive. Pendant la station debout, le corps est agité par des oscillations, petites d'abord, et qui deviennent progressivement plus grandes, jusqu'à rendre la station impossible; les oscillations sont causées par la désharmonie (harmonie difficile) des muscles antagonistes, moteurs du tronc et des membres inférieurs. On constate en effet qu'elles sont produites par des contractions musculaires irrégulières, sous l'influence des efforts que fait le malade pour se maintenir dans la ligne de gravité. 1° Ces petits spasmes sont très visibles dans la station debout sur les membres nus; 2° Pendant la marche, l'harmonie ne régnant plus dans les associations modératrices et collatérales, le pas n'est plus mesuré, le membre dévie en dehors ou en dedans, et, dépassant le but, retombe lourdement et avec bruit sur le sol; 3° Aux membres supérieurs, surtout à la main, la désharmonie des antagonistes occasionne les mouvements les plus désordonnés et abolit rapidement l'habileté et l'usage manuels; 4° Le tronc lui-même perd l'harmonie de ses antagonistes, et, à un moment donné, la station assise et sans appui devient impossible. Alors le tronc est agité par des contractions brusques, irrégulières, provoquées par des efforts d'équilibration qui jettent le malade hors de son siège; 5° Enfin, dans une période plus avancée de la maladie, les associations musculaires impulsives se perdent complètement, et la station et la marche deviennent impossibles, quoique le sujet possède la force manuelle et ses mouvements partiels.

De l'ataxie locomotrice dans quelques maladies. — Ce qui précède démontre surabondamment que l'ataxie est un trouble fonctionnel, d'abord constaté chez l'homme. Mais ce phénomène appartient-il exclusivement à la maladie appelée par DUCHENNE ataxie locomotrice progressive? n'y aurait-il pas d'autres états morbides capables de l'engendrer? n'y a-t-il pas au cours de ces états morbides des symptômes qui puissent être dits ataxiques, c'est-à-dire se manifestant par de l'incoordination? Or aujourd'hui il est bien démontré que l'ataxie n'est pas l'apanage exclusif de la maladie de DUCHENNE : l'ataxie n'est plus synonyme de sclérose des cordons postérieurs. Du reste, comme nous le verrons ultérieurement, il n'y a pas de raison sérieuse pour faire synonymes l'ataxie locomotrice et la sclérose des cordons postérieurs. DEJERINE a montré, à l'aide d'observations cliniques suivies d'autopsie, que la plupart des symptômes de la sclérose des cordons postérieurs pouvaient être produits par des lésions des nerfs périphériques, et sans que la moelle épinière pût être mise en cause. Voici donc deux maladies, différentes comme localisations anatomiques, qui ont déterminé l'ensemble des mêmes phénomènes.

Au cours de la paralysie générale, les phénomènes ataxiques sont fréquents, et c'est sur le compte de l'incoordination que MAGNAN et SÉRIEUX mettent les troubles moteurs observés au cours de cette maladie; pour eux, la paralysie générale apparaît constituée par l'association d'un état d'affaiblissement psychique généralisé avec une incoordination motrice généralisée : la comparaison est d'autant plus légitime que, dans les cas où l'ataxie est très prononcée, il existe concurremment des troubles de la sensibilité; l'autopsie révèle une sclérose des cordons postérieurs. Il y a peut-être quelques différences cliniques qui doivent entrer en ligne de compte, telles que la marche descendante de l'ataxie dans la paralysie générale, et sa marche au contraire le plus souvent ascendante dans l'ataxie locomotrice; pour BALLET, l'incoordination de la paralysie générale ne ressemblerai pas absolument à celle du tabes, les contractions musculaires auraient plus d'ampleur et de brusquerie; il y a de véritables décharges que CHAMBARD a signalées, et qui sont représentées sur les graphiques sous forme de séries d'oscillations de grande amplitude.

D'autre part, l'embarras de la parole, le tremblement des lèvres et de la langue (mouvements décrits par MAGNAN sous le nom de mouvements de trombone), qui sont constants dans la paralysie générale et relativement rares dans l'ataxie locomotrice peuvent être sous la dépendance d'un mécanisme analogue. Enfin, il est bon de rappeler que certains auteurs, ayant découvert des lésions cérébrales dans des cas de tabes qui n'étaient pas accompagnés de troubles psychiques, ont proposé une théorie cérébrale de l'ataxie locomotrice. Nous reviendrons plus tard sur ce sujet. Signalons seulement les ataxies réflexes, les ataxies vermineuses (EISENMANN), les ataxies hystériques, un cas d'ataxie locomotrice chez un saturnin avec puissance musculaire intacte. Nous ne trouvons là rien qui puisse nous venir en aide pour le but que nous nous proposons.

Des causes de l'incoordination des mouvements d'après l'anatomie pathologique et la clinique. — L'ataxie étant l'incoordination, c'est-à-dire un trouble de la coordination des mouvements, nous ne pouvons en discuter le mécanisme intime qu'en connaissant l'ensemble des actes physiologiques qui président normalement à l'accomplissement d'un mouvement. Ce sont là, malheureusement, des données qui nous manquent, ou du moins qui sont très incomplètes. Nous devons au moins rechercher s'il est possible, en nous basant sur la pathologie et la physiologie expérimentale, d'éclairer la question de l'ataxie. La pathologie nous fournit deux espèces de renseignements : cliniques, anatomiques. L'ataxie est le signe le plus caractéristique et le plus constant de la maladie de DUCHENNE; à côté de lui se groupent d'autres symptômes également très fréquents : c'est à ces symptômes ou à leur groupement qu'on a cru pouvoir attribuer la production de l'ataxie.

On a incriminé la perte des réflexes cutanés et tendineux comme la cause directe de l'ataxie; l'arc réflexe de MARSHALL HALL serait interrompu, la contraction des muscles impulsifs ne déterminant plus par réflexe la contraction des antagonistes et des synergiques, l'incoordination en serait la conséquence nécessaire; mais il y a de grandes objections à faire à cette théorie : sans s'arrêter aux expériences de BURCKARDT, de TSCHIRIEW, de WALLER, qui tendent à démontrer que le temps qui s'écoule entre le moment où on percute le tendon et celui où la jambe se soulève, est beaucoup plus court que le temps nécessaire à la production d'un mouvement réflexe consécutif à une excitation cutanée (expériences qui sont très contestables), il n'est pas prouvé que les associations musculaires se fassent par voie réflexe, ou plutôt c'est là précisément ce qu'il faudrait justement démontrer.

Les troubles de la sensibilité ont été plus souvent invoqués comme causes : nous ne parlons bien entendu que des troubles objectifs divers, diminution ou abolition de la sensibilité sous différents modes, ses modifications ou paresthésies, retard des sensations. métamorphose des sensations, défaut de localisation, anesthésies dissociées, rappels de sensations, tétanos sensitif, polyesthésie, épuisement des sensations, etc.

Pour que ces troubles sensitifs eussent une valeur, il faudrait qu'ils fussent constants dans l'ataxie locomotrice; or on a relevé des cas où les modifications de la sensibilité étaient peu marquées, et l'ataxie très intense. Par contre, ce serait un tort de s'appuyer sur la rareté de l'incoordination dans l'hystérie, maladie qui s'accompagne de troubles sensitifs très accentués, pour leur refuser toute valeur. En effet l'hystérie laisse intacts les conducteurs de la sensibilité; le plus souvent, les sensations sont conduites : elles ne sont pas perçues.

Une objection plus sérieuse est la suivante : l'anesthésie cutanée due à des lésions organiques, telle qu'on en observe au cours de certaines névrites, n'entraîne pas forcément l'incoordination. Aussi doit-on considérer l'anesthésie cutanée comme n'entraînant absolument pas l'ataxie; au contraire, l'intégrité des sensibilités profondes, de la sensibilité osseuse et articulaire, la perte du sens musculaire de CH. BELL, du sentiment d'activité musculaire de GERDY, sensibilité commune ou profonde d'AXENFELD, anesthésie musculaire des auteurs allemands; voilà ce qu'on a tour à tour considéré comme la condition nécessaire de la coordination des mouvements. Pour DUCHENNE, de Boulogne, toutes ces espèces ou degrés de sensibilité ne font que perfectionner l'exercice de la faculté coordinatrice : « Écrire que la coordination motrice est subordonnée en tant qu'opération volontaire à l'intégrité du sens tactile, c'est professer une hérésie physiologique. » DUCHENNE avait entrevu, toutefois, l'importance de l'intégrité de la sensibilité osseuse et articulaire dans le fonctionnement régulier des mouvements : c'est lorsque les articulations des membres où siège l'insensibilité musculaire sont elles-mêmes insensibles aux mouvements qui leur sont imprimés, que l'on voit apparaître les symptômes attribués à tort à la paralysie ou la sensibilité musculaire. Si DUCHENNE a accordé si peu d'importance aux troubles de la sensibilité, c'est qu'il n'a pas différencié les troubles sensitifs de l'hystérie et ceux des lésions névritiques (au point de vue de leur mécanisme).

Cette influence des troubles sensitifs devait, en effet, avoir un appoint plus sérieux dans le nervotabes, où ils sont constants et très marqués; lorsque Dejerine fit ses premières communications sur le nervotabes, il insista sur l'influence de ces troubles de la sensibilité sur l'incoordination; mais il ajouta que c'était à l'inégalité de la lésion dans les nerfs cutanés et dans les nerfs musculaires qu'il attribuait les symptômes observés chez ses malades (marche possible, mais très incoordonnée, troubles de la sensibilité, signe de Romberg).

Duchenne de Boulogne avait signalé quelques cas d'individus perdant la faculté d'exercer leurs mouvements volontaires, lorsqu'on les empêche de voir, et c'est de là qu'était née sa théorie de l'aptitude motrice indépendante de la vue ou de la conscience musculaire : Duchenne en rapporte 3 ou 4 cas : peut-être une altération de cette faculté interviendrait-elle dans la production de l'ataxie?

Cette théorie n'a pas de bases bien solides. A côté des faits cliniques, il faut placer les renseignements fournis par l'anatomie pathologique; il ne s'agit pas de discuter sur la lésion primitive du tabes, mais de rechercher celle qu'on observe le plus fréquemment.

La lésion des cordons postérieurs fut considérée, à l'origine des études faites sur le tabes, comme le substratum anatomique de cette maladie : pour Pierret et Charcot, il y aurait des fibres commissurales reliant entre eux les centres spinaux étagés à différents niveaux dans la moelle: ces fibres commissurales seraient situées précisément dans les cordons postérieurs. Poincarré se rattache à une théorie analogue : les cordons postérieurs ne seraient autres que les voies commissurales de la coordination innée. Mais il y a un parallèle remarquable entre l'intensité des lésions des cordons postérieurs et celle des racines postérieures, de sorte que celles-là ne seraient que la conséquence de celles-ci : c'est du moins l'opinion soutenue par Leyden, Déjerine, Schultze, Marie, Redlich : on a objecté à ces auteurs qu'à l'autopsie de quelques cas de tabes au début, il aurait été constaté des lésions des cordons sans lésions concomitantes des racines; ces cas sont très rares, exceptionnels, et peut-être les racines n'ont-elles pas été soumises à un examen très rigoureux. Il n'est pas fréquent du reste de faire des autopsies de tabes au début ; lorsque les altérations sont encore peu prononcées, peut-être le segment périphérique des racines est-il plus touché que le segment médullaire. Nous ne ferons que signaler les altérations des cellules des ganglions spinaux, qui sont très légères et inconstantes.

Au cours du tabes il n'est pas rare de constater des troubles de la sensibilité qui ne sont nullement en proportion avec les lésions radiculo-médullaires.

Déjerine a trouvé la clef de ce phénomène dans les lésions des nerfs périphériques; il a attiré l'attention sur leur fréquence et sur le rôle qu'elles peuvent jouer dans la détermination des modifications de la sensibilité: Oppenheim et Simmerling se sont ralliés à cette opinion.

On a supposé ici des *fibres coordinatrices* descendant par les cordons postérieurs (Woroschiloff); Erb (1885); mais d'abord c'est une hypothèse toute gratuite; et ensuite il y a, comme nous l'avons dit, dans certains cas bien authentiques, à la fois ataxie sans lésion des cordons postérieurs, et lésions des cordons postérieurs sans ataxie. Mentionnons aussi l'opinion de Takacz (1878) qui rattache l'incoordination au retard de la sensibilité. Chaque contraction provoque en même temps que le mouvement musculaire une excitation centripète, qui va mettre en jeu une série de contractions musculaires nouvelles harmonisées avec la première. S'il y a un retard dans cette transmission, la synergie fait défaut. C'est une théorie ingénieuse, mais bien hypothétique encore.

L'ataxie ne porte pas seulement sur les mouvements volontaires; dans certains cas, il y a des mouvements désordonnés qui sont involontaires : c'est une athétose qui coïncide avec le tabes (V. **Athétose**). Mais on comprend qu'ici nous n'ayons pas à insister sur les modalités cliniques qui sont innombrables.

Les lésions de l'encéphale sont moins rares qu'on ne le supposait il y a quelques années, surtout depuis les recherches de Jendrassik, reprises par Nageotte. Mais faut-il, avec le premier, admettre que le tabes est avant tout une maladie cérébrale, que la lésion primitive est localisée dans les fibres tangentielles et que l'ataxie est étroitement liée à cette lésion : que les lésions spinales ne sont que secondaires? Il est plus que probable qu'il ne s'agit là que d'une coïncidence de deux lésions, et peut-être d'un rapport entre deux maladies : la paralysie générale et l'ataxie. Au contraire, il faut rapprocher les altérations des voies de la sensibilité d'une part, les modifications de la sensibilité et l'incoordination d'autre part : le parallélisme de ces trois faits, existant dans l'ataxie locomotrice, comme dans le nervotabes, est frappant.

Enfin, DUCHENNE de Boulogne s'était demandé si, dans l'ataxie locomotrice, le grand sympathique peut offrir des altérations anatomiques, et si un travail morbide dont il est le siège pourrait exercer une influence sur la dégénérescence atrophique des cordons postérieurs de la moelle et de leurs tubes nerveux : les lésions du sympathique ont été en effet signalées. Mais leur existence est loin encore d'être démontrée.

Rôle de la sensibilité dans la coordination du mouvement. Expériences. — La physiologie n'a pas encore réussi à expliquer méthodiquement le mécanisme de la coordination (et par conséquent de l'ataxie), soit en s'appuyant sur les données cliniques et anatomo-pathologiques, soit en se basant sur des phénomènes présentant des analogies avec l'ataxie, mais observés au cours d'expériences instituées dans un but tout différent. De fait une explication rationnelle manque encore, pour nous faire savoir par quel mécanisme a lieu l'ataxie des malades atteints de tabes.

Le système nerveux, depuis la terminaison sensitive jusqu'aux centres supérieurs, jusqu'à l'écorce, a été interrogé vainement. En s'appuyant sur ce fait clinique que l'anesthésie était fréquemment observée et presque constante au cours du tabes, certains auteurs s'étaient demandé si en provoquant cette anesthésie on ne provoquerait pas par là même le tabes. Aussi VIERORDT et HEID, puis ROSENTHAL, avaient pensé provoquer l'incoordination par l'anesthésie plantaire, HEID aurait obtenu des oscillations du corps dans la station verticale, après anesthésie de la plante du pied par le chloroforme. EGENHRODT (d'après TOPINARD) aurait également constaté une incertitude assez grande de la marche et de la station après la section des nerfs cutanés.

Quant au rôle des racines postérieures, il a été déterminé par les expériences classiques de VAN DEEN, LONGET, CL. BERNARD, BROWN-SÉQUARD. VAN DEEN avait constaté que les grenouilles éprouvaient une difficulté dans la locomotion après la section des racines postérieures. PANNIZZA le premier aurait remarqué qu'en coupant les racines postérieures des chiens on déterminait, outre l'abolition de la sensibilité, des troubles moteurs spéciaux : les mouvements conservent leur force, mais ils sont mal assurés, maladroits; l'animal en est peu maître. C'est ce que VULPIAN exprime de la manière suivante : « L'intensité volontaire ne peut se porter avec précision sur les groupes musculaires destinés à accomplir tel ou tel mouvement, qu'à la condition que les régions de l'encéphale d'où émane cette incitation soient en possession bien nette de la notion de la position de la partie à mouvoir, et qu'elles puissent juger de la direction prise par cette partie, pendant que le mouvement s'exécute : ce sont là des impressions qui font défaut ou sont affaiblies chez les ataxiques. » CL. BERNARD, à la suite d'expériences faites sur la sensibilité récurrente, se demandait si « le mouvement d'une partie privée de sensibilité peut s'effectuer aussi bien qu'auparavant ». Comme ses expériences lui avaient démontré que les muscles recevaient, outre les filets moteurs, des filets sensitifs, il concluait qu'il existe dans ces organes une sensibilité particulière à laquelle on peut donner le nom de sens musculaire; sensibilité qui, permettant d'apprécier jusqu'à un certain point l'énergie des actions musculaires, la portée d'un effort donné, serait nécessaire pour assurer aux mouvements d'ensemble la coordination qui leur est indispensable.

A la suite d'expériences sur les grenouilles dont il avait insensibilisé une ou deux pattes, il avait semblé à CL. BERNARD que les mouvements d'un membre privé de sensibilité sont déterminés ou entraînés par ceux du membre opposé. Dans une autre série d'expériences, il sectionne les racines postérieures ou lombaires, soit d'un côté seulement, soit des deux côtés à la fois : dans tous les cas, il voit des troubles du mouvement en rapport avec la sensibilité : mais non pas de la sensibilité cutanée, puisqu'une grenouille dont CL. BERNARD avait écorché les quatre membres, n'avait rien perdu de l'agilité de ses mouvements.

Ainsi, à mesure qu'on détruit la sensibilité on détruit le mouvement volontaire.

CL. BERNARD a montré le peu d'importance de la sensibilité cutanée sur la précision du mouvement, en sectionnant les filets cutanés de la serre sur un épervier : après l'opération il ne présentait aucun trouble du mouvement.

De même, chez un chien sur lequel il avait coupé les nerfs cutanés qui se rendent aux quatre pattes, on pouvait voir les mouvements de la marche s'exécuter parfaitement.

Après la section des racines postérieures droites chez le chien, les mouvements étaient restés les mêmes qu'antérieurement dans la patte gauche qui avait conservé sa sensibilité, alors que la patte droite insensible était traînante : elle était agitée par des mouvements incertains et sans but. Sur un autre chien, il sectionna les racines postérieures des cinq premières paires lombaires et des paires sacrées, puis en une deuxième fois il sectionna la racine de la sixième paire lombaire. A ce moment seulement se produisent des troubles du mouvement : ce qui prouverait, dit Cl. Bernard, que, tant qu'il reste un peu de sensibilité, les mouvements conservent une certaine régularité qu'ils perdent à l'instant même où cette sensibilité est enlevée. Il y a dans ces expériences la preuve d'une influence très nette de la sensibilité générale, dont l'étude a été reprise par Schiff, Goltz et tout récemment par C. Schipiloff pour la respiration et l'absorption : elle tend à démontrer également qu'il suffit d'un très petit nombre de rameaux appartenant à la sensibilité générale pour assurer ces fonctions.

Les expériences de Cl. Bernard démontrent d'une manière péremptoire l'influence de la section des racines postérieures sur le mouvement, et partant, celle de la sensibilité sur l'acte musculaire, mais s'agissait-il bien dans ce cas d'incoordination réelle, d'ataxie? Du reste Van Deen pense qu'après la section des racines postérieures, ce n'est pas tant la perte du sentiment réel qui détermine les troubles locomoteurs, que celle du sentiment de réflexion : ainsi, pendant la marche, c'est le contact du pied avec le sol qui détermine le mouvement du côté opposé. Si par le fait d'une lésion des racines postérieures le contact n'était conduit que d'une façon incomplète à la moelle, elle ne mettrait en activité les cellules excito-motrices du côté opposé que très incomplètement. Vulpian fait remarquer à ce propos que certains mouvements automatiques des membres supérieurs pendant la marche, mouvements bien étudiés par Duchenne de Boulogne, pourraient ne pas avoir d'autre point de départ. Cl. Bernard ne précise pas suffisamment : il parle de membres insensibles et privés de mouvements volontaires, animés de mouvements désordonnés et sans but déterminé. Mais ce n'est pas là de l'ataxie. Du reste Leyden et Rosenthal, qui ont répété ces expériences en en modifiant les conditions, n'ont pas obtenu des désordres tels que ceux de l'ataxie, mais une inertie spéciale des membres.

Dans les expériences de C. Schipiloff (1891), il est bien remarquable de voir que les grenouilles, dont toutes les racines postérieures ont été coupées, n'ont pas d'incoordination motrice; c'est l'immobilité qu'on observe et non l'ataxie : de même Héring (1893) coupant à des grenouilles excérébrées toutes les racines postérieures, ne voit pas l'ataxie, mais l'immobilité; il en conclut que l'automatisme de la moelle n'existe pas. Ces expériences ne nous renseignent guère sur la nature même de l'ataxie, ou plutôt elles tendent à nous faire admettre que l'ataxie est plutôt un trouble fonctionnel dans l'activité des centres médullaires sensitifs, excito-moteurs des actions réflexes, qu'une abolition de l'activité de ces centres. Peut-être trouverait-on quelque analogie entre ces faits et quelques faits cliniques, dans lesquels l'incoordination, très marquée au début, s'est peu à peu transformée en un état parétique.

Mentionnons enfin de récentes expériences faite en Angleterre, par Mott et Sherrington, sur des singes, et en France, sur des chiens par Chauveau, et par Tissot et Contejean (1895). Ces expériences sembleraient prouver, comme l'avaient fait les belles recherches de C. Schipiloff, que la section des racines postérieures détermine plutôt la perte de mouvement et la paralysie motrice que l'ataxie et le trouble de la motilité. La rupture de ce que Chauveau appelle le circuit sensitivo-moteur provoque des irrégularités du mouvement, qui peuvent aller jusqu'à la paralysie complète. Chez un chien qui avait subi l'extirpation, dans le même côté, des ganglions intervertébraux des quatre dernières paires lombaires et des deux premières sacrées, il y eut, quand la guérison de la plaie fut complète, une *ataxie formidable*, dans certains mouvements; mais d'autres mouvements coordonnés persistaient dans leur intégrité.

Il y a ici lieu de noter une expérience ingénieuse de Brown-Séquard (1863). Chez les pigeons, si l'on pique légèrement la partie inférieure de la moelle épinière (sinus rhomboïdal), on voit que l'animal ne peut plus se tenir en équilibre; il y a un trouble dans la locomotion tel que les chutes sont incessantes ; et cet état persiste plusieurs semaines.

Toutefois il reste d'assez notables différences entre ces troubles de l'incoordination et l'ataxie véritable, de sorte que, si nous devions dire à quelles autres perturbations fonctionnelles ressemblent les troubles de ces pigeons, dits ataxiques, ce serait plutôt aux perversions de l'équilibre, résultant des lésions du cervelet et des canaux semi-circulaires.

A ces troubles, on peut rattacher peut-être les ataxies dites *réflexes*, fort rares d'ailleurs, dans lesquelles des traumatismes ou des excitations périphériques ont déterminé une vraie incoordination motrice.

Rôle de la tonicité musculaire. — On a supposé que les racines postérieures ouent un grand rôle dans la locomotion, en exerçant une influence sur la tonicité des muscles. Harless a montré, par des expériences myographiques, que la forme de la secousse musculaire change lorsque les racines postérieures ont été coupées, ou lorsqu'elles sont excitées simultanément. Cyon, et après lui Tschiriew et Anrep, avaient démontré que, si l'on coupe les racines postérieures, toute tonicité disparaît dans le muscle, aussi bien que si l'on avait coupé les racines antérieures ; il aurait montré d'autre part que, si l'on excite une racine antérieure de manière à provoquer une secousse musculaire, la secousse est brève, dès que le nerf n'est plus en relation avec la moelle : au contraire, si le nerf est uni à la moelle, la secousse est prolongée, comme si l'excitation remontant vers la moelle avait déterminé par action réflexe une prolongation de la contraction. Marcacci (1880) a vu que, si l'on excite la racine antérieure, l'excitabilité de cette racine est moins grande lorsque la racine postérieure est intacte. Peut-être y aurait-il, venant de la périphérie, des nerfs sensitifs qui provoquent un réflexe d'arrêt de la contraction musculaire ?

Défaut de synergie dans l'action musculaire. — On a objecté avec raison que les lésions des racines, déterminées par Van Deen, Panizza, Cl. Bernard, n'avaient pas pour résultat des phénomènes ataxiques, mais des phénomènes paralytiques : c'est à tort aussi qu'on a fait un rapprochement entre ces expériences et l'ataxie locomotrice : dans les premières, on supprime les racines brusquement, dans l'ataxie locomotrice, au contraire, la suppression est lente ; il serait étonnant, de prime abord, que la suppression brusque de plusieurs filets nerveux amenât le même résultat que la suppression lente. Pour reproduire expérimentalement l'ataxie telle qu'on l'observe dans la clinique, il faudrait pouvoir supprimer ou plutôt altérer progressivement les voies conductrices de la sensibilité. L'ataxique ne devient pas tel du jour au lendemain, si bien qu'il est déjà ataxique, alors que ses proches et lui-même ne s'en sont pas encore aperçus : c'est insensiblement qu'il devient ataxique : il ne lance pas ses jambes dès le début, comme il le fera à une période plus avancée de la maladie, mais il *talonne* très légèrement, et ce sera un obstacle ou la marche dans l'obscurité qui, un jour ou l'autre, l'avertiront qu'il ne marche plus comme autrefois. Après avoir *talonné*, il lancera ses jambes en avant ; plus tard les membres supérieurs et le tronc, qui participent à l'équilibre pendant la marche, lui feront défaut ; enfin tout mouvement deviendra impossible ; l'ataxique sera devenu impotent.

De même, pour les membres supérieurs. Au début, ce seront les mouvements très limités qui sont troublés ; le malade éprouvera de la difficulté à prendre une épingle ; plus tard il ne pourra porter sûrement un verre à ses lèvres sans le regarder avec soin. Or, comment évoluent les lésions ? Les lésions des racines sont progressives, elles n'existent pas au même degré sur toutes les racines, et le nombre des racines envahies augmente aussi progressivement. Il en résulte, physiologiquement, que les centres médullaires qui participent à un même mouvement d'ensemble ne sont pas excités au même instant et avec la même intensité ; il s'ensuit nécessairement que la simultanéité des contractions musculaires qu'exige la simultanéité des impressions n'existe plus : il y a incoordination, ataxie.

Lorsque les cylindres-axes sont complètement détruits, les racines atrophiées, le mal ide devient non pas paralysé, mais impotent : il est comme l'animal auquel on a sectionné toutes les racines des membres inférieurs.

Pour expliquer comment peut se faire le trouble des mouvements par l'altération de la sensibilité, il faut distinguer, parmi les mouvements que nous exécutons, ceux dont nous avons l'habitude et ceux auxquels nous ne sommes pas exercés. Au début de l'ataxie, ce sont les premiers qui sont touchés : c'est un barbier qui laisse échapper son rasoir, une couturière qui ourle maladroitement, un musicien qui fait des fausses notes. Parmi les autres, ce sont les plus délicats dont l'exécution est le plus difficile. Dans ces deux espèces de mouvements, la volonté n'a pas une part égale : dans les premiers, elle s'exerce surtout au début, elle n'agit ensuite, pour ainsi dire, que d'une manière latente ; la première impulsion donnée, les centres médullaires, prévenus successivement par les diverses sensations, interviennent suivant le moment et l'intensité de ces sensations : ces mouvements peuvent être considérés comme la résultante de plusieurs actes réflexes : il n'y a rien d'étonnant, par conséquent, à ce qu'ils soient les premiers altérés. Lorsque les mouvements sont délicats, ils s'exécutent par l'action synergique de groupes musculaires très voisins, innervés le plus souvent par des filets nerveux dont l'origine radiculaire est la même. Si cette racine est très altérée, il est évident que le mouvement sera lui-même très difficile à exécuter. Dans le cas de mouvements où la volonté intervient pour une large part, ceux dont nous n'avons pas une grande habitude, le cerveau peut suppléer en partie à la moelle ; cette suppléance sera d'autant moins efficace que la volonté agira sur un centre anatomique plus restreint.

Lorsque l'ataxie est très marquée, la volonté intervient grâce aux renseignements que lui fournit la vue. C'est dire que, si on supprime la vue, on augmente l'ataxie. Il semble même que la vue agisse comme provoquant par une sorte de stimulation réflexe une synergie musculaire plus parfaite ; car tel malade, qui ne peut voir ses membres inférieurs, mais à qui on laisse les yeux ouverts, a des désordres de motilité bien moindres que si on lui fait l'occlusion complète des yeux (JACCOUD).

Pour les mêmes raisons que celles exposées précédemment, les physiologistes qui ont tenté de provoquer l'ataxie par lésions ou sections des cordons postérieurs n'ont pas été plus heureux. VULPIAN et PHILIPPEAUX avaient fait sur les faisceaux postérieurs d'un chien, au milieu de la région dorsale, une section transversale qui les divisait complètement. Les mouvements volontaires des membres postérieurs étaient troublés, affaiblis, mais il n'y avait pas incoordination. Du reste, dans ce cas la sensibilité n'est que très légèrement touchée : BROWN-SÉQUARD et SCHIFF ont démontré que plusieurs sections transversales incomplètes de la moelle épinière au niveau de la région dorsale laissent persister la sensibilité dans les membres postérieurs, pourvu que chaque section n'ait pas divisé entièrement la substance grise. La sensibilité disparaît au contraire entièrement dès que cette substance est complètement interrompue. BROWN-SÉQUARD, à la suite d'expériences sur les cordons postérieurs, avait établi que, dans les altérations limitées aux cordons postérieurs, mais occupant toute leur épaisseur et toute leur longueur ou la totalité du renflement lombaire, il y a impossibilité de se lever et de marcher, à cause de la perte de l'activité réflexe.

Conclusions. Résumé. — En résumé, la physiologie de l'ataxie n'est pas complètement élucidée ; la coïncidence de ce symptôme avec les troubles de la sensibilité et les lésions des voies de la sensibilité, et leur parallélisme, établissent entre eux un rapport manifeste, sans que ce rapport puisse être considéré absolument comme un rapport de causalité. Aucune des théories proposées n'est complètement satisfaisante. Les troubles de la sensibilité n'expliquent pas le défaut de coordination : et d'autre part l'existence d'un système spécial de coordination, soit cérébral, soit bulbaire, soit médullaire, est très hypothétique.

Toutes réserves faites, il nous sera permis d'admettre, au moins provisoirement, que l'intégrité du mouvement (au point de vue de l'harmonie et de la synergie et du relâchement ou de la contraction des antagonistes) nécessite l'intégrité des segments médullaires (cornes antérieures, cornes postérieures, racines antérieures, racines postérieures) qui servent à ce mouvement. S'il s'agit d'un mouvement volontaire, le cerveau y supplée. S'il s'agit au contraire d'un mouvement habituel, automatique, non volontaire, dans lequel le cerveau n'intervient pas, alors la moelle malade ne peut plus l'exécuter ; de sorte que l'ataxie est surtout un trouble dans l'automatisme coordinateur de la moelle.

Bibliographie. — Nous n'avons à présenter ici que la bibliographie qui porte sur la pathogénie de l'ataxie. Pour les travaux anciens, on consultera surtout TOPINARD (1864) et JACCOUD (1864) ; pour les travaux récents, RAYMOND (1891).

Voici le résumé des principaux documents utiles à la connaissance de la physiologie pathologique de l'ataxie :

1858. — BERNARD (CLAUDE). *Lec. sur la physiol. et la path. du syst. nerveux*, I, 246-328. — DUCHENNE (DE BOULOGNE). *De l'ataxie locomotrice progressive* (*Arch. gén. de méd.*, Paris, 1858, (2), 641 ; 1859, (1) ; 36 ; 158 ; 417).

1863. — BROWN-SÉQUARD. *Production d'ataxie musculaire par l'irritation d'une petite portion de la moelle épinière chez les oiseaux* (*Journ. de la phys. de l'h. et des anim.*, Paris, VI, 701-703).

1864. — JACCOUD. *Les paraplégies et l'ataxie du mouvement*. 8°, Paris. — TOPINARD (P.). *De l'ataxie locomotrice et en particulier de la maladie appelée ataxie locomotrice progressive* (*D. P.*).

1867. — CYON (E. DE). *Zur Lehre von der Tabes dorsalis* (*A. V.*, XLI, 353-384).

1869. — LEYDEN (E.). *Ueber Muskelsinn und Ataxie, nebst Fällen* (*A. V.*, 1869, XLVIII, 321-351). — ARLOING. *Ataxie locomotrice chez un chien* (*Mém. Soc. de méd. de Lyon*, VIII, 103-106).

1872. — BERNHARDT (M.). *Zur Lehre vom Muskelsinn* (*Arch. f. Psych.*, Berlin, III, 618-635).

1874. — WOROSCHILOFF. *Der Verlauf der motorischen und sensiblen Bahnen durch das Lendenmark des Kaninchen* (*Arb. a. d. physiol. Anstalt*, Leipzig, IX, 99-155).

1876. — CYON (E. DE). *Sur la secousse musculaire produite par l'excitation des racines de la moelle épinière* (*B. B.*, 134). — FRIEDREICH. *Ueber statische Ataxie and ataktischen Nystagmus* (*Arch. f. Psych.* Berl., VII, 235-238).

1878. — TAKACS (A.). *Eine neue Theorie der Ataxia locomotrix* (*C. W.*, XVI, 897).

1879. — KAHLER (O.). *Ueber Ataxie als Symptom von Erkrankungen des Centralnervensystems* (*Prag. med. Woch.*, IV, 15, 21). — PETIT (L.-H.). *De l'ataxie locomotrice dans ses rapports avec le traumatisme* (*Rev. mens. de méd. et de chir.*, Paris, III, 209-224).

1880. — DEBOVE et BOUDET. *Note sur l'incoordination motrice des ataxiques* (*B. B.*, 85-86). — MARCACCI (A.). *Influence des racines sensitives sur l'excitabilité des racines motrices* (*B. B.*, 397).

1883. — DEJERINE (J.). *Des altérations des nerfs cutanés chez les ataxiques, de leur nature périphérique, et du rôle joué par leurs altérations dans les productions des troubles de la sensibilité qu'on observe chez ces malades* (*A. P.*, 72-92).

1884. — DEJERINE. *Étude sur le nervo-tabes périphérique.* (*Ataxie locomotrice par névrites périphériques, avec intégrité absolue des racines postérieures, des ganglions spinaux et de la moelle épinière.*) (*A. P.*, 231-268).

1885. — JENDRASSIK. (*Deutsches Arch. f. klin. Med.*, XLIII, 543). — RAYMOND (F.). Art. *Tabes dorsalis* (*D. D.*, XV, (3), 288-416).

1886. — ERB (W.). *Contribution à la théorie de l'ataxie spinale* (An. in *Arch. de Neurologie*, XII, 213).

1890. — BROWN-SÉQUARD. *Théorie des mouvements involontaires coordonnés des membres et du tronc chez l'homme et les animaux* (*A. P.*, (5), II, 411-424). — GOLDSCHEIDER. *Ueber einen Fall von tabischer Ataxie mit scheinbar intacter Sensibilität* (*Berl. klin. Woch.*, XXVII, 1053-1055). — MADER. *Zur Theorie der tabischen Bewegungsstörungen* (*Wien. klin. Woch.*, III, 357-383). — RUMPF. *Des troubles de la sensibilité dans l'ataxie* (An. in *Arch. de Neurologie*, Paris, XIX, 259-260).

1891. — BAUMLER. *Présentation d'un cas d'affection chronique de la moelle avec ataxie inhérente à des troubles très profonds de la sensibilité* (An. in *Arch. de Neurol.*, Paris, XXI, 133). — SCHIPILOFF (CATHERINE). *Influence de la sensibilité générale sur quelques fonctions de l'organisme* (*Arch. d. sc. phys. et natur.* Genève, XXV, n° 7).

1893. — HERING (H. E.). *Ueber die nach Durchschneidung der hinteren Wurzeln auftretende Bewegungslosigkeit des Rückenmarkfrosches* (*A. Pf.*, LIV, 614-636).

1894. — RAYMOND (F.). *Maladies du syst. nerveux. Scléroses systémat. de la moelle.* 8°, Paris, Doin, chap. XIII, 204-250.

1895. — TISSOT (J.) et CONTEJEAN (CH.). *Sur les effets de la rupture du circuit sensitivo-moteur des muscles dans sa portion centripète* (*B. B.*, 569-571).

THOMAS.

ATHÉTOSE (de ἀ privatif, τίθημι, mettre hors place). Ce phénomène, décrit pour la première fois, en 1871, par Hammond, est un trouble moteur consistant dans des mouvements involontaires, atteignant principalement les doigts et les orteils, moins souvent les mains et les pieds, rarement les muscles de la face, du cou, de la nuque.

Ces mouvements sont pour ainsi dire incessants et persistent ordinairement, même pendant le sommeil : ils se produisent avec une certaine lenteur, avec un certain rythme : ils sont fort amples et donnent lieu aux attitudes les plus variées et les plus changeantes.

L'athétose se présente rarement comme maladie *per se :* le plus souvent, elle accompagne une affection cérébrale, telle que l'hémiplégie infantile, ou une autre névrose.

Bibliographie. — Hammond. *Traité des maladies du système nerveux ;* trad. française par Labadie-Lagrave. Paris, 1890.

X. FRANCOTTE.

ATMOSPHÈRE. — Voyez Air, Barométrique (Pression) et Respiration.

ATROPHIE. — **Définition.** — Atrophie veut dire privation de nourriture, insuffisance de la nutrition et, comme conséquence directe de cette insuffisance, état de dépérissement dont la première et plus évidente manifestation est la diminution de volume de la partie, de l'organe ou de l'élément atrophié. Les mots *amaigrissement, macilence, marasme, consomption* expriment à peu près la même idée, mais chacun avec un sens plus restreint et plus spécial : beaucoup plus étendu est le sens du mot atrophie. Si, d'une part, en effet, ce dernier terme est souvent employé pour indiquer la simple réduction *quantitative* de la nutrition d'un élément anatomique (ou d'un composé d'éléments) sans altération notable de sa structure ou de sa composition chimique, on a pris aussi l'habitude en pathologie de comprendre dans l'atrophie les conséquences plus ou moins lointaines de cet état de dénutrition, conséquences en vertu desquelles les principes immédiats de la cellule sont changés, son type morphologique dévié, sa qualité histologique et chimique modifiée dans une certaine mesure. Dans ce cas, qu'il faut envisager comme le prolongement du précédent, l'atrophie n'est plus simple; elle est devenue *dégénérative :* c'est le groupe des *dégénérescences* qui mérite une description à part et sera étudié avec les développements qu'il comporte.

Lorsqu'en effet autour d'un élément viennent à cesser ou se modifier les conditions nécessaires à l'entretien de sa vie, il est nécessaire que la composition de cet élément lui-même change; cela est fatal d'après tout ce que nous savons de ses réactions et de sa physiologie intime. Mais, suivant que ce changement extérieur est brusque ou lent, total ou partiel, et suivant aussi sa modalité particulière dans chacun des cas, l'atteinte portée à la nutrition cellulaire présentera des caractères bien différents. Dans le cas de suppression brusque et totale des conditions de milieu, la mort de l'élément survient avant que des altérations bien notables de sa constitution aient eu le temps de se produire : ces altérations sont bien réelles, mais doivent rester en dehors des phénomènes évolutifs qu'il s'agit ici de décrire. Que si, au contraire, les conditions de milieu viennent à manquer, non plus soudainement, mais d'une façon lente et graduée, c'est-à-dire si la nutrition de la cellule est réduite dans son ensemble, mais non supprimée, la vie alors reste compatible avec ce nouvel état de choses; elle est devenue précaire, mais elle est encore possible. Seulement, pour qu'elle puisse continuer de s'entretenir, son champ se restreint; l'élément diminue de volume. Cette élasticité des conditions qui maintiennent l'existence de l'être vivant est précisément une de ses caractéristiques principales, comparée à la rigidité de celles imposées aux êtres non doués de vie. L'être vivant, dans de certaines limites, s'adapte aux conditions de son milieu. Cette faculté d'adaptation peut être poussée très loin, et les diverses atrophies dégénératives en sont une preuve. Troublée dans sa nutrition et son fonctionnement, privée peu à peu d'une ou plusieurs des conditions qui maintiennent son existence, la cellule fait plus que réduire sa consommation d'aliments, elle change dans une certaine mesure le type de ses réactions habituelles; non seulement ses réserves disparaissent, mais sa partie essentielle, son protoplasme se décompose partiellement : des substances qui préalablement n'existaient pas (ou seulement à l'état de trace), y apparaissent : parmi elles surtout la graisse sous forme de fines particules (*dégénérescence granulo-graisseuse*). Mais au lieu de la graisse on peut trouver d'autres substances. La nature variable des produits anormaux formés par la cellule ou déposés dans son intérieur ou parfois seulement leur apparence a même servi de base à une classification des atrophies dégénératives. Citons, à côté de l'atrophie graisseuse, l'atrophie *pigmentaire* caractérisée par la présence dans les cellules de grains foncés d'une nature chimique encore assez mal déterminée, la *calcification* qui atteint surtout la tunique moyenne des artères et qui ne va du reste guère sans la présence de graisse accompagnant le dépôt calcaire. Citons encore la dégénérescence *vitreuse* des muscles qui accompagne certaines pyrexies, la dégénérescence *cireuse* ou *amyloïde* des artères et de certains parenchymes, bien qu'avec ces derniers exemples nous nous éloignions beaucoup de l'atrophie proprement dite. Chaque élément, chaque tissu peut, suivant les cas, présenter des altérations diverses de sa composition; mais, à la vérité, chacun d'eux aussi a sa manière de dégénérer plus fréquente et plus habituelle.

Il ne peut entrer dans le cadre de cet article de décrire individuellement tous ces cas particuliers de dégénération ou d'atrophie. Outre que cette description se trouve naturellement à sa place dans les ouvrages de pathologie, nous ne pourrions, dans la plupart des cas, la faire suivre d'une explication véritablement scientifique dans l'état actuel de nos connaissances sur ce sujet. Seuls les cas les plus typiques seront l'objet d'un examen, comme il a été déjà fait pour le tissu musculaire dans l'article Amyotrophie. Nous devons au contraire envisager ici le processus de l'atrophie dans ce qu'il y a de plus général et de plus facilement explicable d'après les données actuelles de la physiologie cellulaire. Même ainsi réduite, la tâche n'est pas facile.

L'atrophie peut porter sur l'organisme entier, sur une de ses parties, sur un tissu, sur un organe, sur un système. Elle peut résulter d'une cause accidentelle ou, en d'autres termes, pathologique, c'est-à-dire hors des conditions normales de la vie; ou bien être le fait de l'évolution naturelle de l'organisme, comme il arrive chez le vieillard dont la plupart des tissus, sinon tous, s'atrophient d'une certaine façon et dans une certaine mesure (*marasme sénile*). Elle s'observe non seulement comme terme ultime de l'évolution des tissus et des organes, mais elle fait partie en quelque sorte du développement de l'organisme, puisque ces organes et ces tissus, avant d'avoir la forme typique et définitive que nous leur connaissons chez l'adulte, en ont revêtu d'autres successivement depuis l'apparition des premiers tissus dans les feuillets du blastoderme jusqu'à leur complet développement chez l'individu adulte, témoin le rein qui succède à une première ébauche (on peut même dire à plusieurs ébauches) d'un appareil sécréteur ou dépurateur de l'organisme ou témoin encore le thymus qui disparaît après la vie embryonnaire; mais cela, sans qu'on observe à sa place un autre organe qui le continue à proprement parler. A côté de ces processus réguliers d'atrophie qui rentrent dans l'évolution normale de l'individu nous en pouvons placer d'autres qui, en supprimant certaines parties du germe, en entravant le développement de l'embryon, sont l'origine d'atrophies d'ordre tératologique (*agénésie*). Cette atrophie, par suppression des germes cellulaires ou par perte de leur faculté de reproduction, peut s'observer jusque chez l'adulte, s'il s'agit non plus d'un tissu dont le nombre des éléments constituants soit arrêté de bonne heure, tel que les tissus musculaires et surtout nerveux, mais d'un tissu dont les cellules continuent de se diviser et de se multiplier comme certaines variétés d'épithélium (*aplasie*).

Considérant plus particulièrement le processus atrophique ou dégénératif tel qu'il peut résulter chez un adulte du fait de la maladie ou de nos expériences, si nous l'examinons dans un tissu ou un organe en particulier (muscle, foie, nerfs, centres nerveux, etc.), nous reconnaissons bientôt combien ce processus est complexe et synthétisant de phénomènes divers et parfois opposés. C'est le fait de la complexité de ces organes eux-mêmes dans chacun desquels, à côté de l'élément qui lui donne sa caractéristique fonctionnelle, il en est d'autres associés synthétiquement aux premiers et sur lesquels le trouble de la nutrition retentit à son tour nécessairement. Seulement, lorsque l'atrophie ne frappe parallèlement et également, il arrive au contraire très souvent que l'atrophie de l'élément noble coïncide avec l'hypertrophie des éléments interstitiels ou de soutien au point qu'une atrophie réelle d'un tissu peut se traduire par l'augmentation de volume de l'appareil ou organe qu'il constitue essentiellement : c'est ce qu'on peut observer d'une façon très particulière dans la *surcharge graisseuse* des muscles ou *pseudo-hypertrophie musculaire*. La question de savoir si la dénutrition de l'élément essentiel est d'origine primitive ou si elle est le résultat de l'exagération nutritive du tissu conjonctif interstitiel est le plus souvent délicate à trancher, même dans le cas de *scléroses atrophiques* les plus ordinaires.

Mécanisme. — Atrophie, avons-nous dit, signifie restriction de la nutrition avec ou sans modification notable de son type normal et régulier. Cette définition semblerait impliquer que nous savons ce qu'est la nutrition. Or, qu'est-ce donc exactement que la nutrition? Il est peu de mots qui reviennent plus souvent que celui-ci dans le langage physiologique et médical; il en est peu dont au premier abord le sens paraisse plus banal et plus simple; il en est peu dont en réalité la signification soit plus vague, plus équivoque, plus mal définie. Cette incertitude, ce défaut de sens précis se retrouvent naturellement dans l'étude des processus physiologiques ou pathologiques ayant pour base la nutrition : il faut convenir qu'il n'en peut guère être autrement, vu la complexité extrême de l'ensemble de phénomènes qu'on réunit sous ce nom; à cause de cette complexité même, il faut y distinguer un certain nombre de points de vue.

L'animal use sa substance; il doit la remplacer par les aliments qu'il prend journellement. Ces aliments digérés et absorbés forment une réserve qui s'épuise seulement peu à peu. Mais chaque cellule est individuellement dans le même cas que l'animal lui-même; pour remplir sa fonction propre, elle dépense une provision intérieure qu'elle s'était constituée : c'est la création de cette réserve qui constitue l'acte nutritif proprement dit. Compris de la sorte, le terme nutrition indique un acte chimique d'une nature particulière opposé à l'acte du fonctionnement et dont il constitue comme le terme inverse : mais ce point de vue est beaucoup trop restreint, il n'envisage d'abord que l'individu ou la cellule complètement développés, et dans ceux-ci qu'un côté de la question. Cette cellule, avant d'avoir acquis sa forme spéciale et définitive, en a revêtu d'autres; elle a été d'abord une cellule embryonnaire, susceptible de s'accroître jusqu'à un certain degré, à partir duquel elle se divise en cellules nouvelles qui s'accroissent et se divisent à leur tour. Ces phénomènes d'accroissement et de multiplication dans un certain ordre représentent eux aussi la nutrition, mais dans son plus haut degré de complexité, opposés à l'exemple précédent qui la montre sous son aspect le plus rudimentaire et le plus simple. Entre ces deux cas extrêmes il en est d'autres. Ainsi, par exemple, dans la vie embryonnaire, un moment vient pour ces cellules (pour certaines tout au moins) où elles cessent de se diviser et de se multiplier, le nombre en étant désormais compté; il leur reste alors seulement à s'organiser, à prendre la structure intérieure et l'aptitude particulière qu'elles garderont dans la suite. Au sein de leur protoplasme embryonnaire il s'en édifie un autre plus ou moins différencié et qui donne sa caractéristique à la cellule. Ainsi, à titre d'exemple particulier, la fibre musculaire, alors qu'elle commence à avoir ces disques caractéristiques qui sont l'instrument de sa contraction et qui lui permettent déjà de se contracter, continue d'en édifier d'autres dans son intérieur jusqu'à ce que sa croissance soit complète. Et cet acte d'accroissement de la fibre musculaire ne peut être confondu ni avec la contraction même, ni avec la création des réserves qui lui fournissent l'énergie nécessaire à sa contraction. La mise en place de toutes ces fines particules, l'édification de ces organes intra-cellulaires est encore un acte nutritif, acte moins complexe que le précédent, puisque la multiplication y est en moins, acte qui est au fond de nature chimique, mais d'une chimie extrêmement compliquée, et formé par l'association et l'évolution d'une série de phénomènes chimiques d'ordres plus simples, à l'ensemble desquels on donne communément les noms divers de *nutrition formative* (VIRCHOW), de *synthèse morphologique* (CL. BERNARD), d'*histopoïèse* (CHAUVEAU).

Tant que nous ne serons pas fixés sur le mécanisme intime de ces actes nutritifs, nous n'aurons point de base solide pour l'étude et l'explication des phénomènes atrophiques et dégénératifs. Un premier pas vers cette connaissance sera néanmoins fait, si nous savons distinguer ces différents aspects de la nutrition. Ces deux points de vue, que nous aide à bien distinguer et à comprendre l'exemple plus haut cité d'une cellule qui fonctionne déjà, alors qu'elle n'a pas cessé de s'accroître, représentent deux actes nutritifs parallèles, et jusqu'à un certain point distincts, qui persistent encore parallèlement, alors même que l'élément a acquis son complet développement. « La nutrition, a dit CL. BERNARD, est un développement continué. » L'édifice construit est en équilibre mobile; des matériaux de remplacement s'y ajoutent continuellement pendant que d'autres s'en détachent. Chez l'embryon et chez l'enfant il y a accroissement, parce que l'apport excède la dépense; chez l'adulte normal il y a équilibre à quelques oscillations près; dans l'atrophie il y a perte de volume et de substance parce que la dépense excède l'apport nutritif. Cette atrophie, nous la voyons se réaliser d'une façon rapide, aiguë en quelque sorte chez l'animal mis en état d'inanition. Elle frappe les divers tissus d'une façon, il est vrai, très inégale; l'un d'eux, le tissu musculaire avec le tissu adipeux moins important en fait presque tous les frais. Et c'est non seulement la provision de glycogène musculaire qui disparaît, mais encore le protoplasme même du muscle qui se détruit, témoin les déchets azotés qui sont éliminés par l'urine pendant tout le temps de l'inanition sous forme d'urée, déchets qui n'augmentent pas sensiblement quand les muscles fonctionnent et qui, pour cette raison même, paraissent indépendants de ce fonctionnement, ce qui donne une consécration expérimentale à la distinction établie plus haut entre l'acte nutritif qui fait face à la dépense exigée par la fonction, et celui qui conserve sa structure à l'élément lui-même (CHAUVEAU).

Division. — Ces considérations nous amènent à établir dans l'étude du mécanisme et des conditions de l'atrophie une distinction importante. Indépendamment du point de vue qui vient d'être développé, ces conditions, comme celles mêmes de la vie cellulaire, sont doubles. En premier lieu, la vie dans la cellule s'entretient en vertu d'un mécanisme et de rouages intérieurs, lesquels, plus ou moins faussés ou mutilés, sont cause de maladie ou de mort. D'autre part, chez les animaux hautement organisés que nous avons en vue, elle dépend encore de conditions extérieures multiples, en quelque sorte échelonnées les unes sur les autres. Il est devenu banal de dire que les éléments de notre corps vivent dans le sang et les liquides interstitiels comme dans un milieu qui sert d'intermédiaire entre eux-mêmes et le milieu cosmique; mais, comme la composition du sang et de ces liquides eux-mêmes dépend des éléments anatomiques qui les créent, les modifient et les renouvellent, il s'ensuit que les cellules jouent le rôle de milieu à l'égard les unes des autres, sans compter que, si les matériaux de la nutrition viennent bien à la cellule par le sang, l'excitation dont elle ne peut non plus se passer lui vient par la voie du système nerveux dont il y a à tenir compte comme d'une condition de premier ordre. Il nous reste à examiner rapidement la part de ces différents facteurs dans la production des lésions atrophiques.

Atrophies primitives. — L'atteinte directe de la cellule par quelque lésion qui dérange son mécanisme intérieur et par là même ralentit ou pervertit sa nutrition doit se réaliser dans un grand nombre de cas par les substances toxiques, poisons absorbés du dehors ou fabriqués par l'organe sur lui-même : malheureusement ces exemples apportent peu d'éclaircissement à la pathogénie des atrophies à cause de l'ignorance très grande où nous sommes encore de ces mécanismes intérieurs en vertu desquels chaque cellule fonctionne et vit, un de ces exemples a néanmoins pour nous un intérêt particulier, parce qu'il est le seul ou à peu près qui établisse une sorte de localisation des influences trophiques intra-cellulaires et qu'il peut être réalisé par un véritable traumatisme cellulaire dirigé à volonté sur telle ou telle partie de l'élément considéré. J'ai en vue la dégénération atrophique qui frappe la portion d'une fibre nerveuse qui a été séparée de son germe nutritif ou centre trophique tel qu'il résulte des expériences WALLER (*Dégénération wallérienne*). En raison de son importance et de la netteté de son déterminisme, cet exemple sera étudié à part et en détail : il suffit ici d'en montrer la portée générale, car c'est une induction assurément légitime que celle qui étend aux autres tissus les conséquences tirées d'une expérience que seul le tissu nerveux permet de réaliser concurremment. La section d'un nerf sur son trajet, disons mieux, la section de fibres nerveuses en amont ou en aval de leurs cellules d'origine (telle surtout qu'on peut la pratiquer sur les nerfs sensitifs des racines postérieures), équivaut à partager un élément cellulaire en deux parties dont l'une des deux conserve ses relations avec le noyau de cellule, et l'autre pas. L'expérience a appris que, de ces deux parties, l'une continue à vivre et travaille à la reconstitution de la partie mutilée, tandis que l'autre est vouée à l'atrophie et à la mort. Ainsi donc, le centre qui dans la cellule est le point de départ des phénomènes de multiplication et de division est le même, comme il fallait s'y attendre, que celui qui préside à son accroissement, témoin le bourgeonnement qui s'opère à l'extrémité de la fibre coupée pour le rétablir dans sa longueur et ses rapports primitifs; mais ce centre, indépendamment de tout phénomène d'accroissement, est encore nécessaire à la nutrition de l'élément, témoin, la désagrégation et la disparition progressives de la portion de fibre séparée de lui au bout de quelque temps. Ce centre, c'est le noyau de cellule, auquel il convient d'ajouter sans doute cette portion de protoplasme granuleux qui l'entoure directement; ce qui justifie la déduction établie plus haut entre un protoplasme à proprement parler fonctionnel, c'est-à-dire chargé de la fonction particulière à chaque cellule, et un protoplasme nutritif auquel incombe le soin de maintenir cette cellule dans son intégrité, tellement que l'altération de ce dernier compromet nécessairement l'existence du premier.

Une atrophie nerveuse, d'un mécanisme tout différent, est celle qui amène la diminution de volume des cordons nerveux et des parties correspondantes des centres à la suite de l'amputation d'un membre. Cette réduction de volume, qui est le signe d'une réduction de la nutrition de ces parties, est imputée à l'inertie de ces segments nerveux qui n'ont plus à leur disposition les organes par lesquels ils puissent manifester leur activité. Comme l'atrophie dans ce cas n'est jamais complète, il semble bien que ces nerfs privés de leurs muscles reçoivent encore quelques excitations, ce qu'on peut expliquer par la synergie qui existe entre les deux moitiés de la moelle ou des autres centres; il suffit d'admettre que ces excitations sont très réduites en nombre et en intensité, probablement parce que la volonté cesse de s'adresser à des muscles qui n'existent plus et supplée aux mouvements qu'ils exécutaient par l'activité d'autres groupes musculaires, symétriques ou non.

Atrophies secondaires. — Nombreux sont les cas d'atrophie ou de dégénération dans lesquels la lésion n'est pas primitive, mais résulte de la suppression plus ou moins totale de quelque condition prochaine ou éloignée de la vie cellulaire. La privation d'aliments, avons-nous dit, entraîne l'inanition; l'alimentation insuffisante entraîne l'amaigrissement; les lésions ou obstructions du tube digestif aboutissent au même résultat; la diète (ou prescrite ou forcée) qui accompagne les pyrexies fait de même, et avec plus de rapidité, parce que l'élévation de la température précipite la destruction des tissus, l'hyperthermie intervient du reste à la fois comme cause et comme effet dans cette dénutrition. Ce sont là des conditions à la fois simples et générales agissant sur les premières voies d'absorption : on y pourrait joindre toutes les altérations des organes qui ont un rôle dans la formation et la reconstitution du liquide sanguin, et ces organes sont nombreux; mieux vaudrait dire que tous y contribuent, puisqu'il n'en est pas un qui ne soit en échange de matériaux avec le sang, lui prenant ou lui cédant quelque chose.

A. Origine vasculaire. — Le système circulatoire, par ce fait qu'il distribue le sang aux organes et aux cellules, représente une condition de premier ordre dans l'accomplissement des phénomènes de la nutrition. La cellule dépend de lui comme le sang dépend des fonctions et appareils qui lui apportent du dehors les matériaux de son renouvellement. Par les vaisseaux qui l'entourent, la cellule reçoit ses aliments. Si le rôle du vaisseau n'est pas celui qu'on se figurait dans l'ancienne pathologie où on lui attribuait la fonction, non seulement de pourvoir à la nutrition, mais encore de la diriger ; si l'on sait bien maintenant que le choix des matériaux n'est pas fait pour lui, mais par le tissus, suivant leurs aptitudes ou activités spéciales, son pouvoir sur ceux-ci n'en est pas moins encore très grand. Si en effet il ne règle pas leur qualité, il règle leur quantité, et ce point de vue est à lui seul très important. C'est dans ce sens qu'on peut dire que le vaisseau est actif; car il est contractile; il peut affamer la cellule en la privant d'aliment comme la sténose de l'intestin affame l'organisme; dans un cas comme dans l'autre cette sténose, suivant qu'elle est complète ou partielle, amène la mort ou une réduction plus ou moins considérable de la nutrition, amaigrissement dans un cas, et dans l'autre, atrophie locale par ischémie.

S'il est un minimum d'aliments que le système circulatoire doit assurer à la cellule il ne faudrait pas croire, comme cette opinion a encore quelque peu cours, même e physiologie, que l'augmentation indéfinie de leur quantité par exagération de la circulation autour des cellules puisse accroître parallèlement la nutrition; ce serait retomber par un détour dans l'erreur médicale signalée plus haut, et du reste les faits sont contraires à cette manière de voir. Si en effet l'ischémie entraîne l'atrophie, l'hyperémie n'a pas pour conséquence obligatoire l'hypertrophie des cellules ou des organes. La circulation dans les tissus est subordonnée à un maximum qu'elle ne doit pas dépasser sous peine de créer à son tour des conditions défectueuses résultant des désordres qu'entraîne cette exagération même (exsudations, œdème, compression, etc.). Le trop est préjudiciable comme le trop peu, ainsi que nous avons souvent l'occasion de le voir en physiologie.

Entre ce maximum et ce minimum imposés à la circulation locale dans un organe ou un tissu pris en particulier, une marge très grande est laissée aux vaisseaux pour exercer leur fonction sans désordre du côté des cellules. Cette marge était nécessaire pour laisser un champ suffisant aux oscillations de la circulation rendues elles-mêmes utiles sinon nécessaires par les intermittences du fonctionnement et les oscillations parallèles de la nutrition. Ces alternatives de constriction et de dilatation vasculaires qui (dans un sens comme dans l'autre) ne deviennent dangereuses pour la nutrition qu'étant exagérées, sont soumises à l'action de certains nerfs spéciaux, les vaso-moteurs. Le système circulatoire qui dépend déjà d'autres appareils, comme ceux de l'absorption ou de l'excrétion, sans lesquels sa fonction serait incomplète ou troublée, dépend à un autre point de vue du système nerveux. Comme tout autre appareil, il est inerte par lui-même et a besoin d'excitations qui, on le sait, lui viennent par la voie du nerf. Si donc le vaisseau est la cause prochaine de l'ischémie qui engendre l'atrophie dans un territoire donné, une cause plus lointaine de cette atrophie est donc le système nerveux sollicité à son tour dans un sens ou dans l'autre par des influences qui ont retenti plus ou moins directement sur lui-même (poisons, toxines, etc.). Une atrophie de cause vasculaire peut donc être en réalité d'origine nerveuse (vaso-motrice). Malgré cela il sera bien convenu que nous ne devons pas la confondre avec les atrophies dites *neurotiques*, justement parce que l'influence nerveuse qui la détermine est non seulement indirecte, mais lointaine; tandis que dans l'atrophie neurotique cette influence est soupçonnée d'être directe, en tout cas prochaine et sans la participation des vaisseaux. C'est cette action qu'il va nous rester à examiner et à discuter. — Pour ce qui concerne le vaisseau et son rôle dans l'atrophie, nous devons nous en tenir à ce déterminisme véritablement physiologique pris comme type de son action sur la nutrition et laisser de côté les mécanismes ou accidents divers par lesquels il peut s'oblitérer (artérites, scléroses, athérome, embolies, compression extérieure ou de voisinage, etc., etc.) qui ressortissent à l'étude de la pathologie aussi bien que les altérations elles-mêmes, très variées, de la nutrition, qui en résultent.

B. Origine nerveuse. — Les nerfs influencent-ils directement la nutrition? y a-t-il des nerfs à proprement parler trophiques? s'ils existent, comment les comprendre? sont-ils distincts des nerfs centrifuges ordinaires, ou font-ils double emploi avec eux? — Voilà ce qui ne cesse pas d'être discuté, et cela tient bien certainement, comme je l'ai dit déjà à plusieurs reprises, à la façon défectueuse dont est posée la question, à l'incertitude du point de départ, c'est-à-dire au vague de la définition du processus nutritif. Cela tient aussi à la variété très grande, autant encore qu'à la complexité de ces phénomènes que l'on appelle trophiques et qu'on examine tour à tour dans des organes dont la physiologie nerveuse est loin d'être entièrement connue.

Les faits qui ont servi de point de départ à la discussion ont été fournis les uns par la clinique, les autres par la physiologie. La question ne fera de progrès sérieux qu'autant que la physiologie saura les reproduire tous à volonté pour en faire une étude méthodique et détaillée.

Parmi les tissus qui peuvent être frappés d'atrophie dégénérative du fait de leurs nerfs, il faut citer en premier lieu les muscles. La lésion, la destruction des nerfs moteurs à leur origine dans le centre ou sur leur continuité a pour conséquence l'atrophie des muscles, dans lesquels ils se distribuent (amyotrophie). Quelle que soit la cause première ou originelle qui produira la lésion nerveuse, la conséquence en est la même sur le tissu musculaire qui reçoit le contre-coup de cette lésion (Voyez **Amyotrophie**).

La physiologie sur ce point particulier est d'accord avec la clinique en ce sens que la section expérimentale d'un nerf moteur a bien pour effet chez l'animal comme chez l'homme des modifications du volume et de la structure du muscle, comparables à celles qui s'observent (VULPIAN; ERB) en clinique dans les mêmes circonstances.

La question qui nous intéresse au-dessus de toutes les autres est celle-ci : comment le défaut d'énervation du muscle entraîne-t-il son atrophie? ou, ce qui revient au même, comment le nerf moteur par son activité lui conserve-t-il son volume, sa structure et ses propriétés normales. Il y a donc d'abord une explication fondée sur un rapprochement qu'on serait tenté de faire et qu'il faut tout de suite indiquer. Le nerf altéré dans son origine ou sur son trajet dégénère; on pourrait donc penser que la dégénération du muscle n'est pas à vrai dire une conséquence, mais une simple extension de celle du nerf lui-même par propagation d'un tissu à l'autre. Cette explication a été proposée, notamment pour l'atrophie oculaire qui suit la section du trijumeau : elle n'est admissible ni pour ce cas particulier ni pour celui du muscle. Si la propagation était directe, l'altération musculaire devrait suivre immédiatement la dégénération nerveuse. Or la première est une question de jours, la seconde une question de semaines ou de mois. Le retard de l'une sur l'autre est par trop grand. — Il y a plus, il ne serait pas absolument nécessaire que l'altération nerveuse portât sur le segment contigu au muscle lui-même : elle pourrait résider dans quelque segment plus élevé, dans le cerveau par exemple et atteindre le muscle par l'intermédiaire d'un segment sain; le nerf moteur étant resté intact depuis la substance grise de la moelle jusqu'au muscle. C'est du moins ce qui a été affirmé, sur la foi il est vrai d'observations qui demanderaient une confirmation explicite; mais, même si cet argument venait à manquer, il faudrait encore récuser l'explication d'une propagation du phénomène atrophique du nerf au muscle ou à tout autre tissu qui serait sous sa dépendance fonctionnelle.

En fait l'observation clinique, au même titre que l'expérimentation physiologique, nous montre que non seulement l'exercice de la fonction du muscle (la contraction musculaire) dépend du système nerveux, mais aussi la conservation de son intégrité de composition et de structure intime. Privé des excitations qui lui viennent du nerf moteur, le muscle 1° est condamné au repos; ce qu'on exprime en disant qu'il est paralysé; 2° il s'atrophie, c'est-à-dire que peu à peu il disparaît en tant que muscle. La tendance en pathologie est de considérer les deux résultats, l'un immédiat, l'autre lointain, de la suppression de l'excitation nerveuse, comme indépendants l'un de l'autre et dépendants au contraire de deux activités distinctes et parallèles situées dans le système nerveux. C'est presque une nécessité qu'il en soit ainsi dans une science aussi complexe que la nôtre. Les deux points de vue d'une même fonction sont d'abord considérés comme deux fonctions différentes autant de temps qu'on ne saisit pas exactement les rapports qu'il y a entre eux, parce que la plus simple de nos fonctions est encore très complexe.

La question des nerfs trophiques sera discutée ailleurs dans le cours de cet ouvrage, mais il faut sinon discuter longuement, au moins indiquer ici les raisons qui plaident contre leur existence en tant qu'ils formeraient des conducteurs distincts des nerfs moteurs ou centrifuges ordinaires.

Il y a d'abord contre eux une fin de non-recevoir qu'il faut s'étonner de n'avoir pas vu être élevée plus tôt. Si, en effet, reprenant la conception de CL. BERNARD en lui donnant une formule plus conforme au langage physiologique actuel, on fait de la nutrition l'ensemble des réactions endothermiques opérées dans nos tissus, il est facile de comprendre que le système nerveux ne peut avoir sur elle aucune action directe, par cette raison évidente d'elle-même que le système nerveux n'apporte aucune énergie aux organes ou cellules auxquels il commande, mais qu'agissant toujours comme un excitant, il ne peut que dépenser les énergies intrinsèques qui y sont contenues. Ainsi tout ce qui est synthèse, recréation du potentiel dépensé, lui échappe nécessairement et pour ainsi dire par définition. Mais si, récusant cette façon de définir le processus nutritif, on l'envisage comme une somme complexe de réactions à la fois endothermiques et exothermiques, cette façon autre de définir la nutrition en y comprenant le fonctionnement ne change encore rien au fond des choses, et les seules réactions que les nerfs puissent faire apparaître dans un tissu sont celles de la seconde catégorie, celles qui dégagent ou libèrent de l'énergie. De cette façon on comprend très bien que les nerfs prétendus trophiques rentrent dans la classe des nerfs moteurs. Toute la question est seulement de savoir si le muscle où tout organe auquel on suppose des nerfs de ce genre est sous la dépendance d'une seule ou de deux ou plusieurs catégories de nerfs moteurs; si, en prenant toujours le muscle comme exemple, ses fibres nerveuses motrices qui commandent au mouvement visible de la contraction musculaire sont doublées d'autres fibres commandant au mouvement évolutif intime de son protoplasme en tant seulement que ce mouvement dépend de réactions chimiques capables de dégager de l'énergie. Cette seconde hypothèse est théoriquement encore admissible, mais, à coup sûr, elle manque de vraisemblance; en tout cas, il faut avouer qu'elle manque d'une base expérimentale suffisante; il n'est point de fait d'expérience qui l'impose d'une façon catégorique.

Mais si le nerf n'a probablement aucune influence *directe* sur le mouvement évolutif des tissus, il a par contre sur lui une influence *indirecte* très réelle et il paraît presque impossible qu'il en soit autrement. Ces deux phases inverses (très inégales du reste au point de vue de l'énergie recréée ou libérée) qui entretiennent cet état d'oscillation continu d'où dépend la vie elle-même, ces deux ordres de réactions que nous envisageons séparément, en réalité ne sont point isolées; mais au contraire elles s'enchaînent et réagissent l'une sur l'autre, et c'est assez que le système nerveux ait prise sur l'une des deux, même partiellement, pour qu'il les gouverne et les règle l'une et l'autre. L'expérience du reste le prouve. L'exercice répété d'un organe, son activité et même sa suractivité, tant qu'elle reste dans certaines limites, a pour conséquence son hypertrophie, comme cela est bien prouvé pour le cœur, et sans que nous songions dans ce cas à faire intervenir des nerfs particuliers, autres que les nerfs moteurs; pourquoi son inactivité n'aurait-elle pas pour conséquence un effet précisément inverse, l'atrophie? — Le surmenage peut, du reste, aussi avoir cette dernière conséquence pour des raisons qui s'expliquent suffisamment d'elles-mêmes; l'atrophie survient alors par usure immodérée du tissu sans possibilité d'une compensation nutritive suffisante.

Dans le débat sur l'influence possible du système nerveux à l'égard des phénomènes trophiques ou atrophiques, il y a par le fait (et c'est ce qui complique beaucoup le problème) deux questions à résoudre : 1° Cette influence est-elle directe ou indirecte? C'est ce que nous venons de discuter; et 2° quel est le degré de généralité de cette influence? C'est ce qui reste à examiner. — L'action du système nerveux d'abord limitée aux seuls muscles de la vie de relation s'est peu à peu étendue à d'autres tissus, aux vaisseaux, aux glandes. Il n'est guère probable qu'elle doive rester localisée dans ces deux classes d'éléments avec leurs sous-classes, les muscles et les glandes. Les progrès de l'anatomie de structure ou de nouvelles expériences peuvent à l'avenir nous obliger d'admettre la participation des nerfs à la fonction d'éléments avec lesquels nous ne leur connaissons présentement aucune relation ou anatomique ou fonctionnelle. C'est un point qu'il faut réserver. Seulement cette influence des nerfs (dont nous connaissons théoriquement la possibilité (sur la plupart, sinon sur tous les éléments fixes de l'organisme) devra, si notre façon de la comprendre est juste, reconnaître toujours le même mécanisme à mesure qu'on l'établira sur de nouveaux tissus : autrement dit, tous les nerfs centriges sont des nerfs fonctionnels, tous ne peuvent que libérer une énergie, exciter à la dépense, et c'est par ce seul moyen qu'ils atteignent, conservent ou modifient le processus évolutif des éléments avec lesquels ils sont en contact.

C'est dans l'état actuel de notre science la seule explication qu'on puisse donner des *trophonévroses.* L'exemple le plus particulier de ce genre d'atrophie est celui qui s'observe le plus habituellement à la face (*hémiatrophie faciale*) et dans lequel on voit la peau s'amincir par places en même temps que le tissu cellulaire puis la lésion envahir les os, les cartilages, les dents et jusqu'aux régions profondes comme la langue et le voile du palais. Les muscles participent à l'atrophie, tant ceux de la région que les petits muscles contenus dans l'épaisseur de la peau et, avec eux, les glandes sudoripares surtout sébacées dont la sécrétion diminue ou disparaît; par contre, les vaisseaux sont respectés, et l'égalité de la température des deux côtés de la face accuse une circulation normale dans la région atrophiée. — La cause de l'hémiatrophie faciale ne pouvant être attribuée au tissu vasculaire (c'est du moins ce que l'on suppose généralement sans qu'on puisse en donner de preuve absolue, tant s'est présentée rarement l'occasion de faire un examen anatomique complet de cette affection), on est porté à la chercher dans le système nerveux, on y est conduit également par les symptômes parfois douloureux du début de l'affection (névralgie faciale) accompagnée ou non de mouvements convulsifs de la région. L'affection frapperait primitivement le nerf trijumeau dans le champ d'innervation duquel se montrent surtout ces altérations, et aussi le facial, et un peu les nerfs voisins.

Sous le nom de *sclérodermie* ou *trophonévrose disséminée* on décrit d'autre part une variété d'atrophie de la peau ayant de grandes analogies avec la précédente et à laquelle conviennent les mêmes remarques, les mêmes explications et aussi les mêmes réserves.

En résumé, comme la nutrition dont elle représente un des aspects plus ou moins réduits, l'atrophie dépend de conditions extrêmement nombreuses. Ces conditions ne sont pas simplement à énumérer les unes à la suite des autres, mais elles sont dans un état de dépendance réciproque ou hiérarchique ; il faut faire un classement. L'atrophie comme la nutrition a son siège primitif dans la cellule ; cette cellule à laquelle nous donnons encore souvent le nom d'élément est déjà un organisme en petit ; elle est composée elle-même d'organes ou rouages intérieurs de l'arrangement et des propriétés desquels dépend sa *vitalité* ou possibilité de se nourrir et de fonctionner. L'atrophie comme la nutrition dépend donc en premier lieu de conditions intra-cellulaires encore très mal connues dont à peine nous distinguons quelques-unes. — Mais la cellule ne peut pas vivre seulement des échanges qui se font entre ses parties constituantes, elle doit échanger avec le monde extérieur, avec le milieu cosmique d'où tout lui vient, où tout est rejeté par elle après modification ou transformation chez les êtres d'organisation élevée que nous avons plus particulièrement en vue ; cet échange n'est pas direct, mais se fait par étapes, par l'intermédiaire de milieux interposés, spécialement chargés d'assurer ces échanges : de là tout un ordre nouveau de conditions qui se commandent entre elles et qui gouvernent la nutrition, la maintiennent en bon état si elles sont remplies dans leur plénitude ou la laissent en souffrance s'il n'y est satisfait que partiellement ; ces conditions sont de deux ordres : à savoir d'une part celles qui assurent la provision d'aliments et qui ont pour organes les vaisseaux avec tous les appareils greffés sur le système circulatoire, et d'autre part celles qui apportent à la cellule les excitations sans lesquelles elle resterait inerte : or ces excitations pour la plupart (tout au moins en ce qui concerne les tissus les plus hautement différenciés) lui parviennent par la voie des nerfs.

Chacun de ces deux groupes est susceptible de nombreuses subdivisions, ce qui contribue à multiplier les variétés du processus atrophique.

Il convient néanmoins de faire remarquer en finissant que toutes ces conditions d'organisation ou de milieu ne sont envisagées ici qu'au point de vue du mécanisme proprement dit de la nutrition, autrement dit des transformations de la matière et de l'énergie par lesquelles elle s'entretient.

Une autre condition est nécessaire, sans laquelle toutes les précédentes seraient sans effet, condition première de toute vie, de toute évolution, de toute nutrition normale ou troublée, *l'irritabilité* de la cellule ; il suffit de la signaler seulement ici, car elle sera étudiée ailleurs dans sa généralité.

Nous renvoyons, pour la bibliographie, à l'article **Amyotrophie**, et aux ouvrages de Samuel, Virchow, Vulpian, S. Mayer, Hayem, sur les nerfs trophiques.

J. P. MORAT.

ATROPINE. — $C^{17}H^{23}AzO^3$ ou C^3H^7. C^2H^4O. CO. CII $< \genfrac{}{}{0pt}{}{CH^2.\,OH}{C^6H^6} \genfrac{}{}{0pt}{}{\big\}}{} Az.\ CH^3$

C'est une composition éthérée de la tropine (basique) avec l'acide tropique.

La tropine est peu active au point de vue physiologique. Combinée aux acides, elle forme des sels ayant ces propriétés plus accusées. Les sels des acides aromatiques sont les *tropéines* (Ladenburg); l'atropine est de ce nombre.

L'atropine est donc un tropate de tropine. Elle se trouve dans les différents organes, notamment dans les racines, les tiges, les feuilles, ainsi que dans les baies (mûres) de l...

belladone (*Atropa Belladona,* L.), plante de la famille des Solanées. Dans ces diverse parties, elle est mélangée avec son isomère, l'hyoscyamine, également un tropate de tropine, et qui présente à peu près les mêmes propriétés chimiques que l'atropine. L'hyoscyamine tourne à gauche le plan de polarisation; l'atropine n'agit pas sur le plan de polarisation. Les propriétés physiologiques des deux isomères diffèrent un peu. L'atropine existe également, accompagnée de l'hyoscyamine, dans les graines de stramoine (*Datura Stramonium*). La prétendue daturine, le principe actif de la stramoine ne serait, d'après LADENBURG et E. SCHMIT, qu'un mélange d'atropine et d'hyoscyamine (ou seulement de l'atropine d'après SCHMIEDEBERG).

D'après les mêmes auteurs, la *duboisine* (extraite de la *Duboisia myaporoides*) n'est pas non plus un individu chimique spécial, mais tantôt de l'hyoscyamine, tantôt une autre tropéine, ou un mélange de plusieurs.

Une tropéine souvent employée en oculistique est l'*homatropine*, l'oxytoluylate de tropine (LADENBURG).

Préparation. — Le physiologiste ne se donnera pas la peine de préparer l'atropine. Aussi renvoyons-nous aux *Traités de chimie et de pharmacie* et au *Dict. de chimie de* WURTZ (et à ses deux suppléments). La préparation est basée sur les propriétés chimiques générales des alcaloïdes et sur la solubilité de l'atropine dans l'alcool et le chloroforme.

Propriétés. — Aiguilles cristallines soyeuses de forme prismatique; incolores et inodores, à saveur âcre et amère, fondant à 115°, se volatilisant à 140° en se décomposant en partie, bleuissant fortement le tournesol rouge, solubles dans 600 parties d'eau froide, un peu plus solubles dans l'eau bouillante, assez solubles dans l'alcool éthylique froid (solubles dans 2 1/2 parties d'alcool froid), dans l'alcool amylique, dans le chloroforme, solubles dans 50 parties d'éther froid ou de benzine, dans 6 parties d'éther bouillant, à peine solubles dans l'essence de pétrole.

L'atropine présente les propriétés et les réactions générales des alcaloïdes. Une solution au dix millième est encore précipitée par l'acide phosphomolybdique et l'iodure de potassium ioduré. Ce dernier réactif produit un précipité brun rougeâtre dans les solutions des sels d'atropine, précipité qui se transforme ultérieurement en lamelles d'un bleu verdâtre, à éclat métallique.

Lorsqu'on arrose un peu d'atropine (ou un de ses sels) avec de l'acide nitrique fumant, que l'on évapore à sec au bain de vapeur, et que l'on ajoute au résidu refroidi une goutte d'une solution de potasse dans l'alcool absolu, il se produit immédiatement une coloration violette qui passe bientôt au rouge. La coloration violette est seule caractéristique, car la strychnine donne également une belle coloration rouge. Dans es mêmes conditions, la brucine se colore en verdâtre. Cette réaction de VITALI est à nême de déceler un centième de milligramme d'atropine (DRAGENDORF).

Si l'on verse une solution aqueuse de sublimé corrosif dans une solution alcoolique l'atropine, il se forme un précipité jaune qui passe au rouge par l'ébullition.

L'atropine colore en rose la phtaléine du phénol.

L'acide sulfurique concentré dissout l'atropine sans la colorer; si l'on chauffe la olution jusqu'à ce qu'elle commence à brunir, qu'on ajoute ensuite un égal volume 'eau, il se produit un boursouflement de la liqueur, et, en même temps, il se dégage ne odeur d'éther salicylique; lorsqu'on ajoute à la liqueur un peu de permanganate e potassium, il se dégage une odeur d'amandes amères. L'acide nitrique concentré 'ssout l'atropine sans la colorer, et, lorsqu'on ajoute de l'eau, il se précipite de l'apoaopine; $C^{17}H^{21}AzO^2$.

Lorsqu'on fait bouillir une solution d'atropine avec une solution d'hydrate barytique, le se dédouble en tropine et acide atropique.

$$C^{17}H^{23}AzO^3 \quad = \quad C^8H^{15}AzO \quad + \quad C^9H^8O^2.$$

Atropine.   Tropine.   Acide atropique.

L'acide chlorhydrique fumant dédouble l'atropine en tropine et acide tropique.

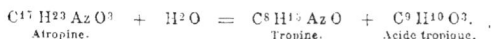

$$C^{17}H^{23}AzO^3 \quad + \quad H^2O \quad = \quad C^8H^{15}AzO \quad + \quad C^9H^{10}O^3.$$

Atropine.   Tropine.   Acide tropique.

La tropine et l'acide tropique additionnés d'acide chlorhydrique et chauffés au bain-marie peuvent régénérer l'atropine (synthèse partielle de l'atropine réalisée par Ladenburg).

L'atropine forme des sels. Elle est généralement employée sous forme de sulfate. Le sulfate d'atropine $(C^{17}H^{23}AzO^3)^2H^2SO^4$ forme des aiguilles cristallines blanches, solubles dans 1 partie d'eau ou d'alcool absolu et dans 3 parties d'alcool à 90° en donnant une solution neutre, d'une saveur amère et âcre; presque insoluble dans l'éther, le chloroforme et la benzine. Il fond à 187°.

Le sulfate d'atropine pur doit se volatiliser sans laisser de résidu; sa solution au centième ne doit pas précipiter par addition d'ammoniaque qui indiquerait la présence d'alcaloïdes étrangers. Il doit se dissoudre dans l'acide sulfurique en donnant un liquide incolore, même après addition de quelques gouttes d'acide nitrique. Il dégage une odeur agréable, lorsqu'on le traite par l'acide sulfurique et un peu d'eau. L'addition d'un petit fragment de permanganate de potassium dégage alors l'odeur d'amandes amères.

Le valérianate et le salicylate d'atropine sont moins employés.

L'atropine n'imprime pas de rotation au plan de la lumière polarisée. L'hyoscyamine le tourne à gauche.

Absorption. — C'est ordinairement du sulfate, très soluble dans l'eau, qu'on se sert. Ce sel est résorbé en somme par toutes les voies, par toutes les muqueuses, par la peau dénudée, par les plaies, par les séreuses, ou bien il est injecté dans les tissus (voie hypodermique). On l'administre par ces différentes voies. L'*excrétion* s'en fait assez rapidement par les urines. On l'y retrouve toutefois encore après trente-six heures.

Doses. — Les différents animaux révèlent une sensibilité très différente à l'action de l'atropine. L'homme y est très sensible, le singe, le chat et le chien le sont déjà moins; le lapin, le cobaye, le rat, la chèvre, le pigeon sont encore moins sensibles. Les poissons ne réagissent guère. Le porc mange impunément la racine de belladone. Les lapins, chèvres, moutons en broutent impunément l'herbe. Les limaces peuvent être nourries sans inconvénient pendant des semaines de feuilles de belladone, alors que deux ou trois feuilles peuvent être mortelles pour l'homme.

Chez l'homme on produit un effet sensible par des doses de 0,0005 à 0,001 gramme de sulfate pris par la bouche et surtout en injection hypodermique. Les doses de 0,005 à 0,008 gramme produisent des symptômes très prononcés, et il s'y joint des phénomènes cérébraux, plus difficiles à produire que les effets périphériques. 0,01 gramme produit des phénomènes très graves pouvant se terminer par la mort. Le pigeon, le rat, le cobaye, le lapin peuvent supporter jusqu'à 1 gramme de sulfate.

Chez le chat et le chien (de 4, 5 kilogrammes) 0,002 à 0,003 gramme en injection sous-cutanée ou intra-veineuse produisent des effets sensibles. On a vu des chiens survivre à un demi-gramme et même plus, c'est-à-dire à des doses absolument mortelles pour l'homme. Une, deux ou trois gouttes d'une solution de 5 p. 100 de sulfate d'atropine, injectées dans le sac lymphatique de la grenouille, suffisent pour faire apparaître les effets de l'atropine.

Il paraîtrait que pour l'atropine aussi il se produirait à la longue une certaine accoutumance, c'est-à-dire que pour obtenir les mêmes effets il faudrait, après un usage prolongé, des doses plus élevées. Si cette accoutumance existe, elle n'est certainement pas aussi forte que pour d'autres narcotiques (morphine, nicotine, etc.).

L'atropine est rangée dans la classe des narcotiques. La désignation de « narcotique serait cependant foncièrement erronée si elle devait tendre à identifier plus ou moins son action avec celle de la morphine. A certains égards, l'action de l'atropine est anta-goniste de celle de la morphine, surtout en tant qu'elle agit sur le système nerveux central.

L'atropine agit puissamment et d'une manière élective sur diverses parties du système nerveux. Elle sert donc dans bien des circonstances à dissocier physiologiquement certaines fonctions nerveuses. Les éléments nerveux particulièrement influencés sont les uns périphériques, les autres centraux. Les premiers, les périphériques, sont les extrémités de certains nerfs centrifuges, les uns franchement moteurs, ceux qui innervent des fibres musculaires lisses dans les organes les plus divers; les autres sont sécréteurs. D'autres enfin exercent des actions d'arrêt, d'inhibition périphérique.

Pour ce qui est des actions exercées sur les centres nerveux, elles aboutissent également à la paralysie. Mais cette action paralysante est précédée d'un stade caractérisé par des symptômes dits d'excitation violente, absolument caractéristiques. Il y a lieu de se demander si les symptômes d'excitation cérébrale notamment ne s'expliqueront pas plus tard également par la suppression primordiale de certaines fonctions (d'inhibition), tout comme pour certains effets périphériques, où la suppression d'une inhibition normale produit une suractivité (du cœur par exemple).

Action sur l'œil. — Elle est sensible chez l'homme pour les doses dites faibles, prises à l'intérieur. Elle est très marquée à la suite de l'instillation d'une goutte d'une solution aqueuse de sulfate (à 1 p. 100) dans le sac conjonctival. Dans ce cas, l'action est purement locale ; elle est l'effet de la diffusion de l'alcaloïde à travers la cornée et l'humeur aqueuse jusqu'aux organes intra-oculaires. L'iris est donc atteint en premier lieu, puis seulement le muscle ciliaire, en raison de sa situation plus profonde. Chez les animaux moins sensibles à l'ingestion de l'atropine, les effets oculaires locaux sont aussi moins prononcés; énergique chez l'homme, le chien et le chat, relativement forte chez la grenouille, cette action est très faible (et même niée) chez les oiseaux (dont les muscles intra-oculaires sont striés); elle est nulle ou à peu près chez les poissons. Enfin, cette action est très marquée déjà chez le fœtus humain de huit mois.

Toutes choses égales d'ailleurs, l'atropine agit plus énergiquement sur des yeux jeunes, et ceux à cornée plus mince.

Cinq à dix minutes après l'instillation, la pupille se dilate progressivement; la dilatation (= mydriase, d'où le nom de mydriatiques donné aux principes qui, comme l'atropine, dilatent la pupille) augmente peu à peu, et, surtout si on répète l'instillation, la mydriase devient maximale. C'est à peine si on voit encore un petit bord de l'iris derrière le limbe conjonctival opaque. La pupille reste dans cet état pendant deux, trois, cinq jours; cela dépend de la quantité d'atropine pénétrée dans l'œil; puis elle revient peu à peu à ses dimensions normales. Si la dilatation est complète, ou même seulement un peu prononcée, le réflexe pupillaire sous l'influence de la lumière ne se produit plus. En temps normal, l'éclairement d'une rétine fait contracter les deux pupilles.

La pupille de l'œil atropinisé ne se resserre pas non plus lors de la convergence (ou des efforts accommodateurs), dans la vision de près. La dilatation de la pupille produit un éblouissement pénible dû à la grande quantité de lumière qui pénètre dans l'œil. Les objets paraissent plus clairs.

L'atropine paralyse aussi le muscle ciliaire et abolit l'accommodation. Pour être complète, cette paralysie demande des instillations répétées.

Le *punctum proximum* recule de plus en plus, et finalement l'œil reste adapté pour son *punctum remotum*. Un emmétrope atropinisé ne peut donc voir nettement qu'à distance, et encore la vision à distance est sensiblement réduite, attendu que la dilatation de la pupille laisse passer des rayons lumineux à travers la périphérie du système dioptrique, périphérie qui réfracte la lumière moins régulièrement que le centre, et dont le pouvoir réfringent diffère sensiblement de celui du centre. Un œil hypermétrope atropinisé voit notablement plus mal à distance aussi; car, sans accommodation, les objets éloignés eux-mêmes forment une image diffuse sur la rétine. Le myope se plaint moins de la mauvaise vision; son *punctum remotum* étant plus rapproché de l'œil; l'atropinisation ne l'empêche pas même de lire, si sa myopie est un peu forte.

Un œil atropinisé voit les objets notablement plus petits. Cette *micropsie* est due à la parésie et à la paralysie de l'accommodation. Les objets sont vus diffusément, malgré le maximum de l'accommodation. On les suppose donc plus près qu'ils ne sont en réalité; et comme néanmoins l'image rétinienne (ou l'angle visuel) est relativement petit (pour la distance supposée) on *conclut* que les objets sont plus petits.

On obtient un effet sensible sur la pupille par l'instillation d'une goutte de solution encore plus diluée. Les effets sont seulement plus lents à se produire; ils sont moins intenses et disparaissent plus vite. Donders a même pu dilater un peu la pupille en instillant dans un œil de l'humeur aqueuse extraite, au moyen d'une ponction cornéenne, d'un œil préalablement atropinisé.

Il suffit donc, pour produire l'effet pupillaire, d'instiller chez l'homme des quantités extrêmement faibles d'atropine. La quantité qui, après pénétration dans la chambre antérieure ou injectée dans l'humeur aqueuse, se révèle par cette action a été évaluée à un 200 millième de milligramme, et même moins! C'est de là que cette réaction pupillaire est devenue un des moyens principaux pour déceler l'atropine en médecine légale.

Chez la grenouille et chez les mammifères, l'atropine dilate encore la pupille si on l'applique sur l'œil extrait du corps. Il semble donc que la dilatation de la pupille et la paralysie du muscle ciliaire résultant de l'ingestion de l'atropine sont elles aussi une action locale, exercée par l'atropine que le sang amène dans l'œil.

Selon toutes les apparences, l'atropine dilate la pupille en paralysant les extrémités périphériques des fibres nerveuses motrices du sphincter de la pupille, fibres provenant du nerf oculomoteur commun. Si l'atropinisation n'est pas trop forte, un courant induit passant à travers le segment antérieur de l'œil resserre encore la pupille dilatée par l'atropine (chez le chien par exemple), alors que l'excitation directe du nerf oculomoteur commun n'a plus cet effet. Si l'atropinisation est très forte, la faradisation de l'œil n'influe plus sur la pupille : les fibres lisses du sphincter finissent par être elles-mêmes paralysées.

On a soutenu que l'atropine, outre qu'elle paralyse les fibres nerveuses motrices du sphincter, excite le muscle dilatateur de la pupille, ou au moins les terminaisons périphériques de ses fibres nerveuses motrices (provenant du grand sympathique cervical). En effet, après section du nerf oculo-moteur commun, la dilatation de la pupille augmente encore sous l'influence de l'atropine.

Mais l'existence de fibres musculaires dilatant la pupille étant très problématique, on suppose que la section du nerf oculo-moteur laisse persister un tonus du muscle sphincter, qui serait aboli par l'action de l'atropine. On a notamment soutenu que l'atropine exerce son action sur des cellules nerveuses intercalées sur la périphérie des fibres motrices du sphincter de la pupille. L'existence même de ces cellules est au moins problématique.

Enfin, l'excitation du grand sympathique au cou dilate encore un peu la pupille préalablement dilatée par l'atropine. Cela paraît tenir à une constriction maximale des vaisseaux iridiens.

Pour ce qui regarde l'action sur le muscle ciliaire, on suppose également que l'atropine paralyse les extrémités périphériques des fibres motrices (du nerf oculo-moteur commun).

Somme toute, il s'agirait là d'une action analogue à celle exercée par le curare sur les extrémités périphériques des nerfs innervant les muscles striés ordinaires.

L'atropine est un médicament très employé dans les maladies de l'iris et de la cornée. Dans ces cas, il faut des quantités beaucoup plus grandes, des instillations répétées pour obtenir un effet pupillaire. La dilatation de la pupille éloigne l'iris du contact avec le cristallin, et empêche ainsi la formation d'adhérences pathologiques entre les deux organes; elle peut aussi rompre celles qui existent. En second lieu, l'iris retiré vers son insertion ciliaire occupe un moindre volume; ses vaisseaux sont comprimés : l'atropine décongestionne l'iris. Enfin l'atropinisation calme les douleurs dans les maladies de l'iris et dans certaines maladies cornéennes. On admet donc souvent que l'atropine anesthésie les fibres nerveuses sensibles de ces organes. Toutefois, cet effet ne s'obtient que dans les cas où l'atropine parvient à dilater la pupille, qui est resserrée dans ces maladies. Il est donc possible que les douleurs se calment parce que l'atropine fait cesser un tiraillement produit par l'extension de la membrane iridienne.

L'atropine augmente la tension intra-oculaire dans certains cas pathologiques (glaucome). On a soutenu que le même effet s'obtient sur l'œil normal, mais la chose est plus que douteuse. Dans ces cas pathologiques, la paralysie des muscles intra-oculaires met à l'élimination de l'humeur aqueuse des obstacles mécaniques imparfaitement connus encore. L'humeur aqueuse est surtout éliminée dans l'extrême angle cornéo-iridien, et cet angle est plus ou moins obstrué par l'iris rétracté périphériquement et épaissi.

Action sur le cœur. — Schiff trouva, et il a été confirmé en cela par tous les expérimentateurs, que l'empoisonnement par l'atropine supprime les actions cardio-inhibitrices exercées par le nerf pneumogastrique. Au moyen des circulations artificielles, chez la grenouille notamment, on a démontré que, dans ce cas aussi, le point d'attaque de l'atropine est périphérique, dans la paroi du cœur.

Chez les animaux (homme, chien, moins chez le chat) où la section d'un ou des deux nerfs vagues accélère les mouvements cardiaques, où par conséquent on doit admettre que les nerfs vagues exercent toujours un tonus d'arrêt, d'inhibition sur le cœur, l'injection de l'atropine accélère notablement les mouvements cardiaques (jusqu'au double), et la pression sanguine générale augmente (SCHMIEDEBERG). Chez le lapin et surtout chez la grenouille, l'atropine n'accélère guère ou pas du tout (grenouille) le cœur; mais aussi chez eux la section des nerfs vagues n'a pas non plus cette action. Chez tous ces animaux, l'atropine supprime l'action d'arrêt (ralentissement ou arrêt diastolique) exercée sur le cœur par une excitation du nerf vague ou des sinus cardiaques. L'atropine fait reparaître aussi les systoles d'un cœur de grenouille arrêté en diastole par des doses très petites de muscarine. Pour le reste, le cœur se comporte normalement, au moins si l'empoisonnement n'est pas excessif. Pour des doses mortelles, la contractilité du muscle cardiaque lui-même est plus ou moins atteinte.

Les nerfs accélérateurs du cœur atropinisé agissent encore parfaitement.

Portée sur le cœur, l'atropine paralyse donc le nerf vague en tant que nerf modérateur du cœur. Les propriétés du muscle cardiaque (les résultats contractiles de son excitation) n'étant pas modifiées dans un empoisonnement modéré par l'atropine, il faut admettre que l'atropine paralyse les extrémités intra-cardiaques des fibres d'arrêt du nerf vague (SCHMIEDEBERG). Souvent on veut préciser davantage, et on admet que l'atropine porte son action sur les ganglions intra-cardiaques moteurs, auxquels aboutiraient les fibres du nerf vague. Bien qu'il y ait de nombreuses cellules ganglionnaires intercalées sur le trajet intra-cardiaque du nerf vague, c'est cependant une hypothèse seulement que de limiter à ces cellules l'action de l'atropine.

Enfin il ne manque pas d'auteurs qui essayent d'interpréter les effets cardiaques de l'atropine par une action directe sur les fibres musculaires (LUCHSINGER et ses élèves, KREHL et ROMBERG). L'action cardiaque a donc donné lieu aux mêmes discussions que l'action oculo-pupillaire, à savoir si l'alcaloïde agit plutôt sur les terminaisons nerveuses périphériques que sur les éléments contractiles.

La même question se présente du reste partout où l'atropine exerce une action sur des éléments contractiles.

Dans les *vaisseaux sanguins*, les doses fortes d'atropine diminuent et suppriment tout à fait l'effet vaso-constricteur de l'excitation des nerfs vaso-moteurs. De plus, le tonus normal des petites artères diminue et disparaît; la pression sanguine, préalablement augmentée par l'effet cardiaque, baisse fortement.

Dans le *tube digestif*, l'action de l'atropine est très marquée. Les mouvements péristaltiques normaux, ceux qu'on suppose excités par les ganglions moteurs situés dans l'épaisseur des parois intestinales, se ralentissent et disparaissent, quelquefois après une augmentation initiale. Par contre, les contractions qui paraissent dues à l'irritation directe des fibres musculaires, persistent, et peuvent même devenir tétaniques. L'excitation directe de l'intestin les provoque encore (SCHMIEDEBERG). La muscarine, la pilocarpine et la nicotine restent sans effet (constricteur) sur un intestin atropinisé, tandis que l'ésérine, qui semble exciter plus directement la musculature, y fait naître une péristaltique intense. — L'atropine semble donc porter son action surtout sur certains éléments nerveux moteurs situés dans la paroi intestinale, probablement sur les cellules ganglionnaires. Pourtant, des doses excessives du poison suppriment également la contractibilité directe des fibres contractiles de l'intestin.

On tend à admettre que l'innervation motrice de l'intestin est double. Le nerf vague est moteur pour les fibres circulaires, et inhibiteur pour les fibres longitudinales. Le nerf moteur pour les fibres longitudinales (grand sympathique, nerf splanchnique) est nerf d'arrêt pour les fibres circulaires (EHRMANN, 1885). Il y aurait lieu d'examiner, si à ce point de vue l'action exercée par l'atropine sur l'intestin n'est pas comparable à son effet cardiaque.

On a étudié également l'action de l'atropine sur les autres organes à fibres musculaires lisses, notamment sur l'estomac, la rate, la vessie et l'utérus. L'effet paralysant n'y est bien sensible que si ces organes sont le siège de contractions physiologiques ou provoquées par la muscarine et la pilocarpine. L'atropine alors fait cesser ces contractions. La muscarine et la pilocarpine ne provoquent plus de contractions dans ces organes atropinisés, tandis que l'ésérine a encore parfaitement cet effet (SCHMIEDEBERG).

En thérapeutique, l'atropine est utilisée pour faire cesser certaines constipations qui semblent être plutôt de nature spasmodique (colique de plomb).

Un *effet anesthésique sur la périphérie des nerfs sensibles* a été admis par beaucoup d'auteurs, surtout en pathologie. Elle paraît du reste ressortir d'expériences faites par FILEHNE. Cette action est certainement moins apparente que les précédentes. Toutefois, la cessation de certaines douleurs oculaires sous l'influence de l'atropine s'explique par le relâchement mécanique de l'iris (voir plus haut). De même la cessation des coliques de plomb s'explique par la suppression des crampes intestinales. Une anesthésie des fibres nerveuses sensibles du poumon a été admise par VON BEZOLD, pour expliquer certaines modifications de la respiration.

La *respiration* est d'abord un peu ralentie, puis précipitée et rendue plus excursive, saccadée. Le ralentissement initial ne se produit plus, si au lieu d'injecter l'atropine sous la peau ou dans une veine, on la pousse dans une artère carotide. VON BEZOLD suppose que le poison anesthésie d'abord l'extrémité périphérique des fibres sensibles que le nerf vague amène au poumon. Puis l'alcaloïde, arrivant au cerveau, y produit une excitation générale, notamment celle des centres respiratoires.

Dans les empoisonnements graves, la respiration devient extrêmement rapide. La précipitation de la respiration et l'augmentation de la profondeur des mouvements respiratoires est très prononcée si la respiration a été préalablement ralentie par l'ingestion de la morphine (HEUBACH, VOLLMER).

Action sur les glandes. — Une des actions les plus curieuses de l'atropine est celle qu'elle exerce sur la plupart des glandes. Par une action exercée directement sur les glandes, elle en supprime totalement l'activité sécrétoire. Chez l'animal atropinisé, les glandes salivaires cessent de sécréter dans les conditions où elles le font habituellement. Le plus souvent on a expérimenté sur la glande sous-maxillaire du chien. L'effet est le même, que l'on incorpore le poison dans la circulation générale, ou qu'on l'injecte dans la seule artère de la glande, en prenant soin de l'y localiser (HEIDENHAIN). L'action s'exerce donc sur la glande elle-même. Ce qui est supprimé, c'est l'effet sécrétoire de l'excitation de la corde du tympan. L'effet vaso-dilatateur de cette excitation continue à se produire. Ce qui n'est pas non plus supprimé, c'est l'effet nutritif que (suivant HEIDENHAIN) l'excitation du grand sympathique exerce sur les protoplasmes glandulaires. La sécrétion sudorale cesse chez l'homme, la peau est sèche: l'excitation du nerf sciatique, pratiquée sur de jeunes chats, ne fait plus apparaître la sueur aux pattes (LUCHSINGER).

La sécrétion du lait peut être supprimée chez l'homme; chez la chèvre, la quantité du lait diminue, et sa concentration augmente. La sécrétion de mucus diminue dans la bouche et dans les bronches notamment, ce qui, joint à la suppression de la salive, produit la sécheresse à la gorge. La quantité de bile diminue (PRÉVOST); et la sécrétion du pancréas, préalablement augmentée par la muscarine, diminue et s'arrête (PRÉVOST). Enfin, l'hypersécrétion de toutes ces glandes produite par la muscarine et surtout par la pilocarpine est supprimée par l'atropine. L'administration préalable de petites doses d'atropine laisse la muscarine et la pilocarpine sans influence sur l'activité sécrétoire des glandes.

L'atropine supprime donc l'effet sécrétoire exercé par une excitation des nerfs sécréteurs les mieux caractérisés. Encore une fois, la discussion est ouverte sur le point de savoir si l'atropine paralyse les extrémités périphériques des nerfs sécréteurs (HEIDENHAIN, KEUCHEL), ou bien si elle exerce cet effet paralysant sur les éléments sécréteurs eux-mêmes. La première hypothèse compte le plus d'adhérents. Des agents, tels que l'essence de moutarde, qui, en application locale, provoquent la sécrétion de la peau de la grenouille, selon toutes les apparences en agissant directement sur les protoplasmes sécréteurs montrent encore cet effet aux endroits où la sécrétion a été préalablement supprimée par l'atropine (SCHÜTZ).

En ce qui regarde la glande sous-maxillaire (du chien), HEIDENHAIN fait observer qu'après atropinisation l'excitation du grand sympathique (au cou) produit encore sur les protoplasmes glandulaires son effet nutritif spécial. Ce sont donc les extrémités périphériques des fibres sécrétoires de la corde du tympan qui sont paralysés.

L'action sur les glandes est souvent utilisée en pathologie, par exemple, pour modérer une hypersécrétion de salive, ou les sueurs profuses des phtisiques.

Chez l'homme, l'intoxication par l'atropine est quelquefois accompagnée d'une *rougeur prononcée du tégument externe*, surtout au cou et à la face, rougeur qui peut aller jusqu'à l'éruption de petits boutons. En guise d'explication, on invoque l'augmentation de la pression sanguine générale.

Action sur le système nerveux central. — L'atropine augmente d'abord l'excitabilité du système nerveux central, et même provoque des excitations, en apparence sans l'intervention d'excitants extérieurs. Cette augmentation de l'excitabilité ressort surtout de l'observation des cas d'intoxication chez l'homme; en partie elle a pu être établie par des expériences directes. A l'excitation initiale succède dans les cas extrêmes une paralysie complète. L'alcaloïde produisant de préférence et d'emblée des symptômes paralytiques, même sur certaines parties du système nerveux central, on peut se demander si certains symptômes de l'atropinisation, interprétés dans le sens de l'excitation de certaines parties du système nerveux central ne résultent pas plutôt de la paralysie primitive d'autres portions des centres, qui normalement exercent une inhibition sur les premières.

D'autre part, il ne manque pas d'auteurs prétendant que, partout, le premier effet de l'atropine est une excitation, plus ou moins passagère, et suivie bientôt d'une paralysie durable ALMS'.

Parmi les symptômes centraux provoqués par l'atropine, nous avons en premier lieu des phénomènes d'excitation cérébrale, surtout de l'écorce cérébrale. D'abord des vertiges, excitation psychique; il y a absence de sommeil, agitation, mouvements choréiformes, besoin de se déplacer. A cela peut venir s'ajouter du délire véritable, rarement tranquille, ordinairement furieux avec accès maniaques, quelquefois dès le début avec propension au rire.

Souvent il y a des hallucinations visuelles; rarement excitation sexuelle.

Avec tout cela on a constaté de l'analgésie, et de l'anesthésie plus ou moins générale.

Par moments, ces phénomènes sont remplacés par un état comateux passager. Il peut y avoir guérison malgré ces symptômes alarmants.

La mort arrive enfin avec un cortège de symptômes de paralysie cérébrale.

De l'action de l'atropine sur les fonctions psychiques, il faut rapprocher une augmentation générale du pouvoir réflexe, sensible surtout au début de l'intoxication. Cet effet est très marqué si préalablement le pouvoir réflexe a été diminué ou même aboli par la morphine, à telles enseignes que l'atropine est recommandée comme antidote dans l'intoxication par la morphine. — Cela est vrai surtout chez les mammifères. Chez la grenouille, on signale que l'atropine supprime très tôt le pouvoir réflexe de la moelle épinière.

Le centre vaso-moteur de la moelle allongée semble être paralysé dans la forte intoxication.

Des intoxications faibles s'observent assez fréquemment à la suite de l'administration médicamenteuse de l'atropine ou de préparations pharmaceutiques de la belladone. Les simples instillations dans l'œil (absorption par la muqueuse de l'œil, du nez, de la gorge) produisent souvent de la sécheresse à la gorge, de la difficulté d'avaler, déglutition douloureuse, vertiges. Les mêmes symptômes peuvent résulter de quelques doses de 0,01 gramme administrées à l'intérieur. Aux symptômes signalés s'ajoutent, dans des cas plus prononcés, la sécheresse de la peau, la congestion de la peau du visage, de la céphalalgie. Puis surviennent les symptômes cérébraux, qui deviennent prédominants.

Un chapitre remarquable dans l'histoire de l'atropine est celui de son antagonisme physiologique. Telle de ses actions est mitigée ou même annulée par celle d'un autre alcaloïde, et *vice versa*. On s'est même servi beaucoup de ces actions antagonistes pour localiser l'action de l'atropine dans telles ou telles parties de nos organes. Le raisonnement est ordinairement le suivant. Un antagoniste de l'atropine semble exercer son action sur un élément anatomique bien délimité, donc l'atropine agit sur le même élément. Ou bien, l'atropine augmente encore l'effet d'un autre alcaloïde, qui de son côté produit un effet analogue à celui de l'atropine : il faut donc que les deux agissent sur des éléments distincts. Dans beaucoup de ces cas, la conclusion repose sur une espèce de pétition de principe, attendu que le point d'attaque physiologique de l'antagoniste de l'atropine est plus ou moins sujet à discussion.

Aucun de ces corps n'est, d'ailleurs, antagoniste pour toutes les actions de l'atropine. Ils le sont pour les unes et pas pour les autres. — La morphine l'est pour la plupart des actions exercées par l'atropine sur le système nerveux central. — L'atropine augmente encore la dilatation pupillaire obtenue par la cocaïne, comme celle-ci paraît renforcer la mydriase atropinique : les deux auraient donc des points d'attaque différents (la cocaïne excite le dilatateur pupillaire?). — L'ésérine (physostigmine) paraît être antagoniste de l'atropine pour son action pupillaire. Or, tandis que la muscarine, la pilocarpine et la nicotine (excitateurs des mouvements péristaltiques de l'intestin) restent sans action sur un intestin atropinisé, l'ésérine y provoque des mouvements. L'ésérine semble donc agir directement sur les fibres musculaires lisses (SCHMIEDEBERG) et non sur les extrémités périphériques de leurs fibres motrices. HARNACK et SCHMIEDEBERG prétendent que l'ésérine agit sur le muscle sphincter de la pupille, et l'atropine sur le nerf moteur, en se basant sur ce que l'ésérine resserre encore la pupille dans un œil atropinisé. Le fait est que l'ésérine ne produit cet effet que si l'atropinisation n'est pas trop forte. Si celle-ci est très prononcée, l'ésérine reste sans effet sur la pupille. La question des doses employées ne semble pas toujours avoir été suffisamment envisagée dans les discussions de ce genre. La muscarine et la pilocarpine paraissent exciter les éléments périphériques (cœur, intestin, glandes) que l'atropine paralyse. (SCHMIEDEBERG). Mais d'un autre côté, l'arrêt cardiaque produit par la muscarine peut être plus ou moins empêché par des poisons (ésérine, digitaline, camphre) etc., qui excitent plutôt directement la musculature du cœur. Il faudrait donc conclure que, dans le cœur, la muscarine agit plutôt (en les paralysant) sur les fibres musculaires, et non sur l'extrémité du nerf vague. Dans les glandes, la pilocarpine et la muscarine (effet sécréteur) paraissent agir sur les extrémités périphériques des nerfs sécréteurs, tout comme l'atropine, mais en sens opposé. L'atropine supprime leur effet sécréteur. De même l'ésérine supprime l'effet de l'atropine (HEIDENHAIN contre ROSSBACH), pourvu qu'on l'administre localement (par injection dans une artère glandulaire) en quantité suffisante. Encore une fois, cela dépend donc des doses. Certains agents, tels que l'essence de moutarde, provoquent la sécrétion dans la peau de grenouille, probablement par une action exercée directement sur les protoplasmes glandulaires; or ils la provoquent encore sur un endroit de la peau préalablement atropinisé. On en a inféré que l'atropine n'agit pas directement sur les protoplasmes glandulaires.

Somme toute, quelque intéressante que soit l'étude des antagonistes physiologiques de l'atropine, elle ne permet guère de décider en dernier ressort la question du point anatomique sur lequel l'atropine exerce exclusivement ou de préférence son action paralysante.

Bibliographie. — Pour la *bibliographie chimique*, nous renvoyons à l'article **Atropine** dans le *Dictionnaire* de WURTZ, y compris le premier et le deuxième suppléments. Les plus grands progrès récents ont été réalisés par LADENBURG et ses élèves.

LADENBURG (*Ann. der Chemie*, t. CCVI, p. 299; *Chem. Berichte*, t. XIII, p. 257; t. XIV, p. 1870; t. XX, p. 1661; t. XXV, p. 2388).

M. AFANASSIEW et J. PAWLOW. *Beitr. zur Physiol. des Pancreas* (A. Pf., 1878, t. XVI, pp. 173-189). — H. ALMS. *Sensible und motorische Peripherie in ihrem Verhalten gegen die Körper der Physostigmingruppe einerseits und der Atropin-Cocaïn-Gruppe anderseits* (A. Db., 1888, p. 416). — B. ANREP. *Chronische Atropinvergiftung* (A. Pf., 1880, t. XXI, pp. 185-212). — CLAUDE BERNARD. *Action toxique de l'atropine sur le tournoiement* (B. B., 1849, p. 7). — V. BEZOLD et F. BLOEBAUM. *Physiol. Wirk.* (*Unters. a. d. phys. Lab. Würtzburg*, 1867, t. I, pp. 3-72). — BINZ. *Erregende Wirkungen des Atropins* (D. Arch. f. klin. Med., 1887, t. XLI, pp. 174-178). — *Wirkung des Morphins und Atropins auf die Athmung* (an. in C. P., 1893, t. VII, p. 782). — R. BROWN-SÉQUARD. *Act. de l'atropine et de l'ergot de seigle sur les vaisseaux sanguins* (A. P., 1870, t. III, p. 434). — R. BUCHHEIM.

Pharmakologische Gruppe des Atropins (A. P. P., 1876, t. v, pp. 463-472). — DASTRE. *Les anesthésiques.* Paris, 1890. — K. DEHIO. *A. und arythmische Herzthätigkeit (D. Arch. f. kl. Med.,* 1893, t. LII, p. 97). — DONDERS. *Anomalies de réfraction et de l'accommod.* (édit. all., 1866, p. 493). — DUBUJADOUX. *Action sur l'iris et l'accommodation (D. P.,* 1873). — F. ECKHARD. *Wirk. der zu pharmak. Gruppe des Atropins gehörigen Stoffe (Beitr. zur An. u. Phys.,* 1877, t. VIII, pp. 1-52). — G. FANO et S. SCIOLLA. *Azione di alcuni veleni sulle oscillazioni del tono auricolare nel cuore dell' Emys europaea.* Mantova, 1887, de 15 pp. — FILEHNE. *Anesthésie locale par l'atropine (Berl. klin. Woch.,* 1887, p. 77). — l. R. FRASER. *Undescribed tetanic symptoms produced by atropia in cold blooded animals, with a comparison of the paralytic and convulsant symptoms produced by atropia in frogs and in various mammals (Journ. of An. a. Phys.,* 1869, t. III, pp. 357-369). — S. FUBINI et O. BONAUNI. *Ausscheidung des Atropins mittelst der Milch (Molesch. Unters z. Naturlehre,* 1891, t. XIV, p. 515; *A. B. I.,* t. IV, p. 47). — GIGUEL (*D. P.,* 1873). — E. HARNACK. *Wirk. des Atropins und Physostigmin auf Pupille und Herz (A. P. P.,* 1874, t. II, pp. 307-334). — R. HEIDENHAIN. *Glandes salivaires (H. H.,* 1880, t. V, p. 85). *Wirk. einiger Gifte auf die Nerven der Glandula submaxillaris (A. Pf.,* 1872, t. V, pp. 309-318; et 1874, t. IX, p. 435). — H. HÖLTZKE. *Physiolog. Wirkung des Atropin auf das Auge (Monastsbl. f. Augenheilk.,* 1887, p. 104). — P. KEUCHEL. *Atropin und Hemmungsnerven (Th. D. Dorpat,* 1868). — J. N. LANGLEY. *On the physiol. of the salivary secretion (J. P.,* 1878, t. i, pp. 96 et 339). — H. LENHARTZ. *Antagonismus zwischen Morphin und Atropin (A. P. P.,* 1887, t. XXII, pp. 337-366). — B. LUCHSINGER. *Wirkung von Pilocarpin und Atropin auf die Schweissdrüsen der Katze (A. Pf.,* 1877, t. XV, p. 482). — A. MARCACCI. *Act. phys. de la cinchonamine (A. B. I.,* 1888, t. X, pp. 208-236). — MAYET. *Une action déformante exercée par l'atropine sur les globules du sang (A. P.,* 1883, p. 397). — A. MEURIOT. *Méth. physiol. en thérapeutique et ses applicat. à l'étude de la belladone (D. P.,* 1868). — A. MORIGGIA. *Fréquence cardiaque chez les animaux à sang froid (A. B. I.,* 1889, t. XI, pp. 42-48). — W. OGLE. *Comparative immunity of rabbits to the poisonous action of atropine (Med. Times and Gaz.,* 1867, t. I, pp. 466-468). — PANOW. *Effets sur la sécrétion d'acide chlorhydrique par l'estomac (Bull. gén. thérapeut.,* 1890, p. 431). — J. L. PRÉVOST. *Antagonisme de l'atropine et de la muscarine (C. R.,* 1877, t. LXXXV, p. 630). — W. PREYER. *Antagonismus der Blausäure und des Atropins (A. P. P.,* 1875, t. III, pp. 381-396). — A. RABUTEAU. *Action comparative de l'atrop. chez l'homme et chez certains animaux (Union médicale,* 1873, t. XVI, pp. 1006-1010). — CH. RICHET. *Act. comparée de l'atropine chez l'homme et chez le singe* (B. B., 1892, p. 238). — S. RINGER et W. MURRELL. *Effects on the nervous system of frogs (Journ. of Anat. a. Phys.,* 1877, t. XI, pp. 324-331). — M. J. ROSSBACH. *Physiol. Wirk. des Atropins und Physostigmin (A. Pf.,* 1875, t. X, pp. 383-464). — *Antagonismus der Gifte (ibid.,* 1880, t. XXI, pp. 1-38). — G. RUMMO. *Act. physiol. et mécanique de l'atropine et son appl. dans les maladies cardio-vasculaires (A. B. I.,* 1891, t. XIV, pp. 197-198). — L. SABBATANI (*A. B. I.,* 1891, t. XV, p. 196). — SCHMIEDEBERG. *Act. sur le cœur et les fibres musculaires lisses (Ber. d. sach. Gesell. f. Wiss.,* 1870, p. 130) et *Elém. de pharmacodynamie* (trad. franç., 1893, p. 68). — M. SCHIFF. *Act. sur le cœur (Molesch. Unters.,* 1863, p. 57; 1873, p. 189). — G. STICKER. *Sympt. Antagonismus, etc. (Centr. f. klin. Med.,* 1892, p. 232). — B. J. STOKVIS. *Atropinvergiftung (A. V.,* 1870, t. XLIX, pp. 450-453). — SURMINSKY. *Wirkungsweise der Nicotin und Atropin auf das Gefassnervensystem (Zeitsch. f. rat. Med.,* 1869, t. XXXVI, pp. 203-238). — l. WHARTON JONES. *Circulation in the extreme vessels in atropine and cocaine poisoning (Lancet,* 1889, n° 3442, p. 309). — H. WOOD. *Physiol. act. of atropia, influence on pigeons (Am. J. of med. science,* 1871, t. LXI, pp. 335-345; 1873, t. LXV, pp. 332-342).

NUEL.

ATTENTION. — I. Définition de l'attention.

Quand notre intelligence est employée à l'étude d'un objet particulier, quand elle est dirigée vers cet objet à l'exclusion des autres, nous constatons dans notre esprit un phénomène particulier que l'on désigne sous le nom d'attention (*ad, tendere*).

Cette direction particulière de l'esprit dans un sens déterminé est certainement un des phénomènes psychologiques et physiologiques les plus importants pour comprendre le mécanisme de l'intelligence humaine. Depuis longtemps les philosophes ont indiqué quel rôle essentiel joue l'attention dans le travail intellectuel. HELVÉTIUS (*De l'esprit*, ch. III et IV) remarquait que tous les hommes n'ont pas les passions assez fortes pour exercer et diriger l'attention malgré la fatigue, et DUGALD-STEWART (*Philosophie de l'esprit humain*, t. II, p. 54) ajoutait que « cette puissance de certains individus pour agir par la volonté sur la suite de leurs pensées est une des causes les plus frappantes de la capacité intellectuelle ». L'attention joue aussi un rôle capital dans la volonté (WUNDT, *Psychologie physiologique*, traduct. 1886, t. II, p. 444) et plusieurs auteurs, comme BASTIAN (*Revue philosophique*, 1892, t. I, p. 357), vont jusqu'à dire que « l'attention est la faculté vraiment primordiale dont la volonté ne serait qu'un développement ultérieur » (Voir **Volonté**).

D'une manière inverse, des modifications graves de ce phénomène caractérisent toutes les altérations de l'esprit. « C'est par la perte de l'attention..., remarquait CH. RICHET, que se caractérisent les premiers effets de l'ivresse (*L'homme et l'intelligence*, 1884, p. 95). » La plupart des aliénistes ont noté la disparition de l'attention chez les imbéciles et les idiots. « Plus ils sont faibles d'esprit, moins ils sont attentifs, disait en résumé SOLLIER, plus ils sont paresseux, indisciplinables, inéducables (*Psych. de l'idiot et de l'imbécile*, 1891, p. 73). » Souvent ils ont caractérisé les folies par les troubles de l'attention. « ESQUIROL, disait MOREAU (DE TOURS) qui partage en grande partie ses ▓▓▓ admettait que le trouble de l'attention était la lésion essentielle dans la folie, ▓capable de s'arrêter dans la manie, affaiblie dans la démence, elle serait concentrée dans les idées fixes (*Le Haschisch*, p. 366). » L'importance de ce phénomène justifie le résumé rapide que nous faisons ici des études particulièrement physiologiques qui ont été faites sur l'attention.

L'attention semble avoir été peu étudiée par l'école anglaise du début de ce siècle, et peut-être doit-on admettre, pour expliquer cette négligence, la raison que donnait WILLIAM JAMES (*Principles of psychology*, 1890, t. I, p. 402). L'attention présente, au moins en apparence, un caractère d'activité, de spontanéité qui embarrassait les psychologues anglais plus disposés à décrire les phénomènes passifs de l'esprit. On remarquera parmi les premières descriptions de l'attention celles d'un philosophe allemand du début du XVIII° siècle, WOLF (*Psychologia empirica*). Sa définition du phénomène est fort intéressante : « *Facultas efficiendi ut in perceptione composita partialis una majorem claritatem ceteris habeat dicitur attentio.* » Ce caractère essentiel de l'attention est également signalé dans les études de DUGALD-STEWART, de REID, de BONNET. Il devient le point de départ des définitions de l'attention données par les psychologues modernes. WILLIAM JAMES en fait « une concentration de la conscience sur un seul objet avec exclusion du reste du monde » (*Principles of psychology*, t. I, p. 405). WUNDT, BASTIAN, BALDWIN emploient également à ce propos le mot concentration de l'esprit, ou des expressions analogues. JAMES SULLY (dans son *Handbook of psychology*, 1892, t. I, p. 142) précise cette conception. « On peut définir l'attention, dit-il, comme une activité mentale qui amène à sa plus grande intensité, à son achèvement, à sa définition précise, certaine sensation ou certain fait psychologique et qui produit une diminution correspondante des autres phénomènes présentés simultanément. » En un mot, on sait que les phénomènes psychologiques déterminés par les impressions extérieures subissent dans notre esprit une *élaboration* compliquée avant de se transformer en idées et en jugements ; cette élaboration des données de la conscience est très inégale : tandis que certains phénomènes restent à l'état élémentaire, d'autres sont énormément développés par le travail de l'esprit, et c'est cette inégalité de l'élaboration intellectuelle que l'on désigne sous le nom d'attention.

2. Les effets de l'attention. — L'attention se caractérise par les modifications des phénomènes psychologiques sur lesquels elle porte d'une manière particulière : elle modifie leur *intensité*, leur *durée*, leur *rapidité*, elle augmente le *souvenir* et l'*intelligence* que nous avons de ces faits.

1° Un phénomène psychologique sur lequel porte l'attention semble être *augmenté ;* un bruit si faible qu'il n'était pas perçu peut être entendu si nous l'écoutons avec attention ; il semble donc avoir augmenté. Quelquefois même une impression visuelle qui aura été fixée avec attention laissera une image consécutive, tandis qu'il n'en sera pas de même, si notre attention n'est pas fixée sur elle avec énergie. « L'attention, disait CH. RICHET pour résumer cette opinion, change non la nature ou la forme des images, mais leur intensité (*Essai de psychologie générale*, 1887, p. 182). »

Cependant cet accroissement de l'intensité des phénomènes sous l'influence de l'attention a été discuté et mis en doute par la plupart des observateurs contemporains. (Voir à ce propos les discussions de FECHNER, *Revision der Psychophysik,* XIX. — G. E. MULLER, *Zur Theorie d. sinnlichen Aufmerksamkeit.* § I. — STUMPF, *Tonpsychologie,* I, 71. — W. JAMES, *Principles of psychology,* I, 425. — H. MÜNSTERBERG et KOZAKI, *L'augmentation d'intensité produite par l'attention.* Psychol. *Review,* t. I, p. 39. — J. G. HIBBEN, *Sensory stimulation by attention.* Psycholog. *Review,* New-York, t. II, 1895, p. 369-376.) Nous ferons remarquer que cette discussion avait déjà été commencée par un psychologue français qui mériterait d'être plus connu. GERDY, dans sa *Psychologie physiologique des sensations,* écrivait déjà en 1846 : « Cette différence d'intensité n'est qu'une pure illusion... l'attention ne rend pas la main et les yeux plus sensibles, mais l'intelligence plus puissante et plus juste. » Une des remarques les plus intéressantes faite à ce propos par STUMPF, c'est que nous ne pourrions plus apprécier les différences d'intensité ni reconnaître une intensité faible, si l'attention avait pour effet de transformer la force, le degré de la sensation. Peut-être faut-il simplement conclure que cet accroissement apparent de l'intensité n'est qu'un accroissement de la clarté, de l'intelligence des phénomènes. C'est là une question à propos de laquelle peuvent être faites un grand nombre d'expérien[c]es psychologiques.

2° Un autre effet apparent de l'attention qu'il est nécessaire d'interpréter, c'est qu'elle paraît augmenter *la durée* pendant laquelle un phénomène psychologique reste présent à notre conscience; l'attention semble être un processus de fixation, de détention des faits dans la conscience. Des observations précises n'ont pas complètement vérifié cette remarque populaire. Sauf des cas fort rares où le phénomène change de nature, comme dans la catalepsie l'attention ne peut rester fixée longtemps sur le même objet. Quand on essaye de fixer ainsi l'attention d'une manière continue sur un même fait, par exemple sur une impression sensible uniforme, on constate qu'au bout de quelques instants la conscience des faits diminue, puis augmente de nouveau; en un mot, l'attention subit des *oscillations.*

Ce phénomène des oscillations dans l'attention, signalé pour la première fois par WUNDT (*Psych. physiol.,* II, 53), a été l'objet d'un très grand nombre d'études expérimentales. MÜNSTERBERG (*Beiträge z. exper. Psychol.,* II, p. 69) rattache ces oscillations à des phénomènes de fatigue dans les muscles qui contribuent à l'accommodation des organes sensoriels. URBANTSCHITSCH (*A. Pf.,* t. XXIV, p. 574; t. XXVIII, p. 440; C. W., 1875, p. 626) et MARBE (*Die Schwankungen der Gesichtsempfindungen.,* Phil. *Studien.,* p. 614-637) les expliquent aussi par des modifications de l'organe externe. LANGE, au contraire (*Phil. Stud.,* t. IV, p. 390) et surtout H. ECKENER (*Untersuch. über die Schwankungen der Auffassung minimaler Sinnesreizen.* Phil. *Stud.* t. VIII, p. 343-387) les rattachent à des phénomènes qui ont lieu dans les centres nerveux. Le dernier croit qu'un autre phénomène psychologique, la persistance des images très vives, joue le rôle le plus important dans les oscillations de l'attention.

Quoi qu'il en soit, comme le montre bien W. JAMES (*Principl. of Psych.,* t. I, p. 423), l'attention ne peut se prolonger que si son objet change. Notre étude d'un même objet se prolonge, parce que nous voyons sans cesse de nouveaux détails, parce que nous renouvelons sans cesse les questions. C'est ainsi que l'attention prolongée enrichit l'esprit de connaissances nombreuses.

3° Un fait dont la constatation est plus facile, c'est la *rapidité* que l'attention communique aux phénomènes psychologiques. On sait l'importance que l'étude du temps de réaction a prise dans la psychologie expérimentale. WUNDT a été l'un des premiers à démontrer que le temps de réaction, le temps qui s'écoule entre une impression périphérique et le petit mouvement par lequel le sujet manifeste qu'il a éprouvé une sensation, diminue considérablement quand le sujet est attentif. Le temps de réaction que l'on obtient quand on impressionne le sujet qui n'a pas été prévenu est beaucoup plus long que celui qui est constaté quand on prévient le sujet par un signal quelques instants avant de lui faire subir une impression. Citons comme exemple les chiffres suivants donnés par WUNDT : l'impression est auditive et assez forte, le temps de réaction pour le sujet non prévenu est en moyenne 0″253; il devient chez un sujet prévenu 0″076. Si le bruit est faible, le temps de réaction est pour le sujet non prévenu 0″266, pour le sujet.

prévenu 0"175 (*Psychol. physiol.*, t. II, p. 226). Wundt fit à ce propos une série remarquable de recherches; il montra que pour une sensation prévue le temps de réaction peut descendre jusqu'à 0, et, dans certains cas curieux, devenir négatif. L'attention expectante donnait dans ce cas au sujet l'illusion de la sensation réelle. Inversement une distraction, une impression accessoire et troublante pendant l'expérience allonge énormément le temps de réaction.

Ces études furent reprises par un grand nombre d'auteurs. Signalons les recherches de Von Tschisch (*Phil. Stud.*, t. II, p. 621), de Münsterberg surtout (*Beitrage z. exp. Psych.*, 1889, t. I, pp. 73-106) qui montre les modifications du temps de réaction sous l'influence de

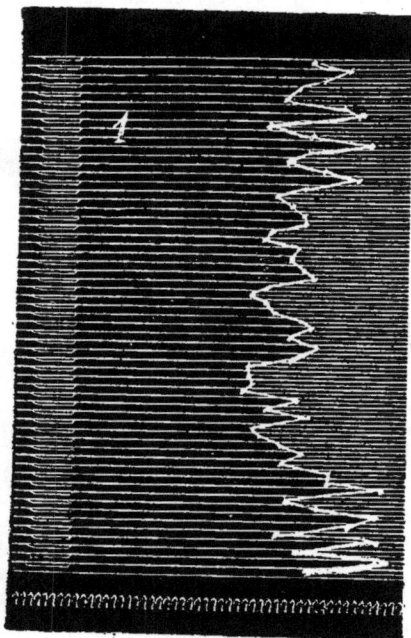

l'attention dans une foule de circonstances variées, de Obersteiner (*Experimental research on attention*, Brain, 1879, t. I, p. 439). Buccola (*La legge del tempo nei fenomeni del pensiero*, Milan, 1883) résume ces recherches en déclarant que l'équation personnelle peut être considérée comme le dynamomètre de l'attention.

En 1886, un élève de Wundt, L. Lange (*Phil. Stud.*, t. IV, p. 479) ajouta une notion nouvelle. Il soutint que la réaction est plus longue quand le sujet fixe son attention sur la sensation qui sert de signal, que s'il fixe son attention sur le mouvement à exécuter. La différence de temps entre ces deux réactions pourrait être de 10 centièmes de secondes. Les études récentes ont surtout porté sur la discussion de la théorie émise par Lange. Ces discussions sont indiquées dans les travaux de Cattell (*Mind*, t. XI, p. 33 et *Phil. Stud.*, t. VIII, p. 403), de A. Bartels (*Versuche über die Ablenkung der Aufmerksamkeit*, Dorpat, 1889), de Bliss (*Études sur le temps de réaction et l'attention. Studies from the Yale psychol. labor.*, 1893, p. 15).

Parmi les études les plus intéressantes sur les rapports entre le temps de réaction et l'attention, nous devons signaler le travail de Patrizzi (*La graphique psychométrique de l'attention. A. B.*, t. XXII, fasc. 2). Cet auteur chercha

Fig. 74. — Réponse à un signal. d'après Patrizzi.

à inscrire un grand nombre de temps de réaction en rapport avec des excitations répétées à des intervalles constants et toujours avec la même intensité, par exemple de deux en deux secondes. Les excitations inscrites par le signal électrique se disposent suivant une des ordonnées du cylindre en E (fig. 74). Les réactions inscrites en R les unes au-dessous des autres sont réunies par une ligne tracée à la main; l'inscription d'un diapason en D permet de mesurer le temps de réaction ER. Cette disposition permet de suivre les modifications de l'attention pendant une expérience prolongée. Dans le tracé qui se lit de bas en haut, on voit que le temps physiologique va d'abord en s'abrégeant graduellement; puis il augmente, quand l'attention, après avoir touché l'optimum, commence à se ralentir et à se fatiguer. Patrizzi pense même que sa méthode pourrait servir à l'examen psychique d'un sujet et établir une courbe individuelle de l'attention.

Cette recherche, qui pourra rendre de si grands services dans la pathologie mentale, mérite d'être continuée. Peut-être cependant ne faut-il pas uniquement mesurer l'attention par le temps de la réaction, les mouvements peuvent facilement devenir automatiques et ne plus être en rapport avec l'attention consciente. Dans un grand nombre d'expériences, qui ne sont pas encore publiées, j'ai constaté que des individus abouliques, sans aucune attention réelle, peuvent cependant effectuer d'une façon automatique les mouvements demandés, et présentent quelquefois des temps de réaction très courts. J'ai étudié à ce propos une malade bien singulière : quand on mesure le temps de réaction à des impressions tactiles faites sur la main gauche qui est sensible, on constate des temps de réaction très longs, dépassant souvent une seconde et très irréguliers, en rapport avec une attention très faible, très vacillante et très pénible. Mais on peut obtenir des réactions tout à fait automatiques et subconscientes en rapport avec des excitations faites sur la main droite qui est insensible (Voy. **Anesthésie**) : les temps de réaction sont alors très courts et assez réguliers. Des faits du même genre ont été déjà signalés par Onanof (*Archives de neurologie*, 1890, p. 372). Lequel de ces deux temps de réaction, laquelle de ces deux courbes pourrait-on prendre comme mesure de l'attention chez une pareille malade? Cette remarque nous montre combien il est nécessaire, dans ces expériences psychologiques, de tenir compte de l'état mental du sujet, des phénomènes conscients qui accompagnent les expériences. Celles-ci sont souvent plus compliquées qu'elles ne paraissent être et sont accompagnées de sentiments variés qu'il ne faut pas oublier.

4° Une des conséquences les plus importantes de l'attention, c'est qu'elle devient le *point de départ des associations d'idées et des souvenirs*.

Les anciens philosophes avaient déjà fait souvent cette remarque. « La mémoire dépend de l'attention », disait Locke (*Essais sur l'entendement humain*, t. i, ch. 10). « Le premier effet de l'attention, disait Condillac, l'expérience nous l'apprend, c'est de faire substituer dans l'esprit, en l'absence des objets, les perceptions qu'ils ont occasionnées. » (*Essai sur l'origine des connaissances humaines*, 1746).

Les études de psychologie expérimentale sur les maladies de l'esprit permettent de constater d'une manière précise cette relation entre l'attention et la mémoire. J'ai décrit à plusieurs reprises des malades abouliques incapables de fixer leur attention, et j'ai constaté dans leur mémoire des altérations bien caractéristiques : 1° Les perceptions auxquelles le malade n'a pu faire attention, qu'il n'a pas pu comprendre, ne laissent aucun souvenir conscient, et, quand cette absence d'attention se prolonge, elle entraîne une amnésie de tous les événements récents à mesure qu'ils se produisent; c'est cette forme d'oubli continuel que j'ai étudiée sous le nom d'amnésie continue (Voy. **Amnésie**). 2° Quand l'attention du malade a pu être éveillée pendant un instant et fixée sur une perception, le souvenir de cette perception persiste dans la conscience et il apparaît isolé au milieu de l'amnésie de tout le reste. 3° Ces perceptions, qui en raison de l'absence de l'attention n'ont pas laissé de souvenirs conscients, ont cependant laissé des traces, et celles-ci peuvent dans certaines circonstances permettre la reproduction de souvenirs subconscients, automatiques. On voit encore par ce fait combien il est important dans l'étude de l'attention de distinguer ce qui est conscient et ce qui est subconscient (Pierre Janet. *Étude sur un cas d'aboulie et d'idées fixes; Revue philosophique*, 1891 i, p. 383. — *Amnésie continue; Revue générale des sciences*, 1893, p. 175. — *Stigmates mentaux des hystériques*, 1893, pp. 94, 133).

5° L'influence de l'attention sur la mémoire nous conduit à signaler son *influence prépondérante sur la perception, sur l'intelligence des choses*. Ce caractère signalé par tous les philosophes a été beaucoup moins que les précédents l'objet d'études expérimentales précises. Il est probable cependant que l'étude de ce caractère sera la plus féconde et contribuera à expliquer les autres. L'attention permet de distinguer un objet des autres (Leibniz, Condillac, Euler), mais elle permet surtout de distinguer des parties, des éléments dans cet objet qui est mis à part des autres. Elle n'est pas purement une simplification de la connaissance, une réduction du nombre des idées, elle augmente et complique la connaissance en rendant conscients des détails qui sans elle resteraient inaperçus. Mais ces détails ne restent pas isolés les uns des autres; l'attention tend toujours vers l'unité, et les différents détails sont réunis, *synthétisés*, dans l'unité d'une même conscience (W. James, *Princ. of psych.*, t. i, p. 405). La perception des objets extérieurs, la perception de notre propre personnalité, le jugement, la notion des rapports, la croyance, la certitude disparaissent d'une façon en apparence complète quand la puissance d'attention s'évanouit (Pierre Janet, *Étude sur un cas d'aboulie et d'idées fixes. Revue philosophique*, 1891, t. i, p. 383. — *Histoire d'une idée fixe. Revue philosophique*, 1894, t. i, p. 131).

Dans les laboratoires de psychologie ce caractère de l'attention a surtout été étudié à un point de vue particulier. On a cherché à déterminer le nombre des phénomènes psychologiques qui pouvaient se développer simultanément dans la conscience, et pouvaient être réunis par un seul effort d'attention. La question posée par Hamilton (*Lectures*, 14) a été bien étudiée par Wundt, Dietze, Cattell, Bechterew, Paulhan, W. James (*Principles of psych.*, t. i, p. 405). Ce problème sera étudié à propos du champ de la conscience (Voyez **Conscience**). Je rappelle seulement ici la conclusion de W. James : il est difficile d'apprécier ce nombre des idées simultanées, car d'un côté chacune d'elles semble se subdiviser en parties nombreuses et, d'autre part, elles sont toujours réunies de manière à former dans la pensée une unité.

6° En même temps que ces phénomènes en quelque sorte positifs, l'attention détermine dans l'esprit des effets négatifs, elle *supprime des faits de conscience*, elle empêche leur souvenir et leur développement intellectuel (Dugald Stewart, *Philosophie de l'esprit humain*, t. i, p. 159. — Bonnet, de Genève, *Essai analytique sur les facultés de l'âme*, 1775, t. i, p. 91). Cette diminution de certains phénomènes psychologiques qui ne rentrent plus dans la synthèse consciente est désignée sous le nom de *distraction*. Mais il existe bien des espèces de distractions; de là les confusions et des obscurités. La distraction peut être naturelle et *primitive* et se rattacher à la faiblesse cérébrale. Certains individus sont distraits, en ce sens qu'ils n'ont aucune attention et ne peuvent synthétiser ni comprendre les phénomènes qui se passent dans leur esprit. Cette faiblesse de la faculté de synthèse a déjà été signalée à propos de l'anesthésie hystérique (Voyez **Anesthésie**). La distraction peut aussi être *secondaire* et se produire chez des esprits puissants qui accordent toute leur attention à une idée, et ne se préoccupent plus des autres faits (Hirth, *les Localisations cérébrales en psychologie. Pourquoi sommes-nous distraits?* traduct. L. Arréat, 1895).

Ces distractions, quelle que soit leur origine, ont une grande importance et jouent un grand rôle dans de nombreux faits normaux et pathologiques. J'ai eu l'occasion de montrer à plusieurs reprises qu'elles peuvent donner naissance à des amnésies, à des anesthésies véritables. Un fait curieux de ce genre que j'ai communiqué au Congrès de psychologie de 1889, et étudié depuis à plusieurs reprises (*Stigmates mentaux des hystériques*, 1893, p. 76), consiste dans les modifications du champ visuel déterminées par l'attention. Si l'attention du sujet est fortement attirée sur le point central du périmètre, le champ visuel se rétrécit à la périphérie. Chez les individus normaux ce procédé modifie peu le champ visuel, mais chez les hystériques, et en général chez les malades dont l'attention est modifiée, on constate des rétrécissements surprenants. La puissance de perception consciente ne peut pas, quand elle est petite, se porter sur un point sans abandonner les autres. Enfin il serait peut-être possible de constater dans cette expérience l'effort de l'attention pour synthétiser les phénomènes. C'est, semble-t-il, parce qu'il y a plus de détails à percevoir au centre du périmètre que le champ visuel périphérique diminue.

Tels sont les principaux phénomènes qui ont été signalés dans l'attention et les principaux problèmes soulevés par chacun d'eux.

Les variétés de l'attention. — Lorsqu'on étudie les caractères de l'attention, il faut toujours songer au vague et à l'ambiguïté des termes du langage psychologique. Le mot attention est employé indifféremment pour désigner des phénomènes qui ne sont pas entièrement comparables. Il est toujours important de distinguer la variété de l'attention que l'on examine.

Degrés de l'attention. — L'attention est évidemment plus ou moins puissante, quoique nous n'ayons guère le moyen de mesurer avec précision son degré. Certains hommes ont une attention très puissante, capable de se fixer fortement sur un objet nouveau, de l'analyser dans ses détails, de le bien comprendre, sans que l'esprit soit distrait par la reproduction automatique d'autres idées étrangères : « Les nouvelles heureuses ou malheureuses de l'Égypte, disait Taine en parlant de Napoléon, ne sont jamais venues le distraire du Code civil, ni le Code civil des combinaisons qu'exigeait la sûreté de l'Égypte jamais homme ne fut plus entier à ce qu'il faisait » (*Régime moderne*, t. i, p. 25). Au contraire d'autres ne peuvent fixer leur attention sur rien, changent à chaque instant l'objet de leurs pensées, sont distraits par la moindre sensation ou le moindre souvenir. On a souvent remarqué que l'attention est faible chez l'enfant (B. Pérez, *l'Enfant avant trois ans*, p. 138); chez la femme, du moins en général (Ribot, *Maladies de la volonté,*, p. 104); Lombroso a fait la même remarque à propos des criminels (*l'Homme criminel*, p. 426). Dans bien des maladies mentales l'attention est tout à fait absente ou réduite au plus faible degré (Voyez **Aboulie**). Entre ces deux degrés extrêmes se placent une foule de degrés intermédiaires, désignés par les mots, intérêt, réflexion, application, méditation contention, contemplation.

Objets de l'attention. — L'attention varie également suivant les objets auxquels elle s'applique. L'*attention sensorielle* n'est déterminée que par les phénomènes sensibles; c'est la forme de l'attention qui se présente la première chez les animaux, chez les enfants. Chacun de nos sens peut être modifié par l'attention, et le langage populaire lui-même distingue entre « toucher » et « palper », « goûter » et « déguster », « sentir » et « flairer », « entendre » et « écouter », « voir » et « regarder ». L'*attention intellectuelle* s'applique aux idées et particulièrement aux idées abstraites, elle est évidemment postérieure à la seconde et ne se développe que chez l'homme adulte. Il serait important de déterminer les relations de ces deux attentions qui présentent certainement des caractères communs sous leurs différences apparentes. Ribot, dans sa *Psychologie de l'attention*, 1889, a fortement insisté sur ce point que l'attention sensorielle est *primitive*, tandis que l'attention intellectuelle est, sinon toujours, au moins le plus souvent, *dérivée*. D'après cet auteur les phénomènes sensibles fixeraient d'une façon immédiate l'attention par leur caractère émotionnel, les idées abstraites ne deviendraient intéressantes, c'est-à-dire ne fixeraient l'attention que par association avec quelque phénomène sensible.

Formes de l'attention. — La distinction de beaucoup la plus importante est celle de l'attention *automatique* et de l'attention *volontaire*. Dans la première, une sensation où une série d'images s'imposent et dominent par elles-mêmes sans que la personnalité ni la volonté jouent un rôle bien grand. Dans la seconde, au contraire, il semble que ce soit l'idée de la personnalité, les phénomènes que nous appelons volontaires qui déterminent la direction de l'attention en des points qui ne seraient pas importants par eux-mêmes sur des phénomènes qui ne se développeraient pas spontanément dans l'esprit. Dans la première nous écoutons un bruit violent, une conversation agréable en elle-même, dans la seconde nous écoutons un bruit léger, un discours peu agréable. « Toutes les formes de l'effort attentif, disait W. James, sont réunies quand pendant un dîner un individu écoute attentivement un voisin qui lui donne à voix basse un avis insipide et désagréable, pendant que tout autour les autres convives rient haut et causent de choses intéressantes. » (*Princ. f Psych.*, t. i, p. 420.) Cette distinction est si capitale que l'on peut se demander s'il s'agit e deux variétés d'un même phénomène ou bien de deux phénomènes distincts soumis des lois différentes. Quoi qu'il en soit, la seconde attention s'accompagne d'un *sentiment effort et de fatigue* qui n'existe pas dans la première; c'est surtout dans cette forme attention que se constate l'augmentation des souvenirs, le développement de l'intelligence que nous avons précédemment décrits.

Les théories de l'attention. — Nous ne signalerons dans cette étude qu'un tit nombre d'hypothèses qui ont été proposées pour expliquer l'attention, celles qui t pu diriger les recherches expérimentales et qui peuvent provoquer des observations uvelles.

1° *Le rôle des mouvements dans l'attention.* — Une des remarques les plus intéressantes et les plus vraies, si on ne lui donne pas une trop grande généralité, c'est que tention s'accompagne de mouvements corporels et que la sensation de ces mouvents corporels inévitables joue un grand rôle dans la conscience de l'attention elleme. Dans l'attention sensible le fait est facile à constater, nous tournons la tête, nous mons à demi les paupières, nous dirigeons le mouvement des yeux pour voir, nous ptons également nos organes pour toucher ou pour entendre. Maine de Biran, Gerdy ient déjà signalé le fait; la plupart des psychologues modernes ont insisté sur la essité de cet *ajustement musculaire* des organes des sens. Il faut ajouter que pendant ention se produisent des modifications de la respiration analogues à celles qui accompagnent tout effort. Ces mouvements sont sentis d'une façon plus ou moins vague, et c'est l'ensemble de ces modifications qui produisent notre sentiment de l'attention.

L'existence d'une attention purement intellectuelle ne constitue pas une difficulté insoluble, car nos idées se composent d'images, et il est facile de constater que ces images n'existent pas dans l'esprit sans qu'il se produise en même temps dans le corps des modifications musculaires analogues à celles qui ont accompagné les sensations elles-mêmes, et l'on peut dire avec FECHNER que toujours l'attention dépend d'un mécanisme corporel. Parmi les auteurs qui ont le plus contribué à développer cette théorie, nous citerons FECHNER (*Psychophysik*, t. ii, p. 475), MÜLLER, LANGE, MÜNSTERBERG dans les travaux déjà cités, TH. RIBOT (*Psychologie de l'attention*, 1889), LEHMANN (*Ueber Beziehung zwischen Athmung und Aufmerksamkeit; Phil. Stud.*, t. ix, p. 66) et N. LANGE, qui dans un ouvrage récent expose et défend cette théorie (*Études psychologiques. Loi de la perception et théorie de l'attention volontaire* (en russe), Odessa, 1894). « Le rôle fondamental des mouvements dans l'attention, disait en résumé RIBOT, consiste à maintenir l'état de conscience et à le renforcer... l'attention consiste en un état intellectuel exclusif et prédominant avec adaptation spontanée ou artificielle de l'individu. »

On a opposé à cette théorie deux arguments principaux. D'abord il semble que dans certains cas l'attention se produise *sans mouvements*. HELMHOLTZ et WUNDT ont insisté sur une expérience curieuse qui consiste à fixer l'œil sur un point, puis, sans remuer l'œil, à diriger l'attention sur les points situés à la périphérie du champ visuel. Nos propres observations sur les modifications du champ visuel par l'attention pourraient se rapprocher des précédentes et contribuent à prouver qu'il existe des phénomènes d'attention dans lesquels n'entrent pas de véritables mouvements. D'autre part les modifications organiques qui accompagnent l'attention comme tout autre phénomène psychologique sont secondaires et *résultent de la fixation de l'attention* sur un objet choisi, fixation et choix déterminés par des phénomènes psychologiques différents. Cette discussion se trouve signalée d'une manière intéressante dans l'ouvrage de W. JAMES, dans un article de L. MARILLIER (*Le Mécanisme de l'attention; Rev. philosoph.*, 1889, p. 567) à propos du livre de RIBOT et dans un travail de BASTIAN (*L'Attention et la volonté; Revue philosophique*, 1892, t. i, p. 360).

2° *Mécanisme de l'attention automatique, l'idée anticipante*. — Un autre groupe de théories se préoccupe donc des phénomènes psychologiques qui accompagnent l'attention. CONDILLAC, comme on sait, expliquait l'attention par la force de la sensation : « Une sensation devient attention, soit parce qu'elle est seule, soit parce qu'elle est plus vive que les autres » (*Traité des sensations*). Quelques auteurs modernes ont repris cette même théorie d'une façon un peu plus précise. Ce qui fait l'attention, disait MARILLIER dans l'article précédemment cité, c'est la force d'un phénomène psychologique, quelle qu'elle soit, que cette force soit due à la vivacité de la sensation, à l'habitude, à l'émotion ou à des idées associées. F. H. BRADLEY (*Is there a special activity of attention, Mind*, t. xi, p. 305), insiste dans le même sens.

W. JAMES semble préciser beaucoup cette théorie et montrer en quoi consiste cet état psychologique qui prépare et produit l'attention. C'est une *image anticipante* de la chose à laquelle on fait attention. L'esprit est préparé à la sensation qui va survenir parce qu'il l'imagine déjà, et c'est cette préparation qui donne au phénomène les caractères de l'attention (*Principles of Psychol.*, t. i, p. 441).

3° *La synthèse mentale dans l'attention*. — Toute attention se réduit-elle à cette attention automatique déterminée par la présence et par la force d'une idée anticipante? On peut se demander quelle a été l'origine de cet état, d'où vient sa force, sa prépondérance actuelle. On peut aussi rechercher comment se fait la perception des objets nouveaux qui ne sont pas déjà représentés dans notre esprit par des images antérieures. Ce sont là des problèmes déjà signalés à propos des troubles de la volonté (voyez ABOULIE), et qui ont rarement été l'objet d'études expérimentales précises. D'après l'étude de certains troubles de l'attention chez des malades capables de percevoir des objets déjà connus et incapables de faire attention à des objets nouveaux, il semble qu'il y ait dans l'attention des phénomènes plus complexes. L'attention ne se borne pas à maintenir une image présente dans l'esprit, mais elle travaille encore à combiner cette image avec les autres, à constituer des synthèses qui deviendront plus tard le point de départ d'un nouvel automatisme.

Cette interprétation se rattache à la philosophie de HERBART (Voir STOUT, *On the Herbartian psychology*, *Mind*, t. XIII, p. 484 []; elle est discutée dans les ouvrages de LOTZE, de VOLKMANN, de WARD, dans mon étude sur *l'automatisme psychologique*, 1889, dans les écrits de W. JAMES, de J. SULLY, de BALDWIN, de PAULHAN (*Activité mentale et les éléments de l'esprit*. Il me semble que, en dehors des spéculations philosophiques, ce phénomène de la synthèse mentale peut être étudié plus facilement chez les individus qui présentent des troubles, des affaiblissements de l'esprit. Ce sont les phénomènes de l'aboulie et de l'amnésie qui seront sur ce point particulièrement instructifs.

La bibliographie de cette question est déjà considérable; la plupart des travaux importants ont été cités dans cet article. On peut consulter d'ailleurs sur ce point tous les traités et tous les recueils de psychologie expérimentale.

PIERRE JANET.

ATTÉNUATION. — Tout être vivant possède une activité moyenne qui varie suivant les périodes de son existence; cette activité se traduit par les manifestations de chacune des fonctions, de chacune des facultés de cet être; la somme, l'ensemble de ces facultés, de ces fonctions forment le taux de cette activité moyenne; chaque fois que ce taux n'est pas atteint dans une, dans plusieurs, dans la totalité de ces manifestations, on peut dire qu'il y a atténuation, partielle, ou générale.

Sevrez un enfant, à l'heure de la pleine croissance, des principaux aliments, des principaux incitants qui dérivent de la lumière, du soleil; sa taille demeurera inférieure à ce qu'elle doit être; la composition de ses humeurs, de ses tissus sera défectueuse; cette atténuation portera sur la nutrition, sur ce phénomène qui, disséqué, analysé, comprend trois actes : 1° l'apport de dehors en dedans; 2° l'assimilation ou utilisation; 3° les principes nuisibles ou indifférents, c'est-à-dire la désassimilation.

On peut même, à la rigueur, voir l'amoindrissement se faire sentir uniquement à propos de l'un de ces trois actes.

Atténuation dans la nutrition et le développement. — Cette atténuation est assurément la plus importante, attendu qu'elle frappe la vie elle-même dans ses origines, dans son essence; on peut concevoir un être sans mouvements, sans sécrétion, sans traduction extérieure de ses opérations intimes; on ne peut le supposer privé d'une nutrition aussi réduite qu'on le voudra; cette nutrition, avec ses mutations d'arrivée, d'entretien, de départ, ne saurait être supprimée, sans que, du même coup, tout sujet ainsi traité cesse d'appartenir au monde vivant. Aussi a-t-on pu soutenir que vie et nutrition soient synonymes.

Atténuation dans les fonctions. Motilité. Sécrétions. — A côté des affaiblissements qui ont trait à ces mutations nutritives, il en est qui pèsent sur les actes fonctionnels.

Prenez la marmotte pendant l'hiver; chez elle, le mouvement et la sensibilité sont réduits dans leur presque totalité.

De la nutrition, de la sensibilité, de la motilité, passez aux sécrétions, à d'autres fonctions. Suivant les latitudes, les venins, principalement ceux de la vipère, le musc du chevrotain varient; ils varient également avec l'alimentation, à l'exemple des éléments gras de certains poissons, de certains animaux.

Du règne animal passez au monde végétal. Transplantez, dans les plaines du midi, les ceps de la Bourgogne, ceux des clos de Chambertin; vous ne tarderez pas à obtenir un vin qui, pendant deux ou trois années, rappellera les crus de la Côte d'Or, mais qui promptement, malgré les levures, malgré les cultures, verra les bouquets disparaître, atténuer, au point de devenir méconnaissables.

La digitale pousse superbe aux environs de Paris, dans la vallée de la Bièvre, en particulier; cependant, elle ne livre pas des produits actifs, analogues à ceux qu'elle fournit, quand elle croît, en Auvergne; pourtant, elle a à sa disposition de la silice dans les deux [...]s; ce n'est plus, comme pour la marmotte, une question de température; ce n'est plus, comme pour la vigne, une simple affaire de terrain; le problème ici est plus délicat, plus complexe.

L'aconit des Alpes est riche en aconitine, alors que l'aconit de l'Écosse en possède à peine.

Les exemples d'atténuation sont innombrables. On peut même les emprunter au domaine physique; on peut, par exemple, atténuer un courant électrique, une source de lumière, de chaleur, etc., etc.; il suffit, le plus souvent, de diminuer l'élément quantitatif.

C'est également en faisant varier les doses qu'on affaiblit les virus, comme aussi en s'adressant à la qualité. Ces exemples d'atténuation sont d'autant plus clairs, et plus saisissants qu'ils ont pour objet des espèces plus éloignées du sommet de l'échelle, particulièrement des bactéries. Nous ne traiterons donc ici que de l'atténuation des bactéries.

Influence des milieux sur l'atténuation. — Néanmoins, à tous les degrés de cette échelle, on s'aperçoit bien vite que ces atténuations, quelles qu'elles soient, sont l'œuvre des conditions ambiantes, des agents extérieurs, c'est-à-dire du milieu, lorsqu'elles ne sont pas la conséquence de l'hérédité, et encore, même dans ce cas, celui qui remonte aux origines retrouve ce rôle du milieu.

Quoi qu'il en soit, il est aisé de placer en lumière les fonctions d'atténuation d'une série de facteurs choisis parmi ceux qui nous entourent, surtout si on les fait agir sur des microbes.

Rôle des agents atmosphériques dans l'atténuation. — La pression est capable d'atténuer les bactéries; toutefois, cette action appartient plutôt au domaine théorique. Quand, en effet, on soumet des cultures à cette influence, on voit qu'il est nécessaire d'atteindre des centaines d'atmosphères pour obtenir quelques modifications. On remédie à ce défaut d'intervention, en établissant ces pressions sous des gaz, capables par eux-mêmes d'affaiblir les infiniment petits. C'est là un côté technique qui caractérise les expériences de D'ARSONVAL et CHARRIN; une donnée qui, dans ces expériences, prouve clairement le peu d'influence relative, dans les limites de ces recherches, du facteur physique pur, c'est que les résultats enregistrés ont oscillé suivant la mise en jeu de l'acide carbonique ou de l'azote, suivant que ces pressions étaient réalisées à l'aide de l'un ou de l'autre de ces corps, sans que le nombre des atmosphères ait changé; PAUL BERT, REGNARD ont nettement mis ces faits en évidence.

En ayant recours à ces procédés, on peut, à l'exemple de CHAUVEAU, faire fléchir la virulence de la bactéridie; il est également possible d'imposer des oscillations aux fonctions de sécrétion, de multiplication des germes pathogènes; mais ce sont là des études dont l'utilité franchit à peine les murs du laboratoire. Dans le laboratoire, il est aussi permis de montrer que la pesanteur change la forme des cultures, intervient dans la direction des stries que le bacille de KOCH dessine sur agar en se développant. Il semble que, dans ces dispositions, il y ait quelque chose qui laisse soupçonner la mise en jeu de l'influence des lignes de force de FARADAY.

De fait, nous ne pensons pas que les grandes dégradations de virulence soient attribuables à ces agents naturels; il serait cependant téméraire de leur refuser toute action, d'autant que, dans l'atmosphère, il est possible de rencontrer tel principe, différent de l'air, qui, en prêtant son concours, puisse accroître la puissance de ces facteurs.

L'électricité a encore trop de progrès à réaliser pour que l'on soit autorisé à porter sur son rôle vis-à-vis des germes, au moins dans la nature, un jugement définitif. Plusieurs auteurs, parmi eux PROCHOWNICH, SPOETH, EOHNE, BESSMER, MENDELSOHN, SPILKER, GOTTSTEIN, GAUTIER, APOSTOLI, LAQUERRIÈRE, etc., ont cherché à délimiter la part manifeste appartenant à ce fluide. On a constaté, notion facile à prévoir, que les effets dépendaient de l'intensité, de la durée du courant; avec 50 milli-ampères, par exemple, on ne tue pas le S. aureus, qui, au contraire, succombe à 60 milli-ampères. D'un autre côté, sans changer ni le voltage, ni l'intensité, on détruit les spores du charbon, lorsqu'elles subissent, durant une heure, cette influence, tandis qu'elles conservent leur vitalité, quand on réduit cette durée à quinze minutes. Ces effets, pour la majorité des expérimentateurs, ont paru plus sensibles au pôle positif qu'au pôle négatif.

Malheureusement, dans beaucoup de ces travaux, l'action isolée de l'électricité, agissant par elle-même, en tant que fluide spécial, se dégage péniblement. Fréquemment, si on analyse ces recherches, on s'aperçoit qu'en définitive le courant a dû intervenir en produisant de la chaleur ou en mettant en liberté les substances nuisibles aux bactéries, en dégageant l'énergie sous des formes physiques ou chimiques spéciales; on revient alors aux attributs du calorique ou des antiseptiques dont le pouvoir n'est plus à démontrer.

Grâce à la haute compétence de d'ARSONVAL, les expériences auxquelles ce savant m'a permis de collaborer échappent à ces critiques; les influences secondaires ont été écartées avec soin; seul le fluide a été mis en cause dans des conditions de puissance qui n'avaient jamais été réalisées. En le subissant, le bacille pyocyanogène perd peu à peu la faculté de sécréter des pigments; puis la multiplication est atteinte à son tour. Plus d'une fois nous avons affaibli dans d'énormes proportions sa vitalité; mais, en dépit de l'usage des courants à haute ou à basse fréquence, nous n'avons pas réussi à l'éteindre complètement. On sait que les courants de forme sinusoïdale font fléchir la pression, provoquent de la vaso-dilatation, de la sudation, des oscillations dans les échanges, dans l'urée, le chlore, l'acide phosphorique.

Il est juste cependant de remarquer que, dans une série de tentatives, si nous n'avions pas eu recours à un agent chromogène, nous aurions nettement déclaré qu'il ne se produisait aucune modification; pourtant, en raison de la contingence de cette propriété, les changements étaient manifestes. Ces données expliquent une fois de plus combien il est facile d'obtenir des résultats discordants, même en mettant en œuvre, avec la plus entière bonne foi, une technique que l'on croit identique à celle qui a été instituée pour poursuivre une expérience que l'on contrôle.

L'état hygrométrique, l'humidité, dans la majorité des cas, interviennent d'une façon opposée; il suffit, pour s'en convaincre, de parcourir les études de DEMPSTER sur le bacille d'EBERTH, celles d'ASCHER sur les pyogènes, celles de DIATROPTOW sur le contenu de la vase des puits, etc.; les grands mouvements de terrain qui aident à la diffusion des agents conservés à l'abri de la sécheresse réveillent les épidémies.

L'ozone a une action bien inférieure à celle de l'oxygène; CHRISTMAS l'a reconnu; je l'ai constaté avec d'ARSONVAL.

La dessiccation favorise ces résultats; de nombreux travaux, ceux de WALLICZEK, de GUYON, d'ALESSI, de MOMONT, de SIRENA, d'UFFELMANN, de MARPMAN, entre autres, sur le bacille du côlon, sur le germe du choléra, de la dothiénentérie, de la tuberculose, le prouvent aussi bien que ceux qui ont eu pour objet le pneumocoque, l'agent du tétanos, etc. Suivant les niveaux aériens, CHRISTIANI recueille des agents variables au point de vue quantitatif ou qualitatif.

On a rencontré des microbes dans la glace, dans la grêle, dans la neige; c'est dire que le froid, le plus souvent, les atténue, sans parvenir à les détruire. Avec d'ARSONVAL, nous avons dû atteindre — 40°, — 60°, pour supprimer toute manifestation vitale chez le bacille du pus bleu. Aussi, contrairement à la légende, voit-on des épidémies sévir en plein hiver. Assurément, les abaissements thermiques modèrent l'activité des infiniment petits, mais ces abaissements, nous l'avons établi, ont également sur nos cellules un fâcheux retentissement.

Par contre, la chaleur exerce une influence réelle. Quand l'eau et l'humidité ne protègent pas les germes, et même en dépit de ces protections, cette influence se fait sentir. Voilà pourquoi, malgré certaines opinions, les journées sèches, lumineuses, chaudes, ne sont pas spécialement à redouter.

A côté de la chaleur, et peut-être avant elle, parmi les agents atmosphériques propres à influencer la marche des virus, leur gravité ou leur bénignité, prend place la lumière. ARLOING, ROUX, STRAUS l'ont prouvé pour la bactéridie; PALERME pour le vibrion cholérique; JANOWSKI pour le bacille d'EBERTH; LEDOUX-LEBARD pour celui de LÖFFLER; BUCHNER pour celui du côlon, pour le B. prodigiosus; BORDONI-UFREDUZZI pour le pneumocoque; CHMIELEWSKI, HUBBERT pour les pyogènes; d'ARSONVAL et CHARRIN pour le germe du pus bleu; GEISLER, RASPE, KOTLIAR, DOWNES et BLUNT, MARSCHALL WARD, etc., ont également étudié le rôle du spectre.

Les courants atmosphériques, les agitations, les déplacements, conséquences des vents, des orages, des tempêtes, des pluies, par le fait du mouvement, et sans doute pour d'autres raisons, telles que la participation de l'oxygène, etc., sont capables de modérer l'activité des microbes; on a pu restreindre cette activité, en soumettant ces microbes à l'action des appareils centrifuges, suivant une technique préconisée par CHEURLEN, POEHL, BANG, etc.; LEZÉ, de son côté, a étudié la part à faire aux intempéries.

Multiplicité des agents d'atténuation. — Agents physiques ou chimiques. gents naturels ou artificiels. — Allonger cette liste des agents d'atténuation serait chose aisée ; à ne tenir compte que des agents de l'air, on pourrait décomposer cet air, analyser le rôle de chacun des gaz qui entrent dans sa composition, des gaz fondamentaux, de ceux qui se trouvent partout, aussi bien que des principes volatils qui, par le fait de certaines causes occasionnelles, peuvent se répandre dans l'atmosphère. On pourrait également opposer aux facteurs naturels, physiologiques, de détérioration, l'âge, ce vieillissement qui n'épargne personne, les facteurs artificiels tels que les poisons.

Analyse des effets de l'atténuation. Atténuation totale ou partielle. — Si les facteurs physiques sont en effet nombreux, ceux qui sont de nature chimique ne sont pas exceptionnels ; les premiers, comme les seconds, peuvent faire porter leur influence sur l'ensemble des fonctions, ou ne viser qu'une seule ou plusieurs de ces fonctions.

L'atténuation influence la morphologie. — Il n'est pas rare, lorsque des entraves atteignent un être vivant dans son évolution et sa vitalité, de voir des modifications se produire dans la forme de cet être. — L'homme lui-même, à la suite d'une maladie infectieuse, plus particulièrement d'une fièvre typhoïde, ne fait pas exception à cette loi, surtout si cette maladie l'a frappé au cours de son développement ; on constate alors, dans certains cas, que la croissance s'est effectuée d'une façon exagérée ; l'allongement des os a été si rapide que plus d'une fois, suivant la remarque de Bouchard, la peau, impuissante à suivre cet allongement, a dû céder ; des éraillures du derme, des vergetures, cicatrices indélébiles de cette activité anormale, se sont réalisées. — Le défaut d'aliments solides ou liquides, l'absence d'oxygène raccourcit la taille de l'enfant ; le manque de matières minérales cause des déformations qui font dévier la colonne vertébrale ; cet enfant, amoindri dans son taux nutritif, acquiert une morphologie défectueuse, pour ainsi dire, et dans la quantité, et dans la qualité ; son corps n'atteint pas les dimensions voulues ; il ne revêt pas des aspects réguliers.

Si vous privez un végétal de ses excitants naturels, de la lumière, par exemple, si vous abaissez la ration d'entretien, vous faites fléchir ses échanges ; les échanges sont moins intenses ; et la plante est moins vigoureuse ; de même, la rapidité du développement, la coloration des feuilles, des tiges traduisent ces souffrances.

Pour les espèces placées au bas de l'échelle, il n'en va pas autrement ; bien au contraire, quand une bactérie se trouve dans des conditions telles que son activité chimique, et sa virulence sont en décroissance, l'apparence extérieure qu'elle revêt à l'état normal est modifiée.

C'est en utilisant les antiseptiques que Guignard et Charrin sont parvenus à fournir la vraie démonstration du polymorphisme. — Cohn, on le sait, avait classé les microbes en se basant sur la forme, en coques ou éléments sphériques, en bâtonnets courts, en bacilles allongés, en spirilles. Zopf attaqua cette manière de voir, mais en se servant, à titre de milieu de culture, de l'eau non stérilisée de la Sprée ; dès lors, il était impossible de pouvoir affirmer, dans ce milieu aussi impur, si la variation observée était la conséquence d'un changement apporté dans les dimensions d'une espèce donnée ou le résultat de l'examen successif de deux êtres différents.

En faisant vivre le germe pyocyanique dans des bouillons additionnés, les uns d'acide borique, les autres d'alcool ou de bichromate de potasse, Guignard et Charrin ont pu transformer cet agent, qui régulièrement est un bactérium, en filaments plus ou moins longs, en coccus, en spirillum ; ils ont pu ramener chacune de ces sortes de monstruosités au point de départ, prouvant ainsi qu'ils n'avaient eu affaire qu'à un seul parasite.

Le *B. prodigiosus*, après une évolution plus ou moins prolongée au contact des acides, continue à se reproduire en bacilles effilés. — Suivant les degrés du thermomètre de l'étuve, le streptocoque offre des nuances multiples au point de vue de la flexuosité des chaînettes, et au point de vue du nombre de leurs grains. — Cultivé à des températures dysgénésiques, le bacille d'Eberth apparaît grêle ou épais, sensiblement ovoïde, ou très long. — En présence de 60°, le microbe héminécrobiophile d'Arloing atteint 20 μ, au lieu de 4. — Le spirobacillus Cienkowski, si on atténue sa vitalité, est tantôt ovale, tantôt recourbé, tantôt rectiligne. — Le germe du lait bleu, d'après Neelsen, mis dans un liquide antiseptisé, gagne en largeur, tout en perdant sa mobilité. — Le pneumocoque, dans les bouillons inertes, perd la capsule qui l'entoure au sein des humeurs de l'économie.

Sans changer d'animal, un parasite peut se montrer dans le sang autre que ce qu'il est dans la lymphe, dans le foie ; tout différent de ce qu'il apparaît dans le rein ;

ARLOING, CHANTRE, pour le streptocoque pyogène, TEISSIER, ROUX, PITTION, pour l'organisme qui, d'après eux, engendrerait la grippe, ont signalé le fait.

Dans les cultures ordinaires, quand bien même les entraves à l'évolution font défaut, on enregistre parfois des variations : la biologie du B. *anthracis*, plus encore celle du *Proteus vulgaris*, le démontrent.

Ces entraves apportées au développement par le fait du défaut d'aliments-conduisent certains microbes à passer à l'état de spores ; aux modifications de morphologie, ils joignent ainsi des changements dans la résistance et la pullulation.

Les atténuations morphologiques et le nombre des germes. — D'ailleurs, ce n'est point là le seul lien qui rattache ces changements de pullulation à ces modifications de morphologie. Le plus habituellement, en effet, un bacille atténué s'allonge ; il se segmente moins promptement ; ses articles sont moins courts ; l'activité de reproduction fléchit.

Ce phénomène est loin d'être sans importance, et de se réduire à une pure curiosité théorique, attendu que la question de nombre se relie à ces oscillations. — Les germes qui subissent ces influences se multiplient plus lentement ; de cette lenteur dans les multiplications dérive une diminution du virus au point de vue de l'élément quantité ; or, en pareille matière, cet élément quantité, contrairement aux anciennes doctrines, n'est pas négligeable ; les recherches de CHAUVEAU, de WATSON-CHEYNE, de BOUCHARD, etc., ont mis en lumière la part qui revient à ce facteur. Si la dose fait défaut, le mal ne se développe pas, ou bien il évolue d'une manière plus ou moins complète ; un ou plusieurs symptômes manquent ; en fait de lésions, quelquefois, les processus se bornent à un foyer local.

L'observation de pareils faits conduit à admettre que l'atténuation d'une bactérie ne comporte pas simplement des anomalies dans son aspect extérieur ; cette observation amène le chercheur à s'enquérir des modifications qui peuvent se produire du côté des différents attributs ; or, parmi ces attributs, ceux qui concernent la fabrication des produits solubles, en raison surtout du rôle pathogène, ou mieux du mécanisme de l'action des germes, sont parmi les plus importants.

Atténuations dans les sécrétions. Atténuation de la fonction chromogène. — De toutes les fonctions de sécrétion des bactéries, celle qui a trait à la production des pigments est, en général, l'une des plus mobiles, l'une des plus contingentes ; la moindre perturbation apportée dans la vie d'un ferment figuré chromogène, l'atténuation la plus légère, la plus passagère, se traduisent par des oscillations marquées dans la fabrication des matières colorantes. Aussi, fréquemment, des modifications imposées à l'évolution d'un microbe passeraient-elles inaperçues, si ce microbe n'appartenait pas au groupe générateurs de composés bleus, verts, rouges, etc.

Quand il s'agit, par exemple, des principes germicides, principes dont la puissance est limitée, l'entrave apportée au fonctionnement peut passer inaperçue, si on ne s'adresse pas à l'un de ces microbes ; CHARRIN et ROGER ont nettement mis le fait en lumière ; ils ont obtenu des résultats analogues, en utilisant le sulfure noir de mercure, corps insoluble, en restreignant l'arrivée de l'air ou en permettant à l'oxygène d'exercer une énergique influence.

Cette donnée est, à coup sûr, des plus intéressantes ; pas de pigment sans oxygène, mais aussi, pas de pigment, si ce gaz est par trop abondant ; l'élément nécessaire, indispensable à la vie, devient un 'poison, s'il est en excès. Or qui ne sait que pour la cellule animale les choses ne vont pas différemment? pas de santé possible à l'abri de ce corps vivifiant ; accidents certains si rien ne tempère son action.

J'ai vu, avec GUIGNARD, l'atténuation du bacille pyocyanogène traduire, au contact du thymol, du bichromate de potasse, des antiseptiques, par le passage aux agents filamenteux ou spirillaires ; j'ai vu aussi la coloration verdâtre des cultures disparaître parallèlement. — WINOGRADSKY a reconnu qu'à l'état de monades le ferment nitrique est bien plus actif que sous forme de zooglées. — Ces faits méritent d'être rapprochés. — Laissez vieillir dans les milieux inertes, hors de l'animal, le staphylocoque doré ; bientôt l'aspect jaune-orange des colonies sur agar ou gélatine s'effacera. — L'agent du choléra-hog, à en croire SELANDER, celui du rouge de KIEL ne se comportent pas différemment. — Ce rôle de l'âge est placé en lumière par ce fait, à savoir que, sur une même plaque, des colonies que rien ne distingue, si ce n'est l'ancienneté, offrent plus ou moins de coloration. Alcalinisez un peu fortement les bouillons, au point d'affaiblir, d'après SCHOLL, HEIM, BEHR, WASSERZUG, GESSARD, le parasite du lait bleu ou le *B. prodigiosus*, ces bouillons ne tarderont pas à se montrer incolores. Quand le bacille de la morve fléchit dans sa virulence, il devient chromogène ; SMITH, le premier, l'a observé.

Atténuations dans les fonctions de sécrétion des produits aromatiques, fermentatifs, etc. — Ces atténuations provoquent dans les sécrétions des modifications autres que celles qui portent sur les composés pigmentaires.

VIGNAL a prouvé que les oscillations de la richesse nutritive des cultures, en diminuant la vitalité du *Bacillus mesentericus vulgatus*, abaissaient la production d'amylase de sucrase, de présure. — PÉRÉ a établi que l'absence de peptones influençait l'apparition de l'indol qu'engendre le *Bacterium coli*. — ROUX, YERSIN ont montré que, plus l'aération était considérable, plus la bactérie de la diftérie donnait naissance à des corps toxiques. — GROTENFELD a reconnu que des infiniment petits, capables de faire fermenter la lactose, perdaient ce pouvoir, lorsqu'on les privait de lait pendant un temps assez long. — Le chauffage, la dessiccation, une évolution déjà ancienne, surtout en dehors des tissus, etc., et bien d'autres conditions, restreignent les attributs de fermentation, de liquéfaction, de coagulation ; à 85°, suivant FITZ, le *Bacillus butyricus* n'engendre plus d'acide.

En faisant varier cette série d'influences, on se persuade promptement qu'il est malaisé de séparer entre elles deux bactéries ; les caractères basés sur la formation d'acides, sur la qualité de ces acides, sur l'apparition de l'indol, sur l'odeur des cultures, sur les déviations polarimétriques, etc., paraissent plus que suffisants pour proclamer que le bacille d'EBERTH est tout autre que celui du côlon ; toutefois, celui qui soumet successivement ces deux bacilles à une catégorie de causes d'affaiblissement s'aperçoit rapidement que ces distinctions ne sont pas aussi aisées à établir qu'on pourrait le croire au premier abord.

Atténuations dans les fonctions chimiques ou physiques, et dans la reproduction. — En somme, on se persuade bien vite que ces différents facteurs d'atténuation déterminent des changements dans la forme, dans la fabrication d'une foule de composés solides, liquides ou gazeux, stables ou volatils, alcaloïdiques, protéiques ou nucléiniques, dans les propriétés chromogènes, dans les attributs fermentatifs, etc. Ces causes, le plus souvent d'ordre dysgénésique, provoquent également des oscillations dans les modes de développement, dans l'apparence des colonies, dans la mobilité, dans la pullulation plus ou moins prompte, dans la sporulation, dans l'accoutumance aux températures basses ou élevées, dans la tolérance des antiseptiques ; tel agent qui ne vivait pas dans un liquide trop chaud, trop froid ou trop riche en acide borique, au bout d'un temps plus ou moins long, supportera ces conditions insolites ; sa descendance surtout s'habitue à cette existence quelque peu anormale.

Ces données permettent de comprendre par quels procédés un microbe qui était impuissant à envahir une espèce, ou un viscère, peut conquérir la faculté de devenir pathogène pour cette espèce, peut obtenir les qualités voulues pour se multiplier dans ce viscère, pour s'adapter à ce milieu.

Atténuation dans la formation pathogène. — De toutes les métamorphoses imposées aux bactéries par les atténuations, les plus importantes sont celles qui ont trait aux fonctions toxiques. Chacun sait, en effet, que les bactéries causent la maladie en fabriquant des poisons ; il n'est plus nécessaire, depuis les travaux de PASTEUR sur une septicémie des poules, de BOUCHARD sur le choléra indien, de CHARRIN sur l'infection pyocyanique, de se dépenser en efforts pour établir cette donnée fondamentale entre toutes.

En injectant les cultures stérilisées, on fait naître, aussi bien qu'en inoculant le microbe, la fièvre, l'entérite, l'albuminurie, les hémorragies, les éruptions, les accidents nerveux. Ces phénomènes sont dus à la toxicité des produits solubles fabriqués par les ferments figurés.

Or une série de facteurs physiques ou chimiques sont propres à affaiblir la vitalité de ces ferments figurés ; dès lors, ils n'engendrent ces produits que d'une façon plus ou moins complète.

Tous les jours, dans un laboratoire, on inocule sans résultat un bacille qui, quelque temps auparavant, tuait promptement l'animal ; ce bacille, sous l'action de l'âge, de la lumière, de la dessiccation, du défaut d'aliments, de la présence de matières empêchantes, a perdu une partie de sa vitalité.

Les atténuations font varier l'intensité de la virulence. — Ces oscillations peuvent porter sur l'intensité de cette virulence ou sur sa modalité.

Un virus charbonneux, qui a subi les effets de l'air, du calorique, ou plus simplement qui s'est modifié par le fait de l'ancienneté, facteur naturel, physiologique, d'atténuation, va provoquer une maladie de quelques heures ou de plusieurs jours, suivant l'intensité de ces effets.

Il est possible de faire varier à l'infini les caractères de bénignité du mal, quand on possède à sa disposition la gamme entière de ces modes d'affaiblissement; il est possible de reproduire l'affection dans son ensemble ou de la réduire à un nombre de symptômes plus ou moins considérable.

Un seul de ces symptômes, l'hyperthermie, par exemple, pourra comprendre tous les degrés, depuis le maximum jusqu'à l'apyrexie. D'autre part, dans une infection qui normalement comporte de la fièvre, de l'entérite, de l'albuminurie, des hémorragies, on supprimera la première, ou la seconde, ou la troisième, ou la quatrième de ces manifestations, ou les quatre à la fois, ou trois, ou deux. En faisant varier l'élément quantité, au lieu de s'adresser à la qualité, on aboutit à des résultats analogues; CHAUVEAU, WATSON-CHEYNE, BOUCHARD l'ont établi.

Influence des atténuations sur les phénomènes morbides. — Influence des passages, des portes d'entrée sur les atténuations. — Peut-on produire un changement tel que le microbe ainsi traité engendre une maladie toute différente de celle qu'il déterminait auparavant? Il est difficile de répondre à cette question, parce que cette réponse dépend de la façon de concevoir le terme de maladie.

A coup sûr, si on définit cette expression en se basant sur les signes apparents et les lésions, ce changement est des plus réalisables. Prenez un staphylocoque exalté; injectez-le; une septicémie se déroule. — Soumettez cet agent à la lumière; son inoculation ne causera plus qu'un abcès, qu'une détérioration locale. On arrive au même but, en augmentant la résistance du terrain. — Le bacille pyocyanique détermine une sorte d'œdème circonscrit chez le lapin, soit lorsqu'on a partiellement vacciné ce lapin, soit lorsqu'on a atténué le bacille.

En définitive, les processus sont identiques. Rendre réfractaire un sujet, c'est créer chez lui des humeurs bactéricides, c'est-à-dire des humeurs qui, toutes proportions gardées, agissent sur les infiniment petits à la façon des antiseptiques. Déposer un de ces infiniment petits au sein de ces humeurs revient à modérer son activité par des moyens chimiques; toutefois, dans ce cas, cette influence se réalise dans l'économie, à l'heure de cette inoculation, au lieu de survenir *in vitro*, avant cette inoculation.

Ces données font comprendre pourquoi, comment, le passage dans tel ou tel être vivant parfois atténue, parfois exalte un ferment figuré. — L'agent du rouget, suivant qu'il se trouve chez le porc ou le pigeon, subit la première ou la seconde de ces actions.

Le rôle singulier des portes d'entrée ne s'explique pas autrement : le virus du charbon symptomatique, placé dans un vaisseau, conduit à l'état réfractaire, tandis que déposé dans le tissu cellulaire, il amène une mort rapide. — Le vibrion septique ne se comporte pas différemment.

Ces diversités tiennent à ce que l'organisme n'est pas un milieu unique, mais bien un ensemble de milieux distincts juxtaposés ; suivant les aptitudes, telle bactérie rencontre dans quelques-uns de ces milieux des causes d'affaiblissement, alors que, dans d'autres, elle trouve des facteurs jouissant de propriétés opposées.

Les atténuations font varier la modalité de la virulence. — Ce sont, en tout cas, ces oscillations sans nombre dans les fonctions pathogènes, qui, jointes à ces interventions, elles-mêmes mobiles, du terrain, font qu'un microbe peut faire naître des affections si distinctes au point de vue du siège, des signes, des altérations; le streptocoque engendre la fièvre puerpérale, l'érysipèle, une phlébite, une endocardite, une péritonite, une pleurésie, une arthrite, une dermite, une lymphangite, une cystite, une néphrite, une angiocholite, une broncho-pneumonie, une angine, une méningite, etc. Le pneumocoque, qui pénètre chez le fœtus par la voie sanguine, évolue dans sa circulation, tandis que, chez l'adulte, entré par les bronches, il se cantonne le plus souvent dans le poumon. — Avec le bacterium coli, la liste des affections s'étend encore.

En somme, un seul infiniment petit crée une foule d'états morbides distincts entre eux, états morbides qui sont, au point de vue pratique, des maladies différentes, à s'en tenir aux phénomènes physiologiques ou anatomiques, états morbides dont l'ensemble constitue la staphylococcie, la streptococcie, la pneumococcie, la bacillo-colie, etc., si toutefois on exige, avant tout, que l'état pathogène soit défini par le microbe.

Ces modifications sont, ou ascendantes, ou le plus ordinairement descendantes; quelquefois elles vont successivement dans les deux sens. Le rouget, nous l'avons rappelé, voit sa virulence s'accroître chez le pigeon, alors qu'elle baisse chez le porc.

Ces grandes variations dans la modalité des fonctions pathogènes portent surtout sur les bactéries vulgaires, mal différenciées, sur celles qui existent dans l'air, l'eau, le sol, à la surface de nos muqueuses; aussi la notion d'espèce est-elle dans ces cas difficile à préciser.

Pour les parasites hautement spécifiques, pour ceux du charbon, de la morve, de la tuberculose, vraisemblablement pour ceux, que nous ne connaissons pas encore, de la syphilis, de la rage, ces dégradations ont trait à l'intensité de ces fonctions pathogènes.

Mesure des atténuations. — Limite des oscillations. — En tout cas, partout on décèle le rôle du milieu. — Arnaud et Charrin mesurent l'azote qui entre dans la constitution des toxines du bacille du pus bleu, lorsqu'on fournit des peptones à ce bacille; ils mesurent également, à la balance de précision, le volume d'azote fixé, quand on supprime ces peptones; dans ce cas, les chiffres diminuent de plus de moitié. Or, comme les parasites agissent en grande partie à l'aide de leurs toxines, cette expérience équivaut au dosage, en quelque sorte, des atténuations de cette virulence. Ainsi la virulence fléchit dans d'énormes proportions à l'occasion d'un changement dans le milieu nutritif. — Les divers agents physiques ou chimiques sont capables d'en faire autant, bien que ces oscillations aient des limites.

Limites des atténuations. — Ces atténuations peuvent-elles être absolues, peuvent-elles réduire un agent pathogène au rôle de saprophyte pur et simple? Nägeli répond par l'affirmative; Chauveau par la négative, en ce sens que la propriété vaccinale, le plus habituellement, persiste.

On sait les dégradations, les dégénérescences, les monstruosités, pour ainsi dire, que ce savant a imposées à la bactéridie, au point de la rendre inoffensive pour la jeune souris; même à ces limites extrêmes de l'atténuation, cette bactéridie a conservé un reste d'action sur l'accroissement de la résistance.

Atténuation de la virulence — Vaccins. — Hérédité de l'atténuation. — En affaiblissant divers virus, on leur donne un degré d'activité tel que ces virus inoculés engendrent des maladies, le plus souvent légères, suivies de l'état réfractaire.

Pasteur a d'abord atténué le microbe du choléra des poules; seul, dans ce cas, le procédé de dégradation naturelle, le temps, le vieillissement, est intervenu. Pour le charbon bactéridien, avec Toussaint, on a chauffé à 55°, avec Pasteur à 42°-43°. A ce degré, la culture se fait sans spores; cette culture sans spores exposée à l'air, à cette température dysgénésique, s'atténue; de plus, fait capital, cette atténuation se transmet aux cultures filles.

Cette notion de l'hérédité est une des bases de la création de ces vaccins figurés; cette hérédité distingue ces véritables atténuations des atténuations individuelles.

Chauveau a suivi plusieurs méthodes. — Il a soumis des filaments charbonneux à 42°; il a porté à 88° des spores, en particulier des spores nées de ces filaments; il a fait vivre la bactéridie sous l'oxygène comprimé à 3 atmosphères. Cette méthode de l'oxygène fournit des races qui, d'abord, ne tuent plus les ruminants, qui, à la fin, sont sans danger pour la souris; ces caractères se transmettent, même en dehors de la présence de cet oxygène, dont les effets ne sont nécessaires qu'au début.

Les antiseptiques, entre les mains de Roux et de Chamberland, la lumière, avec Arloing, ont permis de nouveaux affaiblissements du virus du sang de rate, virus qui se prête, par son passage dans le cobaye, à des développements ascendants.

Le virus rabique, celui du charbon symptomatique, ou du rouget, les streptocoques, les pyogènes, le pneumocoque, etc., se dégradent également sous l'action du temps, des antiseptiques, de la chaleur, etc.; l'électricité, d'après Smirnow, permettrait, de son côté, de créer des vaccins.

La découverte des attributs immunisants des produits solubles a restreint l'importance de ces vaccins figurés; si, en effet, cette dégradation est trop forte, l'accroissement de la résistance est nul; si elle est insuffisante, la mort peut en résulter.

On comprend donc bien maintenant le mode d'intervention des virus atténués. — Ils provoquent une maladie légère, en fabriquant des toxines peu actives; or, la pathologie des infections, pour les fièvres éruptives, les oreillons, le typhus, pour la détermination de la staphylococcie, de la streptococcie, de la pneumococcie, de la coli-bacillose, etc., est riche en formes abortives.

Toutefois, ces toxines modifient la nutrition des tissus; il en résulte que ces tissus engendrent des principes nuisibles à l'évolution des agents pathogènes, principes bactéricides, ou des éléments qui annulent le pouvoir offensif des sécrétions de ces agents, éléments anti-toxiques.

D'autre part, au contact de ces composés bactériens peu énergiques, ou plus encore de ces germes affaiblis, les propriétés défensives, phagocytaires, des cellules s'exaltent.

En somme, ce mécanisme se réduit à la suppression d'une partie des fonctions de sécrétion chez les parasites soumis à la chaleur, à l'oxygène, à la lumière, au vieillissement, aux antiseptiques, ou encore chez les parasites introduits par des voies spéciales, déposés dans des organismes particuliers; déja l'étude de l'atténuation a fait connaître ces faits.

Résumé. — Les bactéries, on le voit, subissent des atténuations sous l'influence d'un grand nombre d'agents, agents physiques ou chimiques, naturels ou artificiels, atmosphériques ou terrestres, agents qui consistent le plus souvent dans des modifications du milieu; modifications de pression, de chaleur, de lumière, de gaz, de composition, etc., agents le plus ordinairement extérieurs.

Ces influences, durables ou passagères, intenses ou légères, se réduisent à des conditions dysgénésiques; les microbes, dans ces circonstances, sont modifiés dans leur ensemble, ou dans quelques-unes de leurs fonctions; ces modifications descendantes sont totales ou partielles. — Elles portent sur la nutrition, sur les sécrétions, sur la fabrication des pigments, des produits aromatiques, fermentatifs, gazeux, volatils ou stables, alcaloïdiques, albumosiques ou nucléiniques; elles ont entre elles des rapports ou sont indépendantes. Elles ont trait aux fonctions physiques, à la résistance à la chaleur, à la mobilité, à la reproduction, à la façon de pousser, de former des colonies. Elles touchent à la fabrication des principes toxiques, à la fonction pathogène; elles indiquent, en général, la souffrance de ces êtres.

Cette fonction pathogène peut subir des atténuations d'intensité, de quantité, ou de modalité, de qualité, principalement pour les bactéries non spécifiques. Ces atténuations peuvent avoir tous les degrés possibles, toucher au saprophytisme, au moins théoriquement, sinon l'éteindre, causer au cours des maladies, de grandes mobilités dans les symptômes, les lésions, le pronostic. A une limite donnée, ces atténuations transforment les germes en vaccins figurés; ces vaccins figurés ne sont autre chose que des microbes pourvus du pouvoir de fabriquer des toxines actives, tout en conservant celui d'engendrer des substances vaccinantes; ils font apparaître l'état réfractaire, en changeant nutrition, en amenant les tissus à donner naissance à des plasmas bactéricides ou antoxiques, conduisant les cellules à détruire les parasites. Cet état de vaccin, cette attéation sont transmissibles.

En définitive, à l'hérédité, plus encore aux influences de milieu, se ramène le mécame de l'atténuation des bactéries.

Bibliographie. — La bibliographie, si l'on voulait citer toutes les expériences dans quelles l'atténuation a été observée, serait trop vaste pour être traitée ici. Nous signaons seulement parmi les ouvrages d'ensemble où la question a été traitée :

S. ARLOING. Les virus, 8°, Paris, 1894. — A. CHARRIN. Pathol. génér. infectieuse (in Traité médecine de CHARCOT, BOUCHARD et BRISSAUD, I, 1-240, 1891. — J. GIRODE. Maladies microbes en général (in Traité de médecine et de thérapeutique de BROUARDEL, GILBERT et ODE. Paris, 1895, I, 3-125). — C. NÄGELI. Theorie der Gährung, München, 1879, 8°, 156 p. RODET (A.). De la variabilité dans les microbes, au point de vue morphologique et physioque), 8°, Paris, J.-B. Baillière, 1894, 224 p.

Quant aux ouvrages, ou mémoires spéciaux, nous nous contenterons de donner les récents et les plus importants. Avec les documents ci-joints on pourra connaître à son ensemble l'histoire de l'atténuation : mais il est évident que pour une étude plète, la bibliographie résumée ici est tout à fait insuffisante.

Apostoli et Laquerrière. *De l'influence du courant continu sur les microbes et particuliè-rement sur la bactéridie charbonneuse* (*Rev. intern. d'électroth.*, Paris, 1891, ii, 2-20). — Arnould (E.). *Influence de la lumière sur les animaux et sur les microbes; son rôle en hygiène; revue critique* (*Revue d'hyg. et de pol. sanit.*, Paris, 1895, xvii, 668-677). — D'Arsonval (A.) et Charrin (A.). *Action de divers agents (pression, ozone) sur les bactéries* (*B. B.*, 1893, 1028-1030). — *Électricité et microbes; action des courants induits de haute fréquence sur le bacille pyocyanique* (*B. B.*, 1893, 467-469). — *Influence des agents atmosphé-riques, en particulier de la lumière, du froid, sur le bacille pyocyanogène* (*C. R.*, 1894, cxviii, 151-153). — Bacigalupi (E. G.). *L'immunité par les leucomaïnes.* 2ᵉ édit., Paris, Berthier, 8°, 162 p. — Boyce (R.) et Evans (A. E.). *Upon the action of gravity on Bacterium Zopfii* (*Proc. Roy. Soc. London.* liv, 1893, 48-50). — Burci-Frascani. *Contr. à l'étude de l'action bactéricide du courant continu* (*A. B.*, 1894, xx, 227). — Chamberland. *Rôle des microbes dans la production des maladies.* Paris, Gauthier-Villars, 1882, 32 p., 6 pl. — Charrin (A.) et Courmont. *Atténuation de la bactéridie par des principes microbiens; ori-gine de ces principes* (*B. B.*, 1893, 299-301). — Charrin (A.) et Dissard (A.). *Les propriétés du bacille pyocyanogène en fonction des qualités nutritives du milieu* (*B. B.*, 1893, 182-186). — Charrin (A.). *La maladie pyocyanique* (*D. P.*, 1889, 122 p. 2 pl.). — Charrin. *Einfluss der Atmosphärilien auf die Mikroorganismen* (*Congrès de Rome*, 1893, An. in *Centr. f. Bakt. u. Par.* Iéna, 1894, xv, 859-860). — Chauveau (A.). *Atténuation des cultures virulentes, par l'action de la chaleur* (*C. R.*, 1883, xcvi, 353). — *Faculté prolifique des agents virulents atténués par la chaleur, et transmission par génération de l'influence atténuante d'un premier chauffage* (*ibid.*, 612). — *Rôle de l'oxygène de l'air dans l'atténuation quasi instantanée des cultures virulentes par l'action de la chaleur* (*ibid.*, 678). — *Rôle respectif de l'oxygène et de la chaleur dans l'atténuation du virus charbonneux par la méthode de M. Pasteur. Théorie générale de l'atténuation par l'application de ces deux agents aux microbes aérobies* (*ibid.*, 1471). — *De l'inoculation avec les cultures charbonneuses atténuées par la méthode des chauffages rapides* (*ibid.*, 1883, xcvi, 1242). — *De l'atténuation des cul-tures virulentes par l'oxygène comprimé* (*ibid.*, 1884, xcviii, 1232). — *Applicat. à l'inocul. préventive du sang de rate, ou fièvre splénique, de la méthode d'atténuat. des virus par l'oxygène comprimé* (*ibid.*, 1885, ci, 45). — *Nature des transformat. que subit le virus du sang de rate atténué par culture dans l'oxygène comprimé* (*ibid.*, 142). — Chmiliewski. *Zur Frage über den Einfluss des Sonnen und des elektrischen Lichtes auf pyogene Mikrobien* (An. in *Centibl. f. Bakt. u. Par.* Iéna, xvi, 1895, 983). — Dreyfus (R.). *Ueber die Schwankungen in der Virulenz des Bacterium coli commune* (An. in *Centr. f. Bakt. u. Par.* Iéna, 1894, xvi, 581-582). — Ferran (J.). *La inoculacion preventiva contra el colera morbo asiatico* (con la collab. de Gimeno Saint-Pauli), 8° Valencia, 1886, 337 p. — Geisler (T.). *Zur Frage über die Wirkung des Lichtes auf Bakterien* (*Cent. f. Bakt. u. Par.*, Iéna, 1892, xi, 161-173). — Gessard (C.). *De la pyocyanine et de son microbe* (*D. P.*, 1882, 66 p.). — *Nouvelles recherches sur le microbe pyocyanique* (*Ann. de l'Inst. Pasteur*, Paris, 1890, iii, 88-102). — *Fonctions et races du bacille cyanogène, microbe du lait bleu* (*Ann. de l'Inst. Pasteur*, Paris, v, 65-78). — Grimbert (L.). *Fermentation anaérobie produite par le B. orthobutylicus, ses variations sous certaines influences biologiques* (*Ann. de l'Inst., Pasteur*, Paris, 1893, vii. 353-402). — Héricourt (J.). *Les maladies contagieuses atténuées* (*Revue scientif.* Paris, 1893, lii, 231-241). — Hermann (M.). *De l'influence de quelques variations du terrain organique sur l'action des microbes pyogènes* (*Ann. de l'Institut Pasteur.* Paris, 1891, v , 224-336. — Kruse (W.) et Pansini (S.). *Untersuchungen über den Diplococcus Pneumoniæ und verwandte Streptokokken* (*Zeitsch. f. Hyg.*, xi, 1893, 279-380). — Momont. *Action de la dessiccation, de l'air et de la lumière sur la bactéridie charbonneuse filamenteuse* (*Ann. de l'Institut Pasteur*, Paris, 1892, 21). — Montefusco. *Azione delle basse temperature sulla virulenza degli spi-rilli del colera* (An. in *Centrbl. f. Bakt. u. Par.*, xv, 1894, 254). — Onimus (H.). *De l'action de la lumière sur les microbes* (*D. P.*, 1889, 60 p.). — Pansini (S.). *Dell'azione della luce solare sui microrganismi* (An. in *Centr. f. Bakt. u. Par.*, Iéna, 1890, viii, 107-109). — Pas-teur (L.). *Sur les maladies virulentes et en particulier sur la maladie appelée vulgairement cho-léra des poules* (*C. R.*, 1880, xc, 239, 952, 1030). — Sanfelice (F.). *Della influenza degli agenti fisico-chimici sugli anaerobi patogeni del terreno* (An. in *Centralb. f. Bakt. u. Par.*, Iéna, xvi, 1894, 258-262). — Schikhardt (H.). *Ueber die Einwirkung des Sonnenlichtes auf den menschlichen Organismus und auf Mikroorganismen und die hygienische Bedeutung des-*

selben (An. in *Centrbl. f. Bakt. u. Par.* Iéna, 1894, xv, 1020). — Schilow (P.). *Ueber den Einfluss des Wasserstoffsuperoxydes auf einige pathogene Mikrorganismen* (An. in *Centr. f. Bakt. u. Paras.* Iéna, xvi, 1894, 42-43). — Selander. *Contribut. à l'étude de la maladie infectieuse des porcs, connue sous les noms de Hog-Cholera, etc.* (*Ann. de l'Inst. Pasteur*, Paris, 1890, iii, 543-569). — Smith (T.). *Modification, temporary and permanent, of the physiological characters of bacteria in mixed cultures* (*Tr. Ass. Americ. physicians, Philad.*, 1894, ix, 83-109). — Spilker (W.) et Gottstein (A.). *Ueber die Vernichtung von Mikrorganismen durch die Induktions electricitat* (*Centrbl. f. Bakt u. Par.*, Iéna, 1891, ix, 77-88). — Sternberg (G.) et Dezendorf. *The action of sunlight on micro-organisms* (*Med. Rec. New-York*, 1894, xlvi, 607). — Terni (C.). *Aumento della virulenza negli stafilococchi piogene* (S. aureus, albus, citreus) (*Rif. med.*, Napoli, 1893, ix, 472-477). — Verhoogen (R.). *Action du courant électrique constant sur les microrganismes pathogènes* (*Bull. Soc. belge de micr.*, Bruxelles, 1890, xvii, 168-191). — Ward (H. M.). *The action of light on bacteria* (*Proc. Roy. Soc. London*, 1893-4., liv, 472-475) et *Revue scientifique*, 1894, (4), ii, 193, 229). — Würtz (R.). *Le bacterium coli commune* (*Arch. de méd. exp. et d'anat. path.* Paris, 1893, v, 131-162). — Zagari (G.). *Sul mecanismo dell' attenuazione del virus rabico* (*Giorn. intern. delle scienze med.*, 1890, 660). **CHARRIN.**

AUBERT (Hermann) 1826-1892. Professeur de physiologie à Rostock. — *Physiol. der Netzhaut.* Breslau, Morgenstern, 8°, xii, 394 pp., 67 fig. — *Physiol. Optik* (*Gräfe-Samisch's Handb. der gesammten Augenheilkunde*, t. ii, [2° partie. Leipzig, 1876). — *Beitr. z. Kenntniss des indirecten Sehens* (*Graefe's Arch. f. Ophtalmol.*, 1857, et *Moleschott's Unters. z. Naturl.* 1858). — *Ueb. die durch den elektrischen Funken erzeugten Nachbilder* (*Moleschott's Unters. z. Naturl.*, 1858). — *Unters. üb. die Sinnesthätigkeiten der Netzhaut* (*Poggendorff's Ann.*, 1862-1863). — *Beitr. zur Physiol. der Netzhaut* (*Moleschott's Unters. z. Naturl.*, 1862). — *Beobachtungen üb. die Accommodat. des Auges u. die z. accommodativen Krümmungsänderung der vorderen Linsenkapsel erforderlichen Zeiten*, en collabor. avec Angelucci (*A. Pf.*, t. xxii, 1880, pp. 69-87). — *Die Helligkeit des Schwarz u. Weiss* (*A. Pf.*, t. xxxi, 1884, pp. 219-231). — *Nähert sich die Hornhautkrümmung am meisten der Ellipse?* (*A. Pf.*, t. xxxv, 1884, pp. 597-621). — *Das binoculare Perimikroskop* (*A. Pf.*, xlvii, 1890, pp. 341-347). — *Die Genauigkeit der Ophthalmometermessungen* (*A. Pf.*, xlix, 1891, pp. 628-638).

Physiol. Studien üb. die Orientirung. Tubingen, 1888. — *Die Bewegungsempfindung* (*A. Pf.*, t. xxxix, 1886, pp. 347-371 et t. xl, 1887, pp. 459-480; 623-624). — *Die innerliche Sprache u. ihr Verhalten zu den Sinneswahrnehmungen u. Bewegungen* (*Zeitschr. f. Psychol. u. Physiol. d. Sinnesorgans*, t. i).

Die Innervation der Kreislaufsorgane (*H. H.*, t. iv, 1880). — *Reflectorische Beziehungen des Nervus vagus zu den motorischen Nerven der Athemmuskeln* (*Inaug. Diss.* Giessen, 1883. — *Vasomotorische Wirkung des Nervus vagus, laryngeus und sympathicus* (en collaboration avec G. Roever) (*A. Pf.*, t. i, 1878, pp. 211-233). — *Coffeingehalt des Kaffeegetränkes üb. die Wirkungen des Coffeins* (*A. Pf.*, 1872, t. v, pp. 589-629). — *Wirk. des Kaffees, Fleischextractes u. der Kalisalze auf Herzthätigkeit u. Blutdruck*, en collaborat. avec Deen (*A. Pf.*, 1874, t. ix, p. 115). — *Unters. üb. die Irritabilität u. Rythmicität des nervenaltigen u. nervenlosen Froschherzens* (*A. Pf.*, 1881, t. xxiv, pp. 357-391 et xxv, p. 189-193). — *Unters. üb. die Menge der durch die Haut des Menschen ausgeschiedenen Kohlensaure* (*A. Pf.*, 1872). — *Einfluss der Temperatur auf die Kohlensäurausscheidung u. z. Lebensfähigkeit der Frösche in Sauerstoffloser Luft* (*A. Pf.*, 1881, t. xxvi, pp. 293-3). — *Physiolog. Practicum* (*A. Pf.*, 1882).

Aristoteles Zeugung u. Entwickelung der Thiere übersezt u. erlautert (en collaboration avec Wiener) Leipzig, 1860. — *Aristoteles Thierkunde. Kritisch berichtigter Text mit dtsch. Uebersetzung, sachlichen und sprachlichen Erklärungen u. vollständigem Index* collaborat. avec Wiener) Leipzig, 1868. **J. G.**

AUDITION. — Notions générales d'acoustique. — Acoustique biologique. — Audition des sons simples, des voyelles, de la parole. — L'audition est fonction de l'oreille. L'oreille est apte à recevoir, à éprouver, et à ressentir les ébranlements et les mouvements vibratoires de la matière; ceux-ci lui sont transmis par l'air.

Les vibrations de l'air pénètrent l'organe et l'agitent ; elle déterminent ainsi la formation de mouvements identiques des parties constituantes de l'oreille et l'excitation du nerf auditif ; ainsi naît la sensation sonore. L'audition étudie cette sensation et tout ce qui a trait à la fonction qui la procure et aux phénomènes qui se passent dans l'oreille quand les ondes sonores lui arrivent du dehors.

Par contre la physique étudie les mouvements élastiques des corps qui donnent naissance à des sons quand ils agissent sur l'oreille. En acoustique, on expose les propriétés de la matière, les modes et la propagation des vibrations, de l'excitant du nerf auditif ; en acoustique biologique, ainsi que le fait remarquer HELMHOLTZ, c'est la transmission à l'intérieur de l'organe de l'ouïe, le rôle de chaque pièce dans la réception, le transport et la communication des vibrations aux parties sensibles, que l'on analyse et que l'on discute.

Ce sont deux faces distinctes de la question ; l'acoustique *physique* doit être séparée de l'acoustique *physiologique*, bien que l'oreille soit toujours le réactif indispensable à ces recherches, sur l'excitant, l'excitation, la perception dans l'audition.

L'audition est une sorte de toucher à distance, c'est l'air qui sert d'intermédiaire entre le corps vibrant et l'organe chargé de percevoir l'ébranlement : c'est lui qui touche l'oreille. Celle-ci est donc un organe *aérien*.

Certaines vibrations des corps qui sont insuffisantes à émouvoir l'organe de l'ouïe ne sont pas perçues ; mais elles peuvent être senties par le toucher ou manifestes pour la vue. Une certaine amplitude des vibrations est donc nécessaire pour qu'elles soient appréciables ; l'influence prépondérante du milieu, la distance du corps sonore, la résonance des parties avoisinantes, etc., toutes conditions étudiées en physique, peuvent accroître ou diminuer la force du courant sonore et son action sur l'appareil de l'ouïe.

Le silence rend la finesse de l'ouïe plus grande, et l'on perçoit de nuit des sons faibles, ou éloignés, tandis que de jour certains sons plus forts échappent à l'observation au milieu du bruit ambiant. C'est par la même raison qu'en fermant une oreille on entend mieux de l'autre.

Tout son qui ébranle l'oreille n'est pas nécessairement perçu ; c'est d'abord le plus intense qui force l'attention ; mais ailleurs, grâce à celle-ci, des sons plus faibles seront mieux entendus au milieu du bruit ; avec elle l'éducation du sens se fait, la mémoire auditive se développe, l'ouïe s'affine ; les aptitudes musicales apparaissent ; ainsi se forment autant de facultés musicales qui montrent combien les centres nerveux sont actifs dans la perception et commandent en somme toute la fonction.

Quelle que soit la rapidité de l'impression, il faut que l'excitation ait une certaine durée pour que le son soit perçu et apparaisse à la conscience. Ce phénomène est plus facile à observer chez un individu dur d'oreilles ; voici comment :

Expérience : Dans un premier temps on s'assure de la portée de l'ouïe à la montre ; puis dans ses limites on fait plus ou moins vite passer la montre, tenue à pleine main, au devant de l'oreille : on s'aperçoit que, dès que le passage est quelque peu rapide, l'audition devient impossible, et cependant la montre au repos, à la même distance est très nettement perçue... En passant aussi vite le son ne fait pas une impression suffisante sur l'organe : quelques secondes de plus et la sensation a lieu. Cette expérience pratique a été disposée scientifiquement par GELLÉ de façon à calculer le temps nécessaire pour qu'un son donné fasse impression.

Voici ce dispositif (fig. 75) :

Un diapason, *la* 3 (9 centimètres de long) oscille avec l'extrémité d'une lame d'acier de 60 centimètres de longueur placée de champ, et solidement tenue à son extrémité fixe, au dessus d'un demi-cercle gradué, dont le 0 central marque le point de repos.

En face de ce 0, une planche percée d'une fenêtre qui reçoit l'oreille du sujet et qui l'isole partout ailleurs. En éloignant plus ou moins le bout de la lame de sa position fixe, du zéro, on lui imprime des oscillations d'autant plus grandes qu'on l'en écarte davantage ; plus le diapason est porté loin du 0, plus le temps du passage au-devant de l'oreille est court, puisque ces oscillations ont lieu dans le même temps (lois du pendule). La durée de l'impression se mesure ainsi, et l'acuité de l'ouïe de même. L'oreille qui entend le diapason à son passage, après un grand écartement, une grande oscillation qui lui donne une vitesse d'autant plus grande et une durée de passage d'autant plus petite, est, on le conçoit, bien supérieure à celle qui exige pour la perception une courte et lente oscillation de la lame vibrante, et un passage d'une durée relativement plus longue. On obtient ainsi par un calcul simple la mesure de l'acuité auditive, basée sur celle de la durée de l'excitation nécessaire à la perception.

La durée de l'oscillation étant d'un quart de seconde, si on écarte la lame du 0 de 10 centim., par exemple (20 centim. d'oscillation totale), la durée du passage au 0 sera 1 80e de seconde. Avec 15 centim. d'écart (30 centim. d'oscillation', c'est une durée d'excitation de 1/120e de seconde. Les oreilles saines seules possèdent une sensibilité égale : ces résultats expérimentaux peuvent être rapprochés de ceux d'Helmholtz. Ce savant a pu très nettement observer les intervalles de battements de 132 à la seconde ; son oreille exercée a donc perçu un son d'une durée de 1/132 de seconde.

C'est la limite extrême pour la perception auditive distincte.

Nous avons dit que le son est d'abord une impression faite sur l'oreille par les vibrations des corps, transmises par le milieu, vibrant aussi à l'unisson. On peut formuler ceci :

« L'audition est un mouvement vibratoire propagé à l'oreille. »

Si le mouvement vibratoire est complexe, confus, irrégulier, indistinct, peu analysable, la sensation donnée est celle du bruit.

Les caractères des bruits se tirent de l'impression qu'ils nous causent et de l'idée qu'ils éveillent

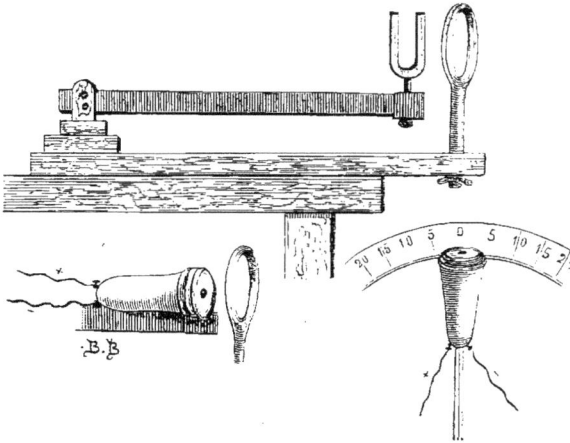

Fig. 75. — Appareil pour mesurer la durée de l'excitation nécessaire à l'audition.

La lame d'acier est un pendule, oscillant en un quart de seconde ; le diapason ou le téléphone passent en face de l'anneau ou se pose l'oreille du sujet, d'autant plus vite que l'écart à partir du zéro est plus grand. Par conséquent la durée du passage est d'autant plus courte. Le demi-cercle gradué permet de mesurer l'étendue de l'oscillation ; un simple calcul donne la durée de l'excitation sonore.

dans notre esprit ; on les compare à des sons connus, bruit de vent, de choc, de pétillement, etc. On les qualifie de faibles, forts, agaçants, douloureux, etc. Ils prennent ainsi une valeur conventionnelle et deviennent alors des signes comme les gestes.

Les sons musicaux, au contraire, naissent de vibrations périodiques, régulières, uniformes, qui sont plus ou moins nombreuses dans un temps donné.

Le mouvement vibratoire peut avoir une grande énergie, ou force vive ; des ondes peuvent être plus ou moins lentes ou rapides, ou courtes ou étendues.

Le son, d'après ces allures diverses, prend des caractères que l'oreille distingue parfaitement ; l'exercice et l'éducation du sens de l'ouïe développent cette aptitude.

On reconnait trois qualités des sons, leur hauteur ou tonalité, leur intensité et leur timbre.

Hauteur du son. — La sensation aiguë ou grave donnée par un son est exclusivement en rapport avec la durée de la vibration, c'est-à-dire avec le nombre des vibrations exécutées en une seconde. Le fait est physiquement démontré depuis les travaux Savart (roue dentée) et les expériences d'Helmholtz au moyen de la sirène de Seebeck. L'idée première de la sirène est de Cagnard-Latour.)

ce sont des notions classiques. Un son est à une octave d'un autre quand il est fourni par un nombre de vibrations double; pour la quinte, le rapport est de 2 à 3 ; pour la quarte, de 3 à 4 ; pour la tierce majeure, de 4 à 5.

Certains sons aigus sont particulièrement insupportables à l'oreille, celui du liège que l'on coupe, du grattoir sur la pierre, etc. Ils semblent exciter les dents, comme un acide. L'alliance du nerf auditif avec le nerf trijumeau se trahit ainsi. D'autres causent dans la profondeur de l'organe la sensation d'une pointe blessante, davantage chez les personnes névropathiques ou affaiblies.

Les affections de l'appareil auditif modifient souvent cette faculté de distinguer les sons plus ou moins différents de tonalité : il en résulte ce qu'on nomme une oreille *fausse*. D'ailleurs, des individus même sans aucune maladie des organes auditifs n'ont pas cette faculté de distinguer nettement les sons de tonalité différente. On naît avec une oreille juste ou fausse. L'éducation peut développer énormément la faculté de distinguer les plus faibles variations de la tonalité.

Le nerf sensible ne perçoit bien que les sons que l'oreille moyenne lui apporte. Mais le nerf lui-même peut être incapable de discerner ces nuances, et sans doute aussi il faut un certain degré d'éducation pour différencier les sons à ce point de vue. Souvent les individus n'ont qu'une sensation atone; ainsi il est imprudent en sémiotique auriculaire de se contenter du mot : j'entends, dit au bruit du diapason *la* 3, par exemple. Le son est-il aigu ou grave? le sujet peut l'ignorer; ou bien ce qu'il perçoit est loin de ce qui est.

Il ne faut au reste point oublier que ces analyses des qualités du son montrent en même temps celles de l'organe auditif. Le son donné, l'oreille est le réactif.

Depuis Pythagore, on sait que les rapports des intervalles des sons consonnants, d'une octave « sont des nombres entiers et les plus petits de ces nombres (1, 2, 3, 4, 5,) ». Harmonie préétablie, dit Bernstein.

Ainsi l'organisation de l'organe de l'ouïe est telle qu'elle s'adapte d'emblée à ces rapports simples; c'est là un phénomène à coup sûr remarquable et mystérieux. Inexplicable aussi ce fait absolument certain : les sons dont les nombres sont dans ces rapports simples donnent lieu aux sensations les plus agréables à l'oreille. La capacité de l'oreille pour reconnaître la hauteur des sons se développe, avons-nous dit, par l'étude et l'exercice. Il est curieux de constater, à ce propos, que 2 sons à l'octave qui forment la consonnance la plus parfaite, sont facilement confondus par les plus habiles, car c'est le rapport le plus simple, 1 : 2.

Cette faculté de percevoir les tonalités diverses a une limite; à un certain point les sons graves ou aigus ne donnent plus que la sensation peu nette, vague, d'un bruit. Tous les physiciens s'accordent pour reconnaître que le son rendu par un tuyau d'orgue de 32 pieds ouvert est le son musical le plus grave que l'oreille puisse apprécier : ce son a 16m,625 de longueur d'onde.

On observe que tous les sons graves au-dessous de 32 vibrations (16 allemandes), *ut* 2 des grandes orgues, *ut* du piano (33 vibr.), le *mi* 1, de la contrebasse qui a 40 vibrations sont très désagréables, et n'offrent rien de musical.

En effet ces sons donnent plutôt une sensation tactile, celle d'une suite de chocs. Pour obtenir une sensation continue, il faut donc au moins 32 excitations du nerf acoustique par seconde. Nous sommes ici à la limite de la fonction ; et l'excitation de l'organe cesse d'être régulière ; l'instrument chargé de la récolte et de la fusion des excitations ne peut plus associer ces ondes trop lentes et qui font des secousses isolées dénuées de tonalité.

Helmholtz remarque avec intérêt que l'éducation est impuissante à modifier ce résultat : c'est donc, dit-il, un phénomène dû à la conformation de l'organe.

Par contre, la faculté d'entendre les sons de tonalité élevée (vibrations de durée courte et de rapidité extrême par seconde), est très développée.

Ainsi on peut percevoir le son du *ré* 6 de la petite flûte d'orchestre, qui donne 9504 vibrations par seconde (4730 allemandes). Despretz a pu atteindre avec ses petits diapasons jusqu'au *ré* 9, auquel correspondent 76032 vibrations (38019 allemandes); la longueur d'onde ici est de quatre millimètres. Cependant on remarque également que ces sons si hauts deviennent peu distincts, peu nets, et désagréables à l'oreille ; nous avons fait tout à l'heure la même réflexion à propos des sons placés à la limite des graves.

Malgré l'énorme étendue de ce clavier des sons perceptibles, on n'emploie avec avantage en musique que ceux qui sont compris entre 40 vibrations et 4000 vibrations (allemandes).

En somme, l'organe auditif possède un clavier de 11 octaves; c'est-à-dire qu'il est sensible à cette masse d'excitations sonores de tonalités différentes étendue jusqu'à la 11e octave. Quelle variété de sensations! et le son n'est considéré ici qu'au seul point de vue de sa hauteur.

Le nerf acoustique est, d'après ce qui précède, assez lent à s'émouvoir; il lui faut un certain nombre d'excitations successives rapides pour être mis en action continue; et, intensité à part, tout son continu est un excitant supérieur; c'est la différence qui se constate entre la montre et le diapason pris comme moyens de mesurer l'acuité auditive. Au-dessus de 16 chocs (32 vibrations) par seconde, nous n'avons pas conscience de la succession si rapide des excitations qui donnent la sensation d'un ton élevé continu.

Une somme de ces excitations rapides combinées dans le cerveau donne la notion du son : un seul choc, s'il est faible, passe facilement inaperçu; on saisit l'influence de la durée ou de la répétition des excitations. Dans l'étude des sons combinés, des sons simultanés de hauteurs diverses, ces synthèses se montrent plus évidentes dans les accords de consonnances et de dissonnances et dans les sons résultants.

Nous verrons plus loin comment l'appareil auditif peut arriver à conduire cette foule de sons variés qu'apporte l'air ambiant, et que perçoit le nerf sensoriel.

Certaines affections de l'oreille ont pour effet de nuire à son aptitude fonctionnelle à vibrer à l'unisson; il en résulte la sensation d'un ton qui diffère du son émis : c'est l'oreille fausse. Le malade entend juste d'un côté, et faux par l'autre.

D'autre part l'état de sensibilité des filets nerveux de l'auditif n'influence pas moins ce résultat, car on sait des cas de surdités partielles pour un ou plusieurs tons, et des faits très précis d'hyperesthésies partielles.

La capacité de l'oreille pour recevoir et distinguer une succession d'impressions sonores si rapides, ainsi qu'HELMHOLTZ l'a établi, montre aussi la rapidité avec laquelle la sensation sonore s'éteint, disparaît, pour faire place à une nouvelle sensation.

La construction de l'appareil de transmission doit répondre à cette exigence de pouvoir étouffer le son aussitôt perçu pour faire place aux sons suivants. L'élément nerveux joue aussi un rôle important dans cette limitation de la durée de l'impression sonore indispensable.

Dans certaines affections l'organe perd cette faculté; et les sujets se plaignent de sentir les sons se prolonger après que le corps sonore a cessé de vibrer; d'autres fois ce sont d'autres sons que l'excitation première a fait naître; et quelquefois ce sont toujours les mêmes, comme si certains filets sensitifs conservaient plus longtemps l'irritation (sons persistants; sons consécutifs). Ces phénomènes subjectifs reconnaissent pour cause ordinaire surtout un trouble de l'appareil nerveux.

Les sons qui frappent l'oreille avec une grande intensité, lancés avec violence, ont aussi pour effet de produire ces fâcheux retentissements par une sorte de commotion de l'oreille interne.

Intensité du son. — L'intensité de la sensation est en rapport avec l'énergie du mouvement vibratoire du corps sonore, de l'air, et de celui qui a envahi l'oreille moyenne. Un choc suffisant donne une certaine force vive aux ondes aériennes qui se propagent; un air dense, un lieu clos, une voie directe, en rendent le transport plus facile : ce sont conditions physiques qui favorisent l'audition.

L'ampleur du mouvement ondulatoire produit l'intensité du son. On peut ainsi voir vibrer les deux lames du diapason, les cordes et les membranes fortement ébranlées. Le son perd en intensité comme le carré de la distance de l'oreille au corps sonore.

De toutes les qualités du son l'intensité est la plus indispensable à son audition. Une masse d'air doit être traversée; l'appareil de conduction doit être mis en branle : il faut des ondes sonores suffisamment énergiques pour communiquer le mouvement jusqu'au labyrinthe et pour impressionner le nerf sensoriel.

La distance à laquelle l'oreille perçoit donne l'*acuité* de l'ouïe; la durée de l'excitation, nous l'avons montré, est aussi un facteur de l'intensité de la sensation éprouvée.

Comment se produisent ces transmissions des ébranlements du corps sonore à l'air et de celui-ci à l'oreille, enfin aux filets nerveux du labyrinthe ?

Comment l'appareil transmetteur subit-il ces vibrations propagées par le milieu, et se trouve-t-il associé au mouvement du dehors ?

L'oreille reçoit surtout les chocs des ondes aériennes; la proportion de celles que propagent les corps solides du corps est très inférieure; nous verrons au reste qu'elles aboutissent au même chemin.

L'organe de l'ouïe est frappé par les sons à distance; il les perçoit par l'influence du milieu et non au contact; car c'est l'air qui conduit les ondulations jusqu'à l'entrée de l'oreille.

Là se fait la communication du mouvement de l'air aux tissus auriculaires, c'est-à-dire l'action par influence, la transmission à distance de l'énergie vibratoire.

C'est là un phénomène physique général : ces propagations du mouvement vibratoire à distance se démontrent par des expériences fort simples, mais se constatent à chaque instant dans le milieu aérien et sur les corps qui nous entourent. C'est la vitre qui vibre et sonne au passage d'un certain bruit ; c'est le diapason qui met en mouvement sonore un diapason semblable, c'est la corde du piano qui résonne sous l'influence des vibrations d'une corde voisine, etc.

Chladni, Savart, pour les membranes, Helmholtz, Koenig, pour les flammes et les gaz, ont montré par de belles expériences, classiques, les communications du mouvement vibratoire en dehors de tout contact. Muller a montré ce qu'il perd en intensité en passant de l'air aux solides.

Il est établi que les vibrations par influence se produisent dès que les deux corps en présence (diapason, corde, plaque ou membrane) sont susceptibles de vibrer à l'unisson ; mais qu'il en est aussi de même tant que les ondes émises sont des composantes du son propre de l'instrument (V. plus loin, Harmoniques).

L'oreille, on le voit, peut, à distance, recevoir et éprouver les ébranlements vibratoires que l'air lui apporte, et vibrer à l'unisson des corps sonores : ce sont ces vibrations otiques que le nerf acoustique perçoit.

Nous verrons tout à l'heure comment et par quels organes se fait cette pénétration du mouvement vibratoire dans l'oreille; il était important de rappeler qu'il y a là un phénomène physique général, et comment le transport du son à distance jusqu'à l'oreille, par influence, est assuré.

Timbre du son. — Les deux qualités du son que nous venons d'étudier étaient bien connues de Galilée, de Newton, d'Euler, de Bernouilli; il n'en est pas de même de la troisième qualité, celle du timbre, sur lequel on a pendant longtemps émis les hypothèses les plus vagues. C'est Helmholtz qui a élucidé ce sujet par sa théorie physiologique (1874) de la musique, à laquelle nous emprunterons largement pour cet article.

En 1864, Gavarret écrivait encore ceci : « Les véritables causes des variations de timbre ne sont pas encore bien connues » (Acoustique. Dict. de méd., 1864, p. 625).

Un son de même intensité et de même hauteur peut-être produit par divers instruments, et chacun de nous cependant sait reconnaître que l'un des sons est fourni par le violon, l'autre par un instrument à vent, etc. Ce qui revient à dire que, suivant l'instrument ou la personne qui donne un son, la sensation auditive peut être différente, bien que les deux autres qualités de ce son, l'intensité et la hauteur, soient exactement les mêmes.

On dit que ces sons diffèrent par leur timbre. A quoi tient cette nouvelle qualité du son? On juge déjà d'après les modes divers de sa production qu'elle résulte des conditions nouvelles qui dépendent de la nature de chaque corps vibrant, si bien que le timbre caractérise suffisamment et nous indique la source du son (voix, flûte, violon, instrument à cordes). Il a un rapport étroit avec la nature et l'état moléculaire du corps sonore.

Les musiciens connaissaient les sons harmoniques de tonalité élevée qui se produisent en même temps que le son fondamental. De même les facteurs d'orgues avaient mis à profit la remarque que l'adjonction de certains tuyaux d'orgues au principal donne au son du corps, de l'éclat, tout en lui conservant sa hauteur.

L'expérience classique de Sauveur, qui montre au moyen de petits chevalets de papier posés sur la corde, la formation de nœuds et de ventres, rend bien manifeste cette des ébranlements partiels et multiples. SAVART et SEEBECK (1823) les ont démontrés dans les masses d'air au moyen des membranes sensibles. MAGENDIE dit en propres termes : « Le timbre dépend de la nature du corps sonore, ainsi que du plus ou moins grand nombre d'harmoniques qui se produisent en même temps que le son principal. » (MAGENDIE. *Précis de physiol.*, troisième édition, 1833, t. II, p. 127.)

RAMEAU, au dire d'HELMHOLTZ, aurait également partagé la même idée, énoncée dans ses études sur la voix humaine (RAMEAU. *Éléments de musique*, Lyon, 1762) ; et MONGE avait aussi fait des recherches à ce sujet.

Les travaux d'HELMHOLTZ ont aujourd'hui complètement élucidé la formation du timbre.

Il est vrai qu'il se forme par l'addition au son fondamental des sons partiels, des sons harmoniques, c'est-à-dire par l'association de vibrations secondaires, qui se confondent avec le son fondamental, sans faire varier sa hauteur.

C'est ici que se montre avec le plus d'évidence la faculté que possède le sens auditif d'associer, de fondre, d'analyser, de combiner les ondes sonores simples et d'en former des unités nouvelles.

Au moyen de ses résonnateurs, HELMHOLTZ a décomposé le timbre, et montré les sons partiels qui accompagnent le son principal, et lui donnent cette qualité qui l'individualise, qui lui ajoute le *coloris*, comme le dit D'ALEMBERT. Du même coup il a démontré l'aptitude si remarquable de l'oreille à percevoir les vibrations simples, pendulaires ; c'est-à-dire les éléments les plus simples du son.

FOURIER avait établi mathématiquement cette loi que tout mouvement vibratoire peut être reconnu comme la somme de mouvements vibratoires simples pendulaires.

HELMHOLTZ prouve que l'organe de l'ouïe opère cette analyse délicate ; et, dans un ton, que notre conscience nous représente comme un tout, découvre, perçoit et isole des sons partiels, des vibrations simples, composantes, dont l'addition au ton fondamental plus intense lui donne la qualité du timbre. Au moyen de résonnateurs accordés, le savant physicien renforce ces sons partiels, les rend perceptibles à l'oreille et les classe : ainsi le timbre est décomposé en ses parties constituantes et chacune d'elles est étudiée. Puis, faisant une opération inverse, l'auteur en opère la synthèse ; il ajoute expérimentalement au ton un, puis deux, puis plusieurs de ces sons pendulaires, partiels, de ces harmoniques, et il fait apparaître la sensation du timbre : c'est ainsi que KŒNIG formera expérimentalement les sons voyelles.

Il a surpris ainsi la fusion des vibrations, et trouvé les lois de cette association curieuse, méconnue jusque-là.

Le son fondamental prédomine ; c'est lui que le *moi* perçoit comme hauteur ; les sons harmoniques sont faibles, et d'une tonalité en général plus aiguë ; ils sont plus ou moins nombreux ; on y constate des vibrations à l'octave, à la quinte, à la tierce, etc. de la vibration primaire.

Par l'étude des vibrations partielles des cordes vibrantes on peut comprendre la formation, la multiplicité et la faiblesse relative des vibrations secondaires, qui accompagnent le ton propre de la corde ; car cette corde se divise en 2, en 3, en 4, en 5, etc. parties, qui toutes entrent en vibrations, dont la somme s'ajoute à la vibration générale ; ce sont là les harmoniques du son propre de la corde ; on voit par leur origine pourquoi ils sont plus aigus que le ton fondamental. Le nombre et la force de ces harmoniques diffèrent dans les divers instruments de musique, et produisent ainsi le timbre particulier de chacun d'eux.

En réalité, à un moment donné, la vibration produite est la somme de toutes les vibrations de même sens et de sens contraire ; et la multitude des vibrations du milieu ambiant coexiste dans notre oreille sans s'altérer ni se détruire ; car celle-ci distingue les divers modes de ces vibrations.

Cependant nous ne prenons pas d'ordinaire connaissance de cette analyse ; elle se fait à notre insu ; elle résulte de l'organisation de notre oreille autant que de la nature des vibrations des corps (TAINE, H. SPENCER).

HELMHOLTZ a isolé les sons partiels et analysé la sensation en faisant ressortir au milieu d'un groupe de vibrations celle qu'il voulait révéler et étudier, au moyen de ses résonnateurs accordés qui amplifiaient ce ton seul, à l'exclusion des autres.

En effet, ces vibrations existent dans le son apporté à l'oreille : elles le constituent ;

le ton fondamental domine et les harmoniques se confondent avec lui. Ces sons élémentaires, l'organe de l'ouïe a donc le pouvoir de les percevoir et de s'en pénétrer; car ils peuvent toujours être ramenés à une somme de vibrations simples, pendulaires (loi de Ohm); et, bien que la sensation soit une, cependant elle est due à un bouquet de vibrations élémentaires (Taine, Spencer).

Les harmoniques sont les multiples du son fondamental; le sensorium perçoit ce seul ton, mais l'oreille a reçu et analysé plusieurs vibrations simultanées.

Par l'étude et l'exercice, on peut arriver, sans le secours des résonnateurs, à isoler nettement certains de ces sons partiels ou harmoniques.

Rameau, Thomas Young avaient reconnu ainsi quelques harmoniques (Rameau. *Nouveau système de musique théorique*. Paris, 1726. — Thomas Young. *Phil. Trans. Lond.* 1800, t. i, p. 137).

D'après Helmholtz il est plus facile de reconnaître les sons partiels impairs (quarte, tierce, septième, etc.) du son fondamental; nous avons dit que 2 sons à l'octave se confondent facilement; de même, la première harmonique est plus difficile à découvrir, c'est l'octave du ton fondamental.

D'autre part les vibrations simples élémentaires, la vibration pendulaire, se rencontrent rarement; le diapason isolé donne un son simple cependant.

La plupart des instruments et des corps vibrants fournissent des tons complexes, d'où le timbre qui les caractérise chacun. Un diapason porté sur un corps quelconque susceptible de vibrer l'associe à son mouvement tonal: le son est modifié aussitôt par l'association des sons partiels du corps qu'il touche; il prend un tout autre caractère; et le timbre est modifié.

Un diapason muni d'une pointe trace sur le rouleau de l'appareil enregistreur une ligne ondulée, au-dessus et au-dessous de la ligne horizontale, à courbes parfaitement égales de longueur et de hauteur.

Chaque courbe est l'image d'une demi-vibration pendulaire: c'est là la forme d'une vibration élémentaire, rendue par la méthode graphique.

Ajoutons un ton harmonique, le premier, et nous voyons l'image se modifier; sa forme générale représente une moyenne entre les formes des deux ondes associées dans le même temps. La courbe est changée; l'onde monte plus vite au-dessus de l'abscisse et s'abaisse plus lentement; sa partie concave subit la même modification. La hauteur du ton est restée la même, puisque la durée des deux tons associés est la même; mais le timbre du ton est différent. Helmholtz en conclut que le timbre dépend de la forme de l'onde sonore; laquelle varie suivant la qualité et le nombre des tons partiels ajoutés. C'est ainsi que la science est parvenue à décomposer la sensation, qui nous semble un tout, une, et à y découvrir un ton fondamental et des tons harmoniques.

Cette analyse des aptitudes de l'organe et du sens de l'ouïe a jeté la plus vive lumière sur le mode d'excitation du nerf acoustique.

Pour comprendre cette puissance de réception des vibrations élémentaires, réalités objectives que ressent nettement l'oreille, il faut admettre qu'elle possède des éléments de perception en suffisante proportion.

C'est dans le labyrinthe, nous le verrons, que sont exposées aux excitations des ondes transmises les extrémités des filets du nerf spécial. On peut admettre que chaque vibration simple touche un élément auditif spécial. Le son fondamental et les tons harmoniques exciteraient chacun une fibre nerveuse particulière, et chacune de ces fibres transmettrait une sensation spéciale aux centres nerveux.

C'est dans le cerveau que se fait la réunion des excitations partielles et la formation des unités que nous sentons par l'agglomération et la fusion des sensations élémentaires inconscientes (Taine, *De l'intelligence*).

De même s'explique la possibilité de recevoir dans le même temps plusieurs excitations; celles-ci sont, en effet, soit simultanées, soit successives.

L'oreille est le juge suprême de ces combinaisons sonores; et, suivant qu'elles lui sont agréables ou désagréables, elle les classe en consonnances et dissonnances.

En général, les intervalles simples, les rapports simples des nombres de vibration fournissent une sensation de consonnance, tels l'octave, la quinte, la tierce, etc., qui sont :: 2, 3, 4, etc.

Au contraire les dissonances se produisent surtout dans les tons plus rapprochés. Helmholtz a montré qu'elles résultent de la formation de *battements* alternatifs, d'autant plus désagréables qu'ils sont plus fréquents.

Ces battements, on le sait, sont produits par la rencontre de deux ondes de vitesses différentes, mais très rapprochées; ils apparaissent également quand deux ondes se fusionnent, soit qu'elles s'ajoutent, soit quelles s'annulent, étant de sens contraire : il y a ainsi des affaiblissements ou des augmentations d'intensité alternatifs, qui ont une action très mordante sur l'oreille. Je les ai employés pour l'exploration de l'acuité auditive dans les fortes surdités (Gellé. *Étude sur les battements*, in *Études d'otologie*, t. 1).

Ces associations de vibrations sont des plus diverses, les accords et les dissonnances peuvent exister entre les tons fondamentaux, et aussi entre leurs harmoniques; et il en est de même des interférences. On conçoit que de là naissent des qualités très différentes des sons au point de vue du timbre, et de l'effet qu'ils produisent sur l'oreille.

Les battements, les interférences fréquentes donnent au son un timbre criard, aigu, ou sourd, suivant le phénomène vibratoire, et les éléments prédominants. En réalité c'est un son complexe qui frappe l'oreille; et sa perception comme unité est un acte psychique; la notion du plaisir et du déplaisir l'indique déjà; la connaissance du corps ou de l'instrument qui fournit le son, violon, cor, flûte, etc., montre qu'il se fait en nous une représentation ou image, que certains timbres éveillent dans notre esprit.

Avec le timbre, notre intellect prend ainsi connaissance des propriétés de la matière par l'audition des vibrations moléculaires, qui trahissent l'état des corps; un vase fêlé, une tige de fer rompue, même d'une façon invisible, ne donnent plus le même son ; et l'oreille indique la fracture.

Les harmoniques, que nous avons montrés peu évidents, peuvent cependant prendre une grande importance : c'est ainsi que nous verrons tout à l'heure, à propos de l'audition du langage articulé, que Kœnig, appliquant la théorie d'Helmholtz, a pu, en fournissant au son fondamental d'une voyelle l'harmonique qui le fait valoir, son « vocable » ainsi qu'on l'appelle, reproduire clairement la voyelle voulue.

L'audition est facilitée en général par les harmoniques; car les sons simples sont sourds ou faibles ; les harmoniques donnent de l'ampleur, de l'éclat, du corps au son ainsi que les jeux de fourniture des grandes orgues l'avaient depuis longtemps prouvé.

Quelques vibrations non harmoniques sont signalées par Helmholtz comme utiles à l'audition. Un diapason trop brusquement frappé résonne dans les tonalités aiguës bien supérieures à son ton propre, et dont le son est très pénétrant. Avis au médecin qui explore l'audition; il y a là une cause d'erreur très facile à éviter.

Dans l'émission des sons de la voix, suivant la façon dont on la produit, il se forme de légers bruits, frôlements, râpements qu'on remarque surtout pour l'*i*, l'*u*, et l'*ou*, le *j* allemand, l'*ou* et le *w* anglais (Donders). Ces bruits se perçoivent plus en parlant qu'en chantant. Tout le monde connait les sons de râpements, frottements, etc., qui accompagnent les attaques des instruments à cordes, à vent, à anche, etc.

L'émission des sons *b, d, gu, t, p, k*, en montre aussi par la façon même dont ils se forment. Ces sons additionnels inharmoniques sont en général assez pénétrants, et facilitent l'audition.

Harmoniques de la voix. Expériences de Kœnig. Reproduction de la voix. — L'audition de la voix humaine est trop importante pour que nous n'en disions pas quelques mots, sans crainte de sortir du domaine de la biologie.

Helmholtz nous a présenté les tons simples comme dénués de force et d'éclat; l'*ou* est un son presque simple ; et on sait qu'il est sourd et éteint; les sons nasaux sont aussi sans éclat, et ce sont les premiers qui disparaissent par l'éloignement.

Les sons à harmoniques brillent au contraire par leur netteté et leur pénétration ; or ce point de vue la voix humaine est véritablement privilégiée.

On sait que les cordes vocales résonnent à la façon de l'anche membraneuse ; et que dans l'anche le son est formé par l'ébranlement périodique de la colonne d'air. En réalité c'est l'air qui vibre plus que l'anche (Helmholtz, p. 133).

La colonne d'air vibrante traverse, au sortir du larynx, les cavités pharyngées, nasales et buccales, qui jouent le rôle d'appareil de résonnance, appareil mobile dans sa forme, dans son calibre, et dans la tension de ses parois.

Or ces cavités résonnantes renforcent bien plus les harmoniques que le son fondamental, et surtout certains d'entre eux.

La « voyelle » est ce son harmonique produit, renforcé, à l'exclusion presque du
son fondamental; et suivant la capacité, la forme des cavités et de leurs parois, c'est
tantôt un des harmoniques qui est prédominant, tantôt l'autre; ainsi se différencient
les voyelles.

La résonnance de la bouche joue le plus grand rôle dans ces modifications, pour
l'émission et la production des sons voyelles. Nos connaissances sur ce sujet résultent de
travaux d'Helmholtz, de Willis, de Seiler, de Kœnig surtout; nous leur emprunterons
quelques notions qui intéressent l'étude de l'audition.

La parole articulée. — La parole articulée est une collection de phénomènes
sonores devenus des signes qui permettent de transmettre notre pensée à travers l'espace à l'oreille de nos semblables. Ces bruits associés, ces signes conventionnels
s'adressent donc aux centres nerveux; ils entrent dans le domaine psychique et leur
production compliquée met en œuvres plusieurs facultés, l'attention, la mémoire et les
centres moteurs; l'éducation les apprend; et dans l'esprit de chacun le son et l'idée ne
font qu'un. La perte de l'audition de la parole est le plus grand tourment du sourd;
étudions rapidement la formation de la voyelle, de la consonne, des syllabes, des mots
et des phrases.

Les sons consonnes, non musicaux, sont ces petits bruits associés au son laryngien
par les obstacles que l'onde rencontre en traversant les cavités bucco-pharyngées. La
consonne est aphone; elle s'entend aussi bien dans la voix chuchotée que dans la voix
forte; la sonorité laryngée n'est pas nécessaire à sa production.

Donders a bien étudié ce sujet; ces petits bruits additionnés au son laryngé sont
faibles; et leur émission accompagne celle des voyelles; elle dépend de la façon dont
celles-ci sont émises; on les rencontre plus accusés dans le *P*, *T*, *C*, *Gu*, et dans quelques
voyelles *i*, *u*, *ou*.

Par l'affaiblissement de l'ouïe, ce sont ces bruits, ces sons consonnes, faibles, qui disparaissent les premiers; l'articulation des sons n'est plus indiquée alors; et le sujet ne
perçoit plus qu'une suite de sons voyelles plus ou moins éclatants. Le mot a perdu sa
physionomie; il est méconnaissable; l'audition du langage articulé est devenue impossible. Instinctivement le sourd tâche de saisir sur les lèvres de celui qui parle le travail
d'articulation qui produit à la fois la voyelle et la consonne; les yeux cherchent à
suppléer l'oreille défaillante.

Les voyelles, par contre, sont la voix même, ce sont des bruits musicaux; c'est le son
laryngé modifié par certaines dispositions des cavités que l'air expiré traverse.

Nous avons dit que la voix est riche en harmoniques sonores; il résulte des travaux
d'Helmholtz, de Kœnig surtout, que le son fondamental est fourni par le larynx et que les
cavités buccales, pharyngées et nasales fournissent les harmoniques.

A certaines notes correspondent les sons harmoniques de la voix, que Jamin a nommés « les vocables», parce que ces sons renforcés dans l'appareil bucco-pharyngé rendent le son de la voyelle.

Helmholtz, Kœnig, nous l'avons dit, par des dispositifs plus ou moins compliqués ont
pu obtenir les sons voyelles. En faisant résonner en face de la bouche, par exemple, un
diapason choisi, accordé, tandis que la cavité est disposée comme pour prononcer *ou*, la
voyelle *ou* retentit.

L'analyse a été à ce point de vue poussée aussi loin que possible; et Kœnig donne la
liste suivante des vocables au moyen desquels on peut produire à volonté sur le vivant,
ou au moyen d'appareils, la voyelle demandée :

L'*ou* répond au si ♭₂	470	vibrations.
o — si ♭₃ . . . . ⟍ . .	940	—
a — si ♭₄	1 880	—
é — si ♭₅	3 760	—
i — si ♭₆	7 320	—

On voit qu'il existe un intervalle d'une octave entre les vocables des diverses voyelles.

En résumé, dans la parole, les voyelles sont les parties éclatantes et 'évidentes du bruit perçu; tandis que les consonnes sont de faibles et légers bruits qui résultent de l'articulation, c'est-à-dire du travail d'appropriation des cavités bucco-pharyngées pour l'émission de la voyelle.

Dans la voix chuchotée, la voyelle, son laryngé, disparaît; les petits bruits de l'articulation persistent seuls.

Les cavités nasales, buccales, pharyngées jouent le rôle de résonnateurs; avec un résonnateur et un son accordés, HELMHOLTZ a reproduit la voyelle voulue.

Dans l'émission de la parole, le courant sonore ne passe pas toujours uniquement par le canal bucco-pharyngé: les voies nasales s'ouvrent par l'abaissement du voile, pour la formation de certains sons vocaux, qui empruntent là un timbre spécial, par l'addition d'harmoniques particuliers, le timbre nasal. Celui-ci caractérise à nouveau la série des voyelles.

Le résonnateur nasal accroît donc et double le nombre des sons vocaux, par une modification spéciale du timbre, très distincte.

Ce timbre est plein, mais sourd; et l'intensité aussi varie suivant les races et les individus.

Les affections nasales, comme celles des cavités buccales et du pharynx, altèrent profondément les sons émis, et peuvent même s'opposer à leur formation; les lésions du voile sont à ce point de vue très nuisibles; celles du cavum rétro-nasal ne le sont pas moins (baba pour maman); tantôt le timbre nasal s'ajoute aux voyelles qui ne le doivent pas posséder; et tantôt celles qui le possèdent d'ordinaire perdent ce caractère si particulier.

On voit que, grâce à cette double voie prise par le courant sonore laryngé, les sons voyelles offrent une plus grande variété et un nombre plus élevé.

HELMHOLTZ a le premier signalé la sensibilité remarquable de l'oreille pour certains sons, ceux de l'indice 5, c'est-à-dire pour ceux qui se rapprochent le plus des harmoniques de la parole (si $_{55}$, pour lui; et si $_{56}$ pour KŒNIG).

Le premier il a également noté une différence entre la facilité de perception des sons graves et des aigus: il a montré qu'un trille de dix notes par seconde donne une sensation confuse dans les notes graves, et très distincte au contraire dans les aiguës: il en a conclu que l'étouffement des notes graves, grâce à l'organisation de l'organe auditif, est incomplet, et plus difficile que pour les sons élevés; la cause en est inconnue. La sensibilité évidemment plus étendue de l'oreille pour les sons élevés ne plaide pas en faveur de l'opinion que les sons graves causent une impression plus vive, et plus durable.

De cette étude des sons, des harmoniques et du timbre, on conclut que l'organe sensitif de l'oreille doit contenir autant de filets sensitifs qu'il existe de sons élémentaires, de vibrations simples, pendulaires, pour assurer cette perception indiscutable.

Dès lors l'explication de la formation du timbre est claire; le timbre naît de la multiplicité des fibres nerveuses spécifiques auditives qui ont été frappées par les ondes sonores; et celles-ci contiennent, en puissance, la somme de toutes les vibrations simples émises par le corps sonore: c'est la conclusion des travaux de HELMHOLTZ.

« L'énergie spécifique du nerf auditif se compose des énergies de chacune des fibres nerveuses qui le constituent. La diversité de nos sensations acoustiques naît de la diversité et de la différence des éléments nerveux excités. »

Nous devions commencer l'étude de la fonction de l'ouïe par cet exposé succinct des travaux et conquêtes de HELMHOLTZ qui éclairent toute la physiologie du sens de l'ouïe.

On a vu combien l'acoustique physiologique se confond avec l'acoustique physique; cela deviendra de plus en plus évident à mesure que nous pénétrerons plus loin dans cette étude de l'oreille et de sa fonction.

Nous allons suivre la vibration sonore à travers l'appareil auditif, et nous montrerons le rôle de chaque partie, au point de vue de la récolte, de la transmission et de la perception des ondes.

Nous conduirons alors l'impression au delà de l'oreille; nous étudierons son action sur les divers foyers nerveux, soit qu'elle cause la sensation auditive, soit qu'elle excite le foyer de la parole, soit qu'elle provoque les mouvements de protection ou d'accommodation locaux ou généraux nécessaires.

L'oreille. — La sensation sonore est exclusivement apportée à la conscience par le nerf acoustique.

Ce nerf possède donc une sensibilité propre, que les vibrations du dehors mettent en éveil; mais dans l'organe auditif la partie sensible n'est pas en contact immédiat avec le milieu extérieur; au-devant d'elle plusieurs parties de l'oreille se présentent tout d'abord pour recevoir le choc de l'onde apportée par l'air. Le nerf auditif ne ressent que les mouvements vibratoires que lui communique *l'appareil de transmission*, constitué par l'oreille interne et par l'oreille moyenne ou caisse du tympan. En définitive tout mouvement

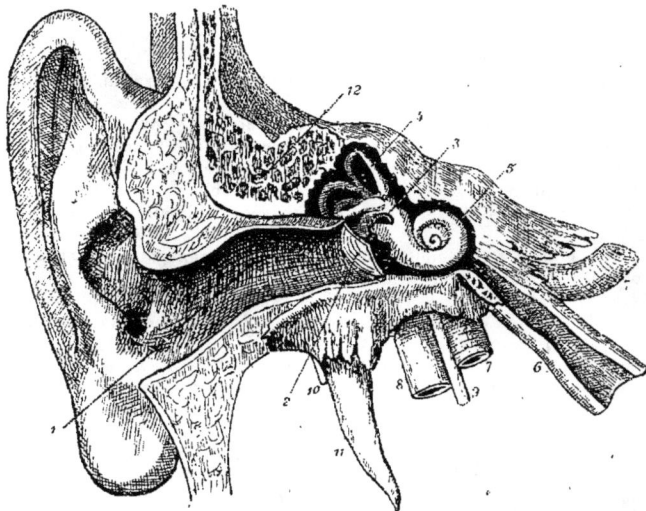

Fig. 76. — Coupe transversale de l'appareil auditif.

1, Pavillon et conduit auditif externe. — 2, membrane du tympan coupée pour laisser voir la caisse. — 3, fenêtre ovale. — 4, canaux semi-circulaires. — 5, limaçon et fenêtre ronde (fossette). — 6, trompe d'Eustache. — 7, artère carotide interne dans le canal carotidien (paroi interne de la trompe osseuse). — 8, veine jugulaire interne (paroi inférieure de la caisse). — 9, nerf pneumogastrique. — 10, nerf facial, sortant du canal de FALLOPE. — 11, apophyse styloïde du temporal. — 12, cellules mastoïdiennes. (D'après DEBIÈRE. *Traité d'anatomie*.)

ondulatoire est d'abord ressenti par l'appareil transmetteur; et le nerf ne perçoit que par l'oreille.

Avant de devenir une sensation sonore, les vibrations doivent ébranler les divers segments de celle-ci et se propager en dernier lieu au liquide labyrinthique qui baigne les divisions ultimes de l'acoustique.

L'organe possède donc un appareil périphérique de transmission et une partie intérieure sensible : l'un mène à l'autre.

Tout obstacle capable d'arrêter le courant ondulatoire sur un point de ce trajet intra-auriculaire nuit à l'audition, puisque le nerf est situé en dedans des parties chargées de lui conduire les vibrations.

Toute altération des membranes et milieux traversés trouble la fonction, puisqu'elle empêche le contact de l'onde et du filet nerveux spécial, ou en diminue le choc; mais si le nerf sensible est paralysé par la maladie, la fonction est supprimée absolument le mouvement ondulatoire n'est pas senti. Deux énergies sont en présence ; celle du *moi* et celle du courant sonore.

En résumé, l'oreille humaine reçoit les vibrations aériennes par l'oreille externe; celle-ci les communique à la caisse du tympan, ou oreille moyenne; par là, l'oreille interne ou labyrinthique les éprouve à son tour, et l'ébranlement va enfin frapper le nerf doué de la sensibilité acoustique.

I. **Pavillon de l'oreille.** — L'oreille externe se compose du pavillon et du conduit auditif externe; c'est la portion la plus extérieure de l'appareil de transmission.

Le pavillon est la partie évasée du cornet acoustique que forme l'oreille externe des mammifères. Très développé et très mobile chez la plupart, il manque chez les cétacés, la taupe; car c'est un appendice aérien. Il est chez l'homme très réduit, aplati et fixé sur l'apophyse mastoïde. Son bord externe se détache cependant sur la surface crânienne, et fait une saillie plus ou moins accentuée sur les côtés de la tête. Chez l'homme, la rotation si facile de la tête remplace l'action du cornet, si mobile, des animaux.

A ce point de vue, ne nous y trompons pas, c'est une qualité pour l'oreille humaine que cette absence de cornet saillant et long. En effet la recherche d'un corps sonore est absolument gênée par un long tuyau ajouté au conduit de l'oreille; cela exigerait une rotation et des déplacements angulaires énormes.

L'expérience est simple : adaptez un tube de 10 à 20 centimètres à une oreille, l'autre oreille étant close; vous constaterez aussitôt le temps et les mouvements perdus à rechercher le bruit de la montre qui est placée sous vos yeux, sur la table. Un semblable dispositif empêche absolument de suivre un bruit qui se déplace dans l'espace.

Avec un pavillon court et la rotation facile, la tête explore vite tous les points de l'horizon. Au reste, bien qu'à demi collé sur la région latérale de la tête, le pavillon de l'homme ne lui est pas inutile, quoi qu'en aient dit ITARD, RICHERAND, LESCHEVIN, WEPFER et d'autres.

La perte du pavillon laisse l'ouïe intacte, il est vrai; mais elle nuit à l'orientation.

Avec VALSALVA, DUVERNOY, BARTHOLIN, HALLER, COOPER, BOERHAVE, SAVART, LONGET, BUCHANAN, WEBER, DUCHENNE, de Boulogne, KUSS, M. DUVAL, etc., d'accord avec JOLYET et BEAUNIS, je lui accorde un rôle sérieux dans l'orientation au bruit.

Si l'on supprime par un artifice expérimental l'action des pavillons auriculaires, l'orientation est entravée; il y a de plus une perte très appréciable éprouvée par l'audition, puisque les oreilles, comme les autres sens élevés, explorent surtout la zone de l'espace qui nous fait face. Nous faisons en effet face à tout ce qui frappe nos sens, et nous jugeons sur des sensations bilatérales comparées de la situation des corps par rapport à nous.

Expérience de WEBER : Placez une montre sur la table, en face de vous; écrasez les deux pavillons sur la tête; effacez leur saillie; aussitôt le son n'arrive plus aux oreilles; laissez les organes libres se redresser, et la sensation du tic tac reparaît.

Expérience de GELLÉ : Adaptez un tube de caoutchouc de 20 centimètres à l'un des méats auditifs, la montre placée sur la table devant vous; vous ne la percevez plus si l'autre oreille est obturée. C'est en vain que vous promenez le tube en tous sens, si les yeux sont fermés et la situation du corps sonore ignorée, vous n'arrivez pas à le découvrir, à vous orienter. Mais adaptez au bout libre du tube une carte faisant écran, et assez vite la montre sera perçue et sa direction trouvée.

Le rôle du pavillon est celui de cette carte, c'est un écran placé en arrière du trou de l'oreille, qui refoule vers celui-ci les ondes sonores qui frappent sa face antérieure et ainsi facilite leur audition. Placez autour du pavillon la paume de votre main roulée en cornet, l'écran en est élargi, la somme des ondes réfléchies est accrue, et l'audition devient meilleure, mais se limite aux sons venus de face.

De tout temps les sourds ont eu recours à ce moyen d'amplifier la sensation en augmentant la récolte des vibrations sonores.

BOERHAVE n'a pas dédaigné de calculer l'action des courbures et des concavités du pavillon à ce point de vue : et il a constaté qu'elles dirigent toutes vers l'orifice de l'oreille les ondes réfléchies; SAVART a montré les conditions de cette réflexion.

De même BOUCHERON, ayant fait du pavillon une surface réfléchissante, a remarqué que les rayons lumineux incidents sont tous ramenés vers le conduit auditif.

N'a-t-on pas ainsi une explication très suffisante de l'abaissement de l'ouïe constaté par SCHNEIDER, quand il comble avec de la cire les creux et les sillons du pavillon?

Faut-il croire que c'est la suppression de la sensation tactile ainsi produite qui donne seule ce résultat? Les vibrations transmises au pavillon se propagent aussitôt à l'air du conduit : bouchez celui-ci, le son s'affaiblit.

L'expérience de HARLEY qui laisse le méat ouvert, le reste étant plein de cire, prouve que l'audition est conservée, mais ne peut servir à nier l'influence du pavillon, ni comme écran réflecteur, ni comme organe vibrant.

WEBER, SAVART, LONGET, VOLTOLINI admettent qu'il conduit les ondes sonores en vibrant lui-même. Pour ma part j'ai parfaitement perçu les bruits causés par les spasmes des muscles auriculaires, quand j'étudiais par la méthode graphique les mouvements du tympan : ces bruits musculaires sont très bien transmis et renforcés par l'air inclus dans le conduit clos. Les tracés caractéristiques obtenus au moment même ne laissent aucun doute à cet égard. D'autre part, si l'on pose le diapason sur le pavillon, tandis que le tube interauriculaire est ajusté aux deux méats, on obtient un son très fort que le tube renforce encore.

De même en obturant simplement le méat avec le doigt, toujours le son passe ; même si l'on éloigne quelque peu le diapason du bord de l'organe, le son passe encore, quelque précaution que l'on prenne de boucher solidement le méat.

Au point de vue du rôle de la sensibilité cutanée du pavillon, on ne peut nier que nous ne sentions les vibrations du pavillon produites par le vent, par exemple, qui siffle aux oreilles, comme on dit; WEBER et SAVART ont admis cette influence, et son rôle dans l'orientation. Peut-être a-t-on tort, dans cet ordre d'idées, de ne pas tenir compte des sensations musculaires données par les petits muscles auriculaires, chargés, comme le veulent DUCHENNE, de Boulogne, YUNG, ZEIMSEN, de dresser le pavillon, de le raidir; à la sensation tactile se joindrait donc une sensation musculaire. A. COOPER avait déjà constaté combien certains sourds arrivent, par l'effort d'attention, à amplifier très visiblement les mouvements d'écartement, de redressement, d'élévation de l'oreille. Faut-il ajouter que, du moment où l'on remplit le conduit auditif de cire, toutes ces transmissions cessent (BERNSTEIN), bien que le pavillon reste libre?

D'autre part, LESCHEVIN voit un rapport entre la finesse de l'ouïe et la profondeur de la conque : je crois qu'il serait difficile de prouver le contraire; la profondeur de la conque est certainement une excellente condition pour l'audition : l'oreille musicale offre le plus souvent une conque bien proportionnée et un pavillon mince et translucide.

BUCHANAN signale l'influence de l'angle d'attache du pavillon sur le crâne; il est clair que, comme écran, le rôle du pavillon ne peut que gagner s'il fait une forte saillie à la surface de la tête; au point de vue esthétique, c'est bien différent.

Malgré les critiques de SAVART, de KUPPER et WACH, il y a donc une part de vérité dans toutes ces opinions; mais le rôle le plus utile et le plus important de cet organe, c'est celui d'écran réflecteur des ondes sonores.

Rien de plus net comme démonstration à cet égard que l'expérience de WEBER, plaçant la main en conque en avant du conduit et constatant qu'il en résulte une erreur d'orientation. (L'auteur avait bien ici un autre but, celui de démontrer l'influence de la sensibilité du pavillon dans l'orientation.) C'est le rôle admis par KÜSS et M. DUVAL et par BEAUNIS également; c'est par là que le pavillon sert à l'orientation.

Les sensations latérales différentes indiquent l'orientation droite ou gauche; mais au moyen du pavillon on va plus loin, on peut distinguer la direction d'un son qui vient devant ou derrière nous; voici comment :

Placé en arrière de l'orifice du conduit, le pavillon auriculaire réfléchit et dirige vers celui-ci les ondes sonores qui viennent frapper sa face antérieure ; l'audition des ondes venant dans ce sens est donc aidée par suite. A l'inverse, les ondes postérieures se trouvent arrêtées par l'écran, et ne pénètrent pas.

Il existe donc en arrière des deux pavillons une zone de l'espace dont les vibrations arrivent plus difficilement dans l'oreille.

L'écran auriculaire divise ainsi la masse des ondes sonores latérales en deux parts; les antérieures restent plus nombreuses et plus intenses; les postérieures sont écartées, éteintes même jusqu'à un certain point; il y a là une différenciation que l'orientation utilise.

Dans le cas de surdité les différences deviennent très sensibles ; et, au lieu du simple affaiblissement de l'audition des sons qui viennent par derrière la tête, c'est le silence complet qui existe ; c'est-à-dire que la perte de l'audition est très accentuée pour tous les bruits qui viennent de derrière ; et c'est par là qu'elle se trahit tout d'abord.

Il suffit de promener une montre horizontalement autour de l'oreille ; en avant, puis sur le côté, et enfin derrière la tête, pour constater que, si l'on éloigne la montre, c'est en arrière du pavillon qu'elle cesse en premier lieu d'être perçue. Sur la ligne qui prolonge le conduit de l'oreille en dehors, perpendiculairement à la surface de la tête (axe auditif), l'audition reste le plus longtemps possible ; la portée de l'ouïe offre là son maximum ; le minimum est en arrière de la tête.

Dans le sens de cette ligne axile les ondes pénètrent directement dans le conduit sans subir de réflexion ; elles conservent toute leur force vive ; de là une impression supérieure, qui dirige l'orientation : celle-ci se guide en effet sur le maximum. Quand l'oreille éprouve le maximum de sensation, nous savons que le corps sonore se trouve situé dans l'espace sur la direction de la ligne axile qui prolonge idéalement le conduit auditif.

Une expérience que je fais dans mes cours rend le rôle du pavillon évident dans l'orientation (GELLÉ. *Étude de l'audition au moyen du tube interauriculaire*).

Expérience de GELLÉ : Un tube de caoutchouc de 50 centimètres, armé d'embouts, est adapté hermétiquement aux deux oreilles par ses extrémités (remarquons que dans cette situation le rôle des pavillons est annulé) ; puis une montre est posée sur le milieu de l'anse de ce tube, sous les yeux du sujet. La sensation sonore est médiane et une, puisqu'elle est égale pour les deux oreilles, la distance étant la même. Ceci constaté, faites fermer les yeux du patient ; puis, passez doucement, à son insu, l'anse de caoutchouc d'abord au-dessus de la tête, puis derrière elle ; voici la montre et l'anse vers l'occiput. La sensation n'a pas changé ; les rapports entre les oreilles et le corps sonore sont restés identiques.

Demandez alors au sujet, qui a toujours les yeux fermés, où se trouve la montre qu'il entend toujours ; et invariablement, il répondra que la montre bat devant lui, sous ses yeux, là où il l'a vue au début de l'expérience.

Comment saurait-il qu'on l'a déplacée, puisque ses deux oreilles ont toujours perçu le même bruit, que rien n'a été changé dans l'audition par le transport du tube, et qu'il n'a fait lui-même aucun mouvement ? seulement le rôle des pavillons est supprimé, car supposez le tube ôté, le son de la montre arrivée derrière la tête perd de son intensité ; et cela suffit à appeler l'attention sur le déplacement du corps sonore.

Autre expérience : La montre bat devant le sujet ; on lui fait fermer les yeux ; on lui appuie les deux pavillons sur le crâne de façon à les effacer ; il peut croire aussitôt qu'on a enlevé la montre ; il ne l'entend plus.

La peau du pavillon est sèche ; on doit signaler l'existence de glandes sébacées et udoripares dans la conque (COYNE et SAPPEY).

La circulation sanguine et lymphatique du pavillon est extrêmement active ; les troubles de la respiration et les affections cardiaques lui donnent parfois une coloration violacée, noirâtre.

GRATIOLET a été frappé de la saillie en pointe de l'hélix qui lui rappelle l'oreille du faune. DARWIN y voit un vestige de l'oreille pointue des animaux. G. SCHWALBE a bien étudié ces analogies (*Arch. für Anat. und Phys.*, 1889).

La forme du pavillon a été étudiée au point de vue esthétique (JOUX) et plus pratiquement comme moyen d'identification anthropométrique par BERTILLON. LOMBROSO, GRADENIGO, récemment, ont cherché à classer les formes et les déformations typiques de cet organe au point de vue de l'anthropologie criminelle. LANNOIS, FÉRÉ, SÉGLAS ont démontré que les déformations ne sont pas plus fréquentes chez les aliénés et les criminels que chez les gens sains d'esprit et sans casier judiciaire (LANNOIS. *Archives de l'anthropologie criminelle et des sciences pénales*. Lyon. — FÉRÉ, SÉGLAS. *Revue d'Anthropologie*, p. 226, 1886. — GRADENIGO. *Annales d'otologie et laryngologie*, 1892).

L'émotion colore le pavillon comme la face ; sa translucidité permet d'observer les variations de la circulation.

CLAUDE BERNARD, SCHIFF ont montré que la section du sympathique cervical et l'arrachement du ganglion cervical supérieur produisent l'hypérémie, avec élévation de température du pavillon et des altérations de nutrition constatées par Brown-Séquard et par Gellé. Au cours des recherches de M. Duval et Laborde (1877-78) sur l'origine de la branche sensitive du trijumeau, Gellé a observé des lésions identiques (vascularisation, hémorrhagies, etc.) des cavités otiques après les blessures de cette racine.

Le pavillon est un appendice foliacé dont la fonction est aérienne; il fait saillie dans l'air ambiant pour récolter les vibrations; on ne l'observe plus chez les mammifères qui vivent dans un milieu autre que l'air, tels que les cétacés. Il est nul chez les oiseaux cependant; mais ils jouissent d'une telle mobilité de la tête qu'il est devenu inutile.

Il est extrêmement développé chez les chéiroptères, chez les oreillards surtout; chez la chauve-souris, le tragus forme une sorte de valvule à l'entrée du conduit. Il n'existe pas chez la taupe, dont la vie est souterraine.

Les muscles qui meuvent cet appendice se développent dans la série animale en rapport avec l'étendue des mouvements utiles; et ils subissent certaines modifications liées à l'association des deux cornets acoustiques chez certaines espèces.

Ces mouvements du cornet voulus par l'animal lui donnent la notion de la direction du son dans l'espace. Les muscles du pavillon sont commandés par la Vᵉ paire; la destruction de celle-ci est suivie de l'abaissement du cornet chez les lapins (Filehne).

II. **Conduit auditif externe.** — On nomme ainsi la partie tubulaire de l'entonnoir écrasé formé par l'oreille externe. C'est un tuyau plein d'air.

Les ondes aériennes venues directement dans le sens du cylindre (ligne axile), celles qui ont été réfléchies par le pavillon, celles enfin qui se propagent par les os craniens sont transmises aux parties situées plus profondément (oreille moyenne) par cet air du conduit dont l'ouverture extérieure est toujours béante.

Ce tuyau, dont l'air est en communication avec celui du dehors et de densité égale, a une résonnance particulière (Muller) et fait à son tour valoir et ressortir quelques harmoniques dont la tonalité est élevée (3 000 vibrations, Helmholtz).

Kœnig indique le renforcement des sons de l'indice 6; or on n'a pas oublié la sensibilité remarquable de l'oreille pour les sons de cet indice; il y a là une coïncidence remarquable, signalée par divers physiciens et par Helmholtz surtout.

Bernstein y voit l'explication du renforcement de certains tons et de la sensation désagréable qu'ils causent (grattage du verre, sons suraigus du violon); il a pu adoucir cet effet en introduisant de petits tuyaux de papier dans le conduit auditif qui amènent l'abaissement de son ton propre.

Si l'on oblitère à demi les trous ou orifices des conduits auditifs, on obtient une résonnance remarquable des bruits ambiants; ce bruit, analogue au bruit de coquillage, est heureusement moins fort que celui qu'on fait naître en couvrant les deux oreilles, des mains arrondies en conque, en laissant un seul point libre : c'est la même expérience avec une cavité artificielle plus grande.

De même, on rend manifeste la résonnance du conduit en lui ajoutant un simple tube de caoutchouc épais, long de quelques centimètres; de même dans les rétrécissements du conduit, le renforcement produit suffit à latéraliser de ce côté le son cranien.

Nous avons vu Helmholtz adapter à l'oreille ses résonnateurs accordés pour renforcer un ton dans l'analyse du timbre et modifier ainsi cette résonnance. Les lésions otiques ont le même effet.

D'autre part, au moyen d'une poire à air, dirigez un fort courant d'air de bas en haut auprès du méat, et l'oreille siffle; le vent produit le même effet : c'est le tube auriculaire qui résonne avec sa tonalité propre.

La nature des parois n'est pas indifférente à la fonction. La douceur des sons transmis tient à la constitution même du canal fibro-cartilagineux, élastique dans sa portion externe, et osseux seulement à l'intérieur.

Introduisez, comme on l'ordonne si inconsidérément aux sourds, un tube de métal dans le conduit ou bien le tuyau d'un appareil acoustique quelconque; les sons prennent aussitôt un timbre aigu, métallique, cassant, aigre et offensent l'oreille.

Les sourds à cornets acoustiques en font la dure expérience; avec l'appareil tubulaire de caoutchouc on remarque que les sons passent ronds, pleins et adoucis au contraire.

Les *courbures* du conduit de l'oreille, tant qu'elles ne causent pas une diminution de son calibre, n'ont aucune action sur l'audition ; chacun peut y adapter un tube de caoutchouc et donner à celui-ci toutes les courbures sans modifier la sensation perçue.

La *direction générale* des deux conduits et leur ouverture sur deux surfaces opposées du corps ne doivent pas passer inaperçues ; chaque oreille veille sur une partie séparée de l'horizon et reçoit le courant sonore de points différents : les deux organes n'ont pas deux actions convergentes, bien qu'ils concourent simultanément à l'audition.

L'expérience suivante montre quel degré de finesse les oreilles possèdent et quelle faible différence entre deux sons suffit à les latéraliser à droite ou à gauche.

Un tube interauriculaire, long d'un mètre, est bien adapté aux deux méats, et son anse est passée derrière le sujet ; au milieu de celle-ci un trait est tracé ; le diapason passe-t-il à droite ou à gauche de ce trait médian, le sujet annonce que le son est perçu par l'oreille droite ou par la gauche immédiatement, comme si l'on pinçait le tube du côté opposé.

Les deux organes entendent donc le diapason ; mais c'est le diapason le plus rapproché (et combien peu) de l'oreille qui est le plus fortement entendu : ainsi l'orientation latérale a lieu. Les champs, ou mieux les sphères, où leurs activités s'exercent sont diamétralement opposés. Ils apporteront ainsi au *moi* des notions distinctes dont la comparaison sert de base à l'orientation.

On notera aussi leur rapport avec l'axe de rotation de la tête ; la ligne transversale qui les réunit passe au-devant des surfaces articulaires de l'occipital et les touche. C'est-à-dire que les trous des oreilles sont facilement et rapidement portés et tournés vers les divers points de l'horizon.

A ce propos, j'ai montré que l'apophyse mastoïde forme l'extrémité du bras de levier sur lequel agissent les muscles agents de la rotation de la tête dans l'orientation au bruit (GELLÉ, *Etudes d'otologie*, t. II, 1880).

Nous avons dit que, indépendamment des vibrations de l'air extérieur, l'air du conduit est ébranlé aussi par les vibrations des solides de la tête.

C'est ainsi qu'on observe, soit en se bouchant le méat, ou le soir, la tête couchée latéralement, les battements de ses artères, les bruits nasaux, pharyngés et musculaires, etc., qui ne sont pas ou peu perçus, l'oreille étant ouverte.

De même la montre ou le diapason étant mis au contact de la tête sont perçus par l'auscultation au moyen d'un tube de caoutchouc (otoscope) adapté à l'orifice du conduit ; mais les vibrations se propagent mal des solides à l'air (MULLER, SCHWARTZ), c'est par le tympan que se fait surtout la propagation des sons de la tête à l'air inclus ; et on le démontre clairement en tendant le tympan, par une pression soit extérieure (voire à air, pressions centripètes de GELLÉ), soit intérieure, par l'expérience de VALSALVA (souffler par le nez fermé) ; on constate, en effet, que le son otoscopique s'abaisse aussitôt. D'autre part, si l'on obture doucement l'oreille pendant que le diapason vibrant touche la tête, on constate un renforcement très net du son perçu ; et si la sensation était presque éteinte, elle renaît aussitôt par suite de la résonnance de la cavité, et sans doute de l'arrêt de l'écoulement au dehors du courant sonore qui ébranle l'air de ce conduit (LUCAE) ; une pression plus vive, au contraire, affaiblit le son.

Il est bon de savoir que l'orifice du conduit et sa partie cartilagineuse s'évasent dans l'abaissement de la mâchoire ; la paroi antérieure suit le condyle de la mâchoire inférieure et se porte en avant. Dans certains cas, ces mouvements causent de la douleur et expliquent certains bruits dus, soit au décollement des deux parois du méat enflées, soit de la paroi antérieure et d'un corps étranger quelconque (bouchon de cire, liquide, etc.) retenu dans ce canal.

Il est intéressant, au point de vue de la physiologie de l'audition, et aussi pour comprendre la séméiotique auriculaire, d'expliquer les causes du renforcement du son crânien qui se produit lorsqu'on oblitère le méat sans effort ; on a beaucoup discuté à ce sujet.

LUCAE attribue le phénomène à la pression légère transmise par l'air refoulé au labyrinthe ; l'air est condensé ainsi et réagit sur l'appareil de transmission qui conduit jusqu'au labyrinthe cette pression. En ouvrant celui-ci, comme l'a fait TOYNBEE sur le cadavre, on constate en effet un mouvement du liquide labyrinthique à chaque poussée exercée sur le méat auditif.

D'autre part, il est certain que les sons solidiens ne se propagent à l'air du conduit que par le tympan; une membrane est nécessaire pour ce transport du solide au gaz (lois de MULLER) et nous savons que la plus légère condensation de l'air inclus agit en tendant la membrane du tympan; or cela arrêterait aussitôt le courant sonore solidien, mais aussi l'audition; l'occlusion n'agit donc pas comme une pression; il y a simple fermeture de la voie extérieure.

Aussi, pour HINTON, est-ce l'arrêt de l'écoulement sonore vers le dehors, par l'occlusion du méat, qui agit surtout en ce cas pour renforcer le son solidien. A mon sens, on peut admettre que les trois éléments signalés concourent à produire le renforcement de la sensation sonore; la pression douce exercée sur le labyrinthe, comme le dit LUCAE; l'arrêt du courant sonore à sa sortie, ainsi que le pense HINTON; enfin, la condensation de l'air amenant la résonnance de ces cavités closes, ce que l'expérience démontre également; 10 centimètres de tube de caoutchouc ajoutés au méat latéralisent le son cranien de ce côté.

L'expérience suivante prouve qu'une très légère pression suffit à produire le renforcement; elle est disposée de façon à empêcher l'erreur due à un arrêt de l'écoulement des vibrations sonores à l'extérieur.

Expérience de GELLÉ : Un diapason *la* 3 a sa tige emmanchée dans le bout d'un tube de caoutchouc de 50 centimètres et pend librement; l'autre extrémité du tube est adaptée à l'oreille; le tube est tenu entre les doigts par l'observateur. Le diapason donne un son; on observe qu'à la plus légère pression de la pulpe du doigt correspond toujours une augmentation du son; une pression un peu accusée l'éteint ou l'atténue : on voit qu'il n'y a ici qu'une pression graduée. — *Autre expérience.* On adapte un tube court, mais de paroi épaisse, à l'oreille; la montre sonne sur le côté droit du front; dès qu'on bouche le bout du tube, le son est plus clair, mais on a la sensation nette que le silence relatif ainsi obtenu est certainement cause d'une sensation meilleure, l'isolement est en effet, comme le silence, une condition d'augmentation de l'acuité auditive. — *Autre expérience* de GELLÉ. — Un tube de caoutchouc de 60 centimètres est adapté aux deux oreilles; le diapason sonne *à droite* sur le front; à ce moment, pincez le tube interauriculaire *à gauche* et près de l'oreille gauche; et aussitôt le son que l'observateur percevait à droite, devient gauche uniquement; il s'est déplacé.

Le pinçage du tube auprès de l'oreille gauche a arrêté l'écoulement du son par le tube et produit un renforcement, phénomène sur lequel l'orientation se fait aussitôt.

Si l'on n'adaptait le tube qu'à une seule oreille, le résultat serait le même; mais il y a déjà pour une oreille instruite une légère augmentation de sensation du côté où est placé le tube qui, lui aussi, joue le rôle de résonnateur; avec le tube binauriculaire on évite cette cause d'erreur.

On remarquera dans cette dernière expérience combien vite et facilement le son passe de droite à gauche, par suite d'un léger renforcement; on saisit là sur le fait la rapide extinction du son perçu, et son remplacement par le suivant. Journellement la séméiotique auriculaire utilise ces données expérimentales (otoscopie).

L'air contenu dans le conduit auditif vibre à l'unisson de tous les sons que l'air extérieur lui apporte; et HELMHOLTZ ajoute que la petite masse d'air qui touche le tympan contient et résume la foule des vibrations de l'espace aérien qui nous entoure.

C'est ainsi que s'explique leur transmission par influence aux parties profondes.

La sensibilité de la peau du conduit est exquise; des vibrisses implantées sur la face postérieure du tragus protègent l'entrée du conduit; des glandes cérumineuses sécrètent une cire protectrice à demi concrète qui retient les poussières.

Les attouchements, même légers, des téguments de ce conduit provoquent chez beaucoup de personnes des accès de toux réflexe, et, chez quelques individus prédisposés, de l'aphonie; c'est en effet un rameau du pneumogastrique (ou du spinal?) qui anime en partie la peau du conduit; le nerf auriculo-temporal du trijumeau lui donne la sensibilité générale. Nous savons, d'autre part, que le grand sympathique exerce sur la région une action trophique et de calorification. La cinquième paire également montre là son influence vaso-motrice (CLAUDE BERNARD).

Au point de vue de l'orientation, répétons que les conduits marquent une direction latérale précise au courant sonore qui les traverse; de plus, j'ai dit que la force de celui-ci variera suivant que les ondes seront directes ou réfléchies par le pavillon.

D'ailleurs, c'est aussi par les mouvements de rotation de la tête exécutés dans la recherche de la source du son que nous prenons conscience de sa direction et de ses déplacements. L'orientation est le produit de sensations multiples associées (BÉCLARD).

Le conduit auditif est absolument réduit chez les cétacés dont l'organe baigne dans l'eau, chez les amphibiens et les reptiles. Chez la taupe, il offre une adaptation curieuse à l'audition des sons solidiens; chez cet animal, il a un orifice extérieur très petit, et son tube se dilate en forme d'ampoule; c'est là une cavité résonnante nouvelle surajoutée qui facilite sûrement l'audition souterraine.

Nous parlions à l'instant des notions fournies à l'orientation, pour la recherche de la direction du corps sonore, par les sensations des mouvements effectués dans un sens ou dans l'autre. La conscience de ces mouvements et des actes moteurs sert aussi à nous assurer de l'extériorité de la source des sons; certains bruits perçus par l'oreille ressemblent assez aux bruits connus de l'extérieur pour faire croire, par exemple, à la présence de mouches, de grillons, etc., auprès de nous : l'impossibilité où nous sommes de nous débarrasser de la sensation en déplaçant notre conduit, en tournant la tête, nous confirme dans l'idée que c'est en nous que le bruit se produit.

III. **Oreille moyenne.** — *Caisse du tympan. Membrane du tympan. Appareil de transmission des vibrations. Chaîne des osselets et ses moteurs.*

Nous suivons le chemin parcouru par le mouvement vibratoire. L'air du conduit le propage jusqu'au seuil de l'oreille moyenne à la membrane tympanique, seule partie accessible aux ondes aériennes.

A. **Caisse du tympan.** — Cette cavité à parois osseuses contient, au milieu de l'air inclus, l'appareil de transmission des vibrations au labyrinthe. Cette seconde partie de l'oreille est close. La caisse pleine d'air isole et protège les parties profondes; elle commande l'accès du labyrinthe. Celui-ci se dissimule derrière l'oreille moyenne, véritable chambre noire de l'organe auditif. Ces dispositions tutélaires, cet abord réservé, cette situation cachée de la partie sensible, la limitation à une seule voie, celle du conduit, de l'entrée des ondes, ont pour but d'assurer la fonction délicate de l'ouïe chargée de l'analyse et de la différenciation des sons; elles permettent l'orientation en latéralisant nettement la direction du courant sonore.

La caisse répond de plus à une autre nécessité; la membrane du tympan doit conserver une tension toujours égale sur ses deux faces, et l'air intérieur vient ainsi faire équilibre à la pression atmosphérique, et en annule l'effet de surtension, tant que l'aération de la cavité est régulière.

Dans ce but, un appareil et une fonction annexes sont chargés de cette ventilation indispensable; c'est la trompe d'EUSTACHE); de plus les cellules mastoïdiennes aérées, qui communiquent avec la caisse, augmentent cette masse d'air incluse, et diminuent ainsi l'influence des variations de tension du gaz intra-tympanique.

L'appareil conducteur des ondes vibratoires se compose de la cloison membraneuse et de la chaîne des osselets de l'ouïe, dont le dernier, l'étrier, est reçu dans la fenêtre labyrinthique, au contact du liquide même de l'oreille interne.

Les vibrations se propagent de la petite colonne d'air du conduit à la membrane; de là elles se transmettent aux osselets, et par l'étrier au liquide du labyrinthe.

Ainsi, dans son parcours intra-auriculaire, l'onde est d'abord aérienne dans le conduit, membraneuse sur le tympan, solidienne sur les osselets, enfin liquidienne dans la dernière partie de l'organe.

Chacune de ces transformations successives est intéressante à étudier; elle a un but; et la vibration subit à chaque pas une modification particulière et nécessaire,

D'autre part, l'oreille n'est pas un instrument d'acoustique passif; elle possède des moyens de protection plus que d'accommodation; elle peut par l'action de ses muscles propres modifier la conduction dès l'entrée même des ondes, en agissant sur la membrane qui les reçoit et les récolte, et de plus, dans la profondeur, sur l'étrier placé au seuil du labyrinthe; ainsi peut être influencée la transmission des vibrations avant leur pénétration dans l'oreille interne. L'énergie vibratoire peut forcer la porte; mais l'oreille se défend.

Plus loin ces muscles et leur fonction seront décrits ainsi que l'action des leviers osseux et de leurs jointures.

L'organe doit être étudié comme simple appareil acoustique, à l'état statique; puis, pendant le jeu des parties, à la période dynamique ou fonctionnelle.

En réalité, le tympan est le premier anneau de la chaîne de transmission; il fait corps avec elle; il est soumis à son influence; mais les osselets ne vibrent que des vibrations qu'il a éprouvées d'abord. A ce point de vue, placé à l'entrée même de l'organe, il commande absolument la transmission; or, à l'état statique, à tout ébranlement vibratoire de la cloison membraneuse correspond un semblable mouvement de l'étrier.

B. Membrane du tympan. — Le tympan est mis en vibration par les ondes de l'air extérieur; de plus, il subit les ébranlements que lui apportent les solides de la tête, par le cadre tympanal qui la tend, et par l'air inclus dans la caisse tympanique qui résonne : vibrations par influence d'un côté, et vibrations au contact de l'autre.

Ces dernières, dont la propagation semble inévitable, chose fâcheuse, sont heureusement soumises à l'influence de l'état de conductibilité de l'étrier, comme les aériennes. Les abords de l'oreille sont donc protégés jusqu'à un certain point de tous côtés.

La membrane ou cloison tympanique jouit, au point de vue de la conductibilité, de toutes les propriétés des membranes minces tendues, si bien étudiées par Muller et Savart.

Le cadre du tympan n'a pas plus d'un centimètre de diamètre; mais la membrane qu'il supporte, grâce à sa forme conique, offre une surface plus étendue.

Son obliquité par rapport à la direction du conduit l'accroît encore.

Cette obliquité, très accusée à la naissance, diminue avec le développement de l'écaille du temporal et de l'apophyse mastoïde. Bonnafont, Helmholtz, Schwartz, Lucae, pensent que l'on rencontre une très faible obliquité chez les musiciens et les personnes bien douées au point de vue des aptitudes musicales.

Il résulte des recherches de Fick qu'un tympan plus droit conduirait mieux les ondes sonores, et que la condition opposée nuirait à l'audition.

Enfin Lucae au moyen de son « otoscope interférent » a constaté expérimentalement que les tympans très obliques ou très concaves réfléchissent vivement au dehors les ondes qui les frappent et en sont ainsi moins influencés.

La cloison a une très faible épaisseur (1 vingtième de millimètre) surtout dans sa portion inférieure. Sur la portion supérieure le derme du conduit se prolonge, assez épais, de sorte qu'en tirant le pavillon de l'oreille, la peau du conduit attirée tend le tympan, si la traction est assez énergique. Si l'on en juge par la facile transmission des sons de la parole par le téléphone dont la plaque est beaucoup plus épaisse que le tympan, sa minceur ne serait pas une condition aussi indispensable qu'il semble à la fonction.

En clinique otologique on fait jouer un assez grand rôle à l'épaississement, mais il n'est pas limité à la cloison en général.

Malgré cette minceur, le tympan est extrêmement résistant, il est presque inextensible; c'est un tissu de fibres radiées tendineuses externes, épanouies en cône, que contiennent des fibres circulaires assez élastiques plus intérieures; ces dernières donnent à la cloison conique une courbure légère de sa surface externe.

Pilcker, à la suite de ses expériences, a formulé ceci : 1° la cloison vibre proportionnellement aux sons; 2° une tension exagérée accroît la perception des sons aigus; 3° les sons graves peuvent au contraire affaiblir la tension.

Nous avons vu que l'oreille jouit de la faculté de percevoir les sons de tonalités les plus étendues, depuis 33 vibrations jusqu'à 30 000, et les associations de vibrations, timbre, accords, etc., les plus diverses; la membrane a donc cette aptitude à transmettre une foule de vibrations, toutes celles que lui apporte le milieu ambiant; elle les subit et les transmet intégralement.

A ce point de vue, on compare avec raison la cloison à la membrane de l'appareil de Reiss, laquelle, au moyen d'une petite pièce solide, qui la tend, réagit parfaitement et conduit les sons pour toute l'étendue de la voix ordinaire. Comme elle, la membrane du tympan peut vibrer en totalité ou dans quelques-unes de ses parties seulement (vibrations partielles), parce qu'elle n'offre pas partout la même tension, et que cette tension est éminemment variable.

De plus, elle n'a pas de ton propre; elle ne cause pas de résonnance particulière, qui nuirait à la netteté de l'audition; elle vibre à l'unisson de tous les tons quelconques, sans en modifier aucun. HELMHOLTZ a bien montré que ces propriétés tiennent à la forme en entonnoir de la cloison et à la charge qu'elle supporte par suite de sa connexion avec la chaîne des osselets. Elles résultent aussi de sa faible tension, sur laquelle on ne saurait trop insister, puisqu'un léger accroissement dans ce sens abaisse immédiatement la conduction.

Nous avons dit que la membrane est déprimée en dedans vers la caisse où elle fait une saillie conique; elle est cependant légèrement bombée en dehors, dans son segment inférieur surtout.

Cette disposition arquée des fibres, si évidente sur les moulages du conduit (SAPPEY, HELMHOLTZ, TESTUT, POIRIER), leur donne une flexibilité particulière; il en résulte pour le tympan une grande impressionnabilité aux vibrations de l'air; et une plus grande conductibilité; cela permet aussi une certaine mobilité de la membrane indépendante de celle du manche du marteau, de dehors en dedans (HELMHOLTZ, GELLÉ).

Grâce à ces connexions avec la chaîne des osselets, qui la chargent, les sons consécutifs sont évités, comme on l'a vu pour la membrane tendue de l'appareil de REISS. Ainsi, pas de résonnance, pas de sons consécutifs, une tension suffisante, mais faible au repos, et une vibratilité extrême, telles sont les qualités du tympan; elles s'ajoutent à toutes celles qui sont communes aux membranes élastiques si bien exposées par SAVART et MULLER (vibrations par influence, vibrations partielles, conductions multiples, etc.).

Nous verrons tout à l'heure que, par suite aussi de cette forme conique et de l'adjonction à la portion vibrante et tendue de la membrane d'une partie supérieure molle et flexible, la partie flaccide (ou membrane de SCHRAPNELL), la cloison tympanique possède une certaine mobilité, compatible, fait très remarquable, avec la tension normale ou d'équilibre de tout l'appareil de transmission.

Cette tension moyenne de la cloison, due à la tonicité des muscles tenseurs, à laquelle le tympan fait résistance, règle la tension de toute la chaîne, et celle du labyrinthe également; toutes ces parties sont commandées à ce point de vue par elle; nous le redisons à dessein. L'appareil de transmission est un : il oscille autour d'un axe; le moindre relâchement du tympan rompt l'équilibre, car il se déplace en dedans sous l'action persistante de l'antagoniste.

POLITZER a étudié les vibrations de la membrane du tympan dans l'expérience suivante : une soufflerie, des tuyaux d'orgue sont en communication avec des résonnateurs d'HELMHOLTZ, auxquels il ajoute un tube de caoutchouc aboutissant à l'oreille; le courant vibratoire est ainsi amené au tympan. La voûte de la caisse a été ouverte, et des fils de verre, ou de fines pailles de riz, ont été collés soit aux têtes des osselets, soit à la surface tympanique, et leurs extrémités libres inscrivent les mouvements sur un cylindre enregistreur. Au moyen de ce dispositif ingénieux, POLITZER a pu constater que le tympan possède toutes les propriétés des membranes tendues, et confirmer les lois de PILCKER. Nous parlerons encore de ces expériences quand nous étudierons la tension active et ses effets sur la conduction.

La tension moyenne du tympan est due à sa forme conique maintenue par le manche du marteau attiré vers la paroi interne par un ligament élastique, gaine du tendon du tenseur, bien décrit par TOYNBEE.

La section de ce tendon produit une détente brusque de la membrane saine, mais sans changement de forme, les autres connexions étant conservées (ligaments du marteau, articulations des osselets, ligament de l'étrier, tendon du stapédius); seulement, si l'on refoule la cloison en dehors par une insufflation d'air par la trompe, on observe qu'elle reprend très difficilement sa position normale. On voit que la tonicité du muscle tenseur maintient également la tension normale du tympan. L'entonnoir tympanique fait une saillie conique dans la caisse; et la pointe du cône, qui répond à l'ombilic, n'est distante que de deux millimètres au plus de la paroi interne; cela donne déjà la mesure du peu de mouvements en dedans dont le tympan est susceptible.

En pathologie on comprend que, par le gonflement des parties, soit par le relâchement de la membrane, après l'otite, celle-ci et la paroi labyrinthique arrivent facilement au contact; ce qui éteint forcément une grande partie des vibrations aériennes.

Au niveau de l'ombilic, partie la plus étroite du cône, les vibrations du tympan ont moins d'amplitude ; les plus étendues se produisent entre l'ombilic et le cadre tympanal.

D'après BERNSTEIN, cette diminution d'amplitude au centre coïnciderait avec une augmentation de la force de l'onde. La diminution de l'amplitude de l'onde est en effet une nécessité, car la platine de l'étrier ne saurait la subir telle.

Nous verrons tout à l'heure comment la transformation de l'onde membraneuse en solidienne résout ce délicat problème de transmission du mouvement vibratoire, sans lui faire perdre aucune force.

Le même auteur indique que c'est sur l'ombilic que l'effort vibratoire s'accumule ; il a calculé que l'accroissement serait dans la proportion de 1 à 20 dans la force des vibrations. N'oublions pas que le manche du marteau en entier sert à la conduction ; la force se perdrait dans cette translation aux solides. Le manche du marteau fait corps avec la membrane du tympan, dont il est comme un rayon ; c'est le 1er osselet de la chaîne conductrice ; c'est sur lui que se propage le mouvement vibratoire complexe qui agite le tympan ; de toute la surface du cône tympanique il converge vers lui.

Toutes les vibrations de la membrane s'écoulent par cette ligne osseuse ; c'est donc par le manche du marteau que pénètrent les ondes dans la caisse tympanique ; or, BUCU a montré, par ses expériences, que les oscillations de l'enclume sont déjà de moitié plus faibles que celles du marteau, et celles de l'étrier sont encore la moitié de celles de l'enclume.

Les lois de MULLER nous ont appris que les membranes conduisent sûrement et facilement les vibrations aux corps solides, tandis que celles-ci dans leur passage de l'air aux solides sont très affaiblies. D'autre part nous savons que les vibrations aériennes se propagent sans amoindrissement aucun de l'air aux membranes ; là se montre le rôle du tympan, et le but de son interposition entre l'air ambiant et les leviers solides de l'appareil transmetteur. C'est un intermédiaire indispensable à la fonction de l'ouïe.

Dans l'orientation nous latéralisons ainsi d'après l'intensité du son et nous nous guidons sur le côté où se constate ce maximum.

Nous nous rappelons que SAVART et d'autres observateurs pensent que la sensibilité du pavillon de l'oreille joue un rôle dans la notion de la direction des sons : on sait que la peau peut percevoir certains ébranlements vibratoires, j'ai de plus ajouté un autre élément d'information, le sens musculaire, à ces sensations tactiles.

On s'est demandé si la sensibilité cutanée de la membrane joue un rôle dans l'orientation au bruit.

FIG. 77. — Coupe verticale transversale de la caisse du tympan (schématique).

T, membrane du tympan. — M. marteau et apophyse grêle en avant ; son ligament suspenseur en haut. — E, enclume, branche horizontale postérieure, et branche verticale articulée avec l'étrier. — e, étrier dans la fossette ovale. — P, promontoire, saillie du limaçon dans la caisse. — F, canal de Fallope coupé en travers au-dessus de la fenêtre ovale. — 1, muscle du marteau dont le tendon traverse la caisse pour s'insérer sur l'apophyse du marteau. — 2, muscle de l'étrier, et pyramide en pointillé, paroi postérieure de la caisse. — 3, corde du tympan coupée.

HERMANN (Traité de physiologie, 1869) est de cet avis, que partagent au reste Küss et M. DUVAL (Traité de physiol.). Sur ce sujet j'ai lu à la Société de Biologie une observation qui paraît probante. Il s'agit d'un malade atteint d'anesthésie générale, avec conservation de l'activité des organes des sens, et sur lequel j'ai pu constater l'impossibilité de reconnaître si le son venait de droite ou de gauche ; il entendait très bien cependant ; mais il n'éprouvait aucune sensation au contact du stylet sur les tympans. Son intelligence semblait suffisante ; il distinguait bien avec les yeux la position des objets et s'orientait normalement.

J'ajouterai, à propos de l'orientation, qu'il est admissible que la sensibilité musculaire sollicitée par le passage des ondes, et lors de la tension d'accommodation, peut-être synergique, contribue à nous faire connaître de quel côté vient l'excitation acoustique ; il y aurait donc comme guides à la fois une sensation tactile, une sensation musculaire et une sensation acoustique.

En terminant, mentionnons la remarque faite par HELMHOLTZ, que la surface du tympan est couverte d'un épithélium dont les cellules contiennent de la graisse; peut-être aussi est-ce l'enduit cérumineux qui fait que sur l'oreille saine l'eau coule à la surface de la cloison sans la mouiller.

C. Chaîne des osselets. Étrier. Fenêtre ovale. Fenêtre ronde. — Le manche du marteau a réuni et comme canalisé la multitude des ondes sonores récoltées par le tympan, et les propage aux autres osselets jusqu'à la platine de l'étrier.

Quel est le but de cette interposition des osselets entre la membrane et le liquide labyrinthique, aboutissant définitif et ultime du courant vibratoire?

Comment se fait le transport de l'onde par ces solides? La chaîne osseuse est-elle la seule voie offerte aux vibrations qui traversent la caisse? Nous allons répondre à ces questions.

Rappelons d'abord que le marteau, l'enclume, et l'étrier, les trois osselets de l'ouïe, sont, grâce à leurs dispositions et à la tonicité musculaire, en rapport parfait, en connexion intime; c'est ainsi que la propagation des vibrations de l'un à l'autre est possible et complète.

Si l'on ouvre, avec TOYNBEE, le canal demi-circulaire supérieur, plein d'exolymphe, et qu'on repousse avec un stylet l'ombilic du tympan en dedans, vers la caisse, on voit aussitôt le liquide inclus osciller et miroiter: le labyrinthe a reçu la pression transmise.

De plus, on peut sur la pièce fraîche recommencer l'expérience avec le même résultat, ce qui prouve qu'après le déplacement, l'appareil entier revient à sa position première; il y a là un mouvement en bloc évident; on dirait d'un corps unique rigide, qui se déplace; le va-et-vient est comme pendulaire. Par une poussée plus douce, celle de l'air condensé dans le conduit, on obtient le même résultat.

En effet, l'ensemble des osselets se meut et oscille autour d'un axe fixe de rotation formé par l'apophyse grêle antérieure du marteau en avant, et la branche horizontale de l'enclume en arrière. C'est grâce à ces connexions intimes que le choc reçu par le tympan ébranle du même coup la platine de l'étrier.

Mais, au moment où le son passe, l'onde a toujours une amplitude telle que la petite masse des osselets est, suivant WEBER et HELMHOLTZ, un point infiniment petit de l'espace qu'elle parcourt. Ce point est franchi en un moment; il n'y a pas une suite de vibrations longitudinales : un seul mouvement de totalité, transversal, a lieu : toute la chaîne oscille comme un corps rigide.

Cela suffit-il pour comprendre la faible étendue des déplacements subits par l'étrier, alors que certaines ondes aériennes ont un mètre et plus de longueur? Je ne le pense pas. Je crois qu'il s'ajoute à la théorie proposée cette condition toute spéciale de la propagation des sons par les solides. SAVART nous a appris que le passage des vibrations longitudinales dans les tiges solides, dans les verges métalliques, offre ceci de remarquable qu'il ne se produit qu'une déformation « *insignifiante* » de la tige, une élongation d'une étendue presque négligeable dans le sens du courant. SAVART l'a mesurée dans quelques expériences devenues classiques ; sur des tiges solides de 1 mètre et plus, il a constaté, des vibrations longitudinales énergiques et trouvé une extension à peine appréciable (six dixièmes de millimètre).

Je persiste à croire que c'est dans le but d'éviter ces mouvements, ces changements nuisibles de forme au niveau de la fenêtre ovale, que l'onde récoltée par la membrane du tympan passe sur la chaîne osseuse, aux leviers si petits, avant d'arriver au labyrinthe ; était pour l'intégrité de la fonction une condition principale, une nécessité.

Il fallait éviter les secousses nuisibles d'oscillations d'une amplitude démesurée, la fenêtre ovale ne pouvant exécuter des vibrations telles que celles du tympan, vingt fois plus grand, et le labyrinthe ne pouvant les supporter.

La transmission par l'intermédiaire des osselets a résolu le problème.

Les expériences de POLITZER, BUCH n'ont-elles pas rendu évidentes les vibrations des osselets? Et puis quelle différence trouvera-t-on entre les sons que transmet si bien une poutre énorme, dont on ne peut dire que l'onde si grande la franchit comme un point l'espace et ceux que propagent au labyrinthe les osselets de l'ouïe?

Les deux voies de transmission ont ceci de commun, par contre, qu'une modification forme à peine appréciable des solides manifeste le passage du courant vibratoire d'origine aérienne ; avec des leviers aussi réduits que les osselets de l'ouïe, on peut admettre que cet effet est à peu près nul. Aujourd'hui n'a-t-on pas l'expérience du phonographe ?

Nous verrons plus loin que les osselets sont aussi les leviers de la tension et de la détente, et que la nature sait obtenir double bénéfice d'une même disposition organique.

La chaîne des osselets intéresse le physiologiste à d'autres points de vue encore.

Bernstein calcule d'après la longueur proportionnelle des leviers que la vibration arrive à la platine de l'étrier renforcée d'une façon prodigieuse (30 fois). Pour ma part ce renforcement me semble très contestable ; la longueur des leviers est autrement important au point de vue de la détente. Les vibrations sont réunies en un faisceau, par leur passage sur les osselets ; on voit ainsi, à mesure qu'il avance, le courant sonore recueilli, s'isoler, se simplifier dans sa forme et dans sa marche, pour pénétrer dans l'oreille interne, réduit de volume. Les éléments anatomiques si délicats du labyrinthe peuvent le supporter, et il est ainsi conduit au seul orifice qui lui livre accès. Comment ne pas comparer au phonographe l'appareil conducteur otique, jusqu'à l'étrier ? la pointe de celui-là inscrit les vibrations, comme l'extrémité de la branche de l'enclume les transmet à la tête de l'étrier, partie libre saillante de la paroi du labyrinthe.

La sphère aérienne où l'oreille a puisé les vibrations, est énorme, en effet ; et, dans le fond de l'organe, c'est une fenêtre de 2 à 3 millimètres au plus, qui sert d'entrée. L'appareil de transmission terminé par les osselets joue absolument, pour les ondes sonores, le rôle du cristallin et de l'iris, pour les ondes lumineuses : isolement, concentration, atténuation au seuil de l'organe sensible.

On conçoit par cette vue synthétique de la fonction de conduction que les osselets soient mobiles et que l'étrier glisse dans la fenêtre ovale. Ce léger mouvement, d'après Helmholtz, ne dépasse par 1/18 à 1/14 de millimètre en dedans ; mes mensurations des mouvements du tympan au moyen de la méthode graphique m'ont conduit à admettre qu'il n'atteint pas plus de 1/10 de millimètre.

Cette mobilité fait de l'étrier une partie de la chaîne conductrice ; car l'étrier libre conduit le mouvement vibratoire au liquide intra-labyrinthique ; soudé, sa conductibilité est restreinte, sinon complètement, du moins en majeure partie.

D'après ce qu'on vient de lire, c'est donc par la fenêtre ovale que pénètre dans l'oreille interne la plus grande masse des vibrations transmises, et la chaîne des osselets est la voie la plus directe de cette propagation.

La base de l'étrier est une mince lamelle ovale qui reçoit par les deux branches de l'osselet, insérées aux deux foyers de l'ellipse stapédienne, les vibrations propagées par la chaîne et le tympan ; et, placée par sa face interne, vestibulaire, au contact du liquide exolymphique, elle les lui communique aussitôt.

La vibration, de solidienne devient liquidienne, pour rayonner dans toutes les cavités du labyrinthe ; conduction nouvelle, nécessitée par des besoins différents. Dans le labyrinthe liquide, le faisceau des vibrations s'éparpille, se divise, se différencie à l'infini, et chacune d'elles reprend sa liberté et son unité au contact des épithéliums terminaux des filets nerveux sensoriels.

Cette platine de l'étrier est encadrée mollement, mais très exactement sertie, dans la fenêtre ovale, le ligament orbiculaire permet aux deux bords cartilagineux articulaires concentriques de glisser d'une étendue très faible l'un sur l'autre.

Ces mouvements seront de nouveau envisagés tout à l'heure à propos de l'étude de l'appareil de conduction en action, c'est-à-dire, quand nous parlerons de la tension et de la détente du tympan, dont tous les auteurs s'occupent, et de l'immobilisation ou de la charge de l'étrier qu'on oublie trop, et qui est, au point de vue de l'audition, tout aussi importante à connaître.

En ce qui regarde la conduction, on sait depuis les travaux de Muller et de Savart qu'une plaque transmet intégralement aux liquides à son contact, et à l'air, les vibrations reçues ; tel est le rôle de la platine de l'étrier au point de vue de la transmission elle en a un autre, au point de vue de la protection de la fonction, que nous apprécieron plus loin.

D. Rôle de la fenêtre ronde. — Le labyrinthe s'ouvre sur l'oreille moyenne par u autre orifice fermé par une membrane, la fenêtre ronde. Le liquide intra-labyrinthique par la rampe tympanique du limaçon qui lui correspond, reçoit-il l'influence des vibration de l'air de la caisse du tympan ? Autrement dit cette fenêtre ronde, membraneuse, sert-elle à l'audition ? Posons les conditions de ce problème. En réalité, l'étrier est une saillie de la paroi labyrinthique.

La tête de l'étrier, par la chaîne osselétique, reçoit des vibrations au contact; c'est un point qu'on ne saurait trop envisager ici ; tandis que les sons ne peuvent émouvoir la fenêtre ronde que par influence, à travers l'air d'une cavité close, de la caisse tympanique.

Déjà, de ce fait, les ondes qui lui parviennent par l'air intérieur, sont plus faibles que celles qui suivent directement le manche du marteau, instrument de récolte par excellence des vibrations du tympan. MÜLLER a formulé son opinion très nette guidée sur l'expérimentation, à savoir : « que des vibrations qui passent de l'air à une membrane tendue, de celle-ci à des parties solides, limitées, libres ; et de celles-ci à l'eau, se communiquent avec beaucoup plus d'intensité au liquide, que des vibrations qui passent de l'air à une membrane, puis à l'air, et puis encore à une membrane tendue, et enfin à l'eau ». Ce qui fait voir que le passage du courant est assuré et qu'il passe entier, par la voie des osselets de l'ouïe, sans perte aucune au point de vue de l'intensité.

Mais l'intensité des sons au contact est toujours plus énergique, et la vitesse de propagation est également bien plus grande par les solides de la chaîne que par l'air de la caisse. J'ai expérimentalement montré que le son du diapason vibrant en face du cornet d'un téléphone à ficelle, s'éteint à la moindre tension, tandis que le son au contact persiste, quel que soit l'effort de tension; ne sait-on pas aussi combien une couche d'air interposée entre deux parois amortit les vibrations sonores ? Et si l'on admet la conduction par l'air de la caisse, quel retentissement par résonnance de cette cavité !

L'expérience la plus simple montre la grande supériorité de la transmission par un corps solide interposé à deux surfaces ou membranes : c'est l'âme du violon qui associe les deux tables d'harmonie de cet instrument et lui donne sa grande sonorité et son unité ; c'est la poutrelle qui porte au loin le son d'un frottement d'épingle imperceptible par voie aérienne, etc. La platine est la plaque conductrice par excellence des vibrations solides au liquide inclus.

La vitesse des ondes, d'autre part, est tellement différente par les deux voies, qu'il y aurait une véritable cacophonie si les sons arrivaient ainsi l'un après l'autre frapper l'oreille. Ainsi par l'air de la caisse, par la fenêtre ronde, les ondes arrivent affaiblies en intensité et en vitesse ; il existe encore d'autres arguments en faveur de l'adoption d'une voie unique, la voie stapédienne.

Nous ne parlerons pas de la rapidité avec laquelle on atténue le courant sonore, en agissant sur l'étrier, parce qu'on objecte avec raison que les pressions exercées sur cet osselet (fenêtre ovale) sont transmises à l'autre fenêtre, par le liquide inclus, et que la tension est ainsi produite des deux côtés à la fois. Mais on ne peut pas n'être pas frappé des rapports distincts des deux fenêtres avec l'organe sensible.

La platine de l'étrier et la fenêtre ovale sont en contact avec le liquide de la rampe vestibulaire du limaçon, rampe sensorielle, celle qui contient les cellules auditives et les plexus nerveux terminaux de l'acoustique, de plus avec les vestibulaires, l'utricule et le saccule à peine distants, tandis que la fenêtre ronde s'ouvre sur la rampe tympanique, dont le contenu unique est le liquide périlymphique.

Le vestibule n'est-il pas d'une importance physiologique bien autre que cette rampe cochléenne veuve de parties sensibles, à laquelle répond la fenêtre ronde, lui qui renferme les parties fondamentales de l'appareil nerveux de l'ouïe?

On ne peut pousser plus loin l'argumentation ; quelques-uns ont émis l'idée que cette voie peut parfois remplacer l'autre; oubliant que les deux fenêtres se commandent, et qu'une tension, immobilisation ou pression exercées sur l'une frappe immédiatement l'autre. En définitive, ce qui abaisse la conductibilité de l'une enlève tout autant à la conduction de la seconde. Toutes deux jouissent des propriétés conductrices des membranes tendues, qu'une légère tension accroît, qu'une tension forte détruit : les ondes entrent donc dans le labyrinthe par une seule voie, par l'étrier.

E. Mobilité de la chaîne des osselets. — *Muscles moteurs.* — *Antagonisme.* — *Mouvements associés.* — *Mouvements de tension, de détente de l'appareil de transmission, du tympan à l'étrier.* — Nous avons étudié l'appareil de transmission des ondes sonores au point de vue de ses qualités de conduction à l'état statique, au repos; nous allons maintenant analyser les mouvements de la chaîne osseuse, le rôle de ses moteurs et leur action sur la propagation des sons. On sait depuis les expériences de Savart et de Müller qu'une membrane vibre d'autant moins qu'elle est plus tendue. Pilcker a confirmé cette loi; Politzer, Lucae, Fick, Mach l'ont rendue expérimentalement sensible sur le tympan. Mais ce sont les sons graves qui s'éloignent surtout par le fait de la tension du tympan; et les sons aigus jusqu'à un certain point, par le fait même de la tension, sont rendus plus pénétrants.

La contraction du muscle interne du marteau, pour Savart, Müller et Wollaston, remplit le rôle de tendre la cloison et d'abaisser l'intensité du son.

Déjà Valsalva et Duverney avaient bien interprété cette action du muscle interne du marteau. Helmholtz, après Politzer, Lucae, Mach, etc., a formulé des conclusions identiques; les ingénieuses dispositions expérimentales de Buck (New-York) ont complété cette démonstration. Pour Helmholtz, l'appareil transformerait le mouvement de grande amplitude et de faible énergie apporté par le tympan, en un mouvement de faible amplitude et de force plus grande, servant à la propagation à la chaîne des osselets et au labyrinthe.

Le muscle du marteau, que quelques personnes peuvent contracter à volonté, obéit physiologiquement à une action réflexe; celle-ci est bien exposée dans les lignes suivantes de J. Müller (Traité de physiologie, t. ii).

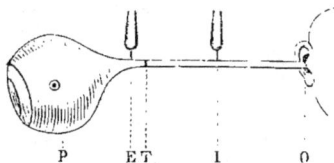

Fig. 78. — Dispositif pour montrer l'effet des tensions du tympan sur l'audition.

P, poire à air, dont le tube s'adapte à l'oreille. — T, membrane de baudruche intercalée dans le tube. — E, diapason posé vibrant en dehors d'elle; dès que l'on presse la poire, le tympan artificiel tendu arrête et atténue le courant sonore. — I, diapason posé en dedans de la baudruche : la pression sur la poire à air tend cette cloison; arrête le courant sonore; et le son est perçu renforcé par le sujet à chaque fois en O.

Müller dit : « Si l'on admet qu'à l'occasion d'un son très intense le muscle du tympan entre en action par l'effet d'un mouvement réflexe, de même que font l'iris et le muscle orbiculaire des paupières lors d'une impression de lumière très vive, attendu que l'irritation est transmise par les nerfs sensoriels au cerveau, et de celui-ci aux nerfs moteurs, il devient évident que, quand un bruit intense frappe l'oreille, le muscle du tympan peut assourdir l'ouïe par son mouvement réflexe. »

La membrane du tympan suit le manche du marteau dans ses déplacements en dedans et en dehors; mais, dans les mouvements dirigés vers la caisse, toute la chaîne des osselets se meut complètement dans le même sens, au même instant; et l'étrier est légèrement enfoncé dans la fenêtre ovale, tendant ainsi simultanément le ligament orbiculaire qui l'unit aux bords de celle-ci.

Il suffit d'une pression très légère pour obtenir ce résultat double, la tension accrue du tympan et la fixation de l'étrier dans son cadre, grâce à l'exiguïté de la course possible de la platine de l'osselet et de la cloison elle-même (1/10 millim.).

L'expérience suivante de Gellé montre l'effet de ces tensions imposées au tympan sur la conduction.

Un tube de caoutchouc est adapté à l'oreille de l'observateur; à son extrémité libre une baudruche tendue sur un tube rigide est introduite; un second tube s'ajoute à cette partie, et communique avec la poire à air : le tout se tient; si la tige d'un diapason vibrant touche le tube en dehors de la cloison de baudruche, le son passe; mais, à la moindre pression du doigt sur la poire à air, il s'affaiblit; la tension imprimée à la baudruche a suffi à atténuer très sensiblement le son; s'il est faible, elle peut l'éteindre.

Placez maintenant le diapason vibrant en dedans de la cloison de baudruche, entre celle-ci et l'oreille de l'observateur; puis faites la pression sur la poire à air; aussitôt, et à chaque poussée, le son perçu s'accroît. C'est que la tension accrue de la cloison de baudruche s'oppose à l'écoulement au dehors du son; et qu'il s'ensuit une vive résonnance sentie par l'oreille.

On voit ainsi l'effet immédiat de légères augmentations de la tension du tympan sur la conduction des vibrations : elles affaiblissent la transmission, et enlèvent à celle-ci sa conductibilité partiellement et momentanément.

Ceci acquis, enlevons la cloison de baudruche ; alors le tube et la poire à air s'adaptent directement à l'oreille de l'observateur, bien hermétiquement.

Posez maintenant le talon du diapason vibrant sur le tube ; puis pressez d'un petit coup, très léger, la poire à air, aussitôt le son s'atténue, passe plus sourd, semble s'éloigner.

Le tympan artificiellement tendu ne livre plus que difficilement passage aux ondes sonores vers l'oreille : c'est l'analogue de notre première expérience de tout à l'heure.

Autre épreuve : Placez le diapason sur votre vertex et puis exercez la délicate pression brusque sur la poire à air adaptée à votre oreille, et écoutez le son cranien. A chaque coup, il faiblit. Cette fois, le son ne subit donc pas l'influence de la tension imprimée au tympan, car il devrait, comme dans l'épreuve précédente, où le diapason sonore vibre en dedans de la cloison de baudruche, être renforcé au contraire. Qu'arrive-t-il ? C'est que l'appareil de transmission, la chaîne des osselets, a suivi le mouvement de pression en dedans imprimé au tympan ; l'étrier s'est porté en dedans ; il s'est immobilisé dans la fenêtre ovale, tendant aussi à chaque coup les deux membranes des fenêtres labyrinthiques ; par suite, le courant sonore arrêté n'arrive plus qu'affaibli au labyrinthe ; et c'est ainsi que la sensation est atténuée, bien que le diapason vibre sur la tête (*Pressions centripètes*, GELLÉ, 1880, *Etudes d'otologie*, t. II).

Cette expérience met en évidence le jeu et le rôle des diverses parties de l'appareil de transmission.

F. Axe de rotation. Ligaments du marteau. — Le manche du marteau de l'ombilic à son apophyse externe fait corps avec la membrane ; du tympan à partir de 2 millimètres au-dessous du cadre tympanal, l'osselet quitte la membrane presque à angle droit ; son col se porte en dedans dans l'aire de la caisse.

Mais, au niveau de l'épine tympanique antérieure, il se détache de sa partie antérieure une apophyse grêle cachée et retenue dans une rainure, au niveau de la scissure de GLASER, par des ligaments fibreux épais (ligaments antérieurs du marteau).

Ces fibres vont s'insérer au col de cet osselet au-dessus de cette saillie osseuse antérieure, et descendent jusqu'à l'apophyse externe ; elles limitent donc les oscillations du manche et de la membrane en dehors.

C'est là un des points fixes du marteau, et une attache solide à l'écaille temporale, au-dessus du cadre tympanal, qui permet certains déplacements. D'autres fibres (ligament postérieur) unissent la face postérieure du col du marteau au temporal, dans la direction même du ligament antérieur ; de leur association il résulte que c'est le centre autour duquel s'accomplissent les mouvements du marteau.

HELMHOLTZ les nomme « la bande-axe du marteau » ; ces ligaments maintiennent le marteau en place, même isolé de ses connexions.

Il est bon de remarquer ici que les tractions énergiques sur le tendon tenseur, qui portent le manche en dedans avec la cloison et rejettent la tête du marteau en dehors, tirent sur le ligament qui unit le col de cet os au temporal ; ainsi se trouvent limités en dedans les déplacements du manche.

De ces attaches à la paroi tympanique externe, il résulte que la cloison peut, par suite d'états pathologiques, devenir susceptible d'être fortement poussée en dehors ou en dedans sans que le manche, bien retenu, ne suive ces déplacements.

Le tendon du muscle interne du marteau vient du bec de cuiller, sur la paroi interne de la caisse, se jeter perpendiculairement sur le manche (partie antérieure, un peu au-dessous des points fixes d'attache du col (ligaments antérieurs, externes et postérieurs, bande-axe d'HELMHOLTZ), auxquels tout l'appareil est suspendu.

Toutes ces parties se meuvent, mais dans de très faibles limites, vu le petit déplacement nécessaire à la tension du tympan. Le muscle penniforme est reçu dans sa gaine osseuse parallèle à la trompe ; et le tendon se réfléchit au niveau de la fenêtre ovale.

Cette réflexion a son importance ; elle assure la précision de l'effort, et sa direction constante ; mais de plus elle a pour effet utile d'éteindre toute conduction vibratoire de ce côté.

L'apophyse grêle du marteau maintenu par des ligaments solides qui laissent un certain jeu, surtout dans le sens de la rotation du manche en dedans et en dehors, est le point d'appui antérieur de l'*axe de rotation* autour duquel s'exécutent les oscillations qu'amènent la tension et la détente du tympan et de l'appareil conducteur.

L'autre partie de cet *axe de rotation* est constituée par la branche horizontale de l'enclume, reçue dans une encoche de la paroi postérieure de la caisse (point fixe). Comme les deux têtes de l'enclume et du marteau sont articulées, ainsi se trouve établi l'axe des mouvements de l'appareil.

G. Mouvements du manche du marteau et du tympan se communiquant à l'enclume et, par cet osselet, à l'étrier. — Les deux têtes sont articulées par emboîtement réciproque, quand le tympan s'enfonce, la tête du marteau oscille et se porte en dehors et en haut; à ce moment l'articulation malléo-incudienne est serrée; et la saillie osseuse qu'offre le bord inférieur de la surface articulaire du marteau repousse en dedans la branche inférieure de l'enclume; ce qui revient à dire que le déplacement vers le dedans du manche cause aussitôt un déplacement égal de la branche incudienne dans le même sens, et l'enfonçure de l'étrier; le manche du marteau ne peut se porter en dedans sans entraîner l'enclume dans la même direction.

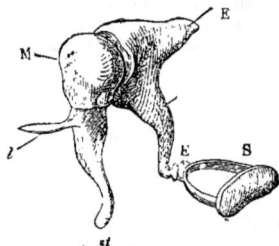

Fig. 79. — Osselets de l'ouïe, articulés.

M, tête du marteau. — st. mauche. — l, apophyse antérieure, grêle. — E, branche horizontale, fixe de l'enclume. — E', branche descendante ou verticale de l'enclume. — E'', s'articulant avec la tête de l'étrier S.

Il n'en est pas de même dans le sens opposé: grâce à la laxité des ligaments articulaires, et à la forme des surfaces articulaires que le mouvement du tympan en dehors desserre, les deux osselets ne sont associés que dans de certaines limites dans la rotation en ce sens; HELMHOLTZ a bien étudié ce mécanisme (HELMHOLTZ. *Le mécanisme des osselets de l'oreille et de la membrane du tympan*, 1886, trad. RATTEL).

Il a expérimentalement établi que les deux surfaces articulaires de ces osselets s'écartent l'une de l'autre sur presque toute leur étendue, tandis que l'enclume reste immobile, dans les déplacements très accusés de la tête du marteau vers le dedans; le cartilage articulaire remplit les vides. Le ligament capsulaire qui unit les deux osselets n'est pas très fort, et céderait facilement.

Le savant physiologiste a calculé que la rotation en dehors du manche sur l'enclume qui disjoint l'articulation des deux têtes, n'atteint pas 5 degrés (p. 26).

Par une expérience délicate, POLITZER a montré que l'axe de rotation du système a bien ses points fixes en arrière à la branche horizontale de l'enclume, en avant au niveau de l'apophyse grêle du marteau. Expérience: De fines tiges de verre sont attachées aux têtes des deux osselets; puis l'air du conduit est comprimé; alors il a constaté nettement que le déplacement général en dedans des parties a lieu par une oscillation autour de ces deux points fixes; il a observé aussi de légers mouvements au niveau de la jointure des deux têtes osseuses.

Le ligament dit suspenseur du marteau se trouve relâché dans l'oscillation en dedans et aussi par l'action du tenseur, à l'inverse de tous les autres ligaments malléens.

D'après cette analyse on voit que l'enclume suit l'impulsion du manche du marteau et du tympan, s'ils s'enfoncent et basculent en dedans; et que l'extrémité arrondie de sa branche verticale appuie alors sur la tête cupuliforme de l'étrier qu'elle pousse et fait glisser dans la fenêtre ovale.

L'articulation incudo-stapédienne est lâche et très mobile; c'est une énarthrose maintenue par une capsule molle qui offre beaucoup de fibres élastiques.

H. Mouvements de l'étrier. — Les mouvements de l'étrier sont extrêmement limités. HELMHOLTZ a réussi, au moyen de leviers amplificateurs, à mesurer la course de la platine de l'étrier, que mouvaient, soit la raréfaction de l'air du conduit, soit sa condensation au contraire; et il a trouvé une moyenne de 7/18 millièmes à 1/14 millième de millimètre, ainsi que nous l'avons dit déjà.

La laxité de la jointure incudo-stapédienne est telle que, dans les déplacements exagérés du manche du marteau en dehors, cet observateur a pu constater que l'extrémité de la branche de l'enclume s'écarte de la surface articulaire de la tête de l'étrier; cet écartement peut atteindre 1/4 de millimètre à 1/2 millimètre : ce sont là, à mon sens, des observations de première importance. Quand le manche du marteau est refoulé en dehors, et que la jointure incudo-malléaire s'ouvre, ainsi que nous l'avons dit, l'articulation de l'étrier et de l'enclume peut cependant rester serrée, les deux surfaces articulaires au contact : nous avons expliqué plus haut le mécanisme de ces mouvements de dissociation du marteau et de l'enclume qui isolent l'étrier jusqu'à un certain point. Cela est d'autant plus important à connaître que la chaîne osseuse est un appareil chargé de la transmission des sons, bien que formée de segments.

Ces sortes de disconnexions, si elles sont possibles physiologiquement, expliquent peut-être l'action tutélaire du stapédius ou muscle de l'étrier.

On se rappelle que le premier effet de la tension est d'appliquer toutes ces surfaces osseuses les unes aux autres, pour transformer la chaîne brisée en un corps rigide; or, si ces jointures peuvent être relâchées, s'il peut même y avoir disconnexion, la transmission est de ce fait seul interrompue ou rendue plus difficile, et l'antagonisme du muscle de l'étrier et du tenseur est clair et son utilité manifeste; le mécanisme de l'interruption du courant sonore consisterait dans le relâchement des contacts.

La platine de l'étrier, d'après HELMHOLTZ, ne se meut pas en volet ni en basculant comme l'ont admis HUSCHKE, LUCAE, POLITZER; son mouvement en dedans est total, et quand on l'observe du côté du vestibule, il se fait d'un seul bloc, c'est-à-dire que ses deux bords supérieur et inférieur sont à la fois poussés en dedans ou en dehors. Sur un appareil que j'ai construit pour étudier l'action des divers leviers articulés qui composent la chaîne des osselets, j'ai pu constater que le mouvement transmis à l'étrier est un glissement, dans le sens horizontal à peu près (GELLÉ, B. B., 1894); je me range donc à l'opinion d'HELMHOLTZ; au reste aucun ligament ne permet de mouvements partiels. Cependant par la contraction du stapédius, agissant seul, la base de l'étrier peut sans doute basculer dans de faibles limites; mais sa tête décrit un arc plus sensible; le déplacement est alors transmis à la branche verticale de l'enclume. J'ai constaté sur le *cadavre*, après TOYNBEE, que dans ce mouvement le labyrinthe est décomprimé et sa tension intérieure abaissée : là l'antagonisme des deux muscles tympaniques est visible.

Dans les mouvements en dedans du tympan, et lors des contractions du muscle tenseur, l'étrier éprouve en définitive un mouvement en dedans égal et simultané ; et celui-ci ne dépasse pas 1 dixième de millimètre. A ce déplacement succède une oscillation en retour par l'élasticité des parties, dès que la cause a cessé. POLITZER a montré l'action de ces tensions tympaniques sur la conduction, par l'abaissement de la courbe inscrite et l'affaiblissement des tracés des oscillations des osselets et du tympan quand le tenseur agit, dans ses expériences au moyen de tiges de verre adaptées aux osselets et que le courant sonore ébranle; le muscle est excité soit directement, soit par action réflexe sur la ve paire; et les modifications des vibrations s'inscrivent sur le cylindre enregistreur.

HELMHOLTZ calcule que la pression exercée par l'extrémité de la branche verticale de l'enclume sur l'étrier, dans les mouvements du manche et du tympan vers le dedans, est une fois et demie aussi grande que la force exercée sur le marteau même.

Il est à remarquer que la longueur de la branche verticale de l'enclume est spéciale à l'homme : je l'ai nommée le *levier de la détente;* il semble qu'à ce point de vue l'homme soit mieux armé aussi pour la protection et la détente de l'organe auditif; c'est le stapédius ou muscle de l'étrier qui meut ce levier de la détente. L'étendue des mouvements du tympan et du manche en dehors peut atteindre 5 millimètres, grâce à la laxité des jointures de l'étrier et de l'enclume et surtout de l'enclume et du marteau.

J'ai fait, à ce sujet, des expériences au moyen de l'*endotoscope*, manomètre adapté à un conduit et calibré de telle sorte que la colonne liquide de la branche ascendante graduée est trois fois plus étroite que l'autre : j'obtiens ainsi une amplification des déplacements du tympan provoqués soit par l'épreuve de VALSALVA, soit par celle de POLITZER, soit par la déglutition (GELLÉ, *Précis d'Otologie*, 1876). Or, dans la propulsion du tympan en dehors, par l'expérience de POLITZER, l'ascension de la colonne liquide de l'endotoscope sur l'oreille saine atteint 1 et 1/2 à 2 centimètres, répondant à 4 ou 5 millimètres de déplacement de la cloison. D'autre part, dans mes études sur les mouvements tympaniques au moyen de la méthode graphique, les tracés montrent que le mouvement de la déglutition retentit sur la cloison et la déprime très légèrement, voussure suivie de retour immédiat. Le crochet inscrit est plus fort, si l'on pince le nez; c'est un brusque, mais très léger, abaissement de niveau, avec retour instantané à la normale, qui l'indique. L'épreuve de VALSALVA et surtout l'insufflation avec la poire de POLITZER provoquent, au contraire, une élévation brusque de niveau, et la formation d'une ligne d'ascension très élevée, dont la courbe plus étendue de descente se divise en deux zones; l'une immédiate à descente vive, l'autre plus lente, oblique, et d'autant plus

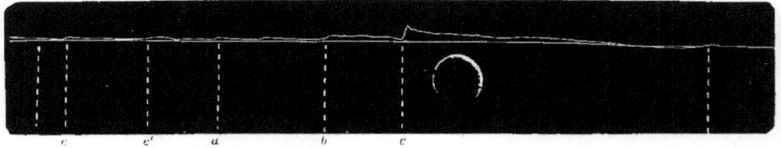

FIG. 80. — Tracés des mouvements du tympan (très amplifiés); pendant l'épreuve de VALSALVA.

a. épreuve de VALSALVA qui refoule le tympan en dehors de *a* à *b*; de là descente graduelle activée en *c* par une déglutition. — *c, c'*, crochets de la déglutition; retour immédiat à la ligne d'équilibre.

longue que la trompe est moins perméable (*Études d'Otologie*, t. I, 1876, et *Précis d'Otologie*, 1880). On voit ainsi sur ces tracés les différences de mobilité en dehors et en dedans de la cloison tympanique.

Comment les pressions sur l'étrier affaiblissent-elles le courant sonore, aérien ou solidien? — Les pressions sur le tympan, les tensions intra-tympaniques dues à l'aération artificielle de la caisse (SAVART, WOLLASTON) atténuent d'une façon sensible l'audition aérienne. Quant à la perception cranienne, j'ai montré que le fait existe aussi bien pour elle que pour la première; de plus, j'en ai donné l'explication en montrant que ces mêmes pressions refoulent l'étrier et l'immobilisent momentanément (Voyez plus haut. *Pressions centripètes*), coupant alors le courant vibratoire.

C'est ainsi que le son est arrêté à l'entrée du labyrinthe. La charge apportée en excès sur cette plaque vibrante suffit donc à affaiblir sa conductibilité; les plaques minces se comportent en ce cas comme les membranes tendues.

L'étrier, dont la course est si peu étendue, en a bientôt atteint la limite; la poussée en dedans continuant tend le ligament orbiculaire, et l'os est fixé, immobilisé; et du même coup, ses vibrations diminuent d'amplitude; il y a arrêt de la transmission ou affaiblissement immédiat.

Telle est l'explication des atténuations du son cranien observées dans l'expérience des pressions centripètes. Ces modifications de la sensation sonore sont instantanées; elles sont identiques à ce que produit l'action du muscle tenseur et disparaissent avec la pression qui les cause sur l'oreille saine. C'est ainsi que les contractions du muscle interne du marteau agissent sur l'intensité du son transmis.

On sait que certaines personnes jouissent du privilège de pouvoir contracter à volonté leur muscle tenseur, un léger bruit de claquement annonce la contraction; le triangle lumineux du tympan s'agite au même moment. HELMHOLTZ, POLITZER, GELLÉ ont montré que, dans le bâillement, le tenseur se contracte énergiquement, et assourdit l'oreille presque complètement. J'ai observé que les sons craniens étaient également atténués, mais non aussi fortement (GELLÉ, *Comptes rendus du Congrès méd. internat.*, 1890, Berlin).

En 1876, j'ai étudié les causes de variations de tension du tympan et leur influence sur la conduction au moyen du dispositif suivant. Dans l'extrémité libre d'un otoscope de 50 centimètres bien assujetti à l'oreille j'engage la tige d'un diapason *la* 3 de 9 centimètres; celui-ci est tenu suspendu par la main qui tient le tube de caoutchouc.

On peut facilement constater ainsi que le son du diapason s'éteint brusquement si l'on serre vivement les mâchoires; la contraction énergique a toujours ce résultat; et le son renaît dès que celle-ci a cessé. Cela s'explique bien par la communauté d'innervation des masticateurs et du tenseur auriculaire. L'effort de la mastication amène la contraction synergique du muscle tenseur innervé par le même nerf que les masticateurs, ainsi que le montre l'embryologie (M. Duval). Si l'étrier est soudé, rien n'est modifié.

Par l'expérience de Valsalva, déjà faite et étudiée à ce point de vue par Savart, le ton s'abaisse aussi; et il en est de même par la déglutition, le nez pincé surtout. Toutes ces actions ont pour effet d'accroître soit passivement, soit activement, la tension de l'appareil conducteur et l'enfoncure de l'étrier, et finalement agissent sur sa conductibilité.

Épreuve des réflexes d'accommodation binauriculaire. — J'ai obtenu également ces atténuations de l'audition des sons aériens en agissant au moyen des pressions centripètes sur l'une des oreilles; le diapason vibrant est présenté audevant de l'autre oreille, libre. Or, à chaque pression exercée sur la poire à air adaptée à l'un des organes, le son aérien baisse du côté libre. L'audition à droite est influencée par les pressions exercées sur l'oreille gauche.

Ceci s'explique si l'on réfléchit que les deux oreilles sont associées dans l'audition binauriculaire, et que la dépression tympanique expérimentale de l'oreille droite amène le travail d'adaptation synergique du côté gauche. Or remarquons que c'est la contraction du tenseur qui est ainsi provoquée dans l'organe libre par la pression centripète opposée : c'est donc le rôle du tenseur pris sur le vif.

Phénomènes curieux, d'après Helmholtz, certains bruits très appréciables se produisent au moment où l'articulation incudo-malléenne

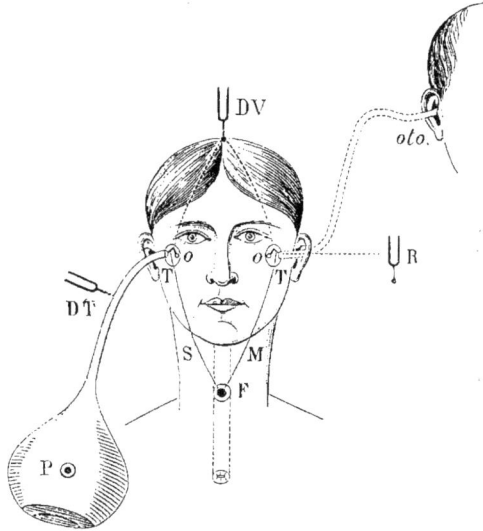

Fig. 81. — Épreuve des pressions centripètes de Gellé, montrant les effets sur l'audition des pressions, 1° exercées sur la membrane; 2° sur l'étrier; 3° sur une oreille, le diapason vibrant en face de l'autre.

O, O, les deux caisses tympaniques. — DV, diapason vertex : deux lignes ponctuées aboutissent aux étriers : chemin des ondes sonores craniennes. — DT. diapason posé sur le tube de la poire à air, le son suit le tube et frappe le tympan T. — P, poire à air, en la pressant la cloison T se tend, par suite le son venu par le tube s'affaiblit; et en même temps, la pression étant transmise à l'étrier, le son cranien, DV, s'atténue aussi. — oto, si on ausculte en même temps le son cranien avec l'otoscope placé à l'autre oreille, on sent le ton faiblir aussi. — R, si on ôte l'otoscope, le diapason qui vibre en face de cette autre oreille, est perçu affaibli en même temps que l'on presse avec la poire sur l'oreille opposée. Le muscle tenseur du côté libre est actionné par la pression exercée de l'autre côté avec la poire à air (*Synergie d'accommodation binauriculaire*). — M, ligne fictive reliant le labyrinthe à la moelle cervicale en F, où je place le foyer de l'accommodation binotique (Gellé, *Études d'otologie*, t. II, p. 38).

subit ses déplacements étendus, concordant avec la propulsion du tympan en dehors, et par le retour à la normale.

I. Rôle du stapédius ou muscle de l'étrier. — *Mécanisme de la détente; synergie; antagonisme.* — Le muscle tenseur augmente la tension normale de l'appareil du tympan, le serrement des surfaces articulaires, et comprime l'étrier fixé dans la fenêtre ovale; et tend la fenêtre ronde; tous ces effets de l'action du tenseur tendent à éteindre la conduction, s'il agit seul. Une faible tension, celle sans doute que commande l'attention auditive, accroît la conduction au contraire (Valsalva, Politzer, Lucae, Mach).

Le tendon du muscle stapédius sort de sa gaine osseuse, derrière la tête de l'étrier, s'infléchit pour s'y insérer ainsi qu'à la capsule articulaire. Envisagé isolément, le muscle attire cette tête en arrière, et un peu en dehors, dit Toynbee; mais il tire en arrière en même temps l'extrémité inférieure du « levier de la détente », de la branche verticale de l'enclume. Celle-ci bascule sur son point fixe; et la tête de l'enclume appuie et pèse sur la tête du marteau; ainsi la traction en arrière du levier de la détente aboutit à une rotation du manche du marteau en dehors avec le tympan.

Sappey a bien décrit ce mouvement complexe par lequel tout d'abord la tête de l'étrier et la branche de l'enclume étant tirées en arrière, la tête de l'enclume vient déprimer en dedans celle du marteau, emboîtée avec elle; et par suite, autour de l'axe de rotation, fait osciller le manche du marteau et le tympan en dehors. Il se produit alors une détente manifeste, tout au moins un effort dans un sens opposé à l'action du tenseur, et à la rotation inverse : l'antagonisme apparaît évident par conséquent dans les mouvements associés et synergiques.

Peut-être se produit-il encore quelque chose de plus, si le stapédius agit d'une façon prédominante.

Le relâchement des parties de la chaîne va-t-il jusqu'à produire un peu de disconnexion? Cela est difficile à démontrer, mais se déduit sans effort des notions anatomiques si remarquables d'Helmholtz, que nous avons à dessein exposées en détail tout à l'heure, mais dont l'auteur ne tire point de conclusion à ce point de vue.

On conçoit la rigidité élastique de la chaîne articulée par l'action du tenseur, et son relâchement allant jusqu'au contact, à peine serré, résultat de celle du stapédius.

Ces deux états doivent modifier absolument et d'une façon totalement opposée la transmission du courant vibratoire : dans le premier cas elle est augmentée, dans le second diminuée ou éteinte.

Une expérience de mes cours rend le phénomène manifeste. Je tiens du bout du doigt l'extrémité d'une chaîne de montre enfoncée fermement, bouchant tout, dans le trou auditif; or la montre n'est perçue ainsi que si je tends fortement la chaîne, en tirant sur la montre; et le son cesse de passer dès que la tension finit; les anneaux de la chaîne ne conduisent bien que s'ils sont en contact serré. De même, placez un diapason vibrant sur le menton; la bouche ouverte il passe peu de son; si les dents se ferment il en passe davantage, mais le son est bien plus intense si l'on serre les dents.

Dans les mouvements en dedans du tympan, dans les contractions du tenseur le stapédius limite les poussées en dedans de l'étrier, et fait dans une certaine mesure équilibre au tenseur : antagonisme nécessaire. Les deux actions combinées assurent la fonction d'accommodation et de protection de l'organe. En effet, M. Duval voit dans ces actions musculaires sur ces leviers un but d'adaptation et d'accommodation; il pense qu'ainsi l'oreille possède, comme l'œil, des parties chargées de l'accommoder, pour les tons bas et aigus, et de graduer la pénétration des vibrations, comme l'iris a pour mission de graduer la pénétration des ondes lumineuses.

Nous dirons qu'il y a là surtout un appareil actif de protection du sens de l'ouïe. On ne saurait en effet admettre que les contractions des moteurs puissent accommoder à chaque instant la tension pour le passage des sons suivant leur tonalité; la multitude des vibrations, la simultanéité de sons de tonalités les plus opposées, rend inadmissible cette conception.

Mais il est logique de croire que, par l'effet de leurs contractions réflexes, les délicats conducteurs se disposent de telle sorte que la transmission puisse être ou facilitée, comme dans l'attention, ou au contraire affaiblie autant que possible, comme dans l'audition douloureuse, par exemple.

Dans les deux cas, il y a effort et fatigue, comme lors de tout acte musculaire répété. Le rôle protecteur du stapédius est évident : pour Toynbee, il ouvre la voie que le tenseur ferme au contraire : leurs actions associées donnent à l'appareil une grande élasticité, et évitent les mouvements brusques; leur antagonisme règle et gradue les déplacements. Dans le cas d'hémiplégie faciale, le stapédius étant paralysé, l'action du tenseur reste sans contrepoids; or, il en résulte de l'affaiblissement de l'ouïe, de l'audition douloureuse, par les secousses qui se produisent dans la tension brusque que provoquent les bruits intenses (hyperacousie) (Landouzy).

J. Aération de l'oreille moyenne. — Nous ne pouvons ici étudier en détails cette fonction annexe, la ventilation de la caisse du tympan et son mécanisme. Nous en dirons ce qui est indispensable à connaître au point de vue de l'audition.

L'air de la cavité tympanique fait équilibre à l'air atmosphérique, de sorte que les deux faces du tympan subissent la même pression; c'est une condition de l'équilibre statique de l'appareil conducteur, et de la constance de cet état moyen de tension du tympan et de tout l'appareil sur lequel nous avons déjà parlé : c'est la déglutition de la salive, intermittente, qui assure cette ventilation. Dès que l'air intra-tympanique n'est plus renouvelé suffisamment, la pression extérieure refoule la cloison et l'étrier; ainsi se rompt l'équilibre de la pression labyrinthique nécessaire. Mais de là, de ces tensions des membranes tympanique et de la fenêtre ronde naissent des sensations transmises par le plexus tympanique, et la déglutition de la salive recommence.

Un conduit spécial amène l'air du pharynx nasal dans l'oreille moyenne et satisfait à ce besoin d'aération : c'est la trompe d'Eustache. Celle-ci n'est pas constamment béante; ses deux parois s'écartent au moment de la déglutition; les muscles qui meuvent alors le voile étant les moteurs de la trompe, la trompe s'ouvre; l'air extérieur pénètre et rétablit l'équilibre des tensions auriculaires; une légère oscillation du tympan, visible sur les tracés et à la vue, et manifeste sur l'endotoscope, accompagne ce mouvement de l'air. Ainsi, un îlot de salive s'écoule; on la déglutit; la trompe s'ouvre; l'air s'y introduit: le tympan qui a été aspiré en dedans reprend sa position d'équilibre : l'aération est faite. Telle est la série des phénomènes qui se succèdent pour assurer la ventilation de l'organe.

Si l'on se rappelle la faible course que le tympan est susceptible de faire vers le dedans, on comprend combien il importe que l'air arrive à temps dans la caisse pour éviter toute tension et tout déplacement en ce sens, qui causeraient vite l'immobilité de la platine de l'étrier dans la fenêtre ovale et par conséquent l'affaiblissement de l'audition. Voyons chez l'homme le mécanisme et les conditions de cette « ventilation », comme l'appelle DE TRŒLTSCH. Nous dirons plus loin comment elle s'opère chez les autres vertébrés.

La caisse est chez l'enfant ample et large; elle n'offre qu'une seule cellule osseuse comme diverticulum, c'est l'antre mastoïdien. La trompe est assez large, courte et presque droite et bien ouverte (DE TRŒLTSCH), même au niveau de l'isthme. Le va-et-vient de l'air du pharynx vers la caisse est bien facile à cet âge.

Chez l'adulte, le volume de celle-ci est relativement plus faible; mais de vastes cellules aériennes se sont développées dans l'épaisseur de l'apophyse mastoïde; et il y a compensation.

La caisse est une cellule osseuse isolée de l'extérieur; l'étendue du réservoir d'air a de l'importance; car elle s'oppose à sa raréfaction trop rapide.

RÜDINGER cependant admet l'existence d'un petit canal aérien permanent situé dans la partie supérieure du conduit tubaire où l'accolement des parois serait incomplet.

Les expériences d'HARTMANN, très bien conduites, ont absolument démontré que la trompe est toujours close à l'état de repos, ainsi que DE TRŒLTSCH, POLITZER, etc., l'avaient admis et prouvé déjà. HARTMANN a expérimentalement montré qu'il faut toujours une certaine pression de l'air pour qu'il franchisse la trompe en dehors de la déglutition. Il évalue cette pression nécessaire à 20 et parfois jusqu'à 60 millimètres de mercure : au moins est-ce la pression qu'on produit en exécutant l'épreuve dite de VALSALVA (action de pincer le nez, en poussant l'air dans les narines comme pour se moucher).

De mon côté, je suis arrivé à peu près aux mêmes chiffres, 60 à 80 millimètres de mercure dans des expériences faites dans le laboratoire de J. BÉCLARD (GELLÉ, Études d'otologie, t. I, p. 303). D'ailleurs la pression nécessaire s'accroît avec la diminution de calibre de la voie tubaire, dans les otopathies et les rhino-pharyngites. D'autre part HARTMANN a prouvé l'occlusion de la trompe à l'état de repos en soumettant des adultes, placés dans une chambre pneumatique, à des pressions aériennes graduellement croissantes. Or, chez tous, la déglutition seule fit pénétrer l'air dans les cavités tympaniques et cesser la douleur aiguë causée par la pression poussée jusqu'à 200 millimètres de mercure (HARTMANN, 1879).

Ainsi, il est établi que le canal de la trompe, fermé à l'état de repos par l'accolement de ses deux parois, s'ouvre d'une façon intermittente sous l'influence de l'acte de la déglutition. La salive flue dans la cavité buccale et de temps en temps, plusieurs fois par minute, un mouvement de déglutition l'emporte à travers l'isthme du gosier; alors aussi le voile se redresse, et les trompes s'ouvrent.

Quels sont les agents de cette ouverture ?

Cet organe tubulé est constitué dans sa moitié interne par une gouttière solide, cartilagineuse, fixée à la base du crâne par son bord supérieur. Cette gouttière fait saillie dans le haut du pharynx: elle est oblique en dedans, en bas et en avant, s'étend du rocher à l'apophyse ptérygoïde, à 1 centimètre au-dessus du voile du palais.

La paroi externe est membraneuse et mobile.

Cette paroi externe membraneuse est doublée du muscle *péristaphylin externe*, ou tenseur du voile, dont les fibres de plus en plus verticales se jettent sur un tendon inférieur qui se réfléchit au-dessous du crochet de l'apophyse ptérygoïde, et va se confondre avec le plan fibreux du voile; c'est là le point fixe des deux muscles, de sorte que quand ils se contractent synergiquement, au moment d'avaler, le voile du palais se trouve tendu, et en même temps les trompes sont ouvertes. La paroi membraneuse est attirée en bas et en dehors, et se décolle de la paroi interne fixe, et l'écartement a lieu dans toute l'étendue du conduit, ouvert ainsi d'un bout à l'autre (VALSALVA). Les muscles tenseurs du voile du palais sont donc les agents les plus actifs de l'ouverture des trompes.

Il y en a d'autres, moins énergiques. C'est ainsi qu'un faisceau de fibres musculaires se porte du pharynx à la pointe du pavillon tubaire de chaque côté (pharyngo-staphylin); au moment de la déglutition, leur contraction tire cette pointe cartilagineuse en arrière, en même temps que la paroi pharyngée se porte en avant.

Le muscle *péristaphylin interne*, fasciculé, couché le long de la gouttière cartilagineuse au-dessous et en dehors d'elle, soulève le pavillon de la trompe au moment où les fibres vont s'épanouir en éventail dans le voile du palais pour se fixer au raphé médian; l'insertion fixe est à la base de crâne.

Les muscles de chaque côté se contractent synergiquement dans l'acte d'avaler; la courbe qu'ils décrivent pour descendre de chaque côté dans l'épaisseur du voile mobile se redresse; celui-ci se relève, le pavillon tubaire obéit à ce mouvement, en même temps que sa pointe s'écarte en arrière; par suite le pavillon s'évase.

Les rapports fonctionnels du voile du palais et des trompes sont donc intimes; et les tenseurs du voile sont les agents les plus actifs de l'ouverture des trompes (VALSALVA).

Dans la paralysie du voile, les trompes cessent d'être perméables; et, la circulation de l'air devenant nulle, l'audition s'en trouve bientôt altérée. Les perforations et destructions de cet organe ont la même conséquence nuisible, faute du point d'appui nécessaire à l'action musculaire du dilatateur par excellence (tenseur du voile).

La trompe d'Eustache est un conduit long de 35 millimètres (DE TRŒLTSCH), de 35 à 40 millimètres (SAPPEY, BEZOLD). Sa portion osseuse, tympanique, est limitée à 13 à 14 millimètres au plus; sa portion cartilagineuse est close dans la plus grande partie de son étendue; c'est sur celle-ci que le muscle tenseur du voile agit, en écartant en dehors brusquement la paroi extérieure membraneuse de la gouttière cartilagineuse et postérieure dans l'action de déglutir. Les trompes s'ouvrent au moment même où le voile relevé ferme le passage du pharynx vers les voies nasales. Par suite, au moment où les trompes sont rendues ainsi perméables à l'air, la seule voie d'entrée de l'air extérieur est la narine correspondante. Mais les deux surfaces de 2 centimètres presque, accolées, qui se détachent brusquement l'une de l'autre, en produisant un léger claquement caractéristique (otoscopie), causent par là même, *ipso facto*, une légère aspiration sur la caisse; c'est ce qu'indiquent les tracés graphiques; au premier instant, un petit crochet au-dessous de la ligne des *x* annonce le décollement des surfaces et parois tubaires; c'est-à-dire que le tympan est légèrement aspiré vers le dedans dans ce premier temps.

En fermant la narine (seule voie d'entrée de l'air, au moment où l'on avale), le crochet s'exagère sur le tracé, c'est-à-dire que le tympan subit une aspiration plus accusée et se déprime fortement vers la caisse; en effet, s'il y a perforation du tympan et si on introduit un liquide dans la cavité otique, celui-ci disparaît aussitôt, aspiré instantanément (POLITZER, URBANTSCHITSCH, GELLÉ). L'aspiration du début (1er temps) est donc accrue par l'occlusion de la narine : or c'est ce que font les affections nasales avec sténose. Nous allons voir quelle est l'importance de cette notion.

Mais voici le dégagement des deux parois accompli; la voie tubaire est libre; l'air pénétrerait par le fait de la pression atmosphérique. Or c'est par l'effet des différences entre la pression aérienne intra-tympanique et celle du dehors que cette pénétration a lieu vers la cavité de l'oreille moyenne. Le bruit, causé par l'arrivée de l'air dans un espace où la tension est plus faible, est d'autant plus intense que le vide est plus complet (otoscopie). En même temps que l'air arrive dans la caisse, le tym-

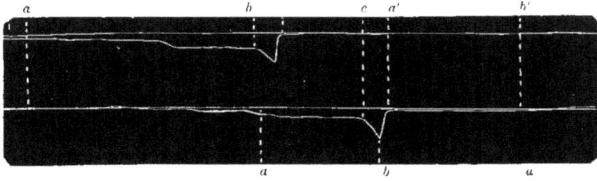

Fig. 82. — Tracés des mouvements du tympan (amplifiés) pendant la déglutition et l'épreuve de Valsalva.

a, par l'épreuve de Valsalva. — b, pendant la déglutition simple. — c, pendant la déglutition, le nez pincé. — a', par la douche d'air. — b', par la déglutition après l'épreuve de Valsalva.

pan, qui a été, comme je l'ai dit, légèrement attiré en dedans, se porte en dehors, revient à sa position d'équilibre par une oscillation en retour très nettement indiquée sur le tracé, et qui se manifeste à l'examen *de visu* et par l'otoscopie (bruit de claquement tympanique et oscillation du triangle lumineux).

Poirier (*Traité d'anat. méd. chirurgicale.* 1er fasc., p. 202) n'accorde pas à l'élasticité du tympan un rôle dans cette aération de la caisse : c'est l'air qui refoule le tympan, et

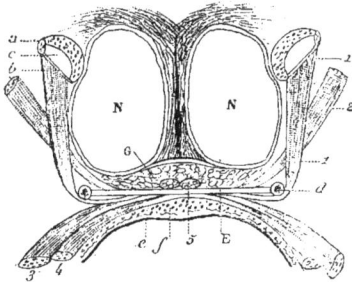

Fig. 83. — Muscles tubaires et du voile du palais (schéma).

a, coupe du cartilage de la trompe. — *b*, sa paroi fibreuse, externe. — *c*, sa cavité, au niveau du pavillon. — *d*, crochet de l'apophyse ptérygoïde. — E, aponévrose du voile du palais. — *f*, couche glanduleuse sous-muqueuse, inférieure. — *g*, couche glanduleuse supérieure. — N, orifices postérieurs des fosses nasales. — 1, muscle péristaphylin externe. — 2, muscle péristaphylin interne. — 3, muscle staphylo-pharyngien. — 5, muscles palato-staphylins.

non le tympan excavé qui aide à l'introduction de celui-ci par son retour élastique à sa position normale, d'où la légère aspiration première l'avait écarté. Me basant sur l'étude des tracés graphiques des mouvements de la cloison tympanique pendant l'acte de la déglutition, de plus sur l'inspection de la membrane et du manomètre, je crois devoir maintenir mon opinion, sur l'existence de l'aspiration notée au début de la déglutition. Elle reçoit encore une confirmation sérieuse de l'analyse de ce qui se passe dans le cas de relâchement du tympan, à la suite d'affections otiques. En effet, en pareil cas on constate que le tympan, son élasticité perdue, obéit passivement à cette aspiration par laquelle débute l'ouverture de la trompe, et reste déprimé, excavé, enfoncé. N'est-ce pas pour obvier à cette suite inévitable que le médecin ordonne alors l'aération méthodique de la caisse tympanique par l'insufflation d'air ?

L'aération de l'oreille moyenne rétablit à chaque instant l'équilibre entre les tensions intérieures et celle de l'atmosphère. A ce propos, il est opportun de rappeler que le labyrinthe subit complètement l'effet de ces oscillations de pression et qu'il peut souffrir autant de leur excès que de leur défaut. Nous avons déjà dit qu'un individu soumis dans une chambre pneumatique à des pressions aériennes élevées, éprouve à l'oreille une douleur aiguë, que l'acte d'avaler soulage aussitôt, en rétablissant l'égalité de pression au dedans et au dehors de l'organe. La perméabilité de la trompe apparaît dès lors comme indispensable; cependant il faut encore une autre condition : la perméabilité des voies nasales; leur obstruction est en effet pleine de périls pour l'audition, parce qu'elle gêne ou annule la circulation de l'air. Quelques auteurs ont observé des oscillations du tympan liées aux mouvements de la respiration. Il s'agit là de cas pathologiques. Politzer a constaté la possibilité d'entendre par la trompe, et Bing a cherché à utiliser cette voie en otologie : il est certain qu'on perçoit bien un bruit continu ; par exemple, celui d'une cascade, les deux oreilles hermétiquement closes, dans le moment où la trompe s'ouvre en avalant (Gellé).

La muqueuse de la trompe d'Eustache est tapissée d'une couche de cellules cylindriques vibratiles, de cellules caliciformes (Cornil, Gellé) et des glandes acineuses en grand nombre versent à la surface un mucus clair abondant, indispensable aux glissements et déplissements si répétés des parties.

Après la dilatation active de la trompe, le retour au contact des deux parois se produit aussitôt, grâce à l'élasticité du tissu, mais aussi par suite d'une disposition curieuse du cartilage tubaire ; au niveau de son bord supérieur il fait un crochet, que les coupes transversales montrent très manifeste (Rüdinger, de Trœltsch, Zuckerhandl, etc.) ; ce crochet récliné reçoit l'attache de la paroi membraneuse, c'est-à-dire du muscle péristaphylin externe, et son élasticité assure le rappel automatique de celle-ci au contact du cartilage (Urbantschitsch, Schwalbe).

A

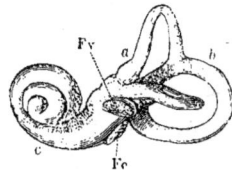

Fig. 81. — Labyrinthe osseux.
Fv, fenêtre ovale ou vestibulaire. — Fc, fenêtre ronde ou cochléaire. — a, vestibule et recevour vestibulé. — b, canaux semi-circulaires. — c, limaçon.

Le pavillon tubaire est doué d'une grande sensibilité qu'il reçoit de la vᵉ paire.

La muqueuse de la trompe est animée par un long filet nerveux né du nerf de Jacobson ; la portion gutturale reçoit du ganglion sphéno-palatin (2ᵉ branche du trijumeau) ; souvent les attouchements du pavillon et de la muqueuse à son pourtour sont l'origine de réflexes éloignés ; tels, la raucité de la voix, l'aphonie, la douleur constante au niveau de la corne de l'os hyoïde dans le cathétérisme, et le larmoiement unilatéral ; de même les efforts de déglutition, ou de vomissement ; ce sont les preuves de relations intimes, par le plexus tympanique, avec la viiᵉ paire, le pneumogastrique, le spinal, et le glossopharyngien.

Des expériences de Vulpian il résultait que le rôle attribué au facial dans la paralysie du voile du palais était trop exclusif, et que le nerf spinal devait être regardé comme tenant jusqu'à un certain point sous sa dépendance la tension et l'élévation de cet organe. Livon a étudié plus récemment la question ; et il ressort de ses expériences que le spinal actionne réellement les deux muscles péristaphylins, l'externe, le tenseur surtout, et que le nerf pneumogastrique animerait par contre les spharyngo-staphylins et les palato-staphylins (Livon, Médecine moderne, 7 juillet 1894).

Comme la salivation commande l'acte de la déglutition, autant que celle-ci l'aération de la cavité auriculaire, il serait très intéressant de connaître quel est le point de départ de cette excitation sécrétoire initiale ; il y a là une sécrétion, intermittente comme celle des larmes, facilitant et amenant le phénomène du clignement. Est-ce le plexus pharyngien qui transmet au sensorium la sensation de sécheresse de la muqueuse et ainsi provoquerait le réflexe salivaire ? Ou bien la salive coulant d'une façon continue remplit à un moment donné la cavité buccale, et provoque, comme le bol alimentaire, le besoin de la déglutition ; en effet, le phénomène se multiplie quand la salivation se fait plus abondante.

IV. Oreille interne. — Labyrinthe. — L'oreille interne comprend une suite de cavités osseuses contenues dans le rocher, communiquant entre elles, et remplies de liquide. Cette situation au centre du rocher, cet isolement dans la profondeur doivent attirer l'attention. La solidité, l'épaisseur des parois osseuses inextensibles, montrent que là s'arrête tout mouvement, et que toute pression sera ressentie dans la cavité close. La platine de l'étrier transmet au liquide inclus les vibrations de l'appareil de transmission tympanique ; ainsi s'accomplit la propagation à la dernière section de l'oreille, où siège la partie sensible des ondes vibratoires venues de l'air extérieur.

A ce niveau, les vibrations, de solidiennes qu'elles sont, à leur passage par l'étrier deviennent liquidiennes, ainsi que nous l'avons déjà dit : or les liquides ont des propriétés de conduire les vibrations particulières; ils en propagent le courant dans tous les sens.

Le liquide répandu dans les cavités labyrinthiques, largement ouvertes les unes dans les autres, sert de véhicule au courant vibratoire dans l'oreille interne. et transmet les vibrations et les pressions dans toutes ses parties. Le nerf acoustique, épanoui sur les diverses membranes du labyrinthe, ne peut être touché que par les vibrations qui agitent ce liquide conducteur; ainsi toutes les excitations des filets de ce nerf spécial viennent de lui, et naissent de ses vibrations et de ses mouvements. La mobilité et l'élasticité des fenêtres ovale et ronde, rendent possibles ces mouvements ondulatoires de la masse liquide intra-labyrinthique et pallient l'effet des pressions subies.

Le courant vibratoire pénètre par la fenêtre ovale: il se propage aussitôt dans le vestibule, cavité centrale du labyrinthe, qui contient l'utricule et le saccule; de là il envahit le limaçon la rampe sensorielle ou vestibulaire, et les canaux semi-circulaires; enfin il s'écoule par la rampe tympanique de la cochlée et sort par la fenêtre ronde; tel est le circuit de l'onde à travers les cavités de l'oreille interne.

Dans chacune des cavités osseuses, on trouve plusieurs appareils membraneux; les uns vésiculaires, les autres cylindriques, extrêmement délicats, qui baignent dans la périlymphe et sont remplis d'un liquide analogue, endolymphe Bresset); et auxquels aboussent les pinceaux nerveux des divisions de auditif.

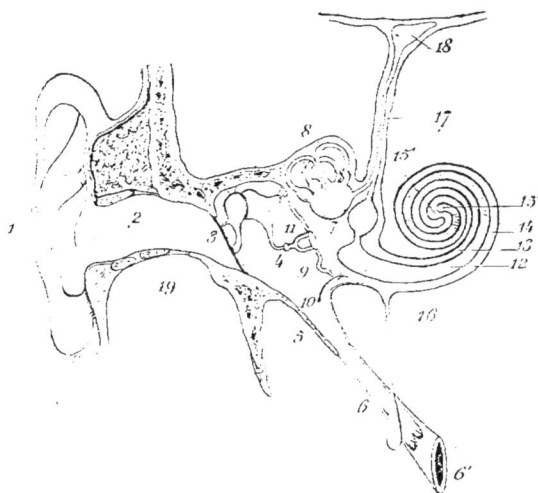

Fig. 85. — Oreille interne; *canaux et sac* endolymphatiques. Diagramme de l'organe auditif de l'homme d'après Debierre).

1. pavillon de l'oreille. — 2. conduit auditif externe. — 3. membrane du tympan coupée verticalement. — 4. étrier: sa base. dans la fenêtre ovale, fait paroi du vestibule. 7. — 5, portion osseuse de la trompe d'Eustache. — 6. portion cartilagineuse; et 6' pavillon tubaire ou son orifice guttural. — 8. canaux semi-circulaires. et utricule. — 9. promontoire. — 10, fenêtre ronde: orifice tympanique du limaçon. indiqué par une flèche. — 11, caisse du tympan. — 12. canal cochléaire uni au saccule dans le vestibule par un canal. — 13. rampe vestibulaire. — 14. rampe tympanique aboutissant à la fenêtre ronde. — 15. sommet du canal cochléaire, où les deux rampes communiquent, en 15. — 16. aqueduc du limaçon. — 17, aqueduc du vestibule. — 18, sac endolymphatique. — 19. parotide.

La pluralité des cavités et des appareils inclus dans l'oreille interne, et des divisions l'acoustique fait supposer des fonctions particulières réservées à chacune des parties labyrinthe membraneux.

Nous allons étudier successivement les fonctions du vestibule. des canaux semi-circulaires et du limaçon.

A. Vestibule. Utricule. Saccule. — Dans cette cavité centrale sur laquelle ouvre la fenêtre ovale et dont la base de l'étrier ou platine fait une partie de la roi, se trouvent au milieu de la périlymphe deux vésicules, l'utricule et le saccule.

Toutes deux adhèrent à l'os par un point, celui où les rameaux nerveux de l'auditif pénètrent; elles communiquent par un fin canal.

Chacune d'elles est remplie de liquide endolymphe); et leur paroi présente, au eau du pinceau nerveux, une partie épaissie, la *tache auditive*. Celle-ci est constituée par une base épaisse sur laquelle se trouve une couche de cellules, ciliées et fusiformes, cellules auditives spécifiques qui couvrent les plexus nerveux terminaux des nerfs vestibulaires. A leur niveau on remarque une poussière blanche, l'otoconie, ou sable auditif, constituée par des cristaux de carbonate de chaux retenus par une trame fine conjonctive.

Le rôle de l'otoconie est encore discuté. D'après HELMHOLTZ, ces cristaux prolongent la durée de l'excitation des extrémités nerveuses saillantes sur les plateaux de cellules ciliées; ils la renforcent, pour J. MULLER et A. SIEBOLD. WALDEYER et P. MEYER veulent qu'ils amortissent et étouffent les vibrations.

RANKE, BÉCLARD, admettent cette dernière opinion.

Le courant vibratoire les secoue, les soulève; ainsi les cristaux agités s'éparpillent et augmentent la surface des points excités de la tache auditive; peut-être leur petite masse contribue-t-elle aussi à supprimer les vibrations consécutives. Leur intime rapport avec les parties sensibles tend à leur attribuer un rôle utile sur les points où se perçoivent les chocs de l'onde liquide et les changements de la tension intérieure.

Quelle est dans l'audition la fonction de l'utricule, et quelle est celle du saccule? Quelle sensation naît de l'excitation des taches auditives, à peu près identiques dans l'utricule et le saccule?

Ces deux organes délicats, centraux, sont presque en contact avec la platine de l'étrier, et reçoivent à travers une mince couche de liquide périlymphique les premières impressions du courant ondulatoire.

Peut-être sont-elles ainsi le point de départ de la sensation sonore d'éveil, d'accommodation, de défense de l'appareil; de celle qui provoque l'attention, la recherche, etc.; sensation vague de son indistinct, de bruit: c'est le rôle que leur attribue HELMHOLTZ:

« L'analyse de la sensation ne serait faite qu'au moyen des autres parties qui apportent une plus grande somme de vibrations et de sensations, d'après lesquelles nous prendrons conscience et nous analyserons le phénomène sonore; mais du premier coup c'est le son, la vibration d'un corps à distance et la présence de ce corps qui sont ainsi annoncés; et c'est l'intensité surtout qui frappe. C'est là une sensation générale non analysée encore, mais suffisante pour une sorte de : Garde à vous! » M. DUVAL expose la même opinion (*Traité de physiologie*). Pour lui les nerfs vestibulaires nous fournissent la notion de l'intensité des sons.

On ne sera pas étonné dès lors de voir que ces deux vésicules vestibulaires soient, de toutes les parties de l'oreille interne, celles que l'on trouve les plus constantes dans la série animale. C'est par une vésicule que se manifestent les premiers linéaments d'un appareil auditif chez les méduses. Une vésicule contenant un otolithe, des cellules ciliées, et à laquelle aboutit un filet nerveux : c'est l'oreille à sa première apparition (*Aurelia aurita, Phialidium*, etc.).

Dans les dispositions générales de la structure de l'oreille interne, on voit que toutes tendent à éviter les contacts et les pressions extérieures, excepté en un point : un seul point de la paroi s'ouvre sur le monde extérieur. Comme toutes les parties incluses dans la cavité osseuse labyrinthique, les organes vestibulaires doivent être influencés, être sensibles aux variations de la tension intérieure de ces cavités, à la pression variable que l'étrier exerce nécessairement, de même aussi aux accidents de la circulation sanguine et lymphatique facilités par l'inextensibilité des parois.

J'ai dit que l'oreille interne pourrait être comparée à une sorte de manomètre de la pression sanguine; ce n'est point là une vue théorique; la clinique nous montre, en effet, que des troubles nerveux, dépendant du labyrinthe, naissent des pressions accidentellement accrues dans les maladies qui font obstacle au courant circulatoire (Cardiopathies, etc.), et dans celles où la tension sanguine s'accroît démesurément (Artériosclérose. Les excès de pression de l'étrier agissent de même; de même, sans doute, ceux de la tension intra-cranienne par leur extension aux voies périlymphatiques auriculaires (Voyez *Liquide labyrinthique*).

Cette sensibilité de l'oreille interne à la pression en fait une source de notions sur la tension vasculaire générale, dans l'effort, sur la tension intra-cranienne, sur la tension intra-labyrinthique, fonctionnelle ou pathologique. Il est probable que, par action réflexe, ces sensations labyrinthiques provoquent les accommodations utiles en excitant certains centres nerveux ; le choc vibratoire est la principale de ces excitations. L'utricule et le saccule paraissent être les parties fondamentales de l'organe sensible ; les autres segments du labyrinthe membraneux sont des appareils de perfectionnement en rapport avec d'autres besoins fonctionnels plus élevés. FLOURENS a pu détruire les filets nerveux qui se rendent aux autres parties du labyrinthe sans anéantir l'audition, tant que les rameaux vestibulaires du saccule et l'utricule restaient intacts.

Le limaçon peut disparaître, ainsi que l'ont observé bien des médecins otologistes (VALSALVA, MOOS, LUCAE, GUYE, etc.) sans que l'audition disparaisse. Les canaux semi-circulaires membraneux ont été détruits de même sans nuire à la fonction principale.

J'ai pu, au cours de recherches sur le limaçon, le détruire par le broiement sans provoquer la surdité des cobayes ; celle-ci n'apparaissait que par suite du travail inflammatoire consécutif au traumatisme ; et, en ce cas, je trouvais le vestibule envahi et altéré (GELLÉ, *Des fonctions du limaçon. Études d'otologie*, t. I, 1880).

Les taches auditives de l'utricule et du saccule reçoivent chacune un nerf particulier : de sorte que, si toutes les deux sont frappées par la même excitation, vibration, ou pression du liquide inclus, il en résulte deux notions distinctes transmises à des centres nerveux sans doute séparés.

D'ailleurs on doit aussi remarquer les rapports différents de chaque vésicule avec les autres parties du labyrinthe membraneux. Le saccule s'abouche avec le canal spiral du limaçon (rampe sensorielle) et l'utricule reçoit les trois canaux semi-circulaires ; on peut croire que, dès l'apparition des deux vésicules, deux sortes d'excitations et de notions peuvent naître des impressions sonores, et d'autres qu'on peut *a priori* juger analogues à celles que fournissent les ampoules des canaux semi-circulaires, c'est-à-dire qu'elles ont rapport aux mouvements.

Au point de vue de la sensibilité générale, le labyrinthe membraneux relève de la Ve paire et c'est elle aussi qui y manifeste son action trophique ; nous verrons plus loin combien sont étroits les rapports de l'acoustique et du trijumeau à leur origine bulbaire.

B. Limaçon ; rampe sensorielle. Organe de Corti. Cellules auditives. —

Nous ne donnerons ici que l'anatomie indispensable pour comprendre les opinions émises sur la fonction de la cochlée dans l'audition.

Le limaçon s'ouvre dans la partie antérieure du vestibule, par sa rampe sensorielle, dite vestibulaire.

C'est un cône creux contourné en hélice autour d'un cône 'solide ; il est intérieurement partagé en deux rampes par la lame osseuse spirale et la membrane basilaire qui la prolonge jusqu'à la paroi externe : la rampe vestibulaire et la rampe tympanique qui aboutit à la fenêtre ronde. La périlymphe remplit la rampe tympanique totalement et la vestibulaire au-dessus du canal spiral. Celui-ci est une émanation du saccule, couvre la lame spirale et la basilaire : il contient les organes de CORTI, les cellules auditives spécifiques et les extrémités des plexus nerveux terminaux de l'acoustique.

Ce nerf monte dans l'intérieur du cône solide et se divise dans la lame spirale qui conduit les filets nerveux et les vaisseaux aux cellules de la crête acoustique, portée sur les arcs de CORTI.

La partie importante de la cochlée est cette papille spirale, comme l'appelle HUSCHKE, organe de CORTI, crête acoustique, pour les auteurs, contenue dans le canal spiral. Ce canal membraneux, sorte de rampe moyenne située entre les deux autres, et mouillé par la périlymphe sur les deux faces, contient de l'endolymphe au contact des éléments cellulaires étagés sur l'arcade de CORTI.

On compte sur cette saillie ou crête acoustique du canal spiral quatre rangées de cellules cylindriques ciliées, dont les plateaux se touchent comme un carrelage ; à ces cellules auditives spécifiques aboutissent les cylindres-axes de l'auditif, sortis du bord libre de la lame spirale au-dessus de la basilaire.

L'arcade de CORTI est constituée par une série de piliers élastiques formant une voûte au-dessus de la membrane basilaire en s'arc-boutant par les sommets ; on en a compté 3000 et plus.

Ce système élève la papille au-dessus de la membrane basilaire et de la striée.

Au dessus de la crête flotte la membrane de CORTI, au contact des éléments ciliés et nerveux des plateaux de cellules auditives.

La partie externe de la membrane basilaire, qui partage la cochlée en deux rampes, est d'aspect strié, et formée de fibres radiées, rayonnantes, tendues et inextensibles, unies dans une trame cellulaire. HELMHOLTZ, dans sa théorie, fait jouer un rôle principal aux vibrations de ces fibres radiées de la basilaire dans la transmission des ébranlements aux filets nerveux de l'acoustique. Leur largeur s'accroît en effet de la base au sommet du limaçon. A un point de vue général, ce qui frappe dans cette structure d'apparence compliquée, c'est la simplicité des éléments, identiques de forme et de constitution; leurs limites bien précises, la régularité des dispositions, la saillie nette et

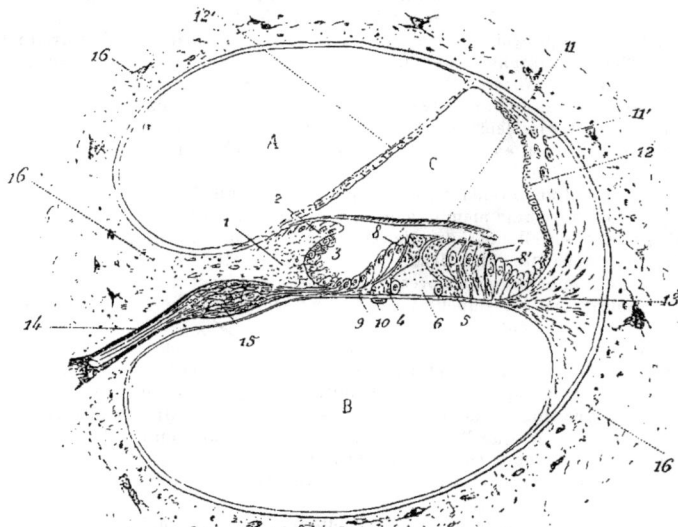

FIG. 86. — Organe de CORTI. Coupe du limaçon.

A, rampe vestibulaire. — B, rampe tympanique. — C, canal cochléaire. — 1, lame spirale. — 2, protubérance de HÜSCHKE et dents de la première rangée; insertion de la membrane de REISNER, en haut, et de la membrane de Corti au-dessous. — 3, sillon spiral interne. — 4, pilier interne, et 5. pilier externe de l'organe de CORTI (arcades, tunnel de CORTI, 6). — 7, cellules ciliées internes. — 8, cellules ciliées externes. — 8′ cellules de soutien. — 9, membrane basilaire. — 10, vaisseau spiral. — 11. membrane de CORTI. — 11′. vaisseaux de la zone vasculaire du ligament spiral. — 12. crête spirale. — 13, ligament spiral. — 14. nerf cochléaire dans les canaux de la lame spirale, et 15, ganglion spiral ou de ROSENTHAL; d'où partent les filets nerveux qui se rendent aux plexus et aux cellules sensorielles étagées sur l'arcade de CORTI. — 16, lame des contours et rocher qui contient l'organe.

mobile de la crête sensorielle ainsi composée, la multiplicité des éléments sensitifs de type unique, l'élasticité des arcades de CORTI, et le parfait isolement de l'ensemble au milieu du liquide des deux rampes, qui communiquent au sommet du limaçon.

La disposition en hélice permet, sous un petit volume, un grand développement et surface, où trouve place l'immense clavier spiral auquel on a comparé l'organe cochléen.

D'après cette disposition structurale, le limaçon, organe de perfectionnement, apparu tard dans la série animale, présente à l'excitation des chocs vibratoires, que nous savons multipliés à l'infini, une multitude d'éléments sensitifs étalés, s'offrant au contact du courant sonore, et capables de vibrations simultanées ou successives, simples ou pendulaires ou complexes, graves ou aiguës, lentes, rapides, avec les sons fondamentaux et leurs harmoniques, etc.

C'est un instrument chargé de la récolte, non du bruit, mais des bruits, des ondes quelconques dont la réception est assurée, quel que soit leur nombre. C'est pourquoi on en a fait l'organe de la musique, oubliant qu'il ne peut être qu'un instrument dont le jeu s'apprend ailleurs. A ce point de vue le limaçon est sans doute le point de départ de l'analyse des sons, de leurs associations, de leur formation en groupes simples; ce n'est point l'organe qui perçoit le rythme ni la cadence, notions d'ordre déjà plus musculaire, si l'on peut ainsi dire.

On ne s'étonnera pas que cet organe n'existe bien développé que chez les mammifères, qu'il soit à peu près nul chez les reptiles, chétif chez l'oiseau, même chez les chanteurs; et nul chez les poissons.

Comment HELMHOLTZ *explique-t-il l'action des vibrations sur les éléments sensitifs de la cochlée?*

Le grand physicien pense que c'est par les vibrations des fibres radiées (cordes de HENSEN, de NUEL) que l'ébranlement est porté aux extrémités nerveuses. Il remarque que ces fibres tendues peuvent vibrer isolément; que leur grandeur va croissant de la base du cône au sommet et qu'elles ont un rapport étroit avec le pilier externe des arcs de CORTI. WALDEYER a calculé qu'il y en a 3000, et RETZIUS 4000; WEBER et BERNSTEIN ont montré le nombre de tons dont une semblable disposition permet l'accès.

Après la découverte des arcs de CORTI, on lui avait tout d'abord attribué le rôle principal; mais HENSEN, et d'autres, ayant observé que ces organes manquent dans le limaçon des oiseaux, cette idée a été abandonnée. C'est aux cordes de NUEL que la transmission est dévolue; et HELMHOLTZ professe que ces fibres radiées, tendues, inégales, vibrent chacune pour un ton pour lequel elles sont accordées; à la suite tout le système est ébranlé.

C'est la théorie généralement admise aujourd'hui, grâce à l'autorité du grand physiologiste allemand.

Dès 1888, et même auparavant, dans mes leçons de 1876 à 1882, j'ai émis une autre opinion. Pour moi, la propagation des vibrations se fait par le liquide inclus; elles circulent dans les rampes et frappent les éléments cellulaires ciliés à leur passage au-dessus de la crête acoustique saillante.

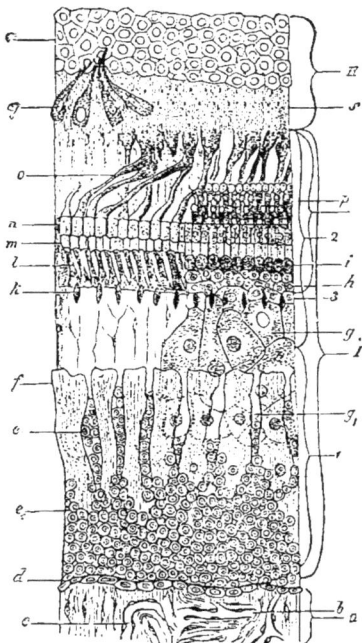

FIG. 87. — Organes de CORTI: vus du côté de la rampe vestibulaire (d'après WALDEYER).

1. zone denticulée de CORTI. — 2. zone pectinée (TODD. BOWMAN). — 3. organe de CORTI. — *a*. portion de la lame spirale. — *d*. ligne d'insertion de la membrane de REISNER enlevée. — *e* épithélium de la protubérance spirale interne. — *f*. dents de la première rangée, avec les sillons intermédiaires. — *g. g'*. épithélium du sillon spiral interne. — *h*. cellules épithéliales internes, en dedans de l'organe de CORTI. — *k*. zone perforée (KÖLLIKER), trous à travers lesquels les nerfs arrivent aux cellules sensorielles, au-dessus de la membrane basilaire. — *i*. rangée de cellules cylindriques, ciliées internes, au-dessous on voit : — *l*. les piliers internes de l'arcade de CORTI. — *m*. leurs têtes, au sommet de l'arcade formée par leur contact avec : *n* les têtes des piliers externes. *o*. — *p*. cellules ciliées externes, en trois rangs parallèles, supportées par les piliers externes. — *q*. piliers externes déplacés dans la préparation. — *s*. épithélium qui couvre la membrane striée en dehors des piliers, enlevé pour montrer les points d'attache des cellules ciliées auditives externes.

Le choc est celui des ondes liquides; et c'est leur action directe sur les plateaux ciliés qui donne lieu à la sensation. Les cils qui forment un champ mobile à la surface de la crête, baignant dans le liquide endolymphique, en suivent le mouvement vibratoire que les ondulations de la membrane de CORTI accroissent sans doute: ainsi se fait l'excitation, à mon avis.

La comparaison des fibres radiées à des cordes (Nuel) et de l'organe de Corti à un clavier, vient naturellement à l'esprit, et leur longueur graduellement croissante, de la base auprès de la fenêtre ovale, au sommet du cône cochléen, semble confirmer cette opinion. Cependant il faut voir les choses dans leurs proportions; il semble de prime abord difficile d'admettre que ces fibres radiées, capables de vibrer pour les tons graves ou aigus suivant leur situation, mais qui n'offrent qu'une longueur de 1/20 de millimètre au plus à la base de la cochlée, et au sommet 1/2 millimètre au maximum, puissent vibrer à l'unisson des sons de longueurs d'ondes considérables.

J'ajoute que la structure même de l'appareil de Corti s'oppose à l'admission de ce rôle pour les fibres radiées.

En effet, il est démontré que plusieurs fibres radiées se rendent au même pilier externe de l'arcade de Corti; de plus, on est frappé de la distance qui sépare la fibre radiée et les plexus nerveux associés aux éléments cellulaires, terminaisons des nerfs auditifs. Bien au contraire, le contact par le courant vibratoire liquidien est facile et direct, la crête faisant saillie dans la rampe vestibulaire et s'offrant aux chocs des ondes. Pour Waldeyer et P. Meyer, la fonction auditive appartiendrait aux crins des cellules auditives; mais n'est-il pas bien exagéré de comparer ces éléments microscopiques criniformes, au point de vue de leur rigidité, à « des barres d'acier »? J'y vois, pour ma part, surtout combien, délicatesse à part, les formations organiques, auditives, sont analogues à celles des appareils du tact. Certaines autopsies, il faut le dire, ont cependant paru confirmer la théorie d'Helmholtz en montrant des lésions limitées à la base de la cochlée coïncidant avec la perte de l'audition des sons aigus (Politzer, Guye, Schwartze, Moos). Depuis la publication de ma théorie exclusivement liquidienne du conflit des ondes et des organes sensibles auditifs, je l'ai vue acceptée, professée par E. Gley, et admise par Bonnier dans son excellente thèse (Du sens auriculaire de l'espace, 1890). Hensen a voulu trop prouver quand il a cru voir une démonstration du rôle des fibres radiées d'après l'ébranlement des cils des Mysis par certains courants sonores. Helmholtz et Bernstein ont cependant utilisé l'argument dans l'intérêt de leur théorie. Plus récemment, A. B. Waller a discuté le rôle de la membrane basilaire dans l'excitation auditive (auditory excitation); il rappelle qu'Helmholtz a fait de cette membrane un clavier de piano; que Rochefort au contraire l'assimila et la compara à une membrane de téléphone reproduisant tels quels les sons que le tympan a propagés. On voit que les idées de Hensen et Baginsky se trouvent appuyées par cet auteur, qui les adopte. Pour lui la membrane basilaire est un tympan interne, supportant la papille de cellules ciliées spécifiques qui se trouvent excitées par la pression qu'elles subissent de la membrane tectoria (Proceeding of the physiol. Society, juin 1891), analysé par Dastre (R. S. M.).

On voit là une variante de la théorie d'Helmholtz, et une explication du rôle de la membrane de Corti.

Au surplus, rappelons-nous qu'en définitive Helmholtz conclut qu'il y a lieu d'admettre l'énergie spécifique de chaque fibre de l'acoustique, l'individualité de chacune d'elles; ce qui conduit à rendre au cerveau la formation des sensations particulières, celles des tons comme les autres et enlève à ces a priori minutieux beaucoup de leur intérêt.

On ne s'était point encore préoccupé de la forme conique du limaçon osseux, et l'on ne s'est pas jusqu'ici demandé le pourquoi de cette forme; cependant l'opposition si nette qui se montre entre la cochlée et les canaux semi-circulaires indique qu'ils répondent à des conditions différentes de l'action du courant vibratoire sur les éléments sensoriels.

J'ai cherché à élucider ce point délicat (j'ai publié ce travail et les expériences qui lui servent de base, dans mes Études d'otologie (1881-88), et B. B. (1878). J'ai trouvé que la forme du contenant n'est pas indifférente à la fonction; qu'il en résulte dans la circulation du courant sonore des changements très intéressants à connaître.

La distribution des éléments sensoriels sur la membrane basilaire au milieu d'un cône plein de liquide ajoute des propriétés nouvelles et modifie la transmission; cela avantage l'une des cavités coniques ainsi formées aux dépens de l'autre. J'ai pu constater, en effet, que cette forme biconique (deux cônes parallèles séparés par la lame spirale et l'organe sensoriel) concentre les vibrations venues de la platine de l'étrier dans la rampe vestibulaire ou sensorielle, de telle sorte qu'elles sont moindres dans la rampe tympanique, et que la plus légère pression de l'osselet éteint le courant dans ce deuxième cône. Quand l'étrier est repoussé en dedans, la fenêtre ronde se tend, et la rampe tympanique devient silencieuse et close.

Le limaçon, apparu tard dans la constitution des êtres, est un organe de perfectionnement : il répond à une fonction auditive plus délicate, supérieure, en rapport avec le développement cérébral plus parfait des organismes ; il fournit des notions multiples, complexes ; il étend l'horizon des connaissances sur les propriétés du milieu et sur les mouvements moléculaires des corps ; il apporte au moi un ordre de sensations nouvelles, voisines du toucher, mais bien plus subtiles, puisqu'on a dit que c'est un toucher à distance.

La cochlée n'est donc pas indispensable à la perception du phénomène simple de la sensation sonore, mais elle est l'instrument délicat de son analyse chez les êtres supérieurs. On a constaté qu'elle peut disparaître ou être détruite par la maladie sans que la surdité suive. Les observations de LUCAE, POLITZER, SCHWARTZE, MOOS, etc., ne laissent aucun doute à cet égard.

D'autre part, dans mes recherches sur les fonctions du limaçon, j'ai observé qu'à la suite du broiement, de la dilacération du limaçon chez le cobaye, où les dispositions anatomiques le montrent bien isolé et très abordable, il ne se produit pas de surdité immédiate ; celle-ci n'apparaît que du huitième au douzième jour de l'opération, par suite de l'envahissement du vestibule par le travail inflammatoire consécutif au traumatisme (GELLÉ, Études d'otologie, 1880, t. I, p. 313 et t. II).

La sensibilité acoustique persistetant que les organes vestibulaires fonctionnent.

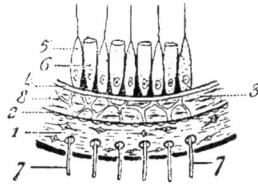

FIG. 88. — Schéma de la structure des taches et des crêtes acoustiques.

1, paroi du vestibule osseux ; coupe au niveau de la tache criblée. — 2, périoste interne. — 3, paroi du vestibule membraneux. — 4, membrane basale. — 5, cellules ciliées. — 6, cellules de soutien. — 7, filet du nerf vestibulaire. — 8, plexus nerveux.

Ces expériences sur le limaçon des cobayes, que je viens de rappeler, ont établi un point de physiologie très important. On devait en effet se demander si cet organe ne possède que la sensibilité auditive, s'il ne peut être le point de départ d'autres excitations directes que celles qui intéressent l'ouïe.

Je crois pouvoir conclure de mes expériences que, en réalité, la cochlée n'en possède point d'autres. En effet, elles établissent clairement que les blessures de cette partie de l'oreille interne (isolément touchée chez le cobaye) n'entraînent à leur suite aucun trouble de l'équilibration et ne provoquent aucune excitation motrice, et rien qui rappelle les désordres des mouvements et de la stabilité que l'on observe à la suite des lésions des canaux semi-circulaires. Le cobaye opéré se comporte comme tous les autres, va, vient, mange à l'ordinaire.

Ainsi le nerf cochléen est un nerf sensoriel ; par suite, une autre conclusion peut se tirer des résultats expérimentaux précédents, c'est qu'il faut abandonner la théorie du vertige auditif, en ce qui touche au moins l'explication des effets des lésions des canaux semi-circulaires, les blessures de la partie sensorielle du nerf auditif ne provoquant aucun réflexe moteur.

Le vertige auditif, né de sensations auditives, est cérébral.

C. Canaux semi-circulaires. — L'apparition précoce des canaux semi-circulaires dans la série zoologique, bien avant que le limaçon ne soit distinct, montre l'importance de ces organes auditifs et indique que leur fonction est d'un ordre plus général, différent, c'est-à-dire moins spécialisé. La fonction auditive est, par suite du développement, sortie de la fonction plus générale du toucher ; sans doute les premiers appareils de l'organe de l'ouïe sont déjà différenciés pour recevoir les vibrations des corps ; mais ils sont encore bien près du premier état de sensibilité à la pression, au choc, notion d'ordre plus général et utile à tous les animaux libres de leurs mouvements.

On trouve les canaux demi-circulaires chez la lamproie, les myxines, et ils sont très développés chez les poissons : chez ceux-ci les rapports du labyrinthe avec la vessie natatoire sont des plus curieux au point de vue de l'appropriation de l'organe au milieu.

Les canaux semi-circulaires gardent dans toute l'échelle des vertébrés la même disposition immuable et caractéristique, suivant trois plans qui rappellent les trois dimensions de l'espace. Chaque oreille possède trois canaux osseux contenant chacun un canal membraneux qui présente une extrémité dilatée en ampoule dans laquelle se jette le nerf ampullaire. Il y a autant de branches ampullaires que de canaux. Partout les canaux semi-circulaires membraneux baignent dans le liquide péri-lymphique du labyrinthe; et c'est de ce liquide que proviennent les excitations des extrémités nerveuses. Celles-ci, en effet, se rendent aux cellules ciliées auditives spécifiques étalées sur les crêtes auditives saillantes dans les ampoules et mouillées par l'endolymphe.

Si les lésions expérimentales du nerf cochléen ne causent aucune réaction motrice, il n'en est plus de même de celles que l'on fait subir aux canaux demi-circulaires. FLOURENS (1828-1842) a montré qu'il en résulte au contraire une incoordination motrice remarquable et des troubles de l'équilibre : ces organes ont donc des fonctions bien distinctes. On voit combien s'accentuent la différenciation des fonctions de l'acoustique et la dualité de ses fibres d'origine; c'est la première conclusion des travaux de FLOURENS. Suivant le canal semi-circulaire blessé, le pigeon offre des mouvements dans une direction sensiblement différente au milieu du désordre général. L'illustre physiologiste conclut que ces organes sont doués d'une fonction modératrice des mouvements et que l'ataxie post-opératoire résulte des troubles apportés à cette fonction. Mais, au point de vue de l'audition et de son organe, comment a lieu l'excitation des crêtes acoustiques des ampoules et à quoi aboutissent physiologiquement ces excitations et les notions qu'elles fournissent aux centres nerveux?

Ici se présente une foule d'interprétations et d'explications.

Nous avons dit que l'excitant physiologique de la crête ampullaire est la vibration du liquide inclus dans le labyrinthe; les chocs de l'onde, les pressions intérieures variables suivant l'état de la circulation, et surtout suivant l'action de l'étrier et de l'appareil moteur, sont les modes d'excitation du nerf ampullaire; il faut, suivant quelques auteurs, ajouter l'effet des déplacements du sable auditif, de l'otoconie.

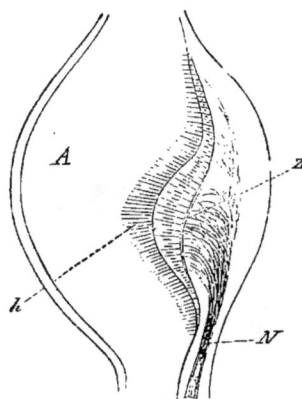

FIG. 89. — Section à travers l'ampoule (d'après BERNSTEIN).

N. nerf ampullaire. — Z, cellules neuro-épithéliales. — h. poils auditifs.

D'après MACH, CRUM BROWN, BREWER, ce serait le choc de l'endolymphe se déplaçant dans le sens du mouvement de la tête qui produirait l'excitation de la crête sensible. De là la notion des mouvements effectués et de leur direction et la station en équilibre.

Dans cette opinion, le vertige naîtrait de l'irritation des canaux semi-circulaires. Pour BROWN-SÉQUARD et VULPIAN le vertige est sensitif : ils l'ont produit en irritant le nerf auditif.

GOLTZ a insisté sur l'excitation due au déplacement de l'endolymphe et il considère les canaux semi-circulaires comme fournissant toutes les sensations de l'équilibre et les notions nécessaires à la condition des mouvements.

PURKINJE, on se le rappelle, a émis la théorie suivante : le vertige résulterait des déplacements de la masse cérébrale dans les mouvements de la tête et du corps; de là, des mouvements provoqués et le sentiment de vertige s'expliquent par les efforts inconscients pour rétablir l'équilibre.

CYON a montré en enlevant la columelle (étrier des pigeons et des grenouilles) comme l'avait fait FLOURENS, que l'on ne peut accepter l'excitation par l'endolymphe, puisqu'elle s'écoule dans son expérience sans qu'on puisse constater aucun trouble de l'équilibration. Disons que cet écoulement du liquide labyrinthique amène la surdité.

Cyon (1873-1878) élargit le débat; il fait des canaux semi-circulaires « l'organe périphérique du sens de l'espace ».

Par eux nous prenons connaissance de la situation de la tête et de nos mouvements.

Ils sont la source des notions qui nous permettent de juger de leur direction et de leurs rapports : leur destruction prive l'individu de ces sensations sur lesquelles se base l'équilibration ; de là les troubles moteurs produits sur les animaux.

Chaque canal a rapport avec une des dimensions de l'espace ; et c'est par la somme des sensations inconscientes que nous leur devons que nous connaissons la situation du corps, de notre tête et le sens de ses mouvements dans l'espace.

Nul doute que l'organe de l'ouïe, et sans doute les canaux semi-circulaires, ne nous fournissent des notions utiles au point de vue des mouvements et de l'équilibration ; ils analysent l'espace à un point de vue particulier, celui des mouvements vibratoires, comme l'œil apporte les notions visuelles, la peau, celles du toucher, etc., mais il y a loin de là à faire spécialement des canaux semi-circulaires l'organe du sens de l'espace. Nous explorons celui-ci par tous nos organes des sens et par la sensibilité générale ils apportent chacun à la conscience des notions spéciales, et de leur réunion naît la connaissance nécessaire à nos mouvements et à leur direction. L'oreille fournit sa part, et non tout.

Nous verrons, de plus, que d'autres régions du système nerveux jouissent de la faculté, de provoquer, quand on les irrite, des mouvements involontaires absolument comparables à ceux que produisent les lésions des canaux.

L'opinion de Brown-Séquard et de Vulpian admettant que le vertige est sensitif a été combattue, et le résultat opératoire nié même par Schiff (*Lehrbuch der Physiol.*, 1858-59, p. 396). J'ai montré expérimentalement qu'en détruisant cette portion sensorielle de l'acoustique dans la cochlée on n'a donné naissance à aucun trouble moteur (V. plus haut, *Limaçon*, p. 891).

En 1862, Lœwenberg est arrivé aux conclusions suivantes qui marquent un grand progrès dans l'étude de la question :

1° Les troubles de locomotion produits par la lésion des canaux semi-circulaires sont dus à une excitation, et non à une paralysie ;

2° L'excitation de ces canaux produit les mouvements convulsifs par *voie réflexe*, sans aucune participation de la conscience ;

3° La transmission de cette excitation réflexe se fait dans les couches optiques (Lœwenberg. *Ueber die nach Durchschneidung der Bogengänge... etc.*, Arch. f. Augen und Ohrenheilkunde, t. III).

Depuis lors, cependant, Steiner, qui a repris toutes les expériences de Flourens, a donné des conclusions inattendues ; pour lui la destruction des canaux semi-circulaires ne provoque aucun accident de déséquilibration, aucune excitation de mouvements ; à cela on peut répondre qu'un organe détruit ne réagit plus.

Delage a de nouveau refait toutes ces expériences sur les organes auditifs des céphalopodes, et il en tire cette autre conclusion que l'appareil labyrinthique n'a point rapport à l'orientation ; il nie les déplacements de l'endolymphe, sur laquelle les précédents auteurs basaient l'excitation des nerfs ampullaires, etc. (p. 23). Il résume ainsi ses idées. « La vésicule auditive simple du vertébré primitif aurait eu pour fonction, comme l'otocyste de l'invertébré, de percevoir *les bruits* et de régulariser la locomotion. Elle se serait d'abord séparée en deux parties affectées chacune à l'une de ces fonctions, le saccule pour la première, l'utricule pour la seconde. Enfin peu à peu se seraient développés les diverticules de ces parties centrales, le limaçon pour percevoir *les sons* avec leurs qualités de hauteur et de timbre et non plus sous la forme de bruits ne différant entre eux que par leur intensité ; et les canaux semi-circulaires peut-être pour provoquer les mouvements des yeux, compensateurs de ceux de la tête, afin d'éviter les illusions visuelles qui se produisent quand ils sont immobiles. »

Tout récemment Laborde a soumis au contrôle de l'expérimentation les diverses théories émises, et a confirmé les deux premières conclusions de Lœwenberg : l'incoordination résulte d'une excitation d'ordre réflexe.

Je dois encore faire mention des récentes expériences et des conclusions de Baginer et B. Baginsky. Ces opérateurs ayant produit un traumatisme sans limites sûres n'en ont pas moins cru être autorisés à conclure que les troubles moteurs reconnaissent pour cause des lésions cérébrales. LABORDE n'accorde pas de valeur à ces expériences peu précises.

Quand il s'agit du vertige, l'opinion de CHARCOT ne doit pas être oubliée. Or, pour lui, les blessures et lésions des canaux et de l'oreille qui amènent l'apparition de phénomènes de déséquilibration et de l'impulsion motrice sont provoqués par des réflexes cérébelleux : c'est le clinicien qui juge, comme on voit.

Cette opinion vient à l'appui de celle de LŒWENBERG, et concorde avec les résultats expérimentaux de LABORDE (*Bull. Soc. Anthropologie*, 1er déc. 1881).

D'autre part, les coupes micrographiques de M. DUVAL montrent : 1° que la racine postérieure de l'acoustique, racine cochléenne, se perd dans les barbes du *Calamus scriptorius* (origine apparente, origine sensitive); 2° que la racine profonde, antérieure, née des ampoules, contourne le corps restiforme en avant, aboutit là à un noyau de cellules motrices, puis se confond avec les fibres du corps restiforme, c'est-à-dire avec les fibres du pédoncule cérébelleux inférieur (origine cérébelleuse).

Or LABORDE prouve que les blessures de ce corps restiforme reproduisent parfaitement les troubles moteurs observés après lésion des canaux semi-circulaires.

Un point connexe intéressant à noter, c'est que l'on blesse là la racine descendante sensitive du trijumeau, et que l'œil et l'oreille présentent par la suite des lésions trophiques remarquables. Ces rapports intimes du trijumeau et de l'acoustique ne doivent pas être oubliés.

Ainsi les crêtes ampullaires sont sensibles; leur excitation transmise au cervelet provoque par acte réflexe, inconscient, la série des actes moteurs incoordonnés, étudiés par FLOURENS. L'opinion de LŒWENBERG reçoit ainsi une confirmation entière. Toute cette discussion aboutit à ceci : l'organe de l'ouïe possède un appareil sensitivo-moteur spécial.

La sensation de vertige naît du trouble psychique qui résulte de ce désordre de la stabilité (vertige, hallucination, agoraphobie, inhibition, etc.).

En 1886, dans un travail lu à l'Académie de médecine, j'exposais mes idées particulières sur la fonction ou les fonctions des canaux semi-circulaires. Je disais que CHARCOT avait apprécié en clinicien le rôle de ces organes et avait montré l'excitation réflexe du cervelet que lui découvrait le tableau symptomatique du vertige de MÉNIÈRE.

J'ai de même rappelé que la clinique donne la clé du mode de production des excitations anormales des crêtes ampullaires; car, si l'on accroît brusquement la pression intra-labyrinthique (condition fréquente dans l'état morbide), on provoque le vertige facilement dans certaines maladies otiques.

LUSSANA a bien prouvé que c'est l'irritation des crêtes acoustiques et non celle du canal membraneux lui-même qui est le point de départ du réflexe.

De tout ceci, il ressort que, en plus de la sensation sonore, le nerf acoustique transmet des sensations tout autres, spéciales, celles du choc des ondes, sans doute aussi celle des pressions intra-labyrinthiques, d'où naissent certains mouvements en rapport avec l'intensité, la direction latérale ou non de l'excitation ou la force de la pression que l'appareil de conduction transmet à l'étrier. C'est là l'origine des actes réflexes inconscients, des mouvements tubaires, tympaniques, des mouvements de rotation de la tête, des mouvements généraux, des attitudes d'attention, ou au contraire des gestes de protection, puis des modifications circulatoires et sécrétoires et des actes vasomoteurs consécutifs à l'impression sonore. Quand l'excitation ampullaire est pathologique, traumatique et sort de la normale, la réaction motrice prend d'autres allures; les mouvements sont incoordonnés, excessifs, ou au contraire inhibés, suivant la gravité de l'irritation.

Je disais dans mon étude que l'oreille possède des *tutamina*, et que j'attribuais volontiers ce rôle aux réflexes physiologiques, nés de l'excitation des canaux semi-circulaires (GELLÉ, *Études d'otologie*, t. II, p. 249); l'action tutélaire du stapédius est sans doute sous leur influence : la transmission est ainsi soumise à l'excitation du labyrinthe. Bien qu'il soit maintenant prouvé que l'excitation des crêtes des ampoules n'est pas due aux chocs du liquide labyrinthique ou des cristaux d'otoconie (opinion d'HELMHOLTZ), il est admissible que la sécrétion exagérée de ce liquide dans l'oreille interne peut, POLITZER le pense, agir par une pression irritante sur ces organes et cause le vertige. Cet état d'hypertension pathologique ressemblerait à celui de l'œil dans le glaucome; et je l'avais nommé aussi glaucome auriculaire (MORISSET. *D. P. De la pression intra-labyrinthique*).

Le retentissement des lésions du labyrinthe sur la motilité persiste en dehors des spasmes et impulsions qui caractérisent leurs effets immédiats.

R. EWALD a été conduit à conclure que le labyrinthe de l'oreille est d'une *façon permanente* le point de départ d'excitations sensibles qui remontent vers les centres nerveux, et dont l'action est indispensable au fonctionnement normal des muscles striés (EWALD) *Centralblatt f. Physiol.*, 1891). Il constate le relâchement musculaire des animaux qui ont subi l'extirpation du labyrinthe, avec perte d'excitabilité; la sensibilité cutanée est intacte, mais le sens musculaire est affaibli, d'une façon plus accusée sur les muscles antérieurs du corps, et de la tête.

Je rapprocherai de ces conclusions d'EWALD les résultats que M. VERWORN a obtenus en étudiant chez les Cténophores le rôle des appareils otocystiques : sa conclusion est que ces appareils ne jouent aucun rôle acoustique; mais que ce sont des organes de l'équilibre; et il propose de les dénommer statocystes et statolithes, au lieu de otolithes et otocystes. (An. par DASTRE, *R. S. M.* 1893, t. XLI.)

D'autre part, LEE (*Sur le sens de l'équilibre, Centralblatt. f. Physiol.* VI, p. 508, 1892, a étudié les mouvements compensateurs des yeux et des nageoires qui se produisent chez le requin, *galeus canis*, quand on déplace son corps autour de l'axe longitudinal, vertical ou transversal; or, de semblables mouvements se produisent quand on excite mécaniquement les différentes ampoules des canaux semi-circulaires; ce qui s'accorde avec l'idée que les canaux constituent des organes par lesquels l'animal apprécie le changement de position de son corps dans l'espace.

Cet expérimentateur sectionne isolément chacun des différents nerfs qui se rendent au labyrinthe, et constate que cela modifie jusqu'à un certain point les mouvements compensateurs dont il a été question.

La section de tous ces nerfs les supprime, et l'animal nage en toutes positions; mais son attitude est anormale.

R. WLASSACK, dans une étude sur les organes centraux des fonctions statiques de l'acoustique, a observé que l'extirpation unilatérale du labyrinthe chez la grenouille amène une prédominance d'action des fléchisseurs et adducteurs d'une moitié du corps, et des extenseurs et abducteurs de l'autre moitié. Il en résulte que l'expérience d'EWALD est confirmée. Par l'intermédiaire des centres nerveux, le labyrinthe influence le tonus musculaire. Or l'ablation des hémisphères cérébraux, des lobes optiques et du *cervelet* ne modifie pas les résultats de l'expérience de l'ablation unilatérale du labyrinthe; c'est donc par l'intermédiaire des centres situés dans la moelle allongée, dans le voisinage de l'acoustique, que le labyrinthe influencerait le tonus musculaire. Cet auteur a poursuivi sa recherche sur les voies par lesquelles cette influence labyrinthique se fait sentir dans la moelle épinière.

Les expériences de J. LŒB sont venues montrer toute la complexité de semblables recherches et les difficultés de leur interprétation. En effet, chez le *Scyllium canicula* et le *S. catulus*, il constate que l'extirpation unilatérale du mésencéphale provoque du côté opposé des mouvements de manège et une inclinaison du corps; effets analogues obtenus par la section de la moitié de la moelle cervicale; mais, si l'on fait la section des deux nerfs acoustiques successivement, les mouvements sont supprimés. LŒB, se basant sur ce que l'anatomie enseigne qu'il y a continuité entre les fibres de l'acoustique et ses régions de l'encéphale, conclut que les prétendus centres cérébraux de l'équilibre ne sont que des épendances du nerf acoustique.

Ces études nous montrent incidemment les voies et moyens de l'orientation auditive, et de la recherche de la direction du son.

La contre-partie des expériences de LŒB et de BAGINSKY a été donnée par B. LANGE qui vu, après l'ablation totale du cervelet, la destruction du labyrinthe accroître les symptômes consécutifs à la première opération (tremblement, démarche oblique, titubation, etc.); en opérant dans l'ordre inverse, il obtient les mêmes effets plutôt exagérés. Il en nclut que l'on ne saurait dès lors admettre l'opinion de BAGINSKY et LŒB qui rapportent ux lésions du nerf acoustique les effets des lésions du cervelet.

L'opinion de Charcot sur la théorie du vertige de Ménière se trouve ainsi appuyée par les vivisections.

Le travail de Kreidl éclaire certains points de cette fonction labyrinthique, et confirme l'influence du labyrinthe sur l'équilibration (*Physiologie du labyrinthe, d'après des recherches sur les sourds-muets*, 1892). On sait, d'après James, que les sourds-muets ne seraient point sujets au vertige de rotation. Kreidl a examiné à ce point de vue 109 enfants sourds-muets, en recherchant si, soumis à la rotation, ils présentent les mouvements compensateurs de l'œil.

Dans la moitié des cas les mouvements ont fait défaut. Or, comme la surdité-mutité coïncide avec une lésion labyrinthique, dit-il, dans la même proportion (diagnostic des plus discutables), l'auteur en conclut que le labyrinthe est l'organe de perception pour les mouvements de la tête et du corps : 13 sur 62 de ces enfants n'ont pas non plus senti l'illusion causée par la rotation dans la verticale (chevaux de bois); et les mêmes enfants ne pouvaient marcher ou se tenir sur une jambe, les yeux fermés (signe de Romberg).

Dans les travaux de Kraidl, M. Schiff, R. Ewald, Schrader, J. Loeb, M. Verworn, Y. Delage, Lange, Baginsky, Steiner, W. Preyer, etc., toutes les hypothèses ont été tour à tour émises sur la fonction des canaux semi-circulaires : tantôt on en a fait un organe d'excitation centrale. et donnant la notion du sens des mouvements (Schiff, Mach, Goltz, Brewer, Baginsky, etc.); tantôt on le regarde comme servant à juger de la direction du son (Preyer); ailleurs, comme source d'excitation médullaire (Steiner); puis comme organe du sens de l'espace (Cyon). On a pu voir que le rôle de l'endolymphe et de l'otoconie a été également très diversement interprété par les auteurs, nié par ceux-ci (Cyon), très précisé par ceux-là (Mach, Baginsky, etc.). H. Girard, à son tour (*A. P.* 5e série, t. iv, 1892 (p. 353), arrive aux conclusions suivantes sur les rapports du labyrinthe et des fonctions d'équilibration.

Au moyen d'excitations électriques unipolaires (méthode de Schiff) faciles à graduer, il a constaté sur les grenouilles auxquelles il avait fait la section unilatérale de l'acoustique et la destruction du labyrinthe, que les muscles du côté opposé à la lésion offraient un grand accroissement d'excitabilité. Pour cet opérateur, l'équilibration des attitudes et la coordination des mouvements de translation sont probablement régies par des sensations qu'il propose d'appeler symétriques; l'animal privé d'un des labyrinthes se trouve désorienté : les deux appareils vestibulaires, apportant des sensations différentes, donnent l'impression de la perte de l'équilibre, d'où les attitudes défensives, et les tendances à se mouvoir du côté non opéré. Chez les mammifères, nous l'avons dit, Schiff a montré d'autre part que, grâce sans doute à certaines suppléances, la section des nerfs auditifs ne cause pas de trouble appréciable de la locomotion.

Brown-Séquard fait la critique du travail de Girard, et conclut qu'il n'existe pas de centres nerveux affectés à telle ou telle fonction ; et que les effets observés à la suite des lésions des nerfs acoustiques et du labyrinthe s'expliquent par des troubles actifs, soit des pertes de fonctions (dynamogénies ou inhibitions), appartenant en réalité à des éléments nerveux disséminés dans l'encéphale ; la lésion agit à distance (*A. P.* avril 1892). Enfin, plus récemment, d'une série de recherches expérimentales et d'observations cliniques comparées, C. Masini conclut que les canaux semi-circulaires ne sont pas seulement des organes présidant au sens de l'équilibre, mais qu'ils sont aussi des organes complémentaires de l'appareil auditif (*Sulle vertigine auditivi. Arch. ital. di Otologia*, t. iv).

D'autre part certains physiologistes n'admettent point le rôle des canaux semi-circulaires sur l'équilibration et la station.

En 1877, les expériences de Tomaszewics faites au laboratoire d'Hermann démontrèrent que chez les poissons la destruction des ampoules et des canaux n'apportait aucun changement à l'équilibre du corps de ces animaux. De même à Naples, J. Steiner ne constate en pareilles conditions aucun trouble de l'équilibre.

La fonction statique des canaux est, on le voit, encore bien discutée et discutable Milne-Edwards) et l'on peut toujours rapporter à des excitations cérébelleuses, et non aux (lésions mêmes des canaux semi-circulaires, les troubles des mouvements observés. Pour être complet, j'ajouterai que Bruckner émet à propos des fonctions du labyrinthe une opinion nouvelle et originale. Pour lui, les canaux semi-circulaires servent à transmet tre les bruits; mais ils ne fonctionnent que dans le plan horizontal; dans la station assise, c'est le canal horizontal qui est actif. Dans la position infléchie de la tête, c'est le canal transversal ou antérieur qui devient horizontal, et agit à son tour; dans le décubitus latéral, c'est au contraire le canal antéro-postérieur ou interne auquel par sa position nouvelle est dévolue l'activité fonctionnelle. Il y aurait donc toujours un canal placé horizontalement dans toute situation de la tête. Pour l'auteur, quand nous dirigeons les mouvements de la tête dans la recherche du son, c'est un canal que, instinctivement, nous portons dans la direction qui donne à l'audition le plus d'acuité (RETTERER, *R. S. M*).

Au milieu de ces opinions contradictoires il n'est que juste de rappeler que le rôle des canaux semi-circulaires nous apparaît en effet, anatomiquement et embryologiquement, lié à la fonction de l'ouïe; et qu'on doit en définitive, au milieu de ces nombreux résultats et de ces multiples interprétations de leur valeur fonctionnelle, étudiée expérimentalement, isolée de toute intervention d'une excitation normale, vibratoire, acoustique, en somme, chercher à découvrir les usages et facultés que leurs aptitudes spéciales confèrent à l'organe auditif; c'est, on ne saurait l'oublier, ce qu'il nous importe absolument de savoir, dans un travail sur l'audition.

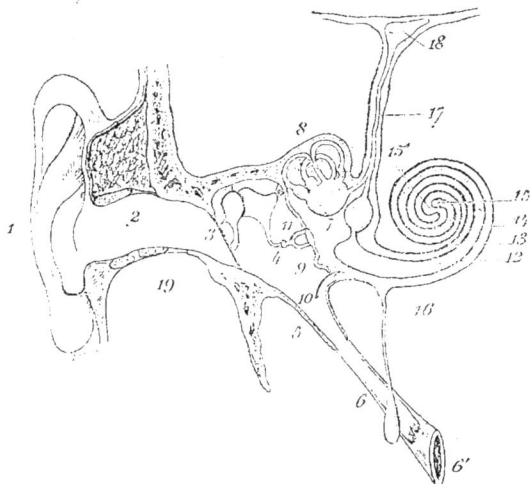

Fig. 90. — Oreille interne, *canaux et sac* endolymphatiques.
Diagramme de l'organe auditif de l'homme (d'après DEBIERRE).

1. pavillon de l'oreille. — 2. conduit auditif externe. — 3. membrane du tympan coupée verticalement. — 4. étrier; sa base, dans la fenêtre ovale, fait paroi du vestibule. 7. — 5. portion osseuse de la trompe d'Eustache. — 6. portion cartilagineuse; et 6' pavillon tubaire ou son orifice guttural. — 8. canaux semi-circulaires, et utricule. — 9. promontoire. — 10. fenêtre ronde; orifice tympanique du limaçon, indiqué par une flèche. — 11. caisse du tympan. — 12. canal cochléaire uni au saccule dans le vestibule. — 13. rampe vestibulaire. — 14. rampe tympanique aboutissant à la fenêtre ronde. — 15. sommet du canal cochléaire, où les deux rampes communiquent, en 15'. — 16. aqueduc du limaçon. — 17. aqueduc du vestibule. — 18. sac endolymphatique. — 19. parotide.

Eh bien! on peut, éclairé par l'idée générale qui se dégage des faits expérimentaux ou pathologiques et de leur explication, admettre que l'organe de l'ouïe de l'homme transmet au sensorium commun, en plus des sensations acoustiques, des sensations centripètes de pression, de choc, de travail enfin, en rapport avec l'énergie vibratoire d'où naissent les excitations centrifuges les plus diverses. Mais, parmi celles-ci, il en est d'un ordre particulier, souvent tutélaire, d'une importance générale et primordiale, où la cérébration, quelque développées que soient les facultés, ne joue pas le premier rôle, où la volonté ni l'éducation n'interviennent pas encore, qui préexistent aux manifestations de la mémoire et de l'intelligence : ce sont celles-là que l'excitation des canaux semi-circulaires provoque par action réflexe, soit pour accommoder l'organe à la fonction, soit pour protéger l'individu, l'aider, le défendre. En effet les excitations de ces canaux sont aussitôt suivies de mouvements tantôt unilatéraux et limités au côté opposé, tantôt bilatéraux; tantôt leur intensité cause une exagération des réflexes et la multiplicité des retentissements qui se généralisent, si bien qu'ils ont de vrais gestes de défense. Dans le cas de blessures ou d'affections de ces canaux, c'est souvent, comme après toute excitation excessive, un réflexe d'inhibition qui se produit, tantôt musculaire (tremblement, vertige, chute), tantôt respiratoire (anxiété), tantôt circulatoire (syncope), tantôt vaso-motrice (rougeur, pâleur, sudation).

Il y a loin de là aux délicates excitations vibratoires physiologiques qui provoquent l'adaptation de l'appareil, la vascularisation et les actes musculaires, auriculaires ou généraux, de recherche ou de défense, en même temps que tous les départements du système nerveux unis par l'attention dans une même direction et une même concentration fonctionnelles subissent une excitation concordante, dont le point de départ est le choc de l'onde vibratoire transmis aux ampoules des canaux semi-circulaires et aux nerfs de l'audition tout à la fois.

D. Liquide labyrinthique : endolymphe et périlymphe. — *Aqueducs du vestibule et du limaçon.* — *Sécrétion et circulation de ce liquide. Rôle physiologique.* — Le liquide aqueux qui remplit les cavités osseuses et membraneuses du labyrinthe est presque de l'eau ; VALSALVA, le premier, en a parlé. C'est ce liquide qui maintient une pression égale sur toutes les parois des cavités communicantes ; c'est grâce à lui que tout accroissement de tension est perçu en tous sens et que les vibrations stapédiennes, transmises à sa masse, se distribuent et circulent par toute l'oreille interne.

Les solides de la chaîne ont apporté le mouvement sonore isolé, canalisé en un point de la paroi du labyrinthe, à l'étrier ; le liquide inclus transmet les vibrations dans toutes les directions au contact des crêtes auditives et acoustiques, dans les canaux et les rampes ; c'est l'agent de la transmission multiple, de la dispersion des ondes vers les divers points qu'elles doivent toucher.

En effet, si l'on provoque la sortie de ce liquide, comme l'ont fait FLOURENS, et après lui E. DE CYON, particulièrement dans sa critique de l'opinion de GOLTZ ; ainsi que je l'ai fait sur les pigeons et les grenouilles par l'ablation de la columelle ; et BOTEY, depuis, on remarque l'assourdissement complet de l'opéré.

Assez rapidement, le liquide se reproduit ; et, si l'on a remis l'étrier en place, l'audition renaît (E. DE CYON, BOTEY, FLOURENS), la transmission est rétablie.

Le liquide est interposé partout à la paroi solide, excepté au niveau des taches de l'utricule et du saccule : il baigne complètement les ampoules suspendues au pinceau nerveux qui les relie à la paroi : c'est la périlymphe de BRESCHET.

Dans le limaçon, elle remplit la rampe vestibulaire (au-dessus de la membrane de REISSNER) et totalement la rampe tympanique.

Dans le vestibule la périlymphe isole la platine de l'étrier de l'utricule et du saccule ; c'est par la périlymphe (exolymphe) que les ondes se propagent.

D'autre part toutes les cavités membraneuses, vésicules, canaux semi-circulaires et cochléaire, sont pleines d'un liquide nommé endolymphe, à peu près semblable au premier ; et toutes ces cavités communiquent entre elles et avec les aqueducs du vestibule et du limaçon.

La fenêtre ronde sert de soupape de sûreté : elle cède dans une certaine limite aux poussées de l'étrier et se tend en même temps que la fenêtre ovale. Nous avons expliqué pourquoi la voie de conduction suit la chaîne des osselets et l'étrier. Si la fenêtre ronde perd sa mobilité, la compression du contenu labyrinthique est inévitable dans les mouvements en dedans de l'étrier (TOYNBEE, DE TRŒLTSCH, DUPLAY).

Les aqueducs et les voies lymphatiques jouent un grand rôle dans le maintien de la tension normale intra-labyrinthique.

E. Canal et sac endolymphatiques. Aqueduc du limaçon. — L'aqueduc du limaçon fait communiquer par un canal étroit la cavité cochléaire périlymphatique avec la cavité de l'arachnoïde, auprès du trou déchiré postérieur. Les expériences de WEBER LIEL (1879,) ont démontré le trajet direct entre les cavités craniennes et la cochlée.

D'autre part, un autre aqueduc s'étend du vestibule sous la dure-mère ; il contient un canal né des deux vésicules vestibulaires ; arrivé sous la dure-mère, il se dilate en une ampoule qui la soulève, à la surface du rocher, au-dessus du confluent de la jugulaire (HASSE). Le canal et le sac qui le terminent contiennent de l'endolymphe : par suite de ces rapports du sac sous-duremérien avec la cavité cranienne, la tension labyrinthique se trouve dans une certaine mesure placée sous l'influence de la tension intra-cranienne. On peut donc affirmer que les variations de pression dans le crâne retentissent fatalement dans l'oreille interne (Weber-Liel, Retzius, Key, Testut, M. Duval).

Cette subordination est moins immédiate qu'on pourrait le croire, cependant, grâce à la finesse des canaux, mais surtout grâce à l'abouchement du canal de l'aqueduc du limaçon à la surface de l'arachnoïde. Si le sac lymphatique se trouve seul comprimé, c'est là une voie par laquelle l'équilibre rompu peut se rétablir dans l'intérieur du labyrinthe.

D'autres voies de communications ont encore été reconnues par les gaines lymphatiques du nerf acoustique et des vaisseaux Siebemmann : ainsi que cela résulte des expériences de Retzius, Schwalbe et A. Key, sur les animaux ; mais Weber-Liel ne les admet pas chez l'homme (Poirier, Testut).

La tension intérieure des cavités de l'oreille interne subit déjà l'action des fluctuations de la circulation cranienne et des troubles de la circulation en retour. Or, au moyen des canaux et des sacs lymphatiques, la tension intra-cranienne agit encore sur elle. On voit de combien de côtés cette petite cavité close peut être atteinte, et combien la pression s'y exagère facilement et doit être énergiquement perçue.

Une hémorrhagie, un exsudat, un choc, une enfonçure brusque de l'étrier, la raideur de la fenêtre ronde (ou vice versa), la congestion, l'anémie changent brusquement ou graduellement la tension intérieure et provoquent toute la série des troubles subjectifs et moteurs connus sous le nom de vertige de Ménière, le premier médecin qui a su associer cette symptomatologie curieuse à la lésion des canaux semi-circulaires.

Mais ce liquide, d'où vient-il? est-il fourni par l'arachnoïde? Je ne serais pas éloigné d'admettre qu'il est sécrété dans le canal cochléaire par la zone du ligament spiral externe connue sous le nom de zone vasculaire. Boucheron, en 1889, a émis cette opinion qui paraît être admise par Testut, par Poirier (1892, Traité d'anatomie) et par M. Duval (Traité de physiologie).

Cette partie est constituée par une couche de grosses cellules à gros noyau au milieu desquelles et avec lesquelles entrent en contact une foule de vaisseaux capillaires sanguins formant un réseau sous-épithélial tellement adhérent à cette couche cellulaire solide qu'on le trouve toujours associé à elle dans les préparations par dissociation. J'ai décrit, après Schwalbe, des houppes vasculaires sur la protubérance spirale externe à ce niveau.

Il est nécessaire de remarquer enfin que l'augmentation autant que la diminution du liquide labyrinthique provoquent l'irritation des organes sensibles inclus dans le labyrinthe et causent ainsi les bruits subjectifs et le vertige.

V. Nerf auditif ou VIIIᵉ paire. — C'est le nerf sensoriel destiné à transmettre aux centres nerveux certaines excitations causées par les ébranlements rythmiques, périodiques ou non, de l'espace, qui donnent la sensation sonore.

Le son étant en définitive le produit des mouvements moléculaires, le nerf auditif reçoit l'impression de ces mouvements, des ondes vibratoires de l'air qui les apporte, et la transmet à divers foyers, sensitifs ou réflexes, du système nerveux central.

Si l'on se reporte aux chapitres où l'audition a été traitée, on pourra apprécier la multiplicité des notions que l'auditif transmet au moi, la diversité et la nature complexe des sensations qu'il procure : on y verra aussi les nombreux rapports qui existent entre la sensibilité sensorielle et la sensibilité générale dans le fonctionnement de organe auditif.

Dans l'accommodation de l'oreille, dans l'aération de la caisse, dans les gestes de la tête et du corps qui adaptent l'oreille et tournent le conduit dans la direction du son, dans le phénomène complexe de la recherche du corps sonore, dans l'accommodation auriculaire, dans l'association des divers sens de la vue, de l'ouïe, et du toucher, des divers mouvements qui les unissent pour un même but sous l'influence de l'attention auditive, on saisit des rapports nombreux, intimes, entre le nerf de l'audition et grand nombre de nerfs voisins, glosso-pharyngien, pneumogastrique, spinal, moteurs oculaires, facial, trijumeau. On comprend de même l'association de centres nerveux divers au foyer de l'audition, point de départ des actions conscientes ou inconscientes, réflexes, etc., auriculaires et autres, qui concourent à la fonction auditive.

En présence d'une pareille complexité de fonctions, on voit l'intérêt qui s'attache à la connaissance des origines et des rapports du nerf auditif et à sa distribution dans l'organe périphérique.

L'étude de cette dernière partie a été faite à l'article audition; nous y renvoyons donc pour tout ce qui regarde la distribution du nerf auditif au labyrinthe; et nous conduirons notre description jusqu'à son entrée dans l'oreille interne.

A. **Origines de l'acoustique.** α. *Origine apparente.* — Ce nerf se détache du bulbe par deux racines nettement distinctes, une racine antérieure et une racine postérieure.

A. — *La racine antérieure* naît dans la fossette latérale du bulbe, immédiatement en arrière de la protubérance, un peu en dehors du nerf facial et de l'intermédiaire de Wrisberg; elle a la forme d'un petit faisceau aplati.

B. — *La racine postérieure*, ou racine ventriculaire, naît sur le plancher du quatrième ventricule par une série de petits filaments blanchâtres, appelés barbes du calamus scriptorius. Parties de la ligne médiane ou de son voisinage, ces radicules de l'auditif, très variables par leur nombre et par leur volume, se portent en dehors en convergeant les unes vers les autres. Elles se ramassent ainsi, à la limite du ventricule, en un petit ruban nerveux qui contourne le corps restiforme, et vient rejoindre la racine antérieure avec laquelle elle se confond entièrement.

β. *Origine réelle.* — 1° *Racine antérieure.* — La racine antérieure, appelée encore racine principale ou grosse racine, pénètre dans le névraxe au niveau de la fossette latérale du bulbe; se portant obliquement en arrière et en dedans, elle passe entre le corps restiforme et la racine inférieure du trijumeau, et se divise alors en deux groupes de fibres; les unes internes, les autres externes.

Les *fibres internes* viennent se perdre dans un amas de substance grise qui occupe, sur le plancher du quatrième ventricule, la région appelée aile blanche externe.

Cet amas de substance grise, assez mal délimité, s'étend jusqu'au voisinage du raphé médian; il constitue le *noyau interne de l'acoustique.*

Les *fibres externes*, s'infléchissant en dehors, aboutissent à de petits amas de substance grise, irrégulièrement disséminés dans l'épaisseur du corps restiforme et de la pyramide postérieure; leur ensemble constitue ce qu'on appelle le *noyau externe de l'acoustique.*

Les fibres nerveuses qui entrent en relation avec ce noyau ne font probablement que le traverser. D'après Huguenin elles gagneraient le cervelet en suivant le côté interne du pédoncule cérébelleux inférieur.

2° *Racine postérieure.* — La racine postérieure ou ventriculaire contourne d'avant en arrière le corps restiforme et arrive ainsi sur le plancher du quatrième ventricule. Un certain nombre de ses fibres (fibres profondes) se terminent dans le noyau interne de l'acoustique ci-dessus indiqué. Les autres (fibres superficielles) constituent ces filets très déliés et divergents décrits sous le nom de barbes du calamus. Ces filets gagnent la ligne médiane et s'y terminent (Pierret, M. Duval) dans un groupe de plusieurs noyaux qui s'échelonnent de chaque côté du raphé, entre la colonne de l'hypoglosse et l'eminentia teres. Ces petits noyaux (noyaux innomés de Clarke) ont été considérés longtemps comme les noyaux d'origine du *fasciculus teres* et rattachés par cela même a

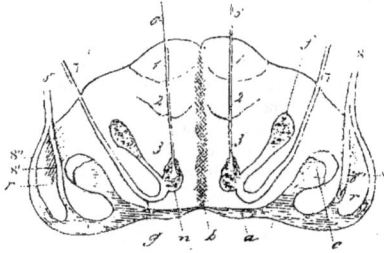

Fig. 91. — Coupe transversale du bulbe rachidien à sa partie supérieure (d'après Mathias Duval).

a. substance grise du 4ᵉ ventricule. — *b.* raphé médian du bulbe. — *e.* noyau du trijumeau (tête de la corne postérieure de la moelle). — *f.* noyau propre du facial (tête de la corne antérieure de la moelle). — *g.* genou du facial. — *n.* noyau commun au facial et à l'oculo-moteur (base de la corne antérieure de la moelle). — *r.* corps restiforme. — 1, pyramide antérieure. — 2, cordon latéral. — 3, cordon postérieur. — 6, nerf oculo-moteur externe. — 7, nerf facial. — 8, nerf acoustique. — 8' et 8", racines internes et externes de l'acoustique.

facial. Huguenin a décrit, et M. Duval a figuré des fibres qui du noyau auditif externe divergent vers le cervelet.

3° *Noyau antérieur de l'auditif.* Aux trois noyaux d'origine de l'acoustique que nous venons de décrire, il convient d'en ajouter un quatrième que l'on désigne communément sous le nom de *noyau antérieur.* Il est formé par une petite masse de substance grise, qui est située sur le côté externe de la racine principale de l'acoustique, en avant du corps restiforme.

En raison de sa situation et de ses rapports avec le nerf auditif on a comparé cet amas ganglionnaire aux ganglions spinaux (Onufrowicz).

La signification anatomique et les connexions du noyau antérieur de l'auditif sont encore fort obscures. Tout ce qu'on peut dire, c'est que sa structure est très différente (Meynert, Huguenin) suivant qu'on l'examine dans sa partie supérieure ou dans sa partie inférieure. Sa partie inférieure renferme des éléments cellulaires qui rappellent par la plupart de leurs caractères les cellules des régions motrices (point de départ du nerf de Wrisberg, d'après Erlitzky). La partie supérieure, au contraire, présente des cellules toutes spéciales ayant la plus grande analogie avec celles des ganglions spinaux et du ganglion de Gasser.

« Leur forme est arrondie, vésiculeuse ; elles n'ont que des prolongements rares et très fins et possèdent une enveloppe cellulaire et délicate avec de petits noyaux. En dedans de cette membrane, se voit un protoplasma dépourvu d'enveloppe. Les noyaux des cellules sont arrondis, assez gros, et renferment un ou plusieurs nucléoles : ces cellules mesurent de 15 à 21 µ. » (Huguenin.)

(Lire au sujet des origines de l'acoustique : Monakow. *Rev. méd. Suisse romande*, 1881. — Bechterew. *Neurol. Centralblatt*, 1885, p. 145. — Edinger. *Klin. Woch.*, Berlin, 1886. — Baginski. A. V., t. cv, p. 28, et *Klin. Woch.*, Berlin, 1889, p. 1132.)

D'après Edinger, la racine postérieure de l'auditif se termine non pas sur le plancher du quatrième ventricule, mais bien dans cet amas de cellules que nous avons appelé le noyau antérieur. Ce noyau antérieur donne naissance d'autre part à des fibres antéro-postérieures et à des fibres transversales.

A. Les *fibres antéro-postérieures* sont de deux ordres :

1° Les unes, sous le nom de stries acoustiques, ou barbes du calamus, se rendent au plancher du ventricule, en contournant le corps restiforme ; les stries acoustiques ne se jettent donc pas directement dans la racine postérieure de l'auditif ;

2° Les autres se rendent au noyau interne de l'acoustique et unissent ainsi ce noyau interne au moyen antérieur.

B. Quant aux *fibres transversales*, elles se dirigent en dedans et se terminent : les unes dans l'olive supérieure du côté correspondant, les autres dans l'olive supérieure du côté opposé. Ce système de fibres transversales est entièrement recouvert, chez l'homme, par les faisceaux protubérantiels, mais chez les animaux où la protubérance est relativement peu développée, il devient libre, et forme alors au-devant du bulbe, de chaque côté des pyramides, une espèce de nappe quadrilatère à laquelle on donne le nom de *corps trapé-oïde.*

D'après Schrœder van der Kolk, certaines fibres radiculaires traversent le raphé et vont se rendre dans le noyau opposé ; d'autres se rendraient au *noyau du facial.*

Van der Kolk explique ainsi les réflexes qui lient l'acoustique aux noyaux moteurs ; comme lorsque, par un bruit soudain qui nous saisit d'effroi, nous nous mettons en position de défense instinctive et involontaire.

Luys à son tour décrit des fibres qui, des noyaux de l'acoustique, se rendraient au pulvinar de la couche optique, et de là par les fibres radiées dans la substance corticale des hémisphères. D'après Bischoff, il existe éventuellement des anastomoses entre le nerf intermédiaire et le facial et l'auditif.

Au dire de Valsalva, le *nerf limacéen* peut manquer, et le limaçon aussi, sans perte de l'audition.

D'après un travail récent de A. Canniet fait au laboratoire de Coyne (1894), nous pouvons ajouter à cette description quelques notions nouvelles très intéressantes ; l'auteur arrive des conclusions parmi lesquelles je prends les suivantes :

Le nerf auditif des mammifères est constitué par deux nerfs, s'insérant séparément sur les parties latérales du bulbe : le nerf vestibulaire et le nerf cochléaire ; chez l'homme ils forment un tronc unique par leur réunion.

Les fibres du nerf vestibulaire et celles du nerf cochléaire se partagent pour chacun d'eux en deux faisceaux ; l'un antérieur, l'autre postérieur, morphologiquement comparables aux racines ascendantes et descendantes des racines postérieures des nerfs spinaux.

Ces racines ne s'arrêtent pas dans le noyau antérieur ; mais au niveau des amas de substance grise, situés sous le plancher du quatrième ventricule.

Ces racines se terminent au niveau de cet amas comme les fibres postérieures de la moelle, c'est-à-dire que leurs cylindres-axes ne sont pas en connexion avec les prolongements de Deiters des cellules nerveuses.

Quant aux rapports de l'acoustique et du facial, Cannieu montre qu'une bande de cellules ganglionnaires les réunit chez la souris.

Dans une autre partie de ce travail, l'auteur démontre que chez la souris le facial se réunit au ganglion de Scarpa. Or les recherches embryologiques de His ont établi que chez l'embryon humain les ganglions de l'acoustique et le ganglion géniculé forment un seul et même ganglion, se séparant dans le cours du développement (A. Cannieu, Lille, 1894 ; *Recherches sur le nerf auditif, ses vaisseaux, ses ganglions*). Pour cet auteur, les faisceaux nerveux qui du ganglion de Scarpa se rendent au ganglion géniculé doivent être considérés, chez la souris, comme les équivalents morphologiques du nerf intermédiaire de Wrisberg, qui se séparerait entièrement de l'acoustique chez les êtres supérieurs (chat, homme) ; encore chez ceux-ci existe-t-il des anastomoses entre l'intermédiaire et le ganglion de Scarpa.

γ. **Trajets et Rapports.** — Le nerf auditif se porte en dehors, en avant et en haut. Il contourne le pédoncule cérébelleux moyen, longe le côté interne du lobule du pneumogastrique et arrive au conduit auditif interne ; il s'y engage et le parcourt dans toute son étendue.

Durant tout ce trajet, le nerf auditif est accompagné par le nerf facial et le nerf intermédiaire de Wrisberg, auxquels il forme une gouttière ouverte en haut et en avant. Ces trois nerfs sont reliés entre eux par un tissu cellulaire lâche, dont les faisceaux ont souvent été pris pour des anastomoses nerveuses. Ils cheminent en outre sous une gaine arachnoïdienne commune, qui les accompagne jusqu'au fond du conduit auditif interne.

δ. **Distribution.** — En atteignant le fond de ce conduit, le plus souvent même avant de l'atteindre, le nerf auditif se partage en deux branches principales.

A. Une branche antérieure ou cochléenne.

B. Une branche postérieure ou vestibulaire.

Ces branches terminales, analogues en cela aux nerfs olfactif et optique qui traversent : le premier, la lame criblée de l'ethmoïde ; le second, la lame criblée de la sclérotique, se tamisent, elles aussi, à travers *les fossettes criblées*, qui ferment en dehors le conduit auditif interne.

Elles arrivent alors dans les différentes portions de l'oreille interne (limaçon, vestibule, canaux semi-circulaires).

η. **Structure.** — Le nerf auditif se compose de deux parties qui sont bien distinctes au point de vue histologique.

La *partie postéro-supérieure*, qui répond à la branche vestibulaire, est formée par des fibres volumineuses, qui rappellent les fibres motrices des nerfs spinaux (Horbaczewski), tandis que la partie antéro-inférieure qui représente la branche cochléenne, ne comprend que les fibres relativement grêles (gaine de myéline rare).

En outre, le nerf auditif présente à sa surface ou dans son épaisseur de nombreuses cellules nerveuses, soit éparses, soit réunies en îlots considérables. Ces amas ganglionnaires de la branche vestibulaire sont décrits sous le nom de *ganglion de* Scarpa. Le tronc cochléaire de même traverse au niveau de la lame spirale une masse ganglionnaire, le *ganglion spiral* de Corti. A ce propos rappelons l'hypothèse émise par Erlitsky (*Archives de Neurologie*, 1882,) que ces cellules donneraient naissance à un certain nombre de fibres qui s'échapperaient du nerf auditif pour aller se jeter dans le nerf intermédiaire de Wrisberg. Si une pareille hypothèse était fondée, il faudrait admettre pour le nerf intermédiaire une double origine : une origine centrale, et une origine périphérique qui serait située dans l'épaisseur même du nerf auditif.

Le tronc de l'auditif, formant une gouttière où logent le nerf facial et le nerf intermédiaire de Wrisberg, est entouré d'une gaine que lui fournit l'arachnoïde et l'enveloppe dans le conduit auditif interne jusqu'à la tache criblée où ses divisions pénètrent vers l'oreille interne.

La branche auditive de la basilaire l'accompagne et s'engage avec elle dans l'oreille interne : un rameau profond s'anastomose avec l'artériole mastoïdienne, suivant le facial dans l'aqueduc de Fallope.

Nous avons dit ailleurs que ces dispositions anatomiques mettent en communication les espaces périlymphatiques de l'oreille avec les cavités arachnoïdiennes.

B. Noyaux de l'auditif, leurs rapports avec les divers centres nerveux. — Nous avons décrit dans l'étude anatomique des origines du nerf acoustique les noyaux bulbaires de ce nerf où aboutissent ses deux branches fondamentales. Malgré bien des points encore obscurs sur les rapports des fibres d'origines bulbaires de ce nerf, c'est cependant ce que l'on en connaît le mieux jusqu'ici.

Maintenant, nous allons essayer de montrer les rapports de ces noyaux primaires avec les diverses parties de l'encéphale; nous comprendrons mieux ensuite le rôle de celles-ci dans l'audition.

Par le noyau antérieur, l'acoustique est mis en rapport : 1° avec le noyau interne du même côté; 2° avec l'olive supérieure du même côté; 3° avec l'olive supérieure du côté opposé; 4° par le corps trapézoïde avec le tubercule quadrijumeau postérieur du côté opposé.

Par ce dernier, des fibres le relieraient à la couche optique (Bechterew, et d'autres au corps genouillé interne. Par ce dernier rapport l'auditif serait relié aux *lobes temporaux*, suivant Monakow, c'est-à-dire au *centre auditif cérébral*.

Le noyau interne est en rapport avec le précédent (l'antérieur) : aussi avec l'olive supérieure du même côté; mais, de plus, avec le noyau du toit des deux côtés. Or, ces derniers sont reliés au noyau rouge de Stilling, et, par là, aux *circonvolutions pariétales* (région psycho-motrice).

D'autre part, le noyau de Deiters communique avec le cervelet et avec les cordons latéraux de la moelle (centres moteurs, réflexes, de coordination motrice.

Par l'olive supérieure, ces deux noyaux, l'antérieur et l'interne, sont mis en relation avec le noyau de la VI° paire et les oculo-moteurs; mais surtout avec les tubercules quadrijumeaux postérieurs qui conduisent vers les lobes temporaux.

Les noyaux du raphé, les noyaux innomés de Clarke émettent des fibres vers le noyau interne du côté opposé; mais la masse se fond dans le faisceau central des cordons sensitifs; et, par suite, ils sont reliés aux lobes temporaux (centre auditif).

En définitive, le nerf vestibulaire est mis en rapport : 1° *avec le cervelet*, par des faisceaux directs, par le noyau interne, l'olive, le noyau de Deiters et le noyau de Bechterew (mouvements coordonnés et d'équilibration); 2° *avec le cerveau* : A, au niveau des lobes temporaux (centre de la perception des sons) par l'olive supérieure, les tubercules quadrijumeaux postérieurs et le corps genouillé interne; B, aux lobes pariétaux (région psycho-motrice) indirectement par le cervelet et le noyau de Stilling; 3° *avec les noyaux moteurs bulbo-médullaires* par l'olive supérieure et le faisceau longitudinal postérieur, pour le facial et le nerf oculo-moteur, le nerf de Wrisberg, et le spinal (mouvements de la tête et des membres); 4° *avec le glosso-pharyngien et le pneumogastrique*, qui ont une grande influence sur la fonction auditive pour l'aération de la caisse, entre autres par la déglutition.

On voit ainsi que la branche vestibulaire ou excito-motrice a les rapports les plus intimes avec le cervelet, et surtout une relation directe; et qu'il en est de même avec le facial et les nerfs glosso-pharyngien, pneumogastrique et spinal dans le bulbe.

Le limaçon, d'autre part, est mis en relation : 1° *avec le cervelet*, par les fibres du noyau interne et l'olive supérieure; 2° *avec le cerveau* (lobes temporaux), par les stries acoustiques et le faisceau sensitif pédonculaire; par le noyau antérieur et le corps trapézoïde, et aussi l'olive supérieure; 3° *avec le noyau moteur de la moelle*, avec le facial, l'oculo-moteur, par l'olive supérieure et le faisceau longitudinal postérieur; 4° *avec la région psycho-motrice*, qui commande ces noyaux, par le cervelet, les noyaux internes et celui de Deiters.

La racine cochléenne est donc surtout sensitive et cérébrale.

C. Centre nerveux de l'audition. — A quelle partie du cerveau est dévolue la fonction de percevoir les sensations sonores ?

La sensation sonore est perçue au niveau du centre de l'audition (1re circonvolution temporale, FERRIER); elle peut déterminer des mouvements conscients de recherche (lobes pariétaux et région psycho-motrice); elle peut provoquer des actes réflexes par le cervelet, mais elle agit aussi sur les centres sensitifs voisins; et ceux-ci à leur tour l'influencent (ve paire, glosso-pharyngien, pneumogastrique, etc.).

Il résulte de l'analyse des faits expérimentaux et cliniques que la perte de l'audition a coïncidé avec les lésions de la surface des circonvolutions (1 et 2) occipitales, du pli courbe, de la circonvolution du coin (LUYS); ROXDOT y ajoute celles du pied de la 2e temporale adjacente; LUCIANI tout le lobe temporal. Peut-être faut-il admettre un centre double, bilatéral pour l'audition simple; et un autre unique à gauche pour la perception des mots.

D'autre part, les autopsies ont montré l'existence de lésions au niveau du tiers postérieur de la capsule interne, dont les fibres forment la portion postérieure de la couronne rayonnante de REIL, qui s'étalent dans les circonvolutions sphéno-occipitales, dans les hémiplégies avec perte de l'ouïe et dans les paralysies sensitivo-sensorielles (CHARCOT, RAYMOND). LUYS a décrit une lésion de la circonvolution du coin. VEISSIÈRE a montré d'ailleurs que la destruction de cette partie postérieure de la capsule interne amène de l'insensibilité dans le côté opposé à la lésion.

On peut ajouter que l'excitation de ces régions du cerveau (sphéno-occipitales) ne provoque jamais de phénomènes moteurs (FERRIER, LANDOIS; Leçons de CHARCOT) (Voir pour plus de détails **Cerveau** Localisations).

Les expériences de NOTHNAGEL ont montré du reste que la lésion des zones pariétales du cerveau cause des troubles des sensibilités cutanée et musculaire, et celles de BECHTEREW que les irritations de ces parties agissent sur l'équilibration.

D'autre part, B. BAGINSKI, reprenant les vivisections de FERRIER et de ses successeurs, a découvert que l'excitation de la partie tout à fait inférieure du lobe temporal du cerveau du chien provoquait des mouvements de l'oreille. Ainsi l'excitation électrique des parties inférieures des 3e et 4e circonvolutions temporales (numération allemande), en arrière de la scissure de SYLVIUS, produit des mouvements des yeux et des secousses dans le pavillon de l'oreille opposée. Une lacune inexcitable sépare cette région de celle sur laquelle a opéré FERRIER (A. P., p, 227, 1891, sphère auditive).

A ce point de vue, l'étude du cerveau de BERTILLON par MANOUVRIER est des plus instructives. Le cerveau de BERTILLON, qui était privé de l'ouïe à gauche, offrait une atrophie évidente de la première temporale droite et de la pariétale ascendante droite. Cette dernière circonvolution était au contraire extrêmement développée à gauche, en correspondance avec l'audition par l'oreille droite persistante (P. BORNIER, V. LABORDE).

Centre de la mémoire des mots; centre psycho-acoustique; amnésies partielles; aphasie sensorielle. — On adresse la parole à un individu, il entend le bruit de la voix, mais il ne peut comprendre l'idée que le mot signifie : il entend tous les sons, et la portée de l'ouïe pour les bruits simples est conservée; mais il ne peut converser, il ne saisit plus rien aux discours; il peut cependant souvent lire et comprendre ce qu'il lit, dans le même temps (aphasie sensorielle). Chez lui le bruit du mot n'éveille plus l'idée : sa signification a disparu de sa mémoire.

Des expériences de WERNICKE, de FERRIER, HITZIG, LUCIANI et TAMBURINI, des études cliniques de CHARCOT, MAGNAN (SWORTSKOFF, D. P., 1887), etc., il résulte que la localisation du centre auditif des mots est précise. La surdité verbale se produit quand une lésion intéresse la première circonvolution temporale.

KÖHLER et PICK, d'après URBANTSCHITSCH, auraient constaté, en même temps que la surdité verbale, la surdité pour la musique, la perte de la mémoire des tons et de leurs valeurs. Un musicien de mes malades entendait encore les tons et la parole, mais ne pouvait plus reconnaître les accords du piano (GELLÉ).

D. De l'accommodation synergique des deux organes dans l'audition binauriculaire, du réflexe d'accommodation biotique, du foyer ou centre réflexe otospinal. — Les yeux convergent dans l'acte de la vision binoculaire; au contraire, les deux organes de l'ouïe sont absolument séparés au point de vue des étendues de l'espace dont ils reçoivent les ébranlements.

Cependant les deux oreilles sont associées dans la recherche de la direction du corps sonore, dans l'orientation, qui se latéralise du côté du maximum de sensation auditive : cela implique la comparaison entre les notions fournies par chaque oreille ; c'est-à-dire deux centres de perception et un centre de jugement et d'analyse.

Cette synergie d'action, mise en activité par l'attention, se manifeste par le jeu des pavillons chez les animaux, et pour nous par l'adaptation des organes au moyen des contractions musculaires qui accomplissent la rotation de la tête, le redressement du pavillon et les tensions utiles des appareils conducteurs des sons.

J'ai démontré expérimentalement l'association des mouvements intra-auriculaires, leur synergie dans l'expérience dite des réflexes auriculaires, décrite plus haut. On se rappelle qu'un diapason sonnant à l'oreille droite, les pressions centripètes étant opérées sur la gauche, il en résulte une atténuation de la sensation sonore droite par chaque pression. Le tenseur droit entre en action avec le tenseur gauche.

D'autre part, la participation des deux oreilles dans l'audition est rendue manifeste, même dans le cas où la sensation étant bien latérale, on peut croire qu'elle n'existe que pour ce seul côté ; j'ai démontré cela en latéralisant le son cranien et déplaçant alors le maximum vers le côté opposé par un artifice expérimental sans rien changer à la situation du corps sonore (Voir plus haut : p. 876).

J'ai essayé de reconnaître le siège du foyer de ces associations des mouvements réflexes de l'accommodation binauriculaire dont j'ai le premier parlé.

Pour cela, j'ai analysé les faits cliniques dans lesquels cette association synergique faisait défaut ; c'est ainsi que j'ai pu observer la perte du réflexe d'accommodation dans certaines affections de la moelle bien nettement limitées à sa portion cervicale. C'est sur des sujets atteints de pachyméningite cervicale (service de CHARCOT) que j'ai pu constater le fait d'une façon assez fréquente pour pouvoir en induire que ce foyer réflexe de l'accommodation binauriculaire est situé au niveau de l'union du tiers moyen avec le tiers inférieur de la région cervicale de la moelle (GELLÉ. *Études d'otologie*, t. II ; *D'un foyer réflexe oto-spinal*, p. 61).

Quant au point de départ de cette action réflexe, l'examen des faits pathologiques indique que le réflexe manque dès que le labyrinthe est atteint ; tandis qu'il existe très net dans la surdité d'origine centrale, dans la surdité hystérique (hémi-anesthésie), et dans celle qui est consécutive aux lésions cérébrales.

La surtension labyrinthique due à l'accommodation d'une oreille éveille donc celle du côté opposé (GELLÉ. *Valeur des pressions centripètes dans les affections nerveuses. Bulletin Soc. d'otologie et laryngologie de Paris*, 1892). Le point d'origine du réflexe est le labyrinthe, et, dans celui-ci, les nerfs ampullaires en sont sans doute les éléments centripètes.

E. **De l'innervation des oreilles. Rôle de la cinquième paire, du facial, du glosso-pharyngien, du pneumogastrique et du spinal ; le plexus tympanique.** — En plus des expansions périphériques de l'acoustique, l'oreille reçoit des nerfs de sensibilité générale, des nerfs moteurs, des rameaux du grand sympathique, des nerfs trophiques.

La sensibilité lui est donnée par la cinquième paire, le glosso-pharyngien, le pneumogastrique ; deux ganglions voisins ont des rapports évidents avec la fonction auditive : le , ganglion otique et le ganglion sphéno-palatin.

Nous avons, au cours de cette étude de la fonction de l'ouïe, montré les nombreuses influences du nerf trijumeau sur l'organe.

Nous avons vu que la sensibilité du pavillon aide à l'orientation, ainsi que celle de la membrane du tympan ; celle du conduit, exquise, protège l'entrée de l'oreille. La muqueuse et les muscles tympaniques reçoivent une partie de leur innervation de la cinquième paire, et nous devons signaler son action trophique énergique.

L'audition douloureuse montre les rapports intimes de ce nerf avec l'acoustique, dès leur origine bulbaire : les retentissements douloureux causés par certains bruits, par certains modes d'excitation de l'auditif, qui éveillent des sensations sur les dents, sur les yeux, à l'état normal ou pathologique, etc., tiennent à la même condition.

Nous avons vu, avec FILEHNE, l'action tonique des muscles du pavillon soumise à son influence; probablement il en est de même des muscles intra-tympaniques, car les excitations anormales de la sensibilité d'une partie quelconque de l'organe provoquent aussitôt des spasmes musculaires et des bruits subjectifs.

D'autre part la branche motrice du trijumeau innerve le muscle interne du marteau.

Le rameau, détaché du ganglion otique, a bien pour origine cette branche motrice, ainsi que le développement embryogénique l'indique au reste suffisamment (M. Duval). Politzer et Ludwig ont provoqué des contractions du tenseur par excitation directe du trijumeau. D'ailleurs, Vulpian a constaté, après sa section, l'atrophie des fibres musculaires du tenseur. Ce muscle fait partie du groupe des masticateurs que la cinquième paire innerve : aussi se contracte-t-il dans la déglutition toujours précédée d'une contraction des mâchoires. De plus, par le ganglion otique, les excitations se transmettent à ce petit muscle de tous les départements animés par la cinquième paire.

Le *nerf facial* anime les muscles du pavillon : les contractions violentes des peauciers de la face provoquent en même temps celles de ces petits muscles, et font naître des bruits intenses.

Simultanément le petit muscle stapédius, qui reçoit un filet du facial, entrerait aussi en action, d'après Fick et Lucae. Cependant on n'obtient plus de bourdonnements si l'on saisit avec la main le pavillon en laissant libres les deux orifices du conduit. Les bruits sont sans doute surtout dus aux secousses du pavillon et amplifiés par la résonnance du conduit; d'ailleurs, le son du diapason vibrant sur la tête n'est pas modifié pendant ces contractions bruyantes des peauciers auriculaires. C'est le nerf facial qui anime directement le muscle stapédius, l'antagoniste du muscle du marteau, du tenseur.

Dans l'hémiplégie faciale, le muscle de l'étrier est paralysé; le tenseur prédomine; l'équilibre est rompu; la membrane tympanique est attirée en dedans et tendue en excès; aussi le diapason posé sur le vertex est-il latéralisé du côté paralysé.

On voit que les deux muscles tympaniques antagonistes sont innervés par des nerfs différents. Au moment des efforts de l'adaptation de l'organe, dans les bruits forts surtout, le muscle tenseur, sans frein, refoule spasmodiquement l'étrier; il s'ensuit des secousses douloureuses de l'appareil, qui cessent quand l'antagonisme est rétabli; enfin il y a de ce fait affaiblissement de l'ouïe.

Les rapports du facial avec la caisse tympanique, les cellules mastoïdes et le conduit auditif externe osseux expliquent la coïncidence fréquente des paralysies de ce nerf dans les affections de l'oreille.

Un rameau du facial traverse la caisse du tympan sans s'y distribuer, c'est la corde du tympan; irritée dans certaines affections otiques, elle cause de la salivation et parfois un état dystrophique de la muqueuse linguale du côté lésé (Politzer, Urbantschitsch) dans les cas chroniques, et l'altération du goût.

L'influence de ce petit nerf sur la salivation, les rapports de celle-ci avec la déglutition, et par suite avec l'aération de la caisse du tympan, lui donnent une certaine importance au point de vue spécial de la fonction auditive.

L'oreille reçoit un rameau du *pneumogastrique* qui se distribue à là paroi externe de la caisse, au tympan, et surtout à la partie interne du conduit auditif externe, et au canal de Fallope.

C'est ce rameau qui est l'origine des curieux retentissements observés sur le larynx et sur la fonction pulmonaire (aphonie, toux, voix enrouée, accès d'étouffement) au moindre contact de la peau du conduit. On sait du reste que la respiration se suspend quand on écoute; ce nerf auriculaire est donc un nerf d'arrêt excité au choc de l'onde sonore.

L'acoustique a de plus par ses racines des rapports très étroits avec les noyaux du pneumogastrique et du glosso-pharyngien. D'après les recherches récentes de G. Fano et G. Masini, de Gênes (*Intorno ai rapporti fonzionali tra apparecchio auditivo e centro respiratorio*, 1893), les lésions de l'appareil auditif, celles du labyrinthe surtout, amèneraient des troubles notables de la respiration.

L'arrêt de la respiration en inspiration forcée, par exemple, a été inscrit sur les appareils enregistreurs au moment de la dilacération des canaux semi-circulaires; ces perturbations seraient bien moindres si on lèse le limaçon.

Les auteurs insistent sur le caractère inhibitoire de ces actions réflexes d'origine otique; et proposent comme moyen d'étudier la sensibilité acoustique, l'inspection des mouvements respiratoires; ces faits se rapprochent de ce qu'a vu F. Franck. D'ailleurs les rapports de l'audition avec la phonation et l'articulation sont, on le sait, des plus intimes. On observe également que les lésions du larynx s'accompagnent souvent de douleurs otiques symptomatiques bien remarquables; j'ai constaté en pareil cas des lésions scléreuses trophiques de l'oreille correspondante avec surdité.

Dans deux autopsies de lapins auxquels Laborde avait sectionné ou lié les pneumogastriques, j'ai trouvé les bulles comblées, remplies d'un magma muco-purulent épais et la muqueuse pâle plissée et très épaissie. On doit rapprocher ces effets trophiques de ceux que produisent les lésions bulbaires, celles de la v⁰ paire, et du sympathique (M. Duval et Laborde. *Racine descendante du trijumeau; Trav. du lab. de physiologie*, t. 1).

Les trompes d'Eustache et les caisses tympaniques ne sont-elles pas des diverticulums de l'appareil respiratoire?

Le *nerf glosso-pharyngien* est le nerf de la gorge, et aussi de la caisse tympanique, par le nerf de Jacobson. Beaucoup de sujets rapportent à la gorge les sensations causées par les attouchements de la paroi interne de l'oreille moyenne.

L'innervation de la paroi externe (tympan) est plutôt fournie par le pneumogastrique et le trijumeau; aussi les irritations limitées au pavillon tubaire, que ce nerf anime également, sont-elles perçues du côté de l'oreille externe et rapportées au fond du conduit; le nerf de Jacobson couvre la paroi interne de ses branches (plexus tympanique).

Vulpian irrite la caisse et provoque l'hyperémie immédiate de la gorge et de la moitié de la langue correspondante. Le nerf glosso-pharyngien préside à la déglutition, à la salivation et au goût. La déglutition, la salivation sont indispensables à l'aération de la caisse; l'excitation de ce nerf sert donc à l'accomplissement de cette fonction. Cette innervation commune du pharynx et de l'oreille rend celle-ci tributaire des affections de la gorge.

F. **Le nerf de Wrisberg. Ganglion otique.** — Ce petit nerf intermédiaire que nous avons dit s'anastomoser avec l'acoustique au niveau du ganglion de Scarpa, c'est-à-dire avec la branche vestibulaire ou excito-motrice de ce nerf, s'unit également avec le facial, et se rend au ganglion géniculé, d'où partent les deux nerfs pétreux, dont l'un va au ganglion otique.

Du ganglion otique un rameau se porte en arrière dans le muscle interne du marteau. Longet croit que les filets du nerf intermédiaire se rendent au muscle de l'étrier et au muscle interne du marteau: aussi le nomme-t-il le nerf moteur tympanique. Lussana le fait venir du glosso-pharyngien, M. Duval a confirmé cet *a priori* par ses coupes du bulbe; le nerf intermédiaire naîtrait du noyau du glosso-pharyngien.

L'origine du *nerf intermédiaire de Wrisberg* n'est bien connue que depuis les belles recherches de M. Duval sur le bulbe.

Cet anatomiste a démontré qu'il n'est qu'une racine erratique du nerf glosso-pharyngien. Il naît par deux racines: l'une, sensitive, qui part du noyau sensitif de la IXᵉ paire, l'autre, sympathique, naît de l'extrémité antérieure du faisceau solitaire de Stilling ou colonne grêle, situé sur le côté interne du corps restiforme.

Ce petit nerf est donc à la fois sensible et doué d'une action trophique.

De plus, nous avons vu que le nerf facial offre avec le ganglion d'Andersch un rameau anastomotique qui l'atteint au-dessous de l'origine du rameau du stapédius. J'ai toujours pensé que le glosso-pharyngien fournissait aux muscles tympaniques un élément pour associer leur contraction avec la déglutition.

Le *spinal* est le nerf moteur de l'orientation et de la rotation de la tête; il obéit à la sensation acoustique (réflexe) et à la volonté. Je n'ai pas à rappeler le rôle des muscles sterno-mastoïdiens et de ceux du cou dans les mouvements de recherche du corps sonore. C'est au niveau du bulbe que se font ces excitations de voisinage des noyaux contigus à l'acoustique, et des faisceaux de la moelle allongée. La zone psycho-motrice au contraire commande les mouvements volontaires et conscients; mais la sensation d'action musculaire peut suffire à donner l'orientation.

G. **Des centres trophiques de l'oreille; centres vaso-moteurs.** — **Centres bulbaires.** — Tout le monde connaît les belles expériences de Claude Bernard relatives aux influences vaso-motrice et trophique sur l'oreille des sections du sympathique cervical ou de l'arrachement du ganglion cervical supérieur; la dilatation vasculaire, la chaleur accrue, etc.

Les lésions du bulbe oculaire et des parties profondes de l'oreille, sur lesquelles j'ai appelé déjà l'attention, montrent l'influence de ces rameaux du sympathique qui se jettent dans le plexus tympanique et se distribuent avec les vaisseaux de l'oreille interne. En second lieu nous venons de mentionner l'action trophique du nerf trijumeau.

Wiett d'autre part rapporte et figure des lésions trophiques observées après les traumatismes et sections des nerfs pneumogastriques sur le lapin. Ces faits indiqueraient donc une action trophique réflexe évidemment par le bulbe (Wiett. D. P., 1881).

Les lésions bulbaires ont en effet sur l'oreille une action trophique remarquable. Au cours de leurs recherches sur la racine descendante du trijumeau, Laborde et M. Duval ont observé des troubles trophiques très caractérisés de l'œil, tandis que dans la bulle et dans l'oreille interne des opérés, je constatais des hémorrhagies, des inflammations, de la suppuration, etc., sur les cobayes ou lapins qui survivaient aux expériences : un d'entre eux fut même atteint tardivement de vertige de Ménière, dû aux mêmes altérations consécutives du labyrinthe et de la bulle (B. B).

Il n'est pas rare de rencontrer des sujets frappés à la fois de cécité et d'otorrhée unilatérales dès l'enfance. Le rapport de cause à effet des deux affections n'est peut-être point difficile à établir; la lésion du rocher qui cause l'otorrhée peut en effet avoir lésé le ganglion de Gasser, si proche du *tegmen tympani*, et provoqué des lésions trophiques consécutives.

Au reste j'ai observé et constaté ces lésions consécutives de la cornée sur un cobaye auquel j'avais dilacéré et fait suppurer la bulle dans mes recherches sur le limaçon : l'abcès avait soulevé et envahi le ganglion de Gasser (B. B.).

II. **Les sensations acoustiques ; leur perception ; l'attention ; la mémoire, l'imitation, l'éducation, la phonation identique.** — La psychologie de la sensation acoustique, c'est-à-dire l'analyse des états de conscience et de l'intellect qui sont provoqués par elle ou qui la modifient et réagissent sur sa perception forment une étude nouvelle.

Elle a été surtout systématisée et fouillée au moyen des procédés et méthodes d'analyse scientifique actuellement usités dans ce qu'on appelle « la psychologie expérimentale ».

Au cours de cette étude de l'audition j'ai montré à chaque pas les rapports intimes qui unissent l'excitant, l'excitation et la perception. La réaction individuelle psychique, l'action de l'éducation du sens, de l'attention, de l'excitation imprévue, ou attendue, de la fatigue, des aptitudes personnelles, modifient absolument l'effet produit, indépendamment des sensations de plaisir ou de déplaisir qui accompagnent la perception des sons. Nous ne répéterons pas tout ce qu'après Helmholtz nous avons dit à ce sujet au chapitre de l'audition par lequel débute ce travail.

On a pu étudier l'attention auditive, l'aptitude fonctionnelle, l'effet de la fatigue; la durée de l'excitation, sa persistance, l'association, la fusion de ces éléments simples acoustiques au moyen des sensations auditives même; au moins tout cela a été tenté.

D'un autre côté on a cherché à étudier par la sensation la fonction psychique supérieure qu'elle excite, jugement, imagination, attention, mémoire, etc. La sensation étant connue, on peut en effet analyser et comparer ses divers modes d'action sur les centres nerveux.

Ainsi on a démontré expérimentalement que la sensation auditive, comme la sensation tactile, offre des alternatives d'intensité et d'affaiblissement suivant que l'attention est vive ou se fatigue; et qu'il en résulte pour elle des oscillations qui sont manifestes : l'attention auditive s'est montrée ainsi subissant des modifications telles que la sensation semble intermittente (V. **Attention**).

J'ajouterai que le phénomène est déjà évident chez les femmes, les enfants et dans l'état pathologique, où nous constatons les intermittences très nettes dans le phénomène sonore perçu à la limite de la perception auditive du sujet (Urbantschitsch, *loc. cit.* — Gellé. *Études d'otologie*, 1880, t. 1). — Lange, *Études psychologiques*, p. 178 (en russe), Odessa, 1893). — Münsterberg (*Beiträge f. exp. Psych.*, t. iii, et E. Place (*Phil. Stud.*). — A. Binet (*Introduction à la psychologie expérimentale*, 1894, p. 45). On a pu calculer ainsi expérimentalement la durée d'une oscillation de l'attention (tic tac de la montre) qui serait égale à 4 secondes. Ces études intéressantes, encore à leur début, n'ont qu'un intérêt relatif au point de vue de l'audition : nous ne pouvons nous y arrêter, mais nous devions les signaler.

La mémoire auditive, celle des images auditives, a été analysée dans les études connues de BALLET, RIBOT, STRICKER, etc. Je note encore qu'on a calculé la durée du temps de réaction, de l'acte réflexe consécutif à une audition. Le temps serait égal à 50 σ (le σ équivaut à 1 millième de seconde); tandis que l'acte volontaire, la réaction voulue, a été reconnu se produire à un intervalle de 150 σ. (CH. RICHET. *Essai de psychologie générale.* — BINET, *loc. cit.* — WUNDT. *Éléments de psychologie physiologique*, trad. ÉLIE ROUVIER. — BEAUNIS. *Revue phil.*, XXV, p. 369, — FÉRÉ. *Sensation et mouvement.* — BUCCOLA. *La legge del tempo nei fenomeni del pensiero*, 1881, p. 229. — JASTROW. *The times of mental phenoma*, New-York, 1890.)

Au point de vue de l'accommodation des oreilles, la faible durée du temps de l'excitation réflexe est très importante à signaler.

A l'égard de la mémoire on a vu par l'étude récente de CHARCOT sur INAUDI qu'elle est aidée par la mémoire de l'articulation (CHARCOT et BINET. *Un calculateur du type visuel. Revue philos.*, 1893). Au moyen du microphone enregistreur de l'abbé ROUSSELOT, ces auteurs ont pu noter les essais, les tâtonnements de JACQUES INAUDI avant l'émission du chiffre qu'on lui a lu. Ces modes de rappel sont marqués sur les graphiques d'une façon très lisible (BINET, *loc. cit.*). D'ailleurs CHARCOT a montré qu'INAUDI est un auditif, et qu'il répète mentalement et sur les lèvres en même temps les notes et les chiffres qu'il retient.

On voit là combien de sensations, de mouvements, d'associations complexes sensorielles et psychiques se groupent autour du phénomène et de l'acte de l'audition.

La différenciation s'opère dans l'organe périphérique; l'intégration, la coordination est un acte cérébral; là encore, il se produit des excitations nouvelles, des éveils d'idées, dont l'audition colorée est un exemple. On sait d'autre part l'influence de l'ouïe sur l'éducation de la parole et du chant; une voix juste naît d'une oreille juste.

En fait d'excitations dues à celles de l'ouïe, il en est une dont je veux dire quelques mots plutôt pour provoquer à son sujet de nouvelles recherches.

J'ai constaté que l'audition prolongée de bruits intenses échauffe le pavillon et l'oreille; souvent la température générale s'en trouve accrue. Le phénomène est plus prononcé après une audition musicale (opéra), de masses instrumentales et chorales, surtout après les chants bien rythmés.

Ne peut-on rapprocher ces faits des conclusions du travail de MAX OTT (1889) sur les centres thermo-génétiques cérébraux; en effet, cet auteur a signalé comme l'un de ces centres la région temporo-sphénoïdale, siège du centre acoustique, on le sait. LANDOIS (1888), sur le chien, d'autre part, avait montré l'élévation de la température due aux lésions expérimentales de la zone psycho-motrice.

I. **Centres d'associations motrices des mouvements coordonnés de l'œil et du pavillon auriculaire.** — Je ne puis que rappeler que FERRIER ayant excité la première circonvolution temporale, a constaté que l'oreille du côté opposé se dresse et que les yeux se portent dans le même sens; l'association motrice est évidente.

CH. RICHET enlève les circonvolutions temporales du lapin; celui-ci devient absolument sourd; ses yeux seuls lui indiquent les mouvements qui se font autour de lui; on voit son pavillon auriculaire se tourner d'avant en arrière, avec l'œil qui suit l'observateur, montrant la synergie fonctionnelle des deux organes des sens et leur association au point de vue de l'orientation.

J. **Perception centrale.** — L'influence prépondérante du système nerveux central se manifeste dans la perception unique avec deux sensations latérales, différentes d'intensité, de timbre, de tonalité.

L'expérience suivante montre bien cette puissance des centres nerveux pour l'analyse des sons jusqu'au phénomène de la vibration simple inclusivement. Nous avons exposé, d'après HELMHOLTZ, la décomposition des sons en leurs composants telle que le sens de l'ouïe l'opère. Cette finesse d'analyse apparaît de même dans l'audition des battements. On sait comment ils se forment; c'est un résultat d'interférence. Deux diapasons *la* 3 fournissent des ondes qui évoluent dans le même temps ; mais l'un d'eux est légèrement désaccordé par l'addition à l'une de ses branches d'une petite masse de cire ; ces deux diapasons *la* 3 sonnant en face d'une oreille donnent la sensation de ronflement du son si les intermittences et les renforcements sont rapides, et de battements s'ils sont plus lents. Les ondes se fusionnent dans l'air, dit la théorie, et périodiquement une onde plus faible ou plus forte se produit qui modifie la sensation aussitôt.

L'expérience suivante de GELLÉ montre que les ondes n'ont pas besoin de se fusionner dans le milieu aérien, pour que les battements apparaissent. En effet si, par un dispositif simple, on fait arriver à chaque oreille isolément le son de l'un des diapasons désaccordés, la fusion aérienne n'a plus lieu ; et cependant la sensation du battement se produit. Il suffit donc de deux excitations latérales, isolées, de l'espèce indiquée, c'est-à-dire de deux sons très proches, comme ceux des deux diapasons désaccordés, pour qu'il se forme dans le sensorium commun, l'impression de battements. J'ai réalisé ce dispositif expérimental comme suit : On adapte à chaque conduit auditif, un tube de caoutchouc long de quatre à cinq mètres et dont les extrémités aboutissent chacune dans une pièce séparée et isolée ; à un signal donné, les deux diapasons mis en vibration sont portés à l'orifice des tubes ; le phénomène du battement apparaît aussitôt. On ne peut admettre qu'il y ait, ici, aucune participation du milieu ambiant à la production du phénomène.

Ainsi deux excitations, agissant isolément sur chaque organe, vont directement aux centres qui les associent et perçoivent les variations interférentielles par le simple effet de l'action des deux impressions l'une sur l'autre. Cette expérience met en évidence l'unité psychique. On voit que la présence du milieu aérien n'est pas indispensable à la genèse des battements.

On peut en conclure, de plus, que les sons arrivent dissociés en leurs éléments simples dans le cerveau ; les excitations composantes s'unissent là seulement de telle façon que les renforcements et les affaiblissements de la sensation peuvent y naître.

Ainsi le dernier mot appartient aux centres nerveux ; c'est là que se noue ce qui a été dénoué par les organes périphériques. Dans le cerveau, ce sont des excitations nerveuses et non des vibrations qui s'associent ; dans les battements l'excitation unifiée est périodiquement atténuée et renforcée.

Des appareils de l'audition dans la série animale. — Tout ce que nous connaissons du monde extérieur se réduit à une série d'états de conscience se déroulant dans le *temps*, dont nous objectivons les causes dans l'*espace*, à l'aide des sensations, et que nous localisons dans des organes spéciaux, les sens (H. BOUASSE, 1895, *Introduction à l'étude des théories de la mécanique*).

L'oreille est un instrument, celui du sens de l'ouïe. Les vibrations qui agitent le milieu agissent mécaniquement sur elle, soit par pression, soit par choc ; il s'y ajoute un travail, déplacement ou ébranlement moléculaire, puis un effort d'adaptation d'où naît la fatigue, caractéristique du travail de l'appareil sensoriel en rapport avec la force du courant vibratoire. L'oreille est un instrument acoustique ; elle éprouve et conduit les vibrations ; son nerf les perçoit.

Nous allons étudier le développement de l'organe de l'ouïe dans la série animale et montrer en quel point de cette série l'appareil se différencie, se spécialise des autres organes du tact, et quelles sont les parties qui apparaissent les premières dans cette évolution progressive qui aboutit à la constitution du labyrinthe de l'homme, coiffé de deux appareils de transmission et de perfectionnement.

La fonction auditive est la résultante de pressions, de chocs, d'un travail intra-auriculaire qui leur succède et que l'acoustique ressent ; certes, ce sont là les éléments de la mécanique.

La sensation auditive naît d'une communication de mouvements.

L'appareil auditif est dérivé de l'ectoderme ; cela indique assez combien l'audition a de rapports avec le sens tactile : mais le sens de l'ouïe apporte à la conscience la notion d'un mouvement spécial du milieu, bien différent du contact, bien qu'on ait dit, avec raison, que l'audition est un toucher à distance.

Il n'y a qu'un pas du choc, de la pression, à la vibration ; en effet, celle-ci naît d'un choc, mais suivi du retour élastique de la partie touchée, et dure jusqu'au retour à la position d'équilibre.

Dans le toucher, l'action de celui-ci s'arrête au contact; dans l'oreille, l'excitation se propage, s'étend; c'est un courant qui passe sur les éléments sensoriels. On sait que beaucoup de sons graves impressionnent la peau d'une façon très caractéristique; sans doute l'impression pénètre plus loin. Mais si une pression, un choc sont les excitants des organes tactiles et le point de départ des sensations du toucher, l'énergie vibratoire se manifeste d'autre façon, *par une transmission de mouvements*, grâce à l'élasticité de la partie influencée, laquelle se meut à son tour et propage le courant dans le sens donné.

L'énergie vibratoire est une force spéciale : elle associe certains ébranlements des corps entre eux; et cette union dans le mouvement oscillatoire est une source de la connaissance; d'ailleurs la vibratilité est une propriété générale des corps élastiques. Dans les organes auditifs, elle s'affine et prend une puissance particulière grâce aux appareils délicats, susceptibles d'éprouver et de transmettre aux centres nerveux les plus légères oscillations du milieu vecteur.

Par suite, toutes les dispositions organiques qu'on a découvertes chez les animaux inférieurs et qu'on admet comme adaptées à la fonction de l'ouïe, devront satisfaire à certaines exigences de structure pour subir l'énergie du courant vibratoire à son passage, et le propager.

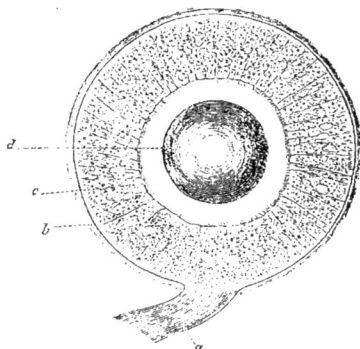

Fig. 92. — Organe auditif de l'*Unio* : fort grossissement.
a. le nerf. — *b*. la vésicule auditive. — *c*. les cellules vibratiles. — *d*. l'otolithe.

Un appareil spécial vibratile est donc nécessaire pour éprouver les ébranlements et pour orienter, limiter la perception, et un nerf spécifique indispensable pour constituer un organe du sens de l'ouïe.

Cet organe d'analyse apparaît en même temps qu'un système nerveux chez les invertébrés; il s'y montre dans sa plus grande simplicité. C'est un début dans la différenciation.

Les *Cœlentérés* offrent les premiers vestiges d'un système nerveux en communication avec des cellules sensorielles de l'ectoderme, dites neuro-épithéliales (LANKASTER), et d'un organe de transmission des ébranlements. Une vésicule, sur sa paroi interne, une couche de cellules neuro-épithéliales et des nerfs afférents; à l'intérieur une masse solide, mobile, l'otolithe : telle est la première composition d'un organe auditif.

Chez les *Méduses* apparaissent les premières formations otocystiques (vésicules auditives).

Chez *Phialidium*, d'après O. et R. HERTWIG, une vésicule de dimensions assez grandes,

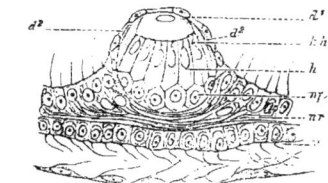

Fig. 93. — Organe auditif de *Phialidium* (HERTWIG).
d'. épithélium de la surface supérieure du velours. — *d''*, épithélium de la surface inférieure. — *hh*. poils auditifs. — *h*. cellules auditives. — *ap*. coussinet nerveux. — *nr*. faisceau nerveux. — *r*, canal circulaire bordant le velours.

enfermant un otolithe, est en rapport intime avec un renflement de l'anneau nerveux marginal (voir fig. 93).

Sa paroi intérieure est tapissée d'une couche de cellules auditives (cellules cylindriques) à plateaux ciliés (soies auditives). Entre elles se voient les pointes des cellules fusiformes sensitives qu'elles soutiennent; celles-ci envoient au cumulus de cellules nerveuses un prolongement variqueux qui les met en rapport direct avec l'anneau nerveux supérieur de l'ombrelle (O. et R. HERTWIG).

Il est bon de remarquer que les cellules de l'anneau nerveux inférieur, qui reçoit du supérieur de nombreuses fibrilles, fournissent aux muscles surtout. Ainsi que le remarque BEAUNIS (p. 140), il y a déjà là une différenciation du système sensitif et du système moteur. L'action réflexe partie du neuro-épithélium vient exciter le muscle. Les rapports de ces vésicules auditives multiples avec les organes des mouvements chez les Cténophores en font, au dire de ce physiologiste, peut-être des *organes de direction* déterminant le sens des mouvements.

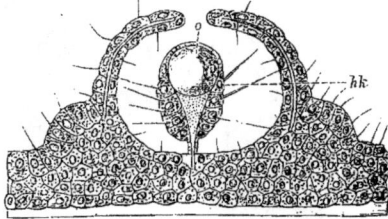

FIG. 91. — Organe auditif de *Rhopalonema*, montrant encore un petit orifice (d'après HERTWIG).

hk. tentacule modifié. — *o.* organe auditif.

La vésicule auditive est ouverte ou close suivant les espèces.

Chez *Rhopalonema*, la concrétion otolithique est portée sur une tige flexible; et tout autour s'étendent de longs poils raides qui hérissent la paroi.

Dans le pédicule s'épanouit le nerf qui se distribue aux cellules de l'otocyste.

Telle est la disposition générale des formations otocystiques. Disons tout de suite que nous retrouvons constamment ces deux cellules associées comme base de l'appareil auditif.

De la Méduse à l'homme l'élément fondamental restera ce groupe de cellules cylindriques ciliées et de cellules fusiformes accolées (HASSE, LEYDIG, O. et R. HERTWIG, PAUL MEYER). De plus, nous retrouverons toujours aussi ces concrétions incluses dans les vésicules auditives; car ce sont là les parties indispensables dans la structure d'un organe du sens de l'ouïe. L'otolithe mobile, simple ou multiple, transmet aux extrémités des cellules neuro-épithéliales les oscillations reçues, et sans doute le sens du mouvement. On comprend qu'ici ces sensations sont d'un ordre inférieur; mais elles diffèrent cependant de celles du tact par la durée des ébranlements subits en rapport avec la nature et l'intensité de la force agissante : c'est l'annonce et l'effet d'un mouvement vibratoire extérieur.

D'après HASSE, WALDEYER, DEITERS, KEY et RETZIUS, LEYDIG, PAUL MEYER, SCHULTZE, LANKASTER, BEAUREGARD, CHATIN, COYNE, etc., les filaments allongés qui naissent des plateaux des cellules cylindriques, les cils s'agglomèrent souvent et forment alors une saillie compacte, tantôt conique, tantôt triangulaire ou en bâtonnets à laquelle, dans son étude sur le sens auriculaire de l'espace, BONNIER (p. 25) accorde un rôle particulier.

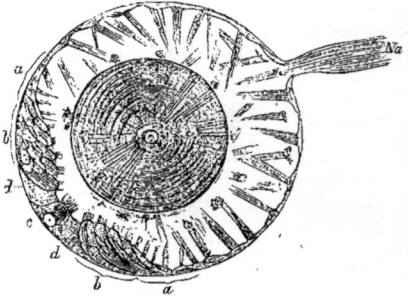

FIG. 95. — Organe auditif de *Pterotrachea Friderici* (d'après CLAUS).

Na. nerf auditif. — *c.* cellules centrales. — *d,* plaque de support. — *b,* cercle externe de cellules auditives. — *a,* cellules à cils.

VERWORN, analysant le rôle de l'otolithe, y voit les premiers linéaments de l'organe du sens de l'équilibre, de la station et de la direction des mouvements.

L'étude de la vésicule auditive et de l'otolithe de *Callianina bialata* est très suggestive à ce point de vue (DE VARIGNY, I. BREUER, etc.).

Les *Echinodermes* ont ces appareils spéciaux peu distincts; on trouve cependant dans *Elpidia glacialis* (holothurie) des vésicules avec otolithes (BEAUNIS, p. 52).

Les *Vers* n'offrent que de rares vésicules auditives qui contiennent un otolithe : elles siègent soit sur l'extrémité céphalique, soit sur les segments suivants. BEAUNIS remarque que ces organes existent surtout chez les genres dépourvus de taches oculaires, fait qui a été constaté aussi chez les Cœlentérés (BREHM).

Chez les *Crustacés* les organes auditifs sont constitués par des vésicules auditives ouvertes (écrevisse), ou closes (homard) et situées dans l'article basilaire des antennules (Milne-Edwards, Fabre, Huxley, Beaunis, Leuckart, Claus, Beauregard, Chatin, Hensen).

Hensen, dans une expérience restée célèbre et citée à l'appui de sa théorie par Helmholtz, a pu constater les oscillations des poils auditifs de la surface du corps de la *Mysis* sous l'action de sons déterminés. Il a observé aussi que l'otolithe offrait les oscillations les plus étendues du côté des bâtonnets les plus longs, et *vice versa*. Depuis, on a fait des observations analogues sur les poils auditifs du *Carcinus menas* (Hensen, Gegenbaur, Huxley, Leydig).

Les organes auditifs des *Arachnides* sont inconnus. On ne peut toutefois leur refuser le sens de l'ouïe qui, au contraire, est fort développé chez l'araignée (Voyez sur ce point les développements ingénieux donnés plus haut par Plateau, (Art. **Arachnides**).

Chez les *Insectes* dont la masse nerveuse cérébrale est déjà développée, on est étonné de ne point apercevoir un centre ou renflement cérébral auditif, analogue à celui qui existe pour l'œil, très différencié déjà (Lubbock, Leydig, Chatin). Les fossettes décrites sur les antennes, au fond desquelles s'insèrent des cônes olfactifs, ont-elles rapport à l'audition? on ne sait. D'après les expériences de Lubbock, la sensibilité auditive serait très obtuse chez les abeilles, les guêpes, les fourmis. Beaunis fait à ce propos cette réflexion pleine de sens : les sons mêmes qu'émettent les insectes démontrent chez eux l'existence de l'audition (p. 125).

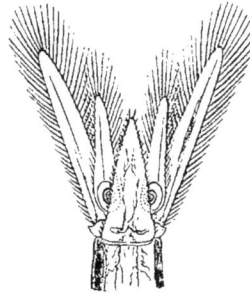

Fig. 96. — Queue de Mysis montrant l'organe auditif découvert par Frey et Leuckart.

Cependant chez les acridiens, les locustides-gryllides, on a pu s'assurer qu'il existe de véritables organes de l'ouïe, logés tantôt dans la partie postérieure du métathorax, tantôt dans les jambes antérieures. Parfois une vésicule trachéenne correspond à la membrane vibrante. Leydig figure l'appareil auditif d'une sauterelle. On y voit un nerf auditif terminé par une intumescence ganglionnaire, touchant une membrane vibrante enchâssée dans un cadre corné; et à la surface de celle-ci trois pièces chitineuses rayonnant du ganglion nerveux, une cylindrique, une en marteau, l'autre aiguë à son extrémité, dont la fonction est peu connue (Chatin, H. Fabre, Nuhn et Vitus Graber) (1881).

Les *Brachiopodes* sont dépourvus d'organes sensitifs spéciaux; mais à l'état larvaire quelques-uns possèdent des vésicules auditives qui disparaissent dans le cours du développement.

Chez les *Mollusques*, les organes auditifs sont très répandus et des mieux connus.

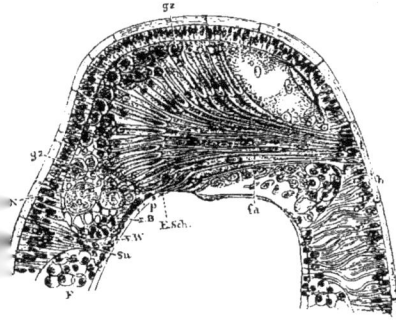

. 97. — Partie externe d'une coupe de tibia de *Gryllus viridissimus* (d'après Graber).

surface postérieure de la jambe. — *p.* paroi de la trachée. — *vW.* paroi trachéale. — TN, nerf. — *gz*, cellules ganglionnaires. — E. *Sch.* tubes terminaux des cellules ganglionnaires contenant chacune un bâtonnet auditif. — *Fa,* filaments terminaux de ces tubes.

L'otocyste est proche des ganglions sous-œsophagiens (escargot, paludine, limace); mais, d'après de Lacaze-Duthiers, le nerf acoustique vient des ganglions cérébraux (lice des champs).

Il y a en général deux otocystes; contenant tantôt un seul otolithe pédiculé, ou non, arrondi, et tantôt plusieurs (poulpe).

Chez les *Céphalopodes* la vésicule otocystique offre des saillies; elle est comme lobulée (*Sepia*), et elle est enclose dans le cartilage céphalique (dibranches), condition très importante, ainsi qu'on le verra plus loin.

Les *Décapodes* ont également des vésicules inégales, à dépressions et saillies.

Chez certains Céphalopodes cette fragmentation incomplète de la vésicule, par des sillons, a déjà donné l'idée d'une ébauche de canaux semi-circulaires (KOVALESKY, OWSJANNIKOW, RETZIUS).

P. BONNIER insiste sur la division de l'otolithe en plusieurs parties, sur sa multiplicité; malgré l'importance donnée par tant d'auteurs à l'otoconie, il en tire cette conclusion que son influence est abaissée; c'est le liquide intra-vésiculaire (endolymphatique) dont désormais les oscillations vont jouer le premier rôle dans l'acte d'exciter le nerf auditif en circulant dans les cavités surajoutées. Les frottements du liquide au passage des sillons, bientôt transformés en canaux, deviendraient l'origine du sens de la direction des courants liquidiens intra-otocystiques. A ce propos, il faut noter aussi que chez les *Céphalopodes* on rencontre de véritables *crêtes acoustiques* correspondant à des nerfs et couvertes de cellules sensorielles, comme chez les vertébrés (RANKE, BOLL., LEYDIG, DE LACAZE-DUTHIERS), au niveau des rudiments d'ampoule.

Les *Gastéropodes* offrent le même type d'otocystes, mais plus simple. Les lamellibranches de même (DE LACAZE-DUTHIERS, CLAPARÈDE, WALDEYER, LEYDIG) n'ont qu'un seul otolithe.

On voit le développement que l'organe auditif prend peu à peu; les appareils de différenciation devenus bilatéraux se subdivisent et se compliquent pour répondre à des fonctions nouvelles. Quelles que soient les interprétations plus ou moins hâtives et hypothétiques des auteurs, on constate une gradation

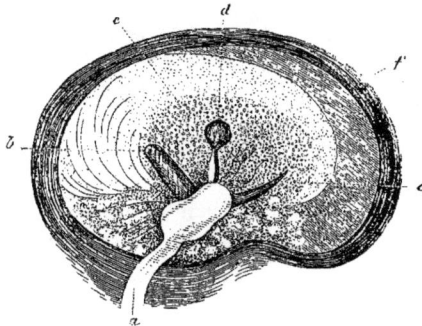

FIG. 98. — Organe de l'ouïe d'une sauterelle (*Acridium cœrulescens*) vu à un faible grossissement.

a. nerf acoustique terminé par un ganglion. — *b*, *c*, *d*, trois saillies épineuses situées à la surface du tympan. — *e*. surface où se trouvent les terminaisons du nerf. — *f*, chassis corné de la membrane du tympan.

continue dans l'évolution de la vésicule première et une complication graduelle de sa forme et de sa structure et dans la distribution nerveuse.

Chez les *Tuniciers* (larves d'Ascidie par exemple) on trouverait tournée vers la cavité cérébrale une crête acoustique surmontée d'un otolithe; parties qui disparaissent à l'état de complet développement (KUPFFER, KOWLAESKY, HŒCKEL). Chez l'Amphioxus (HUXLEY) on ne trouve aucun vestige de ces formations d'organes sensoriels.

Chez la *Myxine* les essais de segmentation de l'otocyste sont accomplis. RETZIUS a décrit chez la *Myxine*, dont l'appareil otocystique en anneau est inclus dans le cartilage céphalique, l'apparition d'un canal annexe de la cavité vésiculaire en forme de cylindre semi-circulaire, offrant une crête sensorielle au niveau de l'ampoule par laquelle une de ses extrémités s'ouvre dans la grande vésicule centrale auditive.

Il n'y a qu'un canal chez la Myxine.

Il faut insister ici sur cette addition récente de l'enveloppement de l'appareil vésiculaire dans une carapace solide, cartilagineuse et close.

Cette condition nouvelle apparait chez les arthropodes. La vésicule molle primordiale est incluse dans un réceptacle résistant; cela modifie avantageusement sa fonction; cela exige une fenêtre ouverte sur le dehors pour l'accès du courant vibratoire; et, par suite, l'orientation est instituée, les appareils étant doubles.

Mais il y a plus; cette résistance, que l'enveloppe oppose au choc vibratoire, dote *ipso facto* l'organe du pouvoir de percevoir les variations de la pression intérieure (intra-vésiculaire, intra-labyrinthique); ces cavités étant remplies d'un liquide péri-vésiculaire; et l'on ne s'étonnera pas de la remarquable coïncidence de l'apparition des canaux semi-circulaires à ce degré de l'échelle zoologique.

Il y a là une disposition nouvelle ajoutée à l'otocyste primitif, et sans doute les premiers indices d'une nouvelle fonction annexe de l'audition.

Il existe deux canaux chez les Pétromyzontes et les Ammocètes (Breschet).

Mais, dès lors, dans la série zoologique, en même temps que se développe et se complique la structure des centres nerveux, tous les animaux offrent dans chaque appareil auditif labyrinthique trois canaux semi-circulaires (poissons, amphibies, reptiles, oiseaux, mammifères).

Ainsi, après la vésicule otolithique, premier indice d'un organe spécial de l'audition, apparaissent, avec leur disposition caractéristique presque invariable, ces canaux, annexes de la vésicule centrale, qui se montrent bien avant le limaçon; ce qui indique qu'ils remplissent une fonction plus générale, prépondérante et commune à tous les vertébrés, c'est-à-dire aux animaux pourvus d'une moelle et de vésicules cérébrales.

J'ai insisté sur cette simultanéité de développement des masses nerveuses (moelle, bulbe, cerveau) et des trois canaux bilatéraux que j'ai pensé leur correspondre (Gellé, Études d'otologie, ii, Canaux semi-circulaires, 1888).

Parallèlement, les autres parties de l'organe auditif se développent graduellement; leur formation est surtout influencée par le milieu dans lequel vit l'animal. Un appareil de perfectionnement intermédiaire se place entre le milieu vecteur et la partie sensitive; mais l'élément principal est le bâtonnet auditif, soutenu par les cellules cylindriques ciliéesincluses dans un labyrinthe (Ranke, Leydig, Huxley, Balfour, Weber, de Lacaze-Duthiers).

La fenêtre qui fait communiquer la vésicule auditive avec le milieu extérieur est membraneuse d'abord; puis c'est une plaque calcaire (poissons); enfin l'étrier fait saillie, confondu avec la columelle (oiseaux), puis différencié totalement (chéloniens, mammifères).

Chez les *Poissons*, l'oreille est réduite au labyrinthe, lequel se compose d'une cavité centrale ou vestibule, dans laquelle on trouve au milieu du liquide périlymphique ou exolymphique l'utricule; et de trois canaux semi-circulaires en général très développés; mais il n'y a pas de limaçon.

Chez la *Murène* (Hasse et Nuhn), et chez la plupart des poissons, on trouve une forme de saccule, et un vestige, rudiment probable de limaçon, indistinct; l'apparition du saccule est à noter surtout, ainsi que son union par un canal avec l'utricule et avec le canal endolymphatique (Retzius, Hasse). Les ampoules des canaux semi-circulaires offrent des crêtes acoustiques couvertes de cellules sensorielles; l'utricule et le saccule ont tous deux une plaque sur laquelle les éléments neuro-épithéliaux sont disposés; l'endolymphe remplit les cavités, et l'otoconie (ou sable auditif) retenu dans une formation cellulaire couvre surtout les éléments ciliés criniformes et les bâtonnets sensoriels; enfin un énorme otolithe, oblong, plat et dur, oscille dans l'utricule,

Chez les *Sélaciens*, ces organes offrent un degré plus perfectionné de développement, mais restent analogues.

Chez les *Plagiostomes*, un passage ou canal (canal ascendant), aboutissant à la région occipitale et s'y ouvrant, fait communiquer la vésicule auditive avec l'extérieur (Geffroy, Weber, Breschet, Duméril, Wiedersheim); ainsi se transmet la pression du milieu.

Chez les *Poissons*, cette vésicule offre aussi dans certaines espèces des rapports étroits avec la vessie natatoire, soit directement, soit par l'intermédiaire d'une chaîne d'osselets (appareil de Weber) ou de diverticulums aboutissant à un réservoir basilaire (A. Moreau). Wiedersheim, Testut, Bonnier regardent les sacs endolymphatiques de l'homme comme le vestige des canaux si remarquablement développés ici.

On doit conclure, de ces importants et curieux rapports, que l'organe auditif est influencé par les variations de pressions et susceptible de les percevoir.

L'augmentation de volume de l'air de la vessie natatoire provoque l'ascension du poisson, et, par suite, une diminution de la pression sur le labyrinthe. L'appareil des osselets de Weber et ses muscles auraient pour but de protéger le labyrinthe contre les écarts.

Le cysticule, diverticulum du saccule, n'a pas l'importance que Deiters a voulu lui donner; Breschet a bien vu qu'il ne reçoit aucun filet nerveux distinct (Chatin, p. 377).

Chez les *Batraciens* l'endolymphe a une consistance plus visqueuse et prend un aspect lactescent.

La trompe d'Eustache est large (grenouille) et s'ouvre dans la cavité pharyngée; les cils vibratiles de la muqueuse entraînent les poussières dont on couvre celle-ci du côté du pharynx (M. Duval).

Le tympan est à fleur de peau; une columelle, tigelle mince, de forme variable, le met en rapport avec la fenêtre ovale; l'étrier est indistinct.

Il n'y a pas d'oreille externe; mais l'oreille moyenne est pour la première fois très évidente; c'est un diverticulum du pharynx; cependant, chez certaines espèces (protée, bombinator, salamandre), la caisse manque; et chez beaucoup la columelle manque aussi (axolotl).

Une remarque importante, c'est que le labyrinthe ne s'ouvre sur cette caisse tympanique que par une seule fenêtre, fenêtre ovale qui reçoit l'extrémité de la columelle, formant un rudiment d'étrier.

L'absence de limaçon explique-t-elle suffisamment celle de la fenêtre ronde? La conformation de la caisse et la constitution du tympan, plan, tendu, épais, dur, et demi-ossifié parfois, rendent sans doute inutile un second orifice de dégagement du labyrinthe chez ces animaux. Retzius et Hasse signalent chez la salamandre un indice de limaçon.

Chez les *Reptiles*, l'organe auditif offre des différences extrêmes de développement suivant les espèces; dans les Crocodiliens, il rappelle les types les plus parfaits des oiseaux, et chez les Ophidiens, il se rapproche de celui des Batraciens.

Il n'y a pas d'oreille externe; à peine un repli ou bourrelet cutané chez les Crocodiliens.

Chez les *Serpents*, la peau recouvre le tympan qui est indistinct; chez eux la caisse manque aussi, mais elle est assez développée chez les Chéloniens et Crocodiliens.

Ces derniers ont des trompes d'Eustache souvent réunies en un seul orifice pharyngien (Owen, in Chatin, p. 370).

De plus, les cellules mastoïdiennes se montrent chez les Crocodiliens et quelques Sauriens (Milne-Edwards).

La chaîne des osselets est représentée par une columelle souvent garnie de pointes qui rappellent les apophyses du marteau chez les animaux supérieurs.

Chez les *Sauriens*, on distingue assez bien un étrier et un marteau; et un muscle s'insère sur l'extrémité tympanique de cette tige complexe.

Chez les *Serpents*, la fenêtre ovale est couverte d'une plaque d'où part une tigelle comprise et englobée dans la peau et le tissu sous-cutané.

Il faut remarquer que dans cette classe toutes les espèces ont un labyrinthe offrant deux fenêtres constantes. Le labyrinthe est composé d'un vestibule, avec une caisse acoustique et des otolithes, de canaux semi-circulaires comparables à ceux des oiseaux; mais chez les Crocodiliens, de dimensions très inégales, à peine indiqué chez les Amphibiens. Le *limaçon* ici apparaît complet pour la première fois; il est extrêmement simple, il se sépare du saccule, il a deux rampes, une vestibulaire, une tympanique; et la distribution des filets nerveux rappelle celle du limaçon des animaux supérieurs; il décrit environ un quart de spire.

Sur le plancher du quatrième ventricule, en dehors des *cordons ronds*, on voit en avant et de chaque côté un tubercule, *tubercule acoustique*, qui donne naissance au nerf acoustique; on trouve même chez les crocodiles une sorte d'ébauche du lobe temporal (Beaunis, *loc. cit.*).

L'ouïe est obtuse chez la tortue; et très fine chez le lézard et les crocodiles, également plus intelligents.

Le système nerveux des *oiseaux* s'élève d'un degré encore dans l'échelle du développement au-dessus de celui des amphibies et des poissons; leur cervelet est très volumineux.

Les organes des sens cependant, à part l'œil, n'offrent pas une différence bien grande avec ceux des classes précédentes. Le tympan est saillant en dehors; la caisse ressemble à celle des reptiles, et les osselets sont réduits à une columelle.

Chez les Aigles cependant on trouve un indice de chaîne des osselets; une sorte d'étrier, un marteau et des muscles tympaniques (Milne-Edwards).

Le labyrinthe offre trois canaux semi-circulaires et un limaçon, il est vrai encore rudimentaire, court, infundibuliforme et dont l'organisation est bien différente de celle des mammifères. Windeschmann décrit au-dessus des cellules ciliées une lame très vasculaire qui rappelle la membrane de Reisner (Coyne).

La rampe tympanique est séparée par une cloison membraneuse qui l'isole de la caisse (Scarpa, Breschet, Hasse). Les fenêtres labyrinthiques étroites sont à peu près égales (Paul Meyer).

Les liquides du labyrinthe, humeur de Valsalva (périlymphe), humeur de Scarpa (endolymphe), présentent les mêmes caractères que chez les mammifères.

L'otoconie est constituée par de petits cristaux très abondants. On observe un vestibule; puis un saccule petit avec une tache acoustique à laquelle aboutissent les pinceaux nerveux; sur les crêtes et taches on retrouve les mêmes cellules ciliées, les mêmes bâtonnets auditifs que dans les mammifères et dans les otocystes déjà décrits.

Chez les oiseaux, les canaux semi-circulaires sont très développés : ils ont chacun une crête acoustique et une ampoule dont la structure est identique à celle des mammifères (Leydig, Nuhn, Breschet, Milne-Edwards, Scarpa).

Les oiseaux chanteurs n'offrent point un développement particulier du limaçon.

Le conduit auditif est à peine indiqué; large et court, il a son orifice caché sous des plumes; chez les plongeons le conduit est si petit qu'on a peine à le trouver.

La caisse communique en général avec de vastes cellules osseuses mastoïdiennes et occipitales par de larges voies ou sinus qui font correspondre les deux caisses au milieu du crâne.

Certaines dispositions des plumes qui garnissent le méat auditif semblent suppléer le pavillon absent (Chatin) (hiboux, chouettes, etc.). Seul l'effraie montre un rudiment de conque (Milne-Edwards).

Chez les *Mammifères*, l'appareil de l'ouïe s'épanouit dans tout son développement, le labyrinthe offre un limaçon contourné s'ouvrant sur la cavité tympanique par la fenêtre ronde et bien développé; les canaux semi-circulaires à ampoules, un utricule et un saccule; puis des appareils endolymphatiques.

L'oreille moyenne s'élargit, se complique d'un appareil d'aération systématique; les cellules mastoïdiennes se développent graduellement suivant les espèces; et l'oreille externe prend une importance particulière chez les animaux aériens.

Mais sur les crêtes acoustiques des canaux, aussi bien que sur les taches des vésicules vestibulaires et sur la papille sensorielle en hélice du limaçon, on retrouve toujours, étalés et symétriquement rangés, les éléments neuro-épithéliaux que montrent les premiers otocystes et qui sont le fondement même de l'organe auditif. Suivant les espèces, suivant les milieux, suivant la hauteur dans l'échelle animale, les autres parties se développent, de plus en plus compliquées, et les fonctions, remplies par une seule cellule, par une seule vésicule tout d'abord, se répartissent peu à peu entre les diverses formations nouvelles, de plus en plus individualisées, sans cependant sortir de l'unité organique et de la synthèse fonctionnelle qui caractérisent l'organe et le sens de l'ouïe. C'est toujours le milieu qui agit par chocs, pressions, vibrations et fait travailler l'organe; et celui-ci transmet à de multiples foyers nerveux l'influence de l'énergie du courant vibratoire extérieur, propagé de tous les points de l'espace, cherché vers tous les points de l'horizon, jugé, étudié, reconnu dans sa vitesse, son intensité et toutes ses combinaisons, et susceptible de provoquer sans réflexion tous les actes musculaires d'accommodation et de défense nécessaires à la protection de l'ouïe et l'individu lui-même. Sensation et mouvement sont toujours l'équation du phénomène.

Les *Cétacés* ont leur trompe d'Eustache ouverte dans l'évent et armée de replis valvaires (Owen). Les osselets son massifs, peu mobiles, et la cavité où ils sont logés est séparée de la caisse. On observe d'un groupe à l'autre des différences assez marquées. Le conduit auditif externe est étroit à son entrée et plus ou moins long. Chez le dauphin il est soutenu par des plaques solides; le pavillon fait défaut chez ces aquatiques.

Chez les *Monotrèmes* les osselets sont réduits à une forte columelle où l'on distingue deux parties osseuses réunies.

Il en est de même chez les *Marsupiaux;* chez les kangourous cependant, l'étrier ressemble à celui des Vertébrés plus élevés. Chez les Fourmiliers, les osselets se rapprochent de ceux des Carnivores.

Les *Édentés,* les Tatous offrent une caisse considérable; un marteau en fer à cheval dont une branche fait saillie hors la caisse.

Chez le *Cheval* (ongulés), le conduit osseux est très long, le pavillon très mobile et très développé, la caisse plutôt étroite, les cellules mastoïdes sont formées de traverses osseuses divergentes qui rayonnent autour du cadre tympanal; l'étrier est relativement gros et le manche du marteau court.

La trompe d'EUSTACHE est un conduit fibro-cartilagineux qui s'étend de la cavité tympanique jusqu'à la partie supérieure du pharynx où elle s'ouvre dans une poche très vaste « poche gutturale ».

Les deux poches gutturales, d'après LAVOCAT, remplaceraient les cellules mastoïdes (MILNE-EDWARDS, CHATIN).

Chez les *Ruminants,* la caisse est plutôt étroite, la trompe courte : les osselets ressemblent à ceux des Solipèdes.

Chez le *Porc,* la caisse est petite et les cellules aériennes et diploétiques abondantes; les osselets plus finis et mieux proportionnés.

Chez les *Rongeurs,* la caisse tympanique se dégage de la masse osseuse du rocher sous forme d'une *bulle* volumineuse; la trompe est petite, les osselets déliés. Le limaçon s'isole et fait dans la bulle une saillie cylindrique horizontale chez le cobaye. J'ai utilisé cette disposition pour l'étude des fonctions cochléaires (voir plus haut).

Chez quelques rongeurs l'étrier présente une disposition curieuse; entre ses branches écartées paraît passer une artère.

La caisse forme chez les *Carnivores* une bulle ovoïde très vaste; de plus une lamelle osseuse la partage en deux compartiments; l'un, externe, qui renferme la chaîne des osselets et la fenêtre ovale; l'autre, plus vaste, qui couvre la fenêtre ronde; cette lamelle est incomplète chez les Canidés.

La bulle du lion atteint le volume de la moitié d'un œuf de poule. Celle du chat est globuleuse et translucide, et presque aussi grosse qu'un grain de chasselas.

La trompe est courte et aplatie, le manche du marteau est long et arqué; le muscle du marteau, pyriforme, volumineux, les osselets sont cachés dans la partie sus-tympanique de la caisse, la branche descendante de l'enclume courte y est incluse (GELLÉ, *Etudes d'otologie,* t. I, pp. 189 et 255).

Chez la *Taupe,* le conduit auditif se dilate au fond en ampoule; puis la caisse est longue et aplatie.

Les cellules mastoïdiennes sont étendues; les branches de l'étrier, ainsi que nous l'avons dit, s'écartent et reçoivent un petit os spécial « le *pessulus* »; les deux caisses se touchent sous la voûte de l'apophyse basilaire.

Chez les *Chéiroptères,* dont l'ouïe est si fine, l'oreille externe est remarquablement développée, étalée, le méat est défendu en avant par une pièce saillante; la bulle et la caisse sont vastes, et les osselets très grands. L'appareil atteint un haut degré de perfectionnement.

Partout où l'on trouve la caisse à forme bullaire les cellules mastoïdiennes font défaut.

Les *Lémuriens* (propithèques, maki) ont une caisse saillante sous la base du crâne, et globuleuse.

Les *Ouistitis,* les plus inférieurs des singes, ont encore leurs caisses tympaniques en forme de larges bulles allongées, couchées, visibles sous la paroi cranienne. Il en est de même chez le *Cebus,* chez le macaque.

Cependant, chez les Semnopithèques, déjà une saillie se montre arrondie, en arrière du conduit auditif; mais les bulles sont toujours distinctes à la face inférieure du crâne.

A mesure que l'on s'élève dans la série, la bulle disparaît, et peu à peu les cellules mastoïdiennes, et souvent occipitales, se montrent comme réservoirs d'air attenant l'oreille.

Chez l'orang, le gorille, le chimpanzé, les saillies mastoïdes sont très nettement accusées, sans atteindre pourtant la forme pyramidale et le volume qu'elles prennent chez l'homme adulte.

Pour tout le reste, l'oreille moyenne et l'interne sont à peu près disposées comme chez l'homme.

En définitive, des singes inférieurs aux primates, l'organe auditif se rapproche de celui de l'homme, sauf les proportions et le siège de la cellule osseuse qui le contient (bulle sous-cranienne ou cellules mastoïdiennes).

L'apparition du développement en saillie de l'apophyse mastoïde est en rapport avec la station debout des primates; cette apophyse donne attache aux muscles chargés de la rotation de la tête et, par conséquent, de l'orientation des oreilles (GELLÉ, p. 255, t. 1). Par contre, le pavillon de l'oreille offre dans |ses anomalies des formes simiesques très caractéristiques.

C'est ainsi que DARWIN considère le tubercule qui fait saillie sur le bord de l'hélix (en avant si l'ourlet est formé, en arrière si le bord est plat), comme l'homologue de la pointe aiguë qui termine le pavillon des animaux.

Anormal chez l'homme, le *tubercule de DARWIN* existe normalement chez les cercopithèques, le macaque, le cynocéphale; à ce titre, chez l'homme, c'est une anomalie réversive.

SCHWALBE a depuis démontré que ce tubercule existe constamment chez l'embryon. En dernier lieu, CHIARUGÉ (1889) a trouvé que les poils du pavillon convergent vers le tubercule chez l'homme comme chez les singes (TESTUT).

En terminant, j'ajouterai que l'on est frappé du fait indéniable de la transmission héréditaire des anomalies de cet organe (LALOY, FÉRÉ et SÉGLAS, LANNOIS, HIS).

Du développement de l'oreille humaine, embryologie. — Nous étudierons successivement l'origine et l'évolution de l'oreille interne et de l'auditif, puis de l'oreille moyenne, enfin de l'externe.

Développement de l'oreille interne. — Dans son développement chez les mammifères et l'homme, l'oreille passe par les phases successives que nous avons précédemment décrites dans la série zoologique. C'est d'abord un renflement épithélial, puis une vésicule à laquelle graduellement s'ajoutent des canaux semi-circulaires, des canaux lymphatiques et un limaçon; puis apparaissent la trompe d'EUSTACHE, une caisse, un conduit, des cellules mastoïdes, une membrane du tympan, etc., et tous les perfectionnements accomplis dans l'oreille de l'homme adulte. C'est l'oreille interne qui apparaît en premier par la formation d'un utricule et d'un saccule.

(On peut suivre cette évolution dans KÖL-

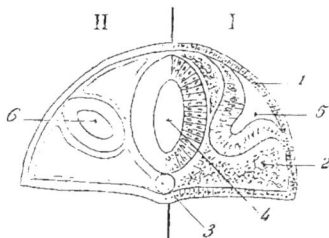

FIG. 99. — Développement de l'oreille interne : I premier stade, II deuxième stade.

1, ectoderme. — 2, mésoderme. — 3. corde dorsale. — 4. canal médullaire. — 5. ébauche de la vésicule simple, dépression ouverte de l'ectoderme. — 6. vésicule auditive close fermée. au milieu du mésoderme.

LIKER et dans le magnifique atlas de MATHIAS DUVAL, ou dans BALFOUR et FORSTER *éléments d'embryologie).*

Au niveau de la première fente branchiale, auprès de l'extrémité externe du premier arc branchial, on voit d'abord de chaque côté de l'extrémité céphalique de l'embryon, au niveau de l'arrière cerveau (3e vésicule cérébrale), une fossette légère ou dépression superficielle, fossette auditive (M. DUVAL, pl. VI, fig. 58-103. poulet, 2e jour, 36e heure ; BALFOUR, *loc. cit.*), peu après, cette dépression s'accroît, s'invagine, s'enfonce; une vésicule, ouverte d'abord, puis close, se forme (M. DUVAL, *Embryon du poulet*, pl. XXI, 52e heure, vésicule ouverte, fig. 33, — 52e heure, vésicule close, pl. XXII, fig. 356).

L'épaississement primitif de l'ectoderme est donc transformé en une capsule ectodermique, noyée peu à peu dans l'épaisseur du mésoderme; un épithélium cylindrique constitue.

Bientôt cette vésicule offre trois divisions : une supérieure, *recessus vestibuli;* puis l'ébauche des canaux semi-circulaires; et enfin celle du limaçon sous forme d'un prolongement conique inférieur. Un pédicule se porte de la vésicule auditive vers les vésicules cérébrales en arrière; il formera l'aqueduc du vestibule.

En même temps, le nerf auditif, proche de l'arrière cerveau, arrive au contact de la vésicule auditive (pl. XXIV, fig. 397, M. Duval, *Atlas d'embryologie*, pl. VII, fig. 3; pl. IX, fig. 131, 133; et Kölliker, Balfour, 2ᵉ jour, p. 133, fig. 34, p. 137, fig, 36; 3ᵉ jour, fig. 32, p. 130).

Les canaux semi-circulaires se développent par des bourgeonnements épithéliaux à travers le blastème mésodermique (Bœttcher, Kölliker, Vogt), ou par segmentation intérieur de la vésicule (Pouchet).

Un tissu cartilagineux enveloppe toutes les cavités labyrinthiques. D'après Pouchet, les enveloppes conjonctives périlymphatiques et cartilagineo-osseuses proviendraient du mésoderme et de l'ectoderme à la fois; pour Kölliker et Vogt, c'est le tissu qui enveloppe les canaux, d'abord gélatiniforme, qui se transforme graduellement et donne naissance au périoste et au réticulum fibreux délicat qui rattache les canaux membraneux à la paroi osseuse.

Aqueduc du vestibule (fig. 36, Balfour, p. 137). — Il naît de la partie interne du prolongement qui de la vésicule se porte en haut et en arrière vers les vésicules cérébrales. C'est d'abord une vésicule tubulée, puis courbée (conduit endolymphatique) et renflée à son extrémité (sac endolymphatique); ce diverticulum s'ouvre dans la vésicule par un orifice séparé, au-dessus de celui du canal semi-circulaire (pl. XXXIII, fig. 509, 510, M. Duval, 5ᵉ jour).

Formation de l'utricule et du saccule. — En même temps apparaît un pli de la paroi vésiculaire, qui la sépare en deux cavités secondaires: l'utricule et le saccule plus inférieur. On trouve alors que l'aqueduc est divisé en deux canaux: l'un pour l'utricule, l'autre pour le saccule, l'autre extrémité borgne de l'aqueduc du vestibule se porte au niveau du sinus pétreux supérieur qu'il côtoie.

Le *canalis reuniens* (Hensen) est formé par le rétrécissement progressif de l'embouchure du saccule avec le canal cochléaire; cet abouchement a lieu de telle sorte qu'une partie en cul-de-sac se trouve séparée du canal cochléaire même (cela très accusé chez le mouton); Balfour, p. 137, fig. 36).

Limaçon. — Nous avons vu qu'un cône épithélial se développe à la partie inférieure de la vésicule et fait saillie en un cylindre contourné; dans la courbe de celui-ci est logé le ganglion de l'acoustique; lequel vient aboutir à la vésicule cérébrale (Duval, pl. XXIV, fig. 397, 399).

A mesure qu'il se développe, le canal cochléaire s'enroule en spirale.

L'épithélium cylindrique qui le constitue est, dès les premiers moments, contigu aux éléments nerveux (Coyne, p. 119; Balfour, p. 135, fig. 35; M. Duval, *loc. cit.*).

Bœttcher a constaté sur un canal long d'une spirale et demie seulement l'existence de filets nerveux qui se rendaient des cellules ganglionnaires à l'épithélium sensoriel.

Chez l'embryon humain, à la huitième semaine, le canal fait un tour entier; à la douzième semaine son développement est complet.

Le cône épithélial, premier élément du limaçon, est inclus dans un tissu conjonctif embryonnaire qui plus tard se transformera en cartilage. C'est dans la capsule cartilagineuse limitante que le canal se contourne et que la lame spirale se forme graduellement.

De même le tissu conjonctif de la périphérie du cône d'épithélium primaire se transforme en os et en périoste; tandis que celui qui est plus proche du cône se liquéfie autour de lui et constitue les deux rampes tympanique et vestibulaire.

En réalité, la capsule osseuse qui enveloppe le limaçon provient du tissu conjonctif de la capsule.

Au voisinage de la vésicule le tissu du mésoderme prend une consistance molle, gélatineuse, et s'atrophie; des lacunes pleines de liquide s'y développent, grandissent et finalement tout autour de la vésicule se trouve un espace plein de liquide, *espace périlymphatique.*

La portion la plus externe du mésoderme environnant se transforme en cartilage puis s'ossifie: c'est le labyrinthe osseux.

Canal cochléaire. — Sur la membrane basilaire, Kölliker a découvert deux saillies ou bourrelets épithéliaux: un grand qui disparaît, un petit qui devient l'organe de Corti, papille spirale de Huschke, suivant Hensen (Coyne, p. 121).

Chaque pilier des arcades de Corti naît d'une cellule de ce bourrelet; au-dessus de la voûte sont les cellules auditives (Bœttcher), cellules ciliées de Corti et cellules à bâtonnet supérieur (Deiters, Lœwenberg, Bœttcher) une rangée en dedans et trois rangées en dehors de l'arcade; des plexus nerveux sont sous-jacents.

Chaque cellule est double; une à pédicule, insérée sur la basilaire; l'autre, plus élevée, s'effile et se continue avec les filets nerveux; c'est le tableau décrit plus haut de la structure de l'appareil de Corti.

La membrane de Corti, pour Waldeyer, Coyne, est constituée par les cils des cellules, allongés, agglutinés et accolés en nappe.

Le ligament spiral offre un bourrelet spiral conjonctif recouvert de cellules épithéliales; et la bande vasculaire où les vaisseaux sanguins abondent intimement mêlés aux prolongements des cellules.

La lame basilaire, la zone striée naissent de la condensation du tissu muqueux primitif de la rampe cochléenne.

Nerf auditif. — D'après Remak et Kölliker, ce nerf se développe isolément entre l'oreille interne et le cerveau (3e vésicule cérébrale) auquel il s'unit rapidement (M. Duval, *Embryon de poulet*, pl. XXIV, fig. 391-397).

D'après Bœttcher, la racine postérieure de l'auditif se rend à la cochlée (en bas) et l'antérieure à la vésicule (en haut et en arrière); la première offre le ganglion de Rosenthal au contact du limaçon; la deuxième, celui de Scarpa, avant d'aboutir aux ampoules des canaux semi-circulaires et à l'utricule (M. Duval, pl. XXXVI, fig. 477; pl. XXXIII, fig. 509, 510, et pl. XXIX, fig. 463, 464, embryon de poulet au 6e jour, pl. XXVIII, fig. 446).

Les veines cardinales côtoient le labyrinthe; le nerf trijumeau, le glosso-pharyngien sont voisins; et toutes ces parties se développent de chaque côté de la troisième vésicule cérébrale.

L'oreille externe et *l'oreille moyenne* proviennent de transformations continues de la première fente branchiale.

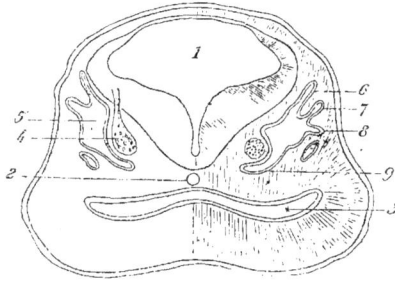

Fig. 100. — Coupe transversale de la tête d'un embryon de brebis de 16 millimètres.

1. cavité du cerveau postérieur. — 2, corde dorsale. — 3, cavité du pharynx. — 4, ganglion spiral et nerf acoustique. — 5, vestibule. — 6, ébauche de l'aqueduc du vestibule. — 7 et 8, canaux semi-circulaires. — 9, ébauche du limaçon.

Les deux bords de cette fente se soudent dans la partie pharyngée profonde; il en résulte une gouttière dont les bords externes se soudent à leur tour; d'où naît un canal qui s'ouvre au pharynx d'un côté et à la surface du crâne d'autre part.

Graduellement le labyrinthe et le canal se trouvent accolés, l'un au devant de l'autre; puis une cloison sépare en deux parties ce conduit : c'est la membrane tympanique; en dehors d'elle sera le conduit; en dedans la caisse du tympan et la trompe.

Dans la caisse, on voit en effet au milieu du tissu muqueux se développer peu à peu (Kölliker, p. 12, fig. 11) le marteau, l'enclume, enfin l'étrier logé dans la paroi labyrinthique : ces osselets et leurs muscles sont sous-muqueux et non inclus dans la cavité même.

Nous avons rappelé que le pharynx supérieur se prolonge en avant du labyrinthe; or, d'après Urbantschitch, la caisse serait formée par une invagination pharyngienne, tandis que le conduit résulterait d'une invagination de l'ectoderme, sans que la fente branchiale y soit pour rien.

Entre les deux dépressions se trouve la cloison qui sépare du conduit externe la caisse aplatie et le marteau bien visible (4e mois).

Né du premier arc branchial, le muscle tenseur est innervé, comme tous les masticateurs, par le trijumeau; au contraire, le stapédius, issu du deuxième arc, est innervé par le facial (M. Duval, etc.).

Au quatrième mois, l'oreille est déjà toute développée, et ses diverses parties ressemblent, au volume près, à celles de l'adulte.

On voit alors très nettement que la cavité de l'oreille moyenne est virtuelle; qu'elle est remplie par un « bourrelet gélatiniforme » formé par la muqueuse qui couvre la paroi interne ou labyrinthique; ce bourrelet contient la tête du marteau et la chaîne des osselets incluse, comme je l'ai dit.

La cloison en est séparée par un épithélium pavimenteux manifeste; l'insufflation sépare les deux surfaces contiguës, libres.

Ce tissu gélatiniforme est constitué par des cellules de tissu conjonctif embryonnaire, des vaisseaux et contient des plexus nerveux avec des cellules bipolaires (GELLÉ) (plexus tympanique).

Ce tissu muqueux englobe les osselets, la corde du tympan; comble l'attique et couvre la paroi labyrinthique (fig. de GELLÉ, Trav. du laboratoire, LABORDE, t. 1). La caisse reste ainsi virtuelle jusqu'à la naissance. A ce moment, sous l'influence de la déglutition et de la respiration, le bourrelet disparaît, la muqueuse se modèle sur les saillies osseuses qu'elle recouvre, formant les plis et replis qui sous-tendent les parties saillantes, et l'air pénètre.

Sur les fœtus de chat, de veau, etc., on enlève le tympan; et la surface lisse, molle, gélatiniforme, sous-jacente conserve l'empreinte du manche et fait saillie; c'est la muqueuse, comme œdématiée, couverte de son épithélium pavimenteux.

Le marteau est très visible, très net au quatrième mois (BALFOUR, fig. 70, p. 270, d'après PARKER).

Plus tôt, il fait corps avec le cartilage de MECKEL, dont il est l'extrémité tympanique (KÖLLIKER, PARKER, GEGENBAUR, A. ROBIN et MAGITOT).

La tête est très volumineuse et très longue relativement au manche longtemps cartilagineux et dépasse de beaucoup la cloison encore incomplète.

La tête de l'enclume est aussi incluse dans le magma gélatiniforme qui comble les anfractuosités de l'oreille moyenne; l'étrier est plus profondément situé au niveau de la dépression de la paroi labyrinthique qui répond au vestibule.

Le tendon du muscle interne du marteau se porte perpendiculairement de la paroi interne sur l'osselet.

Au cinquième mois, on constate que la membrane de SCHRAPPNEL est constituée par le périoste de l'écaille temporale dont les deux couches s'accolent; du côté du conduit, la peau recouvre cette lamelle fibreuse d'origine périostique; du côté de la caisse, c'est le magma gélatiniforme qui est en contact immédiat avec la lame périostique interne; par suite, on voit qu'il n'existe en ce point aucune perforation : il n'y a pas de trou de RIVINUS.

Au moment de la résorption du bourrelet gélatiniforme, à la naissance, la muqueuse s'atrophie et se moule sur toutes les saillies, engaine tous les organes qui s'y trouvaient englobés; tels la corde du tympan, le tendon du muscle du marteau, le ligament suspenseur du marteau et l'ensemble des osselets et de l'étrier qui tous se dégagent et s'isolent.

Pavillon de l'oreille. — Le développement de cette partie de l'organe a été étudié sur l'embryon humain et diversement décrit (KÖLLIKER, HIRTZ, GRADENIGO, P. POIRIER, p. 205 et suiv., fig. de HIS; et TESTUT, p. 276, d'après SCHWALBE).

On observe d'abord un bourgeonnement multiple de la partie de la première fente branchiale qui avoisine la vésicule auditive.

Il y a six bourgeons dont l'inférieur formera le lobule. Des deux situés au-dessus; l'un antérieur sera le tragus; l'autre postérieur, l'antitragus; les autres forment l'hélix. Mais, dans ses planches sur le développement du pavillon, GRADENIGO montre une autre évolution de ces parties (1888).

Pour lui les six premiers bourgeons de cette région formeraient la conque; le reste naît de bourgeonnements secondaires successifs. KÖLLIKER ne donne point non plus la même description que HIS (POIRIER); et SCHWALBE a publié des figures du pavillon, au cinquième et au sixième mois, dont les contours et cavités sont déjà bien indiqués; il y trouve, avons-nous dit ailleurs, le tubercule simiesque de DARWIN.

Au cinquième mois le tragus est bien séparé, quelquefois double (tubercule supra-

trajicum); l'incisura auris est bien nette, et l'ourlet de l'hélix formé, ainsi que l'anti-tragus et le lobule; la conque est peu ouverte.

On remarque que le méat est oblitéré par l'accolement et l'enchevêtrement solide des plis cutanés dans une certaine étendue vers l'entrée du conduit. Plus loin, du côté du tympan, les deux parois de celui-ci accolées sont libres. Les cavités otiques sont virtuelles jusqu'à la naissance.

Alors une couche mince de cérumen sépare le tympan de la paroi inférieure du conduit.

Le conduit tubo-tympanique membraneux est court d'abord; puis il se rétrécit et s'allonge; il s'ouvre dans le pharynx, auprès du voile (nouveau-né), et dans l'oreille moyenne entre le cadre tympanal et le limaçon; son épithélium est cylindrique cilié.

Il faut noter sur la région pharyngée supérieure, intertubaire, l'existence de replis, restes de la séparation de la bouche et du pharynx (au 3ᵉ jour) et de l'hypophyse pha-ryngée, que RESEL croit être le rudiment de la tonsille pharyngée (M. DUVAL, pl. XXIV, fig. 392 et p. 70, explication).

De cette évolution embryologique on peut déduire certains rapports intéressants.

Tout d'abord, l'oreille interne est une formation ectodermique directe, et non, comme la rétine, une émanation des vésicules cérébrales.

L'oreille interne n'a de rapports qu'avec la troisième vésicule cérébrale.

Le nerf auditif naît isolément; cela explique qu'on l'ait trouvé absent, sans autre lésion.

L'oreille moyenne et l'externe se développent avec l'appareil branchial; cela permet de comprendre la coïncidence du bec de lièvre et des arrêts de développement ou mal-formations otiques.

L'oreille moyenne et l'oreille externe naissent au niveau de la première fente bran-chiale; mais l'oreille moyenne est d'origine mésodermique, tandis que le conduit et le pavillon proviennent de l'ectoderme, comme l'oreille interne.

La trompe est bien un diverticulum pharyngé; le trijumeau innerve l'oreille externe née du premier arc branchial, et le facial, le stapédius, né du deuxième arc branchial.

La formation des fistules dites branchiales n'est pas encore totalement éclairée par nos connaissances embryologiques; on en a signalé sur le pavillon.

Audition de l'enfant nouveau-né. — Les recherches de SIEBENNEMANN et ses prépa-rations du labyrinthe par corrosion lui ont permis de confirmer l'opinion, généralement admise depuis DE TRŒLTSCH, que chez le nouveau-né le labyrinthe a déjà des dimensions très peu inférieures à celle qu'il aura chez l'adulte (*Berlin. klin. Woch.*, p. 16, 1891).

POLI a étudié l'audition des nouveau-nés, et il a trouvé qu'ils sont sensibles aux sons dès le premier jour; et que l'excitation des sons un peu forts provoque de l'agitation et des spasmes moteurs; ce sont des réactions que tous les médecins ont observées.

Cependant l'audition peut être entravée dès la naissance par des lésions datant, soit de l'époque embryonnaire (arrêts de développement à l'époque branchiale, absence du nerf, coloboma, absence de conduit, etc.), soit de la période fœtale (suppuration, des-truction de la muqueuse gélatiniforme, ostéo-périostite diathésique); enfin, au moment de la parturition, par des hémorrhagies, des suffusions sanguines plus ou moins étendues, de l'oreille moyenne surtout (GELLÉ).

Les travaux de WENDT, WREDEN, BLUMENSTOCK, RINECKE, STEINER, HIRSCH, DE TRŒLTSCH, NETTER, LANNOIS, PARROT, RENAUT et BARÉTY, GELLÉ, sur ce sujet ont montré l'extrême fréquence des lésions de l'oreille moyenne au moment de la naissance. On conçoit que ces altérations du tissu de la muqueuse qui comble la cavité de l'oreille moyenne puissent nuire à la résorption normale du bourrelet gélatineux et, par suite, à l'aéra-tion de la caisse.

Dans les planches de son étude *Sur un signe nouveau de la respiration du nouveau-né*, GELLÉ montre les altérations variées qu'il a observées dans un assez grand nombre d'autopsies de fœtus et de nouveau-nés (63); et il insiste sur leurs rapports avec les lésions de l'appareil pulmonaire (Pour le point de vue médico-légal de cette question, ire VIBERT, LANNOIS, BROUARDEL, GELLÉ, en France).

Bibliographie. — 1824 à 1873. — SAVART. *Rech. sur les usages de la membrane du tym-an et de l'or. externe* (*Journ. de physiol. de Magendie*, 1824, t. IX, p. 183). — H. J. SCHRAP-

KELL. *On the form a. structure of the Membrana Tympani* (London med. Gaz., 28 avr. 1832, p. 122). — J. HYRTL. *Rech. d'anat. comparée sur l'or. interne de l'homme et des mammifères*. Prague, 1845. — LUSCHKA. *Ueb. die willkührl. Beweg. des Trommelfelles* (Arch. f. physiol. Heilk., t. IX, 1849). — *Akustich. Experiment.* (Muller's Archiv, 1850). — A. FICK. *Traité d'Anat. et de Phys. des organes des sens.* Lahr, 1864. — ED. WEBER. *Ueb. den Mechanismus des menschl. Gehörorgans* (Verhandl. der Sächsisch. Gesell. der Wissensch., 1851). —[HUXLEY. *Zoologic. Notes* (Ann. of natur. History, 1851, (2), t. VII, p. 384). — SCHIFF. *Rôle des rameaux non auditifs de l'acoustique* (Arch. des sc. phys. et natur., Genève, févr. 1891). — *Lehrb. der Physiol. des Menschen.* Lahr, 1858-59, p. 319. — DE TRŒLTSCH. *Disease of the Ear*, 1860. — A. POLITZER. *Beitr. z. Physiol. des Gehörorgans. Vorläufige Mittheil.* (Sitzb. d. k. Akad. d. Wissensch. z. Wien, t. XLIII, mars 1861, p. 427). I. *Innervat. der Binnenmuskeln des mittleren Ohres; des M. Tensor Tympani u. des M. Stapedius.* II. *Einfluss des M. Tensor Tympani auf die Druckverhältnisse der Labyrinth-inhalte.* III. *Luftbeweg. durch die Eustachische-Ohrentrompete u. die Luftdruckschwankungen in der Trommelhöhle.* — F. FESSEL. *Empfindlichkeit der menschlichen Ohres für Höhe u. Tiefe der musikal. Töne* (Poggendorf's Annalen der Phys. u. Chem., t. CX, 1860). — A. POLITZER. Z. *physiolog. Acustik u. deren Anwendung auf die Pathol. des Gehörorgans* (Arch. f. Ohren., t. VI, 1862; Wiener med. Wochens., n°s 13, 14, 1862; Wochenbl. der Gesells. der Aerzte, n° 8, 1868). — DUPLAY. *Examen des travaux récents sur l'anat., la physiol. et la pathologie de l'or.* (Arch. de méd. et de chirur., 1863-67). — V. HENSEN. *Gehörorgan der Decapoden* (Zeitsch. f. wissensch. Zool., t. XIII, fasc. 3, 1863). — LUCAE. Z. *Phys. u. Pathol. der Gehörorgan. Vorlaufige Mittheilung* (C. W., 1863). — BRENNER. Z. *Behandlung v. Ohrenkrankh. mitt. des galvan. Stromes* (A. V., t. XXVIII, p. 197, 1863; t. XXI, 1864). — LAUGEL. *La voix, l'oreille et la musique*, 1869. — FR. GOLTZ. *Ueb. die physiol. Bedeutung*, etc. (A. Pf., t. III). — TYNDALL. *Le son*, trad. par l'abbé MOIGNO, 1869. — F. BEZOLD. *Investigat. concern. the average heaving power of the age* (Zeitschr. f. Ohren., t. XXIII, p. 254). — PAUL MEYER. *Études histolog. sur le labyrinthe membraneux des reptiles et des oiseaux*, p. 129. — MARTINS. *The time of reaction a. the duration of perception of sounds* (Philos. Studien, t. IV, p. 394). — LŒWENBERG. *Étude sur les membranes et les canaux du limaçon* (Gaz. hebdom., 1864, n° 42, p. 175). — MOOS. *Beitrag z. Helmholtz'chen Theorie der Tonempfindungen* (A. V., t. XXI, p. 125, 1864). — H. SCHWARTZE. *Totaler Verlust des Perceptionvermögens f. hohe Töne nach heftigen Schalleindruck* (Arch. f. Ohren., t. I, p. 136, 1864. — RINNE. *Beitr. der menschl. Ohren.*, etc. (Zeitschr. f. rat. Medic., t. XXIV, fasc. 1, 1865). — VULPIAN. *Expér. relatives aux troubles de la motilité dus aux lésions de l'appareil auditif* (C. R., 1883). *Leçons de physiol. générale et comparée du syst. nerveux.* Paris, 1866, p. 600. — LEYDIG. *Traité d'histol. de l'homme et des animaux* (trad. par LAHILLONNE, 1866). — C. HASSE. *De cochlea avium* (Zeitschr. f. wissensch. Zool., t. XVII, fasc. 1, déc. 1866). — BLANCHARD. *Les métamorph., les mœurs, les instincts des animaux*, 1868. — GELLÉ. *Explorat. de l'or. au moyen de l'endotoscope* (Bull. Acad. de médec., 1868 et Tribune médic.). — DE TRŒLTSCH. *Beitr. z. anat. u. physiol. Würdigung der Tuben u. Gaumenmusculatur* (Arch. f. Ohren., 1868). — HELMHOLTZ. *Die Mechanik der Gehorknochelchen u. des Trommelfells* (A. Pf., 1868, t. I). — LŒWENBERG. *La lame spirale du limaçon, de l'or. de l'homme et des mammifères*, 1867-68 (et Journ. d'Anat. et de Physiol. de CH. ROBIN, 1866 et 1868). — GARIEL. *Phénomènes physiques de l'audition* (Thèse d'agrég., Paris, 1869). — SCHMEIDEKAM. *Études expériment. sur la physiol. de l'org. auditif* (Dissert. inaugur., Kiel, 1868). — PRAT. *Les harmoniques de la voix* (Gaz. médic., 1869). — MOOR. *Functionen des membranösen Labyrinths* (Arch. f. Ohren., 1876; Beziehungen zwischen Hammergriff u. Trommesfell* (ibid., 1869). — *Beitr. z. norm. u. patholog. Anat. u. z. Physiol. der Eustachischen Röhre* (ibid., t. IX, 1874). — GOLTZ. *Ueb. die physiol. Bedeutung der Bogengänge des Ohrlabyrinths* (A. Pf., 1870, pp. 172-193). — DE TRŒLTSCH. *Traité pratique des malad. de l'or.* (trad. par KÜHN et LEVI sur la 4e édit., Paris, 1870). — BUCH. *On mecanismus of Hearing* (anal. in Arch. f. Ohren., 1871). — HITZIG. *Weitere Untersuchungen zur Physiologie des Gehirns* (A. Db. 1871, 5). — LEYDIG. *Lehrb. der Histol.* Francfort, 1867, p. 262. — *Ueb. das Gehörorgan der Gasteropoden* (Arch. f. mikr. Anat., 1871). — A. POLITZER (Arch. f. Ohren., t. VII, 1871). — 'DE ROSSI. *Le malatte del Orrechio.* Genova, 1871; 2e éd., 1884 (Chap. *Physiologie*). — BLAKE. *Results of exp. on the perception of the musical tones* (Boston med. a. surg. Journ., 1872). — DUCHENNE, de Boulogne. *De l'électricité localisée*, 3e éd., 1872 (Chap. *Surdité*). — DE LACAZE-DUTHIERS.

Otocystes des mollusques (*Arch. de zool. expér.*, t. i, 1872). — MACH et KESSEL. *Versuche üb. Accommod. des Ohr's* (*Sitzgsber. d. Wien. Akad. 1872; Arch. f. Ohren.*, t. ix, p. 121). — *Die Function der Trommelhöhle u. des Tuba Eustachi* (*Wien. Akad. Berichte*, 1872). — OSWALD BAËR. *Ueb. das Verhältnis. der heutig. Standpunkte der Anat. des cortischen Organs z. Theorie der Tonempfindungen*, 28 oct. 1872. — BERTHOLD. *Ueb. die Function der Bogengänge des Ohrlabyrinths* (*Arch. f. Ohren.*, 1873). — BREUER. *Ueb. die Function der Bogengänge des Ohrlabyrinths* (ibid., 1873). — BURNETT. *Unters. üb. den Mechanismus Gehörknöchelchen u. der Membran der runden Fenstern* (ibid., 1873). — KUPFER. *Ueb. die Bedeutung der Ohrmuschel des Menschen* (ibid., 1873). — HASSE. *Die vergleichende Morphol. u. Histol. der häutigen Gehörorganes der Wirbelthiere Physiologie* (Suppl. aux *Anatom. Stud.*, Leipzig, t. i, 1873). — MACH. *Physiol. Versuche üb. den Gleichgewichtssinn des Menschen* (*Sitz. d. k. Akad. d. Wissensch.*, t. lxviii, fasc. 3, nov. 1873). — WENDT. *Ueb. das Verhalten der Paukenhölle beim Fœtus u. beim Neugeborenen* (*Arch. f. Ohren.*, 1873). — BRESCHET. *Org. de l'ouïe des oiseaux* (*Ann. sc. nat.*, (2), t. v, p. 36). — WEBER. *De aure et auditu hominis et animalium.* — MATHIAS-DUVAL. *Atlas d'embryogénie.* — MAILLARD. *De l'audiomètre et de quelques phénomènes peu connus de l'audit.*, Strasbourg.

1874. — BAIN. *Les sens et l'intelligence*, — I. BREUER. *Ueb. die Function der Bogengänge* (*Med. Jahrb.*). — *Ueb. die Function der Otolithenapparate* (*A. Pf.*, t. xlviii). — J. BUDGE. *Ueber die Function der M. Stapedius* (*A. Pf.*, t. ix, p. 460). — A. CRUM BROWN. *On the sense of rotation and analyse and physiology. of the semi-circular Canals of the internal Ear* (*Roy. Soc. Edimburgh*, t. viii, p. 255, 19 janv. — CURSCHMANN. *Die Erscheinungen gestörter Coordination der Muskelbeweg. äusseren sich am Kopfe, dem Rumpfe u. den Extremitaten*, ibid., 17 avr. — HELMHOLTZ. *Théorie physiol. de la musique*, trad. GUÉROULT. — M. MACH. *Versuche üb. den Gleichgewichtssinn* (*Wien. Sitzber.*). — *Bemerk. üb. die Function der Ohrmuskeln* (*Arch. f. Ohren.*). — MACH et KESSEL. *Beitr. z. Topographie u. Mechanik des Mittelohrs* (*Sitzungsber. der Wiener Akad.*, t. iii). — MOOS. *Beitr. z. normalen u. pathol. Anat. u. z. Physiol. der Eustachischen Röhre* (*Arch. f. Ohren.*, t. ix). — TOYNBEE. *Maladies de l'or.*, trad. par DARIN avec annot. par HINTON, Paris. — WERNICKE. *Der aphasische Symptomencomplex.* Breslau, p. 39. — Osc. WOLFF. *Neue Unters. üb. Hörprüfung u. Hörstörungen* (*Arch. f. Aug. u. Ohren.*, t. iv, p. 124).

1875. — BREUER. *Jahrbücher der Gesellsch. der Aertze.* Vienne, 1874-1875. — BUCH. *On Mecanism of hearing* (*Arch. f. Ohren.*, t. ix). — HUGHLINGS JACKSON. *Bemerk. uber die Ménièresche Krankheit* (*Med. Times a. Gazette*, 7, 8). — MENDEL. *Température. du conduit auditif externe.* (*J. Anat. Ot.*). — I. RANKE. *Der Gehörorgang. ü. das Gehörorgan bei Pterotruchea* (*Zeitsch. f. wiss. Zoologie*, t. xxv, Suppl., pp. 77-102, tabl. v, 8 juin). — ZUCKERKANDL. *Z. Anat. u. Physiol. der Tuba Eustachiana* (*Arch. f. Ohren.*). — MACH. *Grundlinien der Lehre von den Bewegungempfindungen.* Leipzig.

1876. — E. CYON. *Rapport entre l'acoust. et l'appareil moteur de l'œil* (*C. R.*). — GARAN DE BALZAN. *Théor. phys. de l'audit.* Th. d'agrég., Paris. — S. EXNER. *Z. Lehre von den Gehörsempfindungen* (*A. Pf.*, t. xiii, et t. xi). — DAVID-FÉVRIER. *Vom Labyrinth ausgehende Schwindel Ménièrsche Krankheit* (*Arch. f. Ohren.*, t. xv, p. 191). — GELLÉ. *De l'explorat. de la sensibil. acoustique au moyen du tube interauricul.* (*Trib. médic.*). — *Signe nouveau de la respirat. du nouveau-né*, avec pl. — LUCAE. *Die Accommodat. u. Accommodationsstörungen des Ohres* (*Arch. f. Ohren.*, t. ii). — RANKE. *Das akustiche Organ in Ohre der Pterobrachea* (*Arch. f. mikr. Anat.*, t. xii). — STEFANI. *Unters. üb. die Physiol. der halbugelformigen Kanale* (*Arch. f. Ohren.*). — WIEDERSHEIM. *Développem. du syst. nerveux dans la série animale.*

1877. — F. BALFOUR et FOSTER. *Élém. d'embryol.*, trad. par ROCHEFORT. — BLANCHARD. *es métamorph., mœurs et instincts des insectes*, 2e édit. — DELBŒUF. *Du rôle des sens dans la format. de l'idée d'espace* (*Rev. philos.*, août). — GAVARRET. *Phénom. phys. de la tonat. et de l'audit.*, Paris. — GELLÉ. *Études des moucem. du tympan par la méthode grafique* (*Ét. d'otol.*, t. i et *Trib. médic.*). — *La métallo-thérapie; la découverte du transfert e la sensibilité; Rapport par* CHARCOT, DUMONTPALLIER *et* LUYS (*Ét. d'otol.*, t. i, p. 215; B. .). — I. KEFFEL. *Ueb. das mobilisiren des Steigbügeldurch Ausschneiden des Trommelles, Hammers und Ambossen bei Undurchgängkeit der Tuba* (*Arch. f. Ohren.*, t. xiii, 86).

1878. — HARTMANN. *Ueb. Function der Tuba Eustachii* (*A. Db.*, 1877 et *A. V.*). — PONSOT.

— Article *Oreille* (*Dict. de méd. et de chirurg. prat.*, t. xxv). — M.-Duval. Article *Ouïe* (*ibid.*, t. xxv). — Gellé. *Et. expériment. sur les fonctions de la trompe d'Eustache* (C. R.). — *Et. expériment. du phénomène de l'écoulement au dehors, par le conduit auditif externe des ondes sonores venues du crâne* (B. B.; *Trib. médic.*; *Et. d'Otol.*, t. i, p. 209). — R. Heidenhain. *Ueb. den Einfluss der Luftdruckschwankungen des Labyrinth-inhalt* (A. Pf., t. xxii). — V. Hensen. *Beobachtungen üb. die Thätigkeit der Trommelfellspanners bei Hund u. Katze* (A. Db.). — A. Moreau. *Rech. physiol. sur la vessie natatoire* (*Mém. de Physiol.*). — Munk. *Ein Fall v. einseitigen Fehlen aller Bogengänge bei einer Tauben* (A. Db.). — O. et R. Hertwig. *Das Nervensystem u. die Sinnesorgane der Medusen.* Leipzig. — Morisset. *La pression intra-labyrinthique* (D. P.). — De Quatrefages. *L'espèce humaine.* Paris, Baillière, 4e édit. — Thompson. *On binaural audition* (Phil. Magaz., 1877-78). — Ed. Voakes. *The connexion betw. stomachic a. labyrinthic vertigo* Amer. Journ. of med. Sc., avril .

1879. — Blaserna et Helmholtz. *Le son et la musique.* Paris. — J.-H. Fabre. *Souvenirs entomologiques.* — Hartmann. *Experiment. Stud. üb. die Function der Eustachi'schen Röhre,* etc. Leipzig. — *Sensibil. de l'or. et courants électr. Audiometre* (R. S. M., n° 26). — Nothnagel. *Topische Diagnostic der Gehirnkrankheiten.* Berlin. — Weber-Lyel. *Experiment. Nachweiss einer freien Communicat. des endolymphat. u. perilymphat. Raume des menschl. Ohrlabyrinths mit extralabyrinthischen intracraniellen Raumen* (A. V., t. lxxvii).

1880. — Bernstein. *Les sens,* Paris. — F. Bezold. *Experiment. Unters. üb. den Schall. Apparat des menschl. Ohres* (Arch. f. Ohren., t. xvi, pp. 1-50, avril). — A. Buckendahl. *Ueb. die Bewegungen des M. Tensor Tympani nach Beobachtungen am Hund* ibid., t. xvi, p. 240, 10 déc.). — A. Böttcher. *Physiol. des Gehörs* H. H., t. iii, p. 102). — M.-Duval. *Le nerf acoust. et le sens de l'espace* (B. B.). — Gellé. *Des modific. morphol. de l'or. moyenne et des annexes dans la série des vertébrés* (Et. d'otol., p. 189, t. i; *Trib. médic.*, 1878). — *Et. sur la structure du ligament spiral externe* (Gaz. médic.). — *Fatigue de l'or., arrêt d'accommod. Et. d'otol.*, t. ii). — Article *Surdité* D. D., t. xxxiv). — *Rôle de la sensibil. du tympan dans l'orientat. auditive* (B. B. et Et. d'otol., t. ii, 1888, p. 28). — *Transform. de l'or. dans la série des vertébrés. Valeur de l'apophyse mastoïde;* etc. (Études d'otol., t. i, p. 255). — *Troubles trophiques de l'or. moyenne et de l'interne à la suite des blessures expériment. des racines descend. du trijumeau* (expér. de M.-Duval et Laborde) (B. B.). — R. Hertwig. *Ueb. Ctenophoren.* Iéna. — Hensen. *Physiol. der Gehörorganen* (H. H., t. iii, 2), p. 107 . — Lucae. *Die bei Schwerhörigen zu beobachtende gute Perception der tieferen musikal. Töne* Arch. f. Ohren., t. xv, p. 273, 2 févr.). — Pick et Kohler. Z. *Geschichte der Worttaubheit* Prager Viertelj. f. Heilk., t. i, fasc. 1). — H. Spencer. *Principes de psychol.*, t. i, p. 6, chap. 1. — A. Graham Bell. *Experim. relat. to binaural audition* Americ. Journ. of Otol., p. 169). — Loewenberg. *Ueb. die nach Durchschneid. der Bogengänge des Ohrlabyrinths auftretenden Bewegungstörungen* Arch. f. Aug. u. Ohren., t. v.; Knapp u. Moos, t. iii, p. 1. — J. Breuer. *The function of Otoliths* A. Pf., t. xlviii, pp. 195-306). — Keissel. *Ueb. des Gehörorgan des Cyclostomes* Arch. f. mikr. Anat., fasc. 3, p. 419 . — Robin et Magitot. *Sur le cartilage de Meckel* An. des sc. natur., (4 , t. xviii, fasc. 4 . — Paulhan. *Physiol. de l'esprit,* pp. 56-60. — L. O. Richey. *The primary physiol. purpose of the membrana tympani* (Med. News, t. liii, n° 14, p. 401). — *Physiol. des muscles tympaniques* (Journ. de med. d'anat., t. xiii, p. 249). — Topinard. *Mouvements de l'oreille* Ann. de l'or. et du larynx, t. iv, p. 2). — C. Lorenz. *Investigat. up. the percept. of differences of sound* (Philos. Studien, t. v, p. 26). — Urbantschitsch. *Influence of weak impulser of sound up. the increment of acustic sensation* (Arch. f. Ohren., t. xxx, p. 186). — A. Kreidl. *Beiträge z. Physiol. des Ohrlabyrinths auf Grund von Versuchen an Taubstummen* (A. Pf., t. li). — Wreden. *Beiträge z. Begründung einer Lehre üb. die electrische Reizung der Binnenmuskeln des Ohres.* — J. Chatin. *Des organes des sens dans la série animale,* p. 323. — Gh. Ferrari. *Indirizzo pract. alla diagnosi e cura delle malatte d'orecchio.* (Physiol., p. 70 . — C. Vogt et Yung. *Traité d'anat. comparée.* — W. Wundt. *Grundzüge der physiolog. Psychologie,* t. i, pp. 284, 303, 390.

1881. — Urbantschitsch. *Lehrb. der Ohrenheilkunde,* Vienne, 1880, trad. Calmette, Paris. — L. Landois. *Lehrb. der Physiol. des Menschen* (p. 713). — J. Miot et Baratoux. *Considér. anat. et physiol. sur la trompe d'Eustache* (Progrès méd.). — Brchm. *Les merveilles de la nature, vers, mollusques, céphalopodes,* p. 453. — Kuhn (C. R. du 3e congrès *internat. de pathol.*. — RETZIUS. *L'organe de l'ouïe chez les vertébrés.* Stockholm. — SAPOLINI. *Comment l'onde sonore arrive au centre acoustique* (Congr. de méd. de Londres). — Mlle N. SKWORTZOFF. *Cécité et surdité des mots dans l'aphasie* (D. P.). — URBAN PRITCHARD. *The cochlea 'Limaçon' of the Ornithorynchus Platypus* (Philos. Transact. of the Royal Soc., t. II). — WIET et GELLÉ. *Lésions de l'or. interne et de l'or. moyenne après élongation du pneumo-gastrique* (B. B.). — W. JAMES. *The sense of dizziness in deaf-mutes* (Amer. Journ. of Otol., t. IV, 16 sept.).

1882. — J. BARATOUX. *Otologie pathol. et thérapeut.* — F. BEZOLD. *L'anat. de l'or. étudiée par corrosion.* Munich. — BURNETT. *Aural vertigo Med. News,* p. 687. — G. CINISELLI. *Notes histolog. sur l'organe de l'ouïe Glandes cérumin.* Arch. p. l. sc. mediche, t. V, (3). — MATHIAS-DUVAL. *Innervat. du M. interne du Marteau* B. B., n° 34, 21 oct.. — ERLITZKY. *Nerf auditif* (Arch. de Neurol.). — FERRÉ. *Crête auditive chez les vertèbres.* Th. de Bordeaux. — GELLÉ. *Auscultat. transauricul.* B. B., n° 15. — *Procédé d'explorat. de l'audit. sur soi-même* (ibid.). — VITUS GRABER. *Die Chordotonalen Sinnesorgane u. das Gehör der Insecten,* I. *Morphologie* (Arch. f. mikr. Anat., t. XX, p. 540); II. *Physiologie* ibid., t. XXI, pp. 65-145). — KÖLLIKER. *Embryologie;* trad. franç. — KŒNIG. *Expér. d'acoustique.* Paris. — W. KIESSELBACH. *Z. Function der halbzirkelförmigen Kanäle* Verein z. Erlangen, déc. 1881; Arch. f. Ohren., t. XVIII, p. 152, mars). — LABORDE. *Rôle des canaux semi-circulaires* (B. B., n°s 22, 23. — RENÉ. *De la sensibilité acoustique.* Nancy. — STEINBRÜGGE. *De la décalcificat. du rocher* (Corresp.-Bl. f. schweizer. Aertze, n° 22, 15 nov. p. 751.

1883. — BROWN-SÉQUARD. *Lésions du cervelet et des canaux semi-circul. chez les oiseaux* (B. B.). — MAC BRIDE. *Nouv. théorie de la fonction des canaux semi-circul.* Journ. of Anat. a. Physiol., t. XVII, 2. — J. CROMBIE. *Sur la membr. du tympan* ibid., t. XVII, juil.). — HENSEN. *Studien üb. Gehörorg. der Decapoden* Zeits. f. wiss. Zool.. — O. MAUHRAC. *Rech. anatom. et physiol. sur le m. sterno-mastoïdien,* Paris, Doin. — C. VON NOORDEN. *Dévelop. du labyrinthe chez les poissons osseux* Arch. f. Anat. u. Physiol.; Anat. Abtheil., fasc. 3). — PAUCHON. *Limite supér. de la perceptibilité des sons* C. R.. 9 avr.). — H. SEWALL. *Experim. up. the ears of Fish., with refer. to the funct. of Equilibrion* J. P., t. IV, p. 339. — STREINBRÜGGE. *Préparat. de l'org. de* CORTI Berl. klin. Woch., p. 751, 26 nov.). — S. SEXTON. *Ét. sur la transmission du son par les os du crâne* (N.-York med. record, 28 juil.). — A. TAFANI. *Les épithéliums acoust.* (A. B., p. 62, avr.). — VULPIAN. *Expér. relat. aux troubles de la motilité par lésions de l'appar. auditif* C. R., t. XCVI, pp. 90, 93 et 304. — WIEDERSHEIM. *Lehrb. der vergleichend. Anat. der Wirbelthiere.*

1884. — B. BAGINSKY. *Les fonct. du limaçon* (A. V., t. XCIV, fasc. 1. — Z. *Physiol. der Bogengänge* (Arch. f. Anat. u. Phys., p. 253). — BARATOUX et MOET. *Traité des malad. de l'or.* — A. EITELBERG. *Résult. de pesées des osel. de l'or. chez l'homme* Monatsch. f. Ohren., n° 5. — GELLÉ. *Précis d'otol.* — GIRAUDEAU. *Des vertiges* (D. P.. — A. POLITZER. *Traité des malad. de l'or.,* tr. JOLLY de Lyon. — S. MOOS et STEINBRUGGE. *Absence de tout le labyrinthe de chaque côté chez un sourd-muet* Zeits. f. Ohr., t. XI, 4, p. 284. — E. ZUCKERKANDL. *Anatom. de l'or. de l'homme* Monatsch. f. Ohren., n° 11, nov.

1885. — B. BAGINSKY. z. *Physiol. der Bogengänge* (A. Db.. — BECHTEREW (Neurol. Centralbl., p. 145). — FERRÉ. *Et. du nerf auditif* Bullet. Soc. zool. de Bordeaux, t. X. — *Des ganglions intra-rocheux du nerf auditif chez l'homme* C. R., 23 mai. — E. GIRAUDEAU. *De l'audit. colorée* (Encéphale, n° 5, p. 9). — A. GOUGUENHEIM et M. LERMOYEZ. *Physiol. de la voix et du chant.* — MEYERSON. *Infl. des excitat. périphér. du trijumeau sur l'org. auditif* Wien. med. Presse, n° 44. — BR. ONUFROVICZ. *Contrib. expérim. à la connaissance de l'orig. centr. du n. acoustique.* Thèse de Zurich. — S. STRICKER. *Du langage et de la musique,* tr. D. F. SCHWIEDLAND.

1886. — ZUCKERKANDL. *De la trompe d'Eustache chez le tapir et le rhinocéros* (Arch. Ohren., t. XXII, p. 222, n°s 3 et 4. — E. WEILL. *Des vertiges.* Paris. — VOLTOLINI. *Einiges Anatomisches aus der Gehörschnecke,* etc. (A. V., U. C, fasc. 1, p. 27. — TAFANI. *L'organe de l'ouïe* Ann. univers. di med., mars . — CH. RICHET. *Expér. sur le réflexe de direct. de l'or. chez le lapin* B. B.. 29 juin . — J. POLLAK. *Fonction du M. tenseur du tympan* (Wien. med. Jahr., p. 555. — P. NOVITZKY. *Propriét. physiol. des fibres de la corde du tympan chez l'homme* Med. Obosr., n° 11). — C. VON MONAKOW. *Orig. du nerf acoust.* (Rev. méd. Suisse Romande, t. VI, p. 590, sept.). — MÉNIÈRE. *Décelopp. anormal du pavillon de l'or.* (Rev. mens. de laryng., 1er déc. p. 677 . — E. MACH. *Beitrage z. Analyse der Empfin-*

dungen. Iéna, p. 118. — HELMHOLTZ. *Le mécan. des osselets de l'or. et de la membr. du tympan*, trad. RATTEL. — GRUBER. Z. *Anat. des Hörenorgans* (Berlin. *klin. Woch.*, n° 48, p. 838, 29 nov.). — *De l'anat. de l'or.* (59ᵉ *réunion des natur. allem.*, 18 sept.). — G. GRADENIGO. *Die embryon. Anlage des Mittelohres*, etc. (*Med. Centralbl.*). — *Le développ. embryonnaire des osselets de l'ouïe et de la cavité tubo-tympan.; valeur morphol. des osselets* (*Riform. med.*, n° 190). — GELLÉ. *Rôle de la sensibil. du tympan dans l'orientat. auditive* (*Trib. méd.*, 24 oct.). — *Fatigues de l'accommod.; arrêt de l'accommod.*, etc. (*Ann. mal. de l'or., du larynx et du nez*, mai). — *De la durée de l'excitat. sonore nécessaire à la percept.* (*B. B.*, 30 janv.). — W. KIESSELBACH et J.-L. ECKERT. *A propos des fonctions des canaux semi-circul.* (*Corresp. Blatt für schw. Aerzte*, 15 mai). — J.-L. ECKERT. *Fonction des canaux semi-circul.* (*ibid.*, n° 1, p. 11, 1ᵉʳ janv.). — J. DELAGE. *Fonction nouvelle des otocystes chez les invertébrés* (*C. R.*, 2 nov.). — *Sur la fonction des canaux semi-circul. de l'or. interne* (*C. R.*, 26 oct.). — GILB. BALLET. *Le langage intér. et les div. formes de l'aphasie.* — D'ARSONVAL. *Appar. pour mesurer l'acuité audit. ou acoumètre à entre-courant* (*B. B.*, 3 avril).

1887. — D. TATAROFF. *Glandes sudorip. de la peau et du pavillon de l'homme* (*Arch. f. Anat. u. Phys*). — *Sur les muscles du pavillon de l'or.* (*ibid.*, t. 1). — VIGUIER. *Fonctions des canaux semi-circul.* (*C. R.*, 21 mars). — STEINER. *Fonctions des canaux semi-circul.* (*Ibid.*, 21 mars). — SPEAR. *Rem. sur la membrane du tympan* (Boston med. Journ., 25 août). — G. SCHWALBE. *Lehrb. der Anat. des Ohres*, Erlangen, p. 508). — SCHRADER. Z. *Physiol. des Froschgehirnes* (A. *Pf.*, t. XLI). — W. RUTHERFORD. *A lecture on the sense of hearing* (Lancet, 1ᵉʳ janv.). — RÜDINGER. *Sur le canal de décharge de l'endolymphe de l'or. interne* (Sitz. d. k. bayer. Akad. d. Wiss., t. III). — ROULLEAUD. *Anomalie de l'or. externe* (Prog. méd., 9 janv.). — LENHARD. *L'or. moyenne du nouveau-né* (T. D. P., 16 nov.). — LANNOIS. *De l'infl. de la mastication sur l'acuité auditive* (Lyon méd., 12 juin). — *De l'or. au point de vue anthropol. et médico-légal* (Arch. Anthrop. crimin., 15 sept.). — KNAPP. *Examen de l'acuité auditive* (Amer. otol. Soc., 19 juil.). — JACOBSON. *Du rapport entre l'acuité auditive et la durée de la perception* (Arch. f. Ohren., p. 39). — A. HERZEN. *Le cerveau et l'activité cérébr. au point de vue psycho-physiol.*, Paris. — KATZ. *Procédé d'étude du labyrinthe membraneux* (Berl. klin. Woch., 24 oct.). — GRADENIGO. *Embryol. de l'or. moyenne* (Wien med. Jahrb., p. 61). — GELLÉ. *Étude expérim. sur le rôle du limaçon osseux dans l'audition* (Gaz. des hôpit., 19 mai). — *Physiol. du limaçon* (B. B., 2 avr.). — *Anat. de qq. troubles de l'audition aux différ. âges de la vie* (B. B., 5 nov., p. 659). — *Réflexes auricul.* (ibid., juin, p. 393). — FICK. *Considér. sur le mécanisme de la membrane du tympan* (Arch. f. Ohren., p. 167). — CH. FÉRÉ. *Sensat. et mouvem.; étude expériment.* — W. ENGELMANN. *Ueb. die Function der Otlithen* (Zool. Anzeiger, août, n° 238, p. 439). — H. DENNERT. *Rech. sur l'acoustique et la physiol. de l'ouïe* (Arch. f. Ohren., p. 171). — COZZOLINO. *L'or. et la médec. légale et milit.* (Morgagni, avril). — H. CHATELLIER. *Sur la prétendue insertion externe de la memb. de Corti* (Bull. soc. Anat., p. 372). — BULLE. *Beiträge zur Anat. des Ohres* (Arch. f. mikr. Anat., t. XXIX, fasc. 2, p. 27, 1 pl.). — BARTH. *Rech. sur l'anat. de l'or.* (Zeit. f. Ohren., t. XVII, nᵒˢ 3 et 4). — BARATOUX. *De l'audit. colorée* (Prog. méd., 24 déc., 1017). — B. BAGINSKY. Z. *Entwicklung der Gehörschnecke* (Arch. f. mikr. Anat., t. XXVIII, fasc. 1).

1888. — VIRCHOW. *Sur les stries acoust. de l'homme* (A. V., p. 392). — U. PRITCHARD. *Préparat. microsc. de l'or. interne des oiseaux et des mammifères* (4° Congr. d'otol., Bruxelles). — STEINER. *Die Functionen des Centralnervenssyst. u. ihre Phylogenese.* Braunschweig. — E. M. STÉPANOW. *Contrib. expériment. à l'ét. des fonctions du limaçon* (Monatsch. f. Ohren., avril). — S. SEXTON. *The Ear a. its diseases.* New-York. — RICHEY. *Le rôle physiol. du primordial du tympan* (Amer. otol. Soc., 18 sept.). — J. POLLAK et GAERTNER. *De l'excitab. électr. du nerf acoust.* (Wien. klin. Woch., 1ᵉʳ nov.). — PERRON. *De l'exist. d'un tissu érectile dans la muqueuse de l'or. moyenne* (Gaz. hebd. sc. méd., Bordeaux, 27 mai). — MALL. *Développ. de la trompe d'Eustache, de l'or. moyenne, du tympan sur le poulet* (Stud. of biol. labor., t. IV, 3 et 4). — KERR LOVE. *Rech. sur les limites de l'audit.* (Glasgow med. Journ., août). — KATZ. *Ét. sur la forme et la réunion des cellules de* DEITER *et de* CORTI *dans l'org. de* CORTI (Monatsh. f. Ohren., août). — JULIA. *De l'oreille au point de vue anthropol. et médico-légal.* Th. de Lyon, n° 453. — L. JACOBSON. *Déterminat. de l'acuité audit. et du minimum perceptible dans les variat. d'intens. du son, au moyen de courants élect.* (A. V., p. 189). — GRADENIGO. *Ueb. die Conformat. der Ohrmuskel bei der Verbrecherinnen*

(*Zeit. f. Ohren.*, t. xxii). — *La reazione elettr. del N. acustico* (*Riv. veneta; C. W.*, n°* 39, 40, 41). — *Il valore pratico del esame elettrico del nervo acustico* (*Boll. del. mal. dell' orecchio*, n° 6). — *Développ. de la forme du pavillon de l'or. en rapport av. la morphol. et la tératol. de l'or.* (*Arch. p. l. sc. med.*, t. xii, n° 3). — *Développ. des cartilages de l'or. externe av. des consider. particul. sur leur morphol. et la tératol.* C. W., n° 3). — *Réaction électr. du nerf audit.* (4ᵉ Congr. d'otol., Bruxelles). — GELLÉ. *Importance de la chaine des osselets dans la transmission des sons* (*B. B.*, 13 oct.). — *De la fonction du limaçon dans l'audit.* (*B. B.*, 1880 et 1887; *Et. d'otol.*, 1880, t. i, p. 332 et 1888, t ii, p. 218). — *Des réflexes binauric. ou de l'accommod. binauric. synergique* (*B. B.*, *Trib. méd.*; *Et. d'otol.*, t. ii). — *Des réflexes auricul.* (*Ann. mal. or.*, sept.). — *Des pressions centripètes en séméiotique auriculaire; applications physiolog.* (*Etudes d'otol.*, t. ii). — *Fonctions des canaux semi-circul.* (*Acad. de médec.*, 1886; *Etudes d'otol.*, t. ii, 1888). — *Origines des réflexes binau-riculaires; d'un centre réflexe oto-spinal* (*Etudes d'otol.*, t. ii, et *B. B.*). — J. POLLAK et B. GARTNER. *Ueb. die electr. Erregbarkeit der Hörnerven* (*Wien. klin. Woch.*, n°ˢ 31-32). — FRIGERIO. *L'or. externe* (*Arch. anthr. crim.*, sept.). — R. EWALD. *Physiol. des canaux semi-circul.* (Berlin. klin. Woch., 29 oct. p. 899). — *Contrib. à la physiol. des canaux semi-circul.* (*A. Pf.*, t. xli, p. 463). — ALZHEIMER. *Glandes cérumineuses de l'or.* (*Fortsch. d. Med.*, 15 déc.). — C. BRUCKNER. *Z. Function des Labyrinths* (*A. V.*, t. cxiv, p. 291, nov.). — B. BAGINSKY. *Ueb. den Ménièreschen Symptomen complex* (Berlin. klin. Woch., n° 45, p. 46, 23 févr.). — *Ueb. den Ursprung u. den centralen Verlauf des N. acusticus des Kaninchens* (*A. V.*, t. cv, fasc. 1, p. 28).

1889. — SCHWALBE. *Critique de la doctrine darwinienne sur la significat. des or. poin-tues* (Berlin. klin. Woch., n° 30, p. 686, 29 juil.). — *Das Darwin'sche Spitzohr beim menschl. Embryo* (Anat. Anzeig). — J. HEINER. *Der Ménièr'sche Schwindel u. die Halbcirkelform. Canale* (Deutsche med. Woch., n° 47). — H. HEINBRÜGGE. *Ein seltener Fall v. Acusticus-Reflexen* (Zeitsch. f. Ohren., t. xix, mai, p. 328). — ROHRER. *Sur le labyrinthe des oiseaux* (C. R. Congr. d'otol., Paris, p. 99). — W. PREYER. *Ueb. Kombinationstöne* (Wiedemann's Annal., t. xxxviii, p. 131). — J. OTT. *Centres cérébr. thermogènes* (Brain, p. 133). — W. HIS. *Z. Anatom. des Ohrläppchens* (Arch. f. Anat. u. Phys.; partie d'Anatom.). — FÉRÉ DE LANCY. *Sur la physiol. du pavillon de l'or.* (Bull. Soc. Anat., mars, p. 237). — KERR LOVE. *Limites de l'audit.* (Journ. of Anat. janv.). — G. KILLIAN. *Significat. morphol. des mal. de l'or.* (Berlin. Klin. Woch., n° 49, p. 1078, 9 déc.). — L. KATZ. *Ueb. die Endigungen des N. Cochlear. im Corti'schen Organ* (Ibid., n° 49, p. 1078, 9 déc.). — JOURDAN. *Les sens chez les animaux inférieurs*, Paris. — L. JACOBSON. *Determinat. de l'acuité audit.* (Berlin. klin. Woch., p. 146, 18 fév.). — *Rech. sur l'audit.* (Arch. f. Ohren., t. xxviii, 1 et 2). — FÉRÉ et LAMY. *Physiol. du pavillon de l'or.* (Soc. Anat., Bull. méd., 21 avril). — GRUBER. *De l'audit. colorée* (Confér. de psychol. physiolog. Ibid., 18 août). — GELLÉ. *De l'audit. au milieu du bruit* (Rev. de Laryngol., 15 juin). — GRADENIGO. *Le pavillon de l'or. au point de vue anthropolog.* (Ann. mal. de l'or., sept.). — GARTNER. *Expér. d'excitat. électr. du nerf acoust.* (Berlin. klin. Woch., 18 févr. p. 146). — R. EWALD. *Z. Physiol. der Bogengänge. Ueb. Bewe-gung der Perilymphe* (A. Pf., t. xliv, p. 319). — H. DENNERT. *Akustisch. physiol. Unters. u. Studien f. die prakt. Ohrenheilk.* (Arch. f. Ohren., t. xix, 18 déc. p. 68). — J. DELAGE. *Les sensat. de mouvem. et la fonction de l'or. interne* (Rev. Scientif., 16 nov.). — CHIARUGI, *Il tubercolo di Darwin e la direzione dei peli nel padiglione dell' orecchio umano* (Bollet. del sezione dei cultori dei sc. med. di Siena, fasc. 2). — CANE. *L'Audit. chez les marins* Lancet, 13 avr.). — C. BRUCKNER. *Z. Funktion des Labyrinths* (A. V., t. cxiv, fasc. 2). — J. BREUER. *Neue Versuche an den Ohrbogengänge* (A. Pf., t. xliv, p. 135). — BOUCHERON. *Des épithél. sécrét. des humeurs de l'or. interne* (C. R., Congr. d'Otol., Paris). — BLOCH. *L'or. des faiseurs de saut périlleux* (Zeit. f. Ohren., t. xx, 1). — BARTH. *Méth. de prépar. du labyrinthe membraneux* (A. Db., p. 345) — BAGINSKY. *Trajet de la racine postér. du nerf auditif.; significat. des stries médullaires* (Berlin. klin. Woch., n° 50, 1132, 30 déc.). — AMADEI. *Morphol. du pavillon de l'or.* (Riv. sperim. di freniat., xv, 1).

1890. — TESTUT. *Un cas d'apophyse paramastoïde chez l'homme* (Province méd., 8 févr.). — STUMPF. *Tonpsychol.* Leipzig, t. i, p. 1, 1883, et t. i et ii. — SUAREZ DE MENDOZA. *De audition colorée.* Paris, Doin. — FR. SIEBENMANN. *Anat. des Knöcheren Labyrinths des menschl. Ohres.* (Berlin. klin. Woch., 17 nov.). — SECCHI. *Rech. sur la physiol. de l'or.*

moyenne (*Ibid.*, 27 oct.). — RANDALL. *Le labyrinthe de l'or.* (*Med. News*, 10 mai). — O. D. POMEROY. *Pathogénie du vertige auditif* (*New York médic. Journ.*, t. CI, p. 716). — PERRELET. *Réactions électr. de l'appareil auditif.* Th. de Lyon. — HAVELOCK ELLIS. *L'or. des criminels* (*Lancet*, 25 janv.). — LŒB. Ueb. *Geotropismus bei Thieren* (*A. Pf.*, t. XLII). — WARNER. *Forme d'or. comme signe de développem. imparfait* (*Lancet*, 15 févr.). — KESSEL. *Fonct. de la conque auricul.* (*Berlin klin. Woch.*, 24 févr., p. 185). — R. KRAUSE. *Entwickelungsgeschichte der Bogengänge* (*Arch. f. mik. Anat.*, t. XV). — KATZ. *Histologie de la strie vasculaire du canal du limaçon* (*Berlin. klin. Woch.*, 13 oct. p. 950). — O. ISRAEL. *Angeborne Spalten des Ohrläppchens* (*A. V.*, t. CXIX, fasc. 2). — IMBERT. *De l'acuité auditive* (*Gaz. hebdom. sc. méd. de Montpellier*, 8 nov.). — GELLÉ. *Otite et paralysie faciale; action des muscles du tympan* (*Congrès médic. internat. de Berlin,; Ann. de l'or. et du larynx*). — GRADENIGO. *Étude morpholog. de l'anthélix dans le pavillon humain* (*Ann. mal. de l'or.*, sept.). — *Conformat. du pavillon de l'or. chez l'homme sain, les aliénés et les délinquants* (*Giorn. Accad. di Med., Torino*, juin). — *De l'excitab. électr. du nerf acoustique et de sa valeur diagnost. dans les malad. cérébr. et du syst. nerveux* (*Boll. d. mal. dell'or.*, t. VIII, p. 4.). — EICHLER. *Méth. de préparat. du labyrinthe par corrosion* (*Arch. f. Ohren.*, t. XXX, 3.). — J.-R. EWALD. Ueb. *motorische Störungen nach Verletzungen der Bogengänge* (*C. W.*, pp. 114 et 130). — *Die Abhängigkeit des galvanisch. Schwindels vom inneren Ohr* (*Centralb. f. d. med. Wiss.*, p. 753). — E. DRAISPUL. *Embryog. de l'articul. du marteau avec l'enclume* (*Berlin. Klin. Woch.*, 13 oct., p. 950). — *De la membrane propre du tympan* (*Ibid.*, 13 oct.). — CHARPENTIER. *Rech. sur l'intensité comparat. des sons d'après leur tonalité* (*A. P.*, n° 3). — BRÜCHNER. *Labyrinth-formation* (*Zeitsch. f. Ohren.*, t. XIX, févr., p. 357). — BEAUNIS. *L'évolut. du syst. nerveux.* Paris. — B. BAGINSKI. *Hörsphäre u. Ohrbewegungen* (*Neurol. Centralb.*, août, p. 458). — J. BREUER. Ueb. *die Fonction der Otoliten-apparate* (*A. Pf.*, t. XLVII. déc., p. 193). — P. BONNIER. *L'audit. chez les invertébrés* (*Rev. Scientif.*, déc.). — BOULLAND. *Des plis du pavillon de l'or. au point de vue de l'identité* (*Gaz. méd.*, 13 sept.). — BARTH. *Beitrag z. Anat. der Schnecke* (*Berlin. klin. Woch.*, n° 8, p. 185, 24 févr.). — BONNIER. *Le sens auricul. de l'espace* (*D. P.*, 14 mai). — E. BIRMINGHAM. *Anat. top. de la région mastoïd.* (*Brit. med. Journ.*, sept., p. 683). — J. BREUER. *Fonction de l'appareil des otolithes* (*A. Pf.*, t. XLVIII, p. 194). — TH. ALBARACCUIS. *Microphotogr. de quelques-unes des parties de l'or. les plus importantes pour la connais. des impress. sonores* (*Sitzber. der K. Akad. der Wiss., Wien*, t. XCIX).

1891. — VERWORN. *Gleichgewicht u. Otolithenorgan* (*A. Pf.*, t. L, p. 423). — *Equilibrium u. otolitic organs* (*Jena Lecture, Bonn*). — STUART. *Muscles de l'or. rudimentaire* (*Journ. of Anat.*, avril). — SCHWALBE. *De l'anthrop. de l'or.* (*Int. Beitr. z. w. Med., Festchr. Virchow,*). — SCHWALBE. Ueb. *Auricular Höcker bei Reptilien* (*Anat. Anzeiger*, t. VI, n° 2). — L. SALA. *Sur l'orig. de l'acoust.* (*A. B.*, t. XV, fasc. 1, p. 196). — F. ROHRER (de Zurich). *Lehrb. d. Ohren.*, p. 25). — RANDALL. *La méth. de corrosion dans l'étude de l'anatom. de l'or.* (*Americ. journ. of. med. science*, janv.). — C. W. PREYER. *Die Wahrnehmung der Schallrichtung mittelst der Bogengänge* (*A. Pf.*, t. LI). — NUXIER. *De l'audit. colorée* (*Gaz. hebd.*, Paris, 21 mars). — MILLS. *De la localisat. du centre auditif.* Brain, p. 56. — LUSSANA. *Les canaux demi-circul. et la maladie de Ménière* (*Giorn. int. di. sc. med.*, avr.). — LUBBOCK. *Les sens et l'instinct chez les animaux.* — J. LIEB. *Participat. du nerf acoust. dans la product. des mouvem. et attitudes forcées et des déplacem. des yeux observés à la suite de destruct. du cerveau* (*A. Pf.*, t. L, p. 66). — LARSEN. *Anatom. physiol. des osselets de l'or.* (*Nordiskt. med. Arkiv*, t. XXII, 16). — B. LANGE. *Jusqu'à quel point les symptômes que l'on observe après la destruct. du cervelet peuvent-ils être rapportés à une destruct. du nerf acoust.?* (*A. Pf.*, t. L, p. 615). — ALOIS KREIDL. *Phys. du labyrinthe d'après les recherches sur les sourds-muets* (*A. Pf.*, t. L, p. 119). — S. KIRILTSEFF. *Sur l'orig. et le trajet centr. du nerf acoust.* (*Rev. méd. de Moscou*, t. XXXVII, n° 17, p. 495). — KORNER. *Rech. sur qq. rapports topograph. du temporal* (*Zeits. f. Ohren.*, t. XXII, 3 et 4). — L. HERMANN. *Théor. des combinais. des sons* (*A. Pf.*, t. XLIX, p. 499). — H. GIRARD. *Le sens de l'orientat. chez les grenouilles privées des labyrinthes membraneux* (*Rev. méd. Suisse romande*, déc., p. 773). — *Rech. sur la fonction des canaux semi-circul. de l'or. interne de la grenouille* (*A. P.* p. 353). — FERGUSON. *Le centre auditif* (*Journ. of. Anat.*, janv. 1891). — G. FANO et G. MASINI. *Beitr. z. Physiol. des inneren Ohres* (*C. P.*, t. IV, p. 787; *Gaz. degl. ospedali*, 19). — ANONYME. *Sur l'orig. du nerf acoust.* (*A. B.*, t. XVI, 2 et 3). — R. EWALD. *Bedeut. des Ohre f. die normalen Muskelcontractionen (C. P.*, p. 4). — EYLE. *Anomalies de développem. de l'or.* (Th. de Zurich). — CORRADI. *De l'import. fonctionnelle du limaçon* (Arch. f. Ohren., t. XXXII, 1). — COHN. *Influence de l'or. moy. sur l'appar. moteur ocul.* (Berl. klin. Woch., 19 et 26 oct.). — BROWN-SEQUARD. *Localisat. prétendue... des org. auditifs (A. P.*, p. 366). — BONNIER. *Physiolog. de l'espace* (C. R., 26 oct.). — BIRMINGHAM. *Anat. de la région mastoïdienne* (Roy. Acad. of. med. Ireland, 9 janv.). — BERTELLI. *Structure de la couche moyenne de la membrane tympanique chez le cobaye* (16e congr. de l'assoc. méd. ital., Sienne, 16-20 août). — W. BECHTEREW. *Les Barbes du Calamus scriptorius* (Rev. méd. de Moscou, t. XXXVII, n° 5, p. 470). — B. BAGINSKY. *Hörsphäre u. Ohrbewegungen (A. Db.*, p. 227). — A. D. WALLER. *A possible part played by the membrana basilaris in auditory excitat. (Proceed. of. the physiol. soc.*, juin).

1892. — ST. de STEIN. *Traité sur les fonct. des diverses parties de l'or.*, Moscou, t. I et II. — RANDALL. *Ét. craniometr. par rapp. à l'anat. de l'or.* (Americ. otol. soc., 19 juil.). — MILLET. *Audit. colorée* (Th. Montpellier). — MOREL. *Ét. histor., crit. et expér. de l'act. des courants continus sur le nerf acoust.* (Th. Bordeaux). — F. S. LEE. *Sur le sens de l'équilibre (C. P.*, t. VI, p. 508). — A. KREIDL. *Beitr. z. Physiol. des Ohrlabyrinths auf Grund von Versuchen an Taubstummen (A. Pf.*, t. LI, p. 119). — DREYFUSS. *Anat. et embryol. de l'or. moyenne et de la membrane du tympan chez l'homme et chez les mammifères* (Arch. int. de laryng., t. V, 5) — CHEATLE. *L'antre mastoïd. chez les enfants* Lancet, 3 déc.). — CHAUVEAU. *Anat. compar. des animaux domestiques*, p. 890. — K. CHARLES. *The localisat. of the hearing centre.* Brain, p. 465. — CHATIN. *Sur l'organe de Corti (B. B.*, 25 juin). — CHATELLIER. *Sur l'anat. de l'or. moyenne* (Bull. soc. laryng., t. II, 2). — BONNIER. *Sur les fonctions tubo-tympaniques (B. B.*, 26 nov.) — BERTELLI. *Sur la membrane tympanique de Rana esculenta (A. B.*, t. XVIII, 3). — BEAUREGARD. *Anat. comparée de l'or. interne* (B. B.). — *Sur le rôle de la fenêtre ronde* (B. B., 18 juin). — *Sur le rôle de l'appar. de Corti dans l'audit.* (Ibid., 11 juin). — SPEAR. *Fonction des canaux semi-circul.* (Med. News, 23 janv.).

1893. — R. WLASSAK. *Die Centralorg. der statisch. Functionen des Acusticus* (C. P., t. VI, p. 457). — TREITEL. *Etat de l'audit. chez 47 vieillards de 70 à 90 ans* (Berlin. klin. Woch., 8 mai). — L. SALA. *Ueb. den Ursprung des N. acusticus* (Arch. f. mikr. Anat., t. XLII, 1, p. 18). — SACHS. *Ét. physiol. de l'or. des nouveau-nés* (Arch. f. Ohren., t. XXXV, 1). — A. POLITZER. *Lehrb. der Ohrenheilk.*, Stuttgart. — G. POLI. *L'udito neinconati* (Arch. ital. di otol., t. I, 4). — MINGAZZINI. *Sur le temps de réaction du stimulus audit. et sur le sens auricul. de l'espace* (Arch. ital. di otol., t. I, 3). — G. MASINI. *Sulle vertigine auditivi* (Ibid., t. I, 4). — JANNIN. *Contrib. à l'ét. des sensat. subject. de l'ouïe* (Th. Genève, 1892 et Rec. méd. Suisse romande, t. XIII, p. 392). — L. HOVE. *Anat. compar. des osselets* (Amer. otol. Soc., 18 juin, in New York med. Rec., 29 juill.). — HAMON DU FOUGERAY. *Note sur quelques points de l'anat. chirurgic. de la caisse du tympan* (Ann. mal. or., janv.). — GRUBER. *L'aud. color. et les phénom. similaires* (Rev. Scientif., 1er avril). — G. FANO et C. MASINI. *Intorno ai rapporti funzionali fra apparecchio audit. e centro respiratorio, nota perim.* (Labor. phys. de Genève). — GELLÉ. *Un point de physiol. de l'étrier* (B. B., 4 oct.). — F. GALTON et E. GRUBER. *Color. hearing and simil. phenomena* (Congr. of xper. psychol. at London, 1892; Rev. neurol., p. 231). — H. DAAL. *Sur l'audit. double* (Norsk. Magaz., juin). — CUPERUS. *Les limites de l'audit. pour les sons bas et elevés en rapport avec l'âge* (Th. de Leyde). — COURTADE. *Anat. topogr. comparée de l'or. moyenne chez les nouveau-nés et chez l'adulte* (Ann. mal. or., août). — CANNIEU. *Rech. sur l'or. interne* (Journ. méd. Bordeaux, 7 mai). — P. BONNIER. *Le vertige*, Paris. — *Sur les fonctions otocyst.* (B. B., 15 avr.). — BEZOLD. *Some further investigat. up. the continuous ne-series, with refer. to the physiolog. upper a. lower tone-limit* (Arch. of. otol., t. XXII, 2, p. 216, avr.). — BEAUREGARD. *Rech. sur l'appar. audit. chez les mammifères* (Journ. at., t. XXIX, 2). — Mlle ASTIER. *Observat. sur un cas d'audit. colorée* (Gaz. hebdom. ris, 16 déc., p. 600). — GELLÉ. *Le mouvement de l'étrier est un glissement en totalité B.). — ST. VON STEIN. *Appar. servant à déterminer les deviat. des fonctions statiques du yrinthe de l'or. et sa démonstrat.* Moscou, 1893 (Congr. internat. de zool.).

1894. — H. ZWAARDEMAKER. *Presbyensis law* (Arch. of otol., t. XXIII, juil.). — DE VARIGNY. *s org. audit.* (Gr. Encyclop.). — POLI. *L'influence de la fatigue sur la fonction audit. ch. ital. di otol.*, fasc. 4). — LUZZATTI. *Le sens statique et les mal. de l'or.* (Giorn. Accad.

di med. di Torino, n°s 9 et 10). — *Contrib. à l'ét. du sens statique chez les sujets sains et chez ceux qui sont atteints d'affect. de l'or.* (Arch. ital. di otol., fasc. 3). — LIVON. Innervat. *des muscles du voile du palais* (Médec. mod., 7 juill.) — A. CANNIEU. Rech. sur le nerf audit., *ses vaisseaux et ses ganglions.* Lille.

1895. — COYNE et CANNIEU. Rech. sur l'épithélium sensoriel de l'org. audit. (Ann. mal. *de l'or.*, n° 5). — *Rech. sur la membrane de* CORTI (Ibid., n° 5). **GELLÉ.**

AUDITION COLORÉE. — Sous le nom d'audition colorée. on décrit

certaines apparences visuelles qui ne naissent pas à la suite d'une excitation de l'appareil nerveux visuel par la lumière, mais à la suite de l'excitation de l'appareil nerveux acoustique par des vibrations de l'air. Il est des personnes chez lesquelles l'audition de certains sons provoque des sensations chromatiques déterminées, et cela de manière qu'à un son donné corresponde toujours une couleur bien déterminée, mais variable d'après le son entendu, et d'après la personne qui l'entend.

Les faits de ce genre seraient donc plus ou moins en opposition avec le principe des énergies spécifiques des organes des sens, principe d'après lequel : a) l'excitation d'un appareil nerveux sensoriel produit toujours la même sensation; et b) une sensation déterminée est toujours le résultat de l'excitation du même appareil nerveux sensoriel.

Les premières communications relatives à l'audition colorée ont passé à peu près inaperçues, ou bien ont suscité un mouvement très prononcé d'incrédulité. On est tenté de mettre ces observations au compte d'une imagination excessive, ou de n'y voir qu'une manière de s'exprimer, comme lorsque nous parlons de sons « élevés », ou « bas ». Cependant, il résulte des publications récentes que les observations de ce genre sont relativement fréquentes : elles ont été faites par les personnes absolument dignes de confiance, par des médecins, des personnes habituées à analyser leurs sensations subjectives. On s'est, d'autre part, entouré de précautions suffisantes pour exclure toute erreur volontaire de la part des sujets examinés. Tout concourt donc à faire de l'audition colorée un phénomène digne de l'attention du physiologiste.

Au cours de ces recherches, il s'est même trouvé que l'audition colorée n'est qu'un cas spécial d'une classe de phénomènes s'étendant à tous les organes des sens. Plus souvent qu'on ne le pense, une sensation d'un organe quelconque s'associe avec une qualité sensorielle de l'un ou l'autre organe des sens, celle-ci étant provoquée de la manière habituelle. C'est ainsi que des sensations visuelles peuvent évoquer des sensations acoustiques: des sensations gustatives, olfactives, tactiles peuvent susciter des sensations visuelles, et *vice versa*. On a ainsi l'audition colorée, la vision auditive, la vision gustative, tactile, la gustation tactile, etc.

Diverses sortes de ces pseudesthésies peuvent coexister chez le même individu. Ordinairement cependant chaque personne n'en manifeste qu'une ou deux. Les plus connues, les mieux étudiées, consistent dans l'association de sensations visuelles (de clarté, de couleurs) aux sensations acoustiques produites par des sons objectifs: on donne le nom *d'audition colorée* à l'ensemble de ces derniers phénomènes. Quant aux apparences visuelles elles-mêmes, on leur donne le nom de *photismes* (BLEULER et LEHMANN). Sensations visuelles secondaires, fausses sensations (de couleur et de lumière), pseudophotesthésie, pseudochromesthésie, etc., sont des désignations employées dans les mêmes circonstances.

Pour une première orientation, donnons la relation abrégée de quelques cas publiés. Les phénomènes se manifestent le mieux avec les sons des voyelles. Il faut aussi que les sons aient une certaine intensité pour donner lieu à ces photismes.

Le tableau p. 933 met en regard les associations phonoptiques de trois personnes parentes, la sœur et le frère, puis la fille de ce dernier (Observations de SUAREZ DE MENDOZA).

La mère de ces deux personnes, décédée, associait aux différentes voyelles en somme les mêmes teintes que sa fille, sauf pour l'*i* qui lui paraissait jaune, et pour l'*u*, qui paraissait rouge. Il est intéressant de constater les ressemblances entre les registres pseudoptiques de ces trois personnes, en vue de leur parenté, ou de leur cohabitation au point de vue intellectuel.

SONS ÉMIS.	TEINTES ASSOCIÉES PAR Mᵐᵉ B.	TEINTES ASSOCIÉES PAR M. J., FRÈRE DE Mᵐᵉ B.	TEINTES ASSOCIÉES PAR Mˡˡᵉ J., FILLE DU PRÉCÉDENT.
a	Bleu.	Bleu.	Rouge rosé.
â	Bleu foncé.	Bleu foncé.	Rouge foncé.
é	Gris.	Gris jaunâtre.	Bleu.
è	Gris verdâtre.	Gris jaune.	Bleu foncé.
i	Rouge vif.	Noir.	Noir.
o	Noir.	Blanc rose.	Rouge plus foncé que a.
au	Noir violacé.	Bleu.	
u	Jaune.	Vert jaune.	Brun.
an	Bleu violacé.	Bleu violacé très foncé.	
in	Bleu rosé.	Gris de fer.	
un	Jaune biche.	Gris verdâtre.	
eu	Gris sale.	Brun de chevreuil.	
on	Idem.	Rouge clair.	
ou	Brun.	Blanc laiteux.	Rouge brun.

Les consonnes n'ont pas de couleur propre (pour ces trois personnes), mais elles influencent les voyelles accolées, en les épaississant ou en les éclaircissant.

Les mots présentent des images colorées diversement, suivant leurs voyelles composantes.

Ainsi *midi*, est (pour Mᵐᵉ B.) rouge vermillon.

— *respect* — gris.
— *enfant* — bleu.
— *plainte* — jaune citron.
— *Paris* — bleu et rouge.

Les noms des nombres donnent une couleur correspondant aux voyelles composantes Il en est de même des noms de notes de musique.

Les sons musicaux proférés par des instruments sont moins colorés que les voyelles et les mots. Les *sons graves*, dit SUAREZ, paraissent sombres à Mᵐᵉ B.; mais à mesure qu'ils s'élèvent vers les *sons aigus*, ils passent graduellement à des teintes plus claires.

Pour la même personne, chaque morceau de musique, chaque partition a sa couleur propre ou sa teinte générale.

Ces sensations de couleurs sont liées à l'audition des sons, mais aussi à leur évocation mentale, et, dans l'un et l'autre cas, aussi bien dans l'obscurité ou avec les yeux fermés qu'à la clarté ou avec les yeux ouverts.

Mᵐᵉ B. n'extériorise guère ou pas du tout ses sensations pseudophotesthésiques. Celles-ci ne constituent pas pour elle une gêne, mais plutôt une jouissance. Elle présente du reste quelques autres associations sensorielles pseudesthésiques.

De l'inspection du tableau ci-dessus, il résulte certainement un certain degré de parenté entre les sensations pseudesthésiques de ces quatre personnes parentes. Il n'en est plus ainsi si nous considérons d'autres sujets, n'ayant eu aucun rapport entre eux.

Passons maintenant une revue des différentes faces sous lesquelles on peut envisager les faits d'audition colorée.

Les auteurs sont unanimes pour déclarer que de loin la plupart des sujets en question ne présentent rien d'anormal, ni du côté des yeux, ni du côté cérébral et psychique. Les associations sensorielles existent dès l'enfance, et les sujets les ont toujours regardées comme naturelles. Ils sont même étonnés d'apprendre que tout le monde ne les fait pas.

Les couleurs les plus habituellement vues sont, dans l'ordre approximatif de leur fréquence décroissante, le blanc (et ses nuances grises), le rouge, le jaune, l'orangé, le bleu, le violet et le noir. Il est tout à fait exceptionnel de voir signalé le vert. Enfin, beaucoup de ces personnes accusent ainsi des sensations chromatiques qu'elles n'ont jamais éprouvées autrement.

D'une manière générale, les photismes sont le mieux accusés pour les voyelles prononcées et pour des sons complexes, surtout pour ceux caractérisés par des « timbres » accentués. C'est donc avec ces sons compliqués que les observateurs ont opéré de préférence. En vue d'une analyse physiologique fructueuse des phénomènes, on aurait dû se tenir davantage à la distinction physiologique des sons. Au lieu de s'attacher surtout aux sons qui donnent les résultats visuels les plus « frappants », on aurait mieux fait de procéder du simple au composé. A l'article Audition, on a vu que le phénomène sonore simple, au point de vue physiologique, est la sensation acoustique provoquée par une vibration pendulaire, dont la courbe est une sinusoïde. Ce son simple, il faudrait le faire varier d'intensité et de hauteur. Puis seulement il conviendrait de passer à des sons composés, c'est-à-dire à des sons de timbre variable. C'est de cette manière seulement qu'on arrivera à étudier l'influence exercée sur les photismes par les trois qualités propres à chaque son : par son *intensité*, sa *hauteur* et son *timbre*.

Les *sons simples* n'ont donc guère été expérimentés à notre point de vue, parce qu'ils produisent moins facilement des sensations visuelles que les sons compliqués. Il serait important de savoir s'ils sont toujours inefficaces, notamment lorsqu'ils sont très intenses et très élevés — deux qualités que les auteurs confondent même quelquefois.

Les *sons musicaux* sont tous plus ou moins compliqués, à timbres caractérisés par des sons partiels. Moins souvent que les sons de voyelles, ils provoquent des photismes.

Il est de ces personnes qui avec une *hauteur croissante* du son émis par un instrument de musique, c'est-à-dire avec un nombre croissant des vibrations du son fondamental, accusent la succession suivante dans leurs photismes. Les sons bas produisent un photisme sombre, brun, qui passe au rouge sombre, puis au rouge, à l'orangé, au jaune et au blanc; chez d'autres, le jaune passe au bleu, puis au noir éclatant; rarement en passant encore par le violet.

Cette succession semble assez générale. Elle est remarquable en ce que, somme toute, elle reproduit la suite naturelle des couleurs du spectre solaire, arrangées suivant leur réfrangibilité croissante.

Pour beaucoup de personnes à audition colorée, la couleur est peu prononcée dans les photismes des sons musicaux. Le gris, c'est-à-dire le blanc, dans ses différentes nuances, prédomine généralement. Viennent ensuite les teintes jaunes et rouges. Le bleu est déjà relativement rare, et le vert exceptionnel. Les sons bas sont dits sombres; un peu plus élevés, ils sont dits gris, pour devenir franchement blancs s'ils sont très élevés. Toutefois, il semble que les sons musicaux sont d'autant plus colorés que leur timbre est plus prononcé, en d'autres mots, qu'un ou plusieurs sons partiels y prédominent davantage.

On doit se demander si la teinte d'un son musical ne résulte pas du mélange des teintes propres à chaque son partiel, harmonique. Il est en effet de ces personnes, rares il est vrai, qui, à l'audition de sons musicaux, perçoivent des couleurs multiples dont chacune paraît liée à un son partiel. Nussbaumer voit dans un seul son du piano jusqu'à quatorze teintes différentes, tout comme il y distingue par l'ouïe jusqu'à quatorze sons partiels. Ce sont du reste les seuls sons musicaux que cet auteur, comme nous allons voir, résout en leurs composantes optiques. Il est de règle que chaque son musical produise une teinte unique et générale. Mais, comme dans d'autres circonstances, les photismes sont combinés entre eux en une teinte unique, d'après les lois du mélange des couleurs objectives, la question posée a sa raison d'être.

L'*intensité* d'un son musical de hauteur constante ne paraît pas avoir d'influence sur la teinte. Une intensité faible ne produit pas de photisme. Avec l'intensité croissante, la teinte spéciale apparaît, d'abord sombre, puis plus claire ; la teinte devient de plus en plus lumineuse, mais aussi de moins en moins saturée, pour passer au blanc éclatant. Très exceptionnellement, les fortes intensités modifient la teinte, qui alors devient de plus en plus réfrangible, passe au jaune, puis au blanc (observations de de Rochas, et de Bleuler et Lehmann). Chez ces sujets exceptionnels, en revanche, les changements de hauteur des sons semblent ne modifier que la clarté des teintes pseudesthésiques.

Resterait à décider si ces changements de teinte exceptionnels ne sont pas dus à ce qu'avec une plus forte intensité du son total on ne renforce pas spécialement la couleur de l'un ou l'autre son partiel.

Plusieurs sons émis simultanément, les accords, sont, au point de vue physiologique, des sons musicaux dont la complication est seulement plus grande. Déjà pour les sons musicaux simples, émis par un seul instrument, il peut se faire exceptionnellement que les sons partiels donnent lieu chacun à un photisme spécial. Telle semble être la règle dans le cas présent (celui de sons émis simultanément). Il arrive cependant que les photismes correspondant à des sons spéciaux se combinent entre eux, donnent une résultante, et cela, paraît-il, plus ou moins d'après les lois réglant les mélanges des couleurs objectives. Ce cas semble se produire de préférence pour les sons provenant du même endroit de l'espace.

Le timbre de l'instrument musical imprime souvent aux sons musicaux une teinte spéciale. C'est en somme le cas de plusieurs sons émis simultanément. Rarement le timbre est dissocié dans ses composantes chromatiques. Lorsque le timbre est très caractérisé, c'est lui qui imprime la couleur au photisme ; la hauteur du son ne fait que renforcer la clarté de la couleur.

Voilà donc déjà deux éléments du son musical compliqué qui déterminent la teinte du photisme : la hauteur du son total et le timbre de l'organe phonétique. Tantôt c'est l'influence de l'un, tantôt c'est celle de l'autre qui prédomine. Les lois qui président à cette lutte des deux éléments ne sont guère étudiées.

Les *bruits* s'accompagnent de photismes, tout comme les sons musicaux. Ordinairement ces couleurs sont grises ou brunes. Elles se renforcent, deviennent plus claires, et même se teintent de jaune si le bruit se renforce. On sait que le renforcement d'un bruit change du tout au tout l'intensité relative des sons composants ; de là probablement les changements de teinte.

Des sons musicaux qui se suivent dans le temps sous forme de *mélodie* provoquent ordinairement une succession de teintes correspondant aux notes successives. Il arrive cependant qu'une phrase musicale, une mélodie entière, soit caractérisée par une teinte dominante. Il y a plus, pour tel sujet, la musique d'un compositeur est qualifiée d'une teinte générale, celle d'un autre d'une autre teinte. On ne sait trop à quel élément sonore correspond cette teinte. Le timbre de l'organe vocal intervient ici au moins dans certains cas : la même mélodie a une teinte et surtout une clarté différente d'après l'instrument sur lequel elle est jouée.

Tous ces photismes naissent à l'occasion de l'évocation mentale des sons, dans le silence le plus absolu. Toutefois, il paraît y avoir sous ce rapport des différences individuelles sensibles.

Localisation des photismes. — Il est de règle que les photismes soient extériorisés, projetés en dehors du sujet. Ce qu'il y a de curieux, c'est qu'ils ne sont pas localisés dans le champ visuel, mais dans le « champ auditif » ; par conséquent tout autour de l'individu. Cette particularité donne lieu à des réponses (BLEULER et LEHMANN) souvent difficiles à interpréter. Le plus souvent, ils sont localisés à l'endroit, réel ou supposé, l'où proviennent les ondes sonores. De plus, ils sont localisés suivant les trois dimensions de l'espace. La « limitation » des photismes est très incertaine pour les sons musicaux ; la teinte se perd insensiblement vers la périphérie. La forme peut se rapprocher, selon les individus, du carré, du cercle, de l'ellipse. Lors de l'émission de sons compliqués ou de sons simultanés, les teintes peuvent être juxtaposées. Il arrive aussi que les teintes fondamentales, plus ou moins sombres, constituent des fonds sur squels se disposent les teintes plus claires. Dans le cas de consonance, les teintes assent insensiblement l'une dans l'autre. S'il y a dissonance, la teinte de la note dissonante se délimite plus nettement ; elle est comme coupée à sa limite.

Pour les sons qui se suivent dans le temps, les photismes peuvent se suivre de même. Souvent ils se juxtaposent dans l'espace. A l'audition d'un concert, la plupart des jets voient une succession rapide de teintes dans le temps et dans l'espace, produisant e impression générale plus ou moins grisâtre. L'attention, en suivant le son de tel de tel instrument, peut renforcer la teinte correspondante. Il en est aussi qui ne rçoivent qu'une teinte uniforme, grisâtre, se renforçant successivement par endroits.

Lorsque les sensations visuelles sont provoquées par des tintements d'oreilles (qu'on localise dans la tête), les photismes sont perçus dans la tête. De rares sujets perçoivent tous les photismes dans la tête, « étendus depuis l'oreille vers le front » comme ils disent habituellement.

Parole humaine. Voyelles. — Chez les individus doués de l'audition colorée, ce sont les sons des voyelles qui y donnent le plus souvent lieu. Les photismes des voyelles sont presque sans exception teintés de couleurs, et de couleurs relativement vives, comparées à celles des sons musicaux.

Le blanc et ses nuances grises, fréquentes pour les sons musicaux, sont plus rares pour les voyelles.

Le noir est relativement rare aussi ; néanmoins il est souvent très prononcé, « éclatant » en quelque sorte. Au point de vue physiologique, le noir n'est d'ailleurs pas l'absence de sensation visuelle ; c'est une sensation positive au même titre que le blanc, le rouge, le bleu, etc.

Les consonnes sont peu actives à notre point de vue. Prononcées au courant des mots, elles n'ont pas de son propre ; elles modifient plutôt le commencement ou la fin du son d'une voyelle. De même aussi elles obscurcissent seulement ou éclaircissent le photisme de la voyelle accolée. Prononcées isolément, b par exemple sous la forme phonétique bé, elles donnent lieu au photisme, éclairci ou rembruni, de la voyelle accolée. Il est cependant des consonnes dont le son est prolongé, m, n, par exemple ; elles peuvent produire une vague sensation lumineuse.

Le tableau de la deuxième page de cet article donne des exemples des teintes accolées par trois personnes aux différentes voyelles. Généralement, des gens pris au hasard attribuent aux différentes voyelles des teintes absolument différentes. Les trois sujets du tableau en question (examinés par SUAREZ DE MENDOZA) accolent à certaines voyelles les mêmes teintes, et des observations du même genre ont été faites par d'autres auteurs. Généralement les voyelles à sons sourds produisent des teintes moins accusées, sombres ; les voyelles à sons plus clairs donnent des teintes plus prononcées et plus claires. Le i est en général jaunâtre ou même blanchâtre.

En partie donc, ces différences semblent tenir à une différence de hauteur ; en partie à ce que différentes oreilles distinguent davantage certains sons partiels dans le son composé de la voyelle.

Pour le même individu, ces teintes sont très constantes, au moins pour les voyelles prononcées par le même organe vocal. Le timbre de l'organe vocal producteur du son n'est pas cependant sans influence ; il éclaircit notamment ou assombrit le photisme vocal, selon que la voix est plus ou moins claire, perçante.

Certains sujets attribuent aux photismes des voyelles des formes constantes et caractéristiques, de cercles, de cônes, etc.

Les *diphtongues*, prononcées à la française, sont des voyelles : *au* a donc la teinte de l'*o*, chez la même personne. Prononcées à l'allemande, c'est-à-dire chacune des deux voyelles plus ou moins à part, elles peuvent produire un mélange (dans le temps ou dans l'espace) des deux consonnes constituantes.

Les photismes des *mots* composés de plusieurs syllabes représentent ordinairement une succession des photismes des syllabes constituantes. Ces couleurs peuvent se juxtaposer, à la manière de celles du spectre. — Chez certaines personnes, le photisme d'une voyelle dominante (comme son) peut être prédominant au point qu'il semble colorer le mot dans son ensemble.

Les noms de personnes, de mois et de jours, ceux des sons, etc., suivent généralement la même règle. Les exceptions semblent cependant être assez fréquentes. Les associations semblent souvent être ici absolument arbitraires, et dues à des circonstances plus ou moins accidentelles. En allemand, les mois de l'année par exemple ont plusieurs noms, absolument différents comme sons. Néanmoins, il y a des personnes qui voient de la même couleur tous ces noms. La couleur paraît donc attachée à la chose, ou plutôt à la représentation psychique de la chose. Une de ces personnes voit le dimanche bleu, parce que, dit-elle, étant enfant, on l'habillait le dimanche en bleu. Le mercredi lui paraît blanc, parce que, toujours à son dire, étant enfant, elle demanda en voyage le nom du jour ; la réponse « mercredi » lui fut faite au moment où elle fixait un mur blanc.

Des phrases entières, des discours sont le plus souvent colorés d'une teinte générale, qui semble dépendre du timbre de l'organe qui les émet. D'autres fois cette teinte est celle des voyelles prédominantes. Pour une phrase bien articulée et lentement prononcée, il peut se faire que les photismes des voyelles constituantes se succèdent avec leurs couleurs propres, dans le temps et dans l'espace.

Voici encore quelques remarques générales relatives à l'audition colorée.

Nous avons dit que les personnes en question ne se souviennent généralement pas d'un commencement de ces phénomènes. Elles les ont toujours remarqués, et sont même étonnées d'entendre dire que certaines personnes ne les voient pas. Aucune maladie, aucun état névrosique ne paraît en être la cause. Il est des familles où beaucoup de personnes sont dans ce cas; il faut donc admettre une certaine influence de l'hérédité.

Chez la même personne, les photismes sont absolument constants dans leur teinte. Le même son a pour elle toujours la même teinte. Elle colore les sons, soit qu'ils soient émis réellement, soit qu'ils soient évoqués mentalement.

Rendus attentifs à la chose, beaucoup de ces sujets ont quelque difficulté à voir ces apparences visuelles. Ils les aperçoivent de mieux en mieux, à mesure qu'ils s'en occupent. Il en est des photismes sous ce rapport comme de toutes les sensations subjectives.

Il n'est guère possible d'évaluer en chiffres la proportion des personnes éprouvant l'audition colorée. On peut bien dire que, sur 100 personnes prises au hasard, il y en a une dizaine au moins qui éprouvent de ces sensations phonoptiques.

Il semblerait que, si toutes les personnes avaient l'expérience nécessaire pour ces observations, la proportion serait encore plus forte.

Enfin la plupart des personnes à audition colorée sont susceptibles d'éprouver encore d'autres sensations pseudesthésiques. Il en est qui éprouvent des sensations acoustiques à la vue de telle ou de telle couleur, ou de tel objet. Il en est même qui attribuent des couleurs spéciales à des formes de même genre, perçues par la vue. Les sensations tactiles « secondaires » semblent être assez fréquentes.

Théories de l'audition colorée. — Il ne saurait être question de songer à une explication satisfaisante de phénomènes sensoriels aussi peu étudiés encore. Au courant des pages précédentes, nous avons signalé à l'attention des observateurs à venir quelques desiderata en vue d'une théorie future de ces phénomènes.

Ces desiderata sont relatifs aux teintes perçues et aux sons qui les provoquent. Il faudra surtout essayer d'opérer avec des sons simples, de hauteurs différentes, pour voir si chez ces sujets, ou bien chez un d'eux pris isolément, il n'y a pas de relation constante entre le photisme et la hauteur du son qui le produit. Puis seulement il faudra passer à des sons complexes, sons musicaux, parole, etc., etc.

Le mécanisme, la théorie de ces phénomènes devra probablement être cherchée dans l'une ou l'autre des deux directions suivantes; l'explication se trouvera, soit dans un mécanisme *physiologique*, soit dans un mécanisme *psychique*.

1° Il se pourrait que chez les personnes en question chaque son simple, ou certains sons simples, à vibration pendulaire, provoquent toujours une même sensation visuelle. Les teintes des sons compliqués seraient le résultat du mélange des teintes de leurs sons composants, mélange qui dans beaucoup de cas s'opère entre photismes plus élémentaires, et d'après les lois ordinaires qui régissent le mélange des couleurs objectives. Une sensation acoustique élémentaire, l'excitation d'un élément du centre psycho-acoustique propageraient dans l'écorce cérébrale à un centre visuel (chromatique) déterminé. Il faudrait songer ici aux nombreuses fibres d'association qui (dans l'écorce cérébrale) lient entre eux les divers centres psycho-sensoriels, et qu'on invoque notamment pour expliquer la genèse de la représentation (psychique) d'un objet au moyen des qualités sensorielles différentes qu'il produit dans nos divers organes des sens.

Plusieurs auteurs ont exprimé des opinions de ce genre. Urbantchitsch fait remarquer à ce propos que des sensations quelconques, que nous percevons par les procédés habituels, sont souvent influencées (au moins dans leur interprétation corporelle) par d'autres sensations coexistantes, provoquées elles aussi par la voie habituelle. Une personne regardant une surface grise, on fait vibrer un diapason contre son oreille; la plupart du temps, elle ne tardera pas à voir survenir des lignes ou des zones de clarté différente dans la surface uniforme.

Enfin des partisans d'une théorie plus physiologique font observer que pour décrire les sensations d'un organe des sens, notre langage emprunte des termes appliqués habituellement aux sensations d'un autre organe des sens. La description d'une pièce de musique notamment peut fourmiller de qualificatifs visuels. Ils veulent y voir l'expression de rapports sensoriels, absolument physiologiques, mais peu conscients pour notre sens intime, et non pas le résultat de la pauvreté de la langue.

2° L'association entre les sons et les couleurs pourrait aussi être le résultat d'une opération de l'esprit, dans le genre de celle qui associe, par exemple, une sensation acoustique à un caractère graphique. L'association en question, de nature psychique, acquise dans l'enfance déjà, pourrait reposer sur une disposition générale de l'esprit; elle s'opérerait réellement sous l'influence de circonstances fortuites. Nous avons plus haut cité deux exemples qui, tout en n'étant pas absolument démonstratifs, plaident du moins en faveur de la théorie psychique. Dans cet ordre d'idées, les circonstances les plus diverses pourraient déterminer les associations en question, et les auteurs ne manquent pas d'en citer des exemples suggestifs.

Tantôt le photisme, la couleur semble avoir été associée à l'idée d'un objet, parce que le sujet regardait une surface colorée au moment où cet objet a fait sur le sujet une première et forte impression; puis la couleur est restée associée pour toujours à la voyelle principale du nom de l'objet. D'autres fois, la couleur a été associée, par un procédé analogue, du son (nom) qui éveille l'idée de l'objet, et non à l'idée elle-même, et la couleur reste accolée à la voyelle principale de ce nom. Enfin, il paraît que l'association psychique peut s'établir aussi directement entre la couleur et un son.

Toutefois, les souvenirs ayant rapport aux faits survenus dans l'enfance ne nous donnent guère de renseignements à utiliser, et il conviendra d'attendre de nouvelles observations avant de pouvoir songer à établir une théorie acceptable de l'audition colorée et des sensations pseudesthésiques en général.

Bibliographie. — Depuis que les faits de pseudesthésie, et surtout ceux d'audition colorée, ont suscité un certain intérêt dans le monde physiologique, surtout à la suite des publications de Nussbaumer, de Bleuler et Lehmann, on trouve dans la littérature médicale et autre, relativement ancienne, des preuves démontrant que ces phénomènes ont été observés depuis longtemps. Un travail d'ensemble, résumant les travaux parus avec indications bibliographiques assez complètes, est celui de Suarez de Mendoza (1890). Nous signalerons les travaux suivants:

Baratoux. De l'audition colorée. Paris, 1888, (et Revue d'ophtalm., 1888, n° 3 et n° 6). — E. Bleuler et K. Lehmann. Lichtempfindungen durch Schall, etc. Leipzig, 1881. — Ch.-A.-E. Cornaz. Des abnormités congénitales des yeux, etc. Lausanne, 1848. — Chabalier (Journ. de Méd. de Lyon, août 1864). — E. Grüber. L'audit. colorée et les phénomènes similaires (Internat. Congr. of experim. psycholog. London, 1892, p. 10). — Lussana (Giornale internaz. delle sc. med., 1884, n° 9). — L.-V. Macé. Des altérations de la sensibilité. Thèse, Paris, 1860. — F. A. Nussbaumer (Wiener med. Wochenschr., janvier 1873). — Perroud (Mém. soc. méd. de Lyon, 1863). — A. de Rochas (La Nature, avril et mai 1885). — P. Raymond (Gaz. des Hôp., 1889, n° 74). — Suarez de Mendoza. L'audition colorée. Paris, 1890. — Urbantschisch (Bull. méd., 1889, n° 3).

                                                                        NUEL.

AURA. — Sensation vague remontant de la périphérie au centre, qui, dans certains cas d'épilepsie ou d'hystéro-épilepsie, précède l'attaque convulsive. De là cette opinion que l'attaque d'épilepsie a une origine périphérique (Baudoin, D. P., 1862).

Les expériences de Brown-Séquard ont donné un appui considérable à la théorie de l'origine périphérique de l'épilepsie. Sur des cobayes, certaines lésions des nerfs périphériques, par exemple la section du nerf sciatique, produisent l'aptitude aux attaques épileptiformes. Brown-Séquard a mentionné un grand nombre de faits démontrant qu'une irritation quelconque produite sur le siège de l'aura peut guérir l'épilepsie (B. B., 1870, p. 9).

Dans d'autres expériences, il a pu faire avorter une attaque d'épilepsie par la ligature du membre qui semble être le siège de l'aura. Mais, suivant lui, cette ligature n'agit pas en supprimant le courant centripète d'une excitation nerveuse, d'ailleurs hypothétique. C'est en produisant une irritation qui va provoquer des phénomènes d'inhibition dans les centres nerveux.

Pour plus de détails, voir l'article **Épilepsie**. Consulter aussi : *Note sur les Travaux scientifiques de* Brown-Séquard. Paris, Masson, 1886.

On admettait jadis une *aura vitalis* (van Helmont) présidant à la vie et à l'organisation des êtres ; et une *aura seminalis*, vapeur fécondante se dégageant du sperme. Spallanzani a démontré que l'*aura seminalis* n'existait pas (V. **Sperme**).

AUSCULTATION.

AUSCULTATION. — L'étude de l'auscultation a beaucoup fourni à la physiologie particulière de certains organes (poumon, cœur par exemple). Elle est un moyen complémentaire d'investigation ; mais, au point de vue très général où nous l'envisageons, il n'y a que peu de chose à dire, car, en ce qui a trait à ses applications aux divers organes, nous n'avons qu'à renvoyer le lecteur aux chapitres consacrés à chacun d'eux séparément.

L'auscultation est l'exploration par l'oreille des différentes régions du corps, destinée à fournir un complément de renseignements sur tel ou tel des organes qui s'y trouvent ; aussi, presque limitée par l'usage à l'examen des viscères thoraciques, a-t-elle en réalité une extension bien plus considérable, puisqu'il n'est guère de région ou d'organe qui ne puisse être soumis à l'auscultation : larynx, trachée, système vasculaire, tube digestif, (œsophage, estomac, intestin, péritoine), muscles mêmes dont la contraction produit un bruissement caractéristique.

Certains auteurs ont encore conseillé l'auscultation de la tête et du rachis des très jeunes sujets, chez lesquels on peut rencontrer, en ces régions, spécialement au niveau des fontanelles, des souffles vasculaires ; enfin, on sait quels précieux renseignements fournit l'auscultation en obstétrique.

L'auscultation ne date, à vraiment parler, que de Laennec. Avant lui, quelques remarques d'Hippocrate, de Cælius Aurelianus, de Paul d'Égine, d'Ambroise Paré étaient restées à l'état de faits isolés. Laennec recueillit des faits nombreux, et en tenta l'interprétation. Il montra que l'auscultation peut être pratiquée directement en appliquant l'oreille sur la région à examiner, c'est là l'auscultation *immédiate*, ou, indirectement, par l'intermédiaire d'un cylindre de bois plein, destiné à isoler le son, ou à le renforcer, — telle est l'auscultation *médiate* pratiquée à l'aide du *stéthoscope*. — Cet instrument a reçu des modifications multiples, le principe en reste le même. On a été plus loin dans l'auscultation médiate, et l'on se sert pour certaines recherches délicates de physiologie d'appareils de renforcement, les *microphones*.

L'auscultation, médiate ou immédiate, a surtout pour but d'explorer le poumon, le cœur et les vaisseaux. Les détails constituent un sujet d'études médicales pour lequel nous renvoyons aux traités spéciaux[1]. Contentons-nous de quelques *aperçus généraux* :

Pour le *poumon*, il y a avantage à ausculter toujours immédiatement, c'est-à-dire directement. Les points de la poitrine à choisir de préférence sont ceux où la masse musculaire est moins puissante : région sous-claviculaire, creux axillaire ; ceux encore où la grosse bronche est la plus rapprochée de la paroi thoracique : gouttière vertébrale, au niveau du quatrième espace intercostal. Si l'on ausculte aussi fréquemment les régions supérieures du thorax, c'est que l'expérience a appris que les altérations sont plus fréquentes au sommet du poumon.

L'auscultation différencie bien l'inspiration de l'expiration trois fois plus courte, elle apprécie leur degré de fréquence, et toutes les variations du rythme ; elle fait encore la part de chaque bruit isolable (larynx, trachée, bronches, alvéoles, plèvre) dont la résultante est cet ensemble complexe dénommé *murmure respiratoire ;* et, à l'état pathologique, elle saisit les modifications, en plus ou en moins, des phénomènes et leurs altérations[2].

---

1. Traité d'auscultation de Barth et Roger.
2. Dans certains cas pathologiques, l'auscultation doit s'aider de procédés accessoires : telle est *succussion* signalée, dit-on, déjà par Hippocrate, et qui consiste à secouer le malade qu'on ausculte ; telle est aussi la recherche du *bruit d'airain*, où la percussion se pratique conjointement à l'auscultation.

Pour le cœur, l'auscultation peut être immédiate, ou médiate. On ausculte le cœur à tous les âges : chez le fœtus, l'étude des battements cardiaques, faite avec le stéthoscope, peut fournir de bons renseignements sur la position de l'enfant dans le bassin, et faire connaître son état de santé et de souffrance.

Chez l'enfant et chez l'adulte, avec le cœur proprement dit, on ausculte les gros vaisseaux de la base, et la révolution cardiaque complète offre à l'oreille la succession connue de deux bruits, dont le second plus fort, séparés par deux intervalles ou silences.

L'auscultation physiologique et médicale nous apprend que ces *bruits* du cœur sont mieux perçus en certains points de la région précordiale, ou lieux d'élection, qui répondent à des maximums : le premier bruit s'entend de préférence à la pointe, et le second à la base. A la pointe même, on constate ce qui appartient à la systole ventriculaire gauche, en se reportant vers l'appendice xiphoïde, on détermine mieux ce qui se rapporte à la systole ventriculaire droite. A la base, et à droite du bord sternal, on entend le claquement valvulaire pulmonaire.

Pour les vaisseaux, l'auscultation est forcément médiate : le stéthoscope, simplement appliqué *sur les artères*, fait entendre les deux bruits de va-et-vient de l'ondée sanguine; appuyé plus fortement, il peut les supprimer; enfin, en graduant la pression, on peut modifier les caractères du phénomène, et ce sont là des éléments dont les recherches pathologiques peuvent tirer profit.

L'auscultation des troncs veineux se fait, comme celle des artères, par l'intermédiaire du stéthoscope.

H. TRIBOULET.

AUTOMATISME. — Définition de l'automatisme.

— Le mot *automatisme*, si on le prenait dans son acception étymologique rigoureuse, serait un véritable non-sens; il est bien évident qu'il ne peut y avoir mouvement, c'est-à-dire dégagement de force, sans une certaine dépense d'énergie. L'automatisme véritable n'existe donc pas plus que le mouvement perpétuel.

Cependant l'usage a donné au mot automatisme une signification un peu différente. Ainsi, quand la tension d'un ressort d'acier fait pendant quelque temps exécuter à un objet quelconque une série de mouvements que nulle force extérieure ne paraît déterminer, on dit que c'est un automate. Les montres, les régulateurs sont des apppareils qui paraissent automatiques. On peut donc excuser l'emploi de cette expression; car il est permis de considérer une montre, par exemple, comme un *tout*, qui, sans aucune force extérieure, est capable de mouvement pendant vingt-quatre heures.

C'est ainsi qu'on peut appliquer ce mot à la physiologie. Voici un cœur de grenouille qui, sans innervation, sans excitation chimique, physique ou mécanique, fournit des contractions rythmiques pendant plusieurs heures; c'est un véritable automate, quoique en réalité ce mouvement ne s'accomplisse pas sans une certaine dépense de force vive; mais les substances amassées dans la fibre musculaire suffisent à cette dépense; et, comme l'ensemble du cœur se contracte sans le secours d'une énergie extérieure, on peut appliquer à ces mouvements la qualification d'automatique.

Régulation automatique. — D'autre part, si un mouvement n'est jamais vraiment automatique, puisqu'il faut toujours dépense de force, la régulation du mouvement peut être automatique. Cela n'exige évidemment qu'une disposition mécanique spéciale, et non une consommation de force vive. Dans l'industrie, par exemple, il existe quantité de régulations automatiques; et même presque tous les appareils se règlent automatiquement; c'est-à-dire que l'accélération d'un mouvement entraîne la mise en jeu d'un frein qui ralentit le mouvement, jusqu'à le faire revenir à un niveau régulier. Cette régulation automatique peut, dans certains instruments, comme les chronomètres, arriver à une extrême perfection.

En physiologie la régulation automatique est constante. L'organisme, sans le secours d'aucune force extérieure, se règle lui-même. On comprend que nous ne puissions ici traiter les régulations automatiques; car ce serait presque faire l'histoire de la physiologie entière.

Le cœur, si les battements s'accélèrent, augmente la pression artérielle; et cette augmentation de pression ralentit le cœur. Inversement le ralentissement du cœur abaisse la pression, ce qui permet au cœur de battre plus vite. Si tel ou tel sel est en excès dans le sang, l'élimination augmente ; s'il est en proportion inférieure à la normale, l'élimination diminue, de sorte que finalement la teneur du sang en sel reste invariable. Si la température s'élève, la sudation ou la polypnée augmentent la déperdition de calorique ; si la température s'abaisse, la constriction des vaso-moteurs et le frisson la relèvent aussitôt. Les grandes inspirations provoquent l'excitation des fibres inhibitoires du nerf vague, et les grandes expirations provoquent l'action des fibres inspiratoires du même nerf. Par l'excitation de tel ou tel ordre de fibres, l'inspiration appelle l'expiration, et l'expiration appelle l'inspiration. Tous les réflexes protecteurs, pour l'iris, le larynx, le tympan, les sécrétions, sont des appareils de régulation automatique.

Bref, on peut considérer l'organisme comme une machine, d'une complication extrême, et d'une perfection admirable, qui se règle toute seule, et par conséquent qui se règle automatiquement, de manière à rester à peu près identique à elle-même, malgré les variations incessantes du milieu extérieur.

Automatisme en physiologie. — Mais ce n'est pas le vrai sens dans lequel il faut prendre le mot automatisme, et on doit, ce semble, lui attribuer une signification plus restreinte, c'est-à-dire considérer non plus la régulation du mouvement (qui est évidemment automatique), mais le mouvement lui-même, et chercher quels sont les mouvements vraiment automatiques.

Nous dirons par définition que les *mouvements automatiques sont ceux dans lesquels nulle excitation étrangère à l'appareil moteur n'intervient comme cause de mouvement*, C'est à peu près la définition de J. Müller, qui a le premier nettement introduit la notion de l'automatisme en physiologie.

Cela posé, étudions d'abord l'automatisme des cellules : nous étudierons ensuite celui des appareils.

Automatisme cellulaire. — Existe-t-il des cellules qui se meuvent et sont activées indépendamment de toute excitation extérieure ? Pour les cellules, cela n'est pas douteux. Les cils vibratils, les spermatozoïdes, les amibes, les bactéries, paraissent être animés de mouvements automatiques ; car il ne semble pas qu'une cause extérieure détermine leur mouvement.

Il est vrai qu'on a invoqué les changements du milieu comme étant une cause d'excitation ; et de fait, il est à peu près impossible de maintenir une stabilité telle dans le milieu ambiant, comme température, comme lumière, comme électricité, comme tension en O ou en CO^2, comme ébranlement mécanique, qu'on puisse parler rigoureusement d'un milieu stable. Le radiomètre entre autres nous apprend combien certains changements du milieu ambiant, imperceptibles à nos sens, peuvent atteindre d'amplitude, par la sensibilité de tel ou tel appareil. Ne serait-il pas possible que les cellules ne fussent sensibles à ces changements du milieu ambiant, inappréciables pour nous ? Certaines bactéries sont capables, d'après Engelmann, d'apprécier un cent millionième de gramme d'oxygène.

Il me paraît cependant que cette discussion est un peu subtile. Quand nous voyons, dans un milieu qui nous paraît homogène et invariable, un mouvement régulier rythmique se produire, nous n'avons guère le droit d'admettre qu'il s'est produit des variations du milieu extérieur, inappréciables à nos instruments de mesure, pour déterminer ces mouvements périodiques, admirablement réguliers. Par conséquent la vibration des cils vibratiles, les mouvements oscillatoires des anthérozoïdes, des spermatozoïdes, des bactériacées, toutes ces manifestations motrices de l'activité intra-cellulaire peuvent être appelées automatiques, et il serait peu rationnel d'invoquer un stimulus extérieur.

Il y a cependant un stimulus ; car ce serait un non-sens que d'admettre un mouvement sans stimulation et sans dépense d'énergie. Mais ce stimulus est tout intérieur. Il se fait dans le protoplasme cellulaire des décompositions et des recompositions chimiques qui ont précisément pour effet ces alternatives de mouvement ou de repos. C'est un phénomène qu'on a le droit d'appeler automatique ; puisque aucune cause n'intervient, étrangère à la constitution même de la cellule. L'oxygène et les matières nutritives ambiantes n'ont pas d'autre effet que de maintenir la cellule dans le même état chimique, de réparer les pertes, et de compenser les combustions qui sans doute s'opèrent constamment, et sont la cause même du mouvement.

Ainsi donc nous sommes autorisés à dire qu'il y a des cellules dont le mouvement est automatique, dû uniquement aux forces de tension intra-cellulaires qui se dégagent, et simultanément se reconstituent, quand les cellules sont placées dans un milieu nutritif approprié.

Automatisme organique. — Ce que nous venons de dire de l'automatisme des cellules nous permettra de comprendre plus facilement l'automatisme des organes. Toutefois une difficulté se présente; c'est que dans, l'individu, les organes ne sont pas, comme les cellules d'une plasmodie, indépendants les uns les autres. Il y a un système nerveux qui relie les cellules diverses, qui règle et souvent commande leurs mouvements, de sorte que l'automatisme, dans l'individu vivant, est lié à l'indépendance des organes du système nerveux central.

Il est assurément des cellules, comme les cils vibratiles épithéliaux, comme les leucocytes et les spermatozoïdes, qui, chez l'animal, ont des mouvements automatiques. Le système nerveux ne peut être mis en cause, puisque ils sont sans lien direct avec le système nerveux.

La question devient plus complexe quand il s'agit d'appareils reliés au système nerveux, et soumis à son influence. On peut par exemple se demander si le cœur a un mouvement automatique; autrement dit si le cœur peut se mouvoir sans être stimulé au mouvement par le système nerveux.

Cela ne paraît pas douteux, au moins pour les vertébrés inférieurs. On peut extraire un cœur de grenouille et de tortue, et observer pendant longtemps ses contractions rythmiques. Supposer qu'elles sont provoquées par un stimulus extérieur, ce n'est pas admissible; puisque le cœur de grenouille peut battre dans le vide barométrique, sans le secours d'aucune circulation artificielle. Même la circulation artificielle, qui rend beaucoup plus prolongées les contractions du cœur, n'est pas du tout identique à un stimulus. C'est la nutrition de l'appareil cardiaque qu'elle détermine, et on peut comparer les battements d'un cœur de tortue soumis à une circulation artificielle aux oscillations d'une bactérie placée dans un bon milieu de culture.

Chez les animaux supérieurs, les connexions du cœur avec l'appareil nerveux central deviennent plus nombreuses et plus compliquées; la dépendance du cœur devient plus grande. Cependant, quand on enlève de la poitrine un cœur de lapin par exemple, on le voit battre avec force pendant quelque temps; la durée de ces mouvements automatiques est beaucoup moins grande que dans un cœur de tortue ou de grenouille; mais le phénomène n'en est pas moins manifeste et suffit à prouver l'automatisme du cœur (Voir la figure donnée, d'après WALLER et REID, par BIEDERMANN, *Elektrophysiologie*, t. I, 1895, p. 80; fig. 44). FR. FRANCK a pu sur le chien enlever à peu près toutes les connexions avec l'appareil central; et les battements du cœur n'en continuaient pas moins.

Nous n'avons pas à entrer ici dans l'explication détaillée de ces faits, ni à chercher si la cause de cet automatisme réside dans la fibre musculaire elle-même ou dans les ganglions cardiaques. Il nous a suffi de montrer que, malgré la dépendance étroite établie, au point de vue centrifuge, entre le cœur et les centres nerveux, le cœur est un appareil automatique qui a en lui-même son stimulus.

Les cœurs lymphatiques des anoures se comportent à ce point de vue comme les cœurs sanguins; c'est-à-dire que, quand on a détruit toute connexion avec les centres nerveux, par exemple quand on a détruit la moelle, ils continuent à battre, et durent indéfiniment, c'est-à-dire jusqu'à ce qu'un affaiblissement de la nutrition générale ou locale mette fin à la vie de l'animal (M. SCHIFF. *Remarques sur l'innervation des cœurs lymphat. des Batraciens anoures. Recueil des mém. physiol.* Lausanne, 1894, t. II, p. 747). A ce propos M. SCHIFF énonce cette loi physiologique assez contestable : que la forme rythmique d'un mouvement ne peut jamais être attribuée à l'activité d'un centre.

Il y a sans doute dans l'organisme bien des appareils qui se contractent par eux-mêmes, indépendamment du système nerveux central. RANVIER a montré que l'estomac peut donner des alternatives de resserrement et de dilatation quand il a été extrait du corps. ENGELMANN a vu que les mouvements des uretères se continuaient après la mort. Probablement on trouverait dans les appareils excrétoires (les conduits biliaires par exemple) des mouvements rythmiques qui ne sont pas dus à l'innervation centrale, plus qu'à des stimulations extérieures, et qui sont des preuves manifestes de l'activité automatique.

Il me paraît même probable qu'en étudiant la question de plus près, — et elle n'a guère été jusqu'à présent examinée dans son ensemble — on trouverait, chez les animaux inférieurs surtout, nombre d'organes pourvus de mouvements rythmiques et automatiques, c'est-à-dire soustraits à l'influence du système nerveux central.

On pourrait aussi rattacher à l'automatisme les fonctions glandulaires, et les considérer à un certain point de vue comme indépendantes du système nerveux, et de toute excitation venue du dehors, dues seulement à l'activité spontanée des cellules sécrétantes. Mais cette conception de l'automatisme nous entraînerait sans doute trop loin.

D'ailleurs au fond nous revenons toujours à ce grand principe de la physiologie générale, que toute cellule a en elle-même de quoi vivre, se mouvoir, ou sécréter, selon sa nature : *elle est automatique; le sang sert à sa nutrition, et le nerf à sa régulation.* Voilà, ce me semble, comment il faut concevoir l'activité des cellules et par conséquent des organes, amas de cellules.

Automatisme dans le système nerveux. — Le système nerveux ne se trouve pas dans les mêmes conditions que les autres appareils. En effet il est constamment en rapport avec la périphérie par l'intermédiaire des nerfs sensitifs, de sorte que la question peut se poser ainsi. Le système nerveux est-il encore actif, alors que nulle excitation extérieure ne vient stimuler son activité?

Si l'on répond par la négative, il s'ensuit que le système nerveux n'a pas de pouvoir automatique ; il a un pouvoir automatique au contraire, si l'on admet qu'il est par lui-même, sans excitation périphérique stimulante, capable d'activité autonome.

On peut donner à ce même important problème de physiologie générale une autre forme, peut-être plus facile à saisir. Les actions nerveuses sont-elles automatiques ou réflexes?

Qu'il y ait un grand nombre d'actions réflexes, ce n'est pas douteux. On peut même dire que presque toutes les actions nerveuses sont réflexes. Il s'agit seulement de savoir si *toutes* ou seulement *presque toutes* les actions nerveuses sont réflexes.

C'est là un problème des plus délicats ; et nous allons voir qu'il n'est pas résolu.

D'abord pour la tonicité musculaire (V. Tonicité), on sait qu'elle est en grande partie d'origine réflexe, comme le prouve l'expérience classique de Brondgeest. A vrai dire, même lorsque on a coupé tous les nerfs sensitifs allant à la moelle lombaire chez la grenouille), après section aussi de la moelle au-dessus du renflement lombaire, il y a encore une certaine tonicité qui détermine le raccourcissement du muscle, raccourcissement très faible, dû peut-être à ce que, par les racines motrices qu'on a conservées, passent encore quelques filets sensitifs.

Mais ces faits sont encore assez mal étudiés (Landois, *T. P.*, *trad. franç.*, p. 723, § 364) ; et il n'est guère qu'un seul point bien certain, c'est que la tonicité musculaire commandée par le système nerveux est presque complètement d'origine réflexe. On remarquera que cela ne résout pas la question posée, et qu'il ne nous est pas permis de dire qu'elle est *exclusivement* d'origine réflexe, et que l'activité automatique des cellules nerveuses du tronçon médullaire intact est devenue absolument nulle, quand toute voie sensitive a été abolie.

Pour les ganglions du grand sympathique la même difficulté se présente. Il est certain, comme Vulpian l'a prouvé, que les ganglions exercent une action tonique sur certains muscles, l'iris, les muscles des vaisseaux, etc. Mais qui pourra dire s'il s'agit là d'une action réflexe? Il faudrait s'assurer d'abord que toutes les connexions du ganglion avec les autres nerfs ont été détruites, et ensuite que le filet moteur ne contient aucune fibre sensitive. On conçoit la difficulté de cette double démonstration, qui n'a pas encore été faite (V. Eckard. *Allgemeine Physiol. der Ganglienzelle*, H. H., t. ii, (2), p. 19).

Ainsi l'automatisme du système nerveux n'est rien moins que prouvé. Toutefois, par analogie, je serais tenté d'admettre que cet automatisme existe, au moins partiellement, que l'activité du système nerveux n'est pas exclusivement d'origine réflexe. Nous voyons l'automatisme des cellules mobiles, des appareils tels que le cœur, l'estomac et les artères. Pourquoi les cellules nerveuses seraient-elles privées d'un automatisme analogue.

Il y a un centre nerveux dans lequel on a cru pouvoir trouver la preuve de l'automatisme ; c'est le centre nerveux respiratoire. Quoique l'étude détaillée ne puisse en être faite ici (V. **Bulbe, Pneumogastrique, Respiration**,, il faut cependant nettement poser la question, encore que nous ne puissions pas, à présent tout au moins, la résoudre complètement.

Deux théories sont en présence : la théorie de Rosenthal ou de Müller, et la théorie de Schiff, ou de Marshall Hall, que nous appellerons théorie de la respiration réflexe, et théorie de la respiration automatique.

La théorie réflexe (Schiff, Marshall Hall) suppose qu'aucune incitation respiratoire, mettant en jeu les inspirations, ne peut avoir lieu sans un stimulus extérieur.

La théorie automatique (Müller, Rosenthal) suppose au contraire que les incitations respiratoires, quoique sans cesse modifiées par les réflexes, ont pour cause l'activité automatique du bulbe. qu'influence la teneur du sang en O et en CO_2. Un sang pauvre en O excite le bulbe, et cette excitation est suffisante pour provoquer une inspiration. C'est donc un véritable automatisme, puisque le sang circulant dans le bulbe ne peut être assimilé à un stimulus extérieur. C'est un stimulus intérieur, analogue à toutes les modifications chimiques internes qui se passent évidemment dans les cellules animées de mouvements automatiques. Quoique le phénomène soit de plus longue durée, il est assurément de même ordre.

Des expériences directes ont été invoquées à l'appui de l'une et l'autre théorie.

D'après Rosenthal, si l'on fait la section du bulbe au-dessous du centre respiratoire, puis si l'on fait une section au-dessus de ce centre, et qu'enfin on sectionne les deux pneumogastriques, on voit persister les mouvements respiratoires. Rach (cité par Schiff, *Einfluss der Nervencentra auf die Respirationsbewegungen; Rec. de mém. physiol.*, 1894, t. I, p. 44) aurait fait la même expérience (pour la bibliographie détaillée, voir Rosenthal, *Physiol. der Athembewegungen*, H. H., 1880, t. IV, a, p. 261 et suiv.), quoique avec des résultats différents.

Il est vrai que Rosenthal dit lui-même qu'il avait coupé non pas *tous* les nerfs sensitifs, se rendant au tronçon de moelle allongée qui contient le centre respiratoire, mais *presque* tous les nerfs sensitifs; ce qui n'est pas du tout la même chose (p. 270), de sorte que cette belle expérience ne peut être considérée comme absolument décisive.

Cath. Schipiloff a fait, sous la direction et dans le laboratoire de M. Schiff, des expériences très importantes, qui sembleraient prouver que le stimulus de la respiration est d'origine réflexe. Sur des grenouilles, dont beaucoup de racines sensitives ont été sectionnées, la respiration spontanée s'arrête absolument, et cela pendant des mois entiers; la respiration cutanée suffit à entretenir la vie. Schiff, développant les idées de C. Schipiloff, estime que c'est la preuve que la respiration est d'origine réflexe. Il me parait pourtant qu'une pareille conclusion dépasse notablement les données expérimentales; car en réalité les grenouilles ne respirent pas spontanément; mais elles sont capables de mouvements respiratoires énergiques, très complets, par le fait de l'hémorrhagie et de l'asphyxie, de sorte que je serais tenté de déduire des expériences de M. Schiff et C. Schipiloff une conclusion tout opposée à la leur. S'il n'y a pas de respiration spontanée, c'est que la respiration cutanée suffit à déterminer une hématose du sang qui entretient la vie, ce qui est prouvé par le fait même de la survie des grenouilles.

Pourquoi ne pas admettre que les excitations réflexes favorisent et excitent la respiration; mais que les respirations d'origine automatique ne se manifestent que si le sang atteint un certain degré de vénosité (absence d'O), qui ne peut pas être obtenue chez la grenouille, à cause de la respiration cutanée?

En définitive nous voyons que, si l'on est très rigoureux, ni la théorie réflexe, ni la théorie automatique ne sont sévèrement démontrées. Pourtant, par suite des raisons invoquées plus haut, à cause de l'expérience de Rosenthal qui est incomplète, peut-être mais bien proche de la vérité complète, à cause de l'expérience de Schiff, qui prouve qu'après section de toutes les racines postérieures, il y a encore des respirations de cause interne, je tendrais à admettre l'automatisme du centre respiratoire, comme celui de tous les centres nerveux ganglionnaires, bien entendu sans méconnaître l'influence puissante, perpétuelle, que les stimulations externes, par l'entremise des nerfs sensitifs exercent sur tous ces appareils automatiques.

Psychologie des mouvements automatiques. — Parmi les stimulations qui peuvent agir sur le système nerveux central, pour nous conformer au langage psychologique habituel, nous ferons rentrer la volonté consciente. De sorte que pour les mouvements d'ensemble exécutés par l'organisme, il faut mettre à part d'un côté les mouvements automatiques et d'un autre côté les mouvements soit réflexes, soit volontaires, qui ne sont, ni les uns ni les autres, automatiques.

Nous examinerons d'abord ces mouvements automatiques; et nous verrons ensuite jusqu'à quel point la volonté consciente se rapproche des phénomènes automatiques proprement dits.

Au premier abord, la distinction est facile à faire entre les mouvements réflexes, automatiques et volontaires. Notons en effet que le fait d'être ou non conscient ne modifie en rien leur caractère. Les réflexes sont tantôt conscients, tantôt inconscients; la dilatation réflexe de la pupille est inconsciente, la toux réflexe est consciente, tandis que les mouvements volontaires, par définition même, sont toujours conscients. Quant aux mouvements automatiques, ils peuvent être inconscients, comme par exemple la déambulation dans l'état de mal épileptique, ou conscients, comme par exemple les mouvements d'imitation que provoque la musique. En tout cas ce n'est pas le fait d'être conscients ou inconscients qui leur donne tel ou tel caractère.

Ajoutons que la conscience existe à tous les degrés; qu'il y a une série d'étapes successives entre la conscience franche, complète, d'une acte, et l'inconscience absolue (V. surtout sur ce point spécial Pierre Janet, *Automatisme psychologique*, 1889, p. 237 et suiv.). Dans le sommeil, dans le somnambulisme à tous les degrés, il y a des mouvements qui sont à demi conscients, à demi inconscients, et il est presque impossible de dire où s'arrête la conscience et où elle commence.

Au contraire, il est plus facile de savoir où s'arrête la volonté, quoique, à la limite, ainsi que pour tous les phénomènes naturels, la distinction soit presque impossible à faire entre un mouvement voulu et un mouvement automatique.

Nous verrons plus loin que la volonté est elle-même automatique, mais provisoirement nous considérerons la volonté comme tout à fait différente de l'automatisme. Ainsi, par exemple, le pianiste qui joue un air qu'il connaît bien, peut suivre une conversation, parler, causer, rire, penser à tout autre chose, et cependant il continue à jouer. Dans ce cas on ne peut pas dire qu'il accomplisse un mouvement non volontaire, puisque la première impulsion a été manifestement donnée par la volonté! Il en est de même des individus qui, presque endormis, continuent à marcher, le long de la route. Il y a aussi les gestes habituels que chacun fait plus ou moins sans presque vouloir les faire. Tous ces mouvements ne sont pas automatiques, puisqu'ils ne sont soustraits ni à la volonté ni à la conscience.

J'ai proposé d'appeler *machinal* le mouvement qui est presque automatique, mais qui cependant est déterminé par la volonté. Nous aurons alors la classification suivante qui, si elle ne répond pas absolument à toutes les variétés réelles, au moins facilite l'étude.

α. *Mouvements réflexes*, déterminés par un stimulus extérieur.
β. — *automatiques*, déterminés par un stimulus intérieur qui n'est pas la volonté.
γ. — *machinaux*, déterminés par la volonté, mais qui se continuent sans que la volonté intervienne.
δ. — *volontaires*, déterminés par la volonté et se poursuivant par le fait de la volonté.

En somme le mouvement automatique peut être défini ainsi : *mouvement qui n'est déterminé ni par un stimulus extérieur, ni par la volonté.*

Cependant il faut que ces mouvements, qui ne sont ni réflexes, ni volontaires, soient déterminés par une cause quelconque; un stimulus intérieur est nécessaire. Ce n'est pas la volonté; mais c'est cependant, de toute évidence, un stimulus psychique, lequel ressembler beaucoup à la volonté, à cela près que ce stimulus n'est plus conscient. Nous en sommes réduits aux hypothèses, mais il semble qu'une volonté accompagnée d'amnésie absolue expliquerait assez bien quelques-uns de ces mouvements automatiques; la déambulation post-épileptique par exemple, avec l'amnésie et l'inconscience voulues, est un phénomène nettement automatique; et, si nous supposons la volonté constante, mais atteinte d'amnésie immédiate, le phénomène automatique ressemblera tout à fait au phénomène volontaire, au souvenir près. Or nous savons que les phénomènes de conscience exigent une certaine dose de mémoire; sans mémoire il n'y a pas de conscience; on peut dire que sans mémoire il n'y a pas davantage de volonté.

Au fond, le mouvement automatique ne diffère du mouvement volontaire que par le défaut d'une volonté consciente, douée de mémoire et s'affirmant elle-même. Mais, quant à ce qui concerne la cause efficiente des mouvements; elle est probablement la même, à peu de chose près, dans un cas comme dans l'autre, et la difficulté de l'explication est aussi grande pour le mouvement automatique que pour le mouvement volontaire.

Les mouvements automatiques, qui ne sont ni machinaux, ni réflexes, ni volontaires, sont relativement assez rares chez l'individu sain, normal. A l'état de veille, nous n'exécutons guère que des mouvements voulus; parfois machinalement nous accomplissons tel ou tel acte; mais on ne peut pas dire qu'ils ne soient pas volontaires; c'est une volonté moins nette que lorsqu'il s'agit d'une résolution délibérée et énergiquement exécutée; ce n'en est pas moins une demi-volonté à demi consciente. Pendant le sommeil normal, la plupart des mouvements effectués sont de vrais réflexes, quoique, dans le sommeil d'individus parfaitement normaux, il y ait déjà de grands mouvements non voulus, et qu'il est difficile d'expliquer par l'excitation réflexe.

Nous arrivons ici par transitions successives à l'état qu'on peut vraiment appeler automatique, c'est-à-dire cet état presque pathologique qui caractérise le somnambulisme naturel ou provoqué (V. **Somnambulisme**). Alors la conscience est à demi endormie, et la volonté n'existe plus, surtout dans le somnambulisme naturel, presque normal, au moins dans ses plus légères formes, chez les enfants. Qu'au milieu de la nuit, une mère embrasse son enfant, il répondra : « Bonsoir, maman »; pourra même se retourner, dire quelques paroles. Ce sera un vrai automatisme; car la volonté est presque totalement absente; et l'amnésie sera complète. Un degré de complication de plus, et l'enfant se lèvera, fera quelques pas dans la chambre, pour se recoucher ensuite. Encore un degré de plus, et le somnambule exécutera toute une série d'actes, desquels la volonté, dans le sens qu'on donne d'ordinaire à ce mot, n'interviendra en rien, et dont le souvenir sera absolument perdu. Les somnambules qui se promènent ainsi pendant la nuit peuvent être assimilés à de vrais automates; car la délibération est nulle; les actes qu'ils exécutent sont toujours les mêmes, très simples d'ailleurs; la volonté fait totalement défaut; et, s'il y a conscience au moment même de l'acte accompli, cette conscience est si fragile qu'aucune trace n'en persiste dans la mémoire, si faible qu'elle soit.

Dans le somnambulisme provoqué, l'automatisme est loin d'être aussi marqué. D'ailleurs, il affecte des formes si variées, suivant les suggestions, les auto-suggestions, l'éducation hypnotique, qu'il est impossible de lui assigner des caractères bien nettement tranchés. Cependant, en général, l'individu hypnotisé, magnétisé ou somnambulisé, ou suggestionné — peu importe l'expression qu'on adopte — conserve le pouvoir de délibérer, de réfléchir sur ses actes; il témoigne souvent d'une intelligence brillante; il a des fantaisies plus ou moins étranges; en un mot, il n'est rien moins qu'un automate. Certes, dans certains états hypnotiques, on peut observer un automatisme complet; mais c'est affaire d'éducation pour ainsi dire; et, si la volonté est moins marquée que dans l'état de veille, on ne peut pas dire qu'elle soit tout à fait absente. A vrai dire — et je ne crains pas d'insister sur ce point — ces divers sujets hypnotiques diffèrent assez entre eux pour qu'on n'ait guère le droit de poser de règle absolue.

Des formes d'automatisme se rencontrent aussi, quoique moins fréquemment, à la suite des commotions cérébrales violentes; de tumeurs cérébrales avec compression; de lésions du cerveau, par hémorrhagie ou pour tout autre cause. Des actes involontaires sont exécutés, qui ne sont pas déterminés par la volonté, et qui ne semblent laisser aucune trace dans la conscience.

Cet automatisme, avec perte de la conscience, a été étudié avec soin par les médecins aliénistes. J'indiquerai seulement quelques-uns des derniers travaux qui ont été exécutés à ce sujet.

Gémin. *Contribution à l'étude de l'automatisme ambulatoire du vagabondage impulsif* (T. D., Bordeaux, 1893, n° 28). — Réeis (E). *Un cas d'automatisme ambulatoire hystérique (Journ. de méd. de Bordeaux*, 1893, N°s 8 et 26). — Séglas (J). *Hystérie avec autom tisme dans la période d'aura des attaques; variations spontanées de la sensibilité et surtout du champ visuel correspondant aux phénomènes d'automatisme* (Arch. de neurol., Paris, 1892, t. xxiv, p. 321-325). — SOUQUES (A). *Automatisme ambulatoire chez un dipsomane* (Arch. de neurol., Paris, 1892, t. xxiv, p. 61-67).

On peut aussi, dans une certaine mesure, considérer comme automatiques les actes exécutés dans le délire, l'ivresse et les intoxications cérébrales. L'individu complétement ivre, qui se livre à des actes furieux et ineptes, a une volonté tellement pervertie par le poison qu'on peut presque dire que sa volonté est anéantie. Il est devenu un véritable automate, et, de fait, on le considère à bon droit comme irresponsable, aussi bien que l'épileptique et le somnambule.

A ces divers mouvements automatiques, il faut en ajouter d'autres qui forment une catégorie toute spéciale. On ne les a bien étudiés que récemment, encore qu'ils soient connus depuis longtemps. CHEVREUL a le premier appelé l'attention sur ce genre de phénomènes, d'abord en 1833, puis, plus tard, d'une manière plus méthodique, dans un livre intitulé : *De la baguette divinatoire, du pendule explorateur et des tables tournantes*, 1 vol. in-8, Paris, 1854.

Essentiellement, le phénomène consiste en un mouvement qui n'est ni réflexe, ni volontaire, ni conscient, exécuté par un individu d'ailleurs parfaitement maître de lui-même et qui ne paraît pas au premier abord différer de tout autre individu normal. Ce qui est étrange, c'est que ces actes, involontaires et inconscients, constituent quelquefois une série d'actes intelligents, tout comme s'ils étaient exécutés par une personnalité douée de volonté, de conscience et d'intelligence.

Ce phénomène étrange, qui a excité tant de superstitions, a été considéré comme étant la preuve que des êtres étrangers à l'humanité, des *esprits*, viennent se mêler à notre existence pour nous faire connaître leurs idées (en général enfantines et stupides) et leurs désirs. De là ce déluge d'ouvrages plus ou moins absurdes qu'il est inutile de mentionner.

C'est sous deux formes principales que se manifestent ces mouvements automatiques, et, en pratique, il n'y a guère que les tables tournantes, et l'écriture dite automatique, qui puissent en être citées comme exemple.

J'ai pu, après une étude assez compliquée, montrer en 1884 (Rev. philosoph., (2), p. 650) que ces actes automatiques se ramenaient en réalité à une sorte de dédoublement de la personnalité; d'une part, il y a la personne consciente, volontaire, qui semble rester normale, d'autre part, il y a une autre personnalité qui se forme dans l'intelligence, et qu'on peut à bon droit appeler automatique, puisque les actes qu'elle exécute ne sont pas voulus et restent inconscients (*Les mouvements inconscients*, in *Hommage à M. CHE-REUL, à l'occasion de son centenaire*. 1 vol. in-4. Paris, Alcan, 1886, pp. 79-94). L'explication que j'ai donnée a été adoptée complètement par PIERRE JANET (loc. cit., 1889), et par tous les auteurs qui se sont occupés de la question, entre autres par BINET et FÉRÉ (*Recherches expérimentales sur la physiologie des mouvements chez les hystériques. A. P., 1887, (3), t. x, pp. 320-373). Quant à l'écriture automatique, elle a été admirablement étudiée par FR. MYERS (*Automatic writing. Proceed. of the Soc. of Psych. Researches, 1885, iii, pp. 1-63).

Quoique évidemment de pareils phénomènes ne relèvent que d'une explication rationnelle, relativement très simple, ils n'en sont pas moins intéressants à étudier.

Ce qui frappe tout d'abord dans l'écriture automatique, c'est l'inconscience presque toujours complète de la personne qui écrit. Comme le pianiste qui peut causer et parler tout en jouant du piano, le scripteur automatique peut suivre une conversation facile avec les personnes présentes, et cependant il continue à écrire. Ce qu'il écrit est à peu près inconnu, et ce sont quelquefois des phrases assez compliquées; souvent la phrase est mise à l'envers, et le début se fait par la dernière lettre. Quelquefois il y a des vers; le plus souvent des coq-à-l'âne, des calembours piteux: parfois aussi des obscénités, des injures; bien souvent des banalités misérables, vaguement teintées de phrases philosophiques. Mais, si pauvre que soit cette intelligence automatique, ce n'est pas moins de l'intelligence. Dans des cas plus rares, ce sont de longues histoires, récits qu'on n'a pas dédaigné d'imprimer (exemple : le *Pharaon Ménéphtah*). En somme, l'analyse des formes diverses de l'écriture automatique comporterait de nom-

breux détails dans lesquels nous ne pouvons entrer; car c'est de la pathologie plus que
de la physiologie, et, d'ailleurs, dans les ouvrages de Pierre Janet et de Fréd. Myers, on
trouvera des indications très suffisantes.

On sait, ainsi que Claude Bernard le répétait sans cesse, qu'un phénomène dit
pathologique n'est que le développement, l'exagération d'un phénomène normal. Il
n'est donc pas surprenant que nous trouvions, chez les individus parfaitement normaux,
à l'état rudimentaire, quelque chose d'analogue à cet automatisme pendant la veille.
Nous exécutons tous, plus ou moins, des mouvements musculaires, non voulus, en
général extrêmement faibles, et qui passent inaperçus, mouvements qui trahissent nos
émotions intimes et qu'une analyse délicate seule peut déceler. Ce n'est pas tout à fait
identique à une longue série d'actes automatiques, paraissant témoigner, comme dans
l'écriture, d'une personnalité distincte coïncidant avec la personnalité normale; mais
c'est déjà un mouvement qui n'est pas voulu, qui n'est pas réflexe, et qu'on peut appeler
automatique, puisqu'il lui manque l'excitation volontaire, aussi bien que l'excitation
périphérique. (Voir sur ce point Ch. Richet, *A propos de la suggestion mentale. B. B.*,
1884, pp. 365-367. — H. de Varigny, *Sur la suggestion mentale, ibid.*, pp. 381-382. —
E. Gley. *Sur les mouvements musculaires inconscients en rapport avec les images ou représentations mentales, ibid.*, pp. 450-454.)

Nous pouvons donc, en dernière analyse, considérer les mouvements automatiques
comme existant à un degré rudimentaire chez l'homme sain et éveillé; se montrant déjà,
avec un peu plus d'intensité, chez l'homme sain et endormi; et enfin, dans certains cas,
quand, pour une cause ou une autre, la volonté et la conscience sont perverties, finissant
par acquérir une grande intensité. C'est donc en réalité surtout un phénomène pathologique.

Automatisme de la moelle épinière. — C'est à un autre point de vue que les
physiologistes ont étudié l'automatisme de la moelle épinière, en lui donnant un sens
un peu différent de ceux que nous lui avons donné tout à l'heure. Il ne s'agit plus en
effet de savoir s'il y a un stimulus extérieur précédant la manifestation motrice, mais
bien si certaines actes, exécutés par les muscles et commandés par la moelle, ont un
caractère psychologique. Autrement dit encore, la moelle peut-elle adapter ses ordres
au but à atteindre, puisque en somme c'est cette adaption à un but déterminé qui cons-
stitue le caractère psychologique d'un phénomène.

Chez l'homme, malade ou normal, chez le somnambule, nous venons de constater
la persistance de phénomènes adaptés à un but, avec abolition de la conscience; mais
l'abolition de la conscience ne signifie pas l'absence d'innervation cérébrale, attendu que
bien des phénomènes cérébraux se produisent, sans qu'il y ait conscience. L'expérience
doit donc être faite *in anima vili*, afin de savoir si l'ablation totale du cerveau entraîne
l'abolition totale du caractère psychologique des mouvements.

Sur les animaux et les mammifères supérieurs, il paraît bien que l'abolition de l'encéphale enlève tout caractère psychologique aux mouvements; il n'y a donc pas
d'automatisme dans la moelle. Mais il est possible que les ganglions cérébraux (corps
opto-striés, et noyaux de la protubérance) accomplissent certains mouvements d'ensemble, ayant bien le caractère d'adaptation à un but. Goltz a longtemps observé des chiens
n'ayant plus qu'un rudiment de cerveau, et accomplissant cependant certains actes. J'ai
constaté que des chiens chloralosés, et habitués, par une progressive accoutumance,
à en supporter de fortes doses, pouvaient errer dans le laboratoire, sans spontanéité
apparente, et ayant perdu toute sensibilité optique ou auditive. Vraisemblablement
tout le cerveau était paralysé par l'intoxication, et la moelle restait active; elle avait
pris l'habitude *de se passer du cerveau*, pour l'exécution des mouvements de déambulation.

Mais ce sont là des expériences peu précises, et qui ne nous renseignent que d'une
manière fort imparfaite sur la fonction psychologique de la moelle, encore qu'elles prouvent
bien le rôle des centres cérébraux ganglionnaires sur les fonctions motrices, à caractère
psychologique.

En tout cas, après décapitation, si l'on entretient la vie du tronc, en arrêtant l'hémorrhagie et en faisant la respiration artificielle, on ne voit jamais apparaître de phénomène
psychologique, et on n'observe que des mouvements réflexes, plus ou moins coordonnés.

Mais, chez les oiseaux, ces réflexes prennent un caractère de coordination plus parfaite. TARCHANOFF, opérant sur des canards décapités, a bien vu tout un ensemble de mouvements parfaitements synergiques (progression, natation; redressement du cou, agitation de la queue, etc.); à vrai dire ces mouvements n'ont pas de caractère psychologique; il semblent dus à l'excitation traumatique de la moelle; car ils sont réveillés par une piqûre au lieu de la section, et on ne les observe pas si on soustrait la plaie au contact de l'air. D'après TARCHANOFF (*Uber automatische Bewegungen bei enthaupteten Enten. A. Pf.*, 1884, t. XXXIII, p. 619-622), ces phénomènes seraient non pas précisément automatiques, mais dus au traumatisme, cause permanente d'excitation.

Les reptiles ou les batraciens, dont le cerveau a été enlevé, ou dont la tête a été coupée, peuvent, sans respiration artificielle, vivre pendant fort longtemps. REDI a conservé pendant plusieurs mois des tortues décapitées. Or ces tortues privées de tête continuent à exécuter des mouvements, et des mouvements fort compliqués, qui ont été admirablement étudiés par G. FANO (*Saggio sperim. sul meccanismo dei movimenti volontari nella testuggine palustre, Emys europaca*. 4°, Firenze, Le Monnier, 1884, 61 p., 27 pl.). — *Rech. exp. sur un nouveau centre automatique dans le tractus bulbo-spinal.* A. B. t. III, 1883. p. 365-368). Les tortues privées de cerveau, mais ayant conservé leur bulbe, continuent à marcher, et ont gardé, dans une certaine mesure tout au moins, le sens de l'équilibre. Ces mouvements sont-ils conscients ou inconscients? assurément il est impossible de le savoir, puisque tout ce que nous pouvons dire sur la conscience des êtres autres que l'homme sera toujours hypothétique; mais ce qu'on peut affirmer, c'est que ces mouvements ont un certain caractère presque intelligent. Une excitation périphérique les arrête pendant longtemps. Le seul caractère nettement différentiel entre une tortue avec cerveau et une tortue sans cerveau, c'est qu'une tortue normale ne se meut pas continuellement, mais seulement quand elle y est stimulée par un motif quelconque, une impulsion idéomotrice, c'est-à-dire, comme on l'exprime vulgairement en disant, *quand elle veut.* Au contraire la déambulation, chez une tortue décapitée, est perpétuelle. FANO considère alors l'état normal comme la résultante entre les hémisphères cérébraux, qui stimulent, et les couches optiques qui inhibent le mouvement automatique proprement dit, dû au bulbe et à la moelle.

Ce sont des faits du même ordre qui, observés chez la grenouille par PFLÜGER et par AUERBACH, ont conduit certains physiologistes à admettre une fonction psychologique de la moelle. Mais ce n'est pas ici que la discussion de cette difficile et importante question peut être faite (V. OEHL. *Sulla diffusione dei centri di volontà nel midollo spinale i alcuni vertebrati inferiori. Congr. d. Ass. med. ital.*, 1880. Genova, 1882, t. IX, p. 369-373).

Toutefois nous devons concevoir dans la série animale le cerveau comme exerçant une influence d'autant moindre qu'on descend plus bas dans l'échelle, de sorte que les mouvements généraux de l'être dans la vie normale paraissent, à mesure qu'il est plus férieur, dépendre de plus en plus de son bulbe et de sa moelle. Si donc l'on donne au mot automatisme le sens spécial que nous lui avons donné (c'est-à-dire indépendance de l'excitation cérébrale), on voit que dans la série animale l'automatisme de la moelle »it aller en croissant, suivant la prépondérance du cerveau. Parce que l'*Amphioxus* n'a pas de cerveau, dit PFLÜGER (*Teleolog. Mechan. der lebendigen Natur.* A. Pf., 1875, XV, p. 64) devons-nous en conclure qu'il n'a pas de conscience?

Nous pourrons donc admettre que l'automatisme de la moelle, qui consiste à coordonner des actes, et à les conformer à l'excitation périphérique, va en croissant dans la ie animale, à mesure que le rôle du cerveau va en diminuant.

Mais, à vrai dire, ces divers phénomènes médullaires, qui sont peut-être d'ordre psylogique, au moins chez les animaux inférieurs, ne peuvent être dus qu'à un stimulus »lconque. TARCHANOFF estime qu'il y a une excitation traumatique comme point départ. FANO pense qu'il s'agit d'une sorte d'accumulation d'énergie (d'origine chi»ue, sans doute) produisant la décharge sous forme d'impulsions rythmiques.

Il faut examiner maintenant jusqu'à quel point les phénomènes psychologiques, »la vie encéphalique, idéation et conscience, peuvent être considérés comme auto»iques.

Automatisme des phénomènes intellectuels. — Dans tout ce qui précède, nous »s considéré la volonté comme une force distincte, et nous n'avons appelé automa»es que les phénomènes non volontaires; mais il faut pousser l'analyse plus loin, et voir jusqu'à quel point les phénomènes intellectuels eux-mêmes, l'idéation et la volonté, peuvent rentrer dans le groupe des phénomènes automatiques. C'est pour la commodité du langage que nous avons séparé si nettement les phénomènes automatiques et les phénomènes volontaires; car au fond le mécanisme de production est le même.

Autrement dit, l'idéation reconnaît-elle constamment pour cause une excitation périphérique, ou bien est-elle spontanée, automatique? Il faut admettre, bien entendu, que, si l'idéation est déterminée par des modifications de la composition chimique du sang irrigateur ou des cellules nerveuses, cela n'empêchera pas le phénomène d'être automatique; car la production d'un phénomène psychique ou moteur exige évidemment un changement d'état. Mais il s'agit de savoir si un changement d'état, de cause interne, suffit à provoquer des phénomènes d'idéation ou si, au contraire, un stimulus extérieur est nécessaire.

On conçoit que le problème soit presque impossible à résoudre par la voie expérimentale. D'abord l'expérience *in anima vili* serait difficilement concluante. Les grenouilles de C. SCHIPILOFF et de SCHIFF, lorsque toutes les racines sensitives ont été coupées, sont dans un état d'inertie qui se rapproche tant de la mort qu'on est forcé, pour savoir si ces grenouilles sont encore vivantes, d'examiner au microscope la circulation périphérique des membranes interdigitales. Quant aux animaux supérieurs, la mutilation qui produirait l'anesthésie complète ne leur permettrait pas de vivre; et les anesthésiques qui portent d'abord leur action sur les cellules psychiques ne peuvent être d'aucun secours pour la solution du problème. On ne peut donc guère espérer que dans la pathologie humaine. S'il se présentait un cas d'anesthésie absolue, totale, sensitive et sensorielle, ce cas serait décisif et permettrait de répondre.

Mais cette anesthésie absolue n'existe pas. Les cas célèbres de STRÜMPELL, de G. BALLET (voir **Anesthésie**) ne sont pas de vraies anesthésies; ce sont des anesthésies hystériques; c'est-à-dire que la sensibilité *paraît* abolie; mais rien ne prouve qu'elle soit réellement abolie. (Outre les faits mentionnés plus haut à **Anesthésie**, je signalerai HEYNE, *Uber einen Fall von allgemeiner cutaner und sensorischer Anaesthesie* (*D. Arch. f. klin. Med.*, 1890, t. XLVII, p. 75), et ZIEMSSEN (*Allg. cut. und sens. Anaesth., ibid.*, p. 89. *An. in C. P.*, 1890, p. 827.) Les excitations sensorielles et sensitives de la périphérie ne viennent pas jusqu'à la conscience; mais elles arrivent jusqu'aux centres nerveux, comme le prouvent la persistance des réflexes et le retour soudain de la sensibilité, suivant certaines suggestions. Donc on ne peut comparer l'anesthésie hystérique, dans laquelle il y a persistance des excitations centripètes, à l'anesthésie vraie, due à la section d'un nerf par exemple, avec suppression radicale de toute transmission de la périphérie au centre.

On sait que, d'après STRÜMPELL et G. BALLET, il suffisait sur leurs malades de faire l'occlusion des paupières, d'intercepter par conséquent les seules voies sensitives qui persistaient et mettaient l'individu en relation avec le monde extérieur pour provoquer aussitôt le sommeil et l'état aidéique. Mais il ne me paraît nullement prouvé que cet état aidéique ainsi obtenu ne soit pas un simple phénomène d'hypnose dû à la suggestion ou à toute autre cause.

La question reste en suspens, au moins au point de vue de l'expérimentation; et, comme il est presque impossible de concevoir chez l'homme une anesthésie totale et vraie (l'anesthésie hystérique étant une pseudo-anesthésie), on voit que le problème n'est pas directement soluble: il faut recourir à des inductions et à des analogies, ce qui ne peut guère conduire qu'à une hypothèse.

D'abord, ce qu'on ne peut méconnaître, les excitations périphériques exercent une très grande influence sur la puissance de l'idéation. La vue et l'ouïe étant totalement supprimées, toute idéation deviendra difficile.

Les mouvements musculaires, exerçant la sensibilité musculaire, constituent une des excitations périphériques les plus efficaces; et vraiment serait-il possible de coordonner des idées, de comparer, de penser, si l'on était forcé d'être absolument immobile, et à plus forte raison en demeurant dans une obscurité absolue au milieu d'un silence absolu? L'absence de stimulus extérieur ne serait cependant pas totale; car les excitations tactiles persisteraient encore.

Autant qu'on peut le supposer cependant, l'idéation ne serait pas absolument abolie; tout au moins ne le serait-elle pas immédiatement. Le silence, l'obscurité et l'immobilité de la nuit sont des conditions évidemment favorables à la suppression de l'idéation volontaire; elles ne me paraissent pas suffisantes pour l'entraîner nécessairement. A ce compte il n'y aurait pas d'insomnie rebelle. Nous savons bien qu'on objectera que les excitations tactiles persistent; que ni l'obscurité, ni le silence, ni l'immobilité ne peuvent être absolues; mais il y aurait tout de même, je crois, quelque exagération à prétendre que, si l'idéation persiste, c'est seulement à cause de ces très faibles excitations périphériques.

D'autre part, quoique l'absence de stimulus extérieur soit favorable au sommeil, c'est-à-dire à l'affaiblissement de la conscience, de la volonté et de l'idéation, on ne peut dire que ce soit une condition indispensable; car, dans bien des cas, le sommeil survient au milieu des excitations les plus fortes. On s'endort parfaitement à l'Opéra, malgré la lumière et le bruit; la marche n'empêche pas de dormir; et les cavaliers qui voyagent la nuit s'endorment sur leur cheval; le bruit du chemin de fer, avec les sifflements de la machine, le fracas du wagon, permet un sommeil très profond; on s'endort de même, dans les casemates, malgré le fracas des obus qui éclatent de toutes parts, de sorte que la théorie du sommeil par défaut de stimulus extérieur n'est vraiment pas défendable. Si on manipule des grenouilles, de manière à les mettre dans un certain état d'hypnose ou même de cataplexie, on ne peut prétendre expliquer leur sommeil par l'absence de stimulus périphérique, comme E. HECKEL a essayé de le faire (*Abhängigkeit des wachen Gehirnzustandes von äusseren Erregungen, A. Pf.*, 1877, t. xiv, pp. 158-218), car il serait plus exact de dire de ces grenouilles qu'elles sont soumises à des stimulations périphériques exagérées, au lieu de dire qu'elles sont soustraites aux excitations périphériques.

Il résulte de ce double fait : insomnie sans excitants périphériques; sommeil avec excitants périphériques, que l'hypothèse d'une idéation nécessairement liée à des excitations extérieures me paraît difficile à soutenir.

Et en effet, si nous examinons la nature des mouvements réflexes, nous voyons une excitation déterminer un mouvement; et le plus souvent ce mouvement est simple, consistant en la contraction de quelques groupes musculaires tout au plus: mais quelquefois ce réflexe provoque une contraction d'ensemble; et non seulement un mouvement général, mais encore une série de mouvements généraux qui peuvent se prolonger pendant longtemps.

Ce sont toujours des réflexes; mais parfois ils sont si éloignés de l'excitation primitive qu'on serait tenté de les considérer comme automatiques. Cela est vrai surtout dans les cas d'actes à demi volontaires provoqués par un stimulus. Voici par exemple une grenouille intacte, immobile; qu'on vienne à l'exciter fortement; elle va sauter, essayer de fuir, se débattre, et son agitation pourra durer plusieurs minutes, un quart d'heure même, et davantage encore.

Je veux bien que l'on regarde cette longue série de mouvements comme phénomènes réflexes; pourtant il faut avouer que la prolongation et la complication font ressembler beaucoup ce phénomène à un phénomène de pur automatisme.

Le cerveau qui a conservé la trace de toutes les excitations antérieures est un appareil d'une si prodigieuse complexité que l'apparition d'une seule idée provoquée par une sensation périphérique en fera jaillir immédiatement une foule d'autres, puis d'autres encore, et ainsi de suite, sans qu'on puisse presque en prévoir la fin; tant l'évocation d'une idée amène fatalement l'évocation d'une autre idée. C'est cette succession ininterrompue de phénomènes de conscience et d'idées qui constitue vraiment l'automatisme psychique. Certes le point de départ a pu en être une excitation périphérique, et à ce compte on peut dire qu'elle est d'origine réflexe; mais c'est un point de départ devenu lointain que l'idéation réflexe me semble vraiment devoir être considérée comme une idéation automatique.

Quant à savoir jusqu'à quel point, pour continuer ces phénomènes de conscience d'idéation, les stimulants périphériques sont nécessaires, personne, je crois, ne saurait dire. Probablement les notions que nous donnent incessamment nos sens sur le monde extérieur interviennent, sinon pour provoquer les idées, au moins pour les régler, les expliquer, nous rappeler à la réalité. On peut supposer que le rêve, dans la période dite *imagogique* du sommeil normal, nous fournit un exemple de ce qu'est l'idéation, lorsque elle n'est plus réfrénée par l'influence modératrice des actions périphériques.

Si, dans le rêve, bientôt l'idéation s'arrête, ce n'est pas parce que les stimulations périphériques font défaut; mais parce qu'il y a une sorte de fatigue cérébrale qui empêche la conscience, et la mémoire, et la volonté, de continuer à rester actives.

Donc quoique la preuve rigoureuse ne puisse pas en être donnée, je dirais que l'automatisme des phénomènes intellectuels est très probable; certes les excitations sensorielles et sensitives agissent puissamment, comme régulateurs et stimulants; mais, même en supposant l'absence de pareilles excitations, l'appareil intellectuel, une fois excité, soumis sans doute à des changements intimes de nutrition, continue pendant longtemps à vibrer, et cela avec tant de force, et si longtemps, qu'on a le droit d'appeler automatique cette série de phénomènes qui succède à une petite excitation périphérique.

Toutes ces notions sur l'automatisme du système nerveux ne sont aucunement modifiées par les recherches histologiques admirables de GOLGI et RAMON Y CAJAL. C'est en s'appuyant sur ces travaux récents que récemment R. LÉPINE (*Théorie mécanique de la paralysie hystérique*; Rev. de Méd., août 1894, p. 727 et B. B., 1895, 9 févr. p. 85) ainsi que MATHIAS DUVAL (*Théorie mécanique du sommeil*. B. B. 2 et 9 févr. 1895, pp. 76-86), ont développé une théorie ingénieuse, d'après laquelle les éléments cellulaires nerveux se mettraient en rapport les uns avec les autres au moyen de prolongements pseudopodiques analogues à ceux des amibes. Si cette hypothèse se trouvait vérifiée, l'automatisme nerveux aurait, même au point de vue mécanique, une analogie saisissante avec l'automatisme des êtres inférieurs, et des cellules simples. Mais il n'est pas besoin de supposer des phénomènes mécaniques pour admettre l'automatisme du système nerveux. Des vibrations dynamiques suffisent parfaitement pour autoriser à admettre de l'automatisme.

Conclusions générales. — Nous pouvons maintenant nous faire une idée d'ensemble de l'automatisme dans la hiérarchie cellulaire.

Tout d'abord, chez les cellules inférieures, alors que la division du travail n'existe pas, il y a un automatisme évident. Par le seul fait de leur constitution chimique, dont l'équilibre est sans doute instable, il se fait des mouvements rythmiques, réguliers, qui ne sont pas provoqués par un stimulus extérieur.

Chez l'individu constitué par des cellules dissemblables que relie le système nerveux, chaque appareil possède un certain degré d'automatisme : il y a l'automatisme du cœur; celui des glandes, celui des appareils excréteurs, celui des vaisseaux. Mais la présence du système nerveux rend l'automatisme moins complet; quoique le rôle du système nerveux soit plutôt celui d'un régulateur (pour stimuler ou pour ralentir) que d'un stimulus nécessaire.

Dans le système nerveux, il y a aussi un certain degré d'automatisme; la volonté consciente et les excitations périphériques ne sont pas nécessaires pour qu'il y ait production de phénomènes nerveux, et, quoique l'excitation volontaire ou cosmique ne fasse presque jamais défaut, on voit cependant des phénomènes nerveux purement automatiques dus exclusivement aux changements chimiques intérieurs des cellules nerveuses.

Même les phénomènes intellectuels peuvent être appelés à bon droit automatiques, puisque, quoique succédant à une excitation périphérique, ils se manifestent pendant si longtemps, avec une telle intensité et une telle complication qu'ils relèvent tout à fait de l'automatisme. C'est à une conclusion assez analogue que semble arriver PFLÜGER (*Theorie des Schlafes*, A. Pf., p. 473).

En définitive l'automatisme est un des phénomènes les plus généraux de la vie des cellules, des appareils, des organes. Cela revient à dire qu'il y a dans chaque cellule une source d'énergie qui, sans le secours d'une force extérieure, est capable de se transformer en mouvement. Mais l'importance d'une force extérieure, stimulatrice, — autrement dit la relation avec le milieu ambiant — va en grandissant, à mesure que la cellule acquiert une individualité et une complication organique plus grandes.

CHARLES RICHET.

AUTOTOMIE (de αὐτός et τέμνω, action de s'amputer soi-même). — Acte par lequel beaucoup d'animaux(Orvets, Lézards, Crabes, Araignées, Sauterelles) échappent à l'ennemi qui les a saisis par un membre ou par la queue, en provoquant activement, mais d'une façon inconsciente, par voie réflexe, la rupture de l'extrémité captive.

L'autotomie a été surtout étudiée chez le Crabe. Je commencerai par résumer ce qu nous savons sur le mécanisme physiologique de la cassure des pattes des Crustacés, puis je passerai en revue les différents groupes d'animaux chez lesquels on a signalé des exemples d'autotomie.

I. Autotomie chez le Crabe. — Le fait de l'amputation spontanée des pattes chez le crabe était connu de Réaumur : « *Si on tient une écrevisse par la patte, et de même si on tient un crabe, l'effort que ces animaux font pour se retirer détache souvent leur jambe; ils la laissent dans les mains de celui qui la tient, et s'en vont avec celles qui leur restent* » (*Sur les diverses reproductions*, etc. *Mémoire Acad. des Sc.*, 1712, cité par P. Hallez : *Bull. sc. du Nord*, 1887). Huxley s'exprime en termes analogues dans son livre sur l'écrevisse.

Cette rupture des pattes, si fréquente chez les Crustacés vivants, n'est pas le résultat d'un accident dû à la fragilité exagérée de ces appendices. L'expérience directe prouve que, chez un crabe mort, les pattes sont fort résistantes et supportent avant de se rompre un effort de traction représentant près de cent fois le poids du corps entier de l'animal.

Dans l'expérience exécutée par l'auteur devant le 2e congrès de Physiologie à Liège, en 1892, il fallut suspendre un poids de 4 kilogrammes pour arracher la seconde patte sur un petit *Carcinus maenas* ne pesant pas 40 grammes.

Lorsqu'on arrache ainsi une patte par traction, sur l'animal mort, elle se rompt d'ordinaire soit entre le céphalothorax et le premier article, soit entre le premier et le second article : la surface de rupture porte une houppe de muscles (extenseur et fléchisseur longs du second article, extenseur et fléchisseur du premier article) qui se sont détachés de leurs insertions dans la loge quadrilatère de la cavité épimérienne du corps.

Au contraire, la rupture qui se produit sur le vivant par le mécanisme spécial que nous allons étudier, se fait toujours dans la continuité du second article, au niveau d'un sillon préexistant. Ce sillon marque la trace de la soudure des deux pièces *basipodite* et *ischiopodite* de Huxley) dont se compose chez le Crabe le second article de la patte. La cassure est circulaire et nette : les tissus mous ne présentent d'autre déchirure que celle du nerf et des vaisseaux. Un diaphragme spécial, la *membrane obturatrice*, tendu à travers l'extrémité distale du *basipodite*, assure l'hémostase dans le moignon de la patte autotomisée. Le nerf mixte et les vaisseaux traversent cette membrane au niveau d'un orifice étroit situé excentriquement.

J'ai montré que la rupture de la patte est ici provoquée par un mouvement actif. Le Crabe rompt lui-même sa patte à l'endroit d'élection, par une contraction musculaire énergique.

La rupture de la patte, l'*autotomie*, s'obtient chaque fois que le nerf sensible de la patte est vivement excité, soit mécaniquement, par une section transversale de la patte, soit par l'électricité ou la chaleur, soit par une action chimique.

La meilleure façon de provoquer à coup sûr l'autotomie consiste à suspendre un crabe (privé au préalable de ses pinces), en le tenant par le milieu d'une patte ambulatoire et à sectionner brusquement au moyen de ciseaux l'extrémité supérieure de la patte, par exemple au niveau de l'articulation entre le 3e et le 4e article. L'autotomie se produit chaque fois à l'endroit d'élection et l'animal tombe à terre. L'expérience peut être répétée successivement avec le même résultat sur les dix pattes du crabe.

Il s'agit d'un acte purement *réflexe*, auquel la volonté de l'animal n'a aucune part. Un Crabe qu'on retient par la patte, sans froisser celle-ci, n'aura jamais recours à l'*autotomie* pour se délivrer. Il y a plus : si l'on coupe brusquement, au moyen de ciseaux, l'extrémité d'une autre patte que celle qui retient l'animal, le Crabe brisera non cette dernière patte, ce qui le rendrait à la liberté, mais la patte mutilée, celle dont la perte ne lui est d'aucune utilité. L'absence d'intention intelligente est manifeste ici : nous avons affaire à un mécanisme nerveux préétabli, qui fonctionne en aveugle, à la façon des *centres réflexes* des animaux supérieurs.

Ce mécanisme nerveux qui préside au réflexe d'autotomie est indépendant des *ganglions sus-œsophagiens*, siège de l'intelligence chez les Crustacés. Il est localisé dans la masse nerveuse ventrale du *ganglion étoilé*, qui est l'analogue physiologique de la *moelle épinière* des Vertébrés. La destruction de ce ganglion rend l'autotomie impossible : l'excitation électrique portée directement sur le ganglion peut provoquer la rupture des pattes.

L'amputation d'une patte par voie réflexe suppose l'intervention des parties suivantes : 1° *voie nerveuse centripète* : les fibres sensibles du nerf mixte de la patte. Ces fibres semblent ne pas s'étendre au delà de l'extrémité de l'avant dernier article de la patte. On peut impunément sectionner ou exciter le dernier article, ou l'extrémité distale de l'avant dernier article sans risquer de provoquer l'autotomie; 2° *centre nerveux réflexe* : la masse ganglionnaire ventrale chez les Crabes, la chaîne ventrale chez les Macroures; 3° *voie nerveuse centrifuge* : les nerfs moteurs du muscle dont la contraction provoque la cassure de la patte.

La cassure de la patte est due à la contraction d'un seul muscle, le *long extenseur* du second article. On peut en effet couper (sections pratiquées au moyen d'un petit scalpel dont on glisse la pointe sous la membrane articulaire) les tendons de cinq des six muscles fléchisseur et extenseur du premier article (court et long fléchisseurs du second article, court extenseur du second article) qui s'attachent à la partie non caduque de la patte et sectionner également les muscles contenus dans la partie caduque, sans que le réflexe d'autotomie soit rendu plus difficile qu'avant l'opération. Au contraire, l'autotomie ne se produit plus jamais après la section isolée du tendon du long extenseur du deuxième article (le^2 fig. 101). Ce muscle mérite donc le nom de muscle *disjoncteur* ou de muscle *autotomiste*.

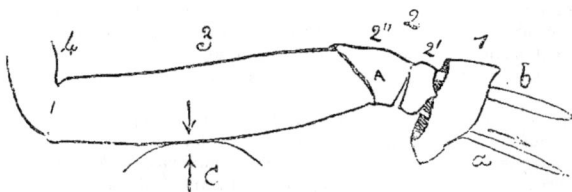

Fig. 101. — Patte ambulatoire gauche de Crabe tourteau, détachée du corps et reposant sur son bord dorsal (Côté ventral en haut). La face antérieure a été enlevée au niveau des articles i. ii″, iii. iv. v et vi. les tendons des muscles extenseurs e^1. e^2. e^3. e^4. e^5 et des muscles fléchisseurs f^0. f^1. f^2 ont été conservés, le^2, long extenseur du deuxième article ou muscle autotomiste. L'autotomie se produit entre le basipodite ii′ et l'ischiopodite ii′.

Pour que l'autotomie soit réalisée par la contraction du muscle disjoncteur, il faut que la portion distale de la patte, celle qui va tomber, trouve un point d'appui, soit contre le doigt de l'opérateur, soit contre les parties dures de la carapace de l'animal (*tergum* pour la première patte; parties dures d'une patte voisine, tubercule articulaire du premier article de la patte située en avant, lorsqu'il s'agit d'une patte ambulatoire). En effet, dès qu'on irrite le nerf sensible d'une patte, on provoque par voie réflexe une contraction énergique du long extenseur du deuxième article, ce qui amène une extension forcée de la patte (Voir fig. 102). Supposons que le troisième article soit arrêté dans ce mouvement d'extension, en C: le long extenseur *a* continuant à se contracter exerce une traction sur la partie proximale 2′ (en forme d'anneau) du deuxième article et finit par la séparer de la portion distale 2″ qui se trouve retenue.

Il est facile de mesurer l'effort nécessaire pour provoquer la cassure du deuxième article : On arrache une patte à un crabe mort, on fixe le tendon *a* entre les mors d'une petite pince à ressort à laquelle on suspend des poids. On verra que dans ces conditions, il suffit de 250 grammes en moyenne pour produire la rupture à l'endroit d'élection.

La patte qui résiste à une traction de 3 à 4 kilogrammes, dirigée suivant son axe et se répartissant sur sa circonférence entière, cette même patte se rompt sous un effort de traction douze ou quinze fois plus faible, quand la traction s'exerce au niveau de l'insertion du tendon du long extenseur, c'est-à-dire à un point limité de sa périphérie. (LÉON FREDERICQ. *Arch. de Biologie*, 1882, p. 235; et 1892, p. 169; *Arch. zool. exp.*, 1883, p. 413; *Revue Scient.*, 13 nov. 1886, p. 613; *Trav. lab.*. t. ii, p. 201, 1888 et t. iv, p. 1,30 et 217; *A. Pf.*, t. l, p. 600, 1891. — DE VARIGNY. *Revue Scient.*, 4 sept. 1886, p. 309. — H. DEWITZ. *Biol. Centralbl.*, 1er juin 1884. — J. FRENZEL. *A. Pf.*, t. l, p. 191, 1891. — DEMOOR. *Arch. zool. exp.*, 1891, p. 216, 8 suiv.)

II. Autotomie dans la série animale. — *Vertébrés.* — Extrémité cutanée de la queue de *Muscardinus avellanarius* (J. FRENZEL, *A. Pf.*, t. l, p. 204, 1891). — Queue de quelques oiseaux? (PARIZE, *Revue Scient.*)

Queue de l'orvet, des lézards. Lorsqu'on se borne à maintenir doucement l'animal, ou qu'on le suspend par la queue, il ne songe pas à la briser pour s'échapper. Dès qu'on irrite cet apendice, soit par section, soit par froissement, la queue autotomise au-dessous du point lésé. La rupture de la colonne vertébrale a lieu au milieu d'une vertèbre, point restant fibro-cartilagineux chez les individus adultes.

La rupture se produit encore sur un animal décapité, c'est-à-dire privé de cerveau. Contejean a montré que le centre du réflexe se trouve dans la moelle épinière au niveau des pattes postérieures.

Pour arracher la queue par traction sur un orvet mort, il faut y suspendre un poids représentant vingt fois celui de l'animal. La queue autotomisée repousse facilement

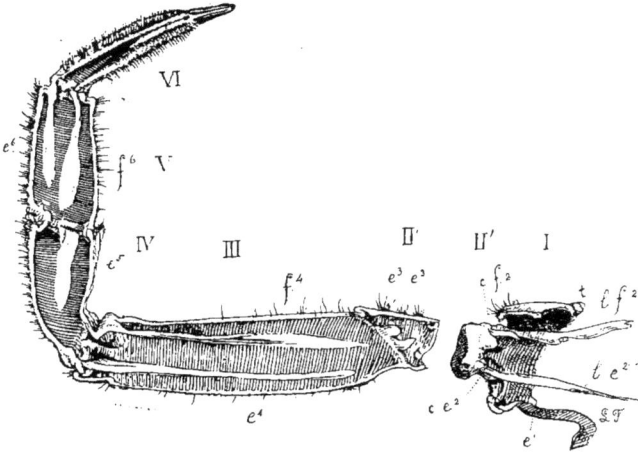

Fig. 102 (demi-schématique), destinée à illustrer le mécanisme de la cassure du deuxième article de la patte du Crabe. L'animal est placé sur le dos; la figure représente une patte de gauche, vue par sa face antérieure.
1. premier article logeant le long fléchisseur *b* et long extenseur *a* du deuxième article.
2. deuxième article; la fente entre 2' et 2'' indique le niveau de la rupture du deuxième article.
3, 4. troisième et quatrième articles.
C. doigt de l'expérimentateur, ou parties dures du corps de l'animal retenant la patte. La patte étant fixée, le muscle *a* continue à se contracter et sépare 2' de 2''. Dans d'autres circonstances, c'est au niveau de l'ischiopodite, en A, que s'opère la fixation de la partie caduque de la patte. A vient butter contre la base de la patte précédente.

omme on sait (Léon Fredericq, *Bull. Acad. Belg.*, août 1882. — Contejean, *C. R.*, 7 octobre 1890).

Mollusques. — Appendices dorsaux *Phornicurus* de la *Tethys leporina*. — C. Parona, *Atti della R. Università di Genova*, 1891, et *Zool. Anzeiger*, 1891, n° 371). — Papilles dorsales d'Aeolis (Grard, *Revue Scient.*, 14 mai 1887. Frenzel, *loc. cit.*). Portion du manteau de Doris cruenta (Quoy et Gaimard, *Voyage de l'Astrolabe*, 1830, t. t. p. 261, cité par Œ. *Revue Scient.*, 27 novembre 1886, p. 704). — Portion postérieure du pied de *Harpa ventricosa* (Quoy et Gaimard, *loc. cit.*, p. 617), de plusieurs espèces d'Hélicarion (Semper, *Reistenzbed. der Thiere*, 1880, t. ii, p. 242), et de Stenopus (Guilding) cité par Semper, *loc. cit.*). — Pied de *Helix crassilabris*, *H. imperator* (Gundlach) cité par D. Œ., *loc. cit.* — Pied de *Solen marginatus* D. Œ., *loc. cit.*).

Crustacés. — Pinces de l'écrevisse et du homard. — Pinces et pattes de la langouste, des galathées et des crabes. — Pinces et pattes ambulatoires des gros Pagures (Voir plus haut). Dewitz a rapporté le cas d'écrevisses qui perdirent leurs deux pinces au moment où il les plongea dans l'eau chaude (Dewitz, *loc. cit.*). Certains crustacés abandonnent leurs pattes quand on les plonge dans l'alcool (communication verbale de ED. VAN BENEDEN), ou dans l'essence de térébenthine (J. DEMOOR).

Insectes. — Pattes de plusieurs diptères (Tipules) et Lépidoptères (GIARD, *loc. cit.*, L. FREDERICQ, *loc. cit.*). Pattes sauteuses des sauterelles et des grillons. « Si l'on attache une sauterelle par une de ses pattes sauteuses, l'insecte poursuivi par une baguette de fer rouge, ne parvient jamais à se délivrer en se débarrassant du membre entravé, tandis que ce membre se rompt aussitôt, si la cautérisation porte sur lui. L'expérience d'autotomie réussit très bien, non seulement sur un animal décapité, mais sur un métathorax isolé. On est donc bien en présence d'un acte réflexe, ayant pour centre la troisième paire de ganglions thoraciques. L'autotomie a lieu au niveau de l'articulation de la hanche et du fémur; dans les pattes sauteuses, le trochanter fait défaut. » (CONTEJEAN. *C. R*, 27 octobre 1890. — L. FREDERICQ. *Revue Scient.*, 13 novembre 1886, p. 618. — FRENZEL, *loc. cit.*)

Ailes des mâles et femelles de fourmis. Aiguillon de l'abeille. Pénis des mâles d'abeilles.

Ailes des mâles de Termites. FRENZEL a constaté que l'aile des Termites porte une strie transversale constituant un *locus minoris resistentiæ* au niveau duquel l'aile se déchire quand elle est saisie et que l'animal fait des efforts pour s'échapper. L'aile du termite est comparable à une lamelle de verre, dit-il, dans laquelle on aurait fait un léger trait en diamant. Si l'on vient à ployer la lamelle, elle se brise suivant le trait préformé (FRENZEL, *A. Pf.*, t. I, p. 202, 1891).

Les sauterelles que l'on fait mourir en les soumettant à l'action des vapeurs de chloroforme, d'essence de térébenthine ou d'alcool amylique, cassent leurs pattes sauteuses. L'autotomie ne m'a pas semblé se produire chez les mêmes espèces (*Œdipa, Thamnotrizon, Stenobothrus*) soumises à l'action des vapeurs d'éther, d'alcool ou de quelques autres substances volatiles (recherches inédites).

Arachnides. — Pattes des *Phalangium, Epeira, Lycosa, Tegeneria*, etc., P. PARIZE, *Revue Scient.*, 18 sept. 1886, p. 379. LÉON FREDERICQ, *ibid.*, 13 nov. 1886, p. 619.

Vers et Annélides (Voir plus loin).

Echinodermes. — Bras ou pinnules des étoiles de mer. — Tube digestif ou glandes des Holothuries. — PREYER a fait à la station zoologique de Naples des expériences d'autotomie sur un assez grand nombre d'étoiles de mer.

Il suffit de saisir brusquement un rayon d'*Asterias glacialis*, de le blesser ou de l'exciter par l'électricité pour provoquer sa rupture. Un seul rayon isolé est capable de reproduire l'animal entier, comme on le savait depuis longtemps. Si on place l'animal à cheval sur une baguette tendue horizontalement à une petite distance au-dessous du niveau de l'eau, de manière que le corps soit dans l'air et que l'extrémité des rayons plonge seule dans l'eau, on observera fréquemment que l'astérie, au lieu de s'incliner sur le côté pour se laisser ensuite choir dans l'eau, préférera se couper en morceaux et laisser tomber soit un seul rayon, soit deux, l'un après l'autre.

Les mêmes expériences furent répétées avec succès sur plusieurs autres espèces, notamment *Luidia ciliaris*. Les bras détachés de cette espèce sont eux-mêmes capables de se subdiviser intérieurement en deux ou trois morceaux, sous l'influence d'une violente excitation électrique. L'autotomie peut donc être provoquée sans l'intervention de l'anneau nerveux pentagonal. Il suffit que la moelle nerveuse ventrale du rayon soit intacte.

L'autotomie atteint chez les Comatules un degré de développement incroyable, dont je me borne à citer un exemple. Une Comatule, plongée dans l'eau de mer à 37 à 38°, exécute encore des mouvements pendant quelques secondes, se roule souvent en boule, puis se brise en un grand nombre de morceaux, chacun des dix rayons se subdivisant en plusieurs segments et perdant ses pinnules. FRENZEL a constaté que la dénomination de *fragilis* donnée à plusieurs Ophiures ne convient qu'à l'animal vivant. Sur une Ophiure morte, les bras sont fort résistants (PREYER. *Mittheil. zool. Stat. zu Neapel*, t. VII p. 205, 1887. Anal. dans *Revue Scientif.*, 7 mai 1887, p. 589. FRENZEL, *A. Pf.*, t. I, p. 197, 1891)

GIARD a signalé un certain nombre de cas d'autotomie chez les Annélides, les Géphyriens, les Échinodermes et les Cœlentérés.

Il divise les divers cas d'autotomie en deux grands groupes :

I. — Autotomie défensive.

II. — Autotomie reproductrice (*gonophorique* ou *schizogoniale*).

Dans cette seconde catégorie doivent trouver place, à côté de l'hectocotylisation des bras de Céphalopodes (autotomie gonophorique), une bonne partie des cas observés par Preyer, et antérieurement par Lutken et bien d'autres zoologistes chez les Echinodermes (*Ophiactis, Brisinga,* etc.).

Dans cette catégorie rentre également l'autotomie si nette des Ligules, et la proche parenté de ces animaux avec les Botycéphales et les Ténias nous amène à considérer la formation des Proglottis chez les Cestodes comme un terme extrême de cette série.

L'autotomie *défensive* peut à son tour se subdiviser en deux groupes :

I. — L'autotomie *évasive*.

II. — L'autotomie *économique*.

Le premier groupe renferme les cas très nombreux où l'animal s'autotomise pour échapper à ses ennemis (Crustacés, Insectes, *Balanoglos,* etc.).

Le second groupe comprend les cas où l'animal réduit son volume par amputation volontaire, parce qu'il se trouve dans des conditions défavorables au point de vue de la nutrition, ou même au point de vue de la respiration. On l'observe généralement chez les animaux tenus en captivité (cas de la Synapte, des Tubulaires, des *Phoronis,* des Némertiens, etc.) (Giard. *Revue Scient.*, 14 mai 1887, p. 629 et *Bull. scient. du Nord*, t. XVII, p. 308).

III. Signification de l'autotomie. — Si nous nous demandons comment s'est développé le mécanisme si remarquable qui fait à propos éclater et rompre la patte du Crabe, nous en sommes réduits à des conjectures plus ou moins vraisemblables. Mais, hypothèse pour hypothèse, celle de l'évolution semble, dans l'état actuel de nos connaissances, la seule qui puisse donner une explication tant soit peu satisfaisante.

Prenons, pour fixer les idées, l'exemple des Crustacés. Il est probable que les premiers Crustacés qui ont pratiqué l'autotomie l'ont fait à la façon de l'oiseau que l'on retient par quelques plumes. Ils se sont tant et si bien débattus de tout le corps qu'ils ont fini par déchirer l'attache du membre qui les retenait captifs. Cette façon brutale de se délivrer s'est perfectionnée dans le cours des générations. Les contractions des muscles, primitivement désordonnées, se sont faites avec plus d'ensemble, partant avec plus d'efficacité. Les muscles ont concentré leurs efforts sur un seul point de la patte. La coque de celle-ci s'est modifiée en ce point, de manière à éclater facilement à un moment donné, sans nuire cependant d'une façon générale aux usages habituels de la patte. Ce perfectionnement anatomique s'est réalisé conformément aux lois de l'évolution que je n'ai pas à exposer ici : production de variations accidentelles utiles, transmission et exagération de variations utiles par la génération sexuelle et l'hérédité, combinée avec la survivance des plus aptes.

Les Crustacés de la nature actuelle nous présentent à l'état permanent quelques-uns des stades de cette évolution. Aux deux extrémités de la série se trouvent d'une part le Homard et de l'autre le Crabe.

Le Homard, que l'on saisit par une patte autre que celles qui portent les pinces, entre dans une véritable fureur; tout son corps est agité de violents soubresauts. Grâce à ces mouvements désordonnés, l'animal se libère souvent, la patte saisie s'arrachant au niveau de la membrane qui sépare le deuxième article du troisième. C'est l'exemple de l'autotomie primitive, brutale, provoquée par la peur et par l'instinct de la conservation. Ici, les mouvements faits par l'animal pour se délivrer sont sans doute des mouvements volontaires.

Les choses se passent tout autrement chez le Crabe. Pincez l'une des pattes à son extrémité : aussitôt l'animal s'arrête, soulève légèrement le membre saisi, de manière à l'appuyer contre les parties dures voisines. On entend un léger craquement : l'éclatement s'est produit au même niveau que chez le Homard, et la patte tombe. La cassure est réalisée par la contraction d'un seul muscle, le muscle autotomiste; elle se produit au niveau d'un sillon circulaire préexistant, qui marque la place de la soudure du deuxième et troisième article de la patte. Ces deux articles qui, chez le Homard, sont séparés par une membrane, sont ici soudés en une seule pièce. Cette pièce présente une grande résistance à la traction dans le sens de l'axe du membre; elle éclate au contraire avec facilité sous l'influence d'un effort léger, dirigé dans le sens du tendon

du muscle autotomiste. Nous avons affaire à un mécanisme très spécialisé, très perfectionné, bien mieux adapté à son rôle que les contractions générales dont use le Homard.
De plus, comme nous l'avons vu, le mouvement d'autotomie qui, chez le Homard,
paraissait sous la dépendance de la volonté de l'animal, s'est transformé, chez le
Crabe, en un mouvement réflexe.

L'autotomie serait donc un mouvement primitivement volontaire et intentionnel,
ayant pour point de départ l'instinct de la conversation et tendant à arracher violem-
lemment le corps de l'animal à l'étreinte ennemie, quitte à sacrifier la partie saisie. Ce
mouvement se serait peu à peu perfectionné et adapté d'une façon plus parfaite au but
à atteindre : en même temps, il aurait perdu son caractère intentionnel et serait devenu
un réflexe pur.

C'est d'ailleurs une règle d'une portée générale que les mouvements volontaires fréquemment répétés se transforment insensiblement en mouvements réflexes, pour la
production desquels l'intervention de la volonté n'est plus nécessaire. Tout le monde
sait que l'éducation des exercices corporels chez l'homme est basée en grande partie
sur ce phénomène (L. FREDERICQ. *Bull. Acad. Belg.* 1893, p. 738).

Bibliographie générale. — Les mémoires cités plus haut de l'auteur, de GIARD,
CONTEJEAN, FRENZEL, PARONA, etc., et l'article *Autotomie* de DE VARIGNY dans la *Grande
Encyclopédie.* Voir aussi : LÉON FREDERICQ. *L'autotomie ou la multiplication active dans
le règne animal. Bull. Acad. roy. Belgique*, 1893, p. 738, t. XXVI.

LÉON FREDERICQ.

AZOTATES. — Les azotates sont des sels presque tous solubles, produits de la
combinaison de l'acide azotique avec une base. Au point de vue physiologique on n'étudiera ici que l'action des nitrates unis à des bases peu offensives (potassium, sodium,
calcium). De fait, on n'a guère expérimenté qu'avec les nitrates de sodium et de potassium. Quoique cette étude soit faite aux mots **Potassium**, et **Sodium**, nous devons pourtant en dire quelques mots, ne fût-ce que pour indiquer les différences d'action entre
les nitrates, les chlorures et les sulfates de la même base.

La toxicité des nitrates de potasse et de soude a été considérée par BOUCHARD et
TAPRET (v. plus haut *D. Ph.* p. 609, t. I), comme égale à 0,17 par kilogramme pour le
nitrate de potasse et 2,30 pour le nitrate de soude. Chiffres sensiblement égaux à ceux
que donnent les sels correspondants (0,18 par kilogramme pour le chlorure de potassium ; 3,03 pour le phosphate de soude, 2,03 pour le sulfate de soude). Ces faits semblent prouver que nitrates, chlorures, sulfates ont la même puissance toxique. CH. RICHET,
en étudiant la toxicité des différents sels de sodium sur des poissons mis dans des
solutions de titre différent (*B. B.*, 1886, t. XXXVII, p. 486), a constaté que, pour une
même dose de sodium, le chlorure était le moins toxique, et il a dressé l'échelle suivante :

DOSE TOXIQUE EN POIDS DE SODIUM PAR LITRE.

Chlorure.	16 grammes.
AZOTATE.	5,4
Sulfate	5,3
Fluorure	3,5
Bromure.	3,3
Formiate	2,2
Azotite	1,9
Acétate	1,9
Citrate.	1,6
Iodure.	1
Oxalate.	0,8
Salicylate. . . .	0,22

On peut déduire de ces faits que les nitrates sont toxiques par leur métal plus que
par leur radical électro-positif. MAIRET et COMBEMALE ont déterminé (*B. B.*, 1887,
t. XXXIX, p. 57 et p. 63) la dose toxique du nitrate de potasse, et ont trouvé une dose
de 2gr,3 par kilogramme d'animal sur le chien. Ce chiffre revient, en somme, à celui de
BOUCHARD ; car il s'agit, dans les expériences de MAIRET et COMBEMALE, d'injections stomacales, et dans celles de BOUCHARD d'injections intra-veineuses. Or, comme l'a constaté

Ch. Richet dans d'autres recherches (*Travaux du laboratoire*, 1893, t. ii, p. 448), quand il s'agit de sels de potasse, la dose mortelle pour l'injection intra-veineuse est dix ou quinze fois plus faible que pour l'injection stomacale.

D'après Mairet et Combemale, à dose forte, le nitrate de potasse (qui, à dose faible, provoque de la diurèse) produit de l'anurie, de la diarrhée, l'accélération du cœur, de la faiblesse générale, un notable abaissement de la pression artérielle, et ils expliquent la mort par une action sur les globules du sang. Il est probable en effet que, comme tous les sels de potasse, le nitrate agit sur les globules du sang et le myocarde. Quant à l'hypothèse de Mairet et Combemale, que l'action diurétique du nitrate de potasse est due à une déshydratation des globules du sang, elle est impossible à vérifier, et n'est d'ailleurs pas vraisemblable.

Les effets diurétiques des nitrates ont été utilisés en thérapeutique, et de nombreux travaux ont été publiés à ce sujet. Il est probable que leur effet diurétique n'est pas spécifique, et que tous les sels de potasse ingérés à faible dose auraient le même effet. En somme, si le nitrate de potasse a une action spécifique, c'est moins sur la sécrétion urinaire que sur le sang, dont il diminue la fibrine; sur les globules, qu'il rend crénelés; et sur le cœur dont il affaiblit la force.

Nitrates des eaux. — Certaines eaux minérales contiennent des quantités notables de nitrates, celle de Prieuré Deudeville (Eure) contiennent 0,36 de nitrates alcalins par litre (Rabuteau). L'eau de Kissingen, 0,009.

Nitrates dans les plantes. — Certaines plantes, comme, par exemple, l'*Amaranthus*, d'après Boutin, contiennent jusqu'à 15 p. 100 de leur poids de nitrate de potasse. Chatin (B. B., 1874, t. xxvi, p. 101) en a trouvé de 5 à 8 p. 100 dans différentes plantes sèches et jusqu'à 8 ou 9 p. 100 dans les morènes. Il s'ensuit qu'avec nos aliments végétaux nous ingérons des quantités appréciables de nitrates. D'après Fäuhling et Grouven, il y en a jusqu'à un millième dans les jeunes légumineuses et graminées. Cette proportion peut monter jusqu'à 3 millièmes dans les choux et les betteraves (König, *Menschlichen Nahrungs und Genussmittel*). Ainsi rien de surprenant si dans l'urine normale il y a élimination d'une certaine quantité de nitrates. D'après Weyl et Meyer, cette quantité d'acide nitrique éliminé par l'urine sous forme de sel serait de 0,025 à 0,050 par litre.

Weyl (A. V. 1884, t. xcvi, p. 462) a donné la bibliographie détaillée de toutes les recherches relatives à la présence des nitrates dans l'urine, et lui-même a consacré plusieurs mémoires à l'étude approfondie de cette question (A. V. 1885, t. ci, p. 175; 1886, t. cv, p. 187, et A. Pf., t. xxxvi, p. 456).

Il s'est proposé de rechercher, d'une part, si l'ammoniaque ingérée se transformait en acide nitrique, d'autre part, si l'acide nitrique introduit de l'économie subit des transformations. La conclusion tirée de ses expériences, c'est que les résultats sont différents suivant qu'on expérimente sur l'homme ou sur le chien. Celui-ci, après ingestion d'ammoniaque, ne produit pas de nitrates; et non seulement il n'en produit pas après ingestion d'ammoniaque ou de viande, mais même après ingestion d'acide nitrique ou de nitrates. Il est alors possible, comme l'a dit Zuntz, à propos d'une communication faite par un élève de Weyl, Kossel, à la Société physiologique de Berlin, qu'après ingestion d'ammoniaque une certaine quantité soit éliminée sous forme d'azote libre par les voies respiratoires.

Chez l'homme, au contraire, il y a des nitrates dans l'urine, et, quand on en ajoute dans l'alimentation, on retrouve l'acide nitrique produit. Des observations sur les oiseaux ont fourni les mêmes résultats.

Il est donc prouvé que l'homme élimine de l'acide nitrique en petite quantité, et, comme nous le disions plus haut, les nitrates éliminés proviennent très certainement des aliments végétaux ingérés. Peut-être aussi une très petite quantité est-elle fournie par les oxydations et transformations des sels ammoniacaux et des aliments azotés.

Pour le rôle des azotates dans la vie des plantes, nous renvoyons à l'article Azote.

CH. R.

AZOTE. — Corps simple, gazeux, formant les quatre cinquièmes de l'air mosphérique (P. at. = 14). Un litre d'azote pur pèse 1gr,256 (à 0° et 0m,760). Sa densité est égale à 0,971.

L'air contient 79,2 p. 100 d'azote et d'argon, soit environ 75 p. 100 d'azote.

L'azote est soluble dans cinquante fois son volume d'eau.

Il se liquéfie par le froid et la pression et bout à — 213°. L'évaporation de l'azote liquide amène la congélation en cristaux neigeux, volumineux, d'une partie de la masse liquide.

L'azote à la température ordinaire ne se combine directement avec aucun corps. Par l'étincelle électrique on peut le combiner à l'oxygène et à l'eau ; et on obtient ainsi, suivant les conditions de l'expérience du bioxyde d'azote, de l'anhydride hypo-azotique, de l'ammoniaque, de l'acide azotique, de l'azotate d'ammoniaque.

Le bore, le magnésium, le potassium, chauffés dans un courant d'azote, forment des azotures. Le carbone forme avec l'azote du cyanogène, en présence des alcalis.

On prépare l'azote soit en absorbant l'oxygène de l'air (par le phosphore, par le cuivre au rouge, par le cuivre ammoniacal), soit en dissociant l'azotite d'ammoniaque par la chaleur, soit en décomposant l'ammoniaque ou un sel ammoniacal par le chlore ou le brome.

On peut évaluer la quantité d'azote contenue dans l'atmosphère à environ 300 millions de milliards de tonnes (en kilogrammes). Cette quantité de l'azote atmosphérique est si considérable que l'azote contenu dans le corps des êtres vivants et dans les différents minerais peut être regardé comme une quantité négligeable. Cependant, d'après Schlœsing, l'eau de mer contient 0$^{milligr.}$,4 d'ammoniaque par litre ; ce qui ferait par conséquent une énorme provision d'azote dans la mer : 15 000 milliards de tonnes.

L'azote, malgré ses faibles affinités, est un élément essentiel de la vie des êtres, puisqu'il entre dans la composition des matières albuminoïdes qui font partie intégrante de la constitution des végétaux et des animaux. On peut évaluer à environ 3 p. 100 en moyenne la proportion d'azote contenu dans le corps des êtres vivants (la proportion d'eau étant d'environ 75 p. 100).

Cet azote n'est pas introduit dans l'organisme par la respiration. Il n'y a pas de fixation d'azote libre par les êtres supérieurs. On verra plus loin (voir **Azote**, fixation par le sol et les végétaux) que l'azote atmosphérique est directement assimilé par les organismes végétaux inférieurs. Les produits de cette assimilation sont des matières azotées, des nitrates, des sels ammoniacaux qui servent à la nutrition des êtres supérieurs.

L'azote assimilé est ensuite désassimilé et excrété sous forme de combinaisons azotées multiples, variant avec la nature de l'espèce animale ou végétale. Mais il est probable qu'une partie de cet azote excrété est rendu sous forme gazeuse ; de sorte que, d'une manière générale, on peut concevoir les êtres supérieurs comme chargés de détruire les combinaisons azotées formées par les micro-organismes du sol et de certaines plantes (légumineuses).

Si l'on admet que 1 kilogramme de tissu vivant contienne 30 grammes d'azote dans ses tissus ; la dénutrition azotée est pour cet animal de 1 kilogramme (à sang chaud), environ 0^{gr},3 d'azote par vingt-quatre heures. Autrement dit la destruction, et par conséquent, la rénovation de l'azote des tissus porte sur la centième partie de ses tissus par vingt-quatre heures.

L'azote gazeux existe en dissolution dans le sang et aussi dans toutes les humeurs. Le sang contient environ 1^{cc},5 de gaz azote pour 100 centimètres cubes (Voyez **Sang**, **Respiration**). Les autres liquides organiques en contiennent des proportions analogues.

Quant à l'élimination d'azote gazeux par la respiration, c'est un problème très difficile, non résolu encore. On tend à admettre que nous exhalons par les poumons une minuscule quantité d'azote libre.

Si les pressions élevées sont mortelles, c'est par l'action toxique de l'oxygène, comme l'a montré P. Bert. L'action chimique de l'azote est tout à fait nulle, même si la pression est élevée.

De fait il semble que la fonction de l'azote par rapport à la nature vivante soit d'abord de faire des combinaisons qui, par leur instabilité, se prêtent aux combinaisons et aux dissociations protoplasmiques, et ensuite de diminuer l'intensité des oxydations, en diluant des 4/5 l'oxygène atmosphérique.

Voir **Albuminoïdes, Aliments, Air, Respiration, Nutrition, Urée.**

AZOTE (*Fixation de l'azote gazeux par le sol et les végétaux*). — La question de l'absorption de l'azote gazeux par le sol et les végétaux est une de celles sur lesquelles les connaissances bactériologiques ont jeté dans ces dernières années la plus vive lumière. Nous envisagerons surtout les rapports de *l'azote libre* avec le sol et avec les végétaux et nous traiterons incidemment ce qui est relatif au rôle que jouent les nitrates et les sels ammoniacaux dans la nutrition azotée des plantes.

Niée par Boussingault, défendue par G. Ville, il y a quarante ans, finalement non acceptée de la plupart des physiologistes, bien que des observations de tous les jours parlassent en sa faveur, la fixation de l'azote par le sol et par certaines plantes est universellement admise aujourd'hui. C'est qu'en effet, à la suite de minutieuses recherches que nous exposerons plus loin, cette question est entrée récemment dans une phase nouvelle, dès qu'on a entrevu la part que les infiniment petits prenaient dans l'accomplissement du phénomène.

Nous présenterons les faits dans l'ordre suivant :

I. *Recherches de* Boussingault *et de* G. Ville.

II. *Phénomènes naturels et expériences dans lesquels intervient l'azote libre.*

III. *Théorie de la circulation de l'ammoniaque atmosphérique, son rôle dans la nutrition des plantes.* — *Fixation électrique de l'azote.*

IV. *Fixation de l'azote sur la terre végétale avec le concours des microorganismes. Fixation de l'azote par les légumineuses.*

V. *Nature des tubercules radicaux des légumineuses.* — *Expériences d'inoculation.*

VI. *Premiers essais de culture des microbes fixateurs d'azote existant dans le sol ; résultats expérimentaux.*

I. Recherches de Boussingault et de G. Ville. — Quelques mots d'abord sur l'historique de la question sont nécessaires. Dès que la composition de l'air fut connue, on se demanda quel était le rôle que jouait l'azote vis-à-vis des plantes. Priestley, puis Ingenhousz, conclurent de leurs expériences que l'azote de l'air peut servir à la nutrition des plantes. Priestley crut reconnaître que *l'Epilobium hirsutum*, placé dans un vase clos, avait absorbé au bout d'un mois les sept huitièmes de l'air que contenait le récipient. Ingenhousz voulut généraliser cette observation : pour lui toutes les plantes doivent absorber l'azote gazeux. Cependant Saussure, en répétant les essais de Priestley, obtient un résultat tout différent ; le célèbre physiologiste montre que les plantes ne condensent pas l'azote gazeux et que leur nutrition azotée se fait aux dépens de l'ammoniaque contenue dans l'atmosphère. L'azote de l'air n'intervient donc pas directement et n'a d'autre rôle que celui de tempérer les affinités trop vives de l'oxygène. « *On ne peut douter*, dit Saussure, *de la présence des vapeurs ammoniacales dans l'atmosphère, lorsqu'on voit que le sulfate d'alumine peut se changer, à l'air libre, en sulfate ammoniacal d'alumine.* » Il faut cependant noter que les plantes, dans le dispositif employé par Saussure, ne pouvaient prospérer au sein d'une atmosphère confinée ; celle-ci doit être renouvelée et l'on ne peut conclure à la non-absorption de l'azote, puisque les conditions de cette végétation étaient essentiellement anormales.

Il faut arriver aux travaux de Boussingault (*Ann. Chim.*, (2), t. LXVII, p. 5, 1838) pour trouver l'emploi d'une méthode rigoureuse d'investigation. Les expériences que nous venons de rapporter étaient faites sous une cloche et, de la différence entre les compositions initiale et finale des gaz enfermés, on concluait à l'absorption ou à la non-absorption de l'azote gazeux. Or de semblables essais présentent de trop grandes difficultés et de trop grandes incertitudes pour qu'on puisse se prononcer nettement dans un sens ou dans l'autre : il eût fallu pouvoir toujours compter sur des changements considérables de volume. Aussi Boussingault emploie-t-il le procédé suivant : il compare la composition des semences à celle des récoltes obtenues aux dépens seuls de l'eau et de l'air. Ce mode d'expérimentation d'ailleurs a été suivi toujours depuis les mémorables recherches que nous allons résumer brièvement. D'une part, dosage initial de l'azote contenu dans la graine employée, le sol et même les vases mis en usage, d'autre part, dosage final de l'azote dans les plantes, le sol et le vase. A ces données, il convient d'ajouter l'azote, que contient l'eau d'arrosage (à moins que celle-ci n'ait été préalablement privée d'ammoniaque par distillation) à l'azote apporté par l'eau de pluie (ammoniaque et acide nitrique) si l'expérience a été faite en plein air ; on devra aussi tenir compte, dans ce dernier cas, de l'ammoniaque gazeuse que renferme l'atmosphère, car nous verrons dans la suite qu'on a fait jouer longtemps à cette ammoniaque un rôle considérable dans la nutrition azotée des végétaux tant que l'absorption directe de l'azote a été un fait contesté. Telle est, nous le répétons, la méthode suivie dans toutes les recherches de ce genre. Quant à l'azote, on dosait soit en volumes (procédé de DUMAS) soit à l'état d'ammoniaque par la chaux sodée.

Revenons aux recherches de BOUSSINGAULT. Le sol dans lequel germait la graine était un sable siliceux, tamisé d'abord, puis chauffé au rouge pour détruire toute matière organique. Une fois humecté d'eau distillée, ce sable recevait les graines. A la fin de l'expérience, on comparait le poids du végétal, séché à 110°, avec celui de la graine au même état de dessiccation. Les premiers essais exécutés avec le trèfle et le froment se développant à l'air libre et à l'abri de la pluie ont fait voir que, pendant leur germination, le trèfle et le froment « ne gagnent ni ne perdent une quantité d'azote qui soit indiquée par l'analyse ». Nous ne retenons ici que ce qui est relatif à l'azote seul. Après avoir végété un certain temps, le trèfle accusa un gain non douteux d'azote pris à l'atmosphère, gain qui n'avait pas eu lieu pendant la germination de la graine ainsi que nous l'avons vu. Afin d'éliminer une cause d'erreur possible dans ces expériences, à savoir la chute sur la vase de culture des poussières organiques en suspension dans l'atmosphère, BOUSSINGAULT répéta ces mêmes essais sous une cloche traversée par un courant d'air qui barbotait au préalable dans un vase plein d'eau : le trèfle accusa encore un gain d'azote. Cultivé dans les mêmes conditions, le froment ne perdit ni ne gagna d'azote. BOUSSINGAULT ajoute que le froment aurait peut-être accusé un gain, ainsi que le trèfle par une culture suffisamment prolongée, mais qu'il a bien moins supporté que le trèfle les conditions défavorables dans lesquelles ces deux plantes étaient placées.

Dans un second mémoire (*Ann. Chim.*, (2), t. LXXX, p. 353, 1838), BOUSSINGAULT répète, en partie, les expériences qu'il a déjà exécutées; il constate sur le *pois* ce qu'il a déjà constaté sur le trèfle, mais, chose curieuse, le pois a, de plus, fleuri, et donné des graines d'une maturité parfaite, bien qu'il ait été cultivé dans du sable calciné. La quantité d'azote de la récolte est plus que le double de celle de l'azote de la semence. Cette remarquable expérience ne reçut pas d'explication. Ce n'est qu'à la suite de recherches toutes récentes, ainsi que nous le verrons, qu'une interprétation rationnelle peut en être donnée. Un autre point visé par BOUSSINGAULT dans son mémoire est le suivant : Des plantes, douées d'une organisation complète, assimilent-elles l'azote quand elles sont transplantées et cultivées dans un sol absolument privé de matières organiques? L'expérience a porté sur le trèfle qui, retiré d'un champ, fut transplanté dans du sable calciné puis humecté et mis ensuite à l'abri des poussières de l'atmosphère; des pieds témoins servaient à l'analyse. Après avoir été languissantes, les trois plantes employées prirent bientôt une vigueur remarquable et donnèrent des fleurs. « *Ainsi, après deux mois de végétation aux dépens de l'air et de l'eau, le trèfle aurait, pour ainsi dire, triplé le poids de sa matière élémentaire et l'azote se trouverait doublé.* » BOUSSINGAULT voulut répéter avec le froment une expérience de transplantation, mais cette plante mourut constamment. Il s'adressa alors à l'avoine qu'il plaça dans l'eau distillée : dans ces conditions le végétal s'allongea et, sept semaines après, les graines étaient mûres. Mais, au lieu d'accuser un gain d'azote durant la végétation, l'analyse signala, au contraire, une légère perte de cet élément. A la suite de ces diverses expériences, l'auteur ne se prononce pas d'une façon absolue sur l'origine de l'azote gagné par le trèfle et le pois; il attribue ce gain, soit à l'azote gazeux, soit aux vapeurs ammoniacales contenues dans l'atmosphère, soit au nitrate d'ammonium qui se rencontre fréquemment dans l'eau de pluie d'orage. Telles sont les conclusions formulées par BOUSSINGAULT comme conséquence de ses premières recherches. LIEBIG fut plus catégorique et se prononça nettement en faveur de l'absorption par les plantes de l'ammoniaque atmosphérique. MULDER fais provenir celle-ci de la combinaison de l'azote de l'air avec l'hydrogène dégagé dans la décomposition des corps organiques privés d'azote.

Douze ans après la publication des travaux que nous venons d'analyser, BOUSSINGAULT reprit en 1851 et 1853 la question du rapport de l'azote avec la végétation : ses nouvelles expériences le conduisent à des conclusions différentes (*Ann. Chim.*, (3), t. XLI, p. 5; t. XI p. 149; *Agronomie, Chimie agricole et Physiologie* par BOUSSINGAULT; Paris 1860, t. 1, p.

Boussingault remarque d'abord que, la proportion des substances azotées élaborées par une plante en sol stérile étant très faible, même si la végétation est prolongée pendant plusieurs mois, il semble peu rationnel d'admettre que l'azote gazeux intervienne, puisqu'il domine dans la composition de l'air. *On conçoit mieux, au contraire, dit-il, l'exiguïté de la dose d'azote assimilé dans l'hypothèse de l'intervention unique des vapeurs ammoniacales, par cette raison que l'atmosphère, ne renfermant pour ainsi dire que des traces de carbonate d'ammoniaque, elle ne peut fournir qu'une quantité très limitée d'éléments azotés à une végétation accomplie sous la seule influence de l'air et de l'eau.* Ce raisonnement, attaquable par plus d'un côté, a été néanmoins accepté presque universellement pendant trente ans et l'on peut dire que la théorie de la *nutrition ammoniacale* a régné sans conteste pendant cette période de temps.

Dans ses expériences de 1851-1853, Boussingault ne fait plus végéter les plantes sous cloche dans un courant d'air : en effet, ce courant devant être rapide afin que l'acide carbonique amené par lui fût suffisant, il était à craindre que l'ammoniaque atmosphérique ne fût pas retenue intégralement par les réactifs appropriés. De plus, en supposant que cette purification fût complète, si l'on constate cependant un gain d'azote, on pourra seulement conclure que cet azote ne provient pas de l'ammoniaque, car, pour admettre qu'il provienne de l'état gazeux, il faudrait pouvoir affirmer que *indépendamment de composés ammoniacaux volatils et des poussières d'origine organique, l'atmosphère ne contient pas en proportion assez faible pour échapper aux procédés ordinaires de l'analyse, d'autres principes capables de concourir à la formation de substances azotées dans les végétaux.* Aussi, dans les nouvelles expériences, la plante végète-t-elle dans une atmosphère non renouvelée. L'appareil consiste en une cloche de trente-cinq litres reposant sur une vaste soucoupe pleine d'eau acidulée dans laquelle la cloche entre sur une longueur de quelques centimètres. L'air est ainsi confiné, mais non d'une façon absolue, puisque son volume change par suite des variations de pression et de température et que la diffusion s'opère, lentement sans doute, l'air pouvant pénétrer dans la cloche à travers la liqueur acide. Cet air abandonne nécessairement l'ammoniaque et les poussières organiques qu'il contient. Un vase de cristal plein d'eau se trouve porté par un support de verre au centre de la soucoupe. L'eau de ce vase sert à arroser par imbibition le sol contenu dans le pot à expérience qui repose sur lui. Un tube deux fois coudé permet de remettre de l'eau dans le vase, un autre tube sert à introduire de l'acide carbonique préparé et purifié comme il convient. La calcination du sol est effectuée dans un creuset percé au fond et servant directement, sans transversement, aux expériences. Quand ce creuset est refroidi, on humecte son contenu avec de l'eau privée d'ammoniaque, dans laquelle sont délayées les cendres qu'on veut faire agir sur la végétation. Les graines soumises à l'expérience étaient additionnées de cendres de fumier. On déterminait au préalable la quantité d'azote contenue dans des graines semblables, puis, à la fin de l'expérience, l'azote contenu : 1° dans les plantes récoltées ; 2° dans le sol qui avait porté ces plantes. Les méthodes analytiques ainsi que les précautions prises pour leur exécution sont d'ailleurs irréprochables : nous ne pouvons nous y arrêter davantage. Les conclusions que l'auteur tire de cette nouvelle série d'expériences peuvent se résumer en quelques mots : il n'y a pas eu, dans l'espace de deux à trois mois, fixation d'azote, ni dans les essais portant sur les haricots, ni dans ceux ayant porté sur l'avoine. Dans une nouvelle suite de recherches exécutées en 1853, Boussingault fit usage, non de cloches, mais de grands ballons de verre de 70 à 80 litres de capacité. Le sol était composé comme précédemment; on additionnait de cendres de fumier et on l'arrosait avec de l'eau exempte d'ammoniaque. Un ballon contenant six à sept litres de gaz carbonique était adapté de temps à temps au-dessus de la tubulure du grand ballon. La durée de cette série d'expériences a été moindre, en général, que la précédente; on examinait, en effet, les plantes dans toute leur vigueur et avant la chute d'aucune feuille. La conclusion formulée par Boussingault ne diffère pas de la précédente : il n'y a pas de fixation d'azote en quantité appréciable. Cependant une plante peut se développer normalement en vase clos si le sol qui la supporte et l'atmosphère dans laquelle elle se dresse renferment une proportion suffisante de principes nécessaires à son existence. Des résultats négatifs furent également obtenus, soit en cultivant les plantes (lupin, haricot, cresson alénois) dans de grandes cages vitrées, traversées par un courant d'air mêlé d'acide carbonique en proportion suffisante, soit en les faisant végéter en plein air, à l'abri de la pluie dans le même genre de sol, c'est-à-dire dans la ponce calcinée. Cependant, dans cette dernière série d'expériences, il y eut de très faibles traces d'azote provenant, soit de l'ammoniaque atmosphérique, soit des matières organiques en suspension dans l'atmosphère et dont la présence se révélait par l'apparition d'une substance verte couvrant parfois la partie inférieure des pots, parfois aussi s'attachant à la surface du sol humide. Remarquons, en passant, que le dispositif qui consiste à faire végéter des plantes sous une cloche dont l'atmosphère n'est pas renouvelée a été employé bien des fois par divers expérimentateurs. Mais, si cette disposition garantit la présence d'une atmosphère bien connue et sans communication avec l'extérieur, elle ne met pas à l'abri de l'inconvénient suivant : les plantes et la terre arable (au cas où l'on ferait usage de celle-ci) dégagent des principes azotés volatils qui peuvent être toxiques vis-à-vis des êtres qui les ont sécrétés.

De cette longue série de recherches, Boussingault conclut à la non-absorption de l'azote gazeux. Nous avons vu cependant que les expériences de l'année 1838 donnaient constamment lieu à un gain faible, mais réel, d'azote. Boussingault pense qu'à cause des progrès de l'analyse, des soins particuliers qu'il a apportés dans ces derniers essais, par exemple, l'emploi de l'eau distillée absolument privée d'ammoniaque, il faut rejeter les premières expériences pour n'adopter que les conclusions des secondes. Il convient de remarquer ici qu'une plante à laquelle on ne donne aucune nourriture azotée, comme c'est ici le cas, se développe tant que l'azote de sa graine lui suffit, mais le développement ne saurait être de longue durée. Non seulement feuilles et tissus n'ont pas les dimensions et la couleur normales, mais la matière sèche représente, en général, un très petit nombre de fois seulement le poids de la graine qui lui a donné naissance. Chez une plante, au contraire, qui a végété dans un terrain normal, le poids de la matière sèche peut atteindre cent et même mille fois le poids de la graine initiale. Un végétal qui ne se nourrit qu'aux dépens de l'azote de sa graine et de l'acide carbonique de l'air a été nommé par Boussingault une *plante-limite*.

Continuons à suivre les travaux de Boussingault dans cette voie, et arrivons à une série d'expériences que le savant agronome fit, en 1858, sur « *la terre végétale considérée dans ses effets sur la végétation* » (*Agronomie*, t. 1, p. 283). Bien que sortant un peu de notre sujet, ce nouveau travail, par certains côtés, va nous offrir des aperçus très dignes d'intérêt. Ayant cultivé, soit dans de grands ballons de verre semblables à ceux que nous avons déjà décrits, soit en plein air, des *lupins*, du *chanvre*, des *haricots*, plantés dans un sol formé de 130 grammes de terre végétale très fertile (contenant 2^{gr},3 d'azote total par kilogramme) et de 1500 grammes de quartz, Boussingault remarque que ces divers végétaux, après un séjour plus ou moins prolongé dans le sol artificiel sus-indiqué, semblaient souffrir d'une insuffisance de matières fertilisantes. En fait, le poids de la matière sèche représentait à peine le triple ou le quadruple du poids de la graine emp...yée, comme si ces plantes avaient crû dans un sol stérile, calciné au préalable. C... s-ci n'avaient utilisé que *quelques centièmes* à peine de l'azote qui leur était offert. Boussingault, entre autres conclusions que lui suggèrent ces expériences, émet l'idée que, puisque la plus grande partie de l'azote contenu dans le sol employé n'est pas intervenue, le petit volume de terre végétale mis en expérience en est cause : la majeure partie de son azote n'est pas immédiatement assimilable. Dans un potager, au contraire, de semblables plantes disposeraient de cent et mille fois plus de terre et pourraient assimiler cent et mille fois plus d'azote. Voilà donc un premier résultat intéressant, puisqu'il nous indique qu'il ne suffit pas qu'il existe de l'azote combiné dans un sol, mais qu'il faut encore que cet azote soit assimilable. Ces expériences nous montrent encore autre chose : sans doute ces plantes s'étaient mal développées, cependant *elles renfermaient un peu plus d'azote que leurs graines*. Cet azote vient du sol ; mais celui-ci, loin de s'être appauvri, *a fait également un gain d'azote*, qui s'est élevé parfois à 1 cinquième de l'azote initial : en somme, c'est le sol qui a fixé l'azote. Dans le cas du *chanvre*, le sol n'a rien fixé, bien que la plante se soit légèrement enrichie en azote. Une expérience, exécutée comme les précédentes, mais avec de la terre non ensemencée (jachère), a montré que, à côté d'une combustion lente du carbone, il n'y a pas eu perte d'azote, mais plutôt léger gain. Ces divers résultats furent corroborés par de nouvelles recherches faites l'année suivante (*loc. cit.*

p. 330). L'expérience répétée avec la terre en jachère accusa de nouveau une fixation d'azote en même temps qu'il y eut nitrification intense. Il est, de plus, une remarque fort intéressante que fit Boussingault et dont la signification physiologique ne devait être donnée que beaucoup plus tard. « *Sur les racines* (d'un haricot cultivé en sol stérile) *d'ailleurs très saines, on apercevait plusieurs tubercules spongieux de la grosseur d'un grain de colza. Cette particularité s'est aussi présentée sur les racines du haricot venu dans la terre végétale.* » Comme complément à ces expériences, Boussingault montra que pendant la végétation des mycodermes et en particulier de celle du *Penicillium glaucum*, au sein d'un liquide fertile, il n'y a pas fixation d'azote (*loc. cit.*, p. 340) (voir encore à ce sujet : F. Sestini et G. del Torre, *Landw. Vers. Stat.* t. xix, p. 8).

Nous avons tenu à présenter avec détails les expériences de Boussingault : elles ont en effet un intérêt considérable, tant à cause du soin avec lequel elles ont été exécutées, indépendamment de toute idée préconçue, qu'à cause de l'influence qu'elles ont eue pendant de longues années sur le développement de cette question. A peine quelques voix discordantes s'élèvent-elles à cette époque ; la non-absorption de l'azote par les plantes fut admise par la majorité des physiologistes, et cela jusqu'à ces dernières années. Cependant, au moment où les expériences de Boussingault exécutées en 1851-1853 semblaient entraîner la conviction et faire rejeter définitivement la doctrine de l'absorption de l'azote gazeux, Georges Ville publiait une série de recherches dont nous allons donner un rapide aperçu, et qui conduisaient à des conclusions diamétralement opposées (*Recherches expérimentales sur les végétations*, Paris, 1853 ; *C. R.*, t. xxxi, p. 578 ; t. xxxv, pp. 464, 650 ; t. xxxviii, pp. 705, 723). Voici le raisonnement qui est le point de départ des expériences de G. Ville. Pour savoir si l'azote que les plantes tirent de l'air est absorbé à l'état d'ammoniaque ou à l'état d'azote libre, il suffit de déterminer la quantité d'ammoniaque contenue dans un certain volume d'air, puis de faire passer un volume d'air égal dans l'intérieur d'une cloche dans laquelle on aura enfermé des plantes semées dans du sable calciné. Si l'ammoniaque de l'air est l'origine de l'azote absorbé par les végétaux, les plantes ne pourront absorber plus d'azote que l'air n'en contient à l'état d'ammoniaque. Mais, si les plantes se trouvent avoir fixé plus d'azote qu'il n'en existe dans l'ammoniaque aérienne, il faudra chercher autre part la source de cette absorption. Pour éliminer les poussières de l'air, on pourra, dans une expérience, faire passer cet air sur de la ponce sulfurique qui retiendra à la fois et les poussières et l'ammoniaque. Si dans ce dernier cas les plantes absorbent encore de l'azote, celui-ci proviendra nécessairement de l'azote gazeux de l'atmosphère. Aussi G. Ville s'applique-t-il à doser d'abord l'ammoniaque contenue dans l'air, après avoir fait la critique des expériences de Gräger, de Kemp, de Frésenius et d'Isidore Pierre sur le même sujet. Nous n'avons pas à décrire ici cette première partie des recherches, et nous arrivons aux expériences relatives à la fixation de l'azote. Celles-ci ont été exécutées dans de grandes cloches traversées par un courant d'air, tantôt privé au préalable d'ammoniaque et tantôt simplement débarrassé des poussières par passage dans un tube en U rempli de fils de verre. Le sol employé était de la ponce calcinée dans laquelle se faisait l'ensemencement ou le repiquage de plantes. On mêlait au sol des cendres fournies par la combustion des plantes identiques à celles qu'on voulait cultiver et on ajoutait artificiellement de l'acide carbonique.

Les expériences exécutées en 1849 et 1850 sur du *cresson*, du *lupin*, du *colza*, du *blé*, du *seigle*, du *maïs*, indiquent toutes une fixation d'azote. Or la quantité d'ammoniaque de l'air ayant passé dans les cloches était insuffisante pour rendre compte de l'azote absorbé par les plantes. Celui-ci ne peut donc provenir que de l'azote libre de l'atmosphère : la dernière de ces expériences, entre autres, montre que les plantes ont gagné quinze fois autant d'azote qu'il y en avait dans les semences. Cependant l'ammoniaque exerce une action heureuse sur la végétation, et des expériences, qu'il serait hors de propos de rappeler ici, montrèrent à G. Ville qu'en petite quantité cet alcali favorise régulièrement leur développement.

A partir des essais de 1851, l'ammoniaque de l'air n'intervient plus ; on retient cet alcali au moyen de ponce sulfurique. Or, dans une expérience exécutée avec des pieds de soleil et de *tabac*, l'azote des récoltes a été trente-huit fois égal à celui des semences ; quant au poids des récoltes sèches, il excédait celui des semences d'une quantité considérable : plus de cent quatre-vingt-dix fois dans le dernier cas. De l'ensemble de ces faits, G. Ville tire la conclusion suivante, c'est que l'azote de l'air est absorbé par les plantes et sert à leur nutrition. Nous sommes ici loin des chiffres et des conclusions de Boussingault.

Voici encore quelques données importantes que G. Ville tira de ses recherches postérieures (1855-1856) (*Ann. Chim.*, (3), t. xlix, p. 168). Ayant semé du blé ou du colza dans 1 kilogramme de sable calciné additionné d'un peu de nitre, il constate que les plantes absorbaient et s'assimilaient l'azote du nitre, mais que si le sol, ainsi que ceux précédemment employés, est uniquement composé de sable calciné et de cendres végétales, il ne se produit pas spontanément de nitre aux dépens de l'azote et de l'oxygène atmosphériques.

Voici maintenant une démonstration indirecte de la fixation de l'azote sur les plantes, tirée par G. Ville de la nature des produits qui se forment pendant la décomposition des fumiers (*loc. cit.*, p. 185). Reiset a montré, en effet, que, pendant la fermentation putride des matières organiques, une partie importante de leur azote est éliminée à l'état gazeux. Vers la même époque, G. Ville constate que, pendant la décomposition des graines de lupin, l'azote était éliminé, partiellement sous forme d'ammoniaque, partiellement sous forme d'azote libre. Il disposa, de la façon suivante, une expérience dont la durée fut de quatre mois. Il introduisit dans du sable calciné un certain poids de graines de lupin contenant $0^{gr},238$ d'azote ; le vase, renfermant le sable, fut placé dans une cuvette pleine d'eau distillée ; puis on recouvrit le tout avec une cloche laquelle fut traversée journellement par 500 litres d'air. On recueillit ainsi $0^{gr},058$ d'azote à l'état d'ammoniaque ; il ne restait plus dans le sable que $0^{gr},093$ d'azote. Donc, $0^{gr},238 - 0^{gr},151 = 0^{gr},087$ d'azote avaient disparu à l'état gazeux, soit 36 p. 100 de l'azote initial. Qu'arrive-t-il quand la même quantité de graines de lupin se décompose dans du sable qui est cultivé ? On disposa sept vases comme celui de l'expérience précédente, et chaque vase reçut vingt grains de blé ; engrais et semence renfermaient $0^{gr},259$ d'azote par vase. Après quatre mois, on analysa le contenu de cinq de ces pots ; le sable renfermait en moyenne $0^{gr},090$ d'azote, celui du vase sans végétation de l'expérience citée plus haut en contenait $0^{gr},093$: la perte d'azote est donc indépendante de la végétation. L'expérience destinée à faire connaître la quantité d'ammoniaque perdue par la graine de lupin a appris que cette perte s'élevait à $0^{gr},058$: *S'il est vrai que les plantes ne peuvent s'assimiler l'azote qu'à l'état d'ammoniaque et de nitre, les récoltes des cinq expériences rapportées plus haut ne devront pas contenir plus de $0^{gr},058$ d'azote, lesquels, augmentés de $0^{gr},021$ contenus dans la semence, font un total de $0^{gr},079$.* Or, toutes ces récoltes contiennent beaucoup plus d'azote que ce dernier chiffre, soit, en moyenne, $0^{gr},0124$, ce dont l'ammoniaque de l'engrais ne peut rendre compte. Puisqu'il ne s'est pas formé de nitrates, *il ne reste donc plus qu'une absorption directe et immédiate d'azote gazeux*. L'auteur continue ainsi : *A cet égard, nous remarquons même qu'une perte d'azote, si faible qu'on la suppose, implique la nécessité d'une absorption directe ; car, comment s'y prendrait-on pour expliquer l'expérience du pot n° 5 dans laquelle l'azote fixé par la récolte égale juste l'azote perdu par le fumier ? En effet, avant l'expérience :*

20 grains de blé.	$0^{gr},021$ azote.
$4^{gr},015$ de graine de lupin. . . .	$0^{gr},238$
	$0^{gr},259$

Après expérience :

$17^{gr},15$ de récolte.	$0^{gr},152$ azote.
Restant dans le sable	$0^{gr},106$
	$0^{gr},258$

Nous avons tenu à rappeler complètement une des expériences de G. Ville. Nous ferons remarquer en passant qu'en ce qui concerne la seconde expérience dans laquelle on a ensemencé des grains de blé au sein d'un sable pourvu de graines de lupin, semble difficile d'admettre que celles-ci se soient comportées de la même façon que dans l'expérience où elles étaient seules dans le sable : la quantité d'ammoniaque qu'elles ont ainsi dégagée ne saurait être la même dans le second cas que dans le premier, et la mesure exacte de ce dégagement est impossible à apprécier.

Les travaux de G. VILLE peuvent donc se résumer en cette simple proposition : les plantes assimilent l'azote gazeux ; non seulement les expériences de laboratoire que nous avons relatées le démontrent, mais, mieux encore, ce qui se passe dans la pratique agricole parle dans le même sens : les plantes cultivées dans les champs tirent de l'air un excédent d'azote. Ni la quantité d'ammoniaque contenue dans l'eau de pluie, en supposant cette ammoniaque absorbée intégralement par les végétaux, ni les nitrates formés au sein de l'atmosphère par les actions électriques ne contiennent une suffisante quantité d'azote pour rendre compte des excédents considérables de cet élément qu'on trouve dans certaines récoltes. Cette opinion devait triompher plus tard, sous certaines réserves; malheureusement, à cette époque, G. VILLE n'était pas maître de ses expériences et ne connaissait pas les conditions exactes de cette fixation.

D'où viennent ces divergences entre les expériences de BOUSSINGAULT et celles de G. VILLE? surtout, pourquoi, dans ces dernières, ces gains énormes d'azote avec des plantes appartenant à des familles très différentes, alors que dans les expériences de BOUSSINGAULT, quand il y a eu gain d'azote, ce gain s'est chiffré par des nombres très petits par rapport à la dose d'azote initial contenue dans la graine? A ces diverses questions il est impossible de répondre d'une manière satisfaisante; c'est pourquoi nous avons tenu à mettre sous les yeux du lecteur, aussi sommairement que possible, mais sans rien oublier d'essentiel, les pièces du procès. Il convient également de dire que les expériences de G. VILLE furent répétées devant une commission de l'Académie des Sciences dont CHEVREUL était le rapporteur (C. R., t. XLI, p. 757, 1855) et que celui-ci termine ainsi son rapport : L'expérience faite au Muséum par M. VILLE est conforme aux conclusions qu'il avait tirées de ses travaux antérieurs.

II. Phénomènes naturels et expériences dans lesquels intervient l'azote libre. — Résumons ce qui précède en disant qu'à la suite des travaux de BOUSSINGAULT et de ceux de G. VILLE, la question de la fixation de l'azote n'a pas fait un seul pas : on ne trouve, en effet, dans ces travaux aucune expérience absolument démonstrative capable d'entraîner la conviction dans un sens ou dans l'autre. Il convient de dire immédiatement que trois savants agronomes anglais, LAWES, GILBERT et PUGH, à la suite de patientes recherches, conclurent dans le même sens que BOUSSINGAULT. L'azote gazeux ne peut profiter aux plantes (Proc. Roy. Society, t. X, p. 544, 1861). Aussi la majeure partie des physiologistes se rangèrent à cette dernière opinion et n'admirent la fixation de l'azote gazeux ni par le sol ni par les plantes. Quelques-uns accordèrent toutefois à l'azote une sorte de rôle indirect dans la nutrition des végétaux. C'est ainsi que HARTING (C. R., t. XLI, p. 942) prétend que les plantes absorbent uniquement les sels ammoniacaux et les nitrates, mais que l'azote libre sert indirectement à leur nutrition en contribuant à la formation de ces sels dans le sol. Le phénomène intime de la nitrification n'était pas connu à cette époque; HARTING attribue évidemment à l'azote libre un rôle direct dans la nitrification. Tout récemment encore, à la suite d'études très longues et remplies de faits curieux, LAWES et GILBERT maintenaient leur opinion première (Ann. agronomiques, t. IX, pp. 393, 451).

Et cependant un certain nombre de phénomènes naturels parlent en faveur de la fixation de l'azote libre de l'atmosphère. Les forêts, par exemple, ne reçoivent jamais d'engrais; leur exploitation régulière enlève à chaque coupe une quantité notable d'azote qui ne leur est restituée sous aucune forme. Or le sol de la forêt reste indéfiniment fertile; il y a donc intervention certaine de l'azote atmosphérique pour réparer ses pertes continuelles. Cette intervention est également manifeste dans les prairies des hautes montagnes. TRUCHOT (C. R., t. LXXXI, p. 945) a remarqué que l'azote est d'autant plus abondant dans le sol que le carbone s'y trouve lui-même en plus grande quantité. Les sols volcaniques de l'Auvergne donnent en abondance une herbe qui nourrit pendant six mois de l'année des troupeaux de vaches. Ces sols fournissent donc indéfiniment de l'azote qui ne leur est rendu que par l'atmosphère; car les déjections des animaux ne leur restituent qu'une bien faible quantité d'azote en comparaison de ce qu'ils contiennent. Or, ces sols étant très riches en matières carbonées, TRUCHOT émis l'opinion que ce sont les matières humiques qui fixent l'azote (voir aussi DUBERD, Chem. Centralb., 1887, p. 1236). Quelques années auparavant, DEHÉRAIN (C. R., t. XXIII, p. 1352; t. LXVI, p. 1390) avait tenté de démontrer que, pendant la combustion lente des matières organiques, l'azote atmosphérique entre en combinaison. Pour ce dernier savant, toute plante qui abandonne des débris sur le sol qui l'a portée est donc l'occasion d'une fixation d'azote plus ou moins considérable. Mais les expériences théoriques instituées par lui et qui consistaient à faire absorber de l'azote gazeux par des substances ternaires (glucose) en milieu alcalin ne purent être répétées par SCHLŒSING (C. R., t. LXXXII, p. 1202) (Voir aussi ARMSBY, Ann. agron., t. II, p. 141; BRETSCHNEIDER, même volume, p. 626; DEHÉRAIN, même volume, p. 630). Ajoutons encore que la grande culture nous enseigne un certain nombre de faits qui parlent en faveur d'une fixation de l'azote libre. Déterminons, comme l'a fait BOUSSINGAULT, d'une part la teneur en azote des engrais distribués à une terre soumise à un assolement régulier et, d'autre part, celle des récoltes, et nous verrons que celles-ci contiennent plus d'azote que les fumures qu'on leur a fournies. Notons aussi en passant les conclusions d'un intéressant travail de DEHÉRAIN (Ann. agron. t. VIII, p. 321; t. XII, pp. 17, 97; Sur les pertes et les gains que subit la terre arable) et dans lequel l'auteur constate que l'enrichissement du sol en azote est lié à l'abondance de la matière carbonée et son appauvrissement à la disparition de cette même matière.

Nous devons aussi mentionner les expériences de ATWATER (Jahresb. f. Agrik. Chemie, t. VIII, p. 139) qui, exécutées à la veille en quelque sorte de la solution définitive de la question, renferment des résultats dignes d'intérêt. Cet auteur cultivait à l'air libre, mais à l'abri de la pluie, des pois dans du sable calciné arrosé de solutions nutritives. Les plantes, parvenues au terme de leur existence, contenaient plus d'azote que n'en contenaient la graine et l'engrais réunis. Cet excès était faible quand les plantes s'étaient mal développées, il était considérable quand les plantes avaient vécu normalement. Quatre expériences, conduites dans les conditions qui semblaient les plus avantageuses, ont fait voir que les plantes ont emprunté à l'atmosphère le tiers et jusqu'à la moitié de leur azote total suivant la richesse ou la pauvreté des solutions nutritives mises à leur disposition. ATWATER incline donc à croire que c'est l'azote libre qui intervient dans ce phénomène, grâce à l'influence de l'électricité atmosphérique qui facilite cette union, d'après les idées de BERTHELOT exposées plus loin (Consulter aussi les expériences contradictoires de DIETZELL. Botan. Centralb., t. XX, p. 157 [1]).

C'est donc cette intervention évidente de l'azote libre dans la végétation qu'il fallait mettre en lumière par des expériences précises et dirigeables à volonté. Le problème est actuellement résolu : nous allons pénétrer le mécanisme de cette fixation dans un instant.

III. Théorie de la circulation de l'ammoniaque atmosphérique, son rôle dans la nutrition des plantes. Fixation électrique de l'azote. — Mais avant d'arriver aux expériences récentes qui ont définitivement résolu la question de la fixation de l'azote dans un sens positif, il nous faut, pour ne rien omettre, exposer en quelques lignes deux théories relatives à la nutrition azotée des végétaux, théories qui forment en quelque sorte le point de passage entre les expériences contradictoires de VILLE et de BOUSSINGAULT, et les recherches récentes dans lesquelles il est démontré que les micro-organismes jouent un rôle prépondérant dans le phénomène. Nous voulons parler : A. De la genèse et de la circulation de l'ammoniaque atmosphérique et de son absorption par les plantes; cette théorie est due à SCHLŒSING : B. De la fixation électrique de l'azote sur les corps ternaires; d'après les expériences de BERTHELOT.

A. Les expériences de SCHLŒSING relatives à l'ammoniaque atmosphérique sont exposées dans l'opuscule intitulé : Contribution à l'étude de la chimie agricole (Encyclopédie FRÉMY). Paris, 1885, p. 23 et suivantes. Après avoir décrit une méthode très précise de dosage de l'ammoniaque atmosphérique, l'auteur donne des tableaux du taux des variations de cet alcali existant dans l'air pendant chaque mois de l'année et sous l'influence des différents vents; puis il se demande si cet alcali est de quelque secours pour la végétation. La quantité en est très faible, puisque la moyenne générale, pour

---

1. Dans un mémoire intitulé : Les relations entre les plantes et l'azote de leur nourriture (Ann. Chim., (6), t. II, p. 322), ATWATER fait remarquer que le maïs semble s'accommoder largement des agents minéraux et faiblement de l'azote des engrais, il possède à un très haut degré le pouvoir de s'emparer de l'azote des sources naturelles; sous le rapport botanique, il se rapproche des graminées; sous le rapport physiologique, des légumineuses.

l'année entière, est de $0^{gr},0022$ pour 100 mètres cubes d'air. Des expériences précises montrent que l'absorption de l'ammoniaque par un liquide légèrement acide exposé à l'air est, pour vingt-quatre heures, de $0^{gr},020$ par mètre superficiel pour un taux de 2 milligrammes d'ammoniaque dans 100 mètres cubes d'air. On en conclut qu'une surface liquide de 1 hectare absorberait en un jour 200 grammes, et, dans une année, 73 kilogrammes d'ammoniaque. Partant de ce fait bien connu que les feuilles des végétaux renferment d'énormes quantités d'un liquide très légèrement acide, SCHLŒSING assimile les feuilles à des lamelles d'eau suspendues dans l'air, et capables, à cause de leur grande surface, d'emprunter largement de l'ammoniaque à l'atmosphère. Or la surface des feuilles appartenant à des végétaux qui couvrent un hectare dépasse, et de beaucoup, la surface du sol sous-jacent. *Mais*, dit SCHLŒSING, *réduisons-la à la même valeur et admettons que les feuilles se comportent à l'égard de l'ammoniaque comme l'eau acidulée dans notre expérience. Les feuilles de 1 hectare absorbent annuellement 73 kilogrammes d'ammoniaque, soit 61 kilogrammes d'azote, chiffre du même ordre que celui qui représente l'azote fixé par hectare dans une récolte du foin.* Les terres sèches absorbent également cet alcali *jusqu'à une limite pour laquelle la tension de l'alcali dans la terre correspond à sa tension dans l'air et varie dès lors dans le même sens.* Nous reviendrons plus loin sur ce point. Remarquons en passant que le dosage de l'ammoniaque dans la terre, tel qu'il est pratiqué journellement (action de l'acide chlorhydrique dilué sur la terre), n'offre aucune garantie de précision et qu'un mode de dosage exact de cet alcali reste à trouver (BERTHELOT et ANDRÉ. *Ann. Chim.*, (6), t. xi, p. 368; *Sur les principes azotés de la terre végétale*). Quand la terre végétale est humide, l'absorption de l'ammoniaque est bien plus considérable, car, d'après SCHLŒSING, celle-ci y nitrifie rapidement.

Pour entrer plus avant dans la question, il fallait connaître la loi des échanges de l'ammoniaque entre les mers, l'atmosphère et les continents. SCHLŒSING formule ainsi le problème qu'il s'est posé : *Étant données deux masses de milieux différents et une quantité d'ammoniaque très petite, déterminer le partage de l'alcali entre les deux milieux, partage variable suivant leur nature, leur quantité, la température, le mode de combinaison de l'ammoniaque avec l'acide carbonique.* Ce problème a été résolu pour le cas des échanges d'ammoniaque entre l'air et l'eau : il serait trop long de résumer ici ces travaux qui sortent de notre sujet. Voici l'application que SCHLŒSING a faite de ses expériences et les idées qu'il a émises relativement à la circulation de l'ammoniaque, à la surface du globe.

La mer est une source importante d'ammoniaque, elle contient environ $0^{milligr},4$ de cet alcali par litre. L'ammoniaque marine peut, en vertu de sa tension, passer dans l'air et en réparer les pertes.

Mais d'où vient l'ammoniaque de la mer? Voici, en deux mots, quelle est son origine, d'après SCHLŒSING. L'ammoniaque empruntée à l'air par le sol nitrifie rapidement, l'ammoniaque fixée par les végétaux se change en matière protéique, laquelle, après la mort des plantes, fournit, soit de l'ammoniaque, restituée ainsi à l'atmosphère, soit des nitrates. Ou bien ceux-ci sont absorbés par la racine des plantes, ou bien ils passent dans les eaux de drainage et de là se rendent dans les fleuves, puis à la mer. La quantité de nitrates ainsi perdue est considérable. L'eau de la mer reçoit en outre, par la pluie, une partie de l'acide nitrique formé dans l'air par les décharges électriques. Or, d'après SCHLŒSING, l'eau de la mer ne renferme que $0^{milligr},2$ à $0^{milligr},3$ d'acide nitrique par litre. Celui-ci, constamment détruit, est sans doute employé par la végétation à la formation des composés azotés destinés à la nutrition des animaux marins. La destruction de ces composés azotés, dans un milieu peu oxygéné, doit donner de l'ammoniaque, laquelle passe dans l'atmosphère pour être distribuée de nouveau aux continents où elle nitrifie et ainsi de suite. Telle est la théorie de la circulation de l'ammoniaque entre la mer, l'air et la terre. La mer, ainsi que nous l'avons vu, beaucoup plus riche en ammoniaque que l'atmosphère, est non seulement le réservoir de cet alcali, mais encore le régulateur de sa distribution.

Quelle est la source destinée à couvrir les pertes occasionnées par la décomposition des principes organiques azotés après la mort des êtres auxquels ils appartiennent? Quelle est, en un mot, l'origine de l'ammoniaque et de l'acide nitrique qu'emploient les plantes et, par conséquent, les animaux pour fabriquer leurs éléments quaternaires? Il résulte, en effet, de nombreuses recherches que la destruction spontanée de la matière azotée laisse dégager, à l'état d'azote *libre*, 1 septième environ de l'azote total que contient cette matière. Adoptant les idées émises par BOUSSINGAULT à ce sujet, SCHLŒSING estime qu'on peut trouver la cause réparatrice cherchée dans la production d'acide nitrique dans l'atmosphère par combinaison directe de l'azote et de l'oxygène sous l'influence des décharges électriques. Les calculs de ce dernier savant sont basés sur plusieurs observations dues à divers expérimentateurs concernant la quantité d'acide nitrique contenue annuellement dans l'eau de pluie sous diverses latitudes. Or cette production d'acide nitrique suffirait, et au delà, à couvrir les pertes en azote faites incessamment par les phénomènes de décomposition. Telles sont, succinctement résumées, les idées ingénieuses émises par SCHLŒSING (voir aussi BERTHELOT et ANDRÉ. *Rech. sur la décomposition du bicarbonate d'ammonium par l'eau et par la diffusion de ses composants à travers l'atmosphère, Ann. Chim.*, (6), t. XI, p. 341). SCHLŒSING, a de plus constaté directement (*C. R.*, t. LXXVIII, p. 1700), que les feuilles absorbent les vapeurs ammoniacales très diluées. Il s'est servi, à cet effet, d'une grande caisse contenant 75 kilogrammes de terre végétale. Un bassin circulaire placé sur la caisse laissait passer seulement la tige de la plante de façon que la partie aérienne de celle-ci n'eût aucune communication avec le sol. Cette partie était recouverte d'une grande cloche de 250 litres. Le fond du bassin contenait une dissolution très faible de sesquicarbonate d'ammonium de titre connu qu'on renouvelait tous les jours; la cloche était traversée par un courant d'air (1 200 litres par jour) contenant 1 p. 100 d'acide carbonique. Le tabac, sur lequel a porté l'expérience, renferme dans ces conditions plus d'azote qu'un tabac témoin élevé en l'absence du sel ammoniacal. On avait offert à la plante 1gr,093 d'azote à l'état ammoniacal pendant toute la durée de l'expérience et on a trouvé que le végétal avait assimilé 0gr,800, soit les trois quarts environ. Les composés azotés dérivés de l'ammoniaque assimilée ne sont pas restés en totalité dans les feuilles, ils se sont répandus dans le végétal entier.

Vers la même époque, A. MAYER (*Landw. Vers. Stat.*, t. XVII, pp. 129, 329) fit connaître ses expériences exécutées dans des conditions semblables (séparation absolue des racines et de la partie supérieure de la plante). Il opérait, soit en badigeonnant les plantes avec une solution faible de carbonate d'ammonium, soit en faisant passer un courant d'air dans une solution de ce sel. Cet auteur conclut que les végétaux supérieurs s'emparent, dans ces conditions, par leurs parties vertes, du carbonate d'ammonium gazeux. Nous ne pouvons, sans sortir de notre sujet, nous étendre sur ce travail fort intéressant (Voir aussi BRETSCHNEIDER. *Jahresb. Agrik. Chemie*, t. XIII, p. 85). Revenons, pour un instant, à la théorie de la circulation de l'ammoniaque de SCHLŒSING; on doit se demander s'il n'existe pas d'autres sources naturelles de cet alcali. La chose n'est pas douteuse actuellement et nous ne pouvons nous empêcher de faire ici quelques remarques relatives à la formation, dans le sol même, d'ammoniaque et son émission dans l'atmosphère. Les expériences faites à ce sujet sont très concluantes et les conséquences qui en découlent naturellement permettent de concevoir une circulation inverse de celle que SCHLŒSING a admise à la suite de ses expériences[1]. D'ailleurs, et avant d'exposer ces idées nouvelles, rappelons qu'au moment même où SCHLŒSING publiait ses théories, AUDOYNAUD faisait connaître des expériences qui l'obligeaient à conclure dans un sens tout différent. Dans un mémoire intitulé *Recherches sur l'ammoniaque contenue dans les eaux marines*. (*Ann. agron.*, t. I, p. 397), cet agronome, voulant soumettre au contrôle de l'expérience la théorie de l'émission de l'ammoniaque par l'eau de mer, cherche à savoir : 1° si la mer intervient dans la restitution de l'azote assimilable ; 2° dans quelles limites elle contribue à cette restitution. A cet effet AUDOYNAUD dose l'ammoniaque libre et combinée contenue dans les eaux marines de Palavas (près Montpellier), en se servant de l'appareil de BOUSSINGAULT. Il fait

1. SCHLŒSING est revenu récemment sur cette question de l'absorption de l'ammoniaque atmosphérique par la terre végétale (*C. R.*, t. CX, pp. 429, 499, 612,. Pour ce savant, la fixation de l'azote *libre*, ne pouvant avoir lieu par un sol (nous verrons tout à l'heure ce qu'il faut penser de cette assertion), tout gain d'azote réalisé par les terres mises en expérience par lui doit être exclusivement attribué aux composés azotés de l'atmosphère (Voir pour la critique de ces expériences BERTHELOT. *C. R.*, t. CX, p. 558, ainsi que ce qui va suivre).

d'abord remarquer que la distillation de l'eau de mer, soit sans addition de base, soit avec addition de magnésie, soit avec addition de potasse, ne fournit pas les mêmes résultats dans les trois cas. La magnésie peut donner lieu à des dosages d'ammoniaque un peu faibles ; mais la potasse en fournit de trop élevés à cause de la destruction partielle des matières organiques. Or cette matière organique, très variable suivant les lieux et les saisons, est constituée par des organismes morts et des organismes vivants, qui, par leur décomposition, fournissent des sels ammoniacaux fixes ou volatils : il faut donc tenir compte du temps écoulé entre la prise d'eau et l'analyse. Les expériences dans lesquelles on a dosé l'ammoniaque des eaux marines par *simple distillation* et *sans addition d'alcali* montrent qu'une eau traitée peu de temps après sa récolte *ne contient pas d'ammoniaque volatile*; avec le temps, il peut s'en former. De nombreux essais ont fait voir que le transport des échantillons d'eau depuis la mer jusqu'au laboratoire n'avait aucune influence sensible sur les résultats observés. D'où cette conclusion que l'eau de mer, prise limpide, dans son état normal, *ne contient pas de sels ammoniacaux volatils, et n'exhale pas d'ammoniaque;* elle renferme une quantité d'ammoniaque fixe variant entre certaines limites, dont la moyenne paraît être de 0^{mm},18, par litre. L'eau des étangs et des marais salants *ne contient pas davantage de sels ammoniacaux volatils, si cette eau est limpide*, et si la végétation aquatique manque. Si l'eau est peu profonde et que des végétations se développent, l'ammoniaque volatile apparaît.

Quelques mots maintenant sur l'émission de l'ammoniaque par le sol. La constatation de ce fait que le sol émet de l'ammoniaque n'est d'ailleurs pas nouvelle dans la science. Boussingault (*Agronomie*, etc., t. I, p.292) se demande si, pendant la dessiccation à l'air et l'exposition au soleil, un sol ne perd pas la plus grande partie de son ammoniaque. Cet agronome avait, en effet, déjà reconnu qu'une terre humide renfermant des carbonates alcalins ou terreux laisse dégager, à l'état de carbonate volatil, pendant tout le temps que dure sa dessiccation, une partie notable de l'ammoniaque des sels fixes qu'elle renferme. Cependant Boussingault fit à ce sujet une expérience qui consistait à doser l'ammoniaque avant et après dessiccation dans une étuve à 100° : il ne trouva pas de différence sensible entre les deux taux de cet alcali.

Néanmoins, ainsi que nous allons le voir, le dégagement d'ammoniaque par le sol est un phénomène constant et d'une observation facile. L'ammoniaque émise *spontanément* par la terre végétale peut être dosée sans qu'on soit obligé d'ajouter à la terre aucun réactif (Berthelot et André. A. C., (6), t. XI, p.375). Si on fait passer un courant d'air sur de la terre contenue dans un ballon et qu'on dirige les gaz dans de l'acide sulfurique titré, on constate que, la terre étant humide et prise à la surface du sol, celle-ci émet des traces d'ammoniaque (0^{mm},012 par kilogramme de terre supposée sèche dans une expérience). Si au même endroit, mais à une certaine profondeur, on fait au même moment une prise de terre, celle-ci, soumise à l'essai précédent, fournit encore de l'ammoniaque (0^{mm}, 035 dans une expérience). En ce point, la couche superficielle a donc perdu au contact de l'atmosphère quelque peu de l'ammoniaque libre contenue dans la terre prise plus profondément, loin d'en avoir emprunté une dose excédante à l'atmosphère. Pendant la conservation des terres dans des cristallisoirs à fond plat, l'émission de l'ammoniaque continue. On dose celle-ci en mettant à la surface de ces terres un petit vase contenant un volume connu d'acide sulfurique titré; on reprend le titre au bout de quelques jours. L'expérience montre encore que, lorsqu'une terre n'a subi, par le fait de l'absence des pluies, aucun lavage depuis un certain temps, la quantité d'ammoniaque émise est plus considérable que si la terre a été lavée par des pluies prolongées. De même l'addition d'eau et de carbonate de calcium à une terre favorise l'émission d'ammoniaque par suite de la décomposition progressive des amides du sol : la production de ammoniaque est donc attribuable à la lente décomposition des principes amidés. Cette décomposition peut être due à la fois et à des actions purement chimiques et à des phénomènes microbiens. Si maintenant on opère en plein air: 1° sur une surface gazonnée couverte d'un pot de grès d'une certaine circonférence afin d'isoler autant que possible le sol sous-jacent et la végétation qu'il porte et sous lequel on dispose un petit vase contenant de l'acide sulfurique étendu ; 2° en exposant simplement à ciel ouvert un petit vase contenant de l'acide étendu, l'expérience montre que l'ammoniaque cédée à l'acide étendu par l'atmosphère illimitée varie d'une expérience à l'autre sur le même point et qu'il n'y a pas proportionnalité nécessaire entre la durée de contact d'une même terre avec l'atmosphère et la dose d'ammoniaque que celle-ci est susceptible de lui apporter. L'ammoniaque diffusée dans l'atmosphère n'a donc pas une tension régulière et uniforme en tout temps. Au contraire, dans le premier cas, c'est-à-dire dans le cas d'une atmosphère confinée, l'émission de l'ammoniaque par une surface couverte de végétation s'est accrue avec le temps.

Nous ne pouvons insister davantage sur ces phénomènes dont on comprend immédiatement toute l'importance dans les questions de végétation. Signalons en terminant un travail récent de MÜNTZ et COUDON sur la *Fermentation ammoniacale de la terre* (*C. R.*, t. cxvi, p. 395). Ces savants ont constaté que la formation d'ammoniaque a été entièrement arrêtée dans la terre par la suppression des micro-organismes (chauffage à 120° à l'autoclave). Cette production ammoniacale ne serait donc qu'une conséquence de la vie microbienne et ne proviendrait pas d'une action chimique proprement dite. En réensemençant la terre stérilisée avec une parcelle de terreau, celle-ci redevient apte à fournir de l'ammoniaque. Les micro-organismes, origine du phénomène, sont très résistants; il ne sont détruits que par une température de 120°. Cette fermentation ammoniacale de la terre est une fonction banale à laquelle concourent un grand nombre d'espèces qui peuplent le sol (Voir aussi : HÉBERT, *Ann. Agron.*, t. xv, p. 353).

B. Voyons maintenant en quoi consistent les recherches de BERTHELOT *sur la fixation de l'azote libre au moyen de l'effluve électrique* (décharge silencieuse) (*A. C.*, (5), t. x, p. 51 ; t. xii, p. 433). A froid, la benzine en vapeurs ou en couches très minces, l'essence de térébenthine, le gaz des marais, l'acétylène absorbent le gaz azote pur sous l'influence de l'effluve électrique. Voilà pour les composés binaires. La cellulose légèrement humectée, la dextrine sirupeuse étalée en couches minces, absorbent le gaz azoté sous la même influence, sans qu'il y ait formation ni d'ammoniaque, ni de nitrates. De semblables réactions sont assimilables à celles qui doivent se produire au contact des matières végétales et de l'air électrisé : BERTHELOT fait alors remarquer que, dans un espace clos, les expériences de BOUSSINGAULT relatives à la fixation de l'azote ne devaient fournir aucun résultat, l'électricité atmosphérique ne pouvant agir dans ces essais *in vitro* (Nous trouverons plus loin une autre explication). Des phénomènes analogues doivent se manifester en temps d'orage, et même chaque fois que l'air est électrisé. Aussi, d'après BERTHELOT, cette absorption d'azote doit surtout être marquée dans les montagnes et sur les pics isolés où la tension électrique est souvent considérable : la richesse de la végétation des hautes prairies des montagnes témoignerait de l'intensité de cette action.

BERTHELOT a également réussi à constater cette fixation de l'azote sous l'influence de tensions électriques beaucoup plus faibles, telles que celles qui se produisent incessamment dans l'atmosphère. Nous renvoyons au mémoire pour la description de l'appareil employé. L'auteur conclut de ses recherches que, dans l'étude des causes naturelles capables d'agir sur la fertilité du sol et sur la végétation, il convient de faire désormais intervenir l'état électrique de l'atmosphère.

Dans une autre série d'essais, BERTHELOT a fait agir, pour déterminer la fixation de l'azote sur divers composés organiques, cinq éléments Leclanché formant une pile à circuit non fermé. Sur la moitié de la surface extérieure d'un grand cylindre de verre terminé par une calotte sphérique, on pose une feuille de papier Berzélius pesée à l'avance et mouillée. L'autre moitié de cette surface extérieure a été enduite d'une solution sirupeuse de dextrine titrée et pesée. La surface intérieure du cylindre a été recouverte d'une feuille d'étain qui constitue l'armature interne. Posé sur une plaque de verre, le cylindre est recouvert d'un cylindre de verre absolument semblable, laissant un espace annulaire très petit. La surface intérieure de ce dernier est libre, mais sa surface extérieure est recouverte d'une feuille d'étain (armature externe). L'armature interne communique avec le pôle + d'une pile Leclanché de cinq éléments, l'armature externe avec le pôle —. Il existe donc une différence de potentiel constante entre les deux lames d'étain séparées par les deux épaisseurs de verre, la lame d'air et la couche de papier ou de dextrine. L'analyse finale des produits a montré qu'il y avait fixation d'azote sur la dextrine et sur le papier, c'est-à-dire sur les principes immédiats non azotés des végétaux, sous l'influence de ces faibles tensions électriques. La lumière ne joue aucun rôle dans cette fixation. On voit que ces expériences sont tout à fait d'accord avec celles du même auteur men tionnées plus haut. Toutefois Berthelot fait remarquer que ces actions ne sauraient être que très limitées.

Un certain nombre d'oxydations lentes s'accompagnent de fixation d'azote. Telle est l'oxydation lente de l'éther avec production de traces d'acide nitrique, celle de l'essence de térébenthine, laquelle contient alors des traces d'azote sous forme organique (Berthelot, *Ann. Chim.*, (6), t. xvii, p. 500).

IV. Fixation de l'azote sur la terre végétale avec le concours des micro-organismes. Fixation de l'azote par les légumineuses. — Avec les expériences récentes de Berthelot sur « *la fixation de l'azote atmosphérique sur la terre végétale* » (*A. C.*, (6), t. xiii, p. 5) exécutées pendant les années 1884 et 1885, l'incertitude se dissipe. On voit entrer en jeu un nouveau facteur, négligé jusqu'alors, dont on peut à volonté provoquer, entraver et suspendre l'action : ce sont certains micro-organismes qui pullulent dans le sol. Les expériences suivantes méritent qu'on s'y arrête à cause de la netteté des résultats obtenus. Les sols mis en œuvre par Berthelot sont des sols stériles, très pauvres originairement en azote et ne contenant, vers la fin des expériences, que de 1 à 3 grammes de matière organique par kilogramme. En voici la nomenclature : 1° un sable argileux jaune, pauvre en azote et en matière organique ; 2° un autre échantillon de ce même sable, différant peu du précédent et sorti d'une fouille récente ; 3° un kaolin brut lavé, venant de la manufacture de Sèvres (contenant 4,8 p. 100 de potasse) ; 4° une argile blanche de même provenance que le kaolin précédent, contenant 6 p. 100 de potasse. Cinq séries d'expériences ont été exécutées avec ces divers sols[1] : 1° Conservation dans une chambre ; exclusion, par conséquent, de la pluie, des poussières et autres matières amenées par une atmosphère illimitée et incessamment renouvelée ; 2° Séjour dans une prairie sans abri ; exclusion seule de la pluie ; 3° Séjour au haut d'une tour de 29 mètres sans abri ; influence, par conséquent, de la pluie, des poussières de l'atmosphère, de l'électrisation de l'air ; 4° Séjour dans de grands flacons clos, ce qui exclut tout apport extérieur ; 5° Stérilisation destinée à détruire la vie microbienne.

1re série : **En chambre close.** — 1° *Sable argileux jaune*, au sortir de la fouille séchée à l'air ; état initial le 29 mai 1884 : Azote total par kilog. : 0gr,0709.

Après cinq mois. . . . . . Azote : 0gr,0933 (nitrification peu active).
Le 30 avril 1885. . . . . . — 0gr.0910 (le phénomène paraît se ralentir, quand la température s'abaisse).
Le 10 juillet 1885. . . . . — 0gr,1109
Octobre 1885. . . . . . . — 0gr,1170

L'azote nitrique ne représente que le cinquième de l'azote total fixé. D'ailleurs, la nitrification ne pouvant porter sur l'azote libre a dû porter sur la matière azotée préexistante. L'azote a donc été fixé sous forme *organique* et vraisemblablement par l'intermédiaire d'êtres vivants. Un tel accroissement ne saurait être indéfini ; il est subordonné à la dose de matière organique contenue dans le sol, laquelle est très faible dans l'échantillon employé.

2° *Sable argileux jaune*, (2e échantillon), au sortir de la fouille non séchée à l'air, état initial le 30 avril 1885 : Azote total par kilog. sec : 0gr,1119.

Le 10 juillet 1885. . . . . . Azote : 0gr,1432 (légère nitrification).
Octobre 1885. . . . . . . — 0gr,1639

Il ne s'est nitrifié que le sixième de l'azote fixé.

3° *Kaolin brut*, très humide au début ; état initial le 16 juin 1884 : Azote total par kg. sec : 0gr,0214.

Le 30 avril 1885. . . . . . Azote : 0gr,0210

. Berthelot avait effectué en 1884 une série d'expériences préliminaires dont celles de 1885 sont que le développement et la généralisation. Des vases contenant un kilogramme de sable eux mêlé à des matières organiques (coton, amidon) disposées, les uns au haut d'une tour, mètres, les autres au pied de cette tour, ont fixé des doses notables d'azote dans l'espace uelques mois.

Le taux de l'azote a peu varié, problablement à cause de l'humidité trop grande de la masse, qui s'est, d'ailleurs, peu à peu desséchée.

Le 16 juillet 1885. . . . . .   Azote : $0^{gr},0329$
Le 21 octobre 1885. . . . .   — $0^{gr},0407$ (traces de nitrates).

4° *Argile blanche.*

Le 16 juin 1884. (état initial). . . . .   Azote total pour 1 kilog. sec : $0^{gr},0660$
Le 10 juillet 1885. . . . .   —   —   — $0^{gr},0651$
Le 4 mai 1886. . . . .   —   —   — $0^{gr},0706$

L'état initial n'a pas changé par suite du manque de porosité de la masse, mais, à partir de ce moment, la fixation d'azote a eu lieu.

Le 19 octobre 1886. . . . .   Azote : $0^{gr},1078$

· Il y a donc concordance absolue entre ces diverses expériences; et l'accroissement de l'azote qui se fait dans toute la masse n'est pas corrélatif de la nitrification.

2ᵉ série : **En prairie.** — Les vases étaient disposés sous un abri, ils contenaient 1 kilogramme de matière que l'on a arrosée de temps en temps avec de l'eau distillée, laquelle a apporté en tout $0^{gr},0010$ d'azote ammoniacal.

1° *Sable argileux jaune.*

Le 30 avril 1885. . . . .   1 kilog. sec renferme : Azote : $0^{gr},0910$
Le 3 juillet 1885. . . . .   —   —   — $0^{gr},0976$
Le 10 octobre 1885. . . . .   —   —   — $0^{gr},0983$

Les nitrates ont été enlevés par l'eau de pluie ayant pénétré obliquement sous l'abri, Comme dans la série précédente, les nitrates ne sont pas l'origine de cette fixation de l'azote.

2° *Sable argileux jaune* (2ᵉ échantillon).

Le 30 avril 1885. . . . .   1 kilog. sec renferme : Azote : $0^{gr},1119$
Le 3 juillet 1885. . . . .   —   —   — $0^{gr},1164$
Le 10 octobre 1885. . . . .   —   —   — $0^{gr},1295$

Même remarque que pour l'essai précédent.

3° *Kaolin brut.*

Le 30 avril 1885. . . . .   1 kilog. sec renferme : Azote : $0^{gr},0210$
Le 3 juillet 1885. . . . .   —   —   — $0^{gr},0406$
Le 10 octobre 1885. . . . .   —   —   — $0^{gr},0353$

Ce dernier échantillon était gorgé d'eau par des lavages trop fréquents.

4° *Argile blanche.*

Le 30 avril 1885. . . . .   1 kilog. sec renferme : Azote : $0^{gr},1065$
Le 3 juillet 1885. . . . .   —   —   — $0^{gr},1040$
Le 10 octobre 1885. . . . .   —   —   — $0^{gr},1144$

3ᵉ série : **Sur une tour de 29 mètres de haut.** Les vases ont été fréquemment traversés par l'eau de pluie; dans les périodes de sécheresse on a arrosé, mais la dessiccation s'est produite rapidement à cause de l'activité de l'évaporation à cette hauteur. Les résultats observés relativement à l'azote sont donc un *minimun.*

Azote total pour un kilog. sec :

	SABLE ARGILEUX JAUNE.	SABLE 2ᵉ ÉCHANTILLON.	KAOLIN BRUT.	ARGILE BLANCHE.
30 avril 1885.	$0^{gr},0910$	$0^{gr},1119$	$0^{gr},0210$	$0^{gr},1065$
6 juillet 1885.	$0^{gr},0940$	$0^{gr},1279$	$0^{gr},0414$	$0^{gr},1188$
10 octobre 1885. . . .	(brisé par accident)	$0^{gr},1396$	$0^{gr},0375$	$0^{gr},1497$

D'après les analyses, l'azote combiné provenant de la pluie s'est élevé à $0^{gr},001$ L'azote fixé sur les sols examinés n'a donc pas été apporté par les eaux atmosphériques il est même certain que la perte due au drainage a dû être supérieure au gain prov nant des eaux météoriques. Sans entrer dans les détails, disons que des dosages précis ont montré que ce gain d'azote n'était pas dû davantage à l'ammoniaque atmosphérique.

4ᵉ série : Flacons clos de 4 litres. — La dose de matière organique contenue dans les sables étant peu considérable, l'oxygène enfermé dans le flacon n'a pas été absorbé en totalité, ce qui aurait eu évidemment lieu si on avait opéré avec de la terre végétale proprement dite : d'où changement dans les conditions d'existence des microbes qui vivent dans le sol. Deux séries parallèles ont été mises en expériences, l'une à la lumière, l'autre à l'obscurité. On a obtenu pour 1 kilogramme sec :

	SABLE ARGILEUX JAUNE.		SABLE 2ᵐᵉ ÉCHANTILLON.		KAOLIN BRUT.		ARGILE BLANCHE.	
	lumière	obscurité	lumière	obscurité	lumière	obscurité	lumière	obscurité
30 avril 1885. . . .		0^{gr},0910		0^{gr},1119		0^{gr},0210		0^{gr},1065
6 juillet 1885. . .	0^{gr},0979	0^{gr},0925	0^{gr},1188	0^{gr},1259	0^{gr},0394	0^{gr},0348	perdu par	0^{gr},1148
10 octobre 1885 . .	0^{gr},1289	0^{gr},1099	0^{gr},1503	0^{gr},1372	0^{gr},0494	0^{gr},0433	accident.	0^{gr},1236,

Comme dans les expériences des séries précédentes, la nitrification a été excessivement faible, parfois nulle; elle ne joue donc aucun rôle dans le phénomène. Quant à la fixation de l'azote, elle s'est faite progressivement dans cette série comme dans les autres, et les nombres qu'elle a fournis sont du même ordre de grandeur que ceux obtenus à l'air libre.

5ᵉ Série. Stérilisation à 100°. — Dans toutes ces expériences, l'azote est resté stationnaire et même a un peu diminué (après trois mois d'observation). Cette diminution est probablement due à quelque réaction qui s'est produite au moment de la stérilisation, par la vapeur d'eau aux dépens de la matière azotée, avec élimination consécutive d'un peu d'ammoniaque. La cause de la fixation de l'azote, c'est-à-dire la présence évidente des êtres vivants dans le sol, a donc été ainsi abolie. De plus, on a trouvé que les échantillons ainsi stérilisés ne reprenaient pas leur aptitude à fixer l'azote pendant la même période de temps (trois mois), ni sous l'influence de l'air libre, ni par addition d'une petite quantité de terre originelle non stérilisée.

En résumé, la faculté de fixer l'azote gazeux dépend essentiellement de la vie microbienne et ne résulte pas d'une action purement chimique. Cette aptitude est indépendante de la nitrification, aussi bien que de la condensation de l'ammoniaque atmosphérique. Elle n'a pas lieu à basse température; elle est détruite à 100°, et s'exerce aussi bien en vase clos qu'à l'air libre, moins à la lumière qu'à l'obscurité. Généralisant ensuite les conséquences de ses dernières expériences, BERTHELOT cherche dans quelle mesure les résultats précédents peuvent être appliqués aux terres végétales proprement dites (A. C., (6), t. XIII, p.78). Une semblable fixation d'azote ne saurait être indéfinie, étant corrélative de l'accroissement des êtres vivants qui accumulent l'azote dans leurs tissus. Les expériences ont été exécutées sur de la terre végétale tamisée et renfermée dans de grands vases de grès de 10 kilogrammes, les uns abrités, les autres laissés à l'air libre. Il résulte de cette série d'essais, dont nous ne pouvons donner les chiffres, que la terre végétale fixe continuellement l'azote atmosphérique en dehors de toute végétation proprement dite et que ce gain ne peut être attribué à l'azote combiné apporté, soit par l'atmosphère, soit par les eaux pluviales. En effet, la pluie qui, dans certaines expériences, a traversé le sol des vases, a enlevé, sous la seule forme de nitrates, plus d'azote qu'elle n'en avait apporté, à surface égale, sous forme d'ammoniaque, de nitrates et d'azote organique, ainsi que des essais comparatifs l'ont montré.

BERTHELOT a aussi examiné le cas d'un sol couvert de végétation, celle-ci s'exerçant à l'air libre (loc. cit., p. 93). Les expériences ont été disposées comme les précédentes; on a piqué dans les vases des pieds d'Amarante, et l'analyse a montré qu'il y avait eu fixation d'azote et sur la terre et sur la plante. D'ailleurs des essais exécutés en 1884 avec le sable argileux jaune nº 1 et le kaolin brut ensemencés de végétaux variés avaient déjà fourni un résultat semblable, bien que moins caractéristique, à cause du peu de vigueur de la végétation (p. 107). Les nombres obtenus dans cette dernière série sont de l'ordre de grandeur de ceux que BOUSSINGAULT avait observés autrefois : seulement, BOUSSINGAULT opérait avec des sols stériles; BERTHELOT, au contraire, ne faisait subir aucun traitement préalable aux sols mis en œuvre par lui. Ces expériences font voir que, dans de tels sols, et en présence d'une végétation languissante, la fixation de l'azote est faible et parfois même incertaine, la plante consommant pour ses besoins l'azote fixé par le sol.

Tout ce qui précède autorise donc BERTHELOT à formuler nettement ce principe fondamental : *la fixation de l'azote libre s'opère par la terre végétale*. La culture intensive épuise les réserves azotées que contient le sol plus vite que celui-ci ne récupère cet élément par le jeu des actions microbiennes dont nous venons de parler. Mais, s'agit-il, au contraire, de végétation spontanée, la richesse du sol en azote tend à s'accroître jusqu'à un certain état d'équilibre où les causes de fixation et celles de déperdition se compensent.

C'est à partir de la publication de ces expériences que date une ère nouvelle dans l'histoire de cette grande question du rapport de l'azote libre avec le sol et avec les plantes. Il n'y a désormais plus d'incertitude, et, si le mécanisme intime de cette fixation ainsi que le ou les agents fixateurs restent encore inconnus dans leur essence, il n'en demeure pas moins établi qu'on est maintenant en présence de faits solidement établis et d'expériences dirigeables à volonté. Tous les travaux qui vont suivre porteront l'empreinte d'un cachet vraiment scientifique, et tous, presque sans exception, viendront confirmer les notions qui précèdent et élargir le champ des investigations.

Dans ses publications ultérieures sur ce sujet, BERTHELOT a tenté de préciser le mécanisme de cette fixation de l'azote (*A. C.*, (6), t. XIV, p. 473). Celle-ci a lieu sous forme de composés organiques complexes paraissant appartenir aux tissus de certains microbes contenus dans le sol et non sous forme d'ammoniaque ou d'acide nitrique. Si on rapporte l'azote à la composition des albuminoïdes, on trouve que, dans les sables argileux, ces derniers principes renferment le tiers ou la moitié du carbone total des composés insolubles. Il est certaines conditions qui favorisent l'absorption de l'azote : *porosité de la terre* permettant la circulation des gaz, *présence d'une certaine dose d'eau* (de 3 à 15 p. 100), présence de l'oxygène, mais non en quantité suffisante pour amener la nitrification, *élévation convenable de la température* (supérieure à 10°, moindre que 45°). La dose d'eau nécessaire à la fixation de l'azote est sensiblement moins élevée que celle qui est nécessaire à la nitrification. La fixation de l'azote, nous l'avons déjà dit, est un phénomène limité ; cette action s'épuise et peut même rétrograder, sans doute parce que les microbes ont épuisé la transformation de la dose limitée de matière organique nutritive pour eux.

Ces résultats positifs de fixation de l'azote, ainsi que d'autres dont nous aurons bientôt occasion de parler, obtenus par BERTHELOT sur des sols non ensemencés, ont été niés par SCHLŒSING. Il nous semble inutile d'entrer dans les détails de cette discussion, les conclusions de BERTHELOT étant actuellement admises par presque tous les physiologistes (Voir SCHLŒSING. *C. R.*, t. CVI, pp. 805, 898, 982, 1123 ; t. CVII, p. 290 ; t. CXV, pp. 636, 703).

Peu de temps après la publication des expériences de BERTHELOT, JOULIE, (*Ann. agron.*, t. XII, p. 5) faisait connaître des faits du même ordre qu'il avait observés depuis plusieurs années (1883-1885). L'auteur dispose dans une serre à toit de verre un certain nombre de vases en verre remplis de terre végétale (1500 grammes renfermant 1gr,56 d'azote), les uns sans engrais, les autres avec engrais minéral plus ou moins complet avec ou sans azote. Tous ces vases étaient ensemencés avec du sarrasin. Celui-ci fut coupé au bout de deux mois et demi ; on sema alors du *ray-grass* et du trèfle, dont on fit trois coupes, puis on procéda à l'analyse finale. Dans tous les essais, il y a eu gain d'azote, à la fois et par le sol et par les plantes ; l'expérience avait duré environ quatorze mois. Une autre série d'expériences fut entreprise avec un sol non argileux consistant simplement en sable de Fontainebleau pourvu, soit d'engrais minéral seul, soit d'engrais minéral avec azote. On sema du sarrasin. Après quatre mois, l'analyse montra un gain d'azote réel, mais moins important que dans l'expérience précédente à cause de la faible durée de la végétation. L'auteur, relevant des différences considérables au point de vue de la fixation de l'azote dans ses diverses expériences, conclut à une absorption directe de cet élément, se fixant soit sur le sol, soit sur les plantes : JOULIE attribue cette fixation par la plante aux phénomènes électriques dont celle-ci est le siège. La composition du sol et des engrais employés exerce sur le phénomène fixateur une influence bien plus notable que le développement de la végétation ; en effet, on ne constate aucun parallélisme entre la fixation de l'azote et l'intensité de la végétation. L'addition de chaux et de calcaire fournit au plus haut degré cette fixation ; l'absence de potasse et d'acide phosphorique entrave la marche du phénomène. Les conclusions de JOULIE sont, dans leur ensemble, analogues à celles que BERTHELOT avait tirées de ses travaux relatifs au sol : la fixation d'azote reconnaît une cause physiologique, mais la présence de l'argile n'est pas indispensable. Cependant, d'après PICHARD (*Ann. agron.*, t. XV, p. 505; t. XVIII, p. 108), le plâtre et l'argile jouent un rôle considérable dans la conservation de l'azote du sol, dans la fixation de l'azote atmosphérique et dans la nitrification.

En même temps que BERTHELOT exécutait les recherches que nous venons de résumer, la question de la fixation de l'azote par les légumineuses, plantes connues depuis très longtemps sous le nom d'*améliorantes*, recevait une solution remarquable. Un agronome allemand, HELLRIEGEL, qui étudiait depuis plus de vingt ans le problème de la nutrition azotée des végétaux, annonça, au mois d'août 1886, à la cinquante-neuvième réunion des naturalistes allemands assemblés à Berlin, le fait suivant très digne d'attention : *Les sources d'azote offertes par l'atmosphère suffisent à produire chez les légumineuses un développement normal et même luxuriant ; c'est l'azote libre qui entre ici en jeu. Les tubercules que les légumineuses portent sur leurs racines sont en relation directe avec cette assimilation. On peut provoquer à volonté l'éclosion des tubercules radicaux et le développement des légumineuses dans des sols dépourvus d'azote si on ajoute à ceux-ci une petite quantité d'une infusion de terre cultivée. Ces expériences échouent en l'absence des micro-organismes (Landw. vers. stat., t. XXXIII, p. 464[1]. Nous reviendrons plus loin sur la nature des nodosités ou tubercules radicaux. L'auteur continuant ses recherches dans l'année 1887, fit connaître, en 1888, avec la collaboration de H. WILFARTH, toutes les conditions de la fixation de l'azote par les légumineuses. Le mémoire très étendu publié par ces savants éclaire d'un jour absolument nouveau, non seulement la question de la nutrition azotée des légumineuses, mais celle du rôle des bactéries que renferme le sol, ainsi que ce curieux phénomène de *symbiose*, c'est-à-dire d'association d'un végétal avec des organismes inférieurs profitable aux deux êtres. C'est de ce remarquable mémoire que nous allons nous occuper maintenant. (*Beilagschrift zu der Zeitschrift des Verein f. d. Rübenzuckerindustrie*, novembre 1888, p. 234. On trouvera la traduction de ce mémoire dans les *Annales de la science agronomique française et étrangère*, t. I, 1890; un résumé a paru dans les *Annales agronomiques* de DEHÉRAIN, t. XV, p. 5.)

HELLRIEGEL commence par rappeler que, depuis de longues années, il avait entrepris de déterminer quel est l'effet nutritif de chaque élément donné à une plante : certains imposés sont indispensables à la nutrition végétale, chacun d'eux doit avoir un effet nutritif proportionnel à sa quantité. Mais, au moins en ce qui concerne l'azote, les résultats ne s'accordèrent pas avec cette manière de voir. Entre la croissance et la quantité d'azote assimilable contenue dans le sol il y avait une étroite relation, surtout pour les céréales; si on diminuait la quantité d'azote alimentaire, il y avait abaissement correspondant de la récolte; si l'on supprimait l'azote, les plantes restaient misérables. Au contraire, dès les années 1862 et 1863, des expériences exécutées avec les légumineuses papilionacées (trèfle, pois), cultivées dans du sable dépourvu d'azote, firent voir que les végétaux prospéraient très bien dans ces conditions et qu'ils pouvaient fleurir et même porter des graines. Mais parfois, chose singulière, les mêmes plantes cultivées dans le même milieu mouraient d'inanition. Les essais de contrôle montrèrent qu'à côté de plante à développement normal pouvait s'en trouver une autre qui, sans cause de maladie apparente, se développait mal. Il fallait donc soumettre à une étude approfondie les facteurs nombreux et complexes qui agissent sur un végétal pendant le cours de son existence. Dès l'année 1883, les expériences précédentes furent reprises et fournirent des conclusions identiques à celles que nous venons de mentionner : relations étroites entre la croissance des céréales et le taux de l'azote du sol, possibilité pour les légumineuses de vivre dans un sol dépourvu d'azote, irrégularités inexplicables dans les résultats obtenus en cultivant des pois. Il était évident que les anomalies constatées dans le développement de ces derniers végétaux étaient purement accidentelles et qu'on ne devait en

[1] Disons tout de suite, pour ne plus revenir sur ce point et pour aller au-devant des objections, quantité d'azote apportée par la délayure de terre n'excède dans aucun cas *1 milligramme*, peut, par conséquent, pas rendre compte des doses énormes d'azote fixées dont nous parlons plus loin.

accuser ni la nature du terrain, ni les autres conditions de l'expérience. HELLRIEGEL et WILFARTH se demandèrent alors s'il n'y avait pas lieu de chercher dans ce phénomène l'intervention des microbes, en s'appuyant, comme ils le disent expressément, sur les expériences que BERTHELOT avait publiées au mois d'octobre 1885.

Voici le dispositif adopté dans leurs expériences. Le sol de culture mis en œuvre est un sable quartzeux renfermant un peu de chaux, de potasse, de soude, des traces d'acide phosphorique et d'azote. On fait usage de vases de verre de grandeur variable, contenant de 4 à 8 kilogrammes de sable auquel on ajoutait les éléments minéraux précités dans une proportion fixée par des essais antérieurs. Les graines soigneusement choisies sont mises à germer dans du papier à filtre, puis plantées en nombre double de celui qu'on veut conserver. On arrache de bonne heure les plantules dont on veut se débarrasser ainsi que les débris des graines. Les vases sont exposés à l'air libre, mais peuvent être mis à l'abri dans les cas de pluie, leur arrosage s'effectue avec de l'eau distillée privée d'ammoniaque.

Voici les résultats généraux obtenus avec les cultures des années 1883-1885 : en ce qui concerne les graminées mises en expérience, *orge* et *avoine*, leur accroissement est lié à la quantité d'azote contenu dans le sol. Si les nitrates font défaut d'une façon absolue, l'orge et l'avoine ne produisent à peu près rien, et cependant leur végétation dure aussi longtemps que celle des plantes nourries normalement. Les graminées ne donnent le maximum de récolte que si on leur offre une quantité suffisante et déterminée de nitrates. Au-dessous de cette dose la récolte diminue proportionnellement avec la dose de nitrate ajoutée, la même quantité de nitrates donnant toujours la même récolte, non seulement si on compare les expériences d'une même année, mais même celles de différentes années. L'orge et l'avoine ne puisent donc leur azote que dans la graine, le sol, et l'engrais.

Au contraire, les expériences de cultures faites dans les mêmes conditions avec des pois conduisent à un tout autre résultat. L'accroissement de ces plantes n'est pas en rapport avec la quantité d'azote contenu dans le sol, car celles-ci prennent, mais non pas toutes, un développement normal, et peuvent même acquérir une vigueur exceptionnelle dans un sol privé d'azote.

Il est une période pendant laquelle ces végétaux semblent souffrir de ce manque d'azote, puis, subitement, l'allure générale de leur végétation change et rien ne peut les faire distinguer des plantes venues dans des conditions normales. C'est à cette époque de transition que les auteurs ont donné le nom de *faim d'azote*. Qu'on abaisse ou qu'on augmente la quantité de nitrates ajoutée au sol, le poids de la récolte ne sera nullement proportionnel au poids de l'engrais azoté, alors que pour les graminées cette proportionnalité existe clairement. On ne peut donc chercher à déterminer par des chiffres l'influence d'une quantité quelconque d'azote sur la végétation des légumineuses. Il résulte de ce qui vient d'être dit que les pois peuvent prendre leur azote ailleurs que dans le sol, les engrais ou la graine : en effet, certains individus ayant végété dans un milieu *presque absolument dépourvu d'azote*, renfermaient, au moment de la récolte, beaucoup plus d'azote que les autres; de plus, la quantité de cet élément dépassait de beaucoup la moyenne de l'azote que contenaient des plantes semblables venues en plein champ. Il est donc évident que le pois, placé dans les mêmes conditions de végétation au point de vue de l'assimilation de l'azote que l'orge ou l'avoine, se comporte d'une façon complètement différente de celle de ces deux graminées.

Ainsi que HELLRIEGEL et WILFARTH le font remarquer, les dernières expériences sont en concordance absolue avec celles qu'ils avaient exécutées antérieurement et que nous avons rappelées plus haut. De plus, pour le pois, les mêmes irrégularités et les mêmes contradictions frappantes s'étaient renouvelées, tantôt végétation luxuriante, égale supérieure même à la végétation normale, parfois, au contraire, végétation misérable semblable à celle d'une graminée privée d'azote. Tout ceci va trouver dans un instant son explication.

HELLRIEGEL et WILFARTH passent donc en revue les diverses hypothèses déjà proposées pour expliquer l'assimilation de l'azote par les légumineuses et démontrent l'insuffisance de chacune d'elles : 1° On a supposé que les légumineuses absorbaient directement l'azote de l'atmosphère, comme toutes les plantes vertes le font pour le gaz carbonique. 2°

a attribué aux légumineuses la faculté exceptionnelle, grâce à leur puissant feuillage et à leur période plus longue de végétation, d'accumuler et de s'approprier mieux que les autres plantes les faibles traces d'azote combiné existant dans l'atmosphère. 3° On a affirmé, d'autre part, que les légumineuses, qui possèdent des racines pénétrant très profondément dans le sol, peuvent puiser dans le sous-sol l'azote dont elles ont besoin, alors que les autres plantes cultivées ne peuvent le faire. 4° On a refusé aux légumineuses une faculté spéciale d'assimilation de l'azote et on a cherché à expliquer l'enrichissement du sol en disant que ces plantes, par leur vie même, entretenaient dans la terre certaines combinaisons azotées indépendantes d'elles et qu'elles les empêchaient de se perdre dans le sol.

La première hypothèse qui accorde aux légumineuses un pouvoir exceptionnel d'assimilation ne peut plus être discutée depuis les expériences de BOUSSINGAULT, LAWES, GILBERT et PUGH. La seconde hypothèse tombe d'elle-même devant les expériences des auteurs. Cette source de composés azotés contenus dans l'atmosphère est trop peu abondante pour expliquer le gain considérable réalisé dans certaines expériences et dont les graminées devraient également profiter. Comment, d'ailleurs, pourrait-on comprendre qu'à côté de certains pois d'une végétation luxuriante il fût possible d'en rencontrer d'autres contenant des quantités d'azote plus faibles, d'autres enfin ayant un aspect misérable. La troisième hypothèse soutenue par LAWES et GILBERT (Jahresb. Agrik. Chemie, t. VIII, p. 25, 1885), n'est pas discutable, puisque, dans les vases employés dans les expériences, il n'existe pas de sous-sol. Enfin, la quatrième hypothèse s'appuie sur ce fait bien connu que le sol absorbe en partie l'azote combiné de l'atmosphère, que les poussières de l'air ne sont pas dépourvues d'azote, que les eaux météoriques apportent au sol de l'ammoniaque et de l'acide nitrique, que l'électricité atmosphérique transforme l'azote libre en acide nitrique et qu'enfin l'azote libre se fixe sur le sol avec le concours des micro-organismes (BERTHELOT). A côté de ces causes d'enrichissement du sol en azote, existent des causes incessantes de déperdition, telles que l'entraînement par les eaux pluviales des nitrates formés par les organismes nitrificateurs dans le sol, les fermentations capables de transformer la matière azotée en protoxyde d'azote et même en azote libre. Cependant HELLRIEGEL et WILFARTH sont loin de regarder comme négligeable l'apport fait au sol par les agents atmosphériques. Mais aucune expérience de culture de légumineuses ne démontre que celles-ci ne peuvent s'assimiler *directement* l'excédant d'azote, toujours trouvé après leur végétation, et qu'au contraire cette assimilation a lieu *indirectement*. En effet, graminées et légumineuses se trouvaient dans les mêmes conditions de végétation : celles-là restaient misérables en l'absence des nitrates, celles-ci avaient un développement normal et même luxuriant. Si, pour expliquer ce fait, on suppose que le sol absorbé d'avance et un peu d'ammoniaque et un peu d'acide nitrique provenant de l'atmosphère, et que cette faible acquisition d'azote s'est accrue d'une façon quelconque par suite de la végétation des légumineuses, il faut admettre que le sol porteur de graminées s'est enrichi également d'acide nitrique dans la même mesure : or les graminées n'ont pas profité de cette faible dose d'azote que le sol aurait ainsi acquise. Quelle est, en un mot, celle de ces hypothèses qui rendra compte du fait suivant observé en 1885? Des poids plantés deux à deux dans seize vases ont présenté dans leur développement des anomalies inexplicables : tantôt les deux pieds d'un même vase étaient dans un état de végétation luxuriante, tantôt, dans un vase voisin, les deux pieds étaient misérables, tantôt, dans un troisième, un des pieds végétait normalement, tandis que l'autre mourait d'inanition. Notons enfin ce fait curieux, que des certains pieds, passant dans un milieu dépourvu d'azote, avaient triomphé de la période d'inanition, ils se développaient ensuite avec une vigueur et une rapidité parfois étonnantes.

Que conclure de tout ce qui précède? Aucune des théories émises jusqu'à ce jour sur la fixation de l'azote par les légumineuses n'étant capable d'expliquer les phénomènes observés par HELLRIEGEL et WILFARTH, ces agronomes sont donc obligés de prendre comme point de départ les deux nouvelles hypothèses suivantes : 1° la source à laquelle les légumineuses puisent leur azote doit être l'azote libre de l'atmosphère. Cette idée seule s'accorder avec le gain considérable d'azote que font ces plantes dans un court espace de temps; 2° la cause fixatrice doit exister *en dehors* des conditions dans lesquelles les auteurs faisaient *volontairement* leurs expériences ; le gain constaté n'était qu'accidentel, ainsi que le démontre l'irrégularité de la teneur en azote révélée par l'analyse des végétaux, irrégularité sur laquelle nous avons déjà insisté. Il fallait donc entreprendre des recherches dans lesquelles on pourrait faire entrer en jeu, soit les micro-organismes du sol fixateurs d'azote, d'après les expériences de BERTHELOT, relatées plus haut (*C. R.*, t. CI, p. 775), soit certains champignons qui, d'après de nombreuses observations antérieures, peuvent, par attraction réciproque, avoir une existence commune avec des plantes phanérogames plus puissamment organisées. En effet, ainsi que HELLRIEGEL et WILFARTH le font remarquer, les observations faites par eux ne sont pas en contradiction avec celles des savants qui les ont précédés dans cette voie. On peut admettre que le sol employé était pauvre en micro-organismes et en germes mycogéniques, mais n'en était pas absolument privé après le double lavage qu'il avait subi avant l'expérience. Il est certain que ces germes, dont l'ubiquité est évidente, pouvaient, selon les caprices du hasard, se déposer sur tel ou tel vase à l'exclusion de tel autre. Dans cet ordre nouveau d'idées, on pouvait se guider, d'une part, sur les expériences précitées de BERTHELOT, et, d'autre part, sur ce fait d'une observation très ancienne, à savoir que les légumineuses possèdent dans les *protubérances* dont sont garnies leurs racines des organes caractéristiques qui, pour certains botanistes, seraient remplis par des bactéries et des tissus mycoïques. Nous reviendrons plus loin sur la nature de ces nodosités radicales.

Les nouvelles expériences doivent donc répondre aux deux questions suivantes : l'introduction, dans le sol, des micro-organismes favorise-t-elle le développement des légumineuses en supprimant, partiellement du moins, les inégalités d'accroissement, et, dans ces conditions, les légumineuses ne meurent-elles plus d'inanition, ainsi qu'il arrive aux graminées dans un sol privé d'azote et stérilisé au préalable ? Voici donc comment il conviendra d'opérer. On mélangera les micro-organismes à la solution nutritive, préalablement stérilisée, en délayant un peu de terre arable avec cinq fois son poids d'eau distillée. Les vases et le sable employés pour la culture seront stérilisés par la chaleur, les graines seront trempées pendant deux minutes dans du sublimé à 1 millième et la surface du sol sera recouverte d'ouate stérilisée. Quant à l'eau d'arrosage, on n'emploiera que de l'eau bouillie.

Voici les résultats expérimentaux obtenus dans l'année 1886-1887. On prépara 42 vases identiques contenant même solution nutritive, mais dépourvue d'azote. Trente d'entre eux furent abandonnés à eux-mêmes, dix reçurent chacun 25 centimètres cubes de l'infusion préparée avec 5 grammes de terre, deux furent stérilisés et recouverts d'ouate stérilisée : chaque vase reçut deux graines de pois. Peu de jours après la germination, on ne constata aucune différence entre les plantes ; puis, toutes commencèrent à jaunir par suite de l'épuisement de leurs réserves. Un mois environ après l'ensemencement, les plantes de la seconde série (ayant reçu de l'infusion de terre) présentèrent une coloration plus verte que celles de la première série, et cette différence s'accusa de jour en jour. Cependant quelques-unes des plantes de la première série se mirent à verdir, alors que d'autres restèrent jaunes ; quant à celles de la seconde série, elles continuèrent toutes à s'accroître rapidement. Au bout d'un mois, dans les deux vases stérilisés, toute trace de verdure avait disparu, et aucun organe nouveau ne s'était montré.

Jusqu'à la fin de l'expérience (durée de trois mois et demi), ces particularités que nous venons de mentionner ont subsisté. Il est donc permis de conclure ainsi : Dans première série, l'irrégularité de la végétation doit être la règle, comme dans les expériences antérieures, puisque l'ensemencement est abandonné au hasard ; dans la seconde série, l'ensemencement avec les bactéries du sol ayant été fait régulièrement, les plantes ont présenté l'aspect que nous avons décrit, elles ont *toutes* fourni des graines en bon état et le poids de la substance sèche était supérieur à trente fois le poids de la semence alors que, dans la première série, cet excédent n'a été constaté que chez certains vases seulement. Quant à la troisième série, elle est restée stérile.

D'un très grand nombre d'autres expériences entreprises ultérieurement, tant sur graminées que sur diverses espèces de légumineuses, on peut détacher les résultats suivants :

A. *Relativement aux graminées*, les expériences faites sur l'avoine et sur l'orge p dant les années 1886-87 ont confirmé de tous points les résultats obtenus antérieurement en 1883 et 1885 : Ces végétaux croissent proportionnellement à la quantité de nitrates qui leur est offerte ; en dehors des nitrates existant dans le sol, ces deux plantes n'ont assimilé l'azote d'aucune autre source. Une addition de carbonate de chaux augmente le rendement et favorise l'assimilation de l'azote, mais le gain est très petit. On a constaté, de plus, qu'une infusion terreuse, correspondant à 3 grammes de terre pour 4 kilogrammes de sable, est restée sans influence et que les nitrates du sol sont assimilés même quand ils sont dans un grand état de dilution.

B. *Relativement aux légumineuses*, les expériences exécutées en 1886 ont d'abord confirmé les résultats obtenus précédemment et elles ont mis en lumière les faits suivants : 1° Les pois végétant dans du sable et ne recevant comme aliment qu'une solution exempte d'azote peuvent végéter vigoureusement et assimiler l'azote en quantité appréciable. Ce développement de la plante et cette faculté d'assimilation ne se montrent pas chez tous les sujets et dépendent évidemment d'une cause accidentelle dont l'action est irrégulière. 2° Si on stérilise les vases et le sable de culture et si on recouvre celui-ci d'ouate stérilisée, les légumineuses qu'on ensemence *se comportent comme les graminées*, leur croissance est peu appréciable ou même nulle et, dans les produits récoltés, on trouve toujours moins d'azote que la semence et le sol n'en contenaient au début. 3° On peut, sans ajouter de nitrates, obtenir une végétation normale avec des légumineuses, si on incorpore au sol stérilisé une infusion de terre ; rien de semblable pour les graminées. 4° Les infusions des différentes sortes de terre n'ont pas la même influence, une infusion faite avec une terre sableuse n'ayant jamais reçu d'engrais et rarement cultivée est inférieure à celle qui provient d'une terre bien cultivée. De plus, telle infusion peut profiter à telle espèce de légumineuses et être sans action sur telle autre (nous reviendrons plus loin sur ce point intéressant). 5° L'infusion terreuse chauffée assez longtemps à 100° perd toute influence. 6° Les légumineuses absorbent et utilisent les nitrates contenus dans le sol ; si on leur fournit une dose additionnelle de nitrate de chaux, on ne remarque pas, chez ces végétaux, ce passage à la période d'inanition après épuisement de la réserve contenue dans la graine. 7° Dans un sol stérilisé, les légumineuses se comportent comme les graminées vis-à-vis des nitrates : le rendement en substance sèche est proportionné au poids de l'azote nitrique qui leur est fourni ; l'analyse montre que la récolte contient moins d'azote qu'il n'existait primitivement de cet élément dans la semence, le sol et la solution nutritive. 8° Mais si, en même temps que les nitrates, on donne aux plantes un peu d'infusion terreuse, celle-ci ajoute son action à celle des nitrates et le rendement cesse d'être en rapport direct avec la quantité d'azote contenue dans le sol. La teneur en azote de la récolte est bien plus considérable que la teneur primitive. 9° Le gain d'azote qu'on peut atteindre en donnant aux plantes une infusion terreuse est toujours plus faible lorsqu'il y a en même temps des nitrates dans le sol que lorsqu'il n'y en a pas. 10° Rien n'indique que les légumineuses possèdent une faculté spéciale pour découvrir, mieux que les graminées, de très petites quantités d'azote assimilable incorporées au sol ou offertes en solution très diluée. 11° Une addition de carbonate de chaux ne change rien aux précédents résultats.

Il est évident maintenant que l'accumulation de l'azote dans les légumineuses ne peut être due qu'à la présence des micro-organismes qui pullulent dans le sol. HELLRIEGEL et WILFARTH, faisant un pas de plus dans la question, sont amenés à penser que cette action repose sur une *symbiose* des micro-organismes et des légumineuses et qu'à chaque légumineuse doit correspondre un micro-organisme spécial. Les faits découverts par BERTHELOT et analysés plus haut ne peuvent rendre compte, dans le cas présent, du gain d'azote considérable réalisé par les légumineuses. En effet, pourquoi les pois, par exemple, peuvent-ils utiliser les sources d'alimentation qui s'offrent ainsi à eux, tandis que, malgré leur végétation d'une égale durée, l'orge et l'avoine ne peuvent en tirer qu'un profit insignifiant[1] ?

Résumons les faits qui prouvent la présence des micro-organismes fixateurs dans l'in-

On pourrait répondre à cela que le phénomène de la fixation de l'azote par le sol est, d'une part trop lent à s'exercer pendant une durée de végétation aussi rapide, et que cette fixation, que l'a fait observer BERTHELOT, étant corrélative de la quantité de matières organiques ... dans le sol, ne saurait être, dans le cas présent, qu'extrêmement faible.

fusion de terre. 1° Effets produits par cette infusion, même à dose très minime. 2° Alors que les légumineuses, qui croissent dans un sol non azoté, semblent périr d'inanition sitôt que leurs graines sont vidées, elles renaissent subitement à la vie dès que le sol a reçu de l'infusion terreuse. 3° Cette infusion est rendue stérile par l'ébullition et même par l'application prolongée d'une température de 70°. 4° Les infusions de terre de diverses provenances n'ont pas la même influence sur toutes les légumineuses. C'est ainsi qu'une infusion provenant de deux terres à betteraves s'est montrée très efficace dans le développement du pois et qu'elle est, au contraire, restée sans action sur les autres légumineuses mises en expériences. 5° Les légumineuses peuvent se développer normalement dans un sol stérilisé, et sans addition d'infusion terreuse, si on n'empêche pas soigneusement l'accès des germes apportés par l'air.

Il est donc, nous le répétons, une idée qui s'impose à notre attention, c'est celle d'une *symbiose* entre les légumineuses et certains micro-organismes spécifiques pour chaque espèce de légumineuse. HELLRIEGEL et WILFARTH conçoivent ici la *symbiose* comme un rapport dans lequel deux végétaux de nature différente exercent réciproquement une influence active sur les fonctions de leur existence. Enfin, pour répondre à cette dernière objection que, d'après FRANK, il y a fixation d'azote sur un sol dont la surface est couverte d'algues ou de mousses, les auteurs font remarquer qu'ils ont observé plusieurs fois, dans les vases non stérilisés et non couverts d'ouate, des végétations vertes s'étendant souvent jusqu'au fond du vase, et que cette végétation cryptogamique n'a eu aucune influence dans leurs expériences, sur la fixation de l'azote (voir plus loin ce qui est relatif à la présence des algues vertes).

Dans la dernière partie de leur mémoire, HELLRIEGEL et WILFARTH traitent la question de la présence des tubercules sur les racines des légumineuses, sujet dont nous parlerons un peu plus loin avec quelques détails. Mais, pour ne pas interrompre l'exposé de leur important travail, donnons de suite les idées émises à ce sujet par les deux savants. HELLRIEGEL rappelle qu'à l'occasion de sa première communication il avait déjà indiqué que *les organes qu'on appelle tubérosités des légumineuses sont en relation directe avec l'assimilation de l'azote.*

La connaissance de ces tubercules est très ancienne, mais aucune explication satisfaisante de leur présence et de la nature de leur contenu n'a encore été donnée (ceci, bien entendu, au moment où HELLRIEGEL et WILFARTH publient leur mémoire : 1888). Les petits corpuscules qui se rencontrent dans les cellules du parenchyme intérieur de ces tubérosités ont été longtemps considérés comme des champignons, telle était l'opinion de LUNDSTROEM et celle de MARSHALL WARD. Mais BRUNCHORST, TSCHIRCH, FRANK les ont plus tard décrits comme *des corps albumineux se liant à la vie même de la plante.* Si leur nature est inconnue, leurs fonctions sont également l'objet de nombreuses discussions. Pour les uns, ce sont des formations pathologiques, pour d'autres, au contraire, ce sont des créations normales intimement liés à l'économie de la plante; BRUNCHORST regarde les *bactéroïdes* contenus dans les tubercules comme des productions normales du plasma cellulaire. En un mot, tandis que certains expérimentateurs considèrent ces tubérosités comme des greniers d'abondance dans lesquels les plantes accumulent des réserves azotées, d'autres en font des organes d'assimilation : les uns regardent les tubérosités comme la conséquence, les autres comme la cause effective de la croissance des plantes. Voici ce que HELLRIEGEL et WILFARTH ont observé au sujet des relation entre l'assimilation de l'azote et la présence des tubercules sur les racines des légumineuses. Si on cultive celles-ci en milieu stérile dans un sable dépourvu d'azote, leur racines ne portent pas de tubercules. Dans ces conditions, les plantes ne croissent pa et n'assimilent de l'azote qu'en quantité très minime. Dans un sol non stérilisé, ma privé d'azote, la production de tubérosités nombreuses sur les racines des légumineus est chose normale : la végétation est alors active et il y a assimilation énergique d'azot Si les plantes se développent dans un sable stérilisé pourvu de nitrates, leurs racin ne porteront pas de nodosités, et il n'y aura pas de gain d'azote. Enfin, dans un s non stérilisé et renfermant de l'azote, on observe la formation de tubercules radica plus ou moins nombreux avec végétation parfaite et gain d'azote constant. La conclusi générale de tout ce qui précède doit donc être ainsi formulée : la formation des tube cules radicaux dépend de la présence, dans le sol, d'un ferment organisé actif.

Quelques mots maintenant sur *cette période d'inanition* que traversent les plantes avant que l'infusion terreuse manifeste son action. L'extrait de terre était toujours incorporé en même temps que la solution nutritive dès le début de l'expérience, mais son influence ne s'est jamais révélée dès le commencement de la végétation. La période de germination s'étant accomplie normalement, les plantes entraient dans la phase d'inanition dès que les matériaux de réserve étaient consommés ainsi qu'il arrive lorsqu'une plante quelconque croît dans un sol absolument stérile. Alors seulement l'infusion terreuse fait sentir son influence : la teinte verte, qui avait momentanément disparu, reprend sa couleur normale et la plante entre dans la période d'assimilation proprement dite. Constatons, de plus, que, chez les végétaux placés dans de bonnes conditions, la formation des tubérosités se produit dans la période d'inanition, c'est-à-dire avant le commencement de l'assimilation et de la croissance. HELLRIEGEL et WILFARTH ont examiné à ce sujet de nombreux pieds de *pois*, de *seradelle*, de *lupin*, et ils ont toujours noté que, pendant la période de germination ainsi que pendant les premiers temps de celle d'inanition, il n'existait pas de tubercules sur les racines, mais que ceux-ci apparaissent sitôt le reverdissement accompli, ou, tout au moins, dans les derniers temps de la période d'inanition, si celle-ci se prolongeait. Il restait à démontrer que c'est bien à l'azote *libre* de l'atmosphère que les plantes empruntent leur azote. Pour effectuer cette démonstration, les savants agronomes employèrent, soit une grande cage vitrée traversée par un courant d'air privé d'azote combiné, mais additionné d'une dose suffisante de gaz carbonique, cage dans laquelle se trouvaient les vases à ensemencer, soit, comme dans les expériences de BOUSSINGAULT, un grand ballon de verre. On mit en œuvre, ainsi que dans les expériences précédentes, le même sol stérilisé, la même solution nutritive, la même infusion terreuse : seuls les pois assimilèrent l'azote dans une proportion considérable, tandis que l'avoine et le sarrasin ne fixèrent cet élément qu'en minime proportion.

On a prétendu que HELLRIEGEL et WILFARTH n'avaient pas donné de preuve *péremptoire* de la fixation de l'azote *libre* par les légumineuses, puisqu'ils opéraient dans un courant d'air, privé sans doute d'ammoniaque par son passage au travers de réactifs appropriés, mais, en somme, dans une atmosphère constamment renouvelée. Or, en supposant que quelque gaz azoté inconnu, non absorbé par les réactifs jusqu'ici employés, existât à l'état de traces dans l'air que nous respirons, aucune analyse, si précise qu'elle puisse être, ne saurait le faire découvrir : on pourrait donc penser que c'est précisément ce gaz que les légumineuses absorbent (Remarque faite déjà par BOUSSINGAULT). Mais cette dernière expérience exécutée dans un ballon clos nous paraît donner la démonstration irréfutable de l'absorption de l'azote gazeux libre. Un gaz azoté inconnu qu'assimileraient les légumineuses ne pourrait être contenu qu'à l'état de trace dans ce ballon, et ne permettrait en aucun cas d'expliquer les quantités considérables d'azote que renferment les plantes près l'expérience.

Il restait enfin à examiner dans quelle mesure le sol s'est enrichi après la culture es légumineuses. Les chiffres fournis par les analyses faites sur le sol après enlèvement de la récolte (cultures de pois de l'année 1887) suggèrent les remarques suivantes : Pendant la durée des expériences, le sable quartzeux s'est enrichi en azote dans tous s cas. 2° Cet accroissement est plus important lorsqu'il y a végétation active que lorse les plantes restent chétives et ne produisent à peu près rien. 3° Le gain n'est pas isidérable, et les nombres obtenus sont plus faibles que ceux qui ont été fournis par utres observateurs, lesquels opéraient sur des terres argileuses ou riches en humus. Presque tout l'excédent d'azote accumulé se trouvait dans le sable sous forme de nbinaison organique.

HELLRIEGEL et WILFARTH terminent leur important mémoire par une série de conclu-ns qui le résument en quelques propositions fondamentales. Nous croyons qu'il est ile de transcrire ce résumé, les points importants ayant été suffisamment mis en ière dans cette analyse déjà trop longue. Toutefois, voici ce qu'il convient de dire en lques mots : certaines variétés de légumineuses, sinon toutes, ont la faculté, avec le ours des micro-organismes, d'utiliser l'azote libre de l'atmosphère et de l'em-asiner sous la forme de matières albuminoïdes. Cette source d'azote est inépuisable ; peut, si les conditions sont favorables, suffire à elle seule aux exigences de ces plantes, lesquelles atteignent alors un développement normal et même luxuriant, ce qui justifie cette ancienne affirmation connue de tous les praticiens : les légumineuses doivent être regardées, en économie rurale, comme des plantes *améliorantes*.

— Un travail d'une pareille importance devait évidemment provoquer des expériences de contrôle dont nous allons parler dans ce qui suit. Mais la plupart des recherches faites ultérieurement ont démontré la justesse des vues de HELLRIEGEL et WILFARTH et les ont complétées. A peine trouve-t-on quelques idées discordantes dont il convient cependant de faire mention, étant donnée la valeur des savants qui les ont émises.

Dans un long et intéressant mémoire intitulé : *Recherches sur la nutrition azotée des plantes* (*Landw. Jahrb.*, t. XVII, p. 421, 1888), traduction complète dans les *Annales de la science agronom.*, t. II, p. 24, 1888), B. FRANK fait un historique de la question de l'azote, puis il met en évidence, d'une part, les expériences négatives de BOUSSINGAULT et, d'autre part, ce fait, d'une observation journalière, à savoir que les plantes cultivées laissent le sol plus riche en azote après la récolte qu'avant quand on compare l'azote de l'engrais et celui que contient la récolte. Ses propres essais l'amènent à conclure que l'azote élémentaire provenant de l'air est fixé par les végétaux ; les composés azotés du sol augmentent, la masse végétale s'accroît. Étant données certaines conditions, les plantes de la grande culture peuvent, sans engrais azotés, s'alimenter d'azote puisé dans l'air. Mais ce gain d'azote se trouve constamment diminué par les pertes qui résultent d'une série de processus contraires. L'azote, en effet, retourne partiellement à l'état gazeux pendant la germination, la putréfaction (REISET), la décomposition des principes azotés du sol, la réduction des nitrates dans un sol privé d'air ; il s'en perd une certaine quantité à l'état combiné dans la volatilisation de l'ammoniaque des fumiers et dans l'entraînement par l'eau pluviale des nitrates du sol (Voir aussi : TACKE, *Landw. Jahrb.*, t. XVIII, p. 439, 1889). Les plantes absorbent directement l'azote, mais les racines ne jouent aucun rôle spécial dans ce phénomène. Cette absorption atteint son maximum, ou bien devient seulement appréciable, quand la plante est arrivée au stade de son plus grand développement ou quand elle porte des graines mûres. Les différentes espèces végétales déploient une énergie très inégale dans l'assimilation de l'azote, d'où gain inégal suivant qu'on considère telle ou telle plante. Le résultat le plus faible appartient à la jachère dans laquelle les petits végétaux agissent seuls ; s'il s'agit de plantes supérieures, le gain est plus considérable ; les légumineuses donnant sous ce rapport le maximum d'assimilation. L'azote combiné, acquis sous forme végétale, enrichit le sol : en effet, celui-ci conserve les racines que lui abandonnent les végétaux supérieurs et dont la matière azotée par une série de réactions se transforme en ammoniaque, puis en acide nitrique. Les cryptogames verts microscopiques meurent, puis sont remplacés par une nouvelle génération et enrichissent ainsi le sol en azote. Nous verrons bientôt que ce sont les recherches de SCHLŒSING fils et LAURENT qui ont précisé le rôle des algues, mais il convient de reconnaître que ce rôle a été néanmoins découvert d'abord par FRANK (*Chem. Centralb.*, 1888, p. 1439). Quoi qu'il en soit, ce savant botaniste n'admet pas, comme un fait hors de doute, l'existence dans le sol d'organismes fixateurs d'azote, et il nie que les tubercules radicaux des légumineuses remplissent, chez les plantes, les fonctions que HELLRIEGEL leur a attribuées à la suite de ses expériences. FRANK est revenu plusieurs fois sur le rôle que jouent les algues dans la fixation de l'azote (*Jahresb. Agrik. Chemie*, t. XII, pp. 49, 127); d'ailleurs cette faculté semble être une propriété de tous les végétaux pourvus de chlorophylle sans qu'il soit besoin d'admettre l'intervention d'organes particuliers. Chaque fois qu'un sol absorbe l'azote atmosphérique et le change en azote organique, c'est qu'il est habité par des algues, tandis que seul, privé de végétation, il ne possède pas cette aptitude. La propriété qu'ont les végétaux pourvus de chlorophylle de fixer l'azote élémentaire semble être un phénomène aussi général que la décomposition du gaz carbonique par leurs parties vertes (FRANK) (Consulter à ce sujet les expériences de BRÉAL sur le *Cresson* dans *Annal. agron.*, t. XVIII, p. 396 et celles de PAGNOUL dans *C. R.*, t. CX p. 910). Cependant FRANK a constaté ultérieurement, conformément aux vues de BERTHELOT, que les micro-organismes exempts de chlorophylle enrichissent en azote les terres pauvres, même celles qui sont maintenues sans culture.

Quel est le lieu de l'assimilation de l'azote dans les plantes vertes ordinaires? FRANK et OTTO (*Ber. botan. Gesell.*, t. VIII, p. 331) ont institué à ce sujet des expériences q leur ont montré que la feuille, siège de l'assimilation du carbone, est également le lieu de formation des composés azotés. Après une journée d'assimilation, les feuilles, riches en amidon le soir, perdent pendant la nuit une certaine quantité de cet hydrate de carbone. De même, les feuilles vertes sont plus riches en azote le soir que le matin suivant. Les légumineuses présentent à cet égard de différences considérables, différences moins accentuées, mais cependant réelles, dans les autres familles.

Wilfarth a relevé dans les travaux de Frank de nombreuses inexactitudes qui infirment en partie les conclusions de ce dernier auteur (*Jahresb. Agrikulturchemie*, t. xiii, p. 118). En effet, le fait de la fixation de l'azote par les légumineuses, dit Wilfarth, a été vérifié dans toutes ses conséquences par de nombreux expérimentateurs; de plus, les recherches de Frank ne sauraient entraîner la conviction en ce qui concerne la fixation de l'azote par le *chanvre* et le *colza*, les nombres fournis à cet égard étant de l'ordre des erreurs qu'on peut commettre dans les analyses (voir encore sur le sujet les derniers travaux de Frank dans *Landw. Jahrb.*, t. xxi, p. 1).

Il résulte d'expériences plus anciennes entreprises par Gautier et Drouin pendant les années 1886 et 1887 que le sol non ensemencé, mais pourvu de matières organiques, emprunte de l'azote à l'atmosphère et le transforme en azote organique : la perméabilité, la division et le tassement de la masse jouent un rôle considérable dans le phénomène. Quant à l'apport d'ammoniaque atmosphérique, il ne suffit pas à expliquer l'accumulation de l'azote. Il existe donc d'autres origines de l'azote assimilé (poussières organiques, azote libre). L'intervention d'un végétal double la quantité de l'azote total fixé ; de plus certains organismes unicellulaires aérobies, et particulièrement certaines algues, interviennent dans le phénomène de la fixation de l'azote sur le sol, même lorsque celui-ci est privé de toute autre végétation et dépourvu de matière organique. Mais, à aucun moment, les auteurs ne se prononcent d'une manière catégorique en faveur de la fixation de l'azote gazeux libre (*C. R.*, t. cvi, pp. 754, 863, 944, 1098, 1174, 1232, 1605 ; t. cxiii, p. 820 ; t. cxiv, p. 19).

Revenons maintenant sur les travaux relatifs aux légumineuses et voyons quelles conséquences nouvelles peuvent en découler.

L'année même où paraissait le travail magistral de Hellriegel et Wilfarth (1888 , Berthelot, de son côté, précisait de nouveau les rapports de l'azote libre avec le sol sans culture et étendait ses expériences à un sol ensemencé avec des légumineuses (*A. C.*, (6), t. xvi, p. 453). Voici les points les plus saillants du mémoire considérable publié à cette occasion par l'auteur précité. Les expériences ont porté sur la terre végétale disposée : 1° en vase clos ; 2° exposée à l'air libre sous abri ; 3° à l'air libre sans abri. Dans le premier cas, sous cloche, à l'abri par conséquent des poussières de l'atmosphère et les composés azotés que celle-ci peut apporter, trois essais exécutés avec trois terres de richesse différente en azote ont donné lieu à une fixation d'azote. Ces terres étaient des terres végétales n'ayant subi au préalable aucune manipulation telle que chauffage, calcination, mélange avec du terreau, etc., l'azote qu'elles ont fixé était évidemment azote gazeux contenu dans la cloche. Une des terres dont la teneur initiale en azote était, par kilogramme sec, de 0gr,974, a fait, en deux mois, un gain de 8,6 p. 100 de azote initial ; la seconde terre, qui contenait au début 1gr,665 d'azote, a gagné 2,2 . 100 d'azote dans le même espace de temps ; la troisième terre, dont la teneur initiale a azote était de 1gr,744, a gagné 4,3 p. 100. Les expériences faites à l'air libre et sous bri on donné lieu à des gains d'azote du même ordre de grandeur que les précédents; fin, les expériences exécutées en plein air entraînent la même conclusion, défalcation te de l'azote ammoniacal qu'elles ont reçu par l'eau de pluie, le gain d'azote étant ns tous les cas plus marqué pour la terre la plus pauvre au début. Ces mêmes terres, langées avec une infusion provenant du contenu des tubercules radicaux des légumineuses, ne fixent pas l'azote en quantité plus considérable qu'en l'absence d'infusion, ut-être parce que le concours de la vie végétale proprement dite est nécessaire à ctivité des êtres que renferment ces tubercules.

Il resterait, avant d'aller plus loin, à régler définitivement la question des relations de mmoniaque atmosphérique avec la terre végétale, afin de savoir quelle est la quantité zote que cet alcali apporte au sol dans les conditions naturelles. Berthelot (*loc. cit.*, 484) expose une des terres précédemment étudiées à l'action de l'air sous un hangar librement ouvert, et l'additionne d'un peu de carbonate calcique. Au bout de six mois, la dose d'ammoniaque libre et de sels ammoniacaux *solubles dans l'eau pure* ne s'était pas accrue d'une façon sensible, ainsi que la dose d'ammoniaque qu'on peut extraire par l'action d'un acide étendu en suivant l'ancien procédé incorrect de dosage. Une autre expérience d'une durée de dix-huit mois a conduit au même résultat. On voit donc que l'absorption de l'ammoniaque atmosphérique par la terre végétale est un phénomène extrêmement restreint, sinon douteux et que l'apport d'azote par cette voie est presque négligeable : ce qui infirme en grande partie les conclusions qu'on avait tirées autrefois de l'enrichissement du sol par cet alcali et dont nous avons parlé précédemment. Il résulte, en outre, de ce que nous venons de dire, que cette absorption de l'ammoniaque par les sols ne peut être mesurée par la dose d'ammoniaque absorbée par une surface donnée recouverte d'acide sulfurique étendu et exposée à l'air. En effet, l'acide absorbe l'ammoniaque et n'en restitue pas la moindre fraction ; le sol, au contraire, en émet ainsi que nous l'avons déjà montré et, entre lui et l'air, se font des échanges continuels.

BERTHELOT rend compte ensuite d'une série d'expériences qu'il a faites sur la terre avec le concours de la végétation de six espèces de légumineuses (*vesce, lupin, jarosse, trèfle, luzerne, Medicago lupulina*). Comme dans la série précédente, les plantes étaient : 1° sous une cloche ; 2° à l'air libre sous abri ; 3° à l'air libre sans abri.

I. L'atmosphère des plantes sous cloche a été additionnée tous les jours de quelques centièmes de gaz carbonique ; on vérifiait de temps en temps la composition de cette atmosphère. Sous cloche, les deux échantillons *lupin et vesce* ont gagné de l'azote, *mais le gain a eu lieu par la terre*. La plante, en effet, n'a pas atteint le terme de son développement où elle commence à assimiler l'azote et le carbone des milieux extérieurs. Ce résultat n'est pas surprenant ; sous cloche, en effet, ainsi que nous l'avons déjà fait remarquer, la saturation de l'atmosphère par la vapeur d'eau, l'émission des produits volatils toxiques, le potentiel électrique nul, le surchauffage possible des parois du vase par la concentration solaire sont autant de causes qui entravent le processus végétatif.

II. Les expériences exécutées à *l'air libre sous abri transparent* avec la terre dite *de l'enclos* (0^{gr},974 d'azote dans un kilogramme) ensemencée avec les six espèces de légumineuses précitées, ont constamment donné lieu à un gain d'azote malgré la diversité dans les conditions et la durée inégale de l'évolution des plantes (de deux à cinq mois). Ce gain, sauf pour le lupin, surpasse de beaucoup les gains observés en vase clos, soit avec les légumineuses, soit avec la terre seule ; pour la luzerne, il s'est élevé jusqu'à 37,5 centièmes. Ce gain a porté dans tous les cas sur la terre ainsi que sur la plante, sauf dans le cas du lupin. Dans les expériences les plus courtes, c'est la terre qui a gagné le plus ; mais, dans les expériences les plus longues, le gain de la plante en azote a surpassé le gain de la terre. Les racines des plantes sont très abondantes, leur matière minérale forme les 86 centièmes du poids total. BERTHELOT émet l'idée que l'incorporation d'une si forte dose de matières minérales à la terre aux racines *répond bien à la notion d'une sorte de vie commune où la terre et la plante entrent en participation*.

Dans une autre série d'expériences exécutées avec la même terre, mais à l'air libre et sans abri, toutes les plantes ont gagné de l'azote, le gain est du même ordre de grandeur que dans la série précédente, il est maximum avec la luzerne sans abri (41,3 centièmes), comme avec celle placée sous abri (37,5 centièmes).

III. Les essais exécutés avec la terre dite *de la terrasse* (renfermant dans un kilo) gramme 1^{gr},6555 d'azote) donnent lieu à des remarques analogues à celles que nous venons de faire pour la terre de *l'enclos*. Sous cloche, les plantes ont gagné de l'azote et le gain a eu lieu par la terre, la plante n'ayant pas atteint dans son développement la limite à laquelle elle commence à fixer l'azote et le carbone tirés du dehors. A l'air libre, aussi bien sous abri que sans abri, il y a eu fixation à la fois sur la terre et sur la plante. Le lupin, comme dans les expériences précédentes, est toujours la plante qui fixe le moins d'azote, la luzerne donne le maximum de fixation.

IV. Avec la terre dite *du parc* (renfermant dans un kilogramme sec 1^{gr},744 d'azote des phénomènes analogues à ceux que nous venons de décrire ont été observés : les conclusions sont les mêmes que celles qui précèdent. On consultera avec fruit les tableaux des pages 624 et suivantes de ce mémoire dans lesquels l'auteur a reproduit les chiffres qu'ont donnés toutes ses expériences.

En résumé, le gain d'azote ne porte, le plus souvent, que pour une fraction sur la terre, une fraction plus considérable étant fixée sur la plante. Le gain de celle-ci a lieu, en général, à peu près également sur sa partie aérienne et sur la partie souterraine (vesce, luzerne), quelquefois même il est prédominant dans cette dernière partie. Ainsi apparaît nettement le rôle prépondérant que jouent les racines des légumineuses dans la fixation de l'azote de concert avec la terre. Nous avons déjà signalé cette sorte d'union intime et de vie commune entre la terre et les racines due à l'intervention des microbes du sol et *en vertu de laquelle l'azote fixé, grâce à ceux-ci, se transmettrait à la plante elle-même.*

L'influence de *l'électricité* sur la végétation a donné lieu à bien des expériences contradictoires que nous ne pouvons rappeler. Cette influence dont certains avaient pressenti l'efficacité plutôt qu'ils ne l'avaient démontrée, a fait l'objet d'un travail de BERTHELOT qui trouve ici sa place naturelle, ce travail n'étant, en effet, que le complément des expériences que nous venons de rapporter. C'est en 1889 que BERTHELOT a étudié cette influence de l'électricité sur la fixation de l'azote, tant en présence qu'en l'absence des végétaux supérieurs (*A. C.*, (6), t. XIX, p. 433). La terre, seule ou plantée, a été placée dans un champ électrique en maintenant, au moyen d'une pile ouverte, une différence de potentiel constante entre la terre et la surface extérieure du champ électrique limitée par des feuilles métalliques. Le vase ou l'assiette contenant la terre était posé sur un gâteau de résine; fixées sur le rebord du vase et à distances égales, trois lames de platine plongeaient dans le sol du vase et communiquaient entre elles, puis avec le pôle d'une pile. L'autre pôle était en relation avec un disque de toile métallique en cuivre rouge aussi rapproché que possible de la surface de la terre que contenait le vase (Voir les détails de ces expériences page 443 et suivantes du mémoire précité). Les expériences ont été faites, soit sous cloche, soit à l'air libre, mais sous abri. Trois sols différents ont été employés : 1° une terre contenant 1gr,702 d'azote par kilogramme sec ; 2° une autre renfermant 1gr,218 d'azote; 3° un kaolin renfermant 0gr,0323 d'azote. On a opéré de la façon suivante : un des échantillons était électrisé, l'autre ne l'était pas. Le potentiel a été pris tantôt égal à 33 volts et tantôt à 132. Chaque expérience a été faite simultanément à l'air libre sous abri et sous cloche.

Les essais exécutés avec la terre seule non plantée montrent que l'électricité joue un rôle dans la fixation de l'azote. Cette fixation est due aussi bien aux microbes, dont la vitalité a été exaltée, qu'à la fixation directe par voie purement électro-chimique. Remarquons que dans des expériences exécutées parallèlement avec des assiettes non électrisées contenant une mince couche de terre il n'y a pas eu de fixation. Cette terre était soumise à des alternatives de sécheresse et d'humidité et peut-être une oxydation excessive y faisait-elle périr les microbes fixateurs.

Les expériences entreprises avec le concours de la végétation ont fourni les résultats suivants. La *vesce*, soumise à l'influence électrique, a fixé plus d'azote (22,5 p. 100) que la même plante placée dans les mêmes conditions mais non électrisée (1 p. 100). La plante électrisée aurait fourni un gain bien plus fort si, par suite du dispositif employé, l'appareil n'avait pas empêché en partie la lumière d'éclairer le végétal : ces résultats se rapportent à la terre la moins riche en azote. En ce qui concerne la terre la plus riche, il y a toujours eu fixation d'azote, sous cloche comme à l'air libre, mais faiblement, car la terre était presque saturée d'azote. Dans tous les cas, sauf un, le vase électrisé a fixé plus d'azote que l'autre (Voir *loc. cit.* les tableaux des pages 489, 490, 491). La conclusion qu'on peut tirer de ces expériences est la suivante : il est vraisemblable qu'une action propre de l'électricité s'exerce dans le phénomène de la fixation de l'azote.

— Tels sont, résumés dans leurs grandes lignes, les travaux principaux qui ont définitivement fait entrer la question de l'azote dans une voie nouvelle; la fixation de ce corps à l'état gazeux, tant sur le sol que sur les plantes, y apparaît avec toute la rigueur d'une démonstration vraiment scientifique. Ajoutons que les travaux de HELLRIEGEL et VILFARTH ont reçu une confirmation pleine et entière à la suite d'expériences récentes entreprises par LAWES et GILBERT (*Proc. Roy. Society*, t. XLVII, p. 85, 1890). Voir également à ce sujet les expériences confirmatives de A. PETERMANN (*Rech. de chimie et physiologie appliquées à l'agriculture*, t. II, pp. 207, 229, 265; Bruxelles, Liège et Paris, 1894). Il n'est même pas fait mention du nom de M. BERTHELOT dans le courant des trois mémoires de l'auteur.

Il nous reste maintenant, pour achever cette première partie de notre exposé, à parler d'un travail dans lequel l'absorption de l'azote libre par les légumineuses est mise hors de doute au moyen de mesures rigoureuses effectuées, avant et après expérience, sur les gaz mis en contact avec les végétaux. Ces expériences ont été réalisées en 1890 par SCHLŒSING fils et LAURENT (*Ann. de l'Institut Pasteur*, t. VI, p. 65). Les conclusions auxquelles arrivent ces auteurs sont d'ailleurs absolument conformes à celles de HELLRIEGEL et WILFARTH. Il s'agit de faire absorber à des légumineuses *bultivées dans un vase clos* une certaine quantité *d'azote pur* dont le volume devrait être exactement connu au début; on fera à la fin une extraction des gaz qui restent : de la comparaison de ces deux volumes on pourra conclure à l'absorption ou à la non absorption de l'azote gazeux. Des expériences témoins dans lesquelles on fait usage de sols non plantés permettent, en cas d'affirmative, de décider si c'est le sol ou si ce sont les plantes qui absorbent l'azote. De plus, et comme contrôle, on a dosé par les méthodes connues à la fin de l'expérience après démontage des appareils l'azote du sol et celui des plantes. Dans les cas où il y a fixation, le chiffre fourni par ce dernier dosage est nécessairement supérieur à la terreur initiale en azote, et l'excédent trouvé doit correspondre à l'azote gazeux disparu, mesuré directement. Or, dans les expériences où ces deux méthodes ont été employées, il y a eu concordance entre les deux résultats analytiques dans les limites des erreurs possibles : la seconde méthode de dosage montre qu'il y a gain d'azote au cours de la végétation, et la méthode en volume montre que le gain provient de l'azote gazeux libre. On trouvera dans le mémoire précité la description complète de l'appareil employé ainsi que les précautions minutieuses qui ont été prises pour la mesure et l'introduction du gaz azote, préparé à l'état de pureté absolue, pour son extraction ainsi que pour l'introduction de l'oxygène et de l'acide carbonique nécessaires à la végétation. Voici la description succincte des expériences elles-mêmes. On a cultivé des pois dans du sable quartzeux stérilisé par la chaleur et presque complètement dépourvu d'azote et on a ensemencé ce sable avec des microbes producteurs de nodosités radicales. Les pois ont emprunté à l'azote libre plus de la moitié de l'azote qu'ils contenaient finalement, leurs graines leur ayant fourni le reste. Le sol s'est également enrichi en azote. Des pois cultivés en même temps et dans un sol semblable au précédent, mais non ensemencé de microbes, n'ont pas fixé d'azote.

Une seconde série de recherches (*loc. cit.*, p. 98) entreprises l'année suivante (1891) a eu pour but d'élucider la question de l'absorption de l'azote par les plantes de diverses familles, et cela, en faisant usage des mêmes méthodes et des mêmes appareils que ceux qui viennent d'être décrits. Le sol n'était plus du sable calciné, mais une terre naturelle, peu riche en azote, pourvue des différents organismes vivants qui se rencontrent dans les bonnes terres. Dans la première partie de ces essais, on a mis en expérience le *topinambour*, l'*avoine*, le *tabac* et le *pois*, ainsi que trois sols témoins, sans culture, identiques à ceux qui étaient ensemencés. Or, dans toutes ces expériences, sauf pour les deux derniers sols témoins, il y a eu disparition d'une certaine quantité d'azote gazeux, plus ou moins grande, suivant les cas, supérieure néanmoins aux erreurs de mesure. Mais il faut remarquer, avant de conclure, que la surface de tous ces sols s'était recouverte peu à peu, et à divers degrés, sauf chez les deux derniers, d'une plante verte inférieures que le microscope montra être un mélange de mousses et de certaines algues. Un des sols témoins s'est recouvert de cette végétation cryptogamique et a notablement gagné de l'azote ; seul, il n'aurait accusé aucun gain, ainsi que le prouvent les analyses des deux témoins non couverts de végétation. On a isolé chez le premier témoin, recouvert d'une couche verte, la partie superficielle épaisse de quelques millimètres et on a analysé la couche sous-jacente, laquelle n'avait pas fixé d'azote : tout l'azote gagné se trouvait dans les plantes.

Il résulte de ce qui vient d'être dit que certaines plantes vertes inférieures sont capables, ainsi que le font les légumineuses, de fixer l'azote gazeux.

Dans la deuxième partie de ces essais, on a éliminé l'influence des plantes vertes inférieures en recouvrant la surface des sols, après enfouissement des graines et addition de délayure de terre, d'une couche de sable quartzeux calciné. Aucune trace de matière verte ne s'est montrée et, *sauf pour les pois*, on n'a plus observé d'absorption d'azote libre. Les plantes mises en expérience étaient l'*avoine*, la *moutarde*, le *cresson*, la *sper-*

gule. Les sols nus, c'est-à-dire ne portant pas de végétation apparente, ne fixent donc pas l'azote, bien qu'ils soient pourvus des êtres microscopiques variés qu'on trouve dans les bonnes terres.

Schlœsing fils et Laurent abordèrent de nouveau, en 1892, cette question, mais ils employèrent, non plus des sols très pauvres en azote, mais des sols plus riches ayant reçu des doses d'azote nitrique assez importantes et dans lesquels le développement des végétaux était normal (*Ann. Instit. Pasteur*, t. vi, p. 824). On a retrouvé pour les plantes supérieures, autres que les légumineuses, les mêmes résultats négatifs que précédemment en ce qui concerne la fixation de l'azote. Revenant ensuite sur la fixation par les végétations cryptogamiques, Schlœsing fils et Laurent s'efforcèrent d'avoir affaire, non plus à un mélange de beaucoup d'espèces, mais à des cultures moins complexes et même pures. Dans les deux premières expériences, on a fait usage de la même terre que plus haut pourvue d'une solution nutritive de nitrates et de quelques centimètres cubes d'une délayure provenant d'un mélange intime de cinq ou six échantillons de terre riche de jardin avec un peu d'eau. Après six mois, la surface du sol était couverte d'algues (du genre *Nostoc*, principalement) : dans ces deux expériences, il y a eu une importante fixation d'azote. Pour les deux essais suivants, on a pris, comme sol, du sable quartzeux calciné, additionné d'une solution minérale et de délayure de terre, mais on n'a pas ajouté de nitrates. Un des vases était couvert, après cinq mois, d'une culture à peu près pure de *Nostoc punctiforme*; l'autre, bien que couvert de *N. punctiforme*, contenait une colonie de *Phormidium papyraceum* et un peu de *Nostoc minutum* : on a également constaté, dans ces deux essais, des gains d'azote notables. Dans les deux premières expériences, les plantes avaient prélevé sur le sol plus d'azote qu'il n'en avait reçu d'elles, ce sol était, en effet, pourvu d'azote primitivement; dans les deux dernières, au contraire, le sol, dépourvu d'azote, ne pouvait qu'en recevoir : aussi l'azote des plantes est-il inférieur à l'azote fixé. Dans une autre expérience, le sol consistait en une terre végétale sur laquelle on avait planté de petites touffes de mousse : il n'y a pas eu fixation d'azote dans ce cas. Un sol porteur d'une culture à peu près pure de *Micrococcus vaginatus* s'est comporté de même. Cette dernière algue, à l'encontre des précédentes, a donc fourni un résultat négatif, peut-être, ainsi que le font remarquer les auteurs, parce que la culture employée était dans un état de pureté beaucoup plus grande que dans le cas des autres algues, pureté défavorable à la fixation, si celle-ci demande le concours de plusieurs êtres. Des expériences témoins, sans ensemencement, ont également donné des résultats négatifs.

De tout ce qui précède il résulte que certaines algues communes à la surface de la terre végétale peuvent fixer l'azote gazeux en quantité considérable. *L'entrée en combinaison de l'azote libre ainsi absorbé a pu trouver dans l'action chlorophyllienne l'énergie qui lui est nécessaire.* Les algues peuvent-elles agir seules ? Y a-t-il quelque symbiose entre elles et des bactéries ? Celles-ci, cependant, étaient rares là où les algues étaient en pleine vigueur. Ainsi que le font remarquer en terminant Schlœsing fils et Laurent, l'essentiel au point de vue de la pratique, est le fait même de la fixation de l'azote par les algues, puisque celles-ci, universellement répandues sur les sols, doivent être regardées comme un élément important dans l'étude de la statique de l'azote en agriculture. Rappelons encore que c'est Frank qui, le premier, a reconnu le rôle des algues dans la fixation de azote.

Il ressort nettement de ce qui précède, qu'à la question de la fixation de l'azote par le sol et les plantes, se rattache intimement, d'une part, l'étude des nodosités radicales que portent les légumineuses et, d'autre part, celle des microbes extrêmement nombreux qui habitent toute terre végétale. Parlons d'abord des nodosités radicales.

V. Nature des tubercules radicaux des légumineuses. — Expériences d'inoculation. — Dans ce chapitre, nous allons étudier la nature et le développement des tubercules qui se fixent sur les racines des légumineuses ainsi que les phénomènes qui passent lorsqu'on inocule le contenu de ces tubercules dans le corps d'une racine. Nous examinerons ensuite les relations qui existent entre l'apparition de ces nodosités radicales et la fixation de l'azote gazeux.

Nous serons brefs sur les détails purement histologiques; leur importance est, sans doute, considérable, mais l'observation microscopique présente encore à cet égard bien des lacunes : aussi nous attacherons-nous surtout à exposer la partie physiologique du sujet. La divergence des vues relativement à la structure et au rôle même des nodosités radicales nous oblige à passer en revue, et autant que possible dans leur ordre de publication, les principaux travaux publiés sur cette question. Il est, en effet, difficile de faire actuellement un résumé qui les comprenne tous, et qui, surtout, les rattache les uns aux autres d'une manière satisfaisante. A propos du travail de Hellriegel et Wilfarth, nous avons déjà sommairement parlé de ces tubercules; mais reprenons ici complètement le sujet à son début.

Est-il besoin de dire, en commençant ce chapitre, que l'obscurité la plus profonde règne encore sur le mécanisme intime de cette assimilation, et que nous ne pouvons actuellement nous faire aucune idée de la façon dont les êtres microscopiques qui peuplent les tubercules radicaux des légumineuses (algues et, sans doute, d'autres végétaux pourvus ou non de chlorophylle), absorbent l'azote libre et le transforment en composés albuminoïdes?

Nous ne saurions trop recommander la lecture de deux mémoires très importants publiés sur les tubercules radicaux et dans lesquels, à côté d'une bibliographie et d'un historique complets, on trouve des observations personnelles très intéressantes sur la morphologie de ces nodosités. Ces mémoires, auxquels nous empruntons un certain nombre des détails qui vont suivre, sont dus à Vuillemin (Annal. de la Science agronom., 1888, t. i, p. 121) et à Laurent (Ann. Instit. Pasteur, t. v, p. 105, 1891).

Les nodosités radicales, dont la présence a été constatée il y a très longtemps, se rencontrent sur presque toutes les racines des légumineuses, tant exotiques qu'indigènes; très communes surtout dans les genres Trifolium, Pisum, Vicia, Lupinus, elles sont plus rares dans les autres et ne sont pas toujours également abondantes dans la même espèce. Les papilionacées cultivées dans l'eau en sont souvent dépourvues. On rencontre des productions semblables sur les racines des Aulnes et des Eloeagnus; mais, à l'état normal, il n'existe de nodosités comparables à celles des légumineuses chez aucun végétal. Une observation déjà ancienne de Kühn et Rautenberg (Landw. Vers. Stat., t. vi, p. 358), faite sur des cultures de fève, a conduit ces auteurs à admettre que, dans l'eau comme dans la terre, la production des tubercules est inversement proportionnelle à la richesse du milieu en azote[1]. H. de Vries, en cultivant du trèfle rouge dans des sols très riches en principes azotés, obtenait des plantes qui, parvenues au terme normal de leur végétation, ne portaient pas de tubercules radicaux, tandis que des individus chétifs, qui s'étaient développés au sein d'un milieu pauvre en principes azotés, en présentaient de nombreux. Ce résultat fut d'abord confirmé par Schindler, mais le dernier constata ultérieurement qu'il n'y avait pas une concordance aussi absolue entre l'apparition des tubercules et la pauvreté en azote du substratum, Schindler mit néanmoins en lumière la concordance habituelle entre le développement des tubercules et la puissance du travail d'assimilation. Prillieux et Frank, presque en même temps (1879), remarquèrent que le développement des nodosités radicales peut être provoqué si on introduit dans le milieu de culture des racines pourvues d'organes semblables. Cette inoculation a été, dans la suite, pratiquée avec succès par plusieurs expérimentateurs; nous y reviendrons. Mais c'est à Hellriegel qu'on doit d'avoir démontré la relation qui existe entre l'apparition des tubercules, lorsqu'on ajoute aux milieux de culture des germes vivants, et le développement de la plante : nous nous sommes suffisamment étendus sur les travaux de ce savant. Ajoutons que Schindler avait déjà émis l'idée que les champignons que l'on rencontre dans les tubercules vivent en symbiose avec les légumineuses et qu'ils transforment ou fabriquent des aliments au profit de l'association.

La nature de ces tubercules radicaux a donné lieu aux opinions les plus variées. Ils ont été considérés d'abord comme des galles, puis comme des excroissances produites par des anguillules ou comme de simples excroissances des tissus de la racine, et enfin, comme une forme particulière de racines. Actuellement, la plupart des botanistes pen-

1. Il est très important de dire ici que Kuhn et Rautenberg rappellent dans leur mémoire, daté de l'année 1864, que Lachmann avait déjà émis l'idée que la présence des tubercules sur les racines des légumineuses pouvait bien être en relation avec l'assimilation de l'azote. (Nous ne savons dans quelle publication a paru cette remarque.)

sent que c'est à l'action d'un cryptogame que sont dues leur forme et leur structure spéciales. On a fait successivement de ce cryptogame une bactérie, un myxomycète et même un champignon plus élevé. Pour les uns, cet être est un parasite, pour les autres un symbiote.

C'est Woronin qui, le premier, en 1866, montra que dans l'intérieur des tubercules radicaux se trouvaient des corpuscules fins; cet auteur les décrit comme des bâtonnets mobiles et les considère comme des bactéries. Nobbe (Landw. Vers. Stat., t. x, p. 99) regarde ces tubercules comme des organes d'emmagasinement des produits nutritifs azoté s, ceux-ci sont épuisés au moment de la période de fructification. Schindler. Jahersb. Agrikultur-Chem., t. viii, p. 141; Journal für Landw., t. xxxiii, p. 331) pense, avec de Vries, que ces tubercules sont des productions normales en mesure d'élaborer des quantités importantes de matière azotée: c'est là que se formeraient les albuminoïdes. Prillieux rappelait récemment (C. R. t. cxi, p. 926) que, dès l'année 1879, il avait établi que les corpuscules découverts par Woronin n'ont pas la forme de bacilles, mais sont souvent courbés, fourchus, ramifiés en forme d'x ou d'y, et qu'ils ne possèdent que des mouvements browniens.

Vuillemin a fait de ces tubercules un examen approfondi, et de ses longues recherches cet auteur conclut que « les tubercules radicaux sont des mycorhizes, c'est-à-dire, des racines unies à un champignon vivant en symbiose avec elles ». Vuillemin a donné une description soignée du développement des tubercules, de leur ordre d'apparition, du tissu qui leur donne naissance, de leur structure; nous ne pouvons le suivre dans cette partie de son travail. Les corpuscules qui s'échappent du protoplasme cellulaire ne sont pas de nature cryptogamique, d'après Brunchorst, mais leur composition serait celle d'une substance albuminoïde. Ce dernier savant nomme ces corpuscules des Bactéroïdes : leur multiplication se produit par fragmentation.

Faut-il considérer ces tubercules comme de simples réservoirs? On sait que Hellriegel, cultivant des pois dans un sol pauvre en azote, a constaté deux périodes bien distinctes dans leur végétation. Tant que dure la semence, la plante s'accroît régulièrement, sa couleur est normale, mais lorsque la plante a vidé ses cotylédons, une phase d'inanition succède à cette première période : c'est à ce moment que les tubercules grossissent et se gorgent d'albuminoïdes. Ceux-ci ne peuvent donc être des réservoirs, car on ne concevrait pas que la plante leur cédât les matériaux assimilables dont elle a elle-même si grand besoin. Ce qu'il est permis de conclure, c'est que les substances accumulées dans les tubercules radicaux sont employées à nourrir la plante, et que cet approvisionnement d'albuminoïdes s'y effectue après que les organes assimilateurs, feuilles et racines, ont acquis un certain développement réalisé aux dépens des réserves de la graine. Les tubercules ne sont donc pas de simples dépôts : ce sont des lieux de fabrication d'albuminoïdes. Tschirch (Fortschritte d. Agrik. Physik. t. x, p. 230; Berichte botan. Gesells., t. v, p. 58) distingue deux types de tubercules; chez le lupin les saillies ressemblent à des épaississements locaux de la racine. Chez toutes les autres légumineuses, les tubercules sont fixés sur le côté de la racine. Leurs cellules renferment des corpuscules; mais rien, d'après Tschirch, n'autorise à regarder ceux-ci comme des bactéries; ils ne semblent être autre chose que de la matière albuminoïde. Ces tubercules sont des magasins chargés d'une réserve d'albuminoïdes, et non pas des organes d'absorption; il n'est pas démontré qu'ils constituent autant de petits laboratoires destinés à effectuer, au moyen de matières azotées inorganiques ou organiques, la synthèse des albuminoïdes, ni qu'ils puissent assimiler l'azote libre. Pour Marshall Ward (Ann. agronom., t. xiv, p. 331), les tubercules radicaux se conduisent comme des champignons parasites dont on peut provoquer le développement par une infection artificielle. Lorsque les tubercules meurent, les cellules du champignon se répandent dans le sol et viennent infecter d'autres racines.

Prazmowski (Ann. agronom., t. xv, p. 137; t. xvi, p. 44; Land. Vers. Stat., t. xxxvii, p. 161; xxxviii, p. 5) a publié sur les nodosités radicales d'importants travaux dont voici les points principaux. Ces excroissances sont des racines déformées. Elles résultent du parasitisme d'une bactérie, ou plutôt, d'une symbiose entre la racine et le micro-organisme d'où proviendrait, pour la légumineuse, le pouvoir d'assimiler l'azote. Les tubercules radicaux ne sont pas des productions normales, ils ne se rencontrent sur les racines qu'à la suite d'une infection par certains organismes qui habitent celle-ci et dont les germes se trouvent également dans le sol : c'est ce que prouvent de nombreuses expériences exécutées à ce sujet par PRAZMOWSKI. De plus, l'infection n'a lieu que sur de jeunes racines et au moment du développement des poils radicaux. Si on examine la coupe de très jeunes tubercules, on y trouve des filaments analogues à des hyphes qui traversent les poils radicaux de l'épiderme, puis pénètrent dans les tissus sous-épidermiques. Les tubercules ne se développent qu'à l'endroit où les filaments ont pénétré dans la racine. PRAZMOWSKI décrit alors le mécanisme de l'infection et la formation du tubercule; puis il émet les trois propositions suivantes : 1° C'est un champignon qui, pénétrant dans la racine, occasionne la formation des tubercules radicaux, ces tubercules ne sont pas des productions normales. 2° Le tissu central ou tissu à *bactéroïdes*, qui constitue la partie la plus caractéristique de ces tubercules, est en même temps la partie où le champignon domine, absolument ou presque absolument. le tissu de la plante nourricière. 3° Les bactéroïdes qui remplissent les cellules de ce tissu ne sont ni des corpuscules albuminoïdes de forme définie, ni des spores détachées des filaments, mais ils naissent à l'intérieur des filaments longtemps avant la formation du tissu à bactéroïdes. D'abord très petits, en forme de bâtonnets simples, ils grossissent et semblent se reproduire par scissiparité bien que leur division n'ait jamais été directement observée. Quant ils ont atteint leur complet développement, leur forme varie avec la plante nourricière : ou bien ils affectent la forme de bâtonnets simples (haricot, lupin) ou bien ils sont fourchus ou ramifiés pois, vesce, luzerne . L'organisme qui habite les tubercules semble donc être un champignon voisin des myxomycètes chez lequel le plasma prend dans la jeunesse la forme de filaments simulant des hyphes et renferme une multitude de corpuscules en bâtonnets : *les bactéroïdes :* ceux-ci constituent peut-être les corps reproducteurs. Les essais d'infection directe ne prouvent rien; car, en même temps que les bactéroïdes, on a pu inoculer aux plantes hospitalières des portions de plasma. PRAZMOWSKI se prononce nettement en faveur de l'idée que les tubercules radicaux sont des productions symbiotiques communes à certaines bactéries du sol et à certaines parties de végétaux très élevés en organisation et utiles à la fois aux bactéries et aux plantes supérieures. Une série d'expériences faites en inoculant des pois ont montré à ce savant botaniste que les végétaux fixaient l'azote. mais PRAZMOWSKI n'affirme pas, contrairement aux conclusions de HELLRIEGEL, que l'azote ainsi fixé soit plutôt l'azote libre de l'air que l'azote combiné dont l'atmosphère contient des traces. Nous avons vu plus haut que les expériences postérieures de SCHLŒSING fils et LAURENT ont définitivement tranché la question en faveur de l'azote libre. Vers la même époque, BEYERINCK *Jahr. Agrikult.* t. XI, p. 119; *Forschritte Agrik. Physik.*, t. XII, p. 105; *Ann. agronom.*, t. XV, p. 90) a fait voir que les tubercules ne prennent pas naissance dans un milieu stérilisé et que, même dans un sol cultivé, certains individus peuvent ne pas être infectés. Le *Bacillus radicicola* (tel est le nom que BEYERINCK donne au microbe générateur des tubercules) ne forme pas de spores et meurt entre 60 et 70 degrés. Ce bacille est aérobie et. malgré les apparences diverses qu'il peut affecter dans les différentes cultures au sein desquelles il se développe, cet être semble appartenir à une espèce unique. De plus, il ne provoque ni oxydation, ni réduction, ni fermentation : ni la dessiccation, ni la congélation ne le tuent. Une culture de ce bacille n'assimile pas l'azote libre et ne nitrifie pas les sels ammoniacaux : on peut en conclure, ou bien que l'assimilation de l'azote est très lente, ou bien qu'elle n'a lieu que si le bacille vit en symbiose sur la racine d'une légumineuse. Pour BEYERINCK comme pour PRAZMOWSKI. les tubercules radicaux sont des racines métamorphosées contenant des corpuscules particuliers : les *Bactéroïdes*. Ceux-ci proviennent d'un genre spécial de bactéries. *le Bacillus radicicola*, lequel pénètre de l'extérieur dans la racine. *Les bactéroïdes sont des bactéries métamorphosées*, incapables de s'accroître.

Voici quelle est, à ce sujet, l'opinion un peu différente de FRANK (*Ber. botan. Gesells.*, t. VI. p. 322. 1839; *Landw. Jahrb.*, t. XIX, p. 323). Les bactéroïdes sont produits par les légumineuses sous l'influence des bactéries dont le parasitisme provoque la formation des tubercules. L'infection peut se produire de deux façons : ou bien l'immigration aurait lieu par l'intermédiaire d'un filament d'infection, lequel serait une production du plasma de la plante nourricière spécialement adapté à la capture et à l'introduction des bactéries mobiles, ou bien, au contraire, ce filament d'infection manquerait, ce qui est le cas pour le lupin et le haricot. Le parasite que FRANK compare à un micrococcus reçoit de lui le nom de *Rhizobium leguminosarum*. Celui-ci trouve vraisemblablement dans le sol de quoi se nourrir; on le rencontre, en effet, bien qu'en proportions très inégales, dans tous les sols. On peut observer la présence des bactéroïdes, non seulement dans les tubercules, mais aussi dans les cellules des racines ordinaires, ainsi que l'avait déjà remarqué BEYE-RINCK. FRANK les a, de plus, rencontrés dans les organes aériens, tiges et feuilles; les fruits eux-mêmes du haricot en renfermeraient. Si on cultive en sol stérilisé des pois et des lupins, il ne se développe pas de tubercules sur les racines et on ne trouve pas de bactéroïdes dans les organes aériens du végétal, mais, quand il y a parasitisme, tout le plasma de la légumineuse est infecté. Chez le haricot, on trouve des bactéroïdes dans les cellules des cotylédons d'un embryon en voie de développement. Aussi, puisque la plante mère infecte l'embryon, voit-on constamment, d'après FRANK, les racines du haricot se couvrir de tubercules, *même quand on cultive la plante dans un sol stérilisé.* (Nous verrons plus loin que cette observation est inexacte. Quelques légumineuses semblent ne retirer aucun profit, pour leur nutrition, de la présence du champignon; celui-ci se conduit alors comme un parasite vulgaire. Si on compare une plante non infectée avec une plante qui vit en symbiose avec le parasite, cette dernière présente, toutes les circonstances extérieures étant égales, une énergie vitale bien plus considérable qui s'étend à tous les organes. La chlorophylle se forme en plus grande abondance, et l'assimilation du carbone, ainsi que celle de l'azote libre, se font plus activement. Or ces divers processus ont lieu d'autant mieux que le sol est plus pauvre en matières organiques et, même, si celles-ci font défaut. La plante, au contraire, trouve-t-elle dans le substratum les matériaux nutritifs dont elle a besoin, on voit alors le champignon se comporter comme un parasite vulgaire.

Quoi qu'il en soit, un grand nombre d'autres plantes chez lesquelles on n'a jamais observé de phénomènes symbiotiques assimilent l'azote gazeux; il en est de même des algues vertes ainsi que des légumineuses non infectées. L'intensité de cette assimilation varie avec la quantité d'humus que contient le sol : nous avons déjà parlé plus haut des idées émises par FRANK à ce sujet. Ce savant botaniste trouve donc qu'il n'y a aucune raison pour regarder la fixation de l'azote gazeux comme étant liée à l'activité spécifique d'un champignon; il n'admet pas davantage qu'à chaque espèce de légumineuse corresponde un *Rhizobium* différent. BEYERINCK et presque tous les auteurs sont d'un avis contraire (Voir aussi : FRUWIRTH, *Ann. agron.*, t. XVIII, p. 142).

Cultivé dans des solutions artificielles, le microbe des tubercules radicaux des légumineuses s'accommode le mieux d'une solution à 1 p. 100 de sucre de canne et d'asparagine; seule, l'asparagine paraît même suffire à son développement, tandis que le sucre seul, malgré l'azote libre de l'air, ne fournit qu'un développement très faible, mais réel cependant. Certains autres champignons cultivés dans un milieu non azoté assimilent également l'azote libre de l'air avec lenteur (FRANK et OTTO).

Une autre question se pose maintenant à nous. Les légumineuses, ainsi que nous avons vu, peuvent prendre dans l'air la totalité de leur azote; mais, si on offre à la plante plusieurs sources d'azote à la fois, quel choix celle-ci fera-t-elle? FRANK s'est alors proposé de résoudre les problèmes suivants (*Ann. agronom.*, t. XVIII, p. 414). Si la plante trouve dans le sol des combinaisons azotées en apparence plus accessibles pour elle, conserve-t-elle la même énergie avec laquelle elle prend l'azote de l'air? toutes les légumineuses se comportent-elles de la même façon sous ce rapport? l'azote combiné n'est-il pas superflu, ou même nuisible, puisqu'il peut diminuer la part de l'énergie à employer dans l'assimilation de l'azote libre? Si la plante enfin puise aux deux sources, l'effet d'ensemble est-il augmenté? Les expériences ont été exécutées dans des vases remplis d'un sable quartzeux muni des éléments minéraux non azotés nécessaires. Une partie des vases demeurait privée d'azote, une autre recevait de l'azote en quantité égale pour chaque vase mais sous des formes différentes : nitrates, sels ammoniacaux, urée. Les vases devaient porter des légumineuses recevaient, en outre, un peu de terre de jardin tinée à y introduire les bactéries des tubercules radicaux. Voici les faits observés : l'organisme de la symbiose manque, *le lupin jaune* et *le pois* peuvent se développer complètement lorsque le substratum renferme un engrais azoté, mais la symbiose seule, sans engrais azoté, agit plus efficacement que l'engrais azoté sans symbiose. L'engrais azoté semble même nuire au lupin quand il y a symbiose, celui-ci assimile moins d'azote; le pois, au contraire, malgré la symbiose, profite de l'azote contenu dans l'engrais et fournit alors un supplément de récolte. Dans les bonnes terres, le lupin jaune et le pois peuvent assimiler l'azote libre directement en se passant de la symbiose, mais cette assimilation est inférieure à celle qu'on observe dans les terres légères, pauvres en azote, là où le gain d'azote ne doit être rapporté qu'à la symbiose. *Le pois et le trèfle assimilent l'azote libre dans une large mesure quand ils sont dans de bonnes terres et la symbiose exagère encore cette faculté.* Insistons sur ce fait que, d'après Frank, les légumineuses peuvent assimiler l'azote de l'air dans les bonnes terres sans le concours de l'organisme des tubercules radicaux. Nous avons déjà signalé des résultats analogues obtenus par le même savant en contradiction avec les expériences d'Hellriegel (pour l'étude plus complète des phénomènes symbiotiques, voir : Frank. *Jahresb. f. Agrikult Chemic*, t. xiv, p. 189).

Nous avons plusieurs fois, dans le cours de ce chapitre, parlé de l'inoculation artificielle des racines des légumineuses. C'est à Bréal qu'on doit à ce sujet les premières expériences suivies; celles-ci remontent à six années. Voici quelques détails sur les essais auxquels s'est livré ce savant (*Ann. agronom.*, t. xiv, p. 481, 1888). Ceux-ci ont trait à la culture et à l'ensemencement sur divers milieux du contenu des tubercules radicaux des légumineuses et complètent fort heureusement les remarquables travaux d'Hellriegel et Wilfarth, bien que Bréal n'ait pas cherché à pratiquer ses inoculations avec des cultures pures.

Bréal a observé que, si on écrase des tubercules de luzerne, il s'en échappe un liquide blanchâtre dans lequel le microscope révèle la présence de grains arrondis très réfrangibles : autour de ceux-ci on trouve un très grand nombre de corps allongés bactériformes. Ce sont des filaments très fins, renflés aux extrémités, quelquefois bifurqués en Y et doués de mouvements de rotation. Bréal pense que ces corpuscules constituent des bactéries, car on peut faire apparaître les nodosités qui les renferment par des ensemencements et des inoculations, ainsi qu'il va être dit. Si on prépare avec des racines de légumineuses un bouillon qu'on stérilise ensuite à 100°, on peut ensemencer le liquide en y plongeant une fine pointe de verre préalablement trempée dans un tubercule provenant de la racine ; après quelques jours, le liquide est rempli de bactéries. Les tubercules radicaux d'autres légumineuses possèdent également cette même forme de filaments renflés aux deux bouts. De toutes les parties d'une légumineuse, les tubercules sont les plus riches en azote (de 3 à 7 p. 100 de la matière sèche). On peut, d'après cela, prévoir leur rôle de distributeurs de matière azotée dans les diverses parties de la plante. Seuls les graines et les champignons renferment une aussi forte proportion d'azote. Voici les résultats fournis par la culture de ces bactéries sur divers milieux. Des pois furent mis à germer dans un liquide nourricier exempt d'azote; dans le liquide, on écrasa un tubercule de luzerne : peu de temps après, les racines du pois se couvrirent de tubercules et le végétal atteignit une hauteur de 70 centimètres après avoir fleuri. Les bactéries de la luzerne se sont donc multipliées et ont formé des tubercules sur les pois. L'analyse mit ensuite en évidence le gain notable d'azote que ceux-ci avaient réalisé. Deux graines de lupin furent mises en même temps en germination; la racine de l'un d'eux fut piquée avec une aiguille trempée d'abord dans un tubercule de luzerne, et les deux plantules furent enracinées côte à côte dans du gravier. Tandis que la plante inoculée se développait bien, portait des fleurs et des fruits, la non inoculée restait chétive. Celle-ci ne porta pas de tubercules radicaux et ne gagna pas d'azote ; la première, au contraire, portait des tubercules et fixait deux fois et demie la quantité d'azote contenue dans sa graine. Même résultat, mais avec une fixation bien plus considérable, lorsqu'après avoir fait germer un pois dans une terre à luzerne, on transplanta celui-ci dans un pot contenant du gravier : les racines étaient garnies de tubercules. Les bactéries, en effet, s'étaient fixées sur les racines, tandis que celles-ci étaient en contact avec la terre à luzerne ou bien avaient été transportées avec la terre adhérente aux racines. L'analyse montre, d plus, que, dans ces diverses expériences, les légumineuses ont exercé une action mani feste sur la fixation de l'azote sur le sol : ces végétaux abandonnent au sol par la chute d leurs feuilles et par leurs racines qui occupent le sol jusqu'à une très grande profondeu une importante réserve d'azote combiné : d'où l'explication de ce fait qu'une terre an lysée en 1879 par Dehérain et renfermant à cette époque 1,45 p. 1000 d'azote, a four après huit années consécutives de culture de légumineuses, 1,80 p. 1000 d'azote à l'analys

Des expériences plus récentes de Bréal (*Ann. agronom.*, t. xv, p. 529) ont montré que les bactéries contenues dans les tubercules radicaux de la luzerne se développent sur les racines d'un pois; ces bactéries peuvent vivre sous l'eau; et le pois, dont les racines portent des tubercules à la suite de cette inoculation, assimilera l'azote de l'air après avoir traversé la période caractérisée par l'expression de *faim d'azote* et qui correspond à cette époque de la vie de la plante où les cotylédons sont vides de matière nutritive. Ces bactéries ou au moins leurs spores (?) en suspension dans l'eau, peuvent supporter des gelées prolongées sans périr, ainsi que nous l'avons déjà signalé.

Non seulement les légumineuses herbacées absorbent l'azote atmosphérique, mais, d'après Frank (*Jahresb. Agrik. Chemie*, t. xiii, p. 215), une légumineuse arborescente, le *Robinia pseudo-acacia* se comporte de même. Des graines de cet arbre, semées dans un sable siliceux calciné et additionné d'un peu de terre prise dans un endroit où poussaient des robiniers, ont fourni, au bout de cent vingt-cinq jours, des plantes de 25 centimètres de hauteur dont les racines étaient abondamment pourvues de tubercules. L'analyse a montré que ces plantes renfermaient trente-huit fois plus d'azote que les graines dont elles provenaient (Voir encore au sujet de l'inoculation des lupins : Salfeld, *Ann. agronom.*, t. xv, p. 334; t. xix, p. 504; Fruwirth, *Ann. agronom.*, t. xviii, p. 142; t. xix, p. 505).

Beyerinck (*Jahresb. Agrik. Chemie*, t. xiii, p. 215; 1890), inoculant des racines de fèves avec le *Bacillus radicicola*, remarqua que la présence ou l'absence de nitrate de calcium ou de sulfate d'ammonium sont sans influence sur la marche de l'infection. On pouvait reconnaître, en voyant la répartition des tubercules radicaux, de quel côté du pot avait été versé le liquide chargé de bactéries. Notons la différence qui existe entre les bactéries qui habitent les diverses papilionacées, différence sur laquelle nous reviendrons plus loin. Ainsi la fève ne porte pas de tubercules radicaux alors qu'on l'inocule avec le bacille de l'*Ornithopus sativus*.

Sans vouloir, ainsi que nous l'avons dit au début de ce chapitre, entrer dans le fond de la question au point de vue histologique, signalons cependant les faits les plus remarquables que contient le travail de Laurent (*loc. cit.*), un des derniers parus sur cette matière. Nous y trouverons des expériences curieuses d'inoculation et de culture du microbe des nodosités.

Un tubercule adulte présente deux catégories de cellules : les unes, centrales, relativement très grandes, remplies d'un contenu dense et granuleux, autour desquelles se trouvent des couches formées de cellules plus petites et hyalines. On rencontre dans les grandes cellules, surtout dans celles situées vers la base du tubercule, des éléments bactériformes abondants doués du mouvement brownien. Si on écrase sur une lame de verre un fragment de tubercule, on remarque que les *bactéroïdes*, qui ont environ 1 μ le diamètre transversal, affectent tantôt la forme des bacilles les plus vulgaires, tantôt celle d'un T ou d'un Y suivant les espèces végétales examinées. Frank et Beyerinck ont déjà noté que la forme des bactéroïdes est assez constante chez une même espèce. Il ont signaler de plus la présence de grains d'amidon dans la plupart des cellules à bactéroïdes, ainsi que dans celles qui, arrivées à l'état adulte, n'en contiennent pas encore.

Dans les cellules les plus jeunes du parenchyme à bactéroïdes, on observe des filaments protoplasmiques non cloisonnés, irréguliers, traversant les membranes cellulaires et se renflant çà et là en masses ovoïdes ou sphériques. Ces filaments, très bien colorés par une solution de violet dahlia, ont été signalés d'abord par Prillieux et par Frank, puis décrits par Vuillemin. Marshall Ward et Beyerinck les virent pénétrer dans les racines par les poils radicaux. Ces filaments muqueux traversent les cellules et présentent, le plus souvent, un épaississement local au niveau des cloisons cellulosiques qu'ils traversent. Le violet dahlia, après quelques minutes, donne à la plupart des masses globuleuses un aspect mamelonné, parfois hérissé; chacune présente un certain nombre de ramifications très courtes qui constituent l'origine des bactéroïdes. La présence de ces hyphes, constatée par plusieurs observateurs, a été niée par d'autres.

A la suite de cette description, Laurent revient sur la nécessité d'une inoculation pour qu'il y ait apparition de tubercules sur les racines, et il examine l'influence de la masse, de la chaux, de l'acide phosphorique, du fer, sur la production des nodosités. qu'une racine est piquée avec une aiguille plongée au préalable dans une nodosité radicale, il faut environ dix jours pour observer l'apparition des premiers tubercules si le temps est favorable à la végétation. Ces tubercules sont disséminés sur la racine et ne se trouvent pas limités au point contaminé. En effet, une partie des germes qu'apporte l'opération se mélange au liquide de culture et même se propage de proche en proche à l'intérieur des tissus. Si on mêle simplement la semence au liquide de culture, sans blesser la racine, il faut quatre jours de plus pour voir apparaître les nodosités. Remplace-t-on, dans les piqûres, le contenu des nodosités par un peu de terre ayant porté des légumineuses, il faut attendre plus longtemps pour constater l'éclosion des tubercules; le microbe, se trouvant sans doute dans la terre à l'état de repos, a besoin d'un certain temps pour pénétrer dans la racine. On a pu inoculer au pois les microbes des nodosités de plus de trente espèces de légumineuses, et cependant le nombre, la dimension des nodosités et l'aspect des microbes qu'on y rencontre varient avec la nature des espèces auxquels on a emprunté la semence. Si on veut, d'après Beyerinck, que les inoculations soient couronnées de succès, il faut s'adresser à des tubercules portés par des plantes dont la végétation ne soit pas trop avancée. Nous ne reviendrons pas sur les différentes opinions qu'on a émises sur la nature du microbe des nodosités. Marshall Ward, après avoir observé que les filaments mycéliens pénètrent par les poils radicaux de la fève dans le parenchyme des racines et en provoque l'hypertrophie, regarde les bactéroïdes comme des bourgeons produits par ces filaments mycéliens.

Nous venons de voir que Laurent a établi que le microbe des nodosités est constitué par des filaments qui traversent l'écorce des racines et qui, après s'être abondamment ramifiés, produisent par bourgeonnement les bactéroïdes. A cet organisme, Laurent conserve le nom de *Rhizobium leguminosarum* donné par Frank. Pour se convaincre qu'une culture de cet organisme est pure, il faut l'inoculer à de jeunes pois; les bactéries banales ne possèdent pas, en effet, le pouvoir de former des tubercules. Le bouillon de pois gélatinisé fournit un bon milieu de culture; or on retrouve dans de semblables cultures les formes en Y et en T, et même des formes plus compliquées observées dans les nodosités: ces organismes sont dépourvus de mouvements propres. L'optimum de température pour la culture du *Rhizobium* est de 22 à 26°; et il ne croît plus à 30°. Des nodosités en voie de croissance et intactes doivent être chauffées dans l'eau à 90-95° pendant cinq minutes pour perdre leur pouvoir infectant; une culture pure chauffée à 55° dans de petites ampoules de verre devient stérile. La durée pendant laquelle une culture conserve son activité paraît être assez courte. Prazmowski avait déjà observé (voir plus haut) — et Laurent confirme ce fait — que le microbe des nodosités peut végéter dans des solutions privées d'azote et, par conséquent, qu'il semble assimiler l'azote gazeux de l'air, ce qui n'a pas lieu avec les bactéries banales. On peut faire des cultures avec des milieux privés ou non d'azote. Les milieux employés à cet effet étaient de l'eau distillée privée de combinaisons azotées et contenait du phosphate de potassium et de sulfate de magnésium. On obtient aussi de bonnes cultures si, à ce liquide, on ajoute 1 p. 1000 d'asparagine, 1 à 10 p. 100 de peptone; mais le développement se fait le mieux lorsqu'on additionne ces divers mélanges d'une substance sucrée.

Le *Rhizobium* est un organisme aérobie; l'action de l'air semble surtout nécessaire dans les milieux privés d'azote combiné : l'air paraît donc agir et comme source d'oxygène et comme source d'azote; dans l'azote pur, le rhizobium peut continuer à croître pendant quelque temps. Le rhizobium n'est pas une bactérie proprement dite; les bactéroïdes naissent par bourgeonnement des filaments mycéliens et leur reproduction encore lieu par le même procédé. Or, les vraies bactéries se reproduisent par division transversale. Par leur bourgeonnement les bactéroïdes se rapprochent des champignons inférieurs du groupe des levures. Laurent réunit en un même groupe le *Rhizobium* et *Pasteuria* de Metchnikoff, et fait de ce groupe un état intermédiaire entre les bactéries authentiques et les champignons filamenteux les plus inférieurs (ustilaginées, levures).

Voici encore quelques remarques faites par le même savant sur les propriétés physiologiques du rhizobium. Les pois, munis de tubercules, mais insuffisamment aérés, fixent qu'une quantité insignifiante d'azote, et végètent mal. Dans les tubercules mal aérés les bactéroïdes sont rares, et il faut supposer que leur apparition coïncide avec la fixation de l'azote libre. L'amidon disparaît complètement dans les nodosités qui renf ment beaucoup de bactéroïdes. Cet hydrate de carbone sert à fabriquer des substances albuminoïdes aux dépens des produits de l'assimilation de l'azote libre.

Quel est le sort des nodosités? Les bactéroïdes qu'elles contiennent ont une assez courte durée, et leur digestion semble être due à une diastase qui les transforme en produits solubles. On peut ainsi expliquer la diminution et la perte de vitalité : en effet, une inoculation pratiquée avec un tubercule cueilli sur un pois ou une fève en fleurs ou en fruits réussit rarement. Lorsque les bactéroïdes sont digérés, les tubercules se vident et entrent en putréfaction quand ils sont envahis par les micro-organismes banaux du sol. Quant au microbe des nodosités, il se conserve, soit par des spores nées dans les bactéroïdes, soit par des kystes persistant après résorption des filaments mycéliens : ses germes se mélangent à la terre lorsque les tubercules pourrissent dans le sol.

Nouvelles expériences d'inoculation. — Voici l'exposé de quelques essais d'inoculation récemment exécutés, lesquels démontrent, malgré les incertitudes inhérentes à la difficulté du sujet, qu'à chaque espèce de légumineuse correspond un organisme infectant spécial donnant le maximum d'action au point de vue de la fixation de l'azote.

Les expériences entreprises en 1890 par Nobbe, Schmid, Hiltner, et Hotter (*Landw. Vers. Stat.*, t. xxxix, p. 329) ont eu pour but d'inoculer aux légumineuses, soit des extraits de terre, soit des cultures pures de bactéries provenant de nodosités radicales. Ces auteurs ont résolu d'une manière assez satisfaisante la question de savoir si, chez toutes les légumineuses, une seule et même bactérie produit les nodosités, ou si cette propriété appartient à plusieurs espèces. On a mis en œuvre six espèces de légumineuses; le sol dont les auteurs ont fait usage consistait en un mélange de sable quartzeux avec 5 p. 100 de tourbe pulvérisée additionnée de carbonate calcique. Le tout était arrosé par une solution nutritive étendue (chlorure de potassium, sulfate de magnésium, phosphate de potassium). Le sol, les graines devant servir à l'ensemencement, l'eau d'arrosage, ont été stérilisés. La terre destinée à fournir des extraits était une terre ayant porté depuis plusieurs années des plantes semblables à celles sur lesquelles on voulait pratiquer l'inoculation. Ces extraits de différentes provenances étudiés au point de vue bactériologique ne contenaient pas seulement un nombre très inégal de bactéries susceptibles de se développer, mais les colonies du *Bacillus radicicola* étaient en nombre très variable.

Nous laisserons de côté bien des détails intéressants pour ne retenir que les résultats les plus saillants de cette étude. Voici, sous forme de tableau, ceux qu'a fournis le *pois*, dont une graine sèche pèse 0gr,170 et contient 0gr,00574 d'azote.

INOCULATION AVEC :	Différence entre l'azote de la récolte et celui de la graine. milligr.	Excès de la substance sèche de la plante sur celle de la graine. milligr.
1. Infusion de terre de lupin.	— 2,66	+ 67
2. Sans infusion.	— 0,33	+ 273
3. — —	— 0,58	+ 194
4. Inoculation avec les bactéries du pois.	+ 5,50	+ 643
5. Sans infusion, addition de nitrate de calcium.	+ 25,26	+ 1988
6. Infusion de terre du pois.	+ 30,66	+ 636
7. Sans infusion, addition de sulfate d'ammonium.	+ 31,54	+ 2273
8. Infusion de terre de *Robinia*.	+ 42,00	+ 2188
9. — — *Cytisus Laburnum*.	+ 57,66	+ 3166
10. — — *Gleditschia*.	+ 62,92	+ 3148

Toutes les plantes inoculées avec succès possèdent des tubercules radicaux en grand nombre. Parmi celles qui n'ont pas été inoculées, mais qui ont reçu des engrais azotés, seuls les pois auxquels on a ajouté du nitrate de calcium ont présenté quelques tubercules radicaux provenant d'une infection accidentelle. Chez toutes les plantes qui possèdent des tubercules, ceux-ci se trouvent presque exclusivement dans la partie supérieure du sol.

Robinia. Une graine sèche pèse 0^{gr},0190, elle contient 0^{gr},00107 d'azote.

INOCULATION AVEC :	Différence entre l'azote de la récolte et celui de la graine.	Excès de la substance sèche de la plante sur celle de la graine.
	milligr.	milligr.
1. Sans infusion.	+ 0,18	+ 60
2. Infusion de terre de lupin.	− 0,93	+ 163
3. — — pois.	+ 0,93	+ 156
4. Inoculation avec les bactéries du pois.	+ 1,10	+ 132
5. Sans infusion.	+ 1,76	+ 199
6. — — addition de nitrate de calcium. . .	+ 28,25	+ 2029
7. — — addition de sulfate d'ammonium. .	+ 35,21	+ 2933
8. Infusion de terre de *Cytisus*.	+ 82,14	+ 2758
9. — — *Gleditschia*	+ 108,49	+ 3450
10. — — *Robinia*.	+ 108,69	+ 3700
11. Inoculation avec les bactéries du *Robinia*.	+ 112,53	+ 3489

Mêmes observations que plus haut sur la présence des tubercules radicaux ; mais ceux-ci, moins nombreux que chez le pois, étaient plus volumineux. On a également remarqué l'apparition de tubercules sur des plantes non inoculées. La présence de ces tubercules sur des plantes non inoculées, ou inoculées avec les bactéries du pois, n'a eu aucune influence sur la croissance des végétaux qui les portaient. En ce qui concerne les deux vases pourvus d'engrais azotés, il faut noter que, dans le même vase, les plantes présentant de nombreux tubercules ont végété de la même façon que celles qui n'en possédaient pas. Il semble donc, ainsi que l'admet Frank, que la présence des bactéries des tubercules ne joue aucun rôle dans la nutrition des plantes qui végètent dans un sol contenant de l'azote. Il ressort également des expériences précitées, exécutées avec le *Robinia*, ce fait que l'inoculation a été plus efficace qu'une riche fumure de sels ammoniacaux ou de nitrates.

Voici ce qui a été observé avec le *Gledischia triacanthos :* les racines ne possèdent pas de tubercules, ainsi qu'il résulte d'observations déjà faites sur cette plante vivant en liberté ; l'inoculation est donc restée sans effets. Or le genre *Gleditschia* appartient aux groupes des *Césalpiniées :* des recherches ultérieures montreront si ce groupe se comporte autrement que celui des *Papilionacées.*

Les résultats qui précèdent confirment les travaux de Hellriegel ; ils montrent également que les infusions de différentes terres ont une influence très inégale sur les diverses légumineuses étudiées, et que cette influence ne provient pas seulement, comme l'admet Frank, du plus ou moins grand nombre de bactéries que renferme le sol. Une papilionacée donne le maximum de récolte, lorsque l'inoculation a lieu avec une infusion de terre ayant déjà porté cette papilionacée : les bactéries que contiennent les diverses infusions terreuses diffèrent donc les unes des autres sous certains rapports : c'est ce qui résulte clairement des expériences d'inoculation pratiquées sur le robinia avec des cultures pures de bactéries du pois et de bactéries de robinia. Quant aux inoculations pratiquées avec des infusions terreuses, elles fournissent toujours des résultats incertains, seules celles qui sont pratiquées avec des cultures pures doivent permettre de conclure d'une façon positive.

De nouvelles recherches sur lesquelles nous ne pouvons nous étendre ont montré que le pois, contrairement à ce qui s'était passé lors de la première expérience mentionnée plus haut, donne le maximum de récolte et de fixation d'azote lorsqu'il est inoculé avec une culture *pure* de bactéries du pois. Au contraire, l'inoculation d'une culture pure de bactéries de lupin n'a fourni que la moitié des chiffres précédents ; une culture pure de robinia est restée sans effets au point de vue de l'azote fixé.

Les auteurs ont ensuite entrepris une série d'essais avec le haricot pour voir si sur les racines de cette plante végétant dans un sol stérilisé, apparaissaient des nodosités radicales, *sans qu'on fît d'inoculation.* Frank, ainsi que nous l'avons déjà dit, a prétendu, en effet, que les graines du haricot renfermaient des bactéries, et que les tubercules radicaux n'étaient chez cette plante que des parasites. Voici les résultats obtenus :

Haricot. 1 graine sèche pèse $0^{gr},369$ et contient $0^{gr},01215$ azote.

INOCULATION AVEC :	Différence entre l'azote de la récolte et celui de la graine. milligr.	Excès de la substance sèche de la plante sur celle de la graine. milligr.
1. Non inoculé.	+ 1,50	+ 533
2. Culture pure de bactéries d'une terre à lupin . .	+ 1,84	+ 597
3. — — de tubercules de lupin .	+ 1,97	+ 590
4. Non inoculé.	+ 3,09	+ 674
5. Infusion de terre de haricots.	+ 3,92	+ 519
6. Culture pure de bactéries d'une terre de robinia .	+ 5,47	+ 674
7. Non inoculé, addition de nitrate de calcium. . . .	+ 5,51	+ 704
8. Culture pure de bactéries de tubercules du pois. .	+ 6,26	+ 736
9. Culture pure de bactéries d'une terre à pois . . .	+ 10,92	+ 850

Les plantes des séries 2, 3, 4, 6, 7 étaient complètement exemptes de nodosités radicales ; on trouvait, au contraire, de nombreux tubercules dans les séries 5, 8, 9 : les observations de FRANK sont donc erronées. LAURENT était déjà arrivé à la même conclusion.

Les expériences précédentes ont encore mis en lumière ce fait que les nodosités radicales se rencontrent dans les couches supérieures du sol, dans le tiers supérieur environ du corps libre de la racine; les racines profondes n'en possèdent pas. Il semble donc que les bactéries ne jouissent que d'un faible pouvoir de diffusion. On comprend d'après cela les insuccès d'une inoculation tardive, cette inoculation ne pouvant atteindre les jeunes racines faciles à infecter, puisque celles-ci se développent alors à une plus grande profondeur dans le sol. Quant à la présence des bactéries dans la partie supérieure du sol, on peut l'expliquer de deux façons : ou bien celles-ci ont besoin pour vivre d'une quantité d'oxygène plus considérable que celle qu'elles rencontreraient dans les couches profondes, ou bien elles ne peuvent pénétrer plus avant : on peut supposer alors qu'elles résistent à l'entraînement par l'eau à cause de l'adhérence qu'elles contractent avec les particules terreuses et les radicelles.

Les auteurs instituèrent en 1891 une série d'expériences afin de décider à laquelle de ces deux causes était due cette répartition des bactéries (*Landw. Vers. Stat.* t. XLI, p. 137). Cinq pois semés le 16 mai dans un sol stérilisé et exempt d'azote furent inoculés le 26 juin à 20 centimètres de profondeur avec une émulsion d'une culture pure de bactéries de tubercules du pois. Le 20 juillet les plantes qui auparavant présentaient la *faim d'azote* caractéristique se mirent à végéter vigoureusement. La récolte eut lieu le 2 octobre : on trouva des nodosités précisément à l'endroit où l'inoculation avait été faite, *c'est-à-dire sur les racines profondes*, tandis que les parties supérieures du système radiculaire n'en possédaient pas. On peut donc, à volonté, faire apparaître les tubercules à un endroit quelconque de la racine. Aussi longtemps qu'elles sont munies de poils radicaux, les jeunes racines peuvent être infectées; on comprend donc pourquoi une inoculation tardive faite à la partie supérieure échoue souvent.

L'observation montre que les bactéries qui pénètrent dans les racines se multiplient rapidement, et qu'après leur transformation en bactéroïdes elles sont finalement résorbées par la plante injectée. Cette transformation à l'intérieur des nodosités se produit de bonne heure, et la résorption des bactéroïdes a lieu longtemps après que l'assimilation de l'azote a commencé. Cette assimilation peut cependant n'être pas une conséquence de la dissolution des bactéroïdes, et d'ailleurs elle est trop considérable pour que la quantité d'azote contenue dans la masse totale des bactéroïdes lui corresponde. Quoi qu'il en soit, le rôle des tubercules dans l'assimilation de l'azote est encore obscur. NOBBE et HILTNER (*Landw. Vers. Stat.*, t. XLII, p. 459) pensent que cette assimilation est en relation avec la *formation* des bactéroïdes. Cette conclusion, les auteurs précités l'ont tirée de la curieuse expérience que voici. Des pois furent inoculés avec une culture pure; mais, par un hasard inexpliqué, ces végétaux ne se développèrent pas mieux que des individus semblables, soumis aux mêmes conditions, mais non inoculés. Cependant leurs racines, fort peu développées d'ailleurs, portaient des tubercules nombreux et volumineux ayant fait leur apparition de très bonne heure. On était donc en présence d'une singulière anomalie; or, au lieu de trouver dans ces tubercules les bactéroïdes caractéristiques, on y rencontra une quantité considérable de bactéries transformées qui remplissaient les cellules. L'année suivante, de semblables faits, sur lesquels nous ne pouvons nous étendre, furent encore observés. Il en résulte que les tubercules dans lesquels la transformation des bactéries en bactéroïdes n'a pas lieu sont plus nuisibles qu'utiles à la plante qui les porte; ces bactéries jouent le rôle de simples parasites et ne sont pas en relation avec l'assimilation de l'azote par laplante, observation déjà faite par MÖLLER (Ber. Botan. Gesells. t. x, p. 242). NOBBE et HILTNER ont, de plus, conclu de leurs nombreuses expériences que, plus les bactéries sont vigoureuses, moins est prononcée leur tendance à former des bactéroïdes, plus les plantes qui possèdent des nodosités sont vigoureuses, plus facile est chez elles la transformation des bactéries en bactéroïdes : il semble donc bien que l'assimilation de l'azote commence avec la transformation des bactéroïdes. Cette dernière proposition se trouve encore confirmée par une série de recherches et de remarques qu'il serait trop long d'énumérer ici.

Quel est le mécanisme intime de cette assimilation de l'azote? Les bactéroïdes qui remplissent le tissu du tubercule affectent une disposition réticulaire, ainsi qu'il résulte des observations de PRAZMOWSKI, de FRANK, de NOBBE et HILTNER. Il paraît donc vraisemblable que, dans la fixation de l'azote par l'intermédiaire des tubercules, il se passe un phénomène analogue à la respiration animale, et surtout à la respiration branchiale. En effet, les bactéroïdes, en vertu de leur disposition spéciale, de leur mode particulier de groupement offrent, au milieu contenant l'azote gazeux une surface considérable. Cette comparaison des tubercules radicaux avec les branchies paraît d'autant plus acceptable que BOUQUET a émis l'hypothèse suivante qu'il faudrait vérifier, à savoir que l'eau absorbée par les plantes et dégagée par l'évaporation, abandonne à ces plantes l'azote qu'elle a dissous. On sait qu'il se forme des tubercules sur les racines des légumineuses élevées dans une solution aqueuse, surtout si celle-ci est privée d'azote; mais l'efficacité de ces tubercules, sous le rapport de l'accroissement des plantes; est bien moins marquée que lorsque ceux-ci se sont développés dans un milieu solide. Dans les cultures en milieu liquide, en effet, la circulation de l'azote a lieu avec une rapidité moindre que dans les espaces capillaires du sol. Aussi devra-t-on constater une absorption d'azote par les tubercules bien plus notable si on fait circuler au travers du liquide un courant d'air ou d'azote. C'est ce que NOBBE et HILTNER se proposent de vérifier [1].

Sans vouloir tirer ici toutes les conséquences pratiques qui résultent, au point de vue agricole, de la découverte de la fixation de l'azote par les légumineuses, on peut dire, avec WILFARTH (Botan. Centralbl., t. xxii, p. 181) que c'est surtout l'engrais vert qui permettra de profiter de l'azote libre qu'assimilent ces végétaux. Dans les sols légers, les terres à betteraves, préalablement inoculées avec de la terre à lupins, on cultivera le lupin; on ensemencera dans les terres légères, pas trop sèches, la sénadelle et la vesce des sables; la vesce ordinaire et les trèfles conviennent aux terres de meilleure qualité. On enfouira les plantes au moment de leur richesse maxima en azote, entre la floraison et la maturation des graines. Il faut évidemment que les autres éléments minéraux nécessaires aux légumineuses existent dans le sol; si une terre est trop pauvre en azote, on fera bien d'y introduire un peu de nitrate d'ammonium destiné à favoriser le premier développement de la plante lui permettant d'attendre l'apparition des tubercules radicaux. En ce qui concerne le sol, il faut que celui-ci contienne la bactérie destinée à vivre en symbiose avec la plante à cultiver; il doit être pauvre en azote, autrement l'effet ne serait pas appréciable. On inoculera le sol lorsque la légumineuse qu'on aura semée ne végétera qu'imparfaitement, en supposant toutefois qu'aucun aliment minéral ne fasse

1. Les légumineuses seules présentent-elles cette propriété caractéristique de fixer l'azote atmosphérique, alors qu'elles vivent en symbiose avec les bactéries? NOBBE, SCHMID, HILTNER et HOTTER (Land. Vers. Stat., t. xii, p. 138) ont planté dans un sol stérile des graines d'Eloeagnus angustifolius, et, au bout de quelques semaines, ils ont inoculé les jeunes plantes avec une infusion de terre ayant porté des Eloeagnus. Les racines de celles-ci se sont garnies de tubercules, et ces végétaux ont assimilé l'azote libre. Les tubercules de l'Eloeagnus sont d'ailleurs produits par un organisme très différent du Bacillus radicicola.

défaut. Si les racines sont garnies de nodosités, l'inoculation sera inutile; si celles-ci manquent ou sont rares, on procédera à l'inoculation. Le lupin et la sénadelle ont généralement besoin d'être inoculés, les autres légumineuses réussissent bien dans les sols incultes fraîchement défrichés. La terre qui doit servir à l'inoculation proviendra d'un champ ayant fourni une bonne récolte de la légumineuse elle-même qu'on veut cultiver. Cette inoculation sera faite une fois pour toutes, si les légumineuses sont cultivées sans interruption sur le sol.

VI. Premiers essais de culture des microbes fixateurs d'azote dans le sol. — **Résultats expérimentaux.** — Nous avons principalement envisagé dans ce qui précède la fixation de l'azote libre par les microbes vivant en symbiose avec une plante verte. Cependant, en parlant des expériences de GAUTIER et DROUIN, de FRANK, de SCHLŒSING fils et LAURENT, nous avons dit que certaines algues, qu'on rencontre fréquemment à la surface du sol, étaient également capables de fixer l'azote libre. Demandons-nous s'il n'existe pas d'autres cryptogames (mucédinées) qui possèdent cette propriété. Un second problème, non moins important à résoudre, sera celui qui consistera à cultiver le ou les organismes fixant l'azote sur le sol, indépendamment de toute végétation apparente, et dont l'existence est indiscutable à la suite des recherches de BERTHELOT résumées plus haut.

Le travail suivant de BERTHELOT répond à ces deux questions (*Ann. Chim.*, (6), t. XXX, p. 411). Les micro-organismes mis en œuvre sont : 1° des bactéries extraites du sol et employées soit à l'état de mélange, soit à l'état d'espèces isolées ; 2° les bactéries fixées sur les racines du lupin; 3° des semences pures d'*Aspergillus niger*; 4° des semences pures d'*Alternaria tenuis*; 5° un *Gymnoascus*; 6° diverses espèces de champignons.

Des bactéries extraites d'une parcelle de terre végétale par les procédés ordinaires de la microbiologie, les unes liquéfiaient, les autres ne liquéfiaient pas la gélatine. On a ainsi isolé sept espèces ; on s'est également servi, pour ensemencer les sols artificiels, d'un ballon de culture qui renfermait un mélange des divers microbes contenus dans une parcelle de terre végétale. Quant aux milieux sur lesquels devait porter la fixation de l'azote, ils contenaient une quantité notable d'éléments hydrocarbonés et une petite dose d'azote destinée à entretenir, au début, la vie des êtres qu'on y ensemençait. Les ballons ou flacons mis en expériences avaient une capacité de 300 centimètres cubes à six litres ; ils renfermaient des mélanges divers, dans la constitution desquels entraient de l'acide humique, du kaolin, de l'acide tartrique, du sucre et quelques centimètres cubes de la liqueur de Cohn diluée. Après stérilisation à l'autoclave, ces flacons ont été ensemencés et exposés pendant plusieurs mois à une température de 20 à 25°. A peine est-il besoin de dire qu'on a eu soin de disposer en même temps des flacons *témoins* non ensemencés, mais renfermant le même contenu que les premiers. Remarquons que les phénomènes d'oxydation ne doivent pas être trop actifs; s'il en était ainsi, si la couche ensemencée était trop mince, les organismes fixateurs de l'azote cesseraient d'exercer leur fonction; aussi, dans les ballons de six litres, les résultats ont-ils été négatifs la plupart du temps, tandis que dans les ballons de 600ᶜᶜ à un litre, renfermant des mélanges identiques placés dans les mêmes conditions, la fixation de l'azote a toujours eu lieu. Les résultats ont été les suivants avec *les bactéries du sol*. Le mélange de ces bactéries cultivé sur acide humique, a fixé 37 p. 100 de l'azote initial; sur acide humique et kaolin, 52 p. 100; sur kaolin seul, 150 p. 100. Parmi les bactéries isolées, les unes ont fourni des gains s'élevant de 37 à 80 p. 100 de l'azote initial, d'autres ont donné lieu à des résultats nuls ou négligeables.

On a obtenu, dans les mêmes conditions de milieu, une fixation d'azote avec le liquide des tubercules radicaux des lupins écrasés.

La culture de l'*Aspergillus niger* sur liquide de Cohn additionné d'acide tartrique a fourni un gain d'azote variant de 18 à 35 p. 100 de l'azote initial. Dans deux expériences réalisées avec cette mucédinée, on a fait intervenir un champ électrique dont l'influence ne s'est pas fait sentir sur le développement de l'*Aspergillus*.

La culture de l'*Alternaria tenuis* sur kaolin, additionné de sucre et de liqueur de Cohn, a fourni un gain d'azote variant de 36 à 98 p. 100 de l'azote initial, le végétal s'est d'ailleurs bien développé et la culture était pure. Un *Gymnoascus* développé sur un substratum analogue au précédent, à la suite d'un ensemencement par une parcelle de sable argileux, a donné lieu à une fixation du même ordre de grandeur que celles que nous avons citées un peu plus haut.

Concluons donc : le sol contient des micro-organismes dépourvus de chlorophylle, aptes à fixer l'azote, et dont la nutrition est corrélative de la destruction de certains principes hydrocarbonés, tels que le sucre ou l'acide tartrique. Il semble utile que ces micro-organismes rencontrent, au début, une petite quantité de principes azotés afin d'acquérir la vitalité nécessaire à l'absorption de l'azote libre. Si ces principes azotés sont trop abondants, la bactérie vivra seulement à leurs dépens.

Peu de temps après la publication des expériences de BERTHELOT, WINOGRADSKY, dans une note préliminaire, exposait des résultats du même ordre (*C. R.* t. CXVI, p. 1385). Cet auteur, se proposant de chercher s'il existe dans le sol des espèces déterminées de microbes fixateurs d'azote, fit une série de cultures méthodiques dans un milieu dépourvu d'azote, mais contenant des sels minéraux et du sucre. Bientôt les cultures présentèrent des caractères constants : dégagement gazeux, production d'un acide (acide butyrique) présence de masses zoogléiques mamelonnées. Ces masses étaient formées par un grand bacille, bien développé, colorable par les couleurs d'aniline et contenant souvent des spores. Cet organisme n'a pas encore été isolé à l'état de pureté absolue ; il est mélangé avec deux autres espèces distinctes, souvent très peu développées. Ces deux bacilles, ensemencés à l'état de pureté dans le même milieu indiqué plus haut exempt d'azote, n'y croissent pas, ne dégagent pas de gaz et ne produisent pas d'acides. Ces deux derniers phénomènes ayant toujours été les symptômes sûrs de l'assimilation de l'azote, les deux espèces dont il s'agit ne semblent donc pas pouvoir produire l'assimilation. Quant au grand bacille décrit en premier lieu, il possède cette propriété fixatrice, et ressemble au *Bacillus butylicus* ainsi qu'à plusieurs autres organismes du groupe des ferments butyriques. Il fixe des quantités considérables d'azote, et peut-être existe-t-il un rapport constant entre la quantité de sucre décomposé et celle de l'azote assimilé. WINOGRADSKY a d'ailleurs entrepris une série d'expériences que nous analysons plus loin (v. p. 1003) sur l'ensemble de cette question.

Les nombreuses expériences que nous venons de rappeler montrent par quelles phases les recherches sur la fixation de l'azote ont passé avant d'atteindre à ce degré de précision auquel elles sont arrivées aujourd'hui. Nous pensons avoir fait ressortir tout l'intérêt qui s'attache à cette question de physiologie pure ; celle-ci ne constitue sans doute qu'un des chapitres de la nutrition des végétaux, mais les avantages immenses que la pratique agricole peut en retirer n'échapperont à personne.

Appendice. — Depuis la rédaction de cet article (1894), il a paru un certain nombre de mémoires intéressants sur la question qui nous occupe.

P. KOSSOWITCH (*Botan. Zeit.*, 1892, 43, 47) a cherché quels étaient les organes (feuilles ou racines) qui, chez les légumineuses, absorbaient l'azote libre, FRANK ayant prétendu que les feuilles seules étaient capables de cette fonction. Kossowitch isole, à l'aide d'un dispositif approprié et dont chacun peut se faire une idée, l'atmosphère qui entoure la racine, soit celle qui entoure les tiges et les feuilles des plantes soumises à l'expérience : il fait circuler dans l'espace ainsi confiné un mélange artificiel de gaz exempt d'azote (oxygène mêlé d'hydrogène, avec addition d'acide carbonique lorsqu'il s'agit des feuilles). Le sable qui sert de support à la plante est calciné, on y introduit des pois garnis de tubercules. L'auteur conclut de son expérience que les légumineuses prennent à l'air leur azote *seulement par les racines* ; il n'y a pas eu absorption sensible de ce gaz, lorsque, les feuilles étant plongées dans l'air ambiant, l'atmosphère des racines ne se composait que d'un mélange d'hydrogène et d'oxygène. Il est également vraisemblable que les racines sont le lieu où l'azote passe de l'état libre à l'état combiné.

Nous avons étudié la fixation de l'azote par les algues d'après les travaux de SCHLOESING fils et LAURENT. Ce n'est que lorsque ces algues se développent à la lumière que ce phénomène a lieu : à l'obscurité il n'y a pas de développement, et, partant, pas de fixation (KOCH et KOSSOWITCH, *Botan. Zeit.*, 1893, n° 21, p. 321).

Revenons sur cette fixation de l'azote par les algues. Les nouvelles expériences de KOSSOWITCH ont éclairci plus d'un point important de ce problème et marquent en quelque sorte la transition entre les travaux que nous venons de mentionner, à la suite desquels il semble que la fixation n'ait lieu sur le sol que par l'intermédiaire de certaines algues, et ceux tout récents de Winogradsky dans lesquels, conformément aux idées de Berthelot, la fixation de l'azote n'est qu'une œuvre microbienne.

Kossowitch (*Unters. ub. die Frage ob die Algen freien Stickstoff fixieren. Botan. Zeit.*, 1894, 97) s'est d'abord attaché à faire des cultures d'algues à l'état de pureté. De même que Beyerinck, il se sert comme *substratum* de silice gélatinisée, laquelle n'est pas liquéfiée par les bactéries accompagnant les algues. Celles-ci furent également cultivées sur gélatine, et le morceau de gélatine, porteur de la culture, fut déposé sur du sable stérilisé. L'espèce obtenue en culture pure est voisine des genres *Cystococcus* et *Chlorella*. Les flacons munis de sable calciné destinés aux expériences étaient traversés par un courant d'air filtré mêlé d'un peu d'acide carbonique. Le liquide nutritif doit contenir, suivant les espèces (*Cystococcus* ou *Stichococcus*) tantôt du phosphate neutre, tantôt du phosphate acide de potassium; l'addition de sucre est parfois indispensable. Si le sable ne renferme pas d'azote, les algues ne se développent pas, ce qui signifie que les algues ne fixent pas l'azote libre, ou, du moins, qu'elles ont également besoin d'azote combiné; ce sont les nitrates qui, sous ce rapport, réussissent le mieux. Le *Stichococcus* a été cultivé sur sable calciné (70 grammes) mêlé d'une solution renfermant, dans 1000 grammes d'eau, $0^{gr},25$ PO^4HK^2, $0^{gr},25$ PO^4H^2K, $0^{gr},37$ SO^4Mg, $0^{gr},20$ $NaCl$ avec traces de phosphate de fer, de sulfate et de nitrate de calcium. Quelques cultures étaient additionnées de 1 gramme de sucre de canne. Les appareils étant stérilisés après addition de liqueur nutritive, on les a ensemencés, soit avec des cultures sur sable ou sur gélatine de *Cystococcus*, soit avec ces mêmes cultures, additionnées d'une culture pure de bactéries du *pois*. L'expérience a été poursuivie pendant trois mois, bien qu'au bout de trois semaines les cultures eussent atteint tout leur développement. Celui-ci se fait d'autant mieux qu'il y a plus de nitrate en présence. Là où existaient les bactéries de *pois*, les algues se développèrent moins bien; car ces bactéries avaient emprunté une partie de l'azote combiné. Avant d'interrompre l'expérience, on introduisit dans deux des vases quelques centimètres cubes d'une solution nitratée : aussitôt la couche d'algues se colora en vert intense : ce qui déjà semble parler en faveur d'une non-fixation d'azote; le dosage final confirme d'ailleurs cette présomption. Une culture de *Cystococcus* pure ou mêlée de bactéries de *pois* ne fixe donc pas l'azote libre.

Dans une autre série d'expériences, on a employé des cultures impures provenant, par exemple, de l'ensemencement d'une parcelle de terre, et on a procédé, comme il vient d'être dit, avec ou sans addition de sucre. Voici les résultats obtenus dignes d'être mentionnés; ni le *Stichococcus*, ni le *Cytococcus* purs n'ont fixé d'azote; le *Micrococcus vaginatus* des expériences de Schloesing fils et Laurent fournissait le même résultat négatif. Mais, lorsqu'il y a mélange avec les diverses bactéries du sol, on observe une fixation, sans qu'il soit possible d'attribuer à un organisme particulier cette propriété fixatrice. Cependant, pour Kossowitch, les algues seraient en relation avec la fixation de l'azote, mais à la lumière seulement, en ce sens que celles-ci seraient peut-être capables de fournir aux bactéries fixatrices les hydrates de carbone qu'elles ont elles-mêmes élaborés à la lumière. Dans les cultures impures, la fixation est plus considérable, en présence qu'en l'absence de sucre. Jusqu'à présent on tirait une preuve de la fixation de l'azote par les algues des expériences faites à la lumière et à l'obscurité : dans le premier cas, il y avait fixation; dans le second, pas de fixation. Nous venons de voir que l'explication probable de ce fait doit être cherchée dans l'impossibilité où se trouvent les algues à l'obscurité d'assimiler le carbone, et de nourrir, par conséquent, les bactéries. Concluons donc qu'*entre les algues et les bactéries existe une symbiose :* celles-ci, fixatrices d'azote, tirant leur nourriture hydrocarbonée des produits d'assimilation des algues. L'opinion précédente est d'autant plus acceptable que l'on sait que les légumineuses, pourvues de nodosités radicales, ne fixent pas l'azote à l'obscurité. Berthelot, d'ailleurs, avait déjà fait voir qu'un sol ne peut fixer l'azote que jusqu'à une certaine limite qui dépend de sa richesse en matériaux hydrocarbonés. On ne peut affirmer qu'aucune algue ne fixe l'azote; mais, dans tous les cas, un sol dépourvu de bactéries n'en fixe pas.

F. Noble, Hiltner et Schmid (*Landw. Vers. Stat.*, t. XLV,1) ont repris de nouveau la question de la spécificité des bactéries qui vivent dans les tubercules des légumineuses. Ils ont fait usage de vases parfaitement stérilisés et de cultures absolument pures des différentes bactéries provenant des nodosités radicales dont ils ont étudié l'action sur diverses espèces de Légumineuses. Leur intéressant travail peut se résumer ainsi : Les plantes suivantes : *Robinia pseudo-acacia, Acacia lophanta, Vicia villosa, Pisum sativum* ont été inoculées chacune avec les bactéries de leur propre espèce, tandis que des pieds semblables recevaient des bactéries des trois autres espèces. Or l'expérience a montré qu'en ce qui concerne la quantité d'eau évaporée, la hauteur totale du végétal, le poids de la matière sèche, la teneur finale en azote, les plantes inoculées avec les bactéries de leur propre espèce l'emportent de beaucoup sous ces différents rapports sur celles inoculées avec des bactéries étrangères. Les bactéries d'espèces voisines peuvent se remplacer dans une certaine mesure, mais elle restent inférieures comme action à celles de l'espèce propre. Les bactéries appartenant à des espèces éloignées, ou bien sont sans influence, ou bien produisent des tubercules incapables de fixer l'azote (page 12 du mémoire cité). Dans une autre série d'expériences, on inocule un certain nombre de légumineuses avec des cultures pures de bactéries de *Pois* et de *Robinia*. Les sols mis en œuvre contenaient au début un peu d'azote, afin de décider si les différences constatées avec les sols privés d'azote de l'expérience précédente se retrouvent dans les conditions de la culture naturelle. Chaque plante fut inoculée avec une culture pure de *Pois* et une culture pure de *Robinia*. Ces essais ont montré que les bactéries des pois fournissent des tubercules avec les *Viciées* et les *Phaséolées*, mais restent sans effet sur les *Hédysarées*, les *Génistées*, les *Trifoliées*, les *Galégacées ;* les bactéries de *Robinia*, outre le *Robinie*, n'ont donné de résultats favorables qu'avec les *Phaséolées*. Ceci peut s'expliquer si on se rappelle quelles corrélations étonnantes existent entre le développement des bactéries des tubercules et celui de la plante hospitalière. Les bactéries de nodosités fournissent un excellent exemple de la propriété remarquable que possèdent beaucoup d'organismes de subir des transformations profondes lorsque changent les conditions physiques et chimiques du milieu dans lequel ils vivent; ils s'adaptent à ce nouveau milieu, et leur action physiologique se trouve alors modifiée. Les cultures pures provenant des différents tubercules radicaux ne représentent donc pas autant d'espèces distinctes, mais seulement des formes distinctes.

— Dans le courant de cet article nous avons examiné à maintes reprises la question de la fixation de l'azote par les plantes appartenant à d'autres familles que celle des légumineuses. P. Noble et L. Hiltner (*Landw. Vers. Stat.*, t. XLV, p. 155) cultivent dans des pots contenant une bonne terre de jardin les quatre espèces suivantes : *Pois, Chanvre, Sarrasin, Moutarde*. A la fin de l'expérience, ces quatre espèces accusent un gain d'azote; mais, seul, le pois a profité de ce gain, les autres plantes sont restées chétives et n'ont pu s'assimiler l'azote dont le sol s'est enrichi. C'est qu'en effet, d'après Berthelot et Winogradsky, le sol contient des bactéries capables d'assimiler l'azote libre, mais cet azote ne profite pas aux plantes, du moins immédiatement; il demeure dans le sol, il nitrifie et n'est utilisé que par les végétations ultérieures. Les légumineuses occupent donc bien un rang à part au point de vue de la manière dont elles fixent et utilisent immédiatement l'azote libre de l'air.

Il nous reste maintenant à analyser en quelques lignes le mémoire complet de Winogradsky sur *l'assimilation de l'azote libre de l'atmosphère par les microbes*, mémoire paru récemment. Nous avons gardé ce travail pour la fin, non pas qu'il soit, à notre avis, le dernier mot de la question, mais il constitue néanmoins un pas très important fait en avant dans la longue série de recherches que nous venons de résumer et il met en relie[f] la méthode à suivre pour les expériences ultérieures (*Arch. Sc. biol. Saint-Pétersbourg* t. III, n° 4; 1895).

L'auteur ensemence une trace de terre sur la liqueur suivante, absolument exempt[e] d'azote, et dont chaque élément a été, à cet effet, soigneusement purifié : Ea[u] $= 1\,000$ grammes; phosphate de potassium $= 1$ gramme; $MgSO^4 = 0^{gr},5$; NaCl, FeSO^{4}M $= 0^{gr},01$ à $0^{gr},02$. 100 centimètres cubes de cette solution reçoivent de deux à quatr[e] grammes de glucose pur additionné ou non de carbonate de calcium; les vases so[nt] traversés par un courant d'air filtré. Après un certain nombre de cultures, on ne découv[re] dans la liqueur que les trois organismes suivants : 1° un *Clostridium* qui prédomin[e]

2° Un très fin bacille à longs filaments sinueux ; 3° un gros bacille, large de 2 μ, à longs filaments se transformant en chaînettes d'articles asporogènes arrondis. La couche de craie se dissout complètement en même temps que se déclare, dans la plupart des vases, une fermentation butyrique qui consomme tout ou partie du sucre présent. La marche des expériences est souvent irrégulière : tantôt la fermentation commence au bout de deux ou trois jours, tantôt au bout de plusieurs semaines. Les premiers dosages ont montré que, là où la fermentation butyrique avait eu lieu, on pouvait constater une fixation d'azote, alors que dans les liquides n'ayant pas fermenté il n'y avait pas eu de fixation. L'optimum de température est situé vers 20°. Ces irrégularités dans la mise en train du phénomène disparurent lorsque, après plusieurs tâtonnements, l'auteur ajouta au liquide de culture des quantités très faibles d'azote nitrique ou ammoniacal dont nous verrons bientôt le mode d'action. Ces traces d'azote combiné ne font qu'*amorcer* la fermentation ; mais sont sans influence sur la fixation de l'azote libre. Il suffit également de faire traverser les cultures par un courant d'air plus lent pour rendre le début de la végétation plus facile et plus régulier. Ces premières expériences ont fait voir que la fixation de l'azote s'élève de $0^{gr},0025$ à $0^{g}.003$ pour un gramme de glucose détruit dans des conditions de culture aérobie. Ce rapport décroît si la quantité de sucre ajouté s'accroît. La fixation de l'azote diminue lorsqu'il y a aération insuffisante ou lorsque la quantité d'azote combiné ajouté au début est très forte. Le rapport limite, au-dessus duquel un gain d'azote libre n'est plus réalisable, est de $\dfrac{6 \text{ (azote combiné ajouté)}}{1000 \text{ (glucose)}}$.

Dans les premières expériences que nous venons de rapporter, WINOGRADSKY s'est borné à épurer le mélange des microbes, autant qu'il pouvait l'être, par la culture élective, laquelle élimine toutes les espèces incapables de vivre dans ce milieu spécial ; un chauffage ultérieur à 80° a détruit de plus toutes les espèces asporogènes ; il ne reste que trois espèces sporogènes. WINOGRADSKY procède ensuite à la séparation des trois espèces sus-mentionnées. Sur milieu solide, on isole le gros bacille (bacille α) et le bacille fin (bacille β) : le *Clostridium* ne se développe pas. Ces deux premières espèces, une fois isolées, ont pu être cultivées à l'état de pureté dans des tubes à essais contenant de la gélose sucrée : le bacille α est aérobie, le bacille β anaérobie facultatif. Aucune de leurs cultures ne montre de dégagement gazeux, aucune n'a l'odeur d'acide butyrique. Ces deux bacilles ne fixent pas l'azote libre, et leur rôle semble secondaire dans le phénomène fixateur. Quant au *Clostridium*, il a pu être cultivé sur des tranches de carotte, *mais dans le vide ;* on l'obtient ainsi à l'état pur, les deux bacilles qui l'accompagnaient n'ayant pu se développer sur ce nouveau milieu ; de plus, il y a dégagement gazeux. Ensemencé seul sur le liquide sucré primitif, ce *Clostridium* ne produit pas de fermentation bien franche ; il semble donc que le concours des deux premiers bacilles soit indispensable à son développement. Or l'expérience montre que, si on reconstitue dans le milieu sucré l'association des trois espèces, il y a fermentation : *un microbe strictement anaérobie (Clostridium) peut donc vivre normalement, et pendant un nombre de générations indéfini, dans un milieu aéré, s'il est protégé de l'action de l'oxygène par l'association d'espèces aérobies*. L'action *favorisante* des deux bacilles n'a rien de spécifique ; des vases de culture contenant le *Clostridium* ensemencé sur une couche de liquide peu épaisse restaient stériles aussi longtemps que la culture était pure ; mais, si on introduisait dans ces vases un *Penicillium* ou un *Aspergillus*, la fermentation commençait bientôt. Les espèces favorisantes doivent précéder dans son développement l'espèce anaérobie, ou, du moins, se développer concurremment avec elle ; mais, comme cette dernière est seule apte à fournir l'azote combiné au milieu, puisque les aérobies en sont incapables, la croissance de celles-ci est subordonnée à l'activité de l'espèce anaérobie. D'où l'utilité qu'il y a à introduire au début dans la culture une faible dose d'azote combiné.

Il résulte de tout ceci qu'un organisme quelconque favorisera, dans ce cas spécial, le développement du microbe anaérobie, si cet organisme est capable de vivre dans un milieu très pauvre en azote, d'en utiliser les dernières traces, et, surtout, *d'absorber énergiquement l'oxygène de l'air*.

Des cultures pures du ferment anaérobie ensemencées dans le liquide primitif *traversé par un courant de gaz azote pur* ont déterminé une énergique fermentation

(1 gramme de sucre décomposé en moins de deux jours) et il y a eu fixation d'azote libre. Le problème est donc résolu : on possède une espèce pure, anaérobie, isolée du sol, capable de synthèse azotée aux dépens de l'azote de l'air, et pouvant se développer dans un milieu *rigoureusement dépourvu d'azote combiné*. Ce microbe n'a pu être identifié avec aucun des ferments butyriques actuellement connus ; morphologiquement il se rapproche le plus du *Clostridium butyricum* de PRAZMOWSKI. WINOGRADSKY propose d'appeler ce nouvel être : *Clostridium pasteurianum*.

Au sein de cultures pures, ce microbe dégénère peu à peu : il peut devenir complètement asporogène, même sur un milieu, comme la carotte, éminemment propre à sa multiplication. Pour éviter cette dégénérescence, il faut faire usage d'un courant de gaz azote suffisamment énergique pour traverser continuellement la masse liquide ; il faut également employer une culture pure faite directement avec le microbe du sol.

Voici donc comment l'auteur opère définitivement. Une trace de terre fut introduite dans un flacon dans lequel barbottait jour et nuit de l'azote pur ; au bout de trois jours, à la température ordinaire, apparut la fermentation : le liquide ne contenait que le *Clostridium* connu. Avec cette première culture on ensemence un second flacon, puis un troisième, et cela jusqu'à vingt flacons. Alors la fermentation débutait régulièrement au bout de 24 heures, le microbe ne dégénérait plus et sa culture était parfaitement homogène. La formation des spores coïncide avec un ensemble de conditions capables d'entraver le développement actif du microbe : un accès d'air, pas trop brusque, au sein d'une culture anaérobie, est suivi de sporulation.

Vers la fin des cultures apparut le bacille β des cultures aérobies ; lorsque la fermentation était achevée, ce bacille se montrait en grande abondance, et on accélérait son développement en laissant pénétrer l'air dans les flacons : le *Clostridium* mourait alors en masse.

En résumé, le meilleur procédé pour isoler du sol le *Clostridium* fixateur consiste :

1° à introduire une trace de terre fraîche dans le liquide sucré exempt d'azote combiné ; on fera passer dans ce liquide un courant d'azote pur.

2° A faire 4 à 5 passages dans le même milieu.

3° A chauffer à 80° les spores bien mûres pendant un quart d'heure pour détruire les germes étrangers.

4° A cultiver ensuite le microbe sur plaques de pommes de terre strictement anaérobies.

Le *Clostridium* est un ferment butyrique vrai ; après fermentation, on trouve dans les liquides des acides butyrique et acétique dans la proportion de 4 à 1 dans une des expériences, de 3 à 1 dans une autre. Il se fait en même temps une trace d'alcool supérieur et pas d'acides fixes ; les gaz de la fermentation sont l'acide carbonique et l'hydrogène (ce dernier représente de 60 à 75 p. 100 du gaz total).

Ayant ensuite isolé du sol un certain nombre d'autres microbes, et ceux-ci n'ayant donné lieu à aucune fixation d'azote, WINOGRADSKY, tout en faisant des réserves formelles sur les expériences à venir, formule cette conclusion : l'aptitude à fixer l'azote est une fonction spécifique ; seul le clostridium isolé manifeste cette propriété.

L'auteur (*C. R.*, t. cxvIII, p. 353) pense que ce phénomène de la fixation de l'azote *apparaît comme l'effet de la rencontre de l'azote gazeux et de l'hydrogène naissant au sein du protoplasma vivant, et il est permis de supposer que la synthèse de l'ammoniaque pourrait en être le résultat immédiat.*

G. ANDRÉ.

AZOTITES. — Les azotites ou nitrites sont les sels de l'acide azoteux ou nitreux, AzO^2H. Ils sont en général solubles dans l'eau ; cependant l'azotite d'argent n'est que faiblement soluble. Ces sels sont décomposés au rouge. Traitée par de l'acide sulfurique étendu, leur dissolution dégage du bioxyde d'azote, en même temps qu'il se forme de l'acide azotique. Si l'on ajoute en même temps du sulfate ferreux, ce sel absorbe le bioxyde formé et se colore en brun. Si l'on ajoute à la dissolution d'un azotite un mélange d'iodure de potassium et d'amidon et de l'acide sulfurique étendu, il y a mise en liberté d'iode, et formation d'iodure d'amidon bleu.

Apparition dans l'organisme. — SCHÖNBEIN, et plus tard RÖHMANN, ont montré que les azotites que l'on trouve parfois dans l'urine, à côté des azotates, proviennent de la réduction de ces derniers sous l'influence des phénomènes putréfactifs. L'urine fraîche ne contient jamais de nitrites. Ces sels n'apparaissent que lorsque l'urine commence à se troubler, mais leur formation n'est pas constante. Ajoutons qu'on les voit apparaître indifféremment dans l'urine acide ou dans celle qui est primitivement alcaline (SCHÖNBEIN, *Journ. f. prakl. Chem.*, t. XCII, p. 152, 1864. — F. ROHMANN, *Z. P. C.*, t. V, p. 241, 1881).

C'est également une réduction des azotates en azotites qui explique, d'après BARTH, les empoisonnements observés chez les animaux de ferme, lorsqu'il y a mélange accidentel, à l'eau servant de boissons, d'engrais chimiques à base de salpêtre (BARTH, cité par BINZ, *A. P. P.*, t. XIII, p. 133, 1881). On sait au surplus que GAYON et DUPETIT ont démontré la transformation des nitrates en nitrites sous l'influence d'un micro-organisme anaérobie que l'on trouve dans les eaux d'égout et dont la présence dans l'intestin des herbivores n'a rien que de très vraisemblable (GAYON et DUPETIT, *C. R.*, t. XCV, pp. 644 et 1365, 1882).

Action physiologique. — Elle a été surtout étudiée par GAMGEE (1868), RABUTEAU (1870), GIACOSA (1874), JOLYET et REGNARD (1876) et BINZ (1883).

D'après BINZ les symptômes de l'empoisonnement par le nitrite de soude se succèdent de la manière suivante (BINZ, *A. P. P.*, t. XIII, p. 135, 1881). Les animaux deviennent d'abord mous, somnolents; ils titubent comme s'ils étaient sous l'influence d'un narcotique puissant. On observe en même temps des contractions fibrillaires des muscles du tronc ou des extrémités et, chez le chien, régulièrement des vomissements. Plus tard la respiration devient haletante, difficile, et se ralentit peu à peu jusqu'au moment de la mort. Ces symptômes sont les mêmes, quelle que soit la voie d'introduction (buccale ou cutanée) du toxique. Avec une dose de 0^{gr},1 de nitrite de soude, un lapin meurt en deux heures. Dans une expérience de BINZ, un chien de 4 ,5 est mort en quatre heures et demie après une injection sous-cutanée de 0^{gr},25 du même sel.

Le nitrite de soude agit à la fois sur le *système nerveux* qu'il paralyse, et sur *le sang* dont il transforme la matière colorante en méthémoglobine. Il agit en outre, à la manière de l'arsenic, comme un *caustique interne* (BINZ).

La paralysie du système nerveux commence par le cerveau, puis descend peu à peu. Elle paraît être, au moins chez la grenouille, indépendante de l'altération du sang et résulter d'une action directe du toxique. Si l'on décapite la grenouille intoxiquée, on constate que l'excitation de la section de la moelle à l'aide d'une aiguille ne produit pas le moindre mouvement. Le nerf ischiatique ne réagit plus à l'excitation électrique, pas plus que les masses musculaires.

L'action sur le sang est très remarquable. Elle a été observée pour la première fois par GAMGEE avec divers nitrites ou avec des éthers nitreux tels que le nitrite d'amyle (GAMGEE, *Transact. Roy. Soc. Edimburgh*, mai 1868). Le sang prend une couleur chocolat ou terre de sienne, dont l'apparition a été également étudiée par RABUTEAU (*Gazette hebd.*, 1870, p. 116; *Éléments de toxicologie,* Paris, 1873, p. 198). La capacité respiratoire du sang est considérablement abaissée (JOLYET et REGNARD, *Gazette méd. de Paris*, 1876, et REGNARD, *Variat. path. des combustions respirat.*, *D. P.*, 1878). Ce fait est dû à la transformation de la matière colorante du sang en méthémoglobine, altération dont la nature exacte a été déterminée d'abord par GIACOSA (*Das Amylnitrit u. seine therap. Anwend.* 2e éd. Berlin, 1877).

Un phénomène directement lié, d'après KOBERT, à la production de méthémoglobine est la *dilatation des vaisseaux* et la congestion des organes. Du moins KOBERT soutient que tous les agents producteurs de méthémoglobine dans le sang provoquent en même temps une telle dilatation. En même temps la pression sanguine s'abaisse (KOBERT, *Lehrb. d. Intoxikationen*, Stuttgart, 1893, p. 494).

Enfin BINZ décrit encore, comme symptôme constant de l'intoxication par les nitrites, la *rougeur*, la *congestion* et les *taches ecchymotiques* de la muqueuse de l'estomac. Tous les organes abdominaux sont fortement congestionnés, fait déjà signalé par RABUTEAU. Même injecté sous la peau, le nitrite de soude agit, de même que l'arsenic, comme un *caustique interne*.

BINZ explique tous ces accidents par une théorie analogue à celle qu'il propose pour l'intoxication par l'arsenic et toute une série d'autres composés. L'acide nitreux se transformerait en acide nitrique par la série des réactions que voici :

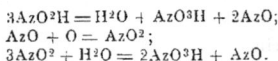

$$3AzO^2H = H^2O + AzO^3H + 2AzO;$$
$$AzO + O = AzO^2;$$
$$3AzO^2 + H^2O = 2AzO^3H + AzO.$$

Dans cette transformation en azotates, déjà admise par RABUTEAU, l'oxydation de l'acide azoteux s'accompagnerait de la production d'*oxygène actif* (par dédoublement de la molécule O^2, avec production d'oxygène atomique, O). Ces phénomènes se produisant dans les tissus (tissu nerveux, muqueuse et glandes de l'estomac, etc.), les protoplasmes cellulaires se trouveraient par le fait désorganisés et arrêtés dans leur fonctionnement.

On ne possède que peu d'indications en ce qui concerne la toxicologie des nitrites chez l'homme. RABUTEAU a pu avaler 1 à 2 grammes d'azotite de sodium sans éprouver rien de bien appréciable. A la dose d'un gramme l'azotite de potassium a produit, chez le même expérimentateur, de l'inappétence et de la pâleur du visage.

COLLISCHONM a décrit une intoxication par le nitrite de soude chez deux malades qui en ingérèrent par doses successives, en tout : l'une 11,5 et l'autre 5,5 grammes. Les symptômes furent des selles diarrhéiques, de la cyanose, et, chez le premier patient, un exanthème d'aspect rubéolique. BAINES a observé une intoxication par de très petites doses et qui a duré plus de trois mois (COLLISCHONM, *Deutsche Med. Woch.*, 1889, n° 14. — BAINES, *Pharm. Rundschau*, 1884, p.452).

Il est possible que les accidents de l'intoxication par les nitrates soient dus en partie à la transformation fermentative de l'acide azotique en acide azoteux dans le tube digestif. KOBERT dit que la coloration rouge de la muqueuse stomacale dans l'empoisonnement par les nitrates (voy. le cas de LITTLEJOHN, *Edinburgh Med. Journ.*, août 1885, p.97) s'expliquerait très simplement par l'action du nitrite alcalin résultant d'une réduction partielle du nitrate (KOBERT, *loc. cit.*, p. 495).

Recherche. — Une solution d'iodure de potassium (ou mieux d'iodure de zinc), acidulée par de l'acide sulfurique étendue et mêlée d'un peu d'empois d'amidon, se bleuie lorsqu'on l'additionne d'une dissolution contenant des nitrites. C'est cette réaction qui a servi à SCHOENBEIN pour la recherche des nitrites dans l'urine. Elle est moins sensible que les suivantes.

On chauffe, d'après WEYL, le liquide suspect (urine) avec le quart ou le cinquième de son volume d'acide sulfurique et on couvre le ballon dans lequel se fait l'opération avec un papier imprégné des réactifs suivants : 1° Métaphénylène-diamine; il se produit une coloration jaune (triamidoazobenzène). 2° Acide sulfanilique et chlorhydrate d'α-naphtylamine; il se produit une coloration rouge (acide azobenzène-naphtylamine-sulfonique). — D'après RÖHMANN, de petites quantités d'acide azoteux (0,1 milligramme dans 20 cent. cubes) dissoutes dans l'urine ne peuvent plus être reconnues avec certitude (WEYL, *A. V.*, t. XCVI, p. 467, 1884. — RÖHMANN, *loc. cit.*, p. 113).

E. LAMBLING.

AZOTURIE. —Élimination exagérée d'azote par l'urine (V. Urée).

B

BACTÉRIES. — On donne le nom de *Bactéries* à des êtres cellulaires dont les éléments affectent le plus souvent la forme d'un bâtonnet (βακτηρία, bâton).

On attribue généralement à LEEUWENHOECK, l'un des premiers micrographes, la découverte des bactéries. À l'aide des combinaisons optiques imparfaites dont il disposait, il en a reconnu et décrit sommairement plusieurs espèces rencontrées dans les infusions végétales, le tartre dentaire, les matières fécales où il signale leur augmentation considérable dans les cas de diarrhée, premier fait de pathologie microbienne.

Pour trouver un progrès sensible dans ces études, il faut attendre près d'un siècle. La découverte du microscope composé était nécessaire pour de telles investigations. Le naturaliste danois OTTO FREDERIC MULLER réussit le premier à mettre un ordre relatif dans ce monde des êtres microscopiques, que le grand LINNÉ lui-même avait totalement laissé de côté, le considérant comme un inextricable chaos.

MULLER répartit les bactéries dans les deux genres *Monas* et *Vibrio*, dénominations que l'on reconnaît pour être encore actuellement usitées. Toutefois, à côté de bactéries vraies, il réunit là des êtres plus élevés, des algues, des infusoires, même des anguillules.

Ces données se retrouvent intactes dans les œuvres de la plupart des naturalistes du commencement de ce siècle qui se sont occupés des êtres microscopiques, LAMARCK, BRU-GUIÈRE, BORY DE SAINT-VINCENT, principalement.

Le grand ouvrage d'EHRENBERG, *Die Infusionsthierchen als vollkommene Organismen* (1833), marque un grand progrès. Il sépare les êtres qui nous occupent de ceux bien différents qui en avaient été rapprochés, et en forme la famille des *Vibrionia* qu'il caractérise de la façon suivante : « Animalcules filiformes, sans intestin, nus, sans organes externes, réunis en chaînes ou séries filiformes par l'effet d'une division spontanée incomplète. » Cette famille comprenait les quatre genres suivants :

Bacterium : Bâtonnets rigides à mouvements vacillants.

Vibrio : Corps filiforme, susceptible de mouvements ondulatoires comme un serpent.

Spirillum : Corps filiforme, en hélice inflexible.

Spirochaete : Corps en hélice, formant un long cordon flexible.

DUJARDIN, dans son *Histoire naturelle des Zoophytes*, adopte les données d'EHRENBERG et une des détails nouveaux et intéressants sur le développement des bactéries dans ers milieux et sur la manière de les obtenir et de les étudier.

Les bases de l'étude des bactéries étaient dès lors posées ; les résultats obtenus à cette que sont restés dans la science ; certains ont été bien des fois confirmés et font en e actuellement loi.

Pour les observateurs précédemment cités, les bactéries faisaient, sans aucun doute, ie du règne animal. La présence de mouvements bien évidents chez certaines espèces éloignaient, pour eux, forcément des plantes. Les travaux de COHN et de NAEGELI sur algues et les champignons inférieurs appelèrent l'attention sur les rapports intimes unissent certaines de ces formes aux bactéries et en provoquèrent le rapprochement. usqu'alors l'étude de ces êtres était considérée comme d'un intérêt purement spécu- ; leur apparition en grand nombre dans les infusions paraissait n'être qu'un simple u hasard. On observait bien en même temps des altérations très appréciables des ux en question, mais il n'était venu à l'idée de personne de supposer qu'il existait ces deux ordres de faits des rapports très étroits. Si même on cherchait à rappro- l'une de l'autre ces deux manifestations d'un même phénomène, c'était pour faire nir les êtres vivants de l'altération de la matière organique, comme le faisaient les ans de la génération spontanée en intervertissant l'ordre des facteurs.

est à PASTEUR que revient le grand honneur d'avoir établi avec certitude les con- s étroites ou les rapports de causalité qui unissent les altérations de certains liqui- ertaines fermentations, au développement et à la vie de bactéries dans leur masse.

Il a posé les premières bases certaines de l'étude physiologique de ces êtres dans son beau travail sur la fermentation lactique que l'on doit considérer comme le fondement de la bactériologie actuelle (1857).

Dès 1831, Braconnot, observant que certaines substances, telles que le chlore, l'acide sulfureux, l'acide nitrique, employés comme destructeurs des agents, tout à fait inconnus alors, des maladies contagieuses, possédaient aussi des propriétés antifermentescibles énergiques, concluait au rapprochement de la contagion et de la fermentation. Guidé par les résultats des premiers travaux de Pasteur, Davaine, en 1863, établit que le charbon des animaux et de l'homme avait pour cause l'infection de l'organisme par les bactéries en bâtonnets qu'il avait signalé, quinze ans avant, avec Rayer, sans y attacher d'importance, dans le sang des morts ou des malades, et qui avaient été retrouvés depuis, sans qu'ils en aient pu démontrer le rôle primordial, par Pollender, Brauell et Delafond. Pasteur avait créé la physiologie des bactéries; Davaine venait ainsi de fonder la pathologie bactérienne.

Il n'y avait plus qu'à étendre les données, à multiplier les faits, en perfectionnant les moyens d'investigation. Pasteur a tracé la voie à suivre, en élucidant dans tous leurs détails de terribles maladies, la ruine des éleveurs de vers à soie, la *pébrine*, causée par des êtres inférieurs d'un autre groupe que les bactéries, et la *flacherie* d'origine manifestement bactérienne. Ce sont les premières études complètes d'une affection *contagieuse*, qui peuvent actuellement encore être prises comme exemple ; on y trouve, traitées de main de maître, ces mêmes questions de contagion, de milieu, de réceptivité, d'hérédité, qui jouent un si grand rôle dans l'étiologie et la pathogénie des maladies infectieuses.

L'extension que prit cette science nouvelle fut rapide, grâce à ses attraits qui amenèrent à elle tant de travailleurs illustres de différents pays.

L'intérêt et l'éclat des données pathologiques que l'on croyait pouvoir considérer comme certaines, firent reléguer au second plan l'étude physiologique des bactéries que l'on considérait comme moins importante pour la médecine. Les modifications souvent profondes que ces agents infectieux produisaient dans l'organisme atteint étaient considérées comme dues simplement à leur pullulation aux dépens du milieu intérieur. Pasteur avait cependant signalé, dans ses recherches sur le *choléra des poules*, la production dans les bouillons de culture où il obtenait la multiplication de la bactérie, cause de cette affection, d'un principe spécial, sécrété par elle, qui déterminait, indépendamment de toute trace d'agent infectieux, certains des symptômes particuliers à cette maladie épidémique, surtout cette tendance au sommeil si marquée chez tous les individus infectés naturellement ou expérimentalement. Dans un autre ordre de faits, les travaux de Duclaux, de Hüppe, de Miller, de Vignal sur certaines fermentations bactériennes, démontrèrent que les modifications produites dans le cours de ces phénomènes étaient sous la dépendance directe de la sécrétion par ces êtres vivants de principes particuliers, sortes de ferments solubles, auxquels on peut attribuer le nom général de *diastases* Bouchard et Charrin, Roux et Yersin, Brieger, Christman, Hankin reconnurent bientôt qu'il en était de même pour plusieurs importantes espèces vivant aux dépens de l'organisme, en prouvant que la totalité ou une partie des symptômes observés pendant l'infection étaient dues à des substances solubles, sécrétées par les éléments du parasite, de même nature que les diastases précédentes ou de constitution différente. Étendues d'autres espèces, ces recherches permettent de poser ce principe qu'on doit considérer avec Bouchard comme une notion fondamentale de la pathologie bactérienne, que les bactéries agissent sur les êtres vivants par les matières qu'elles sécrètent. L'application la plus féconde de ces principes est sans contredit la vaccination.

On a vu que les premiers observateurs cités classaient les bactéries dans le règne animal, se basant surtout sur la mobilité des principales espèces connues par eux. Depuis, la découverte d'un grand nombre d'espèces absolument immobiles dans tout cycle de leur existence, les rapports que d'autres présentent avec des algues ou des champignons inférieures, ont modifié cette opinion. Les uns, avec Van Tieghem, classent parmi le premier de ces groupes à côté des *oscillaires* et des *nostocs*, en une série parallèle caractérisée surtout par le manque de chlorophylle. Il est peut-être plus rationnel, en se fondant sur toute une série de propriétés biologiques, avec Naegeli, Bary, Cohn, etc., d'en faire des champignons. La production des fermentations, les r

proche des *Saccharomycètes;* ils s'en distinguent par leur mode de multiplication végétative qui est la division. C'est cette dernière particularité qui les a fait dénommer *Schizomycètes* par NAEGELI.

Ce sont les bactéries qui forment la majeure partie du groupe des *Microbes* où l'on réunit des levures, des moisissures, des animaux inférieurs qui n'ont d'autres rapports entre eux que leurs conditions de vie aux dépens des milieux, vivants ou morts, où ils se trouvent; de telle sorte que la plupart du temps les dénominations de *Bactéries* ou *Microbes* peuvent être considérées comme synonymes.

Ces êtres sont très répandus dans la nature. Ils abondent dans l'air, l'eau, le sol; ils pullulent sur nous ou autour de nous, se multipliant avec rapidité dès que se rencontrent des circonstances favorables à leur développement. Leur apparition rapide dans des liquides nutritifs purs en apparence, conséquence de leur grande dispersion, a été une des principales objections des partisans de la génération spontanée, affirmant qu'ils s'y produisaient de toutes pièces aux dépens des subtances organiques en voie de décomposition. PASTEUR a mis à néant ces assertions, dans un débat mémorable, en prouvant que le développement de ces êtres inférieurs se faisait uniquement à la suite de l'apport de germes extrêmement ténus, en suspension dans l'air.

Dans l'histoire générale de ces êtres, nous passerons rapidement sur la morphologie, n'en donnant que ce qui est tout à fait indispensable à connaître, pour étudier avec plus de détails leur physiologie, qui est d'un si grand intérêt.

Forme et structure des bactéries. — Les cellules des bactéries sont tantôt dissociées, tantôt unies en plus ou moins grand nombre. Leur forme varie. Elles peuvent être rondes, plus ou moins régulièrement; ces formes sont nommées *Micrococcus* ou, d'un terme plus général, *Coccus*. Ce sont des *bâtonnets* quand la longueur l'emporte sur la largueur; tantôt courts, des *Bacteriums;* tantôt plus allongés, des *Bacilles;* tantôt plus allongés encore, des *filaments*. Bâtonnets ou filaments peuvent être courbés, donnant les formes en *virgule* ou *Spirilles*.

Ces caractères de forme ont été pris par les premiers observateurs comme base pour la division en genres et en espèces. On est encore obligé d'agir ainsi actuellement, tout en reconnaissant qu'il n'est pas encore possible d'établir une classification véritablement rationnelle de ces êtres.

La structure des bactéries est des plus simples. Chaque élément possède une membrane, rigide ou souple, entourant une masse protoplasmique hyaline qui a semblé pendant longtemps être complètement homogène; on lui reconnait maintenant une fine structure réticulaire et des granulations plus ou moins grosses qui présentent certaines réactions des noyaux cellulaires. Dans certains cas, le protoplasme, trouble, grisâtre, semble contenir des granulations graisseuses. D'autres fois, l'emploi de l'iode y décide présence de matière amylacée qu'il teint en bleu. *Les Beggiatoa*, qui vivent dans les eaux sulfureuses, renferment souvent en grande abondance de petits cristaux de soufre, réfringents dans la lumière polarisée, solubles dans le sulfure de carbone.

Ce protoplasma est souvent incolore; parfois cependant il est teinté de nuances diverses, plus ou moins vives, apparaissant souvent très nettes lorsqu'un grand nombre d'éléments se trouvent accolés les uns aux autres, comme c'est le cas pour les cultures dans des milieux artificiels. Nous reviendrons plus loin sur la nature et la production de ces matières colorantes.

Les dimensions des bactéries sont toujours très petites; elles se chiffrent par quelques millièmes de millimètre, ou même par des fractions de cette grandeur.

Certaines espèces sont mobiles; c'est un des caractères qui avaient le plus frappé anciens observateurs. Les mouvements sont très divers. Il en est qui traversent comme des flèches le champ du microscope, il peut même être difficile de les examiner à . D'autres sont animées d'un mouvement de déplacement lent qu'on peut facilement composer en deux, un mouvement d'oscillation autour d'un axe idéal perpendiculaire à longitudinal de l'élément et un mouvement de translation le long de cet axe longinal. Les formes courbées ou spiralées possèdent souvent une sorte de mouvement tourbillonnant en tire-bouchon, parfois très vif; certaines d'entre elles, qu'EHRENBERG nommait sous le nom de *Spirochaete*, présentent en outre, un mouvement d'ondulations semblables à celles du corps d'un serpent. Bien des *Micrococcus* montrent un mouvement net, régulier, ressemblant à une sorte de trépidation, ayant beaucoup de rapports avec le *mouvement brownien*.

Ces mouvements sont souvent produits par des cils vibratis répartis en nombre variable sur un ou plusieurs points de l'élément. En usant de certains artifices de préparation, il est possible de teindre ces prolongements avec diverses matières colorantes et de les rendre facilement visibles.

Il arrive fréquemment que la couche externe de la membrane jouisse de la propriété de gonfler beaucoup en absorbant de l'eau, de se gélifier. Il se forme ainsi une sorte de gelée, plus ou moins consistante, souvent très abondante, qui réunit en une masse compacte un plus ou moins grand nombre d'éléments. Ces amas, dont l'aspect et les dimensions varient suivant l'espèce qui les constitue, sont nommées *zooglées*. Les masses gélatineuses, hyalines, qui se développent souvent dans les jus sucrés de betteraves et que l'on appelle la *gomme des sucreries*, sont les zooglées du *Leuconostoc mesenterioïdes*. La membrane visqueuse, plus ou moins épaisse, que l'on observe sur les liquides alcooliques qui subissent la fermentation acétique, la *mère de vinaigre*, est la zooglée du *Bacillus aceti*; cette dernière forme de zooglée reçoit souvent le nom de *voile*.

Reproduction des bactéries. — L'extension d'une espèce se fait d'habitude par deux moyens, la multiplication par division et la production de spores.

La multiplication par division est de beaucoup le mode d'extension le plus commun. A vrai dire, on ne peut guère reconnaître qu'il se forme alors des individus nouveaux, puisque rien d'ordinaire ne peut faire distinguer un élément producteur d'un élément produit. Lorsqu'un élément a atteint certaines dimensions qui semblent fixes pour l'espèce, il apparaît en son milieu une mince cloison qui le divise en deux parties égales. Les éléments ainsi produits peuvent rester unis en file longitudinale, en nombre plus ou moins considérable, ou se séparer. Pour les *Micrococcus*, dans le premier cas, si les éléments restent unis deux par deux, on a les formes dites de *diplocoques;* s'ils restent unis en plus grand nombre, ce sont les formes en *chaînettes* ou en *streptocoques*. Si la bipartition s'opère suivant deux plans perpendiculaires, les quatre éléments ainsi produits peuvent rester unis et former des *tétrades*. Enfin, chez les *Sarcines*, le phénomène se complique encore. Une cellule se divise successivement suivant trois directions par trois plans perpendiculaires. Le résultat est un petit cube de huit éléments qui se diviseront ensuite comme la sphère primitive. On obtient ainsi, lorsque le phénomène s'est répété plusieurs fois, des masses cubiques plus ou moins volumineuses.

Chez les bactéries en bâtonnets, les éléments qui restent unis peuvent former des filaments atteignant parfois une grande longueur. La division ne s'opère généralement que lorsque l'espèce trouve dans le milieu les conditions nécessaires à son existence; elle se fait d'autant plus vite que ces conditions sont meilleures. C'est ce qui explique l'envahissement si rapide de certains milieux par les bactéries. D'après Cohn, il faut environ deux heures aux deux bâtonnets, issus de la division d'un bâtonnet primitif, pour se diviser à leur tour. En calculant sur cette base, un élément qui trouverait réunies de bonnes conditions de milieu et n'aurait à subir aucune influence mauvaise, arriverait à en produire, au bout de trois jours, quatre mille sept cent soixante-douze billions. D'après les évaluations de Büchner, le bacille virgule du choléra met, pour se diviser de 19 à 40 minutes; en moins de 10 heures, un seul élément pourrait en engendrer un milliard. Heureusement pour l'homme, cette fécondité se trouve enrayée à chaque instant, par des conditions très diverses.

La reproduction par spores s'observe surtout quand les conditions de milieu deviennent moins favorables à la vie de l'espèce. Pour résister à ces circonstances qui feraient périr les éléments végétatifs ordinaires, il se forme dans les cellules, par condensation du protoplasme, des éléments résistants, capables de traverser les périodes mauvaises et de donner des éléments nouveaux quand la vie devient à nouveau possible, ce sont les *spores*. A l'inverse des éléments végétatifs ordinaires, la spore semble avoir besoin pour se développer, d'arriver dans un milieu nouveau, même alors que celui où elle s'est formée contiendrait encore en suffisance les substances nécessaires à la vie de l'espèce. Les spores sont d'ordinaire sphériques ou ovalaires, très réfringentes, munies d'une membrane épaisse. La partie de l'élément où la spore s'est formée ne se distingue pas du reste ou se renfle plus ou moins pour la contenir.

Le caractère principal de la spore est sa résistance à des conditions de vie que les simples cellules végétatives ne pourraient pas supporter sans périr. Beaucoup subissent des températures supérieures à 100° sans perdre leurs facultés germinatives. La privation prolongée de nourriture, le manque d'oxygène, la dessiccation, bien des actions chimiques ou physiques, qui tuent les cellules végétatives, sont sans effet sur les spores. On croit que cette résistance très grande est due à l'extrême cohésion de la membrane.

CHAMBERLAND et ROUX ont réussi à faire perdre au *bacille du charbon* la propriété de produire des spores en faisant agir sur cette espèce une solution faible de bichromate de potasse. Cette sorte de race *asporogène* conserve cependant toutes les autres propriétés physiologiques de l'espèce.

Conditions de vie des bactéries. — Si les particularités morphologiques que présentent les bactéries, sont curieuses à connaître et peuvent donner parfois de précieuses indications à l'observateur, leurs conditions de vie, les diverses manifestations qui en résultent, ont un intérêt beaucoup plus grand pour le physiologiste. A un point de vue général d'abord, il est bien des côtés communs à la vie de tous les éléments cellulaires, à quelque degré de complication organique qu'ils appartiennent, et bien souvent alors il peut être plus facile d'étudier certains phénomènes vitaux chez les êtres simples où l'élément en question s'isole facilement, que de s'adresser aux êtres plus élevés où il est difficile de faire la dissociation physiologique nécessaire. L'intérêt est peut-être plus grand encore à un point de vue tout à fait spécial, à cause de la portée pratique des conséquences qui en découlent, et ceci surtout pour le médecin qui étudie les espèces nuisibles à l'homme; car on peut dire que la physiologie de ces bactéries est véritablement la pathologie de l'homme. Nombreux points de la pathogénie des maladies infectieuses n'ont pu être élucidés que par la connaissance de la physiologie des microbes. Les phénomènes vitaux de ces organismes ont expliqué leur manière d'être dans le milieu extérieur, les moyens de contamination, leur mode de pénétration dans l'organisme. Il a, dès lors, été possible d'instituer une prophylaxie et une thérapeutique rationnelles de ces affections.

Le rôle que jouent ces êtres dans la nature est immense. D'une façon générale, ce sont les grands destructeurs de la matière organique morte, des substances usées par la vie des êtres plus élevés, animaux ou plantes vertes, toutes substances qui, sans eux, seraient immobilisées dans cet état, sans possibilité de retour dans le tourbillon vital. Les bactéries décomposent ces produits souvent complexes, en des composés plus simples dont les principaux sont l'acide carbonique et l'ammoniaque, facilement assimilables par les végétaux à chlorophylle; elles sont sous ce rapport les compléments obligés de l'énergie solaire.

Nutrition des bactéries. — Au premier rang des besoins vitaux des bactéries doivent se placer les fonctions de nutrition. Toute cellule vivante doit avoir à sa portée de quoi fournir à l'énergie qu'elle dépense, de quoi compenser les pertes occasionnées par les actes vitaux, autrement dit les *aliments* qui lui sont nécessaires. Pour tous les êtres vivants, ces aliments doivent nécessairement renfermer les corps simples qui entrent dans la constitution du corps cellulaire.

On ne connaît pas encore d'une façon suffisamment complète la composition chimique des bactéries. La raison en est dans les difficultés que présente ce genre de recherches, où le point le plus délicat est d'obtenir une masse assez forte de bactéries absolument exempte d'impuretés, dépourvue particulièrement de toutes traces de milieu nutritif. Ce que l'on en sait cependant permet d'affirmer qu'on y rencontre des composés ternaires, des matières grasses, des substances azotées, des sels et de l'eau. D'après les analyses de NENCKI et de BRIEGER, l'eau se rencontrerait dans la proportion de 73 à 85 p. 100. Le résidu sec serait riche surtout en matière azotée, comprenant principalement une albumine spéciale que NENCKI nomme *mycoprotéine*; il en existe en somme 86 p. 100. Cette mycoprotéine se distingue des autres matières albuminoïdes par sa faible teneur en azote. Ne se dissolvant pas complètement dans l'eau, elle précipite par l'ébullition, puis se redissout même à chaud par addition d'acide nitrique étendu. En la traitant par le sulfate de cuivre et la lessive de soude, on obtient, déjà à froid, la réaction du biuret.

Les matières grasses se trouvent en proportions très variables, de 2 à 8 p. 100; elles semblent être plus abondantes lorsqu'il y a eu formation de spores. Les composés ternaires n'existent généralement qu'en très petite quantité, formant probablement la majeure partie d'un résidu de 2 à 5 p. 100 dont la nature est encore peu déterminée. On a signalé chez quelques espèces de la cellulose, entrant probablement dans la constitution de la membrane; toutefois Vandevelde et Vincenzi n'ont pas rencontré de cellulose chez le *Bacillus subtilis*, où la substance de la membrane serait un corps azoté. Il existe chez certaines espèces, *Bacillus butyricus*, *Spirillum rugula*, de la matière amylacée qui bleuit nettement par l'iode, mais n'apparaît dans les éléments qu'au moment de la formation des spores. On obtient, en cendres, de 3,04 à 4,72 p. 100, du résidu sec; les sels dominants seraient, d'après Brieger qui a opéré sur le *Pneumo-bacille de* Friedländer, le phosphate de chaux, le chlorure de sodium, le sulfate de soude et le phosphate de magnésie. Outre l'eau et les sels, que les bactéries trouvent abondamment dans le milieu extérieur, les éléments chimiques qui dominent sont donc le carbone, l'hydrogène, l'oxygène et l'azote. Ils doivent forcément se trouver dans les aliments.

A part des cas spéciaux que nous étudierons tout à l'heure, les bactéries, comme tous les êtres vivants, ont un besoin absolu d'oxygène; elles doivent respirer. Elles peuvent prendre ce gaz dans l'air, libre ou dissous dans les milieux où elles vivent, ou à l'état de combinaison faible avec d'autres substances qui en sont avides, tout comme les différentes cellules du corps de l'homme qui respirent en enlevant l'oxygène à l'oxyhémoglobine du sang. Duclaux le démontre par une élégante expérience. Si l'on colore du lait en bleu, à l'aide de quelques gouttes de carmin d'indigo, et qu'on y sème des bactéries communes de l'air ou de l'eau, on verra le liquide se décolorer au fur et à mesure du développement des organismes dans sa masse; le carmin d'indigo est réduit par les bactéries qui lui prennent son oxygène. En agitant le liquide en présence de l'air, la coloration bleue réapparaît, indice de la pénétration d'oxygène. Dans le *charbon* des animaux ou de l'homme, on attribue la teinte noirâtre du sang à la réduction de l'oxyhémoglobine par les bactéridies.

En examinant au microscope une goutte d'une macération de substances animales ou végétales s'opérant à l'air libre où l'on trouve d'ordinaire de nombreuses bactéries mobiles, il est facile de se rendre compte de ce besoin d'oxygène. Dans une telle préparation, on voit, au bout de très peu de temps, toutes les bactéries mobiles se rapprocher des bords de la lamelle et s'y accumuler. En empêchant l'accès de l'air par un lut à la cire ou à la paraffine, ces bactéries s'amassent toutes autour des bulles d'air que peut contenir le liquide; l'oxygène manquant bientôt, toutes ces cellules, très mobiles tout à l'heure, tombent dans un état de mort apparente, qui sera bientôt suivie d'une perte totale de la vie si la privation d'air continue.

Dans la préparation précédente, on peut cependant rencontrer des espèces, avides d'air, que la présence d'oxygène en grande abondance paraît gêner; ce sont surtout des formes spiralées. Ces spirilles se tiennent toujours assez loin des bulles d'air au début, évitant leurs abords immédiats où la tension de l'oxygène est trop forte pour eux ils ne s'en rapprochent qu'au fur et à mesure de la consommation de ce gaz par le autres bactéries. Nous verrons plus loin qu'à une forte tension, l'oxygène est capable d faire périr les bactéries les plus résistantes.

Les spores de toutes ces espèces peuvent supporter impunément et pendant longtemp la privation absolue d'oxygène. Pour germer toutefois, elles ont besoin de ce gaz.

Engelmann a donné une excellente preuve de l'avidité pour l'oxygène, que possède certaines espèces. En faisant tomber un spectre microscopique à l'aide d'un appare spécial, son microspectral-objectif que construit Zeiss, sur un filament de ces algu vertes que l'on trouve communément dans l'eau, on voit les bactéries en suspension da le liquide se masser en deux points contre le filament vert. Le plus fort amas est dans rouge, entres les raies B et C de Fraunhofer; on trouve un second groupement moi considérable dans la partie la plus réfrangible au-delà de la raie F. C'est en effet à c deux endroits que se trouvent les bandes d'absorption du pigment chlorophyllien et se limite, dans le spectre, le mode d'activité de ce pigment, décomposition de l'aci carbonique, fixation du carbone et dégagement de l'oxygène.

Cet oxygène sert ici, comme partout, à la production d'énergie par suite d'oxydat de principes contenus dans le protoplasma. Le résidu de cette véritable respiration de l'acide carbonique qui se dégage et dont la présence est toujours facile à constater, et de l'eau, qui se mélange au milieu ambiant.

A côté de ces espèces qui, comme tous les êtres vivants des autres groupes, ont un besoin absolu d'oxygène libre pour vivre, ces *aérobies*, comme les a nommés Pasteur, il s'en trouve d'autres qui peuvent très bien végéter sans lui. La présence de ce gaz entrave leur développement, l'arrête même complètement et va jusqu'à faire périr toutes les cellules végétatives sur lesquelles il peut agir. Ce sont ces formes que Pasteur a appelées *anaérobies*. Le type en est son *Vibrion butyrique,* agent de la fermentation butyrique type. Cette fermentation butyrique s'observe fréquemment aux dépens des hydrocarbonés. Certains sucres, la glycérine, les lactates alcalins la subissent fréquemment. Elle ne se produit qu'en l'absence d'oxygène, obtenue soit directement par diverses méthodes employées dans les laboratoires, soit indirectement par suite de l'absorption de la totalité de ce gaz contenu dans le milieu par la vie antérieure d'espèces aérobies. On l'observe fréquemment dans le lait qui a subi la fermentation lactique et où l'excès d'acide a été neutralisé par addition de craie ; elle s'y produit aux dépens du lactate de chaux formé. Tout l'oxygène du liquide a été bientôt enlevé par la vie du bacille de la fermentation lactique, espèce nettement aérobie ; il ne reste plus de bactéries de cette espèce que dans les couches superficielles du liquide où l'oxygène a facilement accès. Dans les couches profondes, privées d'air, se développe alors l'autre espèce, manifestement anaérobie, dont l'action sur le milieu est entièrement différente ; on observe un dégagement actif de bulles de gaz, que l'analyse montre être surtout de l'hydrogène, et on perçoit une forte odeur d'acide butyrique.

En examinant rapidement au microscope une goutte de ce liquide en fermentation butyrique, les phénomènes observés sont inverses de ceux que nous ont présentés les aérobies. Les grands bâtonnets très mobiles qu'on y rencontre fuient les places où ils peuvent être atteints par l'air qui diffuse aux bords de la lamelle ; en ces endroits leurs mouvements cessent ; si le contact de l'air est prolongé, ils meurent. La vitalité ne continue à se montrer qu'au centre de la préparation, où l'oxygène pénètre difficilement. Pour les observer assez longtemps, il faut user d'un artifice de préparation, les examiner par exemple dans la chambre à gaz de Ranvier remplie d'un gaz inerte, acide carbonique ou hydrogène ; on peut alors suivre facilement les diverses phases de leur évolution.

Dans le même ordre d'idées, on voit s'arrêter la fermentation dans la masse du liquide, dès qu'on y fait barboter de l'air.

Si les cellules végétatives des bactéries anaérobies sont si sensibles à l'action nuisible de l'oxygène, il n'en est pas de même de leurs spores. Lorsque celles-ci sont formées, elles peuvent supporter, sans en souffrir, le contact même prolongé de l'oxygène ; peut-être même ce contact est-il nécessaire à leur développement ultérieur, ce qui serait un lien entre les aérobies et les anaérobies.

Les bactéries ne sont pas les seuls êtres qui présentent ces phénomènes de vie sans air, bien qu'ils se rencontrent chez elles dans leur épanouissement le plus complet. Certaines levures, des parties de végétaux supérieurs riches en matériaux de réserve, peuvent, dans des conditions spéciales et pour un temps limité, vivre en anaérobies. Il se produit alors toujours des phénomènes chimiques que l'on peut considérer comme des fermentations ; on retrouve souvent, en particulier, de l'alcool dans le milieu.

Bien qu'on ne puisse pas encore donner une explication décisive de ces phénomènes de vie sans air, il semble qu'il y ait des liens intimes entre eux et la fermentation qui les accompagne. L'oxygène, que la majeure partie des êtres vivants absorbe à l'état libre par la respiration, est destiné à produire, par sa combinaison avec certains aliments, particulièrement les hydrocarbonés et les graisses, la somme d'énergie nécessaire à l'accomplissement des divers actes vitaux. Si certains êtres peuvent trouver ailleurs le quantum d'énergie dont ils ont besoin, ils sont affranchis de l'obligation de respirer ; c'est ce qui arrive dans les fermentations, où l'énergie en excès, produite par la dissociation du composant en des composés moins riches en chaleur latente, peut ne être perçue sous forme de chaleur. Duclaux estime que 100 grammes de sucre, en se transformant en alcool et acide carbonique, dégagent dix fois moins de chaleur qu'en subissant la combustion à l'air. L'énergie manquante est destinée aux actes vitaux du ferment qui vit en anaérobie. Ce qui rattache toutefois le processus vital de la vie sans air à la vie aérobie, c'est la formation d'acide carbonique dans les deux cas, ce qui semble démontrer que le processus fondamental est identique.

Entre les espèces qui ont un besoin absolu d'oxygène libre et les anaérobies *vrais*, ou *obligés*, dont la vie ne peut se manifester en présence de traces minimes de ce gaz, il existe, faisant en quelque sorte une transition, des espèces qui présentent sous ce rapport une indifférence assez complète. Elles se développent, peut-être au mieux, en présence de l'air, mais croissent également dans des milieux totalement dépourvus d'oxygène. On les désigne sous le nom d'*anaérobies facultatifs*.

Nous verrons plus loin les effets nuisibles que peut avoir sur la vitalité des bactéries le contact de l'oxygène, soit prolongé, soit à une forte tension.

On ne connaît encore que d'une façon approximative les subtances les plus favorables à la nutrition des bactéries; du reste, bien que beaucoup de points soient sous ce rapport communs à plusieurs espèces, il en est qui semblent posséder des besoins particuliers. A l'instar des champignons, les bactéries, dépourvues de chlorophylle, ne peuvent, comme les plantes vertes, retirer leur carbone de l'acide carbonique de l'atmosphère; elles sont obligées de le prendre à des composés complexes, formés par des êtres supérieurs. La source en est, d'ordinaire, des substances ternaires, les sucres, les matières amylacées, la cellulose, la glycérine, l'acide tartrique, etc. La plupart de ces substances, pour devenir assimilables, doivent subir des modifications importantes, sous l'influence de produits spéciaux, sécrétés par les cellules vivantes, qui seront étudiés plus loin.

Les matières albuminoïdes sont, sans contredit, la plus importante source d'azote pour tous les microbes, et au tout premier rang celles qui sont très solubles et facilement diffusibles, les peptones par exemple. Celles-ci paraissent être assimilées directement; les autres, pour servir à la nutrition, doivent être modifiées par avance à l'aide de ferments particuliers, sécrétés par la cellule vivante et dont la production est en rapport tellement direct avec la fonction nutritive qu'ils ne sont formés par les éléments qu'au moment où ils sont nécessaires. Au second rang des substances azotées assimilables pour les bactéries, viennent les sels ammoniacaux, et tout d'abord ceux à acide organique, lactate et tartrate d'ammoniaque surtout. L'urée est une bonne source d'azote; certaines espèces, les *ferments de l'urée*, semblant même en faire leur aliment de prédilection. L'asparagine, la leucine, la tyrosine, en fournissent aussi. C'est même grâce à la décomposition de l'urée et de ces derniers corps par les bactéries que la majeure partie de l'azote excrété sous ces formes par les êtres vivants peut rentrer dans la circulation vitale. Les nitrates, principalement ceux de potasse et de soude, peuvent aussi servir à la nutrition azotée, mais il faut qu'ils soient accompagnés d'une matière organique. Il peut en être parfois de même pour l'urée; d'après Ch. Richet, le *Micrococcus ureæ* ne produit bien sa fermentation de l'urée que lorsqu'il trouve des matières albuminoïdes dans la solution. C'est peut-être pourquoi il n'y a fermentation ammoniacale dans la vessie que lorsqu'il y a, dans l'urine, de la mucine ou de l'albumine provenant de l'inflammation de cet organe. La petite quantité de matière albuminoïde est probablement nécessaire à la production du ferment diastasique actif.

Il paraît bien démontré à l'heure actuelle que, dans des conditions déterminées, certaines bactéries peuvent assimiler l'azote gazeux de l'atmosphère. Le phénomène ne se produirait que dans les sols d'une certaine constitution et en présence de végétaux d'une série donnée. (Voir plus haut **Azote**, pp. 990 et suiv., les développements donnés à cette importante question.)

L'hydrogène se trouve en abondance dans tous les composés ternaires et quaternaires.

On ne connaît rien de positif sur le rôle des matières grasses dans la nutrition de bactéries; les altérations qui accompagnent le développement de ces organismes dans leur masse sont probablement dues uniquement à des actions secondaires.

Les bactéries ont en outre besoin d'éléments minéraux que nous avons vu exister en quantité très notable dans leurs cendres. Les principaux sont le soufre, le phosphore, le potassium, le calcium, le magnésium, le chlore; accessoirement le fer et le silicium.

La raison de l'importance de ces matières minérales dans la nutrition, ici comme ailleurs, nous échappe. Et cependant, les belles recherches de Raulin sur le développe ment de l'*Aspergillus niger*, une des moisissures les plus communes, ont jeté une vive lumière sur cette question. Comme les bactéries présentent, sous le rapport de la nutrition, de très grandes affinités avec ces champignons inférieurs, il paraît très probable qu'on peut leur appliquer les résultats observés chez ces derniers. Cette moisissure, très abondamment répandue dans la nature, envahit très vite les milieux nutritifs, sucrés ou hydrocarbonés, un peu acides, les tranches de citron, le pain mouillé d'un peu de vinaigre, par exemple. RAULIN est arrivé, après de nombreux tâtonnements, à constituer un milieu purement minéral où, les conditions de temps, de lumière, de température, d'aération étant égales, la récolte de la plante est toujours supérieure en poids à celle que fournit un milieu quelconque des milieux habituels. Ce milieu nutritif, connu sous le nom de *liquide* RAULIN, a la composition suivante :

	grammes.
Eau	1 500
Sucre candi	70
Acide tartrique	4
Nitrate d'ammoniaque	4
Phosphate d'ammoniaque	0,60
Carbonate de potasse	0,60
— — magnésie	0,40
Sulfate d'ammoniaque	0,25
— de zinc	0,07
— — fer	0,07
Silicate de potasse	0,07

Si l'on vient à modifier la proportion de l'une des substances de cette liste ou à la supprimer complètement, même pour celles qui n'entrent que pour une très faible proportion, la récolte diminue dans des limites parfois très larges. Ainsi, la suppression du sel de zinc, qui n'entre pourtant que pour 7 centigrammes dans cette solution, donne une récolte qui ne représente en poids que le *dixième* de celle du liquide normal. Dans un liquide sans potasse, la récolte tombe au vingt-cinquième de la normale; sans ammoniaque, au cent cinquantième; sans acide phosphorique, au deux centième. Cet effet du zinc fait juger de suite de l'importance des composés minéraux dans la vie cellulaire, sans qu'on puisse toutefois expliquer le rôle qu'ils jouent dans les réactions vitales.

Les bactéries peuvent parfaitement vivre dans des solutions purement minérales, à la condition qu'elles y trouvent, à l'état assimilable pour elles, les éléments dont elles ont besoin; elles y prospèrent cependant moins bien que lorsqu'elles ont des albuminoïdes à leur disposition. La *liqueur de* COHN a été longtemps en faveur; sa composition est la suivante :

	grammes.
Eau distillée	200
Tartrate d'ammoniaque	2
Phosphate de potasse	2
Sulfate de magnésie	1
Phosphate tribasique de chaux	0,1

Il faut toutefois reconnaître que de telles solutions sont, en général, peu propices au développement des bactéries; beaucoup d'espèces ne peuvent même pas y vivre; les levures et les moisissures s'en trouvent mieux et y prospèrent. De tels milieux nutritifs, de composition chimique bien déterminée, peuvent cependant rendre de grands services dans des cas particuliers, par exemple pour l'étude des produits dérivés de l'action vitale des êtres que l'on peut y faire vivre; les recherches ne sont pas troublées par la présence de substances de composition variable ou problématique comme celle de beaucoup de corps organiques.

Enfin, il est des espèces dont le développement ne se fait pas, dans les milieux de culture artificiels, en présence de matières organiques même en faibles proportions. Les *Nitromonades*, étudiées par WINOGRADSKY, qui déterminent la nitrification des produits ammoniacaux dans le sol, sont dans ce cas. Il n'est possible de les isoler et de les cultiver qu'en employant des milieux de culture absolument dépourvus de substances organiques.

Le choix des aliments exerce une grande influence sur le développement de bien des espèces. En général, plus un milieu est nutritif pour une espèce, plus elle y prospère, les autres conditions étant égales. On doit même pouvoir arriver à obtenir une multiplication plus active par addition de certaines substances en proportions très minimes ; le zinc du *liquide* RAULIN en est la preuve.

Lorsqu'une espèce trouve réunies, dans le milieu où elle évolue, plusieurs substances alimentaires qui peuvent servir à sa nutrition, elle ne s'adresse pas, au hasard, à la première venue, mais toujours à celle qu'elle assimile le plus facilement, celle qui lui demande le moins de travail. Ce n'est qu'alors que ce premier aliment est épuisé, qu'elle s'attaque à un autre de digestion moins aisée. Ainsi, quand on donne au *bacille de la fermentation butyrique* à la fois du sucre et de la cellulose, il consomme d'abord tout le sucre, et, plus tard seulement, attaque la cellulose qu'il est forcé de modifier profondément pour s'en nourrir. De même, pour la plupart des espèces, dans un mélange d'albuminoïdes et de matières ternaires, ce sont les premiers de ces éléments qui servent de préférence aux autres.

Il est rare que les bactéries trouvent, dans les milieux naturels où elles vivent, leurs aliments sous une forme directement assimilable. Elles doivent, le plus souvent, les modifier d'une façon plus ou moins profonde. Certaines de ces substances nutritives sont solides et insolubles, l'amidon, la cellulose, l'albumine, la fibrine. D'autres, bien qu'en dissolution, ne peuvent être assimilées qu'après un changement d'état ; le sucre de canne par exemple a besoin d'être interverti. Ces transformations s'opèrent sous l'influence de principes spéciaux, produits par la cellule vivante au moment du besoin, véritables ferments solubles, auxquels on donne le nom général de *diastases*. Les conditions de nutrition des bactéries sont, de ce côté, identiques à celles des êtres supérieurs.

Les bactéries qui attaquent l'amidon le saccharifient à l'aide d'une diastase spéciale, l'*amylase*, tout comme la plante qui redissout l'amidon emmagasiné dans ses réserves, l'embryon qui germe dans la graine, ou l'animal qui le digère à l'aide de son pancréas. HÜPPE a signalé l'amylase chez le bacille de la fermentation lactique ; WORTMANN a pu isoler d'une culture de bactéries de putréfaction de matières amylacées un ferment soluble saccharifiant très promptement l'amidon ; VIGNAL a reconnu cette propriété à plusieurs des espèces qui vivent en commensales dans la bouche de l'homme et auxquelles on peut rapporter une partie, mais une partie seulement, l'action saccharifiante de la salive.

Le sucre de canne et le sucre de lait ne peuvent servir directement aux échanges nutritifs des animaux ou des plantes. Pour pouvoir les assimiler, l'animal les intervertit à l'aide de l'*inversine* que sécrète son intestin. Les plantes qui ont du sucre cristallisable dans leurs réserves, la betterave, la canne à sucre par exemple, produisent, au moment où elles doivent l'utiliser, une diastase spéciale, la *sucrase*, qui le transforme en sucre interverti, mélange de glucose et de lévulose, directement assimilable. C'est ce que fait aussi la levure de bière lorsqu'on lui donne du sucre de canne comme aliment. C'est ce que doivent faire les nombreuses espèces de bactéries pouvant vivre de sucre cristallisable. La sécrétion de sucrase a déjà été reconnue par HÜPPE chez le *bacille de la fermentation butyrique* et le *bacille de la fermentation lactique ;* VIGNAL signale plusieurs bactéries de la bouche, entre autres le *Bacillus subtilis*, qui intervertissent rapidement le sucre de canne.

La cellulose même, si réfractaire aux sécrétions digestives de la plupart des animaux supérieurs, peut être transformée en matière sucrée, et dissoute par une diastase, non encore isolée, que sécrètent, entre autres bactéries, le *bacille butyrique* et le *Spirillum rugula*. Ce ferment soluble n'agit pas sur toutes les variétés de cellulose. Il attaque surtout facilement la cellulose des membranes végétales jeunes ; celles qui ont été durcies par l'âge ou l'incrustation lui résistent, aussi bien que celle des plantes aquatiques.

Les plus intéressantes de ces modifications sont sans contredit celles qui portent sur les substances albuminoïdes. Comme partout, pour entrer dans la nutrition des bactéries, elles doivent subir une transformation complexe, devenir solubles et se changer, en s'hydratant, en des produits dialysables, non coagulables par la chaleur, auxquels on donne le nom général de *peptones*. Cette transformation peut s'opérer sous l'influence d'un seul ferment diastasique très voisin de la *pepsine* ou identique à elle, ou sous l'ac-

tion successive de plusieurs de ces diastases, opérant les unes après les autres de telle
sorte que la précédente prépare l'action de la suivante et lui est nécessaire pour déterminer ces effets spéciaux. Un grand nombre de bactéries possède la propriété de
transformer les albumines en peptones. Elle existe, en particulier, très marquée chez les
espèces qui occasionnent les putréfactions des matières animales. La putréfaction, dans
ce cas, débute toujours par une peptonisation; avant l'apparition des phénomènes putrides proprement dits, caractérisés surtout par l'apparition de gaz fétides, le milieu est
si riche en peptones que l'on peut facilement en retirer par l'ébullition et l'évaporation
après filtration. Cette peptonisation s'accomplit bien certainement toujours sous l'influence de diastases sécrétées par les bactéries. On a pu, pour quelques espèces, isoler
ces ferments solubles qui se rapprochent de la pepsine par leur action.

La liquéfaction de la gélatine, phénomène qui a son importance dans la pratique des
cultures, est une véritable peptonisation. RIETSCH en a isolé le ferment dont il a reconnu
la présence chez toutes les espèces, liquéfiant la gélatine, qu'il a examinées; il manquait
au contraire chez les espèces ne liquéfiant pas, le *bacille typhique* et le *bacille tuberculeux*
par exemple. Il est probable qu'il existe plusieurs sortes de ferments solubles dans ce
même groupe; ils semblent se rapprocher plutôt de la trypsine du pancréas ou de
la papaïne, en ce qu'ils sont surtout actifs dans un milieu alcalin ou neutre.

Dans ses études si complètes sur le lait, DUCLAUX a démontré la production par certaines bactéries, agents de la fermentation de la caséine, les *Tyrothrix*, comme il les
nomme, d'une diastase spéciale, la *caséase*. Cette caséase n'attaque que la caséine coagulée.
La précipitation se produit sous l'influence d'un autre ferment soluble, la *présure*, qui se
trouve sécrétée côte à côte avec la caséase par les bactéries de la fermentation de la
caséine. Quelques espèces ne produisent que de la presure, le bacille de la fermentation
lactique par exemple; la coagulation du lait se fait alors sous son influence; mais le
coagulum reste inattaqué, si d'autres espèces n'interviennent pas. Ces phénomènes de
la digestion de la caséine par les microbes sont, on le voit, identiques à ceux qui se
passent dans l'estomac du jeune mammifère en lactation; la caséine pour être digérée
a également besoin d'être précipitée par avance au moyen d'une présure semblable à
celle produite par les bactéries, que l'organe sécrète en abondance à ce moment.

C'est encore une diastase, sécrétée par le *Micrococcus ureæ* et d'autres bacilles de
même action bien étudiés par MIQUEL, qui produit la transformation de l'urée en
carbonate d'ammoniaque. Cette *urase* a été isolée par MUSCULUS, et sa production par
la bactérie a été mise hors de doute par les recherches de PASTEUR et JOUBERT.

La production de ces ferments diastasiques n'est pas obligée dans la vie du
microbe; elle ne s'opère que si les besoins nutritifs l'exigent. Si l'espèce trouve à sa
portée des matériaux directement assimilables, elle s'en sert sans sécréter le ferment
alors inutile.

Une même espèce peut, du reste, parfois produire, suivant les besoins, plusieurs
de ces diastases. D'après FERMI, le *Bacillus megaterium* pourrait sécréter du ferment
protéolytique, de l'amylase et du ferment inversif, suivant qu'on lui offre, comme
milieu, de l'albumine, de la matière amylacée ou du sucre de canne.

Parmi les conditions que doit remplir un milieu pour être propice au développement des bactéries, la *réaction* de ce milieu a une grande importance. En général,
ces êtres ne se développent bien que dans un milieu neutre ou légèrement alcalin,
à l'inverse des moisissures qui se plaisent surtout dans les milieux acides. Il est
cependant des espèces qui végètent abondamment dans les milieux acides, par exemple
les divers ferments acétiques.

D'ordinaire, lorsque, pour une raison ou pour une autre, un milieu n'est pas très
apte au développement d'une espèce, mais lui permet quand même de végéter, ou se
trouve épuisé par elle, cette espèce y vit mal, péniblement; ses caractères habituels,
ses propriétés physiologiques mêmes se modifient, souvent profondément. Sa forme
normale change, on observe la production d'éléments tout à fait différents, parfois véritablement monstrueux; c'est ce qu'on appelle *formes d'involution*. Ces formes
variées ne jouissent d'aucune stabilité, mais font très vite retour à la forme normale
lorsque les conditions défavorables cessent d'agir.

S'il fallait s'en rapporter au hasard des circonstances, il serait bien rare et bien difficile de pouvoir se faire une idée un peu complète des conditions biologiques et des propriétés physiologiques des espèces. L'observateur qui veut étudier une espèce, a grand avantage à l'isoler, à la faire vivre à part, à l'abri des influences défavorables à sa vie, en lui fournissant des aliments qui lui conviennent. Il lui est alors facile d'obtenir des notions exactes sur les phénomènes produits, sur l'action des différents agents qu'il peut employer, assuré dès lors que les résultats ne seront pas troublés par des inconnues de milieu ou par des interventions étrangères. On a donc cherché à faire vivre les bactéries dans des milieux nutritifs artificiels; c'est le procédé des cultures.

En tenant compte des besoins nutritifs qui viennent d'être étudiés, on est parvenu à constituer un certain nombre de milieux de culture où peuvent vivre la plupart des espèces connues. Ces milieux sont : les uns liquides, les autres solides. Les premiers sont une simple solution de principes nutritifs dans l'eau. Le type en est le bouillon de viande. Les seconds sont surtout des gelées à base de gélatine ou de gélose, auxquelles on a au préalable ajouté les aliments les plus favorables, sous forme de peptones, de sucres, de sels minéraux. Il faut se rappeler que ces milieux doivent être neutres ou légèrement alcalins. A l'aide de procédés divers, mis en œuvre dans les laboratoires, il est possible d'isoler les espèces bactériennes, qui, très souvent, se rencontrent en mélange dans la nature, et obtenir alors des *cultures pures* où se manifestent, d'une façon certaine, les caractères propres à chacune d'elles.

Autres conditions de vie. — Influence des agents chimiques. — Les conditions d'aliment ne sont pas les seules qui aient une action directe sur la vie des bactéries; ces organismes sont, au même titre que les autres êtres vivants, soumis à l'influence des diverses conditions des milieux où ils vivent et peuvent voir leurs propriétés se modifier lorsqu'ils s'y trouvent en présence de différents facteurs, composés chimiques ou agents physiques. Il est, pour elle, des substances et des conditions favorables à l'accroissement, d'autres qui entravent leur multiplication ou suppriment même complètement la possibilité de vivre.

Nous avons vu que l'oxygène libre était nécessaire à un grand nombre d'espèces, les plus nombreuses probablement, les aérobies. En l'absence de ce gaz, elles ne manifestent aucun développement. Il paraît cependant leur nuire dans certaines conditions. Ainsi Duclaux a reconnu que bien souvent, quand une bactérie a épuisé son milieu nutritif, si elle trouve de l'oxygène en abondance, elle s'affaiblit peu à peu et périt même toutefois au bout d'un temps très long. Par contre, si elle n'a à sa disposition qu'une minime quantité de ce gaz, sa vitalité se conserve bien plus longtemps que dans le premier cas.

Pendant cette diminution de vitalité, les différentes fonctions sont atteintes et baissent successivement, entre autres la virulence, que l'on voit diminuer graduellement, *s'atténuer*, comme on dit, pour arriver à disparaître même entièrement. C'est ce que Pasteur a observé le premier en laissant *vieillir* à l'air des cultures du *Micrococcus du choléra des poules*, alors que d'autres cultures toutes semblables de la même bactérie, maintenues à l'abri de l'air, conservaient indéfiniment leur virulence initiale.

Cet effet atténuateur de l'oxygène paraît n'avoir d'action que sur les éléments végétatifs. Les spores résistent, et conservent la faculté de germer même après un temps très long. C'est la raison pour laquelle, lorsqu'on veut obtenir, par l'action de l'air, des cultures à virulence atténuée pour les vaccinations, il est nécessaire d'empêcher la production des spores, lorsque la bactérie peut en former dans les conditions où elle se trouve. Pasteur et ses savants collaborateurs Chamberland et Roux sont parvenus à le faire pour le *Bacille du charbon*, en le cultivant dans des bouillons à une température de 42°-43°. A cette température, en effet, le développement est encore abondant; mais la formation de spores est arrêtée.

Ce que fait à la longue l'oxygène de l'air dans les conditions ordinaires, l'oxygène sous pression le produit en très peu de temps. P. Bert a démontré que l'oxygène, comprimé à 8 ou 10 atmosphères, arrêtait rapidement la fermentation et la putréfaction. Les cellules végétatives sont tuées; mais les spores, comme l'a montré Pasteur à propos du charbon, résistent pendant un temps très long.

Scoutetten, ayant annoncé que la viande putréfiée perdait son odeur dans une atmosphère ozonisée, on attribua bien vite à l'ozone un pouvoir antiseptique que n'ont pas confirmé les recherches récentes de Sonntag et de Christmas. D'après ce dernier cependant, il est loin d'être tout à fait inactif, car il suffit de un dixième de volume d'ozone pour cent dans l'air pour arrêter le développement des germes sur la surface des objets placés dans une telle atmosphère. A cette dose l'air est très odorant et irrespirable. Au-dessous de la proportion indiquée, on n'observe plus aucun effet. D'Arsonval et Charrin assurent cependant que l'ozone, même très dilué, modifie la vitalité de certains microbes, le *Bacille pyocyanique*, entre autres, auquel il fait perdre en grande partie son pouvoir chromogène.

L'hydrogène et l'azote semblent n'avoir aucune action sur les bactéries. Aussi est-ce à eux, au premier surtout, à cause de la facilité plus grande de sa préparation, que l'on doit s'adresser lorsqu'on veut obtenir une atmosphère inerte, pour la culture des anaérobies par exemple.

D'après Kolbe, l'acide carbonique peut empêcher pendant longtemps la putréfaction de la viande. On l'emploie, du reste, comme agent conservateur des viandes fraîches. Sa présence, en proportions un peu forte, paraît nuisible aux aérobies. D'après d'Arsonval, sous une forte pression, l'acide carbonique est un antiseptique puissant ; une pression de 90 atmosphères détruit tous les germes vivants. Des expériences récentes de Sabrazès et Bazin, il ressort au contraire que des pressions d'acide carbonique, égales et même supérieures à 90 atmosphères, ne détruisent ni le staphylocoque doré ni la bactéridie charbonneuse et n'influent point sur la virulence de cette dernière.

Il est de nombreuses bactéries qui ne manifestent aucun développement dans l'acide carbonique ; le *Bacille du charbon*, le *Spirille du choléra* sont du nombre. D'autres, qui paraissent anaérobies facultatifs, y vivent bien, tout en se développant plus lentement ; c'est le cas du *Bacille typhique*, du *Bacille du côlon*, du *Bacille de* Friedländer. Nourry et Michel, étudiant l'action de l'acide carbonique sur le lait, ont observé que ce gaz ne tue pas les micro-organismes, mais qu'il en retarde seulement le développement. Fränkel et Sax Felice ont vu les spores du *Vibrion septique* et du *Bacille du charbon symptomatique* résister à l'acide carbonique, mais ne pas pouvoir germer en sa présence.

L'oxyde de carbone, d'après les recherches de Frankland, retarderait considérablement le développement du *Bacille pyocyanique*, du *Spirille du choléra* et du *Spirille de* Finckler. Le protoxyde d'azote aurait à peu près les mêmes effets.

D'assez nombreuses bactéries peuvent vivre et prospérer dans des milieux contenant de fortes proportions d'hydrogène sulfuré. Dans les putréfactions de matières animales, il se trouve des espèces qui développent, aux dépens du soufre des albuminoïdes du milieu, des quantités assez fortes de ce gaz pour le rendre très nettement perceptible à l'odorat. Si l'on vient à ajouter à de telles cultures, celles de *Proteus vulgaris* par exemple, de la fleur de soufre lavée, on obtient souvent des flots d'hydrogène sulfuré. Malgré cela, le développement se poursuit très bien. Miquel a rencontré en abondance, dans les eaux d'égout et dans certaines eaux potables, une bactérie, qu'il appelle *Bacillus sulfhydrogenus*, qui s'attaque à l'albumine insoluble, la détruit lentement et élimine la majeure partie de son soufre à l'état d'hydrogène sulfhydrique. En quarante-huit heures, dans une culture de quatre litres d'eau bouillie additionnée de tartrate d'ammoniaque et d'un excès de soufre, on observe la transformation d'un gramme de soufre. Lorsque l'hydrogène sulfuré a cependant atteint une certaine tension, il devient toxique pour la bactérie ; en le chassant par un courant d'acide carbonique, la réaction continue. Dans tous les milieux où cet organisme trouve du soufre à l'état libre ou en combinaison avec des matières plastiques, il produit de l'hydrogène sulfuré ; par contre, il ne s'attaque jamais aux sulfates. Cette production d'hydrogène sulfuré par les espèces que nous venons de citer, n'est du reste pas un phénomène direct ; c'est, il semble, au contraire, une réaction secondaire provenant de l'action sur le soufre, libre ou faiblement combiné, d'hydrogène naissant dérivant de la nutrition du microbe. Dans un milieu dépourvu de soufre, ces espèces donnent, en effet, comme produits de dénutrition, de l'acide carbonique et de l'hydrogène. L'hydrogène sulfuré, très toxique pour les plantes vertes, l'est bien moins à cause de l'absence de chlorophylle, sur laquelle se porte surtout son action nuisible.

Le gaz ammoniaque paraît plus nuisible encore. D'après Rigler, le *Spirille du choléra* le *Bacille typhique*, exposés aux vapeurs d'ammoniaque, sont tués après deux heures :

le *Bacille du charbon* et ses spores après trois heures, le *Bacille de la diphtérie* après quatre heures. Aussi ne doit-on pas s'étonner de voir, chez les espèces qui produisent de l'ammoniaque dans leurs cultures, le développement s'arrêter assez tôt si l'alcali ne se trouve pas neutralisé ou soustrait presque à mesure de sa production.

Les anesthésiques, chloroforme ou éther, n'ont pas sur ces cellules d'action bien énergique. L'activité vitale est ralentie, et, par suite, ses manifestations. Mais de hautes doses même n'arrivent pas à la suspendre complètement. JALAN DE LA CROIX n'a pas réussi à rendre stériles des bouillons additionnés de fortes proportions de chloroforme.

Les substances chimiques qui entravent ou arrêtent le développement des bactéries dans un milieu propice, inerte ou vivant, sont nombreuses. On leur donne le nom général d'*Antiseptiques* (V. ce mot).

Parmi les plus notables influences auxquelles se trouvent soumises les bactéries, dans les milieux de cultures ou les milieux naturels, se trouvent les agents atmosphériques, température, lumière, électricité et magnétisme, dessiccation, pression, agitation. L'action considérable qu'ils peuvent exercer sur le développement et les manifestations de diverses fonctions explique le haut intérêt de leur étude spéciale. On peut tout résumer en disant que dans l'air il existe de nombreuses causes qui semblent concourir à un même but, la diminution de la vitalité des bactéries, à leur *atténuation*.

Influence de la température. — Parmi les causes qui agissent sur le développement, se trouve, au premier rang, la température.

Il existe pour les bactéries une limite de température inférieure, un *minimum* et une supérieure, un *maximum*. Au-dessous de la première et au-dessus de la seconde, tout développement s'arrête, la mort peut même survenir, beaucoup plus facilement toutefois dans le second cas que dans le premier.

Beaucoup de bactéries peuvent supporter sans périr un froid très intense. PASTEUR avait annoncé, en 1860, que ces germes résistaient très bien à un froid de — 30°. FRISCH a pu abaisser la température d'un liquide, où plusieurs espèces de bacilles pullulaient et avaient formé des spores, jusqu'à — 110° sans les tuer, en prenant la précaution de ne les faire revenir que lentement à la température ordinaire. Le degré de résistance paraît du reste varier suivant l'espèce sur laquelle on expérimente. Ainsi GIBIER a pu soumettre des cultures de *Bacille du charbon* et du *Vibrion septique* à un froid de — 45° pendant cinq heures sans leur faire perdre leur virulence ; par contre, il a remarqué que le *Micrococque du choléra des poules* ne résistait jamais à une température de — 35°. Les expériences de PICTET et YUNG fournissent des résultats plus précis. A l'aide de procédés spéciaux, ils ont soumis des espèces bien déterminées, en cultures pures, à des températures très basses, maintenues pendant un temps assez long. Après avoir fait agir un froid de — 70° pendant cent huit heures et un de — 130° pendant vingt heures, ils ont observé les faits suivants. Une culture de *Bactéridie charbonneuse*, ne renfermant que des spores, garde toute sa virulence ; par contre, du sang charbonneux devient tout à fait inoffensif. Le *Bacille du charbon symptomatique* conserve son pouvoir pathogène. Les cultures de *Bacillus subtilis* et de *Bacillus ulna* ne perdent rien de leur vitalité. Dans des colonies de *Micrococus luteus* et d'un Micrococque blanc abondant dans l'air, la plupart des éléments sont morts ; quelques-uns cependant ont résisté. La lymphe vaccinale d'un veau, soumise aux mêmes actions, a donné quand même, après inoculation, des pustules caractéristiques. Il semble ressortir de ces expériences, qu'il existe une différence entre la résistance des spores et celle de la simple cellule végétative ; il se pourrait, par exemple, que le degré de résistance d'une espèce pour ces températures extrêmes fût en raison directe de la résistance de sa spore. On peut en tout cas en induire que beaucoup de bactéries résistent à des froids intenses.

On ne doit dès lors pas s'étonner de voir que la plupart des espèces supportent sans périr les froids modérés. Ici, les expériences sont plus précises et présentent un beaucoup plus grand intérêt pour l'hygiéniste, qui doit savoir en quoi il peut compter sur les circonstances naturelles pour combattre le développement de certaines espèces dangereuses pour l'homme. Or il a été prouvé, dans ces dernières années, que des températures peu inférieures à 0° n'avaient que très peu d'effet sur les bactéries. L'analyse bactériologique d'échantillons de glace y a révélé la présence d'un grand nombre de bactéries, lorsque la glace provenait d'eaux impures. La glace peut donc transmettre des germes pathogènes, tout comme l'eau dont elle provient. BORDONI, BUDJWID, FRÄNKEL ont trouvé des bactéries dans la grêle ; JANOWSKI, dans la neige. Maintenues longtemps à ces températures, certaines espèces semblent disparaître peu à peu, d'autres supporter la congélation pendant un temps assez long. MITCHELL a remarqué que le *Staphylocoque doré* et le *Bacille typhique* résistaient parfaitement à cent trois jours de congélation. Par contre, le *Micrococcus prodigiosus* et le *Proteus vulgaris* périaient après cinq jours de congélation. La conclusion à tirer de ces observations et des recherches de FRÄNKEL et de PRUDDEN est qu'une congélation, même prolongée, ne tue pas la plupart des bactéries, et ne fait qu'enrayer leur développement qui reprend aussitôt qu'est atteinte une température suffisante ; un froid prolongé peut cependant en diminuer considérablement le nombre.

La température la plus basse à laquelle peuvent croître les bactéries, le *minimum*, paraît être très variable suivant l'espèce que l'on considère. D'après FORSTER et FISCHER, quelques-unes pourraient déjà végéter à zéro : une bactérie phosphorescente trouvée sur des poissons morts de la mer du Nord serait dans ce cas. C'est, en général, à des températures un peu supérieures que se place le début de la végétation de la plupart des espèces. La plupart des espèces saprophytes de l'air ou des eaux ne commencent à croître que de 5° à 10°. D'après SEITZ, le développement du *Bacille typhique* est déjà sensible à 4°. D'autres espèces ont leur minimum de croissance reporté beaucoup plus haut. Ce sont d'abord des espèces pathogènes qui s'attaquent aux organismes présentant une température constante élevée ; ainsi le *Pneumocoque* ne se développe guère dans les milieux artificiels qu'à partir de 20° à 23°, le *Bacille de la tuberculose* ne commence à s'y cultiver qu'à partir de 28°. Le *Bacillus thermophilus*, très intéressante espèce que MIQUEL a isolée de l'eau, ne se développe dans les bouillons et la gélose qu'au-dessus de 40° ; c'est là un fait absolument exceptionnel.

La limite supérieure de température, le *maximum*, paraît moins variable que le minimum. Elle se tient, en général, aux environs du degré de chaleur qui paralyse et tue tout protoplasme vivant, vers 42°. C'est à cette température que s'arrête la végétation de nombreuses espèces saprophytes et d'un certain nombre d'espèces pathogènes, le *Pneumocoque* et le *Bacille de la tuberculose* par exemple. D'autres ont leur maximum plus bas ; le *Bacillus rosaceus metalloides*, très belle espèce à pigment rouge carmin, ne croît plus au-dessus de 35° ; le *Bacille phosphorescent*, de FORSTER, cité plus haut comme végétant déjà à 0°, périt rapidement à 37°. Quelques-unes l'ont plus haut ; le *Bacille du charbon* ne cesse de végéter qu'à 45° ; le *Bacille typhique* et le *Bacille du colon* n'arrêtent leur multiplication qu'à 46°. Le *Bacillus thermophilus* croît encore bien à 70° ; et ne périt qu'à 72° ; VAN TIEGHEM a observé deux espèces qu'il était encore possible de cultiver à 74° en prenant la précaution de les faire vivre dans un milieu parfaitement neutre ou légèrement alcalin, la moindre trace d'acide arrêtant le développement.

Entre ces deux stades extrêmes, minimum et maximum, il est un point où la vie se manifeste avec la plus grande énergie, où la végétation est la plus abondante, et où les fonctions particulières aux espèces s'opèrent avec la plus grande intensité ; c'est *l'optimum* de température de l'espèce.

Cet optimum est, cela se comprend, en relations directes avec le minimum et le maximum, plus cependant avec le second dont il se rapproche toujours beaucoup, le *Bacillus rosaceus metalloides* a son optimum à 15°. Chez le *Bacille typhique* il se trouve entre 25° et 30° ; chez le *Pneumocoque* à 35° ; chez le *Bacille de la tuberculose* à 38° ; chez le *Bacillus thermophilus* il est placé entre 63° et 70°. Il est assez difficile de fixer d'une manière précise ce point optimum ; on ne peut, en effet, se baser, pour le faire, que sur l'intensité apparente de la croissance dans les cultures, épaisseur de la culture, trouble plus ou moins prononcé dans les bouillons. Ces rapports de température peuvent aussi varier, quoique dans des limites restreintes, suivant le milieu pour une même espèce. C'est ce qui semble résulter de l'intéressante remarque de KOCH que le *Bacille de la tuberculose* a, chez les animaux à sang chaud, un minimum et un optimum de température plus élevés que dans les cultures.

On peut conclure de ces faits que, sauf quelques exceptions, une température de 60° environ suffit pour tuer les cellules végétatives des bactéries.

Mais il n'en est pas de même des spores qui, comme le prouvent les expériences, résistent à une chaleur notablement plus forte. BREFELD a pu obtenir la germination de spores du *Bacillus subtilis* qui avaient été portées à 100° pendant une heure; elles n'étaient toutes mortes qu'après trois heures d'ébullition. A 105°, il faut quinze minutes pour les tuer, dix à 107° et cinq à 110°. KOCH a obtenu le développement de spores de *Bacillus subtilis* et de *Bacillus anthracis* préalablement chauffées à 123° dans l'air sec. MIQUEL a pu porter des germes à 110°, 120°, 130°, et même 145°, dans l'air sec, certains ont encore rajeuni; à 150° il a toujours obtenu une stérilisation complète. Dans les liquides ou la vapeur d'eau, la résistance est beaucoup moindre que dans l'air sec. Sauf des cas très spéciaux, une température de 115° à 120° obtenue dans l'autoclave, maintenue pendant un court espace de temps, suffit pour faire périr les spores les plus résistantes. La réaction du milieu influe considérablement sur la résistance à la chaleur; un très léger degré d'acidité la fait baisser dans des limites notables, comme le démontrent les observations de DUCLAUX sur les *Tyrothrix*.

Les actes physiologiques qu'accomplissent les bactéries se ressentent, d'une manière très nette, des variations de température. Il y a entre ces propriétés et la vitalité des individus qui les possèdent une corrélation intime et un rapport direct; l'un de ces termes diminuant, l'autre doit infailliblement baisser à son tour, et inversement.

CH. RICHET a montré que l'activité de la fermentation lactique va en croissant depuis une température assez basse jusqu'à 44°; de 44° à 53° elle reste presque constante, puis décroît. D'après SCHLOESING et MÜNTZ, la nitrification est nulle ou très faible à 5°, elle s'établit bien nettement à 12° et augmente jusqu'à 37°, où elle présente son maximum, puis diminue de telle sorte qu'à 50° on n'obtient plus que de très minimes quantités de nitrates.

Entre le degré de chaleur le plus favorable à la vie d'une espèce et celui qui l'abolit complètement, il existe un intervalle dans lequel les propriétés vitales de l'espèce, et en particulier la virulence des espèces pathogènes, diminuent de plus en plus, au fur et à mesure que la température se rapproche du degré mortel. La virulence, qui est à son maximum dans une culture maintenue à son optimum de température, *s'atténue* graduellement lorsque la température s'élève, et peut finir par disparaître complètement si elle atteint un degré trop élevé quoique compatible encore avec la végétation de l'espèce. On peut ainsi obtenir des cultures atténuées pour les vaccinations.

Influence de la lumière. — La lumière semble ne pas être nécessaire à la vie des bactéries. Un grand nombre d'espèces, en effet, évoluent normalement dans des milieux complètement à l'abri de toute radiation; nombre d'espèces pathogènes vivant au sein des organes massifs, d'autres qui se trouvent dans les couches inférieures du sol, doivent pouvoir s'en passer complètement sans que pour cela leur vitalité en souffre. Des cultures développées dans l'obscurité ne diffèrent pas d'autres de même espèce faites dans les mêmes conditions à la lumière diffuse du jour.

Il est cependant des espèces qui sont attirées vers les rayons lumineux. Dans un vase contenant de l'eau de macération de plantes, qui fourmille de bactéries, et que l'on éclaire d'un côté seulement, on reconnaît, par le trouble plus intense, que ces êtres se massent du côté éclairé. Les divers rayons du spectre n'ont pas une égale attraction. Si l'on fait tomber, à l'aide de l'objectif microspectral d'ENGELMANN, un spectre sur une préparation contenant des bactéries mobiles, on les voit affecter, au bout de quelque temps, une disposition particulière constante. Elles s'accumulent surtout dans l'ultra-rouge; on en trouve déjà bien moins dans le jaune; l'amas est faible dans le vert et diminue de plus en plus dans le bleu et le violet. Il semblerait, d'après cela, que les rayons calorifiques sont bien plus favorables à la vie de ces êtres que les rayons chimiques. Les actions chimiques produites par la lumière dans le milieu jouent peut-être un rôle qui n'est pas élucidé. ENGELMANN assure qu'une bactérie, qu'il dénomme *Bacterium photometricum*, ne devient mobile que sous l'influence de radiations lumineuses d'une certaine intensité.

La lumière ne paraît pas avoir d'action sur la production du pigment, chez les espèces chromogènes. La coloration se développe tout aussi bien à l'obscurité; elle serait plutôt moins intense dans les cultures exposées aux rayons lumineux. DUBOIS a remarqué que des cultures très brillantes de bactéries phosphorescentes perdaient presque entièrement leur luminosité, si on les laissait exposées pendant quelques jours à l'action de la lumière directe.

Les nombreuses expériences faites sur ce sujet tendent au contraire à établir que la lumière exerce sur la vitalité de nombreuses espèces bactériennes une action nuisible réelle, qui peut même aboutir à la mort des cellules, lorsque cet agent agit pendant assez longtemps ou que les radiations possèdent une intensité suffisante. Downes et Blunt, les premiers, ont montré qu'une forte lumière était nuisible aux cultures bactériennes et pouvait même être mortelle pour beaucoup d'entre elles. Duclaux, en expérimentant sur des espèces définies, est arrivé aux mêmes résultats et signale la plus forte résistance des spores. Arloing et Roux ont observé les mêmes faits pour le *Bacille du charbon;* Pansini, Geisler, Santori, Raspe, pour d'autres espèces, pathogènes ou saprophytes. Trois heures d'insolation suffiraient presque pour faire périr la *Bactéridie charbonneuse;* il en faut six pour le *Bacille du rouget du porc;* les *Staphylocoques pyogènes,* le *Spirille du choléra,* le *Spirille de* Finkler, le *Bacille typhique,* le *Pneumocoque,* le *Micrococcus prodigiosus,* sont à peine influencés après ce dernier laps de temps; le *Bacille pyocyanique* supporte les rayons solaires pendant 240 minutes et plus, sans perdre complètement son pouvoir chromogène, qui cède si facilement sous d'autres influences. Les spores même périssent rapidement lorsqu'on les expose à une lumière intense, comme celle des rayons solaires directs; celles du *Vibrion septique,* du *charbon symptomatique* meurent au bout de douze à trente heures d'insolation, comme le prouvent les expériences de Penzo, de Tizzoni et Cattani, de Vaillard et Vincent, de San Felice; d'après Roux, la plus grande résistance des spores du *charbon* a été de 54 heures.

La virulence des espèces pathogènes est tout aussi bien modifiée par la lumière solaire; elle s'atténue graduellement; mais, pour le *charbon* au moins, ces cultures atténuées n'ont pas d'action vaccinale, les cultures suivantes font récupérer la force primitive.

On a recherché, sans beaucoup de résultats, l'action des différentes radiations du spectre: Arloing en est arrivé à dire qu'on devrait incriminer la lumière complète. Toutefois, Charrin, sur le *bacille pyocyanique,* a observé que c'était avec la lumière verte qu'on obtenait la végétation la plus abondante, la moindre avec la lumière jaune ou violette. Janowski croit que les lumières colorées qui préservent le plus longtemps du noircissement un papier sensible, sont aussi celles qui préservent le mieux de la mort le *Bacille typhique.* Ce sont les rayons chimiques qui paraissent être les plus actifs.

L'action de la lumière semble, du reste, intimement liée à celle de l'oxygène. Sous l'influence de radiations d'une force suffisante, il se produirait une très forte oxydation, amenant une désassimilation rapide, nuisible à la vie. L'hygiéniste doit tirer de là cette conclusion importante, que l'air et le soleil sont des barrières excellentes à opposer à la pullulation des espèces à craindre.

Action de l'électricité. — On n'a encore que peu de données sur l'action de l'électricité sur les microbes. Les premiers observateurs, Cohn et Mendelsohn, Apostoli et Delaquerrière, Prochownick et Spaeth, ont signalé des effets variables qu'il faut rapporter, sans aucun doute, à des actions chimiques. D'Arsonval et Charrin, en expérimentant sur le *Bacille pyocyanique* à l'aide de courants indirects de haute fréquence, ont cependant établi d'une façon certaine l'influence de l'électricité sur son évolution; sa puissance chromogène est d'abord atteinte, plus tard la végétation pâtit.

On connaît encore moins les effets du magnétisme. Dubois a signalé l'influence de forts aimants sur l'orientation des colonies du *Micrococcus prodigiosus,* sans toutefois chercher à éviter de nombreuses causes d'erreurs. D'Arsonval a vu la fermentation alcoolique de la *Levure de bière* être manifestement retardée par l'influence du champ magnétique. En est-il de même des fermentations bactériennes?

Action de la pression. — P. Bert a démontré que les fermentations et les putréfactions s'arrêtent rapidement en présence d'oxygène comprimé à dix atmosphères. Mais Certes croit avoir fait agir, sur des liquides putréfiés, de l'air à une pression de 450 à 500 atmosphères sans avoir arrêté leur putréfaction. L'oxygène serait donc, dans les expériences de P. Bert, le principal facteur. En faisant agir l'air sous pression, Auveau a cependant obtenu des résultats conformes aux premiers, quoique moins marqués. Il est parvenu, en graduant la pression, à atténuer la virulence de cultures *Bacille du charbon* de façon à pouvoir les employer en toute assurance dans la pratique des vaccinations. D'Arsonval et Charrin, expérimentant sur le *Bacille pyocya-*

nique, sont arrivés à le voir périr en le soumettant à une pression de 30, 40, 50 atmosphères d'acide carbonique, durant deux, trois, quatre et cinq heures. En deçà de cette pression, on n'observe qu'une atténuation variable. Ici toutefois, il faut tenir compte de l'action de l'acide carbonique, nuisible pour cette bactérie. En se basant sur ces recherches et sur d'autres précédentes, d'Arsonval s'est cru en mesure d'affirmer qu'une pression de 90 atmosphères détruit tous les germes vivants, alors que, dans un travail tout récent, Sabrazès et Bazin assurent que des pressions égales et même supérieures à 90 atmosphères, ne détruisent ni le *Staphylocoque doré* ni la *Bactéridie charbonneuse*, et n'influent pas sur la virulence de cette dernière. On voit que le sujet est loin d'être épuisé.

Autres influences. — L'agitation des milieux liquides où vivent les bactéries est une condition défavorable au développement. Scheurben, Bang prétendent que la force centrifuge affaiblit le *Bacille typhique*, le *spirille du choléra*, le *Proteus vulgaris*. Pöhl assure que le mouvement tourbillonnant, déterminé par une puissante turbine, fait baisser dans des proportions considérables le nombre des Bactéries de l'eau soumise à son action. Ici encore, le phénomène est probablement complexe; la rapide oxydation qui se produit, l'action de la force centrifuge sur les molécules solides en suspension, doivent entrer en jeu.

La dessiccation absolue n'épargne pas plus les Bactéries que les autres êtres vivants; elle les tue dans un temps qui varie sans doute suivant la difficulté qu'éprouve le protoplasme à perdre toute son eau. La plupart des espèces cependant supportent très bien une dessiccation relative, surtout à l'état des spores. Une dessiccation lente, à basse température, 35° par exemple, semble au contraire rendre les éléments plus résistants à l'égard d'un excès de chaleur. Il est cependant des espèces, et elles doivent être nombreuses, qui ne supportent pas longtemps les privations d'eau; le *Bacterium termo* périrait après sept jours de dessiccation. Les spores des différentes espèces résistent pendant un temps très long. Celles du *Bacille du charbon*, celles des anaérobies pathogènes du sol, supportent des mois entiers la dessiccation spontanée sans perdre leur virulence; les crachats tuberculeux, desséchés lentement, restent aussi très longtemps actifs.

De ces actions des agents physiques sur les Bactéries, il est possible de conclure qu'en général ils paraissent tous concourir à un même but final, l'atténuation et même la suppression complète de la vitalité de ces germes; les agents météorologiques ont sur eux une action nuisible, même parfois mortelle.

Modifications que subissent les milieux. — En vivant aux dépens des milieux, les bactéries font subir des modifications profondes aux principes qu'ils contiennent et aux dépens desquels elles se nourrissent. Le protoplasma vivant s'assimile certaines parties et rejette le reste. Cette dernière portion s'accumule dans le milieu, qu'elle peut même rendre impropre au développement ultérieur de l'espèce lorsqu'elle a atteint une limite déterminée. Le milieu, privé des cellules vivantes, devient souvent réfractaire à toute tentative nouvelle d'ensemencement avec la même espèce; on dit qu'il est *vacciné* contre cette espèce, et de fait cette particularité n'est pas sans jeter du jour sur le phénomène de la *vaccination*.

Il n'est pas encore possible d'arriver à une généralisation de ces phénomènes. Ils peuvent donner lieu à un simple dédoublement; dans la fermentation ammoniacale de l'urée par exemple, la molécule d'urée se dédoublerait en deux molécules de carbonate d'ammoniaque. Ils aboutissent parfois à une oxydation extrême dont les produits ultimes sont de l'acide carbonique et de l'eau. Souvent il ne se fait qu'une oxydation partielle, comme on le voit dans la fermentation acétique. Les phénomènes observés peuvent être des phénomènes de réduction dus à l'action secondaire d'hydrogène naissant produit par la bactérie; c'est ce qui se passe pour de nombreux organismes des putréfactions, qui réduisent alors les sulfates de l'eau ou du sol en produisant un dégagement d'hydrogène sulfuré.

Les produits formés dans cette action des bactéries sur les milieux sont de nature très diverse. Ils peuvent être des gaz, des produits volatils ou des substances fixes. Parmi les gaz, le plus commun est sans contredit l'acide carbonique; puis viennent l'hydrogène et l'hydrogène sulfuré. Au premier rang des produits volatils se trouvent l'ammoniaque et les ammoniaques composés, surtout les triméthylamines; puis viennent des acides, formique, acétique, butyrique; quelquefois des alcools. Les substances fixes peuvent être des acides, comme l'acide lactique, l'acide oxalique; des amides, comme la leucine; des corps de la série aromatique, comme la tyrosine, le phénol, l'indol, le scatol; des matières colorantes, qui se répandent plus ou moins uniformément dans le protoplasma vivant; des peptones provenant de la transformation en excès des substances albuminoïdes du milieu, enfin, des ptomaïnes et des matières albuminoïdes spéciales. qui, par leur constitution et leurs propriétés chimiques, semblent se rapprocher des diastases, et qui, pour les bactéries pathogènes, doivent jouer un grand rôle dans les effets produits sur les organismes attaqués. Ces dernières catégories de substances fixes méritent une étude plus approfondie.

Matières colorantes des bactéries. — Les matières colorantes sont produites par le protoplasma cellulaire. La plupart du temps, elle ne diffusent jamais dans le milieu ambiant pendant la vie des cellules qui les ont formées, mais seulement après leur mort et peut-être aussi dans ces sortes de dégénérescences désignées sous le nom de formes d'involution. Elles existent en quantité trop minime dans chaque élement pour lui donner une nuance perceptible, même à de très forts grossissements, et ne deviennent sensibles que lorsque de nombreux éléments sont réunis en amas plus ou moins compacts. D'autres fois, au contraire, la matière colorante diffuse plus ou moins loin dans le milieu auquel elle donne une teinte spéciale; c'est le cas des matières colorantes du pus bleu, des *Bacilles fluorescents* de l'eau, du pigment brun que produisent en particulier certaines *Cladothrix*; les colonies bactériennes restent souvent même incolores, le pigment n'apparaissant qu'autour d'elles.

La nuance varie considérablement suivant l'espèce. Les *Sarcina lutea*, *Micrococcus luteus* donnent des colorations jaune citron; les *Bacillus luteus*, *Micrococcus pyogenes aureus*, des zooglées d'un jaune orangé; le *Bacillus ruber* donne du rouge vif; le *Micrococcus prodigiosus* du rouge carmin; le *Beggiatoa roseo-persicina* du rose violet; le *Micrococcus cinnabareus* du rouge cinabre; le *Micrococcus roseus* du rose chair.

Le *Bacillus syncyanus*, du lait bleu, produit du bleu de ciel ou du bleu grisâtre; le *Bacillus pyocyaneus*, du pus bleu, du bleu vert.

Le *B. violaceus* possède un pigment violet noir; le *B. janthinus* un violet tendre.

Les bacilles fluorescents de l'eau, le *Bacille de la diarrhée verte* des nourrissons, colorent en vert plus ou moins foncé les substrats solides sur lesquels on le cultive. On est moins fixé sur la coloration verte des *Bacillus viridis* et *Bacillus virens* de Van Tieghem et du *Bacillus chlorinus* d'Engelmann, que ces auteurs regardent, sans grandes preuves à l'appui, comme colorés par de la chlorophylle.

La nature de ces pigments est très peu connue. Quelques-uns sont solubles dans l'eau; la plupart ne s'y dissolvent pas, ils sont solubles dans l'alcool absolu, l'éther ou le chloroforme; d'autres, insolubles dans tous ces réactifs, demandent l'emploi de procédés spéciaux pour être isolés. Leur composition chimique n'est pas établie. Certains semblent se rapprocher des couleurs d'aniline par les propriétés optiques de leurs solutions. Les mieux étudiés sont certainement le pigment rose du *Beggiatoa rosea-persicina* et le pigment bleu fourni par le *Bacille du pus bleu*.

La matière colorante des *Beggiatoacés roses* a été isolée et étudiée par Ray Lankester, qui a donné à ce pigment tantôt rose rouge, tantôt couleur fleur de pêcher ou violet intense, le nom de *bactério-purpurine*. Elle est insoluble dans l'eau, l'alcool, le chloroforme, l'ammoniaque, les acides acétique et sulfurique. L'alcool bouillant fait virer sa teinte au brun. Elle montre, au spectroscope, des bandes d'absorption toutes spéciales: une large bande dans le jaune près de la raie D de Fraunhofer; deux faibles dans le vert près des raies E et *b*; une faible dans le bleu près de la raie F; puis, à partir de la raie G, un assombrissement de la partie la plus réfrangible du spectre. En se basant sur l'analyse spectrale, on devrait plutôt rapprocher la bactério-purpurine de l'alizarine ou de la purpurine que des rouges d'aniline, comme on l'a fait tout d'abord. La teinte varie beaucoup suivant l'âge et l'activité de la cellule, elle passe du rose clair au pourpre violet, elle tourne au brun après la mort de l'élément.

Le *Bacille du pus bleu* produit dans les milieux où il se développe, deux matières colorantes au moins, une bleue, la *pyocyanine*, et un autre pigment verdâtre qui communique au substratum une belle fluorescence verte. La pyocyanine a été isolée par Fordos en traitant par l'eau ammoniacale les linges de pansement bleuis par la sécrétion spéciale; le liquide, agité avec du chloroforme, lui cède la pyocyanine que l'on peut obtenir cristallisée par évaporation. Gessard a perfectionné ce procédé et l'a appliqué aux cultures, ce qui permet d'obtenir des quantités beaucoup plus grandes du produit. Il conseille d'opérer de la façon suivante. Les bouillons de culture où le microbe est en plein développement sont alcalinisés avec de l'ammoniaque et agités avec du chloroforme. Ce dernier s'empare de la pyocyanine et se colore en un beau bleu de ciel foncé. Il a dissous en même temps des impuretés, surtout des matières grasses. Il est filtré et agité avec de l'eau acidulée à l'acide sulfurique ou à l'acide chlorhydrique. La pyocyanine passe dans l'eau acidulée à l'état de combinaison rouge. Le chloroforme retient les matières grasses et une matière colorante jaune qui provient d'une oxydation de la pyocyanine, la *pyoxanthose*. La dissolution aqueuse rouge, décantée, est saturée par la potasse ou l'ammoniaque; elle passe au bleu. On filtre et on traite par le chloroforme qui entraîne la pyocyanine, qu'il abandonne par évaporation. C'est une masse confuse de petits cristaux, d'un bleu foncé, rappelant l'indigo. En reprenant par l'eau distillée et abandonnant à l'évaporation lente, on obtient de belles aiguilles isolées ou réunies en aigrettes ou en étoiles, des octaèdres ou des tables rhombiques.

La pyocyanine est soluble dans l'eau, plus à chaud qu'à froid, dans l'alcool, le chloroforme, moins dans l'éther; elle a une saveur amère. Les acides la font passer au rouge et forment avec elle des composés cristallisables; on doit la considérer comme une base et la rapprocher peut-être des ptomaïnes. L'air et toute oxydation la font passer à l'état de pyoxanthose qui cristallise en petites aigrettes jaunes. La pyocyanine ne semble pas toxique, même à fortes doses.

La matière colorante du *Bacillus violaceus* ne diffuse pas dans le milieu comme celle produite par le *Bacille pyocyanogène*, mais reste au contraire dans le protoplasme cellulaire ou dans la matière gélatiniforme qui réunit les cellules en zooglées. Elle est insoluble dans l'eau et très soluble dans l'alcool absolu en donnant une liqueur d'un beau violet foncé, prenant la teinte d'une solution de violet d'aniline lorsque la proportion de culture est assez forte. En solution, l'ammoniaque la fait passer au bleu puis au vert; il se produit en peu de temps une décoloration totale; par neutralisation avec l'acide acétique, il réapparaît une légère teinte violette. La potasse donne du vert, puis du jaune orange; la couleur ne se régénère plus après neutralisation. L'acide acétique ne change pas la nuance, même après un long contact; l'acide azotique fait virer au vert, puis au jaune un peu verdâtre.

Les conditions de milieu ont ici une influence très variable.

La lumière ne semble pas du tout nécessaire à la production du pigment. Des cultures de *Micrococcus prodigiosus* et de *Bacillus violaceus*, faites à l'obscurité et conservées à la chambre noire, se sont montrées, après quelques semaines, tout aussi colorées que que d'autres, faites en même temps et maintenues au grand jour. Elle exerce une action nuisible sur beaucoup de ces pigments en solution aqueuse ou alcoolique; la solution aqueuse de pyocyanine et la solution alcoolique de pigment de *Micrococcus prodigiosus*, exposées à la lumière diffuse, pâlissent vite, prennent une teinte jaunâtre et arrivent à se décolorer presque complètement.

L'oxygène paraît nécessaire à la formation du pigment. Lorsque l'espèce se développe dans un milieu confiné, elle se colore mal; quand l'air fait presque complètement défaut, elle ne se colore pas du tout. Les bactéries à couleurs vives que l'on fait se développer sous une petite couche d'huile donnent des colonies blanches, qui peuvent prendre leur nuance spéciale, si la couche préservatrice vient à être supprimée. L'oxygène pur serait nuisible: c'est du moins ce que prouvent les expériences de Charrin et Roger sur le *Bacillus pyocyaneus*.

La puissance chromogène, comme, du reste toutes les autres fonctions des microbes, est en relations intimes avec la vitalité, de telle sorte que toutes les conditions qui diminuent l'activité du développement d'une espèce font aussi décroître sa puissance chromogène. En première ligne, pour beaucoup d'espèces, se trouvent les cultures successives dans les milieux artificiels ordinaires. C'est ainsi que le *Bacillus violaceus*, qui donne sur gélose peptonisée, en première culture au sortir du milieu naturel d'où on l'a isolé, l'eau le plus souvent, des colonies colorées en violet noir, perd rapidement dans des cultures suivantes, son pouvoir chromogène et ne donne plus que des colonies entièrement blanches.

Il en est de même lorsqu'on ajoute aux cultures des produits nuisibles, comme des antiseptiques en qualité assez minime toutefois pour ne pas tuer la bactérie. Charrin et Roger ont démontré qu'on pouvait graduer en quelque sorte la production de pyocyanine par le *Bacille du pus bleu*, en ajoutant aux cultures des proportions de plus en plus fortes de sublimé corrosif. Tandis qu'avec des proportions de $0^{gr},015$ à $0^{gr},02$ de sublimé par litre, on ne fait que retarder la production de la matière colorante, on l'arrête bientôt en augmentant progressivement la dose.

La nature du milieu, la présence et les proportions de certains principes nutritifs, jouent un très grand rôle dans la production du pigment; on ne sait encore là-dessus que bien peu de choses. Gessard a reconnu que la fluorescence verte due aux *bacilles fluorescents* communs dans les eaux, était intimement liée à la présence de phosphate dans le milieu. Enfin, un changement de milieu peut modifier complètement la nature de la matière colorante; ainsi le *bacille du lait bleu*, qui produit dans le lait un pigment bleu foncé, cultivé sur gélatine ou sur gélose, colore la gelée ambiante en brun foncé, alors que sa colonie reste blanche.

Fonction photogène. — La *fonction photogène* que présentent certains microbes très intéressants est à rapprocher de la fonction chromogène. Il est un certain nombre d'espèces de bactéries qui possèdent la propriété de luire dans l'obscurité, tout comme les animaux et les plantes inférieures dits pour ce motif *phosphorescents*.

Ces bactéries phosphorescentes ont été surtout observées sur les poissons de mer et les viandes de boucheries. Elles peuvent se développer sur des plantes et des animaux vivants qu'elles rendent phosphorescents. Giard a observé ce phénomène sur de petits crustacés marins, les *talitres*, dû à l'infestation par un microbe phosphorescent qui semble spécial et qui détermine, chez ces animaux, de véritables manifestations épidémiques. C'est sans doute aussi à une bactérie lumineuse qu'est due la phosphorescence que présentent souvent plusieurs animaux inférieurs, en particulier, dans nos régions, les géophiles. D'après Patouillard, la phosphorescence de certains agarics serait aussi due à leur envahissement par des bactéries photogènes.

La phosphorescence des viandes est le phénomène qui a le plus frappé au début et a été le mieux étudié. La viande sur laquelle se sont développées des bactéries phosphorescentes émet dans l'obscurité des lueurs blanches, parfois un peu verdâtres, en traînées mobiles, irrégulières, ressemblant aux sillons qu'une allumette phosphorique laisse sur les objets lorsqu'on la frotte légèrement à leur surface. Cette phosphorescence est contagieuse de proche en proche; Nuesch rapporte qu'en une nuit toute la viande d'une boucherie a été envahie. En transportant une petite portion de la glaire phosphorescente qu'on recueille à la surface, sur un morceau de viande fraîche, celle-ci devient rapidement phosphorescente. Ces espèces végètent bien aussi sur les milieux artificiels qu'elles rendent alors lumineux. Elles peuvent même subsister assez longtemps dans de l'eau légèrement salée, comme l'eau de mer, en produisant à la surface leur curieuse réaction; certains cas de phosphorescence de la mer doivent leur être rapportés.

Le temps pendant lequel le substratum reste phosphorescent est variable. Nuesch a de la viande qui est restée lumineuse pendant sept semaines à une température ne passant pas 10°. La putréfaction fait disparaître le phénomène, les espèces qui l'occasionnent l'emportant sur les bactéries lumineuses et en déterminant la rapide disparition. La température influe assez peu, dans de certaines limites. Ludwig a observé de la viande de veau qui luisait encore à — 10° et même faiblement à — 14°. Cette viande mise au bainmarie dans un tube était encore phosphorescente à 30°, mais à 47° toute lueur avait disparu. Par contre, une bactérie lumineuse que Fischer a trouvée dans l'eau de la mer des Indes et sur des animaux marins morts devenus lumineux ne croît plus et n'émet de lueur perceptible au-dessous de 10°; la phosphorescence présente un optimum à ...° et disparaît à 40°.

La lumière émise est blanche et contient, par conséquent, les différentes radiations du spectre. Avec des cultures de *Micrococcus phosphoreus*, Ludwig a obtenu un spectre continu depuis la raie B de Fraunhofer jusque dans le violet.

L'air est nécessaire à la production du phénomène. Les cultures ne luisent pas en l'absence d'oxygène ; les parties profondes, où ce gaz ne pénètre pas, ne sont pas lumineuses. Si l'on chasse l'air par un courant d'hydrogène ou d'acide carbonique, la phosphorescence disparaît.

La phosphorescence est sous la dépendance immédiate des cellules vivantes, car les bouillons de cultures filtrés ne sont jamais phosphorescents.

La nuance de la lumière est variable suivant l'espèce de bactérie lumineuse que l'on observe et un peu aussi suivant l'âge et la vitalité de la culture. C'est tantôt une lumière bleuâtre avec une petite pointe de vert ; tantôt une lumière d'un vert émeraude ; tantôt d'un blanc d'argent doux.

On en est réduit à de pures hypothèses sur le mode de production de la matière photogène. R. DUBOIS pense que les microbes lumineux produisent une diastase spéciale, la *luciférase,* donnant lieu au phénomène de la phosphorescence au contact des produits organiques phosphatés contenus dans le milieu où ils vivent.

C'est très probablement à la présence de telles bactéries qu'il faut attribuer le curieux phénomène de la phosphorescence de liquides de l'organisme, normaux ou pathologiques, le lait, l'urine, la sueur, la salive, le pus. On en trouve mention de quelques cas dans les anciens auteurs. HENKEL rapporte l'histoire d'un fait bien net de sueurs phosphorescentes. Le sujet suait beaucoup, lorsqu'il se déshabillait dans l'obscurité, la surface de son corps et sa chemise étaient parcourues en tous sens par des traînées lumineuses semblables à des sillons d'allumettes phosphoriques. Tout disparaissait à la lumière et on remarquait sur la peau de petites macules rouges. L'individu exhalait une odeur spéciale urineuse, plutôt acide qu'ammoniacale, rappelant la choucroute trop fermentée. Ce phénomène n'a du reste rien qui doive étonner et rappelle les cas de coloration de plusieurs sécrétions normales, sueur, lait, salive par des bactéries qui les teignent en bleu, rouge, etc.

Ptomaïnes. — Dans des décompositions qui s'opèrent sous l'influence des bactéries et dans les cultures pures d'un certain nombre d'espèces, on a découvert des bases azotées présentant beaucoup d'analogies avec les alcaloïdes végétaux. SELMI, qui en a retiré des cadavres humains putréfiés, leur a donné le nom de *ptomaïnes* (πτωμα, cadavre). Ces substances, d'un haut intérêt, devant faire l'objet d'un article spécial, nous n'en dirons ici que ce qui a trait plus particulièrement à la vie des bactéries.

Les unes paraissent être sans action sur l'organisme animal ou n'ont que des effets peu marqués et passagers. D'autres, au contraire, déterminent des troubles plus ou moins prononcés, souvent considérables, amenant rapidement la mort à doses très faibles ; elles sont en tout comparables aux poisons végétaux les plus énergiques, surtout la morphine, l'atropine, la muscarine des champignons vénéneux. Les troubles occasionnés par des ptomaïnes produites par des bactéries pathogènes peuvent ressembler, en totalité ou en partie, à ceux des maladies infectieuses où elles se rencontrent. Dans ses belles recherches sur le *choléra des poules,* PASTEUR a montré que le bouillon de culture, dépourvu, par filtration sur porcelaine, de tout élément vivant, tenait en solution une substance qui déterminait, par injection sous-cutanée, un des symptômes les plus frappants de la maladie, la somnolence. Depuis, BOUCHARD a retiré des urines, dans les cas de maladies infectieuses, des quantités notables de ptomaïnes qui proviennent, pour lui, du développement dans l'organisme des bactéries pathogènes, causes de l'affection. Les recherches de LÉPINE et GUÉRIN, VILLIERS, POUCHET, GRIFFITH, sont venus confirmer les siennes.

Dans les premières études sur les ptomaïnes, particulièrement dans celles, si intéressantes de A. GAUTIER, plusieurs espèces bactériennes, se développant côte à côte, mélangeaient leurs produits d'excrétion. En opérant sur des cultures pures, il a été possible d'arriver à une précision plus grande. BRIEGER, CHRISTMAS l'ont fait récemment pour quelques espèces. Un très intéressant essai vient d'être fait par TITO CARBONE avec des cultures du *Proteus vulgaris,* bactérie très commune dans les putréfactions animales. De grandes quantités de viande stérilisée, finement hachée, ont été ensemencées avec des cultures pures de l'espèce en question. L'auteur a reconnu la présence, dans ce cultures où ne végétait que la seule espèce en question, de différentes bases trouvée dans la putréfaction de chair de poisson ; en particulier la choline, l'éthylène-diamine la gadinine, la triméthylamine.

Il semble que la composition du milieu ait une influence prépondérante sur la formation des ptomaïnes, de sorte que telle espèce, qui en produit lorsqu'elle vit aux dépens d'albuminoïdes, n'en fournit plus avec des sucres comme aliment. Les recherches sont encore peu avancées sur ce point.

Parmi les produits résultant de l'activité vitale des bactéries, nous avons signalé, en dernier lieu, des matières albuminoïdes spéciales qui, par leur constitution et leurs propriétés, se rapprochent des diastases en général et en particulier de celles que nous avons vues produites par les microbes pour servir directement à leur nutrition. On les a dénommées, un peu au hasard, *albumoses* ou, pour certaines, *albumines toxiques* ou *toxalbumines*, à cause de leur action toxique à haut point. Leur histoire complète sera faite sous cette dernière dénomination.

La plupart de ces substances ont des effets toxiques très marqués, qui, pour plusieurs espèces pathogènes bien connues, rappellent des symptômes dominants ou des phénomènes secondaires que l'on observe dans le cours des infections déterminées par elles.

Il en est qui, inoculées dans le tissu conjonctif, déterminent des phénomènes d'inflammation très nets. Telle est cette diastase *phlogogène* qu'Arloing a retirée des cultures d'un des microbes de la péripneumonie bovine. Christmas a reconnu dans les cultures de *Staphylocoque doré* la présence d'une diastase qui provoque, par inoculation dans la chambre antérieure de l'œil, une suppuration légère. D'autres produisent de la fièvre, comme le *pyrétogénine* que Roussy a retiré de la levure de bière. La toxalbumine du *Bacille du tétanos*, inoculée au cobaye, lui donne un tétanos typique. L'étude plus complète de ces substances se trouve au mot **Toxalbumine**.

Classification des Bactéries. — Nous avons vu que les premiers classificateurs, Ehrenberg et Dujardin, s'en étaient tenus à la forme apparente des éléments pour établir une classification des bactéries. Il faut reconnaître qu'aujourd'hui c'est encore la forme qui doit servir de caractère dominant; les autres propriétés dépendant plus encore des circonstances ambiantes. Est-ce à dire que ce caractère ait une constance absolue ou même suffisante pour satisfaire complètement l'esprit? Assurément non. Les conditions de milieu agissent aussi beaucoup sur lui, comme sur toutes les autres propriétés vitales des bactéries, mais c'est lui qu'on voit le plus souvent ramené à un type normal, ou qui peut être considéré comme tel parce que c'est celui qu'affectent les éléments dans leurs conditions naturelles. On est forcé d'admettre, et les partisans du *polymorphisme* des bactéries le font aussi, que pour chaque espèce il est une forme *normale*, une sorte de moyen terme, que revêt *toujours* l'espèce lorsqu'elle vit dans des conditions qu'on peut supposer naturelles, autour duquel il peut se produire des variations en plus ou en moins lorsqu'on fait intervenir des conditions défavorables, mais auquel l'espèce revient *toujours* quand elle se retrouve dans le milieu qui lui convient. C'est, en somme, la conclusion logique des expériences de Charrin et Guignard sur le polymorphisme du *Bacille pyocyanique*.

Prenant comme base la forme des éléments normaux, nous avons proposé la classification suivante :

re famille: **Coccacées.** — Bactéries à éléments normalement sphériques, se reproduisant d'habitude par division, quelquefois par spores. La division peut se faire suivant une ou plusieurs directions.

enres: 1. *Micrococcus.* — Éléments sphériques, isolés, réunis deux à deux ou quatre à quatre, ou disposés en chapelets.

2. *Sarcina.* — Éléments formant des paquets cubiques, provenant de la division qui se fait suivant trois directions successives.

3. *Ascococcus.* — Éléments réunis en colonies massives entourées d'épaisses enveloppes de gelée.

4. *Leuconostoc.* — Éléments disposés en chaînes entourées d'épaisses enveloppes de gelée.

famille: **Bactériacées.** — Éléments en bâtonnets plus ou moins longs, parfois en très courts cylindres, ou en filaments. Les articles sont droits ou courbés et ne présentent aucune distinction en partie basilaire et sommet. Beaucoup ont de vraies spores endogènes.

res: 1. *Bacillus.* — Éléments en bâtonnets qui peuvent être courts et trapus, ou dont la longueur excède un certain nombre de fois l'épaisseur.

2. *Spirillum.* — Éléments courbés formant souvent une spire à plusieurs tours.

3. *Leptothrix.* — Éléments formant des filaments droits parfois très longs.

4. *Cladothrix.* — Longs filaments présentant des ramifications latérales. De vraies spores.

3e famille : **Beggiatoacées.** — Éléments en bâtonnets ou en filaments, où l'on distingue une partie basilaire, souvent fixée, et un sommet libre. Il se forme à l'intérieur des articles des corps sphériques qui sont probablement des spores.

Genres : 1. *Beggiatoa.* — Filaments sans gaine de gelée.
           2. *Crenothrix.* — Filaments avec une gaine gélatineuse.

Cette dernière famille doit probablement être détachée du groupe des bactéries et rapprochée de certaines algues d'eau douce, les oscillaires, dont elle ne diffère que par l'absence de chlorophylle et du pigment spécial, la phycocyanine.

La classification exposée n'est pas donnée comme devant satisfaire toutes les exigences ; bien au contraire, elle doit n'être considérée que comme provisoire. Plus on avancera dans cette étude des bactéries, plus il faudra tenir compte des affinités mises en lumière par les recherches de chaque jour et donner une part plus large aux particularités biologiques des espèces. Toutefois les seules fonctions physiologiques ne paraissent pas pouvoir jamais suffire, comme on l'a déjà proposé, à cause de leur contingence. On a vu, en effet, que bien souvent elles pouvaient être considérées comme secondaires par rapport à la vie de l'espèce, soit qu'elles ne se manifestent que lorsque le microbe est mis en présence de conditions particulières, de facteurs spéciaux, ou qu'elles puissent se voir supprimées sans que la vie proprement dite, la multiplication des éléments, paraisse en souffrir. C'est ainsi que pour de nombreuses espèces pathogènes, l'action pathogène peut s'atténuer et s'éteindre malgré une végétation qui reste luxuriante ; pour des espèces chromogènes, la sécrétion de pigment disparaît sous l'influence de conditions banales. Ainsi, pour des espèces ferments, la puissance de ferment peut être annihilée ou ne se manifeste souvent qu'en présence des corps fermentescibles ; le *Bacille de la fermentation* acétique ne détermine son action spéciale qu'en présence d'alcool à transformer, il se multiplie abondamment cependant dans le simple bouillon de peptone en n'y laissant rien paraître de sa puissance de ferment.

Malgré ses imperfections, une telle classification rendra cependant des services incontestables.

Il est absolument impossible, dans les limites fixées pour ce dictionnaire, de donner l'histoire un peu complète des espèces bactériennes connues ; même en se bornant aux seules espèces qui intéressent les physiologistes au premier chef, bactéries pathogènes ou ferments par exemple, il faudrait, pour le faire, disposer d'une marge beaucoup plus grande. Nous nous en tiendrons à une énumération un peu sèche, suivie de l'exposé des caractères dominants des espèces principales, renvoyant pour leur étude complète aux traités spéciaux ou aux mémoires qui seront indiqués dans la bibliographie.

Pour diviser les genres, parfois très riches en espèces, il est certainement avantageux, pour la seule commodité du travailleur cependant, d'adopter un mode de groupement basé sur la fonction physiologique saillante, tout en reconnaissant que des espèces à caractère assez différent se trouvent de cette façon réunies côte à côte. Ce n'est, je le répète, que lorsqu'on connaîtra d'une manière à peu près complète tous les caractères morphologiques et biologiques d'un assez grand nombre d'entre elles, qu'il sera possible d'apprécier nettement les affinités réelles et d'établir une classification véritablement rationnelle. En attendant nous trouvons commode de former dans les grands genres des groupes différents pour les espèces pathogènes, chromogènes, ferments à action indifférente ou non connue.

Nous allons passer les genres rapidement en revue dans l'ordre énoncé précédemment.

Genre Micrococcus. *Espèces pathogènes.* — *Micrococcus pyogenes aureus* (*Staphylocoque pyogène doré*). — C'est l'espèce la plus fréquente du pus ; son nom vient de la couleur jaune orangée de ses cultures sur les milieux solides. Les éléments sont des coccus sphériques de 0,9 à 1,2 μ de diamètre, isolés, ou plus souvent groupés en petits amas. Ce microbe liquéfie la gélatine, se colore facilement par les couleurs d'aniline et ne se décolore pas par la méthode de GRAM. LEBER a isolé des cultures une substance cristallisable, soluble dans l'acool, qu'il a nommée *phlogosine*, déterminant rapidement, lorsqu'on l'injecte en faible quantité dans les tissus, une inflammation suppurative. CHRISTMAS y a trouvé, de son côté, une toxalbumine occasionnant la suppuration par inoculation dans la chambre antérieure de l'œil du lapin. Les cultures de cette espèce sont virulentes et conservent longtemps leur activité.

C'est le microbe pyogène qu'on trouve le plus communément dans les suppurations, en particulier dans le pus des furoncles, des anthrax, de l'ostéomyélite, de beaucoup de phlegmons, de l'empyème souvent: pénétrant dans le sang, il peut déterminer de l'infection purulente, de l'endocardite ulcéreuse, etc.

Il a été signalé dans le tartre dentaire, l'enduit lingual, sur la peau, à l'état normal; on l'a en outre rencontré dans l'air, dans les eaux souillées, dans la terre végétale.

Micrococcus pyogenes albus (staphylocoque pyogène blanc. Il accompagne très souvent le précédent, dont il partage presque tous les caractères; les cultures toutefois sont toujours incolores.

Micrococcus pyogenes (Streptocoque pyogène). Il est aussi fréquent dans le pus où le microscope le décèle facilement à cause de sa disposition en chaînettes de 5 à 10 éléments en moyenne. Il reste coloré par la méthode de GRAM. Il se cultive facilement sur les milieux habituels, sans liquéfier la gélatine par exemple, mais la vitalité s'éteint souvent après trois ou quatre générations. La virulence des cultures varie dans de très larges limites suivant leur âge et aussi suivant la source où elles ont été puisées. Leur inoculation au lapin peut déterminer une inflammation très vive, produisant un véritable phlegmon, ou une infection purulente rapidement mortelle; ou bien on peut n'observer que des symptômes locaux, comme la formation de petits abcès, ou même simplement des rougeurs au point d'inoculation.

Ce microbe se rencontre dans beaucoup de suppurations, surtout dans le phlegmon diffus, dans certaines ostéomyélites. C'est lui qui est presque toujours la cause de l'infection purulente chirurgicale, de la septicémie puerpérale, de l'érysipèle. Il vient compliquer par sa présence un grand nombre d'autres affections microbiennes : scarlatine, diphtérie, pneumonie, fièvre typhoïde, produisant des infections secondaires redoutables.

Micrococcus cereus albus et *Micrococcus cereus flavus*. Ce sont deux espèces qui accompagnent souvent les précédentes dans le pus. Elles ne paraissent, toutefois, pas avoir d'action pyogène. Leurs cultures sur gélatine, qu'elles ne liquéfient pas, ressemblent à des gouttes de cire blanche ou jaune, d'où leur nom.

Micrococcus Pasteuri (Pneumocoque de TALAMON et FRÄNKEL). C'est l'agent essentiel de la pneumonie; il pénètre souvent dans la circulation générale et provoque des inflammations métastatiques qui affectent surtout les grandes séreuses. Il existe dans la bouche à l'état normal; c'est à lui que sont dues les septicémies consécutives aux injections de salive. On a dit l'avoir isolé de l'air ou des poussières de salles d'hôpitaux.

Il est facilement reconnaissable à la forme de ces éléments. Ce sont des coccus ovales allongés, de 1 μ à 1 μ 5 de long sur 1 μ de large; en forme de grain de blé ou d'orge ou en forme de lancette. Ils sont rarement isolés, bien plus souvent en diplocoques; ou en courtes chaînes et toujours immobiles. Ils sont toujours entourés d'une zone gélatineuse épaisse, sorte de capsule, très visible dans les préparations de crachats ou de l'exsudat de méningite. Cette capsule se décolore difficilement et manque très souvent chez les microbes provenant de cultures. Tous restent colorés par la méthode de GRAM.

Il se cultive du reste facilement, mais ne se développe bien qu'à 24° et pas du tout à 0°. Les cultures sont très virulentes et font périr les animaux d'expérience d'une véritable septicémie. La virulence s'accroît par passage à travers l'organisme animal. Une température un peu élevée, 40-42°, l'affaiblit et l'éteint même complètement.

Ces caractères le font distinguer facilement d'un court bacille que FRIEDLÄNDER a décrit comme facteur de la pneumonie et qui est encore connu sous le nom de *Pneumonie de Friedländer*. Ce dernier est un saprophyte commun dans la bouche, sur la muqueuse des voies respiratoires, qui peut occasionner des troubles de cette muqueuse, peut-être le rhinosclérome, et même envahir le poumon lui-même. Mais il ne joue qu'un rôle très restreint ou même nul dans la production de la pneumonie vraie. On le reconnaît facilement à ce qu'il se décolore par la méthode de GRAM et qu'il se cultive facilement à la température de 15 à 16°. Il est aussi entouré d'une capsule et est pathogène pour certains animaux d'expérience, surtout pour les souris.

Micrococcus tetragenus. C'est encore une espèce de la salive qui se reconnaît à ce que ses éléments forment très souvent des tétrades. Ses cultures sont virulentes pour les souris blanches et les cobayes; les souris de champ et de maison, les lapins, les chiens paraissent peu sensibles ou réfractaires.

Micrococcus gonorrheæ (gonocoque). C'est l'agent spécifique de la blennorrhagie et des affections liées à la blennorrhagie, l'ophtalmie et l'arthrite. Ses éléments sont des coccus d'un diamètre moyen de 0,5 μ, réunis d'habitude par couples; la face tournée vers l'intérieur du couple est plane ou même légèrement creusée, l'élément a l'aspect réniforme. Ces couples existent souvent en grand nombre dans l'intérieur des globules de pus, donnant au pus blennorrhagique un aspect bien spécial. Ces microbes se colorent facilement avec toutes les couleurs d'aniline usitées; traités par la méthode de GRAM, ils se décolorent toujours. Les cultures sont difficiles à obtenir et perdent très vite toute virulence.

On trouve dans le pus blennorrhagique plusieurs espèces, commensales probablement, qui ressemblent au gonocoque vrai : deux caractères semblent cependant permettre de reconnaître ce dernier, sa présence constante à l'intérieur des globules de pus et sa décoloration par la méthode de GRAM.

Micrococcus du choléra des poules. Il a été trouvé par PASTEUR dans le sang des poules mortes ou malades de cette affection. On en obtient très facilement des cultures sur les divers milieux. Ces cultures, très virulentes au début, s'atténuent en avançant en âge, si on les laisse en présence d'oxygène. Elles peuvent ainsi constituer des séries de vaccins à l'aide desquels il est possible d'obtenir l'immunité. Les bouillons de culture, filtrés sur porcelaine et privés ainsi de tout élément vivant, renferment des produits solubles qui, introduits chez les poules saines, occasionnent certains des phénomènes observés sur les poules malades, particulièrement la somnolence si caractéristique.

Les poules ne sont pas les seuls animaux sensibles à l'action de ce microbe. Toutes les volailles sont réceptives, beaucoup d'oiseaux sauvages également. Les lapins, les souris, succombent aux inoculations virulentes; chez les cobayes, elles ne produisent qu'une réaction locale, un petit abcès au point d'inoculation.

On accuse d'autres *Micrococcus* d'être les agents spécifiques de la scarlatine; la variole, la rougeole, la scarlatine, la rage; rien n'est encore certain pour ces affections éminemment contagieuses.

Espèces chromogènes. — *Micrococcus prodigiosus.* C'est une espèce très commune dans l'air et dans les eaux. Sa propriété principale est de produire un pigment rouge-carmin de toute beauté. Elle se cultive sur tous les milieux habituels en produisant sa nuance bien reconnaissable; elle liquéfie rapidement la gélatine. On obtient facilement la matière colorante en traitant des amas de microbes par l'alcool.

Ce microbe paraît pouvoir vivre dans l'organisme; c'est à lui probablement qu'il faut rapporter les phénomènes de sueurs rouges, de salive rouge, de lait rouge, assez rares chez l'homme et encore très peu étudiés.

Il existe dans l'air, les eaux, le sol, un assez grand nombre de *Micrococcus* chromogènes, dont les colonies sont jaunes, roses, brunes, verdâtres; aucune ne présente d'intérêt spécial.

Espèces ferments. — *Micrococcus ureæ.* Plusieurs espèces de *Micrococcus* ont la propriété de transformer l'urée en carbonate d'ammoniaque; leurs caractères principaux sont décrits à l'article **Ammoniacale (Fermentation)** de ce Dictionnaire.

Micrococcus nitrificans. C'est le ferment nitrique, entrevu par SCHLŒSING et MÜNTZ isolé et très bien étudié par WINOGRADSKY. Très commun dans le sol, les eaux, il a la propriété de produire de l'acide nitrique aux dépens des sels ammoniacaux et de former par conséquent la très grande partie des nitrates du sol, base de la nutrition azotée des plantes. Dans le sol, l'action de cette espèce est intimement liée à celle des ferments de l'urée, qui produisent tous de grandes quantités de carbonate d'ammoniaque qui n'est pas assimilable pour les plantes; ce composé ne le devient que par suite de sa transformation en nitrates alcalins par les microbes de la nitrification, l'azote rentre ainsi dans la circulation vitale.

Micrococcus oblongus. C'est l'agent de la *fermentation glyconique* trouvé par BOUTROU dans de la bière fermentée.

Micrococcus viscosus. PASTEUR a prouvé que ce microbe est la cause de l'altération spéciale du vin et de la bière connue sous le nom de *graisse.* Le liquide envahi pres-

rapidement une consistance visqueuse et peut devenir filant comme du blanc d'œuf. Les coccus ont 1 μ de diamètre et sont le plus souvent unis en longues chaînes flexueuses.

De nombreuses espèces de *Micrococcus* à action indifférente ou non connue se trouvent dans l'air, les eaux, le sol; une énumération plus longue ne pourrait que compliquer cet article.

Genre Sarcina. — *Sarcina ventriculi* (*Sarcine de l'estomac*). Cette espèce est fréquente dans le contenu stomacal de l'homme et des animaux; elle abonde d'ordinaire quand la fermentation des produits accumulés dans l'estomac est favorisée par leur stagnation occasionnée par un état de souffrance de l'organe. On la reconnaît facilement à son aspect. Les éléments, ronds ou légèrement ovales, mesurent environ 2,5 μ et sont réunis en petites masses cubiques, à coins ronds, formées d'un nombre plus ou moins considérable de cellules, toujours en multiple de 4 à cause du mode tout spécial de division, 8-16-32-64.

Ce n'est probablement pas un microbe pathogène vrai, mais plutôt un simple saprophyte qui vit aux dépens du contenu stomacal lorsque l'estomac ne se protège plus d'une manière efficace par sa sécrétion normale.

On a retrouvé d'autres sarcines dans les produits d'expectorations pathologiques, dans la gangrène pulmonaire, dans la dilatation des bronches, dans les cavernes tuberculeuses; elles ne paraissent avoir aucune action pathogène, mais se trouver là en simples saprophytes, comme beaucoup d'autres microbes du reste. Il en est dans l'air, les eaux, qui produisent des pigments jaunes, roses, bruns. Une sarcine détermine une fermentation secondaire des bières, une autre est un ferment assez énergique de l'urée.

Genre Leuconostoc. — *Leuconostoc mesenteroides*. On observe fréquemment cette espèce dans les sucreries, sur les appareils qui servent à l'obtention des jus de betteraves, plus rarement dans les sirops cuits. Les zooglées forment des masses gélatineuses parfois grosses comme le poing, à surface mamelonnée, de consistance ferme et élastique. Leur apparence et leur consistance leur fait donner en France le nom vulgaire de *gomme de Sucrerie* et en Allemagne celui de *frai de grenouille*.

Les éléments, ronds, de 1 μ de diamètre moyen, sont réunis en chapelets très lâches, entourés chacun d'une gaine gélatineuse épaisse de 6 à 20 μ, formant ainsi des boudins gélatineux qui se pelotonnent en se serrant fortement.

Ce microbe intervertit le sucre à l'aide d'invertine qu'il sécrète, puis brûle complètement le sucre interverti. Lorsqu'il pullule dans les sucreries, il peut de ce fait occasionner rapidement de grandes pertes.

Genre Ascococcus. — *Ascococcus Billrothii*. Il a été trouvé par BILLROTH dans de l'eau de viande putréfiée. Les éléments arrondis s'accolent en grand nombre pour former des masses rondes ou ovoïdes, régulières ou mamelonnées, qui atteignent jusque 160 μ de diamètre et s'entourent d'une épaisse capsule transparente, de consistance dure, cartilagineuse. On est peu fixé sur son action.

Genre Bacillus. — *Espèces pathogènes.* — *Bacillus anthracis* (*Bacille du Charbon*, *Bactéridie charbonneuse*). Il occasionne l'affection connue chez l'homme sous le nom de *charbon* ou *pustule maligne*, chez le cheval sous celui de *fièvre charbonneuse*, chez le mouton sous celui de *sang de rate*, chez la vache sous le nom de *maladie du sang*.

Dans le sang d'un animal mort du charbon, il se trouve en bâtonnets d'une longueur moyenne de 5 à 6 μ sur une largeur de 1 à 1,5 μ, isolés ou réunis en courtes chaînes. En culture dans les milieux liquides, il donne au contraire de très longs filaments onduleux, enchevêtrés, qui produisent très vite des spores dans leur intérieur.

Il se cultive facilement sur les gelées nutritives ou les bouillons habituels, avec des caractères qui permettent de le reconnaître aisément. Toutes ces cultures possèdent une virulence identique à celle du sang pris sur un animal charbonneux; on en a isolé plusieurs toxalbumines très actives.

Sous certaines influences, la virulence des cultures du *Bacille du Charbon* ne se maintient pas à son degré maximum, mais décroît peu à peu et finit même par s'éteindre, l'action affaiblissante agit pendant assez de temps. PASTEUR a montré qu'on pouvait obtenir des cultures de plus en plus atténuées en exposant des bouillons virulents à l'action combinée de l'air et d'une température de 43° pendant un temps de plus en plus long. Au bout de huit jours, la virulence est perdue, bien que la végétation se fasse encore très bien; entre le premier et le huitième jour, la culture passe par des degrés divers d'atténuation, pouvant ainsi fournir des *vaccins* de moins en moins actifs.

Bacillus tuberculosis (*Bacille de la tuberculose*). Tous le reconnaissent maintenant comme la cause réelle de la tuberculose. Depuis les découvertes de Koch, il est facile de le retrouver dans les crachats ou les produits tuberculeux, en mettant à profit ses particularités de coloration et surtout la résistance qu'il offre à l'action des agents décolorants énergiques. On y parvient facilement en usant du procédé préconisé par Ehrlich, qui est certainement un des plus commodes à employer. Le bain colorant est formé d'eau anilinée additionnée de violet de gentiane ou de fuchsine; on l'emploie chaud, vers 50°. Les lamelles chargées de produits à examiner, ou les coupes de tissus, sont laissées dans le bain jusqu'à très forte coloration, puis traitées par l'acide nitrique au tiers jusqu'à décoloration apparente complète. Les *Bacilles de la tuberculose* restent seuls colorés, s'il en existe. Aucune autre espèce bactérienne ne possède ce caractère de grande résistance à la décoloration, sauf le *Bacille de la lèpre* que d'autres particularités peuvent, du reste, faire distinguer aisément.

Le *Bacille de la tuberculose* se cultive aisément sur divers milieux solides; il exige, pour se développer, une température relativement élevée, au moins 30° : l'optimum est vers 38°. Les cultures sont très virulentes; par inoculation, elles donnent la tuberculose aux animaux d'expérience, particulièrement au cobaye qui, très réceptif, peut être considéré comme un réactif précieux.

Les cultures dans les bouillons renferment divers produits actifs encore peu connus, qui constituent en partie la fameuse lymphe de Koch, sur laquelle on avait fondé tant d'espérances trop rapidement déçues.

Bacillus lepræ (*Bacille de la lèpre*). Ces Bacilles se trouvent dans la peau, au niveau des tubercules lépreux récents, enfermés souvent dans des éléments cellulaires. Ils résistent plus encore que les *Bacilles tuberculeux* aux agents de décoloration; c'est un caractère précieux pour les reconnaître. On les cultive aussi, mais plus difficilement. L'inoculation de produits de cultures n'a pas encore donné de résultats satisfaisants.

Bacillus typhosus (*Bacille typhique, bacille de la fièvre typhoïde*). Ce sont des bâtonnets de 2 à 3 µ de long sur 0,7 µ de large, animés d'un mouvement très vif. Ils se colorent difficilement par les couleurs d'aniline, et se décolorent à la méthode de Gram. Ce bacille abonde dans tous les organes des typhiques, principalement dans le foie et la rate.

On en obtient facilement des cultures dans les milieux habituels; la gélatine n'est jamais liquéfiée. Le développement est déjà sensible à 4° et présente un optimum entre 25° et 35°; il ne s'arrête qu'à 46°. La culture sur pommes de terre, incolore, souvent difficile à apercevoir, est caractéristique.

Bacillus septicus (*Vibrion septique de* Pasteur). Pasteur l'a isolé de la terre, où il est très commun, et qui semble être son habitat ordinaire. Par inoculation aux animaux, il détermine une septicémie grave, rapidement mortelle. Il se développe presque toujours un œdème considérable au point d'inoculation, d'où le nom d'*œdème malin* qu'on donne à l'infection causée par ce microbe; souvent cet œdème est accompagné de crépitation des tissus environnants, c'est la *gangrène gazeuse*, encore trop fréquente chez l'homme, mais qui diminue beaucoup depuis l'extension de la méthode antiseptique.

Les éléments de ces bacilles sont des bâtonnets de 3 µ de long en moyenne sur 1 µ de large, unis souvent en filaments à mouvements lents, mais bien nets, donnant facilement des spores.

C'est un anaérobie type, aussi ne réussit-on à le cultiver qu'en l'absence totale d'oxygène. Il décompose l'albumine en donnant les produits ordinaires des putréfactions. Les cultures sont très virulentes pour les animaux d'expérience. Roux et Chamberland sont parvenus à vacciner complètement des cobayes en injectant dans la cavité abdominale, à plusieurs reprises, de fortes doses de cultures achevées, sûrement privées de tout élément vivant par un chauffage de dix minutes à 105-110°.

Bacillus Chauvæi (*Bacille du charbon symptomatique*). Il est la cause du *charbon symptomatique* qui décime souvent la race bovine. Comme le précédent, c'est un anaérobie vrai Les bâtonnets mesurent de 5 à 8 µ de long sur 1 µ de large; ils sont animés de mouvements très vifs.

Bacillus mallei (Bacille de la morve). Il se rencontre dans la morve qui sévit sur les chevaux, les ânes et les mulets, et peut, par contagion directe, se développer chez l'homme. On trouve les bacilles dans les sécrétions pathologiques des animaux atteints, pus et jetage surtout; ils sont nombreux dans les nodules qui s'observent souvent dans les poumons et la rate des animaux morveux. On en obtient facilement des cultures; celles sur pomme de terre, jaunâtres ambrées, sont caractéristiques.

Bacillus diphteriæ (Bacille de la diphtérie). Il se trouve en abondance dans les fausses membranes de la diphtérie, accompagné souvent d'autres microbes de la cavité bucale.

Ce sont des bâtonnets droits ou légèrement courbés, toujours immobiles, mesurant de 2,5 à 3 µ de long sur 0,7 µ de large, se colorant bien à l'aide d'une solution alcaline de bleu de méthylène. Ils se cultivent assez facilement, mais ne se développent qu'à une température supérieure à 20° et cessent de croître à 42°. Toutes les cultures sont d'une grande virulence. Elles contiennent une substance toxique voisine des diastases qui, dans la diphtérie, produite par les bacilles des fausses membranes, se répand dans l'organisme et occasionne les phénomènes généraux d'intoxication si graves que l'on observe souvent dans cette affection.

Bacille tetani (Bacille du tétanos). Comme le *Vibrion septique*, le *Bacille du tétanos* est une bactérie du sol. En inoculant à des cobayes, sous la peau, de la terre, une partie meurt toujours de septicémie, le reste du tétanos. C'est aussi un anaérobie type: on en obtient facilement des cultures à l'abri de l'oxygène. Le développement ne se fait pas au-dessous de 14°; à 18°, il est encore lent; vers 38°, il est rapide.

Les bacilles du pus de la plaie d'un tétanique ou des cultures jeunes sont des bâtonnets longs et grêles, de 3 à 5 µ, légèrement mobiles, se renflant souvent à une extrémité par suite de la formation d'une spore.

Dans l'infection, les bacilles n'envahissent pas l'organisme; mais, comme pour la diphtérie, restent localisés au point d'inoculation, sécrétant des produits solubles toxiques qui vont agir au loin par diffusion.

Bacillus coli communis (Coli-bacille). C'est une des espèces que l'on rencontre presque constamment, même à l'état normal, dans l'intestin de l'homme et des animaux. Il abonde souvent dans les maladies inflammatoires du tube digestif.

Par la plupart de ses caractères, le *Bacille du côlon* se rapproche beaucoup du *Bacille typhique* dont il peut être difficile à distinguer. Il est possible de le reconnaître à sa culture sur pomme de terre, qui est jaunâtre, abondante, et à sa propriété de coaguler le lait, due à la formation d'acide lactique aux dépens du sucre.

Peu virulent ou même dépourvu de toute virulence à l'état normal, il peut, sous l'influence de conditions pathologiques, acquérir une grande activité et produire des affections graves, dues à sa pénétration directe dans l'organisme ou à la résorption de substances toxiques qu'il forme dans l'intestin.

Bien près de cette espèce se trouve le *Bacillus lactis acrogenes*, espèce qui habite aussi l'intestin et qu'on trouve souvent dans les matières fécales avec la précédente. Elle est aussi pathogène pour les animaux d'expérience et est un ferment lactique actif. Le *Bacillus enteriditis* de GÄRTNER, trouvé dans une viande dont l'ingestion avait causé une intoxication grave, les différents bacilles signalés dans les urines pathologiques, paraissent bien voisines de ces deux espèces et doivent même probablement leur être identifiés, en partie au moins.

Ont encore des propriétés pathogènes similaires le *Bacille de la dysenterie épidémique*, trouvé par CHANTEMESSE et WIDAL dans la dysenterie des pays chauds, le *Bacille de la diarrhée verte infantile* trouvé par LESAGE dans la diarrhée verte bacillaire, si fréquente chez enfants du premier âge; cette dernière espèce produit un pigment verdâtre spécial, peu connu encore.

Bacillus pyocyaneus (Bacille pyocyanique, Bacille du pus bleu). C'est une des espèces les mieux connues, grâce surtout aux belles recherches de CHARRIN. On le trouve dans le *bleu*, signalé depuis si longtemps par les chirurgiens; il s'y rencontre, non pas comme agent pyogène actif, mais plutôt comme commensal, venant peut-être du contenu intestinal.

Ses éléments sont de courts bâtonnets, de 1 à 1,5 µ de long sur 0,6 µ de large, très mobiles; aérobies vrais, ils se cultivent facilement sur tous les milieux habituels.

La propriété la plus intéressante de cette espèce est la sécrétion d'un pigment bleu, qui donne au pus où elle se trouve, la coloration gris bleuâtre caractéristique, la *pyocyanine* (Voir l'article **Pyocyanine**).

Ce microbe est pathogène pour la plupart des animaux d'expérience, le lapin surtout où il détermine une infection spéciale, la *maladie pyocyanique*, qui évolue, suivant les cas, d'une façon aiguë ou chronique. On connaît actuellement chez l'homme plusieurs cas de cette affection, où le développement du microbe en question constitue, non plus un simple épiphénomène d'influence presque insignifiante comme dans le pus bleu, mais une véritable infection générale grave, ressemblant à la maladie pyocyanique expérimentale du lapin.

On a cru trouver des bactéries pathogènes dans plusieurs autres maladies infectieuses de l'homme. Lutsgarten a décrit un *Bacille de la syphilis*, qui ne paraît être qu'un saprophyte du smegma préputial; Klebs et Tommasi-Crudeli ont cru avoir isolé un *Bacille de la malaria*, qui n'a rien à voir avec cette affection, produite par un hématozoaire découvert par Laveran ; on a signalé d'autres bactéries dans la *coqueluche* sans apporter rien de certain. On a décrit des *Bactéries du cancer* encore plus incertaines.

Espèces chromogènes. — *Bacillus syncyanus* (*Bacille du lait bleu*). C'est un saprophyte qui envahit souvent le lait, lui donnant une teinte bleue due à un pigment qu'il sécrète. Il peut également se développer dans le beurre et le fromage qu'il colore en bleu ou en bleu-verdâtre.

Bacilles violets. On rencontre dans l'eau, dans les liquides de putréfaction, dans les matières amylacées exposées à l'air, plusieurs espèces de bacilles violets, qui se distinguent par les caractères de leurs éléments et leur manière de se développer dans les milieux de culture. Ils produisent tous un pigment d'un violet noir intense, que l'alcool extrait facilement.

Bacilles verts. Ils sont encore très peu connus. Rien en tout cas n'autorise à dire que le pigment qu'ils sécrètent est identique à la chlorophylle. Plusieurs, nommés *bacilles fluorescents*, produisent un pigment vert dichroïque qui diffuse dans le milieu où ils se développent; une espèce, que j'ai rencontrée plusieurs fois dans l'eau, produit, dans la gélatine qu'elle liquéfie, de très belles macles de cristaux vert foncé.

Bacilles rouges. Il existe plusieurs espèces qui donnent une matière colorante rouge, plus ou moins intense. *Bacillus rosaceus metalloides* est un des plus beaux; il est commun dans l'eau; ses colonies, sur milieux solides, prennent souvent une teinte rouge vermillon foncé, à reflets métalliques. Il est fréquent dans l'eau.

Bacilles bruns. On en trouve aussi fréquemment dans l'eau; ils produisent un pigment brun plus ou moins foncé.

Bacilles phosphorescents. C'est plutôt des espèces chromogènes qu'on doit rapprocher ces bacilles qui possèdent la curieuse propriété d'émettre des lueurs dans l'obscurité. Il existe plusieurs espèces qui présentent ce caractère; on peut les distinguer à l'aspect des éléments et aux modifications à leurs particularités de vie qu'ils font subir aux milieux de culture.

On en a signalé depuis longtemps sur les viandes de boucherie; ils sont beaucoup plus communs sur les poissons de mer morts, ou sur certains animaux marins chez lesquels ils déterminent de véritables infections. On en trouve aussi dans les eaux de certaines mers ; ils semblent jouer un rôle important dans la phosphorescence de la mer. Pour plus de détails sur le phénomène voir **Phosphorescence**.

Espèces ferments. — *Bacillus aceti* (*Bacille de la fermentation acétique*). On connaît plusieurs espèces de bactéries qui transforment l'acool en acide acétique. Voir l'article **Acétique (Fermentation)**. *Bacillus lacticus* (*Bacille de la fermentation lactique*). Il est très commun dans le lait, où il produit la transformation du sucre en acide lactique. Voir l'article **Lactique (Fermentation)**.

Bacillus butyricus (*Bacille de la fermentation butirique*. C'est le *Vibrion buthyrique* de Pasteur anaérobie vrai. Il produit la fermentation butyrique des hydrocarbonés. Voir l'article **Butyrique (Fermentation)**.

Bacillus ureæ. Plusieurs espèces de bacilles déterminent la transformation de l'urée en carbonate d'ammoniaque. Voir l'article **Ammoniacale (Fermentation)**.

Bacillus viscosus (*Bacille de la fermentation visqueuse*). Plusieurs espèces de bactéries en bâtonnets produisent, dans les liquides sucrés, un composé ternaire spécial, paraissant assez voisin de certaines transformations de la cellulose, qui communique au milieu une viscosité très grande, parfois telle qu'il possède une consistance gélatineuse. Quelques-unes s'attaquent aux vins et aux bières qu'ils rendent filants, graisseux comme on dit. Le lait subit aussi facilement cette altération visqueuse.

Espèces saprophytes simples à action indifférente. — On doit classer dans ce groupe de nombreuses espèces qui s'attaquent à la matière organique morte pour la détruire, qui vivent en véritables *saprophytes*. Ils se trouvent un peu partout où il y a de l'aliment à à utiliser.. Il n'est possible ici que de citer les principales espèces sans insister sur leurs caractères; ce sont les *Bacillus subtilis, Bacillus termo, Bacillus mesentericus, Bacillus mycoïdes, Bacillus Zopfii, Bacillus (Proteus) vulgaris* et *mirabilis*, parmi tant d'autres.

Genre Spirillum. — *Spirillum Cholerax (Bacille virgule du choléra)*. On le considère comme le microbe spécifique du choléra asiatique. Il abonde dans le contenu intestinal des individus morts du choléra, surtout dans la couche crémeuse qui recouvre la muqueuse de l'intestin grêle. Les éléments sont de courts bâtonnets courbés de 1,5 à 3 μ de long sur 0,4 à 0,6 de large ; leur courbure est souvent peu prononcée, en simple virgule, ou atteint presque la demi-circonférence; ils présentent un mouvement vif, dû à l'action d'un long cil vibratile qui se trouve à une extrémité.

On arrive facilement à cultiver cette espèce dans les milieux habituels. L'inoculation ou l'ingestion des cultures produit chez le cobaye un véritable choléra expérimental.

On a signalé des espèces à caractères voisins dans les eaux, la salive, la carie dentaire, le vieux fromage ; elles s'en distinguent par certaines particularités des cultures et surtout l'absence de tout pouvoir pathogène.

Spirillum Obermeieri. C'est un long spirille, onduleux, faisant de six à vingt tours de spire, atteignant de 15 à 20 μ de long sur 1 μ de large, qui se rencontre toujours dans le sang des malades atteints de fièvre récurrente. Du sang qui en contenait, inoculé à des singes, leur a transmis une véritable fièvre récurrente.

Genre Leptothrix. — *Leptothrix buccalis.* Ce sont de longs filaments qui forment des amas floconneux blanchâtres ou de véritables touffes blanches dans la salive, dans le tartre dentaire, dans les cryptes des amygdales. On les trouve chez l'homme ou les carnivores, plus rarement chez les herbivores. Leur mode de développement et leurs cultures pures sont encore très peu connus.

Genre Cladothrix. — *Cladothrix dichotoma.* C'est une espèce qui abonde dans les eaux, l'air et le sol. Elle forme de longs filaments immobiles, présentant des ramifications latérales nombreuses. Arrivés à un certain âge, ces filaments se segmentent en articles courts, carrés, ou en longues séries de corps sphériques, qui restent unis en longs chapelets.

Des espèces voisines produisent des pigments roses ou violets. Toutes semblent n'être que de simples saprophytes.

Actinomyces bovis. C'est un parasite très voisin des *Cladothrix*, qui produit l'*Actinomycose*, affection fréquente chez les bovidés et chez l'homme. Chez le bœuf elle porte surtout sur la mâchoire; chez l'homme, souvent sur l'intestin ou les organes voisins; le tube digestif semble être sa porte d'entrée. L'*Actinomyces* forme le plus souvent de petites granulations rondes constituées par la réunion, en disposition rayonnée, d'éléments en massue allongée, de 15 à 30 μ de long, se continuant, vers la partie centrale, en filaments qui se feutrent les uns dans les autres. Cultivé dans les milieux habituels, ce microbe donne des colonies et des formes rappelant en tout celles des *Cladothrix* dont il doit être rapproché (V. **Actinomycose**).

Technique bactériologique. — Lorsqu'on veut faire l'étude complète d'une bactérie, il est nécessaire de l'examiner au microscope pour connaître ses caractères de forme, de dimensions, les particularités de sa structure et de son évolution, et de la faire se développer, en cultures pures, dans des milieux propices à sa vie.

L'étude au microscope doit naturellement se faire à de forts grossissements à cause de l'extrême petitesse de ces microbes. On ne peut que rarement se contenter de l'examen à l'état naturel des bactéries vivantes à cause de la grande transparence de leur corps cellulaire et de son peu de réfringence, ce qui rend leur distinction difficile dans les liquides qu'on est forcé d'employer. Il est bien préférable de les soumettre à l'action préalable de réactifs colorants qui fixent leur nuance sur leurs éléments et les rendent faciles à distinguer. Il est même possible de mettre à profit des méthodes spéciales de coloration qui permettent de fixer sur les bactéries seules une matière colorante, tandis que d'autres éléments, s'il en existe, restent indemnes ou peuvent être teints à leur tour d'une nuance autre que la première, formant ainsi un contraste facile à saisir. C'est ainsi que, dans un organe contenant des bactéries, ou dans un liquide riche en éléments figurés, sang ou pus par exemple, on parvient aisément à colorer les bactéries d'une nuance donnée et à donner aux autres éléments une teinte tout autre; ce qui aide puissamment à leur distinction et à l'étude de leurs rapports.

Avant d'user des procédés de coloration, il est nécessaire de faire intervenir la fixation qui permet de conserver la forme et les rapports des éléments divers à étudier. Pour les coupes de tissu, c'est encore l'alcool qui est à préférer; pour les bactéries en suspension dans les liquides, il faut uniquement recourir à la chaleur. Dans ce dernier cas, l'opération doit être conduite de la façon suivante. Une goutte du liquide à examiner, pur ou dilué dans de l'eau soigneusement filtrée, est déposée sur une lamelle bien propre et étalée à sa surface avec le fil de platine flambé. La lamelle est desséchée avec soin à une chaleur douce, puis soumise à une température élevée en la passant à trois reprises dans la flamme d'une lampe à alcool ou d'un bec de BUNSEN brûlant à bleu, en ayant soin de tourner en haut la face sur laquelle se trouve la couche de dessiccation.

La fixation ainsi obtenue, on peut soumettre les préparations à l'action des bains colorants. Les couleurs à employer sont surtout les couleurs d'aniline basiques, principalement les violets, violet de gentiane ou violet 5B, la fuchsine, le bleu de méthylène. Les couleurs acides, éosine, safranine, ont beaucoup moins d'élection et sont surtout employées comme colorants de fond.

Il est parfois nécessaire, pour aider à la fixation de la couleur sur les bactéries, d'ajouter aux bains colorants des substances qui jouent pour ainsi dire le rôle de mordants. Ce sont surtout les alcalis, potasse, soude, eau anilinée; d'autres fois l'acide phénique, le tannin, etc. Ces mordants ne doivent être ajoutés qu'en minimes proportions.

Certaines bactéries cédant plus facilement que d'autres la couleur qu'elles ont retenue aux réactifs décolorants tels que l'alcool, les solutions acides, il devient parfois précieux de rechercher ce caractère en faisant agir, après coloration, ces agents décolorants. On peut employer l'alcool seul ou après action de l'iode. Dans ce dernier cas, on a intérêt à employer la méthode dite de GRAM. Les préparations, sorties du bain colorant, sont plongées dans la *solution de Gram* (iode 1 gramme, iodure de potassium 2 grammes, eau distillée 300 grammes) jusqu'à noircissement complet, puis lavées à l'alcool absolu jusqu'à décoloration. C'est une méthode employée couramment en bactériologie; il est des espèces qui restent colorées après le traitement, d'autres au contraire qui se décolorent.

Les acides, agents décolorants très énergiques, ne sont guère employés que pour rechercher quelques espèces qui retiennent très énergiquement leurs colorants. Le *Bacille de la tuberculose* et le *Bacille de la lèpre*, colorés au bain d'eau anilinée, ne se décolorent pas, ou seulement après un temps assez long, lorsqu'on les soumet à l'action d'une solution d'acide nitrique au tiers.

Les préparations gagnent à être éclaircies avec un peu d'essence de girofles et montées dans le baume.

Cultiver des bactéries, c'est les faire vivre et se multiplier dans des milieux qui contiennent des substances dont elles peuvent se nourrir. Lorsque les milieux sont purs de germes et qu'on n'y ensemence sûrement qu'une seule espèce, on obtient des cultures pures. L'obtention et l'emploi des cultures pures sont la véritable clef de la bactériologie.

Les milieux usités sont liquides ou solides.

Parmi les *milieux liquides*, il faut placer en première ligne les bouillons de viande, obtenus par décoction. Les infusions végétales ou les liqueurs exclusivement minérales sont en général moins favorables; elles peuvent cependant rendre des services.

Les *milieux solides* sont surtout des gelées; les unes, à base de gélatine, ont le défaut de se liquéfier au dessus de 22°; les autres, à base de gélose, supportent même des températures supérieures à 40°. On emploie encore fréquemment le sérum sanguin solidifié par une température de 68° et des tranches de pommes de terre cuites. Pour priver ces milieux des germes qui abondent un peu partout, on use surtout de la chaleur que l'on fait agir après avoir disposé la substance nutritive dans des vases stérilisés et fermés avec de bons tampons d'ouate. Il est à recommander, lorsque cela est possible, d'employer une température de 115° environ, obtenue facilement à l'aide des autoclaves; tous les germes périssant d'une façon sûre à ce degré de chaleur dans la vapeur d'eau.

La stérilisation par filtration sur une bougie de porcelaine est plus délicate à mettre en œuvre; on y a recours lorque la chaleur nécessaire peut altérer le milieu.

On ensemence les milieux stérilisés en y introduisant, à l'aide d'un fil de platine préalablement flambé, puis refroidi, une minime partie d'un produit ne contenant que l'espèce dont on veut obtenir des cultures pures. Si on ne l'a qu'en mélange, il faut avant tout l'isoler en employant des méthodes spéciales et particulièrement la méthode des *cultures sur plaques*.

Les espèces *anaérobies*, ne pouvant vivre en présence d'oxygène, nécessitent l'emploi de procédés particuliers. On les cultive dans une atmosphère d'acide carbonique, d'hydrogène, de gaz d'éclairage, ou dans les couches inférieures de gelées bouillies pour chasser l'air qu'elles contiennent, puis refroidies et recouvertes aussitôt d'une couche d'huile stérilisée.

Enfin, pour observer les effets des bactéries sur les animaux, il est nécessaire de les introduire dans l'organisme. Diverses voies de pénétration sont à la disposition de l'expérimentateur; il peut y parvenir par injection sous-cutanée, par injection intra-veineuse, par inhalation, par introduction dans l'estomac, ou d'autres moyens encore selon la voie qu'il lui paraît préférable d'emprunter.

Répartition des bactéries dans différents milieux naturels. — Nous savons déjà que les bactéries sont très répandues dans la nature; on les rencontre, et souvent en très grande abondance, dans l'air, l'eau, le sol, et à la surface ou dans les cavités naturelles des êtres vivants en contact avec ces milieux. Leur ténuité leur permet d'être transportées facilement à de grandes distances ou de pénétrer par des ouvertures les plus réduites. Il est probable que toutes peuvent vivre, dans ces milieux, aux dépens de matières organiques mortes, en *saprophytes*, comme on dit. Si l'on n'en a pas encore isolé certaines espèces pathogènes, c'est qu'elles ne rencontrent pas seulement les conditions suffisantes pour pulluler, celles de température et d'alimentation surtout.

La preuve que l'air tient en suspension beaucoup de bactéries s'obtient facilement, laissant à découvert des milieux de culture préalablement stérilisés. Si l'on s'est servi de milieux solides, on trouve, au bout de quelques jours, réparties à leur surface, nombre plus ou moins considérable de petites colonies issues du développement des êtres vivants qui s'y sont déposés. Cette expérience est du reste la base de divers procédés pratiques de numération et d'isolement des germes de l'air; on fait passer rapidement un volume déterminé d'air à la surface de milieux solides ou dans des milieux liquides et on recherche les germes qui s'y trouvent.

Les travaux de Miquel, de Hesse, de Frankland, de Petri, de Straus ont donné de très intéressants résultats au point de vue de la numération des germes de l'air; leur détermination est encore peu avancée.

Les patientes recherches de Miquel ont cependant conduit à la connaissance de données particulièrement importantes. Elles ont montré que le nombre des bactéries en suspension dans l'atmosphère variait en plus ou en moins dans des rapports directs avec certaines circonstances climatériques et météorologiques, avec l'altitude des lieux, avec la nature du sol au point où se fait la prise d'air, avec la présence de l'homme, et surtout l'encombrement.

Dans une même journée, on observe des variations qui se produisent régulièrement à heures déterminées; il y a un minimum vers deux heures du matin, et un autre vers deux heures du soir, un maximum vers huit heures du matin et un autre vers sept heures du soir. Dans le courant d'une année, les changements sont tout aussi accusés; le nombre des bactéries aériennes baisse rapidement à la fin de l'automne, reste peu élevé pendant tout l'hiver, puis s'accroît et se maintient haut pendant toute la saison

Les crues bactériennes ont généralement lieu sous les hautes pressions; les maxima semblent correspondre aux périodes de sécheresse. Une pluie de quelque durée purifie l'air en entraînant les corps en suspension. Lorsque le sol est humide, il retient fortement les germes, le vent ne s'en charge pas facilement; lorsqu'il est sec au contraire, le vent soulève des tourbillons de poussières riches en germes, le nombre des bactéries de l'air augmente beaucoup.

Les couches élevées de l'atmosphère paraissent privées de germes. PASTEUR a démontré, il y a longtemps, que l'air pris au sommet de hautes montagnes était presque pur. MIQUEL a reconnu qu'en plein Paris le nombre des bactéries de l'air diminuait à mesure qu'on s'élevait, comme le prouvent les numérations suivantes, faites à des niveaux extrêmes différant d'une centaine de mètres :

Sommet du Panthéon.	28 bactéries par mètre cube.
Parc de Montsouris.	45 — — —
Mairie du IVe arrondissement.	462 — — —

La plupart des espèces qu'on a isolées de l'air sont des saprophytes. Quelques espèces pathogènes y ont cependant été rencontrées, le *Pneumocoque*, le *Streptocoque pyogène*, le *Staphylocoque doré*, par exemple. Il est infiniment probable que l'air est une voie de transmission certaine de nombreuses maladies infectieuses, rougeole, scarlatine, fièvre typhoïde, tuberculose surtout. Il faut cependant reconnaître que ces microbes trouvent dans l'air plus qu'ailleurs des causes d'atténuation et de destruction très actives ; nous savons l'action nocive qu'exercent sur eux la lumière solaire, l'oxygène, la dessiccation.

L'eau est pour les bactéries un meilleur milieu que l'air; on comprend facilement que, d'une façon générale, elle en contienne un plus grand nombre que lui. PASTEUR et JOUBERT ont démontré que les bonnes eaux de source, prises avec toutes les précautions voulues, sont pures de germes. Leur contamination se fait toutefois rapidement, au sortir de terre, par l'air qui laisse choir des germes qu'il contient, le contact d'objets souillés, ou le mélange de liquides riches en bactéries. Aussi une eau est-elle d'autant plus riche en germes qu'elle a été plus exposée à ces contaminations douteuses; c'est ce que prouve avec la dernière évidence le tableau suivant établi par MIQUEL.

Eau de pluie.	35 bactéries par centimètre cube.
— de la Vanne.	62 — — —
— de la Seine à Bercy.	1 400 — — —
— de la — à Asnières.	3 200 — — —
— d'égout prise à Clichy.	20 000 — — —

On a rencontré souvent dans l'eau des espèces dangereuses pour l'homme, en prem lieu le *Bacille typhique* et le *Bacille virgule du choléra*, puis le *Bacille du charbon*, les S phylocoques pyogènes, le *Bacille pyocyanique*, le *Bacille du côlon* jouant tous un rôle c tain dans l'étiologie des principales maladies infectieuses.

Le sol est en général très riche en bactéries, ce qui est dû surtout à la richess matières organiques, et à un certain degré d'humidité; lorsqu'il se trouve souillé des infiltrations de matières fécales, d'urine, d'eaux ménagères, il peut même deveni excellent milieu pour leur pullulation. Aussi peut-on dire que c'est par l'intermédi du sol que se font les principales contaminations de l'air et des eaux.

Ce sont surtout les couches superficielles, plus riches en oxygène et en matières c niques, qui renferment un nombre très élevé de bactéries; à mesure qu'on pénètre la profondeur, elles diminuent rapidement jusqu'à faire complètement défaut. Ce dant, comme les recherches ont porté presque exclusivement sur les aérobies qui ne vent pas vivre là où l'oxygène ne diffuse plus, il n'est pas encore permis de génér complètement les résultats. Les espèces anaérobies, en effet, sont communes et fré tes dans le sol; le *ferment butyrique* s'y trouve presque toujours, et très souvent le mes pathogènes du *tétanos*, du *charbon symptomatique* et de la *septicémie* de PASTEU QUEL évalue de huit cent mille à un million le nombre de microbes que contient un me de terre de l'observatoire de Montsouris.

On peut se faire une idée de la distribution des bactéries dans le sol d'après le tableau suivant, établi par REIMERS :

Terre de la surface d'un champ	2 564 800	germes par centimètre cube.
— prise à 2 mètres de profondeur (argile) . . .	23 100	— — —
— 3 — 1/2 — (gravier) . .	6 170	— — —
— 4 — — — (sable) . . .	1 520	— — —
— 6 — — (grès). . . .	0	— — —

De tels résultats doivent varier dans de très larges limites, on le comprend aisément, suivant la nature même du sol, sa richesse en matières nutritives, etc., etc.

Les espèces qu'on peut rencontrer dans le sol sont nombreuses. On ne connaît pas d'action spéciale à beaucoup d'entre elles, qui sont alors considérées comme des saprophytes ordinaires. Il en est qui y jouent un rôle important dans la transformation des matières organiques; tels le *Micrococcus ureæ* et les nombreux *Bacilles ferments de l'urée* qui y sont fréquents, tel le *ferment de la nitrification*. Enfin, un certain nombre d'espèces pathogènes pour l'homme s'y rencontrent fréquemment; en première ligne, les trois anaérobies pathogènes du sol, le *Bacille du tétanos*, le *Bacille du charbon symptomatique* et le *Vibrion septique*; plus rarement la *Bactéridie charbonneuse*, comme l'a montré PASTEUR; le *Bacille typhique* et le *Bacille du côlon* que j'y ai signalés en 1888. Toutes ces espèces sont bien moins exposées que dans l'air et l'eau, aux causes qui peuvent nuire à leur vitalité; le sol peut donc être regardé comme le milieu le plus propice aux bactéries.

L'intérieur même des organismes vivants, et principalement, chez les animaux, le milieu intérieur proprement dit, le sang, lorsqu'il est contenu dans un système absolument clos, sont, à l'état normal, absolument inaccessibles aux bactéries. Il n'en est plus de même pour les parties du corps en communication directe avec l'extérieur.

Chez l'homme, en particulier, la peau est l'habitat de nombreuses espèces. La plupart sont des saprophytes déposés par l'air qui les tient en suspension. Certains peuvent, en pullulant, donner lieu à des phénomènes particuliers; le *Micrococcus prodigiosus*, envahissant les glandes sudoripares, donne lieu au phénomène fréquent des sueurs rouges; le *Bacillus phosphorescens*, à celui très rare des sueurs phosphorescentes. D'autres, moins nombreux, sont pathogènes; tels sont les microbes pyogènes.

Le tube digestif, dans ses différentes portions, renferme toute une collection d'espèces qui y sont introduites avec les ingesta ou proviennent de l'air. La bouche en renferme beaucoup qui pullulent dans le tartre dentaire, l'enduit lingual ou les follicules des amygdales; le *Pneumocoque*, les microbes *pyogènes* y sont très fréquents. Il en est qui possèdent une action digestive évidente sur différentes substances alimentaires, et jouent probablement quelque rôle dans l'action digestive de la salive. L'estomac en montre moins à cause de l'acidité du suc gastrique qui leur est très nuisible. Elles n'y pullulent que dans des conditions pathologiques.

L'intestin, dont le contenu a une réaction alcaline, est un bien meilleur milieu pour es espèces qui ont pu échapper aux effets destructeurs du suc gastrique. Elles s'y rencontrent en abondance et concourent certainement, par les diastases puissantes qu'elles écrètent, à la transformation des matières alimentaires ; il existe une véritable *diges-ion bactérienne*, qui agit dans le même sens que la digestion physiologique. On dit ême que la digestion de certaines celluloses, toutes réfractaires aux ferments diasta-ques de l'organisme, est sous la dépendance immédiate de certaines bactéries.

Le poumon, les voies génito-urinaires, en retiennent un grand nombre dont cer-.ines leur sont spéciales. Il s'y trouve des espèces véritablement pathogènes dont action est entravée par l'activité des éléments épithéliaux jouant le rôle de phagocytes .es.

On peut penser que toutes ces espèces parasites ou commensales d'êtres plus élevés .ient primitivement des saprophytes qui, peu à peu, se sont adaptés à des conditions . vie parasitaire; pour quelques-unes cette adaptation est telle que la possibilité de .re librement dans le milieu extérieur a disparu presque complètement, ou même com-.ètement pour certaines. Beaucoup de parasites plus élevés sont, du reste, dans les .mes conditions sous ce rapport.

Bibliographie. — La bibliographie concernant les bactéries a une étendue bien trop considérable, même en se bornant aux dernières années, pour pouvoir être donnée ici. On trouvera tous les renseignements désirables à ce sujet dans un certain nombre de traités généraux, et dans les journaux et revues spéciales à cette partie de la science, dont nous donnons l'énumération ci-après.

CORNIL et BABÈS. *Les Bactéries*, 2ᵉ éd., 1890. — DUCLAUX. *Microbiologie*, dans l'*Encyclopédie chimique de* FRÉMY, 1883. — FLÜGGE. *Die Mikroorganismen*, 1887. — MACÉ. *Traité pratique de Bactériologie*, 2ᵉ éd., 1892. — BAUMGARTEN. *Lehrb. der pathologischen Mykologie*, 1890. — CHARRIN. *La maladie pyocyanique*, 1890. — BOUCHARD. *Les microbes pathogènes*, 1893. — ARLOING. *Les virus*, 1892. — BRIEGER. *Ptomaines et maladies*, 1888. — VIGNAL. *Le Bacillus mesentericus vulgatus*, 1889. — *Annales de l'Institut Pasteur*, publiées depuis 1887. — *Annales de micrographie*, publiées depuis 1889. — *Centralblatt für Bakteriologie und Parasitenkunde*, t. I à XVIII, depuis 1887. — BAUMGARTEN's *Jahresbericht über die Fortschritte in der Lehre von den pathogenen Mikroorganismen*, depuis 1885. — KOCH's *Jahresbericht über die Fortschritte in der Lehre von den Gährungs-Organismen*, depuis 1890. — Ces trois dernières publications seront particulièrement utiles à consulter par suite du grand nombre de travaux qui y sont analysés ou cités dans un ordre très propice à la facilité des recherches.

MACÉ.

TABLE DES MATIÈRES

DU PREMIER VOLUME

DICTIONNAIRE

DE

PHYSIOLOGIE

PAR

CHARLES RICHET

PROFESSEUR DE PHYSIOLOGIE A LA FACULTÉ DE MÉDECINE DE PARIS

AVEC LA COLLABORATION

DE

MM. E. ABELOUS — ANDRÉ — S. ARLOING — P. BLOCQ
E. BOURQUELOT — J. CARVALLO — CHARRIN — A. CHASSEVANT — CORIN — A. DASTRE
R. DUBOIS — W. ENGELMANN — X. FRANCOTTE — L. FREDERICQ — J. GAD — GELLÉ — E. GLEY
N. GRÉHANT — M. HANRIOT — HÉDON — F. HEIM — P. HENRIJEAN — J. HÉRICOURT
F. HEYMANS — H. KRONECKER — P. JANET — LAHOUSSE — LAMBERT
E. LAMBLING — P. LANGLOIS — L. LAPICQUE — CH. LIVON — E. MACÉ — E. MEYER — J.-P. MORAT
A. MOSSO — J.-P. NUEL — V. PACHON — F. PLATEAU — G. POUCHET — E. RETTERER
P. SÉBILEAU — W. STIRLING — TRIBOULET
E. TROUESSART — H. DE VARIGNY — E. WERTHEIMER

TOME PREMIER

A-B

AVEC GRAVURES DANS LE TEXTE

PARIS

ANCIENNE LIBRAIRIE GERMER BAILLIÈRE ET Cie

FÉLIX ALCAN, ÉDITEUR

108, BOULEVARD SAINT-GERMAIN, 108

1895

ascicule